# FLORE

DES

# ENVIRONS DE PARIS

Paris.—Imprimerie de L. MARTINET, rue Mignon, 2.

# FLORE

## DES

# ENVIRONS DE PARIS

OU

## DESCRIPTION DES PLANTES

QUI CROISSENT SPONTANÉMENT DANS CETTE RÉGION

ET DE CELLES QUI Y SONT GÉNÉRALEMENT CULTIVÉES

accompagnée

## DE TABLEAUX SYNOPTIQUES

CONDUISANT

A LA DÉTERMINATION DES FAMILLES, DES GENRES ET DES ESPÈCES,

et d'une carte des environs de Paris

PAR

## E. COSSON et GERMAIN DE SAINT-PIERRE

Docteurs en médecine.

## DEUXIÈME ÉDITION

PARIS

## VICTOR MASSON ET FILS

PLACE DE L'ÉCOLE-DE-MÉDECINE

M DCCC LXI

# OBSERVATIONS PRÉLIMINAIRES.

La faveur avec laquelle a été accueillie par les botanistes la première édition de notre *Flore des environs de Paris* nous faisait un devoir d'apporter tous nos soins au perfectionnement de cet ouvrage, et de mettre à profit les progrès de la science et les découvertes récentes de plantes ou de localités nouvelles. Aussi n'avons-nous pas hésité à interrompre d'autres publications importantes, pour nous consacrer exclusivement à un travail de révision, d'amélioration et d'additions, travail souvent ingrat, mais dont nous reconnaissions l'impérieuse nécessité. Justement fiers du patronage que nos illustres maîtres, MM. Adr. de Jussieu, Ad. Brongniart et Ach. Richard, avaient bien voulu nous accorder, et du témoignage particulier d'estime que notre professeur vénéré Adr. de Jussieu nous avait donné en acceptant notre livre comme faisant suite à son Traité de botanique, nous nous sommes efforcés de continuer à mériter cette honorable bienveillance dont nous comprenons tout le prix.

La Société botanique de France, en prenant l'initiative de la publication d'une Flore cryptogamique des environs de Paris, qui, destinée à faire suite à notre ouvrage, doit être rédigée d'après un plan analogue, et en appelant à concourir à ce travail des savants distingués, nous imposait aussi l'obligation morale de nous montrer dignes de tels continuateurs. Il nous suffira de dire que, dans cette Flore cryptogamique, les Mousses doivent être décrites par le savant auteur du *Bryologia Europœa*, M. W.-Ph. Schimper, dont les magnifiques travaux organographiques et descriptifs sont universellement admirés.

Depuis l'époque à laquelle a paru la première édition de notre Flore, de nombreuses et savantes monographies ont été publiées, et nous n'avons négligé aucun des renseignements que nous pouvions utilement y puiser. Plusieurs monographes distingués, parmi lesquels nous devons nommer MM. Anderson, Boissier, Al. Braun, Decaisne, Engelmann, Moquin-Tandon, Reichenbach fils, Weddell, etc., ont bien voulu revoir dans notre herbier les familles qui ont été l'objet de leurs études spéciales, et nous devons à leur obligeance les plus utiles communications. Notre herbier général, qui, en quelques années, a pris une importance que nous étions loin d'espérer, nous a fourni de nombreux moyens d'étude et de vérification en nous permettant de comparer nos plantes avec les types des auteurs les plus estimés. Les collections classiques de MM. Fries, F. Schultz, C. Billot, Wirtgen, Rabenhorst, etc., nous ont de même offert de précieux éléments de comparaison.

Nous n'entrerons ici dans aucun détail sur notre manière de décrire et sur la nomenclature que nous avons régulièrement suivie dans la description de chaque organe, une publication spéciale faite par l'un de nous (1) contenant l'explication de tous les termes techniques employés dans notre livre.

Nous avons, dans cette édition comme dans la première, donné aux descriptions de familles et de genres assez d'étendue pour exposer avec tous les développements nécessaires l'ensemble des caractères distinctifs et les particularités de structure qui doivent trouver place dans un ouvrage descriptif. Pour la révision de cette partie de notre œuvre, nous avons mis à profit toutes les monographies récentes et les observations que nous avons faites nous-mêmes; aussi un grand nombre de familles ont-elles été pour nous l'objet d'un travail presque entièrement neuf. Nous citerons entre autres les Ombellifères, les Salsolacées, les Urticées, les Fougères, les Characées, etc., et plus spécialement les Joncées, les Cypéracées et les Graminées qui, en grande partie, ont été rédigées d'après des études presque monographiques que l'un de nous a été appelé à entreprendre pour la Flore d'Algérie.

Nos descriptions de familles et de genres sont basées essentiellement sur les types représentés en Europe; mais, lorsque nos phrases descriptives n'embrassent qu'une partie des caractères généraux de ces groupes naturels, nous avons soin d'en avertir par une mention spéciale. De même, pour rendre l'étude plus facile, la description des organes de la végétation a été généralement restreinte dans les familles aux caractères présentés par les genres de France, et dans les genres à ceux offerts par les espèces de notre région; mais l'énumération de ces caractères forme des alinéas distincts et imprimés en plus petit texte.

Les familles et les genres de création récente ont été adoptés toutes les fois qu'ils étaient fondés sur des caractères de valeur égale à ceux des groupes de même ordre déjà généralement admis. D'autre part, nous nous sommes fait un devoir de renoncer à quelques-uns de ceux que nous avions établis dans la première édition et qui ne présentaient pas des différences essentielles.

Nous n'avons décrit comme espèces que les plantes qui présentent un

(1) *Guide du botaniste, ou Conseils pratiques sur l'étude de la botanique*, suivis d'un Dictionnaire des mots techniques français et latins employés dans les ouvrages d'organographie végétale et de botanique descriptive, par M. Germain de Saint-Pierre. 1 vol. grand in-18, en deux parties.

ensemble de caractères invariables et qui sont acceptées à ce titre par la généralité des botanistes. A ces types bien caractérisés nous avons rapporté, comme variétés ou sous-variétés, les races et les variations dues au climat ou à des circonstances accidentelles, et dont, dans ces derniers temps, on a, selon nous au grand détriment de la science, exagéré la valeur en les décrivant au même titre que les espèces légitimes. Pénétrés des principes que nous devons aux excellents exemples et aux bons conseils des savants qui sont la gloire de la botanique française, nous avons toujours pensé qu'il valait mieux, dans le doute, décrire parfois une espèce comme variété que de céder à un entraînement malheureusement trop général, et de grossir fictivement le catalogue des espèces de prétendues nouveautés. Du reste, le soin que nous avons pris d'énumérer toutes les formes secondaires importantes, en les rattachant aux types dont elles nous paraissent dériver, permet d'arriver facilement à une détermination exacte, qui deviendrait au contraire presque impossible si elles étaient admises au même titre que ces types spécifiques incontestés. Une synonymie exacte, et plus détaillée encore que dans la première édition, permettra aux naturalistes qui ne partageraient pas notre manière de voir de conserver à ces variétés le nom d'espèces.

Pour les familles et pour les genres, les caractères essentiels tirés des organes de la reproduction sont mentionnés les premiers. — Pour les espèces, nous avons cru devoir, comme par le passé, décrire les organes dans leur ordre régulier d'évolution, c'est-à-dire de bas en haut et de dehors en dedans. Cet ordre descriptif, strictement suivi, a l'avantage de mettre mieux en relief les traits saillants fournis par le port, et pour ainsi dire la physionomie de l'espèce, et de terminer la description par les détails d'organisation qui demandent une étude plus attentive.

En présence de la quantité considérable des faits que nous avions à énumérer, nous nous sommes efforcés de nous rapprocher de la concision latine, et nous n'avons pas hésité à sacrifier l'élégance du style à l'ordre et à la clarté, qualités essentielles d'un ouvrage descriptif. Dans toutes nos descriptions, les organes sont décrits dans le même ordre, et les expressions toujours employées dans le même sens, de telle sorte que les phrases s'opposant aux phrases et, autant que possible, les mots aux mots, on puisse facilement saisir les analogies et les différences. — Au moyen de l'impression en lettres italiques, nous avons isolé des phrases qui peuvent être lues indépendamment du reste du texte, et qui suffisent pour distinguer chaque famille dans chaque groupe, chaque genre dans chaque famille, et chaque espèce dans chaque genre. Il va sans dire cependant que l'on ne doit pas négliger l'étude de l'ensemble des caractères, une détermination ne devenant certaine que par l'examen de chacun des organes, et la connaissance approfondie de la structure des plantes étant d'ailleurs le but réel que doit se proposer le naturaliste. En effet, la botanique, loin d'être, comme on l'a répété souvent, une science de mots, une aride nomenclature, consiste essentiellement dans l'appréciation exacte des faits et dans leur subordination régulière, et les noms sont seulement destinés à fixer dans la mémoire les notions acquises par l'étude si attrayante de l'organisation des végétaux et par la recherche des lois qui ont présidé à leur distribution géographique.

Un tableau synoptique, dans lequel ont été indiquées régulièrement les principales exceptions à la classification adoptée, permet d'arriver facilement à la détermination des familles.

Nous avons fait suivre la description de chaque famille d'un tableau synoptique des tribus et des genres, qui remplace l'analyse dichotomique de notre première édition. Les analyses dichotomiques, qui offrent un moyen plus facile peut-être, mais souvent artificiel, pour arriver à la détermination, ont été réservées pour le *Synopsis*, destiné aux études rapides, les seules que comporte l'herborisation. Nos tableaux synoptiques au contraire présentent, groupés dans leur ordre régulier de subordination, les caractères qui nécessairement dans toute clef dichotomique ne peuvent être exposés qu'isolément et sans tenir compte de leur importance relative. De même, dans chaque genre, nous avons donné le tableau des sections, suivies chacune des numéros d'ordre des espèces qui s'y rapportent, toutes les fois que le nombre des espèces appartenant à ce genre rendait utile cette addition.

Nous avons conservé, pour chaque espèce, la division en trois paragraphes : — Le premier paragraphe, consacré à la synonymie, contient l'énumération des divers noms donnés à l'espèce dans les ouvrages réellement classiques, l'indication des meilleures planches (1) qui la représentent, et les numéros d'ordre sous lesquels elle figure dans des collections de plantes sèches. Cette partie de notre travail a été enrichie de nombreuses additions : nous y avons cité les ouvrages iconographiques les plus estimés, et mentionné surtout d'une manière régulière les belles planches publiées par MM. Reichenbach et l'important herbier publié par M. C. Billot avec une louable persévérance et un grand désintéressement. Pour satisfaire un désir généralement exprimé, nous avons dû, à la suite de la synonymie, donner le nom français, c'est-à-dire la traduction française de la nomenclature binaire, traduction qui peut faci-

___

(1) Comme complément de notre Flore, nous avons publié une collection de dessins de toutes les espèces des genres d'une étude difficile et de la plupart des plantes litigieuses des environs de Paris : *Atlas de la Flore des environs de Paris, ou Illustrations de toutes les espèces des genres difficiles et de la plupart des plantes litigieuses de cette région*, avec des notes descriptives et un texte explicatif en regard. 1 vol. contenant 42 planches gravées en taille-douce, comprenant plus de 500 figures de grandeur naturelle ou grossies, dessinées d'après nature par M. Germain de Saint-Pierre.

liter l'étude de la botanique aux personnes étrangères à la connaissance des langues anciennes. Enfin nous avons donné une énumération aussi complète que possible des divers noms vulgaires sous lesquels certaines espèces sont connues dans nos campagnes. — Le deuxième paragraphe est consacré à la description de l'espèce. Cette description est toujours suffisante pour distinguer une plante de toutes ses congénères, mais elle n'est complète que si l'on tient compte des caractères énumérés dans les diverses divisions qui y conduisent. Le paragraphe est terminé par le signe qui marque la durée de la plante, et par l'indication des mois de l'année dans lesquels elle doit être récoltée pour être utilement étudiée; si la fleur et le fruit se développent à des époques notablement différentes, nous avons eu soin de signaler ces deux époques. — Le troisième paragraphe est consacré à la distribution géographique de la plante ; il donne, outre la mention de son habitat ou station générale, celle de sa rareté ou de sa vulgarité relative dans la circonscription de la Flore, et l'énumération des diverses localités où elle a été observée, toutes les fois qu'elle est assez rare pour que ces renseignements soient utiles. Les localités citées, dont le nombre s'est considérablement accru, ont été groupées avec soin par régions naturelles, pour donner une idée exacte de la distribution de la plante dans notre Flore. Nous avons toujours placé à la suite de chaque localité le nom du botaniste qui l'a signalée : le point de certitude (!) exprime que nous avons constaté nous-mêmes la localité mentionnée. Pour les plantes connues dans notre Flore seulement à quelques stations, si elles y sont peu abondantes ou si elles n'y occupent qu'une étendue restreinte, nous avons eu soin d'indiquer les régions voisines où elles ont été observées, en isolant ces indications par le signe (—).

Toutes les variétés importantes ont été, comme les espèces, décrites sous le nom que son antériorité doit faire admettre dans la science. Pour faciliter leur étude, nous avons donné au même titre, toutes les fois que cela était nécessaire, les phrases diagnostiques du type de la plante et de ses variétés ; dans ce cas, nous avons désigné le type par l'épithète de *vulgaris* ou de *genuinus*, ou plus généralement encore, suivant l'exemple donné par M. Alph. De Candolle dans de récentes monographies, par la répétition du nom spécifique lui-même (1).

Une table complète des synonymes permet de trouver les genres, les espèces et les variétés sous tous les noms qui figurent dans nos énuméra-

---

(1) Ainsi, page 48, dans l'énumération des variétés du *Cerastium pumilum*, les mots Var. α *vulgare* indiquent que la phrase diagnostique qui suit s'applique au type de la plante : on n'a donc besoin, en étiquetant la plante, que d'inscrire le nom de *Cerastium pumilum* Curt. sans le faire suivre de l'indication de variété ; si au contraire la plante appartient à la Var. β *campanulatum*, on doit faire suivre le nom spécifique de celui de la variété.

tions synonymiques. — Une autre table, consacrée aux noms vulgaires et aux noms français des genres, et qui a été soigneusement complétée, permettra même aux personnes étrangères à l'étude des plantes, pour peu qu'elles connaissent les noms vulgaires de quelques espèces, de remonter à leurs noms scientifiques et de se familiariser avec le langage technique par la lecture des descriptions.

Les plantes réellement naturalisées et celles qui sont cultivées en grand ont été décrites aussi complétement que les espèces vraiment spontanées ; mais elles ne sont pas comprises dans l'énumération générale, et leur description, précédée du signe (†), est imprimée en plus petit texte pour les distinguer à première vue des plantes véritablement indigènes. De plus, nous avons généralement indiqué leur patrie toutes les fois que l'état actuel de la science nous l'a permis.

Dans l'exposé des localités des espèces rares, nous avons eu soin de rappeler toutes les indications des anciens auteurs, tels que Cornuti, Tournefort, Vaillant, etc., qui ont une véritable importance pour l'histoire de la botanique parisienne, et dont l'exactitude a été souvent confirmée par les recherches récentes. Nous nous sommes aussi fait une loi de donner le tableau des localités aussi complet que possible pour toutes les espèces qui sont peu répandues dans l'étendue de notre circonscription, dans la crainte, hélas ! trop fondée, que les progrès du défrichement des terrains incultes, du desséchement et du drainage des marais tourbeux, ne menacent beaucoup d'entre elles d'une destruction prochaine. L'existence, aux environs de Paris, du *Malaxis paludosa*, celle de l'*Oxycoccos palustris*, celle de plusieurs *Carex* intéressants et de beaucoup de plantes de nos marais, ne seront peut-être bientôt plus que des faits historiques, comme la présence, aux portes de l'ancien Paris, de l'*Ophioglossum vulgatum* que, du temps de Tournefort, on était habitué à recueillir à côté du Cours-la-Reine dans le bois des Champs-Élysées.

Nous n'avons cité de localités pour les variétés que lorsqu'elles ne croissent pas avec le type et qu'elles se développent avec constance au même endroit.

Sans entrer ici dans des considérations de géographie botanique qui trouveront mieux leur place dans un travail spécial, nous croyons devoir appeler particulièrement l'attention sur le contraste que présentent entre elles certaines parties de notre Flore dans une circonscription relativement restreinte. Ainsi les découvertes récentes faites dans le département de l'Oise des *Dentaria pinnata, Viola pumila, Rubus saxatilis, Swertia perennis, Arnica montana, Carex strigosa, Nephrodium Oreopteris, Equisetum sylvaticum, Lycopodium Chamæcyparissus, L. Selago*, etc., qui viennent s'ajouter aux *Aconitum Napellus, Cardamine impatiens, Impatiens Noli-tangere, Chrysosplenium alternifolium,*

*C. oppositifolium*, *Vaccinium Vitis-Idœa*, *Carex Davalliana*, etc., démontrent que cette région a des affinités remarquables avec la Flore du nord ou celle des contrées montagneuses, tandis qu'au contraire la végétation de Fontainebleau, de Nemours et de Malesherbes se relie aux Flores du centre et du midi, de même que la végétation de Saint-Léger, de Rambouillet et de Montfort-l'Amaury rappelle surtout la Flore occidentale.

La Flore des environs de Paris comprend une région circonscrite par une circonférence de 94 kilomètres de rayon (23 lieues et demie) dont Paris est le centre. La circonscription reste donc la même que dans notre première édition. En maintenant ces limites, qui correspondent presque à celles du bassin tertiaire parisien, nous avons trouvé l'avantage de donner le tableau d'une végétation composée d'éléments homogènes; nous n'aurions pu le faire si nous avions étendu le rayon de notre Flore, ne fût-ce que jusqu'à 30 lieues : d'un côté, nous serions arrivés au bassin de la Loire, et, de l'autre, nous eussions touché à la végétation maritime. Nous avons d'ailleurs considéré comme un devoir de ne pas empiéter sur les Flores voisines qui ont été l'objet de travaux consciencieux. — La carte spéciale qui accompagne le livre indique les limites que nous avons adoptées, la position de toutes les localités intéressantes au point de vue botanique, celle des bois et des marais, les cours d'eau, et par conséquent les vallées. Le tracé complet du réseau des chemins de fer rayonnant aujourd'hui autour de Paris permettra de voir d'un coup d'œil les facilités offertes pour la plupart des herborisations, qui, naguère encore, étaient presque de petits voyages, et ne sont plus maintenant que de simples promenades.

La région assez étendue que nous avons comprise sous le nom d'Environs de Paris, était encore très inégalement explorée dans ses diverses parties lorsque nous avons entrepris d'en décrire la végétation. Nous n'avions pas alors à notre disposition les voies rapides actuelles de communication : aussi avions-nous rendu nos herborisations plus productives en explorant de préférence les points le moins fréquemment visités et en poursuivant nos explorations dans chaque direction pendant plusieurs jours consécutifs. Ce système d'herborisation nous avait conduits à la découverte d'un grand nombre de plantes, en même temps qu'il nous avait mis à même de constater l'étendue de l'aire occupée par la plupart des espèces et l'abondance de beaucoup d'entre elles jusqu'alors considérées comme rares. L'importance des recherches faites alors en vue de la publication de notre livre, par tous les botanistes parisiens et par nous-mêmes, paraissait ne devoir laisser que peu de découvertes à faire; mais les faits sont venus donner un heureux démenti à ces prévisions.

La Flore phanérogamique des environs de Paris, qui, il y a seize ans, se composait déjà (y compris les Filicinées) de 1229 espèces réellement indigènes, sans compter les variétés de premier ordre considérées comme espèces par beaucoup d'auteurs, et de 137 espèces naturalisées ou cultivées en grand, atteint maintenant le chiffre de 1283 espèces indigènes, non compris une foule de variétés récemment constatées et 153 espèces naturalisées ou cultivées en grand : 54 espèces, d'une spontanéité incontestable, représentent donc l'accroissement des richesses de notre Flore depuis la première édition.

Cet accroissement si notable dans le nombre des espèces d'une Flore des mieux connues, est dû en majeure partie aux découvertes de M. l'abbé Questier et de M. de Marcilly fils dans le département de l'Oise, et spécialement aux environs de Compiègne et de Villers-Cotterets, à celles de MM. de Schœnefeld et Guillon vers l'extrémité nord-ouest du département de Seine-et-Oise, à celles de MM. de Boucheman et Thuret sur d'autres points du même département, et à celles de M. le docteur Devilliers et de l'un de nous aux environs de Nemours et de Montargis, etc. — M. Graves, dont la perte récente excite de si unanimes regrets, est l'un des botanistes contemporains qui ont le mieux mérité de la Flore parisienne. Consacrant à la botanique et à la géologie les trop courts loisirs que lui laissaient ses hautes fonctions administratives, il a, dans ses travaux sur la statistique générale du département de l'Oise, consigné les résultats de ses études sur ce département. Ses recherches botaniques consciencieuses, qui ont embrassé non-seulement la phanérogamie, mais aussi la cryptogamie, lui ont fourni les éléments d'un important travail publié dans l'Annuaire du département de l'Oise de 1857, sous le titre de *Catalogue des plantes observées dans l'étendue du département de l'Oise*. Nous avons reproduit la plupart des indications de ce Catalogue ; mais, tout en mettant à profit ces documents, nous avons eu soin de grouper dans un alinéa spécial les localités dont la mort de l'auteur ne nous avait pas permis de constater l'authenticité par l'examen des échantillons conservés dans son riche herbier (1). — Les herborisations publiques, un moment interrompues par la mort prématurée et si regrettable de M. Adr. de Jussieu, dont le cours de botanique rurale était une véritable initiation à la botanique pratique, sont heureusement continuées sous la direction de M. le professeur Chatin. Mettant à profit les facilités qu'offrent les chemins de fer, il guide ses nombreux élèves dans l'exploration plus complète de la plupart des localités les moins

---

(1) Malgré la confiance que nous inspirent les travaux de M. Graves, nous avons dû rester fidèles à la loi que nous nous sommes imposée : nous ne citons jamais une localité autrement qu'à titre de simple renseignement, si nous n'avons pas vu d'échantillon authentique qui en provienne et qui soit accompagné d'une étiquette signée et datée.

connues ou les plus intéressantes. — Notre excellent ami M. de Schœnefeld , par ses recherches personnelles et surtout par l'impulsion qu'il
a su donner aux explorations botaniques parisiennes, n'a pas moins contribué à enrichir notre Flore de beaucoup de localités nouvelles et d'un
certain nombre d'espèces non encore observées. — M. l'abbé Questier,
qui depuis longues années poursuit avec autant de persévérance que
de succès ses investigations dans une des régions botaniques les mieux
caractérisées de la Flore parisienne, a constaté des faits de géographie
botanique d'un haut intérêt, et a toujours mis le plus grand empressement à nous communiquer ses découvertes, tant en phanérogamie qu'en
cryptogamie. — M. de Marcilly fils, bien que ses recherches aient été
presque limitées à la région déjà si fructueusement explorée par M. Questier, n'en a pas moins découvert plusieurs espèces nouvelles pour la Flore,
également intéressantes au point de vue de la géographie botanique.

Nous regrettons que l'espace qui doit être consacré à ces observations préliminaires ne nous permette pas d'exposer avec plus de détails
tous les services rendus à la Flore des environs de Paris par les divers
botanistes dont le concours dévoué nous a été bien précieux pour l'exé-
cution de notre œuvre. Dans une liste placée en tête du livre, nous avons
mentionné d'une manière toute spéciale les botanistes qui nous ont fourni
les renseignements les plus utiles ou qui ont enrichi notre Flore du résultat de leurs recherches.

MM. de Schœnefeld et L. Kralik nous ont donné une grande preuve
de dévouement et de bonne amitié en nous prêtant le plus utile concours
pour la révision de notre ouvrage, et en nous aidant pendant toute la durée
de l'impression dans la tâche si laborieuse de la correction des épreuves ;
nous sommes heureux de pouvoir leur exprimer notre reconnaissance
par un juste tribut d'éloges (1).

Le développement qu'a pris notre livre en raison de l'importance des
documents que nous avions à mettre en œuvre, nous a engagés à adopter
pour cette deuxième édition le format in-8°, plus convenable pour un
ouvrage de bibliothèque, et de donner, au contraire, un format très
portatif au *Synopsis* destiné spécialement aux herborisations (2).

(1) J'ai bien vivement regretté que des circonstances indépendantes de ma volonté ne m'aient
pas permis, pour cette seconde édition, de prêter à mon collaborateur dévoué un concours aussi
actif et aussi constant que par le passé, et je ne saurais trop le remercier du soin qu'il a apporté au
perfectionnement de notre œuvre commune. Je suis heureux de trouver ici l'occasion d'exprimer
aussi personnellement à MM. de Schœnefeld et L. Kralik toute ma reconnaissance pour le
dévouement avec lequel ils nous ont secondés dans la révision des épreuves et pour toutes les
utiles observations dont ils ont fait profiter notre travail.                    (G. DE St-P.)

(2) *Synopsis analytique de la Flore des environs de Paris*, destiné aux herborisations, contenant la description des familles et des genres, celle des espèces et des variétés sous la forme
analytique, avec leur synonymie et leurs noms français, l'indication des propriétés des plantes
employées en médecine, dans l'industrie ou dans l'économie domestique, et une table des noms
vulgaires. Deuxième édition, 1 vol. in-18.

Malgré tout le soin apporté à la rédaction de cette édition, nous ne doutons pas que des recherches ultérieures ne nous mettent à même d'enregistrer de nouvelles richesses ou de relever des erreurs. Nous recevrons toujours avec empressement et reconnaissance les avis et les rectifications que les botanistes voudront bien nous communiquer. Il n'est que trop vrai, du reste, que les œuvres des hommes, examinées scrupuleusement, laissent toujours voir de nombreuses imperfections, différant surtout en cela des œuvres du Créateur, qui se montrent d'autant plus admirables, que nos moyens d'investigation plus perfectionnés nous permettent davantage de les approfondir.

# LISTE DES BOTANISTES

QUI ONT LE MIEUX MÉRITÉ DE LA FLORE DES ENVIRONS DE PARIS PAR LE BIENVEILLANT

CONCOURS QU'ILS NOUS ONT PRÊTÉ OU PAR L'IMPORTANCE DE LEURS RECHERCHES (1).

MM.
† ADR. DE JUSSIEU.
AD. BRONGNIART.
† ACH. RICHARD.
† AUG. DE SAINT-HILAIRE.
J. DECAISNE.
Cte JAUBERT.
J. GAY.
H.-A. WEDDELL.
† GRAVES.
CHATIN.

MM.
W. DE SCHŒNEFELD.
A. GUILLON.
L. KRALIK.
MAIRE.
ÉD. SPACH.
E. DE BOUCHEMAN.
G. THURET.
† Dr GUILLEMIN.
l'abbé QUESTIER.
DE MARCILLY FILS.

## LISTE DES BOTANISTES DE PARIS OU AYANT HABITÉ PARIS

AUXQUELS NOUS DEVONS LE PLUS GRAND NOMBRE D'INDICATIONS DE LOCALITÉS.

MM.
† Boivin.
Bonnet.
P. de Bretagne.
Brice.
Bureau.
E. Cadet de Chambine.
† Chaubard.
† Clarion.
† Cretaine.
† Delavaux.
† De Lens.
† Dubouché.
† Vte de Forestier.
E. Fournier.
H. Fournier.
Dr Gogot.
A. Gris.
A. Irat.
Dr A. Jamain.

MM.
P. Jamin.
Dr Kresz.
Larcher.
Latteux.
Ém. Le Dien.
Dr Léveillé.
Dr A. Maillard.
Mandon.
Mouillefarine.
Mquis de Noé.
J. de Parseval-Grandmaison.
Pervillé.
Dr Puel.
A. Ramond.
Dr P. Sagot.
† Steinheil.
† Tollard.
Dr C. Tulasne.
Vigineix.

(1) Dans ces listes, nous avons fait précéder du signe † le nom des botanistes que la mort est venue trop tôt ravir à la science.

# LISTE DES BOTANISTES DES ENVIRONS DE PARIS

AUXQUELS NOUS DEVONS LE PLUS GRAND NOMBRE D'INDICATIONS DE LOCALITÉS (1).

MM.

Beautemps-Beaupré (env. de Mantes).
† Bernard (env. de Malesherbes).
Boudier (env. de Montmorency).
Bouteille (env. de Magny).
Bouteiller (env. de Provins).
de Brébisson (env. d'Évreux et des Andelys).
l'abbé Brou (env. d'Anet et de Dreux).
H. Caron (env. de Bulles).
Chesnon (env. d'Évreux).
† Crépin (env. de Charly).
l'abbé Dænen (env. de Dreux et d'Anet).
Daudin (env. de Pouilly et autres localités du dép. de l'Oise).
Delacour (env. de Beauvais et autres localités du dép. de l'Oise).
Des Étangs (vallée de Mennecy et env. de Provins).
Dr Devilliers (env. de Nemours).
Frion (env. de Chaumont).
M. Garnier (Le Châtelet près Melun, et autres localités du dép. de Seine-et-Marne).
Granget (env. de Magny).
A. Grenier (env. des Andelys).
Hennecart (env. de Tournan et forêt d'Armainvilliers).
Husnot (env. de Grignon).
Jacquet (env. de Dreux).
Lefèvre (env. de Cuvergnon, de Betz, etc.).
† Lepeletier de Saint-Fargeau (env. de Saint-Germain, env. de Soissons).
Léré (env. de Compiègne).
Matignon (env. de Fontainebleau et de Nemours).
l'abbé Morelle (env. de Senlis).
A. Passy (env. de Gisors).
Pillot (env. de Compiègne, de Crépy).
Taillefert (env. de Beauvais).
Woods (diverses localités, entre autres Étampes et Pithiviers, pendant son séjour aux env. de Paris).

---

(1) Dans cette série, les noms des localités renfermés entre parenthèses après le nom de chaque botaniste sont ceux des points qui ont été plus spécialement explorés par lui.

# LISTE DES NOMS DES AUTEURS CITÉS.

| | | | |
|---|---|---|---|
| Adans. | Adanson. | Dene | Decaisne. |
| Agardh | Agardh. | DC. | Aug.-Pyr. De Candolle. |
| Ait. | Aiton. | Alph. DC. | Alph. De Candolle. |
| All. | Allioni. | Degl. | Degland. |
| Anders. | N.-J. Anderson. | Delarbre | Delarbre. |
| Ard. | Arduini. | Delastre | Delastre. |
| Babingt. | Babington. | Delessert | Delessert. |
| Balb. | Balbis. | Delile | Delile. |
| Barrel. | Barrelier. | Desf. | Desfontaines. |
| Bartl. | Bartling. | Desp. | Desportes., |
| Bast. | Bastard. | Desv. | Desvaux |
| C. Bauh. | Gaspard Bauhin. | E. Desv. | Émile Desvaux. |
| J. Bauh. | Jean Bauhin. | Dietr. | Dietrich. |
| Baumg. | Baumgarten. | Dill. | Dillenius. |
| Baut. | Bautier. | D. Don | David Don. |
| Bell. | Bellardi. | Dub. | Dubois. |
| Benth. | Bentham. | Duby | Duby. |
| Berg. | Bergeret. | Duch. | Duchesne. |
| Bernh. | Bernhardi. | Duf. | Léon Dufour. |
| Bert. | Bertoloni. | Dufr. | Dufresne. |
| Bess. | Besser. | Dum.-Cours. | Dumont de Courset. |
| Bill. | C. Billot. | Dum. | Dumortier. |
| Blackw. | Blackwell. | Dupont | Dupont. |
| Bluff | Bluff. | Dur. | Duret. |
| Bœngh. | von Bœnninghausen. | DR. | Durieu de Maisonneuve. |
| Boiss. | Boissier. | Ehrh. | Ehrhart. |
| Bonpl. | Bonpland. | Endl. | S. Endlicher. |
| Boreau | Boreau. | Engelm. | Engelmann. |
| Borkh. | Borkhausen. | Fenzl | Fenzl. |
| A. Br. | A. Braun. | Fing. | Fingerhuth. |
| Brébiss. | de Brébisson. | Fisch. | Fischer. |
| Brongn. | A. Brongniart. | Fourcy | de Fourcy. |
| Brot. | Brotero. | Fresen. | Fresenius. |
| R. Br. | R. Brown. | Fries | Fries. |
| Bull. | Bulliard. | Fuchs. | Fuchsius. |
| Camb. | Cambessèdes. | Gærtn. | Gærtner. |
| Campd. | Campdera. | Gaud. | Gaudin. |
| Cass. | Cassini. | J. Gay | J. Gay. |
| Cav. | Cavanilles. | G. de St-P. | Germain de Saint-Pierre. |
| Chaix | Chaix. | Gmel. | Gmelin. |
| Cham. | de Chamisso. | Godr. | Godron. |
| Chatin | Chatin. | Good. | Goodenough. |
| Chaub. | Chaubard. | Gouan | Gouan. |
| Chevall. | Chevallier. | Graves | Graves. |
| Choisy | Choisy. | Gray | Asa Gray. |
| Clus. | Clusius (L'Écluse). | Gren. | Grenier. |
| Cornuti | Cornuti. | Griseb. | Grisebach. |
| Coss. | E. Cosson. | Guépin | Guépin. |
| Coult. | T. Coulter. | Guers. | Guersant. |
| Cr. | Crantz. | Guett. | Guettard. |
| Curt. | Curtis. | Guillem. | Guillemin. |
| Cuss. | Cusson. | Guss. | Gussone. |
| Dalech. | Dalechamp. | Hall. | von Haller. |
| Dalib. | Dalibard. | Haw. | Haworth. |

| | | | |
|---|---|---|---|
| Hayne | Hayne. | Nestl. | Nestler. |
| Hoffm. | Hoffmann. | Nolte | Nolte. |
| Hook. | sir W.-J. Hooker. | Nutt. | Nuttal. |
| Hoppe | Hoppe. | Nyman | Nyman. |
| Horn. | Hornemann. | Œder | G.-C. Œder. |
| Host | Host. | P. B. | Palisot de Beauvois. |
| Huds. | Hudson. | Pall. | Pallas. |
| Humb. | A. von Humboldt. | Parlat. | Parlatore. |
| Huss. | Hussenot. | Pauquy | Pauquy. |
| Jacq. | von Jacquin. | Payer | Payer. |
| Jaub. | comte Jaubert. | Pers. | Persoon. |
| Jord. | Jordan. | Poir. | Poiret. |
| Bern. Juss. | Bernard de Jussieu. | Poit. | Poiteau. |
| Juss. | Antoine-Laurent de Jussieu. | Poll. | Pollich. |
| Adr. Juss. | Adrien de Jussieu. | Pollini | Pollini. |
| Ker | Ker. | Pourr. | Pourret. |
| Kirschleg. | Kirschleger. | Presl | Presl. |
| Kit. | Kitaibel. | Questier | Questier. |
| Koch | J. Koch. | Rabenh. | Rabenhorst. |
| Kœl. | Kœler. | Rafin. | Rafinesque. |
| Kœn. | Kœnig. | Rebent. | Rebentisch. |
| Kunth | Kunth. | Redouté | Redouté. |
| Kütz. | Kützing. | Reich. | Reichard. |
| Lagasca | Lagasca. | Rchb. | Reichenbach. |
| Lmk | de Lamarck. | Rchb. f. | Reichenbach fils. |
| Lamb. | Lambert. | Retz. | Retzius. |
| Lambertye | comte de Lambertye. | Reut. | Reuter. |
| Lamotte | Lamotte. | Rich. | L.-C. Richard. |
| Lap. | Picot de La Peyrouse. | A. Rich. | A. Richard. |
| Lecoq | Lecoq. | Rœm. | Rœmer. |
| Ledeb. | Ledebour. | Roth | Roth. |
| Leers | Leers. | Saint-Am. | Saint-Amans. |
| Lefèvre | Lefèvre. | Saint-Hil. | Auguste de Saint-Hilaire. |
| Le Gall | Le Gall. | Salisb. | Salisbury. |
| Lehm. | Lehmann. | Santi | Santi. |
| Lej. | Lejeune. | Savi | Savi. |
| Le Maout | Le Maout. | Schk. | Schkuhr. |
| Less. | Lessing. | Schlecht. | von Schlechtendal. |
| Lestib. | Lestiboudois. | Schleich. | Schleicher. |
| Leyss. | Leysser. | Schm. | Schmidt. |
| L'Hérit. | L'Héritier de Brutelle. | Schnizl. | Schnizlein. |
| Light. | Lightfoot. | Schrad. | Schrader. |
| Lindl. | Lindley. | Schrank | Schrank. |
| Link | Link. | Schreb. | Schreber. |
| L. | Linné. | Schult. | Schultes. |
| L. f. | Linné fils. | C. Schultz | C.-F. Schultz. |
| Lloyd | Lloyd. | Schultz Bip. | C.-H. Schultz (Bipontinus). |
| Lob. | Lobel. | F. Schultz | F.-G. Schultz. |
| Lois. | Loiseleur-Deslongchamps. | Scop. | Scopoli. |
| Lorey | Lorey. | Sebast. | Sebastiani. |
| Loud. | Loudon. | Ser. | Seringe. |
| Manetti | Manetti. | Seub. | Seubert. |
| M.-Bieb. | Marschall von Bieberstein. | Sibth. | Sibthorp. |
| Mart. | von Martius. | Sm. | Smith. |
| Mauri | Mauri. | Soland. | Solander. |
| Meisn. | Meisner. | Sond. | Sonder. |
| Mérat | Mérat. | Soy.-Willm. | Soyer-Willemet. |
| Mert. | Mertens. | Spach | Spach. |
| Mey. | Meyer. | Spenn. | Spenner. |
| Michx | Michaux. | Spreng. | Sprengel. |
| Mich. | Micheli. | Steinh. | Steinheil. |
| Mill. | Miller. | Steud. | Steudel. |
| Mirb. | de Brisseau-Mirbel. | Stev. | Steven. |
| Mœnch | Mœnch. | Sturm | Sturm. |
| Moq.-Tand. | Moquin-Tandon. | Sutt. | Sutton. |
| Moris | Moris. | Sw. | Swartz. |
| Moris. | Morison. | Tausch | Tausch. |
| Murr. | Murray. | Ten. | Tenore. |
| Mut. | Mutel. | Thore | Thore. |
| Neck. | Necker. | Thuill. | Thuillier. |
| Nees | Nees von Esenbeck. | Thuret | G. Thuret. |
| Nees jun. | Nees von Esenbeck junior. | Torr. | Torrey. |

| | | | |
|---|---|---|---|
| Tourn. | Pitton de Tournefort. | Wallm. | Wallman. |
| Trin. | Trinius. | Wallr. | Wallroth. |
| Turp. | Turpin. | Walp. | Walpers. |
| Vahl | Vahl. | Webb | Webb. |
| Vaill. | Vaillant. | Wedd. | Weddell. |
| Vauch. | Vaucher. | Weig. | Weigel. |
| Vent. | Ventenat. | Weihe | Weihe. |
| Vill. | Villars. | Wib. | Wibel. |
| Vis. | Visiani. | Wigg. | Wiggers. |
| Viv. | Viviani. | Willd. | Willdenow. |
| Whlbg | Wahlberg. | Wimm. | Wimmer. |
| Whlnbg | Wahlenberg. | With. | Withering. |
| Waldst. | Waldstein. | Wulf. | Wulfen. |

# LISTE DE LA PLUPART DES OUVRAGES CITÉS

## DANS LA FLORE DES ENVIRONS DE PARIS.

---


ADANSON, Familles des plantes, 2 vol. in-8, 1763.

AGARDH, Systema Algarum, 1 vol. in-8, 1824.

AITON, Hortus Kewensis; ed. 1, 3 vol. in-8, 1789; ed. 2, 5 vol. in-8, 1810-1813.

ALLIONI, Rariorum Pedemontii stirpium specimen, 1 vol. in-4, 1755.
— Stirpium Nicæensis agri enumeratio, 1 vol. in-8, 1757.
— Flora Pedemontana, 3 vol. in-fol., 1785.
— Auctuarium ad Floram Pedemontanam, 1 vol. in-4, 1789.

N.-J. ANDERSON, Plantæ Scandinaviæ, 2 fasc. in-8, 1849-1852.

Annales des sciences naturelles, partie botanique, séries 1, 2, 3, 4 ; la publication continue.

Annales du Muséum d'histoire naturelle, 20 vol. in-4, 1800-1813.

Archives du Muséum d'histoire naturelle, 9 vol. in-4, 1839-1857.

ARDUINI, Animadversionum botanicarum specimen, in-4, 1759.

BABINGTON, Primitiæ Floræ Sarnicæ, 1 vol. in-8, 1839.

BALBIS, Miscellanea botanica, in-4, 1804.

BARRELIER, Plantæ per Galliam, Hispaniam et Italiam observatæ, 1 vol. in-fol., 1714.

BARTLING, Ordines naturales plantarum, 1 vol. in-8, 1830.

BASTARD, Essai sur la Flore du département de Maine-et-Loire, in-12, 1809.
— Supplément à l'Essai sur la Flore du département de Maine-et-Loire, in-12, 1812.

G. BAUHIN, Πρόδρομος theatri botanici, 1 vol. in-4 ; ed. 1, 1620 ; ed. 2, 1671.
— Πίναξ theatri botanici, 1 vol. in-4, 1671.

J. BAUHIN, Historia plantarum universalis, auctoribus J. Bauhino, J.-H. Cherlero, D. Chabræo, 3 vol. in-fol., 1650.

BAUMGARTEN, Enumeratio stirpium magno Transsilvaniæ principatui præprimis indigenarum, 3 vol. in-8, 1816.

BAUTIER, Tableau analytique de la Flore parisienne, 1 vol. in-18; éd. 1, 1827; éd. 8, 1857.

BELLARDI, Appendix ad Floram Pedemontanam (publié dans les Mémoires de l'Académie de Turin, 1790-1791).
— Stirpes novæ vel minus notæ Pedemontii descriptæ et iconibus illustratæ (publié dans les Mémoires de l'Académie de Turin, VII, 444).

G. BENTHAM, Catalogue des plantes indigènes des Pyrénées, 1 vol. in-8, 1826.
— Labiatarum genera et species, 1 vol. in-8, 1832-1836.
— Familles des Scrofularinées et des Labiées, publiées dans le *Prodromus* de De Candolle, vol. 10 et 12.

BERTOLONI, Amœnitates Italicæ, 1 vol. in-4, 1819.
— Flora Italica, 10 vol. in-8, 1833-1854.

BESSER, Primitiæ Floræ Galiciæ, 2 vol. in-12, 1809.
— Enumeratio plantarum in Volhynia collectarum, 1 vol. in-8, 1822.

C. BILLOT, Flora Galliæ et Germaniæ exsiccata (30 centuries de plantes sèches), 1845-1861 ; la publication continue.
— Archives de la Flore de France et d'Allemagne, in-8, 1845-1861 ; la publication continue.

BIVONA-BERNARDI, Stirpium rariorum minusque cognitarum in Sicilia provenientium descriptiones, 1 vol. in-4, 1813-1816.

BLACKWELL, Herbarium Blackwellianum, in-fol., 1757-1773.

BLUFF et FINGERHUTH, Compendium Floræ Germanicæ; ed. 1, 4 vol. in-18, 1821-1833 ; ed. 2, par Bluff, C.-G. Nees von Esenbeck et J.-C. Schauer, 2 vol. in-12, 1836-1838.

VON BŒNNINGHAUSEN, Prodromus Floræ Monasteriensis, in-8, 1824.

BOISSIER, Voyage botanique dans le midi de l'Espagne, 2 vol. grand in-4, 1839-1845.
— Diagnoses plantarum Orientalium : 1ʳᵉ série, 2 vol. in-8, 1842-1853 ; 2ᵉ série, 1 vol. ; la publication continue.

BOREAU, Flore du centre de la France, 2 vol. in-8 ; 1ʳᵉ éd. 1840 ; 2ᵉ éd. 1849 ; 3ᵉ éd. 1857.
— Catalogue raisonné des plantes phanérogames du département de Maine-et-Loire, 1 vol. in-8, 1859.

Botanical Magazine, 86 vol. in-8, 1787-1861, contenant déjà plus de 5000 planches ; la publication continue.

Botanical Register, 33 vol. in-8, 1815-1847, contenant environ 2700 planches.

A. BRAUN, Esquisse monographique du genre *Chara* (publié dans les Annales des sciences naturelles, série 2ᵉ, I, 1834).
— Uebersicht der genauer bekannten Chara-Arten (publié dans le volume de 1835 du *Flora oder allgemeine botanische Zeitung*).
— Schweizer Characeen (publié dans le vol. 10 du recueil *Denkschriften der Schweizer Gesellschaft*, 1849).
— RABENHORST et STIZENBERGER, Die Characeen Europa's in getrockneten Exemplaren (Herbier des Characées d'Europe), 2 fasc. 1858 et 1859 ; en cours de publication.

DE BRÉBISSON, Flore de Normandie ; 1ʳᵉ éd. in-18, 1836 ; 2ᵉ éd. in-12, 1849 ; 3ᵉ éd. grand in-18, 1859.

A. BRONGNIART, Énumération des genres de plantes cultivés au Muséum d'histoire naturelle de Paris, grand in-18 ; 1ʳᵉ éd. 1843 ; 2ᵉ éd. 1850.

BROTERO, Flora Lusitanica, 2 vol. in-8, 1804.

R. BROWN, Prodromus Floræ Novæ-Hollandiæ et insulæ Van-Diemen, 1 vol. in-8, 1810.
— Hortus Kewensis, *voyez* AITON Hortus Kewensis.

Bulletin de la Société botanique de France, 7 vol. in-8, 1854-1860 ; la publication continue.

BULLIARD, Herbier de France, ou Collection complète des plantes indigènes de ce royaume, in-fol., 600 pl. qui comprennent les plantes vénéneuses et les Champignons, 1780 et années suivantes.

CASSINI, Articles insérés dans le Bulletin de la Société philomathique.
— Articles insérés dans le Dictionnaire des sciences naturelles.
— Opuscules phytologiques, 3 vol. in-8, 1826-1834.

CAVANILLES, Icones et descriptiones plantarum, 6 vol. in-fol., 1791-1801.

CHAUBARD, *voyez* de SAINT-AMANS.

CHEVALLIER, Flore générale des environs de Paris, 2 vol. in-8, 1826-1827.

CLAIRVILLE, Manuel d'herborisation en Suisse, 1 vol. in-8, 1811.

CLUSIUS (Ch. de l'Écluse), Rariorum plantarum historia, 1 vol. in-fol., 1601.

CORNUTI, Canadensium plantarum aliarumque nondum editarum historia, cui adjectum est Enchiridium Parisiense, 1 vol. in-4, 1635.

E. COSSON et GERMAIN DE SAINT-PIERRE, Observations sur quelques plantes critiques des environs de Paris, broch. gr. in-8, 1840.
— Supplément au Catalogue raisonné des plantes des environs de Paris, broch. grand in-18, 1843.
— Observations sur les genres *Filago* et *Logfia*, suivies de la description d'un *Marrubium* observé aux environs de Paris (publié dans les Annales des sciences naturelles, novembre 1843).
— Flore analytique et descriptive des environs de Paris, 1ʳᵉ éd., 1 vol. grand in-18, 1845.
— Atlas de la Flore des environs de Paris, ou Illustrations de toutes les espèces des genres difficiles et de la plupart des plantes litigieuses de cette région, 1 vol. grand in-18, 1845.
— Synopsis analytique de la Flore des environs de Paris ; 1ʳᵉ éd., 1 vol. grand in-18, 1845 ; 2ᵉ éd., 1 vol. in-18, 1859.

E. COSSON, GERMAIN DE SAINT-PIERRE et WEDDELL, Introduction à une Flore analytique et descriptive des environs de Paris, suivie d'un Catalogue raisonné des plantes vasculaires de cette région, broch. grand in-18, 1842.

E. COSSON, Notes sur quelques plantes critiques, et Additions à la Flore des environs de Paris, 1 broch. grand in-18 en 4 fascicules, 1848-1851.

E. COSSON et DURIEU DE MAISONNEUVE, Flore d'Algérie (partie phanérogamique), grand in-4, en cours de publication.

T. COULTER, Mémoire sur les Dipsacées, 1 vol. in-4, 1823.

CRANTZ, Stirpium Austriacarum fasc. 1-6, in-4, 1769.

CURTIS, Flora Londinensis, nouvelle édition augmentée par G. Graves et sir W.-J. Hooker, 5 vol. in-fol., 1817-1828.

DECAISNE, Mémoire sur le développement du pollen, de l'ovule, et sur la structure des tiges du Gui (publié dans les Mémoires de l'Académie de Bruxelles, vol. 13, 1840).
  — Famille des Asclépiadées, publiée dans le *Prodromus* de De Candolle, vol. 8.
  — Famille des Plantaginées, publiée dans le *Prodromus* de De Candolle, vol. 13, sect. 1.
  — *Voyez* LE MAOUT et DECAISNE.

ALPH. DE CANDOLLE, Monographie des Campanulacées, 1 vol. in-4, 1830.
  — Plusieurs familles publiées dans le *Prodromus* de De Candolle.
  — Géographie botanique raisonnée, 2 vol. grand in-8, 1855.

AUG.-P. DE CANDOLLE, Plantarum historia succulentarum, in-4, 1799-1803.
  — Icones plantarum Galliæ rariorum nempe incertarum aut nondum delineatarum, 1 vol. in-4, 1808.
  — Catalogus plantarum horti et agri Monspeliensis, 1 vol. in-8, 1813.
  — Regni vegetabilis systema naturale, 2 vol. in-8, 1818-1821.
  — Prodromus systematis naturalis regni vegetabilis, vol. 1-7, in-8, 1824-1838 ; continué par M. Alph. De Candolle, vol. 8-14, 1844-1861 ; la publication continue.
  — *Voyez* de LAMARCK et DE CANDOLLE.

DELARBRE, Flore de l'Auvergne, 2ᵉ éd., 2 vol. in-8, 1800.

DELASTRE, Flore analytique et descriptive du département de la Vienne, 1 vol. in-8, 1842.

B. DELESSERT, Icones selectæ plantarum, 5 vol. in-4 ou in-fol., 1820-1846.

DELILE, Floræ Ægyptiacæ illustratio ; 1ʳᵉ éd., 1 vol. in-fol., 1813 ; 2ᵉ éd., 1 vol. in-8, 1826 ; avec 62 planches grand in-fol.

DESFONTAINES, Flora Atlantica, 2 vol. in-4, 1798-1799.
  — Choix des plantes du Corollaire des Instituts de Tournefort, 1 vol. in-4, 1808.
  — Tableau de l'École de botanique du Jardin-du-roi, 1 vol. in-8, 1815.

DESPORTES, Notes inédites sur les plantes des environs du Mans, citées par De Candolle dans la Flore française.

DESVAUX, Journal de botanique, 4 vol. in-8, 1808-1814.
  — Observations sur les plantes des environs d'Angers, 1 vol. in-12, 1818.
  — Flore de l'Anjou, 1 vol. in-8, 1827.

ÉM. DESVAUX, Cyperaceæ et Gramineæ Chilenses, in Cl. Gay Flora Chilena, vol. 6, in-8, 1853.

Dictionnaire classique d'histoire naturelle, 16 vol. in-8, 1822-1830.

Dictionnaire des sciences naturelles, 60 vol. in-8, 1816-1830.

DIETRICH, Synopsis plantarum, 4 vol. in-8, 1839-1847.

DILLENIUS, Hortus Elthamensis, 2 vol. in-fol., 1732.

DUBOIS, Méthode éprouvée avec laquelle on peut parvenir à connaître les plantes, 1 vol. in-8 ; 1ʳᵉ éd. 1803 ; 2ᵉ éd. 1825 ; 3ᵉ éd. 1840.

DUBY, Botanicon Gallicum, 2 vol. in-8, 1828-1830.

DUMONT DE COURSET, Le Botaniste cultivateur ; 1ʳᵉ éd., 5 vol. in-8, 1802 ; 2ᵉ éd., 7 vol. in-8, 1811-1814.

DUMORTIER, Observations sur les Graminées de la Flore de Belgique, 1 vol. in-8, 1823.
  — Florula Belgica, 1 vol. in-8, 1827.

DUPONT, Double Flore parisienne, 1 vol. in-12, 1813.

DURET, *voyez* LOREY et DURET.

DURIEU DE MAISONNEUVE, Notes sur quelques plantes de la Flore de la Gironde, broch. in-8, 1854 (publié dans les Actes de la Société Linnéenne de Bordeaux, vol. 20).
  — *Voyez* E. COSSON et DURIEU DE MAISONNEUVE.

EHRHART, Beiträge zur Naturkunde, 1 vol. in-8, 1787-1792.

S. ENDLICHER, Genera plantarum secundum ordines naturales disposita, 1 vol. in-4, 1836-1840.
  — Enchiridion botanicum exhibens classes et ordines plantarum, 1 vol. in-8, 1841.
  — Synopsis Coniferarum, 1 vol. in-8, 1847.

English Botany, or coloured figures of British plants, by Smith and Sowerby, 36 vol. in-8, pl. 1-2592, 1790-1814. — Supplement, by sir W.-J. Hooker, etc.

FENZL, Illustrationes et descriptiones plantarum novarum Syriæ et Tauri occidentalis, brochure in-8, 1843.

FINGERHUTH, *voyez* Bluff et Fingerhuth.

Flora Danica, Icones plantarum sponto nascentium in regnis Daniæ et Norvegiæ, 14 vol. in-fol.; la publication continue.

Flora der Wetterau, 3 vol. in-8, 1799-1802 ; auct. Gærtner, B. Meyer et J. Scherbius.

Flora oder allgemeine botanische Zeitung, in-8, journal de botanique dont la publication a commencé en 1818 et continue.

E. de FOURCY, Vade-mecum des herborisations parisiennes, 1 vol. in-18, sans date.

FRIES, Noviliæ Floræ Suecicæ, 2e ed., 1 vol. in-8, 1828 ; et Mantissæ I-III, 1 vol. in-8, 1832-1842.

—　　Summa vegetabilium Scandinaviæ, 1 vol. in-8, 1846.

FUCHSIUS (Leonhard Fuchs), De historia stirpium commentarii insignes, 1 vol. in-fol., 1542.

J. GÆRTNER, De fructibus et seminibus plantarum, 2 vol. in-4, 1788-1791.

C.-F. GÆRTNER, Continuatio operis J. Gærtner, De fructibus et seminibus plantarum, 1 vol. in-4, 1807. Cette publication forme le 3e volume du traité *De fructibus et seminibus plantarum*.

GAUDIN, Agrostographia Helvetica, 2 vol. in-8, 1811.

—　　Flora Helvetica, 7 vol. in-8, 1828-1833.

J. GAY, Erysimorum quorumdam novorum diagnoses simulque Erysimi muralis descriptio, brochure in-8, 1842.

—·　　Histoire et monographie du genre *Carex* (publié dans les tomes X et XI de la 2e série des Annales des sciences naturelles).

—　　Plusieurs articles importants publiés dans les Annales des sciences naturelles, et dans le Bulletin de la Société botanique de France.

GERMAIN DE SAINT-PIÉRRE, Guide du botaniste, ou Conseils pratiques sur l'étude de la botanique, 2 vol. gr. in-18, 1851 ; le second volume est un Dictionnaire de botanique.

—　　*Voyez* E. Cosson et Germain de Saint-Pierre.

GMELIN, Flora Badensis Alsatica, 3 vol. in-8, 1805-1808.

J.-F. GMELIN, Systema naturæ, 10 volumes in-8, partie botanique, vol. 6 et 7, 1791.

GODRON, Flore de Lorraine, grand in-18 ; 1re éd., 3 vol., 1843 ; 2e éd., 2 vol., 1857.

—　　*Voyez* Grenier et Godron.

GOODENOUGH, Plusieurs articles, et en particulier sur le genre *Carex*, publiés dans les *Transactions of the Linnæan Society*.

GOUAN, Hortus regius Monspeliensis sistens plantas tum indigenas, tum exoticas, 1 vol. in-8, 1762.

—　　Flora Monspeliaca, 1 vol. in-8, 1765.

—　　Illustrationes et observationes botanicæ, 1 vol. in-fol., 1773.

—　　Herborisations des environs de Montpellier, 1 vol. in-8, 1796.

GRAVES, Catalogue des plantes observées dans l'étendue du département de l'Oise, 1 vol. in-8, 1857.

A. GRAY, *voyez* Torrey et Gray.

GRENIER, Monographia de Cerastio, 1 vol. grand in-8, 1841.

—　　et GODRON, Flore de France, 3 vol. in-8, 1848-1855.

GRISEBACH, Genera et species Gentianearum, 1 vol. in-8, 1839.

—　　Famille des Gentianées, publiée dans le *Prodromus* de De Candolle, vol. 9.

—　　Spicilegium Floræ Rumelicæ et Bithynicæ, 2 vol. in-8, 1843-1845.

GUÉPIN, Flore du département de Maine-et-Loire, 1 vol. in-12 ; 1re éd. 1830 ; 2e éd. 1838 ; 3e éd. 1845.

GUETTARD, Observations sur les plantes, notamment sur celles des environs d'Étampes, 2 vol. in-8, 1747.

GUILLEMIN, Archives de Botanique, 2 vol. in-8, 1833.

GUSSONE, Floræ Siculæ prodromus, 2 vol. in-8, 1827-1828.

—　　Supplementum ad Floræ Siculæ prodromum, 2 fasc. in-8, 1832-1834.

—　　Floræ Siculæ synopsis, 2 vol. in-8, 1843-1844.

A. von HALLER, Historia stirpium indigenarum Helvetiæ, 3 vol. in-fol., 1768.
— Nomenclator ex historia plantarum indigenarum Helvetiæ excerptus, 1 vol. in-8, 1769.

HOFFMANN, Historia Salicum iconibus illustrata, 2 vol. in-fol., 1785-1791.
— Deutschlands Flora, 4 vol. in-12, 1791-1804.
— Genera Umbelliferarum, 1 vol. in-8, 1816.

Sir W.-J. HOOKER, British Flora, 1 vol. in-8 ; ed. 1, 1830 ; ed. 5, 1842.

HOPPE, Botanisches Taschenbuch, in-12, 1790-1811.
— et STURM, Caricologia Germanica, 1 vol. in-12, 1835.

HORNEMANN, Hortus regius Hafniensis, in-8, 1813.

HOST, Icones et descriptiones Graminum Austriacorum, 4 vol. in-fol., 1801-1814.
— Flora Austriaca, 2 vol. in-8, 1827-1831.

HUDSON, Flora Anglica, in-8 ; ed. 1, 1762 ; ed. 2, 1778.

von JACQUIN, Enumeratio stirpium quæ crescunt in agro Vindobonensi, 1 vol. in-12, 1762.
— Floræ Austriacæ icones, 5 vol. in-fol., 1773-1778.
— Collectanea ad botanicam spectantia, 5 vol. in-4, 1786-1796.
— Miscellanea Austriaca ad botanicam spectantia, 2 vol. in-4, 1778-1781.
— Observationes botanicæ, in-fol., 1764-1771.

Cte JAUBERT et E. SPACH, Illustrationes plantarum Orientalium, 5 vol. in-4, 1842-1857.

JORDAN, Observations sur plusieurs plantes nouvelles, rares ou critiques, 7 fasc. gr. in-8, 1846-1849.
— Pugillus plantarum novarum, 1 vol. grand in-8, 1852.

A.-L. DE JUSSIEU, Genera plantarum secundum ordines naturales disposita, 1 vol. in-8, 1789.

Adr. DE JUSSIEU, Cours élémentaire d'histoire naturelle par MM. Milne Edwards, Adr. de Jussieu et Beudant (partie botanique), 1 vol. grand in-18, 1re éd. 1843-1844.

B. DE JUSSIEU, voyez TOURNEFORT.

KIRSCHLEGER, Flore d'Alsace, petit in-8, 1er vol. 1852, 2e vol. 1857, 3e vol. en cours de publication.

KITAIBEL, voyez WALDSTEIN et KITAIBEL.

KOCH, Synopsis Floræ Germanicæ et Helveticæ, 1 vol. in-8, 1837 ; ed. 2, 1844.
— Generum tribuumque plantarum Umbelliferarum nova dispositio, in Nov. act. Acad. nat. cur., vol. 12, part. 1, p. 55-156.
— De Salicibus Europæis commentatio, broch. in-8, 1828.
— Deutschlands Flora, voyez MERTENS et KOCH.
— et ZIZ, Catalogus plantarum quas in ditione floræ Palatinatus legerunt, 1814.

KŒLER, Descriptio Graminum in Germania et Gallia sponte nascentium, etc., in-8 ; 1802.

KUNTH, Nova genera et species plantarum, 7 vol. in-fol., 1815-1825 (faisant partie du voyage de Humboldt et Bonpland).
— Synopsis plantarum æquinoctialium orbis novi, 4 vol. in-8, 1822-1825.
— Flora Berolinensis, sive Enumeratio plantarum circa Berolinum sponte crescentium, 2 vol. in-12, 1838.
— Enumeratio plantarum omnium hucusque cognitarum, secundum familias naturales disposita, 5 vol. in-8, 1833-1850.

KÜTZING, Species Algarum, 1 vol. in-8, 1849.
— Tabulæ phycologicæ, 10 vol. in-8, 1846-1860 ; la publication continue.

LAGASCA, Genera et species plantarum, 1 vol. pet. in-4, 1816.

DE LAMARCK, Flore française, ou Description succincte de toutes les plantes qui croissent naturellement en France, 3 vol. in-8 ; 1re édit. 1778 ; 2e édit. 1793.
— Encyclopédie méthodique, Botanique, in-4, vol. 1-4, 1783-1797. — Continué (vol. 5-8) par Poiret, 1804. — Supplément par Poiret, 5 vol., 1810-1817.
— Tableau encyclopédique et méthodique des trois règnes de la nature, Botanique, Illustration des genres, 2 vol. in-4, 1791-1793. — Vol. 3 et supplément, par Poiret, 1828.
— et DE CANDOLLE, Flore française, 3e éd., 5 vol. in-8, 1804.
—                — Synopsis plantarum in Flora Gallica descriptarum, 1 vol. in-8, 1806.

A.-B. LAMBERT, A description of the genus *Pinus*, 3 vol. grand in-fol., 1828-1837.

Cte DE LAMBERTYE, Catalogue raisonné des plantes vasculaires qui croissent spontanément dans le département de la Marne, 1 vol. in-8, 1846.

LAMOTTE, voyez LECOQ et LAMOTTE.

PICOT DE LAPEYROUSE, Flore des Pyrénées, in-fol., 1795-1802.
— Histoire abrégée des plantes des Pyrénées, 1 vol. in-8, 1813. — Supplément, 1818.

LECOQ et LAMOTTE, Catalogue raisonné des plantes vasculaires du plateau central de la France, 1 vol. in-8, 1848.

LEDEBOUR, Flora Rossica, sive Enumeratio plantarum totius imperii Rossici, 4 vol. grand in-8, 1842-1853.

LEERS, Flora Herbornensis, 1 vol. in-8, 1789.

LEFÈVRE, Aperçu sur la Flore de l'arrondissement de Chartres, broch. in-8, 1859.

LE GALL, Flore du Morbihan, 1 vol. in-8, 1852.

LEHMANN, Plantæ e familia Asperifoliarum nuciferæ, 2 vol. in-4, 1818.

LEJEUNE, Flore des environs de Spa, in-8, 1811-1813.
— Revue de la Flore des environs de Spa, 1 vol. in-8, 1824.
— Compendium Floræ Belgicæ, 3 vol. in-12, 1828-1836.

LE MAOUT, Leçons élémentaires de botanique, in-8; 1re éd., 2 vol., 1844 ; 2e éd., 1 vol., 1857.
— Atlas élémentaire de botanique, in-4, 1846.
— et DECAISNE, Flore élémentaire des jardins et des champs, 2 vol. gr. in-18, 1855.

LESSING, Synopsis generum Compositarum, 1 vol. in-8, 1832.

LESTIBOUDOIS, Botanographie belgique, 2e éd., 3 vol. in-8, 1799.

LEYSSER, Flora Halensis, 1 vol. in-8; ed. 1, 1761 ; ed. 2, 1783.

L'HÉRITIER DE BRUTELLE, Sertum Anglicum, in-fol., 1788.

LIGHTFOOT, Flora Scotica, 2 vol. in-8, 1777.

LINDLEY, A synopsis of the British Flora, 1 vol. grand in-18; ed. 2, 1835; ed. 3, 1841.
— A natural system of Botany, 1 vol. in-8, 1836.

LINK, Enumeratio plantarum horti Berolinensis, 2 vol. in-8, 1821-1822.
— Hortus regius botanicus Berolinensis, 2 vol. in-8, 1827-1833.

Linnæa, ein Journal für die Botanik, in-8, journal de botanique dont la publication a commencé en 1826 et continue.

LINNÉ, Flora Suecica, 1 vol. in-8 ; ed. 1, 1745 ; ed. 2, 1755.
— Species plantarum, ed. 2, 2 vol. in-8, 1763.
— Genera plantarum, eorumque characteres naturales, 1 vol. in-8; ed. 1, 1737 ; ed. 6, 1764.
— Mantissa plantarum, 1 vol. in-8, 1767.
— Systema naturæ, ed. 12, 3 vol. in-8, 1766-1768 (Vegetabilia, vol. 2).
— Amœnitates academicæ, 10 vol. in-8, 1749-1790.

LINNÉ fils, Supplementum plantarum, in-8, 1781.

LLOYD, Flore de la Loire-Inférieure, 1 vol. in-18, 1844.
— Flore de l'ouest de la France, 1 vol. in-18, 1854.

LOBEL, Plantarum seu stirpium historia, 1 vol. in-fol., 1576.

LOISELEUR-DESLONGCHAMPS, Flora Gallica, seu Enumeratio plantarum in Gallia sponte nascentium ; ed. 1, 2 part. in-12, 1806-1807 ; ed. 2, 2 vol. in-8, 1828.
— Notice sur les plantes à ajouter à la Flore de France, 1 vol. in-8, 1810.

LOREY et DURET, Catalogue des plantes qui croissent naturellement dans le département de la Côte-d'Or, 1 vol. in-8, 1825.

LOUDON, Arboretum et fruticetum Britannicum, 8 vol. in-8, 1838.

MARSCHALL VON BIEBERSTEIN, Flora Taurico-Caucasica, 3 vol. in-8, 1808-1819.

von MARTIUS, Hortus botanicus academiæ Monacensis, in-4, 1825.

MAURI, voyez SEBASTIANI et MAURI.

MEISNER, Plantarum vascularium genera, 1 vol. in-fol., 1836-1843.
— Plusieurs familles publiées dans le Prodromus de De Candolle, vol. 14.

Mémoires du Muséum d'histoire naturelle, 20 vol. in-4, 1815-1832.

MÉRAT, Nouvelle Flore des environs de Paris ; 1re éd., 1 vol. in-8, 1812; 2e éd., 2 vol. in-18, 1821 ; 3e éd. 1831-1834; 4e éd. 1836.
— Revue de la Flore Parisienne, 1 vol. in-8, 1843.

MERTENS et KOCH, Rœhling's Deutschlands Flora, éd. 3, 5 vol. in-8, 1823-1839.

MEYER, Chloris Hanoverana, 1 vol. in-4, 1836.

MICHAUX, Flora Boreali-Americana, 2 vol. in-8 ou in-4, 1803.

MILLER, The Gardener's Dictionary, 1 vol. in-fol., 1731.

DE BRISSEAU-MIRBEL, Éléments de physiologie végétale et de botanique, 3 vol. in-8, 1815.

MŒNCH, Methodus plantas horti botanici describendi, 1 vol. in-8, 1794.

MOQUIN-TANDON, Chenopodearum monographica enumeratio, 1 vol. in-8, 1840.
    —    Éléments de tératologie végétale, 1 vol. in-8, 1841.
    —    Familles des Salsolacées, des Amarantacées, etc., publiées dans le vol. 13 du *Prodromus* de De Candolle.
    —    Éléments de botanique médicale, 1 vol. grand in-18, 1861.

MORIS, Flora Sardoa, 3 vol. in-4, 1837-1860 ; la publication continue.

MORISON, Plantarum historiæ universalis Oxoniensis, etc., in-fol., 1680-1699 ; éd. 2, 1715.

MURRAY, Prodromus designationis stirpium Gottingensium, 1 vol. in-8, 1770.
    —    Caroli a Linné Systema vegetabilium, ed. 14, 1 vol. in-8, 1784.

MUTEL, Flore française destinée aux herborisations, 4 vol. in-18, 1834-1838, avec un atlas

C.-G. NEES VON ESENBECK, Agrostologia Brasiliensis, 1 vol. in-8, 1829.
    —    Floræ Africæ australioris illustrationes monographicæ, vol. 1 : Gramineæ, 1 vol. in-8, 1841.
    —    *Voyez* BLUFF et FINGERHUTH.
    —    *Voyez* WEIHE et NEES VON ESENBECK.

F.-L. NEES VON ESENBECK (Nees jun.), Genera plantarum Floræ Germanicæ iconibus et descriptionibus illustrata, opus post auctoris mortem a F. Spenner et post ejus obitum ab A. Putterlick et S. Endlicher continuatum, in-8, en cours de publication depuis 1835.

NESTLER, Monographia de Potentilla, in-4, 1816.

NOLTE, Novitiæ Floræ Holsaticæ, 1 vol. in-8, 1828.

Nouvelles Annales du Muséum d'histoire naturelle, 4 vol. in-4, 1832-1835.

NUTTAL, The genera of North American plants, 2 vol. in-8, 1818.

NYMAN, Sylloge plantarum Europæ, 1 vol. grand in-8, 1854-1855.

PALISOT DE BEAUVOIS, Essai d'une nouvelle agrostographie, 1 vol. in-8 ou in-4, 1812.

PARLATORE, Flora Palermitana, 1 vol. in-8, 1845.
    —    Flora Italiana, in-8 ; vol. 1, 1848 ; vol. 2, 1852-1857 ; vol. 3, 1858-1860 ; en cours de publication.

PAUQUY, Statistique botanique, ou Flore du département de la Somme et des environs de Paris, 1 vol. in-8, 1831-1834.

PERSOON, Synopsis plantarum seu Enchiridium botanicum, 2 vol. in-18, 1805-1807.

POIRET, *voyez* de LAMARCK.

POITEAU et TURPIN, Flora Parisiensis, in-fol., 1808 ; inachevé.

POLLICH, Historia plantarum in Palatinatu nascentium, 3 vol. in-8, 1776-1777.

POLLINI, Flora Veronensis, 3 vol. in-8, 1822-1824.

PRESL, Flora Cechica, 1 vol. in-8, 1819.
    —    Cyperaceæ et Gramineæ Siculæ, 1 vol. in-8, 1820.
    —    Flora Sicula, 1 vol. in-8, 1826.

RABENHORST, Cryptogamæ vasculares Europeæ (Herbier des Cryptogames vasculaires d'Europe), 3 fasc., 1858, 1859, 1860.
    —    *Voyez* A. BRAUN, RABENHORST et STIZENBERGER.

RAFINESQUE, Caratteri di alcuni nuovi generi e nuove specie di animali e piante della Sicilia, 1 vol. in-4, 1810.

REBENTISCH, Prodromus Floræ Neomarchicæ, 1 vol. in-8, 1804.

REDOUTÉ, Liliacées, 8 vol. in-fol., 1802-1816.

REICHARD, Flora Mœno-Francofurtana, 2 vol. in-8, 1830-1832.

REICHENBACH, Flora Germanica excursoria, 2 vol. in-18, 1830-1832.
    —    Iconographia botanica, seu Plantæ criticæ, in-4, centuriæ 1-10, 1823-1832.
    —    Icones Floræ Germanicæ et Helveticæ, 18 vol. in-4, 1834-1861 (les vol. 13-18 ont été édités par M. Reichenbach fils) ; en cours de publication.
    —    Flora Germanica exsiccata (Herbier de la Flore d'Allemagne).

RETZIUS, Observationes botanicæ, 6 fasc. in-fol., 1779-1791.

ACH. RICHARD, Nouveaux éléments de Botanique, in-8, 6ᵉ édit. 1838.
— Éléments d'histoire naturelle médicale, 3 vol. in-8; 1ʳᵉ éd. 1838 ; 2ᵉ éd. 1849.

L.-C. RICHARD, De Orchideis Europæis adnotationes, in-4, 1817 (publié dans le vol. 4 des Mémoires du Muséum).
— Mémoires sur les Conifères et les Cycadées, 1 vol. in-fol., 1826 (édité par A. Richard).

RŒMER et SCHULTES, Systema vegetabilium, 7 vol. in-8, 1817-1830.

ROTH, Tentamen Floræ Germanicæ, 3 vol. in-8, 1788-1801.
— Enumeratio plantarum phanerogamarum in Germania sponte nascentium, 2 vol. in-8, 1827.
— Manuale botanicum peregrinationibus botanicis accommodatum, 3 vol. in-12, 1830.

DE SAINT-AMANS, Flore agenaise, 1 vol. in-8, 1818 (en collaboration avec Chaubard).

AUG. DE SAINT-HILAIRE, Notice sur 70 espèces de plantes phanérogames trouvées dans le département du Loiret, broch. in-8, 1812.
— Observations sur la nouvelle Flore des environs de Paris, broch. in-8, 1812.
— Leçons de botanique, comprenant principalement la morphologie végétale, 1 vol. in-8, 1840.

SALISBURY, Notices publiées dans le vol. 8 des *Transactions of the Linnæan Society*.

SAVI, Flora Pisana, 2 vol. in-8, 1798.
— Botanicum Etruscum, 2 vol. in-8, 1808-1815.
— Observationes in varias Trifoliorum species, in-8, 1810.

SCHAUER, *voyez* BLUFF et FINGERHUTH.

SCHKUHR, Botayisches Handbuch, 3 vol. in-8, 1791-1803.
— Histoire des *Carex*, traduction par Delavigne, grand in-8, 1802.
— Kryptogamische Gewæchse, in-4, 1809.

VON SCHLECHTENDAL, Flora Berolinensis, 2 vol. in-8, 1823-1824.

SCHLEICHER, Catalogus plantarum in Helvetia cis- et transalpina sponte nascentium, ed. 3, broch. in-8, 1815.
— Centuriæ exsiccatæ (Plantes sèches de Suisse).

SCHMIDT, Flora Bohemica, in-fol., 1793-1794.

SCHNIZLEIN, Iconographia familiarum naturalium, in-4, 1843.
— Neues Journal für die Botanik, 4 vol. in-8, 1806-1810.

SCHRADER, Nova genera plantarum, 1 vol. in-fol., 1797.
— Journal für die Botanik, 5 vol. in-8, 1799-1803.
— Flora Germanica, 1 vol. in-8, 1806 ; inachevé.
— Monographia generis Verbasci, in-4, 1813-1823.

SCHRANK, Baiersche Flora, 2 vol. in-8, 1789.

SCHREBER, Spicilegium Floræ Lipsicæ, in-8, 1771.
— Plantarum verticillatarum unilabiatarum genera et species, in-4, 1774.

SCHULTES, *voyez* RŒMER et SCHULTES.

C.-F. SCHULTZ, Prodromus Floræ Stargardiensis, 1 vol. in-8, 1806 ; suppl. 1819.

C.-H. SCHULTZ (Bipontinus), Ueber die Tanacetceen, 1 vol. in-4, 1844.

F.-G. SCHULTZ, Flora Galliæ et Germaniæ exsiccata (Centuries de plantes sèches, avec catalogue annoté).

SCOPOLI, Flora Carniolica, 2 vol. in-8, 1772.

SEBASTIANI et MAURI, Floræ Romanæ prodromus, 1 vol. in-8, 1818.

SERINGE, Essai d'une monographie des Saules de la Suisse, 1 vol. in-8, 1815.
— Familles des Caryophyllées et des Cucurbitacées, ainsi que plusieurs autres familles, publiées dans le *Prodromus* de De Candolle.

SIBTHORP, Fl. Oxoniensis, 1 vol. in-8, 1794.
— et SMITH, Floræ Græcæ prodromus, 2 vol. in-8, 1806-1816.
— — Flora Græca, 10 vol. in-fol., 1806-1840.

J. SMITH, Compendium Floræ Britannicæ, 1 vol. in-8 ; ed. 1, 1800 ; ed. 5, 1828.
— Flora Britannica, 3 vol. in-8, 1800-1804.
— *Voyez* SIBTHORP et SMITH.

SONDER, Flora Hamburgensis, 1 vol. in-8, 1851.

SOYER-WILLEMET, Observations sur quelques plantes de France, suivies du Catalogue des plantes vasculaires des environs de Nancy, 1 vol. in-8, 1828.

E. SPACH, Histoire naturelle des végétaux (phanérogames), 14 vol. in-8, 1834-1848.
— Voyez C<sup>te</sup> JAUBERT et SPACH.

SPENNER, Flora Friburgensis, 2 vol. in-18, 1827.

SPRENGEL, Systema vegetabilium, 4 vol. in-8, 1825-1827.
— Plantarum Umbelliferarum, denuo disponendarum, prodromus, in-4, 1813.

STEUDEL, Nomenclator botanicus, ed. 2, 2 vol. grand in-8, 1840-1841.
— Synopsis plantarum glumacearum, 2 vol. grand in-8, 1855.

STIZENBERGER, voyez A. BRAUN, RABENHORST et STIZENBERGER.

STURM, Deutschlands Flora in Abbildungen nach der Natur mit Beschreibungen, 149 livraisons in-12 ; la publication de cet ouvrage, commencée en 1798, continue.
— Voyez HOPPE et STURM.

SUTTON, Notices publiées dans les *Transactions of the Linnæan Society*, vol. 4.

SWARTZ, Synopsis Filicum, in-8, 1806.

TENORE, Prodromus Floræ Neapolitanæ, in-8, 1811-1813.
— Sylloge plantarum vascularium Floræ Neapolitanæ, 1 vol. in-8, 1831.
— Flora Napolitana, 5 vol. in-fol., 1811-1836.

THORE, Essai d'une Chloris du département des Landes, 1 vol. in-16, 1803.

THUILLIER, Flore des environs de Paris ; 1<sup>re</sup> éd. 1 vol. in-12, 1790 ; 2<sup>e</sup> éd. 1 vol. in-8, 1799.

G. THURET, Notes sur l'anthère du *Chara* et les animalcules qu'elle renferme (publié dans les Annales des sciences naturelles, 2<sup>e</sup> série, vol. 14, p. 65).
— Recherches sur les zoospores des Algues et les anthéridies des Cryptogames (publié dans les Annales des sciences naturelles, sér. 3, vol. 14 et 16).

TORREY et GRAY, A Flora of North America, 2 vol. in-8, 1838-1813.

PITTON DE TOURNEFORT, Institutiones rei herbariæ, 3 vol. in-4, 1717-1719.
— Histoire des plantes qui naissent aux environs de Paris ; 1<sup>re</sup> éd. 1698, 1 vol. in-12 ; 2<sup>e</sup> éd. revue et corrigée par Bernard de Jussieu, 2 vol. in-12, 1725.

Transactions of the Linnæan Society, in-4.

TRINIUS, Fundamenta agrostographiæ, 1 vol. in-8, 1820.
— De Graminibus unifloris et sesquifloris dissertatio botanica, 1 vol. in-8, 1824.
— Species Graminum iconibus et descriptionibus illustravit, 3 vol. in-4, 1828-1836.

TURPIN, voyez POITEAU et TURPIN.

VAHL, Symbolæ botanicæ, 3 part. in-fol., 1790-1794.
— Enumeratio plantarum, 2 vol. in-8, 1805-1806.

VAILLANT, Botanicon Parisiense, operis majoris prodromus, 1 vol. in-8, 1723.
— Botanicon Parisiense, 1 vol. in-fol., 1726.

VAUCHER, Monographie des Orobanches, in-4, 1827.
— Monographie des Prêles, in-4 (publié dans le vol. 1 des Mémoires de la Société d'histoire naturelle de Genève), 1822.

VENTENAT, Choix de plantes, 10 fasc. in-fol., 1803-1808.
— Tableau du règne végétal, 4 vol. in-8, 1803.

VILLARS, Histoire des plantes du Dauphiné, 3 vol. in-8, 1786-1788.

VISIANI, Flora Dalmatica, 3 vol. in-4, 1842-1852.

VIVIANI, Floræ Italicæ fragmenta, 1 fasc. in-4, 1808.

WAHLBERG, Flora Gothoburgensis, 1 broch. in-12, 1820.

WAHLENBERG, Flora Lapponica, 1 vol. in-8, 1812.
— Flora Carpatorum, 1 vol. in-8, 1814.
— Flora Suecica, 1 vol. in-8, 1824-1826.
— Flora Upsaliensis, 1 vol. in-8, 1820.

WALDSTEIN et KITAIBEL, Descriptiones et icones plantarum rariorum Hungariæ, 3 vol. in-fol., 1802-1812.

WALLMAN, Essai d'une disposition systématique de la famille des Characées, traduit du suédois par M. W. Nylander, publié par les soins de M. Durieu de Maisonneuve dans les Actes de la Société Linnéenne de Bordeaux, vol. 21, 1856 (extrait des Actes de l'Académie des sciences de Stockholm [1854]).

WALLROTH, Annus botanicus, 1 vol. in-12, 1815.
— Orobanches generis διασχινὴ, in-8, 1825.
— Schedulæ criticæ de plantis Floræ Halensis, 1 vol. in-8, 1822.

WALPERS, Repertorium botanices systematicæ, 6 vol. in-8, 1842-1847.
— Annales botanices systematicæ (continué par C. Müller), 5 vol. in-8, 1848-1860 ; en cours de publication.

WEBB, Phytographia Canariensis (formant la 3ᵉ section de l'Histoire naturelle des îles Canaries), 5 vol. in-4, 1836-1850.

WEDDELL, Monographie de la famille des Urticées, 1 vol. in-4, 1856 (publié dans les Archives du Muséum).
— Chloris Andina, grand in-4 ; 1ᵉʳ vol. 1855 ; 2ᵉ vol. livr. 10-13, en cours de publication.
— Voyez E. COSSON, GERMAIN DE SAINT-PIERRE et WEDDELL.

WEIGEL, Observationes botanicæ, in-4, 1772.

WEIHE et C-G. NEES VON ESENBECK, Rubi Germanici, in-fol., 1822-1827.

WIBEL, Primitiæ Floræ Werthemensis, 1 vol. in-8, 1799.

WIGGERS, Primitiæ Floræ Holsaticæ, 1 vol. in-8, 1780.

WILLDENOW, Enumeratio plantarum horti Berolinensis, in-8, 1809.
— Floræ Berolinensis prodromus, 1 vol. in-8, 1787.
— Linnæi Species plantarum, 5 vol. in-8, 1797-1818.
— Phytographia seu descriptio plantarum rariorum, fasc. 1, in-fol. 1794.

WIMMER, Flora von Schlesien, 1 vol. in-12, 1841.

WITHERING, An arrangement of British plants ; ed. 1, 2 vol. in-8, 1776 ; ed. 2, 3 vol. in-8, 1787-1793 ; ed. 3, 4 vol. in-8, 1796.

ZIZ, voyez KOCH et ZIZ.

---

C'est dans la magnifique bibliothèque botanique de M. Delessert, ouverte aux botanistes avec un si noble désintéressement, que nous avons puisé la plupart des renseignements bibliographiques consignés dans notre ouvrage. — Nous devons à M. Lasègue, conservateur de cette riche collection, les plus vifs remercîments pour l'extrême obligeance avec laquelle il nous a toujours aidés dans nos recherches.

# EXPLICATION DES SIGNES ET DES ABRÉVIATIONS.

①  Annuelle : plante ne fleurissant qu'une fois, germant au printemps et mourant avant l'hiver de la même année.

②  Bisannuelle : plante ne fleurissant qu'une fois, mais germant et se développant en rosette dans l'année qui précède celle où elle fleurit et meurt.

♃  Vivace : plante à souche herbacée ou ligneuse continuant à vivre pendant un nombre d'années indéterminé, produisant chaque année une tige herbacée qui se détruit avant l'hiver après avoir porté des fleurs et des fruits.

♄  Ligneuse : plante à tige ligneuse continuant à vivre pendant un nombre d'années indéterminé et portant chaque année des fleurs et des fruits.

☿  Plante mâle.

♀  Plante femelle.

—  Ce signe, dans une phrase synonymique, suivant immédiatement le nom d'une espèce, indique que cette espèce a reçu de nous le nom sous lequel elle est décrite, qu'elle soit nouvelle, ou que nous soyons les premiers qui la rapportions au genre auquel elle appartient, ou encore que le nom de l'espèce ait dû être changé d'après les règles de synonymie généralement adoptées.

!  Signe de certitude : — dans une phrase synonymique, après le nom d'un auteur, indique que nous avons vu des échantillons authentiques de la plante ; — après l'indication d'une localité, signifie que nous avons trouvé la plante nous-mêmes ; lorsqu'un nom propre entre parenthèses et imprimé en lettres italiques suit ce signe, cela signifie que nous avons observé la plante étant accompagnés par le botaniste cité, ou que nous avons vérifié à la localité l'exactitude de son indication.

?  Signe de doute : — dans une phrase synonymique, après le nom d'un auteur, indique qu'il y a lieu de douter que la plante décrite ou figurée par cet auteur soit la même que la nôtre.

†  Précédant un nom de famille ou de genre, indique que cette famille ou ce genre ne comprend dans l'ouvrage que des espèces cultivées ou naturalisées ; dans ce cas, les descriptions sont imprimées en petit texte. — Précédant un nom d'espèce, indique que l'espèce est cultivée en grand, ou est naturalisée, soit en abondance dans un certain nombre de localités, soit çà et là dans toute la région.

,  Séparant des indications de localités, indique qu'elles sont toutes données sous la responsabilité du botaniste dont le nom suit immédiatement la série.

*C C C.* Très vulgaire, partout et très abondant.

*C C.* Très commun, ou répandu dans presque toute la région.

*C.* Commun dans toute la région.

*A.C.* Assez commun, fréquent dans un certain nombre de localités, ou se rencontrant çà et là dans toute la région.

*A.R.* Assez rare.

*R.* Rare.

*R R.* Très rare.

*R R R.* Très rare et ordinairement peu abondant à la localité indiquée.

Un numéro d'ordre, en chiffres romains, imprimé en capitales normandes ( exemple : **XV** ), suivi d'un nom imprimé en mêmes caractères, indique que ce nom désigne une famille.

Un numéro d'ordre, en chiffres arabes ( exemple : **15** ), accompagné d'un nom imprimé en capitales égyptiennes, indique que ce nom désigne un genre.

Un numéro d'ordre en chiffres arabes ( exemple : 15 ), suivi d'un nom imprimé en lettres normandes, indique que ce nom désigne une espèce.

Dans les phrases synonymiques, les nombres imprimés en chiffres romains indiquent le volume ; les nombres imprimés en chiffres arabes indiquent la page (exemple : IV, 150 = vol. IV, page 150).

4-8, 5-10, etc. . . . . de 4 à 8, de 5 à 10, etc.

mono, di, bi, tri, quadri, un, deux, trois, quatre, plusieurs, beaucoup ou un grand nombre (exem-
pluri, poly, multi. . ples : monophylle, disperme, bifide, pluriovulé, polysperme, multiovulé) —
ou une fois, deux fois, trois fois, plusieurs fois, etc. (exemple : bipinna-
tifide, tripinnatiséqué, etc.).

4-fide, 3-denté, etc. . . quadrifide, tridenté.

1-3-sperme, etc. . . . . contenant 1 à 3 graines, etc.

*addit. plur. spec.* . . . additis pluribus speciebus (en y ajoutant plusieurs espèces).

*ap.* . . . . . . . . . . apud (chez, dans).

*auct.* . . . . . . . . . . auctorum (des auteurs, d'après les auteurs).

*éd.* . . . . . . . . . . . édition.

*emend.* . . . . . . . . emendatus (corrigé, modifié).

*ex.* . . . . . . . . . . . (de, d'après).

*exel. plur. spec.* . . . . exclusis pluribus speciebus (en excluant plusieurs espèces).

*exel. syn.* . . . . . . . exclusis synonymis (en excluant les synonymes).

*Exsicc.* . . . . . . . . . exsiccata (collection de plantes sèches publiée avec des numéros d'ordre).

*f., fig.* . . . . . . . . . figure.

Illustr. fl. Par. . . . . Atlas de la Flore des environs de Paris, par E. Cosson et Germain de
Saint-Pierre.

Fl. . . . . . . . . . . Flore.

Fl. Par. éd. 1. . . . . Flore des environs de Paris, par E. Cosson et Germain de Saint-Pierre,
1re édition.

*Fl.* . . . . . . . . . . fleur (exemple : *Fl.* mars-mai, indique que la plante est en fleur du mois
de mars au mois de mai).

*Fr.* . . . . . . . . . . fruit.

*Fruct.* . . . . . . . . . fructification (n'est employé que pour les Cryptogames).

herb. . . . . . . . . . herbier.

ic., illustr. . . . . . . . icones, illustrationes (planches, illustrations).

*in.* . . . . . . . . . . . dans.

*loc. cit.* . . . . . . . . loco citato (dans l'ouvrage cité).

n. . . . . . . . . . . . numéro.

non, nec. . . . . . . . non, non pas, ni.

ord. . . . . . . . . . . ordinairement.

sec. . . . . . . . . . . secundum (selon, d'après).

*sect.* . . . . . . . . . . section.

sub. . . . . . . . . . . particule qui, placée devant un adjectif ou un participe, en diminue la valeur
(exemple : subglobuleux).

t., tab. . . . . . . . . . tabula (planche).

*vulg.* . . . . . . . . . . vulgairement.

*var.*, Var. . . . . . . . varie, variété.

α, β, γ . . . . . . . . numéros d'ordre des variétés ; α est le type de l'espèce. — Lorsque la
série des variétés commence par β, la variété α est comprise dans
la description même de l'espèce.

S.-v. . . . . . . . . . . sous-varie, sous-variété ; — se rattache à la variété qui précède immédiatement ; — précédé de plusieurs numéros d'ordre de variétés (exem-
ple : α β γ s.-v.), indique que les variétés énumérées avant le signe s.-v.
présentent chacune cette même sous-variété.

# TABLEAU SYNOPTIQUE DES FAMILLES (*)

## EMBRANCHEMENT I. PLANTES PHANÉROGAMES OU COTYLÉDONÉES.

*Plantes portant des fleurs*, c'est-à-dire à organes reproducteurs constitués par des étamines et des ovules. *Graines composées d'un embryon renfermé dans des tuniques. Embryon présentant des parties distinctes, à un, deux, ou rarement plusieurs cotylédons.*

## DIVISION I. DICOTYLÉES.

Tige herbacée, ou ligneuse sa solidité augmentant de la circonférence vers le centre, séparable en deux zones, l'une extérieure corticale (écorce), l'autre intérieure ligneuse (bois); la zone ligneuse composée de faisceaux qui sont constitués essentiellement par des fibres ligneuses et des vaisseaux, et qui forment par leur réunion un cylindre creux (canal médullaire) rempli par du tissu cellulaire (moelle); la tige s'accroissant annuellement chez les végétaux ligneux par l'addition, entre les deux zones, d'une couche dont la partie extérieure se rattache à la zone corticale et la partie intérieure à la zone ligneuse. *Feuilles à nervures ord.* divergentes très *ramifiées*, entières, dentées ou plus ou moins profondément divisées, quelquefois composées de plusieurs folioles, rarement réduites à des écailles ou nulles. *Enveloppes de la fleur à parties ord. au nombre de cinq*, constituées par un calice et une corolle, ou réduites au calice, rarement nulles. *Embryon à deux* cotylédons opposés, *rarement à plusieurs cotylédons* verticillés.

## SUBDIVISION I. DIALYPÉTALES.

Enveloppes florales constituées par un calice et une corolle. Corolle à *pétales libres entre eux.* Ovules contenus dans un ovaire fermé et recevant l'influence du pollen par l'intermédiaire d'un stigmate.

### CLASSE I. DIALYPÉTALES HYPOGYNES (**).

*Pétales et étamines indépendants du calice*, insérés sur le réceptacle ou sur un disque libre ou soudé avec la base de l'ovaire. Ovaire libre.

#### † *Placentation axile.*

1. RENONCULACÉES, p. 2. — Sépales 5, plus rarement 3-15, pétaloïdes ou herbacés. Pétales libres, très rarement soudés, réguliers ou irréguliers, plus rarement nuls. *Étamines en nombre indéfini*, rarement 5-12, libres. *Fruit composé*

(*) Nous avons eu soin d'indiquer en note les principales exceptions que présentent les divers groupes; néanmoins nous croyons devoir engager les personnes peu familiarisées avec la méthode naturelle à consulter le *Tableau analytique des familles* que nous avons publié dans notre *Synopsis*. Ce tableau, basé exclusivement sur les caractères des plantes qui croissent aux environs de Paris, les conduira plus facilement à la détermination des types exceptionnels.

(**) Par leur corolle souvent presque dialypétale, les *Plombaginées*, appartenant à la classe des Gamopétales hypogynes, se rapprochent de la classe des Dialypétales hypogynes.

*de carpelles libres ou soudés inférieurement*, très rarement d'un seul carpelle. *Périsperme épais corné* (*).

II. **BERBÉRIDÉES**, p. 27. — Fleurs régulières. Sépales ord. 6, disposés sur deux rangs, pétaloïdes. *Pétales disposés sur deux rangs. Étamines en nombre égal à celui des pétales, opposées aux pétales. Anthères à lobes s'ouvrant chacun par une valvule.* Fruit à un seul carpelle, bacciforme ord. disperme. *Périsperme épais. Arbrisseau épineux.*

III. **CARYOPHYLLÉES**, p. 28. — Fleurs régulières. Calice à 4-5 sépales libres ou soudés en tube inférieurement. Pétales 4-5, très rarement nuls par avortement. *Étamines en nombre égal à celui des pétales ou en nombre double. Styles 2-5, libres. Fruit capsulaire, polysperme*, très rarement oligosperme, *uniloculaire, rarement à 2-5 loges plus ou moins incomplètes*, très rarement bacciforme-indéhiscent. *Graines insérées sur un placenta central ou à l'angle interne des loges. Embryon ord. annulaire ou semiannulaire entourant le périsperme farineux.* Feuilles opposées (**).

IV. **ÉLATINÉES**, p. 51. — Fleurs régulières. Calice à 3-4 sépales soudés inférieurement. Pétales 3-4. *Étamines en nombre égal à celui des pétales ou en nombre double*, libres. Styles 3-4, libres. *Fruit capsulaire, polysperme, à 3-4 loges, à déhiscence septifrage.* Graines insérées à l'angle interne des loges. *Périsperme nul.* Embryon plus ou moins arqué. *Feuilles opposées ou verticillées.*

V. **LINÉES**, p. 53. — Fleurs régulières. Sépales 4-5. Pétales 4-5, très caducs. *Étamines 4-5 fertiles*, ord. un peu soudées entre elles à la base, alternant avec des étamines avortées en même nombre dentiformes ou nulles. Styles 5, plus rarement 3-4, libres ou soudés à la base. *Fruit capsulaire, à 5 plus rarement 3-4 loges dispermes subdivisées chacune en deux loges secondaires monospermes par une fausse-cloison dorsale. Graines insérées à l'angle interne des loges. Périsperme nul.* Embryon droit.

VI. **OXALIDÉES**, p. 56. — Fleurs régulières. Sépales 5. Pétales 5, libres ou un peu soudés à la base, à préfloraison contournée. *Étamines 10, à filets soudés inférieurement. Styles 5, libres ou soudés à la base. Fruit* capsulaire, à 5 loges mono-polyspermes, à déhiscence loculicide. *Graines* insérées à l'angle interne des loges, *renfermées dans une enveloppe succulente. Périsperme épais. Feuilles trifoliolées.*

VII. **BALSAMINÉES**, p. 58. — *Fleurs très irrégulières*, renversées. *Sépales 4, très inégaux*, les 2 extérieurs membraneux conformes, *les 2 intérieurs pétaloïdes, l'un dirigé en dehors en forme de casque, l'autre dirigé en dedans en forme de cornet prolongé* inférieurement *en éperon. Pétales 4, soudés par paires* dans leur partie inférieure. *Étamines 5 ; anthères cohérentes entre elles.* Stigmates sub-sessiles plus ou moins soudés. *Fruit capsulaire,* à 5 loges contenant ord. plu-

---

(*) La famille des *Renonculacées*, bien que très naturelle, présente de très nombreuses exceptions : les genres *Clematis, Thalictrum, Anemone, Caltha* et *Actæa* n'ont qu'une seule enveloppe florale. Dans le genre *Delphinium*, les pétales sont souvent soudés en une corolle gamopétale. Dans le genre *Myosurus*, les étamines sont réduites au nombre de 5-12. Dans plusieurs genres, les carpelles sont soudés entre eux à la base ; dans quelques espèces du genre *Nigella*, ils sont même soudés dans la plus grande partie de leur longueur. Dans les genres *Delphinium* et *Isopyrum*, le fruit est souvent réduit par avortement à un seul carpelle. Dans le genre *Actæa*, il est constitué normalement par un seul carpelle bacciforme.

(**) Dans plusieurs genres de la famille des *Caryophyllées*, la forme ou la position de l'embryon est exceptionnelle : dans les genres *Dianthus* et *Polycarpon*, l'embryon est droit ou presque droit et est appliqué sur la face dorsale du périsperme ; dans le genre *Spergula*, il est en spirale ; dans le genre *Holosteum*, il est plié et plongé dans le périsperme.

sieurs graines, *se partageant en 5 valves qui se détachent des cloisons avec élasticité. Graines insérées à l'angle interne des loges.* Périsperme nul.

**VIII. GÉRANIACÉES, p. 59.** — Fleurs presque régulières, plus rarement irrégulières. Sépales 5. Pétales 5, égaux ou inégaux. *Étamines 10, les extérieures* plus courtes *opposées aux pétales* quelquefois dépourvues d'anthère. Styles 5, soudés avec un prolongement de l'axe ; stigmates 5, libres. *Fruit sec, à 5 carpelles monospermes* (coques), *libres entre eux, verticillés à la base d'un prolongement de l'axe de la fleur en forme de bec auquel ils sont soudés et dont ils se détachent à la maturité, à nervure dorsale prolongée en un long appendice* linéaire *également soudé avec le prolongement de l'axe et s'en séparant avec élasticité.* Périsperme nul. *Cotylédons condupliqués-flexueux.* Feuilles toutes ou la plupart munies de stipules.

**IX. MALVACÉES, p. 65.** — Fleurs régulières. *Calice à 3-5 sépales soudés inférieurement, à préfloraison valvaire, accompagné d'un calicule. Pétales 5, soudés entre eux par les onglets, à préfloraison contournée. Étamines en nombre indéfini, à filets soudés en un tube qui recouvre l'ovaire ; anthères unilobées. Styles* soudés en colonne, mais libres dans leur partie supérieure. *Fruit composé de carpelles nombreux, monospermes, disposés en verticille* autour d'un prolongement de l'axe (dans nos espèces), ou composé de carpelles peu nombreux soudés en capsule à plusieurs loges polyspermes. *Graines insérées à l'angle interne des carpelles.* Périsperme mince mucilagineux. *Embryon plié.* Feuilles alternes, munies de stipules.

**X. TILIACÉES, p. 68.** — Fleurs régulières. *Sépales 5, à préfloraison valvaire. Pétales 5, à préfloraison imbriquée. Étamines en nombre indéfini ;* anthères bilobées. Ovaire ord. à 5 loges biovulées ; *ovules insérés à l'angle interne des loges.* Style indivis ; stigmates 5, plus ou moins distincts. *Fruit presque ligneux, indéhiscent, uniloculaire et 1-2-sperme par avortement. Périsperme charnu.* Embryon presque droit. *Arbres* à feuilles alternes munies de stipules caduques.

**XI. POLYGALÉES, p. 69.** — *Fleurs irrégulières. Sépales 5, très inégaux les deux intérieurs très amples presque pétaloïdes. Pétales 5, longuement soudés en tube fendu supérieurement, l'inférieur d'une autre forme à limbe profondément lacinié. Étamines 8 ; anthères disposées par 4 en deux faisceaux, unilobées.* Style indivis, divisé au sommet en deux lèvres. *Fruit capsulaire membraneux, à 2 loges monospermes.* Graines insérées sur la cloison.

**XII. ACÉRINÉES, p. 72.** — Fleurs régulières. Sépales 5 plus rarement 4-9 soudés à la base, souvent colorés. *Disque hypogyne très épais.* Pétales en nombre égal à celui des sépales. *Étamines 5-12,* ord. 8, *libres.* Styles 2, soudés inférieurement, libres dans leur partie stigmatifère. *Fruit sec, composé de deux coques monospermes par avortement, très rarement dispermes, indéhiscentes, prolongées chacune en aile dorsale membraneuse, se séparant à la maturité.* Graines insérées à l'angle interne des coques. *Périsperme nul. Embryon plié, à cotylédons pliés-enroulés. Arbres* à feuilles opposées.

† **HIPPOCASTANÉES, p. 74.** — *Fleurs irrégulières. Calice tubuleux-campanulé,* à 5 dents inégales. Pétales 4-5, inégaux. *Étamines 5-10,* ord. 7, *libres. Ovaire à 3 loges biovulées. Ovules insérés à l'angle interne des loges.* Style indivis. *Fruit* capsulaire, 3-loculaire ou 1-2-loculaire par avortement, à loges ord. monospermes par avortement, *à déhiscence loculicide. Périsperme nul. Embryon* plié. *Arbres à feuilles opposées, composées digitées.*

**XIII. CÉLASTRINÉES, p. 75.** — *Fleurs régulières.* Sépales 4-5, soudés à la base. *Disque hypogyne épais.* Pétales 4-5. Étamines 4-5, libres. Style indivis, très court ; stigmate 3-5-lobé ou presque entier. *Fruit* capsulaire cartilagineux, à

*5-5 loges dispermes ou monospermes par avortement, à déhiscence loculicide. Graines insérées à l'angle interne des loges, munies d'un faux-arille charnu coloré. Périsperme charnu. Embryon droit.* Arbrisseaux ou arbres.

† AMPÉLIDÉES, p. 76. — Fleurs régulières. Calice gamosépale 4-5-denté ou presque entier. Disque glanduleux hypogyne. *Pétales 5,* plus rarement *4, ord. soudés supérieurement et se détachant d'une seule pièce. Étamines 5,* plus rarement *4, opposées aux pétales.* Stigmate indivis, sessile ou subsessile. *Fruit bacciforme,* à 2 plus rarement 3-6 loges ; *à loges dispermes ou monospermes par avortement.* Graines insérées à la base de la cloison ou de l'angle interne des loges. *Périsperme charnu corné, épais. Arbrisseaux sarmenteux* grimpants.

XIV. MONOTROPÉES, p. 77. — Fleurs presque régulières. Sépales 5 ou moins, plus ou moins inégaux. *Pétales 4-5, prolongés au-dessous de leur insertion en éperons courts nectarifères. Étamines 8-10,* libres ; *anthères unilobées.* Style indivis. *Fruit* capsulaire, *à 4-5 loges très polyspermes, à déhiscence loculicide. Graines à testa très lâche* débordant largement l'amande, insérées à l'angle interne des loges. *Plante décolorée blanchâtre, à feuilles réduites à des écailles.*

†† Placentation pariétale (*).

XV. HYPÉRICINÉES, p. 78. — *Fleurs régulières. Sépales 4-5,* libres ou soudés inférieurement, *à préfloraison imbriquée. Pétales 4-5, à préfloraison contournée. Étamines en nombre indéfini, à filets ord. réunis* à la base en *3-5 faisceaux opposés aux pétales. Styles 3-5, libres. Fruit* capsulaire, *polysperme, à 3-5 loges plus rarement à une seule loge, à déhiscence septicide plus rarement bacciforme indéhiscent.* Graines à testa lâche, insérées à l'angle interne des loges ou sur des placentas pariétaux. *Périsperme nul. Feuilles opposées.*

XVI. DROSÉRACÉES, p. 82. — *Fleurs régulières. Sépales 5,* libres ou soudés seulement à la base. Pétales 5, à préfloraison imbriquée ou contournée. *Étamines en nombre égal à celui des pétales ou en nombre double,* libres. *Styles 3-5,* libres, quelquefois presque nuls ; stigmates entiers ou échancrés. *Fruit* capsulaire, *polysperme, uniloculaire, à déhiscence loculicide. Graines à testa lâche* rarement appliqué sur l'amande, insérées sur des placentas pariétaux. *Périsperme charnu.*

XVII. PYROLACÉES, p. 85. — *Fleurs régulières.* Sépales 5, soudés à la base. Pétales 5, à préfloraison imbriquée. *Étamines en nombre double de celui des pétales,* libres ; *anthères à lobes s'ouvrant* chacun *par un pore.* Style indivis. *Fruit* capsulaire, *à 5 loges* polyspermes, à déhiscence loculicide. *Graines à testa lâche,* insérées à l'angle interne des loges. *Périsperme charnu.*

XVIII. RÉSÉDACÉES, p. 87. — *Fleurs irrégulières. Sépales 4-8,* ord. plus ou moins inégaux, libres ou soudés inférieurement, distants pendant la préfloraison. *Pétales 4-8,* inégaux, *palmatipartits au moins les supérieurs,* les inférieurs souvent réduits au lobe médian, à onglet ord. élargi et infléchi au sommet. *Disque glanduleux* hypogyne, *prolongé du côté de l'axe en forme d'écaille charnue. Étamines 7-40. Fruit capsulaire uniloculaire polysperme* ouvert au sommet, *à 3-4 placentas pariétaux, plus rarement composé de 4-6 carpelles secs monospermes libres entre eux* ouverts au côté interne. *Périsperme nul.* Embryon plié.

XIX. NYMPHÉACÉES, p. 90. — *Fleurs régulières.* Sépales 4-5, libres. *Pétales nombreux, disposés sur deux ou plusieurs rangs. Étamines en nombre indéfini.* Stigmates nombreux, en nombre égal à celui des loges, libres au sommet

---

(*) Les familles des *Hypéricinées,* des *Pyrolacées,* des *Résédacées* et des *Nymphéacées* établissent la transition entre les familles à placentation axile et les familles à placentation pariétale.

ou entièrement soudés en plateau persistant. *Fruit* soudé ou non avec la base des pétales et des étamines, charnu-herbacé, indéhiscent, *à loges nombreuses et en nombre variable*, polyspermes. *Graines insérées aux parois des cloisons, renfermées dans une enveloppe succulente.* Périsperme double. *Plantes aquatiques.* Feuilles à limbe cordé à la base s'étalant à la surface de l'eau.

XX. PAPAVÉRACÉES, p. 92. — Fleurs régulières ou presque régulières. *Sépales 2*, caducs. *Pétales 4*, à préfloraison imbriquée-chiffonnée. *Étamines ord. en nombre indéfini.* Stigmates 2 plus ou moins soudés, ou plus ou moins nombreux disposés en rayons et soudés sur un plateau qui surmonte l'ovaire. Fruit sec polysperme, globuleux ou oblong uniloculaire offrant des fausses-cloisons incomplètes s'ouvrant par des pores au-dessous du plateau stigmatifère, plus rarement linéaire uniloculaire ou divisé en deux loges par une fausse-cloison déhiscent bivalve. Périsperme charnu-huileux.

XXI. FUMARIACÉES, p. 96. — *Fleurs irrégulières. Sépales 2*, caducs. *Pétales 4*, libres ou plus ou moins soudés à la base, les deux latéraux ord. cohérents au sommet, le supérieur ord. prolongé en éperon. *Étamines 6*, à filets soudés en deux faisceaux opposés, les anthères latérales de chaque faisceau unilobées, la moyenne bilobée. Style indivis. Fruit sec, uniloculaire, monosperme indéhiscent, ou polysperme s'ouvrant en deux valves. Graines insérées sur des placentas pariétaux. Périsperme charnu, très épais.

XXII. CRUCIFÈRES, p. 99. — Fleurs régulières ou presque régulières. *Sépales 4.* Pétales 4, très rarement nuls par avortement. *Étamines 6*, très rarement moins par avortement, *les 4 intérieures* plus longues *opposées par paires aux sépales intérieurs.* Stigmate indivis ou bilobé. *Fruit à 2 placentas pariétaux*, partagé en deux loges par le prolongement celluleux des placentas, sec, allongé (silique), ou court (silicule); déhiscent, biloculaire, à loges polyspermes ou monospermes, s'ouvrant en deux valves; ou indéhiscent, quelquefois uniloculaire monosperme; quelquefois se partageant en articles transversaux monospermes. *Périsperme nul. Embryon plié*, très rarement enroulé en spirale.

XXIII. CISTINÉES, p. 134. — Fleurs régulières. *Sépales 5*, les deux extérieurs ord. plus petits quelquefois nuls, les trois *intérieurs à préfloraison contournée. Pétales 5, à préfloraison contournée* en sens inverse de celle des sépales. *Étamines en nombre indéfini*, libres. Style indivis, quelquefois très court. *Fruit* capsulaire, polysperme, *uniloculaire*, ou à *5-5*, plus rarement 6-10 *loges incomplètes*, à déhiscence loculicide. Graines insérées sur des *placentas pariétaux* ou à l'angle interne des cloisons. *Périsperme mince*, farineux.

XXIV. VIOLARIÉES, p. 137. — *Fleurs irrégulières*, renversées. Sépales 5, prolongés au-dessous de leur insertion. *Pétales 5, inégaux, l'inférieur prolongé en éperon.* Étamines 5, à filets très courts élargis; anthères terminées supérieurement par un appendice membraneux. Style indivis. *Fruit* capsulaire, *uniloculaire*, polysperme, *à déhiscence loculicide, à 3 valves.* Graines insérées sur des placentas pariétaux. Périsperme charnu, épais.

<h3 style="text-align:center">CLASSE II. DIALYPÉTALES PÉRIGYNES (*).</h3>

*Pétales et étamines soudés à leur base avec le calice* sur lequel ils paraissent s'insérer. Ovaire libre ou soudé avec le calice.

(*) Les familles des *Caryophyllées*, des *Acérinées* et des *Célastrinées*, que nous rapportons aux Dialypétales hypogynes, sont considérées par beaucoup d'auteurs comme appartenant aux Dialypétales périgynes. — Les genres suivants, qui appartiennent à des familles de la classe des Gamopétales périgynes, se rapprochent des Dialypétales périgynes par leur corolle presque dialypétale : quelques genres de la famille des *Cucurbitacées* étrangers à notre flore, *Oxycoccos* (Vacciniées), *Phyteuma* et *Jasione* (Campanulacées).

† Ovaire libre (*).

† **TÉRÉBINTHACÉES, p. 141.** — *Fleurs régulières.* Sépales 3-5, plus ou moins soudés à la base. Pétales 3-5. *Étamines 3-5 ou 6-10. Fruit indéhiscent, monosperme,* sec ou plus ou moins drupacé. *Arbres ou arbrisseaux.* Stipules nulles.

**XXV. RHAMNÉES, p. 143.** — Fleurs régulières. Sépales 4-5, soudés inférieurement. Pétales 4-5, ord. très petits, insérés avec les étamines au bord du disque glanduleux qui revêt le tube du calice. *Étamines 4-5, opposées aux pétales.* Styles 2-4, soudés dans leur partie inférieure ou dans toute leur longueur; stigmates libres ou plus ou moins soudés. *Fruit drupacé, à 2-4 noyaux monospermes.* Périsperme mince charnu. *Arbrisseaux ou arbres peu élevés. Stipules souvent caduques.*

**XXVI. PAPILIONACÉES, p. 144.** — *Fleurs irrégulières.* Sépales 5, plus ou moins longuement soudés, souvent disposés en deux lèvres. *Corolle papilionacée, à* 5 pétales insérés au bord d'un disque qui revêt la base du tube du calice, libres, plus rarement soudés entre eux. *Étamines 10,* insérées avec les pétales, *à filets* tous *soudés en tube* entier ou fendu, ou l'étamine supérieure libre les autres soudées entre elles. Style filiforme. *Fruit (légume, gousse)* libre, *à un seul carpelle,* sec, polysperme ou oligosperme, plus rarement monosperme, s'ouvrant longitudinalement en deux valves suivant la nervure dorsale et la nervure placentaire, uniloculaire rarement divisé en deux fausses-loges par l'introflexion de la nervure dorsale, quelquefois indéhiscent partagé en articles transversaux monospermes qui se séparent à la maturité ou réduit à un seul article monosperme. Graines insérées à l'angle interne de la loge. Périsperme nul ou presque nul. *Feuilles composées,* rarement réduites à une seule foliole ou au rachis, munies de stipules.

**XXVII. LYTHRARIÉES, p. 187.** — Fleurs régulières ou presque régulières. *Calice* gamosépale, *à 8-12 divisions* rarement plus, *disposées sur deux rangs.* Pétales 4-6, insérés au sommet du tube du calice, plus rarement nuls. *Étamines 6-12,* rarement plus, ou moins par avortement. Style indivis ou presque nul. *Fruit capsulaire,* ord. *biloculaire, à loges polyspermes. Graines insérées à l'angle interne des loges.* Périsperme nul.

**XXVIII. PORTULACÉES, p. 189.** — Fleurs presque régulières. *Sépales 2,* rarement 3, libres ou soudés à la base. Pétales 5, rarement 4 ou 6, insérés à la base du calice, soudés entre eux à la base ou dans une grande partie de leur longueur, plus rarement libres. Étamines en nombre égal à celui des pétales ou en nombre plus grand, ou en nombre moindre. *Styles 3-5,* soudés dans leur partie inférieure. *Fruit* libre ou soudé à la base avec le calice, *capsulaire, uniloculaire, polysperme* à déhiscence circulaire (pyxide), *ou 3-sperme 3-valve* à déhiscence loculicide. *Graines insérées sur un placenta central. Embryon annulaire, entourant un périsperme farineux.*

**XXIX. PARONYCHIÉES, p. 191.** — Fleurs régulières. Sépales 5, rarement 4, libres ou soudés dans une étendue variable. *Pétales 5,* rarement 4, *souvent filiformes rudimentaires,* insérés à la base des divisions ou à la gorge du tube du calice. *Étamines 5, rarement 4. Styles 2-3,* très courts, et souvent plus ou moins soudés, ou filiformes distincts. *Fruit* capsulaire, *uniloculaire, monosperme, indéhiscent. Graine suspendue au sommet d'un funicule qui naît du fond de la loge,* quelquefois dressée lorsque ce funicule est court. *Embryon ord. annulaire entourant un périsperme farineux.*

---

(*) L'ovaire est souvent libre dans la famille des *Saxifragées*, qui est classée parmi les Dialypétales périgynes à ovaire soudé avec le calice.

**XXX. CRASSULACÉES, p. 194.** — Fleurs régulières. Sépales 5, plus rarement 3-20, plus ou moins soudés à la base. *Pétales 5, plus rarement 3-20*, insérés à la base des sépales, libres, quelquefois soudés entre eux à la base. Étamines en nombre égal à celui des pétales ou plus ord. en nombre double. *Écailles hypogynes placées à la base des carpelles.* Styles 5, plus rarement 3-20, libres. *Fruit à 5 plus rarement 3-20 carpelles libres entre eux*, secs, polyspermes, rarement dispermes, s'ouvrant par la suture interne. Graines insérées à l'angle interne des carpelles. *Périsperme très mince. Feuilles charnues-succulentes.*

**XXXI. AMYGDALÉES, p. 201.** — Fleurs régulières. Sépales 5, soudés en tube, à limbe 5-partit. Pétales 5, insérés au bord supérieur d'un disque qui tapisse le tube du calice. *Étamines 15-30*, insérées avec les pétales. *Style 1. Fruit* (drupe) charnu à sarcocarpe ord. succulent, *à un seul noyau* monosperme par avortement rarement disperme. Périsperme nul. *Arbres ou arbrisseaux. Stipules caduques.*

**XXXII. ROSACÉES, p. 206.** — Fleurs régulières. Sépales 5, plus rarement 4, soudés seulement dans leur partie inférieure ou soudés en tube dans une étendue variable, souvent accompagnés de stipules qui se soudent deux à deux et forment un calicule. Pétales 5, rarement 4, insérés sur un disque plus ou moins épais au niveau de la base des divisions du calice. *Étamines ord. en nombre indéfini.* Styles libres, plus rarement agglutinés en colonne. *Fruit composé de carpelles libres* entre eux, en nombre indéfini, plus rarement peu nombreux ou réduits à 1-2 ; carpelles secs ou drupacés monospermes indéhiscents, très rarement polyspermes déhiscents, quelquefois renfermés dans le tube du calice charnu ou ligneux. Périsperme nul. Stipules ord. plus ou moins longuement soudées avec le pétiole (*).

†† Ovaire soudé avec le calice (**).

**XXXIII. POMACÉES, p. 225.** — Fleurs régulières. Calice gamosépale, à limbe 5-partit. Pétales 5, insérés sur un disque mince à la gorge du calice. *Étamines 15-30.* Styles 5, ou 1-4 par avortement, libres ou plus ou moins soudés à la base. *Fruit* soudé avec le tube du calice, *charnu ou pulpeux, à 5 loges ou 1-4 loges* par avortement, à loges dispermes ou monospermes par avortement rarement polyspermes ; endocarpe membraneux ou cartilagineux, ou osseux formant des noyaux. Graines insérées à l'angle interne des loges. Périsperme nul. Arbres ou arbrisseaux. Stipules libres, ord. caduques.

† **PHILADELPHÉES, p. 231.** — Fleurs régulières. Calice gamosépale, à limbe 4-10-partit. Pétales 4-10, insérés sur un disque à la gorge du calice. *Étamines ord. 20 ou plus.* Styles 3-10, libres ou soudés. *Fruit* soudé avec le tube du calice, *capsulaire, très polysperme, à 5-10 loges*, déhiscent. *Graines* très petites, insérées à l'angle interne des loges, *à testa lâche.* Périsperme charnu. *Arbrisseaux. Stipules nulles.*

**XXXIV. ONAGRARIÉES, p. 232.** — Fleurs régulières ou un peu irrégulières. *Calice* gamosépale, à limbe 4-partit ou 4-denté, à *préfloraison valvaire.* Pétales 4, rarement nuls, insérés au sommet du tube du calice. *Étamines 8, rarement 4.* Style indivis ; stigmates 4, étalés ou rapprochés. *Fruit* soudé avec le tube du calice, *capsulaire, 4-loculaire, à loges polyspermes, à déhiscence loculicide.*

Graines insérées à l'angle interne des loges, souvent munies d'une aigrette. Périsperme nul.

XXXV. CIRCÉACÉES, p. 237. — Fleurs presque régulières. Calice gamosépale, à limbe 2 partit. *Pétales 2*, insérés au sommet du tube du calice. *Étamines 2*. Style indivis; stigmate subbilobé. *Fruit* soudé avec le tube du calice, sec, *indéhiscent, 2-loculaire, à loges monospermes.* Graines suspendues. Périsperme nul.

XXXVI. HALORAGÉES, p. 238. — Fleurs régulières, souvent incomplètes. Calice gamosépale à limbe 4-partit ou presque nul. Pétales 4, insérés au sommet du tube du calice, ou nuls dans les fleurs femelles. *Étamines 4 ou 8. Style filiforme, ou 4 stigmates sessiles. Fruit* soudé avec le tube du calice, sec, 4-loculaire ou uniloculaire par avortement, *à loges monospermes* indéhiscentes. Graines insérées à l'angle interne des loges. *Périsperme mince ou nul. Plantes* aquatiques, *submergées ou nageantes.*

XXXVII. OMBELLIFÈRES, p. 241. — Fleurs régulières ou à pétales inégaux. Calice gamosépale, à limbe 5-denté, 5-lobé ou presque nul. Pétales 5, insérés au sommet du tube du calice. *Étamines 5. Styles 2. Fruit* soudé avec le tube du calice, sec, *composé de deux carpelles monospermes indéhiscents* se séparant ord. à la maturité. Graine insérée à l'angle interne de la loge. *Périsperme* corné *très épais. Fleurs disposées en ombelles* composées plus rarement simples, quelquefois en capitules ou en verticilles. '

XXXVIII. HÉDÉRACÉES, p. 278. — Fleurs régulières. Calice gamosépale, à limbe très court 4-5-denté. Pétales 4-5, insérés au sommet du tube du calice. *Étamines 4-5. Style indivis. Fruit soudé avec le calice, bacciforme ou drupacé, ord. à 5 loges ou moins par avortement, ou à un seul noyau biloculaire.* Graines insérées au côté interne de la loge. *Périsperme charnu. Arbrisseaux* plus ou moins élevés, quelquefois sarmenteux grimpants.

XXXIX. LORANTHACÉES, p. 280. — Fleurs régulières, dioïques. — *Fleur mâle :* Calice gamosépale, à limbe 4-fide. Corolle nulle. Étamines 4, *à anthères soudées à la face interne des sépales, divisées en* un grand nombre de *cellules qui s'ouvrent isolément* à la face interne de l'anthère. — *Fleur femelle :* Calice à limbe très court obscurément 4-denté. *Pétales 4, squamiformes charnus,* insérés au sommet du tube du calice. Stigmate sessile. *Fruit* soudé avec le tube du calice, *bacciforme, uniloculaire, monosperme, à mésocarpe mucilagineux. Graine dressée, dépourvue d'enveloppes propres.* Périsperme épais, charnu. *Arbrisseau parasite.*

XL. GROSSULARIÉES, p. 282. — Fleurs régulières. Calice gamosépale, à limbe souvent coloré 5-fide plus rarement 4-fide. Pétales 5, plus rarement 4, insérés à la gorge du calice, très petits. *Étamines 5, plus rarement 4. Styles 2, plus rarement 5-4,* plus ou moins soudés inférieurement. *Fruit* soudé avec le tube du calice, *bacciforme, uniloculaire, polysperme,* ou oligosperme par avortement. *Graines insérées sur des placentas pariétaux, à tégument extérieur mucilagineux.* Périsperme presque corné. *Arbrisseaux* épineux ou non épineux.

XLI. SAXIFRAGÉES, p. 284. — Fleurs régulières ou à peine irrégulières, quelquefois incomplètes. Sépales 5, plus rarement 4, plus ou moins soudés à la base. Pétales 5, plus rarement 4, insérés sur le disque qui revêt le tube du calice, rarement nuls. *Étamines 10, plus rarement 8. Styles 2. Fruit* plus ou moins soudé avec le calice ou libre, *capsulaire,* biloculaire, plus rarement uniloculaire, *à loges polyspermes, composé de deux carpelles plus ou moins soudés entre eux* et qui se séparent plus ou moins complétement à la maturité. Graines très petites, insérées à l'angle interne des carpelles ou sur des placentas qui revêtent leur face interne. *Périsperme charnu.*

## Subdivision II. GAMOPÉTALES.

*Enveloppes florales constituées par un calice et une corolle. Corolle à pétales soudés entre eux* (*). Ovules contenus dans un ovaire fermé et recevant l'influence du pollen par l'intermédiaire d'un stigmate.

### Classe I. GAMOPÉTALES HYPOGYNES.

*Corolle et étamines indépendantes du calice.* Corolle insérée sur le réceptacle. Étamines insérées sur la corolle, très rarement indépendantes de la corolle. Ovaire libre, très rarement soudé avec le calice.

XLII. ÉRICINÉES, p. 286. — Fleurs régulières ou à peine irrégulières. Sépales 4-5, libres ou plus ou moins soudés. Corolle gamopétale, à 4-5 lobes. *Étamines 8-10*, rarement 5, *non soudées avec la corolle ; anthères à lobes s'ouvrant chacun par un pore terminal.* Style indivis. Fruit capsulaire, à 4-5 loges polyspermes plus rarement oligospermes, à 4-5 plus rarement 8-10 valves, plus rarement bacciforme indéhiscent. Graines très petites, insérées à l'angle interne des loges. Périsperme charnu. Sous-arbrisseaux. Feuilles persistantes.

XLIII. PRIMULACÉES, p. 290.— *Fleurs régulières* (dans nos espèces). Sépales 5, plus rarement 4-7, soudés à la base ou dans une grande partie de leur longueur. Corolle gamopétale, à 5 plus rarement 4-7 lobes. *Étamines en nombre égal à celui des lobes de la corolle et opposées à ces lobes.* Style indivis. *Fruit* libre, très rarement soudé inférieurement avec le tube du calice, *capsulaire*, uniloculaire, ord. polysperme, s'ouvrant au sommet ou dans toute sa longueur en valves en nombre égal à celui des divisions du calice, plus rarement en deux valves, ou s'ouvrant circulairement par un opercule. Graines insérées sur un *placenta central libre.* Périsperme charnu ou presque corné.

XLIV. PLOMBAGINÉES, p. 296. — Fleurs régulières. Calice gamosépale, à 5 plis, à 5 dents. Pétales 5, libres, ou soudés à la base en une corolle à limbe 5-partit. *Étamines 5, opposées aux pétales ou aux lobes de la corolle.* Styles 5, libres ou soudés ; *stigmates 5. Fruit* membraneux, *uniloculaire, monosperme.* Graine portée par un funicule naissant du fond de la loge. Périsperme farineux.

XLV. PLANTAGINÉES, p. 298. — *Fleurs régulières.* Calice à 4 plus rarement 3 sépales libres ou soudés à la base. *Corolle gamopétale, scarieuse* persistante, *à limbe 4-fide* plus rarement 3-fide. *Étamines 4, alternant avec les lobes de la corolle.* Style indivis. Fruit capsulaire-membraneux à deux loges monospermes dispermes ou polyspermes quelquefois subdivisées chacune par une fausse-cloison, à déhiscence circulaire ; plus rarement crustacé, uniloculaire, monosperme indéhiscent. Graines 2 ou plusieurs insérées sur la partie moyenne de la cloison, plus rarement solitaires dressées. Périsperme épais, charnu.

XLVI. ILICINÉES, p. 301. — *Fleurs régulières.* Calice gamosépale, à 4 plus rarement 5-6 divisions. Corolle rotacée, 4-partite, plus rarement 5-6-partite. *Étamines en nombre égal à celui des lobes de la corolle et alternant avec eux.* Stigmate sessile, ord. 4-lobé. *Fruit charnu-bacciforme, ord. à 4 loges osseuses* (noyaux) distinctes, monospermes. Graines insérées à l'angle interne des loges. Périsperme épais charnu. *Arbrisseau à feuilles alternes persistantes ord. dentées-épineuses.*

(*) Les plantes suivantes, qui appartiennent aux Dialypétales hypogynes, se rapprochent des Gamopétales hypogynes par leurs pétales plus ou moins soudés ou cohérents entre eux : *Delphinium* plusieurs espèces (Renonculacées), *Impatiens* (Balsaminées), la famille des *Malvacées, Polygala* (Polygalées), *Fumaria* et *Corydalis* (Fumariacées).

XLVII. OLÉINÉES, p. 302. — *Fleurs régulières, complètes ou dépourvues de calice et de corolle.* Calice gamosépale à 4 divisions, quelquefois nul. *Corolle* gamopétale, infundibuliforme, *à 4 lobes* ou à 4 divisions, à préfloraison valvaire, quelquefois nulle. *Étamines 2,* alternant avec les divisions de la corolle lorsqu'elle existe. Style indivis, quelquefois très court ; stigmate bifide. *Fruit* très variable, drupacé-bacciforme, capsulaire bivalve , ou indéhiscent prolongé supérieurement en aile presque foliacée, *biloculaire, ou uniloculaire par avortement, à loges dispermes ou monospermes par avortement.* Graines insérées au sommet de la cloison. Périsperme épais charnu ou presque corné. *Arbres ou arbrisseaux à feuilles opposées.*

XLVIII. APOCYNÉES, p. 305. — *Fleurs régulières.* Calice gamosépale, à 5 divisions. *Corolle* gamopétale, à 5 lobes, *à préfloraison contournée.* Étamines 5, alternant avec les lobes de la corolle ; filets libres ; *anthères libres,* conniventes au-dessus du stigmate ; *pollen pulvérulent.* Style indivis ; stigmate indivis ou subbilobé. *Fruit composé de deux carpelles ord. libres entre eux,* capsulaires, *polyspermes, déhiscents par la suture ventrale,* quelquefois réduit par avortement à un seul carpelle. Graines insérées à l'angle interne des carpelles, nues (dans nos espèces) ou munies d'une aigrette soyeuse. Périsperme charnu. Feuilles opposées ou verticillées.

XLIX. ASCLÉPIADÉES, p. 306. — *Fleurs régulières.* Calice gamosépale, à 5 divisions. Corolle gamopétale, à 5 lobes, à préfloraison imbriquée-contournée ou valvaire. Étamines 5, alternant avec les lobes de la corolle ; filets ord. soudés en tube ; *pollen à grains* ord. *réunis en masses* dans chaque loge de l'anthère, ces masses étant *fixées par paires au stigmate par des appendices filiformes* terminés par une glandule. Stigmates soudés en une masse épaisse à 5 angles. *Fruit composé de deux carpelles libres entre eux, capsulaires, polyspermes, déhiscents par la suture ventrale,* souvent réduit à un seul carpelle par avortement. Graines insérées à l'angle interne des carpelles, munies d'une aigrette soyeuse. Périsperme charnu, peu épais. Feuilles opposées ou quelquefois verticillées.

L. GENTIANÉES, p. 309. — Fleurs régulières ou un peu irrégulières. Calice à 5 plus rarement 4-12 sépales libres ou plus ou moins soudés. *Corolle* gamopétale, à limbe 4-5-fide plus rarement 6-12-fide, *marcescente-persistante, plus rarement caduque,* à préfloraison contournée plus rarement valvaire-indupliquée. *Étamines 5, plus rarement 4-12, alternant avec les divisions de la corolle.* Style indivis, quelquefois très court ; stigmates 2, linéaires, plus rarement capités, quelquefois soudés en un seul. *Fruit capsulaire, uniloculaire ou plus ou moins complétement biloculaire,* polysperme, *s'ouvrant en deux valves, très rarement presque indéhiscent. Graines* insérées sur des placentas pariétaux ou occupant l'angle interne des loges, *ord. très nombreuses. Périsperme épais.*

LI. CONVOLVULACÉES, p. 317. — *Fleurs régulières. Sépales 5,* libres. Corolle gamopétale, infundibuliforme, à limbe indivis à 5 plis, à préfloraison contournée. *Étamines 5,* alternant avec les plis de la corolle. Styles 2, rapprochés, ou soudés en un seul ; stigmates 2, libres ou soudés. *Fruit capsulaire-membraneux, uniloculaire ou à 2 loges complètes ou incomplètes dispermes ou monospermes,* déhiscent ou indéhiscent. Graines dressées, assez grosses. Périsperme mince mucilagineux. *Cotylédons foliacés, chiffonnés.* Plantes ord. volubiles. Feuilles alternes.

LII. CUSCUTACÉES, p. 319. — *Fleurs régulières. Calice gamosépale,* à 4-5 divisions. Corolle gamopétale, campanulée ou urcéolée, à limbe 4-5-fide, à préfloraison presque valvaire. *Étamines 4-5,* alternant avec les lobes de la corolle. Écailles pétaloïdes insérées sur le tube de la corolle au-dessous des étamines. Styles 2, libres, plus rarement soudés ; stigmates 2, linéaires ou capités. *Fruit capsulaire-membraneux, à 2 loges dispermes, ou monospermes par avorte-*

ment, *à déhiscence circulaire ou s'ouvrant irrégulièrement au sommet. Embryon dépourvu de cotylédons, enroulé en spirale autour d'un périsperme charnu-succulent. Plantes parasites, volubiles, dépourvues de feuilles.*

LIII. **BORRAGINÉES, p. 322.**— Fleurs presque régulières, rarement irrégulières. Sépales 5, soudés à la base ou dans une grande partie de leur longueur. Corolle gamopétale, à 5 lobes ou à 5 dents. Étamines 5, alternant avec les lobes de la corolle. *Style indivis. Fruit composé de deux carpelles dispermes divisés chacun longitudinalement en 2 fausses-loges (nucules) et simulant ainsi 4 carpelles ; nucules sèches ord. osseuses, libres plus rarement adhérentes entre elles, monospermes, indéhiscentes. Graines suspendues. Périsperme nul ou très mince. Feuilles alternes. Fleurs ord. en grappes scorpioïdes.*

LIV. **SOLANÉES, p. 334.** — *Fleurs régulières ou presque régulières.* Calice gamosépale, à 5 divisions rarement plus. *Corolle gamopétale, à 5 lobes rarement plus. Étamines en nombre égal à celui des lobes de la corolle et alternant avec eux ; filets égaux. Style indivis. Fruit capsulaire ou bacciforme, polysperme :* capsule *à 2 loges quelquefois subdivisées chacune en 2 loges secondaires, s'ouvrant en 2 valves ou en 4 valves, plus rarement à déhiscence circulaire ;* baie pulpeuse, plus rarement sèche, à 2 loges, rarement à plusieurs loges : placentas épais, soudés à la cloison. *Périsperme épais. Embryon courbé, annulaire ou en spirale. Feuilles alternes* ou les supérieures géminées.

LV. **VERBASCÉES, p. 341.** — *Fleurs un peu irrégulières.* Calice gamosépale, à 5 divisions. Corolle gamopétale, à 5 lobes inégaux. *Étamines 5, alternant avec* les lobes de la corolle ; *filets inégaux ; anthères unilobées.* Style indivis. *Fruit* capsulaire, *biloculaire, à loges polyspermes, s'ouvrant en deux valves qui se* fendent ensuite selon leur nervure moyenne ; placentas soudés à la cloison. *Embryon droit. Périsperme épais. Feuilles alternes.*

LVI. **SCROFULARINÉES, p. 346.** — *Fleurs irrégulières,* rarement presque régulières. Calice gamosépale, ord. irrégulier, à 5 ou à 4 divisions par l'absence de la supérieure. Corolle gamopétale, à 5 divisions ou à 4 par la soudure des deux divisions supérieures, à tube quelquefois prolongé en bosse ou en éperon à la base, à limbe très irrégulier rarement presque régulier. *Étamines en nombre moindre que celui des divisions de la corolle, au nombre de 4 ord. inégales par paires, plus rarement 2. Style indivis. Fruit capsulaire, biloculaire,* rarement uniloculaire ou subuniloculaire, *à loges ord. polyspermes* rarement 1-2-spermes, à 2 valves entières ou 2-3-fides, plus rarement s'ouvrant au sommet par 2-3 trous ; placentas épais adhérents à la partie moyenne de la cloison. *Périsperme charnu ou corné. Embryon droit.* Feuilles opposées, verticillées par 3-4, ou alternes.

LVII. **LENTIBULARIÉES, p. 373.** — *Fleurs irrégulières.* Calice subbilabié 5-fide, ou bilabié à lèvres indivises. *Corolle gamopétale, bilabiée ou en gueule, à lèvre inférieure prolongée en éperon. Étamines 2 ;* anthères unilobées. Style indivis, court, bilabié au sommet. *Fruit* capsulaire, *polysperme, uniloculaire, bivalve,* ou indéhiscent, ou s'ouvrant circulairement au-dessus de la base. *Placenta central libre. Périsperme nul.*

LVIII. **OROBANCHÉES, p. 377.** -- *Fleurs irrégulières.* Sépales 4-5, soudés en un calice 4-5-fide, ou 4 soudés par paires en deux pièces latérales bifides ou entières. Corolle gamopétale, bilabiée. *Étamines en nombre moindre que celui des* pièces de la corolle, 4, *inégales par paires.* Style indivis ; stigmate bilobé. *Fruit* capsulaire, *polysperme, uniloculaire,* plus ou moins complétement bivalve. Graines très nombreuses, très petites, insérées sur des placentas pariétaux. Périsperme épais, charnu. *Plantes jamais vertes, parasites. Feuilles réduites à des écailles.*

LIX. LABIÉES, p. 383. — *Fleurs irrégulières*, plus rarement presque régulières. Calice gamosépale, à 5 rarement 4 divisions, très rarement à 10-20 divisions, ou bilabié la lèvre supérieure à 3 divisions l'inférieure à 2 divisions, ces divisions restant libres ou étant soudées entre elles. Corolle gamopétale, bilabiée, quelquefois unilabiée en apparence, rarement campanulée ou infundibuliforme. *Étamines en nombre moindre que celui des pièces de la corolle, au nombre de 4 par l'absence de l'étamine supérieure, presque égales ou inégales par paires, plus rarement réduites à 2. Style indivis, naissant à la base des carpelles. Fruit composé de 2 carpelles dispermes divisés chacun longitudinalement en deux fausses-loges (nucules) et simulant ainsi 4 carpelles ; nucules libres entre elles, sèches ou crustacées (dans nos espèces), monospermes, indéhiscentes.* Graines dressées. Périsperme nul ou presque nul. Tiges tétragones. Feuilles opposées.

LX. VERBÉNACÉES, p. 418. — *Fleurs* plus ou moins *irrégulières*. Calice gamosépale, à 4-5 divisions. Corolle gamopétale, à limbe ord. un peu bilabié à 4-5 lobes. *Étamines en nombre moindre que celui des lobes de la corolle, au nombre de 4 par l'absence de l'étamine supérieure, inégales par paires. Style terminal, indivis. Fruit sec ou plus ou moins drupacé, 4-loculaire à loges monospermes* (nucules). Graines dressées. Périsperme nul. Tiges tétragones. *Feuilles opposées.*

LXI. GLOBULARIÉES, p. 420. — *Fleurs irrégulières*. Calice gamosépale, à 5 divisions. Corolle gamopétale, à limbe bilabié, la lèvre supérieure bipartite quelquefois nulle, la lèvre inférieure à 3 lobes plus ou moins profonds. *Étamines en nombre moindre que celui des pièces de la corolle*, au nombre de 4 par l'absence de l'étamine supérieure. Style terminal, indivis. *Fruit sec, uniloculaire, monosperme, indéhiscent.* Graine suspendue. *Périsperme charnu.* Feuilles alternes. *Fleurs sessiles sur un réceptacle commun chargé de paillettes.*

## CLASSE II. GAMOPÉTALES PÉRIGYNES.

*Corolle insérée sur le calice.* Étamines insérées sur le calice avec la corolle ou insérées sur la corolle (*). Ovaire soudé avec le calice (**).

LXII. VACCINIÉES, p. 421. — Fleurs régulières. Calice gamosépale à 4-5 dents. Corolle gamopétale, à 4-5 divisions plus ou moins profondes. *Étamines en nombre double de celui des divisions de la corolle, insérées avec la corolle au sommet du tube du calice ; anthères à lobes prolongés chacun en tube ouvert au sommet.* Style indivis. *Fruit soudé avec le calice, bacciforme, à 4-5 loges polyspermes.* Graines insérées à l'angle interne des loges. *Périsperme charnu.* Sous-arbrisseaux.

LXIII. CAMPANULACÉES, p. 423. — *Fleurs régulières*. Calice gamosépale, ord. à 5 lobes. Corolle à préfloraison valvaire, à 5 pétales soudés en une corolle gamopétale à 5 divisions, plus rarement à pétales libres presque jusqu'à la base. *Étamines ord. 5, indépendantes de la corolle, insérées avec elle au sommet du tube du calice ;* anthères libres, plus rarement soudées par leurs bases. Style indivis ; stigmates 2-3, plus rarement 5. *Fruit soudé avec le tube du calice, capsulaire, à 2-5 plus rarement 5 loges, s'ouvrant au sommet dans sa partie libre, ou plus ord. par des trous situés vers le sommet ou la base du tube du calice.* Graines insérées à l'angle interne des loges. *Périsperme charnu.*

(*) Les genres suivants, qui appartiennent à la classe des Dialypétales périgynes, se rapprochent des Gamopétales périgynes par leurs pétales plus ou moins soudés ou cohérents entre eux : *Trifolium* (plusieurs espèces) et d'autres genres de la famille des *Papilionacées, Portulaca* et *Montia* (Portulacées).

(**) Par son ovaire soudé inférieurement avec le calice, le genre *Samolus* (Primulacées), qui appartient aux Gamopétales hypogynes, se rapproche des Gamopétales périgynes.

LXIV. LOBÉLIACÉES, p. 431.— *Fleurs irrégulières*. Calice gamosépale, à 5 divisions. *Corolle gamopétale, à tube fendu supérieurement, à limbe 5-fide bilabié ou unilabié. Étamines 5, indépendantes de la corolle, insérées avec elle au sommet du tube du calice;* anthères soudées en tube. Style indivis; stigmates 2-3. *Fruit soudé avec le tube du calice, capsulaire, à 2-3 loges polyspermes, s'ouvrant au sommet. Graines insérées à l'angle interne des loges. Périsperme charnu.*

LXV. CUCURBITACÉES, p. 432. — *Fleurs régulières, dioïques ou monoïques.* Calice gamosépale, à 5 lobes plus ou moins profonds. Corolle gamopétale, à limbe 5-fide ou 5-partit. *Étamines 5, insérées à la base du tube de la corolle, ord. triadelphes (quatre d'entre elles soudées deux à deux, la cinquième libre)* plus rarement monadelphes; *anthères unilobées, à lobe linéaire ord. très allongé flexueux ou replié sur lui-même. Ovaire à 3-5 loges multiovulées ou pauciovulées subdivisées chacune en deux loges secondaires par une fausse-cloison. Ovules insérés sur les parois des loges.* Stigmates 3-5, subsessiles, bilobés. *Fruit charnu ou succulent,* souvent uniloculaire en apparence, par la destruction des cloisons. Graines logées dans la pulpe du péricarpe ou du placenta. *Périsperme nul. Feuilles accompagnées d'une vrille latérale.*

LXVI. CAPRIFOLIACÉES, p. 435. — Fleurs régulières ou irrégulières. Calice gamosépale, à 4-5 dents. Corolle gamopétale, 4-5-fide, à préfloraison imbriquée. *Étamines 4-5,* à filets quelquefois bipartits. Stigmates 3-5 sessiles, ou 3-5 styles libres ou soudés en un seul. *Fruit soudé avec le calice, bacciforme ou drupacé, à 3-5 loges monospermes ou oligospermes,* ou à une seule loge par la destruction des cloisons. Graines suspendues. *Périsperme charnu ou corné. 'Feuilles opposées.*

LXVII. RUBIACÉES, p. 441. — Fleurs régulières. Calice gamosépale, à limbe peu distinct ou à 4-6 dents. Corolle gamopétale, 4-5-fide plus rarement 3-fide, à préfloraison valvaire. *Étamines 4-5.* Styles 2, libres ou soudés. *Fruit soudé avec le calice, sec plus rarement charnu, composé de deux carpelles ord. subglobuleux monospermes indéhiscents* qui se séparent ord. à la maturité, plus rarement réduit à un seul carpelle par avortement. *Périsperme corné. Feuilles verticillées.*

LXVIII. VALÉRIANÉES, p. 450.— Fleurs presque régulières ou irrégulières. Calice gamosépale, à limbe distinct denté ou découpé en aigrette plus rarement indistinct ou à une seule dent. Corolle gamopétale, à tube souvent gibbeux ou prolongé en éperon à la base, à limbe ord. à 5 lobes, à préfloraison imbriquée. *Étamines 5-1;* anthères libres. Style indivis; stigmate indivis ou 3-fide. *Fruit soudé avec le tube du calice, sec, monosperme, indéhiscent, à 3 loges dont deux stériles* plus ou moins développées quelquefois filiformes ou indistinctes. Graine suspendue. *Périsperme nul. Feuilles opposées. Fleurs en cymes.*

LXIX. DIPSACÉES, p. 455. — *Fleurs plus ou moins irrégulières, munies chacune d'un involucelle gamophylle* (calice extérieur), *sessiles sur un réceptacle commun entouré d'un involucre* de plusieurs folioles. Calice gamosépale, rétréci au-dessus de l'ovaire en un col étroit ord. élargi au sommet en limbe entier denté ou divisé en arêtes. Corolle gamopétale, subbilabiée, à lèvre supérieure bilobée quelquefois à lobes confluents en un seul, à lèvre inférieure trilobée. *Étamines 4;* anthères libres. Style indivis. *Fruit étroitement enveloppé par le calice auquel il adhère plus ou moins, sec, uniloculaire, monosperme, indéhiscent, renfermé dans l'involucelle persistant.* Graine suspendue. *Périsperme charnu. Feuilles opposées.*

LXX. COMPOSÉES, p. 461. — *Fleurs régulières ou irrégulières, sessiles sur un réceptacle commun entouré d'un involucre* de plusieurs folioles. Calice gamosépale, à limbe nul ou réduit à des arêtes, ou consistant en un rebord circulaire épais ou membraneux entier denté incisé ou divisé en soies formant une aigrette. Corolle gamopétale à 5-4 dents ou lobes, tubuleuse, ou fendue en dedans et aplanie en forme de ligule. Étamines 5-4 ; *anthères soudées en un tube* qui engaîne le style. Style filiforme, bifide supérieurement à branches quelquefois soudées entre elles. *Fruit* soudé avec le tube du calice, sec, *uniloculaire, monosperme, indéhiscent. Graine dressée. Périsperme nul.*

LXXI. AMBROSIACÉES, p. 545. — *Fleurs unisexuelles, les mâles sessiles sur un réceptacle commun et entourées d'un involucre, les femelles renfermées 1-2 dans un involucre gamophylle en forme de capsule 1-2-loculaire hérissée d'épines.* — Fleurs mâles : Calice indistinct. Corolle gamopétale brièvement 5-lobée. Étamines 5 ; *anthères libres.* — Fleurs femelles : Calice gamosépale, membraneux, soudé avec l'ovaire et prolongé en bec au-dessus de lui. Corolle tubuleuse-filiforme ou nulle. Style filiforme, bifide. *Fruit* soudé avec le calice, sec, *uniloculaire, monosperme, indéhiscent. Graine dressée. Périsperme nul.*

### SUBDIVISION III. APÉTALES.

*Enveloppes florales réduites au calice ou nulles. Ovules contenus dans un ovaire fermé,* recevant l'influence du pollen par l'intermédiaire d'un stigmate.

### CLASSE 1. APÉTALES NON AMENTACÉES (*).

*Fleurs pourvues d'un calice, très rarement dépourvues de calice, hermaphrodites, ou unisexuelles les mâles n'étant pas disposées en chatons.* Plantes herbacées, plus rarement arbres ou arbrisseaux.

LXXII. AMARANTACÉES, p. 547. — Fleurs hermaphrodites ou unisexuelles, naissant chacune à l'aisselle d'une feuille ou d'une bractée et ord. accompagnées de deux bractées latérales scarieuses. *Sépales* 5, plus rarement 3, libres ou un peu soudés à la base, *plus ou moins scarieux. Étamines hypogynes,* 5 plus rarement 3, libres ou à filets soudés plus ou moins longuement. Styles 2-3, libres ou soudés à la base. *Fruit* non soudé avec le calice, *à péricarpe mince membraneux, uniloculaire, monosperme* (dans nos espèces), *indéhiscent, ou s'ouvrant circulairement.* Graine portée par un funicule qui part du fond de la loge. Périsperme farineux épais. *Embryon annulaire* ou semiannulaire *entourant le périsperme.* Stipules nulles.

(*) Par l'absence de corolle ou par l'état rudimentaire de la corolle, les plantes suivantes, appartenant à d'autres groupes, se rapprochent de cette classe : genres *Clematis*, *Thalictrum*, *Anemone, Caltha* et *Actæa* (Renonculacées, classe des Dialypétales hypogynes), quelques espèces du genre *Sagina* et plusieurs autres Caryophyllées (Dialypétales hypogynes), quelques espèces de *Crucifères* appartenant à divers genres (Dialypétales hypogynes), genre *Peplis* (Lythrariées, Dialypétales périgynes), genre *Isnardia* (Onagrariées, Dialypétales périgynes), genre *Myriophyllum* à fleurs femelles ord. apétales (Halorragées, Dialypétales périgynes), genre *Chrysosplenium* (Saxifragées, Dialypétales périgynes), la plupart des genres des *Paronychiées* (Dialypétales périgynes), genre *Viscum* à fleurs mâles apétales et à fleurs femelles ne présentant que des pétales squamiformes (Loranthacées, Dialypétales périgynes), genre *Fraxinus* à fleurs dépourvues de calice et de corolle (Oléinées, Gamopétales hypogynes), genre *Xanthium* à fleurs femelles souvent à corolle indistincte (Ambrosiacées, Gamopétales périgynes).

Les exceptions assez nombreuses que présente le caractère tiré de la présence ou de l'absence des pétales pour distinguer les Dialypétales des Apétales ont engagé plusieurs auteurs à réunir ces deux groupes sous le nom de Dialypétales. Ils ont pu ainsi rapprocher les familles des Caryophyllées et des Paronychiées de celles des Amarantacées et des Salsolacées avec lesquelles elles ont d'étroites affinités, faire suivre la famille des Rosacées de celle des Sanguisorbées, et indiquer souvent des alliances très naturelles. Mais cette classification, plus rationnelle que pratique, oblige à attribuer, pour l'établissement des divisions de second ordre, la plus grande importance à des caractères d'une observation difficile et qui trop souvent ne sont pas moins variables que ceux tirés de la présence ou de l'absence des pétales.

LXXIII. SALSOLACÉES, p. 552. — Fleurs hermaphrodites ou quelquefois unisexuelles. *Sépales* 5 plus rarement 4-2, libres ou soudés dans une longueur variable, *herbacés*, souvent *charnus ou indurés après la floraison*, présentant quelquefois un épanouissement dorsal en forme d'aile ou d'épine, quelquefois nuls dans certaines fleurs femelles munies de deux bractées opposées qui s'accroissent en forme de valves. *Étamines* 5, ou moins par avortement, hypogynes ou insérées sur le calice par l'intermédiaire d'un disque, *opposées aux sépales*, libres entre elles ou très rarement à filets soudés à la base. Styles 2, plus rarement 3-4, ord. plus ou moins soudés dans leur partie inférieure. *Fruit uniloculaire, monosperme, indéhiscent*, à péricarpe mince membraneux plus rarement coriace, non soudé avec le calice, plus rarement soudé avec lui dans toute son étendue ou seulement à la base. *Graine portée par un funicule qui part du fond de la loge. Embryon annulaire* ou semiannulaire *entourant un périsperme farineux*, plus rarement en spirale. Stipules nulles.

LXXIV. POLYGONÉES, p. 561. — Fleurs hermaphrodites, plus rarement unisexuelles. Sépales herbacés ou colorés, libres ou soudés dans une longueur variable, 5 plus rarement 4-3 imbriqués sur un seul rang, ou 6 plus rarement 4 disposés sur deux rangs, presque égaux ou les intérieurs plus grands s'accroissant en forme de valves. *Étamines en nombre égal à celui des sépales avec lesquels elles alternent, ou en nombre plus grand* et sur deux rangs les extérieures alternant avec les sépales et *les intérieures étant opposées aux sépales intérieurs*; filets libres ou soudés à la base. Styles ord. 2-3, libres ou soudés dans leur partie inférieure. *Fruit* libre, plus rarement soudé à la base avec le calice, très rarement cohérent avec lui, *uniloculaire, monosperme, indéhiscent*, à péricarpe crustacé. Graine dressée. Périsperme farineux, épais. Embryon droit ou arqué, placé ord. latéralement par rapport au périsperme. Radicule dirigée vers le point diamétralement opposé au hile. *Feuilles munies d'une gaine ord. membraneuse qui entoure la tige.*

† MORÉES, p. 574. — *Fleurs unisexuelles* ord. monoïques, *disposées en épi ou renfermées dans un réceptacle commun charnu*. Sépales 3-5, soudés à la base ou dans une longueur variable. Étamines 3-4, opposées aux sépales. Styles 2 libres presque jusqu'à la base, ou 1 style bifide. *Fruit* entouré par le calice membraneux ou renfermé dans le calice charnu-succulent, *uniloculaire*, *monosperme, indéhiscent*, à péricarpe membraneux ou charnu. *Graine suspendue.* Périsperme charnu. *Embryon plié. Arbres ou arbrisseaux. Stipules* caduques.

LXXV. CANNABINÉES, p. 576. — *Fleurs dioïques.* -- Fleurs mâles : Sépales 5, presque égaux, libres. *Étamines* 5, opposées aux sépales, *insérées au fond du calice*. — Fleur femelle : Calice réduit à un seul sépale qui entoure ou embrasse l'ovaire. Style très court ou nul ; stigmates 2, filiformes. *Fruit* non soudé avec le calice, sec, *uniloculaire, monosperme*, à *péricarpe crustacé*, glanduleux-résineux *indéhiscent*, ou lisse s'ouvrant en deux valves par la pression. *Graine suspendue.* Périsperme nul. *Embryon plié ou enroulé en spirale.* Plantes herbacées. Stipules persistantes ou caduques.

LXXVI. ULMACÉES, p. 578. — Fleurs hermaphrodites. Calice gamosépale, à 5 plus rarement 4-8 lobes. Étamines 5, plus rarement 4-8, insérées à la base du calice et opposées à ses lobes. *Ovaire biloculaire, à loges uniovulées*, l'une des loges stérile par avortement. Styles 2. *Fruit* non soudé avec le calice, sec, *comprimé, largement membraneux dans toute sa circonférence*, uniloculaire et monosperme par avortement, indéhiscent. *Graine suspendue. Périsperme nul. Embryon droit. Arbres. Stipules* caduques.

LXXVII. URTICÉES, p. 580. — Fleurs monoïques ou dioïques, rarement polygames.— Fleur hermaphrodite et fleur mâle : Sépales 4, presque égaux, libres ou soudés inférieurement. *Étamines 4*, insérées au centre de la fleur ou hypogynes, *opposées aux sépales*. Ovaire développé dans la fleur hermaphrodite, nul ou rudimentaire dans la fleur mâle. — Fleur femelle : Sépales 4, libres ord. très inégaux les extérieurs plus petits, ou soudés plus ou moins longuement. Style indivis, long ou court ; stigmate ord. en pinceau. *Fruit* non soudé avec le calice, sec, *uniloculaire, monosperme, indéhiscent*, à péricarpe crustacé ou membraneux. *Graine dressée. Périsperme charnu. Embryon droit*, à radicule dirigée vers le point diamétralement opposé au hile. Plantes herbacées. *Stipules non soudées avec le pétiole, plus rarement nulles.*

LXXVIII. SANGUISORBÉES, p. 582. — Fleurs hermaphrodites, polygames ou monoïques. Calice à 4-5 sépales soudés en tube inférieurement, quelquefois munis de stipules soudées deux à deux et formant des divisions alternant avec eux. *Étamines 4 ou moins par avortement, ou en nombre indéfini, insérées à la gorge du calice.* Styles en nombre égal à celui des carpelles, à stigmate capité ou en pinceau. *Fruit* non soudé avec le calice, *constitué par 1-2 plus rarement 3-4 carpelles libres entre eux monospermes indéhiscents renfermés dans le tube induré du calice.* Périsperme nul. Embryon droit. Plantes herbacées. *Stipules soudées au pétiole*, ord. foliacées.

LXXIX. THYMÉLÉACÉES, p. 585. — Fleurs hermaphrodites, plus rarement unisexuelles par avortement. Calice herbacé ou coloré souvent pétaloïde, gamosépale, à 4-5 lobes. *Étamines 8-10*, insérées en deux rangs sur le tube du calice, celles du rang supérieur opposées à ses lobes ; quelquefois en nombre égal à celui des lobes du calice ou en nombre moindre par avortement. Style indivis. *Fruit non soudé avec le calice, sec indéhiscent, ou drupacé, uniloculaire, monosperme*, à endocarpe souvent crustacé. Graine suspendue. *Périsperme nul* ou presque nul. *Embryon droit. Stipules nulles.*

LXXX. HIPPURIDÉES, p. 588. — Fleurs hermaphrodites. Calice gamosépale à partie libre formant un rebord peu distinct. *Étamine 1*, insérée au sommet du tube du calice. Style subulé. *Fruit soudé avec le tube du calice, uniloculaire, monosperme, indéhiscent.* Graine suspendue. Périsperme très mince. Embryon droit. *Plante aquatique. Feuilles verticillées,* linéaires.

LXXXI. SANTALACÉES, p. 589. — Fleurs hermaphrodites. Calice gamosépale, à 4-5 lobes. *Étamines 4-5*, insérées à la base des lobes du calice auxquels elles sont opposées. *Ovaire* soudé avec le tube du calice, *uniloculaire, 2-4-ovulé ; ovules suspendus à l'extrémité d'un placenta filiforme qui part du fond de la loge,* un seul se développant. Style filiforme. *Fruit uniloculaire, monosperme par avortement, indéhiscent.* Graine suspendue. *Périsperme charnu épais. Embryon droit.* Feuilles alternes. *Stipules nulles.*

LXXXII. ARISTOLOCHIÉES, p. 591. — Fleurs hermaphrodites. *Calice gamosépale,* régulier *à limbe 3-fide, ou irrégulier* à tube prolongé au-dessus de l'ovaire *à limbe évasé obliquement en languette. Étamines ord. 12 ou 6, insérées sur un disque qui revêt le sommet de l'ovaire ;* filets courts ou nuls ; anthères extrorses, libres ou soudées au style par leur dos. Style court en colonne, à 6 lobes (stigmates). *Fruit soudé avec le tube du calice,* capsulaire, *à 6 loges polyspermes,* irrégulièrement *déhiscent* ou à 6 valves. Graines insérées à l'angle interne des loges. Périsperme épais. Stipules nulles.

LXXXIII. EUPHORBIACÉES, p. 593. — *Fleurs monoïques ou dioïques,* quelquefois dépourvues d'enveloppe florale et alors réunies dans un involucre commun de manière à simuler une fleur hermaphrodite une seule fleur femelle étant entourée de plusieurs fleurs mâles réduites chacune à une étamine. Calice à 3-5 sépales, rarement plus ou moins, libres ou soudés inférieurement, ou nul. — Fleur mâle : *Étamines en nombre indéfini ou défini et alors ord. opposées aux sépales,* insérées au centre de la fleur ou sous le rudiment de l'ovaire. — Fleur femelle : *Styles 3 plus rarement 2, libres ou soudés, entiers ou bifides. Fruit* libre, capsulaire, *à 5 plus rarement 2 loges monospermes ou dispermes*, les loges (coques) se *détachant* ord. *d'un axe central persistant* et s'ouvrant avec élasticité, *plus rarement* à loges indéhiscentes ou *soudées* en une *capsule à* d*éhiscence loculicide*. Graines suspendues à l'angle interne des loges, ord. munies d'un faux-arille charnu (caroncule). *Périsperme charnu. Embryon droit.* Plantes à suc souvent laiteux. *Stipules nulles.*

LXXXIV. CALLITRICHINÉES, p. 603. — Fleurs hermaphrodites ou unisexuelles-polygames par avortement. *Sépales 2*, latéraux, membraneux-charnus. *Étamines 1-2*, hypogynes, alternant avec les sépales. *Styles 2*, subulés. *Fruit* non soudé avec le calice, capsulaire, membraneux ou peu charnu, *composé* (par suite de la subdivision des deux loges originelles partagées par une fausse-cloison) *de 4 coques monospermes indéhiscentes*. Graines suspendues. Périsperme épais. *Plantes aquatiques*, ord. submergées ou nageantes. Feuilles opposées ; stipules nulles.

LXXXV. CÉRATOPHYLLÉES, p. 605. — Fleurs monoïques, dépourvues de calice. *Involucre multipartit*, à 10-12 divisions. — Fleur mâle : *Étamines rapprochées 10-25 dans l'involucre ; anthères sessiles*. — Fleur femelle : *Ovaire solitaire dans l'involucre*. Style subulé. *Fruit* coriace-induré, *uniloculaire, monosperme, indéhiscent*. Graine suspendue. Périsperme nul. *Embryon à 4 cotylédons inégaux par paires. Plantes aquatiques*, submergées. *Feuilles verticillées*, découpées *dichotomes ou trichotomes* ; stipules nulles.

## Classe II. APÉTALES AMENTACÉES.

*Fleurs unisexuelles diclines : les mâles souvent dépourvues de calice*, munies d'involucre ou d'écailles, *disposées en épis qui tombent* en se désarticulant *après la floraison* (chatons) (*) ; les femelles pourvues ou non de calice, disposées ou non en chatons. *Arbres ou arbrisseaux*.

† JUGLANDÉES, p. 606. — *Fleurs monoïques : les mâles en chatons cylindriques ; les femelles solitaires dans un involucre, les involucres étant solitaires ou groupés en petit nombre*. — Fleur mâle : Calice pédicellé, pinnatilobé à 5-6 lobes, soudé à la face interne d'une écaille bractéale. Étamines 14-36, à filets très courts. — Fleur femelle : Involucre uniflore, à tube soudé avec le calice, à partie libre courte et irrégulièrement 4-fide ou 4-dentée. *Calice à tube soudé avec l'ovaire*, à limbe 4-fide. Styles 2, stigmatifères dans presque toute leur longueur. Involucre fructifère et calice intimement soudés, charnus-fibreux, se déchirant en fragments irréguliers. *Fruit* (noix) *à 2 valves ligneuses, monosperme. Graine dressée*, 4-lobée au sommet et à la base, à lobes contenus dans des fausses-loges. Périsperme nul. Cotylédons bilobés, à lobes présentant des anfractuosités. *Radicule dirigée vers le point diamétralement opposé au hile*. Arbre. *Feuilles composées-imparipinnées* ; stipules nulles.

LXXXVI. CUPULIFÈRES, p. 607. — *Fleurs monoïques : les mâles en chatons cylindriques plus rarement globuleux, les femelles solitaires ou réunies par 2-5 dans un involucre*, les involucres étant solitaires ou groupés. — Fleur mâle : Écaille donnant insertion aux étamines, ou calice à 4-6 lobes. Étamines 4-20, insérées sur l'écaille ou au fond du calice. — Fleur femelle : *Calice à tube*

---

(*) Le genre *Morus* (Morées, Apétales non amentacées) se rapproche des Apétales amenta-cées par ses épis unisexuels, les mâles tombant après la floraison.

soudé avec l'ovaire, à limbe court disparaissant souvent sur le fruit. *Ovaire
à 2-3 plus rarement 4-6 loges uniovulées ou biovulées ; ovules suspendus*
à l'angle interne des loges ; styles 2-3, plus rarement 4-6, libres ou soudés
inférieurement. *Involucre fructifère (cupule) très accru, renfermant complétement plusieurs fruits et s'ouvrant en 4 valves, ou renfermant incomplètement un seul fruit. Fruit indéhiscent, uniloculaire* par avortement, ord. monosperme, à péricarpe coriace ou ligneux. Périsperme nul. Embryon à *radicule
dirigée vers le hile. Arbres ou arbrisseaux. Stipules caduques.*

LXXXVII. SALICINÉES, p. 613. — *Fleurs dioïques*, les mâles et les femelles solitaires à l'aisselle de bractées squamiformes (écailles) *disposées en chatons* cylindriques plus rarement oblongs. *Disque réduit à 1-2 glandes* placées à la base
des étamines ou de l'ovaire, *ou en forme de cupule* entourant l'ovaire ou donnant insertion aux étamines. — Fleur mâle : Étamines 2-12 ou plus, à filets
libres ou plus ou moins soudés. — Fleur femelle : *Calice nul.* Ovaire uniloculaire ou incomplétement biloculaire, à placentas pariétaux ; style indivis, quelquefois presque nul ; stigmates 2, à 2 lobes plus ou moins profonds, plus rarement entiers. *Fruit petit, capsulaire, polysperme, s'ouvrant en 2 valves.
Graines entourées de longs poils soyeux.* Périsperme nul. Embryon droit. Radicule dirigée vers le hile. Stipules persistantes ou caduques, souvent nulles.

LXXXVIII. BÉTULINÉES, p. 624. — *Fleurs monoïques*, les mâles et les femelles
disposées par 2-3 à la base de bractées squamiformes (écailles), *en chatons*
cylindriques ou ovoïdes. — *Chatons mâles à écailles accompagnées chacune
en dedans de deux autres écailles latérales, recouvrant 3 fleurs.* Fleurs à involucre caliciforme ord. à 4 divisions, ou réduit à une bractée, plus rarement les
3 fleurs non distinctes les unes des autres à bractées sans ordre. Étamines ord.
4 ou 2, insérées à la base des divisions de l'involucre ou à la base de la bractée,
plus rarement disposées sans ordre ; filets indivis ou fendus. — *Chatons femelles en forme de cône, à écailles* entières ou 3-lobées *recouvrant 2-3 fleurs*,
accompagnées ou non en dedans de 2 écailles latérales, accrescentes, caduques
ou persistantes. Fleurs dépourvues d'involucre et de calice, réduites à l'ovaire.
*Ovaire à deux loges uniovulées ; ovules suspendus* ; stigmates 2, filiformes,
entiers. *Fruit petit, sec, indéhiscent, uniloculaire et monosperme par avortement, plus rarement biloculaire et disperme.* Périsperme nul. Embryon à radicule dirigée vers le hile. Arbres ou arbrisseaux. Stipules caduques.

LXXXIX. MYRICÉES, p. 627. — *Fleurs* ord. *dioïques*, solitaires à la base de bractées squamiformes (écailles), en chatons cylindriques ou ovoïdes. — *Fleur
mâle : Écaille donnant insertion aux étamines* à sa base. Étamines 4, rarement plus ou moins ; filets courts, libres ou soudés à la base. — *Fleur
femelle : Écaille accompagnée* en dedans *de deux écailles* latérales *adhérentes
inférieurement à l'ovaire* et accrescentes. Calice nul. *Ovaire uniloculaire, uniovulé ; ovule dressé ; styles 2, filiformes. Fruit petit, sec un peu charnu, indéhiscent*, uniloculaire et monosperme, soudé avec les écailles latérales accrues
et un peu charnues. Périsperme nul. Embryon à radicule dirigée vers le point
diamétralement opposé au hile. *Sous-arbrisseau contenant un suc résineux.*
Feuilles parsemées de points résineux ; *stipules nulles.*

† PLATANÉES, p. 628. — *Fleurs* monoïques, les mâles et les femelles *en chatons
globuleux très compactes.* — Chatons mâles : Étamines très nombreuses en
nombre indéfini, très rapprochées, entremêlées d'écailles subclaviformes, à filets
très courts. — *Chatons femelles : Ovaires* en nombre indéfini, entremêlés
d'écailles courtes subclaviformes, *uniloculaires, uniovulés ou biovulés; ovules
suspendus* ; styles subulés. Fruits coriaces, couverts de poils inférieurement,
uniloculaires, monospermes, indéhiscents. Périsperme mince ou presque nul.
Embryon à radicule dirigée vers le point diamétralement opposé au hile. Arbres

élevés, à épiderme épais se détachant par plaques. Stipules des rameaux floraux réduites à une gaîne membraneuse, celles des jeunes pousses herbacées ou presque herbacées, à gaîne souvent surmontée d'un limbe bifide ou bipartit.

## SUBDIVISION IV. GYMNOSPERMES.

*Enveloppes florales nulles. Ovules non contenus dans un ovaire fermé, recevant directement l'influence du pollen.*

### CLASSE. — CONIFÈRES.

Fleurs monoïques, plus rarement dioïques, disposées en chatons, plus rarement les fleurs femelles solitaires ou disposées par 2-3. — Chatons mâles constitués par des étamines ord. nombreuses rapprochées, insérées autour de l'axe et non séparées par des bractées. *Étamines constituées chacune par un connectif élorgi en une écaille peltée ou non peltée qui porte l'anthère en dessous; anthère à 2-8 lobes ou plus.* — Fleurs femelles constituées chacune par une écaille qui porte à sa base interne 1-2 ou plusieurs ovules. *Ovules ouverts au sommet. Chatons fructifères à écailles* nombreuses ligneuses minces ou épaisses, *imbriquées en spirale autour de l'axe* (cône, strobile), ou à écailles peu nombreuses ligneuses libres à la maturité (galbule), plus rarement à écailles charnues et soudées en une fausse-baie, ou à une écaille développée en cupule charnue. Périsperme charnu. Cotylédons 2 opposés, ou plusieurs verticillés. *Arbres ou arbrisseaux, à bois constitué par des cellules allongées ponctuées, contenant un suc résineux. Feuilles persistant ord. pendant l'hiver, souvent aciculées.*

† ABIÉTINÉES, p. 630. — *Connectifs portant 2 lobes d'anthère.* Écailles des chatons femelles accompagnées en dehors d'une bractée, portant chacune à sa base 2 ovules *suspendus.* Cône ord. allongé, composé d'écailles ligneuses, libres entre elles. *Graines à testa prolongé en aile.* Embryon à plusieurs cotylédons verticillés.

XC. CUPRESSINÉES, p. 634. — *Connectifs portant 5-8 lobes d'anthère.* Écailles des chatons femelles dépourvues de bractées en dehors, portant chacune à sa base 1-2 ou plusieurs *ovules dressés,* quelquefois solitaires et entourant un seul ovule. Cône court, ord. subglobuleux, ligneux ou charnu, à écailles libres entre elles ou soudées, ou fruit composé d'une écaille cupuliforme charnue qui entoure la graine. *Graines à testa ord. non ailé.* Embryon à deux cotylédons, rarement plus.

## DIVISION II. MONOCOTYLÉES.

Tige herbacée, très rarement ligneuse (*), non séparable en deux zones distinctes de bois et d'écorce, composée de faisceaux constitués par des fibres ligneuses et des vaisseaux et qui sont épars dans la masse du tissu cellulaire, ne formant pas par leur réunion un cylindre creux; cette tige, chez les végétaux ligneux, ne s'accroît pas par des couches concentriques, et sa solidité diminue de la circonférence vers le centre. *Feuilles à nervures parallèles simples* rarement divergentes-ramifiées, entières, rarement divisées, jamais composées de plusieurs folioles, quelquefois réduites à des écailles ou nulles. *Enveloppes de la fleur* (périanthe) *à parties ord. en nombre ternaire,* ord. disposées sur deux rangs, souvent remplacées par des bractées ou des soies, ou nulles. *Embryon à un seul cotylédon.*

(*) Toutes les plantes monocotylées de notre Flore sont herbacées, à l'exception du *Ruscus aculeatus.*

## SUBDIVISION I.

*Périanthe pétaloïde ou à divisions extérieures seules herbacées.*

### CLASSE I.

*Ovaire non soudé avec le périanthe.*

XCI. ALISMACÉES, p. 637. — Fleurs régulières. *Périanthe à 6 divisions, les trois extérieures herbacées, les trois intérieures pétaloïdes.* Étamines 6-12 ou en nombre indéfini. Styles libres entre eux. *Fruit composé de carpelles en nombre indéfini, plus rarement défini 6-12, secs, monospermes, plus rarement dispermes, très rarement polyspermes, libres entre eux, plus rarement soudés inférieurement par la suture ventrale,* indéhiscents ou s'ouvrant par cette suture. *Périsperme nul. Embryon plié.* Plantes aquatiques ou croissant dans les lieux marécageux.

XCII. BUTOMÉES, p. 640. — Fleurs régulières. *Périanthe à 6 divisions, les trois extérieures plus ou moins herbacées, les trois intérieures pétaloïdes.* Étamines 9. *Ovules très nombreux, insérés sur des placentas qui tapissent la face interne des carpelles.* Styles libres entre eux. *Fruit composé de 6 carpelles plus ou moins soudés entre eux par la suture ventrale,* capsulaires, très polyspermes, s'ouvrant par la suture ventrale. *Périsperme nul. Embryon presque droit.* Plante croissant au bord des eaux ou dans les lieux marécageux.

XCIII. COLCHICACÉES, p. 641. — Fleurs régulières. *Périanthe pétaloïde, à 6 divisions presque semblables, disposées sur deux rangs, soudées en tube ou libres presque jusqu'à la base ou jusqu'à la base.* Étamines 6. Ovules nombreux, insérés à l'angle interne des carpelles. *Styles 3, libres ou soudés inférieurement. Fruit capsulaire, composé de 3 carpelles soudés par la suture ventrale dans une étendue variable et s'ouvrant par cette même suture.* Graines nombreuses dans chaque carpelle. *Périsperme charnu ou cartilagineux, épais.* Plantes terrestres. Souche bulbeuse (dans notre espèce).

XCIV. LILIACÉES, p. 642. — Fleurs régulières. *Périanthe pétaloïde, à 6 divisions presque semblables, disposées sur deux rangs, libres ou plus ou moins longuement soudées en tube.* Étamines 6. Ovules insérés à l'angle interne des loges. *Style indivis, filiforme ou presque nul ; stigmates 3, plus ou moins soudés. Fruit capsulaire, à 3 loges polyspermes ou oligospermes, à déhiscence loculicide. Périsperme charnu.* Plantes terrestres. Souche bulbeuse, ou non renflée en bulbe à fibres radicales ord. épaisses-charnues.

XCV. ASPARAGINÉES, p. 659. — Fleurs régulières. *Périanthe pétaloïde, à 6 plus rarement 4-8 divisions disposées sur deux rangs, plus ou moins longuement soudées en tube ou libres.* Étamines en nombre égal à celui des divisions du périanthe, plus rarement en nombre moindre. Ovules 2 ou plusieurs, insérés à l'angle interne des loges. Styles 2-4 soudés en un style indivis, plus rarement libres, très rarement un seul style. *Fruit bacciforme-charnu, à 3 plus rarement 2-4 loges ou à une seule loge, polysperme ou oligosperme,* quelquefois monosperme par avortement. *Périsperme charnu ou corné.* Plantes terrestres. Souche traçante ou cespiteuse.

## CLASSE II.

*Ovaire soudé avec le tube du périanthe.*

**XCVI. DIOSCORÉES, p. 664.** — *Fleurs dioïques. Périanthe régulier, pétaloïde,* à 6 divisions presque égales, disposées sur deux rangs, soudées en tube dans leur partie inférieure. *Étamines 6.* Ovaire soudé avec le tube du périanthe, à 3 loges biovulées ; ovules insérés à l'angle interne des loges. Styles 3 , soudés dans leur partie inférieure. *Fruit* soudé avec le tube du périanthe, *bacciforme* (dans notre espèce), paraissant uniloculaire par la disparition des cloisons. *Périsperme charnu.* Plante terrestre. Souche épaisse charnue. Tige volubile. *Feuilles à nervures ramifiées.*

**XCVII. IRIDÉES, p. 664.** — *Fleurs hermaphrodites. Périanthe* régulier ou irrégulier, *à 6 divisions pétaloïdes* disposées sur deux rangs. *Étamines 3 ; anthères extrorses.* Ovules insérés à l'angle interne des loges. Style indivis ; stigmates 3. *Fruit* soudé avec le tube du périanthe, *capsulaire, à 3 loges* ord. polyspermes, à déhiscence loculicide, à 3 valves. *Périsperme charnu ou corné.* Plantes terrestres ou aquatiques, ord. à rhizome horizontal charnu, plus rarement à souche bulbeuse. Feuilles ensiformes-équitantes, plus rarement linéaires.

**XCVIII. AMARYLLIDÉES, p. 668.** — *Fleurs* hermaphrodites, *renfermées avant la floraison dans des bractées en forme de spathe. Périanthe* ord. *régulier,* à *6 divisions pétaloïdes* ord. disposées sur deux rangs, souvent soudées en tube même au-dessus de l'ovaire, souvent muni à la gorge d'une couronne ou d'un tube pétaloïde. *Étamines 6.* Ovules insérés à l'angle interne des loges. Style indivis ; stigmate ord. trilobé. *Fruit* soudé avec le tube du périanthe, *capsulaire, polysperme, à 3 loges,* à déhiscence loculicide, à 3 valves. *Périsperme* épais charnu. Plantes terrestres. Souche ord. bulbeuse. Feuilles linéaires.

**XCIX. ORCHIDÉES, p. 672.** — Fleurs hermaphrodites. *Périanthe irrégulier,* à 6 divisions pétaloïdes disposées sur deux rangs, *la division intérieure et inférieure* ord. *très différente des autres* par sa forme et sa grandeur. *Étamines 3, à filets soudés en colonne avec le style : les deux latérales stériles, réduites à un mamelon ou à un* appendice charnu, quelquefois *complétement nulles ; la moyenne fertile. placée au-dessus du stigmate.* Ovules insérés sur des placentas pariétaux. Stigmate placé dans la partie supérieure et extérieure de la colonne formée par le style et les étamines soudés. *Fruit* soudé avec le tube du périanthe, *capsulaire, uniloculaire,* très polysperme, *s'ouvrant par 3 valves persistantes portant les placentas à leur partie moyenne et laissant libres entre elles leurs nervures moyennes.* Graines très petites, à testa très lâche réticulé. *Périsperme nul.* Embryon consistant en une agglomération de cellules, à parties non distinctes.

**C. HYDROCHARIDÉES, p. 699.** — *Fleurs dioïques, renfermées avant la floraison dans des bractées en forme de spathe. Périanthe* régulier, à 6 divisions, les 3 extérieures plus ou moins herbacées, les 3 *intérieures pétaloïdes* (dans nos espèces), *plus rarement rudimentaires ou nulles. Étamines 12 ou plus* (dans nos espèces) dont plusieurs ord. stériles, plus rarement 3 dont une souvent stérile. *Ovules insérés sur les cloisons ou sur les parois de la loge.* Style indivis ; stigmates 6 plus rarement 3, plus ou moins profondément bilobés. Fruit soudé avec le tube du périanthe, indéhiscent, charnu, polysperme, à 6 loges (dans nos espèces), plus rarement à une seule loge. *Périsperme nul. Plantes aquatiques,* submergées-nageantes ou submergées.

## SUBDIVISION II.

*Périanthe herbacé ou scarieux, remplacé par des soies ou des bractées, ou nul.*

### CLASSE I.

*Graines dépourvues de périsperme. Plantes aquatiques.*

**CI. JONCAGINÉES, p. 702.** — Fleurs hermaphrodites. *Périanthe* régulier, *à 6 divisions herbacées* presque semblables, disposées sur deux rangs. Étamines 6. Stigmates 3-6, sessiles ou subsessiles. *Fruit non soudé avec le périanthe*, sec, *composé de 3-6 carpelles 1-2-spermes qui se séparent à la maturité* et s'ouvrent par l'angle interne. Graines insérées à l'angle interne des carpelles. Périsperme nul. *Embryon droit.*

**CII. POTAMÉES, p. 703.** — Fleurs hermaphrodites, ou unisexuelles ord. monoïques. *Périanthe régulier à 4 divisions herbacées* libres, *ou nul, ou quelquefois remplacé par une spathe membraneuse.* Étamines 1-4. Styles ou stigmates en nombre égal à celui des carpelles, libres entre eux. *Fruit* non soudé avec le périanthe, *composé de 4 carpelles* rarement plus ou moins, *libres entre eux, monospermes, indéhiscents. Périsperme nul. Embryon plié ou enroulé. Plantes vivant dans l'eau.*

**CIII. NAIADÉES, p. 712.** — *Fleurs* unisexuelles, *monoïques ou dioïques. Périanthe remplacé*, au moins dans les fleurs mâles, *par une spathe membraneuse-celluleuse. Étamine 1 ;* anthère à une ou à quatre loges. *Styles 2-3,* filiformes. *Fruit libre, uniloculaire, monosperme, indéhiscent.* Périsperme nul. Embryon droit. *Plantes submergées.*

### CLASSE II.

*Graines pourvues d'un périsperme farineux épais, très rarement mince.*
Plantes terrestres ou aquatiques.

**CIV. LEMNACÉES, p. 714.** — Fleurs monoïques, réduites chacune à une étamine ou à un ovaire, deux fleurs mâles et une fleur femelle naissant dans une même spathe monophylle membraneuse - celluleuse. Périanthe nul. Étamines (fleurs mâles) se développant l'une après l'autre. Ovaire uniloculaire ; ovules 1-7, insérés au fond de la loge. Style indivis ; stigmate concave-infundibuliforme. Fruit uniloculaire, membraneux un peu charnu, indéhiscent ou se déchirant transversalement. Périsperme mince ou presque nul. *Plantes nageant* à la surface de l'eau, *plus rarement submergées, flottant librement,* constituées par des frondes *simulant des feuilles qui sortiraient l'une de l'autre.*

**CV. AROIDÉES, p. 717.** — *Fleurs* ord. unisexuelles monoïques dépourvues de périanthe et de bractées, plus rarement hermaphrodites munies d'un périanthe, *groupées sur un axe charnu simple* (spadice) qui est ord. entouré d'une spathe monophylle le plus souvent roulée en cornet ; *les fleurs mâles réduites à une étamine, les femelles à un ovaire ; les fleurs hermaphrodites à* 6 plus rarement 3-4 étamines, ne renfermant qu'un seul ovaire, *munies d'un périanthe à divisions herbacées* en nombre égal à celui des étamines. Étamines à filet très court ou réduites à une anthère sessile. Ovaires libres entre eux ou très rarement soudés, uniloculaires, plus rarement à plusieurs loges ; ovules 2 ou plusieurs. Style nul ou indivis ; stigmate capité ou discoïde, quelquefois en forme de houppe. *Fruit bacciforme*, indéhiscent, mono-polysperme. *Périsperme farineux.* Plantes croissant dans les lieux secs ou les marais, à souche traçante ou plus ord. tubériforme charnue-farineuse.

CVI. TYPHACÉES, p. 721. — *Fleurs* unisexuelles *monoïques, les mâles et les femelles groupées séparément en épis compactes ou en têtes globuleuses, les mâles réduites à une étamine, les femelles à un ovaire. Étamines entremélées de soies ou d'écailles disposées sans ordre. Ovaires uniloculaires uniovulés,* libres ou soudés par paires et paraissant biloculaires, *entourés de soies nombreuses ou d'écailles membraneuses au nombre de 3-5. Style indivis,* à stigmate unilatéral. Fruit sessile ou longuement stipité, drupacé sec, monosperme. Graine suspendue. Périsperme charnu-farineux. Plantes croissant dans les lieux marécageux ou dans l'eau.

CVII. JONCÉES, p. 724.— *Fleurs hermaphrodites,* rarement unisexuelles par avortement, régulières. *Périanthe scarieux,* persistant, *à 6 divisions* disposées sur deux rangs. Étamines 6, plus rarement 3 par avortement. Style indivis ; stigmates 3, filiformes. *Fruit libre, capsulaire,* à déhiscence loculicide, *à 3 valves, à 3 loges* plus ou moins complètes *ou à une seule loge, polysperme ou 3-sperme.* Graines insérées au bord interne des cloisons ou au fond de la loge. Périsperme farineux-charnu, épais. Plantes terrestres, croissant ord. dans les lieux marécageux. Feuilles linéaires, à limbe quelquefois avorté, à partie pétiolaire engaînante. *Rameaux de l'inflorescence* naissant à l'aisselle d'une bractée et *entourés à leur base d'une gaine tubuleuse.*

CVIII. CYPÉRACÉES, p. 733. — *Fleurs* hermaphrodites, ou unisexuelles monoïques très rarement dioïques, *naissant chacune à l'aisselle d'une bractée scarieuse* (écaille), disposées en épis multiflores ou pauciflores, les écailles inférieures quelquefois stériles. *Périanthe nul,* ou remplacé par des écailles ou des soies, ou par une écaille bicarénée formant une enveloppe ouverte au sommet qui renferme l'ovaire. Étamines 3, plus rarement 2 ; *anthères insérées sur le filet par leur base, à lobes soudés entre eux dans toute leur longueur.* Style indivis ; stigmates 2-3, filiformes. Fruit (akène), libre, sec, uniloculaire, monosperme, indéhiscent, quelquefois renfermé dans une écaille en forme d'utricule qui se détache avec lui. *Périsperme farineux* très épais. *Embryon placé en dehors du périsperme* à l'extrémité voisine du hile. Plantes terrestres, croissant souvent dans les lieux marécageux, rarement submergées-nageantes. Tige souvent triquètre, non renflée en nœud au niveau de l'insertion des feuilles. *Feuilles tristiques, linéaires,* à limbe quelquefois rudimentaire ou avorté, à partie pétiolaire enroulée en une gaîne qui entoure la tige dans une grande étendue et dont les bords sont soudés ; gaîne soudée avec une stipule axillaire membraneuse dépassant ou ne dépassant pas la gaîne. *Rameaux de l'inflorescence* naissant ord. à l'aisselle d'une bractée et *entourés d'une gaine* tubuleuse.

CIX. GRAMINÉES, p. 769. — *Fleurs* hermaphrodites, quelquefois unisexuelles, *à périanthe imparfait,* plus rarement nul, *naissant chacune à l'aisselle d'une bractée* (glumelle inférieure), disposées en épillets bi-pluriflores ou multiflores distiques plus rarement uniflores, les bractées inférieures stériles (glumes) 2 plus rarement 1 quelquefois nulles par avortement ; *l'axe court terminé par la fleur portant une petite bractée* (glumelle supérieure) qui par sa face dorsale regarde l'axe commun ; les fleurs supérieures ou les inférieures, rarement à la fois les unes et les autres, souvent imparfaites ou avortées dans un même épillet. Glumes égales ou inégales, très rarement nulles, l'inférieure quelquefois avortée. Glumelle inférieure imparinerviée, souvent aristée sur le dos ou au sommet. Glumelle supérieure le plus souvent binerviée, dépourvue de nervure moyenne et mutique. Périanthe imparfait, très rarement nul, composé de 2 plus rarement 3 petites écailles membraneuses-charnues (squamules). Étamines hypogynes, 3 plus rarement 2 ou 1 ; *anthères insérées sur le filet par leur dos, à lobes libres et plus ou moins divergents à chaque extrémité.* Styles 2, très rarement 3, libres ou soudés à la base, très rarement style indivis. *Fruit* (caryopse) sec, *monosperme, indéhiscent. Périsperme farineux,* très épais. *Embryon placé en dehors du périsperme* dans une fossette à la base de sa face extérieure. Plantes terrestres, croissant quelquefois dans les lieux marécageux, très rarement nageantes. Tige cylindrique, plus rarement comprimée, ord. fistuleuse, ord. renflée en nœud au niveau de l'insertion des feuilles. *Feuilles distiques, linéaires,* à limbe quelquefois rudimentaire, *à partie pétiolaire enroulée en une gaine qui entoure la tige* dans une grande étendue *et dont les bords sont libres ou très rarement soudés ;* gaîne soudée avec une stipule axillaire membraneuse dépassant ou ne dépassant pas la gaîne. *Rameaux de l'inflorescence ne naissant pas à l'aisselle de bractées et n'étant pas entourés à la base d'une gaîne* tubuleuse.

# Embranchement II. PLANTES CRYPTOGAMES OU ACOTYLÉDONÉES.

*Plantes à organes reproducteurs non constitués par des étamines et des ovules.* Organes mâles (anthéridies) de structure variée, souvent nuls ou d'existence problématique au moins chez la plante adulte. *Embryons homogènes* (spores) *non composés de parties distinctes.* Plantes constituées seulement par du tissu cellulaire, ou par du tissu cellulaire et des vaisseaux, à axe et à organes appendiculaires distincts, plus ord. à axe et à organes appendiculaires non distincts, s'accroissant par l'extrémité seule ou plus ord. à croissance périphérique.

## Division I. ACROGÈNES.

Plantes à *axe et à organes appendiculaires distincts, plus rarement indistincts, croissant par leur extrémité seule* sans addition de nouvelles parties vers la base, constituées par du tissu cellulaire uni ou non à des vaisseaux. *Spores renfermées dans des réceptacles spéciaux* (sporanges).

### Classe I. FILICINÉES.

*Plantes présentant* ord. *une tige ou un rhizome en même temps que des feuilles développées ou rudimentaires,* à tige ou à rhizome constitué par du tissu cellulaire uni à des vaisseaux, *plus rarement* dépourvues de vaisseaux et alors *sans feuilles* et à tige constituée exclusivement par des cellules allongées. *Sporanges dépourvus de coiffe tubuleuse, portés sur les feuilles, sur les tiges ou sur les rhizomes.* Anthéridies ord. nulles ou d'existence problématique chez la plante adulte, plus rarement portées sur les rameaux de la plante adulte.

CX. FOUGÈRES, p. 855. — Rhizome court ou traçant. *Feuilles* éparses sur le rhizome ou naissant au sommet du rhizome, *enroulées en crosse dans leur jeunesse, très rarement non enroulées. Sporanges* s'ouvrant régulièrement ou irrégulièrement, ne présentant pas d'élatères, *naissant* sur les nervures secondaires *à la face inférieure des feuilles,* rapprochés en groupes nus ou recouverts par un prolongement de l'épiderme, *quelquefois disposés en épi ou en panicule en s'insérant* à la face interne ou sur toute la surface de *la partie supérieure de feuilles* modifiées et contractées ou réduites au rachis. Spores très nombreuses dans chaque sporange. Anthéridies d'existence problématique chez la plante adulte.

**CXI. MARSILÉACÉES, p. 874.** — Plantes à rhizome rampant. *Feuilles alternes, enroulées en crosse dans leur jeunesse, linéaires-subulées réduites au rachis, ou à 4 segments verticillés* au sommet du rachis. *Involucres capsulaires naissant sur le rhizome à la base des feuilles*, s'ouvrant plus ou moins complétement en 2-4 valves, *renfermant à la fois des sporanges de deux sortes*, les uns fertiles les autres stériles. Sporanges fertiles contenant une seule spore assez grosse.

**CXII. ÉQUISÉTACÉES, p. 876.** — Plantes à rhizome traçant. *Tiges articulées*, ord. simples, *munies ou non* au niveau des articulations *de rameaux verticillés, chaque articulation donnant naissance à une gaîne* membraneuse dentée intérieure par rapport au verticille de rameaux lorsqu'il existe. *Sporanges* tous de même sorte, membraneux, déhiscents, *disposés en cercle par 4-9 à la face inférieure d'écailles peltées verticillées en forme de cône au sommet de la tige et quelquefois des rameaux. Spores* très nombreuses dans chaque sporange, *munies de 2 appendices* hygrométriques *filiformes disposés en croix.* Anthéridies d'existence problématique chez la plante adulte.

**CXIII. LYCOPODIACÉES, p. 882.** — Tige rameuse, feuillée, couchée-radicante au moins dans sa partie inférieure. *Feuilles* ord. *insérées* en spirale autour de la tige ord. *sur plusieurs rangs, petites, indivises,* subulées ou lancéolées, *uninerviées,* ord. très nombreuses rapprochées-imbriquées. *Sporanges* sessiles ou subsessiles, *naissant à l'aisselle des feuilles* ou de feuilles bractéales, membraneux-crustacés, jaunâtres, ne renfermant pas d'élatères ; *tous d'une même sorte* s'ouvrant en 2-3 valves, *remplis de granules très petits* (microspores) ; *quelquefois de deux sortes : les uns semblables aux précédents, les autres moins nombreux s'ouvrant en 3-4 valves et contenant ord. 4 corps beaucoup plus gros que* les microspores.

**CXIV. CHARACÉES, p. 886.** — *Plantes submergées,* se fixant dans le sol par des radicelles très fines. *Tiges dépourvues de feuilles,* transparentes ou opaques, ord. rameuses, articulées, *à articles composés chacun d'une cellule cylindrique tubuleuse solitaire ou entourée d'un rang de cellules semblables plus étroites* disposées en spirale. *Ramuscules disposés par verticilles* au niveau des articulations, *simples portant les organes de la fructification le long de leur face interne* au niveau d'involucres ord. composés de 4-8 ramuscules secondaires, *ou une ou plusieurs fois 2-7-furqués portant les organes de la fructification au niveau de leurs angles de division,* de leurs articulations ou à leur sommet. *Organes de la fructification de deux sortes* (sporanges et anthéridies). *Anthéridies* globuleuses, *à enveloppe composée de 8 pièces,* d'abord d'un rouge orangé. Sporanges couronnés par 5 dents ou 5 tubercules.

### CLASSE II. MUSCINÉES (*).

Organes mâles : anthéridies. — Organes femelles : capsules (sporanges) renfermées dans une coiffe tubuleuse, insérées à l'aisselle des feuilles lorsqu'il y a une tige et des feuilles distinctes.

MOUSSES.

HÉPATIQUES.

(*) Les familles des *Mousses* et des *Hépatiques,* ainsi que les classes des *Lichénées,* des *Champignons* et des *Algues,* classes qui constituent le groupe des *végétaux cryptogames cellulaires* (DC.), ne sont pas traitées dans cet ouvrage. — La fin du tableau, relative à ce groupe, imprimée en caractères plus petits et sans descriptions de familles, est empruntée presque complétement au travail publié par M. Ad. Brongniart dans son *Énumération des genres de plantes cultivés au Muséum d'histoire naturelle de Paris.*

# DIVISION II. AMPHIGÈNES.

Plantes ne présentant ni axe ni organes appendiculaires distincts, constituées exclusivement
par du tissu cellulaire, à croissance périphérique, se reproduisant par des spores
ou embryons nus.

## CLASSE I. LICHÉNÉES.

Fronde de formes très diverses, vivant dans l'air, fixée par des fibrilles celluleuses (sans thalle
développé dans les corps sous-jacents). Fructifications occupant des parties limitées
de la surface de la fronde, formées de thèques mêlées à des paraphyses.

LICHENS.

## CLASSE II. CHAMPIGNONS (*).

Thalle filamenteux (mycélium), développé sous la terre ou dans les êtres organisés morts ou
vivants, produisant au dehors les organes reproducteurs.

### SOUS-CLASSE I. SCLÉROMYCÉES.

Mycélium produisant des excroissances fongueuses qui contiennent un ou plusieurs péridiums durs
qui renferment des thèques.

HYPOXYLÉES.

### SOUS-CLASSE II. HYMÉNOMYCÉES.

Mycélium produisant des excroissances fongueuses (champignons) dont une partie de la surface
(hyménium) est formée par les utricules producteurs des spores (basides ou thèques).

PÉZIZÉES.

AGARICINÉES.

### SOUS-CLASSE III. GASTÉROMYCÉES.

Mycélium produisant des excroissances fongueuses (champignons) dont la partie extérieure constitue
une enveloppe (péridium) qui contient dans son intérieur les utricules producteurs
des spores (sporanges ou basides).

CLATHRACÉES.

LYCOPERDACÉES.

TUBÉRACÉES.

### SOUS-CLASSE IV. HYPHOMYCÉES.

Mycélium produisant directement sur une partie de ses rameaux les spores ou les vésicules
qui les renferment.

URÉDINÉES.

MUCORÉES.

MUCÉDINÉES.

---

(*) M. le docteur Léveillé, à qui l'on doit tant de travaux importants sur la classe des *Champignons*, divise cette classe en *Champignons basidiosporés, thécasporés, stromatosporés, cystosporés, trichosporés et arthrosporés.*

## CLASSE III. ALGUES.

Fronde celluleuse vivant dans l'eau douce ou dans l'eau salée, rarement dans l'air très humide, fixée par des crampons ou des radicelles.

### SOUS-CLASSE. — ZOOSPORÉES.

Spores vertes, développées dans les utricules du tissu même de la plante, jouissant de mouvemnts spontanés immédiatement après leur sortie de ces cellules.

ULVACÉES.
CONFERVACÉES.
NOSTOCINÉES.
OSCILLATORIÉES.

## CLASSE IV.

Êtres intermédiaires entre les plantes et les animaux les plus inférieurs, se multipliant par fragmentation.

DIATOMÉES.

# FLORE

DES

# ENVIRONS DE PARIS

## EMBRANCHEMENT I.

## PLANTES PHANÉROGAMES OU COTYLÉDONÉES.

Plantes portant des fleurs, c'est-à-dire à organes reproducteurs constitués par des étamines et des ovules. — Graines composées d'un embryon renfermé dans des tuniques. Embryon présentant des parties distinctes, à un, deux, ou rarement plusieurs cotylédons.

### Division I. DICOTYLÉES.

Tige herbacée, ou ligneuse sa solidité augmentant de la circonférence vers le centre, séparable en deux zones, l'une extérieure corticale (écorce), l'autre intérieure ligneuse (bois); la zone ligneuse composée de faisceaux qui sont constitués essentiellement par des fibres ligneuses et des vaisseaux, et qui forment par leur réunion un cylindre creux (canal médullaire) rempli par du tissu cellulaire (moelle); la moelle émettant des prolongements lamelleux verticaux (rayons médullaires) qui séparent les divers faisceaux ligneux; la tige s'accroissant annuellement chez les végétaux ligneux par l'addition, entre les deux zones, d'une couche dont la partie extérieure se rattache à la zone corticale et la partie intérieure à la zone ligneuse. — Feuilles à nervures ord. divergentes très ramifiées, pourvues de stomates (excepté dans les plantes submergées), opposées, verticillées, alternes ou en spirale, entières, dentées ou plus ou moins profondément divisées, quelquefois composées de plusieurs folioles, rarement réduites à des écailles ou nulles. — Enveloppes de la

1

fleur à parties ordinairement au nombre de cinq, constituées par un calice et une corolle, ou réduites au calice, rarement nulles. — Embryon à deux cotylédons opposés, rarement à plusieurs cotylédons verticillés.

## Subdivision I. DIALYPÉTALES.

Enveloppes florales constituées par un calice et une corolle. — Corolle à pétales libres entre eux.

## Classe I. DIALYPÉTALES HYPOGYNES.

Pétales et étamines indépendants du calice, insérés sur le réceptacle ou sur un disque libre ou soudé avec la base de l'ovaire. — Ovaire libre.

### I. RENONCULACÉES
(Ranunculaceæ Juss. *Gen.* 231).

Fleurs hermaphrodites, régulières ou irrégulières, à préfloraison imbriquée, rarement valvaire. — Calice à 5 plus rarement 3-15 sépales, libres, pétaloïdes caducs, ou herbacés persistants. — Corolle à 5 plus rarement 3-15 pétales hypogynes, libres, très rarement soudés, caducs, réguliers, ou irréguliers souvent en cornet ou en tube, plus rarement nulle. — *Étamines en nombre indéfini*, rarement 5-12, hypogynes, *libres*. Anthères bilobées, extrorses, très rarement introrses. — Ovaire libre, composé de carpelles en nombre indéfini ou défini (2-10), très rarement réduit à un seul carpelle ; carpelles libres ou soudés inférieurement, uniovulés ou pluriovulés. Ovules réfléchis, dressés ou ascendants, plus rarement suspendus. Styles libres, souvent très courts, ord. persistants ; stigmates souvent obliques, entiers. — *Fruit composé de carpelles* secs monospermes indéhiscents (akènes) libres entre eux, ou secs polyspermes *libres ou soudés inférieurement* s'ouvrant par la suture placentaire ventrale (follicules), très rarement composé d'un seul carpelle bacciforme indéhiscent. — Graines ascendantes ou pendantes, à raphé souvent très saillant. Embryon droit, très petit, placé dans un *périsperme épais* corné. Radicule dirigée vers le hile.

Plantes herbacées, plus rarement sous-frutescentes ou ligneuses, contenant un suc plus ou moins âcre. Feuilles alternes, plus rarement opposées ou ternées, entières ou plus ou moins divisées, pétiolées ; pétiole ord. dilaté en gaîne à la base, plus rarement muni de stipules adnées. Fleurs solitaires terminales ou latérales, ou disposées en cymes plus ou moins irrégulières, en grappes ou en panicules.

TRIBU I. CLEMATIDEÆ. — *Préfloraison valvaire.* Corolle nulle. Anthères extrorses. *Carpelles en nombre indéfini, monospermes, indéhiscents.* Graine suspendue. — Plantes vivaces, à tiges ligneuses sarmenteuses, plus rarement herbacées. *Feuilles opposées.*

1. CLEMATIS.

TRIBU II. ANEMONEÆ. — *Préfloraison imbriquée. Corolle nulle ou composée de pétales réguliers.* Anthères extrorses. *Carpelles en nombre indéfini ou défini, monospermes, indéhiscents. Graine suspendue.* — Plantes annuelles ou vivaces. Feuilles alternes ou toutes radicales, les caulinaires quelquefois ternées et formant un involucre.

2. THALICTRUM. — Calice ord. à *4 sépales.* Corolle nulle. Carpelles 3-12. *Fleurs disposées en une panicule terminale.*

3. ANEMONE. — Calice à *5-15 sépales* colorés, pétaloïdes. Corolle nulle. Carpelles nombreux. Fleurs solitaires terminales. *Feuilles caulinaires ternées formant un involucre* éloigné ou rapproché de la fleur.

4. ADONIS. — Calice à 5 sépales. Corolle à *5-15 pétales* ord. rouges ou rougeâtres, *brièvement onguiculés,* dépourvus de fossette nectarifère. Carpelles nombreux.

5. MYOSURUS. — Calice à *5 sépales prolongés en éperon.* Corolle à *5 pétales* jaunâtres, *à onglet tubuleux plus long que le limbe. Étamines 5-10.* Carpelles nombreux.

TRIBU III. RANUNCULEÆ. — *Préfloraison imbriquée.* Corolle composée de *pétales réguliers.* Anthères extrorses. *Carpelles* ord. en nombre indéfini, *monospermes, indéhiscents. Graine dressée.* — Plantes annuelles ou vivaces. Feuilles alternes ou toutes radicales.

6. RANUNCULUS. — Calice à *5 sépales. Pétales* jaunes ou blancs, *munis* au-dessus de l'onglet *d'une fossette nectarifère.*

7. FICARIA. — Calice à *5 sépales. Pétales* jaunes, *munis* au-dessus de l'onglet *d'une fossette nectarifère.*

TRIBU IV. HELLEBOREÆ. — *Préfloraison imbriquée. Corolle* ord. *composée de pétales irréguliers nectarifères, plus rarement nulle.* Anthères extrorses. *Carpelles* en nombre défini, très rarement solitaires, *polyspermes, déhiscents* (follicules). — Plantes annuelles ou vivaces. Feuilles alternes ou toutes radicales, les supérieures quelquefois opposées ou verticillées et formant un involucre.

8. CALTHA. — Calice à 5-7 sépales pétaloïdes, caducs. *Corolle nulle.* Follicules 5-12, libres. Feuilles suborbiculaires-réniformes.

9. HELLEBORUS. — Calice à 5 *sépales* herbacés, *persistants.* Corolle à 5-10 *pétales tubuleux.* Follicules 2-10, un peu soudés inférieurement. *Feuilles palmatiséquées-pédalées* au moins les inférieures.

10. ERANTHIS. — Calice à *5-8 sépales* pétaloïdes, jaunes, *caducs.* Corolle à 5-8 *pétales tubuleux* bilabiés. *Follicules 5-8, libres, stipités. Feuilles* radicales orbiculaires, palmatiséquées, les deux *supérieures* opposées *formant un involucre qui entoure la fleur.*

11. ISOPYRUM. — Calice à 5 *sépales* pétaloïdes, *blancs, caducs.* Corolle à 5 *pétales tubuleux seulement à la base. Follicules 1-3,* membraneux, *très comprimés,* 2-3-spermes, libres, subsessiles.

12. NIGELLA. — Calice à 5 sépales pétaloïdes, colorés, caducs. Corolle à 5-10 *pétales onguiculés,* munis au-dessus de l'onglet d'une fossette nectarifère,

*à limbe bifide. Follicules 5-10, soudés dans leur moitié inférieure ou dans toute leur longueur.*

13. AQUILEGIA. — Calice à 5 sépales pétaloïdes, colorés, caducs. Corolle à 5 pétales *longuement prolongés au-dessous de leur insertion en cornet qui se termine inférieurement en un éperon* ord. courbé faisant saillie au-dessous des sépales.

14. DELPHINIUM. — Calice à 5 *sépales* pétaloïdes, colorés, caducs, *inégaux, le supérieur prolongé en éperon.* Corolle à **4** pétales libres ou soudés, les 2 supérieurs au moins prolongés en éperon.

15. ACONITUM. — Calice à 5 *sépales* pétaloïdes, colorés, ord. caducs, *inégaux, le supérieur en forme de capuchon.* Corolle à 2-5 pétales, les deux supérieurs filiformes dans la plus grande partie de leur longueur, dilatés au sommet en un cornet renversé recourbé en éperon, les inférieurs très petits ou convertis en étamines.

TRIBU V. PÆONIEÆ. — Préfloraison imbriquée. Corolle composée de *pétales réguliers*, rudimentaire ou nulle. Anthères introrses. *Carpelles* en nombre défini (2-5) ou solitaires, *polyspermes déhiscents* (follicules), *ou bacciformes indéhiscents.* — Plantes vivaces. Feuilles alternes ou toutes radicales.

16. ACTÆA. — Corolle ord. rudimentaire composée de pétales spatulés. Carpelle solitaire, bacciforme indéhiscent.

## TRIBU I. CLEMATIDEÆ. — Préfloraison valvaire. Corolle nulle. Anthères extrorses. Carpelles en nombre indéfini, monospermes, indéhiscents. Graine suspendue. — Plantes vivaces, à tiges ligneuses sarmenteuses, plus rarement herbacées. Feuilles opposées.

### 1. CLEMATIS L. *Gen.* n. 696. — [CLÉMATITE].

Calice à 4-5 sépales colorés, pétaloïdes, caducs. Corolle nulle. Carpelles à style persistant ord. accru après la floraison en une queue barbue-plumeuse. Graine suspendue.

Plantes vivaces, à tiges ligneuses sarmenteuses, plus rarement herbacées. Feuilles opposées. Fleurs blanches, disposées en panicules.

1. **C. Vitalba** L. *Sp.* 766 ; *Engl. bot.* t. 612 ; Rchb. *Ic.* IV, f. 4667 ; Bill. *Exsicc.* n. 1101. — *C. sepium* Lmk *Fl. Fr.* III, 306. — [C. DES HAIES. — Vulg. *Viorne, Herbe-aux-gueux*].

Tiges ligneuses, sarmenteuses, grimpantes, de longueur très variable. Feuilles pinnatiséquées, à pétiole tortile, à segments longuement pétiolulés, ovales-lancéolés, subcordés, incisés-dentés ou entiers. Fleurs disposées en panicules axillaires. Sépales également tomenteux sur toute la face extérieure. Carpelles à style plumeux. ♄. Juin–août.

C. — Haies, buissons, taillis. — Souvent planté dans les bosquets.

On rencontre quelquefois dans le voisinage des jardins le *C. Flammula* L. (Rchb. *Ic.* IV, f. 4666. — *C. Flammette.* — Vulg. *C. odorante*) qui est assez souvent planté pour garnir les palissades et les berceaux ; cette espèce se distingue du *C. Vitalba* par ses sépales tomenteux seulement aux bords. — Le *C. erecta* L. (Rchb. *Ic.* IV, f. 4664. — *C. dressée*), qui a été observé dans quelques localités où il a été introduit, et particulièrement aux bois de Boulogne et de Vincennes, diffère des deux espèces précédentes par ses tiges herbacées dressées. — Le *C. Viticella* L. (Rchb. *Ic.* IV, f. 4668. — *C. Viticelle*) à grandes fleurs violettes, à sépales obovales-triangulaires apiculés, à styles glabres courts, est souvent planté dans les bosquets. — Le *C. florida* Thunb. (*Atragene Indica* Desf. — *C. à grandes fleurs*), plante du Japon, diffère surtout du *C. Viticella* par ses fleurs d'un blanc verdâtre, à sépales lancéolés acuminés.

L'*Atragene Alpina* L. (Rchb. *Ic.* IV, f. 4662. — *Atragène des Alpes*), plante des montagnes de l'Europe, figure également dans les jardins comme arbuste d'ornement pour la beauté de ses grandes fleurs violettes. Le genre *Atragene* se distingue du genre *Clematis* par la présence de pétales nombreux, plus courts que les sépales.

**TRIBU II. ANEMONEÆ.** — Préfloraison imbriquée. Corolle nulle ou composée de pétales réguliers. Anthères extrorses. Carpelles en nombre indéfini ou défini, monospermes, indéhiscents. Graine suspendue. — Plantes annuelles ou vivaces. Feuilles alternes ou toutes radicales, les caulinaires quelquefois ternées et formant un involucre.

**2. THALICTRUM** L. *Gen.* n. 697. — [PIGAMON, THALICTRE].

Calice à 4 plus rarement 5 *sépales colorés*, caducs, dépassés par les étamines. *Corolle nulle.* Carpelles 3-12, munis de côtes longitudinales, insérés sur un réceptacle étroit aplani, à style court persistant. Graine suspendue.

Plantes vivaces, glabres, à tiges herbacées souvent fistuleuses. Feuilles alternes, bi-tripinnatiséquées, à pétiole ord. élargi à la base et muni de stipules adnées. *Fleurs* jaunâtres, *disposées en une panicule terminale*, souvent polygames par avortement, *dépourvues d'involucre*.

**1. T. minus** L. *Sp.* 769. — [P. mineur].

Souche émettant ord. des rhizomes ou rejets horizontaux. Tiges de 2-12 décim., dressées, striées, plus ou moins glauques, souvent d'un rouge violacé. Feuilles à circonscription triangulaire, tripinnatiséquées, à segments suborbiculaires ou obovales-cunéiformes, 3-5-lobés à lobes entiers ou incisés, plus ou moins glauques en dessous ; pétioles munis à leur base de stipules adnées courtes et arrondies ; pétioles secondaires plus ou moins anguleux. Panicule pyramidale à rameaux plus ou moins étalés. *Fleurs* jaunâtres, *espacées même au sommet des rameaux, penchées sur leurs pédicelles. Étamines pendantes.* Anthères mucronées, à mucron courbé. Carpelles ovoïdes ou oblongs. ♃. Juin-juillet.

*A.R.* — Collines herbeuses, bois, lieux secs des terrains calcaires ou sablonneux. — Bois de Boulogne ! ; garenne de Sèvres ! ; parc de Saint-Cloud ! ; forêt de Saint-Germain. La Roche-Guyon !. Forêts de Hez et de Hallatte (*Graves* Cat. Oise). Forêt de Fontainebleau ! ; Moret (*Thuret*) ; Malesherbes !, etc.

Var. α. *genuinum.* (*T. minus* et *T. sylvaticum* Koch *Syn. fl. Germ.* ed. 2, 4 ; Gren. et Godr. *Fl. Fr.* 1, 6 et 8. — *T. minus* Rchb. *Ic.* IV, f. 4627. — *T. minus* var. *collinum Fl. Par.* éd. 1, 4). — Feuilles à segments petits ord. très glauques en-dessous.

Var. β. *majus.* (*T. majus* Jacq. *Austr.* V, t. 420 ; Rchb. *Ic.* IV, f. 4629. — *T. minus* var. *umbrosum Fl. Par.* éd. 1, 4). — Plante ord. plus robuste. Feuilles à segments ord. très larges, à peine glauques en dessous. Panicule ord. très ample. — *R.* — Bois de Vincennes. Bois de Boulogne. Forêt de Compiègne (*Graves* Cat.).

L'examen d'une nombreuse série d'échantillons nous a mis à même de constater que les pétioles secondaires plus ou moins anguleux et les carpelles ovoïdes ou oblongs atténués aux deux extrémités ne fournissent pas de caractères suffisants pour distinguer comme espèces ou même comme variétés les *T. minus* et *sylvaticum*. Les caractères tirés des pétioles secondaires et de la forme des carpelles sont loin de coïncider chez tous les individus ; de plus, la forme des carpelles varie non-seulement selon que la maturité est plus ou moins complète, mais encore selon que la plante s'est développée dans un lieu sec ou dans un lieu humide. Nous devons ajouter que le *T. flavum*, dont les carpelles sont ovoïdes ou ovoïdes-subglobuleux, présente quelquefois des individus dont les carpelles sont oblongs.

2. **T. lucidum** L. *Sp.* 770 ; Pluck. *Alm.* t. 65 mala ; Lois. *Fl. Gall.* 326 ; Duby *Bot. Gall.* 4. — *T. medium* Jacq. *Hort. Vindob.* III, t. 96 optima ; Koch *Syn. fl. Germ.* ed. 1, 5 ; Rchb. *Ic.* IV, f. 4632. — [P. LUISANT].

Souche émettant des rhizomes horizontaux. Tiges de 5-12 décim., dressées, sillonnées, non glauques. Feuilles à circonscription triangulaire-lancéolée, tripinnatiséquées, à segments oblongs-cunéiformes subtrilobés, les latéraux souvent entiers, d'un vert pâle à la face inférieure ; pétioles munis à leur base de stipules adnées courtes. Panicule pyramidale, à rameaux dressés. *Fleurs jaunâtres, espacées même au sommet des rameaux, dressées. Étamines dressées.* Anthères mutiques ou brièvement mucronées à mucron droit. Carpelles ovoïdes ou ovoïdes-oblongs. ♃. Juin-juillet.

*R R.* — Lieux sablonneux ombragés, marais tourbeux. — Bois de Boulogne ! (*Kralik*). Marais du bois de Meudon !.

Le *T. angustifolium* L. (DC.; Gren. et Godr. non Jacq. — *T. Bauhini* Crantz ; Rchb. *Ic.* IV, t. 40, f. 4636 c. *T. simplex* Koch et auct. Gall.; F. Schultz *Exsicc.* n. 601. *T. Nestleri* var. *latifolium* F. Schultz *Exsicc.* n. 601 *bis* ; Bill. *Exsicc.* n. 201. — *Var.* à segments des feuilles linéaires étroits, souvent enroulés en dessous : *T. galioides* Nestl. ap. Pers.; Rchb. *Ic.* IV, t. 37, f. 4636 ; Koch) a été observé, en 1856, dans le bois de Vincennes sur les bords de la route de Nogent (*A. Gilon*), où il a été probablement introduit. — Cette espèce se distingue aux caractères suivants : Souche à rhizomes longuement traçants ; tiges de 5-12 décim., dressées, sillonnées, non glauques ; *feuilles à circonscription oblongue-lancéolée, tripinnatiséquées, à segments allongés lancéolés ou linéaires*, entiers ou 2-3-lobés à lobes aigus, d'un vert luisant à la face supérieure, d'un vert pâle à la face inférieure ; pétioles munis à la base de stipules adnées ; *panicule* pyramidale, *assez étroite*, à rameaux dressés ; *fleurs* jaunâtres, à peine penchées, *un peu rapprochées*, mais ne formant pas des bouquets compactes ; *étamines un peu étalées ; anthères mucronées ;* carpelles ovoïdes-subglobuleux.

3. **T. flavum** L. *Sp.* 770 ; *Fl. Dan.* t. 939 ; Rchb. *Ic.* IV, f. 4639. — *T. nigricans* Jacq. *Austr.* V, t. 421. — [P. JAUNATRE. — Vulg. *Rhubarbe-des-pauvres, Rue-des-prés*].

* Souche émettant de longs rhizomes ou rejets horizontaux. Tiges de 6-15 décim., dressées, sillonnées, non glauques. Feuilles à circonscription triangulaire-lancéolée, tripinnatiséquées, à segments obovales ou oblongs-cunéiformes, entiers ou 2-3-lobés à lobes aigus ou obtus, d'un vert pâle à la face inférieure ; les supérieures à segments étroits, linéaires ; pétioles munis à leur base de stipules adnées. Panicule pyramidale, ord. compacte à rameaux nombreux. *Fleurs jaunâtres, rapprochées en bouquets compactes au sommet des rameaux, dressées. Étamines dressées.* Anthères mutiques ou très obscurément mucronées à mucron droit. Carpelles ovoïdes ou ovoïdes-subglobuleux, plus rarement oblongs. ♃. Juin-juillet.

*C*. — Prairies tourbeuses ou marécageuses, bords des eaux, endroits humides ombragés.

Le *T. glaucum* Desf. (Rchb. *Ic.* IV, f. 4641. — *P. glauque*), plante de l'Europe méridionale, est cultivé dans les parterres ; il diffère surtout du *T. flavum* par les tiges ord. plus robustes, glauques, par les segments des feuilles plus orbiculaires, à lobes obtus, très glauques en dessous, et par la panicule très contractée.

Le *T. aquilegifolium* L. (Rchb. *Ic.* IV, f. 4635. — *P. à feuilles d'Ancolie*. — Vulg. *Colombine plumeuse*), espèce des montagnes de l'Europe, est également cultivé comme plante d'ornement ; il est caractérisé principalement par ses carpelles triquètres, ailés, atténués en un long pédicelle. Il est signalé par M. Graves (*Cat. Oise*, 2), dans le canton de Chaumont à Loconville et à Liancourt-Saint-Pierre ; de 1818 à 1825 plusieurs individus de cette espèce ont été trouvés par ce botaniste aux environs de Noyon au mont Saint-Siméon ; mais c'est avec raison qu'il doute de la spontanéité de la plante dans ces localités.

### 3. **ANEMONE** L. *Gen.* n. 694. — [ANÉMONE].

Calice à *5-15 sépales* colorés, *pétaloïdes*, caducs, plus longs que les étamines. *Corolle nulle*. Carpelles nombreux, dépourvus de côtes, groupés sur un réceptacle hémisphérique, à style persistant et quelquefois longuement accru plumeux. Graine suspendue.

Plantes vivaces, plus ou moins velues, rarement glabres, à tiges herbacées 1-2-flores. *Feuilles* radicales palmatiséquées à 3-5 segments, quelquefois pinnatiséquées à segments divisés en lobes linéaires, rarement trilobées à lobes entiers ; les *caulinaires ternées* et *formant un involucre* éloigné, plus rarement rapproché des fleurs. Fleurs terminales, blanches, rosées ou violettes, rarement jaunes.

Sect. I. *PULSATILLA*. — Carpelles à *style accrescent en une longue queue barbue-plumeuse*. Feuilles caulinaires palmatipartites, formant un involucre éloigné de la fleur. — 1.

Sect. II. *ANEMANTHUS*. — Carpelles à *style court ne s'accroissant pas en forme de queue plumeuse. Feuilles caulinaires plus ou moins* profondément *incisées, formant un involucre éloigné de la fleur*. — 2-4.

Sect. III. *HEPATICA*. — Carpelles à style court ne s'accroissant pas en forme de queue plumeuse. *Feuilles caulinaires* petites *entières, formant un involucre caliciforme* très rapproché de la fleur. — 5.

Sect. I. PULSATILLA DC. (*Pulsatilla* C. Bauh. *Pin.* 177 ; Tourn. *Inst.* 284). — Carpelles à style accrescent en une longue queue barbue-plumeuse. Feuilles caulinaires palmatipartites, formant un involucre éloigné de la fleur.

1. **A. Pulsatilla** L. *Sp.* 759 ; *Fl. Dan.* t. 153 ; *Engl. Bot.* t. 51 ; Bill. *Exsicc.* n. 1. — *Pulsatilla vulgaris* Mill. ; Rchb. *Ic.* IV, f. 4657. — [A. PULSATILLE. — Vulg. *Pulsatille, Coquelourde, Coquerelle, Herbe-du-vent*].

Souche oblique, épaisse, ligneuse, plus ou moins rameuse. Plante couverte de longs poils soyeux. Tiges de 1-4 décim., uniflores. *Feuilles radicales bipinnatiséquées, à segments divisés en lobes linéaires* aigus. Involucre composé de feuilles sessiles, soudées à la base en une gaîne qui entoure la tige, divisées en segments linéaires. Fleur dressée ou légèrement penchée, très grande, d'un bleu lilas ou violet passant quelquefois au rose. Sépales couverts de poils soyeux à la face externe, oblongs ou oblongs-lancéolés, dressés inférieurement, étalés-courbés en dehors supérieurement. *Carpelles velus-soyeux*, étalés, *à style longuement accru plumeux*. ♃. Avril-juin.

A.C. — Pelouses découvertes, bois sablonneux, coteaux calcaires. — Saint-Maur !. Bois de Boulogne ! ; bois des Champious près Argenteuil ; bois du Vésinet ; forêt de Saint-Germain ; Mantes ; La Roche-Guyon ! ; Vernon ! ; les Andelys !. Chantilly ; Creil !. Lardy ! ; très abondant dans la forêt de Fontainebleau ! ; Malesherbes !. Dreux !, etc.

Les *A. pratensis* L. (Rchb. *Ic.* IV, f. 4655) et *montana* Hoppe (Rchb. *Ic.* IV, f. 4656), plantes très voisines de l'*A. Pulsatilla*, pourront peut-être se rencontrer dans les limites de notre flore. — L'*A. pratensis* est caractérisé par sa fleur pendante, d'un violet presque noir, à sépales connivents roulés en dehors seulement au sommet. — L'*A. montana* ne se distingue guère qu'à ses sépales étalés en étoile à la fin de la floraison.

L'*A. vernalis* L. (Rchb. *Ic.* IV, f. 4660), plante alpine déjà observée aux environs de Bitche par M. F. Schultz, existerait, d'après Hussenot (*Chard. Nanc.* 16), entre La Ferté-sous-Jouarre et Château-Thierry, sur les rochers d'un bois qui avoisine la grande route, où elle aurait été observée par M. Husson, le 7 avril 1834.

Sect. II. ANEMANTHUS Endlich. — Carpelles à style court ne s'accroissant pas en forme de queue plumeuse. Feuilles caulinaires plus ou moins profondément incisées, formant un involucre éloigné de la fleur.

2. **A. sylvestris** L. *Sp.* 761 ; Schkuhr *Handb.* II, t. 150 ; *Bot. mag.* t. 54 ; Rchb. *Ic.* IV, f. 4651 ; Bill. *Exsicc.* n. 702. — [A. SYLVESTRE].

Souche plus ou moins oblique, grêle, courte, tronquée. Plante velue-pubescente. Tige de 2-5 décim., uniflore. Feuilles radicales palmatiséquées, à 5 segments cunéiformes, bi-trifides, inégalement incisés-dentés. *Involucre composé de feuilles pétiolées* de même forme que les radicales, à pétiole égalant la moitié de la longueur du limbe. Fleur dressée, très grande, blanchâtre. Sépales pubescents-soyeux à la face externe, oblongs-suborbiculaires. *Carpelles* très petits, très nombreux, *velus-tomenteux*, étroitement imbriqués, disposés *en un capitule oblong blanchâtre*, à style très court glabre brunâtre. ♃. Mai-juin.

R R. — Endroits découverts des bois sablonneux montueux. — Forêt de Fontainebleau : Croix de Toulouse ! (*A. Jamain*), rochers de Bouron (*Devilliers*). Forêt de Chantilly, au clos de la Barre (M^me *Elisa Houzé*). Forêt de Compiègne : bois de la Prévôté (*Léré*), Saint-Sauveur (*Pillot*). — Mont Saint-Siméon près Noyon (*Questier*). — *Graves* Cat. Oise : bois du Quesnoy, cant. de Breteuil ; bosquets de Béthizy-Saint-Pierre dans la forêt de Compiègne ; bois de Thiescourt et Élincourt-Sainte-Marguerite, cant. de Lassigny ; bois de Bailleval, de Rosoy et de Liancourt ; bois de Trois-Estots et Mermont près Saint-Just-en-chaussée ; bois de la Dame à Bulles (*Caron*), de Caisne (*de La Fons*).

3. **A. nemorosa** L. *Sp.* 762 ; *Engl. bot.* t. 355 ; Rchb. *Ic.* IV, 4644 ; Bill. *Exsicc.* n. 205. — *A. trifolia* Thuill. *Flor. Par.* 270. — Fuchs *Hist.* 161 ic. — [A. SYLVIE. — Vulg. *Sylvie, Pâquette, Fleur-du-Vendredi-saint*].

Souche horizontale, grêle, rameuse, à rhizomes très allongés. Plante pubescente. Tige de 1-3 décim., ord. uniflore. Feuilles radicales quelquefois nulles par avortement, palmatiséquées, à 3-5 segments pétiolulés, oblongs-cunéiformes, incisés-dentés. *Involucre composé de feuilles pétiolées* de même forme que les radicales, à pétiole égalant la moitié de la longueur du limbe.

.eur un peu penchée sur le pédoncule, *blanche, ou rosée* en dehors. *Sépales glabres*, oblongs-suborbiculaires. Carpelles pubescents, étalés, à style glabre égalant environ la moitié de leur longueur. ♃. Mars-avril.

*C C C.* — Bois, lieux ombragés, etc.

M. Graves (*Cat. Oise*) indique dans les bois de Betz, d'Hérivaux et dans la forêt de Chantilly une forme de cette plante à segments des feuilles de l'involucre dentelés à dentelures inégales et non pas incisés-dentés, et il fait remarquer que cette forme est l'*A. trifolia* Thuill. (*Fl. Par.* non L.) indiqué par Thuillier aux mêmes localités.

4. **A. ranunculoïdes** L. *Sp.* 762 ; *Engl. bot.* t. 1484 ; Rchb. *Ic.* IV, f. 4643 ; Bill. *Exsicc.* n. 302. — Fuchs *Hist.* 162 ic. — [A. FAUSSE-RENONCULE].

Souche horizontale, grêle, rameuse, à rhizomes très allongés. Plante pubescente. Tige de 1-3 décim., 1-2-flore. Feuilles radicales, souvent nulles par avortement, palmatiséquées, à 3-5 segments pétiolulés, oblongs-cunéiformes, incisés-dentés. Involucre composé de feuilles subsessiles de même forme que les radicales. *Fleurs* dressées, *d'un beau jaune.* Sépales pubescents en dehors, oblongs-suborbiculaires. Carpelles pubescents, étalés, à style glabre égalant environ la moitié de leur longueur. ♃. Mars-avril.

*R R.* — Endroits humides des bois montueux. — Indiqué dans le bois de Meudon (*Thuill.* Fl. Par.). Forêt de Montmorency (*Le Hardelay*). Creil, Morfontaine (*Graves*) ; bois. du Tillet près Crépy, et d'Ageux près Verberie (*Questier*) ; abondant dans la vallée de Vieux-Moulin près Compiègne (*Léré*). Abondant à Charly (*Crépin*). — Naturalisé dans les bois de Trianon et de Satory près Versailles !. — *Graves* Cat. Oise : forêt de Compiègne, au pont de Berne ; parc de Plessis-de-Roye près la fontaine Lhermite ; bois de Formerie ; mont Saint-Siméon près Noyon ; forêt de Hez (*Caron*) ; vallon de Nampcel, cant. d'Attichy.

Sect. III. HEPATICA Koch (*Hepatica* Dillen. *Nov. gen.* 108). — Carpelles à style court ne s'accroissant pas en forme de queue plumeuse. Feuilles caulinaires petites entières, formant un involucre caliciforme très rapproché de la fleur.

5. **A. Hepatica** L. *Sp.* 758 ; Bill. *Exsicc.* n. 202. — *Hepatica triloba* Chaix ap. Vill. *Fl. Dauph.* I, 336, et III, 721 ; DC. *Fl. Fr.* IV, 885. — *Hepatica nobilis* Rchb. *Ic.* IV, f. 4642. — [A. HÉPATIQUE. — Vulg. *Hépatique-à-trois-lobes, Hépatique, Herbe-de-la-Trinité*].

Souche assez longue, donnant naissance à de nombreuses fibres radicales, oblique ou verticale, ou courte tronquée. *Feuilles* radicales, longuement pétiolées, *trilobées à lobes entiers* ovales obtus, profondément cordées à la base, persistant ordinairement pendant l'hiver, coriaces, souvent rougeâtres en dessous, velues-soyeuses dans leur jeunesse, puis presque glabres ciliées. Tiges (pédoncules radicaux) de 6-15 centim., plus courtes ou plus longues que les feuilles, uniflores, entourées à leur base de larges écailles membraneuses qui les protégeaient avec les jeunes feuilles dans le bourgeon. *Involucre très rapproché de la fleur et simulant un calice,* composé de trois rarement de quatre *petites feuilles* sessiles, ovales ou oblongues, *entières.* Fleurs d'un bleu violet, accidentellement roses ou blanches, se développant avant les feuilles de l'année. Sépales glabres, oblongs obtus. Carpelles 12-15, oblongs, velus, à style court et glabre. ♃. Mars-avril.

*R R R.* — Bois montueux, broussailles des lieux frais. — Jeufosse près Bonnières, dans les fentes des rochers (*de Schœnefeld*) ; bois pierreux à Port-Villez (*Guillon*) ; bois de la commune d'Omerville près Magny (*Grangel*). Trouvé dès 1818 sur les coteaux qui séparent la vallée de la Brèche du marais de Sacy-le-Grand entre Liancourt, Verderonne et La Bruyère (*Graves Cat.*). Garenne de Russy-Montigny (*Questier*) ; indiqué dans la forêt de Villers-Cotterets (*Mérat Fl. Par.*). — Cette plante est fréquemment cultivée dans les jardins, où elle varie à fleurs doubles d'un violet clair, roses ou blanches.

On cultive dans les parterres les *A. coronaria* L. et *hortensis* L. à fleurs doubles ou simples d'un beau rouge ou de couleurs très variées.

#### 4. **ADONIS** L. *Gen.* n. 698. — [ADONIDE].

Calice à 5 sépales plus ou moins colorés, caducs. Corolle à 3-15 *pétales plus longs que le calice, dépourvus de fossette nectarifère.* Carpelles nombreux, ridés en réseau, disposés en épi sur un réceptacle cylindrique, terminés en bec par le style persistant court. *Graine suspendue.*

Plantes annuelles, glabres ou plus ou moins velues inférieurement, à tiges ord. rameuses pluriflores. *Feuilles éparses, multiséquées,* à segments linéaires très étroits. Fleurs solitaires à l'extrémité des rameaux, d'un rouge plus ou moins foncé, plus rarement d'un jaune pâle, à anthères brunâtres.

1. **A. autumnalis** L. *Sp.* 771 ; *Engl. bot.* t. 308 ; Rchb. *Pl. crit.* IV, f. 497, et *Ic.* IV, f. 4621 ; *Illustr. fl. Par.* t. 3, f. 1-2 ; Bill. *Exsicc.* n. 1102. — [A. D'AUTOMNE. — Vulg. *Goutte-de-sang*].

Tige de 2-5 décim., rameuse, glabre. Sépales d'un pourpre noirâtre, glabres, étalés. Pétales 6-8, d'un pourpre foncé, également développés, obovales, concaves, connivents. *Carpelles à bord supérieur dépourvu de dent, à bec ord. concolore continuant presque la direction du bord supérieur.* ①. Juin-août.

*A.R.* — Moissons maigres, champs arides. — Charenton !. Marly ! ; les Loges près Versailles !. Marcoussis. Magny ! ; Étrépagny près Gisors ! ; La Roche-Guyon !. Malesherbes ! ; Nemours ; Pithiviers !. Provins, etc. — Assez souvent cultivé comme plante d'ornement.

2. **A. æstivalis** L. *Sp.* 771 ; Rchb. *Pl. crit.* IV, f. 490, et *Ic.* IV, f. 4619 ; *Illustr. fl. Par.* t. 3, f. 3-4. — *A. miniata* Jacq. *Austr.* IV, t. 354 ; Bill. *Exsicc.* n. 206. — [A. D'ÉTÉ].

Tige de 2-5 décim., simple ou rameuse, presque glabre. Sépales jaunâtres, glabres, appliqués sur les pétales. Pétales 5-10, d'un rouge clair, souvent tachés de noir à la base, presque également développés, oblongs, plans, étalés. *Carpelles à insertion aussi longue que leur plus grand diamètre, à bord supérieur présentant une dent éloignée du bec, à bec concolore oblique-ascendant par rapport au bord supérieur.* ①. Mai-juillet.

*C.* — Champs, moissons.

S.-v. *citrina.* — Fleurs d'un jaune citrin.

3. **A. flammea** Jacq. *Austr.* IV, t. 355 ; Rchb. *Pl. crit.* IV, f. 495, et *Ic.* IV, f. 4620 ; *Illustr. fl. Par.* t. 3, f. 5-6. — [A. COULEUR DE FEU].

Tige de 2-5 décim., ord. rameuse, pubescente-hérissée inférieurement. Sépales d'un jaune verdâtre, pubescents, appliqués sur les pétales. Pétales 3-6, rarement plus, d'un rouge assez vif, souvent tachés de noir à la base, ord. très inégalement développés, oblongs, plans, étalés. *Carpelles à insertion assez étroite, à bord supérieur présentant une dent très rapprochée du bec, à bec* ord. noirâtre sphacélé *presque perpendiculaire au bord supérieur.* ⊙. Juin-août.

*A.R.* — Champs arides, moissons maigres. — Saint-Maur. Les Loges près Versailles!. Mennecy; Étrechy!; Étampes!; La Ferté-Aleps; Le Châtelet près Melun; Malesherbes!; Pithiviers!. Provins. Brignancourt près Marines; La Roche-Guyon; Bulles. Dreux, etc.

### 5. **MYOSURUS** L. *Gen.* n. 394. — [RATONCULE].

Calice à 5 *sépales* colorés caducs, *prolongés en éperon au-dessous de leur insertion.* Corolle à 5 *pétales* plus courts que les sépales, *à onglet tubuleux plus long que le limbe. Étamines 5-10.* Carpelles très nombreux, étroitement imbriqués en épi sur un réceptacle très long filiforme, à style persistant court. Graine suspendue.

Plante annuelle, glabre, à *pédoncules radicaux uniflores.* Feuilles toutes radicales disposées en rosette, linéaires très étroites, entières. Fleurs d'un jaune verdâtre.

1. **M. minimus** L. *Sp.* 407; *Fl. Dan.* t. 406; Rchb. *Ic.* IV, f. 4569; Bill. *Exsicc.* n. 703. — [R. NAINE. — *Vulg. Queue-de-souris*].

Feuilles nombreuses, dressées. Pédoncules radicaux de 3-10 centim., dressés, renflés supérieurement à la maturité. Sépales à éperon appliqué sur le pédoncule. Carpelles tétragones-comprimés. ⊙. Avril-juin.

*A.C.* — Champs argileux ou sablonneux humides, surtout dans les endroits inondés l'hiver. — Bondy!; Montmorency!. Meudon!; Versailles!; Saint-Léger!. Mennecy!; Melun!, etc.


TRIBU III. **RANUNCULEÆ.** — Préfloraison imbriquée. Corolle composée de pétales réguliers. Anthères extrorses. Carpelles ord. en nombre indéfini, monospermes, indéhiscents. Graine dressée. — Plantes annuelles ou vivaces. Feuilles alternes ou toutes radicales.

### 6. **RANUNCULUS** Hall. *Helv.* II, 68. — [RENONCULE].

Calice à 5 *sépales* colorés ou presque herbacés, caducs. Corolle à 5 *pétales* rarement plus ou moins, brièvement onguiculés, *munis* à la face interne au-dessus de l'onglet *d'une fossette nectarifère* nue ou couverte par une écaille. Carpelles nombreux, disposés en capitule globuleux rarement oblong, prolongés en mucron ou en bec par le style persistant. *Graine dressée.*

Plantes vivaces herbacées, rarement annuelles, pubescentes ou velues, plus rarement glabres, à tiges ord. rameuses pluriflores quelquefois dichotomes. Feuilles entières, dentées ou diversement divisées, ord. la plupart radicales pétiolées; les caulinaires alternes, pétiolées ou subsessiles. Fleurs jaunes ou blanches, terminales, ou latérales solitaires à l'extrémité de pédoncules axillaires, ou portées sur des pédicelles opposés aux feuilles, occupant quelquefois l'angle de bifurcation des rameaux.

Sect. I. *BATRACHIUM.* — *Pétales blancs* à onglet ord. jaune, *à fossette nectarifère non couverte par une écaille. Carpelles ridés transversalement, dépourvus de rebord.* — *Plantes aquatiques,* ord. submergées ou nageantes. — 1-6.

Sect. II. *EURANUNCULUS*. — *Pétales jaunes, à fossette nectarifère couverte par une écaille* ord. charnue, très rarement dépourvue d'écaille. Carpelles lisses ou tuberculeux, très rarement ridés, entourés d'un rebord comprimé, rarement dépourvus de rebord. — *Plantes terrestres ou aquatiques jamais nageantes.*

§ 1. Feuilles indivises, entières ou dentées. — 7-10.

§ 2. Feuilles lobées ou incisées.

† Carpelles lisses ou presque lisses. Plantes vivaces. — 11-16.

†† Carpelles munis sur leurs faces de tubercules ou de pointes épineuses ou légèrement rugueux. Plantes annuelles. — 17-20.

Sect. I. BATRACHIUM. — Pétales blancs à onglet ord. jaune, à fossette nectarifère non couverte par une écaille. Carpelles ridés transversalement, dépourvus de rebord. — Plantes aquatiques, ord. submergées ou nageantes.

**1. R. hederaceus** L. *Sp.* 781 ; *Fl. Dan.* t. 321 ; Rchb. *Ic.* IV, f. 4573 ; *Illustr. fl. Par.* t. 1, f. 1-2. — [R. A FEUILLES DE LIERRE].

Tiges de 1-4 décim., couchées-radicantes. *Feuilles toutes conformes,* longuement pétiolées, *réniformes à 3-5 lobes triangulaires courts* arrondis *entiers.* Pétales très petits, oblongs ou obovales, de la longueur du calice ou le dépassant à peine. Carpelles glabres, blanchâtres, obtus mutiques ou à peine mucronulés. ♃. Mai-août.

*R R.* — Fontaines et ruisseaux des terrains sablonneux ou tourbeux. — Vallée de la Bièvre entre Jouy et Buc (*de Schœnefeld*) ; Marcoussis, Auffargis près Dampierre (*de Boucheman*) ; assez abondant aux environs de Saint-Léger, surtout dans les fossés de la route de l'étang des Planets ! ; fossés de la plaine de Montfort-l'Amaury ! (*de Boucheman*) ; env. de Pontchartrain (*Vigineix*). Molière de Sérans (*Frion*), et Montjavoult près Magny (*Granget*) ; Tomberelle près Neuville-Bosc (*Questier*) ; Méru (*Graves*) ; env. de Beauvais (*Delacour, Mandon*) ; Fleurines (*Questier*) ; Ermenonville (*Graves*) ; Thury-en-Valois (*Graves*). — *Graves* Cat. Oise : vallée de Bray.

Le *R. cœnosus* Guss! (*Suppl. prodr. fl. Sic.* 187 (1834), et *Syn. fl. Sic.* II, 39. — *R. Lenormandi* F. Schultz! in *Flora* (1837) 727. — *R. des marécages*) se rapproche du *R. hederaceus* par ses feuilles toutes conformes réniformes 3-5-lobées ; mais il s'en distingue par les lobes de ses feuilles profonds cunéiformes ou triangulaires-obovales sublobés atteignant souvent ou dépassant le milieu du limbe, et par ses carpelles ord. verdâtres terminés en pointe par le style persistant. — Cette espèce a été observée dans des régions peu éloignées des limites de notre flore.

**2. R. tripartitus** DC. *Syst.* I, 234, et *Ic. Gall. rar.* I, 15, t. 49 ; Rchb. *Ic.* IV, f. 4574 ; *Illustr. fl. Par.* t. 1, f. 7-8. — [R. TRIPARTITE].

Tiges de longueur très variable, ord. nageantes. *Feuilles inférieures multiséquées à segments capillaires divergents et étalés dans toutes les directions,* les supérieures subréniformes profondément 3-5-partites à lobes triangulaires-obovales dentés ou incisés ; *stipules des feuilles supérieures soudées au pétiole seulement dans leur tiers inférieur.* Pétales très petits, oblongs, dépassant à peine le calice. *Carpelles glabres à la maturité, obtus mutiques ou à peine mucronulés.* ♃. Mai-juillet.

*R R R.* — Mares tourbeuses, fossés, eaux tranquilles. — Forêt de Fontainebleau : mares de Franchart (*Kralik*), mares du rocher de Bouligny près le Mail d'Henri IV ! (*Irat*).— *Graves* Cat. Oise : dans les mares de la région crayeuse de l'arrondissement de Beauvais, à Loueuse, Ernemont et Maréaumont.

3. **R. hololeucos** Lloyd *Fl. Loire infér.* 3. — *R. tripartitus* β. *obtusiflorus* DC. *Prodr.* I, 26 ; Godr. *Monogr.* 10 (excl. syn. Petiver). — *R. Petiveri* Koch *Syn. fl. Germ.* ed. 2, 13 (ex parte); *Fl. Par.* éd. 1, 10, et *Illustr. fl. Par.* t. 1, f. 5-6. — [R. TOUTE BLANCHE].

Tiges de longueur très variable, ord. nageantes. *Feuilles inférieures multiséquées à segments capillaires divergents et étalés dans toutes les directions*, les supérieures subréniformes profondément 3-5-partites à lobes triangulaires-obovales dentés ou incisés ; *stipules des feuilles supérieures soudées au pétiole seulement dans leur tiers inférieur. Pétales* obovales, dépassant longuement le calice, *blancs même à l'onglet.* Carpelles glabres à la maturité, *terminés en pointe* par le style persistant. ♃. Mai-juillet.

*R R.* — Mares tourbeuses, fossés, eaux tranquilles. — Forêt de Fontainebleau : Mare-aux-Évées !, mares de Bellecroix !, et du rocher de Bouligny !. — *Graves* Cat. Oise : Liancourt-sous-Clermont.

*S.-v. terrestris.* — Plante croissant hors de l'eau. Feuilles toutes multiséquées à segments capillaires plus courts.

4. **R. aquatilis** L. *Sp.* 781 ex parte ; Rchb. *Ic.* IV, f. 4576. — [R. AQUATIQUE. — Vulg. *Grenouillette*].

Tiges de longueur très variable, nageantes, submergées ou couchées-radicantes. *Feuilles* toutes conformes multiséquées, ou de deux formes : les *inférieures multiséquées à segments capillaires divergents et étalés dans toutes les directions* ; les supérieures subréniformes ou suborbiculaires plus ou moins profondément 3-5-lobées, à lobes triangulaires-obovales entiers, crénelés, quelquefois incisés ; *stipules des feuilles supérieures soudées au pétiole dans leurs deux tiers inférieurs.* Pétales obovales, à onglet jaune, dépassant plus ou moins longuement le calice. Carpelles hérissés, plus rarement glabres. Réceptacle hérissé. ♃. Avril-août.

*C C.* — Fossés, eaux tranquilles, rivières à courant peu rapide.

Var. α. *heterophyllus.* (*Illustr. fl.* [*Par.* t. 2, f. 3. — *R. heterophyllus* Willd. *Fl. Berol.* n. 590. — *R. aquatilis* Koch *Syn. fl. Germ.* ed. 2, 12 ; Gren. et Godr. *Fl. Fr.* I, 22). — *Feuilles ord. de deux formes :* les inférieures submergées, brièvement pétiolées ou sessiles, multiséquées, à segments capillaires plus ou moins longs, se réunissant ord. en pinceau quand on les sort de l'eau ; les supérieures nageantes, longuement pétiolées, subréniformes ou suborbiculaires plus ou moins profondément 3-5-lobées, à lobes entiers crénelés ou incisés. *Pédicelles longs*, dépassant plus ou moins les feuilles. *Fleurs assez grandes, à pétales* largement obovales, se recouvrant par leurs bords, *ord. deux fois plus longs que le calice.* Étamines nombreuses. — *C C.* — Plante nageante, plus rarement couchée-radicante hors de l'eau et alors à segments des feuilles multiséqués plus courts et plus épais ; dans ces dernières conditions les feuilles sont souvent toutes multiséquées.

Var. β. *trichophyllus.* (*Illustr. fl. Par.* t. 2, f. 4. — *R. trichophyllus* Chaix in Vill. *Fl. Dauph.* I, 335 ; Gren. et Godr. *Fl. Fr.* I, 23. — *R. capillaceus* Thuill. *Fl. Par.* 278. — *R. paucistamineus* Tausch ap. Koch *Syn. fl. Germ.* ed. 2, 433. — *R. aquatilis* var. *capillaceus Fl. Par.* éd. 1, 10). — *Feuilles ord. toutes de même forme*, submergées, brièvement pétiolées ou sessiles, multiséquées à segments capillaires plus ou moins longs ne se réunissant pas en pinceau, ou se réunissant en pinceau quand on les sort de l'eau (*R. Drouetii* F. Schultz in Gren. et Godr. *Fl. Fr.* I, 24), rarement de deux formes les supérieures nageantes longuement pétiolées suborbiculaires profondément palmatipartites ou palmatiséquées à lobes profondément incisés (*R. Godronii* Gren. in F. Schultz *Archiv.* 169). *Pédicelles courts*, assez roides, dépassant plus ou moins les feuilles. *Fleurs* assez *petites* ou petites, à *pétales étroitement obovales-cunéiformes, une fois seulement plus longs que le calice. Étamines ord. réduites au nombre de 12-15. — C.*

S.-v. *terrestris.* (*Illustr. fl. Par.* t. 2, f. 5. — *R. cæspitosus* Thuill. *Fl. Par.* 279. — *R. aquatilis* var. γ. *cæspitosus Fl. Par.* éd. 1, 11). — Plante croissant hors de l'eau, ord. en touffe basse, à segments des feuilles plus courts et plus épais, obtus.—Endroits récemment desséchés aux bords des mares et des étangs.

Les carpelles ne nous ont pas paru fournir de caractères distinctifs constants entre les plantes que nous rapportons au *R. aquatilis* comme variétés.

5. **R. fluitans** Lmk *Fl. Fr.* III, 184 ; Rchb. *Ic.* IV, f. 4577 ; *Illustr. fl. Par.* t. 2, f. 1-2. — *R. peucedanifolius* All. *Ped.* II, 53. — [R. FLOTTANTE].

Tiges de longueur très variable submergées, entraînées avec les feuilles dans la direction du courant de l'eau, atteignant quelquefois plusieurs mètres, nageantes ou submergées. *Feuilles* toutes multiséquées, *à segments filiformes très allongés* rapprochés *presque parallèles.* Pétales 5-12, obovales, dépassant longuement le calice. Carpelles glabres. Réceptacle glabre. ♃. Mai-août.

*C C.* — Eaux courantes, rivières.

S.-v. *heterophyllus.* — Feuilles supérieures nageantes, 3-5-partites, à segments cunéiformes profondément incisés. — R R R. — Env. de Beauvais !

S.-v. *terrestris.* — Feuilles à segments épais courts élargis au sommet. — A.C. — Bords des rivières : sables des bords de la Seine !

6. **R. divaricatus** Schrank *Baiers. Fl.* II, 104 ; Bill. *Exsicc.* n. 901. — *R. circinatus* Sibth. *Ox.* 175 ; Rchb. *Ic.* IV, f. 4575 ; *Illustr. fl. Par.* t. 1, f. 9. — [R. DIVARIQUÉE].

Tiges de longueur très variable, nageantes ou submergées. *Feuilles* toutes sessiles, *multiséquées, à segments* capillaires courts roides *disposés sur un même plan en un disque orbiculaire* et ne se rapprochant pas en pinceau quand on les sort de l'eau. Pétales obovales, dépassant longuement le calice. Carpelles ord. hispides. ♃. Juin-août.

*A.C.* — Fossés, eaux tranquilles, flaques d'eau au bord des rivières. — Assez répandu aux bords de la Seine ! près Paris. Sartrouville. Ris. Mennecy !. Malesherbes !. Nemours !. Pontoise ; Chaumont ! ; Gisors !, etc.

Sect. II. EURANUNCULUS. — Pétales jaunes, à fossette nectarifère couverte par une écaille ord. charnue, très rarement dépourvue d'écaille. Carpelles lisses ou tuberculeux, très rarement ridés, entourés d'un rebord comprimé, rarement dépourvus de rebord. — Plantes terrestres ou aquatiques jamais nageantes.

§ 1. Feuilles indivises entières ou dentées.

7. **R. gramineus** L. *Sp.* 773 ; *Engl. bot.* t. 2306 ; Rchb. *Ic.* IV, f. 4594 ; Bill. *Exsicc.* n. 704. — [R. GRAMINÉE].

*Souche* verticale, très courte, *à fibres radicales épaisses charnues, couronnée par les nervures persistantes des feuilles détruites.* Tige de 2-5 décim., dressée, uniflore ou pauciflore, glabre ainsi que les pédoncules. Feuilles glabres, lancéolées ou linéaires, insensiblement atténuées en pétiole, entières, à nervures parallèles égales. Calice glabre. Corolle grande, à pétales munis d'une écaille presque tubuleuse. *Carpelles irrégulièrement ridés,* à bords supérieur et inférieur légèrement carénés, à bec court. ♃. Mai-juin.

*R.* — Pelouses découvertes des bois sablonneux. — Abondant dans la forêt de Fontainebleau ; Malesherbes (*Maire*). Sables du désert d'Ermenonville (*Graves*). — Graves Cat. Oise : dans les landes desséchées à Savignies.

8. **R. Lingua** L. *Sp.* 773 ; *Engl. bot.* t. 100 ; Rchb. *Ic.* IV, f. 4597 ; Bill. *Exsicc.* n. 1104. — [R. LANGUE. — Vulg. *Grande-Douve*].

Souche verticale tronquée, constituée par la partie souterraine de la tige qui donne naissance au niveau des nœuds à des verticilles de radicelles et émet des stolons obliques ou horizontaux. *Tige* de 8-15 décim., *dressée*, robuste, fistuleuse, pauciflore ou multiflore, pubescente supérieurement ainsi que les pédoncules. *Feuilles* glabres en dessus, très finement pubescentes en dessous, *longuement lancéolées, sessiles*, atténuées inférieurement, entières ou obscurément denticulées, à pointe calleuse, à nervure moyenne épaisse. Calice pubescent, à poils apprimés. Corolle grande. *Carpelles lisses*, ne présentant de rebord comprimé que d'un seul côté, *à bec large très comprimé*. ♃. Juin-août.

*A.R.* — Endroits herbeux ombragés, bords des rivières, marais tourbeux. — Saint-Gratien !. Versailles ! ; Saint-Léger !. Étang d'Armainvilliers près Tournan. Corbeil ! ; Mennecy ! ; Itteville ; Melun ! ; Larchant ; Moret ! ; Nemours !. Pithiviers !. Senlis ; Chaumont ! ; Saint-Germer !. Étang de Pierrefonds, etc.

9. **R. Flammula** L. *Sp.* 772 ; *Engl. bot.* t. 387 ; Rchb. *Ic.* IV, f. 4595 ; Bill. *Exsicc.* n. 207. — [R. FLAMMETTE. — Vulg. *Petite-Douve*].

Souche ord. rameuse, à rhizomes plus ou moins obliques. *Tige* de 2-8 décim., ascendante, *étalée ou couchée-radicante* à la base, fistuleuse, pluriflore ou multiflore, glabre ainsi que les pédoncules ou très finement pubescente dans sa partie supérieure. *Feuilles* glabres, entières ou dentées, à pointe calleuse, à nervure moyenne plus épaisse que les latérales ; les *radicales et les inférieures oblongues ou ovales, très longuement pétiolées* ; les supérieures lancéolées ou linéaires, subsessiles. Calice pubescent, à poils apprimés. Corolle assez petite. *Carpelles lisses*, ne présentant de rebord comprimé que d'un seul côté, *à bec court*. ♃. Juin-octobre.

*C C.* — Endroits humides, bords des mares, fossés.

S.-v. *reptans*. (R. *reptans* Thuill. *Fl. Par.* 273). — Tige couchée-radicante dans presque toute sa longueur.

S.-v. *serratus*. — Feuilles fortement dentées.

10. **R. nodiflorus** L. *Sp.* 773 ; Rchb. *Ic.* IV, f. 4612. — Vaill. *Act. Par.* (1719) t. 4, f. 4. — [R. NODIFLORE].

Plante annuelle. Tige de 1-3 décim., dressée, multiflore, régulièrement rameuse-dichotome presque dès la base, glabre. Feuilles glabres, entières ou irrégulièrement denticulées, à pointe un peu calleuse, à nervure moyenne un peu plus marquée que les latérales ; les radicales ovales ou oblongues, très longuement pétiolées ; les caulinaires étroites, lancéolées ou linéaires, subsessiles. *Fleurs* très petites, *sessiles ou subsessiles, latérales ou occupant l'angle des dichotomies*. Calice presque glabre. *Carpelles chargés de tubercules*, à rebord comprimé peu distinct, à bec assez long comprimé. ☉. Mai-juin.

*R R.* — Mares tourbeuses des rochers siliceux. — La Ferté-Aleps (*Maire*) ; forêt de Fontainebleau : mares des rochers du Cuvier !, de Bellecroix ! et de Franchart ! ; env. de Nemours : mares des bois de Nanteau, Poligny et Darvault (*Devilliers*).

### § 2. Feuilles lobées ou incisées.

† Carpelles lisses ou presque lisses. — Plantes vivaces.

**11. R. Chærophyllos** L. *Sp.* 780 ; Bill. *Exsicc.* n. 910 et *bis.* — Barr. *Ic.* t. 581.
— [R. CERFEUIL].

*Souche* verticale, très courte, donnant souvent naissance à des rejets souterrains filiformes, *à fibres radicales* capillaires *entremêlées de fibres renflées ovoïdes*, couronnée par les nervures persistantes des feuilles détruites. Tiges solitaires ou nombreuses, de 1-4 décim., dressées, 1-flores, plus rarement 2-3-flores, velues-pubescentes. Feuilles velues-pubescentes, toutes radicales ou la plupart radicales, longuement pétiolées, pinnatiséquées, à 3 segments ord. tripartits à lobes cunéiformes incisés ou découpés en divisions étroites lancéolées ou linéaires ; les feuilles primordiales quelquefois détruites lors de la floraison, suborbiculaires, crénelées ou tripartites. Calice très étalé. *Carpelles* très nombreux, glabres, finement ponctués, à bec un peu arqué, *disposés en un capitule oblong.* ♃. Mai-juin.

R. — Pelouses arides des terrains sablonneux. — Tour des Anglais près de Clamart (*Vigineix*) ; Chatillon (*Delavaux*). Rochers de Beauvais et de Balancourt près La Ferté-Aleps (*Des Étangs*) ; Lardy, Dourdan (*Maire*) ; Épernon !. Forêt de Fontainebleau ! : env. de Chailly (*A. Jamain*), rochers du Cuvier et plaine de la Glandée (*de Schœnefeld*) ; Malesherbes (*Bernard*) ; Nemours (*Devilliers*). Dreux (*Brébisson Flor. Norm.*).

On cultive quelquefois dans les parterres, pour la beauté de ses fleurs ord. rouges ou panachées, le *R. Asiaticus* L.

**12. R. auricomus** L. *Sp.* 775 ; *Engl. bot.* t. 624 ; Rchb. *Ic.* IV, f. 4599 ; Bill. *Exsicc.* n. 502 et *bis.* — Fuchs *Hist.* 156 ic. — [R. TÊTE-D'OR].

*Souche* oblique, à fibres radicales disposées en verticilles à la base des tiges et au niveau des cicatrices laissées par les tiges détruites. Tiges solitaires ou peu nombreuses, de 2-4 décim., dressées ou ascendantes, pluriflores, nues dans leur moitié inférieure, presque glabres. *Feuilles* glabres ou presque glabres ; les *radicales* longuement pétiolées, *réniformes-suborbiculaires,* crénelées ou plus ou moins profondément incisées-lobées à lobes crénelés ; les caulinaires sessiles, palmatiséquées à 5-7 segments divergents linéaires entiers ou presque entiers. Calice dressé. *Carpelles pubescents,* à bec courbé en hameçon. ♃. Avril-mai.

C C. — Bois, buissons, lieux humides, endroits herbeux.

Les pétales avortent souvent d'une manière plus ou moins complète dans les fleurs qui se développent au premier printemps.

**13. R. acris** L. *Sp.* 779 ; *Engl. bot.* t. 652 ; Rchb. *Ic.* IV, f. 4606. — [R. ACRE. — Vulg. *Clair-bassin*, *Bassinet*, *Bassin-d'or*].

*Souche* simple, oblique ou presque horizontale, donnant naissance inférieurement dans toute sa longueur aux fibres radicales. Tige de 3-7 décim., dressée, multiflore, plus ou moins velue à poils apprimés. *Feuilles* plus ou moins velues ; les *radicales* longuement pétiolées, *palmatipartites* à 3-5 lobes cunéiformes incisés-dentés ; les caulinaires moins longuement pétiolées, conformes à lobes plus étroits ; les supérieures subsessiles, ord. palmatiséquées à

3-5 segments linéaires entiers ou incisés à la base. *Pédoncules non sillonnés.* Calice dressé ou un peu étalé. Carpelles glabres, lisses, à bec courbé au sommet. *Réceptacle glabre.* ♃. Mai–juillet.

C C. — Prairies, lieux humides, lisière des bois. — Cultivé à fleurs doubles dans les jardins, sous le nom de *Bouton-d'or.*

Var. β. *Steveni.* (*R. Steveni* Andrz. ap. Bess. *Enum. pl. Volh.* n. 683 ; Rchb. *Ic.* IV, f. 4605. — *R. lanuginosus* Thuill. *Fl. Par.* 276 non L.) — Plante ord. velue-blanchâtre. Feuilles à lobes peu profondément incisés se recouvrant par leurs bords.

**14. R. sylvaticus** Thuill. *Fl. Par.* 276 (1799) ; Gren. et Godr. *Fl. Fr.* I, 33 ; Bill. *Exsicc.* n. 1106 et *bis.* — *R. nemorosus* DC. *Syst.* I, 280 (1818) ; Rchb. *Ic.* IV, f. 4608. — [R. DES BOIS].

Souche simple, courte, tronquée, verticale, rarement oblique, couronnée par les nervures persistantes des feuilles détruites. Tiges de 3-7 décim., solitaires ou peu nombreuses, dressées, multiflores, velues à poils roides étalés ou réfléchis. *Feuilles* velues ; les *radicales* ord. marbrées de blanc à la face supérieure, longuement pétiolées, *palmatipartites* à 3-5 lobes cunéiformes trilobés ou incisés à divisions dentées ; les caulinaires moins longuement pétiolées, conformes ; les supérieures subsessiles, ord. palmatiséquées à 3-5 segments linéaires entiers ou incisés-dentés. *Pédoncules sillonnés.* Calice dressé ou un peu étalé. *Carpelles* glabres, lisses, *à bec enroulé dans sa partie supérieure. Réceptacle hérissé* de poils roides. ♃. Mai–juin, refleurit en automne.

R. — Bois couverts, allées des forêts. — Indiqué dans les bois de Meudon (*Mérat* Fl. Par.). Forêt de Sainte-Geneviève (*Vigineix, Maire*) ; Bois-Louis près le Châtelet ; bois de la Grande-Commune près la forêt de Villefermoy (*Garnier*). Indiqué dans le bois de Tachy et dans la forêt de Sordun (*Des Étangs*). Forêt de Fontainebleau (*H. Fournier*) ; Poligny près Nemours (*Devilliers*) ; bois de Chancepois ! près Château-Landon. Dourdan (*Maire*). — *Graves* Cat. Oise : env. de Beauvais ; Liancourt ; canton de Betz.

**15. R. repens** L. *Sp.* 779 ; *Engl. bot.* t. 516 ; Rchb. *Ic.* IV, f. 4610. — [R. RAMPANTE. — Vulg. *Clair-bassin, Pied-de-poule, Piépou*].

Souche simple, courte tronquée, verticale rarement oblique. *Tiges* de 2-6 décim., 2-pluriflores, pubescentes ou velues, les unes ascendantes, les autres *couchées-radicantes* stoloniformes, plus rarement toutes couchées-radicantes. *Feuilles* velues ou presque glabres ; les *radicales* ord. marbrées de blanc et de noir à la face supérieure, longuement pétiolées, *pinnatiséquées à* 3 segments tripartits à lobes incisés-dentés, le *segment moyen longuement pétiolulé ;* les caulinaires moins longuement pétiolées, à segments plus étroits ; les supérieures subsessiles, divisées en segments linéaires entiers ou incisés. Pédoncules sillonnés. *Calice étalé.* Carpelles glabres, finement ponctués, à bec courbé au sommet. Réceptacle un peu hérissé. ♃. Avril-septembre.

C C. — Bords des fossés et des chemins humides, bois, prairies. — Souvent cultivé à fleurs doubles, ainsi que la variété, sous le nom de *Bouton-d'or.*

Var. β. *elatior.* (*R. polyanthemos* Thuill. *Fl. Par.* 276 non L.) — Tiges non radicantes, dressées, élancées. — *C.* — Lieux herbeux.

**16. R. bulbosus** L. *Sp.* 778; *Engl. bot.* t. 515; Rchb. *Ic.* IV, f. 4611. —
[R. BULBEUSE. — Vulg. *Rave-de-Saint-Antoine*, *Pied-de-corbin*, *Pied-de-coq*].

*Souche* tronquée, verticale, *renflée-bulbiforme*. Tiges solitaires ou nombreuses, de 2-6 décim., dressées, pluriflores, velues ou pubescentes. *Feuilles* velues ou pubescentes; les radicales longuement pétiolées, toutes ou la plupart *pinnatiséquées à* 3 segments tripartits à lobes incisés-dentés, le *segment moyen plus longuement pétiolulé*; les caulinaires moins longuement pétiolées, à segments plus étroits; les supérieures subsessiles, divisées en segments linéaires entiers ou pinnatiséquées à lobes linéaires. Pédoncules sillonnés. *Calice réfléchi*. Carpelles glabres, presque lisses, à bec courbé au sommet. Réceptacle un peu velu. ♃. Mai-août.

C C. — Pelouses, gazons, prairies, bords des chemins.

S.-v. *parvulus*. — Plante rabougrie, très velue, à tige subuniflore.


†† Carpelles chargés sur leurs faces de tubercules ou de pointes
épineuses, ou légèrement rugueux. — Plantes annuelles.


**17. R. Philonotis** Ehrh. *Beitr.* II, 145. — *R. hirsutus* Curt. *Lond.* II, t. 40;
*Engl. bot.* t. 1504; Rchb. *Ic.* IV, t. 23, f. 4617. — [R. DES MARES].

Plante annuelle. Tiges ord. nombreuses, de 1-4 décim., ascendantes ou étalées-diffuses, plus rarement dressées, pluriflores, ord. rameuses presque dès la base, pubescentes ou velues. Feuilles velues ou pubescentes; les radicales et les inférieures assez longuement pétiolées, tripartites ou triséquées à segments incisés-dentés, à segment moyen souvent longuement pétiolulé; les supérieures subsessiles, divisées en segments linéaires entiers ou incisés. *Calice réfléchi. Carpelles* nombreux, disposés en un capitule globuleux, très comprimés, *entourés d'un rebord mince verdâtre, présentant vers le rebord une ou plusieurs rangées de tubercules*, à bec large court droit ou à peine courbé. ①. Mai-août.

C. — Vignes, champs sablonneux humides, bords des mares, endroits inondés l'hiver.

S.-v. *parvulus*. — Plante rabougrie, ord. très-velue, à tige subuniflore. —
Champs sablonneux secs.


**18. R. parviflorus** L. *Sp.* 780; Rchb. *Ic.* IV, f. 4616; Bill. *Exsicc.* n. 307
et *bis*. — [R. A PETITES FLEURS].

Plante annuelle. Tiges ord. nombreuses, de 1-5 décim., diffuses-étalées ou ascendantes, pluriflores, ord. rameuses presque dès la base, mollement velues à poils étalés. Feuilles velues, la plupart longuement pétiolées, suborbiculaires cordées à la base, 3-5-lobées ou 3-5-partites à lobes largement dentés plus rarement entiers; les supérieures 3-5-partites à lobes oblongs entiers, ou oblongues indivises. *Fleurs petites*, brièvement pédicellées, *latérales* opposées aux feuilles. *Calice réfléchi*. Pétales environ de la longueur du calice ou plus courts, presque dépourvus d'écaille au-devant de la fossette nectarifère. *Carpelles 8-15, disposés en un capitule subglobuleux*, très comprimés, *entourés d'un rebord mince verdâtre, présentant sur toute leur sur-*

*face des tubercules saillants surmontés chacun d'un poil crochu*, à bec large court, droit ou à peine courbé. ①. Avril-juin.

R R R. — Lieux incultes un peu humides. — Observé en 1830-1852 dans la vallée de la Bièvre près de la Minière (*de Boucheman*). Bichereau près Provins (*Des Étangs*). — Indiqué à la côte de Champagne près Fontainebleau (*Thuillier*).

19. **R. arvensis** L. *Sp.* 780; *Engl. bot.* t. 135; Rchb. *Ic.* IV, f. 4614; Bill. *Exsicc.* n. 101. — *Fuchs Hist.* 157 ic. — [R. DES CHAMPS. — Vulg. *Bassinet-des-champs*].

Plante annuelle. Tige ord. solitaire, de 2-5 décim., dressée, pluriflore ou multiflore, souvent rameuse presque dès la base, pubescente ou presque glabre. Feuilles glabres ou pubescentes; les radicales longuement pétiolées, tripartites ou triséquées, à segments cunéiformes-allongés irrégulièrement bi-trifides; les caulinaires triséquées, à segments longuement pétiolulés décomposés en lobes linéaires étroits entiers ou incisés; les supérieures subsessiles, conformes. Fleurs assez petites, disposées en une dichotomie imparfaite, ou latérales opposées aux feuilles, à pétales d'un jaune verdâtre, veinés. Calice dressé ou un peu étalé. *Carpelles 4-8*, disposés en un capitule globuleux, comprimés, entourés d'un rebord épais, *chargés* sur les faces latérales *de pointes épineuses* droites et de tubercules, à bec linéaire presque droit plus long que la moitié du carpelle. ①. Mai-juillet.

C. — Moissons, champs cultivés.

20. **R. sceleratus** L. *Sp.* 776; *Engl. bot.* t. 681; Rchb. *Ic.* IV, f. 4598. — Fuchs *Hist.* 139 ic. — [R. SCÉLÉRATE].

Plante annuelle. Tige ord. solitaire, de 2-7 décim., dressée, fistuleuse, très multiflore, souvent rameuse presque dès sa base, à rameaux dressés, régulièrement dichotome supérieurement, légèrement pubescente ou glabre. Feuilles glabres ou paraissant glabres; les radicales et les inférieures longuement pétiolées, réniformes 3-5-lobées à lobes crénelés, ou 3-5-partites à lobes incisés-crénelés; les supérieures subsessiles, à segments linéaires ou linéaires-oblongs entiers ou incisés. Fleurs petites, disposées au sommet des rameaux en dichotomies imparfaites et dont l'ensemble simule un corymbe. Calice réfléchi. Corolle dépassée par le capitule des carpelles, à *pétales* atteignant à peine la longueur du calice, *dépourvus d'écaille au-devant de la fossette nectarifère. Carpelles* très nombreux, très petits, *disposés en un capitule oblong-spiciforme*, un peu comprimés, entourés d'un rebord épais marqué en dehors d'une ligne déprimée, *rugueux au centre des faces latérales*, à bec très court ou presque nul. Réceptacle fructifère oblong épais. ①. Mai-août.

C C. — Bord des eaux, fossés, étangs, lieux fangeux.

### 7. **FICARIA** Dill. *Nov. gen.* 108. — [FICAIRE].

Calice à *3 sépales* presque herbacés, caducs. Corolle à 6-9 *pétales* brièvement onguiculés, *munis* à leur face interne au-dessus de l'onglet *d'une fossette nectarifère* cachée par une écaille. Carpelles nombreux, disposés en capitule globuleux, à bec presque nul. *Graine dressée.*

Plante vivace herbacée, glabre, quelquefois subacaule. Feuilles pétiolées, ovales-cordées ou réniformes, crénelées. Fleurs jaunes, solitaires à l'extrémité de pédoncules axillaires.

**1. F. ranunculoides** Mœnch *Meth.* 315 ; Rchb. *Ic.* IV, f. 4572. — *Ranunculus Ficaria* L. *Sp.* 674 ; *Engl. bot.* t. 584 ; Bill. *Exsicc.* n. 208. — Fuchs *Hist.* 867 ic. — [F. FAUSSE-RENONCULE. — Vulg. *Ficaire, Herbe-au-fic, Éclairette, Petite-Éclaire, Petite-Chélidoine*].

Souche courte, à fibres radicales la plupart renflées charnues oblongues-obovales. Tiges très courtes ou de 1-2 décim., couchées ou ascendantes. Feuilles épaisses, luisantes, d'un vert foncé, quelquefois tachées de noir à la face supérieure, crénelées à crénelures larges peu profondes, quelquefois obscurément 3-5-lobées, à pétiole dilaté inférieurement en une gaîne membraneuse assez ample. Pédoncules allongés. Fleurs d'un beau jaune, à pétales oblongs, souvent verdâtres en dehors, à base transparente. Carpelles subglobuleux, lisses, pubescents devenant souvent presque glabres à la maturité. ♃. Mars-mai.

*C C C.* — Endroits humides ou ombragés, bois, buissons.

S.-v. *bulbifera*. — Feuilles donnant toutes naissance, à leur aisselle, à des bulbilles oblongues ou subglobuleuses. Fleurs ord. avortées.

TRIBU IV. **HELLEBOREÆ**. — Préfloraison imbriquée. Corolle ord. composée de pétales irréguliers nectarifères, plus rarement nulle. Anthères extrorses. Carpelles en nombre défini, très rarement solitaires, polyspermes, déhiscents (follicules), disposés en un seul verticille. — Plantes annuelles ou vivaces. Feuilles alternes ou toutes radicales, les supérieures quelquefois opposées ou verticillées et formant un involucre.

### 8. CALTHA L. *Gen.* n. 703. — [POPULAGE].

Calice à 5-7 sépales pétaloïdes, colorés, caducs. *Corolle nulle.* Follicules 5-12, libres.

Plante vivace herbacée, glabre. Feuilles suborbiculaires-réniformes, simplement crénelées ou dentées. Fleurs jaunes, presque régulières, dépourvues d'involucre, solitaires à l'extrémité de pédoncules axillaires.

**1. C. palustris** L. *Sp.* 784 ; *Fl. Dan.* t. 668 ; *Engl. bot.* t. 506 ; Rchb. *Ic.* IV, f. 4712 ; Bill. *Exsicc.* n. 2. — [P. DES MARAIS. — Vulg. *Populage, Souci-d'eau*].

Souche verticale courte, à fibres épaisses. Tige de 2-5 décim., ascendante ou dressée, épaisse, pluriflore, rameuse supérieurement. Feuilles suborbiculaires-réniformes, glabres, épaisses, luisantes ; les radicales longuement pétiolées ; les supérieures sessiles ou subsessiles. Follicules nerviés, terminés en bec. ♃. Avril-juin.

*C.* — Prairies humides, lieux marécageux.

### 9. HELLEBORUS L. *Gen.* n. 702. — [HELLÉBORE].

Calice à 5 *sépales* herbacés plus rarement pétaloïdes, *persistants*. Corolle à *5-10 pétales* beaucoup plus courts que les sépales, *tubuleux*, obliquement tronqués ou irrégulièrement dentés au sommet. Follicules 2-10, ord. un peu soudés inférieurement.

Plantes vivaces herbacées, glabres. *Feuilles* ord. coriaces persistant l'hiver, *palmatiséquées-pédalées*, au moins les inférieures. *Fleurs* à sépales herbacés souvent colorés aux bords, plus rarement blanchâtres ou rosés, *presque régulières, dépourvues d'involucre*, disposées en un corymbe rameux terminal, ou peu nombreuses quelquefois subsolitaires.

1. **H. fœtidus** L. *Sp.* 784 ; *Engl. bot.* t. 613 ; Rchb. *Ic.* IV, f. 4715 ; Bill. *Exsicc.* n. 1406. — Fuchs *Hist.* 275 ic. — [H. FÉTIDE. — Vulg. *Pied-de-griffon, Rose-de-serpent*].

Plante à odeur vireuse. Souche épaisse, ord. verticale terminée en racine pivotante. Tiges persistant pendant l'hiver, de 3-7 décim., robustes, dressées, nues dans leur partie inférieure qui présente les cicatrices des feuilles détruites, feuillées supérieurement, multiflores se partageant en rameaux florifères. Feuilles toutes caulinaires, très coriaces, ord. d'un vert très foncé, pétiolées, à segments lancéolés étroits dentés ord. libres jusqu'à la base. *Bractées* d'un vert blanchâtre, *ovales entières*, sessiles. Fleurs penchées, disposées en corymbe rameux. Sépales concaves, dressés, verdâtres souvent bordés de pourpre. Follicules oblongs, terminés en un long bec. ♃. Février-mai.

*A.C.* — Lieux pierreux, bords des chemins, endroits découverts des bois. — Bondy !. Forêt de Saint-Germain !. Forêt de Senart !. Le Châtelet !. Nemours !. Pithiviers !. Château-Landon !. Mantes !; La Roche-Guyon !. Beauvais ! ; très répandu dans le département de l'Oise (*Graves* Cat.), etc.

2. **H. viridis** L. *Sp.* 784 ; *Engl. bot.* t. 200 ; Rchb. *Ic.* IV, f. 4718 ; Bill. *Exsicc.* n. 309. — Fuchs *Hist.* 274 ic. — [H. A FLEURS VERTES. — Vulg. *Herbe-à-sétons*].

Souche à rhizome oblique noirâtre. Tiges annuelles, de 3-5 décim., dressées, pauciflores, un peu rameuses supérieurement, feuillées seulement à partir des rameaux, munies à la base de quelques écailles membraneuses qui se prolongent rarement en un limbe foliacé. *Feuilles* radicales naissant du rhizome, membraneuses, d'un beau vert, très longuement pétiolées, à segments oblongs-lancéolés dentés ou doublement dentés, les latéraux confluents à la base ; les raméales et les *florales* sessiles, conformes *palmatipartites* à segments latéraux largement confluents. Fleurs 2-5, un peu penchées. Sépales à peine concaves, étalés, verdâtres. Follicules oblongs, terminés en un long bec. ♃. Mars-avril.

*R.* — Lieux humides ombragés et pierreux. — Naturalisé dans le parc de Trianon (*de Boucheman*). Abondant dans le bois de Lognes ! près Lagny (*G. Thuret*); indiqué à Meaux (*Mérat* Fl. Par.) ; Autheuil-en-Valois, bois de Saint-Martin à Boullare près Betz (*Questier*) ; hameau des Tartres près Compiègne (*Léré*) ; Valécourt près Magny (*Granget*) ; bosquets du parc de Pouilly ! (*Daudin*) ; Ons-en-Bray (*Graves*). Chérisy près Dreux (*Jacquet*). Bois de Barbeaux près Le Châtelet (*Garnier*) ; Nemours (*Devilliers*) ; Malesherbes (*Bernard*). — *Graves* Cat. Oise : Parc d'Halincourt près Parnes ; pointe Sainte-Hélène près Saint-Germer ; coteau de Tarlefesse au-dessus de Noyon ; Béhéricourt ; coteaux entre Cramoisy et Montataire ; bois de Saint-Martin-le-Pauvre près Thury ; Heilles ; Mouy ; Liancourt ; pentes des coteaux à Bonneuil-en-Valois près la forêt de Retz.

On cultive souvent dans les jardins l'*H. niger* L. (Rchb. *Ic.* IV, f. 4726. — *H. noir.* — Vulg. *Rose-de-Noël*) qui se distingue à sa tige 1-3-flore, dépourvue de feuilles, munie supérieurement de bractées ovales-entières, et à ses fleurs très grandes à sépales d'un blanc rosé.

### 10. **ERANTHIS** Salisb. *Trans. Linn. soc.* VIII, 303. — [ÉRANTHIE].

Calice à 5-8 *sépales pétaloïdes*, colorés, *caducs*. Corolle à 5-8 pétales beaucoup plus courts que les sépales, tubuleux bilabiés, à lèvres inégales. *Follicules* 5-8, libres, *stipités* isolément sur le réceptacle.

Plante vivace herbacée, glabre. Feuilles radicales longuement pétiolées, orbiculaires, palmatiséquées, à 3 segments palmatipartits à lobes oblongs ou linéaires 2-3-fides. *Fleur* jaune, solitaire terminale, *presque régulière, sessile au centre d'un involucre foliacé* persistant multipartit ou multiséqué composé de deux feuilles sessiles opposées.

1. **E. hyemalis** Salisb. *Trans. Linn. soc.* VIII, 303 ; Rchb *Ic.* IV, f. 4714 ; Bill. *Exsicc.* n. 308. — *Helleborus hyemalis* L. *Sp.* 783 ; Jacq. *Austr.* t. 202. — [É. D'HIVER. -- Vulg. *Hellébore-d'hiver*].

Souche épaisse, subglobuleuse, charnue, donnant naissance aux fibres radicales sur toute sa surface. Tige de 8-15 centim., dressée. Sépales jaunes, étalés, oblongs ou oblongs-obovales. Pétales à lèvres émarginées, l'intérieure beaucoup plus courte que l'extérieure. Follicules oblongs, terminés en bec. Graines un peu anguleuses, finement chagrinées. ♃. Février-mars.

*R R R.* — Lieux couverts des bois humides. — Indiqué dans les bois de la Queue-en-Brie (*Thuill.* Fl. Par.). Indiqué avec doute aux environs de Chaalis près Ermenonville (*Graves* Cat.) ; bois d'Ivors près Betz, où il ne serait peut-être pas spontané (*Graves* Cat.). Bois de la Boische et parc de Denainvilliers près Pithiviers (*Boreau* Fl. centr.). — Subspontané dans un parc à Asnières (*Le Dien*), et dans les parcs du Raincy (*I. de Lorière*), de Trianon ! et de Malesherbes. — Assez fréquemment cultivé dans les jardins ou en pots.

### 11. **ISOPYRUM** L. *Gen.* n. 701. — [ISOPYRE].

Calice à 5 *sépales pétaloïdes, caducs.* Corolle à *5 pétales* beaucoup plus courts que les sépales, à une seule lèvre indivise, *tubuleux* seulement à la base. *Follicules* 1-3 membraneux, *très comprimés*, 2-3-spermes, libres, subsessiles.

Plante vivace, herbacée, glabre. Feuilles palmatiséquées, à 3 segments pétiolulés eux-mêmes triséqués ou tripartits. *Fleurs presque régulières*, blanches, longuement pédicellées, dépourvues d'involucre, disposées en une grappe terminale feuillée.

1. **I. thalictroides** L. *Sp.* 783 ; Jacq. *Austr.* t. 105 ; Rchb. *Ic.* IV, f. 4728 ; Bill. *Exsicc.* n. 3. — *Helleborus thalictroides* Lmk *Fl. Fr.* III, 315. — [I. FAUX-PIGAMON].

Souche à rhizome allongé, grêle, traçant, à fibres radicales allongées, un peu épaisses-charnues disposées par fascicules espacés. Tige de 15-25 centim., dressée, grêle, simple ou presque simple. Feuilles minces, molles, d'un vert un peu glauque ; les radicales longuement pétiolées, à 3 segments longuement pétiolulés eux-mêmes triséqués, à lobes obovales pétiolulés bi-trifides ou bi-tripartits à lobules obtus rarement entiers ; les caulinaires triséquées, à lobes tripartits, trifides ou entiers ; les bractéales subsessiles, souvent indivises ; stipules ovales-suborbiculaires, membraneuses. Fleurs peu nombreuses, assez petites. Sépales d'un beau blanc, oblongs, étalés. Follicules oblongs-obovales, un peu atténués à la base, à bec beaucoup plus court que le follicule. ♃. Mars-avril.

*R R R.* — Lieux humides des bois, taillis ombragés. — Retrouvé dans le bois de Meudon près du carrefour de Vélizy (*Mandon*), où il est peut-être naturalisé (*Mérat* Fl. Par.). Vallée de l'Avocat à Poligny près Nemours (*Devilliers*). — Assez abondant aux environs de Châteaudun, département d'Eure-et-Loir (*Dœnen, Juillard*).

## 12. NIGELLA L. *Gen.* n. 685. — [NIGELLE].

Calice à 5 *sépales* pétaloïdes, *caducs*, très étalés. Corolle à 5-10 *pétales*, beaucoup plus courts que les sépales, *onguiculés, munis* au-dessus de l'onglet *d'une fossette nectarifère* profonde couverte par une écaille, *à limbe* non tubuleux *bifide. Follicules* 5, plus rarement 3-10, soudés dans leur moitié inférieure ou dans la plus grande partie de leur longueur, *déhiscents seulement dans leur partie supérieure.*

Plantes annuelles, glabres ou presque glabres. Feuilles bi-tripinnatiséquées, à segments linéaires très étroits presque capillaires. Fleurs blanchâtres veinées de bleu ou bleuâtres, presque régulières, solitaires à l'extrémité des rameaux, quelquefois entourées d'un involucre foliacé persistant multiséqué composé de feuilles verticillées. Graines exhalant par le frottement une odeur aromatique.

1. **N. arvensis** L. *Sp.* 753 ; Schkuhr *Handb.* II, t. 146 ; Rchb. *Ic.* IV, f. 4735 ; Bill. *Exsicc.* n. 209. — Fuchs *Hist.* 505 ic. — [N. DES CHAMPS. — Vulg. *Araignée*].

Tiges nombreuses ou solitaires, de 1-3 décim., étalées-ascendantes ou dressées, rameuses à rameaux dressés. Fleurs dépourvues d'involucre. Sépales longuement onguiculés, à limbe ovale-suborbiculaire acuminé fortement veiné. Pétales brusquement coudés au niveau de la fossette nectarifère, à limbe divisé en deux lobes suborbiculaires concaves en dehors poilus en dedans brusquement terminés par une pointe linéaire élargie au sommet. Fossette nectarifère couverte par une écaille longuement aristée ord. d'un bleu foncé. Anthères apiculées par le prolongement du connectif. *Follicules* 5, plus rarement 3-7, *soudés dans leur moitié inférieure*, un peu divergents supérieurement, oblongs étroits, *présentant 5 nervures sur le dos,* terminés en un bec qui égale presque leur longueur. Graines chagrinées. ①. Juin-août.

*A.C.* — Moissons, champs maigres des terrains sablonneux ou calcaires. — Courbevoie ; Nanterre ; Bezons ; Herblay. Saint-Maur !. Mennecy !; Étrechy !; Étampes !; Nemours !; Malesherbes !. Mantes ; Les Andelys. Verderonne, etc.

On rencontre quelquefois dans le voisinage des jardins, où il est fréquemment cultivé, le *N. Damascena* L. (Rchb. *Ic.* IV, f. 4737. — Fuchs *Hist.* 504 ic. — *N. de Damas.* — Vulg. *Cheveux-de-Vénus, Toute-épice, Pattes-d'araignée, Barbeau, Barbe-de-capucin*). Cette espèce se distingue à ses fleurs entourées d'un involucre multiséqué, à ses anthères mutiques et à ses follicules soudés jusqu'au sommet en une capsule ovoïde-globuleuse.

## 13. AQUILEGIA L. *Gen.* n. 684. — [ANCOLIE].

Calice à 5 sépales ovales, pétaloïdes, caducs. Corolle à *5 pétales* très brièvement onguiculés, longuement prolongés au-dessous de leur insertion et *roulés en cornet qui se termine* inférieurement *en éperon* plus ou moins courbé en dedans et faisant saillie au-dessous des sépales. Étamines intérieures stériles, transformées en écailles membraneuses appliquées sur l'ovaire. Follicules 5, libres ou un peu soudés à la base, connivents.

Plante vivace herbacée, plus ou moins pubescente. Feuilles la plupart radicales, deux fois triséquées, à segments cunéiformes-suborbiculaires bi-tripartits à lobes incisés. Fleurs bleues, violettes, purpurines, roses ou blanches, régulières, penchées, terminales subsolitaires ou disposées en une panicule lâche pluriflore.

1. **A. vulgaris** L. *Sp.* 752; *Engl. bot.* t. 297 ; *Flor. Dan.* t. 695 ; Rchb. *Ic.* IV, f. 4729 ; Bill. *Exsicc.* n. 1407. — [A. COMMUNE. — Vulg. *Ancolie, Aiglantine, Colombine, Cornette, Gants-de-Notre-Dame*].

Souche épaisse, oblique, ord. rameuse. Tiges solitaires ou plus ou moins nombreuses, de 4-8 décim., dressées, pluriflores, rameuses supérieurement, légèrement pubescentes, très rarement pubescentes-visqueuses. Feuilles vertes en dessus, pubescentes-blanchâtres en dessous ; les radicales longuement pétiolées, à divisions de premier ordre très longuement pétiolulées, à segments bi-tripartits, à lobes incisés à incisures obtuses ; les caulinaires 1-3, subsessiles ; les florales triséquées, à segments ord. entiers. Fleurs grandes, à sépales dressés pubescents en dehors. Pétales tronqués au sommet, à partie supérieure à l'insertion plus courte que l'éperon. *Éperons courbés en crochet.* Follicules pubescents-glanduleux, oblongs atténués en un bec grêle. ♃. Mai-juillet.

*A.C.* — Bois montueux, lisière des forêts. — Bondy!. Montmorency !. Saint-Germain!; Versailles ! ; Palaiseau ; Arpajon. Mantes ! ; Magny!, etc. — Cultivé fréquemment dans les jardins, où ses fleurs deviennent souvent doubles par l'emboîtement de pétales supplémentaires.

## 14. **DELPHINIUM** L. *Gen.* n. 681. — [DAUPHINELLE].

Calice à 5 *sépales* pétaloïdes, caducs, *inégaux*, *le supérieur prolongé* au-dessous de son insertion *en* un *éperon* creux. Corolle à 4 pétales par l'avortement du pétale inférieur, à pétales soudés en une corolle gamopétale prolongée en un éperon reçu dans la cavité de l'éperon du sépale supérieur, ou à pétales libres les 2 supérieurs prolongés en éperons. Follicules 5, souvent 1-3 par avortement, libres.

Plantes annuelles, pubescentes. Feuilles palmatiséquées ou pinnatiséquées, à segments décomposés en lobes linéaires étroits. *Fleurs très irrégulières*, bleues, roses ou blanches, en grappes souvent disposées en panicule.

1. **D. Consolida** L. *Sp.* 748; *Engl. bot.* t. 1839; Rchb. *Ic.* IV, f. 4669 ; Bill. *Exsicc.* n. 102. — [D. CONSOUDE. — Vulg. *Pied-d'alouette des champs, Pied-d'alouette sauvage, Bec-d'oiseau, Éperon-de-chevalier*].

Tige de 2-6 décim., dressée, rameuse à rameaux divergents, pubérulente. Feuilles inférieures pétiolées ; les supérieures subsessiles. Pédoncules uniflores, munis de bractéoles, ord. beaucoup plus longs que la bractée. Fleurs bleues, très rarement blanches, en grappes courtes peu fournies. *Sépales* oblongs, pubescents en dehors, à nervure dorsale verte ; le supérieur à éperon très allongé horizontal; les *latéraux insensiblement atténués dans leur partie inférieure. Pétales soudés en une corolle gamopétale* unilabiée, à lobes latéraux suborbiculaires, à lobe supérieur oblong échancré ou bifide.

Follicules souvent solitaires, glabres ou presque glabres, terminés par un bec grêle. ①. Juin-août.

*C.* — Moissons, champs cultivés.

On rencontre quelquefois dans le voisinage des jardins, d'où il s'échappe, le *D. Orientale* J. Gay (in Desm. *Cat. Dord.* [1840] et ap. Gren. et Godr. *Fl. Fr.* I, 47 excl. syn. — *D. Ajacis* Bouché in Mohl *Bot. Zeit.* [1843]. — *D. d'Orient.* — Vulg. *Pied-d'alouette des jardins, Béquelle*), plante d'Orient et d'Algérie, qui se distingue du *D. Consolida* par la tige moins rameuse à rameaux dressés, par les fleurs violettes, blanches ou roses disposées en grappes assez serrées, par les bractées plus longues que les pédoncules, par les sépales latéraux suborbiculaires brusquement contractés en onglet, et par les follicules pubescents à poils glanduleux; on en cultive surtout en bordure une variété à fleurs doubles en grappes très compactes.

### 15. ACONITUM L. *Gen.* n. 682. — [ACONIT].

Calice à 5 *sépales* pétaloïdes, caducs, plus rarement persistants, *inégaux*; le *supérieur* (casque) *en forme de capuchon*; les 2 latéraux (ailes) suborbiculaires; les inférieurs oblongs. Corolle à 2-5 *pétales*; les 2 *supérieurs* (nectaires) renfermés dans la concavité du sépale supérieur, *filiformes* dans la plus grande partie de leur longueur, *dilatés au sommet en un cornet renversé* recourbé en éperon, les inférieurs très petits ou convertis en étamines. Follicules 3-5, libres.

Plante vivace herbacée, pubérulente ou presque glabre. Feuilles palmatiséquées, à segments cunéiformes bi-tripartits à lobes oblongs incisés. Fleurs très irrégulières, bleues, disposées en grappes terminales.

1. **A. Napellus** L. *Sp.* 751; *Engl. bot.* supp. t. 2730; Rchb. *Ic.* IV, f. 4700; Bill. *Exsicc.* n. 503. — [A. NAPEL. — Vulg. *Aconit, Casque-de-Jupiter, Char-de-Vénus*].

Souche épaisse, émettant des rhizomes courts terminés chacun par trois racines pivotantes charnues-napiformes. Tiges de 8-12 décim., dressées, simples ou un peu rameuses supérieurement, pubérulentes ou presque glabres. Feuilles d'un vert foncé et luisantes en dessus, d'un vert pâle en dessous, palmatiséquées à 5-7 segments cunéiformes bi-tripartits à lobes oblongs incisés; les inférieures longuement pétiolées; les supérieures brièvement pétiolées. Fleurs bleues, en grappes terminales multiflores allongées spiciformes, à pédoncules dressés munis de 2 bractéoles au-dessous de la fleur. Sépales pubescents; le supérieur arqué, terminé en bec; les inférieurs oblongs, plus petits que les latéraux. Pétales supérieurs à onglet arqué, à cornet dirigé horizontalement; les inférieurs nuls. Follicules glabres, oblongs, divergents dans la jeunesse, brusquement terminés en un bec filiforme. ♃. Juillet-septembre.

*R R.* — Prairies humides, marais tourbeux. — Abondant dans les marais tourbeux à Brignancourt près Marines! (*de Boucheman*); marais tourbeux de Fay et de Liancourt-Saint-Pierre près Chaumont où il devient rare après y avoir été abondant (*Graves, Questier*). Mareuil-sur-Ourcq (*Questier*); marais des environs de la forêt de Villers-Cotterets: entre Vauciennes et Vez (*Graves*), Faverolles, Silly-la-Poterie (*Questier*).—Cette plante a d'abord été trouvée, au commencement du siècle, dans les prairies de Vauciennes, par de Foucault, inspecteur de la forêt de Retz, qui la communiqua à Poiret (*Graves* Cat.). — Fréquemment cultivé comme plante d'ornement.

TRIBU V. **PÆONIEÆ.** — Préfloraison imbriquée. Corolle composée de pétales réguliers, rudimentaire ou nulle. Anthères introrses. Carpelles en nombre défini (2-5) ou solitaires, polyspermes déhiscents (follicules), ou bacciformes indéhiscents. — Plantes vivaces. Feuilles alternes ou toutes radicales.

### 16. ACTÆA L. *Gen.* n. 644. — [ACTÉE].

Calice à 4 sépales pétaloïdes, caducs. Corolle rudimentaire composée de 1-4 pétales spatulés, quelquefois nulle. *Carpelle solitaire, bacciforme* indéhiscent.

Plante vivace herbacée, glabre. Feuilles bi-tripinnatiséquées, à segments ovales-rhomboïdaux incisés-dentés. Fleurs régulières, blanches, disposées en grappes compactes longuement pédonculées opposées aux feuilles ou axillaires.

1. **A. spicata** L. *Sp.* 722 ; *Engl. bot.* t. 918 ; *Fl. Dan.* t. 589 ; Rchb. *Ic.* IV, f. 4739. — [A. EN ÉPI. — Vulg. *Herbe-de-Saint-Christophe*].

Souche oblique ou horizontale, épaisse, noirâtre à fibres radicales robustes. Plante de 4-8 décim., dressée, à tige nue inférieurement portant 1-3 feuilles supérieurement, simple plus rarement rameuse, quelquefois très courte. Feuilles longuement pétiolées, à divisions de premier ordre longuement pétiolulées, à segments acuminés, d'un vert foncé en dessus, d'un vert blanchâtre en dessous. Fleurs petites, disposées en 1-2 grappes compactes ovales-oblongues, la grappe principale opposée à la feuille supérieure, l'autre axillaire souvent avortée. Sépales ovales, concaves. Pétales spatulés, atténués en un long onglet, quelquefois nuls. Étamines à filets élargis supérieurement. Fruits oblongs-subglobuleux, noirs à la maturité. ♃. Mai-juin.

R. — Lieux frais des bois montueux, buissons ombragés. — Indiqué dans la forêt de Saint-Germain (*Thuill.* Fl. Par.). Le Coudray près Mantes (*Rivière*) ; bois des environs de Magny à Arthieul, Banthélu, Guiry et dans le parc d'Halincourt (*Bouteille*) ; bois de Berticher et de la Brosse! près Chaumont (*Frion*) ; Saint-Germer (*Graves*) ; Gournay (*Mandon*). Ermenonville (*Graves*) ; garenne de Canneville! près Chantilly ; indiqué à Saint-Michel près Saint-Leu (*Vaillant* Bot. Par.) ; Laversine près Creil (*Graves* Cat.) ; bois des environs de Mesnil-sur-Bulles, bois des Landes près le Mesnil-Théribus, canton d'Auneuil (*Caron* in *Graves* Cat.) ; Saint-Sauveur dans la forêt de Compiègne (*Graves*).

On cultive dans les jardins, pour la beauté de leurs fleurs, plusieurs espèces du genre *Pæonia* (*Pivoine*), caractérisé par le calice à sépales foliacés coriaces inégaux persistants, par les pétales très amples ord. rouges ou roses, et par les carpelles 2-5 polyspermes déhiscents. Les espèces le plus fréquemment cultivées sont les *P. officinalis* L. (*P. officinale*. — Vulg. *Pivoine femelle*), *corallina* Retz (*P. Corail*. — Vulg. *Pivoine mâle*), et *Moutan* Sims. (*P. Moutan*. — Vulg. *Pivoine en arbre*).

Le *Liriodendron tulipifera* L. (Vulg. *Tulipier-de-Virginie*), arbre de la famille des *Magnoliacées*, à feuilles subquadrilobées largement tronquées au sommet, à fleurs très grandes d'un jaune verdâtre, à pétales disposés sur deux rangs, est presque naturalisé dans le parc de Malesherbes ; on le plante dans les parcs et quelquefois dans les bois des environs de Paris.

## II. BERBÉRIDÉES

(BERBERIDEÆ Venten. *Tabl.* III, 83).

Fleurs hermaphrodites, régulières, à préfloraison imbriquée. — Calice à 4-6 sépales ord. disposés sur deux rangs, inégaux, libres, pétaloïdes, caducs, munis en dehors de 2 ou plusieurs bractées. — Corolle à 6-8 *pétales disposés sur deux rangs*, hypogynes, libres, caducs, ord. munis de 2 glandes à leur base, très rarement prolongés en éperon. — *Étamines* en nombre égal à celui des pétales, *opposées aux pétales* en raison de leur disposition sur deux rangs, hypogynes, libres. *Anthères* bilobées, *à lobes s'ouvrant chacun par une valvule* qui se détache de la base au sommet. — *Ovaire libre, à un seul carpelle*, à une seule loge bi-pluri-ovulée. Ovules ascendants, réfléchis. Stigmate subsessile, suborbiculaire-pelté. — Fruit : baie 1-polysperme, plus rarement fruit capsulaire déhiscent ou indéhiscent 1-polysperme. — Graines ascendantes. *Embryon* droit, *niché à l'extrémité d'un gros périsperme charnu* ou corné. Radicule dirigée vers le hile.

Arbrisseaux ord. épineux, plus rarement plantes herbacées. Feuilles alternes ou fasciculées, simples ou composées, dentées-épineuses ou à folioles dentées-épineuses ; stipules très petites, caduques. Fleurs disposées en grappes simples, plus rarement en panicules.

### 1. BERBERIS L. *Gen.* n. 442. — [VINETIER].

Calice à 6 sépales pétaloïdes, concaves, muni à sa base de 2-3 bractées squamiformes. Corolle à 6 pétales concaves, munis vers leur base de 2 glandes. Étamines 6, à filets aplanis, s'infléchissant sur l'ovaire par le contact des corps étrangers. Baie oblongue, ord. à 2 graines.

Arbrisseau épineux. Feuilles simples, disposées en fascicules qui terminent des rameaux courts avortés nés à l'aisselle d'une feuille transformée en une épine palmée. Fleurs jaunes, en grappes pluriflores pendantes qui naissent du centre des fascicules de feuilles.

1. **B. vulgaris** L. *Sp.* 472; *Engl. bot.* t. 49 ; Rchb. *Ic.* III, f. 4486 ; Bill. *Exsicc.* n. 1408. — [V. COMMUN. — Vulg. *Épine-Vinette*].

Arbrisseau de 1-3 mètr. formant des buissons touffus, à écorce cendrée, à bois jaune. Feuilles oblongues-obovales, dentées à dents atténuées en cils épineux. Fleurs jaunes, odorantes. Pétales d'un jaune-soufre, à glandes basilaires oblongues d'un jaune orangé. Baies d'un rouge vif, à suc acide, terminées par le stigmate marcescent. ♄. *Fl.* mai-juin. *Fr.* septembre-octobre.

C. — Haies, buissons. — Fréquemment planté dans les parcs.

# III. CARYOPHYLLÉES

### (CARYOPHYLLEÆ Juss. *Gen.* 299).

Fleurs hermaphrodites, rarement unisexuelles par avortement, régulières. — *Calice à 5 plus rarement 4 sépales* libres ou soudés en tube inférieurement, ord. persistants, à préfloraison imbriquée. — Corolle à 5 plus rarement 4 pétales insérés sous l'ovaire ou sur un disque qui entoure la base de l'ovaire, libres, caducs ou marcescents, à préfloraison imbriquée ou imbriquée-contournée, très rarement nuls par avortement. — *Étamines* insérées avec les pétales, *en nombre égal à celui des pétales ou en nombre double*, libres entre elles, les intérieures plus courtes, à filets souvent soudés à la base avec les pétales. Anthères bilobées, introrses. — *Ovaire* libre, souvent exhaussé sur un prolongement de l'axe, *à 2-5 carpelles*, à une seule loge par l'oblitération des cloisons, plus rarement à 2-5 loges. *Ovules* ord. nombreux, ascendants ou horizontaux, courbés, très rarement pliés, *insérés sur un placenta central ou à l'angle interne des loges. Styles* 2-5, filiformes, *libres*, à face interne stigmatifère. — *Fruit* capsulaire, souvent exhaussé sur un prolongement de l'axe, polysperme, très rarement oligosperme, *uniloculaire, rarement à 2-5 loges plus ou moins incomplètes, s'ouvrant par des valves ou des dents en nombre égal à celui des carpelles ou en nombre double*, très rarement bacciforme indéhiscent. — Graines plus ou moins réniformes, ovoïdes ou lenticulaires, quelquefois peltées, à testa ord. chagriné ou tuberculeux. Périsperme farineux, ord. central. *Embryon annulaire ou semi-annulaire entourant le périsperme*, plus rarement plié ou droit enveloppé par le périsperme ou appliqué sur l'une de ses faces. Radicule ord. rapprochée du hile.

Plantes annuelles ou vivaces herbacées, rarement sous-frutescentes à la base. Tiges ord. dichotomes, à articulations ord. renflées. Feuilles opposées, entières, souvent sessiles ou connées à la base, dépourvues de stipules, plus rarement munies de stipules scarieuses. Fleurs en cyme terminale dichotome quelquefois unilatérale par avortement (1), en glomérules, terminales solitaires, ou en panicule.

SOUS-FAMILLE I. SILENEÆ. — Calice à *sépales soudés en tube au moins dans leur moitié inférieure*, libres supérieurement. Pétales roses, plus rarement blancs ou jaunâtres, à onglet ord. très allongé et égalant le tube du calice. Étamines insérées avec les pétales au sommet du pied (podogyne) plus ou moins développé qui supporte l'ovaire.

1. GYPSOPHILA. — *Calice campanulé*, à 5 dents, dépourvu de calicule. *Pétales* cunéiformes *à onglet court. Styles* 2. Capsule à 4 dents.

(1) Les branches de la dichotomie peuvent avorter alternativement à droite et à gauche, et alors l'ensemble des axes reste droit et présente l'aspect d'une grappe dressée ; elles peuvent avorter au contraire toutes du même côté, et alors l'ensemble des axes présente une courbure unilatérale et offre beaucoup d'analogie avec la grappe scorpioïde.

2. **Dianthus**. — *Calice* tubuleux-cylindrique, à 5 dents, *muni à sa base d'un calicule* composé de 2-6 bractées scarieuses imbriquées. Pétales longuement onguiculés. *Styles 2.* Capsule à 4 dents. Graine déprimée-lenticulaire, peltée.

3. **Saponaria**. — *Calice tubuleux,* cylindrique ou anguleux, à 4-5 dents, *dépourvu de calicule.* Pétales longuement onguiculés. *Styles 2.* Capsule à 4 dents.

4. **Cucubalus**. — *Calice campanulé, à 5 lobes,* dépourvu de calicule. *Styles 3. Fruit bacciforme indéhiscent.*

5. **Silene**. — *Calice tubuleux* plus ou moins renflé, à 5 dents, dépourvu de calicule. Pétales longuement onguiculés. *Styles 3. Capsule à 6 dents.* — Fleurs hermaphrodites, très rarement dioïques.

6. **Melandrium**. — Calice tubuleux ou plus ou moins renflé, à 5 dents, dépourvu de calicule. Pétales longuement onguiculés. *Styles 5. Capsule à 10 dents.* Fleurs dioïques en cyme dichotome.

7. **Lychnis**. — Calice tubuleux, cylindrique ou plus ou moins renflé, à 5 dents, dépourvu de calicule. Pétales longuement onguiculés. *Styles 5. Capsule à 5 dents.*

**SOUS-FAMILLE II. ALSINEÆ.** — Calice à *sépales libres ou un peu soudés à la base.* Pétales blancs, rarement roses, à onglet court, rarement nuls par avortement. Étamines insérées sur un disque plus ou moins développé entourant la base de l'ovaire.

**TRIBU I. Sabulineæ.** — *Valves ou dents de la capsule en nombre égal à celui des styles.*

8. **Polycarpon**. — Sépales un peu soudés à la base. Pétales plus courts que le calice. *Styles 3. Embryon* à peine arqué, *appliqué sur la face dorsale du périsperme.* — *Feuilles munies de stipules scarieuses, obovales-oblongues,* les inférieures au moins *verticillées.*

9. **Spergularia**. — Pétales entiers. *Styles 3.* Embryon entourant le périsperme. — *Feuilles munies de stipules scarieuses, linéaires ou subulées, opposées,* présentant souvent à leur aisselle des fascicules de feuilles.

10. **Spergula**. — Pétales entiers. *Styles 5.* — *Feuilles munies de stipules scarieuses,* linéaires-subulées, paraissant verticillées.

11 **Sagina**. — Pétales entiers, quelquefois rudimentaires ou nuls par avortement. *Styles 4-5.* — *Feuilles dépourvues de stipules,* linéaires ou subulées.

12. **Alsine**. — Pétales entiers. *Styles 3.* — *Feuilles dépourvues de stipules,* linéaires-subulées ou sétacées.

**TRIBU II. Stellarineæ.** — *Valves ou dents de la capsule en nombre double de celui des styles.*

13. **Holosteum**. — *Pétales irrégulièrement denticulés,* rarement entiers. *Styles 3. Embryon plié, plongé dans le périsperme.* — Fleurs disposées en *cyme* terminale *ombelliforme.*

14. **Mœhringia**. — *Pétales entiers ou à peine émarginés. Styles 2-3. Graines luisantes, munies d'une strophiole* au niveau du hile.

15. **Arenaria**. — *Pétales entiers ou à peine émarginés. Styles 3.* Graines dépourvues de strophiole. *Embryon entourant le périsperme.*

16. **Stellaria**. — *Pétales bifides ou bipartits. Styles 3.*

17. CERASTIUM. — Pétales bifides, rarement entiers. *Styles 4-5, opposés aux sépales. Capsule cylindrique ou conique-cylindrique, s'ouvrant par 10 plus rarement 8 dents.*

18. MALACHIUM. — Pétales bipartits. *Styles 5, alternes avec les sépales. Capsule ovoïde, s'ouvrant par 5 valves bidentées.*

**SOUS-FAMILLE I. SILENEÆ.** — Calice à sépales soudés en tube au moins dans leur moitié inférieure, libres supérieurement. Pétales roses, plus rarement blancs ou jaunâtres, à onglet ord. très allongé et égalant le tube du calice. Étamines insérées avec les pétales au sommet du pied plus ou moins développé qui supporte l'ovaire.

### 1. GYPSOPHILA L. *Gen.* n. 768. — [GYPSOPHILE].

*Calice campanulé*, à 5 dents, dépourvu de calicule. Corolle à 5 *pétales* cunéiformes, *à onglet court.* Étamines 10. *Styles* 2. Capsule s'ouvrant au sommet par 4 dents.

Plante annuelle, presque glabre. Feuilles linéaires. Fleurs en cyme feuillée, celles du sommet latérales.

1. **G. muralis** L. *Sp.* 583; *Fl. Dan.* t. 1268; Rchb. *Ic.* VI, f. 4997; Bill. *Exsicc.* n. 513. — [G. DES MURS].

Tige de 5-15 centim., très rameuse, légèrement scabre à la base, à rameaux étalés presque filiformes. Fleurs roses striées, rarement blanches, portées sur de longs pédoncules capillaires. ①. Juillet-septembre.

*A.C.* — Champs arides humides l'hiver, bords des étangs sablonneux, mares desséchées. — Étang du Trou-salé près Versailles !; Saint-Hubert !. Marcoussis !. Fontainebleau !, etc.

Le *Tunica saxifraga* Scop. (Rchb. *Ic.* VI, f. 5006 b. — *Gypsophila saxifraga* L.), espèce méridionale cultivée en bordure dans quelques jardins, a été indiqué par Thuillier aux environs de Fontainebleau. Le genre *Tunica* se distingue des *Gypsophila* par son calice muni d'un calicule, et des *Dianthus* par ses pétales brièvement onguiculés.

### 2. DIANTHUS L. *Gen.* n. 770. — [ OEILLET ].

*Calice* tubuleux-cylindrique, à 5 dents, *muni* à sa base *d'un calicule* composé de 2-6 bractées scarieuses imbriquées. Corolle à 5 pétales longuement onguiculés. Étamines 10. *Styles* 2. Capsule s'ouvrant au sommet par 4 dents. *Graine déprimée-lenticulaire, peltée; embryon droit, appliqué sur la face dorsale du périsperme.*

Plantes vivaces herbacées, rarement annuelles. Tiges renflées aux articulations, glabres ou pubescentes. Feuilles caulinaires linéaires, connées à la base. Fleurs terminales en cymes ord. pauciflores, ou rapprochées en glomérules, quelquefois solitaires.

Sect. I. — Fleurs réunies en glomérules, rarement solitaires par avortement, munies, en dehors du calicule, d'un involucre de deux ou plusieurs bractées qui atteignent au moins la moitié de la longueur du calice. — 1-3.

Sect. II. — Fleurs en cyme pauciflore, ou solitaires terminales, munies, en dehors du calicule, de bractées squamiformes courtes. — 4-6.

Sect. I. — Fleurs réunies en glomérules, rarement solitaires par avortement, munies, en dehors du calicule, d'un involucre composé de deux ou
plusieurs bractées qui atteignent au moins la moitié de la longueur du
calice.

1. **D. prolifer** L. *Sp.* 587 ; *Engl. bot.* t. 956 ; Rchb. *Ic.* VI, f. 5009. — [ OE. PRO-
LIFÈRE ].

Plante ord. annuelle. Tiges de 1-4 décim., dressées ou ascendantes, quelquefois étalées, glabres. Feuilles linéaires étroites. Fleurs très petites, d'un rose
pâle passant au lilas, en glomérules denses terminaux 2-10-flores. *Involucre
à bractées* nombreuses très inégales, *scarieuses*, les extérieures très courtes
ovales-aiguës ou mucronées, *les intérieures larges oblongues-obtuses, dépassant les calices.* Calicule à écailles membraneuses dépassant le calice très
mince qu'elles enveloppent. ① ou ②. Juin-août.

*C C.* — Lieux arides, bords des chemins des terrains sablonneux, vieux murs.

S.-v. *subuniflorus.* — Tige simple ne portant qu'un glomérule 1-3-flore.

2. **D. Armeria** L. *Sp.* 586 ; *Fl. Dan.* t. 230 ; Rchb. *Ic.* VI, t. 249, f. 5011 ;
Bill. *Exsicc.* n. 1618. — [ OE. ARMÉRIA. — Vulg. OE. *velu* ].

Plante bisannuelle. Tiges de 3-5 décim., dressées, pubescentes. Feuilles
lancéolées-linéaires; les inférieures presque obtuses. Fleurs purpurines, en fascicules terminaux et axillaires 3-8-flores. *Involucre à 2 bractées linéaires très
aiguës, herbacées, très velues, égalant ou dépassant les calices.* Calicule à
écailles subherbacées, de même forme que les bractées de l'involucre, atteignant environ la longueur du calice. ②. Mai-août.

*C.* — Bois, pâturages secs, pelouses arides.

3. **D. Carthusianorum** L. *Sp.* 586 ; Rchb. *Ic.* VI, f. 5019 ; Bill. *Exsicc.* n. 1128.
— [ OE. DES CHARTREUX ].

Souche presque ligneuse, rameuse. Tiges de 2-5 décim., dressées ou ascendantes, glabres, lisses ou rudes à la base. Feuilles linéaires-aiguës, longuement connées, les inférieures plus longues que les entre-nœuds. Fleurs
purpurines, rarement solitaires par avortement, en fascicules ord. 2-8-flores.
*Involucre à 2 bractées oblongues longuement aristées presque scarieuses,
ne dépassant pas la moitié de la longueur du calice.* Calice à écailles nombreuses, brunâtres ou rougeâtres, oblongues-obovales tronquées brusquement
aristées, atteignant toutes à peu près la moitié de la longueur du calice. ♃.
Juin-août.

*C.* — Pelouses sèches, bois sablonneux, endroits montueux, etc.

S.-v. *uniflorus.* — Tige simple ne portant qu'une ou deux fleurs.

† **D. barbatus** L. *Sp.* 586 ; Rchb. *Ic.* VI, f. 5013 ; Bill. *Exsicc.* n. 933. —
[ OE. BARBU. — Vulg. OE.-de-poëte, *Jalousie, Bouquet-parfait, Doux-Jean,
Doux-Guillaume* ].

*Souche rameuse.* Tiges de 3-6 décim., dressées ou ascendantes, ord. robustes,
glabres, lisses. *Feuilles lancéolées* brièvement acuminées, rétrécies au-dessus de
la base, assez longuement connées, glabres, pubescentes-ciliées ou scabres sur les
bords, les inférieures plus courtes ou plus longues que les entre-nœuds. Fleurs inodores, purpurines, roses ponctuées de blanc ou blanches, ord. très nombreuses,
fasciculées, les fascicules étant ord. groupés en un ou plusieurs glomérules terminaux compactes. Involucre à 2 *bractées* presque herbacées, *linéaires-subulées,*

*courbées en dehors*, égalant environ la longueur du calice. Calicule à 4-6 écailles quelquefois colorées en rouge purpurin, ovales ou oblongues brusquement contractées en une pointe subulée herbacée, atteignant environ la longueur du tube. ♃. Juillet-août.

Croît en abondance au hameau du Bois-d'Ageux vis-à-vis de Verberie (*Graves* Cat.), où il est probablement naturalisé.—Cette plante n'a encore été signalée en France à l'état spontané que dans les Pyrénées ; elle est fréquemment cultivée dans les jardins et les parterres. — On obtient par les semis de nombreuses et belles variations dans la couleur des fleurs qui varient blanches, roses, lilas, pourpres, souvent ponctuées et bordées d'une couleur qui tranche sur l'autre.

Sect. II. — Fleurs en cyme pauciflore, ou solitaires terminales, munies, en dehors du calicule, de bractées squamiformes très courtes.

4. **D. deltoides** L. *Sp.* 588 ; *Engl. bot.* t. 61 ; Rchb. *Ic.* VI, f. 5040. — [Œ. DELTOÏDE ].

Souche rameuse, cespiteuse. *Tiges* de 2-4 décim., couchées à la base, *scabres-pubérulentes. Feuilles* pubescentes-scabres ; les caulinaires lancéolées-linéaires ; celles *des fascicules stériles linéaires-oblongues* courtes. Calicule à écailles ovales-lancéolées acuminées, atteignant au moins le tiers de la longueur du tube du calice. Fleurs purpurines ponctuées de blanc ou de pourpre. *Pétales dentés.* ♃. Juin-août.

R. — Pelouses sèches arides, clairières des bois sablonneux. — Forêt de Senart! ; Marcoussis (*de Schœnefeld*) ; bois des env. de Rambouillet! ; Poigny! près Saint-Léger. Forêt de Fontainebleau (*Garnier*). Bois d'Aulmont (*J. Gay*) et de Thiers près Senlis (*Morelle*) ; Thury, Autheuil-en-Valois, Lévignen, Ivors, Gesvres-le-Duché (*Questier*) ; forêt de Compiègne (*Graves*). — *Graves* Cat. Oise : Bongenoult près Beauvais ; Savignies ; Auneuil ; Silly canton de Noailles ; Agnetz près Clermont ; lisière de la forêt de Retz.

5. **D. Caryophyllus** L. *Sp.* 587 ; *Engl. bot.* t. 214 ; Rchb. *Ic.* VI, f. 5051 ; Bill. *Exsicc.* n. 726. — [ Œ. GÉROFLE. — Vulg. *Œ.-des-fleuristes, Œ.-à-bouquets, Œ.-à-ratafia, Œ.-des-jardins*].

Souche cespiteuse, subligneuse. *Tiges* de 2-5 décim., dressées ou ascendantes, *glabres glauques. Feuilles* linéaires, glabres glauques ; celles *des fascicules stériles linéaires très allongées.* Calicule à écailles suborbiculaires mucronées, n'atteignant pas le tiers de la longueur du tube du calice. Fleurs roses, rouges ou blanches, à odeur suave. *Pétales dentés ou brièvement incisés.* ♃. Juillet-août.

R R. — Murailles des vieux châteaux. — Château de La Roche-Guyon ! (*de Boucheman*) ; Château-Gaillard aux Andelys ! ; tour de Gisors (*de Schœnefeld*). Vieux murs à Crépy (*Graves* Cat.) ; château de La Ferté-Milon (*Questier*). Tour-de-César à Provins (*Bouteiller*). — Cette espèce, si fréquemment cultivée, a donné naissance à de nombreuses variétés à fleurs simples ou doubles souvent panachées.

Le *D. Sinensis* L. (*ŒEillet de Chine*) cultivé dans les parterres, se reconnaît à sa racine bisannuelle, à ses bractées ciliées-scabres lancéolées-linéaires inégales atteignant quelquefois la longueur du tube du calice. On obtient par les semis de nombreuses variations à fleurs blanches, jaunâtres, roses, lilas, pourpres, ponctuées et panachées.

6. **D. superbus** L. *Sp.* 589 ; *Fl. Dan.* t. 578 ; Rchb. *Ic.* VI, f. 5032 ; Bill. *Exsicc.* n. 727. — [ Œ. SUPERBE. — Vulg. *Mignardise-des-prés*].

Souche plus ou moins rameuse. Tiges de 3-5 décim., dressées, glabres.

Feuilles glabres, linéaires-lancéolées ; celles des fascicules stériles linéaires ou linéaires-elliptiques. Calicule à écailles mucronées, n'atteignant pas le tiers de la longueur du tube du calice. Fleurs d'un rose lilas, odorantes. *Pétales divisés au delà de la partie moyenne du limbe en lanières multifides*, hérissés de poils pourpres au-dessus de l'onglet. ♃. Juin-août.

*R R.* — Prairies, clairières humides des bois. — Vallée de la Juine près d'Itteville (*Chatin*). Saint-Sauveur entre Donnemarie et Bray (*de Schœnefeld*); env. de Provins près de la route de Troyes (*Bouteiller*). Abondant dans les bois de Thiers et d'Aulmont près Senlis (*Graves*); forêt de Pontarmé près Senlis (*Morelle, Questier*); murs de Sainte-Agathe à Crépy (*Graves Cat.*).

On cultive souvent en bordures le *D. plumarius* L. (*ŒE. Mignardise.* — Vulg. *ŒE.-plume, Mignardise à plumet*). — Cette espèce se reconnaît aux caractères suivants : Plante gazonnante ; feuilles canaliculées, très glauques ; calicule à écailles suborbiculaires, à peine mucronées, n'atteignant pas le tiers de la longueur du tube du calice ; pétales divisés jusqu'au tiers du limbe en lanières incisées, hérissés au-dessus de l'onglet, ponctués de blanc et de pourpre.

### 3. SAPONARIA L. *Gen.* n. 769. — [SAPONAIRE].

*Calice tubuleux*, cylindrique ou anguleux, à 4-5 dents, *dépourvu de calicule*. Corolle à 5 pétales longuement onguiculés, munis ou non d'écailles au-dessus de l'onglet. Étamines 10. *Styles 2.* Capsule s'ouvrant au sommet par 4 dents.

Plantes vivaces ou annuelles, à tige glabre. Feuilles elliptiques ou lancéolées. Fleurs en cyme lâche, ou en fascicules disposés en panicule.

Sect. I. VACCARIA. (Seringe in DC. *Prodr.* I, 365. — *Vaccaria* Medik. *Philos. bot.* I, 96 ; Endl. *Gen.* n. 5247). — Calice ovoïde-pyramidal, à 5 angles accrescents, le fructifère à angles ailés. Ovaire à 2-3 loges à la base subdivisées chacune en deux loges secondaires par une cloison pariétale incomplète, uniloculaire supérieurement.

1. **S. Vaccaria** L. *Sp.* 585. — *Gypsophila Vaccaria* Sibth. et Sm. *Fl. Grœc.* t. 380 ; Bill. *Exsicc.* n. 728. — *Vaccaria pyramidata* Rchb. *Ic.* VI, t. 245, f. 4996. — [S. DES VACHES].

*Plante annuelle.* Tige de 2-6 décim., dressée, rameuse-dichotome au sommet, très glabre. Feuilles sessiles, ovales-lancéolées, légèrement connées à la base. Fleurs roses, en cyme lâche. Pétales dépourvus d'écailles, dépassant peu le calice. *Calice* membraneux, ventru, *à 5 angles ailés* verdâtres, à 5 dents égales. Capsule s'ouvrant dans sa moitié supérieure en 4 dents dressées. ①. Juin-juillet.

*A.R.* — Champs calcaires, moissons maigres. — Plaine de Grenelle ; Meudon. Saint-Maur !. Bondy. Montgeron ; Senart. Nemours ; Moret. Senlis ; Beauvais ; Thury-en-Valois. Mantes ; Les Andelys !. Dreux, etc.

Sect. II. BOOTIA. (Seringe in DC. *Prodr.* I, 365. — *Saponaria* Endl. *Gen.* n. 5246). — Calice cylindrique. Ovaire uniloculaire.

2. **S. officinalis** L. *Sp.* 584 ; *Fl. Dan.* t. 543 ; *Engl. bot.* t. 1060 ; Rchb. *Ic.* VI, t. 245, f. 4995 ; Bill. *Exsicc.* n. 1829. — [S. OFFICINALE. — Vulg. *Saponaire, Savonière*].

*Souche rameuse*, traçante. Tiges de 3-6 décim., dressées, ord. rameuses, glabrescentes. Feuilles subpétiolées, ovales ou oblongues-lancéolées. Fleurs roses ou d'un lilas pâle, en fascicules disposés en panicule compacte. Pétales munis à la gorge d'écailles linéaires-subulées, dépassant longuement le calice. *Calice* herbacé, *cylindrique*, ord. à 4 dents, presque bilabié. Capsule s'ouvrant au sommet en 4 dents courtes réfléchies en dehors. ♃. Juillet-septembre.

C. — Berges des rivières, bords des chemins. — Fréquemment cultivé à fleurs simples ou doubles.

### 4. CUCUBALUS Gærtn. *Fruct.* I, 376. — [CUCUBALE].

*Calice campanulé*, à 5 lobes profonds, dépourvu de calicule. Corolle à 5 pétales longuement onguiculés, munis d'écailles au-dessus de l'onglet. Étamines 10. Styles 3. *Fruit bacciforme indéhiscent.*

Plante vivace, pubescente, à tige presque grimpante. Feuilles pétiolées, ovales-acuminées. Fleurs solitaires ou géminées, disposées en panicule lâche feuillée.

**1. C. bacciferus** L. *Sp.* 591 ; Mill. *Ic. f.* 112 ; Rchb. *Ic.* VI, t. 302, f. 5122 ; Bill. *Exsicc.* n. 1432 et *bis.* — [C. A BAIES].

Tiges de 6-12 décim., faibles, fragiles, pubescentes-velues, à rameaux divariqués, se soutenant sur les plantes voisines. Fleurs d'un blanc verdâtre, très ouvertes. Pétales profondément bifides. Baies noires, luisantes. ♃. Juin-août.

A.R. — Haies, buissons, lieux ombragés humides. — Charenton ! ; Vincennes ! ; Saint-Maur ! . Savigny-sur-Orge ; Mennecy ! ; Melun ! ; Ozouer-le-Voulgis ; forêt de Fontainebleau ; Champagne ! ; Malesherbes ! ; Pithiviers ! . Env. de Provins. Forêt de Compiègne, etc.

### 5. SILENE L. *Gen.* n. 772. — [SILÉNÉ].

*Calice tubuleux*, étroit ou plus ou moins renflé, à 5 dents, dépourvu de calicule. Corolle à 5 pétales longuement onguiculés, munis ou non d'écailles au-dessus de l'onglet. Étamines 10. *Styles 3. Capsule* triloculaire dans sa partie inférieure, *s'ouvrant* au sommet *par 6 dents.*

Plantes annuelles ou vivaces, à tiges glabres, pubescentes ou velues, souvent visqueuses. Feuilles ovales, oblongues, lancéolées ou linéaires. Fleurs hermaphrodites, plus rarement polygames ou dioïques, en cyme ou en panicule, plus rarement en fausses grappes ou solitaires terminales.

**1. S. inflata** Sm. *Fl. Brit.* II, 467 ; Rchb. *Ic.* VI, f. 5120 ; Bill. *Exsicc.* n. 1620. — *Cucubalus Behen* L. *Sp.* 591 ; *Engl. bot.* t. 164. — [S. RENFLÉ. — Vulg. *Behen blanc, Carnillet*].

Souche subcespiteuse, à racine pivotante. Tiges de 3-5 décim., ascendantes souvent couchées à la base, rameuses, très glabres glauques, ou légèrement pubescentes dans leur partie inférieure. Feuilles glabres ou denticulées-ciliées, oblongues ou ovales-lancéolées. Fleurs hermaphrodites, plus rarement polygames ou dioïques, blanches, en cyme pluriflore terminale, plus rarement subsolitaires. *Calice glabre,* ovoïde *renflé-vésiculeux, à 20 nervures* non saillantes droites *s'anastomosant par de nombreuses nervures latérales,* à dents triangulaires larges, non déchiré à la maturité de la capsule. *Pétales bipartits, dépourvus d'écailles* ou présentant deux petits tubercules au-dessus de l'onglet. Capsule globuleuse, stipitée à pied épais subglobuleux égalant environ la moitié de la longueur de la capsule. ♃. Juin-septembre.

*C C*. — Bords des chemins, pâturages secs, lieux incultes, moissons.

S.-v. *subuniflora*. — Tiges très pauciflores ou uniflores.

2. **S. conica** L. *Sp.* 598; *Engl. bot.* t. 922; Bill. *Exsicc.* n. 514. — *S. conoidea*
Rchb. *Ic.* VI, f. 5061 non L. — [S. CONIQUE].

Plante annuelle. Tiges solitaires ou nombreuses, de 1-4 décim., ascendantes ou dressées, simples ou rameuses, pubescentes-cendrées. Feuilles linéaires-lancéolées. Fleurs roses, en cyme dichotome ou unilatérale, plus rarement subsolitaires terminales. *Calice* pubescent, *conique, ombiliqué à la base, à 30 nervures, à dents longues subulées,* le fructifère non déchiré. *Pétales* à limbe très petit, *échancrés,* munis d'écailles au-dessus de l'onglet. Capsule ovoïde-conique, sessile. ⓘ. Juin-juillet.

*C*. — Champs sablonneux, moissons maigres, bords des chemins.

S.-v. *subuniflora*. — Tiges très pauciflores ou uniflores.

3. **S. Gallica** L. *Sp.* 595; Rchb. *Ic.* VI, f. 5054. —Vaill. *Bot. Par.* t. 16, f. 12.
— [S. DE FRANCE].

Plante annuelle. Tige de 2-4 décim., dressée ou étalée-ascendante, simple ou rameuse, pubescente-visqueuse. Feuilles inférieures obovales-spatulées; les supérieures oblongues ou linéaires. *Fleurs* d'un blanc jaunâtre très rarement rosées, *en fausses grappes terminales* souvent unilatérales. Calice presque laineux, ovoïde, à 10 nervures, à dents lancéolées-aiguës, non déchiré à la maturité de la capsule. *Pétales entiers ou denticulés,* munis d'écailles au-dessus de l'onglet. Capsule ovoïde, à peine stipitée. ⓘ. Juin-juillet.

*A.R.* — Champs sablonneux, moissons maigres. — Sceaux !; Verrières ; Meudon ; Les Loges près Versailles. Saint-Germain. Senart !; Marcoussis ; Saint-Léger !; Saint-Hubert !; Épernon ; Dreux. Montfermeil. Montmorency. Aulmont près Senlis !; Crillon (Oise), etc.

4. **S. nutans** L. *Sp.* 596; *Engl. bot.* t. 465 ; Rchb. *Ic.* VI, t. 293, f. 5108 ; Bill.
*Exsicc.* n. 729. — [S. PENCHÉ].

Souche presque ligneuse, rameuse, cespiteuse. Tiges de 3-5 décim., dressées ou ascendantes, presque simples, pubescentes, visqueuses supérieurement. Feuilles radicales spatulées ou oblongues-aiguës, atténuées en pétiole ; les caulinaires lancéolées ou linéaires. *Fleurs* d'un blanc sale ou rosées un peu striées, penchées, *en panicule allongée.* Calice pubescent, tubuleux, à 10 nervures, à dents triangulaires courtes, le *fructifère tubuleux-subclaviforme* fendu presque jusqu'à la base. *Pétales profondément bifides,* munis d'écailles au-dessus de l'onglet. Capsule ovoïde, stipitée à pied égalant environ le tiers de la longueur de la capsule. ♃. Mai-juillet.

*C*. — Bois sablonneux, endroits pierreux, coteaux arides.

† **S. catholica** Otth in DC. *Prodr.* 1, 378 ; Rchb. *Ic.* VI, f. 5103 ; Bill. *Exsicc.*
n. 334. — [S. CATHOLIQUE].

Plante vivace, à tiges de 8-15 décim., grêles, dressées, ord. rameuses, à entrenœuds supérieurs visqueux. Feuilles caulinaires inférieures obovales ou ovales-lancéolées, aiguës, plus rarement obtuses, atténuées en pétiole, les supérieures plus étroites souvent lancéolées ou linéaires. *Fleurs* assez petites, d'un blanc sale, dressées, disposées *en cymes pauciflores* à l'extrémité de la tige et de rameaux allongés dont l'ensemble forme une ample *panicule lâche. Calice* presque glabre, tubuleux, à 10 nervures, à dents triangulaires ciliées, le *fructifère à tube* non déchiré, *ne dépassant pas le pied de la capsule. Pétales profondément bipartits*, à lobes linéaires-oblongs, *dépourvus d'écailles au-dessus de l'onglet.* Étamines extérieures longuement exsertes. *Capsule ovoïde-subglobuleuse, stipitée à pied à peine plus court que la capsule.* ♃. Juillet-septembre.

Subspontané dans les taillis et les clairières des bois de Vincennes, où il est abondant, de Meudon et de Chaville (*Guillon*), et dans le parc de Saint-Cloud (*Kralik*).

5. **S. Otites** Sm. *Fl. Brit.* 467 ; Rchb. *Ic.* VI, f. 5094 ; Bill. *Exsicc.* n. 114. — *Cucubalus Otites* L. *Sp.* 594 ; *Engl. bot.* t. 85. — [S. OTITÈS. — Vulg. *S. à petites fleurs, S. dioïque*].

Souche cespiteuse, à racine pivotante. Tiges de 2-5 décim., dressées, pubescentes un peu visqueuses. Feuilles inférieures spatulées ; les caulinaires presque linéaires. *Fleurs dioïques*, plus rarement polygames, petites, très nombreuses, d'un blanc verdâtre, *disposées en* une *panicule étroite* racémiforme. Calice glabrescent, à 10 nervures peu saillantes, à dents triangulaires très courtes, tubuleux-campanulé, le fructifère profondément fendu. *Pétales linéaires, entiers, dépourvus d'écailles* au-dessus de l'onglet. Capsule ovoïde, sessile. ♃. Juin-août.

*A.C.* — Lieux sablonneux arides, coteaux pierreux. — Mont-Valérien ! ; Argenteuil ; plaine du Vésinet ; Poissy. Saint-Maur !. La Ferté-Aleps ! ; Étrechy ; Étampes ! ; Fontainebleau !. Morfontaine ! ; Forêt de Compiègne, etc.

6. **S. noctiflora** L. *Sp.* 599 ; *Engl. bot.* t. 291 ; Rchb. *Ic.* VI, f. 5063 ; Bill. *Exsicc.* n. 1436 et *bis* et *ter*. — [S. NOCTIFLORE].

Plante annuelle. Tige de 1-4 décim., dressée, simple ou rameuse-dichotome, très velue-visqueuse supérieurement. Feuilles inférieures oblongues-obovales ; les supérieures lancéolées. *Fleurs* d'un rose pâle en dedans, jaunâtres en dehors, *en cyme dichotome pauciflore ou solitaires terminales.* Calice velu-visqueux, *oblong-subclaviforme*, à 10 nervures saillantes, *à dents très longues subulées*, le fructifère non déchiré. *Pétales* à limbe assez petit, *profondément bifides*, munis d'écailles au-dessus de l'onglet. Capsule ovoïde-conique, stipitée à pied épais. ①. Juillet-octobre.

*R R R.* — Champs des terrains argileux ou calcaires. — Assez abondant entre Versailles et Villepreux !, dans quelques champs, surtout après la moisson (*de Boucheman*). L'Ile-Adam (*Guillon*) ; Freneuse ! près Bonnières (*de Schœnefeld*).

Le *S. Armeria* L. (Rchb. *Ic.* VI, t. 284, f. 5079. — *S. Arméria.* — Vulg. *Pattes-de-mouche*), espèce du centre et du midi de la France, fréquemment cultivée dans les parterres, se rencontre quelquefois dans le voisinage des habitations. Cette plante se distingue aux caractères suivants : racine annuelle ; tige grêle, rameuse-dichotome, très glabre, visqueuse au-dessous des nœuds supérieurs ; calice tubuleux-claviforme, à dents triangulaires courtes ; pétales roses, à peine émarginés, munis d'écailles au-dessus de l'onglet. — On cultive moins souvent le *S. bipartita* Desf.

6. **MELANDRIUM** Rœhl. *Deutschl. fl.* ed. 1, 254. — [MÉLANDRE].

Calice tubuleux plus ou moins renflé, à 5 dents, dépourvu de calicule. Corolle à 5 pétales longuement onguiculés, munis d'écailles au-dessus de l'onglet. Étamines 10. *Styles 5. Capsule* uniloculaire à la maturité, *s'ouvrant* au sommet *par 10 dents* rapprochées par paires.

Plantes vivaces, à tiges velues, un peu glanduleuses supérieurement. Feuilles ovales, oblongues ou lancéolées. Fleurs dioïques, disposées en cyme dichotome souvent irrégulière.

1. **M. dioicum** Coss. et G. de St-P. *Fl. Par. éd.* 1, 28. — *Lychnis dioica* L. *Sp.* 626; *Engl. bot.* t. 1580; Rchb. *Ic.* VI, f. 5125. — *L. vespertina* Sibth. *Fl. Oxon.* 146. — *M. pratense* Rœhl., loc. cit. — [M. DIOÏQUE. — Vulg. *Compagnon-blanc, Robinet*].

Souche subcespiteuse, à racine pivotante. Tiges de 3-8 décim., ascendantes, rameuses supérieurement, velues, un peu glanduleuses au sommet. Feuilles pubescentes, les radicales et les inférieures atténuées en pétiole, les supérieures lancéolées. *Fleurs blanches*, un peu penchées, en cyme lâche pluriflore ou pauciflore. Calice membraneux blanchâtre à 10 côtes principales herbacées saillantes correspondant à la nervure moyenne des sépales et à leurs sutures, à peine renflé dans les fleurs mâles, devenant ovoïde dans les fleurs femelles. Pétales bifides. *Capsule* ovoïde, assez grosse, sessile, *à dents dressées* ou un peu étalées. ♃. Mai-octobre.

C C C. — Lieux cultivés, bords des chemins, champs en friche, etc.

2. **M. sylvestre** Rœhl., loc. cit. — *Lychnis sylvestris* Hoppe *Cent.* III, 33; *Engl. bot.* t. 1579. — *L. diurna* Sibth. *Fl. Oxon.* 145; Rchb. *Ic.* VI, f. 5126. — [M. DES BOIS. — Vulg. *Compagnon-rouge, Ivrogne*].

Souche subcespiteuse, à racine pivotante. Tiges de 3-8 décim., ascendantes, rameuses supérieurement, velues, un peu glanduleuses au sommet. Feuilles pubescentes, les radicales et les inférieures atténuées en pétiole, les supérieures ovales-oblongues acuminées. *Fleurs roses ou purpurines*, un peu penchées, en cyme ord. pluriflore ou multiflore. Calice quelquefois rougeâtre, à peine renflé dans les fleurs mâles, devenant ovoïde dans les fleurs femelles. Pétales bifides, à écailles blanches. *Capsule* ovoïde, sessile, *à dents roulées en dehors* sur la capsule desséchée. ♃. Juin-août.

R. — Buissons ombragés, bois humides. — Entre Jeufosse et Port-Villez (*de Schœnefeld*); Rolleboise (*Vaill. Bot. Par.*); Sérans près Magny! (*Bouteille*); abondant aux environs de Chaumont!; abondant à Beausséré! près Gisors; bois à Houdainville près Mouy (*E. et H. Fournier*); forêt de Laneuville-en-Hez; abondant aux environs de Beauvais!; Luzarches (*de Lens*); forêt de Compiègne (*Léré*); bois d'Ageux près Verberie (*Questier*); Villers-Cotterets (*Maire*); bois de Bourneville près La Ferté-Milon (*Questier*). Dreux (*Dœnen*). —*Graves* Cat. Oise: Saint-Aubin-en-Bray; Lannoy, canton de Grandvilliers; forêts d'Ourscamp et de Laigue; bois de Montrole près Betz et de Canectancourt, canton de Lassigny. — Une variété à fleurs doubles de cette espèce est fréquemment cultivée dans les parterres.

## 7. LYCHNIS Tourn. *Inst.* t. 175. — [LYCHNIDE].

Calice tubuleux, cylindrique ou plus ou moins renflé, à 5 dents ou à 5 divisions, dépourvu de calicule. Corolle à 5 pétales longuement onguiculés, munis ou non d'écailles au-dessus de l'onglet. Étamines 10. *Styles 5. Capsule* uniloculaire, rarement 5-loculaire à la base, *s'ouvrant* au sommet *par 5 dents* entières très-rarement bifides.

Plantes annuelles ou vivaces, à tiges glabres, pubescentes ou velues, quelquefois visqueuses. Feuilles oblongues, lancéolées ou linéaires. Fleurs hermaphrodites, disposées en cymes, en panicules, ou terminales subsolitaires.

1. **L. Flos-Cuculi** L. *Sp.* 625; *Engl. bot.* t. 573; Rchb. *Ic.* VI, f. 5129; Bill. *Exsicc.* n. 116. — [L. FLEUR-DE-COUCOU. — Vulg. *Fleur-de-Coucou, OEillet-des-prés, Lamprette*].

Souche cespiteuse. Tiges de 3-7 décim., ascendantes, plus rarement dres sées, rameuses au sommet, rudes pubescentes à poils réfléchis. Feuilles glabres, ciliées-aranéeuses à la base, les inférieures oblongues longuement atténuées en pétiole, les supérieures oblongues-lancéolées ou linéaires. Fleurs roses-purpurines, plus rarement blanches, disposées en cymes terminales ou lâchement paniculées. Calice souvent rougeâtre, à 10-12 côtes assez saillantes, membraneux entre les côtes, glabre, à dents triangulaires aiguës, le fructifère subglobuleux campanulé. *Pétales profondément divisés en 4 lanières* inégales linéaires-oblongues, munis au-dessus de l'onglet d'écailles linéaires inégalement bifides. Capsule ovoïde, sessile, uniloculaire. ♃. Mai-juillet.

C. — Prés humides, lieux marécageux. — On cultive assez fréquemment dans les jardins une variété de cette espèce à fleurs doubles.

2. **L. Viscaria** L. *Sp.* 625 ; *Engl. bot.* t. 788 ; Rchb. *Ic.* VI, f. 5131. — *Viscaria purpurea* Wimm. *Fl. Schles.* 67 ; Bill. *Exsicc.* n. 730. — [L. VISCAIRE. — *Vulg. Attrape-mouche, Bourbonnaise*].

Souche cespiteuse, rameuse, presque ligneuse. *Tiges* de 4-7 décim., dressées, simples donnant naissance supérieurement aux rameaux de l'inflorescence, glabres, *visqueuses au-dessous des articulations*. Feuilles glabres, ciliées-aranéeuses à la base, linéaires-lancéolées, les inférieures longuement atténuées en pétiole. Fleurs purpurines, en fascicules disposés en une panicule étroite. Calice ord. coloré, glabre, à dents courtes triangulaires aiguës, le fructifère tubuleux-subclaviforme. *Pétales à limbe entier* ou à peine émarginé, munis d'écailles au-dessus de l'onglet. *Capsule* ovoïde, 5-loculaire à la base, *stipitée* à pied égalant environ la moitié de la longueur de la capsule. ♃. Mai-juin.

R. — Bois sablonneux, pelouses montueuses. — Bois de Mont-Griffon près Villeneuve-Saint-Georges (*E. et H. Fournier*) ; Yerres (*Thuill.* Fl. Par.) ; Itteville (*Tollard*) ; Lardy (*de Boucheman*) ; Étrechy (*E. et H. Fournier*) ; La Ferté-Aleps (*Maire*) ; rochers de Dhuison ! près La Ferté-Aleps ; forêt de Fontainebleau à Chailly ! et à Samois (*Vaill. Bot. Par., Garnier*) ; Nemours (*Devilliers*) ; Champagne ! ; forêt de Sigy près Donnemarie (*Chaubard*). Forêt de Compiègne (*Léré*) à plusieurs localités. — On cultive quelquefois une variété à fleurs doubles de cette plante.

Le *L. Chalcedonica* L. (Rchb. *Ic.* VI, f. 5128. — *Vulg. Croix-de-Jérusalem, Croix-de-Malte*), plante vivace cespiteuse fréquemment cultivée dans les parterres, se reconnaît à ses fleurs fasciculées, à son calice tubuleux-subclaviforme, à ses pétales écarlates bilobés, à sa capsule longuement stipitée et à ses feuilles lancéolées cordées-amplexicaules. — On cultive également le *L. coronaria* Lmk (Rchb. VI, f. 5133. — *Vulg. Coquelourde, Lychnide-des-jardins, Passe-fleur*) qui s'échappe quelquefois des jardins. Cette plante se distingue à ses tiges et ses feuilles tomenteuses-soyeuses blanchâtres, à ses pédoncules très allongés uniflores, à son calice ovoïde à côtes saillantes, à ses pétales échancrés roses-purpurins ou blancs et à sa capsule sessile.

3. **L. Githago** Lmk *Encycl. méth.* III, 643. — *Agrostemma Githago* L. *Sp.* 624 ; *Engl. bot.* t. 741 ; Bill. *Exsicc.* n. 224. — *Githago segetum* Desf.; Rchb. *Ic.* VI, f. 5132. — [L. NIELLE. — *Vulg. Nielle, Nielle-des-champs, N.-des-blés, Couronne-des-blés*].

Plante annuelle. Tige de 3-9 décim., dressée, irrégulièrement rameuse-dichotome supérieurement, couverte de longs poils soyeux. Feuilles velues-soyeuses, linéaires très longues. Fleurs grandes, d'un rouge violet, veinées, portées à l'extrémité de pédoncules très longs, quelquefois solitaires au sommet de la tige. *Calice* couvert de poils soyeux, *à divisions linéaires* aiguës *dépassant les pétales*, le fructifère ovoïde-campanulé à côtes très saillantes. *Pétales à limbe tronqué ou légèrement émarginé, dépourvus d'écailles.* Capsule ovoïde, sessile, uniloculaire. (1). Juin-août.

*C C.* — Moissons.

SOUS-FAMILLE II. **ALSINEÆ.** — Calice à sépales libres ou un peu soudés à la base. — Pétales blancs, rarement roses, à onglet court, rarement nuls par avortement. Étamines insérées sur un disque plus ou moins développé entourant la base de l'ovaire.

TRIBU I. **SABULINEÆ.** — Valves de la capsule en nombre égal à celui des styles.

### 8. **POLYCARPON** L. *Gen.* n. 105. — [POLYCARPE].

Calice à 5 sépales un peu soudés à la base. Corolle à 5 pétales entiers ou émarginés, beaucoup plus courts que le calice. Étamines 5, ou moins par avortement. *Styles 5*, très courts. *Capsule s'ouvrant* jusqu'à la base *en 5 valves. Embryon à peine arqué, appliqué sur la face dorsale du périsperme.*

Plante annuelle. *Feuilles obovales-oblongues*, les inférieures au moins *verticillées par 4, munies de stipules scarieuses.* Fleurs petites, disposées en cymes dichotomes et rapprochées en glomérules à l'extrémité des rameaux.

1. **P. tetraphyllum** L. *Sp.* 131; *Engl. bot.* t. 1031; Bill. *Exsicc.* n. 1196. — [P. A QUATRE FEUILLES].

Tiges de 5-15 centim., grêles, rameuses-dichotomes, souvent disposées en touffe. Feuilles glabres, obovales-oblongues, les inférieures verticillées par 4, les supérieures opposées. Fleurs disposées en cymes dichotomes. Ramifications des dichotomies munies à la base de bractées scarieuses (stipules). Calice à sépales mucronés, scarieux aux bords. Pétales émarginés. Étamines ord. 3. (I). Juillet-septembre.

*R R. spont.?* — Abondant entre les pavés de la cour de l'École des Beaux-arts à Paris!. Joints des pierres de taille dans les parcs de Saint-Cloud et de Malesherbes!. Observé autrefois à Versailles entre les pavés de la Place-d'armes (*Kralik*).

### 9. **SPERGULARIA** Pers. *Syn. pl.* 504 sub Arenaria *sect.* Spergularia (1805). — *Lepigonum* Wahlberg *Fl. Gothob.* 45. — [SPARGULAIRE].

Calice à 5 sépales. Corolle à 5 pétales entiers. Étamines 10, ou moins par avortement. *Styles 3. Capsule s'ouvrant* jusqu'à la base *en 3 valves.* Embryon entourant le périsperme.

Plantes annuelles. *Feuilles* linéaires ou subulées, *munies de stipules scarieuses, opposées*, présentant souvent à leur aisselle des fascicules de feuilles. Fleurs blanches ou purpurines, en cymes plus ou moins irrégulières ord. réduites à des grappes unilatérales.

1. **S. segetalis** Fenzl in Ledeb. *Fl. Ross.* II, 166 ; Bill. *Exsicc.* n. 1135 et bis.
— *Alsine segetalis* L.. *Sp.* 390. — Vaill. *Bot. Par.* t. 3, f. 3. — *Arenaria
segetalis* Lmk *Fl. Fr.* III, 43. — *Lepigonum segetale* Koch *Deutschl. fl.*
suppl.; *Fl. Par.* éd. 1, 31. — [S. DES MOISSONS].

Tiges solitaires ou peu nombreuses, de 5-20 centim., dressées, très grêles
presque filiformes, très rameuses supérieurement, glabres. Feuilles subulées
mucronées, ne présentant pas de fascicules de feuilles à leur aisselle ; stipules
laciniées, soudées à la base deux à deux entre les feuilles. *Fleurs à pétales
blancs* plus courts de moitié que le calice, portées sur des pédicelles filiformes très longs étalés ou réfractés après la floraison, disposées *en grappes*
unilatérales *non feuillées. Sépales scarieux, à nervure dorsale verte.* Graines
non ailées. ⊕. Juin-juillet.

A.R. — Moissons des terrains sablonneux. — Montmorency !. Élancourt près
Trappes (*de Boucheman*) ; très abondant à Saint-Léger ! ; Saint-Hubert ! (*Thuill.*
Fl. Par.). Villededon près Corbeil (*Lamotte*) ; Lardy (*Vigineix*) ; La Ferté-Aleps ! ;
Fontainebleau ! ; coteau de Darvault près Nemours (*Devilliers*) ; Malesherbes !. En-
virons de Beauvais et de Saint-Just (*Graves* Cat.) ; Thury-en-Valois, Cuvergnon,
Bargny, Lévignen, Rouville, etc. (*Questier*).

2. **S. rubra** Pers. *Syn. pl.* I, 504 ; Bill. *Exsicc.* n. 1840. — *Arenaria rubra* L.
*Sp.* 606 ; *Engl. bot.* t. 852. — *Alsine rubra* Whlbg *Ups.* 151. — *Lepigonum rubrum* Wahlberg *Fl. Gothob.* 45 ; *Fl. Par.* éd. 1, 31. — [S. ROUGE].

Tiges ord. nombreuses, de 5-20 centim., étalées-diffuses redressées au
sommet, rameuses, presque glabres inférieurement, pubescentes-glanduleuses
dans leur partie supérieure. Feuilles un peu épaisses, linéaires-subulées mucronées, présentant ord. des fascicules de feuilles à leur aisselle ; stipules ord.
entières, soudées deux à deux entre les feuilles. *Fleurs à pétales roses-purpurins* égalant environ le calice, portées sur des pédicelles courts, disposées
*en grappes* unilatérales *feuillées. Sépales herbacés,* pubescents-glanduleux,
*scarieux seulement aux bords.* Graines non ailées. ⊕. Mai-août.

C C. — Bords des chemins, rues peu fréquentées, décombres, lieux sablonneux.

## 10. **SPERGULA** L. *Gen.* n. 386 ex parte. — [SPARGOUTE].

Calice à 5 sépales. Corolle à 5 pétales entiers. Étamines 5-10. *Styles 5.
Capsule s'ouvrant* presque jusqu'à la base *en 5 valves.*

Plantes annuelles. *Feuilles* linéaires-subulées, disposées en fascicules opposés et
*paraissant verticillées ; stipules scarieuses.* Fleurs blanches, en cymes irrégulières
ord. réduites à des grappes unilatérales subscorpioïdes.

1. **S. arvensis** L. *Sp.* 630 ; *Engl. bot.* t. 1535 ; Rchb. *Pl. crit.* VI, f. 704 ; Bill.
*Exsicc.* n. 731. — *S. vulgaris* Bœnningh. *Prodr. fl. Monast.* n. 568 ;
Rchb., loc. cit. f. 705. — [S. DES CHAMPS. — Vulg. *Spargoute, Fourrage-
de-disette*].

Tiges solitaires ou peu nombreuses, de 1-4 décim., dressées ou ascendantes, glabres, ou pubescentes à poils courts la plupart glanduleux. *Feuilles
présentant un sillon* longitudinal *à la face inférieure* ; stipules entières,
soudées deux à deux en une seule entre les feuilles. Pédicelles étalés ou réfractés après la floraison. Sépales herbacés, étroitement scarieux aux bords.
*Graines* subglobuleuses-comprimées, chargées de papilles jaunâtres, *entourées d'un rebord* membraneux *très étroit.* ⊕. Mai-août.

C C. — Champs sablonneux.

Var. β. *maxima* Koch (*Syn. fl. Germ.* ed. 2, 120. —*S. maxima* Weihe in Bœn-ningh. *Prodr. fl. Monast.* 570 ; Rchb. *Pl. crit.* VI, f. 706). — Plante ord. glabre, plus élevée ; capsule et graines plus grosses. — Quelquefois cultivé comme fourrage dans les terrains maigres.

2. **S. pentandra** L. *Sp.* 630 ; Boreau *Fl. centr.* éd. 2, II, 84 ; *Fl. Par.* éd. 1, 32 ex parte ; Bill. *Exsicc.* n. 335 *et bis et ter.* — [ S. A CINQ ÉTAMINES ].

Tiges plus ou moins nombreuses, plus rarement solitaires, de 1-2 décim., dressées, ascendantes ou étalées, glabres ou presque glabres. *Feuilles* lâche-ment fasciculées, *dépourvues de sillon à la face inférieure ;* stipules en-tières, soudées deux à deux en une seule entre les feuilles. Pédicelles étalés ou réfractés après la floraison. Sépales herbacés, étroitement scarieux aux bords. *Graines lenticulaires* très *comprimées*, d'un brun noir, *très fine-ment granuleuses sur toute leur surface*, entourées, excepté vers le hile, *d'une bordure membraneuse très large*, blanche, plissée de nombreuses stries rayonnantes très fines. (I). Avril-mai.

*R R.* — Endroits découverts des bois sablonneux. — Bois de Boulogne (*Thuill. Fl. Par.*, *de Schœnefeld*). Sablonnière de Blunay dans la forêt de Sordun ! près Provins (*Bouteiller*)., Le Plessis-sur-Autheuil, canton de Betz (*Questier* ap. *Graves Cat.*).

3. **S. Morisonii** Boreau in Duchartre *Rev. bot.* II, 421, et *Fl. centr.* éd. 2, II, 84 ; Gren. et Godr. *Fl. Fr.* I, 274 ; Bill. *Exsicc.* n. 11 et *bis.* — *S. pentandra Fl. Par.* éd. 1, 32 ex parte. — [ S. DE MORISON ].

Tiges plus ou moins nombreuses, plus rarement solitaires, de 1-2 décim., dressées, ascendantes ou étalées, glabres ou presque glabres. *Feuilles* ord. courtes, en fascicules assez serrés, *dépourvues de sillon à la face inférieure ;* stipules entières, soudées deux à deux en une seule entre les feuilles. Pédi-celles étalés ou réfractés après la floraison. Sépales herbacés, étroitement scarieux aux bords. *Graines lenticulaires* très *comprimées*, d'un brun noir, *lisses sur leurs deux faces excepté à leur pourtour chargé de papilles* blan-châtres, *entourées*, excepté vers le hile, *d'une bordure membraneuse large*, blanchâtre, *devenant rousse* surtout en dedans à la maturité, plissée de nom-breuses stries rayonnantes très fines. (I). Avril-mai.

*A.R.* — Endroits découverts des bois sablonneux, pelouses sablonneuses. — Versailles ! ; Dampierre ! ; Houdan ; Dourdan ; Lardy ; Bouray (*E. Fournier*) ; Étre-chy ! ; abondant dans la forêt de Fontainebleau ! (*Vaill.* Bot. Par.) ; Larchant !. Mor-fontaine ! ; forêt de Compiègne ; cantons de Betz et de Crépy (*Questier*). — *Graves* Cat. Oise : Ernemont-Boutavent, canton de Songeons ; plaine du Tillô près Beau-vais ; mont Saint-Marc ; Monceaux, canton de Liancourt.

### 11. **SAGINA** L. *Gen.* n. 178 ex parte. — [ SAGINE ].

Calice à 4-5 sépales. Corolle à 4-5 pétales entiers, quelquefois nulle par avortement. Étamines 4, 5, 10. *Styles 4-5. Capsule s'ouvrant* presque jus-qu'à la base *en 4-5 valves.*

Plantes annuelles, plus rarement vivaces. *Feuilles* linéaires ou subulées, connées à la base, *dépourvues de stipules*, présentant souvent à leur aisselle des fascicules de feuilles. Fleurs à pétales blancs quelquefois nuls, latérales, ou disposées en cymes terminales multiflores ou pauciflores.

Sect. I. EUSAGINA. — Fleurs à 4 parties.

**1. S. procumbens** L. *Sp.* 185 ; *Engl. bot.* t. 880; Rchb. *Ic.* VI, t. 201, f. 4959. — [S. COUCHÉE].

Tiges nombreuses, de 3-9 centim., grêles filiformes, étalées-diffuses ou couchées-ascendantes, radicantes dans leur partie inférieure, ord. rameuses, glabres. *Feuilles* linéaires, mucronées, *non ciliées*, la plupart munies de fascicules de feuilles à leur aisselle. *Pédicelles* capillaires ord. très longs, *se recourbant en crochet* au sommet *après la floraison*, redressés à la maturité. Calice *à 4 sépales* étalés après la floraison. *Pétales* **1-2** fois *plus courts que le calice*, quelquefois avortés. Styles 4. Capsule à 4 valves. ①. Avril-octobre.

*C C.C.* — Lieux humides pierreux ou sablonneux, endroits herbeux, décombres, rues peu fréquentées.

*S.-v. erecta.* — Tiges ascendantes ou dressées ord. à peine radicantes.

**2. S. apetala** L. *Mant.* 559; *Engl. bot.* t. 881 ; Rchb. *Ic.* VI, t. 200, f. 4958 ; Bill. *Exsicc.* n. 516. — [S. APÉTALE].

Tiges nombreuses, de 3-9 centim., très grêles filiformes, dressées ou ascendantes, rameuses, glabres ou à peine pubescentes. *Feuilles* linéaires-subulées, longuement mucronées, *ciliées* surtout à la base, la plupart dépourvues de fascicules de feuilles à leur aisselle. *Pédicelles* capillaires ord. très longs, *droits* ou se courbant à peine *après la floraison*. Calice à 4 *sépales* étalés après la floraison. *Pétales* 3-4 fois *plus courts que le calice*, souvent avortés. Styles 4. Capsule à 4 valves. ①. Mai-août.

*A.C.* — Pelouses sablonneuses, champs humides, bords des chemins.

Sect. II. SPERGELLA. — Fleurs à 5 parties.

**3. S. nodosa** E. Meyer *Elench. pl. Boruss.* 29; Bill. *Exsicc.* n. 1833. — *Spergula nodosa* L. *Sp.* 630 ; *Engl. bot.* f. 694. —*Spergella nodosa* Rchb. *Ic.* VI, t. 203, f. 4965. — [S. NOUEUSE].

Tiges nombreuses, de 1-2 décim., grêles presque filiformes, couchées à la base ou ascendantes, simples ou rameuses, ord. glabres. Feuilles linéaires-filiformes, à peine mucronées, la plupart munies à leur aisselle de fascicules denses de feuilles courtes qui donnent à la plante une apparence moniliforme. *Pédicelles dressés*, 1-5 fois plus longs que le calice. Calice à 5 *sépales* appliqués sur la capsule. *Pétales une fois plus longs que le calice.* Styles 5. Capsule à 5 valves. ♃. Juin-août.

*A.R.* — Marais tourbeux, prairies spongieuses, endroits sablonneux humides. — Environs de Saint-Léger!. Moret ! ; Nemours ! ; Larchant (*Maire*) ; Thurelles ! près Fontenay-sur-Loing ; Malesherbes!. Chantilly (*de Schœnefeld*) ; Morfontaine ! ; Poudron et Feigneux près Crépy (*Léré*); Pierrefonds!; forêt de Villers-Cotterets (*Quèstier, Kralik*). Saint-Germer ! (*Mandon*). Dreux !.—*Graves* Cat. Oise : vallée de Thérain ; marais de Bresles ; vallée de la Nonette ; Cuise-Lamotte ; vallée du Mast près Marest ; forêt de Compiègne ; vallée de la Thève entre le Lys et Lamorlaye ; vallées d'Autonne, de l'Ourcq, de Verse, de Troesne.

Var. β. *viscidula.* — Plante couverte de poils courts glanduleux.

4. **S. subulata** Wimm. *Fl. Schles.* 76 ; Bill. *Exsicc.* n. 1134 et *bis*. — *Spergula subulata* Swartz *Act. Holm.* (1789) 45 ; *Engl. bot.* t. 1082. — *Spergella subulata* Rchb. *Ic.* VI, t. 202, f. 4963. — [S. SUBULÉE].

Tiges nombreuses, de 3-6 centim., grêles presque filiformes, couchées-ascendantes, simples ou rameuses, couvertes de poils courts glanduleux. Feuilles linéaires-subulées, aristées, ciliées à poils courts glanduleux, les supérieures munies à leur aisselle de fascicules de feuilles. *Pédicelles* la plupart rapprochés au sommet des tiges, presque capillaires 10-15 fois plus longs que le calice, *se recourbant en crochet* au sommet *après la floraison*, redressés à la maturité. Calice à *5 sépales* appliqués sur la capsule. *Pétales égalant le calice.* Styles 5. Capsule à 5 valves. (I). Juillet-août.

*R R.* — Bords des étangs sablonneux, fissures des rochers. — Bords des étangs de Saint-Hubert (*Adr. de Jussieu*) ; Butte-à-l'âne près Saint-Léger (*Vaill. Bot. Par., Maire*) ; Auffargis (*de Schœnefeld*) ; forêt de Rambouillet (*de Boucheman*). — Indiqué près des limites de la flore dans le marais de Vauchelle près Noyon (*Questier in Graves Cat.*).

## 12. ALSINE Whlbg *Fl. Lapp.* 129. — [ALSINE].

Calice à 5 sépales. Corolle à 5 pétales entiers. Étamines 10 ou moins. *Styles 3. Capsule s'ouvrant* jusqu'à la base *en 3 valves.*

Plantes annuelles ou vivaces. *Feuilles* linéaires-subulées ou sétacées, connées à la base, *dépourvues de stipules*, présentant souvent à leur aisselle des fascicules de feuilles. Fleurs blanches, en cymes dichotomes terminales.

1. **A. tenuifolia** Whlbg *Helv.* 87 ; Bill. *Exsicc.* 1137 et *bis*. — *Arenaria tenuifolia* L. *Sp.* 607 ; *Engl. bot.* t. 219.—Vaill. *Bot. Par.* t. 3, f. 1. — *Sabulina tenuifolia* Rchb. *Ic.* VI, t. 204, f. 4916. — [A. A FEUILLES MENUES].

*Plante annuelle.* Tiges de 1-2 décim., ascendantes ou dressées, souvent rameuses dès la base, rameuses-dichotomes au sommet, ord. glabres. Feuilles linéaires-subulées, brièvement mucronées, à 3 nervures, ord. dépourvues de fascicules de feuilles à leur aisselle. Pédicelles 3-5 fois aussi longs que le calice. *Sépales* lancéolés-subulés, *herbacés* à 3 nervures, étroitement scarieux à la marge. *Pétales plus courts que le calice.* (I). Mai-août.

*C C.* — Champs arides, bords des chemins, coteaux secs, vieux murs.

Var. β. *viscidula.* (*Arenaria viscidula* Thuill. *Fl. Par.* 219. — *Sabulina viscosa* Rchb. *Ic.* VI, f. 4917). — Plante très grêle, couverte de poils glanduleux courts. Fleurs plus petites que dans le type.

2. **A. setacea** Mert. et Koch *Deutschl. fl.* III, 287. — Vaill. *Bot. Par.* t. 2, f. 3. — *Arenaria setacea* Thuill. *Fl. Par.* 220. — *Sabulina setacea* Rchb. *Ic.* VI, t. 205, f. 4921. — [A. SÉTACÉE].

*Souche* terminée en racine pivotante, très *rameuse*, presque ligneuse, donnant naissance à un très grand nombre de tiges rapprochées en une touffe compacte. Tiges de 1-2 décim., ascendantes, simples ou rameuses à la base, rameuses-dichotomes au sommet, très finement pubescentes. Feuilles linéaires-sétacées, roides ord. arquées, brièvement mucronées, à 3 nervures, munies la plupart de fascicules de feuilles à leur aisselle. Pédicelles 1-3 fois aussi longs que le calice. *Sépales* ovales-lancéolés, *largement membraneux blanchâtres*, à partie dorsale seule herbacée ne présentant qu'une nervure plus rarement 3 nervures. *Pétales plus longs que le calice.* ♃. Juin-août.

*A.R.* — Coteaux sablonneux arides. — Saint-Maur!. Bois des Champious près Argenteuil (*de Schœnefeld*). Mennecy ; Lardy ; rochers de Dhuison! près La Ferté-Aleps ; Étrechy! ; Étampes ; abondant dans la forêt de Fontainebleau! (*Vaillant, Thuillier*) ; Larchant ; Moret! ; Nemours! ; Malesherbes!. — *Graves* Cat. Oise : La Bruyère près Liancourt ; Ressons.

TRIBU II. **STELLARINEÆ.**—Valves ou dents de la capsule en nombre double de celui des styles.

### 13. HOLOSTEUM L. *Gen.* n. 136. — [HOLOSTÉE].

Calice à 5 sépales. Corolle à 5 *pétales irrégulièrement denticulés*, très rarement entiers. Étamines 3-5. *Styles 5. Capsule s'ouvrant* d'abord par 6 dents et se partageant plus tard *en 6 valves*. Graine ovoïde, déprimée, à dos large à peine convexe marqué d'une dépression longitudinale, à ventre présentant dans presque toute sa longueur une saillie longitudinale correspondant à la radicule. *Embryon plié* à radicule correspondant au dos des cotylédons (comme dans certaines Crucifères), *plongé dans le périsperme*. Périsperme nul vers le dos de la graine, épais sur les côtés.

Plante annuelle. Feuilles oblongues, dépourvues de stipules, ne présentant pas de fascicules de feuilles à leur aisselle. *Fleurs* blanches ou d'un blanc rosé, *disposées en cyme* terminale pluriflore *ombelliforme*.

1. **H. umbellatum** L. *Sp.* 130 ; *Engl. bot.* 1. 27 ; Rchb. *Ic.* VI, t. 221, f. 4901 ; J. Gay *Holost. monogr.* in *Ann. sc. nat.* sér. 3, IV, 27 ; Bill. *Exsicc.* n. 117. — [H. EN OMBELLE].

Tiges de 3-20 centim., dressées ou étalées, simples, glaucescentes souvent rougeâtres, pubescentes-visqueuses à la partie moyenne des entre-nœuds supérieurs, ne portant que 2-3 paires de feuilles. Feuilles radicales et inférieures atténuées à la base ; les supérieures oblongues. Bractées petites, membraneuses. Pédicelles inégaux, réfractés après la floraison, égaux et redressés à la maturité. Sépales scarieux aux bords. Pétales blancs, plus rarement d'un blanc rosé, plus longs de moitié que le calice, un peu barbus-ciliés à la base. (I). Avril-mai.

*C C.* — Terrains sablonneux, champs incultes, bords des chemins, vieux murs.

### 14. MOEHRINGIA L. *Gen.* n. 494. — [MOEHRINGIE].

Calice à 4-5 sépales. Corolle à 4-5 *pétales entiers ou à peine émarginés*. Étamines 8-10 ou moins. *Styles 2-3.* Capsule s'ouvrant par 4-6 valves. *Graines* lisses, luisantes, *munies d'une strophiole* au niveau du hile.

Plantes annuelles ou vivaces. Feuilles ovales, linéaires ou subulées, dépourvues de stipules. Fleurs blanches, en cymes pluri-multiflores souvent feuillées.

1. **M. trinervia** Clairv. *Man. herb.* 150 ; Rchb. *Ic.* VI, t. 216, f. 4943 ; Bill. *Exsicc.* n. 1834. — *Arenaria trinervia* L. *Sp.* 605 ; *Engl. bot.* 1. 1483. — [M. A TROIS NERVURES].

Plante annuelle. Tiges ord. nombreuses, de 1-3 décim., faibles, molles, étalées, très rameuses diffuses, brièvement pubescentes. *Feuilles* d'un vert gai, *ovales-aiguës* mucronulées, à 3-5 nervures principales ; *les inférieures pétiolées*, à pétiole égalant presque la longueur du limbe ; les supérieures subsessiles. Fleurs longuement pédicellées, disposées en cyme feuillée. Pédicelles étalés et arqués après la floraison. Sépales 5, acuminés, lancéolés ou ovales-lancéolés, largement scarieux, à partie dorsale herbacée présentant 3 nervures rapprochées. Pétales plus courts que le calice. ☉. Mai-juin.

C. — Endroits humides, buissons, bois couverts.

Le *M. muscosa* L. (Rchb. *Ic.* VI, t. 213, f. 4009. — *M. Mousse*), plante des Alpes, s'était naturalisé, il y a quelques années, sur les murs du jardin du Luxembourg. Cette espèce est caractérisée par sa racine vivace, par ses tiges nombreuses filiformes très rameuses disposées en touffe, par ses feuilles linéaires-filiformes aiguës à nervures indistinctes, par ses fleurs disposées en cymes terminales lâches 2-5-flores à pédicelles très longs, par ses sépales ord. au nombre de 4 uninerviés, par ses pétales plus longs que le calice.

### 15. ARENARIA L. *Gen.* n. 774. — [ SABLINE ].

Calice à 5 sépales. Corolle à 5 *pétales entiers ou à peine émarginés.* Étamines 10, ou moins. *Styles 5. Capsule s'ouvrant* d'abord *par 6 dents,* puis se partageant en 3 valves bidentées ou fendues. Graines chagrinées, ternes, dépourvues de strophiole. Embryon entourant le périsperme.

Plantes annuelles ou vivaces. Feuilles ovales-aiguës ou linéaires-subulées, dépourvues de stipules, présentant quelquefois des fascicules de feuilles à leur aisselle. Fleurs blanches, en cymes régulières ou irrégulières pluriflores ou pauciflores.

1. **A. serpyllifolia** L. *Sp.* 606 ; *Engl. bot.* t. 923 ; Rchb. *Ic.* VI, t. 216, f. 4941 ; Bill. *Exsicc.* n. 1138. — [ S. A FEUILLES DE SERPOLET ].

*Plante annuelle.* Tiges ord. nombreuses, de 5-30 centim., étalées ou ascendantes, rameuses diffuses, brièvement pubescentes. *Feuilles* petites, d'un vert grisâtre, sessiles, *ovales-acuminées,* à 3 nervures, ou à une seule nervure par l'empâtement des latérales. Fleurs en cymes rapprochées en une panicule ord. très multiflore. Sépales lancéolés-acuminés, herbacés à 1-3 nervures, scarieux aux bords. *Pétales plus courts que le calice.* ☉. Mai-août.

C C. — Endroits sablonneux arides, bords des chemins, vieux murs.

2. **A. grandiflora** L. *Sp.* 608 ; All. *Ped.* n. 1715, t. 26, f. 5 ; Rchb. *Ic.* VI, f. 4946. — Vaill. *Bot. Par.* t. 4, f. 1. — [ S. A GRANDES FLEURS ].

*Souche* terminée en racine pivotante, presque ligneuse, très *rameuse,* donnant naissance à un grand nombre de tiges rapprochées en une touffe compacte. Tiges de 10-15 centim., roides, couchées ou ascendantes, émettant inférieurement des rameaux stériles, quelquefois dichotomes supérieurement, brièvement pubescentes à poils glanduleux. *Feuilles* sessiles, *lancéolées à pointe subulée ou linéaires-subulées,* à une seule nervure saillante, à bords épais ; les inférieures rapprochées, présentant la plupart à leur aisselle des fascicules de feuilles. Fleurs 1-3 terminales, ou en cyme dichotome pluriflore. Sépales ovales-lancéolés acuminés souvent aristés, herbacés à 1-3 nervures, un peu scarieux aux bords. *Pétales une fois plus longs que le calice.* ♃. Mai-juin.

Var. β. *triflora.* (*A. triflora* L. *Mant.* 240 ; Bill. *Exsicc.* n. 1440). — Tiges 2-3-flores, plus rarement pluriflores. Feuilles linéaires-subulées, ord. courbées en dehors. — R R. — Coteaux arides des bois sablonneux, rochers. — Forêt de Fontainebleau : Mail d'Henri IV ! (*Thuill.* Fl. Par.).

La variété uniflore de cette espèce, assez répandue dans les Alpes, n'a pas été observée dans nos environs ; on la distingue de la variété *triflora* à ses feuilles

plus larges lancéolées très rapprochées presque imbriquées, et à ses tiges ord. uniflores.

### 16. STELLARIA L. *Gen.* n. 586. — [STELLAIRE].

Calice à 5 sépales. Corolle à 5 *pétales bifides ou bipartits*. Étamines 10
ou moins. *Styles 5. Capsule s'ouvrant par 6 valves* profondes.

Plantes annuelles ou vivaces. Feuilles ovales-aiguës, lancéolées ou linéaires, sessiles ou pétiolées, dépourvues de stipules. Fleurs blanches, latérales ou disposées en
cymes pauciflores ou multiflores.

1. **S. nemorum** L. *Sp.* 603 ; Rchb. *Ic.* VI, t. 222, f. 4906 ; Bill. *Exsicc.* n. 225.
— [S. DES FORÊTS].

*Souche rameuse à rejets* grêles longuement *traçants.* Tiges de 2-6 décim.,
couchées radicantes à la base, ascendantes, molles, pubescentes surtout dans
leur partie supérieure. *Feuilles* molles, ovales-acuminées, les *inférieures*
longuement *pétiolées cordées à la base*, les supérieures plus brièvement pétiolées ou sessiles ord. non cordées. Fleurs en cyme pluriflore ou multiflore
terminale, à rameaux et à pédicelles pubérulents-glanduleux. Bractées herbacées. Sépales ovales-lancéolés, presque obtus, obscurément nerviés, glabrescents ou pubescents à la base. *Pétales profondément bipartits, 1-2 fois
plus longs que le calice.* ♃. Mai-juin.

*R R R.* — Bois montueux humides, bords des ruisseaux ombragés. — Indiqué
dans la forêt de Compiègne (*Thuill.* Fl. Par.). Indiqué dans le département de
l'Oise (*Graves* Cat.), dans la forêt de Laigue, et avec doute dans la forêt d'Ourscamp, canton de Ribécourt et dans les bois de Liancourt.

2. **S. media** Vill. *Fl. Dauph.* III, 615 ; Sm. *Fl. Brit.* 473 ; Rchb. *Ic.* VI, f. 4904.
— *Alsine media* L. *Sp.* 389 ; *Fl. Dan.* t. 525. — [S. INTERMÉDIAIRE. —
Vulg. *Mouron-des-oiseaux, Mouron-blanc, Morgeline*].

*Plante annuelle. Tiges* très nombreuses, de 1-4 décim., étalées diffuses
ou couchées radicantes à la base, molles, succulentes, *présentant sur l'une
de leurs faces une ligne longitudinale de poils* courts qui alterne d'un entre-
nœud à l'autre. Feuilles molles, ovales brièvement acuminées, les inférieures
pétiolées. Fleurs en cyme feuillée pauciflore terminale. Bractées herbacées.
Sépales ovales-lancéolés, pubescents. Pétales profondément bipartits, ord.
plus courts que le calice. ⓘ. Fleurit toute l'année.

*C C C.* — Lieux frais, champs humides, bords des fossés, pied des murs.

3. **S. Holostea** L. *Sp.* 603 ; *Engl. bot.* t. 511 ; Rchb. *Ic.* VI, f. 4908 ; Bill.
*Exsicc.* n. 1628. — [S. HOLOSTÉE. — Vulg. *Gramen-fleuri*].

*Souche* cespiteuse, rameuse *à rejets traçants.* Tiges de 3-6 décim., couchées à la base, ascendantes, glabres, lisses ou légèrement scabres sur les
angles. *Feuilles* coriaces, sessiles, lancéolées-linéaires très aiguës, à bords
scabres. Fleurs en cyme pluriflore terminale. *Bractées herbacées*, à bords
ciliés-scabres. Sépales lancéolés-aigus, glabres. *Pétales bifides, 1-2 fois plus
longs que le calice.* ♃. Mai-juin.

*C C.* — Endroits herbeux des bois, buissons.

4. **S. glauca** With. *Arr.* I, 420 ; *Engl. bot.* t. 825 ; Rchb. *Ic.* VI, f. 4909 ; Bill.
*Exsicc.* n. 1441. — [S. GLAUQUE].

*Souche* cespiteuse, rameuse *à rejets traçants.* Tiges de 4-8 décim., couchées à la base, ascendantes, glabres, lisses. *Feuilles* ord. glauques, coriaces, sessiles, linéaires-lancéolées, aiguës, à bords *lisses*. Fleurs en cyme pluriflore terminale. *Bractées scarieuses*, non ciliées. Sépales lancéolés-aigus, glabres. *Pétales* bipartits, *1-2 fois plus longs que le calice.* ♃. Juin-juillet.

*R R.* — Fossés herbeux, prés marécageux. — Abondant autour de l'étang de Saint-Quentin près Trappes (*de Boucheman*). Saint-Léger !. Chérisy ! près Dreux (*Weddell*).

5. **S. graminea** L. *Sp.* 604 ; *Engl. bot.* t. 803 ; Rchb. *Ic.* VI, f. 4911 ; Bill. *Exsicc.* n. 1442. — [S. GRAMINÉE].

*Souche cespiteuse, rameuse à rejets traçants.* Tiges de 3-9 décim., couchées à la base, ascendantes, glabres, lisses. *Feuilles* coriaces, sessiles, *linéaires-lancéolées*, ciliées-scabres à la base. Fleurs en cyme multiflore terminale. *Bractées scarieuses, ciliées.* Sépales lancéolés-aigus , glabres. *Pétales* profondément bipartits, *plus courts que le calice ou le dépassant peu.* ♃. Mai-août.

*C.* — Pâturages, buissons, endroits herbeux des bois.

6. **S. uliginosa** Murr. *Prodr. Gott.* 55 (1770); Sm. *Engl. bot.* t. 1074 ; Gren. et Godr. *Fl. Fr.* I, 265. — *S. aquatica* Poll. *Palat.* I, 422 (1776); Seringe in DC. *Prodr.* I, 398. — *Larbrea aquatica* St-Hil. in *Mém. Mus.* II, 287, non Seringe. — *Larbrea uliginosa* Rchb. *Ic.* VI, t. 226, f. 3669. — [S. DES MARÉCAGES].

*Plante annuelle* ou vivace. Tiges de 1-4 décim., couchées et radicantes à la base, ascendantes diffuses, faibles, molles, glabres. *Feuilles* glaucescentes, molles, sessiles, *oblongues-lancéolées*, ciliées à la base. Fleurs la plupart en cymes latérales ord. pauciflores disposées le long de la tige. *Bractées scarieuses, non ciliées.* Sépales lancéolés-aigus, glabres. *Pétales* profondément bipartits, *plus courts que le calice.* ①) ou ♃. Juin-août.

*A.C.* — Fossés, lieux humides, bords des mares. — Forêt de Marly ; bois des environs de Versailles ! ; vallée de Chevreuse ! ; Dampierre ! ; Saint-Léger !. Magny (*Bouteille*), etc.

Dans le *S. uliginosa* l'ovaire est entouré d'un disque 5-lobé, à lobes en forme de glandes subglobuleuses; les étamines du rang extérieur s'insèrent au centre de chacune des glandes et celles du rang intérieur s'insèrent dans les sinus qui séparent les glandes. — Koch (*Syn. fl. Germ.* ed. 2, 131) fait remarquer que ce même disque existe dans toutes les plantes appartenant à la sous-famille des *Alsinées*, mais qu'il est souvent très peu apparent, étant caché par la partie inférieure de l'ovaire qui le déborde et sur lequel il est étroitement appliqué.

## 17. **CERASTIUM** L. *Gen.* n. 585. — [CÉRAISTE].

Calice à 5 plus rarement 4 sépales. Corolle à 5 plus rarement 4 pétales bifides ou bipartits, très rarement entiers. Étamines 10-8 ou réduites au nombre de 5-4 par avortement. *Styles 5, rarement 4, opposés aux sépales. Capsule cylindrique ou conique-cylindrique, s'ouvrant par 10 plus rarement 8 dents dressées ou enroulées en dehors.*

Plantes annuelles, bisannuelles ou vivaces. Feuilles ovales, oblongues ou linéaires, sessiles ou les inférieures atténuées à la base, présentant quelquefois des fascicules de feuilles à leur aisselle, dépourvues de stipules. Fleurs blanches, en cymes dichotomes ou unilatérales, rarement solitaires à l'extrémité des tiges.

Sect. I. ORTHODON. (Seringe ap. DC. *Prodr.* I, 415). — Calice à 5 rarement 4 sépales. Pétales plus ou moins profondément bifides. Capsule plus longue que le calice, cylindrique-tubuleuse plus ou moins arquée, s'ouvrant par 10 rarement 8 dents égales.

**1. C. triviale** Link *Enum. hort. Berol.* I, 433 ; Rchb. *Ic.* VI, t. 229, f. 4972 ; *Illustr. fl. Par.* t. 4, f. 1-2. — *C. vulgatum* Whlbg *Suec.* 289 ; L. *Sp.* 627 non herb. sec. Sm. — [C. COMMUN].

Plante annuelle ou bisannuelle. Tiges ord. nombreuses, de 1-5 décim., ascendantes, couchées à la base souvent un peu radicantes, pubescentes à poils non glanduleux plus rarement entremêlés de poils glanduleux. Feuilles d'un vert sombre, ovales ou oblongues, velues-ciliées. Bractées étroitement scarieuses aux bords ou les inférieures herbacées. *Pédicelles dépassant longuement les bractées*, étalés-arqués après la floraison. *Sépales obtus*, scarieux aux bords, *à sommet non dépassé par les poils*. Pétales environ de la longueur du calice ou le dépassant un peu. ① ou ②. Mai-septembre.

*C C C.* — Lieux arides, terrains cultivés, endroits herbeux, bords des chemins.

**2. C. pumilum** Curt. *Fl. Lond.* fasc. VI, t. 30 (1777) ; Koch *Syn. fl. Germ.* ed. 1, 122 ; Rchb. *Ic.* VI, f. 4969. — *C. alsinoides* Lois. *Fl. Gall.* 1, 271 (1806) ; Gren. *Monogr. Cerast.* 31 ; Godr. *Fl. Lorr.* éd. 2, 130. — *C. glutinosum* Fries *Fl. Hall.* 51 (1817), et *Nov. Suec.* ed. 2, 132 (1828) ; Koch *Syn. fl. Germ.* ed. 2, 133 ; Gren. et Godr. *Fl. Fr.* I, 268. — *C. obscurum* Chaub. ap. St-Am. *Fl. Agen.* 180, t. 4, f. 1 (1821). — *C. Grenieri* et *pallens* F. Schultz *Exsicc.* — *C. Lensei* F. Schultz *Arch. fl. Fr.* I, 24. — *C. varians* var. α. *obscurum Fl. Par.* éd. 1, 38. — [C. NAIN].

Plante annuelle. Tiges solitaires ou nombreuses de 2-30 centim., étalées, ascendantes ou dressées, pubescentes à poils ord. glanduleux. Feuilles ovales ou oblongues, pubescentes. *Bractées* toutes *herbacées, ou* les supérieures très *étroitement scarieuses aux bords. Pédicelles dépassant longuement les bractées,* arqués supérieurement, étalés ou réfléchis après la floraison et formant un angle avec le calice. *Sépales aigus,* étroitement scarieux aux bords, à poils ord. glanduleux, *à sommet non dépassé par les poils.* Pétales plus courts, aussi longs ou une fois plus longs que le calice. Étamines 5-10, à filets glabres. ①. Avril-mai.

Var. α. *vulgare.* (*C. varians* var. α. *obscurum* s.-v. *parviflorum Fl. Par.* éd. 1, 38, et *Illustr. fl. Par.* t. 5, f. 6). — Pétales environ de la longueur du calice. Étamines fertiles ord. au nombre de 5-8. — *C.* — Lieux secs, bords des chemins, vieux murs.

Nous n'avons pas rencontré dans nos environs la sous-variété *abortivum* de cette variété (*C. tetrandrum* Curt.) qui se reconnaît à son inflorescence ord. unilatérale par l'avortement d'un rameau de chaque dichotomie, à ses pédicelles plus courts ord. non réfléchis après la floraison et ne formant pas d'angle avec le calice fructifère, et à son calice souvent à 4 sépales. Cette plante est très répandue dans les sables maritimes de l'ouest de la France.

Var. β. *campanulatum.* (*C. campanulatum* Viv. *Ann. bot.* I, pars 2, 171 ; Koch *Syn. fl. Germ.* ed. 2, 134 ; Rchb. *Ic.* VI, f. 4979. — *C. præcox* Ten.! *Fl. Neap. prodr.* 1, 27, et *Fl. Nap.* t. 40, f. 2. — *C. litigiosum* de Lens! in Lois. *Fl. Gall.* ed. 2, 1, 323 ; Bill. *Exsicc.* n. 227. — *C. alsinoides* var. γ. *petaloideum* Gren. *Monogr. Cerast.* 31. — *C. varians* var. α. *obscurum* s.-v. *grandiflorum Fl. Par.* éd. 1, 38, et *Illustr. fl. Par.* t. 5, f. 1-5). — Pétales une

fois plus longs que le calice. Étamines fertiles ord. au nombre de 10.—*A.R.*—
Terrains sablonneux arides, vieux murs. — Bois de Boulogne!; plaine du Point-
du-Jour!; Asnières!. Saint-Mandé!; Saint-Maur!. Moret!, etc.

3. **C. semidecandrum** L. *Sp.* 627; Sm. *Fl. Brit.* II, 497; Rchb. *Ic.* VI,
f. 4968; Gren. *Monogr. Cerast.* 28; Bill. *Exsicc.* n. 12. — Vaill. *Bot.
Par.* t. 30, f. 2. — *C. pellucidum* Chaub. in S^t-Am. *Fl. Agen.* 181,
t. 4, f. 2. — *C. arenarium* Ten. *Syll. fl. Nap.* app. 600. — *C. varians*
var. β. *pellucidum Fl. Par.* éd. 1, 38, et *Illustr. fl. Par.* t. 5, f. 7-10.—
[C. A CINQ ÉTAMINES].

Plante annuelle. Tiges solitaires ou plus ou moins nombreuses, de 2-30
centim., étalées, ascendantes ou dressées, pubescentes à poils glanduleux.
Feuilles ovales ou oblongues, pubescentes. *Bractées toutes scarieuses dans
leur tiers ou leur moitié supérieure*, à partie scarieuse ord. denticulée ou
lacérée. *Pédicelles dépassant longuement les bractées*, plus ou moins étalés
ou réfléchis après la floraison, formant rarement un angle avec le calice. *Sépales aigus*, largement scarieux aux bords, *à poils* glanduleux *ne dépassant
pas le sommet du sépale*. Pétales plus courts que le calice ou environ de sa
longueur. Étamines 5, rarement 10, à filets glabres. (I). Avril-mai.

*C C.* — Pelouses rases, bords des chemins, champs incultes, terrains sablonneux arides.

S.-v. *abortivum.* — Inflorescence unilatérale par l'avortement d'un rameau de
chaque dichotomie. Pédicelles plus courts, dressés. Fleurs très petites. Calice souvent à 4 sépales. Capsule plus ou moins avortée ne dépassant pas le calice. —
*A.R.* — Lieux très arides. — Saint-Maur (*Weddell*). Saint-Léger! (*Dœnen*).
Itteville; Moret.

4. **C. brachypetalum** Desp. ap. DC. *Fl. Fr.* IV, 777; Rchb. *Ic.* VI, f. 4971;
*Illustr. fl. Par.* t. 4, f. 6-8. — [C. A PÉTALES COURTS].

Plante annuelle. Tiges solitaires ou nombreuses, de 1-4 décim., étalées-
ascendantes ou dressées, couvertes de longs poils, souvent entremêlés, à la
partie supérieure de la plante, de poils glanduleux ord. plus courts. Feuilles
ovales ou oblongues, couvertes de longs poils soyeux. Bractées ord. toutes herbacées. *Pédicelles dépassant longuement les bractées.* Sépales dressés, aigus,
à peine scarieux aux bords, couverts de longs *poils* soyeux *dépassant longuement le sommet du sépale.* Pétales plus courts que le calice ou le dépassant à peine. Étamines à filets poilus à la base. (I). Mai-juillet.

*A.R.* — Endroits montueux incultes, lieux sablonneux arides, bords des chemins. — Bois de Boulogne près d'Auteuil (*Chaubard*); parc de Saint-Cloud!; Versailles : vers la porte du petit Montreuil! et à la Butte-de-Picardie (*de Boucheman*).
Lardy (*J. Gay*). Épernon!; Maintenon (*G. Thuret*); Saint-Prest et bois d'Oisin près
Chartres (*Vigineix*). Le Châtelet près Melun (*Garnier*); Recloses (*de Schœnefeld*);
Nemours (*Devilliers*); très abondant aux environs de Château-Landon!, de Dordives!
et de Thurelles!. Provins (*Bouteiller*). Port-Villez!; Vernon!. Chaumont!. Houillon,
canton de Betz (*Graves* Cat.); Oigny près Villers-Cotterets (*Questier*).

5. **C. glomeratum** Thuill. *Fl. Par.* 225; *Illustr. fl. Par.* t. 4, f. 3-5. — Vaill.
*Bot. Par.* t. 30, f. 3. — *C. viscosum* L. *Sp.* 627 non herb. sec. Sm.; Rchb.
*Ic.* VI, f. 4970. — *C. vulgatum* L. *herb.* sec. Sm. — [C. AGGLOMÉRÉ].

Plante annuelle. Tiges solitaires ou nombreuses, de 1-4 décim., étalées-
ascendantes ou dressées, couvertes de poils mous glanduleux ou non glanduleux. Feuilles ovales, oblongues ou obovales, velues-soyeuses. Bractées toutes

herbacées. *Pédicelles plus courts* ou à peine plus longs *que les bractées.* Sépales dressés, très aigus, à peine scarieux aux bords, couverts de longs *poils dépassant longuement le sommet du sépale.* Pétales plus courts que le calice ou le dépassant à peine. Étamines à filets glabres. ⓘ. Avril-juin.

*C C.* — Terrains sablonneux, lieux arides, bords des chemins.

6. **C. arvense** L. *Sp.* 628; *Engl. bot.* t. 93; Rchb. *Ic.* VI, f. 4980. — Vaill. *Bot. Par.* t. 30, f. 4-5. — [C. DES CHAMPS].

*Plante vivace. Tiges* nombreuses, de 1-4 décim., couchées *radicantes inférieurement,* ascendantes dans leur partie supérieure, velues ou pubescentes, rarement glanduleuses. *Feuilles linéaires ou linéaires-lancéolées,* pubescentes, souvent munies à leur aisselle de fascicules de feuilles. Fleurs peu nombreuses. Bractées herbacées, scarieuses au sommet. Pédicelles dépassant longuement les bractées. *Sépales obtus,* largement scarieux aux bords, presque glabres ou à pubescence courte. Pétales 1-2 fois plus longs que le calice. ♃. Mai-juin.

*C C.* — Lieux stériles, coteaux arides, bords des chemins.

On rencontre quelquefois dans le voisinage des jardins, où il est souvent cultivé, le *C. tomentosum* L. (*C. tomenteux*). Cette plante, voisine du *C. arvense,* s'en distingue par ses tiges et ses feuilles blanches-tomenteuses, et par ses rameaux stériles allongés.

Sect. II. MOENCHIA. (*Mœnchia* Ehrh. *Beitr.* II, 277). — Calice à 4 très rarement 5 sépales. Pétales entiers ou à peine émarginés. Capsule ord. plus courte que le calice, cylindrique, droite, s'ouvrant par 8 très rarement 10 dents.

7. **C. erectum** Coss. et G. de Sᵗ-P. *Fl. Par.* éd. 1, 39. — *Sagina erecta* L. *Sp.* 185. — Vaill. *Bot. Par.* t. 3, f. 2. — *Mœnchia erecta Fl. Wett.* I, 219; *Engl. bot.* t. 609; Rchb. *Ic.* VI, t. 227, f. 4953. — *C. quaternellum* Fenzl in Bluff et Finger. *Comp. Germ.* ed. 2, I, 748. — *C. glaucum* Gren. *Monogr. Cerast.* 47. — [C. DRESSÉ].

*Plante annuelle. Tiges* solitaires ou nombreuses, de 5-10 centim., roides, ascendantes ou dressées, simples ou rameuses-dichotomes, *glabres glauques.* Feuilles lancéolées-linéaires, glabres glaucescentes. Fleurs terminales subsolitaires ou peu nombreuses. Bractées herbacées ou à peine scarieuses. Pédicelles dressés, très longs. Sépales aigus, largement scarieux aux bords, glabres. *Pétales entiers ou à peine émarginés,* plus courts que le calice. ⓘ. Avril-mai.

*A.C.* — Bords des mares, terrains sablonneux, bruyères. — Bois de Boulogne!; Saint-Cloud!; Versailles!; Jouy; Saint-Léger; Saint-Hubert!; Épernon. Aulnay; Arpajon; Mennecy!; Lardy!; Fontainebleau!; Recloses, etc.

Nous avons restreint notre description à la seule variété qui se rencontre dans nos environs. — Les variétés à pétales égalant ou dépassant le calice, à parties de la fleur souvent en nombre quinaire, à bractées plus ou moins scarieuses (*Mœnchia octandra* J. Gay et *Cerastium Manticum* L.), sont propres à la région méditerranéenne.

**18. MALACHIUM** Fries *Fl. Hall.* 77. — [MALAQUIE].

Calice à 5 sépales. Corolle à 5 pétales bipartits. Étamines 10. *Styles 5, alternes avec les sépales. Capsule ovoïde* pentagone, *s'ouvrant par 5 valves bidentées,* recourbées ou enroulées en dehors au sommet.

Plante vivace. Feuilles ovales, les caulinaires un peu cordées à la base, dépourvues de stipules. Fleurs blanches, en cyme dichotome feuillée.

1. **M. aquaticum** Fries, loc. cit.; Koch *Syn. fl. Germ.* ed. 2, 132; Bill. *Exsicc.* n. 1443. — *Cerastium aquaticum* L. *Sp.* 629 ; *Engl. bot.* t. 538; Rchb. *Ic.* VI, t. 237, f. 4967. — [M. AQUATIQUE].

Plante vivace. Tiges nombreuses, de 4-8 décim., succulentes-cassantes, tombantes ou couchées-ascendantes, rameuses, pubescentes-glanduleuses surtout supérieurement. Feuilles glabres, sessiles, ovales-aiguës légèrement cordées à la base ; celles des rameaux stériles ou de la base des tiges atténuées en pétiole. Fleurs nombreuses, en cyme feuillée. Pédicelles dépassant plus ou moins les feuilles florales, étalés ou réfractés après la floraison, formant un angle avec le calice. Sépales obtus, herbacés, pubescents ord. glanduleux. Pétales profondément bipartits, plus longs que le calice. ♃. Juin-août.

C. — Endroits humides, fossés aquatiques, bords des étangs, lieux marécageux.

---

# IV. ÉLATINÉES
(ELATINEÆ Cambess. in *Mém. Mus.* XVIII, 225).

Fleurs hermaphrodites, régulières, à préfloraison imbriquée. — Calice à 3-4 sépales soudés inférieurement, persistants. — Corolle à 3-4 pétales hypogynes, libres, caducs. — *Étamines en nombre égal à celui des pétales ou en nombre double,* hypogynes, *libres.* Anthères bilobées, introrses. — *Ovaire* libre, *à 3-4 carpelles,* à 3-4 loges multiovulées. *Ovules insérés à l'angle interne des loges,* réfléchis. Styles 3-4, courts; *stigmates capités.* — *Fruit capsulaire, polysperme, à 3-4 loges,* surmonté par les styles persistants, *à déhiscence septifrage.* — Graines cylindriques, plus ou moins arquées. *Périsperme nul. Embryon* cylindrique, *plus ou moins arqué.* Radicule dirigée vers le hile.

Petites plantes annuelles ou vivaces, herbacées, radicantes. Feuilles opposées ou verticillées, sessiles ou atténuées en pétiole, entières; stipules très petites, scarieuses. Fleurs petites, axillaires solitaires.

1. **ELATINE** L. *Gen.* n. 685 ; Seub. *Monogr.* in *Act. Acad. nat. cur.* XXI, 6. — [ÉLATINE].

Calice à 3-5 divisions. Pétales 3-4. Étamines 3-6 ou 4-8. Styles 3-4. Capsule subglobuleuse déprimée, à 3-4 lobes, à 3-4 loges polyspermes. Graines cylindriques plus ou moins arquées, présentant 6-8 côtes saillantes et de nombreuses stries transversales.

Plantes des lieux marécageux, annuelles ou vivaces, plus ou moins succulentes, glabres, radicantes couchées ou redressées. Feuilles spatulées, linéaires ou lancéolées, plus rarement ovales. Fleurs très petites, axillaires solitaires, sessiles ou pédicellées, à pétales blancs ou roses.

1. **E. hexandra** DC. *Fl. Fr.* VI, 609 ; et *lc. rar.* I, 14, t. 43, f. 1 ; Rchb. *Pl. crit.* V, f. 599 ; Bill. *Exsicc.* n. 520. — *E. Hydropiper* Sm. *Fl. Brit.* III, 1396 non L. — *E. Hydropiper* β. DC. *Fl. Fr.* IV, 771. — *E. paludosa* Scub. *Monogr.* 52, t. 4. — [É. A SIX ÉTAMINES]

Tiges nombreuses, plus rarement solitaires, de 3-6 centim., très grêles, ord. très rameuses, couchées-radicantes dans toute leur longueur ou redressées dans leur partie supérie re, quelquefois nageantes. *Feuilles opposées,* oblongues-spatulées obtuses, atténuées en un court pétiole. Fleurs à pétales roses, sessiles ou pédicellées, ord. à 3 pétales, ord. à 6 étamines. Graines légèrement arquées, d'un gris noirâtre à reflet métallique. ℹ ?. Juin-septembre.

R. — Bords des étangs sablonneux ou des mares tourbeuses. — Forêt de Senart (*Weddell*). Assez abondant aux étangs du Trou-salé ! et de Saint-Quentin (*de Schœnefeld*) près Versailles ; Saint-Hubert !. Mares de la forêt de Fontainebleau ! (*Thuill.* Fl. Par.). — Indiqué à Meudon (*Thuill. herb.*). — *Graves* Cat. Oise (sous le nom d'*E. Hydropiper*) : env. de Senlis ; mares de la forêt de Saint-Remy sur le chemin d'Hémévillers ; forêt de Compiègne au Vivier-Corax.

S.-v. *pedunculata.* — Plante ord. nageante. Fleurs longuement pédicellées.

Var. β. *major.* (*E. Hydropiper* DC. *Fl. Fr.* IV, 771 ; Mérat *Fl. Par.* 484 non L. — *E. major* A. Braun *Syll. soc. Ratisb.* I, 83. — *E. paludosa* var. β. *octandra* Scub. *Monogr.* 54, t. 5. — *E. hexandra* var. β. *octandra* Fl. Par. éd. 1, 43.— Vaill. *Bot. Par.* t. 2, f. 2).—Tiges souvent solitaires, de 5-10 centim., souvent simples, ord. nageantes. Fleurs sessiles ou plus ou moins pédicellées, ord. à 4 pétales, ord. à 8 étamines. — R R. — Mares de Franchart ! et de Bellecroix ! dans la forêt de Fontainebleau (*Vaill. Bot. Par.*, *Weddell*).

L'*E. Hydropiper* L. (*É. Poivre-d'eau*), indiqué dans nos environs, n'y a jamais été rencontré à notre connaissance ; cette plante est assez répandue en Allemagne. Elle se distingue de la forme nageante de l'*E. hexandra*, avec laquelle elle a été souvent confondue, par ses feuilles à pétiole plus long que le limbe et surtout par ses graines courbées en fer à cheval.

2. **E. Alsinastrum** L. *Sp.* 527 ; Scub. *Monogr.* 56, t. 5 ; Bill. *Exsicc.* n. 13. — Vaill. *Bot. Par.* t. 1, f. 6. — [É. FAUSSE-ALSINE].

Tiges de 5-20 centim., ord. épaisses un peu fistuleuses, radicantes dans leur partie inférieure, couchées ou redressées dans leur partie supérieure, quelquefois nageantes, simples ou rameuses, présentant à la base des cicatrices annulaires résultant de la destruction des feuilles. *Feuilles verticillées,* sessiles ; les inférieures ord. submergées, linéaires ou lancéolées-linéaires, verticillées par 6-10 ; les supérieures lancéolées ou ovales, verticillées par 3-5. Fleurs à pétales blancs, sessiles ou brièvement pédicellées, en verticilles plus ou moins complets, ord. à 4 pétales, ord. à 8 étamines. Graines légèrement arquées, jaunâtres. ♃. Juin-septembre.

R. — Bords des étangs sablonneux, mares tourbeuses peu profondes. — Forêt de Bondy (*Vaill. Bot. Par.*, *Mandon*). Mares de la forêt de Saint-Germain (*Lepelelier de Saint-Fargeau, de Schœnefeld*) ; Mare-ténébreuse dans la forêt de Marly (*de Schœnefeld*) ; étangs du Trou-salé ! et de Saint-Quentin ! près Versailles. Forêt de Senart (*Vaill. Bot. Par.*) ; forêt de Rougeaux (*Delavaux*) ; Monceaux près Mennecy (*Des Étangs*) ; Essonne (*Delavaux*) ; mares de la forêt de Fontainebleau ! (*Vaill. Bot. Par.*). Étang de Saint-Pierre-en-Chastres dans la forêt de Compiègne (*Graves* Cat.).

# V. LINÉES

(LINEÆ DC. *Théor.* éd. 1, 217).

Fleurs hermaphrodites, régulières. — Calice à *5 plus rarement 4 sé-pales* libres, plus rarement soudés à la base, persistants, à préfloraison imbriquée. — Corolle à 5 plus rarement 4 pétales, hypogynes, libres, très caducs, à préfloraison imbriquée-contournée. — *Étamines* hypogynes, *4-5 fertiles* ord. un peu soudées à la base; étamines avortées en même nombre, opposées aux pétales, dentiformes, ou nulles. Anthères bilobées, introrses. — *Ovaire* libre, *à 5 plus rarement 3-4 carpelles*, *à 5 plus rarement 3-4 loges biovulées, subdivisées chacune en deux loges* uniovulées *par une fausse cloison dorsale* incomplète ou complète. *Ovules insérés à l'angle interne des loges*, suspendus, réfléchis. Styles 3, plus rarement 3-4, libres ou soudés à la base ; stigmates subcapités claviformes ou linéaires. — *Fruit* capsulaire, à 5 plus rarement 3-4 loges 2-spermes subdivisées chacune en deux loges secondaires 1-spermes par une fausse cloison dorsale incomplète ou complète, *à déhiscence septi-cide*, se séparant en 5 plus rarement 3-4 carpelles qui se partagent eux-mêmes en deux segments monospermes. — Graines suspendues, comprimées, à testa luisant devenant mucilagineux par l'humidité. *Péri-sperme nul*. Embryon droit ou presque droit, comprimé, contenant une huile siccative. Radicule dirigée vers le hile.

Plantes annuelles ou vivaces, herbacées, quelquefois sous-frutescentes à la base. Tiges irrégulièrement rameuses ou dichotomes, à fibres du liber tenaces et textiles. Feuilles éparses, plus rarement opposées, sessiles, entières, dépourvues de stipules. Fleurs terminales ou latérales, en cyme irrégulière ou en panicule. plus rarement en corymbe rameux (1).

1. LINUM. - Calice à sépales libres entiers.

2. RADIOLA. — Calice à 4 divisions bi-quadrifides.

## 1. LINUM L. *Gen.* n. 389. — [LIN].

Calice à 5 *sépales libres, entiers*. Corolle à 5 pétales. Étamines fertiles 5. Styles 5, très rarement 3. Capsule subglobuleuse, à 5 très rarement 3 loges dispermes divisées chacune en deux loges monospermes par une cloison incomplète ou complète.

Plantes annuelles ou vivaces, glabres. Feuilles éparses, rarement opposées, linéaires ou linéaires-elliptiques. Fleurs bleues, roses, blanches ou jaunes.

1. **L. Gallicum** L. *Sp.* 401 ; Bill. *Exsicc.* n. 734. — *L. aureum* Waldst. et Kit. *Ic. rar. Hung.* II, t. 177. — *Cathartolinum Gallicum* Rchb. *Ic.* VI, t. 326, f. 5168. — [L. DE FRANCE].

Plante annuelle. Tiges de 1-3 décim., dressées ou ascendantes, rameuses

(1) Dans le genre *Linum*, le type normal de l'inflorescence est la cyme dichotome, et par avortement la grappe scorpioïde ou cyme hélicoïde, ainsi que chez beaucoup de *Caryophyllées*. Le

subdichotomes supérieurement. Feuilles alternes, linéaires-lancéolées, légèrement scabres aux bords. *Fleurs* petites, *jaunes*, en cyme irrégulière, à pédicelles souvent plus courts que le calice. Sépales ciliés-glanduleux, ovales-lancéolés acuminés, égalant ou dépassant la capsule. Pétales environ une fois plus longs que le calice. Stigmates capités. ♁. Juin-août.

R R. — Moissons, lieux incultes, clairières des bois. — Forêt de Rougeaux (*Delavaux*) ; Le Châtelet près Melun (*Garnier*). — Indiqué entre les bois de Combault et le village d'Émery, canton de Tournan (*Thuill.* Fl. Par.).

2. **L. catharticum** L. *Sp.* 401 ; *Engl. bot.* t. 382 ; Bill. *Exsicc.* n. 737. — *Cathartolinum pratense* Rchb. *Ic.* VI, t. 325, f. 5153. — [L. PURGATIF].

Plante annuelle. Tiges de 1-3 décim., dressées, ascendantes ou étalées, rameuses subdichotomes supérieurement. *Feuilles opposées*, oblongues, scabres aux bords ; les inférieures obovales. *Fleurs* petites, *blanches*, en cyme irrégulière, à pédicelles très longs. Sépales glanduleux aux bords, elliptiques aigus, égalant à peu près la capsule. Pétales au moins une fois plus longs que le calice. Stigmates capités. ♁. Juin-août.

C. — Endroits herbeux, clairières des bois, bords des chemins humides.

3. **L. tenuifolium** L. *Sp.* 398 ; Jacq. *Austr.* t. 215 ; Bill. *Exsicc.* n. 736. — *Cathartolinum tenuifolium* Rchb. *Ic.* VI, t. 328, f. 5165. — [L. A FEUILLES MENUES].

Souche presque ligneuse, subcespiteuse, à racine pivotante. Tiges de 1-4 décim., dressées ou ascendantes, rameuses supérieurement. Feuilles très nombreuses, éparses, rapprochées, linéaires-aiguës, scabres aux bords. *Fleurs d'un rose lilas*, en corymbe rameux terminal, à pédicelles ord. assez courts. *Sépales ciliés-glanduleux*, ovales-lancéolés *subulés au sommet*, dépassant la capsule. Pétales au moins deux fois plus longs que le calice. Stigmates capités. ♃. Juin-août.

A.C. — Pelouses arides, bois sablonneux, coteaux calcaires. — Saint-Germain ! ; La Frette, Rougeaux ! ; La Ferté-Aleps ! ; Étampes ! ; Fontainebleau ! ; Malesherbes ! ; Pithiviers ! . Magny ! ; Mantes ! ; La Roche-Guyon ! ; Vernon ! . Verderonne ! , etc.

† **L. usitatissimum** L. *Sp.* 397 ; *Engl. bot.* t. 1357 ; Rchb. *Ic.* VI, t. 329, f. 5155. — [LIN CULTIVÉ. — Vulg. *Lin, Lin commun, Lin usuel*].

Plante annuelle. *Tige* de 3-7 décim., *solitaire*, dressée, plus ou moins rameuse. Feuilles nombreuses, éparses, lancéolées-linéaires, à bords lisses. *Fleurs bleues*, en corymbe rameux terminal à rameaux terminés en grappes subscorpioïdes pendantes avant l'épanouissement, à pédicelles assez longs. *Sépales* ovales acuminés, *à bords membraneux non glanduleux, égalant presque la capsule* sur la plante non comprimée. Pétales au moins trois fois plus longs que le calice. *Stigmates subclaviformes*. ♁. Juin-août.

Quelquefois cultivé en grand. — Subspontané çà et là aux bords des chemins et dans les champs en friche.

On cultive assez fréquemment, comme plante d'ornement, sous le nom de *Lin vivace*, le *L. Sibiricum* DC., plante très voisine du *L. Alpinum ;* il est caractérisé par sa souche vivace, ses tiges nombreuses ou ascendantes, ses fleurs bleues très grandes, disposées en corymbe terminal, ses sépales non glanduleux, un peu plus courts que la capsule, les extérieurs ovales-lancéolés.

L. *catharticum* et le *Radiola linoides*, dont les feuilles sont opposées, présentent le type dichotome presque dans sa pureté, au moins dans la partie inférieure de l'inflorescence. Les espèces à feuilles alternes spiralées s'en éloignent au point de passer quelquefois à la panicule.

4. **L. Alpinum** Jacq. *Enum. stirp. Vind.* 54 et 229 ; L. *Sp.* 1672 ; Koch *Syn. fl. Germ.* ed. 2, 140 ; Gren. et Godr. *Fl. Fr.* I, 283. — *L. perenne* Koch *Syn. fl. Germ.* ed. 2, 140 an et L.? — *L. montanum* Schleich. ap. DC. *Prodr.* I, 427. — *Adenolinum Alpinum* Rchb. *Ic.* VI, t. 335, f. 5160. — *A. perenne* Rchb., loc. cit., f. 5159. — *A. montanum* Rchb. loc. cit., f. 5160 *b*. — [L. DES ALPES].

*Souche subcespiteuse*, à racine pivotante, presque ligneuse. Tiges nombreuses, de 1-5 décim., dressées, ascendantes ou étalées, simples ou rameuses dans leur partie supérieure. Feuilles éparses, linéaires-lancéolées, à bords lisses. *Fleurs bleues*, en grappes subscorpioïdes pauciflores ou pluriflores, les grappes fructifères unilatérales par la torsion des pédicelles ; pédicelles fructifères plus ou moins longs, dressés ou un peu étalés. *Sépales à bords membraneux non glanduleux, au moins une fois plus courts que la capsule*, les extérieurs ovales-lancéolés acuminés, les intérieurs ovales obtus ou plus rarement acuminés. Pétales au moins trois fois plus longs que le calice. *Stigmates capités.* ♃. Juin-juillet.

Var. α. *genuinum.* — Tiges dressées, ord. rameuses en corymbe dans leur partie supérieure. Grappes pauciflores. — Cette plante n'a pas été observée dans nos environs, elle est propre aux montagnes élevées.

Var. β. *Leonii.* (*L. Leonii* F. Schultz in *Flora* (1838) pars II, 644, et *Archiv. fl. Fr. et All.* I, 11, et *Exsicc.* n. 432. — *Adenolinum Leonii* Rchb. *Ic.* VI, f. 5159 *b*. — *L. Alpinum* Mérat *Fl. Par.* 487 non Jacq. — *L. montanum Fl. Par.* éd. 1, 42. — *L. alpinum* var. *collinum* Gren. et Godr. *Fl. Fr.* I, 284). — Tiges ascendantes ou décombantes inférieurement, dressées au sommet pendant la floraison, puis étalées à la maturité, souvent simples. Grappes ord. pluriflores, souvent très allongées à la maturité. — R. — Lieux pierreux des terrains calcaires, coteaux arides. — Balancourt, Beauvais près La Ferté-Aleps (*Des Étangs*) ; Étampes (*Woods*) ; Malesherbes ! ; Pithiviers !. Fontainebleau (*Thuill. Fl. Par.*) ; Nemours (*Devilliers*) ; Épisy près Moret (*de Schœnefeld*). Pont-de-Vaux près Marolles-sur-Ourcq (*Questier*).

Nous avons fréquemment vu chez le *L. Leonii* les pédicelles plus ou moins étalés, et non pas dressés ; nous avons aussi rencontré chez cette plante des graines qui, bien qu'arrivées à maturité complète, présentaient une bordure assez prononcée, c'est-à-dire l'un des principaux caractères attribués au *L. Alpinum*. Les différences tirées du port sont les seules qui nous aient offert quelque constance, mais elles nous paraissent insuffisantes pour établir deux espèces.

## 2. **RADIOLA** Gmel. *Syst.* I, 289. — [RADIOLE].

*Calice à 4 divisions 2-4-fides.* Corolle à 4 pétales. Étamines fertiles 4. Styles 4. Capsule subglobuleuse, à 4 loges dispermes divisées chacune en 2 loges monospermes par une cloison incomplète.

Plante annuelle, glabre. Feuilles opposées, ovales-aiguës. Fleurs très petites, à pétales blancs.

1. **R. linoides** Gmel., loc. cit. ; Bill. *Exsicc.* n. 14 et *bis.* — *Linum Radiola* L. *Sp.* 402 ; *Fl. Dan.* t. 178 ; *Engl. bot.* t. 893. — *Radiola Millegrana* Sm. ; Rchb. *Ic.* VI, t. 325, f. 5152. — [R. FAUX-LIN].

Tige de 3-5 centim., dressée, filiforme très grêle, rameuse-dichotome ord. dès la base. *Feuilles opposées*, ovales-aiguës. Fleurs très petites, soli-

taires occupant l'angle de bifurcation des rameaux, ou rapprochées en glomérules terminaux. *Pétales égalant environ le calice.* ①. Juin-août.

A.C. — Pelouses humides, bords des étangs, allées des bois sablonneux. —
Bondy (*Vaill.* Bot. Par.); Meudon!; Ville-d'Avray! (*Vaill.* Bot. Par.); Saint-Germain!. Senart!. Bois de Lognes. Saint-Léger!. Forêt de Fontainebleau!, etc.

----

## VI. OXALIDÉES
### (OXALIDEÆ DC. *Prodr.* I, 689).

*Fleurs* hermaphrodites, *régulières.* — Calice à 5 sépales plus ou
moins soudés à la base, persistants, à préfloraison imbriquée. — Corolle
à 5 pétales hypogynes, libres ou légèrement soudés à la base, caducs, à
préfloraison imbriquée-contournée. — *Étamines* 10, hypogynes, *soudées inférieurement*, les 5 opposées aux pétales plus longues. Anthères
bilobées, introrses, paraissant souvent extrorses après la fécondation
par leur réflexion sur le filet. — *Ovaire* libre, *à 5 carpelles* opposés aux
pétales, à 5 loges bi-pluriovulées, plus rarement uniovulées. *Ovules
insérés à l'angle interne des loges*, pendants, réfléchis. *Styles* 5, *libres
ou soudés à la base;* stigmates terminant les styles, entiers, bifides
ou laciniés. — *Fruit capsulaire* membraneux, à 5 angles, à 5 loges
polyspermes, plus rarement monospermes, *à déhiscence loculicide*, à
valves restant adhérentes à l'axe. — *Graines* pendantes, *renfermées dans
une enveloppe succulente* qui, à la maturité, se fend et se rétracte avec
élasticité pour les projeter. *Périsperme* charnu cartilagineux, *épais*. Embryon droit ou légèrement courbé, placé dans le périsperme. Radicule
dirigée vers le hile.

Plantes annuelles ou vivaces, herbacées, contenant un suc plus ou moins
acide par la présence d'oxalate de potasse. *Feuilles* roulées en crosse avant
leur développement, éparses ou radicales, pétiolées, composées-*trifoliolées;*
stipules membraneuses, libres ou soudées au pétiole, quelquefois nulles. Fleurs
en cymes axillaires, souvent radicales, pluriflores ou uniflores.

### 1. OXALIS L. *Gen.* n. 582. — [OXALIDE].

Calice à 5 sépales un peu soudés à la base. Pétales 5. Étamines 10, soudées inférieurement. Styles 5. Capsule membraneuse herbacée, oblongue ou
ovoïde, à 5 angles saillants. Graines nombreuses, comprimées, striées.

Plantes annuelles ou vivaces, acaules ou caulescentes, glabres ou pubescentes.
Feuilles trifoliolées, à pétiole articulé à la base, à folioles obcordées entières se
pliant longitudinalement suivant la nervure moyenne et se réfléchissant sur le pétiole pendant la nuit ou les jours humides. Fleurs blanches ou jaunes.

1. O. Acetosella L. *Sp.* 620; *Engl. bot.* t. 762; Rchb. *Ic.* V, t. 199, f. 4898;
   Bill. *Exsicc.* n. 1445. — [O. PETITE-OSEILLE. — Vulg. *Alléluia, Pain-
   de-Coucou, Surelle*].

Plante acaule de 6-12 centim., mollement pubescente. *Souche à rhizome* ord. rougeâtre, grêle, rameux, *traçant*, à peine enfoncé dans le sol, émettant des rejets presque filiformes, muni surtout supérieurement d'écailles charnues épaisses résultant de l'accroissement de la gaîne des feuilles avortées ou qui se sont détruites en se détachant par une désarticulation régulière. Feuilles toutes radicales, dépourvues de stipules, à pétiole ord. rougeâtre inférieurement. *Pédoncules radicaux*, uniflores, terminés chacun par un pédicelle qui égale environ leur longueur et munis au-dessous de ce pédicelle de deux très petites bractées ; pédicelles dressés pendant la floraison, étalés ou contournés à la maturité. Sépales ovales. *Pétales blancs*, veinés de pourpre, jaunes à l'onglet, 2-3 fois plus longs que le calice. Capsule ovoïde acuminée, à angles tranchants. *Graines* assez grosses, *offrant des plis longitudinaux.* ♃. Avril-mai.

A.C. — Bois montueux humides, lieux pierreux ombragés. — Meudon !; Marly !; bois de Satory près Versailles !. Montmorency ! , etc.

2. **O. stricta** L. *Sp.* 624 ; Jacq. *Monogr.* 29, t. 4 ; Rchb. *Ic.* V, f. 4895. — *O. corniculata* Thuill. *Fl. Par.* 223 non L. — *O. Europæa* Jord. in Bill. *Arch. fl. Fr. et All.* 309 ; Bill. *Exsicc.* n. 119 et *bis.* — [ O. DROITE ].

*Racine annuelle*, pivotante, *émettant vers le collet des stolons filiformes* qui reproduisent la plante. Tige de 1-4 décim., dressée ou ascendante, rameuse, presque glabre ou un peu pubescente poilue. *Feuilles* éparses, *dépourvues de stipules*. *Pédoncules axillaires* pluriflores, rarement 1-2-flores, égalant ou dépassant la longueur des pétioles, munis au-dessous des pédicelles de bractées linéaires très petites, à pédicelles presque réunis en ombelle, dressés pendant la floraison, ensuite plus ou moins étalés. Sépales lancéolés. *Pétales jaunes* à onglet blanchâtre, environ une fois plus longs que le calice. Capsule linéaire-oblongue, acuminée, à angles saillants. *Graines* petites, *ridées transversalement*. ①. Juin-octobre.

C. — Lieux cultivés humides, jardins, terrains en friche.

L'*O. corniculata* L. (Rchb. *Ic.* V, f. 4896. — *O. cornue*) qui s'est naturalisé dans les pépinières de Trianon, entre les pavés, près des serres, est indiqué d'après Thuillier comme spontané dans nos environs (*Mérat* Fl. Par.), mais il n'y a jamais été rencontré à cet état à notre connaissance ; la plante de l'herbier de Thuillier n'est autre que l'*O. stricta*. — L'*O. corniculata*, espèce assez répandue dans l'ouest de la France, se distingue à sa pubescence grisâtre ; à ses tiges couchées radicantes à la base, n'émettant pas de stolons filiformes ; à ses pétioles munis à la base de stipules très petites adnées sous forme d'oreillettes ; à ses pédicelles fructifères réfractés.

Le *Ruta graveolens* L. (*Rue fétide.* — Vulg. *Rue, Rue-des-jardins*), fréquemment cultivé dans les jardins, se rencontre quelquefois subspontané dans le voisinage des habitations. Cette espèce, qui appartient à une famille voisine (*Rutacées*), se reconnaît à l'odeur pénétrante et nauséeuse de toutes ses parties ; à son calice ord. à 4-5 divisions ; à ses fleurs jaunes, à 8-10 étamines insérées sur un disque hypogyne ; à son fruit à 4-5 coques presque distinctes ; à ses feuilles pinnatiséquées, à segments ovales-oblongs parsemés de points glanduleux transparents ; à sa tige sousfrutescente.

## VII. BALSAMINÉES

(Balsamineæ A. Rich. in *Dict. class. hist. nat.* II, 173 ; Rœper *De fl. et aff. Balsam.*).

*Fleurs* pendantes, renversées, *irrégulières*. — Calice à *4 sépales* très *inégaux*, caducs : *les 2 extérieurs* (latéraux) *membraneux*, plus petits, conformes, à préfloraison valvaire ; *les 2 intérieurs* colorés, *pétaloïdes*, de forme et de grandeur différentes, *l'un dirigé en dehors en forme de casque, l'autre dirigé en dedans en forme de cornet prolongé* inférieurement *en éperon* et embrassant par ses bords avant la floraison le sépale en forme de casque. — Corolle à *4 pétales* hypogynes, caducs, plus ou moins inégaux, *soudés par paires* dans leur partie inférieure, à préfloraison chiffonnée. — *Étamines 5*, hypogynes, recouvrant l'ovaire. Filets arqués-connivents, plus ou moins agglutinés entre eux, se détachant simultanément, ceux des deux étamines qui regardent le sépale en forme de casque plus longs arqués seulement au sommet. *Anthères* conniventes au-dessus du stigmate et *cohérentes entre elles*, bilobées, introrses, à lobes confluents après la déhiscence. — *Ovaire* libre, *à 5 carpelles*, à 5 loges souvent irrégulières par la déviation des cloisons, ord. pluriovulées. *Ovules insérés à l'angle interne des loges*, suspendus, réfléchis. Stigmates subsessiles, soudés en un seul sti_mate plus ou moins évidemment 5-lobé. — *Fruit capsulaire*, membraneux-charnu, à endocarpe un peu coriace, à 5 loges contenant ord. plusieurs graines, à cloisons membraneuses très minces, *se partageant par une déhiscence septifrage en 5 valves qui se détachent* des cloisons *avec élasticité*, s'enroulent sur elles-mêmes de dehors en dedans ou de dedans en dehors et se subdivisent souvent par une déhiscence loculicide en deux valves secondaires, les cloisons restant adhérentes à l'axe qui se détache ord. en même temps que les valves. —Graines suspendues. Périsperme nul. Embryon droit. Radicule dirigée vers le hile.

Plantes annuelles, succulentes, à tiges plus ou moins renflées aux articulations. Feuilles alternes, plus rarement opposées, plus ou moins pétiolées, simples, dentées ou presque entières, dépourvues de stipules, quelquefois munies de deux glandes à la base des pétioles. Pédoncules axillaires, ord. pluriflores. Fleurs en cymes.

### 1. IMPATIENS L. *Gen.* n. 1008. — [IMPATIENTE].

Mêmes caractères que ceux de la famille.

1. **I. Noli-tangere** L. *Sp.* 1328 ; *Engl. bot.* t. 937 ; Rchb. *Ic.* V, t. 198 *b*, f. 4483 ; Bill. *Exsicc.* n. 340. — [I. N'Y-TOUCHEZ-PAS].

Tige de 4-8 décim., succulente, à nœuds renflés, dressée, rameuse. Feuilles molles, oblongues, pétiolées, lâchement dentées. Pédoncules étalés, grêles, rameux, 3-5-flores. Fleurs pendantes, jaunes ponctuées de rouge intérieurement, à sépales intérieurs et à corolle avortant souvent d'une manière plus ou moins complète. Sépale en forme de cornet plus long que le reste de la fleur, à éperon à extrémité étroite et recourbée en crochet. Pétales adjacents au sépale en forme de casque cunéiformes-oblongs, les deux autres obovales-rhomboïdaux beaucoup plus grands et simulant une lèvre inférieure. Fruit glabre, linéaire-oblong, à 5 angles, à valves s'enroulant en dehors après la déhiscence. Ⓘ. Juin-août.

*R R.* — Endroits frais ombragés, bords des mares ou des ruisseaux des bois. — Queue de l'étang de Luciennes ! (*Decaisne*). Morfontaine (*Morelle*). Forêt de Compiègne : près des étangs de Saint-Pierre ! où il est très abondant, pente du mont Saint-Marc vers l'Ortille, entre Saint-Jean-aux-Bois et Saint-Nicolas-de-Courson, Vaudrenpont, Lande-Blin (*Graves Cat.*), Sainte-Périne (*de Schœnefeld*); forêt de Villers-Cotterets à Faverolles (*Questier*). La Chapelle-aux-Pots près Beauvais (*Questier*). — Indiqué dans la forêt de Saint-Germain et derrière le potager à Versailles (*Vaill. Bot. Par.*).

Le genre *Balsamina* diffère surtout du genre *Impatiens* par le fruit à valves s'enroulant en dedans lors de la déhiscence. — On cultive dans les parterres le *B. hortensis* Desp. (*Impatiens Balsamina* L. — Vulg. *Balsamine*) originaire de l'Inde, à fleurs rouges, roses, blanches ou panachées, souvent doubles, à éperon court arqué, disposées en une panicule dense feuillée, à fruit velu oblong.

La famille des *Tropéolées*, voisine des *Balsaminées*, est surtout caractérisée par le calice coloré, à 5 sépales soudés inférieurement, subbilabié, à lèvre supérieure trifide prolongée à la base en un éperon creux libre béant à l'intérieur de la fleur, à lèvre inférieure bipartite ; par la corolle à 5 pétales, les deux supérieurs insérés sur le calice à l'ouverture de l'éperon éloignés des trois autres ou manquant quelquefois, les trois inférieurs presque hypogynes souvent laciniés-frangés vers l'onglet ; par les étamines au nombre de 8, souvent inégales, défléchies ; par le fruit à trois carpelles monospermes, et par la graine dépourvue de périsperme. — Le genre *Tropœolum*, type de la famille, se distingue par le fruit à trois carpelles monospermes indéhiscents réniformes charnus-subéreux sillonnés. — Le *T. majus* L. (*Capucine à grandes fleurs.* — Vulg. *Capucine*), cultivé partout, se reconnaît à sa tige succulente grimpante, à ses feuilles peltées glauques, à ses fleurs grandes jaunes ou rougeâtres panachées de brun à éperon presque droit, à ses pétales supérieurs à onglet large non barbu, et à ses pétales inférieurs longuement onguiculés laciniés-barbus vers l'onglet.

---

## VIII. GÉRANIACÉES

(GERANIA Juss. *Gen.* 268. — GERANIEÆ DC. *Fl. Fr.* IV, 838).

Fleurs hermaphrodites, presque régulières, plus rarement irrégulières. — Calice à 5 sépales libres, herbacés, persistants, à préfloraison imbriquée. — Corolle à 5 pétales hypogynes, égaux ou inégaux, libres, caducs, à préfloraison imbriquée ou imbriquée-contournée. — *Étamines 10*, hypogynes, disposées sur deux rangs, *les extérieures plus courtes opposées aux pétales* quelquefois dépourvues d'anthère, les intérieures alternes avec eux, un premier rang d'étamines étant avorté et ord. représenté par des glandes hypogynes alternes avec les pétales (A. Braun et Dœll). Filets plus ou moins soudés à la base. Anthères bilobées, introrses, paraissant souvent extrorses après la fécondation par leur réflexion sur le filet. — *Ovaire* libre, *à 5 carpelles* biovulés, libres entre eux, *verticillés à la base d'un prolongement de l'axe* de la fleur en forme de bec et *auquel ils sont soudés* par leurs bords internes, *à nervure dorsale prolongée au-dessus de la feuille carpellaire en un long appendice linéaire soudé également avec le prolongement de l'axe. Ovules insérés sur des placentas soudés à l'axe,* ascendants pliés, l'inférieur avorté. *Styles 5, soudés avec le prolongement de l'axe;* stigmates 5, filiformes, libres. — *Fruit sec, à 5 carpelles monospermes* par avortement (coques), d'abord soudés à l'axe puis s'en détachant et s'ouvrant par la suture interne, à prolongement de la nervure dorsale se détachant avec élasticité de l'axe de la base au sommet ou du sommet à la base. —*Graine* dressée, remplissant la cavité de la coque, *dépourvue de périsperme. Embryon plié, à cotylédons condupliqués-flexueux* s'emboîtant mutuellement. Radicule rapprochée du hile.

Plantes annuelles ou vivaces, herbacées, souvent odorantes, contenant un suc plus ou moins astringent. Tiges ord. dichotomes, plus ou moins renflées et fragiles aux articulations. Feuilles opposées ou les supérieures alternes, pétiolées ou les supérieures subsessiles, palmatilobées ou palmatiséquées, plus rarement pinnatiséquées, à préfoliation ord. plissée, munies de stipules ord. membraneuses. Pédoncules biflores, plus rarement uniflores ou pluriflores, occupant les angles de bifurcation de la tige ou opposés aux feuilles, paraissant souvent axillaires par l'avortement de l'un des rameaux, à pédicelles munis à la base de deux fausses bractées (stipules).

1. GERANIUM. — Étamines toutes fertiles; prolongements des coques s'enroulant en dehors.

2. ERODIUM. — Étamines extérieures dépourvues d'anthère; prolongements des coques se tordant en spirale dans leur partie inférieure.

## 1. GERANIUM L'Hérit. *Geran.* t. 36-40. — [GÉRANIUM].

Pétales 5, égaux. Glandes hypogynes 5, alternes avec les pétales. *Étamines* 10, *toutes fertiles*, les 5 extérieures opposées aux pétales plus courtes. Coques subglobuleuses ou oblongues-subglobuleuses; *prolongements des coques* glabres à la face interne, *se détachant* de l'axe à la maturité *de la base au sommet et s'enroulant en dehors* sur eux-mêmes en entraînant ord. les coques.

Plantes annuelles ou vivaces, velues ou pubescentes, rarement glabres. Feuilles pétiolées ou les supérieures subsessiles, palmatilobées, profondément palmatipartites ou palmatiséquées, à divisions lobées ou incisées. Fleurs purpurines, roses ou lilas, souvent veinées, rarement blanches, portées sur des pédoncules biflores rarement uniflores, à pédicelles ord. inégaux réfractés après la floraison.

Sect. I. — Pétales émarginés, échancrés ou bifides, plus ou moins barbus au-dessus de l'onglet.

§ 1. Graines ponctuées. — 1-3.

§ 2. Graines lisses. — 4-6.

Sect. II. — Pétales entiers arrondis au sommet, glabres au-dessus de l'onglet.

§ 1. Graines ponctuées. — 7.

§ 2. Graines lisses. — 8-9.

Sect. I. — Pétales émarginés, échancrés ou bifides, plus ou moins barbus
au-dessus de l'onglet.

1. **G. sanguineum** L. *Sp.* 958 ; Cav. *Diss.* t. 76, f. 1 ; Rchb. *Ic.* V, t. 198,
f. 4894 ; *Illustr. fl. Par.* t. 6, f. *a.* ; Bill. *Exsicc.* n. 1148. — [G. SAN-
GUIN].
*Souche épaisse*, horizontale, rameuse. Tiges de 3-5 décim., dressées, velues à longs poils étalés. *Feuilles presque palmatiséquées*, à 5-7 divisions
3-4-lobées à lobes linéaires entiers ou incisés. Pédoncules uniflores, munis de
deux fausses bractées au niveau du pédicelle avorté, plus rarement biflores.
Fleurs grandes, purpurines passant au violet. Sépales fortement mucronés,
velus à poils longs épars. *Pétales* échancrés ou émarginés, rarement presque
entiers tronqués au sommet, *deux fois plus longs que le calice.* Coqués
lisses, munies de longs poils seulement au sommet. Graines finement ponctuées. ♃. Mai-septembre.
A.R. — Clairières des bois secs, pâturages des terrains sablonneux. — Très -
abondant au bois de Boulogne !. Bois de Rougeaux ! près Corbeil ; très abondant
dans la forêt de Fontainebleau ; Malesherbes !. Forêts de Chantilly, de Pontarmé et
d'Ermenonville (*Morelle*); forêt de Compiègne. Bois des environs de Dreux (*Dœnen*).
— *Graves* Cat. Oise : forêts du Lys, de Hallatte et de Laigue ; Vendeuil près Breteuil ; La Bruyère près Liancourt.

On cultive quelquefois dans les parterres le *G. pratense* L. à souche épaisse
horizontale, à pétales très grands d'un bleu lilas, à pédicelles fructifères réfractés.

2. **G. columbinum** L. *Sp.* 956 ; *Engl. bot.* t. 259 ; Rchb. *Ic.* V, f. 4875 ; *Illustr.
fl. Par.* t. 6, f. *b.* — Vaill. *Bot. Par.* t. 15, f. 4. — [G. COLOMBIN].
Plante annuelle. Tiges de 2-5 décim., ascendantes diffuses, à rameaux ord.
divariqués, légèrement pubescentes à poils réfléchis apprimés. *Feuilles presque palmatiséquées*, à 5-7 divisions ord. 3-5-fides à lobes linéaires entiers
ou incisés. *Pédoncules dépassant longuement les feuilles*, à pédicelles très
inégaux l'inférieur réfracté. Fleurs purpurines striées. Sépales légèrement
pubescents à poils apprimés. *Pétales* échancrés ou émarginés, rarement presque entiers tronqués au sommet, *ne dépassant pas le calice.* Coques lisses,
glabres. *Graines fortement ponctuées.* ⓘ. Juin-septembre.
C. — Buissons, endroits pierreux, champs incultes, bords des chemins.

3. **G. dissectum** L. *Sp.* 956 ; *Engl. bot.* t. 753 ; Rchb. *Ic.* V, f. 4876 ; *Illustr.
fl. Par.* t. 6, f. *c.* — Vaill. *Bot. Par.* t. 15, f. 2. — [G. DISSÉQUÉ].
Plante annuelle. Tiges de 2-5 décim., ord. dressées, à rameaux dressés ou
divergents, velues à poils glanduleux inégaux étalés. *Feuilles presque palmatiséquées*, à 5-7 divisions 3-5-fides à lobes linéaires ord. incisés ; les
supérieures subsessiles. *Pédoncules plus courts que les feuilles* ou les dépassant à peine, à pédicelles presque égaux souvent non réfractés. Fleurs purpurines. Sépales longuement aristés, velus. *Pétales* échancrés, *égalant environ
le calice. Coques* lisses, *velues. Graines ponctuées.* ⓘ. Juin-septembre.
C. — Haies, buissons, bords des chemins.

4. **G. Pyrenaicum** L. *Mant*. 97 ; *Engl. bot*. t. 405 ; Rchb. *Ic*. V, f. 4881 ; *Illustr. fl. Par*. t. 6, f. f.; Bill. *Exsicc*. n. 523. — [G. DES PYRÉNÉES].

*Souche épaisse*, pivotante. Tiges de 3-5 décim., dressées ou ascendantes, pubescentes à poils courts étalés. *Feuilles palmatifides*, à 5-7 divisions incisées ; les supérieures sessiles. Pédoncules plus longs que les feuilles florales. Fleurs d'un rose lilas, très rarement blanches. Sépales mucronulés, pubescents à poils courts. *Pétales* bifides, *deux fois plus longs que le calice. Coques lisses*, finement pubescentes à poils apprimés. Graines lisses. ♃. Mai-août.

*R*. — Lieux pierreux, endroits herbeux, buissons. — Bords du canal de la Villette à Saint-Denis (*Delavaux*) ; bois de Boulogne ! (*Sagot*) ; bords de la Seine à Auteuil (*Delavaux*) ; parc de Neuilly et îles de la Seine vis-à-vis de Bécon (*Vigineix*) ; abondant dans un parc à Issy ! ; moulin de Bièvre (*Delavaux*) ; environs de Versailles ! (*de Boucheman*) ; Jouy ; Grandchamp près Saint-Germain (*de Schœnefeld*). Entre Essonne et Mennecy (*Delavaux*) ; Chamarande près La Ferté-Aleps (*Maire*) ; Valvins ! (*Mandon*). Parc de Rentilly près Lagny (*G. Thuret*). Monchy-Humières près Compiègne ; Oigny près Villers-Cotterets, forêt de Villers-Cotterets (*Questier*) ; Liancourt-sous-Clermont !. — *Graves* Cat. Oise : Baugy, canton d'Estrées ; environs de Beauvais : à Saint-Just, au Franc-Marché, au pré Martinet, au faubourg Saint-Jacques.

5. **G. pusillum** L. *Sp*. 957 ; *Engl. bot*. t. 385 ; Rchb. *Ic*. V, f. 4877 ; *Illustr. fl. Par*. t. 6, f. d. — Vaill. *Bot. Par*. t. 15, f. 1. — [G. A TIGES GRÊLES].

Plante annuelle. Tiges de 1-6 décim., dressées ou ascendantes diffuses, pubescentes à poils très courts étalés. *Feuilles palmatifides*, à 5-7 divisions incisées ; les supérieures subsessiles. Pédoncules plus longs que les feuilles florales. Fleurs d'un rose violacé. Sépales mucronulés, velus à poils mous étalés. *Pétales* bifides, *dépassant à peine le calice. Coques lisses*, pubescentes à poils apprimés. Graines lisses. ⊙. Mai-septembre.

*C C*. — Lieux pierreux, décombres, bords des chemins, endroits herbeux.

6. **G. molle** L. *Sp*. 955 ; *Engl. bot*. t. 778 ; Rchb. *Ic*. V, f. 4879 ; *Illustr. fl. Par*. t. 6, f. e. — Vaill. *Bot. Par*. t. 15, f. 3. — [G. A FEUILLES MOLLES].

Plante annuelle. Tiges de 1-4 décim., ascendantes ou diffuses, pubescentes à poils mous très longs étalés. *Feuilles palmatifides*, à 5-7 divisions incisées ; les supérieures subsessiles. Pédoncules plus longs que les feuilles florales. Fleurs roses. Sépales mucronulés, velus à poils mous étalés. Pétales bifides, plus longs que le calice. *Coques ridées transversalement, glabres.* Graines lisses. ⊙. Mai-septembre.

*C C*. — Endroits pierreux ou herbeux, buissons, bords des chemins.

Sect. II. — Pétales entiers arrondis au sommet, glabres au-dessus de l'onglet.

7. **G. rotundifolium** L. *Sp*. 957 ; *Engl. bot*. t. 157 ; Rchb. *Ic*. V, f. 4878 ; *Illustr. fl. Par*. t. 6, f. g.; Bill. *Exsicc*. n. 741 et *bis*. — [G. A FEUILLES RONDES].

Plante annuelle. Tiges de 2-5 décim., diffuses, dressées ou ascendantes, pubescentes à poils inégaux étalés, légèrement glanduleuses au sommet. *Feuilles palmatilobées* à 5-7 divisions incisées-crénelées ; longuement pétiolées même les supérieures. Pédoncules plus courts que les pétioles. Fleurs roses. Sépales brièvement mucronés, pubescents à poils étalés glanduleux. Pétales entiers, plus longs que le calice. Coques lisses, velues. *Graines ponctuées.* (I). Mai-octobre.

*C.* — Endroits pierreux, haies, buissons, bords des chemins, vieux murs.

8. **G. lucidum** L. *Sp.* 955 ; *Engl. bot.* t. 75 ; Rchb. *Ic.* V, f. 4872 ; *Illustr. fl. Par.* t. 6, f. h.; Bill. *Exsicc.* n. 1149 et *bis.* — [G. LUISANT].

Plante annuelle. Tiges de 2-4 décim., dressées ou ascendantes-diffuses, très glabres. *Feuilles palmatifides,* à 5-7 divisions incisées-crénelées ; les supérieures brièvement pétiolées. Pédoncules plus longs que les feuilles florales. Fleurs d'un beau rose. *Calice à 5 angles* très saillants *séparés par des sinus profonds. Sépales glabres,* connivents après la floraison ; les 2 extérieurs ovales-acuminés, brièvement aristés, *ridés transversalement,* à bords repliés en dedans; le moyen à un seul bord replié en dedans ; les 2 intérieurs lancéolés, plans, scarieux. Pétales entiers, une fois plus longs que le calice. *Coques ridées,* pubescentes-glanduleuses seulement au sommet et au bord sutural. Graines lisses. (I). Mai-août.

*R.* — Lieux pierreux, vieux murs, berges des rivières, buissons. — Corbeil ! ; Mennecy (*Des Étangs*); Lardy (*Maire*); Bouray près Lardy ! ; rochers d'Ormesson près Nemours (*Devilliers*) ; Malesherbes ! ; Dourdan ; parc du Bréau près Ablis (*de Noé*) ; Saint-Arnould-en-Ivelines (*Maire*); Épernon ! (*Vaill.* Bot. Par.); Dreux (*Dænen*). — *Graves* Cat. Oise : vieux murs à Gouvieux; Précy et La Morlaye près Chantilly.

9. **G. Robertianum** L. *Sp.* 955 ; *Engl. bot.* t. 1486 ; Rchb. *Ic.* V, f. 4871 ; *Illustr. fl. Par.* t. 6, f. *i.*; Bill. *Exsicc.* n. 1639. — [G. HERBE-A-ROBERT. — Vulg. *Herbe-à-l'esquinancie, Bec-de-grue commun*].

Plante annuelle, très odorante. Tiges de 2-6 décim., ascendantes-diffuses ou dressées, souvent rougeâtres, velues à poils étalés, glanduleuses surtout au sommet. *Feuilles palmatiséquées, à 3-5 segments pétiolulés* pinnatipartits à lobes incisés ; les supérieures brièvement pétiolées. Pédoncules plus longs que les feuilles, à pédicelles presque égaux souvent dressés. Fleurs purpurines striées. Sépales connivents après la floraison, assez longuement aristés, velus à longs poils étalés. Pétales entiers, environ une fois plus longs que le calice. Coques ridées sur le dos, pubescentes ou presque glabres, se séparant souvent de leur prolongement et restant suspendues à de longs filaments soyeux. Graines lisses. (I). Avril-octobre.

*C C.* — Haies, buissons, lieux frais, vieux murs.

## 2. **ERODIUM** L'Hérit. *Geran.* t. 2-6. — [ÉRODIUM].

Pétales ord. un peu inégaux, les 2 supérieurs un peu plus courts. Glandes hypogynes 5, alternes avec les pétales. *Étamines* 10 : *les 5 extérieures* opposées aux pétales, plus courtes, à filet élargi, *dépourvues d'anthère; les 5 intérieures fertiles* alternes avec les pétales. Coques linéaires-obovales atténuées inférieurement, présentant au sommet deux dépressions latérales ; *prolongements des coques* barbus à leur face interne, *se détachant* de l'axe *du sommet à la base* à la maturité *et se tordant en spirale* dans leur moitié inférieure.

Plantes annuelles, plus ou moins velues ou pubescentes. Feuilles pétiolées au moins les inférieures, pinnatiséquées à segments plus ou moins profondément incisés. Fleurs roses-purpurines, portées sur des pédoncules ord. pluriflores à pédicelles dressés ou réfractés disposés en ombelle.

1. **E. cicutarium** L'Hérit. in Ait. *Hort. Kew.* ed. 2, II, 414 ; *Engl. bot.* t. 1768 ;
Rchb. *Ic.* V, t. 183, f. 4864. — *Geranium cicutarium* L. *Sp.* 951. —
[É. A FEUILLES DE CIGUÉ].

Plante légèrement odorante, très polymorphe, de 1-5 décim., plus ou moins
velue, souvent glanduleuse au sommet, rarement presque glabre. Tiges ord.
nombreuses, presque nulles (s.-v. *præcox* Fl. Par. éd. 1) lors du développement des premières fleurs, s'allongeant ensuite plus ou moins, étalées ou
redressées. *Feuilles* pinnatiséquées, à 7-11 *segments* non décurrents, égaux
ou presque égaux, ovales ou ovales-oblongs, *pinnatipartits ou pinnatiséqués* à lobes dentés ou entiers. Pédoncules pluriflores, quelquefois 1-3-flores ;
bractées ovales acuminées, membraneuses, ciliées. Sépales oblongs, acuminés en une pointe courte, plus ou moins velus ou velus-glanduleux. Pétales un peu plus longs que le calice ou environ une fois plus longs que lui,
roses-purpurins, à onglet assez longuement cilié, plus ou moins inégaux.
*Filets des étamines* stériles linéaires-lancéolés, ceux des étamines *fertiles* plus
larges inférieurement *à élargissement entier*. Bec du fruit de 25-40 millim.
Coques velues, à poils roides apprimés, présentant un pli au-dessous de
chacune des dépressions du sommet. Cotylédons à 5 lobes (Gren. et Godr.).
(I). Avril-octobre et souvent pendant l'hiver.

   *C C.* — Champs cultivés ou incultes, bords des chemins, terrains sablonneux
ou pierreux, pelouses rases.

Var. α. *pimpinellæfolium.* (Gren. et Godr. *Fl. Fr.* I, 311. — *E. pimpinellæfolium*
  . Sibth. *Fl. Ox.* 211. — *E. commixtum* Jord. in F. Schultz *Arch. fl. Fr. et All.*
  164 ; Bill. *Exsicc.* n. 118 et *bis.* — *E. cicutarium* var. *maculatum* Fl. Par.
  éd. 1, 50). — Plante plus ou moins velue, souvent glanduleuse au sommet. Segments des feuilles à lobes ord. peu profonds souvent presque obtus. Pétales ord.
  environ une fois plus longs que le calice, présentant souvent au-dessus de l'onglet
  une tache d'un brun jaunâtre marquée de petites lignes noires.

Var. β. *Chærophyllum.* (DC. *Fl. Fr.* IV, 840). — Plante plus ou moins velue, ord.
  non glanduleuse. Segments des feuilles à lobes plus profonds ord. linéaires et
  très aigus. Pétales ord. un peu plus longs que le calice, dépourvus de tache au-
  dessus de l'onglet.

S.-v. *pilosum.* (*Geranium pilosum* Thuill. *Fl. Par.* 346). — Plante velue-hérissée blanchâtre. — Terrains sablonneux arides.

2. **E. moschatum** Willd. *Sp.* III, 631 ; L'Hérit. in Ait. *Hort. Kew.* ed. 2, II,
414 ; *Engl. bot.* t. 902 ; Rchb. *Ic.* V, f. 4867. — *Geranium moschatum*
L. *Sp.* 951 ; Jacq. *Hort. Vindob.* t. 55. — [É. MUSQUÉ].

Plante à odeur de musc très prononcée, de 1-6 décim., plus ou moins
velue et glanduleuse. Tiges étalées ou redressées, ord. épaisses robustes.
*Feuilles* pinnatiséquées, à 9-13 *segments* non décurrents, ovales ou ovales-
oblongs, inégalement *incisés-dentés.* Pédoncules ord. pluriflores ; bractées
ovales non acuminées, membraneuses. Sépales oblongs, acuminés en une
pointe épaisse, pubescents-glanduleux. Pétales environ de la longueur du
calice, d'un rose lilas, à onglet presque glabre ou à peine cilié, presque égaux.
*Filets des étamines* lancéolés-linéaires, ceux des étamines stériles obtus,
ceux des étamines *fertiles* plus larges inférieurement *à élargissement terminé
par deux dents.* Bec du fruit de 30-35 millim. Coques velues, à poils roides
apprimés, présentant un pli au-dessous de chacune des dépressions du

sommet. Cotylédons entiers, cordiformes (Gren. et Godr.). (I). Mai-septembre.

*R R R.* — Bords des champs arides, pelouses sèches, bords des chemins. — Magny (*Delavaux, Bouteille*). Jaux, canton de Compiègne (*Léré*). Trouvé en 1831 dans les bosquets de la colline de Grandfresnoy, département de l'Oise (*Graves Cat.*). — Indiqué à Rolleboise (*Mérat. Rev. fl. Par.*). — Cette espèce est répandue dans le midi et l'ouest de la France.

Le genre *Pelargonium,* dont on cultive en serre tempérée, sous le nom vulgaire de Géraniums, de nombreuses espèces pour la beauté de leurs fleurs ou leur odeur aromatique, est caractérisé par le calice irrégulier à 5 divisions la supérieure prolongée en un éperon soudé avec le pédicelle, par la corolle ord. à 5 pétales inégaux les 2 supérieurs plus grands ord. veinés, et par les étamines dont 4-7 seulement sont fertiles.

---

# IX. MALVACÉES

(MALVACEÆ Juss. *Gen.* 271 ex parte).

Fleurs hermaphrodites, régulières. — *Calice* à 5 rarement 3-4 sépales soudés inférieurement, persistant, *à préfloraison valvaire, muni à la base d'un calicule* à plusieurs folioles constitué par une ou plusieurs bractées munies de stipules. — *Corolle* caduque, *à 5 pétales* hypogynes, *soudés entre eux par l'onglet* et avec la base du tube staminal, *à préfloraison imbriquée-contournée.* — *Étamines en nombre indéfini,* hypogynes, à *filets* inégaux *soudés en un tube qui recouvre l'ovaire,* libres seulement dans leur partie supérieure les extérieurs plus courts. *Anthères unilobées,* s'ouvrant par une fente semi-circulaire. — *Ovaire libre, constitué par des carpelles nombreux uniovulés* disposés en un seul verticille autour d'un prolongement de l'axe (dans nos espèces), ou constitué par des carpelles peu nombreux soudés en un ovaire pluriloculaire à loges multiovulées. *Ovules insérés à l'angle interne des carpelles* ord. ascendants, pliés. *Styles soudés en colonne avec le prolongement de l'axe,* libres seulement dans leur partie supérieure; stigmates entiers. — Fruit composé de carpelles nombreux monospermes disposés en un verticille autour du prolongement persistant de l'axe, s'en séparant à la maturité et ouverts au côté interne, ou composé de carpelles peu nombreux soudés en une capsule à plusieurs loges polyspermes à déhiscence loculicide. — Graines ord. ascendantes, réniformes. Périsperme mince mucilagineux, quelquefois presque nul. *Embryon plié,* à cotylédons foliacés plissés longitudinalement, ord. échancrés en cœur à la base. Radicule rapprochée du hile.

Plantes bisannuelles ou vivaces, herbacées, quelquefois sous-frutescentes à la base, contenant un suc mucilagineux, plus ou moins velues à poils souvent étoilés. Feuilles alternes, pétiolées, palmatilobées ou palmatiséquées, munies de stipules. Fleurs solitaires ou fasciculées, axillaires ou terminales.

### 1. **MALVA** L. *Gen.* n. 841. — [MAUVE].

Calice à 5 divisions, muni d'un *calicule à 5 folioles libres* presque égales. Fruit déprimé, orbiculaire, composé de carpelles nombreux, monospermes, verticillés autour du prolongement de l'axe et s'en séparant à la maturité.

Plantes bisannuelles ou vivaces. Feuilles palmatilobées ou palmatiséquées. Fleurs roses ou purpurines striées, solitaires ou fasciculées à l'aisselle des feuilles, souvent rapprochées au sommet des rameaux.

**1. M. rotundifolia** L. *Sp.* 969; *Fl. Dan.* t. 721; Curt. *Lond.* fasc. III, t. 43; Rchb. *Ic.* V, t. 167, f. 4835. — [M. A FEUILLES RONDES. — Vulg. *Petite-Mauve, Fromagère, Fromageon*].

Tiges de 2-7 décim., étalées, couchées ou ascendantes, rameuses, plus ou moins pubescentes. Feuilles, même les supérieures, suborbiculaires profondément cordées à la base, superficiellement lobées à 5-7 lobes obtus doublement crénelés. *Fleurs disposées en fascicules axillaires.* Pédicelles fructifères penchés. Calice appliqué sur le fruit qu'il n'enveloppe pas complétement. Corolle d'un blanc rosé ou d'un rose lilas, environ 2 fois plus longue que le calice. *Carpelles* pubescents, *non réticulés.* ② ou ♃. Mai-octobre.

C C C. — Bords des chemins, villages, lieux cultivés et incultes.

**2. M. sylvestris** L. *Sp.* 969; *Engl. bot.* t. 671; Curt. *Lond.* fasc. II, t. 51; Rchb. *Ic.* V, f. 4840. — [M. SAUVAGE. — Vulg. *Mauve, Meule*].

Tiges de 3-8-décim., dressées, ascendantes ou étalées, rameuses, velues-hérissées surtout au sommet. Feuilles ord. tachées de noir à la base, crénelées-dentées ; les inférieures suborbiculaires cordées ou tronquées à la base, à 5-7 lobes peu profonds obtus ; les supérieures à 3-5 lobes plus profonds, étroits, ord. aigus. *Fleurs disposées en fascicules axillaires.* Pédicelles fructifères dressés. Calice à divisions dressées après la floraison, n'enveloppant pas complétement le fruit. *Corolle purpurine* veinée passant au violet, au moins 3 fois plus longue que le calice. *Carpelles* ord. glabres, *fortement réticulés.* ②. Mai-octobre.

C. — Bords des chemins, haies, buissons, lieux incultes.

On cultive assez fréquemment dans les jardins le *M. crispa* L. (*M. crépue*), à feuilles ondulées-crispées, à fleurs assez petites d'un rose pâle en fascicules axillaires.

**3. M. Alcea** L. *Sp.* 971; *Bot. mag.* t. 2197; Rchb. *Ic.* V, f. 4842. — [M. ALCÉE].

Tiges de 5-10 décim., dressées ou ascendantes, ord. rameuses, rudes pubescentes ou velues. Feuilles radicales suborbiculaires, tronquées ou cordées à la base, lobées ou palmatipartites à lobes crénelés ; les caulinaires profondément palmatipartites ou palmatiséquées à 3-5 lobes cunéiformes trifides incisés-dentés. *Fleurs solitaires à l'aisselle des feuilles,* souvent rapprochées au sommet des rameaux. *Calicule à folioles oblongues-aiguës.* Calice lâche très ample, enveloppant complétement le fruit. Corolle rose passant au lilas, environ 4 fois plus longue que le calice. *Carpelles glabres,* rarement un peu velus à la partie supérieure, *finement réticulés.* ♃. Juin-septembre.

A.C. — Lisière des bois, haies, buissons, endroits arides.

**4. M. moschata** L. *Sp.* 971 ; *Engl. bot.* t. 754 ; Rchb. *Ic.* V, f. 4841 ; Bill.
   *Exsicc.* n. 1841 et *bis*. — [M. MUSQUÉE].

Tiges de 2-6 décim., dressées ou ascendantes, simples ou rameuses, rudes velues-hérissées. Feuilles radicales suborbiculaires, tronquées ou cordées
à la base, lobées à lobes crénelés ; les caulinaires profondément palmatipartites ou palmatiséquées à 3-5 lobes eux-mêmes divisés en lobes linéaires
entiers ou incisés. *Fleurs solitaires à l'aisselle des feuilles*, souvent rapprochées au sommet des rameaux. *Calicule à folioles linéaires*. Calice lâche très
ample, enveloppant complétement le fruit. Corolle rose passant au lilas, environ 4 fois plus longue que le calice. *Carpelles velus-hérissés, non réticulés.*
♃. Juin-septembre.

A.C. — Lisière des bois, prés secs, endroits arides.

S.-v. *elatior*. — Tiges de 4-8 décim. Feuilles supérieures à 3-5 lobes cunéiformes trifides incisés-dentés. — Endroits ombragés, buissons.


## 2. ALTHÆA L. *Gen.* n. 839. — [GUIMAUVE].

Calice à 5 divisions, muni d'un *calicule à 6-9 folioles soudées dans leur
tiers inférieur* presque égales. Fruit déprimé, orbiculaire, composé de carpelles nombreux, monospermes, verticillés autour du prolongement de l'axe
et s'en séparant à la maturité.

Plantes annuelles ou vivaces, velues ou tomenteuses. Feuilles palmatilobées ou
palmatiséquées. Fleurs purpurines ou roses, plus ou moins striées, solitaires ou fasciculées à l'aisselle des feuilles, souvent rapprochées au sommet des rameaux.

† **A. officinalis** L. *Sp.* 966 ; *Engl. bot.* t. 147 ; Rchb. *Ic.* V, t. 173, f. 4849 ;
   Bill. *Exsicc.* n. 738. — [G. OFFICINALE. — Vulg. *Guimauve*].

Plante vivace, à souche terminée par une racine pivotante épaisse. Tiges de 6-12
décim., dressées, pubescentes-tomenteuses. *Feuilles mollement tomenteuses-blanchâtres*, ovales, anguleuses sublobées, tronquées ou à peine cordées à la base,
crénelées à crénelures inégales ; les inférieures sub-5-lobées ; les supérieures sub-
3-lobées. *Fleurs* d'un rose pâle, ord. *fasciculées à l'aisselle des feuilles*, rapprochées au sommet des tiges et des rameaux. Calice tomenteux, à divisions ovales-
acuminées. *Carpelles tomenteux.* ♃. Juin-août.

Très généralement cultivé comme plante médicinale. Fréquemment naturalisé
autour des villages dans les haies et les endroits humides.

L'*A. cannabina* L. (Rchb. *Ic.* V, f. 4847 ; Bill. *Exsicc.* n. 1632. — *G. à
feuilles de Chanvre*), que l'on cultive quelquefois dans les jardins et qui s'est naturalisé à Malesherbes dans le voisinage du château, se reconnaît à ses feuilles velues-soyeuses les inférieures profondément palmatipartites les supérieures palmatiséquées à segments lancéolés incisés, à ses pédicelles dépassant longuement les
feuilles florales, et à son calice tomenteux à divisions ovales-acuminées.

1. **A. hirsuta** L. *Sp.* 965 ; Cav. *Diss.* II, t. 29, f. 1 ; Rchb. *Ic.* V, f. 4846. —
   [G. HÉRISSÉE].

Plante annuelle. *Tiges de 2-6 décim., dressées, ascendantes ou étalées,
hérissées de longs poils étalés. Feuilles vertes parsemées de poils roides*,
ciliées, cordées ou tronquées à la base ; les inférieures suborbiculaires, sub-5-
lobées crénelées ; les supérieures profondément palmatipartites ou palmatiséquées, à 3-5 lobes oblongs crénelés. *Fleurs* d'un rose lilas passant au bleu par
la dessiccation, *solitaires à l'aisselle des feuilles*, souvent rapprochées au

sommet des tiges ou des rameaux. Calice vert, à divisions lancéolées-linéaires, hérissées-ciliées. *Carpelles glabres, fortement réticulés.* ①. Juin-septembre.

A.R. — Haies, buissons, bords des champs en friche. — Saint-Maurice!. La Frette, Montaigu près Saint-Germain (*de Schœnefeld*). Forêt de Senart!; bois de Rougeaux (*Vigineix*); Mennecy!; Lardy (*Kralik*); Étrechy!; Le Châtelet près Melun; Valvin (*Woods*); Champagne!; Malesherbes!; Pithiviers!. Beaubourg près Lagny (*G. Thuret*). La Ferté-sous-Jouarre (*Adr. de Jussieu*). La Roche-Guyon!; Vernon!, etc.

On cultive dans tous les jardins l'*A. rosea* Cav. (vulg. *Rose-trémière, Bâton-de-Saint-Jacques*). Cette plante se distingue à ses tiges de 1-2 mètres, robustes, dressées, velues, à ses fleurs très amples, rouges, jaunes ou blanches, quelquefois pourpres ou panachées, disposées en une grappe spiciforme terminale, et à ses carpelles entourés d'un rebord membraneux. — On cultive également dans les parterres le *Lavatera trimestris* L. (vulg. *Mauve royale*), qui se reconnaît à son calicule à folioles soudées jusqu'au milieu de leur longueur, et au prolongement de l'axe épanoui au-dessus des carpelles en un plateau qui les déborde. — L'*Hibiscus Syriacus* L. (vulg. *Althéa, Ketmie-des-jardins*), arbrisseau à fruit capsulaire à plusieurs loges polyspermes, à fleurs blanches ou roses, est fréquemment planté dans les bosquets.

---

# X. TILIACÉES

(TILIACEÆ Juss. *Gen.* 289 ex parte).

Fleurs hermaphrodites, régulières. — *Calice* à 5 sépales libres, caducs, *à préfloraison valvaire.* — Corolle à 5 pétales hypogynes, libres, à préfloraison imbriquée. — *Étamines en nombre indéfini*, hypogynes, à filets libres plus rarement soudés par faisceaux à la base. Anthères bilobées, introrses. — *Ovaire* libre, *ord. à 5 carpelles*, ord. à 5 loges biovulées. *Ovules insérés à l'angle interne des loges*, ascendants, réfléchis. Styles soudés en un style indivis; stigmates 5, plus ou moins distincts. — *Fruit presque ligneux, indéhiscent, à 5 angles, uniloculaire par la disparition des cloisons, 1-2-sperme* par avortement. — Graines ascendantes. Embryon presque droit, placé dans un *périsperme charnu*. Radicule dirigée vers le hile.

*Arbres* à fibres du liber tenaces, à séve aqueuse submucilagineuse. Feuilles alternes, pétiolées, simples, munies de stipules très caduques. Fleurs en cymes axillaires pauciflores ou pluriflores.

### 1. TILIA L. *Gen.* n. 660. — [TILLEUL].

Calice à 5 sépales libres, colorés. Corolle à 5 pétales. Étamines en nombre indéfini. Ovaire à 5 loges biovulées. Style indivis; stigmate à 5 lobes. Fruit ord. subglobuleux, à 5-10 côtes plus ou moins prononcées, presque ligneux, velu, uniloculaire par la disparition des cloisons, 1-2-sperme par avortement.

*Arbres ord. élevés*, à bois blanc et léger. *Feuilles* suborbiculaires, obliquement cordées, brusquement acuminées, dentées, pubescentes ou glabres, offrant aux angles de ramification des nervures des faisceaux de poils persistants, celles *des rameaux florifères présentant à leur aisselle* un bourgeon à feuilles qui ne se développe que l'année suivante et *un pédoncule commun soudé* dans une grande partie de sa longueur *avec une bractée membraneuse* blanchâtre *réticulée*. Fleurs jaunâtres ou blanchâtres, à odeur suave; pédicelles munis de bractées très petites, caduques avant la floraison.

1. **T. platyphyllos** Scop. *Carn*. I, 373; Rchb. *Ic*. VI, t. 316-318, f. 5139; Bill. *Exsicc*. n. 336 et *bis* et *ter* et *quater*. — *T. grandifolia* Ehrh. *Beitr*. V, 158. — *T. pauciflora* Hayne *Arzn*. III, t. 48. — [T. A GRANDES FEUILLES. — Vulg. *Tilleul commun, T. de Hollande*].

Arbre ord. élevé. *Bourgeons velus. Feuilles adultes mollement pubescentes dans toute l'étendue de leur face inférieure*, à faisceaux de poils de l'angle de ramification des nervures ord. très marqués. Pédoncule commun à bractée ord. décurrente jusqu'à sa base, ord. 1-3-flore. Stigmate à lobes ord. dressés. Fruit à côtes épaisses, saillantes, à parois épaisses résistantes. ♄. *Fl*. juin. *Fr*. juillet.

*A.C.* — Bois, forêts. — Communément planté dans les parcs et sur les promenades publiques.

2. **T. sylvestris** Desf. *Cat. hort. Par*. 152. — *T. parvifolia* Ehrh. *Beitr*. V, 159; *Engl. bot*. t. 1705; Rchb. *Ic*. VI, f. 5137; Bill. *Exsicc*. n. 338.— *T. microphylla* Willd. *Enum. hort. Berol*. I, 565. — [T. SYLVESTRE. — Vulg. *T. à petites feuilles*].

Arbre ord. élevé. *Bourgeons glabres. Feuilles adultes* souvent très petites, *à face inférieure glabre ne présentant de poils qu'aux angles de ramification des nervures*. Pédoncule commun nu dans son tiers inférieur, ord. 3-8-flore. Stigmate à lobes ord. plus ou moins étalés. Fruit à côtes à peine saillantes, à parois minces fragiles. ♄. *Fl*. juillet. *Fr*. juillet-août.

*A.C.* — Bois, forêts. — Saint-Maur!. Forêt de Senart!. Saint-Léger!. La Roche-Guyon!. Très abondant dans les forêts du département de l'Oise!. Forêt de Sordun près Provins. — Planté çà et là dans les parcs et sur les promenades publiques.

S.-v. *opaca*. — Feuilles blanchâtres à la face inférieure.

Dans ces deux espèces la longueur et la largeur de la bractée sont très variables.

On rencontre assez fréquemment sur les promenades publiques et dans les parcs les *T. intermedia* DC. et *argentea* Desf. — Le *T. intermedia*, voisin du *T. sylvestris*, s'en distingue par les feuilles plus brièvement pétiolées, et par le fruit environ deux fois plus gros, ellipsoïde, à côtes saillantes et à parois résistantes. — Le *T. argentea* est surtout caractérisé par les bourgeons pubescents, par les feuilles blanches-argentées en dessous dépourvues de poils à l'angle de ramification des nervures, par le style glabre plus long que les étamines et par le fruit à côtes saillantes.

---

# XI. POLYGALÉES

(POLYGALEÆ Juss. in *Ann. Mus*. XIV, 386).

*Fleurs* hermaphrodites, *irrégulières*, à préfloraison imbriquée. — *Calice* persistant, *à 5 sépales* libres, très inégaux ; les 3 extérieurs plus petits, herbacés, 1 supérieur, 2 inférieurs ; *les 2 intérieurs* ou latéraux (ailes) *très amples, pétaloïdes*.—Corolle caduque, à 3 pétales (1) hypogynes, longuement soudés par l'intermédiaire des filets des étamines

(1) Les deux pétales latéraux, qui devraient compléter la symétrie, manquent entièrement dans les espèces européennes.

en un tube fendu supérieurement dans toute sa longueur; les supérieurs connivents, entiers; l'inférieur concave, d'une autre forme, renfermant les organes sexuels, à limbe trilobé ou profondément lacinié. — Étamines 8, hypogynes, à filets soudés aux pétales. *Anthères disposées par 4 en deux faisceaux* opposés, *unilobées s'ouvrant par un pore terminal.* — Ovaire libre, à 2 carpelles alternes avec les ailes, à 2 loges uniovulées. *Ovules insérés à la cloison* un peu au-dessous du sommet, suspendus, réfléchis. Styles soudés en un style indivis, comprimé en sens inverse de l'ovaire, caduc, pétaloïde, tubuleux, divisé au sommet en deux lèvres l'inférieure stigmatifère embrassant les anthères. — Fruit capsulaire membraneux, biloculaire, comprimé perpendiculairement à la cloison, à loges monospermes, à déhiscence loculicide. — Graines suspendues, couronnées d'une caroncule lobée. Périsperme charnu, mince. Embryon droit ou légèrement arqué, placé dans le périsperme. Radicule dirigée vers le hile.

Plantes ord. vivaces, herbacées, souvent sous-frutescentes à la base, contenant quelquefois un suc amer. Feuilles alternes, plus rarement opposées, sessiles, entières; stipules nulles. Fleurs en grappes spiciformes terminales.

### 1. **POLYGALA** L. *Gen.* n. 851. — [POLYGALA, LAITIER].

Calice à 5 sépales très inégaux, les 2 intérieurs (*ailes*) beaucoup plus grands, pétaloïdes devenant membraneux-herbacés à la maturité. Pétale inférieur à limbe profondément lacinié sous forme de crête à lanières disposées sur deux rangs (dans nos espèces), plus rarement trilobé. Capsule oblongue ou obovale, plus ou moins échancrée au sommet, très comprimée perpendiculairement à la cloison, entourée d'un rebord mince plus ou moins large. Graines noirâtres, oblongues, velues, couronnées d'une caroncule blanche trilobée.

Plantes vivaces, à tiges ord. nombreuses disposées en touffes, glabres ou presque glabres. Feuilles lancéolées ou linéaires-oblongues, les inférieures quelquefois plus amples obovales. Fleurs bleues, roses ou blanches, penchées, munies de 3 bractées membraneuses très caduques, disposées en grappes dressées souvent unilatérales, la grappe terminale se développant la première.

1. **P. Austriaca** Crantz *Austr.* fasc. v, 439, t. 2, f. 4; Rchb. *Pl. crit.* I, t. 21, f. 39; Bill. *Exsicc.* n. 331; *Illustr. fl. Par.* t. 7, f. 1-3. — *P. uliginosa* Rchb., loc. cit. f. 40-41. — *P. amara* Koch *Syn. fl. Germ.* ed. 2, 100, excl. plur. syn. — [P. D'AUTRICHE].

Plante d'une saveur amère. Tiges de 1-2 décim., ascendantes ou dressées. Feuilles inférieures ord. rapprochées en rosette, obovales atténuées à la base, beaucoup plus larges que les supérieures; les supérieures oblongues ou linéaires-oblongues. Fleurs très petites, blanches ou bleuâtres. *Ailes* oblongues ou obovales-oblongues, plus étroites et plus courtes que la capsule ou la dépassant à peine, à 3 nervures, la *nervure moyenne simple ne s'anastomosant pas avec les latérales*, les latérales à peine ramifiées. Capsule très petite. *Caroncule à lobes* presque égaux, les *latéraux très obtus environ 4 fois plus courts que la graine.* ♃? Mai-juin.

R. — Pelouses humides, prairies tourbeuses, bords des fossés des marais tourbeux. — Champceuil près Mennecy (*Des Étangs*) ; Itteville (*G. Thuret*) ; marais de Vayres ! près Dhuison ; forêt de Fontainebleau ! : parc de Fontainebleau, Valvin, Mare-aux-Évées, Bouron ; marais d'Épisy près Moret ! (*Vaill. Bot. Par.*); Nemours, Larchant (*Devilliers*) ; abondant à Malesherbes ! (*Bernard*). Env. de Compiègne (*Léré, Pillot*) ; Trouaisnes, Oigny près Villers-Cotterets (*Questier*).

2. **P. calcarca** F. Schultz ! in *Bot. Zeit.* (1837) 752, et in *Exsicc.* cent. 2 , n. 15 ; Koch *Syn. fl. Germ.* ed. 2, 100 ; Gren. et Godr. *Fl. Fr.* I, 196 ; Bill. *Exsicc.* n. 113. — *Polygala Buxi minoris folio* Vaill. *Bot. Par.* t. 32, f. 2. — *P. amarella Fl. Par.* éd. 1, 56, et *Illustr. fl. Par.* t. 7, f. 4-6 (non Gesn. in Crantz *Austr.* fasc. v, 438 e locis natalibus indicatis). — [P. DES TERRAINS CALCAIRES].

Plante de 1-2 décim. Tiges nombreuses, étalées, ord. dépourvues de feuilles dans leur partie inférieure, à *rameaux florifères* simples dressés *partant 1-6 du centre des rosettes de feuilles. Feuilles* la plupart *rapprochées en rosette au sommet des tiges, obovales, beaucoup plus larges que celles des rameaux florifères;* celles des rameaux florifères oblongues-linéaires. Fleurs bleues, plus rarement roses ou blanches. *Ailes* oblongues ou oblongues-obovales, plus longues que la capsule, *à* 3 nervures, la *nervure moyenne ramifiée s'anastomosant avec les latérales,* les latérales très ramifiées à ramifications anastomosées en réseau. *Caroncule à lobes latéraux aigus atteignant presque la moitié de la longueur de la graine.* ♃. Mai-juin.

*A.R.* — Pelouses élevées; coteaux calcaires. — Sèvres (*Vaill. Bot. Par.*) ; Saint-Germain !. Très abondant à Mantes !, à Fontenay-Saint-Père !, à La Roche-Guyon et à Vernon !. Luzarches (*De Lens*) ; forêt de Chantilly (*A. Jamain*) ; Pouilly ! ; env. de Gisors !; Montmille près Beauvais !; Autrèches près Attichy (*de Schœnefeld*). Breteuil près Nemours (*Decaisne*) ; Malesherbes ! (*Requien*). Cocherelle près Dreux (*Dænen*). — *Graves* Cat. Oise : Creil ; bois du Quesnoy près Tartigny ; Beausséré ; Loconville ; canton de Noailles ; forêt de Hez.

3. **P. depressa** Wenderoth *Schrift. Ges. nat. Marburg* I, t. 1 ; *Illustr. fl. Par.* t. 8, f. *b* ; Bill. *Exsicc.* n. 1428 et *bis.* — *Polygala quæ Onobrychis* Vaill. *Bot. Par.* t. 32, f. 3. — *P. serpyllacea* Weihe *Bot. Zeit.* II, 745. — *P. oxyptera* Rchb. *Pl. crit.* I, f. 46. — [P. DÉPRIMÉ].

Tiges de 5-20 centim., étalées, feuillées dans toute leur longueur, plus rarement nues à la base. *Feuilles inférieures* jamais rapprochées en rosette, *la plupart opposées,* très petites, oblongues ou oblongues-obovales atténuées à la base ; les supérieures toutes alternes, d'autant plus longues qu'elles sont plus supérieures, oblongues ou linéaires-oblongues. *Fleurs* d'un bleu pâle ou blanches, *en grappes courtes 5-10-flores;* la grappe terminale dépassée à sa maturité par des grappes latérales. *Ailes* oblongues étroites atténuées à la base, plus longues que la capsule, *à* 3 nervures, la *nervure moyenne ramifiée s'anastomosant avec les latérales,* les latérales très ramifiées à ramifications anastomosées en réseau. Caroncule à lobes latéraux un peu aigus atteignant environ le tiers de la longueur de la graine. ♃. Mai-juin.

*A.C.* — Bois montueux, pelouses sèches ou humides, bruyères, prairies tourbeuses. — Abondant à Meudon !; Ville-d'Avray !; Versailles !; Jouy !; étang du Serisaye !. Montmorency !. Forêts de Senart ! et d'Armainvilliers. Magny !; Vernon !. Neuville-Bosc !; Beauvais ; Saint-Germer. Forêt de Compiègne (*Graves* Cat.), etc.

S.-v. *collina.* — Tiges de 5-10 centim. Feuilles la plupart ovales-oblongues, roides, ord. rougeâtres.

**4. P. vulgaris** L. *Sp.* 986 ; Rchb. *Pl. crit.* 1, f. 52-53 ; *Illustr. fl. Par.* t. 8, f. *a*, n. 1-5 ; Bill. *Exsicc.* n. 329. — *P. major vulgaris* Vaill. *Bot. Par.* t. 32, f. 1. — [P. COMMUN. — Vulg. *Polygala, Laitier commun*].

Tiges de 1-3 décim., couchées à la base ascendantes ou dressées, feuillées dans toute leur longueur, plus rarement nues à la base, à *rameaux florifères naissant à diverses hauteurs. Feuilles inférieures éparses* oblongues-obovales atténuées à la base, *ord. plus courtes que les supérieures*; les supérieures lancéolées-linéaires. Fleurs bleues ou roses, rarement blanches, en grappes multiflores rarement dépassées par des grappes latérales. *Ailes* oblongues ou oblongues-obovales, plus longues ou plus courtes que la capsule, à 3 nervures, la *nervure moyenne ramifiée s'anastomosant avec les latérales*, les latérales très ramifiées à ramifications anastomosées en réseau. Caroncule à partie centrale soulevée en casque, à lobes latéraux aigus ou presque obtus atteignant environ le tiers de la longueur de la graine. ♃. Mai-juillet.

C C. — Pelouses, prairies sèches ou humides, bois, bruyères.

Var. β. *comosa*. (Soy.-Will. *Cat.* 143 ; *Illustr. fl. Par.* t. 8, f. *a*, n. 6.—*P. comosa* Schk. II, t. 294 ; Rchb. *Pl. crit.* 1, f. 54-56 ; F. Schultz *Exsicc.* cent. 2, n. 13 *bis* ; Bill. *Exsicc.* n. 1426 et *bis*). — Bractées dépassant les boutons et les jeunes fleurs et donnant au sommet des grappes une apparence chevelue. — R R. — Lardy ! (*Maire*) ; Fontainebleau. Provins (*Bouteiller*). Luzarches (*Maire*).

Var. γ. *parviflora*. — Bractées ne dépassant pas les boutons et les jeunes fleurs. Fleurs plus petites de moitié que dans le type. Ailes débordées dans tous les sens par la capsule, à nervures moins ramifiées à ramifications peu distinctes. — Pelouses sèches. — Luzarches (*De Lens*).

---

# XII. ACÉRINÉES

(ACERA Juss. *Gen.* 250.— ACERINEÆ DC. *Théor. élém.* éd. 2, 244).

Fleurs hermaphrodites, ou unisexuelles par avortement, régulières, à préfloraison imbriquée ou valvaire. — Calice à 5 plus rarement 4-9 sépales soudés à la base, souvent colorés, caducs. — *Disque hypogyne annulaire très épais,* soudé inférieurement avec la base du calice. — Corolle à pétales en nombre égal à celui des sépales, insérés au bord du disque, libres, plus rarement nuls. — *Étamines 5-12 ord. 8,* insérées sur le disque, à filets libres entre eux. Anthères bilobées, introrses. — *Ovaire* libre, entouré par le disque, *à 2 carpelles,* à 2 loges biovulées comprimées-ailées perpendiculairement à la cloison. *Ovules insérés à l'angle interne des loges,* ascendants, pliés. Styles soudés inférieurement, libres supérieurement et stigmatifères à leur face interne (vulg. stigmates) ord. enroulés en dehors. — *Fruit sec, se partageant en 2 coques* (1) *monospermes* très rarement dispermes *indéhiscentes prolongées chacune*

---

(1) Nous avons fréquemment observé dans les *Acer Pseudo-Platanus* et *platanoïdes* des fleurs où l'ovaire présentait 3-4 carpelles ; le fruit présentait de même 3-4 coques également développées.

*en une aile dorsale membraneuse.* Columelle indivise ou bifide, persistante. — *Graines* ascendantes, *dépourvues de périsperme,* à tégument un peu charnu à sa face interne. *Embryon plié, à cotylédons* verts *subfoliacés pliés-enroulés.* Radicule rapprochée du hile.

Arbres à séve aqueuse ord. sucrée. Feuilles opposées, pétiolées, palmatilobées ou palmatipartites, rarement pinnatiséquées; stipules nulles. Fleurs en corymbes composés dressés ou en panicules racémiformes pendantes.

### 1. **ACER** L. *Gen.* n. 1155 ex parte. — [ÉRABLE].

Fleurs polygames. Calice à 5 plus rarement 4-9 divisions souvent colorées. Corolle à pétales en nombre égal à celui des divisions du calice et ord. de même couleur. Étamines 5-12 ord. 8, plus longues dans les fleurs mâles. Coques présentant à leur face interne un duvet laineux.

Arbres ord. élevés, à bois blanc et dur. Feuilles palmatilobées. Fleurs jaunâtres ou verdâtres, se développant ord. en même temps que les feuilles.

1. **A. campestre** L. *Sp.* 1497; *Engl. bot.* t. 304; Rchb. *Ic.* V, t. 162, f. 4825; Bill. *Exsicc.* n. 948 et *bis.* — [É. CHAMPÉTRE].

Arbre ou arbrisseau rameux. *Feuilles* à face supérieure d'un beau vert, à face inférieure d'un vert pâle, palmatilobées *à 5 divisions entières obtuses ou* la moyenne et les latérales *subtrilobées à lobes obtus entiers. Fleurs* verdâtres *en corymbes rameux dressés* à pédoncules et à pédicelles pubescents. Pétales linéaires spatulés. Ovaire pubescent. Coques très pubescentes. Ailes égalant à la base la largeur de la coque, horizontalement divergentes. ♄. *Fl.* mai. *Fr.* juin-juillet.

*C.* — Bois, taillis.

S.-v. *leiocarpum.* — Coques glabres.

L'*A. Monspessulanum* L. (*É. de Montpellier*), assez fréquemment planté dans les parcs, se rapproche de cette espèce par son port et par ses feuilles à divisions entières; il s'en distingue par ses feuilles trilobées blanches en dessous, et par son fruit à coques glabres à ailes rétrécies à la base dressées à peine divergentes.

† **A. platanoides** L. *Sp.* 1496; Guimpel *Abbild.* t. 211; Rchb. *Ic.* V, f. 4828; Bill. *Exsicc.* n. 1444. — [É. PLANE. — Vulg. *Plane, Faux-Sycomore*].

Arb. ord. élevé. *Feuilles* vertes sur les deux faces, luisantes en dessous, palmatilobées *à 5-7 divisions profondément dentées à dents longuement acuminées. Feurs* jaunâtres, *en corymbes rameux dressés.* Coques glabres. Ailes égalant à la base la largeur de la coque, très divergentes. ♄. *Fl.* avril. *Fr.* juin-juillet.

Fréquemment planté dans les avenues, les parcs et sur les promenades publiques.

On plante quelquefois dans les parcs l'*A. opulifolium* Vill. (*É. à feuilles d'Obier*) qui se distingue à ses feuilles blanches en dessous, à 5 divisions lobées à lobes obtus crénelés dentés, à ses fleurs en corymbes un peu pendants.

† **A. Psendo-Platanus** L. *Sp.* 1495; *Engl. bot.* t. 303; Rchb. *Ic.* V, f. 4829.— [É. FAUX-PLATANE. — Vulg. *Sycomore*].

Arbre plus ou moins élevé. *Feuilles blanches* et à nervures très saillantes *en dessous,* palmatilobées à 5 divisions crénelées-dentées à dents obtuses. *Fleurs* verdâtres, *en grappes allongées pendantes,* à axe principal pubescent, à axes secondaires inférieurs rameux, les fleurs de la partie inférieure de la grappe hermaphrodites fertiles, celles du sommet mâles et se détachant après la floraison avec les axes qui les supportent. Pétales linéaires-spatulés. Ovaire laineux. Coques glabrescentes. Ailes très rétrécies à la base, peu divergentes, souvent rougeâtres. ♄. *Fl.* mai. *Fr.* juin-juillet.

Fréquemment planté dans les bois, les avenues, les parcs et sur les promenades publiques.

Le genre *Negundo* est caractérisé surtout par les fleurs dioïques apétales dépourvues de disque hypogyne, à calice très court inégalement 4-5-denté ; par les fleurs mâles naissant avant les feuilles, d'apparence amentacée, à 4-5 anthères linéaires ord. de couleur rouge portées par un filet court et capillaire, dépassant le calice de toute leur longueur, disposées en grappes pendantes caduques, à pédoncules et à pédicelles filiformes très longs, groupées en fascicules opposés ; par les fleurs femelles naissant en même temps que les feuilles, à calice dépassé par les stigmates, disposées en grappes pendantes solitaires ; et par les feuilles pinnatiséquées à segments pétiolulés, inégalement dentés. — Le *Negundo fraxinifolium* Nutt. (*Acer Negundo* L. — *Négondo à feuilles de Frêne.* — Vulg. *Négondo*), originaire de l'Amérique du Nord, est fréquemment planté dans les parcs et sur les promenades publiques.

---

# † HIPPOCASTANÉES

(HIPPOCASTANEÆ DC. *Théor. élém.* éd. 2, 244 ).

Fleurs hermaphrodites, ou unisexuelles par avortement, irrégulières. — Calice à 5 *sépales* inégaux *soudés inférieurement en un tube campanulé*, caduc, à préfloraison imbriquée. — Corolle à 5 pétales, plus rarement 4 par avortement, hypogynes, inégaux, libres, à préfloraison imbriquée. — *Étamines* 5-10 ord. 7, hypogynes, insérées sur un disque annulaire ou unilatéral, *à filets libres* réfléchis-arqués. Anthères bilobées, introrses. — *Ovaire libre*, à 3 carpelles, *à 5 loges biovulées.* *Ovules insérés à l'angle interne des loges*, pliés, *le supérieur suspendu, l'inférieur dressé.* Styles soudés en un style indivis un peu arqué-réfléchi ; stigmate terminal, très petit ponctiforme. — *Fruit capsulaire* charnu-coriace, ord. parsemé d'épines, 3-loculaire, ou 1-2-loculaire par avortement, *à loges* ord. *monospermes par avortement, à déhiscence loculicide*, s'ouvrant en 2-3 valves. — *Graines* très grosses, à hile très large, globuleuses déformées par compression mutuelle, à testa ligneux luisant, *dépourvues de périsperme. Embryon plié*, à cotylédons très volumineux. Radicule rapprochée du hile.

Arbres ord. élevés. *Feuilles opposées*, pétiolées, *composées-digitées* à 5-9 folioles dentées ; stipules nulles. Fleurs disposées en panicules.

† **ÆSCULUS** L. *Gen.* n. 462 ex parte. — [MARRONNIER-D'INDE].

Fleurs polygames. Calice campanulé, à 5 lobes inégaux. Corolle à 5 pétales inégaux, étalés, ondulés-plissés. Étamines à filets réfléchis-arqués. Fruit parsemé d'épines. Cotylédons restant hypogés après la germination.

Bourgeons ord. visqueux extérieurement et munis intérieurement d'une bourre laineuse. Fleurs blanches tachées de jaune ou de rouge, en panicules pyramidales racémiformes dressées composées de grappes scorpioïdes.

† **Æ. Hippocastanum** L. *Sp.* 488 ; Guimpel *Abbild.* t. 40 ; Rchb. *Ic.* V, t. 161, f. 4822. — [M. COMMUN].

Arbre très élevé, touffu. Feuilles très amples, composées-digitées à 5-9 folioles sessiles obovales atténuées à la base doublement dentées brusquement acuminées à nervures secondaires parallèles. Panicules compactes, dressées, disposées à la circonférence de l'arbre. Calice se fendant souvent d'une manière irrégulière. Pétales pubescents-ciliés, oblongs-suborbiculaires brusquement rétrécis en un onglet charnu qui forme un angle droit avec le limbe, blancs marqués à la base d'une tache jaune qui passe ensuite au rouge. Étamines à filets pubescents, à anthères rougeâtres. Ovaire réduit dans les fleurs mâles, qui sont les plus nombreuses, à une masse charnue oblongue velue ne présentant pas de style ou un style rudimentaire court et droit. ♃. *Fl.* mai. *Fr.* août-septembre.

Fréquemment planté dans les parcs et sur les promenades publiques. — Originaire de l'Asie.

On plante quelquefois dans les parcs et sur les promenades publiques les *Pavia rubra* Lmk et *lutea* Poir.

---

# XIII. CÉLASTRINÉES

(CELASTRINEÆ R. Br. *Gen. rem.* 22. — *Rhamnorum* sect. 2. Juss. *Gen.* 377).

Fleurs hermaphrodites, ou unisexuelles par avortement, régulières, à préfloraison imbriquée. — Calice à 4-5 sépales soudés à la base, persistants. — Corolle à 4-5 pétales insérés au bord d'un *disque hypogyne annulaire épais*, libres, caducs. — *Étamines 4-5, insérées avec les pétales au bord du disque*, à filets libres. Anthères bilobées, s'ouvrant latéralement. — *Ovaire* libre ou soudé à sa base avec le disque, *à 3-5 carpelles*, à 3-5 loges biovulées. *Ovules insérés à l'angle interne des loges*, ascendants, réfléchis. Styles soudés en un style indivis, très court ; stigmate 3-5-lobé ou presque entier. — *Fruit capsulaire* cartilagineux, *à 3-5 loges dispermes, ou monospermes* par avortement, *à déhiscence loculicide.* —*Graines* ascendantes, *munies d'un faux arille charnu* coloré qui les enveloppe complétement ou incomplétement et qui résulte d'un accroissement des bords de l'exostome qui se renversent en dehors (Planchon). *Embryon droit*, placé dans un périsperme charnu oléifère. Radicule dirigée vers le hile.

*Arbres ou arbrisseaux* peu élevés. Feuilles ord. opposées, pétiolées, dentées ou presque entières ; stipules presque nulles. Fleurs en cymes axillaires.

## 1. EVONYMUS L. *Gen.* n. 271. — [FUSAIN].

Calice à 4-5 divisions. Pétales 4-5. Étamines 4-5. Capsule à 3-5 lobes, à 3-5 loges dispermes, ou monospermes par avortement. Graines munies d'un faux arille charnu coloré qui les enveloppe complétement ou incomplétement.

Arbrisseaux. Feuilles finement dentées. Fleurs petites, à pétales blanchâtres.

1. **E. Europæus** L. *Sp.* 286 ; *Engl. bot.* t. 362 ; Bull. *Herb.* t. 135 ; Rchb. *Ic.* VI, t. 309, f. 5134 ; Bill. *Exsicc.* n. 1446. — [F. D'EUROPE. — Vulg. *Bonnet-carré, Bonnet-de-prêtre, Caprenotier*].

Arbrisseau plus ou moins élevé, ord. très rameux, à rameaux ord. opposés, à écorce des jeunes rameaux ord. verte lisse. Feuilles glabres, brièvement pétiolées, oblongues-acuminées, finement dentées. Fleurs munies à leur base de bractées subulées, disposées en cymes pauciflores au sommet de pédoncules axillaires. Calice à divisions étalées ou réfléchies. Pétales oblongs. Capsule rose à la maturité, à 3-4 plus rarement 5 lobes obtus. *Graines blanchâtres, complétement enveloppées par un faux arille charnu d'un rouge orangé.* ♃. *Fl.* mai. *Fr.* août-septembre.

*C.* — Haies, taillis, endroits découverts des bois.

On plante quelquefois dans les parcs l'*E. verrucosus* Scop. (*F. verruqueux*), qui se reconnaît à ses rameaux verruqueux, à ses feuilles arrondies à la base, à ses pétales suborbiculaires, et à ses graines incomplétement enveloppées par le faux arille.

On plante également dans les parcs le *Staphylea pinnata* L. (Bill. *Exsicc.* n. 2038; *Staphylier pinné.*—Vulg. *Faux-Pistachier, Nez-coupé, Patenôtier*), qui appartient à une famille voisine, les *Staphyléacées.* Cette espèce se distingue à son fruit capsulaire membraneux renflé vésiculeux à 2-3 loges, à ses graines peu nombreuses très grosses dépourvues de faux arille à testa osseux à amande verte, à ses fleurs blanches en grappes, et à ses feuilles imparipinnées.

# † AMPÉLIDÉES

(VITES Juss. *Gen.* 267. — AMPELIDEÆ Kunth in Humb. et Bonpl. *Nov. gen. et sp.* V, 223).

Fleurs hermaphrodites ou polygames, régulières.—Calice gamosépale, très petit, obscurément 4-5-denté ou presque entier. — Disque glanduleux hypogyne. — Corolle à 5 plus rarement 4 pétales insérés sur le disque, libres ou plus ord. soudés supérieurement et se détachant en une seule pièce, à préfloraison valvaire. — Glandes hypogynes 5-4, alternes avec les pétales (étamines avortées?) — *Étamines* 5, plus rarement 4, insérées sur le disque, *opposées aux pétales*, à filets libres. Anthères bilobées, introrses. — *Ovaire* libre, *à 2* plus rarement 3-6 *carpelles*, à 2 plus rarement 3-6 *loges* biovulées. *Ovules insérés à la base de la cloison*, ascendants, réfléchis. Stigmate sessile ou subsessile, indivis. — *Baie à 2* plus rarement 3-6 *loges*, à cloison quelquefois indistincte à la maturité, *à loges dispermes, ou monospermes* par avortement. — Graines ascendantes, à testa osseux. *Embryon* très petit, droit, *placé dans un périsperme charnu épais.* Radicule dirigée vers le hile.

*Arbrisseaux sarmenteux grimpants*, à séve aqueuse abondante. Feuilles alternes, pétiolées, palmatilobées ou palmatiséquées, plus rarement composées-digitées; stipules ord. membraneuses, submarcescentes. Fleurs en panicules très multiflores compactes, plus rarement en cymes corymbiformes; pédoncules communs opposés aux feuilles, souvent stériles convertis en vrille rameuse.

## † VITIS L. *Gen.* n. 284. — [VIGNE].

Calice très petit, obscurément 5-denté. *Pétales* 5, *soudés* supérieurement *en une coiffe qui se détache d'une seule pièce.* Étamines 5. Ovaire à 2 loges biovulées. Stigmate sessile. Baie succulente, globuleuse, à 2 loges 2-spermes ou monospermes par avortement. Graines pyriformes, subbilobées.

Arbrisseau sarmenteux grimpant. Feuilles suborbiculaires, profondément cordées, palmatilobées à lobes dentés, plus rarement palmatiséquées. Fleurs très petites, verdâtres en panicules très multiflores compactes. Baies d'un blanc verdâtre, rougeâtres ou noires, couvertes d'une efflorescence glauque, à saveur sucrée.

† **V. vinifera** L. *Sp.* 293; Blackw. *Herb.* t. 154; Sibth. et Sm. *Fl. Græc.* t. 242. — [V. VINIFÈRE].

Tige noueuse, à écorce se détachant par longs filaments. Feuilles pubescentes, quelquefois floconneuses en dessous, plus rarement glabrescentes, à lobes plus ou moins profonds dentés à dents aiguës. Bourgeons velus-tomenteux. Vrilles herbacées, contenant un suc acide. ♃. *Fl.* juin. *Fr.* septembre-octobre.

Cultivé en grand et dans les jardins. — Souvent naturalisé dans les haies et les bois : les feuilles sont alors plus petites, et le fruit d'une saveur acidule. — La Vigne offre un très grand nombre de variations dans la couleur, la saveur, le volume du fruit, et la forme des feuilles.

Var. β. *laciniosa*. (*V. laciniosa* L. *Sp.* 293.) — Feuilles palmatiséquées. — Quelquefois cultivé dans les jardins.

On plante souvent dans les jardins, pour couvrir les murs et les tonnelles, l'*Ampelopsis quinquefolia* Mich. (*Hedera quinquefolia* L. — *Cissus quinquefolia* Desf. — *Ampélopsis à cinq folioles*. — Vulg. *Vigne-vierge*). Cette plante se distingue à ses fleurs en cymes corymbiformes, à ses pétales non soudés au sommet, à ses fruits acerbes, et à ses feuilles composées-digitées.

---

# XIV. MONOTROPÉES

(MONOTROPEÆ Nutt. *Gen. Amer.* 1, 272).

Fleurs hermaphrodites, presque régulières. — Calice à 4-5 sépales, ou moins par avortement, plus ou moins inégaux, libres, caducs ou marcescents, à préfloraison valvaire. — Corolle à 4-5 pétales hypogynes, libres, prolongés au-dessous de leur insertion en éperons courts nectarifères, caducs ou marcescents, à préfloraison imbriquée-contournée. — Glandes hypogynes 4-5. — *Étamines 8-10*, hypogynes, *libres*. *Anthères unilobées*, à lobe très petit horizontal s'ouvrant par une fente semi-circulaire en deux valves inégales. — Ovaire libre, à 4-5 carpelles, à 4-5 loges multiovulées. Ovules insérés à l'angle interne des loges sur des placentas épais.... Styles soudés en un style indivis; stigmate indivis-crénelé. — Fruit capsulaire à 4-5 loges, à loges contenant un grand nombre de graines, à déhiscence loculicide, à valves restant adhérentes à l'axe. — *Graines* très petites, scobiformes, *à testa très mince, lâche*. Embryon d'une extrême petitesse, terminé à ses deux extrémités par un petit filament, ne présentant pas de cotylédons distincts (Duchartre).

*Plante* vivace, parasite sur les racines des arbres?, charnue, *décolorée blanchâtre dans toutes ses parties*, devenant noire par la dessiccation. *Feuilles réduites à des écailles* éparses sur la tige; stipules nulles. Fleurs décolorées blanchâtres comme les autres parties de la plante, disposées en une grappe terminale unilatérale, d'abord courbée en crosse, puis se redressant après la fécondation ; les fleurs latérales à 4 pétales et à 8 étamines, la terminale à 5 pétales et à 10 étamines.

**1. MONOTROPA** L. *Gen.* n. 536. — [MONOTROPE].

Calice à 4-5 sépales squamiformes, plans. Corolle à 4-5 pétales charnus, connivents imbriqués en tube, prolongés en éperons courts nectarifères faisant saillie en dehors et au-dessous des sépales. Étamines 8-10, à anthères unilobées. Ovaire à 8-10 côtes prolongées chacune à la base en un appendice court. Style indivis, fistuleux-infundibuliforme, se terminant par un rebord poilu surmonté par le stigmate à 4-5 ou 8-10 crénelures. Capsule à 4-5 loges.

Plante vivace, légèrement odorante, charnue, décolorée blanchâtre dans toutes ses parties, noircissant par la dessiccation, à tige simple chargée d'écailles.

1. **M. Hypopitys** L. *Sp.* 555; *Engl. bot.* t. 69; Rchb. *Pl. crit.* V, t. 481, f. 674. *Hypopitys multiflora* Scop. *Carn.* I, 285; Duchartre *Note Hypopit.* in *Ann. sc. nat.* sér. 3, VI, 29. — [M. SUCEPIN. — Vulg. *Sucepin*].

Souche écailleuse, souvent pourvue de fibres radicales intriquées épaisses charnues. Tige de 1-3 décim., ord. pubescente ou velue à poils glanduleux, dressée, simple, chargée d'écailles ovales-oblongues apprimées entières. Fleurs disposées en une grappe pluriflore ou multiflore. Pétales denticulés-ciliés. Étamines à filet ord. velu-hérissé presque aussi large que l'anthère. Capsule ovoïde. ♃. Juin-août.

*A.R.* — Endroits couverts des bois, croissant ord. dans le terreau qui résulte de la décomposition des feuilles mortes. — Vincennes!. Meudon!; Marnes!; bois de la Celle!; Versailles!; Saint-Germain!. Melun!; Fontainebleau!; Malesherbes!. Magny!; Vernon!. Env. de Senlis!; forêt de Compiègne; indiqué dans le département de l'Oise à un grand nombre de localités (*Graves* Cat.), etc.

Var. β. *glabra.* — Tige glabre.

* * *

## XV. HYPÉRICINÉES

(HYPERICA Juss. *Gen.* 254. — HYPERICINEÆ DC. *Fl. fr.* IV, 860; Spach *Monogr. Hyper.* in *Ann. sc. nat.* sér. 2, V, 157).

*Fleurs* hermaphrodites, *régulières* ou presque régulières. — *Calice* à 5 rarement 4 sépales libres ou soudés inférieurement, persistants, à *préfloraison imbriquée.* — *Corolle* à 5 rarement 4 pétales hypogynes, libres, submarcescents, à *préfloraison imbriquée-contournée.* — *Étamines en nombre indéfini,* hypogynes, *à filets* ord. *réunis à la base en 3-5 faisceaux opposés aux pétales.* Anthères bilobées, introrses, oscillantes. — *Ovaire* libre, *à 3-5 carpelles,* à 3-5 loges multiovulées, plus rarement à une seule loge. Ovules insérés à l'angle interne des loges ou sur des placentas pariétaux, ord. horizontaux, réfléchis. *Styles 3-5, libres;* stigmates capités. — *Fruit* capsulaire, *polysperme,* à 3-5 loges, plus rarement à une seule loge, à déhiscence septicide, plus rarement bacciforme-indéhiscent. — Graines très petites, presque cylindriques, à testa lâche. *Périsperme nul. Embryon droit.* Radicule dirigée vers le hile.

Plantes vivaces, herbacées ou sous-frutescentes, renfermant quelquefois un suc résineux. Tiges présentant quelquefois des lignes saillantes (1).

___

(1) Les lignes saillantes qu'offre la tige sont le résultat de la décurrence de la nervure moyenne des feuilles. Si ces lignes ne dépassent pas la longueur d'un entre-nœud; la tige n'offre que

*Feuilles opposées*, sessiles ou brièvement pétiolées, entières, souvent marquées de points résinifères transparents ; stipules nulles. Fleurs jaunes, à pétales souvent bordés de points glanduleux noirs, disposées en panicules, en corymbes, plus rarement en cymes.

1. ANDROSÆMUM. — Calice à sépales très inégaux. Glandes hypogynes nulles. Fruit bacciforme indéhiscent.

2. HYPERICUM. — Calice à sépales presque égaux. Glandes hypogynes nulles. Fruit capsulaire déhiscent à 3-5 loges.

3. HELODES. — Calice à sépales presque égaux. Glandes hypogynes pétaloïdes, bifides, alternant avec les faisceaux des étamines. Fruit capsulaire déhiscent à une seule loge.

### 1. **ANDROSÆMUM** Tourn. *Inst.* t. 128. — [ANDROSÈME].

Calice à 5 sépales très inégaux, légèrement soudés à la base. Pétales caducs. Glandes hypogynes nulles. Styles 3. *Fruit bacciforme* indéhiscent, à 3 loges incomplètes les cloisons n'en atteignant pas le centre.

Plante vivace, presque ligneuse à la base, glabre. Feuilles dépourvues de points glanduleux. Fleurs en corymbes, plus rarement terminales subsolitaires, à pétales ne dépassant ord. pas le calice.

1. **A. officinale** All. *Ped.* n. 1440 ; Blackw. *Herb.* t. 94 ; Rchb. *Ic.* VI, t. 352, f. 5192. — *Hypericum Androsæmum* L. *Sp.* 1102. — [A. OFFICINAL. — Vulg. *Toute-saine*].

Tiges de 4-7 décim., dressées ou ascendantes, simples ou rameuses, glabres, à entre-nœuds offrant 2 lignes saillantes. Feuilles sessiles, ovales-obtuses très amples, glabres, glaucescentes à la face inférieure. Pétales jaunes ou d'un jaune rougeâtre. Baie noire, presque sèche à la maturité. ♃. Juin-juillet.

*R R R.* — Endroits humides ombragés, forêts. — Bords de l'Aubette à Magny ! où il est très peu abondant (*Bouteille*). Forêt de Villers-Cotterets près de Cuvergnon, de Boursonne et de Vivières, peu abondant à ces localités (*Questier*). — Forêt de Marly *subspont.?* — Indiqué à Valvin et à la Ferté-sous-Jouarre (*Thuill.* Fl. Par.).

### 2. **HYPERICUM** L. *Gen.* n. 902. — [MILLEPERTUIS].

Calice à 5 sépales presque égaux, libres ou soudés à la base. Pétales ord. marcescents. Glandes Hypogynes nulles. Styles 3, très rarement 5. *Fruit capsulaire, à 3 très rarement 5 loges*, déhiscent, à 3 très rarement 5 valves.

Plantes vivaces, à souche subcespiteuse, à racine pivotante, herbacées souvent sous-frutescentes à la base, glabres, plus rarement velues. Feuilles à nervures souvent transparentes, ord. ponctuées de glandes transparentes. Fleurs disposées en panicules ou en corymbes, rarement subsolitaires terminales ou en cymes irrégulières, à pétales ord. bordés de glandes noires dépassant ord. longuement le calice.

Sect. I. — Sépales dépourvus de cils glanduleux. Tiges présentant 2 ou 4 lignes plus ou moins saillantes. — 1-4.

Sect. II. — Sépales à bords ciliés-glanduleux, à glandes noires. Tiges dépourvues de lignes saillantes. — 5-7.

2 lignes saillantes alternant entre elles d'entre-nœud à entre-nœud ; si, au contraire, les décurrences se prolongent dans l'étendue de deux entre-nœuds, la tige présente dans toute sa longueur 4 lignes saillantes.

Sect. 1. — Sépales dépourvus de cils glanduleux. Tiges présentant 2 ou 4 lignes plus ou moins saillantes.

1. **H. humifusum** L. *Sp.* 1105; *Engl. bot.* t. 1226; Rchb. *Ic.* VI, t. 342, f. 5176; Bill. *Exsicc.* n. 943. — [M. couché].

Tiges de 1-2 décim., grêles souvent presque filiformes, couchées, rarement redressées, simples ou rameuses, glabres, à *entre-nœuds offrant 2 lignes saillantes très fines.* Feuilles oblongues, à points transparents peu visibles, à nervures peu ramifiées. *Fleurs subsolitaires terminales ou en cyme pauci-flore. Sépales oblongs, obtus ou mucronulés.* Capsule présentant sur chaque valve des bandelettes résinifères longitudinales nombreuses. ♃. Juin-septembre.

C. — Moissons, terrains en friche, bords des chemins, lieux frais.

2. **H. perforatum** L. *Sp.* 1105; *Engl. bot.* t. 295; Rchb. *Ic.* VI, f. 5177; Bill. *Exsicc.* n. 1846. — [M. perforé. — Vulg. *Millepertuis, Herbe-de-la-Saint-Jean*].

Tiges de 3-8 décim., dressées ou ascendantes, ord. rameuses, glabres, *entre-nœuds offrant 2 lignes peu saillantes.* Feuilles elliptiques-oblongues, à points transparents nombreux, à nervures transparentes peu ramifiées. *Fleurs disposées en panicules terminales très multiflores. Sépales lan-céolés-aigus.* Capsule présentant sur chaque valve 2 bandelettes résinifères longitudinales et latéralement des saillies résinifères rougeâtres oblongues et obliques. ♃. Juin-août.

C C. — Endroits secs, lisières et clairières des bois, bords des chemins, terrains en friche.

S.-v. *angustifolium.* — Feuilles linéaires-oblongues, à points transparents ord. plus larges.

3. **H. quadrangulum** L. *Fl. Suec.* 265, n. 679; Rchb. *Ic.* VI, f. 5178; Bill. *Exsicc.* n. 2035. — *H. quadrangulare* L. *Sp.* 1404. — *H. dubium* Leers *Herb.* 165; *Engl. bot.* t. 296; *Fl. Par.* éd. 1, 64. — [M. tétragone].

Tiges de 3-9 décim., dressées ou ascendantes, ord. rameuses, glabres, à *entre-nœuds offrant 4 lignes plus ou moins saillantes.* Feuilles ovales-oblon-gues, la plupart dépourvues de points transparents, à nervures secondaires transparentes très ramifiées-anastomosées. Fleurs disposées en panicules ter-minales. *Sépales* ord. beaucoup plus courts que la corolle, elliptiques, les 3 *extérieurs obtus,* les 2 intérieurs un peu aigus. Capsule présentant sur chaque valve des bandelettes résinifères longitudinales nombreuses. ♃. Juin-août.

A.C. — Bois, fossés, haies, buissons. — Bondy!; Sceaux!; Ville-d'Avray!; Versailles!; forêt de Marly; Saint-Germain. Forêt de Senart!, etc.

4. **H. tetrapterum** Fries *Novit. Suec.* ed. 1, 94; Rchb. *Ic.* VI, f. 5179; Bill. *Exsicc.* n. 2036 et *bis.* — *H. quadrangulare* Sm. *Fl. Brit.* 801 non L.; *Engl. bot.* t. 370. — [M. a quatre ailes].

Tiges de 3-9 décim., dressées ou ascendantes, ord. rameuses, glabres, à *entre-nœuds offrant 4 lignes très saillantes presque membraneuses.* Feuilles ovales-oblongues, à points transparents nombreux très petits, à nervures se-condaires transparentes très ramifiées-anastomosées. Fleurs disposées en panicules terminales compactes ou plus ou moins étalées. *Sépales* ord. un peu plus courts que la corolle, *lancéolés-acuminés.* Capsule présentant sur chaque valve des bandelettes résinifères longitudinales nombreuses. ♃. Juin-août.

*A.C.* — Bois, buissons, endroits humides herbeux, bords des marais.

Var. β. *intermedium* (Coss. et G. de St.-P. *Fl. Par.* éd. 1, 64). — Tiges à entre-nœuds offrant 4 lignes plus ou moins saillantes mais non membraneuses. Feuilles marquées de points transparents plus ou moins nombreux. Sépales oblongs-lancéolés. Pétales dépassant longuement le calice. — *R R R.* — Abondant dans le parc de Rentilly près Lagny (*Thuret*).

Cette plante tient le milieu entre les *H. tetrapterum* et *quadrangulum*, et serait peut-être mieux rapportée, comme variété, à cette dernière espèce, dont elle a le port. Elle se distingue de l'*H. tetrapterum* par ses tiges à lignes saillantes non membraneuses, par ses feuilles à points transparents moins nombreux, par ses sépales moins étroits et par ses fleurs plus grandes à pétales dépassant longuement le calice. Elle se distingue de l'*H. quadrangulum* par ses feuilles à points transparents plus ou moins nombreux et par son calice à sépales extérieurs aigus.

On cultive quelquefois dans les parcs l'*H. calycinum* L. (*M. calicinal.* — Vulg. *Éclair*), à rhizomes traçants, à feuilles ovales-oblongues coriaces, à fleurs solitaires très grandes à 5 styles. — On plante aussi dans les jardins l'*H. hircinum* L. (*M. à odeur de bouc*), à tiges subligneuses, à étamines plus longues que la corolle, à odeur fétide.

### Sect. II. — Sépales à bords ciliés-glanduleux à glandes noires. Tiges dépourvues de lignes saillantes.

5. **H. pulchrum** L. *Sp.* 1106; *Engl. bot.* t. 1227; Rchb. *Ic.* VI, f. 5185; Bill. *Exsicc.* n. 947. — [M. ÉLÉGANT].

Plante présentant ord. une coloration rougeâtre plus ou moins intense dans toutes ses parties. Tiges de 3-8 décim., ascendantes, simples ou rameuses, glabres, ne présentant pas de lignes saillantes dans les entre-nœuds. *Feuilles ovales* obtuses *cordées-amplexicaules*, celles des jeunes rameaux plus étroites oblongues arrondies à la base, ord. coriaces, à points transparents nombreux surtout vers les bords, à nervure moyenne seule saillante peu ramifiée. Fleurs en cymes latérales disposées en une *panicule étroite. Sépales obovales-suborbiculaires, bordés de glandes sessiles.* Capsule présentant sur chaque valve des bandelettes résinifères longitudinales nombreuses. ♃. Juin-septembre.

*C.* — Taillis, lisière des bois, bruyères, lieux arides.

6. **H. montanum** L. *Sp.* 1105; *Fl. Dan.* t. 173; *Engl. bot.* t. 371; Rchb. *Ic.* VI, f. 5187. — [M. DES MONTAGNES].

Tiges de 4-8 décim., presque dressées, ord. simples, glabres, ne présentant pas de lignes saillantes dans les entre-nœuds. *Feuilles* oblongues ou ovales-oblongues, *sessiles*, à points transparents très petits nombreux, à plusieurs nervures saillantes, à nervures secondaires transparentes très ramifiées-anastomosées, ord. bordées de points noirs glanduleux. Fleurs en *corymbe terminal ord. compacte. Sépales lancéolés-linéaires, bordés de glandes stipitées.* Capsule présentant sur chaque valve des bandelettes résinifères longitudinales nombreuses. ♃. Juin-août.

6

*A.C.* — Bois, lieux ombragés humides. — Forêts de Meudon !, de Saint-Germain !, de Bondy !, de Montmorency !, de Senart !, de Compiègne , de Villers-Cotterets, etc.

**7. H. hirsutum** L. *Sp.* 1105 ; *Fl. Dan.* t. 802 ; *Engl. bot.* t. 1156 ; Rchb. *Ic.* VI, f. 5189 ; Bill. *Exsicc.* n. 740. — [M. VELU].

*Tiges* de 4-8 décim., presque dressées, simples ou rameuses, *velues presque tomenteuses*, présentant à chaque entre-nœud 2 lignes colorées non saillantes. *Feuilles* ovales ou oblongues, *subpétiolées*, à points transparents nombreux, à plusieurs nervures saillantes. Fleurs fasciculées, les fascicules disposés en une panicule étroite. Sépales lancéolés-linéaires, bordés de glandes très brièvement stipitées. Capsule présentant sur chaque valve des bandelettes résinifères longitudinales nombreuses. ♃. Juin-août.

*A.C.* — Bois, lieux ombragés, buissons.

### 3. HELODES Spach, *Suites à Buffon*, V, 369, et in *Ann. sc. nat.* sér. 2, V, 171. — [HÉLODE].

Calice à 5 sépales presque égaux, soudés inférieurement. Pétales marcescents. *Glandes hypogynes, pétaloïdes, bifides, alternant avec les faisceaux d'étamines.* Styles 3. *Fruit* capsulaire, *uniloculaire*, à placentas filiformes non infléchis en dedans, à 3 valves.

Plante vivace, herbacée, aquatique, radicante-stolonifère à la base, tomenteuse-blanchâtre. Feuilles blanches-tomenteuses, dépourvues de points résinifères. Fleurs en corymbe ou en panicule ord. pauciflore, plus rarement terminales subsolitaires, à pétales dépassant longuement le calice.

**1. H. palustris** Spach, loc. cit. — *Hypericum Helodes* L. *Sp.* 1106 ; *Engl. bot.* t. 109 ; Rchb. *Ic.* VI, t. 342, f. 5182. — [H. DES MARAIS].

*Tiges* de 1-3 décim., couchées-radicantes, redressées supérieurement, ne présentant pas de lignes saillantes, offrant aux nœuds inférieurs des cicatrices de feuilles détruites. Feuilles sessiles, ovales-suborbiculaires légèrement cordées à la base. Calice à divisions ovales ou ovales-aiguës, bordées de cils glanduleux. ♃. Juin-août.

*R.* — Marais tourbeux, bords des mares tourbeuses creusées dans les rochers siliceux. — Mare de Lhautie près Triel (*Kresz*). Abondant à Saint-Léger ! (*Vaill. Bot. Par.*) ; étangs du Serisaye ! et de Guipereux près Rambouillet. Mares de la forêt de Fontainebleau ! (*Thuill.* Fl. Par.). Morfontaine ! (*Maire*) ; Ermenonville (*Graves* Cat.).

---

# XVI. DROSÉRACÉES

(DROSEREÆ Salisb. *Parad.* 95. — DROSERACEÆ DC. *Théor. élém.* I, 214. — RORIDULEÆ *Fl. par.* éd. 1, 66 ex parte).

*Fleurs* hermaphrodites, *régulières*. — Calice à 5 *sépales* libres ou soudés seulement à la base, à préfloraison imbriquée. — Corolle à 5 pétales égaux, hypogynes, libres, marcescents, plus rarement caducs, à préfloraison imbriquée ou imbriquée-contournée. — *Étamines en nombre égal à celui des pétales ou en nombre double*, hypogynes, libres. *An-thères* bilobées, *extrorses*, s'ouvrant par deux fentes complètes (dans nos espèces) ou incomplètes, ou par des pores, paraissant ord. introrses lors de la floraison par leur réflexion sur le filet. — *Ovaire* libre, *à 3-5 carpelles*, uniloculaire, *à placentas pariétaux*. Ovules nombreux, horizontaux ou ascendants, réfléchis. *Styles 3-5, libres*, entiers ou bifides, quelquefois presque nuls ; stigmates entiers ou échancrés. — *Fruit* capsulaire, *polysperme, uniloculaire*, à déhiscence loculicide, à 3-5 valves. — *Graines* très petites, horizontales ou ascendantes, *à testa* réticulé très *lâche débordant* largement *l'amande* en forme d'aile, rarement à testa tuberculeux appliqué sur l'amande. *Périsperme charnu*. Embryon droit, complétement ou incomplétement entouré par le périsperme. Radicule dirigée vers le hile.

Plantes vivaces, herbacées. Feuilles toutes ou la plupart radicales disposées en rosette, pétiolées, entières, coriaces glabres, ou molles munies de longs appendices rouges en forme de poils terminés par une glande renfermant des vaisseaux (Grœnland in *Ann. sc. nat.* sér. 4, III, 297) ; stipules nulles ou consistant en des écailles laciniées soudées avec la base des pétioles. Fleurs en fausses grappes spiciformes terminales d'abord enroulées en crosse puis dressées, quelquefois solitaires terminales.

1. DROSERA. — Fleurs dépourvues d'écailles nectarifères, disposées en fausses grappes. Styles assez longs, profondément bifides. Feuilles munies de longs poils glanduleux rouges.

2. PARNASSIA. — Fleurs présentant des écailles nectarifères profondément divi- sées en lanières nombreuses, solitaires terminales. Stigmates subsessiles. Feuilles coriaces, glabres.

## I. **DROSERA** L. *Gen.* n. 391. — [ ROSSOLIS ].

Sépales 5, un peu soudés à la base. Pétales 5, marcescents. Écailles nectari- fères nulles. Étamines 5. *Styles* 3, plus rarement 4-5, *profondément bifides* ; stigmates entiers ou émarginés. Capsule uniloculaire, à placentas pariétaux, à déhiscence loculicide, à 3 rarement 4-5 valves. Graines à testa réticulé très lâche débordant largement l'amande, plus rarement tuberculeux appliqué sur l'amande.

Plantes vivaces, herbacées, à souche verticale, croissant dans les lieux tourbeux. Tiges 1-2 rarement plus, rougeâtres, glabres, nues. *Feuilles* disposées en rosette radicale, molles, à face supérieure et *à* bords chargés de *poils glanduleux rouges* entremêlés de glandes sessiles, roulées en crosse avant leur développement. Fleurs petites, blanches, en fausses grappes unilatérales dressées roulées en crosse avant la floraison.

1. **D. rotundifolia** L. *Sp.* 402 ; Rchb. *Ic.* III, t. 24, f. 4522 ; *Illustr. fl. Par.* t. 9, f. 1-2 ; Bill. *Exsicc.* n. 1424. — [R. A FEUILLES RONDES. — Vulg. *Rossolis, Rosée-du-soleil*].

*Tiges* de 1-2 décim., dressées, *naissant du centre de la rosette des feuilles* qu'elles dépassent très longuement. *Feuilles appliquées sur la terre, à limbe orbiculaire brusquement rétréci en pétiole. Graines fusiformes très allongées, à testa réticulé très lâche.* ♃. Juin-août.

*A. R.* — Prairies spongieuses, marais tourbeux. — Bois de Meudon ! (*Vaill. Bot. Par.*), Forêt de Montmorency ! (*Vaill. Bot. Par.*). Morfontaine !. Dampierre !; Montfort-l'Amaury ! ; Saint-Léger ! ; Rambouillet ! ; Auffargis !. Environs de Magny : à Sérans, Arthies et Mondétour (*Bouteille*) ; Neuville-Bosc ! ; Ons-en-Bray ! ; bruyères de Savignies (*Taillefert*) ; Saint-Germer !. Russy-Montigny (*Questier*) ; forêts de Compiègne (*Léré*) et de Villers-Cotterets (*de Marcilly fils*). Le Châtelet ! près Melun ; côte de Champagne (*Devilliers*) ; Larchant !, etc. — *Graves* Cat. Oise : marais de Belloy près Beauvais ; Camp-des-taillis dans le pays de Bray ; Ermenonville ; Thiers ; Villers-Saint-Barthélemy.

2. **D. longifolia** L. *Sp.* 403 ex parte ; Rchb. *Ic.* III, f. 4524 ; *Illustr. fl. Par.* t. 9, f. 3-4 ; Bill. *Exsicc.* n. 1425. — *D. anglica* Huds. *Angl.* 135. — [R. A LONGUES FEUILLES].

*Tiges* de 1-2 décim., dressées, *naissant du centre de la rosette des feuilles* qu'elles dépassent longuement. *Feuilles dressées, à limbe linéaire oblong insensiblement atténué en pétiole. Graines oblongues, à testa réticulé lâche.* ♃. Juillet-août.

*R.* — Marais tourbeux. — Morfontaine ! (*A. de Jussieu*). Vez et Russy-Montigny cant. de Crépy (*Questier*). Marais de Brignancourt ! près Marines (*de Boucheman*). Neuville-Bosc (*Dænen*). Abondant à Malesherbes ! (*Bernard*) ; marais de Sceaux ! près Château-Landon (*de Schœnefeld*).

Var. β. *obovata.* (*D. obovata* Mert. et Koch *Deutsch. Fl.* II, 502 ; Rchb. *Ic.* III, f. 4523 ; *Illustr. fl. Par.* t. 9, f. 5 ; Bill. *Exsicc.* n. 2023). — Feuilles à limbe obovale ou obovale-cunéiforme. Capsule ord. avortée plus courte que le calice. — *R R R.* — Mêlé avec le type. — Morfontaine ! (*Hussenot*). Neuville-Bosc (*Dænen*).

Un assez grand nombre de botanistes considèrent le *D. obovata* comme un hybride des *D. longifolia* et *rotundifolia ;* cette plante croît assez abondamment dans quelques marais tourbeux des Vosges, avec les deux espèces.

3. **D. intermedia** Hayne in Schrad. *Journ.* (1801) 37 ; Rchb. *Ic.* III, f. 4523 ; *Illustr. fl. Par.* t. 9, f. 6-7 ; Bill. *Exsicc.* n. 112. — [R. INTERMÉDIAIRE].

Souche terminée par une rosette de feuilles. *Tiges naissant au-dessous de la rosette centrale des feuilles à l'aisselle des feuilles inférieures, coudées à la base,* puis brusquement redressées, de 4-10 centim., dépassant à peine les feuilles. Feuilles dressées, à limbe obovale ou obovale-oblong insensiblement atténué en pétiole. *Graines obovales-oblongues, à testa fortement tuberculeux appliqué sur l'amande.* ♃. Juillet-septembre.

*R R.* — Marais tourbeux. — Abondant à Saint-Léger ! (*Vaill. Bot. Par.*) et aux étangs du Serisaye ! et de Guipereux près Rambouillet (*de Schœnefeld*). Marais de Larchant ! près Nemours (*Devilliers*). Sérans ! et Arthies près Magny (*Bouteille*).

## 2. **PARNASSIA** Tourn. *Inst.* t. 127. — [PARNASSIE].

Sépales 5, un peu soudés à la base. Pétales 5, caducs. Étamines 5. *Écailles nectarifères 5,* opposées aux pétales, profondément *divisées en lanières filiformes* nombreuses qui se terminent par un épaississement glanduleux. *Stigmates 4, subsessiles,* entiers. Capsule uniloculaire, à placentas pariétaux, à déhiscence loculicide, à 4 valves. Graines à testa réticulé très lâche débordant largement l'amande.

*Plante* vivace, herbacée, *glabre*, croissant surtout dans les lieux tourbeux, à souche verticale. Tiges solitaires ou nombreuses, ne portant qu'une seule feuille. Feuilles coriaces, ovales-cordées ; les radicales disposées en rosette. *Fleurs* assez grandes, blanches, *solitaires terminales.*

1. **P. palustris** L. *Sp.* 391 ; *Engl. bot.* t. 82 ; Bill. *Exsicc.* n. 223. — [P. DES MARAIS. — Vulg. *Foin du Parnasse*].

Tiges de 1-4 décim., dressées, simples. Feuilles d'un vert pâle en dessous, ovales-cordées ; les radicales longuement pétiolées ; la caulinaire sessile, amplexicaule. Pétales veinés, dépassant longuement le calice. Écailles nectarifères persistantes, à lanières sétiformes divergentes en éventail. ♃. Juin-septembre.

*A.C.* — Prairies spongieuses, marais tourbeux. — Montmorency !. Meudon ; Versailles ; Chevreuse !; Palaiseau. Magny. Mennecy !; Nemours !; Épisy ; Malesherbes !. Marais de Sacy-le-Grand !; Verderonne !. Env. de Villers-Cotterets, etc.

---

# XVII. PYROLACÉES

(PYROLACEÆ Lindl. *Nat. syst.* 219. — *Ericarum gen.* Juss. *Gen.*).

*Fleurs* hermaphrodites, *à calice et à corolle réguliers.* — Calice à 5 sépales soudés à la base, à préfloraison valvaire. — Corolle à 5 pétales égaux, hypogynes, libres, caducs, à préfloraison imbriquée. — *Étamines en nombre double de celui des pétales*, hypogynes, libres. *Anthères* bilobées, extrorses, *à lobes s'ouvrant* chacun *par un pore* basilaire, paraissant ord. introrses lors de la floraison par leur déflexion sur le filet. — *Ovaire* libre, *à 5 carpelles*, à 5 loges. *Ovules* très nombreux, *insérés à l'angle interne des loges* sur des placentas épais. Styles soudés en un *style indivis;* stigmate indivis ou 5-lobé. — *Fruit* capsulaire, *à 5 loges* polyspermes, à déhiscence loculicide, à 5 valves. — *Graines* très petites, pendantes, *à testa* réticulé très *lâche débordant* largement *l'amande.* Périsperme charnu. Embryon droit, placé dans le périsperme. Radicule dirigée vers le hile.

Plantes vivaces, herbacées ou un peu sous-frutescentes. Feuilles vertes même pendant l'hiver, ord. en rosette radicale, ord. pétiolées, coriaces, glabres, luisantes, entières ou crénelées; stipules nulles. Fleurs en grappes terminales, plus rarement en corymbe ou solitaires.

## 1. PYROLA Tourn. *Inst.* t. 132. — [PIROLE].

Sépales 5, largement soudés à la base. Pétales 5, caducs. Étamines 10. *Anthères s'ouvrant par 2 pores* basilaires qui paraissent ensuite terminaux par la déflexion de l'anthère sur le filet. *Style filiforme,* droit ou réfléchi-arqué, fistuleux. *Capsule* subglobuleuse, à 5 angles, à 5 loges, à placentas épais-spongieux.

Plantes vivaces herbacées, glabres, croissant dans les forêts ; à souche presque ligneuse, à rhizomes allongés horizontaux, donnant naissance à des fascicules de feuilles et aux rosettes florifères. Tiges dépourvues de feuilles, portant quelques bractées squamiformes alternes. Feuilles disposées en rosettes, coriaces, luisantes, persistant pendant l'hiver, suborbiculaires ou orbiculaires-oblongues, entières ou très-superficiellement crénelées. Fleurs blanches ou d'un blanc rosé, en grappes dressées, à pédicelles étalés ou recourbés.

1. **P. rotundifolia** L. *Sp.* 567; *Fl. Dan.* t. 110; *Engl. bot.* t. 213; Rchb. *Ic.* XVII, t. 1153, f. 1-9; Bill. *Exsicc.* n. 1528 et *bis.* — [P. A FEUILLES RONDES. — Vulg. *Verdure-d'hiver*].

Tiges de 2-4 décim. Calice à divisions lancéolées-aiguës, égalant environ la moitié de la longueur des pétales. Corolle à pétales plus ou moins connivents, obovales. Étamines penchées, à filets arqués. *Style plus long que les pétales, réfléchi dès la base arqué-ascendant au sommet, terminé par un élargissement annulaire qui déborde les stigmates dressés soudés en couronne.* ♃. Juin-juillet.

*A.R.* — Endroits couverts des bois montueux. — Bois de Meudon ! (*Ch. Tulasne*); parc de Versailles (*Thuill. Fl. Par.*), Bondy ! (*Tollard*); forêt de Montmorency ! (*Weddell*). Bois du Heaume ! près Marines (*C. de Chambine*); îlots de l'étang de Vallière ! près Santeuil; Chaumont (*Graves*); Molière de Sérans ! près Magny; env. de Beauvais (*Taillefert*); Saint-Germer (*Graves*); forêt de Lions (*Frion*). Morfontaine (*Burger*). Forêts de Compiègne (*Léré*) et de Villers-Cotterets (*Questier*); Thury-en-Valois (*Graves*); Rouville, Lévignen (*Questier*). La Ferté-sous-Jouarre (*Vaill.* Bot. Par.). Parc de Beauverger cant. de Brie-Comte-Robert (*Thuill.* Fl. Par.); Presles cant. de Tournan (*Vaill.* Bot. Par.); forêt d'Armainvilliers (*Thuill.* Fl. Par.). Bois du Grillon près Provins (*Bouteiller*). Rochers d'Auxy à Malesherbes (*Denis*). — *Graves* Cat. Oise : bois de Villeneuve-le-Roi près Méru; forêts de Thelle, de la Hérelle, de Hez; Agnetz près Clermont; entre les Horgues et Jouy-sur-Thelle cant. d'Auneuil; le Ganelon vers Clairoix et aux carrières d'Anel; bois de Villers-sur-Coudun; Cuy, le Plessis-de-Roye cant. de Lassigny; bois depuis Senlis jusqu'à Ermenonville et Morfontaine.

2. **P. minor** L. *Sp.* 567; *Fl. Dan.* I, t. 55; *Engl. bot.* t. 2543?; Rchb. *Ic.* XVII, t. 1155, f. 6-11; Bill. *Exsicc.* n. 590 et *bis.* — [P. MINEURE].

Tiges de 2-3 décim. Calice à divisions ovales-triangulaires, 3-4 fois plus courtes que les pétales. Corolle globuleuse, à pétales connivents, obovales-suborbiculaires. Étamines conniventes. *Style plus court que les pétales, droit*, ne présentant pas au sommet d'élargissement annulaire; *stigmates soudés en une étoile 5-lobée, débordant largement le style.* ♃. Juin-juillet.

*R.* — Endroits couverts des bois montueux. — Montfermeil (*Kresz*). Bois de Meudon près de Chaville ! (*Mandon*); bois de Ville-d'Avray (*Maire*); les Bois-noirs près Marcil-Marly (*Lenepveu*); bois de la Butte-de-Picardie (*de Schœnefeld*) et de Satory près Versailles (*Thuill.* Fl. Par., *de Boucheman*). Marcoussis (*Loiseleur*). Forêt de Montmorency (*Decaisne*). Bois du Heaume ! près Marines (*de Schœnefeld*); Magny (*Bouteille*); Gisors (*A. Passy*); forêt de Lions près Les Andelys (*Frion*); Bois-du-Parc près Beauvais (*Graves*). Forêts de Compiègne et de Villers-Cotterets (*Thuill.* Fl. Par.), où il est moins rare que le *P. rotundifolia* (*Questier*); forêt de Laigue (*de Marcilly fils*); Marolles-sur-Ourcq (*Graves*); Thury-en-Valois, Mareuil près la Ferté-Milon, Lévignen et Boullare cant. de Betz (*Questier*); la Ferté-sous-Jouarre (*Vaill.* Bot. Par.). — *Graves* Cat. Oise : bois d'Allonne, de Saint-Quentin; bois de Rebetz près Chaumont; forêt de la Hérelle; bois de Maignelay, de Montiers, de Breteuil; bois de Longuet près Bulles; forêt de Compiègne au Mont-du-Tremble, aux Beaux-Monts, au Mont-Arcy.

# XVIII. RÉSÉDACÉES

(Resedaceæ DC. *Théor. élém.* 214 ; J. Mueller *Monogr. Réséd.*).

*Fleurs* hermaphrodites, *irrégulières.* — *Calice à 6 plus rarement 4 ou 7-8 sépales* ord. plus ou moins inégaux, libres ou soudés inférieurement, persistants souvent accrescents, ou quelquefois caducs, distants pendant la préfloraison. — Corolle à *pétales* ord. en même nombre que les sépales, hypogynes, inégaux les *supérieurs* plus grands, *palmatipartits* au moins les supérieurs, les inférieurs souvent réduits au lobe médian, à onglet ord. élargi, au moins chez les supérieurs, en forme d'appendice infléchi au sommet, ord. distants pendant la préfloraison, caducs (dans nos espèces) (quelquefois nuls dans des espèces exotiques). — *Disque* glanduleux hypogyne , *prolongé latéralement* du côté de l'axe, *en forme d'écaille charnue.* — *Étamines 7-40*, hypogynes, non couvertes par les pétales pendant la préfloraison, à filets soudés entre eux à la base par l'intermédiaire du disque, souvent réfléchis-arqués. Anthères bilobées, introrses. — *Ovaire* libre, composé (dans nos espèces) de 3-4 carpelles dépourvus de style, soudés en un ovaire *uniloculaire*, 3-4-denté ou 3-4-lobé au sommet, ouvert au sommet, infléchi entre les dents ou les lobes et portant les papilles stigmatiques sur ce rebord infléchi, *à placentas pariétaux*, multiovulés alternant avec les lobes ; *plus rarement composé de 4-6 carpelles libres entre eux*, ouverts au côté interne par une fente longitudinale, offrant un renflement dorsal dont la cavité renferme un tissu glanduleux représentant le stigmate, *uniovulés*. Ovules sessiles, pliés. — Fruit uniloculaire polysperme ouvert au sommet capsulaire (dans nos espèces), plus rarement composé de 4-6 carpelles secs, monospermes libres entre eux ouverts au côté interne. — Graines réniformes. *Périsperme nul. Embryon* cylindrique, *plié.* Radicule rapprochée du hile.

Plantes annuelles, bisannuelles ou vivaces, herbacées ou frutescentes à la base. Feuilles alternes, sessiles ou rétrécies en pétiole, indivises, irrégulièrement 1-2 fois tripartites ou 1-2 fois pinnatipartites, présentant à la base de chaque côté une petite dent (stipules?). Fleurs naissant chacune à l'aisselle d'une bractée, en grappes spiciformes terminales.

1. Reseda. — Carpelles soudés en une capsule uniloculaire polysperme.

2. Astrocarpus. — Carpelles libres entre eux, monospermes.

## 1. RESEDA L. *Gen.* n. 608. — [RÉSÉDA].

Calice à 6 plus rarement 4 ou 7-8 sépales, persistant ou caduc. Corolle à pétales munis ou non d'appendice onguiculaire, tripartits à lobes indivis ou eux-mêmes lobés, les latéraux souvent dépourvus de lobe inférieur, les inférieurs souvent réduits au lobe médian quelquefois rudimentaires. Éta-

minces 10-40. *Carpelles 3-4, soudés en une capsule uniloculaire polysperme*
ouverte au sommet, à sommet prolongé en lobe ou en dent au-dessus de
l'ouverture, les bords de l'ouverture infléchis en dedans et papilleux (stigmates).

Sous-genre I. RESEDASTRUM (Duby *Bot. Gall.* I, 66). — Capsule ord. oblongue
ou obovale, souvent plus ou moins atténuée à la base, les *carpelles n'étant
libres qu'au sommet en forme de dents. Placentas minces nerviformes,*
mesurant toute la longueur de la capsule.

1. **R. lutea** L. *Sp.* 645; *Engl. bot.* t. 321; Rchb. *Ic.* II, t. 100, f. 4446; Bill.
   *Exsicc.* n. 1614 et *bis*; J. Mueller *Monogr. Réséd.* 183. — [R. JAUNE.
   — Vulg. *Réséda sauvage*].

Tiges de 3-7 décim., étalées ou ascendantes-diffuses, plus rarement dressées, plus ou moins rameuses, striées-anguleuses, souvent papilleuses surtout sur les angles, assez roides. Feuilles inférieures oblongues-obovales
atténuées à la base, ord. indivises, souvent détruites lors de la floraison; les
caulinaires tripartites jusqu'au milieu de leur longueur à lobes ord. ondulés
souvent eux-mêmes bi-tripartits rarement deux fois bi-tripartits, ou pinnatipartites ou bipinnatipartites. Fleurs longuement pédicellées, en grappes
d'abord ovoïdes ensuite allongées assez lâches. *Calice à 6 sépales* étalés,
s'allongeant à peine après la floraison. *Pétales jaunes*, égalant environ la
longueur des étamines, tous munis d'un appendice onguiculaire concave
chargé de papilles sur les bords; *les 2 supérieurs* à limbe triséqué, *à lobe
médian linéaire* ord. plus court de moitié que les latéraux, *les lobes latéraux cunéiformes-semilunaires*. Prolongement squamiforme du disque
chargé de papilles sur les deux faces. Étamines environ 20, à filets papilleux. Pédicelles fructifères dressés, beaucoup plus longs que la bractée. Capsule oblongue, à peine atténuée à la base, subtrigone, à angles chargés de
papilles épaisses, tronquée au sommet et à 3 dents très courtes. *Graines
lisses, luisantes.* (2). Juin-août.

C C. — Lieux arides, bords des chemins, carrières, terrains en friche.

On rencontre quelquefois une monstruosité de cette plante à capsule subfoliacée
longuement atténuée en une base étroite.

2. **R. Phyteuma** L. *Sp.* 645; Jacq. *Austr.* II, t. 132; Rchb. *Ic.* II, f. 4443; Bill.
   *Exsicc.* n. 222; J. Mueller *Monogr. Réséd.* 133, t. 7, f. 98. — [R. RAI-
   PONCE].

Tiges de 2-6 décim., étalées, ou la moyenne dressée et les latérales ascendantes, plus ou moins rameuses ou simples, un peu anguleuses, glabres ou
légèrement papilleuses sur les angles. Feuilles oblongues ou oblongues-
obovales atténuées à la base, les inférieures ord. indivises, les supérieures
indivises ou 2-3-fides, les radicales quelquefois ondulées. Fleurs inodores ou
à odeur faible, assez brièvement pédicellées, en grappes assez lâches d'abord
ovoïdes ensuite lâches et très allongées après la floraison. *Calice à 6 sépales* étalés, *s'accroissant beaucoup après la floraison. Pétales blancs*, égalant environ la longueur des étamines, tous munis d'un appendice onguiculaire concave chargé de papilles sur les bords; *les 2 supérieurs* à limbe

triséqué, à lobe médian linéaire étroit, *à lobes latéraux* profondément *5-partits à lanières linéaires étroites semblables au lobe médian* qu'ils dépassent. Prolongement squamiforme du disque chargé de papilles sur les deux faces. Étamines environ 17, à filets glabres linéaires élargis-spatulés supérieurement et brusquement rétrécis au-dessous des anthères. Pédicelles fructifères étalés ou défléchis-arqués, beaucoup plus longs que la bractée. Capsule obovale-oblongue, atténuée à la base, subtrigone, bosselée, à angles lisses ou légèrement papilleux, un peu rétrécie au sommet et à 3 dents courtes. *Graines* assez grosses. *rugueuses.* ②. Juin-août.

*R R.* — Coteaux arides, champs en friche sablonneux ou pierreux. — Bois de Boulogne ! (*Maire, Sagot*) ; plaine du Vésinet (*de Schœnefeld*). Saint-Maur (*Delavaux*) ; champs près de la forêt de Senart ! (*Weddell*). Senlis (*Morelle*). Provins (*Des Étangs, Bouteiller*). — Env. de Noyon (*Morelle*).

Le *R. odorata* L. (*Bot. Mag.* I, t. 29 ; Rchb. *Ic.* II, f. 4444. — *R. odorant.* — Vulg. *Réséda, Herbe-maure, Herbe-d'amour*), dont la patrie est inconnue et qui est cultivé dans tous les jardins, est voisin du *R. Phyteuma* par le port et la plupart de ses caractères ; il en diffère par les fleurs plus petites à odeur suave très pénétrante, par le calice à 6-7 sépales s'accroissant à peine après la floraison, par les pétales supérieurs à lanières des lobes latéraux linéaires-spatulées égalant le lobe médian et par les étamines à filets non élargis-spatulés.

Sous-genre II. LUTEOLA (DC. in Duby *Bot. Gall.* I, 67. — *Luteola* Webb *Ot. Hisp.* 19). — Capsule subglobuleuse ou ovoïde déprimée, profondément lobée les *carpelles* étant *libres supérieurement dans une assez grande longueur. Placentas épais*, ne dépassant pas la partie soudée des carpelles.

3. **R. Luteola** L. *Sp.* 643 ; *Engl. bot.* t. 320 ; Rchb. *Ic.* II, f. 4442 ; Bill. *Exsicc.* n. 1615 ; J. Mueller *Monogr. Réséd.* 202, t. 9, f. 124. — [R. GAUDE. — Vulg. *Gaude, Herbe-à-jaunir*].

Tiges de 6-10 décim., ord. solitaires, dressées, roides, rameuses à rameaux dressés, ou simples, anguleuses, lisses. Feuilles nombreuses, rapprochées, oblongues-lancéolées ou linéaires, atténuées à la base au moins les inférieures, très entières, les radicales quelquefois ondulées. Fleurs brièvement pédicellées, en longues grappes compactes spiciformes. *Calice* petit, *à 4 sépales* presque égaux, appliqués sur les pétales, s'allongeant à peine après la florai-on. *Pétales* d'un jaune pâle, dépassant assez brièvement les étamines ; le supérieur muni d'un appendice onguiculaire concave glabre, à limbe tripartit jusqu'au milieu de sa longueur ou au delà, à lobes environ de la même longueur linéaires indivis ou incisés bi-tripartits ; les *latéraux à appendice onguiculaire non distinct*, à lobes indivis ; l'inférieur indivis, quelquefois rudimentaire. Prolongements squamiforme du disque glabre. Étamines environ 25, à filets glabres. Pédicelles fructifères dressés, environ de la longueur de la bractée ou un peu plus courts. *Capsule* subglobuleuse-déprimée, bosselée, *3-lobée* dans son tiers ou sa moitié supérieure à lobes épais en forme de dents connivences, lisse. *Graines lisses.* ②. Juin-août.

*C.* — Bords des chemins, clairières des bois, lieux arides, terrains pierreux incultes, décombres.

**2. ASTROCARPUS** Neck. *Elem.* n. 992. — [ASTROCARPE].

Calice à 5 sépales, persistant. Corolle à pétales munis chacun d'un appendice onguiculaire, les supérieurs 4-7-partits. Étamines 7-15. *Carpelles* 5 opposés aux pétales, plus rarement 4-6, *libres entre eux*, d'abord dressés, puis *étalés* presque horizontalement et stipités *à la maturité* par l'élongation du réceptacle, *monospermes*, ouverts au côté interne par une fente longitudinale jusqu'à une dent située au-dessous d'un renflement dorsal, les bords de la fente d'abord rapprochés puis écartés à la maturité.

1. **A. Clusii** J. Gay ap. F. Schultz *Arch. fl. Fr. et Allem.* 33 ; Bill. *Exsicc.* n. 512 ; J. Mueller *Monogr. Réséd.* 222, t. 10, f. 131. — *Reseda sesamoides* All. *Fl. Ped.* II, 92, t. 88 ; DC. *Ic. Gall. rar.* t. 40 non L. — [A. DE L'ÉCLUSE].

Souche rameuse, se terminant en racine pivotante. Tiges de 2-5 décim., simples ou rameuses à la base, ascendantes ou diffuses. Feuilles radicales oblongues-spatulées, disposées en rosettes lâches souvent détruites lors de la floraison ; les caulinaires linéaires atténuées à la base ou linéaires-spatulées. Fleurs en grappes effilées s'allongeant beaucoup à la maturité et dépassant souvent alors la moitié de la longueur de la tige. Calice à sépales ovales-oblongs presque aigus, réfléchis à la maturité. Pétales deux fois plus longs que le calice, à lanières oblongues ou obovales-oblongues. *Étamines* 13-15, *à filets papilleux. Carpelles* ovoïdes-oblongs, *à renflement dorsal* très développé, en forme de casque, *dépassant* plus ou moins *la dent subapiculaire*. ♃. Juin-septembre.

*R R R.* — Coteaux arides des terrains sablonneux ou pierreux. — Bouron près Fontainebleau (Vte *de Forestier*). Bois à Thurelles ! près Dordives. — Lisière de la forêt de Montargis ! près de Ferrières.

---

# XIX. NYMPHÉACÉES

(NYMPHÆACEÆ Salisb. in Konig *Ann. bot.* II, 69 ; Planchon in *Ann. sc. nat.* sér. 3, XIX, 17).

*Fleurs* hermaphrodites, *régulières*. — Calice à 4-5 sépales libres, herbacés ou plus ou moins colorés, marcescents se détruisant avant la maturité du fruit, ou persistants, à préfloraison imbriquée. — Corolle à *pétales* hypogynes ou soudés à leur base avec l'ovaire, nombreux, *disposés sur deux ou plusieurs rangs*. — *Étamines en nombre indéfini*, hypogynes ou paraissant s'insérer sur l'ovaire par la soudure de leur partie inférieure avec sa surface, libres entre elles, conformes ou les extérieures à filets élargis pétaloïdes. Anthères bilobées, introrses, à lobes linéaires adnés à la face interne du filet. — Ovaire libre, soudé ou non avec la base des pétales et des étamines, à carpelles nombreux, à loges nombreuses et en nombre variable multiovulées. *Ovules insérés aux parois des cloisons*, ord. horizontaux, réfléchis. Stigmates en nombre égal à celui des loges, linéaires, étalés-rayonnants, libres au sommet ou entièrement soudés en un plateau persistant. — *Fruit* charnu-herbacé, indéhiscent, présentant ou non des cicatrices résultant de la chute des pétales et des étamines détruits, *à loges nombreuses* et en nombre variable, polyspermes contenant un mucilage abondant dans lequel sont plongées les graines. — *Graines* ord. horizontales, *renfermées dans une enveloppe succulente* (arille selon M. Planchon). Périsperme double, l'extérieur farineux très épais (nucelle), l'intérieur charnu formant un sac qui renferme l'embryon (sac embryonnaire). Embryon droit, logé près du hile dans une fossette superficielle du périsperme extérieur, à cotylédons très courts épais. Radicule dirigée vers le hile.

Plantes aquatiques, vivaces herbacées, à rhizome souterrain gros charnu et présentant les cicatrices des pétioles détruits. Feuilles toutes radicales, longuement pétiolées, à limbe s'étalant à la surface de l'eau, entier cordé à la base, à préfoliaison convolutive, coriace, à face supérieure luisante munie de stomates nombreux, à face inférieure terne dépourvue de stomates. Fleurs ord. très grandes, nageantes, solitaires à l'extrémité de pédoncules axillaires.

1. NYMPHÆA. — Calice à 4 sépales lancéolés. Pétales blancs, disposés sur plusieurs rangs, soudés avec la partie inférieure de l'ovaire.

2. NUPHAR. — Calice à 5 sépales obovales-suborbiculaires. Pétales jaunes, beaucoup plus courts que le calice, épais-charnus, disposés sur deux rangs, non soudés avec la partie inférieure de l'ovaire.

**1. NYMPHÆA** Tourn. *Inst.* t. 137-138 ex parte; Sibth. et Sm. *Prodr. fl. Græc.* I, 361. — [NÉNUPHAR].

Calice à *4 sépales* lancéolés, colorés en blanc (dans notre espèce) à la face interne, marcescents, *se détruisant avant la maturité du fruit.* Corolle à 16-18 *pétales*, soudés avec la partie inférieure de l'ovaire, lancéolés, *disposés sur plusieurs rangs*, les extérieurs égalant le calice, les intérieurs insensiblement plus petits et portant supérieurement à leur face interne une anthère incomplétement développée ou réduite à un seul lobe. Étamines soudées à la base avec l'ovaire et paraissant s'insérer à sa surface, les extérieures à filets pétaloïdes. *Fruit portant des cicatrices qui résultent de la chute des étamines et des pétales détruits. Stigmates* soudés inférieurement en un plateau concave, *libres au sommet* et infléchis.

*Fleurs blanches.*

1. **N. alba** L. *Sp.* 729; *Engl. bot.* t. 160; Rchb. *Ic.* VII, t. 67, f. 117; Bill. *Exsicc.* n. 2006. — [N. BLANC. — Vulg. *Nénuphar, Lunifa, Lis-des-étangs*].

Feuilles à limbe épais, coriace, d'un grand diamètre, très entier, ovale-orbiculaire, profondément cordé à la base à lobes rapprochés presque parallèles, à pétiole cylindrique. Fleurs blanches, à odeur douce. Étamines étalées après la fécondation; anthères à lobes plus ou moins écartés à la base rapprochés au sommet. Fruit plus ou moins subglobuleux. ♃. Juin-septembre.

*C.* — Eaux tranquilles, mares, étangs, rivières à courant peu rapide.

Var. β. *minor* (DC. *Syst.* II, 56; Rchb. *Ic.* VII, f. 118). — Plante beaucoup plus petite dans toutes ses parties. — *A. R.* — Eaux peu profondes, mares tourbeuses.

**2. NUPHAR** Sibth. et Sm. *Prodr. fl. Græc.* I, 361. — [NUPHAR].

Calice à *5 sépales obovales-suborbiculaires*, colorés, *persistants*. Corolle à 18-20 *pétales* obovales, beaucoup plus courts que le calice, épais-charnus, lisses et luisants à la face externe, présentant à la face interne plusieurs saillies longitudinales, *disposés sur deux rangs, insérés* avec les étamines au-dessous de l'ovaire avec lequel ils ne contractent pas d'adhérence. Fruit ne portant pas de cicatrices. Stigmates soudés en un plateau ombiliqué. *Fleurs jaunes.*

**1. N. luteum** Sibth. et Sm., loc. cit.; *Engl. bot.* t. 159; Rchb. *Ic.* VII, t. 63, f. 113; Bill. *Exsicc.* n. 2007. — *Nymphæa lutea* L. *Sp.* 729. — [N. JAUNE. — Vulg. *Nénuphar-jaune, Plateau, Aillout-d'eau*].

Feuilles à limbe épais, coriace, d'un grand diamètre, très entier, ovale, profondément cordé à la base à lobes un peu divergents, à pétiole obscurément trigone. Fleurs d'un beau jaune, à odeur douce. Pétales luisants à la face extérieure. Étamines à filets épaissis, arqués en dehors et étroitement appliqués les uns sur les autres après la fécondation; anthères à lobes parallèles. Plateau des stigmates orbiculaire, entier ou presque entier, profondément ombiliqué. Fruit subglobuleux rétréci en col supérieurement. ♃. Juin-septembre.

C. — Eaux tranquilles, étangs, rivières.

Les feuilles qui n'arrivent pas à la surface de l'eau sont membraneuses, minces, presque transparentes, fortement ondulées, et atteignent ord. de plus grandes dimensions que les feuilles nageantes.

---

# XX. PAPAVÉRACÉES

(PAPAVERACEÆ Juss. *Gen.* 235 ex parte).

Fleurs hermaphrodites, régulières ou presque régulières. — Calice à *2 sépales* libres, concaves, caducs, à préfloraison valvaire. — Corolle à *4 pétales* hypogynes, caducs, à préfloraison imbriquée-chiffonnée. — *Étamines ord. en nombre indéfini*, hypogynes, libres. Anthères bilobées, introrses. — Ovaire libre, à 2 ou plusieurs carpelles, uniloculaire, offrant souvent des fausses cloisons incomplètes prolongements des placentas pariétaux, plus rarement divisé en 2 loges par une fausse cloison celluleuse complète. Ovules nombreux, réfléchis. Stigmates sessiles persistants, au nombre de deux et plus ou moins soudés, ou plus ou moins nombreux disposés en rayons et soudés sur un plateau qui surmonte l'ovaire. — Fruit sec, polysperme : globuleux ou oblong à plusieurs carpelles, uniloculaire, offrant des fausses cloisons incomplètes, s'ouvrant par une série de pores au-dessous du plateau stigmatifère; plus rarement linéaire, à 2 carpelles, uniloculaire, ou divisé en deux loges par une fausse cloison, déhiscent bivalve, quelquefois indéhiscent partagé transversalement en articles monospermes. — Graines souvent très petites, quelquefois munies d'une strophiole vers le hile. *Périsperme charnu oléifère.* Embryon droit, très petit, placé dans le périsperme. Radicule dirigée vers le hile.

Plantes annuelles, bisannuelles ou vivaces, herbacées, à odeur souvent vireuse, contenant un suc laiteux blanc ou jaune narcotique ou âcre. Feuilles alternes, sinuées, pinnatifides ou pinnatiséquées; stipules nulles. Fleurs en ombelles pauciflores, ou subsolitaires terminales.

1. PAPAVER. — Stigmates 4-20, disposés en rayons et soudés sur un plateau qui surmonte l'ovaire. Fruit globuleux ou oblong, s'ouvrant par des pores au-dessous du plateau stigmatifère.

2. CHELIDONIUM. — Stigmates 2. Capsule linéaire siliquiforme, ne présentant pas de fausse cloison. Graines munies d'une strophiole.

3. GLAUCIUM. — Stigmates 2. Capsule linéaire siliquiforme, divisée en deux loges par une fausse cloison celluleuse. Graines dépourvues de strophiole.

### 1. **PAPAVER** Tourn. *Inst.* t. 119. — [PAVOT].

Sépales 2, herbacés, très caducs. *Stigmates 4-20, disposés en rayons* et soudés sur un plateau qui déborde le sommet de l'ovaire. *Capsule globuleuse ou oblongue,* uniloculaire, offrant des fausses cloisons incomplètes (prolongements des placentas), s'ouvrant par des pores au-dessous du plateau stigmatifère. Graines dépourvues de strophiole.

Plantes annuelles, à suc laiteux blanc. Feuilles sinuées, pinnatifides ou pinnatipartites. Fleurs grandes, solitaires à l'extrémité de pédoncules très longs, penchées avant la floraison. Sépales hérissés, plus rarement glabres. Pétales rouges, quelquefois blancs violets ou panachés, ord. maculés d'un noir violet au-dessus de l'onglet. Anthères noirâtres.

† **P. somniferum** L. *Sp.* 726. — [P. SOMNIFÈRE. — Vulg. *Pavot*].

Tige de 3-10 décim., dressée, robuste, simple ou rameuse, glauque, très glabre, plus rarement hérissée. *Feuilles* glabres, glauques, profondément dentées, crénelées ou sinuées, ord. ondulées; les *caulinaires* oblongues ou ovales, *cordées-amplexicaules.* Sépales glabres, plus rarement hérissés de poils roides. Pétales très larges, pourpres, violets, panachés ou blancs. *Étamines à filets épaissis supérieurement.* Stigmates 8-13. Capsule subglobuleuse ou obovale-subglobuleuse, glabre. Plateau stigmatifère lobé, à lobes ne se recouvrant pas par leurs bords. (I). Juin-septembre.

Var. α. *seligerum.* (P. *somniferum* var. *nigrum* DC. *Fl. Fr.* IV, 633 et *P. setigerum,* loc. cit. VI, 585. — *P. setigerum* Godr. *Fl. Lorr.* éd. 2, I, 35. — *P. somniferum* Rchb. *Ic.* III, t. 17, f. 4481. — *P. hortense* Hussenot *Chard. Nanc.* 39). — *Capsule* ord. stipitée, globuleuse, environ de la grosseur d'une noix, *à pores déhiscents.* Graines noires, brunes ou blanches. — Cultivé comme plante d'ornement, naturalisé dans les jardins, les terrains remués, les décombres au voisinage des habitations; souvent cultivé en plein champ, sous le nom d'*OEillette,* pour sa graine oléagineuse.

M. Godron (*loc. cit.*) fait observer que la culture fait perdre à la plante les poils roides qui, surtout dans le Midi, terminent les dents des feuilles et ont été donnés par De Candolle comme l'un des principaux caractères de son *P. setigerum.*

Var. β. *officinale.* (P. *officinale* Gmel. *Bad.-Als.* II, 479; Rchb. *Ic.* III, t. 17,

f. 4482. — *P. somniferum* var. *album* DC. *Syst.* II, 82. — *P. somniferum*
Godr. *Fl. Lorr.* I, 34. — *P. somniferum* var. *macrocarpum* Fl. Par. éd. 1, 73).
— *Capsule* presque sessile ou stipitée, subglobuleuse ou oblongue-subglobuleuse, 3-4 fois aussi *grosse* que dans la var. *setigerum*, *à pores indéhiscents* les
petites valves qui les ferment restant adhérentes même à la maturité. Graines
blanches ou noires. — Cette variété est quelquefois cultivée en plein champ, aux
environs de Paris. Le péricarpe en est fréquemment employé en médecine pour
les propriétés calmantes du suc qu'il renferme. Les graines fournissent de l'huile
comme celles de la var. *α.*

*α.* et β. s.-v. *laciniatum*. — Pétales laciniés, fleurs ord. doubles.

1. **P. Rhœas** L. *Sp.* 726; *Engl. bot.* t. 645; Rchb. *Ic.* III, t. 15, f. 4479; Bill.
*Exsicc.* n. 211. — [P. COQUELICOT. — *Vulg. Coquelicot, Ponceau, Poin-
ceau, Pavot-Coq*].

Tige de 3-6 décim., dressée, rameuse, hérissée de poils roides. Feuilles
velues, ord. pinnatipartites, à lobes oblongs-lancéolés incisés-dentés à dents
terminées par une soie. *Pédoncules et sépales couverts de poils roides* étalés.
Pétales très larges, suborbiculaires, d'un rouge éclatant. *Étamines à filets filiformes.* Stigmates 8-12. *Capsule obovale-subglobuleuse, glabre.* Plateau
stigmatifère lobé, à lobes se recouvrant par leurs bords. ⓘ. Mai-juillet.

C C. — Champs, moissons, terrains remués.

2. **P. hybridum** L. *Sp.* 725; *Engl. bot.* t. 43; Rchb. *Ic.* III, f. 4476; Bill.
*Exsicc.* n. 1806. — [P. HYBRIDE].

Tige de 2-5 décim., dressée, rameuse au sommet, velue à poils étalés ou
dressés. Feuilles velues, bipinnatipartites, à lobes lancéolés-linéaires terminés
par une soie. Sépales couverts de poils roides étalés. Pétales oblongs-obovales,
d'un rouge purpurin. *Étamines à filets épaissis supérieurement.* Stigmates 4-8.
*Capsule subglobuleuse, hérissée de soies roides* étalées-ascendantes, présentant souvent 4-8 côtes saillantes. Plateau stigmatifère non lobé. ⓘ. Mai-juillet.

A.C. — Champs pierreux ou sablonneux, terrains en friche.

3. **P. Argemone** L. *Sp.* 725; *Engl. bot.* t. 643; Rchb. *Ic.* III, f. 4475; Bill.
*Exsicc.* n. 2408. — [P. ARGÉMONE].

Tiges solitaires ou peu nombreuses, de 2-4 décim., dressées ou ascendantes, rameuses supérieurement, velues à poils étalés ou dressés. Feuilles
velues, bipinnatipartites, à lobes lancéolés ou linéaires terminés par une soie.
Sépales couverts de poils roides, ou à poils peu nombreux. Pétales oblongs-
obovales, d'un rouge clair. *Étamines à filets épaissis supérieurement.* Stigmates 4-6. *Capsule oblongue-claviforme, hérissée*, au moins au sommet, *de
soies roides* étalées-ascendantes, présentant 4-6 côtes. Plateau stigmatifère
non lobé. ⓘ. Mai-août.

A.C. — Bords des champs pierreux ou sablonneux, terrains en friche.

S.-v. *glabratum*. — Capsule ne présentant que quelques soies au sommet.

4. **P. dubium** L. *Sp.* 726; *Engl. bot.* t. 644; Rchb. *Ic.* III, f. 4477. —[P. DOU-
TEUX].

Tiges solitaires ou peu nombreuses, de 3-6 décim., dressées, simples ou
rameuses, velues à poils roides. Feuilles glaucescentes, velues à poils épars,
ou presque glabres, pinnatipartites, à lobes oblongs-lancéolés entiers dentés
ou incisés terminés par une soie. Sépales couverts de poils roides. Pétales très

larges suborbiculaires, d'un rouge intense. *Étamines à filets filiformes.* Stigmates 5-10. *Capsule oblongue-claviforme, glabre.* Plateau stigmatifère lobé, à lobes ne se recouvrant pas par leurs bords. (I). Mai-juillet.

C. — Champs, moissons des terrains sablonneux ou pierreux.

### 2. CHELIDONIUM Tourn. *Inst.* t. 116. — [CHÉLIDOINE].

Calice à 2 sépales un peu colorés. *Stigmates 2, soudés inférieurement. Capsule linéaire siliquiforme,* uniloculaire *ne présentant pas de fausse cloison,* s'ouvrant en deux valves qui se détachent de la base au sommet en laissant persister le châssis formé par les placentas. *Graines à raphé muni d'une strophiole* charnue en forme de crête.

Plante vivace, à suc laiteux devenant jaune-rougeâtre au contact de l'air. Feuilles pinnatiséquées. *Fleurs jaunes, en ombelles simples* pauciflores.

1. **C. majus** L. *Sp.* 723 ; *Engl. bot.* t. 1581 ; Rchb. *Ic.* III, t. 10, f. 4466 ; Bill. *Exsicc.* n. 4. — [GRANDE CHÉLIDOINE. — Vulg. *Éclaire, Grande-Éclaire, Herbe-de-l'hirondelle, Herbe-aux-boucs, Herbe-aux-verrues*].

Souche épaisse, verticale ou oblique. Tiges de 2-7 décim., dressées, rameuses, pubescentes à longs poils épars mous étalés. Feuilles molles, à 3-7 segments ovales, lobés à lobes incisés-crénelés, pétiolulés ou décurrents sur le rachis, glabres, glauques en dessous. Sépales colorés, jaunâtres. Capsule linéaire, de 3-4 centim., un peu toruleuse. Graines olivâtres, luisantes, à strophiole blanche. ♃. Avril-septembre.

C C C. — Vieux murs, décombres, lieux pierreux humides.

Var. β. *laciniatum* (Rchb. *Ic.* III, f. 4467 ; Bill. *Exsicc.* n. 4 *bis.* — *C. quercifolium* Thuill. *Fl. Par.* 261). — Feuilles à segments pinnatifides, à lobes étroits. Pétales incisés. — R R R. — Env. de Versailles ! (*de Boucheman*).

### † GLAUCIUM Tourn. *Inst.* t. 130. — [GLAUCIÈRE].

Calice à 2 sépales herbacés. *Stigmates 2, soudés inférieurement, lamelleux. Capsule linéaire siliquiforme, divisée en deux loges par une fausse cloison* celluleuse *complète* (prolongement des placentas), s'ouvrant en deux valves qui se détachent du sommet à la base en laissant persister le châssis formé par les placentas et la cloison. *Graines dépourvues de strophiole.*

Plante bisannuelle. Feuilles pinnatifides ou pinnatipartites. Fleurs jaunes, grandes, terminales subsolitaires.

† **G. flavum** Crantz *Austr.* II, 141. — *Chelidonium Glaucium* L. *Sp.* 724. — *G. luteum* Scop. *Carn.* 1, 369 ; *Engl. bot.* t. 8 ; Rchb. *Ic.* III, t. 11, f. 4468. — [G. JAUNE].

Tige de 5-8 décim., dressée, robuste, rameuse, glabre, glauque. Feuilles glauques, velues d'apparence pulvérulente à poils courts flexueux, pinnatifides ou pinnatipartites, à lobes sinués ou dentés ; les supérieures largement amplexicaules. Capsule linéaire, longue de 15-25 centim., rude légèrement tuberculeuse. (I). Juin-août.

R R. *subspontané.* — Décombres, voisinage des habitations. — Bois de Boulogne ! (*Thuill.* Fl. Par.) ; Bougival (*E. Fournier*). La Roche-Guyon ! où il est peut-être spontané. Malesherbes !, etc. — Quelquefois cultivé comme plante d'ornement, ainsi que le *G. corniculatum* Curt., qui s'en distingue par ses fleurs rougeâtres et par sa capsule hispide.

## XXI. FUMARIACÉES

(FUMARIACEÆ DC. Syst. II, 105).

*Fleurs* hermaphrodites, *irrégulières.* — Calice à *2 sépales* ord. dentés, libres, pétaloïdes, caducs, à préfloraison valvaire. — Corolle à *4 pétales* hypogynes, à préfloraison imbriquée, connivents, caducs, libres ou plus ou moins soudés à la base, les deux latéraux (intérieurs) ord. cohérents au sommet et présentant ord. une saillie longitudinale en forme d'aile vers le sommet, le supérieur plus grand ord. prolongé en éperon. — *Étamines 6,* hypogynes, *à filets soudés* presque jusqu'au sommet *en deux faisceaux* opposés aux pétales extérieurs (supérieur et inférieur). Anthères extrorses, les deux latérales de chaque faisceau unilobées, la moyenne bilobée (1). — Ovaire libre, à 2 carpelles, à une loge pluriovulée ou uniovulée. *Ovules insérés sur des placentas pariétaux,* horizontaux, *courbés.* Styles 2, soudés en un style filiforme, souvent arqué-réfléchi, caduc ou persistant; stigmate bilobé, à lobes comprimés ord. crénelés. — Fruit sec, uniloculaire monosperme indéhiscent, ou polysperme s'ouvrant en deux valves. — Graines horizontales, réniformes, quelquefois munies d'une strophiole en forme de crête. Périsperme charnu, très épais. Embryon très petit, ou ne devenant distinct que par la germination, logé dans le périsperme près du micropyle. Radicule rapprochée du hile.

Plantes annuelles ou vivaces, herbacées, souvent glauques, à suc abondant ord. amer. Feuilles alternes, pétiolées, bi-tripinnatiséquées. Fleurs en grappes terminales ou en grappes opposées aux feuilles.

1. CORYDALIS. — Fruit siliquiforme, polysperme, déhiscent. Graines munies d'une strophiole.

2. FUMARIA. — Fruit subglobuleux, monosperme, indéhiscent. Graines dépourvues de strophiole.

### 1. CORYDALIS DC. *Syst.* II, 113. — [CORYDALE].

Pétales 4, l'inférieur canaliculé à limbe plan ou concave. Style caduc ou persistant. *Fruit siliquiforme,* comprimé, *polysperme, déhiscent. Graines* luisantes, *munies d'une strophiole* en forme de crête.

Plantes vivaces, à tiges solitaires ou nombreuses simples ou rameuses. Feuilles bi-tripinnatiséquées. Fleurs jaunes ou purpurines, plus rarement blanches.

Sect. I. BULBOCAPNOS (Bernhardi in *Linnæa*, VII, 604). — Fleurs purpurines ou blanches, à éperon très allongé. Style persistant. Embryon ne présentant qu'une feuille cotylédonaire distincte seulement par la germination. Souche bulbiforme, charnue. Tige simple. Feuilles caulinaires en petit nombre.

(1) Les étamines peuvent être considérées comme étant au nombre de 4 et opposées aux pétales ; celles qui correspondraient aux pétales intérieurs se partageant chacune jusqu'à la base pour se souder par chaque division de leur filet avec l'une et l'autre des étamines bilobées.

1. **C. solida** Sm. *Fl. Brit.* II, 748 ; Bill. *Exsicc.* n. 213. — *C. digitata* Pers.
Syn. *pl.* II, 269 ; Rchb. *Ic.* III, t. 7, f. 4462. — *Fumaria bulbosa* γ L.
Sp. 983. — [C. PLEINE].

*Souche bulbiforme*, subglobuleuse, se renouvelant chaque année, ne devenant jamais creuse, *ne donnant naissance à des fibres radicales qu'à sa base. Tiges 1-2*, très rarement plus, de 1-2 décim., dressées, *simples, portant inférieurement le pétiole squamiforme d'une feuille avortée.* Feuilles deux fois triséquées, à divisions de premier ordre longuement pétiolulées, à segments cunéiformes plus ou moins lobés ou incisés. Bractées cunéiformes incisées-palmées, très rarement entières (*C. intermedia* Lois., Mérat *Fl. Par.* éd. 4, II, 568). *Fleurs purpurines*, rarement blanches, paraissant bilabiées, à pétale supérieur échancré, *à éperon* arqué *aminci* et à peine courbé au sommet égalant presque la longueur du reste de la fleur. *Pédicelles égalant environ la longueur de la capsule.* Graines noires, lisses. ♃. Mars-mai.

A.R. — Bois, lieux ombragés. — Parc de Valgenceuse et forêt de Pontarmé près Senlis (*Morelle*) ; bois d'Ormoy-Villiers cant. de Crépy (*Questier*) ; forêts de Compiègne à plusieurs localités (*Graves*), de Laigue (*Léré*), de Villers-Cotterets (*Questier*) ; La Noue près Villers-Cotterets, bois du Tillet à Gondreville, de Rouville, de la Genevraie à Ivors, de Montplaisir à Thury-en-Valois, murs du parc d'Antilly (*Questier*). Parc de Rebetz! près Chaumont (*Frion*). Recloses près Nemours (*Devilliers*) ; parc de Malesherbes (*Bernard*). — *Graves* Cat. Oise : forêt de Chantilly ; Sacy-le-Grand cant. de Liancourt.

Le *C. cava* Schweigg. et Kœrt. (Bill. *Exsicc.* n. 1107. — *C. bulbosa* Rchb. *Ic.* III, f. 4463. — *C. creuse*) a été observé dans les parcs du Petit-Trianon (*de Boucheman*) et de Malesherbes ! (*Bernard*), où il s'est naturalisé ; il est caractérisé surtout par sa souche épaisse charnue persistante, devenant creuse en vieillissant, donnant naissance à des fibres radicales disséminées sur toute sa surface, émettant une ou plusieurs tiges, par ses tiges dépourvues inférieurement de pétiole squamiforme, par ses bractées entières, par ses pédicelles trois fois plus courts que la capsule et par sa corolle à éperon épaissi et courbé au sommet.

Sect. II. CAPNOIDES DC. *Prodr.* I, 128. — Fleurs jaunes, à éperon court. Style caduc. Embryon présentant deux feuilles cotylédonaires. Souche cespiteuse ou racine annuelle. Tiges nombreuses, rameuses, portant un grand nombre de feuilles.

† **C. lutea** DC. *Fl. Fr.* IV, 638 ; Rchb. *Ic.* III, f. 4459 ; Bill. *Exsicc.* n. 1108
et *bis.* — *Fumaria lutea* L. *Mant.* 258 ; *Engl. bot.* t. 588. — [C. JAUNE.
—Vulg. *Fumeterre-jaune*].

*Souche cespiteuse.* Tiges nombreuses, de 1-3 décim., rameuses diffuses. Feuilles bi-tripinnatiséquées, à segments pétiolulés, oblongs ou obovales-cunéiformes, incisés, plus rarement entiers. Bractées lancéolées-linéaires, à peine denticulées, beaucoup plus courtes que les pédicelles. *Fleurs jaunes*, à pétale supérieur entier, à éperon court recourbé. Graines finement granuleuses. ♃. Mai-septembre.

A.R. *subspontané.* — Vieux murs de jardins, décombres, voisinage des habitations. — Murs du jardin du Luxembourg ! à Paris ; Vincennes (*Kralik*) ; parc de Neuilly ! (*Vigineix*) ; Meudon ! ; Sèvres ! ; Sceaux ! ; Les Metz près Jouy (*de Schœnefeld*) ; Versailles ! ; Saint-Germain (*de Schœnefeld*). Fontainebleau !. Beauvais (*Graves*). — *Graves* Cat. Oise : Liancourt ; Thury-en-Valois ; Varainfroy ; Antilly. — Assez fréquemment cultivé dans les parterres.

**2. FUMARIA** L. *Gen.* n. 849 ex parte. — [FUMETERRE].

Pétales 4, l'inférieur canaliculé à limbe concave. Style caduc. *Fruit* subgloboleux, *monosperme, indéhiscent.* Graine dépourvue de strophiole.

Plantes annuelles, à tiges anguleuses, rameuses-diffuses, souvent grimpantes par les pétioles tortiles. Feuilles bi-tripinnatiséquées. Fleurs purpurines ou blanches, à sommet ord. d'un pourpre noirâtre.

**1. F. capreolata** L. *Sp.* 985. — [F. GRIMPANTE].

Tiges de 3-10 décim. Feuilles bi-tripinnatiséquées, à segments obovales-oblongs ou oblongs, à pétioles tortiles. Fleurs assez nombreuses, blanches ou d'un blanc rosé, en grappes assez lâches. *Sépales ovales-aigus, atteignant environ la moitié de la longueur de la corolle* (1) *et au moins aussi larges qu'elle. Fruit globuleux,* non apiculé. (1). Mai-septembre.

A.R. — Haies, buissons, murs, lieux cultivés ou vagues.

Var. α. *vulgaris.* (*F. capreolata* DC. *Ic. rar.* I, t. 34; Boreau! ap. Duchartre *Rev. bot.* I, 358; Gren. et Godr. *Fl. Fr.* I, 66; Rchb. *Ic.* III, t. 4, f. 4456; Bill. *Exsicc.* n. 708. — *F. capreolata* var. *recurva Fl. Par.* éd. 1, 77, et *Illustr. fl. Par.* t. 3, f. 11-12. — *Var.* à grandes fleurs : *F. speciosa* Jord. in *Cat. grain. Grenoble* [1849], 15. — *Var.* à petites fleurs, à pédicelles ord. dressés : *F. muralis* Sond.! in Koch *Syn.* ed. 2, 1017 non Gren. et Godr.). — Fleurs blanches, rarement roses-purpurines, d'un pourpre noirâtre au sommet. Pédicelles fructifères recourbés, rarement droits dressés ou étalés. *Fruit lisse.* — La Villette (*Vigineix*); Bicêtre, Verrières (*Tourn.* Hist. pl. Par.), Marcoussis (*Kralik*). Passy (*E. Fournier*); Ville d'Avray (*Delavaux*); abondant aux environs de Saint-Germain!. Meaux (*Maire*). Les Andelys (*A. Grenier*). Cressy près Dreux (*Dœncn*). — *Graves* Cat. Oise : Marissel près Beauvais; Nivillers; Tillé; Saint-Germain près Compiègne; Senlis.

Var. β. *Bastardi.* (*F. Bastardi* Boreau ap. Duchartre *Rev. bot.* II, 359. — *F. capreolata* var. *patula Fl. Par.* éd. 1, 77. — *F. Bastardi et muralis* Boreau *Fl. centr.* éd. 2, II, 28. — *F. muralis* Gren. et Godr. *Fl. Fr.* I, 67 non Sond. excl. syn. F. Petteri. — *F. confusa* Jord. in *Cat. grain. Grenoble* [1848], 19, et *F. Borœi,* loc. cit. [1849] 15; Bill. *Exsicc.* n. 2209). — Fleurs purpurines, plus rarement d'un blanc rosé ou blanches, d'un rouge foncé au sommet. Pédicelles fructifères droits, dressés ou étalés. *Fruit ruguleux.* — Parc de Saint-Cloud (*Kralik*); Ville-d'Avray (*Delavaux*); Dampierre!; Senlisse!. Verrières (*Kralik*); Orsay (*Tourn.* Hist. pl. Par.), Arpajon (*Guillon*); Marcoussis (*Adr. de Jussieu*); Mennecy (*Des Étangs*). Épernon!

**2. F. officinalis** L. *Sp.* 984; *Engl. bot.* t. 589; Rchb. *Ic.* III, f. 4454; *Illustr. fl. Par.* t. 3, f. 7-8; Bill. *Exsicc.* n. 214. — Vaill. *Bot. Par.* t. 10, f. 4. — [F. OFFICINALE. — Vulg. *Fumeterre*].

Tiges de 2-8 décim. Feuilles bi-tripinnatiséquées, à segments oblongs-linéaires ord. aigus. Fleurs nombreuses, ord. purpurines, en grappes assez lâches. Sépales ovales-lancéolés, n'atteignant pas ord. la moitié de la longueur de la corolle et presque aussi larges qu'elle. *Fruit plus large que long, tronqué légèrement émarginé au sommet.* (1). Mai-octobre.

C C C. — Champs, vignes, jardins, bords des chemins.

S.-v. *scandens.* (*F. media* Lois. *Not.* 101. — *F. capreolata* Thuill. *Fl. Par.* 354 non L.). — Feuilles à segments ovales-oblongs, à pétioles tortiles. Fleurs

(1) Nous comparons la longueur du sépale à celle de la corolle à partir de son insertion, en n'y comprenant pas l'éperon.

ord. blanches ou d'un blanc rosé, à sépales ord. plus grands que dans le type. — Buissons, lieux humides ombragés.

3. **F. Vaillantii** Lois. *Not.* 102 ; *Engl. bot.* t. 2877 ; Rchb. *Ic.* III, f. 4452 ; *Illustr. fl. Par.* t. 3, f. 13-14 ; Bill. *Exsicc.* n. 215 et *bis*. — Vaill. *Bot. Par.* t. 10, f. 6. — [F. DE VAILLANT].

Tiges de 1-6 décim. Feuilles bi-tripinnatiséquées, à segments linéaires aigus. Fleurs peu nombreuses, ord. purpurines, en grappes courtes lâches. *Sépales très petits, plus étroits que le pédicelle. Fruit globuleux, non apiculé à la maturité.* (I). Juin-septembre.

A.C. — Lieux cultivés, bords des chemins, vieux murs.

4. **F. parviflora** Lmk *Encycl. méth.* II, 567 ; *Engl. bot.* t. 590 ; Rchb. *Ic.* III, f. 4451 ; *Illustr. fl. Par.* t. 3, f. 15-16 ; Bill. *Exsicc.* n. 2210. — Vaill. *Bot. Par.* t. 10, f. 5. — [F. A PETITES FLEURS].

Tiges de 1-6 décim. Feuilles bi-tripinnatiséquées, à segments linéaires aigus pliés-canaliculés. Fleurs assez nombreuses, blanches, en grappes assez lâches. *Sépales lancéolés, 5-6 fois plus courts que la corolle, plus larges que le pédicelle. Fruit globuleux, terminé en pointe au sommet.* (I). Mai-août.

C. — Lieux arides surtout des terrains sablonneux, bords des chemins, vieux murs.

5. **F. densiflora** DC. *Cat. Monsp.* 113 (1813), et *Fl. Fr.* V, 588 ; Gren. et Godr. *Fl. Fr.* 1, 68 ; Bill. *Exsicc.* n. 709. — *F. micrantha* Lagasca *Nov. gen. et sp.* 21, n. 281 (1816) ; Koch *Syn. fl. Germ.* éd. 2, 1018 ; Parlat. *Monogr. Fum.* 60 ; *Fl. Par.* éd. 1, 78, et *Illustr. fl. Par.* t. 3, f. 9-10. — [F. DENSIFLORE].

Tiges de 2-10 décim. Feuilles bi-tripinnatiséquées à segments linéaires très étroits. Fleurs nombreuses, purpurines ou roses, en grappes denses. *Sépales suborbiculaires, débordant largement la corolle et dépassant le tiers de sa longueur. Fruit globuleux, non apiculé.* (I). Juin-septembre.

A.R. — Lieux cultivés, vignes, bords des chemins. — Issy (*De Lens*) ; Bezons, Bougival (*de Schœnefeld*) ; Ville-d'Avray (*Delavaux*) ; Saint-Cucufas ! ; Saint-Cyr ; Saint-Germain (*Weddell*) ; Conflans-Sainte-Honorine (*De Lens*) ; Mantes ! ; La Roche-Guyon ! ; Vernon ! ; Les Andelys ! ; Magny ! (*Bouteille*) ; Etrépagny près Gisors ! ; Chaumont ! ; Verderonne ! près Clermont. Montmorency (*Des Étangs, l'Ailloux*) ; Luzarches. Monthion, Meaux (*Maire*) ; La Ferté-sous-Jouarre (*Adr. de Jussieu*) ; Château-Thierry (*De Lens*) ; La Ferté-Milon, Cuvergnon (*Questier*) ; Saint-Nicolas-de-Courson près Compiègne (*de Schœnefeld*). Lardy, Dourdan (*Maire*) ; Itteville (*Mandon*) ; Étampes ! ; env. de Melun ! ; Provins (*Bouteiller*), etc.

---

# XXII. CRUCIFÈRES (1)

(CRUCIFERÆ Juss. *Gen.* 237).

Fleurs hermaphrodites, régulières ou presque régulières. — Calice à 4 sépales libres, caducs, très rarement persistants, à préfloraison imbriquée très rarement valvaire ; les 2 extérieurs latéraux opposés aux

(1) Voir, pour les caractères des sous-familles et des tribus de la famille des *Crucifères*, la planche X de l'*Atlas*.

carpelles, souvent plus larges que les intérieurs et un peu gibbeux à la base, les 2 intérieurs antérieur et postérieur. — Corolle à pétales hypogynes, libres, caducs, à préfloraison imbriquée, ord. égaux, rétrécis en onglet, à limbe entier émarginé ou bifide, très rarement nuls par avortement. — Réceptacle muni de 2-4 plus rarement 6 glandes placées en dedans ou en dehors des étamines. — *Étamines 6*, hypogynes, ord. libres, inégales; les 2 extérieures (latérales) plus courtes, opposées aux sépales extérieurs, quelquefois avortées; *les 4 intérieures plus longues, égales entre elles, opposées par paires aux sépales intérieurs* en même temps qu'elles correspondent une à une aux pétales. Anthères bilobées, introrses. — *Ovaire* libre, *à 2 carpelles* dont la face dorsale regarde les sépales extérieurs (latéraux) et dont les bords placentaires regardent les sépales intérieurs (antérieur et postérieur), *à placentas pariétaux*, partagé par le prolongement celluleux des placentas en 2 loges pluriovulées ou uniovulées, plus rarement à une seule loge uniovulée. Ovules suspendus, plus rarement horizontaux, pliés. Styles soudés en un style indivis quelquefois presque nul; stigmate indivis ou bilobé. — Fruit sec, allongé (silique) ou court (silicule); déhiscent biloculaire, à loges polyspermes ou monospermes, s'ouvrant en 2 valves qui se détachent de la base au sommet d'un châssis persistant constitué par les placentas et la fausse cloison; ou indéhiscent, quelquefois uniloculaire monosperme; quelquefois se partageant en articles transversaux monospermes. — *Graines* suspendues, plus rarement horizontales, *dépourvues de périsperme. Embryon* oléifère, *plié*, très rarement enroulé en spirale. Radicule rapprochée du hile, répondant tantôt à la commissure des cotylédons, qui, dans ce cas, sont plans : *radicule commissurale* (o $=$); tantôt appliquée sur la face dorsale de l'un des cotylédons, les cotylédons étant alors, ou plans : *radicule dorsale* (o $\parallel$), ou pliés longitudinalement (*cotylédons condupliqués*) de manière à embrasser la radicule : *radicule incluse* (o$\gg$).

Plantes annuelles, bisannuelles ou vivaces, herbacées, rarement sous-frutescentes, à suc aqueux ord. d'une saveur piquante. Feuilles alternes, sessiles ou pétiolées, entières, dentées, pinnatifides, pinnatipartites ou pinnatiséquées; stipules nulles ou représentées par de petites glandes. Fleurs généralement dépourvues de feuilles bractéales par avortement, plus rarement naissant à l'aisselle de feuilles ou de bractées, disposées en grappes simples souvent corymbiformes s'allongeant ord. beaucoup après la floraison.

SOUS-FAMILLE I. SILIQUOSÆ. — *Fruit linéaire ou lancéolé* (silique) déhiscent, très rarement indéhiscent, polysperme (1).

(1) Nous avons cru devoir adopter pour caractère des divisions principales de la famille des *Crucifères* la longueur du fruit, qui est constante dans tous les genres de notre Flore, excepté dans le genre *Nasturtium*, qui renferme des espèces à silique et des espèces à silicule; nous avons réservé comme caractère des tribus la position relative des cotylédons et de la radicule. — Dans cer-

TRIBU I. — *Cotylédons plans;* radicule répondant à leur commissure : *radicule commissurale* (o =).

1. CHEIRANTHUS. — *Stigmate bilobé, à lobes courbés en dehors. Silique subtétragone;* valves offrant une nervure saillante. *Graines unisériées.* Fleurs jaunes. Feuilles entières.

2. BARBAREA. — Stigmate entier ou légèrement échancré. *Silique subcylindrique;* valves offrant une nervure saillante. *Graines unisériées.* Fleurs jaunes. *Feuilles lyrées-pinnatipartites au moins les inférieures,* les caulinaires embrassantes.

3. ARABIS. — Stigmate entier ou à peine échancré. *Silique comprimée; valves presque planes, présentant une nervure* longitudinale *ou plusieurs nervures très fines. Graines unisériées,* comprimées ord. bordées. Fleurs blanches, plus rarement roses.

4. DENTARIA. — Stigmate presque entier. *Silique lancéolée, comprimée; valves presque planes, dépourvues de nervure,* s'enroulant avec élasticité. Graines unisériées, comprimées, à *funicules dilatés.* Fleurs roses ou blanches. Feuilles pinnatiséquées. *Rhizome écailleux à écailles épaisses charnues.*

5. CARDAMINE. — Stigmate entier. *Silique linéaire, comprimée; valves* presque planes, *dépourvues de nervure,* s'enroulant quelquefois avec élasticité. Graines unisériées, comprimées, à *funicules non dilatés.* Fleurs blanches ou roses. Feuilles pinnatiséquées.

6. NASTURTIUM. — Stigmate subbilobé. *Silique cylindrique* linéaire, ou silicule oblongue ou oblongue-subglobuleuse; valves convexes. *Graines irrégulièrement 2-4-sériées.* Fleurs jaunes ou blanches.

7. TURRITIS. — Stigmate presque entier. *Silique comprimée;* valves presque planes, présentant une nervure saillante. *Graines bisériées.* Fleurs d'un blanc jaunâtre.

TRIBU II. — *Cotylédons plans;* radicule reposant sur le dos de l'un d'eux : *radicule dorsale* (o ‖).

8. SISYMBRIUM. — Stigmate entier ou émarginé. *Silique cylindrique; valves convexes, présentant 3 nervures* longitudinales. *Graines unisériées.* Radicule dorsale, plus rarement commissurale. Fleurs jaunes ou blanches.

9. BRAYA. — Stigmate entier. *Silique cylindrique un peu comprimée; valves* convexes, *ne présentant qu'une nervure* longitudinale. *Graines bisériées. Fleurs* blanches, *en grappes feuillées.*

10. ERYSIMUM. — *Stigmate entier, ou bilobé à lobes obtus. Silique tétragone,* ou tétragone un peu comprimée; *valves fortement carénées par la saillie de la nervure dorsale.* Graines unisériées. Fleurs jaunes.

taines espèces du genre *Sisymbrium* la radicule est commissurale au lieu d'être dorsale, aussi avonsnous cru devoir placer ce genre en tête de la deuxième tribu qu'il relie à la première. Les caractères tirés de la radicule incluse ont plus de valeur et sont très constants, au moins pour tous les genres de notre Flore. — Il est souvent possible, avec un peu d'habitude, de déterminer, à la simple inspection de la graine, la forme des cotylédons et la position de la radicule; mais pour constater ces caractères avec une plus grande précision, il est utile de pratiquer une coupe transversale de la graine, ou mieux d'isoler l'embryon. Pour isoler facilement l'embryon des enveloppes de la graine, on fait ramollir la graine par une macération de quelques heures dans l'eau froide ou de quelques minutes dans l'eau bouillante, puis on pratique avec une aiguille à dissection une petite déchirure au testa, et l'on exerce sur la graine une légère pression. — On ne saurait, comme on le voit, déterminer méthodiquement la tribu et le genre d'une plante de la famille des *Crucifères,* si on ne la possède qu'en fleurs; le fruit mûr ou à peu près mûr est indispensable.

11. HESPERIS. — *Stigmate à deux lobes lamelleux dressés-connivents. Silique subcylindrique; valves convexes, à 3 nervures peu marquées. Graines unisériées. Fleurs lilas ou blanches.*

TRIBU III. — *Cotylédons condupliqués*, embrassant la radicule dorsale : *radicule incluse* (o≫).

SOUS-TRIBU 1. — *Silique déhiscente.*

12. DIPLOTAXIS. — *Silique comprimée;* valves un peu convexes, uninerviées. *Graines bisériées, comprimées. Fleurs jaunes.*

13. ERUCA. — *Silique subcylindrique,* oblongue; valves convexes, carénées par la saillie de la nervure dorsale; bec comprimé ensiforme. *Graines bisériées,* globuleuses. Fleurs jaunâtres, à pétales veinés.

14. ERUCASTRUM. — *Silique subcylindrique; valves* convexes, *uninerviées. Graines unisériées, ovales ou oblongues, un peu comprimées.* Fleurs jaunes ou jaunâtres.

15. BRASSICA. — *Silique subcylindrique; valves* convexes, *ne présentant qu'une seule nervure* longitudinale *droite. Graines unisériées, globuleuses.* Fleurs jaunes ou blanchâtres, souvent veinées.

16. SINAPIS. — *Silique subcylindrique; valves* convexes, *à 3-5 nervures* longitudinales *droites saillantes. Graines unisériées, globuleuses.* Fleurs jaunes.

SOUS-TRIBU II. — *Silique indéhiscente*, renflée spongieuse, *ou* non spongieuse *se partageant* à la maturité *en plusieurs articles transversaux.*

17. RAPHANUS.

SOUS-FAMILLE II. SILICULOSÆ. — *Fruit à peine plus long que large* (silicule), oblong, ovale ou suborbiculaire, déhiscent, plus rarement indéhiscent, 1-4-sperme ou polysperme.

TRIBU I. — *Silicule déhiscente*, à valves ne retenant pas les graines.

SOUS-TRIBU I. — *Silicule comprimée parallèlement à la cloison*; cloison aussi large que le plus grand diamètre transversal de la silicule; valves presque planes ou convexes, jamais pliées-naviculaires.

18. ALYSSUM. — Étamines, au moins les latérales, à filets souvent dilatés en appendices membraneux. Silicule ord. suborbiculaire ou ovale-suborbiculaire, surmontée par le *style persistant; valves* ord. *convexes* au centre, planes au bord ; *loges 1-2-spermes.* Graines comprimées, souvent bordées. Radicule commissurale. Plantes couvertes d'une pubescence étoilée.

19. DRABA. — *Silicule oblongue*, surmontée par le stigmate subsessile persistant; *valves planes* ou à peine convexes ; *loges polyspermes.* Graines comprimées. Radicule commissurale.

    *Nasturtium* (ex parte). — *Silicule subglobuleuse ou oblongue-renflée*, surmontée par le style persistant; valves convexes; *loges polyspermes. Graines* irrégulièrement *2-4-sériées*, comprimées. Radicule commissurale. *Fleurs jaunes.*

† COCHLEARIA. — *Silicule subglobuleuse ou oblongue-subglobuleuse*, surmontée par le style persistant; valves très convexes; *loges polyspermes. Graines bisériées*, comprimées. *Radicule commissurale. Fleurs blanches.*

20. CAMELINA. — *Silicule obovale-pyriforme*, un peu comprimée, surmontée par le style persistant ; *valves très convexes; loges polyspermes.* Graines à peine comprimées. *Radicule dorsale.*

Sous-tribu II. — *Silicule comprimée perpendiculairement à la cloison ;* cloison étroite, souvent linéaire ; valves pliées-naviculaires, à carène souvent ailée.

21. Teesdalia. — Pétales extérieurs ord. plus grands. *Étamines à filets dilatés en appendices membraneux.* Silicule ovale-suborbiculaire, émarginée au sommet, terminée par le stigmate subsessile ; valves à carène un peu ailée ; *loges dispermes. Radicule commissurale.*

22. Thlaspi. — *Pétales presque égaux.* Silicule suborbiculaire ou obovale, profondément échancrée au sommet, terminée par le style court ou par le stigmate subsessile ; valves à carène ailée-membraneuse surtout supérieurement ; *loges 4-polyspermes,* très rarement 2-spermes. *Radicule commissurale.*

23. Iberis. — *Pétales extérieurs* beaucoup *plus grands.* Silicule ovale ou obovale-suborbiculaire, profondément échancrée au sommet, terminée par le style persistant ; valves à carène étroitement ailée ; *loges monospermes. Radicule commissurale.*

24. Hutchinsia. — *Silicule oblongue ou suborbiculaire, entière au sommet,* terminée par le stigmate subsessile ; valves à carène non ailée ; *loges* ord. *2-spermes.* Radicule dorsale ou obliquement commissurale.

25. Capsella. — *Silicule triangulaire-obcordée,* terminée par le style court ; valves non ailées ; *loges polyspermes. Radicule dorsale.*

26. Lepidium. — Silicule suborbiculaire, ovale ou oblongue, émarginée au sommet, terminée par le style persistant ou le stigmate subsessile ; valves à carène quelquefois un peu ailée ; *loges monospermes. Radicule dorsale.*

TRIBU II. — *Silicule indéhiscente,* se partageant rarement en valves qui retiennent la graine.

27. Biscutella. — *Silicule à 2 loges* monospermes, très fortement comprimée perpendiculairement à la cloison, *presque plane,* ord. *échancrée au sommet et à la base,* terminée par le style persistant très long ; *valves orbiculaires, retenant la graine.*

28. Senebiera. — *Silicule* indéhiscente, *à 2 loges* monospermes, *comprimée* perpendiculairement à la cloison, *échancrée à la base* ou au sommet et à la base ; *valves épaisses,* retenant la graine. *Cotylédons repliés ;* radicule dorsale.

29. Isatis. — *Silicule* indéhiscente, à une seule loge *monosperme,* comprimée perpendiculairement à la direction de la cloison, *oblongue ou oblongue-obovale, aplanie* en forme d'aile ; valves naviculaires soudées. Radicule dorsale.

30. Neslia. — *Silicule* indéhiscente, ord. monosperme, *subglobuleuse* un peu comprimée parallèlement à la cloison, surmontée par le *style* persistant *filiforme. Radicule dorsale.* Fleurs jaunes.

31. Calepina. — *Silicule* indéhiscente, monosperme, *ovoïde-subglobuleuse, terminée en une pointe épaisse conique* surmontée du *stigmate sessile. Radicule incluse.* Fleurs blanches.

† Bunias. — *Silicule* indéhiscente, *à 2 loges* monospermes ou dispermes, souvent partagées transversalement en deux loges secondaires par une fausse cloison qui sépare les graines, *ovoïde ou tétragone. Cotylédons linéaires enroulés en spirale.*

**SOUS-FAMILLE I. SILIQUOSÆ.** — Fruit linéaire ou lancéolé (silique), déhiscent, très rarement indéhiscent, polysperme.

TRIBU I. — Cotylédons plans ; radicule répondant à leur commissure : radicule commissurale (o ══).

**1. CHEIRANTHUS** R. Br. in *Hort. Kew.* ed. 2, IV, 118. — [GIROFLÉE].

Calice à sépales connivents, les latéraux gibbeux à la base. *Stigmate bilobé, à lobes courbés en dehors. Silique* linéaire, *subtétragone* ; valves convexes, offrant une nervure longitudinale saillante. *Graines unisériées,* ovales-comprimées.

Plante vivace sous-frutescente à la base, légèrement pubescente ou presque glabre. Feuilles atténuées en pétiole, oblongues-lancéolées, entières. Fleurs jaunes, odorantes.

1. **C. Cheiri** L. *Sp.* 924 ; Rchb. *Ic.* II, t. 45, f. 4347 ; Bill. *Exsicc.* n. 913. — [G. VIOLIER. — Vulg. *Giroflée-jaune, G.-de-muraille, Violier-jaune, Bâton-d'or, Carafée, Ravenelle-jaune, Muret*].

Tige de 2-7 décim., rameuse dès la base, à rameaux plus ou moins anguleux, pubescents supérieurement à poils apprimés. Feuilles un peu charnues, persistant souvent pendant l'hiver, d'un vert pâle en dessous. Fleurs d'une odeur suave. Siliques légèrement pubescentes. ♃. Mars-juin.

Var. α. *fruticulosus.* (*C. fruticulosus* L. *Mant.* 94). — Pétales d'un jaune plus ou moins intense, non veinés ou à peine veinés. — *C C C.* — Vieux murs, carrières, rochers calcaires. — On cultive fréquemment dans les jardins sous le nom de *Bâton-d'or* une sous-variété à fleurs doubles.

Var. β. *hortensis.* (*C. Cheiri* L. *Sp.* 924). — Pétales veinés ou panachés de brun.

On cultive dans tous les jardins les *Matthiola incana* R. Br. (Rchb. *Ic.* II, f. 4354. — Vulg. *Giroflée*) et *annua* Sweet (vulg. *Quarantaine*) pour la beauté et l'odeur suave de leurs fleurs qui varient rouges, violettes ou blanches. — Le genre *Matthiola* se distingue du genre *Cheiranthus* par le stigmate à lobes connivents épaissis ou prolongés en corne sur le dos.

**2. BARBAREA** R. Br. in *Hort. Kew.* ed. 2, IV, 109. — [BARBARÉE].

Calice à sépales dressés, non gibbeux. Stigmate entier ou légèrement échancré. *Silique* linéaire, *subcylindrique* ; valves convexes, offrant une nervure longitudinale saillante. *Graines unisériées,* elliptiques inégalement comprimées.

Plantes vivaces, herbacées, très glabres. *Feuilles lyrées-pinnatipartites au moins les inférieures,* les caulinaires embrassantes. Fleurs jaunes.

1. **B. vulgaris** R. Br., loc. cit. ; Rchb. *Ic.* II, t. 47, f. 4356 ; Bill. *Exsicc.* n. 2213. — *Erysimum Barbarea* L. *Sp.* 922 ; *Engl. bot.* t. 443. — [B. COMMUNE. — Vulg. *Herbe-de-Sainte-Barbe, Barbarée, Girarde-jaune*].

Tiges de 3-6 décim., dressées, rameuses supérieurement. *Feuilles* inférieures lyrées, à lobe terminal très ample, oblong-suborbiculaire, légèrement cordé à la base ; les *supérieures obovales dentées.* Siliques courtes, terminées par un bec allongé. ♃. Avril-juin.

*C C.* — Lieux humides herbeux, fossés, endroits cultivés. — On cultive quelquefois dans les jardins une variété à fleurs doubles sous le nom de *Girarde-jaune, Julienne-jaune*.

Var. β. *arcuata*. (*B. arcuata* Rchb. *Ic.* II, f. 4357). — Fleurs en grappes assez lâches. Siliques jeunes arquées-étalées.— *A.R.*— Saint-Cloud !; Saint-Germain!. Saint-Germer !.

† **B. præcox** R. Br., loc. cit.; Rchb. *Ic.* II, f. 4358 ; Bill. *Exsicc.* n. 506.— *Erysimum præcox* Sm. *Engl. bot.* t. 1129. — *B. patula* Fries *Nov. Suec.* Mant. III, 76. — [B. PRÉCOCE].

Tiges de 2-6 décim., dressées, simples ou rameuses. *Feuilles* à saveur piquante ; les inférieures lyrées, à lobe terminal plus ample ovale ou oblong ; les *supérieures pinnatipartites*, à lobes linéaires-oblongs souvent entiers, le terminal cunéiforme souvent à peine plus large que les latéraux. *Siliques* disposées en grappes allongées, *très longues*, terminées par un bec assez court obtus. ②. Avril-juin.

Quelquefois subspontané dans les vignes, sur les décombres et au voisinage des habitations. — Saint-Germain (*E. Fournier*). Indiqué au Calvaire, à Bondy, etc (*Mérat* Fl. Par.). Champs couverts de fumier à Vez (*Questier*).— *Graves* Cat. Oise : Goincourt près Beauvais ; entre Thury-en-Valois et Betz ; Étavigny. — On a cultivé autrefois cette plante dans les jardins potagers pour la saveur de ses feuilles, qui peuvent être mangées en salade comme celles du Cresson.

### 3. **ARABIS** L. *Gen.* n. 818. — [ARABETTE].

Calice à sépales dressés, non gibbeux ou les latéraux gibbeux à la base. Stigmate entier ou à peine échancré. *Silique* linéaire, *comprimée ; valves* presque planes, *présentant une nervure* longitudinale *ou plusieurs nervures* irrégulières *très fines. Graines unisériées, comprimées* ord. bordées.

Plantes bisannuelles ou vivaces, plus ou moins velues à poils simples ou rameux. Feuilles indivises dentées, plus rarement lyrées-pinnatifides ; les caulinaires embrassantes ou subsessiles. Fleurs blanches, plus rarement roses.

1. **A. sagittata** DC. *Fl. Fr.* V, 592 ; Rchb. *Ic.* II, t. 42, f. 4343 *b* ; Bill. *Exsicc.* n. 710 et *bis*. — [A. SAGITTÉE].

Tige de 2-6 décim., roide, dressée, ord. simple, hérissée de poils rameux. *Feuilles* denticulées, couvertes de poils bifurqués ; les radicales disposées en rosette, oblongues, rétrécies en pétiole ; les *caulinaires sagittées-embrassantes*, oblongues, plus ou moins serrées contre la tige. Fleurs petites, blanches. *Siliques dressées*, linéaires allongées. Graines bordées, finement réticulées. ②. Mai-juillet.

*C.* — Clairières des bois sablonneux, lieux pierreux, coteaux arides.

† **A. Turrita** L. *Sp.* 930 ; Rchb. *Ic.* II, f. 4345 ; Bill. *Exsicc.* n. 1607. — [A. TOURETTE].

Tige de 3-6 décim., roide, dressée, simple ou un peu rameuse au sommet, pubescente-hérissée, à poils rameux. *Feuilles* sinuées-dentées ou denticulées, plus ou moins velues, à poils bi-trifurqués ; les radicales disposées en rosette, obovales ou oblongues atténuées en pétiole ; les *caulinaires* oblongues-obtuses ou oblongues-lancéolées, *cordées-amplexicaules*, à *oreillettes arrondies*. Fleurs d'un blanc jaunâtre. *Siliques* linéaires *très longues, arquées-étalées*, rejetées d'un seul côté. Graines largement bordées d'une aile membraneuse. ②. Mai-juin.

Naturalisé à la Gare de Grenelle ! (*A. Guillon*). Observé, il y a quelques années, sur les murs du jardin du Luxembourg !, où il avait été introduit. — Indiqué aux env. de Chantilly à la garenne de Canneville et dans les carrières de Montgresin (*Thuill.* Fl. Par.), où il n'a pas été retrouvé et où nous l'avons vainement cherché.

**2. A. arenosa** Scop. *Carn.* ed. 2, n. 837, t. 40 ; Rchb. *Ic.* II, f. 4322 ; Bill. *Exsicc.* n. 217. — *Sisymbrium arenosum* L. *Sp.* 919. — [A. DES SABLES].

Tiges de 1-4 décim., dressées ou ascendantes, rameuses, hérissées de poils ord. simples. *Feuilles* couvertes de poils rameux ; les *radicales* étalées en rosette, pétiolées, *lyrées-pinnatifides*, les caulinaires atténuées à la base, dentées ou pinnatifides ; les supérieures étroites, presque entières. Fleurs d'un rose lilas ou blanchâtres. Calice à sépales latéraux gibbeux à la base. Siliques étalées, linéaires étroites. Graines étroitement bordées. ②. Avril-juin.

*R R.* — Murs, rochers, endroits sablonneux, vignes, lieux cultivés. — Abondant sur les coteaux élevés qui bordent la Seine de Jeufosse ! à Port-Villez ! près Bonnières ; très abondant aux Andelys ! (*de Brébisson* Fl. Norm.). — Indiqué à Argenteuil sur le bord des vignes (*Thuill.* Fl. Par.), et dans les sables du désert d'Ermenonville (*Graves* Cat.).

## 4. DENTARIA Tourn. *Inst.* t. 110. — [DENTAIRE].

Calice à sépales dressés, non gibbeux. Stigmate presque entier. *Silique lancéolée, comprimée ; valves* presque planes, *dépourvues de nervures* ou présentant à la base une nervure à peine distincte, s'enroulant ord. avec élasticité de la base au sommet. *Graines* unisériées, comprimées, *à funicules dilatés. Cotylédons pétiolés, à bords involutés.*

Plante vivace, presque glabre, à *rhizome* horizontal *écailleux à écailles épaisses charnues.* Feuilles pinnatiséquées, pétiolées. Fleurs roses ou blanches.

**1. D. bulbifera** L. *Sp.* 912 ; Rchb. *Ic.* II, t. 31, f. 4318 ; Bill. *Exsicc.* n. 1112 et *bis.* — [D. BULBIFÈRE].

*Tige* de 4-7 décim., dressée, nue inférieurement, simple, *portant un assez grand nombre de feuilles. Feuilles* alternes, pétiolées, d'un vert gai ; les *inférieures pinnatiséquées* à 3-7 segments lancéolés ou oblongs-lancéolés, aigus, lâchement dentés, les segments supérieurs plus ou moins confluents à la base ; *les supérieures* de plus en plus petites, *indivises*, plus ou moins dentées et *portant un bulbille à leur aisselle.* Fleurs d'un lilas pâle ou blanches. Pétales à limbe oblong-ovale étroit, contracté en onglet. ♃. Avril-mai.

*R R R.* — Endroits ombragés des bois montueux. — Petits bois de la colline de Sainte-Hélène au-dessus de Saint-Germer et de Saint-Pierre-ès-champs (*Graves* Cat.). Indiqué dans les forêts de Compiègne (*Mérat* Fl. Par.) et de Villers-Cotterets (*Thuill.* Fl. Par.). — Observé à des localités peu éloignées des limites de notre Flore : forêt de Conches (*Tourn.* Hist. pl. Par.) au-dessus de la Maison-verte sur le chemin de Lyre à gauche (*Vaill.* Bot. Par., *Dænen*) ; environs de la Fère (herb. *Pillot*).

**2. D. pinnata** Lmk *Encycl. méthod.* II, 268 ; Bill. *Exsicc.* n. 111. — *D. heptaphyllos* Rchb. *Ic.* f. 4319. — [D. PENNÉE].

*Tige* 4-7 décim., dressée, nue dans sa moitié inférieure, simple, *portant 2-4 feuilles. Feuilles* alternes, rapprochées de la grappe de fleurs, pétiolées, vertes, glaucescentes en dessous, *toutes pinnatiséquées* à 5-9 segments lancéolés, aigus, dentés à dents inégales, les supérieurs plus ou moins confluents à la base, ne portant pas de bulbille à leur aisselle. Fleurs grandes, lilas ou blanches. Pétales à limbe obovale, insensiblement atténué en onglet. ♃. Avril-mai.

*R R R.* — Endroits ombragés des bois montueux. — Bois de la Cendrée près

Longpont [Aisne], où il a été trouvé en fruits passés, le 22 juillet 1858, par MM. Questier et de Marcilly fils, d'après une annotation faite par de Foucault dans un exemplaire de la Flore de Thuillier. — Cette plante est très répandue dans les régions montagneuses.

## 5. **CARDAMINE** L. *Gen.* n. 812. — [CARDAMINE].

Calice à sépales plus ou moins étalés, ord. non gibbeux. Pétales quelquefois avortés. Stigmate entier. *Silique linéaire, comprimée ; valves* presque planes, *dépourvues de nervures* ou présentant à la base une nervure peu distincte, s'enroulant quelquefois avec élasticité de la base au sommet. *Graines uni-sériées*, comprimées, à *funicules non dilatés.*

Plantes annuelles, bisannuelles ou vivaces, herbacées, glabres, plus rarement velues. Feuilles ord. pinnatiséquées, pétiolées, à pétiole quelquefois auriculé-embrassant. Fleurs blanches ou d'un rose lilas.

Sect. ı. — Pétales 2-3 fois au moins plus longs que le calice. Plantes vivaces à rhizome oblique.

1. **C. amara** L. *Sp.* 915 ; *Engl. bot.* t. 1000 ; Rchb. *Ic.* II, t. 27, f. 4305 ; Bill. *Exsicc.* n. 5. — [C. AMÈRE. — Vulg. *Cresson-amer*].

Souche à *rhizome* oblique *presque horizontal, allongé* ord. rameux. Tiges de 2-5 décim., ascendantes ou dressées, ord. glabres. *Feuilles toutes* pinnatiséquées *à segments obovales-anguleux, dentés ou crénelés*, le terminal plus grand. Fleurs assez grandes, blanches. Pétales 2-3 fois plus longs que le calice. Étamines égalant presque les pétales. Siliques à bec grêle aigu. ♃. Avril-mai.

R. — Ruisseaux ombragés, endroits humides des bois. — Vallée de Chevreuse (*de Boucheman*) ; très abondant dans les vallées de Senlisse! et de Lévy! près Dampierre. Vallée de la Vaucouleurs à Vert près Mantes (*de Boucheman*) ; bords des ruisseaux de Genainville près Magny (*Bouteille*). La Miauroy, Saint-Lucien près Beauvais (*Taillefert*), l'Italienne près Beauvais (*Delacour*). Étangs de Comelle près Chantilly (*Morelle*). Saint-Pierre près Compiègne (*Léré*) ; Neufchelles, Thury-en-Valois, bords de l'Ourcq à Marolles, Bourneville, Vauciennes, Faverolles, Coyolles, vallon de Saint-Antoine près Villers-Cotterets (*Questier*). Assez fréquent aux bords de la Blaise, de l'Eure et de l'Arve près de Dreux! (*Dœnen*). — *Graves* Cat. Oise : commun dans les marais de Saint-Just, Notre-Dame-du-Thil et Goincourt près Beauvais ; Pouilly ; Saint-Nicolas d'Acy près Senlis ; Ru de Berne ; vallée de la Grivette ; vallée de l'Autonne.

2. **C. pratensis** L. *Sp.* 915 ; *Engl. bot.* t. 776 ; Rchb. *Ic.* II, f. 4308 ; Bill. *Exsicc.* n. 507. — [C. DES PRÉS. — Vulg. *Cresson-des-prés*].

Souche à *rhizome* oblique ou presque horizontal, *court tronqué*. Tiges de 2-5 décim., dressées ou ascendantes, glabres. *Feuilles* pinnatiséquées ; les inférieures souvent velues, à segments obovales ou suborbiculaires obscurément sinués-anguleux, le terminal plus grand ; les *supérieures à segments linéaires entiers*. Fleurs assez grandes, lilas, plus rarement blanches. Pétales environ 3 fois plus longs que le calice. Étamines plus courtes de moitié que les pétales. Siliques à bec court obtus. ♃. Avril-mai.

C C· — Prairies humides, endroits herbeux ombragés.

Sect. II. — Pétales à peine une fois plus longs que le calice ou le dépassant
peu. Plantes annuelles ou bisannuelles.

3. **C. hirsuta** L. *Sp.* 915; *Engl. bot.* t. 492; Rchb. *Ic.* II, f. 4304; Bill. *Exsicc.*
n. 712. — [C. VELUE].

*Plante annuelle*, à racine pivotante. Tiges solitaires ou peu nombreuses,
de 1-3 décim., dressées ou ascendantes, simples ou rameuses, plus ou moins
velues. *Feuilles* pinnatiséquées, *à* 3-4 paires de segments; les radicales disposées en rosette, à segments pubescents-ciliés, suborbiculaires obscurément
sinués-anguleux, le terminal plus grand; les caulinaires à segments obovales,
oblongs ou linéaires, entiers; *pétioles non auriculés*. Fleurs petites, blanches.
Pétales à peine une fois plus longs que le calice ou le dépassant peu, quelquefois nuls par avortement. Siliques à bec court presque obtus. ①. Mars-juin.

R R. — Endroits humides, clairières des bois. — Fontenay-aux-roses! (*Durieu de Maisonneuve*); Ville-d'Avray! (*Kralik*); abondant aux bords du ruisseau
de la vallée de Senlisse! près Dampierre; Saint-Léger (*Thuill. Fl. Par.*). Les Andelys (*A. Grenier*). Forêt de Compiègne: assez abondant à Saint-Pierre (*Léré*),
bords des ruisseaux de la Brevière et bords du Ru de la Michelette (*de Marcilly
fils*). — *Graves* Cat. Oise: Vivier Corax et étangs de la Bouillie dans la forêt de
Compiègne; bois de Liancourt et de Bailleval; Ermenonville?.

Var. α. *vulgaris.* — Racine annuelle. Feuilles caulinaires plus petites que les radicales, à segments linéaires ou oblongs, ord. entiers. Fleurs ord. dépassées par
les siliques supérieures. Étamines ord. 4 par avortement. Siliques continuant ord.
la direction des pédicelles, à bec ord. court. — Lieux vagues, terrains frais remués, clairières des bois.

Var. β. *sylvatica.* (*C. sylvatica* Link in Hoffm. *Phys. Blœll.* I, 50; Koch *Syn.*
ed. 2, 46; Rchb. *Ic.* II, f. 4303; Bill. *Exsicc.* n. 711). — Racine ord. pérennante. Feuilles caulinaires plus nombreuses, plus grandes que les radicales, à
segments plus larges ord. pétiolulés et sinués-dentés. Fleurs ord. non dépassées
par les siliques supérieures. Étamines ord. 6. Siliques ord. ascendantes sur les
pédicelles, à bec ord. un peu moins court. — Bords des eaux, lieux ombragés.

4. **C. impatiens** L. *Sp.* 914; Rchb. *Ic.* II, 4302; Bill. *Exsicc.* n. 913. — [C.
IMPATIENTE].

*Plante bisannuelle*, à racine pivotante. Tige ord. solitaire, de 3-6 décim.,
dressée, rameuse supérieurement, très rarement simple, glabre ou presque
glabre. *Feuilles* pinnatiséquées, *à* segments nombreux, oblongs ou ovales-
lancéolés, la plupart incisés-dentés; *pétioles auriculés-embrassants, à oreillettes linéaires* aiguës. Fleurs petites, blanches. Pétales dépassant à peine le
calice, très caducs, souvent nuls par avortement. Siliques à bec grêle. ②. Mai-
juin.

R R. — Lieux ombragés des bois, bords des ruisseaux. — Assez abondant à plusieurs localités de la forêt de Compiègne, et notamment au Vivier Corax, au carrefour du Cerf, aux étangs de Saint-Pierre! et de la Bouillie (*Graves* Cat.). — Indiqué à Marcoussis (*Thuill.* Fl. Par.).

6. **NASTURTIUM** R. Br. in *Hort. Kew.* ed. 2, IV, 110. — [CRESSON].

Calice à sépales étalés, non gibbeux à la base. Pétales rarement avortés.
Stigmate subbilobé. *Silique cylindrique* linéaire, *ou silicule* oblongue ou
oblongue-subglobuleuse; *valves convexes*, dépourvues de nervure dorsale, ou

plus rarement à nervure dorsale distincte. *Graines irrégulièrement 2-4-sé-riées*, comprimées.

Plantes herbacées, glabres, vivaces à rhizome oblique, plus rarement bisannuelles. Tiges souvent radicantes. Feuilles pinnatiséquées, pinnatipartites ou pinnatifides, plus rarement indivises, pétiolées ou atténuées en pétiole, à pétiole quelquefois auriculé-embrassant. Fleurs jaunes, plus rarement blanches.

Sect. I. CARDAMINUM. — *Pétales blancs*. Valves de la silique à nervure dorsale distincte. — 1.

Sect. II. BRACHYLOBOS. — *Pétales jaunes*. Valves de la silique ou de la silicule à nervure dorsale non distincte. — 2-6.

Sect. I. CARDAMINUM DC. — *Pétales blancs*. Valves de la silique ou de la silicule à nervure dorsale distincte.

1. **N. officinale** R. Br. in *Hort. Kew.* ed. 2, IV, 110; Rchb. *Ic.* II, t. 50, f. 4359; Bill. *Exsicc.* n. 1604. — *Sisymbrium Nasturtium* L. *Sp.* 916; *Engl. bot.* t. 855. — [C. OFFICINAL. — Vulg. *Cresson-de-fontaine, Cresson, Cresson-d'eau*].

Plante vivace, d'une saveur piquante dans toutes ses parties. Tige de 1-6 décim., longuement couchée-radicante inférieurement et émettant souvent des rejets radicants, redressée dans sa partie supérieure, épaisse-succulente, rameuse supérieurement. Feuilles pinnatiséquées, à segments oblongs ou obovales, entiers ou légèrement sinués, le terminal ord. plus grand ovale-suborbiculaire un peu cordé à la base. Pétales environ une fois plus longs que le calice. Pédicelles fructifères longs. Siliques linéaires, plus longues que le pédicelle, plus ou moins arquées, à pointe courte. ♃. Mai-septembre.

C C. — Ruisseaux, fontaines, lieux marécageux.

Var. β. *siifolium*. (*N. siifolium* Rchb. *Ic.* II, f. 4361; Bill. *Exsicc.* n. 1605). — Plante ord. plus robuste. Feuilles à segments presque égaux, oblongs ou obovales atténués à la base, même le terminal. — *A.C.* — Ruisseaux profonds.

Sect. II. BRACHYLOBOS DC. — *Pétales jaunes*. Valves de la silique ou de la silicule à nervure dorsale non distincte.

2. **N. asperum** Coss. *Not. pl. crit.* 26 non Boiss. — *Sisymbrium asperum* L. *Sp.* 920; *Fl. Par.* éd. 1, 90. — J. Bauh. *Hist.* II, 858, f. 3. − [C. RUDE].

*Plante annuelle ou bisannuelle.* Tiges de 5-30 centim., étalées, ascendantes ou dressées, simples ou rameuses, légèrement pubescentes-scabres. Feuilles pétiolées, pinnatipartites, à lobes oblongs ou linéaires, incisés ou entiers; les radicales disposées en rosette. Fleurs petites, à *pétales dépassant peu le calice*. *Pédicelles fructifères épais très courts. Siliques oblongues-linéaires* épaisses, *tuberculeuses-scabres* à aspérités blanchâtres, terminées par un bec court. ⊕. Mai-juillet.

R R. — Bords de la Seine près du pont d'Ivry (*Mandon*, 1843). Département du Loiret: fossés humides et prés sablonneux à Dordives!, Thurelles! et Fontenay-sur-Loing!

3. **N. sylvestre** R. Br. in *Hort. Kew.* IV, 110; Rchb. *Ic.* II, f. 4368; Bill. *Exsicc.* n. 2414 et bis. — *Sisymbrium sylvestre* L. *Sp.* 916; *Engl. bot.* t. 2324. — [C. SAUVAGE. — Vulg. *Roquette-sauvage*].

*Plante vivace.* Tiges de 2-5 décim., couchées, étalées ou ascendantes, rameuses. Feuilles pétiolées, à pétiole rarement auriculé-embrassant, profondément pinnatipartites ou pinnatiséquées, à segments dentés-incisés, oblongs, lancéolés ou linéaires ; les radicales à segment terminal à peine plus grand que les latéraux, plus rarement lyrées-pinnatipartites ou pinnatifides. *Pétales plus longs que le calice.* Pédicelles fructifères longs. *Siliques linéaires*, ord. arquées égalant environ la longueur du pédicelle, rarement plus courtes, terminées par un bec cylindrique. ♃. Mai-août.

    *C C.* — Bords des eaux, lieux humides, endroits inondés l'hiver.

Var. β. *anceps.* (*N. anceps* Rchb. in *Bot. Zeit.* [1822] 197, et *Ic.* II, f. 4364 ; Bill. *Exsicc.* n. 304. — *Sisymbrium anceps* Whlnbg *Suec.* 419). — Feuilles au moins les inférieures lyrées à segment terminal très ample. *Siliques dépassant à peine la moitié de la longueur du pédicelle.* — *R.* — Bords de la Seine à Grenelle (*Maire*). Indiqué à Provins dans la prairie de Longueville (*Des Étangs*). Jetée d'Épisy ! près Moret.

4. **N. amphibium** R. Br. in *Hort. Kew.* IV, 110 ; Rchb. *Ic.* II, f. 4363. — *Sisymbrium amphibium* L. *Sp.* 917 ; *Engl. bot.* t. 1840. — [C. AMPHIBIE. — Vulg. *Raifort-aquatique-jaune*].

    Plante vivace. Tige de 4-9 décim., ord. robuste, dressée ou couchée-radicante inférieurement, rameuse. Feuilles pétiolées ou atténuées à la base, auriculées-embrassantes, plus rarement non auriculées, oblongues-lancéolées, entières ou dentées ; les inférieures quelquefois pinnatifides ou pinnatipartites-incisées. Pétales plus longs que le calice. *Silicules oblongues-subglobuleuses, 3-4 fois plus courtes que le pédicelle*, brusquement terminées en un bec grêle cylindrique. ♃. Mai-juillet.

    *C C.* — Bords des rivières, fossés, eaux stagnantes.

S.-v. *indivisum.* — Feuilles toutes indivises, entières, plus rarement dentées.

S.-v. *heterophyllum.* — Feuilles inférieures pinnatifides ou pinnatipartites-incisées ; les supérieures indivises entières, plus rarement dentées.

5. **N. palustre** DC. *Syst.* II, 191 ; Rchb. *Ic.* II, f. 4362. — *Sisymbrium palustre* Leyss. *Fl. Hal.* n. 679 ; Bill. *Exsicc.* n. 2012. — *Sisymbrium hybridum* et *pusillum* Thuill. *Fl. Par.* 332. — [C. DES MARAIS].

    *Plante bisannuelle.* Tige de 1-5 décim., dressée, rameuse supérieurement. Feuilles pétiolées, à pétiole auriculé-embrassant, profondément pinnatipartites, à lobes oblongs dentés-incisés ; les radicales disposées en rosette, à lobe terminal plus grand. *Pétales de la longueur du calice.* Pédicelles fructifères moins longs que dans les deux espèces précédentes. *Siliques oblongues renflées, égalant le pédicelle*, terminées par un bec cylindrique. ②. Mai-octobre.

    *A.C.* — Endroits humides surtout des terrains sablonneux. — Abondant aux bords de la Seine même dans l'intérieur de Paris !. Bords de la Bièvre à Paris (*de Schœnefeld*). Étangs de Saint-Quentin et de Saint-Hubert, etc.

6. **N. Pyrenaicum** R. Br. in *Hort. Kew.* IV, 110 ; Rchb. *Ic.* II, f. 4366. — *Sisymbrium Pyrenaicum* L. *Sp.* 916. — [C. DES PYRÉNÉES].

    Plante vivace. Tiges de 1-2 décim., dressées ou ascendantes, rameuses au sommet. *Feuilles* radicales souvent desséchées ou détruites lors de la floraison, longuement pétiolées, tantôt obovales indivises, tantôt pinnatipartites ou pinnatiséquées à lobes ovales ou oblongs le terminal plus ample sinué ; les *caulinaires* pinnatiséquées, à pétiole auriculé-embrassant, *à segments linéaires très entiers. Pétales plus longs que le calice. Pédicelles fructifères longs. Silicules ovoïdes ou oblongues*, environ quatre fois plus courtes que le pédicelle, brusquement terminées par un bec grêle cylindrique. ♃. Mai-juin.

R R R. — Pelouses des terrains sablonneux, pâturages des coteaux incultes. — Département du Loiret : Bords des fossés à Thurelles ! près Dordives.

### 7. **TURRITIS** Dill. *Nov. gen.* 120, t. 6. — [TOURETTE].

Calice à sépales étalés, non gibbeux à la base. Stigmate presque entier. *Silique* linéaire-allongée, *comprimée*; valves presque planes, présentant une nervure longitudinale saillante. *Graines bisériées*, comprimées.

Plante bisannuelle. Feuilles radicales dentées ou subroncinées, atténuées en pétiole, velues ; les caulinaires entières, amplexicaules sagittées, glabres-glaucescentes. Fleurs d'un blanc jaunâtre.

1. **T. glabra** L. *Sp.* 930 ; *Engl. bot.* t. 777 ; Rchb. *Ic.* II, t. 44, f. 4346. — *Arabis perfoliata* Lmk *Encycl. méth.* I, 219 ; Bill. *Exsicc.* n. 103. — [T. GLABRE. — Vulg. *Tourette*].

L. Tige de 4-8 décim., roide, dressée, simple, un peu velue à la base, glabre-glauque supérieurement. Feuilles radicales disposées en rosette, velues à poils bi-trifurqués, ord. détruites à la maturité des siliques ; les supérieures glabres glaucescentes. Siliques serrées contre la tige, 5-6 fois plus longues que les pédicelles. (2). Mai-juillet.

A.C. — Bois sablonneux, lieux arides et pierreux.

## TRIBU II. — Cotylédons plans ; radicule reposant sur le dos de l'un d'eux : radicule dorsale (o ‖ ).

### 8. **SISYMBRIUM** L. *Gen.* n. 813 ex parte. — [SISYMBRE].

Calice à sépales un peu étalés ou dressés, non gibbeux. Stigmate entier ou émarginé. *Silique* linéaire, *cylindrique*; *valves* convexes, *présentant 3 nervures* longitudinales, à nervures latérales quelquefois peu distinctes. *Graines unisériées*, ovales ou oblongues. Radicule dorsale, plus rarement commissurale.

Plantes annuelles ou bisannuelles, plus ou moins pubescentes ou velues, à poils simples ou rameux. Feuilles entières, dentées, pinnatifides ou pinnatiséquées, pétiolées ou sessiles. Fleurs jaunes ou blanches.

### Sect. I. — Fleurs blanches.

1. **S. Alliaria** Scop. *Carn.* II, 96 ; Bill. *Exsicc.* n. 1113. — *Erysimum Alliaria* L. *Sp.* 922 ; *Engl. bot.* t. 796. — *Alliaria officinalis* DC. *Syst.* II, 489 ; Rchb. *Ic.* II, t. 60, f. 4379. — [S. ALLIAIRE. — Vulg. *Alliaire*].

Tiges solitaires ou peu nombreuses, de 3-8 décim., dressées, simples ou rameuses supérieurement, hérissées dans leur partie inférieure. *Feuilles* exhalant surtout par le froissement une odeur d'ail très prononcée, presque glabres, pétiolées ; les *inférieures* longuement pétiolées, *réniformes-cordées, largement crénelées* ; les supérieures ovales-cordées, dentées à dents larges inégales. *Siliques* étalées, subtoruleuses, *7-8 fois plus longues que le pédi-*

celle. *Graines* oblongues tronquées obliquement aux deux extrémités, *striées longitudinalement*. ②. Avril-juin.

C C. — Lieux frais ou ombragés, buissons, fossés humides.

2. **S. Thalianum** J. Gay in *Ann. sc. nat.* sér. 1, VII, 399. — *Arabis Thaliana* L. *Sp.* 929 ; Bill. *Exsicc.* n. 104. — *Conringia Thaliana* Rchb. *Ic.* II, f. 4380. — [S. DE THALIUS].

Tiges solitaires ou peu nombreuses, de 1-3 décim., grêles, dressées, simples ou rameuses, peu feuillées, très hérissées inférieurement, glabres supérieurement. *Feuilles* velues, à poils bi-trifurqués ; les *radicales* disposées en rosette, oblongues-obovales, *atténuées en pétiole*, ord. lâchement denticulées ; les caulinaires oblongues entières, sessiles. *Siliques* étalées-ascendantes, cylindriques, *un peu plus longues que le pédicelle*. Graines très petites, ovoïdes-subglobuleuses, non striées. ①. Avril-juin.

C. — Bois sablonneux, lieux pierreux, champs arides, bords des chemins.

### Sect. II. — Fleurs jaunes.

3. **S. officinale** Scop. *Carn.* ed. 2, n. 824 ; Rchb. *Ic.* II, f. 4401 ; Bill. *Exsicc.* n. 2009. — *Erysimum officinale* L. *Sp.* 922 ; *Engl. bot.* t. 735. — [S. OFFICINAL. — *Vulg. Herbe-aux-chantres, Vélar, Tortelle*].

Tige de 3-8 décim., dressée, roide, rameuse supérieurement à rameaux étalés, ou rameuse dès la base, rude-velue à poils étalés ou réfléchis. *Feuilles* rudes-pubescentes, pétiolées ; les radicales et les inférieures roncinées-pinnatipartites, à 5-11 lobes oblongs anguleux inégalement dentés, les terminaux confluents en un lobe plus ample ; les *supérieures hastées* à lobes étroits, le terminal oblong très allongé. Pétales plus longs que le calice. *Siliques velues, étroitement appliquées sur la tige, oblongues-coniques* atténuées en une pointe grêle, à pédicelle très court épais. ①. Mai-septembre.

C C. — Bords des chemins, lieux incultes arides, décombres, voisinage des habitations.

4. **S. Sophia** L. *Sp.* 922 ; *Engl. bot.* t. 963 ; Rchb. *Ic.* II, f. 4405 ; Bill. *Exsicc.* n. 917 et *bis*. — [S. SAGESSE. — *Vulg. Sagesse-des-chirurgiens*].

Tige de 3-9 décim., dressée, plus ou moins rameuse supérieurement, mollement pubescente. *Feuilles* mollement pubescentes, *bi-tripinnatiséquées à segments linéaires étroits* entiers ou incisés. Pétales plus courts que le calice, quelquefois nuls par avortement. Siliques glabres, étalées-ascendantes, linéaires grêles subtoruleuses, environ deux fois plus longues que le pédicelle, à pointe très courte. ①. Avril-octobre.

C C C. — Décombres, vieux murs, carrières, bords des chemins.

5. **S. Irio** L. *Sp.* 921 ; Jacq. *Austr.* t. 322 ; *Engl. bot.* t. 1631 ; Rchb. *Ic.* II, f. 4408 ; Bill. *Exsicc.* n. 916 et *bis*. — [S. IRIO. — *Vulg. Vélaret*].

Tige de 2-9 décim., dressée, simple ou rameuse supérieurement, glabre ou légèrement pubescente. *Feuilles* glabres ou presque glabres, pétiolées ; les radicales et les inférieures *roncinée-spinnatipartites*, à 5-11 lobes oblongs-anguleux inégalement dentés ; les supérieures hastées, à lobes étroits le terminal oblong-lancéolé très allongé presque entier ou sinué. Pétales plus longs que le calice. *Siliques* glabres, lisses, *étalées-ascendantes, linéaires grêles* subtoruleuses, 5-6 fois plus longues que le pédicelle, à pointe très courte. ① ou ②. Avril-juillet, refleurit souvent en automne.

*C C.* — Berges des rivières, fossés, décombres, vieux murs, voisinage des habitations.

Le *S. Columnæ* (L. *Sp.* 655 ; Jacq. *Austr.* t. 323 ; Rchb. *Ic.* II, f. 4407. — *S. Lœselii* Thuill. *Fl. Par.* 335 non L. — *S. de Columna*), indiqué par Thuillier dans les lieux cultivés à Saint-Maximin près Chantilly, n'a pas été retrouvé à cette localité où nous l'avons vainement cherché ; on le rencontre quelquefois subspontané à Paris, aux alentours du Muséum. — Cette espèce se distingue du *S. Irio* par ses tiges et ses feuilles velues, par ses sépales dressés appliqués sur les pétales, et par ses siliques robustes non toruleuses 15-20 fois plus longues que les pédicelles courts et renflés.

† **S. strictissimum** L. *Sp.* 922 ; Vill. *Dauph.* III, 356 ; Rchb. *Ic.* II, f. 4414 ; Huguenin *Exsicc.* n. 226 ; Bill. *Exsicc.* n. 2214. — [S. ROIDE].

Plante vivace, à tiges de 9-12 décim., dressées, rameuses, très feuillées, pubescentes à poils réfléchis. *Feuilles* d'un beau vert en dessus, d'un vert pâle en dessous, pubescentes surtout à la face inférieure, brièvement pétiolées, *indivises, lancéolées,* dentées à dents calleuses-glanduleuses au sommet. Calice un peu plus court que le pédicelle, à sépales jaunâtres étalés. Pétales plus longs que le calice. Siliques glabres, étalées-ascendantes, linéaires, assez grêles, subtoruleuses, 3-4 fois plus longues que le pédicelle, à pointe obtuse assez longue. *Graines linéaires-oblongues.* ♃. Juin-juillet.

Naturalisé dans un parc à Clamart! où il croît en abondance dans des buissons, et au bois de Boulogne. — Cette plante est assez répandue dans l'Allemagne méridionale, et existe également dans le midi de la Suisse, en Dauphiné, etc.

**9. BRAYA** Sternb. et Hopp. in *Regensb. Denkschrift.* I, 65, t. 1. — [BRAYE].

Calice à sépales dressés, non gibbeux. Stigmate entier. *Silique* linéaire, *cylindrique un peu comprimée ; valves* convexes, *ne présentant qu'une seule nervure* longitudinale. *Graines bisériées,* ovoïdes.

Plante annuelle, velue. Feuilles pinnatipartites, pétiolées. *Fleurs* très petites, blanches, disposées *en grappes feuillées.*

1. **B. supina** Koch *Syn. fl. Germ.* ed. 1, 50. — *Sisymbrium supinum* L. *Sp.* 917 ; Rchb. *Ic.* II, t. 72, f. 4402. — [B. COUCHÉE].

Tiges ord. nombreuses, de 1-3 décim., couchées, simples ou rameuses, velues. Feuilles un peu velues, pinnatipartites, à lobes oblongs étroits entiers ou inégalement sinués, le terminal plus grand. Fleurs solitaires à l'aisselle des feuilles supérieures, rapprochées en une grappe dense au sommet des rameaux. Siliques disposées en une grappe allongée, rudes, un peu velues, 3-4 fois plus longues que le pédicelle. ①. Juin-août.

*A.R.* — Endroits sablonneux humides, bords des rivières. — Bords de la Seine : Bray-sur-Seine (*de Schœnefeld*), Paris! (*Tourn.* Hist. pl. Par., *Vaill.* Bot. Par.), Passy (*E. Fournier*), Grenelle!, Javelle (*Vaill.* Bot. Par.), Sèvres, Puteaux, Saint-Denis, Argenteuil, Chatou, Bougival (*Maire*), Saint-Germain, Sartrouville, Poissy (*de Schœnefeld*), etc. Bords de la Marne : Charenton!, Port-Créteil, Saint-Maur!, etc. Abondant sur les tourbes desséchées des marais de Bresle! [Oise] ; carrières de Lortheil près Bulles (*Caron*). Env. de Provins (*Bouteiller*).

**10. ERYSIMUM** L. *Gen.* n. 814. — [VÉLAR].

Calice à sépales dressés, les latéraux quelquefois gibbeux à la base. *Stig-*

*mate entier ou bilobé à lobes obtus. Silique linéaire, tétragone ou tétragone un peu comprimée ; valves fortement carénées par la saillie de la nervure dorsale.* Graines unisériées, ovales ou oblongues.

Plantes annuelles ou bisannuelles, couvertes d'une pubescence étoilée, plus rarement glabres-glaucescentes. Feuilles entières, sinuées ou dentées ; les radicales atténuées en pétiole, ord. disposées en rosette, souvent détruites lors de la floraison ; les caulinaires subsessiles, plus rarement cordées-amplexicaules. Fleurs jaunes, plus rarement d'un blanc jaunâtre.

Sect. I. ERYSIMASTRUM DC. — Fleurs jaunes. Feuilles caulinaires subsessiles. Plantes couvertes d'une pubescence étoilée. ·

1. **E. cheiranthoïdes** L. *Sp.* 923 ; *Fl. Dan.* t. 731 ; Rchb. *Ic.* II, t. 63, f. 4383 ; Bill. *Exsicc.* n. 1112. — [V. FAUSSE-GIROFLÉE].

Tige de 3-9 décim., roide, dressée, rameuse supérieurement, plus rarement simple. Feuilles molles, oblongues-lancéolées, atténuées aux deux extrémités, lâchement denticulées, plus rarement entières. *Pétales à onglet égalant ou dépassant à peine le calice. Pédicelles égalant environ la moitié de la longueur des siliques.* Siliques verdâtres à angles concolores, tétragones un peu comprimées latéralement, légèrement pubescentes à poils tripartits-étoilés apprimés. *Stigmate entier.* (I. Juin-septembre.

C. — Bords des eaux, fossés, champs humides.

L'*E. murale* (Desf. *Cat.* 129. — *E. suffruticosum* Spreng. *Nov. prov.* 17 ; Rchb. *Ic.* II, f. 4391. — *Cheiranthus erysimoides* Thuill. *Fl. Par.* éd. 2, 337 excl. syn.), qui se rapproche de l'*E. cheiranthoïdes* par la petitesse de ses fleurs, se reconnaît aux caractères suivants : pédicelles 4-5 fois plus courts que les siliques, jamais étalés ; siliques pubescentes-tomenteuses du côté qui regarde la tige ; graines très grosses, munies à leur sommet d'un long appendice. — Cette plante, indiquée à Sèvres au bord des vignes (*Thuill.* Fl. Par.) et à Saint-Cloud sur les murs du parc (*Mérat* Fl. Par.), n'a pas été retrouvée depuis plus de trente ans dans nos environs, où, d'après M. J. Gay (*Erysim. nov. diagn.* [1842] 11), elle n'aurait jamais été réellement spontanée.

2. **E. cheirifllorum** Wallr. *Sched.* 367 ; Bill. *Exsicc.* n. 218. — *E. hieracifolium* L. *Sp.* 923 non *Fl. Suec.* ; Rchb. *Ic.* II, f. 4388. — *E. odoratum* Koch *Syn. fl. Germ.* ed. 1, 51 (non Ehrh. *Beitr.* VIII, 157, sec. cl. J. Gay). — [V. A FLEURS DE VIOLIER].

Tige de 3-9 décim., roide, dressée, simple ou rameuse supérieurement. Feuilles roides, oblongues-lancéolées, atténuées aux deux extrémités, plus ou moins profondément sinuées-dentées. *Pétales à onglet dépassant longuement le calice. Pédicelles 6-7 fois plus courts que les siliques.* Siliques blanchâtres, à angles verdâtres glabrescents, tétragones un peu comprimées latéralement, couvertes de poils tripartits-étoilés très courts apprimés. *Stigmate bilobé.* ②. Juin-juillet.

R. — Champs cultivés, coteaux pierreux, carrières des terrains calcaires. — Indiqué à Cormeilles-en-Parisis (*Thuill.* Fl. Par.). Fontainebleau (*Delavaux*) ; côte de Champagne (*Guillemin, Weddell*) ; Moret (*Tourn.* Hist. pl. Par., *Vaill.* Bot. Par.) ; abondant à Chancepois!, Château-Landon ! et Sceaux ! (*Devilliers*) et sur les coteaux de la rive gauche du Loing depuis Beau-moulin! jusqu'à Grand-moulin ! près Nemours ; Nemours (*Devilliers*) ; Blunay près Provins (*Bouteiller*).

Sect. II. CONRINGIA Andrz. ap. DC. — Fleurs d'un blanc jaunâtre. Feuilles caulinaires cordées-amplexicaules. Plante glabre-glaucescente.

3. **E. Orientale** R. Br. in *Hort. Kew.* ed. 2, IV, 117 ; Bill. *Exsicc.* n. 1413.— *Brassica Orientalis* L. *Sp.* 931; Jacq. *Austr.* IV, t. 382.—*Conringia Orientalis* Andrz. ap. DC. *Syst.* II, 507 ; Rchb. *Ic.* II, f. 4382. — [V. D'ORIENT].

Tige de 2-6 décim., roide, dressée, simple ou rameuse supérieurement. *Feuilles* très entières, glauques ; les radicales obovales ; les *caulinaires* ovales-oblongues, *cordées-amplexicaules*. Pétales à limbe étroit, insensiblement atténués en un long onglet. Pédicelles 8-10 fois plus courts que les siliques. Siliques tétragones, glabres, à angles concolores. Stigmate entier. ⊙. Mai-juillet.

R. — Champs pierreux des terrains calcaires ou sablonneux.—Lardy (*Mandon*) ; Étrechy ! ; Étampes. Le Châtelet près Melun (*Garnier*); Maisoncelle !, Nemours (*Devilliers*); Malesherbes (*Bernard*). Oulins près Anet (*Brou*).

## 11. HESPERIS L. *Gen.* n. 817. — [JULIENNE].

Calice à sépales dressés, les latéraux gibbeux à la base. *Stigmate à deux lobes lamelleux dressés-connivents. Silique* linéaire-allongée, *subcylindrique* ; valves convexes, à 3 nervures peu marquées. Graines unisériées, oblongues-subtriquètres.

Plante vivace, velue ou pubescente. Feuilles dentées ; les radicales atténuées en pétiole, les caulinaires subsessiles. Fleurs lilas ou blanches.

1. **H. matronalis** L. *Sp.* 927 ; Rchb. *Ic.* II, t. 59, f. 4377 ; Bill. *Exsicc.* n. 2411. — [J. DES DAMES. — Vulg. *Julienne, Girarde*].

Tiges de 4-8 décim., dressées, simples ou rameuses supérieurement, rudes, pubescentes ou velues à poils simples ou bifurqués. Feuilles radicales oblongues, atténuées en pétiole ; les caulinaires ovales-lancéolées acuminées. Fleurs à odeur suave. Pétales obovales, apiculés ou émarginés, quelquefois arrondis au sommet. Siliques ascendantes, glabres, un peu toruleuses, 8-10 fois plus longues que le pédicelle. ♃. Mai-juin.

Assez répandu au voisinage des habitations, rare spontané. — Endroits ombragés, bois montueux, buissons. — Ville-d'Avray (*Delavaux*); Le Val ! près Saint-Germain. Magny ! (*Bouteille*). Assez abondant sur les coteaux boisés qui bordent la Seine entre Jeufosse et Port-Villez près Bonnières, où il est certainement spontané (*de Schœnefeld*). Parc de Rentilly en Brie (*Thuret*). Parc de Fontainebleau !. Env. de Senlis (*Morelle*); bois du Hozoy au S.-O. de la forêt de Compiègne (*de Marcilly fils*). — *Graves* Cat. Oise : colline de Larbre près Attichy ; sur le coteau de l'Écouvillon cant. de Lassigny ; forêt de Compiègne dans les environs de la route de Soissons. — Fréquemment subspontané dans le voisinage des habitations : Vincennes, Saint-Germain !, Fontainebleau !, Malesherbes, etc. — Cultivé dans les jardins, à fleurs simples ou doubles, sous le nom de *Julienne* ou de *Girarde*.

Le genre *Malcolmia* diffère du genre *Hesperis* par les stigmates soudés en une pointe subulée. — Le *M. maritima* R. Br. (*Malcolmie maritime.* —Vulg. *Giroflée-de-Mahon*) est fréquemment cultivé en bordure dans les jardins, d'où il s'échappe quelquefois ; cette plante se reconnaît aux caractères suivants : racine annuelle ; tige ord. très rameuse, pubescente à poils bifurqués appliqués ; feuilles obovales-oblongues ou oblongues atténuées en pétiole, entières ou presque entières ; fleurs d'abord purpurines, puis lilas, à pétales environ une fois aussi longs que le calice obovales-émarginés, à pédicelles trois fois plus courts que le calice ; pédicelles fructifères en grappes lâches, aussi épais que la silique; siliques allongées, cylindriques, se continuant avec le stigmate conique-subulé.

## TRIBU III. — Cotylédons condupliqués embrassant la radicule dorsale : radicule incluse (o≫).

### SOUS-TRIBU I. — Silique déhiscente.

#### 12. **DIPLOTAXIS** DC. *Syst.* II, 628. — [DIPLOTAXE].

Calice à sépales un peu étalés, non gibbeux. *Silique* linéaire, *comprimée*; valves légèrement convexes, uninerviées; bec conique, court. *Graines bisériées*, ovales ou oblongues, *comprimées*.

Plantes annuelles, bisannuelles ou vivaces, glabres ou un peu velues. Feuilles sinuées-dentées, pinnatifides ou pinnatipartites, pétiolées. Fleurs jaunes.

1. **D. tenuifolia** DC. *Syst.* II, 632; Rchb. *Ic.* II, t. 82, f. 4420. — *Sisymbrium tenuifolium* L. *Sp.* 917; *Engl. bot.* t. 525. — [D. A FEUILLES MENUES].

Plante vivace. Tiges de 3-8 décim., ascendantes ou dressées, sous-frutescentes à la base, feuillées, rameuses, glabres ou presque glabres, glaucescentes. Feuilles glabres glaucescentes, un peu épaisses; les inférieures pinnatipartites à lobes oblongs étroits entiers incisés ou dentés, rarement simplement sinuées; les supérieures souvent sinuées-dentées ou presque entières. *Pédicelles 1-5 fois plus longs que les fleurs épanouies.* Fleurs grandes. Calice glabre ou hérissé seulement au sommet. *Pétales* beaucoup plus longs que le calice, *à limbe suborbiculaire, brusquement contractés en un onglet* étroit. ♃. Avril-octobre.

C C. — Endroits secs, bords des chemins, murs des quais, talus des fortifications et des chemins de fer.

2. **D. muralis** DC. *Syst.* II, 634; Rchb. *Ic.* II, f. 4417; Bill. *Exsicc.* n. 219. — *Sisymbrium murale* L. *Sp.* 918. — *Sisymbrium monense* et *Barrelieri* Thuill. *Fl. Par.* 333. — [D. DES MURS].

Plante bisannuelle ou vivace. Tiges de 1-4 décim., ascendantes ou dressées, herbacées, rarement sous-frutescentes à la base, feuillées dans leur partie inférieure, ord. rameuses, velues-hérissées inférieurement. Feuilles vertes, plus ou moins velues, quelquefois glabres, sinuées-dentées, ou pinnatipartites à lobes triangulaires ou oblongs courts entiers plus rarement dentés. *Pédicelles égalant environ la longueur des fleurs épanouies.* Fleurs assez grandes. *Calice hérissé de poils roides. Pétales* beaucoup plus longs que le calice, *à limbe suborbiculaire, brusquement contractés en un onglet* étroit. ② ou ♃. Mai-août.

A.C. — Lieux arides, vieux murs, bords des chemins. — Paris!; plaine Saint-Denis; Boulogne (*de Schœnefeld*); Mont Valérien; Garches; Sartrouville, Argenteuil!, Saint-Germain (*de Schœnefeld*); Conflans-Sainte-Honorine (*De Lens*); L'Ile-Adam (*Maire*). Très abondant à Mantes! et à La Roche-Guyon!; Vernon!; Les Andelys!. Marais de Bresle!; Beauvais (*Graves*). Mennecy (*Des Étangs, Maire*). Valvins; Champagne!, etc.

3. **D. viminea** DC. *Syst.* II, 635; Rchb. *Ic.* II, f. 4416; Bill. *Exsicc.* n. 715. — *Sisymbrium vimineum* L. *Sp.* 919. — [D. DES VIGNES].

Plante annuelle. Tiges de 1-3 décim., étalées, ascendantes ou dressées, herbacées, feuillées seulement à la base, simples ou rameuses à la base, glabres. Feuilles presque toutes radicales rapprochées en rosette, vertes glabres, si-nuées-lyrées, ou pinnatipartites à lobes triangulaires courts. *Pédicelles plus courts que les fleurs épanouies.* Fleurs très petites. Calice glabre. *Pétales dépassant à peine le calice, à limbe oblong, insensiblement atténués en onglet.* ①. Juin-octobre.

C. — Vignes, lieux cultivés, terres remuées.

### 13. ERUCA Tourn. *Inst.* t. 111. — [ROQUETTE].

Calice à sépales dressés, non gibbeux. *Silique oblongue, subcylindrique; valves convexes carénées* par la saillie de la nervure dorsale; bec comprimé ensiforme. *Graines bisériées,* globuleuses.

Plante annuelle ou bisannuelle, velue. Feuilles lyrées-pinnatipartites, pétiolées. Fleurs d'abord jaunâtres, puis blanchâtres, veinées d'un brun violet.

1. **E. sativa** Lmk *Fl. Fr.* II, 496; Rchb. *Ic.* II, t. 84, f. 4421. — *Brassica Eruca* L. *Sp.* 932. — [R. CULTIVÉE. — Vulg. *Roquette*].

Tige de 4-8 décim., dressée ou ascendante, rameuse souvent dès la base, rude-velue surtout inférieurement. Feuilles lyrées-pinnatipartites, à lobe ter-minal très ample ord. suborbiculaire, les latéraux oblongs ou obovales ord. sinués-dentés. Pédicelles plus courts que le calice. Pétales très longuement onguiculés, beaucoup plus longs que le calice. Siliques dressées, presque appliquées contre la tige, glabres ou velues, à bec très large égalant environ la longueur des valves. ① ou ②. Avril-juin, refleurit en automne.

R R. — Champs arides, carrières, décombres, vieilles murailles, coteaux crayeux — Très abondant aux environs du château de Dreux! (*Dœnen*). Vétheuil (*de Schœnefeld*); très abondant aux environs du château et sur les rochers à La Roche-Guyon! (*Bouteille*). — Quelquefois cultivé dans les jardins potagers.

### 14. ERUCASTRUM Presl *Fl. Sic.* I, 92. — [ÉRUCASTRE].

Calice à sépales presque dressés ou étalés, les latéraux un peu gibbeux à la base. *Silique* linéaire, *subcylindrique; valves* convexes, *ne présentant qu'une seule nervure longitudinale;* bec court, conique ou presque cylindrique. *Graines unisériées, ovales ou oblongues, un peu comprimées.*

Plantes annuelles, bisannuelles ou pérennantes par induration, plus ou moins velues. Feuilles pinnatipartites, pétiolées, à pétiole souvent auriculé. Fleurs jaunes ou jaunâtres.

1. **E. obtusangulum** Rchb. *Fl. excurs.* 693, et *Ic.* II, t. 89, f. 4429. — *Sisym-brium obtusangulum* DC. *Syst.* II, 465. — *Brassica Erucastrum* L. *Sp.* 832 sec. cl. J. Gay. — *Sinapis Hispanica* Thuill. *Fl. Par.* 343. — *Diplo-taxis Erucastrum* Gren. et Godr. *Fl. Fr.* I, 81. — [É. A ANGLES OBTUS].

Plante bisannuelle ou pérennante. Tiges solitaires ou peu nombreuses, de 3-7 décim., dressées ou ascendantes, rudes-velues surtout à la base. Feuilles caulinaires à pétiole auriculé à la base. *Fleurs jaunes, en grappes nues* ou feuillées seulement à la base. Calice à *sépales très étalés.* Pétales à onglet aussi long que le calice. Siliques étalées, à bec ord. conique, contenant une graine. ② ou ♃. Mai-juillet.

R R — Lieux arides, décombres. — Bois de Vincennes (*Thuill.* Fl. Par.) au co-teau de Beauté!; très abondant sur les coteaux gypseux incultes près de Chelles (*de Boucheman*).

2. **E. Pollichii** Schimp. et Spenn. *Fl. Frib.* III, 946. — *E. inodorum* Rchb.
*Ic.* II, f. 4428. — *Diplotaxis bracteata* Gren. et Godr. *Fl. Fr.* I, 81. —
*D. Pollichii* Bill. *Exsicc.* n. 714. — [É. DE POLLICH].

Plante annuelle. Tiges solitaires ou peu nombreuses, de 4-4 décim., dressées
ou ascendantes, rudes-velues surtout à la base. Feuilles caulinaires à pétiole
non auriculé à la base. *Fleurs jaunâtres, en grappes feuillées au moins inférieurement.* Calice à *sépales presque dressés.* Pétales à onglet un peu plus
court que le calice. Siliques étalées, à bec presque cylindrique ne contenant
pas de graine. ①. Mai-août.

*R R R.* — Lieux sablonneux, décombres. — Bords de la Seine près de Grenelle
(*Kralik*).

### 15. **BRASSICA** L. *Gen.* n. 820. — [CHOU].

Calice à sépales dressés ou plus ou moins étalés, non gibbeux ou les latéraux
un peu gibbeux. *Silique* linéaire, *subcylindrique* ; *valves* convexes, *ne présentant qu'une* seule *nervure* longitudinale *droite*, à nervures latérales
flexueuses peu marquées ou nulles ; bec conique. *Graines unisériées, globuleuses.*

Plantes annuelles ou bisannuelles, ord. glauques, glabres ou quelquefois hispides.
Feuilles radicales et inférieures ord. lyrées-pinnatifides ou pinnatipartites, pétiolées ;
les caulinaires entières, sinuées ou dentées, sessiles ou amplexicaules. Fleurs jaunes
ou blanches, quelquefois veinées.

† **B. oleracea** L. *Sp.* 932 ; Rchb. *Ic.* II, t. 97, f. 4438. — [C. POTAGER. —
Vulg. *Chou*].

Tige de 4-12 décim., robuste épaisse, rameuse, glauque, glabre. *Feuilles* épaisses,
glauques, glabres ; les inférieures lyrées-pinnatifides, pétiolées ; les *supérieures*
oblongues, *sessiles non amplexicaules.* Fleurs jaunes ou blanches, quelquefois veinées, en grappe lâche dès l'épanouissement. *Sépales dressés, appliqués sur les pétales.* Étamines toutes dressées. Siliques étalées-ascendantes, linéaires allongées,
à valves présentant plusieurs nervures flexueuses. ②. Mai-juin.

Cultivé partout et présentant un grand nombre de variétés comestibles.

Var. β. *acephala.* — Tige allongée. Feuilles à limbe presque plan.

S.-v. Feuilles vertes-glaucescentes (*Chou-vert*). Feuilles d'un rouge vineux, surtout au niveau des nervures (*Chou-rouge*). Bourgeons axillaires très développés
et à feuilles imbriquées (*Chou-de-Bruxelles, Chou-à-jets*). Plante robuste, très
élevée (*Chou-rameux, Chou-cavalier*).

Var. γ. *crispa.* — Feuilles ondulées-frisées (*Chou-frisé*), à feuilles vertes ou
rouges.

Var. δ. *capitata.* — Tige très courte. Feuilles à limbe concave, étroitement imbriquées en tête (*Chou-pommé*).

Var. ε. *caulorapa.* — Tige dilatée à la base en un renflement charnu (*Chou-
Rave*).

Var. ζ. *botrytis.* — Rameaux et pédoncules très rapprochés charnus souvent stériles (*Chou-fleur*).

† **B. Napus** L. *Sp.* 934 ; Rchb. *Ic.* II, f. 4435. — [C. NAVET. — Vulg. *Navet*].

Tige de 4-9 décim., assez robuste, ord. rameuse, glabre, plus ou moins glauque.
*Feuilles* glaucescentes, *glabres* ; les inférieures lyrées-pinnatifides, pétiolées ; *les
supérieures* oblongues un peu rétrécies au-dessus de leur base, *à base élargie cordée-*

*amplexicaule. Fleurs* jaunes, espacées dès l'épanouissement. *Sépales étalés.* Étamines latérales ascendantes. Siliques étalées, linéaires allongées, à valves présentant plusieurs nervures flexueuses. (1) ou (2). Avril-juin.

Cultivé dans les jardins et en plein champ, fréquemment subspontané.

Var. α. *oleifera.* (Vulg. *Colza*). — Racine grèle. — Cultivé en plein champ pour ses graines oléagineuses.

Var. β. *esculenta.* (Vulg. *Navet*). — Racine renflée-charnue. — Cultivé pour sa racine alimentaire.

† **B. Rapa** L. *Sp.* 931 ; Rchb. *Ic.* II, f. 4437. — *B. asperifolia* Lmk *Encycl. méth.* 1, 746. — [C. RAVE].

Tige de 4-9 décim., assez robuste, ord. rameuse, glauque, glabre, plus rarement hispide à la base. *Feuilles radicales et inférieures* lyrées-pinnatifides, pétiolées, vertes, *ciliées-hérissées de poils roides ; les supérieures* oblongues ou ovales, *profondément cordées-amplexicaules*, glaucescentes glabres. *Fleurs* d'un jaune un peu pâle, *rapprochées au sommet de la grappe lors de l'épanouissement*, dépassant le groupe des boutons. *Sépales étalés.* Étamines latérales ascendantes. Siliques étalées-ascendantes, linéaires, à valves présentant plusieurs nervures flexueuses. (1) ou (2). Avril-juin.

Cultivé dans les jardins et en plein champ, fréquemment subspontané.

Var. α. *oleifera.* (Vulg. *Navette-d'été*). — Racine grèle, annuelle. — Cultivé en plein champ pour ses graines oléagineuses, subspontané çà et là dans les moissons.

S.-v. *biennis.* (Vulg. *Navette*). — Racine bisannuelle.

Var. β. *esculenta.* (Vulg. *Rave, Rabidouille*). — Racine charnue, renflée, ord. turbinée, blanche, plus rarement jaunâtre, souvent colorée en violet dans sa partie supérieure.

4. **B. nigra** Koch *Deutschl. Fl.* IV, 713. — *Sinapis nigra* L. *Sp.* 933 ; *Engl. bot.* t. 969 ; Rchb. *Ic.* II, f. 4427. — *S. incana* Thuill. *Fl. Par.* 343 non L.— [C. NOIR. — Vulg. *Moutarde-noire, Sénevé-noir*].

Tige de 6-12 décim., assez robuste, rameuse, glaucescente, velue-hérissée au moins dans sa partie inférieure. *Feuilles toutes pétiolées*, vertes ; les inférieures hérissées, lyrées-pinnatifides, à lobe terminal très grand plus ou moins sinué ; les supérieures ord. glabres, lancéolées atténuées aux deux extrémités, entières ou sinuées. Fleurs jaunes, rapprochées au sommet de la grappe lors de l'épanouissement. Sépales étalés. *Siliques dressées serrées contre la tige*, oblongues-linéaires ; *valves carénées par la saillie de la nervure dorsale*, à nervures latérales à peine distinctes. (1). Juin-août.

A.C. — Bords des rivières, lieux herbeux, buissons, terrains cultivés. — Plaine de Saint-Denis (*Maire*). Bords de la Seine et de la Marne : Paris!, Charenton! (*Tourn. Hist. pl. Par.*), Neuilly!, Saint-Germain!, etc. Ermenonville (*Maire*). Chevrières, le Port-aux-Perches, Vez, où il a probablement été introduit (*Questier*) ; Compiègne (*Weddell*). Les Ormes près Provins (*Bouteiller*), etc.

## 16. SINAPIS L. *Gen.* n. 821 ex parte. — [MOUTARDE].

Calice à sépales étalés, plus rarement dressés, non gibbeux. *Silique* linéaire ou oblongue, *subcylindrique ; valves* convexes, *à 3-5 nervures* longitudinales *droites saillantes* ; bec long, plus ou moins comprimé, renfermant souvent une graine à sa base. *Graines unisériées, globuleuses.*

Plantes annuelles, bisannuelles ou vivaces, plus ou moins velues, rarement glaucescentes. Feuilles lyrées ou pinnatipartites, plus rarement sinuées ou dentées, ord.
pétiolées. Fleurs jaunes.

1. **S. arvensis** L. *Sp.* 933 ; *Engl. bot.* t. 1748 ; *Fl. Dan.* t. 753 ; Rchb. *Ic.* II,
   t. 86, f. 4425 ; Bill. *Exsicc.* n. 6. — [M. DES CHAMPS. — Vulg. *Moutarde-
   sauvage, Senève, Sanve, Jotte, Raveluche*].

Tige de 4-8 décim., rameuse, ord. hispide surtout à la base à poils réfléchis. *Feuilles* ovales ou oblongues ; les inférieures lyrées ou irrégulièrement
sinuées ; les *supérieures inégalement sinuées-dentées*, sessiles ou subsessiles. Sépales étalés. Siliques plus ou moins étalées, ord. glabres, subtoruleuses, à loges polyspermes ; valves épaisses, à nervures empâtées, plus longues que le bec ; *bec conique-comprimé*. Graines noires, lisses. (I). Mai-
août.

*C C C.* — Champs, moissons, terrains cultivés, bords des chemins.

Var. β. *Orientalis.* (*S. Orientalis* Murr. *Prodr.* 167 ; Bill. *Exsicc.* n. 6 *bis*. —
   *S. villosa* Mérat! *Fl. Par.* éd. 1, 265 excl. syn.). — Siliques hérissées de poils
   réfléchis. — *A.C.*

2. **S. alba** L. *Sp.* 933 ; *Engl. bot.* t. 1677 ; *Fl. Dan.* t. 1393 ; Rchb. *Ic.* II,
   f. 4424 ; Bill. *Exsicc.* n. 1809. — [M. BLANCHE].

Tige de 4-8 décim., ord. rameuse supérieurement, hispide à poils étalés
ou réfléchis. *Feuilles toutes lyrées-pinnatipartites* à lobes inégalement
sinués-dentés. Sépales étalés. Siliques étalées, velues-hispides, toruleuses, à
loges 2-3-spermes ; *valves plus courtes que le bec* ; *bec comprimé-ensiforme.*
Graines jaunâtres, finement ponctuées. (I). Mai-juillet.

*C.* — Moissons des terrains calcaires ou argileux.

3. **S. Cheiranthus** Koch *Deutschl. Fl.* IV, 717. — *Brassica Cheiranthus* Vill.
   *Dauph.* III, 332, t. 36 ; Rchb. *Ic.* II, f. 4432 ; Bill. *Exsicc.* n. 1414. —
   *Brassica Cheiranthus* et *cheiranthiflora* DC. *Syst.* II, 601. — [M. GIRO-
   FLÉE].

Tiges de 3-11 décim., ord. indurées à la base, simples ou rameuses
supérieurement, glauques, hispides à poils épars étalés. *Feuilles toutes pinnatipartites* à lobes oblongs inégalement sinués-dentés, ceux des feuilles
supérieures linéaires entiers. *Sépales dressés appliqués sur les pétales.*
Siliques plus ou moins étalées, glabres, subtoruleuses, à loges polyspermes ;
*valves 6-7 fois plus longues que le bec* ; bec conique-comprimé. Graines
noires, finement ponctuées. (2) ou ♃. Mai-août.

*A.C.* — Lieux sablonneux, endroits arides pierreux. — Bois de Boulogne! ; Asnières ; bois du Vésinet!. Forêt de Fontainebleau! ; Nemours!, etc.


SOUS-TRIBU II. — Silique indéhiscente, renflée spongieuse, ou non
spongieuse se partageant à la maturité en plusieurs
articles transversaux.

### 17. **RAPHANUS** L. *Gen.* n. 822. — [RADIS].

Calice à sépales dressés, les latéraux gibbeux à la base. *Silique indéhiscente*, linéaire-oblongue ou oblongue-conique, *renflée spongieuse, ou moniliforme se partageant* à la maturité *en plusieurs articles transversaux mono-*

*spermes* marquée à sa circonférence de 6-8 nervures; bec long conique. Graines unisériées, globuleuses.

Plantes annuelles ou bisannuelles, plus ou moins hispides. Feuilles inférieures lyrées-pinnatipartites, les supérieures oblongues dentées ou incisées-dentées. Fleurs jaunes, blanches ou violettes, marquées de veines plus foncées.

**1. R. Raphanistrum** L. *Sp.* 935; *Engl. bot.* t. 856; Bill. *Exsicc.* n. 924. — *Raphanistrum segetum* Rchb. *Ic.* II, t. 3, f. 4172. — [R. RAVENELLE. — Vulg. *Ravenelle, Raveluche, Pied-de-glène, Jotte*].

Racine pivotante, grêle. Tige de 2-6 décim., dressée, rameuse, hérissée. Fleurs jaunes, violettes ou blanches, veinées de violet. *Siliques linéaires-oblongues, moniliformes se partageant à la maturité en articles mono-spermes,* brusquement contractées en un bec linéaire-subulé. (I). Mai-août.

C C C. — Moissons, terrains cultivés, décombres.

Certains échantillons du *R. Raphanistrum*, à feuilles presque entières, peuvent être confondus, avant le développement des siliques, avec le *Sinapis arvensis;* on reconnaît le *R. Raphanistrum* à ses pétales veinés et à ses sépales dressés.

† **R. sativus** L. *Sp.* 955; Lmk *Ill.* t. 566; Rchb. *Ic.* II, f. 4175. — [R. CULTIVÉ. — Vulg. *Radis*].

Racine charnue-renflée. Tige de 4-8 décim., dressée, rameuse, plus ou moins hérissée. Fleurs blanches ou violettes, veinées de violet foncé. *Siliques oblongues-lancéolées,* épaisses, *renflées-spongieuses ne se partageant pas en articles transver-saux,* insensiblement atténuées en bec. (I) ou (2). Mai-août.

Cultivé partout et quelquefois subspontané au voisinage des habitations.

Var. α. *vulgaris.* (Vulg. *Radis, Petite-Rave*). — Racine assez petite, globuleuse-déprimée ou oblongue, blanche, rose ou rouge, d'une saveur piquante.

Var. β. *niger.* (*R. niger* Mérat *Fl. Par.* éd. 2, 389. — Vulg. *Radis-noir, Raifort*). — Racine volumineuse, oblongue-globuleuse, noire, à chair très ferme d'une saveur très piquante.

## SOUS-FAMILLE II. **SILICULOSÆ**. — Fruit à peine plus long que large (silicule), ovale, oblong ou suborbiculaire, déhiscent, plus rarement indéhiscent, 1-4-sperme ou polysperme.

TRIBU I. — Silicule déhiscente, à valves ne retenant pas les graines.

SOUS-TRIBU I. — Silicule comprimée parallèlement à la cloison; cloison aussi large que le plus grand diamètre transversal de la silicule; valves presque planes ou convexes, jamais pliées-naviculaires.

### 18. **ALYSSUM** L. *Gen.* n. 805. — [ALYSSON].

Calice à sépales dressés, non gibbeux. Étamines, au moins les latérales, à filets souvent dilatés en appendices membraneux. *Silicule* ord. suborbiculaire ou ovale-orbiculaire émarginée au sommet, *comprimée parallèlement à la cloison, surmontée par le style* persistant; *valves* ord. *convexes* au centre, planes au bord; cloison large; *loges 1-2-spermes.* Graines comprimées, souvent bordées. Cotylédons plans. *Radicule commissurale.*

Plantes annuelles, ou vivaces à tiges presque ligneuses, couvertes d'une pubescence étoilée. Feuilles entières, atténuées à la base. Fleurs jaunes, jaunâtres ou blanchâtres.

**1. A. calycinum** L. *Sp.* 908; Jacq. *Austr.* IV, t. 338; *Fl. Dan.* t. 1704; Rchb. *Ic.* II, t. 18, f. 4269; Bill. *Exsicc.* n. 105 et *bis.* — [A. CALICINAL].

Plante annuelle. Tiges ord. nombreuses, de 1-2 décim., dressées, ascendantes ou couchées. Feuilles inférieures obovales, les supérieures oblongues. *Fleurs d'abord jaunâtres, passant ensuite au blanc. Calice persistant.* Pétales rétrécis en onglet seulement à la base, légèrement émarginés, dépassant peu le calice. *Glandes situées de chaque côté des étamines latérales subulées égalant la moitié de la longueur des filets. Étamines dépourvues d'appendices.* Silicule suborbiculaire, légèrement émarginée au sommet, couverte de poils étoilés. Style court. (I). Mai-juin.

*C C.* — Lieux arides, terrains pierreux ou sablonneux.

**2. A. montanum** L. *Sp.* 907; *Bot. mag.* t. 419; Rchb. *Ic.* II, f. 4274; Bill. *Exsicc.* n. 716 et *bis* et *ter.* — [A. DE MONTAGNE].

Plante vivace sous-frutescente. Tiges nombreuses, de 1-3 décim., couchées ou ascendantes. Feuilles inférieures obovales, les supérieures oblongues. *Fleurs d'un beau jaune. Calice caduc.* Pétales longuement onguiculés, légèrement émarginés, environ une fois plus longs que le calice. *Étamines à filets dilatés* dans une étendue variable *en un appendice membraneux* oblong. Silicule suborbiculaire, légèrement émarginée au sommet, couverte de poils étoilés. Style égalant au moins la moitié de la longueur de la silicule. ♃. Mai-août.

*R.* — Coteaux arides, terrains sablonneux. — Saint-Maur!. Forêt de Fontainebleau! (*Tourn.* Hist. pl. Par.); Bouron.

On cultive fréquemment dans les jardins l'*A. saxatile* L. (*A. des rochers.* — Vulg. *Corbeille-d'or, Thlaspi-jaune*), qui se reconnaît à ses grappes fructifères courtes rapprochées en panicules, à ses fleurs d'un beau jaune, à ses étamines à filets présentant à la base un appendice court arrondi, et à ses silicules glabres. Cette plante, qui se rencontre quelquefois au voisinage des habitations, s'est naturalisée dans le parc de Saint-Cloud. — L'*Aubrietia deltoidea* DC. (*A. deltoideum* L.) est souvent planté en bordures. Il se reconnaît à ses tiges velues très rameuses; à ses feuilles oblongues ou oblongues-obovales atténuées à la base, présentant ord. de chaque côté 1-2 dents vers leur milieu; à ses fleurs lilas; à ses siliques oblongues, et à ses graines non bordées.

Le genre *Vesicaria* se distingue surtout du genre *Alyssum* par les étamines dépourvues d'appendices; par la silicule subglobuleuse renflée, à valves très convexes, à loges contenant plusieurs graines. — Le *V. sinuata* Poir. (*Alyssum sinuatum* et *A. Creticum* L. — *Vésicaire sinueuse*) est caractérisé surtout par les tiges herbacées, dressées, de 4-7 décim.; par les feuilles couvertes d'une pubescence blanchâtre étoilée, ord. oblongues-étroites, assez longues, atténuées en pétiole, sinuées-dentées ou presque entières; par les fleurs d'abord jaunes, puis blanches, à sépales non gibbeux à la base; par les silicules surmontées par le style grêle allongé, à valves membraneuses.—Cette plante, qui est quelquefois cultivée dans les jardins, est naturalisée sur les murs du parc de Bruyères-le-Châtel près Arpajon (*de Boucheman*).

On cultive comme plante d'ornement, et l'on rencontre souvent dans le voisinage des habitations, le *Lunaria biennis* Mœnch (Vulg. *Lunaire*), qui se reconnaît à ses fleurs assez grandes ord. violettes, et à ses silicules stipitées très grandes oblongues-suborbiculaires comprimées à valves planes à cloison d'un blanc nacré.

### 19. **DRABA** L. *Gen.* n. 860. - [DRAVE].

Calice à sépales un peu étalés, non gibbeux. Étamines dépourvues d'appendices. *Silicule oblongue*, entière au sommet, *comprimée parallèlement à la cloison*, surmontée du *stigmate subsessile* persistant ; *valves planes* ou à peine convexes; cloison large; *loges polyspermes*. Graines comprimées. Cotylédons plans. *Radicule commissurale.*

Plante annuelle, plus ou moins velue, à poils bi-trifides, à tiges nues. Feuilles disposées en rosette, entières ou dentées au sommet, atténuées à la base. Fleurs très petites, blanches.

1. **D. verna** L. *Sp.* 896 ; *Engl. bot.* t. 586 ; Rchb. *Ic.* II, t. 12, f. 4234. — *Erophila vulgaris* DC. *Syst.* II, 356. — [D. PRINTANIÈRE. — Vulg. *Drave*].

Tiges plus ou moins nombreuses, de 4-12 centim., grêles, dressées ou ascendantes, nues, velues-pubescentes inférieurement, glabres supérieurement. Feuilles disposées en rosette radicale, oblongues-aiguës ou obovales-spatulées, entières ou dentées au sommet, couvertes de poils bi-trifides. Fleurs très petites, en grappe corymbiforme. Pétales profondément bifides, plus longs de moitié que le calice. Silicules très longuement pédicellées. ⱺ. Février-avril.

*C C.* — Lieux secs, terrains incultes, champs en friche, pelouses arides, vieux murs.

Le *D. muralis* L. (Rchb. *Ic.* II, f. 4235 ; Bill. *Exsicc.* n. 1116 et *bis*), indiqué à Sèvres, Montmorency, Versailles (*Mérat* Fl. Par.), n'a pas été retrouvé. Cette espèce se reconnaît à sa tige dressée feuillée, à ses feuilles cordiformes-amplexicaules dentées, à ses pétales entiers ou un peu émarginés.

### † COCHLÉARIA L. *Gen.* n. 803. — [COCHLÉARIA].

Calice à sépales un peu étalés, non gibbeux. Étamines dépourvues d'appendices. *Silicule subglobuleuse ou oblongue-subglobuleuse*, entière au sommet, terminée par le style persistant ; valves très convexes, quelquefois légèrement carénées ; cloison large ; *loges polyspermes. Graines bisériées*, comprimées. Cotylédons plans. *Radicule commissurale.*

Plantes bisannuelles ou vivaces, glabres. Feuilles entières, dentées ou incisées ; les inférieures pétiolées ou atténuées en pétiole ; les caulinaires sessiles ou amplexicaules. *Fleurs blanches.*

† **C. Armoracia** L. *Sp.* 904 ; Rchb. *Ic.* II, t. 17, f. 4262. — Fuchs. *Hist.* 660 ic. — [C. DE BRETAGNE. — Vulg. *Cran-des-Anglais, Cranson, Raifort-sauvage, Grand-Raifort, Moutarde-des-capucins, Médérick*].

*Souche renflée-charnue*, d'une saveur âcre piquante. Tiges de 8-12 décim., dressées, robustes, rameuses supérieurement, glabres. *Feuilles* radicales *longuement pétiolées*, ovales-oblongues, cordées, crénelées ; *les caulinaires inférieures oblongues, ord. pinnatifides ;* les supérieures lancéolées entières, ou crénelées. Fleurs blanches, en grappes rapprochées en une panicule terminale. Silicules longuement pédicellées, subglobuleuses, à valves non carénées. Style court filiforme. Graines lisses. ♃. Juin-juillet.

Planté fréquemment dans les jardins, et quelquefois subspontané dans le voisinage des endroits cultivés : Bords de l'Oise à Creil (*Graves*).

On cultive également, comme plante officinale, le *C. officinalis* L. (Rchb. *Ic.* II, f. 4260.—Vulg. *Cochléaria*), qui se reconnaît à ses feuilles radicales et inférieures pétiolées ovales-suborbiculaires cordées à la base ord. très concaves, à ses feuilles supérieures profondément cordées-amplexicaules, et à ses silicules à valves légèrement carénées.

† **C. glastifolia** L. *Sp.* 904.— *Lepidium glastifolium* Bauh. *Pin.* 99; Moris. *Hist.* II, 312, s. 3, t. 21, f. 3. — *Kernera glastifolia* Rchb. *Ic.* II, f. 4261. — *C. Nemoursensis* Mérat *Rev. fl. Par.* addit. 1845, p. 492. — [C. A FEUILLES DE PASTEL].

Plante bisannuelle, plus rarement pérennante, à *racine* pivotante *grêle.* Tige de 4-12 décim., dressée, rameuse au sommet ou presque simple, glabre glaucescente. *Feuilles radicales* oblongues ou ovales-oblongues, *atténuées en pétiole,* entières; *les caulinaires lancéolées* ou ovales-lancéolées, presque entières, sessiles, *amplexicaules-sagittées* à oreillettes allongées obtuses-arrondies. Fleurs blanches, petites, en grappes terminales s'allongeant beaucoup après la floraison. Pédicelles fructifères étalés, 2-4 fois aussi longs que la silicule. Silicules subglobuleuses, à valves persistant assez longtemps, légèrement carénées par la nervure moyenne, à nervures latérales anastomosées en réseau. Style très court presque nul. Graines tuberculeuses-papilleuses. ♃. Mai-juin.

Naturalisé à Nemours! sur les vieux murs, où il existe depuis plus de vingt ans (*Devilliers*). Observé, en 1823, entre Thury-en-Valois, Antilly et Cuvergnon (*Graves* Cat. Oise), et, en 1847, sur un vieux mur à Marolles-sur-Ourcq (*Questier*).

M. Boissier (*Voy. Esp.* p. 49) considère cette espèce comme étant particulière à l'Espagne, car la localité de Ratisbonne indiquée par Linné et celle du Dauphiné donnée par Villars sont erronées selon lui. MM. Grenier et Godron (*Fl. Fr.* I, p. 128) l'indiquent comme spontanée à Aigues-Mortes et en Corse. De Candolle, dans la *Flore Française*, ne l'indiquait qu'à la localité citée par Villars et dans les jardins à Ajaccio.

## 20. CAMELINA Crantz *Austr.* 1, 18. — [CAMÉLINE].

Calice à sépales dressés ou étalés, non gibbeux. Étamines dépourvues d'appendices. *Silicule obovale pyriforme,* un peu comprimée parallèlement à la cloison, terminée par le style persistant; *valves très convexes,* brusquement terminées par le prolongement de leur nervure dorsale en un appendice linéaire qui s'applique sur la base du style; cloison large; *loges polyspermes.* Graines ovoïdes, à peine comprimées. Cotylédons plans. *Radicule dorsale.*

Plantes annuelles, plus ou moins velues à poils simples entremêlés de poils bi-trifides. Feuilles caulinaires amplexicaules-sagittées, entières, dentées ou pinnatifides. Fleurs jaunâtres, en grappes terminales.

**1. C. sativa** Crantz, loc. cit. — *Myagrum sativum* L. *Sp.* 894. — [C. CULTIVÉE. — Vulg. *Cameline, Calamine*].

Tige de 4-8 décim., dressée, simple ou rameuse, rude, plus ou moins velue. *Feuilles* velues ou presque glabres; les *inférieures oblongues* atténuées à la base; les caulinaires moyennes et *supérieures lancéolées* sagittées à la base, entières ou denticulées. *Silicules* oblongues obovales atténuées à la base arrondies au sommet, à valves coriaces ne se laissant pas déprimer par la pression. ☉. Juin-juillet.

Var. α. *sylvestris.* (*C. sylvestris* Wallr. *Sched.* 347; Bill. *Exsicc.* n. 717 et bis. — *C. microcarpa* Andrz. ap. DC. *Syst.* II, 517; Delessert *Ic. select.* II, t. 69; Rchb. *Ic.* II, t. 24, f. 4293. — *C. sativa* var. *pubescens Fl. Par.* éd. 1, 98). — Plante ord. très velue. Silicules grisâtres, disposées en grappes ord. très allongées. — *A.R.* — Moissons des terrains maigres ou sablonneux, champs pierreux et incultes. — Gentilly (*Vaill.* Bot. Par.); bois de Boulogne (*Maire*); Asnières!; Nanterre; Argenteuil (*de Schœnefeld*); Charenton (*Tourn.* Hist. pl. Par.); Saint-Maur!; La Queue (*Maire*). Champagne!; Nemours (*Devilliers*); Moret (*E. Fournier*); Thurelles!. Provins (*Bouteille*). Mantes!; Banthelu (*Bouteille*). — Indiqué dans les champs autour de Bonnelles, de Saint-Clair et dans la vallée de Montmorency (*Tourn.* Hist. pl. Par.).

Var. β. *glabrata* (DC. *Syst.* II, 516. — *C. sativa* Rchb. *Ic.* II, f. 4292. — *C. sativa* var. *glabrescens* Fl. *Par.* éd. 1, 98). — Plante presque glabre, ou à poils épars. Silicules ord. d'un vert jaunâtre, plus grosses, disposées en grappes moins allongées. — Cultivé en grand pour ses graines oléagineuses et quelquefois subspontané autour des villages.

† **C. dentata** Pers. *Syn. pl.* II, 191; DC. *Prodr.* I, 201; Rchb. *Ic.* II, f. 4294. — *Myagrum dentatum* Willd. *Sp.* III, 408. — *C. fœtida* Fries *Mant.* III, 70, et *Summ. Scand.* 152; Gren. et Godr. *Fl. Fr.* I, 131. — *C. macrocarpa* Wierzb. in Rchb. *Ic.* II, f. 4294 *b*. — [C. DENTÉE].

Tige de 3-8 décim., dressée, simple ou rameuse au sommet, presque glabre ou un peu pubescente. *Feuilles* glabrescentes ou un peu pubescentes; les *inférieures oblongues-linéaires*, atténuées à la base, sinuées-dentées ou pinnatifides, plus rarement entières; les caulinaires moyennes et supérieures lancéolées-linéaires, sagittées à la base. Grappes ord. plus courtes, à pédicelles ord. plus longs que dans le *C. sativa. Silicules* plus grosses, *obovales subglobuleuses*, très renflées, *tronquées au sommet*, à valves moins résistantes et *se laissant* dans la jeunesse *déprimer assez facilement* par la pression. Ⓘ. Juin-juillet.

R R R. — Introduit par la culture dans les champs de lin. — Fay! cant. de Chaumont. Observé une seule fois dans un champ de lin à Rouvres-en-Multien (*Questier*), et vu de même une seule fois à Nemours (*Devilliers*). Indiqué à Palaiseau, Liancourt et Beauvais (*Mérat* Fl. Par.). — Noyon (*Morelle*).

SOUS-TRIBU II.— Silicule comprimée perpendiculairement à la cloison; cloison étroite, souvent linéaire; valves pliées-naviculaires, à carène souvent ailée.

**21. TEESDALIA** R. Br. in Ait. *Hort. Kew.* ed. 2, IV, 83. — [TÉESDALIE].

Calice à sépales un peu étalés, plus ou moins soudés à la base, à base persistante. Pétales extérieurs ord. plus grands. *Étamines à filets munis d'appendices basilaires membraneux. Silicule* ovale-suborbiculaire, émarginée au sommet, *comprimée perpendiculairement à la cloison*, terminée par le stigmate subsessile; valves naviculaires à carène un peu ailée; cloison linéaire étroite; *loges dispermes.* Graines lenticulaires-comprimées. Cotylédons plans. *Radicule commissurale.*

Plante annuelle, presque glabre. Feuilles la plupart radicales, disposées en rosette, pétiolées, lyrées-pinnatipartites, très rarement entières. Fleurs petites, blanches.

1. **T. nudicaulis** R. Br., loc. cit.; Rchb. *Ic.* II, t. 6, f. 4189; Bill. *Exsicc.* n. 108. — *Iberis nudicaulis* L. *Sp.* 907; *Engl. bot.* t. 327. — *Guepinia nudicaulis* Bast. *Suppl.* 35. — *T. Iberis* DC. *Syst.* II, 392. — [T. A TIGE NUE].

Tiges ord. nombreuses, de 6-12 centim., presque nues, la centrale dressée, les latérales étalées-ascendantes. Feuilles radicales nombreuses, étalées en rosette, lyrées-pinnatipartites à lobes obtus entiers, très rarement entières; les caulinaires 1-3, très petites, entières ou dentées. Pétales inégaux, les extérieurs plus grands. Pédicelles fructifères, étalés. Silicules un peu concaves sur l'une de leurs faces, disposées en grappe allongée. ⚥. Avril-juin.

*A.C.* — Lieux sablonneux, pelouses arides, bords des chemins.

*S.-v. integrifolia.* — Feuilles radicales entières.

Le *T. Lepidium* DC. (Rchb. *Ic.* II, f. 4188. — *Lepidium nudicaule* L.), indiqué à Saint-Léger (*Mérat* Fl. Par.), n'y a pas été retrouvé. Cette plante se distingue du *T. nudicaulis* par ses pétales presque égaux et par ses étamines réduites au nombre de quatre. M. Soyer-Willemet la considère comme une variété du *T. nudicaulis.*

## 22. THLASPI Dill. *Giss.* 123, t. 6. — [TABOURET, THLASPI].

Calice à sépales presque dressés, non gibbeux. *Pétales presque égaux.* Étamines dépourvues d'appendices. *Silicule* suborbiculaire ou obovale, profondément échancrée au sommet, *comprimée perpendiculairement à la cloison,* terminée par le style persistant court ou par le stigmate subsessile ; valves naviculaires, à carène ailée-membraneuse surtout supérieurement ; cloison linéaire-étroite ; *loges 4-polyspermes,* très *rarement 2-spermes.* Graines lenticulaires-comprimées. Cotylédons plans. *Radicule commissurale.*

Plantes annuelles ou bisannuelles, glabres souvent glaucescentes. Feuilles entières ou sinuées-dentées, les radicales atténuées en pétiole, les caulinaires amplexicaules-sagittées. Fleurs blanches.

1. **T. arvense** L. *Sp.* 901 ; *Engl. bot.* t. 1659 ; Rchb. *Ic.* II, t. 5, f. 4181 ; Bill. *Exsicc.* n. 918 et *bis.* — [T. DES CHAMPS. — Vulg. *Monnoyère, Herbe-aux-écus*].

Plante annuelle. Tige de 1-5 décim., dressée, rameuse supérieurement, glabre. Feuilles exhalant une odeur alliacée par le froissement ; les radicales oblongues-obovales, atténuées en pétiole, presque entières ou sinuées ; les caulinaires oblongues, sinuées-dentées, sagittées à la base à oreillettes courtes aiguës. *Silicules* très grandes, suborbiculaires, *presque planes, bordées jusqu'à la base d'une aile membraneuse très large,* échancrées-bilobées au sommet ; loges à 5-8 graines ; style très court. *Graines fortement striées, à stries arquées.* ⚥. Mai-septembre.

*C.* — Vignes, lieux cultivés un peu humides, décombres, bords des chemins.

2. **T. perfoliatum** L. *Sp.* 902 ; *Engl. bot.* t. 2354 ; Rchb. *Ic.* II, f. 4183 ; Bill. *Exsicc.* n. 107. — [T. PERFOLIÉ].

Plante annuelle. Tiges solitaires ou nombreuses, de 1-3 décim., dressées ou ascendantes, simples ou rameuses, glabres-glaucescentes. Feuilles un peu épaisses, denticulées ou entières ; les radicales obovales atténuées en pétiole ; les caulinaires oblongues, profondément cordées, à oreillettes larges obtuses. *Silicules* obovales, *un peu renflées,* concaves sur l'une de leurs faces, *bordées d'une aile membraneuse qui disparaît presque vers la base,* échancrées au sommet ; loges à 4 graines ; style très court. *Graines lisses.* ⚥. Mars-mai.

*C.* — Terres remuées, endroits découverts des bois, fossés, bords des chemins.

Le *T. alliaceum* L. a été semé au bois de Boulogne ; cette plante se reconnaît à sa racine annuelle, à ses silicules renflées étroitement bordées en grappes allongées et à ses graines ponctuées.

**3. T. montanum** L. *Sp.* 902 ; Rchb. *Ic.* II, f. 4187. — [T. DE MONTAGNE].

*Souche* terminée en racine pivotante, rameuse au sommet à rhizomes assez allongés, *donnant naissance à leur* extrémité *à des rosettes de feuilles* radicales, *les unes stériles, les autres florifères.* Tiges solitaires ou plus ou moins nombreuses pour chaque rosette de feuilles radicales, de 8-15 centim., dressées ou ascendantes, simples, glabres. Feuilles radicales un peu épaisses, persistantes, obovales, atténuées en pétiole, entières ou lâchement sinuées ; les caulinaires beaucoup plus petites, oblongues, auriculées-sagittées à la base. Style égalant environ la longueur de l'ovaire lors de la floraison. *Grappes fructifères ovales ou oblongues,* assez courtes, à pédicelles étalés à angle droit. *Silicules suborbiculaires-obcordées, arrondies à la base,* largement ailées dans leur partie supérieure ; *style dépassant à la maturité l'échancrure de la silicule ; loges dispermes,* souvent monospermes par avortement. Graines lisses. ♃. Avril-mai.

*R R R.* — Lisière des bois montueux, coteaux calcaires. — Lisière du bois de La Roche-Guyon ! sur le revers de la vallée de l'Epte, où il a été découvert, en fruits déjà passés, le 4 juin 1849, par MM. de Schœnefeld et Beautemps-Beaupré.

## 23. IBERIS L. *Gen.* n. 804. — [IBÉRIDE].

Calice à sépales presque dressés, non gibbeux. *Pétales* inégaux, les *extérieurs* beaucoup *plus grands.* Étamines dépourvues d'appendices. *Silicule* ovale ou obovale-suborbiculaire, profondément échancrée au sommet, *comprimée perpendiculairement à la cloison,* terminée par le style persistant ; valves naviculaires, à carène étroitement ailée ; cloison linéaire-étroite ; *loges monospermes.* Graines un peu comprimées. Cotylédons plans. *Radicule commissurale.*

Plantes annuelles ou bisannuelles, plus rarement vivaces à tiges sous-frutescentes, pubescentes ou presque glabres. Feuilles dentées au sommet ou entières, sessiles. Fleurs blanches ou rosées.

1. **I. amara** L. *Sp.* 906 ; *Engl. bot.* t. 52 ; Rchb. *Ic.* II, t. 7, f. 4197 ; Bill. *Exsicc.* n. 920. — [I. AMÈRE. — Vulg. *Thlaspi-de-la-petite-espèce*].

*Plante* annuelle. Tiges de 1-3 décim., roides, dressées ou ascendantes, rameuses, légèrement pubescentes. *Feuilles* un peu épaisses, ciliées, toutes conformes, oblongues obtuses insensiblement atténuées en une base linéaire, *offrant de chaque côté* au-dessous du sommet *2-3 dents obtuses.* Fleurs blanches, à calice souvent coloré en violet, disposées en grappes courtes corymbiformes. Silicules portées sur des pédicelles étalés, disposées en grappes spiciformes, suborbiculaires, émarginées à lobes courts triangulaires non divergents dépassés par le style. Ⓘ. Juin-septembre.

*C.* — Moissons, bords des chemins, champs pierreux.

L'*I. intermedia* Guers. (*I. intermédiaire*), indiqué sur les collines qui bordent la Seine entre Mantes et Rouen (*Mérat* Fl. Par.), n'a pas été rencontré dans les limites de notre Flore à notre connaissance. Cette plante est abondante à Duclair ! près Rouen ; elle se distingue à ses feuilles linéaires entières, et à ses silicules fortement échancrées à lobes larges triangulaires aigus divergents égalant ou dépassant le style.

On cultive quelquefois dans les parterres l'*I. umbellata* L. (*I. en ombelle.* —Vulg. *Téraspic, Téraspic-d'été*), plante annuelle, à tige ord. simple à la base, à feuilles lancéolées-acuminées, à fleurs ord. d'un rose lilas. —On cultive également les *I. sem-*

*perflorens* L. et *sempervirens* L. (vulg. *Téraspic-d'hiver*), plantes vivaces, à tiges sous-frutescentes, à feuilles épaisses oblongues obtuses atténuées à la base, à fleurs blanches. L'*I. semperflorens* se distingue de l'*I. sempervirens* par ses fleurs rapprochées en corymbe au sommet des rameaux et par ses graines légèrement bordées.

### 24. HUTCHINSIA R. Br. in Ait. *Hort. Kew.* ed. 2, IV, 82. — [HUTCHINSIE].

Calice à sépales dressés, non gibbeux. Étamines dépourvues d'appendices. *Silicule* oblongue ou suborbiculaire, *entière au sommet, comprimée perpendiculairement à la cloison*, terminée par le stigmate subsessile; valves naviculaires, non ailées; cloison étroite; *loges* ord. *dispermes.* Graines très petites, un peu comprimées. Cotylédons plans. *Radicule dorsale ou obliquement commissurale.*

Plante annuelle, pubérulente. Feuilles pinnatipartites. Fleurs petites, blanches.

1. **H. petræa** R. Br., loc. cit.; Bill. *Exsicc.* n. 721 et *bis.* — *Lepidium petræum* L. *Sp.* 899; Jacq. *Austr.* II, t. 131; *Engl. bot.* t. 111; *Teesdalia petræa* Rchb. *Ic.* II, t. 6, f. 4190. — [H. DES ROCAILLES].

Tiges solitaires ou nombreuses, de 5-10 centim., très grêles, simples ou rameuses à la base, feuillées, pubérulentes. Feuilles glabres, pinnatipartites, à lobes oblongs entiers. Pétales un peu plus longs que le calice. Silicules oblongues obtuses, disposées en grappes lâches aussi longues que le reste de la tige, portées sur des pédicelles étalés; loges dispermes. (I). Mars-mai.

R. — Rochers, lieux pierreux, collines arides, vieux murs. — Murs de la cascade de Saint-Cloud (*Isnard* in *Vaill.* Bot. Par. et in herb. *de Jussieu*). Vignes de Barbeau près Le Châtelet (*Garnier*); forêt de Fontainebleau (*Vaill.* Bot. Par.): au Mail d'Henri IV! (*Thuill.* Fl. Par.); Chantreauville! près Nemours (*Devilliers*); Malesherbes! (*Bernard*). Étampes! (C^te *Jaubert*); La Ferté-Aleps!. Mantes!; Vetheuil (*Lepeletier de Saint-Fargeau*); La Roche-Guyon!. Limetz! près Port-Villez (*de Schœnefeld*); rochers de grès à Ermenonville (*Graves* Cat. Oise).

### 25. CAPSELLA Vent. *Tabl. règn. vég.* III, 110. — [CAPSELLE].

Calice à sépales dressés, non gibbeux. Étamines dépourvues d'appendices. *Silicule triangulaire-obcordée, comprimée perpendiculairement à la cloison*, terminée par le style court; valves naviculaires, non ailées; cloison linéaire étroite; *loges polyspermes.* Graines oblongues-comprimées. Cotylédons plans. *Radicule dorsale.*

Plante annuelle, plus ou moins pubescente. Feuilles radicales et inférieures atténuées en pétiole, sinuées-dentées, lyrées-pinnatifides ou pinnatipartites, rarement entières; les supérieures ord. entières, sagittées-amplexicaules. Fleurs blanches.

1. **C. Bursa-pastoris** Mœnch *Meth.* 271; Rchb. *Ic.* II, t. 11, f. 4229. — *Thlaspi Bursa-pastoris* L. *Sp.* 903; *Engl. bot.* t. 1485; Bill. *Exsicc.* n. 511 et *bis.* — [C. BOURSE-A-PASTEUR. — Vulg. *Bourse-à-pasteur, Bourse-de-capucin*].

Tiges solitaires ou nombreuses, de 1-6 décim., dressées, simples ou rameuses, ord. pubescentes surtout dans leur partie inférieure. Feuilles pubescentes-ciliées, ord. couvertes sur les deux faces de poils courts étoilés; les radicales disposées en rosette, lyrées-pinnatipartites ou pinnatifides à lobes triangulaires oblongs ou linéaires entiers ou incisés, rarement sinuées ou entières; les supérieures ord. entières, sagittées-amplexicaules. Pédicelles fructifères étalés. Silicules disposées en grappes très longues. (I. Fleurit pendant presque toute l'année.

*C C C.* — Lieux cultivés et incultes, décombres, vieux murs, bords des chemins, etc.

S.-v. *integrifolia.* — Feuilles entières même les radicales.

## 26. **LEPIDIUM** L. *Gen.* n. 801. — [PASSERAGE].

Calice à sépales dressés ou étalés, non gibbeux. Étamines dépourvues d'appendices. *Silicule* suborbiculaire, ovale ou oblongue, émarginée au sommet, plus rarement entière, *comprimée perpendiculairement à la cloison,* terminée par le style persistant ou par le stigmate subsessile ; valves naviculaires à carène quelquefois un peu ailée; cloison étroite; *loges monospermes.* Graines subtriquètres ou comprimées. Cotylédons plans. *Radicule dorsale.*

Plantes annuelles, bisannuelles ou vivaces, glabres ou velues. Feuilles entières, dentées ou pinnatipartites. Fleurs petites, blanches.

† **L. sativum** L. *Sp.* 899; Rchb. *Ic.* II, t. 9, f. 4212. — J. Bauh. *Hist.* II, 913, f. 1. — [P. CULTIVÉ. — Vulg. *Cresson-alénois, Cresson-des-jardins, Nasitort*].

Tige de 3-6 décim., dressée, rameuse, glabre, glauque. *Feuilles* glabres ; les radicales étalées en rosette, pétiolées, pinnatipartites ou bipinnatipartites à lobes entiers ou irrégulièrement incisés; les inférieures de même forme que les radicales ; les *supérieures* sessiles *non sagittées, linéaires, indivises.* Pédicelles *fructifères serrés contre la tige. Silicules* oblongues-suborbiculaires, échancrées au sommet *à* lobes non divergents dépassant un peu le style; *valves largement ailées supérieurement.* Cotylédons tripartits. (1. Juin-juillet.

Cultivé pour ses feuilles alimentaires d'une saveur piquante, fréquemment subspontané dans le voisinage des habitations et des jardins.

Var. β. *crispum.* — Feuilles à lobes multipartits ondulés-frisés.

1. **L. campestre** R. Br. in *Hort. Kew.* ed. 2, IV, 85; Rchb. *Ic.* II, f. 4214 ; Bill. *Exsicc.* n. 118 et *bis.* — *Thlaspi campestre* L. *Sp.* 902 ; *Engl. bot.* t. 1385. — [P. CHAMPÊTRE. — Vulg. *Bourse-de-Judas*].

Tige de 3-6 décim., dressée, rameuse supérieurement, rarement simple, couverte de poils courts étalés. *Feuilles* mollement pubescentes, grisâtres ; les radicales étalées en rosette, oblongues rétrécies en pétiole, plus ou moins profondément incisées-dentées; les *caulinaires* oblongues-lancéolées, *sagittées-amplexicaules* à la base, denticulées. Pédicelles fructifères étalés. *Silicules* couvertes de petites écailles, ovales-oblongues, échancrées au sommet, *à* lobes non divergents; *valves largement ailées supérieurement*; style dépassant à peine l'échancrure de la silicule. ②. Mai-juillet.

*C C.* — Bords des chemins, clairières des bois sablonneux, terrains incultes.

Le *L. heterophyllum* Benth. (F. Schultz *Exsicc.* n. 219 *bis.* — *L. Smithii* Hook.), plante très répandue dans l'ouest de la France et qui a été observée non loin des limites de notre Flore, dans le département d'Eure-et-Loir à Belhomert (*Dœnen*), se distingue surtout du *L. campestre* par la souche vivace, par les tiges nombreuses, couchées ou ascendantes, et par le style qui dépasse beaucoup l'échancrure de la silicule.

2. **L. ruderale** L. *Sp.* 900 ; *Engl. bot.* t. 1595 ; Rchb. *Ic.* II, f. 4215 ; Bill. *Exsicc.* n. 8. — [P. DES DÉCOMBRES].

Tige de 1-3 décim., dressée, très rameuse à rameaux étalés, légèrement pubescente surtout supérieurement. *Feuilles* légèrement pubescentes ou glabres ; les radicales étalées en rosette, pétiolées, pinnatipartites ou pinnatiséquées à lobes linéaires entiers ou incisés ; les inférieures de même forme que les radicales ; les *supérieures* sessiles *non sagittées, linéaires. Pétales très courts, souvent nuls. Pédicelles fructifères étalés. Silicules* ovales-suborbiculaires, *émarginées* au sommet, à lobes courts non divergents dépassant le stigmate subsessile ; valves étroitement ailées supérieurement. ①. Mai-septembre.

*R R R.* — Endroits pierreux, décombres, pied des murs. — Paris : quai Saint-Bernard (*A. Jamain, Larcher*) ; quai d'Orsay près du Champ-de-Mars ! (*P. Jamin*). Ville-d'Avray (*A. Guillon*).

3. **L. graminifolium** L. *Sp.* 900 ; Rchb. *Ic.* II, f. 4218 ; Bill. *Exsicc.* n. 720. — Moris. *Hist.* II, 311, t. 21, f. 1. — *L. Iberis* L. *Sp.* 900. — [P. GRAMINÉ. — Vulg. *Petit-Passerage, Chasse-rage, Nasitort-sauvage*].

Tiges de 4-8 décim., roides, dressées, très rameuses à rameaux étalés effilés, glabres. *Feuilles* glabres ; les radicales étalées en rosette, pétiolées, oblongues ou spatulées, dentées, pinnatifides ou pinnatipartites ; les *supérieures* non sagittées, *linéaires entières* atténuées à la base. *Pédicelles fructifères étalés. Silicules* ovoïdes *à sommet aigu,* terminées par le style très court ; valves non ailées. ② ou ♃. Juin-septembre.

*C.* — Bords des chemins, lieux incultes, murs des quais, décombres.

4. **L. latifolium** L. *Sp.* 899 ; *Engl. bot.* t. 182 ; Rchb. *Ic.* II, f. 4219. — [P. A LARGES FEUILLES].

Tige de 5-15 décim., robuste, dressée, rameuse supérieurement, glabre glaucescente. *Feuilles* glabres, d'un vert glauque, un peu épaisses ; les radicales et les inférieures assez amples, ovales-oblongues, dentées en scie, longuement pétiolées ; les *supérieures ovales-lancéolées,* entières ou à peine dentées, *atténuées en un court pétiole.* Fleurs en grappes denses, rapprochées en une panicule terminale. *Silicules pubescentes,* suborbiculaires, *à peine émarginées au sommet* ; valves non ailées ; style court dépassant l'échancrure de la silicule. ♃. Juin-août.

*R.* — Bords des rivières, lieux ombragés, endroits herbeux. — Bords de la Marne : Charenton ! (*Tourn. Hist. pl. Par.*) ; Saint-Maur ! ; Nogent-sur-Marne (*de Boucheman*). Torcy-en-Brie (*Thuret*). Bords de la Seine : Longchamp (*Maire*) ; île Saint-Denis, vis-à-vis d'Épinay (*Guillard*) ; Le Pecq (*Lepeletier de Saint-Fargeau*). Probablement introduit à Nemours, où il ne se trouve que dans un espace très restreint au bord du Loing (*Devilliers*).

5. **L. Draba** L. *Sp.* ed. 1, 645 ; *Engl. bot.* t. 2683 ; Bill. *Exsicc.* n. 1822. — *Cardaria Draba* Rchb. *Ic.* II, f. 4211. — *Cochlearia Draba* L. *Sp.* ed. 2, 904. — [P. DRAVE].

Tiges de 3-5 décim., dressées, rameuses au sommet à rameaux dressés rapprochés en corymbe, plus ou moins pubescentes. *Feuilles* pubescentes, ovales-oblongues, sinuées-dentées ; les radicales atténuées en pétiole ; les *caulinaires sagittées-amplexicaules.* Pédicelles fructifères étalés. *Silicules trian-*

*gulaires-cordées* non émarginées au sommet, renflées *subdidymes*, à valves non ailées, terminées par le style qui égale au moins la moitié de leur longueur. ♃. Mai-juillet.

*R.* — Champs arides des terrains calcaires, carrières, pied des murs. — Butte Montmartre (*Thuill. Fl. Par., Maire*); abondant aux prés Saint-Gervais! près Belleville (*Brice, de Schœnefeld*); Montreuil près Vincennes (*Thuill. Fl. Par., Léré*); Saint-Maurice (*Thuill. Fl. Par.*). Bondy (*de Schœnefeld*). Versailles près la porte de Bailly! (*de Boucheman*); très répandu et très abondant aux environs de Saint-Germain, Herblay (*de Schœnefeld*). Nemours (*Devilliers*).

## TRIBU II. — Silicule indéhiscente, se partageant rarement en valves qui retiennent la graine.

### 27. **BISCUTELLA** L. *Gen.* n. 808. — [ LUNETIÈRE ].

Calice à sépales presque dressés, ord. non gibbeux. Étamines dépourvues d'appendices. *Silicule biloculaire, à loges monospermes, comprimée perpendiculairement à la cloison, presque plane*, ord. *échancrée au sommet et à la base*, terminée par le style persistant très long ; *valves* fortement comprimées, *orbiculaires*, ord. bordées, se détachant de l'axe de la base au sommet et restant pendant quelque temps suspendues isolément par un prolongement filiforme, *retenant la graine* qu'elles laissent échapper plus tard. Cloison linéaire filiforme. Graines horizontales, comprimées, Cotylédons plans. *Radicule commissurale*, contiguë à la cloison.

Plante vivace, plus ou moins velue. Feuilles entières, sinuées ou pinnatifides, les radicales atténuées en pétiole ; les caulinaires auriculées-embrassantes. Fleurs jaunes.

1. **B. lævigata** L. *Mant.* 225 ; Jacq. *Austr.* IV, t. 339 ; Rchb. *Ic.* II, t. 8, f. 4203 ; Bill. *Exsicc.* n. 510. — *B. ambigua* Wallr. *Sched.* 338. — [ L. LISSE ].
Souche subcespiteuse rameuse, terminée en racine pivotante épaisse. Tiges de 3-5 décim., dressées, simples, donnant naissance supérieurement aux rameaux de l'inflorescence disposés en corymbe, velues-hérissées surtout inférieurement. Feuilles radicales et inférieures oblongues rétrécies en pétiole, dentées-anguleuses ou pinnatifides, plus rarement entières; les caulinaires peu nombreuses, auriculées-embrassantes, ord. entières. ♃. Mai-juillet.

*R R.* — Rochers, coteaux pierreux. — Abondant aux Andelys! sur les rochers Saint-Jacques (*Brébiss. Fl. Norm.*).

### 28. **SENEBIERA** Poir. *Encycl. méth.* VII, 75. — [ SENEBIÈRE ].

Calice à sépales étalés, non gibbeux, quelquefois persistants. Étamines dépourvues d'appendices, quelquefois réduites au nombre de 2-4 par avortement. *Silicule biloculaire, indéhiscente, à loges monospermes, comprimée perpendiculairement à la cloison, échancrée à la base* ou didyme échancrée au sommet et à la base ; *valves épaisses* dans toute leur étendue, retenant la graine ; cloison linéaire ; stigmate subsessile. Graines suspendues, oblongues-subtriquètres. *Cotylédons* plans, *repliés*. Radicule dorsale, contiguë à la nervure dorsale de la valve.

Plantes annuelles, à tiges couchées-diffuses, glabres ou velues. Feuilles profondément pinnatipartites, pétiolées. Fleurs blanches, très petites, en grappes courtes opposées aux feuilles.

**1. S. Coronopus** Poir., loc. cit., 76 ; Rchb. *Ic.* II, t. 9, f. 4210. — *Cochlearia Coronopus* L. *Sp.* 904 ; *Fl. Dan.* 1. 202. — *Coronopus vulgaris* Desf. *Cat.* 132. — [S. CORNE-DE-CERF. — Vulg. *Corne-de-cerf*].

Tiges nombreuses, de 1-4 décim., couchées, très rameuses, glabres. Feuilles un peu épaisses, profondément pinnatipartites, à lobes linéaires ou oblongs entiers ou incisés. *Pédicelles plus courts que les fleurs. Silicules* subsessiles, comprimées, réniformes à la base, *terminées en pointe* par le style et le prolongement de la cloison, réticulées fortement rugueuses et bordées de tubercules saillants. (I). Avril-octobre.

*C C.* — Décombres, rues peu fréquentées, bords des chemins, fossés.

Le *S. pinnatifida* DC. (*Lepidium didymum* L. — *S. didyma* Rchb. *Ic.* II, f. 4209. — *S. pinnatifide*) a été introduit à Versailles sur les talus qui bordent la rue Champ-la-Garde! et s'est naturalisé dans Paris au pied des murs du quai Bourbon (*Larcher*). Cette espèce se distingue par les tiges velues-hérissées, les pédicelles plus longs que les fleurs, et par les silicules légèrement échancrées au sommet et à la base.

**29. ISATIS** L. *Gen.* n. 824. — [PASTEL].

Calice à sépales étalés, non gibbeux. Étamines dépourvues d'appendices. *Silicule uniloculaire* par l'avortement de la cloison, *indéhiscente, monosperme*, comprimée perpendiculairement à la direction de la cloison, *oblongue ou oblongue-obovale, aplanie* en forme d'aile ; valves soudées, naviculaires comprimées presque planes ; cloison rudimentaire ; stigmate sessile. Graine suspendue, oblongue. Cotylédons plans. *Radicule dorsale.*

Plante bisannuelle, glaucescente, pubescente ou glabrescente. Feuilles entières ; les radicales oblongues, atténuées en pétiole ; les caulinaires lancéolées, sagittées-amplexicaules. Fleurs jaunes.

**1. I. tinctoria** L. *Sp.* 936 ; *Engl. bot.* t. 97 ; Rchb. *Ic.* II, t. 4, f. 4177 ; Bill. *Exsicc.* n. 722. — [P. DES TEINTURIERS. — Vulg. *Pastel, Guède, Vouède*].

Tige de 4-8 décim., dressée, roide, rameuse supérieurement à rameaux disposés en corymbe, glabre ou plus ou moins hérissée à la base. Feuilles radicales oblongues longuement atténuées en pétiole, ord. velues ; les caulinaires lancéolées sagittées, glabres ou presque glabres. Fleurs petites, à calice étalé-réfléchi. Silicules de taille assez variable, devenant ord. d'un brun noirâtre à la maturité, oblongues, obtuses ou légèrement émarginées, atténuées à la base, presque pendantes à l'extrémité de pédicelles allongés-filiformes. (2). Mai-juin.

*A.C.* — Lieux arides pierreux, vieux murs, carrières, décombres. — Bois de Boulogne! ; Sèvres! ; Nanterre ; bois du Vésinet ; Argenteuil ; Saint-Maur!. La Roche-Guyon! ; Les Andelys!. Dreux!, etc.

Var. β. *hirsuta* (*I. Alpina* Thuill.! Fl. Par. 345 non All.). — Tige et feuilles hérissées.

**30. NESLIA** Desv. *Journ. bot.* III, 162. — [NESLIE].

Calice à sépales presque dressés, non gibbeux. Étamines dépourvues d'appendices. *Silicule* indéhiscente, *subglobuleuse* un peu comprimée parallèlement à la cloison, biloculaire à loges monospermes ou plus ord. monosperme par l'avortement de l'une des graines ; valves soudées, convexes ; cloison large, appliquée sur l'une des valves quand l'une des graines est avortée; *style* persistant, *filiforme*. Graine horizontale, ovoïde. Cotylédons plans. *Radicule dorsale.*

Plante annuelle, plus ou moins hérissée de poils bi-trifurqués. Feuilles entières ou à peine dentées; les radicales oblongues, atténuées en pétiole; les caulinaires lancéolées, sagittées-amplexicaules. *Fleurs jaunes.*

1. **N. paniculata** Desv., loc. cit.; Rchb. *Ic.* II, t. 24, f. 4291; Bill. *Exsicc.* n. 723. — *Myagrum paniculatum* L. *Sp.* 894; *Fl. Dan.* t. 204. — [N. PANICULÉE].

Tige de 3-7 décim., dressée, rameuse supérieurement à rameaux divergents, velue-hérissée. Feuilles velues; les radicales oblongues, atténuées en pétiole; les caulinaires lancéolées-aiguës, sagittées, à oreillettes étroites aiguës. Silicules en grappes très allongées, portées sur des pédicelles étalés, réticulées-rugueuses, à parois presque ligneuses. ⓘ. Juin-août.

*A.C.* — Moissons arides, champs maigres. — Meudon (*Ch. Tulasne*); Villejuif (*Tourn.* Hist. pl. Par.); Saint-Maur (*Kralik*). Rougeaux (*Mandon*); Mennecy!; Lardy (*Maire*); Étrechy!; Étampes!; Pithiviers!; Nemours!; Malesherbes!. Provins (*Bouteiller*). Mantes!. Dreux (*Dænen*). La Ferté-Milon, Gesvres-le-Duché (*Questier*), etc.

## 31. **CALEPINA** Desv. *Journ. bot.* III, 158. — [CALÉPINE].

Calice à sépales presque dressés, non gibbeux. Étamines dépourvues d'appendices. *Silicule* ord. *uniloculaire* par l'avortement de la cloison, *indéhiscente, monosperme, ovoïde-subglobuleuse terminée en une pointe épaisse conique*; valves soudées, convexes; cloison nulle; *stigmate sessile.* Cotylédons pliés-canaliculés. *Radicule incluse.*

Plante annuelle, glabre. Feuilles radicales lyrées-pinnatipartites ou sinuées, pétiolées; les caulinaires entières ou légèrement sinuées, oblongues, sagittées-amplexicaules. Fleurs blanches.

1. **C. Corvini** Desv., loc. cit.; Rchb. *Ic.* II, t. 2, f. 4163; Bill. *Exsicc.* n. 1121 et *bis* et *ter.* — *Myagrum bursifolium* Thuill.! *Fl. Par.* 319. — [C. DE CORVIN].

Tiges de 1-4 décim., dressées, simples ou rameuses supérieurement, glabres. Feuilles inférieures étalées en rosette, lyrées-pinnatipartites ou sinuées, à lobe terminal très large; les caulinaires entières ou à peine sinuées, oblongues-obtuses, sagittées, à oreillettes étroites aiguës. Corolle à pétales un peu inégaux, les extérieurs plus grands. Silicules en grappes lâches, portées sur des pédicelles dressés, réticulées-rugueuses, à parois presque ligneuses. ⓘ. Mai-juin.

*R R R.* — Murailles des jardins au Bas-Passy (*Vaill.* Bot. Par.). Observé autrefois dans le bois de Vincennes au coteau de Beauté (*Gogot*). Berges du canal du Loing! près de Nemours (*Devilliers*).

### † **BUNIAS** R. Br. in Ait *Hort. Kew.* ed. 2, IV, 75. — [BUNIAS].

Calice à sépales un peu étalés, non gibbeux. Étamines dépourvues d'appendices. *Silicule* indéhiscente, *biloculaire*, à loges monospermes ou dispermes souvent partagées transversalement en 2 loges secondaires par une fausse cloison qui sépare les graines, *ovoïde ou tétragone*, terminée par le style persistant. *Cotylédons linéaires, enroulés en spirale.* Radicule dorsale.

Plantes annuelles ou vivaces, plus ou moins velues à poils simples ou bi-trifurqués. Feuilles dentées, roncinées-pinnatifides ou pinnatipartites, plus rarement entières; les radicales atténuées en pétiole; les caulinaires ord. subsessiles, atténuées à la base. Fleurs jaunes.

† **B. Orientalis** L. *Sp.* 936; Schk. *Handb.* t. 189 *a*; *Fl. Dan.* X, t. 1651. — *Lælia Orientalis* Rchb. *Ic.* II, t. 1, f. 4162. — [B. D'ORIENT].

Tiges de 4-12 décim., dressées, rameuses supérieurement, pubescentes-rudes. Feuilles radicales oblongues atténuées en pétiole, irrégulièrement dentées ou plus ou moins profondément sinuées; les caulinaires ovales-lancéolées ou oblongues, presque entières, sinuées-anguleuses ou pinnatifides. Pédicelles fructifères presque dressés. *Silicules biloculaires*, ord. dispermes, ovoïdes aiguës, *dépourvues d'angles saillants*, quelquefois légèrement tuberculeuses; style très court. ⨀ ou ♃. Mai-juillet.

Naturalisé au bois de Boulogne! et au bois de Vincennes.

Le *B. Erucago* L. (Rchb. *Ic.* II, f. 4159; Bill. *Exsicc.* n. 1122. — *B. Fausse-Roquette*), qui appartient à la flore du midi de la France, a été observé une seule fois aux environs de Dreux, dans des terrains cultivés, par M. l'abbé Dænen, qui l'y a vainement cherché depuis.

———

# XXIII. CISTINÉES

(CISTI Juss. *Gen.* 294 ex parte. — CISTACEÆ Spach *Monogr.* in *Ann. sc. nat.* sér. 2, VI, 257).

Fleurs hermaphrodites, presque régulières.— Calice à 5 *sépales* ord. libres, persistants, les 2 extérieurs ord. plus petits quelquefois nuls, les 3 *intérieurs à préfloraison contournée.* — Corolle à 5 *pétales* hypogynes, libres, très caducs, *à préfloraison chiffonnée contournée* en sens inverse de celle des sépales. — *Étamines en nombre indéfini*, hypogynes, libres. Anthères bilobées, ord. introrses. — *Ovaire* libre, multiovulé, *à 3-5 plus rarement 6-10 carpelles*, uniloculaire ou à 3-5 plus rarement 6-10 loges plus ou moins incomplètes; placentas pariétaux ou occupant l'angle interne des cloisons. Ovules droits, plus rarement réfléchis. Styles soudés en un style filiforme quelquefois très court; stigmate entier ou à peine lobé. — *Fruit* capsulaire, crustacé, cartilagineux ou ligneux, polysperme, *uniloculaire ou à 3-5 plus rarement 6-10 loges incomplètes*, à déhiscence loculicide, à valves lisses sans nervure. — Graines à *périsperme mince*, farineux. Embryon plié, replié ou en spirale, plus rarement presque droit. Radicule dirigée vers le point diamétralement opposé au hile, plus rarement dirigée vers le hile.

Plantes vivaces, sous-frutescentes ou ligneuses, contenant souvent un suc résineux, plus rarement annuelles. Feuilles opposées, plus rarement éparses, entières, souvent munies de stipules persistantes. Fleurs en fausses grappes terminales, plus rarement en cymes ombelliformes ou subsolitaires.

1. HELIANTHEMUM. — *Étamines toutes fertiles. Graines dépourvues de raphé. Feuilles* ord. munies de stipules, toutes ou au moins les *inférieures opposées.*

2. FUMANA. — *Étamines extérieures stériles à filets courts très grêles moniliformes. Graines présentant un raphé. Feuilles dépourvues de stipules, éparses.*

## 1. **HELIANTHEMUM** Tourn. *Inst.* t. 128. — [HÉLIANTHÈME].

*Étamines* nombreuses, *toutes fertiles.* Capsule subuniloculaire, à 3 valve s
*Graines dépourvues de raphé.* Embryon plié, plus rarement enroulé en spirale, à radicule regardant le point diamétralement opposé au hile.

Feuilles toutes ou au moins les inférieures opposées, ord. munies de stipules.
Fleurs jaunes ou blanches.

1. **H. guttatum** Mill. *Dict.* n. 18; Rchb. *Ic.* III, t. 25, f. 4526; Bill. *Exsicc.*
    n. 1611. — *Cistus guttatus* L. *Sp.* 741. — *Tuberaria annua* Spach, loc.
    cit. 365. — [H. TACHÉ. — Vulg. *Grille-midi*].

*Plante annuelle.* Tige herbacée, de 1-4 décim., dressée, plus ou moins
rameuse, velue-hérissée. *Feuilles* velues, sessiles, oblongues-lancéolées, trinerviées; les inférieures opposées, dépourvues de stipules; les *supérieures*
alternes, *munies de stipules foliacées* linéaires-allongées. Fleurs jaunes, à
pétales ord. maculés de brun à la base, disposées en grappes lâches allongées dépourvues de bractées. Calices fructifères ascendants sur les pédicelles
étalés. *Stigmate subsessile.* ①. Juin-août.
    *A.C.* — Terrains sablonneux, coteaux arides. — Bois de Boulogne! (*Tourn.* Hist.
pl. Par.); bois du Vésinet; forêt de Saint-Germain. Saint-Léger!. Fontainebleau!;
coteaux à Nemours!; Malesherbes!, etc.

S.-v. *hirsutum.* — Plante très velue blanchâtre.

S.-v. *serratum.* (*H. serratum* Mérat *Fl. Par.* éd. 1, 206). — Pétales plus ou
    moins dentés.

2. **H. vulgare** Gœrtn. *Fruct.* I, 371; Rchb. *Ic.* III, f. 4547; Bill. *Exsicc.*
    n. 2420. — *Cistus Helianthemum* L. *Sp.* 744. — [H. COMMUN].

*Tiges sous-frutescentes,* de 1-4 décim., diffuses-étalées, rameuses, pubescentes. *Feuilles* opposées, brièvement pétiolées, oblongues, à bords un peu
roulés en dessous, à face supérieure verte à poils roides couchés, à face inférieure ord. tomenteuse-blanchâtre, *munies de stipules* lancéolées-linéaires
*un peu plus longues que le pétiole. Fleurs jaunes,* disposées en grappes terminales courtes pauciflores courbées avant l'épanouissement, accompagnées
de bractées. Pédicelles fructifères ord. réfléchis. *Style au moins deux fois
plus long que l'ovaire.* ♄. Juin-août.
    *C C.* — Pelouses sèches, lieux arides, clairières des bois.

Var. β. *obscurum.* (*H. obscurum* Pers. *Syn. pl.* II, 79). — Feuilles ord. plus
    grandes que dans le type, vertes sur les deux faces. — *R.* — Forêt de Fontai-
    nebleau!.

3. **H. pulverulentum** DC. *Fl. Fr.* IV, 823; Rchb. *Ic.* III, f. 4555; Bill. *Exsicc.*
    n. 2017. — *Cistus pulverulentus* Thuill. *Fl. Par.* 267. — [H. PULVÉRU-
    LENT].

*Tiges sous-frutescentes,* de 1-4 décim., diffuses-étalées, rameuses, tomenteuses-blanchâtres. *Feuilles* opposées, très brièvement pétiolées, linéaires-
oblongues, à bords fortement roulés en dessous, à face supérieure ord. blanchâtre couverte d'un duvet feutré, à face inférieure tomenteuse-blanchâtre,

munies de stipules linéaires *plus longues que le pétiole. Fleurs blanches*, disposées en grappes terminales plus ou moins allongées pluriflores souvent unilatérales, accompagnées de bractées. Pédicelles fructifères ord. réfléchis. *Style au moins deux fois plus long que l'ovaire.* ♄. Juin-août.

A.R. — Coteaux calcaires, pelouses arides. — Bois de Vincennes!; Saint-Maurice!; Champigny. L'Ile-Adam (*Chatin*). Beauvais près Mennecy!; Lardy!; La Ferté-Aleps!; Étampes!; Étrechy!; forêt de Fontainebleau! (*Tourn.* Hist. pl. Par.); Malesherbes!; rochers à Nemours au-dessus de la route de Montargis!; Chancepois!. Mantes!; Vétheuil!; La Roche-Guyon!; Les Andelys!. Dreux!, etc.

Var. β. *Apenninum.* (*H. Apenninum* DC. *Fl. Fr.* IV, 824; Rchb. *Ic.* III, f. 4534. — *Cistus Apenninus* L. *Sp.* 744). — Feuilles presque planes, vertes en dessus. — R. — Forêts de Fontainebleau! et de Compiègne (*Thuill.* Fl. Par.).

**4. H. OElandicum** Whlnb. *Fl. Suec.* 333. — [H. D'OELAND].

*Tiges ligneuses*, de 2-3 décim., étalées-diffuses, très rameuses à la base, à rameaux redressés plus ou moins pubescents. *Feuilles opposées*, brièvement pétiolées, ovales ou oblongues, planes, plus ou moins velues sur les deux faces ou tomenteuses-blanchâtres à la face inférieure, *dépourvues de stipules. Fleurs jaunes*, disposées *en grappes* terminales, accompagnées de bractées caduques. Pédicelles fructifères étalés ou réfléchis. Calice à 5 sépales, le fructifère ovoïde-oblong. *Style environ de la longueur de l'ovaire.* ♄. Mai-juillet.

Var. β. *canum.* (*H. canum* Dunal ap. DC. *Prodr.* I, 277; Rchb. *Ic.* III, f. 4534; Bill. *Exsicc.* n. 926 et *bis.* — *H. marifolium* DC. *Fl. Fr.* IV, 817; Brébiss. *Fl. Norm.* 36). — Feuilles blanches-tomenteuses à la face inférieure, vertes velues à la face supérieure. — R. — Pelouses arides des coteaux et des pentes rocheuses. — Louvières près Magny (*Bouteille*); abondant sur les coteaux de Mantes! à Vétheuil (*de Boucheman*); La Roche-Guyon!;|Vernon à la côte Sainte-Catherine!; abondant au Château-Gaillard et aux rochers Saint-Jacques près Les Andelys!. Coteaux calcaires à Moret (*Hagueron* et *Bonnet*).

La variété *OElandicum*, plante des montagnes élevées, n'existe pas aux environs de Paris.

**5. H. umbellatum** Mill. *Dict.* n. 5. — Clus. *Hist.* 1, 81 ic. — *Cistus umbellatus* L. *Sp.* 739. — *Halimium umbellatum* Spach, loc. cit. 366; Willk. *Pl. Eur. austr.-occ.* II, t. 100. — [H. EN OMBELLE].

*Tiges ligneuses*, de 2-5 décim., diffuses tortueuses, très rameuses, à rameaux pubescents légèrement visqueux. *Feuilles opposées*, très rapprochées, subsessiles, linéaires, à bords fortement roulés en dessous, à face inférieure tomenteuse, *dépourvues de stipules. Fleurs blanches, la plupart en verticilles* espacés *ou en ombelles* terminales pauciflores. Pédicelles fructifères dressés. Calice à 3 sépales, le fructifère ovoïde-oblong. Style environ de la longueur de l'ovaire. *Embryon enroulé en spirale.* ♄. Mai-juin.

R R. — Rochers siliceux, bois sablonneux montueux. — Abondant dans la forêt de Fontainebleau! (*Vaill.* Bot. Par.), « gresseries de Fontainebleau et sur tout sur les buttes de Mont-Merle » (*Tourn.* Hist. pl. Par.).

**2. FUMANA** Spach in *Ann. sc. nat.* sér. 2, VI, 359. — [FUMANE].

*Étamines 20-40, les extérieures stériles à filets courts très grêles monili-*

*formes.* Capsule à 3 loges incomplètes, à 3 valves. *Graines présentant un raphé.* Embryon plié, à radicule dirigée vers le hile.

Feuilles éparses, dépourvues de stipules. Fleurs jaunes.

1. **F. vulgaris** Spach, loc. cit. — *Cistus Fumana* L. *Sp.* 740. — *Helianthemum Fumana* Mill. *Dict.* n. 6; Rchb. *Ic.* III, t. 26, f. 4531; *Fl. Par.* éd. 1, 108. — *F. procumbens* Gren. et Godr. *Fl. Fr.* I, 173; Bill. *Exsicc.* n. 227. — [ F. COMMUNE ].

Tiges ligneuses, de 1-3 décim., glabrescentes, diffuses tortueuses, très rameuses dès la base, à rameaux très étalés un peu redressés à l'extrémité. *Feuilles éparses,* très rapprochées, sessiles, linéaires très étroites, presque glabres, à bords légèrement scabres roulés en dessous. *Fleurs* jaunes, *subsolitaires,* naissant près de l'extrémité des rameaux. Pédicelles fructifères réfléchis. Calice fructifère subglobuleux. Style environ trois fois plus long que l'ovaire. Capsule glabre, luisante. ♃. Juin-août.

R. — Coteaux sablonneux arides. — Rochers de Beauvais près Mennecy (*Des Étangs*); Lardy, La Ferté-Aleps (*Mandon, de Schœnefeld*); Étampes!; abondant au Mail d'Henri IV dans la forêt de Fontainebleau!, « gresseries de Fontainebleau » (*Tourn.* Hist. pl. Par.); Montigny près Moret!; collines entre Nemours et la Croisière!; Malesherbes!. Vernon; Verderonne!. Roberval [ Oise ] (*Questier*); Saint-Sauveur (*de Marcilly fils*); bois de la Prévoté et montagne de Clairoix près Compiègne (*Léré*); Vaumoise près Crépy (*Questier*). — *Graves* Cat. Oise : coteaux de Saint-Siméon au-dessus de Noyon; bois de Lagny cant. de Lassigny; le Ganelon au-dessus de Coudun; hauteurs de Verberie; coteaux de Donneval entre Orrouy, Béthizy et Saint-Sauveur; collines au-dessus de Blaincourt et de Précy-sur-Oise; mont de Crayon au-dessus de Chevincourt.

---

# XXIV. VIOLARIÉES

( VIOLARIEÆ DC. *Fl. Fr.* IV, 801 ; Juss. in *Ann. Mus.* XVIII, 476 ).

*Fleurs* hermaphrodites, *irrégulières,* penchées renversées. — Calice à 5 sépales libres ou un peu soudés entre eux inférieurement, prolongés au-dessous de leur insertion, herbacés, persistants, à préfloraison imbriquée. — Corolle à 5 *pétales* hypogynes, *inégaux,* libres, marcescents, à préfloraison imbriquée-contournée, *l'inférieur prolongé en éperon* au-dessous de son insertion. — *Étamines 5,* hypogynes, à filets très courts élargis, libres. Anthères aplanies, bilobées, introrses, conniventes en cône embrassant l'ovaire, terminées supérieurement par un appendice membraneux; les deux inférieures à connectif prolongé inférieurement en un appendice charnu qui est reçu dans la cavité de l'éperon. — *Ovaire* libre, *à 3 carpelles,* uniloculaire, multiovulé. *Ovules insérés sur des placentas pariétaux,* réfléchis. Styles soudés en un style indivis; stigmate indivis ou subtrilobé. — *Fruit* capsulaire, *uniloculaire,* polysperme, *à déhiscence loculicide, à 3 valves.* — Graines horizontales ou presque pendantes, munies d'une strophiole plus ou moins développée dépendant de l'exostome et du raphé. Embryon droit, placé dans un *périsperme charnu épais.* Radicule dirigée vers le hile.

Plantes annuelles ou vivaces, herbacées. Feuilles alternes ou toutes radicales, pétiolées, entières, dentées ou crénelées, à préfoliaison involutive ; stipules persistantes, souvent foliacées, libres ou soudées au pétiole à la base, dentées ou incisées. Fleurs solitaires, penchées, portées à l'extrémité de pédoncules arqués au sommet ; pédoncules axillaires ou radicaux, munis de deux bractées persistantes presque opposées.

### 1. **VIOLA** Tourn. *Inst.* 1. 236. — [ VIOLETTE ].

Calice à 5 sépales prolongés au-dessous de leur insertion. Pétales 5, inégaux ; l'inférieur prolongé en éperon (1) ; les deux latéraux barbus au-dessus de l'onglet. Étamines conniventes, à filets très courts élargis. Style indivis, ord. géniculé-ascendant, se renflant de la base à la partie supérieure, perforé au sommet.

Plantes annuelles ou vivaces, acaules ou caulescentes ord. rameuses. Fleurs violettes, bleues ou blanches, ou variées de jaune et de violet. Pédoncules courbés ou contournés au sommet, munis de bractées très courtes ou linéaires-subulées, éloignées de la fleur.

Sect. I. *NOMINIUM.* — *Pétales* supérieurs dirigés en haut, les *latéraux et l'inférieur dirigés en bas.* Stigmate en bec plus ou moins courbé ord. aigu, plus rarement largement évasé en disque oblique.

   § 1. Stigmate en bec plus ou moins courbé. — 1-4.

   § 2. Stigmate largement évasé en disque oblique. — 5.

Sect. II. *MELANIUM.* — *Pétales supérieurs et latéraux dirigés en haut, l'inférieur seul dirigé en bas.* Stigmate urcéolé-subglobuleux. — 6-7.

Sect. 1. NOMINIUM (Violette). — Pétales supérieurs dirigés en haut, les latéraux et l'inférieur dirigés en bas. Stigmate en bec plus ou moins courbé ord. aigu, plus rarement largement évasé en disque oblique.

   § 1. Stigmate en bec plus ou moins courbé.

1. **V. canina** L. *Sp.* 1324 ex parte. — [ V. CANINE. — Vulg. *Violette-de-chien* ].
*Souche* rameuse, subcespiteuse, non stolonifère, *à ramifications terminées par des tiges. Tiges* de 1-3 décim., *florifères*, ascendantes ou couchées à la base, rameuses. Feuilles glabres ou légèrement pubescentes, crénelées, ovales-oblongues ou ovales, ord. obtuses, tronquées ou légèrement cordées à la base, plus rarement atténuées à la base ; les radicales jamais disposées en rosette stérile ; stipules lancéolées ou linéaires, aiguës, plus ou moins dentées ou finement incisées, ord. plus courtes que le pétiole, rarement plus longues. Fleurs inodores, d'un bleu violet ou d'un violet pâle, à éperon blanchâtre,

(1) Nous avons rencontré plusieurs fois dans les *V. odorata* et *hirta* une monstruosité dans laquelle plusieurs des pétales sont prolongés chacun à leur base en éperon plus ou moins long ; ces éperons renferment ou non des prolongements des connectifs des étamines correspondantes. — On trouve fréquemment, surtout en automne, des fleurs à pétales avortés, chez lesquelles la fécondation s'opère néanmoins ; cette monstruosité se rencontre surtout dans le *V. hirta*, et dans les *V. sylvestris* et *canina*, qui, à cet état, ont quelquefois été confondus avec le *V. mirabilis* L., chez lequel cet avortement avait été d'abord remarqué.

rarement blanches. Pédoncules fructifères dressés, courbés au sommet. *Capsule ovale-oblongue*, obtuse mucronée ou aiguë, obscurément trigone, *glabre*. ♃. Avril-juin.

Var. α. *canina*. (*V. canina* Koch *Syn. fl. Germ.* ed. 2, 92 ; Gren. et Godr. *Fl. Fr.* I, 180 ; Bill. *Exsicc.* n. 221 et *bis* et *ter.* — *V. canina* var. *lucorum* Rchb. *Ic.* III, t. 10, f. 4501 δ). — *Feuilles* plus ou moins *cordées* à la base ; *stipules plus courtes que les pétioles.* — *C.* — Lisières des bois, pelouses sablonneuses, bruyères.

Var. β. *lancifolia*. (*V. lancifolia* Thore *Chl. Land.* 357 ; Rchb. *Ic.* III, f. 4506 ; Gren. et Godr. *Fl. Fr.* I, 179. — *V. montana* Thuill.! *Fl. Par.* 453 non L.). — *Feuilles tronquées, ou plus rarement légèrement atténuées à la base ; stipules du milieu de la tige égalant souvent la moitié de la longueur des pétioles et les supérieures en atteignant quelquefois toute la longueur.* — *R.* — Pelouses arides, bruyères. — Forêt de Senart !. Forêt de Fontainebleau !. Lévignen et forêt de Villers-Cotterets (*Questier*). — *Graves.* Cat. Oise : vallée de l'Oise entre Pontoise cant. de Noyon et Sempigny ; bois de Savignies, de Saint-Paul et de la Haute-touffe près Beauvais ; bruyères des Gombries à Rouville, Macqueline ; Warluis cant. de Noailles.

Var. γ. *pumila*. (*V. pumila* Vill. *Dauph.* II, 266 ; Gren. et Godr. *Fl. Fr.* I, 180 ; Bill. *Exsicc.* n. 1126 et *bis* et *ter.* — *V. pratensis* Mert. et Koch *Deutschl. Fl.* II, 267 ; Koch *Syn. fl. Germ.* ed. 2, 93 ; Rchb. *Ic.* III, f. 4507 *b*). — *Feuilles* arrondies ou cunéiformes à la base *décurrentes sur le pétiole ; stipules du milieu de la tige ord. plus longues que le pétiole.* Fleurs d'un bleu pâle ou blanches. — *R R R.* — Abondant au pré des Planchettes dans la forêt de Compiègne (*de Marcilly fils*).

2. **V. sylvestris** Lmk *Fl. Fr.* II, 680 ; Koch *Syn. fl. Germ.* ed. 2, 91 ; Rchb. *Ic.* III, f. 4503. — *V. sylvatica* Fries *Fl. Hall.* 64 ; Gren. et Godr. *Fl. Fr.* I, 178. — [ V. DES BOIS ].

Souche simple ou rameuse, subcespiteuse, non stolonifère, donnant naissance à une ou plusieurs rosettes terminales de feuilles. *Tiges* de 1-3 décim., *florifères*, ascendantes ou couchées à la base, rameuses, *naissant au-dessous de la rosette terminale* à l'aisselle des feuilles les plus inférieures ou à l'aisselle des bases de feuilles détruites. Feuilles glabres ou légèrement pubescentes, crénelées, réniformes ou cordiformes, brièvement ou longuement acuminées ; les radicales disposées en rosette stérile ; stipules lancéolées ou linéaires aiguës, plus ou moins dentées ou finement incisées, beaucoup plus courtes que le pétiole. Fleurs inodores, d'un bleu violet ou d'un violet pâle, à éperon blanchâtre. Pédoncules fructifères dressés, courbés au sommet. *Capsule ovale-oblongue*, ord. aiguë, obscurément trigone, *glabre*. ♃. Avril-juin.

*C C.* — Bois, haies, buissons, lieux humides ombragés.

S.-v. *Riviniana* (*V. Riviniana* Rchb. *Ic.* III, f. 4502). — Fleurs plus grandes, plus pâles.

3. **V. hirta** L. *Sp.* 1324 ; Rchb. *Ic.* III, f. 4492-4493 ; Bill. *Exsicc.* n. 326. — [ V. HÉRISSÉE ].

Souche subcespiteuse, *non stolonifère*, émettant plus rarement des rejets non radicants. *Plante acaule*, de 1-2 décim. Feuilles pubescentes, à pétiole hérissé, ovales ou ovales-oblongues, crénelées, cordées à la base, prenant ord. un très grand développement après la floraison et atteignant quelquefois 2-3 décim.; stipules lancéolées, presque entières, beaucoup plus courtes que le pétiole. Fleurs inodores, d'un bleu violet ou blanchâtres, à éperon bleuâtre, les vernales souvent stériles, les tardives apétales et fertiles. Pédoncules fructifères couchés, droits au sommet. *Capsule subglobuleuse, velue.* ♃. Avril-mai.

    *C C.* — Prairies, pelouses, lisières et clairières des bois.

4. **V. odorata** L. *Sp.* 4324; Rchb. *Ic.* III, f. 4498; Bill. *Exsicc.* n. 9. —[ V. ODO-RANTE. — Vulg. *Violette*].

    *Souche* subcespiteuse, *donnant naissance à des stolons radicants* très allongés. Plante acaule, de 1-2 décim. Feuilles radicales ou portées sur les stolons, pubescentes à pétioles pubescents, réniformes-aiguës, ou ovales-suborbiculaires profondément cordées, crénelées. Stipules ovales-acuminées, ou lancéolées, entières, ciliées. *Fleurs à odeur suave,* violettes ou d'un bleu rougeâtre, plus rarement blanches. Pédoncules fructifères couchés, droits au sommet. *Capsule subglobuleuse, velue.* ♃. Mars-mai.

    *C.* — Bois, buissons, lieux herbeux.

        § 2. Stigmate largement évasé en disque oblique.

5. **V. palustris** L. *Sp.* 1324 ; Rchb. *Ic.* II, f. 4491 ; Bill. *Exsicc.* n. 110 et *bis.* — [ V. DES MARAIS ].

    *Souche* grêle, traçante, blanchâtre. *Plante acaule,* glabre, de 5-12 centim. Feuilles radicales réniformes-obtuses, crénelées ; stipules ovales-acuminées, denticulées à denticules glanduleux. Fleurs inodores, petites, d'un bleu pâle, veinées de violet. Pédoncules dressés à la maturité et recourbés au sommet comme au moment de la floraison. *Capsule oblongue,* trigone, *glabre.* ♃. Mai.

    *R R.* — Marais tourbeux à *Sphagnum.* — « Prairies marescageuses de Saint-Leger » (*Tourn.* Hist. pl. Par.); entre Saint-Léger et Planets (*Vaill.* Bot. Par.); marais des Planets (*Thuill.* Fl. Par., *P. Gernelle*); entre Auffargis et les Vaux-de-Cernay (*A. Maillard*); étang d'Angènes près Rambouillet (*Thuret*).

Sect. II. MELANIUM (Pensée). — Pétales supérieurs et latéraux dirigés en haut, l'inférieur seul dirigé en bas. Stigmate urcéolé-subglobuleux.

6. **V. tricolor** L. *Sp.* 1326; Koch *Syn. fl. Germ.* ed. 2, 94; Rchb. *Ic.* III, f. 4517; Gren. et Godr. *Fl. Fr.* I, 182. — [ V. TRICOLORE — Vulg. *Pensée* ].

    *Plante annuelle.* Tiges solitaires ou nombreuses, de 1-4 décim., dressées ou ascendantes, ord. rameuses, glabres ou presque glabres. *Feuilles glabres ou légèrement pubescentes-hérissées,* oblongues ou ovales-oblongues, fortement crénelées, atténuées en pétiole ou les inférieures presque cordées à la base; *stipules foliacées, pinnatipartites-lyrées,* à lobes latéraux linéaires, le *lobe terminal* très grand *crénelé* de même forme que les feuilles et souvent de même grandeur. Fleurs jaunes ou violettes. Pétale inférieur émarginé ou entier, prolongé en un éperon qui dépasse à peine les prolongements des sépales. Pédoncules fructifères dressés, arqués au sommet. Capsule ovale-oblongue, trigone, glabre. ①. Mai-octobre.

Var. α. *tricolor.* (*V. tricolor* var. *vulgaris* Koch *Syn. fl. Germ.* ed. 2, 94. — *V. tricolor* var. *hortensis Fl. Par.* éd. 1, 112). — Pétales dépassant plus ou moins le calice, les supérieurs violets ou tachés de violet au moins dans leur moitié supérieure, les latéraux et l'inférieur jaunes à la base striés ou tachés de violet ou entièrement violets. — *A.C.* — Champs en friche, coteaux arides.

Var. β. *arvensis.* (*V. arvensis* Murr. — *V. segetalis* Jord. *Observ.* fasc. II, 12; Bill. *Exsicc.* n. 328. — *Vulg. Pensée-sauvage*). — Pétales ord. plus courts que le calice ou environ de sa longueur, jaunes ou les supérieurs légèrement tachés de violet. — *C.* — Champs, moissons, lieux cultivés.

On cultive dans les jardins le *V. Altaica* Ker (*V. grandiflora* L. herb. — *Vulg. Pensée-vivace*), espèce voisine du *V. tricolor*, qui se reconnaît à sa souche ord. vivace et à ses fleurs d'un très grand diamètre offrant les nuances de couleur les plus variées.

7. **V. Rothomagensis** Desf. *Cat.* 153; Rchb. *Ic.* III, f. 4518. — [ V. DE ROUEN ].

*Plante vivace*, à souche rameuse-cespiteuse terminée en racine pivotante. Tiges ord. nombreuses, de 1-3 décim., couchées ou ascendantes, ord. très rameuses, velues-hérissées. *Feuilles velues-hérissées* grisâtres, oblongues ou ovales-oblongues, fortement crénelées, atténuées en pétiole ou presque cordées à la base; *stipules foliacées, pinnatipartites-lyrées, à* lobes latéraux linéaires, le *lobe terminal très grand* ord. *entier.* Fleurs violettes. Pétale inférieur ord. entier, prolongé en un éperon qui dépasse plus ou moins les prolongements des sépales. Pédoncules fructifères dressés, arqués au sommet. Capsule ovale-oblongue, trigone, glabre. ♃. Mai-octobre.

*R R R.* — Coteaux crayeux. — Lieux secs des coteaux de Liancourt-sous-Clermont (*Graves*), où il n'a pas été observé récemment. Indiqué aux environs de Mantes (*Thuill.* Fl. Par.). — Découvert près des limites de notre Flore, par M. l'abbé Dœnen, à Romilly-sur-Andelle près Pont-de-l'Arche sur la côte des Deuxamants. Très abondant sur les coteaux de Saint-Adrien! près Rouen.

---

# CLASSE II. DIALYPÉTALES PÉRIGYNES.

Pétales et étamines soudés à leur base avec le calice sur lequel ils paraissent s'insérer. — Ovaire libre ou soudé avec le calice.

## † TÉRÉBINTHACÉES

### (TEREBINTHACEÆ Juss. *Gen.* 368).

*Fleurs* hermaphrodites, polygames ou dioïques, *régulières.* — Calice libre, très rarement à tube soudé avec l'ovaire, à 3-5 sépales plus ou moins soudés à la base, ord. persistants, à préfloraison imbriquée. — Corolle à 3-5 pétales insérés au fond du calice ou sur un disque calicinal, plus rarement sur un disque qui entoure l'ovaire, caducs ou persistants, quelquefois nuls, à préfloraison imbriquée ou valvaire. — *Étamines 3-5 ou 6-10,* rarement plus, insérées avec les pétales, libres ou soudées à la base. Anthères bilobées, introrses. — *Ovaire libre,* rarement soudé avec le calice, constitué par un seul carpelle, ou par 3-6 carpelles qui avortent tous moins un et sont réduits à leurs styles qui restent libres ou se soudent avec le carpelle fertile. Ovule solitaire, dressé ou suspendu à l'extrémité d'un funicule partant du fond de la loge, plié ou réfléchi. Style quelquefois accompagné de styles supplémentaires indiquant le nombre des carpelles avortés; stigmate indivis. — *Fruit indéhiscent, monosperme, sec ou plus ou moins drupacé.* — Graine dépourvue de périsperme. Embryon droit, arqué ou plié.

*Arbres ou arbrisseaux*, à suc résineux odorant, gommeux ou lactescent, quelquefois caustique. Feuilles alternes, simples ou imparipinnées quelquefois trifoliolées; *stipules nulles.* Fleurs ord. très petites, ord. disposées en panicules.

† **RHUS** L. *Gen.* n. 369. — [ SUMAC ].

Fleurs hermaphrodites, polygames ou dioïques. Calice petit, 5-partit. Pétales 5. Ovaire composé de 3 carpelles. Styles 3 courts, ou 3 stigmates sessiles. Fruit indéhiscent (drupe sèche), à un seul noyau monosperme, rarement 2-3-sperme. Graine suspendue à un funicule qui part de la base de la loge. Cotylédons foliacés.

Arbres et arbrisseaux, à suc lactescent ou résineux quelquefois caustique. Feuilles pétiolées, simples, ou imparipinnées quelquefois trifoliolées. Fleurs petites, disposées en panicules lâches ou compactes terminales ou axillaires, munies de bractées.

† **R. Cotinus** L. *Sp.* 383; Jacq. *Austr.* III, t. 238. — *Cotinus Coggygria* Scop. *Carn.* ed. 2, n. 368. — [ S. DES TEINTURIERS. — Vulg. *Fustet* ].

Arbrisseau peu élevé, à tiges rameuses surtout supérieurement. Feuilles simples, obovales ou obovales-suborbiculaires, entières, glabres. Fleurs hermaphrodites, disposées en panicules lâches terminales, pédicellées à pédicelles s'allongeant beaucoup après la floraison; les pédicelles fertiles accompagnés d'un grand nombre de pédicelles stériles hérissés-plumeux prenant également un grand développement après la floraison. Fruit oblong-obovale à côtés inégalement développés, veiné, glabre, à noyau triangulaire. ♄. *Fl.* mai-juin. *Fr.* juin-août.

Naturalisé dans les taillis et les bosquets à Malesherbes! et à Pithiviers! — Fréquemment planté dans les jardins et les parcs. — Spontané dans la région méditerranéenne.

On plante quelquefois dans les endroits ombragés des parcs le *R. Toxicodendron* L. (*S. vénéneux*), arbrisseau à souche longuement traçante, à feuilles trifoliolées glabres entières sinuées ou incisées, à suc très vénéneux. Cette espèce s'est presque naturalisée dans le parc de Malesherbes!. — On plante également le *R. coriaria* L. (*Sumac des corroyeurs*), arbrisseau à feuilles velues-pubescentes, imparipinnées à 5-7 paires de folioles elliptiques fortement dentées à pétiole commun ailé dans sa partie supérieure, à fruits couverts d'une laine rougeâtre disposés en panicules très compactes; — le *R. typhina* L. (vulg. *Sumac-de-Virginie*), à feuilles imparipinnées à pétiole commun velu non ailé, à fruits couverts d'une laine pourpre; — et le *R. glabra* L., à feuilles et à rameaux glabres, à pétiole commun non ailé, à folioles blanchâtres en dessous.

A cette famille appartiennent encore le *Ptelea trifoliata* L. (vulg. *Orme-de-Samarie*), arbrisseau très rameux, à feuilles trifoliolées, à fruit comprimé entouré d'une aile membraneuse; et l'*Ailantus glandulosa* Desf. (*Ailante glanduleux.* — Vulg. *Vernis-du-Japon*), originaire de la Chine et des îles Moluques. Cet arbre, qui est déjà très fréquemment planté dans les parcs et sur les promenades en raison de sa rapide croissance et de l'élégance de son port, paraît appelé à prendre place dans la grande culture, si l'acclimatation du ver à soie de l'Ailante (*Bombyx Cynthia*) réalise les espérances des sériciculteurs; il est surtout caractérisé par son tronc élevé, ses feuilles imparipinnées, et son fruit entouré d'une aile atténuée aux deux extrémités.

# XXV. RHAMNÉES

(RHAMNEÆ R. Br. *Gen. rem.* 22).

Fleurs hermaphrodites, ou unisexuelles par avortement, régulières. — Calice à 4-5 sépales soudés inférieurement en tube, à tube persistant, à préfloraison valvaire. — Corolle à 4-5 pétales, ord. très petits, insérés au bord supérieur du disque glanduleux qui revêt le tube du calice, quelquefois nulle par avortement. — *Étamines* 4-5, insérées au bord du disque avec les pétales, *opposées aux pétales*, à filets libres entre eux. Anthères bilobées, introrses. — *Ovaire libre*, rarement soudé à sa base avec le tube du calice, à 2-4 carpelles, à 2-4 loges uniovulées. Ovules dressés, réfléchis. Styles 2-4 soudés dans leur partie inférieure ou dans toute leur longueur; stigmates libres ou plus ou moins soudés. — *Fruit drupacé*, globuleux, *à 2-4 noyaux* coriaces-cartilagineux, *monospermes*, indéhiscents s'ouvrant rarement par une fente longitudinale. — Graines dressées, présentant ord. un sillon dorsal profond. Embryon droit, placé dans un périsperme mince charnu. Radicule dirigée vers le hile.

*Arbrisseaux ou arbres peu élevés.* Feuilles alternes ou fasciculées, plus ou moins pétiolées, simples, entières ou dentées, plus ou moins coriaces, rarement persistantes; *stipules souvent caduques.* Fleurs axillaires, disposées en fascicules, eu subsolitaires rapprochées à la partie supérieure des rameaux.

**1. RHAMNUS** Lmk *Encycl. méth.* IV, 461. — [NERPRUN].

Calice urcéolé ou campanulé, persistant, à 4-5 divisions. Corolle à 4-5 pétales très petits, ou nulle par avortement. Étamines ord. 4. Style indivis ou 2-4-fide; stigmates 1-4. Fruit globuleux, drupacé-indéhiscent, à 2-4 noyaux monospermes coriaces-cartilagineux.

Arbrisseaux à rameaux avortés souvent convertis en épines. Feuilles ovales ou oblongues, glabres. Fleurs petites, verdâtres.

1. **R. catharticus** L. *Sp.* 280; *Engl. bot.* t. 1629; Bill. *Exsicc.* n. 1447 et *bis.* — [N. PURGATIF. — Vulg. *Nerprun*].

Arbrisseau plus ou moins élevé, ord. très rameux, à rameaux souvent opposés offrant à leurs bifurcations une épine (rameau terminal avorté). *Feuilles* ovales ou elliptiques, brusquement acuminées, *régulièrement dentées*, disposées en rosettes sur les rameaux florifères. Fleurs polygames ou dioïques, d'un jaune verdâtre, réunies en fascicules au sommet de rameaux latéraux très courts. *Style 2-4-fide.* Fruit noir. ♄. *Fl.* mai-juin. *Fr.* août-septembre.

*C.* — Bois, taillis humides.

2. **R. Frangula** L. *Sp.* 280; *Engl. bot.* t. 250; Bill. *Exsicc.* n. 1448.—[N. BOURDAINE. — Vulg. *Bourdaine, Bourgène, Aulne-noir, Bois-noir, Bois-de-chien*].

Arbrisseau plus ou moins élevé, ord. très rameux, à rameaux opposés ou alternes, les terminaux développés jamais convertis en épine. *Feuilles* obovales ou elliptiques, obtuses ou à peine acuminées, *très entières ou à peine sinuées*, éparses ou rapprochées à la partie supérieure des rameaux. Fleurs hermaphrodites, d'un blanc verdâtre, en fascicules axillaires, plus rarement subsolitaires. *Style indivis*. Fruit d'abord rouge, puis noir à la maturité. ♄. *Fl.* mai-juin. *Fr.* août-septembre.

C. — Endroits humides des bois, taillis, rochers.

Le *R. Alaternus* L. (vulg. *Alaterne*), qui est spontané dans l'ouest et le midi de la France, est cultivé fréquemment dans les parcs ; il se reconnaît à ses feuilles épaisses-coriaces persistantes entières ou dentées-épineuses, à ses fleurs dioïques en panicules très courtes axillaires, et à son calice à 5 divisions.

# XXVI. PAPILIONACÉES

(PAPILIONACEÆ L. *Gen. pl.* app. Ord. nat. 32).

*Fleurs* hermaphrodites, *irrégulières*. — Calice à sépales soudés en tube inférieurement, à tube non soudé avec l'ovaire, à limbe souvent bilabié, 5-partit, plus rarement 4-partit par la soudure complète de deux des sépales, persistant, marcescent ou caduc, à préfloraison imbriquée ou valvaire. — *Corolle* irrégulière, *papilionacée*, à 5 pétales insérés à la base du calice par l'intermédiaire du disque, libres, plus rarement soudés en une corolle gamopétale, quelquefois adhérents aux étamines par la base ; pétale supérieur (étendard) plié longitudinalement pendant la préfloraison et embrassant les pétales latéraux ; pétales latéraux (ailes) appliqués sur les inférieurs ; les inférieurs rapprochés simulant un seul pétale (carène), ord. adhérents par le bord intérieur de leur limbe, plus rarement entièrement soudés. — *Étamines 10*, insérées avec les pétales à la base du calice, *à filets* tous *soudés en* un *tube* entier ou fendu (étamines monadelphes), ou l'étamine supérieure libre les autres étant soudées entre elles (étamines diadelphes). Anthères bilobées, introrses. — *Ovaire libre, à un seul carpelle* dont les bords regardent l'étendard, uniloculaire, pluriovulé, plus rarement uniovulé. Ovules insérés à l'angle interne de l'ovaire, d'abord réfléchis, puis courbés. Style filiforme ; stigmate terminal ou sublatéral. — *Fruit (légume, gousse)* sessile ou stipité, ord. sec, polysperme ou oligosperme, plus rarement monosperme, s'ouvrant longitudinalement en deux valves suivant la nervure dorsale et la suture placentaire, à valves quelquefois tordues sur elles-mêmes après la déhiscence, uniloculaire, rarement divisé en deux fausses loges par l'introflexion de la nervure dorsale, présentant quelquefois des épaississements celluleux entre les graines ; quelquefois indéhiscent, partagé par des étranglements en articles transversaux monospermes qui se séparent à la maturité, ou réduit à un-seul article monosperme. — Graines à funicule souvent dilaté au niveau du hile. Périsperme nul ou réduit à une couche mince peu distincte du tégument interne. Embryon courbé, très rarement droit, à cotylédons épais, herbacés ou charnus et féculents. Radicule rapprochée du hile, ord. courbée, répondant à la commissure des cotylédons.

Plantes quelquefois volubiles ou sarmenteuses, herbacées annuelles bisannuelles ou vivaces, arbrisseaux ou arbres. *Feuilles* présentant souvent à un degré très prononcé le phénomène du sommeil ou de l'irritabilité, alternes, *composées*, paripinnées, imparipinnées, digitées ou trifoliolées, quelquefois unifoliolées par l'avortement des folioles latérales, très rarement réduites au rachis par l'avortement de toutes les folioles ; rachis prolongé en vrille ou en arête dans les feuilles paripinnées ; *stipules* persistantes ou caduques, rarement spinescentes, très rarement nulles, libres entre elles ou soudées entre elles, non soudées avec le pétiole ou soudées avec lui. Fleurs disposées en grappes dressées ou pendantes, en têtes ou en ombelles simples, quelquefois solitaires, plus rarement en panicules, accompagnées ou non de bractées.

TRIBU I. LOTEÆ. — *Légume à une seule loge, très rarement divisé en deux loges longitudinales* par l'introflexion de la nervure dorsale, quelquefois contourné en spirale. Étamines monadelphes ou diadelphes. *Cotylédons devenant aériens et foliacés après la germination,* restant rarement épais-charnus. — *Feuilles imparipinnées ou trifoliolées, plus rarement unifoliolées* ou réduites au rachis.

SOUS-TRIBU I. GENISTEÆ. — Étamines monadelphes.

1. SAROTHAMNUS. — Calice scarieux à deux lèvres courtes, la supérieure bidentée, l'inférieure tridentée. Corolle à *étendard ascendant,* suborbiculaire. *Style* filiforme, très allongé, *roulé en spirale pendant la floraison.* Légume comprimé, polysperme. Sous-arbrisseau non épineux. Feuilles trifoliolées, les supérieures souvent unifoliolées. Fleurs jaunes.

† SPARTIUM. — *Calice* scarieux, à 5 dents, *fendu supérieurement jusqu'à la base.* Corolle à étendard ascendant, suborbiculaire. Style très long, ascendant courbé au sommet. *Légume* comprimé, *polysperme.* Sous-arbrisseau non épineux. Feuilles unifoliolées. Fleurs jaunes.

2. CYTISUS. — *Calice* subherbacé, *à deux lèvres, la supérieure tronquée ou bidentée, l'inférieure tridentée.* Corolle à *étendard ascendant,* ovale. *Style ascendant. Légume* comprimé, *polysperme.* Sous-arbrisseaux ou arbres non épineux. *Feuilles trifoliolées, rarement unifoliolées.* Fleurs jaunes.

3. GENISTA. — *Calice* herbacé ou subherbacé *à deux lèvres, la supérieure bipartite,* l'inférieure tridentée ou trifide. Corolle à *étendard non ascendant,* ovale. Style presque droit ou un peu ascendant. *Légume* comprimé ou renflé, *polysperme,* plus rarement oligosperme. Sous-arbrisseaux non épineux, plus rarement épineux. *Feuilles unifoliolées.* Fleurs jaunes.

4. ULEX. — *Calice* coloré, *divisé jusqu'à la base en deux lèvres.* Corolle à étendard ascendant, oblong, dépassant à peine le calice. Style à peine ascendant. Légume renflé, oligosperme. Sous-arbrisseaux très épineux. *Feuilles linéaires terminées en épine.* Fleurs jaunes.

5. ONONIS. — *Calice* herbacé, campanulé, *à 5 divisions linéaires.* Corolle à étendard très ample, *à carène prolongée en bec.* Style ascendant. *Légume renflé, oligosperme.* Plantes ord. vivaces sous-frutescentes, épineuses ou non épineuses. Feuilles pinnées-trifoliolées, les supérieures souvent unifoliolées, munies de stipules ord. développées plus ou moins soudées au pétiole. Fleurs roses ou jaunes.

6. **Anthyllis.** — *Calice* plus ou moins coloré, tubuleux-renflé, subbilabié, le *fructifère vésiculeux*. Corolle à étendard égalant les ailes et la carène. Style ascendant. *Légume comprimé, suborbiculaire, monosperme ou disperme, renfermé dans le tube du calice.* Plante herbacée. *Feuilles imparipinnées.* Fleurs jaunes ou rougeâtres.

SOUS-TRIBU II. TRIFOLIEÆ. — Étamines diadelphes.

7. **Lotus.** — Calice à 5 divisions. Corolle à *carène prolongée en bec*. *Légume droit, linéaire, cylindrique, polysperme, s'ouvrant en deux valves qui se tordent sur elles-mêmes après la déhiscence.* Plantes herbacées. Feuilles trifoliolées ; *stipules libres, foliacées.* Fleurs jaunes, à étendard veiné.

8. **Tetragonolobus.** — Calice à 5 divisions. Corolle à *carène prolongée en bec*. *Légume droit, à 4 ailes longitudinales foliacées, polysperme.* Plante herbacée. Feuilles trifoliolées ; stipules libres, foliacées. Fleurs jaunes.

9. **Trigonella.** — Calice à 5 divisions. Corolle à *carène obtuse*. *Légume plus ou moins comprimé, arqué, ord. linéaire, polysperme.* Plante annuelle. Feuilles pinnées-trifoliolées ; stipules libres, assez petites. Fleurs jaunes, très petites, ord. disposées en capitules ombelliformes.

† **Robinia.** — Calice subbilabié, à 5 dents. Corolle à carène non prolongée en bec. *Légume comprimé, oblong, polysperme, présentant une bordure mince au côté interne.* Arbre élevé. *Feuilles imparipinnées ; stipules devenant épineuses.* Fleurs blanches ou roses, en grappes axillaires.

† **Galega.** — Calice à 5 dents subulées presque égales. Corolle à *carène obtuse*. Étamines submonadelphes. *Légume allongé, presque cylindrique, toruleux, obliquement strié, polysperme.* Graines presque cylindriques. Plante herbacée. *Feuilles imparipinnées. Fleurs* blanches ou bleuâtres, *en grappes* axillaires dressées.

† **Colutea.** — Calice à 5 dents. Corolle à carène non prolongée en bec. *Légume polysperme, très renflé-vésiculeux à valves minces-membraneuses.* Arbrisseau non épineux. Feuilles imparipinnées ; stipules libres, submembraneuses. Fleurs jaunes ou veinées de rougeâtre.

10. **Astragalus.** — Calice à 5 dents. Corolle à carène obtuse. *Légume* de forme variable, ord. allongé polysperme arqué, *divisé en deux loges longitudinales* plus ou moins complètes *par l'introflexion de la nervure dorsale.* Plantes ord. vivaces. *Feuilles imparipinnées* ou irrégulièrement paripinnées. Fleurs d'un jaune verdâtre ou purpurines.

11. **Melilotus.** — Calice à 5 dents. Corolle caduque, à carène obtuse. *Légume droit, oblong ou oblong-obovale, 1-4-sperme, indéhiscent.* Plantes herbacées. Feuilles pinnées-trifoliolées. *Fleurs* jaunes, plus rarement blanches, *disposées en grappes spiciformes effilées.*

12. **Medicago.** — Calice à 5 divisions. *Corolle caduque, à carène obtuse. Légume* dépassant ord. longuement le calice, réniforme, falciforme ou contourné en une *spirale* à plusieurs tours, souvent muni d'épines sur le bord extérieur, polysperme, très rarement monosperme. Plantes herbacées. *Feuilles pinnées-trifoliolées.* Fleurs jaunes, plus rarement jaunâtres ou violacées, subsolitaires, en grappes ou en capitules.

13. **Trifolium.** — Calice à 5 dents ou à 5 divisions. *Corolle ord. marcescente ou persistante,* très rarement caduque, *à carène* plus ou moins *obtuse. Légume* très petit, *renfermé dans le calice ou le dépassant peu,* suborbiculaire ou oblong, *droit, monosperme, plus rarement 2-4-sperme,* à peine déhiscent. Plantes herbacées. *Feuilles trifoliolées,* rarement pinnées-trifoliolées. Fleurs purpurines, blanches, jaunes ou jaunâtres, ord. disposées en capitules ou en épis compactes multiflores.

† Phaseolus. — Calice bilabié. Corolle à *carène contournée en spirale avec le style et les étamines*. Légume comprimé ou subcylindrique, très allongé, droit ou légèrement arqué, polysperme. *Cotylédons restant épais-charnus après la germination*. Plantes annuelles ord. volubiles. Feuilles pinnées-trifoliolées. Fleurs blanches, violacées, jaunâtres ou écarlates.

TRIBU II. VICIEÆ. — *Légume à une seule loge longitudinale*, présentant rarement des épaississements celluleux entre les graines. Étamines diadelphes ou monadelphes. *Cotylédons* farineux-épais, restant *souterrains après la germination*. — *Feuilles paripinnées*, à rachis prolongé en vrille ou en arête, rarement réduites au rachis (vrille ou phyllode).

14. Vicia. — Calice à 5 divisions ou à 5 dents. *Style filiforme*. Légume allongé polysperme, ou court oligosperme. *Graines globuleuses, anguleuses ou comprimées-lenticulaires*. Plantes herbacées, ord. grimpantes. *Feuilles à rachis terminé en vrille* ord. rameuse. Fleurs purpurines, roses, bleues, plus rarement blanches ou jaunes.

† Faba. — Calice à 5 divisions. *Étamines monadelphes. Style filiforme légèrement aplani*. Légume oblong, oligosperme, à valves un peu charnues. *Graines* très grosses, *oblongues-tronquées*. Plante herbacée. *Feuilles à rachis terminé en arête*. Fleurs blanches ou rosées.

† Pisum. — Calice à 5 divisions foliacées. *Style comprimé canaliculé inférieurement*. Légume oblong, polysperme. Graines globuleuses ou globuleuses-déformées. Plantes herbacées, grimpantes. Feuilles à rachis terminé en vrille rameuse; stipules foliacées, très amples. Fleurs blanches ou rougeâtres.

15. Lathyrus. — Calice à 5 divisions ou à 5 dents. *Style plan*, linéaire ou élargi au sommet. Légume oblong ou linéaire-oblong, polysperme. Graines globuleuses ou globuleuses-comprimées. Plantes herbacées, à tiges ailées ou anguleuses. *Feuilles à rachis terminé en vrille rameuse, rarement aplani foliacé* dépourvu de vrille. Fleurs rouges, bleuâtres, blanchâtres ou jaunes.

16. Orobus. — Calice à 5 divisions ou à 5 dents. *Style plan*, linéaire ou élargi au sommet. Légume oblong ou linéaire-oblong, polysperme. Graines globuleuses ou globuleuses-comprimées. Plantes herbacées, à tiges anguleuses ou ailées. *Feuilles à rachis terminé en arête courte*. Fleurs rouges ou bleuâtres.

TRIBU III. HEDYSAREÆ. — *Légume divisé transversalement en articles monospermes* qui se séparent souvent à la maturité, plus rarement réduit à un seul article. Étamines diadelphes. Cotylédons convertis par la germination en feuilles aériennes. — *Feuilles imparipinnées*.

17. Coronilla. — Calice subbilabié à 5 dents, les deux supérieures presque soudées. Corolle à *carène terminée en bec. Légume linéaire*, droit ou arqué, anguleux ou subcylindrique, *à articles oblongs renflés*. Plantes sous-frutescentes ou herbacées. Fleurs jaunes ou d'un blanc rosé.

18. Ornithopus. — Calice à 5 dents presque égales. Corolle à *carène obtuse. Légume linéaire*, arqué, *à articles oblongs comprimés*. Fleurs petites, blanchâtres ou d'un rose mêlé de jaune.

19. Hippocrepis. — Calice à 5 dents presque égales. Corolle à *carène atténuée en bec. Légume linéaire, sinué, composé d'articles semilunaires comprimés*. Fleurs jaunes.

20. Onobrychis. — Calice à 5 divisions subulées presque égales. Corolle à *carène large obliquement tronquée. Légume à un seul article*, comprimé, monosperme, réticulé, à bord inférieur courbé denté-épineux ou crénelé. Fleurs purpurines striées, rarement blanches.

TRIBU I. **LOTEÆ.** — Légume à une seule loge, très rarement divisé en deux loges longitudinales par l'introflexion de la nervure dorsale, quelquefois contourné en spirale. Étamines monadelphes ou diadelphes. Cotylédons devenant aériens et foliacés après la germination, restant rarement épais-charnus. — Feuilles imparipinnées ou trifoliolées, plus rarement unifoliolées ou réduites au rachis.

SOUS-TRIBU 1. **GENISTEÆ.** — Étamines monadelphes.

**1. SAROTHAMNUS** Wimmer *Fl. Schles.* 278. — [SAROTHAMNE].

Calice scarieux, à deux lèvres écartées courtes, la supérieure bidentée, l'inférieure tridentée. Corolle à *étendard ascendant*, suborbiculaire cordé à la base, dépassant les ailes et la carène. Étamines monadelphes. *Style* filiforme, très allongé, *roulé en spirale pendant la floraison*; stigmate terminal. Légume comprimé, polysperme.

Sous-arbrisseau non épineux. Feuilles trifoliolées pétiolées, les supérieures ord. unifoliolées subsessiles; stipules nulles. Fleurs d'un jaune d'or, axillaires solitaires ou géminées, penchées sur leurs pédicelles.

1. **S. scoparius** Koch *Syn. fl. Germ.* ed. 2, 166. — *Spartium scoparium* L. *Sp.* 996; *Fl. Dan.* II, t. 313; *Engl. bot.* t. 1339. — *Cytisus scoparius* Link *Enum.* II, 241. — *Sarothamnus vulgaris* Wimm., loc. cit.; Bill. *Exsicc.* n. 529. — [S. A BALAIS. — Vulg. *Genêt-à-balais, Genette*].

Sous-arbrisseau de 1-2 mètres, très rameux, à rameaux effilés dressés, glabres, marqués d'angles verts par la décurrence des feuilles. Feuilles inférieures pétiolées, trifoliolées, à folioles oblongues-obovales, pubescentes-soyeuses sur les deux faces; les supérieures et les florales presque sessiles, très petites, ord. unifoliolées. Fleurs grandes, rapprochées en grappes terminales. Légume velu-hérissé sur les bords. ♃. Avril-juin.

C C. — Bois sablonneux, bruyères, lieux incultes.

† **SPARTIUM** L. *Gen.* n. 858 ex parte. — [SPARTIUM].

*Calice* scarieux, *fendu supérieurement jusqu'à la base*, à 5 dents. Corolle à étendard ascendant, très ample suborbiculaire, plus long que les ailes et environ de la longueur de la carène. Étamines monadelphes. Style très long, ascendant courbé au sommet; stigmate un peu latéral. *Légume* comprimé, *polysperme*.

Sous-arbrisseau non épineux. Feuilles unifoliolées, brièvement pétiolées, dépourvues de stipules. Fleurs d'un jaune d'or, axillaires solitaires.

† **S. junceum** L. *Sp.* 995; Duham. *Arb.* II, t. 22. — [S. JONCÉ. — Vulg. *Genêt-d'Espagne*].

Sous-arbrisseau de 1-2 mètres, très rameux; rameaux renfermant une moelle abondante, effilés, dressés, cylindriques, à écorce d'un vert glauque glabre. Folioles subsessiles, oblongues-obovales, glabres sur les deux faces. Fleurs grandes, d'une odeur suave, disposées en grappes terminales. Légume velu-soyeux. ♃. Mai-juillet.

Cultivé dans les jardins, les parcs et les promenades publiques; quelquefois subspontané dans les bosquets et dans le voisinage des habitations.

## 2. CYTISUS L. *Gen.* n. 785 *ex parte*. — [CYTISE].

*Calice* subherbacé, *à deux lèvres, la supérieure tronquée ou bidentée,* l'inférieure tridentée. Corolle à *étendard ascendant*, ovale, dépassant les ailes et la carène. Étamines monadelphes. *Style ascendant*; stigmate oblique sur la face externe du style. *Légume* comprimé, *polysperme*.

Sous-arbrisseaux ou arbres non épineux. *Feuilles trifoliolées, rarement unifoliolées*, pétiolées, ord. dépourvues de stipules. Fleurs jaunes ou d'un jaune veiné, axillaires souvent rapprochées en têtes au sommet des rameaux, ou disposées en grappes axillaires.

1. **C. supinus** L. *Sp.* 1042 var. α; Jacq. *Austr.* I, t. 20; Bill. *Exsicc.* n. 1643. — [C. COUCHÉ].

Sous-arbrisseau de 2-4 décim., à souche rameuse oblique tortueuse. Tiges couchées, très rameuses, à rameaux étalés-redressés, velus-hérissés. Feuilles trifoliolées, à folioles obovales, obtuses ou mucronulées, longuement ciliées. *Fleurs* d'un jaune intense, axillaires, *réunies en têtes 2-5-flores au sommet des rameaux. Calice* velu-hérissé, *presque tubuleux*, à lèvres peu écartées. Légume velu-hérissé. ♃. *Fl.* mai-juillet. *Fr.* août-septembre.

R. — Coteaux pierreux arides, pelouses montueuses des terrains calcaires. — Forêt de Fontainebleau à la côte de Valvins (*Thuill.* Fl. Par.); Nemours! (*Devilliers*); abondant à Malesherbes!; Bromeilles! près Puiseaux. Bois de Montramé et forêt de Sordun près Provins (*Bouteiller*).

Le *C. capitatus* Jacq. (Bill. *Exsicc.* n. 745. — *C. en tête*) est assez fréquemment planté dans les parcs, où il se naturalise aisément (Saint-Germain!, Malesherbes!, Saint-Vaast près La Ferté-Milon, etc.); il se distingue surtout du *C. supinus* par ses rameaux dressés et par ses fleurs plus grandes en têtes multiflores.

On cultive dans les bosquets le *C. sessilifolius* L., arbrisseau très rameux, très glabre, à fleurs axillaires rapprochées en grappes au sommet des rameaux, à calice campanulé à tube court, à lèvre supérieure tronquée.

2. **C. decumbens** Walp. *Repert.* V, 504; Bill. *Exsicc.* n. 533. — *Spartium decumbens* Durande *Fl. Bourg.* I, 299. — *Genista pedunculata* L'Hérit. *Stirp. nov.* 184. — *G. prostrata Fl. Par.* éd. 1, 120. — [C. COUCHÉ].

Sous-arbrisseau de 2-4 décim., rameux, à rameaux couchés presque cylindriques. *Feuilles unifoliolées*, à foliole plane, oblongue-obovale quelquefois mucronée. *Fleurs à pédicelle environ trois fois plus long que le calice, solitaires ou géminées, naissant du centre de fascicules de feuilles*, espacées le long des rameaux ou rapprochées à leur extrémité en grappes lâches unilatérales. Calice campanulé à tube court. Corolle glabre. Légume comprimé. ♃. *Fl.* mai. *Fr.* juin-juillet.

R R. — Pelouses des coteaux arides. — Abondant à Mantes au coteau des Célestins! et sur plusieurs collines des environs, au Breuil et à Laplaigue (*de Boucheman*); lisière des bois à La Roche-Guyon! (*de Schœnefeld*); très abondant à plusieurs localités des environs de Magny, Louvières, Gerville, Ducourt (*Bouteille, Grangel*).

Var. α. *vulgaris.* (*Genista prostrata* Lmk *Encycl. méth.* II, 618. — *G. Halleri* Reyn. in *Act. Laus.* I, 211. — *G. prostrata* var. *hirsuta Fl. Par.* éd. 1, 120). — Plante velue-hérissée.

Var. β. *diffusa.* (*G. diffusa* Willd. *Sp.* III, 942. — *Spartium decumbens* Jacq. *Ic. rar.* III, t. 555). — Plante glabre dans toutes ses parties.

Les deux variétés croissent ord. ensemble aux mêmes localités, et l'on rencontre de nombreuses transitions entre elles.

† C. **Laburnum** L. *Sp.* 1041 ; Jacq. *Austr.* t. 306 ; Bill. *Exsicc.* n. 953. — [C. Faux-Ébénier. — *Vulg. Faux-Ébénier, Cytise-à-grappes, C.-de-Virgile, Aubour*].

*Arbre* ou arbrisseau à rameaux glabres ou couverts d'une pubescence apprimée. Feuilles trifoliolées, à folioles ovales-oblongues mucronées, à peine ciliées. *Fleurs* d'un jaune assez pâle, disposées *en grappes axillaires* multiflores *pendantes*. Calice à tube *campanulé* court, à lèvres très écartées, à pubescence soyeuse apprimée. Légume couvert d'une pubescence soyeuse-argentée, à bords épaissis. ♃. *Fl.* mai. *Fr.* juillet.

Planté dans les parcs et les promenades publiques, quelquefois naturalisé dans les bois et les haies.—Magny!; Mantes!; Les Andelys!; Verderonne!. Malesherbes!. Ermenonville ; Morfontaine ; forêt de Compiègne, etc.

**3. GENISTA** L. *Gen.* n. 859 ex parte; Spach *Rev. Genist.* in *Ann. sc. nat.* sér. 3, II, 237. — [GENÊT].

*Calice* herbacé ou subherbacé, *à deux lèvres, la supérieure bipartite*, l'inférieure tridentée ou trifide. Corolle à *étendard non ascendant*, ovale, plus court que les ailes et la carène ou les égalant. Étamines monadelphes. Style presque droit ou un peu ascendant ; *stigmate* ord. *oblique sur la face interne du style. Légume* comprimé ou renflé, *polysperme*, plus rarement oligosperme.

Sous-arbrisseaux non épineux, plus rarement épineux. *Feuilles unifoliolées*, à foliole pétiolulée ou subsessile ; stipules très petites ou nulles. Fleurs jaunes, terminales ou axillaires, disposées en grappes nues ou feuillées, plus rarement subsolitaires.

**1. G. Anglica** L. *Sp.* 999 ; *Engl. bot.* t. 132 ; Bill. *Exsicc.* n. 743.—[G. d'Angleterre].

Sous-arbrisseau de 2-5 décim., très rameux, diffus, à *rameaux glabres*, à *rameaux latéraux terminés en épine*. Folioles glabres ; les caulinaires oblongues, aiguës ou obtuses ; celles des rameaux latéraux presque linéaires. Fleurs axillaires, disposées en grappes feuillées terminales assez lâches. *Légumes renflés, glabres.* ♃. Avril-juillet.

A.C. — Bruyères, coteaux pierreux des terrains argileux. — Bois de Verrières (*Vaill.* Bot. Par.) ; Meudon ! (*Cornuti* Ench. bot. Par.); garenne de Sèvres (*J. de Parseval*) ; Cormeilles-en-Parisis (*Le Dieu*). Chevreuse !; Saint-Hubert ; Saint-Léger !. Magny !; bruyères de Neuville-Bosc !; Morfontaine (*de Schœnefeld*); Pierrefonds. Forêt de Senart !; Cesson !; forêt de Fontainebleau !, etc.

**2. G. Germanica** L. *Sp.* 999 ; *Fl. Dan.* t. 1826 ; Guimp. et Hayn. *Deutsch. Hœlz.* t. 122 ; Spach, loc. cit. 261 ; Bill. *Exsicc.* n. 122. — Fuchs. *Hist. pl.* 220 ic. — [G. d'Allemagne].

Sous-arbrisseau de 3-5 décim., à tiges ord. dressées, rameuses, à *jeunes rameaux* verts, non épineux, feuillés, *très velus*, à tiges et à rameaux anciens dépourvus de feuilles donnant naissance à des *rameaux latéraux spinescents* étalés simples ou émettant des ramuscules latéraux. Folioles velues-ciliées, ovales ou oblongues-lancéolées, aiguës ou obtuses, souvent mucronulées; stipules nulles. Fleurs disposées en grappes terminales spiciformes, naissant à l'aisselle de bractées membraneuses très petites. Étendard glabre, de moitié plus court que la carène. *Légumes oblongs-rhomboïdaux, comprimés, poilus.* ♃. Mai-juin.

*R R.* — Clairières des bois montueux, pâturages, lieux stériles. — Env. de Nemours dans le bois de l'Abbesse!, où il est assez abondant, et dans le bois de la Croix (*Devilliers*). — Montargis (*Boreau* Fl. centr.).

3. **G. sagittalis** L. *Sp.* 998; Jacq. *Austr.* III, t. 209; Bill. *Exsicc.* n. 531. — [G. A TIGE AILÉE].

Sous-arbrisseau de 2-4 décim., traçant, rameux, à *rameaux* redressés, simples, herbacés, pubescents, *comprimés, présentant 2-4 ailes foliacées* qui résultent de la décurrence des feuilles et s'interrompent chacune au niveau de l'insertion de la feuille située au-dessous en donnant aux rameaux l'apparence articulée. Fleurs disposées en grappes terminales compactes. Légumes comprimés, velus-hérissés. ♃. Mai-juillet.

*A.C.* — Pelouses sèches, bruyères surtout des terrains sablonneux. — Saint-Maur!; Plessis-Piquet!; Saint-Cucufas!; Saint-Germain!. Saint-Léger!. Bouray; Fontainebleau!; env. de Nemours!; Malesherbes!. Dreux!. Magny!; Bizy! près Vernon; env. de Beauvais. Env. de Villers-Cotterets, de Thury-en-Valois, etc.

4. **G. tinctoria** L. *Sp.* 998; *Fl. Dan.* III, t. 526; *Engl. bot.* t. 44; Bill. *Exsicc.* n. 1641. — [G. DES TEINTURIERS. — Vulg. *Genestrolle, Herbe-à-jaunir*].

Sous-arbrisseau de 3-6 décim., à *tiges* rameuses ou simples, dressées ou ascendantes, subherbacées, glabres, *cylindriques* plus ou moins sillonnées. Folioles glabres ou légèrement pubescentes-ciliées, planes, oblongues-lancéolées, aiguës plus rarement obtuses. *Fleurs* à pédicelle plus court que le calice, *naissant à l'aisselle de feuilles florales*, disposées en grappes terminales assez compactes. Étendard glabre. *Légumes comprimés, glabres.* ♃. Juin-août.

*C.* — Lisière des bois, bruyères, coteaux incultes.

*S.-v. latifolia.* — Folioles oblongues obtuses plus grandes que dans le type. - Lardy (*Maire*).

5. **G. pilosa** L. *Sp.* 999; Jacq. *Austr.* III, t. 208; *Engl. bot.* t. 208; Bill. *Exsicc.* n. 121. — [G. VELU].

Sous-arbrisseau de 3-6 décim., à *tiges* très rameuses, *couchées* et radicantes, à rameaux glabres ou à pubescence apprimée, noueux, striés-anguleux. Folioles pliées-canaliculées, obovales-oblongues, à face inférieure pubescente-soyeuse. *Fleurs* à pédicelle plus court que le calice ou à peine plus long, solitaires ou géminées, *naissant du centre de fascicules de feuilles*, disposées en grappes ou en panicules dressées. *Corolle pubescente-soyeuse.* Légumes comprimés, velus-hérissés. ♃. Mai-juillet.

*A.R.* — Bruyères, coteaux arides, bois sablonneux. — Mont-Valérien du côté de Puteaux (*Vaill. Bot. Par., Vigineix*); buttes d'Argenteuil (*Le Dien*); forêt de Montmorency (*Tourn. Hist. pl. Par.*). Beauvais près Mennecy (*Des Étangs*); Lardy!; env. de La Ferté-Aleps!; forêt de Fontainebleau! (*Tourn. Hist. pl. Par., Vaill. Bot. Par.*); env. de Nemours!; Malesherbes!. Vaux-de-Cernay (*Vigineix*); Saint-Léger!; Rochefort, Réseux près Épernon (*de Schœnefeld*); Théleville près Chartres. Senlis, Levignen, forêt de Villers-Cotterets (*Questier*).

### 4. **ULEX** L. *Gen.* n. 881. — [AJONC].

*Calice* coloré, *divisé jusqu'à la base en deux lèvres*, la supérieure bidentée, l'inférieure tridentée. Corolle à étendard ascendant, oblong-émarginé égalant les ailes et la carène, dépassant à peine le calice. Étamines monadelphes. Style à peine ascendant ; stigmate terminal, capité. Légume renflé, oligosperme, à peine plus long que le calice.

Sous-arbrisseaux à rameaux avortés très épineux. *Feuilles linéaires terminées en épine* (pétioles dépourvus de folioles) ; stipules nulles. Fleurs jaunes, munies à leur base de deux bractées colorées, axillaires rapprochées en panicules.

**1. U. Europæus** L. *Sp.* 1045 var. *α* ; *Engl. bot.* t. 742 ; Planchon in *Ann. sc. nat.* sér. 3, XI, t. 9, f. *a* ; Bill. *Exsicc.* n. 341. — [A. D'EUROPE. — Vulg. Ajonc, *Ajonc-marin, Landier, Vigneau*].

Sous-arbrisseau de 1-2 mètres, très rameux diffus, à rameaux latéraux presque égaux, terminés en épine ainsi que leurs ramifications. *Bractées calicinales plus larges que le pédicelle. Calice très velu.* Légume velu-hérissé. ♃. Mars-juin, ou commençant souvent à fleurir dès l'automne.

C. — Buissons, haies, bords des chemins, coteaux incultes.

**2. U. nanus** Sm. *Fl. Brit.* 757 ; *Engl. bot.* t. 743 ; Planchon in. *Ann. sc. nat.* sér. 3, XI, t. 9, f. *a''* ; Bill. *Exsicc.* n. 951 et *bis.* — [A. NAIN. — Vulg *Bruyère-jaune*].

Sous-arbrisseau de 3-8 décim., très rameux diffus, souvent étalé, à rameaux latéraux presque égaux, très nombreux, rapprochés, terminés en épine ainsi que leurs ramifications. *Bractées calicinales plus étroites que le pédicelle. Calice* légèrement *pubescent*, à pubescence apprimée. Légume velu-hérissé. ♃. Juillet-octobre.

A.C. — Bruyères, coteaux en friche, bois secs montueux. — Meudon !; Versailles !; Dampierre !; Saint-Léger. Cesson !; Fontainebleau !. Beauvais, etc.

### **5. ONONIS** L. *Gen.* n. 863. — [BUGRANE].

*Calice* herbacé, campanulé, *à 5 divisions linéaires.* Corolle à étendard très ample strié, dépassant les ailes ; *carène prolongée en bec.* Étamines monadelphes. Style ascendant dans sa moitié supérieure ; stigmate terminal, subcapité. *Légume renflé*, court, *oligosperme.*

Plantes vivaces sous-frutescentes à souche ligneuse souvent longuement traçante, épineuses ou non épineuses. Feuilles pinnées-trifoliolées, pétiolées, les supérieures souvent unifoliolées ; stipules plus ou moins soudées au pétiole. Fleurs roses ou jaunes, axillaires, disposées en grappes feuillées terminales.

### Sect. 1. — Fleurs roses.

**1. O. spinosa** L. *Sp.* 1006 var. *β* ; *Illustr. fl. Par.* t. 11, B. — *O. campestris* Koch et Ziz *Cat. Palat.* 22 ; Gren. et Godr. *Fl. Fr.* I, 373 ; Bill. *Exsicc.* n. 1152. — [B. ÉPINEUSE].

Souche courte, non traçante. Tiges de 3-6 décim., dressées ou ascendantes, très rameuses, à rameaux avortés épineux, plus ou moins pubescentes-glanduleuses. Feuilles à folioles linéaires-oblongues, finement dentées. *Fleurs roses*, axillaires solitaires, brièvement pédonculées. *Légume* pubescent, *dépassant les divisions du calice.* Graines finement tuberculeuses. ♃. Juin-septembre.

A.C. — Bords des chemins, pâturages, lieux arides.

2. **O. repens** L. *Sp.* 1006; *Illustr. fl. Par.* t. 11, A. — *O. procurrens* Wallr. *Sched.* 81; Bill. *Exsicc.* n. 1153. — [B. RAMPANTE. — *Vulg. Arrête-bœuf*].

Souche longuement traçante. Tiges de 2-6 décim., couchées-étalées, rameuses, à rameaux avortés épineux, plus rarement dépourvues d'épines, plus ou moins pubescentes-glanduleuses. Feuilles à folioles oblongues ou obovales-oblongues, finement dentées. *Fleurs roses*, axillaires solitaires, brièvement pédonculées. *Légume* pubescent, *dépassé par les divisions du calice*. Graines finement tuberculeuses. ♃. Juin-septembre.

*C C.* — Bords des chemins, pâturages, champs en friche.

S.-v. *elatior*. — Tige robuste, quelquefois ascendante. Feuilles à folioles ord. plus amples.

S.-v. *mitis*. — Tige non épineuse ou à peine épineuse.

Sect. II. — Fleurs jaunes.

3. **O. Columnæ** All. *Ped.* I, t. 20, f. 3; Bill. *Exsicc.* n. 2041 et *bis* et *ter.* — *O. minutissima* Jacq. *Austr.* III, t. 240 non L. — [B. DE COLUMNA].

Tiges de 1-3 décim., ascendantes, plus rarement étalées, presque simples, non épineuses, frutescentes à la base, pubescentes légèrement glanduleuses. Feuilles à folioles obovales-oblongues, finement dentées, à nervures saillantes; stipules lancéolées-acuminées. *Fleurs jaunes, sessiles*. Calice à divisions linéaires-lancéolées acuminées. *Corolle égalant environ les divisions du calice*, souvent presque avortée. *Légume* pubescent, *environ de la longueur du calice*. Graines très finement ponctuées. ♃. Juin-juillet.

*A.R.* — Coteaux pierreux ou sablonneux. — Saint-Maur!; entre Nanterre, Chatou et le Pecq (*Tourn.* Hist. pl. Par.); coteaux calcaires bordant la Seine entre La Frette et Herblay (*de Schœnefeld*); « Butte de Seve » (*Tourn.* Hist. pl. Par.); ferme de Gally, Saint-Nom, Thiverval près Versailles, Maule cant. de Meulan (*de Boucheman*); Mantes!; La Roche-Guyon!; Vernon!; Sérans et Charmont près Magny (*Bouteille*); Les Andelys!. Dreux!. Précy-sur-Oise (*de Schœnefeld*); Bethencourtel près Clermont (*Caron in Graves* Cat.); Verderonne!; Roberval, Russy, Vaumoise, Rétheuil près Villers-Cotterets (*Questier*); env. de Pont-Sainte-Maxence (*Questier*); Compiègne (*Léré*). Lardy!; Étréchy!; Étampes!; Fontainebleau!; Moret (*E. Fournier*); Nemours! (*de Schœnefeld*); Malesherbes!; Pithiviers!.

S.-v. *grandiflora*. — Corolle égalant ou dépassant un peu le calice. — *R.*

S.-v. *brachypetala*. — Corolle beaucoup plus courte que le calice, souvent presque avortée.

4. **O. Natrix** L. *Sp.* 1008; Mill. *Ic.* t. 33; *Bot. mag.* t. 329; Bill. *Exsicc.* n. 748. — [B. NATRIX. — *Vulg. Coqsigrue*].

Tiges de 3-5 décim., dressées ou ascendantes, plus rarement étalées, très rameuses, non épineuses, pubescentes très glanduleuses. Feuilles à folioles oblongues ou obovales-oblongues, dentées dans leur partie supérieure. *Fleurs jaunes, longuement pédonculées*, à pédoncule aristé par un pédicelle à fleur avortée. *Corolle dépassant longuement les divisions du calice*. *Légume* très velu, *dépassant très longuement le calice*. Graines finement chagrinées. ♃. Juillet-septembre.

*A.R.* — Bords des champs pierreux ou sablonneux, coteaux arides. — Saint-

Maur!; Vincennes, Chaville (*Vaill. Bot. Par.*) « grande allée qui va du faux bourg Saint Honoré à Neuilly », bois de Boulogne, carrières de Sèvres (*Tourn. Hist. pl. Par.*); Argenteuil, Saint-Germain (*de Schœnefeld*); coteau des Célestins à Mantes (*Beautemps-Beaupré*); Bonnières; La Roche-Guyon!; Vernon!; Les Andelys!. Fontainebleau!; Moret (*E. Fournier*); Nemours!; Malesherbes!; Pithiviers!. Compiègne (*Graves*). Provins (*Bouteiller*), etc. — *Graves* Cat. Oise : env. de Béthizy; Ganelon; Bitry; Autrèches cant. d'Attichy; Courcelle près Cuts; env. de Carlepont.

### 6. **ANTHYLLIS** L. *Gen.* n. 864. — [ ANTHYLLIDE ].

*Calice* plus ou moins coloré, tubuleux-renflé, subbilabié, à lèvre supérieure bidentée, à lèvre inférieure trifide, le *fructifère vésiculeux* à dents conniventes. Corolle à étendard égalant les ailes et la carène; ailes adhérentes à la carène par leur limbe; carène obtuse ou à peine prolongée en bec. Étamines monadelphes. Style courbé-ascendant supérieurement; stigmate terminal, capité. *Légume* comprimé, suborbiculaire, monosperme ou disperme, *renfermé dans le tube du calice*.

Plante vivace à tiges herbacées. *Feuilles imparipinnées*, pétiolées, rarement unifoliolées, ord. munies de stipules soudées au pétiole. Fleurs jaunes ou rougeâtres, en glomérules terminaux et latéraux munis à leur base de bractées palmées.

1. **A. Vulneraria** L. *Sp.* 1012; *Engl. bot.* t. 104; Bill. *Exsicc.* n. 1154. — [ A. VULNÉRAIRE. — Vulg. *Vulnéraire* ].

Tiges de 2-4 décim., herbacées, dressées, ascendantes ou étalées, simples, plus rarement rameuses, plus ou moins pubescentes. Feuilles inférieures à folioles oblongues, la terminale beaucoup plus ample, quelquefois réduites à cette foliole terminale par l'avortement des folioles latérales; les supérieures à folioles plus étroites presque égales entre elles. Fleurs jaunes, plus rarement rougeâtres. Corolle dépassant peu le calice. Calice à dents triangulaires-lancéolées. Légume monosperme, stipité, terminé par un bec courbé. ♃. Mai-juillet.

C. — Pelouses sèches, bord des allées des bois, coteaux arides sablonneux ou pierreux.

### SOUS-TRIBU II. **TRIFOLIEÆ**. — Étamines diadelphes.

### 7. **LOTUS** L. *Gen.* n. 897 ex parte. — [ LOTIER ].

Calice campanulé, à 5 divisions. Corolle à étendard environ de la longueur des ailes; ailes rapprochées par leur bord supérieur; *carène prolongée en bec* ascendant. Étamines diadelphes. Style atténué au sommet. *Légume droit, linéaire, cylindrique, polysperme*, s'ouvrant en deux valves qui se tordent sur elles-mêmes après la déhiscence, présentant des épaississements celluleux entre les graines.

Plantes ord. vivaces à souche presque ligneuse, à tiges herbacées. Feuilles trifoliolées; *stipules libres, foliacées*. Fleurs jaunes, à étendard veiné coloré souvent rougeâtre, disposées en glomérules terminaux, plus rarement subsolitaires, accompagnées à leur base de bractées trifoliolées.

1. **L. corniculatus** L. *Sp.* 1092; *Engl. bot.* t. 2090; *Illustr. fl. Par.* t. 11, c. — [ L. CORNICULÉ. — Vulg. *Pied-de-Poule, Cornette* ].

Souche cespiteuse, à racine pivotante. Tiges de 2-6 décim., étalées ou ascendantes-diffuses, glabrescentes, pubescentes ou velues. Feuilles à folioles obovales ou obovales-oblongues, entières; stipules irrégulièrement ovales presque aiguës. Fleurs disposées en glomérules 2-6-flores, quelquefois sub-solitaires. *Calice à divisions* lancéolées ord. élargies à la base, plus courtes que le tube, *dressées dans le bouton.* Corolle à étendard suborbiculaire; carène coudée à sa partie moyenne, à limbe largement prolongé au-dessus de l'onglet. Légume glabre, terminé par le style persistant presque droit. ♃. Mai-août.

C C. — Pelouses sèches ou humides, prairies, champs, lisière des bois, bords des chemins, etc.

Var. β. *tenuis.* (*L. tenuis* Kit. in Willd. *Enum.* 797; *Engl. bot.* t. 2615; Bill. *Exsicc.* n. 2243. — *L. tenuifolius* Rchb. *Fl. excurs.* 506). — Plante grêle, à tiges presque filiformes. Folioles et stipules ord. très étroites. Fleurs en glomérules très pauciflores, ou subsolitaires. Ailes de la corolle oblongues-obovales.

Var. γ. *villosus.* — Plante velue-hérissée. Feuilles à folioles fortement ciliées.

Le *L. angustissimus* L., espèce très répandue dans l'ouest et le midi de la France et qui nous a été indiquée vaguement dans nos environs, se distingue du *L. corniculatus* par la racine annuelle, les fleurs solitaires ou géminées, les divisions du calice linéaires plus longues que le tube, et par la carène dépassant les ailes dans la corolle récemment épanouie.

2. **L. major** Scop. *Carn.* II, 86; *Illustr. fl. Par.* t. 11, D. — *L. uliginosus* Schk. *Handb.* II, t. 211; Bill. *Exsicc.* n. 755.—*L. villosus* Thuill. *Fl. Par.* 387. — [L. MAJEUR].

Souche terminée en racine pivotante à divisions traçantes. Tiges de 5-8 décim., fistuleuses, ascendantes ou dressées, souvent diffuses, glabrescentes-glaucescentes ou velues. Feuilles à folioles obovales-oblongues assez amples, entières; stipules irrégulièrement ovales presque aiguës. Fleurs disposées en glomérules 8-12-flores. *Calice à divisions* lancéolées, plus courtes que le tube, ord. veinées-ciliées, *étalées horizontalement dans le bouton.* Corolle à étendard ovale, à carène coudée dès la partie inférieure du limbe, à limbe à peine prolongé au-dessus de l'onglet. Légume glabre, terminé par le style persistant presque droit. ♃. Juin-septembre.

C. — Fossés aquatiques, bois humides, buissons, bords des mares herbeuses.

Var. β. *glaber.* — Plante entièrement glabre. Calice à divisions glabres ou à peine ciliées.

### 8. **TETRAGONOLOBUS** Scop. *Carn.* II, 87. — [TÉTRAGONOLOBE].

Calice tubuleux-campanulé, à 5 divisions. Corolle à étendard beaucoup plus long que les ailes; ailes rapprochées par leur bord supérieur; *carène prolongée en un bec ascendant.* Étamines diadelphes. Style épaissi au sommet. *Légume droit, linéaire, à 4 ailes longitudinales foliacées, polysperme,* présentant des épaississements celluleux entre les graines.

Plante vivace, à souche épaisse presque ligneuse. Tiges herbacées. Feuilles trifoliolées; stipules libres, foliacées. Fleurs jaunes, solitaires, très rarement géminées, naissant à l'aisselle d'une feuille florale à l'extrémité de longs pédoncules axillaires.

**1. T. siliquosus** Roth *Tent*. 1, 323 ; Bill. *Exsicc.* n. 232. — *Lotus siliquosus* L. *Sp.* 1089 ; Jacq. *Austr.* IV, t. 361. — [T. SILIQUEUX].

Tiges de 2-4 décim., étalées ou ascendantes, pubescentes. Feuilles à folioles obovales-cunéiformes, entières, aiguës ou obtuses ; stipules ovales-aiguës. Fleurs assez grandes, d'un jaune pâle, portées sur des pédoncules axillaires très longs. Légume glabre, à ailes planes environ quatre fois plus étroites que son diamètre transversal. ♃. Mai-juillet.

*A.C.* — Prairies humides, bords des eaux.

## 9. **TRIGONELLA** L. *Gen.* n. 898. — [TRIGONELLE].

Calice campanulé, à 5 divisions. Corolle à étendard environ de la longueur des ailes ; ailes étalées ; *carène obtuse*. Étamines diadelphes. *Légume arqué, comprimé, linéaire, polysperme.*

Plante annuelle. Feuilles pinnées-trifoliolées ; stipules libres, assez petites. *Fleurs jaunes, très petites, disposées en capitules ombelliformes* pluriflores presque sessiles à l'aisselle des feuilles.

**1. T. Monspeliaca** L. *Sp.* 1095 ; Sibth. et Sm. *Fl. Græc.* t. 765 ; Waldst. et Kit. *Rar. Hung.* t. 142 ; Puel et Maille *Exsicc. fl. loc.* n. 247. — [T. DE MONT-PELLIER].

Tiges de 5-30 décim., couchées, très pubescentes. Feuilles à folioles obovales-cunéiformes, denticulées supérieurement ; stipules lancéolées-subulées. Légumes pubescents, fortement veinés-réticulés, réfléchis, arqués à concavité supérieure. ①. Mai-juillet.

*R.* — Pelouses arides, champs sablonneux ou pierreux. — Bois de Boulogne ! ; plaine du Point-du-Jour (*Maire*) ; Champigny (*Thuill.* Fl. Par., *de Schœnefeld*) ; Saint-Maur ! Bois du Vésinet (*Paul de Bretagne*) ; Poissy (*de Boucheman*) ; Vétheuil (*Dænen*). Étampes (*Woods*) ; Malesherbes (*J. Gay*).

Le *T. Fœnum-Græcum* L. (Vulg. *Fénu-grec*), quelquefois cultivé dans les jardins et qui se rencontre assez rarement dans le voisinage des habitations, se reconnaît à ses fleurs solitaires ou géminées, et à ses légumes glabres, très longs, linéaires arqués, terminés en bec par le style persistant assez long.

### † **ROBINIA** L. *Gen.* n. 879 ex parte. — [ROBINIER].

Calice campanulé, à 5 dents, subbilabié. Corolle à étendard dépassant à peine les ailes ; carène non prolongée en bec. Étamines diadelphes. *Légume comprimé, oblong, polysperme, à bord interne présentant une bordure mince.*

*Arbre élevé. Feuilles imparipinnées ;* stipules libres, d'abord herbacées, puis devenant ligneuses et épineuses. Fleurs blanches ou roses, disposées en grappes illaires.

† **R. Pseudo-Acacia** L. *Sp.* 1043 ; Lmk *Illustr.* t. 606, f. 1. — [R. FAUX-ACACIA. — Vulg. *Acacia*].

Arbre à rameaux munis d'épines en forme d'aiguillons robustes par l'induration des stipules qui deviennent ligneuses. Feuilles à folioles nombreuses, oblongues, entières, émarginées brièvement mucronées. Fleurs blanches, très odorantes, disposées en grappes pendantes, à pédoncule et à pédicelles pubescents ou glabres. Légumes glabres. ♄. Fl. mai-juin. Fr. juillet.

Très fréquemment planté dans les promenades publiques, les avenues, les parcs et çà et là dans les bois.

Le *R. viscosa* Vent., souvent planté dans les parcs et les bosquets, se reconnaît à ses rameaux visqueux et à ses fleurs roses en grappes courtes.

## † **GALEGA** Tourn. *Inst.* t. 222. — [GALÉGA].

Calice campanulé, à 5 dents subulées presque égales. Corolle à étendard dépassant un peu les ailes ; *carène non prolongée en bec. Étamines submonadelphes,* le filet de l'étamine supérieure libre seulement dans sa moitié supérieure. *Légume* dépassant très longuement le calice, *presque cylindrique,* toruleux, *obliquement strié, polysperme.* Graines allongées presque cylindriques.

Plante vivace, herbacée, glabre. *Feuilles imparipinnées ;* stipules libres, semisagittées. Fleurs bleuâtres plus rarement blanches, disposées en grappes axillaires, multiflores.

† **G. officinalis** L. *Sp.* 1062 ; Sibth. et Sm. *Fl. Græc.* t. 726 ; Bourgeau *Pl. Hisp. exsicc.* n. 173 ; Bill. *Exsicc.* n. 2445. — [G. OFFICINAL. — Vulg. *Lavanèse, Rue-de-chèvre*].

Tiges dressées, fistuleuses, striées, de 6-10 décim. Feuilles à 5-9 paires de folioles oblongues-lancéolées obtuses, quelquefois émarginées terminées par un mucron subulé assez long ; stipules assez grandes, semisagittées, acuminées. Fleurs en grappes oblongues longuement pédonculées dépassant ord. les feuilles, à pédicelle naissant à l'aisselle d'une bractée subulée qu'il égale environ. Corolle à étendard obovale-oblong égalant la carène. Légumes longs de 4-6 centim., atténués en pointe. ♃. Juillet-août.

Cette plante, originaire du midi de l'Europe et fréquemment cultivée dans les parterres, se rencontre çà et là au voisinage des jardins d'où elle s'est échappée ; elle est très rare dans nos environs à l'état subspontané. — Indiqué dans le parc de Saint-Cloud (*Thuill.* Fl. Par.). Bords du ru de Cahet près Boullare cant. de Betz (*Questier*).

## † **COLUTEA** L. *Gen.* n. 880 ex parte. — [BAGUENAUDIER].

Calice campanulé, à 5 dents. Corolle à étendard dépassant un peu les ailes ; carène non prolongée en bec. Étamines diadelphes. *Légume polysperme, très renflé-vésiculeux, à valves minces-membraneuses.*

Arbrisseau non épineux. Feuilles imparipinnées ; stipules libres, submembraneuses. Fleurs jaunes ou à veines rougeâtres, disposées en grappes axillaires.

† **C. arborescens** L. *Sp.* 1045 ; Duham. *Arb.* l, t. 22. — [B. ARBORESCENT. — Vulg. *Baguenaudier, Faux-Séné, Séné-bâtard*].

Arbrisseau quelquefois élevé, à rameaux grisâtres. Feuilles à 7-11 folioles oblongues, souvent obcordées, submucronulées, d'un vert blanchâtre à la face inférieure. Fleurs en grappes courtes, pauciflores. Légume vésiculeux, glabre, fermé au sommet, éclatant avec bruit par la pression. ♄. *Fl.* juin-juillet. *Fr.* août.

Fréquemment planté dans les bosquets, les jardins et les promenades publiques. Quelquefois naturalisé dans les haies et les bois. — Fontainebleau !, Malesherbes !, Pithiviers !.

Le *C. cruenta* Ait., cultivé moins fréquemment, s'en distingue par ses légumes ouverts au sommet avant la maturité et par ses fleurs à veines rougeâtres.

## 10. **ASTRAGALUS** L. *Gen.* n. 892 ex parte. — [ASTRAGALE].

Calice campanulé ou tubuleux, à 5 dents. Corolle à étendard dépassant les ailes ; carène obtuse. Étamines diadelphes. *Légume* de forme variable, ord. allongé polysperme arqué, *divisé par l'introflexion de la nervure dorsale en deux loges longitudinales* plus ou moins complètes.

Plantes ord. vivaces à souche presque ligneuse. *Feuilles imparipinnées* ou irrégulièrement paripinnées ; stipules libres ou soudées au pétiole à leur base. Fleurs d'un jaune verdâtre ou purpurines, disposées en grappes axillaires.

**1. A. glycyphyllos** L. *Sp*. 1067 ; *Engl. bot*. t. 203 ; Bill. *Exsicc*. n. 1461. — [A. RÉGLISSE. — Vulg. *Réglisse-sauvage, Réglisse-bâtarde*.

Souche rampante. Tiges de 5-10 décim., étalées ou ascendantes-diffuses, anguleuses, presque glabres. Feuilles à 7-13 folioles ovales-oblongues, très entières ou à peine émarginées au sommet ; *stipules* ovales-oblongues, aiguës, *libres. Fleurs d'un jaune verdâtre*, à étendard dépassant peu les ailes, *en grappes* portées par des pédoncules *axillaires* plus courts que les feuilles. *Légume* glabre ou pubérulent, stipité, arqué, renflé *subtrigone*, atténué en pointe au sommet. ♃. Juin-juillet.

*C*. — Bois, buissons.

**2. A. Monspessulanus** L. *Sp*. 1072 ; *Bot. mag*. II, t. 375 ; Bill. *Exsicc*. n. 1462. — [A. DE MONTPELLIER].

Souche épaisse. *Plante subacaule*, de 1-3 décim., pubescente ou presque glabre. Feuilles à folioles très nombreuses, ovales-oblongues ou oblongues, aiguës ou obtuses, très entières ; *stipules* lancéolées-linéaires, très longues, *soudées au pétiole inférieurement. Fleurs purpurines-violettes*, à étendard dépassant longuement les ailes, en grappes portées sur des pédoncules paraissant radicaux plus longs que les feuilles. Légume glabre, sessile, arqué, un peu comprimé, mucroné par le style. ♃. Mai-juillet.

*R*. — Pelouses arides et pentes rocailleuses des coteaux crayeux. — Mantes (*Thuill*. Fl. Par.), très abondant sur les coteaux de la rive droite de la Seine entre Limay ! et Vétheuil ! ; Rolleboise (*Vaill*. Bot. Par.); La Roche-Guyon ! ; Vernon !.

† **A. Cicer** L. *Sp*. 1067 ; Jacq. *Austr*. III, t. 251. — [A. POIS-CHICHE].

Souche rampante. Tiges de 3-7 décim., décombantes-diffuses, ord. flexueuses, glabrescentes ou pubescentes. Feuilles à 11-27 folioles ovales ou ovales-oblongues, obtuses souvent mucronulées, velues à poils apprimés ; *stipules* petites, lancéolées, les *supérieures soudées* entre elles *en une seule* stipule bifide opposée à la feuille. *Fleurs* nombreuses, *d'un blanc jaunâtre*, à étendard dépassant les ailes, *en grappes* ovales ou ovales-oblongues assez compactes s'allongeant peu à la maturité portées sur des pédoncules *axillaires* plus longs ou plus courts que les feuilles. *Légume hérissé* de poils noirs et blancs, vésiculeux, *ovoïde-subglobuleux*, brusquement terminé en pointe par la base persistante du style. ♃. Juin-juillet.

Naturalisé dans les bois de Vincennes ! (*Devilliers*), de Boulogne !, et de Meudon près de Chaville (*Irat*), où il a probablement été semé. — Indiqué à Vernon où il n'a pas été rencontré récemment. — Assez abondant dans le département de l'Yonne (*Sagot*).

**11. MELILOTUS** Tourn. *Inst*. t. 229. — [MÉLILOT].

Calice campanulé, à 5 dents. Corolle caduque, à étendard égalant ou dépassant les ailes ; carène obtuse, adhérente aux ailes au-dessus de l'onglet. Étamines diadelphes. *Légume* dépassant le calice, *droit*, oblong, *1-4-sperme, indéhiscent*.

Plantes annuelles, ou bisannuelles à racine épaisse pivotante. Feuilles pinnées-trifoliolées ; stipules soudées inférieurement au pétiole. *Fleurs* jaunes, rarement blanches, *disposées en grappes spiciformes effilées*.

**1. M. arvensis** Wallr. *Sched*. 393 ; *Engl. bot*. t. 2960 ; *Illustr. fl. Par*. t. 11, E. — *M. diffusa* Koch ap. DC. *Fl. Fr*. supp. 564. — *M. officinalis* Sturm *Germ*. fasc. XV, non Willd. nec DC.; Bill. *Exsicc*. n. 229. — [M. DES CHAMPS].

Tiges de 3-5 décim., étalées ou ascendantes-diffuses, glabres. Feuilles à folioles obovales ou oblongues, dentelées ; stipules subulées-sétacées à base élargie. *Fleurs jaunes, à étendard ne. dépassant pas les ailes* ; en grappes allongées dressées dépassant très longuement les feuilles. Ovaire à 6-8 ovules. *Légume glabre, oblong-obovale, presque obtus, mucroné* par le style, ridé transversalement, *à bord supérieur presque obtus.* (2). Juin-septembre.

*C.* — Lieux secs, bords des chemins, moissons.

**2. M. officinalis** Willd. *Enum.* 790 ; *Illustr. fl. Par.* t. 11, F. — *Trifolium macrorhizum* Waldst. et Kit. *Rar. Hung.* I, t. 26. — *M. altissima* Thuill. *Fl. Par.* 378. — *M. macrorhiza* Pers. *Syn. pl.* II, 348 ; Gren. et Godr. *Fl. Fr.* I, 402 ; Bill. *Exsicc.* n. 537. — [M. OFFICINAL. — Vulg. *Mélilot*].

Tiges de 5-10 décim., ord. dressées, glabres. Feuilles à folioles oblongues étroites souvent presque linéaires, tronquées, denticulées ; stipules subulées-sétacées à base élargie. *Fleurs jaunes, à étendard ne dépassant pas les ailes*, en grappes dressées dépassant très longuement les feuilles. Ovaire ord. à 2 ovules. *Légume couvert de poils apprimés, oblong atténué au sommet*, terminé par le style, ridé transversalement, *à bord supérieur comprimé.* (2). Juin-septembre.

*C.* — Buissons herbeux, prairies, bords des fossés, lisière des bois.

**3. M. Indica** L. *Sp.* 1077 ; Link *Encycl. méth.* IV, 63 ; Moris *Fl. Sard.* t. 56. — *M. parviflora* Desf. *Atl.* II, 192 ; *Illustr. fl. Par.* t. 11, G. — [M. D'INDE].

Tiges de 2-5 décim., dressées, étalées ou ascendantes, glabres. Feuilles à folioles obovales ou oblongues, souvent tronquées au sommet, denticulées ; stipules linéaires-subulées à base élargie. *Fleurs jaunes, très petites, à étendard dépassant longuement les ailes, en grappes courtes compactes avant l'épanouissement complet de toutes les fleurs. Légume subglobuleux, obtus, brusquement mucroné* par le style, ridé en réseau, à bord supérieur obtus. (1). Juin-août.

*R.* — Bords des chemins, champs incultes, moissons. — Bourg-la-Reine, Meudon (*Kralik*); bois de Boulogne, Saint-Cloud, Vincennes, Enghien, Mennecy (*Maire*).

**4. M. alba** Link *Encycl. méth.* IV, 63 ; Thuill. *Fl. Par.* 378 ; Koch *Syn. fl. Germ.* éd. 2, 183 ; Gren. et Godr. *Fl. Fr.* I, 402. — *M. leucantha* Koch ap. DC. *Fl. Fr.* V, 564 ; *Fl. Par.* éd. 1, 127, et *Illustr. fl. Par.* t. 11, H ; *Engl. bot.* t. 2689 ; Bill. *Exsicc.* n. 2440. — [M. BLANC].

Tiges de 5-10 décim., ord. dressées, glabres. Feuilles à folioles oblongues, tronquées, denticulées ; stipules subulées-sétacées à base élargie. *Fleurs blanches, à étendard dépassant longuement les ailes*, en grappes allongées dressées dépassant très longuement les feuilles. Ovaire à 3-4-ovules. *Légume glabre, oblong ou oblong-ovale, atténué au sommet ou obtus mucroné, ridé transversalement, à bord supérieur presque obtus.* (2). Juin-septembre.

*R.* — Lieux secs, bords des chemins. — Issy (*Loysel*); Meudon !; Sèvres (*Thuill. Fl. Par.*) ; très abondant à Chaville sur les berges du chemin de fer !. Senart, Fontainebleau (*Maire*) ; Nemours (*Devilliers*). Santeuil près Marines (*de Schœnefeld*) ; Saint-Crépin près Pouilly (*Daudin*) ; La Biguë, Bellefontaine, et Aulmont près Senlis (*Questier, Morelle*) ; abondant à plusieurs localités dans les prairies artificielles du cant. de Betz (*Questier*). Dreux (*Dænen*). — Larbroie près Noyon (*Questier*). —

*Graves* Cat. Oise : canton de Nanteuil à Ève et Ermenonville ; Grandvilliers ; forêt de Compiègne.

On rencontre çà et là, dans le voisinage des jardins, le *M. cærulea* Lmk (*M. bleu*), qui est quelquefois cultivé. Cette espèce se reconnaît à ses fleurs bleuâtres en grappes ovoïdes compactes, à ses légumes striés-veinés longitudinalement et à son odeur aromatique très pénétrante, surtout après la dessiccation.

### 12. **MEDICAGO** L. *Gen.* n. 899. — [LUZERNE].

Calice campanulé à 5 divisions. Corolle caduque, à étendard dépassant les ailes et la carène ; *carène obtuse*, plus ou moins échancrée. Étamines diadelphes. *Légume dépassant ord. longuement le calice, réniforme, falciforme ou contourné en une spirale* à plusieurs tours, souvent chargé d'épines sur le bord extérieur, polysperme, très rarement monosperme.

Plantes annuelles ou vivaces, rarement bisannuelles. *Feuilles pinnées-trifoliolées ;* stipules herbacées, soudées inférieurement au pétiole. Fleurs jaunes, plus rarement jaunâtres ou violacées, disposées en grappes ou en capitules multiflores axillaires pédonculés, ou subsolitaires au sommet des pédoncules.

Sect. I. *LUPULARIA.* — *Légume non épineux, réniforme, falciforme, ou décrivant 2-5 tours de spire qui circonscrivent un espace annulaire.* — 1-2 bis.

Sect. II. *SPIROCARPOS.* — *Légume épineux sur le bord extérieur, rarement dépourvu d'épines, décrivant plusieurs tours de spire rapprochés en une hélice compacte qui ne laisse pas d'ouverture au centre.* — 3-7.

Sect. I. LUPULARIA. — Légume non épineux, réniforme, falciforme, ou décrivant 2-3 tours de spire qui circonscrivent un espace annulaire.

1. **M. Lupulina** L. *Sp.* 1097; *Engl. bot.* t. 971 ; Bill. *Exsicc.* n. 1159. — [L. LU-PULINE. — Vulg. *Mignonnette, Minette, Lupuline, Petit-Triolet*].

Racine grêle, pivotante. Tiges de 1-5 décim., dressées, ascendantes ou étalées, légèrement pubescentes. Feuilles à folioles obovales-cunéiformes, ord. émarginées, mucronulées, denticulées ; stipules linéaires ou lancéolées, aiguës, entières, les inférieures quelquefois denticulées. *Fleurs* jaunes, très petites, *très brièvement pédicellées,* disposées en épis ovoïdes denses multiflores portés sur des pédoncules axillaires plus longs que la feuille. *Légume* glabre, quelquefois pubescent ou velu-glanduleux, à nervures saillantes, *monosperme, réniforme* courbé au sommet. ① ou ②. Mai-septembre.

*C C C.* — Lieux stériles pierreux, prairies, pâturages. — Quelquefois cultivé en grand comme fourrage.

Var. β. *Willdenowiana* (Koch *Syn. fl. Germ.* ed. 2, 177. — *M. Willdenowii* Bœnningh. *Prodr. fl. Mon.* 226). — Légumes hérissés de poils glanduleux. — *A.C.* — Lieux sablonneux arides, vieux murs.

2. **M. falcata** L. *Sp.* 1096 ; *Engl. bot.* t. 1016 ; Bill. *Exsicc.* n. 1057. — [L. EN FAUCILLE. — Vulg. *Luzerne-jaune, L.-sauvage, L.-de-Suède*].

Souche épaisse, à racine très longue. Tiges de 5-9 décim., tombantes-étalées ou ascendantes, légèrement pubescentes. Feuilles à folioles oblongues ou oblongues-cunéiformes, ord. émarginées, denticulées supérieurement, mucronées ; stipules lancéolées-subulées, entières ou denticulées. *Fleurs* d'un jaune plus ou moins intense, plus rarement violacées ou vertes, *à pédicelles beaucoup plus longs que les bractées et environ de la longueur du calice,* disposées en grappes multiflores courtes portées sur des pédoncules axillaires plus longs que la feuille. *Légume glabre ou à poils apprimés, veiné-réticulé, polysperme,* allongé, *falciforme, décrivant rarement plus d'un tour de spire.* ♃. Juin-septembre.

*C.* — Lieux stériles pierreux, buissons, pâturages secs, bords des chemins.

† **M. sativa** L. *Sp.* 1096; *Engl. bot.* t. 1749 ; Bill. *Exsicc.* n. 1135. — [L. CUL-TIVÉE. — Vulg. *Luzerne*].

Souche épaisse, à racine très longue. Tiges de 4-9 décim., ascendantes ou dressées, pubescentes. Feuilles à folioles oblongues, émarginées, denticulées supérieurement, mucronées; stipules lancéolées-subulées, entières ou denticulées. *Fleurs* bleuâtres ou violettes, quelquefois mêlées de jaune, *à pédicelles plus courts que les bractées et que le calice,* disposées en grappes multiflores portées sur des pédoncules axillaires plus longs que la feuille. *Légume à pubescence apprimée, à* peine veiné-réticulé, *polysperme,* allongé, *décrivant 2-3 tours de spire.* ♃. Juin-septembre.

Cultivé en prairies artificielles. — Fréquemment subspontané aux bords des chemins et dans les champs en friche.

Sect. II. SPIROCARPOS. — Légume épineux sur le bord extérieur, rarement dépourvu d'épines, décrivant plusieurs tours de spire rapprochés en une hélice compacte qui ne laisse pas d'ouverture au centre.

3. **M. orbicularis** All. *Ped.* n. 1150 ; Schk. *Handb.* t. 212 ; Moris *Fl. Sard.* t. 37 ; Bill. *Exsicc.* n. 749. — [L. ORBICULAIRE].

Tiges de 1-3 décim., étalées ou ascendantes, presque glabres. Feuilles à folioles obovales-cunéiformes, denticulées supérieurement, mucronulées ; stipules profondément découpées, à divisions sétacées. Fleurs jaunes, disposées 1-4 au sommet de pédoncules axillaires plus courts que la feuille. *Légume glabre, dépourvu d'épines,* veiné-réticulé, polysperme, *en hélice déprimée en forme de disque,* à 4-5 tours de spire, à bord extérieur tranchant presque membraneux. ①. Mai-juillet.

*R R.* — Pelouses des coteaux arides, bords des chemins pierreux, vieux murs couverts de chaume. — Entre Chaillot et le bois de Boulogne (*Cornuti* Ench. Par.) ; bois de Boulogne ! (*Decaisne*) ; entre Longchamp et Boulogne (*Kralik*), où il croît mêlé au *M. Gerardi* ; Mont Valérien du côté de Saint-Cloud (*Vaill.* Bot. Par.). Féricy près le Châtelet (*M. Garnier*) ; Malesherbes ! (*Maire*) ; très abondant à Pithiviers ! (*Woods*). — *Graves* Cat. Oise : champs et prés au pied des coteaux à Laigneville et Rieux cant. de Liancourt, où il a sans doute été introduit.

Le *M. scutellata* All. (Moris *Fl. Sard.* t. 36 ; Bill. *Exsicc.* n. 1160 et *bis*), indiqué à Praslin près Melun (*Mérat* Fl. Par.) et trouvé dans les prairies de Rentigny près Liancourt, où il a été sans doute introduit par la culture (*Graves* Cat Oise), se distingue du *M. orbicularis* par son légume à tours de spire concaves emboîtés formant une hélice globuleuse, et par ses stipules lancéolées-dentées.

4. **M. Gerardi** Willd. *Sp.* III, 1415 ; Moris *Fl. Sard.* t. 43 ; Bill. *Exsicc.* n. 123. — Vaill. *Bot. Par.* t. 33, f. 7. — [L. DE GÉRARD].

Tiges de 1-4 décim., étalées ou ascendantes, pubescentes-velues. Feuilles à folioles obovales-cunéiformes, denticulées supérieurement, souvent mucronulées ; stipules découpées, à divisions sétacées. Fleurs jaunes, disposées 1-4 au sommet de pédoncules axillaires de longueur variable. *Légume tomen-*

*leux*, non veiné, polysperme, en hélice globuleuse-subcylindrique à 5-6 tours de spire, à bord extérieur épais *portant des épines espacées courtes presque coniques*. (ⅈ). Mai-juillet.

R R. — Pelouses sèches des terrains sablonneux ou calcaires. — Bois de Boulogne ! (*Adr. de Jussieu*); plaine du Point-du-Jour !; entre Longchamp et Boulogne (*Kralik*) ; Argenteuil ! (*de Schœnefeld*) ; bois du Vésinet (*Thuret*); plaine de Saint-Maur (*Kralik*). Bonnières près Mantes (*Dœnen*).

5. **M. minima** Lmk *Encycl. méth.* III, 636; *Engl. bot.* t. 2635; Schk. *Handb.* II, t. 212; Bill. *Exsicc.* n. 536. — [L. MINIME].

Tiges de 1-3 décim., étalées ou ascendantes, couvertes d'une pubescence courte. Feuilles à folioles obovales-cunéiformes, émarginées-mucronées, denticulées supérieurement ; *stipules* lancéolées-aiguës, *entières, ou* les inférieures *denticulées*. Fleurs jaunes, disposées 1-4 au sommet de pédoncules axillaires ord. plus courts que la feuille. *Légume* glabre ou à peine pubescent, non veiné, polysperme, *en hélice subglobuleuse à 4-5 tours de spire*, à bord extérieur chargé de deux rangées d'épines ; *épines subulées*, droites, crochues au sommet, creusées sur chaque face d'un sillon profond et *se bifurquant à la base, les branches internes des épines des deux rangées s'insérant ensemble sur une ligne très saillante* que présente la partie moyenne du bord extérieur du légume. (ⅈ). Mai-juillet.

C. — Coteaux secs, terrains sablonneux arides, pelouses rases, murs couverts de chaume.

6. **M. apiculata** Willd. *Sp.* III, 1414. — [L. APICULÉE].

Tiges de 2-5 décim., étalées, ascendantes ou dressées, glabres. Feuilles à folioles obovales-élargies, denticulées supérieurement, ord. obcordées mucronées ; *stipules découpées*, à divisions sétacées dépassant de beaucoup le milieu du limbe. *Fleurs* jaunes, disposées *en grappes 5-10-flores* au sommet de pédoncules axillaires plus courts que la feuille ou atteignant environ sa longueur. *Légume* glabre, fortement veiné-réticulé, polysperme, *en hélice subglobuleuse-déprimée à 2-3 tours plus rarement à 4 tours de spire*, à bord extérieur chargé de deux rangées d'épines ; *épines subulées*, droites ou arquées, quelquefois crochues au sommet, creusées sur chaque face d'un sillon profond et *se bifurquant à la base, les branches internes des épines des deux rangées s'insérant ensemble sur une ligne très saillante* que présente la partie moyenne du bord extérieur du légume. (ⅈ). Mai-juillet.

C. — Moissons, champs en friche, lieux pierreux.

Var. β. *denticulata*. (*M. denticulata* Willd. *Sp.* III, 1414 ; *Engl. bot.* t. 2634 ; Moris *Fl. Sard.* t. 48). — Épines du légume ord. crochues au sommet, la plupart égalant ou dépassant en longueur la moitié du diamètre transversal du légume. — A.R. — Bois de Boulogne (*Maire*) ; Sceaux (*Kralik*); Les Loges près Versailles !, etc.

7. **M. maculata** Willd. *Sp.* III, 1412; Moris *Fl. Sard.* t. 50; Bill. *Exsicc.* n. 1644. — [L. TACHÉE. — Vulg. *Grand-Pagnolet*].

Tiges de 3-5 décim., étalées, ascendantes ou dressées, portant des poils longs épars. Feuilles à folioles obovales-élargies, denticulées supérieurement, souvent obcordées mucronées, ord. marquées à la face supérieure d'une tache brune ; *stipules* ovales-lancéolées, *dentées, à dents courtes* ne dépassant pas le milieu du limbe. *Fleurs jaunes, disposées 1-3 plus rarement 4* au sommet de pédoncules axillaires environ une fois plus courts que la feuille. *Légume* glabre, presque lisse ou légèrement veiné, polysperme, *en hélice subglobuleuse déprimée à 4-5 tours de spire*, à bord extérieur chargé de deux rangées d'épines ; *épines subulées*, ord. arquées, souvent réfractées, creusées sur chaque face d'un sillon profond et *se bifurquant à la base, les branches internes des épines des deux rangées s'insérant sur deux lignes distinctes peu saillantes* que présente la partie moyenne du bord extérieur du légume. (1). Mai-juillet.

C. — Prairies, lieux herbeux.

### 13. **TRIFOLIUM** Tourn. *Inst.* t. 228. — [TRÈFLE].

Calice campanulé ou tubuleux, subbilabié, à 5 dents ou à 5 divisions. *Corolle* souvent gamopétale, ord. *marcescente ou persistante*, devenant quelquefois scarieuse après la floraison, très rarement caduque, à étendard égalant ou dépassant les ailes et la carène ; *carène* plus ou moins *obtuse ;* ailes souvent divergentes. Étamines diadelphes. *Légume* très petit, *renfermé dans le calice ou le dépassant peu*, suborbiculaire ou oblong, *droit, monosperme, plus rarement 2-4-sperme*, à peine déhiscent.

Plantes annuelles ou vivaces. *Feuilles trifoliolées*, rarement pinnées-trifoliolées; stipules herbacées, plus ou moins longuement soudées au pétiole. *Fleurs purpurines, blanches, jaunes, plus rarement jaunâtres, disposées en capitules ou en épis compactes* multiflores, très rarement pauciflores, axillaires ou terminaux.

Sect. 1. *CHRONOSEMIUM.* — Fleurs en capitules multiflores ou pluriflores. *Corolle jaune, persistante et devenant scarieuse après la floraison.* Calice à gorge nue ne devenant pas vésiculeux après la floraison. *Légume stipité.* — (1-5).

Sect. II. *TRIFOLIASTRUM.* — Fleurs en capitules ou en épis multiflores. *Corolle purpurine, rose ou blanche, rarement jaunâtre,* marcescente ou persistante-scarieuse. *Calice* à gorge glabre ou velue, nue ou munie d'un anneau saillant, *ne devenant pas vésiculeux* après la floraison. *Légume sessile au fond du calice.*

§ 1. *Calice à dents velues-ciliées, à gorge glabre ou velue, munie d'un anneau saillant. Fleurs sessiles ou subsessiles.* — (6-12).

§ 2. *Calice à dents glabres ou presque glabres, à gorge nue. Fleurs sessiles ou pédicellées.* — (13-17).

Sect. III. *FRAGIFERA.* — Fleurs en capitules multiflores. *Corolle rose,* marcescente. *Calice* à gorge nue, le *fructifère membraneux, veiné-réticulé, vésiculeux* par le développement de la partie dorsale correspondant aux deux divisions supérieures. *Légume sessile,* longuement dépassé par le tube du calice. — (18).

Sect. IV. *TRICHOCEPHALUM.* — Fleurs en capitules pauciflores. *Corolle* blanchâtre, caduque. *Calices* à gorge nue ; les *fructifères* dilatés par le légume, *recouverts par des calices stériles réfléchis. Légume sessile, renfermé dans le tube du calice. Capitules* s'enfonçant dans la terre après la floraison en s'y fixant par les divisions accrescentes des calices stériles. — (19).

Sect. I. CHRONOSEMIUM. — Fleurs en capitules multiflores ou pluriflores. Corolle jaune, persistante et devenant scarieuse après la floraison. Calice à gorge nue, ne devenant pas vésiculeux après la floraison. Légume stipité.

1. **T. filiforme** L. *Sp.* 1088 ex parte ; Fries *Herb. norm. exsicc.* fasc. IX, n. 54. — *T. minus* Relhan in Sm. *Engl. bot.* t. 1256, et *Fl. Brit.* III, 1403 ;

Puel in *Bull. Soc. bot.* III, 291. — *T. procumbens* Soy.-Willm. et Godr. *Rev. Trèfl. Chronos.* 21; Gren. et Godr. *Fl. Fr.* I, 423 non L.; Bill. *Exsicc.* n. 347. — [T. FILIFORME. — Vulg. *Trèfle-jaune*].

Tiges de 1-4 décim., étalées-diffuses ou ascendantes, presque glabres ou pubescentes. Feuilles à *folioles* obovales, ord. émarginées ou obcordées, denticulées supérieurement, *la moyenne ord. pétiolulée* ; stipules ovales ou ovales-oblongues, aiguës ou acuminées. *Fleurs* d'un jaune pâle, *à pédicelles plus courts que le tube du calice*, en *capitules* 5-20-*flores* longuement pédonculés, *à pédoncules filiformes droits*; capitules subglobuleux avant l'épanouissement complet, à boutons ne dépassant pas les fleurs. Fleurs fructifères brunâtres à *étendard plié en carène*, étroitement appliqué sur le légume, *dépassant à peine les ailes, non strié ou à stries* longitudinales *très fines* presque parallèles. *Style environ trois fois plus court que le légume.* Ⓘ. Mai-septembre.

*C C.* — Bords des chemins, lisière des bois, prairies sèches ou humides.

S.-v. *pauciflorum.* — Plante très grêle, à capitules 2-8-flores.

2. **T. micranthum** Viv. *Fl. Lib.* 45, t. 19, f. 3 [1824]; Seringe in DC. *Prodr.* II, 206; Tenore *Syll. fl. Nap.* add. et emend. 621; Koch *Syn. fl. Germ.* ed. 2, 195. — *T. filiforme* Relhan in Sm. *Engl. bot.* t. 1257, et *Fl. Brit.* III, 1404 non L. ex parte; Moris *Fl. Sard.* I, 501; Soy.-Willm. et Godr. *Rev. Trèfl. Chronos.* 19; Gren. et Godr. *Fl. Fr.* I, 422; Bill. *Exsicc.* n. 346. — *T. capilliforme* Delile ined. sec. Tenore, loc. cit. — *T. controversum* Jan in Salis in *Flora* [1834], 58. — [T. A PETITES FLEURS].

Tiges de 3-20 centim., filiformes, décombantes-étalées, glabres. Feuilles à *folioles* obovales-cunéiformes, émarginées, denticulées supérieurement, *la moyenne sessile*; stipules ovales-oblongues, aiguës. *Fleurs* très petites, jaunes, *à pédicelles très fins plus longs que le tube du calice*, disposées par 2-6 en *capitules lâches à l'extrémité de pédoncules* allongés capillaires *flexueux*; capitules à boutons ne dépassant pas les fleurs avant l'épanouissement complet. *Fleurs fructifères* jaunâtres, *à étendard plié en carène*, étroitement appliqué sur le légume, *dépassant à peine les ailes*, presque lisse. *Style environ trois fois plus court que le légume.* Ⓘ. Mai-juin.

*R R.* — Lieux sablonneux, pelouses sèches. — Env. de Versailles près de la rue du Plessis (*Crétaine*), et à Porchefontaine (*Vaillant* in herb. Mus. Par.); étang de Saint-Quentin près Trappes (*de Schœnefeld*). Le Becquet près Beauvais (*Quesnel*).

Les *T. micranthum* et *filiforme* paraissent avoir été confondus par Linné sous le nom de *T. filiforme :* mais le nom de *T. filiforme* nous paraît devoir être attribué à la plante la plus commune tant en Suède qu'aux environs de Paris.

3. **T. procumbens** L. *Sp.* 1088; Sm. *Engl. bot.* t. 945, et *Fl. Brit.* II, 792; Fries *Herb. norm. exsicc.* fasc. IX, n. 53; Puel in *Bull. Soc. bot.* III, 400. — Vaill. *Bot. Par.* t. 22, f. 3. — *T. agrarium* Gren. et Godr. *Fl. Fr.* I, 423 non L.; Bill. *Exsicc.* n. 231 et *bis*. — [T. COUCHÉ. — Vulg. *Trèfle-jaune*].

Tiges de 1-4 décim., étalées-diffuses ou ascendantes, rarement dressées, plus ou moins pubescentes. Feuilles à folioles oblongues-obovales ou obovales, ord. émarginées, légèrement denticulées supérieurement, la moyenne pétiolulée; stipules ovales ou ovales-oblongues, aiguës ou acuminées. Fleurs d'un jaune de soufre, en capitules multiflores longuement pédonculés; capitules avant l'épanouissement complet à fleurs dépassées par les boutons groupés en une pointe conique. *Fleurs fructifères* brunâtres à *étendard* étalé, *à peine plié*, courbé au sommet, dépassant longuement les ailes, *fortement strié; ailes divergentes. Style environ trois fois plus court que le légume.* (I). Mai-août.

C. — Bords des chemins, pelouses sèches, endroits pierreux.

S.-v. *elatius*. (*T. campestre* Schreb. ap. Sturm *Germ.* fasc. XVI). — Tiges ord. robustes, de 2-6 décim., souvent dressées, à rameaux étalés. Fleurs en capitules très multiflores.

4. **T. patens** Schreb. ap. Sturm *Germ.* fasc. IV, t. 16 ; Koch *Syn. fl. Germ.* ed. 2, 195 ; Gren. et Godr. *Fl. Fr.* I, 423 ; Bill. *Exsicc.* n. 2241. — *T. aureum* Thuill. *Fl. Par.* 385 non Poll. — *T. Parisiense* DC. *Fl. Fr.* V, 562 ; *Fl. Par.* éd. 1, 132. — *T. chrysanthum* Gaud. *Helv.* IV, 603. — [T. ÉTALÉ].

Tiges de 3-5 décim., ascendantes ou dressées, plus ou moins pubescentes. Feuilles à folioles oblongues-obovales, souvent émarginées, denticulées supérieurement, toutes subsessiles ou la moyenne pétiolulée; *stipules ovales ou ovales-oblongues*, aiguës. Fleurs d'un jaune d'or, en capitules multiflores; pédoncule environ quatre fois plus long que le capitule. Fleurs fructifères brunâtres à étendard étalé, à peine plié, un peu courbé au sommet, dépassant les ailes, strié; *ailes divergentes. Style environ de la longueur du légume.* (I). Juin-août.

A.C. — Prairies humides, prés spongieux ou tourbeux — Bords de la Seine près d'Issy (*de Schœnefeld*); Le Plessis-Piquet!; Buc!; Port-Royal (*de Schœnefeld*); Chevreuse!; Dampierre!. Saint-Gratien!. Torcy, Lognes (*Thuret*). Verderonne!; Verberie (*Questier*). Moret!; env. de Nemours!; très abondant à Thurelles! près Dordives. Anet (*Dœnen*), etc.

5. **T. agrarium** L. *Sp.* 1087; *Fl. Dan.* t. 558 ; Schk. *Handb.* t. 210 ; Fries *Herb. norm. exsicc.* fasc. IX, n. 52; Puel in *Bull. Soc. bot.* III, 397. — *T. aureum* Poll. *Palat.* II, 344 non Thuill. *Fl. Par.*; Soy.-Willm. et Godr. *Rev. Tréfl. Chronos.* 26; Gren. et Godr. *Fl. Fr.* I, 424; Bill. *Exsicc.* n. 345. — [T. DES CAMPAGNES].

Tiges de 2-4 décim., ascendantes ou dressées, à peine pubescentes. Feuilles à folioles oblongues-obovales, souvent émarginées, denticulées supérieurement, toutes sessiles; *stipules lancéolées ou linéaires*, aiguës ou acuminées. Fleurs d'un beau jaune, en capitules très multiflores; pédoncule environ de la longueur du capitule, rarement plus long. Fleurs fructifères ord. d'un brun assez intense à étendard étalé, à peine plié, courbé au sommet, dépassant longuement les ailes, fortement strié à stries obliques; *ailes divergentes. Style environ de la longueur du légume.* (I) ou (2). Juin-août.

R R. — Prairies montueuses, lisière des bois. — Ville-d'Avray (*Maire*). Champagne (*Weddell*). Bois de l'étang de Villefermoy près Nangis (*de Boucheman*). Bois de Tachy près Provins (*Des Étangs*). Villers-Cotterets (*Maire*). — *Graves* Cat. Oise : forêt de Compiègne, dans le bois de Damart.

Sect. II. TRIFOLIASTRUM. — Fleurs en capitules ou en épis multiflores. Corolle purpurine, rose ou blanche, rarement jaunâtre, marcescente ou persistante-scarieuse. Calice à gorge glabre ou velue, nue ou munie d'un anneau saillant, ne devenant pas vésiculeux après la floraison. Légume sessile au fond du calice.

§ 1. Calice à dents velues-ciliées, à gorge glabre ou velue, munie d'un anneau saillant. Fleurs sessiles ou subsessiles.

6. **T. pratense** L. *Sp.* 1082; *Engl. bot.* t. 1770; Bill. *Exsicc.* n. 1854. — [T. DES PRÉS. — Vulg. *Trèfle, T.-commun, Grand-Trèfle-rouge, Gros-Trèfle*].

Souche cespiteuse, à racine pivotante. Tiges de 3-5 décim., ascendantes, pubescentes ou glabrescentes. Feuilles à folioles oblongues, entières ou à peine denticulées dans la moitié supérieure, obtuses mucronulées ou émarginées, pubescentes au moins à la face inférieure ; *stipules submembraneuses veinées, glabres, à partie libre triangulaire aristée. Fleurs roses-purpurines*, très rarement blanches. *Capitules subglobuleux* ou ovoïdes, solitaires, plus rarement géminés, subsessiles entre les feuilles florales. *Calice velu, à divisions filiformes*, l'inférieure *ne dépassant pas la moitié de la longueur de la corolle* ; le fructifère à divisions presque dressées. ♃ ou ②. Mai-septembre.

C C. — Prés, bois, bords des chemins, lieux herbeux. — Cultivé partout en prairies artificielles.

S.-v. *microphyllum*. (*T. microphyllum* auct. *non* Desv.). — Tiges souvent étalées, ord. colorées. Feuilles à folioles plus petites de moitié que dans le type. Capitules ord. moins gros. — Lieux très arides.

7. **T. medium** L. *Fl. Suec.* ed. 2, 558; *Engl. bot.* t. 190 ; Bill. *Exsicc.* n. 955 et *bis*. — *T. flexuosum* Jacq. *Austr.* IV, t. 386. — [T. INTERMÉDIAIRE].

Souche traçante, rameuse. Tiges de 2-5 décim., flexueuses, ascendantes-diffuses, pubescentes surtout supérieurement. Feuilles à folioles oblongues, entières ou à peine denticulées, mucronulées, souvent un peu émarginées, pubescentes à la face inférieure ; *stipules subherbacées, à partie libre lancéolée ou linéaire insensiblement atténuée. Fleurs roses-purpurines, en capitules subglobuleux* solitaires ou géminés plus ou moins pédonculés entre les feuilles florales. *Calice à tube presque glabre, à divisions filiformes*, l'inférieure *ne dépassant pas la moitié de la longueur de la corolle* ; le fructifère à divisions plus ou moins étalées. ♃. Juin-août.

*A.C.* — Lieux herbeux des bois, bords des chemins, pelouses élevées. — Bondy, Ville-d'Avray (*Delavaux*); Saint-Germain (*de Schœnefeld*). Forêt de Senart ! ; La Ferté-Aleps ! ; Le Châtelet ! ; Fontainebleau ! ; Champagne ! ; Thurelles ! près Dordives. Env. de Provins (*Des Étangs*). Saint-Léger ! ; forêt de Rambouillet. La Roche-Guyon ! . Beauvais ! ; forêt de Hallate ! ; forêt de Villers-Cotterets, Montigny-l'Allier (*Questier*).

8. **T. ochroleucum** L. *Syst. nat.* III, 233 ; Jacq. *Austr.* I, t. 40 ; *Engl. bot.* t. 1224 ; Bill. *Exsicc.* n. 1647. — [T. JAUNATRE].

Souche cespiteuse, à racine épaisse pivotante. Tiges de 3-6 décim., ascendantes, très pubescentes. Feuilles à folioles oblongues, très entières, ord. subémarginées, pubescentes presque soyeuses surtout à la face inférieure ; stipules subherbacées, lancéolées, s'atténuant insensiblement en une pointe subulée-filiforme. *Fleurs jaunâtres. Capitules subglobuleux* ou oblongs, solitaires, plus rarement géminés, sessiles ou pédonculés entre les feuilles florales. *Calice velu, à divisions lancéolées-subulées, les supérieures environ deux fois plus courtes que l'inférieure* qui ne dépasse pas la moitié de la longueur de la corolle ; le fructifère à divisions étalées. Corolle à étendard dépassant très longuement les ailes. ♃. Juin-juillet.

*A.C.*— Lieux herbeux des bois, pâturages élevés.— Bièvre, Villegenis, Palaiseau (*Thuill.* Fl. Par.); bois de Boulogne (*E. Fournier*); Courcelles (*Bonnet*); Le Raincy!; Bondy (*de Schœnefeld*); avenue de Saint-Cyr (*Thuret*). Marcoussis (*de Schœnefeld*); Corbeil (*de Boucheman*); forêt de Rougeaux!; La Ferté-Aleps! (*Delavaux*); Fontainebleau!; Nemours! (*Devilliers*); Thurelles! près Dordives. Bois de Montramé près Provins (*Bouteiller*). Rambouillet!; Dreux!. Env. de Mantes!; Vernon!; Magny!; bois du Parc près Beauvais (*Taillefert*), etc.

9. **T. rubens** L. *Sp.* 1081; Jacq. *Austr.* IV, t. 385; Bill. *Exsicc.* n. 956. — [T. ROUGE].

Souche cespiteuse. *Tiges de 4-6 décim., ascendantes, très glabres.* Feuilles glabres, à folioles oblongues-étroites, mucronulées, à nervures secondaires prolongées en denticules roides; stipules subherbacées, linéaires ou lancéolées, très longuement soudées au pétiole, celles des feuilles moyennes et supérieures dépassant le pétiole. *Fleurs* purpurines-rosées, *en épis oblongs-subcylindriques*, terminaux, solitaires ou géminés, plus ou moins longuement pédonculés entre les feuilles florales. *Calice à tube presque glabre, à 20 nervures, à divisions filiformes les supérieures environ deux fois plus courtes que l'inférieure qui égale environ la longueur de la corolle;* le fructifère à divisions presque dressées. ♃. Juin-juillet.

*A.R.* — Bois montueux, pelouses élevées. -- Châtillon (*Mandon*); garenne de Sèvres, bois de Rueil, de Luciennes, de Cueilly (*Vaill.* Bot. Par.). Forêt de Senart! (*Maire*); Lardy! (*Maire*); La Ferté-Aleps (*Tollard*); abondant dans la forêt de Fontainebleau! (*Tourn.* Hist. pl. Par.); env. de Branles!.

† **T. incarnatum** L. *Sp.* 1083; Mill. *Ic.* t. 267, f. 1; *Bot. mag.* X, t. 328; *Engl. bot.* t. 2950; Bill. *Exsicc.* n. 124. — [T. INCARNAT. — Vulg. *Farouche, Trèfle-anglais*].

*Plante annuelle. Tiges de 2-6 décim., dressées, très pubescentes.* Feuilles à folioles obovales-suborbiculaires ou obovales-cunéiformes, denticulées dans leur moitié supérieure, obtuses ou émarginées, pubescentes sur les deux faces; stipules membraneuses subherbacées au sommet, ovales obtuses ou aiguës. Fleurs d'un pourpre vif, plus rarement jaunâtres. *Épis oblongs-subcylindriques*, plus rarement coniques, solitaires terminaux, dépourvus de feuilles florales. *Calice très velu, à divisions* linéaires-subulées, presque égales, *atteignant ou dépassant la moitié de la longueur de la corolle;* le fructifère à divisions très étalées. ①. Mai-juillet.

Cultivé en prairies artificielles. — Subspontané çà et là aux bords des champs et dans les moissons.

S.-v. *Molinieri.* (*T. Molinieri* Balb.). — Fleurs d'un blanc jaunâtre ou rosé.

10. **T. arvense** L. *Sp.* 1083; *Engl. bot.* t. 944; Bill. *Exsicc.* n. 15 et *bis.* — [T. DES CHAMPS. — Vulg. *Pied-de-lièvre*].

Plante annuelle. Tiges de 1-4 décim., très grêles, dressées, très rameuses, très pubescentes. Feuilles subsessiles, à folioles oblongues-linéaires, obtuses tronquées ou denticulées au sommet, pubescentes-soyeuses sur les deux faces; stipules subherbacées, ovales, acuminées-aristées. Fleurs blanches ou rosées. *Épis* velus-soyeux, *oblongs ou cylindriques, obtus,* axillaires solitaires, pédonculés, dépourvus de feuilles florales à leur base. *Calice très velu-blanchâtre, à divisions subulées-sétacées, presque égales, plus longues que la corolle;* le fructifère à divisions plus ou moins étalées. ①. Juillet-septembre.

*C C.* — Lieux sablonneux, champs surtout après la moisson.

Var. β. *gracile*. (*T. gracile* Thuill. *Fl. Par.* 383). — Tige ord. rougeâtre, à peine pubescente. Calice à divisions presque glabres, très colorées. Pédoncules souvent plus longs que dans le type. — *A.R.* — Lieux très arides, pelouses rases. — Lardy (*Mandon*); Étréchy !; forêt de Fontainebleau !. Saint-Léger !. Dreux (*Dœnen*).

11. **T. striatum** L. *Sp.* 1085; *Engl. bot.* t. 1843; Bill. *Exsicc.* n. 16 et *bis.* — Vaill. *Bot. Par.* t. 33, f. 2. — [T. STRIÉ].

Plante annuelle. Tiges de 1-2 décim., atteignant plus rarement 3-4 décim., étalées ou redressées, très pubescentes. Feuilles à folioles obovales-oblongues ou obovales, denticulées supérieurement, souvent subémarginées, pubescentes sur les deux faces; stipules submembraneuses, ovales-aiguës aristées. Fleurs blanches ou rosées. *Capitules ovoïdes devenant oblongs* après la floraison, axillaires et terminaux, sessiles ou brièvement pédonculés, munis de feuilles florales à leur base, solitaires ou les terminaux géminés. *Calice très velu, à divisions linéaires-subulées,* ord. presque égales, *plus courtes ou plus longues que la corolle; le fructifère à tube urcéolé-subglobuleux, à divisions dressées ou étalées.* Ⓘ. Mai-juillet.

*A.C.* — Pelouses rases, clairières des bois secs et sablonneux. — Bois de Boulogne !; Romainville !; Vincennes !; Sceaux !, etc.

12. **T. scabrum** L. *Sp.* 1084; *Engl. bot.* t. 903; Bill. *Exsicc.* n. 751. — Vaill. *Bot. Par.* t. 33, f. 1. — [T. SCABRE].

Plante annuelle. Tiges de 1-2 décim., atteignant rarement 3-4 décim., étalées ou redressées, pubescentes. Feuilles à folioles obovales-oblongues, denticulées supérieurement, pubescentes sur les deux faces; stipules submembraneuses, ovales-aiguës aristées. Fleurs blanches ou rosées. *Capitules ovoïdes devenant oblongs* après la floraison, axillaires et terminaux, ord. solitaires, sessiles à l'aisselle des feuilles et dépourvus de feuilles florales, ou les terminaux munis de feuilles florales. *Calice pubescent,* ord. coloré, *à divisions lancéolées* inégales, *plus courtes ou plus longues que la corolle; le fructifère à tube cylindrique-campanulé, à divisions divergentes roides presque épineuses.* Ⓘ. Mai-juillet.

*A.C.* — Pelouses rases, clairières des bois secs et sablonneux. — Bois de Boulogne !; Vincennes !; Sceaux !; Buc !. Forêt de Senart !, etc.

§ 2. Calice à dents glabres ou presque glabres, à gorge nue. Fleurs sessiles ou pédicellées.

13. **T. glomeratum** L. *Sp.* 1084; *Engl. bot.* t. 1063; Bill. *Exsicc.* 1167 et *bis.* — [T. AGGLOMÉRÉ].

Plante annuelle. Tiges de 5-15 centim., étalées ou dressées, glabres. *Feuilles à folioles obovales,* fortement denticulées, obtuses ou émarginées, glabres sur les deux faces; stipules scarieuses, entières, ovales-aiguës aristées. *Fleurs sessiles,* d'un blanc rosé, à étendard dépassant très longuement les ailes. *Capitules subglobuleux* denses, ord. solitaires, axillaires et terminaux, ord. *sessiles* ou subsessiles à l'aisselle des feuilles, plus rarement pédonculés, dépourvus de feuilles florales, ou les terminaux munis de feuilles florales. *Calice glabre,* à divisions ovales-lancéolées acuminées, plus courtes que la corolle; *le fructifère à tube renfermant le légume*, cylindrique-campanulé, fortement strié, à divisions étalées-réfractées. ⓘ. Mai-juin.

*R R*. — Pelouses sèches des terrains sablonneux. — Coteaux de Beauvais ! près Mennecy (*Des Étangs*); Étréchy (*de Schœnefeld*); Saint-Martin-de-la-Roche près Étampes (*Woods*). — Châteaudun [Eure-et-Loir] (*Dœnen*).

14. **T. strictum** L. *Sp.* 1079; *Engl. bot.* t. 2949; Waldst. et Kit. *Rar. Hung*, t. 37. — Micheli *Gen.* t. 25, f. 7. — *T. lœvigatum* Desf. *Atl.* II, 195. t. 208; Gren. et Godr. *Fl. Fr.* I, 416; Bill. *Exsicc.* n. 753. — [T. ROIDE].

Plante annuelle. Tiges de 5-15 centim., dressées ou ascendantes, glabres, à base couverte de stipules très rapprochées. *Feuilles à folioles oblongues-linéaires*, rarement oblongues, fortement denticulées, glabres sur les deux faces; stipules subscarieuses, denticulées, ovales-arrondies très amples. *Fleurs sessiles*, d'un blanc rosé, à étendard dépassant à peine les ailes. *Capitules* denses *subglobuleux*, solitaires axillaires et terminaux, *longuement pédonculés*, dépourvus de feuilles florales à leur base. *Calice glabre*, à divisions subulées atteignant presque la longueur de la corolle; *le fructifère à tube dépassé par le légume*, campanulé, fortement strié, à divisions étalées. ⓘ. Mai-juin.

*R R*. — Pelouses des terrains sablonneux. — Forêt de Fontainebleau : mares de Bellecroix ! et de Franchart; bois de l'Abbesse ! et rochers de la Barauderie près Nemours (*Devilliers*). — Châteaudun [Eure-et-Loir] (*Dœnen*).

15. **T. montanum** L. *Sp.* 1087; *Fl. Dan.* VII, t. 1172; Bill. *Exsicc.* n. 752 et *bis*. — [ T. DES MONTAGNES ].

*Souche verticale, épaisse*, spongieuse-subligneuse se terminant en racine pivotante. Tiges de 2-4 décim., dressées, pubescentes-subtomenteuses. Feuilles à folioles oblongues-lancéolées, plus rarement oblongues, denticulées, glabres en dessus, pubescentes-soyeuses en dessous; stipules subscarieuses, entières, lancéolées acuminées-aristées. *Fleurs* blanches, *subsessiles*, réfléchies après la floraison, à étendard dépassant très longuement les ailes. Capitules assez denses subglobuleux, solitaires terminaux ou axillaires, assez longuement pédonculés, dépourvus de feuilles florales à leur base. *Calice plus ou moins pubescent*, à divisions presque glabres lancéolées-subulées n'atteignant pas la moitié de la longueur de la corolle; le fructifère à tube renfermant le légume, cylindrique-campanulé, à divisions dressées. ♃. Mai-juillet.

*R*. — Pelouses des bois sablonneux et montueux. — Juvisy (*Bonnet*). Bois de Barbeaux près Le Châtelet (*M. Garnier*); abondant dans la forêt de Fontainebleau ! (*Tourn.* Hist. pl. Par.); Chailly (*Thuill.* Fl. Par.); Malesherbes (*Bernard*).

16. **T. repens** L. *Sp.* 1080; *Engl. bot.* t. 1769; Bill. *Exsicc.* n. 1648 et *bis*.— [ T. RAMPANT. — Vulg. *Trèfle-blanc, Triolet* ].

Souche rameuse terminée par une racine pivotante. *Tiges de 1-6 décim.; couchées-radicantes*, glabres ou presque glabres. Feuilles à folioles obovales ou obovales-suborbiculaires, denticulées, souvent émarginées, glabres sur les deux faces, à face supérieure souvent marquée d'une zone blanchâtre; *stipules* scarieuses, entières, *ovales-oblongues brusquement aristées*. Fleurs blanches ou rosées, à étendard dépassant longuement les ailes, exhalant une odeur de miel ; *pédicelles réfléchis après la floraison, ceux des fleurs supérieures égalant environ la longueur du tube du calice.* Capitules sub-globuleux, solitaires, portés sur des pédoncules axillaires qui dépassent longuement les feuilles, dépourvus de feuilles florales à leur base. *Calice* glabre, *à divisions lancéolées* souvent rougeâtres au moins à la base, ne dépassant pas la moitié de la longueur de la corolle ; le fructifère à tube plus ou moins dépassé par le légume, cylindrique-campanulé, à divisions dressées. Légume ord. 4-sperme. ⚥. Mai-septembre.

C C C. — Pelouses, bords des chemins, prairies. — Cultivé en prairies artificielles.

S.-v. *microphyllum*. — Tige ord. colorée. Feuilles beaucoup plus petites que dans le type.

Le *T. nigrescens* Viv. *Fragm. fl.* 12, t. 13 (*T. pallescens* DC. non Schreb.), plante de la région méditerranéenne, a été observé à Paris dans la cour de l'École des beaux-arts (*Delavaux*), où il a été introduit. — Cette espèce se reconnaît aux caractères suivants : plante annuelle, glabre, à tiges étalées ou ascendantes non radicantes ; stipules ovales, les supérieures brusquement cuspidées ; fleurs blanches, pédicellées, réfléchies après la floraison ; capitules subglobuleux, portés sur des pédoncules axillaires plus longs que les feuilles ; calice à dents lancéolées, les supérieures plus longues égalant le tube ; légume sessile, linéaire, 3-sperme, bosselé au niveau des graines, à bord inférieur crénelé entre les graines.

17. **T. elegans** Savi *Fl. Pis.* II, 161, t. 1, f. 2, et *Bot. Etrusc.* IV, 42 ; DC. *Fl. Fr.* suppl. 554 ; Koch *Syn. fl. Germ.* ed. 2, 193 ; Bill. *Exsicc.* n. 1168. — *Melilotus Parisiensis, humifusus, foliis serratis glabris* Vaill. *Bot. Par.* t. 22, f. 1. — *T. Vaillantii* Poir. *Encycl. méth.* VIII, 4. — [ T. ÉLÉGANT ].

Souche rameuse, terminée en racine pivotante. *Tiges* nombreuses, de 2-5 décim., disposées en touffe, ascendantes ou dressées, *non radicantes*, légèrement pubescentes dans leur partie supérieure, pleines ou à peine fistuleuses. Feuilles à folioles obovales ou ovales-oblongues, denticulées, souvent émarginées, glabres sur les deux faces, à nervures très nombreuses transparentes ; *stipules longues, lancéolées, acuminées-aristées*, ord. membraneuses à la base. *Fleurs roses*, à étendard strié dépassant longuement les ailes ; *pédicelles réfléchis après la floraison, ceux des fleurs supérieures égalant environ trois fois la longueur du tube du calice* à la maturité, dépassant très longuement les bractéoles. Capitules subglobuleux, solitaires, portés sur des pédoncules axillaires qui dépassent longuement les feuilles, dépourvus de feuilles florales à leur base. *Calice* glabre ou presque glabre, plus court que la moitié de la longueur de la corolle, *à divisions subulées*, les supérieures ord. plus longues ; le fructifère à tube longuement dépassé par le légume, cylindrique-campanulé à divisions dressées. *Légume* oblong-obovale, atténué à la base, non rétréci entre les graines, ord. *1-2-sperme*. ⚥. Juin-septembre.

R R. — Pâturages frais, pelouses et clairières des bois, bords des chemins. — Indiqué à Bondy (Mérat *Rev. fl. Par.*) et à Armainvilliers (*Mérat Fl. Par.*), localités où il n'a pas été retrouvé. Plaine de Satory près Versailles (*de Boucheman*), où il paraît s'être développé à la suite des travaux exécutés pour l'établissement du polygone et où il a été peut-être introduit par les fourrages du camp. Senlis (*Bonnet*). Forêt de Fontainebleau (*Thuill.* Fl. Par.) à la rampe de la Madeleine

(*Matignon*); très abondant aux environs de Bazoches! et surtout à Baslin! vers le point de jonction des limites des départements du Loiret, de Seine-et-Marne et de l'Yonne. — Forêt de Montargis!; Château-Renard! (*Tollard*). Abondant à un grand nombre de localités du centre de la France (Boreau *Fl. centr.*).

Le *T. Michelianum* Savi (Bill. *Exsicc*. n. 1149. — Vaill. *Bot. Par*. t. 22, f. 5), indiqué à Palaiseau dans les prairies inondées (*Vaill.* Bot. Par.), n'a pas été retrouvé à cette localité, où il a été vainement cherché par un assez grand nombre de botanistes et où il n'avait paru sans doute que d'une manière accidentelle. — Le *T. Michelianum* se distingue des *T. repens* et *elegans* par la racine annuelle, par les tiges faibles fistuleuses, par les stipules ovales brièvement acuminées, par les fleurs d'un blanc sale en capitules lâches, par les dents du calice trois fois plus longues que le tube, par le légume stipité obovale.

Sect. III. FRAGIFERA. — Fleurs en capitules multiflores. Corolle rose, marcescente. Calice à gorge nue, le fructifère membraneux, veiné-reticulé, vésiculeux par le développement de la partie dorsale correspondant aux deux divisions supérieures. Légume sessile, longuement dépassé par le tube du calice.

18. **T. fragiferum** L. *Sp*. 1086; *Engl. bot.* t. 1050; Bill. *Exsicc*. n. 344. — Vaill. *Bot. Par*. t. 22, f. 2. — [T. FRAISIER].

Souche très rameuse, terminée par une racine pivotante épaisse. Tiges de 1-4 décim., couchées-radicantes, glabres ou pubescentes. Feuilles à folioles obovales ou obovales-suborbiculaires, denticulées, souvent émarginées, glabres sur les deux faces à pétiole velu; stipules submembraneuses, entières, oblongues ou lancéolées, aristées. Fleurs roses, sessiles. Capitules subglobuleux, entourés à la base d'un involucre de bractées ovales-aiguës plus ou moins soudées inférieurement et égalant les calices; les fructifères globuleux très compactes; pédoncules tous axillaires, dépassant longuement les feuilles. *Calice* pubescent, velu-soyeux à la base des divisions supérieures, à divisions linéaires-subulées ord. rougeâtres beaucoup plus courtes que la corolle; le *fructifère à partie dorsale développée-vésiculeuse* tomenteuse, dépassant longuement le légume, à divisions dressées non accrues. ♃. Juin-septembre.

C C. — Pelouses, bords des chemins.

Le *T. resupinatum* L. (*Engl. bot.* t. 2789; Bill. *Exsicc*. n. 1166), plante des régions maritimes de l'ouest et du midi de la France, a été observé à Paris dans la cour de l'École des beaux-arts! (*Delavaux*), et à Charenton (*Kralik*), sur des décombres où il s'était développé accidentellement. Il se distingue du *T. fragiferum* par sa racine annuelle, par ses tiges non radicantes, par ses fleurs un peu pédicellées à pédicelles environ de la longueur de l'involucre, etc.

Sect. IV. TRICHOCEPHALUM. — Fleurs en capitules pauciflores. Corolle blanchâtre, caduque. Calices à gorge nue; les fructifères dilatés par le légume, recouverts par des calices stériles réfléchis. Légume sessile, renfermé dans le tube du calice. Capitules s'enfonçant dans la terre après la floraison en s'y fixant par les divisions accrescentes des calices stériles.

19. **T. subterraneum** L. *Sp*. 1080; *Engl. bot.* t. 1048; Bill. *Exsicc*. n. 1165. — [T. ENTERREUR].

Plante annuelle. Tiges de 1-3 décim., couchées, flexueuses, très pubescentes. Feuilles à folioles obovales-cunéiformes, ord. obcordées, denticulées supérieurement, très pubescentes sur les deux faces ; stipules ovales-aiguës. Fleurs fertiles d'un blanc jaunâtre, à étendard ord. rosé, subsessiles, réfléchies après la floraison, en capitules très pauciflores axillaires portés sur des pédoncules de longueur très variable ; les *fleurs supérieures stériles se réfléchissant sur les fleurs fertiles, réduites au calice à tube presque filiforme* à divisions accrescentes rigides recourbées. Calice pubescent, tubuleux, à divisions filiformes, velues-ciliées, beaucoup plus courtes que la corolle ; le fructifère globuleux dilaté par le légume, à divisions irrégulièrement contournées souvent détruites à la maturité. Légume monosperme, à graine très grosse d'un noir brillant. (I). Mai-juillet.

R. — Pelouses rases, bords des chemins, coteaux sablonneux. — Ville-d'Avray ! (*Tourn.* Hist. pl. Par.) ; abondant entre Palaiseau et Orsay (*Ant. de Juss.* mss.) ; Buc (*Mandon*) ; bords de la route entre Versailles et Jouy (*Delavaux*). Arpajon (*de Schœnefeld*) ; Mennecy ! (*Des Étangs*) ; Les Brosses près la forêt de Rougeaux (*Vigineix*). — *Graves* Cat. Oise : pelouses à Morfontaine.

### † PHASEOLUS L. *Gen.* n. 866. — [HARICOT].

Calice campanulé, bilabié, la lèvre supérieure à 2 dents, l'inférieure à 3 divisions. Corolle à étendard réfléchi en arrière plus court que les ailes ou les égalant ; *carène contournée en spirale avec le style et les étamines*, adhérente aux ailes au-dessus de l'onglet. Légume comprimé ou subcylindrique, très allongé, droit ou légèrement arqué, polysperme, à valves offrant avant la maturité des épaississements celluleux entre les graines. *Cotylédons* devenant aériens après la germination mais *restant épais-charnus*.

Plantes annuelles, à tiges ord. volubiles. Feuilles pinnées-trifoliolées, à rachis canaliculé ; stipules libres, herbacées. Fleurs blanches, violacées, jaunâtres ou écarlates, munies de bractées calicinales, disposées en grappes pauciflores ou pluriflores au sommet de pédoncules opposés aux feuilles.

† **P. vulgaris** L. *Sp.* 1016 ; Schk. *Handb.* t. 199 *a*. — Loh. ic. II, t. 59, f. 2. — [H. COMMUN. — Vulg. *Haricot, Flageolet*].

Tiges de longueur très variable, ord. grimpantes-volubiles, presque glabres. Feuilles à folioles ovales-trapéziformes, aiguës-acuminées, fortement nerviées, rudes. Fleurs blanches, blanchâtres ou violacées, à pédicelles géminés, en grappes assez courtes portées sur des pédoncules plus courts que la feuille, à bractées ord. plus courtes que le calice. Légumes pendants, presque droits, subtoruleux, terminés en bec aigu. Graines oblongues-subréniformes, un peu comprimées, blanches, rouges, violettes ou panachées. (I). Juin-octobre.

Cultivé dans les jardins et en plein champ.

Var. β. *nanus*. (*P. nanus* L. *Sp.* 1017). — Tige non volubile ou à peine volubile, peu élevée. Bractées ord. plus longues que le calice.

Cette espèce varie à graines blanches, grosses, réniformes (vulg. *Haricot-de-Soissons*) ; à graines blanches, assez petites, à peine réniformes (vulg. *Flageolet*) ; à graines rouges, violettes ou panachées, de grosseur et de forme variable (vulg. *Haricot-rouge*). — On cultive moins fréquemment le *P. tumidus* Sav. (vulg. *Haricot-riz*), à graines ovoïdes renflées, toujours blanches, petites ; ainsi que le *P. sphæricus* Sav. (vulg. *Pois-coco*), à graines subglobuleuses, assez grosses, jaunes, rouges ou panachées, plus rarement blanches. — Le *P. multiflorus* Willd. (vulg. *Haricot-d'Espagne*) est fréquemment cultivé pour la beauté de ses fleurs ord. d'un rouge écarlate ; il se reconnaît à ses grappes allongées à pédoncules plus longs que les feuilles, et à ses graines très grosses.

Le genre *Lupinus* (*Lupin*) est caractérisé par le calice bilabié à lèvres écartées, par le légume polysperme coriace, oblong ou linéaire-oblong, à cavité interrompue entre les graines par des épaississements celluleux des valves, et par les feuilles digitées à 5-7 folioles ou plus. — On cultive comme plantes d'ornement des espèces annuelles et des espèces vivaces. Les espèces annuelles les plus fréquemment cultivées sont : le *L. varius* (*L. bigarré*), à fleurs bleues, à graines rudes au toucher, brunâtres-marbrées; le *L. albus* L. (*L. Termis* Forsk. -- *L. blanc*), à fleurs blanches, à graines lisses et blanches, quelquefois cultivé en plein champ comme fourrage ou pour ses graines alimentaires; le *L. mutabilis* Sweet (*L. variable*), à belles fleurs bleues mêlées de jaune très odorantes, à graines blanches et lisses. Parmi les espèces vivaces de nos parterres nous mentionnerons seulement le *L. polyphyllus* R. Br. (*L. polyphylle*), à feuilles 12-15-foliolées, à fleurs bleues ou blanches disposées en longues grappes.

## TRIBU II. **VICIEÆ.** — Légume à une seule loge longitudinale, présentant rarement des épaississements celluleux entre les graines. Étamines diadelphes ou monadelphes. Cotylédons farineux-épais, restant souterrains après la germination.—Feuilles paripinnées, à rachis prolongé en vrille ou en arête, rarement réduites au rachis (vrille ou phyllode).

### 14. **VICIA** Tourn. *Inst.* t. 221. — [ VESCE ].

Calice tubuleux-campanulé, à 5 divisions ou à 5 dents presque égales ou les supérieures plus courtes, n'atteignant pas la longueur de la corolle ou l'égalant environ. Étamines diadelphes ou submonadelphes. *Style filiforme.* Légume allongé polysperme, ou court oligosperme. *Graines globuleuses, anguleuses ou comprimées-lenticulaires,* à hile oblong ou linéaire.

Plantes annuelles, bisannuelles ou vivaces, herbacées. Tiges anguleuses ou sub-cylindriques, ord. grimpantes. *Feuilles* paripinnées, à folioles ord. nombreuses, *à rachis terminé en* une *vrille rameuse très rarement simple;* stipules libres, herbacées, de forme variable, souvent semisagittées. Fleurs purpurines, roses, bleues, plus rarement blanches ou jaunes, axillaires solitaires ou géminées, ou disposées en grappes pauciflores ou multiflores portées sur des pédoncules axillaires.

Sect. I. *EUVICIA.* — *Fleurs solitaires ou géminées, plus rarement en grappes courtes 3-6-flores portées sur des pédoncules communs plus courts que l'une des fleurs.* Calice à divisions longuement dépassées par la corolle. *Style barbu au-dessous du sommet* du côté inférieur, très rarement pubescent tout autour vers le sommet. — (1-6).

Sect. II. *CRACCA.* — *Fleurs en grappes multiflores ou pauciflores,* très rarement solitaires par avortement, *à pédoncules communs beaucoup plus longs que l'une des fleurs.* Calice à divisions longuement dépassées par la corolle. *Style pubescent* tout autour vers le sommet *ou presque glabre.* — (7-10).

Sect. III. *ERVUM.* — Fleurs en grappes 2-8-flores, rarement solitaires, à pédoncules communs beaucoup plus longs que l'une des fleurs. *Calice à divisions atteignant environ la longueur de la corolle. Style pubescent* tout autour vers le sommet *ou presque glabre.* — (11-11 bis).

Sect. I. EUVICIA. — Fleurs solitaires ou géminées, plus rarement en grappes courtes 3-6-flores portées sur des pédoncules communs plus courts que l'une des fleurs. Calice à divisions longuement dépassées par la corolle.

Style barbu au-dessous du sommet du côté inférieur, très rarement pubescent tout autour vers le sommet.

**1. V. sativa** L. *Sp.* 1037 ; *Engl. bot.* t. 334. — [V. CULTIVÉE. — Vulg. *Vesce, V.-commune, Pasquier*].

Tiges de 2-10 décim., pubescentes ou presque glabres. Feuilles à 3-8 paires de folioles ; folioles non dentées ; celles des feuilles inférieures obovales ou oblongues, ord. tronquées émarginées ou obcordées, mucronées, celles des feuilles supérieures obovales-oblongues, oblongues lancéolées ou linéaires, obtuses tronquées ou aiguës mucronées ; stipules semisagittées, à lobe inférieur incisé ou denté, ord. marquées d'une tache brune. *Fleurs* purpurines, à étendard glabre, subsessiles, *géminées ou solitaires. Calice à divisions droites*, lancéolées-subulées, égalant environ la longueur du tube. *Légumes* dressés ou étalés, polyspermes, linéaires ou oblongs subtoruleux, plus ou moins pubescents, *ord. glabres à la maturité. Graines subglobuleuses, lisses à la maturité*, à hile n'occupant pas le quart de leur circonférence. (1 ou 2). Mai-août.

C C. — Champs, moissons, bois, buissons, terrains sablonneux.

Var. α. *sativa*. (*V. sativa* Fl. Dan. t. 522). — Feuilles, même les supérieures, à folioles obovales-oblongues ou elliptiques, obtuses, tronquées, émarginées ou obcordées. Légumes linéaires-oblongs, roussâtres à la maturité.— Souvent cultivé en grand comme fourrage.

Var. β. *intermedia*. — Feuilles supérieures à folioles elliptiques ou elliptiques linéaires, ord. tronquées ou émarginées.

Var. γ. *angustifolia*. (*V. angustifolia* Roth Tent. fl. Germ. 1, 310 ; Schk. Handb. t. 201 ; Bill. *Exsicc.* n. 2246). — Feuilles supérieures à folioles linéaires très étroites, tronquées ou aiguës. Fleurs plus petites. Légumes linéaires, noirs à la maturité.

**2. V. lathyroides** L. *Sp.* 1037 ; *Engl. bot.* t. 30 ; Bill. *Exsicc.* n. 760. — [V. FAUSSE-GESSE].

Tiges de 1-3 décim., plus ou moins pubescentes, non grimpantes ou à peine grimpantes. *Feuilles toutes terminées en arête*, ou les supérieures seules terminées en vrille, à 2-3 paires de folioles ; folioles obovales ou oblongues, entières, obtuses ou tronquées, mucronulées ; stipules semisagittées, très entières. *Fleurs* purpurines-bleuâtres, très petites, à étendard glabre, très brièvement pédicellées, *solitaires*. Calice à divisions droites, linéaires-subulées, à peine plus courtes que le tube. Légumes dressés ou étalés, polyspermes, linéaires-oblongs, glabres. *Graines presque cubiques, tuberculeuses-ponctuées*. (1). Avril-juin.

A.C. — Pelouses des terrains sablonneux, clairières des bois.

**3. V. lutea** L. *Sp.* 1037 ; *Engl. bot.* t. 481 ; Bill. *Exsicc.* n. 2247.— [V. JAUNE].

Tiges de 3-7 décim., pubescentes ou presque glabres. Feuilles à 3-8 paires de folioles ; folioles oblongues ou linéaires, entières, obtuses ou aiguës, mucronées ; stipules semisagittées, très entières, marquées d'une tache brune. *Fleurs* jaunes, à étendard glabre, très brièvement pédicellées, *solitaires. Calice à divisions* très inégales, les *supérieures* plus courtes *ascendantes-conniventes*, les inférieures lancéolées-subulées égalant environ la longueur du tube. *Légumes* ord. étalés ou réfléchis, oblongs, polyspermes, *fortement hérissés* de poils renflés à la base. Graines subglobuleuses, lisses à la maturité. (1). Juin-septembre.

A.R. — Moissons arides surtout des terrains sablonneux, clairières des bois. — Saint-Maur!. Herblay, Marcoussis, Arpajon, La Ferté-Aleps (*de Schœnefeld*) ; Milly!; Fontainebleau!; Thurelles! près Dordives. Env. de Senlis!; Verberie, Autheuil-en-Valois, Marolles, Gesvres-le-Duché (*Questier*) ; forêts de Compiègne et de Retz (*de Marcilly fils*). — *Graves* Cat. Oise : forêt de Laigue ; env. de Beauvais.

Le *V. hybrida* L., indiqué dans nos environs (*Mérat* Fl. Par.), où il n'a pas été retrouvé, se distingue du *V. lutea* par ses feuilles à folioles obovales ou oblongues fortement émarginées, par ses fleurs à étendard velu et par son calice à divisions velues-ciliées plus courtes que le tube et droites même les supérieures.

**4. V. Narbonensis** L. *Sp.* 1038 ; Bill. *Exsicc.* n. 2248. — [ V. DE NARBONNE ].

Tiges de 3-6 décim., robustes, pubescentes ou velues. *Feuilles à 2-3 paires de folioles*; folioles quelquefois alternes, irrégulièrement ovales ou obovales, lâchement dentées à dents aiguës roides, ou entières, obtuses ou émarginées, mucronulées; stipules très amples, semisagittées-subréniformes, incisées-denticulées, ou presque entières. *Fleurs* d'un pourpre foncé, à étendard glabre, disposées *1-3 rarement 4 sur un pédoncule commun très court*. Calice à divisions inégales, les supérieures plus courtes ascendantes-connivantes, les inférieures ovales-lancéolées mucronées égalant environ la longueur du tube. *Légumes* dressés puis étalés ou réfléchis, oblongs, comprimés, polyspermes, veinés-réticulés, glabres ou pubescents, *à sutures chargées de tubercules dentiformes terminés par un poil*. Graines subglobuleuses, presque lisses à la maturité, à hile n'occupant pas le quart de leur circonférence. (1) ou (2). Mai-juin.

Var. α. *Narbonensis*. — Feuilles à folioles entières ou presque entières; stipules à peine sinuées. — Cette variété, assez répandue dans le Midi, n'existe pas aux environs de Paris.

Var. β. *serratifolia*. (*V. serratifolia* Jacq. *Austr.* V, t. 8 ; *Fl. Par.* éd. 1, 140). — Feuilles à folioles entières ou presque entières ; stipules incisées-denticulées. — *R R.* — Lisières des bois et clairières des bois-taillis. — Bois Yon près Dreux! (*Dœnen*).

**5. V. sepium** L. *Sp.* 1038 ; *Engl. bot.* t. 1515. — [ V. DES HAIES. — Vulg. *Vesce-sauvage, Vesceron, Faux-Pois* ].

*Souche rameuse*. Tiges de 5-9 décim., pubescentes ou presque glabres. Feuilles à 4-8 paires de folioles ; folioles ovales-oblongues ou oblongues, tronquées, plus rarement émarginées, mucronulées ; stipules semisagittées, incisées, dentées ou presque entières, souvent marquées d'une tache brune. *Fleurs* purpurines-violacées, *à étendard glabre*, disposées *en grappes courtes 5-7-flores portées sur des pédoncules communs très courts*. Calice à divisions inégales, les *supérieures* plus courtes *ascendantes-connivantes*, les inférieures subulées à base élargie beaucoup plus courtes que le tube. Légumes dressés ou étalés, oblongs comprimés, polyspermes ou oligospermes, glabres. *Graines* subglobuleuses, lisses à la maturité, *à hile occupant les deux tiers de leur circonférence*. ♃. Mai-juillet.

C. — Bois herbeux, haies, buissons.

Var. β. *lancifolia* (*V. dumetorum* Thuill. *Fl. Par.* 366 non L. ). — Feuilles ovales-lancéolées. Fleurs en grappes 4-7-flores.

Var. γ. *ochroleuca*. — Fleurs d'un jaune pâle. — Rencontré une seule fois dans la forêt de Compiègne (*Questier*).

6. **V. Pannonica** Jacq. *Austr.* I, t. 34. — *V. purpurascens* DC. *Cat. Monsp.* 155 ; Puel et Maille *Exsicc. fl. loc.* n. 52. — *V. nissoliana* Thuill. *Fl. Par.* 367. — [V. DE PANNONIE].

Tiges de 3-9 décim., pubescentes ou presque glabres. Feuilles à 5-10 paires de folioles ; folioles oblongues, obtuses ou tronquées-mucronées ; stipules semisagittées, petites, entières, marquées d'une tache brune. *Fleurs roses-purpurines, à étendard d'un pourpre violet velu-soyeux, disposées 2-4 en grappes courtes portées sur des pédoncules communs très courts.* Calice à divisions inégales, les supérieures plus courtes, les inférieures linéaires-subulées égalant presque la longueur du tube. Légumes réfléchis, oblongs renflés, oligospermes, pubescents-soyeux. Graines subglobuleuses, lisses à la maturité, à hile n'occupant pas le quart de leur circonférence. (I). Mai-juillet.

R. — Moissons, prairies artificielles. — Très abondant à Ivry ! et à Bicêtre ! ; Enghien ! (*Maire*). Palaiseau (*Mandon*).

Sect. II. CRACCA. — Fleurs en grappes multiflores ou pauciflores, très rarement solitaires par avortement, à pédoncules communs beaucoup plus longs que l'une des fleurs. Calice à divisions longuement dépassées par la corolle. Style pubescent tout autour vers le sommet ou presque glabre.

7. **V. Cracca** L. *Sp.* 1035 ; *Engl. bot.* t. 1168 ; *Illustr. fl. Par.* t. 11, K ; Bill. *Exsicc.* n. 351. — [V. EN ÉPI].

Tiges de 5-15 décim., pubescentes ou presque glabres. Feuilles à folioles nombreuses ; folioles oblongues, lancéolées ou linéaires, entières, obtuses ou les supérieures aiguës, mucronées ; stipules linéaires, semisagittées, ou les supérieures non sagittées, très entières. *Fleurs d'un bleu violet quelquefois mêlé de blanc, disposées en grappes multiflores unilatérales égalant ou dépassant les feuilles ; étendard présentant un rétrécissement à sa partie moyenne, à partie inférieure (onglet) suborbiculaire plus large que la partie supérieure (limbe)* (1). Calice à tube non bossu à la base, à dents très inégales, les supérieures très courtes, les inférieures linéaires ou subulées ord. un peu plus courtes que le tube. Légumes réfléchis ou étalés, oblongs, ord. oligospermes, glabres, stipités à pied ne dépassant pas le tube du calice. Graines subglobuleuses, lisses à la maturité, à hile égalant le tiers de leur circonférence. ♃. Juin-août.

C C. — Haies, buissons, prairies artificielles, moissons, etc.

S.-v. *argentea*. (*V. incana* Thuill. *Fl. Par.* 367. — *V. tenuifolia* Mérat non Roth. — *V. Gerardi* DC. *Fl. Fr.* IV, 591 excl. syn.). — Plante pubescente-soyeuse. Feuilles à folioles lancéolées ou linéaires ord. très étroites. Pédoncules souvent plus courts que les feuilles. Légumes souvent plus petits.

8. **V. tenuifolia** Roth *Tent. fl. Germ.* II, 183 ; *Illustr. fl. Par.* t. 11, L. — [V. A FEUILLES MENUES].

(1) L'étendard doit être étudié après avoir été détaché de la fleur et étalé.

Tiges de 5-15 décim., pubescentes ou presque glabres. Feuilles à folioles nombreuses ; folioles oblongues, lancéolées, plus rarement linéaires, entières, obtuses ou les supérieures aiguës, mucronées ; stipules linéaires, semisagittées, ou les supérieures non sagittées, très entières. *Fleurs d'un bleu violet mêlé de blanc, disposées en grappes multiflores unilatérales* ord. *très longues dépassant les feuilles ; étendard présentant un rétrécissement environ vers son quart inférieur, à partie inférieure* (onglet) *oblongue de même largeur environ que la partie supérieure* (limbe). Calice à tube non bossu à la base, à dents très inégales, les supérieures très courtes, les inférieures linéaires ou subulées ord. plus courtes que le tube. Légumes réfléchis ou étalés, oblongs, ord. oligospermes, glabres, stipités à pied égalant le tube du calice. Graines subglobuleuses, lisses à la maturité, à hile occupant le quart de leur circonférence. ♃. Juin-août.

*A.C.* — Haies, buissons, prairies artificielles, moissons.

9. **V. villosa** Roth *Tent. fl. Germ.* II, 182. — [V. VELUE].

Tiges de 5-15 décim., pubescentes ou presque glabres. Feuilles à folioles nombreuses ; folioles oblongues ou lancéolées, entières, obtuses, mucronées ; stipules linéaires, semisagittées à leur base ou au-dessus de leur insertion, les supérieures non sagittées très entières. *Fleurs d'un bleu violet mêlé de blanc, disposées en grappes pluriflores ou multiflores unilatérales* assez courtes égalant ou dépassant les feuilles ; *étendard présentant un rétrécissement environ vers son quart supérieur, à partie inférieure* (onglet) *oblongue très allongée de même largeur environ que la partie supérieure* (limbe). *Calice bossu à la base*, à dents très inégales, les supérieures très courtes, les inférieures linéaires ou subulées plus courtes que le tube. Légumes réfléchis ou étalés, oblongs-subrhomboïdaux, oligospermes, glabres, stipités à pied plus long que le tube du calice. Graines subglobuleuses, lisses à la maturité, à hile occupant le huitième de leur circonférence. ① ou ②. Juin-août.

Var. α. *villosa*. — Planté pubescente à poils étalés ou velue-hérissée. — Cette variété ne se rencontre pas dans nos environs, et est propre aux contrées méridionales.

Var. β. *glabrescens* (Koch *Syn. fl. Germ.* ed. 2, 214 ; *Illustr. fl. Par.* t. 11, M. — *V. varia* Host *Austr.* II, 332; Bill. *Exsicc.* n. 539 et *bis*. — *V. Pseudocracca* Mérat *Fl. Par.* éd. 3, II, 472 non Bert. — *Cracca varia* Gren. et Godr. *Fl. Fr.* I, 469). — Plante glabrescente ou pubescente à poils presque apprimés. — *A.R.* — Moissons, champs en friche. — L'Hay, Sceaux, Meudon, Ville-d'Avray (*Maire*). Saint-Germain (*Mandon*); env. de Montmorency (*de Schœnefeld*); Luzarches (*De Lens*); Magny!; Chaumont! (*Guillon*); env. de Beauvais!; Sacy-le-Grand!; Verberie, Betz (*Questier*). Rentilly-en-Brie (*Thuret*). Forêt de Senart (*Brice*). Lardy (*J. Gay*). Fontainebleau! (*De Lens*); Nemours (*Devilliers*); Larchant (*Maire*). Saint-Léger!. Forêt de Sigy près Provins (*Chaubard*), etc.

10. **V. tetrasperma** Mœnch *Meth.* 148. — *Ervum tetraspermum* L. *Sp.* 1039; *Engl. bot.* t. 1223. — [V. A QUATRE GRAINES].

Tiges de 3-8 décim., glabres. Feuilles à 3-4 paires de folioles ; folioles linéaires elliptiques, entières, obtuses, mucronulées, glabres ; stipules linéaires semisagittées. *Fleurs petites, blanchâtres à étendard bleuâtre, disposées*

*1-4' au sommet de pédoncules* ord. plus courts que les feuilles et souvent terminés en arête. *Calice à divisions à peine inégales*, lancéolées, plus courtes que le tube. Légumes étalés ou pendants, linéaires-oblongs, 3-6-spermes, glabres. Graines globuleuses, lisses. ⓘ. Juin-septembre.

C. — Champs, lieux cultivés, buissons.

Var. β. *gracilis:* (*Ervum gracile* DC. *Fl. Fr.* V, 581 ; Bill. *Exsicc.* n. 2251. — *V. gracilis* Lois. *Fl. Gall.* 460, t. 12). — Pédoncules dépassant longuement les feuilles, ord. terminés en arête. Légumes ord. 5-6-spermes, plus rarement 7-8-spermes. — *A.C.*

Le *V. monantha* Koch (*Ervum monanthos* L.), indiqué aux environs de Paris, n'y a pas été trouvé récemment ; on le reconnaît à ses pédoncules uniflores, à ses feuilles à folioles linéaires tronquées ou émarginées, et à ses stipules de deux formes pour la même feuille, l'une linéaire très étroite, l'autre réniforme rétrécie en pétiole laciniée à divisions sétacées.

Sect. III. ERVUM (Ers). — Fleurs en grappes 2-8-flores, rarement solitaires, à pédoncules communs beaucoup plus longs que l'une des fleurs. Calice à divisions atteignant environ la longueur de la corolle. Style pubescent tout autour vers le sommet ou presque glabre.

11. **V. hirsuta** Koch *Syn. fl. Germ.* ed. 1, 191. — *Ervum hirsutum* L. *Sp.* 1039 ; *Engl. bot.* t. 970. — [V. HÉRISSÉE. — Vulg. *Petit-Vesceron*].

Tiges de 2-8 décim., grêles, grimpantes, glabres. Feuilles à folioles nombreuses ; folioles linéaires-elliptiques, entières, obtuses ou tronquées, mucronulées ; stipules linéaires, irrégulièrement semisagittées, souvent incisées, les supérieures souvent entières. Fleurs très petites, d'un blanc légèrement bleuâtre, disposées 3-8 au sommet des pédoncules qui égalent environ la longueur des feuilles. Calice velu, à divisions presque égales, linéaires-subulées, plus longues que le tube et atteignant environ la longueur de la corolle. *Légumes* étalés ou pendants, oblongs, *dispermes, velus. Graines globuleuses un peu comprimées*, lisses. ⓘ. Mai-septembre.

C. — Champs, bois, buissons.

† **V. Lens** Coss. et G. de St-P. *Fl. Par.* éd. 1, 143. — *Ervum Lens* L. *Sp.* 1039 ; Schk. *Handb.* t. 102. — Fuchs. *Hist.* 859 ic. — [V. LENTILLE. — Vulg. *Lentille*].

Tiges de 2-4 décim., dressées, pubescentes. Feuilles à folioles nombreuses ; folioles oblongues, entières, obtuses ; feuilles supérieures à rachis terminé en vrille simple, les inférieures à rachis terminé en arête ; *stipules ovales-aiguës très entières*. Fleurs blanchâtres légèrement bleuâtres, disposées 1-3 au sommet de pédoncules terminés en arête et égalant environ la longueur des feuilles. Calice velu, à divisions presque égales, linéaires-subulées, beaucoup plus longues que le tube et atteignant environ la longueur de la corolle. *Légumes* pendants, presque rhomboïdaux, *dispermes*, plus rarement monospermes, *glabres. Graines comprimées-lenticulaires*, lisses. ⓘ. Juin-juillet.

Cultivé en grand, quelquefois subspontané dans les moissons.

Le *V. nigricans* (*Ervum nigricans* M.-Bieb. *Taur.-Cauc.* II, 164 ; Moris *Fl. Sard.* 1, 572, t. 71, f. 2. — *Ervum lentoides* Tenore *Prodr. fl. Nap.* supp. 2, 58. — *V. lentoides Fl. Par.* éd. 1, 143), indiqué à Montmorency (*Mérat Fl. Par.*), n'a probablement paru qu'accidentellement dans nos environs, où il n'a pas été récemment observé. Cette espèce se distingue du *V. Lens* par ses feuilles même les supérieures dépourvues de vrille, par ses stipules semisagittées et par ses graines veloutées marbrées de brun foncé.

Le *V. Ervilia* Willd. (*Ervum Ervilia* L.; Sibth. et Sm. *Fl. Græc.* t. 702. — *Ervilia sativa* Link; Bill. *Exsicc.* n. 1173), que l'on cultive quelquefois comme fourrage, a été indiqué dans nos environs à La Gare, à Montmartre et à Châtillon, etc. (*Méral Fl. Par.*); il se reconnaît à ses feuilles toutes dépourvues de vrille à folioles très nombreuses elliptiques-linéaires tronquées, à ses stipules semisagittées incisées dans toute leur longueur, à ses légumes fortement toruleux glabres, et à ses graines subglobuleuses.

### † FABA Tourn. *Inst.* t. 212. — [FÈVE].

Calice tubuleux-campanulé, à 5 divisions, les 2 supérieures plus courtes. *Étamines monadelphes. Style filiforme légèrement aplani.* Légume oblong, oligosperme, à valves un peu charnues présentant des épaississements celluleux entre les graines. *Graines* très grosses, *oblongues-tronquées*, comprimées; hile linéaire, occupant presque toute la longueur du côté supérieur de la graine.

Plante annuelle, à tige anguleuse, non grimpante. Feuilles paripinnées, à rachis terminé en arête; stipules libres, herbacées, semisagittées. Fleurs blanches ou rosées, à ailes marquées d'une tache noire, disposées en grappes courtes pauciflores axillaires.

† **F. vulgaris** Mœnch *Meth.* 130. — *Vicia Faba* L. *Sp.* 1039. — [F. COMMUNE. — Vulg. *Fève, F.-de-marais, Féverole*].

Tige de 4-8 décim., dressée, sillonnée-anguleuse, fistuleuse, glabre. Feuilles à 1-3 paires de folioles; folioles souvent irrégulièrement alternes, oblongues ou oblongues-obovales, entières, mucronées, épaisses, glaucescentes; rachis terminé par une arête droite ou flexueuse; stipules semisagittées ovales-aiguës, irrégulièrement dentées. Fleurs blanches ou rosées, à ailes largement tachées de noir vers leur sommet, à étendard dépassant longuement les ailes, disposées en grappes 2-4-flores très brièvement pédonculées plus courtes que les feuilles. Calice à dents supérieures conniventes. Légumes très gros, un peu charnus, pubérulents légèrement glanduleux. ⚥. Juin-août.

Cultivé en grand dans les jardins et en plein champ. — Originaire de l'Asie.

### † PISUM Tourn. *Inst.* t. 215. — [POIS].

Calice campanulé, à 5 divisions foliacées presque égales, les 2 supérieures plus amples. Étamines diadelphes. *Style comprimé canaliculé inférieurement.* Légume oblong, polysperme. Graines globuleuses ou globuleuses-déformées, à hile suborbiculaire.

Plantes annuelles, à tiges subcylindriques sillonnées, grimpantes. Feuilles paripinnées, à 2-3 paires de folioles; à rachis terminé en vrille rameuse; stipules libres, foliacées, très amples, prolongées latéralement en oreillette au-dessous de leur insertion. Fleurs blanches ou rougeâtres, disposées en grappes pauciflores, plus rarement subsolitaires au sommet de pédoncules axillaires.

† **P. sativum** L. *Sp.* 1026; Lmk *Ill.* t. 633. — [P. CULTIVÉ. — Vulg. *Pois, Petit-Pois, Pois-vert*].

Tiges de 8-15 décim., glabres, glaucescentes. Feuilles à folioles oblongues, sinuées-ondulées; stipules foliacées, plus amples que les folioles, dentées inférieurement, à oreillette arrondie obtuse. *Fleurs blanches*, disposées deux ou plusieurs au sommet des pédoncules. Légumes glabres. *Graines globuleuses*, non tachées. ⚥. Juin-septembre.

Cultivé dans les potagers et en plein champ.

† **P. arvense** L. *Sp.* 1027 ; Sibth. et Sm. *Fl. Græc.* t. 687.— [ P. DES CHAMPS.—
   Vulg. *Pois-gris, Pisaille*].

Tiges de 3-8 décim., glabres, glaucescentes. Feuilles à folioles oblongues, sinuées
ou entières ; stipules foliacées, plus amples que les folioles, dentées inférieurement,
à oreillette arrondie obtuse. *Fleurs à ailes et à étendard d'un rouge violet*, disposées 1-3 au sommet des pédoncules. Légumes glabres. *Graines globuleuses-déformées*, tachées de brun. ①. Mai-juillet.

Cultivé en plein champ, quelquefois subspontané dans les moissons.

Le *Cicer arietinum* L. (vulg. *Pois-Chiche*), que l'on cultive quelquefois pour ses
graines alimentaires, se reconnaît à ses tiges non volubiles, à ses feuilles imparipinnées plus rarement paripinnées à rachis terminé en vrille, à son légume renflé
disperme subrhomboïdal velu, à ses graines gibbeuses terminées en pointe obtuse.

## 15. **LATHYRUS** L. *Gen.* n. 872. — [GESSE].

Calice  campanulé, à 5 divisions ou à 5 dents, les 2 supérieures plus
courtes. Étamines diadelphes ou monadelphes. *Style plan*, linéaire ou élargi
au sommet. Légume oblong ou linéaire-oblong, polysperme. Graines globuleuses ou globuleuses-comprimées, à hile oblong ou linéaire.

Plantes annuelles, bisannuelles, ou vivaces, à tiges herbacées ailées ou anguleuses, ord. grimpantes. *Feuilles paripinnées, à 1 plus rarement 2-4 paires de folioles, quelquefois réduites au rachis ; rachis cylindrique terminé en vrille rameuse,
rarement aplani-foliacé* (phyllode) *dépourvu de vrille ;* stipules libres, herbacées,
semisagittées ou sagittées, rarement subulées. Fleurs rouges, bleuâtres, blanchâtres
ou jaunes, disposées en grappes pluriflores ou pauciflores, plus rarement solitaires
au sommet de pédoncules axillaires.

Sect. I. — *Feuilles à 1-4 paires de folioles*, à rachis terminé en vrille.
      § 1. Pédoncules pluriflores. Plantes vivaces. — (1-4).
      § 2. Pédoncules 1-3-flores. Plantes annuelles ou bisannuelles. — (5-6 *ter*).

Sect. II. — *Feuilles à rachis dépourvu de folioles*, cylindrique terminé en vrille,
   ou aplani-foliacé dépourvu de vrille. — (7-8).

Sect. I. — Feuilles à 1-4 paires de folioles, à rachis terminé en vrille.

§ 1. Pédoncules pluriflores. Plantes vivaces.

1. **L. pratensis** L. *Sp.* 1033; *Engl. bot.* t. 670. — [G. DES PRÉS].

Souche rameuse. *Tiges de 4-8 décim., anguleuses* ou presque ailées,
légèrement pubescentes. Feuilles à une seule paire de folioles ; folioles oblongues ou oblongues-lancéolées, aiguës mucronées ; *stipules sagittées*, ovales-
oblongues acuminées. *Fleurs jaunes*, portées par des pédoncules qui dépassent longuement les feuilles. Légumes oblongs-linéaires, veinés, pubescents-
soyeux ou glabres. Graines globuleuses, lisses. ♃. Juin-août.

C C. — Prés, bords des eaux, buissons.

2. **L. tuberosus** L. *Sp.* 1033; *Bot. mag.* t. 111. — [G. TUBÉREUSE. — Vulg.
      Gland-de-terre].

*Souche rameuse, offrant* au niveau de ses ramifications *des renflements
tubériformes* charnus. *Tiges de 4-10 décim., anguleuses*, glabres. *Feuilles
à une seule paire de folioles* ; folioles oblongues ou oblongues-lancéolées
légèrement atténuées à la base, mucronées; *stipules semisagittées*, lancéo-

lées ou linéaires. *Fleurs rouges*, portées par des pédoncules plus longs que les feuilles. Légumes oblongs-linéaires, veinés, glabres. Graines subglobuleuses, à peine chagrinées. ♃. Juin-août.

A.R. — Haies, bois, moissons. — Bercy, Charenton, Saint-Maur (*Tourn*. Hist. pl. Par.) ; bois de Vincennes !; Bourg-la-Reine, Antony (*Tourn*. Hist. pl. Par., *Kralik*); Ivry, Bondy !, Montmorency (*Tourn*. Hist. pl. Par.); Saint-Germain (*Tourn*. Hist. pl. Par., *Graves*) ; Lognes, Torcy (*Thuret*). Nemours (*Devilliers*). Très abondant à Pithiviers !, etc. — *Graves* Cat. Oise : grand parc de Compiègne ; moissons à Bailly cant. de Ribécourt et à Courteuil près Senlis.

3. **L. palustris** L. *Sp.* 1034 ; *Fl. Dan.* III, t. 399 ; *Engl. bot.* t. 169. — [G. DES MARAIS].

Souche simple ou rameuse. *Tiges* de 6-8 décim., *ailées*, glabres. *Feuilles* à pétiole étroitement bordé, *à 2-4 paires de folioles* ; folioles oblongues-lancéolées mucronées ; stipules semisagittées, oblongues, lancéolées ou linéaires. *Fleurs bleuâtres*, portées par des pédoncules qui dépassent peu les feuilles. Légumes oblongs, à peine veinés, glabres. Graines subglobuleuses, lisses. ♃. Juin-août.

R. — Prairies humides spongieuses. — Entre Gentilly et Arcueil (*Vaill.* Bot. Par., *Vigineix*). Bourg-la-Reine (*Thuill.* Fl. Par.); abondant à Enghien ! (*Thuill.* Fl. Par.). Étang de Moret ! (V^{te} *de Forestier*); prairies du grand Bignon près Nemours (*Devilliers*). Pithiviers ! (*Woods*). Blunay près Provins (*Bouteiller*).—*Graves* Cat. Oise : marais de Sacy-le-Grand.

4. **L. sylvestris** L. *Sp.* 1033; *Engl. bot.* t. 805; Bill. *Exsicc.* n. 1466.— [G. DES BOIS. — Vulg. *Gesse-sauvage*].

Souche rameuse. *Tiges* de 1-2 mètres, *largement ailées*, glabres. *Feuilles* à pétiole largement ailé, *à une seule paire de folioles* ; folioles oblongues-lancéolées, mucronées ; stipules semisagittées, lancéolées ou linéaires, à oreillettes linéaires allongées. *Fleurs roses*, portées par des pédoncules qui dépassent longuement les feuilles. Légumes oblongs-linéaires, veinés-réticulés, glabres. Graines subglobuleuses, légèrement chagrinées, à hile occupant la moitié de leur circonférence. ♃. Juin-août.

A.C. — Haies, buissons, lisière des bois.

Le *L. latifolius* L. (vulg. *Pois-vivace*), assez fréquemment cultivé dans les jardins, et qui se rencontre çà et là subspontané dans le voisinage des habitations, se distingue du *L. sylvestris* par ses fleurs beaucoup plus grandes, ses légumes beaucoup plus longs, et surtout par ses graines rugueuses à hile occupant à peine le tiers de leur circonférence.

§ 2. Pédoncules 1-3-flores. Plantes annuelles ou bisannuelles.

5. **L. hirsutus** L. *Sp.* 1032 ; *Engl. bot.* t. 1255 ; Bill. *Exsicc.* n. 2053 et *bis* et *ter*. — [G. HÉRISSÉE].

*Tiges* de 4-8 décim., *ailées*, glabres ou un peu velues. Feuilles à pétiole bordé, à une seule paire de folioles ; folioles oblongues-lancéolées, obtuses mucronées ; stipules semisagittées, lancéolées ou linéaires. *Fleurs* d'un bleu rosé, *portées 1-3 par des pédoncules qui dépassent* longuement *les feuilles*. *Légumes oblongs, couverts de poils renflés à leur base*, à bord supérieur non ailé. Graines globuleuses, rugueuses. ②. Juin-septembre.

A.R. — Moissons, buissons, bords des chemins. — Saint-Denis ; Bondy !; Mesnil-

Aubry près Gonesse (*Delavaux*) ; Malenoue-en-Brie (*Thuret*) ; Champotran (*J. de Parseval*) ; Le Châtelet ! près Melun (*M. Garnier*). Marcoussis (*de Schœnefeld*). Saint-Hubert. Env. de Mantes (*Lepeletier de Saint-Fargeau*) ; Magny (*Bouteille*). Env. de Beauvais !. Moyvillers près Compiègne, Boursonne, Cuvergnon, Thury-en-Valois (*Questier*). Env. de Provins (*Bouteiller*). — *Graves* Cat. Oise : Clairoix et Margny près Compiègne ; plaine de Crépy ; Saint-Crépin près Méru ; Essuile, Warluis, cant. de Noailles ; Labruyère près Liancourt.

Le *L. odoratus* L. (vulg. *Pois-de-senteur*, *Pois-à-fleurs*), très communément cultivé, se distingue du *L. hirsutus* par ses tiges hérissées-scabres, par ses feuilles à folioles ovales-oblongues, et par ses fleurs très odorantes, beaucoup plus grandes, de couleur très variable.

6.  **L. angulatus** L. *Sp.* 1031 ; Sibth. et Sm. *Fl. Græc.* t. 696 ; Bill. *Exsicc.* n. 964. — [G. ANGULEUSE].

*Tiges* de 1-5 décim., *non ailées*, à 4 angles saillants, glabres. Feuilles à pétiole non bordé, à une seule paire de folioles ; folioles étroites, linéaires aiguës ; stipules semisagittées, lancéolées-linéaires. *Fleurs* d'un rouge bleuâtre, *solitaires à l'extrémité de pédoncules* longuement aristés beaucoup *plus longs que le pétiole* et égalant souvent presque la feuille. *Légumes linéaires, glabres, à bord supérieur droit non ailé. Graines cubiques, rugueuses-tuberculeuses.* ①. Mai-juillet.

R R R. — Champs pierreux incultes, taillis, moissons des terrains sablonneux. — Département du Loiret : env. de Thurelles ! près Dordives. — Indiqué à Montgeron (*Thuill.* Fl. Par.), et à Marcoussis (*Mérat* Fl. Par. éd. 2).

Le *L. sphæricus* Retz, assez répandu dans le centre de la France, s'en distingue par ses pédoncules beaucoup plus courts que les feuilles et par ses graines globuleuses.

† **L. Cicera** L. *Sp.* 1030 ; Jacq. *Ecl.* t. 115 ; Sibth. et Sm. *Fl. Græc.* t. 694 ; Bill. *Exsicc.* n. 1465. — [G. CHICHE. — Vulg. *Gesse, Jarosse, Garaude, Garot*].

*Tiges* de 3-6 décim., *ailées*, glabres. Feuilles à pétiole bordé, à une seule paire de folioles ; folioles oblongues-lancéolées, mucronées ; stipules semisagittées, ovales-aiguës, très amples. Fleurs rougeâtres, portées par des *pédoncules uniflores* ord. plus longs que le pétiole. *Légumes oblongs*, presque lisses, *glabres, à bord supérieur droit canaliculé étroitement bordé.* Graines anguleuses lisses. ①. Juin-juillet.

Cultivé en plein champ et subspontané dans les moissons.

† **L. sativus** L. *Sp.* 1030 ; *Bot. mag.* t. 115 ; Sibth. et Sm. *Fl. Græc.* t. 695. — [G. CULTIVÉE. — Vulg. *Gesse, Jarosse*].

*Tiges* de 3-6 décim., *ailées*, glabres. Feuilles à pétiole bordé, à une seule paire de folioles ; folioles lancéolées ou linéaires, mucronées ; stipules semisagittées, ovales-aiguës ou lancéolées. Fleurs blanches, rougeâtres ou bleuâtres, portées par des *pédoncules uniflores* ord. plus longs que le pétiole. *Légumes oblongs ou presque obovales*, veinés-réticulés, glabres, *à bord supérieur courbé offrant deux ailes membraneuses.* Graines anguleuses, lisses. ①. Juin-août.

Cultivé en plein champ et subspontané dans les moissons.

**Sect. II.** — Feuilles à rachis dépourvu de folioles, cylindrique terminé en vrille, ou aplani-foliacé dépourvu de vrille.

7.  **L. Aphaca** L. *Sp.* 1029 ; *Engl. bot.* t. 1167 ; Bill. *Exsicc.* n. 1464. — [G. APHACA. — Vulg. *Pois-de-serpent, Poigreau*].

Tiges de 4-8 décim., anguleuses, glabres, glauques. *Feuilles à rachis dépourvu de folioles, cylindrique terminé en vrille;* stipules sagittées, ovales-triangulaires, très amples simulant des feuilles. *Fleurs jaunes*, portées par des pédoncules glabres uniflores. Calice à divisions au moins deux fois plus longues que le tube. Légumes oblongs arqués, légèrement veinés, glabres. Graines lisses. Ⓘ. Mai-août.

*C C.* — Moissons, lieux cultivés, haies, buissons.

8. **L. Nissolia** L. *Sp.* 1029; *Engl. bot.* t. 112; Bill. *Exsicc.* n. 962 et *bis.* — [G. DE NISSOLE].

Tiges de 4-7 décim., non grimpantes, anguleuses, glabres ou presque glabres. *Feuilles à rachis dépourvu de folioles, aplani-foliacé, lancéolé-linéaire,* à plusieurs nervures parallèles, *dépourvu de vrille;* stipules très petites ou presque nulles, subulées ord. semisagittées. *Fleurs roses ou violacées*, portées par des pédoncules ordinairement pubescents uniflores plus rarement biflores. Calice à divisions environ de la longueur du tube. Légumes oblongs-linéaires droits, pubérulents ou glabrescents. Graines chagrinées-rugueuses. Ⓘ. Mai–août.

*R R.* — Champs, moissons. — Montrouge (*Thuill.* Fl. Par.); plaine Saint-Denis près le fort de l'Est (*Labrousse*); château de Livry (*Vaill.* Bot. Par.). Montmorency (*Tourn.* Hist. pl. Par.); L'Ile-Adam (*Dehaut*). Tournans (*Hennecart*); Échou près Le Châtelet (*M. Garnier*); Fontainebleau (*Tourn.* Hist. pl. Par.). Bailly près Compiègne (*Léré*).

### 16. OROBUS L. *Gen.* n. 871. — [OROBE].

Calice campanulé, à 5 divisions ou à 5 dents, les 2 supérieures plus courtes. Étamines monadelphes ou diadelphes. *Style plan, linéaire ou élargi au sommet.* Légume oblong ou linéaire-oblong, polysperme. Graines globuleuses ou globuleuses-comprimées, à hile oblong ou linéaire.

Plantes vivaces, à tiges anguleuses ou ailées, non grimpantes. *Feuilles* paripinnées, à 1-5 paires de folioles, *à rachis terminé en une arête courte;* stipules libres, herbacées, semisagittées. Fleurs rouges ou bleuâtres, disposées en grappes pluriflores ou pauciflores au sommet de pédoncules axillaires.

1. **O. tuberosus** L. *Sp.* 1028; *Engl. bot.* t. 1153; Bill. *Exsicc.* n. 2252 et *bis* et *ter.* — [O. TUBÉREUX. — Vulg. *Orobe*].

Souche oblique ou horizontale, rameuse à *rhizomes* grêles *offrant* au niveau des ramifications *des renflements tubériformes* ligneux. *Tiges* de 3-5 décim., *ascendantes-diffuses, presque simples,* anguleuses étroitement ailées, glabres. *Feuilles à* pétiole étroitement ailé, à *2-3 paires de folioles* rarement à une seule paire de folioles; folioles subsessiles, oblongues-lancéolées, rarement linéaires, mucronées, d'un vert glauque en dessous; stipules semisagittées, ovales-lancéolées. Fleurs d'un rose violacé, portées par des pédoncules axillaires 3-4-flores. Légumes glabres, oblongs allongés. ♃. Avril-juin.

*C C.* — Bois, buissons.

2. **O. niger** L. *Sp.* 1028; Schk. *Handb.* II, t. 200; *Bot. mag.* t. 2261; *Engl. bot.* t. 2788; Bill. *Exsicc.* n. 744. — [O. NOIR].

*Souche* oblique ou verticale, *épaisse* ligneuse. *Tige* subsolitaire, de 5-7 décim., *dressée, droite, très rameuse* à rameaux dressés, anguleuse à angles peu marqués, glabre. *Feuilles* à pétiole non bordé, *à 5-6 paires de folioles* ; folioles pétiolulées, ovales-oblongues ou oblongues, obtuses mucronées, d'un vert glauque en dessous ; stipules semisagittées, linéaires acuminées. Fleurs d'un rose violacé, portées par des pédoncules axillaires 4-10-flores. Légumes glabres, oblongs-allongés. Plante noircissant par la dessiccation. ♃. Juin-juillet.

*R.* — Buissons des bois secs, rochers. — Bois de Sainte-Geneviève, Marcoussis (*Maire*). Forêt de Fontainebleau : Chailly !, Mont-Chauvet (*Thuill.* Fl. Par.), coteau de Bouron (*Devilliers*) ; Malesherbes ! ; Bromeilles ! près Puiseaux.

L'*O. vernus* L., indiqué à Senlis, Compiègne, Fontainebleau (*Mérat* Fl. Par.), n'a pas été récemment observé dans ces localités. Cette espèce se reconnaît aux caractères suivants : étamines diadelphes ; tiges dressées, simples, anguleuses ; feuilles à 2-4 paires de folioles ovales-suborbiculaires longuement acuminées, molles, très amples, très finement ciliées, luisantes en dessous ; stipules semisagittées, ovales-aiguës, très amples.

## TRIBU III. **HEDYSAREÆ.** — Légume divisé transversalement en articles monospermes qui se séparent souvent à la maturité, plus rarement réduit à un seul article. Étamines diadelphes. Cotylédons convertis par la germination en feuilles aériennes. — Feuilles imparipinnées.

### 17. **CORONILLA** L. *Gen*. n. 883 ex parte. — [CORONILLE].

Calice campanulé, subbilabié, à 5 dents, les 2 supérieures presque soudées. Corolle à *carène terminée en bec*. Étamines diadelphes. *Légume* linéaire, droit ou arqué, anguleux ou subcylindrique, *à articles oblongs renflés*.

Plantes vivaces, à souche ligneuse, à tiges sous-frutescentes ou herbacées. Feuilles imparipinnées ; stipules ord. très petites, libres ou soudées en une seule. Fleurs jaunes ou d'un blanc rosé, réfléchies, disposées en ombelles multiflores ou pluri-flores portées par de longs pédoncules axillaires ou terminaux.

1. **C. varia** L. *Sp.* 1048 ; *Bot. mag.* t. 258 ; Bill. *Exsicc.* n. 127. — [C. BI-CARRÉE].
Tiges de 4-7 décim., *herbacées*, décombantes-diffuses, glabres. Feuilles à 8-12 paires de folioles ; folioles pétiolulées, oblongues obtuses mucronées, les inférieures occupant la base du pétiole ; *stipules libres*, subherbacées, presque obtuses. *Fleurs d'un blanc rosé*, à carène violette au sommet, dis-posées en ombelles multiflores portées par des pédoncules axillaires, à pédi-celles environ deux fois plus longs que le calice. Calice à dents inférieures très distinctes. Légumes dressés, glabres, tétragones, ord. à 3-7 articles ar-qués, terminés en un bec filiforme-allongé surmonté par le style. ♃. Juin-août.

*C.* — Coteaux secs, bords des chemins, clairières des bois.

2. **C. minima** DC. *Fl. Fr.* IV, 608 ; *Bot. mag.* t. 2179. — *C. coronata* var. *minor* Rchb. *Pl. crit.* I, t. 32, f. 66. — [C. MINIME].
Tiges de 1-3 décim., *sous-frutescentes*, étalées-ascendantes, diffuses, glabres. Feuilles à 2-4 paires de folioles ; folioles glaucescentes, obovales-cunéiformes, obtuses mucronulées, les inférieures occupant la base du pé-

tiole ; *stipules* scarieuses, *soudées en une seule* opposée au pétiole. *Fleurs jaunes*, disposées en ombelles 3-8-flores portées par de longs pédoncules axillaires et terminaux ; pédicelles environ de la longueur du calice. Calice à dents inférieures très courtes ou presque nulles. Légumes réfléchis, glabres, subtétragones, à 1-3 articles, presque droits, terminés par le style. ♃. Mai-août.

*A.R.* — Coteaux secs, pelouses arides, lisière des bois des terrains calcaires. — Saint-Germain ! (*Thuill.* Fl. Par.) ; L'Ile-Adam (*Chatin*) ; Marines ! (*de Schœnefeld*) ; Charmont près Magny (*Granget*) ; entre Épone et Mantes (*Beautemps-Beaupré*) ; Mantes ! ; La Roche-Guyon !. Beauvais ! près Mennecy ; Lardy (*Delavaux*) ; Étréchy (*E. Fournier*) ; La Ferté-Aleps ! ; Étampes ! ; Fontainebleau ! (*Thuill.* Fl. Par.) ; Moret ! ; Malesherbes ! (*Requien*) ; Pithiviers ! ; Chancepois ! et Pont-de-Dordives ! près Château-Landon. Dreux (*Dænen*). Noisemant près La Ferté-sous-Jouarre. Compiègne (*Thuill.* Fl. Par.). — *Graves* Cat. Oise : env. de Senlis.

Le *C. Emerus* L. (*Bot. mag.* t. 445 ; Bill. *Exsicc.* n. 757), arbuste des régions montagneuses, est assez fréquemment cultivé comme plante d'ornement ; il était, en 1832, abondant aux carrières de Mogneville près Liancourt (*Graves* Cat. Oise), où il s'était naturalisé. Cette espèce se reconnaît aux caractères suivants : tiges ligneuses de 5-12 décim., dressées ; feuilles à 7-9 folioles obovales ; stipules petites, lancéolées, libres ; fleurs jaunes, assez grandes, disposées par 2-3 sur des pédoncules axillaires ; onglets des pétales deux fois plus longs que le calice ; légumes pendants ou étalés, à 7-10 articles presque cylindriques se séparant difficilement les uns des autres.

### 18. ORNITHOPUS L. *Gen.* n. 884 ex parte. — [ORNITHOPE].

Calice tubuleux-campanulé, à 5 dents presque égales. Corolle à *carène obtuse*. Étamines diadelphes. *Légume linéaire*, arqué, *à articles oblongs comprimés*.

Plante annuelle. Feuilles imparipinnées ; stipules petites, soudées au pétiole inférieurement. Fleurs petites, blanchâtres ou d'un rose mêlé de jaune, accompagnées de bractéoles, ord. dressées, en ombelles très pauciflores, ou subsolitaires ; pédoncules munis d'une feuille florale.

1. **O. perpusillus** L. *Sp.* 1049 ; *Engl. bot.* t. 369 ; Bill. *Exsicc.* n. 128. — [O. DÉLICAT. — Vulg. *Pied-d'oiseau*].

Tiges de 5-30 centim., étalées ou ascendantes-diffuses, très pubescentes. Feuilles à folioles nombreuses, petites, oblongues ; stipules très petites, membraneuses. Fleurs d'un blanc mêlé de rose et de jaune, portées sur des pédoncules 1-4-flores. Légume pubescent, plus rarement glabre, fortement réticulé, contracté entre les graines, terminé par un bec court presque droit. ①. Mai-août.

*C.* — Terrains sablonneux, pelouses sèches, bords des chemins.

S.-v. *leiocarpus*. — Légume glabre. — *A.C.*

### 19. HIPPOCREPIS L. *Gen.* n. 885. — [HIPPOCRÉPIDE].

Calice campanulé, à 5 dents presque égales. Corolle à *carène atténuée en bec*. Étamines diadelphes. *Légume* linéaire, *sinué, composé d'articles semi-lunaires comprimés*.

Plante vivace, à souche ligneuse, à tiges herbacées ou sous-frutescentes à la base,

Feuilles imparipinnées ; stipules libres. Fleurs jaunes, réfléchies, disposées en ombelles pluriflores portées sur de longs pédoncules axillaires et terminaux.

**1. H. comosa** L. *Sp.* 1050 ; Jacq. *Austr.* V, t. 131 ; *Engl. bot.* t. 31 ; Bill. *Exsicc.* n. 1463 et *bis* et *ter*. — [H. EN OMBELLE. — Vulg. *Fer-à-cheval*].

Tiges de 2-4 décim., étalées ou ascendantes-diffuses, glabres. Feuilles à folioles nombreuses ; folioles oblongues, obtuses ou émarginées mucronulées ; stipules subherbacées, assez petites. Fleurs jaunes, portées par des pédoncules nus très longs 5-8-flores. Légume droit ou arqué, à articles semi-lunaires chargés de rugosités glanduleuses, terminé par un bec comprimé. ♃. Mai-juillet.

*C.* — Lieux secs, pelouses arides, bords des chemins.

**20. ONOBRYCHIS** Tourn. *Inst.* t. 211. — [SAINFOIN, ESPARCETTE].

Calice campanulé, à 5 divisions subulées presque égales. Corolle à *carène large obliquement tronquée*. Étamines diadelphes. *Légume à un seul article*, comprimé, monosperme, fortement réticulé, marqué de fossettes, à bord supérieur épais droit, à bord inférieur courbé caréné à carène souvent en forme de crête denté-épineux ou crénelé.

Plante vivace, à tiges herbacées. Feuilles imparipinnées ; stipules soudées en une seule. Fleurs purpurines-striées, plus rarement blanches, disposées en épis multiflores portés sur des pédoncules axillaires nus très longs.

**1. O. sativa** Lmk *Fl. Fr.* II, 652. — *Hedysarum Onobrychis* L. *Sp.* 1059 ; *Engl. bot.* t. 96 ; Jacq. *Austr.* IV, t. 352. — [S. CULTIVÉ. — Vulg. *Sainfoin, Esparcette*].

Tiges de 2-6 décim., dressées, ascendantes ou étalées, très pubescentes. Feuilles à folioles nombreuses ; folioles oblongues ou linéaires-oblongues, obtuses ou émarginées mucronées, à rachis dépourvu de folioles inférieurement ; stipules scarieuses, soudées en une seule bifide opposée à la feuille. Fleurs purpurines-striées, rarement blanches, portées sur des pédoncules multiflores dépassant très longuement les feuilles. Calice à divisions de moitié plus courtes que la carène. Légume pubescent, fortement réticulé, présentant sur les faces quelques tubercules, à bord inférieur caréné brièvement denté-épineux. ♃. Mai-juillet.

*C. spontané ?* — Lisière des bois, coteaux secs calcaires ou sablonneux. — Cultivé en grand comme fourrage.

L'*Hedysarum coronarium* L. (vulg. *Sainfoin-d'Espagne*), cultivé fréquemment dans les jardins et les parterres, se reconnaît à ses fleurs d'un rouge incarnat en épis ovoïdes compactes, à ses légumes à 2-5 articles à faces rugueuses presque épineuses, à ses feuilles à 3-5 paires de folioles oblongues-suborbiculaires.

Le *Cercis Siliquastrum* L. (Sibth. et Sm. *Fl. Græc.* t. 367 ; *Bot. mag.* t. 1138 ; Bill. *Exsicc.* n. 1467. — Vulg. *Gainier, Arbre-de-Judée*), qui appartient à la sous-famille des *Césalpiniées*, est fréquemment planté dans les parcs et les bosquets, et quelquefois dans les forêts ; il se distingue aux caractères suivants : arbre ord. élevé ; feuilles simples pétiolées, entières, suborbiculaires-réniformes, cordées à la base ; fleurs d'un beau rose, paraissant avant les feuilles, brièvement pédonculées, réunies en fascicules le long des rameaux et souvent sur le tronc même ; étamines à filets libres ; légume polysperme, comprimé, bordé à la marge supérieure d'une aile étroite membraneuse ; graines à embryon droit.

# XXVII. LYTHRARIÉES

(LYTHRARIEÆ Juss, in *Dict. sc. nat.* XXVII, 453).

Fleurs hermaphrodites, régulières ou presque régulières, quelquefois incomplètes. — *Calice* gamosépale, libre, persistant, *à 8-12 divisions* rarement plus, *disposées sur deux rangs* et alternes, les intérieures (divisions calicinales proprement dites) à préfloraison valvaire. —Corolle à 4-6 pétales insérés au sommet du tube du calice, alternes avec les divisions intérieures du calice, égaux ou légèrement inégaux, à préfloraison imbriquée-chiffonnée, plus rarement nuls. — *Étamines 6-12,* rarement plus ou moins par avortement, insérées sur le tube du calice au-dessous des pétales. Anthères bilobées, introrses. — *Ovaire libre,* à 2 *rarement 4-5 carpelles,* à 2 rarement 4-5 loges pluriovulées. *Ovules insérés à l'angle interne des loges,* ascendants ou horizontaux, réfléchis. Styles soudés en un style indivis filiforme ou presque nul ; stigmate indivis capité, rarement subbilobé. — *Fruit capsulaire* membraneux, *biloculaire, rarement 4-5-loculaire, à loges polyspermes,* se déchirant irrégulièrement, ou à déhiscence loculicide à 2 valves rarement plus. — Graines horizontales ou ascendantes. *Périsperme nul.* Embryon droit. Radicule dirigée vers le hile.

Plantes annuelles ou vivaces, à tiges herbacées ou sous-frutescentes inférieurement. Feuilles ord. opposées ou alternes, simples, entières ; stipules nulles. Fleurs axillaires solitaires, ou en glomérules axillaires disposés en panicules terminales ou en épis feuillés.

1. LYTHRUM. — *Calice tubuleux-cylindrique.* Pétales dépassant longuement le calice. Étamines insérées vers la base ou au milieu du tube du calice.
2. PEPLIS. — *Calice à tube court campanulé.* Pétales très petits, très caducs, souvent nuls. Étamines insérées au sommet du tube du calice.

## 1. LYTHRUM L. *Gen.* n. 604 ex parte. — [SALICAIRE].

*Calice tubuleux-cylindrique,* à 8-12 dents disposées sur deux rangs, alternes, les extérieures plus longues, les intérieures courtes souvent très petites. Pétales 4-6. *Étamines* 8-13, ou moins par avortement, *insérées vers la base ou vers le milieu du tube du calice.* Style filiforme ; stigmate capité. *Capsule* renfermée dans le tube du calice, *oblongue,* biloculaire, polysperme, à déhiscence loculicide, se déchirant souvent en lambeaux irréguliers.

Plantes annuelles ou vivaces, à tiges sous-frutescentes inférieurement. Feuilles alternes ou opposées, rarement verticillées, entières. Fleurs d'un rose purpurin, axillaires solitaires, ou en glomérules portés par des pédoncules axillaires courts disposés en panicules spiciformes terminales ou en épis feuillés.

1. L. Salicaria L. *Sp.* 642 ; *Engl. bot.* t. 1061 ; Bill. *Exsicc.* n. 1485. — [S. COMMUNE. — *Vulg. Salicaire*].

Souche subligneuse, donnant ord. naissance à des pivots épais. Tiges de 3-12 décim., ord. sous-frutescentes à la base, subtétragones, simples ou rameuses. *Feuilles* glabres ou finement pubescentes, opposées, rarement verti-cillées par 3; les *florales* quelquefois alternes, sessiles, lancéolées, *cordées à la base. Fleurs rassemblées par 1-10 sur des pédoncules communs axil-laires* très courts, plus rarement subsolitaires. *Calice pubescent*, dépourvu de bractées à la base, à dents extérieures environ deux fois plus longues que les intérieures. ♃. Juillet-septembre.

C C. — Bords des eaux, lieux marécageux, fossés.

S.-v. *alternifolium*. (*L. alternifolium* Lorey *Flor. Côte-d'Or* f. 2). — Feuilles flo-rales alternes, rarement toutes les feuilles alternes.

S.-v. *verticillatum*. — Feuilles la plupart verticillées par 3.

S.-v. *pubescens*. — Plante très pubescente.

**2. L. Hyssopifolia** L. *Sp.* 642; Jacq. *Austr.* II, t. 133; *Engl. bot.* t. 292; Bill. *Exsicc.* n. 553. — [S. A FEUILLES D'HYSOPE].

Plante annuelle. Tiges de 1-4 décim., subherbacées, subcylindriques ou subtétragones, florifères dès la base, simples ou rameuses. *Feuilles* glabres, alternes, sessiles *atténuées à la base*, linéaires ou oblongues. *Fleurs* subses-siles, *solitaires à l'aisselle des feuilles. Calice glabre*, accompagné de 2 bractées subulées très petites, à dents extérieures environ deux fois plus longues que les intérieures; calices fructifères dressés, serrés contre la tige. Étamines souvent incluses dans le tube du calice ou le dépassant à peine. ①. Juillet-septembre.

A.R. — Bords sablonneux des étangs, mares, champs humides herbeux, lieux inondés l'hiver. — Bondy!; Lognes, Collégien, Ferrières-en-Brie (*Thuret*); Gar-ches!; bois de la Celle-Saint-Cloud (*de Boucheman*); environs de Versailles!; Saint-Hubert (*de Schœnefeld*); Saint-Léger!; Montfort-l'Amaury, Rambouillet (*de Schœne-feld*). Villeneuve-Saint-Georges (*Maire*); forêt de Senart!; Mennecy!; forêt de Rougeaux!; Melun!. Cuvergnon, Étavigny, Thury-en-Valois, Autheuil-en-Valois (*Questier*), etc.

## 2. PEPLIS L. *Gen.* n. 446. — [PÉPLIDE].

'*Calice à tube campanulé court*, à 12 divisions disposées sur deux rangs, alternes, les intérieures plus longues et plus larges. *Pétales* 6, insérés au som-met du tube du calice, alternes avec les divisions intérieures du calice, *très pe-tits*, caducs, *souvent nuls. Étamines* 6, *insérées au sommet du tube du calice.* Style filiforme, souvent très court; stigmate capité. *Capsule* très mince mem-braneuse, entourée dans sa moitié inférieure par le tube du calice, *subglobu-leuse*, biloculaire, polysperme, se déchirant irrégulièrement.

*Plante couchée-radicante*, herbacée. Feuilles opposées, très entières. Fleurs so-litaires, sessiles à l'aisselle des feuilles, apétales, ou à corolle d'un rose pâle.

**1. P. Portula** L. *Sp.* 474; *Engl. bot.* t. 1211; Bill. *Exsicc.* n. 2065 et *bis* et *ter.* — Vaill. *Bot. Par.* t. 15, f. 5. — [P. POURPIER].

Tiges nombreuses, de 5-30 centim., couchées-radicantes, simples ou ra-meuses, florifères dès la base, très glabres. Feuilles très glabres, souvent rougeâtres, opposées, atténuées en pétiole, obovales ou spatulées. Fleurs sub-sessiles à l'aisselle des feuilles. Calice souvent rougeâtre, accompagné de deux petites bractées scarieuses linéaires aiguës. Corolle d'un rose pâle, souvent nulle. Stigmate subsessile. ① ou ♃. Juin-septembre.

*C C.* — Lieux inondés l'hiver, bords sablonneux des étangs et des chemins humides.

S.-v. *natans.* — Plante nageante souvent stérile, à tiges allongées.

## XXVIII. PORTULACÉES

( PORTULACEÆ Juss. *Gen.* 312 ex parte).

Fleurs hermaphrodites presque régulières. — *Calice à 2* rarement 3-5 *sépales* libres ou soudés à la base, soudés ou non avec la base de l'ovaire, persistants ou à partie supérieure caduque, à préfloraison imbriquée. — Corolle à 5 rarement 4-6 pétales insérés à la base du calice, soudés entre eux à la base ou dans une grande partie de leur longueur, plus rarement libres, ord. inégaux, à préfloraison imbriquée. — Étamines ord. soudées avec les pétales à leur base ou dans leur partie inférieure, en nombre égal à celui des pétales ou en nombre plus grand, ou en nombre moindre et alors opposées aux pétales. Anthères bilobées, introrses. — *Ovaire* libre ou soudé à la base avec le calice, *à 3-5 carpelles*, uniloculaire par l'avortement des cloisons, 3-ovulé ou pluriovulé. *Ovules insérés* par des funicules distincts *sur un placenta central libre* souvent très court, courbés. Styles soudés en un style filiforme, 3-5-fide, à lobes stigmatifères à leur face interne. — *Fruit capsulaire* membraneux, *uniloculaire, polysperme* à déhiscence circulaire (pyxide), *ou 3-sperme* 3-valve à déhiscence loculicide. — Graines à périsperme farineux central. *Embryon annulaire périphérique.* Radicule rapprochée du hile.

Plantes annuelles, plus ou moins charnues-succulentes, à suc souvent mucilagineux. Tiges plus ou moins irrégulièrement dichotomes. Feuilles opposées, ou les supérieures éparses, simples, entières, quelquefois munies au-dessus de leur insertion de poils courts ; stipules nulles. Fleurs assez petites, terminales et latérales, solitaires ou groupées au sommet des rameaux.

1. PORTULACA.—*Calice à partie supérieure caduque* se détachant en même temps que la partie supérieure de la capsule. *Pétales libres ou soudés à la base. Capsule polysperme, s'ouvrant circulairement.*

2. MONTIA.—*Calice persistant. Pétales soudés en une corolle gamopétale fendue. Capsule 3-sperme, s'ouvrant en 3 valves.*

## 1. PORTULACA Tourn. *Inst.* t. 118. — [POURPIER].

*Calice* soudé inférieurement avec l'ovaire, biparti, *à partie supérieure caduque* se détachant en même temps que la partie supérieure de la capsule. *Pétales* 5, plus rarement 4-6, insérés sur le calice, *libres ou soudés à la base,* souvent un peu inégaux, fugaces déliquescents. Étamines 8-12, rarement plus, soudées avec la base de la corolle. Style ord. profondément 5-fide, à lobes stigmatifères à leur face interne. *Capsule* ovoïde-trigone, uniloculaire, *polysperme, s'ouvrant circulairement* par la chute de sa moitié supérieure.

Plante annuelle, succulente-charnue, à suc mucilagineux. Tige irrégulièrement dichotome. Feuilles opposées ou les supérieures éparses, très épaisses, charnues, munies à leur aisselle de poils courts. Fleurs terminales et latérales, solitaires ou groupées au sommet des rameaux, entourées par les feuilles supérieures rapprochées en involucre. *Corolle jaune.*

1. **P. oleracea** L. *Sp.* 638 ; Sibth. et Sm. *Fl. Græc.* t. 457 ; DC. *Pl. grass.* t. 123. — [P. POTAGER. — Vulg. *Pourpier*].

Tige de 4-3 décim., couchée, rameuse, très glabre. Feuilles opposées ou les supérieures éparses, obovales-oblongues, sessiles, charnues, glabres, souvent rougeâtres. Fleurs jaunes, sessiles. Calice comprimé, à divisions inégales, rapprochées en capuchon au-dessus de la capsule qu'elles enveloppent. Pétales jaunes, obovales, soudés inférieurement. Graines subréniformes, chagrinées-tuberculeuses. ⚥. Juin-octobre.

C. — Lieux cultivés, jardins, décombres.

Var. α. *oleracea*. (Vulg. *Pourpier*). — Tige et rameaux couchés-appliqués sur la terre. Feuilles assez petites. Calice à divisions comprimées-carénées.

Var. β. *sativa* (DC. *Prodr.* III, 353. — Vulg. *Pourpier-doré*). — Tige et rameaux étalés-redressés. Feuilles assez grandes. Calice à divisions comprimées-carénées à carène presque ailée. — Cultivé quelquefois dans les jardins.

## 2. MONTIA L. *Gen.* n. 101. — [MONTIE].

*Calice* libre, *persistant*, à 2 rarement 3 sépales. *Pétales* 5, insérés sur le calice au-dessous de l'ovaire, inégaux, les 2 inférieurs plus grands, *soudés inférieurement en une corolle gamopétale caduque à tube fendu* d'un côté. Étamines 3, plus rarement 4-5, opposées aux pétales et soudées avec eux inférieurement. Style trifide, à lobes stigmatifères à leur face interne. *Capsule* subglobuleuse-trigone, recouverte par le calice, uniloculaire, *3-sperme*, à déhiscence loculicide, *s'ouvrant en 3 valves.*

Plante annuelle, succulente. Tige irrégulièrement dichotome. Feuilles opposées, charnues. Fleurs disposées en cymes unilatérales pauciflores, souvent penchées. *Corolle blanche.*

1. **M. fontana** L. *Sp.* 129 ; *Engl. bot.* t. 1206. — [M. DES FONTAINES].

Tiges de 2-20 centim., couchées, ascendantes ou dressées, souvent rassemblées en touffe, un peu charnues, glabres. Feuilles opposées, oblongues atténuées en pétiole, ou spatulées, très glabres. Fleurs à corolle très petite blanche, à pédicelles d'abord courbés puis souvent redressés après la dissémination des graines. ⚥. Avril-juin.

Var. α. *minor* (Koch *Syn. fl. Germ.* ed. 2, 278. — *M. minor* Gmel. *Fl. Bad.-Als.* I, 301 ; Bill. *Exsicc.* n. 130). — Plante naine. Tiges roides, dressées ou ascendantes. Feuilles ord. d'un vert très pâle. *Graines fortement tuberculeuses, ternes.* — A.C. — Sables humides, bords desséchés des étangs, champs en friche inondés l'hiver.

Var. β. *rivularis.* (*M. rivularis* Gmel., loc. cit., 302. — *M. fontana* var. *elongata Fl. Par.* éd. 1, 153). — Tiges grêles, allongées, tombantes ou nageantes. Feuilles ord. d'un vert assez intense. *Graines finement tuberculeuses,* un peu luisantes. — R R. — Ruisseaux, mares. — Marc d'Auteuil ! dans le bois de Boulogne. — Cette plante, que nous n'avons vue aux environs de Paris qu'à la localité indiquée, est assez répandue dans les ruisseaux des terrains granitiques.

# XXIX. PARONYCHIÉES

(Paronychieæ A. de St-Hil. *Mém. plac. libr.* 56).

Fleurs hermaphrodites, régulières. — Calice à 5 sépales rarement 4, libres presque jusqu'à la base ou soudés en tube inférieurement dans une étendue variable, non soudés avec l'ovaire, persistants, à préfloraison imbriquée ou subvalvaire. — Corolle à *pétales* en nombre égal à celui des sépales, *souvent filiformes rudimentaires*, insérés à la base des divisions ou à la gorge du tube du calice, libres, souvent persistants. — *Étamines 5, rarement 4*, insérées à la base des divisions ou à la gorge du tube du calice sur un disque plus ou moins développé. Anthères bilobées, introrses. — *Ovaire libre, à 2-3 carpelles*, uniloculaire par avortement, à loge uniovulée. *Ovule suspendu à l'extrémité d'un funicule* plus ou moins long *qui naît du fond de la loge*, quelquefois dressé lorsque ce funicule est court, ord. courbé. Styles 2-3, très courts et souvent soudés, ou filiformes libres entre eux; stigmates 2-3. — *Fruit* capsulaire, *à péricarpe mince membraneux, plus rarement crustacé*, enveloppé par le calice persistant, *uniloculaire* par avortement, *monosperme, indéhiscent*. — Graine à périsperme farineux ord. central. *Embryon annulaire périphérique*, rarement à peine courbé appliqué latéralement sur le périsperme. Radicule rapprochée du hile.

Plantes annuelles ou bisannuelles. Tiges ord. nombreuses, grêles, souvent étalées sur la terre, irrégulièrement rameuses ou dichotomes. Feuilles opposées ou éparses, simples, entières, munies de stipules scarieuses libres ou soudées deux à deux; plus rarement les feuilles opposées dépourvues de stipules et à base connée scarieuse. Fleurs souvent très petites, disposées en cymes ou en glomérules terminaux ou latéraux plus rarement axillaires.

1. CORRIGIOLA.—Calice 5-partit, à divisions concaves. *Pétales oblongs, dépassant un peu le calice. Stigmates 3*, très courts, subsessiles. *Capsule crustacée. Stipules scarieuses.*

2. HERNIARIA.— *Calice 5-partit, à divisions herbacées* un peu concaves. Pétales filiformes. *Stigmates 2*, subsessiles. *Capsule* membraneuse, *indéhiscente. Stipules scarieuses.*

3. ILLECEBRUM. — *Calice 5-partit, à divisions épaisses-spongieuses, blanches, concaves, terminées en un capuchon surmonté d'une pointe subulée.* Pétales filiformes, très courts. Stigmates 2, sessiles. *Capsule* membraneuse, *se partageant à la maturité en plusieurs lanières. Stipules scarieuses.*

4. SCLERANTHUS. — *Calice gamosépale, à tube campanulé ou urcéolé, à limbe 5-fide.* Pétales filiformes. *Styles 2, filiformes* distincts jusqu'à la base. Capsule membraneuse. *Feuilles dépourvues de stipules, à base connée scarieuse.*

## 1. CORRIGIOLA L. *Gen.* n. 378. — [CORRIGIOLE].

Calice 5-partit, à divisions concaves. *Pétales 5*, persistants, *oblongs, dépassant un peu le calice.* Étamines 5. *Stigmates 3*, très courts, subsessiles.

*Capsule crustacée*, ovoïde-trigone, monosperme, indéhiscente, enveloppée par le calice persistant.

Plante annuelle, à tiges nombreuses couchées sur la terre. *Feuilles éparses*, très entières, légèrement charnues ; *stipules* très petites, *scarieuses*. Fleurs très petites, blanches ou d'un blanc rosé, disposées en glomérules multiflores, terminaux et latéraux, entourés par les feuilles florales.

1. **C. littoralis** L. *Sp.* 388 ; Sibth. et Sm. *Fl. Græc.* t. 292 ; *Engl. bot.* t. 668 ; Bill. *Exsicc.* n. 19. — [C. DES GRÈVES].

Tiges nombreuses, de 1-4 décim., grêles presque filiformes, étalées appliquées sur la terre. Feuilles éparses, glaucescentes, linéaires-oblongues ou oblongues atténuées à la base, presque obtuses. Glomérules terminaux, ord. groupés au sommet des tiges. Fleurs brièvement pédicellées. Calice souvent coloré, à divisions scarieuses-blanchâtres aux bords. Pétales émarginés. ①. Juin-septembre.

A.R. — Terrains sablonneux, champs en friche, bords des étangs, alluvion des rivières. — Bords de la Seine à Paris !; plaine des Sablons (*Thuill.* Fl. Par., *Brice*); Bas-Meudon ; plaine du Vésinet ; forêt de Saint-Germain ; plaine d'Achères près Poissy ; étang de Saint-Quentin ; Saint-Hubert !; Saint-Léger !; Poigny. Villefermoy; Fontainebleau ; env. de Nemours !. Env. de Senlis ; env. de Compiègne, etc.

## 2. **HERNIARIA** Tourn. *Inst.* t. 288. — [HERNIAIRE].

*Calice 5-partit, à divisions herbacées*, un peu concaves. Pétales 5, filiformes. Étamines 5, insérées sur le disque charnu qui revêt la gorge du calice. *Stigmates* 2, très courts, libres entre eux ou soudés inférieurement, *subsessiles. Capsule* membraneuse, oblongue, monosperme, *indéhiscente*, enveloppée par le calice persistant.

Plantes annuelles ou bisannuelles, à tiges couchées sur la terre. *Feuilles opposées ou alternes à l'extrémité des tiges*, très entières ; *stipules* petites, *scarieuses*. Fleurs très petites, herbacées, disposées en glomérules latéraux, multiflores, très nombreux, entremêlés de feuilles.

1. **H. glabra** L. *Sp.* 317; *Engl. bot.* t. 206; Bill. *Exsicc.* n. 1877. — [H. GLABRE. — Vulg. *Herbe-aux-hernies, Herniole, Turquette*].

Plante ord. bisannuelle ou vivace. Tiges ord. très nombreuses, de 5-20 centim., grêles, étalées-appliquées sur la terre, ord. très rameuses, florifères dès la base, glabres. *Feuilles glabres*, oblongues ou ovales-oblongues. Fleurs sessiles. *Calice glabre*, à divisions jaunâtres à la face interne. ② ou ♃. Mai-septembre.

C C. — Terrains sablonneux, champs en friche, bords des étangs.

2. **H. hirsuta** L. *Sp.* 317 ; *Engl. bot.* t. 1379 ; Bill. *Exsicc.* n. 564 et *bis.* — [H. HÉRISSÉE. — Vulg. *Herbe-aux-hernies, Turquette*].

Plante ord. annuelle ou bisannuelle. Tiges ord. très nombreuses, de 5-20 centim., grêles, étalées-appliquées sur la terre, ord. très rameuses, florifères dès la base, velues-hérissées. *Feuilles pubescentes, fortement ciliées*, oblongues ou ovales-oblongues. *Calice velu-hérissé*, à divisions jaunâtres à la face interne, terminées par une longue soie. ① ou ②. Mai-septembre.

C C. — Terrains sablonneux, champs en friche, bords des étangs.

### 3. **ILLECEBRUM** L. *Gen.* n. 290 ex parte. — [ILLECÈBRE].

*Calice* 5-partit presque jusqu'à la base, *à divisions épaisses-spongieuses, blanches,* concaves, *terminées en capuchon surmonté d'une pointe subulée.* Pétales 5, filiformes, très courts. Étamines 5, à filets très courts. Stigmates 2, très courts, sessiles, soudés inférieurement. *Capsule* membraneuse, oblongue, monosperme, *se partageant à la maturité en plusieurs lanières* libres inférieurement et cohérentes au sommet, enveloppée par le calice persistant. *Embryon à peine courbé,* appliqué latéralement sur le périsperme.

Plante annuelle ou bisannuelle, à tiges couchées sur la terre, souvent radicantes. *Feuilles opposées,* très entières; *stipules* petites, *scarieuses. Fleurs* petites, *d'un blanc de lait,* disposées *en glomérules axillaires* 3-5-*flores.*

**1. I. verticillatum** L. *Sp.* 298; *Engl. bot.* t. 895; Bill. *Exsicc.* n. 556.—Vaill. *Bot. Par.* t. 15, f. 7. — [I. VERTICILLÉ].

Tiges ord. très nombreuses, de 5-25 centim., filiformes très grêles, étalées-appliquées sur la terre, simples ou rameuses, florifères dès la base, glabres. Feuilles glabres, obovales ou oblongues-suborbiculaires, atténuées à la base. Fleurs en glomérules axillaires, paraissant verticillées, souvent rapprochées en épis feuillés. Calice glabre, d'un blanc de lait. ① ou ②. Juillet-septembre.

R. — Terrains sablonneux inondés l'hiver, bords des mares tourbeuses. — Beauvais près Mennecy (*Des Étangs*). Mares de la forêt de Fontainebleau (*Thuill. Fl. Par.*): aux rochers du Cuvier!, à Bellecroix!, à Franchart, etc.; Nemours! (*Devilliers*). Saint-Léger!; étangs de Saint-Hubert! (*Thuill.* Fl. Par.); Rambouillet!.

### 4. **SCLERANTHUS** L. *Gen.* n. 562. — [SCLÉRANTHE, GNAVELLE].

*Calice gamosépale à tube campanulé* ou urcéolé, rétréci à la gorge par un disque saillant, à limbe 5-fide, à divisions lancéolées. Pétales 5, ou moins par avortement, filiformes, plus courts que le calice. Étamines 5, insérées à la gorge du tube du calice. *Styles 2, filiformes,* libres entre eux jusqu'à la base, stigmatifères au sommet et à leur face interne. Capsule membraneuse, oblongue, monosperme, indéhiscente, renfermée dans le tube du calice induré-osseux.

Plantes annuelles ou bisannuelles, à tiges étalées ou ascendantes. *Feuilles opposées, dépourvues de stipules, à base connée scarieuse,* linéaires-subulées, souvent incurvées, souvent munies à leur aisselle de fascicules de feuilles. Fleurs assez petites, verdâtres ou blanchâtres, disposées en cymes dichotomes plus ou moins irrégulières, ou rapprochées en glomérules latéraux et terminaux munis de feuilles florales.

**1. S. annuus** L. *Sp.* 580; *Engl. bot.* t. 351; Bill. *Exsicc.* n. 20.— [S. ANNUEL].

Plante annuelle ou bisannuelle. Tiges de 5-15 centim., ord. rapprochées en touffe, rameuses, ord. dichotomes supérieurement, couvertes surtout sur l'une de leurs faces d'une pubescence courte. Feuilles linéaires-subulées, ciliées à la base. *Calice à divisions* lancéolées-linéaires, *aiguës, herbacées ou très étroitement scarieuses-blanchâtres aux bords; le fructifère à divisions dressées un peu divergentes.* ① ou ②. Mai-octobre.

C C. — Champs, lieux cultivés.

2. **S. perennis** L. *Sp.* 580; *Engl. bot.* t. 352; Bill. *Exsicc.* n. 1197 et *bis.* — Vaill. *Bot. Par.* t. 1, f. 5. — [S. VIVACE].

Plante ord. pérennante. Tiges de 5-15 centim., ord. rapprochées en touffe, rameuses, ord. dichotomes au sommet, couvertes surtout sur l'une de leurs faces d'une pubescence courte. Feuilles linéaires-subulées, ciliées à la base. *Calice à divisions* lancéolées ou ovales-lancéolées, *presque obtuses, largement scarieuses-blanchâtres aux bords; le fructifère à divisions* dressées, *subconniventes.* Ord. ♃. Juin-septembre.

*A.C.* — Terrains sablonneux, rochers siliceux. — Env. de Mennecy!; env. de La Ferté-Aleps!; Lardy!; Étréchy!; env. du Châtelet; forêt de Fontainebleau! (*Thuill.* Fl. Par.); Moret; env. de Nemours!; Malesherbes!. Entre La Morlaye et la montagne qui est sur le chemin de Gouvieux en allant de Chantilly à Saint-Leu-d'Essérens (*Vaill.* Bot. Par.); Ermenonville!; Senlis!; forêt de Compiègne; Levignen; Macquelines; Autheuil-en-Valois; Neufchelles, etc.

---

# XXX. CRASSULACÉES

(CRASSULACEÆ DC. in *Bull. Soc. phil.* 1801, n. 49, 1).

Fleurs ord. hermaphrodites, régulières. — Calice à 5 plus rarement 3-20 sépales plus ou moins soudés à la base, non soudés avec l'ovaire, persistants ord. charnus, à préfloraison imbriquée ou subvalvaire. — *Corolle à 5 plus rarement 3-20 pétales* insérés à la base des sépales, libres, quelquefois soudés entre eux à la base, rarement réunis en une corolle gamopétale, caducs ou marcescents, à préfloraison imbriquée. — Étamines en nombre égal à celui des pétales, plus ord. en nombre double, insérées avec les pétales à la base des sépales, quelquefois soudées à la base avec les pétales. Anthères bilobées, introrses.— *Écailles hypogynes* glanduliformes ou lamelliformes, *placées à la base des carpelles et en même nombre qu'eux.* — *Ovaire libre, à carpelles en nombre égal à celui des pétales* auxquels ils sont opposés, *libres entre eux jusqu'à la base* (dans nos espèces), pluriovulés, rarement biovulés. Ovules insérés à l'angle interne des carpelles, horizontaux ou pendants, réfléchis. Styles en nombre égal à celui des carpelles, terminaux, courts, persistants, stigmatifères latéralement au sommet. — *Fruit composé de 5 plus rarement 3-20 carpelles* ord. *libres entre eux* jusqu'à la base, secs, *polyspermes,* rarement dispermes, s'ouvrant par la suture interne (follicules). — *Graines* très petites, *à périsperme très mince.* Embryon cylindrique, droit. Radicule dirigée vers le hile.

Plantes annuelles, bisannuelles ou vivaces, herbacées. *Feuilles éparses,* plus rarement opposées ou rapprochées par 3-4, épaisses, *charnues-succulentes,* souvent cylindriques, simples, entières, rarement dentées; *stipules* nulles. Fleurs disposées en cymes souvent unilatérales et scorpioïdes, ord. rapprochées en corymbe terminal, quelquefois disposées en corymbe dicho-

tome, plus rarement en glomérules latéraux et terminaux, très rarement
axillaires solitaires.

1. TILLÆA. — Calice à 3-4 divisions. *Étamines 5-4. Écailles hypogynes nulles
ou très petites. Carpelles dispermes.* Feuilles opposées, connées. Fleurs très
petites, axillaires, solitaires.

2. BULLIARDA. — Calice à 4 divisions. *Étamines 4. Écailles hypogynes linéaires.
Carpelles polyspermes.* Feuilles opposées, connées. Fleurs petites, en cymes
irrégulières.

3. SEDUM. — *Calice à 5, quelquefois 4, plus rarement 6-8 divisions. Étamines en
nombre double de celui des sépales plus rarement en nombre égal. Écailles
hypogynes très courtes, entières ou légèrement émarginées.* Carpelles polyspermes.

4. SEMPERVIVUM. — *Calice à 6-20 divisions. Étamines en nombre double de celui
des sépales. Écailles hypogynes courtes dentées ou lacérées.* Carpelles polyspermes.

## 1. TILLÆA Micheli *Nov. gen.* t. 20. — [ TILLÉE ].

Calice à 3-4 divisions. Corolle à 3-4 pétales. *Étamines 5-4. Écailles hypogynes nulles ou très petites. Carpelles 3-4, dispermes*, étranglés entre les
deux graines.

Plante annuelle, très petite, à tiges filiformes très grêles, florifères dès la base.
Feuilles opposées, connées, peu épaisses, concaves. Fleurs très petites, axillaires
solitaires, sessiles, à calice souvent coloré, à corolle blanche.

1. **T. muscosa** L. *Sp.* 186; *Engl. bot.* t. 116; Rchb. *Pl. crit.* II, t. 191, f. 330-
332; Bill. *Exsicc.* n. 357. — [T. MOUSSE].

Tiges de 2-6 centim., étalées ou ascendantes, souvent rapprochées en
touffe, quelquefois radicantes à la base, simples ou rameuses, glabres.
Feuilles connées à la base, glabres, souvent rougeâtres, très petites, ovales
aiguës-mucronées. Fleurs sessiles. (I). Juin-août.

A.R. — Allées des bois sablonneux, rochers siliceux. — Bois de Boulogne!,
de Meudon et du Vésinet (*de Schœnefeld*); Ville-d'Avray!. Bois des Camaldules;
rochers de Beauvais! près Mennecy; Nemours!. Vaux-de-Cernay (*de Schœnefeld*); Saint-Léger!. Dreux. Levignen, Autheuil-en-Valois, forêts de Compiègne et
de Villers-Cotterets (*Questier*). — *Graves* Cat. Oise : pelouses de Bongenoult près
Beauvais; sables d'Aiguisy et de Montplaisir, cant. d'Estrées; vallée de Bray; sables
de Boissy-Fresnoy; Pontarmé; Morfontaine; Ermenonville.

## 2. BULLIARDA DC. *Pl. grass.* 7. — [ BULLIARDE ].

Calice à 4 divisions. Corolle à 4 pétales. *Étamines 4. Écailles hypogynes
linéaires. Carpelles 4, polyspermes.*

Plante annuelle, très petite, à tiges grêles. Feuilles opposées, connées, assez
épaisses, presque planes. Fleurs petites, disposées en cymes irrégulières souvent
unilatérales, pédicellées, à corolle d'un blanc rosé.

1. **B. Vaillantii** DC. *Pl. grass.* t. 74. — Vaill. *Bot. Par.* t. 10, f. 2. — [B. DE
VAILLANT].

Tiges de 2-6 centim., charnues, dressées, ord. rapprochées en touffe, plus
ou moins rameuses, irrégulièrement dichotomes supérieurement, glabres.
Feuilles connées à la base, glabres, quelquefois rougeâtres, petites, linéaires-

oblongues, presque obtuses. Fleurs à pédicelle plus long que les feuilles. (I). Juin-août.

*R.* — Mares des terrains sablonneux et tourbeux. — Beauvais près Mennecy (*Des Étangs*); Lardy (*Vigineix*); Étréchy (*de Schœnefeld*); forêt de Fontainebleau! (*Tourn.* Hist. pl. Par., *Vaill.* Bot. Par.); env. de Nemours : Darvault!, bois de Nanteau! (*Devilliers*); Malesherbes! (*Bernard*). — *Graves* Cat. Oise : terreau de bruyère à Morfontaine et à Ermenonville.

### 3. **SEDUM** L. *Gen.* n. 616. — [ORPIN].

Calice à 5, quelquefois 4, plus rarement 6-8 divisions. *Corolle à 5, quelquefois 4, plus rarement 6-8 pétales. Étamines en nombre double de celui des pétales, plus rarement en nombre égal. Écailles hypogynes ovales, très courtes, entières ou légèrement émarginées.* Carpelles 5, quelquefois 4, plus rarement 6-8, polyspermes.

Plantes annuelles, bisannuelles ou vivaces. Feuilles éparses, quelquefois rapprochées en rosette au sommet des rejets, très épaisses succulentes, planes ou presque cylindriques. Fleurs purpurines, roses, blanches ou jaunes, en cymes subunilatérales souvent scorpioïdes rapprochées en corymbe terminal quelquefois disposées ou corymbe dichotome, plus rarement en glomérules latéraux et terminaux.

Sect. I. — *Fleurs jaunes.* Pétales 5, quelquefois 4, plus rarement 6-8. — (1-4).

Sect. II. — *Fleurs blanches, purpurines ou roses.* Pétales ord. 5. — (5-11).

Sect. I. — Fleurs jaunes. Pétales 5, quelquefois 4, plus rarement 6-8.

1. **S. acre** L. *Sp.* 619; *Engl. bot.* t. 839; Bill. *Exsicc.* n. 982. — *S. sexangulare* L. *Sp.* 620 non *Fl. Par.* éd. 1. — [O. ACRE. — *Vulg. Vermiculaire-âcre, Poivre-de-muraille*].

Souche subcespiteuse, rameuse, émettant des tiges radicantes à la base, les unes florifères, les autres stériles à feuilles très rapprochées. Tiges de 8-15 centim., glabres, ascendantes, ord. rapprochées en touffe compacte, les florifères rameuses seulement au sommet. *Feuilles sessiles, dressées, courtes, ovoïdes-gibbeuses, non prolongées au-dessous de l'insertion,* celles des jeunes tiges imbriquées sur 6 rangs. Fleurs d'un beau jaune, subsessiles, disposées en 2-3 cymes subscorpioïdes rapprochées en corymbe terminal. Pétales 5, plus rarement 4, oblongs-lancéolés, deux fois plus longs que le calice, étalés. Plante d'une saveur âcre. ♃. Juin-juillet.

*C C C.* — Lieux secs pierreux ou sablonneux, vieux murs, toits de chaume, talus des chemins de fer, etc.

2. **S. Boloniense** Lois. *Not.* 71 ; Mutel *Fl. Fr.* I, 393 et *all.* t. 19. — *S. sexangulare* DC. *Fl. Fr.* IV, 394; *Fl. Par.* éd. 1, 159 non L.; *Engl. bot.* t. 1946; Bill. *Exsicc.* n. 361 et *bis.* — [O. DE BOULOGNE].

Souche subcespiteuse, rameuse, émettant des tiges radicantes à la base, les unes florifères, les autres stériles à feuilles très rapprochées. Tiges de 1-2 décim., glabres, ascendantes, disposées en touffe lâche ; les florifères rameuses seulement au sommet. *Feuilles sessiles, dressées, cylindriques, linéaires, obtuses, prolongées en éperon au-dessous de l'insertion,* celles des jeunes tiges imbriquées sur 6 rangs. Fleurs jaunes, subsessiles, disposées en 2-3 cymes subscorpioïdes rapprochées en corymbe terminal. Pétales ord. 5, oblongs-lancéolés aigus, presque deux fois plus longs que le calice, étalés. ♃. Juin-juillet.

*R.* — Lieux arides pierreux ou sablonneux. — Bois de Boulogne, Charenton ! (*Tourn.* Hist. pl. Par.); parc de Saint-Maur (*Thuill.* Fl. Par., *Maire*). Lardy (*Adr. de Jussieu*). Beauvais près Mennecy (*Des Étangs*). Jetée d'Épisy ! près Moret ; abondant aux env. de Thurelles ! près Dordives. Bois de Montramé près Provins (*Des Étangs*).

3. **S. reflexum** L. *Sp.* 618 ; *Engl. bot.* t. 695; Rchb. *Pl. crit.* III, t. 286, f. 459; Bill. *Exsicc.* n. 22. — Fuchs. *Hist. pl.* 33 ic. — [O. RÉFLÉCHI].

Souche rameuse, terminée en racine pivotante, émettant des tiges florifères et des rejets. Tiges de 2-4 décim., glabres, souvent rougeâtres ou glaucescentes, couchées et radicantes à la base puis brusquement redressées, simples donnant naissance supérieurement aux rameaux de l'inflorescence, courbées en crochet au sommet avant l'épanouissement des fleurs. *Feuilles* vertes ou glaucescentes, quelquefois rougeâtres, sessiles, très charnues, presque cylindriques, linéaires *aiguës, mucronées, prolongées au-dessous de l'insertion en un éperon court arrondi ; celles des rejets non rapprochées en rosette.* Fleurs ord. d'un jaune assez pâle, subsessiles, disposées en cymes scorpioïdes ord. bifurquées et rapprochées en un corymbe terminal. Divisions du calice très charnues, déprimées au centre, à bords épaissis. Pétales ord. 6-8, oblongs-linéaires, environ une fois plus longs que le calice, étalés. ♃. Juillet-août.

*C C.* — Lieux sablonneux, vieux murs, coteaux pierreux.

4. **S. elegans** Lej. *Fl. Sp.* I, 205 ; Bill. *Exsicc.* n. 362. — [O. ÉLÉGANT].

Souche rameuse, terminée en racine pivotante, émettant des tiges florifères et des rejets. Tiges de 1-4 décim., glabres, rougeâtres ou glaucescentes, couchées et radicantes à la base puis brusquement redressées, assez grêles, simples donnant naissance supérieurement aux rameaux de l'inflorescence, courbées en crochet au sommet avant l'épanouissement des fleurs. *Feuilles* vertes, souvent rougeâtres, sessiles, minces presque planes, *linéaires, cuspidées, prolongées au-dessous de l'insertion en un éperon triangulaire aigu ; celles des rejets étroitement imbriquées,* la plupart desséchées lors de la floraison, les dernières développées rapprochées *en une rosette courte compacte.* Fleurs d'un beau jaune, subsessiles, disposées en cymes scorpioïdes ord. bifurquées et rapprochées en un corymbe terminal. Divisions du calice à peine charnues, planes, à bords non épaissis. Pétales ord. 6-8, oblongs-linéaires, environ une fois plus longs que le calice, étalés. ♃. Juin-juillet.

*A.R.* — Lieux sablonneux, vieux murs, bruyères. — Bois du Vésinet (*Kralik*); les Bois-Noirs près Marcil-Marly (*de Schœnefeld*); Port-Royal ! et Vaux-de-Cernay! près Dampierre. Lardy (*Maire*); Itteville (*Kralik*); La Ferté-Aleps (*de Schœnefeld*); abondant aux env. de Nemours ! et dans les bois et les taillis à Dordives ! et à Thurelles !. Luisetaines près Donnemarie (*Des Étangs*). Provins (*Bouteiller*). Fleurines près Senlis !; Noailles et Merlemont près Beauvais (*Taillefert*); forêt de Compiègne (*de Marcilly fils*). Très abondant à Banthélu près Magny (*Bouteille*); La Roche-Guyon !. — *Graves* Cat. Oise : sables du canton de Noailles ; Crapain près Clermont ; Bulles ; Ivry-le-Temple cant. de Liancourt.

Sect. II. — Fleurs blanches, purpurines ou roses. Pétales ord. 5.

5. **S. rubens** L. *Sp.* 619 ; Bill. *Exsicc.* n. 1878 et *bis.* — *Crassula rubens* L. *Syst.*
    *veg.* 253 ; DC. *Pl. grass.* t. 55 ; *Fl. Par.* éd. 1, 158. — [O. ROUGEATRE].

*Plante annuelle.* Tige de 5-15 centim., dressée, roide, rameuse, à rameaux dressés plus rarement étalés, pubescente-glanduleuse surtout dans
sa partie supérieure. *Feuilles* sessiles, étalées, *presque cylindriques, oblon-*
*gues,* très succulentes, obtuses, glaucescentes souvent rougeâtres, *glabres.*
Fleurs d'un blanc rosé, subsessiles, disposées en épis subunilatéraux rapprochés en cymes corymbiformes terminales simples ou rameuses. *Pétales* 5,
*lancéolés, aristés,* dépassant très longuement le calice. *Étamines* 5. Carpelles pubescents. (I). Mai-juillet.

*A.C.* — Vignes, terrains pierreux, vieux murs, berges des rivières.

6. **S. album** L. *Sp.* 619 ; *Engl. bot.* t. 1578 ; Bill. *Exsicc.* n. 21. — [O. BLANC.
    — Vulg. *Perruque, Trique-Madame*].

Souche subcespiteuse, rameuse, émettant des tiges radicantes à la base, les
unes florifères, les autres stériles courtes à feuilles peu rapprochées. *Tiges*
florifères de 1-2 décim., ascendantes disposées en touffe, *glabres,* simples
donnant naissance supérieurement aux rameaux de l'inflorescence. *Feuilles*
sessiles, plus ou moins étalées, *presque cylindriques, oblongues-linéaires,*
très succulentes, obtuses, vertes, souvent rouges ou d'un rouge brun, glabres.
Fleurs blanches, quelquefois rosées, à anthères brunes, pédicellées, disposées
en corymbe dichotome. *Pétales oblongs-lancéolés,* non aristés, environ trois
fois plus longs que le calice. ♃. Juin-août.

*C C.* — Vieux murs, toits de chaume, rochers, champs pierreux en friche.

7. **S. dasyphyllum** L. *Sp.* 618 ; *Engl. bot.* t. 656 ; Bill. *Exsicc.* n. 980. — [O. A
    FEUILLES ÉPAISSES].

Souche subcespiteuse, rameuse, émettant des tiges nombreuses souvent
radicantes à la base, les unes florifères, les autres stériles courtes très grêles
à feuilles rapprochées-imbriquées. *Tiges* florifères de 1-2 décim., ascendantes-diffuses, disposées en touffe, simples donnant naissance supérieurement aux rameaux de l'inflorescence, *à rameaux pubescents-glanduleux.*
*Feuilles* sessiles, la plupart presque opposées, courtes, *ovoïdes* bossues sur
le dos, très succulentes, glaucescentes, glabres. Fleurs blanches, rougeâtres
en dehors, pédicellées, disposées en un corymbe irrégulièrement rameux
obscurément dichotome. *Pétales ovales, non aristés,* environ trois fois plus
longs que le calice. ♃. Juin-août.

*R.* — Vieux murs. — Paris : murs des quais du canal Saint-Martin et de la Seine
vers le pont d'Austerlitz ! (*Vigineix*). Montmorency (*Bonnet*). Abondant sur les murs
de l'hôpital et du parc à Rambouillet ! (*Dœnen*) ; Évreux (*Chesnon*).

8. **S. hirsutum** All. *Ped.* III, t. 65, f. 5 ; Bill. *Exsicc.* n. 983. — [O. HÉRISSÉ].

Souche cespiteuse, rameuse, émettant des tiges nombreuses quelquefois
radicantes à la base, les unes florifères, les autres stériles courtes à feuilles
rapprochées en une rosette terminale subglobuleuse. *Tiges* florifères de
4-8 centim., *pubescentes-glanduleuses au sommet,* souvent nues ou à peine
feuillées, dressées, simples donnant naissance supérieurement aux ra-

meaux de l'inflorescence. *Feuilles* sessiles, *oblongues* plus ou moins rétrécies à la base, *semicylindriques*, obtuses, *velues-hérissées*, celles des tiges florifères éparses peu nombreuses ou nulles. Fleurs blanches ou d'un blanc rosé, pédicellées, disposées en une fausse grappe unilatérale ou en 2-3 grappes rapprochées en corymbe simple. *Pétales* à nervure moyenne souvent rougeâtre en dehors, oblongs, *aristés*, environ deux fois plus longs que le calice. ♃. Mai-juillet.

*R R.* — Rochers siliceux des coteaux élevés. — Assez abondant à Itteville ! (*J. Gay*) ; Mondeville (*Mandon*) ; abondant à La Ferté-Aleps (*de Boucheman*).

9. **S. villosum** L. *Sp.* 620; *Engl. bot.* t. 394 ; Bill. *Exsicc.* n. 132.— [O. VELU].

Souche bisannuelle, à fibres radicales naissant brusquement de la base de la tige et rapprochées en un peloton compacte. *Tiges stériles nulles. Tige* solitaire, de 5-15 centim., feuillée, dressée, ord. simple à la base, rameuse supérieurement, *pubescente-glanduleuse* surtout au sommet. *Feuilles* sessiles, dressées, éparses, *linéaires-oblongues*, plus ou moins rétrécies à la base, *semicylindriques*, obtuses, *pubescentes*. Fleurs d'un blanc rosé, à nervure moyenne rougeâtre en dehors, pédicellées, disposées en un corymbe irrégulier très obscurément dichotome. *Pétales* ovales-oblongs, *non aristés*, environ deux fois plus longs que le calice. ②, rarement vivace accidentellement, et alors donnant naissance à des tiges stériles. — Juin-juillet.

*R.* — Mares tourbeuses peu profondes des rochers siliceux. — Balancourt et Beauvais près Mennecy (*Des Étangs*). Forêt de Fontainebleau : mares de Bellecroix ! (*Thuill.* Fl. Par.) et de Franchart !, Recloses (*de Schœnefeld*) ; env. de Nemours : bois de Nanteau ! et coteau de Darvault (*Devilliers*). — *Graves* Cat. Oise : sables et grès vers Neuf-Moulin entre Morfontaine et Senlis.

10. **S. Cepæa** L. *Sp.* 617 ; Sibth. et Sm. *Fl. Græc.* t. 447; *Bot. reg.* t. 1391. — *S. galioides* All. *Ped.* III, t. 65, f. 3. — [O. FAUX-POURPIER].

Plante annuelle. *Tiges stériles nulles.* Tiges plus ou moins nombreuses ou solitaires, de 1-4 décim., feuillées, ascendantes, ord. simples, donnant naissance latéralement aux rameaux florifères, finement pubescentes surtout supérieurement. *Feuilles étalées, opposées, ternées ou quaternées*, plus rarement éparses, rétrécies en pétiole, *planes, très entières*, glabres; *les inférieures oblongues-obovales*; les supérieures oblongues-linéaires. Fleurs blanches ou d'un blanc rosé, pédicellées, rapprochées en fausses grappes ou en corymbes dichotomes disposés le long de la tige en une panicule étroite racémiforme. *Pétales* à nervure moyenne rougeâtre en dehors, lancéolés, *aristés*, environ deux fois plus longs que le calice. ① ou ②. Juin-août.

*A.C.* — Berges des chemins creux, fossés couverts, buissons humides, endroits découverts des bois. — Clamart !; Ville-d'Avray !; Versailles !; Saint-Léger !; env. de Senlis ; Ermenonville, forêt de Compiègne (*Graves* Cat. Oise) ; Pierrefonds !; env. de Thury-en-Valois, etc.

11. **S. Telephium** L. *Sp.* 616 excl. var.; *Engl. bot.* t. 1319 ; Rchb. *Pl. crit.* VIII, t. 726, f. 968. — [O. REPRISE. — *Vulg. Reprise, Orpin, Grand-Orpin, Herbe-à-la-coupure*].

*Souche épaisse, donnant naissance à des fibres renflées-charnues* napiformes. Tiges plus ou moins nombreuses, de 3-7 décim., glabres, feuillées, robustes, dressées, simples à la base, donnant naissance supérieurement aux rameaux de l'inflorescence. *Feuilles* sessiles, ou les inférieures rétrécies à la base, éparses, plus rarement opposées ou ternées, oblongues ou oblongues-obovales, *planes*, charnues-succulentes, *lâchement dentées* à dents obtuses, glabres, vertes ou glaucescentes. Fleurs roses-purpurines, rarement blanchâtres, pédicellées, rapprochées en glomérules compactes à l'extrémité des rameaux, disposées en un corymbe terminal compacte. *Pétales* à nervure moyenne plus foncée, oblongs-lancéolés *aigus*, étalés-recourbés dans leur moitié supérieure, soudés dans leur partie inférieure avec le rang intérieur des étamines. ♃. Juillet-septembre.

C. — Bois humides, taillis, vignes, buissons, lieux pierreux.

Le *S. maximum* Pers. (Rchb. *Pl. crit.* VIII, t. 727, f. 969) se distingue du *S. Telephium* aux caractères suivants : tige plus élevée ; feuilles ord. opposées, très amples, les inférieures sessiles non rétrécies à la base, les supérieures à base large amplexicaule ; fleurs d'un blanc jaunâtre, à pétales non recourbés en dehors ; étamines du rang intérieur soudées seulement à la base avec les pétales. Cette espèce a été observée au bois de Vincennes (*Maire*), dans un espace fort restreint où elle a été sans doute introduite.

Le *S. Anacampseros* L. (*Bot. mag.* t. 118), indiqué à Saint-Prix (*Thuill.* Fl. Par.), n'a pas été retrouvé. — Cette plante ne se rencontre guère que dans les régions alpines ; nous l'avons observée plusieurs fois dans le département des Basses-Alpes. On la reconnaît aux caractères suivants : souche à fibres pivotantes charnues non renflées, émettant des rhizomes allongés qui donnent naissance aux tiges ; feuilles sessiles, oblongues-obovales, entières, prolongées en éperon au-dessous de leur insertion ; fleurs purpurines, disposées en glomérules rapprochés en un corymbe terminal très compacte.

### 4. SEMPERVIVUM L. *Gen.* n. 612. — [JOUBARBE].

Calice à 6-20 divisions. *Corolle à 6-20 pétales* marcescents, libres ou soudés à la base par l'intermédiaire des filets des étamines. *Étamines en nombre double de celui des pétales. Écailles hypogynes* courtes, *dentées ou lacérées*. Carpelles 6-20, polyspermes.

Plante vivace. Feuilles planes, épaisses-charnues, éparses sur les tiges florifères, rapprochées en rosette au sommet des rejets. Fleurs d'un rose purpurin, disposées en épis scorpioïdes rapprochés en un corymbe terminal au sommet de la tige.

1. **S. tectorum** L. *Sp.* 664 ; *Engl. bot.* t. 1320. — [J. DES TOITS. — Vulg. *Joubarbe, Grande-Joubarbe, Artichaut-bâtard*].

Tige de 3-6 décim., dressée, feuillée, simple donnant naissance supérieurement aux rameaux de l'inflorescence, velue-glanduleuse surtout dans sa partie supérieure, émettant inférieurement de nombreux rejets radicants terminés par des rosettes globuleuses de feuilles imbriquées. Feuilles oblongues ou oblongues-obovales, acuminées-mucronées, d'un vert gai, souvent rougeâtres, bordées de cils roides, les inférieures à faces glabres, les supérieures pubescentes. Fleurs roses-purpurines striées, grandes, subsessiles. Calice velu-glanduleux, à divisions linéaires-lancéolées. Pétales lancéolés-linéaires, étalés en étoile, non adhérents aux filets des étamines, velus-glanduleux, environ deux fois plus longs que le calice. Écailles hypogynes très petites, glanduliformes. ♃. Juillet-août.

C. — Toits de chaume, vieux murs. — Souvent planté sur les chaumières.

# XXXI. AMYGDALÉES

(ROSACEARUM trib. AMYGDALEÆ Juss. *Gen.* 340).

Fleurs hermaphrodites, régulières. — Calice marcescent caduc, à 5 sépales soudés en tube, à tube campanulé non soudé avec l'ovaire, à limbe 5-partit, à préfloraison imbriquée. — Corolle à 5 pétales insérés au bord supérieur d'un disque mince qui tapisse le tube du calice, libres, caducs, à préfloraison imbriquée. — *Étamines 15-30*, insérées avec les pétales à la gorge du calice, libres. Anthères bilobées, introrses. — *Ovaire libre, constitué par un seul carpelle*, à une seule loge biovulée. Ovules suspendus, réfléchis. Style 1 ; stigmate capité, souvent large pelté. — *Fruit* (*drupe*) *charnu*, à sarcocarpe ord. succulent, marqué d'un sillon latéral correspondant aux bords de la feuille carpellaire, *à un seul noyau* (endocarpe ligneux) monosperme par avortement rarement disperme. — Graine suspendue, dépourvue de périsperme. Embryon droit. Radicule dirigée vers le hile.

*Arbres ou arbrisseaux*, à suc gommeux s'échappant fréquemment par les fissures de l'écorce, à ramuscules quelquefois spinescents, à bourgeons écailleux. Feuilles éparses, souvent rapprochées en fascicules, simples, dentées ; *stipules* libres, *caduques*. Fleurs solitaires ou géminées, disposées en fascicules ombelliformes, en corymbes simples ou en grappes, s'épanouissant souvent avant le développement des feuilles.

1. CERASUS. — *Drupe glabre, jamais couverte d'une efflorescence glauque. Noyau très lisse. Feuilles pliées longitudinalement avant leur complet développement. Fleurs en fascicules ombelliformes, en corymbes simples ou en grappes. Pédicelles fructifères plus longs que la drupe.*

2. PRUNUS. — *Drupe couverte d'une efflorescence glauque, plus rarement pubescente-veloutée. Noyau lisse* ou un peu rugueux. *Feuilles roulées longitudinalement avant leur entier développement. Fleurs solitaires ou géminées. Pédicelles fructifères ord. plus courts que la drupe.*

† AMYGDALUS. — *Drupe* succulente ou charnue-coriace, ord. *pubescente-veloutée. Noyau marqué de sillons irréguliers ou de fissures étroites. Feuilles pliées* longitudinalement avant leur complet développement. Fleurs solitaires ou géminées. Pédicelles fructifères très courts.

## 1. CERASUS Juss. *Gen.* 340. — [CERISIER].

*Drupe* globuleuse ou oblongue-globuleuse, succulente, colorée, *glabre, jamais couverte d'une efflorescence glauque. Noyau* presque globuleux, *très lisse.*

Arbres ou arbrisseaux jamais épineux. *Feuilles pétiolées, pliées longitudinalement avant leur complet développement. Fleurs* blanches, *disposées en fascicules ombelliformes* pluriflores ou pauciflores, *en corymbes simples ou en grappes.* Pédicelles fructifères plus longs que le fruit.

Sect. I. EUCERASUS. — Fleurs disposées en fascicules pluriflores ou pauciflores, se développant avant les feuilles ou en même temps
que les feuilles.

1. **C. avium** Mœnch *Meth.* 672.— *Prunus avium* L. *Sp.* 680 ; *Engl. bot. t.* 706;
Bill. *Exsicc.* n. 1859. — [C. DES OISEAUX. — Vulg. *Griottier*].

Arbre ord. élevé, à épiderme se détachant souvent par zones circulaires,
à branches plus ou moins dressées, à *rameaux jamais pendants. Feuilles*
obovales-oblongues acuminées, doublement dentées, un peu plissés, ord.
*pubescentes en dessous.* Fleurs très longuement pédicellées. *Fruit* globuleux ou globuleux-subcordiforme, d'un rouge plus ou moins foncé, souvent
presque noir, à épicarpe très adhérent à la pulpe ; pulpe plus ou moins ferme,
ord. adhérente au noyau, *d'une saveur douce* plus ou moins sucrée. Noyau
à parois épaisses, à bord obtus. ♄. *Fl.* avril-mai. *Fr.* juin-juillet.

Var. α. *sylvestris.* (Vulg. *Merisier*). — Fruit globuleux, petit, noir, à suc d'un
rouge pourpre foncé, d'une saveur sucrée légèrement amère.—C.—Bois, forêts.

Var. β. *Juliana.* (*C. Juliana* DC. *Fl. Fr.* IV, 482. — Vulg. *Guigne, Cerise-douce*).
— Fruit globuleux ou globuleux-subcordiforme, assez gros, d'un rouge très
foncé ou noir, à suc plus ou moins rouge, d'une saveur sucrée. — Cultivé.

Var. γ. *Duracina.* (*C. Duracina* DC. *Fl. Fr.* IV, 483. — Vulg. *Bigarreau*). —
Fruit oblong ou globuleux-subcordiforme, assez gros, ord. d'un rouge pâle,
quelquefois d'un blanc jaunâtre, à suc ord. incolore peu abondant, à pulpe
ferme cassante, d'une saveur sucrée. — Cultivé.

† **C. vulgaris** Mill. *Dict.* n. 1. — *C. Caproniana* DC. *Fl. Fr.* IV, 482. — *Prunus*
*Cerasus* L. *Sp.* 679; Lmk *Illustr. t.* 432; *Engl. bot. t.* 2863; Bill. *Exsicc.*
n. 1860. — [C. COMMUN. — Vulg. *Cerise-aigre*].

Arbre ord. peu élevé, à épiderme se détachant souvent par zones circulaires, à
branches plus ou moins étalées, à *rameaux* grêles *étalés ord. pendants.* Feuilles
obovales-oblongues acuminées, doublement dentées, presque planes, glabres dès
leur jeunesse. Fleurs ord. très longuement pédicellées. *Fruit* globuleux-déprimé,
d'un rouge vif ne tendant pas au noir ; épicarpe se détachant assez facilement de
la pulpe ; pulpe molle très succulente, ord. non adhérente au noyau, *d'une saveur*
*acide ou acidule.* Noyau à parois assez minces, à bord légèrement saillant plus
rarement obtus. ♄. *Fl.* avril-mai. *Fr.* juin-juillet.

Cultivé dans les jardins et les vergers. — Originaire de l'Asie.

S.-v. *brevipes.* (Vulg. *Cerisier de-Montmorency*). — Pédicelle à peine plus long
que le fruit.

Les *Cerisiers* présentent un assez grand nombre de races et peut-être d'hybrides,
qu'il est difficile de rattacher avec certitude à l'une ou à l'autre des deux espèces
précédentes : telles sont les variétés connues sous les noms de *Cerise-anglaise,*
*Griotte-tardive-à-ratafia,* etc.


Sect. II. PADUS. — Fleurs disposées en corymbes simples ou en grappes
pluriflores, se développant après les feuilles.

2. **C. Mahaleb** Mill. *Dict.* n. 4. — *Prunus Mahaleb* L. *Sp.* 678; Jacq. *Austr.* III,
t. 227; Bill. *Exsicc.* n. 234 et *bis* et *ter.* — [C. MAHALEB. — Vulg. *Bois-*
*de-Sainte-Lucie, Canon*].

Arbrisseau ou arbre peu élevé, très rameux, à rameaux étalés. Feuilles
coriaces, glabres, luisantes, légèrement cordées à la base, suborbiculaires-

oblongues, brièvement acuminées, finement dentées, à dents arquées calleuses-glanduleuses au sommet. *Fleurs* petites, odorantes, disposées en
*corymbes simples* dressés. Pédicelles la plupart caducs après la floraison.
Fruit noir, ovoïde-globuleux, environ de la grosseur d'un pois, d'une saveur
amère acerbe. ♄. *Fl.* mai. *Fr.* juillet-août.

A.C. — Bois, buissons des coteaux pierreux. — Bois de Boulogne!. Très abondant dans les haies et les bois à Magny!, à Mantes! et aux Andelys!. Forêt de
Hallate!; forêt de Compiègne (*Graves* Cat. Oise). Pithiviers!, etc. — Fréquemment
planté dans les bois et les parcs où il se naturalise facilement; quelquefois planté
en haies.

† **C. Padus** DC. *Fl. Fr.* IV, 580. — *Prunus Padus* L. *Sp.* 677; *Engl. bot.* t. 1383;
    Bill. *Exsicc.* n. 233. — [C. A GRAPPES. — Vulg. *Merisier-à-grappes, Bois-
    joli* ].

Arbrisseau plus ou moins élevé, à rameaux étalés ou dressés. Feuilles glabres,
assez amples, oblongues-obovales, acuminées, finement dentées, à dents étalées non
glanduleuses. *Fleurs* petites, odorantes, disposées *en longues grappes cylindriques* penchées ou pendantes. Pédicelles la plupart persistants après la floraison. Fruit
noir ou rouge, globuleux, environ de la grosseur d'un pois, d'une saveur amère
acerbe. ♄. *Fl.* mai. *Fr.* juillet-août.

Cet arbrisseau, qui croît spontanément dans l'est et le nord de la France et sur
les montagnes du centre et du midi, est planté dans les parcs de nos environs et
quelquefois naturalisé dans les bois. — Bois de Boulogne!; Saint-Maur!. Malesherbes!; Pithiviers!. Thury-en-Valois; forêt de Compiègne, etc.

Le *C. Virginiana* Mich., originaire de l'Amérique du Nord, est assez fréquemment planté dans les parcs comme arbrisseau d'ornement; il diffère surtout du
*C. Padus*, dont il est très voisin, par ses feuilles plus finement et plus longuement
dentées, par ses fleurs plus petites, plus nombreuses, en grappes plus serrées et
dressées.

On cultive fréquemment le *C. Laurocerasus* Lois. (*Prunus Laurocerasus* L. —
Vulg. *Laurier-Cerise, Laurier-à-lait*), à feuilles coriaces luisantes persistantes exhalant par le froissement une odeur d'amandes amères, à fleurs disposées en grappes
plus courtes que les feuilles.

## 2. **PRUNUS** Tourn. *Inst.* t. 398. — [PRUNIER].

*Drupe* globuleuse ou oblongue, succulente, ord. colorée, glabre *couverte
d'une efflorescence glauque*, plus *rarement pubescente-veloutée. Noyau*
oblong, plus rarement oblong-suborbiculaire, plus ou moins comprimé, *lisse
ou un peu rugueux* jamais sillonné.

Arbres ou arbrisseaux, à ramuscules quelquefois spinescents. *Feuilles* pétiolées,
*roulées longitudinalement avant leur complet développement. Fleurs* blanches,
*solitaires ou géminées.* Pédicelles fructifères ord. plus courts que le fruit, quelquefois très courts.

Sect. I. PRUNUS. — Drupe glabre, couverte d'une efflorescence glauque.

1. **P. spinosa** L. *Sp.* 681; *Engl. bot.* t. 842; Bill. *Exsicc.* n. 352. — [P. ÉPI-
    NEUX. — Vulg. *Prunellier, Épine-noire, Ébaupin-noir* ].

*Arbrisseau très épineux*, très rameux, formant ord un buisson épais,
à ramuscules spinescents étalés à angle droit. Feuilles obovales-oblongues ou
oblongues, ord. brièvement acuminées, finement dentées, glabres ou pubescentes. *Bourgeons florifères ord. uniflores,* solitaires, géminés ou fasciculés.

Fleurs ord. épanouies avant la naissance des feuilles, à pédicelles glabres. Pédicelles fructifères plus courts que le fruit. *Fruit dressé*, noir, glauque, plus petit qu'une cerise, globuleux, d'une saveur très acerbe. ♃. *Fl.* avril-mai. *Fr.* octobre-décembre.

*C C.* — Buissons, lisière des bois. — Très fréquemment planté dans les haies.

Var. β. *fruticans*. (*P. fruticans* Weihe in *Bot. Zeit.* IX, II, 748 ; Bill. *Exsicc.* n. 353. — *P. spinosa* var. *macrocarpa Fl. Par.* éd. 1, 165). — Arbrisseau ord. plus élevé, moins épineux. Feuilles plus amples. Fruit plus gros de moitié que dans le type. — *R.* — Mantes (*Beautemps-Beaupré*). Marolles-sur-Ourcq (*Questier*). Env. de Provins (*Des Étangs*). Malesherbes !.

† **P. cerasifera** Ehrh. *Beitr.* IV, 17. — [P. CERISE].

Arbrisseau ou arbre peu élevé, ord. non épineux, à jeunes rameaux glabres. Feuilles oblongues, aiguës, finement dentées, glabres ou pubescentes. *Bourgeons florifères ord. uniflores*, solitaires ou géminés. Fleurs naissant en même temps que les feuilles, à pédicelles glabres. *Pédicelles* fructifères *égalant* environ *la longueur du fruit. Fruit* environ de la grosseur d'une cerise, *globuleux, rouge*, d'une saveur acerbe. ♃. Avril-mai.

*R R R.* — Naturalisé dans les taillis aux bords de la Marne près du parc de Saint-Maur !

† **P. domestica** L. *Sp.* 680 ; *Engl. bot.* t. 1783. — [P. DOMESTIQUE. — Vulg. *Prunier, Prunier-de-Damas*].

Arbre ou arbrisseau élevé, non épineux, à *jeunes rameaux glabres*. Feuilles oblongues-aiguës, finement crénelées ou dentées, légèrement pubescentes en dessous. *Bourgeons florifères ord. biflores*, solitaires ou géminés. Fleurs naissant en même temps que les feuilles, à pédicelles ord. pubescents. Pédicelles fructifères plus courts que le fruit. *Fruit penché*, assez gros, oblong souvent un peu arqué, glauque, noir, violet, rougeâtre ou jaunâtre, d'une saveur douce. ♃. *Fl.* mars-avril. *Fr.* juillet-septembre.

Fréquemment subspontané dans les haies et au voisinage des habitations.—Cette espèce, cultivée de temps immémorial, a donné naissance à de nombreuses variétés distinctes par le volume, la couleur et la saveur du fruit.

† **P. insititia** L. *Sp.* 680 ; *Engl. bot.* t. 841. — [P. ENTÉ. — Vulg. *Prunier, Prunier-Reine-Claude, Prunier-Sainte-Catherine, Pruneautier*].

Arbre ou arbrisseau élevé, non épineux, à *jeunes rameaux pubescents-veloutés*. Feuilles oblongues-aiguës, finement crénelées ou dentées, pubescentes en dessous. *Bourgeons florifères ord. biflores*, solitaires ou géminés. Fleurs naissant en même temps que les feuilles, à pédicelles finement pubescents ou glabres. Pédicelles fructifères plus courts que le fruit. *Fruit penché*, assez gros, globuleux ou subglobuleux, glauque, noir, violet, rougeâtre, jaunâtre ou verdâtre, d'une saveur douce plus ou moins sucrée. ♃. *Fl.* mars-avril. *Fr.* juillet-septembre.

Fréquemment subspontané dans les haies et au voisinage des habitations.—Cette espèce cultivée, comme la précédente, dès la plus haute antiquité, offre également un très grand nombre de variétés.

Sect. II. ARMENIACA. (*Armeniaca* Tourn. *Inst.* t. 399). — Drupe pubescente-veloutée.

† **P. Armeniaca** L. *Sp.* 679. — *Armeniaca vulgaris* Lmk *Encycl. méth.* I, 2, et *Illustr.* t. 431 ; Noisette *Jard. fruit.* t. 18-19-20. — [P. ABRICOTIER. — Vulg. *Abricotier*].

Arbre peu élevé, non épineux, à rameaux étalés ou ascendants. Feuilles ovales-suborbiculaires acuminées un peu cordées, crénelées-dentées, luisantes glabres, coriaces. Bourgeons florifères uniflores ou biflores, solitaires ou fasciculés. Fleurs assez grandes, se développant avant les feuilles. *Pédicelles fructifères* épais, *très courts*, ne dépassant pas la dépression du fruit où ils s'insèrent. *Fruit* gros, globuleux, présentant un sillon latéral ord. très profond, *pubescent-velouté*, jaune souvent rougeâtre sur la face exposée au soleil, d'une saveur sucrée aromatique. ♄. *Fl.* février-mars. *Fr.* juillet.

Cultivé dans les jardins et les vergers, en plein vent ou en espalier. — Indiqué comme originaire de l'Asie. — Cette espèce présente un assez grand nombre de variétés.

## † **AMYGDALUS** L. *Gen.* n. 619. — [Amandier].

*Drupe* globuleuse ou oblongue-comprimée, succulente ou charnue-coriace, colorée ou verte à la maturité, *ord. pubescente veloutée. Noyau* oblong ou ovoïde, plus ou moins comprimé, *marqué de sillons irréguliers ou de fissures étroites.*

Arbres ou arbrisseaux non épineux. *Feuilles* brièvement pétiolées, *pliées longitudinalement avant leur complet développement.* Fleurs blanches ou roses, subsessiles, solitaires ou géminées. Pédicelles fructifères très courts.

† **A. communis** L. *Sp.* 677 ; Lmk *Illustr.* t. 430. — [A. COMMUN. — Vulg. *Amandier*].

Arbre ord. peu élevé. Feuilles elliptiques-lancéolées, dentées en scie, glabres. Fleurs blanches ou rosées, naissant presque en même temps que les feuilles. *Fruit* vert à la maturité, pubescent-velouté à duvet adhérent, *oblong-comprimé, charnu-coriace,* s'ouvrant par une fente longitudinale ou se déchirant irrégulièrement. *Noyau oblong,* à surface presque lisse, *marqué de fissures étroites,* à graine comestible. ♄. *Fl.* février-mars. *Fr.* août-septembre.

Cultivé dans les jardins et les vergers. — Originaire de l'Agérie! et peut-être de l'Asie. — Varie à amande douce ou à amande amère, à noyau à parois épaisses ou à parois minces. — Cet arbre, assez rarement cultivé dans nos environs, périt ord. avant d'atteindre de grandes dimensions.

† **A. Persica** L. *Sp.* 677 ; Lmk *Illustr.* t. 430. — *Persica vulgaris* Mill. *Dict.* n. 1 ; Tourn. *Inst.* t. 400. — [A. PÊCHER. — Vulg. *Pêcher*].

Arbrisseau ou arbre peu élevé. Feuilles elliptiques-lancéolées, dentées en scie, glabres. Fleurs d'un rose vif, se développant avant les feuilles. *Fruit* d'un vert jaunâtre ou rougeâtre, ord. d'un rouge vif sur la face exposée au soleil, *globuleux,* très succulent, pubescent-velouté à duvet se détachant ord. par le frottement, présentant un sillon latéral plus ou moins profond. *Noyau ovoïde,* très rugueux, *creusé d'anfractuosités profondes* et de sillons irréguliers. Graine amère. ♄. *Fl.* févriermars. *Fr.* août-septembre.

Cultivé dans les vignes et dans les jardins, en plein vent ou en espalier. — Indiqué comme originaire de la Perse, où il n'a pas été vu récemment à l'état spontané. — Cette espèce varie à pulpe incolore, rouge ou jaune, à peine adhérente ou très adhérente à l'épicarpe et au noyau, etc.

Var. β. *lœvis.* (*Persica lœvis* DC. *Fl. Fr.* IV, 487. — Vulg. *Brugnon*). — Fruit glabre.

## XXXII. ROSACÉES

(ROSACEÆ Juss. *Gen.* 334 ex parte).

*Fleurs* hermaphrodites, *régulières.* —Calice non soudé avec l'ovaire, persistant, très rarement marcescent, à 5 rarement 4 sépales soudés seulement dans leur partie inférieure ou soudés en tube dans une étendue variable, à préfloraison valvaire; sépales souvent munis de stipules qui se soudent deux à deux et forment par leur réunion un calicule dont les divisions alternent avec celles du calice. — Corolle à 5 rarement 4 pétales libres, caducs, insérés sur un disque plus ou moins épais au niveau de la base des divisions du calice, à préfloraison imbriquée. — *Étamines* ord. *en nombre indéfini*, libres, insérées avec les pétales. Anthères bilobées, introrses. — *Ovaire libre, composé de carpelles libres entre eux* en nombre indéfini, rarement peu nombreux, très rarement réduits au nombre de 1-2; carpelles uniovulés, rarement bi-pluriovulés. Ovules suspendus ou dressés, réfléchis. Styles en nombre égal à celui des carpelles, latéraux, plus rarement terminaux, libres, rarement agglutinés en colonne; stigmates ord. indivis. — Fruit composé de carpelles libres entre eux, en nombre indéfini, plus rarement peu nombreux ou réduits au nombre de 1-2; carpelles secs ou drupacés, monospermes indéhiscents, très rarement polyspermes déhiscents, ord. disposés en capitule sur un réceptacle hémisphérique ou conique, plus rarement disposés en un seul verticille ou renfermés dans le tube du calice charnu ou ligneux. — Graines suspendues ou dressées, dépourvues de périsperme. Embryon droit. Radicule dirigée vers le hile.

Plantes à suc aqueux souvent astringent, annuelles ou vivaces, ou arbrisseaux souvent munis d'aiguillons. Feuilles alternes, pinnatiséquées ou palmatiséquées, plus rarement indivises-dentées; *stipules plus ou moins longuement soudées au pétiole,* ord. foliacées. Inflorescence très variable, fleurs quelquefois disposées en cymes plus ou moins irrégulières ou en corymbes.

TRIBU I. SPIRÆEÆ. —Étamines en nombre indéfini. *Carpelles peu nombreux, disposés en un seul verticille, secs, déhiscents par le bord interne, 2-6-spermes.*

1. SPIRÆA. — Calice dépourvu de calicule. Styles terminaux marcescents.

TRIBU II. POTENTILLEÆ. — Étamines en nombre indéfini. *Carpelles nombreux, monospermes,* indéhiscents, secs ou drupacés, *disposés sur un réceptacle hémisphérique ou conique sec, spongieux ou charnu.*

2. RUBUS. — *Calice dépourvu de calicule. Carpelles drupacés* succulents, *groupés en un fruit bacciforme* sur un réceptacle spongieux persistant. Sous-arbrisseaux à tiges ord. munies d'aiguillons.

3. GEUM. — *Calice muni d'un calicule. Styles terminaux, s'accroissant après la floraison. Carpelles secs,* groupés en tête globuleuse sur un réceptacle sec persistant. Plantes vivaces, herbacées.

4. FRAGARIA. — *Calice muni d'un calicule. Styles* latéraux ou presque basilaires, *marcescents. Carpelles secs, espacés sur un réceptacle* très développé, *charnu-succulent*, caduc à la maturité. Plantes vivaces, herbacées. Fleurs blanches.

5. COMARUM. — *Calice muni d'un calicule. Pétales* d'un pourpre foncé, *oblongs-aigus. Styles* latéraux, *marcescents. Carpelles secs, disposés sur un réceptacle spongieux* persistant.

6. POTENTILLA. —*Calice muni d'un calicule. Pétales* jaunes, plus rarement blancs, *arrondis ou émarginés. Styles* latéraux, *caducs. Carpelles secs, disposés sur un réceptacle sec* persistant. Plantes vivaces ou sous-frutescentes, rarement annuelles. Fleurs jaunes, rarement blanches.

TRIBU III. ROSEÆ. — Étamines en nombre indéfini. *Carpelles nombreux, monospermes*, secs, indéhiscents, *renfermés dans le tube du calice qui s'accroît* beaucoup après la floraison et *devient charnu à la maturité.*

7. ROSA. — Calice dépourvu de calicule; à tube urcéolé étranglé au sommet. Carpelles insérés sur les parois du tube du calice. Arbrisseaux à tiges munies d'aiguillons.

TRIBU IV. AGRIMONIEÆ. — Étamines 12-20. *Carpelles 1-2, monospermes*, secs, indéhiscents, *renfermés dans le tube du calice qui devient presque ligneux à la maturité.*

8. AGRIMONIA. — Calice dépourvu de calicule, turbiné, à tube chargé au sommet d'épines subulées crochues.


TRIBU I. **SPIRÆEÆ**. — Étamines en nombre indéfini. Carpelles peu nombreux, disposés en un seul verticille, secs, déhiscents par le bord interne, 2-6-spermes.

### 1. **SPIRÆA** L. *Gen.* n. 630. — [SPIRÉE].

Fleurs quelquefois polygames. Calice à 5 divisions, dépourvu de calicule. Styles terminaux, marcescents.

Plantes vivaces, herbacées ou ligneuses. Feuilles entières, dentées, lobées, pinnatipartites ou pinnatiséquées à segments souvent très inégaux ; stipules souvent très petites ou presque nulles. Fleurs blanches ou rosées, disposées en corymbes multiflores, quelquefois en panicules spiciformes feuillées.

1. **S. Filipendula** L. *Sp.* 702; *Engl. bot.* t. 284; Bill. *Exsicc.* n. 1175. — [S. FILIPENDULE. — *Vulg. Filipendule*].

Souche à fibres radicales offrant près de leur extrémité des renflements ovoïdes. Tiges herbacées, de 3-6 décim., dressées, ord. simples donnant naissance supérieurement aux rameaux de l'inflorescence. *Feuilles* glabres, pinnatiséquées, ord. *à 15-20 paires de segments; segments non confluents même les terminaux*, très inégaux, pinnatipartits-incisés, à lobes ciliés surtout au sommet; stipules dentées. Fleurs blanches ou rougeâtres en dehors, odorantes, disposées en corymbes multiflores terminaux. *Carpelles pubescents, non contournés en spirale.* ♃. Juin-juillet.

A.C. — Clairières des bois, coteaux secs et sablonneux. — Très abondant au bois de Boulogne! et dans la forêt de Fontainebleau!, etc. — Souvent planté dans les parterres, où il varie à fleurs doubles.

2. **S. Ulmaria** L. *Sp.* 702; *Engl. bot.* 960; Bill. *Exsicc.* n. 17 et *bis*.—[S. ULMAIRE. — *Vulg. Ulmaire, Reine-des-prés*].

Souche à fibres radicales non renflées. Tiges herbacées, de 6-12 décim., dressées, ord. simples donnant naissance supérieurement aux rameaux de l'inflorescence. *Feuilles* glabres vertes, ou pubescentes-tomenteuses en dessous, *à 5-9 paires de segments*; segments très inégaux, doublement dentés, *les terminaux confluents* en un segment terminal très ample 3-5 lobé; stipules dentées. Fleurs blanches, disposées en corymbes multiflores terminaux. *Carpelles glabres, contournés en spirale.* ♃. Juin-juillet.

C. — Bords des eaux, prés humides, lieux marécageux des bois. — Quelquefois cultivé dans les parterres à fleurs simples ou doubles.

Var. β. *discolor*. — Feuilles à face inférieure blanche-tomenteuse.

† **S. hypericifolia** L. *Sp.* 701; Schk. *Handb.* t. 134. — *S. obovata* Willd.; Bill. *Exsicc.* n. 2254 et *bis*. — [S. A FEUILLES DE MILLEPERTUIS. — Vulg. *Petit-Mai*].

*Sous-arbrisseau* à souche traçante. Tiges de 4-10 décim., ascendantes, très rameuses, à rameaux grêles effilés. *Feuilles obovales, crénelées au sommet*, celles des rameaux florifères plus étroites souvent entières; stipules nulles. Fleurs blanches, en fascicules latéraux feuillés rapprochés en panicules spiciformes terminales. Carpelles glabres, droits. ♄. Mai.

R. introduit. — Taillis des terrains secs et pierreux. — Le Plessis-Piquet!; Saint-Germain!. Assez abondant à Malesherbes!. Bois de Thury-en-Valois, parc de Betz (*Questier*). — Fréquemment planté dans les bosquets où il se naturalise aisément.

On cultive dans les parcs plusieurs autres arbrisseaux du genre *Spiræa*, entre autres les *S. opulifolia* Willd. à feuilles trilobées à lobes crénelés, à fleurs blanches en corymbes terminaux; *S. salicifolia* L. à feuilles oblongues-lancéolées dentées, à fleurs d'un blanc rose; *S. sorbifolia* L. à feuilles pinnatiséquées à folioles ovales-lancéolées dentées, à rameaux tomenteux.

On cultive fréquemment dans les parterres le *Kerria Japonica* DC. (vulg. *Corchorus*), arbrisseau à écorce verte, à feuilles ovales-lancéolées plissées inégalement dentées, à fleurs jaunes presque toujours doubles.

TRIBU II. **POTENTILLEÆ.** — Étamines en nombre indéfini. Carpelles nombreux, monospermes, indéhiscents, secs ou drupacés, disposés sur un réceptacle hémisphérique ou conique, sec, spongieux ou charnu.

### 2. **RUBUS** L. *Gen.* n. 632. — [RONCE].

*Calice* à 5 divisions, *dépourvu de calicule*. Styles subterminaux, marcescents. *Carpelles drupacés succulents*, groupés en un fruit bacciforme sur un réceptacle conique, spongieux, persistant.

*Sous-arbrisseaux* à tiges ligneuses sarmenteuses munies d'aiguillons, très rarement herbacées, souvent velues-glanduleuses au sommet. Feuilles palmatiséquées, à foliole moyenne souvent pétiolulée, plus rarement pinnatiséquées, à rachis ord. muni d'aiguillons, à 5 plus rarement 3 ou 7 folioles; folioles doublement dentées; les feuilles inférieures à folioles libres; les feuilles supérieures à folioles latérales quelquefois confluentes; stipules linéaires soudées dans leur partie inférieure avec le pétiole dont elles paraissent naître, rarement non soudées avec le pétiole. Fleurs blanches ou rosées, disposées en panicules axillaires ou terminales pauciflores ou multiflores.

**1. R. Idæus** L. *Sp.* 706; *Engl. bot.* t. 2442; Weihe et Nees *Rub.* t. 47; Bill.
*Exsic.* n. 1658. — [R. FRAMBOISIER. — Vulg. *Framboisier*].

Tiges de 1-2 mètres, dressées, à rameaux arqués, cylindriques, très glauques, à aiguillons faibles sétacés droits. Feuilles des rameaux stériles ord.
pinnatiséquées à 5 folioles, celles des rameaux fertiles palmatiséquées ord. à
3 folioles, folioles tomenteuses-argentées en dessous. Fleurs blanches. Calice
à divisions étalées après la floraison, réfractées à la maturité. *Pétales dressés.*
*Fruit* odorant, d'une saveur agréable, subglobuleux, *pubescent, rouge*
à la maturité, accidentellement jaunâtre ou blanchâtre, composé de carpelles nombreux également développés à peine adhérents au réceptacle.
♃. Mai-juillet.

*A.C.* — Bois humides montueux. — Bois à Meudon!, à Montmorency! et à Versailles! (*Tourn.* Hist. pl. Par.); vallée de Senlisse!. Magny!. Forêt de La Neuville-
en-Hez!; Pont-Sainte-Maxence!. Forêt de Compiègne (*Graves* Cat. Oise); bois de
Thury-en-Valois; forêt de Villers-Cotterets (*Quesiier*), etc. — Cultivé dans les jardins et en plein champ.

**2. R. cæsius** L. *Sp.* 706; *Engl. bot.* t. 826; Weihe et Nees *Rub.* t. 46 *a, b* et *c*.
— [R. BLEUE].

Tiges de 1-2 mètres, faibles, tombantes ou couchées, presque cylindriques,
très glauques, à aiguillons faibles la plupart droits. Feuilles palmatiséquées,
à 3 folioles, les inférieures très rarement à 5 folioles, glabres ou pubescentes
jamais blanchâtres en dessous. Fleurs blanches. *Calice à divisions conniventes après la floraison,* ord. appliquées sur le fruit. Pétales étalés. *Fruit*
d'une saveur acidule, ord. de forme irrégulière, glabre, *noir,* couvert d'une
efflorescence glauque, très rarement luisant, composé de carpelles ord. peu
nombreux par avortement et de grosseur très inégale, très adhérents au réceptacle. ♃. Juin-août.

*C C.* — Lieux frais et ombragés, lisière des bois, buissons, berges des rivières.

Var. β. *dumetorum.* (*R. dumetorum* Weihe et Nees *Rub.* 98, t. 45 *a* et *b*). — Plante
plus robuste. Feuilles inférieures souvent à 5 folioles. Calice à divisions un peu
étalées à la maturité du fruit. Fruit luisant ou à peine glauque, composé de carpelles
assez nombreux presque égaux. — *A.R.* — Coteaux arides, bords des chemins.

**3. R. fruticosus** L. *Sp.* 707; Koch *Syn. fl. Germ.* ed. 2, 233. — [R. FRUTES-
CENTE. — Vulg. *Ronce, Mûrier-des-haies*].

Tiges de 1-4 mètres, tombantes, couchées ou dressées, arquées dans leur
partie supérieure, anguleuses, plus rarement cylindriques, souvent rougeâtres, plus rarement glauques, à aiguillons robustes ou grêles, crochus ou
droits. Feuilles palmatiséquées, à 5-7 folioles; les supérieures à 3-5 folioles;
folioles à face inférieure pubescente ou tomenteuse, rarement glabres. Fleurs
rosées ou blanches. *Calice à divisions étalées ou réfractées après la floraison. Pétales étalés. Fruit* d'une saveur douce, subglobuleux, glabre, *noir,*
luisant, composé de carpelles nombreux de grosseur presque égale, peu
adhérents au réceptacle. ♃. Juin-septembre.

Var. α. *discolor.* (*R. discolor* Weihe et Nees *Rub.* 46, t. 20; Bill. *Exsicc.* n. 1659).
— Tiges ord. très robustes fortement anguleuses, à aiguillons ord. robustes
crochus, à rameaux souvent d'un rouge pourpre. Feuilles la plupart à 5 folioles;
*folioles* coriaces, glabres en dessus, *à face inférieure couverte d'une pubes-*

14

*cence apprimée blanche ou cendrée*, les latérales sessiles ou pétiolulées. Fleurs ord. d'un blanc rosé. — *C C C.* — Haies, bords des chemins, lieux incultes, coteaux arides, etc.

S.-v. *a. niveus.* — Folioles d'un blanc mat ou d'un blanc argenté à la face inférieure, la terminale ord. obovale ou suborbiculaire brusquement et brièvement acuminée.

S.-v. *b. cinereus.* — Folioles d'un blanc cendré à la face inférieure, la terminale ovale ou obovale insensiblement et longuement acuminée.

Var. β. *tomentosus.* (*R. tomentosus* Borckh. in Willd. *Sp.* II, 1083; Weihe et Nees *Rub.* t. 8; Bill. *Exsicc.* n. 542). — Tiges robustes ou grêles, plus ou moins anguleuses, à aiguillons ord. assez robustes droits ou arqués, à rameaux verts ou d'un rouge pourpre. *Feuilles* supérieures souvent à 3 folioles: folioles coriaces, *tomenteuses-cendrées* sur les deux faces ou à face supérieure glabrescente, les latérales sessiles plus rarement pétiolulées. Fleurs blanches, plus rarement d'un blanc rosé. — *A.R.* — Lieux arides, buissons, clairières des bois. — Bicêtre, route de Saint-Cyr à Pontchartrain (*Vigineix*). Env. de Saint-Léger (*Dænen*). Lardy (*Tourangin*). Fontainebleau!; Nemours! (*Devilliers*); très abondant à Dordives!. — Quelquefois cultivé à fleurs doubles.

S.-v. *b. microphyllus.* (*R. collinus* DC. *Cat. Monsp.* 139).— Plante plus grêle, ord. couchée. Folioles plus petites, souvent obtuses ou très brièvement acuminées, à nervures ord. très saillantes.

S.-v. *c. glabratus.* — Folioles presque glabres à la face supérieure.

Var. γ. *corylifolius.* (*R. corylifolius* Sm. *Fl. Brit.* 542; *Engl. bot.* t. 827). — Tiges robustes ou grêles, plus ou moins anguleuses, à aiguillons souvent grêles, droits ou arqués; à *rameaux* ord. verts, *pubescents ou tomenteux*, présentant rarement quelques poils glanduleux. Feuilles supérieures souvent à 3 folioles; *folioles* molles, *vertes sur les deux faces*, pubescentes ou velues à la face inférieure, les latérales sessiles plus rarement pétiolulées. Fleurs blanches, plus rarement d'un blanc rosé. — *C C.* — Haies, bois, buissons ombragés, etc.

S.-v. *a. vulgaris.* — Jeunes rameaux pubescents. Folioles ord. assez amples, celles des feuilles inférieures obtuses ou brièvement acuminées, celles des feuilles supérieures ord. ovales-acuminées.

S.-v. *b. amœnus.* — Jeunes rameaux couverts d'un tomentum blanchâtre.

S.-v. *c. plicatus.* — Folioles ord. assez petites, obtuses ou brièvement acuminées, fortement plissées selon les nervures secondaires.

Var. δ. *glandulosus.* (*R. glandulosus* Bellardi. *Act. Taur.* III, 230; *Engl. bot.* t. 2883; Bill. *Exsicc.* n. 2257). — Tiges assez robustes, cylindriques, rarement anguleuses, à aiguillons assez grêles droits ou arqués; à *rameaux* ord. verts, *couverts de poils glanduleux rougeâtres entremêlés d'aiguillons très grêles sétiformes. Folioles* ovales-acuminées, ord. très amples, molles, *vertes sur les deux faces*, pubescentes ou velues à la face inférieure, les latérales ord. pétiolulées dans les feuilles inférieures. Fleurs ord. roses. — *A.C.* — Bois, lieux ombragés, coteaux humides.

S.-v. *glabratus.* — Folioles plus épaisses, souvent rougeâtres, glabrescentes.

La plupart des variétés et des sous-variétés du *R. fruticosus* ont été décrites comme espèces distinctes; nous ne mentionnons que les plus remarquables, négligeant les formes intermédiaires si nombreuses qui les relient à un même type.

4. **R. saxatilis** L. *Sp.* 708; Weihe et Nees *Rub.* t. 9; *Engl. bot.* t. 2233; Bill. *Exsicc.* n. 235. — [R. DES ROCHERS].

*Tiges herbacées*, dépourvues d'aiguillons ou à aiguillons grêles sétacés;

les stériles couchées stoloniformes ; les florifères de 2-5 décim., ord. simples dressées, cylindriques, naissant de la base persistante des tiges stériles détruites. *Feuilles* palmatiséquées, *toutes à 3 folioles*, pubescentes, molles, vertes ; *stipules* libres, ovales ou oblongues-lancéolées, *naissant sur la tige à la base des pétioles.* Fleurs petites, blanches, 3-6 en cyme ombelliforme terminale, ou quelques autres disposées par 1-2 à l'aisselle des feuilles supérieures. Calice à divisions d'abord dressées, puis réfléchies. Pétales linéaires-oblongs, dressés. *Fruit* très acide, glabre, *rouge*, luisant, composé de 4-8 carpelles gonflés. 2. *Fl.* mai-juin. *Fr.* juillet.

R R R. — Clairières et lieux pierreux des bois montueux. — Terrain sablonneux herbeux dans la forêt de Compiègne près de la Garderie de Clavières (*de Marcilly fils*). — Cette plante est très généralement répandue dans les régions alpestre et sous-alpine des montagnes.

On cultive dans les bosquets, où il se naturalise quelquefois, le *R. odoratus* L. (*Bot. mag. t.* 323. — *Vulg. Framboisier-du-Canada*), à tiges dépourvues d'aiguillons, à feuilles très amples palmatilobées à 5 lobes peu profonds, à pédoncules et à calices couverts de poils rouges glanduleux odorants, à fleurs grandes d'un rose vif, à fruit rose pubescent composé de carpelles très petits.

### 3. GEUM L. *Gen.* n. 636. — [BENOITE].

*Calice à 5 divisions, muni d'un calicule à 5 divisions. Styles terminaux s'accroissant* longuement *après la floraison, genouillés dans leur partie supérieure,* à article terminal caduc. *Carpelles secs,* poilus, groupés en une tête globuleuse sur un réceptacle cylindrique, sec, hérissé, persistant.

Plantes vivaces herbacées, à souche épaisse. Feuilles radicales pinnatiséquées, à segments très inégaux lobés ou incisés-dentés, les latéraux très petits, les terminaux très amples souvent confluents en un seul ; les caulinaires triséquées ou trilobées ; stipules très amples, presque foliacées. Fleurs jaunes ou d'un jaune rougeâtre, solitaires à l'extrémité de la tige et des rameaux.

1. **G. urbanum** L. *Sp.* 716 ; *Engl. bot. t.* 1400 ; Bill. *Exsicc.* n. 2055. — [B. COMMUNE. — *Vulg. Benoite, Herbe-de-Saint-Benoit*].
Souche courte, tronquée. Tiges de 4-9 décim., rameuses, rarement simples. Fleurs dressées, jaunes. *Calice vert,* pubescent, *à divisions réfractées après la floraison.* Pétales brièvement onguiculés, obovales, arrondis au sommet. *Capitule des carpelles sessile au fond du calice.* Style à article terminal presque glabre. 2. Juin-juillet.
C. — Lisière des bois, villages, haies, lieux pierreux humides et ombragés.

2. **G. intermedium** Ehrh. *Beitr.* VI, 143 ; Willd. *Hort. Berol. t.* 69 ; *Fl. Dan. t.* 1874. — [B. INTERMÉDIAIRE].
Souche à rhizome allongé. Tiges de 4-8 décim., rameuses, rarement simples. Fleurs dressées ou un peu penchées, jaunes ou d'un jaune rougeâtre. *Calice rougeâtre,* pubescent, *à divisions étalées après la floraison.* Pétales brièvement onguiculés, cunéiformes-obovales, arrondis au sommet. *Capitule des carpelles sessile au fond du calice. Style à article terminal muni de longs poils dans sa moitié inférieure.* 2. Mai-juillet.

R R R. — Bois ombragés et buissons humides. — Sur les bords de l'Epte à Bray cant. de Magny (*Bouteille*) et à Beausséré ! près Gisors. — D'après M. Bouteille, la plante aurait disparu, par suite de défrichements, de cette dernière localité, où nous l'avions découverte en 1843.

Fleurit environ quinze jours plus tard que le *G. rivale* et ne refleurit pas en automne comme lui (*Bouleille*).

3. **G. rivale** L. *Sp.* 717 ; *Engl. bot.* t. 106 ; Bill. *Exsicc.* n. 1656 et *bis.* — [B. DES RUISSEAUX. — Vulg. *Herbe-à-la-tache*].

Souche à rhizome allongé. Tiges de 2-8 décim., rameuses, plus rarement simples. Fleurs un peu penchées, d'un jaune rougeâtre. *Calice rougeâtre*, très velu, *à divisions dressées après la floraison*. Pétales longuement onguiculés, à limbe large cunéiforme tronqué ou émarginé. *Capitule des carpelles longuement stipité au-dessus du fond du calice*. Style à article terminal muni de longs poils dans sa moitié inférieure. ♃. Mai-juillet.

*R R.* — Lieux humides des bois, buissons herbeux, bords des ruisseaux. — Bois de Beausséré ! près Gisors (*Frion*) ; Chaumont, Trie-le-Château (*Graves*) ; abondant aux environs de Beauvais : Montmille !, L'Italienne !, etc. ; marais de Monchy-Humières et de Baugy près Compiègne (*Léré*). — *Graves* Cat. Oise : vallée de Noye à Paillart ; Jaux près Compiègne ; vallée de l'Epte à Eragny ; vallée de l'Aisne entre Attichy et Béthizy.

## 4. **FRAGARIA** L. *Gen.* n. 633. — [FRAISIER].

*Calice* à 5 divisions, *muni d'un calicule à 5 divisions*. *Styles* latéraux ou presque basilaires, *marcescents*. *Carpelles secs, espacés sur un réceptacle* (fraise) ovoïde, *très développé, charnu-succulent*, glabre, *caduc à la maturité*.

Plantes vivaces, herbacées ; à souche épaisse cespiteuse, émettant des stolons aériens axillaires filiformes, composés de plusieurs articles radicants au sommet et émettant des bouquets de feuilles qui se séparent de la plante-mère par la destruction du stolon pour fleurir souvent dans la même année et émettre de nouveaux stolons. Feuilles à 3 folioles dentées, la plupart radicales ; stipules soudées au pétiole dans presque toute leur longueur. Fleurs blanches, disposées en cymes irrégulières pauciflores au sommet des tiges presque nues. Pédicelles fructifères courbés. Fruits odorants, d'une saveur agréable.

1. **F. vesca** L. *Sp.* 709 ; *Engl. bot.* t. 1524 ; Bill. *Exsicc.* n. 130. — [F. DE TABLE. — Vulg. *Fraisier-commun, F.-des-bois, F.-fressant*].

Stolons souvent nombreux munis d'une écaille dans chacun des intervalles qui séparent les bouquets de feuilles (1). Tiges de 1-3 décim., nues ou portant une seule feuille florale, dépassant rarement les feuilles. Feuilles adultes pubescentes-blanchâtres en dessous, à folioles oblongues ou oblongues-obovales, ord. assez amples, un peu plissées selon les nervures secondaires, dentées à dent terminale ord. plus courte que les latérales ; pétioles couverts de poils étalés. *Pédicelles couverts de poils apprimés. Calice étalé ou réfléchi à la maturité du fruit.* Étamines égalant l'ovaire. Fruit rouge, rarement blanc, ovoïde-subglobuleux, portant ord. des carpelles jusqu'à la base. ♃. Avril-juin.

*C C C.* — Clairières des bois, gazons des coteaux découverts, etc. — On cultive en grand et dans les jardins, sous le nom de *Fraisier-de-tous-les-mois*, une variété à fruit ovoïde-conique qui fructifie jusqu'à la fin de l'automne.

(1) Les stolons doivent être étudiés surtout à l'arrière-saison, lorsqu'ils ont pris tout leur développement.

2. **F. elatior** Ehrh. *Beitr.* VII, 23; *Engl. bot.* t. 2197. — *F. magna* Thuill. *Fl. Par.* 254; Bill. *Exsicc.* n. 130. — *F. vesca* var. *elatior Fl. Par.* éd. 1, 172. — [F. ÉLEVÉ].

Stolons munis d'une écaille dans chacun des intervalles qui séparent les bouquets de feuilles, souvent nuls. Tiges de 1-4 décim., nues ou portant 1-2 feuilles florales, dépassant ord. les feuilles. Feuilles adultes pubescentes-blanchâtres en dessous, à folioles oblongues-obovales, ord. très amples, un peu plissées selon les nervures secondaires, largement dentées à dent terminale ord. plus courte que les latérales, les latérales et la moyenne également pétiolulées; pétioles couverts de poils étalés. *Pédicelles couverts de poils étalés.* Fleurs plus grandes que dans le *F. vesca,* souvent stériles par avortement et alors à étamines environ une fois plus longues que l'ovaire. *Calice étalé ou réfléchi à la maturité du fruit.* Fruit rouge, ovoïde, rétréci et dépourvu de carpelles à la base. ♃. Avril-juin.

*A.R.* — Lieux ombragés, endroits herbeux des bois montueux. — Bois de Vincennes!; Bondy (*de Schœnefeld*); Meudon!; Saint-Cloud (*Thuill.* Fl. Par.); Saint-Germain!; les Bois-noirs près Mareil-Marly, bois des Gonards près Versailles, Senlisse (*de Schœnefeld*). Forêt de Senart!; Mennecy!. Garenne de Vaumoise, forêt de Villers-Cotterets (*Questier*). — *Graves* Cat. Oise : forêt de Pontarmé; forêt de Compiègne; Bulles; cantons de Crépy et de Betz. — Fréquemment cultivé sous le nom de *Fraisier-caperonnier.*

3. **F. Hagenbachiana** Lang et Koch in *Flora* (1842) 552; Koch *Syn. fl. Germ.* ed. 2, 443. — [F. DE HAGENBACH. — Vulg. *Majaufe*].

*Stolons munis d'une écaille dans chacun des intervalles qui séparent les bouquets de feuilles.* Tiges de 1-2 décim., nues ou portant une seule feuille florale, dépassant souvent les feuilles. *Feuilles* adultes pubescentes-soyeuses en dessous, *à folioles* oblongues ou oblongues-obovales *pétiolulées, la moyenne l'étant* ord. *assez longuement,* plissées selon les nervures secondaires, dentées à dent terminale ord. plus courte que les latérales; pétioles couverts de poils étalés. Pédicelles couverts de poils dressés ou apprimés. Fleurs ord. toutes fertiles à étamines égalant l'ovaire. *Calice appliqué sur le fruit.* Fruit d'un rouge vif, ovoïde-rétréci à la base, presque dépourvu de carpelles et luisant dans sa partie inférieure, se détachant assez difficilement du fond du calice. ♃. Mai-juin.

*R.* — Clairières des bois, pelouses des coteaux arides. — Forêts de Saint-Germain et de Fontainebleau (*J. Gay*).

4. **F. collina** Ehrh. *Beitr.* VII, 26; Hayne *Arzn.* IV, t. 30; Bill. *Exsicc.* n. 1180 et *bis* et *ter.* — [F. DES COLLINES. — Vulg. *Craquelin, Fraisier-Breslinge*].

*Stolons dépourvus d'écailles dans chacun des intervalles qui séparent les bouquets de feuilles excepté dans l'inférieur.* Tiges de 1-2 décim., nues ou portant une seule feuille florale, dépassant souvent les feuilles. Feuilles adultes pubescentes-soyeuses en dessous, à folioles ord. toutes subsessiles, oblongues ou oblongues-obovales, plissées selon les nervures secondaires, dentées à dent terminale ord. plus courte que les latérales; pétioles couverts de poils étalés. Pédicelles couverts de poils un peu étalés ou apprimés. Fleurs quelquefois stériles par avortement et alors à étamines environ une fois plus longues que l'ovaire. *Calice appliqué sur le fruit.* Fruit d'un rouge vif, ovoïde rétréci à la base, presque dépourvu de carpelles et luisant dans sa partie inférieure, se détachant assez difficilement du fond du calice. ♃. Mai-juin.

*A.R.* — Pelouses des coteaux arides, clairières des bois. — Bois de Boulogne!; bois du Vésinet, forêt de Saint-Germain! (*de Schœnefeld*). Forêt de Chantilly (*de Schœnefeld*). Rouville près Crépy, Croix-Saint-Ouen près Compiègne, forêt de Compiègne (*Questier*). Bouron (*de Schœnefeld*); bois de l'Abbesse près Nemours (*Devilliers*); Malesherbes!. Assez abondant aux env. de Provins (*Des Étangs*). Bois d'Oisin près Chartres (*Vigineix*). — *Graves* Cat. Oise : forêt de la Haute-Pommeraye; bosquets entre Chantilly et Creil; bois des Brais cant. de Crépy. — On cultive quelques variétés de cette espèce à fruit d'une saveur musquée.

Parmi les espèces exotiques à gros fruit généralement cultivées, nous citerons les : *F. grandiflora* Ehrh. à calice appliqué sur le fruit, à pétioles et à pédicelles couverts de poils dressés, à fruit d'une saveur musquée; *F. Virginiana* Ehrh. à calice fructifère étalé, à pétioles et à pédicelles couverts de poils dressés, à carpelles enfoncés dans les fossettes du fruit; *F. Chilensis* Ehrh. (vulg. *Fraisier-Ananas*) à calice fructifère dressé, à pétioles et à pédicelles couverts de poils très étalés.

Voyez la *Note sur les caractères de la végétation des Fraisiers*, par M. J. Gay (in *Bull. Soc. bot.* V, 277), dans laquelle il a le premier indiqué les différences fournies par les stolons entre le *F. collina* et les autres espèces du genre *Fragaria*.

### 5. **COMARUM** L. *Gen.* n. 638. — [COMARET].

*Calice à 5 divisions, muni d'un calicule à 5 divisions. Pétales oblongs aigus. Styles latéraux, marcescents. Carpelles secs, disposés sur un réceptacle hémisphérique, spongieux, velu, persistant.*

Plante vivace herbacée, à partie inférieure et à souche presque ligneuses. Feuilles pinnatiséquées, à 5-7 folioles rapprochées au sommet du rachis; stipules des feuilles inférieures membraneuses entièrement soudées au pétiole, celles des feuilles supérieures foliacées libres supérieurement. Fleurs à *pétales d'un pourpre foncé*, beaucoup plus courts que le calice, disposées en cyme irrégulière pauciflore.

1. **C. palustre** L. *Sp.* 718; *Engl. bot.* t. 172; Bill. *Exsicc.* n. 545. — [C. DES MARAIS. — Vulg. *Quintefeuille-des-marais*].

Tiges longuement rampantes-radicantes dans leur partie inférieure, à partie supérieure ascendante de 2-5 décim. pubescente. Feuilles à folioles oblongues, fortement dentées, vertes en dessus, blanchâtres en dessous, à nervures pubescentes. Calice rougeâtre, réticulé, à divisions ovales-acuminées s'accroissant beaucoup après la floraison, dressées et dépassant longuement le fruit. ♃. Juin-juillet.

*R.* — Marais tourbeux à *Sphagnum*. — « Dans une petite Isle ou pré flotant, qui est dans la penultiéme mare à gauche du chemin qui va de Saint Clair à Roussigny » cant. de Limours (*Tourn.* Hist. pl. Par.); Mares-moussues près Montfort-l'Amaury! (*de Boucheman*); Les Fontaines-Blanches près Saint-Léger (*Adr. de Jussieu*); étang de Guipereux (*de Schœnefeld*); étang du Serisaye! près Rambouillet (*Thuill.* Fl. Par.). Marais de Saint-Germer! (*Graves, Mandon*).

### 6. **POTENTILLA** L. *Gen.* n. 634. — [POTENTILLE].

*Calice à 5 plus rarement 4 divisions, muni d'un calicule à 5 plus rarement 4 divisions. Pétales obovales, arrondis ou émarginés. Styles latéraux, caducs. Carpelles secs, disposés sur un réceptacle convexe, sec, pubescent ou hérissé, persistant.*

Plantes vivaces herbacées, quelquefois sous-frutescentes à la base, rarement

annuelles. Feuilles pinnatiséquées ou palmatiséquées, à folioles dentées ou incisées ; stipules entières ou incisées, soudées au pétiole dans une étendue variable.
Fleurs jaunes, plus rarement blanches, disposées en cymes irrégulières terminales
pauciflores ou multiflores, quelquefois solitaires latérales (1).

Sect. I. *FRAGARIASTRUM*. — *Fleurs blanches. Carpelles velus au moins au niveau
de leur insertion. Feuilles palmatiséquées, ord. à 3 folioles.* — (1-2).

Sect. II. *POTENTILLASTRUM*. — *Fleurs jaunes, très rarement blanches. Carpelles glabres. Feuilles palmatiséquées ou pinnatiséquées.*

    § 1. Feuilles palmatiséquées, à 3-5-7 folioles. — (3-6 *bis*).
    § 2. Feuilles pinnatiséquées, à 5-25 folioles. — (6 *ter* à 8).

Sect. I. Fragariastrum DC. — Fleurs blanches. Carpelles velus au moins
au niveau de leur insertion. Feuilles palmatiséquées, ord. à 3 folioles.

1. **P. Fragaria** Poir. *Encycl. méth.* V, 599. — *Fragaria sterilis* L. *Sp.* 709 ;
    *Engl. bot. t.* 1785. — *P. Fragariastrum* Ehrh. *Herb.* 146 ; Bill. *Exsicc.*
    n. 238. — [P. Fraisier. — *Vulg. Faux-Fraisier, Fraisier-stérile*].

Souche oblique ou horizontale, presque ligneuse, souvent rameuse, à rhizomes quelquefois allongés stoloniformes terminés par des rosettes de feuilles.
Tiges de 5-15 centim., étalées ou ascendantes, grêles flexueuses, à peine
feuillées, dépassant peu les feuilles, naissant à l'aisselle des feuilles inférieures
ou à l'aisselle des bases des feuilles détruites des rosettes terminales. Feuilles
à 3 folioles, même les caulinaires ; *folioles* pubescentes en dessus, soyeuses
à la face inférieure, suborbiculaires-cunéiformes à la base, *dentées dans leur
moitié supérieure, à dents nombreuses* larges non conniventes, la dent terminale plus courte que les latérales. Fleurs longuement pédicellées, disposées 1-3 au sommet des tiges. *Pétales* ord. échancrés au sommet, *dépassant
à peine le calice.* ♃. Mars-mai.
    C. — Bords des chemins herbeux, lisière des bois, forêts montueuses.

2. **P. splendens** Ram. in DC. *Fl. Fr.* IV, 467 ; Gren. et Godr. *Fl. Fr.* I, 523 ;
    Bill. *Exsicc.* n. 237 et bis. — *P. Vaillantii* Nestl. *Pot.* 75 ; *Fl. Par.*
    éd. 1, 175. — Vaill. *Bot. Par.* t. 10, f. 1. — [P. luisante].

Souche oblique ou horizontale, presque ligneuse, ord. rameuse, à rhizomes terminés par des rosettes de feuilles, quelquefois allongés stoloniformes. Tiges de 5-20 centim., étalées ou ascendantes, grêles flexueuses, à
peine feuillées, dépassant peu les feuilles, naissant à l'aisselle des feuilles les
plus inférieures ou à l'aisselle des bases des feuilles détruites des rosettes terminales. Feuilles à 3 rarement 4-5 folioles ; *folioles* vertes pubescentes en
dessus, soyeuses-argentées à la face inférieure et aux bords, obovales-oblongues ou obovales, *dentées seulement au sommet, à 5-7 dents* conniventes,
la dent terminale plus courte que les latérales. Fleurs longuement pédicellées, disposées 1-3 au sommet des tiges. *Pétales* échancrés au sommet,
*environ une fois plus longs que le calice.* ♃. Mai-juin.

(1) L'inflorescence des espèces du genre *Potentilla* se rattache au type des inflorescences
définies ; les pédicelles terminant les divers axes qui constituent la tige ne peuvent donc jamais
être réellement axillaires ; ces pédicelles occupent tantôt l'angle de séparation de deux rameaux,
tantôt paraissent latéraux par l'absence de l'un de ces deux rameaux. — Dans le *P. supina*, où
les rameaux florifères présentent souvent des feuilles opposées, les pédicelles ne paraissent axillaires qu'en raison de l'avortement de l'un des rameaux de chaque dichotomie.

*A. R.* — Clairières des bois sablonneux, bruyères. — Bois de Boulogne! (*Gogot*); bois du Vésinet (*Lepeletier de Saint-Fargeau, de Schœnefeld*); bois de Satory! près Versailles (*Mérat* Fl. Par.). Forêt de Senart!; forêt de Sainte-Geneviève (*V^te de Forestier*); forêt de Fontainebleau! (*Lasalle* in *Thuill.* Fl. Par., *Delavaux*); Malesherbes (*Bernard*). Dreux (*Brou*). Thiers près Senlis (*Morelle*); bois de Levignen et de Rouville (*Questier*). — *Graves* Cat. Oise : forêt d'Ermenonville; Ully-Saint-George; bosquets de Chevrières cant. d'Estrées.

Sect. II. POTENTILLASTRUM Seringe.—Fleurs jaunes, très rarement blanches. Carpelles glabres. Feuilles palmatiséquées ou pinnatiséquées.

§ 1. Feuilles palmatiséquées, à 3-5-7 folioles.

**3. P. reptans** L. *Sp.* 714 ; *Engl. bot.* t. 862; Bill. *Exsicc.* n. 1473. — [P. RAM-PANTE. — Vulg. *Quintefeuille*].

Souche épaisse, presque verticale, donnant naissance à une rosette de feuilles. *Tiges naissant à l'aisselle des feuilles* les plus inférieures ou à l'aisselle des bases des feuilles détruites *de la rosette terminale*, ord. très longues, grêles, presque filiformes, *couchées, portant au niveau des nœuds longuement espacés des rosettes radicantes.* Feuilles à 5-7, plus rarement 3 folioles; folioles glabres ou pubescentes en dessous, vertes sur les deux faces, oblongues-obovales ou oblongues atténuées à la base, dentées presque dès la base, à dents nombreuses presque obtuses, la dent terminale plus courte que les latérales. *Fleurs* à pédicelles dépassant longuement les feuilles, *solitaires, latérales* ou opposées aux feuilles. *Calice à 5 divisions.* Pétales 5, dépassant le calice. Carpelles mûrs un peu rugueux. ♃. Juin-août.

*C C.* — Bords des chemins herbeux, fossés, pâturages humides.

**4. P. Tormentilla** Sibth. *Oxon.* 162 ; Bill. *Exsicc.* n. 2449. — *Tormentilla erecta* L. *Sp.* 716. — *Tormentilla officinalis Engl. bot.* t. 863. — [P. TORMENTILLE. — Vulg. *Tormentille*].

Souche épaisse, assez courte, ord. simple, presque ligneuse, terminée par une rosette de feuilles. *Tiges* nombreuses, de 1-4 décim., assez grêles, étalées-diffuses ou ascendantes, *naissant à l'aisselle des feuilles inférieures de la rosette terminale. Feuilles à 3* rarement 5 *folioles;* folioles pubescentes surtout en dessous et aux bords, vertes sur les deux faces, très profondément dentées dans les deux tiers supérieurs, à 4-5 dents de chaque côté, la dent terminale dépassant les latérales; feuilles radicales pétiolées, souvent détruites lors de la floraison, à folioles suborbiculaires-cunéiformes ou obovales; feuilles caulinaires ord. sessiles, à folioles oblongues atténuées à la base ; stipules des feuilles caulinaires foliacées assez amples, à 3-5 lobes profonds. Fleurs assez petites, disposées en cymes terminales pluriflores feuillées. *Calice à 4 divisions,* très rarement à 5 divisions. Pétales 4, très rarement 5, dépassant peu le calice. Carpelles mûrs presque lisses. ♃. Mai-juillet.

*C.* — Bois, bruyères, pâturages secs ou humides.

Var. β. *mixta.* (*P. mixta* Nolte ap. Rchb. *Exsicc.* n. 1743; Sturm. *Fl. Germ.* fasc. XX, t. 92; Koch *Syn. fl. Germ.* ed. 2, 239; Gren. et Godr. *Fl. Fr.* I, 531. — *P. Tormentilla* var. *umbrosa Fl. Par.* éd. 1, 175). — Plante beaucoup plus développée dans toutes ses parties. Tiges de 3-6 décim., dressées, ascendantes ou décombantes, à rameaux ord. très longs. *Feuilles caulinaires toutes ou la plupart pétiolées*, quelquefois à 5 folioles ; stipules plus amples ou plus petites que dans le type à 3-5 lobes très profonds ou entières. *Carpelles ruguleux.* — *A.R.* — Lieux couverts des bois, buissons ombragés. — Environs de Versailles : bois de Satory (*Steinheil*), butte de Picardie et bois du Butard (*Thuret*) ; vallée de la Bièvre près de Jouy (*de Boucheman*) ; bords de l'étang de Grand-moulin ! près Dampierre. Forêt de Compiègne (*Graves Cat.* Oise, *de Marcilly fils*) ; forêt de Villers-Cotterets (*Questier*).

5. **P. verna** L. *Sp*. 712 ; *Engl. bot.* t. 37 ; Bill. *Exsicc.* n. 547 et *bis*. — [P. PRINTANIÈRE].

Plante formant une touffe circulaire compacte. *Souche* presque ligneuse, *très rameuse*, à rhizomes presque horizontaux terminés par une rosette de feuilles. *Tiges naissant à l'aisselle des feuilles* inférieures *de la rosette terminale*, de 5-20 centim., nombreuses, *grêles flexueuses, couchées, ascendantes dans leur partie supérieure.* Feuilles à 5 plus rarement 3 ou 7 folioles ; *folioles* pubescentes surtout en dessous et aux bords, *vertes sur les deux faces*, obovales-cunéiformes, oblongues-obovales, plus rarement oblongues atténuées à la base, dentées dans les deux tiers supérieurs, à 3-4 dents de chaque côté, la dent terminale plus courte que les latérales ; pétioles couverts de poils dressés ou à peine étalés ; stipules linéaires-lancéolées ou linéaires. Fleurs disposées en cymes terminales irrégulières pauciflores. *Calice à 5 divisions.* Pétales 5, dépassant le calice. Carpelles mûrs presque lisses. ♃. Avril-juin.

*C C.* — Pelouses sèches, bois sablonneux, bruyères.

Var. β. *umbrosa* (Coss. et G. de St-P. *Suppl. Cat. rais.* 81). — Plante beaucoup plus développée dans toutes ses parties. Tiges de 2-3 décim., souvent très feuillées. Feuilles souvent à 7 folioles. Folioles oblongues atténuées à la base, présentant de chaque côté 5-8 dents profondes. — *R R.* — Endroits pierreux ombragés, vieux murs. — Bois de Boulogne (*de Boucheman, Jacques*). Étampes ! ; forêt de Fontainebleau (*Woods*). Env. de Dreux !.

6. **P. argentea** L. *Sp*. 712 ; *Engl. bot.* t. 89 ; Bill. *Exsicc.* n. 1472. — [P. ARGENTÉE].

Souche presque ligneuse, courte, terminée en racine pivotante, donnant naissance à plusieurs tiges terminales. Tiges de 1-5 décim., assez robustes, ascendantes ou dressées, tomenteuses-blanchâtres. Feuilles à 5 folioles ; *folioles* à bords ord. roulés en dessous, d'un vert foncé en dessus, *blanches-tomenteuses à la face inférieure*, oblongues très rétrécies dans leur moitié inférieure, incisées ou pinnatifides dans leur moitié supérieure à lobes linéaires-oblongs, le lobe terminal dépassant les latéraux ; stipules entières linéaires, ou bi-tripartites à lobes linéaires. Fleurs disposées en cymes terminales feuillées pluriflores ou multiflores. Calice à 5 divisions. Pétales 5, ord. à peine émarginés, environ de la longueur du calice. Carpelles mûrs très finement ridés. ♃. Juin-juillet, refleurit en automne.

*C.* — Coteaux arides, bords des routes, endroits découverts des bois.

† **P. recta** L. *Sp*. 711 ; All. *Ped.* t. 71, f. 1 ; Rchb. *Pl. crit.* IV, t. 339, f. 520. — [P. DROITE].

Souche presque ligneuse, courte, terminée en racine pivotante, donnant naissance à une ou plusieurs tiges terminales. *Tige* de 4-6 décim., robuste, *dressée*, mollement velue, présentant des poils glanduleux plus courts dans sa partie supérieure. Feuilles à 3-5-7 folioles; *folioles très amples, à bords non roulés en dessous*, pubescentes surtout à la face inférieure et aux bords, *vertes sur les deux faces*, oblongues rétrécies à la base, dentées presque dans toute leur circonférence, à dents nombreuses ovales; stipules lancéolées, entières ou incisées. Fleurs assez grandes, disposées en cymes rapprochées en un corymbe terminal multiflore. Calice à 5 divisions. Pétales 5, ne dépassant pas le calice. *Carpelles mûrs légèrement rugueux, entourés d'un rebord étroit tranchant.* ♃. Juin-juillet.

Naturalisé dans quelques localités. — Gare de Grenelle (*Kralik*); bois de Boulogne! (*Thuill.* Fl. Par.), de Vincennes (*Thuill.* Fl. Par., *Brice*); Saint-Maur (*Maire*); garenne de Sèvres (*Thuill.* Fl. Par.). Coteau d'Auxy! près Malesherbes. — *Graves* Cat. Oise : coteaux de Liancourt du côté de la ferme; indiqué d'après M. Rodin à Savignies, Allonne, Hermes.

Le *P. hirta* L. (All. *Ped.* III, t. 74, f. 1), plante du Midi, a été introduit au bois de Boulogne; il est très voisin du *P. recta*, dont il diffère surtout par les tiges moins élevées, plus grêles, hérissées de poils soyeux et dépourvues de poils glanduleux, par les folioles hérissées-soyeuses dentées seulement dans leur tiers ou leur moitié supérieure, par les fleurs d'un jaune plus foncé, par les carpelles plus gros à rugosités plus saillantes.

### § 2. Feuilles pinnatiséquées, à 5-25 folioles.

† **P. Pensylvanica** L. *Mant.* 76 ; Jacq. *Hort. Vindob.* t. 189. — [P. DE PENSYLVANIE].

*Souche cespiteuse, presque ligneuse*, donnant naissance à plusieurs tiges terminales. *Tiges* de 4-6 décim., *robustes, dressées*, couvertes de longs poils soyeux. Feuilles à 7-15 folioles : folioles velues-soyeuses, presque tomenteuses à la face inférieure, assez amples, oblongues rétrécies inférieurement, profondément dentées dans toute leur circonférence, à dents nombreuses triangulaires-lancéolées; stipules foliacées, lancéolées ou linéaires, entières ou légèrement incisées. Fleurs disposées en cymes rapprochées en une panicule terminale multiflore. *Pétales 5, environ de la longueur du calice.* Carpelles mûrs légèrement rugueux. ♃. Juin-juillet.

Naturalisé au bois de Boulogne! et à la gare de Grenelle! (*Kralik*). — Cette espèce est indigène dans l'Amérique du Nord et dans les montagnes élevées de l'Espagne.

7. **P. Anserina** L. *Sp.* 710 ; *Engl. bot.* t. 861. — [P. ANSÉRINE. — Vulg. *Ansérine, Argentine*].

Souche épaisse, presque verticale, donnant naissance à une ou plusieurs rosettes de feuilles. *Tiges naissant à l'aisselle des feuilles* inférieures *des rosettes terminales*, ord. très longues, grêles presque filiformes, *couchées-radicantes au niveau des nœuds* dans toute leur longueur, portant des rosettes de feuilles au niveau des nœuds qui sont ord. longuement espacés. Feuilles à 15-25 folioles entremêlées de folioles très petites entières ou incisées; folioles vertes en dessus, tomenteuses-argentées en dessous, oblongues, fortement dentées dans toute leur circonférence, à dents aiguës; *stipules* des feuilles caulinaires engaînantes, *multifides* dans leur partie supérieure. Fleurs grandes, d'un beau jaune, solitaires à l'extrémité de pédicelles latéraux souvent très longs. Calicule à divisions 3-5-fides. *Pétales beaucoup plus longs que le calice.* ♃. Mai-juillet, refleurit en automne.

*C C C.* — Bords des chemins humides, berges des rivières, mares, fossés, lieux inondés l'hiver.

S.-v. *incana*. — Feuilles tomenteuses-argentées sur les deux faces.

S.-v. *pusilla*. — Plante plus petite. Tiges ord. très courtes. Feuilles appliquées sur la terre, en rosette compacte. Pédicelles plus courts que les feuilles. — Endroits desséchés.

8. **P. supina** L. *Sp.* 711 ; Jacq. *Austr.* V, t. 406 ; Bill. *Exsicc.* n. 764. — [ P. couchée ].

*Plante annuelle. Tiges* terminales, de 5-30 centim., *étalées ou ascendantes-diffuses, non radicantes,* ord. rameuses-dichotomes dans leur partie inférieure, légèrement pubescentes. Feuilles à 5-9 folioles ; *folioles vertes sur les deux faces,* légèrement pubescentes, oblongues ou oblongues-cunéiformes, dentées à dents ovales ; stipules ovales-lancéolées, entières. Fleurs petites, d'un jaune pâle, solitaires, latérales ou occupant les angles de bifurcation de la tige et des rameaux, souvent en apparence axillaires et disposées en fausses grappes feuillées terminales. Calicule à divisions entières, plus rarement dentées, plus longues que les divisions du calice. *Pétales plus courts que le calice.* Carpelles mûrs ridés. $\text{(I)}$. Juin-octobre.

*A.R.* — Terrains sablonneux humides, bords des étangs. — Bondy !. Abondant à l'étang du Trou-salé ! près Versailles ; étangs de Saint-Quentin (*de Boucheman*), de Saint-Hubert !. Petit étang de Marcoussis (*Vaill.* Bot. Par.). Mares dans la forêt de Senart !. — Env. de Soissons.

Le *P. rupestris* L. (Jacq. *Austr.* II, t. 114 ; *Engl. bot.* t. 2058 ; Bill *Exsicc.* n. 2256), plante des régions montagneuses, a été introduit dans les bois de Boulogne ! et de Verrières ; cette espèce se reconnaît aux caractères suivants : souche épaisse ; tige dressée ; feuilles inférieures pinnatiséquées, les supérieures à 3 folioles, folioles ovales-suborbiculaires pubescentes inégalement incisées-dentées; fleurs blanches, disposées en cyme corymbiforme lâche.

TRIBU III. **ROSEÆ.** — Étamines en nombre indéfini. Carpelles nombreux, monospermes, secs, indéhiscents, renfermés dans le tube du calice qui s'accroît beaucoup après la floraison et devient charnu à la maturité.

### 7. **ROSA** L. *Gen.* n. 631. — [ ROSIER ].

*Calice* dépourvu de calicule ; *à tube* urcéolé étranglé au sommet, *s'accroissant beaucoup après la floraison, devenant charnu à la maturité,* revêtu de poils roides à la face interne ; à limbe à 5 divisions pinnatipartites, plus rarement entières. Corolle à préfloraison imbriquée-contournée. Styles latéraux, libres ou soudés en colonne dans leur partie supérieure. *Carpelles* nombreux, osseux, de forme irrégulière, couverts de poils roides, *insérés sur la face interne du tube du calice.*

*Arbrisseaux* à souche souvent traçante. *Tiges munies d'aiguillons.* Feuilles pinnatiséquées, à folioles dentées ou doublement dentées; stipules longuement soudées au pétiole. Fleurs grandes, roses ou blanches, rarement pourpres ou jaunes, solitaires axillaires ou terminales, ou groupées en corymbes.

Sect. I.—*Carpelles*, au moins ceux du centre, *stipités*, à pied égalant leur longueur. — (1-3).

Sect. II. — *Carpelles sessiles, ou brièvement stipités* à pied n'égalant pas la moitié de leur longueur. — (4-5 *quater*).

Sect. I. — Carpelles, au moins ceux du centre, stipités, à pied égalant
leur longueur.

**1. R. canina** L. *Sp.* 704. — [R. CANIN. — Vulg. *Églantier, Églantine*].

Arbrisseau de 1-3 mètres, très rameux, à rameaux sarmenteux, dressés
ou étalés. *Aiguillons des anciennes tiges* disséminés, *presque égaux, robustes, élargis* fortement *comprimés à la base, brusquement terminés par
une pointe courbée.* Feuilles glabres, pubescentes ou glanduleuses, à 5-7 folioles ; *folioles* ovales ou oblongues, souvent acuminées, doublement dentées,
plus rarement simplement dentées, *à dents* étroites acuminées les *supérieures presque conniventes ;* stipules des feuilles florales dilatées, acuminées, dressées. Fleurs odorantes, blanches ou d'un blanc rosé, solitaires,
plus rarement rapprochées en corymbes. *Calice à divisions pinnatipartites dépassant longuement la corolle dans le bouton,* réfléchies après la
floraison, caduques avant la maturité. Fruits ovales-oblongs ou subglobuleux, d'un beau rouge à la maturité, ne devenant pulpeux qu'après les premières gelées. ♄. *Fl.* juin. *Fr.* août-novembre.

C. — Bois, haies, buissons.

Var. α. *canina.* (*R. canina* Sm. *Engl. bot.* t. 992 ; Bill. *Exsicc.* n. 2259). —
Feuilles glabres ; folioles d'un vert lustré, quelquefois d'un vert pâle en dessous.
Pédoncules et tubes des calices glabres.

Var. β. *Andegavensis.* (*R. Andegavensis* Bast. *Ess.* 189 ; Redouté *Ros.* t. 59 ;
Bill. *Exsicc.* n. 1476). — Feuilles glabres. Pédoncules et tubes des calices
hérissés de soies roides, glanduleuses. — *A.R.* — Coteaux arides, bois montueux.
— Saint-Maurice ! ; Sèvres (*Lepeletier de Saint-Fargeau*) ; Saint-Germain (*Man-
don*). Mantes ! ; Vernon (*Chatin*) ; Compiègne (*Weddell*). — *Graves* Cat. Oise :
Agincourt et Verderonne cant. de Liancourt.

Le *R. alba* L. (vulg. *Rose-blanche*), fréquemment cultivé dans les jardins, est
considéré par quelques auteurs comme une modification à fleurs doubles de cette
variété.

Var. γ. *dumetorum.* (*R. dumetorum* Thuill. *Fl. Par.* 250 ; *Engl. bot.* t. 2610 ;
Bill. *Exsicc.* n. 1475 et *bis*). — Feuilles à pétioles velus ou pubescents ; folioles
pubescentes, quelquefois presque tomenteuses à la face inférieure. Pédoncules
et tubes des calices glabres.

Var. δ. *sepium.* (*R. sepium* Thuill. *Fl. Par.* 252 ; *Engl. bot.* t. 2653 ; Bill. *Exsicc.*
n. 1871). — Feuilles à pétioles couverts de poils glanduleux ; folioles étroites
atténuées aux deux extrémités, couvertes à la face inférieure ou sur les deux faces
de glandes odorantes ord. rougeâtres. Pédoncules et tubes des calices glabres.
Fleurs blanches. — Lieux arides, bois montueux.

S.-v. *micrantha.* — Feuilles et fleurs très petites.

α. β. γ. δ. s.-v. *umbellata.* — Fleurs rapprochées en corymbes.

**2. R. rubiginosa** L. *Mant.* II, 564 ; Jacq. *Austr.* I, t. 50 ; *Engl. bot.* t. 991. —
[R. ROUILLÉ].

Arbrisseau de 1-2 mètres, très rameux, formant un buisson touffu, à rameaux étalés, plus rarement dressés. *Aiguillons des anciennes tiges* très
nombreux, *inégaux, les uns robustes élargis* fortement *comprimés à la
base brusquement terminés par une pointe courbée, les autres grêles plus*

*courts presque droits subcylindriques.* Feuilles couvertes de glandes odorantes ord. rougeâtres, à 5-7 folioles; *folioles oblongues-suborbiculaires, doublement dentées, à dents* triangulaires les *supérieures non conniventes;* stipules des feuilles florales dilatées, acuminées, dressées. Pédoncules hérissés de soies roides glanduleuses. Fleurs odorantes, d'un rose vif, ord. solitaires. Calice à tube ord. hispide, à divisions pinnatipartites dépassant longuement la corolle dans le bouton, réfléchies après la floraison, caduques avant la maturité. Fruits subglobuleux, d'un beau rouge à la maturité, ne devenant pulpeux qu'après les premières gelées. ♃. *Fl.* juin-juillet. *Fr.* août-novembre.

C. — Coteaux arides, bords des chemins, haies, buissons.

S.-v. *umbellata.* — Fleurs rapprochées en corymbes.

3. **R. tomentosa** Sm. *Fl. Brit.* II, 539; *Engl. bot.* t. 990; Bill. *Exsicc.* n. 1662 et *bis.* — [R. TOMENTEUX].

Arbrisseau de 1-2 mètres, rameux, à rameaux dressés ou étalés. *Aiguillons des anciennes tiges* disséminés, *inégaux, cylindriques-subulés, comprimés à la base, presque droits, la plupart robustes. Feuilles plus ou moins tomenteuses-cendrées sur les deux faces,* quelquefois un peu glanduleuses en dessous, à 5-7 folioles; folioles ovales ou oblongues, doublement dentées, à dents aiguës, les dents supérieures non conniventes; stipules des feuilles florales dilatées, acuminées, dressées. Pédoncules ord. hérissés de soies roides glanduleuses. Fleurs roses ou d'un blanc rosé, solitaires ou rapprochées en corymbes pauciflores. Calice à tube hispide plus rarement glabre, à divisions pinnatipartites dépassant longuement la corolle dans le bouton, réfléchies après la floraison, caduques à la maturité. Fruits subglobuleux, rouges à la maturité, ne devenant pulpeux qu'après les premières gelées. ♃. *Fl.* juin. *Fr.* août-novembre.

R. — Haies, taillis, buissons, lisière des bois. — Meudon (*Lepeletier de Saint-Fargeau*). Garches, Verrières (*Maire*). Abondant au Châtelet! et au Bois-Louis! près Melun (*M. Garnier*); côte de Champagne!; Malesherbes (*Bernard*). Provins (*Bouteiller*). Neufchelles, Thury-en-Valois, Bourneville, Silly-la-Poterie, forêt de Villers-Cotterets (*Questier*). — *Graves* Cat. Oise: Fleurines.

Var. α. *hispida.* — Calice à tube hérissé de soies roides glanduleuses.

Var. β. *lævis.* — Calice à tube glabre.

Le *R. pomifera* Herm. (*Ros.* 16; Redouté *Ros.* t. 22; Koch *Syn. fl. Germ.* ed. 2, 253. — *R. villosa* Wulf. in Rœm. *Arch.* III, 377; Bill. *Exsicc.* n. 1482) est indiqué dans le département de l'Oise sur les coteaux à Saint-Symphorien près Beauvais, dans les haies à Troissereux, à la Houssaye, à Songeons et à Noyon (*Graves* Cat. Oise), mais nous ne l'avons jamais rencontré aux environs de Paris et nous n'en avons pas vu d'échantillons recueillis dans les limites de notre flore. — Le *R. pomifera* diffère surtout du *R. tomentosa* par ses fruits pulpeux dès la maturité, couronnés par les divisions conniventes et persistantes du calice.

Le *R. stylosa* Desv. (*Journ. bot.* II, 317, et IV, t. 14; Redouté *Ros.* t. 132; Bill. *Exsicc.* n. 1483) est indiqué dans le département de l'Oise dans les bosquets et les haies entre Beauvais et la vallée de Bray, dans le bois des Bouleaux près Montjavoult et à Lhéraule près Songeons (*Graves* Cat. Oise), mais nous ne l'avons jamais rencontré aux environs de Paris et nous n'en avons pas vu d'échantillons recueillis dans les limites de notre flore. — Le *R. stylosa*, espèce voisine du *R. arvensis*, en diffère par les tiges dressées, par les folioles des feuilles à dents supérieures conniventes, par les stipules des feuilles supérieures plus larges, par les divisions du calice pinnatipartites égalant environ la longueur de la corolle, par la colonne des styles tantôt très courte tantôt allongée.

Sect. II. — Carpelles sessiles, ou brièvement stipités à pied n'égalant pas la moitié de leur longueur.

4. **R. arvensis** Huds. *Fl. Angl.* ed. 2, 219 ; *Engl. bot.* t. 188 ; *Bot. mag.* t. 254. — [R. DES CHAMPS].

Arbrisseau de 1-2 mètres, rameux, à rameaux grêles sarmenteux arqués-étalés souvent divariqués. Aiguillons des tiges disséminés, presque égaux, plus ou moins robustes, comprimés à la base et courbés, plus rarement sub-coniques presque droits. Feuilles glabres, d'un vert blanchâtre en dessous, à 5-7 folioles ; folioles ovales, oblongues ou suborbiculaires, ord. simplement dentées, à dents larges ; stipules conformes, linéaires-oblongues, planes, à oreillettes parallèles. Fleurs blanches, solitaires, plus rarement rapprochées en corymbes. *Calice à tube glabre, à divisions* entières ou à peine incisées *ne dépassant pas la corolle dans le bouton. Styles soudés en une colonne cylindrique* glabre *qui atteint la hauteur des étamines.* Fruits oblongs ou subglobuleux, rouges à la maturité. ♄. *Fl.* juin. *Fr.* août-octobre.

*C C.* — Haies, collines incultes, lisière des bois.

S.-v. *umbellata.* (*R. bibracteata* Bast. in DC. *Fl. Fr.* V, 537). — Fleurs rapprochées en corymbes pourvus à la base de 2-3 bractées dilatées. Jeunes rameaux et pédoncules ord. d'un violet glauque.

S.-v. *prostrata.* — Tiges très grêles, étalées sur le sol.

Var. β. *pubescens.* (*R. stylosa* Mérat *Fl. Par.* 510 non Desv.). — Feuilles pubescentes à la face inférieure. — *R R.* — Coteaux arides. — Andrésy (*Lepeletier de Saint-Fargeau*). Bois de Lognes près Lagny (*Thuret*).

5. **R. pimpinellifolia** L. *Sp.* 307 ; Jacq. *Fragm.* t. 107 ; Bill. *Exsicc.* n. 1182 et *bis* et *ter.* — *R. spinosissima* Jacq. *Fragm.* t. 124 ; *Engl. bot.* t. 187. — [R. A FEUILLES DE PIMPRENELLE].

Arbrisseau de 5-20 décim., à tiges dressées très rameuses au sommet, formant un buisson bas et touffu. *Aiguillons* des tiges très nombreux, surtout dans la partie supérieure de la plante, *très inégaux, grêles subulés ou sétacés, droits.* Feuilles ord. glabres, d'un vert pâle en dessous, à 5-9 folioles ; folioles petites, suborbiculaires ou oblongues-suborbiculaires, ord. simplement dentées ; stipules conformes, presque linéaires, celles des feuilles florales quelquefois un peu plus larges, planes, à oreillettes divergentes. *Fleurs odorantes, à pétales blancs* offrant une légère coloration jaune surtout à l'onglet. Calice à tube glabre, rarement hispide, à divisions entières ne dépassant pas la corolle dans le bouton. Styles libres entre eux, plus courts que les étamines. *Fruits* globuleux-déprimés, *d'un rouge brun à la maturité.* ♄. *Fl.* juin-juillet. *Fr.* août-octobre.

*R.* — Coteaux arides, collines sablonneuses, rochers siliceux. — Forêt de Rougeaux (*Viqincia*); abondant dans la forêt de Fontainebleau! (*Thuill. Fl. Par.*); Nemours!; Malesherbes!. Env. de Mantes (*Beautemps-Beaupré*); La Roche-Guyon!. — *Graves* Cat. Oise: Cury cant. de Lassigny; forêt d'Ourscamp.

Var. β. *spinosissima*. (*R. spinosissima* L. *Sp.* 705). — Tiges chargées d'aiguillons très nombreux. Pédoncules couverts de soies presque spinescentes. — *R R.*

† **R. Eglanteria** L. *Sp.* 703; Redouté *Ros.* t. 23. — *R. lutea* Mill. *Dict.* n. 11; *Bot. mag.* t. 363. — [R. JAUNE].

Arbrisseau de 1-3 mètres, formant un buisson épais. *Aiguillons des tiges très inégaux, grêles subulés ou sétacés, droits.* Feuilles à pétioles pubescents, à 5-9 folioles; folioles obovales-oblongues ou suborbiculaires, doublement dentées, légèrement glanduleuses-odorantes; stipules conformes, ord. presque linéaires, à bords légèrement roulés, à oreillettes un peu divergentes. *Fleurs d'un beau jaune.* Calice à divisions plus ou moins profondément pinnatipartites, rarement entières, dépassant la corolle dans le bouton, persistantes, étalées ou réfléchies sur le fruit. Fruits globuleux déprimés, rouges à la maturité. ♄. *Fl.* juin-juillet. *Fr.* septembre-octobre.

*R.* — Naturalisé dans les haies et aux environs des villages. — Malesherbes! (*Bernard*). Dreux (*Dænen*). — Cultivé dans les jardins, à fleurs simples ou doubles. On cultive également une variété de cette espèce à pétales d'un rouge écarlate à la face interne (*R. punicea* Mill. — *R. bicolor* Jacq. *Hort. Vind.* t. 1. — Vulg. *Rose-ponceau*).

† **R. cinnamomea** L. *Sp.* 703; *Engl. bot.* t. 2388. — *R. mutica* Fl. Dan. t. 688. — [R. CANNELLE].

Arbrisseau de 5-10 décim., à tiges dressées, ord. rameuses. *Aiguillons très inégaux, grêles sétacés, droits*, très caducs, assez nombreux à la base des tiges, nuls dans la partie supérieure de la plante. Feuilles glabres, à 5-7 folioles; folioles ovales-oblongues, simplement dentées ou doublement dentées; *stipules des feuilles des rameaux florifères dilatées, celles des rameaux non florifères à bords connivents presque tubuleuses. Fleurs roses*, ord. solitaires. Calice à divisions ord. entières, terminées par un appendice linéaire foliacé qui dépasse longuement la corolle dans le bouton, dressées-conniventes sur le fruit. Fruits globuleux, d'un rouge orangé à la maturité. ♄. *Fl.* mai-juin. *Fr.* août-octobre.

*R R.* — Naturalisé sur la colline de la Justice à Malesherbes! (*Requien*).

† **R. Gallica** L. *Sp.* 704; Bill. *Exsicc.* n. 354 et *bis.* — *R. pumila* Jacq. *Austr.* II, t. 198. — [R. DE FRANCE. — Vulg. *Rose-de-Provins*].

Arbrisseau à souche longuement traçante, de 6-12 décim., à tiges dressées ou étalées, plus ou moins rameuses. *Aiguillons* nombreux, caducs, inégaux; *les uns robustes, comprimés-élargis à la base, plus ou moins courbés; les autres grêles, sétacés, droits, entremêlés de soies glanduleuses ou spinescentes.* Feuilles pubescentes à la face inférieure, à 3-5 plus rarement 5-7 folioles; folioles oblongues ou suborbiculaires, simplement ou doublement dentées, à dents larges glanduleuses; stipules conformes, oblongues-linéaires, planes, à oreillettes divergentes. *Fleurs d'un rouge pourpre*, très grandes, ord. solitaires. Calice à divisions pinnatipartites, dépassant la corolle dans le bouton, étalées, caduques à la maturité. Fruits subglobuleux, d'un rouge foncé. ♄. *Fl.* juin. *Fr.* septembre-octobre.

*R R.* — Naturalisé dans les bosquets et les haies. — Magny (*Bouteille*). Charly (*Crépin*). Provins (*Bouteiller*). — Mont-Saint-Siméon près Noyon (*Questier*). — Fréquemment cultivé à fleurs doubles dans les jardins.

Le *R. centifolia* L. (vulg. *Rose-à-cent-feuilles*) et ses variétés *R. muscosa* (vulg. *Rose-mousseuse*) et *Pomponia* (vulg. *Rose-pompon*) sont cultivés dans tous les jardins. — On cultive également le *R. Damascena* Mill. (vulg. *Rose-de-tous-les-*

*mois*), et le *R. Indica* L. (vulg. *Rose-du-Bengale*) à feuilles luisantes persistantes; cette dernière espèce présente plusieurs variétés. — On cultive en outre dans les jardins, un grand nombre d'hybrides ou de variétés, dont plusieurs, refleurissant en automne, sont dites remontantes. Ces variétés, obtenues de semis, se multiplient par la greffe.

## TRIBU IV. **AGRIMONIEÆ**. — Étamines 12-20. Carpelles 1-2, très rarement 3, monospermes, secs, indéhiscents, renfermés, dans le tube du calice qui devient presque ligneux à la maturité.

### 8. **AGRIMONIA** L. *Gen.* n. 607. — [AIGREMOINE].

*Calice* dépourvu de calicule, turbiné, *à tube* herbacé *devenant presque ligneux à la maturité*, offrant 10 cannelures plus ou moins saillantes, *hérissé au sommet d'épines subulées crochues* disposées sur plusieurs rangs, à gorge fermée par un épaississement glanduleux, à 5 divisions conniventes après la floraison. Carpelles 1-2, très rarement 3, renfermés dans le tube du calice.

Plante vivace, herbacée. Feuilles pinnatiséquées à segments entremêlés de segments beaucoup plus petits; stipules soudées à la base avec le pétiole, très amples, incisées-dentées. Fleurs jaunes, assez petites, disposées en grappes spiciformes terminales.

**1. A. Eupatoria** L. *Sp.* 643; *Engl. bot.* t. 1335. — [A. EUPATOIRE. - Vulg. *Aigremoine*].

Souche cespiteuse, épaisse. Tiges de 4-6 décim., dressées, effilées, simples ou un peu rameuses supérieurement. Feuilles pubescentes en dessus, velues d'un vert cendré en dessous, à 5-9 segments ; segments ovales-oblongs profondément dentés, entremêlés de segments beaucoup plus petits nombreux incisés ou entiers ; stipules foliacées, embrassantes, profondément incisées-dentées. Calice fructifère à tube obconique ord. profondément sillonné jusqu'à la base, ne renfermant ord. qu'un akène. ♃. Juin-septembre.

C. — Pâturages, lisière des bois, bords des chemins herbeux, pelouses arides.

Var. β. *odorata*. (*A. odorata* Ait. *Hort. Kew.* ed. 1, II, 130; *Fl. Dan.* XIV, t. 2471; Thuill. *Fl. Par.* 232 ; Bill. *Exsicc.* n. 1661. — *A. Eupatoria* var. *umbrosa Fl. Par.* éd. 1, 182). — Plante ord. plus vigoureuse. Tiges de 6-9 décim., ord. rameuses au sommet, très feuillées. Feuilles à segments plus amples, moins velus en dessous et parsemés de glandes résinifères odorantes. *Calice* fructifère ord. beaucoup plus gros, ord. *obscurément sillonné ou plus ou moins profondément sillonné seulement vers sa partie moyenne, renfermant ord. 2 akènes*, à épines extérieures plus étalées ou même réfractées. — R. — Bois, endroits ombragés humides. — Bois de Verrières (*Durieu de Maisonneuve*). Forêt de Montmorency au Château-de-la-chasse (*Vaill. Bot. Par.*). Morfontaine (*Thuret*). Forêt de Senart (*de Schœnefeld*). — *Graves* Cat. Oise : forêt de Compiègne ; env. de Beauvais ; bois de Thury et d'Ivors ; forêt de Chantilly.

# XXXIII. POMACÉES

(Rosacearum trib. Pomaceæ Juss. *Gen.* 334).

*Fleurs* hermaphrodites, *régulières.* — Calice à 5 sépales soudés en tube, à tube soudé avec l'ovaire, à limbe 5-partit, à divisions persistantes, marcescentes ou caduques, à préfloraison valvaire. — Corolle à 5 pétales insérés sur un disque mince à la gorge du calice, libres, caducs, à préfloraison imbriquée. — *Étamines 15-30*, insérées avec les pétales à la gorge du calice, libres. Anthères bilobées, introrses. — *Ovaire soudé avec le calice, à 5 carpelles ou moins par avortement, à 5 loges, ou à 1-4 loges par avortement, à loges biovulées rarement pluriovulées. Ovules insérés à l'angle interne des loges,* ascendants, réfléchis. Styles 5, ou 1-4 par avortement, libres ou plus ou moins soudés à la base; stigmates indivis. — Fruit couronné par le limbe du calice ou par la cicatrice qui résulte de sa destruction, charnu ou pulpeux, ord. ombiliqué au sommet, à 5 loges, ou à 1-4 loges par avortement; loges dispermes, ou monospermes par avortement, rarement polyspermes; endocarpe membraneux ou cartilagineux entr'ouvert au côté interne des loges, ou osseux partagé en loges indéhiscentes libres entre elles (noyaux, nucules). — Graines ascendantes, rarement presque horizontales, dépourvues de périsperme. Embryon droit. Radicule dirigée vers le hile.

*Arbres ou arbrisseaux*, à ramuscules quelquefois spinescents, à bourgeons écailleux. Feuilles éparses souvent rapprochées en fascicules, simples, dentées, lobées ou pinnatiséquées; *stipules libres*, caduques, rarement persistantes. Fleurs solitaires, disposées en fascicules ombelliformes, en grappes pauciflores, ou en corymbes composés, s'épanouissant souvent avant le développement des feuilles.

TRIBU I. — *Fruit à endocarpe osseux* (fruit à noyaux).

1. Mespilus. — Calice à divisions presque foliacées. *Fruit* subglobuleux-turbiné, *couronné par les divisions très développées du calice,* à 5 noyaux.

2. Cratægus. — Calice à lobes courts. *Fruit* subglobuleux ou oblong-subglobuleux, *couronné par les lobes marcescents du calice,* à 1 rarement 2-3 noyaux.

TRIBU II. — *Fruit à endocarpe mince,* quelquefois cartilagineux, jamais osseux (fruit à pepins).

3. Amelanchier. — *Pétales lancéolés. Fruit* subglobuleux, *à 5 loges* dispermes, *partagées chacune en deux loges secondaires par une cloison incomplète qui* correspond à la nervure moyenne des carpelles.

† Cydonia. — Pétales suborbiculaires. *Fruit* pyriforme, *pubescent-tomenteux,* à endocarpe membraneux, *à 5 loges contenant* chacune *10-15 graines* à testa entouré de mucilage.

4. Pyrus. — Pétales suborbiculaires. *Fruit* obovoïde ou turbiné, plus rarement subglobuleux, *non ombiliqué à la base, à endocarpe membraneux, à 5 loges*

15

*2-spermes*, plus rarement 1-spermes par avortement. *Fleurs disposées en fascicules ombelliformes.*

5. MALUS. — Pétales suborbiculaires. *Fruit* subglobuleux, *profondément ombiliqué à l'insertion du pédicelle, à endocarpe parcheminé-cartilagineux, à 5 loges 2-spermes*, plus rarement 1-spermes par avortement. *Fleurs disposées en fascicules ombelliformes.*

6. SORBUS. — Pétales suborbiculaires. *Fruit* globuleux ou turbiné, *non ombiliqué à la base*, à endocarpe ord. membraneux, *à 2-4 loges ord. très inégalement développées, ord. monospermes par avortement*, plus rarement à 5 loges régulières. *Fleurs disposées en corymbes rameux.*

## TRIBU 1. — Fruit à endocarpe osseux (fruit à noyaux).

### 1. **MESPILUS** L. *Gen.* n. 625 ex parte. — [ NÉFLIER ].

Calice à limbe 5-partit, à divisions presque foliacées. Ovaire à 5 loges biovulées. Styles 5. *Fruit* subglobuleux-turbiné, *couronné par les divisions très développées du calice, à partie supérieure* non soudée avec le calice *formant une large surface disciforme* qui présente 5 saillies correspondant aux loges, *à 5 noyaux* osseux monospermes par avortement.

Arbre peu élevé ou arbrisseau épineux. Feuilles à peine dentées; stipules caduques. *Fleurs* blanches, subsessiles, ord. *solitaires* au centre des fascicules de feuilles qui terminent les ramuscules, munies de bractées persistantes.

**1. M. Germanica** L. *Sp.* 684 ; *Engl. bot.* t. 1523; Bill. *Exsicc.* n. 2456 et *bis*. — [ N. D'ALLEMAGNE. — Vulg. *Néflier, Merlier, Nèle*].

Arbrisseau rameux dès la base, tortueux, peu épineux, plus rarement arbre peu élevé. Feuilles brièvement pétiolées, oblongues ou oblongues-obovales légèrement acuminées ou obtuses, très entières ou denticulées dans leur moitié supérieure, à face inférieure mollement pubescente. Fleurs grandes, à bractées linéaires. Calice florifère laineux, à divisions plus longues que le tube. Fruit gros, d'un brun rougeâtre, charnu acerbe, devenant pulpeux et sucré lorsqu'il a subi un commencement de fermentation. ♃. *Fl.* mai. *Fr.* août-septembre.

*A.R.* — Taillis, bois montueux, rochers. — Bois de Meudon et forêt de Montmorency (*Tourn.* Hist. pl. Par.) ; bois de Verrières (*Vaill.* Bot. Par.). Forêt de Saint-Germain!; Magny!; Vernon!; Les Andelys!. Saint-Léger!; Dreux!. Env. de La Ferté-Aleps ; forêt de Fontainebleau!; env. de Nemours!. Forêt de Villers-Cotterets (*Questier*). Beauvais!; Savignies près Beauvais (*Taillefert*), etc. — Fréquemment cultivé dans les jardins et les vergers, quelquefois planté dans les haies.

### 2. **CRATÆGUS** L. *Gen.* n. 622 ex parte. — [ AUBÉPINE ].

Calice à limbe 5-lobé, à lobes courts. Ovaire à 1-2 plus rarement 3-5 loges biovulées. Styles 1-2, plus rarement 3-5. *Fruit subglobuleux ou oblong-subglobuleux, couronné par les lobes marcescents du calice, à partie supérieure libre très étroite rétrécie en ombilic, à 1 plus rarement 2-3 noyaux* osseux monospermes par avortement.

Arbrisseau épineux. Feuilles plus ou moins profondément lobées ou incisées, plus rarement obscurément lobées ; stipules foliacées, ord. persistantes. *Fleurs* blanches ou rosées, pédicellées, disposées *en corymbes rameux*, ord. munies de bractées caduques.

**1. C. oxyacantha** L. *Sp.* 683. — [ A. COMMUNE. — Vulg. *Aubépine, Épine-blanche, Poire-d'oiseau, Senelles* ].

Arbrisseau très épineux, formant un buisson touffu, rarement arborescent. Feuilles glabres, coriaces, luisantes en dessus, souvent d'un vert glauque en dessous, pétiolées, obovales-cunéiformes, pinnatilobées ou pinnatipartites, à 3-7 lobes dentés ou incisés supérieurement; stipules foliacées, subfalciformes, fortement dentées, plus rarement entières. **Fleurs** assez petites, à odeur d'amandes amères. Calice florifère glabre ou pubescent. **Fruit** assez petit, d'un rouge plus au moins foncé, farineux-pulpeux, d'une saveur fade, à 1 rarement 2-3 noyaux. ♄. *Fl.* avril-mai. *Fr.* août-septembre.

Haies, lisière des bois.

Var. α. *monogyna*. (*C. monogyna* Jacq. *Austr.* III, t. 292; Bill. *Exsicc.* n. **18**. — *C. oxyacantha* var. *vulgaris* Fl. Par. éd. 1, 184). — *Feuilles* ord. *profondément pinnatipartites*. *Pédicelles* et calices florifères *pubescents ou velus*. Style ord. solitaire. *Fruit* ord. oblong-subglobuleux, *à un seul noyau*. — *C C C*.

Var. β. *oxyacanthoides*. (*C. oxyacantha* L. *Sp.* 683; Jacq. *Austr.* III, t. 292, f. 2; Bill. *Exsicc.* n. 1188. — *C. oxyacanthoides* Thuill. *Fl. Par.* 245; *Bot. regist.* t. 1128). — *Feuilles* ord. plus grandes et *moins profondément lobées* que dans la var. α. *Pédicelles* et calices florifères *glabres* ou presque glabres. Styles 1-2, rarement 3. *Fruit* subglobuleux, ord. plus gros, *à 1-2* rarement 3 *noyaux*. — *A.C.*


## TRIBU II. — Fruit à endocarpe mince, quelquefois cartilagineux, jamais osseux (fruit à pepins).


### 3. AMELANCHIER Mœnch *Meth.* 682. — [ AMÉLANCHIER ].

Calice à limbe 5-lobé. Corolle à *pétales lancéolés*. Ovaire à 5 loges biovulées. Styles 5, un peu soudés à la base. *Fruit* subglobuleux, couronné par les lobes persistants du calice, à endocarpe cartilagineux, *à 5 loges* dispermes *partagées chacune en deux loges secondaires* par une cloison incomplète résultant de la saillie de la nervure moyenne des carpelles.

Arbrisseau non épineux. Feuilles dentées; stipules caduques. *Fleurs* blanches, munies de bractées caduques, disposées *en grappes pauciflores*, naissant au centre des fascicules de jeunes feuilles qui terminent les ramuscules.

**1. A. vulgaris** Mœnch *Meth.* 682; Bill. *Exsicc.* n. 766. — *Mespilus Amelanchier* L. *Sp.* 685; Jacq. *Fl. Austr.* III, f. 300. — *Aronia rotundifolia* Pers. *Syn. pl.* II, 39. — *Pyrus Amelanchier Bot. mag.* t. 2430. — [ A. COMMUN. — Vulg. *Amélanchier* ].

Arbrisseau ou sous-arbrisseau, ord. très rameux, peu élevé. Feuilles pétiolées, oblongues-suborbiculaires, dentées, blanches-tomenteuses à la face inférieure dans leur jeunesse, glabres et coriaces dans leur état adulte, munies dans leur jeunesse de stipules linéaires très étroites soudées à la base avec le pétiole. Fleurs assez grandes, en grappes terminales ou latérales, à pédoncules munis de bractées linéaires très étroites caduques. Pétales très allongés, lancéolés, obtus, atténués à la base. Fruit petit, d'un noir bleuâtre, porté sur un pédicelle qui égale environ deux fois sa longueur, couronné par les dents calicinales dressées; souvent un ou deux pepins se

développent seuls et les autres avortent plus ou moins complétement. ♃. *Fl.*
avril-mai. *Fr.* août-septembre.

*R.* — Fissures des rochers siliceux ou calcaires, coteaux escarpés, endroits ro-
cailleux des bois. — Dhuison! près La Ferté-Aleps (*de Schœnefeld*) ; forêt de Fontainebleau ! (*Tourn.* Hist. pl. Par.) ; env. de Nemours (*Devilliers*) : rochers de Beau-
regard! (*de Schœnefeld*) et du bois de Beau-moulin !; Bonneville ! près Malesherbes
(*Weddell*). La Roche-Guyon !; Les Andelys !. — *Graves* Cat. Oise : forêt de Compiègne près de la Faisanderie.

### † **CYDONIA** Tourn. *Inst.* t. 405. — [ COGNASSIER ].

Calice à limbe 5-partit, à divisions presque foliacées. Corolle à pétales suborbiculaires. Ovaire à 5 loges multiovulées. Styles 5. *Fruit pubescent-tomenteux*, pyriforme, ombiliqué au sommet et surmonté par le limbe persistant du calice, à endocarpe membraneux, *à 5 loges contenant chacune 10-15 graines* presque horizontales
*à testa entouré de mucilage.*

Arbre non épineux. Feuilles entières ; stipules caduques. *Fleurs* blanches ou d'un
blanc rosé, *solitaires.*

÷ **C. vulgaris** Pers. *Syn. pl.* II, 40 ; Bill. *Exsicc.* n. 2457. — *Pyrus Cydonia*
       L. *Sp.* 687 ; Jacq. *Austr.* IV, t. 342. — [ C. COMMUN. — Vulg. *Cognassier* ].

Arbre peu élevé, souvent rameux dès la base. Feuilles brièvement pétiolées,
ovales ou oblongues, très entières, tomenteuses-blanchâtres en dessous ; stipules
caduques, finement dentées à dents glanduleuses. Fleurs grandes. Calice à divisions
glanduleuses aux bords. Fruit très gros, pubescent-tomenteux, jaune, très odorant,
d'une saveur sucrée aromatique, charnu, ne devenant pas pulpeux et ne subissant
pas la fermentation sucrée. ♃. *Fl.* avril-mai. *Fr.* septembre-octobre.

Planté dans les jardins et les vergers, rarement subspontané dans les haies.

### 4. **PYRUS** Tourn. *Inst.* t. 404. — [ POIRIER ] (1).

Calice à limbe 5-fide. Corolle à pétales suborbiculaires. Ovaire à 5 loges
biovulées. Styles 5, libres. *Fruit* obovoïde ou turbiné, plus rarement subglobuleux, *non ombiliqué à la base*, ombiliqué au sommet et surmonté par le
limbe marcescent du calice, *à endocarpe membraneux* jamais cartilagineux,
*à 5 loges dispermes* plus rarement monospermes par avortement.

Arbre à ramuscules stériles spinescents à l'état spontané. Feuilles indivises, dentées ; stipules caduques. *Fleurs* blanches, pédicellées, disposées *en fascicules ombelliformes* au centre des rosettes de feuilles qui terminent les ramuscules. Bractées
très caduques, plus rarement nulles.

1. **P. communis** L. *Sp.* 686 ; *Engl. bot.* t. 1784. — [ P. COMMUN. — Vulg. *Poi-
       rier* ].

Arbre plus ou moins élevé. Feuilles longuement pétiolées, ovales-oblongues ou obovales, brièvement acuminées, finement dentées ou crénelées,
pubescentes-aranéeuses surtout en dessous dans leur jeunesse, coriaces luisantes ord. glabres à l'état adulte. Fleurs assez grandes, longuement pédicellées. Fruit plus ou moins gros, glabre, de saveur acerbe chez la plante

---

(1) Dans le genre *Pyrus*, le fruit ne passe à la fermentation acide qu'après avoir subi un premier degré de fermentation, pendant lequel il se ramollit de l'intérieur à l'extérieur en conservant
une saveur sucrée ; il en est de même du fruit du *Mespilus Germanica* et de quelques *Sorbus.* —
Dans les genres *Malus* et *Cydonia*, le fruit, après la maturité, passe à la fermentation acide, qui
est le commencement de la putréfaction, sans passer par la fermentation sucrée.

spontanée, de forme très variable et de saveur plus ou moins sucrée chez la plante cultivée. ♄. *Fl.* avril-mai. *Fr.* août-octobre.

Quelquefois spontané ou naturalisé dans les bois. — Cet arbre, cultivé partout et de temps immémorial, a donné naissance à d'innombrables variétés et sous-variétés plus ou moins distinctes par la forme, la grosseur, la couleur et la saveur du fruit.

### 5. **MALUS** Tourn. *Inst.* t. 406. — [ POMMIER ].

Calice à limbe 5-fide. Corolle à pétales suborbiculaires. Ovaire à 5 loges biovulées. Styles 5, soudés à la base. *Fruit* subglobuleux plus ou moins déprimé, *profondément ombiliqué à l'insertion du pédicelle*, ombiliqué au sommet et surmonté par le limbe persistant ou marcescent du calice, *à endocarpe parcheminé-cartilagineux, à 5 loges dispermes*, plus rarement monospermes par avortement.

Arbre à ramuscules stériles spinescents à l'état spontané. Feuilles indivises, dentées; stipules caduques. *Fleurs* d'un blanc rosé, pédicellées, disposées *en fascicules ombelliformes* au centre des rosettes de feuilles qui terminent les ramuscules. Bractées très caduques, plus rarement nulles.

1. **M. communis** Lmk *Illustr.* t. 435.—*Pyrus Malus* L. *Sp.* 686; *Engl. bot.* t. 179. — [ P. COMMUN. — Vulg. *Pommier, Égrasseau* ].

Arbre ord. peu élevé, à branches étalées, à bourgeons velus ou tomenteux. Feuilles assez brièvement pétiolées, ovales-oblongues acuminées, dentées ou crénelées, ord. blanches-tomenteuses à la face inférieure dans leur jeunesse, glabres, pubescentes ou tomenteuses en dessous à l'état adulte. Fleurs assez grandes, rosées en dehors, ou entièrement blanches, à pédicelles courts. Fruit plus ou moins gros, glabre, de saveur acerbe ou sucrée, à pédicelle faisant peu saillie en dehors de la dépression ombiliquée où il s'insère. ♄. *Fl.* avril-mai. *Fr.* septembre-octobre.

Var. α. *acerba.* (*M. acerba* Mérat *Fl. Par.* éd. 1, 187; Bill. *Exsicc.* n. 2469. — *M. communis* var. *glabra Fl. Par.* éd. 1, 186. — Vulg. *Pommier-à-cidre, Aigrin, Pommier-sauvage-à-fruits-acides*).—Feuilles vertes en dessous, d'abord pubescentes sur les nervures puis glabres. Bourgeons velus non tomenteux. Pédicelles glabres ou pubescents ainsi que le tube du calice. Fruit très acerbe. — A.C. — Bois, forêts. — Bondy!; Saint-Germain; Melun!; forêt de Fontainebleau!; Dreux!, etc.

Var. β. *mitis.* (*Pyrus Malus mitis* Wallr. *Sched. crit.* 215. — *M. communis* var. *tomentosa Fl. Par.* éd. 1, 186. — Vulg. *Pommier-doux, Doucin*). — Feuilles blanches-tomenteuses en dessous même à l'état adulte. Bourgeons tomenteux. Pédicelles pubescents-tomenteux ainsi que le calice. Fruit à saveur douce. — Cet arbre, cultivé partout et de temps immémorial, a donné naissance à d'innombrables variétés et sous-variétés plus ou moins distinctes par la forme, la grosseur, la couleur et la saveur du fruit.

### 6. **SORBUS** L. *Gen.* n. 623. — [ SORBIER ].

Calice à limbe 5-fide. Corolle à pétales suborbiculaires. Ovaire à 2-5 loges biovulées. Styles 2-5. *Fruit* globuleux ou turbiné, *non ombiliqué à la base*, ombiliqué au sommet et surmonté par le limbe marcescent ou persistant du calice, à endocarpe membraneux ou parcheminé, *à 2-4 loges* ord. très inégalement développées, *ord. monospermes par avortement, plus rarement à 5 loges* régulières.

Arbres non épineux. *Feuilles lobées, pinnatiséquées, plus rarement sublobées-dentées; stipules caduques. Fleurs blanches, assez petites, disposées en corymbes rameux multiflores, à bractées nulles ou caduques.*

Sect. I. — Feuilles pinnatiséquées. — (Sorbiers).

**1. S. domestica** L. *Sp.* 684 ; Jacq. *Austr.* V, t. 447. — *Pyrus domestica* Sm. *Engl. bot.* t. 350. — [S. DOMESTIQUE. — Vulg. *Sorbier, Cormier*].

Arbre ord. élevé, à *bourgeons glabres glutineux.* Feuilles pinnatiséquées, à 13-17 segments opposés, oblongs, dentés en scie, velus-soyeux en dessous dans leur jeunesse, devenant glabres à l'état adulte. Styles ord. 5. *Fruit assez gros, turbiné,* ord. à 5 loges égales, verdâtre ou rougeâtre, charnu, acerbe à la maturité, devenant brun pulpeux et sucré par un commencement de fermentation. ♃. *Fl.* mai-juin. *Fr.* septembre-octobre.

A.C. — Bois, forêts. — Souvent planté dans le voisinage des habitations.

**2. S. aucuparia** L. *Sp.* 683 ; *Fl. Dan.* VI, t. 1034 ; Bill. *Exsicc.* n. 2460. — *Pyrus aucuparia* Gærtn.; *Engl. bot.* t. 337. — [S. DES OISELEURS.—Vulg. *Sorbier-des-oiseaux*].

Arbre ord. peu élevé, à *bourgeons tomenteux-blanchâtres.* Feuilles pinnatiséquées, à 13-17 segments opposés, oblongs, dentés en scie, velus-soyeux en dessous dans leur jeunesse, devenant glabres à l'état adulte. Styles 2-3, rarement 4-5, hérissés à la base. *Fruit petit, globuleux,* à 2-3 loges inégales, rarement à 4 loges, d'un rouge écarlate, pulpeux-succulent, d'une saveur amère-acerbe. ♃. *Fl.* mai-juin. *Fr.* septembre-octobre.

A.R. — Bois montueux, forêts, rochers. — Très abondant dans la vallée de Senlisse! (*de Schœnefeld*). Env. de Melun!. Forêt de Saint-Léger (*Tourn. Hist. pl. Par., Vaill. Bot. Par.*). Forêt de L'Ile-Adam (*Guillon*) ; bois des env. de Senlis!; Savignies près Beauvais (*Taillefert*). Forêt de Villers-Cotterets (*Questier*). — *Graves Cat.* Oise : bois des environs de Beauvais ; forêt de Compiègne ; forêt de Thelle ; bois de Gury cant. de Lassigny.

Sect. II. — Feuilles lobées ou sublobées-dentées. — (Alisiers).

**3. S. torminalis** Crantz *Austr.* 85 ; Bill. *Exsicc.* n. 1873. — *Cratægus torminalis* L. *Sp.* 681 ; Jacq. *Autr.* V, t. 443.—*Pyrus torminalis* Ehrh.; *Engl. Bot.* t. 298. — [S. ALISIER. — Vulg. *Alisier*].

Arbre peu élevé. *Feuilles glabres luisantes* à l'état adulte, ovales, tronquées ou cordées à la base, lobées, à lobes acuminés, inégalement dentés, les inférieurs plus grands divergents. Styles 2-5, glabres. Fruit assez petit, oblong-subglobuleux, d'un brun jaunâtre, charnu acerbe à la maturité, devenant pulpeux et d'une saveur acidule par un commencement de fermentation. ♃. *Fl.* mai. *Fr.* septembre-octobre.

C. — Bois, forêts. — Quelquefois planté dans les parcs.

**4. S. latifolia** Pers. *Syn. pl.* II, 38 ; Bill. *Exsicc.* n. 2063. — *Cratægus latifolia* Lmk *Fl. Fr.* III, 486; Duham. *Arb.* I, t. 80. — [S. A LARGES FEUILLES. — Vulg. *Alisier-de-Fontainebleau*].

Arbre plus ou moins élevé. *Feuilles tomenteuses* d'un blanc grisâtre *en dessous* même à l'état adulte, ovales, lobées *à lobes* plus ou moins profonds, triangulaires aigus, dentés, *décroissant de la base au sommet de la feuille,* les inférieurs assez grands étalés. Styles 2-3, velus inférieurement. Fruit

assez petit, subglobuleux, d'un brun orangé, pulpeux, d'une saveur sucrée.
♄. *Fl.* mai. *Fr.* août-septembre.

*R R.* — Forêts, bois montueux, rochers. — Abondant dans la forêt de Fontainebleau!. Forêt de Sourdun près Provins (*Bouteiller*). Planté dans les bois à Thury-
en-Valois (*Questier*). — Quelquefois planté dans les parcs et les jardins publics.

5. **S. Aria** Crantz *Austr.* t. 2, f. 2; Bill. *Exsicc.* 1872 et *bis*. — *Cratægus Aria* α.
    L. *Sp.* 681 ; *Fl. Dan.* t. 302. — *Pyrus Aria* Ehrh.; *Engl. bot.* t. 1858.
    — [ S. ALOUCHIER. — Vulg. *Alouchier, Galoufrier* ].

**Arbre** ord. élevé. *Feuilles tomenteuses-blanchâtres en dessous* même à
l'état adulte, ovales ou oblongues, doublement dentées, ou sublobées-dentées *à dents et à lobes décroissant du sommet vers la partie inférieure de
la feuille* qui est entière ou à peine dentée. Styles 2-3, velus inférieurement. Fruit assez petit, subglobuleux, d'un rouge orangé, pulpeux, d'une
saveur acidule. ♄. *Fl.* mai. *Fr.* août-septembre.

*R.* — Forêts, bois montueux. — Abondant dans la forêt de Fontainebleau!;
Malesherbes!. — *Graves* Cat. Oise : env. d'Attichy.

Le *S. hybrida* L. (*Fl. Dan.* t. 302; Bill. *Exsicc.* n 2463), qui se reconnaît à
ses feuilles tomenteuses-blanchâtres en dessous, lobées à lobes inférieurs prolongés
jusqu'à la nervure moyenne, est fréquemment planté dans les parcs, les jardins et
les promenades publiques.

---

# † **PHILADELPHÉES**

( PHILADELPHEÆ Don in James. *Journ.* [1826] 133 ; DC. *Prodr.* III, 205. — *Myrtorum
gen.* Juss.).

*Fleurs* hermaphrodites, *régulières*. — Calice à 4-10 sépales soudés en tube
inférieurement, à tube soudé avec l'ovaire, à limbe 4-10-partit, à divisions persistantes, à préfloraison valvaire. — Corolle à 4-10 pétales insérés sur un disque à
la gorge du calice, libres, caducs, à préfloraison contournée. — *Étamines* ord. au
nombre de *20 ou plus*, insérées avec les pétales sur un ou deux rangs, libres. Anthères bilobées, introrses. — *Ovaire soudé avec le calice à sommet libre, à 3-10 carpelles, à 3-10 loges multiovulées. Ovules insérés à l'angle interne des loges*, réfléchis. Styles 3-10, libres entre eux ou soudés en un seul ; stigmates indivis.— *Fruit
capsulaire*, entouré au-dessous du sommet par les divisions du calice, très polysperme, à 3-10 loges, à déhiscence variable. — *Graines* scobiformes, subulées,
accumulées à l'angle interne des loges, *à testa lâche* membraneux débordant
l'amande. Périsperme charnu. Embryon droit. Radicule dirigée vers le hile.

*Arbrisseaux* à rameaux opposés. Feuilles opposées, simples, dentées ; *stipules
nulles*. Fleurs se développant après les feuilles, en fausses grappes terminales.

## † **PHILADELPHUS** L. *Gen.* n. 614. — [ SERINGAT ].

Calice à tube obovale-turbiné, à limbe à 4-5 divisions. Pétales 4-5. Étamines
nombreuses. Styles 4-5, soudés à la base ou libres entre eux. Capsule coriace, à
sommet libre, à 4-5 loges, s'ouvrant en 4-5 valves dans sa partie supérieure par
une déhiscence loculicide. Graines à testa lâche réticulé fimbrié au niveau du micropyle.

Arbrisseaux à feuilles opposées. Fleurs assez grandes, blanches, exhalant ord.
une odeur suave.

† **P. coronarius** L. *Sp.* 671 ; *Bot. mag.* t. 391. — [ S. DES JARDINS. — Vulg. *Seringat* ].

Arbrisseau rameux, de 1-3 mètres, dressé, roide. Feuilles ovales-oblongues, acuminées, lâchement et finement dentées, presque glabres en dessus, à nervures pubescentes en dessous. Fleurs disposées en fausses grappes ord. 5-7-flores, les 3 supérieures en cyme, les inférieures opposées naissant à l'aisselle de bractées lancéolées-linéaires ou à l'aisselle des feuilles. Calice à divisions ovales-acuminées. Pétales obovales, environ deux fois plus longs que le calice, exhalant une odeur suave et pénétrante. Styles libres presque dès la base, plus courts que les étamines; stigmates linéaires-oblongs. ♃. Mai-juin.

Cet arbrisseau, qui paraît originaire de l'Europe orientale méridionale, est très fréquemment planté dans les jardins et les parcs où il se naturalise facilement ; on le rencontre quelquefois à l'état subspontané dans les haies et les bosquets.

On cultive plus rarement dans les jardins et les parcs les *P. inodorus* L. et *grandiflorus* Willd.

---

# XXXIV. ONAGRARIÉES

(ONAGRARIÆ Juss. in *Ann. mus.* III, 315 ex parte).

Fleurs hermaphrodites, régulières ou un peu irrégulières. — *Calice* gamosépale, à tube soudé avec l'ovaire et souvent prolongé au-dessus de lui, à limbe 4-partit ou 4-denté caduc ou persistant, *à préfloraison valvaire.* — Corolle à 4 pétales insérés au sommet du tube du calice sur un disque plus ou moins distinct, à préfloraison imbriquée-contournée, rarement nulle. — *Étamines 8, rarement 4,* insérées avec les pétales au sommet du tube du calice. Anthères bilobées, introrses. — *Ovaire soudé avec le tube du calice, à 4 carpelles,* à 4 loges multiovulées. Ovules insérés à l'angle interne des loges, ascendants, rarement pendants, réfléchis. Styles soudés en un *style filiforme ;* stigmates 4, étalés, ou rapprochés en massue. — *Fruit capsulaire, 4-loculaire, à loges polyspermes, à déhiscence loculicide,* à 4 valves. — Graines ascendantes ou pendantes, à testa émettant souvent une aigrette au niveau de la chalaze. Périsperme nul. Embryon droit. Radicule dirigée vers le hile.

Plantes vivaces, herbacées ou sous-frutescentes à la base. Feuilles opposées ou alternes, simples, entières ou dentées ; stipules nulles. Fleurs axillaires solitaires, quelquefois disposées en grappes terminales nues ou feuillées.

1. EPILOBIUM. — *Pétales 4, roses ou purpurins.* Étamines 8. *Graines terminées par une aigrette soyeuse.*

2. ŒNOTHERA. — *Pétales 4, jaunes.* Étamines 8. *Graines dépourvues d'aigrette.*

3. ISNARDIA. — *Pétales nuls.* Étamines 4.

## 1. EPILOBIUM L. *Gen.* n. 471. — [ÉPILOBE].

*Calice à limbe 4-partit caduc* après la floraison ; à tube très long, tétragone, soudé avec l'ovaire qu'il dépasse un peu. *Pétales 4. Étamines 8,* dressécs ou réfléchies. Style filiforme. Stigmates 4, étalés en croix ou rapprochés en massue. Capsule linéaire-siliquiforme, à 4 loges polyspermes, à déhiscence loculicide, s'ouvrant du sommet à la base en 4 valves divergentes-arquées. *Graines* ord. chagrinées-tuberculeuses, *terminées par une aigrette soyeuse.*

Plantes à souche vivace émettant souvent des rejets. Tiges herbacées ou sub-ligneuses inférieurement. Feuilles éparses, opposées, dentées ou entières. *Fleurs roses ou purpurines*, disposées en grappes spiciformes terminales ou en panicules feuillées.

Sect. I. *CHAMÆNERION*. — *Pétales entiers* ou à peine émarginés. *Étamines et style réfléchis-arqués.* Feuilles éparses. — (1).

Sect. II. *LYSIMACHION*. — *Pétales échancrés. Étamines et style dressés.* Feuilles au moins les inférieures opposées.

    § 1. Stigmates étalés en croix. — (2-4).

    § 2. Stigmates rapprochés en massue. — (5-7).

Sect. I. CHAMÆNERION Tausch. — Pétales entiers ou à peine émarginés. Étamines et style réfléchis-arqués. Souche épaisse, oblique ou horizontale, n'émettant pas de stolons. Feuilles éparses.

1. **E. spicatum** Lmk *Encycl. méth.* II, 373 ; *Illustr. fl. Par.* t. 12, A ; Bill. *Exsicc.* n. 1667. — *E. angustifolium* Engl. *bot.* t. 1947. — [É. EN ÉPI. — Vulg. *Laurier-de-Saint-Antoine, Osier-fleuri*].

Souche rampante. Tiges de 5-15 décim., dressées, souvent rougeâtres, simples ou rameuses supérieurement, glabres. Feuilles sessiles, lancéolées, légèrement denticulées, à nervures anastomosées en réseau, glabres, glaucescentes à la face inférieure. *Fleurs* purpurines, disposées en grappes spiciformes terminales, à calice coloré, *à pétales* obovales *entiers ou à peine émarginés.* Stigmates étalés en croix. ♃. Juin-août.

*A.R.* — Claïrières des bois montueux, bords des eaux. — Bois de Meudon !; Saint-Cucufas !; Marly (*Tourn.* Hist. pl. Par.); Viroflay !. Magny !; Molière de Serans (*Bouteille*) ; Beauvais !; Ons-en-Bray (*Taillefert*) ; Saint-Germer !; forêt de Lions (*Frion*). Morfontaine !; forêt de Compiègne !; bois de Lévignen, de Thury-en-Valois (*Questier*) ; forêt de Villers-Cotterets !; Montgobert (*Kralik*). Forêt de Villefermoy (*M. Garnier*) ; forêt de Fontainebleau !. Dreux, etc. — *Graves* Cat. Oise : forêts du Parc, de Hez, de Chantilly, d'Ermenonville, de Hallatte, etc.

Sect. II. LYSIMACHION Tausch. — Pétales échancrés. Étamines et style dressés. Souche peu épaisse ou grêle, émettant souvent dans les lieux humides des stolons grêles plus ou moins allongés. Feuilles au moins les inférieures opposées.

§ 1. Stigmates étalés en croix.

2. **E. hirsutum** L. *Sp.* 494 excl. var. β ; *Engl. bot.* t. 838 ; *Illustr. fl. Par.* t. 12, B ; Bill. *Exsicc.* n. 1668. — *E. aquaticum* Thuill. *Fl. Par.* 191. — [É. HÉRISSÉ].

Souche dépourvue de stolons ou émettant des stolons épais charnus. Tiges de 5-12 décim., dressées ou ascendantes, dépourvues de lignes saillantes, ord. très rameuses, mollement pubescentes, à poils étalés entremêlés de

poils glanduleux. Feuilles pubescentes ciliées, oblongues-lancéolées, denti-culées, mucronulées, amplexicaules à limbe légèrement décurrent. Fleurs d'un rose purpurin, de 20-25 millimètres de diamètre, disposées en grappes ou en panicules feuillées. *Calice à divisions fortement mucronées, à mu-crons réunis en une pointe qui surmonte le bouton.* ♃. Juillet-septembre.
C. — Endroits humides, bords des eaux, fossés.

3. **E. parviflorum** Schreb. *Spicil.* 146 ; *Engl. bot.* t. 795. — *E. hirsutum* β L. *Sp.* 494. — *E. molle* Lmk *Encycl. méth.* II, 475 ; *Fl. Par.* éd. 1, 189, et *Illustr. fl. Par.* t. 12, c. — [É. A PETITES FLEURS].
Souche dépourvue de stolons ou à stolons ord. courts en forme de rosettes. *Tiges* de 4-8 décim., ord. dressées, dépourvues de lignes saillantes, sim-ples ou rameuses, *pubescentes-velues. Feuilles* pubescentes surtout à la face inférieure, oblongues-lancéolées, *finement denticulées* ; les plus inférieures et les florales ord. rétrécies en pétiole, les autres sessiles. Fleurs d'un rose pâle, assez petites, disposées en grappes ou en panicules feuillées. *Calice à divisions mutiques ou à peine mucronées. Boutons obtus.* ♃. Juin-sep-tembre.
C C. — Lieux humides, fossés, haies, bords des champs.

S.-v. *verticillatum.* — Feuilles au moins les inférieures verticillées par trois. — R. — Étang-d'Or près Rambouillet (*Weddell*).

4. **E. montanum** L. *Sp.* 494 ; *Illustr. fl. Par.* t. 12, D, f. 1-2 ; *Engl. bot.* t. 1177 ; Rchb. *Pl. crit.* II, t. 189. — [É. DES MONTAGNES].
Souche ord. dépourvue de stolons. *Tige* ord. solitaire, de 3-8 décim., dres-sée, dépourvue de lignes saillantes, presque simple, rarement rameuse, *gla-brescente. Feuilles glabres ou glabrescentes,* ovales-aiguës, fortement den-tées à dents lâches et inégales ; les inférieures et les florales brièvement pétiolées, les autres ord. subsessiles. Fleurs d'un rose souvent très pâle, assez petites, disposées en grappes ou en panicules feuillées. *Calice à divi-sions à peine mucronulées.* ♃. Juin-août.
C. — Bois humides, buissons.

Var. β. *collinum.* (*E. montanum* var. *Gracile Illustr. fl. Par.* t. 12, D, f. 3). — Plante plus grêle, souvent très rameuse. Feuilles petites, oblongues, la plupart pétiolées. — Lieux pierreux, vieux murs.

S.-v. *verticillatum.* — Feuilles, au moins les inférieures, verticillées par 3. — R. — Meudon ! ; parc de Reutilly-en-Brie (*Thuret*). Mantes !.

§ 2. Stigmates rapprochés en massue.

5. **E. palustre** L. *Sp.* 405 ; *Engl. bot.* t. 346 ; *Illustr. fl. Par.* t. 12, G ; Bill. *Exsicc.* n. 794 et *bis* et *ter* et *quater.* — [É. DES MARAIS].
Souche émettant des stolons filiformes très grêles se terminant par un bourgeon charnu bulbiforme qui devient bientôt libre par la destruction du stolon. *Tiges* solitaires ou peu nombreuses, de 3-8 décim., dressées, *dépour-vues de lignes saillantes,* presque simples, plus rarement rameuses, gla--brescentes ou couvertes d'une pubescence courte. Feuilles glabres ou légère-ment pubescentes, lancéolées-étroites, entières, sinuées ou à peine denticulées, la plupart opposées, sessiles, ne donnant naissance à aucune ligne de décur-

rence. Fleurs d'un rose pâle, petites, disposées en grappes ou en panicules feuillées. *Graines* elliptiques atténuées à la base, lisses ou légèrement chagrinées, *à aigrette portée par un prolongement du testa.* ♃. Juin-septembre.

A.R. — Marais tourbeux, fossés des prairies spongieuses. — Étang de Grand-moulin! près Dampierre; Saint-Léger!. Serans près Magny!; Ons-en-Bray!; marais de Saint-Germer!. Morfontaine!; Fleurines!; marais de Feigneux près Crépy (*Léré*); Russy-Montigny, Haie-l'Abbesse, Faverolles, Silly-la-Poterie (*Questier*); forêt de Villers-Cotterets (*de Marcilly fils*). Moret!; Nemours!; Malesherbes!, etc.

Var. β. *pubescens.* (*E. simplex* Tratt. *Obs.* 37, t. 63). — Tige ord. rougeâtre, couverte d'une pubescence courte étalée. — *R.* — Étang du Serisaye près Rambouillet!.

**6. E. tetragonum** L. *Sp.* 494. — [É. TÉTRAGONE].

Souche émettant ou non des stolons allongés ou en forme de rosettes. *Tiges* de 4-8 décim., dressées ou ascendantes, *offrant 2-4 lignes saillantes*, presque simples ou très rameuses, glabrescentes ou légèrement pubescentes. *Feuilles* glabres, la plupart opposées, *sessiles ou subsessiles*, à peine atténuées à la base, oblongues-lancéolées souvent très étroites, dentées à dents rapprochées, plus rarement lâchement denticulées ou sinuées, à pétioles décurrents à décurrences formant 2 ou 4 lignes saillantes dans les entre-nœuds. Fleurs roses, petites, axillaires, solitaires, disposées en grappes ou en panicules feuillées. Graines oblongues-obovales, chagrinées-tuberculeuses, à aigrette sessile. ♃. Juin-septembre.

Var. α. *tetragonum.* (*E. tetragonum* Engl. *bot.* t. 1948; Rchb. *Pl. crit.* II, t. 198, f. 340. — *E. tetragonum* var. *obscurum* Pers. *Syn. pl.* I, 410; DC. *Prodr.* III, 43. — *E. obscurum* Rchb. *Pl. crit.* II, f. 341 non Schreb. — *E. Lamyi* Fr. Schultz in *Flora* [1844], 806. [Synon. sec. cl. Michalet in *Bull. Soc. bot.* II, 731]. — *Souche* émettant souvent au-dessous du collet des bouquets de feuilles presque sessiles, *dépourvue de stolons filiformes.* Tiges présentant 4 plus rarement 2 lignes saillantes. *Feuilles* ord. dressées, *lancéolées-étroites, fortement dentées* à dents rapprochées. — *C.* — Lieux humides, fossés, bords des eaux.

Var. β. *obscurum.* (*E. obscurum* Schreb. *Spicil.* 147, n. 1166 [1771] non Rchb. *Pl. crit.*—*E. flaccidum* Brot. *Fl. Lus.* II, 18.—*E. virgatum* Fries *Herb. norm.* exsicc., et *Nov. fl. Suec.* 113, et *Summ. Scand.* 177 sub nomine *E. virgatum* seu potius *E. chordorhizum*; Gren. et Godr. *Fl. Fr.* I, 578 non Lmk. — *E. tetragonum* var. *virgatum Fl. Par.* éd. 1, 191). — Souche émettant au-dessous du collet des *stolons filiformes* quelquefois très allongés. Tiges présentant 2 très rarement 4 lignes saillantes. *Feuilles* molles, un peu étalées, *oblongues, lâchement denticulées* ou sinuées. — *A.R.* — Bois ombragés, buissons humides, bords des ruisseaux. — Forêt de Marly (*de Schœnefeld*). Saint-Léger!. Forêt de Villers-Cotterets (*Questier*), etc.

M. Lloyd (*Fl. Ouest*, 162) a constaté, comme nous, que les caractères donnés comme distinctifs des *E. tetragonum* et *obscurum* ne persistent pas par la culture.

**7. E. roseum** Schreb. *Spicil.* 147; *Engl. bot.* t. 693; Rchb. *Pl. crit.* II, t. 190, f. 329; *Illustr. fl. Par.* t. 12, F; Bill. *Exsicc.* n. 1670. — [É. ROSE].

Souche ord. dépourvue de stolons. *Tige* de 3-8 décim., dressée ou ascendante, *offrant 2 ou 4 lignes saillantes*, presque simple ou très rameuse, glabrescente ou à rameaux légèrement pubescents. *Feuilles* glabres ou à

peine pubescentes en dessous, oblongues aiguës aux deux extrémités, fortement dentées, à dents inégales, la plupart opposées, *toutes pétiolées*, à
pétioles décurrents à décurrences formant 2 ou 4 lignes saillantes dans les
entre-nœuds. Fleurs petites, d'un rose pâle strié d'un rose plus foncé, disposées en grappes ou en panicules feuillées. Graines oblongues-obovales, chagrinées-tuberculeuses, à aigrette sessile. ♃. Juin-septembre.

*A.R.* — Buissons humides, fossés, bords des eaux. — Iles de la Marne à Cha-
renton (*Weddell*) ; bords des ruisseaux à Torcy-en-Brie (*Thuret*) ; Palaiseau, Orsay
(*Weddell*) ; Marcoussis!. Abondant à L'Étang! près Marly (*de Boucheman*) ; forêt de
Marly (*de Schœnefeld*) ; Buc!; Jouy!. Saint-Léger!. Magny (*Bouteille*). Saint-Ger-
mer!; marais de Saint-Germer! (*Mandon*). Forêt de Villers-Cotterets près d'Oigny
(*Questier*).

## 2. ŒNOTHERA L. *Gen.* n. 469. — [ ONAGRE ].

*Calice* à limbe 4-partit, à divisions réfléchies, souvent soudées entre elles
plus ou moins irrégulièrement et déjetées d'un même côté ; *à tube* très long,
presque cylindrique, *soudé avec l'ovaire qu'il dépasse longuement*, articulé
au niveau du sommet de l'ovaire, *à article supérieur caduc* après la floraison. *Pétales 4.* Étamines 8. Style filiforme ; stigmates 4, étalés en croix. Capsule coriace ou subligneuse, oblongue subtétragone, à 4 loges polyspermes, à
déhiscence loculicide, s'ouvrant supérieurement par l'écartement des 4 valves.
*Graines dépourvues d'aigrette.*

Plante bisannuelle. Feuilles éparses, entières ou sinuées-denticulées. *Fleurs
jaunes*, axillaires, solitaires, disposées en grappes terminales feuillées.

1. **OE. biennis** L. *Sp.* 492; *Engl. bot.* t. 1534. — [ O. BISANNUELLE. —Vulg. *Ona-
gre, Herbe-aux-ânes* ].

Tige de 6-12 décim., dressée, simple ou rameuse, rude, poilue. Feuilles
légèrement pubescentes, oblongues-lancéolées, rétrécies en pétiole, entières
ou sinuées-denticulées. Fleurs grandes, jaunes, à pétales émarginés dépassant les étamines. ②. Juin-septembre.

*A.C.* — Endroits sablonneux, terrains remués, décombres, remblais des chemins
de fer. — Romainville!; env. d'Argenteuil!; Versailles!; chemin de fer de Saint-
Germain!; Montmorency; l'Ile-Adam ; Ermenonville!. Forêt de Fontainebleau!, etc.
— Cette plante, originaire de l'Amérique du Nord, est maintenant naturalisée dans
presque toute la France.

On cultive fréquemment dans les jardins, d'où il s'échappe quelquefois, l'*OE. suaveolens* Desf., plante également bisannuelle, à grandes fleurs d'une odeur suave et
pénétrante.

## 3. ISNARDIA L. *Gen.* n. 156. — [ ISNARDIE ].

*Calice à limbe 4-denté, persistant* ; à tube campanulé, court, soudé avec
l'ovaire qu'il ne dépasse pas. *Pétales nuls. Étamines 4*, opposées aux lobes
du calice. Style filiforme ; stigmate capité. Capsule courte, subtétragone, à
4 loges polyspermes, à déhiscence loculicide, à 4 valves. Graines dépourvues
d'aigrette.

Plante vivace herbacée, aquatique, radicante, souvent nageante et alors ord. stérile. Feuilles opposées, entières. Fleurs herbacées, solitaires, sessiles à l'aisselle des
feuilles.

**1. 1. palustris** L. *Sp.* 175; *Engl. bot.* t. 2593; Bill. *Exsicc.* n. 552 et *bis.* —
[ I. DES MARAIS ].

Tiges de 1-4 décim., grêles, couchées-radicantes ou nageantes, souvent
rameuses, glabres. Feuilles glabres, opposées, rétrécies en pétiole, oblongues
ou oblongues-suborbiculaires, aiguës, très entières. Fleurs herbacées. ♃.
Juillet-août.

*R R R.* — Lieux inondés, bords des étangs. — Étang-neuf! près Saint-Léger.
Très abondant dans des trous sablonneux récemment creusés sur la rive droite du
Loing près de Nemours! (*Devilliers*). — Env. de Châteaudun (*Juillard*).

---

# XXXV. CIRCÉACÉES

( CIRCÆACEÆ Lindl. *Syn. Brit. flor.* ed. 2, 109).

Fleurs hermaphrodites, régulières. — Calice à tube soudé avec l'o-
vaire, à limbe 2-partit. — *Corolle à 2 pétales*, insérés au sommet du
tube du calice sur un disque assez développé, à préfloraison imbriquée.
— *Étamines 2*, insérées avec les pétales au sommet du tube du calice.
Anthères bilobées, introrses. — Ovaire soudé avec le tube du calice, à
2 carpelles, à 2 loges uniovulées. Ovules suspendus. Styles soudés en
un *style filiforme;* stigmate subbilobé. — *Fruit* sec, coriace *indéhiscent, biloculaire, à loges monospermes.* — Graines suspendues. Périsperme nul. Embryon droit.

Plantes vivaces, herbacées. Feuilles opposées, simples, plus ou moins dentées ; stipules nulles. Fleurs disposées en grappes terminales.

### 1. CIRCÆA Tourn. *Inst.* t. 155. — [ CIRCÉE ].

Calice à limbe bipartit caduc, à divisions réfléchies, à tube obovale soudé
avec l'ovaire et brusquement étranglé au-dessus de lui. Pétales 2, bifides.
Étamines 2. Style filiforme; stigmate émarginé. *Fruit* obovale, *chargé de
longs poils crochus,* coriace indéhiscent, à 2 loges monospermes.

Plante vivace. Feuilles opposées, pétiolées, ovales-aiguës, lâchement dentées.
Fleurs blanches, souvent striées de rose, disposées en grappes dressées terminales.

**1. C. Lutetiana** L. *Sp.* 12; *Engl. bot.* t. 1056; Bill. *Exsicc.* n. 975. — [ C. DE
PARIS. — Vulg. *Herbe-aux-sorcières, Herbe-aux-magiciennes* ].

Souche traçante. Tige de 4-6 décim., dressée, simple ou rameuse, légèrement pubescente surtout supérieurement. Feuilles glabres, luisantes, opposées, longuement pétiolées, ovales-aiguës, tronquées à la base, lâchement
dentées. Fleurs disposées en grappes effilées dressées; pédicelles florifères
horizontaux, les fructifères réfractés. ♃. Juin-août.

*C.* — Endroits humides des bois, bords des ruisseaux ombragés.

# XXXVI. HALORAGÉES

(HALORAGEÆ R. Br. *Gen. rem.* 17 ; DC. *Prodr.* III, 65).

Fleurs régulières, souvent incomplètes, hermaphrodites, ou unisexuelles monoïques. — Calice à tube soudé avec l'ovaire, à limbe
4-partit ou presque nul. — Corolle à 4 pétales insérés sur un disque
au sommet du tube du calice, quelquefois nulle. —*Étamines en nombre
égal à celui des divisions du calice ou en nombre double,* insérées au
sommet du tube du calice. Anthères bilobées, introrses. — *Ovaire
soudé avec le tube du calice, à 2 ou 4 carpelles, à 2 ou 4 loges* uniovulées. Ovules insérés à l'angle interne des loges, suspendus, réfléchis.
Styles soudés en un *style filiforme, ou 4 stigmates sessiles.* —*Fruit sec,*
souvent presque ligneux, couronné ou entouré par le limbe persistant du
calice, 4-loculaire, ou uniloculaire par avortement, *à loges monospermes
indéhiscentes.* —Graines suspendues. *Périsperme mince* charnu, *ou nul.*
Embryon cylindrique à cotylédons égaux peu développés, ou subglobuleux à cotylédons très inégaux l'un d'eux constituant presque toute la
masse de la graine. Radicule dirigée vers le hile.

*Plantes* aquatiques, *submergées ou nageantes,* annuelles ou vivaces, herbacées. Feuilles verticillées, plus rarement opposées, toutes pinnatiséquées
à segments capillaires (feuilles pectinées), ou les supérieures indivises pétiolées rapprochées en rosette nageante ; stipules nulles. Fleurs peu apparentes, axillaires solitaires, sessiles, plus rarement pédicellées, ord. disposées
en verticilles nus ou feuillés à l'extrémité de la tige et des rameaux.

1. MYRIOPHYLLUM. — *Stigmates 4, sessiles.* Feuilles toutes pinnatiséquées ou les
   florales squamiformes.

† TRAPA. — *Style filiforme.* Feuilles supérieures rhomboïdales dentées.

TRIBU I. **MYRIOPHYLLEÆ**. — Fleurs monoïques. Étamines 8,
plus rarement 4. Ovaire 4-loculaire. Stigmates 4, sessiles.

1. **MYRIOPHYLLUM** Vaill. in *Act. acad.* (1719) t. 2, f. 3. — [MYRIOPHYLLE.
— Vulg. VOLANT-D'EAU].

*Fleurs monoïques.* Calice à tube très court soudé avec l'ovaire ou avec le
rudiment de l'ovaire dans les fleurs mâles, à limbe quadripartit caduc. Pétales 4, insérés à la partie supérieure du tube du calice, plus longs que les
sépales dans les fleurs mâles, ord. nuls dans les fleurs femelles. Étamines 8,
plus rarement 4. Ovaire soudé avec le tube du calice, 4-loculaire, rudimentaire dans les fleurs mâles. *Stigmates 4, sessiles,* très gros, à papilles très
saillantes. *Fruit à 4 côtes, composé de 4 coques monospermes,* indéhiscentes,
surmonté par les stigmates persistants. *Embryon* cylindrique, *placé dans
un périsperme mince.*
Plantes vivaces, submergées, souvent couvertes d'un dépôt calcaire, à extrémité
florifère aérienne. *Feuilles* verticillées, sessiles, *pinnatiséquées, à segments capil-*

*laires*, les supérieures quelquefois à segments plus courts, les florales souvent squamiformes. Fleurs munies à la base de deux bractéoles, en verticilles, plus rarement alternes, disposées à la partie supérieure des tiges et des rameaux en épis nus ou feuillés, les supérieures mâles, les inférieures femelles.

**1. M. spicatum** L. *Sp.* 1409; *Engl. bot.* t. 83; Nees jun. *Gen. pl.* fasc. VIII, t. 13, f. 1. — [M. EN ÉPI].

Tiges de longueur variable selon la profondeur de l'eau, rameuses, grêles, nageantes, émettant des racines adventives dans leur partie inférieure. Feuilles ord. verticillées par 4, pinnatiséquées-pectinées à segments capillaires. *Fleurs disposées en verticilles* espacés et *formant des épis* effilés *droits* qui terminent la tige et les rameaux, *naissant toutes à l'aisselle de* feuilles florales réduites à l'état de *bractées indivises*, environ de la longueur des fleurs. Anthères oblongues. *Fruit subglobuleux*, souvent irrégulièrement tuberculeux. ♃. Juin-août.

*C.* — Eaux tranquilles, mares, étangs.

**2. M. alterniflorum** DC. *Fl. Fr.* suppl. 529, et *Prodr.* III, 68; *Fl. Dan.* t. 2061; *Engl. bot.* t. 2864 ; Bill. *Exsicc.* n. 2464.— [M. A FLEURS ALTERNES].

Tiges de longueur variable selon la profondeur de l'eau, rameuses, très grêles, nageantes, émettant des racines adventives dans leur partie inférieure. Feuilles ord. verticillées par 4, pinnatiséquées-pectinées à segments capillaires très fins. Fleurs peu nombreuses, disposées en épis effilés qui terminent la tige et les rameaux ; *fleurs femelles* disposées en 1-2 verticilles ou espacées et alternes, *naissant à l'aisselle de feuilles supérieures semblables aux feuilles caulinaires ; fleurs mâles alternes, naissant à l'aisselle de* feuilles florales réduites à l'état de *bractées indivises* denticulées environ plus courtes de moitié que les étamines ; *la partie de l'épi correspondant aux fleurs mâles* courte, *courbée en hameçon avant l'épanouissement des fleurs. Anthères linéaires. Fruit* petit, *conique-tronqué.* ♃. Juin-août.

*R R.* — Eaux stagnantes, mares et fossés tourbeux, étangs.—Monfort-l'Amaury! (*Thuill.* in herb. *Delessert*), où nous l'avons retrouvé abondamment dans les mares de la plaine de bruyère avec MM. de Boucheman et Thuret, le 4 juin 1850 ; étang de Saint-Hubert, étang de Hollande près Saint-Hubert (*Thuret*); mares près de l'aqueduc de Maintenon à Berchères-la-Maingot près Chartres (*Vigineix*). Étang de Serans (*Grangel*) ; mares de la Molière de Serans près Magny (*Bouteille*). — Fossés dans la forêt de Montargis !.

Le *M. alterniflorum*, que quelques auteurs ont à tort considéré comme une variété du *M. spicatum*, se distingue facilement de cette dernière espèce, non-seulement par l'alternance des fleurs mâles et la courbure de l'épi avant la floraison, mais encore par les anthères plus longues linéaires, et non pas oblongues ; par les fleurs femelles disposées en 1-2 verticilles ou alternes, naissant à l'aisselle de feuilles semblables aux feuilles caulinaires, et non pas disposées en 4-6 verticilles espacés et naissant à l'aisselle de bractées indivises ; par les fruits environ de moitié plus petits coniques-tronqués, et non pas subglobuleux.

**3. M. verticillatum** L. *Sp.* 1410 ; *Engl. bot.* t. 218; Bill. *Exsicc.* n. 1190. — [M. VERTICILLÉ].

Tiges de longueur variable selon la profondeur de l'eau, rameuses, grêles, nageantes, émettant des racines adventives dans leur partie inférieure. Feuilles ord. verticillées par 5, pectinées à segments capillaires. *Fleurs naissant toutes à l'aisselle de feuilles florales pectinées* qui les dépassent plus ou moins longuement, disposées *en verticilles* rapprochés dans la partie supérieure de la tige et des rameaux. Fruit subglobuleux. ♃. Juin-août.

A.C. — Fossés tourbeux, mares, étangs.

Var. α. *verticillatum.* — Feuilles toutes environ de même longueur; les florales dépassant très longuement les fleurs, à segments ord. distants.

Var. β. *pectinatum.* (*M. pectinatum* DC. *Fl. Fr.* V, 529). — Feuilles florales beaucoup plus courtes que les inférieures, dépassant peu les fleurs, à segments courts ord. rapprochés.

## TRIBU II. **TRAPEÆ.** — Fleurs hermaphrodites. Étamines 4. Ovaire biloculaire, devenant ensuite uniloculaire par avortement. Style filiforme; stigmate capité.

### † **TRAPA** L. *Gen.* n. 157. — [ MACRE, CORNUELLE ].

Fleurs hermaphrodites. Calice à tube court soudé avec la base de l'ovaire; à limbe 4-partit persistant, à divisions spinescentes s'accroissant après la floraison. Pétales 4, insérés à la base du disque charnu qui entoure l'ovaire dans sa partie supérieure, plus ou moins plissés-chiffonnés, à préfloraison imbriquée. Étamines 4. Ovaire soudé avec le calice dans sa partie inférieure, biloculaire. *Style filiforme;* stigmate capité. *Fruit ligneux-subcorné, offrant latéralement 4 épines* résultant du développement des divisions du calice, enveloppé supérieurement par le disque et terminé par la base développée du style, *uniloculaire* par la destruction de la cloison, *monosperme* par avortement. *Graine* à testa membraneux, *dépourvue de périsperme.* Cotylédons farineux, l'un formant presque toute la masse de la graine, l'autre rudimentaire très petit, squamiforme, recouvrant la plumule.

Plante nageante, annuelle. *Feuilles* submergées opposées, pinnatiséquées à segments filiformes; les *supérieures nageantes,* disposées en rosette, pétiolées, *rhomboïdales,* dentées, *à pétioles se renflant* vers le milieu de leur longueur, à renflement creux. Fleurs axillaires, à pédicelles renflés-spongieux plus courts que les pétioles. Pétales blanchâtres.

† **T. natans** L. *Sp.* 175; *Bot. reg.* t. 259; Nees jun. *Gen. plant.* fasc. VIII, t. 15, fig. 1 ; Bill. *Exsicc.* cent. 2, B. — [ M. NAGEANTE. — Vulg. *Cornuelle, Châtaigne-d'eau* ].

Tige submergée, simple, de longueur variable selon la profondeur de l'eau. Feuilles nageantes pubescentes en dessous, à face supérieure glabre luisante souvent rougeâtre. Fruit d'un brun verdâtre, à 4 épines coniques à la base, atténuées supérieurement en une pointe linéaire ciliée-scabre à cils dirigés en bas, les supérieures ascendantes, les inférieures étalées-réfractées. ①. *Fl.* juin-juillet. *Fr.* août-octobre.

R R R. — Naturalisé çà et là. — Mares, étangs, rivières à courant peu rapide.— Observé autrefois dans la Seine près de l'embouchure de la Marne!. Bassins du parc de Versailles! : bassin de Neptune (*Thuill.* Fl. Par.), bassin d'Apollon (*de Boucheman*). Vu une fois à l'étang du Bourg près la Ferté-Milon (*Questier*). — Abondant dans les étangs du centre de la France.

# XXXVII. OMBELLIFÈRES (1)

( UMBELLIFERÆ Juss. *Gen.* 218 ).

Fleurs hermaphrodites ou polygames, rarement dioïques par avortement, régulières ou à pétales inégaux. — Calice à 5 sépales soudés en tube, à tube soudé avec l'ovaire, à partie libre 5-dentée, 5-lobée ou presque nulle.—Corolle insérée au sommet du tube du calice, à 5 pétales libres, caducs, à préfloraison imbriquée ou valvaire, entiers, plans ou roulés en dedans, plus ordinairement émarginés ou obcordés par la réflexion en dedans d'un lobe moyen ou de leur pointe, quelquefois bifides ou bipartits, les extérieurs souvent plus grands. — *Étamines 5*, insérées avec les pétales au sommet du tube du calice, libres. Anthères bilobées, introrses. — *Ovaire soudé avec le calice, à 2 carpelles*, à 2 loges uniovulées. *Ovule suspendu*, inséré au côté interne de la loge, réfléchi. *Styles 2*, ord. persistants, l'un regardant la circonférence, l'autre le centre de l'ombelle, soudés à la base avec un disque bilobé qui couronne l'ovaire. Disque déprimé ou se prolongeant sur la partie inférieure des styles qui semblent alors s'élargir en une base conique (stylopode). Stigmates terminaux. — *Fruit* (2) (diakène, polakène, crémocarpe) sec, quelquefois surmonté des dents persistantes du calice, *composé de deux carpelles monospermes indéhiscents* (akènes, méricarpes) se séparant ord. à la maturité, suspendus au sommet d'une colonne centrale (columelle, carpophore) constituée par deux prolongements de l'axe soudés entre eux 'ou libres quelquefois adhérents aux carpelles. Carpelles à face commissurale plane, infléchie ou enroulée en dedans, présentant chacun 5 ou 9 côtes plus ou moins saillantes, quelquefois développées en ailes membraneuses entières ou découpées en épines, plus rarement indistinctes ; les 5 côtes principales (côtes primaires) résultant du développement des nervures moyennes des sépales et de la soudure de leurs bords, séparées par des intervalles (vallécules) (3);

---

(1) Voyez, pour les caractères des divisions et des tribus de la famille des *Ombellifères*, la planche XIII de l'*Atlas*.

(2) La plupart des genres de la famille des *Ombellifères* ne peuvent être déterminés que d'après l'examen du fruit complétement mûr. On doit, pour étudier ce fruit, commencer par en faire une coupe horizontale. Cette coupe montre d'abord si la graine est plane ou enroulée à sa face commissurale, et par conséquent à quelle section appartient le genre ; cette même coupe montre en outre, par le rapport de son grand et de son petit diamètre, si le fruit est comprimé, et si la compression a lieu perpendiculairement ou parallèlement à la commissure. — Les canaux résinifères se distinguent à la surface du fruit par leur couleur rougeâtre ou brunâtre, mais la coupe horizontale a l'avantage de montrer plus exactement leur nombre et leur position. — Les côtes du fruit se comptent aussi beaucoup mieux sur cette coupe, qui ne permet pas de les confondre avec les canaux résinifères quelquefois saillants à la surface du fruit et peu colorés. — Les canaux résinifères occupant presque toujours l'intervalle qui sépare les côtes primaires, la présence d'un canal résinifère sous une côte indique ordinairement que cette côte est secondaire.

(3) Des côtes primaires, l'une correspond au dos du carpelle (*côte dorsale*), deux aux parties latérales (*côtes latérales, côtes intermédiaires*) ; les deux autres en dehors des précédentes sont

16

les 4 autres côtes (côtes secondaires) placées entre les côtes primaires, résultant du développement des nervures latérales des sépales, souvent indistinctes. Canaux résinifères ord. colorés (bandelettes), développés dans l'épaisseur du péricarpe, dirigés du sommet à la base des carpelles, placés un ou plusieurs au niveau de chaque vallécule et à la face commissurale des carpelles, correspondant aux côtes secondaires lorsqu'elles se développent, très rarement placés sous les côtes primaires, rarement indistincts ou nuls. — Graine entièrement soudée avec le péricarpe (akène), rarement libre, suspendue, à face commissurale plane ou à bords infléchis ou enroulés en dedans, très rarement concave. Embryon droit, très petit, placé au voisinage du hile dans un *périsperme corné* très *épais*. Radicule dirigée vers le hile.

Plantes annuelles, bisannuelles ou vivaces, herbacées, ord. à odeur aromatique ou vireuse, contenant, au moins dans les fruits, un suc résineux odorant ; à tiges ord. striées cannelées ou sillonnées, fistuleuses ou remplies d'une moelle abondante. Feuilles alternes, rarement entières, ord. pinnatiséquées, ou bi-quadripinnatiséquées, quelquefois réduites à la partie pétiolaire ; à pétiole plus ou moins dilaté en une base engaînante ; stipules nulles. Fleurs disposées en ombelles, plus rarement disposées en capitules ou en verticilles ; ombelles ord. pourvues d'un verticille de bractées (*involucre*), composées de plusieurs ombelles simples (*ombellules*) qui sont ord. pourvues chacune d'un verticille de bractées (*involucelle*).

**SOUS-FAMILLE I. UMBELLIFERÆ IMPERFECTÆ.** — *Inflorescence anomale :* fleurs sessiles ou presque sessiles, en capitules, ou en verticilles solitaires ou superposés.

**TRIBU I. HYDROCOTYLEÆ.** — *Fruit* dépourvu d'épines et d'écailles, comprimé perpendiculairement à la commissure, *lenticulaire, à coupe horizontale linéaire,* à côtes distinctes. *Fleurs en verticilles* solitaires ou superposés.

1. **HYDROCOTYLE.** — Carpelles à 5 côtes, les marginales non distinctes ; vallécules à canaux résinifères non distincts. Feuilles suborbiculaires-peltées.

**TRIBU II. SANICULEÆ.** — *Fruit chargé d'épines ou d'écailles, à coupe horizontale suborbiculaire, à côtes non distinctes. Fleurs en capitules.*

2. **SANICULA.** — *Carpelles couverts de longues épines subulées courbées en crochet.* Fleurs polygames, réunies en petits capitules disposés en une ombelle irrégulière.

plus ou moins rapprochées de la commissure (*côtes marginales*). Les côtes primaires résultant du développement de la nervure moyenne des sépales sont dites *côtes carénales ;* les autres, alternes avec les précédentes, et qui, correspondant aux sinus des dents calicinales, résultent de la suture des bords des sépales, sont dites *côtes suturales.* Pour l'un des carpelles, la côte dorsale et les deux marginales sont carénales, et les côtes latérales sont suturales ; pour l'autre carpelle, au contraire, la côte dorsale et les deux marginales sont suturales, et les côtes latérales sont carénales : en d'autres termes, à l'un des carpelles correspondent trois dents du calice et à l'autre deux dents seulement. — Les côtes secondaires, qui n'existent que dans un certain nombre de genres, résultent du développement des nervures latérales des sépales ; aucune de ces côtes secondaires ne saurait donc jamais occuper la partie moyenne du dos des carpelles, où il ne peut évidemment exister qu'une côte carénale ou une côte suturale.

3. ERYNGIUM. — *Carpelles couverts d'écailles imbriquées. Fleurs naissant à l'aisselle de bractées ord. épineuses* et réunies en capitules munis chacun d'un involucre de bractées presque foliacées ord. épineuses.

SOUS-FAMILLE II. UMBELLIFERÆ PERFECTÆ. — *Ombelles composées régulières,* rarement réduites à des ombellules latérales.

§ *Carpelles à 5 côtes primaires, dépourvus de côtes secondaires.*

TRIBU III. CICUTEÆ. — *Fruit presque cylindrique, ou comprimé perpendiculairement à la commissure* souvent presque didyme. Carpelles à côtes primaires égales ou presque égales, filiformes ou plus ou moins saillantes, rarement développées en ailes. *Graine à face commissurale plane ou convexe.*

SOUS-TRIBU I. AMMINEÆ. — *Fruit* comprimé perpendiculairement à la commissure, souvent presque didyme, *à coupe horizontale oblongue.*

4. BUPLEURUM. — *Pétales entiers, jaunes. Feuilles très entières.*

5. TRINIA. — *Canaux résinifères répondant à la face interne des côtes.* Fleurs dioïques.

6. SISON. — Calice à limbe presque nul. Pétales bifides. *Vallécules à* un seul *canal résinifère brusquement élargi dans sa moitié supérieure.*

7. CICUTA. — *Calice à 5 dents larges membraneuses.* Fruit presque didyme, à *carpelles subglobuleux.* Vallécules à un seul canal résinifère.

8. FALCARIA. — *Calice 5-denté. Carpelles linéaires; vallécules à un seul canal résinifère.* Feuilles coriaces-subcartilagineuses, palmatiséquées.

9. AMMI. — Calice à limbe presque nul. Carpelles oblongs; *vallécules à un seul canal résinifère. Involucre à plusieurs folioles triséquées ou pinnatiséquées.*

10. ÆGOPODIUM. — Calice à limbe presque nul. Carpelles linéaires-oblongs ; *vallécules dépourvues de canal résinifère. Columelle bifurquée seulement au sommet.* Feuilles palmatiséquées à 3 divisions triséquées. *Involucre et involucelles nuls.*

11. CARUM. — Calice à limbe presque nul. Carpelles oblongs ou linéaires-oblongs ; *vallécules à un seul canal résinifère. Columelle bifurquée seulement au sommet.* Involucre et involucelles à plusieurs folioles, très rarement nuls.

12. PETROSELINUM. — Calice à limbe presque nul. Pétales entiers ou émarginés. Carpelles oblongs ; *vallécules à un seul canal résinifère. Columelle bipartite.* Fleurs d'un vert jaunâtre ou blanches.

† APIUM. — Calice à limbe presque nul. *Carpelles subglobuleux; vallécules à un seul canal résinifère. Columelle indivise. Involucre et involucelles nuls.* Fleurs d'un blanc verdâtre.

13. HELOSCIADIUM. — Calice à 5 dents courtes. *Carpelles oblongs ; vallécules à un seul canal résinifère. Columelle indivise.* Involucre à plusieurs folioles ou nul, *involucelles à plusieurs folioles.*

14. SIUM. — Calice à 5 dents courtes. Carpelles oblongs ; *vallécules à plusieurs canaux résinifères. Columelle bipartite, à divisions ord. soudées avec les carpelles. Involucre et involucelles à plusieurs folioles* entières ou incisées.

15. PIMPINELLA. — Calice à limbe presque nul. Carpelles linéaires-oblongs, à côtes filiformes très peu saillantes ; *vallécules à plusieurs canaux résinifères. Styles réfléchis. Columelle bifide. Involucre et involucelles nuls.*

SOUS-TRIBU II. SESELINEÆ. — *Fruit* presque cylindrique ou subtétragone, plus rarement subglobuleux, *à coupe horizontale orbiculaire ou presque orbiculaire.*

16. Æthusa. — Calice à limbe presque nul. *Fruit ovoïde-subglobuleux. Carpelles à côtes saillantes épaisses carénées;* vallécules à un seul canal résinifère. Columelle bipartite. Involucre nul ou à une seule foliole; *involucelles unilatéraux à folioles rejetées en dehors.*

17. Œnanthe. — *Calice à limbe 5-denté s'accroissant après la floraison.* Fruit cylindrique ou subtétragone, à styles accrus ord. dressés. Carpelles à côtes obtuses, les marginales plus développées; vallécules à un seul canal résinifère. *Columelle indistincte.* Involucre nul ou à plusieurs folioles, involucelles à plusieurs folioles.

18. Libanotis. — *Calice à 5 dents allongées-subulées marcescentes ou caduques.* Fruit presque cylindrique, velu-hérissé presque tomenteux. Carpelles à côtes peu saillantes, presque égales; vallécules ord. à un seul canal résinifère. *Columelle bipartite.* Involucre et involucelles à plusieurs folioles.

19. Seseli. — *Calice à dents courtes épaisses. Fruit presque cylindrique. Carpelles à côtes* plus ou moins saillantes *non ailées;* vallécules ord. à un seul canal résinifère. *Columelle bipartite.* Involucre nul ou presque nul; involucelles à plusieurs folioles.

20. Fœniculum. — Calice à limbe presque nul. *Fruit presque cylindrique.* Carpelles à *côtes* saillantes *presque égales;* vallécules à un seul canal résinifère. *Feuilles décomposées en segments linéaires-filiformes.* Involucre et involucelles nuls ou presque nuls. *Fleurs jaunes.*

21. Cnidium. — Calice à limbe presque nul. *Fruit presque cylindrique. Carpelles à côtes ailées presque membraneuses; vallécules à un seul canal résinifère.* Columelle bipartite. Involucre nul ou presque nul; involucelles à plusieurs folioles. Fleurs blanches.

22. Silaus. — Calice à limbe presque nul. *Pétales à base large tronquée. Fruit presque cylindrique. Carpelles à côtes ailées presque membraneuses; vallécules à 3-4 canaux résinifères peu distincts.* Columelle bipartite. Involucre nul ou à 1-2 folioles; involucelles à plusieurs folioles. Fleurs d'un jaune pâle.

TRIBU IV. Scandicineæ. — *Fruit comprimé perpendiculairement à la commissure, atténué au sommet ou prolongé en bec. Carpelles à côtes primaires égales* filiformes ou plus ou moins ailées, quelquefois presque indistinctes dans leur partie inférieure. *Graine à face commissurale creusée d'un sillon profond ou enroulée par les bords.*

23. Conopodium. — *Fruit ovoïde. Carpelles lisses, linéaires-oblongs; à côtes filiformes; vallécules à 2-3 canaux résinifères. Styles élargis en une base conique.* Involucre nul ou presque nul; involucelles à 2-3 folioles.

24. Anthriscus. — *Carpelles lisses ou hérissés de pointes épineuses, oblongs-lancéolés, rétrécis brusquement au sommet en un bec qui n'égale pas la longueur de la graine; à côtes apparentes seulement dans la partie supérieure;* vallécules à canaux résinifères peu distincts ou presque nuls.

25. Chærophyllum. — *Carpelles lisses, oblongs-linéaires, non rétrécis en bec; à côtes obtuses apparentes jusqu'à la base;* vallécules à un seul canal résinifère.

26. Scandix. — *Carpelles oblongs, prolongés en un bec linéaire beaucoup plus long que la graine; à côtes obtuses peu saillantes;* vallécules colorées à canaux résinifères non distincts.

TRIBU V. Smyrnieæ. — *Fruit comprimé perpendiculairement à la commissure, ord. à carpelles renflés et presque didyme,* non terminé en bec. Carpelles à côtes primaires de forme variable. *Graine à face commissurale creusée d'un sillon profond ou enroulée par les bords.*

27. **Conium.** — Fruit subglobuleux presque didyme. *Carpelles à côtes ondulées ;* vallécules marquées de plusieurs stries, à canaux résinifères non distincts.

**TRIBU VI. Selineæ.** — *Fruit comprimé parallèlement à la commissure,* souvent lenticulaire. *Carpelles à côtes* primaires inégales : les 3 dorsales filiformes, quelquefois peu distinctes, rarement ailées, beaucoup plus étroites que les marginales ; les 2 *marginales dilatées en ailes* membraneuses ou épaisses, *écartées, ou rapprochées en un rebord qui entoure le fruit. Graine à face commissurale plane.*

**Sous-tribu I. Angeliceæ.** — *Fruit entouré de deux ailes membraneuses* en raison de l'écartement des ailes marginales des deux carpelles ; côtes dorsales ailées ou filiformes.

28. **Selinum.** — Pétales émarginés. *Carpelles à 5 côtes ailées.*

29. **Angelica.** — Pétales entiers. *Carpelles à côtes dorsales filiformes,* à côtes marginales ailées-membraneuses.

**Sous-tribu II. Peucedaneæ.** — *Fruit* ord. lenticulaire, *entouré d'un rebord aplani ou épais* en raison du rapprochement des ailes marginales des deux carpelles ; côtes dorsales filiformes, quelquefois peu distinctes.

30. **Peucedanum.** — Calice à limbe 5-denté, rarement presque nul. *Pétales* émarginés ou presque entiers, *infléchis seulement à la pointe.* Carpelles à côtes dorsales filiformes peu saillantes, les marginales dilatées en une aile aplanie plus ou moins épaisse ; *vallécules à un seul canal résinifère, rarement à 3 canaux résinifères. Fleurs blanches,* rarement d'un blanc verdâtre ou jaunâtre.

† **Anethum.** — Calice à limbe presque nul. *Pétales* suborbiculaires, entiers, *enroulés en dedans. Carpelles à côtes dorsales filiformes-carénées saillantes,* les marginales dilatées en une aile aplanie ; vallécules à un seul canal résinifère. *Feuilles décomposées en segments linéaires très étroits. Fleurs jaunes.*

31. **Pastinaca.** — Calice à limbe presque nul. *Pétales* entiers, *enroulés en dedans. Carpelles à côtes dorsales très fines,* les marginales dilatées en une aile aplanie ; vallécules à un seul canal résinifère environ de la longueur du carpelle. *Feuilles pinnatiséquées, à segments ovales ou oblongs. Fleurs jaunes.*

32. **Heracleum.** — Calice à limbe 5-denté. *Pétales extérieurs rayonnants, profondément bifides.* Carpelles à côtes dorsales filiformes peu saillantes, les marginales dilatées en une aile aplanie ; *vallécules à un seul canal résinifère qui s'étend à peine au delà de la moitié supérieure du carpelle.* Fleurs blanches.

33. **Tordylium.** — *Calice* à limbe 5-denté, *à dents linéaires-subulées.* Pétales émarginés, les extérieurs rayonnants bifides. *Carpelles à côtes dorsales filiformes à peine visibles, les marginales dilatées en une bordure très épaisse rugueuse-tuberculeuse ;* vallécules à un seul canal résinifère. Fleurs blanches ou rosées.

§§ *Carpelles à 9 côtes par la présence des côtes primaires et des côtes secondaires.*

**TRIBU VII. Laserpitieæ.** — Fruit comprimé parallèlement à la commissure ou presque cylindrique. *Carpelles* à 5 côtes primaires filiformes lisses ou portant quelques soies spinescentes ; *à 4 côtes secondaires développées en ailes membraneuses* entières ou *profondément découpées en épines ou en soies épineuses. Graine à face commissurale plane ou convexe.*

Sous-tribu I. Thapsieæ. — Fruit à 8 *ailes entières*, dépourvu d'épines.

  34. Laserpitium.

Sous-tribu II. Daucineæ. — *Fruit chargé d'épines ou de soies* presque épineuses par la découpure des 8 ailes.

  35. Daucus. — Ailes découpées en *soies disposées sur un seul rang*. Involucre et involucelles à folioles ord. pinnatiséquées ou triséquées.

  36. Orlaya. — Ailes découpées en *épines subulées disposées sur 2-3 rangs*. Involucre et involucelles à folioles entières.

TRIBU VIII. Caucalineæ. — Fruit comprimé perpendiculairement à la commissure ou presque cylindrique. *Carpelles à 5 côtes primaires ord. filiformes portant ord. des soies ou des épines; à 4 côtes secondaires ord. plus saillantes, découpées en épines, ou décomposées en épines nombreuses ou en tubercules* couvrant toute l'étendue des vallécules. *Graine à face commissurale enroulée ou infléchie par les bords.*

  37. Turgenia. — Carpelles à *côtes primaires et à côtes secondaires* presque égales découpées presque jusqu'à la base *en épines* ord. *disposées sur 2-3 rangs*.

  38. Caucalis. — Carpelles à 5 *côtes primaires filiformes*, à 4 *côtes secondaires* découpées presque jusqu'à la base *en épines* robustes ord. *disposées sur un seul rang*.

  39. Torilis. — Carpelles à 5 côtes primaires filiformes, à 4 *côtes secondaires décomposées jusqu'à la base en plusieurs rangs d'épines subulées ou de tubercules qui couvrent toute l'étendue des vallécules.*

TRIBU IX. Coriandreæ. — *Fruit globuleux, ou* didyme à carpelles *subglobuleux. Carpelles à côtes primaires déprimées et flexueuses* ou formant un léger sillon ; à côtes secondaires plus saillantes non ailées. *Graine à face commissurale profondément concave.*

  † Coriandrum. — Fruit globuleux.


# SOUS-FAMILLE I. UMBELLIFERÆ IMPERFECTÆ. — Inflorescence anomale : fleurs sessiles ou presque sessiles, en capitules, ou en verticilles solitaires ou superposés. Graine à face commissurale plane ou convexe.

TRIBU I. HYDROCOTYLEÆ. — Fruit dépourvu d'épines et d'écailles, comprimé perpendiculairement à la commissure, lenticulaire, à coupe horizontale linéaire, à côtes distinctes. Fleurs en verticilles solitaires ou superposés.

**1. HYDROCOTYLE** Tourn. *Inst.* t. 173. — [ HYDROCOTYLE ].

Calice à limbe presque nul. Pétales ovales, entiers, aigus, à pointe droite. Fruit comprimé perpendiculairement à la commissure, lenticulaire. Carpelles ovales, à 5 côtes, la dorsale plus développée carénée, les 2 latérales filiformes saillantes, les 2 marginales non distinctes ; vallécules à canaux résinifères non distincts. Columelle adhérente aux carpelles. — *Fleurs sessiles, en un ou plusieurs verticilles* entourés d'involucelles à un petit nombre de folioles et *portées sur des pédoncules nus* qui naissent solitaires ou fasciculés au niveau des nœuds de la tige.

Plante vivace, radicante. *Feuilles suborbiculaires-peltées*, largement crénelées. Fleurs blanches.

1. **H. vulgaris** L. *Sp.* 338 ; *Engl. bot. t.* 751. — [H. COMMUNE. — Vulg. *Écuelle-d'eau, Hydrocotyle*].

Tige de longueur très variable, blanchâtre, grêle, stoloniforme, radicante au niveau des nœuds. Feuilles glabres, longuement pétiolées, naissant 1-2 au niveau des nœuds, suborbiculaires-peltées, à 7-9 nervures rayonnantes, largement crénelées, à crénelures elles-mêmes ord. superficiellement crénelées. Pédoncules filiformes, nus, plus courts que les pétioles. Fleurs très petites, disposées par verticilles de 4-6 fleurs. Fruit émarginé à la base, presque didyme. ♃. Juin-septembre.

*C*. — Marais, bords des étangs, prairies spongieuses, mares tourbeuses.

## TRIBU II. **SANICULEÆ.** — Fruit chargé d'épines ou d'écailles, à coupe horizontale suborbiculaire, à côtes non distinctes. — Fleurs en capitules.

### 2. **SANICULA** Tourn. *Inst. t.* 173. — [SANICLE].

Calice à 5 dents lancéolées-linéaires presque foliacées. Pétales dressés, connivents, obovales, émarginés, à pointe infléchie égalant leur longueur. Fruit subglobuleux. *Carpelles* se séparant l'un de l'autre à la maturité et très caducs, hémisphériques, à côtes non distinctes, *couverts de longues épines subulées courbées en crochet* au sommet, surmontés par les dents persistantes et accrues du calice ; canaux résinifères nombreux, peu distincts. Columelle non distincte. — *Fleurs* blanches ou rosées, *polygames*, *sessiles* à l'aisselle de bractées herbacées oblongues-linéaires, réunies sur un réceptacle étroit *en* un petit *capitule* subglobuleux entouré d'un involucelle à plusieurs folioles semblables aux bractées ; les fleurs mâles assez nombreuses, entourant les fleurs hermaphrodites au nombre de 3 plus rarement de 2-1. Capitules disposés en une ombelle irrégulière à 3-5 rayons simples ou divisés eux-mêmes en 3 rayons secondaires.

Plante vivace. Feuilles palmatipartites, à 3-5 segments obovales-cunéiformes incisés-dentés. Fleurs blanches ou rosées.

1. **S. Europæa** L. *Sp.* 339 ; *Engl. bot. t.* 98 ; Bill. *Exsicc. n.* 25. — [S. D'EUROPE. — Vulg. *Sanicle*].

Tiges de 4-6 décim., simples, grêles, un peu roides, dressées, nues ou ne portant qu'une ou deux feuilles. Feuilles disposées en rosette radicale, glabres, luisantes, longuement pétiolées, à nervures transparentes anastomosées en réseau, profondément palmatipartites, à 3-5 segments obovales-cunéiformes très amples bi-trifides incisés, dentés, à dents terminées par une soie roide ; les caulinaires à pétiole plus court ou subsessiles, à segments plus petits et plus étroits. Capitules disposés en une ombelle munie à la base d'un involucre composé de 2-4 feuilles rudimentaires, à rayons s'allongeant plus ou moins après la floraison. ♃. *Fl.* avril-mai. *Fr.* juin-juillet.

*A.C.* — Bois humides, lieux herbeux couverts.

### 3. **ERYNGIUM** Tourn. *Inst.* t. 173. — [PANICAUT].

Calice à 5 lobes foliacés terminés en épine. Pétales dressés, connivents, oblongs-obovales, émarginés, à pointe infléchie égalant leur longueur. Fruit obovale-oblong. *Carpelles* oblongs semicylindriques, à côtes non distinctes, *couverts d'écailles imbriquées*, surmontés par les lobes persistants du calice ; canaux résinifères non distincts. Columelle adhérente aux carpelles. — *Fleurs sessiles*, solitaires *à l'aisselle de bractées ord. épineuses, disposées en capitule multiflore* sur un réceptacle cylindrique ; capitule compacte, subgloduleux ou oblong, entouré à la base par un involucre de bractées presque foliacées ord. épineuses.

Plante vivace. *Feuilles* pinnatipartites ou bipinnatipartites, coriaces-cartilagineuses, *à segments décurrents lobés-épineux*. Fleurs blanches ou d'un blanc bleuâtre.

1. **E. campestre** L. *Sp.* 337 ; Jacq. *Austr.* II, 155 ; *Engl. bot.* t. 57 ; Bill. *Exsicc.* n. 2474. — [P. CHAMPÊTRE. — Vulg. *Panicaut, Chardon-Roland, Chardon-roulant, Querdonnet, Barbe-de-chèvre*].

Tige de 4-6 décim., robuste, pleine, sillonnée, glabre, d'un blanc verdâtre, très rameuse, à rameaux étalés donnant à l'ensemble de la plante un aspect globuleux. Feuilles d'un vert glauque, à nervures saillantes ; les primordiales oblongues souvent entières, ciliées-épineuses ; les radicales pétiolées, pinnatipartites ou bipinnatipartites à segments décurrents pinnatifides ou dentés, à lobes et à dents terminés en épines robustes ; les caulinaires supérieures sessiles largement amplexicaules. Capitules subgloduleux, nombreux, disposés en corymbes terminaux. Involucre dépassant le capitule, à folioles linéaires-lancéolées entières plus rarement incisées, munies aux bords de quelques épines et terminées en épine robuste. Bractées du réceptacle linéaires-subulées. Fruit couvert d'écailles blanches-scarieuses. ♃. Juillet-septembre.

*C C C.* — Bords des chemins, lieux pierreux, coteaux arides.

## SOUS-FAMILLE II. **UMBELLIFERÆ PERFECTÆ.**—Ombelles composées régulières, rarement réduites à des ombellules latérales.

## TRIBU III. **CICUTEÆ.** — Fruit presque cylindrique, ou comprimé perpendiculairement à la commissure, souvent presque didyme. Carpelles dépourvus d'épines, à 5 côtes primaires égales ou presque égales, filiformes ou plus ou moins saillantes, rarement développées en ailes ; côtes secondaires nulles. Graine à face commissurale plane ou convexe.

### SOUS-TRIBU I. **AMMINEÆ.** — Fruit comprimé perpendiculairement à la commissure, souvent presque didyme, à coupe horizontale oblongue.

### 4. **BUPLEURUM** Tourn. *Inst.* t. 163. — [BUPLÈVRE].

Calice à limbe presque nul. *Pétales* suborbiculaires, *entiers, enroulés en* dedans. Fruit comprimé perpendiculairement à la commissure, ou presque didyme. Carpelles oblongs, à 5 côtes plus ou moins saillantes ou à peine distinctes ; vallécules striées, lisses ou granuleuses, à canaux résinifères distincts ou indistincts. Columelle bifide, plus rarement indivise. — Involucre nul ou à plusieurs folioles ; involucelles à plusieurs folioles.

Plantes annuelles ou vivaces. *Feuilles* réduites à la portion pétiolaire élargie en forme de limbe, non engaînantes, *très entières*, coriaces, ord. membraneuses au bord, glaucescentes. *Fleurs jaunes.*

1. **B. falcatum** L. *Sp.* 341 ; *Engl. bot.* t. 2763 ; Bill. *Exsicc.* n. 26. — [B. EN FAUX. — Vulg. *Oreille-de-lièvre*].

*Plante vivace.* Souche terminée en racine pivotante. Tiges de 4-9 décim., rameuses surtout supérieurement, glabres. Feuilles inférieures oblongues rétrécies en pétiole ; les supérieures linéaires-lancéolées, souvent arquées pliées-canaliculées, sessiles. *Ombelles* presque régulières, *à 5-10 rayons.* Involucre à 1-5 folioles inégales courtes ; *involucelles à folioles* oblongues-cuspidées, *égalant environ la longueur des pédicelles.* Fruit environ de la longueur du pédicelle, à côtes saillantes, à vallécules non granuleuses. Columelle bifide. ♃. Août-octobre.

C. — Coteaux pierreux, vignes, bords des chemins, clairières des bois.

2. **B. tenuissimum** L. *Sp.* 343; *Engl. bot.* t. 478; Rchb. *Pl. crit.* II, t. 167, f. 278; Bill. *Exsicc.* n. 778. — [B. MENU].

*Plante annuelle.* Tige de 1-6 décim., ord. rameuse dès la base, à rameaux grêles flexueux, souvent florifère dès la partie inférieure, glabre. Feuilles linéaires-lancéolées acuminées, sessiles. *Ombelles terminales à 2-3 rayons inégaux* ord. très courts, *les latérales* nombreuses *réduites à des ombellules 3-5-flores* espacées le long des rameaux. Involucre des ombelles terminales à 2-3 folioles inégales ; involucelles à folioles linéaires cuspidées, dépassant les fleurs. *Fruit* sessile, *à côtes ondulées-crispées, à vallécules granuleuses.* Columelle bifide. ①. Juillet-octobre.

A.R. — Coteaux secs, pelouses arides, bords des chemins. — Bois de Boulogne !; château de Sceaux (*Vaill.* Bot. Par.); Versailles (*de Boucheman*) ; Les Loges ! près Versailles ; lieux incultes autour de l'étang de Trou-salé !. Env. de Melun !, etc.

3. **B. aristatum** Bartl. in Bartl. et Wendl. *Beitr.* 89 ; Rchb. *Pl. crit.* II, t. 178, f. 311 ; Guss. *Pl. rar.* t. 23; Bill. *Exsicc.* n. 369 et *bis.* — B. *Odontites* auct. — [B. ARISTÉ].

*Plante annuelle.* Tige de 1-2 décim., rameuse dichotome dès la base, à rameaux roides divergents, glabre. Feuilles linéaires-lancéolées acuminées, sessiles. *Ombelles* terminales, *à 2-3 rarement 4 rayons*, inégaux, *plus courts que les folioles de l'involucre. Involucre à 3 rarement 4 folioles foliacées*, elliptiques-lancéolées ou lancéolées, *acuminées ou cuspidées ;* involucelles à folioles foliacées, elliptiques ou ovales-lancéolées acuminées-aristées, conniventes, dépassant très longuement les ombellules, à nervures s'anastomosant entre elles. Fruit très brièvement pédicellé, à côtes très fines, à vallécules non granuleuses. Columelle indivise. ①. Juin-août.

R R. — Pelouses sèches montueuses, coteaux arides pierreux. — Lardy (*Kralik*). Assez abondant près de Nemours ! sur les coteaux qui dominent la route de Montargis (*Devilliers*) ; Malesherbes (*Bernard*).

**4. B. rotundifolium** L. *Sp.* 340 ; *Engl. bot.* t. 99 ; Bill. *Exsicc.* n. 1490 et *bis.*
— [B. A FEUILLES RONDES. — Vulg. *Percefeuille*].

Plante annuelle. Tige de 2-5 décim., rameuse supérieurement, glabre. *Feuilles ovales-suborbiculaires* mucronulées, *perfoliées* ; les inférieures atténuées en une base amplexicaule. Ombelles terminales, à 3-8 rayons courts. Involucre nul ; involucelles à folioles foliacées, souvent colorées en jaune à leur face interne, ovales cuspidées, dressées après la floraison, dépassant longuement les ombellules, à nervures s'anastomosant entre elles. Fruit brièvement pédicellé, à côtes saillantes, à vallécules non granuleuses, ①. Juin-août.

A.R. — Champs, moissons des terrains calcaires ou sablonneux. — Montfaucon (*Cornuti* Ench. Par.) ; Bercy, Charenton, Saint-Maur ! (*Vaill.* Bot. Par.) ; Port-Créteil (*de Schœnefeld*) ; parc de Neuilly (*Vigincix*) ; champs entre Rueil, le Mont-Valérien et Saint-Cloud (*Tourn.* Hist. pl. Par.) ; entre Sartrouville et La Frette (*de Boucheman*) ; la Croix-de-Berny (*Kralik*). Fontainebleau ! ; abondant à Mondreville ! près Nemours ; Maisoncelles (*de Schœnefeld*) ; Malesherbes ! ; Pithiviers (*Woods*). — *Graves* Cat. Oise : plateau du Longmont au-dessus de Verberie ; Montagny ; Loconville ; Hadancourt cant. de Chaumont ; coteau de Saint-Jean près Beauvais ; entre Verneuil et Rue-du-Bois cant. de Pont ; Morfontaine ; Rivecourt ; Le Meux cant. d'Estrées ; le Polygone et Saint-Accroupy près Compiègne.

Le *B. protractum* Link et Hoffmgg, longtemps confondu avec le *B. rotundifolium*, et qui se rencontre dans quelques localités voisines des limites de notre Flore, se reconnaît à ses feuilles ovales-oblongues perfoliées, à ses involucelles étalés même après la floraison, et à ses fruits tuberculeux-granuleux.

**5. TRINIA** Hoffm. *Umbell.* 92. — [TRINIE].

Calice à limbe presque nul. Pétales des fleurs mâles lancéolés, rétrécis en une pointe enroulée en dedans, ceux des fleurs femelles ovales brièvement apiculés à pointe infléchie. Fruit comprimé perpendiculairement à la commissure. Carpelles oblongs, à 5 côtes filiformes ; vallécules à canaux résinifères nuls ou presque nuls ; *canaux résinifères répondant à la face interne des côtes.* Columelle bipartite. — Involucre et involucelles nuls ou presque nuls.

Plante bisannuelle ou vivace. Feuilles bi-tripinnatiséquées. *Fleurs dioïques,* blanches.

**1. T. vulgaris** DC. *Prodr.* IV, 103. — *Pimpinella dioica* L. *Mant.* 357 ; *Engl. bot.* t. 1209. — [T. COMMUNE].

Souche couronnée par les nervures persistantes des feuilles détruites. Tiges de 1-3 décim., cannelées, très rameuses dès la base, glabres. Feuilles glaucescentes, à segments linéaires entiers ou incisés. Ombelles nombreuses, pédonculées, les mâles souvent compactes. Ombellules fructifères à rayons inégaux. Fruit à côtes obtuses. ②. ou ♃. Mai-juin.

R. — Pelouses découvertes des bois sablonneux, coteaux arides. — Bois de Praslin près Blandy (*M. Garnier*) ; Chailly ! ; abondant dans la forêt de Fontainebleau ! (*Tourn.* Hist. pl. Par.) ; Épisy ! près Moret ! ; Malesherbes ! (*Requien*) ; Étampes (*Mandon*). Anet (*Dænen*).

**6. SISON** Koch *Umbell.* 123. — [SISON].

Calice à limbe presque nul. *Pétales* suborbiculaires, *bifides*, à pointe infléchie. Fruit comprimé perpendiculairement à la commissure. Carpelles ovoïdes-oblongs, à 5 côtes filiformes ; *vallécules à un seul canal résinifère brusquement élargi dans sa moitié supérieure* presque nul dans sa moitié inférieure. Columelle bipartite. — Involucre et involucelles à folioles peu nombreuses.

Plante bisannuelle. Feuilles pinnatiséquées, à segments plus ou moins lobés. Fleurs blanches.

**1. S. Amomum** L. *Sp.* 362; Jacq. *Hort. Vind.* III, t. 17; *Engl. bot.* t. 954; Bill. *Exsicc.* n. 773. — [S. Amome].

Tige de 6-10 décim., finement striée, très rameuse, glabre. Feuilles d'un vert foncé, à segments ovales-oblongs, lobés à lobes dentés; les supérieures à segments divisés en lobes linéaires. Ombelles pédonculées, à 3-5 rayons inégaux ; ombellules pauciflores, à rayons très inégaux. Involucre à folioles courtes linéaires entières, rarement pinnatifides. ②. Juillet-octobre.

*R.* — Haies humides, buissons fourrés, bords des champs. — Berny, abbaye d'Hyères (*Ant. de Jussieu* mss.) ; Saint-Cloud (*Clarion*) ; Garches, Marly (*de Boucheman*) ; Sèvres, « en allant du carrefour au gibet le long des murailles » (*Vaill.* Bot. Par.); Montaigu près Saint-Germain (*de Schœnefeld*) ; Montlignon près Montmorency (*de Boucheman*) ; Champigny près Saint-Maur (*de Boucheman*) ; Boissy, Yères (*Vaill.* Bot. Par.). Mennecy !. Haies autour de Cléry entre Vigny et Magny (*Vaill.* Bot. Par., *Bouteille*) ; Saint-Gervais près Magny (*Granget*). Bargny près Crépy, Cuvergnon cant. de Betz (*Questier*). Sainte-Colombe près Provins (*Des Étangs*). Chaintreaux près Nemours (*Devilliers*) ; Dordives !. — *Graves* Cat. Oise : Saint-Lucien près Beauvais ; haies à Ermenonville.

### 7. CICUTA L. *Gen.* n. 354. — [ CICUTAIRE ].

*Calice* à limbe 5-denté, *à dents larges membraneuses*. Pétales obcordés, à pointe infléchie. Fruit presque didyme. *Carpelles subglobuleux*, à 5 côtes aplanies ; vallécules à un seul canal résinifère. Columelle bipartite. — Involucre nul ou presque nul ; involucelles à folioles nombreuses.

Plante vivace, à odeur vireuse. Feuilles tripinnatiséquées. Fleurs blanches.

**1. C. virosa** L. *Sp.* 368 ; *Engl. bot.* t. 479. — [C. VIREUSE. — Vulg. *Cicutaire, Ciguë-aquatique, Ciguë-vireuse*].

Tiges de 6-12 décim., cylindriques légèrement sillonnées, très fistuleuses, glabres, souvent rougeâtres à la base. Feuilles à segments lancéolés étroits, aigus, profondément dentés; les inférieures à pétiole très long épais fistuleux. Ombelles à rayons ord. nombreux. Involucelles à folioles linéaires-subulées. ♃. Juillet-août.

*R R.* — Bords des étangs, fossés et marais tourbeux. — Bois de la ferme de Brunel près Mantes (*Lepeletier de Saint-Fargeau*). Étangs de Pondron et de Berval près Crépy (*Pillot, Graves*) ; assez abondant dans la vallée de Bray, au bord de l'Avelon, notamment vers le Champ-des-taillis ! (*Graves*) ; Liancourt-sous-Clermont (*Graves*) ; Ons-en-Bray ! (*Delacour*).

### 8. FALCARIA Host *Austr.* I, 381. — [FALCAIRE].

*Calice à limbe 5-denté.* Pétales obovales, émarginés, à pointe infléchie. Fruit comprimé perpendiculairement à la commissure. *Carpelles linéaires, à 5 côtes filiformes ; vallécules à un seul canal résinifère.* Columelle profondément bifide. — Involucre et involucelles à plusieurs folioles.

Plante vivace. *Feuilles coriaces-subcartilagineuses, palmatiséquées*, à segments simples ou triséqués très rarement pinnatiséqués. Fleurs blanches.

1. **F. Rivini** Host, loc. cit. — *Sium Falcaria* L. *Sp.* 362 ; Jacq. *Austr.* III, t. 257 ; Bill. *Exsicc.* n. 133. — [F. DE RIVIN].

Tiges de 4-6 décim., finement striées, rameuses, glabres, glaucescentes. Feuilles à segments linéaires-lancéolés très allongés, dentés en scie, à dents égales rapprochées ; les radicales longuement pétiolées, palmatiséquées à lobes ord. indivis ; les caulinaires à pétiole dilaté dans toute sa longueur en une gaîne semi-amplexicaule, à segments latéraux souvent indivis, le moyen triséqué très rarement pinnatiséqué à lobes décurrents. Ombelles à rayons nombreux, souvent presque capillaires. Involucre et involucelles à folioles linéaires-sétacées. ♃ (DC.), ② (Koch). Juillet-septembre.

*RRR.* — Champs calcaires, bords des chemins. — Champs autour de Gentilly et d'Arcueil (*Tourn.* Hist. pl. Par.) ; entre la Croix-d'Arcueil et Bourg-la-Reine ! (*Thuill.* Fl. Par.) ; Sceaux (*Brice*) ; « Meudon, Ruel, Saint-Germain » (*Tourn.* Hist. pl. Par.).

### 9. **AMMI** Tourn. *Inst.* t. 159. — [AMMI].

Calice à limbe presque nul. Pétales obovales, émarginés-bilobés, à pointe infléchie, à lobes inégaux. Fruit comprimé perpendiculairement à la commissure. Carpelles oblongs, à 5 côtes filiformes ; *vallécules à un seul canal résinifère*. Columelle bipartite. — *Involucre à plusieurs folioles triséquées ou pinnatiséquées* ; involucelles à folioles nombreuses.

Plante annuelle. Feuilles pinnatiséquées ou bipinnatiséquées. Fleurs blanches.

1. **A. majus** L. *Sp.* 349 ; Schk. *Handb.* t. 61 ; Sibth. et Sm. *Fl. Græc.* t. 273. — [A. MAJEUR].

Tiges de 3-7 décim., rameuse supérieurement, glabre. Feuilles glaucescentes, à segments oblongs ou elliptiques-lancéolés, dentés, à dents roides mucronées ; les inférieures quelquefois à 3 segments ou réduites au segment terminal ; les supérieures bipinnatiséquées, à segments linéaires dentés. Ombelles à rayons nombreux, égaux. Involucre à folioles divisées en segments linéaires très étroits, terminés par une pointe subulée-sétacée ; involucelles à folioles filiformes souvent plus longues que les rayons de l'ombellule. ①. Juillet-septembre.

*R R.* — Champs, moissons. — « Cette plante est très commune entre le Roule et les Champs Élisées » (*Tourn.* Hist. pl. Par.) ; vignes de Boulogne, Charenton (*Vaill.* Bot. Par.) ; Saint-Maurice ! (*Tourn.* Hist. pl. Par.) ; Saint-Maur (*Delavaux*) ; Toussu près Versailles (*Mandon*). L'Ile-Adam (*Maire*). Louvières près Magny (*Bouteille*). Trouvé une seule fois à Cuvergnon cant. de Betz (*Lefèvre*) et à Mareuil-sur-Ourcq (*Questier*). — *Graves* Cat. Oise : plateau de Margny près Compiègne ; Thury-en-Valois ; Chaumont ; Beauvais.

Var. β. *glaucifolium*. (*A. glaucifolium* L. *Sp.* 349). — Feuilles toutes bipinnatiséquées, à segments linéaires entiers ou munis de 1-2 dents. — *R R R.* — « Sur les chaussées du Cours-la-reine et des Champs Élisées » (*B. de Jussieu* in *Tourn.* Hist. pl. Par.) ; entre Charenton et Saint-Maur (*Vaill.* Bot. Par.) ; Saint-Maurice !.

### 10. **ÆGOPODIUM** L. *Gen.* n. 368. — [ÉGOPODE].

Calice à limbe presque nul. Pétales obovales, émarginés, à pointe infléchie. Fruit comprimé perpendiculairement à la commissure. Carpelles oblongs ou linéaires-oblongs, à 5 côtes filiformes ; *vallécules dépourvues de canal résinifère. Columelle bifurquée seulement au sommet. — Involucre et involucelles nuls.*

Plante vivace. Feuilles palmatiséquées à 3 divisions triséquées. Fleurs blanches.

1. **Æ. Podagraria** L. *Sp.* 379 ; *Engl. bot. t.* 940; Bill. *Exsicc.* n. 775.—[É. DES
    GOUTTEUX. — Vulg. *Podagraire, Herbe-aux-goutteux*].

Tiges de 6-9 décim., robustes, fistuleuses, cannelées, rameuses supérieurement, glabres. Feuilles à segments ovales-acuminés ou ovales-lancéolés, dentés à dents inégales, le terminal quelquefois lobé ; feuilles inférieures très longuement pétiolées ; les supérieures simplement triséquées. Ombelles à rayons nombreux. ♃. Juin-août.

*A.R.* — Lieux frais et ombragés, vergers, bords des eaux. — Bois de Vincennes !; Luciennes (*de Schœnefeld*); Marly (*Vigineix*); parc de Versailles !; Trianon, Pont-Chartrain (*de Boucheman*). Montmorency (*Tourangin*). Ermenonville (*Adr. de Jussieu*). Bouillancy, Bargny, Thury-en-Valois, Roberval, Verberie, Saint-Sauveur près Compiègne (*Questier*) ; forêt de Compiègne !; Saint-Pierre près Compiègne !. Follainville près Mantes (*Adr. de Jussieu*). Chaumont !; Beauvais !; Bracheux près Beauvais (*Taillefert*) ; Saint-Germer !. Dreux (*Dœnen*). Fontaine-Bouillant près Chartres (*Vigineix*). Malesherbes ! — *Graves* Cat. Oise : Liancourt ; Villers-sous-Coudun cant. de Ressons ; Morfontaine ; Saint-Rimault cant. de Saint-Just ; Wariville près Bulles ; entre Caigneux et Verderonne cant. de Liancourt.

## 11. CARUM Koch *Umbell.* 121. — [CARUM].

Calice à limbe presque nul. Pétales obovales, émarginés, à pointe infléchie. Fruit comprimé perpendiculairement à la commissure. Carpelles oblongs ou linéaires-oblongs, à 5 côtes filiformes ; *vallécules à un seul canal résinifère. Columelle bifurquée seulement au sommet.* — Involucre et involucelles à plusieurs folioles, très rarement nuls.

Plantes vivaces. Feuilles bi-tripinnatiséquées. Fleurs blanches.

1. **C. Bulbocastanum** Koch *Umbell.* 121. — *Bunium Bulbocastanum* L. *Sp.* 349 ;
    *Fl. Dan.* 11, t. 220. — [C. NOIX-DE-TERRE. — Vulg. *Terre-noix*].

*Souche* charnue, *bulbiforme, globuleuse.* Tige de 3-7 décim., glabre, rameuse supérieurement, à rameaux dressés. *Feuilles bi-tripinnatiséquées,* à segments linéaires ou à segments divisés en lobes linéaires ; les radicales et les inférieures longuement pétiolées, *à segments de premier ordre longuement pétiolulés.* Ombelles à rayons nombreux presque égaux. Involucre et involucelles à plusieurs folioles linéaires-acuminées ou subulées. ♃. Juin-juillet.

*R.* — Clairières des bois sablonneux, champs et moissons maigres. — Montfaucon (*Tourn.* Hist. pl. Par.) ; bois de Vincennes (*Clarion*); Charenton, Saint-Maur (*Delavaux*) ; bois de Boulogne!; Bas-Meudon (*Decaisne*); Saint-Cucufas (*Delavaux*); Luciennes, entre La Frette et Sartrouville (*de Boucheman*) ; entre le Pecq et Marly, Le Val près Saint-Germain (*Vigineix*) ; abondant à la Villette près Saint-Germain (*de Schœnefeld*). Mantes (*Chatin*) ; Vétheuil (*de Boucheman*) ; env. de Magny (*Bouteille*). Chaumont ! (*Frion*); Goincourt près Beauvais, Senlis (*Morelle*). Abondant aux environs de Compiègne (*Léré*). La Ferté-Milon (*Questier*). Nemours ! (*Devilliers*).

**2. C. verticillatum** Koch *Umbell.* 122.—*Sison verticillatum* L. *Sp.* 363.—*Sium verticillatum* Lmk *Encycl. méth.* I, 407 ; *Engl. bot. t.* 395 ; Bill. *Exsicc.* n. 1885 et *bis*. — [C. VERTICILLÉ].

*Souche* courte, *à fibres radicales renflées-fusiformes*, couronnée par les nervures persistantes des feuilles détruites. Tige de 3-7 décim., glabre, rameuse presque nue supérieurement, à rameaux dressés. *Feuilles pinnatiséquées, à segments opposés* sessiles très courts, *décomposés en lobes linéaires-filiformes rapprochés en faux verticilles*; faux verticilles nombreux, naissant presque dès la base de la feuille. Ombelles à rayons nombreux, presque égaux. Involucre et involucelles à plusieurs folioles courtes lancéolées ou linéaires. ♃. Juin-septembre.

R. — Bois humides, prairies tourbeuses, endroits marécageux. — Abondant dans la forêt de Rambouillet ! (*Thuill.* Fl. Par.), au voisinage des étangs de Saint-Hubert!, à Saint-Léger ! (*B. de Jussieu* in *Tourn.* Hist. pl. Par.), aux Planets ! près Saint-Léger (*Vaill.* Bot. Par.), et dans la forêt des Yvelines !.

Le *C. Carvi* L. (*Jacq. Austr.* IV, t. 393; *Engl. bot. t.* 1503; Bill. *Exsicc.* n. 1886. — Vulg. *Carvi*), indiqué dans les prés à Meudon (*Mérat* Fl. Par.), n'a pas été retrouvé à cette localité ; il a été observé en 1826 dans la forêt de Compiègne près du carrefour d'Orbais (*Graves* Cat. Oise), où on ne l'a pas rencontré depuis. Cette plante, qui est assez abondante dans l'est de la France et dans les montagnes, ne paraît avoir été introduite qu'accidentellement aux environs de Paris ; elle se reconnaît aux caractères suivants : racine fusiforme pivotante ; tige rameuse dès la base ; involucre et involucelles nuls ou presque nuls ; ombelles à rayons peu nombreux très inégaux.

## 12. PETROSELINUM Hoffm. *Umbell.* I, 78, t. 1, f. 7. — [PERSIL].

Calice à limbe presque nul. *Pétales* suborbiculaires, arqués en dedans, *entiers ou un peu émarginés* par l'inflexion de leur pointe. Fruit comprimé perpendiculairement à la commissure ou presque didyme. Carpelles oblongs, à 5 côtes filiformes ; *vallécules à un seul canal résinifère. Columelle bipartite.* — Involucre à 1-3 folioles entières ; involucelles à folioles peu nombreuses ou nombreuses.

Plantes annuelles ou bisannuelles. Feuilles bi-tripinnatiséquées ou pinnatiséquées. Fleurs d'un vert jaunâtre ou blanches.

† **P. sativum** Hoffm., loc. cit.; *Engl. bot. t.* 2793. — *Apium Petroselinum* L. *Sp.* 379 ; Schk. *Handb. t.* 80, f. 722. — [P. CULTIVÉ. — Vulg. *Persil*].

Tiges de 4-8 décim., striées, rameuses, glabres. *Feuilles luisantes, bi-tripinnatiséquées*, à segments ovales-cunéiformes trifides à lobes dentés ou incisés ; les supérieures ord. à 3 segments entiers, lancéolés-linéaires. Fleurs d'un vert jaunâtre. *Ombelles* pédonculées, *à rayons nombreux* égaux ou presque égaux. Involucelles à folioles nombreuses. ① ou ②. Juin-août.

Cultivé comme alimentaire dans les jardins ; assez souvent naturalisé au voisinage des habitations.

S.-v. *crispum.* — Feuilles inférieures crispées à segments enroulés.

S.-v. *latifolium.* — Plante très robuste. Feuilles inférieures très longuement pétiolées, à segments très amples.

**1. P. segetum** Koch *Umbell.* 128 ; Bill. *Exsicc.* n. 770. — *Sison segetum* L. *Sp.* 362 ; Jacq. *Hort. Vind. t.* 134 ; *Engl. bot. t.* 228. — *Sium segetum* Lmk *Encycl. méth.* I, 406. — [P. DES MOISSONS].

Tiges de 4-6 décim., légèrement striées, à peine feuillées, glabres, rameuses à rameaux effilés. *Feuilles pinnatiséquées*, à segments sessiles ou subsessiles, ovales-oblongs, incisés-dentés; les supérieures à segments très petits, nombreux, ovales, dentés, ou réduites au pétiole. Fleurs blanches. *Ombelles terminales à 2-5 rayons très inégaux*, les latérales réduites à des ombellules irrégulières espacées le long des rameaux. Involucelles à 2-5 folioles. ① ou ②. — Juillet-septembre.

R. — Champs pierreux, moissons, bords des chemins. — Entre Bicêtre et Gentilly (*Tourn*. Hist. pl. Par.); Saint-Denis, Stains, Pierrefitte (*Vaill*. Bot. Par.); Saint-Maurice (*Weddell*); Saint-Maur (*Mandon*); La Barre près Saint-Denis (*Vigineix*); Montfermeil, Chelles (*de Boucheman*); Le Plessis-Piquet (*Spach*); Viroflay (*Vaill*. Bot. Par.); La Villette près Saint-Germain (*de Boucheman*). Juvisy (*de Boucheman*); Essonne (*de Schœnefeld*). Abondant à Sainte-Colombe et à Bichereau près Provins (*Des Étangs, Bouteiller*). Chancepois!; Château-Landon!.

† **APIUM** Hoffm. *Umbell*. I, 75, t. 1, f. 8. — [ACHE, CÉLERI].

Calice à limbe presque nul. Pétales suborbiculaires, entiers. Fruit presque didyme. *Carpelles subglobuleux*, à 5 côtes filiformes; *vallécules à un seul canal résinifère. Columelle indivise. — Involucre et involucelles nuls.*

Plante bisannuelle, très aromatique. Feuilles pinnatiséquées ou bipinnatiséquées, à segments bi-trilobés. Fleurs d'un blanc verdâtre.

† **A. graveolens** L. *Sp*. 379; *Engl. bot*. t. 1210. — [A. ODORANTE. — Vulg. *Céleri, Ache*].

Tiges de 3-9 décim., anguleuses-cannelées, épaisses, fistuleuses, glabres. Feuilles luisantes, à segments larges, rhomboïdaux, bi-trilobés à lobes dentés ou incisés; les supérieures ord. à 3 segments cunéiformes trifides, ou entiers lancéolés-linéaires. Ombelles nombreuses, naissant presque dès la base de la plante, sessiles ou brièvement pédonculées le long de la tige et des rameaux, offrant souvent des rayons décomposés en ombelles secondaires. ②. Juillet-septembre.

Cultivé dans les jardins potagers. Quelquefois subspontané dans le voisinage des jardins.— Spontané dans les régions maritimes de la France.

**13. HELOSCIADIUM** Koch *Umbell*. 125. — [HÉLOSCIADIE. — Vulg. BERLE].

Calice à limbe 5-denté, à dents courtes. Pétales ovales, entiers, à pointe droite ou infléchie. Fruit comprimé perpendiculairement à la commissure ou presque didyme. *Carpelles oblongs*, à 5 côtes filiformes; *vallécules à un seul canal résinifère. Columelle indivise. —* Involucre à plusieurs folioles ou nul; *involucelles à plusieurs folioles.*

Plantes vivaces, aquatiques, plus ou moins radicantes, quelquefois submergées. Feuilles toutes pinnatiséquées, ou les submergées bi-tripinnatiséquées à lanières capillaires. Fleurs blanches.

**1. H. nodiflorum** Koch *Umbell*. 125. — *Sium nodiflorum* L. *Sp*. 361; *Engl. bot*. t. 639. — [H. NODIFLORE].

Tiges de 3-10 décim., couchées, radicantes à la base, souvent robustes très fistuleuses, glabres. *Feuilles pinnatiséquées, à segments ovales-lancéolés dentés*, longuement pétiolées même les florales, dépassant longuement les ombelles. *Ombelles sessiles le long des tiges ou brièvement pédonculées*, à 4-8 rayons. *Involucre nul*, plus rarement à 1-2 folioles. ♃. Juillet-septembre.

   *C*. — Fossés herbeux, bords des eaux, prairies marécageuses.

Var. β. *intermedium*. — Tiges grêles, couchées-radicantes. Ombelles plus ou moins pédonculées, à pédoncule quelquefois plus long que les rayons. Involucre nul ou à 1-2 folioles. — *A.R.* — Marais tourbeux.

   Cette variété est exactement intermédiaire entre les *H. nodiflorum* et *repens*, ainsi que De Candolle l'a déjà indiqué dans la *Flore française*. — Les formes extrêmes des deux espèces sont cependant tellement distinctes, que nous n'avons pas cru pouvoir les rattacher à un même type. — Nous devons à M. Bernard, de Malesherbes, la communication de nombreux échantillons des deux espèces et des formes intermédiaires recueillies à une même localité.

   2. **H. repens** Koch, loc. cit. — *Sium repens* Jacq. *Austr.* III, t. 260 ; *Engl. bot.* t. 1431 ; Bill. *Exsicc.* n. 1201. — [H. RAMPANTE].

   Tige de 1-3 décim., couchées-radicantes dans toute leur longueur, grêles, glabres. *Feuilles pinnatiséquées, à segments ovales ou ovales-suborbiculaires,* inégalement dentés ou lobés, toutes longuement pétiolées, dépassant peu les ombelles. *Ombelles* espacées le long des tiges, à 4-7 rayons, *ord. longuement pédonculées,* à pédoncule plus long que les rayons. *Involucre à plusieurs folioles.* ♃. Juillet-septembre.

   *A.R.* — Prairies marécageuses, lieux tourbeux. — Bondy (*Thuret*). Luzarches (*De Lens*). Mennecy ! (C^te *Jaubert*). Nemours (*Devilliers*) ; marais de Sceaux !; Malesherbes (*Bernard*). Provins (*Bouteiller*). Dreux (*Dœnen*). Feigneux, env. de la forêt de Villers-Cotterets (*Questier*); Monchy-Humières (*Léré*). — Env. de Soissons (*Lepeletier de Saint-Fargeau*). — *Graves* Cat. Oise: vallée de Thérain ; tourbières de Bresles ; Le Plessis-Villette près Pont-Sainte-Maxence ; vallée de Vendy près Genancourt ; vallée d'Aronde à Baugy ; vallée de la Brèche à Breuil et Bailleval.

   3. **H. inundatum** Koch, loc. cit. — *Sison inundatum* L. *Sp.* 363 ; *Fl. Dan.* I, t. 89 ; *Engl. bot.* t. 227. — *Sium inundatum* Lmk *Fl. Fr.* III, 460. — [H. INONDÉE].

   Tiges de longueur très variable, ord. submergées, plus rarement couchées-radicantes, grêles, glabres. *Feuilles* aériennes longuement pétiolées, pinnatiséquées, à segments cunéiformes trifides au sommet; les *submergées bi-tripinnatiséquées à segments capillaires* allongés. *Ombelles* pédonculées, à pédoncule égalant environ la longueur des rayons, *à 2 plus rarement 3 rayons.* Involucre nul. ♃. Juin-juillet.

   *R.* — Mares et fossés tourbeux. — Indiqué à l'étang de Montmorency (*Vaill. Bot. Par.*) ; Aigremont près Poissy (*de Schœnefeld*) ; Montfort-l'Amaury !; abondant à Saint-Léger ! (*Vaill.* Bot. Par.) ; Berchères-la-Maingot près Chartres (*Vigineix*). Abondant dans les mares de la forêt de Fontainebleau ! (*Vaill.* Bot. Par.). — *Graves* Cat. Oise : env. de Saint-Pierre dans la forêt de Compiègne ; marais de Bretel près Saint-Germer.

        14. **SIUM** L. *Gen*. n. 348 ex parte. — [BERLE].

   Calice à limbe 5-denté, à dents courtes. Pétales obovales, émarginés, à pointe infléchie. Fruit comprimé perpendiculairement à la commissure ou presque didyme. Carpelles oblongs, à 5 côtes filiformes; styles filiformes ou renflés en une base conique ; *vallécules à plusieurs canaux résinifères.*

*Columelle bipartite, à divisions ord. soudées avec les carpelles.—Involucre et involucelles à plusieurs folioles* entières ou incisées.
Plantes vivaces. Feuilles pinnatiséquées. Fleurs blanches.


Sect. I. **Sium.** (*Sium* Koch *Umbell.* 117). — Carpelles à côtes latérales rapprochées de la commissure, à canaux résinifères recouverts par un péricarpe mince. Styles filiformes.

1. **S. latifolium** L. *Sp.* 361 ; Jacq. *Austr.* I, t. 66 ; *Engl. bot.* t. 204. —[B. A LARGES FEUILLES. — Vulg. *Grande-Berle* ].
Tiges de 8-12 décim., robustes, très fistuleuses, cannelées-anguleuses, rameuses supérieurement, glabres. *Feuilles à segments lancéolés finement dentés en scie* ; les inférieures longuement pétiolées, à segments quelquefois incisés ou pinnatifides ; les supérieures à segments lancéolés-linéaires. Ombelles à rayons nombreux. *Involucre* et involucelles *à plusieurs folioles* linéaires *entières*. ♃. Juillet-septembre.
R. — Bords des eaux, fossés, prés marécageux. — « A Saint-Maur dans un grand fossé marescageux qui est audessous de l'église » (*Tourn.* Hist. pl. Par.); entre Créteil et Roissy (*Vaill.* Bot. Par.); La Gare près Saint-Denis (*Thuil.* Fl. Par.); Sartrouville (*de Boucheman*); Bougival, Saint-Germain (*de Schœnefeld*). Chantilly, marais de la Thève près le Lys (*Graves*); indiqué à Senlis; Le Plessis-Brion (*Léré*); Chevrières près Compiègne (*Questier*). Moret (*Weddell*) ; Nemours ! (*Devilliers*) ; Montereau (*Weddell*). Blunay près Provins (*Boutciller*).— Env. de Soissons (*Maire*). — *Graves* Cat. Oise : vallée de l'Oise entre Longueil et Thourotte ; gare de Compiègne ; marais du bois d'Ageux.


Sect. II. **Berula.** (*Berula* Koch *Deutschl. Flor.* II, 433).—Carpelles à côtes latérales éloignées de la commissure, à canaux résinifères recouverts par un péricarpe très épais. Styles élargis en base conique.

2. **S. angustifolium** L. *Sp.* 1672 ; *Engl. bot.* t. 139 ; Jacq. *Austr.* I, t. 67. — *S. incisum* Pers. *Syn. pl.* I, 316. — [B. A FEUILLES ÉTROITES].
Tiges de 4-8 décim., souvent robustes très fistuleuses, sillonnées, rameuses, glabres. *Feuilles à segments ovales* ou ovales-oblongs ord. aigus, plus ou moins *profondément incisés à lobes dentés* ; les inférieures longuement pétiolées. Ombelles à rayons nombreux, brièvement pédonculées. *Involucre* et involucelles *à plusieurs folioles* foliacées, *ord. divisées en lobes* linéaires *entiers ou incisés*. ♃. Juillet-septembre.
C. — Bords des étangs, ruisseaux, fossés humides.
S.-v. *gracile.* — Plante plus grêle dans toutes ses parties. Feuilles à segments moins profondément incisés. Involucre à folioles la plupart presque entières ou à peine incisées.

### 15. **PIMPINELLA** L. *Gen.* 366. — [BOUCAGE].

Calice à limbe presque nul. Pétales obovales, émarginés, à pointe infléchie. Fruit comprimé perpendiculairement à la commissure. Carpelles linéaires-oblongs, à 5 côtes filiformes très peu saillantes ; *styles filiformes, rejetés en dehors* ; *vallécules à plusieurs canaux résinifères. Columelle bifide. — Involucre et involucelles nuls.*

17

Plantes vivaces. Feuilles pinnatiséquées, plus rarement bipinnatiséquées. Fleurs blanches.

**1. P. magna** L. *Mant.* 219 ; *Engl. bot.* t. 408 ; Bill. *Exsicc.* n. 776 et *bis*. — [B. A GRANDES FEUILLES. — Vulg. *Persil-de-bouc*].

*Tiges* de 6-9 décim., *anguleuses-sillonnées*, rameuses supérieurement, glabres, plus rarement pubérulentes. *Feuilles* pinnatiséquées, à segments ovales ou ovales-lancéolés aigus, fortement dentés ou incisés, ord. très amples, le terminal trilobé, les inférieurs quelquefois longuement pétiolulés ; les *supérieures* à segments plus étroits profondément incisés, *rarement réduites au pétiole* élargi. Ombelles à rayons nombreux presque égaux. Fruit glabre. ♃. Juin-septembre.

*A.R.* — Endroits humides des bois, buissons ombragés, prairies. — Forêt de Montmorency ! (*Vaill.* Bot. Par.), où il est abondant. Env. de Versailles (*de Boucheman*) ; Trianon (*de Schœnefeld*). Forêt de Fontainebleau (*Tourn.* Hist. pl. Par.). Provins (*Bouteiller*). Roberval, Verberie, forêt de Compiègne (*Questier*). Très abondant aux env. de Beauvais !, Saint-Germer, etc. — *Graves* Cat. Oise : entre Annel et Janville ; Boucquy ; Saint-Sauveur ; bois d'Ageux ; Vieux-Moulin ; Le Francport ; vallée d'Autonne à Saintines ; Thury-sous-Clermont.

**2. P. saxifraga** L. *Sp.* 378 ; *Engl. bot.* t. 407. — [B. SAXIFRAGE. — Vulg. *Boucage*].

*Tiges* de 2-7 décim., *cylindriques finement striées*, rameuses, glabres ou pubérulentes. *Feuilles* pinnatiséquées, à segments suborbiculaires, ovales ou oblongs, dentés ou incisés, quelquefois découpés en lobes linéaires, le terminal trilobé ; les *supérieures* à segments plus étroits profondément incisés, ord. *réduites au pétiole* élargi. Ombelles à rayons nombreux, presque égaux. Fruit glabre. ♃. Juin-octobre.

*C C.* — Pelouses sèches, bords des chemins, lieux incultes.

Var. β. *dissecta*. (*P. pratensis* Thuill. *Fl. Par.* 154). — Feuilles ord. d'un vert très foncé, souvent noirâtres, à segments découpés en lobes linéaires plus ou moins arqués.

Le *P. Anisum* L. (vulg. *Anis*) est quelquefois cultivé pour ses fruits aromatiques ; cette plante se reconnaît à sa racine annuelle, à ses feuilles radicales ord. réduites au segment terminal, et à ses fruits pubérulents.

SOUS-TRIBU II. **SESELINEÆ.** — Fruit presque cylindrique ou subtétragone, plus rarement subglobuleux, à coupe horizontale orbiculaire ou presque orbiculaire.

**16. ÆTHUSA** L. *Gen.* n. 355 ex parte. — [ÉTHUSE].

Calice à limbe presque nul. Pétales obovales, émarginés, à pointe infléchie. *Fruit ovoïde-subglobuleux. Carpelles* hémisphériques, *à 5 côtes saillantes* épaisses *carénées* presque égales, les marginales à carène étroitement ailée ; vallécules à un seul canal résinifère. Columelle bipartite. — Involucre nul, ou à une seule foliole ; *involucelles unilatéraux à folioles rejetées en dehors.*

Plante annuelle. Feuilles bi-tripinnatiséquées. Fleurs blanches.

**1. Æ. Cynapium** L. *Sp.* 367 ; *Engl. bot.* t. 1192 ; Bill. *Exsicc.* n. 1883. — [É. PETITE-CIGUE. — Vulg. *Petite-Ciguë, Faux-Persil*].

*Tige* de 1-6 décim., finement striée, rameuse, ord. glaucescente. Feuilles

d'un vert foncé, à segments rhomboïdaux-triangulaires, profondément lobés
à lobes incisés ; les supérieures bipinnatiséquées dépassant ord. les ombelles.
Involucelles ord. à 3 folioles plus longues que l'ombellule, rejetées en dehors
et réfléchies. ①. Juillet-octobre.

*C C.* — Endroits frais des jardins, champs, lieux cultivés.

### 17. **OENANTHE** Lmk *Encycl. méth.* IV, 526. — [ OENANTHE ].

*Calice à limbe 5-denté s'accroissant après la floraison.* Pétales obovales,
émarginés, à pointe infléchie. Fruit cylindrique ou subtétragone, à styles
accrus ord. dressés. Carpelles oblongs ou oblongs-obovales, à 5 côtes obtuses,
les marginales plus développées ; vallécules à un seul canal résinifère. *Columelle indistincte.* — Involucre nul ou à plusieurs folioles ; involucelles à
plusieurs folioles.

Plantes vivaces. Feuilles pinnatiséquées ou bi-tripinnatiséquées. Fleurs blanches.

Sect. I. OENANTHÆ VERÆ. — Ombellules à fleurs extérieures stériles pédicellées, à fleurs intérieures fertiles sessiles ; ombelles latérales quelquefois
entièrement stériles. Ombellules fructifères globuleuses, à fruits serrés les
uns contre les autres. Souche à fibres charnues la plupart filiformes ou
oblongues.

1. **OE. fistulosa** L. *Sp*. 365 ; *Engl. bot*. t. 363 ; Bill. *Exsicc*. n. 991. — [ OE. FIS-
TULEUSE ].
Souche à fibres la plupart charnues fusiformes ou oblongues. Tiges de 5-8
décim., finement striées, très fistuleuses, peu feuillées, souvent peu rameuses,
glabres subglaucescentes. *Feuilles* radicales et inférieures bi-tripinnatiséquées,
à segments très petits linéaires ou linéaires-oblongs, très longuement pétiolées ; les *caulinaires simplement pinnatiséquées* à segments linéaires entiers
ou bi-trifides, à pétiole plus long que la partie qui porte les segments. *Ombelles* longuement pédonculées, *à 2-3* plus rarement 4-5 *rayons courts,
les terminales seules fructifères,* les latérales stériles se détruisant après la
floraison. Fruit turbiné tétragone, à vallécules plus ou moins dissimulées par
l'épaississement des côtes, à côte dorsale presque aussi développée que les
marginales, à styles égalant sa longueur. Involucre nul. ♃. Juin-juillet.

*C.* — Bords des étangs, marais herbeux, fossés humides.

2. **OE. peucedanifolia** Poll. *Pal*. I, 289, t. 2, f. 3 ; *Engl. bot*. t. 348 ; Bill. *Exsicc*. n. 371. — [ OE. A FEUILLES DE PEUCÉDAN. — *Vulg. Filipendule-aqua-
tique* ].
Souche à fibres la plupart charnues fusiformes ou oblongues, rarement
allongées-claviformes. Tiges de 6-9 décim., sillonnées, rameuses supérieurement, ord. décolorées dans leur partie inférieure, glabres subglaucescentes.
Feuilles radicales ord. détruites lors de la floraison, bi-tripinnatiséquées à
segments linéaires ou lancéolés, ord. brièvement pétiolées ; les caulinaires
bipinnatiséquées à segments linéaires-allongés entiers ou bi-trifides, à pétiole
ord. plus court que la partie qui porte les segments. *Ombelles à 5-10 rayons.
Fleurs de la circonférence des ombellules à pétales extérieurs beaucoup
plus grands que les intérieurs,* longuement atténués en onglet, émarginés

au sommet. Fruit oblong subtétragone, à styles égalant environ sa longueur.
*Involucre nul* ou à une seule foliole. ♃. Mai-juillet.

C. — Prés humides, endroits marécageux.

3. **OE. Lachenalii** Gmel. *Fl. Bad.* 1, 678 ; Bill. *Exsicc.* n. 992. — *OE. pimpi-nelloides* Thuill. *Fl. Par.* 146 non L. — *OE. approximata* Mérat *Fl. Par.* éd. 1, 115. — [ OE. DE LA CHENAL ].

Souche à fibres la plupart charnues allongées-claviformes, plus rarement fusiformes ou oblongues. Tiges de 6-9 décim., sillonnées, rameuses supérieurement, glabres. Feuilles radicales souvent détruites lors de la floraison, bipinnatiséquées à segments obovales-cunéiformes ou oblongs, ou pinnatiséquées à segments plus ou moins incisés souvent trilobés, ord. brièvement pétiolées ; les caulinaires bipinnatiséquées à segments linéaires très allongés entiers ou bi-trifides, à pétiole ord. plus court que la partie qui porte les segments. *Ombelles à 8-20 rayons. Fleurs de la circonférence des ombellules à pétales extérieurs environ de la même grandeur que les intérieurs*, brièvement onguiculés, bifides dans leur tiers supérieur. Fruit oblong subtétragone, à styles égalant environ la moitié de sa longueur. *Involucre à plusieurs folioles* caduques. ♃. Juillet-septembre.

A.C. — Marais tourbeux, prairies spongieuses. — Abondant à Saint-Gratien!. L'Ile-Adam (*Guillon*) ; Morfontaine!. Trie-le-Château près Gisors (*Taillefert*). Le Bouchet! près Mennecy. Moret!; Nemours!; Malesherbes!; Pithiviers!. Provins (*Bouteiller*). Chérisy! près Dreux (*Dœnen*), etc.

L'*OE. Lachenalii* devient ord. d'un vert noirâtre par la dessiccation ; l'*OE. peucedanifolia* reste, au contraire, d'un vert pâle dans l'herbier. — L'involucre, en raison de sa caducité, doit être étudié sur les plus jeunes ombelles.

L'*OE. crocata* L., indiqué dans la rivière de Juine, n'a pas été retrouvé ; cette espèce, répandue dans l'ouest de la France, se reconnaît aux caractères suivants : souche à fibres charnues, renflées ; feuilles caulinaires bipinnatiséquées, à segments obovales-cunéiformes incisés ; ombelles très amples, à rayons très nombreux ; involucre à plusieurs folioles ; fruits extérieurs des ombellules pédicellés.

Sect. II. PHELLANDRIUM. (*Phellandrium* L. *gen.* n. 352). — Ombellules à fleurs toutes pédicellées, les fructifères à fruits espacés. Souche à fibres toutes filiformes.

4. **OE. Phellandrium** Lmk *Fl. Fr.* III, 432 ; Bill. *Exsicc.* n. 2472. — *Phellandrium aquaticum* L. *Sp.* 366 ; *Engl. bot. t.* 684. — [ OE. PHELLANDRE.—Vulg. *Phellandre, Ciguë-d'eau* ].

Tiges de 6-12 décim., striées, très rameuses, glabres, à partie inférieure très renflée fistuleuse, souvent couchée-radicante, donnant naissance au niveau des nœuds à des fibres radicales verticillées. *Feuilles toutes pétiolées, bi-tripinnatiséquées, à segments divariqués, ovales profondément découpés en lobes très petits oblongs entiers ou incisés* ; feuilles inférieures quelquefois submergées et alors souvent décomposées en lanières capillaires. Ombelles latérales et terminales, brièvement pédonculées, quelquefois sessiles, à 6-12 rayons. Fruit ovale-oblong. Involucre nul. ② ou ♃. Juillet-septembre.

C C. — Mares, fossés, étangs, lieux marécageux.

### 18. **LIBANOTIS** Crantz *Austr.* 222. — [LIBANOTIDE].

*Calice* à limbe 5-denté, *à dents allongées-subulées* marcescentes ou caduques. Pétales obovales, rétrécis en une pointe infléchie, émarginés ou presque
entiers. Fruit presque cylindrique. Carpelles oblongs, à 5 côtes peu saillantes,
presque égales; vallécules ord. à un seul canal résinifère. *Columelle bipartite.* — Involucre et involucelles à plusieurs folioles.

Plante bisannuelle ou vivace. Feuilles bipinnatiséquées. Fleurs blanches.

1. **L. montana** All. *Fl. Ped.* t. 62. — *Athamanta Libanotis* L. *Sp.* 351; Jacq.
*Austr.* IV, 392; *Engl. bot.* t. 138. — *Seseli Libanotis* Koch *Umbell.* 111;
Bill. *Exsicc.* n. 1676 et *bis.* — [L. DES MONTAGNES].

Souche épaisse, pivotante, couronnée par les nervures persistantes des
feuilles détruites, donnant naissance à une seule tige. Tige de 4-8 décim.,
anguleuse-cannelée, rameuse supérieurement, glabre ou pubescente-rude.
Feuilles d'un vert glauque en dessous, à segments ovales ou rhomboïdaux
incisés-pinnatifides, à lobes courts mucronés; segments inférieurs de chaque division de premier ordre souvent réfléchis, éloignés des autres paires
de la même division et rapprochés du rachis; feuilles supérieures souvent
réduites au pétiole engaînant. Ombelles à rayons nombreux, dressés à la
maturité. Involucre et involucelles à plusieurs folioles linéaires-acuminées.
*Fruit velu-hérissé, presque tomenteux.* ② ou ♃. Juillet-septembre.

*A.R.* — Coteaux calcaires, lieux montueux arides. — Sainte-Geneviève (*Beautemps-Beaupré*) et bois du Coudray (*Chatin*) près Mantes; Bonnières (*de Schœnefeld*); très abondant à La Roche-Guyon !, à Port-Villez ! et à Vernon !; Les Andelys!
(*de Brébisson* Fl. Norm.). Anet (*Dœnen*). L'Ile-Adam (*Maire, Guillon*); Noisement! près Marines; Magnitot près Magny (*Bouteille*); très abondant à Chaumont!;
Herchies (*Taillefert*) et Montmille! près Beauvais (*Delacour*); Pont-Sainte-Maxence!
(*J. Gay*); Verderonne !; très abondant sur les friches entourant les carrières de
Margny-lez-Compiègne (*Léré, de Marcilly fils*); forêt de Compiègne (*Lepeletier
de Saint-Fargeau*). — *Graves* Cat. Oise : Le Ganelon; coteaux crayeux de Baugy,
de La Chelle et de Monchy-Humières; forêt de Hez; Maysel cant. de Creil; Thury-
en-Valois; Sénéfontaine près Beauvais; Le Mesnil-sur-Bulles.

Var. β. *daucifolia.* (*Athamanta Pyrenaica* Jacq. *Hort. Vind.* II, t. 197).— Feuilles
à segments profondément pinnatipartits à lobes étroits.

### 19. **SESELI** L. *Gen.* n. 360. — [ SÉSÉLI ].

*Calice* à limbe 5-denté, *à dents courtes épaisses.* Pétales obovales, rétrécis
en pointe infléchie, émarginés ou presque entiers. *Fruit presque cylindrique. Carpelles* oblongs, *à 5 côtes* plus ou moins saillantes *non ailées,*
presque égales; vallécules ord. à un seul canal résinifère. *Columelle bipartite.* — Involucre nul ou presque nul; involucelles à plusieurs folioles.

Plantes vivaces. Feuilles bi-tripinnatiséquées. Fleurs blanches ou rosées.

1. **S. montanum** L. *Sp.* 372. — *S. multicaule* Jacq. *Hort. Vind.* t. 129. —
[S. DES MONTAGNES].

*Souche* cespiteuse, ord. rameuse, tortueuse, terminée par une racine pivotante, couronnée par les nervures persistantes des feuilles détruites, *donnant
naissance à plusieurs tiges.* Tiges de 2-6 décim., couchées à la base ou
ascendantes, simples ou rameuses supérieurement, ord. glaucescentes. Feuilles

la plupart radicales, à segments linéaires ord. dressés; les caulinaires ord.
simplement pinnatiséquées ou réduites au pétiole engaînant. Ombelles à
rayons ord. peu nombreux, dressés à la maturité; *involucelles à folioles
lancéolées, étroitement membraneuses aux bords*, plus courtes que l'ombellule. Fruits pubérulents avant la maturité. ♃. Juillet-octobre.

C. — Pelouses sèches, bords des chemins, coteaux calcaires.

Var. β. *glaucum*. (*S. glaucescens* Jord.; Bill. *Exsicc.* n. 373 et *bis*). — Plante ord.
rabougrie, très glauque. — Lieux très arides.

2. **S. coloratum** Ehrh. *Herb.* 113; Bill. *Exsicc.* n. 780 et *bis*. — *S. annuum* L.
*Sp.* 373; Jacq. *Austr.* I, t. 55. — *S. bienne* Crantz *Austr.* 204. — Vaill.
*Bot. Par.* t. 9, f. 4. — [S. COLORÉ].

*Souche pivotante*, couronnée par les nervures persistantes des feuilles
détruites, *donnant naissance à une seule tige*. Tige de 3-7 décim., dressée,
simple, plus rarement rameuse supérieurement, glabre, souvent colorée en
violet. Feuilles à segments linéaires, ord. divergents; les caulinaires même
les supérieures bipinnatiséquées. Ombelles à rayons nombreux, dressés à la
maturité. *Involucelles à folioles* lancéolées-acuminées, *largement membraneuses*, dépassant longuement l'ombellule avant l'épanouissement des fleurs,
égalant ou dépassant l'ombellule fructifère. Fruits pubérulents avant la maturité. ♃. Juillet-octobre.

A.R. — Pelouses sèches des bois sablonneux, coteaux arides. — Mont-Valérien
(*Thuill.* Fl. Par., *Guillemin*, *Maire*); Sèvres, Meudon, Saint-Germain (*Tourn.*
Hist. pl. Par.); bois du Vésinet! (*C. de Chambine*, *de Schœnefeld*); bois des Cham-
pious près Argenteuil (*de Schœnefeld*); Montmorency (*Tourn.* Hist. pl. Par.). Le
Coudray (*de Schœnefeld*) et Sainte-Geneviève (*Beautemps-Beaupré*) près Mantes;
Hodan près Magny (*Bouteille*). L'Ile-Adam (*Guillon*); Luzarches (*de Lens*); Beau-
mont-sur-Oise, Précy-sur-Oise (*de Schœnefeld*); La Chaussée près Chantilly!; Gou-
vieux (*Mandon*). Gèvres près Meaux, bois de Tulaisnes et de Cerfroid, Marolles près
La Ferté-Milon (*Questier*); La Ferté-sous-Jouarre (*Adr. de Jussieu*). Le Ganelon (*de
Marcilly fils*); Pierrefonds! près Compiègne. Lardy (*Maire*); forêt de Fontaine-
bleau! (*Vaill.* Bot. Par.); abondant dans les bois de Nanteau! et de Villiers! près
Nemours (*Devilliers*). — *Graves* Cat. Oise : commun sur les pelouses et les friches
calcaires, notamment dans les cantons de Neuilly, Creil, Liancourt, Clermont,
Ressons, Ribécourt, Compiègne, Attichy, Senlis.

**20. FŒNICULUM** Adans. *Fam.* II, 101. — [FENOUIL].

Calice à limbe presque nul. *Pétales* suborbiculaires, *entiers, enroulés en*
dedans, à pointe tronquée. *Fruit presque cylindrique. Carpelles* oblongs,
*à 5 côtes* saillantes obscurément carénées, *presque égales*; vallécules à un
seul canal résinifère. Columelle bipartite. — Involucre et involucelles nuls
ou presque nuls.

Plante bisannuelle. *Feuilles* 2-4 fois pinnatiséquées, *décomposées en segments
linéaires filiformes. Fleurs jaunes.*

1. **F. officinale** All. *Ped.* II, 25; Bill. *Exsicc.* n. 372. — *Anethum Fœniculum*
L. *Sp.* 377; *Engl. bot.* t. 1208. — [F. OFFICINAL. — Vulg. *Fenouil*]. ·

Souche épaisse, émettant ord. plusieurs tiges. Tiges de 8-15 décim.,
robustes, striées, rameuses surtout supérieurement, glaucescentes. Feuilles
décomposées en segments linéaires-filiformes très allongés; les supérieures

à partie engaînante plus longue que la partie qui porte les segments. Ombelles ord. très amples, à rayons nombreux. ② ou ♃. Juillet-septembre.

*A.C.* — Carrières, vignes, coteaux calcaires, voisinage des habitations. — Coteau du château de Chevreuse !. Abondant sur les coteaux crayeux à Mantes !; La Roche-Guyon !; Vernon !; Les Andelys !. Coteaux de Dreux !. Abondant sur le coteau de Montigny ! près Moret. Provins (*Bouteiller*), etc. — Fréquemment cultivé dans les jardins et les vignes.

**21. CNIDIUM** Cusson in *Mém. soc. méd. Par.* (1782) 280. — [CNIDIE].

Calice à limbe presque nul. Pétales obovales, émarginés, à pointe infléchie. *Fruit presque cylindrique. Carpelles oblongs, à 5 côtes ailées presque membraneuses, égales entre elles ; vallécules à un seul canal résinifère.* Columelle bipartite. — Involucre nul ou presque nul ; involucelles à plusieurs folioles.

Plante vivace. Feuilles bi-tripinnatiséquées. Fleurs blanches.

1. **C. apioldes** Spreng. *Umbell. prodr.* 40. — *Laserpitium silaifolium* Jacq. *Austr.* app. t. 44. — *Ligusticum cicutæfolium* Vill. *Dauph.* II, 612, t. 15. — [C. FAUSSE-ACHE].

Tige de 6-8 décim., striée ou sillonnée, rameuse dans sa partie supérieure, glabre. Feuilles à divisions de premier ordre ord. divariquées, à segments pinnatipartits à lobes oblongs ou linéaires-lancéolés mucronés ; les radicales très longuement pétiolées ; les caulinaires supérieures à pétiole dilaté en une gaîne canaliculée-enroulée très allongée rétrécie supérieurement et éloignée de la tige. Ombelles à 30-40 rayons grêles. Involucelles à folioles sétacées, glabres. ♃. Juillet-août.

*R R R.* — Bois, taillis. — Bois de Vincennes (*Decaisne*), à plusieurs localités.

Cette espèce, qui offre quelque analogie de port avec le *Selinum Carvifolia* L., s'en distingue par le nombre des rayons de l'ombelle, et par la forme des gaînes des feuilles supérieures, lorsque le fruit non développé ne permet pas d'apprécier les caractères du genre.

**22. SILAUS** Besser in Schultes *Syst.* VI, 36*. — [SILAÜS].

Calice à limbe presque nul. *Pétales à base large* tronquée, obovales-oblongs, rétrécis en une pointe infléchie, entiers ou un peu émarginés. *Fruit presque cylindrique. Carpelles oblongs, à 5 côtes ailées presque membraneuses, égales entre elles ; vallécules à 3-4 canaux résinifères peu distincts.* Columelle bipartite. — Involucre nul ou à 1-2 folioles ; involucelles à plusieurs folioles.

Plante vivace. Feuilles bi-quadripinnatiséquées. *Fleurs d'un jaune pâle.*

1. **S. pratensis** Besser, loc. cit. ; Bill. *Exsicc.* n. 781. — *Peucedanum Silaus* L. *Sp.* 354 ; Jacq. *Austr.* I, t. 15 ; *Engl. bot.* t. 2142. — [S. DES PRÉS. — Vulg. *Cumin-des-prés, Persil-bâtard*].

Tiges de 4-8 décim., striées, rameuses, peu feuillées supérieurement, glabres. Feuilles à segments linéaires-lancéolés mucronés, à bords denticulés-scabres, à nervures transparentes ; les radicales longuement pétiolées ; les supérieures réduites à 1-3 segments ou au pétiole engaînant. Ombelles à 5-15 rayons. ♃. Juillet-septembre.

*C C.* — Prairies, lieux humides ou marécageux.

TRIBU IV. **SCANDICINEÆ.** — Fruit comprimé perpendiculairement à la commissure, atténué au sommet ou prolongé en bec.
Carpelles à 5 côtes primaires égales filiformes ou plus ou moins ailées,
quelquefois peu distinctes dans leur partie inférieure; côtes secondaires nulles. Graine à face commissurale creusée d'un sillon profond
ou enroulée par les bords.

### 23. **CONOPODIUM** Koch *Umbell.* 118. — [ CONOPODE ].

Calice à limbe obscurément denté ou presque nul. Pétales obovales, émarginés, à pointe infléchie. *Fruit ovoïde,* comprimé perpendiculairement à la
commissure. *Carpelles lisses, linéaires-oblongs,* non atténués en bec, *à 5
côtes primaires égales filiformes; vallécules à 2-3 canaux résinifères.
Styles élargis en base conique,* dressés. Columelle bifide. — Involucre nul
ou presque nul; involucelles nuls ou à 2-3 folioles.

Plante vivace, à *souche bulbiforme globuleuse.* Feuilles bi-tripinnatiséquées.
Fleurs blanches.

**1. C. denudatum** Koch, loc. cit. — *Bunium denudatum* DC. *Fl. Fr.* IV, 325.
  — *B. flexuosum* Sm. *Fl. Brit.* 1301; *Engl. bot.* t. 988. — [ C. DÉNUDÉ.
  — Vulg. *Terre-noix* ].

Souche charnue, bulbiforme globuleuse. Tige de 3-6 décim., grêle, nue
dans sa partie inférieure, feuillée simple ou rameuse dans sa partie supérieure, ord. glabre. Feuilles à segments linéaires étroits; les radicales longuement pétiolées, souvent détruites lors de la floraison. Ombelles à rayons
nombreux, presque égaux. Involucelles nuls ou à 2-3 folioles inégales. ♃.
Mai-juillet.

*R R R.* — Prés secs, pelouses découvertes des bois. — Bois de Charbonnière
près Pithiviers (*A. de Saint-Hilaire*). Abondant au Bois-Yon et dans quelques autres
localités des environs de Dreux (*Dænen*). — *Graves* Cat. Oise : vallée de Bray;
dans les bois à Saint-Germer, Saint-Aubin, Orsimont ; forêt de Thelle.

### 24. **ANTHRISCUS** Hoffm. *Umbell.* I, 38. — [ ANTHRISQUE ].

Calice à limbe presque nul. Pétales obovales, tronqués ou émarginés, à
pointe infléchie. Fruit comprimé perpendiculairement à la commissure ou
presque didyme. *Carpelles lisses ou hérissés de pointes épineuses,* oblongs-
lancéolés, *rétrécis brusquement au sommet en un bec qui n'égale pas la
longueur de la graine; à 5 côtes* primaires *apparentes seulement dans
la partie supérieure* du carpelle; vallécules à canaux résinifères peu distincts ou presque nuls. Columelle indivise, ou bifide seulement au sommet.
— Involucre nul ; involucelles à plusieurs folioles ou à 1-3 folioles.

Plantes annuelles, plus rarement vivaces. Feuilles bi-tripinnatiséquées. Fleurs
blanches.

**1. A. vulgaris** Pers. *Syn. pl.* I, 320; Bill. *Exsicc.* n. 565. — *Caucalis scan-
dicina* Roth *Fl. Germ.* I, 121. — *Scandix Anthriscus* L. *Sp.* 368; *Engl.
bot.* t. 818. — [ A. COMMUN ].

Plante annuelle. Tige de 2-8 décim., striée, rameuse souvent dès la base,
glabre, ou presque glabre, lisse. Feuilles à gaînes et à nervures poilues, à

segments pinnatipartits, à lobes incisés ou entiers obtus-mucronulés. Ombelles brièvement pédonculées, opposées aux feuilles, à 3-7 rayons. Involucelles à 2-4 folioles. *Fruit* petit, ovale, à bec conique, *chargé d'épines subulées fortement arquées*. ⓘ. Avril-juin.

*C C.* — Lieux cultivés et incultes, décombres, bords des chemins.

† **A. Cerefolium** Hoffm. *Umbell.* 41.—*Chærophyllum sativum* Lmk *Encycl. méth.* I, 684 ; *Fl. Dan.* X, t. 1640. — *Scandix Cerefolium* L. *Sp.* 368 ; *Engl. bot.* t. 1268. — [A. CERFEUIL. — Vulg. *Cerfeuil*].

Plante annuelle. Tige de 4-8 décim., striée, rameuse, pubescente au-dessus des nœuds. Feuilles à nervures légèrement poilues, à segments courts pinnatipartits, à lobes incisés ou entiers obtus-mucronulés. *Ombelles sessiles*, opposées aux feuilles, à 3-5 rayons pubescents. Involucelles à 1-3 folioles. *Fruit* oblong-linéaire, *lisse*, à bec long cylindrique. ⓘ. Mai-août.

Cultivé dans les jardins et quelquefois subspontané dans le voisinage des habitations.

2. **A. sylvestris** Hoffm. *Umbell.* 40. — *Chærophyllum sylvestre* L. *Sp.* 369 ; *Engl. bot.* t. 752 ; Jacq. *Austr.* II, t. 149. — [A. SYLVESTRE].

Souche épaisse. Tiges de 5-10 décim., striées, très fistuleuses, rameuses surtout supérieurement, glabres ou pubescentes à la base. Feuilles glabres luisantes, à nervures quelquefois pubescentes, à segments assez amples oblongs ou lancéolés pinnatifides ou pinnatipartits, à lobes entiers ou incisés obtus mucronés. *Ombelles pédonculées*, terminant la tige et les rameaux, à 8-15 rayons. Involucelles à 5 folioles ciliées, réfléchies. *Fruit* ovale-oblong étroit, *lisse* luisant, à bec très court. ♃. Mai-juin.

*A.C.* — Haies humides, lieux cultivés, voisinage des habitations, décombres, cimetières. — Cimetière du Père-Lachaise!; bois de Boulogne! (*De Lens*); parc aux Ternes!; Neuilly (*Vigineix*); Suresnes, Saint-Cloud, Sèvres (*Tourn.* Hist. pl. Par.); Meudon!; parc à Bougival (*de Schœnefeld*); env. de Versailles! (*de Boucheman*); bois du Vésinet!; forêt de Saint-Germain (*Delavaux*); Enghien!; Montmorency (*Mandon*); haies du cimetière de Chauvry près Montmorency, parc de Vigny (*Vaill.* Bot. Par., *Bouteille*); env. de Marines!; Follainville près Mantes (*Adr. de Jussieu*); La Roche-Guyon!; Magny!; Chaumont!; Saint-Germer!; Oudeuil cant. de Marseille (*Taillefert*); Bailleul-sur-Thérain!; Liancourt-sous-Clermont!. Env. de Compiègne (*Léré*); Thury-en-Valois, Cuvergnon, Châvres, etc. (*Questier*). Malesherbes!, etc.

## 25. **CHÆROPHYLLUM** L. *Gen.* n. 358 ex parte. — [CERFEUIL].

Calice à limbe presque nul. Pétales obcordés, à pointe infléchie. Fruit comprimé perpendiculairement à la commissure. *Carpelles lisses, oblongs-linéaires, non rétrécis en bec; à 5 côtes primaires obtuses, apparentes jusqu'à la base du carpelle*; vallécules à un seul canal résinifère. Columelle bifide. —Involucre nul ou à 1-2 folioles; involucelles à plusieurs folioles.

Plante bisannuelle. Feuilles bipinnatiséquées. Fleurs blanches.

1. **C. temulum** L. *Sp.* 370; Jacq. *Austr.* I, t. 65; *Engl. bot.* t. 1521. — [C. PENCHÉ. — Vulg. *Cerfeuil-bâtard*].

Tige de 5-10 décim., striée, ord. renflée au-dessous des nœuds, pleine ou à peine fistuleuse, rameuse supérieurement, parsemée surtout dans sa partie inférieure de taches d'un rouge brun, rude velue-hispide surtout inférieurement. Feuilles pubescentes, d'un vert sombre, à segments assez amples, ovales ou oblongs, pinnatifides ou pinnatipartits, à lobes incisés ou dentés plus rarement entiers obtus. Ombelles pédonculées, terminant la tige et les rameaux, à 5-10 rayons. Involucelles à folioles ciliées, réfléchies. Fruit oblong-linéaire, lisse. ②. Juin-juillet.

*C C.* — Haies, buissons, lisière des bois, bords des chemins.

Le *Myrrhis odorata* Scop. (vulg. *Cerfeuil-musqué*), cultivé dans quelques jardins et quelquefois subspontané au voisinage des habitations (Fontainebleau), se reconnaît aux caractères suivants : fruit très gros, noirâtre, luisant, oblong acuminé ; carpelles à 5 côtes primaires très saillantes, carénées, tranchantes, souvent ciliées-scabres ; tiges velues-pubescentes ; feuilles mollement pubescentes, bi-tripinnatiséquées, à segments pinnatifides ou dentés ; ombelles à rayons ord. nombreux ; involucre nul ou presque nul ; involucelles à folioles membraneuses, lancéolées-acuminées ; ombellules à fleurs la plupart stériles ; plante à odeur très aromatique.

### 26. SCANDIX Gærtn. *Fruct.* II, 33. — [SCANDIX].

Calice à limbe presque nul. Pétales obovales, tronqués, à pointe infléchie. Fruit comprimé perpendiculairement à la commissure. *Carpelles* dépourvus d'épines, oblongs, *prolongés en un bec linéaire beaucoup plus long que la graine* ; à 5 côtes primaires obtuses peu saillantes ; vallécules colorées, à canaux résinifères non distincts. Columelle indivise ou presque indivise. — Involucre nul ou à une seule foliole ; involucelles à plusieurs folioles.

Plante annuelle. Feuilles bi-tripinnatiséquées. Fleurs blanches.

1. **S. Pecten-Veneris** L. *Sp.* 368 ; Jacq. *Austr.* III, t. 263 ; *Engl. bot.* t. 1397 ; Bill. *Exsicc.* n. 1210. — [S. PEIGNE-DE-VÉNUS. — Vulg. *Peigne-de-Vénus, Aiguille-de-berger, Aiguillette*].

Tige de 2-4 décim., finement striée, rameuse à rameaux souvent étalés, pubescente-hérissée. Feuilles à segments multipartits, à lobes linéaires étroits aigus. Ombelles à 1-3 rayons courts, robustes. Involucelles à folioles dressées, bi-trifides ou entières. Fruit légèrement scabre, à bec au moins 4 fois plus long que la graine, cilié-scabre et comprimé parallèlement à la commissure. ①. Mai-août.

*C C.* — Moissons, champs en friche, bords des chemins.

### TRIBU V. SMYRNIEÆ. — Fruit comprimé perpendiculairement à la commissure, ord. à carpelles renflés ou presque didyme, non terminé en bec. Carpelles à côtes primaires de forme variable ; côtes secondaires nulles. Graine à face commissurale creusée d'un sillon profond ou enroulée par les bords.

### 27. CONIUM L. *Gen.* n. 336. — [CIGUË].

Calice à limbe presque nul. Pétales obovales, un peu émarginés, à pointe très courte infléchie. *Fruit subglobuleux*, comprimé perpendiculairement à la commissure, *presque didyme. Carpelles* dépourvus d'épines, ovales, non prolongés en bec ; *à 5 côtes primaires saillantes ondulées* ; côtes secondaires nulles ; vallécules marquées de plusieurs stries, à canaux résinifères

non distincts. Columelle bifide ou bipartite. — Involucre et involucelles à
3-5 folioles.

Plante bisannuelle. Feuilles tri-quadripinnatiséquées. Fleurs blanches.

**1. C. maculatum** L. *Sp.* 349 ; Jacq. *Austr.* II, t. 156 ; Bull. *Herb.* t. 63 ; *Engl.
bot.* t. 1191 ; Bill. *Exsicc.* n. 2473. — [C. TACHETÉE. — Vulg. *Ciguë,
Ciguë-officinale, Grande-Ciguë*].

Tige de 8-12 décim., striée, robuste, très fistuleuse, rameuse supérieurement, ord. glaucescente, parsemée de taches d'un pourpre violacé surtout
dans sa partie inférieure. Feuilles d'un vert sombre, à odeur vireuse, à segments pinnatipartits ou pinnatifides, à lobes courts entiers ou incisés aigus.
Ombelles à 12-20 rayons. Involucre à folioles réfléchies, lancéolées-acuminées, membraneuses aux bords ; involucelles à folioles réfléchies, rejetées en
dehors, plus courtes que l'ombellule. ②. Juin-août.

*C.* — Bords des chemins, décombres, cimetières, voisinage des habitations.

TRIBU VI. **SELINEÆ.** — Fruit comprimé parallèlement à la commissure, souvent lenticulaire. Carpelles à 5 côtes primaires inégales : les 3 dorsales filiformes, quelquefois peu distinctes, rarement
ailées, beaucoup plus étroites que les marginales ; les 2 marginales
dilatées en ailes membraneuses ou épaisses, écartées, ou rapprochées
en un rebord qui entoure le fruit ; côtes secondaires nulles. Graine
à face commissurale plane.

SOUS-TRIBU I. **ANGELICEÆ.** — Fruit entouré de deux ailes membraneuses par l'écartement des ailes marginales des deux carpelles ;
côtes dorsales ailées ou filiformes.

### 28. SELINUM Hoffm. *Umbell.* I, 150. — [SÉLIN].

Calice à limbe presque nul. Pétales obovales, émarginés, à pointe infléchie.
Fruit comprimé parallèlement à la commissure. *Carpelles* ovales-oblongs,
*à 5 côtes ailées*, les 3 dorsales étroitement ailées, les marginales largement
ailées-membraneuses ; vallécules à un seul canal résinifère, les latérales quelquefois à deux canaux résinifères. Columelle bipartite. — Involucre nul ou
à 1-2 folioles ; involucelles à plusieurs folioles.

Plante vivace. Feuilles bi-tripinnatiséquées. Fleurs blanches.

**1. S. Carvifolia** L. *Sp.* 350 ; Jacq. *Austr.* I, t. 16 ; Bill. *Exsicc.* n. 993. — [S. A
FEUILLES DE CARVI].

Tige de 4-8 décim., sillonnée-anguleuse à angles ailés-membraneux, ou
simplement cannelée, rameuse supérieurement, glabre. Feuilles à segments
pinnatipartits, à lobes linéaires-lancéolés ou ovales-lancéolés mucronés ; les
radicales longuement pétiolées ; les caulinaires supérieures à pétiole dilaté en
une gaîne non rétrécie au sommet, et ne s'éloignant pas de la tige. Ombelles
à 15-20 rayons. ♃. Juillet-septembre.

*A.C.* — Prairies tourbeuses, bois humides.

### 29. ANGELICA L. *Gen.* n. 347 ex parte. — [ANGÉLIQUE].

Calice à limbe presque nul. Pétales lancéolés, entiers, acuminés à pointe droite ou incurvée. Fruit comprimé parallèlement à la commissure. *Carpelles oblongs, à 5 côtes,* les *3 dorsales filiformes* saillantes, les marginales largement ailées-membraneuses ; vallécules à un seul canal résinifère. Columelle bipartite.— Involucre nul ou à 1-2 folioles ; involucelles à plusieurs folioles.

Plante vivace. Feuilles bi-tripinnatiséquées. Fleurs blanches ou d'un blanc lilas. Pétales entiers.

1. A. sylvestris L. *Sp.* 361 ; *Fl. Dan.* X, t. 1639 ; *Engl. bot.* t. 1128. — [A. SAUVAGE. — Vulg. *Angélique-sauvage*].

Tiges de 6-12 décim., épaisses robustes, très fistuleuses, finement striées, rameuses supérieurement, d'un vert glauque, souvent colorées de pourpre au niveau des nœuds. Feuilles à segments très amples ovales-lancéolés, inégalement dentés ; les radicales longuement pétiolées ; les caulinaires supérieures à pétiole largement dilaté en une gaîne ventrue membraneuse souvent colorée, à segments très petits souvent presque nuls. Ombelles très amples, à 25-30 rayons presque égaux. ♃. Juillet-septembre.

C. — Bords des ruisseaux, fossés humides, lieux ombragés, prairies.

On cultive quelquefois l'*Archangelica officinalis* Hoffm. (*Angelica Archangelica* L. — Vulg. *Angélique*), qui diffère de l'*Angelica sylvestris* par son calice à 5 dents courtes, par son fruit à canaux résinifères très nombreux isolant la graine du péricarpe, par ses feuilles à segments ord. presque cordés bi-trilobés, et par sa tige et ses pétioles charnus très succulents, etc.

On cultive dans les jardins et l'on rencontre quelquefois au voisinage des habitations le *Levisticum officinale* Koch (*Ligusticum Levisticum* L. — Vulg. *Livèche*), qui se rapproche du genre *Selinum* par ses carpelles à 5 côtes ailées, et s'en distingue par ses pétales entiers ; on le reconnaît à ses feuilles bipinnatiséquées à segments coriaces obovales-cunéiformes incisés, à son involucre à plusieurs folioles, à son odeur fortement aromatique, etc.

SOUS-TRIBU II. **PEUCEDANEÆ.** — Fruit ord. lenticulaire, entouré d'un rebord aplani ou épais par le rapprochement des ailes marginales des deux carpelles ; côtes dorsales filiformes, quelquefois peu distinctes.

### 30. PEUCEDANUM Koch *Umbell.* 92. — [PEUCÉDAN].

Calice à limbe 5-denté, rarement presque nul. *Pétales* obovales, émarginés ou presque entiers, *infléchis seulement à la pointe.* Fruit comprimé parallèlement à la commissure. Carpelles oblongs ou suborbiculaires, à 5 côtes, les 3 dorsales filiformes peu saillantes souvent décomposées chacune en 3 lignes capillaires, les marginales dilatées en une aile aplanie plus ou moins épaisse ; *vallécules à un seul canal résinifère* souvent saillant, *rarement à 3 canaux résinifères.* Columelle bipartite. — Involucre et involucelles à plusieurs folioles, rarement nuls ou à 1-3 folioles.

Plantes vivaces. Feuilles bi-tripinnatiséquées, rarement quadripinnatiséquées. *Fleurs blanches* ou rosées, rarement d'un blanc verdâtre ou jaunâtre.

1. **P. Chabræi** Gaud. *Fl. Helv.* II, 330. — *Selinum Chabræi* Jacq. *Austr.* app.
   t. 72. — *S. palustre* Thuill. *Fl. Par.* 139 non L. — Vaill. *Bot. Par.* t. 5,
   f. 2. — [P. DE CHABREY].

Souche ord. couronnée par les nervures persistantes des feuilles détruites.
Tiges de 6-8 décim., sillonnées ou striées, rameuses supérieurement ou
presque simples, d'un vert glauque. *Feuilles* inférieures longuement pétiolées,
bipinnatiséquées; *à divisions de premier ordre sessiles*; à segments entiers
linéaires ou divisés en lobes linéaires mucronés rapprochés, les inférieurs
croisés en sautoir autour du rachis. Ombelles à 6-12 rayons inégaux. Involucre nul ou presque nul; *involucelles à 1-3 folioles ou nuls*. Fleurs d'un
blanc verdâtre ou jaunâtre. Calice à limbe presque nul. Fruit oblong-obovale,
à *vallécules pourvues de 3 canaux résinifères.* ♃. Juin-septembre.

*A.R.* — Prairies humides, berges des rivières. — Ile du Moulin-rouge près
Charenton, Saint-Maur! (*Tourn.* Hist. pl. Par., *Lepeletier de Saint-Fargeau*); île
Saint-Ouen (*Delavaux*); île Saint-Denis en face d'Épinay (*Guillard*); Daumont
près Montmorency (*Bouteiller*); L'Ile-Adam (*Ach. Richard*). Iles de la Marne
près Torcy, parc de Rentilly-en-Brie (*Thuret*). Gazons du parc de Trianon! (*de
Boucheman*). Mantes!; bois de Freneuse! près Bonnières; Les Andelys (*de
Brébisson* Fl. Norm.). Valvins! (*Adr. de Jussieu*); Nemours (*Devilliers*). Compiègne
(*Boivin*).

2. **P. Parisiense** DC. *Fl. Fr.* IV, 336; Bill. *Exsicc.* n. 994. — *P. officinale*
   Thuill. *Fl. Par.* 140 non L. — [P. DE PARIS].

Souche couronnée par les nervures persistantes des feuilles détruites. Tige
de 8-12 décim., striée, rameuse supérieurement, d'un vert presque glauque.
*Feuilles* inférieures longuement pétiolées, ord. tripinnatiséquées; à divisions
de premier ordre longuement pétiolulées; *à segments entiers, linéaires très
allongés*, aigus, roides, divariqués. Ombelles à 10-20 rayons inégaux. Involucre nul ou à plusieurs folioles subulées caduques; involucelles à plusieurs
folioles. Fleurs blanches ou rosées. Calice à limbe 5 denté. Fruit oblong,
à vallécules pourvues d'un seul canal résinifère. ♃. Juillet-octobre.

*C.* — Lisière des bois, taillis.

3. **P. Cervaria** Lapeyr. *Abr. Pyr.* 149; Bill. *Exsicc.* n. 782. — *Athamanta Cervaria* L. *Sp.* 352; Jacq. *Austr.* I, t. 69. — [P. DES CERFS].

Souche couronnée par les nervures persistantes des feuilles détruites. Tige
de 8-12 décim., striée, rameuse supérieurement, d'un vert glauque. *Feuilles*
inférieures longuement pétiolées, bi-tripinnatiséquées; à divisions de premier
ordre longuement pétiolulées; *à segments* coriaces, *d'un vert glauque en
dessous, amples, ovales*, plus ou moins profondément *lobés-dentés à dents
cuspidées-mucronées* presque épineuses. Ombelles à 10-20 rayons presque
égaux. Involucre à plusieurs folioles souvent inégales, persistantes, plus
rarement caduques; involucelles à plusieurs folioles. Fleurs blanches, plus
rarement rosées. Calice à limbe 5-denté. Fruit oblong-suborbiculaire, à vallécules pourvues d'un seul canal résinifère; canaux résinifères de la commissure presque parallèles. ♃. Juillet-octobre.

*R.* — Coteaux calcaires, lisière des bois secs, pâturages des lieux montueux. —
Lardy, La Ferté-Aleps (*Maire*); forêt de Fontainebleau (*Tourn.* Hist. pl. Par.):
aux env. de Chailly (*Thuill.* Fl. Par.), Mont-Morillon! (*Adr. de Jussieu*); bois
de l'Abbesse! et de Nanteau! près Nemours (*Devilliers*); Malesherbes (*Bernard*).

Forêt de Sourdun près Provins (*Bouteiller*). Senlis (*Questier*). Abondant dans la forêt de Dreux (*Dænen*). — *Graves* Cat. Oise : coteaux de Margny et de Choisy-au-bac près Compiègne.

S.-v. *cuspidata*. — Feuilles à segments profondément dentés, à dents longuement cuspidées-épineuses.

4. **P. Orcoselinum** Mœnch *Meth.* 82 ; Bill. *Exsicc.* n. 783. — *Athamanta Oreoselinum* L. *Sp.* 352 ; Jacq. *Austr.* I, t. 68. — [ P. SÉLIN-DE-MONTAGNE ].

Souche souvent couronnée par les nervures persistantes des feuilles détruites. Tige de 6-8 décim., striée, rameuse supérieurement, glabre. *Feuilles* inférieures longuement pétiolées, bi-tripinnatiséquées ; *à divisions de premier ordre longuement pétiolulées, divariquées* ou réfléchies ; *à segments* roides, divariqués, verts sur les deux faces, ovales ou cunéiformes *pinnatipartits ou incisés, à lobes à peine mucronés.* Ombelles à 10-20 rayons presque égaux. Involucre à plusieurs folioles persistantes, plus rarement caduques, très rarement nul ; involucelles à plusieurs folioles. Fleurs blanches. Calice à limbe 5-denté. *Fruit suborbiculaire*, à bordure épaisse émarginée au sommet, à vallécules pourvues d'un seul canal résinifère ; *canaux résinifères de la commissure arqués formant un cercle par leur réunion.* ♃. Juillet-septembre.

A.C. — Pâturages secs, pelouses arides des bois, coteaux sablonneux. — Bois de Boulogne! ; Mont-Valérien! ; bois du Vésinet! ; forêt de Saint-Germain (*Tourn.* Hist. pl. Par.). Itteville! ; forêt de Fontainebleau! (*Tourn.* Hist. pl. Par.)! ; Nemours, etc.

5. **P. palustre** Mœnch *Meth.* 82. — *Selinum palustre* L. *Suec.* 86 ; *Engl. bot.* t. 229. — *Selinum sylvestre* Jacq. *Austr.* II, 152 non L. — *P. sylvestre* DC. *Prodr.* IV, 179. — *Thysselinum palustre* Hoffm. *Umbell.* 134 ; Bill. *Exsicc.* n. 784. — [ P. DES MARAIS ].

Souche non couronnée par des nervures persistantes. Tige de 7-10 décim., cannelée, rameuse supérieurement, glabre. *Feuilles* inférieures longuement pétiolées, tri-quadripinnatiséquées ; *à divisions de premier ordre longuement pétiolulées, dressées ; à segments pinnatipartits ou incisés, à lobes linéaires-lancéolés mucronulés.* Ombelles à 20-30 rayons inégaux. *Involucre et involucelles à plusieurs folioles* lancéolées longuement acuminées ; *largement membraneuses aux bords.* Fleurs blanches. Calice à limbe 5-denté. Fruit oblong, à bordure étroite obtuse, à côtes dorsales égales rapprochées, à vallécules pourvues d'un seul canal résinifère ; *canaux résinifères de la commissure recouverts et cachés par le péricarpe.* ♃. Juillet-septembre.

R R. — Prairies tourbeuses, lieux marécageux. — Prairies entre Mennecy et Itteville! . — Env. de Soissons (*Maire*). — *Graves* Cat. Oise : prairies de Troissereux près Beauvais ; Longueil-Saint-Martin cant. d'Estrées.

† **ANETHUM** Tourn. *Inst.* t. 169. — [ ANETH ].

Calice à limbe presque nul. *Pétales* suborbiculaires, entiers, *enroulés en dedans.* Fruit comprimé parallèlement à la commissure. *Carpelles* oblongs, *à 5 côtes*, les 3 *dorsales filiformes-carénées saillantes*, les marginales dilatées en une aile aplanie ; vallécules à un seul canal résinifère qui occupe toute leur largeur. Columelle bipartite. — Involucre et involucelles nuls.

Plante annuelle. *Feuilles* 2-4 fois pinnatiséquées, *décomposées en segments linéaires très étroits.* Fleurs jaunes.

† **A. graveolens** L. *Sp.* 377 ; *Flor. Dan.* t. 1572. — [A. ODORANT. — Vulg. *Fe-nouil-bâtard*].

Plante annuelle, à racine pivotante. Tige solitaire, de 1-4 décim., finement striée, rameuse supérieurement, glabre-glaucescente. Feuilles décomposées en segments linéaires très étroits ; les supérieures à partie engaînante beaucoup plus courte que la partie qui porte les segments. Ombelles ord. très amples, à rayons nombreux. Fruit oblong, entouré d'un rebord aplani. (I). Juillet-août.

Quelquefois cultivé et subspontané çà et là aux bords des chemins. — Saint-Maurice ; Gravelle ; Joinville-le-Pont. Env. de Beauvais, etc.

Cette plante, qui a été souvent confondue avec le *Fœniculum officinale*, s'en distingue facilement, même avant la maturité du fruit, par sa racine annuelle grêle, par sa tige solitaire et par ses feuilles supérieures dont la partie engaînante est beaucoup plus courte que la partie qui porte les segments. — L'*A. segetum* L., indiqué dans nos environs (*Thuillier* Fl. Par.), probablement par suite de quelque confusion, se distingue de l'*A. graveolens* par son fruit moins comprimé à rebord presque nul.

## 31. PASTINACA Tourn. *Inst.* t. 170. — [PANAIS].

*Calice à limbe presque nul. Pétales* suborbiculaires, *entiers, enroulés en dedans.* Fruit comprimé parallèlement à la commissure. *Carpelles* oblongs-suborbiculaires, *à 5 côtes,* les 3 *dorsales très fines* souvent décomposées chacune en 3 lignes capillaires, les marginales dilatées en une aile aplanie ; vallécules à un seul canal résinifère de la longueur ou presque de la longueur du carpelle. Columelle bipartite. — Involucre et involucelles nuls ou à 1-2 folioles.

Plante bisannuelle. *Feuilles pinnatiséquées, à segments ovales ou oblongs. Fleurs jaunes.*

1. **P. sativa** L. *Sp.* 376 ; *Fl. Dan.* VII, t. 1206 ; *Engl. bot.* t. 556. — [P. CULTIVÉ. — Vulg. *Panais*].
Tige de 5-10 décim., striée ou sillonnée-anguleuse, rameuse, pubescente-rude ou presque glabre. Feuilles inférieures simplement pinnatiséquées, à segments subsessiles, très amples, ovales ou oblongs, cunéiformes ou tronqués à la base, plus rarement inégalement cordés, plus ou moins profondément bi-trilobés à lobes crénelés ou inégalement dentés. Ombelle terminale à 10-20 rayons, ord. longuement dépassée par les ombelles latérales. ②. Juillet-août.

Var. α. *sylvestris.* (*P. sylvestris* Mill. *Dict.* n. 1 ; Bill. *Exsicc.* n. 1882 et *bis.* — Vulg. *Panais-sauvage*). — Racine pivotante à peine renflée. Feuilles pubescentes au moins à la face inférieure. — *A.C.* — Moissons, terrains en friche, bords des chemins.

Var. β. *sativa.* (vulg. *Panais*). — Racine pivotante charnue très épaisse. Feuilles glabres ou presque glabres, à faces luisantes surtout la supérieure. — Cultivé comme alimentaire dans les jardins et en plein champ.

## 32. HERACLEUM L. *Gen.* n. 345. — [BERCE].

Calice à limbe 5-denté. *Pétales* obovales, émarginés, à pointe infléchie, les *extérieurs* ord. *rayonnants profondément bifides.* Fruit comprimé parallèlement à la commissure. Carpelles oblongs-suborbiculaires, à 5 côtes, les 3 dorsales filiformes peu saillantes, les marginales dilatées en une aile aplanie ;

*vallécules à un seul canal résinifère qui s'étend à peine au delà de la moitié supérieure du carpelle et se renfle du sommet à la base. Columelle bipartite.* — Involucre à folioles peu nombreuses caduques, plus rarement presque nul ; involucelles à folioles nombreuses.

Plante bisannuelle. Feuilles pinnatiséquées, à segments lobés ou pinnatipartits. Fleurs blanches.

1. **H. Sphondylium** L. *Sp.* 358 ; *Engl. bot.* t. 939. — [B. BRANC-URSINE. — Vulg. *Berce, Branc-Ursine* ].

Tige de 5-15 décim., robuste, fortement sillonnée, largement fistuleuse, rameuse supérieurement, rude, velue-hérissée. Feuilles inférieures simplement pinnatiséquées, à segments velus-pubescents surtout en dessous, plus ou moins longuement pétiolulés, très amples, bi-trilobés ou pinnatipartits à lobes ovales ou oblongs inégalement dentés ou crénelés. Ombelles à 15-20 rayons, souvent irrégulières. ②. Juin-septembre.

*C C.* — Prés humides, bords des fossés.

Var. β. *longifolium.* ( *H. longifolium* Jacq. *Austr.* I, t. 174 ). — Feuilles à segments palmatiséqués, à lobes très allongés lancéolés ou linéaires fortement et lâchement dentés ou pinnatipartits, les lobes inférieurs ord. très rapprochés du rachis et souvent confluents entre eux. — *R R.* — Bords des fossés aquatiques, taillis humides. — Malesherbes !.

## 33. **TORDYLIUM** Tourn. *Inst.* t. 170. — [ TORDYLE ].

*Calice à limbe 5-denté, à dents linéaires-subulées.* Pétales obovales, émarginés, à pointe infléchie, les extérieurs rayonnants bifides. Fruit comprimé parallèlement à la commissure. *Carpelles suborbiculaires, à 5 côtes, les 3 dorsales filiformes à peine visibles, les marginales dilatées en une bordure très épaisse rugueuse-tuberculeuse* ; vallécules à un seul canal résinifère. Columelle bipartite. — Involucre et involucelles à plusieurs folioles.

Plante annuelle. Feuilles pinnatiséquées. Fleurs blanches ou rosées.

1. **T. maximum** L. *Sp.* 345 ; Jacq. *Austr.* II, t. 142 ; *Engl. bot.* t. 1173 ; Bill. *Exsicc.* n. 29. — [ T. ÉLEVÉ ].

Tige de 3-9 décim., sillonnée, rameuse, très scabre, hispide à poils réfléchis. Feuilles velues, scabres ; les inférieures à segments subsessiles, ovales ou oblongs, incisés-crénelés, le terminal plus ample trilobé ou tripartit ; les supérieures à segments lancéolés, le terminal étroit très allongé. Ombelles compactes, à 5-10 rayons très inégaux, hérissés de poils dressés ainsi que l'involucre et les involucelles. Involucre à folioles linéaires, plus courtes que l'ombelle. Fruit chargé de poils roides dressés, souvent coloré, émarginé au sommet, surmonté par les dents persistantes du calice. ①. Juin-août.

*A.R.* — Coteaux secs et pierreux, bords des haies et des chemins. — Vincennes !, Bagnolet (*Maire*) ; vignes à Sèvres (*Vaill.* Bot. Par.) ; assez abondant dans la plaine du Vésinet (*de Schœnefeld*) et aux environs de Saint-Germain (*de Boucheman*). Savigny-sur-Orge (*Kralik*) ; Marcoussis, Essonne ! (*Tourn.* Hist. pl. Par., *Adr. de Jussieu*) ; Chevannes près Mennecy (*Des Étangs*) ; station du chemin de fer à Fontainebleau (*Latteux*); côte de Champagne ! près de Thomery (*Thuill.* Fl. Par.) ; Moret !; Pithiviers ! (*Woods*). Abondant à Dreux ! (*Dœnen*). Marissel près Beauvais !. Pierrefonds (*Weddell*). — *Graves* Cat. Oise : autour de Compiègne ; Morienval ; Bulles.

TRIBU VII. **LASERPITIEÆ.** — Fruit comprimé parallèlement à la commissure ou presque cylindrique. Carpelles à 9 côtes par la présence des côtes primaires et des côtes secondaires : les 5 côtes primaires filiformes, lisses ou portant quelques pointes épineuses ; les 4 côtes secondaires développées en ailes membraneuses entières ou profondément découpées en épines ou en soies épineuses. Graine à face commissurale plane ou convexe.

SOUS-TRIBU I. **THAPSIEÆ.** — Fruit à 8 ailes entières, dépourvu d'épines.

### 34. **LASERPITIUM** L. *Gen.* n. 344. — [ LASER ].

Calice à limbe 5-denté. Pétales obovales, émarginés, à pointe infléchie. Fruit comprimé parallèlement à la commissure ou presque cylindrique. *Carpelles* linéaires-oblongs, *à 5 côtes primaires filiformes* à peine visibles, *à 4 côtes secondaires développées en ailes membraneuses entières*, planes ou ondulées, beaucoup plus larges que le fruit ; vallécules à un seul canal résinifère situé sous la côte ailée correspondante. Columelle bipartite. — Involucre et involucelles à plusieurs folioles.

Plante vivace. Feuilles bipinnatiséquées. Fleurs blanches.

1. **L. latifolium** L. *Sp.* 356 ; Jacq. *Austr.* II, t. 146 ; Bill. *Exsicc.* n. 1881.— [ L. A FEUILLES LARGES ].

Souche épaisse, entourée par les nervures persistantes des feuilles détruites. Tige de 7-12 décim., robuste, striée, rameuse supérieurement ou simple, glabre glaucescente. Feuilles à segments ovales-oblongs, tronqués ou inégalement cordés à la base, dentés, à dents courtes mucronées, les inférieurs longuement pétiolulés. Ombelles très amples, à 15-40 rayons presque égaux, scabres au côté interne. ♃. Juin-août.

Var. β. *asperum* (Koch *Syn. fl. Germ.* ed. 2, 341.— *L. asperum* Crantz *Austr.* III, 179, t. 1, f. 2 et 6). — Feuilles à segments pubescents-scabres en dessous. — R R. — Bois montueux, rochers. — Cesson ! ; env. de Fontainebleau : « forest de Fontainebleau du côté d'Estampes » (*B. de Jussieu* in *Tourn.* Hist. pl. Par.); Chailly (*A. Jamain*), La Glandée (*de Schœnefeld*), Valvins !, côte de Champagne ! près Thomery (*Lasalle* in *Thuill.* Fl. Par.); Nemours ! (*Devilliers*); Dordives !.

La variété à feuilles glabres de cette espèce (*L. glabrum* Crantz, loc. cit.), assez répandue dans les régions montagneuses, n'a pas été observée aux environs de Paris.

SOUS-TRIBU II. **DAUCINEÆ.**—Fruit chargé d'épines ou de soies presque épineuses par la découpure des 8 ailes.

### 35. **DAUCUS** Tourn. *Inst.* t. 161. — [ CAROTTE ].

Calice à limbe 5-denté. Pétales obovales, émarginés, à pointe infléchie, les extérieurs rayonnants profondément bifides. Fruit comprimé parallèlement à la commissure. *Carpelles* oblongs, à 5 côtes primaires filiformes chargées de 1-3 rangs de soies très courtes, *à 4 côtes secondaires* développées *en ailes découpées* presque jusqu'à la base *en longues soies* presque épineuses *disposées sur un seul rang*; vallécules à un seul canal résinifère situé sous la côte ailée correspondante. Columelle indivise ou bifide. — Involucre à plusieurs folioles triséquées ou pinnatiséquées à segments linéaires; involucelles à plusieurs folioles triséquées ou entières.

Plante bisannuelle. Feuilles bi-tripinnatiséquées. Fleurs blanches ou rosées, la centrale stérile d'un pourpre foncé.

1. **D. Carota** L. *Sp.* 348; *Engl. bot.* t. 1174. — [C. COMMUNE. — Vulg. *Carotte*].

Tige de 4-8 décim., striée ou sillonnée, très rameuse, rude ou hispide. Feuilles à segments pinnatipartits ou incisés, à lobes oblongs ou linéaires mucronés. Ombelles à 30-40 rayons rarement moins, très inégaux, se redressant après la floraison et donnant à l'ombelle une apparence concave. Involucre à folioles scarieuses aux bords dans leur partie inférieure, plus courtes ou plus longues que l'ombelle. Involucelles à folioles ord. largement membraneuses, égalant environ ou dépassant longuement les ombellules. Fleurs extérieures des ombelles à pétales extérieurs ord. rayonnants. Fruit à soies égalant environ le diamètre transversal des carpelles. ②. Juin-octobre.

*C C C.* — Prairies, pâturages, lieux cultivés et incultes, bords des chemins, etc.

S.-v. *pusillus.* — Plante naine. Folioles de l'involucre et des involucelles la plupart indivises ou à peine incisées. Fleurs quelquefois toutes purpurines. Fruits à soies presque avortées. — Lieux très arides.

Var. β. *sativus.* — Racine épaisse charnue, rouge ou jaunâtre. — Cultivé comme alimentaire en grand et dans les jardins.

## 36. **ORLAYA** Hoffm. *Umbell.* 58. — [ORLAYA].

Calice à limbe 5-denté. Pétales obovales, émarginés, à pointe infléchie, les extérieurs rayonnants profondément bifides. Fruit comprimé parallèlement à la commissure. *Carpelles* ovales-oblongs; à 5 côtes primaires filiformes chargées de 1-3 rangs de soies courtes; *à 4 côtes secondaires* développées *en ailes découpées* presque jusqu'à la base *en épines subulées disposées sur 2-3 rangs*; vallécules à un seul canal résinifère situé sous la côte ailée correspondante. Columelle bipartite. — Involucre et involucelles à plusieurs folioles entières.

Plante annuelle. Feuilles bi-tripinnatiséquées. Fleurs blanches, les extérieures à pétales rayonnants ord. plus grands que l'ensemble des fleurs non rayonnantes de l'ombellule.

1. **O. grandiflora** Hoffm. *Umbell.* I, 58; Bill. *Exsicc.* n. 1208. — *Caucalis grandiflora* L. *Sp.* 346; Jacq. *Austr.* 1, t. 54. — [O. A GRANDES FLEURS].

Tige de 2-4 décim., sillonnée, rameuse dès la base, glabre ou presque glabre. Feuilles à segments pinnatipartits ou incisés, à lobes oblongs ou linéaires mucronulés. Ombelles à 5-8 rayons. Involucre à folioles lancéolées-cuspidées, largement membraneuses aux bords, plus courtes que l'ombelle; involucelles à folioles ovales ou oblongues, brusquement cuspidées, largement membraneuses, ciliées, les extérieures plus grandes. Fleurs extérieures des ombelles à pétales extérieurs rayonnants très grands, profondément bipartits. Fruit gros, beaucoup plus long que le pédicelle. ①. Juin-septembre.

R R. — Moissons, terrains meubles, champs maigres à sol calcaire. — Méru, Beauvais (*Graves*); Oudeuil et Montmille près Beauvais (*Taillefert*); Compiègne (*Graves*); trouvé une seule fois à Bargny près Betz (*Lefevre*); abondant à Missy-aux-Bois près Villers-Cotterets (*Kralik*). Nanteau et Poligny près Nemours (*Devilliers*); abondant dans les jeunes taillis à Cériseaux! près Souppes; Mondreville! près Château-Landon. Provins (*Bouteiller, Des Étangs*). — *Graves* Cat. Oise : Chevincourt cant. de Ribecourt; Lassigny. — Env. de Soissons (*Lepeletier de Saint-Fargeau*).

S.-v. *pusilla.* — Plante naine. Fleurs extérieures des ombelles à pétales extérieurs souvent peu développés environ de même grandeur que les pétales intérieurs.


**TRIBU VIII. CAUCALINEÆ.** — Fruit comprimé perpendiculairement à la commissure ou presque cylindrique. Carpelles à **9** côtes par la présence des côtes primaires et des côtes secondaires : les 5 côtes primaires ord. filiformes portant ord. des soies ou des épines; les 4 côtes secondaires ord. plus saillantes, découpées en épines ou décomposées en épines nombreuses ou en tubercules couvrant toute l'étendue des vallécules. Graine à face commissurale enroulée ou infléchie par les bords.


**37. TURGENIA** Hoffm. *Umbell.* 59. — [TURGÉNIE].

Calice à limbe 5-denté, à dents sétacées. Pétales obovales, émarginés, à pointe infléchie, les extérieurs rayonnants bifides. Fruit comprimé perpendiculairement à la commissure, presque didyme. *Carpelles* ovales-acuminés; *à 5 côtes primaires et à 4 côtes secondaires presque égales*, développées en ailes *découpées presque jusqu'à la base en épines* robustes subulées ord. *disposées sur 2-3 rangs*, les 2 côtes marginales seules à épines disposées sur un seul rang; vallécules à un seul canal résinifère situé sous la côte secondaire correspondante. Columelle bifide. — Involucre à 2-3 folioles; involucelles ord. à 5 folioles.

Plante annuelle. Feuilles pinnatiséquées ou pinnatipartites. Fleurs purpurines, plus rarement rosées ou blanches.

**1. T. latifolia** Hoffm. *Umbell.* 59 ; Bill. *Exsicc.* n. 564. — *Caucalis latifolia* L. *Mant.* 350; Jacq. *Hort. Vind.* II, t. 128; *Engl. bot.* t. 198. — [T. A LARGES FEUILLES].

Tige de 2-6 décim., sillonnée, rameuse, scabre ou hispide, très rude. Feuilles à segments pubescents-scabres, oblongs, pinnatipartits ou pinnatifides, à lobes oblongs ou triangulaires dentés ou entiers. Ombelles à 2-4 rayons robustes, anguleux. Involucre et involucelles à folioles égales, oblongues, concaves, presque entièrement scarieuses. Fruit gros, plus long que le pédicelle, à épines scabres. Ⓘ. Juin-août.

A.R. — Moissons maigres, champs en friche. — Charenton (*Maire*); Bourg-la-Reine (*Kralik*); Aulnay, Livry (*Vaill.* Bot. Par.); La Croix-de-Berny!; Montfermeil (*Adr. de Jussieu*); Malnoue et Collégien en Brie (*Thuret*); Montgeron!; forêt de Senart!; Mennecy!; Lardy (*Adr. de Jussieu*); La Ferté-Aleps (*de Schœnefeld*); Étampes!; Nemours! (*Devilliers*); Malesherbes!; Pithiviers!. Dreux (*Dœnen*). Parc du Plessis près Magny (*Bouteille*). Bouillancy, Rouvres, Autheuil-en-Valois (*Questier*); Compiègne (*Graves*), etc.

**38. CAUCALIS** L. *Gen.* 331 ex parte. — [CAUCALIDE].

Calice à limbe 5-denté, à dents lancéolées. Pétales obovales, émarginés, à pointe infléchie, les extérieurs rayonnants bifides. Fruit comprimé perpendiculairement à la commissure, presque didyme. *Carpelles* oblongs ; *à 5 côtes primaires filiformes* portant quelques tubercules épineux courts ; *à 4 côtes secondaires* développées en ailes *découpées* presque jusqu'à la base *en épines robustes subulées ord. disposées sur un seul rang* ; vallécules à un seul canal résinifère situé sous la côte secondaire correspondante. Columelle indivise, ou bifide seulement au sommet. — Involucre nul ou presque nul ; involucelles à plusieurs folioles.

Plante annuelle. Feuilles bi-tripinnatiséquées. Fleurs blanches.

**1. C. daucoïdes** L. *Mant.* 351 ; Jacq. *Austr.* II, t. 157 ; *Engl. bot.* t. 197 ; Bill. *Exsicc.* n. 786 et *bis*. — [ C. A FEUILLES DE CAROTTE ].

Tige de 1-5 décim., sillonnée-anguleuse, rameuse, glabre ou presque glabre. Feuilles à segments très petits, linéaires entiers, ou oblongs incisés, à lobes mucronulés. Ombelles à 2-5 rayons robustes, sillonnés. Involucelles à folioles inégales, linéaires, hérissées-ciliées. Fruit gros, plus long que le pédicelle ; épines des côtes secondaires lisses, disposées sur un seul rang, égalant ou dépassant en longueur le diamètre du carpelle, courbées en crochet au sommet. ①. Mai-juillet.

*C.* — Moissons maigres, champs en friche.

**39. TORILIS** Adans. *Fam.* II, 99. — [TORILIDE].

Calice à limbe 5-denté, à dents lancéolées. Pétales obovales, émarginés, à pointe infléchie, les extérieurs rayonnants bifides. Fruit comprimé perpendiculairement à la commissure. *Carpelles* oblongs ; *à 5 côtes primaires filiformes* portant quelques petites pointes épineuses ; *à 4 côtes secondaires* décomposées jusqu'à la base en plusieurs rangs d'épines subulées ou de tubercules qui couvrent toute l'étendue des vallécules ; vallécules à un seul canal résinifère situé sous la côte secondaire correspondante. Columelle bifide. — Involucre nul ou à une ou plusieurs folioles ; involucelles à plusieurs folioles.

Plantes annuelles ou bisannuelles. Feuilles bipinnatiséquées ou pinnatiséquées. Fleurs blanches.

**1. T. Anthriscus** Gmel. *Fl. Bad.* I, 613 ; Bill. *Exsicc.* n. 134. — *Caucalis Anthriscus* Willd. *Sp.* I, 1388 ; *Engl. bot.* t. 987. — [T. ANTHRISQUE].

Tige de 5-10 décim., striée, ord. rameuse presque dès la base, à rameaux dressés, rude, couverte de poils roides apprimés dirigés de haut en bas. Feuilles pubescentes-scabres, à segments ovales ou ovales-lancéolés pinnatifides ou profondément dentés, le terminal lancéolé très allongé. *Ombelles à 4-10 rayons, longuement pédonculées*, terminant la tige et les rameaux. *Involucre* et involucelles *à plusieurs folioles linéaires* hérissées. *Fruits* petits, *à épines* scabres, *arquées dès la base*, plus courtes de moitié que le diamètre transversal du fruit. ②. Juin-septembre.

*C C.* — Lisière des bois, bords des haies et des chemins, lieux incultes.

**2. T. Infesta** Duby *Bot. Gall.* I, 217. — *Scandix infesta* L. *Syst. veg.* 237. — *Caucalis infesta* Engl. *bot.* t. 1314. — *C. arvensis* Huds. *Fl. Angl.* 113. — *C. Helvetica* Jacq. *Hort. Vind.* III, t. 16. — *Torilis Helvetica* Gmel. *Fl. Bad.* I, 617 ; Bill. *Exsicc.* n. 30. — [ T. INFESTANTE ].

Tige de 2-5 décim., finement striée, ord. rameuse dès la base, à rameaux souvent étalés, rude, couverte de poils apprimés dirigés de haut en bas. Feuilles velues-scabres, à segments ovales ou oblongs, pinnatifides ou profondément dentés, le terminal souvent lancéolé-allongé dans les feuilles supérieures. *Ombelles à 3-7 rayons, longuement pédonculées,* terminant la tige et les rameaux. *Involucre* souvent *nul ou à 1-3 folioles très courtes presque scarieuses ;* involucelles à plusieurs folioles linéaires hérissées. *Fruits* assez petits, *à épines* scabres, presque droites, *crochues au sommet,* égalant presque le diamètre transversal du fruit. ②. Juillet-septembre.

*C C.* — Champs arides, lieux pierreux, bords des chemins.

**3. T. nodosa** Gærtn. *Fruct.* I, 82, t. 20, f. 6 ; Bill. *Exsicc.* n. 787. — *Caucalis nodiflora* Lmk *Encycl. méth.* 656. — *C. nodosa* Huds. *Fl. Angl.* 114 ; *Fl. Dan.* XII, t. 1990 ; *Engl. bot.* t. 199. — [ T. NOUEUSE ].

Tige de 1-5 décim., très finement striée, rameuse dès la base, à rameaux nombreux, effilés, diffus, étalés, roides, souvent flexueux, plus rarement dressés, couverts dans leur partie supérieure de poils roides apprimés dirigés de haut en bas. Feuilles velues-scabres, à segments tous profondément pinnatipartits, à lobes linéaires entiers ou incisés. *Ombelles sessiles ou brièvement pédonculées,* opposées aux feuilles, *à 2 plus rarement 3 rayons* très courts ou inégaux ; *les ombelles fructifères compactes subglobuleuses.* Involucre nul ; involucelles à plusieurs folioles linéaires hérissées. Fruits assez petits, sessiles ; ceux du centre des ombellules dépourvus d'épines, chargés de tubercules ; ceux de la circonférence à carpelle extérieur chargé d'épines scabres d'un jaune verdâtre presque droites courbées en crochet au sommet égalant presque le diamètre transversal du fruit, à carpelle intérieur tuberculeux dépourvu d'épines. ①. Mai-juillet.

*C.* — Lieux pierreux, pelouses arides, bords des chemins.


**TRIBU IX. CORIANDREÆ.** — Fruit globuleux, ou didyme à carpelles subglobuleux. Carpelles à 9 côtes par la présence des côtes primaires et des côtes secondaires : les 5 côtes primaires déprimées et flexueuses ou formant un léger sillon ; les 4 côtes secondaires plus saillantes non ailées. — Graine à face commissurale profondément concave.

† **CORIANDRUM** L. *Gen.* n. 356 ex parte. — [ CORIANDRE ].

Calice à limbe 5-denté, à dents inégales, linéaires-aiguës, persistantes. Pétales obovales, émarginés, à pointe infléchie, les extérieurs rayonnants profondément bifides. Fruit globuleux, à carpelles restant ord. soudés à la maturité. Carpelles hémisphériques ; à 5 côtes primaires déprimées, très flexueuses ; à 4 côtes secondaires filiformes, plus saillantes, droites ; vallécules à canaux résinifères non distincts. Graine très concave à la face interne, n'adhérant pas au péricarpe. Columelle bifide, soudée à la base et au sommet avec les carpelles, libre à sa partie moyenne. — Involucre nul ou à une seule foliole ; involucelles unilatéraux, à 3 folioles.

Plante annuelle. Feuilles inférieures simplement pinnatiséquées, les supérieures bi-tripinnatiséquées. Fleurs blanches.

† **C. sativum** L. *Sp.* 367 ; *Engl. bot.* t. 67.— [ C. CULTIVÉE. —Vulg. *Coriandre* ].

Tige de 4-6 décim., très finement striée, rameuse surtout supérieurement, glabre. Feuilles à odeur nauséeuse très pénétrante ; les inférieures pinnatiséquées, à segments suborbiculaires ou obovales-cunéiformes incisés à lobes dentés ; les caulinaires bi-tripinnatiséquées, à segments linéaires entiers ou à segments profondément divisés en lobes allongés linéaires. Ombelles à 3-6 rayons. Fleurs extérieures des ombellules à pétales extérieurs rayonnants très grands profondément bifides. Ⓘ. Juin-juillet.

Cultivé dans les jardins et en plein champ. — Quelquefois subspontané au voisinage des habitations : Chaillot ; Javelle ; plaine de Saint-Denis !; Saint-Gratien. Magny. Le Bouchet près Mennecy, etc.

---

# XXXVIII. HÉDÉRACÉES

(HEDERACEÆ Ach. Rich. *Bot. méd.* éd. 3, 552).

Fleurs hermaphrodites, régulières. — Calice à 4-5 sépales soudés en tube, à tube soudé avec l'ovaire, à partie libre très courte 4-5-dentée, persistante ou marcescente.—Corolle à 4-5 pétales insérés sur un disque qui revêt le sommet du tube du calice, libres, caducs, à préfloraison valvaire.—*Étamines 4-5*, insérées avec les pétales au sommet du tube du calice, libres. Anthères bilobées, introrses. — *Ovaire soudé avec le calice*, à 5 ou 2 très rarement 3 carpelles, *à 5 loges ou moins par avortement*, ou à 2 très rarement 3 loges, *à loges uniovulées*. Ovule inséré au côté interne de la loge, suspendu, réfléchi. Styles ord. soudés en un *style indivis ;* stigmate obtus ou capité. — *Fruit bacciforme ou drupacé*, couronné par le limbe du calice ou par la cicatrice qui résulte de sa destruction, *à 5 loges ou moins par avortement, ou à un seul noyau biloculaire.* — Graines solitaires dans chaque loge dont elles remplissent la cavité, suspendues. Embryon placé dans un *périsperme charnu.* Radicule dirigée vers le hile.

*Arbrisseaux* plus ou moins élevés, quelquefois sarmenteux-grimpants. Feuilles alternes ou opposées, pétiolées, simples, entières ou plus ou moins profondément palmatilobées, à lobes entiers ; stipules nulles. Fleurs se développant avant ou après les feuilles, disposées en ombelles latérales ou terminales munies ou non d'un involucre, ou en corymbes rameux terminant les rameaux.

1. HEDERA. — *Pétales 5.* Fruit bacciforme. *Feuilles alternes.*
2. CORNUS. — *Pétales 4.* Fruit drupacé. *Feuilles opposées.*

## 1. **HEDERA** Tourn. *Inst.* t. 384. — [LIERRE].

Calice à tube soudé avec l'ovaire, à limbe très court 5-denté. *Pétales 5.* Étamines 5. Style indivis. *Fruit bacciforme, à 5 loges* ou moins par avortement (dans notre espèce). Graines à tégument très étroitement adhérent au périsperme, à périsperme sillonné de fentes transversales profondes dans lesquelles pénètre le tégument.

Arbrisseau à tiges sarmenteuses-grimpantes, s'attachant à l'écorce des arbres au moyen de très nombreuses racines adventives courtes en forme de suçoirs se développant sur leur face appliquée sur l'arbre. *Feuilles alternes, coriaces persistant pendant l'hiver,* les caulinaires lobées-anguleuses, celles des rameaux florifères entières. Fleurs d'un jaune verdâtre, disposées en ombelles simples rapprochées en panicules terminales.

1. **H. Helix** L. *Sp.* 292 ; *Engl. bot.* t. 1267; Bill. *Exsicc.* n. 1212. — [L. GRIMPANT. — Vulg. *Lierre*].

Tiges ligneuses, sarmenteuses-grimpantes, de longueur très variable, atteignant souvent la hauteur des grands arbres. Feuilles coriaces, à face supérieure d'un vert foncé luisant, légèrement aromatiques par le froissement ; les caulinaires cordées à la base à 3-5 rarement 6-7 lobes, à lobes triangulaires, le terminal plus grand ; celles des rameaux florifères atténuées à la base, ovales-acuminées, entières. Fleurs en ombelles subglobuleuses multiflores, à pédicelles pubescents. Pétales à base large tronquée, pubescents. Fruit noir, charnu-coriace, entouré au-dessous du sommet par le limbe du calice, surmonté par le style persistant. ♄. *Fl.* septembre-octobre. *Fr.* janvier-mars.

*C C.* — Vieux murs, troncs d'arbres.

S.-v. *prostrata.* — Tiges stériles, grêles, étalées sur la terre. Feuilles lobées-anguleuses, plus petites, souvent veinées de blanc à la face supérieure selon la direction des nervures. — *C C C.* — Endroits ombragés des bois.

## 2. **CORNUS** Tourn. *Inst.* t. 410. — [CORNOUILLER].

Calice à tube soudé avec l'ovaire, à limbe très court 4-denté. *Pétales 4.* Étamines 4. Style indivis. *Fruit drupacé, à noyau osseux biloculaire.*

Arbrisseaux ou arbres peu élevés. *Feuilles opposées, caduques, entières, à nervures convergentes.* Fleurs blanches ou jaunes, disposées en corymbes rameux ou en ombelles simples munies d'un involucre.

1. **C. sanguinea** L. *Sp.* 171 ; *Engl. bot.* t. 249 ; Bill. *Exsicc.* n. 244.—[C. SANGUIN. — Vulg. *Cornouiller-femelle, Bois-punais, Bois-sanguin, Puègne-blanche*].

Arbrisseau plus ou moins élevé, à branches souvent rougeâtres, à rameaux pubescents. Feuilles ovales-oblongues acuminées, à face inférieure pubescente d'un vert pâle. *Fleurs* se développant après les feuilles, *blanches,* assez grandes, disposées *en corymbes rameux, dépourvus d'involucre,* terminant les rameaux. *Fruit noir* à la maturité, petit, globuleux, couronné par le limbe du calice. ♄. *Fl.* mai-juin. *Fr.* septembre-octobre.

*C C.* — Haies, taillis, bois. — Souvent planté dans les parcs.

2. **C. mas** L. *Sp.* 171; Lmk *Illustr.* t. 74, f. 1; *Bot. mag.* t. 2675; Sibth. et Sm. *Fl. Græc.* t. 151; Bill. *Exsicc.* n. 245. — [C. MALE.—Vulg. *Cornouiller, Courgellier*].

Arbrisseau plus ou moins élevé ou arbre, à branches verdâtres ou grisâtres, à rameaux pubescents. Feuilles ovales-oblongues acuminées, finement pubescentes à la face inférieure, d'un vert assez pâle surtout en dessous. *Fleurs se développant avant les feuilles, jaunes,* très petites, disposées *en ombelles simples* latérales et terminales, à pédicelles filiformes dépassant peu l'involucre ; *involucre composé de 4 folioles* membraneuses concaves opposées par paires. *Fruit* d'un *rouge* plus ou moins foncé ou d'un rouge jaunâtre, d'une saveur acidule, assez gros, oblong, marqué au sommet d'une cicatrice ombiliquée. ♄. *Fl.* mars-avril. *Fr.* septembre-octobre.

*A.R.* — Bois montueux ou pierreux. — Bois de Boulogne!; bois de Meudon!; forêt de Saint-Germain! (*Tourn.* Hist. pl. Par.). Le Coudray! près Mantes (*de Boucheman*) ; très abondant dans les bois des environs de Magny!; La Roche-Guyon!; Jeufosse!, Port-Villez! (*Beautemps-Beaupré*); env. de Vernon!. Env. de Beauvais : Oudeuil et bois du Parc (*Taillefert*) ; Goincourt!; forêt de Hallatte!; forêt de Compiègne!. Nemours (*Devilliers*); Beaumoulin; Malesherbes!, etc.—Quelquefois planté dans les parcs.

---

## XXXIX. LORANTHACÉES (1)
(LORANTHEÆ Juss. et Rich. in *Ann. Mus.* XII, 292).

Fleurs incomplètes, unisexuelles, régulières. — Fleur mâle : Calice à 4 sépales soudés en tube inférieurement, à limbe 4-fide, à préfloraison valvaire. Corolle nulle. Étamines 4, à *anthères* sessiles, *soudées dans toute leur étendue à la face interne des sépales, divisées en* un grand nombre de *cellules qui s'ouvrent isolément à la face libre de l'anthère.* — Fleur femelle : Calice soudé avec l'ovaire, à partie libre très courte obscurément 4-dentée. Corolle à 4 pétales squamiformes charnus, insérés au sommet du tube du calice, à préfloraison valvaire. *Ovaire soudé avec le calice, à un seul carpelle,* à une seule loge, à un seul ovule accompagné de deux autres ovules très rudimentaires. Ovule réduit au nucelle, dressé, droit (2). Stigmate sessile, obtus. — *Fruit* globuleux, *bacciforme,* présentant vers le sommet des cicatrices qui représentent les dents du calice, *uniloculaire, monosperme,* à *mésocarpe mucilagineux* très visqueux, à endocarpe membraneux étroitement appliqué sur la graine. — *Graine* dressée, *dépourvue d'enveloppes propres.* Périsperme épais, charnu, coloré en vert ainsi que l'embryon. Embryon solitaire à radi-

(1) Nous avons cru devoir restreindre la description de cette famille aux caractères du genre *Viscum,* le seul qui la représente aux environs de Paris, les autres genres qu'elle renferme en différant beaucoup par leur structure.

(2) J. Decaisne, *Mémoire sur le développement du pollen, de l'ovule, et sur la structure des tiges du Gui.*

cule dirigée vers le point diamétralement opposé au hile, ou 2-3 embryons convergents par leur extrémité cotylédonaire.

*Arbrisseau parasite*, s'implantant sur l'écorce des végétaux ligneux, contenant un suc mucilagineux-visqueux. Tige plusieurs fois dichotome, exceptionnellement tri-polychotome, articulée au niveau des nœuds. Feuilles opposées, exceptionnellement verticillées par 3-4, simples, entières, sessiles; stipules nulles. Fleurs peu apparentes, verdâtres (les femelles à pétales jaunes très petits), sessiles, disposées en cymes 2-5-flores sur des axes courts épais.

## 1. **VISCUM** Tourn. *Inst.* t. 380. — [ GUI ].

Mêmes caractères que ceux de la famille.

1. **V. album** L. *Sp.* 1451; *Engl. bot.* t. 1470; Dcne in *Act. acad. Brux.* XIII, t. 1-3; Bill. *Exsicc.* n. 566. — [G. BLANC. — *Vulg. Gui, Morvé*].

Arbrisseau parasite, à écorce herbacée verte et glabre, plusieurs fois dichotome, exceptionnellement tri-polychotome par le développement en rameaux de bourgeons latéraux, à rameaux divergents, formant une touffe subglobuleuse. Feuilles épaisses, charnues-coriaces, vertes ou d'un vert jaunâtre, glabres, oblongues-obtuses, atténuées inférieurement, à base présentant une excavation triangulaire qui renferme d'abord entièrement le bourgeon à feuilles correspondant, 5-7-nerviées, à nervures égales presque simples ou peu ramifiées partant toutes de la base de la feuille peu distinctes sur la plante vivante plus évidentes sur la plante sèche. Bourgeons à feuilles et bourgeons à fleurs accompagnés à la base de 3 écailles ciliées. Rameaux donnant naissance ord. pendant deux ans seulement aux bourgeons à fleurs, le bourgeon étant terminal et solitaire la première année, la seconde année les bourgeons au nombre de 4-6 naissant sur les côtés de l'aisselle des feuilles qui se sont détachées. Fleurs peu apparentes, les mâles d'un vert jaunâtre exhalant une odeur analogue à celle du Buis, les femelles à calice verdâtre, à pétales jaunes à base large, sessiles, disposées en cymes 3-5-flores ou 2-flores par avortement sur des axes courts épais portant des bractées opposées connées épaisses ciliées, les fleurs inférieures naissant chacune à l'aisselle de l'une des bractées inférieures, la fleur terminale non accompagnée de bractées dans les cymes de fleurs mâles, accompagnée d'une paire de bractées dans les cymes de fleurs femelles. Fruit blanc, transparent. Graine comprimée, ovale à embryon solitaire, ou obovale-triangulaire à 2-3 embryons les embryons latéraux à radicule dirigée vers les angles correspondants de la graine. ♄. *Fl.* mars-avril. *Fr.* août-novembre.

*C.* — Parasite sur les vieux arbres, se développe fréquemment sur les Poiriers, les Pommiers, les Sorbiers, l'Aubépine, les Peupliers, etc.

# XL. GROSSULARIÉES

(GROSSULARIEÆ DC. *Fl. Fr.* IV, 405).

Fleurs hermaphrodites, ou unisexuelles par avortement, régulières. — Calice à 5 plus rarement 4 sépales, soudés en tube à la base, à tube soudé avec l'ovaire et plus ou moins prolongé au-dessus de lui, à partie libre colorée, marcescente, 5-fide plus rarement 4-fide, à préfloraison imbriquée. — Corolle à 5 plus rarement 4 pétales insérés à la gorge du calice, très petits, libres, submarcescents, distants pendant la préfloraison ou à préfloraison subvalvaire. — *Étamines 5, plus rarement 4,* insérées avec les pétales à la gorge du calice, libres. Anthères bilobées, introrses. — *Ovaire soudé avec le calice, à 2* rarement 3-4 *carpelles,* uniloculaire, pluriovulé, *à placentas pariétaux.* Ovules horizontaux, réfléchis. Styles 2, rarement 3-4, plus ou moins soudés; stigmates 2, rarement 3-4. — *Fruit bacciforme* pulpeux-succulent, couronné par le limbe marcescent du calice, *uniloculaire, polysperme,* ou oligosperme par avortement. — *Graines à tégument extérieur mucilagineux,* à tégument intérieur adhérent au périsperme. Embryon très petit, placé dans un périsperme presque corné. Radicule dirigée vers le hile.

*Arbrisseaux* épineux ou non épineux, à épiderme fendillé caduc. Feuilles alternes ou fasciculées, plus ou moins profondément palmatilobées à lobes crénelés-dentés, à pétiole semiamplexicaule; stipules nulles. Fleurs se développant ord. en même temps que les feuilles, portées 1-3 sur des pédoncules communs rameux courts, ou disposées en grappes pluriflores souvent pendantes axillaires ou partant du centre des fascicules de feuilles.

### 1. RIBES L. *Gen.* n. 281. — [GROSEILLIER].

Calice 5-fide, plus rarement 4-fide. Corolle à 5 plus rarement 4 pétales petits, squamiformes, beaucoup plus courts que le calice. Étamines 5, plus rarement 4, incluses. Ovaire soudé avec le calice, uniloculaire. Styles 2, plus ou moins soudés. Fruit bacciforme-succulent, ord. à 2 placentas pariétaux opposés. Graines anguleuses, à testa mucilagineux.

Arbrisseaux très rameux, touffus, dépourvus d'épines, ou munis à la base des rameaux d'épines tripartites plus rarement simples (feuilles transformées). Feuilles alternes, ou fasciculées au sommet de rameaux latéraux très courts. Calice verdâtre ou rougeâtre. Pétales jaunâtres.

Sect. I. GROSSULARIA. — Arbrisseau épineux. Pédoncules courts, 1-3-flores.

1. R. **Uva-crispa** L. *Sp.* 292; *Engl. bot.* t. 2057; Bill. *Exsicc.* n. 1488. — Fuchs. *Hist. pl.* 187 ic. — [G. ÉPINEUX].

Arbrisseau très rameux, à branches diffuses, *muni,* au-dessous des fascicules de feuilles, *d'épines* robustes *tripartites.* Feuilles velues-pubescentes, petites, 3-5-fides à lobes obtus incisés-dentés, disposées en fascicules à l'extrémité de rameaux latéraux très courts. Fleurs portées 1-3 sur des pédoncules courts ; pédicelles munis de bractées à la base. Calice rougeâtre, velu, à partie soudée avec l'ovaire subglobuleuse ou oblongue, à partie libre campanulée infundibuliforme. Pétales poilus inférieurement. Fruit verdâtre ou rougeâtre, glabre ou velu, veiné, oblong ou subglobuleux, d'une saveur sucrée. ♄. *Fl.* avril. *Fr.* juin.

Var. α. *Uva-crispa.* — Feuilles petites, velues-pubescentes sur les deux faces. Fruit assez gros, glabre. — *A.C.* — Haies, buissons, lieux pierreux, vieux murs.

Var. β. *Grossularia* (*R. Grossularia* L. *Sp.* 291 ; *Engl. bot.* t. 1292. —Vulg. *Groseillier-à-maquereau*). — Feuilles plus larges, ord. presque glabres et luisantes en dessus. Fruit gros, glabre ou hérissé, souvent rougeâtre. — Cultivé en plein champ et dans les jardins.

**Sect. II. RIBESIA.** — Arbrisseaux dépourvus d'épines. Fleurs disposées en grappes pluriflores.

**2. R. rubrum** L. *Sp.* 290 ; *Engl. bot.* t. 1289. — [G. ROUGE. — Vulg. *Groseillier*].

Arbrisseau dépourvu d'épines. Feuilles à face supérieure glabre ou presque glabre, à face inférieure pubescente, assez amples, cordées à la base, 3-5-lobées, à lobes larges crénelés-dentés. Fleurs d'un jaune verdâtre, tachées de brun en dedans, disposées en grappes axillaires pluriflores pendantes presque glabres ; pédicelles munis à la base de bractées très courtes, obtuses. *Calice glabre, à limbe rotacé plan.* Pétales glabres. *Fruit rouge*, glabre, assez petit, globuleux-déprimé, d'une saveur acide. ♄. *Fl.* avril-mai. *Fr.* juin-août.

*C.* — Haies, buissons, bois marécageux. — Charenton !; Saint-Maur !; bois de Meudon !, etc. — Cultivé en plein champ et dans les jardins.

S.-v. *album.* (Vulg. *Groseillier-blanc*). — Fruit blanchâtre ou rosé. — Cultivé dans les jardins et en plein champ.

† **R. nigrum** L. *Sp.* 291 ; *Engl. bot.* t. 1291 ; Bill. *Exsicc.* n. 240. — [G. NOIR. — Vulg. *Cassis*].

Arbrisseau dépourvu d'épines. Feuilles à face supérieure glabre ou presque glabre, à face inférieure légèrement pubescente parsemée de glandes jaunes aromatiques, assez amples, cordées à la base, 3-5-lobées, à lobes larges aigus-crénelés-dentés. Fleurs verdâtres, rougeâtres en dedans, disposées en grappes axillaires pluriflores pendantes pubescentes ; pédicelles munis à la base de bractées très courtes, terminées par une pointe subulée. *Calice pubescent-glanduleux, à limbe élargi campanulé*, à divisions rejetées en dehors. Pétales glabres. *Fruit noir*, glabre, globuleux un peu déprimé, d'une saveur aromatique. ♄. *Fl.* avril-mai. *Fr.* juin-août.

Cultivé en plein champ et dans les jardins, quelquefois subspontané au voisinage des habitations.

Le *R. Alpinum* L. (*Engl. bot.* t. 704 ; Bill. *Exsicc.* n. 1489 et *bis.* — *R. petræum Fl. Par.* éd. 1, 231 non Wulf. — *G. des Alpes*), planté quelquefois dans les bosquets et dans les haies, est naturalisé à Longchamp ! près Paris et à Champs près Chelles (*Thuret*) ; il se reconnaît aux caractères suivants : feuilles petites, luisantes, trilobées non cordées ou à peine cordées à la base ; fleurs petites, unisexuelles par avortement, en grappes dressées au moment de la floraison ; axe de la grappe poilu-glanduleux ; bractées lancéolées, plus longues que les pédicelles ; fruit rouge, à pulpe mucilagineuse presque insipide.

Le *R. sanguineum* Pursh, plante de l'Amérique du Nord, est fréquemment cultivé dans les parterres pour la beauté de ses fleurs, d'un rose vif, en grappes lâches pendantes.

# XLI. SAXIFRAGÉES

(Saxifragæ Juss. *Gen*. 308).

Fleurs hermaphrodites, régulières ou à peine irrégulières, quelquefois incomplètes. — Calice à 5 plus rarement 4 sépales plus ou moins soudés à la base, plus ou moins soudés avec l'ovaire ou libres, persistants, plus rarement marcescents ou caducs, à préfloraison imbriquée ou valvaire. — Corolle à 5 plus rarement 4 pétales insérés sur le disque plus ou moins développé qui revêt le tube du calice, libres, caducs, à préfloraison imbriquée, plus rarement nuls. — *Étamines 10, plus rarement 8*, insérées sur le disque avec les pétales, libres. Anthères bilobées, introrses. — *Ovaire* plus ou moins soudé avec le calice ou libre, *constitué par 2 carpelles* plus ou moins soudés entre eux, biloculaire par l'introflexion des bords des feuilles carpellaires ou uniloculaire, à loges multiovulées. *Ovules insérés à l'angle interne des carpelles ou sur des placentas qui revêtent leur face interne*, horizontaux, ascendants ou pendants, réfléchis. *Styles 2*, terminaux, assez courts, souvent persistants; stigmates indivis. — *Fruit capsulaire*, 2-loculaire, plus rarement 1-loculaire, *à loges polyspermes*, composé de deux carpelles qui se séparent plus ou moins complétement à la maturité en s'ouvrant chacun par leur suture interne. — Graines très petites. Embryon droit, placé au centre d'un *périsperme charnu*. Radicule dirigée vers le hile.

Plantes annuelles ou vivaces, herbacées. Feuilles alternes ou opposées, simples, dentées, crénelées ou palmatilobées; stipules nulles. Fleurs disposées en cymes plus ou moins irrégulières ou en corymbes terminaux.

1. Saxifraga. — *Corolle à 5 pétales*. Capsule à deux loges.

2. Chrysosplenium. — *Corolle nulle*. Capsule à une seule loge.

## 1. SAXIFRAGA L. *Gen*. n. 559. — [SAXIFRAGE].

Calice à tube plus ou moins soudé avec l'ovaire, plus rarement libre, à limbe 5-fide ou 5-partit. Corolle à *5 pétales*. Étamines 10. Styles 2. *Capsule biloculaire*, terminée par deux becs (partie libre des carpelles), s'ouvrant supérieurement par la suture interne de chacun des carpelles. Graines très nombreuses, très petites, s'insérant des deux côtés de la cloison.

Plantes annuelles ou vivaces. Feuilles alternes ou opposées, crénelées ou palmatilobées, sessiles ou pétiolées. Fleurs blanches, disposées en cymes irrégulières.

**1. S. tridactylites** L. *Sp.* 578 ; *Engl. bot.* t. 501 ; Bill. *Exsicc.* n. 560. — [S. TRIDACTYLE. — Vulg. *Perce-pierre*].

*Plante annuelle.* Tige de 5-15 centim., dressée, souvent rameuse dès la base, pubescente-visqueuse. *Feuilles* un peu charnues ; les inférieures d'abord rapprochées en rosette irrégulière, atténuées en pétiole, spatulées, entières ; les caulinaires alternes, plus rarement opposées, sessiles, cunéiformes, *palmatilobées à 2-3 lobes* ; les supérieures linéaires entières. *Fleurs assez petites, disposées en cyme irrégulièrement dichotome ; pédicelles fructifères 5-6 fois plus longs que le calice.* Calice soudé avec l'ovaire jusqu'à la base des divisions. ①. Mars-mai.

*C C C.* — Vieux murs, toits de chaume, champs pierreux, etc.

**2. S. granulata** L. *Sp.* 576 ; *Engl. bot.* t. 500 ; Bill. *Exsicc.* n. 366. — [S. GRANULÉE].

*Souche donnant naissance à des bulbilles nombreux* mêlés aux fibres radicales. Tige solitaire, de 2-5 décim., dressée, simple donnant naissance supérieurement aux rameaux de l'inflorescence, pubescente, visqueuse surtout supérieurement. *Feuilles inférieures* souvent rapprochées en rosette lâche, longuement pétiolées, réniformes à limbe légèrement prolongé sur le pétiole, *crénelées*, à crénelures larges obtuses ; les supérieures sessiles ou subsessiles, cunéiformes, palmatilobées à 4-8 lobes ; les florales 3-lobées ou linéaires. Fleurs assez grandes, disposées en corymbe terminal pauciflore ; *pédicelles fructifères très courts.* Calice soudé avec l'ovaire seulement dans sa partie inférieure. ♃. Avril-juin.

*C C.* — Prés, endroits découverts des bois sablonneux, etc.

On cultive assez fréquemment dans les parterres le *S. crassifolia* L. à feuilles obovales très amples obscurément dentées, épaisses, persistant pendant l'hiver, à fleurs assez grandes ord. d'un beau rose. — On cultive quelquefois en bordures le *S. umbrosa* L. à feuilles obovales légèrement crénelées ou dentées, atténuées en pétiole, presque cartilagineuses, à fleurs blanches petites, à calice non soudé avec l'ovaire.

**2. CHRYSOSPLENIUM** L. *Gen.* n. 558. — [DORINE. — Vulg. SAXIFRAGE-DORÉE].

Calice à tube soudé avec l'ovaire, à limbe 4-fide plus rarement 5-fide. *Corolle nulle.* Étamines 8, plus rarement 10. Styles 2. *Capsule uniloculaire*, comprimée latéralement, échancrée au sommet à lobes arrondis (partie libre des carpelles), s'ouvrant supérieurement en deux valves presque planes étalées échancrées. Graines nombreuses, petites, d'un noir luisant, s'insérant sur des placentas qui revêtent la face interne des valves.

Plantes vivaces herbacées, succulentes, radicantes ou émettant des rhizomes grêles. Tiges dichotomes supérieurement. Feuilles espacées, opposées ou alternes, crénelées, pétiolées. Fleurs brièvement pédicellées, à limbe du calice coloré en jaune à la face interne pendant la floraison, entourées par les feuilles florales également colorées, disposées en cymes glomérulées.

**1. C. oppositifolium** L. *Sp.* 569 ; *Engl. bot.* t. 490 ; Bill. *Exsicc.* n. 24. — [D. A FEUILLES OPPOSÉES].

Tiges de 1-2 décim., étalées, diffuses, radicantes inférieurement, rapprochées en touffe, pubescentes à la base, glabres supérieurement, rameuses-dichotomes au sommet. *Feuilles opposées*, même les radicales, brièvement pétiolées semiorbiculaires tronquées à la base ou atténuées en pétiole, obscurément crénelées. ♃. Avril-mai.

R. — Rochers humides, ruisseaux, fontaines ombragées, endroits frais des forêts montueuses. — Fontaine des Raines à Senlis (*Thuill.* Fl. Par.); Thury-en-Valois (*Graves*); croît à plusieurs localités dans la forêt de Villers-Cotterets (*Weddell, Questier*); forêt de Compiègne : Beaux-monts, Mont-Arcy, Mont-Saint-Pierre, etc. (*de Marcilly fils*), étangs de Saint-Pierre (*Léré*); Saint-Vast de Longmont près Verberie, la Neuville-en-Hez (*Graves*); fontaine et bois de l'Italienne ! près Beauvais (*Delacour, Graves*); Goincourt ! près Beauvais. — *Graves* Cat. Oise : forêt de Compiègne près l'Ortille et à l'étang de la Rouillie.

2. **C. alternifolium** L. *Sp.* 569 ; *Engl. bot.* t. 54 ; Bill. *Exsicc.* n. 23. — [D. A FEUILLES ALTERNES].

Tiges de 1-2 décim., donnant naissance à des rhizomes grêles à leur base, dressées ou ascendantes, assez robustes, pubescentes dans leur partie inférieure, glabres supérieurement, rameuses-dichotomes au sommet. *Feuilles alternes* ; les radicales souvent plus grandes, longuement pétiolées, suborbiculaires-réniformes, fortement crénelées à crénelures tronquées ou émarginées. ♃. Mars-mai.

R R. — Rochers humides, ruisseaux, fontaines ombragées, endroits frais des forêts montueuses. — Vallée de Senlisse ! près Dampierre (*Mandon*). Ermenonville, Ivors cant. de Betz, étang de Batigny près Pierrefonds (*Graves*); forêt de Villers-Cotterets près d'Oigny (*Questier*); forêt de Compiègne (*Léré* in *Thuill.* Fl. Par.); fontaine et bois de l'Italienne ! près Beauvais (*Delacour, Graves*); Goincourt près Beauvais (*Questier*). — *Graves* Cat. Oise : env. de Saint-Germer ; étangs de Saint-Pierre dans la forêt de Compiègne.

---

# Subdivision II. GAMOPÉTALES.

Enveloppes florales constituées par un calice et une corolle. — Corolle à pétales soudés entre eux.

## Classe I. GAMOPÉTALES HYPOGYNES.

Corolle et étamines indépendantes du calice. — Corolle insérée sur le réceptacle. — Étamines insérées sur la corolle, très rarement indépendantes de la corolle. — Ovaire libre, très rarement soudé avec le calice.

### XLII. ÉRICINÉES

(ERICÆ Juss. *Gen.* 159 ex parte. — ERICEÆ R. Br. *Prodr.* 557).

Fleurs hermaphrodites, régulières ou un peu irrégulières. — Calice à 4-5 sépales libres ou plus ou moins soudés, persistant, quelquefois scarieux-pétaloïde. — Corolle hypogyne, gamopétale, tubuleuse, campanulée ou urcéolée, à 4-5 divisions, régulière ou un peu irrégulière, persistante, à préfloraison imbriquée. — *Étamines* 8-10, rarement 5, hypo-gynes, *non soudées avec la corolle. Anthères* bilobées, ord. extrorses; *à lobes* souvent séparés, *s'ouvrant chacun par un pore terminal*, souvent munis chacun à leur base d'un appendice filiforme dorsal. — Ovaire libre, souvent entouré à la base d'un disque lobé, à 4-5 carpelles, à 4-5 loges, à loges multiovulées plus rarement pauciovulées. Ovules insérés à l'angle interne des loges, pendants, réfléchis. Styles soudés en un style filiforme; stigmate capité ou pelté, indivis ou obscurément lobé. — Fruit ord. capsulaire, à 4-5 loges, à loges polyspermes plus rarement oligospermes, à déhiscence loculicide, septicide ou septifrage, à 4-5 valves, s'ouvrant rarement en 8-10 valves par la combinaison des déhiscences loculicide et septicide, plus rarement bacciforme-indéhiscent. — Graines pen-dantes, très petites. Embryon droit, placé dans un périsperme charnu. Radicule dirigée vers le hile.

*Sous-arbrisseaux.* Feuilles verticillées par 3-5, plus rarement opposées, entières, sessiles, persistantes, coriaces, ord. aciculées à bords fortement roulés en dessous; stipules nulles. Fleurs disposées en panicules, ou en grappes terminales, plus rarement en ombelles simples.

1. ERICA. — *Corolle dépassant longuement le calice.* Capsule à déhiscence locu-licide.

2. CALLUNA. — *Corolle plus courte que le calice.* Capsule à déhiscence septi-frage.

### 1. **ERICA** L. *Gen.* n. 484. — [BRUYÈRE].

Calice à 4 sépales libres ou soudés à la base, herbacés ou colorés. *Corolle dépassant longuement le calice*, tubuleuse, campanulée, urcéolée ou sub-globuleuse, 4-lobée ou 4-dentée. Étamines 8. *Capsule* à 4 loges, *à déhiscence loculicide.* Graines nombreuses dans chaque loge.

Sous-arbrisseaux très rameux, à tiges souvent rapprochées en touffe. Feuilles persistantes, verticillées par 3-5. Fleurs purpurines ou roses, rarement blanches, quelquefois munies à leur base de feuilles florales disposées en un involucre irré-gulier rapproché ou éloigné du calice.

1. **E. cinerea** L. *Sp.* 501 ; *Engl. bot.* t. 1015 ; Rchb. *Ic.* XVII, t. 1163, f. 3 ; Bill. *Exsicc.* n. 588. — [B. CENDRÉE. — Vulg. *Bruyère-franche*].

Tiges de 3-6 décim., pubérulentes ou glabres. *Feuilles* ternées, ord. munies à leur aisselle de fascicules de feuilles, linéaires étroites aciculées, pliées-canali-culées en dessus, à face inférieure réduite à un sillon par la réflexion du limbe, ou présentant en dessous un angle par la soudure des deux bords, étroitement membraneuses à peine ciliées aux bords apparents, *glabres* lui-santes. Fleurs d'un rose purpurin, rarement blanches, portées sur des pédon-cules axillaires feuillés 1-3-flores, disposées en panicules spiciformes termi-nales. *Calice glabre. Corolle ovoïde-urcéolée. Étamines incluses, à anthères appendiculées.* ♄. Juin-septembre.

*C C.* — Clairières et lisières des bois, bruyères, coteaux sablonneux.

**2. E. Tetralix** L. *Sp.* 502; *Engl. bot.* t. 1014; Rchb. *Ic.* XVII, t. 1163, f. 1; Bill.
    *Exsicc.* n. 147. — [B. A QUATRE ANGLES].

Tiges de 4-7 décim., à rameaux pubescents ou hérissés. *Feuilles* ternées
ou quaternées, rarement munies à leur aisselle de fascicules de feuilles, oblongues-linéaires, à bords roulés en dessous, pubescentes, *munies* au-dessus
des bords *d'une rangée de longs cils* glanduleux. *Fleurs* roses, rarement
blanches, disposées au sommet des tiges et des rameaux *en grappes courtes*
compactes *ou en ombelles simples* subglobuleuses. Calice à *sépales longuement ciliés. Corolle ovoïde-urcéolée. Étamines incluses, à anthères appendiculées.* ♃. Juin-septembre.

    *A.R.* — Bruyères humides, marais tourbeux à *Sphagnum.* — Forêt de Mont-
morency!; Morfontaine !; Ermenonville, Thiers près Senlis, vallée de Bray (*Graves*);
Rouville, Lévignen, Macquelines (*Questier*). Entre Cesson et Boissise-la-Bertrand!.
Aigremont près Poissy (*de Boucheman*); La Male-Plate près Maule (*Mouillefarine*);
Neuville-Bosc !; Magny!; La Haute-Touffe !, Goincourt ! et Savignies ! près Beauvais.
Montfort-l'Amaury !; Saint-Léger ! (*Tourn.* Hist. pl. Par.); Auffargis (*de Schœne-
feld*); Clairefontaine, etc.

Var. β. *anandra* Rich. ( *E. tetralix* var. *parviflora* Chev. *Fl. Par.* II, 516). —
    Corolle courte ou rudimentaire à 5 lobes profonds. Étamines avortées. Style lon-
    guement exsert. — *R R R.* — Forêt de Montmorency près du château de la
    Chasse ! (*Cornuti* Ench. Par., *Cl. Richard*).

**3. E. ciliaris** L. *Sp.* 503 ; *Engl. bot.* t. 2618 ; Bill. *Exsicc.* n. 1036. — [B.
    CILIÉE].

Tiges de 4-7 décim., à rameaux hérissés. *Feuilles* ternées ou quaternées,
souvent munies à leur aisselle de rameaux stériles, ovales, à bords roulés en
dessous, pubescentes-blanchâtres à la face inférieure, *munies* au-dessus des
bords *d'une rangée de longs cils. Fleurs* purpurines, axillaires, brièvement
pédonculées à pédoncules uniflores, disposées au sommet des tiges ou des
rameaux *en grappes* plus ou moins *allongées* souvent d'apparence unilatérale. Calice à sépales longuement ciliés. *Corolle tubuleuse-urcéolée,* à tube
inégalement renflé légèrement courbé. Étamines incluses, à *anthères dépourvues d'appendices.* ♃. Juillet-septembre.

    *R R.* — Bruyères arides, landes humides. — Saint-Léger vers la Croix-patée !
(*Adr. de Jussieu*) et aux Fontaines-blanches!.

**4. E. vagans** L. *Mant.* 230 ; *Engl. Bot.* t. 3; Rchb. *Ic.* XVII, t. 1164, f. 2; Bill.
    *Exsicc.* n. 53, *bis, ter* et *quater.* — *E. multiflora* Thuill. *Fl. Par.* 195 ;
    Duby *Bot. Gall.* 318 non L. — [B. VAGABONDE].

Tiges de 4-8 décim., à rameaux glabres. *Feuilles* dressées, verticillées
par 4-5, dépourvues de fascicules de feuilles à leur aisselle, linéaires-aciculées,
à face inférieure réduite à un sillon par la réflexion du limbe, *glabres.* Fleurs
roses, axillaires, longuement pédicellées à pédicelles grêles dressés, disposées
au sommet des rameaux en grappes allongées multiflores compactes. Calice
à *sépales glabres,* scarieux, ovales concaves, très courts. Corolle campanulée. *Étamines saillantes hors de la corolle;* à *anthères* brunes, dé-
*pourvues d'appendices, bipartites* à lobes écartés dès la base. ♃. Juillet-
septembre.

    *R R R.* — Bruyères des bois sablonneux. — Forêt de Senart (*Clarion*). Saint-
Léger ! (*Thuill.* Fl. Par.).

5. **E. scoparia** L. *Sp.* 502 ; Rchb. *Ic.* XVII, t. 1164, f. 3 ; Bill. *Exsicc.* n. 1925.
— Lobel. *Ic.* II, t. 215, f. 2. — Clus. *Rar.* 42 ic. — [B. A BALAIS].

Tiges de 6-12 décim., à rameaux glabres dressés. *Feuilles* dressées, verticillées par 3-4, dépourvues de fascicules de feuilles à leur aisselle, linéaires-aciculées, à face inférieure réduite à la largeur de la nervure par la réflexion du limbe, *glabres. Fleurs* très petites, *d'un vert jaunâtre*, brièvement pédicellées, fasciculées 1-4 à l'aisselle des feuilles qui les dépassent, rapprochées en grappes très multiflores spiciformes effilées très longues. Calice à *sépales glabres. Corolle campanulée-globuleuse, à lobes atteignant la moitié de sa longueur.* Étamines incluses, à filets courts, à *anthères dépourvues d'appendices.* ♃. Mai-juin.

*R R R.* — Bruyères, clairières des bois sablonneux. — Indiqué dans la forêt de Fontainebleau (*Tourn.* Hist. pl. Par.) ; « dans les landes qui sont à droite entre la Beuvette royale et la forest de Fontainebleau » (*Vaill.* Bot. Par.) et dans le bois de la Glandée (*Thuill.* Fl. Par.). Bruyères montueuses de la Jaunière au bois de la Charmoise près Saint-Léger (*Tardieu*, 5 août 1853). — Cette espèce est très abondante dans la Sologne orléanaise !, où elle sert à la fabrication de balais.

## 2. **CALLUNA** Salisb. in *Linn. trans.*, VI, 317. — [CALLUNE].

Calice à *4 sépales* libres, scarieux, colorés, *pétaloïdes. Corolle beaucoup plus courte que le calice,* campanulée, profondément *4-fide.* Étamines 8. *Capsule à 4 loges, à déhiscence septifrage. Graines peu nombreuses ou solitaires dans chaque loge.*

Sous-arbrisseau très rameux, à tiges tortueuses, rapprochées en touffe. Feuilles persistantes, opposées, étroitement imbriquées sur 4 rangs. Fleurs d'un rose purpurin, rarement blanches, munies de 6 feuilles florales imbriquées par paires et formant un involucre régulier (calice extérieur *auct.*) appliqué sur le calice.

1. **C. vulgaris** Salisb., loc. cit. ; Rchb. *Ic.* XVII, t. 1162, f. 2-3 ; Bill. *Exsicc.* n. 146 et *bis.* — *Erica vulgaris* L. *Sp.* 501 ; *Engl. bot.* t. 1013. — [ C. COMMUNE. — Vulg. *Bruyère-commune, Bruyère, Brande*].

Tiges de 3-8 décim., à rameaux glabres ou pubescents, donnant naissance latéralement à un grand nombre de rameaux stériles courts. Feuilles opposées, étroitement imbriquées sur 4 rangs, donnant aux rameaux latéraux une apparence tétragone, lancéolées-linéaires prismatiques très courtes, concaves-canaliculées en dessus, convexes-anguleuses en dessous, à face inférieure réduite à un sillon par la réflexion du limbe, prolongées au-dessous de l'insertion en un éperon bifide à lobes rapprochés ou divergents, glabres ou pubérulentes, finement ciliées aux bords apparents. Fleurs d'un rose purpurin, rarement blanches, axillaires, disposées en grappes ou en panicules spiciformes ; rameaux florifères formant souvent par leur ensemble des corymbes irréguliers. Calice scarieux, coloré-pétaloïde, à sépales oblongs. Corolle très petite, cachée par le calice. Étamines incluses, à anthères appendiculées. ♃. Juillet-septembre.

*C C C.* — Landes, bruyères, bois secs, terrains en friche.

# XLIII. PRIMULACÉES

(Lysimachiæ Juss. *Gen.* 95 ex parte. — Primulaceæ Vent. *Tabl.* II, 285).

*Fleurs* hermaphrodites, *régulières* (dans nos espèces), très rarement irrégulières. — Calice à 5 rarement 4-7 sépales soudés à la base ou dans une grande partie de leur longueur, persistant, libre, très rarement à tube soudé avec l'ovaire (*Samolus*), à préfloraison valvaire rarement imbriquée-contournée. — Corolle hypogyne, gamopétale, rotacée, hypocratériforme, campanulée ou infundibuliforme, très rarement subbilabiée, à 5 rarement 4-7 lobes entiers émarginés ou bifides très rarement laciniés, caduque ou marcescente, à préfloraison imbriquée ou imbriquée-contournée, très rarement nulle. — *Étamines* insérées sur le tube ou à la gorge de la corolle, *en nombre égal à celui des lobes de la corolle et opposées à ces lobes*, quelquefois en nombre double et alors le rang extérieur étant réduit à des appendices ou à des filets dépourvus d'anthères occupant la gorge de la corolle et alternant avec ses lobes. Filets libres ou soudés entre eux inférieurement, quelquefois presque nuls. Anthères bilobées, introrses. — *Ovaire* libre, très rarement soudé inférieurement avec le tube du calice, à 5 rarement 4-7 carpelles, *uniloculaire*, ord. multiovulé, *à placenta central libre* globuleux. Ovules semiréfléchis, plus rarement réfléchis. Style indivis ; stigmate indivis. — Fruit capsulaire, ord. globuleux, uniloculaire, ord. polysperme, s'ouvrant au sommet ou dans toute sa longueur en valves en nombre égal à celui des divisions du calice, plus rarement en 2 valves qui se subdivisent ensuite, ou s'ouvrant circulairement par un opercule (pyxide). — Graines ord. chagrinées, sessiles et enfoncées dans des fossettes du placenta, peltées à face dorsale aplanie et à face ventrale convexe souvent anguleuse, plus rarement insérées à l'une de leurs extrémités et à raphé occupant toute leur longueur. Embryon placé dans un périsperme charnu ou presque corné, ord. dirigé parallèlement au hile. Radicule éloignée du hile de la moitié de la longueur de la graine, rarement dirigée vers le hile.

Plantes vivaces herbacées, plus rarement annuelles. Feuilles opposées, plus rarement verticillées ou alternes, quelquefois toutes radicales, entières, crénelées ou dentées, très rarement pinnatiséquées-pectinées, sessiles ou brièvement pétiolées ; stipules nulles. Fleurs solitaires axillaires, en ombelles au sommet de pédoncules radicaux, plus rarement en verticilles au sommet de la tige ou disposées en panicules ou en grappes terminales.

TRIBU I. — *Capsule s'ouvrant longitudinalement en plusieurs valves.*

1. Primula. — *Calice campanulé ou tubuleux,* 5*-denté ou* 5*-fide. Étamines incluses. Capsule s'ouvrant dans sa partie supérieure en* 5 *valves. Fleurs disposées en ombelle simple au sommet d'un pédoncule radical ou à pédicelles naissant isolément de la souche.*

2. Hottonia. — *Calice 5-partit. Capsule s'ouvrant en 5 valves cohérentes au sommet et à la base. Graines munies d'un raphé complet. Feuilles submergées, pinnatiséquées-pectinées.*

3. Lysimachia. — *Calice 5-partit. Corolle presque rotacée. Étamines dépassant longuement le tube.* Capsule s'ouvrant en 5 valves, ou en deux valves qui se subdivisent plus tard. *Fleurs axillaires ou* disposées *en panicule terminale.*

4. Samolus. — *Calice campanulé,* 5-lobé. *Ovaire soudé* dans sa partie inférieure *avec le tube du calice.* Capsule s'ouvrant en 5 valves dans sa partie supérieure libre. Fleurs en grappe terminale.

TRIBU II. — *Capsule s'ouvrant par une fente circulaire.*

5. Centunculus. — *Calice 4-partit. Corolle à tube subglobuleux.* Feuilles alternes.

6. Anagallis. — *Calice 5-partit. Corolle à tube presque nul.* Feuilles opposées.

## TRIBU I. — Capsule s'ouvrant longitudinalement en plusieurs valves.

### 1. **PRIMULA** L. *Gen.* n. 197. — [PRIMEVÈRE].

*Calice campanulé ou tubuleux,* souvent anguleux ou renflé, à limbe 5-denté ou 5-fide. Corolle infundibuliforme, plus rarement hypocratériforme, à tube dilaté à partir de l'insertion des étamines, à gorge munie d'appendices plus rarement nue, à limbe 5-partit à lobes obtus-émarginés ou bifides. *Étamines 5, incluses,* insérées vers la partie moyenne ou la partie supérieure du tube de la corolle (1). Capsule s'ouvrant dans sa partie supérieure en 5 valves entières ou bifides. Graines peltées, anguleuses, chagrinées.

Plantes vivaces, à rhizome épais tronqué. Feuilles toutes radicales, disposées en rosettes. *Fleurs* jaunes, passant au vert par la dessiccation, ou de couleurs variées, pédicellées, munies de bractées à la base des pédicelles, *disposées en ombelle simple au sommet d'un pédoncule radical ou à pédicelles paraissant naître isolément de la souche* par l'avortement du pédoncule.

1. **P. officinalis** Jacq. *Misc.* I, 159; Rchb. *Ic.* XVII, t. 1090, f. 2; Bill. *Exsicc.* n. 444 et *bis.* — *P. veris* α. *officinalis* L. *Sp.* 204; *Engl. bot.* t. 5. — [P. officinale. — *Vulg.* Primevère, P.-commune, Coucou, Coqueluchon, Brayette].

*Feuilles ovales ou oblongues brusquement contractées en pétiole* ailé, ondulées, inégalement denticulées ou lâchement crénelées, ridées-réticulées, glabres ou glabrescentes à la face supérieure, pubescentes plus rarement tomenteuses à la face inférieure. Pédoncules radicaux de 1-3 décim., dépassant ord. longuement les feuilles. Pédicelles inégaux, ord. assez courts. Fleurs souvent penchées d'un même côté. *Calice* pubescent-blanchâtre presque tomenteux, *renflé très ouvert,* à 5 angles saillants, *à divisions courtes triangulaires presque obtuses. Corolle* d'un jaune pâle, *à limbe concave,* à lobes émarginés, marqués à la base d'une tache d'un jaune foncé. ♃. Mars-mai.

C C C. — Bois, prairies, pâturages, lieux herbeux.

(1) Dans les espèces du genre *Primula*, les étamines sont insérées dans la partie supérieure du tube de la corolle, et alors le style ne dépasse pas la moitié de la hauteur du tube; ou bien elles sont insérées vers la partie moyenne du tube, et alors le style dépasse la longueur du tube.

2. **P. elatior** Jacq. *Misc.* I, 158; *Engl. bot.* t. 513; Rchb. *Ic.* XVII, t. 1090, f. 1;
Bill. *Exsicc.* n. 68. — *P. veris* β. *elatior* L. *Sp.* 204. — [P. ÉLEVÉE].

*Feuilles ovales ou oblongues atténuées en pétiole* ailé, ondulées, inégalement denticulées ou lâchement crénelées, ridées-réticulées, glabres ou
glabrescentes à la face supérieure, ord. pubescentes ou velues à la face inférieure. Pédoncules radicaux de 1-3 décim., dépassant ord. assez longuement les
feuilles. Pédicelles inégaux, ord. assez courts. Fleurs souvent penchées d'un
même côté. *Calice* pubescent-blanchâtre dans les angles rentrants, vert sur
les angles saillants, étroit, *appliqué sur le tube de la corolle, à divisions
triangulaires-acuminées. Corolle* d'un jaune pâle, souvent marquée à la
gorge d'un cercle d'un jaune foncé, à tube dépassant ord. assez longuement
le calice, *à limbe* assez ample *presque plan.* ♃. Mars-avril.

A.C. — Prairies et lieux frais des bois.

3. **P. grandiflora** Lmk *Fl. Fr.* 248; Bill. *Exsicc.* n. 165. — *P. acaulis* Jacq.
*Misc.* I, 158. — *P. vulgaris* Huds.; *Engl. bot.* t. 4. — *P. sylvestris* Scop.
*Carn.* I, 132; Rchb. *Ic.* XVII, t. 1091, f. 2-3. — Forma caulescens :
*P. variabilis* Goupil in *Ann. Soc. Linn.* [1825] 294. — [P. A GRANDES
FLEURS].

*Feuilles obovales ou oblongues-obovales atténuées insensiblement en
pétiole* ailé, ondulées, inégalement denticulées ou lâchement crénelées, ridées-réticulées, glabres ou glabrescentes à la face supérieure, pubescentes
d'un vert pâle ou velues blanchâtres à la face inférieure. Pédoncules radicaux
avortés, plus rarement développés dépassant les feuilles et atteignant 1-3
décim. Pédicelles laineux, ord. radicaux et atteignant environ la longueur des
feuilles, plus rarement disposés au sommet d'un pédoncule. *Calice* pubescent-blanchâtre, *à divisions lancéolées-étroites longuement acuminées.
Corolle* d'un jaune pâle, *à limbe* large *presque plan,* à lobes ord. marqués à
la base d'une tache d'un jaune foncé. ♃. Mars-mai.

A.R. — Prairies humides, lieux frais des bois. — Très abondant dans les forêts
de Bondy ! et de Senart !; parc de la Celle, Gouvieux près Chantilly, forêt de Rambouillet (*de Schœnefeld*); entre la ferme et le château de Rochefort dans le bois
(*Ant. de Juss.* mss). Dreux (*Dœnen*), etc. — *Graves* Cat. Oise : forêts de Chantilly,
de Pontarmé, de Hallatte, d'Ermenonville ; garenne de Verneuil-sur-Oise.

Cette espèce est très fréquemment cultivée dans les jardins : elle s'y rencontre
sous la forme caulescente et sous la forme acaule ; ses fleurs varient jaunes, purpurines, pourpres, roses, lilas ou blanches. Souvent le limbe du calice devient pétaloïde et simule une corolle extérieure.

On cultive fréquemment dans les parterres le *P. Auricula* L. (Rchb. *Ic.* XVII,
t. 1093, f. 1-4 ; Bill. *Exsicc.* n. 1309. — Vulg. *Oreille-d'ours*), plante alpine, à
feuilles ovales-spatulées, épaisses-charnues, glabres-glaucescentes farineuses, à gorge
de la corolle dépourvue d'appendices. — On cultive en serre tempérée le *P. Sinensis* Lindl. (*P. de Chine*), à feuilles velues-glanduleuses pétiolées 7-9-lobées à
lobes inégalement incisés-dentés, à fleurs ord. disposées en plusieurs verticilles
dans la partie supérieure des pédoncules.

## 2. **HOTTONIA** L. *Gen.* n. 203. — [ HOTTONIE ].

*Calice 5-partit.* Corolle hypocratériforme, à limbe 5-partit. Étamines 5,
ord. insérées vers la partie supérieure du tube de la corolle. *Capsule s'ouvrant
en 5 valves* qui restent *cohérentes au sommet et à la base. Graines* munies

*d'un raphé complet*, à hile basilaire. Embryon à radicule dirigée vers le hile.

Plante vivace, aquatique. *Feuilles submergées, pinnatiséquées-pectinées.* Fleurs d'un blanc rosé ou d'un lilas pâle, disposées en verticilles espacés au sommet de la tige.

1. **H. palustris** L. *Sp.* 208 ; *Engl. bot.* t. 364 : Rchb. *Ic.* XVII, t. 1081, f. 3 ; Bill. *Exsicc.* n. 624. — [ H. DES MARAIS. — Vulg. *Millefeuille-aquatique, Plumeau* ].

Tiges à partie inférieure submergée oblique ou horizontale feuillée, à partie supérieure aérienne de 2-3 décim. dressée nue glabre. Feuilles toutes submergées, disposées en verticilles rapprochés, pinnatiséquées-pectinées à segments linéaires-aigus un peu épais. Fleurs disposées à la partie supérieure de la tige en 3-5 verticilles 3-7-flores. Pédicelles glanduleux, réfléchis-arqués après la floraison, munis à leur base d'une bractée linéaire. Calice glanduleux, à divisions linéaires égalant le tube de la corolle. ♃. Mai-juin.

*A.R.* — Mares, fossés, marais. — Forêt de Bondy! (*Thuill.* Fl. Par.); Neuilly-sur-Marne (*Bonnet*); Bonneuil près Créteil (*Puel*); forêt de Marly (*Weddell*); Viroflay (*de Boucheman*); Versailles (*Thuill.* Fl. Par.); étang du Trou-salé!; Saint-Léger!; étang d'Hollande (*B. de Juss.* in *Tourn.* Hist. pl. Par., *Thuill.* Fl. Par.); Épernon (*de Schœnefeld*). Mennecy!; entre Saint-Clair et Roussigny (*Ant. de Juss.* mss., *Vaill.* Bot. Par.); Le Châtelet près Melun (*M. Garnier*); Fontainebleau!; Moret!; Nemours!; Thurelles! près Dordives, etc.

### 3. **LYSIMACHIA** L. *Gen.* n. 205 ex parte. — [LYSIMAQUE].

*Calice 5-partit. Corolle* à tube très court, *presque rotacée*, à limbe 5-partit. *Étamines* 5, insérées à la gorge de la corolle, à filets libres ou soudés en anneau à la base, *dépassant longuement le tube.* Capsule s'ouvrant en 5 valves, ou en 2 valves qui se subdivisent plus tard.

Plantes vivaces, à souche traçante. Feuilles ord. opposées, entières. *Fleurs* jaunes, solitaires *axillaires ou* disposées *en panicule terminale.*

1. **L. vulgaris** L. *Sp.* 209 ; *Engl. bot.* t. 761 ; Rchb. *Ic.* XVII, t. 1086, f. 2-3 ; Bill. *Exsicc.* n. 1928. — [ L. COMMUNE. — Vulg. *Chasse-bosse, Corneille* ].

*Tige* de 6-10 décim., *dressée,* rameuse, *très pubescente.* Feuilles brièvement pétiolées, opposées, quelquefois verticillées par 3-4, rarement alternes, ovales-aiguës ou oblongues-lancéolées, pubescentes et d'un vert pâle à la face inférieure. *Fleurs disposées en panicules multiflores terminales.* Calice à divisions lancéolées-acuminées, entourées d'une bordure membraneuse brunâtre. Étamines à filets soudés dans leur tiers inférieur. ♃. Juin-août.

*C.* — Bords des eaux, lieux marécageux des bois.

2. **L. Nummularia** L. *Sp.* 211 ; *Engl. bot.* t. 528 ; Rchb. *Ic.* XVII, t. 1084, f. 2 ; Bill. *Exsicc.* n. 1753 et *bis.* — [ L. NUMMULAIRE. — Vulg. *Nummulaire, Monnoyère, Herbe-aux-écus* ].

Tiges de 1-5 décim., couchées, radicantes à la base, grêles, simples ou peu rameuses, glabres. Feuilles brièvement pétiolées, opposées, ovales-orbiculaires ou suborbiculaires, glabres. *Fleurs axillaires solitaires,* opposées, à pédicelles égalant ou dépassant la feuille. *Calice à divisions ovales-aiguës, cordées à la base.* Étamines à filets soudés seulement à la base. ♃. Juin-août.

*C*. — Prairies, bords des fossés, mares et endroits humides des bois. — Les fruits de cette plante, ainsi que l'a fait remarquer M. Decaisne, paraissent ne jamais se développer aux environs de Paris.

3. **L. nemorum** L. *Sp.* 211; *Engl. bot.* t. 527; Rchb. *Ic.* XVII, t. 1084, f. 1; Bill. *Exsicc.* n. 1754. — *Lerouxia nemorum* Mérat *Fl. Par.* éd. 1, 77. — [L. DES FORÊTS].

Tiges de 1-4 décim., couchées-radicantes à la base, redressées au sommet, grêles, simples ou peu rameuses, glabres. Feuilles brièvement pétiolées, opposées, ovales-aiguës, glabres. *Fleurs petites, axillaires solitaires*, opposées, à pédicelles presque capillaires plus longs que la feuille. *Calice à divisions linéaires-subulées.* Étamines à filets libres. ♃. Juin-juillet.

R. — Endroits humides des bois montueux, bords des ruisseaux ombragés. — « Jouy dans la grande allée qui va aux estangs à gauche dans un lieu taillé en gradins vis-à-vis le pavillon qui est sur la fontaine » (*Tourn.* Hist. pl. Par.); forêt de Marly (*Weddell*); forêt de Montmorency! à Sainte-Radegonde (*Thuill.* Fl. Par.). Sérans près Magny (*Bouteille*); forêt de Lions (*Frion*); Goincourt près Beauvais (*Questier*); Saint-Paul et l'Italienne près Beauvais (*Delacour*). Assez abondant à plusieurs localités de la forêt de Compiègne!; abondant dans la forêt de Villers-Cotterets (*Weddell, Questier*). — *Graves* Cat. Oise : vallée de Bray; route de Tracy dans la forêt de Laigue; forêt de Hez; parc d'Offemont; pointe Sainte-Hélène cant. du Coudray; Ivors cant. de Betz.

## 4. **SAMOLUS** Tourn. *Inst.* t. 60. — [SAMOLE].

*Calice campanulé*, à tube soudé avec l'ovaire, à limbe 5-fide. Corolle insérée au sommet du tube du calice, à tube court, à gorge munie de 5 appendices squamiformes alternes avec les lobes (étamines stériles), à limbe 5-partit. Étamines 5, insérées dans le tube ou à la gorge de la corolle. *Capsule soudée* inférieurement *avec le tube du calice*, entourée au-dessous de son sommet par les divisions du calice et s'ouvrant en 5 valves dans sa partie libre. Graines munies d'un raphé complet, à hile basilaire. Embryon à radicule dirigée vers le hile.

Plante vivace. Feuilles entières. *Fleurs* blanches, *disposées en grappe terminale.*

1. **S. Valerandi** L. *Sp.* 243; *Engl. bot.* t. 703; Rchb. *Ic.* XVII, t. 1083, f. 3; Bill. *Exsicc.* n. 625. — [S. DE VALERANDUS. — Vulg. *Mouron-d'eau*].

Souche courte tronquée, donnant naissance à un grand nombre de fibres radicales. Tiges solitaires ou peu-nombreuses, de 1-5 décim., dressées, simples ou rameuses, glabres. Feuilles glabres, obovales ou oblongues-obovales; les radicales disposées en rosette, atténuées en pétiole. Fleurs petites, disposées au sommet de la tige et des rameaux en grappes allongées à la maturité. Pédoncules munis d'une bractée dans leur partie supérieure. Calice à divisions ovales-triangulaires. Corolle à limbe étalé. ♃. Juin-août.

*A.C.* — Lieux marécageux, bords des eaux, prés humides. — Paris aux bords de la Seine!; Issy!; Saint-Cucufas!; Ville-d'Avray!; Versailles!; Montmorency!; Bondy!. Forêt de Senart!; Mennecy!; Malesherbes!, etc.

Le *Cyclamen Europæum* L. (Rchb. *Ic.* XVII, t. 1089; Bill. *Exsicc.* n. 166), observé dans des pépinières à Malesherbes, où il a été introduit, et indiqué, en dehors des limites de notre Flore, dans les prairies à Carlepont près Noyon (*Graves Cat. Oise*), se reconnaît aux caractères suivants : souche charnue subglobuleuse-déprimée ; feuilles toutes radicales, longuement pétiolées, épaisses, ovales ou suborbiculaires, sinuées, cordées à la base, tachées de blanc en dessus, rougeâtres en dessous ; fleurs renversées par la courbure du pédicelle ; corolle à lobes réfractés ; pédoncules radicaux uniflores, les fructifères contournés en spirale.

## TRIBU II. — Capsule s'ouvrant par une fente circulaire.

### 5. **CENTUNCULUS** L. *Gen.* n. 143. — [CENTENILLE].

*Calice 4-partit. Corolle à tube subglobuleux*, à limbe 4-partit. Étamines 4, insérées à la gorge de la corolle, dépassant longuement le tube. Capsule s'ouvrant par une fente circulaire.

Plante annuelle, très petite. *Feuilles alternes*, entières. Fleurs axillaires solitaires, à corolle blanche ou rosée, plus courte que le calice.

1. **C. minimus** L. *Sp.* 169 ; *Engl. bot.* t. 531 ; Rchb. *Ic.* XVII, t. 1082, f. 4 ; Bill. *Exsicc.* n. 621. — Vaill. *Bot. Par.* t. 4, f. 2. — [C. NAINE].

Tiges solitaires ou nombreuses, de 1-6 centim., très grêles, dressées ou ascendantes, rameuses, glabres. Feuilles sessiles ou très brièvement pétiolées, ovales-aiguës. Fleurs très petites, sessiles ou presque sessiles. Calice à divisions linéaires-lancéolées. ①. Juin-août.

A.C. — Lieux incultes et champs sablonneux humides, allées ombragées des bois. — Bondy ! (*Vaill.* Bot. Par.) ; Meudon ! ; Ville-d'Avray ! ; abondant dans les forêts de Marly et de Saint-Germain, Aigremont près Poissy (*de Schœnefeld*) ; La Minière près Versailles (*de Boucheman*). Bois de Lognes (*Thuret*) ; forêt de Senart ! ; forêt de Fontainebleau !. Saint-Hubert (*de Schœnefeld*) ; Saint-Léger !. Morfontaine, Élavigny, Montigny-l'Allier, Thury-en-Valois, Bargny, forêt de Villers-Cotterets (*Questier*) ; Jouarre (*Adr. de Jussieu*). Env. de Provins (*Bouteiller*), etc.

### 6. **ANAGALLIS** Tourn. *Inst.* t. 59. — [MOURON].

*Calice 5-partit. Corolle* rotacée ou subinfundibuliforme, *à tube presque nul*, à limbe 5-partit. Étamines 5, insérées à la base des divisions de la corolle. Capsule s'ouvrant par une fente circulaire.

Plantes annuelles ou vivaces. *Feuilles opposées*, entières. Fleurs axillaires solitaires, opposées, roses, rouges ou bleues.

Sect. I. EUANAGALLIS. — Corolle rotacée. Étamines libres. Plante annuelle.

1. **A. arvensis** L. *Sp.* 211 ; Rchb. *Ic.* XVII, t. 1082, f. 1-2. — [M. DES CHAMPS].
*Plante annuelle.* Tiges de 1-3 décim., très rameuses dès la base, étalées ou ascendantes-diffuses, glabres. Feuilles sessiles, opposées, plus rarement ternées, ovales ou ovales-oblongues, un peu épaisses, glabres, à 3 ou 5 nervures, marquées de points glanduleux à la face inférieure. Pédicelles égalant ou dépassant la feuille, arqués-réfléchis après la floraison. Fleurs rouges ou bleues, plus rarement roses. Calice à divisions lancéolées-acuminées, à bords membraneux. *Corolle rotacée, à lobes suborbiculaires-oblongs* entiers ou un peu crénelés, glabres ou ciliés-glanduleux, *dépassant peu le calice.* Étamines à filets libres, pubescents. ①. Juin-octobre.

C C. — Vignes, lieux cultivés, champs en friche.

Var. α. *phœnicea*. (*A. phœnicea* Lmk *Fl. Fr.* II, 285 ; *Engl. bot.* t. 529. —Vulg. *Mouron-rouge*). — Fleurs rouges, roses ou blanches.

Var. β. *cœrulea*. (*A. cœrulea* Schreb. *Spicil. fl. Lips.* 5 ; *Engl. bot.* t. 1823. — Vulg. *Mouron-bleu*). —Fleurs d'un beau bleu ou à gorge rougeâtre.

Sect. II. — JIRASEKIA. (*Jirasekia* W. Schmidt in Usteri *Ann.* 124, t. 1, f. 2). — Corolle subinfundibuliforme. Étamines soudées à la base.
Plante vivace, radicante.

2. **A. tenella** L. *Mant.* 335 ; *Engl. bot.* t. 530 ; Rchb. *Ic.* XVII, t. 1082, f. 3 ; Bill. *Exsicc.* cent. 2, G. — [M. DÉLICAT].

*Plante vivace. Tiges* de 5-20 centim., *couchées, radicantes inférieu-rement*, très grêles, simples ou rameuses, glabres. Feuilles brièvement pétiolées, opposées, suborbiculaires. Pédicelles presque capillaires, dépassant longuement la feuille, arqués-réfléchis après la floraison. Fleurs assez grandes, d'un rose veiné. Calice à divisions linéaires-acuminées, non membraneuses aux bords. *Corolle subinfundibuliforme, à lobes oblongs, deux fois plus longue que le calice.* Étamines à filets soudés à la base, velus-laineux dans toute leur partie libre. ♃. Juin-août.

A.C. — Marais tourbeux, prairies spongieuses. — Meudon! ; Ville-d'Avray! ; Saint-Gratien! (*Clarion*) ; Montmorency! (*Cornuti* Ench. Par.). Mennecy!. Ne-mours! ; marais de Sceaux! près Château-Landon (*de Schœnefeld*) ; Malesherbes!. Saint-Léger! ; Auffargis (*de Schœnefeld*). Marais de Bresle! ; marais de Condé (*Caron*) ; Verderonne! ; Feigneux, Russy, Coyolles, Bourneville, Mareuil-sur-Ourcq (*Questier*), etc.

---

# XLIV. PLOMBAGINÉES

(PLUMBAGINES Juss. *Gen.* 92).

Fleurs hermaphrodites, régulières. — Calice à 5 sépales soudés en un calice gamosépale tubuleux, persistant, à 5 plis, à 5 dents. — Corolle hypogyne, à 5 pétales libres ou soudés à la base ou soudés en une corolle gamopétale hypocratériforme à tube étroit anguleux, à limbe 5-partit, à préfloraison imbriquée-contournée ou imbriquée. — *Éta-mines 5, opposées aux pétales ou aux lobes de la corolle*, hypogynes dans les fleurs à corolle gamopétale, insérées à la base des pétales dans les fleurs à pétales presque libres. Anthères bilobées, introrses.—Ovaire libre, à 5 carpelles, à une seule loge uniovulée. Ovule réfléchi, suspendu à l'extrémité d'un funicule allongé qui naît du fond de la loge. Styles 5, libres ou soudés en un seul ; stigmates libres. — *Fruit* membraneux, *uniloculaire, monosperme*, renfermé dans le calice, indéhiscent ou se déchirant irrégulièrement, rarement à 5 valves. — Graine suspendue à l'extrémité du funicule, paraissant quelquefois dressée en raison de l'adhérence du funicule avec le testa. — Embryon droit, placé dans un périsperme farineux. Radicule dirigée vers le hile.

Plantes vivaces, acaules ou caulescentes, ord. herbacées. Feuilles toutes radicales ou alternes, ord. entières; stipules nulles. Fleurs disposées sur un réceptacle ord. muni de bractées en forme de paillettes et rapprochées en un glomérule entouré d'un involucre, ou disposées en épis unilatéraux rapprochés en panicule ou en corymbe.

### 1. **ARMERIA** Willd. *Hort. Berol.* 333. — [ARMÉRIA].

Calice infundibuliforme, plissé, à limbe membraneux transparent. Corolle à 5 pétales soudés seulement à la base, marcescents. Étamines 5, opposées aux pétales et insérées à leur base. Styles 5, libres, barbus inférieurement à poils diaphanes, stigmatifères dans leur partie supérieure. Fruit membraneux, monosperme, renfermé dans le calice, presque indéhiscent et se déchirant irrégulièrement et transversalement vers l'insertion. — Fleurs brièvement pédicellées, rapprochées en glomérules multiflores solitaires à l'extrémité de pédoncules radicaux nus; glomérules entourés d'un involucre composé de plusieurs folioles plus ou moins scarieuses imbriquées, les extérieures se prolongeant au-dessous de leur insertion en appendices soudés en une gaîne qui embrasse la partie supérieure du pédoncule; réceptacle muni de bractées en forme de paillettes.

Plantes vivaces. Feuilles toutes radicales, linéaires ou lancéolées. Fleurs roses.

1. **A. plantaginea** Willd. *Hort. Berol.* 334; Rchb. *Ic.* XVII, t. 1151, f. 1-2 ; Bill. *Exsicc.* n. 837 et *bis*. — *Statice plantaginea* All. *Ped.* II, 90 excl. syn. — [A. A FEUILLES DE PLANTAIN].

Souche cespiteuse, terminée en racine pivotante. Feuilles rapprochées en gazon compacte, coriaces, persistant pendant l'hiver, glabres, membraneuses au bord, linéaires-lancéolées ou lancéolées, atténuées inférieurement, à 3-7 nervures. Pédoncules radicaux de 1-6 décim., roides, dressés, un peu rudes. Involucre à folioles extérieures ovales brusquement cuspidées, les intérieures obtuses largement membraneuses-transparentes. Calice à tube velu, inséré obliquement sur le pédicelle, à fossette basilaire latérale oblongue, à limbe membraneux-transparent glabre, à 5 dents subulées roides égalant environ la longueur du limbe. Pétales arrondis ou tronqués au sommet. ♃. Juin-septembre.

C. — Pelouses des terrains sablonneux, coteaux arides. — Bois de Boulogne!; bois du Vésinet!; Clamart!; Le Plessis-Piquet!; Saint-Maur!, etc.

L'*Armeria maritima* Willd. (*Statice Armeria* Sm. — Vulg. *Gazon-d'Olympe*), très répandu sur les côtes de l'Océan, est fréquemment cultivé en bordures dans les parterres; cette espèce se reconnaît aux caractères suivants : feuilles linéaires, uninerviées, assez molles; calice à dents plus courtes que le limbe; pédoncules radicaux glabres ou pubescents.

# XLV. PLANTAGINÉES

(PLANTAGINES Juss. *Gen.* 89. — PLANTAGINACEÆ Lindl.; Dcne in DC. *Prodr.* XIII, sect. 1).

*Fleurs* hermaphrodites, plus rarement unisexuelles, *régulières.* — Calice à 4 plus rarement 3 sépales libres ou soudés à la base, rarement les 2 extérieurs soudés entre eux jusqu'au sommet, persistant, à préfloraison imbriquée. — *Corolle* hypogyne, gamopétale, *scarieuse* persistante, *à limbe 4-fide* rarement 3-fide, ord. étalé ou réfléchi après la fécondation, ou urcéolé dans les fleurs femelles, à préfloraison imbriquée. — *Étamines 4, alternant avec les lobes de la corolle,* insérées sur le tube de la corolle dans les fleurs hermaphrodites, hypogynes dans les fleurs mâles. Filets repliés sur eux-mêmes dans le bouton, longuement saillants hors de la corolle après l'épanouissement de la fleur. Anthères oscillantes, caduques, bilobées, introrses. — Ovaire libre, à 2 carpelles, à une loge ou à 2 loges quelquefois subdivisées chacune en deux loges secondaires par une fausse cloison incomplète dépendance de la cloison principale, à loges uniovulées, biovulées ou pluriovulées. Ovules dressés réfléchis, ou peltés semiréfléchis, insérés sur la partie moyenne de la cloison. Styles soudés en un style indivis dépassant longuement la corolle, stigmatifère sur deux lignes longitudinales. — Fruit entouré par le calice et la corolle persistants : crustacé, uniloculaire, monosperme, indéhiscent (*Littorella*); plus ordinairement capsulaire-membraneux, à 2 loges monospermes, dispermes ou polyspermes, quelquefois subdivisées chacune par une fausse cloison incomplète, à cloison non adhérente à la capsule, à déhiscence circulaire (pyxide). — Graines solitaires dressées, ou 2 ou plusieurs peltées à testa devenant mucilagineux par l'humidité. Périsperme épais, charnu. Embryon droit. Radicule dirigée parallèlement au hile, rarement vers le hile.

Plantes vivaces ou annuelles, acaules ou caulescentes, herbacées, plus rarement sous-frutescentes. Feuilles toutes radicales, ou caulinaires opposées ou alternes, entières, dentées ou pinnatipartites ; stipules nulles. Fleurs hermaphrodites disposées en épis cylindriques ou globuleux, rarement unisexuelles solitaires ou géminées.

1. LITTORELLA. — *Fleurs monoïques,* les mâles solitaires à l'extrémité des pédoncules.

2. PLANTAGO. — *Fleurs hermaphrodites,* disposées en épis cylindriques ou globuleux.

## 1. LITTORELLA L. *Gen.* n. 1328. — [ LITTORELLE ].

*Fleurs monoïques, les mâles solitaires* à l'extrémité de pédoncules axillaires, *les femelles* sessiles ord. *géminées* à l'aisselle des feuilles *à la base du pédoncule de la fleur mâle.* — Fleur mâle : Calice 4-partit. Corolle infundibuliforme, à limbe 4-partit. Étamines 4, hypogynes. — Fleur femelle : Calice à 3-4 sépales inégaux. Corolle tubuleuse-urcéolée, à limbe très court 3-4-denté. *Fruit crustacé*, uniloculaire, *monosperme, indéhiscent.* Graine dressée, ovoïde-oblongue. Embryon à radicule dirigée vers le hile.

Plante vivace, acaule, aquatique, souvent submergée. Feuilles toutes radicales, disposées en touffe, linéaires aiguës. Pédoncules des fleurs mâles munis d'une bractée membraneuse éloignée de la fleur. Fleurs femelles cachées par la base des feuilles.

1. **L. lacustris** L. *Mant.* 295; *Engl. bot.* t. 468; Rchb. *Ic.* XVII, t. 1116, f. 3-4; Bill. *Exsicc.* n. 628 et *bis.* — [L. DES ÉTANGS. — Vulg. *Littorelle*].

Plante se développant sous l'eau, ne fleurissant que dans les endroits d'où l'eau s'est retirée. Rhizomes filiformes horizontaux, donnant naissance de distance en distance à des individus isolés. Racine à fibres nombreuses. Feuilles roides, épaisses, un peu charnues, linéaires aiguës, presque cylindriques, élargies-canaliculées à la base. Fruit rugueux. ♃. Juin-septembre.

*A.R.* — Grèves des étangs, mares des terrains siliceux.—Étang de Saint-Gratien! (*Tourn.* Hist. pl. Par., *Vaill.* Bot. Par.); étangs du Trou-Salé! et de Saint-Quentin près Versailles (*de Boucheman*) ; étangs de Saint-Hubert!; Planets, Saint-Léger! (*Thuill.* Fl. Par.). Fontainebleau (*Weddell*) ; Nemours (*Devilliers*), etc. — *Graves* Cat. Oise : sables de la vallée de Thève ; Morfontaine ; désert d'Ermenonville.

## 2. PLANTAGO L. *Gen*. n. 142. — [ PLANTAIN ].

*Fleurs hermaphrodites, disposées en épis* cylindriques ou globuleux, naissant chacune à l'aisselle d'une bractée. Calice 4-partit, rarement à divisions extérieures soudées entre elles jusqu'au sommet. Corolle tubuleuse, à tube souvent renflé, à limbe 4-partit ord. réfléchi après la floraison. Étamines 4, insérées sur le tube de la corolle. *Fruit capsulaire-membraneux, à déhiscence circulaire*, à 2-4 ou à 8-16 graines, à 2 loges quelquefois subdivisées chacune en deux loges secondaires par une fausse cloison incomplète dépendance de la cloison principale, à cloison donnant insertion aux graines sur ses faces non adhérente à la capsule. Graines peltées, ord. petites et anguleuses dans les capsules polyspermes, ord. à dos convexe et à face ventrale excavée-naviculaire dans les capsules dispermes. Embryon dirigé parallèlement au hile, à radicule regardant la base du fruit.

Plantes acaules, plus rarement caulescentes. Feuilles toutes radicales disposées en rosettes, ou caulinaires opposées, entières, dentées ou pinnatipartites. Épis solitaires à l'extrémité de pédoncules axillaires.

Sect. I. *PSYLLIUM.* — *Plante caulescente*, à tige feuillée. Corolle à tube glabre. Capsule à 2 loges. — (1).

Sect. II. *EUPLANTAGO.* — *Plantes acaules. Corolle à tube glabre. Capsule à 2 loges.* — (2-4).

Sect. III. *CORONOPUS.* — *Plantes acaules. Corolle à tube velu. Capsule à 2 loges subdivisées chacune en deux loges secondaires.* — (5).

Sect. I. PSYLLIUM. — Plante caulescente, à tige feuillée. Corolle à tube glabre. Capsule à 2 loges.

1. **P. arenaria** Waldst. et Kit. *Rar. Hung.* t. 51 ; Rchb. *Ic.* XVII, t. 1136, f. 2. — *P. Indica* L.? *Sp.* 167 ; Bill. *Exsicc.* n. 629. — [P. DES SABLES. — Vulg. *Herbe-aux-puces*].

*Plante annuelle*, pubescente-glanduleuse. *Tige* de 1-5 décim., herbacée, dressée, simple ou rameuse, très *feuillée*. Feuilles opposées, donnant souvent naissance à leur aisselle à des fascicules de feuilles, linéaires-aiguës, entières ou à peine dentées. Pédoncules opposés, plus longs que les feuilles, les supérieurs ord. rapprochés en forme d'ombelle terminale. Épis ovoïdes, compactes. Bractées ovales-suborbiculaires, les inférieures terminées par une longue pointe herbacée. Corolle à lobes lancéolés. Capsule 2-sperme. Graines elliptiques, concaves à la face interne. ☉. Juin-août.

C. — Lieux sablonneux arides. — Bois de Boulogne !; bois du Vésinet; Saint-Maur !. Forêt de Fontainebleau !, etc.

Sect. II. EUPLANTAGO. — Plantes acaules. Corolle à tube glabre. Capsule à 2 loges.

2. **P. major** L. *Sp.* 163; *Engl. bot.* t. 1558 ; Rchb. *Ic.* XVII, t. 1128, f. 1-2; Bill. *Exsicc.* n. 2729. — [P. A LARGES FEUILLES. — Vulg. *Plantain, Grand-Plantain*].

Plante vivace. Feuilles dressées ou peu étalées, longuement pétiolées, à pétiole souvent ailé par la décurrence du limbe, ovales ou ovales-oblongues, entières, superficiellement sinuées ou lâchement dentées, ord. très amples, un peu épaisses, glabres ou pubescentes-rudes en dessous, à 5-11 nervures très marquées. *Pédoncules* radicaux de 1-6 décim., dressés ou ascendants, *cylindriques* ou un peu comprimés, ord. pubescents-rudes. Fleurs en *épis linéaires-cylindriques ord. très allongés*, un peu espacées à la base de l'épi. Bractées ovales, concaves. Corolle brunâtre, à lobes ovales. *Capsule 8-16-sperme. Graines petites, anguleuses*, convexes à la face interne. ♃. Mai-octobre.

C C C. — Bords des chemins, décombres, prairies, villages, etc.

S.-v. *minima*. (*P. minima* DC. *Fl. Fr.* III, 408. — *P. intermedia* Gilib.). — Plante naine. Pédoncules de 3-8 centim., souvent plus courts que les feuilles. Feuilles ord. 3-nerviées. Épis pauciflores.

3. **P. media** L. *Sp.* 163 ; *Engl. bot.* t. 1559; Rchb. *Ic.* XVII, t. 1129, f. 3; Bill. *Exsicc.* n. 2730 et *bis*. — [P. MOYEN. — Vulg. *Plantain-bâtard*].

Plante vivace. Feuilles disposées en une rosette ord. appliquée sur la terre, brièvement pétiolées à pétiole ailé par la décurrence du limbe, ovales ou oblongues ord. aiguës, entières, superficiellement sinuées ou lâchement dentées, ord. assez amples, un peu épaisses, pubescentes-rudes surtout à la face inférieure, à 5-7 nervures très marquées. *Pédoncules* radicaux de 1-6 décim., *étalés à la base puis brusquement coudés et redressés, presque cylindriques*, pubescents-rudes. Fleurs en épis oblongs-cylindriques ord. assez courts. Bractées ovales, concaves. *Corolle blanche, luisante et presque argentée. Capsule 4-sperme*, plus rarement 5-8-sperme. *Graines* elliptiques, *presque planes à la face interne*. ♃. Mai-août.

C C. — Bords des chemins, pelouses rases, prairies, etc.

4. **P. lanceolata** L. *Sp.* 164; *Engl. bot.* t. 175; Rchb. *Ic.* XVII, t. 1130, f. 1-3; Bill. *Exsicc.* n. 2731 et *bis* et *ter*. — [P. LANCÉOLÉ].

Plante vivace. *Feuilles* dressées ou étalées, *oblongues-lancéolées, lancéolées ou linéaires-lancéolées*, atténuées en pétiole, entières ou denticulées à denticules espacés, glabrescentes ou velues surtout dans leur partie inférieure, à 3-5 nervures. *Pédoncules* radicaux de 1-5 décim., dressés ou ascendants, *fortement anguleux*, pubescents ou presque glabres. Fleurs en *épis ovoïdes ou oblongs* courts *compactes. Bractées* ovales *longuement acuminées*, largement membraneuses-blanchâtres aux bords. *Sépales extérieurs soudés en un seul* binervié. Corolle brunâtre, à lobes ovales-acuminés. *Capsule 2-sperme. Graines* elliptiques, *concaves à la face interne*. ♃. Avril-octobre.

*C C C*. — Prairies, pâturages, lieux herbeux, bords des chemins.

Var. β. *lanuginosa.* — Feuilles ord. étalées, couvertes surtout dans leur partie inférieure de longs poils soyeux. — *A.C.* — Lieux très arides.

Sect. III. CORONOPUS. — Plantes acaules. Corolle à tube velu. Capsule à 2 loges subdivisées chacune en deux loges secondaires.

5. **P. Coronopus** L. *Sp.* 166; *Engl. bot.* t. 892; Rchb. *Ic.* XVII, t. 1130, f. 5-8; Bill. *Exsicc.* n. 840. — [P. CORNE-DE-CERF].

Plante annuelle. *Feuilles* ord. étalées en rosette, *pinnatipartites à lobes espacés* lancéolés ou linéaires *entiers ou* dentés *plus rarement eux-mêmes pinnatipartits*, rarement linéaires entières réduites au rachis, pubescentes ou velues-ciliées. Pédoncules radicaux de 5-20 centim., étalés ou ascendants, cylindriques, pubescents. Fleurs en épis linéaires-cylindriques ou oblongs. Bractées ovales aiguës ou acuminées. *Capsule 3-4-sperme. Graines* petites, oblongues, *à face interne un peu convexe.* ①.-Juin-septembre.

*C.* — Lieux secs, pelouses des terrains sablonneux.

Le *P. subulata* L. (*P. serpentina* Lmk; Rchb. *Ic.* XVII, t. 1131, f. 3 ; Bill. *Exsicc.* n. 1315 et *bis*), qui n'avait pas encore été signalé dans les régions voisines des limites de notre Flore, a été découvert par M. Juillard, dans plusieurs localités des env. de Châteaudun, sur les pelouses arides et aux bords des chemins, à la Perrine, à Aulnay, entre Marboué et Saint-Christophe où il est très abondant, etc. — Cette plante se distingue aux caractères suivants : plante vivace, acaule, à souche rameuse terminée en racine pivotante; feuilles linéaires très étroites, subulées, entières; épis cylindriques, allongés-linéaires; bractées ovales à la base, terminées en une pointe linéaire-subulée, égalant ou dépassant le calice. — On rencontre aux mêmes localités une forme de la plante caractérisée par les bractées environ une fois plus longues que le calice.

## XLVI. ILICINÉES

(ILICINEÆ Brongn. in *Ann. sc. nat.* sér. 1, X, 329).

*Fleurs* hermaphrodites, ou unisexuelles par avortement, *régulières.*— Calice gamosépale, à 4 plus rarement 5-6 divisions, persistant, à préfloraison imbriquée.—Corolle hypogyne, gamopétale (dans notre espèce), rotacée, 4-partite, plus rarement 5-6-partite, caduque, à préfloraison imbriquée.—*Étamines en nombre égal à celui des lobes de la corolle et alternant avec eux,* insérées à la base de la corolle. Anthères bilobées, introrses.—Ovaire ord. à 4 carpelles, ord. à 4 loges, à loges uniovulées rarement biovulées. Ovules insérés à l'angle interne des loges, suspendus, réfléchis. Stigmate sessile, lobé, à lobes en nombre égal à celui des loges. — Fruit charnu-bacciforme, ord. à 4 loges osseuses, distinctes, monospermes, indéhiscentes (noyaux, nucules). — Graines suspendues, à testa mince membraneux. Embryon droit, très petit, placé dans un périsperme charnu épais. Radicule dirigée vers le hile.

*Arbrisseau à feuilles* alternes, *persistant pendant l'hiver*, ord. *dentées-épineuses ;* stipules nulles. Fleurs en fascicules axillaires.

### 1. ILEX L. *Gen.* n. 172. — [ HOUX ].

Calice petit, à 4 plus rarement 5-6 divisions. Corolle rotacée, à 4 plus rarement 5-6 lobes. Stigmate sessile, ombiliqué au centre, suborbiculaire à 4 lobes peu distincts. Fruit ord. subglobuleux, charnu-bacciforme, à pulpe peu épaisse, à 4 noyaux osseux monospermes.

Arbrisseau très rameux. Feuilles dentées-épineuses, rarement entières. Fleurs blanches.

1. I. **Aquifolium** L. *Sp*. 181 ; *Engl. bot.* t. 496 ; Rchb. *Ic.* XVII, t. 1080. — [ H. COMMUN. — Vulg. *Houx* ].

Arbrisseau plus ou moins élevé, ord. très rameux dès la base, à rameaux verts et luisants, à liber mucilagineux. Feuilles coriaces, épaisses, glabres, entourées d'un rebord cartilagineux blanchâtre, d'un vert foncé et luisantes en dessus, d'un vert pâle en dessous, brièvement pétiolées, ovales-aiguës ou ovales-oblongues, fortement ondulées dentées à dents terminées en épine roide, rarement entières. Fleurs brièvement pédicellées, en fascicules axillaires beaucoup plus courts que la feuille. Bractées courtes squamiformes. Calice pubescent un peu glanduleux, à lobes courts triangulaires obtus. Corolle à lobes obtus. Fruits d'un rouge vif, persistant jusqu'au printemps suivant. Noyaux oblongs, trigones, présentant des côtes longitudinales irrégulières. ♄. *Fl.* mai-juin. *Fr.* octobre.

*C.* — Bois, forêts montueuses, buissons des coteaux incultes.

---

## XLVII. OLÉINÉES
( OLEINEÆ Hoffms. et Link *Fl. Portug.* I, 385 ).

*Fleurs* hermaphrodites ou unisexuelles, *complètes régulières, ou dépourvues de calice et de corolle.* — Calice gamosépale, à 4 divisions, persistant ou caduc, à préfloraison valvaire, quelquefois nul. — *Corolle* gamopétale, hypogyne, infundibuliforme, *à 4 lobes* ou à 4 divisions profondes, caduque, à préfloraison valvaire, quelquefois nulle. —*Étamines 2,* insérées dans les fleurs complètes sur le tube de la corolle et alternant avec ses lobes. Anthères bilobées, introrses. — *Ovaire* libre, à 2 carpelles, *à 2 loges* ord. *biovulées.* Ovules suspendus, insérés au sommet de la cloison, réfléchis. Styles soudés en un style indivis, quelquefois très court; stigmate bifide. — *Fruit* très variable, drupacé bacciforme, capsulaire bivalve à déhiscence loculicide, ou indéhiscent prolongé supérieurement en aile presque foliacée, *biloculaire, ou uniloculaire par avortement, à loges dispermes ou monospermes par avortement.* — Graines suspendues, souvent comprimées. Embryon droit, placé dans un *périsperme épais* charnu ou presque corné. Radicule dirigée vers le hile.

*Arbrisseaux ou arbres* à rameaux ord. opposés. Feuilles opposées, entières ou pinnatifides, quelquefois imparipinnées ; stipules nulles. Fleurs disposées en panicules.

1. LIGUSTRUM. — *Calice 4-denté.* Corolle subinfundibuliforme. *Baie globuleuse.* Feuilles entières.

2. FRAXINUS. — *Fleurs polygames, dépourvues de calice et de corolle. Fruit membraneux, coriace, comprimé presque foliacé dans sa partie supérieure. Feuilles imparipinnées.*

† SYRINGA. — *Calice 4-denté.* Corolle infundibuliforme. *Capsule coriace presque ligneuse, bivalve.* Feuilles entières.

### 1. **LIGUSTRUM** Tourn. *Inst.* t. 367. — [ TRŒNE ].

Fleurs hermaphrodites. *Calice* petit, urcéolé, *4-denté,* caduc. Corolle subinfundibuliforme, à tube dépassant longuement le calice, à limbe 4-parti. *Baie globuleuse,* à 2 loges dispermes ou monospermes par avortement.

Arbrisseau à feuilles entières. Fleurs blanches, disposées en panicules terminales.

1. **L. vulgare** L. *Sp.* 10; *Engl. bot.* t. 764; Rchb. *Ic.* XVII, t. 1074, f. 1-2; Bill. *Exsicc.* n. 271. — [ T. COMMUN. — Vulg. *Troëne, Bois-noir, Pruène* ].

Arbrisseau ord. rameux dès la base, à rameaux flexibles ord. opposés, à écorce grisâtre. Feuilles brièvement pétiolées, un peu coriaces, glabres, luisantes en dessus, oblongues ou oblongues-lancéolées, persistant souvent pendant l'hiver. Fleurs brièvement pédicellées, munies à leur base de bractées linéaires, disposées en panicules pyramidales à l'extrémité des rameaux. Baie noire, amère, environ de la grosseur d'un pois, persistant jusqu'au printemps. ♄. *Fl.* juin-juillet. *Fr.* septembre.

C C. — Haies, buissons, lisière des bois. — Souvent planté dans les parcs et les jardins ou en haies.

### 2. **FRAXINUS** Tourn. *Inst.* t. 343. — [ FRÊNE ].

*Fleurs polygames, dépourvues de calice et de corolle,* munies de bractées. Étamines 2. Ovaire comprimé perpendiculairement à la cloison, biloculaire, à loges biovulées. *Fruit* (samare) *membraneux, coriace,* oblong, renflé inférieurement, *comprimé presque foliacé dans sa partie supérieure,* uniloculaire et monosperme par avortement, plus rarement biloculaire, indéhiscent.

Arbre ord. très élevé. *Feuilles imparipinnées.* Fleurs verdâtres, peu apparentes, disposées en panicules qui naissent du centre des bourgeons et se développent avant les feuilles.

**1. F. excelsior** L. *Sp.* 1509; *Engl. bot.* t. 1692; Rchb. *Ic.* XVII, t. 1072, f. 2-6; Bill. *Exsicc.* n. 1529. — [F. ÉLEVÉ. — Vulg. *Frêne*].

Arbre ord. très élevé, à écorce grisâtre, à rameaux fragiles présentant des cicatrices saillantes qui résultent de la chute des feuilles. Feuilles à 9-15 folioles ; folioles opposées, brièvement pétiolulées, lancéolées ou oblongues-lancéolées acuminées, atténuées inférieurement, dentées, glabres en dessus, velues en dessous à la base de chaque côté de la nervure moyenne. Fleurs groupées au sommet de pédoncules capillaires, disposées en panicules opposées penchées après la floraison. Fruits disposés en panicules pendantes, oblongs atténués à la base, comprimés presque foliacés dans leur moitié supérieure, mucronulés au sommet par la base persistante du style. ♃. *Fl.* avril. *Fr.* juin-juillet.

C. — Bois, forêts. — Planté dans les parcs ou en avenues.

L'*Ornus Europœa* Pers. (*Fraxinus Ornus* L.; Rchb. *Ic.* XVII, t. 1072, f. 1-2. — Vulg. *Frêne-à-la-manne, F.-fleuri*), spontané dans le midi de l'Europe et planté dans quelques bois et dans les parcs, se distingue du *Fraxinus excelsior* par ses fleurs blanchâtres pourvues d'un calice 4-partit et d'une corolle 4-partite à divisions linéaires.

### † SYRINGA L. *Gen.* n. 22. — [LILAS].

Fleurs hermaphrodites. *Calice* petit, urcéolé, *4-denté*, persistant. Corolle infundibuliforme, à tube dépassant très longuement le calice, à limbe 4-partit à lobes étalés concaves, indupliqués pendant la floraison. *Capsule coriace presque ligneuse*, ovale-oblongue acuminée, comprimée perpendiculairement à la cloison, biloculaire, *bivalve* à déhiscence loculicide, à loges dispermes ou monospermes par avortement.

Arbrisseau ou arbre peu élevé. Feuilles entières. Fleurs lilas ou blanches, disposées en panicules terminales.

**† S. vulgaris** L. *Sp.* 11 ; Rchb. *Ic.* XVII, t. 1073, f. 1. — *Lilac vulgaris* Lmk *Fl. Fr.* 11, 305. — [L. COMMUN. — Vulg. *Lilas*].

Arbrisseau ou arbre peu élevé, ord. rameux dès la base, à écorce grisâtre. Feuilles pétiolées, un peu coriaces, glabres, ovales acuminées, ord. légèrement cordées à la base. Fleurs d'une odeur suave, brièvement pédicellées, disposées à l'extrémité des rameaux en panicules pyramidales amples dressées. Calice à dents courtes, inégales. ♃. *Fl.* avril-mai. *Fr.* juillet-septembre.

Cultivé dans les jardins et les parcs, naturalisé çà et là dans les haies et dans quelques bois. — Se propage dans la forêt de Compiègne (*Graves* Cat. Oise). — On croit qu'il est originaire de la Perse, où il n'a pas été retrouvé à l'état spontané par les voyageurs modernes, et qu'il a été introduit en Europe au XVIe siècle.

On cultive dans les jardins le *S. Persica* L. (vulg. *Lilas-de-Perse*), plus grêle dans toutes ses parties, à feuilles oblongues-lancéolées entières ou pinnatifides, à fleurs en panicules assez lâches. — Le *S. dubia* Pers. (*S. Chinensis* Willd. — *S. Rothomagensis* Ach. Rich. — Vulg. *Lilas-Varin, L.-de-Rouen*) est également cultivé comme arbrisseau d'ornement. Cette plante, que De Candolle considère comme une espèce distincte, probablement originaire de la Chine, a été pendant longtemps regardée comme une simple variété du *S. vulgaris* obtenue par le semis ou un hybride de cette espèce et du *S. Persica*. Par ses caractères elle tient le milieu entre les deux espèces : en effet, par ses tiges moins élevées formant ordinairement un buisson touffu et par la forme des feuilles elle se rapproche du *S. Persica*, tandis que par ses fleurs d'un violet foncé en panicules allongées assez serrées elle rappelle le *S. vulgaris*.

La famille des *Jasminées* diffère de la famille des *Oléinées* par la corolle à préfloraison imbriquée-tordue, par les ovules ord. solitaires dressés, et par les graines à périsperme presque nul. — Le genre *Jasminum* est caractérisé par le calice à 5-8 divisions, par la corolle infundibuliforme à limbe étalé, et par le fruit bacciforme monosperme plus rarement disperme. — Le *J. fruticans* L. (Rchb. *Ic.* XVII, t. 1077, t. 2-3 ; Bill. *Exsicc.* n. 591. — Vulg. *Jasmin-jaune*) est fréquemment planté dans les parcs et les bosquets, où il se naturalise aisément; on le distingue à ses fleurs jaunes et à ses feuilles alternes trifoliolées ou unifoliolées. — On cultive dans les jardins le *J. officinale* L. (Rchb. *Ic.* XVII, t. 1077, f. 1. — Vulg. *Jasmin*), qui se reconnaît à ses fleurs blanches très odorantes, à ses tiges sarmenteuses, et à ses feuilles imparipinnées ord. opposées.

---

# XLVIII. APOCYNÉES

(APOCYNEÆ Juss. *Gen.* 143 ex parte ; R. Br. *Prodr. Nov. Holl.* 465 ).

*Fleurs* hermaphrodites, *régulières.* — Calice gamosépale, 5-partit ou 5-fide, persistant. — *Corolle* hypogyne, gamopétale, à 5 lobes, caduque, *à préfloraison imbriquée-contournée.* — Étamines 5, insérées sur le tube de la corolle et alternant avec ses lobes. Filets libres, ord. très courts, dépourvus d'appendices. *Anthères* bilobées, introrses, *libres,* ord. surmontées d'un appendice membraneux prolongement du connectif, conniventes au-dessus du stigmate. *Pollen pulvérulent.* — Ovaire libre, composé de 2 carpelles ord. libres entre eux, multiovulés ou pluriovulés. Ovules insérés à la suture ventrale des carpelles, suspendus, réfléchis ou semiréfléchis. Styles soudés en un style indivis; stigmate indivis ou subbilobé. — *Fruit composé de 2 carpelles* capsulaires, *polyspermes, déhiscents par la suture ventrale* (follicules), quelquefois réduit à un seul carpelle par avortement. — Graines suspendues, ord. imbriquées, comprimées, nues, ou munies d'une aigrette soyeuse dirigée vers le sommet du carpelle. Embryon droit, placé dans un périsperme charnu. Radicule dirigée vers le hile ou éloignée du hile.

Plantes vivaces ord. sous-frutescentes ou arbrisseaux, contenant souvent un suc laiteux. Feuilles opposées ou verticillées, entières; stipules nulles ou glanduliformes. Fleurs solitaires terminales ou axillaires, ou en corymbes.

### 1. VINCA L. *Gen.* n. 295. — [ PERVENCHE ].

Calice 5-partit. Corolle hypocratériforme, à 5 lobes cunéiformes obliquement tronqués, à tube élargi et pentagonal au-dessus de l'insertion des étamines fermé par des poils étalés et par les anthères conniventes, à gorge à 5 angles opposés aux lobes de la corolle les sinus des angles prolongés en une membrane un peu charnue et saillante. Étamines 5, insérées vers le milieu de la hauteur du tube de la corolle, incluses; filets genouillés à la base, dilatés et concaves supérieurement ; anthères aussi longues que le filet, à lobes espacés par un connectif élargi se terminant au sommet en un appendice membraneux poilu. Glandes hypogynes 2, alternant avec les carpelles. Style indivis, renflé supérieurement et entouré au-dessous du sommet par un anneau stigmatifère qui se prolonge inférieurement en membrane ; la partie du style supérieure à l'anneau conique et terminée par une houppe ou par une couronne de poils. Fruit composé de 2 follicules cylindriques à bords fortement infléchis en dedans, ou réduit à un seul follicule par avortement. Graines peltées, dépourvues d'aigrette.

Plantes vivaces sous-frutescentes, à rhizomes traçants. Feuilles opposées, entières, persistant pendant l'hiver. Fleurs bleues, plus rarement violettes ou blanches, axillaires, solitaires.

1. **V. minor** L. *Sp.* 304 ; *Engl. bot.* t. 917 ; Rchb. *Ic.* XVII, t. 1062, f. 1-2 ; Bill. *Exsicc.* n. 54. — [ P. MINEURE. — Vulg. *Petite-Pervenche, Violette-de-serpent* ].

Tiges de 2-8 décim., sarmenteuses, couchées, radicantes au niveau des nœuds inférieurs, glabres ; les rameaux florifères courts, dressés. *Feuilles* un peu coriaces, *glabres*, luisantes, oblongues ou ovales-lancéolées, à pétiole très court muni au sommet de deux petites glandes. Pédicelles ord. plus longs que la feuille. *Calice à divisions glabres, lancéolées, beaucoup plus courtes que le tube de la corolle.* ♃. Mars-mai.

C. — Lieux ombragés, haies, bois.

† **V. major** L. *Sp.* 304 ; Lmk *Illustr.* t. 172, f. 1 ; *Engl. bot.* t. 514 ; Rchb. *Ic.* XVII, t. 1063, f. 3 ; Bill. *Exsicc.* n. 1037. — [ P. MAJEURE. — Vulg. *Grande-Pervenche* ].

Tiges de 4-10 décim., sarmenteuses, étalées, radicantes au niveau des nœuds inférieurs, glabres ou presque glabres ; les rameaux florifères plus courts ascendants ou dressés. *Feuilles* à faces glabres, *à bords pubescents-ciliés*, ovales ou ovales-lancéolées ord. légèrement cordées à la base, à pétiole court muni au sommet de deux petites glandes. Pédicelles plus courts que la feuille. *Calice à divisions ciliées, linéaires* très étroites, *égalant environ la longueur du tube de la corolle.* ♃. Mars-mai.

Fréquemment planté dans les parcs, aux bords des eaux. — Subspontané çà et là dans les haies et les fossés : bois de Boulogne ! ; parc de Saint-Cloud ! ; forêt de Saint-Germain !. Malesherbes !. Compiègne, etc.

Le *Nerium Oleander* L. (Rchb. *Ic.* XVII, t. 1064 ; Bill. *Exsicc.* n. 2107. — Vulg. *Laurier-Rose*), originaire des contrées les plus méridionales du bassin méditerranéen, est fréquemment cultivé en serre tempérée ; cet arbrisseau est caractérisé par ses feuilles verticillées par 3, lancéolées à nervures secondaires parallèles, par ses fleurs roses ou blanches en corymbes terminaux, par ses étamines à connectif prolongé en un long appendice barbu contourné en spirale, et par ses graines munies d'une aigrette soyeuse.

---

## XLIX. ASCLÉPIADÉES

(ASCLEPIADEÆ R. Br. in *Wern. Trans. Edinb.* I, 12).

*Fleurs* hermaphrodites, *régulières.* — Calice gamosépale, 5-partit ou 5-fide, persistant ou caduc, à préfloraison imbriquée. — Corolle gamopétale, hypogyne, 5-partite ou 5-fide, caduque, à préfloraison imbriquée-contournée ou valvaire. — Étamines 5, insérées à la base de la corolle et alternant avec ses lobes. Filets ord. soudés en un tube qui

entoure l'ovaire et munis chacun au sommet d'un appendice charnu ou
membraneux souvent en forme de cornet et recouvrant l'anthère correspondante, l'ensemble de ces appendices formant une couronne en
dehors des anthères (couronne staminale). Anthères bilobées, à déhiscence latérale, ord. soudées en un tube qui entoure le style et le
stigmate, ord. surmontées d'un prolongement membraneux du connectif,
à lobes quelquefois subdivisés en deux loges. *Pollen à grains* quelquefois réunis par 4, plus ordinairement *agglutinés* par une matière
mucoso-huileuse *en masses* solitaires dans chaque lobe de l'anthère, les
masses polliniques de deux anthères voisines étant *fixées par paires au
stigmate par des appendices filiformes terminés par une glande.* —
Ovaire libre, composé de 2 carpelles multiovulés, libres entre eux ou
soudés à la base dans leur jeunesse. Ovules insérés à la suture ventrale
des carpelles, plurisériés, suspendus, réfléchis. Stigmates soudés en une
masse épaisse à 5 angles qui alternent avec les anthères et auxquels sont
fixés deux par deux les prolongements suspenseurs des masses polli -
niques. — *Fruit composé de 2 carpelles* libres entre eux, *capsulaires
polyspermes, déhiscents* par la suture ventrale (follicules), souvent
réduit à un seul carpelle par avortement ; placenta devenant libre lors
de la déhiscence. — Graines très nombreuses, suspendues, imbriquées,
ord. comprimées-lenticulaires entourées d'un rebord mince et présentant
au niveau du micropyle une aigrette soyeuse dirigée vers le sommet du
carpelle. Embryon droit, placé dans un périsperme charnu peu épais.
Radicule dirigée vers le hile.

Plantes vivaces à souche traçante, ord. herbacées, quelquefois volubiles,
contenant ord. un suc laiteux. Feuilles opposées, quelquefois rapprochées
en verticilles, rarement alternes, entières ; stipules nulles. Fleurs disposées
en corymbes ou en ombelles simples. Pédoncules interpétiolaires.

1. VINCETOXICUM. -- Corolle à lobes étalés. *Couronne staminale à lobes arrondis
ou obscurément apiculés.* Fleurs disposées en corymbes.

† ASCLEPIAS. — Corolle à lobes réfléchis. *Couronne staminale composée de
5 pièces en forme de cornet émettant chacune du fond de leur cavité un
prolongement en forme de corne.* Fleurs en ombelles simples.


## 1. **VINCETOXICUM** Mœnch *Meth.* 317. — [DOMPTE-VENIN].

Calice 5-partit. Corolle rotacée, profondément 5-lobée à lobes étalés.
*Couronne staminale à 5 lobes arrondis ou obscurément apiculés.* Anthères
terminées par un appendice membraneux. *Masses polliniques* renflées, *fixées
au-dessous de leur sommet.* Stigmate ord. très brièvement apiculé. Follicules
renflés inférieurement, lisses, étalés. Graines munies d'une aigrette.

Plante vivace. Feuilles opposées, plus rarement verticillées par 4, très entières.
*Fleurs* blanchâtres ou noires, assez petites, disposées *en corymbes* portés sur des
pédoncules interpétiolaires.

1. **V. officinale** Mœnch, loc. cit.; Rchb. *Ic.* XVII, t. 1067, f. 1; Bill. *Exsicc.* n. 819.
— *Asclepias Vincetoxicum* L. *Sp.* 314; *Fl. Dan.* t. 849. — *Cynanchum Vincetoxicum* R. Br. in *Wern. Trans. Edinb.* I, 47. — [D. OFFICINAL. — Vulg. *Dompte-venin, Ipécacuanha-des-Allemands*].

Souche traçante, à fibres blanches épaisses très longues. Tiges herbacées, de 4-8 décim., dressées, très feuillées, simples donnant naissance dans leur partie supérieure aux rameaux de l'inflorescence, pubescentes sur deux lignes opposées, ou glabres inférieurement. Feuilles pétiolées, ovales-aiguës ou ovales-lancéolées, souvent cordées à la base, un peu coriaces, à nervures et à bords finement pubescents. Calice à divisions lancéolées aiguës, atteignant la base des lobes de la corolle. *Corolle blanchâtre, à lobes glabres*, un peu épais, ovales-oblongs, obtus. Lobes de la couronne staminale ovales. Stigmate déprimé. Follicules glabres, lancéolés-acuminés, renflés dans leur moitié inférieure. ♃. Juin-août.

C C. — Bois sablonneux ou pierreux, coteaux incultes.

S.-v. *verticillatum*. — Feuilles verticillées par 4. — Coteaux arides de la forêt de Fontainebleau (*Decaisne*).

† **V. nigrum** Mœnch, loc. cit.; Rchb. *Ic.* XVII, t. 1069, f. 1; Bourgeau *Pl. Hisp. exsicc.* n. 845 et 1617. — *Asclepias nigra* L. *Sp.* 315. — *Cynanchum nigrum* R. Br., loc. cit., 48. — [D. NOIR].

Souche traçante, à fibres radicales épaisses très longues. Tiges herbacées, de 5-12 décim., dressées ou volubiles dans leur partie supérieure, simples donnant naissance dans leur partie supérieure aux rameaux de l'inflorescence, pubescentes sur deux lignes opposées, ou glabres inférieurement. Feuilles pétiolées, ovales ou ovales-lancéolées, ord. arrondies ou presque cordées à la base, atténuées dans leur partie supérieure, un peu coriaces, à nervures et à bords finement pubescents. Calice à divisions lancéolées aiguës, atteignant la base des lobes de la corolle. *Corolle noire, à lobes couverts à la face interne d'une pubescence blanchâtre*, un peu épais, ovales, obtus. Lobes de la couronne staminale ovales. Stigmate déprimé. Follicules glabres, lancéolés-acuminés, renflés dans leur moitié inférieure. ♃. Juin-juillet.

Naturalisé dans les clairières du bois de Vincennes au coteau de Beauté!. — Cette plante est assez généralement répandue dans la région méditerranéenne.

† **ASCLEPIAS** Juss. *Gen.* 147. — [ASCLÉPIADE].

Calice 5-partit, à lobes d'abord étalés puis réfléchis. Corolle 5-partite à lobes d'abord étalés puis réfléchis. *Couronne staminale composée de 5 pièces en forme de cornet, émettant chacune du fond de leur cavité un prolongement en forme de corne qui se courbe sur le stigmate.* Anthères terminées par un appendice membraneux. *Masses polliniques comprimées, atténuées supérieurement, fixées à leur sommet.* Stigmate déprimé, mutique. Follicules renflés, lisses ou chargés de tubercules ou d'épines non vulnérantes. Graines munies d'une aigrette.

Plante vivace. Feuilles opposées ou alternes, très entières. *Fleurs* d'un blanc rosé, disposées *en ombelles simples* multiflores terminales ou portées sur des pédoncules interpétiolaires.

† **A. Cornuti** Dene in DC. *Prodr.* VIII, 564. — *Asclepias Syriaca* L. *Sp.* 313; Spenn. in Nees *Gen. fl. Germ.* fasc. XXI. — [A. DE CORNUTI].

Souche longuement traçante. Tiges herbacées, de 8-12 décim., pubescentes, robustes, dressées, cylindriques, anguleuses dans leur partie supérieure par la décurrence des pédoncules. Feuilles brièvement pétiolées, très amples, oblongues ou ovales-oblongues, obtuses, mucronulées, presque glabres en dessus, pubescentes presque tomenteuses en dessous, à nervures secondaires parallèles saillantes. Pédoncules presque tomenteux, plus courts que la feuille. Fleurs odorantes. Follicules ovoïdes, tomenteux-blanchâtres, hérissés de pointes non vulnérantes, ascendants sur un pédicelle réfracté, souvent solitaires par avortement. Plante contenant dans toutes ses parties un suc laiteux très abondant. ♃. Juin-août.

Assez souvent cultivé dans les jardins.— Quelquefois naturalisé dans le voisinage des habitations. — Romainville (*Mairo*). Dans les terrains en friche à L'Ile-Adam (*Chatin*). Abondant dans les champs à Verberie (*Questier*); ruines de Sainte-Croix d'Offemont dans la forêt de Laigue (*de Marcilly fils*). Parc de Malesherbes!, etc. — *Graves* Cat. Oise : cette plante croît abondamment dans la forêt de Compiègne autour de Saint-Jean-aux-bois, où évidemment elle a été introduite ; elle y est ancienne, car elle y existait déjà sous le règne de Louis XIV ; elle vient de préférence dans les champs d'Avoine, d'où, malgré les labours et les sarclages, on n'a jamais pu l'extirper. Béthencourtel près Clermont. — L'*A. Cornuti*, comme toutes les autres espèces du genre *Asclepias*, est originaire de l'Amérique.

---

# L. GENTIANÉES

## (Gentianæ Juss. *Gen.* 141).

*Fleurs* hermaphrodites, *régulières* ou un peu irrégulières. — Calice régulier ou irrégulier, à 5 plus rarement 4-12 sépales libres ou plus ou moins soudés, persistant, à préfloraison valvaire ou imbriquée-contournée. — *Corolle* hypogyne, gamopétale, à limbe 4-5-fide, plus rarement 6-8-fide, ou 8-12-fide en raison des plis qui se prolongent sous forme de lobes secondaires plus petits, à gorge ou à divisions quelquefois barbues ou munies d'écailles pétaloïdes multifides, *marcescente-persistante*, souvent contournée au-dessus de la capsule, *rarement caduque*, à préfloraison imbriquée-contournée plus rarement valvaire-indupliquée. — *Étamines 5, plus rarement 4-12*, insérées sur le tube ou la gorge de la corolle, saillantes hors du tube ou renfermées dans le tube, *alternant avec les divisions de la corolle*. Anthères bilobées, introrses, quelquefois contournées en spirale après l'émission du pollen. — *Ovaire* libre, *à 2 carpelles*, uniloculaire ou plus ou moins complétement biloculaire, à placentas pariétaux ou occupant l'angle interne des loges. Ovules ord. très nombreux, horizontaux, réfléchis. Styles 2, soudés en un style indivis quelquefois très court; stigmates 2, linéaires, plus rarement capités, quelquefois soudés en un seul. — *Fruit capsulaire, uniloculaire ou plus ou moins complétement biloculaire*, polysperme, *s'ouvrant en deux valves*, à déhiscence septicide, plus rarement à déhiscence loculicide, très rarement subindéhiscente. — *Graines ord. très nombreuses*, très petites, horizontales. *Périsperme épais* charnu. Embryon très petit, cylindrique. Radicule dirigée vers le hile.

Plantes herbacées, glabres, vivaces ou annuelles, contenant un suc amer. Feuilles opposées, plus rarement verticillées ou alternes, simples entières, plus rarement composées de trois segments, pétiolées ou sessiles, souvent connées ou soudées à la base en une gaîne qui embrasse la tige ; stipules nulles. Fleurs en cymes, en grappes, en corymbes, en panicules ou en fascicules, quelquefois solitaires latérales ou terminales.

TRIBU I. MENYANTHEÆ. — Corolle à préfloraison valvaire-indupliquée. *Feuilles alternes.*

1. MENYANTHES. — *Capsule à valves portant les placentas à leur partie moyenne. Graines crustacées non bordées. Feuilles à 3 segments.*

2. LIMNANTHEMUM. — *Capsule subindéhiscente. Graines très comprimées presque membraneuses, ciliées. Feuilles nageantes, suborbiculaires-cordées.*

TRIBU II. EUGENTIANEÆ. — Corolle à préfloraison imbriquée-contournée. *Feuilles opposées.*

3. CHLORA. — *Calice divisé jusqu'à la base en 6-8 divisions linéaires. Étamines 6-8.*

4. SWERTIA. — Calice 5-partit. *Corolle 5-partite, à divisions munies chacune à la base de deux fossettes nectarifères.*

5. GENTIANA. — Calice 4-10-fide ou 4-10-partit, rarement irrégulièrement denté. Corolle 4-5-fide ou 8-10-fide à lobes alternativement très inégaux. *Étamines 4-5, à anthères jamais contournées en spirale. Style très court ou presque nul ; stigmate bifide.*

6. CICENDIA. — Calice 4-fide ou 4-partit. Corolle 4-fide. *Étamines 4. Stigmate indivis capité.*

7. ERYTHRÆA. — Calice à 5 divisions linéaires. Corolle 5-fide. Étamines 5 ; *anthères se contournant en spirale après l'émission du pollen.*

TRIBU I. **MENYANTHEÆ.** — Corolle à préfloraison valvaire-indupliquée. Feuilles alternes.

**1. MENYANTHES** Tourn. *Inst.* t. 15. — [MÉNYANTHE].

Calice 5-partit. Corolle fugace, infundibuliforme, à 5 divisions étalées, chargées à leur face interne de lanières filiformes cylindriques de consistance pétaloïde, à bords roulés en dedans. Étamines 5. Style filiforme ; stigmate bilobé. *Capsule uniloculaire, à valves portant les placentas à leur partie moyenne. Graines crustacées, non bordées.*

Plante vivace, aquatique, à rhizome épais, traçant. *Feuilles alternes, composées de 3 segments.* Fleurs d'un blanc rosé, munies de bractées, disposées en grappe simple dressée au sommet d'un pédoncule radical nu.

1. **M. trifoliata** L. *Sp.* 208 ; *Engl. bot.* t. 495 ; Rchb. *Ic.* XVII, t. 1043 ; Bill. *Exsicc.* n. 1038. — [M. TRIFOLIÉ. — Vulg. *Trèfle-d'eau*].

Rhizome épais, blanchâtre, muni d'écailles membraneuses engaînantes qui laissent des cicatrices annulaires par leur destruction. Feuilles naissant au sommet du rhizome ou au sommet de ses ramifications, à 3 segments, longuement pétiolées, à pétiole cylindrique dilaté à la base en une gaîne membraneuse ; segments oblongs ou oblongs-obovales, entiers à la base, lâchement crénelés au sommet, à nervure moyenne épaisse, à nervures latérales transparentes. Fleurs à pédicelles plus longs que la bractée ou environ de sa longueur, réunies en grappes pluriflores spiciformes. Pédoncules de 2-4 décim., naissant à l'aisselle des écailles supérieures du rhizome ou à l'aisselle des feuilles inférieures. Calice divisé presque jusqu'à la base, à divisions lancéolées, obtuses, atteignant ord. la base des divisions de la corolle. Corolle un peu charnue, à divisions lancéolées, chargées à la face interne excepté au sommet de lanières filiformes cylindriques de consistance pétaloïde. Style persistant. Capsule subglobuleuse. Graines assez grosses, ovoïdes-comprimées, à testa jaunâtre, luisant, épais, très dur. ♃. Avril-mai.

*A.C.* — Marais tourbeux, lieux marécageux, prairies spongieuses. — Rivière des Gobelins, Montmorency (*Tourn. Hist. pl. Par.*). Saint-Germain!. Vaux-de-Cernay, Senlisse (*de Schœnefeld*); mares entre Saint-Clair et Bonnelles cant. de Limours (*Tourn. Hist. pl. Par.*). Vallée de Mennecy!; env. de Melun!; Malesherbes!. Dreux!. Vernon!. Neuville-Bosc!; Chaumont!; Saint-Germer!. Autrèches près Compiègne (*de Schœnefeld*); Montgobert! près Villers-Cotterets. Provins (*Bouteiller*), etc.

**2. LIMNANTHEMUM** Gmel. in *Act. Petrop.* [1769] 67.— *Villarsiæ sp.* Vent.
— [ LIMNANTHÈME ].

Calice 5-partit. Corolle membraneuse mince très fugace, presque rotacée, à tube court, à gorge barbue, à 5 divisions à bords un peu infléchis en dedans. Étamines 5. Style conique; stigmate bilobé. *Capsule* uniloculaire, polysperme, *subindéhiscente*, à placentas pariétaux. *Graines très comprimées presque membraneuses, ciliées,* à périsperme ne remplissant pas leur cavité.

Plante vivace, aquatique. *Feuilles nageantes, suborbiculaires-cordées,* les inférieures alternes, les supérieures opposées ou rapprochées en faux verticilles. Fleurs jaunes, en fascicules axillaires.

1. **L. Nymphoïdes** Hoffms. et Link *Fl. Port.* I, 344; Rchb. *Ic.* XVII, t. 1042; Bill. *Exsicc.* n. 1710. — *Villarsia Nymphoides* Vent. *Ch. Pl. Cels.* 2, n. 9; *Fl. Par.* éd. 1, 255. — *Menyanthes Nymphoides* L. *Sp.* 207; *Engl. bot.* t. 217. — [ L. Faux-Nénuphar. — Vulg. *Faux-Nénuphar* ].

Tiges de longueur très variable, rameuses, submergées, radicantes inférieurement, feuillées seulement dans leur partie supérieure. Feuilles très entières, suborbiculaires profondément cordées à lobes rapprochés, coriaces, luisantes en dessus, ponctuées et d'un vert pâle en dessous, plus ou moins longuement pétiolées, à pétiole dilaté à la base en une gaîne membraneuse marquée de taches brunes. Fleurs grandes, d'un beau jaune, longuement pédicellées. Calice divisé presque jusqu'à la base, à divisions lancéolées plus longues que le tube de la corolle. Corolle à divisions obovales, à bords déchiquetés-ciliés. Style persistant. Capsule ovoïde-acuminée, comprimée. Graines presque planes, à amande largement débordée par le testa, à bord cilié. ♃. Juillet-septembre.

*A.C.* — Rivières à courant peu rapide, étangs. — Assez commun dans la Seine! et dans la Marne! (*Tourn. Hist. pl. Par.*). Étang de Saint-Cucufas!. Juvisy (*Vaill. Bot. Par.*). Fontainebleau!; dans le Loing entre Nemours et Fontenay!. Montreuil-sur-Thérain (*Taillefert*). Compiègne!; dans l'Aisne près de Choisy-au-Bac (*de Marcilly fils*), etc.

TRIBU II. **EUGENTIANEÆ**. — Corolle à préfloraison imbriquée-contournée. Feuilles opposées.

### 3. **CHLORA** Renealm. *Sp.* 76 ; L. *Gen.* n. 1258. — [CHLORE].

*Calice divisé jusqu'à la base en 6-8 divisions linéaires* ou 6-8-fide. Corolle presque hypocratériforme, 6-8-fide, à tube renflé, marcescente, se détachant à la maturité de la capsule. *Étamines 6-8*. Style filiforme ; stigmate bifide. Capsule uniloculaire, polysperme, à valves portant les placentas à leurs bords.

Plante annuelle. Feuilles opposées, connées. Fleurs jaunes, disposées en cyme terminale.

1. **C. perfoliata** L. *Mant.* 10 ; *Engl. bot.* t. 60 ; Rchb. *Ic.* XVII, t. 1060, f. 1 ; Bill. *Exsicc.* n. 2313. — [ C. PERFOLIÉE ].

Tige de 2-6 décim., simple donnant naissance supérieurement aux rameaux de l'inflorescence, dressée, roide, glabre, glauque. Feuilles radicales obovales rétrécies à la base ; les caulinaires ovales-triangulaires, opposées et soudées à la base dans toute leur largeur. Fleurs d'un beau jaune. Calice à 8 divisions linéaires-subulées, plus courtes que la corolle. Corolle à tube membraneux, à divisions obtuses. Capsule oblongue-subglobuleuse, brusquement terminée par le style. Graines très petites, tuberculeuses. ①. Juin-août.

*A.C.* — Pâturages montueux, vignes, coteaux incultes, bois taillis. — Meudon !; Le Plessis-Piquet !; forêt de Saint-Germain !. Forêt de Senart !; Mennecy !; env. de Melun !. Vernon !. Verderonne !, etc.

### 4. **SWERTIA** L. *Gen.* n. 321 ex parte. — [SWERTIE].

Calice 5-partit. *Corolle* marcescente, rotacée, *5-partite, à divisions munies* chacune *à la base de deux fossettes nectarifères* frangées-ciliées au bord. Étamines 5, à anthères non contournées en spirale après l'émission du pollen. Style nul ; stigmate indivis, réniforme. Capsule uniloculaire, polysperme, à valves portant les placentas à leurs bords. Graines comprimées.

Plante vivace. Feuilles entières, les radicales disposées en rosette, les caulinaires opposées. Fleurs bleues, en cymes disposées en une panicule terminale racémiforme.

1. **S. perennis** L. *Sp.* 328 ; Jacq. *Austr.* III, t. 243 ; *Engl. bot.* t. 1441 ; Rchb. *Ic.* XVII, t. 1044, f. 1 ; Bill. *Exsicc.* n. 2316. — [S. VIVACE].

Souche courte, oblique ou verticale, tronquée. Tige de 2-7 décim., dressée, roide, simple, donnant naissance supérieurement aux rameaux de l'inflorescence. Feuilles inférieures oblongues, atténuées en un long pétiole ; les caulinaires ovales-lancéolées, sessiles. Fleurs plus ou moins nombreuses, dressées, assez longuement pédicellées. Calice à divisions linéaires-lancéolées. Corolle d'un violet bleuâtre, ponctuée d'un violet noirâtre, une fois plus longue que le calice, à divisions oblongues-lancéolées, acuminées, quelquefois presque obtuses, à fossettes nectarifères orbiculaires bordées de cils libres entre eux. Graines très comprimées, entourées d'une bordure membraneuse par le testa qui déborde largement l'amande. ♃. Juillet-septembre.

*R R R.* — Marais tourbeux. — Abondant dans les marais de Silly-la-Poterie près

Neuilly-Saint-Front (*Questier*). — Cette plante, assez répandue dans les prairies
tourbeuses de la région alpine et de la région sous-alpine dans les Alpes, le Jura,
les Monts-Dore et les Pyrénées, n'avait pas encore été observée en France dans les
pays de plaine.

**5. GENTIANA** Tourn. *Inst.* t. 40; L. *Gen.* n. 322 ex parte. — [GENTIANE].

Calice ord. tubuleux ou campanulé, 4-10-fide ou 4-10-partit, rarement irrégulièrement denté fendu d'un côté jusqu'à la base et ressemblant à une spathe.
*Corolle* marcescente, infundibuliforme, campanulée ou rotacée, à gorge nue
ou munie d'écailles multifides, plus ou moins profondément *4-6-fide* à lobes
égaux, *ou 8-12-fide* en raison des plis qui se prolongent sous forme de lobes
secondaires plus petits. *Étamines 4-5*, à anthères non contournées en spirale
après l'émission du pollen. *Style très court ou presque nul; stigmate bifide,*
à lobes enroulés en dehors ou contigus. Capsule uniloculaire, polysperme,
à valves portant les placentas à leurs bords.

Plantes vivaces, plus rarement annuelles. Feuilles entières, opposées, plus rarement verticillées, souvent connées à la base en une gaîne qui entoure la tige. Fleurs
bleues, plus rarement lilas ou blanches, quelquefois jaunes, axillaires ou terminales,
solitaires, fasciculées, en faux verticilles, en corymbes ou en panicules.

**1. G. Pneumonanthe** L. *Sp.* 330; *Engl. bot.* t. 28; Rchb. *Ic.* XVII, t. 1051, f. 2;
Bill. *Exsicc.* n. 419. — [G. PNEUMONANTHE. — Vulg. *Pulmonaire-des-
marais*].

Souche tronquée, à fibres nombreuses épaisses. *Tiges* de 2-6 décim.,
*dressées*, roides, simples ou à peine rameuses au sommet. Feuilles sessiles,
connées à la base, lancéolées-linéaires ou linéaires, ord. obtuses; les inférieures squamiformes connées en gaînes assez longues. Fleurs très grandes,
solitaires à l'aisselle des feuilles ou à l'extrémité de la tige et des rameaux,
ord. rapprochées en une grappe terminale feuillée, les inférieures assez longuement pédicellées. Calice tubuleux-campanulé, 5-7-fide, à divisions égales
linéaires aiguës séparées par des sinus arrondis. *Corolle* d'un bleu d'azur,
infundibuliforme-campanulée, *à gorge nue*, à 5 plis, *à 5 lobes* courts triangulaires acuminés dressés ou à peine étalés, présentant ord. sur l'un de leurs
bords une petite dent aiguë. *Anthères cohérentes* après l'émission du pollen.
♃. Juillet-septembre.

*A.C.* — Marais tourbeux, prairies spongieuses, bois marécageux. — Saint-Gratien!; Montmorency!; bois de Lognes (*Thuret*); indiqué autour de la pièce des Suisses
à Versailles (*Tourn.* Hist. pl. Par.). Forêt de Sénart (*de Schœnefeld*); Mennecy!;
Itteville! (*Adr. de Jussieu*); env. de Melun!; Fontainebleau (*Tourn.* Hist. pl. Par.)
Moret (*H. Fournier*); Nemours!; marais de Sceaux! près Château-Landon (*de Schœne-
feld*); Malesherbes!. Saint-Léger!; étang de Guipereux (*Delavaux*). Chérisy près
Dreux (*Dœnen*). L'Ile-Adam (*Guillon*); Morfontaine (*Adr. de Jussieu*); Thiers! près
Senlis; Chevrières, Rouville, Mareuil-sur-Ourcq, Montigny-l'Allier (*Questier*);
Bailleul-sur-Thérain, Beauvais (*Graves*). Provins (*Bouteiller*), etc.

**2. G. Cruciata** L. *Sp.* 334; Jacq. *Austr.* t. 372; Rchb. *Ic.* XVII, t. 1052, f. 2;
Bill. *Exsicc.* n. 1933 et *bis*. — [G. CROISETTE. — Vulg. *Croisette*].

Souche traçante. *Tiges* de 2-5 décim., *ascendantes ou étalées-redres-
sées*, simples, amincies à la base. Feuilles oblongues-lancéolées, obtuses, atténuées à la base et connées en une gaîne qui embrasse la tige; les inférieures

connées en gaînes très longues assez lâches. Fleurs sessiles, fasciculées à l'aisselle des feuilles supérieures et réunies en un glomérule compacte pluriflore au sommet de la tige, rarement axillaires solitaires. Calice quelquefois fendu d'un côté, à 2-4 divisions très inégales très longues ou réduites à des dents courtes membraneuses. *Corolle* bleue en dedans et dans sa partie supérieure, tubuleuse à tube renflé, *à gorge nue*, à 4 plis, *à 4 lobes* ovales-aigus dressés présentant ord. sur un de leurs bords une petite dent aiguë. Anthères non cohérentes. ♃. Juillet-août.

*A.R.* — Coteaux pierreux, bois et pâturages montueux. — Forêt de Saint-Germain!; parc de Grignon (*Mouillefarine*). L'Ile-Adam (*Chatin*); parc de Vigny (*Vaill. Bot. Par.*); Magny (*Bouteille*); Les Andelys (*A. Grenier*). Morfontaine!; forêt de Chantilly!. Forêt de Compiègne! où il est assez abondant (*de Marcilly fils*). Vallée de Mennecy!; forêt de Rougeaux (*Delavaux, Mouillefarine*); Le Châtelet près Melun (*M. Garnier*); forêt de Fontainebleau! (*Cornuti* Ench. bot. Par., *Tourn.* Hist. pl. Par.); Champagne!; Malesherbes!. Bois de Sigy et de Preuilly près Donnemarie (*Chaubard*); env. de Provins (*Bouteiller*).

3. **G. Germanica** Willd. *Sp.* I, 1346; Rchb. *Ic.* XVII, t. 1047, f. 3; Bill. *Exsicc.* n. 149. — *G. amarella* Vill. *Dauph.* II, 530 non L. — [G. D'ALLEMAGNE].

*Plante annuelle.* Tige de 1-5 décim., souvent rameuse dès la base, dressée, marquée de lignes saillantes, souvent colorée en violet ainsi que la face supérieure des feuilles. Feuilles sessiles, ovales-lancéolées ou ovales-aiguës, à bords un peu rudes; les radicales obovales atténuées en pétiole, disposées en rosette. Fleurs pédicellées, axillaires et terminales, ord. disposées en une panicule multiflore feuillée. Calice campanulé, 5-fide à divisions égales lancéolées. *Corolle* d'un bleu-lilas, tubuleuse-campanulée, *à gorge munie de 5 écailles multifides* soudées avec la base des lobes, à 5 lobes lancéolés un peu atténués inférieurement et dépourvus de dent latérale. Anthères non cohérentes. ⊥. Août-octobre.

*A.R.* — Pâturages secs, coteaux arides, pelouses rases. — Le Val! dans la forêt de Saint-Germain (*Vaill.* Bot. Par.). Le Breuil près Mantes (*de Boucheman, Beautemps-Beaupré*); Le Coudray près Mantes (*de Schœnefeld, Beautemps-Beaupré*); Saint-Martin-la-Garenne entre Epone et Mantes, La Roche-Guyon (*Beautemps-Beaupré*); parc de la Falaise (*Mouillefarine*); Banthélu et Halincourt près Magny (*Bouteille*); Gisors (*Tourn.* Hist. pl. Par.); env. de Beauvais (*Graves, Delacour*); Herchies (*Taillefert*). Beaumont-sur-Oise (*de Schœnefeld*); Morfontaine!; Thiers près Senlis (*Morelle*); Creil!; Verderonne!; Verberie près Compiègne (*Léré*); Pierrefonds (*de Schœnefeld*); Vez, Vaumoise, Coyolles, Antilly, Neufchelles, Bourneville, Tröesnes (*Questier*); Luzancy près La Ferté-sous-Jouarre (*Adr. de Jussieu*); abondant dans la forêt de Sigy près Donnemarié (*Chaubard*); Provins (*Bouteiller*); forêt de Fontainebleau! (*Tourn.* Hist. pl. Par.); Nemours (*Devilliers*); Malesherbes!. Dreux (*Dœnen*), etc.

S.-v. *pusilla*. — Plante de 5-10 centim. Tige ord. uniflore.

S.-v. *verticillata*. — Feuilles caulinaires la plupart verticillées par 3.

Le *G. lutea* L. (Rchb. *Ic.* XVII, t. 1059; Bill. *Exsicc.* n. 1931. — Vulg. *Gentiane, Grande-Gentiane*) a été observé dans le bois de Vincennes au coteau de Beauté (*Tourangin*), où il a été planté. Cette espèce se reconnaît aux caractères suivants: souche rameuse, épaisse-charnue; tige robuste, dressée, ord. d'un mètre ou plus; feuilles ovales ou ovales-oblongues à nervures saillantes convergentes, les inférieures atténuées en pétiole, les supérieures sessiles; fleurs jaunes, pédicellées, disposées dans la moitié supérieure de la tige en cymes corymbiformes multiflores compactes axillaires et terminales; calice membraneux, irrégulièrement denticulé au sommet, fendu d'un côté et ressemblant à une spathe; corolle sans plis, à tube très court, à gorge nue, à limbe rotacé 5-6-partit à lobes oblongs-linéaires acuminés; anthères libres. — Cette plante est généralement répandue dans les contrées montagneuses.

**6. CICENDIA** Adans. *Fam.* II, 503 ex parte; Griseb. in DC. *Prodr.* IX, 61. — *Exacum* DC. non L. — [ CICENDIE ].

Calice 4-fide ou 4-partit. Corolle marcescente, infundibuliforme, à tube membraneux cylindrique ou renflé, à limbe 4-fide se contournant au-dessus de la capsule. *Étamines 4.* Style filiforme; *stigmate indivis capité.* Capsule polysperme, uniloculaire, ou incomplétement biloculaire, à valves portant les placentas à leurs bords.

Plantes annuelles, très petites. Tiges presque filiformes. Feuilles entières, opposées. Fleurs petites, jaunes, jaunâtres ou roses, s'ouvrant seulement en plein soleil, disposées en cymes pluriflores ou 2-3-flores, quelquefois solitaires au sommet de la tige par avortement.

Sect. i. HIPPOCENTAUREA Rchb. (*Cicendia* Griseb. in DC. *Prodr.* IX, 61). — Calice 4-partit. Corolle à tube cylindrique.

1. **C. pusilla** Griseb. *Gent.* 157, et in DC. *Prodr.* IX, 61 (addit. C. Candollei loc. cit.); Coss. et G. de St-P. *Fl. Par.* éd. 1, 257. — *Exacum pusillum* DC. *Fl. Fr.* III, 663. — *E. pusillum* β DC. *Ic. rar.* t. 16. — *Gentiana pusilla* Lmk *Encycl. méth.* II, 645. — Vaill. *Bot. Par.* t. 6, f. 2. — [ C. NAINE ].
Plante ord. de 2-8 centim. Tige souvent rameuse dès la base, irrégulièrement dichotome, à rameaux souvent divariqués. Feuilles opposées, oblongues-lancéolées ou oblongues-linéaires, obtuses, plus rarement aiguës. Pédicelle central longuement dépassé par les rameaux latéraux. Calice 4-partit, à divisions linéaires très étroites ne s'appliquant pas sur la capsule. Corolle d'un jaune pâle ou rose. (I). Juin-octobre.
*R.* — Bruyères humides, allées ombragées des bois sablonneux, bords des mares tourbeuses. — Bois de Lognes près Lagny (*Thuret*). Aigremont près Poissy (*de Schœnefeld*). Forêt de Senart!. Forêt de Fontainebleau aux mares de Belle-Croix!. Étangs de Saint-Hubert! et d'Hollande (*de Schœnefeld*); Saint-Léger!

Sect. ii. MICROCALA. (*Microcala* Hoffms. et Link *Fl. Port.* I, 359 ; Griseb. in DC. *Prodr.* IX, 62). — Calice tubuleux, brièvement 4-fide. Corolle à tube renflé.

2. **C. filiformis** Delarbre *Fl. Auvergne* I, 29 ; Bill. *Exsicc.* n. 2109 et *bis.* — *Gentiana filiformis* L. *Sp.* 335. — *Exacum filiforme* Willd. *Sp.* I, 638 ; *Engl. bot.* t. 235. — *Microcala filiformis* Hoffms. et Link, loc. cit.; Griseb. in DC. *Prodr.* IX, 62 ; Rchb. *Ic.* XVII, t. 1045, f. 1. — Vaill. *Bot. Par.* t. 6, f. 3. — [ C. FILIFORME ].
Plante de 4-10 centim. Tige dichotome ord. dès la base, quelquefois simple par avortement ou divisée en 2-3 rameaux. Feuilles radicales oblongues, disposées par 4 ; les caulinaires peu nombreuses, opposées, courtes, linéaires. Pédicelles très longs, le central atteignant environ la même hauteur

que les latéraux. Calice brièvement 4-fide, à lobes triangulaires courts appliqués sur la capsule. Corolle jaune. ①. Juin-octobre.

A.R. — Bords des étangs, allées humides des bois. — Meudon (*Tourn. Hist. pl. Par.*); Bondy (*Vaill. Bot. Par.*); bois de Lognes près Lagny (*Thuret*). Forêt de Sénart ! (*Vaill. Bot. Par.*). Marcoussis (*Brice*). Montfort-l'Amaury (*de Boucheman*); Auffargis (*de Schœnefeld*); Saint-Hubert !, Saint-Léger ! (*Tourn. Hist. pl. Par.*); abondant dans la forêt de Rambouillet !. Aigremont près Poissy (*de Schœnefeld*); Triel (*Mandon*); Molière de Sérans près Magny (*Bouteille*). Forêt de Fontainebleau!; Nemours!, Larchant! près Nemours (*Devilliers*); Malesherbes (*Bernard*). Forêt de Sourdun près Provins (*Des Étangs*). Env. de La Ferté-sous-Jouarre (*Adr. de Jussieu*); bois de Montigny-l'Allier (*Questier*). — *Graves* Cat. Oise : cant. de Chaumont.

**7. ERYTHRÆA** Renealm. *Sp.* 77 ; Rich. ap. Pers. *Syn. pl.* I, 283. —
[ÉRYTHRÉE].

Calice tubuleux, à 5 angles saillants, à 5 divisions linéaires. Corolle infundibuliforme, à limbe 5-partit, marcescente se contournant au-dessus de la capsule. Étamines 5 ; *anthères se contournant en spirale après l'émission du pollen.* Style filiforme ; stigmate bifide ou indivis. Capsule linéaire, polysperme, subuniloculaire ou incomplétement biloculaire, à valves portant les placentas à leurs bords.

Plantes annuelles ou bisannuelles. Feuilles opposées, sessiles, entières. Fleurs roses, accidentellement blanches, disposées en cymes dichotomes ou en corymbes.

1. **E. Centaurium** Pers. *Syn. pl.* I, 283 ; Rchb. *Ic.* XVII, t. 1061, f. 1 ; Bill. *Exsicc.* n. 55 et *bis.* — *Gentiana Centaurium* L. *Sp.* 232. — *Chironia Centaurium* Sm. *Fl. Brit.* 1, 257 ; *Engl. bot.* t. 417. — [É. PETITE-CENTAURÉE. — Vulg. *Petite-Centaurée, Herbe-à-mille-florins*].

Tige de 2-8 décim., dressée, marquée de 4-6 lignes saillantes, rameuse, à rameaux opposés. Feuilles ovales-oblongues ou oblongues, aiguës ou obtuses ; les radicales disposées en rosette, oblongues ou obovales, atténuées à la base. *Fleurs très brièvement pédicellées, en cymes rapprochées en corymbes multiflores compactes* terminant la tige et les rameaux. ②. Juin-septembre.

C C. — Bois, prairies, pâturages, bruyères.

2. **E. pulchella** Fries *Nov. Suec.* II, 31 ; Bill. *Exsicc.* cent. 2, D et *bis.* — *Chironia pulchella* Willd. *Sp.* I, 1067 ; *Engl. bot.* t. 458. — *E. ramosissima* Pers. *Syn. pl.* 1, 283 ; Rchb. *Ic.* XVII, t. 1061, f. 5. — Vaill. *Bot. Par.* t. 6, f. 1. — [É. ÉLÉGANTE. — Vulg. *Petite-Centaurée*].

Tige de 1-2 décim., marquée de 4-6 lignes saillantes, ord. rameuse dès la base. Feuilles ovales-oblongues ou oblongues, aiguës ou obtuses. *Fleurs ord. assez longuement pédicellées, disposées en une cyme dichotome lâche.* ① ou ②. Juin-septembre.

C. — Lieux inondés l'hiver, pâturages humides, bords des étangs.

S.-v. *pusilla.* — Plante naine, très pauciflore, quelquefois uniflore.

On cultive assez fréquemment dans les parterres le *Polemonium cœruleum* L. (*Engl. bot.* t. 14 ; Bill. *Exsicc.* n. 1273. — Vulg. *Valériane-grecque*), plante vivace herbacée, à feuilles pinnatiséquées à segments ovales-lancéolés, à fleurs bleues ou blanches, à capsule 3-loculaire polysperme. — Le genre *Phlox*, caractérisé par la corolle hypocratériforme à tube très long et la capsule 3-loculaire à loges monospermes, fournit à nos jardins plusieurs espèces, entre autres le *P. panicu-lata* Ait., à tige élevée, à feuilles la plupart opposées, lancéolées entières à bords rudes, à fleurs lilas disposées en panicules terminales. — Le *Cobœa scandens* Cav. (vulg. *Cobœa*) présente les caractères suivants : tige volubile ; feuilles pinnées, à rachis terminé en vrille ; calice à 5 angles ailés-foliacés ; corolle très grande, vio-lette, campanulée ; étamines réfléchies-arquées, se contournant après l'émission du pollen ; disque hypogyne à 5 lobes ; capsule obovale à 3-5 loges polyspermes. Cette plante est cultivée pour couvrir les tonnelles, et orner les terrasses et les fenêtres. — Les genres *Polemonium*, *Phlox* et *Cobœa* appartiennent à la famille des *Polémoniacées* caractérisée surtout, parmi les gamopétales hypogynes à étamines en nombre égal à celui des lobes de la corolle, par l'ovaire 3-5-loculaire, par la capsule à déhiscence loculicide et par les graines à périsperme épais.

---

## LI. CONVOLVULACÉES

(CONVOLVULI Juss. *Gen.* 132 ex parte).

*Fleurs* hermaphrodites, *régulières.* — Calice à *5 sépales* plus ou moins inégaux, *libres*, très rarement soudés à la base, persistants, à préfloraison imbriquée. — Corolle hypogyne, gamopétale, campanulée-infundibuliforme ou hypocratériforme, à limbe indivis à 5 plis, plus rarement à 5 lobes, à préfloraison plissée imbriquée-contournée, s'en-roulant en dedans après la floraison, caduque. — *Étamines 5*, insérées vers la base de la corolle, alternant avec ses lobes ou ses plis. Anthères bilobées, à déhiscence latérale. — *Ovaire* libre, entouré à sa base d'un disque annulaire charnu, à 2 carpelles, *uniloculaire, ou à 2 loges* com-plètes ou incomplètes, *biovulées ou uniovulées.* Ovules dressés, réfléchis. Styles 2, plus ou moins longuement soudés, ou plus ordinairement soudés en un style filiforme ; stigmates 2, libres ou soudés. — Fruit capsulaire-membraneux, uniloculaire, ou à 2 loges complètes ou incom-plètes dispermes ou monospermes, indéhiscent, ou déhiscent à valves se détachant des cloisons qui persistent sur le réceptacle (déhiscence septi-frage). —Graines dressées, ord. trigones assez grosses. Périsperme mince, mucilagineux. Embryon plié ou courbé. *Cotylédons foliacés, chiffonnés.* Radicule dirigée vers le hile.

Plantes annuelles ou vivaces ord. herbacées, contenant un suc âcre ord. lactescent. Tiges ord. volubiles. Feuilles alternes, pétiolées, simples, souvent hastées ou cordiformes ; stipules nulles. Fleurs ord. grandes, solitaires ou réunies 2-4 à l'extrémité de pédoncules axillaires.

1. CONVOLVULUS. — *Bractées* petites, *éloignées de la fleur.*
2. CALYSTEGIA. — *Bractées* foliacées, *recouvrant le calice.*

#### 1. CONVOLVULUS L. *Gen.* n. 215 ex parte. — [LISERON].

Calice à 5 sépales. Corolle infundibuliforme-campanulée, à 5 plis. Éta-mines 5, plus courtes que la corolle. Style filiforme ; stigmates 2, linéaires-cylindriques. Capsule indéhiscente, plus ou moins complétement biloculaire, à loges dispermes ou monospermes par avortement.

Plante vivace. Feuilles hastées. *Pédoncules munis de 2 bractées étroites éloignées de la fleur*. Fleurs d'un blanc rosé.

1. **C. arvensis** L. *Sp.* 218; *Engl. bot.* t. 312; Bill. *Exsicc.* n. 1533. — [L. DES
    CHAMPS. — Vulg. *Petit-Liseron, Clochette-des-champs, Vrillée*].

Souche longuement traçante, grêle, rameuse, renflée-charnue à son extrémité. Tiges de 2-8 décim., grêles, couchées ou volubiles, glabres ou pubescentes. Feuilles pétiolées, hastées, ovales ou lancéolées obtuses, à oreillettes ord. dressées sur la feuille. Pédoncules axillaires uniflores, plus rarement bi-triflores, munis de 2 bractées linéaires très petites éloignées de la fleur, ord. plus longs que la feuille. Pédicelles fructifères recourbés. Calice à divisions suborbiculaires, scarieuses aux bords. Corolle blanche ou rosée, présentant en dehors 5 bandes longitudinales plus foncées. Capsule ovoïde-subgloluleuse terminée en pointe. Graines tuberculeuses. ♃. Mai-septembre.

*C C C.* — Champs en friche, terrains cultivés, bords des chemins.

Le *C. tricolor* L. (vulg. *Belle-de-jour*) est cultivé dans les parterres; il se reconnaît à sa racine annuelle, à ses tiges non volubiles, à ses feuilles oblongues-obovales, et à sa corolle bleue dans sa partie supérieure et jaune à la gorge.

L'*Ipomœa purpurea* Roth (*Convolvulus purpureus* L. — Vulg. *Volubilis*) est fréquemment cultivé pour couvrir les palissades et les tonnelles; cette plante se reconnaît aux caractères suivants : racine annuelle; tiges volubiles; feuilles cordées; fleurs réunies 2-3 au sommet des pédoncules; corolle bleue, rose ou blanche; pédicelles fructifères très renflés, réfléchis; calice à sépales lancéolés, hérissés à la base, dépassant longuement la capsule; stigmates capités; capsule à 3 loges dispermes, à 3 valves qui se détachent des cloisons à la maturité.

## 2. CALYSTEGIA R. Br. *Prodr.* 483. — [CALYSTÉGIE].

*Calice à 5 sépales, recouvert par 2 plus rarement 4 bractées foliacées.* Corolle infundibuliforme-campanulée, à 5 plis. Étamines 5, plus courtes que la corolle. Style filiforme; stigmates 2, cylindriques, oblongs ou linéaires. Capsule indéhiscente, uniloculaire ou incomplétement biloculaire, 3-4-sperme.

Plante vivace. Feuilles cordées-subsagittées. Fleurs blanches.

1. **C. sepium** R. Br., loc. cit. — *Convolvulus sepium* L. *Sp.* 218; *Fl. Dan.* III,
    458; *Engl. bot.* t. 313. — [C. DES HAIES. — Vulg. *Liseron-des-haies,*
    *Grand-Liseron, Manchettes, Chemise-de-Notre-Dame*].

Souche longuement traçante, rameuse, renflée-charnue à son extrémité. Tiges atteignant souvent plusieurs mètres de longueur, grêles, volubiles, glabres ou presque glabres. Feuilles pétiolées, ovales-acuminées, cordées-subsagittées, à lobes obliquement tronqués sinués ou lâchement dentés. Pédoncules axillaires, uniflores, munis immédiatement au-dessous de la fleur de 2 plus rarement 4 bractées foliacées ovales-cordées plus longues que le calice. Calice à divisions ovales-lancéolées. Corolle très grande, d'un beau blanc. Capsule subglobuleuse. ♃. Juin-octobre.

*C C.* — Haies ombragées, buissons, bords des eaux.

# LII. CUSCUTACÉES

(Cuscuteæ J. S. Presl *Fl. Cech.* I, 247. — Cuscutinæ Link *Handb.* 1, 594).

*Fleurs* hermaphrodites, *régulières*. — *Calice gamosépale*, à 4-5 divisions, plus rarement à sépales libres presque jusqu'à la base, persistant, à préfloraison imbriquée. — Corolle hypogyne, gamopétale, ord. épaisse un peu charnue, campanulée ou urcéolée, à limbe 4-5-fide, à préfloraison presque valvaire, marcescente. — *Étamines 4-5*, insérées sur le tube de la corolle et alternant avec ses lobes. Anthères bilobées, introrses. — Écailles pétaloïdes, insérées sur le tube de la corolle au-dessous des étamines auxquelles elles sont opposées. — Ovaire libre, à 2 carpelles, à 2 loges biovulées. Ovules dressés, réfléchis. Styles 2, libres, plus rarement soudés; stigmates linéaires ou capités. — *Fruit* capsulaire-membraneux, *à 2 loges dispermes ou monospermes par avortement, à déhiscence circulaire* (pyxide) *ou s'ouvrant irrégulièrement au sommet.* — Graines dressées, ord. anguleuses. *Embryon* filiforme, *dépourvu de cotylédons, enroulé en spirale autour d'un périsperme charnu-succulent.* Radicule dirigée vers le hile.

*Plantes* annuelles, *parasites*, *dépourvues de feuilles.* Tige filiforme ou capillaire, volubile, se fixant par des suçoirs sur les tiges des plantes autour desquelles elle s'enroule, ramifiées au niveau des glomérules de fleurs, plus rarement simple. Fleurs sessiles, plus rarement pédicellées, disposées en glomérules ou en corymbes espacés le long de la tige et naissant à l'aisselle d'une bractée.

1. Cuscuta. — *Fleurs* sessiles ou subsessiles, disposées *en glomérules globuleux.* Stigmates linéaires ou oblongs. *Capsule à déhiscence circulaire.*

2. Grammica. — *Fleurs* pédicellées, disposées *en corymbes.* Stigmates capités subglobuleux. *Capsule s'ouvrant irrégulièrement au sommet.*

## 1. CUSCUTA Tourn. *Inst.* t. 422. — [CUSCUTE].

Calice gamosépale, 5-partit, plus rarement 4-partit. Corolle campanulée ou urcéolée, à 5 plus rarement 4 lobes, munie en dedans au-dessous des étamines d'écailles pétaloïdes minces ord. laciniées. Styles 2, libres; *stigmates linéaires ou oblongs. Capsule à déhiscence circulaire.*

Tige filiforme ou capillaire, de longueur très variable. *Fleurs* d'un blanc rosé, jaunâtre ou verdâtre, sessiles ou subsessiles, *disposées en glomérules* multiflores *globuleux* sessiles.

1. **C. Epithymum** Murray in L. *Syst. veg.* ed. 13, 167; Sm. *Fl. Brit.* I, 283; Rchb. *Ic.* V, t. 499, f. 692; *Illustr. fl. Par.* t. 14, A; Bill. *Exsicc.* n. 150; Des Moul. *Cuscut.* 49. — *C. Europœa* β L. *Sp.* 180. — *C. minor* DC. *Fl. Fr.* III, 644; Choisy in DC. *Prodr.* IX, 453. — [C. du Thym. — Vulg. *Petite-Cuscute*, *Teigne*, *Teignasse*, *Cheveux-de-Vénus*, *Cheveux-du-diable*].

Tige capillaire, ord. très rameuse, ord. rougeâtre ou d'un rouge pourpre. Calice ord. 5-partit, campanulé. Corolle campanulée, à lobes étalés, brièvement acuminés, égalant environ la longueur du tube. *Étamines saillantes hors du tube de la corolle. Écailles* ord. très développées, *conniventes* et *fermant le tube de la corolle. Styles plus longs que l'ovaire ; stigmates linéaires,* d'un rouge foncé. Ⓘ. Juillet-août.

C. — Prairies artificielles, pâturages, bruyères. — Parasite sur le *Trifolium pratense,* le *Medicago sativa,* le *Thymus Serpyllum,* le *Sarothamnus scoparius,* l'*Ulex nanus,* plusieurs espèces d'*Erica,* etc.

Var. β. *Trifolii.* (*C. Trifolii* Babingt. et Gibs. in *Phyt.* I, 467 ; Gren. et Godr. *Fl. Fr.* II, 505 ; Bill. *Exsicc.* n. 151. — *C. minor* var. *Trifolii* Choisy in DC. *Prodr.* IX, 453). — Fleurs plus grandes, ord. plus pâles en glomérules plus gros et plus serrés. Calice à divisions plus étroites. Corolle à lobes souvent presque dressés. Écailles ne fermant pas complétement le tube de la corolle. — A.R. — Dans les champs de Trèfle et de Luzerne. — Banthélu près Magny (*Bouteille*). — *Graves* Cat. Oise : champs de Trèfle près de Beauvais ; Bargny cant. de Betz.

D'après M. Engelmann, le savant monographe de cette famille, qui a bien voulu faire la révision des échantillons de notre herbier, le *C. Trifolii* n'est qu'une variété du *C. Epithymum,* dont il ne diffère que par des caractères de peu d'importance et assez variables.

2. **C. major** C. Bauh. *Pin.* 219 ; DC. *Fl. Fr.* III, 644 ; Choisy in DC. *Prodr.* IX, 452 ; *Illustr. fl. Par.* t. 14, c. — *C. Europæa* L. *Sp.* 180 excl. var. β ; *Engl. bot.* t. 378 ; Rchb. *Ic.* V, f. 690 ; Bill. *Exsicc.* n. 2504 ; Des Moul. *Cuscut.* 43. — *C. Schkuhriana* Pfeiff. in *Bot. Zeit.* [1845], 673, et [1846], 20. — [C. MAJEURE. — Vulg. *Grande-Cuscute*].

Tige filiforme, ord. rameuse, d'un jaune verdâtre plus rarement rougeâtre. Calice 4-5-partit, campanulé, prolongé au-dessous de l'ovaire en un tube charnu épais presque cylindrique. *Corolle campanulée, à tube renflé,* à lobes étalés, plus courts que le tube. Écailles minces appliquées sur le tube de la corolle. *Styles plus courts que l'ovaire ; stigmates linéaires-oblongs,* jaunâtres. Ⓘ. Juin-août.

R. — Lieux incultes, buissons. — Parasite sur l'*Urtica dioica,* l'*Humulus Lupulus,* le *Vicia sativa,* etc. — Ancien parc de Neuilly (*E. Fournier*) ; Longchamp, Bondy sur le *Vicia sativa* (*Vaill.* Bot. Par.) ; Choisy-le-Roi (*C. Tulasne*). Bouray (*Chatin*) ; Itteville (*H. Fournier*). Montmorency ! ; Montgresin ! près Morfontaine ; Fleurines ! et Aumont ! près Senlis ; Brégy, Étavigny, Thury-en-Valois, Cuvergnon, Ivors, Vez, Verberie (*Questier,* sur les Orties et le *Vicia sativa*) ; Longpont près de la forêt de Villers-Cotterets (*Kralik,* sur les Orties et l'*Humulus Lupulus*) ; Compiègne (*Weddell*) ; Margny et Saint-Sauveur près Compiègne (*Léré*). Pouilly près Beauvais (*Daudin*). — *Graves* Cat. Oise : à Clairoix et à Saint-Sauveur près Compiègne ; Wariville.

Les écailles pétaloïdes ont été vues par M. Engelmann chez tous les échantillons du *C. Schkuhriana* qu'il a observés, et la capsule obovale-oblongue se rencontre fréquemment chez le *C. major ;* aussi cette plante, distinguée du *C. major* par ces seuls caractères, doit-elle lui être rapportée comme synonyme.

3. **C. densiflora** Soy.-Willm. in *Ann. soc. Linn. Par.* [1822] 26 et [1825] 281, et *Observ. pl. Fr.* 99 ; Gren. et Godr. *Fl. Fr.* II, 503 ; *Illustr. fl. Par.* t. 14, B ; Bill. *Exsicc.* n. 1936. — *C. Epilinum* Weihe in *Arch. Apoth.* VIII, 51 ; *Engl. bot.* t. 2850 ; Rchb. *Ic.* V, f. 693 ; Koch *Syn. fl. Germ.* ed. 2, 570 ; Fr. Schultz *Fl. Gall. et Germ. exsicc.* cent. 4, n. 8. — *Epilinella cuscutoides* Pfeiff. in *Bot. Zeit.* [1845] 673, et [1846] 20, et in *Ann. sc. nat.* sér. 3, V, 86 ; Des Moul. *Cuscut.* 64. — [C. DENSIFLORE. — Vulg. *Bourreau-du-lin*].

Tige filiforme simple ou à peine rameuse, d'un jaune verdâtre. Fleurs un peu cohérentes entre elles à la base. *Calice* profondément 5-partit, *campanulé-urcéolé*, à divisions concaves, charnues, très épaisses. *Corolle urcéolée-subglobuleuse*, à lobes dressés ou étalés, environ de moitié plus courts que le tube. Écailles minces, appliquées sur le tube de la corolle. *Styles plus courts que l'ovaire*; *stigmates oblongs-subclaviformes*, jaunâtres. (I). Juillet-août.

*R R.* — Champs de Lin. — Le Bouchet près Mennecy (*Maire*). Parnes et Magnitot près Magny (*Bouteille*). Crouy-sur-Ourcq (*Questier*). — *Graves* Cat. Oise : trouvé en 1823 à Chevrières cant. d'Estrées ; Halincourt cant. de Chaumont.

**2. GRAMMICA** Loureiro *Cochin.* I, 212 ; Des Moul. in *Bull. Soc. bot.* I, 293.
— *Engelmannia* Pfeiff. in *Bot. Zeit.* [1845], et [1846] 18 non Klotzsch. —
Cassutha Des Moul. *Cuscut.* 40. — [GRAMMIQUE].

Calice gamosépale, 5-partit, plus rarement 4-partit. Corolle campanulée ou urcéolée, à 5 plus rarement 4 lobes, munie en dedans au-dessous des étamines d'écailles pétaloïdes minces laciniées. Styles 2, libres ; *stigmates capités-subglobuleux. Capsule s'ouvrant irrégulièrement au sommet.*

Tige capillaire, de longueur très variable. *Fleurs* blanchâtres ou jaunâtres, *pédicellées*, disposées *en cymes corymbiformes* rapprochées en corymbes subsessiles ou pédonculés.

**1. G. racemosa** Engelm. *Monogr. ined.* — *Cuscuta racemosa* Mart. et Spix *Itin.*
I, 286 (sec. cl. Engelm.). — *C. suaveolens* Seringe mss et herb.! [1840] ;
F. Schultz *Fl. Gall. et Germ. exsicc.* n. 1106 ; Bill. *Exsicc.* n. 152. —
*C. Hassiaca* Pfeiff. in *Bot. Zeit.* [1843] 705 ; Koch *Syn. fl. Germ.* ed. 2,
570.— *Engelmannia migrans* Pfeiff. in *Bot. Zeit.* [1845] 674. — *E. sua-*
*veolens* Pfeiff. in *Bot. Zeit.* [1846] 21, t. 1.—*Pfeifferia suaveolens* Buching.
in *Ann. sc. nat.* sér. 3, V, 88.—*Cuscuta corymbosa* Choisy in DC. *Prodr.*
IX, 456 non Ruiz et Pav.; Gren. et Godr. *Fl. Fr.* II, 505. — *Cassutha*
*suaveolens* Des Moul. *Cuscut.* 66. — *Grammica suaveolens* Des Moul. in
*Bull. Soc. bot.* I, 298. — [G. EN GRAPPE].

Tige capillaire, rameuse, ord. d'un jaune légèrement orangé. Fleurs pédicellées, odorantes, en cymes corymbiformes ord. bi-triflores rapprochées en corymbes. Calice 5-partit, campanulé, à divisions ovales-obtuses. Corolle deux fois plus longue que le calice, campanulée, à lobes ovales-triangulaires infléchis au sommet, presque dressés, égalant environ la longueur du tube. Étamines atteignant à peine le sommet des lobes de la corolle. Écailles connivantes et fermant le tube de la corolle. Styles un peu plus longs que l'ovaire ; stigmates globuleux déprimés, d'un jaune vert sur la plante vivante, d'un jaune brunâtre sur le sec. (I). Aout-septembre.

*R R R.* — Prairies artificielles, pâturages. — Parasite sur le *Medicago sativa*, et diverses autres *Papilionacées*, le *Convolvulus arvensis*, le *Polygonum aviculare*, etc. — Gazons du Parc de Fontainebleau (*Matignon*). Vanteuil près La Ferté-sous-Jouarre (*Adr. de Jussieu*) ; trouvé en 1850 à Mareuil-sur-Ourcq cant. de Betz (*Questier, Lefèvre*).

Cette espèce, très probablement d'origine américaine, a été observée en France, dans plusieurs localités du Centre, de l'Est et du Midi ; elle se rencontre également en Allemagne.

# LIII. BORRAGINÉES

(Borragineæ Juss. *Gen.* 128 ex parte).

Fleurs hermaphrodites, presque régulières, rarement irrégulières. — Calice à 5 sépales soudés à la base ou dans une grande partie de leur longueur, persistant, à préfloraison valvaire ou imbriquée. — *Corolle* caduque, hypogyne, gamopétale, *presque régulière, rarement irrégulière*, tubuleuse, infundibuliforme, hypocratériforme, campanulée ou rotacée, rarement subbilabiée; à limbe 5-denté, 5-fide ou 5-partit, à préfloraison ord. imbriquée; à gorge glabre ou velue, lisse ou plissée, nue ou munie d'écailles entières ou bilobées glabres ou velues opposées aux lobes de la corolle et fermant souvent le tube. — *Étamines 5*, insérées sur le tube ou à la gorge de la corolle, alternant avec ses divisions, incluses, plus rarement exsertes. Anthères bilobées, introrses. — Ovaire libre, composé de 2 carpelles biovulés divisés chacun longitudinalement par l'introflexion de leur partie dorsale en deux loges uniovulées (nucules) et simulant ainsi 4 carpelles; les nucules insérées sur le réceptacle ord. très développé-charnu, ou sur une colonne centrale constituée par le style qui s'épaissit ord. à sa base en se continuant avec le réceptacle. Ovule suspendu, réfléchi. Styles naissant à la base ou au côté interne des carpelles, soudés en un *style indivis* quelquefois bifide au sommet; stigmate indivis ou lobé. — *Fruit composé de 4 nucules* (rarement 2-1 par avortement), *libres, plus rarement adhérentes entre elles, monospermes, indéhiscentes*, s'insérant sur le réceptacle par leur extrémité inférieure ord. tronquée ou entourée d'un rebord saillant, ou s'insérant par leur côté interne sur une colonne centrale constituée par le style qui s'épaissit ord. à sa base en se continuant avec le réceptacle. — Graine suspendue, quelquefois oblique ou horizontale par suite de l'inégalité de développement des deux côtés de la nucule. Périsperme nul, ou mince un peu charnu. Embryon ord. droit. Radicule dirigée vers le hile.

Plantes annuelles ou vivaces, herbacées, plus rarement frutescentes, à suc aqueux souvent mucilagineux, ord. chargées de poils roides quelquefois piquants portés sur des soulèvements de l'épiderme. *Feuilles alternes*, rarement rapprochées par 2-4, ord. entières; stipules nulles. *Fleurs* ord. *disposées sur 2 rangs en fausses grappes dressées, unilatérales, enroulées en crosse avant l'épanouissement* (grappes scorpioïdes).

TRIBU I. ANCHUSEÆ. — *Nucules* libres entre elles, *insérées par leur extrémité inférieure* qui présente une surface plane ou un rebord plus ou moins saillant.

† Borrago. — *Corolle* rotacée, *à divisions ovales-acuminées*, à gorge munie de 5 écailles courtes. *Filets des étamines très courts, donnant naissance à un long appendice linéaire*. Nucules à rebord basilaire très saillant.

1. ANCHUSA. — *Corolle* hypocratériforme ou infundibuliforme, *à tube droit, à gorge munie de 5 écailles obtuses. Nucules à rebord basilaire saillant.*

2. LYCOPSIS. — *Corolle à tube coudé, à gorge munie de 5 écailles poilues.* Nucules à rebord basilaire très saillant.

3. SYMPHYTUM. — *Corolle tubuleuse à limbe campanulé-urcéolé, à gorge munie de 5 écailles lancéolées-subulées conniventes en cône.* Nucules à rebord basilaire saillant.

4. MYOSOTIS. — *Corolle hypocratériforme ou presque rotacée, à gorge fermée par 5 écailles* obtuses. *Nucules* lisses luisantes, *à surface basilaire étroite presque plane.*

5. LITHOSPERMUM. — *Calice 5-partit, à divisions linéaires. Corolle* à limbe presque régulier, *à gorge ouverte* munie d'écailles très petites ou indistinctes soudées avec la corolle et constituant alors 5 lignes pubescentes. *Nucules à surface basilaire presque plane.*

6. PULMONARIA. — *Calice tubuleux-campanulé,* 5-fide. *Corolle à gorge dépourvue d'appendices* et présentant 5 faisceaux de poils. Nucules à surface basilaire étroite entourée d'un rebord saillant.

7. ECHIUM. — *Calice* 5-partit. *Corolle* infundibuliforme-campanulée, *à limbe subbilabié, à gorge nue. Nucules à surface basilaire légèrement concave.*

TRIBU II. CYNOGLOSSEÆ. — *Nucules* étroitement rapprochées au moins au sommet, *insérées sur la colonne centrale par une surface latérale* plane ou presque plane *ou par leur angle interne.*

8. ECHINOSPERMUM. — Corolle à gorge fermée par 5 écailles convexes. *Nucules triquètres, soudées à la colonne centrale dans toute la longueur de leur angle interne, à face dorsale entourée d'épines.*

9. CYNOGLOSSUM. — Corolle à gorge fermée par 5 écailles convexes. *Nucules déprimées, chargées de tubercules épineux* ord. sur *toute leur surface, soudées à la colonne centrale seulement dans la partie supérieure de leur face interne.*

† OMPHALODES. — Corolle à gorge fermée par 5 écailles convexes. *Nucules* déprimées, lisses, soudées à la colonne centrale seulement dans la partie supérieure de leur face interne, *entourées supérieurement d'une bordure membraneuse très saillante infléchie.*

10. ASPERUGO. — *Calice fructifère très développé,* presque foliacé, *veiné-réticulé, comprimé en deux valves* planes *sinuées-anguleuses appliquées l'une sur l'autre.* Corolle à gorge fermée par 5 écailles convexes. Nucules comprimées latéralement, soudées à la colonne centrale vers la partie supérieure de leur bord interne.

11. HELIOTROPIUM. — *Corolle à gorge nue* quelquefois barbue. *Nucules* ovoïdes-triquètres, chagrinées, soudées à la colonne centrale très grêle par leur angle interne, *d'abord soudées entre elles et ne se séparant qu'à la maturité.*


TRIBU I. **ANCHUSEÆ.** — Nucules libres entre elles, insérées par leur extrémité inférieure qui présente une surface plane ou un rebord plus ou moins saillant.

† **BORRAGO** Tourn. *Inst.* t. 53. — [BOURRACHE].

Calice 5-partit. *Corolle* rotacée, *à limbe 5-partit, à divisions ovales-acuminées* étalées, *à gorge munie de 5 écailles* courtes épaisses émarginées. Étamines longuement saillantes au-dessus du tube de la corolle, conniventes rapprochées en cône ; *filets* très courts, charnus, *donnant naissance* en dehors *à un long appendice linéaire* charnu dressé ; anthères linéaires-lancéolées. Nucules tuberculeuses, à rebord basilaire très saillant.

Plante annuelle, fortement hérissée. Fleurs assez grandes, longuement pédicellées, en grappes rapprochées en corymbes lâches.

† **B. officinalis** L. *Sp.* 197 ; *Engl. bot.* t. 36. — [B. OFFICINALE. — Vulg. *Bourrache*].

Tige de 3-6 décim., épaisse-succulente, dressée, très rameuse, hérissée de longs poils roides. Feuilles hérissées, ciliées, un peu bosselées, ovales-aiguës ou oblongues; les inférieures ord. très amples, atténuées en un long pétiole, irrégulièrement crénelées ; les supérieures rétrécies au-dessus de la base qui s'élargit pour embrasser la tige. Pédicelles s'allongeant beaucoup et se courbant au sommet après la floraison. Fleurs bleues ou roses, plus rarement blanches, à anthères noires et à appendices des filets d'un violet foncé. Calice à divisions linéaires, très hérissées, conniventes après la floraison. Nucules noires à la maturité, fortement tuberculeuses, à tubercules disposés en lignes régulières. ⓵. Juin-octobre.

Cultivé dans les jardins. — Fréquemment subspontané dans le voisinage des habitations. — Probablement originaire de l'Orient.

## 1. **ANCHUSA** L. *Gen.* n. 182 ex parte. — [BUGLOSSE].

Calice 5-fide ou 5-partit. *Corolle* hypocratériforme ou infundibuliforme, *à tube droit*, à limbe 5-partit, *à divisions obtuses* un peu inégales, *à gorge munie de 5 écailles obtuses* laciniées plus rarement entières. Étamines incluses ou saillantes au-dessus du tube de la corolle. *Nucules* rugueuses ou tuberculeuses, *à rebord basilaire saillant*.

Plantes bisannuelles ou vivaces, hérissées. Fleurs en grappes terminales souvent disposées en corymbes.

1. **A. Italica** Retz *Obs.* I, 12 ; *Bot. reg.* VI, t. 483 ; *Bot. mag.* t. 2197 ; Bill. *Exsicc.* n. 2321. — *A. azurea* Rchb. *Ic.* X, t. 908, f. 1229. — [B. D'ITALIE. — Vulg. *Buglosse, Langue-de-bœuf, Bourrache-bâtarde*].

Tige de 5-10 décim., dressée, rameuse, hérissée de poils roides. *Feuilles* hérissées, ciliées, *lancéolées ou oblongues*, ord. ondulées ; *les inférieures insensiblement atténuées en pétiole*; les supérieures sessiles. *Fleurs* assez grandes, bleues, rosées ou accidentellement blanches, disposées *en grappes feuillées terminales*. Bractées linéaires-lancéolées. Calice 5-partit, à divisions linéaires très allongées fortement hérissées, égalant ou dépassant le tube de la corolle. Corolle hypocratériforme ; *écailles de la gorge décomposées* à la face interne et aux bords *en lanières filiformes*. ⓶. Mai-août.

*A.R.* — Coteaux calcaires, champs pierreux, moissons. — Bois de Boulogne !; env. de Saint-Cucufas (*E. Fournier*) ; Charenton !, Saint-Maur ! (*Vaill. Bot. Par.*); Saint-Maurice !. Corbeil !; Mennecy (*Des Étangs*). Malesherbes !. Provins (*Bouteiller*). Env. de La Ferté-sous-Jouarre (*Adr. de Jussieu*), etc. — *Graves* Cat. Oise : env. de Beauvais et de Senlis.

† **A. sempervirens** L. *Sp.* 192 ; *Engl. bot.* t. 45. — Lob. *Ic.* 755, f. 2. — [B. TOUJOURS VERTE].

Tiges de 8-15 décim., dressées, simples, donnant naissance aux pédoncules dans leur partie supérieure, hérissées. *Feuilles* pubescentes à peine rudes, *ovales-aiguës ou ovales-acuminées*, quelquefois tachées de blanc ; *les radicales* très amples, *pétiolées*; les caulinaires espacées, brièvement pétiolées, ou les supérieures sessiles. *Fleurs* assez petites, ord. bleues, *réunies presque en tête au sommet de longs pédoncules axillaires ; pédoncules* grêles, *nus* dans toute leur longueur et ne portant de bractées qu'au niveau des fleurs. Bractées ovales-lancéolées. Calice 5-partit, à divisions ovales-lancéolées, fortement hérissées, dépassant le tube de la corolle. Corolle hypocratériforme, à tube court. Écailles de la gorge poilues. ♃. Mai-juin.

Naturalisé dans les haies aux environs de quelques villages. — Ancien parc de Neuilly (*Bonnet*); Issy (*Des Étangs*); env. de Versailles (*de Boucheman*). Les Boves ! près Magny (*Bouteille*). — Assez commun en Bretagne (*Lloyd* Fl. Ouest).

Le *Nonnea flavescens* Fisch. et Mey., originaire des provinces caucasiennes, a été observé dans des terrains incultes de l'ancien parc de Neuilly (*Bonnet*), où il s'est naturalisé. — Le genre *Nonnea*, très voisin du genre *Anchusa*, n'en diffère guère que par les écailles insérées vers le milieu de la hauteur du tube de la corolle, et non pas à la gorge. — Le *N. flavescens* se reconnaît aux caractères suivants : plante annuelle, velue-pubescente à pubescence mêlée de poils sétiformes plus longs, ord. rameuse dès la base, à tiges diffuses ou dressées simples ou peu rameuses; feuilles inférieures oblongues atténuées à la base, les florales semi-amplexicaules ovales-acuminées; calice 5-fide, accrescent et renflé après la floraison, à lobes lancéolés-acuminés ; corolle d'un jaune pâle, dépassant peu le calice ; nucules glabres, un peu tuberculeuses, oblongues, dressées, à rebord basilaire saillant non rugueux.

### 2. **LYCOPSIS** L. *Gen.* n. 190 ex parte. — [LYCOPSIDE].

Calice 5-partit. *Corolle* infundibuliforme, *à tube coudé*, à limbe 5-partit à divisions un peu inégales, *à gorge munie de 5 écailles* poilues. Étamines insérées à la base du tube de la corolle au niveau de sa courbure ; filets très courts. *Nucules* rugueuses, *à rebord basilaire* épais *très saillant. Graine presque horizontale.*

Plante annuelle, hérissée. Fleurs assez petites, en grappes terminales.

**1. L. arvensis** L. *Sp.* 199; *Engl. bot.* t. 938. — [L. DES CHAMPS. — Vulg. *Petite-Buglosse*].

Tige de 2-5 décim., dressée, rameuse, hérissée de poils roides. Feuilles hérissées, ciliées, lancéolées ou oblongues-linéaires, aiguës ou obtuses, sinuées-ondulées; les inférieures insensiblement atténuées à la base ; les supérieures sessiles semiamplexicaules. Fleurs bleues, très rarement blanches ou roses. Feuilles florales plus longues que le calice. Calice à divisions lancéolées, beaucoup plus courtes que le tube de la corolle, s'accroissant beaucoup après la floraison. ⓘ. Mai-octobre.

*C C.* — Champs, moissons, lieux cultivés, bords des chemins.

### 3. **SYMPHYTUM** Tourn. *Inst.* t. 56. — [CONSOUDE].

Calice profondément 5-fide. *Corolle tubuleuse, à limbe campanulé-urcéolé 5-lobé, à gorge munie de 5 écailles lancéolées-subulées conniventes en cône.* Étamines incluses. *Nucules* rugueuses, *à rebord basilaire saillant,* épais, plissé.

Plante vivace, hérissée. Fleurs assez grandes, penchées, dépourvues de bractées, disposées au sommet de la tige en grappes courtes terminales et latérales ord. opposées par deux.

1. **S. officinale** L. *Sp.* 195 ; *Fl. Dan.* IV, t. 664 ; *Engl. bot.* t. 817. — [C. OFFI-
CINALE. — Vulg. *Grande-Consoude*].

Souche épaisse, charnue, rameuse. Tiges de 6-9 décim., dressées, robustes,
anguleuses-ailées, hérissées de poils réfléchis. Feuilles rudes, pubescentes ;
les radicales très amples, ovales-aiguës ou ovales-lancéolées, longuement
pétiolées ; les caulinaires lancéolées, à limbe décurrent au moins dans la
longueur d'un entre-nœud. Calice à divisions lancéolées-subulées. Corolle
blanchâtre, jaunâtre ou violacée, à limbe à 5 côtes surtout avant l'épanouissement, à lobes triangulaires courts réfléchis en dehors. Écailles incluses, plus
longues que les étamines, blanches, planes, chargées aux bords de papilles
cristallines transparentes. Anthères plus longues que le filet. ♃. Mai-juin,
refleurit souvent en automne.

*C.* — Prairies humides, fossés, bords des eaux.

**4. MYOSOTIS** L. *Gen.* n. 180. — [MYOSOTIS. — Vulg. SCORPIONE, OREILLE-
DE-SOURIS].

Calice 5-fide ou 5-partit. *Corolle* hypocratériforme ou presque rotacée, à
tube court ou dépassant le calice, à limbe 5-fide présentant 5 plis alternant
avec les lobes, *à lobes arrondis* au sommet ou émarginés, *à gorge fermée
par 5 écailles* convexes *obtuses* presque glabres. Étamines incluses. *Nucules*
lisses luisantes, un peu comprimées, à bords tranchants, convexes sur le dos,
un peu carénées à la face interne, *à surface basilaire étroite presque plane.*

Plantes annuelles ou vivaces, pubescentes, velues ou hérissées. Feuilles radicales
ord. disposées en rosette. Fleurs ord. petites, disposées en grappes qui terminent
la tige et les rameaux.

Sect. I. PALUDOSÆ. — Calice à poils courts tous apprimés.

1. **M. palustris** With. *Arr. Brit.* II, 225. — [M. DES MARAIS. — Vulg. *Ne-
m'oubliez-pas, Vergissmeinnicht*].

Souche rampante, ou tronquée oblique ou verticale donnant naissance à
un grand nombre de fibres. Tiges de 4-6 décim., couchées-radicantes à la
base, ou dressées non radicantes, anguleuses dans leur partie inférieure ou
presque cylindriques, ord. très rameuses, presque glabres ou légèrement
pubescentes. Feuilles pubescentes-rudes, oblongues ou lancéolées, aiguës ou
obtuses ; les radicales atténuées en pétiole. *Calice* 5-denté ou 5-fide, *à poils
apprimés.* Corolle assez grande, d'un bleu pâle, à gorge jaune, à limbe plan.
♃ ou ②. Mai-juillet.

*C.* — Bords des rivières, fossés, marais, prairies humides.

Var. α. *palustris.* (*M. palustris* auct.; *Engl. bot.* t. 1973; Bill. *Exsicc.* n. 554 et
bis. — *M. palustris* var. *vulgaris Fl. Par.* éd. 1, 266 ; *Illustr. fl. Par.* t. 15,
f. 1-2). — *Souche longuement rampante.* Tiges couchées-radicantes à la base,
robustes, anguleuses. Feuilles rapprochées, les supérieures oblongues-lancéolées.
*Fleurs rapprochées,* en grappes assez courtes. Corolle assez grande, à lobes
émarginés. Style atteignant presque l'extrémité des dents du calice. *Calice
fructifère étroit à la base, 5-denté,* à dents triangulaires, à pédicelles ord. assez
courts. ♃. — Bords des rivières et des ruisseaux, fossés.

Var. β. *strigulosa.* (*M. strigulosa* Rchb. *Fl. Germ. excurs.* 342). — *Souche verticale,* courte, tronquée, donnant naissance à un grand nombre de fibres. Tiges

dressées, anguleuses dans leur partie inférieure. Feuilles rapprochées, les supérieures oblongues-lancéolées. *Fleurs rapprochées*, en grappes allongées. Corolle à lobes émarginés ou entiers. Style court ou atteignant presque l'extrémité des dents du calice. *Calice fructifère étroit à la base, 5-denté*, à dents triangulaires ou triangulaires-lancéolées, à pédicelles ord. assez courts. ②. — Lieux desséchés, fossés.

Var. γ. *lingulata*. (*M. lingulata* Rœm. et Schult. *Syst. veg.* IV, 780 ; Bill. *Exsicc.* cent. 2, E. — *M. cæspitosa* F. Schultz *Fl. Starg.* suppl. 11 ; *Engl. bot.* t. 2661. — *M. palustris* var. *cæspitosa* Fl. Par. éd. 1, 266, et *Illustr. fl. Par.* t. 15, f. 3-4). — *Souche courte, tronquée, verticale ou oblique*, donnant ord. naissance à un grand nombre de fibres. Tiges dressées, assez grêles, cylindriques, à rameaux diffus. Feuilles molles, espacées, la plupart oblongues-allongées obtuses. *Fleurs espacées*, en grappes allongées. Corolle à lobes non émarginés. *Style court. Calice fructifère à base large, 5-fide*, à divisions oblongues-lancéolées, à pédicelle ord. très long. ②. — Lieux marécageux, marais tourbeux.

S.-v. *pusilla*. — Plante très grêle ne dépassant pas quelques centimètres.


Sect. II. SYLVATICÆ. — Calice hérissé dans sa moitié inférieure de poils recourbés en crochet étalés ou réfléchis.


2. **M. hispida** Schlecht. in *Mag. Naturf. Berl.* VIII, 229 ; *Illustr. fl. Par.* t. 15, f. 5-7 ; Bill. *Exsicc.* n. 257 et *bis*. — *M. collina* Rchb. *Fl. Germ. excurs.* 341. — [M. HÉRISSÉ].

Plante annuelle. Tiges ord. nombreuses rapprochées en touffe, de 1-2 décim., grêles, dressées ou ascendantes, quelquefois légèrement flexueuses, simples ou peu rameuses à rameaux allongés, velues, hérissées dans leur partie inférieure. Feuilles pubescentes-velues, oblongues ou obovales ; les radicales atténuées en pétiole. *Pédicelles* fructifères espacés, *étalés*, ord. à peine plus longs que le calice. *Calice 5-fide*, hérissé dans sa moitié inférieure de poils recourbés en crochet, le *fructifère ouvert* (1). Corolle petite, bleue, à gorge jaune, à limbe concave, à tube ne dépassant pas les lobes du calice. ①. Avril-juin.

C C. — Bords des chemins, champs en friche, lieux secs ou sablonneux.

3. **M. intermedia** Link *Enum. hort. Berol.* I, 164 ; *Illustr. fl. Par.* t. 15, f. 8-9 ; Bill. *Exsicc.* n. 156. — [M. INTERMÉDIAIRE. — Vulg. *Oreille-de-souris*].

Plante bisannuelle, plus rarement annuelle. Tiges solitaires ou plus ou moins nombreuses, de 2-6 décim., ord. dressées, assez robustes, simples ou rameuses à rameaux allongés, velues-hérissées surtout dans leur partie inférieure. Feuilles d'un vert sombre, velues, lancéolées ou oblongues ; les radicales oblongues ou obovales, atténuées en pétiole. *Pédicelles* fructifères espacés, *étalés, les inférieurs environ deux fois plus longs que le calice. Calice* profondément 5-fide, hérissé dans sa moitié inférieure de poils recourbés en crochet, le *fructifère fermé* par le rapprochement des lobes. *Corolle* assez petite, bleue, à gorge jaune, à limbe concave, *à tube ne dépassant pas les lobes du calice.* ① ou ②. Mai-septembre.

C C. — Bords des chemins, clairières des bois, champs en friche, lieux cultivés.


(1) Les calices, se déformant par la compression, doivent être étudiés sur la plante vivante.

**4. M. stricta** Link *Enum. hort. Berol.* 1, 164 ex parte; *Illustr. fl. Par.* t. 15, f. 10; Bill. *Exsicc.* n. 159. — [M. ROIDE].

Plante annuelle. Tiges ord. nombreuses rapprochées en touffe, de 1-2 décim., velues-hérissées, dressées ou ascendantes, roides, simples ou rameuses à rameaux effilés dressés, ord. florifères presque dès la base. Feuilles velues, oblongues ou obovales; les radicales atténuées en pétiole. *Pédicelles fructifères dressés, plus courts que le calice. Calice* profondément 5-fide, hérissé dans sa moitié inférieure de poils recourbés en crochet, le *fructifère fermé par le rapprochement des lobes. Corolle* très petite, bleue, à limbe concave, *à tube ne dépassant pas les lobes du calice.* Étamines ord. insérées vers le milieu du tube. ⨀. Avril-juin.

*A.C.* — Lieux sablonneux ou pierreux, vieux murs couverts en chaume, coteaux arides. — Bois de Boulogne!; plaine du Point-du-jour (*Maire*); Saint-Maur!; bois du Vésinet (*de Schœnefeld*). Forêt de Sénart!; Mennecy!; Lardy!; Dhuison!; Dourdan!. Forêt de Fontainebleau!; Nemours (*Devilliers*). Auffargis, Épernon (*de Schœnefeld*). Thury-en-Valois, Autheuil-en-Valois, Rouville (*Questier*); rare aux environs de Compiègne (*de Marcilly fils*), etc.

**5. M. versicolor** Rchb. in *Amœn. Dresd.* I, 25; *Engl. bot.* t. 2558; *Illustr. fl. Par.* t. 15, f. 11-12; Bill. *Exsicc.* n. 158. — [M. VERSICOLORE].

Plante annuelle. Tiges solitaires ou peu nombreuses, de 1-3 décim., velues, dressées, plus rarement ascendantes flexueuses, simples ou rameuses à rameaux allongés. Feuilles couvertes de longs poils, oblongues ou obovales; les radicales atténuées en pétiole. *Pédicelles fructifères* presque dressés, *plus courts que le calice.* Calice profondément 5-fide, hérissé dans sa moitié inférieure de poils recourbés en crochet, le fructifère fermé par le rapprochement des lobes. *Corolle* petite, *d'abord jaune, puis rougeâtre et enfin bleue,* à limbe concave, *à tube dépassant longuement les lobes du calice.* Étamines ord. insérées au sommet du tube. ⨀. Avril-juin.

*C.* — Lieux sablonneux, champs en friche, bords des chemins.

**5. LITHOSPERMUM** Tourn. *Inst.* t. 55. — [GRÉMIL].

*Calice 5-partit, à divisions linéaires. Corolle* infundibuliforme, *à limbe* presque *régulier,* 5-fide, *à gorge ouverte* munie d'écailles très petites ou indistinctes soudées avec la corolle et constituant alors 5 lignes pubescentes. Étamines incluses. *Nucules* lisses ou rugueuses, *à surface basilaire presque plane.*

Plantes annuelles ou vivaces, velues ou pubescentes-rudes. Fleurs disposées en grappes feuillées.

**1. L. arvense** L. *Sp.* 189; *Engl. bot.* t. 123; Bill. *Exsicc.* n. 153. — [G. DES CHAMPS].

*Plante annuelle,* d'un vert grisâtre. Tige de 2-5 décim., roide, dressée, peu rameuse ou presque simple, pubescente-rude. Feuilles couvertes de poils roides apprimés, lancéolées, à nervure moyenne seule saillante; les inférieures oblongues, atténuées en pétiole. Corolle petite, blanche, très rarement rose ou bleue, dépassant peu le calice, velue extérieurement, à gorge présentant 5 lignes pubescentes. *Nucules* d'un gris ou d'un brun mat, *rudes-tuberculeuses.* ⨀. Mai-juillet.

*C.* — Bords des chemins, champs en friche.

Var. β. *cœruleum*. (*L. medium* Chev. *Fl. Par.* II, 489). — Fleurs bleues. — R R. — Grenelle!. Beauvais près Mennecy (*Maire*). Nemours (*Devilliers*). Env. de Compiègne (*de Marcilly fils*).

**2. L. officinale** L. *Sp.* 189; *Engl. bot.* t. 134.—[ G. OFFICINAL.—Vulg. *Grémil, Herbe-aux-perles* ].

Plante vivace. Tiges de 4-8 décim., robustes, roides, rameuses, pubescentes-rudes. *Feuilles* couvertes de poils roides apprimés, d'un vert pâle en dessous, oblongues-acuminées ou lancéolées, *à nervures moyennes et latérales très saillantes* à la face inférieure ; les inférieures ord. détruites lors de la floraison. Corolle petite, blanchâtre, dépassant un peu le calice, pubescente extérieurement, à gorge présentant 5 écailles très petites pubescentes. *Nucules lisses, luisantes*, d'un beau blanc. ♃. Mai-juillet.

C. — Bords des chemins, lisières des bois, lieux incultes.

**3. L. purpureo-cærnleum** L. *Sp.* 190; Jacq. *Austr.* I, t. 14 ; *Engl. bot.* t. 117. — [ G. VIOLET ].

Souche épaisse, presque ligneuse. *Tiges les unes florifères, les autres stériles* ; les florifères de 3-6 décim., dressées, simples ou rameuses supérieurement ; *les stériles* simples effilées, *couchées*, ord. plus longues que les florifères. *Feuilles* pubescentes-rudes, d'un vert foncé en dessus, d'un vert pâle en dessous, oblongues-lancéolées aiguës atténuées à la base, *à nervure moyenne seule saillante* ; les inférieures ord. détruites lors de la floraison. *Corolle grande, d'un beau bleu, dépassant longuement le calice*, pubescente extérieurement, à gorge légèrement pubescente. *Nucules lisses, luisantes,* d'un beau blanc. ♃. Mai-août.

R. — Clairières des bois montueux, buissons des coteaux incultes. — Forêt de Rougeaux!; Boissise-la-Bertrand ! près Melun ; côte de Champagne !; Malesherbes!; Bromeilles!. Louvières près Magny (*Bouteille*); Amenucourt ! près La Roche-Guyon. Luzarches (*de Lens*) ; Thury-sous-Clermont (*Delacour*) ; forêt de la Neuville-en-Hez (*Graves*) ; Champlieu près Compiègne (*Léré*). Vanteuil près La Ferté-sous-Jouarre (*Adr. de Jussieu*). Provins (*Des Étangs*). — *Graves* Cat. Oise : bois de Liancourt, de Béthizy, de Donneval près Orrouy ; Saint-Félix cant. de Mouy; Agnetz cant. de Clermont ; forêt de Compiègne, au Puits-Dauphin et du côté de Saint-Sauveur ; bois autour de Thury-en-Valois.

**6. PULMONARIA** Tourn. *Inst.* t. 55. — [ PULMONAIRE ].

*Calice tubuleux-campanulé*, 5-fide, à 5 angles. *Corolle* infundibuliforme, à limbe 5-fide, à lobes suborbiculaires, *à gorge dépourvue d'appendices* et présentant 5 faisceaux de poils. Étamines incluses. Nucules lisses, à surface basilaire étroite entourée d'un rebord saillant.

Plante vivace, velue. Fleurs disposées en grappes courtes terminales.

**1. P. angustifolia** L. *Sp.* 194. — [ P. A FEUILLES ÉTROITES. — Vulg. *Pulmonaire, Herbe-au-lait de Notre-Dame* ].

Souche épaisse, tronquée, donnant naissance à de longues fibres. Tiges de 1-4 décim., dressées ou ascendantes, quelquefois flexueuses, simples donnant naissance supérieurement aux rameaux de l'inflorescence, très velues à poils roides ou flexibles quelquefois glanduleux dans la partie supérieure de la plante. Feuilles mollement velues, souvent tachées de blanc à la face supérieure ; les radicales disposées en fascicules ou en rosettes, ovales, oblongues ou lancéolées, atténuées en pétiole, souvent plus longues que les tiges ; les caulinaires sessiles semiamplexicaules, oblongues-aiguës ou lancéolées. Corolle grande, d'abord rouge, puis violette et enfin bleue, dépassant longuement le calice. Nucules noires, lisses, luisantes. ♃. Avril-juin.

C C. — Clairières des bois, buissons.

Var. *α. azurea* (F. Schultz *Fl. Gall. et Germ. exsicc.* cent. 4, n. 57 *bis*. — *P. azurea* Bess. *Prim. fl. Galic.* I, 150 ; Rchb. *Crit.* VI, t. 501, f. 694 ; Koch *Syn. fl. Germ.* ed. 2, 579 ; DC. *Prodr.* X, 93. — *P. angustifolia* Schrank in *Act. nat. cur.* IX, 98 non L. sec. Rchb. et Koch ; Gren. et Godr. *Fl. Fr.* II, 526. — *P. angustifolia* var. *vulgaris Fl. Par.* éd. 1, 268). — *Feuilles des fascicules non florifères lancéolées souvent très étroites, plus rarement oblongues-lancéolées, atténuées inférieurement en pétiole ailé, ord. non tachées. Fleurs ord. d'un bleu d'azur. Gorge de la corolle glabre en dedans au-dessous de l'anneau barbu formé par les 5 faisceaux de poils.*

Var. *β. angustifolia.* (*P. angustifolia* L. *Sp.* 194 ; Rchb. *Crit.* VI, f. 695 ; Koch *Syn. fl. Germ.* ed. 2, 579. — *P. tuberosa* Schrank in *Act. nat. cur.* IX, 37 ; Gren. et Godr. *Fl. Fr.* II, 527 ; Bill. *Exsicc.* n. 1277 et *bis*. — *P. officinalis* Thuill. *Fl. Par.* 95 non L. — *P. angustifolia* var. *longifolia Fl. Par.* éd. 1, 268 excl. syn. P. azurea). — *Feuilles des fascicules non florifères oblongues-lancéolées ou lancéolées, atténuées inférieurement en pétiole ailé, souvent tachées ou marbrées de blanc. Fleurs ord. d'un bleu mêlé de rose. Gorge de la corolle parsemée en dedans de poils* plus ou moins nombreux au-dessous de l'anneau barbu formé par les 5 faisceaux de poils.

S.-v. *oblongata.* (*P. oblongata* Schrad. ap. Rœm. et Schult. *Syst. veg.* V, 744. — *P. media* Rchb. *Crit.* VI, f. 697 non Host). — Feuilles ovales-lancéolées.

Var. *γ. saccharata.* (*P. saccharata* Mill. *Dict.* n. 3 ; Rchb. *Crit.* VI, f. 698 ; Koch *Syn. fl. Germ.* ed. 2, 578 ; DC. *Prodr.* X, 92 ; Gren. et Godr. *Fl. Fr.* II, 527. — *P. grandiflora* DC. *Cat. hort. Monsp.* 135. — *P. affinis* Jord.! in *Cat. gr. Dij.* [1848] 13 ; Bill. *Exsicc.* n. 2507. — *P. angustifolia* var. *latifolia Fl. Par.* éd. 1, 269). — *Feuilles des fascicules non florifères* ord. plus courtes que les tiges, les extérieures *ovales brusquement rétrécies en pétiole* ailé au sommet, les intérieures oblongues atténuées inférieurement en pétiole, ord. marquées de larges taches blanches souvent confluentes. Fleurs ord. d'un bleu mêlé de rose. Gorge de la corolle glabre en dedans ou parsemée de poils au-dessous de l'anneau barbu formé par les 5 faisceaux de poils.

L'examen d'une nombreuse série d'échantillons nous a démontré la variabilité des caractères tirés de la longueur et de la forme des feuilles, de la grandeur et de la couleur de la corolle, de la présence ou de l'absence de poils à la face interne de la gorge de la corolle au-dessous de l'anneau barbu formé par les 5 faisceaux de poils ; aussi, avec MM. Spach et Fr. Schultz, rapportons-nous au même type spécifique les *P. angustifolia, azurea* et *saccharata*, qui ne diffèrent que par ces caractères et qui passent de l'un à l'autre par des transitions insensibles. — Nous n'avons pas encore rencontré aux environs de Paris la var. *saccharata*, qui est assez répandue dans le centre de la France. — Dans le genre *Pulmonaria*, de même que dans le genre *Primula*, les étamines sont insérées tantôt à la gorge de la corolle, tantôt sur le tube vers le milieu de sa longueur ; dans le premier cas le style est court, dans le second il est allongé.

### 7. ECHIUM L. *Gen.* n. 191. — [VIPÉRINE].

Calice 5-partit. *Corolle* infundibuliforme-campanulée, *à limbe subbilabié 5-lobé à lobes inégaux, à gorge ouverte nue.* Étamines à filets très longs, inégaux, réfléchis-ascendants, ord. longuement saillants hors de la corolle. Nucules rugueuses, à surface basilaire légèrement concave.

Plante bisannuelle, hérissée de poils roides piquants. Fleurs en grappes disposées en panicule feuillée.

1. **E. vulgare** L. *Sp.* 200; *Fl. Dan.* III, t. 445; *Engl. bot.* t. 181; Bill. *Exsicc.* n. 1534. — [V. COMMUNE. — Vulg. *Vipérine, Herbe-aux-vipères*].

Racine épaisse, pivotante. Tige de 3-8 décim., dressée, robuste, simple donnant naissance latéralement aux rameaux de l'inflorescence, chargée de poils roides presque piquants insérés sur des tubercules noirâtres. Feuilles radicales oblongues-lancéolées, atténuées inférieurement; les caulinaires lancéolées ou lancéolées-linéaires. Fleurs presque sessiles, disposées en grappes axillaires simples feuillées; grappes rapprochées en une vaste panicule racémiforme. Corolle bleue, plus rarement rose ou blanche, dépassant longuement le calice. Étamines et style longuement saillants hors de la corolle. Nucules fortement rugueuses. ②. Juin-septembre.

*C C.* — Bords des chemins, lieux incultes, coteaux pierreux.


TRIBU II. **CYNOGLOSSEÆ.** — Nucules étroitement rapprochées au moins au sommet, insérées sur la colonne centrale par une surface latérale plane ou presque plane ou par leur angle interne.


**8. ECHINOSPERMUM** Sw. in Lehm. *Asper.* 1, 113. — [ÉCHINOSPERME].

Calice 5-partit. Corolle hypocratériforme, à limbe 5-fide, à lobes obtus, à gorge fermée par 5 écailles convexes. Étamines incluses, à anthères presque sessiles. *Nucules triquètres, soudées à la colonne centrale dans toute la longueur de leur angle interne, à face dorsale entourée d'épines.* Colonne centrale conique; style grêle, court, marcescent ou caduc.

Plante annuelle, poilue. Fleurs assez petites, disposées en grappes terminales feuillées.

1. **E. Lappula** Lehm. *Asper.* I, 121. — *Myosotis Lappula* L. *Sp.* 189; *Fl. Dan.* IV, t. 692. — *Cynoglossum Lappula* Scop. *Carn.* I, n, 192. — [E. BARDANETTE. — Vulg. *Bardanette*].

Tige de 2-6 décim., dressée, roide, rameuse au sommet, à rameaux étalés souvent divariqués, poilue. Feuilles pubescentes-velues, lancéolées étroites, ou oblongues-linéaires. Corolle bleue. Pédicelles fructifères dressés, plus courts que le calice. Nucules brunâtres, à face dorsale granuleuse entourée d'une aile blanchâtre découpée en longues épines terminées par 2-4 crochets, à faces latérales présentant quelques épines plus courtes. ① ou ②. Juin-août.

*A.C.* — Bords des chemins, vieux murs, lieux pierreux, vignes. — Paris : boulevard Mont-Parnasse!; bois de Boulogne!; Grenelle!; Mont-Valérien; Argenteuil!; Nanterre!; Saint-Germain!; Poissy; Triel. Joinville-le-Pont; Saint-Maur!; Villeneuve-Saint-George!. Arpajon; Fontainebleau. Précy [Oise], etc.


**9. CYNOGLOSSUM** L. *Gen.* n. 183. — [CYNOGLOSSE].

Calice 5-fide ou 5-partit. Corolle hypocratériforme ou presque rotacée, à limbe 5-fide, à lobes obtus, à gorge fermée par 5 écailles convexes. Étamines incluses. *Nucules déprimées*, ord. *chargées de tubercules épineux sur toute leur surface, soudées à la colonne centrale seulement dans la partie supérieure de leur face interne*, à bord épaissi. Colonne centrale conique ; style robuste, long, persistant.

Plantes bisannuelles, mollement pubescentes. Fleurs disposées en grappes non feuillées axillaires et terminales.

**1. C. officinale** L. *Sp.* 192; *Fl. Dan.* VII, t. 1147; *Engl. bot.* t. 921. — [C. OFFICINALE. — Vulg. *Cynoglosse, Langue-de-chien*].

Tige de 3-8 décim., dressée, très feuillée, rameuse au sommet, mollement velue. *Feuilles pubescentes-tomenteuses, grisâtres sur les faces*, douces au toucher, exhalant par le frottement une odeur désagréable un peu musquée ; les radicales et les inférieures oblongues-lancéolées, insensiblement atténuées en pétiole ; les supérieures lancéolées souvent très étroites, sessiles semi-amplexicaules. Corolle d'un rouge violacé, très rarement blanche. Pédicelles fructifères plus longs que le calice. Calice couvert d'une pubescence soyeuse, à divisions obtuses, ovales ou ovales-lancéolées. *Nucules à épines de la face supérieure espacées*, les épines du bord et de la face inférieure très rapprochées. ②. Mai-juillet.

*A.C.* — Bords des chemins, lieux pierreux et incultes.

Le *C. pictum* Ait. (*Bot. mag.* t. 2134 ; Bill. *Exsicc.* n. 1714), qui est assez répandu dans le centre de la France, et que nous avons observé non loin des limites de notre Flore, sur les bords de la route entre Montargis ! et Château-Renard, et à Orléans !, se rapproche du *C. officinale* par la forme et la pubescence des feuilles et du calice ; il s'en distingue par sa corolle d'un bleu pâle veinée de violet, et par ses nucules chargées d'épines également rapprochées sur les deux faces et sur le bord.

**2. C. montanum** Lmk *Fl. Fr.* II, 277. — *C. sylvaticum* Hænke in Jacq. *Coll.* II, 77 ; *Engl. bot.* t. 1642. — [C. DE MONTAGNE].

Tige de 3-8 décim., dressée, à feuilles espacées, rameuse au sommet, hérissée de longs poils. *Feuilles vertes, luisantes presque glabres en dessus,* pubescentes-rudes en dessous ; les radicales et les inférieures assez amples, ovales ou oblongues, contractées en un long pétiole ; les supérieures oblongues-lancéolées, sessiles semiamplexicaules. Corolle d'un bleu violet. Pédicelles fructifères plus courts que le calice. Calice vert, légèrement pubescent ou presque glabre, à divisions obtuses linéaires ou lancéolées. *Nucules à épines rapprochées* sur les deux faces et sur le bord. ②. Juin-juillet.

*R R.* — Lieux frais des bois montueux. — Assez abondant à plusieurs localités de la forêt de Compiègne, sur le penchant des coteaux, d'où il s'étend dans les plaines voisines : route de Pierrefonds, entre le carrefour de la Mare-rouge et celui du Beaurevoir, Saint-Nicolas-de-Courson, Saint-Jean-aux-bois (*de Schœnefeld*) ; Saint-Pierre !; Vieux-moulin, Pont-des-Planchettes (*Léré*) ; Sainte-Corneille (*Questier*) ; Monts Saint-Marc, Grands et Petits Monts (*de Marcilly fils*). — *Graves* Cat. Oise : dans la forêt de Compiègne à la Malmaire, au Mont du Tremble, au Vivier Frère-Robert, sur la route de Maupas.

† **OMPHALODES** Tourn. *Inst.* t. 58. — [OMPHALODE].

Calice 5-partit. Corolle rotacée, à limbe 5-fide, à lobes obtus, à gorge fermée par 5 écailles convexes. Étamines incluses. *Nucules déprimées, lisses, soudées à la colonne centrale seulement dans la partie supérieure de leur face interne, entourées supérieurement d'une bordure membraneuse très saillante infléchie.*

Plante vivace, presque glabre. Fleurs disposées en grappes terminales et axillaires.

† **O. verna** Mœnch *Meth.* 420 ; Bill. *Exsicc.* n. 1937. — *Cynoglossum Omphalodes* L. *Sp.* 193 ; Bull. *Herb.* t. 309 ; *Bot. mag.* t. 7. — [O. PRINTANIÈRE. — Vulg. *Petite-Bourrache, Petite-Consoude*].

Souche assez longuement traçante. Tiges florifères de 1-2 décim., grêles, dressées, glabres ou présentant quelques poils épars. Feuilles presque glabres, ou pubescentes à poils courts apprimés et espacés, acuminées et calleuses au sommet ; les radicales très longuement pétiolées, ovales, ord. un peu cordées à la base ; les caulinaires brièvement pétiolées, ovales-lancéolées. Fleurs d'un bleu clair, assez longuement pédicellées, disposées en grappes pauciflores, les grappes terminales souvent géminées. Corolle à limbe assez ample, dépassant longuement le calice. ♃. Avril-mai.

*R R R. subspontané.* — Lieux ombragés des bois montueux. — Petit bois à Russy-Montigny près Crépy, où il croît avec l'*Anemone Hepatica*, à un seul endroit, dans un espace restreint (*Questier*). — *Graves* Cat. Oise : bois entre Liancourt et Mogneville. — Souvent cultivé dans les jardins et naturalisé dans quelques parcs.

La localité indiquée d'après M. Questier est éloignée de toute habitation, et, pour ce botaniste, la plante y serait réellement spontanée ; mais, d'après les notions fournies par la géographie botanique, nous sommes plutôt portés à admettre qu'elle y est seulement naturalisée depuis longues années.—L'*O. verna*, originaire du Piémont, de l'Italie, de la Transylvanie et de la Carinthie, n'a jamais été trouvé réellement spontané en France ; aux environs de Besançon, où Mutel l'indique dans les bois, M. Grenier (*Cat. pl. Doubs*) ne l'a jamais vu qu'échappé des jardins.

On cultive, comme plante d'ornement, l'*O. linifolia* Mœnch (*Cynoglossum linifolium* L.), plante annuelle, à feuilles glauques blanchâtres oblongues ou lancéolées atténuées à la base, à fleurs blanches disposées en grappes allongées.

## 10. **ASPERUGO** Tourn. *Inst.* t. 54. — [RAPETTE].

*Calice* 5-fide, à lobes triangulaires, présentant dans chaque sinus deux dents plus courtes que les lobes ; le *fructifère très développé,* presque foliacé, *réticulé-veiné, comprimé en deux valves planes sinuées-anguleuses appliquées l'une sur l'autre.* Corolle hypocratériforme, à limbe 5-fide, à lobes obtus, à gorge fermée par 5 écailles convexes. Étamines incluses. Nucules comprimées latéralement, chagrinées, rapprochées par paires, soudées à la colonne centrale vers la partie supérieure de leur bord interne. Colonne centrale cylindrique-conique présentant des prolongements membraneux ; style grêle, court, dépassé par le sommet des carpelles.

Plante annuelle, à tige chargée d'aiguillons réfléchis. Fleurs réunies 2-4 au niveau de chaque paire de feuilles.

1. **A. procumbens** L. *Sp.* 198 ; *Engl. bot.* t. 661 ; Sibth. et Sm. *Fl. Græc.* t. 177 ; Spenn. in Nees *Gen. plant.* fasc. XVII ; Bill. *Exsicc.* n. 1275. — [R. COUCHÉE. — Vulg. *Râpette, Bardanette*].

Tige de 3-6 décim., anguleuse, ord. rameuse-dichotome dès la base, couchée-diffuse, chargée sur les angles d'aiguillons blanchâtres réfléchis. Feuilles hérissées, très rudes, oblongues atténuées à la base ; les inférieures alternes ;

les supérieures rapprochées par 2 plus rarement par 4. Fleurs brièvement pédicellées, réunies 2-4 au niveau de chaque paire de feuilles, toutes dirigées du même côté de la tige, en sens opposé à la direction des feuilles. Pédicelles fructifères arqués-réfléchis. Corolle petite, d'un bleu violet. Nucules très comprimées. ⚲. Mai-juillet.

*A.R.* — Bords des chemins herbeux, haies, lieux pierreux, décombres. — Paris : env. des Invalides ! et du Champ de-Mars !; Popincourt, Belleville, Ménilmontant, bois de Boulogne ! (*Tourn.* Hist. pl. Par.); Grenelle !; Marly (*Delavaux*) ; assez abondant aux environs de Saint-Germain !. Malesherbes !, etc. — *Graves* Cat. Oise : taillis de la forêt de Compiègne.

### 11. **HELIOTROPIUM** L. *Gen.* n. 179. — [HÉLIOTROPE].

Calice 5-partit. *Corolle* hypocratériforme, à limbe 5-fide, à lobes obtus, à sinus présentant chacun un pli longitudinal qui se termine entre les lobes en une dent courte et se prolonge jusqu'à l'insertion des étamines, *à gorge nue* quelquefois barbue. Étamines incluses. *Nucules* ovoïdes-triquètres, chagrinées, soudées à la colonne centrale très grêle par leur angle interne, *d'abord soudées entre elles et ne se séparant qu'à la maturité.*

Plante annuelle, rude-pubérulente, d'un vert grisâtre. Fleurs en grappes nues terminales ; grappes solitaires ou rapprochées 2-4 à l'extrémité de la tige et des rameaux et dépourvues de feuilles au niveau de leur angle de séparation.

1. **H. Europæum** L. *Sp.* 187 ; Jacq. *Austr.* III, t. 207 ; Spenn. in Nees *Gen. plant.* fasc. XVII ; Bill. *Exsicc.* n. 1274. — [ H. D'EUROPE.—Vulg. *Tournesol, Herbe-de-Saint-Fiacre* ].

Tige de 1-5 décim., dressée, ord. rameuse presque dès la base, couverte de poils courts apprimés. Feuilles pubescentes-rudes, oblongues ou ovales-oblongues, atténuées à la base, longuement pétiolées, à nervures moyennes et latérales très saillantes à la face inférieure. Fleurs sessiles, dépourvues de bractées. Corolle blanche ou d'un blanc lilas, à gorge glabre. Nucules brunâtres à la maturité, très finement chagrinées. ⚲. Juin-août.

*C C.* — Champs sablonneux ou pierreux, décombres.

L'*H. Peruvianum* L. (*Bot. mag.* IV, t. 141. — Vulg. *Héliotrope-du-Pérou*) est fréquemment cultivé pour l'odeur suave de ses fleurs ; on le reconnaît à sa tige sous-frutescente.

---

## LIV. SOLANÉES

(SOLANEÆ Juss. *Gen.* 124).

*Fleurs* hermaphrodites, *régulières ou presque régulières.* — Calice gamosépale à 5 divisions rarement plus, persistant ou à tube se coupant circulairement au-dessus de sa base, s'accroissant souvent après la floraison, à préfloraison valvaire ou imbriquée. — *Corolle* hypogyne, gamopétale, rotacée, campanulée, infundibuliforme ou hypocratériforme, à limbe *à 5 lobes* rarement plus, caduque, à préfloraison plissée-valvaire ou imbriquée-contournée. — *Étamines* insérées sur le tube de la corolle, *en nombre égal a celui des lobes de la corolle et alternant avec ces lobes. Filets égaux* ou presque égaux. Anthères bilobées, introrses, à lobes s'ouvrant par une fente longitudinale plus rarement par un pore terminal. — *Ovaire* libre, *à 2 carpelles* très rarement plus, ord. à 2 loges quelquefois subdivisées chacune en deux loges secondaires par une fausse cloison; loges multiovulées; *placentas* épais, *soudés à la cloison* dans toute sa largeur ou seulement à sa partie moyenne, constituant une seule masse dans chaque loge ou partagés en 2 masses quand la loge est subdivisée en 2 loges secondaires. Ovules courbés. Styles soudés en un style indivis; stigmate indivis ou obscurément lobé. — *Fruit* capsulaire ou bacciforme, *polysperme :* capsule *à 2 loges quelquefois subdivisées chacune en deux loges secondaires*, à déhiscence septifrage ou septicide s'ouvrant en 2 valves, ou s'ouvrant en 4 valves par la combinaison des déhiscences septifrage et loculicide, plus rarement à déhiscence circulaire (pyxide); baie pulpeuse, plus rarement sèche, à 2 loges, rarement à plusieurs loges par le développement de carpelles supplémentaires. — Graines ord. réniformes comprimées latéralement. *Périsperme* charnu, *épais. Embryon courbé, annulaire ou en spirale,* placé dans le périsperme dont la couche extérieure est souvent très mince. Radicule rapprochée du hile.

Plantes annuelles ou vivaces, à tiges ord. anguleuses, herbacées, plus rarement ligneuses, ord. d'un aspect sombre, à odeur souvent vireuse, à suc quelquefois narcotique-vénéneux. *Feuilles alternes* ou les supérieures géminées, entières, sinuées, dentées, pinnatifides ou pinnatiséquées; stipules nulles. Inflorescence très variable; pédoncules ord. extra-axillaires par leur soudure avec la tige dans une assez grande étendue.

TRIBU I. EUSOLANEÆ. — *Fruit succulent* (baie), indéhiscent.

1. SOLANUM. — Calice 5-lobé ou 5-partit, rarement à 4, 6 ou 10 lobes, ne s'accroissant pas ou s'accroissant peu après la floraison. Corolle rotacée, rarement campanulée-rotacée. *Anthères conniventes, s'ouvrant par 2 pores terminaux.*

2. PHYSALIS. — *Calice devenant vésiculeux* très ample *et enveloppant complétement la baie.*

3. ATROPA. — *Calice* s'accroissant un peu après la floraison, *étalé en étoile à la maturité de la baie. Corolle* campanulée, *à 5 lobes courts.* Anthères s'ouvrant longitudinalement.

4. LYCIUM. — Calice court urcéolé, ne s'accroissant pas après la floraison. *Corolle infundibuliforme, à tube étroit.* Étamines saillantes hors de la corolle. *Arbrisseau épineux.*

TRIBU II. NICOTIANEÆ. — *Fruit* sec, *capsulaire*, déhiscent.

† NICOTIANA. — Calice persistant. *Capsule s'ouvrant en deux valves longitudinales.*

5. DATURA. — *Calice* à partie inférieure persistante soudée avec la base de l'ovaire, *à tube se détachant circulairement au-dessus de la partie*

*adhérente. Capsule chargée d'épines, à 2 loges subdivisées* chacune en *deux loges secondaires, s'ouvrant* en 4 valves.

6. HYOSCYAMUS. — *Calice s'accroissant après la floraison.* Corolle à limbe oblique. *Capsule s'ouvrant circulairement par un opercule.*

## TRIBU I. **EUSOLANEÆ.** — Fruit succulent (baie), indéhiscent.

### 1. **SOLANUM** Tourn. *Inst.* t. 62. — [MORELLE].

Calice 5-lobé ou 5-partit, rarement à 4, 6 ou 10 lobes, ne s'accroissant pas ou s'accroissant peu après la floraison. Corolle rotacée, rarement campanulée-rotacée, à limbe plissé 5-fide rarement 4-6-10-fide. Étamines 5, rarement 4-5; filets très courts; *anthères* saillantes au-dessus du tube, *conniventes, s'ouvrant par 2 pores terminaux.* Baie biloculaire, rarement tri-quadriloculaire. Embryon en spirale.

Plantes annuelles ou vivaces, herbacées ou ligneuses. Feuilles dentées, sinuées ou pinnatiséquées. Fleurs blanches ou violettes, réunies en corymbes ou en cymes pauciflores ou pluriflores sur des pédoncules extra-axillaires ou terminaux.

1. **S. Dulcamara** L. *Sp.* 264; *Engl. bot.* 565; Bill. *Exsicc.* n. 160.—[M. DOUCE-AMÈRE. — Vulg. *Douce-amère*].

Plante vivace. *Tiges* de 1-2 mètres, *ligneuses,* sarmenteuses, se soutenant sur les plantes voisines, rameuses, à écorce grisâtre; rameaux flexueux, à écorce verte pubescente, exhalant par le froissement une odeur désagréable. *Feuilles* d'un vert foncé, glabres ou finement pubescentes, quelquefois presque tomenteuses en dessous, pétiolées, ovales-acuminées, entières, plus ou moins cordées à la base; les *supérieures* souvent *à 3 segments,* le moyen très ample ovale-acuminé, les latéraux beaucoup plus petits. *Fleurs* assez petites, disposées *en corymbes rameux longuement pédonculés.* Calice très petit, à 5 lobes courts triangulaires. Corolle violette, à divisions ovales-lancéolées présentant chacune à leur base deux taches glanduleuses vertes bordées de blanc. *Baies ovoïdes,* pendantes, rouges à la maturité. ♄. Juin-septembre.

C. — Haies, bords des eaux, bois humides.

2. **S. nigrum** L. *Sp.* 266. — [M. NOIRE. — Vulg. *Morelle, Bonbon-noir*].

Plante annuelle. Tige de 1-6 décim., glabrescente, pubescente ou velue, souvent rameuse dès la base, dressée à rameaux diffus rudes sur les angles. *Feuilles* glabrescentes, pubescentes ou velues, pétiolées, ovales-aiguës, atténuées à la base, *sinuées ou lâchement dentées* à dents obtuses. *Fleurs* petites, pédicellées, réunies au sommet de pédoncules souvent plus courts que les pédicelles *en fausses ombelles* simples 5-6-*flores.* Calice très petit, à 5 lobes courts triangulaires. Corolle blanche, à divisions ovales-aiguës. Baies globuleuses, noires, verdâtres, jaunes, d'un jaune rougeâtre ou rouges, portées sur des pédicelles réfléchis. ⓘ. Juin-octobre.

Lieux cultivés, décombres, villages, bords des chemins.

Var. α. *nigrum.* (*S. nigrum* Sm. *Engl. bot.* t. 566; Rchb. *Crit.* X, t. 953, f. 1283. — *S. pterocaulon* Rchb. *Crit.* X, t. 954, f. 1284 non Dun.). — Tiges glabrescentes, ou pubescentes à poils arqués dressés ou étalés. *Baies noires.* — *C C C.*

Var. β. *ochroleucum.* (*S. ochroleucum* Bast. in *Journ. bot.* [1814] III, 20. — *S. luteo-virescens* Gmel. *Fl. Bad.* IV, 177.—*S. flavum* Rchb. *Crit.* X, f. 1326).—

Tiges glabrescentes ou pubescentes à poils arqués dressés ou étalés. *Baies ver-dâtres ou jaunâtres.* — *C.* — La forme naine de cette sous-variété constitue le *S. humile* C. Bernh. (ap. Willd. *Hort. Berol.* I, 236 ; Rchb. *Crit.* X, f. 1325).

Var. γ. *miniatum.* (*S. miniatum* Bernh. ap. Willd. *Hort. Berol.* I, 256 ; Rchb. *Crit.* X, f. 1327). — Tiges glabrescentes ou pubescentes à poils arqués dressés ou étalés. *Baies rouges.* — *R.* — Grenelle (*Mandon*). Nemours (*Devilliers*).

Var. δ. *villosum.* (*S. villosum* Lmk *Encycl. méth.* IV, 289; *Fl. Dan.* XI, t. 1927). — *Tiges et feuilles velues presque tomenteuses.* Baies d'un jaune rougeâtre ou rouges. — *R R.* — Dreux (*Dœnen*). — Naturalisé aux environs du Muséum! et à Versailles! près de l'embarcadère du chemin de fer de la rive gauche. — *Graves* Cat. Oise : Senlis ; bords de l'Oise entre Verneuil et Pont-Sainte-Maxence ; Vauchelles près Noyon.

† **S. tuberosum** L. *Sp.* 265. — Clus. *Hist.* II, 79 ic. — [ M. TUBÉREUSE. — Vulg. *Pomme-de-terre* ].

Plante se reproduisant chaque année par le développement de nouveaux tubercules. *Souche* rameuse, à rhizomes *donnant naissance à des tubercules* jaunâtres ou violets, *volumineux*, subglobuleux ou oblongs, présentant des dépressions qui correspondent aux bourgeons. Tiges de 4-6 décim., souvent rameuses dès la base, dressées ou ascendantes-diffuses, robustes, fistuleuses, très anguleuses, pubescentes-rudes. *Feuilles* pubescentes-rudes, surtout à la face inférieure, *pinnatiséquées*, à rachis décurrent sur la tige, *à segments* ovales-acuminés, *pétiolulés*, *alternant avec d'autres segments très petits* sessiles. Fleurs assez grandes, disposées en corymbes rameux longuement pédonculés, latéraux ou terminaux. Calice assez grand, poilu, à 5 divisions linéaires-lancéolées. Corolle blanche ou violette, à 5 angles, à 5 lobes courts triangulaires. Baies globuleuses, de la grosseur d'une cerise, pendantes, d'un vert jaunâtre ou violacé. ♃. Juin-septembre.

Cultivé partout en plein champ et dans les jardins potagers. — Originaire de l'Amérique. — Les tubercules de cette espèce présentent un grand nombre de variations de forme et de couleur.

On cultive, comme plante d'ornement, le *S. Pseudo-Capsicum* L. (vulg. *Cerisier-d'amour*), sous-arbrisseau à feuilles oblongues-lancéolées, à fleurs petites subsolitaires, à baies rouges. — On cultive quelquefois dans les jardins potagers le *S. Melongena* L. (vulg. *Aubergine*), à fruits charnus très gros comestibles, ainsi que le *S. ovigerum* Dun. (vulg. *Pondeuse*).

Le genre *Capsicum*, caractérisé par les anthères connivantes s'ouvrant longitudinalement, et par la baie sèche, fournit à nos jardins le *C. annuum* L. (vulg. *Poivre-long, Piment*), à tige herbacée, à fleurs solitaires, à baie oblongue assez volumineuse, ord. d'un beau rouge, d'une saveur poivrée très piquante.

Le genre *Lycopersicum* est caractérisé par les anthères s'ouvrant longitudinalement, connivantes, soudées au sommet, et par la baie succulente.—Le *L. esculentum* Dun. (*Solanum Lycopersicum* L.—Vulg. *Tomate*) est fréquemment cultivé dans les jardins potagers ; il se reconnaît à ses feuilles pinnatiséquées velues, à ses fleurs jaunes, à ses baies d'un rouge vif, très volumineuses, irrégulières, pluriloculaires par une multiplication anormale des carpelles, et à ses graines à testa mucilagineux.

## 2. **PHYSALIS** L. *Gen.* n. 250. — [ COQUERET ].

*Calice* campanulé, 5-lobé, s'accroissant après la floraison, *devenant vésiculeux très ample et enveloppant complétement la baie.* Corolle campanulée-rotacée, à limbe plissé 5-lobé. Étamines 5, à filets assez longs ; anthères s'ouvrant longitudinalement, connivantes avant l'émission du pollen. Baie biloculaire, renfermée dans le calice. Embryon en spirale.

Plante vivace. Feuilles géminées, au moins les supérieures, entières ou superficiellement sinuées. Fleurs blanchâtres à gorge verdâtre, portées sur des pédicelles
solitaires au niveau des feuilles.

1. **P. Alkékengi** L. *Sp.* 262; Lmk *Illustr.* t. 116, f. 1; *Fl. Dan.* X, t. 1636; Sibth.
    et Sm. *Fl. Græc.* t. 234. — [C. ALKÉKENGE. — Vulg. *Alkékenge, Co-
    querel*].

Souche à rhizome rameux, longuement traçant. Tige de 3-6 décim.,
dressée, anguleuse, simple ou rameuse, finement pubescente. Feuilles glabres
ou glabrescentes, pétiolées, ovales-acuminées ou deltoïdes, entières ou lâchement sinuées. Fleurs assez grandes, pédicellées, solitaires. Pédicelles réfléchis
après la floraison. Calice florifère petit, très velu; le fructifère très ample,
vésiculeux, veiné-réticulé, d'un rouge vif, à divisions conniventes, ombiliqué
à la base. Baie globuleuse, d'un rouge vif, de la grosseur d'une cerise. ⅔.
Juin-septembre.

A.C. — Vignes, lieux cultivés, haies ombragées. — Bois de Vincennes! (*Maire*);
Livry (*Tourn.* Hist. pl. Par.); Montfermeil (*Adr. de Jussieu*); les Camaldules
(*C. de Chambine*). Saint-Cucufas!; Marly, Saint-Germain (*Tourn.* Hist. pl. Par.,
*Lepeletier de Saint-Fargeau*); Chambourcy (*de Schœnefeld*). Montmorency!; Luzar-
ches (*de Lens*); très abondant dans le parc de Vigny près Marines, Magny (*Bou-
teille*); parc de la Falaise (*Mouillefarine*). Beauvais (*Morelle*). Compiègne!; forêt de
Villers-Cotterets (*Questier*). Corbeil!; Melun!; Valvins!; Fontainebleau!; Malesherbes!. Provins (*Bouteiller*), etc.

### 3. **ATROPA** L. *Gen.* n. 249 ex parte. — [ATROPE].

*Calice* 5-partit, s'accroissant un peu après la floraison, *étalé en étoile à la
maturité de la baie. Corolle campanulée* un peu rétrécie à la base, plissée,
*à 5 lobes courts.* Étamines 5, presque incluses; filets assez longs, poilus à
la base; *anthères s'ouvrant longitudinalement*, non conniventes, réfléchies
sur le filet après l'émission du pollen. Baie biloculaire.

Plante vivace, herbacée. Feuilles entières, alternes, les supérieures géminées.
Fleurs d'un pourpre obscur veiné de brun, solitaires ou géminées au niveau des
feuilles.

1. **A. Belladonna** L. *Sp.* 260; Jacq. *Austr.* IV, t. 309; *Engl. bot.* t. 592; Bull.
    *Herb.* t. 29; Spenn. in Nees *Gen. pl.* fasc. XXI. — [A. BELLADONE. —
    Vulg. *Belladone*].

Tige de 5-15 décim., dressée, robuste, rameuse, dichotome ou trichotome,
finement pubescente, un peu glanduleuse supérieurement. Feuilles glabres
ou très finement pubescentes, assez amples, ovales-acuminées, atténuées en
pétiole, entières superficiellement sinuées. Fleurs assez grandes, pédicellées,
penchées, solitaires ou géminées. Calice à divisions ovales-acuminées. Baie
globuleuse, d'un noir luisant, de la grosseur d'une cerise. Plante à odeur
vireuse. ⅔. Juin-août.

A.R. — Bois montueux, rochers ombragés, lieux frais. — Forêt de Marly
(*Weddell*): Retz près l'abbaye de Joyenval (*Vaill.* Bot. Par.); forêt de Saint-
Germain près de l'ancienne porte d'Hennemont (*C. de Chambine*). Louvières
près Magny (*Bouteille*); Beausséré près Gisors!; Chaumont (*Frion*); autour de
la fontaine de Sylvie à Chantilly (*Tourn.* Hist. pl. Par.); étangs de Comelle près
Chantilly!; garenne de Canneville entre Chantilly et Creil (*Thuill.* Fl. Par.); forêt
de Hallatte!; Pont-Sainte-Maxence!; forêts de Thelle et de la Neuville-en-Hez,

Mouchy-Châtel, bois du Parc près Beauvais (*Graves*); Pouilly près Beauvais (*Daudin*). Forêt de Compiègne! (*Maire*) ; abondant dans la forêt de Villers-Cotterets, bois de Bourneville (*Questier*) ; Charly (*Crépin*). Forêt de Villefermoy (*M. Garnier*); forêt de Fontainebleau!; Malesherbes (*Hennecart*); Dordives!. Cocherelle près Dreux (*Dœnen*); Oulins (*Brou*), etc. — Abondant dans le département de l'Oise (*Graves* Cat. Oise).

### 4. LYCIUM L. *Gen.* n. 262. — [ LYCIET ].

Calice court urcéolé, à 5 dents presque égales, ou bilabié par la soudure des dents entre elles, ne s'accroissant pas après la floraison, appliqué sur la baie. *Corolle infundibuliforme à tube étroit*, à limbe très ouvert ord. 5-fide. Étamines 5, saillantes hors de la corolle, à filets assez longs poilus à la base ; anthères s'ouvrant longitudinalement, non conniventes. Baie biloculaire.

*Arbrisseau épineux*. Feuilles alternes, quelquefois fasciculées, entières. Fleurs d'un violet pâle ou rougeâtre, veinées.

1. **L. Barbarum** L. *Sp.* 277.—*L. Europœum* et *Barbarum* Mérat *Fl. Par.* éd. 4, II, 204. — [ L. DE BARBARIE. — Vulg. *Lyciet*].

Arbrisseau de 1-2 mètres, très rameux, formant un buisson touffu, à rameaux grêles effilés flexueux, pendants, à écorce d'un blanc grisâtre, à ramuscules stériles terminés en épine. Feuilles glabres, oblongues–lancéolées ou oblongues, atténuées à la base, entières superficiellement sinuées, celles des rameaux stériles souvent plus larges presque ovales. Fleurs solitaires ou fasciculées à l'aisselle des feuilles, à pédicelles dressés plus courts que la feuille. Calice membraneux-coriace, bilabié à lèvres entières ou bi-tridentées, plus rarement 5-denté à dents égales. Baie oblongue, rouge ou jaune rougeâtre. ♄. Juin-septembre.

*C C*. — Haies, bords des chemins, villages. — Souvent planté dans les parcs.

Var. β. *Sinense.* (*L. Sinense* Lmk *Encycl. méth.* III, 509. — *L. Europœum* Duby *Bot. Gall.* 337 non L.). — Feuilles ord. plus amples que dans le type. Calice 5-denté à dents égales. — *A.R.* — Gentilly ! (*Weddell*); Saint-Ouen (*Maire*).

## TRIBU II. NICOTIANEÆ. — Fruit sec, capsulaire, déhiscent.

### † NICOTIANA Tourn. *Inst.* t. 41. — [ TABAC ].

*Calice* campanulé ou urcéolé, 5-fide, à lobes inégaux, *persistant*. Corolle infundibuliforme ou tubuleuse-hypocratériforme, à 5 lobes présentant un pli longitudinal. Étamines 5, incluses, à filets longs un peu réfléchis-arqués. *Capsule* étroitement embrassée par le calice, membraneuse, mince, biloculaire, à déhiscence septifrage ou septicide, *s'ouvrant en 2 valves longitudinales* qui se fendent ensuite à leur sommet selon leur nervure moyenne; placentas rapprochés en un placenta qui occupe presque toute la cavité des loges. Graines très petites.

Plantes annuelles. Feuilles très entières. Fleurs jaunâtres ou rougeâtres, disposées en panicules terminales.

### † N. rustica L. *Sp.* 258 ; Bull. *Herb.* t. 289. — [ T. RUSTIQUE ].

Tige de 6-10 décim., rameuse, pubescente, glanduleuse surtout au sommet. Feuilles pétiolées, ovales-obtuses, un peu épaisses. Corolle d'un jaune verdâtre, tubuleuse-hypocratériforme, à tube dépassant le calice, à divisions obtuses. Capsule subglobuleuse. (I). Juillet-octobre.

Quelquefois cultivé dans les jardins. — Subspontané çà et là sur les décombres dans le voisinage des habitations.

Le *N. Tabacum* L. (vulg. *Tabac*), originaire de l'Amérique, que l'on cultive en grand et dans les jardins, se distingue aux caractères suivants : feuilles sessiles, oblongues-lancéolées acuminées ; calice à divisions acuminées ; corolle infundibuliforme, à tube dépassant très longuement le calice, à limbe rougeâtre, à divisions triangulaires-acuminées.

On cultive dans les parterres le *Petunia nyctaginiflora* Juss., qui se reconnaît à son calice à divisions subspatulées ; à sa corolle grande, blanche ou violette, infundibuliforme à limbe étalé ; à ses étamines un peu inégales ; à sa tige velue-glanduleuse ; à ses feuilles ovales, entières.

### 5. **DATURA** L. *Gen.* n. 246. — [DATURA].

*Calice* tubuleux, un peu renflé à la base, souvent irrégulier, à 5 plis longitudinaux, 5-fide, *à partie inférieure persistante soudée avec la base de l'ovaire, à tube se détachant circulairement au-dessus de la partie adhérente.* Corolle infundibuliforme, à 5 plis longitudinaux, à 5 lobes courts brusquement acuminés quelquefois séparés par des dents courtes. Étamines 5, incluses ou presque incluses. *Capsule* épaisse-coriace, *chargée d'épines, à 2 loges subdivisées chacune* inférieurement *en deux loges secondaires* par une fausse cloison, *s'ouvrant en 4 valves* par la combinaison des déhiscences septifrage et loculicide ; placentas constituant 4 masses séminifères distinctes qui occupent la partie moyenne des fausses loges, et se prolongeant entre les masses séminifères en 2 fausses cloisons qui se continuent avec la nervure moyenne des carpelles.

Plantes annuelles. Feuilles sinuées-anguleuses. Fleurs très grandes, blanches ou violettes, disposées en cyme feuillée terminale.

1. **D. Stramonium** L. *Sp.* 255; *Fl. Dan.* t. 436; *Engl. bot.* t. 1288.—[D. STRA-MOINE. — Vulg. *Stramonium*, *Stramoine*, *Pomme-épineuse*, *Endormie*, *Jusquiame-du-Pérou*, *Pomme-du-Pérou*].

Tige de 4-10 décim., robuste, dressée, rameuse-dichotome, glabre. Feuilles glabres, d'un vert sombre, longuement pétiolées, assez amples, ovales-acuminées, sinuées-anguleuses à dents larges acuminées. Fleurs très grandes, brièvement pédicellées, solitaires à l'angle de bifurcation des rameaux. Calice longuement tubuleux, à lobes carénés acuminés. Corolle blanche, à tube dépassant très longuement le calice, à lobes brusquement acuminés en une pointe subulée. Capsule dressée, ovoïde, chargée d'épines robustes, présentant à sa base un anneau membraneux réfléchi constitué par la portion persistante du tube du calice. Graines noires, assez grosses. Plante à odeur vireuse. (I). Juillet-septembre.

*A.C.* — Villages, bords des chemins, décombres. — Cette espèce, originaire de l'Amérique du Nord, s'est répandue dans presque toute l'Europe, où elle est actuellement spontanée.

Var. β. *Tatula.* (*D. Tatula* L. *Sp.* 256). — Feuilles ord. plus sinuées, à dents plus aiguës. Corolle ord. plus grande, d'un violet bleuâtre. — *R.* — Bords de la Seine entre Chatou et Croissy (*C. de Chambine*). Bouron (*Maire*).

**6. HYOSCYAMUS** Tourn. *Inst.* t. 42. — [JUSQUIAME].

*Calice* campanulé à partie inférieure renflée, à limbe 5-fide, *s'accroissant après la floraison.* Corolle infundibuliforme, à tube court, un peu plissée longitudinalement, à limbe oblique à 5 lobes inégaux obtus. Étamines 5, un peu saillantes hors du tube, à filets un peu réfléchis-arqués. *Capsule* renfermée dans le tube du calice, membraneuse, biloculaire, *s'ouvrant circulairement* au sommet *par un opercule* également biloculaire.

Plante annuelle ou bisannuelle. Feuilles sinuées-anguleuses, ord. presque pinnatifides. Fleurs assez grandes, jaunâtres, à gorge marquée de pourpre, à limbe veiné de lignes brunes ou noirâtres anastomosées en réseau, disposées sur 2 rangs en grappes scorpioïdes unilatérales feuillées.

**1. H. niger** L. *Sp.* 257; *Engl. bot.* t. 591; *Bot. mag.* t. 2394. — [J. NOIRE. — Vulg. *Jusquiame, Hanebane, Herbe-des-chevaux*].

Tige de 3-8 décim., robuste, dressée, rameuse, d'un vert grisâtre, couverte de longs poils glanduleux. Feuilles molles, pubescentes, sinuées-anguleuses ou presque pinnatifides à lobes inégaux triangulaires-lancéolés; les radicales pétiolées; les caulinaires sessiles semiamplexicaules. Fleurs presque sessiles ou brièvement pédicellées. Grappes florifères courtes, roulées en crosse au sommet; les fructifères allongées, arquées. Calice à tube presque tomenteux, à limbe veiné-réticulé, à lobes ovales-lancéolés mucronés; le fructifère à lobes dépassant longuement la capsule, dressés, roides, à pointe presque épineuse. Graines grisâtres, réticulées-ponctuées. Plante d'un vert sombre, visqueuse, à odeur vireuse. ① ou ②. Mai-juillet.

*C.* — Bords des chemins pierreux, décombres, champs en friche.

S.-v. *pallidus.* — Corolle blanchâtre, à veines non colorées.

---

# LV. VERBASCÉES (1)

### (SCROFULARINEÆ sect. VERBASCEÆ Bartl. *Ord. nat.* 170).

*Fleurs* hermaphrodites, *un peu irrégulières.* — Calice gamosépale, 5-partit, persistant, à préfloraison imbriquée. —Corolle hypogyne, gamopétale, presque rotacée, à limbe 5-partit, à divisions inégales, caduque, à préfloraison imbriquée. — *Étamines 5*, insérées sur le tube de la corolle et alternant avec ses divisions. *Filets inégaux. Anthères unilobées*, soudées dans toute leur longueur ou presque dans toute leur longueur avec le filet, ou insérées par leur partie moyenne et alors réniformes.— *Ovaire* libre, *à 2 carpelles*, à 2 loges multiovulées; placentas soudés à

(1) Le groupe des *Verbascées* est exactement intermédiaire entre la famille des *Solanées* et celle des *Scrofularinées;* sa distinction, comme famille, est purement artificielle; nous ne l'avons adoptée, dans cet ouvrage, qu'afin de pouvoir limiter, par le nombre des étamines, les familles des *Solanées* et des *Scrofularinées*, et de ne pas être réduits, pour les caractériser, à la forme de l'embryon, du reste assez variable dans la famille des *Solanées*.

la cloison dans sa partie moyenne. Ovules réfléchis. Styles soudés en un style indivis; stigmate indivis ou bilobé. — *Fruit* capsulaire, *biloculaire*, *à loges polyspermes*, à déhiscence septifrage s'ouvrant en 2 valves qui se fendent ensuite selon leur nervure moyenne. — Graines très petites, oblongues, tuberculeuses. *Embryon droit*, placé dans un *périsperme* charnu *épais*. Radicule dirigée vers le hile.

Plantes bisannuelles, rarement vivaces, ord. tomenteuses ou laineuses, contenant un suc aqueux inodore souvent mucilagineux. *Feuilles alternes*, crénelées ou sinuées, plus rarement pinnatifides ou pinnatipartites, à limbe souvent décurrent sur la tige; stipules nulles. Fleurs fasciculées, plus rarement solitaires, disposées en panicules spiciformes ou en panicules rameuses.

### 1. **VERBASCUM** Tourn. *Inst.* t. 61. — [ MOLÈNE ].

Calice 5-partit. Corolle à tube court, à limbe 5-partit presque plan ou concave, à divisions obtuses inégales l'inférieure plus grande. Étamines 5 ; filets déclinés-arqués, tous barbus ou les 2 inférieurs glabres, très rarement tous glabres, les 2 inférieurs plus longs ; anthères réniformes insérées par leur partie moyenne, ou les deux inférieures linéaires ou oblongues soudées dans toute leur longueur ou presque dans toute leur longueur avec le filet. Style indivis, renflé au sommet. Capsule biloculaire, bivalve, à loges polyspermes.

Corolle jaune, plus rarement blanchâtre ou blanche. Étamines à poils blanchâtres, purpurins ou violets.

Sect. I. *THAPSUS.* — *Anthères des étamines inférieures* oblongues ou linéaires *plus ou moins décurrentes sur le filet.* — (1-5).

Sect. II. *LYCHNITIS.* — *Anthères toutes réniformes* presque égales. — (6-8).

Sect. I. THAPSUS (Benth. in DC. *Prodr.* X, 225). — Anthères des étamines inférieures oblongues ou linéaires plus ou moins décurrentes sur le filet.

1. **V. Thapsus** L. *Sp.* 252; *Engl. bot.* t. 549; Benth. in DC. *Prodr.* X, 225.— *V. Schraderi* Mey. *Chl. Hanov.* 326 sec. Koch *Syn. fl. Germ.* ed. 2, 586; *Fl. Par.* éd. 1, 279. — [ M. BOUILLON-BLANC. — Vulg. *Bouillon-blanc* ].

Tige de 5-20 décim., dressée, robuste, simple ou peu rameuse, tomenteuse-laineuse, ailée par la décurrence des feuilles. *Feuilles* épaisses, tomenteuses-laineuses sur les deux faces, blanches ou d'un vert jaunâtre, très amples, oblongues ou oblongues-lancéolées, superficiellement crénelées ou presque entières ; les radicales rétrécies en pétiole à la base ; les *caulinaires* dressées, *à limbe décurrent sur la tige,* au moins d'un côté, *dans toute la longueur de l'entre-nœud.* Pédicelles beaucoup plus courts que le calice. Fleurs fasciculées, disposées en une longue grappe spiciforme terminale dressée très compacte ord. simple. *Corolle assez petite, concave, d'un jaune pâle. Étamines* supérieures à filet chargé d'une laine blanchâtre ; les 2 *inférieures glabres* ou présentant quelques poils épars, *à anthère* environ quatre fois plus courte que le filet, *très brièvement décurrente sur le filet.* ②. Juillet-août.

C. — Bords des chemins, champs en friche, lieux incultes.

2. **V. thapsiforme** Schrad. *Monogr.* I, 21 ; Benth. in DC. *Prodr.* X, 226. — *V. Thapsus* Mey. *Chl. Hanov.* 325 ; Koch *Syn. fl. Germ.* ed. 1, 510 ; *Fl. Par.* éd. 1, 279. — [ M. FAUX-BOUILLON-BLANC. — Vulg. *Bouillon-blanc* ].

Tige de 5-20 décim., dressée, très robuste, simple ou peu rameuse, tomenteuse-laineuse, ailée par la décurrence des feuilles. *Feuilles* épaisses, tomenteuses-laineuses sur les deux faces, blanches ou d'un vert jaunâtre, très amples, oblongues ou oblongues-lancéolées, crénelées ou presque entières ; les radicales rétrécies en pétiole à la base ; les *caulinaires* un peu étalées, *à limbe décurrent sur la tige, au moins d'un côté, dans toute la longueur de l'entre-nœud.* Pédicelles beaucoup plus courts que le calice. Fleurs fasciculées, disposées en une longue grappe spiciforme terminale dressée très compacte ord. simple. *Corolle grande, presque plane,* jaune. *Étamines* supérieures à filet chargé d'une laine blanchâtre ; les 2 *inférieures glabres* ou présentant quelques poils épars, *à anthère* environ 1-2 fois plus courte que le filet, *longuement décurrente sur le filet.* ②. Juillet-septembre.

*C C.* — Bords des chemins, champs sablonneux, terrains en friche.

3. **V. phlomoides** L. *Sp.* 253 ; Sibth. et Sm. *Fl. Græc.* t. 224. — [ M. FAUSSE-PHLOMIDE. — Vulg. *Bouillon-blanc* ].

Tige de 5-15 décim., dressée, robuste, simple ou peu rameuse, tomenteuse-laineuse, non ailée. *Feuilles* épaisses, tomenteuses-laineuses sur les deux faces, ord. d'un vert jaunâtre, très amples, oblongues ou oblongues-lancéolées, crénelées ou presque entières ; les radicales rétrécies en pétiole à la base ; les *caulinaires* un peu étalées, *à limbe peu décurrent ou décurrent sur la tige seulement dans la partie supérieure de l'entre-nœud.* Pédicelles beaucoup plus courts que le calice. Fleurs fasciculées, disposées en une grappe spiciforme, terminale, dressée, lâche, interrompue, ord. simple. Corolle grande, presque plane, jaune. *Étamines* supérieures à filet chargé d'une laine blanchâtre ; les 2 *inférieures glabres* ou présentant quelques poils épars, *à anthère* environ 1-2 fois plus courte que le filet, *longuement décurrente sur le filet.* ②. Juin-août.

*A.R.* — Champs sablonneux, bords des chemins. — Saint-Maur ! ; Versailles !. Env. de Senlis ! ; Bourneville (*Questier*). Les Andelys (*A. Grenier*), etc.

4. **V. montanum** Schrad. *Hort. Gœtt.* fasc. II, 18, t. 2 ; Koch *Syn. fl. Germ.* ed. 2, 587. — *V. crassifolium* Schleich. *Cat.* [ 1815 ] ; DC. *Fl. Fr.* III, 601 excl. var. β non Hoffms. et Link. — *V. Thapso-floccosum* Gren. et Godr. *Fl. Fr.* II, 559 non Lecoq et Lamotte. — [ M. DE MONTAGNE ].

Tige de 3-15 décim., dressée, souvent robuste, ord. simple, tomenteuse-laineuse, plus ou moins ailée par la décurrence des feuilles. *Feuilles* épaisses, couvertes sur les deux faces d'un tomentum laineux qui se détache souvent par le frottement, d'un vert jaunâtre, plus rarement blanches, ord. assez amples, ovales-oblongues, oblongues ou oblongues-lancéolées, crénelées ou presque entières ; les radicales et les inférieures rétrécies en pétiole à la base ; les *caulinaires* dressées *à limbe décurrent sur la tige, au moins d'un côté, le plus ordinairement environ dans la moitié supérieure de l'entre-nœud.* Pédicelles beaucoup plus courts que le calice. Fleurs en fascicules pauciflores ou subsolitaires, disposées en une grappe spiciforme terminale dressée compacte ou un peu interrompue à la base. Corolle souvent assez petite concave, jaune. *Étamines toutes à filet chargé d'une laine blanchâtre ; les 2 inférieures glabres seulement dans la partie supérieure du filet, à anthère oblongue 4-5 fois plus courte que le filet, à peine décurrente sur le filet.* ②. Juillet-septembre.

R R R. — Bords des chemins, champs en friche, lieux incultes. — Cette plante a été découverte par M. Bouteiller, en 1855, aux env. de Provins, où elle se rencontre assez abondamment à plusieurs localités.

5. **V. Blattaria** L. *Sp.* 254; *Engl. bot.* t. 393; Bill. *Exsicc.* n. 56. — [M. Blat-TAIRE. — Vulg. *Herbe-aux-mites* ].

Tige de 5-10 décim., dressée, roide, simple, plus rarement rameuse, glabre, un peu pubescente-glanduleuse au sommet. *Feuilles* presque pinnatifides, sinuées, dentées ou crénelées, *vertes sur les deux faces, glabres ou pubescentes en dessous ;* les radicales et les caulinaires inférieures oblongues, *rétrécies en pétiole ;* les supérieures lancéolées, sessiles, un peu amplexicaules, *non décurrentes.* Pédicelles égalant ou dépassant la longueur du calice. *Fleurs solitaires, géminées ou ternées* à l'aisselle des bractées, disposées en une grappe lâche spiciforme terminale dressée, simple, plus rarement rameuse. Corolle assez grande, jaune. *Étamines toutes à filet chargé d'une laine violette ou purpurine ; les inférieures à anthère oblongue décurrente sur le filet.* ②. Juin-septembre.

Bords des chemins, fossés, lieux herbeux.

Var. α. *Blattaria.* — Pédicelles la plupart 2-3 fois aussi longs que le calice fructifère. — C.

Var. β. *virgatum.* (*V. virgatum* With. *Brit. Arr.* 250; Benth. in DC. *Prodr.* X, 229. — *V. blattarioides* Lmk *Encycl. méth.* IV, 226; Hoffms. et Link *Fl. Port.* t. 28). — Pédicelles la plupart ne dépassant pas la longueur du calice fructifère. — R.

Sect. II. LYCHNITIS (Benth. in DC. *Prodr.* X, 230). — Anthères toutes réniformes presque égales.

6. **V. pulverulentum** Vill. *Fl. Dauph.* II, 490; *Engl. bot.* t. 487; Benth. in DC. *Prodr.* X, 237. — *V. floccosum* Waldst. et Kit. *Rar. Hung.* I, 81, t. 79; *Fl. Par.* éd. 1, 280. — *V. pulvinatum* Thuill. *Fl. Par.* 109. — [M. PULVÉ-RULENTE].

Tige de 8-12 décim., dressée, robuste, rameuse supérieurement à rameaux étalés, tomenteuse-laineuse, à tomentum se détachant en flocons par le frottement. *Feuilles* un peu épaisses, superficiellement crénelées ou presque entières, tomenteuses-laineuses surtout à la face inférieure, blanches ou d'un vert jaunâtre, *à tomentum se détachant en flocons ;* les radicales très amples, oblongues, rétrécies en pétiole à la base ; *les caulinaires sessiles, non décurrentes ; les florales amplexicaules, ovales-suborbiculaires brusquement acuminées.* Pédicelles cachés dans un tomentum épais, égalant environ la longueur du calice. Fleurs fasciculées, en grappes lâches interrompues disposées en une panicule pyramidale. Corolle assez petite, jaune. *Étamines toutes à filet chargé d'une laine blanchâtre. Anthères toutes réniformes.* ②. Juin-septembre.

C. — Bords des routes, lieux incultes, champs sablonneux ou pierreux.

**7. V. Lychnitis** L. *Sp.* 253 ; *Engl. bot. t.* 58. — [M. Lychnite].

Tige de 8-12 décim., dressée, assez robuste, rameuse supérieurement à rameaux dressés, rarement simple, pubérulente-tomenteuse. *Feuilles* un peu épaisses, crénelées, vertes et presque glabres en dessus, noircissant souvent par la dessiccation, tomenteuses-laineuses à la face inférieure *à tomentum ne se détachant pas en flocons* ; les radicales très amples, oblongues, rétrécies en pétiole à la base ; *les caulinaires sessiles, non décurrentes ; les florales non amplexicaules, ovales-lancéolées.* Pédicelles pubescents-tomenteux, 1-2 fois plus longs que le calice. Fleurs fasciculées, en grappes lâches interrompues disposées en une panicule pyramidale ou racémiforme. Corolle assez petite, blanche ou d'un jaune pâle. *Étamines toutes à filet chargé d'une laine blanchâtre. Anthères toutes réniformes.* ②. Juin-septembre.

C. — Bords des routes, champs en friche, lieux incultes.

Var. β. *mixtum.* (*V. mixtum* Ram. in DC. *Fl. Fr.* III, 603). — Panicule à rameaux étalés. *Étamines* supérieures à poils blanchâtres, les 2 *inférieures à poils violets.* — *R R.* — Bois du Vésinet!. Provins (*Des Étangs*). — Les auteurs décrivent cette plante comme présentant les étamines toutes à poils violets.

**8. V. nigrum** L. *Sp.* 253 ; *Fl. Dan. t.* 1088 ; *Engl. bot. t.* 59. — [M. noire].

Racine souvent pérennante. Tige de 5-10 décim., dressée, assez robuste, ord. simple, tomenteuse. *Feuilles* un peu épaisses, ovales-oblongues, crénelées, vertes plus ou moins velues en dessus, tomenteuses-laineuses à la face inférieure, quelquefois tomenteuses-laineuses sur les deux faces ; les *radicales et* les caulinaires *inférieures longuement pétiolées cordées à la base ; les supérieures* subsessiles ou sessiles, *non décurrentes.* Pédicelles pubescents, 1-2 fois plus longs que le calice. *Fleurs en fascicules pluriflores,* disposées en une grappe lâche spiciforme terminale dressée ord. simple. Corolle assez petite, jaune. *Étamines toutes à filet chargé d'une laine violette ou purpurine. Anthères toutes réniformes.* ② ou ♃. Juillet-août.

*A.R.* — Bois sablonneux, coteaux pierreux, bords des chemins. — Bois de Boulogne! (*Tourn.* Hist. pl. Par.). Torcy-en-Brie (*Thuret*). Le Pecq (*Maire*). Gommecourt près Bonnières (*Beautemps-Beaupré*) ; abondant à La Roche-Guyon!, à Port-Villez!, à Vernon! et aux Andelys! ; Pouilly cant. de Magny (*Bouteille*) ; Bezu-Saint-Eloi près Gisors (*E. Fournier*) ; env. de Beauvais!. Entre La Morlaye et Gouvieux (*Vaill.* Bot. Par). Longpont près Villers-Cotterets (*Questier*). Provins (*Bouteiller*). Nemours (*Devilliers*) ; Sceaux! près Château-Landon ; Malesherbes (*Boreau* Fl. centr.). Dreux (*Dœnen*), etc.

S.-v. *tomentosum.* (*V. Alopecurus* Thuill. *Fl. Par.* 110). — Feuilles tomenteuses-laineuses sur les deux faces.

S.-v. *ramosum.* (*V. Parisiense* Thuill. *Fl. Par.* 110). — Plante plus robuste, rameuse. Fleurs en grappes disposées en panicule.

# LVI. SCROFULARINÉES (1)

(Scrofularinæ R. Br. *Prodr.* 433. — *Pediculares* et *Scrofulariæ* Juss. *Gen.* 90, 117).

*Fleurs* hermaphrodites, *irrégulières*, rarement presque régulières, à préfloraison imbriquée. — Calice gamosépale, persistant, à 5 divisions ou à 4 divisions par l'absence de la supérieure. — Corolle gamopétale, hypogyne, caduque, à 5 divisions ou 4 divisions par la soudure des 2 divisions supérieures, à tube court ou allongé quelquefois renflé en bosse ou prolongé en éperon à la base, à limbe très irrégulier rarement presque régulier, rotacé, ou divisé en 2 lèvres écartées ou rapprochées en gueule, la supérieure composée de 2 divisions, l'inférieure de 3 divisions et offrant quelquefois un renflement qui ferme la gorge. — *Étamines* insérées sur le tube de la corolle, *en nombre moindre que celui des divisions de la corolle, au nombre de 4* par l'avortement de l'étamine supérieure qui est quelquefois représentée par un appendice ou un filet stérile, ord. *inégales par paires* (étamines didynames) les inférieures plus longues, *plus rarement réduites au nombre de 2.* Filets droits ou arqués. Anthères bilobées, à lobes parallèles ou divergents s'ouvrant chacun par une fente longitudinale, souvent confluents en un seul lors de la déhiscence. — Ovaire libre, ord. muni à la base d'un disque souvent unilatéral, à 2 carpelles, à 2 loges multiovulées rarement biovulées, rarement subuniloculaire ou uniloculaire ; *placentas* épais, *soudés à la cloison dans sa partie moyenne.* Ovules horizontaux, ascendants ou pendants, réfléchis ou semiréfléchis. Styles soudés en un style indivis ; stigmate indivis ou bilobé. — *Fruit capsulaire, biloculaire,* rarement subuniloculaire ou uniloculaire, *à loges ord. polyspermes* rarement 1-2-spermes, à 2 valves entières ou 2-3-fides, à déhiscence loculicide plus rarement septicide ou septifrage, s'ouvrant rarement au sommet par 2 ou 3 trous qui résultent de l'écartement de petites valves ou de la chute d'un opercule ; placentas épais formant une masse centrale qui reste adhérente aux valves ou devient libre à la déhiscence. — Graines horizontales, ascendantes ou pendantes, à raphé parcourant toute leur longueur ou seulement une partie de leur longueur. *Embryon droit*, placé dans un *périsperme charnu ou corné.* Radicule dirigée vers le hile, plus rarement éloignée du hile.

Plantes annuelles ou vivaces, quelquefois parasites par leurs fibres radicales sur les racines des autres plantes, herbacées, rarement sous-frutescentes, noir-

---

(1) Nous n'avons pas cru devoir distinguer, même comme tribus, les groupes des *Antirrhinées* et des *Rhinanthacées*, bien qu'ils soient considérés par plusieurs auteurs comme familles distinctes ; les anthères mucronées, attribuées aux *Rhinanthacées*, pouvant, dans un même genre, se présenter chez certaines espèces et manquer chez d'autres. Ce caractère, tiré de la forme des anthères, qui, du reste, aurait encore assez peu de valeur alors même qu'il serait moins inconstant, est le seul que l'on puisse proposer pour la distinction des deux groupes.

cissant souvent par la dessiccation. Feuilles opposées, verticillées par 3-4, alternes ou éparses, entières, crénelées, dentées, incisées ou lobées, rarement pinnatipartites; stipules nulles. Fleurs solitaires axillaires, en grappes, en épis ou en panicules.

1. VERONICA. — Calice 4-partit, rarement 5-partit. *Corolle rotacée, à limbe 4-partit. Étamines 2.*

2. LIMOSELLA. — Calice 5-fide. *Corolle campanulée-rotacée, à limbe 5-fide à divisions presque égales.* Étamines 4, très rarement 2 par avortement. *Feuilles toutes radicales, entières,* longuement pétiolées.

3. SCROFULARIA. — Calice 5-fide ou 5-partit. *Corolle à tube renflé-subglobuleux, à limbe bilabié,* la lèvre supérieure plus longue. *Étamines 4. Feuilles toutes ou la plupart opposées.*

4. GRATIOLA. — *Calice 5-partit, muni à la base de deux bractées. Corolle tubuleuse-subbilabiée. Étamines 4, dont deux stériles. Feuilles opposées.*

5. DIGITALIS. — *Calice 5-partit. Corolle campanulée ou tubuleuse-ventrue, à limbe court oblique subbilabié.* Étamines 4. *Feuilles alternes.*

6. ANTIRRHINUM. — Calice 5-partit. *Corolle à tube bossu à la base, à limbe en gueule.* Étamines 4.

7. LINARIA. — Calice 5-partit. *Corolle à tube prolongé à la base en un éperon linéaire-cylindrique, à limbe en gueule.* Étamines 4 fertiles.

8. PEDICULARIS. — *Calice renflé-ventru,* inégalement 5-denté ou bilabié. *Corolle bilabiée, à lèvre supérieure en casque comprimée latéralement. Étamines 4. Graines ovoïdes-trigones. Feuilles pinnatipartites* plus rarement bipinnatipartites.

9. RHINANTHUS. — *Calice renflé, comprimé latéralement, 4-denté. Corolle bilabiée, à lèvre supérieure en casque* comprimée latéralement. *Étamines 4;* anthères à lobes mutiques. *Capsule polysperme. Graines comprimées presque planes.*

10. MELAMPYRUM. — *Calice tubuleux,* 4-fide. *Corolle bilabiée* ou presque en gueule, *à lèvre supérieure en casque* comprimée latéralement. *Étamines 4;* anthères au moins celles des étamines inférieures à lobes mucronés. *Capsule 2-4-sperme. Graines ovoïdes-oblongues subtrigones.*

11. EUPHRASIA. — *Calice tubuleux* ou campanulé, ord. 4-fide. *Corolle bilabiée, à lèvre supérieure en casque bilobée au sommet, à lèvre inférieure à lobes* ord. *émarginés ou bilobés.* Étamines 4 ; *anthères à lobes mucronés, le lobe inférieur des deux étamines courtes plus longuement mucroné. Capsule polysperme.* Graines ovoïdes-fusiformes.

12. ODONTITES. — *Calice tubuleux* ou campanulé, 4-fide. *Corolle bilabiée, à lèvre supérieure en casque entière ou émarginée au sommet, à lèvre inférieure à lobes entiers.* Étamines 4 ; *anthères à lobes* tous *également mucronés. Capsule polysperme.* Graines ovoïdes-fusiformes.

### 1. **VERONICA** Tourn. *Inst.* t. 60. — [VÉRONIQUE].

Calice 4-partit, rarement 5-partit, à divisions souvent inégales, ord. comprimé. *Corolle rotacée, à tube très court, à limbe 4-partit,* à divisions entières, la supérieure plus grande. *Étamines 2,* divergentes, longuement saillantes hors de la corolle, insérées à la base de la division supérieure. Capsule ord. obcordée ou émarginée, biloculaire, ord. comprimée perpendiculairement à la cloison, à loges contenant un plus ou moins grand nombre de graines, à déhiscence loculicide à 2 valves, ou à 4 valves par la combinaison des déhiscences loculicide et septifrage. Graines planes en dedans convexes en dehors, ou concaves-cupuliformes, plus rarement très comprimées presque planes.

Plantes annuelles ou vivaces. Feuilles toutes opposées ou les supérieures alternes, toutes conformes ou passant dans la partie supérieure de la plante à l'état de bractées, entières ou dentées, plus rarement incisées ou pinnatiséquées. Fleurs d'un beau bleu ou d'un bleu pâle, plus rarement blanchâtres ou rosées, axillaires solitaires espacées, ou disposées en grappes dressées pauciflores ou multiflores lâches ou compactes quelquefois spiciformes.

Sect. I. — *Fleurs axillaires* solitaires, *espacées, ou rapprochées en grappes terminant la tige et les rameaux.* Feuilles toutes conformes ou passant insensiblement à l'état de bractées. Plantes annuelles, plus rarement vivaces.

§ 1. *Plantes annuelles. Fleurs*, même les supérieures, *espacées, naissant à l'aisselle de feuilles semblables aux inférieures. Pédicelles fructifères courbés-réfléchis au sommet.* — (1-3).

§ 2. *Plantes annuelles. Fleurs rapprochées en grappes terminant la tige et les rameaux. Feuilles supérieures réduites à l'état de bractées.* Pédicelles fructifères dressés ou ascendants. — (4-8 *bis*).

§ 3. *Plantes vivaces*, à souche horizontale ou à tiges radicantes à la base. *Fleurs rapprochées en grappes* ord. spiciformes *terminant la tige et les rameaux.* Feuilles supérieures réduites à l'état de bractées. Pédicelles fructifères dressés. — (9-10).

Sect. II. — *Fleurs rapprochées en grappes* munies de bractées et *terminant des pédoncules axillaires* dépourvus de feuilles. Feuilles toutes conformes. Plantes vivaces, très rarement annuelles.

§ 1. *Calice à 4 divisions.* — (11-16).

§ 2. *Calice à 5 divisions* la supérieure beaucoup plus courte. — (17).

Sect. I. — Fleurs axillaires solitaires, espacées, ou rapprochées en grappes terminant la tige et les rameaux. Feuilles toutes conformes ou passant insensiblement à l'état de bractées. Plantes annuelles, plus rarement vivaces.

§ 1. Plantes annuelles. Fleurs, même les supérieures, espacées, naissant à l'aisselle de feuilles semblables aux inférieures. Pédicelles fructifères courbés-réfléchis au sommet.

1. **V. hederæfolia** L. *Sp.* 19; *Engl. bot.* t. 784; *Illustr. fl. Par.* t. 16, f. 1-2; Bill. *Exsicc.* n. 429. — [V. A FEUILLES DE LIERRE].

Plante annuelle. Tiges ord. nombreuses, de 1-3 décim., faibles, molles, couchées-diffuses, simples ou rameuses à la base, pubescentes ou poilues. *Feuilles* alternes, les inférieures opposées, toutes pétiolées, pubescentes, suborbiculaires un peu cordées à la base, *à 3-5 lobes* entiers presque obtus, *le terminal beaucoup plus large.* Pédicelles égalant ou dépassant la longueur de la feuille, courbés-réfléchis au sommet à la maturité. *Calice à divisions* ciliées, très amples, *ovales-aiguës, cordées à la base,* à bords rejetés en dehors, égalant environ la longueur de la capsule. Corolle d'un bleu pâle veiné ou presque blanche, dépassée par le calice. *Capsule glabre, subglobuleuse 4-lobée, à loges dispermes.* Style court. Graines très grosses, subglobuleuses, concaves-cupuliformes, rugueuses en dehors. (I). Mars-juin, et souvent dès l'automne.

*C C C.* — Lieux cultivés, vignes, haies, bords des chemins, champs en friche.

2. **V. agrestis** L. *Sp.* 18; *Engl. bot.* t. 789 et 2603 ; *Illustr. fl. Par.* t. 16, f. 3.— — [V. RUSTIQUE].

Plante annuelle. Tiges ord. nombreuses, de 1-2 décim., faibles, couchées-diffuses, simples ou rameuses à la base, pubescentes. *Feuilles* opposées ou alternes, pétiolées, pubescentes surtout en dessous, ovales-suborbiculaires ou ovales-oblongues un peu cordées à la base, *crenelées ou lobées à 7-9 lobes* entiers ou dentés, le terminal à peine plus large que les latéraux. Pédicelles dépassant ord. la longueur de la feuille, courbés-réfléchis au sommet à la maturité. Calice à divisions pubescentes, assez amples, ovales, aiguës ou obtuses, égalant environ la longueur de la capsule. Corolle d'un bleu plus ou moins foncé veiné, quelquefois presque blanche, dépassée par le calice. *Capsule* pubescente ou velue à poils souvent un peu glanduleux, plus large que longue, *bilobée, à lobes renflés non divergents, à loges 4-12-spermes.* Style égalant environ la moitié de la hauteur de la capsule. Graines oblongues, concaves-cupuliformes, un peu rugueuses en dehors. (I). Mars-octobre.

*C C C.* — Lieux cultivés, vignes, haies, bords des chemins, champs en friche.

Var. α. *agrestis.* — Calice à divisions presque obtuses. Corolle d'un bleu tendre quelquefois presque blanche, veinée. Capsule pubescente, à lobes peu renflés.

Var. β. *didyma.* (*V. didyma* Ten. *Fl. Nap.* 6.—*V. polita* Fries *Nov. Suec.* ed. 2, 1; Rchb. *Crit.* III, t. 246, f. 404-405 ; Bill. *Exsicc.* n. 428 et *bis* et *ter*). — Calice à divisions ord. presque aiguës. Corolle d'un beau bleu, striée. Capsule ord. très pubescente, à lobes ord. très renflés.

3. **V. Persica** Poir. *Encycl. méth.* VIII, 542; Gren. et Godr. *Fl. Fr.* II, 598; Bill. *Exsicc.* n. 1733 et *bis.* — *V. Buxbaumii* Ten. *Fl. Nap.* I, 7, t. 1 ; Rchb. *Crit.* III, f. 430-431; *Fl. Par.* éd. 1, 285 ; *Illustr. fl. Par.* t. 16, f. 4-5. — [V. DE PERSE].

Plante annuelle. Tiges nombreuses ou subsolitaires, de 1-3 décim., couchées ou ascendantes-diffuses, simples ou rameuses à la base, pubescentes. *Feuilles* alternes, les inférieures opposées, brièvement pétiolées, pubescentes surtout en dessous, ovales-suborbiculaires ou ovales-oblongues un peu cordées à la base, *crenelées ou lobées à 7-13 lobes* entiers ou dentés, le terminal à peine plus large que les latéraux. Pédicelles 2-4 fois plus longs que la feuille, courbés-réfléchis au sommet à la maturité. Calice à divisions finement pubescentes, assez amples, lancéolées, divariquées par paires, plus longues que la capsule. Corolle assez grande, d'un bleu tendre veiné, dépassant le calice. *Capsule* pubescente, *réticulée, beaucoup plus large que longue, bilobée, à lobes obtus comprimés divergents, à loges 5-8-spermes.* Style dépassant les lobes de la capsule, égalant environ la longueur de la cloison. Graines oblongues, concaves-cupuliformes, fortement rugueuses en dehors. (I). Mars-octobre.

*R R.* — Fossés, champs, prairies artificielles. — Naturalisé dans les gazons du jardin du Muséum. — Saint-Germain, l'Étang près Saint-Germain (*de Schœnefeld*); très abondant aux alentours du parc de Versailles : le long de la route de Saint-Cyr ! (*Steinheil*), près de l'ancienne ménagerie à l'extrémité du grand canal (*de*

*Boucheman*), autour de Trianon!, etc. — *Graves* Cat. Oise : boulevard de la porte d'Amiens à Beauvais, dans les décombres.

§ 2. Plantes annuelles. Fleurs rapprochées en grappes terminant la tige et les rameaux. Feuilles supérieures réduites à l'état de bractées. Pédicelles fructifères dressés ou ascendants.

4. **V. triphyllos** L. *Sp.* 19 ; *Engl. bot.* t. 26 ; Sibth. et Sm. *Fl. Græc.* t. 10 ; *Illustr. fl. Par.* t. 16, f. 8 ; Bill. *Exsicc.* n. 161. — [V. A TROIS FEUILLES].

Plante annuelle. Tiges solitaires ou peu nombreuses, de 5-20 centim., dressées ou ascendantes, simples ou rameuses à rameaux divergents flexueux, pubescentes-glanduleuses. *Feuilles* subsessiles, un peu épaisses, pubescentes-glanduleuses, d'un vert sombre, à face inférieure souvent rougeâtre ; les inférieures opposées, ovales ou suborbiculaires un peu cordées à la base, entières ou crénelées ; les *caulinaires* alternes, *palmatiséquées* à 3-5 segments oblongs ou spatulés ; les supérieures quelquefois réduites au segment terminal. Pédicelles fructifères espacés, plus longs que la feuille, étalés-ascendants. Calice à divisions inégales, pubescentes-glanduleuses, oblongues dépassant un peu la capsule. Corolle d'un bleu foncé, dépassée par le calice. Capsule assez grosse, pubescente-glanduleuse, suborbiculaire, échancrée au sommet, à lobes renflés à la base, à loges 8-12-spermes. Style dépassant les lobes de la capsule. *Graines* noires, *concaves-cupuliformes*, finement rugueuses en dehors. Plante noircissant plus ou moins par la dessiccation. (I). Mars-mai.

*A.C.* — Champs sablonneux, bords des chemins pierreux, vieux murs.

5. **V. præcox** All. *Auct.* 5, t. 1, f. 1 ; *Illustr. fl. Par.* t. 16, f. 6-7 ; Bill. *Exsicc.* n. 427. — *V. ocymifolia* Thuill. *Fl. Par.* 10. — [V. PRÉCOCE].

Plante annuelle. Tiges solitaires ou peu nombreuses, de 5-20 centim., dressées ou ascendantes, simples ou rameuses à rameaux souvent divergents, pubescentes-glanduleuses. *Feuilles* brièvement pétiolées, un peu épaisses, pubescentes, d'un vert sombre, à face inférieure souvent d'un pourpre violet ; les inférieures opposées, ovales, cordées, irrégulièrement et profondément crénelées ; les supérieures alternes, oblongues, crénelées, plus rarement entières. *Pédicelles fructifères* en grappes un peu lâches, *plus longs ou à peine plus courts que la feuille*, ascendants. Calice à divisions à peine inégales, pubescentes-glanduleuses, oblongues, égalant environ la longueur de la capsule. Corolle d'un beau bleu, dépassant le calice. *Capsule* assez grosse, légèrement pubescente-ciliée, *oblongue-suborbiculaire*, échancrée au sommet, *à lobes renflés*, à loges contenant 8-12 graines. Style dépassant les lobes de la capsule. *Graines* jaunâtres, *concaves-cupuliformes*, presque lisses en dehors. Plante noircissant plus ou moins par la dessiccation. (I). Avril-mai.

*A.R.* — Champs sablonneux, vieux murs, coteaux pierreux. — Grenelle (*Vigineix*) ; Saint-Maur! ; Bondy (*de Schœnefeld*) ; Montmorency! ; Rueil (*Maire*) ; Argenteuil!, bois des Champious'! près Argenteuil, abondant dans la plaine du Vésinet (*de Schœnefeld*) ; très abondant à Magny (*Bouteille*) ; Mantes, Limetz près Port-Villez (*de Schœnefeld*). L'Ile-Adam (*Chatin*) ; Luzarches (*De Lens*) ; abondant aux environs de Chantilly!. Compiègne (*Léré*) ; Gesvres-le-Duché, Chavres, Croutoy, Saint-Crépin-au-bois, Bailly, Rouville, Cuvergnon, Thury-en-Valois (*Questier*).

Ris!; Mennecy (*Des Étangs*); Dhuison!; Étampes! (*Woods*); Pithiviers!; Nemours (*Devilliers*); Malesherbes!. Provins (*Bouteiller*), etc.

**6. V. acinifolia** L. *Sp.* 19; *Illustr. fl. Par.* t. 16, f. 9-10; Bill. *Exsicc.* n. 59.
— Vaill. *Bot. Par.* t. 33, f. 3. — [V. A FEUILLES D'ACINOS].

Plante annuelle. Tiges solitaires ou nombreuses, de 4-10 centim., dressées ou ascendantes, simples ou rameuses, pubescentes un peu glanduleuses. *Feuilles* un peu épaisses, légèrement pubescentes, quelquefois rougeâtres; les inférieures opposées, brièvement pétiolées, ovales ou oblongues *superficiellement crénelées*; les florales alternes, oblongues ou lancéolées entières. *Pédicelles fructifères* un peu espacés, *plus longs que la feuille,* étalés-ascendants. *Calice à divisions* un peu inégales, oblongues, un peu *plus courtes que la capsule.* Corolle dépassant le calice, d'un beau bleu, à lobe inférieur plus pâle. *Capsule* petite, légèrement pubescente-glanduleuse, *deux fois aussi large que longue, divisée jusqu'au milieu de sa hauteur en deux lobes orbiculaires comprimés*, à loges contenant 15-20 graines. Style atteignant environ le sommet des lobes de la capsule. *Graines* très petites, d'un blanc jaunâtre, lisses, *presque planes à la face interne.* ⊥. Avril-mai.

*A.R.* — Champs sablonneux ou argileux un peu humides. — Bois de Boulogne (*Maire*); Saint-Cloud!; abondant aux environs de Versailles!; Trianon (*de Boucheman*); Chambourcy près Saint-Germain (*de Schœnefeld*). Marcoussis, Soisy-sous-Étiolles (*Vigineix*); Villejust près Marcoussis (*de Schœnefeld*); Arpajon (*Thuret*); forêt de Senart!; entre Corbeil et Mennecy!; Villededon près Corbeil (*Kralik*); forêt de Rougeaux (*Chatin*); env. de Melun!; Le Châtelet (*M. Garnier*); Belle-Croix dans la forêt de Fontainebleau (*de Schœnefeld*); Pithiviers!. Élancourt (*de Boucheman*); Auffargis, Saint-Hubert (*de Schœnefeld*); vignes d'Oisène près Chartres (*Vigineix*). Thury-en-Valois, Cuvergnon, Autheuil-en-Valois, Gesvres-le-Duché (*Questier*). Fay près Chaumont!; Goincourt près Beauvais. Provins (*Bouteiller*). Dreux (*Dœnen*), etc.

**7. V. verna** L. *Sp.* 19; *Engl. bot.* t. 25; *Illustr. fl. Par.* t. 16, f. 11; Bill. *Exsicc.* n. 599. — [V. PRINTANIÈRE].

Plante annuelle. Tiges solitaires ou plus ou moins nombreuses, de 5-15 centim., dressées ou ascendantes, simples ou rameuses à rameaux ord. dressés, très pubescentes, glanduleuses surtout dans leur partie supérieure. *Feuilles* pubescentes; les inférieures opposées, un peu atténuées en pétiole, oblongues, entières ou dentées; les *moyennes* opposées ou alternes, *pinnatipartites* à 5-7 segments, le terminal plus grand; les supérieures alternes, lancéolées ou linéaires ord. entières. *Pédicelles fructifères beaucoup plus courts que la feuille,* dressés. *Calice* à divisions inégales, lancéolées ou linéaires, *dépassant la capsule.* Corolle d'un bleu pâle, dépassée par le calice. *Capsule* petite, fortement ciliée-glanduleuse, *plus large que longue,* fortement échancrée au sommet, à lobes comprimés, à loges contenant 3-6 graines. Style court, atteignant environ le sommet des lobes de la capsule. *Graines* petites, jaunâtres, presque lisses, *presque planes à la face interne.* ⊥. Avril-mai.

*A.R.* — Pelouses sablonneuses, coteaux arides. — Bois de Boulogne (*E. Fournier*); Romainville (*Puel et Maille*); Saint-Maur!; Sceaux!; Aulnay près Sceaux (*de Schœnefeld*); Meudon!; Versailles (*de Boucheman*); butte de Picardie près Versailles, plaine du Vésinet!, buttes de Sannois et d'Orgemont près Argenteuil, Chambourcy près Saint-Germain (*de Schœnefeld*); Argenteuil!. Morfontaine!; Chantilly!; Lévignen, Ivors, Thury-en-Valois, Autheuil-en-Valois, forêt de Villers-Cotterets (*Questier*); Pierrefonds (*de Schœnefeld*); Compiègne (*Léré*). Lardy!; Beauvais près Mennecy (*de Schœnefeld*); Bois-le-Roi (*E. Fournier*); forêt de Fontainebleau!; Nemours!. Auffargis, Rochefort, Épernon (*de Schœnefeld*). Vernon (*E. Fournier*), etc.

8. **V. arvensis** L. *Sp*. 18; *Fl. Dan*. III, t. 515; *Engl. bot*. t. 734; *Illustr. Fl. Par*. t. 16, f. 12; Bill. *Exsicc.* n. 598.—*V. polyanthos* Thuill. *Fl. Par*. 9. — [V. DES CHAMPS].

Plante annuelle. Tiges solitaires ou nombreuses, de 5-30 centim., dressées ou étalées-ascendantes, simples ou rameuses, très pubescentes, glanduleuses surtout dans leur partie supérieure. *Feuilles* légèrement pubescentes; les inférieures opposées, subsessiles, ovales, un peu cordées ou tronquées à la base, *crénelées*; les supérieures alternes, oblongues ou lancéolées, entières, atteignant ou dépassant peu le sommet de la capsule. *Pédicelles fructifères beaucoup plus courts que la feuille*, dressés, disposés en grappes un peu lâches. Calice à divisions inégales, lancéolées, dépassant la capsule. Corolle petite, d'un bleu clair. *Capsule* petite, ciliée-glanduleuse, *suborbiculaire*, fortement échancrée au sommet, à lobes comprimés, à loges contenant 5-10 graines. Style atteignant le sommet des lobes de la capsule ou plus court. *Graines* petites, jaunâtres, très finement rugueuses, *à peine concaves à la face interne.* (I). Mars-octobre.

C C C. — Champs, lieux cultivés, bords des chemins.

† **V. peregrina** L. *Sp*. 20; *Fl. Dan*. t. 407; Rchb. *Crit*. I, t. 36, f. 74-75; *Illustr. fl. Par*. t. 16, f. 13; Bill. *Exsicc.* n. 2512. — [V. ÉTRANGÈRE].

*Plante* annuelle, *très glabre*. Tiges solitaires ou nombreuses, de 5-20 centim., dressées ou étalées-ascendantes, ord. très rameuses. *Feuilles* inférieures opposées, subsessiles ou atténuées en pétiole, oblongues-obtuses, entières, sinuées ou dentées, les *supérieures* alternes, oblongues-linéaires ou presque spatulées, ord. entières, *dépassant très longuement la capsule*. Pédicelles fructifères très courts, dressés, disposés en grappes lâches. Calice à divisions à peine inégales, oblongues-linéaires, dépassant peu la capsule. Corolle petite, dépassée par le calice. *Capsule* petite, glabre,- plus large que longue, à peine échancrée au sommet, à lobes un peu renflés, *à loges contenant 30-40 graines*. Style très court, atteignant environ le sommet des lobes de la capsule. *Graines* très petites, jaunâtres, lisses, *à peine concaves à la face interne.* (I). Mai-juin.

*Subspontané*. — Observé, depuis plus de trente ans, aux environs de Versailles, dans le voisinage des habitations et dans quelques jardins où il persiste, bien qu'on l'y arrache chaque année avec soin comme une mauvaise herbe; très abondant surtout dans les pépinières et les plates-bandes du parc de Trianon! (*de Boucheman*).

§ 3. Plantes vivaces, à souche horizontale ou à tiges radicantes à la base. Fleurs rapprochées en grappes ord. spiciformes terminant la tige et les rameaux. Feuilles supérieures réduites à l'état de bractées. Pédicelles fructifères dressés.

9. **V. serpyllifolia** L. *Sp*. 15; *Engl. bot*. t. 1075; *Illustr. fl. Par*. t. 16, f. 14; Bill. *Exsicc.* n. 823. — [V. A FEUILLES DE SERPOLET].

Plante vivace. Tiges nombreuses, plus rarement solitaires, de 1-2 décim., couchées et radicantes à la base, puis redressées, simples ou rameuses infé-

rieurement, très finement pubescentes. *Feuilles glabres*, un peu épaisses ;
les inférieures opposées, subsessiles ou brièvement pétiolées, ovales ou oblongues, entières ou sinuées-denticulées ; les florales supérieures alternes, oblongues ou oblongues-linéaires, entières. *Pédicelles* fructifères plus courts que
la feuille, dressés, disposés *en grappes lâches*. Calice à divisions glabres,
presque égales, ovales-oblongues, ord. un peu plus courtes que la capsule.
*Corolle* petite, bleuâtre-veinée, dépassant un peu le calice, *à divisions arrondies*. Capsule petite, glabre ciliée aux bords, plus large que longue, légèrement échancrée au sommet, à lobes renflés, à loges contenant 20-30 graines.
Style environ de la longueur de la capsule. Graines très petites, jaunâtres,
lisses, à peine concaves à la face interne. ♃. Avril-octobre.

*C.* — Pâturages, fossés, bords des allées des bois.

10. **V. spicata** L. *Sp.* 14 ; *Engl. bot.* t. 2 ; *Illustr. fl. Par.* t. 17, f. 14-15 ; Bill.
    *Exsicc.* n. 426. — Vaill. *Bot. Par.* t. 33, f. 4. — [ V. EN ÉPI ].

Plante vivace, à souche horizontale presque ligneuse émettant souvent des
rejets stériles. Tiges plus ou moins nombreuses, de 1-5 décim., ascendantes,
roides, simples, donnant rarement naissance dans leur partie supérieure à plusieurs rameaux florifères, pubescentes-grisâtres un peu glanduleuses. *Feuilles
très pubescentes*, assez fermes, opposées ou les supérieures alternes, oblongues insensiblement atténuées à la base, obtuses ou presque aiguës, crénelées
à crénelures disparaissant vers le sommet de la feuille ; les supérieures oblongues-lancéolées ; les florales réduites à des bractées linéaires. *Pédicelles* fructifères beaucoup plus courts que la bractée, dressés, *disposés en grappes
spiciformes compactes* très multiflores. Calice à divisions velues, presque
égales, ovales-lancéolées, égalant environ la longueur de la capsule. *Corolle*
assez grande, d'un bleu vif, dépassant longuement le calice, à tube plus long
que son diamètre transversal, *à limbe subbilabié, à divisions inférieures
oblongues-lancéolées aiguës*. Capsule petite, velue-glanduleuse, subglobuleuse un peu comprimée, à peine émarginée au sommet, à loges polyspermes. *Style 3-4 fois plus long que la capsule*. Graines très petites, lisses,
presque planes à la face interne. ♃. Juillet-septembre.

*A.C.* — Bois sablonneux, bruyères, pâturages montueux. — Bois de Boulogne !
(*Tourn.* Hist. pl. Par.) ; bois du Vésinet !. Morfontaine !, Ermenonville, La Morlaye
près Chantilly (*de Schœnefeld*) ; Fleurines ! ; env. de Senlis ! (*Graves*) ; Rouville,
Lévignen, Macquelines, Tracy-le-mont, forêt de Villers-Cotterets, etc. (*Questier*).
Le Tertre-blanc et rochers de Beauvais ! près Mennecy (*Des Étangs*) ; Noisy-sur-
École (*Taillefert*) ; forêt de Fontainebleau ! ; Recloses et bois de l'Abbesse ! près
Nemours, etc. — Quelquefois cultivé comme plante d'ornement.

S.-v. *polystachya*. — Tiges donnant naissance dans leur partie supérieure à plu-
    sieurs rameaux florifères.

On cultive fréquemment dans les jardins, d'où ils s'échappent quelquefois, les
*V. spuria* L. et *longifolia* L., indigènes dans le centre et l'est de l'Europe et dans
la Russie d'Asie ; ces espèces voisines du *V. spicata* s'en distinguent par leurs
feuilles acuminées, dentées, souvent verticillées par 3-4. — M. Bentham (in DC.
*Prodr.* X, 465) fait remarquer qu'à l'état cultivé ces espèces tendent à se confondre entre elles par de nombreux intermédiaires ou hybrides et qu'elles sont
difficiles à distinguer. — Le *V. longifolia* ne diffère du *V. spuria* que par une
taille généralement plus élevée, les feuilles doublement dentées jusqu'au sommet

très aigu à dents aiguës, les bractéoles plus longues, les fleurs plus grandes en épis moins nombreux et plus serrés.

Sect. II. — Fleurs disposées en grappes munies de bractées et terminant des pédoncules axillaires dépourvus de feuilles. Feuilles toutes conformes. Plantes vivaces, très rarement annuelles.

§ 1. Calice à 4 divisions.

**11. V. officinalis** L. *Sp.* 14 ; *Engl. bot.* t. 765 ; *Illustr. fl. Par.* t. 17, f. 1-2. — [V. OFFICINALE. — Vulg. *Véronique, V.-mâle, Thé-d'Europe*].

Souche rameuse, émettant souvent des rejets stériles. Tiges plus ou moins nombreuses, de 1-3 décim., roides, couchées souvent radicantes à la base, redressées au sommet, rameuses, très velues. *Feuilles très pubescentes,* assez fermes, opposées, *ovales ou oblongues* atténuées en un pétiole court, un peu aiguës, crénelées ou finement dentées. *Pédicelles fructifères* plus courts que la bractée, dressés, *disposés en grappes spiciformes multiflores* un peu lâches à l'extrémité de pédoncules alternes plus rarement opposés. Calice à divisions velues, presque égales, lancéolées, beaucoup plus courtes que la capsule. Corolle dépassant le calice, d'un bleu pâle ou d'un blanc rosé. *Capsule* assez petite, pubescente-glanduleuse fortement ciliée, *triangulaire-obcordée*, comprimée, à loges polyspermes. Style égalant environ la longueur de la capsule. Graines presque planes à la face interne. ♃. Mai-juillet.

C. — Bois, pâturages, bords des chemins ombragés.

**12. V. montana** L. *Sp.* 17 ; *Engl. bot.* t. 766 ; *Illustr. fl. Par.* t. 17, f. 3-4 ; Bill. *Exsicc.* n. 1730. — [V. DE MONTAGNE].

Souche rameuse, grêle, longuement traçante. Tiges plus ou moins nombreuses, espacées, de 1-3 décim., faibles, couchées, souvent radicantes dans leur partie inférieure, simples ou rameuses à la base, velues. *Feuilles* poilues, quelquefois rougeâtres en dessous, opposées, *longuement pétiolées, ovales ou ovales-suborbiculaires*, tronquées ou presque cordées à la base, *fortement dentées*, à dents larges la terminale plus grande. *Pédicelles fructifères* 2-3 fois plus longs que la bractée, étalés, disposés *en grappes lâches 2-6-flores* à l'extrémité de pédoncules grêles alternes. *Calice à divisions* pubescentes-ciliées un peu glanduleuses, presque égales, oblongues-obovales, beaucoup *plus courtes que la capsule qui les déborde largement.* Corolle dépassant le calice, d'un bleu pâle, veinée de rouge ou de bleu. Capsule glabre, réticulée, fortement ciliée, grande, plus large que haute, un peu émarginée à la base et au sommet, comprimée presque plane, à loges contenant 5-8 graines. Style égalant environ la hauteur de la capsule. Graines d'un jaune pâle, à hile brunâtre, assez larges, planes sur les deux faces, lisses. Plante noircissant plus ou moins par la dessiccation. ♃. Mai-juillet.

R. — Hautes futaies, endroits frais des forêts montueuses. — Saint-Cucufas, bois de la Celle (*Thuill.* Fl. Par.) ; forêt de Marly près des ruines de Retz (*de Schœnefeld*) ; parc de Versailles, vallée de Senlisse! (*de Bouchensan*) ; forêt de Saint-Germain, où il est très localisé (*Vigineix, de Schœnefeld*). Forêt de Lions (*Friton*).

Forêts de Malmifait et de Beaupré près Beauvais (*Taillefert*); forêt de la Neuville-en-Hez!; abondant à plusieurs localités de la forêt de Compiègne! (*Léré*); forêt de Villers-Cotterets (*Weddell, Questier*); Collinance, Neufchelles, Vaumoise, parc de Plessis-sur-Autheuil, bois de Bourneville près La Ferté-Milon (*Questier*). Forêt de Sourdun (*Bouteiller*) et Maison-rouge près Provins (*Guettin*). Saint-Georges! près Dreux (*Dænen*). — *Graves* Cat. Oise : commun dans la forêt de Compiègne, notamment aux Beaux-Monts, au Mont-du-Tremble, sur les pentes du Mont-Saint-Marc, autour de la Bréviaire, de Saint-Jean-aux-bois, aux Grands-Monts, à la Garenne-du-Roi.

13. **V. scutellata** L. *Sp.* 16; *Engl. bot.* t. 782; *Illustr. fl. Par.* t. 17, f. 5; Bill. *Exsicc.* n. 1728. — [ V. A ÉCUSSONS ].

Souche grêle, longuement traçante. Tiges plus ou moins nombreuses, de 1-6 décim., grêles, faibles, couchées-radicantes dans leur partie inférieure puis redressées, simples ou rameuses, glabres, plus rarement velues-glanduleuses. *Feuilles* glabres, plus rarement velues, souvent rougeâtres en dessous, opposées, sessiles, *lancéolées-linéaires aiguës, lâchement denticulées ou entières.* Pédicelles fructifères 3-5 fois plus longs que la bractée, étalés ou presque réfléchis, disposés en grappes lâches pluriflores à l'extrémité de pédoncules grêles alternes. *Calice à divisions* glabres ou pubescentes, presque égales, oblongues, beaucoup *plus courtes que la capsule qui les déborde largement.* Corolle dépassant le calice, d'un bleu pâle, veinée de rose ou de bleu. Capsule glabre ou pubescente-glanduleuse, assez petite, plus large que haute, fortement échancrée au sommet, légèrement comprimée, à loges contenant 6-10 graines. Style égalant environ la hauteur de la cloison. Graines petites, brunâtres, planes sur les deux faces, lisses. ♃. Mai-septembre.

*A.C.* — Fossés, bords des étangs, lieux marécageux.

Var. β, *pubescens*. (*V. parmularia* Poit. et Turp. *Fl. Par.* t. 14). — Plante pubescente ou velue, un peu glanduleuse. — *A.R.* — Meudon!. Saint-Léger!. Fontainebleau!. Env. de Senlis!. Vernon!, etc.

14. **V. Anagallis** L. *Sp.* 16; *Engl. bot.* t. 781; *Illustr. fl. Par.* t. 17, f. 7; Bill. *Exsicc.* n. 596. — [ V. MOURON ].

Plante annuelle, bisannuelle ou vivace. *Tiges* solitaires ou peu nombreuses, de 2-8 décim., robustes, *épaisses-charnues, fistuleuses, subtétragones, dressées, ou ascendantes* souvent radicantes à la base, simples ou rameuses, glabres. *Feuilles* glabres, un peu charnues, opposées, *sessiles,* semiamplexicaules ou les inférieures un peu atténuées en pétiole, *ovales-aiguës ou lancéolées,* lâchement dentées ou superficiellement sinuées. Pédicelles fructifères environ une fois plus longs que la bractée, étalés, disposés en grappes lâches multiflores à l'extrémité de pédoncules assez grêles ord. opposés. *Calice à divisions* glabres, presque égales, oblongues-lancéolées, *dépassant un peu la capsule.* Corolle dépassant un peu le calice, d'un bleu pâle, souvent veinée de bleu ou de rouge. *Capsule* glabre, assez petite, *suborbiculaire, à peine émarginée au sommet, renflée, à loges contenant un grand nombre de graines.* Style un peu plus court que la hauteur de la capsule. Graines très petites, jaunâtres, ovoïdes, presque planes à la face interne. ①, ② ou ♃. Mai-septembre.

*A.C.* — Fossés, lieux marécageux, ruisseaux à courant peu rapide.

**15. V. Beccabunga** L. *Sp.* 16 ; *Engl. bot.* t. 655 ; *Illustr. fl. Par.* t. 17, f. 6 ; Bill. *Exsicc.* n. 597. — [V. BECCABONGA. — Vulg. *Beccabonga, Cresson-de-cheval*].

Plante vivace. *Tiges* solitaires ou plus ou moins nombreuses, de 2-6 décim., robustes, *épaisses-charnues*, fistuleuses, *cylindriques*, couchées-radicantes dans leur partie inférieure puis ascendantes, simples ou rameuses, glabres. *Feuilles* glabres, charnues, opposées, *pétiolées, ovales ou oblongues obtuses*, lâchement dentées ou superficiellement sinuées. Pédicelles fructifères plus courts ou plus longs que la bractée, étalés, disposés en grappes lâches multiflores à l'extrémité de pédoncules assez grêles ord. opposés. *Calice à divisions* glabres, presque égales, oblongues-lancéolées, *dépassant un peu la capsule*. Corolle dépassant un peu le calice, d'un beau bleu, plus rarement d'un bleu pâle. *Capsule* glabre, assez petite, *suborbiculaire, à peine émarginée au sommet*, renflée, *à loges contenant un très grand nombre de graines.* Style un peu plus court que la hauteur de la capsule. Graines très petites, jaunâtres, ovoïdes, presque planes à la face interne. ♃. Mai-septembre.

*C.* — Fossés, lieux marécageux, ruisseaux.

**16. V. Chamædrys** L. *Sp.* 17 ; *Engl. bot.* t. 623 ; *Illustr. fl. Par.* t. 17, f. 8-9 ; Bill. *Exsicc.* n. 2114. — [V. PETIT-CHÊNE. — Vulg. *Véronique-femelle, Herbe-Thérèse*].

Souche grêle, longuement traçante, ord. rameuse. *Tiges* solitaires ou plus ou moins nombreuses, de 2-5 décim., grêles, couchées-radicantes à la base puis ascendantes, simples ou peu rameuses, *munies de deux lignes de poils opposées* qui alternent d'un entre-nœud à l'autre, plus rarement pubescentes ou velues dans toute leur circonférence. Feuilles pubescentes, opposées, subsessiles, ovales aiguës ou obtuses, ou oblongues-suborbiculaires, ridées à nervures saillantes en dessous, inégalement dentées à dents larges la dent terminale ord. plus grande. *Pédicelles* fructifères plus courts ou plus longs que la bractée, ascendants ou dressés, *disposés en grappes* lâches multiflores *à l'extrémité de pédoncules* ord. opposés *qui arrivent tous à peu près à la même hauteur. Calice à divisions* pubescentes-ciliées, inégales, lancéolées-linéaires, *dépassant la capsule et divergentes par paires.* Corolle assez grande, dépassant le calice, d'un bleu tendre veiné. *Capsule* pubescente-ciliée, assez petite, suborbiculaire rétrécie à la base, *échancrée au sommet*, comprimée, à loges contenant 2-6 graines. Style plus long que la hauteur de la capsule. Graines jaunâtres, planes sur les deux faces, presque lisses. ♃. Avril-août.

*C C.* — Bois, pâturages, haies, bords des chemins. — Quelquefois cultivé dans les parterres.

S.-v. *petiolata.* — Feuilles assez longuement pétiolées. — Observé à plusieurs localités aux environs de Versailles (*de Boucheman*).

§ 2. Calice à 5 divisions, la supérieure beaucoup plus courte.

**17. V. Teucrium** L. *Sp.* 16 ; Benth. in DC. *Prodr.* X, 469 ; *Illustr. fl. Par.* t. 17, f. 10-13 ; Bill. *Exsicc.* n. 275 et *bis.* — [V. GERMANDRÉE. — Vulg. *Véronique-femelle*].

Souche longuement traçante, ord. rameuse, un peu ligneuse, émettant souvent des rejets stériles. Tiges solitaires ou plus ou moins nombreuses, de 1-5 décim., roides, couchées à la base puis ascendantes, plus rarement dressées, simples ou un peu rameuses, pubescentes-velues. Feuilles pubescentes, opposées, subsessiles, ovales, oblongues, lancéolées ou linéaires, un peu ridées, à nervures saillantes en dessous, incisées, inégalement dentées, ou presque entières. Pédicelles fructifères ord. plus longs que la bractée, dressés, disposés en grappes multiflores compactes ou un peu lâches à l'extrémité de pédoncules ord. opposés qui arrivent tous à peu près à la même hauteur. Calice à divisions pubescentes, très inégales, linéaires, plus courtes ou plus longues que la capsule. Corolle assez grande, dépassant le calice, d'un beau bleu. Capsule glabre ou pubescente, assez petite et de grosseur variable, oblongue-suborbiculaire, échancrée au sommet, un peu comprimée, à loges polyspermes. Style plus long que la hauteur de la capsule. Graines jaunâtres, planes sur les deux faces, presque lisses. ♃. Avril-juillet.

Bois, pâturages, bords des chemins, coteaux pierreux. — Quelquefois cultivé dans les parterres.

Var. α. *latifolia.* (*V. latifolia* L. *Sp.* 18; Koch *Syn. fl. Germ.* ed. 1, 526). — Tiges ascendantes ou presque dressées. Feuilles ovales ou oblongues, un peu cordées à la base, fortement dentées ou incisées. — *A.C.* — Bois de Boulogne!; Saint-Germain!; Saint-Maur!. Forêt de Fontainebleau!, etc.

Var. β. *intermedia.* — Tiges ascendantes ou presque dressées. Feuilles oblongues-lancéolées ou lancéolées, ord. atténuées à la base, fortement dentées ou incisées. — *A.C.*

Var. γ. *prostrata* (*Illustr. fl. Par.* t. 17, f. 13. — *V. prostrata* L. *Sp.* 17; Bill. *Exsicc.* n. 1731 et *bis*). — Tiges ascendantes ou couchées. Feuilles linéaires-oblongues ou linéaires, presque entières, dentées ou incisées, quelquefois presque pinnatifides. — *A.R.* — Lieux très arides. — Bois du Vésinet, Mantes (*E. Fournier*). Env. de Mennecy: entre Balancourt et Beauvais!; rochers de Beauvais!; Lardy!; La Ferté-Aleps!. Forêt de Fontainebleau!; Nemours!; Malesherbes!. L'Ile-Adam (*Chatin*). Lévignen, Cuvergnon, Antilly, Ivors, Montigny, forêt de Villers-Cotterets (*Questier*); forêt de Compiègne (*de Marcilly fils*). Forêt de Sourdun près Provins (*Bouteiller*). Dreux!; Evreux, etc.

## 2. **LIMOSELLA** L. *Gen.* n. 776. — [LIMOSELLE].

Calice 5-fide. *Corolle campanulée-rotacée*, à tube égalant le calice, *à limbe 5-fide à divisions* planes *presque égales.* Étamines 4, très rarement 2 par avortement, à peine exsertes; anthères à lobes confluents s'ouvrant par une fente transversale. Capsule polysperme, uniloculaire ou subbiloculaire inférieurement, à 2 valves, à placenta central presque libre.

Plante vivace, aquatique. *Feuilles toutes radicales, entières,* longuement pétiolées. Fleurs très petites, à corolle blanchâtre ou rosée, portées sur des pédicelles axillaires très longuement dépassés par les feuilles.

**1. L. aquatica** L. *Sp.* 881 ; *Engl. bot.* t. 357 ; *Fl. Dan.* I, t. 69 ; Bill. *Exsicc.* n. 1285. — [L. AQUATIQUE. — Vulg. *Limoselle*].

Plante de 3-8 centim., se développant ord. sous l'eau, ne fleurissant que dans les endroits desséchés. Rhizomes filiformes, horizontaux, donnant naissance de distance en distance à des individus isolés. Racines à fibres nombreuses. Feuilles disposées en rosettes, glabres, un peu charnues, spatulées ou oblongues atténuées à la base, longuement pétiolées. Fleurs nombreuses, à pédicelles radicaux courts. Anthères d'un pourpre noirâtre. Capsule ovoïde. Graines très petites, ovoïdes, rugueuses. ① ou ♃. Juin-septembre.

*A.R.* — Bords sablonneux des rivières et des étangs. — Alluvions de la Seine près du Pont-Neuf!; Grenelle!; Charenton!; Vincennes, Saint-Maur (*Vaill. Bot. Par.*); Bondy! (*Tourn. Hist. pl. Par.*, *Vaill. Bot. Par.*); Châtenay près Sceaux (*Delavaux*); étang de Villebon (*Vaill. Bot. Par.*); Ville-d'Avray!; « étangs de Porchefontaine et de Villacoublay près Versailles » (*Tourn. Hist. pl. Par.*, *Vaill. Bot. Par.*); étangs de Trou-salé! et de Saint-Quentin! près Versailles; bords de la Seine à Saint-Germain (*de Schœnefeld*); Montmorency (*C. de Chambine*). Banthélu près Magny (*Bouteille*). Mennecy!; Fontainebleau!; Nemours!. Dreux (*Dœnen*). Troisse-reux! près Beauvais. Env. de Compiègne et de Villers-Cotterets, Bouillancy, Marolles (*Questier*). Provins (*Bouteiller*), etc.

Le *Sibthorpia Europæa* L. (*Engl. bot.* t. 649; Puel et Maille *Fl. loc. exsicc.* n. 219), plante assez répandue dans l'ouest de l'Europe, au bord des ruisseaux au milieu de la mousse qui la cache ou sur les talus frais et ombragés, a été indiqué aux environs de Paris, à Saint-Léger et à Mantes (*Thuill. Fl. Par.*), où il n'a pas été retrouvé. — Cette espèce se reconnaît aux caractères suivants : tiges très grêles, presque capillaires, couchées, radicantes au niveau des nœuds; feuilles pubescentes-poilues, alternes, longuement pétiolées, orbiculaires-réniformes à 7-9 lobes obtus peu profonds ; fleurs petites, axillaires solitaires, à pédicelles beaucoup plus courts que les pétioles ; calice à 5 divisions ; corolle dépassant à peine le calice, presque rotacée, à 5 lobes dont 2 jaunâtres et 3 rosés ; étamines 4, un peu inégales ; capsule ovale échancrée, à déhiscence loculicide.

### 3. **SCROFULARIA** Tourn. *Inst.* t. 74. — [SCROFULAIRE].

Calice 5-fide ou 5-partit. *Corolle à tube renflé-subglobuleux, à limbe bilabié*; la lèvre supérieure ord. plus longue, bilobée; la lèvre inférieure tri-lobée, à lobes courts, obtus, plans, les latéraux dressés, le moyen plus grand étalé ou réfléchi. *Étamines* cachées dans la partie supérieure de la corolle, *4 fertiles*, ou 5 la cinquième occupant la base de la lèvre supérieure et réduite à un appendice squamiforme ; anthères réniformes à lobes confluents, s'ouvrant par une fente transversale. Capsule polysperme, biloculaire, à déhiscence septicide, à 2 valves entières ou bifides ; placentas devenant presque libres après la déhiscence.

Plantes vivaces, plus rarement bisannuelles. *Feuilles* toutes ou la plupart opposées, crénelées, dentées ou pinnatiséquées. Fleurs d'un rouge brun ou d'un rouge noirâtre, plus rarement jaunes, en cymes pluriflores rapprochées en panicule terminale.

1. **S. nodosa** L. *Sp.* 863; *Fl. Dan.* VII, t. 1167; *Engl. bot.* t. 1544; Bill. *Exsicc.* n. 1718. — [S. NODEUSE. — Vulg. *Scrofulaire, Grande-Scrofulaire*].

Plante vivace, à souche renflée-noueuse. Tiges de 5-8 décim., roides, robustes, lisses, glabres, à 4 angles tranchants ou un peu obtus non ailés, à rameaux florifères pubescents-glanduleux. *Feuilles* pétiolées, glabres, *ovales-aiguës ou ovales-lancéolées*, arrondies ou un peu cordées à la base, double-ment *dentées, à dents inférieures plus longues* que les supérieures; pétioles non ailés. *Fleurs* d'un brun rougeâtre en dehors, olivâtres en dedans, disposées *en panicule non feuillée. Calice à lobes* ovales-suborbiculaires, *très étroitement membraneux-blanchâtres aux bords*. Rudiment de la cinquième étamine oblong, à peine émarginé. Capsule ovoïde-subglobuleuse, brièvement acuminée. ♃. Juin-août.

C. — Lieux frais, bois humides, fossés, bords des rivières et des ruisseaux.

2. **S. aquatica** L. *Sp.* 864 ; *Fl. Dan.* III, t. 507 ; *Engl. bot.* t. 854 ; Benth in DC. *Prodr.* X, 309 ; Gren. et Godr. *Fl. Fr.* II, 566 ; Bill. *Exsicc.* n. 1720.— *S. Balbisii* Hornem. *Hort. Hafn.* 577 ; Koch *Syn. fl. Germ.* ed. 2, 593. — [S. AQUATIQUE. — Vulg. *Scrofulaire, Bétoine-d'eau, Herbe-carrée, Herbe-du-siége*].

Plante vivace. Tiges de 5-10 décim., roides, robustes, lisses, glabres, à 4 angles tranchants ou ailés, à rameaux florifères pubescents-glanduleux. *Feuilles* pétiolées, glabres ou presque glabres, souvent accompagnées à la base d'un ou de deux petits segments ovales obtus, *ovales-oblongues ou oblongues-obtuses*, un peu cordées à la base, crénelées *à crénelures* larges obtuses ou presque obtuses celles *de la base plus petites* ; pétioles ord. ailés. *Fleurs* d'un brun rougeâtre en dehors, olivâtres en dedans, disposées *en panicule non feuillée. Calice à lobes* suborbiculaires, *largement membraneux-blanchâtres aux bords.* Rudiment de la cinquième étamine orbiculaire un peu tronqué au sommet, ou réniforme émarginé, quelquefois bilobé à lobes divergents (Benth., loc. cit.). Capsule subglobuleuse-acuminée. ♃. Juin-août.

C. — Fossés aquatiques, bords des rivières et des ruisseaux, lieux marécageux.

Le *S. Scorodonia* L. (*Engl. bot.* t. 2209), abondant dans l'ouest de la France !, a été recueilli aux environs de Lardy (*C. de Chambine*), où il a été naturalisé. Cette espèce se reconnaît aux caractères suivants : tige pubescente ou velue ; feuilles pubescentes surtout à la face inférieure, triangulaires ou ovales-lancéolées presque obtuses, profondément cordées à la base, grossièrement et doublement dentées ; fleurs d'un rouge brun, disposées en panicule feuillée ; calice à lobes ovales-suborbiculaires, largement membraneux-blanchâtres aux bords.

† **S. canina** L. *Sp.* 865 ; Sibth. et Sm. *Fl. Græc.* t. 598; Rchb. *Crit.* VIII, t. 728, f. 970 ; Bill. *Exsicc.* n. 1721.—Clus. *Hist.* II, 209, f. 1. — [S. CANINE].

Plante vivace, à souche terminée en racine pivotante. Tiges de 4-8 décim., roides, robustes, lisses, glabres, presque cylindriques ou subtétragones, à rameaux florifères chargés de glandes presque sessiles. *Feuilles* pétiolées, glabres, *pinnatiséquées, à plusieurs segments* espacés, inégalement dentés ou incisés, les supérieurs confluents. *Fleurs* d'un rouge noirâtre mêlé de blanc, en cymes divisées en fausses grappes et rapprochées *en panicule non feuillée.* Calice à lobes suborbiculaires, largement membraneux-blanchâtres aux bords. Rudiment de la cinquième étamine lancéolé-aigu ou élargi et denté au sommet. Capsule subglobuleuse, brusquement apiculée. ♃. Juin-juillet.

Indiqué dans la forêt de Fontainebleau, au champ de manœuvres, où il n'a pas été observé récemment. — Abondant dans toute la vallée de la Loire.

3. **S. vernalis** L. *Sp.* 864 ; *Engl. bot.* t. 567 ; *Fl. Dan.* III, t. 411. — [S. PRINTANIÈRE].

Plante bisannuelle. *Tiges* de 4-8 décim., robustes, fistuleuses, *velues presque laineuses* à poils souvent glandulifères, subtétragones. Feuilles pétiolées, pubescentes surtout en dessous, ovales-aiguës cordées à la base, incisées-dentées. *Fleurs d'un jaune verdâtre*, rapprochées *en panicule feuillée.* Calice à lobes ovales ou oblongs, ne présentant pas de bordure membraneuse. Capsule ovoïde-conique, acuminée. ♂. Mai-juillet.

*R R.* — Lieux ombragés humides, vieilles murailles, buissons. — Bois de Boulogne !, où il a été introduit ; Ville-d'Avray (*Maire*). Meaux (*Thuill.* Fl. Par.). Canly et Jonquières près Compiègne (*Léré, Pillot*) ; naturalisé à Compiègne dans un jardin du faubourg Saint-Lazare (*Rendu*). Saint-Germer ! (*Delacour, Graves*). — *Graves* Cat. Oise : bois de Bains et de Boulogne-la-Grasse cant. de Ressons ; forêt de Bouvresse ; Compiègne à la Porte-Chapelle.

#### 4. **GRATIOLA** L. *Gen.* n. 29. — [GRATIOLE].

*Calice 5-partit, muni à la base de 2 bractées. Corolle tubuleuse-subbilabiée* ; la lèvre supérieure ord. émarginée ou bifide ; la lèvre inférieure 3-lobée, à lobes égaux. *Étamines 4 dont 2 stériles* ; anthères à lobes parallèles s'ouvrant chacun par une fente longitudinale. Capsule polysperme, biloculaire, à déhiscence septicide, à 2 valves devenant bifides ; placentas devenant presque libres après la déhiscence.

Plante vivace. Feuilles opposées, denticulées. Fleurs d'un blanc jaunâtre un peu rosé, à tube strié, axillaires solitaires.

1. **G. officinalis** L. *Sp.* 24 ; *Fl. Dan.* III, t. 363 ; Bull. *Herb.* t. 130 ; Bill. *Exsicc.* n. 2113. — [G. OFFICINALE. — Vulg. *Gratiole, Herbe-au-pauvre-homme*].

Souche longuement traçante. Tiges de 2-5 décim., simples ou rameuses, tétragones supérieurement, glabres. Feuilles sessiles semiamplexicaules, glabres, un peu épaisses, lancéolées, trinerviées, ord. lâchement dentées dans leur partie supérieure. Fleurs assez longuement pédicellées, à pédicelle plus court que la feuille. Calice à divisions linéaires-lancéolées, beaucoup plus courtes que le tube de la corolle. Capsule ovoïde-acuminée. Graines très petites, oblongues, rugueuses. ♃. Juin-septembre.

*A.R.* — Prairies humides, lieux marécageux, bords des ruisseaux. — « La Gratiole naît dans le pré de Gentilli mais les herboristes l'ont presque toute détruite » (*Tourn.* Hist. pl. Par.) ; bords de la Seine au-dessous de Passy (*B. de Jussieu* in *Tourn.* Hist. pl. Par.) ; étang de Ville-d'Avray (*Vaill.* Bot. Par.). Linas (*Thuill.* Fl. Par.) ; mares du château de Grosbois (*Vaill.* Bot. Par.) ; Champotran-en-Brie (*J. de Parseval*) ; Marles près Tournan (*Puel*) ; bords de la Seine près Melun (*Vaill.* Bot. Par.) ; Le Châtelet ! (*M. Garnier*) ; Champagne ! ; env. de Moret ! (*Adr. de Jussieu*) ; Villefermoy près Nangis (*de Boucheman*) ; Saint-Sauveur près Donnemarie (*de Schœnefeld*) ; Blunay près Provins (*Bouteiller*). Luzarches (*De Lens*). — *Graves* Cat. Oise : recueilli en 1822 dans le parc de Morfontaine ; trouvé en 1806 à la gare de Compiègne ; on assure qu'il existait autrefois à l'étang de la forêt de Hez aujourd'hui desséché ; on en a rencontré quelques pieds en 1854 dans la vallée de Thérain au marais de Therdonne.

#### 5. **DIGITALIS** Tourn. *Inst.* t. 73. — [DIGITALE].

*Calice 5-partit. Corolle campanulée ou tubuleuse-ventrue, à limbe court oblique subbilabié* ; la lèvre supérieure entière ou échancrée ; la lèvre inférieure 3-lobée, à lobe moyen ord. plus grand barbu en dedans. *Étamines 4 fertiles*, incluses ; anthères à lobes divergents, s'ouvrant chacun par une fente longitudinale. Capsule polysperme, biloculaire, à déhiscence septicide ; placentas très épais, devenant en partie libres après la déhiscence.

Plantes bisannuelles ou vivaces. *Feuilles alternes*, crénelées ou denticulées. Fleurs jaunes ou purpurines, rarement blanches, disposées en grappes terminales ord. unilatérales.

1. **D. purpurea** L. *Sp.* 866; *Fl. Dan.* l, t. 74; *Engl. bot.* t. 1297; Bull. *Herb.*
t. 21; Bill. *Exsicc.* n. 2114. — [D. POURPRÉE. — Vulg. *Digitale, Gants-
de-bergère, Gants-de-Notre-Dame, Queue-de-loup*].

Tige de 5-10 décim., robuste, dressée, droite, ord. simple, très pubescente.
Feuilles ovales-oblongues ou lancéolées, crénelées, fortement ridées, à nervures saillantes en dessous, à face supérieure d'un vert foncé, à face inférieure tomenteuse; les inférieures très amples, contractées en un long pétiole,
disposées en touffe. Fleurs disposées en grappes spiciformes allongées lâches
dressées. *Calice à divisions ovales ou oblongues. Corolle* très grande, glabre
en dehors, *d'un rose-purpurin*, rarement blanche, à gorge parsemée de
points d'un rouge pourpre entourés d'une aréole blanche; lèvre supérieure
très obtuse, tronquée ou légèrement émarginée; lèvre inférieure à lobes
courts arrondis. *Capsule presque tomenteuse*, ovoïde-acuminée, dépassant
peu le calice. ② ou quelquefois ♃. Juin-août.

*C.* — Haies, bois montueux, bruyères, coteaux sablonneux ou pierreux. — Souvent cultivé dans les parterres.

2. **D. lutea** L. *Sp.* 867; Rchb. *Crit.* II, t. 151, f. 280. — *D. parviflora* Lmk *Fl.
Fr.* II, 333; *Bot. reg.* t. 257; Bill. *Exsicc.* n. 1279. — [D. JAUNE].

Tiges de 5-8 décim., roides, dressées, droites, ord. simples, glabres, plus
rarement pubescentes. Feuilles oblongues-lancéolées ou lancéolées, finement
dentées, lisses, à nervures saillantes en 'dessous, glabres ou ciliées à la base,
plus rarement pubescentes; les inférieures atténuées en pétiole, souvent
détruites lors de la floraison. Fleurs disposées en grappes spiciformes dressées. *Calice à divisions lancéolées-linéaires. Corolle* glabre en dehors, d'un
*jaune* pâle; lèvre supérieure émarginée; lèvre inférieure à lobe moyen beaucoup plus long que les latéraux, à lobes latéraux aigus. *Capsule glabre*,
ovoïde-acuminée, dépassant le calice. ♃. Juin-juillet.

*A.R.* — Coteaux pierreux, rochers, terrains calcaires incultes. — Parc de Bougival!. Mennecy (*Des Étangs*); forêt de Rougeaux (*Vigineix*); parc de Vaux-
Praslin! près Melun; bois de Barbeaux (*M. Garnier*); Chailly!; abondant à plusieurs
localités de la forêt de Fontainebleau!; Valvins. Beaudemont près Magny (*Bouteille*); Port-Villez!; Rosny (*Dœnen*); très abondant à Vernon!; Les Andelys!.
Chaumont (*Frion*); env. de Beauvais! (*Graves*); forêt de Hallatte (*Latteux*); Compiègne (*Léré*); vallon de Saint-Antoine, Oigny près Villers-Cotterets (*Questier*).
Bois de Montramé près Provins (*Merlette*). Env. de Dreux (*Dœnen*). — *Graves*
Cat. Oise : Les Forges près Milly; Lardières près Méru; Labruyère près Liancourt;
Montreuil-sur-Brèche; Bulles; forêt de Laigue; Sainte-Croix-d'Offemont cant.
d'Attichy; Pouilly cant. de Méru.

Var. β. *hirsuta.* — Tiges et feuilles très pubescentes ou hérissées. — *R R.* — Les
Andelys!. — Roche Saint-Adrien! près Rouen.

### 6. **ANTIRRHINUM** Juss. *Gen.* 120. — [MUFLIER].

Calice 5-partit. *Corolle à tube* large, un peu comprimé, *bossu* en dehors
*à la base; à limbe en gueule;* la lèvre supérieure bifide, à lobes réfléchis
en dehors; *la lèvre inférieure 3-lobée, présentant un palais saillant* bilobé
poilu *qui ferme la gorge.* Étamines 4, incluses; anthères à lobes divergents
s'ouvrant chacun par une fente longitudinale. Capsule polysperme, à base
oblique, à 2 loges plus ou moins inégales, présentant 3 tubercules au sommet,

et s'ouvrant par 3 trous qui correspondent à ces tubercules et résultent chacun de l'écartement de trois petites valves, la loge supérieure s'ouvrant par un seul trou, la loge inférieure par 2 trous. Graines oblongues-tronquées, rugueuses.

Plantes annuelles ou vivaces. Feuilles opposées ou les supérieures alternes, entières ou superficiellement sinuées. Fleurs pourpres, plus rarement blanches, axillaires ou disposées en grappes terminales.

1. **A. Orontium** L. *Sp.* 860; *Fl. Dan.* VI, t. 941; *Engl. bot.* t. 1155; Bill. *Exsicc.* n. 1723. — [M. rubicond].

*Plante annuelle.* Tige de 2-4 décim., roide, dressée, simple ou peu rameuse, poilue, glanduleuse au sommet. Feuilles lancéolées ou linéaires-lancéolées, atténuées en un court pétiole, glabres. Fleurs axillaires, les supérieures rapprochées en grappe terminale feuillée. *Calice à divisions* pubescentes-glanduleuses, très inégales, *linéaires-étroites, plus longues que la corolle et que la capsule.* Corolle assez petite, purpurine souvent striée, plus rarement blanche. Capsule irrégulièrement ovoïde, velue. ⓘ. Juin-septembre.

*A.C.* — Champs en friche, lieux pierreux, bords des chemins.

† **A. majus** L. *Sp.* 859; *Engl. bot.* t. 129. — [M. majeur. — Vulg. *Muflier, Mufle-de-veau, Gueule-de-lion, Gueule-de-loup, Tête-de-mort*].

*Plante vivace.* Tiges de 4-8 décim., robustes, dressées ou ascendantes tortueuses inférieurement, simples ou rameuses, pubescentes un peu glanduleuses au moins dans leur partie supérieure. Feuilles lancéolées, plus rarement oblongues-lancéolées, atténuées en un court pétiole, un peu épaisses, glabres ou légèrement pubescentes. Fleurs en grappes terminales, naissant à l'aisselle de bractées courtes. *Calice à divisions* pubescentes-glanduleuses, peu inégales, *ovales ou ovales-suborbiculaires* très courtes. *Corolle* très grande, *dépassant très longuement le calice,* rouge ou blanche, à palais jaune. Capsule irrégulièrement ovoïde, légèrement pubescente-glanduleuse, dépassant le calice. ♃. Juin-septembre.

Assez fréquemment subspontané sur les vieux murs. — Cultivé dans les parterres. — Spontané dans le midi de la France.

### 7. **LINARIA** Juss. *Gen.* 120. — [ LINAIRE ].

Calice 5-partit. *Corolle à tube* renflé *prolongé à la base en un éperon linéaire-cylindrique, à limbe en gueule ;* la lèvre supérieure bifide, à lobes ord. réfléchis en dehors ; *la lèvre inférieure* 3-lobée, à lobe moyen ord. plus petit, *présentant ord. un palais saillant* bilobé plus ou moins poilu *qui ferme la gorge.* Étamines 4, incluses ; anthères à lobes plus ou moins divergents s'ouvrant chacun par une fente longitudinale. Capsule polysperme, ovoïde ou subglobuleuse, à base non oblique ou à peine oblique ; à 2 loges ord. presque égales s'ouvrant ord. chacune au sommet par l'écartement d'une ou de plusieurs petites valves ou par la chute d'un opercule ; placenta persistant. Graines tantôt oblongues ou ovoïdes anguleuses ou rugueuses, tantôt comprimées discoïdes et ord. entourées d'une bordure membraneuse.

Plantes annuelles ou vivaces. Feuilles alternes, plus rarement opposées ou verticillées par 3-5, entières ou lobées. Fleurs jaunes, bleues ou purpurines, axillaires ou disposées en grappes terminales.

Sect. I. *CHÆNORRHINUM.* — *Feuilles* penninerviées ou à nervure moyenne seule distincte, très entières, *atténuées à la base. Fleurs* longuement pédicellées, disposées *en grappes terminales feuillées. Corolle à palais plus ou moins déprimé*. Graines ovoïdes-oblongues, tronquées, non bordées, sillonnées longitudinalement. — (1).

Sect. II. *ELATINOIDES*. — *Feuilles* penninerviées, hastées, dentées ou entières, la plupart *brièvement pétiolées. Fleurs* longuement pédicellées, *axillaires, espacées. Corolle à palais saillant* à la gorge. Graines ovoïdes-tronquées ou subglobuleuses, non bordées. — (2-3).

Sect. III. *CYMBALARIA*. — *Feuilles palminerviées*, ord. *lobées, longuement pétiolées*. Fleurs longuement pédicellées, axillaires, espacées. Corolle à palais saillant à la gorge. Graines oblongues, rugueuses. — (4).

Sect. IV. *LINARIASTRUM*. — *Feuilles* penninerviées ou à nervure moyenne seule distincte, entières, *sessiles* souvent atténuées à la base ou semiamplexicaules. *Fleurs* presque sessiles ou pédicellées, disposées *en épis ou en grappes terminales non feuillées*. Corolle à palais saillant à la gorge. Graines anguleuses non bordées, ou comprimées discoïdes entourées d'une bordure ord. membraneuse. — (5-9).

Sect. I. CHÆNORRHINUM. — Feuilles penninerviées ou à nervure moyenne seule distincte, opposées ou alternes, très entières, atténuées à la base. Fleurs longuement pédicellées, disposées en grappes terminales feuillées lâches. Corolle à palais plus ou moins déprimé ne fermant qu'incomplétement la gorge. Graines ovoïdes-oblongues, tronquées, non bordées, sillonnées longitudinalement et ord. plus ou moins chargées de tubercules ou de pointes entre les sillons.

1. **L. minor** Desf. *Atl.* II, 46; Bill. *Exsicc.* n. 57. — *Antirrhinum minus* L. *Sp.* 852; *Fl. Dan.* III, t. 502; *Engl. bot.* t. 2014. — [ L. MINEURE ].
Plante annuelle, pubescente-glanduleuse. Tige de 1-4 décim., dressée, très rameuse presque dès la base. Feuilles lancéolées-linéaires, obtuses, atténuées à la base; les inférieures opposées; les supérieures alternes. Fleurs solitaires, axillaires, disposées en grappes lâches, à pédicelles environ 3 fois plus longs que le calice. Calice à divisions linéaires ou linéaires-oblongues, à peine plus courtes que la corolle, dépassant un peu la capsule. Corolle petite, d'un violet pâle, à gorge jaunâtre. Capsule ovoïde, un peu oblique à la base. Graines ovoïdes-oblongues, sillonnées longitudinalement. ⨀. Juin-septembre.
C. — Champs en friche, lieux incultes, vieux murs, bords des chemins.

Var. β. *prætermissa*. (*L. prætermissa* Delastre in *Ann. sc. nat.* sér. 2, XVIII, 152; Gren. et Godr. *Fl. Fr.* II, 582; Bill. *Exsicc.* n. 1041. — Plante entièrement glabre. — *R R*. — Environs de Provins : Poigny, Longueville, Tachy, Les Ormes (*Bouteiller*). Bromeilles ! près Puiseaux. Dordives !.

Le *L. prætermissa*, que nous avons rencontré à Dordives et à Bromeilles croissant pêle-mêle avec le *L. minor*, n'en diffère que par la glabréité de toutes ses parties, et n'en est évidemment qu'une variété.

Sect. II. ELATINOIDES. — Feuilles penninerviées, la plupart alternes, hastées, dentées ou entières, la plupart brièvement pétiolées. Fleurs longuement pédicellées, axillaires, espacées. Corolle à palais saillant à la gorge. Graines ovoïdes-tronquées ou subglobuleuses, non bordées, creusées de fossettes ou tuberculeuses.

**2. L. Elatine** Desf. *All.* II, 37 ; Bill. *Exsicc.* n. 2112 et *bis* — *Antirrhinum Ela-
line* L. *Sp.* 851 ; *Engl. bot.* t. 692. — [ L. ÉLATINE. — Vulg. *Élatine,
Velvote* ].

Plante annuelle, poilue. Tiges ord. nombreuses, de 2-6 décim., couchées-
diffuses, rameuses, flexueuses. *Feuilles* alternes, assez brièvement pétiolées,
*ovales-hastées* ; les inférieures souvent non hastées. *Pédicelles glabres*, presque capillaires, plus longs que la feuille. *Calice à divisions linéaires-lancéolées* aiguës, dépassant un peu la capsule. Corolle d'un jaune pâle, à lèvre
supérieure d'un bleu violet en dedans, à éperon légèrement arqué. Capsule
subglobuleuse. Graines ovoïdes, tuberculeuses. (I). Juillet-octobre.

A.C. — Champs en friche, lieux cultivés.

**3. L. spuria** Mill. *Dict.* n. 15 ; Bill. *Exsicc.* n. 595. — *Antirrhinum spurium*
L. *Sp.* 851 ; *Fl. Dan.* VI, t. 913 ; *Engl. bot.* t. 691. — [ L. BATARDE. —
Vulg. *Velvote* ].

Plante annuelle, poilue. Tiges ord. nombreuses, de 2-5 décim., couchées-
diffuses, rameuses, flexueuses. *Feuilles* alternes, brièvement pétiolées, *oblongues ou suborbiculaires*, souvent un peu cordées à la base. *Pédicelles très
poilus*, presque capillaires, la plupart plus longs que la feuille. *Calice à divisions ovales-aiguës* souvent cordées à la base, dépassant un peu la capsule.
Corolle jaune, à lèvre supérieure d'un violet foncé en dedans, à éperon légèrement arqué. Capsule subglobuleuse. Graines ovoïdes, tuberculeuses. (I).
Juillet-octobre.

C. — Champs en friche, lieux cultivés.


Sect. III. CYMBALARIA. — Feuilles palminerviées, la plupart alternes, ord.
lobées, longuement pétiolées. Fleurs longuement pédicellées, axillaires,
espacées. Corolle à palais saillant fermant la gorge. Graines oblongues,
rugueuses.


**4. L. Cymbalaria** Mill. *Dict.* n. 17 ; Bill. *Exsicc.* n. 594. — *Antirrhinum Cymbalaria* L. *Sp.* 851 ; *Fl. Dan.* VII, t. 1220 ; *Engl. bot.* t. 502.—[ L. CYMBA-
LAIRE. — Vulg. *Cymbalaire* ].

Plante vivace, glabre. Tiges nombreuses, de 1-7 décim., couchées ou pendantes, très rameuses diffuses, à rameaux allongés. Feuilles la plupart alternes, à pétiole beaucoup plus long que le limbe, épaisses, souvent rougeâtres
en dessous, suborbiculaires cordées à la base, à 5-7 lobes larges obtus mucronulés. Pédicelles filiformes, ord. un peu plus longs que les feuilles. Calice
à divisions lancéolées, plus courtes que la capsule. Corolle d'un rose bleuâtre,
à palais jaune, à éperon court arqué. Capsule subglobuleuse. Graines ovoïdes,
couvertes de crêtes obtuses saillantes.

C C. — Vieux murs humides.


Sect. IV. LINARIASTRUM. — Feuilles penninerviées ou à nervure moyenne
seule distincte, alternes, ou les inférieures et celles des rejets opposées ou
verticillées, entières, sessiles souvent atténuées à la base ou semiamplexicaules, ord. glauques. Fleurs presque sessiles ou pédicellées, disposées en

épis ou en grappes terminales non feuillées. Corolle à palais saillant fermant la gorge. Graines anguleuses non bordées, ou comprimées discoïdes entourées d'une bordure ord. membraneuse.

5. **L. striata** DC. *Fl. Fr.* III, 586 ; Bill. *Exsicc.* n. 58. — *Antirrhinum repens* et *A. Monspessulanum* L. *Sp.* 854. — *A. repens Engl. bot.* t. 1253. — *A. striatum* Lmk *Fl. Fr.* II, 343. — *Linaria repens* Desf. *Cat. hort. Par.* 64.— *L. stricta* Hornem.; Rchb. *Crit.* V, t. 423, f. 610 non Guss. — [L. STRIÉE].

*Plante* glabre, glaucescente, *vivace*. Souche souvent terminée en racine pivotante, à rhizomes obliques. Tiges de 2-6 décim., dressées ou presque dressées, rameuses. *Feuilles* linéaires-lancéolées ou linéaires, à nervure moyenne seule très distincte; les *inférieures verticillées par 3-4*; les supérieures éparses, rapprochées. *Fleurs en grappes spiciformes plus ou moins lâches.* Calice à divisions linéaires-lancéolées, plus courtes que la capsule. Corolle d'un blanc lilas veiné de violet, à palais jaune, à éperon court. Capsule assez petite, globuleuse-subdidyme. *Graines ovoïdes-trigones*, à angles aigus, à faces ridées-tuberculeuses. ♃. Juillet-septembre.

*C.* — Coteaux calcaires, lieux pierreux, carrières, bords des chemins.

Var. β. *ochroleuca*. — Fleurs ord. plus grandes, d'un jaune pâle. — *R.* — Joinville-le-Pont (*Thuret*). L'Étang près Saint-Germain (*C. de Chambine*). Provins (*Bouteiller*).

Le *L. purpurea* Mill. (*Antirrhinum purpureum* L.; *Bot. mag.* t. 99; Sibth. et Sm. *Fl. Græc.* t. 589), indiqué comme spontané à Champagne et à Valvins (*Mérat Fl. Par.*) et observé à L'Étang-la-Ville près Saint-Germain (*C. de Chambine*), n'est pas indigène aux environs de Paris ni même en France. Cette plante, originaire de l'Italie méridionale!, de la Grèce, etc., est cultivée dans les jardins, d'où elle s'échappe quelquefois pour se naturaliser aux environs. On la reconnaît aux caractères suivants : tiges dressées atteignant souvent un mètre, glabres; feuilles linéaires-lancéolées, éparses ou les inférieures verticillées; *fleurs disposées en grappes spiciformes allongées;* calice à divisions linéaires-lancéolées, beaucoup plus courtes que la capsule ; *corolle d'un pourpre violacé, à éperon plus long que le tube;* capsule subglobuleuse, didyme; *graines ovoïdes-trigones* à angles aigus, à faces ridées-tuberculeuses.

Le *L. bipartita* Willd. (*Antirrhinum bipartitum* Vent. *Hort. Cels.* t. 82), originaire du Maroc, est cultivé dans les jardins, d'où il s'échappe quelquefois pour se naturaliser aux environs; il a été observé dans ces conditions dans la forêt de Fontainebleau au Pressoir-du-Roi (*Maire*). — Cette espèce se reconnaît aux caractères suivants : racine annuelle; tiges dressées, glabres, ord. accompagnées de plusieurs rejets stériles; feuilles linéaires-lancéolées, éparses, ou les inférieures et celles des rejets stériles opposées; *fleurs disposées en grappes lâches;* calice à divisions linéaires-lancéolées aiguës, égalant la longueur de la capsule ; *corolle d'un bleu violet à palais orangé, à lèvre supérieure profondément bilobée à lobes allongés, à éperon grêle arqué.*

6. **L. vulgaris** Mœnch *Meth.* 524; Bill. *Exsicc.* n. 425. — *Antirrhinum Linaria* L. *Sp.* 858; *Fl. Dan.* VI, t. 982; *Engl. bot.* t. 658. — [L. COMMUNE. — Vulg. *Linaire*].

*Plante* glabre ou pubérulente-glanduleuse au sommet, subglaucescente, *vivace*, à rhizomes obliques. *Tiges de 2-6 décim., dressées* ou presque dressées, simples ou rameuses. *Feuilles toutes éparses, très rapprochées*, lancéolées-linéaires ou linéaires, à nervure moyenne seule très distincte. *Fleurs imbriquées, en grappes spiciformes compactes.* Calice à divisions lancéolées, plus courtes que la capsule. Corolle grande, d'un jaune pâle, à palais d'un jaune safrané, à éperon très long. Capsule oblongue-subglobuleuse. *Graines* comprimées *discoïdes*, entourées d'une bordure membraneuse, finement tuberculeuses au milieu du disque. ♃. Juillet-septembre.

*C C.* — Bords des chemins, champs sablonneux ou pierreux, berges des rivières.

7. **L. supina** Desf. *All.* II, 44 ; Bill. *Exsicc.* n. 424 et *bis*. — *Antirrhinum supinum* L. *Sp.* 856 ; Sibth. et Sm. *Fl. Græc.* t. 595. — *Antirrhinum bipunctatum* Thuill. *Fl. Par.* 314 non L. — *L. Thuillierii* Mérat *Fl. Par.* éd. 1, 240. — [L. couchée].

*Plante annuelle,* glabre-glaucescente, pubescente-glanduleuse au sommet. *Tiges* ord. nombreuses, de 1-3 décim., *couchées-diffuses, puis redressées,* simples ou peu rameuses. Feuilles linéaires étroites, uninerviées, un peu épaisses, rapprochées, éparses ou verticillées par 3-5 ; les supérieures éparses. *Fleurs imbriquées, en grappes courtes compactes.* Calice à divisions linéaires-obtuses, plus courtes que la capsule. Corolle grande, d'un *jaune* pâle, à palais d'un jaune orangé, à éperon très long. Capsule subglobuleuse. *Graines* comprimées *discoïdes*, entourées d'une large bordure membraneuse, à disque ord. lisse. ♀. Mai-septembre.

*C C.* — Champs sablonneux ou pierreux, vieux murs, bords des chemins, berges des rivières.

8. **L. arvensis** Desf. *All.* II, 45 ; DC. *Fl. Fr.* III, 588. — *Antirrhinum arvense* L. *Sp.* 855 excl. var. β. — [L. des champs].

*Plante annuelle,* très grêle, glabre-glaucescente dans sa partie inférieure, pubescente-glanduleuse dans sa partie supérieure. *Tiges* solitaires ou peu nombreuses, de 1-3 décim., simples ou rameuses, *dressées* ord. accompagnées de plusieurs rejets stériles courts à feuilles verticillées. *Feuilles* ord. espacées, *linéaires-étroites,* uninerviées, un peu épaisses ; les inférieures verticillées par 4 ; les supérieures éparses. Fleurs en grappes pauciflores, d'abord courtes capitées puis devenant lâches. Calice à divisions linéaires-oblongues égalant environ la longueur de la capsule. *Corolle très petite, lilas, veinée de bleu,* à palais blanchâtre, *à éperon courbé* beaucoup plus court que le reste de la corolle. Capsule subglobuleuse-obovale. *Graines* comprimées *discoïdes,* entourées d'une large bordure membraneuse, à disque lisse. ♀. Juin-septembre.

*R R.* — Champs, moissons, surtout des terrains sablonneux. — Saint-Léger ! (*Mérat* Fl. Par.) ; Poigny ! (C^te *Jaubert, de Schœnefeld*). Sivry près Melun ! ; entre Poligny ! et Rosiers près Nemours (*Devilliers*). Autheuil-en-Valois, Moyvillers près Compiègne (*Questier*). — *Graves* Cat. Oise : Le Mesnil-Saint-Firmin ; Méru ; plateau de Saint-Jean au-dessus de Beauvais.

Le *L. simplex* DC. (*Antirrhinum arvense* var. β. L. ; Sibth. et Sm. *Fl. Græc.* t. 590), plante assez répandue dans toute la région méditerranéenne, s'était naturalisé, il y a quelques années, dans des terrains incultes à Versailles, au voisinage de l'embarcadère du chemin de fer de la rive gauche, où existait autrefois un jardin botanique. — Cette espèce, très voisine du *L. arvensis*, s'en distingue surtout par la corolle jaune à éperon droit, et par ses graines à disque ord. finement tuberculeux au centre.

9. **L. Pelliceriana** Mill. *Dict.* n. 11 ; *Engl. bot.* t. 2832 ; Bill. *Exsicc.* n. 1280.
— *Antirrhinum Pellicerianum* L. *Sp.* 855 (sphalmate *A. Pellisserianum*);
Sibth. et Sm. *Fl. Græc.* t. 591. — [L. DE PELLICIER].

*Plante annuelle*, grêle, glabre-subglaucescente. Tige de 2-5 décim., dressée, roide, simple, ou rameuse à rameaux dressés, accompagnée de plusieurs
rejets stériles à feuilles verticillées. *Feuilles* espacées, linéaires-étroites, uninerviées, un peu épaisses, éparses ; les inférieures verticillées par 4 ; celles
*des rejets stériles oblongues assez larges*, ord. verticillées par 3. Fleurs en
grappes pauciflores ou pluriflores d'abord courtes capitées puis devenant
lâches spiciformes. Calice à divisions linéaires-acuminées, plus longues que
la capsule. *Corolle d'un bleu violet*, à palais moins coloré rayé de blanc, à
éperon très long. Capsule didyme. *Graines* petites, comprimées *discoïdes*,
*entourées d'une* large *bordure* membraneuse *découpée en cils* roides. ①.
Juin-juillet.

R. — Rochers, coteaux sablonneux, pelouses arides. — Bois de Boulogne
(*Tourn.* Hist. pl. Par.) ; Chatou (*Mandon*) ; bois du Vésinet (*Kralik*). Bouray
(*Lamotte, Vigineix*) ; Lardy, forêt de Dourdan (*Maire*) ; La Ferté-Aleps (*de Schœnefeld*) ; Étréchy (*E. Fournier*) ; Saint-Martin-de-la-Roche ! près Étampes (*Woods*) ;
rochers de Dhuison ! ; forêt de Fontainebleau ! (*Adr. de Jussieu*) ; Malesherbes
(*Bernard*) ; Nemours ! où il est quelquefois très abondant (*Devilliers*) ; bois à Thurelles ! près Dordives. Indiqué à Poigny près Saint-Léger (*Thuill.* Fl. Par.), mais
probablement par suite d'une confusion avec le *L. arvensis.* — Laxeray près Châteaudun (*Dænen*). — *Graves* Cat. Oise : hameau de Montgrésin entre La Chapelle-en-
Serval et la forêt de Chantilly.


## 8. PEDICULARIS Tourn. *Inst.* t. 77. — [PÉDICULAIRE].

*Calice* ord. *renflé-ventru*, inégalement 4-5-denté, ou irrégulièrement bilabié ou bilobé, à dents ou à lobes ord. incisés-dentés. *Corolle bilabiée ; à lèvre
supérieure en casque, comprimée latéralement*, souvent émarginée obtuse ou
prolongée en bec ; l'inférieure plane, 3-lobée. *Étamines 4*, cachées sous le
casque ; anthères à lobes un peu divergents ord. mutiques, s'ouvrant chacun
par une fente longitudinale. Capsule comprimée perpendiculairement à la
cloison, à partie supérieure ord. aplanie arquée, à 2 valves, à déhiscence
loculicide. *Graines* ord. peu nombreuses, *ovoïdes-subtrigones*, ord. tuberculeuses, à raphé parcourant toute leur longueur.

Plantes bisannuelles ou vivaces. *Feuilles* opposées ou alternes, *pinnatipartites,
plus rarement bipinnatipartites*, à lobes espacés, dentés ou pinnatifides. Fleurs
roses, très rarement blanches, subsessiles, en grappes terminales.

1. **P. sylvatica** L. *Sp.* 845 ; *Fl. Dan.* II, t. 225 ; *Engl. bot.* t. 400 ; Bill. *Exsicc.*
n. 1736. — [P. DES BOIS].

*Plante glabre. Tiges nombreuses*, de 1-2 décim., simples, la centrale dressée ou presque dressée, *les latérales étalées-diffuses* flexueuses. Feuilles
alternes, rarement opposées, pinnatipartites, à lobes oblongs plus ou moins
profondément incisés. Calice glabre, 5-denté ; le fructifère presque vésiculeux, à dents terminées par un appendice foliacé irrégulièrement incisé-
denté, la dent supérieure plus petite lancéolée entière. *Corolle* rose, à tube
étroit dépassant longuement le calice ; *à casque* plus long que la lèvre inférieure, à peine arqué, *dépourvu de dent vers le milieu de sa longueur*, à

bec très court tronqué et présentant de chaque côté une dent acuminée. ②
ou ♃ ?. Mai-juillet.

*C.* — Bois humides, pelouses ombragées, pâturages montueux.

2. **P. palustris** L. *Sp.* 845; *Fl. Dan.* XII, t. 2055; *Engl. bot.* t. 399; Bill. *Exsicc.*
n. 431. — [P. DES MARAIS. — Vulg. *Pédiculaire, Herbe-aux-poux*].

Plante presque glabre, ou pubescente au sommet. *Tige solitaire*, de 2-6
décim., *dressée*, simple, ou rameuse dès la base à rameaux dressés. Feuilles
alternes ou opposées, pinnatipartites ou les inférieures bipinnatipartites, à
lobes oblongs plus ou moins profondément incisés. Calice un peu poilu, irrégulièrement bilobé ; le fructifère presque vésiculeux, à lobes foliacés et irrégulièrement incisés-dentés. *Corolle* rose, *à tube étroit dépassant longuement
le calice; casque* environ de la longueur de la lèvre inférieure, un peu arqué,
*présentant ord. de chaque côté vers le milieu de sa longueur une dent
dirigée en bas*, à bec court tronqué et présentant de chaque côté une dent
acuminée. ② ou ♃. Mai-août.

*A.C.* — Prairies spongieuses, marais tourbeux. — Meudon!; Saint-Germain!;
Mennecy!; Saint-Léger!; Malesherbes!, etc.

### 9. **RHINANTHUS** L. *Gen.* n. 740 ex parte. — [ RHINANTHE. — Vulg.<br>COCRISTE, CRÊTE-DE-COQ ].

*Calice renflé, comprimé latéralement*, 4-denté par l'absence de la dent
supérieure. *Corolle bilabiée; la lèvre supérieure en casque*, comprimée latéralement, obtuse; l'inférieure plane, 3-lobée. Étamines 4, cachées sous le
casque; anthères velues, à lobes mutiques s'ouvrant chacun par une fente
longitudinale. *Capsule polysperme, suborbiculaire*, comprimée perpendiculairement à la cloison, presque plane, à 2 valves, à déhiscence loculicide.
*Graines comprimées presque planes, entourées d'une bordure mince* blanchâtre ; hile situé au-dessous de l'extrémité de la graine.

Plantes annuelles. Feuilles opposées, dentées. Fleurs jaunes, subsessiles ou brièvement pédicellées, opposées, disposées en grappes terminales feuillées.

1. **R. major** Ehrh. *Beitr.* VI, 144 ; *Engl. bot.* t. 2737 ; Benth. in DC. *Prodr.* X,
557. — *R. Crista-galli* var. γ. L. *Sp.* 840. — *R. hirsuta* Lmk *Fl. Fr.* II,
363 ; *Fl. Par.* éd. 1, 299. — *Alectorolophus major* et *hirsutus* Rchb.
*Crit.* VIII, t. 732-733, f. 975-976. — *R. major* et *Alectorolophus* Koch
*Syn. fl. Germ.* ed. 2, 626. — *R. major* var. *hirsutus* et var. *glaber* Bill.
*Exsicc.* n. 1289 *bis* et 1289. — [ R. MAJEUR.—Vulg. *Croquelle, Rougette-
blanche*].

Tige de 3-6 décim., roide, dressée, simple ou rameuse supérieurement,
pubescente, plus rarement glabre. *Feuilles* sessiles, oblongues-lancéolées ou
lancéolées, fortement dentées, pubescentes-scabres, rugueuses, à bords un
peu infléchis en dessous, à nervures latérales correspondant aux sinus des
dents ; les *florales* ovales-acuminées, *très pubescentes* ord. à peine scabres,
*plus rarement glabres*, ord. d'un vert très pâle. *Calice velu, plus rarement
glabre. Corolle à tube dépassant ord. assez longuement le calice ; à lèvre
supérieure prolongée* au-dessous du sommet *en 2 appendices* ord. bleuâtres
*plus longs que larges*. Graines à bordure ord. peu large. ①. Mai-juin.

*C C.* — Prés humides, pâturages.

**2. R. minor** Ehrh. *Beitr.* VI, 144 ; Koch *Syn. fl. Germ.* ed. 2, 626 ; Benth. in
DC. *Prodr.* X, 357 ; Bill. *Exsicc.* n. 1288 et *bis.* — *R. Crista-galli* var. α.
L. *Sp.* 840 ; *Engl. bot.* t. 657. — *R. glabra* Lmk *Fl. Fr.* II, 352 ; *Fl. Par.*
éd. 1, 300. — *Alectorolophus parviflorus* Wallr. ; Rchb. *Crit.* VIII, f. 973-
974. — [R. MINEUR].

Tige de 3-5 décim., roide, dressée, simple ou rameuse supérieurement,
glabre, plus rarement pubescente dans sa partie supérieure. *Feuilles* sessiles,
oblongues-lancéolées ou lancéolées, fortement dentées, très scabres, rugueuses,
à bords un peu infléchis en dessous, à nervures latérales correspondant aux
sinus des dents ; les *florales* ovales-lancéolées ou ovales-acuminées, très
scabres, *glabres, rarement pubescentes,* vertes ou plus rarement d'un vert
pâle. *Calice ord. glabre. Corolle à tube* ord. *ne dépassant pas ou dépassant peu le calice ; à lèvre supérieure prolongée* au-dessous du sommet *en
2 appendices* jaunes ou bleuâtres ord. *courts dentiformes plus larges que
longs.* Graines à bordure ord. large. Ⓘ. Mai-juin.

C. — Prés humides, lieux herbeux ombragés.

Nous n'avons jamais pu séparer par des caractères positifs les *R. major* et
*minor,* qui, aux environs de Paris, croissent souvent pêle-mêle dans une même
prairie ; nous avons vu varier les caractères par lesquels les auteurs ont tenté
d'en établir la distinction, tels que la forme, la couleur, la pubescence ou la gla-
brescence des feuilles florales, la villosité ou la glabréité du calice, la longueur ou
la brièveté du tube de la corolle, la longueur relative des deux lèvres, la forme et
la longueur des appendices de la lèvre supérieure, la longueur du style, sa pubescence ou sa glabréité, la largeur de la bordure des graines, etc. Aussi serions-
nous portés à croire que les deux plantes devraient être rapportées à un même type
spécifique, comme l'avait fait Linné, qui les a décrites toutes deux sous le nom de
*R. Crista-galli.*

## 10. MELAMPYRUM Tourn. *Inst.* t. 78. — [MÉLAMPYRE].

*Calice tubuleux,* 4-fide par l'absence du lobe supérieur. *Corolle bilabiée*
ou presque en gueule ; *lèvre supérieure en casque, comprimée latéralement,*
émarginée, à bords rejetés en dehors ; lèvre inférieure plane, 3-dentée ou
3-fide, présentant 2 bosses ; gorge triangulaire. Étamines 4, cachées sous le
casque ; anthères à lobes un peu divergents à la base, prolongés en pointe
au moins dans les étamines inférieures, s'ouvrant chacun par une fente longitudinale. *Capsule à loges 1-2-spermes,* ovoïde-acuminée, comprimée parallèlement à la cloison, à 2 valves, à déhiscence loculicide. *Graines ovoïdes-
oblongues subtrigones* ; hile occupant l'extrémité inférieure de la graine.

Plantes annuelles, parasites par leurs fibres radicales sur les racines des autres
plantes. Feuilles opposées, les caulinaires entières, les florales incisées-pinnatifides
à la base. Fleurs jaunes ou roses, subsessiles, opposées, disposées en épis terminaux feuillés.

**1. M. cristatum** L. *Sp.* 842 ; *Fl. Dan.* VII, t. 1104 ; *Engl. bot.* t. 41 ; Bill. *Exsicc.*
n. 601. — [M. A CRÊTES].

Tige de 2-3 décim., roide, dressée, pubescente surtout supérieurement,
rameuse à rameaux étalés. *Feuilles* lancéolées-linéaires, très scabres ; les
*florales étroitement imbriquées sur 4 rangs,* très larges, cordées acuminées,
*recourbées, pliées en dessus,* à bords déchiquetés en cils roides. Fleurs disposées en épis quadrangulaires très compactes. Calice à tube présentant deux

lignes de poils, à divisions lancéolées-acuminées n'atteignant pas le tiers de la longueur du tube de la corolle et plus courtes que la capsule. Corolle presque fermée, d'un blanc jaunâtre souvent mêlé de rouge, à palais jaune. ①. Juin-août.

*A.C.* — Clairières des bois sablonneux, coteaux incultes, buissons.

2. **M. arvense** L. *Sp.* 842 ; *Fl. Dan.* VI, t. 911 ; *Engl. bot.* t. 53 ; Bill. *Exsicc.* n. 1286. — [M. DES CHAMPS. — Vulg. *Rougeole, Rougette, Blé-de-vache, Queue-de-loup, Queue-de-renard*].

Tige de 3-6 décim., roide, dressée, très pubescente, rameuse à rameaux presque dressés. *Feuilles* lancéolées-linéaires, rudes à bords scabres ; les *florales d'un beau rouge*, très rapprochées, dressées, ovales-lancéolées ou ovales-acuminées, laciniées à divisions très longues linéaires-subulées. Fleurs disposées en épis multiflores presque cylindriques. *Calice* à tube pubescent, *à divisions* triangulaires-lancéolées *terminées en une longue pointe sétacée* rouge, *égalant la longueur du tube de la corolle et dépassant longuement la capsule.* Corolle assez grande, ouverte, purpurine, à gorge blanchâtre, à lèvre inférieure tachée de jaune. ①. Juin-août.

*C.* — Moissons, champs en friche, prairies artificielles.

3. **M. pratense** L. *Sp.* 843 ; *Fl. Dan.* XIII, t. 2238 ; *Engl. bot.* t. 113 ; Bill. *Exsicc.* n. 61. — [M. DES PRÉS].

Tige de 2-5 décim., roide, dressée, presque glabre, rameuse presque dès la base à rameaux divergents un peu arqués. Feuilles lancéolées ou lancéolées-linéaires, à bords scabres ; les florales un peu espacées, dressées, lancéolées ou ovales-lancéolées, incisées-pinnatifides à la base. *Fleurs* dirigées horizontalement, disposées par paires espacées, *en grappes unilatérales* feuillées *lâches*. *Calice* glabre, *à divisions* linéaires-sétacées, *2 fois plus courtes que le tube de la corolle et plus courtes que la capsule.* Corolle fermée, jaune ou d'un blanc jaunâtre. ①. Juin-août.

*C.* — Bois, taillis montueux.

**11. EUPHRASIA** L. *Gen.* n. 741 ex parte. — [EUPHRAISE].

*Calice tubuleux* ou campanulé, ord. 4-fide par l'absence du lobe supérieur. *Corolle bilabiée ; lèvre supérieure en casque, bilobée au sommet* à lobes ord. rejetés en dehors ; *lèvre inférieure* plane, trifide, *à lobes ord. émarginés ou bilobés*, ne présentant pas de bosses. Étamines 4, logées sous le casque, incluses ou exsertes ; *anthères à lobes mucronés* s'ouvrant chacun par une fente longitudinale, le *lobe inférieur des deux étamines courtes ord. prolongé en une pointe* beaucoup *plus longue* que celle du lobe supérieur. *Capsule polysperme*, ovoïde ou oblongue, comprimée perpendiculairement à la cloison, obtuse ou émarginée, à déhiscence loculicide, à 2 valves entières ou bifides. *Graines* très petites, *ovoïdes-fusiformes*, striées longitudinalement, à hile occupant leur extrémité inférieure, parcourues dans toute leur longueur par le raphé saillant.

Plantes annuelles. Tiges coudées à la base, pubescentes à poils réfléchis. Feuilles fortement nerviées, dentées, opposées, les supérieures éparses. Fleurs blanchâtres-striées, brièvement pédicellées, disposées en épis terminaux feuillés sub-unilatéraux.

**1. E. officinalis** L. *Sp.* 841; *Fl. Dan.* VI, t. 1037; *Engl. bot.* t. 1416; *Illustr. fl. Par.* t. 18, A; Bill. *Exsicc.* n. 62.— [ E. OFFICINALE. — Vulg. *Euphraise, Casse-lunettes* ].

Tige de 5-30 centim., dressée, simple ou rameuse dès la base, pubescente, quelquefois un peu glanduleuse. Feuilles pubescentes, sessiles, ovales ou ovales-oblongues, dentées à dents courtes ou à dents profondes acuminées; les florales plus petites, presque de même forme, profondément dentées. Calice à lobes lancéolés-acuminés. Corolle de grandeur très variable, finement **pubescente**, blanche quelquefois bleuâtre, marquée de lignes violettes, à palais jaune; lèvre supérieure échancrée au sommet en 2 lobes courts 2-3-dentés; lèvre inférieure 3-lobée, à lobes émarginés-bilobés. Étamines plus courtes que le casque, à connectif glabre; anthères brunâtres, chargées de poils noueux le long des lignes de déhiscence. (I). Juillet-octobre.

Prairies, pâturages, pelouses sèches, lisière des bois.

Var. α. *officinalis.* (*E. officinalis* var. *pratensis* Koch *Syn. fl. Germ.* ed. 2, 628; *Fl. Par.* éd. 1, 302). — Plante très pubescente, un peu glanduleuse. Tige ord. très rameuse dès la base. Feuilles à dents courtes obtuses ou aiguës. Capsule ovale-oblongue. — *C C.*

Var. β. *nemorosa.* (*E. nemorosa* Pers. *Syn. pl.* II, 149; Rchb. *Fl. Germ. excurs.* 358; Gren. et Godr. *Fl. Fr.* II, 605; Bill. *Exsicc.* n. 62 *bis.* — *E. officinalis* var. *nemorosa* et var. *minima Fl. Par.* éd. 1,(302). — Plante légèrement pubescente, non glanduleuse. Tige ord. simple inférieurement. Feuilles à dents profondes aiguës ou cuspidées. Capsule oblongue. — *C.*

**12. ODONTITES** Hall. *Helv.* 304; Pers. *Syn. pl.* II, 150. — [ODONTITÈS].

*Calice tubuleux* ou campanulé, 4-fide par l'absence du lobe supérieur. *Corolle bilabiée; lèvre supérieure en casque, entière ou émarginée au sommet*, à bords non rejetés en dehors; *lèvre inférieure* plane, trifide, *à lobes entiers*, ne présentant pas de bosses. Étamines 4, ord. logées sous le casque, incluses ou exsertes; *anthères à lobes tous également mucronés. Capsule polysperme*, ovoïde ou oblongue, comprimée perpendiculairement à la cloison, obtuse ou émarginée, à déhiscence loculicide, à 2 valves entières ou bifides. *Graines* très petites, *ovoïdes-fusiformes*, striées longitudinalement, à hile occupant leur extrémité inférieure, parcourues dans toute leur longueur par le raphé saillant.

Plantes annuelles. Tiges coudées à la base, pubescentes à poils réfléchis. Feuilles fortement nerviées, dentées ou entières, opposées, les supérieures éparses. Fleurs purpurines ou jaunes, brièvement pédicellées, disposées en épis terminaux feuillés subunilatéraux.

**1. O. lutea** Rchb. *Fl. Germ. excurs.* 359. — *Euphrasia lutea* L. *Sp.* 842; Jacq. *Fl. Austr.* IV, t. 398; *Fl. Par.* éd. 1, 302, et *Illustr. fl. Par.* t. 18, B; Bill. *Exsicc.* n. 163 et *bis.* — [O. JAUNE].

Tige de 1-4 décim., roide, dressée, rameuse supérieurement, pubescente-rude. Feuilles scabres, sessiles, linéaires-lancéolées étroites, lâchement et superficiellement dentées, les supérieures et les florales entières. Calice pubescent, non glanduleux, campanulé, à lobes courts triangulaires. *Corolle d'un beau jaune*, très ouverte, *pubescente à poils épars, à lobes ciliés-barbus*; lèvre supérieure comprimée, tronquée-obtuse. *Étamines et style dépassant la corolle et rejetés vers la lèvre inférieure* ; anthères d'un jaune orangé, à connectif glabre ou presque glabre, à lobes glabres. (I). Juillet-septembre.

*R R.* — Coteaux incultes, pelouses montueuses arides. — Entre Montgeron et la forêt de Senart (*Thuill.* Fl. Par.). Verderonne !; Orrouy près Crépy (*Léré*); env. de Compiègne (*Maire*) ; bois de Remy près Compiègne (*Lefèvre* et *Pillot* in *Mérat* Fl. Par.); friches de Corcy cant. de Villers-Cotterets (*de Marcilly fils*). — Montagnes de Salency, de Béhéricourt, de Larbroie et Mont-Saint-Siméon près Noyon (*Léré, Morelle, Questier*). Env. de Soissons (*Maire*). — *Graves* Cat. Oise : bordure droite de la vallée d'Autonne depuis Orrouy et Champlieu jusqu'à Lamotte ; buttes de Catiau et de Moimont cant. de Liancourt; coteaux d'Elincourt-Sainte-Marguerite et de Chevincourt ; Roberval cant. de Pont-Sainte-Maxence.

S.-v. *linifolia.* (*Euphrasia linifolia* L. Sp. 842 excl. var. β. — *E. lutea* var. *tenuifolia* Fl. Par. éd. 1, 302). — Rameaux plus longs et plus dressés que dans le type. Feuilles toutes linéaires courtes, très étroites, presque entières.

2. **O. rubra** Pers. *Syn. pl.* II, 150. — *Euphrasia Odontites* L. *Sp.* 841 ; *Fl. Par.* éd. 1, 302, et *Illustr. fl. Par.* t. 18, c. — [O. ROUGE].

Tige de 2-6 décim., roide, dressée, rameuse supérieurement, pubescente-rude. Feuilles pubescentes-scabres, sessiles, lancéolées, lancéolées-linéaires ou linéaires, plus ou moins profondément dentées, même les florales. Calice pubescent, tubuleux, à lobes lancéolés. *Corolle rougeâtre, très pubescente, à lèvres écartées*, la supérieure un peu comprimée droite tronquée, l'inférieure dirigée en bas à lobes oblongs étroits. Étamines placées sous la lèvre supérieure de la corolle qu'elles dépassent un peu; anthères jaunâtres ou brunâtres, à connectif chargé au niveau de l'insertion du filet de poils noueux-renflés, à lobes surmontés chacun d'une houppe de poils noueux et glanduleux qui agglutinent les anthères entre elles. *Style placé sous la lèvre supérieure de la corolle qu'il dépasse longuement surtout avant l'épanouissement complet de la fleur.* (I). Juin-octobre.

Var. α. *verna.* (*Euphrasia verna* Bell. in *App. Fl. Ped.* 33. — *Odontites verna* Rchb. *Fl. Germ. excurs.* II, 359. — *O. rubra* Gren. et Godr. *Fl. Fr.* II, 606; Bill. *Exsicc.* n. 63 et *bis*). — Rameaux ascendants ou dressés. Feuilles lancéolées ou lancéolées-linéaires, fortement dentées ; les florales ord. plus longues que les fleurs. Juin-août. — *C.* — Lisières des bois, lieux herbeux frais ou ombragés, pâturages.

Var. β. *serotina.* (*Euphrasia serotina* Lmk *Fl. Fr.* II, 350; Bill. *Exsicc.* n. 603. — *Odontites serotina* Rchb. *Fl. Germ. excurs.* II, 359 ; Gren. et Godr. *Fl. Fr.* II, 606. — *Euphrasia (Odontites) divergens* Jord. in *Arch. Fl. Fr. et All.* 191; Bill. *Exsicc.* n. 604). — Rameaux ord. étalés. Feuilles lancéolées-linéaires ou linéaires, superficiellement dentées ; les florales ne dépassant pas les fleurs. Juillet-octobre. — *C.* —Coteaux arides, moissons des terrains secs.

3. **O. Jaubertiana** Boreau in *Ann. sc. nat.* sér. 2, VI, 254 (sub Euphrasia subgen. Odontites) ; D. Dietr. in Walp. *Repert.* III, 401 ; Benth. in DC. *Prodr.* X, 551. — *Euphrasia Jaubertiana* Boreau *Fl. centr.* éd. 1, 366 ; *Fl. Par.* éd. 1, 303, et *Illustr. fl. Par.* t. 18, D ; Bill. *Exsicc.* n. 162 et *bis*.— [O. DE JAUBERT].

Tige de 2-6 décim., roide, dressée, rameuse supérieurement à rameaux étalés ou dressés, pubescente-rude. Feuilles pubescentes-scabres, sessiles, lancéolées-linéaires ou linéaires, lâchement et superficiellement dentées ; les florales entières ou présentant seulement 1-2 dents de chaque côté, dépassant longuement les fleurs. Calice pubescent, tubuleux, à lobes lancéolés. *Corolle rougeâtre ou d'un jaune rougeâtre, très pubescente, à lèvres conniventes* (1), la supérieure un peu arquée arrondie au sommet, l'inférieure à lobes oblongs-arrondis. Étamines placées sous la lèvre supérieure de la corolle ; anthères jaunâtres, à connectif muni au niveau de l'insertion du filet d'un petit nombre de poils noueux-renflés, à lobes ne présentant au sommet que quelques poils ou en étant complétement dépourvus. *Style placé sous la lèvre supérieure de la corolle qu'il ne dépasse pas, même avant l'épanouissement.* Ⓘ. Août-octobre.

*R R.* — Champs et pâturages des coteaux calcaires. — Très abondant aux environs de Moret!. — Orléans (*Dubouché* in *Boreau* Fl. centr.).

---

# LVII. LENTIBULARIÉES

(LENTIBULARIEÆ Rich. in Poit. et Turp. *Flor. Par.* 26).

*Fleurs* hermaphrodites, *irrégulières.* — Calice persistant, subbilabié 5-fide à divisions presque égales, ou bilabié à lèvres indivises. — *Corolle* hypogyne, caduque, gamopétale, ord. très irrégulière bilabiée ou en gueule, à lèvre supérieure bilobée ou entière, *à lèvre inférieure* plus grande 3-lobée ou entière *prolongée en éperon* et souvent renflée au niveau de la gorge en un palais plus ou moins saillant. — *Étamines 2,* insérées à la base de la corolle entre l'ovaire et l'éperon. Filets aplanis ou dilatés, presque droits ou arqués-connivents. Anthères unilobées, souvent rétrécies à leur partie moyenne et en apparence bilobées, insérées au filet par leur dos, s'ouvrant par une fente longitudinale. — Ovaire libre, uniloculaire, multiovulé, à *placenta central libre* ovoïde ou globuleux. Ovules réfléchis. Style court, indivis, bilabié au sommet, à lèvres stigmatifères à leur face interne, la lèvre supérieure courte ou presque nulle, l'inférieure aplanie lamelliforme entière ou frangée-ciliée se recourbant au-dessus des anthères. — *Fruit* capsulaire, *polysperme, uniloculaire,* s'ouvrant en 2 valves latérales ou circulairement au-dessus de la base ou indéhiscent. — Graines nombreuses, petites. *Périsperme nul.* Embryon à cotylédons très courts ou indistincts. Radicule dirigée vers le hile.

Plantes vivaces, herbacées, aquatiques. Feuilles toutes radicales, aériennes, disposées en rosette, entières ; ou disposées le long des tiges et des rameaux, submergées, multiséquées à segments filiformes ou capillaires souvent terminés par des renflements vésiculeux ; stipules nulles. Fleurs solitaires à l'extrémité de pédoncules radicaux, ou disposées en grappes pluriflores à l'extrémité de rameaux dépourvus de feuilles.

---

(1) Ce caractère, disparaissant par la dessiccation, doit être observé sur la plante vivante.

1. Pinguicula. — *Calice 5-fide. Feuilles entières, aériennes, disposées en rosette radicale.*

2. Utricularia. — *Calice à 2 lèvres entières ou presque entières. Feuilles submergées, multiséquées, à segments filiformes ou capillaires, toutes ou quelques-unes d'entre elles munies de vésicules.*

## 1. **PINGUICULA** Tourn. *Inst.* t. 74. — [GRASSETTE].

*Calice* petit, *5-fide* subbilabié, les 3 divisions supérieures dirigées horizontalement, les 2 inférieures dirigées en bas. *Corolle bilabiée*, à gorge largement ouverte, à palais barbu, à tube court prolongé inférieurement en un éperon dirigé en arrière ; à lèvre supérieure ord. plus courte que l'inférieure, échancrée ou bilobée ; *à lèvre inférieure 3-lobée*, à lobe moyen un peu plus grand. Étamines 2, à filets aplanis ascendants ; anthères horizontales, unilobées, soudées avec le filet dans toute leur longueur. Capsule s'ouvrant en 2 valves latérales. Graines très nombreuses, presque cylindriques.

Plante vivace. *Feuilles toutes radicales*, disposées *en rosette*, *entières*, succulentes, couvertes à la face supérieure de poils courts cristallins qui exsudent un enduit mucilagineux, à bords enroulés en dessus surtout pendant leur jeunesse. *Pédoncules radicaux uniflores.*

1. **P. vulgaris** L. *Sp.* 25 ; *Engl. bot.* t. 70 ; Bill. *Exsicc.* n. 2502 et *bis*. — [G. commune. — Vulg. *Grassette*].

Souche très courte, donnant naissance à un grand nombre de fibres radicales. Feuilles en rosette radicale appliquée sur la terre, d'un vert pâle jaunâtre, ovales-oblongues, atténuées à la base, à nervure moyenne épaisse, à nervures latérales presque indistinctes. Pédoncules radicaux solitaires ou plus ou moins nombreux, de 5-15 centim., dressés, glabres ou pubescents-glanduleux au sommet, terminés par une fleur dirigée horizontalement. Calice un peu pubescent-glanduleux ainsi que l'ovaire, à lobes ovales-lancéolés. Corolle d'un bleu rougeâtre, à gorge présentant une ou deux larges taches blanches, à lobes oblongs-obovales ord. écartés, à éperon subulé presque droit plus court que le reste de la corolle. Style à lèvre supérieure linéaire très petite, l'inférieure en forme de crête entière ou irrégulièrement trilobée. Capsule ovoïde, dressée sur le pédoncule. ♃. Mai-juin.

*A.C.* — Bruyères humides, coteaux tourbeux, tourbières. — « Entre Bièvre et Vauboyen dans des penchants marécageux » (*Tourn.* Hist. pl. Par.); Montmorency! (*Thuill.* Fl. Par.); L'Ile-Adam (*Chatin*); Luzarches (*De Lens*); Morfontaine!; Ermenonville (*Mandon*); Verderonne!; env. de Compiègne!; Rouville, Russy, Coyolles, Bourneville, Montigny-l'Allier, Vez, Mareuil-sur-Ourcq, etc. (*Questier*). Neuville-Bosc!; Sérans près Magny! (*Bouteille*); Gisors!; Trie-le-Château (*Graves*); Ons-en-Bray!; env. de Beauvais! (*Graves*). Vallée de Senlisse! (*de Schœnefeld*); étang de Grand-Moulin!; Élancourt (*de Boucheman*); Saint-Léger!; forêt des Yvelines près Rambouillet (*Weddell*). Vaires! près Dhuison. Épisy! près Moret (*E. Fournier*); Nemours! (*Devilliers*); marais de Sceaux! près Château-Landon; Malesherbes!; Thurelles! près Dordives, etc. — *Graves* Cat. Oise : étangs de Saint-Crépin-au-Bois cant. d'Attichy ; vallée de Vendy à Cuise-Lamotte et Genancourt ; Saint-Sulpice-du-désert cant. de Nanteuil.

S.-v. major. (*P. vulgaris* var. *grandiflora* Fl. Par. éd. 1, 304). — Plante ord. plus robuste. Pédoncules souvent très pubescents. Fleurs environ une fois plus grandes que dans le type. Corolle à palais très barbu. — Çà et là avec le type.

### 2. **UTRICULARIA** L. *Gen*. n. 31. — [UTRICULAIRE].

*Calice à deux lèvres entières* ou presque entières. *Corolle en gueule*, à gorge ord. fermée par un palais saillant bilobé, à tube presque nul, prolongée à la base en un éperon conique ou en forme de bosse dirigé en avant; à lèvre supérieure plus courte que l'inférieure, entière ou émarginée; *à lèvre inférieure* ord. *entière*. Étamines 2, embrassant l'ovaire; à filets dilatés, arqués rapprochés à la base et au sommet; anthères verticales, unilobées et soudées avec le filet dans presque toute leur longueur. Capsule indéhiscente ou se déchirant circulairement au-dessus de sa base. Graines très nombreuses, suborbiculaires, convexes en dessous.

*Plantes* vivaces, ord. rameuses, *submergées* flottant horizontalement, *à rameaux florifères* dressés *aériens* dépourvus de feuilles, non adhérentes au sol par des racines au moment de la floraison, se reproduisant (même dans les lieux où elles ne fleurissent pas) par les bourgeons à feuilles rapprochées qui terminent la tige et les rameaux, et qui persistent au fond de l'eau pendant l'hiver après la décomposition du reste de la plante. *Feuilles* disposées le long des tiges et des rameaux filiformes, *multiséquées* à segments filiformes ou capillaires, *munies* toutes ou au moins quelques-unes d'entre elles *de vésicules* qui terminent les segments; vésicules fermées par un opercule ord. entouré de filaments rameux, se remplissant d'air pour faire flotter la plante. *Fleurs* pédicellées, *en grappes* à l'extrémité des rameaux aériens, accompagnées de bractées membraneuses. Corolle jaune.

**1. U. vulgaris** L. *Sp*. 26; *Engl. bot*. t. 253; *Illustr. fl. Par*. t. 18 *bis*, A. — [U. COMMUNE. — Vulg. *Utriculaire*].

*Feuilles* toutes de même forme, étalées dans tous les sens, munies de vésicules nombreuses, à circonscription ovale ou oblongue, *pinnatiséquées* à segments multiséqués capillaires lâchement et très finement denticulés. Rameau florifère de 2-3 décim., 3-12-flore, dressé, portant souvent quelques écailles espacées. Bractées ovales, beaucoup plus courtes que les pédicelles. Calice à lèvres ovales-obtuses, l'inférieure souvent émarginée. *Corolle* assez grande, d'un beau jaune, *à palais très saillant fermant la gorge* strié de lignes orangées; à lèvre supérieure à bords rejetés en arrière, de la longueur du palais ou le dépassant plus ou moins; à lèvre inférieure à bords réfléchis, plus rarement presque plane à bords étalés horizontalement; *éperon conique, égalant environ la moitié de la longueur de la corolle*. Anthères un peu cohérentes, plus rarement libres. Stigmate à lèvre inférieure frangée-ciliée. ♃. Juin-août.

Mares, fossés, étangs, flaques d'eau des tourbières.

Var. α. *vulgaris*. — Corolle à lèvre supérieure de la longueur du palais ou le dépassant peu; à lèvre inférieure à bords réfléchis. Anthères un peu cohérentes. — C.

Var. β. *neglecta*. (*U. neglecta* Lehm. *Ind. schol. Hamb*. [1828], 38; Hayne in Schrad. *Journ*. [1800] I, 18, t. 5; *Engl. bot*. t. 2489; Koch *Syn. fl. Germ*. ed. 2, 665; Gren. et Godr. *Fl. Fr*. II, 445). — Corolle à lèvre supérieure ord. une fois plus longue que le palais; à lèvre inférieure presque plane, à bords étalés horizontalement. Anthères non cohérentes. — Çà et là avec le type. — R. — Bellevue (*Bureau*); étang de Villebon (*de Boucheman*).

**2. U. intermedia** Hayne in Schrad. *Journ.* [1800] I, 18, t. 5; *Engl. bot.* t. 2489;
*Illustr. fl. Par.* t. 18 *bis*, B. — [U. INTERMÉDIAIRE].

*Feuilles de deux formes, les unes munies, les autres dépourvues de
vésicules : les feuilles dépourvues de vésicules* distiques, *disposées sur le
même plan que la tige,* à circonscription ovale-suborbiculaire, *palmatiséquées, à 2-3 segments* courts divisés en lobes nombreux *linéaires-filiformes
denticulés à denticules terminés en épine; les feuilles munies de vésicules*
toutes *portées sur des rameaux spéciaux* et réduites à 1-3 segments terminés chacun par une vésicule; vésicules plus grosses que dans les autres
espèces. Rameau florifère de 1-2 décim., dressé, portant souvent quelques
écailles espacées. Bractées ovales, beaucoup plus courtes que les pédicelles.
Calice à lèvres ovales. Corolle à lèvre supérieure une fois plus longue que le
palais, à lèvre inférieure presque plane à bords étalés horizontalement; éperon
conique aigu, presque aussi long que la corolle. Anthères libres. ♃. Juin_
août.

R R. — Flaques d'eau des marais tourbeux. — Abondant dans les marais de
Rouville! et de Buthiers! près Malesherbes, où il a été trouvé, en 1845, à l'herborisation de M. Adr. de Jussieu. — Cette plante, qui fleurit assez rarement, n'a pas
encore été observée en fleur aux environs de Paris.

**3. U. minor** L. *Sp.* 26; *Engl. bot.* t. 254; *Illustr. fl. Par.* t. 18 *bis*, C. — [U. MI-
NEURE].

*Feuilles* toutes de même forme, étalées dans tous les sens, munies de vésicules, quelquefois réduites à 2-3 segments terminés en vésicule, plus rarement la plupart dépourvues de vésicules, à circonscription ovale-suborbiculaire, *palmatiséquées* à 2-3 segments courts multiséqués sétacés lâchement et
très finement denticulés. Rameau florifère de 10-15 centim., 2-7-flore, dressé,
portant souvent quelques écailles très petites espacées. Bractées ovales,
beaucoup plus courtes que les pédicelles. Calice à lèvres ovales. *Corolle* petite,
d'un jaune pâle, *à palais déprimé* strié de lignes ferrugineuses; à lèvre
supérieure presque plane, de la longueur du palais; à lèvre inférieure presque
plane à bords étalés horizontalement, dépassant longuement la lèvre supérieure; *éperon réduit à une bosse conique* très obtuse, *beaucoup plus court
que la corolle.* Stigmate à lèvre inférieure aiguë ou obtuse, entière. ♃. Juin-
juillet.

A.R. — Flaques d'eau des tourbières, mares tourbeuses des bois. — Bondy
(*Thuill.* Fl. Par.). Forêt de Senart!. Étang de Grand-Moulin! près Senlisse (*de
Schœnefeld*); dans les marais de Saint-Léger (*Ant. de Jussieu* mss, *B. de Jussieu*
in *Tourn.* Hist. pl. Par.). Noisement près Marines!; marais de Fay près Chaumont
(*Questier*). Morfontaine, Thiers (*Morelle*); Feigneux près Crépy (*Léré*); chemin
de Compiègne à Pierrefonds (*de Marcilly fils*); Russy, Vauciennes, Bourneville
(*Questier*). Nemours!; Larchant (*Devilliers*); Malesherbes!. — *Graves* Cat. Oise :
vallée d'Autonne et ses rameaux depuis Vauciennes et Vaumoise jusqu'à Saintines;
Bienville près Compiègne; étangs de Bailly; marais de Liancourt-Saint-Pierre cant.
de Chaumont.

# LVIII. OROBANCHÉES

(OROBANCHEÆ Juss. in *Ann. Mus.* XII, 445. — OROBANCHACEÆ Lindl. *Introd.* ed. 2, 287;
Reut. in DC. *Prodr.* XI, 1 ).

*Fleurs* hermaphrodites, *irrégulières.*—Calice persistant, à 4-5 sépales soudés en un calice gamosépale 4-5-fide, ou à 4 sépales soudés par paires en 2 pièces latérales bifides ou entières. — Corolle hypogyne, marcescente se détachant à la maturité de la capsule, gamopétale, à préfloraison imbriquée, à tube tubuleux ou tubuleux-campanulé plus ou moins arqué, à limbe bilabié, à lèvre supérieure indivise émarginée ou bifide souvent en forme de casque, à lèvre inférieure 3-fide, à gorge présentant ord. à la naissance de la lèvre inférieure 2 plis gibbeux obliques glabres ou velus. — *Étamines* en nombre moindre que celui des pièces de la corolle, *4*, insérées sur le tube de la corolle, *inégales par paires*. Anthères bilobées, à lobes ord. mucronés, s'ouvrant par une fente longitudinale. — *Ovaire* libre, ord. entouré à sa base d'un disque unilatéral plus ou moins développé, à 2 carpelles, à une seule loge multiovulée, *à 4 placentas pariétaux* distincts ou confluents deux à deux. Ovules réfléchis. Styles soudés en un style indivis, ord. arqué au sommet ; stigmate bilobé, à lobes capités. — *Fruit capsulaire, polysperme, uniloculaire,* bivalve à déhiscence loculicide, à valves latérales se séparant au sommet ou dans toute leur longueur, plus ord. restant adhérentes au sommet et à la base. — Graines très nombreuses, très petites, à testa épais quelquefois tuberculeux. Périsperme épais, charnu. Embryon très petit. Radicule dirigée vers le hile.

*Plantes* vivaces, plus rarement annuelles, *jamais vertes,* devenant ord. brunâtres ou noirâtres par la dessiccation, odorantes, *parasites* par leurs fibres radicales sur les racines des autres plantes. Tige épaisse, succulente, simple, rarement rameuse. *Feuilles réduites à des écailles* blanchâtres ou colorées. Fleurs solitaires à l'aisselle de bractées squamiformes disposées en épis terminaux, plus rarement en grappes.

1. PHELIPÆA. — *Fleurs munies de deux bractéoles latérales.* Calice à 4 lobes, campanulé-tubuleux presque régulier ou à tube échancré presque jusqu'à la base entre les deux lobes supérieurs, plus rarement à 5 lobes.

2. OROBANCHE. — *Fleurs dépourvues de bractéoles latérales.* Calice composé de deux pièces latérales libres entre elles ou à peine soudées à la base, bifides, plus rarement entières.

1. **PHELIPÆA** Tourn. *Inst. coroll.* t. 479 emend.; C. A. Mey. in Ledeb.
*Fl. Alt.* II, 459. — [ PHÉLIPÉE ].

*Fleurs munies de 2 bractéoles latérales.* Calice à 4 lobes, campanulé-tubuleux presque régulier ou à tube échancré presque jusqu'à la base entre les 2 lobes supérieurs, plus rarement à 5 lobes. Corolle bilabiée, la lèvre supérieure bifide ou échancrée, l'inférieure étalée 3-fide. Ovaire à 4 placentas pariétaux rapprochés par paires. Capsule s'ouvrant en 2 valves restant soudées à la base.

Plantes annuelles ou vivaces, parasites sur les racines des autres plantes. Tige simple ou rameuse. Fleurs en grappe terminale. Corolle bleuâtre ou d'un beau bleu, pubescente.

1. **P. cærulea** C. A. Mey. *Enum. Cauc.* 104 ; *Fl. Par.* éd. 1, 307 ; *Illustr. fl. Par.* t. 19, κ ; Reut. in DC. *Prodr.* XI, 5. — *Orobanche cærulea* Vill. *Dauph.* II, 406 ; *Engl. bot.* t. 423 ; Rchb. *Crit.* VII, t. 692, f. 928. — [P. BLEUE].

*Tige* de 2-4 décim., *simple*, pubérulente, bleuâtre au moins dans sa partie supérieure. Fleurs sessiles ou brièvement pédicellées. Bractées et bractéoles à nervure moyenne d'un vert bleuâtre ; bractée lancéolée, un peu plus courte que le calice ; bractéoles linéaires-subulées. *Calice à lobes triangulaires-subulés ou lancéolés-subulés. Corolle* assez grande, d'un beau bleu au moins dans sa partie supérieure, marquée de veines plus foncées, tubuleuse un peu plissée, à tube insensiblement dilaté à partir du milieu de sa longueur, *à lobes aigus.* Anthères glabres vers les lignes de déhiscence. Stigmate blanc. — Parasite sur l'*Achillea Millefolium.* ♃. Juin-juillet.

R. — Pelouses et champs en friche des coteaux arides. — Morsang-sur-Seine près Corbeil (*de Boucheman*) ; côte de Champagne (*Decaisne*). Mantes ! ; La Roche-Guyon ! ; Les Andelys ! ; Chaumont (*Frion*) ; Clermont !. — *Graves* Cat. Oise : Bulles ; Chavres cant. de Crépy ; env. de Noyon.

2. **P. arenaria** Walp. *Repert. bot.* III, 459 [1844] ; *Fl. Par.* éd. 1, 307 [1845] ; *Illustr. fl. Par.* t. 19, L ; Reut. in DC. *Prodr.* XI, 6. — *Orobanche arenaria* Borkh. in Rœm. *Nat. mag.* 6 ; Rchb. *Crit.* VII, t. 693-694, f. 929-931. — [P. DES SABLES].

*Tige* de 1-4 décim., *simple*, blanchâtre ou bleuâtre, pubescente surtout dans sa partie supérieure. Fleurs sessiles ou très brièvement pédicellées. Bractées et bractéoles à nervure moyenne ord. bleuâtre ; bractée lancéolée, dépassant un peu le calice ; bractéoles linéaires-subulées. *Calice à lobes lancéolés-subulés. Corolle* grande, d'un bleu violet, veinée, à tube très dilaté dans sa partie supérieure, *à lobes très obtus.* Anthères poilues vers les lignes de déhiscence. Stigmate jaune. — Parasite sur l'*Artemisia campestris.* ♃. Juin-août.

R R. — Bords des champs incultes sablonneux ou argileux, coteaux arides. — Osny près Pontoise (*C. de Chambine*) ; Lardy (*Adr. de Jussieu*) ; entre Chamarande et Bonne (*J. Gay*) ; Étampes ! (*Woods*) ; Nemours (*Devilliers*).

3. **P. ramosa** C. A. Mey. *Enum. Cauc.* 104 ; *Fl. Par.* éd. 1, 307 ; *Illustr. fl. Par.* t. 19, H ; Reut. in DC. *Prodr.* XI, 8 ; Bill. *Exsicc.* n. 60. — *Orobanche ramosa* L. *Sp.* 882 ; *Engl. bot.* t. 184 ; Rchb. *Crit.* VII, f. 933-934. — [P. RAMEUSE].

*Tige* de 1-3 décim., *rameuse*, plus rarement simple, à écailles espacées, pubescente surtout dans sa partie supérieure, blanche ou un peu bleuâtre. Fleurs sessiles ou brièvement pédicellées. Bractées et bractéoles à nervure moyenne plus foncée ; bractée ovale-lancéolée, ord. un peu plus courte que le calice ; bractéoles linéaires-subulées. *Calice à lobes triangulaires acuminés. Corolle* assez petite, d'un blanc jaunâtre, ord. lavée de bleu dans sa partie supérieure, à tube renflé à la base, resserré au milieu, puis dilaté, *à lobes* arrondis *obtus.* Anthères glabres vers les lignes de déhiscence ou présentant quelques poils à ce niveau. Stigmate blanc ou un peu bleuâtre. — Parasite particulièrement sur le *Cannabis sativa,* et plus rarement sur plusieurs plantes appartenant à diverses familles : *Helianthus annuus, Polygonum aviculare, Lycopersicum esculentum, Archangelica officinalis,* etc. (I). Juin-septembre.

*A.R.* — Chenevières, jardins. — Marcoussis (*Guillon*); Mormant près Melun (*Gilon*); Samois (*Latteux*); Souppes !; Malesherbes ! (*Bernard*). Rambouillet ! (*Weddell*); Saint-Léger !. Seraincourt (*Gilon*); Maule (*de Schœnefeld*). Senlis (*Morelle*). Collinance, Montigny-l'Allier (*Questier*). Provins (*Des Étangs, Routeiller*). —*Graves* Cat. Oise : chenevières de la vallée d'Autonne à Béthizy; Aiguisy; Remy cant. d'Estrées; Sacy-le-Grand cant. de Liancourt; Chaumont; Pouilly cant. de Méru; Trosly-Breuil; dans la vallée de l'Aisne; Clairoix près Compiègne; Plessis-Brion; Verneuil-sur-Oise; Montmacq cant. de Ribécourt; Breuil-le-Vert près Clermont.

### 2. **OROBANCHE** L. *Gen.* n. 779 ex parte. — [OROBANCHE].

*Fleurs dépourvues de bractéoles latérales.* Calice composé de 2 pièces latérales distinctes ou à peine soudées à la base, bifides à lobes plus ou moins inégaux, plus rarement entières. Corolle bilabiée, la lèvre supérieure bifide ou échancrée rarement entière, l'inférieure étalée 3-fide. Ovaire à 4 placentas pariétaux rapprochés par paires. Capsule s'ouvrant en 2 valves qui restent adhérentes au sommet et à la base.

Plantes vivaces, plus rarement annuelles, parasites sur les racines des autres plantes. Tiges simples. Fleurs en grappe terminale. Corolle jaunâtre ou rougeâtre, plus rarement bleuâtre, plus ou moins pubescente.

Sect. I. — *Étamines insérées vers la base du tube de la corolle* ou du moins au-dessous du tiers inférieur du tube. — (1-5).

Sect. II. — *Étamines insérées vers le milieu de la longueur du tube de la corolle* ou du moins au-dessus de son tiers inférieur. — (6-9).

Sect. I. — Étamines insérées vers la base du tube de la corolle ou du moins au-dessous du tiers inférieur du tube.

**1. O. Rapum** Thuill. *Fl. Par.* 317; Rchb. *Crit.* VII, t. 688, f. 923; *Illustr. fl. Par.* t. 19, A; Reut. in DC. *Prodr.* XI, 16. —*O. major* DC. *Fl. Fr.* III, 488; *Engl. bot.* 421; Rchb. *Crit.* V, t. 470, f. 662, et VII, t. 668, f. 900.—[O. RAVE].

Tige renflée à la base en un bulbe charnu à écailles courtes imbriquées, de 3-6 décim., robuste, couverte de poils crépus glanduleux. Fleurs en épi compacte. Bractées dépassant plus ou moins les fleurs. Pièces du calice bifides ou entières, égalant environ le tube de la corolle. *Corolle* d'un rose jaunâtre, campanulée-arquée, *à lobes obscurément dentés. Étamines insérées à la base de la corolle, à filets glabres* au moins inférieurement ; anthères blanchâtres après la dessiccation. *Stigmate* d'un *jaune* pâle. — Parasite sur le *Sarothamnus scoparius.* ♃. Mai-juin.

*C.* — Bois, bruyères, lieux incultes.

**2. O. cruenta** Bert. *Rar. It. pl.* dec. III, 56, et *Fl. It.* VI, 431; Rchb. *Crit.* VII, t. 665, f. 895; *Illustr. fl. Par.* t. 19, B; Reut. in DC. *Prodr.* XI, 15. — [O. SANGLANTE].

Tige peu renflée à la base, de 2-5 décim., pubescente-glanduleuse surtout supérieurement. Fleurs en épi un peu lâche. Bractées dépassant ord. les fleurs. Pièces du calice bifides, dépassant ord. le tube de la corolle. *Corolle campanulée un peu arquée, un peu renflée-ventrue en dehors*, jaune un peu verdâtre à la base, panachée de rouge au sommet, à gorge d'un rouge de sang, *à lobes denticulés en cils. Étamines insérées à la base de la corolle, à filets velus* surtout inférieurement; anthères blanchâtres après la dessiccation. *Stigmate* d'un *jaune-citron*. — Parasite sur le *Lotus corniculatus*, l'*Hippocrepis comosa*, l'*Onobrychis sativa* et d'autres Papilionacées. ♃. Juin-juillet.

*A.R.* — Pelouses montueuses, bords des chemins, coteaux arides, lisières des bois.— Parc et env. du Raincy!; Meudon!. Parc de la Falaise près Maule (*Mouille-farine*); abondant à Mantes!, Fontenay-Saint-Père!, Bizy!, Vernon! et aux Andelys!. Parc de Compiègne (*de Marcilly fils*). Forêt de Fontainebleau (*Woods*). Dreux! etc. — *Graves* Cat. Oise : forêt de Chantilly vers Mongrésin.

Var. β. *citrina*. (*O. concolor* Boreau *Fl. centr.* éd. 2, II, 400 non Duby).— Plante d'un jaune-citron dans toutes ses parties. — *R.* — Mêlé avec le type à Mantes! et dans la forêt de Fontainebleau (*Woods*). — Nous avons observé toutes les transitions entre cette variété et le type.

3. **O. Galii** Duby *Bot. Gall.* I, 349; Rchb. *Crit.* VII, f. 892-895; *Illustr. fl. Par.* t. 19, D ; Reut. in DC. *Prodr.* XI, 20; Bill. *Exsicc.* n. 600. — *O. caryophyllacea* Rchb. *Crit.* VII, f. 890-891. — [O. DU GAILLET].

Tige de 2-5 décim., pubescente-glanduleuse. Bractées ord. plus courtes que les fleurs. Pièces du calice égalant ord. environ la moitié de la longueur du tube de la corolle, bifides à lobes ord. presque égaux, plus rarement indivises. *Corolle campanulée à tube s'élargissant insensiblement de la base au sommet et très ample dans sa partie supérieure, a lobes denticulés. Étamines insérées vers la base de la corolle, à filets très velus*; anthères d'un blanc brunâtre après la dessiccation. *Stigmate d'un rouge pourpre.*—Parasite sur les *Galium Mollugo, sylvestre, verum* et *Aparine*. ♃. Juin-juillet.

*C.* — Pâturages, lieux herbeux, lisières des bois.

4. **O. Epithymum** DC. *Fl. Fr.* III, 490; Rchb. *Crit.* VII, t. 658-659, f. 887-889; Koch *Syn. fl. Germ.* ed. 1, 535; *Fl. Par.* éd. 1, 309 ex parte; *Illustr. fl. Par.* t. 19, C; Reut. in DC. *Prodr.* XI, 22. — [O. DU THYM].

Tige de 1-3 décim., pubescente-glanduleuse. Bractées ord. plus courtes que les fleurs. Pièces du calice dépassant ord. la moitié de la longueur du tube de la corolle, indivises, ou bifides à divisions ord. inégales et divergentes. *Corolle campanulée à tube assez large même inférieurement*, à dos un peu arqué, d'un blanc jaunâtre ou veinée surtout sur le dos d'un rouge ferrugineux, pubescente-glanduleuse à sa face externe et à la face interne de la lèvre supérieure, *à lèvres* un peu inégales *denticulées* à dents aiguës ord. crispées aux bords, *la lèvre supérieure émarginée ou subbilobée* à lobes étalés, *la lèvre inférieure à lobe moyen dépassant plus ou moins les lobes latéraux. Étamines insérées vers la base de la corolle, à filets ne présentant que quelques poils épars*; anthères brunâtres après la dessiccation. *Stigmate d'un rouge pourpre.* — Parasite sur le *Thymus Serpyllum* et le *Clinopodium vulgare.* ♃. Juin-juillet.

*C.* — Pelouses sèches, pâturages, coteaux arides.

Var. β. *lutescens* (Boreau *Fl. centr.* éd. 2, II, 397.—*O. Epithynium* var. *pallescens* Greu. et Godr. *Fl. Fr.* II, 632). — Plante entièrement jaune. *Stigmate jaune.* — *R R R.* — Saint-Maur avec le type (*Leroux de Bretagne*).

5. **O. Teucrii** F. Schultz in Holl. *Fl. Mos.* éd. 1, 322 [1829], et in *Flora* [1835] 200 cum ic.; Mutel *Fl. Fr.* II, 344, et Atl. suppl. t. 3, f. 6; Koch *Syn. fl. Germ.* ed. 2, 615; Reut. in DC. *Prodr.* XI, 21. —*O. atrorubens* F. Schultz! in *Flora* [1840], 128, et *Arch. fl. Fr. et All.* I, 13, et *Fl. Gall. et Germ. exsicc.* n. 497. — [O. DE LA GERMANDRÉE].

Tige de 1-3 décim., pubescente-glanduleuse. Bractées ord. plus courtes que les fleurs. Pièces du calice ord. de moitié plus courtes que le tube de la corolle, bifides à lobes presque égaux ord. peu divergents, ou indivises. *Corolle campanulée-tubuleuse à tube rétréci dans son tiers inférieur*, à dos arqué surtout immédiatement au-dessus du rétrécissement, d'un jaune-brunâtre passant au rouge-ferrugineux dans sa partie supérieure, pubescente-glanduleuse à sa face externe et à la face interne de la lèvre supérieure, *à lèvres inégales denticulées à dents aiguës, la lèvre supérieure* dépassant ord. assez longuement l'inférieure *entière ou un peu émarginée, la lèvre inférieure à lobes ord. presque égaux. Étamines insérées vers le tiers inférieur du tube de la corolle, à filets velus dans leur moitié inférieure ;* anthères brunâtres après la dessiccation. *Stigmate d'un rouge pourpre.* — Parasite sur les *Teucrium Chamædrys!, montanum!* et *Scorodonia* (Reut.) et quelquefois sur le *Thymus Serpyllum* (Schultz, loc. cit.). ♃. Juin-juillet.

*A.R.* — Coteaux calcaires, pelouses sèches, pâturages. — Assez abondant au coteau des Célestins ! près Mantes et probablement sur les coteaux qui bordent la Seine entre Mantes et Les Andelys. Malesherbes !. — *Graves* Cat. Oise : Beauvais; Auneuil ; Pontpoint ; Saint-Sauveur cant. de Compiègne; Vaumoise cant. de Crépy.

L'*O. Teucrii*, très voisin de l'*O. Epithymum*, s'en distingue par les pièces du calice ord. de moitié plus courtes que le tube de la corolle, par la corolle campanulée-tubuleuse à tube rétréci dans sa partie inférieure et non pas campanulée assez large même inférieurement, à lèvre supérieure entière ou un peu émarginée et non pas émarginée ou bilobée, à lèvre inférieure à lobes presque égaux et non pas à lobe moyen dépassant plus ou moins les lobes latéraux, et surtout par les étamines insérées vers le tiers inférieur du tube de la corolle à filets velus dans leur moitié inférieure et non pas insérées vers la base de la corolle à filets pubescents à poils épars.

Sect. II. — Étamines insérées vers le milieu de la longueur du tube de la corolle ou du moins au-dessus de son tiers inférieur.

6. **O. Hederæ** Duby *Bot. Gall.* 1, 350 ; Reut. in DC. *Prodr.* XI, 28 ; Bill. *Exsicc.* n. 2334. — *O. du Lierre* Vauch. *Monogr. Orob.* 56, t. 8. — *O. barbata* Rchb. *Fl. excurs.* n. 2408 non Poir., et *Crit.* VII, f. 881-882; *Engl. bot.* t. 2859. — [O. DU LIERRE].

Tige renflée à la base en bulbe charnu ou à peine renflée, de 2-5 décim., pubescente-glanduleuse surtout supérieurement. Fleurs en épi allongé, les inférieures espacées. Bractées larges, lancéolées, environ de la longueur des fleurs. Pièces du calice lancéolées-subulées, indivises ou bifides, égalant ou dépassant le tube de la corolle. Corolle tubuleuse plus ou moins arquée ou presque droite, comprimée latéralement, presque glabre, d'un jaune pâle mêlé de violet, à veines très distinctes plus foncées, à lèvre supérieure émarginée ou subbilobée, à lobes crispés-denticulés au bord. *Étamines insérées au-dessus du tiers inférieur du tube* de la corolle, *à filets légèrement velus. Stigmate d'un beau jaune.* — Parasite sur l'*Hedera Helix.* ♃. Juin-juillet.

*R R R.* — Clairières des bois, murs et rochers couverts de Lierre. — Abondant dans le parc de La Roche-Guyon! (*Beautemps-Beaupré*).

7. **O. Picridis** F. Schultz ap. Koch *Deutschl. Fl.* IV, 453; *Engl. bot.* t. 2956; *Illustr. fl. Par.* t. 19, G; Reut. in DC. *Prodr.* XI, 26; Bill. *Exsicc.* n. 2116. — [O. DE LA PICRIDE].

Tige de 2-4 décim., couverte de poils crépus, glanduleuse supérieurement. Bractées plus courtes que les fleurs ou les dépassant peu. Pièces du calice indivises ou présentant une dent en dehors, dépassant le tube de la corolle. *Corolle* assez petite, tubuleuse-campanulée, un peu arquée, d'un blanc jaunâtre à veines d'un bleu lilas, *à lèvre supérieure non émarginée,* à lobes denticulés. *Étamines insérées vers le milieu de la longueur du tube de la corolle, à filets très velus. Stigmate violet.* — Parasite sur le *Picris hieracioïdes.* Ⓘ. Juin-juillet.

*R R.* — Coteaux pierreux, pâturages secs. — Assez abondant à Sainte-Colombe, Bichereau, Seveille, Longueville, etc., près Provins (*Bouteiller, Des Étangs*). — *Graves* Cat. Oise : forêt de Compiègne.

8. **O. minor** Sutt. in *Trans. soc. Linn.* IV, 178; *Engl. bot.* t. 422; Rchb. *Crit.* VII, t. 652-654, f. 876-880; *Illustr. fl. Par.* t. 19, F; Reut. in DC. *Prodr.* XI, 29; Bill. *Exsicc.* n. 2513. — [O. MINEURE].

Tige de 1-3 décim., très pubescente, un peu glanduleuse supérieurement. Bractées plus courtes que les fleurs ou les dépassant peu. Pièces du calice indivises, bifides ou présentant une dent en dehors, égalant ou dépassant le tube de la corolle. *Corolle* assez petite, tubuleuse, *insensiblement arquée,* blanchâtre à veines d'un bleu lilas, *à lèvre supérieure émarginée ou subbilobée,* à lobes denticulés. *Étamines insérées vers le milieu* de la longueur *du tube de la corolle, à filets ne présentant que quelques poils épars. Stigmate purpurin ou violet.* — Parasite sur le *Trifolium pratense,* le *Coronilla minima,* le *Poterium Sanguisorba,* l'*Eryngium campestre,* l'*Helianthemum pulverulentum,* etc. Ⓘ. Juin-juillet.

*R R.* — Lieux secs pierreux, coteaux arides, champs incultes. — Assez abondant aux rochers Saint-Jacques près Les Andelys!. — *Graves* Cat. Oise : Beauvais; Clermont; Saint-Sauveur.

9. **O. amethystea** Thuill. *Fl. Par.* 317; Rchb. *Crit.* VII, f. 920-921; Reut. in DC. *Prodr.* XI, 29. — *O. Eryngii* Duby *Bot. Gall.* 1, 350; *Fl. Par.* éd. 1, 310, et *Illustr. fl. Par.* t. 19, E. — [O. AMÉTHYSTE].

Tige de 2-5 décim., pubescente-glanduleuse surtout supérieurement. Bractées dépassant longuement les fleurs. Pièces du calice à base ovale longuement et brusquement subulées bifides ou indivises, égalant environ la corolle. *Corolle* tubuleuse, *à tube brusquement coudé* vers son tiers inférieur, blanchâtre à veines d'un bleu lilas, *à lèvre supérieure émarginée ou subbilobée,* à lobes fortement denticulés. *Étamines insérées vers le milieu* de la longueur *du tube de la corolle, à filets glabres ou ne présentant que quelques poils épars. Stigmate purpurin ou violet.* — Parasite sur l'*Eryngium campestre.* ♃. Juin-juillet.

*A.C.* — Bords des chemins, coteaux arides, lieux sablonneux incultes. — Bois de Boulogne et de Vincennes! (*Thuill.* Fl. Par.); Saint-Maur!; Montmorency!; Asnières (*Le Dien*); abondant dans le bois du Vésinet! (*de Schœnefeld*). Lardy (*Maire*); Pithiviers!. Bonnières!; Vernon!; Les Andelys!. Bulles (*Caron*), etc.

Le genre *Lathræa* L. se reconnaît aux caractères suivants : calice campanulé 4-fide, non accompagné de bractéoles latérales ; corolle à lèvre supérieure entière, à lèvre inférieure 3-fide ; ovaire à 4 placentas pariétaux presque confluents par paires ; rhizome très rameux, couvert d'écailles charnues imbriquées. — Le *L. Squamaria* L. (*Engl. bot.* t. 50 ; Bill. *Exsicc.* n. 430) indiqué à Montfermeil (*Thuill.* Fl. Par.) et à Fontainebleau (*Méral* Fl. Par.), où il n'a pas été récemment retrouvé, a été observé dans le bois aujourd'hui défriché de Formerie [Oise] (*Delacour, Graves*), localité peu éloignée des limites de notre Flore. Cette espèce présente les caractères suivants : tige simple ; bractées obovales, très larges ; fleurs pédicellées, rejetées d'un seul côté de la tige, en grappe terminale penchée avant la floraison puis redressée ; étamines à anthères très velues vers les lignes de déhiscence ; plante d'abord blanchâtre ou lavée de rose, noircissant avec l'âge et par la dessiccation. — Cette plante, qui est parasite sur les racines de plusieurs espèces d'arbres ou d'arbrisseaux, notamment sur celles du Chêne, du Hêtre, du Frêne, du Noyer, du Coudrier, du Lierre, de la Vigne, etc., fleurit en mars et avril, et a peut-être échappé aux recherches des botanistes parisiens en raison de la précocité de sa floraison.

---

# LIX. LABIÉES

(LABIATÆ Juss. *Gen.* 110 ; Benth. *Lab. gen. et sp.*, et in DC. *Prodr.* XII, 27).

*Fleurs* hermaphrodites, *irrégulières*, plus rarement presque régulières, à préfloraison imbriquée. — Calice gamosépale, persistant : régulier ou presque régulier, à 5 divisions, rarement à 4 divisions par l'absence de la supérieure, très rarement à 10-20 divisions ; ou bilabié, la lèvre supérieure étant composée de 3 divisions, et l'inférieure de 2 divisions, ces divisions étant libres ou soudées entre elles. — Corolle gamopétale, hypogyne, caduque, très rarement marcescente, composée de 5 pièces : bilabiée à lèvre supérieure composée de 2 pièces, entière, émarginée ou bifide, à lèvre inférieure composée de 3 pièces, 3-lobée, à lobe moyen entier ou échancré ord. plus grand que les latéraux, à lobes latéraux quelquefois très petits ou rudimentaires ; quelquefois d'apparence unilabiée en raison de la brièveté ou de la bifidité de la lèvre supérieure ; rarement campanulée ou infundibuliforme, à 4 lobes presque égaux, le supérieur entier ou émarginé. — *Étamines* insérées sur le tube de la corolle, *en nombre moindre que celui des pièces de la corolle* et alternant avec elles : *au nombre de 4* par l'absence de l'étamine supérieure, presque égales ou *inégales par paires ; plus rarement réduites au nombre de 2* par l'avortement des 2 supérieures. Anthères bilobées, à lobes parallèles ou divergents, s'ouvrant chacun par une fente distincte, ou confluents après l'émission du pollen, rarement séparés par un connectif filiforme très long et alors l'un des lobes étant rudimentaire ou nul. — Ovaire libre, composé de 2 carpelles biovulés divisés chacun longitudinalement par l'introflexion de leur partie dorsale en deux fausses loges uniovulées (nucules) et simulant ainsi 4 carpelles ; les nucules insérées par leur base ou le côté intérieur de leur base sur un disque épais charnu orbiculaire ou prolongé en lobes égaux ou inégaux alternes avec les nucules. Ovules dressés, réfléchis, très rarement pliés. *Styles naissant à la base* et au côté interne *des carpelles, soudés en un style indivis*, ord. bifide supérieurement à lobes stigmatifères au sommet ou un peu au-dessous du sommet. — *Fruit composé de 4 nucules libres* entre elles, *monospermes, indéhiscentes*, sèches membraneuses ou crustacées (dans nos espèces), plus rarement charnues. — Graine dressée. *Périsperme nul*, ou très mince charnu. Embryon droit, très rarement plié. Radicule dirigée vers le hile.

Plantes annuelles ou vivaces, herbacées, plus rarement sous-frutescentes, ord. parsemées de petites glandes globuleuses sous-épidermiques renfermant une huile essentielle aromatique. *Tiges tétragones*, à rameaux opposés. *Feuilles opposées*, entières, dentées ou incisées, rarement pinnatifides ; stipules nulles. Fleurs en glomérules naissant à l'aisselle des feuilles ou des bractées, pauciflores ou pluriflores, sessiles, plus rarement pédonculés, opposés et constituant ord. par leur rapprochement de faux-verticilles espacés ou rapprochés en épis terminaux ; fleurs plus rarement axillaires solitaires ou géminées.

TRIBU I. OCIMOIDEÆ. — Corolle bilabiée. *Étamines 4, déclinées.*

† LAVANDULA. — Calice à dents inférieures très courtes, la supérieure plus large souvent prolongée en un appendice dilaté. Corolle bilabiée. Étamines cachées dans le tube de la corolle. Plante sous-frutescente. Fleurs bleues.

TRIBU II. MENTHOIDEÆ. — *Corolle* campanulée ou infundibuliforme, *à lobes presque égaux. Étamines 4*, rarement 2, *distantes et divergentes.*

1. MENTHA. — *Étamines 4.* Fleurs roses, accidentellement blanches.

2. LYCOPUS. — *Étamines* réduites au nombre de 2. Fleurs blanches.

TRIBU III. SALVIEÆ. — *Corolle bilabiée. Étamines 2 fertiles ;* anthères à lobes séparés par un *connectif filiforme* très long, à lobe inférieur rudimentaire ou nul.

3. SALVIA. — Calice bilabié. Étamines à filet court articulé avec le connectif. Fleurs bleues, plus rarement bleuâtres, roses ou blanches.

TRIBU IV. THYMOIDEÆ. — *Corolle bilabiée. Étamines 4 fertiles, distantes,* droites et divergentes, ou plus ou moins arquées conniventes, *presque égales* ou les inférieures un peu plus longues que les supérieures.

SOUS-TRIBU I. EUTHYMOIDEÆ. — *Étamines droites, divergentes.*

4. ORIGANUM. — *Calice à dents presque égales.* Anthères à lobes séparés par un connectif large presque triangulaire. *Fleurs munies de bractées dépassant les calices, en épillets oblongs subtétragones rapprochés en corymbes terminaux.*

5. THYMUS. — *Calice bilabié.* Fleurs en *glomérules rapprochés en têtes ou en épis terminaux.*

6. Hyssopus. — *Calice à dents presque égales. Anthères à connectif très étroit. Fleurs ord.* d'un beau bleu, *en glomérules rejetés d'un même côté de la tige* et rapprochés *en épis terminaux.*

Sous-tribu ii. Melisseæ. — *Étamines plus ou moins arquées conniventes.*

7. Calamintha. — *Calice bilabié. Anthères à lobes séparés par un connectif ord. épais presque triangulaire.* Fleurs ord. roses ou d'un rose bleuâtre, *en glomérules munis d'un petit nombre de bractées.*

8. Clinopodium. — *Calice bilabié. Anthères à lobes séparés par un connectif épais* presque triangulaire. Fleurs ord. d'un rose purpurin, en *glomérules multiflores munis d'un grand nombre de bractées sétacées rapprochées en involucre.*

† Melissa. — *Calice bilabié, plan en dessus. Anthères à connectif étroit.* Fleurs blanches, en glomérules pauciflores ou pluriflores.

† Satureia. — *Calice à dents presque égales. Anthères à lobes séparés par un connectif presque triangulaire.* Fleurs blanches, roses ou rougeâtres, disposées 2-3 à l'extrémité de pédoncules axillaires.

TRIBU V. LAMIOIDEÆ. — *Corolle bilabiée. Étamines* 4 fertiles, *rapprochées et parallèles sous la lèvre supérieure de la corolle*, quelquefois rejetées en dehors après l'émission du pollen.

Sous-tribu i. Nepeteæ. — Calice tubuleux. *Étamines inférieures* (1) (extérieures ou latérales) *plus courtes* que les supérieures.

9. Nepeta. — Lobe moyen de la *lèvre inférieure de la corolle concave en avant. Anthères non rapprochées en forme de croix.*

10. Glechoma. — Lobe moyen de la lèvre inférieure de la corolle plan. *Anthères rapprochées par paires en forme de croix. Tiges couchées-radicantes.*

Sous-tribu ii. Stachydeæ. — Calice tubuleux ou campanulé, plus rarement bilabié. *Étamines inférieures plus longues* que les supérieures.

11. Melittis. — *Calice très ample, membraneux, irrégulièrement bilabié. Anthères rapprochées par paires en forme de croix. Fleurs solitaires, géminées ou ternées à l'aisselle des feuilles.*

12. Lamium. — Calice à dents presque égales. *Corolle à lèvre inférieure à lobes très inégaux, les latéraux* occupant les parties latérales de la gorge ord. *dentiformes tronqués ou presque nuls, le moyen obcordé. Étamines non rejetées en dehors après l'émission du pollen. Nucules trigones, tronquées au sommet.* Fleurs rouges, purpurines ou blanches.

13. Galeobdolon. — Calice à dents un peu inégales. *Corolle à lèvre inférieure à lobes lancéolés. Étamines non rejetées en dehors après l'émission du pollen. Anthères à lobes divergents puis divariqués s'ouvrant par une fente continue* et confluents. *Nucules trigones, tronquées au sommet. Fleurs jaunes.*

14. Galeopsis. — Calice à dents spinescentes presque égales. *Corolle* à lèvre inférieure à lobes latéraux ovales, *à gorge présentant de chaque côté un pli qui se termine en une saillie conique. Anthères à lobes divariqués et superposés s'ouvrant chacun transversalement en deux valves inégales.* Nucules arrondies au sommet. Fleurs rouges, roses ou blanches, plus rarement d'un jaune pâle.

(1) Les étamines inférieures sont extérieures (latérales) par rapport aux supérieures. Dans la deuxième édition de notre *Synopsis*, par suite d'une erreur typographique, les étamines supérieures des Labiées sont dites extérieures ou latérales au lieu d'intérieures, et les inférieures sont dites intérieures au lieu d'extérieures ou latérales.

15. STACHYS. — *Calice à dents spinescentes, presque égales. Corolle à lèvre inférieure à lobes obtus. Étamines inférieures se rejetant latéralement* en dehors de la corolle *après l'émission du pollen.* Nucules arrondies au sommet.

16. BETONICA. — *Calice à dents presque égales, terminées en pointe épineuse. Corolle à lèvre inférieure à lobes obtus. Étamines non rejetées en dehors après l'émission du pollen.* Anthères à lobes parallèles ou divergents confluents après l'émission du pollen. *Nucules arrondies au sommet.*

17. MARRUBIUM. — *Calice ord. à 10-20 dents recourbées en crochet au sommet. Étamines incluses* dans le tube de la corolle.

18. BALLOTA. — *Calice à dents* presque égales *très élargies pliées longitudinalement. Corolle à lèvre inférieure à lobes obtus.* Anthères à lobes divergents. *Nucules arrondies au sommet. Fleurs* purpurines, rarement blanches, *en glomérules* un peu *pédonculés.*

19. LEONURUS. — Calice à dents un peu inégales terminées en pointe épineuse. *Corolle à lèvre inférieure* à lobes obtus *s'enroulant peu de temps après l'épanouissement. Étamines inférieures se rejetant latéralement en dehors de la corolle après l'émission du pollen. Nucules trigones, tronquées au sommet.*

SOUS-TRIBU III. SCUTELLARIEÆ. — *Calice* bilabié, *déprimé et fermé à la maturité par le rapprochement des deux lèvres.* Étamines inférieures plus longues que les supérieures.

20. BRUNELLA. — *Calice à lèvre supérieure tronquée 3-dentée, à lèvre inférieure bifide. Filets des étamines bifides au sommet,* la branche inférieure portant l'anthère.

21. SCUTELLARIA. — *Calice à lèvres entières, la supérieure présentant une* écaille saillante en forme de *bosse.* Filets des étamines indivis.

TRIBU VI. AJUGOIDEÆ. — *Corolle d'apparence unilabiée ;* la lèvre supérieure étant très courte et peu distincte, ou étant bipartite à lobes rejetés latéralement vers la lèvre inférieure dont ils semblent faire partie. Étamines 4, rapprochées et parallèles, faisant longuement saillie hors de la corolle, les inférieures plus longues que les supérieures.

22. AJUGA. — *Corolle* marcescente, *à lèvre supérieure très courte émarginée.*

23. TEUCRIUM. — *Corolle* caduque, *à lèvre supérieure bipartite à lobes rejetés latéralement vers la lèvre inférieure, à lèvre inférieure à lobes latéraux de même forme que ceux de la lèvre supérieure.*

## TRIBU I. **OCIMOIDEÆ.** — Corolle bilabiée. Étamines 4, déclinées.

### † **LAVANDULA** Tourn. *Inst.* t. 93. — [LAVANDE].

Calice tubuleux, ovoïde ou oblong, à 13-15 côtes, à 5 dents, les 4 inférieures très courtes, la supérieure plus large souvent prolongée en un appendice dilaté et fermant le tube avant et après la floraison. Corolle à tube saillant hors du calice, bilabiée ; à lèvre supérieure bilobée ; l'inférieure trilobée à lobes presque égaux. Étamines 4, cachées dans le tube, déclinées, les inférieures plus longues. Nucules lisses, oblongues, convexes au sommet.

Plante vivace, sous-frutescente. Fleurs bleues, plus rarement blanches, en glomérules pauciflores disposés en épis terminaux.

† **L. vera** DC. *Fl. Fr.* V, 398 ; Gingins. *Monogr.* t. 6 ; Blackw. *Herb.* t. 294 ; Spenn. in Nees *Gen. fl. Germ.* fasc. XIX. — [ L. VRAIE. — Vulg. *Lavande* ].

Plante très aromatique. Tiges de 3-6 décim., ligneuses à la base, rameuses, rapprochées en touffe ; les rameaux florifères nus au-dessous des fleurs dans une grande partie de leur longueur. Feuilles oblongues linéaires ou linéaires, à bords roulés en dessous, les plus jeunes blanches-tomenteuses. Glomérules 3-5-flores, plus rarement uniflores par avortement, disposés en épis grêles interrompus à la base. Bractées toutes fertiles, scarieuses, ovales-suborbiculaires brusquement acuminées, ord. plus courtes que les calices. Calice bleuâtre, tomenteux, à dent supérieure prolongée en un appendice en forme d'opercule. ♄. Juin-septembre.

Naturalisé à Malesherbes aux rochers de Buthiers ! et à la colline de la Justice ! (*A. de Saint-Hilaire*). — Originaire de l'Europe méridionale, fréquemment cultivé dans les jardins.

On cultive dans les jardins, mêlé avec le précédent, le *L. Spica* DC. (Gingins *Monogr.* t. 7 ; Bill. *Exsicc.* n. 1045 et *bis* et *ter*), qui s'en distingue surtout par ses bractées linéaires.

Le genre *Ocimum* est caractérisé par le calice à division supérieure large orbiculaire presque foliacée décurrente, par la corolle bilabiée à lèvre supérieure à 4 lobes et à lèvre inférieure entière, par les filets des étamines supérieures offrant au-dessus de leur base un appendice en forme de dent. — On cultive, pour son odeur suave pénétrante, l'*O. Basilicum* L. (Nees *Gen. fl. Germ.* fasc. VI. — Vulg. *Basilic*), plante annuelle, très rameuse en touffe, qui varie à grandes et à petites feuilles.

## TRIBU II. **MENTHOIDEÆ.** — Corolle campanulée ou infundibuliforme, à lobes presque égaux. Étamines 4, rarement 2, distantes et divergentes.

### 1. **MENTHA** L. *Gen.* n. 713. — [MENTHE].

Calice campanulé ou tubuleux, à 5 dents égales ou presque égales, à gorge nue plus rarement fermée par un anneau de poils. Corolle à tube inclus, infundibuliforme-campanulée, à 4 lobes le supérieur plus large émarginé plus rarement presque entier. *Étamines 4*, presque égales, distantes et divergentes ; anthères à lobes parallèles, s'ouvrant chacun par une fente longitudinale. Nucules lisses.

Plantes vivaces, très aromatiques, à souche longuement traçante, à tiges souvent radicantes et émettant de longs rejets. Fleurs petites, roses, plus rarement blanches, disposées en glomérules multiflores axillaires opposés, espacés, ou rapprochés en épis ou en têtes terminales.

Sect. I. *MENTHASTRUM.* — Calice à gorge nue.

§ Glomérules naissant ord. à l'aisselle de bractées lancéolées ou linéaires beaucoup plus petites que les feuilles, rapprochés en une tête ou un épi non surmonté d'un bouquet de feuilles. — (1-2).

§§ Glomérules tous espacés à l'aisselle des feuilles, ou les supérieurs rapprochés en un épi feuillé surmonté d'un bouquet de feuilles (1). — (3-4).

Sect. II. *PULEGIUM.* — Calice fructifère à gorge fermée par un anneau de poils connivents en cône. — (5).

(1) Ce bouquet de feuilles est constitué par les feuilles florales supérieures dont les glomérules avortent souvent ou ne se développent qu'incomplètement.

Sect. 1. MENTHASTRUM. — Calice à gorge nue.

**1. M. rotundifolia** L. *Sp.* 805; *Engl. bot.* t. 446; *Illustr. fl. Par.* t. 20, f. 1;
Bill. *Exsicc.* n. 605. — [M. A FEUILLES RONDES. — Vulg. *Menthe-sauvage,
Menthe-crépue, Baume, Herbe-du-mort*].

Plante laineuse-tomenteuse, à odeur forte. Tiges de 4-6 décim., dressées,
droites, roides, rameuses au sommet. *Feuilles laineuses*, toutes *sessiles,
ovales-suborbiculaires ou ovales très obtuses*, un peu cordées à la base, crénelées, épaisses, fortement ridées à nervures très saillantes à la face inférieure.
*Glomérules* nombreux, *naissant à l'aisselle de bractées ovales ou lancéolées*
très petites, *disposés en épis cylindriques* compactes allongés souvent interrompus à la base. Calice à dents lancéolées-subulées, campanulé, subglobuleux à la maturité. Corolle blanche ou rosée. ♃. Juillet-septembre.

*C C*. — Fossés, bords des chemins herbeux, lieux humides.

† **M. sylvestris** Koch *Syn. fl. Germ.* ed. 1, 550; L. *Sp.* 804 emend.; *Illustr. fl.
Par.* t. 20, f. 2. — [M. SAUVAGE].

*Plante tomenteuse-soyeuse ou glabre*, à odeur forte. Tiges de 4-6 décim., dressées, droites, roides, rameuses au sommet. *Feuilles* toutes *sessiles, lancéolées,
ovales-lancéolées ou oblongues*, aiguës, dentées, *à dents aiguës* inégales. *Glomérules* nombreux, *naissant à l'aisselle de bractées linéaires subulées* ord. plus longues
que les fleurs, *disposés en épis cylindriques* allongés très compactes. Calice campa-
nulé-renflé, à dents linéaires-subulées. Corolle d'un rose pâle, rarement blanche.
♃. Juillet-septembre.

Var. α. *sylvestris.* (*M. sylvestris* L. *Sp.* 804; Benth. in DC. *Prodr.* XII, 166;
*Engl. bot.* t. 686; Rchb. *Crit.* X, t. 983-984, f. 1314-1315; Bill. *Exsicc.*
n. 606 et 1538. — *M. candicans* Rchb. *Crit.* X, f. 1313. — *M. sylvestris* var.
*vulgaris Fl. Par.* éd. 1, 315. — Fuchs. *Hist.* 292 ic.). — Plante tomenteuse-
soyeuse. Feuilles presque blanches au moins à la face inférieure. — Quelquefois
cultivé dans les jardins et subspontané au voisinage des habitations. — Cette
plante, indiquée dans le parc de Versailles et dans la forêt de Montmorency
(*Vaill.* Bot. Par.), à Bondy et à Saint-Léger (*Mérat* Fl. Par.), ne paraît pas
spontanée aux localités de notre Flore où elle a été observée : bords de la pièce
d'eau des Suisses à Versailles (*de Boucheman*). — *Graves* Cat. Oise : Beauvais ;
Pont-Sainte-Maxence ; Compiègne ; Thury-en-Valois ; Noyon. — Elle est assez
abondante sur les bords de la Loire à Orléans (*Boreau* Fl. centr.).

Var. β. *viridis.* (*M. viridis* L. *Sp.* 804 ; *Engl. bot.* t. 2424 ; Bill. *Exsicc.* n. 1940
et bis. — *M. Michelii* Rchb. *Crit.* X, f. 1312. — *M. sylvestris* var. *glabra Fl.
Par.* éd. 1, 315. — Fuchs. *Hist.* 290 ic.). — Plante glabre ou presque glabre.
Feuilles glabres ou légèrement hérissées sur les nervures, vertes des deux côtés,
à odeur aromatique très pénétrante. — Cultivé dans les jardins, et quelquefois
subspontané au voisinage des habitations : bois de Boulogne !; Viroflay (*de Boucheman*) ; Versailles !. Dreux !. Provins, etc. — *Graves* Cat. Oise : environs de
Noyon, de Liancourt ; marais de Bresles ; Senlis ; bosquets près de Margny-lez-
Compiègne ; sur les murs à Betz et Cuvergnon.

† **M. piperita** L. *Sp.* 805 ; *Engl. bot.* t. 687 ; Benth. in DC. *Prodr.* XII, 169.
— *M. pyramidalis* var. *glabra Fl. Par.* éd. 1, 315 ; *Illustr. fl. Par.* t. 20,
f. 5. — [M. POIVRÉE].

Plante glabre ou ne présentant que quelques poils sur les tiges et les nervures
des feuilles, à odeur aromatique très pénétrante. Tiges de 3-5 décim., dressées ou

ascendantes, simples ou rameuses. *Feuilles pétiolées*, oblongues-lancéolées, dentées,
à dents aiguës. *Glomérules* plus ou moins nombreux, naissant à l'aisselle de bractées lancéolées ou lancéolées-linéaires, *disposés en épis oblongs-cylindriques* ord.
interrompus à la base non surmontés d'un bouquet de feuilles. Pédicelles ord.
glabres ainsi que la base des calices. Calice tubuleux-campanulé, à dents lancéolées-
subulées. Corolle d'un beau rose. ♃. Juillet-septembre.

Fréquemment cultivé dans les jardins et quelquefois naturalisé au voisinage des
habitations.

La variété velue et à feuilles ovales-oblongues (*M. pyramidalis* Tenore! *Fl.
Nap.* II, 33, t. 35), la seule qui soit connue à l'état spontané, n'a pas été rencontrée
dans nos environs ; nous l'avons trouvée en abondance à Nantes, aux bords de
l'Erdre !.

**2. M. aquatica** L. *Sp.* 805; Benth. in DC. *Prodr.* XII, 170; *Illustr. fl. Par.* t. 20,
   f. 3-4; Bill. *Exsicc.* n. 2119 et *bis* et *ter* et *quater*. — Fuchs. *Hist.* 722 ic.
   — [M. AQUATIQUE].

Plante velue-hérissée ou presque glabre. Tiges de 3-8 décim., ascendantes-
flexueuses ou dressées, rameuses, plus rarement simples. *Feuilles pétiolées*,
ovales-aiguës, dentées. *Glomérules* peu nombreux, naissant à l'aisselle de
feuilles florales ou de bractées, *tous ou les supérieurs rapprochés en têtes
globuleuses* terminales non surmontées d'un bouquet de feuilles. Calice
tubuleux-campanulé, à dents triangulaires-subulées. Corolle d'un beau rose.
♃. Juin-septembre.

Fossés, lieux humides, marécages, bords des eaux.

Var. α. *hirsuta*. (*M. hirsuta* L. *Mant.* 81). — Tiges et feuilles velues-hérissées.
   — C C.

Var. β. *glabrescens*. — Tiges et feuilles glabrescentes. — A.R.

**3. M. sativa** L. *Sp.* 805 ; *Engl. bot.* t. 448 ; *Illustr. fl. Par.* t. 20, f. 8-9 ; Bill.
   *Exsicc.* n. 2123. — [M. CULTIVÉE].

Plante velue-hérissée ou presque glabre. Tiges de 3-8 décim., ascendantes-
flexueuses ou dressées, rameuses. Feuilles pétiolées, ovales-aiguës, dentées,
diminuant ord. insensiblement de grandeur dans la partie supérieure de la
plante. *Glomérules* nombreux, *tous espacés à l'aisselle des feuilles*, ou les
supérieurs rapprochés en un épi feuillé surmonté d'un bouquet de petites
feuilles. *Calice fructifère tubuleux-campanulé, à dents lancéolées-acuminées.*
Corolle d'un beau rose. ♃. Juillet-septembre.

Bords des eaux, fossés, mares, lieux humides.

Var. α. *sativa*. (*M. gentilis* Rchb. *Crit.* X, t. 974, f. 1303; Duby *Bot. Gall.* 372. —
   *M. procumbens* Thuill. *Fl. Par.* 288). — Plante velue-hérissée, peu odorante.
   Pédicelles hérissés. — A.C. — Bords de la Marne à Charenton et à Saint-
   Maur !. Melun !; Le Châtelet !; forêt de Fontainebleau !. Morfontaine !. Provins
   (*Bouteiller*), etc.

Var. β. *rubra*. (*M. rubra* Sm. *Fl. Brit.* II, 619; *Engl. bot.* t. 1413. — *M. arvensis
   ♂ rubra* Benth. in DC. *Prodr.* XII, 172. — *M. gentilis* Mérat *Fl. Par.* éd. 4, II,
   263. — *M. sativa* var. *glabra Fl. Par.* éd. 1, 316). — Plante à odeur très pénétrante, glabre ou ne présentant que quelques poils épars sur les nervures des
   feuilles. Tige roide, rougeâtre. — Cultivé dans quelques jardins, subspontané çà
   et là au voisinage des habitations : bords de la pièce d'eau des Suisses à Versailles (*de Boucheman*); Les Loges! près Versailles ; Montmorency (*Guillard*).
   Forêt de Fontainebleau! près de la ville.

**4. M. arvensis** L. *Sp.* 806; *Engl. bot.* t. 2119; Rchb. *Crit.* X, t. 968-972, f. 1299-1303; *Illustr. fl. Par.* t. 20, f. 6-7; Bill. *Exsicc.* n. 1294 et *bis*. — [M. DES CHAMPS. — Vulg. *Pouliot-Thym*].

Plante velue-hérissée, plus rarement presque glabre. Tiges de 1-6 décim., ascendantes-flexueuses ou dressées, rameuses, plus rarement simples. Feuilles pétiolées ou atténuées en pétiole, ovales-aiguës ou oblongues-aiguës, dentées, de grandeur très variable, les supérieures ord. presque de la même grandeur que les inférieures. *Glomérules* nombreux, *tous espacés à l'aisselle des feuilles*, ou les supérieurs rapprochés en un épi feuillé surmonté d'un bouquet de petites feuilles. *Calice fructifère campanulé-urcéolé, à dents triangulaires presque aussi larges que longues.* Corolle rose. ♃. Juillet-septembre.

*C C.* — Champs humides, bords des chemins, fossés.

Var. β. *glabrescens*. — Plante pubescente à poils épars ou presque glabre.

Sect. II. PULEGIUM. — Calice fructifère à gorge fermée par un anneau de poils connivents en cône.

**5. M. Pulegium** L. *Sp.* 807 ; *Engl. bot.* t. 1026 ; *Illustr. fl. Par.* t. 20, f. 10-11; Bill. *Exsicc.* n. 64. — [M. POULIOT. — Vulg. *Pouliot*].

Plante pubescente, plus rarement hérissée. Tiges de 2-5 décim., ascendantes ou couchées-redressées, roides, simples ou rameuses. Feuilles brièvement pétiolées, ou subsessiles atténuées à la base, ord. petites, ovales ou oblongues, lâchement crénelées ou dentées, diminuant insensiblement de grandeur dans la partie supérieure de la plante. Glomérules nombreux, tous espacés à l'aisselle de feuilles ord. réfléchies. Calice tubuleux-campanulé, à dents lancéolées-acuminées. Corolle rose, plus rarement blanche, à lobe supérieur ord. entier. ♃. Juillet-octobre.

*C C.* — Bords des étangs, marécages, fossés, champs humides.

La plupart des espèces du genre *Mentha* peuvent donner naissance à des hybrides et offrent les modifications suivantes : plante velue, pubescente, ou glabre (la plante glabre est toujours plus odorante que la plante velue); tige verte ou rougeâtre; feuilles dentées presque planes, ou fortement incisées plus ou moins crispées (cette dernière modification se rencontre surtout dans la plante cultivée); étamines renfermées dans le tube de la corolle ou le dépassant longuement.

## 2. LYCOPUS L. *Gen.* n. 15. — [LYCOPE].

Calice tubuleux-campanulé, à 5 dents presque égales, à gorge nue. Corolle dépassant à peine le calice, infundibuliforme-campanulée, à 4 lobes presque égaux le supérieur plus large émarginé. *Étamines réduites au nombre de 2 par l'avortement des 2 supérieures, distantes et divergentes* ; anthères à lobes parallèles puis un peu divergents. Nucules lisses, trigones, entourées d'une bordure épaisse, tronquées au sommet.

Plante vivace. Fleurs petites, blanches ponctuées de rouge, disposées en glomérules multiflores opposés, espacés à l'aisselle des feuilles.

**1. L. Europæus** L. *Sp.* 30; *Engl. bot.* t. 1105; Bill. *Exsicc.* n. 1295. — [L. D'EUROPE. — Vulg. *Marrube-aquatique*, *Pied-de-loup*].

Souche traçante, plus rarement tronquée. Tige de 4-10 décim., dressée, robuste, roide, simple ou rameuse. Feuilles pétiolées, ovales-oblongues, aiguës, dentées à dents larges aiguës, souvent pinnatifides à la base. Calice à dents lancéolées-subulées presque épineuses. Plante pubescente-rude ou presque glabre, presque inodore. ♃. Juillet-septembre.

*CC.* — Bords des eaux, marécages, fossés aquatiques.

## TRIBU III. SALVIEÆ. — Corolle bilabiée. Étamines 2 fertiles; anthères à lobes séparés par un connectif filiforme très long, à lobe inférieur rudimentaire ou nul.

### 3. SALVIA Tourn. *Inst.* t. 83; L. *Gen.* n. 39. — [SAUGE].

Calice tubuleux ou campanulé, bilabié, à lèvre supérieure entière ou 3-dentée, l'inférieure bifide, à gorge nue. Corolle à tube inclus ou exsert, bilabiée; à lèvre supérieure ord. en forme de casque, entière ou émarginée; l'inférieure 3-lobée, à lobe moyen ord. plus large émarginé. *Étamines* supérieures nulles ou rudimentaires, les 2 *inférieures fertiles; filets* ord. *très courts*, articulés avec un *connectif transversal*, la partie du connectif supérieure à l'articulation *filiforme* ord. très longue portant le lobe fertile de l'anthère, la partie du connectif inférieure à l'articulation très courte à lobe nul plus rarement rudimentaire. Nucules ovoïdes-trigones.

Plantes vivaces. Fleurs bleues, plus rarement bleuâtres, roses ou blanches, en glomérules opposés pauciflores ou pluriflores, espacés, ou rapprochés en épis terminaux.

**1. S. pratensis** L. *Sp.* 35; *Engl. bot.* t. 153; Bill. *Exsicc.* n. 607. — [S. DES PRÉS].

Plante pubescente, glanduleuse surtout au sommet, à odeur forte. Tige herbacée, de 3-8 décim., ascendante ou dressée, simple ou rameuse supérieurement. *Feuilles* ovales ou oblongues, doublement *crénelées*, rugueuses ridées en réseau; les radicales ord. très amples, longuement pétiolées, cordées à la base, souvent disposées en rosette; les caulinaires au nombre de 1-3 paires, ord. beaucoup plus petites, sessiles ou brièvement pétiolées. Glomérules 1-4-flores, peu espacés, disposés en épis interrompus. *Bractées* herbacées, ovales-acuminées, *plus courtes que les calices. Calice* pubescent-visqueux, *à lèvre supérieure brièvement 3-dentée ou presque entière*, l'inférieure à 2 lobes ovales-acuminés, *Corolle* assez grande, bleue, bleuâtre, plus rarement rosée ou blanche, *beaucoup plus longue que le calice*; à lèvre supérieure pubescente-visqueuse, courbée en faux, très comprimée, plus longue que l'inférieure. *Style dépassant longuement la lèvre supérieure de la corolle.* ♃. Mai-juillet.

*CCC.* — Prairies, pâturages, bords des chemins.

Le *S. sylvestris* L. (Jacq. *Austr.* III, t. 212; Rchb. *Crit.* VI, t. 527, f. 723) indiqué à Longjumeau et à Soissons (*Mérat* Fl. Par.), où il n'a pas été retrouvé, se distingue surtout du *S. pratensis* par ses fleurs plus petites, par ses bractées colorées et par son calice pubescent-blanchâtre.

**2. S. Verbenaca** L. *Sp.* 85; *Engl. bot.* t. 154; Rchb. *Crit.* VI, t. 523, f. 718; Bill. *Exsicc.* n. 1944 et *bis.* — [S. VERVEINE].

Plante glanduleuse surtout au sommet, à odeur forte. Tiges herbacées, de 2-6 décim., ascendantes ou dressées, simples, plus rarement rameuses, très pubescentes. *Feuilles* oblongues ou ovales-obtuses, *lobées-crénelées ou presque pinnatifides*, glabres ou pubescentes en dessous, rugueuses ridées en réseau ; les radicales longuement pétiolées, souvent un peu cordées à la base, ord. disposées en rosette ; les caulinaires au nombre de 2-4 paires, plus petites que les inférieures, sessiles ou brièvement pétiolées. Glomérules 1-4-flores, disposés en épis lâches. *Bractées* herbacées, ovales-suborbiculaires brusquement acuminées, *plus courtes que les calices. Calice* pubescent-hérissé, *à lèvre supérieure brièvement 3-dentée ou presque entière*, l'inférieure à 2 lobes ovales-lancéolés mucronés. *Corolle* petite, bleue, *dépassant à peine le calice* ; à lèvre supérieure en casque, non comprimée. *Style ne dépassant pas la lèvre supérieure de la corolle.* ⌗. Mai-août.

*R R.* — Pelouses arides, coteaux herbeux. — Brunoy (*C. de Chambine*). Abondant sur la côte de Dreux ! (*Dœnen*). Les Andelys (*A. Grenier*).

3. **S. Sclarea** L. *Sp*. 38 ; Sibth. et Sm. *Fl. Græc.* t. 25 ; Poit. et Turp. *Fl. Par.* t. 38 ; *Bot. reg.* t. 1003. — [S. SCLARÉE. — Vulg. *Sclarée, Orvale, Toute-bonne*].

Plante glanduleuse au sommet, à odeur aromatique très pénétrante. Tige herbacée, de 4-8 décim., dressée, robuste, très rameuse, plus rarement simple, velue-laineuse. Feuilles ord. très amples, ovales ou oblongues, ord. cordées à la base, crénelées ou crénelées-dentées, épaisses, rugueuses ridées en réseau, la plupart pétiolées. Glomérules 1-3-flores, rapprochés en épis tétragones. *Bractées très amples*, ciliées, *dépassant les calices*, ovales-suborbiculaires brusquement acuminées, concaves, *membraneuses*, blanchâtres à la base, rosées au sommet. *Calice* pubescent-hérissé, *à dents de la lèvre supérieure et de la lèvre inférieure* triangulaires *terminées en* longue *pointe spinescente.* Corolle assez grande, d'un bleu lilas, dépassant longuement le calice ; à lèvre supérieure courbée en faux, comprimée, un peu plus longue que l'inférieure. Style dépassant très longuement la lèvre supérieure de la corolle. ⌗. Juillet-août.

*A.R.* — Voisinage des vieux châteaux, villages, carrières, coteaux calcaires. — Bois de Boulogne, Auteuil vers l'entrée du bois de Boulogne (*Vaill.* Bot. Par.) ; Montmorency ! ; Yères (*Brice*). Gouvieux près Chantilly (*Léré*) ; Précy (*de Schœnefeld*) ; Montepilloy près Senlis (*de Marcilly fils*). Château de Chevreuse !. Meulan (*Mandon*) ; Mantes ! (*de Schœnefeld*) ; Sainte-Geneviève entre La Roche-Guyon et Vernon (*Beautemps-Beaupré*). Mennecy (*Weddell*) ; Écharcon (*Des Étangs*) ; Nemours ! (*Devilliers*) ; Saint-André près Château-Landon ! ; Malesherbes !. Dreux ! (*Dœnen*). Provins (*Bouteiller*). Charly (*Crépin*). — *Graves* Cat. Oise : Ponchon cant. de Noailles ; Montagny, Loconville cant. de Chaumont ; Hénonville cant. de Méru ; coteau de Liancourt ; bois de Mermont près Saint-Just-en-Chaussée ; Jaux, Varenval, Margny-lez-Compiègne ; Précy-sur-Oise cant. de Creil ; Gerberoy ; Senlis ; Mello.

† **S. verticillata** L. *Sp*. 37 ; Schrank *Fl. Monac.* II, t. 159 ; Koch *Syn. fl. Germ.* ed. 2, 639. — [S. VERTICILLÉE].

Tiges herbacées, de 3-12 décim., ascendantes ou dressées, rameuses supérieurement, plus rarement simples, pubescentes-velues surtout au sommet. Feuilles ovales-triangulaires obtuses ou presque obtuses, cordées à la base, plus ou moins profondément crénelées-dentées, pétiolées même les caulinaires, à pétiole ord. muni de deux lobes foliacés. *Glomérules multiflores subglobuleux*, les inférieurs plus ou moins espacés, les supérieurs rapprochés disposés en épis. Bractées mem-

braneuses-herbacées, ovales brusquement acuminées, plus courtes que les calices.
Calice hérissé-pubescent ainsi que le pédicelle, ord. coloré d'un bleu violet, à lèvre
supérieure 3-dentée à dents triangulaires larges acuminées en pointe roide,
à lèvre inférieure à 2 lobes lancéolés terminés en pointe roide. *Corolle* assez
petite, d'un bleu violet, environ une fois plus longue que le calice, *à tube* inclus
*muni en dedans d'un anneau de poils,* à lèvre supérieure en casque non comprimée.
*Étamines à connectif environ de la longueur du filet* dont il continue la direction,
*la partie inférieure du connectif courte dentiforme* ne présentant pas de rudiment
de lobe d'anthère. *Style réfléchi* sur la lèvre inférieure de la corolle. ♃. Juillet-
août.

Naturalisé depuis longtemps dans les champs entre Arcueil et Cachan !. — Indigène dans l'Europe méridionale orientale, dans le Caucase et l'Asie-Mineure.

Le *S. officinalis* L. (Schk. *Handb.* t. 4 ; Bill. *Exsicc.* n. 2338. — Vulg. *Sauge*),
indigène dans la région méditerranéenne, est cultivé dans les jardins potagers, et
se reconnaît aux caractères suivants : plante sous-frutescente à la base, fortement
aromatique ; rameaux et jeunes feuilles tomenteux-blanchâtres ; feuilles obtuses,
ovales-lancéolées ou lancéolées, rugueuses, très finement crénelées ; glomérules
3-6-flores ; bractées ovales-lancéolées, foliacées, caduques ; calice à dents de la
lèvre supérieure et de la lèvre inférieure terminées en pointe spinescente ; corolle
assez grande, d'un rose lilas, plus rarement blanche, à tube muni d'un anneau de
poils dans sa partie inférieure, à lèvre supérieure en casque, non comprimée ; lobe
inférieur de l'anthère contenant quelques grains de pollen ; style dépassant très longuement la lèvre supérieure de la corolle.

Le *Rosmarinus officinalis* L. (Sibth. et Sm. *Fl. Græc.* t. 14 ; Bill. *Exsicc.* n. 1740.
— Vulg. *Romarin*), indigène dans la région méditerranéenne, est cultivé comme
plante aromatique ; il se distingue aux caractères suivants : sous-arbrisseau à feuilles
persistantes, linéaires-entières, tomenteuses-blanchâtres à la face inférieure ; corolle
blanche ou d'un bleu pâle, bilabiée, à lèvre supérieure bifide ; étamines 2, exsertes,
à filet présentant une dent vers la base, à lobes de l'anthère confluents.

Le genre *Monarda*, originaire de l'Amérique du Nord, est caractérisé par le
calice à 5 dents presque égales, par la corolle bilabiée à lèvre supérieure linéaire
entière ou émarginée, par les étamines au nombre de 2 à anthères unilobées ; il fournit
à nos parterres plusieurs espèces, parmi lesquelles la plus fréquemment cultivée est
le *M. didyma* Willd., à fleurs d'un rouge écarlate en glomérules multiflores, à
feuilles ovales dentées glabres, à tiges à angles tranchants.


TRIBU IV. **THYMOIDEÆ.** — Corolle bilabiée. Étamines 4 fertiles,
distantes, droites et divergentes, ou plus ou moins arquées conniventes, presque égales ou les inférieures un peu plus longues que les
supérieures.


SOUS-TRIBU I. **EUTHYMOIDEÆ.** — Étamines droites, divergentes.


**4. ORIGANUM** Tourn. *Inst.* t. 94 ; L. *Gen.* n. 726 ex parte. — [ORIGAN].

*Calice* tubuleux-campanulé, à 10-13 nervures, *à 5 dents presque égales*
ou les supérieures un peu plus longues, le fructifère à gorge souvent
fermée par un anneau de poils. Corolle à tube égalant ou dépassant le calice,
bilabiée ; à lèvre supérieure droite, presque plane, émarginée ; à lèvre inférieure étalée, à 3 lobes presque égaux. Étamines 4, exsertes, distantes et
divergentes, les inférieures un peu plus longues ; anthères à lobes divergents

ou divariqués séparés par un connectif large presque triangulaire. Nucules ovoïdes-subglobuleuses.

Plante vivace. *Fleurs* petites, roses, plus rarement blanches, *munies de bractées dépassant les calices* et s'accroissant après la floraison, *en épillets* compacts *oblongs sublétragones rapprochés en corymbes terminaux* qui par leur ensemble constituent une panicule terminale feuillée.

1. **O. vulgare** L. *Sp.* 824; *Engl. bot.* t. 1143; Bill. *Exsicc.* n. 65 et *bis*. — [O. COMMUN. — Vulg. *Origan*].

Plante aromatique. Souche traçante. Tige de 5-8 décim., dressée, roide, rameuse supérieurement, pubescente ou velue, souvent rougeâtre. Feuilles pubescentes ou velues surtout en dessous, pétiolées, ovales, obscurément sinuées-denticulées. Bractées ovales, ord. colorées en rouge pourpre. ♃. Juillet-septembre.

*C C.* — Clairières et lisières des bois, pâturages secs, haies, buissons.

S.-v. *pallescens*. — Fleurs d'un rose pâle ou blanches. Bractées à peine colorées ou verdâtres. — *A.C.* — Lieux ombragés.

### 5. **THYMUS** L. *Gen.* n. 727 ex parte. — [THYM].

*Calice* tubuleux-campanulé, à 10-13 nervures, *bilabié*, à lèvre supérieure 3-dentée, à lèvre inférieure bifide, le fructifère à gorge fermée par un anneau de poils. Corolle à tube inclus ou dépassant à peine le calice, bilabiée; à lèvre supérieure droite, presque plane, entière ou émarginée; à lèvre inférieure étalée, à 3 lobes égaux ou le moyen plus grand. Étamines 4, exsertes, plus rarement incluses, distantes et divergentes, presque égales ou les inférieures plus longues; anthères à lobes parallèles ou divergents séparés par un connectif large presque triangulaire. Nucules ovoïdes-subglobuleuses.

Plantes vivaces, sous-frutescentes. *Fleurs* petites, roses ou purpurines, plus rarement blanches, disposées *en glomérules* pauciflores ou pluriflores *rapprochés en têtes ou en épis terminaux.*

1. **T. Serpyllum** L. *Sp.* 825 ex parte; *Engl. bot.* t. 1514. — [T. SERPOLET. — Vulg. *Serpolet, Thym-bâtard, Pouliot-bâtard* ].

Souche traçante, ligneuse, très rameuse. Tiges nombreuses, de 1-4 décim., couchées-radicantes, redressées au sommet, rameuses, plus ou moins pubescentes. Feuilles petites, glabres ou pubescentes, ord. longuement ciliées à la base, ponctuées-glanduleuses à la face inférieure, ovales ou oblongues, plus rarement linéaires-oblongues, obtuses, planes, pétiolées ou atténuées en pétiole. Glomérules pluriflores, rapprochés en têtes subglobuleuses ou oblongues, ou en épis interrompus. Calice à dents ciliées, les supérieures lancéolées, les inférieures linéaires-subulées, à gorge présentant un anneau de poils serrés qui apparaissent entre les dents sous la forme de points blancs. Plante à odeur agréable, pénétrante. ♃. Juin-octobre.

Pelouses sèches, bords des chemins, bois, pâturages.

Var. α. *Serpyllum.* (*T. Serpyllum* Fries! *Nov,* 195, et *Herb. norm. exsicc.* fasc. v, n. 7; Gren. et Godr. *Fl. Fr.* II, 657; Bill. *Exsicc.* n. 828. — *T. Serpyllum* var. *nervosus Fl. Par.* éd. 1, 320. — Vaill. *Bot. Par.* t. 31, f. 40). — *Tiges appliquées sur la terre très radicantes, présentant sur toute leur périphérie de petits poils réfléchis. Feuilles petites, atténuées à la base, à nervures très sail-*

*lantes*. Glomérules des *fleurs* rapprochés *en têtes globuleuses ou ovoïdes* ord.
compactes. — *A.C.* — Pelouses sèches, sables arides.

Var. β. *Chamœdrys*. (*T. Chamœdrys* Fries! *Nov.* 197, et *Herb. norm. exsicc.*
fasc. v, n. 6; Gren. et Godr. *Fl. Fr.* II, 658; Bill. *Exsicc.* n. 827, — Vaill.
*Bot. Par.* t. 32, f. 7-9). — *Tiges couchées-ascendantes, présentant deux à
quatre rangées de poils. Feuilles* ord. *brusquement contractées en pétiole, à nervures peu saillantes.* Glomérules des *fleurs* ord. disposés *en épis interrompus*
à la base. — *C C.* — Bois, pâturages, bords des chemins.

Le *T. vulgaris* L. (Bill. *Exsicc.* n. 1741 et *bis.* — Vulg. *Thym*), très répandu
dans la région méditerranéenne, cultivé en bordures dans les jardins potagers, se
distingue du *T. Serpyllum* par ses tiges dressées presque ligneuses, et par ses
feuilles linéaires-lancéolées à bords enroulés en dessous présentant souvent à leur
aisselle des fascicules de feuilles plus petites. Cette plante est naturalisée depuis plus
de vingt ans à la Lapinière de Darvault! près Nemours (*Devilliers*).

## 6. **HYSSOPUS** L. *Gen.* n. 709. — [HYSOPE].

*Calice* tubuleux, à 15 nervures, obscurément bilabié, *à* 5 *dents presque
égales*, à gorge nue. Corolle à tube égalant environ le calice, bilabiée ; à lèvre
supérieure droite, presque plane, émarginée ; à lèvre inférieure étalée, à 3 lobes, le moyen plus grand échancré ou bifide à lobes divergents. Étamines 4,
longuement saillantes hors de la corolle, distantes et divergentes, les inférieures
plus longues; *anthères à connectif très étroit*, à lobes divergents puis divariqués et confluents. Nucules ovoïdes-trigones, presque lisses ou finement
ponctuées.

Plante vivace, sous-frutescente. *Fleurs* ord. d'un beau bleu, *en glomérules* axillaires pluriflores *rejetés d'un même côté de la tige* et rapprochés *en épis terminaux* feuillés.

1. **H. officinalis** L. *Sp.* 796 ; Jacq. *Austr.* III, t. 254 ; Bull. *Herb.* t. 322 ; Bill.
  *Exsicc.* n. 282. — [H. OFFICINALE. — Vulg. *Hysope*].

Plante aromatique. Souche traçante, ligneuse. Tiges de 2-5 décim., très
rameuses à rameaux effilés redressés, finement pubescentes, ord. rapprochées
en touffe. Feuilles lancéolées-linéaires ou oblongues-lancéolées, entières ou entières-sinuées, sessiles, ord. glabres, vertes sur les deux faces, planes ou à bords
un peu roulés en dessous, souvent munies à leur aisselle de fascicules de
feuilles plus petites. Calice souvent bleuâtre, à dents roides, triangulaires-
acuminées. Corolle d'un beau bleu, rarement rouge ou blanche. ♃. Juillet-
septembre.

*R.* — Murailles des vieux châteaux, coteaux arides, fissures des rochers. — Sur
les vieilles tours de Chateaufort! près Versailles ; autour du château de Grignon (*Cornuti* Ench. Par.). Mantes (*Thuill.* Fl. Par.); très abondant à la côte des Célestins! près
Mantes !; Vernon (*de Brébisson* Fl. Norm.) ; Château-sur-Epte (*Bouteille*). Rochefort
(*de Schœnefeld*). Bonneville près Malesherbes (*Weddell, Bernard*). Tour de César
et remparts à Provins (*Bouteiller*). — *Graves* Cat. Oise : « Il a été trouvé près
d'Hénonville cant. de Méru, et à Morfontaine. Il y en a aussi aux carrières de Margny-lez-Compiègne, et dans un bosquet à l'embranchement de la route impériale
de Saint-Quentin avec la route de Compiègne à Roye. C'est une plante conservée
des cultures du moyen âge ».

Sous-tribu II. **MELISSEÆ.** — Étamines plus ou moins arquées, conniventes.

**7. CALAMINTHA** Tourn. *Inst.* t. 92 ex parte. — [CALAMENT].

*Calice* tubuleux ou campanulé, à 10-13 nervures, *bilabié*, à lèvre supérieure 3-dentée, à lèvre inférieure bifide, le fructifère à gorge ord. fermée par un anneau de poils. Corolle à tube dépassant ord. le calice, bilabiée ; à lèvre supérieure droite, presque plane, entière ou émarginée ; à lèvre inférieure étalée, à 3 lobes presque égaux, ou inégaux le moyen plus grand souvent émarginé. Étamines 4, distantes, plus ou moins conniventes sous la lèvre supérieure de la corolle, les inférieures plus longues ; *anthères à lobes* divergents ou divariqués *séparés par un connectif ord. épais presque triangulaire.* Nucules ovoïdes ou subglobuleuses, lisses.

Plantes vivaces ou annuelles. Fleurs roses ou d'un rose bleuâtre, plus rarement blanches, disposées en *glomérules* opposés, axillaires, sessiles ou pédonculés, bi-pluriflores, *munis d'un petit nombre de bractées.*

Sect. I. Acinos. — Fleurs pédicellées, disposées en glomérules sessiles. Calice gibbeux à la base.

1. **C. Acinos** Gaud. *Fl. Helv.* IV, 84 ; Bill. *Exsicc.* n. 830. — *Thymus Acinos* L. *Sp.* 826 ; *Fl. Dan.* V, t. 814 ; *Engl. bot.* t. 411.—*Melissa Acinos* Benth. *Lab.* 384. — [C. Acinos].

*Plante annuelle.* Tiges de 1-3 décim., rameuses, ascendantes ou étalées-diffuses, très pubescentes ou velues. Feuilles petites, ovales ou oblongues, ord. aiguës, entières ou légèrement dentées, brièvement pétiolées ou atténuées en pétiole. Glomérules sessiles, 2-3-flores, espacés ou en épis lâches feuillés. Calice dilaté en bosse inférieurement, à dents subulées ciliées. Corolle assez petite, d'un bleu rougeâtre quelquefois presque blanche. ⓘ. Juin-septembre.

*C C.* — Bords des chemins, champs en friche, lieux incultes.

S.-v. *canescens.* — Plante velue blanchâtre. — *A.R.*

Sect. II. Calaminthastrum. — Fleurs pédicellées, disposées en glomérules pédonculés. Calice presque régulièrement tubuleux ou tubuleux-campanulé.

2. **C. officinalis** Mœnch *Meth.* 409.—*Melissa Calamintha* L. *Sp.* 827. — *Thymus Calamintha* Engl. *bot.* t. 1676. — [C. OFFICINAL. — Vulg. *Calament-de-montagne, Menthe-de-montagne*].

*Plante vivace, à souche traçante.* Tiges de 3-6 décim., dressées ou ascendantes, simples ou rameuses, pubescentes ou velues. Feuilles assez grandes, ovales-obtuses, dentées à dents aiguës ou presque obtuses, pétiolées, pubescentes-grisâtres surtout à la face inférieure. Pédoncules axillaires 3-12-flores. *Calice* ord. coloré, *tubuleux ou tubuleux-campanulé, à dents ciliées à cils roides étalés, les inférieures environ 2 fois plus longues que les supérieures, à anneau de poils* de la gorge *ne faisant pas saillie entre les dents.* Corolle une à deux fois plus longue que le calice, d'un rose purpurin, à tube ne dépassant pas ou dépassant longuement le calice. ♃. Juillet-septembre.

Var. α. *sylvatica.* (*C. sylvatica* Bromfield in *Engl. bot.* t. 2897 ; Benth. in DC. *Prodr.* XII, 228. — *C. officinalis* Gren. et Godr. *Fl. Fr.* II, 662 ; *Fl. Par.*

éd. 1, 322; Bill. *Exsicc.* n. 279. — *Feuilles* plus ou moins aiguës, *à dents aiguës*. Calice tubuleux. Corolle environ deux fois plus longue que le calice, à lobe moyen de la lèvre inférieure suborbiculaire. — *C C.* — Lieux ombragés, bois, buissons, pâturages.

Var. β. *menthœfolia*. (*C. menthœfolia* Host *Austr.* II, 129 ; Boreau *Not.* 22 ; Gren. et Godr. *Fl. Fr.* II, 664 ; Bill. *Exsicc.* n. 280. — *C. officinalis* Benth. in DC. *Prodr.* XII, 228. — *C. ascendens* Jord.! *Observ.* IV, 8, t. 1). — *Feuilles* plus ou moins obtuses, *à dents presque obtuses*. Calice tubuleux-campanulé. Corolle une fois plus longue que le calice ou en dépassant peu les dents inférieures, à lobe moyen de la lèvre inférieure émarginé. — *A.R.* — Lieux arides, bords des chemins. — Maisons-sur-Seine (*Maire*). Creil, Étampes (*de Schœnefeld*). Marissel près Beauvais (*Caron*). Missy-aux-bois près Villers-Cotterets (*Kralik*).

3. **C. Nepeta** Clairville *Man. herb.* 197 ; Hoffms. et Link *Fl. Port.* 141 ; Benth. in DC. *Prodr.* XII, 227; Bill. *Exsicc.* n. 281. — *Melissa Nepeta* L. *Sp.* 828. — *Thymus Nepeta Engl. bot.* t. 1414. — [C. NÉPÉTA].

*Plante vivace, à souche traçante.* Tiges de 3-6 décim., dressées ou ascendantes, plus ou moins rameuses, pubescentes ou velues. Feuilles assez petites, ovales-obtuses, presque entières ou superficiellement dentées, pétiolées, pubescentes-grisâtres surtout à la face inférieure. Pédoncules axillaires, 3-15-flores. *Calice* vert, plus rarement coloré, *campanulé ou campanulé-urcéolé, à dents très brièvement ciliées, peu inégales ou les inférieures environ une fois plus longues que les supérieures, à anneau de poils* de la gorge *faisant saillie entre les dents.* Corolle assez petite, d'un rose bleuâtre, environ une fois plus longue que le calice. ♃. Juillet-septembre.

*R R.* — Coteaux arides, lieux secs et pierreux. — Lieusaint (*C. de Chambine*). Senlis, Longpré près Villers-Cotterets (*Questier*); entre Hussy et La Ferté-sous-Jouarre (*Vaill.* Bot. Par., *Thuill.* Fl. Par., *Adr. de Jussieu*) « le long du chemin et dans un petit bois au-dessus de Tribardou » (*Thuill.* Fl. Par.). — *Graves* Cat. Oise : Noyon ; forêt de Laigue à Offemont ; Liancourt ; Saint-Firmin près Chantilly; forêt de Compiègne.

### 8. **CLINOPODIUM** Tourn. *Inst.* t. 92. — [CLINOPODE].

*Calice* tubuleux arqué, à 13 nervures, *bilabié*, à lèvre supérieure 3-fide, à lèvre inférieure bifide, le fructifère à gorge présentant quelques poils. Corolle à tube dépassant plus ou moins le calice, bilabiée ; à lèvre supérieure droite, presque plane, émarginée ; à lèvre inférieure étalée, à 3 lobes, le moyen plus grand souvent émarginé. Étamines 4, distantes, plus ou moins conniventes sous la lèvre supérieure de la corolle, les inférieures plus longues ; *anthères à lobes* divergents ou divariqués, *séparés par un connectif épais* ovoïde ou presque triangulaire. Nucules ovoïdes, lisses.

Plante vivace. Fleurs d'un rose purpurin, rarement blanches, en *glomérules* axillaires, opposés, multiflores, compactes, *munis de bractées sétacées* qui sont beaucoup plus nombreuses que les fleurs et *qui forment un involucre à la base des faux-verticilles* constitués par le rapprochement de deux glomérules.

1. **C. vulgare** L. *Sp.* 821 ; *Fl. Dan.* VI, t. 930 ; *Engl. bot.* t. 1401. — *Melissa Clinopodium* Benth. *Lab.* 392. — *Calamintha Clinopodium* Benth. in DC. *Prodr.* XII, 233; Bill. *Exsicc.* n. 608. — [C. COMMUN. — Vulg. *Clinopode, Grand-Basilic-sauvage*].

Plante vivace, à souche traçante. Tiges de 3-8 décim., dressées ou ascendantes-diffuses, simples ou rameuses, pubescentes ou velues. Feuilles ovales ou oblongues-lancéolées, superficiellement et lâchement dentées, pétiolées, pubescentes-grisâtres surtout à la face inférieure. Pédoncules axillaires très courts, ramifiés-dichotomes, rapprochés en faux-verticilles espacés. Bractées roides sétacées, longuement ciliées. Calice vert ou coloré, à divisions longuement ciliées, les inférieures subulées environ deux fois plus longues que les supérieures. ♃. Juillet-octobre.

*C C*. — Lisières et clairières des bois, haies, buissons, pâturages.

† **MELISSA** Tourn. *Inst.* t. 91 ex parte; L. *Gen.* n. 728 ex parte. — [MÉLISSE].

*Calice* tubuleux ou tubuleux-campanulé, à 13 nervures, *bilabié, plan en dessus*, à lèvre supérieure tridentée, à lèvre inférieure bifide, le fructifère à gorge présentant quelques poils. Corolle à tube arqué-ascendant au-dessus de la base dépassant plus ou moins le calice, bilabiée ; à lèvre supérieure droite, presque plane ou un peu concave, émarginée ; à lèvre inférieure étalée, à 3 lobes, le moyen plus grand, souvent émarginé. Étamines 4, distantes, plus ou moins conniventes sous la lèvre supérieure de la corolle, les inférieures plus longues; *anthères à connectif étroit*, à lobes divergents.

Plante vivace. Fleurs blanches, en glomérules axillaires opposés, pauciflores ou pluriflores.

† **M. officinalis** L. *Sp.* 827 ; Lmk *Illustr.* t. 512, f. 1. — [M. OFFICINALE. — Vulg. *Mélisse, Citronnelle*].

Plante plus ou moins pubescente, à odeur de citron très pénétrante. Tiges de 6-8 décim., dressées, plus ou moins rameuses. Feuilles ovales, grossièrement dentées, longuement pétiolées. Glomérules espacés, longuement dépassés par les feuilles. Bractées oblongues mucronées. Calice assez ample, à lèvre supérieure tronquée 3-dentée, à divisions de la lèvre inférieure lancéolées terminées en une pointe presque épineuse. Corolle à tube arqué-ascendant. ♃. Juin-septembre.

Cultivé dans les jardins. — Cette plante, originaire de l'Europe méridionale et de l'Asie moyenne, est quelquefois subspontanée au voisinage des habitations : Vincennes (*Thuret*); Saint-Cloud!, Versailles ! derrière le potager, Château de la chasse près Montmorency, Boissy-Saint-Léger près Grosbois (*Vaill.* Bot. Par.); Les Camaldules (*C. de Chambine*). Le Bouchet près Mennecy (*Thuret*). Melun !; côte de Champagne !; Malesherbes !. Env. de Crépy, Ormoy-le-Davien, Cuvergnon, Étavigny, Marnoue-les-Moines, Dampleux (*Questier*). Provins (*Des Étangs*), etc.

• † **SATUREIA** L. *Gen.* n. 707. — [SARRIETTE].

*Calice* tubuleux-campanulé, à 10 nervures *à 5 dents presque égales* ou très obscurément bilabié, le fructifère à gorge nue ou ne présentant que quelques poils. Corolle à tube égalant environ le calice, bilabiée ; à lèvre supérieure droite, plane, entière ou émarginée ; à lèvre inférieure étalée, à 3 lobes presque égaux, le moyen souvent émarginé. Étamines 4, distantes, plus ou moins conniventes sous la lèvre supérieure de la corolle, les inférieures plus longues exsertes; *anthères à lobes séparés par un connectif* ovoïde ou *presque triangulaire*. Nucules ovoïdes ou oblongues, lisses ou finement granuleuses.

Plantes vivaces sous-frutescentes ou annuelles. Fleurs assez petites, blanches, roses ou rougeâtres, disposées 2-3 à l'extrémité de pédoncules axillaires.

† **S. montana** L. *Sp.* 794; Sibth. et Sm. *Fl. Græc.* t. 543; Bill. *Exsicc.* n. 1742. — [S. DE MONTAGNE].

Plante sous-frutescente, à odeur aromatique pénétrante. Tiges de 1-3 décim., très rameuses, rapprochées en touffe, à rameaux pubérulents. Feuilles roides, glabres-ponctuées, ciliées, lancéolées-linéaires mucronées, où les inférieures obtuses atténuées à la base, souvent munies à leur aisselle de fascicules de feuilles plus petites. Fleurs rapprochées en grappes terminales feuillées. Calice à dents lancéolées-subulées, ciliées, très roides. Corolle blanche ou rosée, souvent ponctuée de rouge, à lèvre supérieure courte. ♃. Juillet-août.

Persiste depuis plus de vingt ans à la Lapinière de Darvault ! près Nemours, où il est abondant (*Devilliers*). Naturalisé dans les fentes des rochers à la colline de la Justice ! près Malesherbes (*Dubouché*). — Cette plante est généralement répandue dans les montagnes basses du midi de la France.

Le *S. hortensis* L. (Schk. *Handb.* t. 156; Bill. *Exsicc.* n. 829. — Vulg. *Sarriette*), plante de la région méditerranéenne, est fréquemment cultivé dans les jardins; il se distingue aux caractères suivants : plante annuelle, très aromatique, pubérulente, ponctuée-glanduleuse; tige roide, rameuse surtout au sommet; feuilles linéaires ou linéaires-lancéolées non mucronées, atténuées à la base; corolle lilas ponctuée de rouge.


**TRIBU V. LAMIOIDEÆ.** — Corolle bilabiée. Étamines 4 fertiles, rapprochées et parallèles sous la lèvre supérieure de la corolle, quelquefois rejetées en dehors après l'émission du pollen.

SOUS-TRIBU I. **NEPETEÆ.** — Calice tubuleux. Étamines inférieures (extérieures ou latérales) plus courtes que les supérieures.

### 9. **NEPETA** L. *Gen.* n. 710. — [NÉPÉTA].

Calice tubuleux, à 13-15 nervures, ord. un peu courbé, à 5 dents égales ou presque égales, à gorge nue. *Corolle* à tube très étroit ord. exsert, à gorge brusquement dilatée, bilabiée; à lèvre supérieure droite, un peu concave, émarginée ou bifide; *à lèvre inférieure* étalée, à 3 lobes, les latéraux très courts, le *lobe moyen* très grand, étalé, *concave en avant*, crénelé. Étamines 4, parallèles sous la lèvre supérieure, les 2 inférieures plus courtes; *anthères non rapprochées en forme de croix*, à connectif très petit, à lobes divergents. Nucules ovoïdes, lisses ou finement chagrinées.

Plante vivace. Fleurs blanches ou rosées, ponctuées de rouge, en glomérules multiflores rapprochés en épis terminaux feuillés à la base.

1. **N. Cataria** L. *Sp.* 796; *Fl. Dan.* IV, t. 540; *Engl. bot.* t. 137; Bill. *Exsicc.* n. 1046.— [N. CHATAIRE. — Vulg. *Herbe-aux-chats*].

Plante à odeur forte désagréable, pubescente-blanchâtre presque tomenteuse. Tiges de 6-10 décim., ord. dressées, rameuses. Feuilles pétiolées, ovales ou ovales-triangulaires, cordées à la base, fortement dentées, tomenteuses en dessous. Glomérules compactes, un peu pédonculés à pédoncule rameux. Calice tomenteux-blanchâtre. Nucules lisses et glabres. ♃. Juillet-septembre.

*A.C.* — Lieux pierreux, bords des chemins, haies, buissons, villages.

### 10. **GLECHOMA** L. *Gen.* n. 714. — [GLÉCHOME].

Calice tubuleux, à 13-15 nervures, à 5 dents un peu inégales les 3 supérieures plus longues, à gorge nue. *Corolle* à tube dépassant ord. le calice, à gorge très dilatée, bilabiée; à lèvre supérieure droite, presque plane ou à bords rejetés en dehors, émarginée ou bifide; *à lèvre inférieure* étalée, à 3 lobes, le *lobe moyen* beaucoup plus grand, *plan*, souvent émarginé ou bilobé. Étamines 4, rapprochées sous la lèvre supérieure de la corolle, les 2 inférieures plus courtes ; *anthères* à lobes divergents, *rapprochées par paires en forme de croix*. Nucules ovoïdes, lisses ou finement ponctuées.

Plante vivace, à *tiges couchées-radicantes*. Fleurs bleuâtres ou roses, plus rarement blanches, en glomérules pauciflores axillaires opposés ou alternes.

1. **G. hederacea** L. *Sp.* 807 ; *Engl. bot.* t. 853 ; Bill. *Exsicc.* n. 1048 et *bis*. — Vaill. *Bot. Par.* t. 6, f. 4-6. — [G. LIERRE-TERRESTRE. — Vulg. *Lierre-terrestre, Herbe-Saint-Jean*].

Plante à odeur pénétrante. Tiges de 2-6 décim., presque glabres, pubescentes ou plus ou moins velues, grêles, couchées-radicantes, redressées supérieurement, à rejets nombreux rampants. Feuilles longuement pétiolées, réniformes-suborbiculaires, grossièrement crénelées, présentant des poils fasciculés à la base du pétiole. Glomérules brièvement pédonculés, 1-4-flores. Corolle à tube déprimé subtrigone, pubescente en dehors, ponctuée de pourpre et poilue à la gorge vers la base de la lèvre inférieure. ♃. Avril-mai.

*C C*. — Bois humides, lieux ombragés, haies, buissons.

S.-v. *breviflora*. — Corolle plus petite de moitié que dans le type, à tube inclus ou dépassant à peine le calice. — *A.C.*

S.-v. *hirsuta*. — Tiges et feuilles velues-hérissées. — *A.R.* — Luzarches (*Maire*), etc.

SOUS-TRIBU II. **STACHYDEÆ**. — Calice tubuleux ou campanulé, plus rarement bilabié. Étamines inférieures plus longues que les supérieures.

11. **MELITTIS** L. *Gen.* n. 731. — [MÉLITTE].

*Calice* campanulé *très ample, membraneux*, irrégulièrement veiné, *irrégulièrement bilabié*, à lobes des lèvres entiers, dentés ou incisés ; à lèvre supérieure un peu plus longue que l'inférieure, large, irrégulièrement bitrilobée ou indivise ; à lèvre inférieure ord. bilobée. Corolle à tube très ample dépassant longuement le calice, bilabiée ; à lèvre supérieure droite, un peu concave, obovale-suborbiculaire, entière ou à peine émarginée ; à lèvre inférieure étalée, à 3 lobes, le moyen plus grand, entier ou émarginé, souvent crénelé. Étamines 4, rapprochées et parallèles sous la lèvre supérieure de la corolle, les 2 inférieures plus longues ; *anthères* à lobes divergents, *rapprochées par paires en forme de croix*. Nucules ovoïdes-subglobuleuses, lisses ou finement réticulées-pubescentes.

Plante vivace. *Fleurs* très grandes, blanches, panachées de rouge, pédicellées, *solitaires, géminées ou ternées à l'aisselle des feuilles*.

1. **M. Melissophyllum** L. *Sp.* 832 ; Jacq. *Austr.* I, t. 26 ; *Engl. bot.* t. 577 ; Rchb. *Crit.* III, t. 241, f. 396 ; Bill. *Exsicc.* n. 434. — [M. A FEUILLES DE MÉLISSE. — Vulg. *Mélisse-des-bois, Herbe-saine*].

Souche traçante. Tige de 3-6 décim., dressée, robuste, simple, plus rarement rameuse, velue ou pubescente, plus rarement presque glabre et offrant alors des fascicules de poils à la base des pétioles. Feuilles assez amples, à nervures très saillantes en dessous, pubescentes ou presque glabres, longuement pétiolées, ovales-aiguës, quelquefois cordées à la base, crénelées ou fortement dentées, les inférieures plus petites. Plante exhalant une odeur forte. ♃. Mai-juin.

*C.* — Bois montueux, taillis.

**12. LAMIUM** L. *Gen.* n. 716 emend.; Benth. in DC. *Prodr.* XII, 503. — [LAMIER].

Calice tubuleux-campanulé, à 5-10 nervures, à 5 dents presque égales ou les supérieures plus longues. *Corolle* droite ou ascendante, bilabiée ; à tube dépassant longuement le calice, rarement inclus, présentant souvent au-dessus de sa base un anneau de poils ; à lèvre supérieure obovale ou oblongue, entière ou émarginée, rétrécie à la base, très concave ou en casque ; *à lèvre infé-rieure trilobée à lobes très inégaux, les latéraux occupant les parties laté-rales de la gorge ord. dentiformes tronqués ou presque nuls, le moyen plus grand obcordé rétréci à la base. Étamines 4,* rapprochées et parallèles sous la lèvre supérieure de la corolle, *non rejetées en dehors après l'émission du pollen,* les 2 inférieures plus longues ; anthères barbues, rarement glabres, à lobes divergents à la base rapprochés au sommet puis divariqués s'ouvrant par une fente continue et confluents. *Nucules trigones* à angles aigus, *tron-quées au sommet,* lisses ou finement rugueuses.

Plantes annuelles ou vivaces, d'une odeur désagréable plus ou moins prononcée, à tiges ord. succulentes. Fleurs rouges, purpurines ou blanches, subsessiles, dis-posées en glomérules pluriflores, axillaires, opposés.

Sect. I. *LAMIOPSIS.* — *Corolle à tube droit, à gorge* très dilatée. *Plantes an-nuelles.* — (1-3).

Sect. II. *LAMIOTYPUS.* — *Corolle à tube ascendant,* à gorge insensiblement dilatée. *Plantes vivaces.* — (4-5).

Sect. I. LAMIOPSIS. — Corolle à tube droit, à gorge très dilatée. Plantes annuelles.

1. **L. amplexicaule** L. *Sp.* 809 ; *Fl. Dan.* V, t. 752 ; *Engl. bot.* t. 770 ; Rchb. *Crit.* III, t. 224, f. 373; Bill. *Exsicc.* n. 2126 et *bis.* — [L. AMPLEXICAULE. — Vulg. *Pas-de-poule*].

Tiges de 1-4 décim., grêles, ascendantes-diffuses, souvent flexueuses, simples ou rameuses à la base, presque glabres, à entre-nœud moyen très long. *Feuilles suborbiculaires-réniformes,* incisées-crénelées, pubescentes ; les inférieures très longuement pétiolées, plus petites que les supérieures ; *les supérieures* très éloignées des inférieures, *sessiles, amplexicaules. Ca-lice* velu-hérissé ord. presque laineux, *à dents* presque égales, linéaires-subulées, *connivents après la floraison. Corolle* assez petite, purpurine ; à tube grêle dépassant ord. très longuement le calice, *ne présentant pas d'anneau de poils* ; à lèvre supérieure ovale très velue en dehors. ①. Mars-octobre.

*CC.* — Lieux cultivés, bords des chemins, champs en friche.

S.-v. *breviflorum.* — Corolle presque avortée, à tube plus court que le calice.

2. **L. hybridum** Vill. *Dauph*. I, 251 ; Thuill. *Fl. Par*. 290; Bill. *Exsicc*. n. 1743.
— *L. incisum* Willd. *Sp*. III, 89; *Engl. bot*. t. 1933; Rchb. *Crit*. III, t. 223,
f. 370 ; *Fl. Par*. éd. 1, 326. — [L. HYBRIDE].

Tiges de 1-3 décim., ascendantes-diffuses, souvent flexueuses, simples ou
rameuses à la base, presque glabres, à entre-nœud moyen très long. *Feuilles
ovales-triangulaires*, même les supérieures, plus ou moins cordées à la base,
*profondément incisées* à lobes crénelés, finement pubescentes; les inférieures
longuement pétiolées, ord. beaucoup plus petites que les supérieures; les
supérieures rapprochées, brièvement pétiolées. *Calice* pubescent, à angles ord.
colorés, *à dents* presque égales, lancéolées-subulées, ciliées, *étalées-divergentes après la floraison. Corolle* assez petite, purpurine ; *à tube* dépassant
ord. plus ou moins le calice, *ne présentant pas d'anneau de poils*; à lèvre
supérieure ovale, velue en dehors ; à lobe moyen de la lèvre inférieure plié-
caniculé en arrière. ①. Avril-juin, se développe souvent dès l'automne.

A.C. — Lieux cultivés, vignes, terrains remués, bords des chemins, fossés, clairières des bois sablonneux. — Bois de Vincennes!; bois de Boulogne!; Cachan!;
Sèvres !; Versailles !; Saint-Germain !. Corbeil!; côte de Champagne!, etc.

3. **L. purpureum** L. *Sp*. 809 ; *Fl. Dan*. III, t. 523 ; *Engl. bot*. t. 769 ; Bill.
*Exsicc*. n. 1297. — [L. POURPRE. — Vulg. *Ortie-rouge*].

Tiges de 1-4 décim., ascendantes-diffuses, souvent flexueuses, simples ou
rameuses à la base, presque glabres, à entre-nœud moyen très long. *Feuilles
ovales-obtuses ou ovales-triangulaires*, même les supérieures, plus ou moins
cordées à la base, *inégalement crénelées ou dentées*, un peu rugueuses, pubescentes; les inférieures longuement pétiolées, ord. beaucoup plus petites
que les supérieures ; les supérieures très rapprochées, brièvement pétiolées,
ord. rougeâtres. *Calice* pubescent, *à dents* presque égales, lancéolées-subulées
ou linéaires-subulées, ciliées, *étalées-divergentes après la floraison. Corolle*
assez petite, purpurine, très rarement blanche ; *à tube* dépassant ord. plus ou
moins le calice, *présentant intérieurement un anneau de poils* vers sa base ;
à lèvre supérieure ovale, velue en dehors ; à lobe moyen de la lèvre inférieure
presque plan. ①. Mars-octobre.

C C C. — Lieux cultivés, vignes, bords des chemins, terrains remués, bois
sablonneux.

Sect. II. **LAMIOTYPUS**. — Corolle à tube ascendant, à gorge insensiblement
dilatée. Plantes vivaces.

4. **L. maculatum** L. *Sp*. 809; Sibth. et Sm. *Fl. Græc*. t. 556; *Engl. bot*. t. 2550;
Rchb. *Crit*. III, t. 215, f. 362 ; Bill. *Exsicc*. n. 435 et *bis*. — [L. TACHÉ].

Tiges de 3-9 décim., ascendantes-diffuses ou tombantes, souvent flexueuses,
simples ou rameuses, pubescentes ou velues, plus rarement presque glabres.
Feuilles toutes pétiolées, ovales-acuminées, cordées à la base, inégalement
dentées ou incisées-crénelées, un peu ridées, souvent marquées à la face
supérieure d'une tache blanchâtre longitudinale. Glomérules 3-5-flores.
Calice pubescent, à dents inégales, linéaires-subulées, ciliées, étalées-divergentes après la floraison. *Corolle* assez grande, *purpurine*; *à* lèvre inférieure
ponctuée de rouge, très rarement blanche ; à tube contracté à la base en un
rétrécissement qui se termine au niveau d'un *anneau de poils* intérieur *hori-*

*zontal,* puis insensiblement dilaté à partir de l'anneau de poils et coudé-ascendant vers le milieu de sa longueur ; à lèvre supérieure oblongue, arquée, pubescente-ciliée ; à lèvre inférieure à lobes latéraux présentant chacun une seule dent subulée. ♃. Avril-octobre.

*R R.* — Haies, décombres, lieux humides. — Saint-Maur (*Maire*). Mîgnaux près Poissy (*Mérat* Fl. Par., *de Boucheman*). — Cette plante est très répandue dans les départements du centre, de l'est et de l'ouest de la France.

5. **L. album** L. *Sp.* 809 ; *Fl. Dan.* IV, t. 594 ; *Engl. bot.* t. 768 ; Bill. *Exsicc.* n. 2515. — [L. BLANC. — Vulg. *Ortie-blanche*].

Tiges de 3-6 décim., couchées à la base, puis redressées, simples ou rameuses inférieurement, plus ou moins pubescentes. Feuilles toutes pétiolées ou les supérieures subsessiles, ovales longuement acuminées, cordées à la base, inégalement dentées ou incisées-dentées, un peu ridées. Glomérules 4-10-flores. Calice pubescent, à dents peu inégales, subulées, longuement ciliées, étalées-divergentes après la floraison. *Corolle* assez grande, *blanche,* à lèvres un peu jaunâtres en dedans ; à tube contracté à la base en un rétrécissement qui se termine au niveau d'un *anneau de poils* intérieur *oblique,* brusquement dilaté en dehors au-dessus du rétrécissement de manière à intercepter une échancrure étroite au niveau de l'anneau, puis ascendant et presque droit à partir de ce niveau ; à lèvre supérieure oblongue-allongée, courbée en faux, velue-laineuse en dehors ; à lèvre inférieure à lobes latéraux présentant chacun 2 dents dont la supérieure subulée. Anthères noires. ♃. Avril-octobre.

*C C C.* — Villages, lieux cultivés, bords des chemins, lieux herbeux.

### 13. **GALEOBDOLON** Huds. *Fl. Angl.* 258. — [GALÉOBDOLON].

Calice tubuleux-campanulé, à 5-10 nervures, à 5 dents un peu inégales les supérieures plus longues. *Corolle* ascendante, bilabiée ; à tube ord. inclus, présentant un anneau de poils au-dessus de sa base ; à lèvre supérieure oblongue-obovale, entière, rétrécie à la base, courbée en casque ; *à lèvre inférieure* étalée, *3-lobée, à lobes lancéolés,* les 2 latéraux plus petits. *Étamines 4,* rapprochées et parallèles sous la lèvre supérieure de la corolle, *non rejetées en dehors après l'émission du pollen,* les 2 inférieures plus longues ; *anthères* glabres, rapprochées par paires, *à lobes* divergents à la base rapprochés au sommet puis divariqués *s'ouvrant par une fente continue* et confluents. *Nucules trigones* à angles aigus, *tronquées au sommet,* lisses.

Plante vivace. *Fleurs jaunes,* subsessiles, disposées en glomérules 3-5-flores, axillaires, opposés.

1. **G. luteum** Huds., loc. cit.; *Engl. bot.* t. 787. — *Galeopsis Galeobdolon* L. *Sp.* 810. — *Lamium Galeobdolon* Crantz *Austr.* 262 ; Bill. *Exsicc.* n. 1298. — [G. JAUNE. — Vulg. *Ortie-jaune*].

Souche longuement traçante, émettant de longues fibres radicales. Tiges de 4-6 décim., couchées à la base, puis redressées, simples, rarement rameuses inférieurement, pubescentes ou presque glabres, souvent accompagnées de rejets stériles radicants. Feuilles pétiolées, ovales-aiguës, ovales-acuminées, ou les supérieures lancéolées, cordées ou atténuées à la base, inégalement incisées-dentées, un peu ridées. Calice pubérulent, à dents triangulaires terminées en pointe épineuse, le fructifère assez ample à dents très divergentes. Corolle assez grande, d'un beau jaune ; à tube présentant intérieurement un anneau de poils oblique ; à lèvre supérieure oblongue-allongée, courbée en faux, longuement rétrécie à la base, velue-laineuse au sommet ; à lèvre inférieure à lobes aigus. ♃. Avril-juin.

A.C. — Bois, taillis, haies, buissons. — Bois de Meudon!; Versailles!; Chevreuse!. Forêt de Montmorency!. Magny!, etc.

## 14. GALEOPSIS L. *Gen.* n. 717 ex parte. — [GALÉOPSIS].

Calice tubuleux-campanulé, à 5-10 nervures, à 5 dents spinescentes presque égales ou les supérieures plus longues. *Corolle* bilabiée ; à tube droit, inclus ou dépassant plus ou moins le calice ; à lèvre supérieure ovale, entière ou émarginée, courbée en casque ; à lèvre inférieure étalée, 3-lobée, à lobe moyen plus grand entier ou bifide, à lobes latéraux ovales ; *à gorge* dilatée, *présentant de chaque côté un pli qui se termine en une saillie conique.* Étamines 4, rapprochées et parallèles sous la lèvre supérieure de la corolle, non rejetées en dehors après la fécondation, les 2 inférieures plus longues; *anthères* rapprochées par paires, *à lobes* divariqués et *superposés s'ouvrant chacun transversalement en deux valves inégales* l'inférieure plus courte ciliée. *Nucules obovales* comprimées, trigones à la base, obscurément rugueuses ou presque lisses.

Plantes annuelles. Fleurs rouges, roses ou blanches, plus rarement d'un jaune pâle, subsessiles, disposées en glomérules axillaires opposés, pauciflores ou pluriflores.

1. **G. Tetrahit** L. *Sp.* 810 ; *Engl. bot.* t. 207 ; Rchb. *Crit.* IX, t. 877, f. 1174-
1175. — *G. bifida* Bœnningh. *Fl. Monast.* 178 ; F. Schultz *Fl. Gall. et
Germ. exsicc.* n. 498 et *bis* ; Bill. *Exsicc.* n. 1301 et *bis.* — [G. TÉTRAHIT.
— Vulg. *Chanvre-sauvage, Cramois*].

*Tige* de 3-9 décim., dressée, roide, rameuse, *renflée-succulente sous les nœuds* avant la dessiccation, *hérissée de poils roides presque piquants.* Feuilles presque glabres, longuement pétiolées, ovales-acuminées ou ovales-lancéolées, fortement dentées, un peu plissées selon les nervures. *Calice* pubescent ou hispide, *à dents longuement subulées-épineuses.* Corolle rose ou blanche, à lèvre inférieure tachée de jaune et de rouge ; à tube inclus ou dépassant le calice ; à lobe moyen de la lèvre inférieure plan, presque carré, obtus ou un peu échancré. ⓘ. Juillet-août.

C C. — Lieux frais, lisière des bois, fossés, haies, buissons.

2. **G. Ladanum** L. *Sp.* 810 ; *Fl. Dan.* X, t. 1757 ; *Engl. bot.* t. 884. — *G. angustifolia* Ehrh. *Herb.* 137 ; Gren. et Godr. *Fl. Fr.* II, 684; Bill. *Exsicc.*
n. 1049 et *bis.* -- [G. LADANUM. — Vulg. *Gueule-de-chat*].

*Tige* de 2-5 décim., dressée, roide, ord. très rameuse dès la base, à rameaux souvent étalés, *non renflée au-dessous des nœuds*, finement *pubescente* un peu rude, ou pubescente-grisâtre. *Feuilles* plus ou moins *pubescentes, oblongues-lancéolées ou linéaires*, atténuées en pétiole, presque entières ou lâchement dentées seulement vers leur partie moyenne, à nervures saillantes en dessous. Bractées plus longues que les calices. Calice pubescent ou velu-soyeux, à dents lancéolées subulées-épineuses au sommet. *Corolle d'un rose purpurin*, rarement blanche, à lèvre inférieure ord. marquée d'une tache jaunâtre; à tube dépassant longuement le calice, plus rarement inclus; à lobe moyen de la lèvre inférieure obtus. (I). Juillet-octobre.

*CC.* — Lieux incultes pierreux, champs en friche, moissons des terrains maigres.

3. **G. dubia** Leers *Fl. Herborn.* 133; Gren. et Godr. *Fl. Fr.* II, 685.— *G. villosa* Huds. *Fl. Angl.* 256; *Engl. bot.* t. 2353. — *G. ochroleuca* Lmk *Encycl. méth.* II, 600; *Fl. Dan.* X, t. 1650; Rchb. *Crit.* I, t. 46, f. 98; *Fl. Par.* éd. 1, 329; Bill. *Exsicc.* n. 609. — *G. grandiflora* Roth *Germ.* II, 24. — [G. DOUTEUX].

*Tige* de 3-6 décim., dressée, roide, ord. rameuse, à rameaux souvent étalés, *non renflée au-dessous des nœuds,* mollement *pubescente. Feuilles pubescentes-tomenteuses* au moins *en dessous,* pétiolées, *ovales-aiguës ou ovales-lancéolées,* dentées, à nervures saillantes à la face inférieure. Bractées plus courtes que les calices. Calice pubescent-soyeux, à dents triangulaires-lancéolées subulées-épineuses au sommet. *Corolle d'un jaune pâle,* quelquefois un peu rosée, rarement d'un pourpre foncé, plus grande de moitié que dans l'espèce précédente; à tube dépassant très longuement le calice; à lobe moyen de la lèvre inférieure obtus. (I). Juillet-septembre.

*R.* — Lieux incultes pierreux, champs en friche, moissons des terrains maigres, clairières des bois arides. — Abondant à Marcoussis! (*Vaill.* Bot. Par.). Thurelles! près Dordives. Dreux (*Dœnen*).

## 15. **STACHYS** L. *Gen.* n. 719. — [ÉPIAIRE].

Calice tubuleux-campanulé, à 5-10 nervures, à 5 dents spinescentes presque égales ou les supérieures un peu plus longues. *Corolle* bilabiée; à tube inclus ou exsert, présentant ord. intérieurement au-dessus de sa base un anneau de poils; à lèvre supérieure ord. droite, concave, entière ou à peine émarginée; *à lèvre inférieure* étalée, 3-lobée, *à lobes obtus,* le moyen plus grand, entier ou émarginé. *Étamines 4,* d'abord rapprochées et parallèles sous la lèvre supérieure de la corolle, les 2 *inférieures* plus longues *se rejetant latéralement en dehors de la corolle* après l'émission du pollen; anthères à lobes divergents ou divariqués. *Nucules obovales* ou oblongues-obovales, glabres.

Plantes annuelles ou vivaces. Fleurs purpurines, roses ou d'un blanc jaunâtre, subsessiles, disposées en glomérules pauciflores ou multiflores opposés, axillaires ou disposés en épis terminaux.

Sect. I. *ERIOSTACHYS.* — *Glomérules multiflores ou pluriflores. Bractéoles,* au moins les extérieures, *égalant la longueur des calices ou la moitié de leur longueur.* Corolle purpurine ou rosée. Plantes vivaces ou bisannuelles, pubescentes-laineuses ou tomenteuses-soyeuses. — (1-2).

Sect. II. *STACHYOTYPUS.* — *Glomérules 1-6-flores. Bractéoles très petites ou presque nulles.* Corolle purpurine ou d'un blanc jaunâtre. Plantes vivaces ou annuelles, pubescentes ou velues.

§ 1. *Corolle purpurine.* — (3-6).

§ 2. *Corolle d'un blanc jaunâtre.* — (7-8).

Sect. I. ERIOSTACHYS. — Glomérules multiflores ou pluriflores. Bractéoles, au moins les extérieures, égalant la longueur des calices ou la moitié de leur longueur. Corolle purpurine ou rosée. Plantes vivaces ou bisannuelles, pubescentes-laineuses ou tomenteuses-soyeuses.

**1. S. Germanica** L. *Sp.* 812 ; Jacq. *Austr.* IV, t. 319 ; *Engl. bot.* t. 829 ; Rchb. *Crit.* X, t. 950, f. 1280 ; Bill. *Exsicc.* n. 612. — [É. D'ALLEMAGNE].

*Plante laineuse-blanchâtre ou tomenteuse-soyeuse.* Souche pivotante ou presque horizontale. Tige de 4-8 décim., dressée ou ascendante-redressée, robuste, simple ou rameuse. Feuilles épaisses, un peu ridées, ovales-lancéolées ou les supérieures lancéolées, crénelées ; les inférieures pétiolées, un peu cordées à la base ; les supérieures sessiles. Glomérules multiflores, très compactes, rapprochés en épis feuillés ou les inférieurs espacés. *Calice couvert ainsi que les bractées de longs poils soyeux, à dents ovales-aiguës* mucronées-piquantes, à gorge munie d'un anneau de poils très nombreux. Corolle d'un rose purpurin ; à tube inclus, présentant intérieurement un anneau de poils horizontal ; à lèvre supérieure chargée en dehors de longs poils laineux. ② ou ♃. Juillet-août.

*A.C.* — Bords des chemins, lieux incultes, champs pierreux en friche.

Le *S. lanata* Jacq. (*Ic.* t. 107 ; Bill. *Exsicc.* n. 611), naturalisé aux environs du château de Malesherbes, où il croit maintenant en abondance, se distingue du *S. Germanica* par sa souche rameuse traçante émettant des fascicules de feuilles stériles, par ses feuilles et ses tiges tomenteuses-soyeuses d'un blanc argenté, et par son calice à dents à peine piquantes.

**2. S. Alpina** L. *Sp.* 812 ; Lapeyr. *Fl. Pyr.* I, t. 8 ; Bill. *Exsicc.* n. 613. — [É. DES ALPES].

Plante vivace, pubescente-laineuse jamais blanchâtre. Tige de 5-9 décim., dressée, simple ou rameuse, un peu glanduleuse au sommet. Feuilles assez amples, ovales-oblongues ou les supérieures oblongues-lancéolées, crénelées ; les inférieures pétiolées, un peu cordées à la base ; les supérieures sessiles. Glomérules pluriflores ou multiflores, espacés ou les supérieurs rapprochés en épi feuillé. *Calice* verdâtre ou rougeâtre, *velu-glanduleux, à dents ovales obtuses-mucronées* un peu piquantes, à gorge velue ou presque glabre, *le fructifère très ample.* Corolle d'un rose brunâtre ; à lèvre inférieure plane ou concave en avant, tachée de blanc ; à tube dépassant un peu le calice, présentant intérieurement un anneau de poils oblique ; à lèvre supérieure velue en dehors. ♃. Juin-août.

*A.R.* — Bois montueux, taillis, buissons ombragés. — Bois de Vincennes (*Irat*); forêt de Montmorency ! près du Château de la chasse (*Cornuti* Ench. Par., *Vaill.* Bot. Par.) ; dans les bois entre Saint-Prix et Montmorency (*B. de Jussieu* in *Tourn.* Hist. pl. Par.). Assez abondant aux env. de Magny (*Bouteille*) ; Chaumont !; parc de Pouilly près Chaumont (*Daudin*) ; parc de Rebets !; Beausséré près Gisors (*Frion*) ; env. de Gournay (*Mandon*) ; abondant aux env. de Beauvais : Montmille !, bois du Parc !, Goincourt !, etc.; Oudeuil près Marseille (*Taillefert*). Saint-Vast, Saint-Nicolas-de-Courson près Crépy (*Léré*) ; vallée d'Haramont près Villers-Cotterets (*de Marcilly fils*) ; forêts de Compiègne et de Villers-Cotterets : Verberie, Saint-Sauveur, Rouville, Betz, Autheuil-en-Valois, Coyolles (*Questier*). Vernon (*Chatin*) ; parc de Grumeil près Vernon (*Bouteille*) ; Vernonet !; Évreux (*de Brébiss.* Fl. Norm.). Forêt de Dreux (*Dœnen*). — *Graves* Cat. Oise : bois de Méru, de Jaméricourt près Chaumont, de Fabry, de la Maladrerie à Liancourt, de Lagny cant. de Lassigny.

Sect. II. STACHYOTYPUS. — Glomérules 1-6-flores. Bractéoles très petites ou presque nulles. Corolle purpurine ou d'un blanc jaunâtre. Plantes vivaces ou annuelles, pubescentes ou velues.

### § 1. Corolle purpurine.

3. **S. sylvatica** L. *Sp.* 811 ; *Fl. Dan.* VII, t. 1102 ; *Engl. bot.* t. 416. — [É. DES BOIS. — Vulg. *Grande-Épiaire, Ortie-puante*].

*Plante vivace*, exhalant une odeur désagréable. Souche longuement traçante. *Tige* de 5-10 décim., dressée, simple, plus rarement rameuse, hérissée de longs poils, *glanduleuse dans sa partie supérieure. Feuilles* molles, assez amples, *ovales-acuminées*, fortement dentées, *longuement pétiolées*, les inférieures cordées à la base. Glomérules 3-4-flores, rapprochés en épi terminal. Calice velu-glanduleux, à dents lancéolées-subulées un peu piquantes. Corolle dépassant longuement le calice, d'un pourpre obscur, tachée de blanc à la gorge. ♃. Juin-août.

*C C.* — Bois, lieux couverts, buissons, haies ombragées.

4. **S. ambigua** Sm. *Engl. bot.* t. 2089 ; *Fl. Dan.* XI, t. 1877 ; Rchb. *Crit.* III, t. 222, f. 369 ; Koch *Syn. fl. Germ.* ed. 2, 633 ; Bill. *Exsicc.* n. 2313.— [É. AMBIGUË].

*Plante vivace. Tige* de 6-10 décim., dressée, simple ou à peine rameuse, hérissée de poils roides réfléchis ou étalés, rude sur les angles, *non glanduleuse. Feuilles* pubescentes en dessus, presque tomenteuses en dessous, *oblongues-lancéolées ou ovales-lancéolées*, cordées à la base, dentées ou les inférieures crénelées, *assez longuement pétiolées* surtout les inférieures. Glomérules 3-5-flores, rapprochés en épi terminal. Calice velu, à dents lancéolées-subulées piquantes. Corolle dépassant longuement le calice, d'un rouge pourpre. ♃. Juillet-août.

*R R.* — Buissons humides, pâturages frais. — L'Étang (*de Boucheman*) et Grandchamp près Saint-Germain (*de Schœnefeld*) ; les Bois-noirs près Mareil-Marly (*de Schœnefeld*). — *Graves* Cat. Oise : moissons à Saint-Lucien et à Tillé près Beauvais.

Le *S. ambigua* tient par ses caractères le milieu entre le *S. sylvatica* et le *S. palustris* : il se rapproche du premier par les feuilles assez longuement pétiolées, mais il en diffère par la tige non glanduleuse supérieurement et par les feuilles beaucoup plus étroites jamais largement ovales ; — il est surtout voisin du *S. palustris*, auquel beaucoup d'auteurs le rapportent comme simple variété, et il se distingue de cette dernière espèce par les feuilles plus larges assez longuement pétiolées et non pas subsessiles ou très brièvement pétiolées, et par la corolle d'un rouge plus foncé.

5. **S. palustris** L. *Sp.* 811 ; *Engl. bot.* t. 1675 ; *Fl. Dan.* VII, t. 1103 ; Bill. *Exsicc.* n. 1744. — [É. DES MARAIS. — Vulg. *Ortie-morte*].

*Plante vivace. Tige* de 6-10 décim., dressée, simple, plus rarement un peu rameuse, hérissée de poils roides réfléchis ou étalés, rude sur les angles, non glanduleuse. *Feuilles* pubescentes-tomenteuses en dessous, *lancéolées ou oblongues-lancéolées*, ord. très longues, cordées à la base, crénelées ou dentées, *subsessiles ou très brièvement pétiolées*, les supérieures amplexicaules. Glomérules 3-6-flores, rapprochés en épi terminal. Calice velu, à dents linéaires-subulées piquantes. Corolle dépassant longuement le calice, purpurine ou rose, tachée de blanc à la gorge. ♃. Juin-septembre.

C. — Berges des rivières, fossés, marais, bords des étangs.

6. **S. arvensis** L. *Sp.* 814 ; *Fl. Dan.* IV, t. 587 ; *Engl. bot.* t. 1154 ; Rchb. *Crit.* X, t. 967, f. 1298 ; Bill. *Exsicc.* n. 66. — [É. DES CHAMPS].

*Plante annuelle*. Tige de 1-5 décim., faible, ord. rameuse dès la base, à rameaux étalés-ascendants ou diffus, hérissée, un peu rude, non glanduleuse. *Feuilles ovales ou ovales-oblongues, obtuses*, un peu cordées à la base, crénelées, pétiolées ou les supérieures subsessiles ; *les florales supérieures terminées en pointe épineuse*. Glomérules 1-3-flores, espacés à l'aisselle des feuilles, ou les supérieurs disposés en épi lâche feuillé. Calice hérissé, à dents lancéolées surmontées d'une pointe épineuse très courte. *Corolle dépassant peu le calice*, rougeâtre ponctuée de pourpre. ①. Juillet-octobre.

C. — Champs en friche, moissons, lieux inondés l'hiver.

### § 2. Corolle d'un blanc jaunâtre.

7. **S. annua** L. *Sp.* 813 ; Jacq. *Austr.* IV, t. 360 ; *Engl. bot.* t. 2669 ; Bill. *Exsicc.* n. 833. — [É. ANNUELLE].

*Plante annuelle*, à racine pivotante. Tige de 1-4 décim., rameuse souvent dès la base, dressée, rude-pubérulente. *Feuilles* glabres ou presque glabres, oblongues ou ovales-oblongues, obtuses, crénelées ou dentées, ord. atténuées à la base, pétiolées ; les *supérieures* souvent entières, lancéolées, *terminées en pointe épineuse courte*, subsessiles. Glomérules 1-3-flores, disposés en épis feuillés. *Calice* velu, *à dents lancéolées-linéaires* terminées en épine ciliée. *Corolle* blanchâtre, à lèvre inférieure jaune, *à tube* dépassant ord. le calice et *muni* intérieurement *d'un anneau de poils* presque *horizontal*. ①. Juin-septembre.

C. — Champs des terrains maigres, coteaux calcaires.

8. **S. recta** L. *Mant.* 82 ; Jacq. *Austr.* IV, t. 359 ; Bill. *Exsicc.* n. 2517.—*S. Sideritis* Vill. *Dauph.* II, 375. — *S. bufonia* Thuill. *Fl. Par.* 295. — [É. DROITE. — Vulg. *Crapaudine*].

*Plante vivace*, à souche presque ligneuse souvent tortueuse. Tiges plus ou moins nombreuses, de 1-5 décim., simples ou rameuses à la base, étalées-diffuses ou ascendantes, velues. *Feuilles* rudes, *pubescentes ou velues*, oblongues-lancéolées ou lancéolées, lâchement dentées ou crénelées, ord. atténuées à la base, brièvement pétiolées ou sessiles ; *les supérieures* ovales-lancéolées, souvent entières, *terminées en pointe épineuse assez longue*. Glomérules 2-5-flores, un peu espacés ou les supérieurs rapprochés en épis feuillés. *Calice* hérissé, *à dents triangulaires-lancéolées* terminées en pointe épineuse glabre. *Corolle* d'un blanc jaunâtre, à lèvre inférieure tachée de brun, *à tube* dépassant le calice ou plus court que lui et *muni* intérieurement *d'un anneau de poils oblique*. ♃. Juin-septembre.

C. — Lisière des bois, bords des champs arides ou pierreux.

### 16. **BETONICA** L. *Gen.* n. 718. — [BÉTOINE].

*Calice* tubuleux-campanulé, à 5-10 nervures, *à 5 dents presque égales* terminées en pointe épineuse. *Corolle* bilabiée ; à tube courbé dépassant le calice, ord. ne présentant pas d'anneau de poils; à lèvre supérieure entière ou émarginée, d'abord presque droite un peu concave, puis redressée ; *à lèvre inférieure* étalée, 3-lobée, *à lobes obtus*, le moyen plus grand, ord. émarginé. *Étamines 4*, rapprochées et parallèles sous la lèvre supérieure, les 2 inférieures plus longues *non rejetées en dehors après l'émission du pollen*. Anthères à lobes parallèles ou divergents confluents après l'émission du pollen. *Nucules oblongues-obovales*, souvent un peu comprimées au bord, glabres.

Plante vivace. Fleurs purpurines, subsessiles, disposées en glomérules pluriflores opposés, rapprochés en épi terminal.    .

1. **B. officinalis** L. *Sp*. 810 ; *Engl. bot*. t. 1142 ; Rchb. *Crit*. VIII, t. 710, f. 952; Bill. *Exsicc*. n. 1745. — [B. OFFICINALE. — Vulg. *Bétoine, Bettete*].

Souche terminée par une rosette de feuilles devant émettre l'année suivante les tiges florifères. Tiges de 3-6 décim., naissant latéralement par rapport à la rosette de feuilles, ascendantes à la base ou dressées, roides, simples, pubescentes ou velues, ne portant qu'une ou deux paires de feuilles ou un petit nombre de paires de feuilles espacées. Feuilles radicales et inférieures très longuement pétiolées, ovales-oblongues ou oblongues-lancéolées, obtuses, cordées à la base, profondément crénelées, plus ou moins pubescentes ou velues; les supérieures plus étroites, brièvement pétiolées ou subsessiles. Glomérules disposés en un épi oblong assez grêle interrompu à la base. Calice plus ou moins velu, non veiné-réticulé, longuement cilié à la gorge, à dents triangulaires-lancéolées terminées en pointe subulée-épineuse au sommet. Corolle purpurine, très pubescente en dehors, à tube dépassant longuement le calice, ne présentant pas d'anneau de poils intérieur. ♃. Juin-septembre.

*C*. — Lisières et clairières des bois, taillis, pâturages.


17. **MARRUBIUM** L. *Gen*. n. 721 ex parte ; Benth. in DC. *Prodr*. XII, 447. — [MARRUBE].

*Calice* tubuleux-cylindrique, à 5-20 nervures, présentant un anneau de poils à la gorge, *à 5 ou plus ordinairement 10-20 dents*, égales ou inégales, droites ou *recourbées en crochet au sommet*. Corolle bilabiée; à tube ord. inclus, ord. muni d'un anneau de poils au niveau de l'insertion des étamines ; à lèvre supérieure dressée, droite, presque plane, bifide, plus rarement entière ; à lèvre inférieure étalée, 3-lobée à lobes obtus, le moyen plus grand souvent émarginé, les latéraux quelquefois nuls par avortement. *Étamines 4*, parallèles, *incluses dans le tube de la corolle*, les 2 inférieures un peu plus longues ; anthères à lobes divergents puis divariqués et confluents. Nucules cunéiformes-obovales subtrigones, lisses et glabres.

Plantes vivaces, à odeur pénétrante. Fleurs petites, blanches, disposées en glomérules axillaires opposés, multiflores très compactes.

1. **M. vulgare** L. *Sp*. 816 ; *Fl. Dan*. VI, t. 1036 ; *Engl. bot*. t. 410 ; Bull. *Herb*. t. 165; *Illustr. fl. Par*. t. 21, B ; Bill. *Exsicc*. n. 2518. — [M. COMMUN. — Vulg. *Marrube, M.-blanc*].

Tige de 4-8 décim., rameuse dès la base, blanche-tomenteuse, à rameaux ord. simples dressés ou ascendants. *Feuilles* ridées en réseau, blanches-tomenteuses en dessous, *pétiolées, ovales-suborbiculaires, inégalement cré-*

nelées, ord. *un peu cordées à la base*, à limbe un peu décurrent sur le pétiole; les supérieures dépassant longuement les glomérules. Glomérules munis de bractées subulées environ de la longueur des calices. Calice velu-laineux, à 10-12 dents subulées, glabres et recourbées en crochet supérieurement. Corolle à lèvre supérieure bifide, à lobes rapprochés parallèles. ♃. Juin-octobre.

*C C C*. — Décombres, bords des routes, villages, lieux incultes.

2. **M. Vaillantii** Coss. et G. de S<sup>t</sup>-P. in *Ann. sc. nat.* sér. 2, XX, 293, t. 14, et *Illustr. fl. Par.* t. 21, A. — [M. DE VAILLANT].

Tige de 4-8 décim., rameuse dès la base, blanche-tomenteuse, à rameaux ord. simples dressés ou ascendants. *Feuilles* ridées en réseau à la face inférieure, blanches-tomenteuses en dessous, *cunéiformes, insensiblement atténuées en pétiole, incisées-palmées au sommet*, à lobes inégaux entiers ou dentés; les supérieures dépassant longuement les glomérules. Glomérules munis de bractées subulées environ de la longueur des calices. Calice velu-laineux, à 15-20 dents subulées, glabres et recourbées en crochet supérieurement. Corolle à lèvre supérieure profondément bifide, à lobes plus ou moins divergents. ♃. Juillet-septembre.

Bords de la grand'route à Étréchy près Étampes! (1843), d'où il a disparu à la suite de travaux.

Nous n'avons trouvé à la localité citée que trois touffes de cette curieuse plante, parmi un grand nombre d'individus du *M. vulgare*. — Il en existe un échantillon dans l'herbier de Vaillant, conservé au Muséum, sous le nom de *Marrubium folio palmato vel digitato*, mais sans indication de localité; elle a été retrouvée à Buénos-Ayres (sec. Benth. in DC. *Prodr.* XII, 454). — Dans nos échantillons nous n'avons pas trouvé de nucules régulièrement développées, et la plupart des anthères ne renfermaient pas de pollen; aussi est-il possible que, malgré son port si distinct, le *M. Vaillantii* ne soit, ainsi que le suppose M. Bentham (loc. cit.), qu'une forme remarquable du *M. vulgare* due aux circonstances qui ont déterminé l'atrophie des organes de la reproduction.

## 18. **BALLOTA** Tourn. *Inst.* t. 85. — [BALLOTE].

*Calice* campanulé-infundibuliforme, à 5 angles, à 10 nervures, *à 5 dents très élargies pliées longitudinalement*, ou à 6-20 dents, quelquefois à dents soudées inférieurement en un limbe suborbiculaire oblique ou étalé. *Corolle* bilabiée; à tube inclus ou dépassant à peine le calice, muni intérieurement d'un anneau de poils au-dessus de sa base; à lèvre supérieure droite, un peu concave, entière ou émarginée; *à lèvre inférieure* un peu étalée, 3-lobée *à lobes obtus*, le moyen plus grand émarginé. Étamines 4, rapprochées et parallèles sous la lèvre supérieure de la corolle, saillantes hors du tube, les 2 inférieures plus longues; anthères à lobes divergents. *Nucules oblongues*, glabres.

Plante vivace. *Fleurs* purpurines, plus rarement blanches, disposées *en glomérules* pluriflores ou multiflores, axillaires, opposés, un peu *pédonculés*.

1. **B. nigra** L. *Sp.* 814. — [B. NOIRE. — Vulg. *Ballote, Marrube-noir*].

Plante d'un vert sombre, plus ou moins pubescente, d'une odeur désagréable. Tiges de 5-8 décim., dressées ou ascendantes, rameuses. Feuilles

pétiolées, ridées, ovales ou ovales-suborbiculaires, un peu cordées à la base,
inégalement crénelées. Bractéoles linéaires-subulées, molles. Calice pubescent,
à nervures très marquées, à limbe très ample presque dressé, à 5 dents. ♃.
Juin-septembre.

Var. β. *fœtida* (Koch *Syn. fl. Germ.* ed. 2, 657. — *B. fœtida* Lmk *Encycl. méth.*
I, 357; Rchb. *Crit.* VIII, t. 775, f. 1041; *Fl. Par.* éd. 1, 334. — *B. nigra*
Sm. *Engl. bot.* t. 46). — Calice à dents courtes ovales-élargies brusquement
mucronées par une pointe subulée égalant la longueur de la dent ou plus courte.
— *C C C.* — Bords des chemins, villages, pied des murs, haies, décombres.

La variété α. (*B. nigra* L.; Rchb. *Crit.* VIII, t. 773, f. 1039. — *B. nigra* var.
*ruderalis* Koch *Syn. fl. Germ.* ed. 2, 657), que nous n'avons pas rencontrée aux
environs de Paris, ne diffère de la variété *fœtida* que par les dents du calice moins
larges acuminées en une pointe subulée-spinescente plus longue qu'elles.

## 19. **LEONURUS** L. *Gen.* n. 722. — [AGRIPAUME].

*Calice* infundibuliforme-campanulé, à 5 angles, à 5 nervures, *à 5 dents
terminées en pointe épineuse*, inégales les 2 inférieures un peu plus longues
étalées. *Corolle* bilabiée; à tube courbé, inclus ou dépassant peu le calice,
ord. muni intérieurement d'un anneau de poils au-dessus de sa base; à lèvre
supérieure droite, oblongue, presque plane ou un peu en casque, presque
entière; *à lèvre inférieure* étalée, 3-lobée à lobes obtus, les latéraux oblongs,
le moyen un peu plus grand entier ou émarginé, *s'enroulant* longitudinalement peu de temps *après l'épanouissement. Étamines* 4, rapprochées et
parallèles sous la lèvre supérieure de la corolle, plus ou moins saillantes hors
du tube, les 2 *inférieures* plus longues *se rejetant latéralement en dehors
de la corolle* après l'émission du pollen; anthères à lobes parallèles plus
rarement divergents. *Nucules* oblongues, *trigones, tronquées au sommet*,
à sommet pubescent.

Plante vivace. Fleurs roses ponctuées de pourpre, sessiles, disposées en glomérules pluriflores compactes, axillaires, opposés.

1. **L. Cardiaca** L. *Sp.* 817; *Fl. Dan.* V, t. 727 et X, t. 1756; *Engl. bot.* t. 286;
Bull. *Herb.* t. 273; Bill. *Exsicc.* n. 2516 et *bis.* — [A. CARDIAQUE. — Vulg.
*Agripaume, Cardiaque*].

Tige de 8-12 décim., robuste, dressée, rameuse, pubescente ou presque
glabre. Feuilles pétiolées, d'un vert foncé en dessus, d'un vert pâle et pubescentes en dessous; les inférieures très amples, profondément 3-lobées, à lobes
oblongs-lancéolés inégalement incisés-dentés; les supérieures lancéolées atténuées en pétiole, 3-dentées au sommet. Glomérules très nombreux, en épis
lâches terminaux feuillés très longs. Calice à dents triangulaires terminées en
longue pointe épineuse; le fructifère à dents divergentes, les 2 inférieures
réfléchies. Lèvre supérieure de la corolle en casque, velue-laineuse en dehors.
♃. Juin-septembre.

*A.C.* — Bords des chemins, haies, buissons, villages. — Bois de Boulogne!;
Vincennes!; Joinville-le-Pont (*Taillefert*); env. de Versailles!; Dampierre!; Chevreuse!; Saint-Léger!. Env. de Poissy (*C. de Chambine*). Beauvais!; Merlemont
près Beauvais (*Taillefert*). Pierrefonds (*de Schœnefeld*); Verberie, Feigneux, Thury-
en-Valois, etc. (*Questier*). Provins (*Bouteiller*). Étréchy!; Étampes! (*Tourn. Hist.
pl. Par.*); Fontainebleau!; Nemours!, etc.

Le *L. Marrubiastrum* L. (Jacq. *Austr.* V, t. 405; Bill. *Exsicc.* n. 1747. — *Chaiturus Marrubiastrum* Ehrh.), indiqué à Étampes (*Thuill.* Fl. Par.), n'y a pas été retrouvé récemment. Cette espèce, qui croît dans le centre, l'est et l'ouest de la France, se distingue aux caractères suivants : feuilles inégalement crénelées ou dentées, les inférieures ovales-oblongues, les supérieures lancéolées atténuées aux deux extrémités ; calice brièvement pubescent ; corolle d'un blanc rosé, pubescente, dépassant à peine le calice, à tube dépourvu d'anneau de poils intérieur ; étamines à peine plus longues que le tube.

## Sous-Tribu III. SCUTELLARIEÆ. — Calice bilabié, déprimé et fermé à la maturité par le rapprochement des deux lèvres. Étamines inférieures plus longues que les supérieures.

### 20. BRUNELLA Tourn. *Inst.* t. 84. — [ BRUNELLE ].

*Calice* tubuleux-campanulé, bilabié, irrégulièrement à 10 nervures, réticulé-veiné, *à lèvre supérieure* plane large *tronquée* brièvement *3-dentée*, *à lèvre inférieure bifide* à lobes lancéolés, le fructifère comprimé et fermé par le rapprochement des deux lèvres. Corolle bilabiée ; à tube presque inclus ou dépassant le calice, présentant au-dessus de sa base un anneau de poils ; à lèvre supérieure dressée-arquée, en casque, entière ; à lèvre inférieure 3-lobée, les lobes latéraux oblongs réfléchis, le lobe moyen arrondi, concave, crénelé ou denticulé. Étamines 4, rapprochées et parallèles sous la lèvre supérieure de la corolle, les 2 inférieures plus longues ; *filets bifides au sommet*, surtout ceux des étamines supérieures, à branches de la bifurcation souvent dentiformes, la branche inférieure portant l'anthère ; anthères rapprochées par paires, à lobes divergents puis divariqués et confluents. Nucules oblongues, obscurément trigones, lisses et glabres. Embryon droit.

Plantes vivaces. Fleurs bleues, roses ou blanches, en glomérules opposés 2-4-flores, rapprochés en épis terminaux compacts, naissant à l'aisselle de bractées très amples suborbiculaires-acuminées souvent colorées.

1. **B. vulgaris** L. *Sp.* 837 excl. var. β ; *Engl. bot.* t. 961. — [B. COMMUNE.—Vulg. *Brunelle* ].

Tiges solitaires ou peu nombreuses, de 1-4 décim., couchées souvent radicantes à la base, puis ascendantes, simples, plus rarement rameuses, pubescentes un peu rudes. Feuilles pétiolées, ovales ou oblongues, entières, sinuées, dentées, pinnatifides ou pinnatipartites à lobes linéaires ou oblongs. Épi offrant ord. une paire de feuilles à sa base. *Calice* ord. coloré, glabre ou un peu hérissé ; *à lèvre supérieure à dents très courtes*, souvent tronquées, brièvement mucronées, *la moyenne atteignant la même hauteur que les latérales ou les dépassant peu* ; à lèvre inférieure à dents lancéolées ou linéaires-subulées. Corolle petite, d'un bleu violet ou d'un blanc jaunâtre, plus rarement rose. *Étamines* les plus *longues à filet présentant* au sommet *un appendice* ord. *dentiforme* droit ou arqué. ♃. Juillet-août.

Prairies, pâturages, pelouses, bords des chemins, lisières des bois.

Var. α. *vulgaris.* — Feuilles entières, sinuées ou dentées. Corolle d'un bleu violet, plus rarement rose. Appendice des filets des étamines droit ou presque droit. — C C.

S.-v. *pinnatifida*. (*B. vulgaris* var. *pinnatifida* Rchb. *Crit.* III, t. 239, f. 394).—
Feuilles pinnatifides ou pinnatipartites. — C.

Var. β. *alba*. (*B. alba* Pallas ap. M.-Bieb. *Fl. Taur.-Cauc.* II, 67 ; Bill. *Exsicc.*
n. 1750. — *B. laciniata* Rchb. *Crit.* III, f. 393. — Vaill. *Bot. Par.* t. 5, f. 1).
— Feuilles pinnatifides ou pinnatipartites. Corolle d'un blanc jaunâtre. Appendice des filets des étamines ord. arqué. — *A.C.* — Pelouses sèches, coteaux
arides.

S.-v. *integrifolia*. — Feuilles entières, sinuées ou dentées. — *R.*

2. **B. grandiflora** Jacq. *Austr.* IV, t. 377 ; *Bot. reg.* t. 337 ; Bill. *Exsicc.* n. 615 *bis.*
— *B. vulgaris* var. *grandiflora* L. *Sp.* 837.—[ B. A GRANDES FLEURS ].

Tiges solitaires ou peu nombreuses, de 1-4 décim., couchées souvent radicantes à la base, puis ascendantes, simples, plus rarement rameuses, pubescentes rudes. Feuilles pétiolées, ovales ou oblongues, entières, sinuées, dentées, pinnatifides ou pinnatipartites à lobes linéaires ou oblongs. Épi ne
présentant pas de feuilles à sa base. *Calice* ord. coloré, glabre ou un peu
hérissé ; *à lèvre supérieure à dents latérales ovales-lancéolées acuminées
dépassant la dent moyenne ; lèvre inférieure à dents lancéolées-subulées.*
Corolle une fois plus grande que dans l'espèce précédente, d'un bleu violet,
rarement rosée ou blanche. *Étamines les plus longues à filet ne présentant
au sommet qu'un appendice obtus très court.* ♃. Juillet-septembre.

*A.C.* — Clairières des bois montueux, pelouses sèches, coteaux calcaires.— Forêt
de Saint-Germain ! ; Saint-Nom, Thiverval, Maule, Pontoise (*de Boucheman*) ; parc
de Vigny (*Bouteille*) ; abondant sur les coteaux qui longent la Seine de Mantes aux
Andelys : Port-Villez !, Vernon !, La Plaigne, etc. Montgrésin ! près Chantilly ; Senlis
(*Morelle*) ; Compiègne !. Mennecy ! ; Lardy (*Adr. de Jussieu*) ; La Ferté-Aleps ! ;
Étampes ! ; Malesherbes ! ; Nemours ! ; Pithiviers !. Donnemarie (*Chaubard, de
Schœnefeld*). Dreux (*Dœnen*), etc. — *Graves* Cat. Oise : Usages de Cuise et de la
Chenaye cant. d'Attichy ; bois d'Anserville cant. de Méru ; forêt de Chantilly vers
Comelle ; la chaussée de Gouvieux ; Verberie.

Var. β. *pinnatifida* (Koch et Ziz *Cat. Pal.* 11 ; Bill. *Exsicc.* n. 615). — Feuilles
pinnatifides ou pinnatipartites. — *R.* — Étampes !. Donnemarie (*Chaubard*).

## 21. SCUTELLARIA L. *Gen.* n. 734. -- [ SCUTELLAIRE ].

*Calice* campanulé, bilabié, fendu jusqu'à la base à la maturité, à nervures
peu saillantes ; *à lèvres entières* presque égales, *la supérieure présentant une* écaille (lobe moyen) saillante en forme de *bosse,* fermant le calice
après la chute de la corolle en s'appliquant sur la lèvre inférieure, puis enfin
caduque ; lèvre inférieure persistante. Corolle bilabiée ; à tube dépassant
longuement le calice, droit ou courbé-ascendant ; à lèvre supérieure presque
droite, en casque, entière ou émarginée ; à lèvre inférieure étalée, convexe,
3-lobée à lobe moyen émarginé, à lobes latéraux libres ou soudés avec ce
lobe moyen ou avec la lèvre supérieure. Étamines 4, rapprochées et parallèles sous la lèvre supérieure de la corolle, les 2 inférieures plus longues ;
anthères rapprochées par paires, ciliées, celles des étamines inférieures unilobées, celles des étamines supérieures bilobées à lobes divergents. Nucules
oblongues ou ovoïdes-subglobuleuses, lisses ou tuberculeuses, glabres ou
pubescentes à poils apprimés. Embryon plié, à radicule dorsale.

Plantes vivaces, à souche traçante. Fleurs bleues, roses ou purpurines-violacées, solitaires à l'aisselle des feuilles ou des bractées, pédicellées, ord. rejetées d'un même côté, quelquefois disposées en épis terminaux.

**1. S. galericulata** L. *Sp.* 835 ; *Fl. Dan.* IV, t. 637 ; *Engl. bot.* t. 523 ; Bill. *Exsicc.* n. 1303. — [S. TOQUE. — Vulg. *Toque, Tertianaire*].

Tige de 2-5 décim., dressée ou ascendante, rameuse, rarement simple, pubescente ou presque glabre. *Feuilles* brièvement pétiolées, oblongues-lancéolées, cordées à la base, ord. un peu obtuses, lâchement *crénelées ou dentées*. *Fleurs*, même les supérieures, *naissant à l'aisselle de feuilles* semblables aux caulinaires, opposées, rejetées d'un même côté. *Calice glabre ou presque glabre*. *Corolle* bleue ou violacée, *à tube courbé ascendant à la base*. ♃. Juin-septembre.

C. — Bords des eaux, étangs, ruisseaux, berges des rivières.

**2. S. minor** L. *Sp.* 835 ; *Engl. bot.* t. 524. — [S. MINEURE].

Tige de 1-2 décim., grêle, dressée, rameuse souvent dès la base à rameaux ascendants, rarement simple, pubescente. *Feuilles* très brièvement pétiolées ou presque sessiles, oblongues-lancéolées, cordées à la base ou presque hastées, ord. un peu obtuses, *entières ou présentant 1-2 dents à la base*. *Fleurs*, même les supérieures, *naissant à l'aisselle de feuilles* semblables aux caulinaires, opposées, rejetées d'un même côté. *Calice hérissé*. *Corolle petite*, rose ou d'un rose bleuâtre, *à tube droit* un peu ventru à la base. ♃. Juillet-septembre.

A.R. — Lieux marécageux, bords des étangs, tourbières peu profondes, bois humides. — Parc de Saint-Cloud ! ; bois de Meudon (*Vigineix, de Schœnefeld*) autour de l'étang de la Garenne (*Tourn.* Hist. pl. Par.) ; env. de Versailles (*de Boucheman*) indiqué à l'étang de Porchefontaine aujourd'hui desséché (*Tourn.* Hist. pl. Par.), bois de Satory (*P. et Ch. Sagot*) ; bois de Luciennes (*de Schœnefeld*) ; forêt de Marly (*Weddell*) ; Aigremont près Poissy (*Chatin*) ; Montmorency autour du grand étang (*Tourn.* Hist. pl. Par.). Sérans près Magny (*Granget*). Morfontaine ! (*Mandon*) ; Ermenonville (*Questier*) ; vallée de Bray (*Graves*) ; Montigny-l'Allier (*Questier*). Forêt d'Armainvilliers (*Thuret*); forêt de Senart (*Chatin, Mouille-farine*) ; env. de Melun ! ; forêt de Fontainebleau !. Saint-Léger ! ; étang des Planets (*de Schœnefeld*); forêt de Rambouillet !. — *Graves* Cat. Oise : Saint-Germer ; Coye près Chantilly ; forêt de Compiègne au carrefour de l'Embrassade ; Ognon cant. de Senlis.

† **S. Columnæ** All. *Ped.* n. 145, t. 84, f. 2 ; Bill. *Exsicc.* n. 436. — [S. DE COLUMNA].

Tiges solitaires ou nombreuses, de 3-5 décim., dressées, simples ou rameuses supérieurement, pubescentes, velues au sommet. Feuilles longuement pétiolées, ovales-oblongues ou oblongues-lancéolées, un peu obtuses, profondément crénelées, les inférieures un peu cordées à la base. *Fleurs* en épis terminaux, *naissant à l'aisselle de bractées courtes*, ord. rejetées d'un même côté. Calice velu-hérissé. Corolle grande, purpurine-violacée, à lèvre inférieure ord. tachée de blanc, à tube brusquement redressé presque parallèle à l'axe de l'épi. ♃. Juin-juillet.

Naturalisé dans plusieurs bois. — Bois de Boulogne ; Meudon ! (*J. de Parseval*); assez abondant à plusieurs endroits dans le bois de Vincennes !. Bois Yon et forêt de Dreux ! (*Dœnen*). — Cette plante est spontanée dans la région méditerranéenne de l'Europe orientale depuis l'Italie ! jusqu'à l'île de Chypre ; elle existe également en Hongrie, dans le Banat et en Algérie !.

TRIBU **VI. AJUGOIDEÆ.** — Corolle d'apparence unilabiée : la lèvre supérieure étant très courte et peu distincte, ou étant bipartite à lobes rejetés latéralement vers la lèvre inférieure dont ils semblent faire partie. Étamines 4, rapprochées et parallèles, faisant longuement saillie hors de la corolle, les inférieures plus longues que les supérieures.

**22. AJUGA** L. *Gen.* n. 705 ex parte ; Benth. in DC. *Prodr.* XII, 595. — [ BUGLE ].

Calice ovoïde-campanulé, à 5 dents ou à 5 lobes presque égaux. *Corolle* presque marcescente, d'apparence unilabiée ; à tube ord. exsert, ord. muni intérieurement d'un anneau de poils ; *à lèvre supérieure très courte*, plane, *émarginée* ; à lèvre inférieure beaucoup plus grande, étalée, 3-lobée, à lobes latéraux oblongs, le moyen plus grand émarginé ou bifide. Étamines 4, rapprochées et parallèles sous la lèvre supérieure de la corolle qu'elles dépassent ord. longuement, les 2 inférieures plus longues ; anthères à lobes divergents ou divariqués confluents. Style persistant. Nucules oblongues ou obovales-subglobuleuses, réticulées-rugueuses, glabres.

Plantes vivaces, plus rarement annuelles. Fleurs bleues, roses ou blanches, plus rarement jaunes, en glomérules axillaires disposés en épis terminaux, ou solitaires axillaires.

1. **A. reptans** L. *Sp.* 785 ; *Fl. Dan.* VI, t. 925 ; *Engl. bot.* t. 489 ; Bill. *Exsicc.* n. 1304. — [ B. RAMPANTE. — Vulg. *Bugle* ].

*Plante vivace, émettant de longs rejets stériles* couchés, souvent radicants. *Tige* florifère solitaire, de 1-3 décim., dressée, simple, *pubescente où velue sur deux faces opposées*, les faces pubescentes alternant d'un entre-nœud, à l'autre. Feuilles presque glabres ou finement pubescentes, oblongues, obovales ou spatulées, sinuées ou obscurément crénelées ; les radicales atténuées en long pétiole, ord. disposées en rosette persistante ; les caulinaires subsessiles ; les florales vertes ou colorées, entières ou superficiellement sinuées. Fleurs bleues, à lobes de la lèvre inférieure présentant à la base deux stries parallèles blanches, plus rarement roses ou blanches, en glomérules pluriflores disposés en un épi terminal feuillé. ♃. Mai-juin.

C C. — Bois, lieux ombragés, taillis, pâturages humides.

2. **A. Genevensis** L. *Sp.* 785 ; *Fl. Dan.* X, t. 1703 ; Bill. *Exsicc.* n. 1305. — [ B. DE GENÈVE ].

*Plante vivace, n'émettant pas de rejets stériles. Tiges* florifères peu nombreuses, plus rarement solitaires, de 1-4 décim., dressées, simples, *velues ou pubescentes-laineuses sur les 4 faces.* Feuilles velues ou pubescentes, oblongues, obovales ou spatulées, sinuées, ou crénelées à crénelures profondes et inégales ; les radicales atténuées en pétiole, ord. disposées en rosette, souvent détruites lors de la floraison ; les caulinaires sessiles ou amplexicaules ; les florales vertes ou colorées, profondément crénelées ou trilobées, rarement entières ou superficiellement sinuées. Fleurs bleues, plus rarement roses ou

blanches, en glomérules pluriflores rapprochés en un épi terminal feuillé ord.
compacte. ♃. Mai-juin.

*C C.* — Clairières et lisières des bois, bords des chemins herbeux, pâturages.

Var. β. *pyramidalis.* (*A. pyramidalis* L. *Sp.* 785; Koch *Syn. fl. Germ.* ed. 2, 661;
Fries *Herb. norm. exsicc.* fasc. XII, n. 34).—Tiges dépassant ord. peu la rosette
des feuilles radicales. Feuilles florales entières ou sinuées, toutes une fois plus
longues que les fleurs. — *R R.* — Forêt de Chantilly !.

3. **A. Chamæpitys** Schreb. *Unilab.* 24; *Engl. bot.* t. 77; Bill. *Exsicc.* n. 616. —
Teucrium *Chamæpitys* L. *Sp.* 787. — [B. PETIT-PIN. — Vulg. *Yvette*].

*Plante annuelle,* de 1-2 décim., velue-glanduleuse, un peu visqueuse,
odorante, à racine pivotante. Tige divisée dès la base en un grand nombre
de rameaux ord. simples ascendants disposés en touffe. *Feuilles tripartites, à
divisions linéaires;* les inférieures oblongues atténuées en pétiole, entières ou
3-lobées. *Fleurs jaunes, solitaires* à l'aisselle des feuilles qui les dépassent
longuement. ⓘ. Mai-août.

*C.* — Moissons des terrains maigres, champs en friche.

**23. TEUCRIUM** L. *Gen.* n. 706 ex parte; Benth. in DC. *Prodr.* XII, 574. —
[GERMANDRÉE].

Calice tubuleux ou campanulé, quelquefois renflé vers la base, à 5 dents
presque égales, ou la supérieure plus grande quelquefois presque foliacée.
*Corolle* caduque, d'apparence unilabiée; à tube court inclus ou presque inclus,
ne présentant pas d'anneau de poils; *à lèvre supérieure bipartite, à lobes
rejetés latéralement vers la lèvre inférieure; à lèvre inférieure* étalée,
3-lobée, *à lobes latéraux* oblongs ou lancéolés *de même forme que ceux de
la lèvre supérieure* dont ils sont rapprochés, à lobe moyen beaucoup plus
grand ord. concave, entier ou émarginé. Étamines 4, rapprochées, parallèles
et faisant saillie hors de la corolle par la fente de la lèvre supérieure, les 2
inférieures plus longues; filets présentant quelquefois au niveau de l'anthère
une dent très courte; anthères à lobes divariqués confluents. Nucules obovales-subglobuleuses, plus ou moins réticulées-rugueuses, rarement lisses,
glabres, obliquement insérées par le côté intérieur de leur base.

Plantes vivaces herbacées ou sous-frutescentes, plus rarement annuelles. Fleurs
purpurines, roses, blanches ou jaunâtres, axillaires solitaires géminées ou ternées,
ou rapprochées en têtes terminales, ou munies de bractées et disposées en grappes
spiciformes unilatérales.

Sect. I. SCORODONIA. — Calice bilabié en apparence par le grand développement de la dent supérieure qui s'éloigne des autres dents et simule une
lèvre supérieure. Fleurs naissant à l'aisselle de bractées courtes, disposées
en grappes spiciformes terminales effilées.

1. **T. Scorodonia** L. *Sp.* 789; *Fl. Dan.* III, t. 485; *Engl. bot.* t. 1543; Bill.
*Exsicc.* n. 437. — [G. SCORODOINE.—Vulg. *Germandrée-sauvage, Sauge-
des-bois*].

Plante vivace, à souche émettant ord. un grand nombre de tiges rapprochées. Tiges de 3-6 décim., herbacées, roides, dressées, simples ou donnant
naissance supérieurement à plusieurs rameaux florifères, pubescentes ou ve-

lues. Feuilles ridées en réseau surtout en dessous, pubescentes, blanchâtres à
la face inférieure, pétiolées, ovales ou oblongues cordées à la base, crénelées-
dentées. *Fleurs* jaunâtres, *solitaires à l'aisselle de bractées* plus *courtes* que
le calice, opposées ou presque alternes, rejetées d'un même côté, disposées
en grappes spiciformes terminales effilées solitaires ou plus ou moins nombreuses rapprochées en panicule. Bractées suborbiculaires-acuminées ou
oblongues, atténuées à la base. *Calice à dent supérieure très développée et
simulant une lèvre* ovale brièvement mucronée, à dents inférieures triangulaires terminées en pointe subulée, le fructifère veiné-réticulé. Nucules lisses.
♃. Juillet-septembre.

CCC. — Lisières et clairières des bois, taillis, buissons des coteaux herbeux.


Sect. II. CHAMÆDRYS. — Calice tubuleux-campanulé, à 5 dents presque égales.
Fleurs axillaires solitaires ou géminées, ou rapprochées en têtes terminales.


2. **T. Botrys** L. *Sp.* 786; Nees *Gen. fl. Germ.* fasc. VI; Bill. *Exsicc.* n. 835 et *bis*.
— Lob. *Ic.* 385, f. 2. — [G. BOTRYDE].

*Plante annuelle*, pubescente-hérissée un peu visqueuse, à odeur forte peu
agréable, à racine pivotante. Tige de 1-3 décim., rameuse dès la base, plus
rarement simple, dressée. *Feuilles* pétiolées, *pinnatipartites*, à lobes oblongs-
linéaires incisés-dentés ou les supérieurs entiers. Fleurs purpurines, assez
longuement pédicellées, disposées en fascicules axillaires 2-3-flores espacés.
Calice tubuleux très ample, gibbeux à la base, à dents triangulaires-acuminées.
Nucules réticulées-rugueuses. ①. Juillet-septembre.

*A.C.* — Coteaux calcaires, bords des chemins, champs sablonneux.

3. **T. Scordium** L. *Sp.* 790; *Fl. Dan.* IV, t. 593; Bill. *Exsicc.* n. 438 et *bis*;
*Engl. bot.* t. 828. — [G. SCORDIUM. — Vulg. *Scordium, Germandrée-
aquatique*].

*Plante vivace*, pubescente-grisâtre, à odeur peu agréable. Souche longuement traçante, émettant ord. un grand nombre de rejets. *Tiges* de 1-6 décim.,
*herbacées*, couchées-radicantes à la base, puis ascendantes ou dressées, ord.
plus ou moins rameuses, souvent velues-laineuses. *Feuilles sessiles*, oblongues, fortement *dentées* à dents triangulaires aiguës ou obtuses. Fleurs purpurines ou violacées, brièvement pédicellées, solitaires ou géminées à l'aisselle de
feuilles florales espacées. Calice petit, presque campanulé, à dents triangulaires ou lancéolées-linéaires. Nucules réticulées-rugueuses. ♃. Juin-octobre.

*A.C.* — Lieux marécageux, bords des étangs et des marais, fossés, prairies
humides. — La Barre près Saint-Denis, Montmorency, Bondy, entre Gournay et
Chelles (*Vaill. Bot. Par.*); fonds humides à Meudon, à Palaiseau, autour de l'étang
de Montmorency, autour de l'Abbaye de Livry (*Tourn. Hist. pl. Par.*); Saint-Gratien!; Champigny (*de Schœnefeld*). Env. de Versailles (*de Boucheman*). Rentilly
près Lagny, Lognes (*Thuret*); forêt de Senart!; Mennecy!, Itteville (*de Schœnefeld*); env. de Melun!. Saint-Sauveur près Donnemarie (*de Schœnefeld*); Provins
(*Bouteiller*). Morfontaine, Chevrières (*Questier*); forêt de Compiègne : ruisseau de
la Brevière, Vivier-Corax (*de Marcilly fils*), etc.

4. **T. Chamædrys** L. *Sp.* 790; *Engl. bot.* t. 680; Bill. *Exsicc.* n. 164 et *bis*. —
[G. PETIT-CHÊNE. — Vulg. *Petit-Chêne, Chamédrys*].

*Plante* vivace, *sous-frutescente*. Souche ligneuse, très rameuse, longuement traçante. Tiges de 1-3 décim., couchées, puis redressées, disposées en touffe, simples ou rameuses à la base, pubescentes ou velues. *Feuilles* un peu coriaces, oblongues ou ovales-obtuses, cunéiformes à la base et *atténuées en un court pétiole, fortement crénelées* dans leurs deux tiers supérieurs, ord. luisantes en dessus, d'un vert pâle en dessous. *Fleurs roses ou purpurines,* très rarement blanches, assez longuement pédicellées, *solitaires ou géminées à l'aisselle des feuilles, rapprochées en grappes terminales feuillées.* Calice campanulé assez ample, à dents lancéolées-acuminées. Nucules presque lisses. ♃. Juillet-septembre.

C. -- Lieux pierreux, buissons, coteaux arides, lisières des bois.

5. **T. montanum** L. *Sp.* 791 ; Bill. *Exsicc.* n. 1751 et *bis.* —*T. supinum* Jacq. *Austr.* t. 417. — [G. DE MONTAGNE].

*Plante* vivace, *sous-frutescente.* Souche ligneuse, ord. terminée en racine pivotante, donnant naissance à un grand nombre de tiges. Tiges de 1-3 décim., couchées appliquées sur la terre, un peu redressées au sommet, disposées en touffe, rameuses, pubescentes. *Feuilles* un peu coriaces, linéaires-oblongues ou oblongues-lancéolées atténuées à la base, *très entières,* à bords ord. roulés en dessous, vertes en dessus, blanches-tomenteuses en dessous. *Fleurs d'un blanc jaunâtre,* brièvement pédicellées, *rapprochées* à l'extrémité des tiges et des rameaux *en têtes* déprimées ord. multiflores. Calice tubuleux-campanulé, à dents lancéolées-acuminées. Nucules réticulées. ♃. Juin-août.

*A.R.* — Coteaux arides calcaires ou sablonneux. — Forêt de Saint-Germain au Val! et aux env. d'Achères (*de Schœnefeld*) ; assez commun de Thiverval à Mantes (*de Boucheman*) ; abondant sur les coteaux des bords de la Seine depuis Mantes jusqu'aux Andelys : Mantes !, La Roche-Guyon !, Vernon !, Ammenucourt !, Les Andelys !, etc.; Magny (*Bouteille*); Chaumont (*Frion*); L'Ile-Adam (*Chatin*); Canneville ! près Chantilly ; Saint-Leu, entre la Morlaye et Gouvieux, château de Gesvres (*Vaill.* Bot. Par.) ; Mont-César ! près Bresles ; Troissereux près Beauvais (*Taillefert*); Verderonne !; Senlis, forêt de Compiègne ! (*Thuill.* Fl. Par.); Verberie, Vaumoise près Crépy, Marolles, Marœuil-sur-Ourcq, Russy (*Questier*). Lardy (*Adr. de Jussieu*) ; La Ferté-Aleps !; Étampes !; Pithiviers !; forêt de Fontainebleau ! (*Vaill.* Bot. Par.) ; Moret (*E. Fournier*); coteaux à Nemours !; Malesherbes !. Donnemarie (*de Schœnefeld*) ; forêt de Sourdun près Provins (*Bouteiller*). Dreux !.—*Graves* Cat. Oise : commun sur les pelouses et les pentes calcaires du département de l'Oise.

---

# LX. VERBÉNACÉES

(VERBENACEÆ Juss. in *Ann. Mus.* VII, 63).

*Fleurs* hermaphrodites, plus ou moins *irrégulières,* à préfloraison imbriquée. — Calice gamosépale, à 4-5 divisions égales ou inégales, persistant. — Corolle hypogyne, gamopétale, caduque, tubuleuse, à limbe ord. un peu bilabié à 4-5 lobes. — *Étamines* insérées sur le tube de la corolle, alternant avec ses lobes et ord. au nombre de *4* par l'absence de l'étamine supérieure, inégales par paires, toutes fertiles ou les 2 supérieures dépourvues d'anthère. Anthères bilobées, à lobes parallèles ou divariqués, s'ouvrant chacun ord. par une fente longitudinale. — *Ovaire* libre, composé de carpelles soudés en un ovaire ord. *4-loculaire à loges* ord. *uniovulées* (nucules), inséré sur un disque charnu. Ovule dressé ou ascendant, ord. réfléchi. Styles soudés en un *style terminal indivis*, entier, ou un peu bifide au sommet à lobes stigmatifères. — *Fruit composé de* carpelles soudés en un fruit sec ou plus ou moins drupacé 4-loculaire à loges monospermes (nucules), les *nucules* se détachant isolément à la maturité ou restant adhérentes entre elles. — Graine dressée. *Périsperme nul.* Embryon droit. Radicule dirigée vers le hile.

Plantes herbacées ou arbrisseaux. Tiges tétragones, à rameaux opposés ou verticillés. *Feuilles opposées*, plus rarement verticillées ou alternes, incisées ou pinnatifides, plus rarement composées-digitées ou imparipinnées; stipules nulles. Fleurs disposées en épis terminaux quelquefois rapprochés en panicule.

### 1. **VERBENA** Tourn. *Inst.* t. 94. — [VERVEINE].

Calice tubuleux, 4-5-denté, à 4-5 angles, se fendant à la maturité selon les lignes de soudure des sépales. Corolle à tube cylindrique, ord. arqué; à limbe 5-fide, oblique subbilabié, presque plan, à 5 lobes plus ou moins inégaux émarginés. Étamines 4, renfermées dans le tube de la corolle. Fruit capsulaire, à 4 nucules monospermes qui se séparent à la maturité.

Plante annuelle ou vivace, herbacée. Feuilles opposées. Fleurs solitaires à l'aisselle des bractées, alternes, subsessiles, disposées en épis terminaux effilés.

1. **V. officinalis** L. *Sp.* 29 ; *Fl. Dan.* IV, t. 628 ; *Engl. bot.* t. 767 ; Bill. *Exsicc.* n. 67. — [V. OFFICINALE. — Vulg. *Verveine, Herbe-sacrée*].

Tiges de 5-8 décim., solitaires ou peu nombreuses, roides, dressées ou ascendantes, rameuses à rameaux dressés effilés, glabres, à angles scabres. Feuilles pubescentes-scabres, à poils apprimés, oblongues ou ovales, atténuées en pétiole, profondément incisées ou pinnatifides à lobes dentés ou crénelés. Fleurs petites, d'un lilas bleuâtre, solitaires à l'aisselle de bractées plus courtes que le calice, disposées en épis grêles lâches effilés. Nucules réticulées. ②) ou ♃. Juin-octobre.

*C C.* — Bords des chemins, fossés, villages, lieux incultes.

On cultive dans les parterres plusieurs espèces du genre *Verbena*. — Le *Lippia citriodora* Kunth (vulg. *Verveine-Citronnelle*), arbrisseau originaire du Chili, quelquefois assez élevé, à feuilles ternées ou quaternées lancéolées dentées à odeur de citron très pénétrante, est fréquemment cultivé en serre tempérée.

# LXI. GLOBULARIÉES

(GLOBULARIEÆ DC. *Fl. Fr.* III, 427).

*Fleurs* hermaphrodites, *irrégulières.* — Calice gamosépale, tubuleux, à 5 divisions égales ou plus ou moins inégales, persistant, à préfloraison imbriquée. — Corolle hypogyne, gamopétale, à tube cylindrique, à limbe bilabié ; la lèvre supérieure bipartite, plus rarement bifide ou indivise, quelquefois presque nulle ; la lèvre inférieure plus grande que la supérieure, tripartite, trifide ou tridentée. — *Étamines* réduites au nombre de *4* par l'absence de l'étamine supérieure, insérées au sommet du tube de la corolle et alternant avec ses divisions, longuement exsertes ; filets des étamines supérieures un peu plus courts. Anthères réniformes à lobes confluents s'ouvrant par une fente commune. — Disque hypogyne très petit souvent réduit à une glande unilatérale ou nul.—*Ovaire* libre, à un seul carpelle, *uniloculaire, uniovulé.* Ovule suspendu au sommet de la loge, réfléchi. Style terminal, filiforme ; stigmate ord. émarginé ou bifide. — *Fruit* sec, *monosperme, indéhiscent,* mucroné par la base persistante du style, renfermé dans le calice. — Graine suspendue. Embryon droit, placé dans un périsperme charnu. Radicule dirigée vers le hile.

Plantes vivaces, herbacées ou frutescentes, noircissant plus ou moins par la dessiccation. Feuilles marcescentes, indivises, entières, ou dentées dans leur partie supérieure, souvent obcordées, alternes, les inférieures souvent rapprochées en rosette ; stipules nulles. *Fleurs sessiles sur un réceptacle commun chargé de paillettes,* et disposées en un capitule compacte subglobuleux *entouré à sa base d'un involucre* de plusieurs folioles plus courtes que les fleurs. Capitules solitaires, terminaux, plus rarement axillaires.

## 1. GLOBULARIA L. *Gen.* n. 112. — [GLOBULAIRE].

Fleurs disposées en capitules subglobuleux ; réceptacle chargé de paillettes. Calice à 5 divisions. Corolle bilabiée ; la lèvre supérieure plus courte que l'inférieure, quelquefois très courte ou presque nulle, ord. bipartite ; lèvre inférieure tripartite ou tridentée. Étamines 4, saillantes hors du tube. Stigmate bifide. Fruit sec, monosperme, indéhiscent.

Plante vivace, herbacée, glabre. Feuilles coriaces, les inférieures rapprochées en rosette, les caulinaires éparses. Fleurs bleues, très rarement blanches.

**1. G. vulgaris** L. *Sp.* 139 ; *Bot. mag.* t. 2256 ; Spenn. in Nees *Gen. Fl. Germ.* fasc. XXI ; Willk. *Globul.* t. 1, f. 4 ; Bill. *Exsicc.* n. 626 et *bis.* — [G. COMMUNE. — Vulg. *Globulaire*].

Souche cespiteuse, presque ligneuse, ord. terminée en racine pivotante. Tiges solitaires ou peu nombreuses, de 1-4 décim., dressées, simples, feuillées, terminées par un capitule. Feuilles radicales nombreuses, rapprochées en rosette, oblongues ou obovales atténuées en un long pétiole, mucronées, entières ou émarginées, entourées d'une bordure transparente étroite ; les caulinaires beaucoup plus petites, lancéolées ou oblongues-acuminées, sessiles. Folioles de l'involucre et paillettes lancéolées, ciliées. Calice hérissé de poils articulés, à divisions lancéolées-acuminées ciliées, les 2 inférieures un peu plus longues que les supérieures, à gorge présentant des faisceaux de poils. Corolle à lèvre supérieure bipartite beaucoup plus courte que l'inférieure, à lèvre inférieure presque tripartite à divisions linéaires. ♃. Mai-juin.

*A.R.* — Pelouses sèches, coteaux calcaires, clairières des bois montueux. — Butte de Sèvres (*Cornuti* Ench. Par., *Tourn.* Hist. pl. Par.); forêt de Saint-Germain au Val!. Mennecy, Balancourt (*Des Étangs*) ; Lardy (*Delavaux*) ; La Ferté-Aleps!; Étampes!; Le Châtelet près Melun (*M. Garnier*) ; forêt de Fontainebleau! (*Tourn.* Hist. pl. Par.) ; Nemours!; Malesherbes!; Pithiviers!. Magny! (*Bouteille*); Mantes!; Follainville et Saint-Martin-la-Garenne près Mantes (*Beautemps-Beaupré*) ; La Roche-Guyon!; Vernon !; Les Andelys !. Anet (*Dœnen*). L'Ile-Adam! (*Chatin*); Clos-de-la-Barre dans la forêt de Chantilly (*A. Jamain*); Chaumont!. Verderonne !; forêt de Compiègne (*Léré*) ; forêt de Laigue (*de Marcilly fils*) ; Saint-Sauveur, Vaumoise, Mareuil-sur-Ourcq (*Questier*), etc.

---

# Classe II. GAMOPÉTALES PÉRIGYNES.

Corolle insérée sur le calice. — Étamines insérées sur le calice avec la corolle ou insérées sur la corolle. — Ovaire soudé avec le calice.

## LXII. VACCINIÉES

(VACCINIEÆ DC. *Théor. élém.* éd. 1, 216).

Fleurs hermaphrodites, régulières. — Calice à 4-5 sépales soudés en tube, à tube soudé avec l'ovaire, à partie libre 4-5-dentée à dents persistantes ou caduques. — Corolle caduque, insérée au sommet du tube du calice, gamopétale, campanulée, urcéolée ou rotacée, à 4-5 divisions, à préfloraison imbriquée. — *Étamines 8-10, insérées avec la corolle au sommet du tube du calice*, alternant avec les lobes de la corolle. *Anthères* bilobées, introrses, *à lobes* indéhiscents *prolongés* chacun supérieurement *en* un *tube ouvert au sommet*, quelquefois munis chacun d'un appendice sétiforme dorsal. — Ovaire soudé avec le calice, à 4-5 carpelles, à 4-5 loges multiovulées. Ovules insérés à l'angle interne des loges, ord. pendants, réfléchis. Styles soudés en un style filiforme ; stigmate indivis, capité. — *Fruit bacciforme*, couronné par les dents du calice ou par la cicatrice qui résulte de leur destruction, *à 4-5 loges polyspermes*. — Graines ord. pendantes, très petites. Embryon droit, placé dans un *périsperme charnu*. Radicule dirigée vers le hile.

*Sous-arbrisseaux.* Feuilles caduques ou persistantes, coriaces, alternes ou éparses, entières ou légèrement dentées, brièvement pétiolées; stipules nulles. Fleurs axillaires solitaires, en grappes terminales, ou terminant des pédoncules disposés 1-3 au sommet des tiges.

1. VACCINIUM. — *Corolle urcéolée ou campanulée, à 4-5 lobes peu profonds.* Tiges ascendantes ou dressées.

2. OXYCOCCOS. — *Corolle rotacée, partagée presque jusqu'à la base en 4 divisions lancéolées réfléchies sur le calice.* Tiges filiformes, couchées-radicantes.

## 1. **VACCINIUM** L. *Gen.* n. 483 ex parte. — [ AIRELLE ].

Calice 4-5-denté, à dents membraneuses courtes, plus rarement entier. *Corolle urcéolée ou campanulée, à 4-5 lobes peu profonds*, ord. rejetés en dehors. Étamines 8-10. Fruit bacciforme-succulent, plus ou moins largement ombiliqué au sommet, à 4-5 loges.

Sous-arbrisseaux à tiges ascendantes ou dressées. Feuilles caduques ou persistantes. Fleurs blanchâtres ou rosées, axillaires solitaires, ou disposées en grappes courtes terminales.

1. **V. Myrtillus** L. *Sp.* 498; *Fl. Dan.* VI, t. 974; *Engl. bot.* t. 456; Rchb. *Ic.* XVII, t. 1169, f. 1-3; Bill. *Exsicc.* n. 52. — [A. MYRTILLE. — Vulg. *Myrtille, Airelle, Abrétier, Abrêt-noir*].

Tiges de 4-7 décim., dressées ou ascendantes, anguleuses à angles saillants, rameuses à rameaux dressés, à écorce glabre. Feuilles caduques, d'un vert pâle, glabres, brièvement pétiolées, ovales-aiguës, finement dentées. *Fleurs* d'un blanc verdâtre ou rougeâtre, *solitaires à l'extrémité de pédoncules axillaires* penchés. Corolle urcéolée. *Anthères munies* vers le milieu de leur hauteur *de deux appendices sétiformes.* Fruits noirs, couverts d'une efflorescence glauque, d'une saveur acidule. ♄. *Fl.* avril-mai. *Fr.* juin-juillet.

*A.R.* — Bruyères des bois montueux. — Forêt de Montmorency! (*Cornuti* Ench. Par., *Tourn.* Hist. pl. Par.); Cormeilles-en-Parisis (*Le Dien*); Les Bois-noirs près Mareil-Marly (*de Schœnefeld*); bois de Luciennes!. Bois de Palaiseau (*Tourn.* Hist. pl. Par.); Rochefort (*de Schœnefeld*). Bois du Heaume près Marines!; Arthies, Molière de Sérans près Magny (*Bouteille*); Neuville-Bosc! (*Graves*); abondant aux environs de Beauvais : bois de Glatigny, Blacourt, Savignies!, Saint-Paul, Saint-Germain-la-Poterie (*Graves*), etc.; Senlis, forêt de Hallatte (*Graves*); forêt de Compiègne (*Léré*); forêt de Villers-Cotterets (*Questier, de Marcilly fils*). Forêt de Dreux (*Dœnen*); Goinville près Dreux (*Brou*). — *Graves* Cat. Oise : bois de l'Accensoir près Pouilly; bois de Lagny cant. de Lassigny; forêt de la Hérelle ; forêt de Bouvresse.

2. **V. Vitis-Idæa** L. *Sp.* 300; *Engl. bot.* t. 598; Rchb. *Ic.* XVII, t. 1168, f. 1-2; Bill. *Exsicc.* n. 1705. — [A. VIGNE DU MONT IDA. — Vulg. *Abrêt-rouge, Faux-Abrétier*].

Tiges de 1-3 décim., ascendantes ou dressées, souvent réunies en touffe, cylindriques, ord. rameuses subdichotomes, à rameaux dressés, à écorce pubescente. *Feuilles* très coriaces, *persistantes*, luisantes, d'un vert foncé en dessus, *ponctuées à la face inférieure* de glandes noires, glabres, brièvement pétiolées, obovales-obtuses, quelquefois mucronulées, à bords roulés en dessous légèrement dentés au sommet. *Fleurs* blanches ou rosées, disposées *en grappes courtes* penchées, *terminant la tige et les rameaux.* Corolle urcéolée-cam-

panulée. Anthères dépourvues d'appendices sétiformes. Fruits rouges. ♄.
*Fl.* avril-mai. *Fr.* juin-juillet.

*R R.* — Bruyères, bois montueux. — Env. de Beauvais : bois de Savignies ! où
il est abondant, bois de Glatigny (*Graves*) ; bois de Bains près Boulogne-la-grasse
(*Delacour, Léré, Graves*). — *Graves* Cat. Oise : forêt de la Hérelle ; on l'a trouvé
autrefois dans le bois de Saint-Germain-la-Poterie.

## 2. **OXYCOCCOS** Tourn. *Inst.* t. 431. — [CANNEBERGE].

Calice à 4 dents membraneuses courtes. *Corolle rotacée, partagée presque
jusqu'à la base en 4 divisions lancéolées*, réfléchies sur le calice. Étamines 8,
conniventes. Fruit bacciforme-succulent, étroitement ombiliqué au sommet,
à 4 loges.

Sous-arbrisseau à tiges filiformes, couchées-radicantes. Feuilles persistantes.
Fleurs roses, solitaires et penchées à l'extrémité de pédoncules disposés 1-3 au
sommet des tiges et des rameaux.

**1. O. palustris** Pers. *Syn. pl.* I, 419. — *Vaccinium Oxycoccos* L. *Sp.* 500 ;
    *Fl. Dan.* I, t. 80 ; *Engl. bot.* t. 319 ; Bill. *Exsicc.* n. 145 et *bis.* —
    *O. vulgaris* Rchb. *Ic.* XVII, t. 1169, f. 6. — [C. DES MARAIS. — Vulg.
    *Canneberge*].

Sous-arbrisseau à tiges filiformes, couchées-radicantes, feuillées même au
niveau des racines, de longueur très variable, très rameuses. Feuilles persistantes, glabres, d'un vert foncé en dessus, d'un blanc glauque en dessous, très
brièvement pétiolées, souvent réfléchies, ovales, très entières, à bords roulés
en dessous. Fleurs roses, penchées sur les pédoncules ; pédoncules ascendants, dépassant très longuement les feuilles, disposés 1-3 au sommet des
tiges et des rameaux. Corolle à divisions lancéolées obtuses. Fruits rouges,
d'une saveur acidule. ♄. *Fl.* mai-juin. *Fr.* juillet-août.

*R R.* — Marais tourbeux, croissant parmi les *Sphagnum.* — Abondant autrefois
aux env. de Rambouillet à l'étang du Scrisaye ! aujourd'hui desséché ; observé en
1841 à l'étang de Guipereux (*Delavaux*). — *Graves* Cat. Oise : « je l'ai recueilli en
1820 dans la vallée de Thève, sur les plateaux tourbeux au-dessous de Coye et de
la Morlaye, où Thuillier l'avait déjà trouvé. Il paraît que, depuis, cette plante a disparu, probablement à cause de l'assèchement du marais ».

# LXIII. CAMPANULACÉES

(CAMPANULACEÆ Juss. *Gen.* 163 ex parte ; Alph. DC. in DC. *Prodr.* VII, 414).

*Fleurs* hermaphrodites, *régulières.* — Calice ord. à 5 sépales soudés
en tube, à tube soudé avec l'ovaire, à partie libre ord. 5-partite persistante. — Corolle insérée au sommet du tube du calice, marcescente,
à préfloraison valvaire ; ord. à 5 pétales soudés en une corolle gamopétale tubuleuse, infundibuliforme, campanulée ou rotacée, ord. à 5 divisions ; plus rarement à pétales libres presque jusqu'à la base, rapprochés
d'abord en tube, puis irrégulièrement étalés. — *Étamines* ord. 5, *insérées
avec la corolle au sommet du tube du calice,* alternant avec les lobes de

la corolle. Filets libres, souvent élargis en une base membraneuse recouvrant le sommet de l'ovaire. Anthères bilobées, introrses, libres, plus
rarement soudées par leurs bases, à lobes s'ouvrant avant la floraison. —
Ovaire soudé avec le calice, à 2-3 plus rarement 5 carpelles, à 2-3 plus
rarement 5 loges multiovulées. Ovules insérés à l'angle interne des loges,
horizontaux, réfléchis. Styles soudés en un style filiforme plus ou moins
couvert de poils collecteurs caducs; stigmates 2-3, plus rarement 5,
linéaires, dressés dans le bouton, enroulés en dehors lors de la floraison;
plus rarement 2 stigmates dressés soudés presque jusqu'au sommet. —
*Fruit capsulaire*, couronné par les divisions persistantes du calice et
ord. par la corolle marcescente, *à 2-3 plus rarement 5 loges polyspermes*,
*s'ouvrant au sommet* dans sa partie libre par une déhiscence loculicide,
*ou plus ordinairement chaque loge s'ouvrant* dans sa partie adhérente
*par un trou dorsal* situé vers le sommet ou la base du tube du calice.
— Graines horizontales, très petites. Embryon droit, placé dans un
*périsperme charnu.* Radicule dirigée vers le hile.

Plantes herbacées, à suc ord. lactescent, bisannuelles ou vivaces, rarement
annuelles. Feuilles alternes ou éparses, entières, crénelées ou dentées, les
inférieures ord. pétiolées, les supérieures ord. sessiles; stipules nulles. Fleurs
disposées en panicules, en grappes, en ombelles simples, en épis, en capitules
ou en glomérules.

1. CAMPANULA. — *Corolle campanulée. Capsule ord. turbinée, à loges s'ouvrant*
*chacune par un trou dorsal.*

2. SPECULARIA. — *Corolle rotacée. Capsule linéaire-oblongue, à loges s'ou-*
*vrant chacune par un trou dorsal.*

3. PHYTEUMA. — *Corolle partagée presque jusqu'à la base en divisions li-*
*néaires. Anthères libres. Capsule à loges s'ouvrant chacune par un trou*
*dorsal.*

4. JASIONE. — *Corolle partagée presque jusqu'à la base en divisions linéaires.*
*Anthères soudées à la base. Capsule s'ouvrant au sommet par une large*
*ouverture.*

5. WAHLENBERGIA. — *Corolle tubuleuse-campanulée. Capsule turbinée, s'ou-*
*vrant au sommet en valves qui portent les cloisons à leur partie moyenne.*

### 1. **CAMPANULA** Tourn. *Inst.* t. 37. — [ CAMPANULE ].

Calice à 5 divisions. *Corolle campanulée*, 5-lobée ou 5-fide. Étamines 5,
libres, à filets dilatés en membrane à la base. Style terminé par 3 plus rarement 5 stigmates filiformes. *Capsule ord. turbinée, à 3 plus rarement 5 loges*
*s'ouvrant chacune* dans leur partie adhérente *par un trou dorsal* ord. arrondi
situé vers le sommet ou la base du tube du calice.

Plantes herbacées, vivaces, plus rarement bisannuelles. Feuilles radicales rapprochées en rosettes ou en fascicules, pétiolées cordées à la base, ou atténuées en
pétiole; les caulinaires ord. linéaires ou lancéolées, entières, plus rarement dentées,
sessiles, plus rarement pétiolées. Fleurs bleues, rarement blanches, celles qui terminent la tige et les rameaux se développant les premières, disposées en grappes
terminales, en cymes ou en glomérules latéraux formant par leur ensemble des épis

rameux ou des panicules étroites feuillées, plus rarement solitaires au sommet des tiges.

Sect. I. — *Fleurs pédonculées, jamais réunies en glomérules.*

§ 1. *Calice fructifère dressé.* Capsule s'ouvrant par des trous situés vers le sommet du tube du calice. — (1-2).

§ 2. *Calice fructifère à pédicelle arqué-réfléchi.* Capsule s'ouvrant par des trous situés vers la base du tube du calice. — (3-5).

Sect. II. — *Fleurs sessiles, rapprochées en glomérules* au moins les terminales. — (6-7).

Sect. I. — Fleurs pédonculées, jamais réunies en glomérules.

§ 1. Calice fructifère dressé. Capsule s'ouvrant par des trous situés vers le sommet du tube du calice.

1. **C. Rapunculus** L. *Sp.* 232; *Engl. bot.* t. 283; *Fl. Dan.* V, t. 855, et VIII, t. 1326; Bill. *Exsicc.* n. 1035. — [C. RAIPONCE. — Vulg. *Raiponce*].

Plante bisannuelle, à racine pivotante charnue blanche. Tige de 4-9 décim., dressée, ord. simple, effilée, donnant naissance latéralement aux rameaux de l'inflorescence, pubescente-hérissée surtout à la base, plus rarement glabre. Feuilles glabres ou pubescentes; les radicales oblongues-obovales, plus rarement oblongues-lancéolées, légèrement crénelées, atténuées en pétiole; les caulinaires linéaires-lancéolées, entières, sessiles. *Fleurs* disposées *en* une *panicule* terminale, racémiforme, très allongée, à rameaux dressés. *Calice* ord. glabre, *à divisions linéaires-subulées.* ②. Juin-août.

C C C. — Lisière des bois, bords des chemins, fossés, prairies et pâturages. — Cultivé comme alimentaire.

S.-v. *glabra.* — Plante entièrement glabre.

2. **C. persicæfolia** L. *Sp.* ed. 1, 164; *Fl. Dan.* VII, t. 1087; *Engl. bot.* t. 2773; Bull. *Herb.* t. 367; Sibth et Sm. *Fl. Græc.* t. 205; Bill. *Exsicc.* n. 1269. — *C. decurrens* L. *Sp.* ed. 2, 232 non ed. 1. — [C. A FEUILLES DE PÊCHER. — Vulg. *Cloches*].

Souche rameuse. Tiges de 4-8 décim., dressées, simples, glabres. Feuilles roides, glabres; les radicales oblongues-obovales, plus rarement oblongues-lancéolées, crénelées, atténuées en pétiole bordé par le limbe et souvent cilié-scabre; les caulinaires linéaires-lancéolées, sessiles. *Fleurs* très larges, solitaires sur leurs pédoncules, disposées *en* une *grappe* simple *pauciflore* terminale. *Calice* ord. glabre, *à divisions lancéolées.* ♃. Juin-août.

A.C. — Pelouses découvertes des bois, taillis, buissons. — Fréquemment cultivé comme plante d'ornement.

S.-v. *pumila.* — Plante naine. Tige uniflore.

On cultive quelquefois dans les parterres le *C. pyramidalis* L., originaire de l'Autriche méridionale, caractérisé par ses tiges élevées glabres très rameuses à rameaux dressés rapprochés de la tige, par ses feuilles dentées à dents aiguës, les inférieures longuement pétiolées ovales-oblongues cordées, les caulinaires sessiles lancéolées, par ses fleurs nombreuses pédicellées disposées en panicule racémiforme souvent longue de 1-2 mètres, par ses calices fructifères dressés, par la capsule subglobuleuse profondément sillonnée s'ouvrant par des trous situés vers la base du tube du calice.

§ 2. Calice fructifère à pédicelle arqué-réfléchi. Capsule s'ouvrant par des trous situés vers la base du tube du calice.

3. **C. rotundifolia** L. *Sp.* 232 ; *Fl. Dan.* VII, t. 1086 ; *Engl. bot.* t. 866. — [C. A FEUILLES RONDES].

Souche cespiteuse, rameuse. Tiges de 1-5 décim., grêles, ascendantes ou couchées-ascendantes, simples, plus rarement rameuses, glabres ou très finement pubescentes inférieurement. *Feuilles* glabres ou presque glabres ; les radicales et celles *des fascicules stériles orbiculaires-réniformes ou ovales-cordées*, crénelées ou lâchement dentées, pétiolées, *à pétiole filiforme ord. 4-5 fois plus long que le limbe* ; les caulinaires linéaires-lancéolées, sessiles. Fleurs disposées en panicule pauciflore ou multiflore, quelquefois en grappe par avortement. *Calice* glabre, *à divisions linéaires-subulées* environ deux fois plus courtes que la corolle. *Corolle glabre.* ♃. Juin-août.

*C C.* — Bords des chemins et des champs, pelouses, pâturages.

4. **C. rapunculoides** L. *Sp.* 234 ; *Fl. Dan.* VIII, t. 1327 ; *Engl. bot.* t. 1369 ; Rchb. *Crit.* VI, t. 507, f. 700. — *C. trachelioides* Rchb. *Crit.* VI, f. 701 non M.-Bieb. — *C. crenata* Link ; Rchb. *Crit.* VI, f. 702. — [C. FAUSSE-RAIPONCE].

*Souche* très rameuse, *longuement rampante*, donnant naissance au niveau de ses ramifications à de longs pivots charnus. Tiges de 6-9 décim., robustes, dressées, ord. simples, effilées, cylindriques ou à peine anguleuses, pubescentes-rudes. *Feuilles pubescentes-rudes*, ciliées-scabres ; les radicales et *celles des fascicules stériles ovales-lancéolées plus ou moins cordées*, dentées plus ou moins profondément à dents inégales, longuement pétiolées, à pétiole offrant quelquefois des lanières herbacées ; les caulinaires lancéolées ou ovales-lancéolées, brièvement pétiolées ou subsessiles. Fleurs ord. solitaires sur les pédoncules, disposées en une longue grappe spiciforme souvent presque unilatérale. *Calice pubescent-scabre, à divisions lancéolées-linéaires, réfractées après la floraison*, environ trois fois plus courtes que la corolle. Corolle à lobes lâchement poilus-ciliés. ♃. Juin-août.

*A.R.* — Jardins incultes, lieux cultivés, vignes, voisinage des habitations. — Romainville! ; Saint-Cloud! ; Versailles! surtout dans les champs du côté de Trianon (*de Boucheman*) ; jardins et rues à Saint-Germain et aux environs (*de Schœnefeld*). Plaine de Mondreville! près Château-Landon ; Malesherbes!. — Subspontané dans les plates-bandes du jardin du Muséum.

5. **C. Trachelium** L. *Sp.* 235 ; *Fl. Dan.* VI, t. 1026, et XIII, t. 2167 ; *Engl. bot.* t. 12 ; Bill. *Exsicc.* n. 2105. — [C. GANTELÉE. — Vulg. *Gantelée, Gants-de-Notre-Dame*].

*Souche cespiteuse*, épaisse, charnue ou presque ligneuse. Tiges de 6-12 décim., robustes, dressées, simples ou donnant latéralement naissance aux rameaux de l'inflorescence, anguleuses à angles saillants, hérissées de poils roides. *Feuilles* scabres, *velues-ciliées* ; les radicales ovales-aiguës ou triangulaires, plus ou moins cordées, ord. *profondément dentées à dents inégales*, longuement pétiolées, à pétiole offrant quelquefois des lanières herbacées ; les caulinaires ovales-lancéolées, pétiolées ou subsessiles. Fleurs 1-3 au sommet des pédoncules, disposées en panicule racémiforme ou en grappe. *Calice plus ou moins hérissé, à divisions lancéolées, dressées même après la flo-raison*, environ deux fois plus courtes que la corolle. Corolle à lobes inégalement hérissés-ciliés. ♃. Juin-août.

A.C. — Lieux couverts, endroits herbeux, lisières des bois, buissons.

S.-v. *urticæfolia*. — Pédoncules uniflores. Plante plus grêle.

### Sect. ii. — Fleurs sessiles, rapprochées en glomérules au moins les terminales.

6. **C. glomerata** L. *Sp.* 235; *Engl. bot.* t. 90; *Fl. Dan.* VIII, t. 1328; Rchb. *Crit.* VI, t. 553-554, f. 751-756; Bill. *Exsicc.* n. 1526 et *bis*. — [ C. AGGLOMÉRÉE ].

Souche courte, plus ou moins oblique. Tiges de 2-5 décim., dressées, simples, velues-hérissées ou pubescentes. *Feuilles* rudes, hérissées de poils courts, plus rarement pubescentes ou glabrescentes : les *radicales* et les inférieures ovales-oblongues ou lancéolées, cordées ou tronquées à la base, finement crénelées, *longuement pétiolées*; les caulinaires supérieures ovales-aiguës, sessiles. Fleurs terminales rapprochées en un glomérule pluriflore entouré de bractées; les latérales axillaires, géminées ou rapprochées en glomérules, quelquefois solitaires. *Calice* plus ou moins hérissé, *à divisions linéaires-aiguës*, le fructifère dressé. Capsule s'ouvrant par des trous situés vers sa base. ♃. Mai-septembre.

A.C. — Pâturages secs, lieux incultes herbeux, lisières des bois.

S.-v. *pumila*. — Plante naine. Glomérule terminal pauciflore. — Pelouses arides des coteaux calcaires.

7. **C. Cervicaria** L. *Sp.* 235; Gmel. *Sib.* III, 157, t. 31; *Fl. Dan.* V, t. 787; Rchb. *Crit.* VI, t. 572, f. 778. — *C. ligulata* Rchb. *Crit.* VI, f. 780-781 non Waldst. et Kit. — [ C. CERVICAIRE ].

Plante bisannuelle, à racine épaisse souvent divisée en plusieurs pivots. *Tiges* de 6-9 décim., robustes, dressées, simples, fortement *hispides* à poils roides. *Feuilles* velues hispides, très rudes; les radicales et les inférieures lancéolées *insensiblement atténuées en pétiole bordé jusqu'à sa base par le limbe*, légèrement crénelées ou dentées; les caulinaires supérieures lancéolées étroites, sessiles. Fleurs terminales rapprochées en un glomérule pluriflore entouré de bractées; les latérales également en glomérules pluriflores. *Calice* très hispide, *à divisions courtes ovales-obtuses*, le fructifère dressé. Capsule s'ouvrant par des trous situés vers sa base. ♃. Juin-août.

R. — Clairières des bois sablonneux. — Forêt de Senart ! (*Adr. de Jussieu*); forêt d'Armainvilliers (*Hennecart*); Livry près Melun (*Guillemin, Laugier*). Forêt de Sourdun près Provins (*Bouteiller*). Carrefour de la Gaudronnerie près Saint-Léger ! (*Adr. de Jussieu*); forêt de Rambouillet (*de Schœnefeld*).

On cultive très généralement, comme plante d'ornement, le *C. Medium* L. (vulg. *Violette-marine*), indigène dans l'Europe méridionale, et il se trouve quelquefois subspontané dans le voisinage des jardins. Cette espèce se reconnaît à sa tige dressée poilue, à ses feuilles sessiles oblongues-lancéolées ou lancéolées crénelées-dentées, à ses fleurs très amples disposées en une vaste panicule multiflore, à son calice offrant entre les divisions 5 appendices réfractés, à sa capsule à 5 loges et à son style terminé par 5 stigmates.

### 2. SPECULARIA Heist. *Syst. pl. gen.* 8. — [ SPÉCULAIRE ].

*Calice* étranglé au-dessus de la capsule, à 5 divisions rétrécies à la base. *Corolle rotacée,* 5-lobée. Étamines 5, libres, à filets dilatés en membrane à la base. Style terminé par 3 stigmates filiformes. *Capsule linéaire-oblongue,* prismatique, *à* 3 *loges s'ouvrant chacune* dans leur partie adhérente *par un trou dorsal* situé vers le sommet du tube du calice.

Plantes annuelles. Feuilles légèrement crénelées, ord. ondulées; les inférieures obovales, ord. atténuées en pétiole ; les caulinaires oblongues, sessiles. Fleurs violettes, plus rarement rougeâtres ou blanches, disposées en panicules terminales feuillées, les fleurs qui terminent la tige et les rameaux se développant les premières.

1. **S. Speculum** Alph. DC. *Camp.* 346 ; Bill. *Exsicc.* n. 1271. — *Campanula Speculum-Veneris* L. *Sp.* 238; *Bot. mag.* t. 102 ; Sibth. et Sm. *Fl. Græc.* t. 216. — *Prismatocarpus Speculum* L'Hérit. *Sert. Angl.* 2. — [ S. MIROIR. — Vulg. *Miroir-de-Vénus* ].

Tige de 1-4 décim., pubescente ou presque glabre, dressée, anguleuse, simple, donnant naissance dans sa partie supérieure aux rameaux de l'inflorescence, ou rameuse dès la base à rameaux égalant souvent la tige. Fleurs violettes, disposées en une panicule terminale à rameaux assez grêles souvent triflores plus ou moins divergents. *Calice* glabre ou pubescent, *à divisions* linéaires-subulées ou linéaires, étalées, *égalant environ la longueur du tube.* *Corolle assez grande, égalant la longueur des divisions du calice.* ①. Mai-août.

C. — Moissons, lieux cultivés, champs en friche, bords des chemins.

2. **S. hybrida** Alph. DC. *Camp.* 349 ; Bill. *Exsicc.* n. 1272 et *bis* et *ter.* — *Campanula hybrida* L. *Sp.* 239 ; *Engl. bot.* t. 375. — *Prismatocarpus hybridus* L'Hérit. *Sert. Angl.* 2. — [ S. HYBRIDE ].

Tige de 1-3 décim., hérissée de poils courts, plus rarement presque glabre, roide, dressée, anguleuse, rameuse supérieurement, ou rameuse dès la base. Fleurs à corolle d'un violet rougeâtre, rapprochées au sommet de la tige, ou disposées en un corymbe irrégulier terminal à rameaux roides souvent 1-2-flores dressés ou peu divergents. *Calice* pubescent-scabre, plus rarement glabre, *à divisions* oblongues ou oblongues-lancéolées, dressées, *plus courtes que la moitié de la longueur du tube. Corolle très petite,* souvent fermée et presque avortée, *longuement dépassée par les divisions du calice.* ①. Mai-juillet.

A.C. — Moissons maigres des champs sablonneux ou pierreux, champs arides en friche. — Autour de la Salpêtrière, Vaugirard, Boulogne (*Vaill.* Bot. Par.) ; Grenelle!; Montrouge!; Gentilly!; Vincennes!; Saint-Maur!; plaine du Vésinet (*de Schœnefeld*). Gassicourt près Mantes (*Beautemps-Beaupré*). Pont-Sainte-Maxence (*Questier*) ; Compiègne (*de Marcilly fils*) ; Chavres, Autheuil-en-Valois, Montigny-l'Allier (*Questier*). Malesherbes!, etc.

Nous avons fréquemment observé dans cette espèce la soudure d'une ou de deux feuilles florales avec le tube du calice sur lequel elles paraissaient alors s'insérer.

### 3. PHYTEUMA L. *Gen.* n. 220. — [ RAIPONCE ].

*Calice* à 5 divisions. *Corolle partagée presque jusqu'à la base en 5 divisions linéaires* élargies inférieurement, d'abord cohérentes par leur sommet dressées et rapprochées en tube arqué, plus tard libres et irrégulièrement étalées. Étamines 5, à filets élargis à la base, à *anthères libres.* Style terminé par 2-3 stigmates filiformes, roulés en dehors. Capsule courte, à 2-3 loges, s'ouvrant chacune dans leur partie adhérente par un trou dorsal.

Plantes vivaces. Feuilles radicales et inférieures ovales-cordées ou oblongues, crénelées, pétiolées ; les supérieures lancéolées ou linéaires, pétiolées ou sessiles. *Fleurs* bleues ou blanches, *sessiles,* disposées *en épi* multiflore *compacte, ou en capitule* multiflore terminal.

**1. P. spicatum** L. *Sp.* 242 ; *Fl. Dan.* VIII, t. 362 ; *Engl. bot.* t. 2598 ; *Bot. mag.* t. 2347 ; Bill. *Exsicc.* n. 587. — [ R. EN ÉPI ].

Souche charnue, pivotante. Tige ord. solitaire, de 3-7 décim., dressée, simple, glabre. Feuilles glabres ou à peine pubescentes ; les radicales et les inférieures ovales-aiguës ou ovales-lancéolées, cordées, crénelées ou doublement dentées, longuement pétiolées ; les supérieures lancéolées, brièvement pétiolées ou sessiles. Fleurs d'un blanc jaunâtre, très rarement bleues ; *épi terminal oblong,* s'allongeant beaucoup après l'épanouissement des fleurs, *muni de bractées linéaires-subulées.* ♃. Mai-juin.

*A.R.* — Lieux herbeux couverts, bois montueux. — Forêt de Montmorency !; Versailles !; Jouy !. Forêt de Senart !; bois de Barbeaux près le Châtelet (*M. Garnier*) ; côte de Champagne !. Rochefort (*de Schœnefeld*). Anet (*Dœnen*). Forêt de Vernon !. Senlis, bois de Rouville, forêt de Villers-Cotterets (*Questier*). Provins (*Bouteiller*), etc.

**2. P. orbiculare** L. *Sp.* 242 excl. var. β et γ ; Jacq. *Austr.* V, t. 437 ; *Engl. bot.* t. 142 ; Bill. *Exsicc.* n. 585. — [ R. ORBICULAIRE ].

Souche cespiteuse. Tiges de 2-6 décim., dressées, simples, glabres. Feuilles glabres ; les radicales oblongues ou oblongues-lancéolées, crénelées, tronquées ou atténuées à la base, pétiolées ; les caulinaires linéaires ou linéaires-lancéolées, sessiles. Fleurs bleues ; *capitule* terminal *globuleux,* devenant ovoïde à la maturité, *muni de bractées ovales-aiguës.* ♃. Juin-août.

*A.R.* — Pelouses arides des terrains sablonneux, pâturages des coteaux calcaires. — Morfontaine (*Morelle*). Pontoise (*de Boucheman*) ; Marines (*de Schœnefeld*) ; Magny (*Bouteille*) ; abondant à Mantes au coteau des Célestins !; Saint-Martin-la-Garenne (*Beautemps-Beaupré*) ; La Roche-Guyon !; Port-Villez !; Les Andelys !. Forêt de Fontainebleau ! (*Tourn.* Hist. pl. Par., *Vaill.* Bot. Par., *Thuill.* Fl. Par.); Moret (*E. Fournier*) ; bois des env. de Nemours ! (*Devilliers*) ; Malesherbes ! (*Bernard*). Dreux, Anet (*Dœnen*) ; Oulins (*Brou*). — *Graves* Cat. Oise : sables d'Ermenonville, d'Acy-en-Mulcien ; forêt de la Haute-Pommeraye près Creil ; Neuville-Bosc.

#### 4. JASIONE L. *Gen.* n. 1005. — [ JASIONE ].

Calice à 5 divisions. *Corolle partagée presque jusqu'à la base en 5 divisions linéaires,* d'abord dressées rapprochées cohérentes en tube, plus tard libres et irrégulièrement étalées. Étamines 5 ; filets libres, filiformes ; *anthères soudées à la base,* d'abord conniventes, puis divergentes en étoile après la fécondation. Style filiforme, terminé par 2 stigmates dressés courts souvent soudés presque jusqu'au sommet. *Capsule* subglobuleuse, à 5 angles, à 2 loges, *s'ouvrant au sommet* dans sa partie libre par des valves très courtes *en une large ouverture* située en dedans des lobes du calice.

Plante annuelle ou bisannuelle. Feuilles linéaires-lancéolées, ord. ondulées, entières ou irrégulièrement dentées, sessiles. *Fleurs* bleues, très rarement blanches, pédicellées, disposées *en ombelles globuleuses* multiflores terminant les tiges et les rameaux, l'ombelle terminale fleurissant avant les latérales.

1. **J. montana** L. *Sp.* 1317; *Fl. Dan.* II, t. 319; *Engl. bot.* t. 882; Bill. *Exsicc.* n. 50. — [J. DE MONTAGNE. — Vulg. *Herbe-bleue*].

Plante annuelle ou bisannuelle, à racine pivotante. Tiges solitaires ou nombreuses, de 2-6 décim., ord. hispides inférieurement, glabres dans leur partie supérieure, dressées ou ascendantes, simples, ou rameuses à rameaux florifères très allongés presque nus souvent étalés. Feuilles ord. hispides, linéaires-lancéolées, ord. ondulées. Fleurs bleues, très rarement blanches, pédicellées, disposées en ombelles globuleuses munies d'un involucre; folioles de l'involucre ovales-aiguës. ① ou ②. Juin-septembre.

C. — Lieux secs et sablonneux, champs maigres après la moisson.

5. **WAHLENBERGIA** Schrad. *Cat. hort. Gœtt.* [1814]. — [WAHLENBERGIE].

Calice à 5 divisions. *Corolle tubuleuse-campanulée*, 5-lobée. Étamines 5, libres, à filets un peu dilatés inférieurement; anthères libres. Style terminé par 3 stigmates filiformes. *Capsule* turbinée, à 3 loges, *s'ouvrant au sommet* dans sa partie libre, en dedans des lobes du calice, *en 3 valves* qui portent les cloisons à leur partie moyenne.

Plante vivace, à rhizome très grêle. Feuilles pétiolées, cordées à la base, lobées ou dentées-anguleuses. Fleurs bleues, celles qui terminent la tige et les rameaux se développant les premières, terminales et axillaires, solitaires, longuement pédicellées.

1. **W. hederacea** Rchb. *Crit.* V, t. 480, f. 673; Bill. *Exsicc.* n. 51. — *Campanula hederacea* L. *Sp.* 240; *Engl. bot.* t. 73; *Fl. Dan.* II, t. 330. — [W. A FEUILLES DE LIERRE].

Plante très grêle, glabre, d'un vert pâle. Tiges filiformes, étalées ou couchées-ascendantes, rameuses, de 1-3 décim. Feuilles minces, suborbiculaires cordées à la base; les radicales et les inférieures longuement pétiolées, lobées-anguleuses à 5-7 lobes; les supérieures dentées-anguleuses. Fleurs peu nombreuses, très longuement pédicellées, à pédicelles presque capillaires. Calice à divisions linéaires-subulées de la longueur du tube. Corolle petite, d'un bleu lilas. Graines jaunâtres, ponctuées. ♃. Juin-août.

R R. — Bords des allées ombragées des bois, pâturages humides. — Cette plante, indiquée à Verrières et à Saint-Léger (*Thuill.* Fl. Par.), qui n'avait pas été récemment observée aux environs de Paris, a été retrouvée à l'herborisation de M. Adr. de Jussieu, le 4 août 1849, dans la forêt de Rambouillet sur les bords de la route de l'étang d'Hollande à Gambaiseuil (*Decaisne*), puis dans la même forêt au Fond-du-Loup (*Thuret*). — Le *W. hederacea*, assez répandu dans le centre et l'ouest de la France, est beaucoup plus rare dans l'est.

# LXIV. LOBÉLIACÉES

(LOBELIACEÆ Juss. in *Ann. Mus.* XVIII, 1).

*Fleurs* hermaphrodites, *irrégulières*. — Calice à 5 sépales soudés en tube, à tube soudé avec l'ovaire, à partie libre 5-partite. — *Corolle* marcescente, insérée au sommet du tube du calice, gamopétale, tubuleuse, à tube fendu supérieurement suivant sa longueur, *à limbe 5-fide bilabié ou unilabié*, à préfloraison valvaire. — *Étamines* 5, alternant avec les lobes de la corolle, *à filets non soudés avec la corolle et s'insérant avec elle au sommet du tube du calice*. Filets et anthères soudés en un tube traversé par le style. Anthères bilobées, introrses. — *Ovaire* soudé avec le calice, *à 2-3 carpelles, à 2-3 loges multiovulées*. Ovules insérés à l'angle interne des loges, ascendants ou horizontaux, réfléchis. Styles soudés en un style filiforme; stigmates 2, plus rarement 3, libres au sommet ou soudés, entourés d'un anneau de poils collecteurs, exserts après la fécondation. — *Fruit* ord. *capsulaire*, couronné par les divisions persistantes du calice et ord. par la corolle marcescente, *à 2-3 loges polyspermes*, *s'ouvrant* (chez les espèces indigènes) *au sommet* dans sa partie libre par une déhiscence loculicide. — Graines ascendantes ou horizontales, très petites. Embryon droit, placé dans un *périsperme charnu*. Radicule dirigée vers le hile.

Plantes vivaces, herbacées, à suc ord. lactescent âcre. Feuilles éparses, entières, crénelées ou dentées; les inférieures ord. rétrécies en pétiole, les supérieures sessiles; stipules nulles. Fleurs axillaires, ord. disposées en grappes spiciformes terminales.

## 1. LOBELIA L. *Gen.* n. 1006. — [LOBÉLIE].

Calice à 5 divisions. Corolle tubuleuse, à tube fendu supérieurement, à limbe 5-fide bilabié, la lèvre supérieure bifide, l'inférieure 3-fide. Étamines soudées en un tube engaînant le style et faisant saillie par la fente de la corolle. Capsule 2-3-loculaire.

Fleurs bleues.

**1. L. urens** L. *Sp.* 1321; *Engl. bot.* t. 953; Bull. *Herb.* t. 9; Bill. *Exsicc.* n. 584. — [L. BRULANTE].

Souche courte, donnant naissance à un fascicule de fibres épaisses. Tiges de 2-7 décim., dressées ou ascendantes, effilées, anguleuses, simples, plus rarement rameuses dans leur partie supérieure, glabrescentes ou glabres. Feuilles glabres, crénelées, ou lâchement dentées à dents inégales; les radicales obovales-oblongues, rétrécies en pétiole, souvent réunies en rosette; les caulinaires oblongues ou lancéolées, ord. aiguës, sessiles. Fleurs d'un bleu clair, disposées en une longue grappe terminale, brièvement pédicellées, naissant à l'aisselle de bractées linéaires atteignant le sommet des divisions du calice. Calice à tube allongé, à divisions linéaires-acuminées plus courtes de moitié que le tube de la corolle, pubérulent ainsi que la corolle et les anthères, les deux anthères intérieures barbues au sommet. ♃. Juillet-août.

R R. — Bois et bruyères humides, prairies tourbeuses. — Bois du Butard et de la Celle (*Delavaux*) ; forêt de Marly (*de Schœnefeld*) ; bois des Gonards près Versailles (*de Boucheman, Adolphe Richard*). Abondant dans les bois et les prairies de Saint-Léger ! (*B. de Jussieu* in *Tourn.* Hist. pl. Par.) ; étangs de Saint-Hubert ! et du Serisaye !. — Montireau [Eure-et-Loir] (*Lepeletier de Saint-Fargeau*).

# LXV. CUCURBITACÉES
### (Cucurbitaceæ Juss. *Gen.* 393).

*Fleurs dioïques ou monoïques*, plus rarement polygames, régulières. — Calice à 5 sépales soudés avec le tube de la corolle dans une étendue variable, libres supérieurement dans une assez grande longueur ou seulement au sommet, à partie libre marcescente ou caduque. — Corolle à 5 pétales plus ou moins longuement soudés en une corolle gamopétale, à tube soudé avec l'ovaire dans les fleurs femelles ou hermaphrodites, à limbe marcescent-caduc campanulé ou rotacé 5-fide ou 5-partit, à préfloraison plissée-valvaire. — *Étamines 5*, insérées à la base du tube de la corolle, *ord. triadelphes* (quatre d'entre elles soudées deux à deux, la cinquième restant libre), plus rarement monadelphes, très rarement libres. Filets courts, épais, se continuant avec un connectif ord. épaissi et le plus souvent flexueux. *Anthères* extrorses, *unilobées*, *à lobe* linéaire ord. très allongé, *flexueux ou replié* plusieurs fois *sur lui-même*, soudé dans toute sa longueur avec le connectif, s'ouvrant longitudinalement. — *Ovaire* soudé avec le tube de la corolle et par son intermédiaire avec le calice, *à 3-5 carpelles*, *à 3-5 loges multiovulées ou pauciovulées ; les loges subdivisées chacune en deux loges secondaires par une fausse cloison* résultant de l'introflexion des côtés adossés du carpelle. *Ovules insérés sur les parois des loges*, horizontaux, réfléchis. Styles soudés en un style distinct ou presque nul ; stigmates 3-5, bilobés, épais. — *Fruit* ord. volumineux, *charnu ou succulent*, plus rarement petit bacciforme, offrant au sommet la cicatrice qui résulte de la destruction du limbe du calice et de la corolle, *à 3-5 loges* polyspermes plus rarement 2-spermes, souvent uniloculaire en apparence par la destruction des cloisons ou leur empâtement dans un tissu cellulaire abondant. — Graines horizontales, logées dans la pulpe du péricarpe ou du placenta, entourées d'une enveloppe aqueuse qui devient membraneuse par la dessiccation. *Périsperme nul*. Embryon droit. Radicule dirigée vers le hile.

Plantes annuelles ou vivaces, herbacées, ord. très succulentes, velues-hérissées, ord. scabres par le soulèvement de l'épiderme à la base des poils. Tiges sarmenteuses, étalées sur le sol ou grimpantes-accrochantes par des vrilles, quelquefois presque volubiles. *Feuilles* alternes, pétiolées, simples, palmatipartites ou plus ou moins profondément palmatilobées, dépourvues de stipules, *accompagnées d'une vrille latérale* simple ou rameuse. Fleurs axillaires, solitaires, en fascicules, ou en corymbes.

1. BRYONIA. — *Fleurs dioïques. Fruit* petit, bacciforme, *à 6 graines ou moins par avortement.*

† CUCUMIS. — *Fleurs monoïques* ou polygames. *Anthères mucronées* par le connectif, *à lobe recourbé en S. Fruit* succulent, à écorce plus ou moins épaisse, *à graines très nombreuses. Graines à bord mince.*

† CUCURBITA. — *Fleurs monoïques. Anthères mutiques, à lobe plusieurs fois replié. Fruit* charnu, à écorce épaisse, *à graines très nombreuses. Graines à bord épaissi.*

## 1. BRYONIA L. *Gen.* n. 1098. — [BRYONE].

*Fleurs dioïques* (dans notre espèce). — Fleur mâle : Calice campanulé, 5-fide. Corolle 5-partite. Étamines 5, triadelphes, à lobe recourbé en S. Ovaire réduit à une glande trilobée. — Fleur femelle : Calice à tube subglobuleux rétréci au-dessus de l'ovaire en un col étroit, à limbe campanulé 5-fide. Corolle 5-fide. Ovaire à 3 loges ord. biovulées ; stigmates 3, subbifides. *Fruit* bacciforme, globuleux, *à 6 graines ou moins* par avortement. Graines obovales-subglobuleuses, légèrement comprimées, étroitement bordées.

Plante vivace. Racine pivotante, charnue, très épaisse, contenant un suc âcre vénéneux. Tiges grimpantes, accrochantes par leurs vrilles, quelquefois irrégulièrement volubiles. Feuilles cordées, palmatilobées ou palmatipartites, à 3-7 lobes. Vrilles simples. Fleurs assez petites, d'un blanc verdâtre, en corymbes axillaires pauciflores pédonculés, plus rarement solitaires.

1. **B. dioica** Jacq. *Austr.* II, t. 199 ; *Engl. bot.* t. 439. — [B. DIOÏQUE. — Vulg. *Bryone, Couleuvrée, Navet-du-diable, Rave-de-serpent*].

Racine cylindrique, très épaisse, charnue-farineuse, souvent rameuse, à saveur âcre désagréable. Tiges assez grêles, sarmenteuses, ord. très longues, anguleuses, rudes plus ou moins velues. Feuilles pétiolées, rudes, hérissées de poils courts, à lobes anguleux-sinués, le terminal plus grand et plus aigu. Fleurs dioïques, à lobes du calice triangulaires longuement dépassés par la corolle ; les mâles plus grandes que les femelles, en corymbes longuement pédonculés ; les femelles en corymbes moins longuement pédonculés ou subsessiles, quelquefois solitaires. Fruit rouge à la maturité, à suc visqueux. Graines grisâtres, marbrées de noir. ♃. Juin-juillet.

*C C.* — Haies, buissons, voisinage des habitations.

## † CUCUMIS L. *Gen.* n. 1092. — [CONCOMBRE].

*Fleurs monoïques* ou polygames. Calice 5-fide. Corolle 5-partite. — Fl. mâle : Étamines 5, triadelphes ; *anthères mucronées* par le connectif, *à lobe recourbé en S.* — Fl. femelle : Ovaire à 3 loges multiovulées ; stigmates 3, bifides. *Fruit* succulent, à écorce plus ou moins épaisse, *à graines très nombreuses. Graines* obovales, comprimées, *à bord mince.*

Plantes annuelles. Tiges étalées sur le sol, accrochantes par leurs vrilles. Feuilles cordées, plus ou moins profondément 5-7-lobées. Fleurs jaunes, pédicellées, axillaires, les mâles souvent fasciculées, les femelles solitaires.

† **C. sativus** L. *Sp.* 1437. — Blackw. *Herb.* t. 4. — [C. CULTIVÉ. — Vulg. *Cornichon, Concombre*].

Tiges ord. très longues, assez grêles, chargées, ainsi que les pétioles, de soies piquantes. *Feuilles* lobées, *à lobes* anguleux, *presque aigus*, sinués, inégalement denticulés, *le terminal plus grand*. Fleurs de grandeur moyenne. *Fruit* très gros, *oblong allongé*, ord. légèrement arqué, subtriquètre, lisse ou presque lisse, ord. luisant, présentant des tubercules espacés peu saillants, à loges complètes même à la maturité : *à pulpe* blanche aqueuse, *d'une saveur fade*. ①. *Fl.* mai-juillet. *Fr.* août-septembre.

Cultivé dans les jardins potagers. — Cette espèce varie à fruit plus ou moins gros, blanc ou d'un jaune plus ou moins foncé.

† **C. Melo** L. *Sp.* 1436; Jacq. *Monogr.* t. 1-39. — Blackw. *Herb.* t. 329. — [C. MELON. — Vulg. *Melon*].

Tiges ord. très longues, assez grêles, hérissées de poils roides. *Feuilles* obscurément lobées, *à lobes obtus arrondis*, sinués, inégalement denticulés, *presque égaux*. Fleurs de grandeur moyenne. *Fruit* très gros, verdâtre ou jaunâtre, *globuleux-déprimé ou globuleux-oblong*, à 9-12 côtes plus ou moins saillantes, réticulé ou verruqueux, rarement lisse ou presque lisse, à loges ord. confluentes au centre du fruit par la déchirure irrégulière des cloisons ; *à pulpe* très succulente, jaune ou jaunâtre, rarement verdâtre ou blanche, *d'une saveur sucrée* et parfumée. ①. *Fl.* mai-juillet. *Fr.* juillet-septembre.

Cultivé dans les jardins potagers. — Cette espèce varie : à fruit réticulé grisâtre, ord. oblong-subglobuleux, ord. à côtes peu saillantes (vulg. *Melon-brodé, M.-maraîcher*) ; à fruit verruqueux, ord. globuleux déprimé, ord. à côtes très épaisses (vulg. *Cantaloup*) ; plus rarement à fruit à écorce lisse ord. mince, à pulpe colorée (vulg. *Melon-de-Malte*), ou à pulpe blanche ou verdâtre (vulg. *Melon-blanc-de-Malte, M.-d'eau*).

### † CUCURBITA L. *Gen.* n. 1091. — [COURGE].

*Fleurs monoïques.* Calice 5-fide. Corolle 5-fide. — Fl. mâle : Étamines 5, triadelphes ; *anthères mutiques, à lobe plusieurs fois replié.* — Fl. femelle : Ovaire à 3-5 loges multiovulées ; stigmates 3, bifides. *Fruit* charnu, à écorce épaisse, *à graines très nombreuses. Graines* obovales comprimées, *à bord épaissi.*

Plantes annuelles. Tiges étalées sur le sol ou grimpantes, accrochantes par leurs vrilles. Feuilles cordées, indivises-sinuées ou 5-7-lobées. Fleurs jaunes, pédicellées, axillaires, solitaires.

† **C. maxima** Duch. in Lmk *Encycl. méth.* II, 151 ; Naudin in *Ann. sc. nat.* sér. 4, VI, 17, t. 1. — *C. Pepo* var. α. L. *Sp.* 1435. — *C. Melopepo* Seringe in DC. *Prodr.* III, 317 ex parte non *C. Melopepo* Rœm. — (Descr. et syn. e cl. Naudin). — [C. POTIRON. — Vulg. *Potiron*].

Tiges presque toujours longues et traînantes, quelquefois courtes mais jamais dressées, cylindriques ou très obscurément anguleuses, épaisses, hérissées de poils roides. *Feuilles* amples, réniformes, 5-lobées ; *à lobes* arrondis, *séparés par des sinus peu profonds* ; pétioles à poils égaux rudes mais non piquants. Fleurs à corolle très grande, à lobes étalés-réfléchis, généralement d'un jaune vif ; *pédoncules* florifères cylindriques, les *fructifères* épais-subéreux striés mais *non sillonnés*. *Fruit* atteignant souvent de grandes proportions, ord. globuleux-déprimé, rarement oblong ou ovoïde, *à carpelles faisant souvent saillie au-dessus de la* large *cicatrice laissée par le limbe* détruit *du calice*, à loges ord. confluentes par la déchirure irrégulière des cloisons, *à pulpe à peine filandreuse, à placentas s'affaissant peu* à la maturité. ①. *Fl.* juin-août. *Fr.* septembre-novembre.

Cultivé dans les jardins potagers et en plein champ.—Les variétés du *C. maxima*, chez le fruit desquelles les carpelles font saillie au-dessus de la cicatrice accrue laissée par le limbe du calice, sont désignées vulgairement sous le nom de *Turban*.

† **C. Pepo** Seringe in DC. *Prodr.* III, 316; Naudin, loc. cit. 29, t. 2, A.— *C. Melopepo* Rœm. *Syn. monogr.* fasc. II, 83 non Seringe.— (Descr. et syn. e cl. Naudin). — [C. CITROUILLE. — Vulg. *Pépon, Citrouille, Giraumon* ].

Tiges tantôt longues et traînantes, tantôt courtes et plus ou moins dressées ne s'inclinant que sous le poids des fruits, généralement polyédriques à 5 angles obtus et souvent sillonnées longitudinalement, épaisses, hérissées de poils roides. *Feuilles* amples, 5-lobées; *à lobes* ord. presque aigus, souvent lobulés, *séparés par des sinus* ord. *profonds* aigus ou arrondis; pétioles à poils roides presque piquants. *Fleurs* à corolle très grande à lobes étalés ou quelquefois dressés, généralement d'un jaune orangé; *pédoncules* florifères obtusément pentagones, les *fructifères* indurés ord. presque ligneux *anguleux-sillonnés. Fruit* de forme et de volume très variables, souvent obovoïde, avec ou sans côtes longitudinales, lisse ou verruqueux, *à carpelles ne faisant jamais saillie au-dessus de la gorge du calice*, à loges ord. confluentes par la déchirure irrégulière des cloisons, *à pulpe filandreuse, à placentas s'affaissant* à la maturité. ⚥. *Fl.* juin-août. *Fr.* septembre-octobre.

Cultivé dans les jardins potagers et en plein champ.

Sous le nom de *Bonnet-d'électeur*, de *Pâtisson* ou *d'Artichaut-d'Espagne*, on cultive une variété remarquable de cette espèce caractérisée par le fruit petit ou de grosseur moyenne présentant des lobes saillants placés tantôt près de la base, tantôt au milieu ou près du sommet. — On cultive également dans quelques jardins d'autres variétés telles que l'*Orangin* ou *Courge-orangine* (*C. aurantia* Willd.), la *Coloquinelle-oviforme* (*C. ovifera* L.) et la *Grande-Citrouille-verruqueuse* (*C. verrucosa* L.), dont les fruits énormes, généralement obovoïdes et atteignant jusqu'à 70 centim. de longueur, sont d'un vert plus ou moins foncé dans la jeunesse, souvent bariolés de bandes plus claires et se couvrent çà et là de grosses verrues.

Le genre *Lagenaria* est caractérisé surtout par la corolle blanche presque dialypétale, par le fruit à écorce devenant ligneuse à la maturité et par les graines à bord épaissi émarginé-subbilobé au sommet. — Le *L. vulgaris* Seringe (*Cucurbita Lagenaria* L. — Vulg. *Gourde, Calebasse*) varie dans les jardins à fruit étranglé à sa partie moyenne (vulg. *Gourde-de-pèlerin*) ou très allongé en forme de massue (vulg. *Gourde-massue, G.-trompette*).

---

# LXVI. CAPRIFOLIACÉES
(CAPRIFOLIACEÆ A. Rich. in *Dict. class.* III, 172).

Fleurs hermaphrodites, très rarement stériles par avortement, presque régulières ou irrégulières. — Calice à 5 rarement 4 sépales soudés en tube, à tube soudé avec l'ovaire, à partie libre ord. courte persistante ou marcescente. — Corolle insérée au sommet du tube du calice, gamopétale, 5-fide, rarement 4-fide, tubuleuse-bilabiée, campanulée ou rotacée, caduque, à préfloraison imbriquée. — *Étamines 5, rarement 4*, alternant avec les lobes de la corolle, insérées sur le tube de la corolle, libres. Anthères bilobées, quelquefois bipartites chacun des lobes étant porté sur l'une des branches du filet lui-même bipartit.— *Ovaire soudé avec le calice*, à *3-5 carpelles*, à *3-5 loges* uniovulées, plus rarement pluriovulées. Ovules suspendus, réfléchis, insérés à l'angle interne des loges. Stigmates 3-5 sessiles; ou 3-5 styles libres entre eux ou soudés en un style indivis à stigmate 3-lobé. — *Fruit bacciforme ou drupacé*, couronné par le limbe persistant du calice ou par la cicatrice qui résulte de sa destruction, *à 3-5 loges monospermes ou oligospermes*, ou uniloculaire par la destruction des cloisons. — Graines suspendues, ord. comprimées, à raphé dorsal ou ventral. Embryon souvent très petit, placé dans un *périsperme charnu ou corné*. Radicule dirigée vers le hile.

Arbrisseaux plus ou moins élevés, quelquefois sarmenteux-volubiles; plus rarement plantes herbacées. *Feuilles opposées*, entières, dentées, plus ou moins profondément lobées ou pinnatiséquées, pétiolées, plus rarement sessiles quelquefois connées, munies ou non de stipules. Fleurs disposées en corymbes rameux, en têtes ou en faux-verticilles, plus rarement géminées au sommet de pédoncules axillaires.

TRIBU I. SAMBUCINEÆ. — *Corolle rotacée*, plus rarement campanulée-rotacée. Ovaire à loges uniovulées. *Stigmates 3-5 sessiles, ou 4-5 styles libres entre eux.*

  1. ADOXA. — *Étamines à filets bipartits* portant sur chaque division l'un des lobes de l'anthère. *Styles 4-5*, libres entre eux. Fruit à 4-5 loges monospermes ou moins par avortement, présentant au-dessous du sommet 3 plus rarement 2 appendices triangulaires. Plante herbacée. Feuilles triséquées ou tripartites. Fleurs d'un vert jaunâtre, disposées 4-6 en tête globuleuse.

  2. SAMBUCUS. — Étamines à filets indivis. *Stigmates 3-5 sessiles. Fruit à 5-5 graines.* Plantes herbacées robustes, arbrisseaux ou arbres. Feuilles pinnatiséquées. Fleurs blanches, quelquefois rougeâtres en dehors, disposées en corymbes rameux ou en panicules.

  3. VIBURNUM. — Étamines à filets indivis. *Stigmates 5, sessiles. Fruit monosperme par avortement.* Arbrisseaux. Feuilles dentées ou lobées-dentées. Fleurs blanches, en corymbes rameux.

TRIBU II. CAPRIFOLIEÆ. — *Corolle tubuleuse-infundibuliforme ou campanulée*, à limbe bilabié ou 5-fide. Ovaire à loges pluriovulées. *Style indivis.*

  4. LONICERA. — Arbrisseaux dressés ou sarmenteux-volubiles. Feuilles ord. entières, les supérieures quelquefois connées. Fleurs blanchâtres ou jaunâtres, striées de rouge, disposées en têtes terminales ou en faux-verticilles, quelquefois géminées à l'extrémité de pédoncules axillaires.


**TRIBU I. SAMBUCINEÆ.** — Corolle rotacée, plus rarement campanulée-rotacée. Ovaire à loges uniovulées. Stigmates 3-5 sessiles, ou 4-5 styles libres entre eux.


**1. ADOXA** L. *Gen.* n. 501. — [ADOXE].

Calice charnu, à partie libre 2-3-lobée, étalée, accrescente. Corolle rotacée, à limbe plan 4-5-partit. *Étamines 4-5, à filets bipartits* portant sur chaque

division l'un des lobes de l'anthère. *Styles 4-5, libres entre eux, persistants.*
Fruit bacciforme-succulent, à 4-5 loges monospermes ou moins par avortement, présentant au-dessous du sommet 3 plus rarement 2 appendices triangulaires (lobes accrus du calice), libre au sommet dans toute sa largeur.
Graines comprimées, entourées d'un rebord mince.

Plante vivace, herbacée, grêle, succulente ; à souche blanche, horizontale, donnant naissance à des renflements écailleux qui émettent les tiges florifères et de
longs rhizomes filiformes qui offrent un ou plusieurs renflements rudimentaires.
Feuilles radicales longuement pétiolées, à 3 segments pétiolulés triséqués à lobes
ord. incisés ; les caulinaires 2, opposées, situées vers la partie supérieure de la
tige, brièvement pétiolées, à pétiole élargi à la base, tripartites ou triséquées.
Fleurs d'un vert jaunâtre, disposées 4-6 en une tête globuleuse qui termine la
tige.

1. **A. Moschatellina** L. *Sp.* 527 ; *Fl. Dan.* I, t. 94 ; *Engl. bot.* t. 453 ; Rchb. *Ic.*
XVII, t. 1172, f. 1-2 ; Bill. *Exsicc.* n. 135. — [A. MUSCATELLINE.—Vulg.
*Muscatelline*].

Tige de 10-15 centim., dressée, simple, glabre, ne portant qu'une seule
paire de feuilles, contournée en spirale à la maturité dans la partie supérieure
à l'insertion de la paire de feuilles. Feuilles glabres luisantes, glaucescentes
en dessous, à lobes obtus. Fleurs d'un vert jaunâtre, à odeur légèrement
musquée, ord. pentamères la terminale tétramère. Corolle dépassant longuement le calice. Fruit surmonté par les styles persistants, verdâtre, diaphane,
subglobuleux, subtrigone dans sa partie inférieure, présentant vers son tiers
supérieur 3 plus rarement 2 appendices triangulaires charnus étalés horizontalement. ♃. Mars-avril.

*C.* — Lieux frais des bois, buissons, taillis.


## 2. SAMBUCUS L. *Gen.* n. 372. — [SUREAU].

Calice à partie libre 5-lobée, à lobes très petits. Corolle rotacée, à limbe
étalé, 5-fide. Étamines 5, à filets indivis. *Stigmates 3-5, sessiles. Fruit*
bacciforme, coloré, succulent, *à 3-5 graines*, à 3-5 loges, ou uniloculaire
par la destruction des cloisons.

Plantes vivaces herbacées robustes, arbrisseaux ou arbres. Feuilles opposées,
pétiolées, pinnatiséquées, à segments dentés plus rarement pinnatiséqués, pourvues
ou non de stipules. Fleurs blanches, quelquefois rougeâtres en dehors, disposées
en corymbes rameux ou en panicules.

1. **S. Ebulus** L. *Sp.* 385 ; *Fl. Dan.* VII, t. 1156 ; *Engl. bot.* t. 475 ; Rchb. *Ic.*
XII, t. 729, f. 1434 ; Bill. *Exsicc.* n. 136. — [S. HIÈBLE. — Vulg. *Hièble,*
*Yèble*].

*Tiges herbacées*, de 8-15 décim., dressées, robustes, cannelées, glabres.
Feuilles glabres, composées de 5-11 segments très brièvement pétiolulés,
oblongs-lancéolés, finement dentés ; *stipules* inégales, *foliacées*, ovales-
aiguës, finement dentées. Corymbe plan, à rameaux plus ou moins irrégulièrement disposés. Fleurs blanches, quelquefois rougeâtres en dehors, à odeur
d'amande amère. Fruits noirs, luisants. ♃. *Fl.* juin-août. *Fr.* septembre-
octobre.

*C.* — Bords des fossés, lieux incultes surtout des terrains argileux.

**2. S. nigra** L. *Sp.* 386; *Fl. Dan.* IV, t. 545; *Engl. bot.* t. 476; Rchb. *Ic.* XII, t. 730, f. 1435; Bill. *Exsicc.* n. 137. — [S. NOIR.—Vulg. *Sureau, Séure, Suin, Sulion, Seuillet, Hautbois*].

*Arbrisseau* élevé *ou arbre*; rameaux à moelle blanche très abondante, à écorce grisâtre plus ou moins verruqueuse. Feuilles glabres, composées de 3-7 segments pétiolulés ovales-aigus ou acuminés, dentés; *stipules nulles ou très petites. Corymbe plan*, à rameaux souvent disposés par 5. *Fleurs blanches* ou d'un blanc jaunâtre, à odeur pénétrante. *Fruits noirs*, luisants. ♄. *Fl.* juin-juillet. *Fr.* septembre-octobre.

C. — Haies, bois, taillis, souvent planté dans les parcs.

Var. β. *laciniata* (Rchb., loc. cit., f. 1436. — *S. laciniata* Mill.). — Feuilles à segments pinnatiséqués à lobes incisés ou dentés. — Cultivé dans les parcs et quelquefois planté dans les haies.

† **S. racemosa** L. *Sp.* 386; Jacq. *Ic. rar.* t. 59; Rchb. *Ic.* XII, t. 731, f. 1437; Bill. *Exsicc.* n. 1214. — [S. A GRAPPES].

*Arbrisseau* plus ou moins élevé; rameaux à moelle jaunâtre très abondante, à écorce grisâtre plus ou moins verruqueuse. Feuilles glabres, composées de 3-7 segments pétiolulés, ovales-lancéolés acuminés, finement dentés; *stipules nulles ou très petites.* Jeunes rameaux souvent munis à leur base des écailles persistantes du bourgeon. *Fleurs d'un blanc verdâtre*, disposées *en panicule ovoïde compacte, Fruits d'un rouge écarlate.* ♄. *Fl.* avril-mai. *Fr.* juillet-août.

Cet arbrisseau, assez généralement répandu en France dans la région montagneuse moyenne, est fréquemment planté dans les parcs et quelquefois dans les bois. — *Subspontané :* Bois de Meudon!. Parc d'Halincourt (*Frion*). Haies à Ivors (*Questier*). — *Graves* Cat. Oise : bois d'Anel près Compiègne; pointe du Ganelon; forêt de Bouvresse.

### 3. VIBURNUM L. *Gen.* n. 370. — [VIORNE].

Calice à partie libre 5-lobée, à lobes très petits. Corolle rotacée ou campanulée-rotacée, à limbe 5-partit. Étamines 5. *Stigmates 3, sessiles. Fruit* bacciforme, coloré, uniloculaire et *monosperme* par avortement.

Arbrisseaux plus ou moins élevés. Feuilles opposées, pétiolées, dentées ou lobées-dentées, pourvues ou non de stipules. Fleurs blanches, disposées en corymbes rameux.

**1. V. Lantana** L. *Sp.* 384; Jacq. *Austr.* IV, t. 341; *Engl. bot.* t. 331; Rchb. *Ic.* XVII, t. 1171, f. 1-2; Bill. *Exsicc.* n. 246. — [V. LANTANE. — Vulg. *Viorne, V.-commune, Mentiane, Barbaris, Mansèvre*].

Arbrisseau à rameaux flexibles à écorce grisâtre, couverts au sommet d'une pubescence étoilée pulvérulente. *Feuilles tomenteuses en dessous* à pubescence étoilée, *ovales ou oblongues*, aiguës ou obtuses, *dentées* à dents acuminées, à nervures saillantes; stipules nulles. Fleurs toutes fertiles, à corolle rotacée, disposées en corymbe plan. Fruits comprimés, rouges avant la maturité, puis noirs, d'une saveur sucrée un peu amère. ♄. *Fl.* mai. *Fr.* août-octobre.

C. — Haies, taillis, bois montueux.

**2. V. Opulus** L. *Sp.* 384; *Fl. Dan.* IV, t. 661; *Engl. bot.* t. 332; Rchb. *Ic.* XVII, t. 1171, f. 3-4; Bill. *Exsicc.* n. 1215. — [V. OBIER. — Vulg. *Obier, Aubier*].

Arbrisseau souvent élevé, à rameaux cassants, glabres, à écorce d'un gris cendré. *Feuilles* glabres ou presque glabres en dessus, à face inférieure d'un vert blanchâtre plus ou moins pubescente à poils espacés ou fasciculés, ord. *à 5 lobes profonds* sinués ou lâchement dentés à dents inégales ; pétiole portant surtout dans sa moitié supérieure des glandes cupuliformes plus ou moins stipitées ; stipules linéaires ou incisées. Fleurs disposées en corymbe plan, les centrales fertiles à corolle campanulée-rotacée, celles de la circonférence stériles rayonnantes à corolle rotacée plus ample. Fruits globuleux, succulents, d'un rouge vif, d'une saveur nauséeuse. ♄. *Fl.* mai-juin. *Fr.* septembre-octobre.

*C.* — Haies, taillis, endroits humides des bois.

Var. β. *sterilis* (vulg. *Boule-de-neige*). — Fleurs toutes stériles à corolle rotacée, disposées en corymbe serré globuleux. Feuilles souvent entièrement glabres. — Fréquemment planté dans les jardins et les parcs.


**TRIBU II. CAPRIFOLIEÆ.** — Corolle tubuleuse-infundibuliforme ou campanulée, à limbe bilabié ou 5-fide. Ovaire à loges pluriovulées. Style indivis.


**4. LONICERA** L. *Gen.* n. 233 ex parte. — [CHÈVREFEUILLE].

Calice à partie libre 5-lobée, à lobes très petits. *Corolle tubuleuse-infundibuliforme ou irrégulièrement campanulée, à limbe divisé en deux lèvres,* la supérieure 4-lobée, l'inférieure entière. Étamines 5. *Style filiforme,* à stigmate capité ou obscurément 3-lobé. Fruit bacciforme, coloré, succulent, à 3 loges 2-4-spermes, ou uniloculaire par la destruction des cloisons.

Arbrisseaux dressés ou sarmenteux-volubiles. Feuilles entières, opposées, brièvement pétiolées ou sessiles, les supérieures quelquefois connées ; stipules nulles. Fleurs blanchâtres ou jaunâtres, striées de rouge, disposées en têtes terminales et en faux-verticilles, quelquefois géminées à l'extrémité de pédoncules axillaires.


Sect. 1. XYLOSTEUM.—Fleurs géminées à l'extrémité de pédoncules axillaires. Arbrisseaux dressés.


1. **L. Xylosteum** L. *Sp.* 248 ; *Fl. Dan.* V, t. 808 ; *Engl. bot.* t. 916 ; Rchb. *Ic.* XVII, t. 1174, f. 1-2 ; Bill. *Exsicc.* n. 789. — [C. DES BUISSONS. — Vulg. *Camérisier, Chamérisier-des-haies*].

Arbrisseau à tiges dressées non volubiles, à écorce d'un gris cendré, à jeunes rameaux pubescents. Feuilles mollement pubescentes surtout en dessous, à face inférieure d'un vert blanchâtre, brièvement pétiolées, ovales-aiguës ou oblongues. *Pédoncules axillaires* de la longueur des fleurs, *portant deux fleurs* sessiles. Fleurs glanduleuses, d'un blanc rosé mêlé de jaune. *Corolle à tube très court* irrégulièrement campanulé *gibbeux latéralement.* Fruits d'un beau rouge, géminés, un peu soudés à la base, ombiliqués au sommet. ♄. *Fl.* mai-juin. *Fr.* juillet-septembre.

*C.* — Haies, taillis, clairières des bois. — Fréquemment planté dans les parcs et les bosquets.

On cultive fréquemment dans les parcs le *L. Tatarica* L. (*Bot. reg.* t. 31), originaire de la Tartarie. Cet arbrisseau se reconnaît à ses jeunes rameaux glabres ainsi que les feuilles et à ses feuilles ovales-cordées.

Sect. II. CAPRIFOLIUM. — Fleurs disposées en têtes terminales et en faux-verticilles. Arbrisseaux volubiles.

2. **L. Periclymenum** L. *Sp*. 247; *Fl. Dan*. VI, t. 908 ; *Engl. bot*. t. 800 ; Rchb. *Ic*. XVII, t. 1172, f. 3-4 ; Bill. *Exsicc*. n. 2075. — [C. DES BOIS. —Vulg. *Chèvrefeuille-sauvage, Brout-biquette*].

Arbrisseau à tige sarmenteuse volubile, de longueur très variable, à écorce grisâtre, à jeunes rameaux pubescents au sommet. *Feuilles* glabres ou légèrement pubescentes, à face inférieure d'un vert blanchâtre, oblongues ou ovales-aiguës, brièvement pétiolées, entières, plus rarement celles des jeunes pousses sinuées ou presque pinnatifides ; les *florales* sessiles, *libres*. Fleurs pubescentes-glanduleuses, à odeur suave, d'un blanc jaunâtre, striées de rouge en dehors, sessiles, disposées en têtes multiflores terminales et en faux-verticilles. Corolle longuement tubuleuse élargie supérieurement, arquée avant l'épanouissement, à tube cylindrique non gibbeux. Fruits rouges, couronnés par le limbe du calice. ♃. *Fl*. juin-septembre. *Fr*. août-octobre.

C. — Haies, taillis, clairières des bois.

† **L. Caprifolium** L. *Sp*. 246; Jacq. *Austr*. IV, t. 352; *Engl. bot*. t. 799; Rchb. *Ic*. XVII, t. 1173, f. 1-2 ; Bill. *Exsicc*. n. 247. — [C. DES JARDINS. — Vulg. *Chèvrefeuille*].

Arbrisseau à tige sarmenteuse volubile, de longueur très variable, à écorce grisâtre, à jeunes rameaux glabres souvent rougeâtres glaucescents. *Feuilles* glabres, coriaces, à face inférieure d'un vert glauque, oblongues, suborbiculaires ou ovales, pétiolées, les supérieures plus ou moins largement connées ; les *florales soudées en plateau perfolié. Fleurs* à odeur suave, d'un blanc jaunâtre, striées ou lavées de rouge en dehors, passant au jaune, sessiles, *disposées en tête terminale sessile* au centre du plateau formé par les feuilles florales. Corolle légèrement poilue, longuement tubuleuse élargie supérieurement, arquée avant l'épanouissement, à tube cylindrique non gibbeux. Fruits rouges, couronnés par le limbe du calice. ♃. *Fl*. mai-juillet. *Fr*. juillet-septembre.

Cet arbrisseau, originaire de l'Europe méridionale, est très fréquemment planté dans les parterres et les parcs. — Quelquefois naturalisé dans les haies ou les bois : bois des env. de Provins (*Des Étangs*).

On cultive aussi le *L. Etrusca* Santi (Rchb. *Ic*. XVII, t. 1172, f. 5 ; Bill. *Exsicc*. n. 248 et *bis*), indigène dans le midi de la France ; cette espèce, voisine du *L. Caprifolium*, en diffère par ses têtes de fleurs pédonculées, par ses feuilles et ses rameaux plus ou moins pubescents. Cet arbrisseau se naturalise quelquefois dans les bosquets et les parcs où il a été cultivé ; nous l'avons vu dans ces conditions au parc de Malesherbes !.

On plante souvent dans les parcs et dans les jardins le *Symphoricarpos racemosa* Mich., originaire de l'Amérique du Nord, dont les fruits d'un beau blanc, du volume d'une petite cerise, persistent jusqu'à l'hiver.

# LXVII. RUBIACÉES

(RUBIACEÆ Juss. *Gen.* 196 ex parte. — STELLATÆ L. *Ord. nat.* et auct.).

Fleurs hermaphrodites, rarement unisexuelles par avortement, régulières. — Calice ord. à 4-6 sépales soudés en tube, à tube soudé avec l'ovaire, à partie libre ord. courte ou presque nulle. — Corolle gamopétale, insérée au sommet du tube du calice, 4-5-fide, plus rarement 3-fide par soudure ou par avortement, rotacée, infundibuliforme ou presque campanulée, caduque, à préfloraison valvaire. — *Étamines 4-5*, insérées sur le tube de la corolle et alternant avec ses lobes, libres. Anthères libres, bilobées, introrses. — *Ovaire soudé avec le calice, à 2 carpelles* ou à un seul carpelle par avortement, à 2 loges ou à une seule loge par avortement, à loges uniovulées. Ovule ord. dressé, réfléchi ou plié. Styles 2, soudés presque jusqu'au sommet ou presque entièrement libres ; stigmates terminaux. — *Fruit* sec, plus rarement charnu, n'offrant aucun vestige du limbe du calice, plus rarement couronné par le limbe accru du calice, didyme *composé de deux carpelles* subglobuleux *monospermes indéhiscents qui se séparent* ord. *à la maturité*, plus rarement réduit à un seul carpelle par avortement. — Graine ord. dressée. Embryon droit ou courbé, placé dans un *périsperme corné*. Radicule dirigée vers le hile ou rapprochée du hile.

Plantes annuelles ou vivaces, herbacées. Tiges annuelles, très rarement persistantes, ord. tétragones à angles souvent denticulés-accrochants, souvent fragiles au niveau des articulations. *Feuilles* sessiles, *verticillées* par 4-10 (1), quelquefois ternées ou opposées au sommet des tiges, indivises, à bords ord. denticulés-scabres souvent roulés en dessous ; stipules nulles. Fleurs ord. en cymes trichotomes ou dichotomes latérales ou terminales, disposées en panicules ou en corymbes feuillés, plus rarement rapprochées en glomérules terminaux entourés d'involucres.

1. SHERARDIA. — Calice à 6 dents profondes. *Fruit couronné par les dents du calice.* Fleurs en glomérules entourés d'un involucre composé de feuilles verticillées soudées à la base.

(1) Pour rendre nos descriptions d'une intelligence plus facile, nous décrivons les feuilles des Rubiacées d'Europe comme verticillées ; mais, à vrai dire, il n'y a, au niveau de chaque nœud, que deux véritables feuilles opposées qui donnent naissance chacune à un bourgeon à leur aisselle ; les autres feuilles ne sont que des stipules interfoliaires indivises ou divisées en segments de la même forme que les véritables feuilles. — Dans certaines espèces du genre *Gaillonia*, on peut suivre sur un même pied de la plante tous les passages entre les feuilles opposées accompagnées de stipules interfoliaires et les feuilles dites verticillées ; en effet, les stipules des feuilles inférieures sont souvent presque entières ou dentées, celles des feuilles supérieures sont déjà divisées en plusieurs segments presque foliacés, et celles des feuilles bractéales sont divisées en segments semblables aux feuilles mêmes et forment avec elles un verticille régulier. — On rencontre exceptionnellement chez les *Galium* des verticilles dont 3-4 feuilles sont munies chacune d'un bourgeon. Nous avons plusieurs fois observé 3-4 bourgeons à l'aisselle de chacune des deux feuilles cotylédonaires du *G. Aparine.*

2. ASPERULA. — Calice à 4 dents très courtes disparaissant par l'accroissement de l'ovaire. *Corolle infundibuliforme ou campanulée, à tube plus ou moins allongé. Fruit sec, n'offrant aucun vestige du limbe du calice.*

3. GALIUM. — Calice à 4 dents très courtes ou presque nulles disparaissant par l'accroissement de l'ovaire. *Corolle rotacée-plane, à limbe 4-fide. Fruit sec, n'offrant aucun vestige du limbe du calice.*

4. RUBIA. — Calice à partie libre presque nulle disparaissant par l'accroissement de l'ovaire. *Corolle rotacée-plane, à limbe 5-fide plus rarement 4-fide. Fruit charnu-bacciforme, n'offrant aucun vestige du limbe du calice.*

## 1. SHERARDIA L. *Gen.* n. 120. — [SHÉRARDIE].

Calice à 6 dents profondes qui s'accroissent après la floraison. Corolle infundibuliforme, à tube allongé-cylindrique, à limbe 4-fide. Étamines 4. Fruit sec, composé de deux *carpelles surmontés* chacun de trois *des dents du calice.*

Plante annuelle. Tiges scabres. Feuilles verticillées par 4-6, rarement par 8. *Fleurs* d'un rose lilas, presque sessiles, *en glomérules entourés d'un involucre composé de feuilles verticillées soudées à la base.*

1. **S. arvensis** L. *Sp.* 149; *Engl. bot.* t. 891; Rchb. *Ic.* XVII, t. 1183, f. 1; Bill. *Exsicc.* n. 568. — [S. DES CHAMPS].

Tiges ord. nombreuses, de 1-4 décim., grêles, diffuses, ord. très rameuses, très scabres. Feuilles roides, lancéolées-aiguës souvent acuminées, à face supérieure hispide, à bords et à nervure moyenne ciliés-scabres. Fleurs d'un rose lilas, longuement dépassées par l'involucre. Fruit lisse, couvert de poils courts apprimés, oblong, couronné par les dents du calice. ⚥. Mai-octobre.

C C. — Champs, moissons, lieux cultivés.

## 2. ASPERULA L. *Gen.* n. 121. — [ASPÉRULE].

Calice à 4 dents très courtes qui disparaissent par l'accroissement de l'ovaire. *Corolle infundibuliforme ou campanulée, à tube plus ou moins allongé, à limbe 4-fide plus rarement 3-fide. Fruit sec,* composé de deux carpelles, *n'offrant aucun vestige du limbe du calice.*

Plantes vivaces, rarement annuelles. Tiges lisses, rarement scabres. Feuilles verticillées par 4-8. Fleurs blanches ou rosées, rarement bleues, disposées en cymes trichotomes plus rarement dichotomes, latérales et terminales, rarement rapprochées en glomérules entourés d'un involucre de feuilles.

1. **A. arvensis** L. *Sp.* 150 ; *Engl. bot.* t. 2792 ; Rchb. *Ic.* XVII, t. 1177, f. 2 ; Bill. *Exsicc.* n. 790 et *bis.* — [A. DES CHAMPS].

*Plante annuelle.* Tige simple ou rameuse, de 2-3 décim., dressée, légèrement scabre. Feuilles glabres, à bords et à nervure moyenne lâchement ciliés à poils très courts ; les inférieures oblongues-obovales, verticillées par 4 ; les caulinaires linéaires-obtuses, verticillées par 6-8. *Fleurs* bleues, rapprochées en glomérules à l'extrémité de la tige et des rameaux et *entourées d'un involucre* composé d'un grand nombre *de feuilles* et de bractées *bordées de longues soies* et dépassant les fleurs. Corolle longuement tubuleuse. Fruit lisse, couvert avant la maturité de poils très courts, apprimés, caducs. ⚥. Mai-juillet.

*A.R.* — Champs sablonneux ou calcaires arides. — Passy (*E. Fournier*) ; Meudon (*Cornuti* Ench. Par.) ; Saint-Maur !. Senart !; Mennecy !; Lardy (*Adr. de Jussieu*) ; Étampes ! (*Maire*) ; Nemours !; Malesherbes !. Env. de Magny !. Aulmont !; Senlis (*Morelle*) ; Thury-en-Valois (*Questier*) ; Cuvergnon, Boursonne (*Lefèvre*) ; forêt de Compiègne !. Provins (*Bouteiller*). Dreux ! (*Dœnen*).

2. **A. tinctoria** L. *Sp.* 150 ; Rchb. *Ic.* XVII, t. 1180, f. 1-3. — [A. DES TEINTURIERS].

*Souche traçante*, donnant naissance à des tiges espacées. *Tiges* de 3-6 décim., *dressées*, simples ou rameuses supérieurement, lisses. *Feuilles toutes linéaires-étroites*, brusquement aiguës, glabres, à bords légèrement scabres ; les inférieures verticillées par 4-6 ; les supérieures opposées, ou verticillées par 3-4. Fleurs d'un blanc rosé, pédicellées à pédicelles grêles, disposées en cymes terminant la tige et les rameaux. Corolle lisse, tubuleuse étroite. *Fruit glabre, lisse.* ♃. Juin-juillet.

*R R.* — Bois montueux et sablonneux. — Forêt de Fontainebleau (*Thuill.* Fl. Par.) où il est abondant à plusieurs localités : rochers du Cuvier !, Mail d'Henri IV !, etc.; env. de Nemours : bois de l'Abbesse !, bois Devilliers et bois de Nanteau ! (*Devilliers*). — *Graves* Cat. Oise : coteaux de Saint-Siméon, Salency et Babœuf cant. de Noyon.

3. **A. cynanchica** L. *Sp.* 151 ; *Engl. bot.* t. 33 ; Rchb. *ic.* XVII, t. 1181, f. 1 ; Bill. *Exsicc.* n. 1492 et *bis*. — [A. A L'ESQUINANCIE. — Vulg. *Herbe-à-l'esquinancie*].

*Souche cespiteuse*, à racine pivotante, donnant naissance à un grand nombre de tiges stériles et de tiges florifères rapprochées en touffe. *Tiges* de 1-4 décim., lisses, *étalées-ascendantes diffuses*, très rameuses dès la base. Feuilles toutes linéaires-étroites, brusquement aiguës, glabres, à bords légèrement scabres, ord. verticillées par 4, les supérieures ord. opposées. Fleurs d'un blanc rosé, brièvement pédicellées ou subsessiles, disposées en cymes terminant la tige et les rameaux. Corolle légèrement scabre en dehors, à tube élargi dans sa moitié supérieure. *Fruit glabre*, finement *tuberculeux*. ♃. Juin-septembre.

*C C.* — Pelouses sèches, bords des chemins, endroits incultes sablonneux ou pierreux.

4. **A. odorata** L. *Sp.* 150 ; *Engl. bot.* t. 755 ; Rchb. *Ic.* XVII, t. 1178, f. 2-3 ; Bill. *Exsicc.* n. 1493 et *bis*. — [A. ODORANTE. — Vulg. *Petit-Muguet, Reine-des-bois, Hépatique-étoilée*].

*Souche traçante*, rameuse subcespiteuse. Tiges de 2-4 décim., dressées, ord. simples au moins dans leur partie supérieure, lisses. *Feuilles oblongues-lancéolées* acuminées, *ou oblongues* obtuses-mucronées, assez amples, glabres, à bords ciliés-scabres ; les inférieures verticillées par 4-6, les supérieures par 6-8. Fleurs blanches, pédicellées, disposées en cymes rapprochées en corymbe terminal. Corolle infundibuliforme-campanulée. *Fruit hérissé de poils roides crochus.* ♃. Mai-juin.

*R.* — Endroits frais des bois montueux. — Meudon (*Cornuti* Ench. Par.); parc de Saint-Cloud !. Claye (*Mandon*). Château de la chasse et Sainte-Radegonde dans la forêt de Montmorency ! (*Vaill.* Bot. Par.); « sur la gauche du chemin qui va de Saint-Prix au bois Saint-Paire » (*Tourn.* Hist. pl. Par.). Luzarches (*De Lens*). Chaumont !; env. de Beauvais !. Forêt de Compiègne !; forêt de Villers-Cotterets

(*Questier*) ; La Ferté-sous-Jouarre (*Adr. de Jussieu*). Abondant aux env. de Magny (*Bouteille*); Port-Villez!; Vernon!; bois de Baquet près La Roche-Guyon (*Beautemps-Beaupré*); Les Andelys (*A. Grenier*). Forêt de Dreux (*Dænen*). Bois de l'Abbesse! près Nemours (*Devilliers*). Provins (*Bouteiller*). — *Graves* Cat. Oise : très commun dans les bois et les forêts du département de l'Oise.

### 3. GALIUM L. *Gen.* n. 125. — [GAILLET].

Calice à 4 dents très courtes ou presque nulles disparaissant par l'accroissement de l'ovaire. *Corolle rotacée-plane, à limbe 4-fide. Fruit sec*, composé de deux carpelles, *n'offrant aucun vestige du limbe du calice.*

Plantes annuelles ou vivaces. Souche traçante ou cespiteuse, plus ou moins rameuse. Tiges lisses, ou denticulées-scabres sur les angles et accrochantes par leurs denticules. Feuilles verticillées par 4-12. Fleurs blanches ou d'un blanc rosé, quelquefois jaunes, disposées en cymes trichotomes ou dichotomes latérales et terminales formant souvent par leur ensemble une panicule feuillée.

Sect. I. — Fleurs jaunes. Tiges lisses, glabres ou velues. — (1-2).

Sect. II. — Fleurs blanches. Tiges lisses, glabres ou pubescentes. — (3-5).

Sect. III. — Fleurs blanches, blanchâtres ou rougeâtres. Tiges denticulées-scabres sur les angles. — (6-10).


Sect. I. — Fleurs jaunes. Tiges lisses, glabres ou velues.


**1. G. Cruciata** Scop. *Carn.* I, 100; *Engl. bot.* t. 143; Rchb. *Ic.* XVII, t. 1185, f. 1 ; *Illustr. fl. Par.* t. 22, A. — [G. CROISETTE. — Vulg. *Croisette*].
Plante vivace. Tiges de 3-7 décim., faibles, ascendantes-diffuses, simples, couvertes de longs poils étalés. *Feuilles verticillées par 4, ovales-oblongues,* d'un vert jaunâtre, pubescentes sur les deux faces, longuement ciliées. *Fleurs jaunes,* polygames, les mâles mêlées aux hermaphrodites. *Inflorescence en cymes axillaires,* munies de bractées herbacées, brièvement pédonculées, *longuement dépassées par les feuilles;* pédoncules fructifères réfléchis-arqués cachant les fruits sous les feuilles qui se réfléchissent également. Fruit assez gros, glabre, lisse. ♃. Avril-juin.
*C C.* — Haies, buissons, endroits découverts des bois.

**2. G. verum** L. *Sp.* 155; *Engl. bot.* t. 660; Rchb. *Ic.* XVII, t. 1187, f. 2; *Illustr. fl. Par.* t. 22, B ; Bill. *Exsicc.* n. 1494 et *bis.* — [G. CAILLE-LAIT. — Vulg. *Caille-lait-jaune*].
Plante vivace. Tiges de 2-7 décim., roides, dressées, ou ascendantes souvent diffuses, ord. simples donnant naissance latéralement à un grand nombre de rameaux stériles ou florifères, pubérulentes supérieurement. *Feuilles verticillées par 6-12, linéaires-étroites,* ord. mucronées, à bords roulés en dessous, à face supérieure luisante rude, à face inférieure pubescente-blanchâtre. *Fleurs jaunes,* hermaphrodites, souvent stériles par avortement, *disposées en panicule terminale* feuillée souvent très ample à rameaux multiflores étalés ou dressés, pédoncules fructifères dressés à pédicelles ord. étalés horizontalement. Fruit petit, glabre, lisse. ♃. Juin-septembre.
*C C.* — Prairies, pelouses sèches, lisières des bois, bords des chemins.

Sect. II. — Fleurs blanches. Tiges lisses, glabres ou pubescentes.

**3. G. Mollugo** L. *Sp.* 155. -- [G. MOLLUGINE. -- Vulg. *Caille-lait-blanc*].

Plante vivace. *Tiges* de 5-15 décim., souvent robustes, diffuses, couchées ou ascendantes se soutenant dans les buissons, rarement dressées, ord. très rameuses, plus ou moins renflées vers les articulations, *lisses*, glabres ou un peu pubescentes inférieurement. Feuilles verticillées par 6-8, oblongues, oblongues-obovales ou oblongues-linéaires, mucronées, à bords plus ou moins scabres, à face inférieure ord. d'un vert pâle. Fleurs d'un beau blanc ou d'un blanc sale, disposées en panicules terminales et latérales à rameaux étalés ou presque dressés. Pédicelles fructifères divergents ou divariqués. *Corolle à divisions cuspidées.* Fruit petit, glabre, presque lisse ou un peu chagriné. ♃. Mai-août.

*C C.* — Prairies, pâturages, lisières des bois, haies, buissons, bords des chemins.

Var. α. *elatum.* (*G. elatum* Thuill.! *Fl. Par.* 76 ; Jord. *Observ.* III, 103 ; Gren. et Godr. *Fl. Fr.* II, 22 ; Rchb. *Ic.* XVII, t. 1188, f. 1 ; Bill. *Exsicc.* n. 2477. — *G. Mollugo* auctor. plurim.; *Engl. bot.* t. 1673. — *G. Mollugo* var. α *Fl. Par.* éd. 1, 362 et *Illustr. fl. Par.* t. 22, c). — Tiges de 10-15 décim., se soutenant dans les buissons, tombantes et couchées lorsqu'elles ne trouvent pas d'appui. *Feuilles* verticillées par 6-8, *obovales ou oblongues-obovales*, obtuses, mucronées, ord. ternes, *ord. assez minces* transparentes, *à nervure* ord. *peu saillante* en dessous. *Fleurs petites*, d'un blanc sale quelquefois un peu jaunâtre, très rarement d'un beau blanc, disposées *en* panicules formant une *panicule* générale très ample *à rameaux* ord. allongés souvent très divisés *ord. étalés ou les inférieurs un peu réfléchis.* Pédicelles fructifères ord. divariqués.

Var. β. *erectum.* (*G. erectum* Huds. *Angl.* 68 ; *Engl. bot.* t. 2067 ; Jord.! *Observ.* III, 104 ; Gren. et Godr. *Fl. Fr.* II, 22 ; Rchb. *Ic.* XVII, t. 1188, f. 2 ; Bill. *Exsicc.* n. 570. — *G. lucidum* Koch *Syn. fl. Germ.* ed. 2, 366. — *G. Mollugo* var. β. *lucidum Fl. Par.* éd. 1, 362). — Tiges ord. de 3-6 décim., souvent ascendantes ou presque dressées. *Feuilles* ord. verticillées par 8, *plus longues* relativement à leur largeur que dans le type, oblongues ou oblongues-linéaires, souvent très étroites, obtuses ou presque aiguës, mucronées, *plus ou moins luisantes*, ord. *un peu épaisses* non transparentes, *à nervure moyenne* ord. très *saillante* en dessous au moins dans sa partie inférieure. *Fleurs* ord. d'un tiers ou de moitié *plus grandes* que dans le type, d'un beau blanc, rarement d'un blanc sale, disposées *en* panicules formant une *panicule* générale oblongue-pyramidale, *à rameaux* peu divisés, au moins les supérieurs, *plus ou moins dressés* ou les inférieurs seuls étalés. Pédicelles fructifères plus ou moins divergents ord. non divariqués. Fruit plus gros.

Les caractères donnés comme distinctifs des *G. elatum* et *erectum* sont loin d'être constants, et il est souvent impossible de déterminer avec quelque certitude à laquelle des deux variétés appartiennent certains échantillons. — Le *G. dumetorum* Jord.! (*Pug. pl. nov.* 78) est exactement intermédiaire entre les deux plantes, et, si on les admet comme espèces distinctes, on est non-seulement obligé d'admettre cette troisième espèce créée aux dépens du *G. Mollugo*, tel que nous le comprenons avec les anciens auteurs, mais encore de grouper sous ce nom de *G. dumetorum* des plantes qui diffèrent entre elles au moins au même titre que les *G. elatum* et *erectum* eux-mêmes.

**4. G. sylvestre** Poll. *Palat.* 151; Koch *Syn. fl. Germ.* ed. 2, 367; Rchb. *Ic.* XVII,
t. 1193, f. 3-7 ; *Illustr. fl. Par.* t. 22, D ; Bill. *Exsicc.* n. 249 et 378. —
*G. pusillum* Sm. *Fl. Brit.* I, 206, et *Engl. bot.* t. 74, an et L.? — [G. SYL-
VESTRE].

Plante vivace. *Tiges* de 2-5 décim., assez grêles, diffuses, étalées-ascendantes, très rameuses, *lisses*, glabres, ou chargées surtout inférieurement d'une
pubescence rude étalée. *Feuilles verticillées par 6-8*, oblongues-linéaires
étroites, plus rarement oblongues-obovales, acuminées-mucronées, *à bords
plus ou moins scabres ord. roulés en dessous*. Fleurs blanches, disposées en
panicules corymbiformes terminales et latérales. *Corolle à divisions aiguës
non cuspidées. Fruit* petit, glabre, *très finement tuberculeux.* ♃. Juin-
juillet.

C. — Lisières des bois, bords des chemins, coteaux arides, bruyères.

Var. α. *læve.* (*G. læve* Thuill.! *Fl. Par.* 77). — Plante glabre.

Var. β. *Bocconi.* (*G. Boccone* All. *Ped.* I, 6, n. 24. — *G. nitidulum* Thuill.! *Fl.
Par.* 76. — *G. Bocconi* DC. *Prodr.* IV, 594). — Tiges et feuilles pubescentes-
rudes surtout dans la partie inférieure de la plante. — Lieux très arides.

Certaines formes à tige lisse du *G. palustre* pourraient au premier aspect être
confondues avec le *G. sylvestre ;* mais elles s'en distinguent facilement par les
feuilles obtuses non mucronées, verticillées par 4-6, noircissant plus ou moins par
la dessiccation.

**5. G. saxatile** L. *Fl. Suec.* ed. 2, 463; *Fl. Dan.* X, t. 1633; *Engl. bot.* t. 815;
Rchb. *Ic.* XVII, t. 1194, f. 1 ; Bill. *Exsicc.* n. 2077. — *G. Hercynicum*
Weig. *Observ.* 25 ; *Fl. Par.* éd. 1, 363 et *Illustr. fl. Par.* t. 22, E. —
[G. DES ROCHERS].

Plante vivace. *Tiges* de 2-4 décim., assez grêles, diffuses, étalées sur la
terre et se redressant lors de la floraison, rameuses, *lisses*, glabres ou presque
glabres. *Feuilles verticillées par 4-6*, ord. *planes*, la plupart obovales, mucronées, à bords lâchement ciliés-scabres ; les supérieures oblongues ou
linéaires-oblongues. Fleurs blanches, disposées en panicules corymbiformes
terminales et latérales. *Corolle à divisions aiguës non cuspidées. Fruit*
assez petit, glabre, *chargé de tubercules.* ♃. Juillet-août.

R R. — Rochers humides, bois montueux, lieux tourbeux. — Malesherbes (*J. Gay*).
Le Camp des taillis près Ons-en-Bray ! ; bruyères près de la Haute-Touffe à Saint-Paul
(*Caron*) ; marais de Brétel près Saint-Germer (*Graves*). — *Graves* Cat. Oise : Saint-
Aubin-en-Bray.


Sect. III. — Fleurs blanches, blanchâtres ou rougeâtres. Tiges denticulées-
scabres sur les angles.


**6. G. palustre** L. *Sp.* 153. — [G. DES MARAIS].

*Plante vivace.* Tiges de 2-10 décim., faibles, étalées-diffuses ou se soutenant sur les plantes voisines, rameuses, scabres, plus rarement presque lisses.
*Feuilles* verticillées par 4-6, oblongues-obovales ou linéaires-oblongues, plus
rarement linéaires, *obtuses, non mucronées*, à bords scabres de haut en bas.
Fleurs blanches, quelquefois rougeâtres en dessous, disposées en panicules
terminales et latérales lâches corymbiformes plus rarement resserrées, formant une panicule générale allongée lâche. Corolle égalant environ la largeur

du fruit mûr. *Fruit* assez petit, glabre, presque *lisse ou finement chagriné.* ♃. Mai-juillet.

Fossés, marais, bords des étangs, lieux herbeux humides.

Var. α. *palustre.* (G. *palustre* Gren. et Godr. *Fl. Fr.* II, 39; *Fl. Dan.* III, t. 423; Rchb. *Ic.* XVII, t. 1195, f. 1; *Illustr. fl. Par.* t. 23, A). — Tiges assez grêles. Feuilles linéaires-oblongues ou oblongues-obovales. Rameaux de la panicule souvent étalés ou même réfléchis après la floraison. Pédicelles fructifères divariqués. Fruit presque lisse ou finement chagriné. — C.

Var. β. *elongatum.* (G. *elongatum* Presl *Fl. Sic.* I, 59; Gren. et Godr. *Fl. Fr.* II, 39; Rchb. *Ic.* XVII, t. 1195, f. 3; Bill. *Exsicc.* n. 1684 et *bis* et *ter.*— G. *palustre Engl. bot.* t. 1857. — *G. maximum* Moris *Stirp. Sard. Elench.* I, 55. — *G. palustre* var. α Moris *Fl. Sard.* II, 301). — Plante plus robuste dans toutes ses parties que la variété *palustre.* Feuilles linéaires-oblongues ou oblongues-obovales. Rameaux de la panicule plus ou moins étalés, très rarement réfléchis après la floraison. Fleurs plus grandes. Pédicelles fructifères divariqués. Fruit plus gros, évidemment chagriné. — A.C.

Var. γ. *debile.* (G. *debile* Desv. *Observ. pl. Ang.* 134; Gren. et Godr. *Fl. Fr.* II, 40; Rchb. *Ic.* XVII, t. 1195, f. 4. — G. *constrictum* Chaub. in St-Am. *Fl. Agen.* 67, t. 2. — *G. uliginosum* Mérat *Fl. Par.* éd. 4, II, 299. — *G. palustre* var. *lœve Fl. Par.* éd. 1, 363). — Tiges grêles. Feuilles linéaires-étroites, ord. presque aiguës. Rameaux de la panicule dressés, étalés ou même réfléchis après la floraison. Pédicelles fructifères ord. rapprochés. Fruit chagriné. — R. — Marais tourbeux, bords des mares tourbeuses. — Mares de Bellecroix! dans la forêt de Fontainebleau.

La plupart des botanistes modernes regardent comme des espèces distinctes les G. *palustre, elongatum* et *debile;* mais, avec M. Moris (*Fl. Sard.*) et les anciens auteurs, nous croyons devoir les rattacher à un même type spécifique, en raison du peu d'importance et de la variabilité des caractères sur lesquels est basée leur distinction.

7. **G. uliginosum** L. *Sp.* 153; *Fl. Dan.* IX, t. 1309; *Engl. bot.* t. 1972; Rchb. *Ic.* XVII, t. 1193, f. 2; *Illustr. fl. Par.* t. 23, B; Bill. *Exsicc.* n. 2076. — G. *spinulosum* Mérat *Fl. Par.* éd. 4, II, 299. — [G. FANGEUX].

*Plante vivace. Tiges* de 3-8 décim., faibles, diffuses, étalées ou se soutenant sur les plantes voisines, rameuses, accrochantes *à angles fortement denticulés. Feuilles* verticillées par 5-7, linéaires-oblongues ou oblongues, *acuminées-mucronées,* à bords et à nervure moyenne fortement denticulés-scabres, *à denticules dirigés de haut en bas.* Fleurs blanches, disposées en panicules corymbiformes terminales et latérales. *Corolle plus large que le fruit mûr.* Fruit petit, glabre, chargé de tubercules fins. ♃. Juin-septembre.

A.C. — Fossés, prairies tourbeuses, bords des eaux.

8. **G. Anglicum** Huds. *Angl.* 69; *Engl. bot.* t. 384; *Illustr. fl. Par.* t. 23, C; F. Schultz *Fl. Gall. et Germ. exsicc.* n. 659. — G. *Parisiense* var. *leiocarpum* Tausch; Rchb. *Ic.* XVII, t. 1196, f. 5. — [G. D'ANGLETERRE].

*Plante annuelle. Tiges* ord. très nombreuses, souvent rougeâtres, de 1-4 décim., grêles, étalées-diffuses, rarement dressées, souvent disposées en touffe, très rameuses, accrochantes *à angles fortement denticulés.* Feuilles verticillées par 5-7, linéaires ou linéaires-oblongues, mucronées, à bords fortement denticulés-scabres, à denticules dirigés de bas en haut. *Fleurs* très petites, d'un jaune verdâtre, rougeâtres en dehors, *disposées en panicules corymbiformes* terminales et latérales à rameaux plus ou moins étalés. *Corolle plus étroite que le fruit mûr.* Fruit très petit, glabre, tuberculeux. ①. Juin-août.

A.C. — Moissons maigres, lieux secs pierreux ou sablonneux.

Var. β. *divaricatum.* (*G. divaricatum* Lmk *Encycl. méth.* II, 580 ; DC. *Ic. Gall. rar.* t. 24 ; Rchb. *Ic.* XVII, t. 1196, f. 2). — Tige dressée, souvent solitaire, plus ou moins scabre. Rameaux florifères, pédoncules et pédicelles capillaires. Fruit plus petit. — R. — Pelouses sèches des terrains sablonneux et montueux. — Beauvais près Mennecy (*Des Étangs*); Lardy (*Maire*); La Ferté-Aleps (*Perville, Weddell*); forêt de Fontainebleau : Mail d'Henri IV ! (*Adr. de Jussieu*), route du Carrefour carré ! au chemin de Fontaine-le-Port. — *Graves* Cat. Oise : Mont-Benard à Savignies près Beauvais ; Senlis ; Verberie.

Le *G. divaricatum*, que les auteurs distinguent du *G. Anglicum* surtout par sa tige lisse ou presque lisse et par les rameaux de l'inflorescence presque capillaires, nous a présenté, surtout dans les échantillons recueillis à Lardy par M. Maire, des transitions évidentes vers le *G. Anglicum* : les tiges, bien que dressées et simples inférieurement, sont fortement denticulées-scabres, et les rameaux florifères diffèrent peu de ceux du *G. Anglicum*. — Du reste, tous les échantillons du *G. divaricatum*, provenant de diverses localités françaises, que nous avons eu occasion d'examiner, nous ont présenté des tiges plus ou moins scabres.

Le *G. Anglicum* noircit plus ou moins par la dessiccation.

9. **G. Aparine** L. *Sp.* 157; *Engl. bot.* t. 816; Rchb. *Ic.* XVII, t. 1197, f. 1; *Illustr. fl. Par.* t. 23, ᴅ. — [G. GRATERON. — Vulg. *Grateron, Rièble*].

Plante annuelle. Tiges solitaires ou nombreuses, de 5-12 décim., faibles, à nœuds plus ou moins renflés ord. velus, tombantes ou se soutenant dans les buissons, rameuses, ou presque simples émettant latéralement les rameaux de l'inflorescence, accrochantes à angles fortement denticulés à denticules presque épineux. Feuilles verticillées par 6-8, oblongues-obovales ou linéaires-oblongues, fortement mucronées ou cuspidées, à bords fortement denticulés-scabres, à denticules dirigés de haut en bas. *Fleurs* d'un blanc verdâtre, *disposées en cymes axillaires pauciflores. Pédoncules communs fructifères dépassant peu les feuilles*, plus ou moins étalés, souvent rapprochés en panicule feuillée au sommet de la plante; *pédicelles droits*, divariqués. Corolle beaucoup plus étroite que le fruit mûr. Fruit gros, hérissé de poils crochus, plus rarement glabre. ①. Mai-août.

C C C. — Haies, buissons, lisières des bois, lieux cultivés.

Var. β. *Vaillantii.* (*G. Vaillantii* DC. *Fl. Fr.* IV, 263 ; Bill. *Exsicc.* n. 2480. — G. *tenerum* Schleich. in Gaud. *Fl. Helv.* 1, 442. — Vaill. *Bot. Par.* t. 4, f. 4). — Fruit plus petit au moins de moitié que dans le type.

Var. γ. *spurium.* (*G. spurium* L. *Sp.* 154). — Fruit glabre, ord. plus petit que dans le type. — A.R. — Montmartre, plaine Saint-Denis (*De Lens*); plaine d'Ivry (*Maire*).

10. **G. tricorne** With. *Brit.* ed. 2, 153 ; Rchb. *Ic.* XVII, t. 1198, f. 3; *Illustr. fl. Par.* t. 23, ᴇ ; Bill. *Exsicc.* n. 1216. — Vaill. *Bot. Par.* t. 4, f. 3 a. — [G. A TROIS CORNES].

Plante annuelle. Tiges solitaires ou peu nombreuses, de 1-4 décim., roides, dressées, ascendantes ou tombantes, simples émettant latéralement les rameaux de l'inflorescence, accrochantes à angles fortement denticulés à denticules presque épineux. Feuilles verticillées par 6-8, linéaires, mucronées ou cuspidées, à bords fortement denticulés-scabres, à denticules dirigés de haut en bas. *Fleurs* blanchâtres, disposées *en cymes axillaires triflores.* Corolle beaucoup plus étroite que le fruit mûr. *Pédoncules fructifères* ne portant souvent qu'un seul fruit par avortement, *plus courts que les feuilles*, dressés, à *pédicelles recourbés en crochet.* Fruit gros, fortement verruqueux. (I). Juin-août.

*C.* — Moissons maigres, champs en friche.

### 4. **RUBIA** Tourn. *Inst.* t. 38. — [GARANCE].

Calice à partie libre presque nulle disparaissant par l'accroissement de l'ovaire. *Corolle rotacée-plane, à limbe 5-fide* plus rarement 4-fide. *Fruit charnu-bacciforme*, composé de deux carpelles qui ne se séparent pas à la maturité, n'offrant aucun vestige du limbe du calice.

Plantes vivaces, à souche traçante, à rhizomes épais contenant une matière colorante rouge. Tiges annuelles ou persistantes dans leur partie inférieure, ord. fortement denticulées-scabres sur les angles accrochantes par leurs denticules. Feuilles annuelles ou persistantes-coriaces, verticillées par 4-6. Fleurs d'un blanc jaunâtre, disposées en cymes trichotomes ou dichotomes latérales et terminales formant ord. par leur ensemble une panicule feuillée.

1. **R. peregrina** L. *Sp.* 158; *Engl. bot.* t. 851; Rchb. *Ic.* XVII, t. 1184, f. 3-4; Bill. *Exsicc.* n. 1890. — [G. VOYAGEUSE. — Vulg. *Garance-sauvage*].

*Tiges* de 3-12 décim., glabres, très scabres accrochantes, très rarement presque lisses, tombantes-diffuses, rameuses, rapprochées en touffe, *à partie inférieure persistante. Feuilles* cartilagineuses, persistant avec la partie inférieure des tiges, oblongues-lancéolées acuminées en pointe épineuse; plus rarement oblongues ou obovales mucronées ou apiculées, à bords fortement denticulés-épineux, *à réseau des nervures paraissant à peine à la face inférieure.* Corolle à divisions brusquement cuspidées. ♃. *Fl.* juin-juillet. *Fr.* août-septembre.

*R R.* — Fissures des rochers, buissons, broussailles des bois montueux. — Forêt de Rougeaux! (*Des Étangs*). Lardy (*Maire*); Étréchy (*E. Fournier*); côte de Champagne! (*Maire*); Malesherbes (*Bernard*). Parc de La Falaise près Mantes (*Mouillefarine*); Port-Villez!; Vernon!; Dreux! (*Dænen*). Forêt de La Neuville-en-Hez!; Beauvais (*Graves*).

† **R. tinctorum** L. *Sp.* 158; Sibth. et Sm. *Fl. Græc.* t. 141; Rchb. *Ic.* XVII, t. 1184, f. 1-2. — [G. DES TEINTURIERS. — Vulg. *Garance*].

*Tiges* de 6-15 décim., glabres, très scabres accrochantes, tombantes-diffuses rapprochées en touffe, ou se soutenant sur les plantes voisines, rameuses, *annuelles. Feuilles* membraneuses, annuelles, oblongues-lancéolées, acuminées en pointe épineuse, à bords fortement denticulés-épineux, *à réseau des nervures saillant à la face inférieure* surtout sur la plante sèche. Corolle à divisions obtuses ou aiguës, plus rarement cuspidées. ♃. *Fl.* juin-juillet. *Fr.* août-septembre.

Cette plante, originaire de l'Europe méridionale et orientale, est naturalisée çà et là aux environs de Paris, où elle a été autrefois cultivée en grand. — Haies, buissons, vieux murs, murailles des vieux châteaux, voisinage des habitations, décombres. — Faubourg Saint-Denis (*Gogot*); berges du canal de l'Ourcq près de La Villette (*P. Jamin*); Charenton (*Kralik*); Cachan (*Bonnet*); Arcueil, Antony (*Thuill. Fl. Par.*). Saint-Germain (*Kralik*). Débris des murailles du château de Chaumont! (*Frion*); Beauvais (*Graves, Taillefert*); Montlévêque près Senlis (*Graves* Cat. Oise);

Marolles cant. de Belz (*Questier*); faubourgs de Compiègne (*de Marcilly fils*).
Abondant au château de Dreux! (*Dænen*). — *Graves* Cat. Oise : « Dans les haies
du Mont-Capron au-dessus de Beauvais et sur le chemin de Savignies, environs de
Mouy notamment vers Thury-sous-Clermont. Les plantes existant actuellement pro-
viennent de semis faits dans les années 1762-1764. La culture de la Garance fut
essayée alors par les soins du bureau d'agriculture institué dans l'élection de Beauvais. On en couvrit les boulevards de la ville; on en sema dans l'enclos de Saint-
Lucien, ainsi qu'entre Saint-Symphorien et le bois Quéquet, de même qu'aux environs de Saint-Germer. Ces essais donnèrent des produits satisfaisants, et l'on
ignore pourquoi ils furent abandonnés ».

# LXVIII. VALÉRIANÉES

(VALERIANEÆ DC. *Fl. Fr.* IV, 232).

Fleurs hermaphrodites, rarement unisexuelles par avortement, presque
régulières ou irrégulières. —Calice gamosépale, à tube soudé avec l'ovaire ;
à limbe roulé en dedans avant et pendant la floraison et divisé en lanières
(nervures des sépales) qui s'accroissent et se déroulent en aigrette après
la floraison, ou à limbe dressé régulier ou irrégulier à 3-10 dents s'accroissant ord. après la floraison , plus rarement à une seule dent ou
presque nul. — Corolle gamopétale, insérée sur un disque au sommet
du tube du calice, tubuleuse-infundibuliforme ; à tube régulier, gibbeux
ou prolongé en éperon à la base; à limbe ord. à 5 lobes presque égaux
obtus, à préfloraison imbriquée. — *Étamines 3-1*, insérées sur le tube
de la corolle dans sa moitié inférieure. *Anthères libres*, bilobées, introrses.
— *Ovaire soudé avec le tube du calice, à 3 carpelles*, à 3 loges dont
deux dépourvues d'ovules souvent plus petites ou nulles. *Ovule suspendu*,
réfléchi. Styles soudés en un style filiforme; stigmate indivis ou 3-fide.
— *Fruit sec, monosperme, indéhiscent*, à 3 loges dont 2 stériles plus
ou moins développées quelquefois filiformes, ou uniloculaire par l'oblitération des loges stériles, ord. surmonté du limbe du calice ou de l'aigrette plumeuse qui le représente. —Graine suspendue. *Périsperme nul*.
Radicule dirigée vers le hile.

*Plantes herbacées*, annuelles, ou vivaces à rhizomes souvent charnus exhalant une odeur désagréable et très pénétrante. Tiges à rameaux ord. opposés,
ou dichotomes. *Feuilles* radicales fasciculées, les caulinaires *opposées*, simples,
entières, sinuées, pinnatifides, pinnatipartites ou pinnatiséquées, sessiles ou
rétrécies en pétiole; stipules nulles. *Fleurs* disposées *en cymes* corymbiformes terminales et axillaires, ou solitaires dans les bifurcations de la tige
et rapprochées en glomérules ou en cymes à l'extrémité des rameaux.

† CENTRANTHUS. — *Corolle à tube prolongé en éperon à la base. Étamine 1*.

1. VALERIANA. — *Calice* à limbe roulé en dedans pendant la floraison, *se déroulant en aigrette à la maturité*. Corolle à tube légèrement bossu à la
base. *Étamines 3*. Fruit uniloculaire.

2. VALERIANELLA. — *Calice à limbe non enroulé pendant la floraison*, quelquefois presque nul. Corolle à tube presque régulier. Étamines 3, très rarement 2. *Fruit à 3 loges, dont deux stériles* souvent presque filiformes.

† **CENTRANTHUS** Neck. *Elem.* I, 123 (sphalmate Kentranthus). — [CENTRANTHE].

Calice à limbe roulé en dedans pendant la floraison, se déroulant en aigrette à la maturité. *Corolle* tubuleuse-infundibuliforme, à 5 lobes, *à tube prolongé en éperon à la base. Étamine 1*. Fruit uniloculaire, couronné par une aigrette à soies plumeuses.

Plante vivace, herbacée, glabre-glauque. Feuilles entières ou à peine sinuées. Fleurs rouges, plus rarement blanches, disposées en cymes axillaires et terminales rapprochées en corymbes.

† **C. ruber** DC. *Fl. Fr.* IV, 239; Rchb. *Ic.* XII, t. 718, f. 1416. — *Valeriana rubra* L. *Sp.* 44; *Engl. bot.* t. 1531. — [C. ROUGE. — Vulg. *Valériane-rouge, Behen-rouge, Barbe-de-Jupiter*].

Tiges de 4-7 décim., dressées, lisses, cylindriques. Feuilles épaisses, glauques, ovales ou lancéolées, entières, quelquefois un peu sinuées-dentées à la base. Corolle à éperon une fois plus long que l'ovaire. ♃. Juin-août.

Cette plante, originaire de l'Europe méridionale, est assez fréquemment subspontanée sur les vieux murs et les décombres. — Souvent cultivée dans les jardins.

## 1. **VALERIANA** L. *Gen.* n. 44. — [VALÉRIANE].

*Calice à limbe roulé* en dedans pendant la floraison, *se déroulant en aigrette à la maturité.* Corolle tubuleuse-infundibuliforme, à 5 lobes, à tube légèrement bossu à la base. *Étamines 3.* Fruit uniloculaire, couronné d'une aigrette à soies plumeuses.

Plantes vivaces, herbacées, glabres ou plus ou moins pubescentes. Feuilles, au moins les caulinaires, pinnatipartites ou pinnatiséquées. Fleurs blanches ou rosées, quelquefois dioïques, disposées en cymes axillaires ou terminales rapprochées en corymbes.

1. **V. officinalis** L. *Sp.* 45; *Fl. Dan.* IV, t. 570; *Engl. bot.* t. 698; Rchb. *Ic.* XII, t. 727, f. 1432. — *V. sambucifolia* Mik.; Rchb. *Ic.* XII, t. 726, f. 1431. — Fuchs. 857 ic. — [V. OFFICINALE. — Vulg. *Valériane, Herbe-à-la-meurtrie*].

Souche verticale, tronquée, à fibres épaisses, émettant ord. des rejets aériens radicants. Tiges de 5-10 décim., dressée, fistuleuse, sillonnée. *Feuilles* pubescentes, *pinnatiséquées même celles des fascicules radicaux;* à segments oblongs, entiers, ou inégalement dentés ou incisés, les segments terminaux confluents. *Fleurs hermaphrodites*, disposées en cymes corymbiformes axillaires et terminales. Fruit glabre. ♃. Juin-août.

C. — Endroits humides des bois, prairies marécageuses, bords des eaux.

Le *V. Phu* L. (Rchb. *Ic.* XII, t. 725, f. 1430), indiqué comme spontané en Suisse et en Silésie (*DC.* Prodr.) et en Belgique (*Lejeune* Fl. Spa), ne paraît être nulle part spontané en France; il est cultivé dans les jardins, et se rencontre quelquefois à l'état subspontané au voisinage des habitations. Il se reconnaît à ses feuilles radicales indivises ou simplement incisées, et à son fruit qui présente deux lignes de poils.

**2. V. dioica** L. *Sp.* 44 ; *Fl. Dan.* IV, t. 687 ; *Engl. bot.* t. 628 ; Rchb. *Ic.* XII,
t. 724, f. 1428-1429 ; Bill. *Exsicc.* n. 379. — [V. DIOÏQUE. — Vulg. *Valé-
riane-des-marais*].

Souche à rhizome allongé, oblique, émettant des rejets aériens radicants.
Tige de 2-4 décim., dressée, fistuleuse, striée. *Feuilles* glabres ; les *radicales
et celles des fascicules stériles ovales ou oblongues, entières* ; les caulinaires
lyrées-pinnatiséquées, à segments entiers. *Fleurs dioïques*, disposées en
cymes corymbiformes compactes axillaires et terminales. Fruit glabre. ♃.
Avril-juin.

C. — Bois humides, prairies marécageuses, marais tourbeux.

### 2. **VALERIANELLA** Tourn. *Inst.* t. 52. — [VALÉRIANELLE].

*Calice à limbe* irrégulier, plus rarement presque régulier, quelquefois
presque nul, *non enroulé pendant la floraison*. Corolle infundibuliforme, à
tube presque régulier. Étamines 3, très rarement 2. *Fruit* couronné par le
limbe du calice qui s'accroît après la floraison ou reste presque nul, *à 3 loges
dont* une fertile monosperme et *deux stériles* égales à la loge fertile ou
beaucoup plus étroites souvent presque filiformes (1).

Plantes annuelles, glabres ou pubescentes, à tige dichotome. Feuilles caulinaires
entières, ou sinuées-dentées ; les inférieures entières, obovales-oblongues, disposées en rosette. Fleurs blanches, d'un blanc bleuâtre ou rosé, solitaires dans les
angles de bifurcation de la tige et rapprochées au sommet des rameaux en cymes
ou en glomérules compactes munis de bractées.

Sect. I. *LOCUSTÆ.* — *Fruit à loges stériles plus grandes que la loge fertile. Paroi
de la loge fertile présentant un renflement spongieux* qui occupe le côté opposé
aux loges stériles et constitue une grande partie du volume du fruit. — (1).

Sect. II. *PLATYCOELÆ.* — *Fruit à loges stériles plus grandes que la loge fertile,
contiguës. Paroi de la loge fertile ne présentant pas de renflement spongieux.*
— (2-3).

Sect. III. *SIPHONOCOELÆ.* — *Fruit à loges stériles plus petites que la loge fertile*
ou même le plus ordinairement très petites filiformes, *non contiguës* mais *convergentes à la base* et simulant un siphon. — (4-6).

Sect. I. LOCUSTÆ DC. — Fruit à loges stériles plus grandes que la loge fertile, contiguës et séparées seulement par une cloison très mince. Paroi de
la loge fertile présentant un renflement spongieux qui occupe le côté opposé
aux loges stériles et constitue une grande partie du volume du fruit.

**1. V. olitoria** Poll. *Palat.* 1, 30 [1776] ; Mœnch *Méth.* 493 [1794] ; Rchb. *Ic.*
XII, t. 708, f. 1398 ; *Illustr. fl. Par.* t. 24, A ; Soy.-Willm. ap. Gren. et
Godr. *Fl. Fr.* II, 58 ; Bill. *Exsicc.* n. 251. — *Valeriana Locusta α. olitoria*
L. *Sp.* 47. — *Valeriana Locusta Engl. bot.* t. 811. — [V. POTAGÈRE. —
Vulg. *Mâche, Doucette, Barbe-de-chanoine*].

Tige de 2-5 décim., rameuse-dichotome souvent dès la base. Feuilles caulinaires entières, ou sinuées inférieurement. Glomérules fructifères compactes subglobuleux, à pédoncules non canaliculés en dessus. *Calice obscurément 3-denté, à dents inégales non visibles sur le fruit. Fruit plus large*

---

(1) Les rapports de grandeur entre la loge fertile et les loges stériles doivent être étudiés sur
une coupe transversale du fruit pratiquée au niveau de sa plus grande largeur.

que long, *comprimé-lenticulaire*, presque plan sur les 2 faces ; à faces un peu ridées transversalement, et présentant 2-3 côtes longitudinales qui partagent le fruit en deux parties inégales, à circonférence creusée d'un sillon ; *paroi de la loge fertile présentant un renflement spongieux qui* occupe le côté opposé aux loges stériles et *constitue environ la moitié du volume du fruit* ; loges stériles très développées, séparées par une cloison très mince. ⓘ. Avril-juin.

*C C.* — Lieux cultivés, champs, vignes, vieux murs. — Cultivé dans les jardins potagers ainsi que plusieurs autres de nos espèces.

Var. β. *pubescens.* — Fruit légèrement pubescent. — *A.R.* — Plus commun à Compiègne que le type (*de Marcilly fils*).


Sect. II. PLATYCOELÆ DC. emend. — Fruit à loges stériles plus grandes que la loge fertile, contiguës et séparées seulement par une cloison. Paroi de la loge fertile ne présentant pas de renflement spongieux.


2. **V. carinata** Lois. *Not.* 149 ; Rchb. *Ic.* XII, t. 708, f. 1399 ; *Illustr. fl. Par.* t. 24, B ; Soy.-Willm. ap. Gren. et Godr. *Fl. Fr.* II, 59 ; Bill. *Exsicc.* 252. — [V. CARÉNÉE. — Vulg. *Mâche, Doucette*].

Tige de 1-4 décim., rameuse-dichotome souvent dès la base. Feuilles caulinaires entières, ou sinuées inférieurement. Glomérules fructifères compactes subglobuleux, à pédoncules non canaliculés en dessus. *Calice à dents non visibles sur le fruit. Fruit oblong-subtétragone, creusé en nacelle sur l'une de ses faces* ; la face opposée à l'excavation convexe et présentant une nervure très fine ; les faces latérales creusées chacune d'un large sillon longitudinal, et marquées d'une côte très fine ; *loges stériles très développées,* séparées par une cloison mince et déterminant par leur divergence l'excavation en nacelle que présente le fruit. ⓘ. Avril-juin.

*C.* — Lieux cultivés, champs, vignes, vieux murs.

Var. β. *pubescens.* — Fruit légèrement pubescent. — *R.*

3. **V. Auricula** DC. *Fl. Fr.* suppl. 492 ; Rchb. *Ic.* XII, t. 709, f. 1400 ; *Illustr. fl. Par.* t. 24, C ; Soy.-Willm. ap. Gren. et Godr. *Fl. Fr.* II, 59 ; Bill. *Exsicc.* n. 2483 et *bis.* — *V. Auricula* et *V. dentata* DC. *Prodr.* IV, 627. — *Valeriana Locusta* δ *dentata* L. *Sp.* 48. — [V. OREILLETTE].

Tige de 2-5 décim., rameuse-dichotome dans sa partie supérieure. Feuilles caulinaires entières, ou sinuées-dentées inférieurement. Cymes fructifères un peu lâches, à pédoncules non canaliculés en dessus. Calice à limbe saillant obliquement tronqué en forme de dent aiguë ou un peu obtuse, beaucoup plus étroit que le fruit, présentant 2-4 petites dents à la base de la troncature. *Fruit ovoïde-subglobuleux, à 3 lobes* qui présentent chacun une nervure filiforme saillante et sont *séparés* entre eux *par des sillons inégaux* ; *loges stériles plus grandes* chacune *que la loge fertile*, séparées par une cloison mince et déterminant par leur écartement le sillon le plus profond du fruit. ⓘ. Mai-août.

*C.* — Lieux cultivés, champs en friche, moissons.

Var. β. *pubescens.* — Fruit pubescent ou velu. — *R.* — Chantilly !. Compiègne (*Léré*). Champ de manœuvres à Fontainebleau !.

Sect. III. SIPHONOCOELÆ Soy.-Willm. ap. Gren. et Godr. *Fl. Fr.* II, 62. — Fruit à loges stériles plus petites que la loge fertile ou même le plus ordinairement très petites filiformes, non contiguës mais convergentes à la base et simulant un siphon.

4. **V. Morisonii** DC. *Prodr.* IV, 627 ; Soy.-Willm. ap. Gren. et Godr. *Fl. Fr.* II, 63 ; Bill. *Exsicc.* n. 253 et *bis.* — *V. dentata* Koch et Ziz *Cat.* 17 ; Soy.-Willm. *Valerian.* f. 4-5 ; Rchb. *Ic.* XII, t. 710, f. 1402-1403 ; *Fl. Par.* éd. 1, 369 ; *Illustr. fl. Par.* t. 24, D. — [V. DE MORISON].

Tiges de 2-5 décim., rameuse-dichotome dans sa partie supérieure. Feuilles caulinaires entières, ou sinuées-dentées inférieurement. Cymes fructifères un peu lâches, à pédoncules non canaliculés en dessus. *Calice à limbe* saillant obliquement tronqué *en forme de dent* très *aiguë,* denticulé, *beaucoup plus étroit que le fruit. Fruit* ovoïde-conique un peu comprimé, convexe sur l'une de ses faces qui présente une nervure filiforme, *presque plan sur la face* opposée *qui présente une fossette* ovale-lancéolée *circonscrite par les deux loges stériles très petites filiformes convergentes à la base;* la loge fertile constituant presque tout le volume du fruit. ⚊. Mai-août.

C. — Lieux cultivés, champs en friche, moissons.

Var. β. *pubescens.* (*V. mixta* Dufr. *Val.* 59. — *V. pubescens* Mérat *Fl. Par.* éd. 2, II, 213). — Fruit hérissé de poils ord. courbés au sommet. — *C C.*

5. **V. eriocarpa** Desv. *Journ. bot.* II, 314, t. 11, f. 2 ; Rchb. *Ic.* XII, t. 712, f. 1406 ; *Illustr. fl. Par.* t. 24, E ; Soy.-Willm. ap. Gren. et Godr. *Fl. Fr.* II, 64 ; Bill. *Exsicc.* n. 380 et *bis* et *ter.* — [V. A FRUIT VELU].

Tige de 1-2 décim., ord. très rameuse-dichotome dès la base, à rameaux ord. roides très divergents ou divariqués. Feuilles caulinaires entières, ou sinuées-dentées inférieurement. *Cymes fructifères compactes,* à pédoncules rapprochés ou peu divergents canaliculés en dessus et se renflant de la base au sommet. *Calice à limbe aussi large* et presque aussi long *que le fruit formant une couronne complète* un peu évasée, *tronqué obliquement,* présentant 3-4 dents à la base de la troncature, *veiné-réticulé. Fruit* hérissé de poils disposés par lignes longitudinales, ovoïde un peu comprimé, convexe sur l'une de ses faces qui présente 1-3 nervures filiformes, *presque plan sur la face* opposée *qui présente une fossette* oblongue *circonscrite par les deux loges stériles très petites filiformes convergentes à la base;* loge fertile constituant la plus grande partie du volume du fruit. ⚊. Juin-juillet.

*R R.* — Moissons des terrains maigres, champs en friche. — Cultures à la barrière Saint-Jacques (*Kralik*); Bagnolet (*Vigineix*); bois de Boulogne (*Goblet*) spontané?. Coteaux sablonneux entre Auvers et L'Ile-Adam (*Chatin*). Lardy (*Maire*). Malesherbes !. — Indiqué aux env. de Beauvais (*Delacour*). — *Graves* Cat. Oise : trouvé en 1820 dans les champs entre Chaalis et Montlognon cant. de Nanteuil.

Var. β. *glabrescens.* — Fruit glabrescent.

6. **V. coronata** DC. *Fl. Fr.* IV, 241 non *Prodr.*; *Illustr. fl. Par.* t. 24, F ; Soy.-Willm. ap. Gren. et Godr. *Fl. Fr.* II, 65 ; Bill. *Exsicc.* n. 1221. — *Valeriana Locusta* γ *coronata* L. *Sp.* 48. — *Valerianella hamata* Bast. in DC. *Fl. Fr.* suppl. 494, et *Prodr.* IV, 628 ; Rchb. *Ic.* XII, t. 715, f. 1410. — [V. COURONNÉE].

Tige de 2-5 décim., rameuse-dichotome dans sa partie supérieure. Feuilles caulinaires ord. sinuées-dentées ou pinnatifides inférieurement. *Glomérules fructifères compactes, globuleux. Calice à limbe presque régulier, hypo-cratériforme*, membraneux veiné-réticulé, *beaucoup plus large que le fruit, à 6 dents triangulaires terminées chacune par une arête recourbée en dehors au sommet. Fruit ne se détachant que difficilement du glomérule*, hérissé, ovoïde-subtétragone, convexe sur l'une de ses faces, *présentant* sur la face opposée *une fossette oblongue circonscrite par les deux loges stériles un peu plus petites que la loge fertile et convergentes à la base*, à faces latérales marquées d'une côte par la saillie du bord de la loge fertile. Ⓘ. Juin-août.

R. — Moissons des terrains sablonneux, champs en friche. — Saint-Maur (*Maire*); Champigny (*Weddell*). Chantilly ! (*Maire*); Aulmont près Senlis !; La Bruyère près Clermont !; Sacy-le-Grand !; abondant aux environs de Compiègne (*Léré*) ; env. de Mercière près la forêt de Compiègne (*de Marcilly fils*) ; Verberie, Saint-Sauveur, Rouville, Lévignen, Gesvres-le-Duché (*Questier*). Mantes !; Fontenay-Saint-Père !; La Roche-Guyon (*de Schœnefeld*). Étampes ! (*Maire*); Nemours (*Devilliers*); Dordives ! et Thurelles ! dans les moissons et les jeunes plantations des bois. — *Graves* Cat. Oise : Beauvais; Senlis; Chambly; forêt de Compiègne au Berne, à Vieux-moulin et à l'Ortille.

Le *V. vesicaria* Mœnch (Rchb. *Ic.* XII, t. 716, f. 1412. — *Valeriana Locusta* β *vesicaria* L. *Sp.* 47 ; Sibth. et Sm. *Fl. Græc.* t. 34) a été rencontré dans les moissons aux environs de Beauvais (*Mérat* Fl. Par.), à Notre-Dame-du-Thil et à Saint-Paul, où il avait été introduit avec les céréales (*Graves* Cat. Oise). — Cette plante, indigène dans la région méditerranéenne orientale et qui est assez répandue en Grèce et en Asie-Mineure, n'est pas spontanée en France, même dans le Midi, où elle ne s'est jamais établie que d'une manière adventive. Elle se reconnaît aux caractères suivants : glomérules fructifères compactes globuleux ; calice à limbe presque régulier, très grand, vésiculeux-globuleux, membraneux, veiné-réticulé, beaucoup plus large que le fruit, ouvert au sommet et à 6 dents infléchies triangulaires subulées au sommet.

---

## LXIX. DIPSACÉES

( DIPSACEÆ DC. *Fl. Fr.* IV, 221 ).

*Fleurs* hermaphrodites, plus ou moins irrégulières, *muniés chacune d'un involucelle gamophylle* (calice extérieur), *sessiles sur un réceptacle commun entouré d'un involucre* composé de plusieurs folioles. — Réceptacle hérissé ou glabre, nu ou chargé de bractées (paillettes) scarieuses ou herbacées, à l'aisselle desquelles naissent les fleurs. — Involucelle caliciforme gamophylle, renfermant sans lui adhérer la partie fructifère du tube du calice, marqué de côtes ou d'angles saillants, ord. dédoublé dans sa moitié supérieure à dédoublement intérieur embrassant la partie supérieure du tube du calice, terminé par un limbe scarieux entier ou lobé, ou à limbe presque nul. — Calice gamosépale, à tube membraneux plus ou moins adhérent à l'ovaire et rétréci au-dessus de lui en un col étroit qui entoure le style, brusquement élargi au sommet en un limbe persistant et accrescent, cupuliforme, entier, lobé ou divisé en arêtes.

— Corolle insérée au sommet du tube du calice, gamopétale, tubuleuse-infundibuliforme, caduque, à préfloraison imbriquée, subbilabiée, à lèvre supérieure tantôt bilobée, tantôt à lobes confluents en un seul, à lèvre inférieure trilobée. — *Étamines 4* (la cinquième qui correspondrait au sinus des lobes de la lèvre supérieure de la corolle avortant constamment), insérées au sommet du tube de la corolle et alternant avec ses lobes. *Anthères libres*, bilobées, introrses. — Ovaire étroitement enveloppé par le calice auquel il adhère plus ou moins, à une seule loge uniovulée. *Ovule suspendu*, réfléchi. Style filiforme. Stigmate entier ou bilobé. — *Fruit sec*, surmonté de la partie libre du calice, *uniloculaire, monosperme, indéhiscent, renfermé dans l'involucelle persistant*. — Graine suspendue, à testa soudé avec le péricarpe. Embryon droit, placé dans un *périsperme charnu* peu épais. Radicule dirigée vers le hile.

Plantes bisannuelles ou vivaces, herbacées. Tiges quelquefois munies d'aiguillons. *Feuilles opposées*, entières, dentées, pinnatifides ou pinnatiséquées, atténuées en pétiole, plus rarement subsessiles ou largement connées à la base ; pétioles ord. soudés en gaîne dans leur partie inférieure ; stipules nulles. Glomérules multiflores en forme de capitules, solitaires à l'extrémité des rameaux et de la tige, disposés en cymes ou en corymbes lâches. Fleurs s'épanouissant ord. par anneaux du milieu de la hauteur du glomérule vers son sommet et vers sa base.

1. SCABIOSA. — *Réceptacle chargé de paillettes. Involucelle* fructifère *cylindrique*, marqué de 8 côtes au moins dans sa moitié supérieure. *Calice* à limbe *terminé par 5 arêtes* ou moins par avortement.

2. KNAUTIA. — *Réceptacle* hérissé, *dépourvu de paillettes*. Involucre fructifère subtétragone-comprimé. Calice à limbe terminé par 6-8 arêtes ou plus.

3. DIPSACUS. — *Réceptacle chargé de paillettes* terminées en pointe épineuse. *Involucelle* fructifère *tétragone. Calice à limbe tétragone*, tronqué ou 4-lobé, *cilié*.

### 1. **SCABIOSA** L. *Gen.* n. 115 ex parte. — [SCABIEUSE].

Involucre général composé de plusieurs folioles herbacées. *Réceptacle* hérissé de soies ou presque glabre, *chargé de paillettes* scarieuses ou plus ou moins herbacées. *Involucelle* sessile, *cylindrique*, marqué de 8 côtes au moins dans sa moitié supérieure, ord. terminé par un limbe scarieux campanulé ou rotacé, plus rarement à limbe subherbacé 4-lobé. *Calice* à limbe *terminé par 5 arêtes* étalées ou moins par avortement.

Plantes vivaces, herbacées. Feuilles pinnatifides ou pinnatiséquées, plus rarement entières ou crénelées, rétrécies en pétiole, les radicales ord. disposées en rosette. Fleurs bleuâtres, plus rarement blanches ou jaunâtres, en faux capitules.

1. **S. Ucranica** L. *Sp.* 144. — *S. Gmelini* Aug. de St-Hil. in *Bull. phil.* n. 61, p. 149, t. 3. — *Asterocephalus Ucranicus* Rchb. *Ic.* XII, t. 789, f. 1371. — [S. DE L'UKRAINE].

Souche cespiteuse, terminée en pivot très long presque ligneux. Tiges nombreuses, de 6-12 décim., roides, rameuses supérieurement à rameaux grêles, pubescentes-hérissées surtout inférieurement. Feuilles radicales indi-

vises réduites au rachis, détruites lors de la floraison ; les caulinaires pubescentes-hérissées ou presque glabres, pinnatiséquées à segments linéaires-aigus
entiers. *Fleurs d'un blanc jaunâtre*, quelquefois d'un jaune bleuâtre, les
extérieures plus grandes rayonnantes. Réceptacle chargé de paillettes subscarieuses, linéaires-subulées. *Involucelle* fructifère *à moitié inférieure* très
velue, *cylindrique ; à moitié supérieure glabre, divisée en 8 colonnes*
séparées par des fossettes profondes ; à limbe scarieux, campanulé, denté au
bord à dents aiguës, longuement dépassé par les arêtes roussâtres du calice.
♃. Juillet-septembre.

*R R.* — Sables arides. — Très abondant à Malesherbes ! (*Aug. de Saint-Hilaire*),
où il a peut-être été introduit. — Naturalisé dans la forêt de Fontainebleau au
Mail d'Henri IV, par MM. Decaisne et Weddell, qui l'y ont semé de graines de
Malesherbes.

On cultive fréquemment dans les jardins, sous le nom de *Fleur-de-veuve*, le
*S. maritima* L. var. *atropurpurea* (*S. atropurpurea* L.). Cette plante, originaire
de la région méditerranéenne méridionale ne diffère du *S. maritima* type que par
les corolles plus grandes d'un pourpre plus ou moins foncé. — Le *S. maritima* L.
(*S. grandiflora* Scop. — *S. ambigua* Tenore. — *S. acutiflora* Rchb. *Crit.* IV,
t. 326, f. 506), indigène dans le midi de la France et dans toute la région méditerranéenne, se reconnaît aux caractères suivants : feuilles radicales et inférieures
oblongues-obovales ou spatulées, atténuées en pétiole, dentées ou incisées, les
caulinaires pinnatiséquées à lobes obovales, oblongs, lancéolés ou linéaires, dentés
ou entiers, le terminal plus grand ; capitules ovoïdes ou oblongs à la maturité ;
involucres à folioles lancéolées-oblongues, réfléchies à la maturité ; corolles 5-fides,
les extérieures rayonnantes ; involucelle fructifère marqué de 8 côtes saillantes,
creusé supérieurement de 8 fossettes linéaires-oblongues peu profondes, terminé
par un limbe court scarieux plissé-ondulé et infléchi.

2. **S. Columbaria** L. *Sp.* 143 ; *Fl. Dan.* II, t. 314 ; *Engl. bot.* t. 1311 ; Bill.
*Exsicc.* n. 254. — *Asterocephalus columbarius* Rchb. *Ic.* XII, t. 693,
f. 1378. — [S. COLOMBAIRE. — Vulg. *Colombaire*].

Souche cespiteuse, terminée en pivot. Tiges de 3-8 décim., pubescentes,
simples, ou divisées en pédoncules très allongés ord. nus. *Feuilles radicales
et celles des fascicules stériles* obovales ou oblongues-obtuses, atténuées en
un long pétiole, *crénelées*, plus rarement lyrées-incisées, mollement pubescentes ou hérissées ; *les caulinaires pinnatiséquées, à segments pinnatifides
ou pinnatipartits*, plus rarement entiers linéaires-aigus. Fleurs bleuâtres,
rarement blanches ou rosées, les extérieures plus grandes rayonnantes.
Réceptacle chargé de paillettes subscarieuses, linéaires étroites. *Involucelle*
fructifère pubescent, *marqué dans toute sa longueur de 8 côtes saillantes,
terminé par un limbe scarieux* presque rotacé plus ou moins ondulé, environ
quatre fois plus court que les arêtes noirâtres du calice. ♃. Juin-octobre.

*C C.* — Bords des chemins, lisières des bois, coteaux arides.

S.-v. *pumila*. — Plante de 5-15 centim. Tiges monocéphales. Feuilles ord. velues-
hérissées, rapprochées en rosette compacte. — Lieux très arides.

3. **S. suaveolens** Desf. *Cat. hort. Par.* 110 ; Bill. *Exsicc.* n. 573 ; Puel et Maille
*Fl. loc. exsicc.* n. 50. — *Asterocephalus suaveolens* Rchb. *Ic.* XII, t. 690,
f. 1372. — [S. ODORANTE].

Souche ord. rameuse, à rhizomes obliques ou verticaux. Tiges de 2-4 décim.,
pubescentes, divisées supérieurement en pédoncules nus ou feuillés, plus rare-

ment simples. *Feuilles des fascicules stériles* oblongues-lancéolées, insensiblement atténuées en pétiole, *très entières* ou quelques-unes lâchement incisées, à face supérieure glabre presque luisante, à bords et à pétiole ord. ciliés à poils espacés ; les radicales souvent détruites lors de la floraison ; les caulinaires pinnatiséquées, à segments linéaires-étroits très entiers. Fleurs bleuâtres, les extérieures plus grandes rayonnantes. Réceptacle chargé de paillettes linéaires-subspatulées presque herbacées au sommet. *Involucelle fructifère velu, marqué dans toute sa longueur de 8 côtes saillantes ; à limbe scarieux,* presque rotacé, crénelé à crénelures obtuses, environ une fois plus court que les arêtes blanchâtres du calice. ♃. Juillet-septembre.

R R. — Pelouses découvertes des bois sablonneux arides. — Abondant à plusieurs localités de la forêt de Fontainebleau : Chailly !, plaine de la Chaise-à-l'abbé !, Mont-Morillon !, etc.; Nemours dans le chemin des Rosiers, le long des Courtins (*Devilliers*).

**4. S. Succisa** L. *Sp.* 142; *Fl. Dan.* II, t. 279; *Engl. bot.* t. 878; Bill. *Exsicc.* n. 1222. — *Succisa pratensis* Mœnch ; Rchb. *Ic.* XII, t. 698, f. 1385-1386. — [S. Succise. — Vulg. *Succise, Mors-du-diable, Herbe-de-Saint-Joseph*].

Souche verticale, très courte, à fibres radicales épaisses. Tiges de 3-12 décim., divisées supérieurement en pédoncules ord. nus, plus rarement simples, glabrescentes, pubescentes ou hérissées. *Feuilles radicales et caulinaires* oblongues ou oblongues-lancéolées, pétiolées, *très entières*, plus rarement sinuées ou lâchement dentées, glabrescentes ou velües, à face supérieure presque luisante. *Fleurs* bleues, rarement roses ou blanches, *toutes égales, à corolle à 4 divisions.* Réceptacle chargé de paillettes ; paillettes dépassant longuement les fruits, presque entièrement herbacées, linéaires-oblongues, rétrécies presque filiformes dans leur tiers inférieur, *Involucelle fructifère velu,* marqué dans toute sa longueur de 8 côtes saillantes ; *à limbe court subherbacé, dressé, irrégulièrement 4-lobé,* environ une fois plus court que les arêtes noirâtres du calice. ♃. Août-octobre.

C C. — Prés, pâturages, clairières des bois.

S.-v. *pumila.* — Plante de 5-15 centim. Tiges monocéphales. Feuilles ord. rapprochées en rosette compacte. — Pelouses rases.

### 2. KNAUTIA Coult. *Dips.* 28. — [KNAUTIE].

Involucre général composé de plusieurs folioles herbacées. *Réceptacle* hérissé de soies, *dépourvu de paillettes.* Involucelle brièvement stipité, subtétragone-comprimé, terminé par 4 dents courtes, les dents opposées aux faces presque nulles. Calice à limbe terminé par 6-8 arêtes ou plus, dressées, inégales.

Plante vivace, herbacée. Feuilles pinnatiséquées, pinnatipartites, dentées ou entières, subsessiles ou rétrécies en pétiole. Fleurs d'un rose lilas, disposées en faux capitules.

**1. K. arvensis** Coult. *Dips.* 29 ; Bill. *Exsicc.* n. 2486. — *Scabiosa arvensis* L *Sp.* 143; *Fl. Dan.* III, t. 447; *Engl. bot.* t. 659; Rchb. *Ic.* XII, t. 680-681, f. 1353-1356. — [K. des champs. — Vulg. *Scabieuse-des-champs, Oreille-de-lièvre*].

Souche à rhizome plus ou moins oblique. Tiges de 3-10 décim., ord. rameuses, hérissées de poils roides. Feuilles radicales et inférieures rétrécies en pétiole, oblongues-lancéolées, entières, dentées ou incisées, pubescentes ; les caulinaires ord. pinnatifides ou pinnatiséquées, à lobes lancéolés ou linéaires, entiers, plus rarement dentés, le terminal plus grand. Fleurs d'un lilas rosé ; les extérieures plus grandes, rayonnantes, à corolle 5-fide, à divisions inégales. Involucelle fructifère velu. Calice fructifère velu-hérissé, terminé par 6-8 arêtes très fines blanchâtres qui égalent environ la moitié de la longueur du fruit. ♃. Juin-août.

*C C.* — Prairies, champs herbeux, lisières des bois.

S.-v. *pinnatisecta.* — Feuilles pinnatiséquées, même les radicales.

S.-v. *integrifolia.* — Feuilles toutes oblongues-lancéolées rétrécies en pétiole, entières ou obscurément sinuées. Tiges grêles, souvent simples. — *A.C.* — Saint-Léger!. Malesherbes (*Weddell*). Compiègne !, etc.

### 3. **DIPSACUS** L. *Gen.* n. 114. — [CARDÈRE].

Involucre général composé de plusieurs folioles herbacées ord. épineuses. *Réceptacle chargé de paillettes* brusquement terminées par une longue pointe épineuse. *Involucelle* sessile, *tétragone*, à 8 côtes, terminé par 4 dents très courtes ou presque nulles. *Calice à limbe tétragone*, tronqué ou 4-lobé, *cilié.*

Plantes bisannuelles. Tige chargée d'aiguillons. Feuilles entières, dentées ou pinnatiséquées, rétrécies en pétiole, ou subsessiles souvent largement connées à nervure moyenne munie d'aiguillons. Fleurs d'un rose lilas ou d'un blanc jaunâtre, disposées en faux capitules.

1. **D. sylvestris** Mill. *Dict.* n. 2 ; *Fl. Dan.* VI, t. 965 ; *Engl. bot.* t. 1032; Rchb. *Ic.* XII, t. 707, f. 1397. — *D. fullonum* var. *α.* L. *Sp.* 140. — [ C. SAU-VAGE.—Vulg. *Bain-de-Vénus, Lavoir-de-Vénus, Cabaret-des-oiseaux*] (1).

Tige de 8-15 décim., robuste, roide, rameuse surtout supérieurement, cannelée-anguleuse, à cannelures ord. blanchâtres, hérissées d'aiguillons robustes inégaux. *Feuilles* à nervure moyenne chargée en dessous d'aiguillons robustes ; les radicales atténuées en pétiole, oblongues ou oblongues-lancéolées, crénelées ou dentées ; les *caulinaires*, au moins les *inférieures, largement connées* et formant par leur soudure un godet profond, oblongues-lancéolées, entières ou dentées, plus rarement pinnatifides. *Folioles de l'involucre* inégales, linéaires-subulées, roides-épineuses, *chargées d'aiguillons*, ascendantes-arquées, *plus longues que le capitule.* Fleurs d'un rose lilas, plus rarement blanches. Calice à limbe tronqué. Réceptacle chargé de *paillettes* rapprochées-imbriquées, pliées en gouttière, oblongues brusquement *terminées en pointe* épineuse *droite* ciliée-scabre dépassant longuement les fleurs. Capitules fructifères ovoïdes-oblongs, très gros. ②. Juillet-septembre.

*C C.* — Lieux incultes, bords des champs, fossés.

S.-v. *pinnatifidus.* — Feuilles caulinaires moyennes plus ou moins profondément pinnatifides.

(1) C'est surtout dans cette espèce que l'on peut étudier avec une grande facilité le mode d'inflorescence que nous avons décrit comme appartenant à la famille des Dipsacées. Les premières fleurs qui se sont développées en formant un anneau vers le milieu de la hauteur du capitule ont perdu leur corolle lorsque les fleurs de la partie supérieure et de la partie inférieure commencent à s'épanouir ; le capitule présente alors deux hémisphères florifères séparés par un anneau fructifère dépourvu de corolles qui tend à s'élargir de plus en plus.

† **D. fullonum** Willd. *Sp.* 543; *Engl. bot.* t. 2080; Rchb. *Ic.* XII, t. 705, f. 1395. — [C. A FOULON. — Vulg. *Cardère, Chardon-à-foulon, Chardon-à-bonnetier, Chardon-à-drapier*].

Tige de 8-15 décim., robuste, roide, rameuse surtout supérieurement, cannelée-anguleuse, à cannelures ord. blanchâtres, hérissées d'aiguillons robustes inégaux. *Feuilles* coriaces, à nervure moyenne chargée en dessous d'aiguillons; les radicales atténuées en pétiole, oblongues, crénelées, incisées ou lobées; les *caulinaires*, au moins les *inférieures, largement connées* et formant par leur soudure un godet profond, oblongues-lancéolées, presque entières ou incisées. *Folioles de l'involucre* inégales, lancéolées ou un peu spatulées, roides, *étalées-ascendantes, un peu plus courtes que le capitule*. Fleurs d'un rose lilas ou d'un blanc rosé. Calice à limbe tronqué. Réceptacle chargé de *paillettes* rapprochées-imbriquées, pliées en gouttière, oblongues, brusquement *terminées en pointe épineuse recourbée au sommet.* Capitules fructifères ovoïdes-oblongs, très gros. ②. Juillet-août.

Cultivé en grand pour les manufactures de drap : Corbeil!. Mantes!; Vernon!; Les Andelys; Clermont!. — *Graves* Cat. Oise : « Cultivé de tout temps, mentionné dans les titres du douzième siècle concernant les dixmages. Sa culture, autrefois générale, est circonscrite maintenant entre quelques communes des cantons de Liancourt, de Clermont et d'Estrées ».

3. **D. pilosus** L. *Sp.* 141; *Fl. Dan.* IX, t. 1448; *Engl. bot.* t. 877; Rchb. *Ic.* XII, t. 704, f. 1393. — *Cephalaria pilosa* Gren. et Godr. *Fl. Fr.* II, 69; Bill. *Exsicc.* n. 1495. — [C. POILUE. — *Verge-à-pasteur*].

Tige de 8-15 décim., robuste, roide, rameuse, cannelée surtout supérieurement, à cannelures munies d'aiguillons inégaux; les aiguillons des pédoncules très nombreux sétiformes. *Feuilles* à nervure moyenne munie en dessous d'aiguillons faibles, rétrécies en pétiole, *divisées en 3 segments très inégaux*, le terminal ovale-oblong acuminé, très ample, denté, les latéraux beaucoup plus petits en forme d'oreillettes. *Folioles de l'involucre* lancéolées-linéaires, herbacées, terminées en pointe épineuse, *hérissées de longs poils sétiformes, étalées-réfléchies, plus courtes que le diamètre transversal du capitule.* Fleurs d'un blanc jaunâtre. Calice à limbe 4-lobé, à lobes courts arrondis. Réceptacle chargé de paillettes concaves à peine carénées, obovales, acuminées en pointe épineuse, ciliées par de longs poils sétiformes, ne dépassant pas les fleurs. *Capitules fructifères globuleux.* ②. Juin-août.

A.R. — Endroits frais et ombragés, bords des ruisseaux, haies, buissons. — Bougival!, bois de La Celle! (*Brice*); Saint-Cucufas!; bords de la Seine à Marly (*Leclère, Godey*); L'Étang près Saint-Germain (*Weddell*). Palaiseau!; Saint-Michel-sur-Orge (*Adr. de Jussieu*); Senlisse près Dampierre (*de Schœnefeld*); parc de Grignon (*Mouillefarine*). Noisement près Marines!; abondant aux environs de Magny! (*Bouteille*); Sainte-Geneviève près La Roche-Guyon (*Beautemps-Beaupré*); Courcelles près Chaumont (*Frion*); Beausseré près Gisors!; Saint-Germer!; env. de Beauvais!. Saint-Sauveur près Compiègne (*de Schœnefeld*); forêt de Compiègne! (*Weddell*); Le Berval, Vez, Bourneville (*Questier*); Longpont près Villers-Cotterets (*Kralik*); Vanteuil près La Ferté-sous-Jouarre (*Adr. de Jussieu*). Provins (*Des Étangs*); Donnemarie (*Chaubard*). Nemours (*Devilliers*); Thurelles! près Dordives. Dreux (*Dœnen*), etc.

# LXX. COMPOSÉES

(Compositæ Adans. *Fam.* II, 103. — Synanthereæ Rich. in Marth. *Cat. jard. méd. Par.*
[1804] 85).

*Fleurs* (fleurons) hermaphrodites, unisexuelles ou neutres par avortement, régulières ou irrégulières, *sessiles sur un réceptacle commun
entouré d'un involucre* et rapprochées en capitule (fleur composée L.,
céphalanthie Rich., calathide Mirb., Cass., anthode Ehrh.).—Involucre
(calice commun L., périphoranthe Rich., péricline Cass.) composé de
plusieurs folioles (écailles) herbacées, quelquefois épineuses, membraneuses ou scarieuses, libres ou plus rarement soudées entre elles, disposées sur un seul rang ou plus ordinairement sur deux ou plusieurs
rangs, les extérieures ord. plus courtes que les intérieures quelquefois
très courtes simulant un calicule, les intérieures passant quelquefois
insensiblement à l'état de paillettes. — Réceptacle (phoranthe Rich.,
clinanthe Cass.) plan, convexe, conique ou cylindrique, plus rarement
filiforme, mince ou charnu, plus ou moins profondément alvéolé au
niveau de l'insertion des fleurons, glabre ou velu, nu ou muni de bractées ou paillettes (bractéoles Less.) à l'aisselle desquelles naissent les
fleurons. Paillettes ord. membraneuses ou scarieuses, persistantes, très
rarement caduques, entières ou incisées, souvent divisées presque jusqu'à la base en soies plus ou moins longues. — Calice non coloré en vert,
gamosépale, à tube soudé avec l'ovaire, prolongé ou non en col au-dessus
de l'ovaire ; à limbe nul, ou réduit à des arêtes, ou à un rebord circulaire épais ou membraneux, entier, denté, incisé ou divisé en soies paléiformes ou plus ordinairement en soies capillaires (aigrette) lisses, scabres,
ciliées ou plumeuses, disposées sur un ou plusieurs rangs, libres ou soudées inférieurement, persistantes ou caduques. — Corolle insérée au
sommet du tube du calice, marcescente ou caduque, gamopétale : tubuleuse à limbe régulier ou irrégulier, ord. 5-4-denté ou 5-4-fide, à préfloraison valvaire ; ou fendue au côté interne de manière à constituer un
limbe plan unilatéral 5-denté (ligule). Les lobes ou les dents ord. dépourvus de nervure moyenne et ne présentant qu'une nervure marginale, les
nervures marginales de deux lobes contigus se réunissant en une nervure unique alterne avec les lobes. — Étamines 5-4, insérées sur le tube
de la corolle, rudimentaires ou nulles dans les fleurons femelles ou neutres.
Filets libres, rarement soudés entre eux, offrant supérieurement une
articulation, la partie située au-dessus de l'articulation tenant lieu de
connectif. *Anthères* dressées, *soudées* par leurs bords *en un tube qui
engaîne le style* (synanthérie), linéaires, bilobées, introrses, s'ouvrant
par 2 fentes longitudinales, ord. prolongées en appendice au sommet,

à lobes souvent prolongés chacun à la base en appendice plus ou moins long en forme de queue. — Ovaire soudé avec le calice, à un seul carpelle?, à une seule loge uniovulée. *Ovule dressé*, réfléchi. Style filiforme, bifide supérieurement, souvent renflé en nœud au-dessous de sa bifurcation ; à branches (vulg. stigmates) planes en dedans, ord. convexes en dehors, libres ou soudées entre elles, présentant ord. en dehors ou au sommet dans les fleurons hermaphrodites des poils courts et roides (poils collecteurs) ; stigmates (lignes stigmatiques, glandules stigmatiques) constituant deux lignes distinctes ou confluentes qui occupent les bords de la face supérieure de chacune des branches du style dont elles atteignent ou non le sommet. — *Fruit* (akène) *sec*, *uniloculaire*, *monosperme*, *indéhiscent*, à insertion basilaire ou latérale, terminé en bec par le prolongement du tube du calice ou dépourvu de bec, surmonté d'une aigrette à soies capillaires persistante ou caduque, ou surmonté d'arêtes ou d'écailles, d'une couronne ou d'un rebord, ou complétement nu. — Graine dressée, à testa souvent soudé avec le péricarpe. *Périsperme nul.* Embryon droit. Radicule dirigée vers le hile.

Plantes annuelles ou vivaces, herbacées ou sous-frutescentes, à suc quelquefois laiteux. Feuilles alternes, rarement opposées ou verticillées, pétiolées, ou sessiles souvent décurrentes, de forme très variable, entières, dentées, lobées, pinnatifides, pinnatipartites ou pinnatiséquées, à divisions entières ou incisées, quelquefois épineuses par le prolongement des nervures; stipules nulles. Capitules multiflores ou pauciflores, très rarement uniflores, disposés en cyme irrégulière (1), ou en glomérules subglobuleux, les capitules terminaux s'épanouissant les premiers (inflorescence générale définie ou centrifuge), ou solitaires au sommet de la tige, plus rarement disposés en panicule (inflorescence générale indéfinie). — Les fleurons sont ou tous d'une même sorte quant au sexe : hermaphrodites, mâles ou femelles (capitule homogame); ou de deux sortes : les extérieurs neutres ou femelles, les intérieurs hermaphrodites ou mâles (capitule hétérogame) (2). Les fleurons sont tantôt tous tubuleux (capitule discoïde ou flosculeux), et alors quelquefois les extérieurs sont plus grands (capitule couronné); tantôt ils sont tous ligulés (capitule ligulé ou semiflosculeux) ; tantôt ils sont de deux sortes, ceux de la circonférence ligulés (rayons), ceux du centre tubuleux (disque), (capitule radié). Les fleurons sont tous de la même couleur (capitule homochrome ou concolore), ou de deux couleurs ceux du centre ord. jaunes (capitule hétérochrome ou discolore).

(1) Nous avons souvent, dans nos descriptions, pour plus de brièveté, donné le nom de corymbe aux cymes corymbiformes.

(2) Lorsque les capitules renferment chacun des fleurons mâles et des fleurons femelles, on les dit monoïques ; lorsqu'ils ne contiennent que des fleurons d'un seul sexe, si les capitules mâles et les capitules femelles sont portés sur le même individu, on les nomme hétérocéphales (dans ce cas, c'est plutôt la plante qui devrait être dite hétérocéphale); enfin, s'ils sont séparés par sexe sur des individus différents, ils sont appelés dioïques.

**SOUS-FAMILLE I. TUBULIFLORÆ.** — Capitules à *fleurons tubuleux* régulièrement *4-5-dentés, au moins ceux du centre.*

**TRIBU I. CINAROCEPHALÆ.** — *Fleurons tous tubuleux,* hermaphrodites, plus
rarement ceux de la circonférence stériles, quelquefois tous unisexuels par
avortement. *Style renflé en nœud* au-dessous des branches.

**SOUS-TRIBU I.** — *Aigrette caduque se détachant d'une seule pièce,* composée de
longues *soies* lisses, scabres ou plumeuses, *soudées en anneau à la base.*

1. **ONOPORDUM.** — Involucre à folioles atténuées en épine. *Réceptacle dépourvu
   de soies, profondément alvéolé.* Aigrette à soies scabres.
2. **CARLINA.** — *Involucre à folioles* extérieures foliacées-épineuses, les *intérieures scarieuses-colorées rayonnantes* beaucoup plus longues que les
   fleurons. Réceptacle hérissé de soies. *Aigrette à soies plumeuses se soudant inférieurement par 3-5* avant de se réunir en anneau à la base.
† **CINARA.** — *Involucre à folioles atténuées en épine ou obtuses émarginées-
   mucronées.* Réceptacle hérissé de soies. *Anthères terminées en appendice
   très obtus. Aigrette à soies plumeuses.*
3. **CIRSIUM.** — *Involucre à folioles ord. atténuées supérieurement,* à pointe ord.
   épineuse. Réceptacle hérissé de soies. *Anthères terminées en appendice
   linéaire-subulé. Aigrette à soies plumeuses.*
4. **CARDUUS.** — *Involucre à folioles atténuées en épine. Réceptacle hérissé de
   soies.* Anthères terminées en appendice linéaire-subulé. *Aigrette à soies
   plus ou moins scabres.*
5. **SILYBUM.** — *Involucre à folioles extérieures terminées par un appendice
   lobé à lobes épineux.* Réceptacle hérissé de soies. *Étamines à filets pubescents-papilleux,* soudés en tube. Aigrette à soies fortement scabres.
6. **CARDUNCELLUS.** — *Involucre à folioles extérieures foliacées.* Réceptacle
   hérissé de soies. *Étamines à filets munis d'un anneau de poils* vers le milieu
   de leur longueur. Aigrette à soies fortement scabres.

**SOUS-TRIBU II.** — *Aigrette persistante, ou à soies se détachant isolément, rarement
nulle; soies* lisses ou scabres, jamais plumeuses, très rarement paléiformes,
*libres, très rarement soudées en couronne laciniée.*

7. **LAPPA.** — *Involucre à folioles extérieures terminées en pointe recourbée en
   crochet. Akènes à insertion presque basilaire.*
8. **SERRATULA.** — *Involucre à folioles extérieures aiguës* non épineuses. *Fleurons égaux. Akènes à insertion latérale. Aigrette à soies extérieures plus
   courtes.*
9. **CENTAUREA.** — *Involucre à folioles entourées d'une bordure denticulée-ciliée,
   ou terminées par un appendice scarieux,* plus rarement par une épine.
   *Fleurons de la circonférence stériles,* infundibuliformes, *rayonnants,* plus
   grands que ceux du centre. *Akènes à insertion latérale. Aigrette ord.
   courte, composée de soies inégales les intérieures plus courtes.*
10. **CENTROPHYLLUM.** — *Involucre à folioles extérieures foliacées, pinnatilobées
    à lobes épineux.* Fleurons égaux ou ceux de la circonférence plus grands
    neutres. *Akènes à insertion latérale, à sommet présentant un rebord irrégu-
    lièrement denté.* Aigrette courte, composée de soies paléiformes ciliées, les
    plus intérieures très courtes conniventes, nulle ou réduite à quelques soies
    chez les akènes de la circonférence.
† **ECHINOPS.** — *Capitules uniflores, disposés* sur un réceptacle commun *en tête
   globuleuse.*

TRIBU II. Corymbiferæ (1). — *Fleurons du centre tubuleux*, hermaphrodites ; *ceux de la circonférence ligulés* femelles, quelquefois stériles, disposés sur un ou plusieurs rangs ; *ou fleurons tous tubuleux*, hermaphrodites, rarement unisexuels. *Style non renflé en nœud* au-dessous des branches, très rarement un peu renflé.

Sous-tribu 1. — *Réceptacle muni de paillettes dans toute son étendue. Akènes dépourvus d'aigrette de soies capillaires, quelquefois surmontés de 2-5 arêtes épineuses ou paléiformes.* Anthères dépourvues d'appendices basilaires.

11. Bidens. — *Akènes surmontés de 2-5 arêtes subulées-épineuses, ciliées-scabres. Fleurons* tous *jaunes.*

† Helianthus. — *Akènes surmontés de 2-4 écailles* caduques. Fleurons tous jaunes.

12. Achillea. — *Fleurons* tous de même couleur, ceux de la circonférence *ligulés à limbe suborbiculaire. Akènes comprimés, dépourvus de côtes sur les deux faces.*

13. Ormenis. — *Fleurons de la circonférence ligulés blancs* ou jaunes à la base *à limbe oblong, ceux du centre jaunes à tube prolongé* au-dessous du sommet de l'akène *en couronne complète ou en coiffe unilatérale. Akènes presque cylindriques,* quelquefois complétement renfermés dans les paillettes qui se détachent avec eux du réceptacle.

(1) Pour rendre plus facile la détermination des genres de la tribu des *Corymbifères*, nous avons cru devoir établir les groupes secondaires de cette tribu, surtout d'après la présence ou l'absence de paillettes et d'après la présence ou l'absence d'aigrette. Cette classification est bien moins naturelle que celle qui a été établie par Cassini et Lessing, et dont nous donnons le tableau dans cette même note.

*Tableau des tribus et des sous-tribus de la division des Corymbifères, basées essentiellement sur la forme du style et sur celle des anthères.*

A. Branches du style allongées, un peu en massue, pubescentes-papilleuses en dehors dans leur partie supérieure. Lignes stigmatiques peu saillantes, cessant ord. au-dessous de la partie moyenne des branches. Anthères dépourvues d'appendices basilaires. . . . . . . . . . . . . . . . . . . . . . . . . . . . . . . . . Tribu. EUPATORIACEÆ.

*a.* Capitules à fleurons tous hermaphrodites. Tige feuillée; feuilles ord. opposées. . . . . . . . . . . . . . . . . . . . . . . . . . . Sous-tribu. EUPATORIEÆ.
(Eupatorium.)

*b.* Capitules renfermant des fleurons mâles et des fleurons femelles, ou presque dioïques. Tiges chargées d'écailles, paraissant souvent avant les feuilles. . Sous-tribu. TUSSILAGINEÆ.
(Tussilago, Petasites.)

B. Branches du style linéaires, un peu planes extérieurement et finement pubescentes dans leur partie supérieure. Lignes stigmatiques saillantes, atteignant ou dépassant peu la partie moyenne des branches. Anthères pourvues ou non d'appendices basilaires. . Tribu. ASTEROIDEÆ.

*a.* Anthères dépourvues d'appendices basilaires. . . . . . Sous-tribu. ASTERINEÆ.
(Akènes surmontés d'une aigrette de soies capillaires : Aster, Erigeron, Solidago, Linosyris. — Akènes dépourvus d'aigrette : Bellis.)

*b.* Anthères à lobes prolongés en appendice à la base.

† Fleurons de la circonférence ligulés femelles, ceux du centre tubuleux hermaphrodites fertiles. Akènes libres. . . . . . . . . . . . . . . . . Sous-tribu. INULEÆ.
(Inula, Pulicaria.)

†† Fleurons de la circonférence tubuleux-filiformes, femelles; ceux du centre tubuleux, stériles. Akènes disposés sur un seul rang, renfermés dans les folioles de l'involucre. . . . . . . . . . . . . . . . . . . . . . . . . . . . Sous-tribu. MICROPEÆ.
(Micropus.)

**14. ANTHEMIS.** — *Fleurons de la circonférence ligulés blancs à limbe oblong, ceux du centre jaunes à tube non prolongé au-dessous du sommet de l'akène. Akènes presque cylindriques, rarement tétragones, présentant des côtes dans toute leur circonférence.*

**SOUS-TRIBU II.** — *Réceptacle dépourvu de paillettes. Akènes dépourvus d'aigrette* de soies capillaires.

§ 1. — *Anthères dépourvues d'appendices basilaires.*

**15. MATRICARIA.** — Réceptacle conique à la maturité. *Fleurons de la circonférence ligulés blancs, ceux du centre jaunes. Akènes tous de même forme, subcylindriques, présentant 3-5 côtes sur leur moitié interne, dépourvus de côtes en dehors.* Feuilles bi-tripinnatiséquées à segments linéaires.

**16. PYRETHRUM.** — Réceptacle hémisphérique ou plus ou moins convexe. *Fleurons de la circonférence ligulés blancs,* ceux du centre jaunes. *Akènes tous de même forme, subtétragones ou subcylindriques, présentant des côtes dans toute leur circonférence.* Feuilles pinnatiséquées à segments oblongs pinnatifides ou pinnatipartits, ou indivises crénelées ou incisées.

**17. CHRYSANTHEMUM.** — Réceptacle un peu convexe. *Fleurons tous jaunes, ceux de la circonférence ligulés. Akènes de deux formes : ceux de la circonférence pourvus de deux ailes latérales;* ceux du centre subcylindriques.

**18. BELLIS.** — Réceptacle conique allongé. *Fleurons de la circonférence ligulés blancs ou rosés,* ceux du centre jaunes. *Akènes comprimés, entourés d'une bordure saillante obtuse.*

C. Branches du style presque cylindriques tronquées ou terminées en pinceau au sommet, et se prolongeant souvent en appendice ou en cône au delà de la partie tronquée ou du pinceau. Lignes stigmatiques assez larges et saillantes, se prolongeant jusqu'au sommet de la branche ou jusqu'à la base de l'appendice. Anthères munies ou non d'appendices basilaires.  .  .  .
.  .  .  .  .  .  .  .  .  .  .  .  .  .  .  .  . TRIBU. SENECIONIDEÆ.

*a.* Réceptacle dépourvu de paillettes, ou muni de paillettes seulement à sa circonférence. Fleurons tous tubuleux. Anthères à lobes prolongés en appendice à la base. Akènes surmontés d'une aigrette de soies capillaires, rarement dépourvus d'aigrette.  .  .  .  .  .  .  .  .
.  .  .  .  .  .  .  .  .  .  .  .  .  .  . SOUS-TRIBU. GNAPHALIEÆ.
(Gnaphalium, Gamochæta, Antennaria, Filago, Logfia).

*b.* Réceptacle dépourvu de paillettes. Fleurons de la circonférence ord. ligulés, femelles. Anthères dépourvues d'appendices basilaires. Akènes surmontés d'une aigrette de soies capillaires, ceux du rang extérieur quelquefois dépourvus d'aigrette.  .  .  .  .  .  .  .
.  .  .  .  .  .  .  .  .  .  .  .  .  .  . SOUS-TRIBU. SENECIONEÆ.
(Arnica, Doronicum, Cineraria, Senecio).

*c.* Réceptacle muni ou non de paillettes. Fleurons de la circonférence ligulés, femelles ou stériles. Anthères dépourvues d'appendices basilaires. Akènes dépourvus d'aigrette de soies capillaires, tronqués ou surmontés d'un rebord ou d'une couronne membraneuse.  .  .  .  .  .
.  .  .  .  .  .  .  .  .  .  .  .  .  .  . SOUS-TRIBU. ANTHEMIDEÆ.
(Réceptacle dépourvu de paillettes: Pyrethrum, Chrysanthemum, Artemisia, Tanacetum. — Réceptacle muni de paillettes: Anthemis, Ormenis, Achillea).

*d.* Réceptacle muni de paillettes. Fleurons tous tubuleux ou ceux de la circonférence ligulés. Anthères dépourvues d'appendices basilaires. Akènes dépourvus d'aigrette de soies capillaires, surmontés de 2-5 arêtes subulées-épineuses ou paléiformes. Feuilles souvent opposées.  .  .  .  .  .  .  .  .  .  .  .  .  .  .  .  . SOUS-TRIBU. HELIANTHEÆ.
(Helianthus, Bidens).

Le genre *Calendula* ne figure pas dans ce tableau, bien que, dans les coupes admises dans l'ouvrage, nous l'ayons, pour faciliter la détermination des genres, rangé parmi les *Corymbifères*, en raison de ses fleurons extérieurs ligulés. — Par le style un peu renflé en nœud, il appartient plutôt à la division des *Cinarocéphales*.

**19. Artemisia.** — Réceptacle convexe ou presque plan. *Fleurons tous tubuleux* jaunes, *ceux de la circonférence presque filiformes. Akènes cylindriques, dépourvus d'angles et de côtes, terminés par un disque très étroit,* dépourvus au sommet de rebord membraneux.

**20. Tanacetum.** — Réceptacle convexe. *Fleurons tous tubuleux* jaunes, *ceux de la circonférence presque filiformes. Akènes anguleux, terminés par un disque qui égale presque la largeur de leur sommet,* ord. surmontés d'un rebord membraneux.

§ 2. — *Anthères pourvues d'appendices basilaires.*

**21. Calendula.** — *Fleurons* jaunes, *ceux de la circonférence ligulés. Akènes très irréguliers, falciformes-linéaires, courbés en anneau ou concaves en nacelle.*

**22. Micropus.** — *Fleurons* peu apparents d'un blanc jaunâtre, *tous tubuleux. Akènes renfermés dans les folioles tomenteuses de l'involucre.*

Sous-tribu III. — *Réceptacle dépourvu de paillettes, ou muni de paillettes seulement à sa circonférence. Akènes tous ou la plupart surmontés d'une aigrette de soies capillaires.*

§ 1. — *Anthères pourvues d'appendices basilaires.*

**23. Filago.** — Involucre plus ou moins tomenteux, à folioles intérieures passant à l'état de paillettes. *Réceptacle muni de paillettes à sa circonférence. Fleurons peu apparents, d'un blanc jaunâtre, tous tubuleux; les extérieurs femelles, disposés sur deux ou plusieurs rangs, à tube capillaire, placés à l'aisselle des folioles de l'involucre. Akènes tous libres.* Plantes tomenteuses-blanchâtres.

**24. Logfia.** — Involucre tomenteux, à folioles intérieures passant à l'état de paillettes. *Réceptacle muni de paillettes à sa circonférence. Fleurons peu apparents, d'un blanc jaunâtre, tous tubuleux; les extérieurs femelles, disposés sur deux rangs, à tube capillaire, ceux du rang extérieur enveloppés par les folioles de l'involucre. Akènes du rang extérieur renfermés dans les folioles de l'involucre.* Plante tomenteuse-blanchâtre.

**25. Gnaphalium.** — *Involucre à folioles scarieuses-colorées.* Réceptacle dépourvu de paillettes. *Fleurons jaunes, tous tubuleux; les extérieurs femelles, disposés sur plusieurs rangs, à tube capillaire, jamais entremêlés aux folioles de l'involucre.* Akènes surmontés d'une *aigrette à soies libres entre elles et se détachant isolément à la maturité.* Plantes tomenteuses-blanchâtres. Capitules en corymbe.

**26. Gamochæta.** — *Involucre à folioles scarieuses-colorées.* Réceptacle dépourvu de paillettes. *Fleurons jaunâtres, tous tubuleux; les extérieurs femelles, disposés sur plusieurs rangs, à tube capillaire, jamais entremêlés aux folioles de l'involucre.* Akènes surmontés d'une *aigrette à soies soudées en anneau à la base et ne se détachant pas isolément à la maturité.* Plante tomenteuse-blanchâtre. Capitules en panicule spiciforme.

**27. Antennaria.** — *Plante dioïque. Involucre à folioles scarieuses-colorées.* Réceptacle dépourvu de paillettes. *Fleurons blanchâtres ou roses tous tubuleux :* ceux *du capitule mâle à aigrette à soies très épaissies dans leur partie supérieure; ceux du capitule femelle à tube capillaire.* Akènes surmontés d'une *aigrette à soies capillaires soudées en anneau à la base et ne se détachant pas isolément à la maturité.* Plante tomenteuse-blanchâtre.

28. **Pulicaria**. — Involucre à folioles imbriquées. Réceptacle dépourvu de paillettes. *Fleurons* jaunes, ceux *de la circonférence ligulés*. Akènes presque cylindriques, un peu comprimés, surmontés d'une aigrette; *aigrette à soies disposées sur deux rangs, les soies extérieures très courtes soudées en une couronne dentée ou laciniée*, les intérieures capillaires un peu scabres.

29. **Inula**. — Involucre à folioles imbriquées. Réceptacle dépourvu de paillettes. *Fleurons* jaunes, ceux *de la circonférence ligulés*, ou tubuleux à peine ligulés ne dépassant pas les fleurons du centre. Akènes presque cylindriques ou subtétragones, surmontés d'une aigrette ; *aigrette à soies capillaires dépourvue de couronne extérieure*.

§ 2. — *Anthères dépourvues d'appendices basilaires.*

30. **Solidago**. — *Involucre à folioles imbriquées. Fleurons jaunes, ceux de la circonférence ligulés, disposés sur un seul rang*. Akènes cylindriques, surmontés d'une *aigrette à soies capillaires*, à peine scabres, *disposées sur un seul rang*.

31. **Erigeron**. — *Involucre à folioles imbriquées. Fleurons de la circonférence ligulés, d'un rose violet ou d'un blanc jaunâtre, disposés sur plusieurs rangs* ; ceux du centre jaunâtres. *Akènes* oblongs, *comprimés*, surmontés d'une *aigrette à soies* capillaires, un peu scabres, *disposées sur un seul rang*.

32. **Aster**. — *Involucre à folioles imbriquées. Fleurons de la circonférence ligulés ord. bleus, disposés sur un seul rang*. Akènes oblongs ou obovales, comprimés, surmontés d'une *aigrette à soies* capillaires, scabres, *disposées sur plusieurs rangs*.

33. **Linosyris**. — *Involucre à folioles imbriquées. Fleurons jaunes, tous hermaphrodites*, *tubuleux, profondément 5-fides. Akènes* oblongs, comprimés, surmontés d'une *aigrette à soies* capillaires scabres, *disposées sur deux rangs*.

34. **Arnica**. — *Involucre à folioles presque égales, disposées sur deux rangs. Fleurons* jaunes ; ceux *de la circonférence ligulés, disposés sur un seul rang*, munis d'aigrette. *Akènes* presque cylindriques, *tous surmontés d'une aigrette à soies capillaires fortement scabres, disposées sur un seul rang. Feuilles opposées.*

35. **Doronicum**. — *Involucre à folioles presque égales, disposées sur deux rangs. Fleurons* jaunes ; ceux *de la circonférence ligulés, disposés sur un seul rang*, ord. dépourvus d'aigrette. *Akènes* oblongs-cylindriques, ceux *des fleurons tubuleux surmontés d'une aigrette à soies capillaires disposées sur plusieurs rangs*.

36. **Cineraria**. — *Involucre à folioles égales disposées sur un seul rang, dépourvu à sa base d'écailles accessoires. Fleurons jaunes*, tous munis d'aigrette ; *ceux de la circonférence ligulés, disposés sur un seul rang*. Akènes presque cylindriques, surmontés d'une *aigrette à soies* capillaires *disposées sur plusieurs rangs*.

37. **Senecio**. — *Involucre à folioles disposées sur un seul rang, muni à sa base d'écailles accessoires courtes. Fleurons* jaunes, tous munis d'aigrette ; ceux *de la circonférence ligulés, disposés sur un seul rang* quelquefois nuls. Akènes presque cylindriques, surmontés d'une *aigrette à soies* capillaires *disposées sur plusieurs rangs*.

38. **Eupatorium**. — *Involucre à folioles imbriquées. Fleurons rougeâtres, peu nombreux, tous tubuleux.* Akènes presque cylindriques, surmontés d'une *aigrette à soies disposées sur un seul rang. Feuilles opposées.*

**39.** **Tussilago.** — *Involucre à folioles disposées sur 1-2 rangs,* muni à sa base d'écailles plus petites. *Fleurons* jaunes, très nombreux; ceux *de la circonférence étroitement ligulés,* femelles, *disposés sur plusieurs rangs;* ceux du centre en petit nombre tubuleux, mâles. Akènes oblongs-cylindriques, surmontés d'une aigrette à soies capillaires très fines. *Tiges chargées d'écailles, terminées par un seul capitule.*

**40.** **Petasites.** — *Involucre à folioles disposées sur 1-2 rangs,* souvent muni à sa base d'écailles plus petites. *Fleurons* nombreux, *tubuleux, les femelles presque filiformes* tronqués obliquement au sommet; *tous femelles à l'exception de quelques fleurons mâles ou tous mâles à l'exception de quelques fleurons femelles.* Akènes cylindriques, surmontés d'une aigrette à soies capillaires scabres. *Tiges chargées d'écailles, portant un assez grand nombre de capitules* en grappe ou en panicule spiciforme.

**SOUS-FAMILLE II. LIGULIFLORÆ.** — Capitules à *fleurons tous ligulés* hermaphrodites.

**TRIBU I.** — *Akènes dépourvus d'aigrette de soies capillaires,* tronqués ou surmontés d'un rebord ou d'une aigrette très courte à soies membraneuses-paléiformes.

**41.** **Lapsana.** — *Akènes* un peu comprimés, *dépourvus d'aigrette et de rebord terminal.* Capitules à fleurons jaunes, disposés en panicule lâche terminale.

**42.** **Arnoseris.** — *Akènes* subpentagones, *terminés par un rebord court pentagone en forme de couronne.* Capitules à fleurons jaunes, solitaires au sommet des tiges et des rameaux.

**43.** **Cichorium.** — *Akènes* comprimés-tétragones, *surmontés d'une aigrette très courte, composée de soies membraneuses-paléiformes, obtuses.* Capitules à *fleurons bleus.*

**TRIBU II.** — Akènes, au moins ceux du centre, surmontés d'une *aigrette à soies capillaires,* toutes *plumeuses,* ou les soies extérieures seules dépourvues de barbes.

**44.** **Hypochœris.** — Involucre à folioles imbriquées. *Réceptacle muni de paillettes membraneuses caduques.* Akènes atténués en bec presque capillaire, ou ceux de la circonférence dépourvus de bec, très rarement tous dépourvus de bec; aigrette persistante, à soies toutes semblables plumeuses à barbes non entrecroisées, ou à soies extérieures non plumeuses seulement denticulées.

**45.** **Thrincia.** — Involucre à folioles imbriquées. Réceptacle nu. *Akènes* plus ou moins atténués vers le sommet : les *extérieurs* persistants, *surmontés d'une* aigrette dont les soies sont soudées en *couronne membraneuse dentée; les intérieurs terminés par une aigrette à soies plumeuses.*

**46.** **Leontodon.** — *Involucre à folioles imbriquées. Réceptacle nu.* Akènes atténués au sommet; *aigrette persistante, à soies plumeuses à barbes non entrecroisées,* ou à soies extérieures non plumeuses seulement denticulées.

**47.** **Picris.** — Involucre à folioles imbriquées. Réceptacle nu. Akènes légèrement atténués supérieurement; *aigrette caduque à soies soudées en anneau à la base,* toutes plumeuses, ou les extérieures seulement denticulées.

**48.** **Helminthia.** — *Involucre à folioles* disposées sur deux rangs : les *extérieures* au nombre de 3-5, *foliacées, ovales-cordées;* les intérieures plus étroites, longuement atténuées en arête. Réceptacle nu. *Akènes surmontés,* au moins les intérieurs, *d'un bec capillaire* très fragile; aigrette à soies toutes plumeuses.

49. TRAGOPOGON. — *Involucre à 8-12 folioles égales disposées sur un seul rang*. Réceptacle nu. Akènes longuement atténués en bec grêle ; *aigrette à soies plumeuses, à barbes entrecroisées.*

50. SCORZONERA. — *Invo'ucre à folioles imbriquées*. Réceptacle nu. *Akènes légèrement atténués supérieurement, dépourvus de bec ; aigrette à soies plumeuses, à barbes entrecroisées.*

51. PODOSPERMUM. — Involucre à folioles imbriquées. Réceptacle dépourvu de paillettes. *Akènes ne s'atténuant pas au sommet, prolongés à la base en un pied creux qui égale presque leur longueur ; aigrette à soies plumeuses, à barbes entrecroisées.*

TRIBU III. — Akènes tous surmontés d'une *aigrette à soies capillaires non plumeuses* lisses ou plus ou moins scabres.

52. TARAXACUM. — *Involucre à folioles imbriquées* les extérieures plus courtes formant une sorte de calicule. *Akènes à côtes muriquées-épineuses ou tuberculeuses-écailleuses au sommet, brusquement surmontés d'un long bec filiforme ;* aigrette à soies disposées sur plusieurs rangs. *Plante acaule.*

53. CHONDRILLA. — Involucre à 7-10 folioles presque égales, disposées sur un ou deux rangs, muni d'écailles à sa base. *Akènes à côtes tuberculeuses-épineuses supérieurement, couronnés par 5 dents squamiformes entre lesquelles s'élève le bec ; bec très allongé filiforme ;* aigrette à soies disposées sur plusieurs rangs.

54. PHÆNOPUS. — *Involucre ord. à 5 folioles* disposées sur un seul rang, muni à la base d'écailles courtes. *Akènes brusquement atténués en bec filiforme ;* aigrette à soies disposées sur plusieurs rangs.

55. LACTUCA. — *Involucre* oblong-cylindrique, *à folioles nombreuses* imbriquées, les extérieures très petites. *Akènes comprimés, brusquement atténués en bec allongé capillaire ; aigrette à soies disposées sur un seul rang.*

56. SONCHUS. — Involucre à folioles imbriquées. *Akènes comprimés, tronqués, dépourvus de bec ; aigrette à soies très fines,* disposées sur plusieurs rangs et soudées par fascicules à la base.

57. BARKHAUSIA. — *Involucre à folioles nombreuses,* disposées sur deux ou plusieurs rangs, les extérieures inégales courtes lâchement imbriquées. *Akènes presque cylindriques, atténués insensiblement, au moins ceux du centre, en bec plus ou moins allongé ; aigrette à soies fines, disposées sur plusieurs rangs.*

58. CREPIS. — Involucre à folioles nombreuses, disposées sur deux ou plusieurs rangs, les extérieures inégales courtes. *Akènes presque cylindriques, dépourvus de bec, légèrement atténués supérieurement ; aigrette à soies fines, blanches, disposées sur plusieurs rangs.*

59. HIERACIUM. — Involucre à folioles nombreuses disposées sur deux ou plusieurs rangs. *Akènes presque cylindriques, tronqués, terminés par un rebord peu saillant ; aigrette à soies fragiles d'un blanc sale ou roussâtre à la maturité, disposées sur un seul rang.*

## SOUS-FAMILLE I. **TUBULIFLORES** (TUBULIFLORÆ DC. ; Endl. — CINAROCEPHALÆ et CORYMBIFERÆ Juss.). — Capitules à fleurons tubuleux régulièrement 5-4-dentés, au moins ceux du centre.

### TRIBU I. **CINAROCEPHALÆ**. — Fleurons tous tubuleux, hermaphrodites, plus rarement ceux de la circonférence stériles, quelquefois

tous unisexuels par avortement. — Style renflé en nœud au-dessous
des branches, ord. muni de poils au niveau du renflement; à branches
plus ou moins longues, libres ou soudées, pubescentes en dehors ; les
lignes stigmatiques atteignant le sommet des branches où elles deviennent confluentes. — Aigrette à soies libres ou soudées en anneau
à la base, persistante ou caduque, rarement nulle, très rarement
réduite à des soies courtes paléiformes ou à une couronne laciniée.—
Réceptacle souvent épais-charnu, muni de paillettes divisées en soies
plus ou moins longues, très rarement dépourvu de paillettes et alors
profondément alvéolé.

Plantes souvent épineuses. Feuilles alternes. Fleurons ord. profondément
5-fides, purpurins, roses, violets, bleus, plus rarement blancs, quelquefois
jaunes, tous égaux, ou ceux de la circonférence stériles tubuleux-infundi-
buliformes plus grands et rayonnants.

Sous-tribu I. — Aigrette caduque se détachant d'une seule pièce, composée de longues soies, lisses, scabres ou plumeuses, soudées
en anneau à la base.

### 1. **ONOPORDUM** L. *Gen.* n. 927 ex parte. — [ONOPORDE].

Involucre à folioles imbriquées, atténuées en épine. *Réceptacle dépourvu
de soies, profondément alvéolé*, à parois des alvéoles membraneuses sinuées-
dentées. Fleurons égaux. Akènes à insertion presque basilaire, subtétragones-
comprimés, sillonnés transversalement, surmontés d'une aigrette caduque, à
soies scabres, disposées sur plusieurs rangs, soudées en anneau à la base.

Plante bisannuelle. Tige largement ailée-épineuse, ord. rameuse. Feuilles sinuées-épineuses. Capitules solitaires ou rapprochés 2-3 à l'extrémité de la tige
et des rameaux. Fleurons purpurins.

1. **O. Acanthium** L. *Sp.* 1158 ; *Fl. Dan.* VI, t. 909 ; *Engl. bot.* t. 977 ; Rchb.
   *Ic.* XV, t. 813. — [O. à feuilles d'Acanthe. — Vulg. *Chardon-Acanthe,
   Chardon-aux-ânes, Pédane*].

Tige de 5-20 décim., robuste, roide, ord. rameuse, pubescente-aranéeuse,
largement ailée-épineuse. Feuilles pubescentes-aranéeuses, blanches-tomenteuses en dessous, oblongues, sinuées-pinnatifides, à lobes triangulaires courts
fortement épineux ; les radicales atténuées à la base ; les caulinaires décurrentes dans toute la longueur des entre-nœuds, à décurrence foliacée. Capitules gros, globuleux. Involucre à folioles lancéolées-subulées, terminées par
une épine-robuste, les extérieures étalées-réfléchies. ②. Juin-septembre.

*C C.* — Lieux incultes, bords des chemins, villages.

### 2. **CARLINA** Tourn. *Inst.* t. 285. — [CARLINE].

*Involucre à folioles* imbriquées ; les extérieures foliacées-épineuses ; les
*intérieures scarieuses-colorées, rayonnantes*, beaucoup plus longues que les
fleurons. Réceptacle hérissé de soies. Fleurons égaux. Akènes à insertion
presque basilaire, un peu comprimés, couverts de poils bifurqués apprimés,
surmontés d'une *aigrette* caduque, *à soies* longues *plumeuses*, disposées sur

un seul rang, *se soudant par 3-5 au-dessus de leur réunion en anneau à la base.*

Plante bisannuelle. Tige non ailée, ord. rameuse. Feuilles sinuées-épineuses. Capitules solitaires au sommet de la tige et des rameaux. Fleurons jaunâtres.

1. **C. vulgaris** L. *Sp.* 1161 ; *Fl. Dan.* VII, t. 1174 ; *Engl. bot.* t. 1144 ; Rchb. *Ic.* XV, t. 742, f. 1 ; Bill. *Exsicc.* n. 1508 et *bis*. — [C. COMMUNE.—Vulg. *Carline*].

Tige de 3-8 décim., ord. rameuse au sommet, pubescente-aranéeuse. Feuilles pubescentes-aranéeuses, blanches-tomenteuses en dessous, oblongues-lancéolées, sinuées-pinnatifides, ciliées-épineuses ; les caulinaires amplexicaules, non décurrentes. Capitules assez gros, subglobuleux. Involucre à folioles extérieures foliacées, pinnatifides-épineuses, dressées ; les intérieures ciliées jusqu'à la moitié de leur hauteur, terminées par un long appendice scarieux luisant d'un jaune pâle, simulant des fleurons ligulés. ②. Juillet-septembre.

*C.C.* — Coteaux secs et sablonneux, bords des chemins, champs en friche.

† **CINARA** Vaill. *Act. acad. Par.* [1718] 155. — [ARTICHAUT].

*Involucre à folioles* imbriquées, *atténuées en épine, ou obtuses émarginées-mucronées.* Réceptacle hérissé de soies. Fleurons égaux, à gorge fusiforme-urcéolée, à divisions inégales dressées-conniventes. *Anthères terminées* supérieurement *en appendice très obtus.* Akènes à insertion large presque latérale, un peu comprimés, lisses, surmontés d'une *aigrette* caduque un peu latérale, *à soies* longues, *plumeuses,* disposées sur plusieurs rangs, soudées en anneau à la base.

Plantes vivaces. Tige non ailée, rameuse. Feuilles très amples, pinnatipartites, à rachis canaliculé ailé-foliacé, à segments pinnatipartits ou pinnatifides, à lobes épineux ou non épineux ; les supérieures quelquefois indivises. Capitules très volumineux, terminant la tige et les rameaux. Fleurons à divisions et à style bleus.

† **C. Scolymus** L. *Sp.* 1159.— *C. Cardunculus* var. β *sativa* Moris *Fl. Sard.* II, 460 ; Rchb. *Ic.* XV, t. 884.—Clus. *Hist.* II, 153, f. 3. — [A. COMMUN.—Vulg. *Artichaut*].

Tiges de 8-15 décim., robustes, anguleuses-cannelées. *Feuilles* blanchâtres en dessous, pinnatipartites, à lobes épineux ou non épineux ; les *supérieures pinnatifides, sinuées ou indivises. Involucre à folioles extérieures* ovales, ord. *émarginées-mucronées,* charnues à la base. ♃. Août-septembre.

Cultivé en grand en plein champ et dans les jardins potagers.

M. Moris (loc. cit.) considère le *C. Scolymus,* dont la patrie est inconnue, comme une variété de l'espèce suivante obtenue par la culture.

† **C. Cardunculus** L. *Sp.* 1159 ; *Bot. mag.* t. 2862 et 3241 ; Rchb. *Ic.* XV, t. 833. — [A. CARDON. — Vulg. *Cardon, Carde*].

Tiges de 8-15 décim., robustes, anguleuses-cannelées. *Feuilles* blanchâtres en dessous, *toutes pinnatipartites,* à lobes épineux ou non épineux. *Involucre à folioles* extérieures ovales-lancéolées, *atténuées* en épine, coriaces ou à peine charnues à la base. ♃. Août-septembre.

Cultivé dans les jardins potagers. — Très répandu dans la région méditerranéenne méridionale.

**3. CIRSIUM** Tourn. *Inst.* t. 255. — [CIRSE].

*Involucre à folioles* imbriquées, ord. *atténuées supérieurement,* à pointe ord. épineuse. Réceptacle hérissé de soies. Fleurons égaux. *Anthères* à lobes

dépourvus d'appendices basilaires, *terminées en appendice linéaire-subulé.*
Akènes à insertion basilaire, un peu comprimés, lisses, surmontés d'une
*aigrette* caduque, *à soies* longues *plumeuses,* disposées sur plusieurs rangs,
soudées en anneau à la base.

Plantes bisannuelles ou vivaces. Tige ailée-épineuse ou non ailée, ord. rameuse,
rarement très courte ou presque nulle. Feuilles pinnatipartites, pinnatifides ou
sinuées, dentées-épineuses ou ciliées-épineuses. Capitules solitaires, ou groupés
au sommet de la tige et des rameaux. Fleurons purpurins ou jaunâtres, ou accidentellement blancs.

*a.* — *Feuilles à face supérieure couverte de petites épines.* Capitules à fleurons
purpurins. — (1-2).

*b* — *Feuilles à face supérieure* glabre ou pubescente, mais *non couverte de petites
épines. Capitules à fleurons purpurins.* — (3-7).

*c.* — *Feuilles à face supérieure* glabre ou pubescente, mais *non couverte de petites
épines. Capitules à fleurons jaunâtres.* — (8-10).

**1. C. lanceolatum** Scop. *Carn.* II, 130; Rchb. *Ic.* XV, t. 826, f. 1. — *Carduus
lanceolatus* L. *Sp.* 1149; *Fl. Dan.* VII, t. 1173. — *Cnicus lanceolatus
Engl. bot.* t. 107. — [C. LANCÉOLÉ].

Plante bisannuelle. *Tige* de 5-15 décim., robuste, anguleuse, *ailée-épineuse,* pubescente-aranéeuse supérieurement, plus ou moins rameuse. *Feuilles*
caulinaires longuement décurrentes, à décurrence lobée-épineuse, pinnatipartites à segment terminal lancéolé, *à face supérieure couverte de* très *petites
épines* couchées, à face inférieure ord. pubescente-aranéeuse; les radicales
plus ou moins rétrécies en pétiole, à segments terminaux confluents, les latéraux plus ou moins profondément divisés en deux lobes, le lobe inférieur lancéolé entier, le lobe supérieur trifide à divisions toutes terminées par une forte
épine. *Capitules subsolitaires ou rapprochés 2-3 au sommet des rameaux,
gros, ovoïdes-coniques. Involucre* légèrement pubescent-aranéeux, *à folioles
étalées* dans leur partie supérieure, *lancéolées-subulées,* insensiblement atténuées en épine. Fleurons purpurins. ②. Juin-septembre.

*C C.* — Bords des chemins, villages, décombres, lieux incultes.

S.-v. *ferox.* — Feuilles supérieures à segments et à lobes très étroits terminés par
de longues épines.

**2. C. eriophorum** Scop. *Carn.* II, 130; Rchb. *Ic.* XV, t. 822. — *Carduus eriophorus* L. *Sp.* 1153; Jacq. *Austr.* II, t. 171. — *Cnicus eriophorus Engl.
bot.* t. 386. — [C. LAINEUX].

Plante bisannuelle. Tige de 5-15 décim., robuste, anguleuse, non ailée,
laineuse-aranéeuse, plus ou moins rameuse, très rarement presque simple.
*Feuilles à face supérieure couverte d'épines très petites couchées,* à face
inférieure blanche-tomenteuse; les caulinaires *non décurrentes,* auriculées à
la base, à oreillettes amplexicaules, épineuses, pinnatipartites à segment terminal lancéolé; les radicales plus ou moins rétrécies en pétiole, à segments
distincts même les terminaux, tous divisés presque jusqu'à la base en deux
lobes divariqués lancéolés entiers, le lobe supérieur pourvu outre l'épine terminale de deux fortes épines à la base. Capitules subsolitaires au sommet des
rameaux, très gros, subglobuleux. *Involucre* laineux-aranéeux, *à folioles
étalées* dans leur partie supérieure, *subulées dilatées en spatule* au som-

met, *brusquement terminées en épine.* Fleurons purpurins. ②. Juin-septembre.

*A.R.* — Bords des routes sèches et poudreuses, coteaux pierreux, champs incultes surtout des terrains calcaires. — Château d'Ivry, Yères, Porchefontaine, entre Cœuilly et Villiers (*Vaill.* Bot. Par.). La Celle (*Maire*); Saint-Cucufas!; Versailles!. Lagny, Rentilly, Ferrières (*Thuret*); Brie-Comte-Robert (*Kralik*); Corbeil!; Mennecy!; Melun!; Nemours (*Devilliers*); Malesherbes!; Pithiviers!; Dordives!. Parc de Vigny, Banthélu, Mézières, Saint-Clair-sur-Epte (*Bouteille*); Les Andelys (*A Grenier*); Chaumont!; Gisors!; Beauvais!. Ivors (rare), Brégy (très rare) cant. de Nanteuil, Châvres cant. de Crépy (*Questier*); Compiègne!, etc.

3. **C. palustre** Scop. *Carn.* II, 128; Rchb. *Ic.* XV, t. 831; Bill. *Exsicc.* n. 1016. — *Carduus palustris* L. *Sp.* 1151. — *Cnicus palustris Engl. bot.* t. 974. — [C. DES MARAIS. — Vulg. *Bâton-du-diable*].

Plante bisannuelle. *Tige* de 10-15 décim., flexible, anguleuse, *ailée-épineuse*, très velue, presque tomenteuse supérieurement, rameuse dans sa partie supérieure ou presque simple. Feuilles poilues surtout à la face inférieure, pinnatipartites; les caulinaires longuement décurrentes, à décurrence lobée-épineuse, bordées de longues épines; les radicales plus ou moins rétrécies en pétiole, à lobes triangulaires sinués ou inégalement trifides, fortement ciliées-épineuses. *Capitules assez petits, ovoïdes, agglomérés au sommet de la tige et des rameaux,* souvent disposés en corymbe compacte. Involucre pubescent-cotonneux, *à folioles dressées, ovales-lancéolées,* terminées par un mucron épineux. Fleurons purpurins. ②. Juin-août.

*C C.* — Bois marécageux, prairies humides, bords des fossés aquatiques.

4. **C. acaule** All. *Ped.* I, 153; Rchb. *Ic.* XV, t. 840; Bill. *Exsicc.* n. 1018. — *Carduus acaulis* L. *Sp.* 1156; *Fl. Dan.* VII, t. 1114. — *Cnicus acaulis Engl. bot.* t. 161. — [C. ACAULE].

Souche subcespiteuse, verticale ou oblique, tronquée. *Tige* presque *nulle, plus rarement de 5-20 centim., non ailée,* presque glabre ou légèrement tomenteuse, *simple ne portant ord. qu'un seul capitule, feuillée dans toute sa longueur. Feuilles* à face supérieure presque glabre, *à face inférieure plus ou moins poilue,* pinnatipartites; les radicales plus ou moins rétrécies en pétiole, à lobes triangulaires sinués ou inégalement trifides, bordées de fortes épines; *les caulinaires rétrécies en pétiole,* non amplexicaules. Capitules terminaux, solitaires, rarement 2-3, assez gros, ovoïdes. Involucre glabre, à folioles dressées, lancéolées, les extérieures mucronées à peine épineuses, les intérieures aiguës non mucronées. Fleurons purpurins. ♃. Juillet-septembre.

*C C.* — Pelouses, bords des chemins, collines sèches.

S.-v. *caulescens.* — Tige de 1-2 décim. — Lieux herbeux, buissons.

5. **C. Anglicum** Lmk *Encycl. méth.* I, 705; Rchb. *Ic.* XV, t. 839, f. 1; Bill. *Exsicc.* n. 2492. — *Carduus tuberosus* var. α. L. *Sp.* 1154. — *C. pratensis* Huds. *Angl.* 333. — *Cnicus pratensis Engl. bot.* t. 177. — [C. D'ANGLETERRE].

Souche oblique, tronquée, à fibres radicales épaisses souvent renflées. *Tige* de 3-7 décim., assez grêle, *non ailée,* blanche-tomenteuse, *presque nue dans sa moitié supérieure, simple, ou divisée en deux longs pédoncules presque nus* munis de quelques bractées très étroites. *Feuilles* à face supérieure verte, *à face inférieure laineuse-aranéeuse blanchâtre* ; les radicales longuement rétrécies en pétiole, oblongues-lancéolées, sinuées un peu pinnatifides, à lobes triangulaires ou obscurément bi-trifides, bordées de cils épineux ; les caulinaires peu nombreuses, un peu rétrécies en pétiole, amplexicaules, non décurrentes. Capitules solitaires, rarement 2-3, terminant la tige ou les pédoncules, assez gros, ovoïdes. Involucre légèrement tomenteux-aranéeux, à folioles dressées, lancéolées-aiguës, à peine mucronées. Fleurons purpurins. ♃. Mai-juillet.

C. — Lieux marécageux des bois, prairies spongieuses, tourbières.

S.-v. *polycephalum.* — Tige moins élevée, 2-3-céphale. — *A.C.*

6. **C. bulbosum** DC. *Fl. Fr.* IV, 118 ; Rchb. *Ic.* XV, t. 839, f. 2 ; Bill. *Exsicc.* n. 804. — *Carduus tuberosus* var. β. L. *Sp.* 1154. — *C. bulbosus* Lmk *Encycl. méth.* 1, 705. — *Cirsium medium* All. *Ped.* I, 149, t. 49, f. 2. — [C. BULBEUX].

Souche oblique, tronquée, à *fibres radicales* la plupart *épaisses-napiformes. Tige* de 3-8 décim., *non ailée*, plus ou moins pubescente-aranéeuse surtout au sommet, *presque nue dans sa moitié supérieure, simple ou divisée en 2-3 longs pédoncules presque nus* munis de quelques bractées très étroites. *Feuilles* bordées de cils épineux, à face supérieure verte, à face inférieure plus pâle plus ou moins pubescente, plus rarement laineuse-aranéeuse blanchâtre ; les *radicales* plus ou moins longuement pétiolées, *profondément pinnatifides ou pinnatipartites, à lobes bi-quadrifides à divisions lancéolées*, plus rarement seulement pinnatifides à lobes triangulaires obscurément bi-trifides ; les caulinaires peu nombreuses, non décurrentes, sessiles-amplexicaules, ou les inférieures rétrécies en pétiole. Capitules solitaires à l'extrémité de la tige ou des pédoncules, assez gros, ovoïdes. Involucre légèrement tomenteux-aranéeux, à folioles dressées, lancéolées-aiguës, à peine mucronées. Fleurons purpurins. ♃. Juin-août.

R R. — Prés tourbeux, bords des fossés humides. — Souppes ! près Nemours ; abondant dans les prés à Thurelles ! près Dordives, le long du canal du Loing entre La Croisière et Thurelles ! et dans les marais de Sceaux ! [Loiret].

Nous avons assez souvent rencontré des échantillons qui, par leurs feuilles pinnatifides à lobes bi-trifides et par leur tige divisée en deux longs pédoncules, sont assez exactement intermédiaires entre les *C. Anglicum* et *bulbosum ;* aussi ne serions-nous pas éloignés de rapporter ces deux plantes à un même type spécifique, à l'exemple de Linné et de M. Nægeli (*Dispos. spec. Cirs.* ap. Koch *Syn. fl. Germ.* ed. 2, 991).

7. **C. arvense** Lmk *Fl. Fr.* II, 26 ; Rchb. *Ic.* XV, t. 842. — *Serratula arvensis* L. *Sp.* 1149 ; *Fl. Dan.* IV, t. 644. — *Cnicus arvensis Engl. bot.* t. 975. — [C. DES CHAMPS. — Vulg. *Chardon-hémorrhoïdal*].

Plante bisannuelle ou vivace. *Tige* de 5-10 décim., anguleuse, *non ailée*, légèrement pubescente-tomenteuse au sommet, *très rameuse supérieurement.* Feuilles à face supérieure presque glabre ou parsemée de poils très courts, à face inférieure glabrescente ou tomenteuse, pinnatipartites, pinnatifides ou sinuées ; les radicales légèrement rétrécies en pétiole, à lobes courts subquadrangulaires fortement anguleux, ciliés-épineux ; les caulinaires sessiles, souvent auriculées-amplexicaules, à lobes bordés de longues épines. *Capitules* assez petits, *dioïques par avortement*, ovoïdes, subsolitaires ou groupés au sommet des rameaux, disposés en panicule corymbiforme feuillée. Involucre glabre ou pubescent, à folioles dressées, les extérieures ovales-aiguës terminées par un mucron à peine épineux étalé, les intérieures linéaires à peine mucronées ou non mucronées. *Fleurons d'un rose cendré*, à odeur douce. ② ou ♃. Juin-septembre.

*CCC.* — Bords des chemins, champs cultivés ou en friche, décombres, etc.

S.-v. *concolor*. — Feuilles vertes sur les deux faces.

S.-v. *discolor*.— Feuilles blanches-tomenteuses en dessous.

8. **C. hybridum** Koch ap. DC. *Fl. Fr.* suppl. 463 ; Rchb. *Ic.* XV, t. 847, f. 2.— C. *palustri-oleraceum* Nægeli ; Rchb. *Ic.* XV, t. 846. — C. *Erisithales Cat. rais.* non Scop. — [C. HYBRIDE].

Plante vivace. Tiges de 8-12 décim., robustes, sillonnées-anguleuses, non ailées, pubescentes, simples, ou plus ou moins rameuses supérieurement. *Feuilles* à face supérieure ord. parsemée de poils très courts, à face inférieure pubescente, pinnatipartites ou profondément pinnatifides ; les radicales longuement rétrécies en un pétiole ailé, à lobes lancéolés ou oblongs, sinués, ciliés-épineux ; les *caulinaires* amplexicaules, *ord.* auriculées à la base, *un peu décurrentes*, à lobes bordés de cils épineux assez faibles. *Capitules* assez gros, ovoïdes-allongés, *munis à leur base de bractées étroites*, plus ou moins nombreux, *rapprochés ou groupés au sommet des rameaux.* Involucre presque glabre, un peu pubescent-aranéeux à la base, à folioles dressées ou légèrement étalées au sommet, lancéolées, terminées par une épine très faible. *Fleurons jaunâtres*, quelquefois légèrement rosés. ♃. Juillet-août.

*R.* — Prairies et marais tourbeux. — Meudon (*de Boucheman*) ; Saint-Gratien (*Guillard*). Senlisse et Élancourt près Dampierre, Itteville (*de Boucheman*). Noisement et Brignancourt près Marines (*de Boucheman*). Luzarches (*De Lens*) ; Morfontaine ! (*Decaisne*) ; Neuf-Moulin !; marais de Sacy-le-Grand !; marais de Bourneville, Collinance, Mareuil-sur-Ourcq, Faverolles (*Questier*). — *Graves* Cat. Oise : entre Choisy et Compiègne ; Tric-le-Château ; Bulles.

9. **C. oleraceum** All. *Ped.* I, 149 ; Rchb. *Ic.* XV, t. 834 ; Bill. *Exsicc.* n. 2093 et *bis.* — *Cnicus oleraceus* L. *Sp.* 1156 ; *Fl. Dan.* V, t. 860. — [C. MARAÎCHER].

Plante vivace. Tiges de 8-12 décim., robustes, cannelées, non ailées, presque glabres, simples ou plus ou moins rameuses supérieurement. *Feuilles* glabres ou légèrement pubescentes, pinnatipartites, pinnatifides ou sinuées ; les radicales longuement rétrécies en un pétiole un peu ailé, ovales-lancéolées sinuées-dentées, ou pinnatifides à lobes très amples ovales-aigus ou lancéolés dentés ciliés-épineux ; les *caulinaires* cordées-amplexicaules, *non décurrentes*, bordées de cils épineux assez faibles. *Capitules* assez gros, ovoïdes-allongés, *entourés de bractées* larges *ovales décolorées*, peu nombreux, *groupés au sommet de la tige ou des rameaux.* Involucre pubescent, à folioles dressées, légèrement étalées au sommet, lancéolées-linéaires, terminées par une épine assez faible. *Fleurons jaunâtres*, très rarement purpurescents. ♃. Juillet-août.

*C.* — Prairies tourbeuses, bois marécageux, bords des eaux.

**10. C. rigens** Wallr. *Sched.* 446; Rchb. *Ic.* XV, t. 858. — *Cnicus rigens* Ait.
*Hort. Kew.* ed. 1, III, 144. – – *C. acauli-oleraceus* Schiede *Pl. hybr.* 46. —
*Cirsium oleraceo-acaule* Hampe in *Linnæa* [1837], 1. – – *C. decoloratum*
Koch *Syn. fl. Germ.* ed. 1, 398. — *C. Lachenalii* Koch, loc. cit. 397. —
*C. oleraceo-acaule* et *C. acauli-oleraceum* Nægeli in Koch *Syn. fl. Germ.*
ed. 2, 1010. — [C. ROIDE].

Plante vivace. Tige de 4-8 décim., assez robuste, sillonnée, non ailée, plus
ou moins rameuse supérieurement. *Feuilles* glabres ou pubescentes-aranéeuses, pinnatipartites, à lobes ovales ou oblongs inégalement bi-trilobés ou
bi-trifides dentés, bordés de cils épineux; les radicales atténuées en pétiole;
les *caulinaires* sessiles ou subsessiles *non décurrentes. Capitules* peu nombreux, assez gros, subglobuleux, *ord. solitaires à l'extrémité de pédoncules
plus ou moins longs, munis à leur base de bractées étroites* lancéolées *non
décolorées.* Involucre un peu pubescent-aranéeux ou presque glabre, à folioles dressées ou légèrement étalées au sommet, lancéolées, terminées par
une épine très faible. *Fleurons jaunâtres.* ♃. Juillet-août.

*R R R.* — Prairies humides. — Trouvé un seul individu à Buc, observé à Pontchartrain, deux années de suite, mais un seul individu chaque fois (*de Boucheman*). Forêt de Chantilly aux étangs de Comelle (*Webb*). — *Graves* Cat. Oise :
bois de Fresnes-Léguillon cant. de Chaumont; Morfontaine; Gouvieux.

Cette plante diffère du *C. oleraceum* par son port moins robuste, par les bractées étroites non décolorées, par les capitules ord. solitaires, etc. — Elle se distingue du *C. hybridum* Koch par les feuilles non décurrentes, par les capitules plus
gros, ord. solitaires. — Le *C. rigens* est considéré par la plupart des auteurs
comme un hybride des *C. oleraceum* et *acaule*, opinion que semblent confirmer la
rareté de la plante dans nos environs et l'existence simultanée aux localités indiquées des *C. oleraceum* et *acaule.*

### 4. CARDUUS L. *Gen.* n. 925 ex parte. — [CHARDON].

*Involucre à folioles* imbriquées, *atténuées en épine. Réceptacle hérissé de
soies.* Fleurons égaux. Anthères à lobes dépourvus d'appendice basilaire, terminées en un appendice linéaire-subulé. Akènes à insertion presque basilaire,
un peu comprimés, lisses, surmontés d'une *aigrette* caduque, *à soies* longues
*plus ou moins scabres*, disposées sur plusieurs rangs, soudées en anneau à
la base.

Plantes annuelles ou bisannuelles. Tige ailée-épineuse, ord. rameuse. Feuilles
pinnatipartites, pinnatifides ou sinuées, dentées-épineuses ou ciliées-épineuses. Capitules solitaires, ou groupés au sommet de la tige et des rameaux. Fleurons purpurins, rarement blancs.

**1. C. tenuiflorus** Sm. *Brit.* 849; *Engl. bot.* t. 412; Rchb. *Ic.* XV, t. 865, f. 1;
Bill. *Exsicc.* n. 805. — [C. A PETITS CAPITULES].

Tiges de 3-10 décim., largement ailée-épineuse, simple ou rameuse.
Feuilles d'un vert pâle, quelquefois veinées de blanc, parsemées en dessus de
poils courts, velues-aranéeuses souvent blanchâtres en dessous, sinuées ou pinnatifides, à lobes courts irrégulièrement anguleux dentés-épineux, décurrentes
dans toute la longueur des entre-nœuds, à décurrence foliacée sinuée-épineuse.
*Capitules cylindriques-allongés,* assez petits, *sessiles, agglomérés au sommet
des rameaux,* très rarement subsolitaires. Involucre ord. pubescent-aranéeux,

à folioles lâchement imbriquées, arquées en dehors, terminées par une épine
assez faible. Fleurons purpurins. ① ou ②. Juin-août.

*C C.* — Bords des chemins, décombres, pied des murs, villages. — Cette plante,
très abondante dans Paris et dans ses environs immédiats, est rare dans un certain
nombre de localités.

Le *C. pycnocephalus* DC. (Rchb. *Ic.* XV, t. 864, f. 1) se distingue du *C. tenuiflorus* par sa tige à ailes étroites très interrompues, par ses pédoncules allongés
nus, par ses capitules plus gros solitaires ou rapprochés par 2-3 à l'extrémité des
pédoncules. Cette plante, que nous avons observée à Rouen !, où elle est assez
abondante, a été trouvée à Versailles ! au voisinage de l'embarcadère du chemin
de fer de la rive gauche, où existait autrefois un jardin botanique.

**2. C. crispus** L. *Sp.* 1150 ; *Fl. Dan.* IV, t. 621 ; Rchb. *Ic.* XV, t. 880, f. 1 ; Bill.
    *Exsicc.* n. 2695. — [ C. CRÉPU ].

Tige de 6-12 décim., ailée-épineuse, ord. très rameuse. Feuilles d'un vert
foncé, glabrescentes ou parsemées en dessus de poils courts, légèrement pubescentes-aranéeuses en dessous, pinnatifides, à lobes assez courts trifides ou
quinquéfides dentés-épineux, décurrentes dans toute la longueur des entre-
nœuds, à décurrence foliacée épineuse lobée-interrompue. *Pédoncules pubescents, chargés de décurrences épineuses,* quelquefois nus au sommet. *Capitules* subglobuleux, assez petits, dressés, *ord. rapprochés au sommet
des rameaux. Involucre* à peine pubescent-aranéeux, *à folioles droites,
dressées,* terminées par une épine très faible. Fleurons purpurins. ②. Juillet-
septembre.

*C.* — Bords des chemins, lieux incultes, lisières des bois.

S.-v. *mollis.* — Feuilles ord. plus larges. — Involucre velu presque laineux.

**3. C. nutans** L. *Sp.* 1150 ; *Fl. Dan.* IV, t. 675 ; *Engl. bot.* t. 1112 ; Rchb. *Ic.* XV,
    t. 877, f. 1-2 ; Bill. *Exsicc.* n. 2697. — [ C. PENCHÉ ].

Tige de 5-10 décim., ailée-épineuse, ord. plus ou moins rameuse. Feuilles
glabrescentes ou légèrement pubescentes en dessus, les inférieures pubescentes-aranéeuses au moins en dessous, pinnatifides à lobes assez courts trifides ou quinquéfides dentés-épineux, décurrentes dans toute la longueur des
entre-nœuds, à décurrence foliacée épineuse lobée-interrompue. *Pédoncules
ord. tomenteux, ne présentant pas de décurrences épineuses* ou n'en présentant qu'une seule très étroite, rarement ailés-épineux. Capitules ord. gros,
subglobuleux, penchés, plus rarement presque dressés, subsolitaires au sommet des pédoncules, plus rarement rapprochés par 2-3. *Involucre* légèrement
pubescent-aranéeux, *à folioles extérieures réfractées à leur partie moyenne,*
plus rarement dressées, terminées par une épine plus ou moins forte. Fleurons purpurins, odorants. ②. Juin-septembre.

Bords des chemins, lieux incultes et pierreux, champs en friche.

Var. α. *nutans.* — Tige rameuse, polycéphale. Feuilles à lobes amples, ovales-
    anguleux. Pédoncules tomenteux, ne présentant ord. pas de décurrences épi-
    neuses ou n'en présentant qu'une seule très étroite. *Capitules* gros, *penchés* ou
    presque dressés, subsolitaires à l'extrémité des pédoncules. *Involucre à folioles
    extérieures* ord. *étalées, terminées par une épine très forte.* — *C C C.*

Var. β. *simplex.* — *Tige souvent simple,* submonocéphale. Feuilles à lobes ord.
    triangulaires étroits. Pédoncules tomenteux, ne présentant ord. pas de décur-

rences épineuses. Capitules assez gros, penchés ou presque dressés, subsolitaires à l'extrémité des pédoncules. *Involucre à folioles extérieures dressées droites, ou étalées, terminées par une épine assez faible.* — A.C.

Var. γ. *acanthoides.* (*C. acanthoides* L. *Sp.* 1150). — *Tige rameuse, polycéphale.* Feuilles à lobes ovales-anguleux, assez amples, ou triangulaires étroits. Pédoncules pubescents, plus rarement tomenteux, chargés de décurrences épineuses, plus rarement nus au sommet. Capitules de grosseur variable, presque dressés ou à peine penchés, subsolitaires ou rapprochés au sommet des rameaux. *Involucre à folioles extérieures dressées droites ou à peine étalées, terminées par une épine assez faible.* — A.R. — Bois de Boulogne!; Vincennes!; Charenton!; entre Charentonneau et Saint-Maur (*Vaill.* Bot. Par.); Saint-Maur!; Chelles (*de Schœnefeld*). Montigny-l'Allier (*Questier*). — *Graves* Cat. Oise : Bourneville cant. de Betz; Gilocourt cant. de Crépy.

S.-v. *macrocephalus.* — Capitules subsolitaires, assez gros. Folioles extérieures de l'involucre étalées.

S.-v. *microcephalus.* — Capitules souvent rapprochés, assez petits. Folioles extérieures de l'involucre dressées.

Le *C. acanthoides* L., décrit comme espèce distincte par la plupart des auteurs, nous paraît être un hybride du *C. nutans* et du *C. crispus;* les nombreux échantillons que nous avons observés, dans des localités où ces deux espèces étaient également abondantes, nous ont présenté toutes les nuances intermédiaires.

**5. SILYBUM** Vaill. *Act. acad. Par.* [1718] 172. — [SILYBE].

*Involucre à folioles* imbriquées, celles *des rangs extérieurs terminées par un appendice lobé à lobes épineux.* Réceptacle hérissé de soies. Fleurons égaux. *Étamines à filets pubescents-papilleux* soudés en tube. Akènes à insertion large basilaire, un peu comprimés, lisses, surmontés d'une aigrette caduque, à soies longues, fortement scabres, disposées sur plusieurs rangs, soudées en anneau à la base.

Plante annuelle ou bisannuelle. Tige non ailée, ord. rameuse. Feuilles pinnatifides ou sinuées, dentées-épineuses ou ciliées-épineuses. Capitules solitaires à l'extrémité de la tige et des rameaux. Fleurons purpurins.

1. **S. Marianum** Gærtn. *Fruct.* II, 377, t. 162, f. 2; Rchb. *Ic.* XV, t. 882. — *Carduus Marianus* L. *Sp.* 1153; *Engl. bot.* t. 976. — [S. DE MARIE. — Vulg. *Chardon-Marie*].

Tige de 3-15 décim., robuste, rameuse, rarement simple, légèrement pubescente-aranéeuse. Feuilles presque glabres ou légèrement pubescentes en dessous, marbrées de blanc dans la direction des nervures, pinnatifides ou sinuées, à lobes courts anguleux, ciliés-épineux; les radicales rétrécies en pétiole; les caulinaires auriculées-amplexicaules, à peine décurrentes. Capitules subglobuleux, très gros. Involucre à folioles extérieures terminées par un appendice étalé-réfléchi lobé-épineux à épine terminale très longue robuste. ① ou ②. Juin-août.

R. — Bords des chemins, villages, décombres, voisinage des vieux châteaux. — Chaillot (*Cornuti* Ench. Par., *B. de Jussieu* in *Tourn.* Hist. pl. Par.). Deuil près Montmorency (*Vigineix*). Châteaufort (*Mandon*); château de Chevreuse!; Bruyères-le-Châtel près Arpajon (*Thuret*). Chaumont! (*Frion*); Gisors (*de Schœnefeld*); Froidmont (*Caron*); Boury, Beauvais, Liancourt, Senlis, Nanteuil-le-Haudouin, Betz (*Graves*); pépinière à Villers-Cotterets (*de Marcilly fils*). Malesherbes! (*Ber-*

*nard*). Dreux (*Dœnen*). Abondant aux Andelys!. — *Graves* Cat. Oise : Bailleu-sur-Thérain cant. de Nivillers; Boury cant. de Chaumont; Ons-en-Bray.

S.-v. *simplex*. — Plante naine. Tige simple, monocéphale par avortement.

### 6. **CARDUNCELLUS** DC. *Mém. Comp.* 20. — [CARDONCELLE].

*Involucre à folioles* imbriquées, les *extérieures foliacées* quelquefois pin-natifides, les intérieures oblongues apprimées terminées par un appendice scarieux lacéré. Réceptacle hérissé de soies. *Étamines à filets munis d'un anneau de poils* vers le milieu de leur longueur et un peu cohérents entre eux par ces poils intriqués. Akènes à insertion basilaire, subtétragones, lisses ou rugueux dans leur partie supérieure, surmontés d'une aigrette caduque, à soies longues fortement scabres, disposées sur plusieurs rangs, soudées en anneau à la base.

Plante vivace, subacaule, ou caulescente à tige simple non ailée. Feuilles toutes ou la plupart radicales, sinuées ou pinnatipartites, plus rarement indivises, non épineuses. Capitule solitaire terminal. Fleurons bleus.

1. **C. mitissimus** DC. *Fl. Fr.* IV, 73; Bill. *Exsicc.* n. 2288. — *Carthamus mitissimus* L. *Sp.* 1164. — [C. MOU].

Souche subcespiteuse, rameuse. Tiges presque nulles, atteignant plus rare-ment 5-20 centim., simples, monocéphales, glabres ou pubescentes, non ailées, feuillées. Feuilles coriaces, glabres, plus ou moins rétrécies en pétiole, pinnatifides ou profondément pinnatipartites, à lobes ovales ou linéaires, égaux ou le terminal plus grand, entiers, dentés ou pinnatifides ; les radicales quelquefois indivises oblongues-obovales dentées. Capitules oblongs-coniques, assez gros; involucre à folioles non épineuses. ♃. Juin-septembre.

*R.* — Pelouses sèches, coteaux pierreux des terrains calcaires. — Mennecy (*Des Étangs*); Lardy, La Ferté-Aleps (*de Boucheman*); Étréchy!; dans les sables entre Étampes et La Ferté-Aleps (*Tourn.* Hist. pl. Par.); Étampes (*Woods*); Bouron (C^te *Jaubert*); Épisy! près Moret (*E. Fournier*); Nemours (*Devilliers*); Malesherbes ! (*Maire*).

SOUS-TRIBU II. — Aigrette persistante, ou à soies se détachant isolément, rarement nulle ; soies lisses ou scabres, jamais plumeuses, très rare-ment paléiformes, libres, très rarement soudées en couronne laciniée.

### 7. **LAPPA** Tourn. *Inst.* t. 256. — [BARDANE].

*Involucre à folioles* imbriquées, celles *des rangs extérieurs* linéaires-subulées *à pointe recourbée en crochet*, les intérieures lancéolées droites ou à peine recourbées. Réceptacle hérissé de soies. Fleurons égaux. Anthères à lobes prolongés inférieurement en appendices subulés. *Akènes à insertion presque basilaire*, comprimés, ridés transversalement, surmontés d'une ai-grette à soies courtes, scabres, disposées sur plusieurs rangs, libres jusqu'à la base, caduques isolément.

Plante bisannuelle. Tige non ailée, très rameuse. Feuilles toutes pétiolées, en-tières ou sinuées, légèrement ondulées, terminées en mucron par le prolongement de la nervure, non épineuses. Capitules terminaux et latéraux, solitaires ou agglo-mérés, disposés en une panicule irrégulière feuillée. Fleurons purpurins ou acci-dentellement blancs.

**1. L. communis** *Fl. Par.* éd. 1, 389. — *L. officinalis* Spach *Suites à Buffon vég.* X, 83. — [B. COMMUNE. — Vulg. *Bardane, Lappes, Glouteron, Coupeau, Picons*].

Tige de 6-12 décim., robuste, sillonnée ou anguleuse, très rameuse, pubescente à poils courts. Feuilles parsemées en dessus de poils courts, blanchâtres pubescentes ou tomenteuses en dessous ; les radicales cordées à la base, ovales, entières ou irrégulièrement sinuées ; les supérieures ovales-lancéolées, atténuées à la base. Capitules subglobuleux, à involucre glabre ou chargé d'une pubescence aranéeuse. ②. Juin-septembre.

Bords des chemins, villages, lieux incultes, haies, buissons.

Var. α. *minor*. (*L. minor* DC. *Fl. Fr.* IV, 77 ; Rchb. *Ic.* XV, t. 811, f. 1. — *Arctium Lappa* L. *Sp.* 1143 ; *Engl. bot.* t. 1228). — Capitules assez petits, à involucre glabre, à folioles au moins les intérieures colorées en violet purpurin. — CC.

Var. β. *major*. (*L. major* DC. *Fl. Fr.* IV, 77 ; Bill. *Exs'cc.* n. 1901. — *Arctium Lappa* Willd. *Sp.* III, 1631 ; Hayne *Arzng.* II, t. 35. — *L. officinalis* All. *Ped.* I, 145 ; Rchb. *Ic.* XV, t. 812, f. 2). — Capitules assez gros, à involucre glabre, à folioles vertes même les inférieures. — A.R. — Saint-Maur, Yères, Château-de-la-Chasse (*Vaill.* Bot. Par.). Mennecy (*Thuret*); Vert-le-Petit (*de Schœnefeld*). Verberie, Bailly (*Questier*), etc.

Var. γ. *tomentosa*. (*L. tomentosa* Lmk *Encycl. méth.* I, 377 ; Rchb. *Ic.* XV, t. 811, f. 2. — *Arctium Lappa* var. β. L. *Sp.* 1143. — *Arctium Bardana* Willd. *Sp.* III, 1632 ; Hayne *Arzng.* II, t. 36 ; *Engl. bot.* t. 2178).— Capitules assez gros, à involucre chargé d'une pubescence aranéeuse, à folioles intérieures ord. colorées en violet purpurin. — A.C.

## 8. SERRATULA L. *Gen.* n. 924 ex parte. — [SARRETTE].

*Involucre à folioles* imbriquées, les *extérieures aiguës* non épineuses, les intérieures plus ou moins membraneuses-scarieuses au sommet. Réceptacle hérissé de soies. *Fleurons égaux. Akènes à insertion latérale*, un peu comprimés, presque lisses, surmontés d'une *aigrette à soies* scabres, disposées sur plusieurs rangs, libres jusqu'à la base, caduques isolément, inégales, les *extérieures plus courtes*.

Plante vivace. Tige non ailée, rameuse. Feuilles pétiolées ou subsessiles, finement dentées, lyrées-pinnatifides ou pinnatipartites, non épineuses. Capitules disposés en corymbe terminal. Fleurons purpurins, rarement blancs.

**1. S. tinctoria** L. *Sp.* 1144 ; *Fl. Dan.* II, t. 281 ; *Engl. bot.* t. 38 ; Rchb. *Ic.* XV, t. 802 ; Bill. *Exsicc.* n. 2494 et *bis* et *ter.* — [S. DES TEINTURIERS. — Vulg. *Sarrette*].

Souche couronnée par les nervures persistantes des feuilles détruites. Tige de 5-10 décim., rameuse au sommet à rameaux dressés, cannelée-anguleuse, très glabre. Feuilles glabres, ou légèrement rudes en dessous, ovales indivises finement dentées à dents roides mucronées, ou pinnatipartites à lobe terminal plus grand ; les inférieures pétiolées ; les supérieures sessiles. Capitules oblongs, rapprochés au sommet des rameaux. Involucre à folioles lancéolées-aiguës. Akènes surmontés d'une aigrette d'un blanc sale ou roussâtre. ♃. Juillet-octobre.

C. — Bois, taillis, pâturages.

**9. CENTAUREA** L. *Gen.* n. 984 ex parte. — [CENTAURÉE].

*Involucre à folioles* imbriquées, *entourées d'une bordure denticulée-ciliée, ou terminées par un appendice scarieux* lacinié ou denticulé-cilié, *plus rarement par une épine.* Réceptacle hérissé de soies. *Fleurons de la circonférence stériles*, infundibuliformes, *rayonnants*, plus grands que ceux du centre, très rarement hermaphrodites semblables à ceux du centre. *Akènes à insertion* obliquement *latérale*, comprimés, glabres ou pubescents, dépourvus d'aigrette, ou plus ord. surmontés d'une *aigrette* ord. courte persistante *composée de soies inégales* scabres ord. disposées sur plusieurs rangs les soies *les plus intérieures plus courtes* conniventes.

Plantes annuelles, bisannuelles ou vivaces. Tige rameuse, rarement ailée. Feuilles indivises, sinuées, pinnatifides, pinnatipartites ou pinnatiséquées, non épineuses. Capitules subsolitaires au sommet de la tige et des rameaux, ou disposés en corymbe irrégulier. Fleurons purpurins, bleus ou jaunes, rarement blancs.

Sect. I. — *Folioles de l'involucre terminées en épine robuste.* Fleurons jaunes, ou purpurins accidentellement blancs. — (1-2).

Sect. II. — *Folioles de l'involucre non terminées en épine*, ou à peine épineuses au sommet, entourées d'une bordure ciliée, ou terminées par un appendice scarieux cilié ou plus ou moins lacinié rarement entier. Fleurons purpurins ou bleus, rarement blancs. — (3-5).


Sect. I. — Folioles de l'involucre terminées en épine robuste. Fleurons jaunes ou purpurins, plus rarement blancs.


**1. C. Calcitrapa** L. *Sp.* 1297 ; *Fl. Dan.* XII, t. 1998 ; *Engl. bot.* t. 125 ; Rchb. *Ic.* XV, t. 798, f. 1 ; Bill. *Exsicc.* n. 1902. — [C. CHAUSSE-TRAPE. — *Vulg.* *Chardon-étoilé, Chausse-trape*].

Tige de 4-8 décim., anguleuse, très rameuse-diffuse, pubescente ou poilue, non ailée. Feuilles pubescentes en dessus, poilues en dessous, pinnatipartites, à lobes linéaires entiers ou dentés ; les radicales rétrécies en pétiole, à lobe terminal souvent plus grand, étalées en rosette, la rosette de la première année présentant au centre un capitule réduit à l'involucre ; les caulinaires sessiles, presque amplexicaules, non décurrentes ; les supérieures souvent entières. Capitules ovoïdes-oblongs, subsessiles, ord. espacés le long des rameaux et unilatéraux, disposés en une cyme corymbiforme feuillée. *Involucre* glabre ; *à folioles extérieures* ovales-suborbiculaires, *terminées en épine* étalée, *robuste*, canaliculée, pinnatipartite à la base, dépassant ord. les fleurons ; les inférieures spatulées, scarieuses, entières. *Fleurons purpurins*, rarement blancs, égaux. Akènes blancs, comprimés, dépourvus d'aigrette. ②. Juillet-septembre.

*C C C.* — Bords des chemins, lieux secs ou pierreux.

Var. β. *myacantha.* (C. *myacantha* DC. *Fl. Fr.* IV, 101, et *Ic. rar.* t. 23 ; Rchb. *Ic.* XV, t. 797, f. 3). — Tige ord. presque glabre. Folioles extérieures de l'involucre à épines rudimentaires, la division terminale de l'épine à peine plus longue que les divisions latérales. — *R R.* — Champ-de-Mars (*Gogot*) ; Vincennes (*Bosc* sec. DC.) ; Versailles (*Duby* Bot. Gall.). Oulins (*Brou*). Parouseau près Donnemarie (*de Schœnefeld*). Trouvé une fois sur la rive gauche de l'Aisne près de la rampe du pont de Choisy-au-bac près Compiègne (*de Marcilly fils*). — *Graves* Cat. Oise : cimetière de Chambly, sur le chemin de Mesnil-Saint-Denis.

**2. C. solstitialis** L. *Sp.* 1297 ; *Engl. bot.* t. 243 ; Rchb. *Ic.* XV, t. 795, f. 1 ; Bill. *Exsicc.* n. 266. — [C. DU SOLSTICE].

*Tige* de 3-7 décim., ord. très rameuse dès la base, tomenteuse-blanchâtre, *ailée* par la décurrence des feuilles, *à ailes foliacées* ondulées. Feuilles pubescentes-aranéeuses, blanchâtres ; les supérieures lancéolées-linéaires, entières ou un peu sinuées, brièvement mucronées-épineuses au sommet, décurrentes dans toute la longueur des entre-nœuds ; les inférieures lyrées-pinnatifides ou pinnatipartites. Capitules ovoïdes-subglobuleux, pédonculés, solitaires, disposés en corymbe feuillé. *Involucre* laineux, *à folioles exté-rieures* ovales-oblongues, *terminées en épine* jaunâtre, *robuste*, étalée, cylindrique, pinnatipartite à la base, dépassant longuement les fleurons ; les intérieures oblongues-lancéolées, terminées par un appendice membraneux entier. *Fleurons* égaux, *d'un jaune-citron.* Akènes blancs, comprimés ; ceux du centre surmontés d'une aigrette blanche, sétacée, plus longue que l'akène ; les marginaux dépourvus d'aigrette. (1) ou (2). Juillet-septembre.

*A.R.* -- Champs arides, bords des chemins, prairies artificielles. — Talus des fortifications à Batignolles (*Bonnet*) ; bois de Boulogne (*de Schœnefeld*) ; plaine du Point-du-Jour, Sèvres, Bondy, Rueil (*Thuill. Fl. Par.*) ; Grenelle ! ; entre Vaugi-rard et Issy (*Vaill. Bot. Par.*) ; Gentilly ! ; Choisy-le-Roi (*Maire*). Versailles (*de Bou-cheman*) ; Poissy (*C. de Chambine*) ; Mézières près Magny, les Andelys (*Bouteille*). Pouilly (*Daudin*) ; Nivillers près Beauvais (*Taillefert*) ; Ourcel-Maison (*Graves*) ; Senlis (*Morelle*) ; Compiègne (*Léré*) ; Margny et Royallieu près Compiègne, Villers-Cotterets (*de Marcilly fils*) ; Crépy, Cuvergnon, Ormoy-le-Davien, Thury-en-Valois, Marolles, etc. (*Questier*). Provins (*Bouteiller*). Le Châtelet (*M. Garnier*) ; Thu-relles ! près Dordives. Dreux ! (*Dœnen*), etc. — *Graves* Cat. Oise : Puits-la-Vallée cant. de Froissy ; Mesnil-Saint-Martin près Chambly ; Choisy-au-Bac ; Bulles, etc. « Vient dans les luzernières défrichées et ne s'y maintient pas longtemps. Intro-duite avec les semences ».

Le *C. Melitensis* L. (Sibth. et Sm. *Fl. Græc.* t. 909 ; Rchb. *Ic.* XV, t. 796, f. 1. — *C. Apula* Lmk) a été trouvé en 1843 et 1844 à Gentilly (*Mandon*) et sur les talus des fortifications au bois de Boulogne (*Bourgeau*). Cette espèce, propre à l'Europe méridionale, a été introduite accidentellement dans nos environs, où elle n'a pas été récemment retrouvée ; elle se distingue du *C. solstitialis* par ses capi-tules sessiles ord. groupés 2-3 au sommet des rameaux, par les folioles intérieures de l'involucre insensiblement atténuées en pointe épineuse et dépourvues d'appen-dice membraneux terminal, etc.

**Sect. II.** — Folioles de l'involucre non terminées en épine ou à peine épi-neuses au sommet, entourées d'une bordure ciliée, ou terminées par un appendice scarieux cilié ou plus ou moins lacinié, rarement entier. Fleurons purpurins ou bleus, rarement blancs.

**3. C. Cyanus** L. *Sp.* 1289 ; *Fl. Dan.* VI, t. 993 ; *Engl. bot.* t. 277 ; Rchb. *Ic.* XV, t. 768, f. 1 ; Bill. *Exsicc.* n. 265. — [C. BLUET. — Vulg. *Bluet, Bleuet, Barbeau, Casse-lunettes*].

*Tige* de 4-7 décim., plus ou moins rameuse supérieurement, ord. rude, légèrement floconneuse-blanchâtre. *Feuilles* soyeuses-blanchâtres en dessous ; les inférieures pinnatipartites à lobe terminal oblong-lancéolé très allongé, à lobes latéraux linéaires très petits ; les moyennes indivises, dentées à la base ; les *supérieures linéaires, entières,* sessiles. Capitules ovoïdes, solitaires à l'extrémité de longs pédoncules. *Involucre* glabre, *à folioles entourées dans leur partie supérieure d'une bordure scarieuse colorée* incisée-ciliée brunâtre ou noirâtre. *Fleurons bleus,* ou accidentellement violets roses ou blancs, ceux de la circonférence très développés rayonnants. *Akènes* blanchâtres, très finement pubescents, *surmontés d'une aigrette* roussâtre *qui égale environ leur longueur.* ① ou ②. Mai-juillet, refleurit souvent à l'automne.

*CCC.* — Champs, moissons, prairies artificielles. — Fréquemment cultivé dans les parterres.

Le *C. montana* L. (Jacq. *Austr.* IV, t. 371 ; Rchb. *Ic.* XV, t. 771 ; Bill. *Exsicc.* n. 2698), généralement répandu dans les pays de montagnes, est assez fréquemment cultivé dans les parterres, d'où il s'échappe quelquefois : il a été trouvé subspontané dans les bois de Versailles ! et dans les bois de Saint-Martin près Thury-en-Valois (*Questier*). Cette espèce se distingue aux caractères suivants : plante vivace ; feuilles oblongues-lancéolées, entières ou denticulées, longuement décurrentes ; fleurons de la circonférence rayonnants bleus, ceux du centre violets.

**4. C. Scabiosa** L. *Sp.* 1291 ; *Fl. Dan.* VII, t. 1231 ; *Engl. bot.* t. 56 ; Rchb. *Ic.* XV, t. 774, f. 1-2 ; Bill. *Exsicc.* n. 2699. — [ C. SCABIEUSE].

*Plante vivace.* Tige de 4-8 décim., rameuse supérieurement, légèrement scabre, presque glabre. *Feuilles* glabrescentes, ou plus ou moins poilues surtout à la face inférieure, à bords scabres, rétrécies en pétiole, non décurrentes, *pinnatipartites,* à lobes pinnatifides ou sinués, plus rarement entiers, terminés par un mucron obtus calleux. Capitules subglobuleux, peu nombreux, solitaires à l'extrémité de longs pédoncules. *Involucre* glabre ou pubescent, *à folioles entourées dans leur partie supérieure d'une bordure* noirâtre *incisée-ciliée ;* la partie scarieuse de chaque foliole laissant à découvert la partie herbacée des folioles plus intérieures. Fleurons purpurins, ceux de la circonférence plus grands rayonnants. *Akènes* blanchâtres ou grisâtres, pubescents, *surmontés d'une aigrette* brunâtre *qui égale environ leur longueur.* ♃ Juin-août.

*C.* — Bords des champs, pâturages, coteaux calcaires.

Le *C. paniculata* L. (Rchb. *Ic.* XV, t. 780, f. 2 ; Bill. *Exsicc.* n. 1022) a été observé dans la Plaine-de-la-Justice à Compiègne, dans les champs de luzerne à Pouilly et au mont Saint-Siméon près Noyon où il a été introduit par les cultures (*Graves Cat.* Oise). Cette espèce, répandue dans le midi de la France, se reconnaît aux caractères suivants : *plante bisannuelle* à racine pivotante très longue ; tiges dressées, grêles, très rameuses à rameaux étalés ; *feuilles* vertes ou d'un vert blanchâtre, pubescentes-scabres, souvent couvertes d'une pubescence aranéeuse, les radicales en rosette *pinnatipartites ou bipinnatipartites* à lobes étalés linéaires ou lancéolés mucronés plus rarement lyrées-pinnatifides, les caulinaires pinnatipartites ou pinnatifides à lobes étroits à bords enroulés en dessous, les raméales souvent indivises linéaires ; *capitules* petits, solitaires à l'extrémité des ramuscules mais rapprochés au sommet des rameaux, disposés *en panicule* générale *corymbiforme lâche* étalée *très rameuse; involucre ovoïde-oblong,* un peu atténué à la base, *à folioles* imbriquées, *fortement 5-nerviées* sur le dos, terminées par un appendice de couleur fauve triangulaire cilié qui ne recouvre pas les folioles voisines terminé par une pointe spinescente dressée environ de la longueur des cils ; *fleu-*

*rons purpurins*, ceux de la circonférence rayonnants; akènes surmontés d'une aigrette qui égale environ la moitié de leur longueur.

5. **C. Jacea.** — *C. Jacea* et *C. nigra* L. *Sp.* — *C. vulgaris* Godr. *Fl. Lorr.* éd. 1, II, 53, excl. var. ε. et ζ. — [C. JACÉE. — Vulg. *Barbeau, Jacée*].

*Plante vivace.* Tiges de 3-8 décim., plus ou moins nombreuses ou solitaires, un peu anguleuses, simples ou rameuses supérieurement, un peu rudes, ord. pubescentes-aranéeuses. Feuilles rudes surtout sur les bords, oblongues-lancéolées, entières, dentées ou sinuées, très rarement pinnatipartites, terminées par un mucron obtus; les inférieures atténuées en long pétiole; les supérieures sessiles. Capitules subglobuleux, plus ou moins nombreux, solitaires à l'extrémité des rameaux. *Involucre à folioles* glabres, *brusquement terminées par un appendice scarieux* coloré, suborbiculaire, ovale ou lancéolé, *incisé ou pectiné-cilié, plus rarement presque entier ;* l'appendice de chaque foliole recouvrant la partie herbacée des folioles plus intérieures. Fleurons purpurins, tous égaux hermaphrodites, ou ceux de la circonférence stériles plus grands et rayonnants. *Akènes* blanchâtres, finement pubescents, *dépourvus d'aigrette, ou surmontés d'une aigrette* brunâtre *4-6 fois plus courte qu'eux.* ♃. Juin-septembre.

*CC.* — Prairies, pâturages, lisières des bois, coteaux arides ou herbeux.

Var. α. *Jacea.* (*C. Jacea* L. *Sp.* 1203; *Engl. bot.* t. 1678; Rchb. *Ic.* XV, t. 754; Bill. *Exsicc.* n. 264 et *ter* et *quater*). — *Folioles de l'involucre à appendice* brunâtre ou à peine coloré, suborbiculaire ou ovale, *irrégulièrement incisé ou presque entier.* Fleurons de la circonférence stériles, plus grands et rayonnants. *Akènes dépourvus d'aigrette.*

S.-v. *serotina.* (*C. serotina* Boreau *Fl. centr.* éd. 2, II, 293. — *C. amara* Thuill.! *Fl. Par.* 445 non L.). — Plante ord. rabougrie, ne fleurissant qu'à l'arrière-saison. Feuilles étroites, entières, sinuées ou pinnatifides, blanchâtres presque tomenteuses. Folioles de l'involucre à appendice blanchâtre luisant, à peine incisé ou entier. — Lieux très arides.

Var. β. *intermedia.* (*C. decipiens* Thuill. *Fl. Par.* 445.—*C. pratensis* Thuill., loc. cit., 444; Rchb. *Ic.* XV, t. 758, f. 2-3.—*C. Jacea* var. *decipiens* Rchb. *Ic.* XV, t. 759, f. 1. — *C. nigrescens* Willd. sec. Gren. et Godr. *Fl. Fr.* II, 241 non DC.). — *Folioles extérieures de l'involucre à appendice* brunâtre *pectiné-cilié,* les moyennes et les intérieures à appendice suborbiculaire ou ovale irrégulièrement incisé. Fleurons de la circonférence stériles plus grands et rayonnants, rarement hermaphrodites ne dépassant pas ceux du centre. *Akènes dépourvus d'aigrette ou à aigrette réduite à quelques soies* très courtes.

Var. γ. *nigra.* (*C. nigra* L. *Sp.* 1288; *Fl. Dan.* VI, t. 976; *Engl. bot.* t. 278; Rchb. *Ic.* XV, t. 761, f. 2. — *C. nigra* et *C. microptilon* Gren. et Godr. *Fl. Fr.* II, 242). — *Folioles de l'involucre la plupart à appendice* brunâtre ou noirâtre, ovale ou lancéolé, *pectiné-cilié ;* cils ord. au moins une fois plus longs que la largeur de l'appendice. Fleurons tous égaux, hermaphrodites, rarement ceux de la circonférence stériles rayonnants. *Akènes surmontés d'une aigrette,* plus rarement dépourvus d'aigrette.

S.-v. *radiata.* — Fleurons de la circonférence stériles rayonnants.


**10. CENTROPHYLLUM** Neck. *Elem.* n. 155 (sphalmate Kentrophyllum).
— [CENTROPHYLLE].

*Involucre à folioles* imbriquées, les *extérieures foliacées, pinnatilobées à lobes épineux,* les **intérieures** lancéolées atténuées en pointe épineuse.

Réceptacle hérissé de soies. Fleurons tous égaux hermaphrodites, ou ceux de la circonférence plus grands neutres. *Akènes à insertion latérale*, obovales-*subtétragones*, un peu ridés, *à sommet présentant un rebord irrégulièrement denté ;* ceux de la circonférence dépourvus d'aigrette, ou à aigrette réduite à quelques soies ; ceux du centre surmontés d'une aigrette courte, persistante, composée de soies paléiformes ciliées, libres, disposées sur plusieurs rangs, les soies les plus intérieures très courtes conniventes.

Plante annuelle. Tige rameuse, non ailée. Feuilles pinnatifides ou pinnatipartites à lobes épineux. Capitules solitaires à l'extrémité de la tige et des rameaux. Fleurons jaunes.

1. **C. lanatum** DC. in Duby *Bot. Gall.* 293 ; Bill. *Exsicc.* n. 1509 et *bis.* — *Carthamus lanatus* L. *Sp.* 1163; *Bot. mag.* t. 2142. — *Centaurea lanata* DC. *Fl. Fr.* IV, 102. — *Carduncellus lanatus* Moris; Rchb. *Ic.* XV, t. 746, f. 2. — [C. LAINEUX. — Vulg. *Chardon-bénit-des-Parisiens*].

Tige de 3-7 décim., presque simple, ou rameuse supérieurement, pubescente ou laineuse, non ailée. Feuilles glabrescentes en dessus, pubescentes-aranéeuses en dessous, à nervures très saillantes à la face inférieure, pinnatifides ou pinnatipartites, à lobes lancéolés entiers ou dentés-épineux, atténués en épine ; les supérieures amplexicaules, non décurrentes ; les inférieures rétrécies en pétiole. Capitules ovoïdes-subglobuleux, assez gros, terminaux, pédonculés, subsolitaires ou disposés en corymbe irrégulier. Involucre pubescent-aranéeux, à folioles extérieures bractéiformes, pinnatifides, à lobes épineux ; à folioles intérieures membraneuses, lancéolées, entières, atténuées en pointe épineuse. Fleurons d'un beau jaune. Akènes jaunâtres. ①. Juillet-septembre.

C. — Lieux pierreux, bords des chemins, coteaux arides.

Le genre *Cnicus* Vaill. se reconnaît aux caractères suivants : involucre entouré de bractées foliacées dentées-épineuses, à folioles extérieures terminées par une longue épine pinnatipartite à la base ; fleurons de la circonférence stériles, étroits ; akènes à insertion obliquement latérale très large, cannelés longitudinalement, terminés par un rebord à 10 crénelures et surmontés d'une aigrette composée de 20 soies, dont 10 extérieures assez longues paléiformes, et 10 intérieures très courtes. — Le *C. benedictus* L. (Rchb. *Ic.* XV, t. 748. — *Centaurea benedicta* L.; Sibth. et Sm. *Fl. Græc.* t. 906.—Vulg. *Chardon-bénit*) se reconnaît aux caractères suivants : plante annuelle, rameuse, pubescente un peu laineuse ; feuilles pinnatifides, amplexicaules, un peu décurrentes ; capitules assez gros, à fleurons d'un jaune safrané. Cette espèce, indigène dans la région méditerranéenne, est quelquefois cultivée en grand, et se rencontre subspontanée çà et là dans les champs, à Bondy !, etc.

Le genre *Xeranthemum* est caractérisé par l'*involucre à folioles scarieuses*, les intérieures plus longues colorées ord. rayonnantes, par le *réceptacle chargé de paillettes scarieuses* bi-trifides ou bi-tripartites ; par les *fleurons de la circonférence* femelles stériles en petit nombre *bilabiés*, ceux du centre hermaphrodites fertiles tubuleux réguliers à 5 dents ; par les étamines à filets non soudés avec la corolle ; par les anthères munies d'appendices basilaires ; par les *akènes* de la circonférence dépourvus d'aigrette, ceux *du centre surmontés d'une aigrette composée de 6-10 paillettes lancéolées* terminées en pointe subulée. — Le *X. cylindraceum* Sibth. et Sm. (Rchb. *Ic.* XV, t. 738 ; Bill. *Exsicc.* n. 1024 et *bis*), assez répandu dans le centre de la France, croît en abondance non loin des limites de notre Flore, entre Montargis et Ladon ! dans les vignes et sur le bord des fossés, et à Bellegarde

[Loiret]. Cette espèce se reconnaît à ses involucres cylindriques à folioles extérieures ovales-obtuses mutiques tomenteuses sur le dos et à folioles intérieures
dépassant peu les fleurons. — On cultive dans les parterres le *X. annuum* L.
(*X. radiatum* Lmk ; Rchb. *Ic.* XV, t. 737, f. 2. — Vulg. *Immortelle*) originaire
de l'Europe orientale-méridionale ; on le reconnaît à ses involucres hémisphériques
à folioles extérieures mucronées glabres, les intérieures rayonnantes dépassant
très longuement les fleurons.

#### † **ECHINOPS** L. *Gen.* n. 999. — [Écuinops].

*Capitules uniflores, disposés* en assez grand nombre sur un réceptacle commun
subglobuleux, *en tête globuleuse* munie à sa base d'un involucre commun composé
d'un petit nombre d'écailles courtes réfléchies pinnatiséquées. — Involucre oblong-
anguleux, à folioles imbriquées, les extérieures courtes scarieuses divisées en lanières piliformes scabres, les moyennes à peine plus longues dilatées au-dessous
du sommet acuminé, les intérieures linéaires-allongées longuement accuminées
carénées. Akènes subcylindriques, atténués à la base, couverts de poils scabres
apprimés, surmontés d'une aigrette très courte en forme de couronne composée
de soies fimbriées.

Plante vivace. Tige non ailée, simple ou rameuse. Feuilles pinnatifides ou sinuées à lobes épineux. Capitules disposés en glomérules sphériques volumineux qui
terminent la tige et les rameaux. Involucre à folioles d'un blanc bleuâtre. Fleurons
blanchâtres.

† **E. sphærocephalus** L. *Sp.* 1314 ; *Fl. Dan.* XIII, t. 2179 ; Sibth. et Sm. *Fl.
Græc.* t. 923 ; Rchb. *Ic.* XV, t. 734. — [É. A TÊTES RONDES].

Tige de 8-10 décim., simple ou rameuse supérieurement, pubescente-glanduleuse ; pédoncules tomenteux et glanduleux. Feuilles pubescentes, glanduleuses à
la face supérieure, blanches-tomenteuses en dessous, amplexicaules, oblongues,
pinnatifides ou sinuées, dentées à dents presque épineuses. Involucre à folioles
extérieures piliformes, égalant environ la moitié de la longueur des folioles intérieures, à folioles moyennes très longuement ciliées à cils étalés, à folioles intérieures
poilues-glanduleuses sur le dos à cils moins longs dressés. Fleurons blanchâtres,
à anthères bleuâtres. Soies de l'aigrette soudées seulement à la base et formant
une cupule fimbriée. ♃. Juillet-août.

Cette plante, indigène dans le midi de la France, se rencontre quelquefois à l'état
subspontané dans les lieux arides et pierreux. —Paris : auprès de l'ancienne barrière du Trône (*Vigineix*). Sainte-Radegonde près Montmorency, Joyenval (*Thuill.*
Fl. Par.). Versailles!. Cimetière du village de Glisolles entre Évreux et Conches
(*Vaill. Bot. Par.*). Oulins (*Brou*). Beauvais (*Delacour*). Malesherbes : aux environs
du château!. — *Graves* Cat. Oise : « trouvé au mois de juin 1820 dans les petits
bois du marais dit le Pré-Martinet au-dessous de Beauvais ; indiqué aussi aux environs de Liancourt et de Morfontaine ».

## TRIBU 11. **CORYMBIFERÆ.** — Fleurons du centre tubuleux,
hermaphrodites, ceux de la circonférence ligulés, femelles, quelquefois stériles, disposés sur un ou plusieurs rangs ; ou fleurons tous
tubuleux, hermaphrodites, rarement unisexuels. — Style non renflé
en nœud au-dessous des branches, très rarement un peu renflé ;
à branches plus ou moins longues, pubescentes en dehors ou dépourvues de poils, atténuées ou renflées supérieurement, quelquefois tronquées ou terminées en pinceau au sommet et se prolon-

geant souvent en appendice au delà de la partie tronquée ; les lignes stigmatiques distinctes, plus rarement confluentes, n'atteignant pas ou dépassant la moitié de la longueur des branches ou en atteignant le sommet. — Aigrette persistante ou caduque à soies libres rarement soudées, souvent réduite à une couronne membraneuse ou à un rebord, ou nulle. — Réceptacle muni de paillettes membraneuses, ou dépourvu de paillettes, quelquefois profondément alvéolé.

Plantes très rarement épineuses. Feuilles alternes, très rarement opposées. Fleurons tous tubuleux ord. jaunes ; ou ceux de la circonférence ligulés, rayonnants, plus rarement dressés ou enroulés en dehors, blancs, bleus, violets, purpurins ou rosés, ou de la même couleur que ceux du centre, qui sont ordinairement jaunes.

SOUS-TRIBU I. — Réceptacle muni de paillettes dans toute son étendue. Akènes dépourvus d'aigrette de soies capillaires, quelquefois surmontés de 2-5 arêtes épineuses ou paléiformes. Anthères dépourvues d'appendices basilaires.

### 11. **BIDENS** L. *Gen.* n. 932. — [BIDENT].

Involucre à folioles disposées sur 2-3 rangs ; les extérieures foliacées, inégales, étalées, ord. plus longues que le capitule ; les intérieures membraneuses, égales, dressées. Réceptacle un peu convexe, muni de paillettes. Fleurons tous tubuleux, hermaphrodites, plus rarement ceux de la circonférence ligulés neutres. *Akènes* oblongs, comprimés, présentant sur chaque face une côte plus ou moins saillante, à bords scabres-épineux, *surmontés de 2-5 arêtes subulées-épineuses, ciliées-scabres* à cils dirigés de haut en bas.

Plantes annuelles. Feuilles opposées, les supérieures quelquefois alternes, indivises-dentées ou profondément tripartites. Capitules terminant la tige et les rameaux. *Fleurons* tous *jaunes.*

1. **B. tripartita** L. *Sp.* 1165 ; *Engl. bot.* t. 1113 ; *Fl. Dan.* XIII, t. 2178 ; Rchb. *Ic.* XVI, t. 941, f. 1. — [B. TRIPARTIT. — Vulg. *Chanvre-d'eau* ].
Tige de 2-6 décim., dressée, subtétragone, ord. rameuse dès la base, à rameaux la plupart opposés, glabre, quelquefois rugueuse parsemée d'aiguillons sétiformes courts. *Feuilles* glabres, à bords scabres, pétiolées, *tripartites ou triséquées*, à segments lancéolés ou ovales-lancéolés dentés (les segments latéraux plus petits que le terminal quelquefois réduits à de simples oreillettes), rarement indivises, ovales-lancéolées, dentées Capitules dressés, à fleurons tous tubuleux. Involucre à folioles intérieures brunes, étroitement scarieuses au bord. *Akènes* bruns, *terminés par 2-3 plus rarement 4 arêtes.* ⊥. Juillet-octobre.
*C C.* — Bords des eaux, étangs, endroits marécageux.

S.-v. *minima.* — Plante de 1-2 décim. Feuilles ord. indivises dentées.

S.-v. *rugosa.* — Tiges et rameaux rugueux-scabres, parsemés d'aiguillons sétiformes courts. Feuilles ord. rudes-scabres. — *A.C.*

**2. B. cernua** L. *Sp*. 1165; *Fl. Dan.* V, t. 841; *Engl. bot.* t. 1144; Rchb. *Ic.* XVI,
t. 941, f. 2 ; Bill. *Exsicc.* n. 2087. — [B. PENCHÉ].

Tige de 2-8 décim., dressée, ou ascendante-radicante à la base, subtétragone ou presque cylindrique, presque simple ou rameuse, à rameaux la plupart opposés, glabre, quelquefois rugueuse parsemée d'aiguillons sétiformes
courts. *Feuilles* glabres à bords scabres, *longuement lancéolées, profondément dentées ;* les inférieures atténuées en pétiole ; les supérieures subsessiles,
légèrement connées à la base. Capitules ord. penchés, à fleurons tous tubuleux
ou plus rarement à fleurons de la circonférence ligulés. Involucre à folioles
intérieures brunes veinées de noir, à bords jaunes scarieux. *Akènes* bruns,
*terminés par 4-5 plus rarement 5 arêtes.* Ⓣ. Août-octobre.

*A.C.* — Bords des eaux, étangs, endroits marécageux. — Bords de la Seine
à Paris vers le pont d'Austerlitz !; Charenton !; Arcueil, Cachan, Berny, Antony,
Bondy, Montmorency (*Tourn.* Hist. pl. Par.); Marly !; Saint-Germain !. Senlisse !; Dampierre !; Saint-Hubert (*de Schœnefeld*). Le Châtelet ! (*M. Garnier*);
Fontainebleau !. Morfontaine !; Feigneux près Crépy (*Léré*) ; Montigny-l'Allier,
Marolles (*Questier*) ; Jouarre (*Adr. de Jussieu*). Provins (*Bouteiller*). Saint-Germer !, etc .

S.-v. *minima.* (*B. minima* L. *Sp.* 1165). — Plante de 5-20 centim. Capitules ord.
très petits, à peine penchés.

S.-v. *rugosa.* — Tiges et rameaux rugueux-scabres parsemés d'aiguillons sétiformes
courts. — *A.R.*

Var. β. *radiata.* (*Coreopsis Bidens* L. *Sp.* 1281). — Capitules à fleurons de la circonférence ligulés. — *R.*

Le genre *Coreopsis,* qui se distingue du genre *Bidens,* surtout par la présence
constante de fleurons ligulés et par les akènes à arêtes lisses ou ciliées-scabres
à cils dirigés de bas en haut, fournit à nos jardins plusieurs espèces, entre autres
le *C. tinctoria* Nutt. (*Calliopsis tinctoria* DC. *Prodr.* V, 568), de l'Amérique du
Nord, à feuilles pinnatipartites à lobes étroits, à fleurons ligulés jaunes tachés
de brun à la base.

Le genre *Zinnia* se reconnaît aux caractères suivants : involucre à folioles ovales-
arrondies, bordées de noir ; réceptacle conique ou cylindrique à paillettes embrassant les fleurons du centre ; fleurons de la circonférence ligulés, coriaces persistants, ceux du centre disposés en cône ; akènes du centre présentant au sommet
1-2 arêtes. — On cultive plusieurs espèces de ce genre, entre autres le *Z. multiflora* L., indigène dans les deux Amériques, à feuilles opposées ovales-lancéolées,
à capitules longuement pédonculés, à pédoncules renflés au sommet, à fleurons
ligulés rouges ou jaunes.

Le genre *Dahlia* est caractérisé par l'involucre à folioles disposées sur 2-3 rangs,
les extérieures plus courtes étalées ou réfléchies, les intérieures membraneuses
supérieurement, épaissies et soudées entre elles dans leur partie inférieure, et par
les akènes surmontés de deux pointes courtes. — Le *D. variabilis* Desf. (vulg.
*Dahlia*), originaire du Mexique, cultivé pour la beauté de ses fleurs qui présentent
les nuances de couleur les plus variées, se reconnaît à sa souche à fibres renflées-
fusiformes, à ses tiges glabres, à ses feuilles pinnatiséquées ou bipinnatiséquées à
segments ovales-aigus dentés, et à ses capitules volumineux à fleurons souvent tous
ligulés ou tous développés en larges tubes.

† **HELIANTHUS** L. *Gen.* n. 979 ex parte. — [HÉLIANTHE].

Involucre à folioles imbriquées, les extérieures foliacées. Réceptacle plan, à paillettes semiembrassantes. Fleurons de la circonférence ligulés, femelles ; ceux du

centre tubuleux, hermaphrodites. *Akènes* subtétragones, un peu comprimés, *sur-montés de 2-4 écailles* caduques.

Plantes annuelles ou vivaces. Feuilles opposées ou les supérieures alternes, den-tées. Capitules terminant la tige et les rameaux. *Fleurons* tous *jaunes*, ceux de la circonférence rayonnants.

† **H. annuus** L. *Sp.* 1276 ; Rchb. *Ic.* XVI, t. 940. f. 1. — [H. ANNUEL. — Vulg. *Soleil, Grand-Soleil*].

*Plante annuelle.* Tige solitaire, de 1-2 mètres, très rude, droite, dressée, très robuste, simple donnant naissance supérieurement aux rameaux de l'inflorescence. Feuilles ovales-cordées, rudes, fortement dentées. *Capitules* penchés, *d'un très grand diamètre*, à fleurons d'un beau jaune. Involucre à folioles ovales brusquement acuminées. Réceptacle très épais, charnu-spongieux. Ⓘ. Juillet-septembre.

Fréquemment cultivé dans les jardins et les vignes et autour des habitations.— Originaire du Pérou.

† **H. tuberosus** L. *Sp.* 1277 ; Jacq. *Vindob.* t. 161 ; Rchb. *Ic.* XVI, t. 940, f. 2. — [H. TUBÉREUX. — Vulg. *Topinambour*].

*Souche donnant naissance à des tubercules charnus*, volumineux, oblongs ou sub-globuleux. Tiges de 1-2 mètres, très rudes, droites, dressées, robustes, donnant naissance supérieurement aux rameaux de l'inflorescence. Feuilles ovales-cordées, dentées, les supérieures oblongues-lancéolées. *Capitules* dressés, *de grandeur moyenne.* Involucre à folioles lancéolées-linéaires. ♃, se reproduisant chaque année par le développement de nouveaux tubercules. Septembre-octobre.

Quelquefois cultivé en grand en plein champ et dans les jardins potagers. — Originaire de l'Amérique.

On cultive, comme plante vivace d'ornement, l'*H. multiflorus* L. (vulg. *Soleil-vivace*), originaire de l'Amérique du Nord, à rejets souterrains non renflés en tu-bercules.

Le *Madia viscosa* Willd., originaire du Chili, est quelquefois cultivé en grand, pour ses graines oléagineuses, et se rencontre subspontané çà et là. Cette plante se reconnaît aux caractères suivants : involucre subglobuleux, à folioles enveloppant les akènes de la circonférence ; réceptacle ne présentant qu'un ou deux rangs de paillettes ; akènes dépourvus d'aigrette ; plante annuelle, glanduleuse surtout supé-rieurement ; feuilles semiamplexicaules, oblongues, entières ; fleurons jaunes.

## 12. **ACHILLEA** L. *Gen.* n. 971. — [ACHILLÉE].

Involucre à folioles imbriquées. Réceptacle presque plan, muni de pail-lettes. *Fleurons* de la circonférence *ligulés, à limbe suborbiculaire*, femelles, fertiles ; fleurons du centre tubuleux, hermaphrodites. *Akènes comprimés*, oblongs-obovales, entourés d'une bordure filiforme, *dépourvus de côtes sur les deux faces*, dépourvus de rebord au sommet.

Plantes vivaces, à souche traçante. Feuilles bipinnatiséquées ou indivises-dentées. Capitules disposés en corymbes rameux terminaux. *Fleurons ligulés et fleurons tubuleux de même couleur*, blancs ou roses (dans nos espèces).

1. **A. Millefolium** L. *Sp.* 1267 ; *Engl. bot.* t. 758 ; Bull. *Herb.* t. 163 ; Rchb. *Ic.* XVI, t. 1026 ; Bill. *Exsicc.* n. 1501. — [A. MILLEFEUILLE. — Vulg. *Millefeuille, Herbe-au-charpentier*].

Tiges de 2-6 décim., dressées, roides, ord. simples, pubescentes ou velues, donnant naissance supérieurement aux rameaux de l'inflorescence. *Feuilles* molles, pubescentes ou velues, à circonscription oblongue-linéaire, *bipinna-tiséquées* à segments très nombreux linéaires courts mucronés. Capitules très petits, très nombreux, en corymbes terminaux compactes. Involucre ovoïde-oblong à folioles entourées d'un rebord scarieux brunâtre. *Fleurons ligulés 4-5*, blancs ou quelquefois d'un rose lilas, *à limbe de moitié plus court que l'involucre.* ♃. Juin-octobre.

*C C.* — Lieux incultes, pelouses sèches, bords des chemins. — Quelquefois cultivé dans les jardins.

2. **A. Ptarmica** L. *Sp.* 1266 ; *Fl. Dan.* IV, t. 643 ; *Engl. bot.* t. 757 ; *Rchb. Ic.* XVI, t. 1014; Bill. *Exsicc.* n. 1232.— [A. STERNUTATOIRE. — *Vulg. Herbe-à-éternuer*].

Tiges de 4-8 décim., dressées, roides, ord. simples, pubescentes seulement dans leur partie supérieure, donnant naissance supérieurement aux rameaux de l'inflorescence. *Feuilles* roides, glabres ou presque glabres, sessiles, linéaires-lancéolées aiguës, *très finement dentées* en scie, à dents presque cartilagineuses très nombreuses égales rapprochées. Capitules de taille moyenne, disposés en corymbes terminaux lâches plus ou moins irréguliers. Involucre hémisphérique, à folioles entourées d'un rebord scarieux brunâtre. *Fleurons ligulés au nombre de 8-12*, blancs, *à limbe égalant au moins la longueur de l'involucre.* ♃. Juillet-septembre.

*A.C.* — Prairies humides, endroits marécageux. — On cultive quelquefois sous le nom de *Bouton-d'argent* une variété de cette espèce à fleurons tous ligulés.

On cultive dans les jardins l'*A. filipendulina* Lmk, originaire de l'Orient, à tiges élevées, à feuilles bipinnatiséquées, à capitules nombreux rapprochés en corymbe assez ample, à fleurons jaunes tous tubuleux ou à peine ligulés.

13. **ORMENIS** J. Gay in *Fl. Par.* éd. 1, 397; Cass. in *Dict. sc. nat.* XXXVI, 355 emend. — *Chamomilla* Godr. *Fl. Lorr.* éd. 1, II, 19. — [ORMÉNIDE].

Involucre à folioles imbriquées sur deux ou plusieurs rangs. Réceptacle cylindrique ou oblong-conique, muni de paillettes qui se soudent quelquefois à leurs bords pour renfermer les akènes. *Fleurons de la circonférence ligulés, à limbe oblong*, femelles, fertiles ou stériles ; *fleurons du centre* tubuleux, hermaphrodites, *à tube prolongé* au-dessous du sommet de l'akène *en couronne complète ou en coiffe unilatérale. Akènes presque cylindriques*, dépourvus de rebord au sommet, couverts supérieurement par le prolongement du tube de la corolle avant sa chute, quelquefois complétement renfermés dans les paillettes qui se détachent avec eux du réceptacle.

Plantes annuelles ou vivaces. Feuilles pinnatiséquées, à segments divisés ou entiers. Capitules solitaires à l'extrémité des rameaux. *Fleurons ligulés blancs*, ou jaunes à la base, réfractés à la fin de la floraison; *fleurons tubuleux jaunes*.

1. **O. mixta** DC. *Prodr.* VI, 18 ; DR. in *Fl. Algér.* t. 61, f. 2. — *Anthemis mixta* L. *Sp.* 1260 ; Rchb. *Ic.* XVI, t. 1001, f. 1 ; Bill. *Exsicc.* n. 394 et *bis.* — *O. bicolor* Cass., loc. cit. — [O. MIXTE].

*Plante annuelle*, à racine pivotante. Tiges nombreuses, plus rarement solitaires, de 2-5 décim., étalées ou ascendantes, plus rarement dressées, rameuses, pubescentes-velues. Feuilles pubescentes ou velues, à nervure moyenne élargie presque foliacée, pinnatiséquées à segments entiers ou incisés en lobes linéaires courts, les segments inférieurs ord. très petits. Involucre à folioles scarieuses supérieurement, disposées sur 2 plus rarement 3 rangs. *Paillettes* poilues au sommet, épaisses presque ligneuses à la maturité, rhomboïdales-lancéolées, aiguës, pliées longitudinalement et renfermant complétement les akènes en se soudant par leurs bords, très rarement à bords non soudés. Réceptacle fructifère induré presque ligneux, cylindrique. *Fleurons ligulés stériles, blancs, jaunes à la base; fleurons tubuleux à tube prolongé sur l'akène en coiffe unilatérale.* Akènes blanchâtres, présentant 3 côtes très fines à la face interne, les autres côtes nulles ou peu distinctes. ⓘ. Juillet-octobre.

*R R.* — Champs sablonneux ou pierreux, bords des rivières. — Bords de la Seine : Bercy!; Passy (*De Lens*). Pont-Colbert près Versailles (*de Boucheman*). Assez abondant à Thurelles! près Dordives. — *Graves* Cat. Oise : Saint-Paul près Beauvais ; Moulin-Grégoire près Compiègne ; Ons-en-Bray ; La Landelle cant. du Coudray.

2. **O. nobilis** J. Gay in *Fl. Par.* éd. 1, 398. — *Anthemis nobilis* L. *Sp.* 1260; *Engl. bot.* t. 980; Rchb. *Ic.* XVI, t. 1001, f. 2; Bill. *Exsicc.* n. 261. — [O. NOBLE. — Vulg. *Camomille-romaine*].

*Plante vivace*, à souche un peu traçante. Tiges nombreuses, plus rarement solitaires, de 1-3 décim., étalées ou ascendantes, plus rarement dressées, simples ou rameuses, pubescentes ou velues. Feuilles fortement aromatiques, pubescentes ou velues, à nervure moyenne élargie, pinnatiséquées, à segments incisés en lobes linéaires assez courts. Involucre à folioles largement scarieuses surtout supérieurement, disposées sur plusieurs rangs. *Paillettes* glabres, minces membraneuses-scarieuses, *oblongues-linéaires, obtuses* souvent lacérées au sommet, pliées longitudinalement, ne retenant pas les akènes. Réceptacle fructifère spongieux au centre, oblong-conique. *Fleurons ligulés fertiles, blancs; fleurons tubuleux à tube prolongé sur l'akène en couronne complète.* Akènes d'un jaune brunâtre, présentant 3 côtes filiformes blanches à la face interne, les autres côtes nulles. ♃. Juillet-septembre.

*C.* — Pelouses, pâturages, bords des chemins, allées des bois.

On cultive fréquemment sous le nom de *Camomille-Romaine* une variété de l'*O. nobilis*, à fleurons tous blancs ligulés.

## 14. ANTHEMIS L. *Gen.* n. 970 ex parte. — [ANTHÉMIDE].

Involucre à folioles imbriquées. Réceptacle oblong, conique ou très convexe, muni de paillettes. *Fleurons de la circonférence ligulés, à limbe oblong,* femelles fertiles, plus rarement neutres; *fleurons du centre tubuleux, hermaphrodites, à tube non prolongé* au-dessous du sommet de l'akène. *Akènes presque cylindriques, rarement tétragones, présentant des côtes dans toute leur circonférence,* pourvus ou non de rebord au sommet.

Plantes annuelles. Feuilles bipinnatiséquées à segments ord. linéaires. Capitules solitaires à l'extrémité des rameaux. *Fleurons ligulés blancs* (dans nos espèces), réfractés à la fin de la floraison; *fleurons tubuleux jaunes.*

1. **A. arvensis** L. *Sp.* 1261 ; *Fl. Dan.* VII, t. 1178 ; *Engl. bot.* t. 602 ; Rchb. *Ic.* XVI, t. 1004, f. 1. — [A. DES CHAMPS. — Vulg. *Fausse-Camomille*].

Tiges subsolitaires ou nombreuses, de 2-5 décim., dressées ou ascendantes, plus rarement étalées, simples ou rameuses, pubescentes. Feuilles pubescentes, quelquefois velues-blanchâtres, bipinnatiséquées, à segments rapprochés, linéaires-lancéolés, courts. Pédoncules fructifères souvent renflés supérieurement. Involucre à folioles largement scarieuses surtout au sommet. *Paillettes* scarieuses, *oblongues-linéaires, brusquement cuspidées* à pointe roide, légèrement carénées. Réceptacle conique. *Fleurons ligulés fertiles. Akènes* blanchâtres ou brunâtres, très inégaux, *à 10 côtes lisses*, terminés par un rebord épais ondulé plus ou moins saillant ou par un rebord mince tranchant. ⓘ. Juin-septembre.

*A.C.* — Moissons, champs en friche, terrains sablonneux. — Ord. abondant dans les localités où on le rencontre, mais n'existant pas sur un assez grand nombre de points de la circonscription de notre Flore.

2. **A. Cotula** L. *Sp.* 1261 ; *Fl. Dan.* VII, t. 1179; *Engl bot.* t. 1772; Rchb. *Ic.* XVI, t. 1000, f. 1 ; Bill. *Exsicc.* n. 1233 et *bis.* — *Maruta fœtida* Cass. in *Dict. sc. nat.* XXIX, 174. — [A. Cotule. — Vulg. *Maroute, Camomille-puante, C.-des-chiens*].

Tige de 2-5 décim., dressée, plus rarement ascendante, rameuse supérieurement ou rameuse dès la base, pubescente ou presque glabre. Feuilles à odeur pénétrante désagréable, pubescentes ou presque glabres, bipinnatiséquées, à segments étalés linéaires-allongés entiers ou brièvement 2-3-fides. Pédoncules fructifères grêles. Involucre à folioles largement scarieuses. *Paillettes* scarieuses, *subulées* dès la base. Réceptacle conique. *Fleurons ligulés stériles. Akènes* grisâtres ou brunâtres, souvent inégaux, *à 10 côtes décomposées en tubercules saillants*, dépourvus de rebord au sommet. ⓘ. Juin-septembre.

*C.* — Moissons, champs en friche, lieux cultivés, bords des chemins.


SOUS-TRIBU II. — Réceptacle dépourvu de paillettes. Akènes dépourvus d'aigrette de soies capillaires. Anthères dépourvues plus rarement pourvues d'appendices basilaires.

§ 1. Anthères dépourvues d'appendices basilaires.

15. **MATRICARIA** L. *Gen.* n. 967 emend.; Gren. et Godr. *Fl. Fr.* II, 148. — *Chamomilla* J. Gay mss.; C. Koch. — *Pyrethrum* sect. *Matricaria Fl. Par.* éd. 1, 400. — [MATRICAIRE].

Involucre à folioles imbriquées. Réceptacle conique à la maturité, dépourvu de paillettes. *Fleurons de la circonférence ligulés*, à limbe oblong, femelles ; fleurons du centre tubuleux, hermaphrodites. *Akènes tous de même forme, subcylindriques*, jamais munis d'ailes latérales, *présentant 3-5 côtes sur leur moitié interne, dépourvus de côtes en dehors*, ord. surmontés d'un rebord ou d'une couronne membraneuse souvent très courte.

Plantes annuelles. Feuilles bi-tripinnatiséquées, à segments linéaires. Capitules solitaires à l'extrémité des rameaux. *Fleurons ligulés blancs; fleurons tubuleux jaunes.*

1. **M. Chamomilla** L. *Sp.* 1256; *Fl. Dan.* X, t. 1764; *Engl. bot.* t. 1232; Rchb. *Ic.* XVI, t. 97, f. 1 ; Bill. *Exsicc.* n. 1235. — *Pyrethrum Chamomilla Fl. Par.* éd. 1, 400. — [M. Camomille. — Vulg. *Camomille-commune, C.-ordinaire*].

Tige de 2-6 décim., dressée, ascendante ou diffuse, très rameuse supé-

rieurement, ou rameuse dès la base, glabre. Feuilles glabres, bi-tripinnatiséquées, à segments étalés, linéaires-allongés. *Capitules odorants-aromatiques,*
nombreux, solitaires au sommet des rameaux. Involucre à folioles oblongues,
largement scarieuses-blanchâtres. *Réceptacle creux, ovoïde-conique aigu.*
*Akènes* très petits, d'un blanc jaunâtre, cylindriques-subtrigones, légèrement
arqués, *marqués de 5 côtes filiformes sur leur moitié interne*, ne présentant
pas de points glanduleux au-dessous du sommet, *à disque épigyne très oblique*
*presque latéral*, terminés par un rebord obtus ou tranchant, plus rarement
par une couronne membraneuse. ⓘ. Mai-juillet.

*C.* — Moissons, lieux pierreux, bords des chemins, berges des rivières.

Var. β. *coronata.* (*Matricaria coronata* J. Gay in herb. olim). — Akènes terminés
par une couronne membraneuse dentée.

On cultive quelquefois le *M. Chamomilla*, que l'on confond, sous le nom de
*Camomille*, avec l'*Ormenis nobilis*.

2. **M. inodora** L. *Fl. Suec.* ed. 2, n. 765. —*Chamæmelum inodorum* Bauh. *Hist.*;
  Rchb. *Ic.* XVI, t. 985, f. 1. — *Chrysanthemum inodorum* L. *Sp.* 1253.—
  *Pyrethrum inodorum* Sm. *Brit.* II, 900 ; *Engl. bot.* t. 676 ; *Fl. Dan.* XI,
  t. 1936. — [M. INODORE].

Tige de 2-6 décim., dressée, ascendante ou diffuse, rameuse supérieurement, souvent rameuse dès la base, glabre. Feuilles glabres, bi-tripinnatiséquées, à segments étalés linéaires-allongés. *Capitules presque inodores,*
plus ou moins nombreux, solitaires au sommet des rameaux. Involucre
à folioles extérieures lancéolées, les intérieures oblongues ou oblongues-
obovales, largement scarieuses surtout au sommet, à partie scarieuse souvent brunâtre au bord. *Réceptacle plein, obtus, hémisphérique-conique.*
*Akènes* d'un brun noirâtre, finement chagrinés, subtétragones-comprimés,
*présentant à leur moitié interne 3 côtes* blanchâtres saillantes, *offrant*
en dehors *au-dessous du sommet deux glandes* jaunâtres qui disparaissent souvent à la maturité et laissent à leur place deux points noirs enfoncés ; *disque épigyne terminal*, entouré d'un rebord tranchant. ⓘ. Juillet-
octobre.

*CC.* — Moissons, champs en friche, lieux pierreux, bords des chemins.

**16. PYRETHRUM** Gærtn. *Fruct.* II, 430, t. 169, f. 1. — *Pyrethrum*
  et *Leucanthemum* DC. *Prodr.* — [PYRÉTHRE].

Involucre à folioles imbriquées. Réceptacle hémisphérique ou plus ou
moins convexe, dépourvu de paillettes. *Fleurons de la circonférence ligulés,*
à limbe oblong, femelles ; fleurons du centre tubuleux, hermaphrodites.
*Akènes tous de même forme, subtétragones ou subcylindriques*, jamais
munis d'ailes latérales, *présentant des côtes dans toute leur circonférence,*
surmontés d'un rebord ou d'une couronne membraneuse, ou complétement
dépourvus de rebord.

Plantes annuelles ou vivaces. Feuilles pinnatiséquées à segments oblongs pinnatifides ou pinnatipartits, ou indivises crénelées ou incisées. Capitules solitaires à
l'extrémité des tiges ou des rameaux, ou disposés en corymbe terminal. *Fleurons*
*ligulés blancs* (dans nos espèces) ; *fleurons tubuleux jaunes.*

1. **P. Leucanthemum** *Fl. Par.* éd. 1, 401. — *Chrysanthemum Leucanthemum* L. *Sp.* 1251 ; *Fl. Dan.* VI, t. 994 ; *Engl. bot.* t. 601. — *Matricaria Leucanthemum* Desv. ap. Lmk *Encycl. méth.* III, 731. — *Leucanthemum vulgare* Lmk *Fl. Fr.* II, 137 ; Bill. *Exsicc.* n. 1236. — *Tanacetum Leucanthemum* Schultz Bip.; Rchb. *Ic.* XVI, t. 988, f. 1. — [P. LEUCANTHÈME. — Vulg. *Grande-Marguerite, Canesson*].

Tiges solitaires ou plus ou moins nombreuses, de 1-8 décim., dressées ou ascendantes, simples ou divisées supérieurement en 2-5 rameaux allongés, glabres, pubescentes, ou velues surtout inférieurement. *Feuilles* glabres ou pubescentes, *crénelées, dentées ou incisées*; les radicales et les inférieures oblongues-obovales ou spatulées, atténuées en long pétiole; les supérieures oblongues ou oblongues-obovales, sessiles à base élargie semiamplexicaule ord. profondément dentée ou presque pinnatifide. Capitules d'un assez grand diamètre, presque inodores, solitaires au sommet de la tige et des rameaux. Involucre à folioles entourées d'une bordure étroite, scarieuse, brunâtre ou noirâtre. Réceptacle convexe ou presque hémisphérique. Akènes presque cylindriques, noirs, à 8-10 côtes blanches filiformes, dépourvus de rebord au sommet. ♃. Mai-août.

*CCC.* — Prairies, pâturages, lieux herbeux.

2. **P. Parthenium** Sm. *Brit.* II, 900 ; *Engl. bot.* t. 1231. — *Matricaria Parthenium* L. *Sp.* 1255 ; Bull. *Herb.* t. 203. — *Tanacetum Parthenium* Schultz Bip.; Rchb. *Ic.* XVI, t. 992, f. 2. — [P. MATRICAIRE. — Vulg. *Matricaire, Grande-Camomille*].

Tiges plus ou moins nombreuses ou solitaires, de 3-8 décim., dressées, rameuses surtout supérieurement, pubescentes ou presque glabres. *Feuilles toutes pétiolées*, molles, pubescentes ou presque glabres, pinnatiséquées à 3-7 paires de segments, *à segments* oblongs *obtus* inégalement incisés-dentés, les inférieurs distants, les supérieurs largement confluents. Capitules à odeur forte pénétrante, ord. nombreux, disposés en corymbe terminal. Involucre à folioles étroitement scarieuses-blanchâtres aux bords. Réceptacle convexe. Akènes blanchâtres ou brunâtres, terminés par un rebord membraneux court denté. ♃. Juin-août.

*A.C.* — Villages, voisinage des habitations, décombres.

Var. β. *discoideum.* — Capitules dépourvus de fleurons ligulés.

On cultive très fréquemment, sous le nom de *Matricaire* ou de *Camomille*, une variété de cette espèce à fleurons tous ligulés blancs (1).

† **P. corymbosum** Willd. *Sp.* III, 2155. — *Chrysanthemum corymbosum* L. *Syst. nat.* II, 562 ; Jacq. *Austr.* IV, t. 379. — *Leucanthemum corymbosum* Gren. et Godr. *Fl. Fr.* II, 145 ; Bill. *Exsicc.* n. 260. — *Tanacetum corymbosum* Schultz Bip.; Rchb. *Ic.* XVI, t. 993, f. 1. — [P. EN CORYMBE].

Tiges nombreuses ou solitaires, de 3-8 décim., dressées, simples, donnant naissance supérieurement aux rameaux de l'inflorescence, pubescentes à poils épars étalés. *Feuilles* ord. pubescentes-soyeuses en-dessous, *pinnatiséquées*, à 8-15 paires de segments, *à segments* oblongs *pinnatipartits à lobes aigus incisés* ; les radicales

_______________

(1) Dans la variété de cette espèce à fleurons tous ligulés, le réceptacle est ordinairement muni de paillettes ; le même fait s'observe dans le *P. Sinense* DC. — M. Lloyd, dans sa *Flore de la Loire inférieure*, signale une variété du *Matricaria inodora* dont le réceptacle présente également des paillettes.

et les inférieures longuement pétiolées; les *supérieures sessiles*. Capitules peu odorants, plus ou moins nombreux, disposés en corymbe terminal nu ou presque nu. Involucre à folioles entourées d'une bordure scarieuse brunâtre ou noirâtre. Réceptacle convexe. Akènes jaunâtres ou brunâtres, subcylindriques, à 5 côtes, surmontés d'une couronne membraneuse qui égale le tiers ou la moitié de leur longueur. ♃. Juin-août.

Cette plante, qui croît surtout sur les coteaux et les montagnes calcaires basses dans le midi, le centre et l'est de la France, n'est pas réellement spontanée dans l'aire de notre Flore, où on ne la rencontre généralement qu'avec d'autres plantes introduites : bois de Vincennes au coteau de Beauté! (*Thuill.* Fl. Par.); Saint-Cloud!; Meudon!. — *Graves* Cat. Oise : « Trouvé en 1820 sur les coteaux au-dessus de Liancourt, Bailleval, Nointel. Je ne le crois pas spontané ».

Le *P. Sinense* DC. (vulg. *Chrysanthème*), originaire du Japon, à tiges sous-frutescentes, à feuilles pinnatifides-incisées, à fleurons présentant les couleurs les plus variées, fait l'ornement des jardins vers la fin de l'automne; il varie à fleurons tous ligulés ou développés en longs tubes. — On cultive quelquefois pour son odeur aromatique le *P. Tanacetum* DC. (*Balsamita suaveolens* Pers.), originaire de l'Europe méridionale, à capitules disposés en corymbe, à fleurons tous tubuleux, à feuilles oblongues dentées, les supérieures auriculées à la base.

## 17. CHRYSANTHEMUM DC. *Prodr.* VI, 63. — [CHRYSANTHÈME].

Involucre à folioles imbriquées. Réceptacle un peu convexe, dépourvu de paillettes. *Fleurons de la circonférence ligulés, femelles, fertiles; fleurons du centre tubuleux, hermaphrodites. Akènes de deux formes : ceux de la circonférence triquètres pourvus de deux ailes latérales; ceux du centre subcylindriques*, à 10 côtes égales, dépourvus de rebord au sommet ou surmontés d'une couronne membraneuse.

Plante annuelle. Feuilles lâchement et profondément dentées, ord. trifides au sommet, plus rarement pinnatipartites. Capitules solitaires à l'extrémité de la tige et des rameaux. *Fleurons ligulés et fleurons tubuleux jaunes.*

1. **C. segetum** L. *Sp.* 1254 ; *Fl. Dan.* VI, t. 995 ; *Engl. bot.* t. 540 ; Rchb. *Ic.* XVI, t. 86, f. 1 ; Bill. *Exsicc.* n. 395. — [C. DES MOISSONS. — Vulg. *Marguerite-dorée, Jaunet, Mirliton-bâtard*].

Tige de 3-6 décim., dressée, simple, rameuse supérieurement ou rameuse dès la base, glabre. Feuilles glabres-glaucescentes, un peu charnues, oblongues, lâchement et inégalement dentées, ord. élargies trifides au sommet ; les supérieures amplexicaules. Capitules assez grands, solitaires à l'extrémité de la tige et des rameaux, à pédoncules souvent renflés supérieurement. Involucre à folioles intérieures scarieuses dans leur moitié supérieure. Fleurons jaunes. Akènes jaunâtres, dépourvus de couronne membraneuse; ceux de la circonférence munis de 2 ailes latérales épaisses, à 7-8 côtes; ceux du centre à 10 côtes égales. (I. Juin-août.

A.C. — Moissons, champs, terrains en friche. — Clamart!; Versailles!; Saint-Cyr (*de Schœnefeld*); Montmorency!; Rentilly-en-Brie, env. de Lagny (*Thurel*); Champotran-en-Brie (*J. de Parseval*). Corbeil!; Marcoussis!; Chailly (*Adr. de Jussieu*). Saint-Léger!. Anet (*Dœnen*). Beauvais!; env. de Beauvais : Warluis, Goincourt, Saint-Just-les-Marais, Savignies (*Taillefert*); Saint-Germer!. Thury-en-Valois, Montigny-l'Allier, La Ferté-Milon (*Questier*), etc.

Le *Pinardia coronaria* Less. (Rchb. *Ic.* XVI, t. 986, f. 2. — *Chrysanthemum coronarium* L.; Sibth. et Sm. *Fl. Græc.* t. 877), originaire de la région méditerranéenne, est cultivé dans les parterres, d'où il s'échappe quelquefois ; il se reconnaît à ses feuilles bipinnatifides, à ses fleurons d'un jaune pâle, aux akènes de la circonférence triquètres à angles ailés, et aux akènes du centre comprimés latéralement présentant au côté interne une aile saillante surmontés de 3 dents aiguës.

### 18. BELLIS L. *Gen.* n. 962. — [ PAQUERETTE ].

Involucre à folioles égales, disposées sur 2 rangs. Réceptacle conique allongé, dépourvu de paillettes. *Fleurons de la circonférence ligulés,* femelles, fertiles ; fleurons du centre tubuleux, hermaphrodites. *Akènes* obovales *comprimés, entourés d'une bordure saillante obtuse,* dépourvus de couronne membraneuse.

*Plante* vivace, *subacaule.* Feuilles crénelées, disposées en rosettes presque radicales à l'extrémité de tiges très courtes. Capitules solitaires à l'extrémité de pédoncules nus axillaires presque radicaux. *Fleurons ligulés blancs ou rosés ;* fleurons tubuleux jaunes.

1. **B. perennis** L. *Sp.* 1248 ; *Fl. Dan.* III, t. 503 ; *Engl. bot.* t. 424 ; Rchb. *Ic.* XVI, t. 918, f. 6 ; Bill. *Exsicc.* n. 255. — [ P. VIVACE. —Vulg. *Pâquerette, Petite-Marguerite* ].

Plante subacaule, de 5-20 centim., pubescente, plus rarement presque glabre. Souche ord. rameuse cespiteuse, émettant des tiges courtes souterraines, ou aériennes ord. couchées-ascendantes. Feuilles paraissant toutes radicales, disposées en rosettes, un peu épaisses, obovales-spatulées, crénelées, atténuées en pétiole. Pédoncules presque radicaux, dépassant longuement les feuilles. Involucre à folioles herbacées. Fleurons ligulés blancs, quelquefois rosés à la pointe et en dehors. Akènes un peu velus. ♃. Mars-novembre.

*CCC.* — Pelouses, prairies, pâturages, bords des chemins.

S.-v. *exigua.* — Plante naine, de 3-4 centim., ord. très velue. Capitules très petits. — Lieux très arides.

On cultive fréquemment dans les jardins une variété prolifère dans laquelle les folioles de l'involucre donnent naissance à leur aisselle à de petits capitules pédicellés. — On plante également en bordures une autre variété dont les fleurons sont tous tubuleux allongés et colorés en pourpre foncé.

### 19. ARTEMISIA L. *Gen.* n. 945. — [ARMOISE].

Involucre ovoïde ou subglobuleux, à folioles imbriquées. Réceptacle convexe ou presque plan, dépourvu de paillettes, glabre, plus rarement hérissé. *Fleurons tous tubuleux : ceux de la circonférence presque filiformes,* ord. femelles ; ceux du centre hermaphrodites, quelquefois stériles. *Akènes cylindriques* obovales, *dépourvus d'angles et de côtes, terminés par un disque très étroit,* dépourvus au sommet de rebord membraneux.

Plantes vivaces, amères-aromatiques. *Feuilles pinnatipartites ou pinnatiséquées* (dans nos espèces). Capitules ord. très petits, très nombreux, disposés en grappes ou en épis réunis en panicules terminales. *Fleurons jaunes.*

1. **A. vulgaris** L. *Sp.* 1188 ; *Fl. Dan.* VII, t. 1176 ; *Engl. bot.* t. 978 ; Rchb. *Ic.* XVI, t. 1038, f. 1 ; Bill. *Exsicc.* n. 2692. — [ A. COMMUNE. — Vulg. *Armoise, Herbe-à-cent-goûts* ].

Tiges de 6-12 décim., dressées, rameuses supérieurement, pubescentes ou presque glabres. *Feuilles* glabres et d'un vert sombre en dessus, *blanches-*

*tomenteuses en dessous*, pinnatipartites ou bipinnatipartites, à segments oblongs-lancéolés aigus, ord. incisés ; les caulinaires auriculées à la base. Capitules subsessiles, ovoïdes-oblongs. Involucre tomenteux. *Réceptacle glabre.* ♃. Juillet-octobre.

*C.* — Bords des chemins, haies, buissons, cimetières, lieux incultes.

2. **A. campestris** L. *Sp.* 1185 ; *Fl. Dan.* VII, t. 1175 ; *Engl. bot.* t. 338 ; Bill. *Exsicc.* n. 1007 *bis.* — [A. CHAMPÊTRE].

Tiges de 4-9 décim., presque ligneuses au moins inférieurement, couchées-ascendantes, souvent rameuses presque dès la base, glabres. *Feuilles souvent soyeuses sur les deux faces dans leur jeunesse, ord. glabres à l'état adulte,* bi-tripinnatiséquées, à segments un peu charnus, linéaires très étroits ; les caulinaires semiamplexicaules ord. auriculées, divisées souvent jusqu'à la base en 3-7 segments linéaires. Capitules pédicellés, ovoïdes-subglobuleux. *Involucre glabre luisant. Réceptacle glabre.* ♃. Juillet-octobre.

*A.C.* — Lieux secs et pierreux, coteaux arides, terrains sablonneux.

† **A. Absinthium** L. *Sp.* 1188 ; *Fl. Dan.* X, t. 1654 ; *Engl. bot.* t. 1230 ; Rchb. *Ic.* XVI, t. 1029, f. 1 ; Bill. *Exsicc.* n. 1895. — [A. ABSINTHE. — Vulg. *Absinthe, Herbe-sainte*].

Plante très odorante. Tiges de 5-9 décim., dressées, rameuses supérieurement, pubescentes-soyeuses blanchâtres. *Feuilles soyeuses sur les deux faces,* blanches-argentées en dessous, bi-tripinnatiséquées à segments lancéolés ord. obtus ; les caulinaires pétiolées, non auriculées. Capitules pédonculés, subglobuleux. *Involucre tomenteux. Réceptacle hérissé* de longs poils. ♃. Juillet-septembre.

Cultivé dans les jardins. — Quelquefois subspontané dans le voisinage des habitations : Meudon ! ; Mantes ! ; Dreux ! ; Malesherbes !, etc. — Indigène dans les régions montagneuses de l'Europe.

On cultive dans les jardins potagers l'*A. Dracunculus* L. (Rchb. *Ic.* XVI, t. 1041, f. 4. — Vulg. *Estragon*), originaire de la Russie méridionale, qui se reconnaît à ses feuilles lancéolées entières glabres, à l'odeur et à la saveur aromatiques particulières de toutes ses parties. — On cultive moins communément l'*A. Abrotanum* L. (vulg. *Aurone, Citronnelle*), probablement originaire de l'Orient, plante sous-frutescente à odeur de citron très pénétrante, à feuilles bi-tripinnatiséquées à segments presque capillaires.

## 20. TANACETUM L. *Gen.* n. 944 ex parte. — [TANAISIE].

Involucre hémisphérique, à folioles imbriquées. Réceptacle convexe, dépourvu de paillettes, glabre. *Fleurons tous tubuleux : ceux de la circonférence presque filiformes,* ord. femelles ; ceux du centre hermaphrodites, souvent stériles. *Akènes anguleux,* obconiques, *terminés par un disque qui égale presque la largeur de leur sommet,* ord. surmontés d'un rebord membraneux court.

Plante vivace, amère-aromatique. Feuilles pinnatiséquées, à rachis ord. ailélobé. Capitules très nombreux, disposés en corymbes terminaux. Fleurons jaunes.

1. **T. vulgare** L. *Sp.* 1148 ; *Fl. Dan.* V, t. 871 ; *Engl. bot.* t. 1229 ; Rchb. *Ic.* XVI, t. 986 ; Bill. *Exsicc.* n. 1897. — [T. COMMUNE. — Vulg. *Tanaisie, Sent-bon*].

Tiges de 8-12 décim., glabres, robustes, dressées, simples donnant naissance supérieurement aux rameaux de l'inflorescence. Feuilles presque glabres, pinnatiséquées, à segments oblongs-allongés, pinnatipartits, à lobes aigus-acuminés entiers ou dentés à leur bord externe, à rachis ord. ailé à aile lobée-incisée. Capitules disposés en corymbes très rameux compactes. Involucre à folioles glabres, scarieuses au sommet. Akènes couronnés d'un rebord membraneux obscurément denté. ♃. Juillet-septembre.

C. — Berges des rivières, bords des routes, lieux pierreux. — Assez fréquemment cultivé dans les jardins et les vignes.

Le genre *Tagetes* est caractérisé par l'involucre à folioles disposées sur un seul rang et soudées entre elles, par le réceptacle nu, et par les akènes surmontés d'écailles libres ou soudées. — On cultive communément dans les jardins le *T. patula* L. (vulg. *OEillet-d'Inde*), plante annuelle, originaire du Mexique, à odeur forte, à feuilles pinnatiséquées, à segments lancéolés ciliés-dentés, à pédoncules peu renflés, à fleurons d'un jaune brun. — On cultive également le *T. erecta* L. (vulg. *Rose-d'Inde*), aussi originaire du Mexique, qui diffère de l'espèce précédente par ses pédoncules très renflés au sommet, par ses capitules beaucoup plus gros à involucre anguleux et à fleurons jaunes.

## § 2. Anthères pourvues d'appendices basilaires.

**21. CALENDULA** L. *Gen.* n. 990 ex parte. — [SOUCI].

Involucre à folioles égales, disposées sur deux rangs. Réceptacle presque plan, dépourvu de paillettes. *Fleurons de la circonférence ligulés*, femelles, fertiles ; fleurons du centre tubuleux, hermaphrodites, la plupart stériles. *Style des fleurs hermaphrodites un peu renflé en nœud supérieurement. Akènes très irréguliers, falciformes linéaires, courbés en anneau ou concaves en nacelle* par la dilatation membraneuse de leurs bords, les extérieurs au moins ord. à dos chargé de pointes épineuses.

Plantes annuelles, à odeur forte. Feuilles entières ou sinuées-dentées ; les supérieures sessiles presque embrassantes ; les inférieures atténuées ou rétrécies en pétiole. Capitules solitaires à l'extrémité des tiges et des rameaux. Fleurons jaunes ou d'un jaune safrané.

1. **C. arvensis** L. *Sp.* 1303; Sibth. et Sm. *Fl. Græc.* t. 920; Rchb. *Ic.* XV, t. 890, f. 4 ; Bill. *Exsicc.* n. 1015. — [S. DES CHAMPS. — Vulg. *Souci-de-vigne*].
Tige de 1-4 décim., pubescente, dressée, rameuse à rameaux divergents, quelquefois rameuse-diffuse dès la base. Feuilles pubescentes, entières ou lâchement sinuées-dentées ; les inférieures oblongues-spatulées ; les supérieures oblongues-lancéolées, à base arrondie semiamplexicaule. Capitules à fleurons jaunes, les fleurons ligulés barbus à la base. Akènes chargés sur le dos de pointes épineuses ou de tubercules ; les extérieurs au nombre de 3-5, linéaires, une fois plus longs que l'involucre, courbés en faucille, terminés par un long appendice droit, présentant 3 éperons à leur base par la prolongation des angles latéraux et interne ; les intérieurs beaucoup plus courts que les extérieurs, brièvement apiculés, courbés en anneau ou concaves en nacelle à leur face interne par la dilatation membraneuse de leurs bords. ①. Fleurit pendant presque toute l'année.

CC. — Vignes, lieux cultivés, terrains remués. — Manque dans quelques régions.

Le *C. officinalis* L. (Rchb. *Ic.* XV, t. 890, f. 1-3. — Vulg. *Souci*), indigène dans l'Europe méridionale, cultivé dans presque tous les jardins, se rencontre quelquefois au voisinage des habitations. Cette espèce se distingue de la précédente par les caractères suivants : feuilles inférieures longuement rétrécies en pétiole ; capitules beaucoup plus amples ; fleurons ligulés d'un jaune safrané, ord. disposés sur un grand nombre de rangs ; akènes ord. tous brièvement apiculés courbés en anneau et concaves en nacelle. — Cette plante varie fréquemment à fleurons tous ligulés.

### 22. **MICROPUS** L. *Gen.* n. 996. — [MICROPE].

Involucre tomenteux, à folioles disposées sur 2 rangs, les folioles du rang intérieur enveloppant les fleurons fertiles. Réceptacle filiforme, court, à sommet aplani, dépourvu de paillettes. *Fleurons tous tubuleux :* ceux du rang extérieur au nombre de 5-7, femelles, fertiles, à tube capillaire embrassant étroitement le style, enveloppés par les folioles intérieures de l'involucre ; les fleurons placés au centre du réceptacle au nombre de 5-7, mâles, stériles. *Akènes* comprimés, dépourvus de côtes, *renfermés dans les folioles de l'involucre* et caducs avec elles, ne présentant pas de rebord au sommet.

*Plante* annuelle, *tomenteuse-blanchâtre.* Feuilles sessiles, entières. Capitules disposés en glomérules latéraux et terminaux. Fleurons peu apparents, d'un blanc jaunâtre.

1. **M. erectus** L. *Sp.* 1313 ; Lmk *Illustr.* t. 694, f. 2 ; Rchb. *Ic.* XVI, t. 943, f. 1 : Bill. *Exsicc.* n. 1689. — [M. DRESSÉ].

Tiges de 1-3 décim., ord. nombreuses, étalées ou ascendantes, plus rarement dressées, presque simples ou plus ou moins rameuses, quelquefois irrégulièrement dichotomes. Feuilles tomenteuses-laineuses blanchâtres, lancéolées ou oblongues-obovales. Glomérules latéraux et terminaux, occupant souvent les bifurcations des rameaux. Capitules subglobuleux déprimés, à 5-7 angles très prononcés résultant de la convexité du dos des folioles intérieures de l'involucre. Involucre laineux-tomenteux ; à folioles extérieures très petites, linéaires, presque planes ; à folioles intérieures comprimées latéralement, pliées en casque, dépourvues de pointes épineuses, soudées vers leurs bords à leur face interne pour renfermer les akènes. ①. Juin-août.

*A.R.* — Coteaux arides, champs maigres et pierreux. — Clagny (*Thuill.* Fl. Par.). Beauvais près Mennecy (*Des Étangs*); Lardy (*Kralik*); Étréchy ! ; Étampes ! (*Maire, Woods*); Champagne, env. de Nemours ! (*Devilliers*); Malesherbes ! (*Maire*); Pithiviers ! .

SOUS-TRIBU III. — Réceptacle dépourvu de paillettes, ou muni de paillettes seulement à sa circonférence. Akènes tous ou la plupart surmontés d'une aigrette de soies capillaires. Anthères pourvues ou dépourvues d'appendices basilaires.

### § 1. Anthères pourvues d'appendices basilaires.

### 23. **FILAGO** Tourn. *Inst.* t. 259 ex parte ; Coss. et G. de Sᵗ-P. in *Ann. sc. nat.* sér. 2, XX, 283. — [COTONNIÈRE. — Vulg. HERBE-A-COTON].

Involucre plus ou moins tomenteux, à folioles connivantes, disposées sur trois ou plusieurs rangs alternes ou opposés, celles des rangs intérieurs passant à l'état de paillettes. *Réceptacle* presque filiforme à peine renflé supérieurement, ou peu saillant à sommet aplani, *muni de paillettes à sa cir-*

conférence, nu au centre. *Fleurons tous tubuleux : les extérieurs femelles, disposés sur deux ou plusieurs rangs, à tube capillaire* embrassant étroitement le style, *placés à l'aisselle des folioles de l'involucre ;* les fleurons du centre peu nombreux, hermaphrodites, fertiles, ou stériles par avortement. *Akènes tous libres,* presque cylindriques, dépourvus de côtes, parsemés de papilles transparentes, surmontés d'une aigrette à soies disposées sur plusieurs rangs, les extérieurs dépourvus d'aigrette ou à soies disposées sur un seul rang.

*Plantes* annuelles, plus ou moins *tomenteuses-blanchâtres.* Feuilles sessiles, entières. Capitules très petits, disposés par 1-7 en fascicules, ou 8-25 en glomérules compactes subglobuleux, latéraux et terminaux. Fleurons peu apparents, tous d'un blanc jaunâtre.

Sect. I. GIFOLA. — *Involucre à folioles cuspidées, disposées sur 5 rangs de 5 folioles, à rangs opposés,* toutes munies d'un fleuron à leur aisselle, restant presque dressées ou s'étalant à peine à la maturité. *Réceptacle long, presque filiforme,* à peine renflé supérieurement. *Capitules sessiles, disposés par 8-25 en glomérules compactes subglobuleux.* — (1-2).

Sect. II. OGLIFA. — *Involucre à folioles non cuspidées, disposées sur 5 plus rarement 4 rangs ;* le rang extérieur à 2-5 folioles ord. stériles, très petites, *alternes entre elles au moins les intérieures, s'étalant à la maturité en une étoile presque plane à 7-10 rayons rarement plus. Réceptacle court,* à sommet aplani. *Capitules* subsessiles ou brièvement pédonculés, disposés par 5-7 en fascicules *ou en glomérules, plus rarement subsolitaires.* — (3-4).

Sect. I. GIFOLA. (*Gifola* Cass. in *Bull. Soc. phil.* [1819] 143). — Involucre à folioles cuspidées, disposées sur 5 rangs de 5 folioles, à rangs opposés, toutes munies d'un fleuron à leur aisselle, restant presque dressées ou s'étalant à peine à la maturité. Fleurons femelles disposés sur 5 rangs. Réceptacle long, presque filiforme, à peine renflé supérieurement. Capitules sessiles, disposés par 8-25 en glomérules compactes subglobuleux.

1. **F. spathulata** Presl *Delic. Prag.* 93; Jord.! *Obs.* III, 199, t. 7, f. *c* ; Bill. *Exsicc.* n. 37 *bis* et 390. — *F. pyramidata* Vill. *Dauph.* III, 194 non L. — *F. Germanica* var. *spathulata* DC. *Prodr.* VI, 247. — *F. Jussiæi* Coss. et G. de S^t-P. in *Ann. sc. nat.*, loc. cit. t. 13, c., 1-3, et *Fl. Par.* éd. 1, 406, et *Illustr. fl. Par.* t. 26, A. — *Gifola spathulata* Rchb. f. *Ic.* XVI, t. 945, f. 3. — [C. SPATULÉE].

Tige de 1-3 décim., rameuse presque dès la base, plus rarement simple inférieurement, plus ou moins irrégulièrement dichotome ou trichotome, à rameaux ord. étalés ou divariqués. *Feuilles* couvertes d'un tomentum soyeux, blanchâtres, très rarement d'un blanc jaunâtre, légèrement espacées, plus ou moins étalées, *oblongues-obovales ou subspatulées,* presque planes ou à bords un peu roulés en dessous. *Glomérules* subhémisphériques, composés de 8-15 plus rarement 20 capitules, *munis à la base d'un involucre de 3-4 feuilles qui dépassent les capitules* (1). *Capitules* ovoïdes-coniques, *non plongés*

(1) L'involucre général des glomérules du *F. spathulata* est formé par les feuilles des rameaux raccourcis qui constituent le glomérule. Ces feuilles se développent normalement dans cette espèce ; et dépassent le glomérule. Dans le *F. Germanica,* au contraire, toutes restent rudimentaires, ou une seule se développe. Il ne faut pas confondre les feuilles de cet involucre avec celles qui se trouvent à la base des rameaux, et qui peuvent également dépasser le glomérule.

*dans un tomentum épais*, distincts presque jusqu'à la base. *Involucre à 5 angles aigus très saillants* séparés par des sinus profonds; *à folioles* pliées longitudinalement, profondément concaves surtout supérieurement, *longuement cuspidées* à pointe subulée scarieuse glabre jaunâtre, les intérieures ord. obtuses ou à peine mucronées. ⓘ. Juillet-octobre.

*C C.* — Champs, lieux cultivés, vignes, bords des chemins.

*S.-v. purpurascens.* — Folioles de l'involucre rougeâtres au sommet.

2. **F. Germanica** L. *Sp.* 1311 ; Coss. et G. de S<sup>t</sup>-P. in *Ann. sc. nat.*, loc. cit. t. 13, D, 1-3, et *Illustr. fl. Par.* t. 26, B. — *Gnaphalium Germanicum* Willd. *Sp.* III, 1894. — *Gifola Germanica* Rchb. f. *Ic.* XVI, t. 945, f. 1-2. — [C. D'ALLEMAGNE].

Tige de 1-3 décim., simple inférieurement, plus rarement rameuse dès la base, plus ou moins irrégulièrement dichotome dans sa partie supérieure, à rameaux dressés, rarement étalés. *Feuilles* couvertes d'un tomentum blanc grisâtre ou jaunâtre, rapprochées, dressées, ord. presque imbriquées, *lancéolées ou oblongues-lancéolées*, aiguës, plus rarement obtuses, ondulées, plus rarement presque planes à bords un peu roulés en dessous. *Glomérules* subglobuleux, composés de 20-25 capitules, *dépourvus d'involucre foliacé* ou munis d'un involucre très court et alors ord. réduit à 1-2 feuilles. *Capitules* coniques-cylindriques, *plongés dans un tomentum épais presque jusqu'au milieu de leur hauteur. Involucre à 5 angles à peine marqués*, séparés par des intervalles presque plans; *à folioles* pliées-canaliculées longitudinalement, laineuses-tomenteuses à la base, scarieuses glabres jaunâtres dans leur moitié supérieure, *longuement cuspidées* à pointe subulée, les intérieures ord. obtuses ou à peine mucronées. ⓘ. Juin-septembre.

*A.C.* — Champs, lieux cultivés, vignes, bords des chemins.

Var. α. *canescens.* (*F. canescens* Jord.! *Obs.* III, 201, t. 7, f. *a* ; Bill. *Exsicc.* n. 389). — Plante couverte d'un tomentum blanc.

Var. β. *lutescens.* (*F. lutescens* Jord.!, loc. cit., t. 7, f. *b* ; Bill. *Exsicc.* n. 37 *ter*). — Plante couverte d'un tomentum d'un blanc jaunâtre. Folioles de l'involucre ord. rougeâtres au sommet.

Sect. II. OGLIFA. (*Oglifa* Cass. in *Bull. Soc. phil.* [1819] 143.) — Involucre à folioles non cuspidées, disposées sur 3 plus rarement 4 rangs; le rang extérieur à 2-5 folioles ord. stériles, très petites ; folioles toutes alternes entre elles, ou les intérieures seules alternes, s'étalant à la maturité en une étoile presque plane à 7-10 rayons rarement plus. Fleurons femelles disposés sur 2-3 rangs. Réceptacle court, à sommet aplani. Capitules subsessiles ou brièvement pédonculés, disposés par 3-7 en fascicules ou en glomérules, plus rarement subsolitaires.

3. **F. montana** L. *Fl. Succ.* ed. 2, n. 780 (excl. loc. nat. sec. Koch) et *Sp.* 1311 ; *Fl. Dan.* VIII, t. 1276 ; *Illustr. fl. Par.* t. 26, C. — *Gnaphalium minimum* Willd. *Sp.* II, 1806; *Engl. bot.* t. 1157. — *Filago minima* Fries *Novit. Succ.* 268 ; Bill. *Exsicc.* n. 39. — *Oglifa minima* Rchb. f. *Ic.* XVI, t. 946, f. 1. — [C. DES LIEUX MONTUEUX].

Tige de 1-3 décim., simple inférieurement, plus rarement rameuse dès la base, rameuse obscurément dichotome dans sa partie supérieure, à rameaux ord. dressés. *Feuilles* couvertes d'un tomentum soyeux, rapprochées, dressées appliquées sur la tige, linéaires-lancéolées. *Glomérules* dépassant les feuilles, les uns occupant les bifurcations des rameaux, les autres latéraux et terminaux. *Capitules* ovoïdes-coniques, *à 5 angles saillants obtus* séparés par des sinus profonds. *Involucre* couvert d'un tomentum soyeux, à partie supérieure glabre scarieuse jaunâtre, *à folioles non cuspidées*; les *folioles extérieures* 2-5 très courtes, *ovales*, dépourvues d'akène à leur aisselle; le rang intérieur de folioles alternant seul avec les rangs extérieurs. (I). Juin-septembre.

C. — Lieux arides, champs en friche, coteaux sablonneux ou pierreux.

**4. F. arvensis** L. *Sp.* 1312; *Fl. Dan.* VIII, t. 1275; *Illustr. fl. Par.* t. 26, ᴅ; Bill. *Exsicc.* n. 38. — *Gnaphalium arvense* Willd. *Sp.* III, 1897. — *Oglifa arvensis* Rchb. f. *Ic.* XVI, t. 946, f. 2. — [C. ᴅᴇs ᴄʜᴀᴍᴘs].

Tige de 2-4 décim., simple inférieurement, rameuse supérieurement, à rameaux dressés. Feuilles blanches-tomenteuses, rapprochées, linéaires-lancéolées ou lancéolées. Glomérules ord. non dépassés par les feuilles, latéraux et terminaux occupant rarement les bifurcations des rameaux. *Capitules* ovoïdes-coniques, *à 8 côtes peu prononcées. Involucre* mollement laineux-tomenteux, glabre-scarieux seulement au sommet, *à folioles non cuspidées, ord. toutes alternes; les extérieures 3-5, linéaires très étroites*, dépourvues d'akène à leur aisselle ou quelques-unes d'entre elles fertiles. (I). Juillet-septembre.

A.C. — Champs sablonneux, lieux arides.

**24. LOGFIA** Cass. in *Bull. Soc. Phil.* [1819] 143 emend.; Coss. et G. de Sᵗ-P. in *Ann. sc. nat.* sér. 2, XX, 290, t. 13, ᴀ. — [LOGFIE].

Involucre tomenteux-soyeux, à folioles connivantes, disposées sur 3 rangs opposés, celles du rang intérieur passant à l'état de paillettes. *Réceptacle* court, à sommet aplani, *muni de paillettes à sa circonférence*, nu au centre. *Fleurons tous tubuleux : les extérieurs femelles, disposés sur 2 rangs, à tube capillaire* embrassant étroitement le style, *les fleurons du rang extérieur enveloppés par les folioles* moyennes *de l'involucre*; les fleurons du second rang placés à l'aisselle des folioles intérieures; les fleurons placés au centre du réceptacle peu nombreux, hermaphrodites, ou mâles par avortement. *Akènes* presque cylindriques, dépourvus de côtes; ceux *du rang extérieur renfermés dans les folioles de l'involucre* et ne se détachant qu'avec elles (1), dépourvus de papilles, à aigrette nulle; les akènes libres parsemés de papilles transparentes, surmontés d'une aigrette caduque à soies scabres disposées sur plusieurs rangs.

Plante annuelle, tomenteuse-blanchâtre. Feuilles sessiles, entières. Capitules très petits, disposés par 3-7 en glomérules latéraux et terminaux. Fleurons peu apparents, tous d'un blanc jaunâtre.

(1) Les folioles du rang moyen de l'involucre sont épaissies presque ligneuses à leur base, et renferment les akènes en se soudant vers leurs bords à leur face interne, les bords scarieux restant libres. La loge qui renferme l'akène reste percée à son sommet d'une ouverture très étroite par laquelle passait le tube du fleuron pendant la floraison.

1. **L. Gallica** Coss. et G. de S¹-P. in *Ann. sc. nat.*, loc. cit., t. 13, A, 1-11, et
*Illustr. fl. Par.* t. 26, E; Rchb. f. *Ic.* XVI, t. 947, f. 1. — *Filago Gallica*
L. *Sp.* 1312; Bill. *Exsicc.* n. 40. — *Logfia subulata* Cass. in *Dict. sc. nat.*
XXVII, 117. — [ L. DE FRANCE ].

Tige de 1-4 décim., simple inférieurement ou rameuse dès la base, rameuse irrégulièrement dichotome ou trichotome dans sa partie supérieure,
à rameaux plus ou moins divergents. Feuilles couvertes d'un tomentum
soyeux, lâchement dressées, linéaires-subulées. Glomérules longuement
dépassés par les feuilles, les uns occupant les bifurcations des rameaux,
les autres latéraux et terminaux. Capitules ovoïdes-coniques, à 5 angles
très saillants obtus séparés par des sinus profonds. Involucre couvert d'un
tomentum soyeux, à partie supérieure glabre scarieuse jaunâtre, à folioles
non cuspidées, disposées par 5 sur 3 rangs opposés, s'étalant à la maturité
en une étoile à 5 rayons, les folioles extérieures ovales très courtes. Ⓘ. Juillet-
octobre.

*A.C.* — Champs après la moisson, vignes, bords des chemins, coteaux arides
pierreux.


## 25. **GNAPHALIUM** L. *Gen.* n. 946 ex parte. — [GNAPHALE].

*Involucre à folioles* imbriquées, *scarieuses-colorées* glabres. Réceptacle
convexe ou presque plan, dépourvu de paillettes. *Fleurons tous tubuleux :
les extérieurs femelles, disposés sur plusieurs rangs, à tube capillaire*
embrassant étroitement le style, *jamais entremêlés aux folioles de l'involucre*; les fleurons du centre hermaphrodites fertiles. Akènes presque cylindriques, dépourvus de côtes, ord. parsemés de papilles transparentes, tous
surmontés d'une *aigrette à soies capillaires, libres entre elles* se détachant
isolément à la maturité.

*Plantes* annuelles ou vivaces, *tomenteuses-blanchâtres.* Feuilles entières. Capitules rapprochés en glomérules disposés en corymbes. Fleurons peu apparents,
tous jaunes.

1. **G. uliginosum** L. *Sp.* 1200 ; *Fl. Dan.* V, t. 859 ; *Engl. bot.* t. 1194 ; Rchb.
*Ic.* XVI, t. 948, f. 2; Bill. *Exsicc.* n. 42 et *bis.* — [ G. DES LIEUX HU-
MIDES].

Plante annuelle, à racine pivotante simple ou rameuse. Tiges ord. nombreuses, de 1-3 décim., ascendantes-étalées ou la centrale dressée, molles,
simples ou rameuses, feuillées jusqu'au sommet. Feuilles linéaires-lancéolées
ou linéaires. *Capitules rapprochés en glomérules* très compactes *la plupart
terminaux agglomérés entourés et entremêlés de feuilles qui les dépassent*
plus ou moins *longuement.* Involucre à folioles brunâtres ou d'un jaune
brunâtre. Akènes surmontés d'une aigrette blanche à 8-12 soies. Ⓘ. Juillet-
octobre.

*C C.* — Lieux inondés l'hiver, champs humides, fossés.

Var. β. *glabrum* (Koch *Syn. fl. Germ.* ed. 2, 400; Rchb. *Ic.* XVI, t. 948, f. 3.
— *G. pilulare* Whlnbg *Fl. Lapp.* t. 13. — *G. pilulare* β *nudum* DC. *Prodr.* VI,
231). — Plante glabre, verte. — *R R R.* — Trouvé une seule fois, et un seul
individu, au bord de l'étang de Saint-Hubert (*de Boucheman*).

**2. G. luteo-album** L. *Sp.* 1196 ; *Fl. Dan.* X, t. 1763 ; *Engl. bot.* t. 1002 ; Rchb.
*Ic.* XVI, t. 948, f. 1 ; Bill. *Exsicc.* n. 43. — [G. JAUNATRE. — Vulg. *Im-
mortelle-des-marais*].

Plante annuelle, à racine pivotante simple ou rameuse. Tiges nombreuses,
plus rarement subsolitaires, de 2-5 décim., ascendantes, rarement dressées,
molles, simples donnant naissance supérieurement aux rameaux de l'inflorescence, souvent dépourvues de feuilles au sommet. Feuilles oblongues-
spatulées ; les caulinaires semiamplexicaules, oblongues étroites. *Capitules*
disposés *en glomérules* compactes *rapprochés* au sommet des tiges *en corymbes non feuillés*. Involucre à folioles luisantes d'un jaune pâle. Akènes
surmontés d'une aigrette blanche à 8-12 soies. ⚲. Juillet-septembre.

*A.C.* — Champs sablonneux humides, fossés, bords des étangs.

Le genre *Helichrysum*, qui se distingue du genre *Gnaphalium* par les fleurons
tous hermaphrodites ou ceux de la circonférence femelles disposés sur un seul
rang, fournit aux jardins les espèces suivantes : *H. Orientale* Tourn. (*Gnaphalium Orientale* Sibth. et Sm. *Fl. Græc.* t. 958. — Vulg. *Immortelle-jaune*), plante
indigène dans l'île de Candie, vivace sous-frutescente, à capitules nombreux, assez
petits, d'un jaune-citron, disposés en corymbe rameux, à pédoncules allongés ;
*H. bracteatum* Willd. (Savi *Fl. It.* I, t. 6), originaire de l'Australie, à tiges herbacées, à capitules assez gros, terminaux, souvent munis à leur base de 1-3 bractées foliacées, à involucre d'un jaune d'or, plus rarement blanc, à folioles intérieures rayonnantes.


### 26. GAMOCHÆTA Wedd. *Chl. And.* I, 151. — [GAMOCHÈTE].

*Involucre à folioles* imbriquées, *scarieuses-colorées*, glabres. Réceptacle
presque plan, dépourvu de paillettes. *Fleurons tous tubuleux : les extérieurs
femelles, disposés sur plusieurs rangs, à tube capillaire* embrassant étroitement le style, *jamais entremêlés aux folioles de l'involucre* ; les fleurons
du centre hermaphrodites fertiles. Akènes presque cylindriques, dépourvus
de côtes, ord. parsemés de papilles transparentes, tous surmontés d'une
*aigrette à soies* capillaires, *soudées en anneau à la base* et ne se détachant
pas isolément à la maturité.

Plante vivace, tomenteuse-blanchâtre. Feuilles entières. *Capitules* rapprochés
en fascicules disposés *en panicule spiciforme* effilée et feuillée. Fleurons peu
apparents, tous jaunâtres.

**1. G. sylvatica** Wedd., loc. cit. — *Gnaphalium sylvaticum* L. *Sp.* 1200 ; *Fl. Dan.*
VII, t. 1229 ; *Engl. bot.* t. 913 ; Rchb. *Ic.* XVI, t. 949, f. 1 ; Bill. *Exsicc.*
n. 41. — [G. DES BOIS].

*Plante vivace*, à souche oblique émettant des fascicules de feuilles en même
temps que la tige florifère. Tige de 2-6 décim., dressée ou ascendante, roide,
ord. simple, feuillée jusqu'au sommet. Feuilles inférieures lancéolées-linéaires,
les caulinaires plus étroites. Capitules en épis axillaires, plus rarement solitaires à l'aisselle des feuilles, disposés en panicule spiciforme effilée. Involucre à folioles brunâtres au sommet, les extérieures beaucoup plus courtes
que les intérieures. Akènes surmontés d'une aigrette d'un blanc sale à
20-25 soies. ♃. Juillet-septembre.

*A.C.* — Bois montueux, bruyères.

**27. ANTENNARIA** R. Br. in *Linn. trans.* XII, 122. — [ANTENNAIRE].

*Plante dioïque. Involucre à folioles* imbriquées, tomenteuses à la base, *scarieuses-colorées.* Réceptacle presque plan, dépourvu de paillettes. *Fleurons tous tubuleux :* ceux du *capitule mâle à* anthères dépassant le tube, à style rudimentaire souvent indivis, à *aigrette à soies très épaissies dans leur partie supérieure; ceux du capitule femelle à tube capillaire* embrassant étroitement le style, à anthères nulles, à style bifide dépassant le tube. Akènes presque cylindriques, dépourvus de côtes, surmontés d'une *aigrette à soies* capillaires, *soudées en anneau à la base* et ne se détachant pas isolément à la maturité.

*Plante* vivace, *tomenteuse-blanchâtre.* Feuilles entières. Capitules disposés en corymbe au sommet des tiges. *Fleurons* peu apparents, *blanchâtres ou roses.*

**1. A. dioica** Gærtn. *Fruct.* II, 410, t. 167, f. 3 ; Rchb. *Ic.* XVI, t. 951, f. 2-3; Bill. *Exsicc.* n. 44. — *Gnaphalium dioicum* L. *Sp.* 1199 ; Bull. *Herb.* t. 325; *Engl. bot.* t. 267. — [A. DIOÏQUE. — Vulg. *Pied-de-chat*].

Souche émettant des rejets couchés-radicants terminés par des fascicules de feuilles. Tiges de 1-3 décim., dressées, simples, laineuses. Feuilles blanches-tomenteuses au moins à la face inférieure ; celles des fascicules radicaux spatulées ou obovales-spatulées, étalées en rosette; les caulinaires lancéolées ou linéaires, dressées presque appliquées sur la tige. Capitules 3-9, disposés en corymbe terminal compacte ombelliforme. Involucre des capitules mâles, blanc, plus rarement rosé, dépassant ord. les aigrettes, à folioles oblongues-suborbiculaires dans leur partie supérieure ; involucre des capitules femelles ord. d'un beau rose, longuement dépassé par les aigrettes, à folioles lancéolées ou oblongues dans leur partie supérieure. ♃. Mai-juin.

A.R. — Pelouses montueuses arides, bruyères. — Meudon (*Cornuti* Ench. Par.); « toutes les variétés de Pied de chat se trouvent entre Meudon et Saint-Clou, à Versailles, à Saint-Germain, à Montmorency vers la Grange que l'on appelle *la Folie,* à Fontainebleau » (*Tourn.* Hist. pl. Par.); Cormeilles-en-Parisis (*Durando*); côte de Lhautie près Triel (*de Boucheman*); le Heaume près Marines !; Sérans !, Mondétour près Magny (*Bouteille*) ; Vernon (*Chatin*). Vallée de Saint-Marc ! près Jouy; Auffargis (*de Schœnefeld*) ; bois entre Saint-Arnoult ! et Clairefontaine ; Saint-Léger (*Decaisne*) ; Oulins (*Brou*) ; Dreux (*Dænen*). Env. de Beauvais !; Neuville-Bosc ! (*Graves, Daudin*); entre Thiers et Morfontaine (*Morelle*); forêt de Compiègne (*Léré*); Le Plessis-sur-Autheuil, Lévignen, Macquelines, Betz, Boullarre, Neufchelles, Bourneville (*Questier*) ; La Ferté-sous-Jouarre (*Adr. de Jussieu*). Bruyères entre Cesson et Boissise-la-Bertrand !; forêt de Fontainebleau (*Faucheux*) ; plaine de la Glandée dans la forêt de Fontainebleau (*Thuret*); env. de Nemours (*Devilliers*). — *Graves* Cat. Oise : coteau de Varenbeaumont près Quincampoix cant. de Formerie; butte Sainte-Catherine près Grandfresnoy et pelouses de Montplaisir cant. d'Estrées; coteaux de Canectancourt, d'Elincourt cant. de Lassignies; Jonquières ; Aiguizy; Attiche cant. de Ribécourt.

L'*A. margaritacea* R. Br. (*Gnaphalium margaritaceum* L.; *Engl. bot.* t. 2018. —Vulg. *Immortelle-blanche*), originaire de l'Amérique du Nord, est fréquemment cultivé dans les jardins ; cette plante a été observée dans la forêt de Compiègne (*Weddell*), où elle s'est presque naturalisée. On la reconnaît à ses tiges simples, dressées, robustes, élevées ; à ses feuilles lancéolées-allongées ; à ses capitules très nombreux, disposés en corymbes rameux terminaux ; à son involucre à folioles nombreuses, pétaloïdes, d'un beau blanc, dépassant longuement les aigrettes dans les capitules mâles.

### 28. **PULICARIA** Gærtn. *Fruct.* II, 461. — [ PULICAIRE ].

Involucre à folioles imbriquées. Réceptacle presque plan, dépourvu de paillettes. *Fleurons de la circonférence* femelles *ligulés*, disposés sur un seul rang, à limbe dépassant longuement ou dépassant un peu les fleurons du centre ; fleurons du centre hermaphrodites, tubuleux. Akènes presque cylindriques un peu comprimés, pubérulents, striés, surmontés d'une aigrette ; *aigrette à* soies disposées sur deux rangs, les *soies extérieures* très courtes *soudées en une couronne dentée ou laciniée*, les intérieures capillaires un peu scabres au nombre de 5-20.

Plantes annuelles ou vivaces. Feuilles entières ou denticulées. Capitules solitaires à l'extrémité des rameaux et des pédoncules, ord., disposés en corymbes feuillés. Fleurons tous jaunes.

**1. P. vulgaris** Gærtn. *Fruct.* II, 461 ; Rchb. *Ic.* XVI, t. 933, f. 2 ; Bill. *Exsicc.* n. 2091. — *Inula Pulicaria* L. *Sp.* 1238 ; *Fl. Dan.* IV, t. 613 ; *Engl. bot.* t. 1196. — [ P. COMMUNE. — Vulg. *Pulicaire* ].

*Plante annuelle*, pubescente-blanchâtre. Tige de 1-5 décim., ord. très rameuse dès la base, à rameaux ascendants ou dressés, rapprochés en panicules ou en corymbes. Feuilles oblongues-lancéolées, ondulées, sessiles, les supérieures semiamplexicaules. Capitules subglobuleux, ord. très nombreux, latéraux et terminaux. Involucre pubescent-tomenteux, à folioles linéaires très étroites. *Fleurons de la circonférence* à limbe dressé, *dépassant peu les fleurons du centre. Aigrette à couronne laciniée.* ⓘ. Juillet-septembre.

*CC.* — Bords des chemins humides, fossés, lieux inondés l'hiver, berges des rivières.

S.-v. *pusilla*. — Plante naine. Tige souvent simple monocéphale.

**2. P. dysenterica** Gærtn. *Fruct.* II, 461 ; Rchb. *Ic.* XVI, t. 933, f. 1 ; Bill. *Exsicc.* n. 387. — *Inula dysenterica* L. *Sp.* 1237 ; *Fl. Dan.* III, t. 410 ; *Engl. bot.* t. 1115. — [ P. DYSENTÉRIQUE. — Vulg. *Herbe-Saint-Roch* ].

*Plante vivace.* Tiges de 4-8 décim., pubescentes-tomenteuses au moins supérieurement, dressées ou ascendantes, rameuses dans leur partie supérieure, à rameaux dressés ou divergents rapprochés en corymbe. *Feuilles* tomenteuses-blanchâtres en dessous, oblongues-lancéolées ou ovales-lancéolées, lâchement denticulées, *à base élargie profondément cordée-amplexicaule* quelquefois presque sagittée. Capitules hémisphériques, terminaux. Involucre pubescent-tomenteux, à folioles linéaires-subulées. *Fleurons de la circonférence rayonnants, dépassant longuement les fleurons du centre. Aigrette à couronne crénelée.* ♃. Juillet-septembre.

*CC.* — Fossés, bords des eaux, lieux marécageux.

### 29. **INULA** L. *Gen.* n. 956 emend. — [ INULE ].

Involucre à folioles imbriquées. Réceptacle presque plan, dépourvu de paillettes. *Fleurons de la circonférence* femelles, quelquefois stériles par avortement, *ligulés*, disposés sur un seul rang, à limbe dépassant longuement les fleurons du centre, ou tubuleux à peine ligulés ne les dépassant pas ; fleurons du centre tubuleux, hermaphrodites. Akènes presque cylindriques ou subtétragones, à 4-10 côtes, surmontés d'une *aigrette à soies capillaires un peu scabres, dépourvue de couronne extérieure.*

Plantes vivaces, plus rarement annuelles ou bisannuelles. Feuilles indivises, entières ou dentées. Capitules solitaires à l'extrémité de la tige et des rameaux, plus rarement disposés en panicules ou en corymbes. Fleurons tous jaunes ou jaunâtres.

Sect. I. *CORVISARTIA*. — *Folioles intérieures de l'involucre oblongues obtuses. Fleurons de la circonférence longuement ligulés. Akènes subtétragones,* tronqués au sommet. — (1).

Sect. II. *ENULA*. — *Folioles intérieures de l'involucre lancéolées ou linéaires aiguës. Fleurons de la circonférence longuement ligulés. Akènes presque cylindriques,* tronqués ou à peine atténués au sommet. — (2-4).

Sect. III. *PSEUDO-CONYZA*. — *Folioles intérieures de l'involucre* lancéolées ou linéaires aiguës. *Fleurons de la circonférence* tubuleux *à peine ligulés. Akènes presque cylindriques, tronqués.* — (5).

Sect. IV. *CUPULARIA*. — *Folioles intérieures de l'involucre* lancéolées ou linéaires aiguës. *Fleurons de la circonférence* tubuleux *à peine ligulés. Akènes oblongs-cylindriques, contractés au sommet en un col très court évasé en cupule au niveau de l'insertion de l'aigrette.* — (6).

Sect. I. Corvisartia. (*Corvisartia* Mérat *Fl. Par.* éd. 2, II, 261.) — Folioles intérieures de l'involucre oblongues obtuses. Fleurons de la circonférence longuement ligulés. Akènes subtétragones, tronqués au sommet.

1. **I. Helenium** L. *Sp.* 1236 ; *Fl. Dan.* V, t. 728 ; *Engl. bot.* t. 1546. — *Corvisartia Helenium* Mérat, loc. cit.; Rchb. *Ic.* XVI, t. 921. — Fuchs. *Hist.* 242 ic. — [I. AUNÉE. — Vulg. *Aunée, Enula-Campana*].

Souche épaisse charnue, amère-aromatique. Tige de 1-2 mètres, dressée, robuste, rameuse supérieurement, velue ou pubescente. Feuilles très amples, dentées, tomenteuses-blanchâtres en dessous ; les radicales oblongues, atténuées aux deux extrémités, longuement pétiolées ; les caulinaires ovales-aiguës, semiamplexicaules à limbe un peu décurrent. Capitules très gros, peu nombreux, disposés en corymbe terminal irrégulier. *Involucre à folioles extérieures largement ovales, foliacées, tomenteuses.* Fleurons d'un beau jaune. *Akènes subtétragones,* glabres, à aigrette d'un blanc roussâtre. ⚥. Juillet-septembre.

*R.* — Prairies humides, haies, bois, fossés, vergers. — « Bois au-dessus de Cœuilly et entre Lassigny et la rivière de Rouillon » (*Vaill.* Bot. Par.). Montmo-rency! (*Cornuti* Ench. Par., *Tourn.* Hist. pl. Par.); Château de la Chasse (*Vaill.* Bot. Par.); Luzarches (*De Lens*). Parc de Vigny près Marines, Banthélu, Sérans, Magny!, Charmont, Figicourt (*Boutcille*); Pouilly (*Delacour, Daudin*); Trie-le-Château, forêt de la Neuville-en-Hez, Liancourt, Saint-Sauveur (*Graves*); Ivors près Crépy, Morienval près Compiègne, Neufchelles, Boullarre, Montigny-l'Allier (*Questier*); Perreuse près Jouarre (*Adr. de Jussieu*). Marcoussis (*Tourn.* Hist. pl. Par.); forêt de Senart (*Maire*); « entre Bresle et la ferme Duce, et Bresle près Tournan » (*Vaill.* Bot. Par.); Machault près Melun (*M. Garnier*); Fontainebleau

(*Devilliers*); Manchecourt près Pithiviers (*Bernard*). — *Graves* Cat. Oise : coteaux boisés depuis Savignies jusqu'à Glatigny ; bois de Saint-Germer ; forêts de Hez et de Compiègne ; Thury-en-Valois.

Sect. II. ENULA. — Folioles intérieures de l'involucre lancéolées ou linéaires aiguës. Fleurons de la circonférence longuement ligulés. Akènes presque cylindriques, tronqués ou à peine atténués au sommet.

**2. I. Britannica** L. *Sp.* 1237 ; *Fl. Dan.* III, t. 413 ; Rchb. *Ic.* XVI, t. 926 ; Bill. *Exsicc.* n. 1229. — [I. BRITANNIQUE].

Tiges de 3-8 décim., dressées, simples, donnant naissance supérieurement aux rameaux de l'inflorescence, velues ou presque laineuses. *Feuilles molles*, finement dentées ou presque entières, *velues-soyeuses surtout à la face inférieure* ; les radicales oblongues, atténuées en pétiole ; les caulinaires longuement lancéolées, semiamplexicaules à limbe un peu décurrent. Capitules en nombre variable, disposés en corymbe terminal irrégulier. *Involucre à folioles linéaires, velues-soyeuses*, molles, les extérieures égalant ou dépassant les intérieures. Fleurons d'un beau jaune. *Akènes velus*, à aigrette blanchâtre. ♃. Juillet-septembre.

*A.C.* — Prairies humides, bords des rivières, fossés. — Abondant aux bords de la Seine ! et de la Marne !, etc.

**3. I. hirta** L. *Sp.* 1239 ; Jacq. *Austr.* IV, t. 358 ; Rchb. *Ic.* XVI, t. 927 ; Bill. *Exsicc.* n. 385. — [I. HÉRISSÉE].

Tiges de 2-4 décim., dressées, simples, velues-hérissées. *Feuilles coriaces*, finement dentées ou presque entières, *rudes-hérissées* surtout à la face inférieure, oblongues-lancéolées, souvent pliées longitudinalement, fortement nerviées ; les caulinaires *sessiles, à base arrondie* ; les inférieures rétrécies à la base. Capitules ord. solitaires au sommet des tiges. *Involucre à folioles* lancéolées-linéaires, longuement *hispides*, roides presque épineuses, les extérieures égalant ou dépassant les intérieures. Fleurons d'un beau jaune. *Akènes glabres*, à aigrette d'un blanc sale. ♃. Mai-juillet.

*R.* — Coteaux secs, pelouses élevées, endroits découverts des bois sablonneux. — Fontainebleau ! (*Vaill.* Bot. Par.), abondant dans plusieurs localités de la forêt ; bois de l'Abbesse ! et de Nanteau ! près Nemours (*Devilliers*) ; Malesherbes ! (*Requien*).

**4. I. salicina** L. *Sp.* 1238 ; *Fl. Dan.* V, t. 786 ; Rchb. *Ic.* XVI, t. 928, f. 1-2 ; Bill. *Exsicc.* n. 1228. — [I. A FEUILLES DE SAULE].

Tige de 4-7 décim., dressée, simple ou rameuse supérieurement, glabre ou presque glabre. *Feuilles coriaces*, finement denticulées ou presque entières, *glabres-luisantes*, à bords et à nervures rudes-scabres, oblongues-lancéolées, souvent pliées longitudinalement ; les supérieures *semiamplexicaules* ; les inférieures rétrécies à la base. Capitules 2-5, disposés au sommet de la tige en corymbe irrégulier, plus rarement solitaires. *Involucre à folioles* lancéolées ou ovales-lancéolées, *glabres à bords ciliés-scabres*, roides, les extérieures la plupart plus courtes de moitié que les intérieures. Fleurons d'un beau jaune. *Akènes glabres*, à aigrette d'un blanc sale. ♃. Juin-août.

*A.C.* — Bois secs, pâturages montueux, prés humides.

Sect. III. PSEUDO-CONYZA.— Folioles intérieures de l'involucre lancéolées ou linéaires aiguës. Fleurons de la circonférence tubuleux à peine ligulés. Akènes presque cylindriques, tronqués.

5. **I. Conyza** DC. *Prodr.* V, 464; Rchb. *Ic.* XVI, t. 923, f. 2; Bill. *Exsicc.* n. 2090. — *Conyza squarrosa* L. *Sp.* 1205; *Fl. Dan.* IV, t. 622; *Engl. bot.* t. 1195. — [I. CONYZE].

Plante d'une odeur désagréable. Tige de 5-10 décim., dressée, simple donnant naissance supérieurement aux rameaux de l'inflorescence, pubescente presque tomenteuse. *Feuilles oblongues, assez amples*, denticulées, à peine pubescentes en dessus, *pubescentes presque tomenteuses en dessous;* les radicales et les inférieures atténuées en pétiole; les caulinaires sessiles. Capitules nombreux, disposés en corymbes terminaux. Involucre à folioles extérieures très courtes ovales-aiguës ou lancéolées, plus ou moins herbacées, recourbées au sommet; les intérieures linéaires-aiguës, scarieuses rougeâtres au sommet, dressées, dépassant très longuement les extérieures. *Fleurons* d'un jaune pâle; ceux *de la circonférence* à peine fendus en ligule, *ne dépassant pas ceux du centre. Akènes velus*, à aigrette blanche. ②. Juillet-septembre.

*C.* — Lisières des bois, coteaux arides, bords des chemins.

Sect. IV. CUPULARIA. (*Cupularia* Gren. et Godr. *Fl. Fr.* II, 180). — Folioles intérieures de l'involucre lancéolées ou linéaires aiguës. Fleurons de la circonférence tubuleux à peine ligulés. Akènes oblongs-cylindriques, contractés au sommet en un col très court évasé en cupule au niveau de l'insertion de l'aigrette.

La section *Cupularia* diffère de la section *Pseudo-Conyza* par les akènes contractés en un col très court évasé en cupule. Cette cupule donne insertion aux poils de l'aigrette, et ne peut, par conséquent, être considérée comme un rang extérieur de soies soudées entre elles.

6. **I. graveolens** Desf. *Atl.* II, 275. — *Erigeron graveolens* L. *Sp.* 1210; Sibth. et Sm. *Fl. Græc.* t. 866. — *Solidago graveolens* Lmk *Fl. Fr.* II, 145. — *Cupularia graveolens* Gren. et Godr., loc. cit.; Rchb. *Ic.* XVI, t. 935, f. 1; Bill. *Exsicc.* n. 386. — [I. ODORANTE].

Plante d'une odeur pénétrante désagréable, annuelle, à racine pivotante. *Tige* de 3-6 décim., dressée, rameuse et *florifère presque dès la base*, visqueuse, couverte de poils glanduleux. *Feuilles* denticulées-sinuées ou entières, *pubescentes-glanduleuses;* les inférieures oblongues, rétrécies à la base; *les supérieures linéaires*, sessiles. Capitules très nombreux, en grappes axillaires dressées disposées en une vaste panicule pyramidale. Involucre à folioles extérieures la plupart plus courtes que les intérieures, lancéolées, herbacées, glanduleuses; les intérieures linéaires-aiguës, scarieuses à nervure herbacée. *Fleurons* jaunes; ceux *de la circonférence* à peine fendus en ligule, *ne dépassant pas ceux du centre. Akènes velus*, à aigrette roussâtre. ①. Septembre-octobre.

*R R.* — Lieux pierreux, champs incultes. — Jouy (*Decaisne*); à la porte de Buc en entrant dans le parc de Versailles du côté de Porchefontaine (*Ant. de Jussieu* mss.). Indiqué à Vincennes, Verrières, Chaville, Versailles, Rambouillet et Saint-

Léger (*Mérat* Fl. Par.). Ferme des Granges à Palaiseau (*J. Gay*); Marcoussis (*de Boucheman*). La Taffarette près Ferrières, Lagny (*Thuret*). — Parc de la Perrine à Châteaudun (*Juillard*).

## § 2. Anthères dépourvues d'appendices basilaires.

### 30. SOLIDAGO L. *Gen.* n. 955 ex parte. — [SOLIDAGE].

*Involucre à folioles imbriquées.* Réceptacle presque plan, dépourvu de paillettes. *Fleurons de la circonférence* femelles, *ligulés, 5-10, disposés sur un seul rang*; fleurons du centre hermaphrodites, tubuleux. Akènes cylindriques, striés, surmontés d'une *aigrette à soies* capillaires, à peine scabres, *disposées sur un seul rang.*

Plantes vivaces. Feuilles dentées ou presque entières. Capitules en grappes souvent unilatérales, disposées en panicule terminale. *Fleurons* tous *jaunes.*

1. **S. Virga-aurea** L. *Sp.* 1235; *Fl. Dan.* IV, t. 663; *Engl. bot.* t. 301; Rchb. *Ic.* XVI, t. 911, f. 1; Bill. *Exsicc.* n. 36. — [S. VERGE-D'OR. — Vulg. *Verge-d'or*].

Tige de 3-10 décim., dressée, roide, un peu anguleuse, simple donnant naissance supérieurement aux rameaux de l'inflorescence, glabre ou légèrement pubescente. Feuilles inférieures oblongues ou ovales-oblongues, ord. dentées, atténuées en pétiole, souvent rapprochées en rosette; les caulinaires oblongues-lancéolées, atténuées aux deux extrémités. Capitules en grappes pauciflores ou pluriflores dressées, rapprochées en panicule terminale oblongue compacte. Fleurons d'un beau jaune, ceux de la circonférence étalés rayonnants. ♃. Juillet-septembre.

*CC.* — Lisières et clairières des bois, pâturages, buissons.

On cultive fréquemment dans les jardins le *S. Canadensis* L. (Schk. *Handb.* t. 246. — Vulg. *Gerbe-d'or*), originaire de l'Amérique du Nord; il se reconnaît à ses feuilles lancéolées-acuminées souvent presque entières, à ses capitules très petits disposés en grappes unilatérales étalées-arquées, rameuses effilées, rapprochées en vaste panicule feuillée. Cette plante se naturalise souvent dans le voisinage des habitations.

### 31. ERIGERON L. *Gen.* n. 951 ex parte. — [VERGERETTE].

*Involucre à folioles* linéaires, *imbriquées sur plusieurs rangs.* Réceptacle presque plan, dépourvu de paillettes, un peu alvéolé. *Fleurons de la circonférence* femelles, *disposés sur plusieurs rangs, ligulés* à limbe linéaire très étroit, ou les plus intérieurs filiformes; fleurons du centre hermaphrodites, tubuleux. *Akènes* oblongs, *comprimés*, surmontés d'une *aigrette à soies* capillaires un peu scabres, *disposées sur un seul rang.*

Plantes annuelles ou vivaces. Feuilles entières ou obscurément dentées. Capitules terminaux ou latéraux, disposés en corymbe ou en panicule feuillée. *Fleurons de la circonférence* dressés, *d'un rose violet ou d'un blanc jaunâtre*, ceux du centre jaunâtres.

1. **E. acris** L. *Sp.* 1211; *Engl. bot.* t. 1158; Rchb. *Ic.* XVI, t. 917, f. 2; Bill. *Exsicc.* n. 384. — [V. ACRE].

Souche subcespiteuse, ord. terminée en racine pivotante. Tiges de 1-4 décim., dressées ou ascendantes, rameuses, ord. rougeâtres, pubescenteshispides. Feuilles pubescentes-hérissées, oblongues-lancéolées ou linéaires, entières ou obscurément sinuées-dentées ; les inférieures oblongues-obtuses, longuement atténuées en pétiole, disposées en rosettes ou en fascicules radicaux ; les caulinaires espacées, sessiles, ord. aiguës. *Capitules* peu nombreux, *solitaires, plus rarement 2-3 à l'extrémité des rameaux*, disposés en corymbe terminal. Involucre pubescent ou velu. *Fleurons de la circonférence d'un rose violet*, égalant ou dépassant à peine les fleurons du centre ; les fleurons femelles les plus intérieurs filiformes, nombreux. Aigrette d'un blanc sale ou roussâtre. ♃. Juin-septembre.

*C.*— Pelouses sèches, bois sablonneux, coteaux arides.

2. **E. Canadensis** L. *Sp.* 1209; *Fl. Dan.* VIII, t. 1274; *Engl. bot.* t. 2019 ; Rchb. *Ic.* XVI, t. 917, f. 1 ; Bill. *Exsicc.* n. 34. — [V. du Canada].

Plante annuelle. Tige de 3-8 décim., dressée, simple inférieurement, donnant naissance latéralement aux rameaux de l'inflorescence, pubescente-hérissée. Feuilles pubescentes-rudes, bordées de cils roides, lancéolées ou linéaires, entières ou les inférieures lâchement dentées. *Capitules* très nombreux, très petits, disposés *en grappes latérales ord. rameuses polycéphales*, dressées, *rapprochées en vaste panicule pyramidale*. Involucre presque glabre. *Fleurons de la circonférence d'un blanc jaunâtre*, égalant ou dépassant à peine les fleurons du centre. Aigrette d'un blanc sale. ⓛ. Juillet-octobre.

*CCC.* — Décombres, bords des chemins, villages, champs en friche.

## 32. **ASTER** L. *Gen.* n. 954. — [ASTER].

*Involucre à folioles* lâchement *imbriquées* sur plusieurs rangs. Réceptacle presque plan, dépourvu de paillettes, alvéolé, à bords des alvéoles dentés. *Fleurons de la circonférence femelles, ligulés, disposés sur un seul rang ;* ceux du centre hermaphrodites, tubuleux. *Akènes* oblongs ou obovales, *comprimés*, surmontés d'une *aigrette à soies* capillaires scabres, *disposées sur plusieurs rangs.*

Plantes vivaces. Feuilles entières ou dentées. Capitules disposés en corymbes ou en panicules, plus rarement solitaires terminaux. *Fleurons de la circonférence ord. bleus*, lilas, purpurins ou blancs ; ceux du centre jaunes.

1. **A. Amellus** L. *Sp.* 1226 ; Jacq. *Austr.* V, t. 425 ; *Bot. reg.* t. 340 ; Rchb. *Ic.* XVI, t. 906 ; Bill. *Exsicc.* n. 794. — [A. Amelle].

Souche presque ligneuse, subcespiteuse ou à rhizome un peu traçant. Tiges herbacées, de 2-7 décim., dressées, simples donnant naissance supérieurement aux rameaux de l'inflorescence, pubescentes-rudes. Feuilles pubescentes-rudes, entières ou sinuées-dentées, oblongues-lancéolées, les inférieures oblongues atténuées en pétiole. Capitules disposés en corymbe simple, très rarement en corymbe un peu rameux, quelquefois solitaires à l'extrémité de la tige par avortement. Capitules assez amples. Involucre à folioles roides, oblongues-obtuses, les extérieures herbacées, les intérieures membraneuses colorées au sommet. Fleurons de la circonférence rayonnants, d'un bleu lilas, dépassant longuement les fleurons du centre. Akènes pubescents. ♃. Juillet-septembre.

*RRR.* — Clairières des bois sablonneux ou pierreux. — Bois Devilliers! près Nemours (*Devilliers*).

L'*A. Novi-Belgii* L. (*A. serotinus* Willd.), originaire de l'Amérique du Nord, est fréquemment cultivé, et se rencontre quelquefois à l'état subspontané sur les bords des rivières et au voisinage des habitations; il a été observé le long de la Marne à Charenton et à Port-Créteil, etc. Cette espèce se reconnaît aux caractères suivants : tiges de 8-15 décim., croissant ord. en touffe, dressées, très feuillées; feuilles semiamplexicaules, lancéolées-aiguës, scabres vers les bords, les inférieures finement dentées à leur partie moyenne à dents espacées et apprimées; capitules ord. très nombreux, rapprochés plusieurs au sommet des rameaux dont l'ensemble forme un corymbe feuillé très décomposé; involucre lâche, à folioles linéaires aiguës presque toutes de la même longueur, les extérieures arquées-étalées presque dès la base; fleurons ligulés d'un bleu clair. — On cultive aussi dans les jardins, d'où ils s'échappent quelquefois, un assez grand nombre d'autres espèces du genre *Aster*, également originaires d'Amérique, entre autres les *A. salignus* Willd., *leucanthemus* Desf., *parviflorus* Nees, *brumalis* Nees, *rubricaulis* Lmk, *spectabilis* Ait., *miser* Ait., *dumosus* L., etc.

Le *Callistephus Chinensis* Nees (*Aster Chinensis* L. — vulg. *Reine-Marguerite*), originaire de la Chine et du Japon, est cultivé dans tous les parterres ; il se reconnaît aux caractères suivants : plante annuelle; tige hispide, à rameaux monocéphales ; feuilles ovales, pétiolées, profondément dentées à dents inégales, les caulinaires sessiles lancéolées-acuminées entières ; capitules très amples à folioles de l'involucre foliacées ciliées ; à fleurons de couleurs variées, discolores ceux de la circonférence ligulés dépassant longuement ceux du centre, ou concolores tous tubuleux très développés.

## 33. **LINOSYRIS** DC. *Prodr.* V, 351. — [LINOSYRIS].

*Involucre à folioles imbriquées* peu nombreuses. Réceptacle un peu convexe, dépourvu de paillettes, profondément alvéolé, à bords des alvéoles charnus dentés. *Fleurons tous hermaphrodites, tubuleux, profondément 5-fides. Akènes oblongs-comprimés*, pubescents-soyeux, surmontés d'une *aigrette à soies* capillaires scabres, *disposées sur 2 rangs.*

Plante vivace. Feuilles linéaires-étroites, entières, très rapprochées. Capitules disposés en corymbe terminal feuillé, plus rarement solitaires terminaux. *Fleurons tous jaunes.*

1. **L. vulgaris** DC., loc. cit.; Bill. *Exsicc.* cent. 2, c.—*Chrysocoma Linosyris* L. *Sp.* 1178; Sibth. et Sm. *Fl. Græc.* t. 849; *Engl. bot.* t. 2505. — *Linosyris foliosa* Cass. in Desf. *Cat. hort. Par.* 196. — *Galatella Linosyris* Rchb. f. *Ic.* XVI, t. 910, f. 1. — [L. COMMUN].

Souche grêle, presque ligneuse, subcespiteuse, ou à rhizomes un peu traçants. Tiges herbacées, de 3-6 décim., dressées, grêles, roides, simples donnant naissance au sommet aux rameaux de l'inflorescence. Feuilles nombreuses rapprochées, linéaires-étroites, un peu coriaces, glabres. Capitules rapprochés en corymbe terminal, quelquefois solitaires par avortement. Involucre à folioles lâchement imbriquées, longuement dépassé par les fleurons. Fleurons d'un beau jaune. ♃. Septembre-octobre.

R. — Coteaux pierreux, pâturages montueux. — Bois autour du Château de la Chasse (*Cornuti* Ench. Par.); bois du Vésinet (*Lagrange, H. Dauverd*). Coteaux à Noisement près Marines (*de Boucheman*); Mantes! (*Thuill. Fl. Par.*); abondant à La Roche-Guyon!, à Vernon!, et aux Andelys!. Coteaux de Gouvieux près Chantilly

(*Ch. Martins*). Marcoussis (*Thuill.* Fl. Par.) ; forêt de Fontainebleau (*Thuill.* Fl. Par., *Brice*) ; bois de Nanteau ! près Nemours (*Devilliers*). — Bellegarde ! [Loiret]. — *Graves* Cat. Oise : collines de Neuville-Bosc cant. de Méru ; « cette plante y était abondante en 1820, depuis elle a comme disparu ».

### 34. ARNICA L. *Gen.* n. 958 ex parte. — [ARNICA].

*Involucre à folioles presque égales, disposées sur deux rangs. Réceptacle un peu convexe, dépourvu de paillettes, un peu poilu. Fleurons à tube hérissé :* ceux *de la circonférence* femelles, *ligulés,* présentant ou non des étamines avortées, *disposés sur un seul rang,* munis d'aigrette ; ceux du centre hermaphrodites, tubuleux. *Akènes* presque cylindriques un peu atténués aux deux extrémités, à côtes peu distinctes, pubescents-hérissés, *tous surmontés d'une aigrette à soies* capillaires un peu roides fortement scabres, *disposées sur un seul rang.*

Plante vivace. *Feuilles* entières, *opposées.* Capitules assez amples, terminaux, solitaires à l'extrémité de la tige ou de rameaux opposés. *Fleurons* tous *jaunes,* ceux de la circonférence longuement rayonnants.

1. **A. montana** L. *Sp.* 1245 excl. var. β ; *Fl. Dan.* I, t. 63 ; *Bot. mag.* t. 1749 ; *Rchb. Ic.* XVI, t. 958, f. 1 ; Bill. *Exsicc.* n. 396 et *bis.* — [A. DES MONTAGNES. — Vulg. *Arnica*].

Souche oblique ou presque horizontale, un peu épaisse, entourée dans sa partie supérieure d'écailles ou de filaments résultant de la destruction des anciennes feuilles. Tige de 2-6 décim., dressée, simple monocéphale ou émettant au sommet un ou deux pédoncules axillaires également monocéphales, ne portant que deux ou trois paires de feuilles espacées, pubescente surtout dans sa partie supérieure à poils mous articulés glanduleux. Feuilles assez épaisses, un peu fermes, d'un vert pâle, ciliées, pubescentes en dessus, ord. glabres en dessous, à 5-7 nervures ; les inférieures et les radicales rapprochées en rosette étalée, oblongues ou ovales-oblongues, presque obtuses ; les caulinaires ord. pubescentes sur les deux faces, oblongues-lancéolées. Capitules solitaires ou 2-3. Involucre à 16-18 folioles lancéolées, aiguës, dressées, pubescentes-velues en dehors. Fleurons ligulés, d'un jaune orangé, dépassant très longuement l'involucre, inégalement 2-4-dentés, veinés à nervures correspondant les unes aux sinus les autres à la partie moyenne des dents. Akènes bruns, surmontés d'une aigrette qui égale environ leur longueur. ♃. Juin-juillet.

*R R R.* — Clairières des bois montueux, pâturages élevés. — Colline de Bains près Boulogne-la-Grasse cant. de Ressons près de l'ancien télégraphe (*Graves* Cat. Oise). — Observé non loin des limites de notre Flore à Saint-Firmin-des-bois cant. de Château-Renard (*Saul* in *Boreau* Fl. Centr.) et dans la forêt d'Orléans (*Dubois* Orl.). — L'*A. montana*, très répandu sur les montagnes de toute la France, où il s'élève souvent jusque dans la région alpine, se rencontre assez rarement dans les pays de plaines.

### 35. DORONICUM L. *Gen.* n. 959. — [DORONIC].

*Involucre à folioles* linéaires-acuminées, *presque égales, disposées sur deux rangs.* Réceptacle un peu convexe, dépourvu de paillettes. *Fleurons de la circonférence* femelles, *ligulés, disposés sur un seul rang,* dépourvus

33

d'aigrette ; les fleurons du centre hermaphrodites, tubuleux. *Akènes oblongs-cylindriques, sillonnés, ord. pubescents, ceux des fleurons tubuleux surmontés d'une aigrette à soies capillaires assez courtes, ord. étalées, disposées sur plusieurs rangs, l'aigrette des fleurons de la circonférence nulle ou réduite à 1-5 soies.*

Plantes vivaces, à souche charnue, traçante, à rhizomes renflés à leur extrémité en un tubercule bulbiforme qui donne naissance à la tige et à des tubercules secondaires. Feuilles entières sinuées, ou obscurément dentées. Capitules assez amples, terminaux, solitaires à l'extrémité de la tige, ou disposés en corymbe pauciflore. *Fleurons* tous *jaunes*, ceux de la circonférence rayonnants.

1. **D. plantagineum** L. *Sp.* 1247 ; Rchb. *Ic.* XVI, t. 956, f. 2 ; Bill. *Exsicc.* n. 1011. — Lobel *Ic.* t. 648. — [D. A FEUILLES DE PLANTAIN. — Vulg. *Doronic*].

Souche traçante, à rhizomes terminés en tubercule charnu, à fibres radicales épaisses. *Tige* de 4-8 décim., dressée, *simple, monocéphale, nue dans sa partie supérieure,* pubescente un peu glanduleuse au sommet. *Feuilles* pubescentes ou presque glabres, entières, sinuées ou obscurément dentées ; les *radicales ovales,* longuement pétiolées, à limbe non décurrent sur le pétiole, à pétiole présentant à son aisselle une bourre laineuse ; les caulinaires oblongues-lancéolées, atténuées en pétiole ailé, ou sessiles-amplexicaules. ♃. Avril-mai.

*A.R.* — Bois sablonneux, taillis. — Bois de Vincennes !; Neuilly-sur-Marne (*Thuill.* Fl. Par.) ; forêt de Bondy ! (*Le Maout*). Forêt de Saint-Germain ! (*Danty d'Isnard* in *Tourn.* Hist. pl. Par., *Thuill.* Fl. Par.). Forêt de Montmorency !. Magny, Hodent près Magny (*Bouteille*) ; bois de La Roche-Guyon (*de Schœnefeld*) ; Roconval !; Chaumont (*Frion*); bois de la Brosse ! près Chaumont ; Pouilly (*Daudin*) ; Luzarches (*De Lens*) ; lisière de la forêt de Chantilly (*M^lle Elisa Houzé*); Aulmont près Senlis (*Morelle*); bois du parc près Crépy (*Questier*); Pierrefonds (*Léré*) ; forêt de Compiègne (*Graves*) : à deux stations très restreintes près du chemin de Pierrefonds (*de Marcilly fils*); Lévignen, Thury-en-Valois, Acy-en-Mulcien, bois de Collinances et de Bourneville près Marolles-sur-Ourcq (*Questier*). Bèle près Fontainebleau (*Cornuti* Ench. Par.); Malesherbes (*Adr. de Jussieu*). Rambouillet (*de Schœnefeld*). Dreux (*Dænen*). — *Graves* Cat. Oise : forêt du Parc près Beauvais, vers Montmille ; Éragny, Montagny cant. de Chaumont ; Méru ; autour de Breteuil : forêt de Laigue ; forêts de la Hérelle et de Malmifait ; forêt de Compiègne, notamment sur les routes de Pierrefonds, de Crépy, au carrefour du Daim, à celui de la Thillaye et au Berne ; forêt de Halatte sur la route des Suisses ; bois du Tremblay entre Creil et Verneuil ; forêt de Pontarmé ; forêt de Chantilly notamment près des étangs de Comelle ; Verberie (*Morelle*).

2. **D. Pardalianches** L. *Sp.* 1247 ; Jacq. *Austr.* IV, t. 350 ; *Engl. bot.* t. 630 ; Rchb. *Ic.* XVI, t. 955, f. 2 ; Bill. *Exsicc.* n. 2279. — [D. PARDALIANCHE. — Vulg. *Doronic, Herbe-aux-panthères*].

Souche traçante, à rhizomes terminés en tubercule charnu, à fibres radicales épaisses. *Tige* de 6-10 décim., pubescente, dressée, *rameuse supérieurement 5-8-céphale,* très rarement simple monocéphale, *feuillée dans toute sa longueur, à pédoncules munis de bractées. Feuilles* pubescentes à pétiole poilu, sinuées ou obscurément denticulées ; les *radicales* ord. très amples, *ovales profondément cordées,* très longuement pétiolées ; les caulinaires moyennes ord. rétrécies vers le milieu de leur longueur, à base large amplexicaule ; les supérieures ovales-lancéolées, amplexicaules. ♃. Mai-juillet.

*RR.* — Bois montueux. — Bois de Malesherbes ! (*Adr. de Jussieu*). — Cette plante de la région montagneuse est quelquefois cultivée dans les jardins et peut avoir été introduite à la localité citée.

Le *D. Caucasicum* M.-Bieb. (*Bot. mag.* t. 3143), originaire des montagnes de l'Italie méridionale et de l'Europe méridionale orientale, est fréquemment cultivé dans les jardins ; il se distingue du *D. Pardalianches* surtout par ses feuilles profondément dentées.

Le *D. Austriacum* Jacq. (*Austr.* II, t. 130 ; Rchb. *Ic.* XVI, t. 957), répandu dans les montagnes du centre de la France et dans les Pyrénées, caractérisé par ses feuilles inférieures beaucoup plus petites que les supérieures et par ses feuilles caulinaires nombreuses rapprochées, a été semé au bois de Boulogne, où on le rencontre quelquefois.

## 36. CINERARIA L. *Gen.* n. 957 ex parte. — [CINÉRAIRE].

*Involucre à folioles* égales *disposées sur un seul rang, dépourvu* à sa base *d'écailles accessoires.* Réceptacle un peu convexe, dépourvu de paillettes. *Fleurons de la circonférence* femelles, *ligulés, disposés sur un seul rang,* munis d'aigrette ; ceux du centre hermaphrodites, tubuleux. Akènes presque cylindriques, striés, surmontés d'une *aigrette à soies* capillaires très fines, *disposées sur plusieurs rangs.*

Plantes vivaces ou annuelles. Feuilles entières, dentées, sinuées ou pinnatifides. Capitules disposés en corymbe terminal simple ombelliforme, ou plus ou moins irrégulier. *Fleurons* tous *jaunes,* ceux de la circonférence rayonnants.

1. **C. lanceolata** Lmk *Fl. Fr.* éd. 1, II, 125 [1778]. — *C. spathulæfolia* Gmel *Fl. Bad.-Als.* III, 454 ; Rchb. *Crit.* II, t. 126, f. 240 ; *Syn. fl. Par.* éd. 2, 316. — *C. integrifolia* Thuill. *Fl. Par.* 434 non Jacq. — *Senecio spathulæfolius* DC. *Prodr.* VI, 362 ; Rchb. *Ic.* XVI, t. 978, f. 1 ; Bill. *Exsicc.* n. 262 et *bis.* — *Cineraria campestris* DC. *Fl. Fr.* IV, 169 ; *Fl. Par.* éd. 1, 418 non Retz. — [C. LANCÉOLÉE].

Souche tronquée, donnant naissance à un grand nombre de fibres radicales. Tige de 5-10 décim., dressée, simple, un peu fistuleuse, feuillée dans toute sa longueur, pubescente-aranéeuse. *Feuilles blanches-tomenteuses en dessous,* vertes en dessus ; *les radicales superficiellement et inégalement crénelées,* spatulées ou oblongues atténuées en pétiole plus ou moins long ; *les caulinaires* sessiles *non embrassantes,* ou atténuées en pétiole ailé, oblongues-lancéolées, lancéolées ou linéaires. Capitules disposés en corymbe ombelliforme muni d'un involucre de bractées à sa base, à pédoncules simples égaux, plus rarement un peu rameux inégaux. Involucre à folioles linéaires, pubescentes un peu tomenteuses. Akènes velus. ♃. Mai-juin.

*R.* — Prairies spongieuses, coteaux tourbeux, taillis des terrains sablonneux.— Neuilly-sur-Marne, Avron (*Thuill.* Fl. Par.) ; Cœuilly (*Vaill.* Bot. Par.) ; bois de Lognes près Lagny (*Thuret*). Forêt de Montmorency (*Tourn.* Hist. pl. Par., *Thuill.* Fl. Par.) près du Château de la Chasse ! (*Vaill.* Bot. Par.). Forêt de Senart ! (*Maire*). Bois de la Haie et de Barbeau près le Châtelet (*M. Garnier*). Le Coudray près Mantes (*Beautemps-Beaupré*) ; Les Andelys (*Brébiss.* Fl. Norm.). Silly-la-Poterie (*Questier*). — *Graves* Cat. Oise : forêt de Compiègne çà et là ; forêt de Pontarmé ; forêt d'Ermenonville vers Chaalis et Saint-Sulpice-du-Désert ; marais de Bresles ; sur la bordure de la forêt de Hez et à Froidmont ; Rue-Saint-Pierre.

**2. C. palustris** L. *Sp.* 1243 ; *Fl. Dan.* IV, t. 573 ; *Engl. bot.* t. 151. — *Senecio palustris* DC. *Prodr.* VI, 363 ; Rchb. *Ic.* XVI, t. 982, f. 2. — [C. DES MARAIS].

Plante annuelle ou bisannuelle, un peu glanduleuse. Tige de 5-10 décim., épaisse, molle, dressée, donnant naissance supérieurement aux pédoncules, poilue, laineuse au sommet ainsi que les pédoncules. *Feuilles* un peu poilues ; les inférieures rétrécies en pétiole, oblongues, *plus ou moins profondément pinnatifides ou sinuées-dentées* ; les supérieures oblongues-lancéolées, *à base large amplexicaule*, entières, sinuées ou dentées. Capitules disposés en corymbe plus ou moins irrégulier. Involucre velu. Akènes glabres, marqués de 10 côtes, dont 5 alternes plus saillantes. ① ou ②. Juin-juillet.

Cette plante était très abondante autrefois dans le marais tourbeux de Brétel entre Saint-Pierre-ès-champs et Saint-Germer, au bord de l'Epte (*Graves*) ; « elle y était encore en 1826, cessa de se montrer pendant les années suivantes jusqu'en 1834. Depuis ce moment, elle a totalement disparu. On attribue sa destruction à l'assèchement du massif tourbeux dont l'extraction commença vers 1832 » (*Graves* Cat. Oise). — Le *C. palustris* paraît avoir également disparu des tourbières des environs d'Amiens ; la localité la moins éloignée des limites de notre Flore où elle existe, ce sont les petits marais des dunes situés vers l'embouchure de la Somme (*Tillette-de-Clermont*).

### 37. SENECIO L. *Gen.* n. 953. — [SENEÇON].

*Involucre à folioles disposées sur un seul rang*, souvent noirâtres au sommet, *muni à sa base d'écailles accessoires* courtes. Réceptacle un peu convexe ou presque plan, dépourvu de paillettes. *Fleurons de la circonférence* femelles, *ligulés, disposés sur un seul rang*, quelquefois nuls ; les fleurons du centre hermaphrodites, tubuleux. Akènes presque cylindriques, sillonnés, surmontés d'une *aigrette à soies* capillaires très fines, *disposées sur plusieurs rangs*.

Plantes annuelles, bisannuelles ou vivaces. Feuilles entières, dentées, pinnatifides ou pinnatipartites. Capitules disposés en corymbe terminal plus ou moins irrégulier. Fleurons tous jaunes.

Sect. I. — Capitules à fleurons tous tubuleux, ou à fleurons de la circonférence ligulés courts et enroulés en dehors. Plantes annuelles. — (1-3).

Sect. II. — Capitules à fleurons de la circonférence ligulés, étalés rayonnants. Plantes vivaces. — (4-9).

Sect. I. — Capitules à fleurons tous tubuleux, ou à fleurons de la circonférence ligulés courts et enroulés en dehors. Plantes annuelles.

**1. S. vulgaris** L. *Sp.* 1216 ; *Fl. Dan.* III, t. 513 ; *Engl. bot.* t. 747 ; Rchb. *Ic.* XVI, t. 959, f. 1 ; Bill. *Exsicc.* n. 263. — [S. COMMUN. — Vulg. *Seneçon*].

Plante annuelle, à racine pivotante courte donnant naissance à un grand nombre de fibres radicales. Tige de 4-5 décim., dressée ou ascendante, rameuse souvent dès la base, un peu fistuleuse, molle, glabre, ou un peu pubescente-aranéeuse surtout au sommet. Feuilles un peu épaisses, glabres ou légèrement pubescentes-aranéeuses, pinnatifides, à lobes égaux espacés, étalés, oblongs, inégalement sinués-dentés à dents aiguës ; les radicales et les inférieures atténuées en pétiole ; les caulinaires auriculées-amplexicaules. Capitules petits, peu nombreux, rapprochés en corymbes compactes à l'extrémité des rameaux. *Involucre cylindrique*, glabre ou presque glabre, *à écailles accessoires au nombre de* 8-10, *apprimées, environ 4 fois plus courtes que l'involucre, à pointe aiguë noirâtre. Fleurons ligulés* ord. *nuls. Akènes pubescents.* (I). Se reproduit et fleurit pendant presque toute l'année.

*C C C.* — Lieux cultivés, jardins, décombres, champs en friche, villages.

2. **S. sylvaticus** L. *Sp.* 1217; *Fl. Dan.* V, t. 869; *Engl. bot.* t. 748; Rchb. *Ic.* XVI, t. 960, f. 2; Bill. *Exsicc.* n. 578. — [S. DES BOIS].

Plante annuelle, à racine pivotante courte donnant naissance à un grand nombre de fibres radicales. Tige de 4-8 décim., dressée, un peu ferme, ord. simple donnant naissance supérieurement aux rameaux de l'inflorescence, pubescente, un peu glanduleuse surtout au sommet. *Feuilles* pubescentes un peu aranéeuses en dessous, pinnatifides, *à lobes* espacés ord. *très inégaux* un peu dressés, ord. oblongs-linéaires, presque pinnatifides ou sinués-dentés à dents aiguës; les radicales et les inférieures atténuées en pétiole; les caulinaires sessiles auriculées-amplexicaules, ou atténuées en pétiole auriculé-amplexicaule. Capitules petits, ord. nombreux, disposés en corymbe terminal assez ample. *Involucre cylindrique*, pubescent, *à écailles accessoires* apprimées, *très courtes, à pointe* ord. *non colorée. Fleurons* de la circonférence *ligulés, courts, enroulés en dehors. Akènes pubescents.* (I). Juin-septembre.

*A.C.* — Bois sablonneux, pâturages secs, bords des chemins.

3. **S. viscosus** L. *Sp.* 1217; *Fl. Dan.* VII, t. 1230; *Engl. bot.* t. 32; Rchb. *Ic.* XVI, t. 960, f. 1; Bill. *Exsicc.* n. 577. — [S. VISQUEUX].

Plante annuelle, pubescente-visqueuse, odorante, à racine pivotante émettant quelquefois un grand nombre de fibres radicales. Tige de 3-8 décim., dressée ou ascendante, rameuse dès la base, plus rarement rameuse seulement dans sa partie supérieure. *Feuilles* molles, d'un vert pâle, *pubescentes-glanduleuses*, pinnatifides, à lobes assez rapprochés, oblongs; presque pinnatifides ou sinués-dentés, les inférieurs beaucoup plus petits; les radicales et les inférieures atténuées en pétiole; les caulinaires atténuées en pétiole souvent auriculé un peu embrassant. Capitules assez gros, plus ou moins nombreux, disposés en corymbe terminal très lâche. *Involucre hémisphérique-cylindrique*, pubescent-glanduleux, *à écailles accessoires* un peu lâches, non colorées à la pointe, *dépassant* ord. *le tiers de la longueur de l'involucre. Fleurons* de la circonférence *ligulés, courts, enroulés en dehors. Akènes glabres.* (I). Juin-août.

*A.C.* — Berges des chemins de fer, vieux murs, terrains remués, décombres, bois sablonneux.

Sect. II. — Capitules à fleurons de la circonférence ligulés, étalés rayonnants.
Plantes vivaces.

4. **S. adonidifolius** Lois. *Fl. Gall.* t. 19; Bill. *Exsicc.* n. 397. — *S. artemisiæfolius* Pers. *Syn. pl.* II, 435. — *S. abrotanifolius* Thuill. *Fl. Par.* 432 non L. — [S. A FEUILLES D'ADONIDE].

Plante vivace, glabre, à souche subcespiteuse un peu traçante. Tige de 4-8 décim., dressée ou presque dressée, roide, simple ou peu rameuse, donnant naissance supérieurement aux rameaux de l'inflorescence. *Feuilles* d'un beau vert, *bi-tripinnatiséquées*, *à segments linéaires* aigus *étroits* entiers ou incisés ; les radicales pétiolées, ord. disposées en fascicules ; les supérieures sessiles. Capitules assez petits, nombreux, disposés en corymbe terminal compacte. Involucre ovoïde, glabre ou presque glabre, à folioles épaissies en côtes à la maturité. Akènes glabres. ♃. Juillet-septembre.

RR. — Coteaux arides, pelouses montueuses. — Abondant sur les coteaux de grès blanc depuis Montlhéry ! et Marcoussis ! jusqu'aux environs de Chevreuse. « A Marcoussy à l'entrée du bois en allant à Chantecoq et vers les collines qu'on appelle le Nozé et le Fay. On en trouve aussi en allant de Linas à Brière-Chasteau » (*Tourn.* Hist. pl. Par.). Indiqué dans le Parc-aux-Cerfs à Versailles (*Riqueur* in *Tourn.* Hist. pl. Par.), à Nolay au delà de Palaiseau (*Mérat* Fl. Par.), et dans la forêt de Fontainebleau (*Thuill.* Fl. Par.), localités où il n'a pas été retrouvé récemment. — Lisière de la forêt de Montargis ! près de Ferrières. — *Graves* Cat. Oise : « Le *S. adonidifolius* a été trouvé autrefois, dit-on, sur les collines de Neuville-Bosc. Cambry (*Descript. Oise*) le signale aussi aux environs de Beauvais, où personne ne l'a rencontré depuis lui. Ces indications sont fort douteuses ».

5. **S. erucæfolius** L. *Sp.* 1218 ; *Fl. Dan.* XI, t. 1885 ; Rchb. *Ic.* XVI, t. 966, f. 1 ; Bill. *Exsicc.* n. 141. — *S. tenuifolius* Jacq. *Fl. Austr.* III, t. 278. — [S. A FEUILLES DE ROQUETTE].

Plante vivace, *à souche traçante*. Tige de 5-12 décim., dressée, roide, rameuse surtout dans sa partie supérieure, plus rarement presque simple, ord. pubescente-aranéeuse. Feuilles d'un vert sombre, tomenteuses-aranéeuses en dessous, rarement presque glabres, pinnatipartites ou pinnatifides, quelquefois lyrées, à lobes oblongs ou linéaires incisés-dentés, les inférieurs plus petits rapprochés de la tige en forme d'oreillettes ; les feuilles inférieures pétiolées. Capitules assez gros, ord. nombreux, disposés en corymbe terminal ord. assez ample. *Involucre* subhémisphérique, pubescent, *à folioles oblongues-acuminées, à plusieurs écailles accessoires* très lâches *égalant environ la moitié de la longueur de l'involucre. Akènes tous pubescents-scabres* ; aigrette à soies disposées sur plusieurs rangs. ♃. Juillet-septembre.

C. — Haies, lisières des bois, pâturages montueux.

S.-v. *quercifolius*. — Feuilles toutes lyrées, ord. très tomenteuses. — A.C.

6. **S. Jacobæa** L. *Sp.* 1219 ; *Fl. Dan.* VI, t. 944 ; *Engl. bot.* t. 1130 ; Rchb. *Ic.* XVI, t. 964, f. 2 ; Bill. *Exsicc.* n. 46. — [S. JACOBÉE. — Vulg. *Jacobée, Herbe-Saint-Jacques*].

Plante vivace, *à souche courte, tronquée* ord. verticale. Tige de 5-10 décim., dressée, roide, rameuse surtout dans sa partie supérieure, ou presque simple, glabre ou légèrement pubescente-aranéeuse. *Feuilles* quelquefois rougeâtres en dessous, glabres ou légèrement pubescentes-aranéeuses ; les *caulinaires pinnatipartites, à lobes tous oblongs ou linéaires, incisés-dentés*, les inférieurs rapprochés de la tige en forme d'oreillettes ; les radicales pétiolées, oblongues-dentées ou lyrées, souvent disposées en rosette. Capitules assez gros, ord. assez nombreux, disposés en corymbe terminal à rameaux dressés. *Involucre* subhémisphérique, glabre ou presque glabre, *à folioles oblongues-lancéolées, à 2-5 écailles accessoires très courtes* un peu apprimées. *Akènes* du centre *pubescents-scabres ; ceux de la circonférence glabres* ou presque glabres ; aigrette à soies peu nombreuses. ♃. Juin-septembre.

*C.C.* — Fossés, bords des chemins, haies, prairies, lisières des bois.

7. **S. aquaticus** Huds. *Fl. Angl.* 366. -- [S. AQUATIQUE].

Plante vivace, à *souche courte tronquée*, verticale ou à peine oblique. Tige de 5-10 décim., dressée, roide, rameuse dans sa partie supérieure, ou presque simple, glabre ou légèrement pubescente-aranéeuse, souvent rougeâtre. *Feuilles* quelquefois rougeâtres en dessous, ord. glabres, *lyrées-pinnatipartites*, *à lobe terminal très ample* ovale ou oblong crénelé ou incisé, denté, à lobes latéraux étalés ou dressés linéaires-oblongs ou obovales-oblongs presque entiers sinués ou dentés, les inférieurs souvent rapprochés de la tige en forme d'oreillettes ; les feuilles radicales et les inférieures pétiolées, souvent réduites au lobe terminal. Capitules assez gros, plus ou moins nombreux, disposés en corymbe terminal assez lâche. *Involucre* hémisphérique, glabre ou presque glabre, *à folioles* obovales-*acuminées* ou oblongues-acuminées, *à 2-5 écailles accessoires très courtes* apprimées. *Akènes* du centre très finement pubescents ou glabres ; ceux *de la circonférence glabres*, à aigrette à soies peu nombreuses. ♃. Juin-août.

*A.R.* — Lieux marécageux, prairies, bois humides. — Gentilly (*Vigincix*). Versailles !; Buc !; Saint-Léger !. Env. de Dreux !. Saint-Germer ! près Gournay. Vieux-moulin (*Graves*) ; forêt de Compiègne (*Léré, de Schœnefeld*) ; Verberie, La Ferté-Milon (*Questier*). Forêt d'Armainvilliers (*Thuret*) ; Combreux près Tournan (*Hennecart*); Bois-Louis ! près Melun; forêt de Villefermoy (*M. Garnier*); env. de Nemours !. Env. de Provins (*Bouteiller*).— *Graves* Cat. Oise : marais autour de Beauvais ; Trou-Marault et Friancourt, vallée de Bray ; marais de Liancourt-Saint-Pierre cant. de Chaumont ; Cuise-Lamotte; Margny-lez Compiègne ; Creil ; Verberie; Saint-Sauveur; Lieu-Restauré cant. de Crépy.

Var. α. *aquaticus*. (*S. aquaticus Engl. bot.* t. 1131 ; Koch *Syn. fl. Germ.* ed. 2, 428; Gren. et Godr. *Fl. Fr.* II, 114; Rchb. *Ic.* XVI, t. 965, f. 1; Bill. *Exsicc.* n. 142). — Tige solitaire, simple dans sa partie inférieure, à *rameaux du corymbe* terminal *dressés ou peu étalés. Feuilles d'un vert clair* ; les radicales et les inférieures ord. réduites au lobe terminal ou à lobes latéraux très petits, *les radicales non disposées en rosette ou disposées en rosette lâche; les caulinaires* supérieures pinnatipartites *à lobes latéraux obliques* oblongs ou linéaires presque *entiers ou sinués.*

Var. β. *erraticus*. (*S. erraticus* Bert. *Amœn. It.* 92 ; Koch *Syn. fl. Germ.* ed. 2, 428; Gren. et Godr. *Fl. Fr.* II, 115; Rchb. *Ic.* XVI, t. 964, f. 1 ; Bill. *Exsicc.* n. 1894. — *S. barbareœfolius* Krock.; Rchb. *Ic.* XVI, t. 963, f. 2). — Tiges solitaires ord. plus ou moins nombreuses, souvent rameuses dès la base, à *rameaux du corymbe* terminal *divergents ou divariqués. Feuilles d'un vert foncé* ; les radicales et les inférieures profondément lyrées-pinnatipartites à lobes latéraux oblongs-obovales sinués ou dentés, *les radicales rapprochées en rosette ; les caulinaires* supérieures pinnatipartites ou lyrées-pinnatipartites *à lobes latéraux ord. étalés à angle droit* oblongs ou oblongs-obovales *sinués ou dentés.*

8. **S. paludosus** L. *Sp.* 1220 ; *Fl. Dan.* III, t. 385 ; *Engl. bot.* t. 650 ; Rchb. *Ic.* XVI, t. 974, f. 2 ; Bill. *Exsicc.* n. 399. — [S. DES MARAIS].

Plante vivace, à souche un peu traçante. Tige de 8-15 décim., pubescente-aranéeuse, dressée, robuste, fistuleuse, sillonnée, simple donnant naissance supérieurement aux rameaux de l'inflorescence. *Feuilles* pubescentes-aranéeuses et d'un vert pâle en dessous, devenant ensuite presque glabres, *sessiles, longuement lancéolées, finement dentées* à dents aiguës. Capitules assez gros, plus ou moins nombreux, disposés en corymbe ou en panicule terminale assez ample. *Involucre* hémisphérique, légèrement pubescent, à folioles linéaires, *à 6-12 écailles accessoires* égalant environ le tiers de la longueur de l'involucre. Fleurons ligulés au nombre de 10-15. *Akènes pubérulents.* ♃. Juin-juillet.

A.C. — Bords des rivières et des fossés, lieux marécageux. — Abondant aux bords de la Seine! et de la Marne!, etc.

9. **S. nemorensis** L. *Sp.* 1221 ; Koch *Syn. fl. Germ.* ed. 2, 430. — [ S. DES FORÊTS ].

Plante vivace, à souche non traçante ou à peine traçante. Tiges de 1-2 mètres, presque glabres ou plus ou moins pubescentes, dressées, ord. robustesanguleuses, rameuses au sommet à rameaux disposés en corymbe, souvent rougeâtres. *Feuilles* glabres, ou plus ou moins pubescentes surtout à la face inférieure, sessiles embrassantes, atténuées en pétiole ailé embrassant, ou pétiolées à pétiole non ailé, ovales, oblongues ou lancéolées, *indivises dentées*, à dents aiguës inégales droites au sommet. Capitules assez petits, nombreux, disposés en corymbe terminal assez ample. *Involucre* cylindrique, ord. glabre, à folioles linéaires, *à 3-5 écailles accessoires* subulées lâches plus courtes. Capitules odorants. Fleurons ligulés au nombre de 3-6, très rarement de 8. *Akènes glabres.* ♃. Juillet-août.

Var. β. *Fuchsii* (Koch *Syn. fl. Germ.* ed. 2, 430. — *S. Fuchsii* Gmel. *Fl. Bad.-Als.* III, 444 ; Rchb. *Crit.* III, t. 293, f. 466, et *Ic.* XVI, t. 972 ; DC. *Prodr.* VI, 353 ; Koch *Syn. fl. Germ.* ed. 1, 390 ; Boreau! *Fl. centr.* éd. 1, II, 254 ; Bill. *Exsicc.* n. 1238. — *S. nemorensis* Ten.! *Syll. fl. Nap.* 428 ; Lorey et Duret ! *Fl. Côte-d'Or*, I, 474. — *S. Saracenicus* Duby *Bot. Gall.* 263 ; Godr. *Fl. Lorr.* éd. 1, II, 10 non L. — *S. ovatus* Willd. *Sp. pl.* III, 2004 ad specimina latifolia pertinet. — *S. alpestris* Gaud. *Fl. Helv.* V, 296). — Feuilles glabres ou légèrement pubescentes en dessous à poils épars, brièvement ciliées, oblongues-lancéolées ou étroitement lancéolées, atténuées aux deux extrémités, pétiolées à pétiole non ailé. Capitules étroits, à 3-6 fleurons ligulés. — *R R R.* — Bois montueux et bords des ruisseaux ombragés. — Bois de Montigny-l'Allier près la Ferté-Milon (*Questier*). — Env. de Soissons (*Duby Bot. Gall.*) ; Bois-des-églises près Soissons (*Lepeletier de Saint-Fargeau* in herb. *Jaubert*). — Cette plante n'est pas rare dans les bois du centre de la France et est abondamment répandue en Lorraine et dans les montagnes de la chaîne des Monts Dore, du Jura et des Alpes.

La variété α *nemorensis*. (*S. nemorensis* Jacq. *Austr.* II, 50, t. 184 ; Willd. *Sp. pl.* III, 2003 ; Koch *Syn. fl. Germ.* ed. 1 ; Duby *Bot. Gall.* I, 263. — *S. Jacquinianus* Rchb. *Crit.* III, 80, et *Fl. Germ. excurs.* 245 ; DC. *Prodr.* VI, 354 ; Godr. *Fl. Lorr.* éd. 1, II, 11), qui n'a pas été observée dans nos environs, se distingue de la variété β par ses feuilles ord. pubescentes, plus larges, ovales brusquement atténuées à la base, ovales-lancéolées ou oblongues-lancéolées, sessiles-embrassantes ou atténuées en pétiole ailé embrassant.

Le *S. nemorensis* se distingue du *S. Saracenicus* (L. *Sp.* 1221 non Duby nec Godr. ; Jacq. *Austr.* II, t. 186 ; Rchb. *Crit.* III, f. 468 ; Koch *Syn. fl. Germ.* ed. 2, 431 ; F. Schultz *Fl. Gall. et Germ. exsicc.* n. 466. — *S. fluviatilis* Wallr. in *Linnæa* XIV, 646. — *S. salicetorum* Godr. *Fl. Lorr.* éd. 1, II, 11) par la souche non traçante ou à peine traçante, par les dents des feuilles droites et non pas courbées à pointe dirigée vers le sommet de la feuille, par les capitules ord. à 3-6 fleurons ligulés au lieu de 7-8. Cette dernière espèce, qui est beaucoup plus rare, n'a guère été observée en France que dans les saussaies des bords de la Moselle (*Godr*. Fl. Lorr.).

On cultive dans les parterres le *S. elegans* L. (*Bot. mag.* t. 238), originaire du Cap-de-Bonne-Espérance, à feuilles pinnatifides-incisées, à fleurons extérieurs rayonnants d'un rouge pourpre plus rarement rosés ou blancs.

### 38. EUPATORIUM Tourn. *Inst.* t. 259. — [ EUPATOIRE ].

*Involucre à folioles imbriquées.* Réceptacle presque plan, dépourvu de paillettes. *Fleurons peu nombreux, tous tubuleux* 5-fides, hermaphrodites. Akènes presque cylindriques, à 4-5 côtes, surmontés d'une *aigrette à soies* capillaires scabres, *disposées sur un seul rang.*

Plante vivace. *Feuilles opposées*, divisées en 3-5 segments lancéolés-dentés. Capitules cylindriques-oblongs, très nombreux, disposés en corymbe terminal rameux compacte. *Fleurons* tous *rougeâtres*, longuement dépassés par le style.

1. **E. cannabinum** L. *Sp.* 1173 ; *Fl. Dan.* V, t. 745 ; *Engl. bot.* t. 428 ; Rchb. *Ic.* XVI, t. 892 ; Bill. *Exsicc.* n. 33. — [ E. CHANVRINE. — Vulg. *Eupatoire, Chanvrine, Pantagruélion-aquatique* ].

Tiges de 8-12 décim., dressées, simples ou rameuses, pubescentes, souvent rougeâtres. Feuilles opposées, pétiolées, à 3-5 segments pétiolulés, le terminal ord. plus grand. Capitules à 5-6 fleurons. ♃. Juillet-septembre.

*C*. — Bords des eaux, fossés, lieux marécageux.

### 39. TUSSILAGO L. *Gen.* n. 952 ex parte. — [ TUSSILAGE ].

*Involucre à folioles disposées sur 1-2 rangs,* muni à sa base d'écailles plus petites. Réceptacle presque plan, dépourvu de paillettes. *Fleurons* très nombreux : ceux *de la circonférence étroitement ligulés,* femelles, *disposés sur plusieurs rangs* ; ceux du centre en petit nombre, tubuleux, mâles. Akènes oblongs-cylindriques, un peu striés, surmontés d'une aigrette à soies capillaires très longues et très fines ; aigrette des fleurons de la circonférence à soies disposées sur plusieurs rangs, celle des fleurons du centre à soies disposées sur un seul rang.

Plante vivace. *Tiges monocéphales, chargées d'écailles* presque de la même forme que les folioles de l'involucre, paraissant avant les feuilles. Feuilles toutes radicales, amples, suborbiculaires-cordées, sinuées-anguleuses, à lobes denticulés, tomenteuses-blanchâtres en dessous. *Capitules solitaires à l'extrémité des tiges.* Fleurons jaunes.

1. **T. Farfara** L. *Sp.* 1214 ; *Fl. Dan.* IV, t. 595 ; *Engl. bot.* t. 429 ; Rchb. *Ic.* XVI, t. 904 ; Bill. *Exsicc.* n. 2080 et *bis.* — [ T. PAS-D'ANE. — Vulg. *Tussilage, Pas-d'âne* ].

Souche épaisse, à rhizomes charnus traçants. Tiges florifères de 1-2 décim., s'allongeant beaucoup après la floraison, cotonneuses, à écailles rougeâtres apprimées glabres en dehors. Feuilles ne paraissant qu'après la floraison, disposées en rosettes ou en fascicules radicaux, longuement pétiolées, atteignant souvent de grandes dimensions. ♃. Mars-avril.

*C C*. — Endroits humides ou inondés l'hiver des terrains argileux ou calcaires, bords des chemins, lieux incultes.

**40. PETASITES** Tourn. *Inst.* t. 258. — [PÉTASITE].

*Involucre à folioles disposées sur 1-2 rangs,* souvent muni à sa base d'écailles plus petites. Réceptacle presque plan, dépourvu de paillettes. *Fleurons nombreux, tubuleux, les femelles presque filiformes; tous femelles à l'exception de quelques fleurons mâles* placés au centre du capitule, *ou tous mâles à l'exception de quelques fleurons femelles* placés à la circonférence du capitule. Akènes cylindriques, un peu striés, surmontés d'une aigrette; aigrette à soies scabres nombreuses chez les fleurons femelles, à soies peu nombreuses chez les fleurons mâles.

*Plante incomplétement dioïque,* vivace. *Tiges simples, polycéphales, chargées d'écailles* membraneuses-herbacées lancéolées-linéaires, paraissant avant les feuilles. Feuilles toutes radicales, très amples, réniformes ou suborbiculaires-cordées, sinuées-denticulées, pubescentes en dessous. *Capitules disposés en grappe ou en panicule spiciforme terminale.* Fleurons rougeâtres.

1. **P. vulgaris** Desf. *Atl.* II, 270 ; Rchb. *Ic.* XVI, t. 901. — *Tussilago Petasites* L. *Sp.* 1215; *Fl. Dan.* V, t. 842; *Engl. bot.* t. 431. — *P. officinalis* Mœnch *Meth.* 568. — [P. COMMUN. — *Vulg. Pétasite, Chapelière, Herbe-aux-teigneux*].

Souche épaisse, charnue, à rhizomes traçants. Tiges de 2-5 décim., épaisses, pubescentes-cotonneuses, à écailles un peu lâches lancéolées-linéaires très longues pubescentes-aranéeuses. Feuilles ne paraissant qu'après la floraison, disposées en rosettes ou en fascicules radicaux, longuement pétiolées, atteignant avec l'âge de très grandes dimensions. Capitules disposés en grappe ovoïde-oblongue ou oblongue. Stigmates des fleurs stériles courts obtus. ♃. Mars-avril.

R. — Bords des eaux, lieux marécageux, lieux humides ombragés. — Parc de Trianon ! (*Weddell*). Env. de Luzarches : moulin d'Hérivaux (*Gogot*), moulin de Chaumontel (*Vaill.* Bot. Par.); Morfontaine, Fleurines (*.Morelle*) ; Pouilly (*Delacour*); Liancourt-sous-Clermont !; Taille-Fontaine près Pierrefonds (*Léré*); Verberie, Coyolles, Montigny-l'Allier (*Questier*); abondant à Charly (*Iral*). Provins (*Bouteiller*). Oulins (*Brou*) ; Cocherelle ! et Fermencourt près Dreux (*Dænen*). Les Andelys (*A. Grenier*). — *Graves* Cat. Oise : forêt de Laigue vers Saint-Crépin-aubois; Cuise et Saint-Étienne cant. d'Attichy ; Versigny près Nanteuil.

Le genre *Nardosmia* Cass. se distingue du genre *Petasites* par les fleurons femelles ligulés.— Le *N. fragrans* Rchb. (*Tussilago flagrans* Vill.—*Vulg. Héliotrope-d'hiver*), indigène dans la région méditerranéenne, est fréquemment cultivé dans les jardins pour l'odeur suave de ses fleurs qui s'épanouissent au commencement de l'hiver ; il se reconnaît à ses feuilles réniformes-suborbiculaires denticulées se développant lors de l'apparition de la tige florifère, et aux folioles de l'involucre aiguës.


## SOUS-FAMILLE II. LIGULIFLORES (LIGULIFLORÆ DC. ; Endl. — CICHORACEÆ Juss.). — Capitules à fleurons tous ligulés hermaphrodites.


Style non renflé en nœud; à branches filiformes, ord. enroulées en dehors, presque obtuses, pubescentes ; les lignes stigmatiques restant distinctes et n'atteignant pas la moitié de la longueur des branches. — Aigrette persistante, rarement caduque, à soies libres, rarement soudées à la base; rarement nulle, ou réduite à un rebord, ou à une couronne membraneuse, ou à des soies courtes membraneuses paléiformes. — Réceptacle dépourvu de paillettes, très rarement pourvu de paillettes.

Plantes très rarement épineuses, à suc souvent laiteux. Feuilles alternes. Fleurons tous rayonnants, jaunes ou d'un jaune rougeâtre, rarement bleus ou lilas.

TRIBU I. — Akènes dépourvus d'aigrette de soies capillaires, tronqués ou surmontés d'un rebord ou d'une aigrette très courte à soies membraneuses-paléiformes.

### 41. **LAPSANA** L. *Gen.* n. 919 ex parte. — [LAMPSANE].

Involucre à 8-10 folioles égales disposées sur un seul rang, muni d'écailles courtes à sa base, dressé à la maturité. Réceptacle nu. *Akènes* un peu comprimés, striés, *dépourvus d'aigrette et de rebord terminal.*

Plante annuelle, rameuse, presque glabre, ou pubescente inférieurement. Feuilles inférieures lyrées, les supérieures dentées. Capitules disposés en panicule lâche. Fleurons jaunes.

1. **L. communis** L. *Sp.* 1141; *Fl. Dan.* III, t. 500; *Engl. bot.* t. 844; Rchb. *Ic.* XIX, t. 1353, f. 2; Bill. *Exsicc.* n. 1693. — [L. COMMUNE. — Vulg. *Lampsane*].

Tige de 2-8 décim., dressée, plus ou moins rameuse, presque glabre, ou pubescente inférieurement. Feuilles inférieures lyrées, à lobe terminal très grand, denté-anguleux, souvent tronqué ou cordé à la base. Pédoncules nus, filiformes. Involucre fructifère anguleux, glabre. ①. Juin-août.

*CCC.* — Lieux cultivés, terrains remués.

### 42. **ARNOSERIS** Gærtn. *Fruct.* II, 355. — [ARNOSÉRIS].

Involucre à folioles nombreuses, égales, disposées sur un seul rang, muni d'écailles courtes à sa base, connivent-subglobuleux à la maturité. Réceptacle nu. *Akènes* subpentagones, sillonnés-anguleux, *terminés par un rebord court pentagone en forme de couronne.*

Plante annuelle, à tiges non feuillées. Feuilles disposées en rosette radicale, oblongues ou obovales, dentées, velues-ciliées aux bords. Capitules 1-3, solitaires au sommet des tiges et des rameaux. Fleurons jaunes.

1. **A. minima** Koch *Syn. fl. Germ.* ed. 1, 416. — *Hyoseris minima* L. *Sp.* 1138; *Fl. Dan.* II, t. 201; *Engl. bot.* t. 95. — *Arnoseris pusilla* Gærtn., loc. cit.; Rchb. *Ic.* XIX, t. 1354, f. 1; Bill. *Exsicc.* n. 1249 et *bis.* — [A. MINIME].

Tiges de 1-3 décim., nombreuses, dressées, glabres, rougeâtres à la base, nues, 1-3-céphales. Feuilles oblongues ou obovales, atténuées à la base, irrégulièrement sinuées ou dentées. Pédoncules fistuleux, se renflant insensiblement en massue de la base au sommet. Involucre fructifère subglobuleux. ①. Juin-août.

*A.R.* — Champs sablonneux arides. — Châteaufort!, Haute-Bruyère près Coignières, Vaux-de-Cernay, Pontchartrain (*de Boucheman*); Senlisse (*de Schœne-feld*); Saint-Léger!; Rambouillet!; Épernon (*de Schœnefeld*). Forêt de Senart (*Adr. de Jussieu*); Marcoussis (*Vigineix*). La Ferté-Aleps (*Delavaux*); Étampes!; Nemours (*Devilliers*); Malesherbes (*Bernard*). Aigremont près Poissy (*de Schœne-feld*); Sérans près Magny (*Bouteille*); Les Andelys (*A. Grenier*); Saint-Germer (*Mandon*); env. de Beauvais (*Graves, Taillefert*). Choisy-au-bac près Compiègne (*Léré*); Rouville, Lévignen, Ivors, Gesvres-le-Duché (*Questier*), etc. — *Graves Cat.* Oise : Saint-Aubin-en-Bray : Remy, Grandfresnoy cant. d'Estrées; Compiègne; Rethondes cant. d'Attichy; Morienval cant. de Crépy; Molière-de-Sérans cant. de Chaumont.

### 43. **CICHORIUM** L. *Gen.* n. 921. — [CHICORÉE].

Involucre à folioles nombreuses, inégales, disposées sur deux rangs; les ex-térieures courtes, dressées; les intérieures soudées à la base, étalées-réfléchies à la maturité. Réceptacle dépourvu de paillettes, glabre ou velu. *Akènes* com-primés-tétragones, *surmontés d'une aigrette très courte, composée de soies membraneuses-paléiformes obtuses* nombreuses disposées sur deux rangs.

Plantes bisannuelles ou vivaces, rameuses, pubescentes ou glabrescentes. Feuilles irrégulièrement denticulées ou roncinées. Capitules disposés en fascicules axillaires. *Fleurons bleus*, rarement blancs.

1. **C. Intybus** L. *Sp.* 1142; *Fl. Dan.* VI, t. 907; *Engl. bot.* t. 539; Rchb. *Ic.* XIX, t. 1357, f. 2. — [C. SAUVAGE].

Tige de 6-12 décim., dressée, robuste, anguleuse, pubescente-rude, à rameaux étalés. Feuilles inférieures roncinées, à lobes dentés-anguleux; les supérieures lancéolées, sessiles. Capitules inférieurs des fascicules ord. lon-guement pédonculés à pédoncule renflé. Folioles extérieures de l'involucre ovales ou lancéolées, ciliées, offrant à la base un épaississement induré-blan-châtre. ♃. Juillet-août.

C C. — Pâturages secs, bords des chemins, coteaux arides.

On cultive deux variétés du *C. Endivia* L. (Rchb. *Ic.* XIX, t. 1358. — Vulg. *Escarole, Chicorée-frisée*) qui passe pour être originaire de l'Inde. Cette plante se reconnaît à ses feuilles florales ovales à base largement cordée-amplexicaule. Étiolée artificiellement, elle est connue vulgairement sous le nom de *Barbe-de-capucin*.

TRIBU II. — Akènes, au moins ceux du centre, surmontés d'une aigrette à soies capillaires, toutes plumeuses, ou les soies extérieures seules dépourvues de barbes.

### 44. **HYPOCHŒRIS** L. *Gen.* n. 918. — [PORCELLE].

Involucre à folioles nombreuses, inégales, imbriquées sur plusieurs rangs. *Réceptacle muni de paillettes membraneuses*, linéaires-acuminées, *caduques*. Akènes striés, plus ou moins scabres, tous longuement atténués en bec presque capillaire, ou ceux de la circonférence dépourvus de bec, très rare-ment tous dépourvus de bec; aigrette persistante, à soies toutes semblables plumeuses à barbes non entrecroisées, ou à soies extérieures non plumeuses seulement denticulées.

Plantes annuelles, bisannuelles ou vivaces, glabres ou velues. Tige rameuse polycéphale, ou simple monocéphale par avortement. Feuilles toutes ou la plupart

radicales, roncinées, sinuées-dentées ou presque entières. Capitules solitaires à l'extrémité de la tige et des rameaux. Fleurons jaunes.

Sect. i. EUHYPOCHOERIS. — Aigrette à soies disposées  sur deux  rangs, celles
du rang intérieur plumeuses, celles du rang extérieur seulement
denticulées.

1. **H. glabra** L. *Sp.* 1140; *Fl. Dan.* III, t. 424; *Engl. bot.* t. 575; Bill. *Exsicc.*
n. 1251 et *bis.* — [P. GLABRE].

*Racine* pivotante, simple, *grêle.* Tige de 2-6 décim., dressée ou ascendante, ord. rameuse, glabre, munie de bractées courtes squamiformes. Feuilles
toutes radicales, disposées en rosette, oblongues atténuées à la base, roncinées
ou sinuées, glabres ou présentant sur les bords quelques poils épars. Pédoncules un peu renflés dans leur partie supérieure. *Involucre* glabre, *à folioles
intérieures égalant environ les fleurons. Akènes de deux sortes, ceux de la
circonférence dépourvus de bec, ceux du centre longuement atténués en
bec;* plus rarement akènes tous semblables, dépourvus de bec, ou longuement atténués en bec. ①. Juin-août.

Champs maigres après la moisson, coteaux arides, lieux sablonneux.

Var. α. *glabra.* — Akènes de deux sortes, ceux de la circonférence dépourvus de
bec, ceux du centre longuement atténués en bec. — *A.C.* — Bois de Boulogne!.
Saint-Léger!. Ermenonville!. Mennecy!; Étréchy!; Étampes!; forêt de Fontainebleau!; Moret!; Nemours!, etc.
Var. β. *arachnoidea.* (*H. arachnoidea* Poir. *Encycl. méth.* V, 572). — Akènes
tous dépourvus de bec. — *R.* — Saint-Maur (*Spach*). Achères (*De Lens*).
Var. γ. *Balbisii.* (*H. Balbisii* Lois. *Not.* 124). — Akènes tous longuement atténués
en bec. — *RR.* — Étampes!.

M. Lloyd, ayant semé cette variété, l'a vue revenir au type dès la première année
(*Fl. Loire-Inf.* 151).

2. **H. radicata** L. *Sp.* 1140; *Fl. Dan.* I, t. 150; *Engl. bot.* t. 831. — [P. ENRA-
CINÉE].

*Racine* pivotante, rameuse, plus rarement simple, *ord. épaisse.* Tige de
3-8 décim., dressée, ord. rameuse, glabre-glaucescente, quelquefois un peu
hérissée à la base, munie de bractées courtes herbacées ou squamiformes.
Feuilles toutes radicales, disposées en rosette, oblongues atténuées à la base,
roncinées ou sinuées, ord. très hispides. Pédoncules un peu renflés dans leur
partie supérieure. *Involucre à folioles* membraneuses aux bords, glabres ou
hérissées sur la nervure, les folioles *intérieures plus courtes que les fleurons.
Akènes tous longuement atténués en bec.* ② ou ♃. Mai-septembre.

*CC.* — Bords des chemins, prés, pâturages, lisières des bois.

Sect. ii. ACHYROPHORUS. — Aigrette à soies toutes plumeuses, disposées
sur un seul rang.

3. **H. maculata** L. *Sp.* 1140; *Fl. Dan.* I, t. 149; *Engl. bot.* t. 225; Bill. *Exsicc.*
n. 583. — [P. TACHETÉE].

Souche épaisse, souvent couronnée par les bases des feuilles détruites. *Tige*
de 3-8 décim., dressée, divisée en 2-3 pédoncules, plus rarement simple,
rude, *velue-hérissée, portant une ou deux feuilles.* Feuilles radicales dis-

posées en rosette, oblongues, sinuées-dentées, très amples, hispides, présentant ord. des taches brunâtres ou noirâtres. Pédoncules un peu renflés dans leur partie supérieure. Involucre plus court que les fleurons, hérissé de poils noirâtres, à folioles intérieures tomenteuses sur les bords. Akènes tous longuement atténués en bec. ♃. Juin-août.

R. — Pelouses élevées des bois sablonneux, bruyères. — Env. de Mantes : Saint-Martin-la-Garenne, Fontenay-Saint-Père (*Beautemps-Beaupré*). La Ferté-Aleps (*Maire, de Schœnefeld*); bois entre Boissise-la-Bertrand et Melun!; forêt de Fontainebleau! (*Thuill.* Fl. *Par.*); bois de Nanteau! et bois de l'Abbesse! près Nemours (*Devilliers*). Saint-Léger! (*Thuill.* Fl. *Par.*); Dreux (*Dænen*). Bruyères à Neuville-Bosc! (*Daudin*). — *Graves* Cat. Oise : Molière de Sérans cant. de Chaumont.

### 45. **THRINCIA** Roth *Cat. bot.* 1, 97. — [THRINCIE].

Involucre à folioles nombreuses, inégales, imbriquées sur plusieurs rangs. Réceptacle nu. *Akènes* légèrement arqués, striés-scabres, plus ou moins atténués vers le sommet; les *extérieurs* persistants, *surmontés d'une* aigrette dont les soies sont soudées en *couronne membraneuse dentée* très courte; *les intérieurs terminés par une aigrette à soies plumeuses.*

Plante annuelle ou vivace, acaule, plus ou moins hispide, à poils simples ou bi-trifurqués. Feuilles toutes radicales, roncinées ou pinnatifides, plus rarement indivises. Capitules solitaires terminaux. Fleurons jaunes.

1. **T. hirta** Roth *Cat. bot.* 1, 98; Rchb. *Crit.* VIII, t. 749, f. 994, et *Ic.* XIX, t. 1365; Bill. *Exsicc.* n. 1694 et *bis*. — *Leontodon hirtus* L. *Sp.* 1123 sec. Sm.; *Fl. Dan.* VI, t. 901. — *Hedypnois hirta* Engl. *bot.* t. 535. — [T. HÉRISSÉE].

Souche courte tronquée à fibres nombreuses naissant la plupart vers le collet, ou se terminant en racine pivotante simple ou rameuse et donnant naissance aux fibres radicales dans toute sa longueur. Pédoncules radicaux de 5-40 centim., ascendants ou dressés, hispides surtout à la base. Feuilles sinuées-pinnatifides ou roncinées, plus rarement indivises, plus ou moins hispides. Capitules de grosseur variable. Involucre glabre ou hérissé. ② ou ♃. Juillet-août.

Champs arides pierreux, pelouses sèches ou humides, bords des chemins, terrains en friche.

Var. α. *hirta*. (*Leontodon hirtus* Mérat Fl. *Par.* éd. 4, II, 323. — *L. saxatilis* Thuill. Fl. *Par.* 404; Mérat, loc. cit. 324. — *Thrincia hirta* var. *vulgaris* Fl. *Par.* éd. 1, 428). — Souche courte tronquée, à fibres radicales naissant la plupart vers le collet. — *C C.*

Var. β. *arenaria* (DC. *Prodr.* VII, 99. — *T. hispida* auct. plur. non Roth. — *Leontodon major* Mérat, loc. cit. 323. — *Thrincia hirta* var. *hispida* Fl. *Par.* éd. 1, 428). — Souche se terminant en racine pivotante simple ou rameuse, donnant ord. naissance aux fibres radicales dans toute sa longueur. — *A.R.* — Terrains remués, lieux sablonneux. — Romainville!; Charenton!; Saint-Maur!. Montmorency!. Palaiseau!; Marcoussis!, etc.

### 46. **LEONTODON** L. *Gen.* n. 912 ex parte. — [LIONDENT].

*Involucre à folioles* nombreuses, inégales, *imbriquées* sur plusieurs rangs. *Réceptacle nu.* Akènes striés, légèrement scabres, atténués vers le sommet;

*aigrette persistante, à soies* toutes semblables *plumeuses à barbes non entrecroisées,* ou à soies extérieures non plumeuses seulement denticulées.

Plantes vivaces, acaules, ou caulescentes-rameuses, velues-hispides à poils bi-trifurqués, ou glabres. Feuilles toutes radicales ou la plupart radicales, dentées, roncinées, pinnatifides ou pinnatipartites. Capitules solitaires à l'extrémité des pédoncules radicaux ou à l'extrémité des rameaux. Fleurons jaunes.

1. **L. hispidus** L. *Sp.* 1124 ; *Fl. Dan.* V, t. 862 ; Rchb. *Ic.* XIX, t. 1368, f. 1 et t. 1369 ; Bill. *Exsicc.* n. 267. — *L. proteiformis* Vill. *Dauph.* III, 87, t. 24 ; Gren. et Godr. *Fl. Fr.* II, 299. — *L. hastilis* Koch *Syn. fl. Germ.* ed. 2, 481. — [ L. HISPIDE ].

Souche oblique, ord. tronquée. *Pédoncules radicaux* de 2-5 décim., ascendants ou dressés, *monocéphales*, ord. dépourvus de bractées squamiformes, pubescents-hérissés, plus rarement glabres. Feuilles toutes radicales, sinuées-pinnatifides ou roncinées, plus ou moins velues, rarement glabres. Involucre très hérissé, rarement glabre. *Aigrette à soies disposées sur deux rangs, les extérieures plus courtes seulement denticulées.* ♃. Juin-septembre.

Pelouses sèches ou humides, pâturages, lieux incultes, coteaux calcaires, bords des chemins.

Var. α. *hispidus.* — Feuilles et pédoncules plus ou moins hérissés de poils grisâtres bi-trifurqués.

S.-v. *crispus.* — Feuilles ord. assez petites, pinnatifides-ondulées, hérissées-blanchâtres. — *A.C.*

S.-v. *elatior.* — Pédoncules de 4-6 décim. Feuilles très amples, souvent presque entières ou à peine sinuées, vertes, pubescentes. — *C C.* — Lieux ombragés.

Var. β. *hastilis.* (*L. hastilis* L. *Sp.* 1123 ; Jacq. *Austr.* II, t. 164. — *L. hispidus* var. *glaber Fl. Par.* éd. 1, 429). — Feuilles et pédoncules glabres ou ne présentant que quelques poils épars. — *R.* — Étampes !. Vernon !; Les Andelys !.

2. **L. autumnalis** L. *Sp.* 1123 ; *Fl. Dan.* III, t. 501 ; Rchb. *Ic.* XIX, t. 1366, f. 2 ; Bill. *Exsicc.* n. 1510. — *Hedypnois autumnalis* Huds. *Angl.* 341 ; *Engl. bot.* t. 830. — *Oporinia autumnalis* Don in *Edinb. phil. journ.* ; DC. *Prodr.* VII, 108. — [ L. D'AUTOMNE ].

Souche plus ou moins oblique, tronquée. *Tiges* de 2-7 décim., dressées, presque nues, *rameuses polycéphales*, très rarement simples et monocéphales par avortement, glabres. Feuilles la plupart radicales, pinnatifides ou pinnatipartites, à lobes distants linéaires, plus rarement entières ou sinuées, très glabres ou légèrement ciliées ; les caulinaires linéaires ord. entières. Pédoncules munis de bractées linéaires squamiformes. Involucre légèrement velu. *Aigrette à soies disposées sur un seul rang, égales, toutes plumeuses.* ♃. Juillet-octobre.

*C C.* — Fossés, bords des eaux, prairies, champs incultes.

Var. β. *simplex* (Duby *Bot. Gall.* 1, 308. — *L. autumnalis* var. *monocephalus Fl. Par.* éd. 1, 429). — Tige de 1-2 décim., monocéphale, offrant les rudiments d'un ou de plusieurs capitules avortés. — *A.C.*

**47. PICRIS** Juss. *Gen.* n. 170. — [ PICRIDE ].

Involucre à folioles nombreuses, inégales, imbriquées sur plusieurs rangs. Réceptacle nu. Akènes ridés transversalement, légèrement atténués supérieurement; *aigrette caduque à soies soudées en anneau à la base,* toutes plumeuses, ou les extérieures seulement denticulées.

Plante bisannuelle, caulescente, rameuse, velue-hispide, à poils ord. bifurqués. Feuilles caulinaires et radicales sinuées-pinnatifides ou presque entières. Capitules peu nombreux terminaux, plus rarement subsolitaires. Fleurons jaunes.

**1. P. hieracioides** L. *Sp.* 1115 ; *Engl. bot.* t. 196 ; *Fl. Dan.* IX, t. 1522 ; Rchb. *Ic.* XIX, t. 1375. — [P. FAUSSE-ÉPERVIÈRE].

Tige de 3-10 décim., dressée, irrégulièrement rameuse, rude-hérissée. Feuilles oblongues ou lancéolées ; les inférieures atténuées à la base ; les supérieures sessiles ou amplexicaules. Involucre plus ou moins velu-hérissé, dépassé longuement par les fleurons. ②. Juillet-septembre.

C. — Champs incultes des terrains calcaires ou argileux, bords des chemins, pâturages.

**48. HELMINTHIA** Juss. *Gen.* 170. — [HELMINTHIE].

*Involucre à folioles* nombreuses, disposées sur deux rangs ; les *extérieures* ord. au nombre de 5, *foliacées, ovales-cordées,* ord. acuminées ; les intérieures plus étroites et plus longues, conniventes, lancéolées, longuement atténuées en arête. Réceptacle nu. *Akènes* ridés transversalement, *surmontés,* au moins les intérieurs, *d'un bec capillaire* très fragile qui égale environ leur longueur ; aigrette à soies toutes plumeuses.

Plante annuelle, caulescente, rameuse, hérissée de poils spinescents, simples ou bifurqués. Feuilles sinuées-dentées. Capitules peu nombreux, terminaux, plus rarement subsolitaires. Fleurons jaunes.

**1. H. echioides** Gærtn. *Fr.* II, t. 159, f. 2 ; Rchb. *Ic.* XIX, t. 1378 ; Bill. *Exsicc.* n. 47.— *Picris echioides* L. *Sp.* 1114 ; *Engl. bot.* t. 972.—[H. FAUSSE-VIPÉRINE].

Tige de 5-10 décim., dressée, robuste, rameuse-subdichotome surtout dans sa partie supérieure, hérissée de poils presque spinescents. Feuilles oblongues, très hérissées de poils bifurqués, chargées aux bords et sur la nervure moyenne de poils spinescents simples ; les inférieures atténuées à la base ; les supérieures largement cordées-amplexicaules. Folioles extérieures de l'involucre foliacées, hérissées de poils bifurqués, bordées par des poils spinescents simples, dépassant ord. la moitié de la longueur des intérieures ; les intérieures membraneuses aux bords, terminées par le prolongement de la nervure en une arête velue-pectinée. Akènes presque conformes, tous brusquement surmontés d'un bec capillaire, les extérieurs plus gros et velus à la face interne. ①. Juillet-octobre.

A.R.—Bords des chemins et des fossés, champs, endroits incultes.—Montrouge (*Rhodde*); Bagneux (*Kralik*) ; bois de Meudon, Buc (*de Schœnefeld*); Vincennes (*Gilon*); Romainville (*Brice*); Pantin, Bondy (*Bastard*); Avron (*Mandon*); Chelles (*de Schœnefeld*) ; Beaubourg-en-Brie (*Thuret*) ; La Barre près Saint-Denis ! (*Maire*); La Frette (*de Schœnefeld*); env. de Montmorency (*Delavaux*); Saint-Prix (*Vaill. Bot. Par.*); Saint-Maur (*Maire*) ; Champigny-sur-Marne (*Kralik*); Yères (*Vaill. Bot. Par.*) ; Athis !, Ris, Mennecy (*Maire*). Fontaine-le-Port près le Châtelet (*M. Garnier*). Luzarches (*De Lens*) ; Creil (*de Schœnefeld*) ; env. de Beauvais (*Questier*). Crépy près Meaux (*de Schœnefeld*) ; Thury-en-Valois (*Questier*); Dampleux près Villers-Cotterets (*de Marcilly fils*). Provins (*Des Étangs*). Magny

(*Bouteille*) ; Mantes (*Debooz*) ; Oulins (*Brou*) ; Dreux (*Dœnen*). — *Graves* Cat. Oise : Therdonne ; Saint-Paul ; Reilly ; Monneville ; Chaumont ; Neuville-Bosc ; Pouilly près Méru ; Crillou et Lhéraule cant. de Songeons ; Arsy, Fond-Clairon et à l'Épine de Jonquières cant. d'Estrées ; Saint-Rémy-en-l'eau cant. de Saint-Just ; Creil ; luzernières du canton de Betz.

### 49. TRAGOPOGON L. *Gen.* n. 905. — [SALSIFIS].

*Involucre à 6-12 folioles égales, disposées sur un seul rang*, plus ou moins longuement soudées à la base, réfléchies à la maturité. Réceptacle nu. Akènes marqués de côtes longitudinales scabres ou dentées-épineuses, longuement atténués en bec grêle ; *aigrette à soies plumeuses, à barbes entrecroisées.*

Plantes bisannuelles, caulescentes, simples ou rameuses, glabres ou chargées d'un duvet floconneux plus ou moins abondant. Feuilles linéaires-lancéolées, très entières. Capitules solitaires, terminaux. Fleurons jaunes (dans nos espèces).

1. **T. pratensis** L. *Sp.* 1109 ; *Engl. bot.* t. 434 ; *Fl. Dan.* VI, t. 906 ; Rchb. *Ic.* XIX, t. 1389, f. 1. — [S. DES PRÉS. — Vulg. *Salsifis-bâtard, Barbe-de-bouc*].

Tige de 4-12 décim., dressée, simple ou rameuse. Feuilles canaliculées embrassantes à la base, lancéolées-linéaires, très allongées. *Pédoncules à peine renflés au-dessous du capitule.* Involucre à 6-8 folioles lancéolées, égalant ou dépassant un peu les fleurons. Akènes extérieurs souvent plus longs que leur bec. Fleurons jaunes. ②. Mai-septembre.

*CC.* — Lisières des bois, pâturages, prairies humides.

S.-v. *tortilis.* (*T. undulatus* Thuill. *Fl. Par.* 396 non Jacq.). — Feuilles ondulées, acuminées en longue pointe tortillée.

2. **T. major** Jacq. *Austr.* I, t. 29 ; Bill. *Exsicc.* n. 1512. — [S. MAJEUR].

Tige de 3-6 décim., dressée, simple ou rameuse. Feuilles presque planes, embrassantes élargies à la base, lancéolées-acuminées, plus rarement lancéolées-linéaires. *Pédoncules fortement renflés en massue dans leur partie supérieure.* Involucre à 8-12 folioles lancéolées, dépassant les fleurons. Akènes extérieurs plus courts que leur bec. Fleurons jaunes. ②. Juin-juillet.

*A.R.* — Coteaux pierreux, prés secs, bords des chemins. — Vaugirard ! ; bois de Boulogne (*de Schœnefeld*) ; Mont-Valérien ! ; Saint-Cloud ! ; Saint-Maur ! . Étréchy ! ; Étampes ! ; Nemours ! ; Malesherbes ! . Dreux ! , etc. — *Graves* Cat. Oise : bords du canal de l'Ourcq à Neufchelles ; murs à Boursonne ; Verberie.

Le *T. porrifolius* L. (Jacq. *Ic.* t. 159 ; *Engl. bot.* t. 638 ; Rchb. *Ic.* XIX, t. 1387, f. 2-3. — Vulg. *Salsifis-blanc*), indiqué comme indigène dans l'Europe méridionale ou orientale, est communément cultivé pour sa racine alimentaire ; il se rencontre quelquefois à l'état subspontané au voisinage des habitations. Cette espèce se reconnaît à ses fleurons violacés, longuement dépassés par les folioles de l'involucre, et à ses pédoncules renflés en massue.

### 50. SCORZONERA L. *Gen.* n. 906 ex parte. — [SCORSONÈRE].

*Involucre à folioles* nombreuses, inégales, *imbriquées* sur plusieurs rangs. Réceptacle nu. *Akènes* marqués de côtes longitudinales lisses ou tuberculeuses-épineuses, *légèrement atténués supérieurement, dépourvus de bec ; aigrette à soies plumeuses, à barbes entrecroisées.*

Plantes vivaces. Tige simple, plus rarement rameuse, glabre ou chargée d'un duvet floconneux plus ou moins abondant. Feuilles la plupart radicales, lancéolées ou linéaires-lancéolées, très entières. Capitules solitaires terminaux. Fleurons jaunes.

1. **S. Austriaca** Willd. *Sp.* 1499; Rchb. *Ic.* XIX, t. 1383, f. 1. — *S. humilis* Jacq. *Austr.* I, t. 36 non L. — [S. d'AUTRICHE].

*Souche* épaisse, *entourée supérieurement par les nervures persistantes des feuilles détruites.* Tige de 1-3 décim., dressée, simple, monocéphale, glabre. Feuilles radicales lancéolées ou linéaires, plus rarement oblongues, longuement atténuées en pétiole à la base ; les caulinaires 3-4, rudimentaires squamiformes. Involucre à folioles obtuses; les extérieures ovales. Fleurons jaunes. Akènes, au moins les extérieurs, à côtes lisses, ou rugueuses-tuberculeuses transversalement. ♃. Mai-juin.

*R R.* — Pelouses sèches des terrains sablonneux. — Forêt de Fontainebleau (*Tourn.* Hist. pl. Par., *Vaill.* Bot. Par.) : ancien champ de manœuvres!, Mont-Morillon!, plaine de la Chaise-à-l'abbé!, etc.

2. **S. humilis** L. *Sp.* 1112; *Fl. Dan.* V, t. 816; Rchb. *Ic.* XIX, t. 1383, f. 2; Bill. *Exsicc.* n. 406 et *bis* et *ter.* — [S. HUMBLE].

*Souche* épaisse, *nue supérieurement ou surmontée d'écailles entières.* Tige de 2-6 décim., dressée, simple monocéphale, rarement rameuse polycéphale, glabre ou légèrement pubescente, quelquefois floconneuse. Feuilles radicales oblongues ou lancéolées, atténuées à la base ; les caulinaires 2-4 linéaires plus ou moins allongées. Involucre à folioles obtuses; les extérieures ovales-lancéolées. Fleurons jaunes. Akènes à côtes lisses, ou rugueuses-tuberculeuses transversalement. ♃. Mai-juillet.

*C.* — Endroits découverts des bois tourbeux, prairies humides.

S.-v. *angustifolia.* — Feuilles radicales linéaires très étroites.

Le *S. Hispanica* L. (Rchb. *Ic.* XIX, t. 1384. — *Vulg. Salsifis-noir, Scorsonère d'Espagne*), originaire de l'Europe occidentale méridionale, est fréquemment cultivé en grand pour sa souche alimentaire; il se distingue du *S. humilis* par sa tige plus feuillée portant ord. plusieurs capitules, par les folioles de l'involucre presque aiguës et par les akènes de la circonférence à côtes un peu tuberculeuses-épineuses.

### 51. **PODOSPERMUM** DC. *Fl. Fr.* IV, 61. — [PODOSPERME].

Involucre à folioles nombreuses, inégales, imbriquées sur plusieurs rangs, réfléchies à la maturité. Réceptacle dépourvu de paillettes. *Akènes* marqués de côtes longitudinales, lisses, dépourvus de bec et ne s'atténuant pas au sommet, *prolongés à la base en un pied renflé creux qui égale presque leur longueur; aigrette à soies plumeuses, à barbes entrecroisées.*

Plante bisannuelle, caulescente, simple ou rameuse, glabrescente ou pubescente, quelquefois rude-tuberculeuse. Feuilles la plupart radicales, ord. pinnatipartites à lobes linéaires, plus rarement linéaires-indivises. Capitules plus ou moins nombreux, solitaires à l'extrémité de la tige et des rameaux. Fleurons jaunes.

1. **P. laciniatum** DC. *Fl. Fr.* IV, 62; Rchb. *Ic.* XIX, t. 1386, f. 1 ; Bill. *Exsicc.* n. 582. — *Scorzonera laciniata* L. *Sp.* 1114. — [P. LACINIÉ].

Plante bisannuelle, à racine pivotante ord. simple. Tiges de 1-6 décim., glabrescentes ou pubescentes, plus rarement rudes-tuberculeuses, simples,

ou rameuses à rameaux cylindriques. Feuilles la plupart radicales, profondément pinnatipartites, à lobes linéaires-acuminés, le lobe terminal ord. plus
grand linéaire-lancéolé, plus rarement presque indivises linéaires. Involucre
glabrescent ou pubérulent, à folioles extérieures plus courtes lancéolées ord.
prolongées latéralement en petite corne au-dessous du sommet, les intérieures
lancéolées-linéaires membraneuses aux bords. Fleurons de la circonférence
dépassant à peine l'involucre. Akènes grisâtres, à pied épais blanchâtre. Aigrette d'un blanc sale. ☿. Juin-août.

C. — Lieux incultes et pierreux, décombres, bords des chemins, vieux murs.

Var. β. *muricatum* (DC. *Prodr.* VII, 111. — *P. muricatum* DC. *Syn. fl. Gall.* 265.
— *P. laciniatum* var. *scabrum Fl. Par.* éd. 1, 432). — Tiges rudes-tuberculeuses. Feuilles ord. rudes sur les bords, ord. pinnatipartites. — *A.C.*

Var. γ. *subulatum* (DC. *Prodr.* VII, 111.—*Scorzonera subulata* Link *Fl. Fr.* II, 81.
— *P. subulatum* DC. *Fl. Fr.* IV, 61. — *P. laciniatum* var. *graminifolium Fl.
Par.* éd. 1, 432). — Feuilles toutes ou la plupart linéaires-entières. — *A.R.*


TRIBU III. — Akènes tous surmontés d'une aigrette à soies capillaires
non plumeuses lisses ou plus ou moins scabres.


**52. TARAXACUM** Juss. *Gen.* 169. — [PISSENLIT].

*Involucre à folioles* nombreuses, inégales, *imbriquées* sur plusieurs rangs,
les extérieures plus courtes formant une sorte de calicule souvent étalées ou
réfléchies, toutes réfléchies à la maturité. Réceptacle nu. *Akènes marqués
de côtes* longitudinales striées transversalement *muriquées-épineuses ou
tuberculeuses-écailleuses au sommet, brusquement surmontés d'un long bec
filiforme*; aigrette à soies disposées sur plusieurs rangs.

*Plante* vivace, *acaule*, glabre ou glabrescente. Feuilles roncinées, rarement
entières. Capitules terminaux solitaires à l'extrémité de pédoncules radicaux nus
fistuleux ord. très glabres. Fleurons jaunes.

1. **T. Dens-leonis** Desf. *Atl.* II, 228. — *Leontodon Taraxacum* L. *Sp.* 1122; *Fl.
Dan.* IV, t. 574; *Engl. bot.* t. 510.—*T. officinale* Wigg. *Prim. Holsat.* 56;
Koch *Syn. fl. Germ.* ed. 2, 492. — [P. DENT-DE-LION. — Vulg. *Pis-
senlit*].

Souche épaisse, terminée en racine pivotante. Pédoncules radicaux de 1-4
décim., dressés ou couchés-ascendants. Feuilles toutes radicales, disposées
en rosette, oblongues, atténuées en pétiole à la base, roncinées à lobes inégaux,
triangulaires aigus, dentés-incisés ou presque entiers, rarement entières ou
sinuées. Involucre à folioles extérieures étalées ou réfléchies rarement dressées pendant la floraison, toutes réfléchies à la maturité. Aigrettes s'étalant
à la maturité et formant par leur réunion une tête globuleuse. Akènes marqués de côtes longitudinales striées, tuberculeuses-épineuses supérieurement.
Fleurons jaunes ou d'un jaune orangé. ♃. Avril-octobre.

Var. α. *Dens-leonis.* (*T. maculatum* Jord.; Bill. *Exsicc.* n. 2103). — *Plante de
1-3 décim., ord. très glabre. Feuilles roncinées, à lobes ord. très amples, presque
entiers. Folioles de l'involucre non calleuses ou à peine calleuses au sommet,
les extérieures ord. réfléchies. Akènes verdâtres, jaunâtres ou brunâtres. —*
*CCC.* — Pelouses, prairies, bords des chemins, voisinage des habitations.

Var. β. *lævigatum.* (*Leontodon lævigatus* Willd. *Sp.* III, 1546. — *T. lævigatum*
DC. *Fl. Fr.* V, 450. — *T. erythrospermum* Andrz. in Bess. *Fl. Podol.* cent. II,
n. 1586; DC. *Prodr.* VII, 147; Bill. *Exsicc.* n. 1907). — *Plante de 5-20 centim.*,
glabre ou pubescente-aranéeuse. Feuilles profondément roncinées, à lobes étroits,
entiers, incisés ou pinnatifides-incisés, triangulaires ou lancéolés. *Folioles de
l'involucre* souvent glaucescentes ord. *calleuses ou corniculées au sommet, les
extérieures* ord. *étalées* non réfléchies. Akènes ord. *d'un rouge-brique.* — *C.* —
Endroits secs ou montueux surtout des terrains sablonneux, lieux pierreux, bords
des chemins.

Var. γ. *palustre.* (*Leontodon palustris* Sm. *Fl. Brit.* II, 823 ; *Engl. bot.* t. 553. —
*T. palustre* DC. *Fl. Fr.* IV, 48 ; Bill. *Exsicc.* n. 1252). — Plante de 1-2 décim.,
glabre. *Feuilles* presque *linéaires entières, ou oblongues* atténuées inférieurement
*sinuées-dentées. Folioles de l'involucre* ord. non calleuses ni corniculées au
sommet, les *extérieures dressées* rarement étalées. Akènes ord. jaunâtres ou
brunâtres. — *A.R.* — Prairies humides, fossés, bords des mares herbeuses. —
Bois de Meudon (*Thuret*) ; Ville-d'Avray (*Maire*). Saint-Germain, Mantes (*de
Schœnefeld*). Montmorency (*Thuret*) ; Luzarches (*De Lens*). Forêt de Senart !.
Glaignes, Russy, Vauciennes, Mareuil-sur-Ourcq, Montigny-l'Allier (*Questier*).
— *Graves* Cat. Oise : Saint-Nicolas-d'Acy près Senlis ; Gilocourt, Orrouy, Séry,
Rouville, Châvres, cant. de Crépy ; Varinfroy ; la Villeneuve-sous-Thury ; marais
de Sacy-le-Grand cant. de Liancourt.

### 53. **CHONDRILLA** L. *Gen.* n. 910. — [ CHONDRILLE ].

Involucre à 7-10 folioles presque égales, disposées sur un ou deux rangs,
muni d'écailles à sa base. Réceptacle nu. *Akènes* marqués de côtes longitudinales tuberculeuses-épineuses supérieurement, *couronnés par 5 dents squamiformes* entre lesquelles s'élève le bec ; *bec très allongé filiforme* ; aigrette
à soies disposées sur plusieurs rangs.

Plante bisannuelle, caulescente, rameuse, presque glabre. Feuilles radicales et
inférieures roncinées ; les caulinaires supérieures entières, linéaires-lancéolées ou
linéaires. Capitules ne renfermant que 7-12 fleurons, nombreux, disposés en fascicules latéraux et terminaux. Fleurons jaunes.

1. **C. juncea** L. *Sp.* 1120 ; Jacq. *Austr.* V, t. 427 ; *Fl. Dan.* X, t. 1652. —
[C. EFFILÉE].
Tige de 6-12 décim., dressée, très rameuse supérieurement à rameaux
allongés étalés presque nùs, hérissée dans sa partie inférieure de poils spinescents recourbés. Feuilles glabres ; les radicales étalées en rosette, roncinées
à lobes inégaux ; les caulinaires supérieures entières, linéaires-lancéolées ou
linéaires. Capitules disposés par 2-3, plus rarement solitaires, très brièvement
pédonculés. Involucre légèrement farineux, cylindrique, à folioles dressées.
Bec de moitié plus long que l'akène. ②. Juin-août.

*A.C.* — Lieux pierreux, champs arides, bords des chemins, clairières des bois
sablonneux.

### 54. **PHÆNOPUS** DC. *Prodr.* VII, 176 emend. — [PHÉNOPE].

*Involucre* ord. *à 5 folioles* presque égales, disposées sur un seul rang,
muni à sa base d'écailles courtes. Réceptacle nu. *Akènes* marqués de côtes
longitudinales, *brusquement atténués en bec filiforme* ; aigrette à soies disposées sur plusieurs rangs.

Plante annuelle, caulescente, rameuse supérieurement, glabre. Feuilles lyrées-pinnatipartites. Capitules nombreux, disposés en panicule lâche terminale. Fleurons jaunes.

1. **P. muralis.** — *Prenanthes muralis* L. *Sp.* 1121 ; *Fl. Dan.* III, t. 509 ; *Engl. bot.* t. 457. — *Lactuca muralis* Fresen. *Taschenb.* 484 ; DC. *Prodr.* VII, 139 ; Bill. *Exsicc.* n. 407. — *Phœnixopus muralis* Koch *Syn. fl. Germ.* ed. 1, 430. — *Mycelis muralis* Rchb. f. *Ic.* XIX, t. 1417. — {P. DES MURS].

Tige de 5-9 décim., dressée, rameuse au sommet, glabre, lisse. Feuilles d'un vert glauque à la face inférieure, lyrées-pinnatipartites, à lobes anguleux-dentés, le lobe terminal très ample ; les radicales atténuées en pétiole ; les caulinaires rétrécies en pétiole ailé auriculé-embrassant ; les florales linéaires entières. Involucre glabre, cylindrique. Akènes brunâtres, à bec blanc égalant environ la moitié de leur longueur. ⓘ. Juin-septembre.

C. — Vieux murs, bois frais, lieux ombragés.

S.-v. *coloratus.* — Feuilles inférieures et partie inférieure de la tige fortement colorées en rouge violacé.

## 55. LACTUCA L. *Gen.* n. 909. — [LAITUE].

*Involucre* oblong-cylindrique, *à folioles* ord. *nombreuses,* disposées sur plusieurs rangs, inégales, les extérieures très petites. Réceptacle nu. *Akènes* comprimés, marqués de côtes longitudinales, *brusquement atténués en bec allongé-capillaire; aigrette à soies* capillaires lisses ou légèrement scabres, *disposées sur un seul rang.*

Plantes annuelles, bisannuelles ou vivaces, caulescentes rameuses, glabres ou munies de poils spinescents. Feuilles inférieures roncinées-pinnatipartites ou roncinées-pinnatifides, plus rarement sinuées ; les supérieures souvent entières, sagittées à la base, ord. chargées d'aiguillons sur les bords et la nervure moyenne. Capitules pauciflores ou pluriflores, nombreux, solitaires ou fasciculés, disposés en corymbe irrégulier ou en panicule terminale. Fleurons jaunes, plus rarement violacés.

Sect. I. CYANOSERIS. — Fleurons violacés. Plante vivace.

1. **L. perennis** L. *Sp.* 1120 ; *Bot. mag.* t. 2130 ; Rchb. *Ic.* XIX, t. 1423, f. 3 ; Bill. *Exsicc.* n. 1910. — [L. VIVACE].

Souche ord. épaisse, cespiteuse. Tiges de 2-6 décim., dressées, presque nues, rameuses supérieurement, glabres-glaucescentes. Feuilles glabres lisses, la plupart radicales disposées en rosette, profondément pinnatipartites, à lobes linéaires-lancéolés, entiers ou irrégulièrement dentés ; les supérieures très petites, pinnatipartites ou indivises, amplexicaules. Capitules disposés en corymbe lâche terminal. *Fleurons lilas.* Akènes oblongs-lancéolés, égalant environ la longueur de leur bec, à bords épaissis, à côtes moyennes très saillantes. ♃. Juin-juillet.

A.R. — Coteaux pierreux, champs calcaires en friche, berges des rivières, talus des chemins de fer, carrières. — Env. de Suresnes et de Saint-Cloud (*Tourn.* Hist. pl. Par.); Cachan, Croix-de-Berny (*Mandon*); Chatenay, Antony, Marly (*Delavaux*); Ablon !; forêt de Senart !; Lardy (*Adr. de Jussieu*); Étréchy !; forêt de Fontainebleau : plaine de la Chaise-à-l'abbé (*Woods*); Moret (*E. Fournier*); Donnemarie (*Chaubard*); Provins (*Bouteiller*) ; Malesherbes !; Pithiviers !. Saint-Nom près Versailles (*de Boucheman*); La Frette (*de Schœnefeld*). Magny (*Delavaux*); parc de La Falaise (*Mouillefarine*). Ivry-le-Temple !; Beauvais !. Bussy-Saint-Martin (*Thuret*); La Ferté-sous-Jouarre (*Adr. de Jussieu*); Vendières (*A. Jamain*); Thury-en-Valois, Villers-Saint-Genest (très rare, *Questier*); Compiègne, Pierrefonds (*Weddell*); dans la forêt de Compiègne en allant à Élaincourt (*Tourn. Hist. pl. Par.*); coteau crayeux de Margny-lez-Compiègne (*de Marcilly fils*). Env. de Dreux ! (*Dœnen*), etc. — *Graves* Cat. Oise : « commune dans les moissons, d'où elle se sème quelquefois dans le voisinage ».

Sect. II. SCARIOLA. — Fleurons jaunes. Plantes annuelles ou bisannuelles.

2. **L. saligna** L. *Sp.* 1119; Jacq. *Austr.* III, t. 250; *Engl. bot.* t. 707; Rchb. *Ic.* XIX, t. 1420, f. 1-2; Bill. *Exsicc.* n. 1700.— [L. A FEUILLES DE SAULE].

Tige de 5-10 décim., ord. dressée, feuillée, ord. rameuse à rameaux grêles-effilés, très glabre, lisse. *Feuilles* glabres, lisses ou légèrement hérissées-épineuses sur la nervure moyenne, *la plupart linéaires-acuminées, très entières*, sagittées-amplexicaules ; les inférieures souvent roncinées à lobes aigus. Capitules presque sessiles le long des rameaux, disposés en épis lâches effilés dressés rapprochés en panicule terminale. Fleurons jaunes. Akènes oblongs-obovales, égalant environ la moitié de la longueur de leur bec, présentant sur chaque face 5 stries égales glabres. ②. Juin-août.

C. — Bords des champs, lieux arides pierreux.

3. **L. Scariola** L. *Sp.* 1119; *Engl. bot.* t. 268; *Fl. Dan.* VII, t. 1227; Rchb. *Ic.* XIX, t. 1421, f. 1. — [L. SCARIOLE].

Tige de 8-10 décim., dressée, plus ou moins fistuleuse, feuillée, ord. très rameuse supérieurement, à rameaux grêles, étalés, très glabre, lisse ou munie inférieurement de quelques aiguillons. *Feuilles* glabres, *chargées d'aiguillons sur la nervure moyenne*, à bords ciliés-épineux, *oblongues ou obovales-oblongues*, aiguës ou obtuses, amplexicaules-sagittées à la base, roncinées-pinnatifides ou pinnatipartites à lobes denticulés-mucronés, rarement entières. Capitules pédonculés ou sessiles le long des rameaux, disposés en panicule terminale ord. étalée. Fleurons jaunes. Akènes oblongs-obovales, environ de la longueur de leur bec ou plus courts que lui, présentant sur chaque face 5 stries égales. ②. Juin-août.

Lieux incultes pierreux, terrains remués, bords des chemins.

Var. α. *Scariola*. — Feuilles ord. déviées à leur insertion et présentant ainsi un de leurs bords rapproché de la tige, ord. roncinées-pinnatifides ou pinnatipartites. Akènes grisâtres, à stries ord. hérissées au sommet. — C.

Var. β. *virosa*. (*L. virosa* L. *Sp.* 1119; *Engl. bot.* t. 1957; Rchb. *Ic.* XIX, t. 1422; Bill. *Exsicc.* n. 1253. — *L. Scariola* var. *integrifolia* Fl. Par. éd. 1, 435). — Feuilles ord. étalées horizontalement, ord. entières ou sinuées. Akènes d'un brun noir, à stries glabres ou presque glabres. — A.R.

† **L. sativa** L. *Sp.* 1118; Rchb. *Ic.* XIX, t. 1421, f. 3. — [L. CULTIVÉE].

Tige de 6-12 décim., dressée, presque pleine, feuillée, ord. très rameuse supérieurement, à rameaux grêles ascendants ou dressés, très glabre, lisse, dépourvue d'aiguillons. *Feuilles* succulentes ; les inférieures ord. disposées en rosette, glabres, lisses, *dépourvues d'aiguillons* sur la nervure moyenne, à bords non ciliés, *oblongues-obovales ou suborbiculaires*, obtuses, entières, sinuées ou irrégulièrement dentées, plus ou moins ondulées; les supérieures cordées-amplexicaules,

Capitules pédicellés ou sessiles le long des rameaux, disposés en panicule corymbiforme terminale ord. compacte. Fleurons jaunes. Akènes égalant environ la longueur de leur bec, présentant sur chaque face 5 stries égales glabres. (2). Juin-septembre.

Cultivé dans les jardins potagers et quelquefois subspontané au voisinage des habitations. — Cette plante, dont la patrie est inconnue, est peut-être une variété du *L. Scariola* obtenue par la culture.

Var. α. *Romana* (vulg. *Laitue-romaine, Romaine*). — Feuilles imbriquées avant la floraison, oblongues, carénées concaves, peu ondulées.

Var. β. *capitata* (vulg. *Laitue-pommée*). — Feuilles imbriquées avant la floraison, suborbiculaires, très concaves, plus ou moins ondulées.

Var. γ. *crispa* (vulg. *Laitue-frisée*). — Feuilles ord. étalées en rosette avant la floraison, profondément pinnatipartites-sinuées, fortement ondulées-crispées.

## 56. **SONCHUS** L. *Gen.* n. 908. — [ LAITERON ].

Involucre à folioles nombreuses, inégales, disposées sur plusieurs rangs. Réceptacle nu. *Akènes comprimés*, marqués de côtes longitudinales, *tronqués, dépourvus de bec; aigrette à soies très fines*, lisses ou légèrement scabres, disposées sur plusieurs rangs et soudées par fascicules à la base.

Plantes annuelles, bisannuelles ou vivaces, caulescentes. Tiges très fistuleuses, glabres ou hérissées supérieurement de poils glanduleux, contenant un suc laiteux abondant. Feuilles inférieures roncinées-pinnatipartites ou pinnatifides à lobe terminal plus grand, plus rarement indivises, les supérieures souvent entières, auriculées ou sagittées-amplexicaules, à bords dentés-épineux ou ciliés-épineux. Capitules plus ou moins nombreux, disposés en corymbe terminal plus ou moins irrégulier, plus rarement solitaires terminaux par avortement.

1. **S. oleraceus** L. *Sp.* 1116 excl. var. γ et δ; Koch *Syn. fl. Germ.* ed. 2, 497; Gren. et Godr. *Fl. Fr.* II, 324; *Fl. Dan.* IV, t. 681; Bill. *Exsicc.* n. 1911. — *S. lævis* Vill. *Dauph.* III, 158. — *S. ciliatus* Lmk *Fl. Fr.* II, 87 ; DC. *Prodr.* VII, 185. — [ L. MARAÎCHER. — Vulg. *Laiteron, Laite, Lacheron, Laceron*].

*Plante annuelle.* Tige de 2-8 décim., ord. dressée, rameuse au sommet, glabre ou présentant quelques poils glanduleux dans sa partie supérieure. Feuilles roncinées-pinnatipartites, ou roncinées-pinnatifides à division terminale ord. plus ample quelquefois subtriangulaire, à bords inégalement dentés-épineux ; les inférieures rétrécies en pétiole ; les caulinaires à base élargie, amplexicaule-auriculée, à oreillettes acuminées, droites libres étalées, plus rarement décurrentes. Capitules fructifères déprimés brusquement terminés en pointe conique, disposés en corymbe plus ou moins irrégulier. *Involucre glabre ou présentant quelques poils glanduleux*, à folioles extérieures épaissies-succulentes à la base. *Akènes à côtes striées transversalement.* (I). Juin-octobre.

*C C C.* — Lieux cultivés, jardins, bords des chemins, vieux murs.

Var. α. *runcinatus.* — Feuilles roncinées-pinnatipartites, à division terminale très ample triangulaire.

S.-v. *triangularis.* — Feuilles réduites à la division terminale très ample triangulaire, les divisions latérales nulles ou presque nulles.

Var. β. *lacerus.* — Feuilles profondément roncinées-pinnatipartites, à division terminale peu développée ord. plus ou moins lobée.

α β s.-v. *glandulosus*. — Pédoncules ou involucres présentant quelques poils glanduleux.

2. **S. asper** Vill. *Dauph.* III, 158; *Fl. Dan.* V, t. 843; *Engl. bot.* t. 2765 et 2766; Koch *Syn. fl. Germ.* ed. 2, 497; Gren. et Godr. *Fl. Fr.* II, 324; Bill. *Exsicc.* n. 1912. — *S. oleraceus* γ et δ L. *Sp.* 1117. — *S. spinosus* Lmk *Fl. Fr.* II, 86. — *S. fallax* Wallr. *Sched. crit.* 432 cum ic. — Fuchs. *Hist.* 674 ic. — [L. APRE. — Vulg. *Laiteron, Laite, Lacheron, Laceron*].

*Plante annuelle.* Tige de 2-8 décim., ord. dressée, rameuse au sommet, glabre ou présentant quelques poils glanduleux dans sa partie supérieure, souvent rougeâtre. Feuilles oblongues ou obovales-oblongues, indivises, sinuées-dentées ou roncinées-pinnatifides à lobe terminal souvent plus ample sinué, à bords inégalement dentés-épineux; les inférieures rétrécies en pétiole; les caulinaires à base élargie amplexicaule-auriculée, à oreillettes arrondies ord. plus ou moins contournées en dessous. Capitules fructifères déprimés brusquement terminés en pointe conique, disposés en corymbe plus ou moins irrégulier. *Involucre glabre ou présentant quelques poils glanduleux*, à folioles extérieures épaissies-succulentes à la base. *Akènes à côtes lisses.* ⓘ. Juin-octobre.

*C C C.* — Lieux cultivés, jardins, décombres, vieux murs.

Var. α. *vulgaris*. — Feuilles plus ou moins profondément sinuées-dentées ou pinnatifides, ondulées, à bords très épineux, à oreillettes généralement très contournées.

Var. β. *mollis*. — Feuilles ord. entières ou à peine dentées, planes, à bords peu épineux, à oreillettes plus ou moins contournées.

Var. γ. *elatior*. — Plante ord. très développée. Feuilles profondément roncinées-pinnatifides, planes ou légèrement ondulées, à bords ord. très épineux, à oreillettes ord. à peine contournées.

α β γ s.-v. *glandulosus*. — Pédoncules ou involucres présentant quelques poils glanduleux.

3. **S. arvensis** L. *Sp.* 1116; *Engl. bot.* t. 674; *Fl. Dan.* IV, t. 606; Rchb. *Ic.* XIX, t. 1412, f. 1; Bill. *Exsicc.* n. 1256. — [L. DES CHAMPS].

*Plante vivace* à souche rampante. Tige de 5-10 décim., dressée, simple, très glabre inférieurement, hérissée de poils glanduleux dans sa partie supérieure. *Feuilles* roncinées-pinnatipartites ou pinnatifides à lobe terminal allongé oblong, à bords inégalement dentés-épineux; les inférieures rétrécies en pétiole, quelquefois à peine sinuées; les caulinaires moyennes *à base élargie amplexicaule-auriculée à oreillettes courtes arrondies*. Capitules disposés en corymbe irrégulier terminal. *Involucre couvert ainsi que le pédoncule de poils glanduleux.* Akènes à côtes striées transversalement. ♃. Juillet-septembre.

*C.* — Lieux cultivés, bords des champs, vignes, endroits pierreux.

S.-v. *integrifolius*. — Feuilles, même les caulinaires, entières ou légèrement sinuées. Capitules subsolitaires. — Lieux secs.

S.-v. *elatior*. — Tige robuste, atteignant souvent 2 mètres. Feuilles ord. très amples, à oreillettes très élargies. Capitules ord. nombreux. — Lieux humides, marécageux.

**4. S. palustris** L. *Sp.* 1116 ; *Engl. bot. t.* 935; *Fl. Dan. t.* 1109; Rchb. *Ic.* XIX,
t. 1414. — [L. DES MARAIS].

Plante vivace. Tige de 2-3 mètres, dressée, simple, très glabre inférieurement, hérissée de poils glanduleux dans sa partie supérieure. *Feuilles* à bords
régulièrement dentés-épineux, à dents épaisses courtes ord. réfléchies en
dessous ; les inférieures roncinées-pinnatipartites, à lobe terminal lancéolé
très allongé; les caulinaires moyennes lancéolées, entières ou présentant
1-2 lobes lancéolés au-dessus de leur base, *à base sagittée-amplexicaule
à oreillettes lancéolées-aiguës.* Capitules ord. très nombreux, disposés en
corymbe terminal ord. très ample. *Involucre couvert ainsi que le pédoncule
de poils glanduleux.* Akènes à côtes un peu striées transversalement. ♃.
Juillet-août.

R. — Endroits ombragés et bords des fossés des prairies tourbeuses. — Bois-
Jacques ! et bords de l'étang de Saint-Gratien ! près Enghien (*Tourn.* Hist. pl. Par.);
L'Ile–Adam (*Guillon*) ; env. de Chantilly : marais de la Thève près Le Lys (*de Schœ-
nefeld*), indiqué à l'étang et au moulin de Mongrésin près Chantilly (*Vaill.* Bot.
Par.) [l'étang est aujourd'hui desséché, et nous y avons vainement cherché la
plante]; Longueil-Sainte-Marie (*Questier, Morelle*). Monchy-Humières (*Léré*) ; La
Croix-Saint-Ouen près Compiègne (*Pillot*). Le Bouchet ! et Itteville (*Adr. de Jussieu*).
— ? Versailles, Luzarches. — *Graves* Cat. Oise : marais de Chambors cant. de Chaumont; vallée de la Thève, à Neufmoulin, aux étangs de Comelle, au Lys; bords de
l'Avelon au-dessus de Saint-Paul ; étangs de Bailly cant. de Ribécourt ; vallée de
la Nonnette près Senlis ; marais des Planchettes dans la forêt de Compiègne ; marais
du bois d'Ageux vis-à-vis de Verberie ; Vaumoise cant. de Betz ; vallée de Verse ;
prairies de Saint-Just-en-chaussée.

### 57. **BARKHAUSIA** Mœnch *Meth.* 537. — [BARKHAUSIE].

*Involucre à folioles nombreuses*, disposées sur deux ou plusieurs rangs ;
les intérieures égales dressées, les extérieures inégales courtes lâchement
imbriquées. Réceptacle dépourvu de paillettes, velu ou glabre. *Akènes* presque
cylindriques, marqués de stries longitudinales rugueuses ou denticulées-hispides, *atténués insensiblement, au moins ceux du centre, en bec plus
ou moins allongé ; aigrette à soies* fines, lisses ou légèrement scabres, *disposées sur plusieurs rangs.*

Plantes annuelles ou bisannuelles, caulescentes, ord. rameuses, pubescentes ou
velues-hispides. Feuilles la plupart roncinées-pinnatifides ou roncinées-pinnatipartites, plus rarement entières, les supérieures sessiles ou amplexicaules. *Capitules
multiflores*, plus ou moins nombreux, disposés en panicule ou en corymbe plus ou
moins irrégulier. Fleurons jaunes.

**1. B. fœtida** DC. *Fl. Fr.* IV, 42. — *Crepis fœtida* L. *Sp.* 1133 ; *Engl. bot. t.* 406;
Bill. *Exsicc.* n. 810 et *bis.* — [B. FÉTIDE].

Plante exhalant une odeur désagréable. Tige de 2-5 décim., dressée ou
diffuse, ord. rameuse surtout au niveau du collet et dans sa partie inférieure à rameaux très allongés, hérissée surtout inférieurement de poils courts.
Feuilles velues-hérissées, la plupart radicales disposées en rosette, rétrécies en
pétiole, roncinées-pinnatipartites ou pinnatifides, à divisions très inégales
anguleuses-dentées, la division terminale plus ample ; les supérieures sessiles,
souvent lancéolées, profondément incisées à la base. *Pédoncules* très allongés,
légèrement renflés supérieurement, *penchés avant l'épanouissement des capi-*

*tules.* Involucre cannelé par la saillie des folioles, pubescent-blanchâtre. *Akènes de la circonférence à peine atténués en bec,* plus courts que l'involucre ; *ceux du centre terminés par un bec très allongé, dépassant l'involucre.* ①. Juin-août.

C. — Lieux pierreux arides, bords des chemins, champs en friche.

On cultive dans les jardins le *B. rubra* Mœnch (*Crepis rubra* Sibth. et Sm. *Fl. Græc.* t. 801), indigène dans la région méditerranéenne orientale, à fleurons d'un rose tendre, à akènes de la circonférence atténués en bec court. Il est « comme naturalisé dans la forêt de Compiègne, autour du parc » (*Graves* Cat. Oise).

2. **B. taraxacifolia** DC. *Fl. Fr.* IV, 43. — *Crepis taraxacifolia* Thuill. *Fl. Par.* 409; *Engl. bot.* t. 2929 ; Rchb. *Ic.* XIX, t. 1437, f. 1 ; Bill. *Exsicc.* n. 1913. — [ B. A FEUILLES DE PISSENLIT ].

Tige de 4-8 décim., dressée, simple inférieurement, rameuse dans sa partie supérieure, plus ou moins colorée en rouge à la base, à peine pubescente. Feuilles velues-hispides, la plupart radicales disposées en rosette, rétrécies en pétiole, roncinées-dentées, ou pinnatipartites à divisions inégales entières ou dentées, la division terminale plus ample ; les supérieures sessiles, souvent lancéolées, pinnatipartites ou profondément incisées à la base. *Pédoncules disposés en corymbe irrégulier,* non renflés dans leur partie supérieure, *dressés avant l'épanouissement. Involucre recouvrant la moitié inférieure de l'aigrette* ; folioles intérieures tomenteuses hérissées de poils glanduleux noirâtres, les extérieures brunâtres glabrescentes presque scarieuses. *Akènes de la circonférence et du centre terminés par un bec allongé, plus courts que l'involucre.* Fleurons de la circonférence ord. rougeâtres en dehors. ②. Mai-juillet.

C C. — Prairies, pâturages, bords des chemins, terres remuées, talus des chemins de fer.

3. **B. setosa** DC. *Fl. Fr.* IV, 44, et *Ic. rar.* t. 19. — *Crepis setosa* Hall. f. ; *Engl. bot.* t. 2915 ; Rchb. *Ic.* XIX, t. 1435, f. 1 ; Bill. *Exsicc.* n. 1259 et bis. — *C. hispida* Waldst. et Kit. *Rar. Hung.* I, t. 43. — [ B. HÉRISSÉE ].

Tiges de 3-6 décim., dressées, rameuses surtout dans leur partie supérieure, souvent rougeâtres inférieurement, plus ou moins hérissées de poils roides sétiformes. Feuilles pubescentes ou légèrement hérissées ; les radicales disposées en rosette, rétrécies en pétiole, roncinées-dentées ou pinnatipartites, à divisions inégales, la terminale très ample ; les supérieures sessiles, subsagittées-amplexicaules, entières, plus rarement incisées à la base. Pédoncules assez grêles, disposés en corymbe irrégulier, dressés avant l'épanouissement, hérissés ainsi que les bractées de poils jaunâtres roides sétiformes. *Involucre atteignant presque le sommet des aigrettes, à folioles* pubérulentes *chargées de poils sétiformes plus ou moins étalés.* Akènes de la circonférence et ceux du centre terminés par un bec assez allongé. Fleurons de la circonférence quelquefois d'un jaune orangé en dehors. ① ou ②. Juin-août.

R R. — Cette plante, répandue dans la région méditerranéenne, a probablement été introduite accidentellement par les cultures aux environs de Paris, où on la rencontre seulement dans les prairies artificielles, dans les champs et au voisinage des habitations, et où généralement elle ne persiste pas à une même localité pendant plusieurs années. — Cachan ! (*Maire*); plaine des Loges près Versailles !; Champotran-en-Brie (*J. de Parseval*); Rentilly près Lagny (*Thuret*). Pouilly

(*Daudin*). Prairies artificielles à Étavigny, Antilly et Cuvergnon près Betz (*Questier*). Malesherbes (*Bernard*).

## 58. CREPIS L. *Gen.* n. 914 ex parte. — [CRÉPIDE].

Involucre à folioles nombreuses, disposées sur deux ou plusieurs rangs ; les intérieures égales dressées ; les extérieures inégales, courtes, apprimées ou lâchement imbriquées. Réceptacle dépourvu de paillettes, glabre ou velu. *Akènes presque cylindriques, marqués de stries longitudinales lisses ou denticulées-hispides, dépourvus de bec, légèrement atténués supérieurement ; aigrette à soies fines, blanches, lisses ou légèrement scabres, disposées sur plusieurs rangs.*

Plantes annuelles ou bisannuelles, caulescentes, plus ou moins rameuses, glabrescentes ou plus ou moins velues, quelquefois glanduleuses. Feuilles la plupart roncinées-pinnatifides ou roncinées-pinnatipartites, plus rarement sinuées ou entières ; les supérieures sessiles ou amplexicaules, glabrescentes ou velues. Capitules plus ou moins nombreux, disposés en panicule ou en corymbe terminal plus ou moins irrégulier. Fleurons jaunes.

1. **C. pulchra** L. *Sp.* 1134 ; *Engl. bot.* t. 2325 ; Bill. *Exsicc.* n. 1916. — *Prenanthes hieracifolia* Willd. *Sp.* III, 1541. — *Phœcasium lampsanoides* Cass. in *Dict. sc. nat.* XXXIX, 387. — *P. pulchrum* Rchb. f. *Ic.* XIX, t. 1431. — [C. ÉLÉGANTE].

Tige de 3-8 décim., dressée, rameuse supérieurement à rameaux disposés en corymbe plus ou moins ample, couverte dans sa partie inférieure de poils glanduleux, glabre lisse dans sa partie supérieure. *Feuilles couvertes de poils glanduleux ;* les radicales et les inférieures disposées en rosette, oblongues rétrécies en pétiole, roncinées-pinnatifides ; les caulinaires amplexicaules, oblongues-lancéolées, plus ou moins dentées. *Involucre très glabre, à folioles presque régulièrement disposées sur deux rangs, les extérieures très courtes ovales-aiguës* apprimées. Akènes presque linéaires, à stries peu marquées ; ceux du centre à stries lisses, ceux de la circonférence à stries denticulées-hispides. (I). Juin-juillet.

*A.R.* — Bords des chemins, coteaux calcaires ou gypseux, vignes, endroits pierreux. — Vincennes (*Bonnet*) ; Chelles (*de Schœnefeld*) ; Ris ! ; forêt de Rougeaux ! . Chaussée de Bougival (*de Boucheman*) ; Saint-Germain (*Lepeletier de Saint-Fargeau, Weddell*) ; berges du chemin de fer entre Mantes et Vernon ! ; La Roche-Guyon ! ; abondant aux Andelys ! et à Dreux ! . — *Graves* Cat. Oise : coteaux de Margny en face de Compiègne.

2. **C. tectorum** L. *Sp.* 1135 ; *Fl. Dan.* t. 501 ; Rchb. *Ic.* XIX, t. 1452, f. 2 ; Bill. *Exsicc.* n. 410. — *C. Dioscoridis* Poll. *Pal.* II, 399 et auct. plur. non DC. — [C. DES TOITS].

Tige de 3-5 décim., dressée, rameuse supérieurement, à rameaux disposés en corymbe dressé, pubescente quelquefois rude. *Feuilles* glabrescentes ou un peu pubescentes ; les radicales disposées en rosette, souvent détruites lors de la floraison, oblongues étroites, rétrécies en pétiole, roncinées-pinnatifides ou sinuées-dentées ; les *caulinaires* sessiles, subsagittées, linéaires-étroites, ord. entières, *à bords roulés en dessous.* Involucre pubescent-blanchâtre, parsemé de poils roides noirs ; à folioles imbriquées irrégulièrement, légèrement pubescentes à la face interne, les extérieures étalées linéaires presque subulées. *Akènes* atténués supérieurement, *à stries* très marquées *denticulées-scabres* supérieurement. ⓘ. Mai-juillet, refleurit en automne.

*A.R.* — Vieux murs, bords des chemins pierreux. — Bondy!; bois des Champious près Argenteuil (*de Schœnefeld*); Saint-Germain!; plaine d'Achères près Poissy (*C. de Chambine*); Versailles!; Buc!; Les Loges!; Châteaufort!; Montfort-l'Amaury!. Arpajon!; Milly!; Valvins!; Fontainebleau!. L'Ile-Adam! (*Chalin*); Presles!. Pierrefonds près Compiègne, Ancienville (*Questier*). — *Graves* Cat. Oise : Saint-Germain-lez-Compiègne ; forêt de Compiègne, au parquet de la Faisanderie; Lévignen ; Rouville ; Crépy ; Vineuil et Thiers près Senlis ; Verberie.

3. **C. virens** Vill. *Dauph.* III, 142; L. *Sp.* 1134?; Rchb. *Ic.* XIX, t. 1451 ; Bill. *Exsicc.* n. 49 et *bis.*—*C. polymorpha* Wallr. *Sched. crit.* 426. — [C. VERDOYANTE].

Tige de 2-8 décim., dressée, simple inférieurement, ou rameuse diffuse dès la base, rameuse supérieurement à rameaux disposés en corymbe dressé ou un peu étalé, glabre ou pubescente-hispide surtout inférieurement. Feuilles glabres ou presque glabres à nervure moyenne souvent hérissée, rarement presque hispides; les radicales disposées en rosette, quelquefois détruites lors de la floraison, rétrécies en pétiole, oblongues, roncinées-pinnatipartites, roncinées-pinnatifides, dentées, sinuées ou entières; les caulinaires sessiles, plus ou moins sagittées à la base, pinnatifides, lobées ou entières, planes. *Involucre* plus ou moins pubescent-blanchâtre surtout à la base, souvent parsemé de poils roides noirs, *à folioles glabres à la face interne*, imbriquées irrégulièrement, *les folioles extérieures apprimées linéaires presque subulées. Akènes* oblongs-linéaires à peine atténués supérieurement, *à stries* très marquées *lisses.* ⓘ. Juin-octobre.

*C C.* — Prairies, pelouses, champs, bords des chemins, lisières des bois.

Var. *α. virens.* — Tige simple ou presque simple inférieurement, dressée. Feuilles caulinaires roncinées-pinnatipartites ou pinnatifides, plus rarement entières. Pédoncules assez courts. — *C C.*

S.-v. *subnuda.* — Feuilles caulinaires 1-2, peu développées, ord. entières, très étroites ou presque nulles.

S.-v. *elatior.* — Tige robuste, atteignant souvent 6-8 décim. Feuilles caulinaires très développées, nombreuses, ord. pinnatipartites. Capitules assez gros.

S.-v. *integrifolia.* — Feuilles inférieures et caulinaires plus ou moins grandes, entières ou sinuées-dentées ; les radicales souvent détruites lors de la floraison.

S.-v. *hispida.* — Tige velue-hérissée dans sa partie inférieure. Capitules quelquefois hérissés.

Var. *β. diffusa.* (*C. diffusa* DC. *Cat. hort. Monsp.* 98). — Tige rameuse diffuse dès la base, à rameaux grêles ord. nombreux et rapprochés en touffe. Feuilles caulinaires souvent entières ou sinuées-dentées. Pédoncules ord. très allongés, presque filiformes. Capitules ord. très petits.

4. **C. biennis** L. *Sp.* 1136 ; *Engl. bot.* t. 149 ; *Fl. Dan.* XII, t. 1997 ; Rchb. *Ic.* XIX, t. 1339 ; Bill. *Exsicc.* n. 1915. — [C. BISANNUELLE].

Tige de 6-12 décim., dressée, rameuse supérieurement, à rameaux disposés en corymbe dressé, hispide, scabre sur les angles surtout supérieurement, plus rarement presque glabre à peine scabre. Feuilles velues-hérissées, surtout en dessous, très rarement presque glabres ; les radicales irrégulièrement disposées en rosette, ord. détruites lors de la floraison, rétrécies en pétiole, oblongues, roncinées-pinnatipartites ou roncinées-pinnatifides ; les caulinaires moyennes et les supérieures sessiles, un peu amplexicaules-auriculées, la plupart roncinées-pinnatipartites ou pinnatifides, planes. *Involucre pubescent-blanchâtre, parsemé de poils roides noirs, à folioles pubescentes à la face interne imbriquées irrégulièrement, les folioles extérieures étalées lancéolées-linéaires.* Akènes presque linéaires, à peine atténués supérieurement, à stries très marquées lisses. ②. Juin-juillet.

*A.C.* — Prairies humides, marécages, marais. — Saint-Gratien (*C. de Chambine*) ; Bondy !; Saint-Maur !; Rentilly (*Thuret*) ; Saint-Germain !; Versailles ; Orsay!; Limours !. Mennecy!; Nemours!; Malesherbes!. Dreux!. Ammenucourt! près La Roche-Guyon. Fay!; Chaumont!; env. de Beauvais (*Taillefert*). Chantilly !. Thury-en-Valois (*Questier*); Compiègne (*Weddell*), etc.

Le genre *Pterotheca* diffère du genre *Crepis* par le réceptacle hérissé de longues paillettes capillaires ; par les akènes de deux formes, les extérieurs plus gros blanchâtres à dos convexe presque caréné à face interne présentant 3-5 côtes saillantes souvent ailées presque membraneuses, les intérieurs linéaires-cylindriques insensiblement atténués en bec dans leur partie supérieure. — Le *P. Nemausensis* Cass. (Bill. *Exsicc.* n. 1258 et *bis*. — *Crepis Nemausensis* Gouan ; All. *Fl. Ped.* III, t. 75), très répandu dans la région méditerranéenne, a été observé dans des lieux vagues à Passy (*M^me Fournier*), où il a été sans doute introduit accidentellement. Cette plante se reconnaît aux caractères suivants : racine annuelle ; feuilles toutes radicales, pubescentes-velues, oblongues ou obovales atténuées à la base ou atténuées en pétiole, grossement et inégalement dentées ou lyrées ; tiges ord. plusieurs, de 1-4 décim., rameuses en corymbe au sommet, rarement simples, hérissées dans leur partie supérieure de poils noirs et glanduleux ; involucre cylindrique-campanulé, à folioles largement membraneuses-blanchâtres aux bords, les extérieures ovales ou ovales-lancéolées acuminées disposées en forme de calicule.

### 59. HIERACIUM Tourn. *Inst.* t. 267. — [ÉPERVIÈRE].

Involucre à folioles nombreuses, disposées sur deux ou plusieurs rangs, plus ou moins étroitement imbriquées. Réceptacle dépourvu de paillettes, glabre ou velu. *Akènes presque cylindriques*, marqués de stries longitudinales, *tronqués terminés par un rebord* annulaire *peu saillant* qui entoure la base de l'aigrette ; *aigrette à soies fragiles d'un blanc sale ou roussâtre à la maturité*, scabres, *disposées sur un seul rang*.

Plantes vivaces, acaules ou caulescentes, glabres, pubescentes ou velues. Feuilles entières, sinuées, dentées ou pinnatifides. Capitules plus ou moins nombreux, disposés en panicule ou en corymbe, plus rarement solitaires à l'extrémité de la tige ou des pédoncules radicaux. Fleurons jaunes.

Sect. I. *PILOSELLOIDEA.* — *Pédoncules radicaux ou tiges scapiformes.* Plantes ord. stolonifères. — (1-3).

Sect. II. *PULMONARIOIDEA.* — *Tige feuillée.* Plantes non stolonifères. — (4-7).

### Sect. I. PILOSELLOIDEA. — Pédoncules radicaux ou tiges scapiformes. Plantes ord. stolonifères.

1. **H. Pilosella** L. *Sp.* 1125 ; *Fl. Dan.* VII, t. 1110; *Engl. bot.* t. 1093 ; Rchb. *Ic.* XIX, t. 1468, f. 1 ; Bill. *Exsicc.* n. 1261. — [É. PILOSELLE. — Vulg. *Pilosolle, Oreille-de-rat*].

*Pédoncules radicaux nus, de 1-2 décim.,* pubescents presque tomenteux, souvent hérissés. Stolons feuillés plus ou moins allongés, ord. couchés-radicants, quelquefois ascendants, stériles, rarement florifères. *Feuilles* obovales-oblongues, entières, *tomenteuses en dessous*, hérissées de longs poils sur les deux faces. *Capitules* assez gros, *solitaires à l'extrémité des pédoncules radicaux*. Involucre pubescent-subtomenteux, chargé de poils roides noirs, plus rarement couvert de poils soyeux. Fleurons de la circonférence souvent d'un jaune rougeâtre en dessous. ♃. Mai-septembre.

Pelouses, bords des chemins, lieux arides, bois.

Var. α. *Pilosella*. — Stolons plus ou moins allongés. Involucre pubescent-subtomenteux, chargé de poils roides noirs. — C C.

Var. β. *incanum*. — Stolons plus ou moins allongés. Feuilles blanches en dessous. Involucre couvert de poils soyeux assez courts. — C. — Coteaux secs.

Var. γ. *Peleterianum* (Rchb. *Ic.* XIX, t. 1468, f. 3. — *H. Peleterianum* Mérat *Fl. Par.* éd. 1, 305; Bill. *Exsicc.* n. 1262 — *H. Pilosella* var. *pilosissimum* Fries *Monogr.* 3; Gren. et Godr. *Fl. Fr.* II, 345). — Plante plus robuste, à stolons courts. Feuilles très blanches en dessous. Capitules env. de moitié plus grands que dans les var. α et β. Involucre couvert de longs poils soyeux. — R R. — Lieux pierreux, terrains sablonneux arides. — Étampes!.

2. **H. Auricula** L. *Sp.* 1126; *Fl. Dan.* VII, t. 1111; *Engl. bot.* t. 2368; Rchb. *Ic.* XIX, t. 1475, f. 2; Bill. *Exsicc.* n. 1263 et *bis*. — *H. dubium* Sm. *Brit.* II, 828; *Engl. bot.* t. 2332. — [É. OREILLETTE].

*Tige scapiforme, de 1-4 décim., nue ou portant une seule feuille infé-rieurement*, presque glabre à sa partie moyenne, un peu tomenteuse supé-rieurement, souvent hérissée à la base. Stolons feuillés, plus ou moins allongés, couchés, ord. radicants, stériles, très rarement florifères. *Feuilles* obovales-oblongues, entières, *glaucescentes* parsemées de longs poils sur les deux faces. *Capitules réunis 2-5 en corymbe* terminal, plus rarement solitaires par avortement. Involucre hérissé de poils roides noirs. Fleurons jaunes. ♃. Mai-septembre.

*A.C.* — Pelouses et bois humides, bords des mares et des fossés. — Parc de Rentilly, forêt d'Armainvilliers (*Thuret*); forêts de Senart! et de Rougeaux!; Melun!; forêt de Fontainebleau!; Champagne!; Nemours (*Devilliers*); Thurelles! près Dordives. Provins (*Bouteiller*). Luzarches (*De Lens*); Morfontaine!; forêt de Compiègne (*de Marcilly fils*); forêt de Villers-Cotterets, Rouville, Gesvres-le-Duché (*Questier*); La Ferté-sous-Jouarre (*Kunth* in herb. *de Schœnefeld*); Montfort-l'Amaury!; Saint-Léger!; Saint-Hubert!; ancien étang du Serisaye! (*de Schœne-feld*); forêt de Rambouillet!; Dreux (*Dænen*), etc.

Var. β. *monocephalum*. — Tige monocéphale par avortement.

3. **H. præaltum** Vill. *Voy.* 62, t. 2, f. 1; Rchb. *Crit.* I, t. 55, f. 114, et *Ic.* XIX, t. 1481; Bill. *Exsicc.* n. 1702. — [É. ÉLEVÉE].

*Tige* scapiforme, de 3-6 décim., présentant une seule feuille ou un très petit nombre de feuilles à sa base, *portant 20-60 capitules*, glabre ou pré-sentant quelques poils roides épars à base noirâtre en même temps que d'autres poils apprimés étoilés; stolons très courts ou nuls, plus rarement allongés, couchés stériles, ou ascendants florifères. Feuilles lancéolées ou oblongues-lancéolées atténuées à la base, entières, glauques, parsemées de poils roides au moins sur les bords et sur la nervure moyenne. Capitules

assez petits, disposés en corymbe terminal lâche. Involucre velu-glanduleux,
à folioles linéaires-acuminées. Fleurons jaunes. ♃. Juin-juillet.

*RR*. — Vieux murs, bois montueux.— Murs de l'ancienne Chartreuse de Bourg-
Fontaine entre Boursonne et Villers-Cotterets, et dans la forêt de Villers-Cotterets
au voisinage de la ville (*Questier*) ; talus du chemin de fer de Villers-Cotterets au
Port-aux-Perches (*de Marcilly fils*).

On cultive dans les jardins l'*H. aurantiacum* L. (Jacq. *Austr.* V, t. 410; *Engl.*
*bot.* t. 1469 ; Rchb. *Ic.* XIX, t. 1474, f. 2 ; Bill. *Exsicc.* n. 1413), indigène dans
les pâturages des montagnes élevées. Cette espèce se reconnaît à sa tige très hérissée
dans sa partie inférieure de longs poils mous horizontaux et dans sa partie supérieure de poils noirs glanduleux, à ses capitules disposés par 5-20 en corymbe terminal à folioles intérieures de l'involucre obtuses à fleurons d'un rouge safrané à
styles bruns.

Sect. II. PULMONARIOIDEA. — Tige feuillée. Plantes non stolonifères.

**4. H. murorum** L. *Sp.* 1128. — *H. vulgatum Fl. Par.* éd. 1, 442. — [É. DES
MURS. — Vulg. *Pulmonaire-des-Français*].

Tige de 3-10 décim., plus ou moins feuillée, simple, ou rameuse supérieurement, à pédoncules disposés en corymbe, plus ou moins hispide surtout
inférieurement, couverte dans sa partie supérieure ainsi que les pédoncules
et les involucres d'une pubescence étoilée mêlée de poils roides noirs glanduleux. *Feuilles radicales* très développées, *persistant lors de la floraison,*
vertes ou légèrement glaucescentes, quelquefois maculées de brun à la face
supérieure, souvent colorées en rouge violet à la face inférieure, ovales,
ovales-lancéolées ou oblongues, tronquées un peu cordées à la base, ou rétrécies en pétiole, entières, ou plus ordinairement sinuées ou dentées à dents
espacées ; les caulinaires au nombre de 1-8, oblongues-lancéolées, entières
ou dentées, subsessiles ou brièvement pétiolées. Involucre à folioles apprimées. ♃. Juin-août.

Var. α. *murorum*. (*H. murorum* Vill. *Dauph.* III, 124; All. *Ped.* III, t. 28; *Engl.*
*bot.* t. 2082 ; Fries *Monogr.* 108 ; Bill. *Exsicc.* n. 1027). — *Feuilles radicales*
ord. vertes, ovales ou ovales-lancéolées, plus rarement suborbiculaires, *tronquées*
*ou presque cordées à la base,* dentées à dents de la base ord. plus profondes
dirigées en bas, plus rarement presque entières. *Tige ne portant ord. qu'une*
*seule feuille* sessile ou très brièvement pétiolée. Capitules disposés en corymbe
ord. divariqué. — *A.C.* — Bois secs, lieux pierreux arides, rochers, vieux
murs.

Var. β. *intermedium*. — *Feuilles* radicales souvent un peu glaucescentes, ovales-
lancéolées ou oblongues, *rétrécies en pétiole,* ord. très velues-hispides, dentées
ou sinuées, plus rarement presque entières. *Tige portant 1-3 feuilles subses-*
*siles.* Capitules disposés en corymbe plus ou moins ouvert. — *A.C.* — Vieux
murs, rochers, lieux pierreux arides.

Var. γ. *sylvaticum*. (*H. sylvaticum* Lmk *Encycl. méth.* II, 366; *Engl. bot.* t. 2031.
— *H. vulgatum* Fries *Nov. Succ.* ed. 2, 258, et *Monogr.* 115, et *Herb. norm.*
*exsicc.* fasc. II, n. 8-9, et fasc. XIII, n. 22-23; Koch *Syn. fl. Germ.* ed. 2, 521;
Gren. et Godr. *Fl. Fr.* II, 375). — *Feuilles* radicales vertes, ovales-lancéolées
ou oblongues, *rétrécies en pétiole,* dentées à dents de la base ord. plus profondes, plus rarement sinuées ou entières. *Tiges portant 3-8 feuilles* brièvement
pétiolées ou subsessiles. Capitules disposés en corymbe plus ou moins ouvert. —
*C.* — Bois, lieux incultes.

*α β γ* s.-v. *maculatum*. — Feuilles marquées de taches brunes à la face supérieure.

*α β γ* s.-v. *coloratum*. — Feuilles colorées en rouge violacé à la face inférieure.

5. **H. Sabaudum** L. *Sp.* 1131; All. *Ped.* II, t. 27, f. 2; *Engl. bot.* t. 349; Fries *Nov. Suec.* 262, et *Monogr.* 189; Koch *Syn. fl. Germ.* ed. 2, 528. — [É. DE SAVOIE].

Tige de 5-10 décim., feuillée, simple ou rameuse supérieurement, à pédoncules disposés en corymbe allongé, plus ou moins hispide surtout inférieurement, couverte dans sa partie supérieure ainsi que les pédoncules d'une pubescence étoilée. *Feuilles radicales* peu développées, *détruites lors de la floraison*; les caulinaires nombreuses, diminuant brusquement de grandeur vers le milieu de la hauteur de la tige; les caulinaires inférieures ovales-oblongues ou oblongues, atténuées à la base, dentées à dents espacées, brièvement pétiolées ou subsessiles; *les supérieures* ovales-aiguës, sessiles, *à base plus ou moins cordée-amplexicaule. Involucre à folioles apprimées*, noircissant souvent par la dessiccation. ♃. Août-octobre.

*A.C.* — Bois, bruyères, buissons des coteaux arides.

S.-v. *coloratum*. — Feuilles colorées en rouge violacé à la face inférieure.

6. **H. lævigatum** Willd. *Sp.* III, 1590, et *Hort.* t. 16. — [É. LISSE].

Tige de 5-10 décim., feuillée, simple ou rameuse supérieurement, à pédoncules disposés en corymbe allongé, plus ou moins hispide surtout inférieurement, couverte dans sa partie supérieure ainsi que les pédoncules d'une pubescence étoilée. *Feuilles radicales* peu développées, *détruites lors de la floraison*; les caulinaires nombreuses, diminuant brusquement de grandeur vers le milieu de la hauteur de la tige; les inférieures oblongues atténuées à la base, dentées à dents espacées, brièvement pétiolées; *les supérieures* oblongues-lancéolées, subsessiles, *atténuées à la base. Involucre à folioles* ord. *apprimées*, noircissant ou ne noircissant pas par la dessiccation. ♃. Juillet-octobre.

*A.C.* — Bois, lisières des bois, endroits ombragés.

Var. *α. lævigatum.* (*H. rigidum* Hartm. *Scand.* ed. 1, 300; Koch *Syn. fl. Germ.* ed. 2, 530. — *H. tridentatum* Fries *Monogr.* 171; Gren. et Godr. *Fl. Fr.* II, 383; F. Schultz *Fl. Gall. et Germ. Exsicc.* n. 1479). — Involucre à folioles pâles aux bords et ne noircissant pas par la dessiccation.

Var. *β. boreale.* (*H. boreale* Fries *Nov. Suec.* ed. 2, 161, et *Monogr.* 190; Koch *Syn. fl. Germ.* ed. 2, 529; Gren. et Godr. *Fl. Fr.* II, 385; Bill. *Exsicc.* n. 416 et 1264 et 1265). — Involucre à folioles ord. d'un vert foncé et presque concolores noircissant par la dessiccation.

*α β* s.-v. *glandulosum*. — Pédoncules et involucres parsemés de poils noirs glanduleux.

*α β* s.-v. *coloratum*. — Feuilles colorées en rouge violacé à la face inférieure.

Ainsi que Koch (*Syn. fl. Germ.* ed. 2, 530) le fait remarquer, l'*H. lævigatum*, par l'absence de feuilles radicales et par les folioles extérieures de l'involucre dépassant les intérieures qu'elles entourent comme une couronne dans les capitules très jeunes, se distingue de certaines formes de la variété *sylvaticum* de l'*H. murorum* qui s'en rapprochent par le port.

**7. H. umbellatum** L. *Sp.* 1131 ; *Fl. Dan.* IV, t. 680 ; *Engl. bot.* t. 1771 ; Bill.
  *Exsicc.* n. 813. — [ É. EN OMBELLE. — Vulg. *Épervière* ].

Tige de 5-10 décim., feuillée, simple ou rameuse supérieurement, à pédoncules ord. disposés en corymbe ombelliforme, plus ou moins hispide
surtout inférieurement, couverte dans sa partie supérieure ainsi que les
pédoncules d'une pubescence étoilée. *Feuilles radicales* peu développées,
*détruites lors de la floraison ; les caulinaires* nombreuses, diminuant insensiblement de grandeur de la partie inférieure de la plante au sommet,
oblongues-lancéolées ou linéaires, dentées à dents espacées, ou presque entières, *atténuées à la base* ; les inférieures brièvement pétiolées ; les supérieures subsessiles. *Involucres*, surtout ceux des capitules jeunes, *à folioles
extérieures recourbées en dehors au sommet*, noircissant par la dessiccation.
♃. Juillet-octobre.

*CCC.* — Lisières et clairières des bois, pâturages, buissons, bruyères, coteaux
arides.

S.-v. *serotinum.* — Plante rabougrie ou broutée, à feuilles presque entières, à
  tige ord. rameuse dès la base, à rameaux monocéphales. — Se rencontre surtout
  en automne.

---

# LXXI. AMBROSIACÉES

(AMBROSIACEÆ Link *Handb.* I, 816).

*Fleurs* (fleurons) *unisexuelles*, quelquefois dépourvues de corolle,
*les mâles sessiles sur un réceptacle commun et entourées d'un invo-
lucre, les femelles renfermées 1-2 dans un involucre gamophylle.* —
Capitule mâle : Involucre multiflore, à folioles disposées sur un seul
rang, libres ou plus ou moins longuement soudées. Réceptacle muni
de paillettes, plus rarement nu. Calice indistinct. Corolle gamopétale,
tubuleuse ou tubuleuse-claviforme, brièvement 5-lobée. Étamines 5 ;
filets soudés avec la corolle seulement à la base, libres ou soudés entre
eux ; *anthères libres*, bilobées, introrses, à lobes non prolongés en
appendice basilaire. Ovaire rudimentaire ; style indivis. — Capitule
femelle : *Involucre à folioles* imbriquées, *soudées en enveloppe capsulaire 1-2-flore, 1-2-loculaire, hérissée d'épines* (extrémité libre des
folioles extérieures), munie à la base de quelques folioles libres, terminée par 2 becs creusés en tube pour donner passage à chacun des
styles, plus rarement par un seul bec. Calice gamosépale, membraneux,
soudé avec l'ovaire au-dessus duquel il est ord. prolongé en un bec
qui embrasse la base du style. Corolle insérée au sommet du calice,
tubuleuse-filiforme, ou nulle. Étamines nulles. Ovaire soudé avec le
calice, à une seule loge uniovulée ; *ovule dressé*, réfléchi ; style filiforme,
bifide, à branches linéaires, divergentes, stigmatifères à la face interne.

35

— *Fruit* (akène) sec, *uniloculaire, monosperme, indéhiscent*, renfermé dans l'involucre devenu ligneux. — Graine dressée, à testa non soudé avec le péricarpe. *Périsperme nul.* Embryon droit. Radicule dirigée vers le hile.

Plantes annuelles, quelquefois munies d'épines. Feuilles ord. alternes, pétiolées, lobées; stipules nulles. Capitules en fascicules ou en grappes, plus rarement solitaires, les supérieurs mâles caducs après la floraison, les inférieurs femelles.

### 1. **XANTHIUM** Tourn. *Inst.* t. 252. — [LAMPOURDE].

Capitules ne contenant que des fleurons d'un même sexe. — Capitule mâle : Involucre subglobuleux, multiflore, à folioles libres disposées sur un seul rang. Réceptacle cylindrique, muni de paillettes. Corolle tubuleuse-claviforme. — Capitule femelle : Involucre ovoïde, à folioles imbriquées et soudées en enveloppe capsulaire biflore, hérissée d'épines crochues au sommet, terminée par 2 becs égaux ou inégaux, ligneuse à la maturité et à 2 loges contenant chacune un akène. Corolle tubuleuse-filiforme, embrassant le style. Akène comprimé.

Capitules en fascicules ou en grappes, plus rarement solitaires, les supérieurs mâles, les inférieurs femelles.

1. **X. Strumarium** L. *Sp.* 1400; *Engl. bot.* t. 2544; Bill. *Exsicc.* n. 1922. — [L. GLOUTERON. — Vulg. *Glouteron, Lampourde*].

*Tige* de 3-8 décim., dressée, robuste, anguleuse, rameuse, *dépourvue d'épines*. Feuilles scabres, d'un vert cendré plus pâle en dessous, pétiolées; les inférieures trilobées à lobes dentés, un peu cordées à la base. Capitules sessiles, en grappes axillaires et terminales plus ou moins pédonculées. *Involucre femelle fructifère* dressé ou étalé, ovoïde assez gros, pubescent-urfuracé, *chargé d'épines presque droites* courbées en hameçon au sommet, becs coniques presque droits dressés *non terminés en crochet* donnant passage au style peu au-dessous de leur sommet. ⚤. Juillet-septembre.

R. — Bords des chemins, fossés, lieux inondés l'hiver, berges des rivières. — Paris : bords de la Seine vers le Pont-Neuf!, Champs-Élysées (*Maire*), Belleville (*Brice*); Charenton (*Cornuti* Ench. Par., *Taillefert, Calmeil*); Javelle (*de Schœnefeld*); Saint-Maur!; Créteil (*Larcher*); Longjumeau, Antony (*Thuill.* Fl. Par., *Méral* Fl. Par.); Port-Marly (*de Schœnefeld*); Saint-Germain, Maisons (*Tourn.* Hist. pl. Par.); Gassicourt près Mantes (*Beautemps-Beaupré*). Crépy (*Lefèvre*); Lizy-sur-Ourcq (très rare, *Questier*); La Ferté-sous-Jouarre (*Adr. de Jussieu*). Sivry! près Le Châtelet.

† **X. Orientale** L. *Sp.* 1400 excl. syn. et patr.; Gærtn. *Fruct.* II, 418, t. 164. — *X. macrocarpum* DC. *Fl. Fr.* V, 356; Koch *Syn. fl. Germ.* ed. 2, 531; Bill. *Exsicc.* n. 1030 et *bis.* — *X. Italicum* Rchb. *Crit.* IV, t. 323, f. 503, non Moretti. — [L. ORIENTALE].

*Tige* de 3-10 décim., dressée, robuste, anguleuse, simple ou rameuse, *dépourvue d'épines*. Feuilles scabres, presque du même vert sur les deux faces, longuement pétiolées; les inférieures trilobées à lobes dentés, atténuées en coin à la base. Capitules sessiles, en fascicules ou en grappes courtes axillaires et terminales. *Involucre femelle fructifère* dressé ou étalé, oblong, beaucoup plus gros que celui du *X. Strumarium*, velu-glanduleux, *chargé d'épines* robustes ascendantes, *arquées presque dès le milieu*, fortement courbées en hameçon au sommet, *à becs* coniques acuminés divergents à la base arqués convergents au sommet *terminés en crochet* donnant passage au style peu au-dessous de leur sommet. ⓘ. Août-septembre.

Cette plante, qui est très répandue dans la région méditerranéenne et qui se rencontre çà et là dans le centre de la France, a été observée à Paris, sur les bords de la Seine, vers le Pont-Neuf (*Larcher*), où elle a sans doute été introduite accidentellement.

† **X. spinosum** L. *Sp.* 1400; Lmk *Illustr.* t. 765, f. 4 ; Bill. *Exsicc.* n. 1031. — [L. ÉPINEUSE].

Tige de 2-6 décim., dressée, ord. rameuse dès la base. *Feuilles* atténuées inférieurement, ord. inégalement 3-5-lobées à lobe moyen lancéolé très long, blanches-tomenteuses en dessous, *accompagnées de longues épines tripartites* d'un jaune d'or ; les épines tantôt deux pour chaque feuille et placées de chaque côté de son insertion, tantôt solitaires placées d'un côté l'autre côté étant occupé par un involucre femelle. Capitules sessiles, les mâles rapprochés au sommet de la tige et des rameaux, les femelles solitaires placés latéralement au niveau de l'insertion de la plupart des feuilles. Involucre femelle fructifère à la fin réfléchi, oblong, finement pubescent, chargé d'épines grêles subulées, droites, fortement courbées en hameçon au sommet, à becs très inégaux subulés droits non terminés en crochet donnant passage au style vers leur base, le bec le plus long d'un jaune d'or ainsi que les épines. ⓘ. Juillet-août.

Cette plante, très répandue dans la région méditerranéenne, se rencontre quelquefois sur les décombres et au voisinage des habitations, où elle a été introduite accidentellement. — Paris : décombres du jardin du Luxembourg (*Larcher*), Champs-Élysées!, env. du Muséum!; très abondant aux Deux-Moulins à Ivry et aux bords de la Marne à Créteil (*Larcher*) ; Belleville (*Brice*) ; Suresnes (*Gogot*) ; Mont-Valérien (*Bonnet*); Juvisy, Versailles (*Mérat* Fl. Par.); Évry près Corbeil (*Mouillefarine*). Crépy (*Lefèvre*).

---

# Subdivision III. APÉTALES.

Enveloppes florales réduites au calice ou nulles. — Ovules contenus dans un ovaire fermé, recevant l'influence du pollen par l'intermédiaire d'un stigmate.

## Classe I. APÉTALES NON AMENTACÉES.

Fleurs pourvues d'un calice, très rarement dépourvues de calice, hermaphrodites, ou unisexuelles les mâles n'étant pas disposées en chatons. — Plantes herbacées, plus rarement arbres ou arbrisseaux.

### LXXII. AMARANTACÉES

(AMARANTI Juss. *Gen.* 87 ex parte. — AMARANTACEÆ R. Br. *Prodr. Nov.-Holl.* 1, 413; Moq.-Tand. in DC. *Prodr.* XIII, sect. II, 231 ).

Fleurs régulières ou presque régulières, monoïques, polygames-monoïques ou dioïques, plus rarement hermaphrodites, naissant chacune à l'aisselle d'une bractée scarieuse plus rarement d'une feuille et ord. accompagnées de deux bractées latérales scarieuses. — *Calice* persistant, non soudé avec l'ovaire, *à* 5 plus rarement 3 *sépales* libres, ou un peu soudés à la base, *plus ou moins scarieux*, égaux ou presque égaux, à préfloraison imbriquée. — Corolle nulle. — *Étamines hypogynes*, 5 plus rarement 3, opposées aux sépales, libres entre elles ou à filets soudés plus ou moins longuement, quelquefois des appendices (staminodes) alternant avec les étamines. Anthères bilobées, plus rarement unilobées, introrses. — Ovaire non soudé avec le calice, ovoïde comprimé, uniloculaire, uniovulé, très rarement pluriovulé. Ovules insérés au fond de la loge ou portés chacun par un funicule allongé qui part du fond de la loge, courbés, à micropyle regardant ord. la base de l'ovaire. Styles 2-3, libres ou soudés à la base, ord. stigmatifères à la face interne. — *Fruit à péricarpe* mince *membraneux* non adhérent à la graine, *uniloculaire, monosperme*, très rarement polysperme, *indéhiscent* (utricule), *ou s'ouvrant circulairement* par un opercule (pyxide). — Graines ord. verticales, lenticulaires-réniformes, à testa crustacé noir ou brun luisant. Périsperme farineux, central. *Embryon annulaire* ou semiannulaire *entourant le périsperme. Radicule rapprochée du hile.*

Plantes herbacées, annuelles, plus rarement vivaces. Feuilles alternes, très rarement opposées, entières ou superficiellement sinuées, pétiolées, plus rarement sessiles ; *stipules nulles*. Fleurs petites, nombreuses, verdâtres ou colorées, en glomérules ou rapprochées en panicules spiciformes.

1. AMARANTUS. — *Fleurs naissant à l'aisselle de bractées scarieuses. Étamines à filets libres.* Fruit à *péricarpe se coupant circulairement* vers le milieu de sa hauteur. Feuilles ovales ou rhomboïdales, pétiolées.

2. EUXOLUS. — *Fleurs naissant à l'aisselle de bractées scarieuses. Étamines à filets libres.* Fruit à *péricarpe indéhiscent* se déchirant irrégulièrement. Feuilles ovales ou rhomboïdales, pétiolées.

3. POLYCNEMUM. — *Fleurs naissant à l'aisselle des feuilles.* Étamines à filets soudés à la base. *Feuilles linéaires-subulées, sessiles.*

**1. AMARANTUS** Tourn. *Inst.* t. 218 ex parte; L. *Gen.* n. 1060 ex parte; Kunth *Fl. Berol.* II, 144. — [AMARANTE].

*Fleurs* monoïques ou polygames-monoïques, *naissant chacune à l'aisselle d'une bractée* et accompagnées de deux bractées latérales scarieuses. Sépales 5, plus rarement 3, dressés, glabres. *Étamines* 5, plus rarement 3 ou moins par avortement, *libres* ; anthères bilobées. Styles 2-3, filiformes-subulés. Fruit monosperme, à *péricarpe* membraneux *se coupant circulairement* vers le milieu de sa hauteur. Graine verticale, lenticulaire-réniforme.

Plantes annuelles. Feuilles pétiolées, ovales ou rhomboïdales, entières ou superficiellement sinuées, souvent émarginées au sommet. Fleurs petites, verdâtres ou colorées, disposées en glomérules espacés ou rapprochés en panicules spiciformes.

1. **A. retroflexus** L. *Sp.* 1407 ; Willd. *Amar.* 33, t. 11, f. 21 ; Rchb. *Crit.* V,
t. 475, f. 668 ; Bill. *Exsicc.* n. 631. — [A. RÉFLÉCHIE].

Tige de 2-8 décim., dressée, souvent flexueuse, ord. robuste, sillonnée-
anguleuse, simple ou un peu rameuse, pubescente-rude. Feuilles d'un vert
pâle surtout en dessous, fortement nerviées, longuement pétiolées, ovales
prolongées en une pointe obtuse ou un peu émarginée, mucronulées. *Fleurs*
verdâtres, *en glomérules spiciformes rapprochés en panicule composée
terminale. Bractées* linéaires-subulées, *roides, piquantes, deux fois aussi
longues que le calice.* Sépales 5, oblongs-lancéolés, obtus ou tronqués, mucronulés. *Étamines* 5. (I). Juillet-septembre.

*CC.* — Décombres, villages, berges des rivières, champs en friche.

S.-v. *pusillus.* — Plante n'atteignant pas 4-5 centim. Panicule très compacte à
peine rameuse.

On cultive dans les jardins, pour la belle couleur rouge de leurs panicules, sous
le nom d'Amarantes, les *A. caudatus* L. et *paniculatus* L. emend., Moq.-Tand.
(*A. paniculatus* L. et *A. sanguineus* L.), qui se naturalisent souvent dans le voisinage des habitations. — L'*A. caudatus* est originaire de la région tropicale de
l'ancien monde et peut-être de l'Amérique ; il se reconnaît à ses panicules peu rameuses pendantes la terminale spiciforme très longue flexueuse et à ses bractées
dépassant peu le calice. — L'*A. paniculatus* est probablement originaire de l'Amérique et peut-être de l'Asie orientale et méridionale ; il se reconnaît à ses feuilles
souvent d'un rouge foncé, à ses panicules très rameuses dressées la terminale de
longueur médiocre, et à ses bractées dépassant peu le calice.

L'*A. albus* L. (Bill. *Exsicc.* n. 69), probablement originaire de l'Amérique du
Nord et aujourd'hui très répandu dans la région méditerranéenne, a été rencontré
à Paris ! et à Versailles ! au voisinage des jardins botaniques ; on le reconnaît à sa
tige blanche très rameuse, à ses fleurs verdâtres disposées en glomérules axillaires géminés beaucoup plus courts que le pétiole, à ses bractées subulées piquantes
beaucoup plus longues que le calice, et à son calice à 3 sépales lancéolés-
subulés.

2. **A. Blitum** L. *Sp.* 1405 non auct. plurim. nec *Fl. Par.* éd. 1, 447 ; Moq.-
Tand. in DC. *Prodr.* XIII, sect. II, 263. — *A. sylvestris* Desf. *Cat. hort.
Par.* [1804] 44 et [1815] 52 ; Rchb. *Crit.* V, t. 474, f. 667 ; *Fl. Par.*
éd. 1, 447 ; Bill. *Exsicc.* n. 1767. — [A. BLITE].

Tige de 2-6 décim., souvent rameuse dès la base, ord. dressée, les rameaux
inférieurs étalés ou ascendants, sillonnée un peu anguleuse, glabre. Feuilles
longuement pétiolées, ovales-rhomboïdales atténuées à la base, émarginées
ou non au sommet. *Fleurs* verdâtres, *en glomérules axillaires* espacés, *ou
les terminaux rapprochés en épi feuillé. Bractées* lancéolées-linéaires non
piquantes, *environ de la longueur du calice.* Sépales 3, linéaires-mucronulés.
*Étamines* 3. (I). Juillet-septembre.

*CC.* — Pied des murs, villages, lieux cultivés, décombres.

2. **EUXOLUS** Rafin. *Fl. Tell.* [1836], 42. — *Albersia* Kunth *Fl. Berol.* II, 144
[1838] ; *Fl. Par.* éd. 1, 447. — [EUXOLE].

*Fleurs* monoïques ou polygames-monoïques, *naissant chacune à l'aisselle d'une bractée* et accompagnées de deux bractées latérales scarieuses.
Sépales 3, plus rarement 5, dressés, glabres. *Étamines* 3-2, très rarement 5,
*libres* ; anthères bilobées. Styles 3, filiformes. Fruit monosperme, à *péri-*

*carpe* ord. herbacé un peu charnu *indéhiscent*. Graine verticale, lenticulaire-réniforme.

Plantes annuelles, plus rarement vivaces. Feuilles pétiolées, ovales ou rhomboïdales, entières ou superficiellement sinuées, souvent émarginées au sommet. Fleurs petites, verdâtres ou à la fin brunâtres, disposées en glomérules espacés ou les supérieurs rapprochés en panicules spiciformes terminales.

1. **E. viridis** Moq.-Tand. in DC. *Prodr.* XIII, sect. II, 273. — *Amarantus viridis* L. *Sp.* 1405 non All. nec Willd. — *A. Blitum* auct. plurim. non L.; *Fl. Dan.* XIII, t. 2246; *Engl. bot.* t. 2212; Rchb. *Crit.* V, t. 471, f. 663; Bill. *Exsicc.* n. 2131. — *Albersia Blitum* Kunth, loc. cit.; *Fl. Par.* éd. 1, 448. — [E. VERT].

*Plante annuelle. Tige* de 2-8 décim., ord. rameuse dès la base, à rameaux couchés ou ascendants diffus, anguleuse, *glabre*. Feuilles longuement pétiolées, ovales-rhomboïdales atténuées à la base, la plupart très obtuses émarginées au sommet, présentant souvent en dessus une large tache blanchâtre. Fleurs verdâtres; glomérules inférieurs axillaires espacés, les supérieurs rapprochés en panicules spiciformes non feuillées. Bractées plus courtes de moitié que le calice. Sépales 3, lancéolés. Étamines 3. ①. Juillet-septembre.

*C C C.* — Lieux cultivés, décombres, villages, pied des murs.

S.-v. *maculatus*. — Feuilles présentant en dessus une large tache blanchâtre.

† **E. deflexus** Rafin., loc. cit.; Moq.-Tand. in DC. *Prodr.* XIII, sect. II, 275. — *Amarantus deflexus* L. *Mant.* 295; Bill. *Exsicc.* n. 1758. — *A. prostratus* Balb. *Misc. bot.* 44, t. 10; Rchb. *Crit.* V, t. 473, f. 666. — *Albersia prostrata* Kunth, loc. cit.; *Fl. Par.* éd. 1, 448. — [E. COUCHÉ].

*Plante vivace*, à souche rameuse terminée en racine pivotante. *Tiges* nombreuses, de 3-8 décim., couchées ou ascendantes-diffuses, rameuses, anguleuses, *pubescentes dans leur partie supérieure*. Feuilles longuement pétiolées, ovales un peu rhomboïdales, prolongées en une pointe aiguë obtuse ou émarginée. Fleurs verdâtres, à la fin brunâtres ; glomérules inférieurs espacés, les supérieurs rapprochés en panicules spiciformes non feuillées. Bractées environ de moitié plus courtes que le calice. Sépales 3, lancéolés-linéaires. Étamines 3. ♃. Juillet-septembre.

Cette plante, très répandue dans l'ouest et le midi de la France, est très rare dans la circonscription de notre Flore, où elle n'est pas réellement spontanée. — Elle existait, il y a peu d'années, avant les travaux de percement de la nouvelle rue de Rivoli, aux environs du Louvre ! au pied d'un mur où elle était très abondante dans un espace restreint ; elle a été observée dans les décombres aux environs du Muséum ! ; elle a été retrouvée récemment à plusieurs endroits le long du canal Saint-Martin (*Larcher*).

### 3. **POLYCNEMUM** L. *Gen.* n. 53. — [POLYCNÈME].

*Fleurs hermaphrodites, naissant chacune à l'aisselle d'une feuille* et accompagnées de deux bractées latérales scarieuses. Sépales 5, dressés, glabres. *Étamines* 5, ou moins par avortement ord. 3, *à filets soudés à la base*. Anthères bilobées. Styles 2, capillaires, courts, un peu soudés à la base. Fruit monosperme, à péricarpe mince membraneux, indéhiscent. Graine verticale, lenticulaire-réniforme.

Plante annuelle. *Feuilles sessiles*, coriaces, *linéaires-subulées*, un peu dilatées et membraneuses aux bords inférieurement; les inférieures paraissant stipulées par les bractées exsertes de fleurs avortées. Fleurs très petites, axillaires, solitaires ou géminées, sessiles.

1. **P. arvense** L. *Sp.* 50; Jacq. *Austr.* IV, t. 365; Moq.-Tand. in DC. *Prodr.* XIII, sect. II, 335. — [P. DES CHAMPS].

Tiges de 1-4 décim., ascendantes, étalées-diffuses ou couchées, roides, ord. rameuses dès la base, rarement simples, glabres ou presque glabres, quelquefois un peu verruqueuses. Feuilles rapprochées, roides, ord. dressées, linéaires-subulées, mucronées, presque piquantes, canaliculées-triquètres, un peu dilatées et membraneuses aux bords inférieurement. Fleurs verdâtres, très petites, très nombreuses. Bractées latérales scarieuses-blanchâtres, lancéolées subulées au sommet, égalant ou dépassant plus ou moins le calice. Sépales presque scarieux, oblongs-lancéolés acuminés, environ de la longueur du fruit. Graine d'un brun presque noir, finement tuberculeuse à tubercules très rapprochés. (I). Juin-septembre.

*A. R.* — Champs arides, lieux incultes sablonneux ou pierreux, bords des chemins.—Saint-Maur! (*Adr. de Jussieu*); Asnières (*de Boucheman*); plaine d'Achères près Poissy (*de Chambine*); Château-Frayé!; Ris!; forêt de Senart!. Lardy, Étampes (*de Schœnefe'd*); Nemours!; Sceaux! près Château-Landon (*de Schœnefeld*); Thurelles! près Dordives; Malesherbes!. Env. de Provins (*Bouteiller*). Saint-Remy-des-Landes (*Weddell*); Saint-Léger!. Les Andelys!. Verberie, Cuvergnon, Boullancy (*Questier*), etc. — *Graves* Cat. Oise: moulin de Clairoix; Aiguisy près Compiègne; Saint-Sauveur; Béthisy-Saint-Pierre; entre Senlis, La Chapelle-en-Serval et Morfontaine; Le Longmont près Saint-Vaast; Noël-Saint-Martin cant. de Pont-Sainte-Maxence.

Var. α. *arvense*. (*P. arvense* A. Br. in Koch *Syn. fl. Germ.* ed. 2, 694; Gren. et Godr. *Fl. Fr.* I, 615; Bill. *Exsicc.* n. 168). — Tiges ord. étalées ou couchées. Bractées latérales scarieuses environ de la longueur du calice.

Var. β. *majus*. (*P. majus* A. Br. in Koch *Syn. fl. Germ.* ed. 2, 695; Gren. et Godr. *Fl. Fr.* I, 615; Bill. *Exsicc.* n. 284 et *bis* et *ter*). — Tiges souvent ascendantes, plus robustes que dans la variété α. Bractées latérales scarieuses dépassant le calice. Fleurs env. une fois plus grandes que dans la variété α.

La variété *majus* est bien plus répandue aux environs de Paris que la variété *arvense* avec laquelle on la rencontre quelquefois croissant pêle-mêle. — Nous avons cru devoir, avec M. Kirschleger et les anciens auteurs, rapporter les deux plantes à un même type spécifique, les caractères qui les distinguent nous ayant paru assez peu constants.

On cultive dans les jardins le *Celosia cristata* L. (vulg. *Amarante-Crête-de-coq*), plante annuelle originaire de l'Asie méridionale-orientale, à feuilles lancéolées ou ovales-oblongues, à fleurs d'un beau rouge ou jaunes, réunies au sommet de la tige sur un axe largement dilaté en forme de crête ondulée. Le genre *Celosia* est caractérisé par les étamines soudées à la base et l'ovaire pluriovulé. — On cultive également le *Gomphrena globosa* L. (vulg. *Amarante-Immortelle*), originaire de l'Asie méridionale-orientale, à feuilles et à rameaux opposés, à fleurs d'un rouge vif en têtes globuleuses terminales. Le genre *Gomphrena* est caractérisé par les étamines à filets trifides soudés en tube et par l'ovaire uniovulé.

# LXXIII. SALSOLACÉES

(SALSOLACEÆ L. *Class. pl.* 507 ex parte ; Moq.-Tand. in DC. *Prodr.* XIII, sect. II, 41. —
ATRIPLICES Juss. *Gen.* 83 ex parte. — CHENOPODEÆ Vent. *Tabl.* II, 253 ex parte ;
Moq.-Tand. *Chenop. enum.*).

Fleurs hermaphrodites, quelquefois polygames, monoïques ou dioïques, naissant ou non à l'aisselle de bractées, quelquefois accompagnées de deux bractées latérales. — Calice persistant, non soudé avec l'ovaire, plus rarement soudé avec lui, à 5 plus rarement 4 3 ou 2 *sépales* ord. plus ou moins soudés à la base, plus rarement soudés dans la plus grande partie de leur longueur, ord. presque égaux, *herbacés, souvent charnus ou indurés après la floraison*, à préfloraison imbriquée, présentant quelquefois un épanouissement dorsal en forme d'aile ou d'épine ; calice quelquefois nul dans certaines fleurs femelles munies de deux bractées opposées appliquées l'une contre l'autre et s'accroissant en forme de valves. — Corolle nulle. — *Étamines* 5, ou moins par avortement, hypogynes, ou insérées sur le calice par l'intermédiaire d'un disque, *opposées aux sépales*, libres entre elles, ou très rarement à filets soudés à la base ; quelquefois de très petits appendices (staminodes ?) alternant avec les étamines. Anthères bilobées, introrses. — Ovaire libre, plus rarement soudé avec le calice, déprimé ou comprimé, uniloculaire, uniovulé. *Ovule porté par un funicule* ord. très court *qui part du fond de la loge*, courbé, à micropyle regardant la base, la périphérie ou le sommet de l'ovaire. Styles 2, plus rarement 3-4, ord. plus ou moins soudés entre eux dans leur partie inférieure, stigmatifères à la face interne dans leur partie supérieure. — *Fruit uniloculaire, monosperme, indéhiscent*, ord. renfermé dans le calice souvent charnu ou presque ligneux appendiculé ou non ; péricarpe mince membraneux (utricule), plus rarement coriace, non adhérent ou rarement adhérent à la graine, non soudé avec le calice plus rarement soudé avec lui dans toute son étendue ou seulement à la base. — Graine horizontale ou verticale, ord. lenticulaire ou réniforme, à testa crustacé noir ou brun, plus rarement à testa mince membraneux. *Périsperme farineux, ord. épais central*, plus rarement à la fois périphérique et central ou nul. *Embryon annulaire* ou semiannulaire entourant le périsperme, *quelquefois en spirale* plane entouré par la partie extérieure du périsperme et en entourant la partie intérieure, ou en hélice et alors la graine étant dépourvue de périsperme. *Radicule rapprochée du hile.*

Plantes annuelles ou vivaces, herbacées ou sous-frutescentes. Tiges feuillées, rarement articulées dépourvues de feuilles. Feuilles alternes, rarement opposées, entières, sinuées, dentées, incisées ou pinnatifides, quelquefois cylindriques ou semicylindriques succulentes, pétiolées ou sessiles, souvent glauques-argentées ou couvertes d'une poussière farineuse blanche plus rarement rosée; stipules nulles. Fleurs petites, nombreuses, verdâtres ou rougeâtres, sessiles ou pédicellées, axillaires ou non axillaires, en glomérules, plus rarement solitaires; glomérules axillaires espacés, ou disposés en cymes, en épis, en grappes ou en panicules.

1. CHENOPODIUM. — *Fleurs ord. hermaphrodites.* Sépales herbacés. *Graine horizontale, à testa crustacé.*

2. BLITUM.—*Fleurs ord. hermaphrodites.* Sépales herbacés ou devenant charnus-succulents. *Graine verticale, à testa crustacé.*

3. ATRIPLEX. — *Fleurs monoïques ou dioïques. Fleurs femelles toutes ou la plupart dépourvues de calice et munies de deux bractées opposées s'accroissant en forme de valves.*

† BETA. — *Fleurs hermaphrodites. Calice adhérent à la base de l'ovaire. Fruit renfermé dans le tube du calice devenu ligneux-drupacé,* à péricarpe induré. *Graine à testa membraneux.*

† SPINACIA.—*Fleurs dioïques. Fleur femelle à 2-4 sépales soudés en un tube ventru qui renferme l'ovaire. Styles 4. Fruit renfermé dans le calice induré-ligneux en forme de capsule indéhiscente.* Graine à testa membraneux.

## 1. CHENOPODIUM Tourn. *Inst.* t. 288 ex parte; Moq.-Tand. in DC. *Prodr.* XIII, sect. II, 61. — [ANSÉRINE].

*Fleurs ord. hermaphrodites,* non accompagnées de bractées latérales. *Sépales* 5, rarement 3-4, soudés à la base, *herbacés,* souvent carénés à la maturité par le développement de la nervure dorsale. Étamines 5, rarement moins. Styles 2, rarement 3, filiformes, très courts, libres ou quelquefois soudés à la base. Fruit déprimé, ord. enveloppé par le calice à sépales connivents; à péricarpe membraneux très mince, appliqué sur la graine. *Graine horizontale,* déprimée-lenticulaire, *à testa crustacé.* Embryon annulaire, périphérique.

Plantes annuelles, souvent couvertes d'une poussière farineuse, quelquefois pubescentes-glanduleuses. Tiges souvent striées de vert ou de rouge. Feuilles alternes, très rarement opposées, pétiolées, presque triangulaires ou presque rhomboïdales, plus rarement ovales ou hastées, entières, sinuées ou dentées, plus rarement pinnatifides. Fleurs verdâtres, plus rarement rougeâtres, réunies en glomérules ord. disposés en grappes ou en panicules spiciformes latérales ou terminales.

1. **C. polyspermum** L. *Sp.* 321; *Fl. Dan.* VII, t. 1153; *Engl. bot.* t. 1480; Bill. *Exsicc.* n. 1318. — [A. POLYSPERME].

Tige de 1-8 décim., rameuse-diffuse tombante, ou dressée. *Feuilles* pétiolées, *ovales ou ovales-oblongues, très entières,* d'un vert gai sur les deux faces, quelquefois rougeâtres, *non pulvérulentes.* Glomérules en grappes grêles axillaires et terminales; les grappes axillaires non feuillées. *Calice fructifère à sépales non carénés, presque étalés,* laissant voir toute la face supérieure du fruit. Graines luisantes, très finement ponctuées, à bord obtus. (I). Juillet-septembre.

CC. — Vignes, lieux cultivés, voisinage des habitations, bords des étangs. .

Var. α. *spicatum* (Moq.-Tand. in DC. *Prodr.* XIII, sect. II, 62). — Grappes la plupart spiciformes dressées.

Var. β. *cymosum*. (*C. cymosum* Chevall. *Fl. Par.* III, 385). — Grappes la plupart ramifiées-dichotomes.

α β s.-v. *acutifolium*. — Feuilles ovales-oblongues aiguës.

2. **C. Vulvaria** L. *Sp.* 321 ; *Fl. Dan.* VII, t. 1152 ; Bill. *Exsicc.* n. 2354. — *C. olidum* Curt. ; *Engl. bot.* t. 1034. — [A. VULVAIRE. — Vulg. *Vulvaire*].

Tige de 2-5 décim., rameuse-diffuse, couchée. *Feuilles* pétiolées, les supérieures quelquefois opposées, *ovales-rhomboïdales, très entières, d'un blanc cendré et très farineuses sur les deux faces*. Glomérules en grappes axillaires et terminales, dressées, ord. rapprochées en panicule compacte au sommet de chaque rameau. Calice fructifère à sépales non carénés, connivents, enveloppant le fruit. Graines luisantes, très finement ponctuées, à bord presque obtus. *Plante fétide dans toutes ses parties*, exhalant par le froissement une odeur de poisson putréfié. ⚲. Juillet-octobre.

*CCC.* — Pied des murs, lieux cultivés, villages.

3. **C. album** L. *Sp.* 319 ; *Engl. bot.* t. 1723 ; Bill. *Exsicc.* n. 74. — [A. BLANCHE. — Vulg. *Poule grasse*].

Tige de 2-10 décim., ord. dressée, anguleuse, blanchâtre striée de vert ou de rouge, rameuse, plus rarement simple. *Feuilles* pétiolées, *ovales-rhomboïdales ou lancéolées, inégalement dentées ou sinuées*, plus rarement entières, aiguës ou obtuses, d'un vert pâle, pulvérulentes-blanchâtres en dessous, plus rarement vertes sur les deux faces, quelquefois bordées de rouge ; *les supérieures oblongues ou lancéolées, entières, ord. aiguës. Glomérules* ord. très farineux, *en grappes* axillaires et terminales, dressées *rapprochées en panicule spiciforme terminale, ou divergentes en cyme irrégulière. Calice fructifère à sépales carénés*, connivents, enveloppant le fruit. *Graines luisantes, presque lisses, à bord presque aigu.* ⚲. Juillet-septembre.

*CCC.* — Lieux cultivés, villages, berges des rivières, décombres, fumiers.

Var. α. *album*. — Feuilles ovales-rhomboïdales sinuées-dentées, pulvérulentes, blanchâtres en dessous. Glomérules en grappes assez compactes.

S.-v. *microphyllum*. — Plante souvent rabougrie, à rameaux grêles, couchée, plus rarement dressée. Feuilles très petites, oblongues ou lancéolées. — Lieux pierreux ou sablonneux, sables des bords de la Seine.

Var. β. *viridescens* (Moq.-Tand. in DC. *Prodr.* XIII, sect. II, 71. — *C. viride* auct. plur. non L.). — Feuilles ovales-rhomboïdales sinuées-dentées, à peine pulvérulentes, vertes sur les deux faces. Glomérules en grappes un peu lâches.

Var. γ. *viride*. (*C. viride* L. *Sp.* 319 ; Thuill. *Fl. Par.* 125 non Coss. et G. de Sᵗ-P. *Fl. Par.* éd. 1, 451. — *C. concatenatum* Thuill. *Fl. Par.* 125. — *C. album* var. *lanceolatum Fl. Par.* éd. 1, 451). — Feuilles ovales ou lancéolées, toutes entières, ord. à peine pulvérulentes et vertes sur les deux faces. Glomérules en grappes lâches.

4. **C. opulifolium** Schrad. in DC. *Fl. Fr.* V, 372 ; Moq.-Tand. in DC. *Prodr.* XIII, sect. II, 67 ; Bill. *Exsicc.* n. 2526. — *Chenopodium Opuli folio* Vaill. *Bot. Par.* t. 7, f. 1. — *C. viride* Lois. *Fl. Gall.* I, 415 ; Moq.-Tand. *Chenop. enum.* 28 ; *Fl. Par.* éd. 1, 451 non L. — [A. A FEUILLES D'OBIER].

Tige de 4-8 décim., ord. dressée, anguleuse, blanchâtre, striée de vert, ord. rameuse. *Feuilles* pétiolées, *rhomboïdales ou ovales-rhomboïdales, subtrilobées, à lobe moyen ord. tronqué ou obtus*, inégalement dentées, d'un vert foncé, farineuses-blanchâtres en dessous ; *les supérieures* ord. *de la même forme que les inférieures. Glomérules* très farineux, *en grappes axillaires et terminales* ord. *rapprochées en panicule terminale. Calice fructifère à sépales carénés*, connivents, enveloppant le fruit. *Graines luisantes, presque lisses, à bord presque obtus.* ⨂. Juillet-septembre.

R. — Décombres, pied des murs, berges des rivières. — Paris : env. du Muséum !, rue Saint-Victor !, rue de Lyon !, talus du pont d'Austerlitz !, pont d'Iéna (*Decaisne*) ; Charenton (*Maire*) ; Saint-Maur (*Weddell*) ; Choisy-le-Roi ! ; Arcueil (*J. Gay*) ; Saint-Cyr (*Brice*). Dordives ! — Orléans (*Dubouché*).

S.-v. *microphyllum*. — Feuilles très petites.

Le *C. ficifolium* Sm. (*Engl. bot.* t. 1724. — *C. serotinum* Moq.-Tand. *Chenop. enum.* 26 non L.; *Fl. Par.* éd. 1, 452), que l'on indique en France dans l'est, le centre et le midi et que nous avons vu très abondant aux env. de Grenoble et du Bourg-d'Oisans, s'est naturalisé au voisinage des jardins botaniques à Paris ! et à Versailles !. Cette espèce diffère du *C. album* par ses feuilles lancéolées subtrilobées à lobe moyen allongé étroit ord. obtus, et par ses graines ponctuées un peu rugueuses à bord obtus.

5. **C. murale** L. *Sp.* 318 ; *Fl. Dan.* XII, t. 2048 ; *Engl. bot.* t. 1722. — [A. des murs].

Tige de 3-8 décim., dressée ou un peu étalée, rameuse souvent dès la base. *Feuilles* pétiolées, ovales-rhomboïdales, aiguës ou acuminées, inégalement dentées *à dents assez nombreuses* aiguës, d'un beau vert, luisantes : les supérieures dentées comme les inférieures. *Glomérules en grappes* ramifiées axillaires et terminales, *disposées au sommet de chaque rameau en corymbe lâche.* Calice fructifère à sépales un peu carénés, connivents, enveloppant le fruit. *Graines non luisantes, finement ponctuées-rugueuses, à bord tranchant.* ⨂. Juillet-septembre.

CCC. — Décombres, pied des murs, villages, basses-cours, bords des chemins.

S.-v. *microphyllum*. — Feuilles beaucoup plus petites que dans le type.

6. **C. urbicum** L. *Sp.* 318 ; *Fl. Dan.* VII, t. 1148 ; *Engl. bot.* t. 717. — [A. des villages. — Vulg. *Dame-bâtarde*].

Tige de 3-8 décim., ord. dressée, souvent rameuse dès la base. *Feuilles* pétiolées, *triangulaires* souvent atténuées à la base, *aiguës ou acuminées,* profondément dentées à dents aiguës ou acuminées, plus rarement entières ou sinuées, d'un beau vert en dessus, blanchâtres en dessous, plus rarement vertes sur les deux faces ; les supérieures plus étroites que les inférieures. *Glomérules en grappes* effilées, simples ou rameuses, axillaires et terminales, non feuillées, *serrées contre la tige,* les supérieures rapprochées en panicule. *Calice fructifère à sépales non carénés,* connivents, enveloppant le fruit. *Graines luisantes,* très finement ponctuées, *à bord obtus.* ⨂. Juillet-septembre.

Pied des murs, villages, fumiers, berges des rivières.

Var. β. *intermedium*. (*C. intermedium* Mert. et Koch *Deutschl. Fl.* II, 297). — Feuilles atténuées à la base, profondément dentées, blanchâtres en dessous. — RR. — Abondant au village des Carrières ! près Charenton (*Weddell*). Ferme de Gally près Versailles (*de Boucheman*). — Env. de Soissons (*Maire*). Assez commun dans la plupart des départements du centre de la France.

La forme à feuilles triangulaires entières ou superficiellement sinuées et vertes sur les deux faces, type de cette espèce, n'a pas été trouvée spontanée dans nos environs ; elle se naturalise quelquefois au voisinage des jardins botaniques.

**7. C. hybridum** L. *Sp.* 319 ; *Fl. Dan.* XII, t. 2049 ; *Engl. bot.* t. 1919. — *C. stramoniifolium* Chevall. *Fl. Par.* II, 383. — Vaill. *Bot. Par.* t. 7, f. 2. — [A. HYBRIDE].

Tige de 5-10 décim., dressée, anguleuse, simple donnant naissance aux rameaux de l'inflorescence, plus rarement rameuse. *Feuilles pétiolées, larges, ovales-triangulaires, plus ou moins cordées à la base, présentant de chaque côté 3-4 dents larges aiguës ou acuminées,* terminées par une large pointe acuminée entière, vertes sur les deux faces. *Glomérules en grappes rameuses dépourvues de feuilles, étalées, disposées en panicule lâche.* Calice fructifère à sépales carénés, connivents, enveloppant le fruit. *Graines ponctuées-rugueuses,* à bord presque aigu. ⓘ. Juillet-septembre.

C. — Lieux cultivés, terrains remués, voisinage des habitations.

**8. C. glaucum** L. *Sp.* 320 ; *Fl. Dan.* VII, t. 1151 ; *Engl. bot.* t. 1434 ; Bill. *Exsicc.* n. 2355. — *Blitum glaucum* Koch *Syn. fl. Germ.* ed. 1, 608. — [A. GLAUQUE].

Tige de 1-4 décim., rameuse ord. dès la base, couchée ou ascendante-diffuse. *Feuilles épaisses, oblongues, obtuses, lâchement dentées ou sinuées-anguleuses,* atténuées en pétiole, vertes en dessus, *d'un blanc glauque et très farineuses en dessous.* Glomérules en grappes simples axillaires et terminales, ord. très compactes, plus courtes que les feuilles, dressées. Calice fructifère à sépales non carénés, connivents, enveloppant le fruit. *Graines les unes verticales (1), les autres horizontales, lisses, à bord aigu.* ⓘ. Juillet-septembre.

C. — Décombres, voisinage des habitations, berges des rivières.

S.-v. *microphyllum.* — Plante rabougrie, à feuilles très petites.

La section *Botryois* (Moq.-Tand. in DC. *Prodr.* XIII, sect. II, 72. — *Ambrina* sect. *Botryois* et *Adenoidis sp.* Moq.-Tand. *Chenop. enum.* 36 et 39) diffère de la section *Chenopodiastrum* (Moq.-Tand. in DC. *Prodr.*, loc. cit. 61), à laquelle appartiennent les espèces de notre Flore, par l'embryon incomplétement annulaire n'entourant que les deux tiers ou les trois quarts du périsperme ainsi que par la pubescence glanduleuse et l'odeur aromatique de toutes les parties de la plante. — Le *C. Botrys* L. (Sibth. et Sm. *Fl. Græc.* t. 253 ; Bill. *Exsicc.* n. 1319. — Vulg. *Botrys*), indigène dans le midi de l'Europe, est cultivé dans quelques jardins et peut se rencontrer au voisinage des habitations ; il était assez abondant, il y a quelques années, près de l'embarcadère du chemin de fer de la rive gauche à Versailles !, sur l'emplacement d'un ancien jardin botanique. On le reconnaît à ses feuilles oblongues pinnatipartites ou pinnatifides, à ses fleurs disposées en grappes rameuses ou en cymes axillaires, et à son odeur forte et très pénétrante. — Le *C. ambrosioides* L. (Bill. *Exsicc.* n. 1759. — Vulg. *Thé-du-Mexique*), très répandu dans la région méditerranéenne et qui paraît originaire de la zone intertropicale, a été observé à Paris ! et à Versailles ! au voisinage des jardins botaniques. On le reconnaît à ses feuilles oblongues ou lancéolées entières ou si-

_______

(1) Par ses graines verticales cette espèce se rapproche beaucoup du genre *Blitum*, auquel elle a été rapportée par quelques auteurs ; d'autre part, le *Blitum rubrum* présente souvent quelques graines horizontales et se rapproche ainsi du genre *Chenopodium.*

nuées atténuées en pétiole, à ses fleurs en glomérules globuleux disposés en épis
feuillés interrompus et à son odeur aromatique très pénétrante.

**2. BLITUM** Tourn. *Inst.* t. 288 emend.; Moq.-Tand. in DC. *Prodr.* XIII,
sect. II, 81. — [BLITE].

*Fleurs hermaphrodites*, plus rarement polygames par l'avortement des
étamines, non accompagnées de bractées latérales. *Sépales 5-3*, libres ou
soudés à la base, *herbacés*, souvent carénés à la maturité par le développement de la nervure dorsale, *ou devenant charnus-succulents*. Étamines 5,
ou moins par avortement. Styles 2, filiformes courts, ou subulés très longs,
un peu soudés à la base. Fruit comprimé, enveloppé complétement ou
incomplétement par le calice ; à péricarpe membraneux mince. *Graine ver-*
*ticale*, lenticulaire-comprimée, *à testa* presque *crustacé*. Embryon annulaire, périphérique.

Plantes annuelles, plus rarement vivaces, quelquefois pulvérulentes, glabres ou
à peine pubérulentes, jamais glanduleuses. Feuilles alternes, pétiolées, triangulaires ou hastées, sinuées, dentées ou entières, rarement ovales ou spatulées. Fleurs
verdâtres ou rougeâtres, réunies en glomérules disposés en grappes ou en têtes
latérales ou terminales.

1. **B. rubrum** Rchb. *Fl. excurs.* 582 ; Moq.-Tand. in DC. *Prodr.* XIII, sect. II,
83. — *Chenopodium rubrum* L. *Sp.* 318 ; *Fl. Dan.* VII, t. 1149 ; *Engl.*
*bot.* t. 1721 ; Bill. *Exsicc.* n. 169. — *Blitum polymorphum* C. A. Mey. in
Ledeb. *Fl. Alt.* 1, 13 ; Moq.-Tand. *Chenop. enum.* 45 ; *Fl. Par.* éd. 1, 453.
— [B. ROUGE].

*Plante annuelle.* Tige de 1-8 décim., dressée ou couchée, simple inférieurement, ou rameuse dès la base. *Feuilles charnues, luisantes*, souvent
bordées de rouge, pétiolées ou atténuées en pétiole, *triangulaires ou rhom-*
*boïdales*, plus rarement lancéolées, aiguës ou obtuses, *profondément sinuées*
*ou dentées*, très rarement oblongues-spatulées ; les supérieures plus étroites
que les inférieures. *Glomérules en grappes* simples ou rameuses, *la plupart*
*feuillées*, axillaires et terminales, dressées, les supérieures rapprochées en
panicule, plus rarement en têtes axillaires. *Calice* à 5 sépales ; le fructifère
à sépales connivents, enveloppant le fruit, verdâtre ou rouge, *herbacé ou à*
*peine charnu. Styles très courts. Graines très petites*, très finement ponctuées, à bord obtus. ①. Juillet-septembre.

*C.* — Villages, berges des rivières, pied des murs, décombres, bords des étangs.

Var. α. *rubrum.* (*Chenopodium rubrum* var. *vulgare* Wallr. *Sched. crit.* 407. —
*B. polymorphum* var. *spicatum* Moq.-Tand. *Chenop. enum.* 45 ; *Fl. Par.* éd. 1,
454). — Tige de 4-8 décim., robuste, dressée. Feuilles triangulaires ou rhomboïdales profondément sinuées ou dentées ; les supérieures lancéolées. Glomérules en grappes spiciformes. Calice fructifère herbacé.

Var. β. *crassifolium.* (*Chenopodium crassifolium* Hornem. *Hort. Hafn.* 254. —
*C. patulum* Mérat *Fl. Par.* éd. 1, 91). — Tige de 1-3 décim., ord. rameuse
dès la base, couchée ou ascendante. Feuilles la plupart triangulaires ou rhomboïdales, sinuées ou dentées. Glomérules en grappes spiciformes interrompues ou
en têtes. Calice fructifère un peu charnu, ord. rouge.

Var. γ. *spathulatum.* (*Chenopodium blitoides* Lej. *Fl. Spa* 126). — Tige de 1-3 décim., ord. rameuse dès la base, dressée, ascendante ou couchée. Feuilles toutes

ou la plupart oblongues-spatulées, entières, assez petites. Glomérules tous ou la plupart en têtes axillaires. — R. — Bords de la Seine à Grenelle!, etc.

La variété *rubrum* ressemble beaucoup par la forme des feuilles au *Chenopodium urbicum*; mais la direction verticale et la petitesse des graines du *B. rubrum* rendent toute confusion impossible.

† **B. virgatum** L. *Sp.* 7; Poit. et Turp. *Fl. Par.* t. 3; *Bot. mag.* t. 276. — [B. EFFILÉE].

Plante annuelle. Tige de 3-6 décim., rameuse, dressée ou étalée, à rameaux simples effilés. Feuilles charnues, luisantes, pétiolées, triangulaires-lancéolées un peu hastées, profondément dentées, diminuant sensiblement de grandeur de la base de la plante au sommet. *Glomérules en têtes axillaires disposées en long épi feuillé. Calice à* 3 rarement 4-5 sépales; le *fructifère à sépales connivents, enveloppant le fruit, charnu-succulent* d'un beau rouge, très rarement herbacé. Étamines ord. 1. *Styles courts. Graines* petites, lisses, *à bord obtus, canaliculé.* ⓘ. Juillet-septembre.

*R. naturalisé.* — Villages, pied des murs, décombres, haies des jardins. — Étampes!; Pithiviers! (*Woods*). Indiqué à La Gare, à Vincennes, à Montmartre (*Mérat Fl. Par.*). — Orléans (*Dubouché*).

Le *B. capitatum* L. (vulg. *Arroche-Fraise*), cultivé quelquefois dans les jardins, se rencontre çà et là subspontané au voisinage des habitations. Cette plante se distingue du *B. virgatum* par ses glomérules plus gros, les supérieurs non axillaires, et par ses graines à bord tranchant.

2. **B. Bonus-Henricus** Rchb. *Fl. excurs.* 582. — *Chenopodium Bonus-Henricus* L. *Sp.* 318; *Fl. Dan.* IV, t. 579; *Engl. bot.* t. 1033. — [B. BON-HENRI. — Vulg. *Toute-bonne, Épinard-sauvage, Bon-Henri, Herbe-du-bon-Henri*].

*Plante vivace,* à souche épaisse. Tiges de 4-8 décim., dressées ou ascendantes, anguleuses, presque simples. *Feuilles* membraneuses, *un peu pulvérulentes,* pétiolées, larges, *triangulaires-hastées, entières ou entières-sinuées,* aiguës ou obtuses. *Glomérules en grappes* simples, *dépourvues de feuilles,* axillaires et terminales, les supérieures rapprochées en épi ou en panicule spiciforme terminale non feuillée. Calice à 5 sépales; le fructifère à sépales connivents, enveloppant incomplétement le fruit, herbacé. *Styles* subulés, *longs.* Graines assez grosses, finement ponctuées, à bord obtus. ♃. Juillet-septembre.

C. — Voisinage des bergeries, basses-cours, villages, pied des murs.

### 3. ATRIPLEX Tourn. *Inst.* t. 286. — [ARROCHE].

*Fleurs monoïques ou dioïques,* non accompagnées de bractées latérales. — Fleurs mâles : Sépales 5-3, soudés à la base. Étamines 5-3. — *Fleurs femelles* tantôt toutes de même forme, dépourvues de calice et alors munies de deux bractées opposées appliquées l'une contre l'autre et s'accroissant en forme de valves; tantôt de deux formes, les unes *dépourvues de calice et munies de deux bractées en forme de valves* et souvent chargées en dehors d'appendices qui résultent de leur soudure avec des fleurs stériles, les autres à calice semblable à celui des fleurs mâles. Styles 2, filiformes. Fruit à péricarpe membraneux mince, comprimé à graine verticale dans les fleurs dépourvues de calice; déprimé à graine horizontale dans les fleurs munies d'un calice. Graine à testa crustacé. Embryon annulaire.

Plantes annuelles, souvent couvertes d'une poussière farineuse. Feuilles alternes, plus rarement opposées, pétiolées, triangulaires, hastées, lancéolées ou linéaires, sinuées, dentées ou entières. Fleurs verdâtres, réunies en glomérules disposés en grappes ou en panicules spiciformes latérales et terminales.

† **A. hortensis** L. *Sp.* 1493; Schk. *Handb.* t. 349. — [ A. DES JARDINS. — Vulg. *Arroche, Chou-d'amour, Bonne-Dame* ].

Tige herbacée, de 3-10 décim., dressée, rameuse. Feuilles alternes, un peu glauques sur les deux faces, triangulaires-hastées ou triangulaires-oblongues, entières ou sinuées-dentées dans leur partie inférieure; les supérieures ovales ou lancéolées-mucronulées. *Fleurs femelles les unes à graine horizontale, les autres à graine verticale et à valves* fructifères ovales ou ovales-suborbiculaires *entières membraneuses-réticulées non soudées* dépourvues d'appendices. ① Juillet-septembre.

Fréquemment subspontané sur les décombres et au voisinage des jardins. — Cultivé dans les jardins potagers.

S.-v. *rubra*. — Plante d'un rouge de sang dans toutes ses parties.

Var. β. *microsperma*. — Plante assez grêle. Valves du calice fructifère plus petites de moitié que dans le type.

L'*A. nitens* Rebent. (*Fl. Dan.* XIV, t. 2466; Bill. *Exsicc.* n. 1059. — *A. Hermanni* Willm.), indigène dans l'Europe orientale, a été observé à Paris! et à Versailles! au voisinage des jardins botaniques; il se distingue de l'*A. hortensis* par ses feuilles vertes, luisantes en dessus et d'un blanc argenté en dessous.

1. **A. patula** L. *Sp.* 1494 emend. — *A. polymorpha* Coss. G. de S<sup>t</sup>-P. et Wedd. *Cat. rais.* 108; *Fl. Par.* éd. 1, 455. — [ A. ÉTALÉE ].

Tige herbacée, de 2-8 décim., dressée, ascendante-diffuse ou étalée, souvent rameuse dès la base, à rameaux divergents ou dressés. Feuilles alternes, plus rarement opposées, vertes sur les deux faces, triangulaires, ovales-rhomboïdales, lancéolées ou linéaires, hastées ou non hastées, entières ou sinuées-dentées. *Fleurs femelles toutes à graine verticale; à valves soudées dans leur partie inférieure, les* fructifères herbacées, triangulaires, rhomboïdales, rhomboïdales-hastées, ovales ou ovales-cordées, dentées inférieurement ou entières, appendiculées ou non appendiculées. ①. Juillet-octobre.

*CCC.* — Villages, voisinage des habitations, fossés, bords des chemins, lieux incultes, champs après la moisson.

Var. α. *hastata*. (*A. hastata* L. *Sp.* 1494; Moq.-Tand. in DC. *Prodr.* XIII, sect. II, 94 ; Bill. *Exsicc.* n. 2732. — *A. latifolia* Whlnbg *Fl. Suec.* II, 660. — *A. polymorpha* var. *latifolia Fl. Par.* éd. 1, 456 excl. syn. A. patula L.). — Feuilles la plupart larges triangulaires ou rhomboïdales, dentées ou entières, à base ord. tronquée et hastée.

Var. β. *mixta*. (*A. polymorpha* var. *mixta Fl. Par.* éd. 1, 456. — *A. patula* var. *mixta* Moq.-Tand. in DC. *Prodr.* XIII, sect. II, 95). — Feuilles inférieures triangulaires ou rhomboïdales hastées ou sinuées-dentées; les supérieures lancéolées ou lancéolées-linéaires, entières.

Var. γ. *patula*. (*A. patula* L. *Sp.* 1494; Moq.-Tand. in DC. *Prodr.* XIII, sect. II, 95. — *A. angustifolia* Sm. *Fl. Brit.* IV, 258. — *A. polymorpha* var. *angustifolia* Fl. Par. éd. 1, 456 excl. syn. A. littoralis L.). — Feuilles la plupart oblongues-lancéolées, lancéolées-linéaires ou linéaires, ord. entières, atténuées à la base; les inférieures seules quelquefois rhomboïdales-allongées hastées à la base et présentant deux ou plusieurs dents.

S.-v. *microphylla*. — Plante rabougrie, ord. rougeâtre. Feuilles très petites.

α β γ s.-v. *oppositifolia*. — Feuilles opposées au moins les inférieures.

α β γ s.-v. *microsperma*. — Valves fructifères très petites.

α β γ s.-v. *appendiculata*. — Valves fructifères chargées d'appendices sur leur face externe.

σ β γ s.-v. *inappendiculata*. — Valves fructifères dépourvues d'appendices.

### † **BETA** Tourn. *Inst*. t. 286. — [BETTE].

*Fleurs hermaphrodites*, accompagnées de deux bractées latérales. Sépales 5, soudés en un *calice* 5-fide, urcéolé et *adhérent à la base de l'ovaire*, à tube s'épaississant et devenant anguleux, les divisions restant membraneuses-herbacées ou devenant un peu charnues. Étamines 5, insérées sur l'anneau charnu par l'intermédiaire duquel le calice est soudé avec la base de l'ovaire. Styles 2, plus rarement 4-5, courts, soudés à la base. *Fruit* subglobuleux-déprimé, *renfermé dans le tube du calice devenu ligneux-drupacé*; à *péricarpe induré*, soudé inférieurement avec le tube du calice. *Graine* horizontale, déprimée, à *testa membraneux* un peu coriace. Embryon annulaire.

Plantes annuelles ou bisannuelles. Feuilles alternes, pétiolées, ovales-oblongues, entières ou sinuées, souvent ondulées. Fleurs verdâtres, sessiles, solitaires ou disposées par 2-4 en glomérules subglobuleux axillaires ou latéraux disposés en épis terminaux. Calices fructifères ord. soudés entre eux dans chaque glomérule.

† **B. vulgaris** L. *Sp*. 322 emend.; *Engl. bot*. t. 285; Moq.-Tand. in DC. *Prodr*. XIII, sect. II, 55. — [B. COMMUNE].

Tige de 8-15 décim., dressée, robuste, anguleuse, rameuse à rameaux dressés. Feuilles d'un vert gai ou rougeâtres, luisantes, à nervures blanchâtres ou colorées en rouge; les radicales très amples, ovales-obtuses, longuement pétiolées, ord. ondulées; les caulinaires plus petites. Fleurs disposées en longs épis effilés. Calices verdâtres ou rougeâtres, assez gros à la maturité. ① ou ②. Juillet-septembre.

Var. β. *Cicla*. (*B. Cicla* auct. — Vulg. *Poirée, Bette-Carde*). — Racine cylindrique, dure. Feuilles à nervure moyenne charnue très épaisse, ord. blanche. Fleurs ord. réunies par 2-3 en glomérules. — Fréquemment cultivé dans les jardins potagers.

Var. γ. *rapacea*. (Vulg. *Betterave*). — Racine fusiforme ou napiforme, ord. très grosse, charnue-succulente, rouge ou jaunâtre. — Cultivé en plein champ et dans les jardins potagers.

Le type spontané de l'espèce (*B. maritima* L.) à racine grêle et à nervures des feuilles non charnues, est commun sur les côtes de l'Océan et de la Méditerranée.

### † **SPINACIA** Tourn. *Inst*. t. 308. — [ÉPINARD].

*Fleurs dioïques*, très rarement hermaphrodites, non accompagnées de bractées latérales. — Fleur mâle : Calice composé de 4-5 sépales concaves soudés seulement à la base. Étamines 4-5, insérées au fond du calice, se développant les unes après les autres, à filet d'abord très court puis dépassant longuement le calice après l'émission du pollen. — Fleur femelle : *Calice composé de 2 plus rarement 3-4 sépales soudés* presque jusqu'au sommet *en un tube utriculiforme ventru qui renferme l'ovaire*. Styles 4, plus rarement 3, filiformes-subulés, soudés inférieurement. *Fruit* comprimé, *renfermé dans le calice induré-ligneux en forme de capsule indéhiscente* tantôt subglobuleuse-comprimée dépourvue d'épines, tantôt presque triangulaire et présentant 2-4 épines étalées; à péricarpe très mince, étroitement adhérent au tégument de la graine. Graine verticale, comprimée, à testa mince membraneux. Embryon annulaire.

Plantes annuelles. Feuilles alternes, pétiolées, triangulaires-hastées plus rarement ovales-oblongues, sinuées ou dentées-anguleuses. Fleurs verdâtres, en glomérules, les glomérules mâles ord. disposés en épis lâches, les glomérules femelles sessiles ou subsessiles à l'aisselle des feuilles.

† **S. glabra** Mill. *Dict.* n. 2; Moq.-Tand. in DC. *Prodr.* XIII, sect. II, 118. — *S. oleracea* β L. *Sp.* 1456.—*S. inermis* Mœnch *Meth.* 318; *Fl. Par.* éd. 1, 457. — [É. GLABRE. — Vulg. *Épinard-de-Hollande, Gros-Épinard*].

Tige de 3-8 décim., dressée, rameuse. Feuilles triangulaires aiguës, hastées ou présentant de chaque côté 1-2 dents triangulaires ou lancéolées, plus rarement ovales-oblongues entières. *Calices fructifères* subglobuleux-comprimés, *dépourvus d'épines*, souvent déformés dans leur partie inférieure par pression mutuelle et rugueux-tuberculeux au-dessus de la partie déformée. (I). Juin-septembre.

Cultivé dans les jardins potagers. — Probablement originaire de l'Orient. — Quelquefois subspontané au voisinage des habitations.

† **S. oleracea** L. *Sp.* 1456; Mill. *Dict.* n. 1; Moq.-Tand. in DC. *Prodr.* XIII, sect. II, 118. — *S. spinosa* Mœnch *Meth.* 318; *Fl. Par.* éd. 1, 457. — [É. POTAGER. — Vulg. *Épinard-d'hiver, Épinard-commun*].

Tige de 3-8 décim., dressée, rameuse. Feuilles triangulaires aiguës, hastées ou présentant de chaque côté 1-2 dents triangulaires on lancéolées, plus rarement ovales-oblongues entières. *Calices fructifères* subtrigones, *présentant 2-4 épines robustes* divergentes. (I). Juin-septembre.

Cultivé dans les jardins potagers. — Probablement originaire de l'Orient. — Quelquefois subspontané au voisinage des habitations.

Le *Suœda fruticosa* Forsk. (*Chenopodium fruticosum* L.), plante maritime, a été observé, il y a quelques années, au bord de la Seine, dans le voisinage du Louvre, où les graines de la plante avaient été apportées accidentellement avec des marchandises; mais il n'a pas persisté à cette localité.

Le *Phytolacca decandra* L. (*Bot. Mag.* t. 931. — Vulg. *Raisin-d'Amérique*), que l'on cultive quelquefois dans les jardins, se rencontre assez rarement dans nos environs, à l'état subspontané, au voisinage des habitations. Cette plante, originaire de l'Amérique du Nord et de la Chine, s'est naturalisée dans le midi de l'Europe où elle est généralement répandue. On la distingue aux caractères suivants : racine vivace; tige de 1-2 mètres, glabre; feuilles amples, ovales-lancéolées, aiguës, minces; fleurs disposées en grappes longuement pédonculées, opposées aux feuilles qu'elles dépassent, d'abord dressées puis penchées, à rachis un peu flexueux glabre; pédicelles environ deux fois plus longs que la fleur; étamines 10; carpelles ord. 10. Le genre *Phytolacca*, caractérisé par le calice herbacé ou pétaloïde, par les étamines au nombre de 15-25, par les carpelles nombreux bacciformes insérés sur un réceptacle un peu convexe et soudés entre eux, appartient à la famille des *Phytolaccées*, qui diffère surtout des *Salsolacées* par les étamines disposées sur un ou deux rangs le rang extérieur alternant avec les sépales, par le style latéral, et par les carpelles plus nombreux à péricarpe ord. bacciforme.

---

# LXXIV. POLYGONÉES
(POLYGONEÆ Juss. *Gen.* 82).

Fleurs hermaphrodites, plus rarement unisexuelles par avortement. — Calice persistant, accrescent ou marcescent, non soudé avec l'ovaire, très rarement cohérent avec lui, à sépales herbacés ou colorés, libres ou soudés dans une étendue variable, 5 plus rarement 4-3 imbriqués sur un seul rang, ou 6 plus rarement 4 disposés sur deux rangs et à préfloraison ord. valvaire dans chaque rang, presque égaux, ou les intérieurs plus grands s'accroissant en forme de valves. — Corolle nulle. — *Étamines* insérées sur un disque glanduleux développé ou non en glandes placées entre les étamines ; *en nombre égal à celui des sépales et alors disposées sur un seul rang et alternant avec eux ; ou en nombre plus grand* et disposées sur deux rangs, les extérieures alternant avec les sépales, et *les intérieures (3 rarement 2) étant opposées aux sépales intérieurs* et correspondant aux faces de l'ovaire. Filets filiformes ou subulés, libres ou soudés à la base. Anthères bilobées, toutes introrses ou celles du rang intérieur (2-3) extrorses. — Ovaire libre, plus rarement soudé à la base avec le calice, à 3 plus rarement 2 très rarement 4 carpelles, uniloculaire, uniovulé. Ovule dressé, droit. Styles en nombre égal à celui des angles de l'ovaire, 2-3, rarement 4, libres ou soudés dans leur partie inférieure, quelquefois très courts ; stigmates capités, ou multifides à divisions disposées en pinceau. — Fruit (akène, caryopse) libre, plus rarement soudé à la base avec le calice, très rarement cohérent avec lui, uniloculaire, monosperme, indéhiscent ; à péricarpe brunâtre ou noir crustacé soudé ou non avec la graine, comprimé-lenticulaire ou trigone, rarement tétragone, ord. recouvert par le calice persistant ou marcescent ou par les 3 sépales intérieurs développés en forme de valves. — Graine dressée, de même forme que le fruit, à testa membraneux. Périsperme épais, farineux ou corné. Embryon droit ou plus ou moins arqué, placé latéralement par rapport au périsperme ou dans son épaisseur. Cotylédons linéaires ou ovales, plus rarement larges foliacés plissés-contournés. Radicule dirigée vers le point diamétralement opposé au hile.

Plantes annuelles ou vivaces, herbacées, très rarement sous-frutescentes. Tiges souvent renflées au niveau des articulations. Feuilles alternes, entières ou entières-sinuées, crénelées, quelquefois ondulées, souvent hastées ou sagittées, à bords enroulés en dessous pendant la préfloraison ; *stipules soudées* d'une part avec le pétiole et d'autre part soudées entre elles du côté opposé dans toute leur longueur ou seulement dans leur partie inférieure, *de manière à constituer autour de la tige une gaîne (ochrea)* ord. *membraneuse* complète ou fendue, souvent terminée par des cils. Fleurs petites, verdâtres ou colorées, subsessiles ou pédicellées à pédicelle articulé, naissant à l'aisselle de gaînes dépourvues de feuilles, plus rarement pourvues de feuilles, disposées en fascicules, en faux-verticilles, en épis ou en grappes.

1. RUMEX. — Calice à *6 sépales, les 3 intérieurs* plus grands *s'accroissant* ord. *en forme de valves* après la floraison. Étamines 6. *Stigmates multifides,* à divisions disposées *en pinceau.*

2. POLYGONUM. — *Calice à 5* très rarement 4-3 *sépales* presque égaux, à peine accrescents, persistants-marcescents. *Étamines en nombre plus grand que celui des sépales. Stigmates capités. Embryon placé latéralement* par rapport au périsperme ; *cotylédons ord. linéaires.*

† FAGOPYRUM. — *Calice à 5 sépales presque égaux, marcescents. Étamines en nombre plus grand que celui des sépales. Stigmates capités. Embryon placé dans le périsperme; cotylédons larges foliacés, plissés-contournés.*

**1. RUMEX** L. *Gen.* n. 451 ex parte. — [RUMEX.—Vulg. PATIENCE, OSEILLE ].

Fleurs hermaphrodites, polygames ou dioïques. Calice à *6 sépales* de consistance herbacée, disposés sur deux rangs : 3 extérieurs un peu soudés à la base ; *3 intérieurs* plus grands, connivents, *s'accroissant* après la floraison, ord. *en forme de valves* membraneuses réticulées, munis ou non sur le dos d'un granule charnu épaississement de la base de la nervure moyenne. Étamines 6, disposées sur un seul rang, alternes avec les sépales. Styles 5, filiformes, réfractés, libres ou soudés avec les angles de l'ovaire ; *stigmates multifides*, à divisions disposées *en pinceau.* Fruit trigone, caché par les sépales intérieurs accrus en forme de valves et appliqués sur lui. Embryon placé plus ou moins latéralement par rapport au périsperme.

Plantes bisannuelles ou vivaces, à suc acide ou non acide. Fleurs petites, verdâtres ou rougeâtres, pédicellées, en faux verticilles disposés en épis, à pédicelles articulés réfléchis à la maturité.

Sect. 1. *LAPATHUM.* — *Fleurs hermaphrodites* ou polygames. *Sépales intérieurs s'accroissant* après la floraison, *en forme de valves, devenant* coriaces-membraneux *réticulés à nervures saillantes,* non diaphanes. *Feuilles* atténuées, arrondies, tronquées ou cordées à la base, *jamais hastées ni sagittées, à saveur peu acide ou herbacée.*

§ 1. Calice à *valves dentées.* — ( 1-4 ).

§ 2. Calice à *valves entières* ou denticulées. — ( 5-9 ).

Sect. II. *ACETOSA.* — *Fleurs dioïques ou polygames. Sépales intérieurs s'accroissant* après la floraison, *en forme de valves, devenant membraneux-diaphanes à nervures non saillantes* ou à peine saillantes. *Feuilles hastées ou sagittées, à saveur acide.* — ( 10-11 ).

Sect. III. *ACETOSELLA.* — *Fleurs dioïques. Sépales intérieurs ne s'accroissant que peu* après la floraison, *de consistance herbacée,* ne dépassant pas le fruit, à nervures peu distinctes, contractant (dans notre espèce) une étroite adhérence avec le fruit. *Feuilles hastées ou sagittées* à oreillettes entières ou laciniées, *à saveur acide.* — ( 12 ).

Sect. I. LAPATHUM (*Lapathum* Tourn.). — Fleurs hermaphrodites ou polygames. Sépales intérieurs s'accroissant après la floraison, en forme de valves, devenant coriaces-membraneux réticulés à nervures saillantes, non diaphanes, ne contractant pas d'adhérence avec le fruit. Feuilles atténuées, arrondies, tronquées ou cordées à la base, jamais hastées ni sagittées, à saveur peu acide ou herbacée.

§ 1. Calice à valves dentées.

1. **R. maritimus** L. *Sp.* 478 ; *Engl. bot.* t. 725 ; *Fl. Dan.* VII, t. 1208 ; Bill. *Exsicc.* n. 1948. — [R. MARITIME].

Tige de 2-6 décim., dressée, ou un peu couchée radicante à la base, anguleuse, presque simple ou très rameuse, à rameaux dressés, plus rarement étalés. *Feuilles atténuées en pétiole,* lancéolées ou lancéolées-linéaires; entières ou entières-sinuées. *Faux-verticilles* très multiflores, *munis chacun d'une feuille bractéale, rapprochés ou confluents à la maturité en épis feuillés compacts.* Calice fructifère à *valves* toutes munies d'un granule oblong, ovales-subrhomboïdales, *terminées en une pointe étroite, présentant de chaque côté 2 dents sétacées très fines aussi longues ou plus longues que le diamètre longitudinal de la valve ; sépales extérieurs* beaucoup *plus courts que les dents des valves.* ① ou ②. Juillet-septembre.

C. — Bords des étangs, fossés, mares, lieux marécageux.

2. **R. palustris** Sm. *Fl. Brit.* I, 394 ; *Fl. Dan.* XI, t. 1873 ; *Engl. bot.* t. 1932 ; Bill. *Exsicc.* n. 1760 et *bis.* — *R. limosus* Thuill. *Fl. Par.* 182. — [R. DES MARAIS].

Tige de 2-6 décim., dressée, ou un peu couchée radicante à la base, anguleuse, rameuse à rameaux grêles effilés souvent flexueux ord. dressés. *Feuilles atténuées en pétiole,* lancéolées ou lancéolées-linéaires, entières ou entières-sinuées. *Faux-verticilles* multiflores ou pluriflores, *munis chacun d'une feuille bractéale, disposés à la maturité en épis* feuillés *un peu lâches.* Calice fructifère à *valves* toutes munies d'un granule oblong, ovales-oblongues *acuminées, présentant de chaque côté 2 dents subulées plus courtes que le diamètre longitudinal de la valve ; sépales extérieurs égalant environ la longueur des dents des valves.* ②. Juillet-septembre.

*RR.* — Bords des étangs et des rivières, lieux marécageux — Bords de la Marne à Charenton ! (*Thuill.* Fl. Par., *Maire*) ; bords de la Seine : Grenelle (*Durieu de Maisonneuve*), Bougival (*de Schœnefeld*) ; étang du Trou-salé ! (*Maire*) ; étang de Trappes (*Morize*). Marcoussis (*Thuill.* Fl. Par.).— *Graves* Cat. Oise : gare de Compiègne ; Morfontaine ; Saint-Germer ; bords de l'Aronde à Clairvoix ; Mareuil-sur-Ourcq.

Cette espèce, que l'on rencontre ord. mêlée avec la précédente, s'en distingue facilement par ses épis effilés plus lâches, par ses fruits plus gros, et surtout par les dents des valves plus courtes.

3. **R. pulcher** L. *Sp.* 477 ; *Engl. bot.* t. 1576 ; Rchb. *Crit.* V, t. 486, f. 679. — *R. divaricatus* L. *Sp.* 477. — [R. ÉLÉGANT].

*Tige* de 3-8 décim., dressée, ord. *arquée,* anguleuse, très rameuse, *à rameaux* roides, effilés, ord. flexueux, *divergents ou divariqués. Feuilles* radicales disposées en rosette, longuement pétiolées, oblongues *cordées à la base,* ord. très obtuses, *souvent en forme de violon* par le rétrécissement qu'elles présentent au-dessus de leur base, entières ou entières-sinuées ; les supérieures plus petites, lancéolées ou oblongues-lancéolées. *Faux-verticilles* pluriflores compactes, *tous munis d'une feuille bractéale très petite* ou les supérieurs nus, *espacés* et disposés à la maturité en épis lâches effilés. Calice fructifère à *valves fortement réticulées-rugueuses,* toutes munies d'un granule oblong rugueux, ovales-oblongues, *présentant de chaque côté plusieurs dents subulées roides presque épineuses.* ② ou ♃. Juin-août.

*A.C.* — Bords des routes, pied des murs, lieux incultes et pierreux.

4. **R. obtusifolius** L. *Sp.* 478 ; *Fl. Dan.* VIII, t. 1335 ; *Engl. bot.* t. 1999 ; Rchb. *Crit.* IV, t. 366, f. 550. — *R. Friesii* Gren. et Godr. *Fl. Fr.* III, 36. — [R. A FEUILLES OBTUSES. — Vulg. *Patience-sauvage*].

Tige de 5-10 décim., dressée, sillonnée, rameuse dans sa partie supérieure, à *rameaux* ord. *dressés* disposés en panicule terminale. *Feuilles* inférieures longuement pétiolées, assez amples, ovales, oblongues ou suborbiculaires, *cordées à la base*, obtuses, plus rarement aiguës, entières ; les supérieures ovales-oblongues ou lancéolées, pétiolées, atténuées à la base. *Faux-verticilles* multiflores, la plupart *dépourvus de feuilles bractéales, peu espacés ou confluents* et disposés à la maturité en épis allongés. Calice fructifère à *valves réticulées*, ovales-oblongues ou ovales-triangulaires, aiguës ou obtuses, quelquefois un peu cordées à la base, *présentant de chaque côté plusieurs dents triangulaires-acuminées ou subulées*, la valve extérieure seule munie d'un granule ovoïde, les 2 autres à granule rudimentaire, plus rarement toutes munies de granules également développés. ♃. Juin-septembre.

*C.* — Bords des chemins, pied des murs, basses-cours, lieux frais et ombragés.

Var. β. *acutifolius*. (*R. pratensis* Mert. et Koch *Deutschl. Fl.* II, 609). — Feuilles aiguës, même les inférieures.

## § 2. Calice à valves entières ou denticulées.

5. **R. crispus** L. *Sp.* 476 ; *Fl. Dan.* VIII, t. 1334 ; *Engl. bot.* t. 1998 ; Rchb. *Crit.* VI, t. 576, f. 783. — [R. CRÉPU. — *Vulg. Patience-crépue, Parelle*].

Tige de 5-10 décim., dressée, sillonnée, rameuse dans sa partie supérieure, à rameaux dressés ord. courts disposés en panicule terminale allongée. *Feuilles* pétiolées, lancéolées, aiguës, atténuées ou tronquées à la base, *ondulées-crépues* aux bords, très rarement presque planes ; les supérieures plus étroites. *Faux-verticilles* multiflores ou pluriflores, tous ou la plupart *dépourvus de feuilles bractéales, rapprochés* et disposés à la maturité en épis assez compactes. Calice fructifère à *valves suborbiculaires ou ovales-suborbiculaires*, un peu cordées à la base, *entières*, plus rarement denticulées à la base, la valve extérieure munie d'un granule ovoïde, les deux autres à granule plus petit ou rudimentaire, rarement toutes munies de granules également développés. ♃. Juillet-septembre.

*CC.* — Bords des chemins, prairies, pâturages, pied des murs, villages.

† **R. Patientia** L. *Sp.* 476. — Fuchs. *Hist.* 462 ic. — [R. PATIENCE. — *Vulg. Patience*].

Tige de 8-16 décim., dressée, très robuste, cannelée, rameuse dans sa partie supérieure à rameaux ord. courts, dressés, disposés en panicule terminale étroite racémiforme. *Feuilles* pétiolées, très amples, assez minces, ovales ou oblongues, ord. acuminées, cordées ou atténuées à la base, entières ou superficiellement sinuées, *planes* ; les supérieures plus étroites ; pétioles canaliculés. *Faux-verticilles* multiflores, tous ou la plupart *dépourvus de feuilles bractéales, rapprochés* et disposés à la maturité en épis très compactes. Calice fructifère à *valves très amples suborbiculaires*, cordées à la base, *entières*, plus rarement denticulées, la valve extérieure seule munie d'un granule très petit ou rudimentaire, les deux autres dépourvues de granule. ♃. Juin-août.

Quelquefois cultivé dans les jardins potagers ou subspontané au voisinage des habitations. — Probablement originaire de l'Orient.

**6. R. Hydrolapathum** Huds. *Fl. Angl.* 154 ; *Engl. bot.* t. 2104 ; Rchb. *Crit.* IV,
t. 370, f. 554.—*R. aquaticus* Vill. *Dauph.* III, 269 ; Duby *Bot. Gall.* 401
non L. — [R. PATIENCE-D'EAU. — Vulg. *Patience-aquatique, Herbe-Bri-
tannique*].

Tige de 1-2 mètres, dressée, robuste, cannelée, rameuse dans sa partie
supérieure, à rameaux courts ou allongés-effilés, dressés, disposés en panicule
terminale. *Feuilles radicales et inférieures* très amples, *longues de 6-8 décim.*,
longuement pétiolées, *oblongues-lancéolées, atténuées aux deux extrémités*
et décurrentes sur le pétiole, entières ou très finement crénelées, planes ou
à bords un peu ondulés ; *pétioles plans en dessus* ; feuilles supérieures plus
petites. *Faux-verticilles* multiflores, tous ou la plupart *dépourvus de feuilles
bractéales*, un peu espacés ou rapprochés à la maturité. Calice fructifère à
*valves ovales-triangulaires*, aiguës, *entières ou denticulées* à la base, *toutes
munies d'un granule* oblong. ♃. Juillet-août.

C. — Bords des rivières et des canaux, étangs, fossés aquatiques.

**7. R. maximus** Schreb. in Schweigg. et Kœrt. *Fl. Erlang.* I, 152. — *R. heterophyllus* F. Schultz *Fl. Starg.* suppl. 21. — [R. ÉLEVÉ].

Tige de 1-2 mètres, dressée, robuste, cannelée, rameuse dans sa partie
supérieure, à rameaux courts ou allongés-effilés, dressés, disposés en panicule terminale. *Feuilles radicales et inférieures* très amples, *longues de
4-6 décim.*, longuement pétiolées, *oblongues-aiguës ou oblongues-lancéolées, arrondies, tronquées ou cordées à la base*, non décurrentes sur le
pétiole, entières ou très finement crénelées, planes ou à bords un peu ondulés ;
pétioles canaliculés-plans ; feuilles supérieures plus petites souvent atténuées
en pétiole. *Faux-verticilles* multiflores, tous ou la plupart *dépourvus de
feuilles bractéales*, un peu espacés ou rapprochés à la maturité. Calice fructifère à *valves ovales-triangulaires ou oblongues-triangulaires*, cordées
à la base, ord. *denticulées* dans leur partie inférieure, *toutes munies d'un
granule* oblong. ♃. Juillet-août.

*R R R.* — Bords des eaux, ruisseaux, fossés aquatiques. — Bords de l'Epte à
Beausserré près Gisors !. Dreux ! (*Weddell*).

Cette plante est très voisine du *R. Hydrolapathum*, dont elle diffère surtout par
les feuilles radicales et les inférieures arrondies tronquées ou cordées à la base, et
n'en est peut-être qu'une variété remarquable.

**8. R. conglomeratus** Murr. *Prodr. Gœtt.* 52 ; *Fl. Dan.* XIII, t. 2228. — *R. Nemolapathum* Ehrh. *Beitr.* I, 181. — *R. glomeratus* Schreb. ; Rchb.
*Crit.* IV, t. 368, f. 552. — *R. acutus* Sm. *Fl. Brit.* 391 ; *Engl. bot.*
t. 724. — [R. AGGLOMÉRÉ].

Tige de 5-10 décim., dressée, anguleuse, souvent rougeâtre, très rameuse,
à rameaux grêles étalés ou ascendants-dressés. *Feuilles* brièvement pétiolées,
oblongues-lancéolées, obtuses ou aiguës, *arrondies ou cordées à la base*,
entières ou finement crénelées ; les supérieures plus étroites, à limbe décurrent sur le pétiole. *Faux-verticilles* multiflores compactes, *tous munis d'une
feuille bractéale* ou les supérieurs nus, espacés et disposés à la maturité en
épis feuillés lâches effilés. Calice fructifère à *valves toutes munies d'un granule ovoïde, lancéolées-oblongues, obtuses, entières.* ♃. Juillet-septembre.

C. — Bords des eaux, fossés, bois humides.

9. **R. sanguineus** L. *Sp*. 476; *Engl. bot*. t. 1533; Koch *Syn. fl. Germ*. ed. 2, 705. — *R. nemorosus* Schrad. ex Willd. *Enum*. 1, 397; *Fl. Par*. éd. 1, 462. — *R. Nemolapathum* Spreng. *Syst*. II, 158; Rchb. *Crit*. IV, t. 367, f. 551. — [R. SANGUIN].

Tige de 5-10 décim., dressée, anguleuse, verte ou rougeâtre, plus ou moins rameuse, à rameaux ord. dressés. *Feuilles* plus ou moins longuement pétiolées, assez minces, oblongues ou oblongues-lancéolées, obtuses ou aiguës, *arrondies ou cordées à la base*, entières ou finement crénelées ord. un peu ondulées; les supérieures plus étroites, brièvement pétiolées. *Faux-verticilles* multiflores ou pluriflores peu fournis, *la plupart dépourvus de feuilles bractéales, espacés* et disposés à la maturité en épis lâches effilés. Calice fructifère à *valves lancéolées-oblongues, obtuses, entières, l'extérieure munie d'un granule subglobuleux, les 2 autres dépourvues de granule* ou à granule rudimentaire. ♃. Juin-août.

Var. *α. sanguineus*. (Vulg. *Sang-de-dragon*). — Tiges et nervures des feuilles d'un rouge de sang. — Cultivé. — Quelquefois subspontané dans les villages et les basses-cours.

Var. *β. nemorosus*. — Tiges et nervures des feuilles vertes. — C. — Bois, forêts, lieux humides et ombragés.


Sect. II. ACETOSA (*Acetosa* Tourn.). — Fleurs dioïques ou polygames. Sépales intérieurs s'accroissant après la floraison en forme de valves, devenant membraneux-diaphanes, à nervures non saillantes ou à peine saillantes, ne contractant jamais d'adhérence avec l'akène. Feuilles hastées ou sagittées, à saveur acide.


10. **R. scutatus** L. *Sp*. 480; Bill. *Exsicc*. n. 2356. — *R. glaucus* Jacq. *Ic. rar*. I, t. 67. — [R. A ÉCUSSON].

Tiges de 2-6 décim., couchées et presque ligneuses à la base, puis ascendantes, rameuses, à rameaux supérieurs disposés en panicule. *Feuilles glauques, épaisses, toutes pétiolées, hastées, ovales-triangulaires ou ovales-suborbiculaires*, ord. en forme de violon par le rétrécissement qu'elles présentent au-dessus de leur base, *à oreillettes divergentes ou divariquées. Fleurs polygames*. Faux-verticilles pauciflores, unilatéraux, dépourvus de feuilles bractéales, un peu espacés à la maturité. Calice fructifère à *valves débordant très largement le fruit dans tous les sens*, membraneuses, suborbiculaires, entières, cordées à la base, *dépourvues de granule; les sépales extérieurs appliqués sur les valves*. ♃. Mai-août.

*RR*. — Vieilles murailles, coteaux pierreux. — Septeuil (*Brou*); abondant sur les vieux murs du village du Bellay près Marines (*Boutcille*); Beauvais (*Taillefert*). Compiègne (*Boivin*); Morienval (*Léré*); Orrouy (*Questier*). Abondant sur le coteau d'Étré près Dreux (*Dænen*). — *Graves* Cat. Oise: Royalieu près Compiègne; Thury-en-Valois; Mont-Capron près Beauvais; abbaye Saint-Lucien.

11. **R. Acetosa** L. *Sp*. 481; *Engl. bot*. t. 127; *Fl. Dan*., t. 2534; Bill. *Exsicc*. n. 2528. — [R. OSEILLE. — Vulg. *Oseille, Oseille-commune, Parelle*].

Tige de 6-10 décim., dressée, sillonnée, rameuse dans sa partie supérieure, à rameaux dressés, naissant souvent deux à deux, disposés en panicule terminale. *Feuilles* un peu glauques en dessous ; les inférieures longuement pétiolées, *oblongues ou ovales, sagittées*, ord. obtuses, *à oreillettes parallèles ou un peu convergentes ; les supérieures* plus étroites, *sessiles amplexicaules*, souvent aiguës. *Fleurs dioïques*, fleurs femelles souvent stériles en partie. Faux-verticilles pluriflores ou pauciflores, dépourvus de feuilles bractéales, un peu espacés ou rapprochés à la maturité. Calice fructifère à *valves débordant très largement le fruit dans tous les sens*, membraneuses, suborbiculaires très obtuses, entières cordées, *toutes munies* à la base *d'un granule squamiforme* très petit qui déborde l'échancrure ; les *sépales extérieurs réfractés sur le pédicelle*. ♃. Mai-juin, refleurit en automne.

C. — Prairies, pâturages, lisières et clairières des bois. — Cultivé dans les jardins potagers.

Sect. III. ACETOSELLA Balansa in *Bull. Soc. bot.* I, 282 emend. — Fleurs dioïques. Sépales intérieurs ne s'accroissant que peu après la floraison, de consistance herbacée, contigus par leurs bords, ne dépassant pas le fruit, à nervures peu distinctes, contractant (dans notre espèce) une étroite adhérence avec le fruit. Feuilles hastées ou sagittées à oreillettes entières ou laciniées, à saveur acide.

12. **R. Acetosella** L. *Sp.* 481 ; *Fl. Dan.* VII, t. 1161 ; *Engl. bot.* t. 1674 ; Bill. *Exsicc.* n. 2133 et *bis*. — [R. PETITE-OSEILLE. — Vulg. *Petite-Oseille, Oseille-de-brebis, Oseille-de-serpent*].

Tiges de 1-4 décim., dressées ou ascendantes-diffuses, grêles, rameuses, à rameaux supérieurs disposés en panicule lâche ou compacte. *Feuilles* pétiolées, *ovales, oblongues-lancéolées ou linéaires, hastées ou sagittées à oreillettes* ord. très longues *divergentes ou étalées* horizontalement. Fleurs dioïques, ord. rougeâtres. Faux-verticilles pluriflores ou pauciflores, dépourvus de feuilles bractéales, un peu espacés ou rapprochés à la maturité. Calice fructifère à valves membraneuses, suborbiculaires un peu aiguës, cordées la base, entières, dépourvues de granule, ne dépassant pas le fruit ; les *sépales extérieurs* dressés *apprimés*. ♃. Mai-juin, refleurit en automne.

C CC. — Bords des chemins, pâturages, clairières des bois, pelouses montueuses, champs sablonneux.

S.-v. *vulgaris*. — Feuilles à oreillettes entières.

S.-v. *fissus*. (R. *multifidus* L. sec. Koch *Syn. fl. Germ.* ed. 2, 710). — Feuilles à oreillettes bi-trilobées.

S.-v. *angustifolius*. — Feuilles linéaires-lancéolées ou linéaires, à oreillettes linéaires très étroites, ne présentant souvent qu'une seule oreillette, ou dépourvues d'oreillettes.

Le *R. acetoselloides* Balansa (loc. cit. et *Pl. Or. exsicc.* n. 351 et 1105) se rapproche beaucoup par le port de la sous-variété *fissus*, et M. Meisner (in DC. *Prodr.* XIV, 63) le considère comme un synonyme du *R. multifidus* L. qu'il rapporte comme variété au *R. Acetosella ;* mais le *R. acetoselloides*, plante de la région méditerranéenne orientale, est très distinct du *R. Acetosella*, ainsi que M. Balansa l'a fait remarquer, par les sépales intérieurs non cohérents avec l'akène qu'ils laissent échapper avec une grande facilité. Dans le *R. Acetosella* les sépales intérieurs deviennent très cohérents avec l'akène, se détachent avec lui et ne peuvent en être séparés sans déchirure.

**2. POLYGONUM** L. *Gen.* n. 495 ex parte. — [RENOUÉE].

Fleurs hermaphrodites. *Calice* ord. de consistance pétaloïde, *à 5* très rarement *4-3 sépales* imbriqués sur un seul rang, soudés à la base, presque égaux, à peine accrescents, persistants-marcescents, ord. connivents et appliqués sur le fruit. *Étamines* ord. *en nombre plus grand que celui des sépales*, ord. 8, disposées sur deux rangs, les extérieures alternant avec les sépales, les intérieures (3-2) opposées aux sépales intérieurs et correspondant aux faces de l'ovaire. Styles 2-3, libres entre eux ou plus ou moins soudés, souvent très courts; *stigmates capités*. Fruit trigone ou comprimé-lenticulaire, ne dépassant pas ou dépassant peu le calice. *Embryon* plus ou moins arqué, *placé latéralement* par rapport au périsperme; *cotylédons ord. linéaires*, jamais plissés-contournés.

Plantes annuelles ou vivaces, quelquefois volubiles. Fleurs petites, rouges, roses, blanches ou d'un blanc verdâtre, en épis ou en grappes axillaires ou terminales, plus rarement en fascicules ou solitaires à l'aisselle des feuilles ou des gaînes dépourvues de feuilles.

Sect. I. *PERSICARIA*. — *Styles plus ou moins longs.* Plantes non volubiles. Feuilles ovales, oblongues, lancéolées ou linéaires. *Fleurs en grappes ou en épis.*

§ 1. Étamines faisant longuement saillie hors du calice. Plantes vivaces.—(1-2).

§ 2. Étamines incluses. Plantes annuelles. — (3-6).

Sect. II. *AVICULARIA*. — *Styles courts ou presque nuls.* Plantes non volubiles. Feuilles oblongues, oblongues-lancéolées ou oblongues-linéaires. *Fleurs* naissant à l'aisselle des feuilles ou de gaînes dépourvues de feuilles, *solitaires ou en fascicules pauciflores*. — (7-8).

Sect. III. *TINIARIA*.—*Styles très courts ou presque nuls. Plantes volubiles. Feuilles cordées-sagittées.* Fleurs naissant à l'aisselle des feuilles, en fascicules ou en grappes pauciflores ou pluriflores. — (9-10).

Sect. I. PERSICARIA. — Styles plus ou moins longs. Plantes non volubiles. Feuilles ovales, oblongues, lancéolées ou linéaires. Fleurs en grappes ou en épis.

§ 1. Étamines faisant longuement saillie hors du calice. Plantes vivaces.

1. **P. Bistorta** L. *Sp.* 516; *Fl. Dan.* III, t. 421; *Engl. bot.* t. 509; Bill. *Exsicc.* n. 2357 et *bis.* — [R. BISTORTE. — Vulg. *Bistorte*].

*Souche très épaisse,* rampante, *presque ligneuse, contournée sur elle-même. Tiges* de 5-8 décim., dressées, *simples.* Gaînes glabres, à partie herbacée très longue, à partie membraneuse allongée, dépourvue de cils, ord. obliquement tronquée et se fendant longitudinalement. *Feuilles* ovales, ovales-oblongues ou oblongues-aiguës, cordées ou atténuées à la base, *à limbe décurrent sur le pétiole,* glauques en dessous, vertes en dessus; les radicales longuement pétiolées; les supérieures sessiles. Fleurs roses, disposées en épi compacte terminal solitaire ovoïde ou oblong-cylindrique. Styles 3, soudés seulement à la base. Stigmates très petits. *Fruits* faisant saillie hors du calice, lisses, luisants, *trigones, acuminés, à angles tranchants, à faces concaves.* ♃. Mai-juillet.

*R R.* — Prairies humides, coteaux tourbeux.— Très abondant dans les prairies humides à Combreux près Tournan (*Hennecart*). Parc de Pouilly! où il a peut-être été naturalisé (*Daudin*); Ons-en-Bray, Saint-Germer (*Graves*). Indiqué à Villers-Cotterets et à Soissons (*Mérat* Fl. Par.). — *Graves* Cat. Oise; Hanvoile; Vrocourt cant. de Songeons.

2. **P. amphibium** L. *Sp.* 517; *Fl. Dan.* II, t. 282; *Engl. bot.* t. 436; Bill. *Exsicc.* n. 1061. — [R. AMPHIBIE].

*Souche longuement traçante, rameuse.* Tiges de longueur très variable, submergées-nageantes ou terrestres, très rameuses, plus rarement simples, ord. radicantes au moins dans leur partie inférieure. Gaînes pubescentes ou glabrescentes, de longueur variable, à partie membraneuse assez courte tronquée souvent fendue longitudinalement. *Feuilles* pétiolées, oblongues ou lancéolées, aiguës ou obtuses, arrondies à la base ou un peu cordées, *à limbe non décurrent sur le pétiole*, glabres ou un peu pubescentes, d'un vert blanchâtre en dessous. Fleurs roses, disposées en épis compactes oblongs-cylindriques solitaires à l'extrémité de la tige et des rameaux. Styles 2. *Fruits* lisses luisants, *ovoïdes-comprimés*, à bords non tranchants. ♃. Juin-septembre.

*C C.* — Fossés, mares, étangs, rivières, lieux marécageux.

Var. *α. natans.* — Tiges submergées-nageantes. Feuilles nageantes, longuement pétiolées, oblongues-obtuses, glabres. Les épis de fleurs s'élevant au-dessus de l'eau.

Var. *β. terrestre.* — Plante non submergée, à tiges souvent dressées et simples. Feuilles brièvement pétiolées, oblongues-lancéolées ou lancéolées, pubescentes-rudes, d'un vert blanchâtre en dessous, quelquefois ondulées.

On rencontre souvent sur un même individu les deux formes de feuilles caractéristiques de l'une et de l'autre variété, quand la plante, à diverses époques de sa croissance, s'est trouvée alternativement dans l'eau ou hors de l'eau.

§ 2. Étamines incluses. Plantes annuelles.

3. **P. lapathifolium** L. *Sp.* 517; Ait. *Hort. Kew.* ed. 1, II, 30; *Engl. bot.* t. 1382; Rchb. *Crit.* V, t. 493, f. 688; Bill. *Exsicc.* n. 1062 et *bis.* — [R. A FEUILLES DE PATIENCE].

Tige de 3-9 décim., dressée ou étalée-ascendante, rameuse souvent dès la base. Feuilles ovales-lancéolées ou lancéolées, atténuées à la base, pétiolées, glabres ou presque glabres, quelquefois pubescentes ou blanches-tomenteuses en dessous. *Gaînes* glabres ou pubescentes, *finement et brièvement ciliées*, quelquefois dépourvues de cils. Fleurs assez grosses, d'un blanc verdâtre ou roses, disposées en *épis oblongs-cylindriques* plus ou moins *compactes* droits, dressés. Calice présentant quelques points glanduleux ou dépourvu de glandes. Styles 2. *Fruits* lisses, luisants, *suborbiculaires-comprimés, concaves sur les deux faces.* ①. Juin-septembre.

*C.* —Lieux humides, fossés, bords des étangs et des rivières, lieux inondés l'hiver.

Var. *β. incanum.* — Feuilles pubescentes, blanches-tomenteuses en dessous.

Var. *γ. nodosum.* (*P. nodosum* Pers. *Syn. pl.* I, 440; Meisn. in DC. *Prodr.* XIV, 118). — Tige à nœuds très renflés. Fleurs en épis ord. allongés assez grêles un peu penchés.

α β γ s.-v. *maculatum*. — Feuilles présentant une tache noirâtre à la face supérieure.

Le *P. Orientale* L. (*Bot. mag.* VI, t. 213. — Vulg. *Persicaire-d'Orient, Grande-
Renouée*), indigène dans l'Afrique australe, l'Inde et la Nouvelle-Hollande, est
fréquemment cultivé dans les jardins, d'où il s'échappe quelquefois. Cette espèce
se distingue aux caractères suivants : tige atteignant 1-2 mètres, velue, rameuse
supérieurement ; feuilles pétiolées, très amples, ovales-acuminées, pubescentes ;
fleurs d'un beau rouge, en épis allongés compactes pendants ; fruits lisses, suborbiculaires-comprimés.

4. **P. Persicaria** L. *Sp.* 518 α; *Fl. Dan.* IV, t. 702; *Engl. bot.* t. 756; Rchb. *Crit.*
V, t. 491, f. 684; Bill. *Exsicc.* n. 1063. — [R. PERSICAIRE.—Vulg. *Persicaire*].

Tige de 3-9 décim., dressée ou étalée-ascendante, rameuse souvent dès
la base. Feuilles oblongues-lancéolées ou lancéolées, atténuées à la base, brièvement pétiolées, glabres ou presque glabres, quelquefois pubescentes ou
blanches-tomenteuses en dessous. *Gaînes* glabres ou pubescentes, *longuement
ciliées*. Fleurs ord. assez grosses, roses, plus rarement d'un blanc verdâtre,
disposées en *épis oblongs-cylindriques* ord. *compactes* droits dressés. Calice
ne présentant pas de points glanduleux. Styles 2-3. *Fruits* lisses, luisants ;
*les uns suborbiculaires-comprimés, à faces l'une convexe ou plane l'autre
convexe-gibbeuse ; les autres trigones* à faces concaves. (I). Juillet-septembre.

*C.* — Champs humides, fossés, bords des eaux, berges des rivières.

Var. β. *incanum*.— Feuilles pubescentes, blanches-tomenteuses en dessous.

α β s.-v. *maculatum*. — Feuilles présentant une tache noirâtre sur la face supérieure.

5. **P. mite** Schrank *Baier. Fl.* I, 668; *Engl. bot.* t. 2867; Bill. *Exsicc.* n. 1064
et bis et ter et *quater*.—*P. laxiflorum* Weihe in *Bot. Zeit.* [1826] 746. —
*P. dubium* Stein. sec. A. Br. in *Bot. Zeit.* [1824] 357; Gren. et Godr.
*Fl. Fr.* III, 48. — [R. DOUCE].

Tige de 1-9 décim., dressée ou étalée-ascendante, rameuse souvent dès
la base. Feuilles oblongues-lancéolées, lancéolées ou lancéolées-linéaires, plus
ou moins atténuées à la base, brièvement pétiolées ou subsessiles, glabres ou
presque glabres. *Gaînes* glabres ou pubescentes, *longuement ciliées*. Fleurs
roses, rarement d'un blanc verdâtre, disposées en *épis grêles presque filiformes lâches-interrompus*, arqués-pendants ou étalés, plus rarement dressés.
*Calice ne présentant pas de points glanduleux*. Styles 2-3, à la fin réfléchis.
*Fruits* lisses, luisants ; *les uns suborbiculaires-comprimés, à faces convexes ; les autres trigones*, à faces un peu concaves ou l'une d'elles presque
plane. *Plante à saveur non poivrée*. (I). Juillet-septembre.

*A.C.* — Fossés, bords des eaux, lieux inondés l'hiver.

Var. β. *minus*. (*P. minus* Huds. *Fl. Angl.* I, 148; Bill. *Exsicc.* n. 2358. —
*P. pusillum* Lmk *Fl. Fr.* III, 235). — Tige de 1-4 décim., grêle, souvent
presque filiforme, ord. très rameuse dès la base à rameaux étalés-diffus. Feuilles
ord. très étroites. Épis ord. dressés. Fleurs et fruits ord. plus petits de moitié
que dans le type. Styles dressés, rapprochés. — R. — Env. de Triel (*de Boucheman*). Saint-Léger ! (*Mandon*) ; étangs de Saint-Hubert, forêt de Rambouillet
(*de Boucheman*). Mares dans la forêt de Fontainebleau : rochers du Cuvier !,

mares de Bellecroix !, de Franchart !, etc ; mares du bois de Lavaux près Nemours (*Devilliers*). Forêt de Compiègne : mare de Saint-Louis (*de Marcilly fils*). — *Graves* Cat. Oise : sables de Morfontaine ; Ermenonville ; La Chapelle-en-Serval ; Betz ; marais de Belloy près Beauvais ; Hauteville, Bois-Morel cant. de Noailles ; carrefour du Parquet-du-bois dans la forêt de Compiègne.

6. **P. Hydropiper** L. *Sp.* 517 ; *Fl. Dan.* IX, t. 1576 ; *Engl. bot.* t. 989 ; Rchb. *Crit.* V, t. 494, f. 687 ; Bill. *Exsicc.* n. 72.— [R. POIVRE-D'EAU. — Vulg. *Poivre-d'eau, Herbe-à-crapaud*].

Tige de 3-9 décim., dressée ou étalée-ascendante, rameuse souvent dès la base. Feuilles oblongues-lancéolées ou lancéolées, atténuées à la base, brièvement pétiolées ou subsessiles, glabres ou presque glabres. Gaînes glabres ou presque glabres, brièvement ou longuement ciliées. Fleurs d'un blanc rosé ou verdâtre, disposées en *épis grêles presque filiformes lâches-interrompus*, arqués pendants ou étalés, rarement dressés. *Calice chargé de points glanduleux.* Styles 2-3. *Fruits non luisants*, très finement rugueux ; *les uns suborbiculaires-comprimés, à faces présentant chacune une saillie longitudinale ; les autres trigones*, à faces un peu concaves ou l'une d'elles presque plane. *Plante à saveur âcre poivrée.* ①. Juillet-octobre.

C. — Fossés, lieux humides, marécages, bords des eaux.

Sect. II. AVICULARIA. —Styles courts ou presque nuls. Plantes non volubiles. Feuilles oblongues, oblongues-lancéolées ou oblongues-linéaires. Fleurs naissant à l'aisselle des feuilles ou de gaînes dépourvues de feuilles, solitaires ou en fascicules pauciflores.

7. **P. aviculare** L. *Sp.* 519 ; *Fl. Dan.* V, t. 803 ; *Engl. bot.* t. 1252 ; Bill. *Exsicc.* n. 73. — [R. DES OISEAUX. — Vulg. *Trainasse, Centinode, Herbe-à-cochon*].

Tiges plus ou moins nombreuses, rarement solitaires, de 1-6 décim., grêles, étalées ou appliquées sur la terre, plus rarement ascendantes ou dressées, simples ou rameuses à *rameaux feuillés* ord. *jusqu'au sommet.* Feuilles oblongues, lancéolées, ou oblongues-linéaires, aiguës ou obtuses, planes, subsessiles ou brièvement pétiolées, un peu épaisses, glabres, ord. glaucescentes. Gaînes scarieuses, laciniées. Fleurs presque sessiles, solitaires ou disposées par 2-4 à l'aisselle des feuilles. *Fruits non luisants*, trigones, *à faces* planes ou un peu concaves, *finement striés* à stries longitudinales. ①. Juin-octobre.

CCC. — Bords des chemins, rues peu fréquentées, basses-cours, villages, jardins, lieux incultes.

S.-v. *latifolium.* — Feuilles oblongues ou ovales-oblongues, beaucoup plus grandes que celles du type.

Var. β. *erectum.* — Tiges presque solitaires, ascendantes ou dressées.

8. **P. Bellardi** All. *Fl. Ped.* t. 90, f. 2. — [R. DE BELLARDI].

Tige solitaire, de 3-5 décim., grêle, roide, dressée, souvent rameuse dès la base, à *rameaux* dressés *dépourvus de feuilles dans leur partie supérieure.* Feuilles oblongues-lancéolées ou oblongues-linéaires, planes, subsessiles, un peu épaisses, glabres. Gaînes scarieuses, laciniées. Fleurs presque sessiles ou pédicellées, solitaires ou disposées par 2-4, les inférieures axillaires, les supérieures en épi effilé interrompu. *Fruits un peu luisants*, trigones, *à faces planes ou un peu concaves, presque lisses.* (I). Juin-juillet.

R R R. — Champs arides. — Nanteau près Nemours (*Devilliers*); Malesherbes (*Bernard*).

Sect. III. TINIARIA. — Styles très courts ou presque nuls. Plantes volubiles. Feuilles cordées-sagittées. Fleurs naissant à l'aisselle des feuilles, en fascicules ou en grappes pauciflores ou pluriflores.

9. **P. Convolvulus** L. *Sp.* 522; *Fl. Dan.* V, t. 744; *Engl. bot.* t. 941; Bill. *Exsicc.* n. 1545 et *bis*. — [R. LISERON. — Vulg. *Faux-Liseron, Liseron-noir, Liseron-bâtard, Vrillée-bâtarde*].

*Tiges* de 2-10 décim., presque filiformes, *anguleuses-striées*, ord. un peu rudes, couchées sur la terre ou s'enroulant autour des plantes voisines. Feuilles pétiolées, ovales-acuminées, cordées-sagittées, glabres ou presque glabres. Gaînes très courtes, tronquées. Fleurs blanchâtres, en fascicules pauciflores, ou en grappes lâches axillaires et terminales. *Calice fructifère* pubérulent, enveloppant étroitement le fruit, *à sépales extérieurs carénés à carène non membraneuse. Fruits non luisants*, très finement striés, trigones à faces un peu concaves. (I). Juin-septembre.

*C C.* — Champs, lieux cultivés ou en friche.

10. **P. dumetorum** L. *Sp.* 522; *Fl. Dan.* V, t. 756; *Engl. bot.* t. 2811; Bill. *Exsicc.* n. 843. — [R. DES BUISSONS. — Vulg. *Grande-Vrillée-bâtarde*].

*Tiges* atteignant souvent 1-2 mètres, presque filiformes, *cylindriques*, ord. lisses, s'enroulant autour des plantes voisines. Feuilles pétiolées, ovales-acuminées, cordées-sagittées, glabres ou presque glabres. Gaînes très courtes, tronquées. Fleurs blanchâtres, en grappes lâches axillaires et terminales, plus rarement en fascicules axillaires. *Calice fructifère* glabre, enveloppant étroitement le fruit, *à sépales extérieurs carénés à carène ailée-membraneuse. Fruits lisses, luisants*, trigones à faces concaves. (I). Juillet-septembre.

*A.C.* — Haies, buissons, lisières des bois.

† **FAGOPYRUM** Tourn. *Inst.* t. 290 ex parte. — [SARRASIN].

Fleurs hermaphrodites. *Calice* de consistance pétaloïde, *à 5 sépales* imbriqués sur un seul rang, soudés à la base, presque égaux, marcescents, étalés même à la maturité. *Étamines en nombre plus grand que celui des sépales*, 8, disposées sur deux rangs, les extérieures alternant avec les sépales, les intérieures (3) opposées aux sépales intérieurs et correspondant aux faces de l'ovaire. Styles 3, ord. assez longs; *stigmates capités*. Fruit trigone, dépassant longuement le calice. *Embryon placé dans le périsperme; cotylédons larges foliacés, plissés-contournés*, partageant le périsperme en deux parties qu'ils entourent incomplétement.

Plantes annuelles, à tige dressée non volubile. Fleurs petites, d'un blanc verdâtre, blanches ou rosées, en grappes ou en cymes subdichotomes axillaires et terminales.

† **F. esculentum** Mœnch *Meth.* 290; Meisn. in DC. *Prodr.* XIV, 143. — *Polygonum Fagopyrum* L. *Sp.* 522; *Engl. bot.* t. 1044. — *Fagopyrum vulgare* Erndl. *Virid. Varsav.* 42; Nees jun. *Gen. fl. Germ.* fasc. VIII, t. 8; *Fl. Par.* éd. 1, 468. — [S. ALIMENTAIRE. — Vulg. *Sarrasin, Blé-noir*].

Tige de 3-8 décim., dressée, rameuse. Feuilles longuement pétiolées, ovales ou triangulaires, cordées-sagittées, acuminées. Fleurs blanches ou rosées, en grappes courtes longuement pédonculées, les grappes terminales disposées en corymbe. *Fruits* lisses, trigones, *à angles aigus entiers*. (I). Juin-août.

Cette plante, originaire de l'Asie centrale, est cultivée en grand dans les terrains maigres ; on la rencontre quelquefois à l'état subspontané dans les champs et aux bords des chemins.

† **F. Tataricum** Gærtn. *Fruct.* II, 182, t. 119, f. 6. — *Polygonum Tataricum* L. *Sp.* 521 ; Gmel. *Sib.* III, 64, t. 13, f. 1 ; Metzg. *Cereal.* 69, t. 20. — *Fagopyrum dentatum* Mœnch *Meth.* 290. — [S. DE TARTARIE. — Vulg. *Sarrasin, Blé-noir*].

Tige de 3-8 décim., dressée, rameuse. Feuilles longuement pétiolées, ovales ou triangulaires ord. plus larges que longues, cordées-sagittées, acuminées. Fleurs d'un blanc verdâtre, plus petites que dans l'espèce précédente, en grappes allongées simples interrompues, longuement pédonculées. *Fruits* trigones, à faces concaves un peu rugueuses, *à angles* un peu épaissis *sinués-dentés*. (I). Juin-août.

Cette plante, probablement originaire de la Sibérie, est cultivée en grand dans les terrains maigres, souvent mêlée à l'espèce précédente ; on la rencontre quelquefois à l'état subspontané dans les champs et aux bords des chemins.

---

## † MORÉES

(MOREÆ Endlich. *Prodr. fl. Norf.* 40).

*Fleurs unisexuelles*, ord. monoïques, disposées en épis ou renfermées dans un réceptacle commun charnu creux. — Fleur mâle : Calice à 3-4 sépales presque égaux, soudés à la base ou dans une étendue variable, à préfloraison imbriquée. Étamines 3-4, opposées aux sépales, insérées au fond du calice ; filets infléchis dans le bouton ; anthères bilobées, à lobes s'ouvrant longitudinalement.—Fleur femelle : Calice à 4-5 sépales soudés à la base ou dans une étendue variable. Ovaire non soudé avec le calice, uniovulé, uniloculaire, ou biloculaire à loges inégales, la plus petite stérile ; *ovule suspendu* au-dessous du sommet de la loge, plié. Styles 2, filiformes, libres presque jusqu'à la base et stigmatifères à la face interne, ou style 1 bifide au sommet. — *Fruit* (akène, utricule, drupe) petit, entouré par le calice membraneux, ou renfermé dans le calice charnu-succulent qui se soude avec lui, *uniloculaire, monosperme, indéhiscent*, à péricarpe membraneux ou charnu. — Graine remplissant la cavité du péricarpe, suspendue, à testa ord. crustacé. *Périsperme charnu. Embryon plié*, placé dans le périsperme. Radicule rapprochée du hile.

*Arbres ou arbrisseaux*, à suc aqueux ou laiteux. Feuilles alternes, indivises ou lobées, souvent dentées ou sinuées ; *stipules* libres, ord. caduques. Fleurs petites, verdâtres ou blanchâtres, en épis unisexuels caducs, ou renfermées dans un réceptacle creux presque fermé ord. pyriforme caduc.

† MORUS. — *Fleurs en épis unisexuels. Styles 2*, libres entre eux presque jusqu'à la base.

† FICUS. — *Fleurs mâles et fleurs femelles renfermées dans un réceptacle creux charnu. Style filiforme, bifide au sommet.*

### † **MORUS** Tourn. *Inst.* t. 362. — [MÛRIER].

*Fleurs monoïques, en épis unisexuels.* — Fleur mâle : Calice à 4 sépales soudés à la base, ovales, concaves, étalés lors de la floraison. Étamines 4 ; filets filiformes.

— Fleur femelle : Calice à 4 sépales ovales, concaves, presque libres, dressés, les extérieurs plus grands, devenant charnu-succulent à la maturité et renfermant le fruit. Ovaire biloculaire, à loges inégales. *Styles 2,* filiformes allongés, stigmatifères à leur face interne. Fruit (akène, drupe, utricule charnu) uniloculaire, monosperme par l'avortement de l'ovule de la plus petite loge, à péricarpe membraneux ou un peu charnu, renfermé dans le calice qui se soude avec lui.

•Arbres à suc aqueux lactescent. Feuilles alternes, pétiolées, indivises ou irrégulièrement lobées, dentées; stipules caduques. *Fleurs* verdâtres, en épis axillaires pédonculés; les mâles en épis allongés; les *femelles* en épis ovoïdes ou subglobuleux caducs, *à calices charnus-succulents* soudés entre eux et ord. colorés à la maturité.

† **M. alba** L. *Sp.* 1398; Gœrtn. *Fruct.* II, t. 126, f. 6; Rchb. *Ic.* XII, t. 657, f. 1327. — [M. BLANC.].

Feuilles minces, ovales ou ovales-suborbiculaires, dentées, quelquefois lobées, tronquées ou obliquement cordées à la base, presque glabres ou un peu scabres. *Épis femelles assez petits, environ de la longueur du pédoncule.* Calice à *sépales glabres* aux bords. Stigmates glabres, à papilles courtes. Épi femelle fructifère à calices charnus-succulents, soudés, blancs ou d'un blanc rosé, à suc incolore et d'une saveur fade un peu sucrée. ♄. *Fl.* mai. *Fr.* juillet-août.

Cultivé en grand et dans les parcs. — Originaire de l'Orient.

† **M. nigra** L. *Sp.* 1398; Lmk *Encycl. méth.* t. 762; Duham. *Arbr. fruit.* II, t. 1; Rchb. *Ic.* XII, t. 658, f. 1328. — [M. NOIR].

Feuilles un peu épaisses, ovales-acuminées, dentées, quelquefois lobées, profondément cordées à la base, pubescentes-scabres. *Épis femelles assez gros, beaucoup plus longs que le pédoncule ou subsessiles.* Calice à *sépales hérissés aux bords.* Stigmates hérissés. Épi femelle fructifère à calices charnus-succulents, soudés, d'un pourpre noirâtre, à suc d'un rouge foncé et d'une saveur sucrée acidule. ♄. *Fl.* mai. *Fr.* juillet-août.

Cultivé çà et là dans les vergers et dans les parcs. — Originaire de l'Asie.

Le *Broussonnetia papyrifera* Duham. (*Bot. mag.* t. 2358. — Vulg. *Mûrier-à-papier*), originaire du Japon et de la Chine, est quelquefois planté dans les avenues et dans les parcs. Cet arbre se reconnaît à ses feuilles irrégulièrement 2-5-lobées ou ovales-suborbiculaires indivises, à ses fleurs dioïques les femelles à calice urcéolé rapprochées en tête sur un réceptacle globuleux, et à ses fruits charnus-gélatineux entourés d'un disque exsert charnu.

† **FICUS** Tourn. *Inst.* t. 420. — [FIGUIER].

*Fleurs* monoïques, *renfermées* en grand nombre *dans un réceptacle* ord. pyriforme, plus rarement globuleux, *creux, charnu, presque complétement fermé* et ombiliqué au sommet, les supérieures mâles, les autres femelles. — Fleur mâle : Calice à 3 sépales lancéolés membraneux, soudés dans leur partie inférieure. Étamines 3; filets capillaires. — Fleur femelle : Calice à 5 sépales lancéolés, soudés en un tube décurrent sur le pédicelle. Ovaire obliquement stipité, uniloculaire; *style* un peu latéral, *filiforme, bifide au sommet,* à lobes stigmatifères. — Fruits très petits, très nombreux, monospermes, indéhiscents, à péricarpe membraneux, entourés des calices membraneux et renfermés dans le réceptacle accru et devenu pulpeux-succulent.

Arbre ou arbrisseau, à suc âcre laiteux. Feuilles alternes, pétiolées, palmatilobées; stipules assez grandes, enroulées, enveloppant les bourgeons, caduques. Fleurs très petites, blanchâtres, pédicellées. Réceptacles axillaires, solitaires ou groupés, très brièvement pédonculés, caducs à la maturité, munis à la base de bractées membraneuses courtes.

† **F. Carica** L. *Sp.* 1513; Rchb. *Ic.* XII, t. 659, f. 1329. — [F. COMMUN. — Vulg. *Figuier*].

Arbre ou arbrisseau à bois tendre, à rameaux verdâtres ou grisâtres contenant une moelle abondante. Feuilles très amples, pubescentes-scabres, épaisses, fermes, palmatilobées à 3-7 lobes obtus sinués ou irrégulièrement lobés. Réceptacle fructifère (figue) assez gros, pyriforme, glabre, verdâtre ou violacé, à pulpe sucrée. ♄. Juillet-août.

Cultivé dans les jardins potagers et dans les vergers, où il doit être abrité contre le froid. — Originaire de la région méditerranéenne orientale.

---

# LXXV. CANNABINÉES
(CANNABINEÆ Endlich. *Gen. pl.* 286).

*Fleurs dioïques.* — Fleur mâle : Calice à 5 sépales presque égaux, libres, à préfloraison imbriquée. *Étamines* 5, opposées aux sépales, *insérées au fond du calice;* filets filiformes très courts; anthères bilobées, à lobes oblongs, s'ouvrant longitudinalement. — Fleur femelle : Calice persistant plus ou moins accrescent, réduit à un seul sépale qui entoure ou embrasse l'ovaire. Ovaire non soudé avec le calice, uniloculaire, uniovulé; *ovule suspendu*, plié. Style très court ou nul; stigmates 2, filiformes allongés. — *Fruit* (akène) petit, renfermé dans le calice ou embrassé par le calice, *sec, uniloculaire, monosperme; à péricarpe crustacé*, glanduleux-résineux *indéhiscent*, ou lisse s'ouvrant en 2 valves par la pression. — Graine suspendue, à testa mince membraneux soudé ou non avec le péricarpe. *Périsperme nul. Embryon plié ou enroulé en spirale. Radicule rapprochée du hile.*

Plantes herbacées, annuelles à tige dressée, ou vivaces à tiges volubiles. Feuilles opposées ou les supérieures alternes, palmatilobées ou palmatiséquées à lobes dentés, plus rarement indivises-dentées; *stipules* persistantes ou caduques, libres ou soudées deux à deux. Fleurs petites, verdâtres; les mâles en grappes ou en panicules; les femelles en glomérules feuillés pauciflores, ou en épis compactes ovoïdes en forme de cône par le développement des bractées et des sépales qui deviennent membraneux-foliacés.

† CANNABIS. — *Fleurs femelles naissant* chacune *à l'aisselle d'une petite bractée*. Embryon plié. Plante annuelle, à *tige dressée*.

1. HUMULUS. — *Fleurs femelles disposées par paires à l'aisselle de bractées membraneuses foliacées* accrescentes. Embryon à cotylédons enroulés en spirale. Plante vivace, à *tiges volubiles*.

### † CANNABIS Tourn. *Inst.* t. 309. — [CHANVRE].

Fleurs dioïques. — Fleurs mâles : Calice à 5 sépales presque égaux. Étamines 5; filets courts; anthères longues, pendantes. — *Fleurs femelles naissant* chacune *à l'aisselle d'une petite bractée* : Calice réduit à un seul sépale enroulé autour de l'ovaire et renflé à la base. Ovaire à style court ; stigmates 2, filiformes très longs. Akène subglobuleux un peu comprimé, à péricarpe se partageant en deux valves par la pression. *Embryon plié*, à radicule répondant au dos de l'un des cotylédons.

Plante annuelle. Tige dressée. Feuilles inférieures opposées, les supérieures alternes, palmatiséquées, à segments dentés ; stipules libres. Fleurs mâles en grappes axillaires et terminales souvent géminées ou groupées ; les femelles en glomérules axillaires feuillés pauciflores.

† **C. sativa** L. *Sp.* 1457 ; Nees jun. *Gen. fl. Germ.* fasc. III, t. 9 ; Rchb. *Ic.* XII, t. 655, f. 1325. — Lob. *Ic.* t. 526, f. 1-2. — [C. CULTIVÉ. — Vulg. *Chanvre, Pantagruélion*].

Tige atteignant souvent 1-2 mètres, dressée, roide, effilée, simple ou un peu rameuse supérieurement, pubescente très rude, à liber constitué par des fibres textiles très résistantes. Feuilles pétiolées, palmatiséquées, à 5-7 segments lancéolés-acuminés ou linéaires-lancéolés fortement dentés, pubescentes-rudes, d'un vert pâle en dessous ; les supérieures souvent réduites à 3 segments ou au segment terminal. Akène lisse, d'un gris brunâtre, renfermé dans le calice. Plante exhalant une odeur forte. ①. Juin-septembre.

Cultivé en grand. — Subspontané çà et là au bord des chemins. — Originaire de l'Inde septentrionale et de la Sibérie.

## 1. HUMULUS L. *Gen.* n. 1116. — [HOUBLON].

Fleurs dioïques. — Fleurs mâles : Calice à 5 sépales presque égaux. Étamines 5 ; filets très courts ; anthères longues, dressées, apiculées par le prolongement du connectif. — *Fleurs femelles disposées par paires à l'aisselle de bractées membraneuses-foliacées* accrescentes : Calice réduit à un seul sépale embrassant l'ovaire s'accroissant beaucoup et devenant membraneux-foliacé à la maturité. Ovaire à 2 stigmates filiformes très longs. Akène ovoïde un peu comprimé. *Embryon à cotylédons linéaires enroulés en spirale*, à radicule répondant au dos de l'un des cotylédons.

Plante vivace. *Tiges volubiles.* Feuilles la plupart opposées, palmatilobées, cordées, à lobes dentés ; stipules soudées deux à deux. Fleurs mâles en grappes rameuses opposées ou en panicules, axillaires et terminales ; fleurs femelles en *épis* compactes ovoïdes ou subglobuleux, pédonculés, axillaires et terminaux, solitaires ou réunis en panicule, les *fructifères* plus gros, *en forme de cône* par le développement des bractées et des sépales.

1. **H. Lupulus** L. *Sp.* 1457 ; *Fl. Dan.* VII, t. 1239 ; *Engl. bot.* t. 427 ; Rchb *Ic.* XII, t. 656, f. 1326 ; Bill. *Exsicc.* n. 2741. — [H. GRIMPANT. —Vulg. *Houblon*].

Tiges atteignant souvent plusieurs mètres, sarmenteuses, volubiles de droite à gauche, grêles, un peu anguleuses, rudes, couvertes de poils courts robustes crochus. Feuilles pétiolées, scabres en dessus, munies en dessous de glandes résineuses, cordées à la base, palmatilobées à 3-5 lobes ovales-acuminés dentés, plus rarement indivises profondément dentées. Épis femelles fructifères à bractées et à sépales ovales membraneux-réticulés. Akène à péricarpe jaunâtre, chargé, ainsi que la partie inférieure du sépale, de glandes résineuses jaunes odorantes et à saveur amère. ♃. Juillet-août.

C. — Haies, buissons, lieux frais et ombragés. — Quelquefois cultivé.

---

# LXXVI. ULMACÉES

(ULMACEÆ Mirbel *Élém.* 905).

Fleurs hermaphrodites. — Calice marcescent, gamosépale, campanulé ou turbiné, à limbe dressé, à 5 plus rarement 4-8 lobes égaux, à préfloraison imbriquée. — Corolle nulle. — Étamines 5, plus rarement 4-8, insérées à la base du calice et opposées à ses lobes. Filets filiformes, libres. Anthères bilobées, à lobes s'ouvrant longitudinalement. — *Ovaire* non soudé avec le calice, comprimé, *biloculaire à loges uniovulées* (dans notre genre), l'une des loges stérile par avortement. *Ovule suspendu*, réfléchi. Styles 2, larges, divergents, stigmatifères à leur face interne dans toute leur longueur. — *Fruit* (samare), *sec, comprimé, largement ailé-membraneux dans toute sa circonférence*, uniloculaire et monosperme par avortement, *indéhiscent*. — Graine suspendue, à testa membraneux. *Périsperme nul. Embryon droit*, à cotylédons larges plans. Radicule courte, dirigée vers le hile.

*Arbres*. Feuilles alternes ; *stipules* libres, caduques. Fleurs assez petites, en fascicules latéraux sessiles, paraissant avant les feuilles.

## 1. ULMUS L. *Gen.* n. 316. — [ORME].

Fleurs hermaphrodites. Calice membraneux, campanulé ou turbiné, à 5 plus rarement 4-8 lobes. Étamines 5, plus rarement 4-8. Ovaire oval, comprimé, à 2 loges uniovulées. Styles 2, divergents, stigmatifères à la face interne. Fruit sec, comprimé, largement ailé-membraneux dans toute sa circonférence, échancré au sommet, uniloculaire et monosperme par avortement, indéhiscent.

Arbres ord. élevés. Feuilles pétiolées, alternes, dentées. Fleurs rougeâtres, paraissant avant les feuilles, en fascicules latéraux sessiles.

1. **U. campestris** L. *Sp.* 327 ; *Engl. bot.* t. 1886 ; Rchb. *Ic.* XII, t. 661, f. 1331 ; Bill. *Exsicc.* n. 1763 et *bis.* -- [O. CHAMPÊTRE. — Vulg. *Orme, Orme commun*].

Arbre souvent très élevé, à rameaux glabres ou presque glabres. Feuilles ord. pubescentes-rudes, ovales-aiguës ou ovales ord. brièvement acuminées, longues de 3-5 centim., ord. inégalement obliques à la base, souvent cordées, doublement dentées. *Fleurs brièvement pédicellées*. Calice à 4-5 lobes ciliés. *Fruits* subsessiles, *glabres*, obovales ou obovales-suborbiculaires, largement ailés-membraneux. *Graine située au dessus du centre du fruit et immédiatement au-dessous de l'échancrure.* ♃. Mars-avril.

Bois montueux. — Très fréquemment planté aux bords des chemins et dans les promenades publiques.

Var. α *campestris*. — Écorce des rameaux non subéreuse.

S.-v. *corylifolia*. (*U. corylifolia* Host *Fl. Austr.* I, 329). — Feuilles ord. assez amples, profondément incisées-dentées.

Var. β. *suberosa*. (*U. suberosa* Ehrh. *Beitr.* VI, 87 ; *Engl. bot.* t. 2161 ; Rchb.

*Ic.* XII, t. 663, f. 1333). — Arbre ord. peu élevé. Écorce des rameaux plus ou moins subéreuse boursouflée en forme d'ailes longitudinales.

2. **U. montana** Sm. *Fl. Brit.* II, 21, et *Engl. bot.* t. 1887 ; Gaud. *Fl. Helv.* II, 263 ; Rchb. *Ic.* XII, t. 662, f. 1332 ; Planch. in *Ann. sc. nat.* sér. 3, X, 275 ; Bill. *Exsicc.* n. 1764. — [ O. DES MONTAGNES ].

Arbre souvent très élevé, à jeunes rameaux ord. velus. Feuilles ord. pubescentes-rudes, largement ovales, brusquement et ord. longuement acuminées, longues de 8-15 centim., ord. inégalement obliques à la base, souvent cordées, doublement dentées. *Fleurs brièvement pédicellées.* Calice à 5-7 lobes ciliés. *Fruits* subsessiles, *glabres,* ovales-oblongs ou suborbiculaires. *Graine située au-dessous du centre du fruit et éloignée de l'échancrure.* ħ. Mars-avril.

Dans les bois à Thury-en-Valois (*Questier*), où il a peut-être été planté.

† **U. effusa** Willd. *Prodr. fl. Berol.* n. 296 ; Rchb. *Ic.* XII, t. 666, f. 1337 ; Bill. *Exsicc.* n. 458. — *U. octandra* Schk. *Handb.* t. 57. — [ O. A FLEURS ÉPARSES ].

Arbre ord. élevé. Feuilles mollement pubescentes en dessous, ovales ou ovales-suborbiculaires, acuminées, ord. inégalement obliques à la base, souvent cordées, doublement dentées ou incisées-dentées. Fleurs longuement pédicellées à pédicelles articulés près du sommet, pendantes. *Fruits longuement pédicellés, velus-ciliés* aux bords, ovales, oblongs ou suborbiculaires, plus petits que ceux de l'espèce précédente, ailés-membraneux, souvent un peu rougeâtres. Graine située au centre du fruit et éloignée de l'échancrure. ħ. Mars-avril.

Planté çà et là aux bords des routes et dans les bois. — Neuilly, parc de la Malmaison (*Vigineix*) ; Saint-Cloud ! ; Versailles (*Decaisne*) ; route de Saint-Germain (*Lepeletier de Saint-Fargeau*). Boulevards de Beauvais (*Taillefert*). Assez abondant dans la forêt de Compiègne : Beaux-monts, Sainte-Corneille, etc. (*Léré*) ; route de Crépy à Compiègne, Bourg près La Ferté-Milon (*Questier*). — *Graves* Cat. Oise : avenues de Compiègne et dans la forêt à l'étang Saint-Jean, à Sainte-Périne, aux carrefours Aurore et du Grand-cerf, sur la route de Morpigny, près du carrefour du Pont-Caborne ; forêt de Chantilly.

Le genre *Celtis,* type de la famille des *Celtidées,* présente les caractères suivants : fleurs hermaphrodites ou quelques-unes mâles par avortement ; calice à 5-6 sépales égaux, concaves ; étamines 5-6 à filets courbés-infléchis au sommet avant l'épanouissement, à anthères cordées-acuminées ; ovaire uniloculaire, uniovulé ; stigmates 2, allongés-acuminés, pubescents-glanduleux, étalés ou recourbés ; fruit drupacé, charnu, à un seul noyau monosperme ; graine suspendue ; embryon courbé, entourant un périsperme presque gélatineux, à cotylédons condupliqués émarginés au sommet, à radicule épaisse et courbée. — Le *C. australis* L. (Rchb. *Ic.* XII, t. 667, f. 1338. — Vulg. *Micocoulier*), indigène dans la région méditerranéenne, a été planté dans quelques bois (bois de Boulogne ! . Beaux-monts dans la forêt de Compiègne [ *Graves* ] ; Thury-en-Valois [ *Questier* ]. Malesherbes ! [ *Bernard* ]). Il se reconnaît aux caractères suivants : arbre plus ou moins élevé ou arbrisseau ; feuilles alternes, pétiolées, ovales ou oblongues, acuminées, dentées, scabres en dessus, très pubescentes en dessous, à nervures très saillantes à la face inférieure ; fleurs blanchâtres axillaires, solitaires, pédicellées ; fruit noir, de la grosseur d'une merise, très longuement pédicellé.

# LXXVII. URTICÉES

(URTICEÆ DC. *Fl. Fr.* III, 517 ex parte ; Wedd. *Monogr. Urtic.* in *Arch. Mus.* IX).

Fleurs monoïques ou dioïques, rarement polygames. — Fleur hermaphrodite et fleur mâle : Calice à 4 sépales presque égaux, concaves, presque libres ou soudés inférieurement s'accroissant ou non après la floraison, à préfloraison imbriquée. Corolle nulle. *Étamines 4, opposées aux sépales*, insérées au centre de la fleur ou hypogynes ; filets repliés en dedans avant l'épanouissement, puis s'étalant avec élasticité ; anthères bilobées, introrses, à lobes souvent un peu séparés au sommet et à la base. Ovaire développé dans la fleur hermaphrodite, nul ou rudimentaire dans la fleur mâle. — Fleur femelle : Calice persistant, à 4 sépales presque libres entre eux ord. très inégaux les 2 extérieurs plus petits, ou composé de 4 sépales soudés inférieurement, ou gamosépale tubuleux à limbe 4-partit. Corolle nulle. Ovaire non soudé avec le calice, uniloculaire, uniovulé ; *ovule dressé*, droit ; style assez long ou court ; stigmate ord. en pinceau. — *Fruit* (akène) petit, renfermé dans le calice, sec, *uniloculaire, monosperme, indéhiscent* à péricarpe crustacé ou membraneux. — Graine dressée, à testa membraneux ord. soudé avec le péricarpe. *Périsperme charnu*, mince ou épais. *Embryon droit*, placé dans le périsperme, à cotylédons plans ovales ou suborbiculaires. Radicule dirigée vers le point diamétralement opposé au hile.

Plantes annuelles ou vivaces, herbacées, à suc aqueux. Feuilles opposées ou alternes, dentées ou entières ; *stipules* petites, *non soudées avec le pétiole*, libres entre elles ou soudées en 2 stipules interpétiolaires, *plus rarement nulles*. Fleurs petites, verdâtres, en glomérules axillaires, ou en grappes simples ou rameuses.

1. URTICA. — *Fleurs monoïques ou dioïques*. Calice de la fleur femelle à 4 sépales soudés à la base ou presque libres, les extérieurs plus petits. *Feuilles opposées*, dentées. *Plantes hérissées de poils roides piquants*.

2. PARIETARIA. — *Fleurs polygames*, les unes hermaphrodites, les autres femelles, accompagnées de *1-3 bractées en forme d'involucre*. Calice de la fleur femelle tubuleux-renflé, 4-partit. *Feuilles alternes*, entières ou entières-sinuées. Plante pubescente à poils non piquants.

## 1. URTICA Tourn. *Inst.* t. 308 ex parte ; Wedd., loc. cit. 55. — [ORTIE].

*Fleurs monoïques ou dioïques*. — Fleur mâle : Calice à 4 sépales presque égaux, soudés inférieurement, étalés après la floraison. Étamines 4. — *Fleur femelle : Calice à 4 sépales* soudés à la base ou presque libres entre eux, *les extérieurs plus petits*, les intérieurs dressés renfermant l'akène et s'accroissant quelquefois après la floraison. Ovaire à stigmate subsessile en pinceau. Akène ovoïde ou oblong, comprimé, ord. lisse luisant.

*Plantes annuelles ou vivaces, hérissées de poils roides piquants* qui se brisent par le contact et laissent échapper un liquide caustique très irritant. Tiges tétragones. *Feuilles opposées*, pétiolées, dentées; stipules libres entre elles ou soudées en 2 stipules interpétiolaires. Fleurs petites, verdâtres, en glomérules disposés en grappes simples ou rameuses géminées ou groupées à l'aisselle des feuilles, plus rarement en têtes globuleuses.

**1. U. dioica** L. *Sp.* 1396; *Fl. Dan.* V, t. 746; *Engl. bot.* t. 1750; Rchb. *Ic.* XII, t. 654, f. 1324; Bill. *Exsicc.* n. 457. — [O. DIOÏQUE. — Vulg. *Ortie, Grande-Ortie*].

*Plante vivace*, à souche traçante. Tiges de 6-12 décim., roides, dressées, rameuses. Feuilles ovales-acuminées ou lancéolées, ord. cordées à la base, fortement dentées, à dents aiguës ou obtuses; stipules libres ou soudées à la base. *Fleurs dioïques, les mâles et les femelles en grappes rameuses grêles* axillaires plus longues que le pétiole; les grappes femelles fructifères pendantes. ♃. Juin-octobre.

*CCC.* — Pied des murs, villages, décombres, lieux cultivés et incultes.

**2. U. pilulifera** L. *Sp.* 1395; *Engl. bot.* t. 148; Rchb. *Ic.* XII, t. 653, f. 1322.— [O. A PILULES. — Vulg. *Ortie-Romaine*].

*Plante bisannuelle ou vivace*. Tiges de 6-10 décim., roides, dressées, ord. rameuses. Feuilles ovales-acuminées, profondément dentées, presque incisées, à dents un peu obtuses; stipules libres ou soudées à la base. *Fleurs monoïques*; les mâles en grappes grêles rameuses axillaires dressées; *les femelles en têtes globuleuses* hérissées pédonculées étalées ou pendantes. Calice fructifère à sépales intérieurs très développés en forme de capuchons connivents. ② ou ♃. Juin-octobre.

*RR.* — Décombres, pied des murs, villages. — Paris : boulevard de l'Hôpital (*Bonnet*); entre Bercy et Charenton!; Charenton! (*Tourn.* Hist. pl. Par.); berges de la Marne à Conflans (*Delavaux*). Assez abondant à Savigny-sur-Orge! (*Maire*). — Subspontané au voisinage du Muséum! dans les décombres.

**3. U. urens** L. *Sp.* 1396; *Fl. Dan.* V, t. 739; *Engl. bot.* t. 1236; Rchb. *Ic.* XII, t. 652, f. 1320; Bill. *Exsicc.* n. 456. — [O. BRÛLANTE. — Vulg. *Ortie-grièche, Petite-Ortie*].

*Plante annuelle*. Tige de 2-5 décim., dressée, ascendante ou étalée, rameuse ord. dès la base. Feuilles ovales ou oblongues, arrondies ou un peu atténuées à la base, profondément dentées presque incisées, à dents étroites aiguës la terminale de même longueur que les latérales; stipules libres ou soudées à la base. *Fleurs monoïques, les mâles et les femelles réunies dans une même grappe*, les femelles plus nombreuses; grappes axillaires sessiles, simples, ord. plus courtes que le pétiole, dressées ou étalées. ①. Mai-octobre.

*CCC.* — Décombres, lieux cultivés, pied des murs.

**2. PARIETARIA** Tourn. *Inst.* t. 289; Wedd., loc. cit. 503.—[PARIÉTAIRE].

*Fleurs polygames*, les unes hermaphrodites, les autres femelles, *accompagnées chacune de 1-5 bractées* herbacées libres ou plus ou moins soudées *en forme d'involucre*. — *Fleur hermaphrodite : Calice à 4 sépales presque égaux soudés dans leur partie inférieure, s'accroissant après la floraison et devenant ord. allongé-cylindrique*. Étamines 4. Ovaire comme dans les fleurs femelles. — *Fleur femelle : Calice tubuleux-renflé, à limbe 4-partit,* persistant, à divisions conniventes. Ovaire à style court ou allongé ; stigmate en pinceau. Akène ovoïde ou oblong, comprimé, lisse luisant.

Plante vivace, pubescente à poils non piquants. *Feuilles alternes*, pétiolées, entières ou entières-sinuées ; stipules nulles. Fleurs verdâtres ou roussâtres à la maturité, en cymes axillaires géminées, les hermaphrodites et les femelles réunies dans une même cyme.

1. **P. officinalis** L. *Sp.* 1492 ; Wedd., loc. cit. 506. — [P. OFFICINALE. — Vulg. *Pariétaire*].

Tiges nombreuses, plus rarement solitaires, de 2-8 décim., étalées, ascendantes ou dressées, simples ou rameuses. Feuilles ponctuées, pubescentes-rudes, ovales, oblongues ou lancéolées, acuminées, rétrécies inférieurement. Cymes denses contractées en glomérule, plus courtes que le pétiole, pauci-multiflores ; fleurs les unes femelles, les autres plus nombreuses hermaphrodites, accompagnées de bractées ovales ou oblongues ; les fleurs femelles terminant ord. les axes de premier ordre et accompagnées d'une seule bractée oblongue, les hermaphrodites terminant ord. les derniers axes et accompagnées de 3 bractées ovales plus amples ; l'ensemble des bractées de trois fleurs se soudant en involucre irrégulier plus court que les fleurs hermaphrodites. ♃. Juin-octobre.

Var. α. *diffusa* (Wedd., loc. cit. 507. — *P. diffusa* Mert. et Koch *Deutschl. Fl.* I, 827 ; Rchb. *Ic.* XII, t. 651, f. 1318 ; Gren. et Godr. *Fl. Fr.* III, 109. — *P. Judaica* DC. *Fl. Fr.* III, 824 et auct. plur. non L.). — Tiges étalées ou ascendantes diffuses, ord. rameuses. Feuilles ovales ou ovales-oblongues, rétrécies inférieurement. — *CCC.*—Fissures des vieux murs, pied des murs, décombres, voisinage des habitations.

Var. β. *erecta* (Wedd., loc. cit. 507. — *P. erecta* Mert. et Koch *Deutschl. Fl.* I, 825 ; Gren. et Godr. *Fl. Fr.* III, 109 ; Bill. *Exsicc.* n. 644. — *P. officinalis* Rchb. *Ic.* XII, t. 651, f. 1317. — *P. officinalis* var. *longifolia Fl. Par.* éd. 1, 475). — Tiges dressées, ord. simples. Feuilles oblongues ou lancéolées, longuement rétrécies dans leur partie inférieure. — *A.C.* — Lieux ombragés ou humides.

---

## LXXVIII. SANGUISORBÉES

(ROSACEARUM trib. SANGUISORBÆ Juss. *Gen.* 336).

Fleurs hermaphrodites, polygames ou monoïques. — Calice ord. à 4 rarement 5 sépales soudés en tube dans leur partie inférieure, à tube non soudé avec l'ovaire, à préfloraison valvaire ; sépales quelquefois munis de stipules soudées deux à deux et adhérant inférieurement au tube du calice de manière à former par leur réunion un calicule dont les divisions alternent avec celles du calice. — Corolle nulle. —*Étamines 4*, ou moins par avortement, alternes avec les sépales ou leur étant opposées, ou en nombre indéfini, *insérées sur* un disque annulaire qui rétrécit *la gorge du calice*, libres. Anthères introrses, bilobées, plus rarement unilobées s'ouvrant par une fente transversale. — Ovaire non soudé avec le calice, constitué par 1-2 très rarement 3-4 carpelles libres, uniovulés. Ovule suspendu, plus rarement dressé, réfléchi, plus rarement droit. Styles en nombre égal à celui des carpelles, terminaux, plus rarement basilaires ; à stigmate capité ou en pinceau. — *Fruit constitué par 1-2 plus rarement 3-4 carpelles libres, monospermes, indéhiscents, renfermés dans le tube* induré *du calice.* — Graine suspendue, plus rarement dressée. Périsperme nul. Embryon droit. Radicule dirigée vers le hile, plus rarement dirigée vers le point diamétralement opposé au hile, dirigée vers le sommet du carpelle.

Plantes herbacées, vivaces, plus rarement annuelles. Feuilles alternes ou éparses, simples palmatilobées, ou imparipinnées à folioles pétiolulées ; *stipules soudées au pétiole* dans une étendue variable, ord. foliacées. Fleurs très petites, disposées en cymes corymbiformes terminales, en fascicules latéraux, ou en épis ovoïdes ou oblongs très compactes terminaux.

1. ALCHEMILLA. — *Calice à 8-10 divisions disposées sur deux rangs.* Feuilles palmatilobées ou palmatipartites. *Fleurs disposées en cymes corymbiformes ou rapprochées en fascicules.*

2. SANGUISORBA. — Fleurs hermaphrodites. *Calice à 4 divisions. Étamines 4. Feuilles imparipinnées. Fleurs en épis terminaux.*

3. POTERIUM. — Fleurs monoïques ou polygames. *Calice à 4 divisions. Étamines 20-30. Feuilles imparipinnées. Fleurs en épis terminaux.*

## 1. **ALCHEMILLA** Tourn. *Inst.* t. 289. — [ALCHEMILLE].

Fleurs hermaphrodites. *Calice à 8 rarement 10 divisions disposées sur deux rangs*, celles du rang extérieur beaucoup plus petites (extrémités libres des divisions d'un calicule soudé avec le tube du calice). Étamines 4-1, alternes avec les divisions principales (sépales) ; anthères unilobées, s'ouvrant par une fente transversale. Ovule droit. Style partant de la base du carpelle ; stigmate capité. Akènes 1 rarement 2, renfermés dans le tube cylindrique du calice. Graine dressée. Embryon à radicule regardant le point diamétralement opposé au hile.

Plantes annuelles ou vivaces. Feuilles palmatilobées ou palmatipartites. *Fleurs* verdâtres, disposées *en cymes corymbiformes* terminales et latérales *ou* rapprochées *en fascicules* opposés aux feuilles.

Sect. I. EUALCHEMILLA. — Plante vivace. Fleurs disposées en cymes corymbiformes terminales et latérales. Étamines 4-1.

1. **A. vulgaris** L. *Sp.* 178 ; *Fl. Dan.* IV, t. 693 ; *Engl. bot.* t. 597 ; Bill. *Exsicc.* n. 2455 et *bis.* — [A. COMMUNE].

Souche épaisse, presque ligneuse. Tiges de 1-3 décim., grêles, ascendantes ou dressées, donnant naissance surtout supérieurement aux rameaux de l'inflorescence, pubescentes ou velues, à poils étalés. Feuilles plus ou moins pubescentes, quelquefois velues, réniformes, plissées de la base à la circonférence, palmatilobées à 5-9 lobes peu profonds semiorbiculaires dentés dans toute leur circonférence, à dents ovales-mucronées ; les radicales longuement pétiolées, à stipules oblongues entières scarieuses ; les caulinaires brièvement pétiolées, à stipules foliacées incisées ou dentées conniventes soudées en tube court évasé. Calice pubescent. ♃. Mai-juillet.

*R R R.* — Clairières et chemins herbeux des bois, pâturages montueux ombragés. — Halincourt près Parnes, bois de Caumont près Songeons (*Graves*). Route-tortueuse dans la forêt de Villers-Cotterets (*Questier*). — *Graves* Cat. Oise : forêt de Malmifait cant. de Marseille ; garenne de Bertichères cant. de Chaumont.

Sect. II. Aphanes. — Plante annuelle. Fleurs disposées en fascicules opposés aux feuilles. Étamines 2-1.

2. **A. arvensis** Scop. *Carn.* I, 113 ; *Engl. bot.* t. 1011 ; Bill. *Exsicc.* n. 1186.— *Aphanes arvensis* L. *Sp.* 179 ; *Fl. Dan.* VI, t. 973. — [A. des champs. — Vulg. *Perce-pierre-des-champs*].

Plante annuelle. Tiges de 5-30 centim., ascendantes disposées en touffe, ou étalées, simples plus rarement rameuses, donnant naissance latéralement presque dans toute leur longueur aux fascicules de fleurs, pubescentes ou velues. Feuilles pubescentes, planes, cunéiformes-semiorbiculaires, palmatipartites à 3 lobes profonds cunéiformes 3-5-fides ; les radicales détruites lors de la floraison, les caulinaires presque égales entre elles, atténuées en pétiole, à stipules foliacées incisées conniventes soudées en un tube évasé qui embrasse étroitement le fascicule de fleurs. Calice pubescent. ①. Mai-août.

*CC.* — Champs maigres, bords des chemins, pelouses arides.

2. SANGUISORBA L. Gen. n. 146. — [SANGUISORBE].

Fleurs hermaphrodites. *Calice à 4 divisions. Étamines 4,* opposées aux divisions du calice ; anthères bilobées s'ouvrant par deux fentes longitudinales. Carpelle solitaire, à style terminal, à stigmate dilaté, hérissé de papilles ou brièvement pectiné. Ovule réfléchi. Akène 1, renfermé dans le tube du calice tétragone induré-subéreux. Graine suspendue. Embryon à radicule dirigée vers le hile.

Plante vivace. *Feuilles imparipinnées,* à folioles pétiolulées. *Fleurs* à limbe du calice d'un pourpre foncé, sessiles, accompagnées de bractées squamiformes, disposées *en épis terminaux* subglobuleux ou oblongs très compactes.

1. **S. officinalis** L. *Sp.* 169 ; *Fl. Dan.* 1, t. 97 ; *Engl. bot.* t. 1312. — [S. officinale. — Vulg. *Pimprenelle-des-prés*].

Souche épaisse, presque ligneuse. Tiges de 5-12 décim., roides, dressées, rameuses supérieurement, glabres. Feuilles glabres ; à 9-15 folioles coriaces, luisantes en dessus, d'un vert glauque en dessous, oblongues cordées à la base, dentées, quelquefois munies de stipelles ; stipules foliacées, falciformes, dentées. Étamines égalant environ les divisions du calice. Calice à limbe caduc, le fructifère à 4 angles ailés. ♃. Juillet-septembre.

*R R.* — Prairies spongieuses, marais tourbeux. — Abondant dans la vallée du Loing : Moret!, Nemours ! (*Devilliers*), Dordives !, Thurelles !; marais de Sceaux ! près Château-Landon. Blunay près Provins dans le lit de la vieille Seine au Gué-du-gravier (*Bouteiller*).

### 3. **POTERIUM** L. *Gen.* n. 1069. — [PIMPRENELLE].

*Fleurs monoïques ou polygames. Calice à 4 divisions. Étamines 20-30 ;* anthères bilobées, s'ouvrant par deux fentes longitudinales. Carpelles 2 rarement 3 à style terminal, à stigmate en pinceau. Ovule réfléchi. Akènes 2, rarement 3, renfermés. dans le tube du calice tétragone induré-subéreux. Graine suspendue. Embryon à radicule dirigée vers le hile.

Plante vivace. *Feuilles imparipinnées,* à folioles pétiolulées. *Fleurs* à limbe du calice verdâtre mêlé de pourpre, sessiles, accompagnées de bractées squamiformes, disposées *en épis terminaux* subglobuleux ou oblongs très compactes ; les fleurs femelles occupant la partie supérieure, les fleurs hermaphrodites et les mâles la partie inférieure de l'épi.

1. **P. Sanguisorba** L. *Sp.* 1411 ; *Engl. bot.* t. 860 ; *Fl. Dan.* XI, t. 1936.—
  [ P. SANGUISORBE. — Vulg. *Pimprenelle* ].

Souche presque ligneuse. Tiges de 4-9 décim., dressées, sillonnées-anguleuses, rameuses supérieurement, glabres, plus rarement pubescentes. Feuilles odorantes-aromatiques, ord. glabres ; à 11-17 folioles, d'un vert foncé en dessus, d'un vert glauque en dessous, quelquefois munies de stipelles, suborbiculaires ou oblongues, légèrement cordées ou tronquées à la base, fortement dentées à dents peu nombreuses, la dent terminale ord. beaucoup plus petite que les latérales ; stipules foliacées, falciformes, dentées. Étamines à filets dépassant très longuement le calice, pendantes après la fécondation. Calice à limbe caduc, le fructifère plus ou moins réticulé-rugueux, à 4 angles saillants souvent en forme d'aile étroite entière. ♃. Mai-septembre.

*CC.* — Prairies, pâturages montueux. — Fréquemment cultivé dans les jardins potagers.

Var. α. *dictyocarpum.* (*P. dictyocarpum* Spach in *Ann. sc. nat.* sér. 3, V, 34). — Calice fructifère à faces réticulées.

Var. β. *muricatum.* (*P. muricatum* Spach, loc. cit. 36. — *P. platylophum* Jord. *Obs.* vii, 22 ; Bill. *Exsicc.* n. 2669 et *bis.* — *P. stenolophum* Jord., loc. cit.; Bill. *Exsicc.* n. 1187). — Calice fructifère ord. plus gros, à faces ord. fortement réticulées-alvéolées.

# LXXIX. THYMÉLÉACÉES

(THYMELÆÆ Adans. *Fam.* II, 14 ex parte; Juss. *Gen.* 76. — DAPHNOIDEÆ Vent. *Tabl.* II, 235; *Fl. Par.* éd. 1, 477. — THYMELÆACEÆ Meisn. in DC. *Prodr.* XIV, 493 ).

Fleurs hermaphrodites, plus rarement unisexuelles par avortement. — Calice herbacé, ou coloré souvent pétaloïde, libre, caduc ou persistant-marcescent, gamosépale, tubuleux ou infundibuliforme, à limbe 4-5-fide, à lobes presque égaux, à préfloraison imbriquée. — Corolle nulle. — *Étamines en nombre double de celui des divisions du calice* (8-10), sur deux rangs, celles du rang inférieur insérées sur le tube alternant avec les divisions, celles du rang supérieur insérées à la gorge leur étant opposées; *ou en nombre égal* à celui des divisions du calice (par l'avorte-ment du rang inférieur) et opposées aux divisions; quelquefois en nom-bre moindre par avortement. Filets courts. Anthères bilobées, introrses. — *Ovaire non soudé avec le calice*, uniloculaire, uniovulé. Ovule sus-pendu, réfléchi. Style filiforme, ord. court, souvent un peu latéral; stig-mate capité. — *Fruit sec* indéhiscent, *ou drupacé*, *uniloculaire, mono-sperme*, à endocarpe souvent crustacé, nu ou enveloppé par le calice. — Graine suspendue, remplissant la cavité de la loge, à testa souvent membraneux mince. *Périsperme nul ou presque nul. Embryon droit,* à cotylédons larges. Radicule dirigée vers le hile.

Sous-arbrisseaux ou plantes herbacées. Feuilles alternes ou éparses, plus rarement opposées, sessiles ou atténuées en pétiole, entières; *stipules nulles.* Fleurs verdâtres ou colorées, axillaires, latérales ou terminales, solitaires, en fascicules, en grappes, en glomérules ou en épis.

1. THYMELÆA. — *Fruit sec,* renfermé dans le calice.

2. DAPHNE. — *Fruit drupacé.* Calice marcescent, puis caduc.

**1. THYMELÆA** Tourn. *Inst.* p. 594 (excl. sp. plur. et t. 366) ; *Thymelæa* et *Lygia* Endlich. *Gen. pl.* suppl. IV, pars 2, 65. — *Passerina* L. *Gen.* n. 489 ex parte ; *Fl. Par.* éd. 1, 478. — [THYMÉLÉE].

Fleurs hermaphrodites, plus rarement unisexuelles par avortement. Calice herbacé (dans notre espèce) ou coloré, ord. persistant, infundibuliforme à tube urcéolé, ou infundibuliforme-tubuleux, à limbe 4-fide. Étamines 8, insérées sur deux rangs, incluses. Écailles hypogynes nulles. Style terminal ou latéral, très court. *Fruit sec,* ord. *renfermé dans le calice,* à épicarpe et à mésocarpe réduits à une membrane mince, à endocarpe crustacé fragile.

Racine annuelle (dans notre espèce). Feuilles petites, sessiles, lancéolées-linéaires. Fleurs verdâtres, axillaires solitaires ou fasciculées par 2-5.

1. **T. Passerina**. — *Stellera Passerina* L. *Sp.* 512; Jacq. *Ic. rar.* t. 68 ; Rchb. *Ic.* XI, t. 550, f. 1167.—*Thymelæa arvensis* Lmk *Fl. Fr.* III, 218; Meisn. in DC. *Prodr.* XIV, 551. — *Passerina annua* Wickstr. in *Act. Holm.* [1820] 620 ; Bill. *Exsicc.* n. 633. — *P. Stellera Fl. Par.* éd. 1, 478. — [T. PASSERINE].

Plante annuelle, à racine grêle pivotante. Tige de 2-5 décim., grêle, dres-sée, roide, rameuse dans sa partie supérieure à rameaux grêles effilés dres-sés, glabre. Feuilles éparses, lancéolées-linéaires, aiguës, planes, un peu glauques. Fleurs hermaphrodites, accompagnées de petites bractées ovales ciliées, très petites, axillaires, sessiles, solitaires ou fasciculées par 2-5, for-mant par leur ensemble de longs épis feuillés. Calice pubérulent, tubuleux, à lobes ovales obtus 2-3 fois plus courts que le tube, urcéolé après la floraison par la connivence des lobes. Style presque terminal. (I). Juillet-septembre.

*A.R.* — Champs maigres, terrains en friche. — « Aulnay, moulin neuf en allant de là à Livry et le long de la Mauré qui est un ruisseau » (*Vaill.* Bot. Par.). Villeneuve-Saint-Georges!; forêt de Senart!; Bois-Louis! près Melun ; Le Châ-telet!; Lardy (*Mandon*); Étampes!; Malesherbes!; Moret!; Nemours!; Thurelles! près Dordives; Pithiviers!. Donnemarie (*de Schœnefeld*) ; env. de Provins (*Bou-teiller*). Magny (*Bouteille*). Chantilly!. Gesvres près Meaux, La Ferté-sous-Jouarre,

Silly-la-Poterie près La Ferté-Milon, Mareuil-sur-Ourcq, La Villeneuve-sous-Thury, Thury-en-Valois, Cuvergnon, Compiègne (*Questier*), etc.

## 2. DAPHNE L. *Gen.* n. 485. — [DAPHNÉ].

Fleurs hermaphrodites. *Calice* coloré pétaloïde, plus rarement vert ou d'un jaune verdâtre, marcescent puis *caduc* (dans nos espèces), infundibuliforme ou tubuleux, à limbe 4-partit. Étamines 8, insérées sur deux rangs, incluses. Disque hypogyne peu distinct ou petit annulaire. Style terminal, très court. *Fruit drupacé*, à mésocarpe ord. charnu, à endocarpe crustacé fragile.

Sous-arbrisseaux, à écorce se ridant par la dessiccation. Feuilles lancéolées ou oblongues-lancéolées, assez grandes, persistantes ou caduques. Fleurs d'un jaune verdâtre, roses ou d'un pourpre rougeâtre, plus rarement blanches, disposées en grappes courtes ou en fascicules.

1. **D. Laurcola** L. *Sp.* 510 ; Jacq. *Austr.* II, t. 183 ; *Engl. bot.* t. 119 ; Rchb. *Ic.* XI, t. 555, f. 1179 ; Bill. *Exsicc.* n. 448. — [D. LAURÉOLE. — Vulg. *Lauréole*].

Sous-arbrisseau de 5-8 décim., à tige robuste, flexible, rameuse au sommet. *Feuilles* alternes, rapprochées en rosette au sommet des rameaux, lancéolées ou oblongues-aiguës, atténuées à la base, entières, glabres, luisantes, d'un vert foncé, coriaces, *persistantes*. *Fleurs* odorantes, disposées *en petites grappes axillaires* penchées 3-7-flores. *Calice* d'un jaune verdâtre, *glabre*. Fruit noir. ♄. *Fl.* mars-avril. *Fr.* juin.

*A.R.* — Bois montueux. — Bois d'Aulnay (*Buffet*); bois autour du Château-de-la-chasse (*Cornuti* Ench. Par.); Grandchamp près Saint-Germain!; parc du petit Trianon (*de Boucheman*); abondant dans le parc de Dampierre!; bois à Roussigny! près Limours ; parc du Bréau près Ablis (*de Noé*). Env. de Magny! (*Bouteille*) : Halincourt!, Arthieul!, Hodent; parc de La Falaise (*Mouillefarine*); Les Andelys (*A. Grenier*). Bois d'Ylliers, forêt de La Ferté-Vidame, Boissy-le-Sec (*Dænen*). Parc de Rentilly, bois de Croissy-en-Brie (*Thuret*); Tournan (*Hennecart*). Balaincourt! près Mennecy (*Decaisne*). Malesherbes! (*Bernard*). Forêt de Senlis (*Thuill.* Fl. Par.); forêt de La Neuville-en-Hez (*Ch. Martin*); Pouilly-en-Vexin, Dreslincourt, Chiry (*Questier*); Compiègne!. Beauvais (*Delacour*). — *Graves* Cat. Oise : bois de Ponchon près Beauvais, de La Houssoye cant. d'Auneuil, de Bertichère près Chaumont; forêts de Hez, de Pontarmé, de Halatte, de Malmifait; Ermenonville; bois de Méru et de Ribécourt; Rémy cant. d'Estrées; Thury-sous-Clermont; Hermes cant. de Noailles.

2. **D. Mezereum** L. *Sp.* 509 ; *Fl. Dan.* II, t. 268 ; *Engl. bot.* t. 1381 ; Rchb. *Ic.* XI, t. 556, f. 1181 ; Bill. *Exsicc.* n. 1546 et *bis*. — [D. BOIS-GENTIL. — Vulg. *Bois-gentil, Garou, Merllion, Morillon*].

Sous-arbrisseau de 5-10 décim., rameux. *Feuilles* alternes, lancéolées ou oblongues-aiguës, atténuées en pétiole court, entières, minces, un peu glauques en dessous, glabres, ou ciliées sur les bords dans la jeunesse, *caduques et ne se développant qu'après les fleurs*. *Fleurs* odorantes, sessiles, *rapprochées en fascicules 2-3-flores le long des rameaux* au-dessous du bouquet terminal des jeunes feuilles. *Calice* rose ou d'un pourpre rougeâtre, rarement blanc, *à tube très pubescent*. Fruit rouge. ♃. *Fl.* février-mars. *Fr.* juin.

*R.* — Bois montueux. — Ezanville près Écouen (*C. de Chambine*); bois de Marnes

(*Maire*); petit parc de Brunoy, forêt de Senart (*Thuill. Fl. Par.*). Houdan (*Brou*); parc du Mesnil! près Mantes; coteaux boisés entre Jeufosse et Port-Villez (*de Schœnefeld*); Ruhy, Nucourt près Magny (*Boutcille*); Pouilly (*Daudin*); Beauvais (*Delacour*); bois du parc près Beauvais (*Graves*); Élincourt-Sainte-Marguerite dans le bois du couvent, assez abondant dans le bois de Marcuil (*Léré*); queue de l'étang de Bourg près Villers-Cotterets où il est peut-être naturalisé, bois de Saint-Martin à Boullarre près Betz (*Questier*). — *Graves* Cat. Oise : bosquets de Saint-Symphorien près Beauvais; bois du Saussay et de La Houssoye cant. d'Auneuil; Halincourt, Pierrepont près Parnes; forêt de Hez; bois de Liancourt, d'Agnetz près Clermont, de Thury-en-Valois; Frestoy cant. de Guiscard; bois de Villers-sur-Coudun cant. de Ressons; commun sur les coteaux boisés, à gauche de la vallée du Matz, à Marcuil-Lamotte; Marigny; forêt de Halatte; Autheuil-en-Valois cant. de Betz. — Fréquemment planté dans les jardins et les bosquets.

La famille des *Éléagnées* se distingue surtout de la famille des *Thyméléacées* par le fruit sec renfermé dans le calice charnu et par la graine pourvue de périsperme. — On plante dans les parcs et les jardins l'*Eleagnus angustifolia* L. (*Bot. reg.* t. 1156; Rchb. *Ic.* XI, t. 549, f. 1166. — Vulg. *Olivier-de-Bohême*), arbre originaire de la région méditerranéenne orientale et de l'Asie, à feuilles lancéolées entières squameuses-argentées luisantes par des poils dilatés en forme d'étoiles, à fleurs hermaphrodites. — On plante également dans les bosquets l'*Hippophae rhamnoides* L. (*Engl. bot.* t. 425; Rchb. *Ic.* XI, t. 549, f. 1165; Bill. *Exsicc.* n. 2735 et *bis*), arbrisseau indigène sur le littoral de l'Océan et sur les bords des torrents des Alpes, à rameaux épineux, à feuilles oblongues-lancéolées ou linéaires squameuses-argentées en dessous, à fleurs dioïques, les femelles axillaires, les mâles en épis.

La famille des *Laurinées* est caractérisée surtout par les anthères qui s'ouvrent par des valvules. — Le *Laurus nobilis* L. (Rchb. *Ic.* XII, t. 673, f. 1345; Bill. *Exsicc.* n. 844. — Vulg. *Laurier-sauce*), arbrisseau originaire de la région méditerranéenne, à feuilles persistantes aromatiques, fleurit rarement dans les jardins des environs de Paris, où on le plante quelquefois dans les lieux abrités par des murs.

## LXXX. HIPPURIDÉES

(HIPPURIDEÆ Link *Enum. hort. Berol.* 1, 5).

Fleurs hermaphrodites. — Calice gamosépale, tubuleux, à tube soudé avec l'ovaire, à partie libre formant un rebord peu distinct. — Corolle nulle. — *Étamine 1, insérée au sommet du tube du calice* du côté extérieur. Filet filiforme, épais. Anthère bilobée, introrse. — *Ovaire soudé avec le tube du calice*, uniloculaire, uniovulé. Ovule suspendu, réfléchi. Style subulé, stigmatifère à la face interne. — Fruit couronné par le rebord du calice, uniloculaire, monosperme, indéhiscent, un peu charnu, à noyau osseux. — Graine suspendue, à testa membraneux, remplissant la cavité de la loge. Périsperme réduit à une couche très mince peu distincte du tégument interne. Embryon droit, cylindrique, à cotylédons très courts. Radicule dirigée vers le hile.

*Plante* vivace, herbacée, *aquatique. Feuilles verticillées*, sessiles, linéaires, entières. Fleurs très petites, axillaires.

## 1. **HIPPURIS** L. *Gen.* n. 11. — [PESSE].

Calice à tube soudé avec l'ovaire, à partie libre formant un rebord peu distinct. Étamine 1 ; anthère pliée-canaliculée, embrassant le style avant sa déhiscence. Style subulé. Fruit uniloculaire, monosperme, indéhiscent, un peu charnu, à noyau osseux.

Plante vivace, aquatique, glabre, à rhizome traçant rameux submergé, à tiges aériennes simples. Fleurs sessiles, solitaires à l'aisselle des feuilles, verticillées.

1. **H. vulgaris** L. *Sp.* 6 ; *Fl. Dan.* 1, t. 87 ; *Engl. bot.* t. 763 ; Bill. *Exsicc.* n. 355. — *Limnopeuce* Vaill. *Act. acad. Par.* [1719] t. 1, f. 3. — [P. COMMUNE. — Vulg. *Pesse-d'eau, Pin-d'eau*].

Rhizome horizontal, spongieux. Tiges de 2-6 décim., dressées, simples, effilées. Feuilles disposées par 8-13 en verticilles rapprochés ; les inférieures ord. réfléchies ; les moyennes et les supérieures étalées ou dressées. Fruit petit, ovoïde-oblong, surmonté de la base du style. ♃. Juin-août.

*A.R.* — Fossés aquatiques, rivières et ruisseaux à courant peu rapide, flaques d'eau des marais tourbeux. — Abondant à la gare d'Ivry dans les fossés des fortifications (*Vigineix*) ; bords de la Seine à Alfort (*Larcher*), à Saint-Cloud ! (*Cornuti* Ench. Par.) ; rivière d'Yères près de Brunoy (*Thuill.* Fl. Par.). Mennecy ! ; Lardy (*Tourangin*). Moret ! ; Malesherbes ! (*Descurrain* in *Guett.* Observ., *Bernard*) ; abondant au marais de Sceaux ! près Château-Landon. Provins (*Bouteiller*). Jouy près Chartres (*Vigineix*). Luzarches (*De Lens*) ; Chantilly ! (*Mandon*) ; Senlis (*Morelle*) ; Compiègne (*Léré*), etc. — *Graves* Cat. Oise : dans la Nonnette à La Victoire près Senlis ; dans l'Oise à Pont-Sainte-Maxence ; dans l'Aronde à Beaumanoir cant. d'Estrées, à Bienville, Baugy et Monchy-Humières ; marais de Liancourt-Saint-Pierre ; dans le Thérain à Montreuil, à Mouy ; La Brèche à Bailleval et Cauffry ; Sarron cant. de Liancourt ; Rivière cant. de Betz ; étangs de la Neuville-en-Hez, de Pontdron ; tourbières de Saint-Pierre-ès-champs cant. du Coudray.

S.-v. *fluviatilis*. — Plante submergée, stérile. Feuilles molles, très allongées. — Eaux courantes.

M. Adr. de Jussieu a observé dans la vallée de l'Essonne, près de Mennecy, une déformation de cette plante dans laquelle les feuilles, au lieu d'être verticillées, étaient disposées en spirale continue de la base à l'extrémité de la tige.

---

# LXXXI. SANTALACÉES

SANTALACEÆ R. Br. *Prodr. Nov.-Holl.* 350).

Fleurs hermaphrodites, plus rarement polygames-dioïques. — Calice persistant, gamosépale, tubuleux, à tube soudé avec l'ovaire, à limbe 4-5-fide, plus rarement 3-fide, à lobes égaux, à préfloraison valvaire. — Corolle nulle. — Étamines 4-5, plus rarement 3, insérées à la base des lobes du calice auxquels elles sont opposées ou insérées sur un disque épais. Filets courts. Anthères bilobées, introrses. — *Ovaire soudé avec le tube du calice, uniloculaire, 2-4-ovulé.* Ovules réfléchis, suspendus à l'extrémité d'un placenta filiforme libre qui part du fond de la loge, un seul ovule se développant. Style filiforme ; stigmate capité, indivis ou

2-3-lobé. — *Fruit* sec ou drupacé, *uniloculaire, monosperme par avorte-ment, indéhiscent*, surmonté du limbe du calice. — Graine suspendue, remplissant la cavité de la loge, à testa membraneux soudé avec le péricarpe. Périsperme charnu, épais. *Embryon droit*, placé dans le périsperme, à cotylédons presque cylindriques. Radicule dirigée vers le hile.

Plantes vivaces, herbacées ou sous-frutescentes, parasites sur les racines des autres plantes par leurs fibres radicales qui présentent des renflements en forme de suçoirs. *Feuilles alternes*, sessiles, lancéolées ou linéaires, entières, épaisses ou coriaces, planes ou canaliculées-trigones ; *stipules nulles*. Fleurs petites, verdâtres, en épis, en grappes ou en panicules, plus rarement sub-solitaires axillaires.

### 1. **THESIUM** L. *Gen.* n. 292. — [THÉSION].

Fleurs hermaphrodites. Calice à limbe 5-lobé plus rarement 4-lobé hypocratériforme, infundibuliforme ou campanulé, à lobes présentant un faisceau de poils au niveau de l'insertion de chaque étamine, connivents et s'enroulant plus ou moins en dedans après la floraison. Étamines 5, plus rarement 4. Style filiforme ; stigmate capité, indivis ou obscurément 2-3-lobé. Ovules 3, suspendus à l'extrémité du placenta. Fruit sec, à surface herbacée, à endocarpe crustacé, monosperme par avortement, surmonté du limbe du calice qui s'est enroulé en dedans seulement au sommet ou presque jusqu'à sa base.

Plante glabre, vivace, à fibres radicales adhérant par des renflements en forme de suçoirs aux racines des plantes voisines. Feuilles linéaires. Fleurs en cymes pédonculées uniflores plus rarement biflores disposées en grappes ou en panicules feuillées à la base nues supérieurement.

1. **T. humifusum** DC. *Fl. Fr.* VI, 366 emend.; Koch *Syn. fl. Germ.* ed. 2, 717 ; *Fl. Par.* éd. 1, 481. — *T. divaricatum* Alph. DC. in DC. *Prodr.* XIV, 642. — [T. COUCHÉ].

Souche pivotante, dure, donnant naissance ord. à un grand nombre de tiges. Tiges de 2-5 décim., étalées ou ascendantes-diffuses, plus rarement ascendantes ou dressées, souvent flexueuses, souvent plus ou moins rameuses. Feuilles linéaires, étroites, aiguës, ord. d'un vert pâle ou d'un vert jaunâtre, à une seule nervure, ou à trois nervures les latérales peu distinctes. Fleurs petites, en cymes pédonculées uniflores plus rarement biflores disposées en grappe ou en panicule terminale feuillée à la base nue supérieurement; dans les cymes uniflores la fleur étant accompagnée d'une bractée (bractée soudée avec le pédoncule de la cyme) et de deux bractéoles ; dans les cymes biflores la fleur terminale étant accompagnée de la bractée et souvent dépourvue de bractéoles, la fleur latérale étant accompagnée d'une bractée et de deux bractéoles. Ramules et pédoncules des cymes étalés après la floraison, souvent denticulés-scabres aux bords ainsi que les feuilles supérieures et les bractées. Bractées plus courtes ou plus longues que le fruit ; bractéoles plus courtes que le fruit. Calice à limbe hypocratériforme verdâtre en dehors, d'un blanc jaunâtre en dedans. Fruit ovoïde-oblong, subsessile ou à pédicelle 2-4 fois plus court que lui, présentant 10 nervures secondaires obliquement rameuses à peine moins saillantes que les nervures primaires, surmonté du limbe du calice qui s'est enroulé en forme de tubercule une à trois fois plus court que lui. ♃. Juin-septembre.

Pelouses sèches, lieux pierreux, coteaux incultes, clairières des bois.

Var. α. *humifusum*. (*T. humifusum* Rchb. *Ic.* XI, t. 542, f. 1153; Schultz *Exsicc.* n. 151; Bill. *Exsicc.* n. 636. — *T. divaricatum* var. *Gallicum* et var. *gracile* Alph. DC., loc. cit. 643). — *Tiges étalées ou ascendantes-diffuses*, grêles souvent flexueuses. Cymes ord. uniflores, ord. disposées en *grappe ou* en *panicule peu rameuse étroitement pyramidale*, à ramules plus ou moins étalés après la floraison. Bractée de la longueur du fruit, rarement plus longue. *Fruit subsessile ou à pédicelle ord. 5-4 fois plus court que lui.* — *A.C.*

Var. β. *divaricatum*. (*T. divaricatum* Jan in Mert. et Koch *Deutschl. Fl.* II, 285; Koch *Syn. fl. Germ.* ed. 2, 717; Rchb. *Crit.* V, t. 456, f. 648, et *Ic.* XI, t. 543, f. 1155; Bourgeau *Pl. Hisp. exsicc.* n. 1476; Bill. *Exsicc.* n. 1950 et *bis*). — *Tiges dressées ou ascendantes, assez roides.* Cymes uni-biflores, disposées en *panicule pyramidale*, à rameaux et à ramules étalés après la floraison. Bractée ord. plus courte que le fruit. *Fruit à pédicelle égalant environ la moitié de sa longueur.* — *A.R.* — Forêt de Saint-Germain (*Kunth* sec. *Alph. DC.*). Forêt de Fontainebleau (*Lepelletier de Saint-Fargeau*); env. de Nemours! (*de Schœnefeld*); Moret (*E. Fournier*).

---

# LXXXII. ARISTOLOCHIÉES

(ARISTOLOCHIÆ Juss. *Gen.* 72 ex parte; Duchartre in *Man. gén. pl.* IV).

Fleurs hermaphrodites. — *Calice* gamosépale, à tube soudé avec l'ovaire; régulier, *à limbe 3-fide* persistant, à préfloraison valvaire; *ou* irrégulier, à tube longuement prolongé au-dessus de l'ovaire, *à limbe* évasé obliquement ord. prolongé *en languette*, ord. se coupant circulairement au-dessus de l'ovaire après la floraison. — Corolle nulle. — *Étamines ord. 12 ou 6, insérées sur le disque qui revêt le sommet de l'ovaire.* Filets courts ou nuls. Anthères bilobées, extrorses, quelquefois surmontées d'un prolongement du connectif, libres, ou soudées au style par leur dos. — *Ovaire soudé avec le tube du calice*, à 6 loges multiovulées. Ovules nombreux, insérés à l'angle interne des loges sur un ou deux rangs, presque horizontaux, réfléchis. Style court en colonne, à 6 lobes (stigmates). — *Fruit* coriace, capsulaire, *à 6 loges polyspermes*, irrégulièrement *déhiscent*, ou à déhiscence septicide rarement septifrage s'ouvrant en 6 valves, couronné par le limbe persistant du calice ou présentant au sommet une cicatrice qui résulte de la chute de la partie supérieure du tube. — Graines presque horizontales, le plus souvent minces, quelquefois anguleuses, planes ou en nacelle, à raphé ord. développé sous forme de bande saillante ou ailée. Périsperme charnu presque corné, constituant presque toute la masse de la graine. Embryon très petit, placé dans le périsperme vers le hile. Radicule dirigée vers le hile.

Plantes vivaces à rhizome traçant ou renflé-tubériforme. Tiges herbacées, sous-frutescentes ou frutescentes souvent volubiles (dans des espèces exotiques), quelquefois presque nulles. Feuilles alternes ou opposées, entières ou entières-sinuées, cordées à la base ; stipules nulles. Fleurs solitaires terminales, ou axillaires solitaires ou fasciculées.

1. ASARUM. — *Calice à limbe trifide. Étamines 12, libres.* Plante presque acaule.

2. ARISTOLOCHIA. — *Calice à tube s'épanouissant au sommet en languette unilatérale. Étamines 6, à anthères sessiles soudées au style* par leur dos. Plantes caulescentes.

## 1. ASARUM Tourn. *Inst.* t. 286. — [ASARET].

*Calice* campanulé-urcéolé, *à limbe trifide, à lobes égaux,* persistant, à préfloraison valvaire. *Étamines 12,* insérées sur le disque qui revêt le sommet de l'ovaire ; filets courts, libres ; *anthères libres,* dépassées par l'extrémité du connectif prolongée en petite pointe. Style court en colonne, divisé profondément en 6 branches stigmatiques. *Capsule* coriace, *surmontée du limbe persistant du calice,* à 6 loges polyspermes, irrégulièrement déhiscente, à graines insérées sur deux rangs dans chaque loge.

Plante vivace, à rhizome traçant. Tiges très courtes, munies inférieurement d'écailles membraneuses, portant supérieurement 1-2 paires de feuilles. Feuilles opposées, paraissant radicales, longuement pétiolées, réniformes. Fleurs d'un pourpre noirâtre, solitaires, brièvement pédicellées, terminant les tiges.

1. **A. Europæum** L. *Sp.* 633 ; Bull. *Herb.* t. 69 ; *Fl. Dan.* IV, t. 633 ; *Engl. bot.* t. 1083 ; Rchb. *Ic.* XII, t. 668, f. 1339 ; Bill. *Exsicc.* n. 450. — [A. D'EUROPE. — Vulg. *Asaret, Cabaret, Oreille-d'homme, Rondelle*].

Rhizome longuement traçant, à fibres radicales blanchâtres. Feuilles assez amples, veinées, coriaces, brièvement pubescentes, vertes et luisantes en dessus, d'un vert pâle en dessous ; pétioles très pubescents ou poilus. Calice assez grand, très pubescent ou velu en dehors. Graines rugueuses transversalement. Plante exhalant, de toutes ses parties et surtout du rhizome, une odeur de poivre très pénétrante. ♃. Avril-mai.

RR. — Lieux pierreux ombragés, bois montueux humides. — Parc de Saint-Maur (*Tourn.* Hist. pl. Par.) ; env. de Saint-Prix près Montmorency (*Cornuti* Ench. Par.) ; subspontané dans le bois de la Brèche près Versailles (*de Boucheman*). Bois des Camaldules !. Saint-Gervais, parc d'Halincourt ! près Magny (*Bouleille*). Abondant dans le parc du Bréau près Ablis (*de Noé*) ; parc du Chêne près Sainville [Eure-et-Loir] (*Gogot*). Parc de Fontainebleau (*Latteux*) ; Malesherbes (*Bernard*) ; Pithiviers (*herb. Lloyd*). — *Graves* Cat. Oise : forêt de Halatte ; au mont Pagnotte ; triages voisins de Senlis et près de Fleurines ; forêt de Carlepont ; bois de Pontoise cant. de Noyon ; indiqué à Morfontaine et à Ermenonville.

## 2. ARISTOLOCHIA Tourn. *Inst.* t. 71. — [ARISTOLOCHE].

*Calice* tubuleux, *à tube* soudé avec l'ovaire dans sa partie inférieure, présentant au niveau des étamines un renflement subglobuleux, plus ou moins resserré au-dessus du renflement en tube droit courbe ou coudé, ord. *s'épanouissant au sommet en languette unilatérale,* se coupant circulairement au-dessus de l'ovaire après la floraison. *Étamines 6 ; anthères* sessiles, *soudées au style par leur dos* dans toute leur longueur. Style court, soudé en colonne avec les anthères, ord. à 6 lobes stigmatiques surmontant les anthères. *Capsule* coriace, *ombiliquée*, à 6 loges très polyspermes, à déhiscence septicide, à 6 valves, à graines insérées sur un seul rang dans chaque loge.

Plante vivace, herbacée. Feuilles alternes, pétiolées, ovales ou ovales-triangulaires, cordées à la base. Fleurs jaunâtres, pédicellées, en fascicules axillaires sessiles.

**1. A. Clematitis** L. *Sp.* 1364; *Engl. bot.* t. 398; *Fl. Dan.* VII, t. 1235; Rchb. *Ic.* XII, t. 669, f. 1340; Bill. *Exsicc.* n. 449. — [A. CLÉMATITE].

Rhizome et racine pivotante s'enfonçant très profondément dans la terre. Tiges de 4-8 décim., dressées, anguleuses, simples, glabres. Feuilles glabres, assez amples, coriaces, veinées-réticulées, ovales ou ovales-triangulaires, cordées à la base, superficiellement sinuées, à bords scabres. Fleurs jaunâtres, brièvement pédicellées et disposées par 5-8 en fascicules axillaires. Calice à tube presque droit, grêle, non étranglé au-dessus de l'ovaire, élargi en entonnoir vers son orifice et terminé en languette lancéolée. Capsule grosse, pyriforme, pendante. ♃. Mai-septembre.

*C.* — Vignes, haies, buissons, lisières des bois, lieux incultes.

L'*A. Sipho* L'Hérit. (*Bot. mag.* t. 534), originaire de l'Amérique du Nord, est fréquemment planté dans les jardins pour couvrir les berceaux et les tonnelles. Il se reconnaît à ses tiges ligneuses sarmenteuses volubiles, à ses feuilles très amples, à son calice recourbé en forme de pipe et 3-lobé au sommet.

---

# LXXXIII. EUPHORBIACÉES

(EUPHORBIACEÆ Juss. *Gen.* 384; Adr. de Juss. *Euph. gen.*).

*Fleurs unisexuelles* monoïques ou dioïques, quelquefois dépourvues d'enveloppe florale et alors réunies dans un involucre commun de manière à simuler une fleur hermaphrodite une seule fleur femelle étant entourée de plusieurs fleurs mâles réduites chacune à une seule étamine. — Calice caduc ou marcescent, non soudé avec l'ovaire, à 3-5 sépales, rarement plus ou moins, libres ou soudés inférieurement à préfloraison valvaire ou imbriquée, ou nul. — Corolle nulle (dans nos espèces). — Fleur mâle : *Étamines en nombre indéfini ou défini* et alors opposées aux sépales, insérées au centre de la fleur ou sous le rudiment de l'ovaire ; filets libres ou soudés ; anthères bilobées, à lobes ord. non soudés, quelquefois divariqués, s'ouvrant chacun par une fente longitudinale. — Fleur femelle : Ovaire libre, à 3 plus rarement 2 loges uniovulées ou biovulées ; ovules suspendus à l'angle interne des loges un peu au-dessous du sommet de la loge, réfléchis; *styles 3, plus rarement 2,* libres ou soudés, *entiers ou bifides.* — *Fruit* capsulaire, *à 3 plus rarement 2 loges monospermes ou dispermes, les loges* (coques) *se détachant* ord. *d'un axe central persistant* et s'ouvrant avec élasticité selon la nervure moyenne, plus rarement à loges indéhiscentes ou soudées en une capsule à déhiscence loculicide. — *Graines suspendues*, à testa crustacé, présentant ord. un faux arille (caroncule) qui constitue un épaississement charnu au niveau du micropyle. *Périsperme charnu*, plus ou moins épais. *Embryon droit* ou presque droit, placé dans le périsperme, à cotylédons plans, linéaires ou suborbiculaires. Radicule dirigée vers le hile.

Plantes à suc souvent laiteux âcre, annuelles ou vivaces, plus rarement arbres ou arbrisseaux. Feuilles alternes, éparses ou opposées, entières ou dentées, plus rarement lobées, quelquefois persistantes ; *stipules* ord. *nulles.* Fleurs ord. peu apparentes, solitaires, en glomérules, en épis ou en panicules, les mâles et les femelles quelquefois réunies dans un involucre caliciforme et simulant une fleur hermaphrodite à ovaire pédicellé.

1. EUPHORBIA. — *Fleurs monoïques* : plusieurs fleurs mâles (10-20 ou plus) constituées chacune par une seule étamine et une seule fleur femelle réduite à un ovaire pédicellé *réunies dans un involucre caliciforme. Styles 3, bifides ou émarginés. Capsule à 3 coques monospermes. Plantes à suc laiteux.*

2. MERCURIALIS. — *Fleurs* ord. dioïques. Calice à 3 sépales. *Étamines 8-12. Capsule à 2 rarement 3 coques monospermes.* Plantes à suc aqueux.

3. BUXUS. — Fleurs monoïques. Calice à 4 sépales. *Étamines 4. Capsule à loges dispermes, à déhiscence loculicide, s'ouvrant en 3 valves terminées chacune par 2 cornes. Arbre ou arbrisseau. Feuilles persistantes.*

## 1. **EUPHORBIA** L. *Gen.* n. 609. — [EUPHORBE].

*Fleurs monoïques : plusieurs mâles et une seule femelle réunies dans un involucre. Involucre caliciforme gamophylle,* campanulé ou turbiné, à limbe à 10 plus rarement 8 lobes dont 5-4 membraneux entiers ou ciliés-dentés dressés ou incurvés (lobes proprement dits), les autres (lobes glanduleux, glandes) alternant avec les précédents, rejetés en dehors, épais, glanduleux dans toute l'étendue de leur face supérieure ou seulement dans une partie de cette face, rétrécis à la base, entiers, échancrés ou en croissant. — *Fleurs mâles* dépourvues de calice, *10-20 ou plus, constituées chacune par une seule étamine,* insérées vers la base de l'involucre ; étamines inégales disposées en 5 plus rarement 4 faisceaux opposés aux lobes non glanduleux, sur deux rangs dans chaque faisceau, à filet articulé sur un pédicelle dont il se sépare après la floraison, les pédicelles des étamines d'un même faisceau étant soudés inférieurement ; anthères bilobées, à lobes globuleux ; 5-4 appendices squamiformes le plus souvent découpés chacun en plusieurs lanières, alternant avec les faisceaux d'étamines. — Fleur femelle ord. longuement pédicellée, solitaire au centre de l'involucre et entourée par les fleurs mâles, réduite à un ovaire triloculaire à loges uniovulées ; *styles 3,* libres ou soudés à la base, *bifides ou émarginés ;* pédicelle ord. un peu élargi au-dessous de l'ovaire à élargissement entier ou lobé, s'allongeant ord. beaucoup après la floraison et dépassant l'involucre. *Capsule* ord. penchée sur le pédicelle et faisant saillie hors de l'involucre, *à 3 coques monospermes qui* à la maturité *se séparent d'un axe persistant* en s'ouvrant avec élasticité selon la nervure dorsale. Graines lisses, rugueuses ou ponctuées-réticulées, présentant au niveau du micropyle un faux-arille charnu ord. en forme de disque pelté.

*Plantes* annuelles ou vivaces, *à suc* âcre *laiteux*, herbacées, rarement sous-frutescentes. Feuilles entières, denticulées ou dentées, dépourvues de stipules (dans nos espèces), très rarement munies de stipules, ord. éparses ; les feuilles florales et les bractées ord. verticillées ou opposées. Involucres caliciformes (fleurs) verdâtres ou rougeâtres, à glandes jaunes ou rougeâtres, disposés en cymes dichotomes pédonculées ord. rapprochées toutes ou la plupart en une ombelle terminale munie à la base d'un verticille de feuilles florales (involucre général, involucre); les pédoncules des cymes (rayons) munis au-dessous des fleurs de bractées opposées ou verticillées (involucelles); les involucres caliciformes plus rarement latéraux ou axillaires en apparence, en raison de l'avortement d'une partie des branches des dichotomies.

Sect. i. — *Glandes* suborbiculaires ou oblongues transversalement, *entières ou émarginées*, jamais échancrées en forme de croissant.

§ 1. *Graines ponctuées-réticulées.* — (1).

§ 2. *Graines lisses.*

† *Capsule lisse* ou très finement chagrinée. — (2).

†† *Capsule présentant des tubercules* saillants hémisphériques ou cylindriques. — (3-7).

Sect. ii. — *Glandes échancrées ou en forme de croissant.*

§ 1. *Graines ponctuées, réticulées ou rugueuses.* Plantes annuelles.—(8-11).

§ 2. *Graines lisses.* Plantes vivaces. — (12-14).


Sect. i. — Glandes suborbiculaires ou oblongues transversalement, entières ou émarginées, jamais échancrées en forme de croissant. Embryon à cotylédons suborbiculaires.

### § 1. Graines ponctuées-réticulées.

1. **E. helioscopia** L. *Sp.* 658; *Fl. Dan.* V, t. 725; *Engl. bot.* t. 883; Rchb. *Ic.* V, t. 132, f. 4754; Bill. *Exsicc.* n. 1951 et *bis.*— [ E. Réveil-matin.—Vulg. *Réveil-matin* ].

Plante annuelle. Tige de 2-5 décim., dressée, simple, plus rarement rameuse. Feuilles éparses, obovales-cunéiformes, obtuses ou émarginées, finement dentées dans leur moitié supérieure, glabres ou offrant quelques poils épars. Ombelle ord. à 5 rayons; rayons trifurqués, à rameaux bifurqués. Feuilles de l'involucre plus grandes que les caulinaires; bractées inégales. Capsule lisse. Graines brunâtres. ⓘ. Juin-octobre.

*C C̈ C.* — Lieux cultivés, jardins.

### § 2. Graines lisses.

† Capsule lisse ou très finement chagrinée.

2. **E. Gerardiana** Jacq. *Austr.* V, t. 436; Rchb. *Ic.* V, t. 147, f. 4794; Bill. *Exsicc.* n. 452.—*E. Esula* Thuill. *Fl. Par.* 238 non L. —[E. de Gérard. — Vulg. *Éclaire* ].

Souche presque ligneuse, terminée en racine pivotante, émettant ord. un grand nombre de tiges. Tiges de 2-5 décim., roides, dressées ou ascendantes;

simples ou offrant quelques rameaux florifères au-dessous de l'ombelle, rarement rameuses. Feuilles éparses, nombreuses, rapprochées, dressées, linéaires-lancéolées ou oblongues-linéaires, acuminées-mucronées, plus rarement obtuses, entières, glabres, glaucescentes, un peu coriaces. Ombelle à rayons nombreux; rayons 1-3 fois bi-trifurqués, rarement simples. Feuilles de l'involucre ovales-oblongues, oblongues ou linéaires-oblongues, mucronées; bractées plus larges que longues, triangulaires-ovales, cordées ou tronquées à la base, brusquement mucronées, souvent colorées en jaune. Capsule lisse ou très finement chagrinée. Graines blanchâtres. ♃. Juin-août.

*A.C.* — Lieux secs, pelouses arides, clairières des bois sablonneux. — Saint-Maur ! et Champigny (*Vaill.* Bot. Par.). Saint-Germain !; Mantes !; Les Andelys !; L'Ile-Adam !; Chantilly !; Senlis !; Clermont !; Verderonne !; Verberie, Marnoue-les-Moines, Meaux (*Questier*). Env. de Provins (*Bouteiller*). Forêt de Fontainebleau !; Nemours !, etc.

†† Capsule présentant des tubercules saillants hémisphériques ou cylindriques.

3. **E. stricta** L. *Syst. nat.* 1049 ex Koch; *Engl. bot.* t. 333; Rchb. *Ic.* V, t. 133, f. 4757; Bill. *Exsicc.* n. 1322 et *bis.*—*E. micrantha* M.-Bieb. *Fl. Taur.-Cauc.* I, 377. — *E. serrulata* Thuill. *Fl. Par.* 237. — [E. ROIDE].

*Plante annuelle ou bisannuelle, à racine pivotante.* Tiges solitaires ou plus ou moins nombreuses, de 3-10 décim., dressées ou ascendantes, donnant naissance au-dessous de l'ombelle terminale à des rameaux florifères. *Feuilles* éparses, *sessiles à base presque cordée,* oblongues-lancéolées, finement denticulées au moins dans leur moitié supérieure, glabres, minces; les inférieures oblongues-obovales, atténuées en pétiole. Ombelle à 3 rarement 4-5 rayons, souvent irrégulière; rayons 1-4 fois bi-trifurqués. Feuilles de l'involucre oblongues-lancéolées; *bractées ovales-triangulaires, ou suborbiculaires tronquées à la base,* mucronées. *Capsule petite, chargée de tubercules cylindriques allongés. Graines* luisantes, *d'un rouge brunâtre.* ① ou ②. Juin-septembre.

*C.* — Bords des chemins, haies, fossés, lieux cultivés.

4. **E. platyphylla** L. *Sp.* 660; Jacq. *Austr.* IV, t. 376; Rchb. *Ic.* V, t. 133, f. 4758. — [E. A LARGES FEUILLES].

*Plante annuelle, à racine pivotante.* Tige de 5-12 décim., dressée, donnant ord. naissance au-dessous de l'ombelle terminale à des rameaux florifères. *Feuilles* éparses, *sessiles, à base presque cordée,* oblongues-lancéolées, finement denticulées au moins dans leur moitié supérieure, glabres, plus rarement poilues, assez fermes; les inférieures oblongues-obovales, atténuées en pétiole. Ombelle régulière, à 5 rarement 3-4 rayons; rayons 1-4 fois bi-trifurqués, rarement simples. Feuilles de l'involucre oblongues-lancéolées ou ovales-oblongues; *bractées ovales-triangulaires, ou suborbiculaires tronquées à la base,* mucronées. *Capsule deux fois aussi grosse que dans l'espèce précédente, couverte de tubercules hémisphériques peu saillants. Graines* luisantes, deux fois aussi grosses que dans l'espèce précédente, *d'un gris brunâtre à reflet métallique.* ①. Juin-septembre.

*R.* — Champs humides en friche, bords des chemins, haies, fossés. — Bois de Vincennes (*Maire*); Champigny, Bondy (*de Schœnefed*); Beaubourg près Lagny,

Lognes (*Thuret*) ; Les Bergeries près Draveil, Linas (*Thuill. Fl. Par.*); forêt de Senart (*de Schœnefeld*); Mennecy! (*C^te Jaubert*); Machault près Melun (*M. Garnier*); Valvins! (*Thuill. Fl. Par., Weddell*); côte de Champagne!; Moret!; Nemours! (*A. Jamain*); Thurelles! près Dordives. L'Ile-Adam (*Guillon*). Forêt de Compiègne, Pierrefonds (*Graves*). Jouarre (*Adr. de Jussieu*).— *Graves* Cat. Oise : Tête-Saint-Jean, mont Saint-Marc, carrefour de la Belle-image dans la forêt de Compiègne : Bailly cant. de Ribécourt ; forêt de Carlepont ; Armancourt cant. d'Estrées.

Var. β. *lanuginosa.* (*E. lanuginosa* Thuill. *Fl. Par.* 238. — *E. verrucosa* var. β. Mérat *Fl. Par.* éd. 4, II, 176.) — Feuilles à face inférieure et à bords poilus ou tomenteux. — R R. — Lieux secs. — Essonne (*Kralik*). Malesherbes (*Bernard*). Jouarre (*Adr. de Jussieu*).

5. **E. dulcis** L. *Sp.* 656 ; Jacq. *Austr.* III, t. 213 ; Bill. *Exsicc.* n. 2134 et *bis.* — *E. solisequa* Rchb. *Fl. excurs.* 756, et *Ic.* V, t. 134, f. 4759. — *E. purpurata* Thuill. *Fl. Par.* 235 ; Rchb. *Crit.* II, t. 143, f. 267. — [ E. DOUX ].

*Rhizome traçant, un peu charnu,* jaunâtre, constitué par les bases persistantes des anciennes tiges obliquement articulées entre elles. Tige de 3-6 décim., ascendante-dressée, donnant ord. naissance au-dessous de l'ombelle terminale à un ou plusieurs rameaux florifères. *Feuilles* éparses, *un peu pétiolées,* oblongues, *atténuées à la base,* obtuses, entières ou très finement denticulées, poilues en dessous et aux bords surtout dans leur jeunesse. Ombelle régulière à 5 rayons ; rayons grêles, 1-2 fois bifurqués. Feuilles de l'involucre oblongues étroites ; *bractées ovales-triangulaires tronquées ou un peu cordées à la base.* Glandes d'un pourpre foncé, plus rarement jaunes. *Capsule parsemée de tubercules* inégaux *obtus,* quelquefois poilue. Graines luisantes, brunâtres. ♃. Avril-juin.

A. R. — Bois montueux, lieux ombragés des terrains argileux. — Bois de Meudon ! (*Tourn.* Hist. pl. Par.); forêt de Saint-Germain! (*Lepeletier de Saint-Fargeau*); Palaiseau (*Thuill.* Fl. Par.). Forêt de Senart !. Forêt de Sourdun près Provins (*Des Étangs*). Malesherbes (*Devilliers*). Bois-Yon et forêt de Dreux (*Dœnen*). Beauvais (*Morelle*); forêt de Thelle près du Coudray-Saint-Germer (*de Marcilly fils*). — *Graves* Cat. Oise : bois du Parc près Beauvais; garenne de Trie-Château ; forêt de Hez.

S.-v. *pallida.* — Glandes d'un jaune verdâtre. — R. — Forêt de Senart !.

6. **E. verrucosa** L. *Sp.* 658 ; Bill. *Exsicc.* n. 1762 et *bis* et *ter.* —*E. dulcis* Sibth. et Sm. *Fl. Græc.* t. 464 non L.; Rchb. *Ic.* V, t. 135, f. 4763. — [E. VERRUQUEUX].

*Souche* ligneuse, *rameuse-cespiteuse* terminée en racine pivotante. *Tiges* ord. nombreuses, de 4-6 décim., couchées et frutescentes à la base puis *ascendantes,* ord. rapprochées en touffe, simples ou rameuses. *Feuilles* éparses, ovales-oblongues ou oblongues, finement denticulées au moins dans leur partie supérieure, *atténuées à la base,* glabres, ou pubescentes en dessous dans leur jeunesse. *Ombelle régulière, ord. à 4-5 rayons* ; rayons souvent plus courts que les feuilles de l'involucre, simples ou 1-2 fois bi-trifurqués. Feuilles de l'involucre ovales ou oblongues-obovales ; *bractées oblongues-obovales, ou oblongues atténuées inférieurement,* obtuses, colorées en jaune lors de la floraison, devenant vertes à la maturité. Capsule chargée de tubercules cylindriques. Graines luisantes, brunâtres à reflet métallique. ♃. Mai-juin, refleurit en automne.

*RR.* — Pâturages humides, fossés, haies, buissons. — Vincennes, Sèvres (*Thuill.
Fl. Par.*). Forêt de Fontainebleau entre Sorgues et Épisy (*Matignon*); abondant
aux bords du canal du Loing près de Moret!, et aux env. de Nemours! (*Devilliers*).
— *Graves* Cat. Oisc : commun autour du pont de Berne, sur la route de Compiègne
à Soissons; forêt d'Ourscamp.

**7. E. palustris** L. *Sp.* 662; *Fl. Dan.* V, t. 866; Rchb. *Ic.* V, t. 139, f. 4771;
   Bill. *Exsicc.* n. 1324. — [E. DES MARAIS].

*Souche très épaisse. Tige* de 6-12 décim., *robuste, épaisse, dressée, donnant naissance à un grand nombre de rameaux la plupart stériles. Feuilles*
éparses, oblongues ou oblongues-lancéolées, souvent très longues, entières
ou très finement denticulées, *atténuées à la base*, glabres. *Ombelle irrégulière, à rayons* ord. *nombreux, souvent dépassée par les rameaux stériles;*
rayons ord. 1-2 fois bi-trifurqués. Feuilles de l'involucre en verticille très
irrégulier, ovales ou oblongues-obovales un peu atténuées à la base; *bractées
ovales, ou oblongues atténuées inférieurement*, obtuses, colorées en jaune
lors de la floraison. *Capsule* trois fois aussi *grosse* que dans l'espèce précédente, *profondément 3-lobée*, chargée de tubercules hémisphériques ou
cylindriques. Graines luisantes, brunâtres. ♃. Mai-juillet.

*A.R.* — Lieux marécageux, bords des caux, prairies spongieuses ou tourbeuses.
— Bord de la Seine au Petit-Nanterre près Bezons (*A. Passy*); île de la Seine près
de Chatou (*de Schœnefeld*); forêt de Bondy! (*Petit in Tourn.* Hist. pl. Par.);
Maisons-Alfort!; bords de la Marne à Saint-Maur et Chenevières (*Tourn.* Hist. pl.
Par.); Neuilly-sur-Marne (*Kralik*); bois de Lognes, bois des Dames, Lamirault,
Malenoue, Gournay-en-Brie (*Thuret*); forêt de Senart!; Essonne (*de Boucheman*);
Mennecy (*Mandon*); Machault près Melun (*M. Garnier*); étang de Moret!. L'Ile-
Adam (*Chatin*); Luzarches (*De Lens*); Royaumont (*Daudin*); Senlis (*Morelle*);
prairies à Saint-Leu-d'Essérent (*Graves, de Schœnefeld*). Bonnières (*Dœnen*);
vallée de l'Epte entre Gommecourt et Limetz (*Chatin*). — *Graves* Cat. Oisc : vallée
de La Brèche à Cauffry cant. de Liancourt; forêt de Compiègne sur la route
d'Humières; vallée de la Nonette près de Senlis.


Sect. II. — Glandes échancrées ou en forme de croissant. Cotylédons
linéaires.


§ 1. Graines ponctuées, réticulées ou rugueuses. Plantes annuelles.

**8. E. Peplus** L. *Sp.* 653; *Fl. Dan.* VII, t. 1100; *Engl. bot.* t. 959; Rchb. *Ic.*
   V, t. 140, f. 4773; Bill. *Exsicc.* n. 1326. — [E. PÉPLUS].

Tige de 1-4 décim., dressée, ord. rameuse. *Feuilles* éparses, *pétiolées,*
oblongues-obovales ou obovales, entières, glabres, minces. Ombelle à 3 rarement 4-5 rayons; rayons 2-4 fois bifurqués. Feuilles de l'involucre de la
même forme que les feuilles caulinaires; bractées ovales. Glandes en croissant, à cornes allongées. *Capsule* petite, lisse, glabre, *à lobes présentant
chacun sur le dos deux carènes minces. Graines* non luisantes, d'un blanc
cendré devenant brunâtre, *ovoïdes-subhexagonales, présentant* de chaque
côté du raphé *une fossette oblongue, et marquées dans le reste de leur
surface de points enfoncés* noirâtres *disposés par trois ou quatre en lignes
longitudinales.* ①. Juin-octobre.

*C C C.* — Jardins, lieux cultivés, villages.

**9. E. exigua** L. *Sp.* 654 ; *Fl. Dan.* IV, t. 592 ; *Engl. bot.* t. 1336 ; Rchb. *Ic.* V, t. 141, f. 4777 ; Bill. *Exsicc.* n. 455. — [E. EXIGU].

Tige de 5-20 centim., dressée, ascendante ou couchée, simple, ou rameuse souvent dès la base à rameaux ord. disposés en touffe. *Feuilles éparses, sessiles, linéaires*, aiguës, obtuses-mucronées ou tronquées, entières, glabres, un peu fermes. Ombelle à 3 plus rarement 2-5 rayons ; rayons 2-4 fois bifurqués. Feuilles de l'involucre de la même forme que les caulinaires ; *bractées linéaires-lancéolées à base élargie cordée*, mucronées. Glandes en croissant, à cornes allongées. Capsule petite, lisse ou finement chagrinée. *Graines* non luisantes, d'un blanc cendré devenant noirâtre, *ovoïdes-sub-tétragones, rugueuses-ridées transversalement.* (I). Mai-septembre.

*C C.* — Champs, lieux cultivés, terrains en friche.

**10. E. falcata** L. *Sp.* 654 ; Jacq. *Austr.* II, t. 121 ; Rchb. *Ic.* V, t. 141, f. 4776 ; Bill. *Exsicc.* n. 75 et *bis.* — [E. EN FAUX].

Tige de 1-4 décim., dressée ou ascendante, simple ou très rameuse. *Feuilles éparses, sessiles, lancéolées atténuées à la base, acuminées ou cuspidées,* entières, glabres, les inférieures spatulées obtuses ou émarginées mucronées. Ombelle à 3-5 rayons ; rayons 2-3 fois bifurqués. *Bractées ovales ou trian-gulaires, tronquées ou cordées à la base, mucronées ou cuspidées.* Glandes en croissant, à cornes courtes. Capsule petite, lisse. *Graines* non luisantes, d'un blanc cendré devenant noirâtre, *ovoïdes-subtétragones, rugueuses-ridées transversalement.* (I). Juillet-septembre.

*R R.* — Champs pierreux des coteaux calcaires. — Coteaux entre La Frette et Sartrouville (*de Boucheman, Mandon*). Bords de la Seine à Draveil près de la forêt de Senart (*Spach*). Étampes (*Adr. de Jussieu*).

**11. E. Lathyris** L. *Sp.* 655 ; *Engl. bot.* t. 2255 ; Rchb. *Ic.* V, t. 143, f. 4783 ; Bill. *Exsicc.* n. 2036. — [E. ÉPURGE. — Vulg. *Épurge*].

Tige de 6-12 décim., glauque, roide, robuste, dressée, rameuse supé-rieurement. *Feuilles opposées,* les paires alternant en croix, sessiles, oblon-gues-linéaires ou oblongues-lancéolées, presque aiguës ou obtuses-mucronées, entières, glabres, fermes, un peu épaisses, vertes luisantes en dessus, glauques en dessous, étalées ou les inférieures réfléchies. Ombelle très ample, à 4 rare-ment 2-5 rayons ; rayons dichotomes, ord. terminés en grappes unilatérales. Feuilles de l'involucre de la même forme que les caulinaires ; bractées supé-rieures ovales-oblongues ou ovales, aiguës, cordées à la base. Glandes échan-crées, à cornes courtes. *Capsule très grosse, lisse, à péricarpe charnu-subéreux se ridant par la dessiccation. Graines grosses, ovoïdes tronquées à la base, d'un brun mat, réticulées-rugueuses.* (2). Juin-juillet.

*A.R.* spontané?. — Villages, haies des jardins, lieux ombragés, voisinage des anciens châteaux. — Bois de Boulogne (*Cornuti* Ench. Par.); abondant à La Minière près Versailles (*Thuret, de Boucheman*); forêt de Marly ! (*Weddell*), sur les ruines du château de Montjoie (*de Schœnefeld*); Saint-Germain !; parc d'Halincourt près Magny ! (*Bouteille*). Bois de Lognes près Lagny (*Thuret*). Forêt de Rougeaux !; Valvins !. Très abondant dans les bois des Brays à Rouville près Crépy, parc de Thury-en-Valois (*Questier*). — *Graves* Cat. Oise : Saint-Jean près Beauvais ; Saint-Just-en-Chaussée ; La Neuville-Roy ; Senlis ; Parnes ; Chaumont. — Fréquemment cultivé à la campagne dans les jardins, au voisinage desquels on le rencontre çà et là.

### § 2. Graines lisses. Plantes vivaces.

**12. E. Cyparissias** L. *Sp.* 661 ; Jacq. *Austr.* V, t. 435 ; *Fl. Dan.* XII, t. 2052 ; *Engl. bot.* t. 840 ; Rchb. *Ic.* V, t. 147, f. 4793 ; Bill. *Exsicc.* n. 74 et *bis*. — [E. PETIT-CYPRÈS. — Vulg. *Tithymale-commun*].

Souche presque ligneuse, rameuse, traçante ou presque cespiteuse. *Tiges* de 2-5 décim., dressées, *donnant naissance au-dessous de l'ombelle à des rameaux la plupart stériles*, rapprochées en touffe. *Feuilles* éparses, très nombreuses, rapprochées, sessiles, *linéaires*, quelquefois un peu atténuées à la base, entières, glabres, souvent glaucescentes ; *celles des rameaux stériles très étroites presque sétacées, rapprochées en pinceau.* Ombelle à rayons nombreux ; rayons grêles, 1-2 fois bifurqués ou simples. Feuilles de l'involucre de la même forme que les caulinaires ; bractées libres, ovales-rhomboïdales ou ovales-triangulaires, plus larges que longues, un peu acuminées, souvent colorées en jaune ou en rouge. Glandes échancrées, à cornes courtes. Capsule à lobes finement chagrinés sur le dos. Graines blanchâtres ou brunâtres. ♃. Juin-septembre.

*C C C.* — Bords des chemins, lieux stériles sablonneux, pâturages secs, coteaux arides.

Cette plante s'étiole souvent lorsqu'elle est attaquée par l'*Æcidium Euphorbiarum*, qui couvre ses tiges et ses feuilles sous la forme de petites saillies jaunâtres, puis d'une poussière rougeâtre ; les tiges sont alors ord. simples et effilées et restent stériles, les feuilles sont plus courtes et à bords enroulés en dessous.

**13. E. Esula** L. *Sp.* 660 ; *Fl. Dan.* VIII, t. 1270 ; *Engl. bot.* t. 1399 ; Rchb. *Ic.* V, t. 146, f. 4791 ; Bill. *Exsicc.* n. 1325. — [E. ÉSULE. — Vulg. *Ésule*].

Souche presque ligneuse, rameuse, traçante. *Tiges* de 3-8 décim., dressées ou ascendantes, *donnant* souvent *naissance au-dessous de l'ombelle à des rameaux la plupart florifères. Feuilles* éparses, sessiles, *oblongues, lancéolées ou linéaires-lancéolées*, aiguës ou obtuses, souvent mucronulées, atténuées à la base, entières ou très finement denticulées, glabres, un peu fermes, glaucescentes. Ombelles à rayons ord. nombreux ; rayons 1-2 fois bifurqués, plus rarement simples. Feuilles de l'involucre oblongues, ou ovales-oblongues ; *bractées libres*, ovales-triangulaires plus larges que longues, obtuses-mucronées ou brièvement acuminées, souvent jaunes lors de la floraison. Glandes échancrées, à cornes courtes. Capsule à lobes finement chagrinés sur le dos. Graines d'un blanc cendré. ♃. Mai-septembre.

Var. α. *salicetorum.* (*E. salicetorum* Jord.! *Pug.* 138. — *E. lucida* auct. gall.). — Tiges de 5-8 décim., émettant ord. un assez grand nombre de rameaux stériles. Feuilles ord. d'un vert pâle ou d'un vert jaunâtre. — *R R.* — Bords des eaux, berges des rivières. — Bords du canal du Loing à Épisy! près Moret (*Adr. de Jussieu*) et à Beau-moulin! près Nemours.

Var. β. *tristis.* (*E. tristis* M.-Bieb. *Fl. Taur.-Cauc.* III, 326. — *E. intermedia* Brébiss. *Mém. soc. Linn. Norm.*). — Tiges de 2-5 décim., dépourvues de rameaux stériles ou n'en émettant qu'un petit nombre. Feuilles d'un vert sombre. — *R.* — Coteaux pierreux, bois sablonneux, bords des chemins. — Mont-Chauvet et landes de la forêt de Fontainebleau (*Vaill.* Bot. Par.) ; forêt de Fontainebleau :

aux rochers du Cuvier !, à la Croix-de-Toulouse (*Adr. de Jussieu*), à la Belle-Croix !,
au Mail d'Henri IV !, au Mont-Morillon !, etc.; Valvins (*Woods*). Vétheuil (*de Schœnefeld*); La Roche-Guyon !; Vernon !; Vernonet (*Durand-Duquesney*); Les Andelys !. Dreux ! (*Dœnen*). Thury-sous-Clermont (*Taillefert*).

**14. E. sylvatica** L. *Sp.* 663 ; Jacq. *Austr.* IV, t. 375. — *E. amygdaloides* L.
　　*Sp.* 663 ; *Engl. bot.* t. 256 ; Rchb. *Ic.* V, t. 150, f. 4799 ; Bill. *Exsicc.*
　　n. 453. — [ E. DES BOIS ].

Souche presque ligneuse. Tiges de 4-8 décim., dressées ou ascendantes,
presque ligneuses et souvent rougeâtres dans leur partie inférieure, pubescentes
ou velues dans leur partie supérieure, donnant naissance au-dessous de l'ombelle à un grand nombre de rameaux florifères. *Feuilles* éparses, obovales-
oblongues ou oblongues, obtuses ou mucronulées, entières, pubescentes surtout en dessous et aux bords ; *la plupart rapprochées en rosette à l'extrémité
des tiges stériles ou vers le milieu de la hauteur des tiges florifères*, rétrécies en pétiole, un peu fermes, souvent rougeâtres ; celles de la partie florifère de la tige espacées, plus petites, un peu molles, non rétrécies en pétiole.
Ombelle ord. à 5-8 rayons 1-2 fois bifurqués plus rarement simples. Feuilles
de l'involucre obovales-oblongues ou obovales ; *bractées suborbiculaires-
réniformes soudées par deux à leur base dans la plus grande partie de leur
largeur en plateaux suborbiculaires perfoliés*, ord. d'un vert pâle ou jaunâtres. Glandes en forme de croissant, à cornes assez longues, jaunes, plus
rarement pourpres. Capsule lisse, ou à lobes finement chagrinés sur le dos.
Graines brunâtres ou noirâtres. ♃. Mai-juin.

*CCC.* — Bois, taillis, haies, buissons.

S.-v. *purpurata*. — Glandes d'un pourpre plus ou moins foncé. — *R.* — Forêt de
Marly (*Weddell*). Forêt de Fontainebleau !, etc.

L'*E. Chamæsyce* L. (Sibth. et Sm. *Fl. Græc.* t. 461 ; Rchb. *Ic.* V, t. 131,
f. 4750 ; Bill. *Exsicc.* n. 451 et *bis*), plante des parties méridionales de la France,
s'est naturalisé dans les plates-bandes du jardin du Muséum. Cette espèce se reconnaît à ses tiges presque filiformes, rameuses, appliquées sur la terre, à ses
feuilles opposées membraneuses suborbiculaires un peu cordées à la base et munies
de stipules.

## 2. **MERCURIALIS** Tourn. *Inst.* t. 308. — [ MERCURIALE ].

*Fleurs* ord. *dioïques*. — Fleur mâle : Calice à 3 sépales soudés à la base, à
préfloraison valvaire. *Étamines* 8-12, quelquefois plus ; filets libres, assez
longs ; anthères à lobes subglobuleux. — Fleur femelle : Calice semblable à
celui de la fleur mâle. Appendices celluleux allongés 2-3, alternant avec les
loges de l'ovaire. Ovaire à 2 rarement 3 styles courts, entiers, épais, stigmatifères à leur face interne. *Capsule* hispide ou tomenteuse, *à 2 rarement
3 coques subglobuleuses monospermes qui à la maturité se séparent d'un
axe persistant en s'ouvrant avec élasticité selon la nervure dorsale*. Graines
souvent réticulées ou rugueuses présentant un faux arille qui constitue un
épaississement charnu au niveau du micropyle.

Plantes annuelles ou vivaces, herbacées, à suc aqueux, bleuissant plus ou moins
par la dessiccation. Feuilles opposées, dentées ; stipules très petites. *Fleurs* verdâtres ; les *mâles* en glomérules espacés, disposés *en épis* nus axillaires grêles
longuement pédonculés ; les femelles solitaires ou fasciculées.

**1. M. annua** L. *Sp.* 1465; *Engl. bot.* t. 559; *Fl. Dan.* XI, t. 1890; Rchb. *Ic.* V,
    t. 151, f. 4801; Bill. *Exsicc.* n. 76. — [M. ANNUELLE.—Vulg. *Mercuriale,
    Foirolle, Aremberge*].

*Plante annuelle*, à racine pivotante. *Tige* de 2-6 décim., dressée, anguleuse, *rameuse* souvent dès la base, à rameaux opposés dressés. Feuilles
pétiolées, ovales ou ovales-lancéolées, lâchement dentées, un peu ciliées.
*Fleurs femelles presque sessiles.* Capsule hispide. Graines subglobuleuses,
rugueuses. ①. Juin-octobre.

*C C C.* — Jardins, lieux cultivés, villages.

**2. M. perennis** L. *Sp.* 1465; *Fl. Dan.* III, t. 400; *Engl. bot.* t. 1872; Rchb.
    *Ic.* V, t. 152, f. 4804; Bill. *Exsicc.* n. 641.—[M. VIVACE. —Vulg. *Chou-
de-chien*].

*Plante vivace, à rhizome longuement traçant*, à fibres radicales très longues
verticillées ou fasciculées à la base des tiges et au niveau des nœuds laissés
par les tiges détruites. *Tiges* de 2-4 décim., dressées, *simples*. Feuilles pétiolées, ovales-oblongues ou oblongues, acuminées, finement et régulièrement
crénelées, pubescentes sur les deux faces. *Fleurs femelles longuement pédonculées.* Capsule plus grosse que dans l'espèce précédente, très pubescente.
Graines subglobuleuses, ponctuées-réticulées. ♃. Mars-mai.

*C.* — Bois, taillis, lieux ombragés.

### 3. BUXUS Tourn. *Inst.* t. 345. — [BUIS].

Fleurs monoïques.—Fleur mâle : Calice à 4 sépales inégaux dont deux intérieurs et deux extérieurs, accompagné d'une bractée apprimée de la même
forme que les sépales. *Étamines 4*, opposées aux sépales; filets libres,
robustes; anthères à connectif épais, à lobes oblongs. — Fleur femelle :
Calice semblable à celui de la fleur mâle, accompagné d'une bractée inférieure et de deux latérales. Étamines nulles. Ovaire à 3 styles courts, entiers,
épais, distants, un peu latéraux, persistants, stigmatifères et canaliculés à la
face interne, se fendant à la maturité avec la loge correspondante. *Capsule*
coriace, oblongue-subglobuleuse, glabre, lisse, présentant 3 bosses entre les
styles, triloculaire, *à loges dispermes, à déhiscence loculicide, s'ouvrant en
3 valves, chaque valve étant terminée par 2 cornes* dont chacune correspond
à une moitié de style. Graines lisses, luisantes, présentant au sommet une
expansion charnue (production ombilicale [Baillon]).

Arbre ou arbrisseau. *Feuilles* opposées, *persistantes*, entières, constituées par
deux lames unies seulement par le bord, la lame supérieure coriace, l'inférieure
membraneuse; les bourgeons et les jeunes rameaux présentant inférieurement
quelques écailles membraneuses (stipules de quelques auteurs). Fleurs très petites,
d'un jaune verdâtre. Glomérules axillaires, à pédoncule court muni inférieurement
de quelques petites écailles, composés de plusieurs fleurs mâles qui entourent une
seule fleur femelle, ou quelques-uns composés seulement de fleurs mâles.

**1. B. sempervirens** L. *Sp.* 1394; *Engl. bot.* t. 1341; Rchb. *Ic.* V, t. 153,
    f. 4808; Bill. *Exsicc.* n. 639. — [B. TOUJOURS VERT. — Vulg. *Buis*].

Arbre ou arbrisseau souvent tortueux, à bois dur jaunâtre, à écorce d'un
blanc cendré, très rameux, à jeunes rameaux tétragones par la décurrence des
pétioles. Feuilles brièvement pétiolées, ovales-oblongues, odorantes par le
froissement, coriaces, entières, luisantes, d'un vert olivâtre en dessus, d'un

vert pâle en dessous, concaves et rapprochées en têtes globuleuses pendant la préfoliaison. Fleurs sessiles, en glomérules subglobuleux très compactes. Capsule assez grosse, luisante, jaunâtre. Graines oblóngues-trigones, noires, luisantes. ♄. *Fl.* mars-avril. *Fr.* juillet-août.

*A.R.* — Coteaux pierreux exposés au nord, rochers, forêts montueuses, clairières des bois. — Forêt de Marly!. Haies à Roussigny! et à Neauphle-le-Château (*Vaill. Bot. Par.*). Arthieul près Magny (*Bouteille*) ; Port-Villez!; La Roche-Guyon!. Garenne de Canneville! près Chantilly (*Weddell*) ; Creil (*Graves*). Forêt de Senart!. Nemours!. Provins (*Des Étangs*).—*Graves* Cat. Oise : bois de la montagne Sainte-Geneviève cant. de Noailles ; Jaux près Compiègne ; Vez dans le Valois. — Fréquemment cultivé dans les parcs, où il se naturalise aisément. — Cultivé en bordures dans les jardins, où on le maintient à l'état nain par des tailles fréquemment répétées.

Le genre *Ricinus* présente les caractères suivants : fleurs monoïques ; calice à 4-5 sépales soudés à la base ; étamines très nombreuses, disposées en fascicules très rameux, à anthères très petites à lobes subglobuleux ; stigmates 3, profondément bipartits à lobes filiformes velus-plumeux colorés ; capsule subglobuleuse hérissée d'épines, à 3 coques monospermes ; fleurs disposées en panicule terminale, les fleurs mâles placées au-dessous du groupe des fleurs femelles.—Le *R. communis* L. (vulg. *Ricin, Palma-Christi*), originaire de l'Afrique et de l'Orient, est fréquemment cultivé dans les jardins. Cette espèce se reconnaît à sa tige robuste glauque, à ses feuilles très amples peltées palmées à lobes lancéolés dentés, à ses stigmates d'un beau rouge, à sa capsule et à ses graines assez grosses.

---

# LXXXIV. CALLITRICHINÉES

(CALLITRICHINEÆ Lavielle in *Ann. soc. Linn. Par.* [1824] 229).

Fleurs hermaphrodites, ou unisexuelles-polygames par avortement.— *Calice composé de 2 sépales* opposés, latéraux par rapport à la feuille, ord. falciformes, membraneux-charnus, transparents, caducs ou marcescents. — Corolle nulle. — *Étamines 1-2*, hypogynes, *alternant avec les sépales;* filets filiformes, dépassant longuement les bractées ; anthères réniformes, s'ouvrant par une fente semicirculaire. — Ovaire libre, à 2 carpelles (Baillon), à 2 loges opposées aux sépales biovulées se subdivisant chacune avant la floraison en deux loges secondaires uniovulées. Ovules suspendus un peu au-dessous de leur sommet, semiréfléchis. *Styles 2*, subulés, stigmatifères dans presque toute leur longueur. — *Fruit* capsulaire, membraneux un peu charnu, *composé* (par suite de la subdivision des deux loges primitives partagées par une fausse cloison) *de 4 coques monospermes, indéhiscentes*, carénées ou ailées sur le dos. — Graines suspendues, à testa mince membraneux. Périsperme charnu. Embryon placé dans le périsperme, cylindrique, à cotylédons courts. Radicule dirigée parallèlement au hile.

*Plantes* aquatiques, *ord. submergées ou nageantes*, annuelles (DC.), ou vivaces (Koch). Tiges grêles, filiformes, rameuses. *Feuilles opposées*, entières, plus rarement émarginées, souvent rétrécies en pétiole, les inférieures souvent linéaires, les supérieures souvent obovales ou oblongues ord. trinerviées généralement rapprochées en rosette ; stipules nulles. Fleurs très petites peu visibles, axillaires, solitaires, sessiles, plus rarement pédicellées.

**1. CALLITRICHE** L. *Gen.* n. 13 ; Nees *Gen. fl. Germ.* fasc. VIII, t. 14. — [CALLITRICHE].

Mêmes caractères que ceux de la famille.

1. **C. aquatica** Huds. *Fl. Angl.* 439. — [C. AQUATIQUE. — Vulg. *Étoile-d'eau*].
Tiges de longueur variable, grêles, filiformes, rameuses, glabres, radicantes, submergées, plus rarement aériennes. Feuilles glabres, toutes obovales ou oblongues atténuées inférieurement ; ou de deux formes, les supérieures obovales ou oblongues-obovales, les inférieures lancéolées ou linéaires ; plus rarement toutes linéaires, entières ou émarginées au sommet. Bractées falciformes, conniventes ou non conniventes, à sommet droit ou courbé, longuement dépassées par les étamines et les styles. Fruit à coques carénées, à carène saillante quelquefois ailée-membraneuse. ① ou ♃. Juin-septembre.
C. — Eaux vives, fontaines, ruisseaux, fossés aquatiques, lieux d'où l'eau s'est retirée récemment.

Var. α. *stagnalis*. (*C. stagnalis* Scop. *Carn.* II, 251 ; Kütz. ; Rchb. *Ic.* V, t. 129, f. 4747, et *Crit.* IX, t. 882, f. 1184-1186. — *C. aquatica* var. *obovata Fl. Par.* éd. 1, 491). — Feuilles toutes obovales ou oblongues, atténuées inférieurement, les supérieures rapprochées en rosette nageante. Sépales courbés en faux et connivents au sommet. Styles d'abord dressés, puis réfléchis.

Var. β. *platycarpa*. (*C. platycarpa* Kütz.; Rchb. *Ic.* V, t. 129, f. 4748, et *Crit.* IX, t. 883-889, f. 1187-1199 ; *Engl. bot.* t. 2864. — *C. aquatica* var. *heterophylla* s.-v. *platycarpa Fl. Par.* éd. 1, 492).—Feuilles inférieures linéaires ou linéaires-spatulées, les supérieures obovales rapprochées en rosette nageante. Sépales courbés en faux et connivents. Styles d'abord dressés, puis réfléchis.

Var. γ. *verna*. (*C. verna* L. *Sp.* 6 ; Kütz.; Rchb. *Ic.* V, t. 129, f. 4746, et *Crit.* IX, t. 881, f. 1179-1183. — *C. aquatica* var. *heterophylla Fl. Par.* éd. 1, 491). — Feuilles inférieures linéaires ou linéaires-spatulées, les supérieures obovales ou oblongues rapprochées en rosette nageante. Sépales à peine courbés, non connivents. Styles dressés, jamais réfléchis.

Var. δ. *hamulata*. (*C. hamulata* Kütz.; Rchb. *Ic.* V, t. 130, f. 4749 ; Bill. *Exsicc.* n. 356. — *C. autumnalis* Kütz. in Rchb. *Crit.* IX, t. 890-900, f. 1200-1220 non L. — *C. aquatica* var. *angustifolia Fl. Par.* éd. 1, 492 excl. syn. C. autumnalis L.). — Feuilles toutes lancéolées-étroites ou linéaires, plus rarement linéaires-oblongues ou linéaires-spatulées, toutes submergées, plus rarement les supérieures rapprochées en rosette lâche. Sépales atténués et recourbés en crochet dans leur partie supérieure. Styles d'abord étalés, puis réfléchis.

α β γ δ s.-v. *terrestris*. — Plante ord. plus petite, croissant dans les lieux d'où l'eau s'est retirée.

α β γ δ s.-v. *pedicellata*. — Fleurs plus ou moins pédicellées.

# LXXXV. CÉRATOPHYLLÉES

(CERATOPHYLLEÆ Gray *Arr.* II, 554; DC. *Prodr.* III, 73).

Fleurs monoïques, dépourvues de calice et de corolle. — *Involucre* de même forme dans les fleurs mâles et les fleurs femelles, *multipartit*, à 10-12 divisions égales, disposées sur un seul rang, linéaires, incisées ou entières (verticille de bractées soudées à la base). — Fleur mâle : *Étamines rapprochées* au nombre de *10-25 dans l'involucre; anthères sessiles*, tricuspidées au sommet, à connectif épais-charnu, bilobées, à lobes incomplétement séparés s'ouvrant au sommet par un pore (Schnizlein), indéhiscentes (Nees). — Fleur femelle : *Ovaire solitaire dans l'involucre*, uniloculaire, uniovulé; ovule suspendu, droit (Endlich.), réfléchi (DC., Nees) ; style terminal, subulé, à partie supérieure stigmatifère. — *Fruit* coriace-induré, *uniloculaire, monosperme, indéhiscent*, surmonté du style accrescent et persistant, quelquefois pourvu à la base de deux épines latérales. — Graine suspendue, à testa mince membraneux. Périsperme nul (Nees), mince (Schnizlein). *Embryon* oblong, droit, *à 4 cotylédons* opposés par paires, *2 ovales plus amples*, 2 étroitement linéaires, à plumule composée de feuilles nombreuses.

*Plantes submergées*, vivaces, herbacées. Tiges grêles, presque filiformes, très rameuses. *Feuilles verticillées* par 6-10, sessiles, *découpées dichotomes ou trichotomes*, à segments sétacés ou linéaires-filiformes, roides, cassants, plus ou moins denticulés; stipules nulles. Fleurs mâles et femelles disposées sans ordre, solitaires, sessiles à l'aisselle des feuilles.

**1. CERATOPHYLLUM** L. *Gen.* n. 1065; Nees *Gen. fl. Germ.* fasc. VIII, t. 11. — [CORNIFLE].

Mêmes caractères que ceux de la famille.

**1. C. demersum** L. *Sp.* 1409; *Fl. Dan.* XII, t. 2000; *Engl. bot.* t. 947; Nees, loc. cit. f. 14-15. — [C. IMMERGÉE. — Vulg. *Cornifle, Hydre-cornue*].

Tiges submergées-nageantes, de longueur très variable. *Feuilles* deux fois dichotomes, plus rarement une ou deux fois trichotomes, quelquefois simplement bifurquées, *à segments linéaires-filiformes, fortement denticulés*. *Fruit* noirâtre, ovoïde, *muni au-dessus de la base de deux épines arquées-réfléchies, terminé* en épine *par le style* accru *qui égale ou dépasse sa longueur*. ♃. Juillet-septembre.

*C C.* — Rivières, étangs, marais, fossés, bassins.

**2. C. submersum** L. *Sp.* 1409; *Fl. Dan.* III, t. 510; *Engl. bot.* t. 679; Nees, loc. cit. fig. 10 et 21; Bill. *Exsicc.* n. 1192. — [C. SUBMERGÉE].

Tiges submergées-nageantes, de longueur très variable. *Feuilles* trois fois dichotomes, rarement deux fois dichotomes, *à segments sétacés, très légèrement denticulés*. *Fruit* noirâtre, ovoïde, *dépourvu d'épines au-dessus de la base, terminé* en mucron *par le style beaucoup plus court que lui*. ♃. Juin-août.

*A.C.* — Étangs, marais tourbeux, flaques d'eau au bord des rivières.

Cette espèce, ainsi que la précédente, fructifie assez rarement.

---

## Classe II. APÉTALES AMENTACÉES.

Fleurs unisexuelles diclines : les mâles souvent dépourvues de calice, munies d'involucres ou d'écailles, disposées en épis qui tombent en se désarticulant après la floraison (chatons) ; les femelles pourvues ou non de calice, disposées ou non en chatons. — Arbres ou arbrisseaux.

### † JUGLANDÉES (1)
(Juglandeæ DC. *Théor. élém.* 215).

*Fleurs monoïques :* les mâles en chatons cylindriques ; *les femelles solitaires dans un involucre, les involucres étant solitaires ou groupés en petit nombre.* — Fleur mâle : Calice pédicellé, pinnatilobé, à 5-6 lobes inégaux, concaves, imbriqués pendant la préfloraison, renfermant les étamines, soudé à la face interne d'une écaille bractéale libre au sommet. Étamines nombreuses 14-36, insérées à diverses hauteurs à la partie moyenne du calice ; filets très courts ; anthères bilobées, acuminées par un prolongement du connectif, à lobes s'ouvrant longitudinalement. — *Fleur femelle : Involucre uniflore*, à tube soudé avec le calice, à partie libre courte et irrégulièrement 4-fide ou 4-dentée. *Calice à tube soudé* d'une part *avec l'ovaire* et d'autre part avec l'involucre, à limbe 4-fide (corolle de quelques auteurs). *Ovaire* soudé avec le tube du calice, *uniovulé*, uniloculaire subdivisé par de fausses cloisons (prolongements du placenta) au sommet et à la base en 4 loges incomplètes et en 2 loges incomplètes dans le reste de son étendue ; *ovule dressé, droit ;* styles 2, stigmatifères dans presque toute leur longueur. — Involucre fructifère et calice intimement soudés, très accrus, charnus-fibreux, renfermant complétement le fruit, se déchirant en fragments irréguliers. — *Fruit* (noix) *à deux valves ligneuses* qui ne s'écartent que lors de la germination, monosperme, subdivisé au sommet et à la base par de fausses cloisons presque ligneuses en 4 loges incomplètes et en 2 loges incomplètes dans le reste de son étendue. — Graine dressée, bosselée-toruleuse, 4-lobée au sommet et à la base, à lobes séparés par les fausses cloisons, à testa membraneux mince. Périsperme nul. Cotylédons charnus-huileux, opposés aux valves, bilobés, à lobes présentant des circonvolutions et des anfractuosités. *Plumule à deux feuilles multifides. Radicule* très courte, *dirigée vers le point* diamétralement *opposé au hile.*

Arbre ord. élevé. *Feuilles* aromatiques surtout par le froissement, caduques, alternes, *composées-imparipinnées ;* stipules nulles. Fleurs paraissant avant les feuilles. Chatons mâles à écailles lâchement imbriquées, pendants, cylindriques, très caducs, sessiles à l'aisselle des feuilles tombées vers l'extrémité des rameaux de l'année précédente. Involucres femelles solitaires ou réunis 2-5 à l'extrémité des jeunes rameaux.

### † JUGLANS L. *Gen.* n. 1071 ex parte. — [Noyer].

Mêmes caractères que ceux de la famille.

---

(1) Nous avons cru devoir restreindre la description de cette famille à celle du genre *Juglans*, qui la représente en Europe par une espèce cultivée en grand.

† **J. regia** L. *Sp.* 1415 ; Schk. *Handb.* t. 302. — [ N. ROYAL. — Vulg. *Noyer*].

Arbre atteignant de grandes dimensions, à branches formant une cime arrondie, à écorce blanchâtre. Feuilles glabres, coriaces, à 7-9 folioles ovales-aiguës superficiellement sinuées, d'un vert sombre, noircissant par la dessiccation. Involucre fructifère vert, lisse, luisant, oblong-subglobuleux, noircissant et presque déliquescent après la maturité. Fruit gros, irrégulièrement sillonné à sillons anastomosés. ♄. *Fl.* avril-mai. *Fr.* août-octobre.

Planté très fréquemment au bord des routes et au voisinage des habitations. — Indigène dans le Caucase, la Perse et l'Inde.

---

# LXXXVI. CUPULIFÈRES

( CUPULIFERÆ A. Rich. *Élém. bot.* éd. 6, 621 ).

*Fleurs monoïques :* les mâles en chatons cylindriques plus rarement subglobuleux ; *les femelles solitaires, ou réunies 2-5 dans un involucre*, les involucres étant solitaires ou groupés, quelquefois disposés en grappes ou renfermés dans un bourgeon écailleux. — Fleurs mâles : Écaille donnant insertion aux étamines, ou calice à 4-6 lobes à préfloraison valvaire. Étamines 4-20, insérées à diverses hauteurs sur l'écaille, ou insérées au fond du calice ; filets courts ou allongés, inégaux ; anthères à 1 ou 2 lobes quelquefois barbus au sommet s'ouvrant par une fente longitudinale.— *Fleurs femelles* renfermées 1-5 dans un involucre de forme variable. *Calice à tube soudé avec l'ovaire*, à limbe court denticulé disparaissant souvent sur le fruit. Étamines ordinairement nulles. *Ovaire* soudé avec le tube du calice, *à 2-3 plus rarement 4-6 loges* uniovulées ou biovulées ; *ovules suspendus* à l'angle interne des loges au sommet ou un peu au-dessous, réfléchis ; styles 2-3, plus rarement 4-6, libres ou soudés inférieurement, filiformes ou courts et épais, stigmatifères dans toute leur surface ou à la face interne.—*Involucre fructifère* (cupule) *très accru*, foliacé, coriace ou ligneux, quelquefois hérissé d'épines, *renfermant complétement plusieurs fruits et s'ouvrant en 4 valves, ou renfermant incomplétement un seul fruit* et alors ne l'entourant quelquefois qu'à la base.—*Fruit indéhiscent, uniloculaire* par avortement, *ord. monosperme*, à péricarpe coriace ou ligneux, surmonté du limbe du calice ou présentant au sommet une cicatrice qui le représente.—Graine suspendue, à testa membraneux ord. mince. Périsperme nul. Embryon droit, à cotylédons épais, charnus-farineux, plans d'un côté convexes de l'autre, ou irrégulièrement plissés étroitement cohérents, restant souterrains ou devenant aériens après la germination. *Radicule* courte, conique, *dirigée vers le hile*, souvent débordée par les cotylédons.

Arbres ou arbrisseaux. Feuilles caduques ou marcescentes, plus rarement persistantes, alternes ou éparses, sinuées, dentées, lobées ou incisées, plus rarement entières, à nervures secondaires parallèles simples; stipules libres, caduques. Chatons axillaires ou terminaux, solitaires ou groupés, dressés ou pendants.

1. FAGUS. — *Fleurs mâles en chatons globuleux* pendants. *Involucre fructifère ligneux, chargé d'épines* non vulnérantes, *renfermant complétement 1-3 fruits, s'ouvrant en 4 valves. Fruit à trois angles tranchants.*

2. CASTANEA. — *Fleurs mâles en chatons filiformes,* interrompus, dressés. *Involucre fructifère épais-coriace, chargé d'épines subulées vulnérantes, renfermant complétement 1-3 fruits, s'ouvrant en 4 valves.* Fruit plan sur une face convexe sur l'autre, ou irrégulièrement anguleux à angles non tranchants.

3. QUERCUS. — *Fleurs mâles en chatons filiformes* grêles, interrompus, *pendants. Étamines insérées au fond d'un calice à 6-8 divisions. Involucre fructifère induré-ligneux, indivis, entourant seulement la partie inférieure du fruit.*

4. CORYLUS. — *Fleurs mâles en chatons cylindriques, non interrompus,* pendants. *Étamines insérées* à diverses hauteurs *sur une écaille bilobée soudée* en dehors *avec l'écaille bractéale. Fleurs femelles renfermées dans un bourgeon écailleux. Involucre fructifère foliacé, tubuleux ou campanulé, ouvert et irrégulièrement lacinié-denté* au sommet.

5. CARPINUS. — *Fleurs mâles en chatons cylindriques non interrompus,* pendants. *Étamines insérées à la base de l'écaille bractéale. Fleurs femelles en grappes. Involucre fructifère foliacé, unilatéral, trilobé.*

## 1. **FAGUS** Tourn. *Inst.* t. 351. — [HÊTRE].

*Fleurs mâles en chatons globuleux,* longuement pédonculés pendants, à écailles très petites caduques. *Calice campanulé,* à 5-6 lobes aigus longuement ciliés. *Étamines 8-12, insérées au fond du calice* sur un disque glanduleux, longuement saillantes; anthères bilobées. — Fleurs femelles renfermées 1-3 dans un involucre. Involucre accrescent, urcéolé, à 4 folioles soudées entre elles à la base, soudé en dehors avec un grand nombre de folioles linéaires inégales. Calice à tube soudé avec l'ovaire, à limbe divisé en 5-6 dents aiguës et dressées. Ovaire trigone, à 3 loges biovulées; styles 3, filiformes, stigmatifères. — *Involucre fructifère ligneux, chargé d'épines* non vulnérantes (extrémités libres des bractées extérieures), *renfermant complétement 1-3 fruits, s'ouvrant en 4 valves. Fruit* (faîne) *à trois angles tranchants,* surmonté par les divisions piliformes du calice, uniloculaire et monosperme par avortement, plus rarement disperme; péricarpe coriace, velu à la face interne. Cotylédons farineux-huileux, irrégulièrement plissés en dedans et étroitement cohérents.

Arbre élevé. Feuilles lâchement dentées ou sinuées-ondulées. Fleurs paraissant en même temps que les feuilles. Chatons mâles naissant à l'aisselle des feuilles inférieures des rameaux de l'année ou à l'aisselle des écailles du bourgeon; chatons femelles à pédoncule robuste dressé, naissant à l'aisselle des feuilles supérieures des rameaux de l'année.

1. **F. sylvatica** L. *Sp.* 1416; *Fl. Dan.* VIII, t. 1283; *Engl. bot.* t. 1846; Rchb. *Ic.* XII, t. 639, f. 1304; Bill. *Exsicc.* n. 2137. — [H. DES BOIS. — Vulg. *Hêtre, Foyard, Fayard, Fouteau*].

Arbre à écorce lisse blanchâtre ou grisâtre. Feuilles pétiolées, ovales ou

ovales-oblongues, ord. aiguës ou acuminées, lâchement dentées ou sinuées-
ondulées, coriaces, d'un beau vert, à nervures saillantes, ciliées-soyeuses aux
bords, à nervures d'abord pubescentes-soyeuses puis glabres. Stipules longues
étroites, marcescentes-scarieuses brunâtres. Pétioles et pédoncules pubescents,
soyeux. Fruit brun, luisant, à 3 angles tranchants. Bourgeons glabres luisants, lancéolés. Feuilles cotylédonaires membraneuses, vertes en dessus,
d'un blanc nacré en dessous, réniformes très amples. ♄. *Fl.* avril. *Fr.* août-
septembre.

*CCC.* — Bois, forêts.

S.-v. *purpurea.* — Feuilles d'un pourpre vineux.

## 2. **CASTANEA** Tourn. *Inst.* t. 352. — [CHÂTAIGNIER].

*Fleurs mâles* en glomérules disposés *en chatons filiformes interrompus ;*
les glomérules naissant chacun à l'aisselle d'une bractée et entourés de
plusieurs bractéoles en forme d'involucre. Calice profondément 5-6-partit.
Étamines 8-15, insérées au fond du calice sur un disque glanduleux, longuement saillantes ; anthères bilobées. — Fleurs femelles renfermées 1-5
dans un involucre, rarement incomplétement hermaphrodites. Involucre
accrescent, urcéolé, subquadrilobé, soudé en dehors avec un grand nombre
de bractées linéaires inégales. Calice à tube soudé avec l'ovaire, prolongé au-
dessus de l'ovaire en un col étroit à limbe 5-8-lobé. Ovaire à 3-8 loges ord.
biovulées ; stigmates 3-8, aciculés. — *Involucre fructifère épais coriace,
chargé en dehors d'épines* (parties libres des bractées extérieures) *subulées
vulnérantes disposées par fascicules et divergentes en étoile,* soyeux à la
face interne, *renfermant complétement 1-3 fruits* très rarement 5, *s'ouvrant
en 4 valves.* Fruit (châtaigne) plan sur une face, convexe sur l'autre, ou
irrégulièrement anguleux par la compression exercée par les fruits voisins,
surmonté du limbe marcescent du calice et des styles, uniloculaire et
monosperme par avortement, plus rarement disperme ; péricarpe coriace,
fibreux-tomenteux à la face interne. Graine remplissant toute la cavité de la
loge, à testa membraneux s'insinuant dans les fissures des cotylédons. Cotylédons volumineux, farineux, souvent inégaux, plissés, présentant des fissures
plus ou moins profondes, cohérents, débordant la radicule.

Arbre élevé. Feuilles fortement dentées. Fleurs paraissant après les feuilles.
*Chatons mâles* axillaires, sessiles, *roides, dressés ;* involucres des fleurs femelles
subsolitaires plus rarement groupés par 3-5, sessiles, naissant à l'aisselle des
feuilles ou à la base des chatons mâles supérieurs.

**1. C. vulgaris** Lmk *Encycl. méth.* I, 708 ; Bill. *Exsicc.* n. 2531.—*Fagus Castanea*
    L. *Sp.* 1416 ; *Engl. bot.* t. 886.— *C. vesca* Gærtn. ; Rchb. *Ic.* XII, t. 640,
    f. 1303. — [C. COMMUN. — Vulg. *Châtaignier*].

Arbre atteignant souvent de très grandes dimensions, à branches étalées, à
écorce grisâtre fendillée. Feuilles pétiolées, oblongues-lancéolées, aiguës ou
acuminées, très grandes, fortement dentées à dents cuspidées, coriaces, glabres, luisantes, à nervures secondaires parallèles très saillantes. Chatons mâles
très longs, interrompus, presque moniliformes avant l'épanouissement. Fruit
assez gros, brun, luisant, à surface d'insertion basilaire large terne blanchâtre.
Bourgeons ovoïdes. ♄. *Fl.* mai-juin. *Fr.* septembre-octobre.

39

*C C*. — Bois montueux, forêts, terrains sablonneux, rochers. — Fréquemment planté autour des champs ou en quinconces.

On désigne sous le nom de *Marron* le fruit d'une variété due à la culture ; dans cette variété, fréquente surtout dans le centre et le midi de la France, le fruit est plus gros globuleux plus large que long, ord. solitaire dans l'involucre et à fissures des cotylédons ord. moins profondes.

### 3. QUERCUS Tourn. *Inst.* t. 349. — [ CHÊNE ].

*Fleurs mâles en chatons filiformes*, grêles, *interrompus. Calice à 6-8 divisions* étroites, inégales, frangées. *Étamines 6-10, insérées au fond du calice* sur un disque glanduleux, saillantes ; anthères bilobées. — Fleurs femelles solitaires au centre d'un involucre. Involucre accrescent, subglobuleux, composé de bractées squamiformes imbriquées sur plusieurs rangs et se soudant entre elles en cupule appliquée sur la fleur. Calice à tube soudé avec l'ovaire, atténué en col, à limbe à 6 dents ou presque entier. Ovaire à 3-4 loges biovulées ; style court, épais ; stigmates 3-4, courts, obtus, ord. étalés. — *Involucre fructifère* (cupule) *induré-ligneux, indivis, entourant seulement la partie inférieure du fruit*, à bractées presque entièrement soudées et apprimées, ou libres et étalées dans leur partie supérieure, non vulnérantes. Fruit (gland) ovoïde ou oblong, ombiliqué au sommet et mucroné par le limbe du calice et le style, uniloculaire et monosperme par avortement ; péricarpe coriace luisant, d'abord vert, puis jaunâtre. Cotylédons convexes en dehors, plans en dedans, charnus-farineux, cachant la radicule.

Arbres souvent élevés, à écorce et à feuilles contenant un suc astringent. Feuilles coriaces, persistant pendant l'hiver et restant vertes, ou marcescentes-caduques (dans nos espèces), ord. pinnatilobées ou sinuées à lobes inégaux, souvent ondulées. Fleurs paraissant en même temps que les feuilles. Chatons mâles ord. plusieurs par bourgeon, pendants ; fleurs femelles en glomérules axillaires ou terminaux pauciflores à pédoncule robuste dressé, plus rarement solitaires ou subsolitaires.

**1. Q. sessiliflora** Salisb. *Prodr.* 392 ; Sm. *Fl. Brit.* III, 1026 ; *Engl. bot.* t. 1845. — *Q. Robur* β L. *Fl. Suec.* ed. 2, 340. — *Q. Robur* Rchb. *Ic.* XII, t. 644, f. 1309. — [ C. A FRUITS SESSILES. — Vulg. *Chêne, Chêne-Rouvre, Rouvre* ].

Arbre plus ou moins élevé, à branches souvent tortueuses. *Feuilles pétiolées*, glabres ou pubescentes, quelquefois tomenteuses dans la jeunesse, oblongues-obovales, tronquées ou atténuées à la base, sinuées ou pinnatilobées, à lobes inégaux obtus mutiques. *Pédoncules fructifères plus courts que les pétioles* ou égalant environ leur longueur. *Écailles de la cupule courtes apprimées*. Gland ord. ovoïde. Fruits arrivant à maturité dans l'année même de l'apparition des fleurs qui les ont produits. ♃. *Fl.* avril-mai. *Fr.* août-septembre.

*C C C*. — Bois, forêts, taillis.

Var. β. *pubescens*. (*Q. pubescens* Willd. *Sp.* IV, 450 ; Rchb. *Ic.* XII, t. 647, f. 1312). — Feuilles tomenteuses au moins dans leur jeunesse.

α β s.-v. *laciniata*. — Feuilles plus petites, profondément pinnatifides. Arbre ord. rabougri. Glands plus petits.

Le *Q. Toza* Bosc (Bourgeau *Pl. divers.* [ 1853 ] ; Bill. *Exsicc.* n. 1329. —

*Q. Pyrenaica* Willd.), assez répandu dans l'ouest de la France, a été planté dans les bois à Saint-Martin près Thury-en-Valois (*Questier*). Cette espèce se reconnaît aux caractères suivants : racine traçante ; tige ord. peu élevée, souvent ramifiée en buisson dès la base ; jeunes rameaux couverts ainsi que les pétioles d'une villosité étoilée tomenteuse ; feuilles pétiolées, se développant plus tard que celles du *Q. sessiliflora*, couvertes surtout en dessous, même à l'état adulte, d'une villosité étoilée très épaisse, oblongues ou oblongues-obovales, ord. profondément sinuées-pinnatilobées à lobes inégaux ord. oblongs obtus mutiques ; pédoncules fructifères ord. très courts ; écailles de la cupule apprimées ; fruits arrivant à maturité dans l'année même de l'apparition des fleurs qui les ont produits.

**2. Q. pedunculata** Ehrh. *Arb.* n. 77 ; Rchb. *Ic.* XII, t. 648, f. 1313 ; Bill. *Exsicc.* n. 2532. — *Q. Robur* Sm. *Fl. Brit.* III, 1026 ; *Engl. bot.* t. 1342. — *Q. Robur* α. L. *Fl. Suec.* ed. 2, 340. — [C. PÉDONCULÉ.—Vulg. *Chêne, Chêne-à-grappes, Chêne-commun, Roure*].

Arbre ord. très élevé. *Feuilles brièvement pétiolées* ou subsessiles, glabres, d'un vert pâle en dessous, oblongues-obovales, tronquées ou atténuées à la base, souvent très amples, sinuées ou pinnatilobées, à lobes inégaux obtus mutiques. *Pédoncules fructifères très longs. Écailles de la cupule courtes, apprimées.* Gland ord. oblong. Fruits arrivant à maturité dans l'année même de l'apparition des fleurs qui les ont produits. ♄. *Fl.* avril-mai. *Fr.* août-septembre.

*C C.* — Bois, forêts, taillis.

✝ **Q. Cerris** L. *Sp.* 1415 ; Rchb. *Ic.* XII, t. 650, f. 1316 ; Bill. *Exsicc.* n. 2362 et *bis.* — [C. CERRIS].

Arbre assez élevé. *Feuilles* ord. brièvement pétiolées, glabres, pubescentes ou tomenteuses-blanchâtres en dessous, oblongues-obovales ou oblongues, tronquées ou atténuées à la base, ord. étroites, sinuées ou pinnatilobées, *à lobes inégaux mucronés.* Pédoncules fructifères courts. *Écailles de la cupule linéaires-subulées, libres recourbées en dehors et contournées dans leur moitié supérieure.* Fruits placés à l'aisselle des feuilles tombées l'année précédente, à maturation biennale, les fleurs femelles restant stationnaires pendant une année à partir de leur apparition et ne complétant leur évolution qu'à l'automne de la deuxième année. ♄. *Fl.* avril-mai. *Fr.* août-septembre.

Quelquefois planté dans les bois et les forêts. — Forêt de Marly (*Weddell*). Forêt de Fontainebleau (*Lepeletier de Saint-Fargeau*); coteau d'Auxy! à Malesherbes. Env. de Beauvais (*Graves in Duby* Bot. Gall.). Compiègne (*Thuill.* Fl. Par.); bois de Thury-en-Valois (*Questier*). — Indigène dans l'ouest de la France.

### 4. CORYLUS Tourn. *Inst.* t. 347. — [COUDRIER].

*Fleurs mâles en chatons cylindriques non interrompus,* à écailles bractéales imbriquées. *Étamines 6-8, insérées* à diverses hauteurs *à la partie moyenne d'une écaille bilobée* qui est *soudée* en dehors *avec l'écaille bractéale* correspondante ; filets très courts ; anthères surmontées d'une houppe de poils, s'ouvrant par une seule fente longitudinale. — *Fleurs femelles renfermées dans un bourgeon écailleux* à écailles entières, les écailles inférieures du bourgeon stériles, les supérieures fertiles donnant chacune naissance à un ou deux involucres à leur aisselle. Involucre uniflore ou biflore, accrescent, velu, campanulé, irrégulièrement bi-trilobé, à lobes laciniés. Calice à tube soudé avec l'ovaire, à limbe très petit denticulé. Ovaire à 2 loge uniovulées; styles 2, filiformes, à surface stigmatifère. — *Involucre fructi-fère* (cupule) *foliacé,* un peu charnu à la base, *tubuleux ou campanulé* dans sa partie inférieure, *ouvert et irrégulièrement lacinié-denté* au sommet, contenant un seul fruit. Fruit (noisette) ovoïde ou oblong, uniloculaire et mono-sperme par avortement; péricarpe ligneux, lisse, à endocarpe fibreux. Graine à testa membraneux mince, présentant d'un côté les fibres rameuses du raphé et de la chalaze. Cotylédons plans d'un côté, convexes de l'autre, débordant la radicule.

Arbrisseau ord. élevé. Feuilles doublement dentées, quelquefois superficiellement lobées. Chatons commençant à paraître à la fin de l'automne avant la chute des feuilles, fleurissant à la fin de l'hiver avant le développement des nouvelles feuilles. Chatons mâles pendants, disposés 1-3 à l'extrémité des rameaux ou sur des ramus-cules latéraux courts. Bourgeons des fleurs femelles solitaires, latéraux ou termi-naux.

1. **C. Avellana** L. *Sp.* 1417; *Fl. Dan.* IX, t. 1468  *Engl. bot.* t. 723; Rchb.
  *Ic.* XII, t. 636, f. 1300; Bill. *Exsicc.* n. 459 et *bis.* — [C. NOISETIER.—
  Vulg. *Noisetier, Coudrier, Cœudre*].

Arbrisseau à rameaux grisâtres, dressés, effilés, flexibles, à jeunes pousses pubescentes un peu glanduleuses. Feuilles pétiolées, ovales-suborbiculaires brusquement acuminées, ord. cordées à la base, doublement dentées, quel-quefois superficiellement lobées ou subtrilobées au sommet, pubescentes, d'un vert pâle en dessous, à pétiole velu-glanduleux; stipules oblongues, obtuses, ou oblongues-lancéolées. Écailles des chatons mâles obovales-cunéiformes. Styles rouges. Involucre fructifère campanulé assez ample, dépassant ord. le fruit, ouvert au sommet. ♃. *Fl.* février-mars. *Fr.* août-septembre.

*C C.* — Bois, taillis, buissons. — Souvent planté dans les haies et les jardins.


**5. CARPINUS** L. *Gen.* n. 1073 ex parte. — [CHARME].

*Fleurs mâles en chatons cylindriques non interrompus,* à écailles brac-téales imbriquées. *Étamines 6-20, insérées à la base de l'écaille bractéale;* filets très courts; anthères unilobées, surmontées d'une houppe de poils, s'ouvrant par une seule fente longitudinale. — *Fleurs femelles en grappes* munies de bractées petites caduques qui à leur aisselle donnent chacune nais-sance à deux involucres pédicellés. Involucre uniflore, foliacé, accrescent, trilobé. Calice à tube soudé avec l'ovaire, à limbe inégalement denticulé. Ovaire à 2 loges uniovulées; styles 2, filiformes, à surface stigmatifère, soudés à la base. — *Involucre fructifère* (cupule foliacée) membraneux-*foliacé* veiné-réticulé, *3-lobé, à lobe moyen beaucoup plus grand que les latéraux, embrassant le fruit qu'il cache en dehors.* Fruit ovoïde-comprimé, marqué de côtes longitudinales, surmonté du limbe du calice, uniloculaire et monosperme par avortement; péricarpe ligneux. Cotylédons plans d'un côté, convexes de l'autre, débordant la radicule.

Arbre plus ou moins élevé. Feuilles doublement dentées, plissées dans le bour-geon. Chatons paraissant en même temps que les feuilles ou un peu avant les feuilles. Chatons mâles pendants, latéraux, ord. solitaires, naissant sur les ramus-cules de l'année précédente. Grappes femelles solitaires, terminant les ramuscules, un peu lâches et pendantes à la maturité.

**1. C. Betulus** L. *Sp.* 1416 ; *Fl. Dan.* VIII, t. 1345 ; *Engl. bot.* t. 2032 ; Rchb.
*Ic.* XII, t. 632, f. 1296 ; Bill. *Exsicc.* n. 460. — [ C. COMMUN. — Vulg.
*Charme*].

Arbre plus ou moins élevé, à branches étalées. Feuilles pétiolées, ovales ou
oblongues, aiguës ou acuminées, arrondies ou un peu cordées à la base, doublement dentées, d'un vert pâle en dessous et pubescentes sur les nervures,
à nervures secondaires parallèles saillantes. Écailles des chatons mâles ovales-
acuminées, ciliées, à pointe rougeâtre. Involucre fructifère très ample, dépassant très longuement le fruit, unilatéral, 3-lobé, à lobes lancéolés, le moyen
beaucoup plus grand souvent denticulé. ♄. *Fl.* avril-mai. *Fr.* juillet-août.

*C C.* — Forêts, bois, taillis. — Souvent taillé en berceaux ou en haies sous le
nom de charmilles.

———————

# LXXXVII. SALICINÉES

(SALICINEÆ A. Rich. Élém. bot. éd. 6, 626).

*Fleurs dioïques*, les mâles et les femelles solitaires à l'aisselle de bractées squamiformes (écailles) *disposées en chatons* cylindriques plus rarement oblongs. — Écailles entières, incisées ou laciniées. — *Disque* persistant, *réduit à 1 ou 2 glandes* nectarifères placées à la base des étamines
ou de l'ovaire *ou en forme de cupule* entourant l'ovaire ou donnant insertion aux étamines. — Fleur mâle : Étamines 2-12 ou plus; filets filiformes, libres ou soudés dans une étendue variable ; rarement 2 étamines
soudées dans toute leur longueur; anthères bilobées, à lobes parallèles
s'ouvrant longitudinalement. — *Fleur femelle : Calice nul.* Ovaire à
2 carpelles, sessile ou pédicellé, non soudé avec le disque, uniloculaire ou incomplétement biloculaire ; placentas pariétaux, linéaires,
courts ; ovules nombreux, ascendants, réfléchis ; style indivis, quelquefois presque nul; stigmates 2, émarginés, bifides ou bipartits, plus
rarement entiers. — *Fruit* petit, capsulaire, ovoïde-conique ou fusiforme, *polysperme*, à déhiscence loculicide, *s'ouvrant* du sommet à la
base *en 2 valves* qui s'enroulent en dehors et portent les graines à
leur base. — *Graines* très petites, ascendantes, à testa membraneux,
*entourées de longs poils soyeux* ascendants qui naissent au niveau
du hile. Périsperme nul. Embryon droit, à cotylédons oblongs, plans
d'un côté, convexes de l'autre. Radicule dirigée vers le hile.

Arbres ou arbrisseaux. Feuilles caduques, alternes ou éparses, entières ou
dentées, plus rarement lobées, pétiolées ou atténuées en pétiole ; stipules
libres, foliacées ou membraneuses, persistantes ou caduques, souvent nulles.
Chatons paraissant en même temps que les feuilles ou avant les feuilles, naissant de bourgeons particuliers souvent à l'aisselle des feuilles tombées l'année
précédente, solitaires, sessiles ou terminant des ramuscules latéraux.

1. Salix. — *Disque réduit à 1-2 glandes. Étamines 2-3, très rarement 5 ou plus. Écailles des chatons entières.*

2. Populus. — *Disque en forme de cupule. Étamines 8-12 ou plus. Écailles des chatons ord. incisées ou laciniées.*

## 1. SALIX Tourn. *Inst.* t. 364 (1). — [SAULE, Osier].

*Écailles des chatons entières,* plus ou moins velues-ciliées. Fleurs mâles et fleurs femelles à *disque réduit à une ou deux glandes* placées à la base des étamines ou de l'ovaire qu'elles n'entourent jamais complétement. — Fleur mâle : *Étamines 2-3* très rarement 5 ou plus à filets libres ou soudés à la base, plus rarement 2 soudées dans toute leur longueur (étamine solitaire à anthère quadrilobée de quelques auteurs). — Fleur femelle : Ovaire sessile ou pédicellé ; style plus ou moins allongé ou presque nul ; stigmates 2, échancrés ou bifides, plus rarement entiers. Graines munies d'une aigrette.

Arbres ou arbrisseaux. Feuilles entières ou dentées ; stipules persistantes ou caduques, souvent nulles. Bourgeons recouverts d'une seule écaille, à feuilles imbriquées non enroulées. Chatons sessiles ou pédonculés, paraissant avant les feuilles (chatons précoces) ou en même temps que les feuilles (chatons contemporains).

Sect. i. *FRAGILES.* — *Écailles des chatons d'un jaune verdâtre* dans toute leur étendue, *caduques* avant la maturité des capsules. *Étamines 2 ; anthères jaunes.* Arbres ord. élevés. — (1-2 *bis*).

Sect. ii. *AMYGDALINÆ.* — *Écailles des chatons d'un jaune verdâtre ou rosées, persistantes. Étamines ord. 3 ; anthères jaunes.* Arbrisseaux plus ou moins élevés. — (3-5).

Sect. iii. *PURPUREÆ.* — *Écailles des chatons brunes ou noires* au moins *dans leur moitié supérieure, persistantes. Étamines 2, à filets soudés dans la moitié de leur longueur ou dans toute leur longueur ; anthères pourpres, noires ou brunes* après l'émission du pollen. *Ovaire sessile ou brièvement pédicellé à pédicelle plus court que la glande.* Arbrisseaux. Feuilles adultes glabres ou pubescentes-soyeuses en dessous. — (6-7).

Sect. iv. *VIMINALES.* — *Écailles des chatons brunes ou noires* au moins *dans leur moitié supérieure, persistantes. Étamines 2, à filets libres* plus rarement soudés à la base ; *anthères jaunes même* après l'émission du pollen. *Ovaire sessile, ou brièvement pédicellé à pédicelle plus court que la glande.* Arbrisseaux. Feuilles soyeuses-argentées en dessous même à l'état adulte. — (8).

Sect. v. *CAPREÆ.* — *Écailles des chatons brunes ou noires* au moins *dans leur moitié supérieure, persistantes. Étamines 2, à filets libres,* plus rarement soudés à la base ; *anthères jaunes même* après l'émission du pollen. *Ovaire pédicellé, à pédicelle 2-6 fois plus long que la glande.* Arbrisseaux plus rarement sous-arbrisseaux, ou arbres. Feuilles tomenteuses en dessous, plus rarement soyeuses-argentées ou glabres. — (8 *bis*-12).

---

(1) Nous nous sommes servis, pour la description des espèces de ce genre, de l'excellente monographie de Koch (*De Salicibus Europæis commentatio*).— Nous devons à notre savant ami M. Weddell les premières recherches et les premières études faites sur ce genre aux environs de Paris à l'occasion de notre Flore. — Les échantillons de notre herbier ont été soumis à M. Anderson, qui depuis longues années s'occupe de la monographie du genre *Salix.*

Pour déterminer la plupart des espèces de ce genre, il est nécessaire de se procurer des échantillons en fleur et des échantillons avec les feuilles adultes recueillis sur le même individu.

Sect. 1. FRAGILES.—Écailles des chatons d'un jaune verdâtre dans toute leur étendue, caduques avant la maturité des capsules. Étamines 2 (dans nos espèces) ; anthères jaunes. Arbres ord. élevés.

1. **S. alba** L. *Sp.* 1449 ; *Engl. bot.* t. 2430 ; Rchb. *Ic.* XI, t. 608, f. 1263 ; *Illustr. fl. Par.* t. 27, A ; Bill. *Exsicc.* n. 847. — [S. BLANC. — Vulg. *Saule*].

Arbre à rameaux dressés, flexibles. *Feuilles* lancéolées ord. acuminées, denticulées, *blanchâtres-soyeuses surtout à la face inférieure*, les jeunes soyeuses-argentées sur les deux faces ; stipules lancéolées, ord. caduques. Chatons paraissant ord. en même temps que les feuilles, pédonculés, à pédoncule feuillé. Étamines 2. *Capsule* glabre, subsessile, ou pédicellée *à pédicelle égalant* à peine *la longueur de la glande.* Style court ; stigmates courts, bilobés. ♄. Avril-mai.

*C C C.* — Bords des rivières et des ruisseaux, prairies. — Souvent planté aux bords des chemins.

Var. β. *vitellina.* (*S. vitellina* L. *Sp.* 1442). — Écorce des rameaux d'un jaune luisant ou rougeâtre. — Souvent planté dans les oseraies et dans les vignes.

2. **S. fragilis** L. *Sp.* 1443 ; *Engl. bot.* t. 1807 ; Rchb. *Ic.* XI, t. 609, f. 1264 ; *Illustr. Fl. Par.* t. 27, B ; Bill. *Exsicc.* n. 1955. — [S. FRAGILE].

Arbre à rameaux dressés, fragiles à leur point d'insertion. *Feuilles* lancéolées-acuminées, finement *dentées, glabres ou glabrescentes*, luisantes en dessus, souvent glauques-blanchâtres en dessous, les jeunes un peu pubescentes-soyeuses ; stipules ovales-falciformes, ord. caduques. Chatons paraissant ord. en même temps que les feuilles, pédonculés, à pédoncule feuillé. Étamines 2. *Capsule* glabre, pédicellée, *à pédicelle deux ou trois fois aussi long que la glande.* Style égalant environ la longueur des stigmates ; stigmates courts, bifides. ♄. Avril-mai.

*A.C.*— Bords des rivières et des ruisseaux.— Souvent planté au bord des prairies et dans les vignes comme osier.

S.-v. *Russelliana.* (*S. Russelliana* Sm. *Fl. Brit.* III, 1045. — *S. pendula* Seringe *Saul. Suiss.* 79). — Rameaux ord. plus grêles, souvent pendants. Feuilles adultes très glauques en dessous.

Les arbres de cette espèce et de la précédente sont souvent taillés en têtards, et alors leurs jeunes rameaux longs et flexibles sont employés comme osier.

† **S. Babylonica** L. *Sp.* 1443 ; *Illustr. fl. Par.* t. 27, c. — [S. DE BABYLONE. — Vulg. *Saule-pleureur*].

*Arbre à rameaux* très longs, flexibles, *pendants. Feuilles* lancéolées-étroites ou lancéolées-linéaires, longuement acuminées, finement dentées, *glabres ;* stipules lancéolées-falciformes, ord. caduques. Chatons femelles paraissant ord. en même temps que les feuilles, petits, compacts, arqués, pédonculés à pédoncules feuillés, *les feuilles du pédoncule égalant ou dépassant la longueur du chaton.* Capsule glabre, sessile, la *glande dépassant la base de la capsule.* Style court ; stigmates épais, émarginés. ♄. Mars-mai.

Fréquemment planté dans les parcs au bord des eaux.

On ne possède que l'individu femelle de cet arbre, dont la patrie est inconnue, et que l'on multiplie de boutures.

Sect. II. AMYGDALINÆ. — Écailles des chatons d'un jaune verdâtre ou rosées, persistantes. Étamines ord. 3 ; anthères jaunes. Arbrisseaux plus ou moins élevés.

3. **S. triandra** L. *Sp.* 1442 ; *Engl. bot.* t. 1435 ; *Illustr. fl. Par.* t. 28, D. — Forma foliis subtus glaucescentibus : *S. amygdalina* L. *Sp.* 1443 ; *Engl. bot.* t. 1936 ; Rchb. *Ic.* XI, t. 604-605, f. 1256-1260 ; Bill. *Exsicc.* n. 2363 et *bis* et *ter.* — [ S. A TROIS ÉTAMINES. — Vulg. *Osier-brun* ].

Arbrisseau plus ou moins élevé, à rameaux olivâtres ou d'un brun rougeâtre. Feuilles oblongues-lancéolées ou oblongues, acuminées, dentées, glabres, d'un vert foncé luisantes en dessus, souvent glauques en dessous ; stipules assez grandes, semicordiformes ord. obtuses, ou réniformes. *Chatons* paraissant en même temps que les feuilles, pédonculés à pédoncule feuillé ; *à écailles d'un jaune verdâtre, glabres dans leur partie supérieure. Étamines 3.* Capsule glabre, pédicellée, à pédicelle deux ou trois fois plus long que la glande. Style très court ; stigmates émarginés ou bilobés. ♄. Avril-mai.

*C C.* — Bords des rivières et des ruisseaux. — Quelquefois planté dans les vignes et les oseraies.

4. **S. undulata** Ehrh. *Beitr.* VI, 101 ; Rchb. *Ic.* XI, t. 606, f. 1261 ; *Illustr. fl. Par.* t. 28, E. — *S. lanceolata* Sm. *Engl. bot.* t. 1436. — [ S. ONDULÉ ].

Arbrisseau plus ou moins élevé, à rameaux olivâtres. Feuilles lancéolées ou oblongues-acuminées, denticulées, d'abord pubescentes, puis glabres, d'un vert pâle, luisantes en dessus, quelquefois un peu ondulées aux bords ; stipules étroites, lancéolées-falciformes. *Chatons* paraissant en même temps que les feuilles, pédonculés à pédoncule feuillé ; *à écailles d'un jaune verdâtre* ou à peine rosées, *barbues même au sommet.* Étamines 2!. *Capsule* pubescente ou glabre, pédicellée, *à pédicelle environ deux fois aussi long que la glande.* Style assez long ; stigmates bifides. ♄. Avril-mai.

*A.R.* — Bords des rivières. — Bords de la Seine : Longchamp ! (*Weddell*) ; Neuilly ! ; entre Neuilly et Asnières ! ; Saint-Germain !. Bords de la Marne à Saint-Maur ! (*Maire*) ; Charenton ! le long de la Marne et de la Seine.

Nous avons observé aux bords de la Seine, à Saint-Germain, en 1845, des individus femelles de cette espèce qui, par anomalie, présentaient un certain nombre de chatons mâles. — L'individu mâle n'a pas encore été rencontré en Europe à notre connaissance.

5. **S. hippophaefolia** Thuill. *Fl. Par.* 514 ; Rchb. *Ic.* XI, t. 607, f. 1262 ; *Illustr. fl. Par.* t. 28, F ; Bill. *Exsicc.* n. 2138 et *bis.* — *S. rubra* Seringe ! *Saul. desséch.* n. 30 [1808], n. 75 [1814] non Huds. — [ S. A FEUILLES D'ARGOUSIER ].

Arbrisseau à rameaux olivâtres ou jaunâtres. Feuilles lancéolées étroites, aiguës ou acuminées, denticulées, glabres ou pubescentes en dessous, luisantes en dessus, quelquefois un peu ondulées aux bords ; stipules semicordiformes ou lancéolées-falciformes. *Chatons* paraissant en même temps que les feuilles, pédonculés à pédoncule feuillé ; *à écailles rosées, barbues même au sommet.* Étamines 2 (Koch). *Capsule* pubescente-tomenteuse ou glabre, pédicellée, *à pédicelle environ de la longueur de la glande.* Style assez long ; stigmates bifides. ♄. Avril-mai.

*C.* — Bords des rivières. — Bords de la Seine ! et de la Marne !.

S.-v. *sericea*. — Feuilles pubescentes-soyeuses en dessous.

L'individu mâle de cette espèce n'a pas encore été signalé en France. — M. Wimmer considère les S. *undulata* et *hippophaefolia* comme des hybrides des S. *triandra* et *viminalis*.

Sect. III. PURPUREÆ. — Écailles des chatons brunes ou noires au moins dans leur moitié supérieure, persistantes. Étamines 2, à filets soudés dans la moitié de leur longueur ou dans toute leur longueur ; anthères pourpres, noires ou brunes après l'émission du pollen. Ovaire sessile, ou brièvement pédicellé à pédicelle plus court que la glande. Arbrisseaux. Feuilles adultes glabres ou pubescentes-soyeuses en dessous.

6. **S. purpurea** L. *Sp.* 1442 ; *Engl. bot.* t. 1388 ; Rchb. *Ic.* XI, t. 582 et 584-585, f. 2030, 2033-2035 ; *Illustr. fl. Par.* t. 29, G. — S. *monandra* Hoffm. *Salic.* I, 18, t. 1. — [S. POURPRE. — Vulg. *Osier-rouge, Verdiau*].

Arbrisseau à rameaux grisâtres, olivâtres ou d'un pourpre foncé. *Feuilles* oblongues-obovales, ou lancéolées *élargies supérieurement*, acuminées, denticulées, planes, épaisses-coriaces, glabres plus rarement pubescentes-soyeuses en dessous dans leur jeunesse, vertes et luisantes en dessus, glauques en dessous ; stipules ord. nulles. Chatons subsessiles, munis de jeunes feuilles à leur base, les mâles très grêles paraissant ord. avant les feuilles, les femelles paraissant en même temps que les feuilles ; écailles d'un brun noir dans leur partie supérieure. *Étamines 2, à filets et à anthères soudés dans toute leur longueur de manière à simuler une seule étamine à anthère quadrilobée.* Capsule tomenteuse, sessile, la glande dépassant la base de la capsule. *Style plus court que les stigmates ou presque nul* ; stigmates oblongs, entiers ou un peu émarginés. ♄. Mars-avril.

A.C. — Bords des rivières, oseraies. — Bords de la Seine ! et de la Marne !, etc. — Souvent planté dans les vignes.

Var. β. *macrostachya*. (S. *Lambertiana* Sm. *Fl. Brit.* III, 1041). — Chatons femelles plus gros de moitié que dans le type.

Var. γ. *Helix* (Rchb. *Ic.* XI, t. 583, f. 2032. — S. *Helix* L. *Sp.* 1444). — Rameaux grêles et effilés, ord. d'un pourpre foncé ou d'un rouge de corail. Feuilles très allongées, beaucoup plus étroites que dans le type. — A.R.

7. **S. rubra** Huds. *Fl. Angl.* 423 ; *Engl. bot.* t. 1145 ; Rchb. *Ic.* XI, t. 586, f. 2036 ; *Illustr. fl. Par.* t. 29, H ; Bill. *Exsicc.* n. 286. — S. *fissa* Ehrh. *Arb.* n. 29. — S. *olivacea* et S. *membranacea* Thuill. *Fl. Par.* 515. — [S. ROUGE. — Vulg. *Osier-rouge*].

Arbrisseau à rameaux olivâtres ou d'un vert jaunâtre. *Feuilles lancéolées ou lancéolées-allongées*, souvent acuminées, lâchement denticulées, à bords un peu roulés en dessous, d'abord pubescentes-soyeuses surtout à la face inférieure puis glabres ou presque glabres et *d'un vert gai* ; stipules petites, linéaires, souvent nulles. Chatons subsessiles, munis de feuilles à la base, paraissant en même temps que les feuilles, les mâles ovales-oblongs ; écailles d'un noir rougeâtre dans leur partie supérieure. *Étamines 2, à filets soudés dans leur moitié inférieure de manière à simuler une étamine fourchue.* Capsule tomenteuse, sessile ; la glande dépassant la base de la capsule. *Style ord. plus long que les stigmates*; stigmates linéaires assez courts, ord. entiers. ♄. Mars-avril.

A.R. — Bords des rivières, oseraies, terrains marécageux. — Grenelle (*Maire*); Mont-Valérien (*Thuill. Fl. Par*); Longchamp!; Neuilly!; Asnières!; abondant à Saint-Germain!. Le Plessis-Piquet (*Maire*); Charenton (*Ramond*); Joinville-le-Pont (*de Schœnefeld*); Saint-Maur! (*Thuill. Fl. Par.*). Bords de la Seine près Melun!; Étréchy!; Pithiviers!. Bonnières!; Bennecourt! — *Graves* Cat. Oise : vallée de l'Oise entre Creil et Pont-Sainte-Maxence. — Quelquefois planté dans les vignes comme osier.

Var. β. *Forbyana*. (*S. Forbyana* Sm. *Fl. Brit*. III, 1011). — Feuilles oblongues ou ovales-oblongues brièvement acuminées. — *R R R.*— Dreux (*Dœnen*).

Nous avons rencontré, pour la première fois, en 1845, aux bords de la Seine, à Saint-Germain, l'individu mâle de cette espèce qui n'avait pas encore été observé aux environs de Paris.

Sect. IV. VIMINALES. — Écailles des chatons brunes ou noires au moins dans leur moitié supérieure, persistantes. Étamines 2, à filets libres plus rarement soudés à la base; anthères jaunes même après l'émission du pollen. Ovaire sessile, ou brièvement pédicellé à pédicelle plus court que la glande. Arbrisseaux. Feuilles soyeuses-argentées en dessous même à l'état adulte.

8. **S. viminalis** L. *Sp.* 1448; *Engl. bot.* t. 1898; Rchb. *Ic.* XI, t. 597, f. 1248; *Illustr. fl. Par.* t. 29, κ; Bill. *Exsicc.* n. 1958. — [S. DES VANNIERS.— Vulg. *Osier-blanc, Osier-vert*].

Arbrisseau à rameaux souples, grisâtres ou verdâtres, plus rarement jaunes. *Feuilles lancéolées très allongées* ou lancéolées-linéaires, acuminées, entières, sinuées un peu ondulées, à bords un peu roulés en dessous, vertes en dessus, *soyeuses-argentées en dessous*; stipules petites, lancéolées-linéaires. Chatons sessiles, munis à la base de jeunes feuilles ou de très petites bractées, les mâles ovoïdes ou oblongs paraissant avant les feuilles, les femelles cylindriques compactes plus longs que les mâles paraissant en même temps que les feuilles; écailles brunes, plus rarement noires. Étamines 2. Capsule tomenteuse, sessile; la glande dépassant la base de la capsule. *Style assez long; stigmates linéaires-filiformes*, entiers, plus rarement bifides (*S. mollissima* Ehrh.). ♄. Mars-avril.

C C C. — Bords des rivières. — Très fréquemment planté dans les oseraies et dans les vignes.

Var. β. *angustissima*. — Feuilles linéaires étroites. — *A.R.* — Champagne!; Nemours!, etc.

La section *Pruinosæ* Koch ne diffère guère de la section *Viminales* que par l'écorce des rameaux généralement couverte d'une efflorescence glauque-bleuâtre et par les feuilles adultes glabres. A cette section appartiennent les *S. daphnoides* et *acutifolia*.—Le *S. daphnoides* Vill. (Rchb. *Ic.* XI, t. 602, f. 1253; Bill. *Exsicc.* n. 1957), indigène dans les vallées des Alpes et sur les bords du Rhône et du Rhin, a été observé par M. l'abbé Questier dans les bois de Thury-en-Valois, où il a été planté. Il se distingue aux caractères suivants : arbre pouvant atteindre 6-10 mètres, à jeunes rameaux ord. plus ou moins velus; feuilles oblongues-lancéolées, acuminées, denticulées-glanduleuses aux bords, fermes, d'un beau vert et luisantes en dessus, un peu glauques-cendrées en dessous, pubescentes dans la jeunesse puis très glabres; stipules obliquement ovales, très caduques; chatons

sessiles, dépourvus de feuilles à la base ; écailles d'un brun noirâtre dans presque
toute leur étendue, abondamment couvertes de poils soyeux qui les dépassent longuement ; capsule glabre, sessile ; style assez long ; stigmates courts, bifides. —
Le *S. acutifolia* Willd. (Rchb. *Ic.* XI, t. 603, f. 1255), originaire de l'Allemagne
et du nord de l'Europe, a été observé dans les marais de Bourneville, cant. de
Betz, où il a été planté. Il est très voisin du *S. daphnoides*, dont il diffère surtout
par ses jeunes rameaux glabres, par ses feuilles lancéolées plus étroites longuement acuminées et par ses stipules lancéolées acuminées.

SECT. V. CAPREÆ. — Écailles des chatons brunes ou noires au moins dans
leur moitié supérieure, persistantes. Étamines 2, à filets libres, plus rarement soudés à la base ; anthères jaunes même après l'émission du pollen.
Ovaire pédicellé, à pédicelle 2-6 fois plus long que la glande. Arbrisseaux
plus rarement sous-arbrisseaux, ou arbres. Feuilles tomenteuses en dessous, plus rarement soyeuses-argentées ou glabres.

† **S. Smithiana** Willd. *Enum.* II, 1008 ; Gren. et Godr. *Fl. Fr.* III, 131. —
S. *phylicifolia* Thuill.! *Fl. Par.* 512 non L. — *S. lanceolata* Seringe
*Saul. Suiss.* 37, t. 1 non Sm. — *S. Seringeana* Gaud. *Fl. Helv.* VI, 251 ;
*Fl. Par.* éd. 1, 505, et *Illustr. fl. Par.* t. 30, L. — *S. salviæfolia* Boreau
*Fl. centr.* éd. 2, II, 467 non Link ; Lloyd *Fl. ouest* 413. — *S. affinis* Gren.
et Godr. *Fl. Fr.* III, 132. — *S. viminali-cinerea* Wimm. in *Flora* [1845]
437 ; Bill. *Exsicc.* n. 461. — {S. DE SMITH].

Arbrisseau. *Feuilles* pétiolées, *oblongues-lancéolées,* quelquefois acuminées, superficiellement crénelées ou lâchement sinuées-dentées, blanches-tomenteuses en dessous et à nervures saillantes ; stipules semicordiformes, ou ovales-acuminées falciformes, ord. assez grandes. Chatons un peu arqués, subsessiles ou brièvement
pédonculés, munis de feuilles ou de bractées à la base, paraissant en même temps
que les feuilles ou peu avant elles. *Capsule* tomenteuse, *à pédicelle une fois plus
long que la glande.* Style assez long ; stigmates bifides. ♄. Mars-avril.

Assez rarement planté dans les oseraies et les vignes, au bord des eaux, dans
les haies et à la lisière des bois. — Gentilly ! ; Cachan ! ; Clamart ! ; Sceaux ! ; Les
Loges ! près Versailles ; ♀ dans une oseraie de la vallée de Jouy (*Ramond*) ; Saint-
Germain ! . ♀ dans les déblais du chemin de fer d'Orléans près de Ris ! (*Ramond*) ;
Montlhéry (*Thuret*) ; Marcoussis, forêt de Senart (*Weddell*). Champagne ! . Gisors ! ;
Rochy-Condé ! près Beauvais ; Oudeuil cant. de Marseille (*Taillefert*). — *Graves*
Cat. Oise : Creil ; Verneuil ; Saintines ; Courcelles-lez-Gisors cant. de Chaumont.
— L'individu femelle est fort rare dans la circonscription de notre Flore, où il n'a
été observé que récemment.

D'après une note de M. Anderson dans notre herbier, note qui est venue confirmer
notre manière de voir, « le *S. Smithiana* et le *S. affinis* Gren. et Godr. ne peuvent
être distingués par aucun caractère certain et devraient plutôt être considérés comme
les formes extrêmes d'une même espèce. Ces arbrisseaux cultivés, dont la patrie
est inconnue, sont très polymorphes et varient d'une manière remarquable selon la
nature de leur station ».

9. **S. cinerea** L. *Sp.* 1449 ; *Engl. bot.* t. 1897 ; Rchb. *Ic.* XI, t. 576, f. 2022 ;
*Illustr. fl. Par.* t. 30, M ; Bill. *Exsicc.* n. 2364. — [S. CENDRÉ. — Vulg.
*Saule-gris*].

Arbrisseau souvent élevé, à bois présentant sous l'écorce des lignes saillantes qui interceptent des losanges allongés (Des Étangs). *Feuilles* pétiolées,
*oblongues-obovales ou lancéolées-obovales,* obtuses ou brièvement acuminées,

entières ou denticulées, un peu ondulées aux bords, glabres ou pubescentes
en dessus, tomenteuses et d'un blanc cendré en dessous, à nervures roussâtres
très saillantes et anastomosées en réseau; stipules réniformes ou semicordiformes. *Bourgeons pubescents-blanchâtres.* Chatons sessiles, munis à la base
de feuilles courtes, paraissant avant les feuilles. *Capsule tomenteuse, à pédicelle environ quatre fois plus long que la glande.* Style très court; stigmates
oblongs, bilobés ou bifides. ♄. Mars-avril.

*C.* — Lieux humides des bois, bords des eaux.

10. **S. aurita** L. *Sp.* 1446; *Engl. bot.* t. 1487; Rchb. *Ic.* XI, t. 575, f. 2020;
*Illustr. fl. Par.* t. 30, N; Bill. *Exsicc.* n. 818 et *bis.*—[S. A OREILLETTES].

Arbrisseau souvent élevé, à bois présentant sous l'écorce des lignes saillantes qui interceptent des losanges allongés (Des Étangs). *Feuilles* pétiolées
*obovales ou oblongues-obovales, brusquement acuminées à pointe recourbée,*
denticulées ou inégalement sinuées-dentées, ondulées aux bords, ord. rugueuses, glabrescentes ou pubescentes en dessus, à face inférieure glauque
ord. tomenteuse à nervures très saillantes anastomosées en réseau; stipules
réniformes ou semicordiformes, ord. foliacées assez grandes. *Bourgeons glabres.* Chatons assez petits, sessiles ou brièvement pédonculés, munis à la
base de feuilles courtes, paraissant avant les feuilles. *Capsule tomenteuse,
à pédicelle trois à quatre fois plus long que la glande.* Style très court ou
presque nul; stigmates oblongs, émarginés ou échancrés. ♄. Mars-avril.

*C.* — Lieux humides des bois, taillis, bords des eaux.

Cette espèce se distingue des *S. cinerea* et *caprea* par ses chatons mâles et femelles
de moitié plus petits.

✝ **S. nigricans** Sm. in *Trans. Linn. soc.* VI, 120; Fries *Nov. Suec.* mant. I, 52; Koch
*Syn. fl. Germ.* ed. 2, 748; Gren. et Godr. *Fl. Fr.* III, 138; Rchb. *Ic.* XI,
t. 673, f. 2017; Bill. *Exsicc.* n. 1960.—*S. phylicifolia* Whlnbg *Fl. Lapp.*
270 non L.; DC. *Fl. Fr.* III, 286. — [S. NOIRATRE].

Arbrisseau de 1-2 mètres ou arbre de petite taille, à jeunes rameaux pubescents-
hérissés puis glabrescents. *Feuilles* pétiolées, de forme et de taille très variables,
ovales, oblongues, ou lancéolées, quelquefois même suborbiculaires ou obovales,
obtuses ou brièvement acuminées, ondulées-dentées, plus rarement entières, d'un
vert foncé *noircissant* d'autant plus *par la dessiccation* qu'elles sont plus jeunes,
d'abord velues-pubescentes puis glabrescentes en dessus, à face inférieure plus pâle
et d'un glauque cendré hérissée-pubescente sur les nervures plus rarement glabrescente à nervures un peu saillantes et anastomosées en réseau; stipules semicordiformes, ord. foliacées assez grandes. Bourgeons velus-pubescents. *Chatons*
souvent assez petits, sessiles ou brièvement pédonculés, munis de feuilles à la base,
*paraissant presque en même temps que les feuilles, les femelles à la fin* allongés et
*lâches. Capsule* tomenteuse ou glabre, *à pédicelle 2-3 fois plus long que la glande.*
*Style long;* stigmates bifides. ♄. Avril-mai.

Assez abondant dans la forêt de Dreux! (*Dœnen*) où il a été planté. — Indigène
dans les Alpes, le Jura et sur les bords du Rhin à Strasbourg.

11. **S. caprea** L. *Sp.* 1448; *Engl. bot.* t. 1488; Rchb. *Ic.* XI, t. 577, f. 2024;
*Illustr. fl. Par.* t. 31, O; Bill. *Exsicc.* n. 462. — [S. MARCEAU.—Vulg.
*Marceau, Marsault, Marsaule, Boursade*].

Arbrisseau ou arbre ord. rameux dès la base. *Feuilles* pétiolées, ord. *très
amples, ovales ou oblongues-suborbiculaires,* obtuses ou *brusquement*

*acuminées à pointe recourbée*, obscurément crénelées-ondulées, glabres ou glabrescentes en dessus, à face inférieure blanche-tomenteuse à nervures anastomosées en réseau ; stipules réniformes ou semicordiformes. *Bourgeons glabres.* Chatons sessiles, munis à la base de feuilles courtes, paraissant avant les feuilles. *Capsule* étalée, tomenteuse, *à pédicelle quatre à cinq fois plus long que la glande.* Style très court ou presque nul ; stigmates oblongs, bilobés ou bifides. ♃. Mars-avril.

*C C.* — Bois, taillis, bords des eaux.

12. **S. repens** L. *Sp.* 1447 ; *Engl. bot.* t. 183 ; Rchb. *Ic.* XI, t. 589-590, f. 2039-2041 ; *Illustr. fl. Par.* t. 31, P ; Bill. *Exsicc.* n. 1959.— [S. RAMPANT].

*Sous-arbrisseau de 2-6 décim., à tige souterraine traçante,* à rameaux dressés ou ascendants presque simples ou très rameux. Feuilles très brièvement pétiolées, petites, oblongues, oblongues-obovales ou lancéolées, aiguës ou obtuses, quelquefois brusquement acuminées à pointe recourbée, entières ou denticulées ; à face supérieure verte, glabre ou pubescente ; à face inférieure soyeuse-argentée, plus rarement glabre ou pubescente glauque ; stipules lancéolées aiguës. Chatons petits, sessiles ou brièvement pédonculés, munis à la base de jeunes feuilles ou de bractées, paraissant avant les feuilles. *Capsule* tomenteuse ou glabrescente, *à pédicelle deux à trois fois plus long que la glande.* Style court ; stigmates oblongs, ord. bifides. ♃. Avril-mai.

*R.* — Prairies tourbeuses, bruyères, sables humides. — Forêt de Senart (*Adr. de Jussieu*). Saint-Léger ! ; ancien étang du Serisaye ! ; étang des Planets (*Vaill. Bot. Par.*) ; Gambaiseuil (*Thuill. Fl. Par.*). Nemours ! ; Larchant (*Devilliers*) ; Malesherbes ! ; marais de Sceaux ! près Château-Landon ; prairies humides à Dordives ! . Morfontaine ! ; Sacy-le-Grand (*Graves*). Marais de Silly-la-Poterie (*Questier*) ; marais des Hureaux entre La Ferté-Milon et le Port-aux-Perches (*de Marvilly fils*). Bruyères tourbeuses de Neuville-Bosc ! ; marais de Bretel près Saint-Germer (*Graves*).

Var. β. *argentea.* (*S. lanata* Thuill. *Fl. Par.* 516 non L.). — Feuilles oblongues-obovales ou oblongues-suborbiculaires, soyeuses-argentées en dessous, souvent pubescentes en dessus.

Var. γ. *angustifolia.* — Feuilles lancéolées, ord. glabres, glauques en dessous.

α β. s.-v. *microphylla.* — Feuilles très petites.

## 2. **POPULUS** Tourn. *Inst.* t. 365. — [PEUPLIER].

*Écailles des chatons incisées ou laciniées,* rarement entières, rétrécies à la base, velues-ciliées ou glabres. *Disque en forme de cupule.* — Fleur mâle : *Étamines 8-12 ou plus,* à filets libres, insérées sur le disque large et tronqué obliquement. — Fleur femelle : Ovaire sessile ou pédicellé, entouré à la base par le disque ; style très court ou presque nul ; stigmates 2, allongés, bipartits. Graines munies d'une aigrette.

Arbres ord. élevés. Feuilles sinuées-anguleuses ou dentées ; stipules squamiformes, caduques. Bourgeons recouverts par plusieurs écailles imbriquées, à feuilles enroulées par leurs bords. Chatons sessiles ou pédonculés, paraissant avant les feuilles.

Sect. I. *LEUCE.*—*Écailles des chatons velues-ciliées. Étamines 8. Jeunes pousses ord. pubescentes-laineuses ou tomenteuses. Bourgeons souvent pubescents ou tomenteux.*— (1-3).

622 SALICINÉES. — POPULUS.

Sect. II. *AIGEIROS*. — *Écailles des chatons glabres. Étamines 12 ou plus. Jeunes pousses glabres*, souvent luisantes. Bourgeons glabres, glutineux.—(1-1 ter).

Sect. I. LEUCE. — Écailles des chatons velues-ciliées. Étamines 8. Jeunes pousses ord. pubescentes-laineuses ou tomenteuses. Bourgeons souvent pubescents ou tomenteux.

1. **P. alba** L. *Sp.* 1463; *Engl. bot.* t. 1618; Rchb. *Ic.* XI, t. 614, f. 1270. — [P. BLANC. — Vulg. *Peuplier-de-Hollande, Blanc-de-Hollande, Bouillard*].
Arbre ord. élevé, à écorce plus ou moins crevassée, à branches étalées, à *jeunes pousses et à rejets tomenteux blancs. Feuilles* longuement pétiolées, suborbiculaires ou ovales-suborbiculaires, dentées-anguleuses, celles des rameaux terminaux et *des jeunes rejets* souvent presque cordées *subquinqué-lobées*, très *tomenteuses en dessous à tomentum d'un beau blanc*, devenant quelquefois presque glabres à la fin de l'été par la chute du tomentum. *Écailles des chatons entières ou un peu incisées* au sommet. Chatons femelles beaucoup plus grêles que les chatons mâles au moment de la floraison. *Stigmates* jaunes, allongés, bipartits, *à lobes en croix*. ♄. Mars-avril.
C C. — Bois, terrains humides. — Souvent planté en avenues et aux bords des routes.

2. **P. canescens** Sm. *Fl. Brit.* III, 1080; DC. *Fl. Fr.* III, 299; *Engl. bot.* t. 1619; Rchb. *Ic.* XI, t. 617, f. 1273; Bill. *Exsicc.* n. 2534. — *P. alba* var. *canescens* Ait. *Hort. Kew.* ed. 1, III, 405. — *P. albo-tremula* Krause in *Schles. Ges.* [1848], 30. — [P. BLANCHATRE. — Vulg. *Grisard, Grisaille*].
Arbre ord. peu élevé, à écorce ord. lisse, à branches étalées-ascendantes, à *jeunes pousses tomenteuses grisâtres. Feuilles* longuement pétiolées, ovales-suborbiculaires, dentées-anguleuses, celles des rameaux terminaux et *des jeunes rejets* souvent presque cordées *ord. non lobées*, tomenteuses ord. *d'un blanc grisâtre en dessous*, puis glabrescentes ou glabres à la fin de l'été par la chute de la villosité. *Écailles des chatons incisées ou palmatifides*. Chatons femelles n'étant pas plus grêles que les chatons mâles au moment de la floraison. *Stigmates* purpurins, ord. quadripartits, *à lobes presque en éventail*. ♄. Mars-avril.
Moins répandu que l'espèce précédente dans les mêmes stations. — Quelquefois planté dans les parcs. — Regardé comme un hybride des *P. alba* et *tremula* par MM. Krause et Wimmer.

3. **P. Tremula** L. *Sp.* 1464; *Engl. bot.* t. 1909; Rchb. *Ic.* XI, t. 618, f. 1274; Bill. *Exsicc.* n. 2742. — [P. TREMBLE. — Vulg. *Tremble*].
Arbre de moyenne taille, à écorce lisse, à branches étalées, les *jeunes pousses du printemps pubescentes* plus rarement glabres, *celles de l'automne velues-laineuses* grisâtres. *Feuilles* longuement pétiolées, très mobiles, sub-orbiculaires, grossement et inégalement dentées ou lâchement sinuées, *glabres sur les deux faces ou un peu pubescentes en dessous; celles des pousses d'automne* ou des rejets brièvement pétiolées, ord. plus amples, ovales-aiguës ou suborbiculaires-acuminées, finement dentées, *velues-laineuses en dessous grisâtres* et jamais blanches. Écailles des chatons incisées ou palmatifides. Stigmates bipartits, à lobes en croix. ♄. Mars-avril.

*CC.* — Bois, terrains humides.

Sect. II. AIGEIROS. — Écailles des chatons glabres. Étamines 12 ou plus. Jeunes pousses glabres, souvent luisantes. Bourgeons glabres, glutineux.

4. **P. nigra** L. *Sp.* 1464 ; *Engl. bot.* t. 1910 ; Spach in *Ann. sc. nat.* sér. 2, XV, 31 ; Rchb. *Ic.* XI, t. 619, f. 1275. — [P. NOIR. — Vulg. *Peuplier-Suisse*].
Arbre élevé, à écorce crevassée, à *branches étalées, à rameaux et à rejets cylindriques ou obscurément anguleux. Feuilles* longuement pétiolées, ovales-triangulaires, deltoïdes ou rhomboïdales, acuminées, ord. plus longues que larges, dentées, *glabres même dans leur jeunesse* et d'abord glutineuses. Écailles des chatons fimbriées-ciliées. Anthères purpurines. ♃. Mars-avril.
*C.* — Terrains humides, bords des eaux. — Planté en avenues, en quinconces et sur les promenades publiques.

† **P. pyramidalis** Rozier *Cours agr.* VII, 619. — *P. fastigiata* Poir. in *Encycl. méth.* V, 235. — *P. nigra* var. *pyramidalis* Spach in *Ann. sc. nat.* sér. 2, XV, 31. — [P. PYRAMIDAL. — Vulg. *Peuplier-d'Italie*].
Arbre souvent très élevé, à écorce crevassée, à *branches dressées* naissant presque dès la base du tronc et *formant par leur ensemble une pyramide étroite, à rameaux et à rejets cylindriques ou obscurément anguleux.* Feuilles longuement pétiolées, ovales-triangulaires, deltoïdes ou rhomboïdales, acuminées, ord. plus larges que longues, dentées, glabres même dans leur jeunesse et d'abord glutineuses. Écailles des chatons fimbriées-ciliées. Anthères purpurines. ♃. Mars-avril.
Fréquemment planté en avenues ou en quinconces aux bords des eaux et dans les terrains humides. — On ne connaît que l'individu mâle de cet arbre dont la patrie est inconnue. M. Spach le considère comme une variété du *P. nigra* obtenue par la culture.

† **P. monilifera** Ait. *Hort. Kew.* ed. 1, III, 407 ; Wats. *Dendr. Brit.* t. 102 ; Spach in *Ann. sc. nat.* sér. 2, XV, 32. — *P. Virginiana* Desf. *Cat.* 242 ; *Fl. Par.* éd. 1, 507. — [P. A CHAPELET. — Vulg. *Peuplier-de-Virginie*].
Arbre très élevé, à écorce plus ou moins crevassée, à branches étalées, à *rameaux et à rejets* d'abord *anguleux* à angles aigus disparaissant avec l'âge. *Feuilles* longuement pétiolées, ovales-triangulaires, deltoïdes ou rhomboïdales, acuminées-cuspidées, au moins aussi longues que larges, finement dentées ou crénelées, *pubescentes au bord au moins dans leur jeunesse,* d'abord glutineuses. Écailles des chatons fimbriées-ciliées. ♃. Mars-avril.
Cet arbre, originaire de l'Amérique du Nord, est assez fréquemment planté en avenues ou en quinconces.
Le *P. Canadensis* Mich., originaire de l'Amérique du Nord, que l'on plante également en avenues, se distingue du *P. monilifera* surtout par ses rameaux et par ses rejets restant anguleux même à l'état adulte à angles devenant subéreux, par ses feuilles plus allongées munies de deux glandes jaunâtres à l'insertion du pétiole. — Le *P. Græca* Duham. est planté dans quelques parcs et au bois de Boulogne.

# LXXXVIII. BÉTULINÉES

(BETULINEÆ A. Rich. *Élém. bot.* éd. 6, 626).

*Fleurs monoïques*, les mâles et les femelles disposées par 2-3 à la base de bractées squamiformes (écailles), *disposées en chatons* cylindriques ou ovoïdes. — *Chatons mâles à écailles accompagnées* chacune en dedans *de deux autres écailles* latérales entières ou bilobées, *recouvrant 3 fleurs*. Fleurs à involucre caliciforme ord. à 4 divisions ou réduit à une bractée, plus rarement les 3 fleurs non distinctes les unes des autres à bractées sans ordre. Étamines ord. 4 insérées à la base des divisions de l'involucre auxquelles elles sont opposées, ou 2 insérées à la base de la bractée, plus rarement disposées sans ordre ; filets courts, indivis ou fendus ; anthères bilobées, à lobes s'ouvrant par une fente longitudinale juxtaposés ou portés chacun sur une des branches du filet. — *Chatons femelles en forme de cône, composés d'écailles* entières ou trilobées *recouvrant 2-3 fleurs*, accompagnées ou non en dedans de 2 écailles latérales bilobées, accrescentes, caduques, ou persistantes les 2 écailles latérales devenant épaisses presque ligneuses et cohérentes entre elles. Fleurs dépourvues d'involucre et de calice, réduites à l'ovaire. *Ovaire* sessile, à *2 loges uniovulées ;* ovules suspendus, réfléchis ; stigmates 2, filiformes, entiers. — *Fruit* petit, sec, *indéhiscent, uniloculaire et monosperme par avortement, plus rarement biloculaire et disperme,* comprimé, muni de chaque côté d'une aile membraneuse-transparente ou d'une bordure coriace-spongieuse peu distincte, surmonté des styles persistants. —Graine suspendue, à testa membraneux mince. Périsperme nul. Embryon droit, à cotylédons plans, devenant aériens et foliacés lors de la germination. Radicule dirigée vers le hile.

Arbres ou arbrisseaux. Feuilles caduques, alternes ou éparses, dentées ou lobées-dentées, plus rarement incisées ou accidentellement pinnatifides, à nervures de second ordre parallèles ; stipules libres, caduques ord. avant l'entier développement des feuilles. Chatons commençant à paraître à l'automne et se développant avant les feuilles au moins les mâles, les mâles cylindriques allongés pendants, les femelles cylindriques ou ovoïdes dressés ou pendants.

1. BETULA. — *Chatons femelles cylindriques, pendants, solitaires, à écailles membraneuses coriaces et caduques à la maturité.*

2. ALNUS. — *Chatons femelles ovoïdes, dressés, disposés en grappes rameuses corymbiformes, à écailles ligneuses et persistantes.*

1. **BETULA** Tourn. *Inst.* t. 360 ; Spach in *Ann. sc. nat.* sér. 2, XV, 184. —
[BOULEAU].

*Chatons mâles à écailles pédicellées peltées accompagnées chacune en dedans de deux autres écailles latérales plus petites suborbiculaires, l'ensemble des 3 écailles recouvrant 3 fleurs (cyme triflore [Payer]), la fleur moyenne terminale, les latérales naissant à l'aisselle de chacune des deux écailles latérales. *Fleurs constituées chacune par une petite bractée* ovale-oblongue concave (représentant un involucre à 4 divisions dont une seule se développe [Payer]), *donnant insertion à 2 étamines* à sa base ; *étamines à filets* courts *bifides*, chacune des branches du filet portant un des lobes de l'anthère s'ouvrant chacun par une fente longitudinale. — *Chatons femelles composés d'écailles* trilobées (résultant de la soudure d'une écaille moyenne avec deux écailles intérieures et latérales?) *recouvrant 3 fleurs.* Fleurs dépourvues d'involucre et de calice, constituées chacune par un ovaire sessile à la base de l'écaille. Ovaire à 2 stigmates filiformes, persistants. *Chatons fructifères* en forme de cône de Sapin, *à écailles membraneuses-coriaces* atténuées en coin inférieurement, *apprimées, caduques.* Fruit biloculaire disperme, ou uniloculaire et monosperme par avortement, comprimé-lenticulaire, présentant de chaque côté une aile membraneuse transparente.

Arbre plus ou moins élevé. Feuilles dentées. Bourgeons sessiles, entourés d'écailles imbriquées, à jeunes feuilles plissées équitantes. Chatons mâles cylindriques allongés, pendants, sessiles, disposés par fascicules de 1-3 dans la partie supérieure des rameaux, commençant à paraître dès l'automne et sortant du bourgeon avant l'hiver, se développant un peu avant les feuilles. Chatons femelles cylindriques, pendants, solitaires au sommet de ramuscules feuillés, naissant de bourgeons placés à l'aisselle des feuilles tombées et se développant en même temps que les feuilles ; les fructifères compactes, à axe filiforme persistant après la chute des écailles et des fruits.

1. **B. alba** L. *Sp.* 1393 ; *Engl. bot.* t. 2198 ; Spach, loc. cit. 186 ; Rchb. *Ic.* XII, t. 623, f. 1282 ; Bill. *Exsicc.* n. 463. — [B. BLANC. — Vulg. *Bouleau*].

Arbre à tronc droit, à épiderme lisse, d'un blanc satiné, se détachant facilement par lames circulaires ; jeunes rameaux pendants, rougeâtres, flexibles, glabres, pubescents ou velus. Feuilles pétiolées, ovales-triangulaires acuminées, dentées ou doublement dentées, vertes et luisantes en dessus, à face inférieure d'un vert pâle glabre ou pubescente, les jeunes glutineuses. Chatons femelles longuement pédonculés, à écailles ciliées cunéiformes inférieurement, à lobe moyen triangulaire, les latéraux obtus étalés ou recourbés en forme de croissant. Styles rougeâtres. Fruit à ailes membraneuses ord. 1-3 fois plus larges que la loge. ♄. *Fl.* avril. *Fr.* août-septembre.

Forêts, bois montueux, taillis, rochers, coteaux sablonneux.

Var. α. *alba.* (*B. alba* auct. plurim.). — Jeunes rameaux et feuilles glabres ; les feuilles des jeunes rejets seules quelquefois pubescentes ou velues. — C C.

Var. β. *pubescens* (Spach, loc. cit. 187. — *B. pubescens* Ehrh. *Beitr.* VI, 98 ; Bill. *Exsicc.* n. 464). — Jeunes rameaux ord. pubescents ou velus. Feuilles pubescentes en dessous au moins à l'angle de séparation des nervures. — *A.R.* — Bois humides. — Bois de Satory près Versailles (*P.* et *Ch. Sagot*). Env. de Magny! ; Les Andelys! . Abondant dans la vallée de Bray et aux environs de Beauvais (*Graves*). Forêt de Compiègne (*Graves* Cat. Oise) ; forêt de Villers-Cotterets (*Questier*).

2. **ALNUS** Tourn. *Inst.* t. 359 emend. ; Spach in *Ann. sc. nat.* sér. 2, XV, 203. — [AUNE].

*Chatons mâles* composés d'écailles assez épaisses, pédicellées, en capuchon presque peltées, accompagnées chacune en dedans de deux autres écailles latérales plus petites atténuées inférieurement en une base linéaire profondément bifides à lobes cunéiformes-suborbiculaires imbriqués, l'ensemble des 3 écailles (vu par le dos ou par le bord) simulant 5 écailles recouvrant 3 fleurs (cyme triflore?), la fleur moyenne terminale, les latérales placées à l'aisselle de chacune des deux écailles latérales. *Fleurs constituées* chacune *par un involucre caliciforme* presque régulier ord. *à 4 divisions* inégales *qui donnent insertion chacune à leur base à une étamine; étamines* opposées aux divisions de l'involucre *à filets courts indivis;* anthères à 2 lobes soudés à leur partie moyenne s'ouvrant chacun par une fente longitudinale. — *Chatons femelles composés d'écailles* assez épaisses, obtuses, accompagnées chacune en dedans de 2 écailles latérales obovales cunéiformes bilobées, l'ensemble des 3 écailles *recouvrant 2 fleurs* placées chacune à la base des écailles latérales. Fleurs dépourvues d'involucre et de calice, constituées chacune par un ovaire sessile. Ovaire très petit, à 2 stigmates filiformes persistants. *Chatons fructifères* en forme de cône de Pin, *à écailles persistantes, horizontales,* étroitement juxtaposées et cohérentes par une substance résineuse, s'écartant à la fin pour laisser échapper les fruits, les extérieures à peine épaissies, les latérales très épaissies presque ligneuses cohérentes entre elles. Fruit ord. uniloculaire et monosperme par avortement, comprimé, entouré de chaque côté d'une bordure coriace-subéreuse.

Arbres souvent peu élevés. Feuilles crénelées, dentées ou incisées-dentées, accidentellement pinnatifides. Bourgeons stipités, entourés d'une seule écaille, à jeunes feuilles condupliquées-plissées. Chatons commençant à paraître dès l'automne, et sortant du bourgeon avant l'hiver, disposés en panicules corymbiformes non feuillées lors de la floraison terminant les rameaux de l'année précédente, fleurissant avant le développement des feuilles; les mâles cylindriques allongés pendants, les femelles ovoïdes dressés.

**1. A. glutinosa** Gœrtn. *Fruct.* II, t. 90, f. 2; Spach, loc. cit. 207; Rchb. *Ic.* XII, t. 631, f. 1295; Bill. *Exsicc.* n. 647.— *Betula Alnus α glutinosa* L. *Sp.* 1394; *Engl. bot.* t. 1508. — [A. GLUTINEUX. — Vulg. *Aune, Aulne*].

Jeunes rameaux glabres. *Feuilles* pétiolées, *suborbiculaires obtuses, souvent tronquées ou émarginées au sommet,* cunéiformes ou arrondies à la base, crénelées, dentées ou lobées-dentées, quelquefois incisées, coriaces, glabres et d'un vert sombre en dessus, d'un vert pâle et *pubescentes en dessous seulement à l'angle de séparation des nervures* plus rarement entièrement glabres, glutineuses dans leur jeunesse. Chatons femelles à écailles étroitement imbriquées et agglutinées avant la maturité. Fruit obovale ou suborbiculaire, à bordure environ deux fois plus étroite que la loge. ♃. *Fl.* février-mars. *Fr.* août-septembre.

*C C.* — Bords des eaux, lieux marécageux des bois.

Var. *laciniata* Willd. — Feuilles profondément pinnatifides, à lobes triangulaires-lancéolés ou lancéolés-aigus, entiers ou dentés.— Quelquefois planté dans les parcs.

† **A. incana** DC. *Fl. Fr.* III, 304; Guimp. et Hayne *Deutschl. Holz.* t. 137; Rchb. *Ic.* XII, t. 629, f. 1291; Bill. *Exsicc.* n. 646. — [A. BLANCHATRE].

Jeunes rameaux pubescents. *Feuilles* pétiolées, *ovales-aiguës ou brièvement acuminées,* cunéiformes ou arrondies à la base, dentées en scie ou lobées-dentées, coriaces, glabres et d'un vert sombre en dessus, *couvertes en dessous d'une pubescence blanchâtre ou roussâtre,* non glutineuses. Chatons femelles à écailles étroitement imbriquées et agglutinées avant la maturité. Fruit obcordé, obovale ou sub-orbiculaire, à bordure environ deux fois plus étroite que la loge. ♃. *Fl.* février-mars. *Fr.* août-septembre.

Planté dans la forêt de Fontainebleau aux environs de la mare aux Évées ! (*Weddell*) et dans la forêt de Compiègne (*Léré*). Indiqué à Saint-Léger (*Mérat* Fl. Par.). — Indigène le long des ruisseaux et des cours d'eau de la région montagneuse inférieure.

---

# LXXXIX. MYRICÉES
(MYRICEÆ A. Rich. *Élém. bot.* éd. 6, 625).

Fleurs ord. dioïques, solitaires à la base de bractées squamiformes persistantes (écailles), disposées en chatons cylindriques ou ovoïdes. — *Fleurs mâles : Écaille* canaliculée *donnant insertion aux étamines à sa base.* Étamines 4, rarement plus ou moins; filets courts, souvent inégaux, libres ou soudés à la base; anthères bilobées, subdidymes, s'ouvrant par deux fentes longitudinales latérales. — *Fleurs femelles : Écaille accompagnée* en dedans *de deux écailles* latérales rarement plus, *adhérentes inférieurement à l'ovaire et accrescentes.* Calice nul. *Ovaire* sessile, *uniloculaire, uniovulé; ovule dressé,* droit. *Styles 2, filiformes,* entiers, soudés à la base, à surface stigmatifère. — Fruit petit, sub-globuleux-comprimé, sec un peu charnu, indéhiscent, uniloculaire et monosperme, soudé avec les écailles latérales accrues et un peu char-nues. — Graine dressée, à testa membraneux mince. Périsperme nul. Embryon droit, à cotylédons charnus, ovales, plans d'un côté, convexes de l'autre. Radicule dirigée vers le point diamétralement opposé au hile.

*Sous-arbrisseau contenant un suc résineux* aromatique. Feuilles caduques, coriaces, alternes ou éparses, dentées ou presque entières, parsemées de points résineux; *stipules nulles.* Chatons paraissant avant les feuilles, plus rarement après elles, naissant à l'aisselle des feuilles tombées l'année précédente, plus rarement à l'aisselle des feuilles, disposés à l'extrémité des rameaux en épis allongés. Écailles latérales des chatons femelles et fruits parsemés de globules résineux.

### 1. MYRICA L. *Gen.* n. 1107. — [MYRICA].

Mêmes caractères que ceux de la famille.

1. **M. Gale** L. *Sp.* 1453; *Fl. Dan.* II, t. 327; *Engl. bot.* t. 562; Rchb. *Ic.* XI, t. 620, f. 1277; Fr. Schultz *Fl. Gall. et Germ. exsicc.* n. 522. — [M. GALÉ. — Vulg. *Galé, Piment-royal, Bois-sent-bon*].

Sous-arbrisseau ordinairement de 6-10 décim., plus rarement de 1-2 mètres ord. très rameux, à écorce brunâtre, à jeunes rameaux plus ou moins pubes-cents. Feuilles oblongues rétrécies inférieurement, insensiblement atténuées en court pétiole, obtuses ou aiguës, lâchement dentées dans leur moitié supé-rieure ou presque entières, presque glabres ou pubescentes surtout en des-sous, à face inférieure d'un vert pâle. Chatons mâles cylindriques-oblongs, un peu étalés, à écailles luisantes, brunâtres, blanchâtres aux bords, assez amples, plus larges que longues, ovales-triangulaires aiguës dépassant longuement les étamines. Chatons femelles ovoïdes-oblongs, dressés ou un peu étalés, à écailles plus petites égalant d'abord environ la longueur de l'ovaire et des écailles latérales, puis dépassées assez longuement par le fruit et ces écailles. Fruits d'abord d'un jaune verdâtre, puis brunâtres, soudés dans la plus grande partie de leur longueur avec les écailles accrues qui recouvrent leurs faces latérales et dont les extrémités libres arrivent environ à la même hauteur que le sommet du fruit. ♄. *Fl.* avril-mai. *Fr.* juillet-août.

R. — Marais sablonneux-tourbeux, bruyères humides. — Indiqué à Montfort-l'Amaury (*Thuill.* Fl. Par.); abondant aux environs de Rambouillet et de Saint-Léger : Saint-Léger ! (*Tourn.* Hist. pl. Par., *Ant. de Juss.* mss., *Vaill.* Bot. Par.), Planets !, Fontaines-blanches !, ancien étang du Serisaye ! (*Thuill.* Fl. Par.), Guipereux !, ancien étang de Gambaiseuil !, etc. Vallée de Vaux près Triel (*Mandon*). — Planté au Mont-d'Arcy près Pierrefonds (*Léré*). — *Graves* Cat. Oise : planté au Vivier-Payen et aux étangs de Saint-Pierre dans la forêt de Compiègne.

---

# † PLATANÉES
### (PLATANEÆ Lestib. in Martius *Hort. Monac.* 46 ).

*Fleurs* monoïques, les *mâles* et les *femelles* sur des rameaux différents, disposées *en chatons globuleux* très compactes à axe épais. — Chatons mâles : Calice et corolle nuls. Étamines très nombreuses en nombre indéfini, très rapprochées, entremêlées d'écailles subclaviformes ; filets très courts ; anthères bilobées, à lobes oblongs réunis par un connectif subclaviforme tronqué et presque pelté au sommet. — *Chatons femelles* : Calice et corolle nuls. *Ovaires* en nombre indéfini, entremêlés d'écailles courtes subclaviformes, *uniloculaires, uniovulés ou biovulés*, poilus à la base; *ovules suspendus*, droits; styles simples, subulés-allongés, stigmatifères latéralement dans leur partie supérieure. — Fruits petits, subclaviformes, coriaces, couverts inférieurement de poils articulés, uniloculaires, monospermes, indéhiscents. — Graine suspendue, oblongue-cylindrique, à testa mince membraneux. Périsperme charnu, mince, ou presque nul. Embryon droit, à cotylédons plans. Radicule dirigée vers le point diamétralement opposé au hile.

Arbres élevés, à épiderme épais se détachant par plaques. Feuilles caduques, alternes, palmatinerviées, plus ou moins profondément palmatilobées, pétiolées, à pétiole dilaté et creusé à la base pour recevoir le bourgeon ; stipules des feuilles des ramules floraux réduites à une gaîne membraneuse très entière ou à peine dentée très caduque, celles des feuilles des rejets et des jeunes pousses herbacées ou presque herbacées à gaîne tantôt cyathiforme et indivise tantôt couronnée d'un limbe bifide ou bipartit à segments crénelés ou sinués ou très entiers de forme et de grandeur variables. Chatons paraissant avec les feuilles, espacés et sessiles sur de longs pédoncules pendants.

### † PLATANUS L. *Gen.* n. 1075. — [ PLATANE ].

Mêmes caractères que ceux de la famille.

† **P. Orientalis** L. *Sp.* 1417; Sibth. et Sm. *Fl. Græc.* t. 945 ; Wats. *Dendr. Brit.* t. 101.—*P. vulgaris* var. *liquidambarifolia* et *vitifolia* Spach in *Ann. sc. nat.* sér. 2, XV, 292. — [ P. D'ORIENT ].

*Feuilles* longuement pétiolées, très grandes, fermes, glabres à l'état adulte, pubescentes-tomenteuses dans leur jeunesse, *plus ou moins cunéiformes à la base,* suborbiculaires, *profondément palmatilobées* à 3-5 plus rarement 7 *lobes lancéolés deltoïdes-lancéolés ou oblongs-lancéolés* acuminés ou aigus entiers ou profondément et inégalement sinués-dentés ou laciniés. ♄. *Fl.* avril-mai. *Fr.* août.

Planté en avenues et sur les promenades. — Originaire de l'Orient et des îles de l'Archipel.

† **P. acerifolia** Willd. *Sp.* IV, 474. — *P. Occidentalis* Mich. *Fl. Bor.-Am.* II, 163, non. L.; Wats. *Dendr. Brit.* t. 100. — *P. vulgaris* var. *acerifolia* Spach, loc. cit. 293. — [P. A FEUILLES D'ÉRABLE].

*Feuilles* longuement pétiolées, très grandes, fermes, glabres à l'état adulte, pubescentes-tomenteuses dans leur jeunesse, *tronquées ou émarginées à la base,* suborbiculaires, *plus ou moins profondément palmatilobées à 3-5 lobes deltoïdes ou ovales* aigus ou acuminés entiers ou inégalement sinués-dentés à un petit nombre de dents. ♄. *Fl.* avril-mai. *Fr.* août.

Fréquemment planté en avenues et sur les promenades. — Originaire de l'Europe méridionale et de l'Orient et peut-être de l'Amérique.

† **P. Occidentalis** L. *Sp.* 1418; Catesb. *Carol.* 1, t. 56; Mich. *Arb.* III, 184 cum ic.; Duham. *Arb.* éd. 2, II, t. 1. — *P. vulgaris* var. *angulosa* Spach, loc. cit. 293. — [P. D'OCCIDENT].

*Feuilles* longuement pétiolées, très grandes, fermes, glabres à l'état adulte, pubescentes-tomenteuses dans leur jeunesse, *émarginées ou tronquées plus rarement cunéiformes à la base,* suborbiculaires, *obscurément 3-5-lobées ou à 3-5 angles,* à lobes ou à angles aigus ou acuminés inégalement sinués-dentés plus rarement presque entiers. ♄. *Fl.* avril-mai. *Fr.* août.

Rarement planté en avenues et sur les promenades. — Originaire de l'Amérique du Nord.

D'après M. Spach les *P. Orientalis, acerifolia* et *Occidentalis* ne seraient que des variétés d'un même type spécifique (*P. vulgaris* Spach, loc. cit. 291) se reliant entre elles par des sous-variétés intermédiaires qu'il est impossible de définir. — Le même auteur fait remarquer que ce sont les feuilles supérieures des rameaux florifères qui offrent le plus habituellement les caractères distinctifs les plus tranchés.

---

## Subdivision IV. GYMNOSPERMES.

Enveloppes florales nulles. Ovules non contenus dans un ovaire fermé, recevant directement l'influence du pollen.

## Classe. — CONIFÈRES (1).

(CONIFERÆ Juss. *Gen.* 411).

Fleurs monoïques, plus rarement dioïques, disposées en chatons, plus rarement les fleurs femelles solitaires ou disposées par 2-3. — Chatons mâles constitués par des étamines ord. nombreuses rapprochées, insérées

(1) Nous n'avons pas compris dans la description de cette classe la famille des *Gnétacées*, qui n'est pas représentée aux environs de Paris. — La classe des *Cycadoïdées* ne renferme pas d'espèces européennes.

autour de l'axe et non séparées par des bractées. *Étamines constituées*
chacune *par un connectif élargi en une écaille* peltée ou non peltée
*qui porte en dessous l'anthère* qu'elle déborde; *anthère à 2-8 lobes ou
plus* juxtaposés ou espacés, oblongs ou subglobuleux, s'ouvrant par une
fissure longitudinale, plus rarement par une déchirure transversale. —
Fleurs femelles constituées chacune par une écaille (feuille carpellaire
étalée) (1) portant à sa base interne deux ou plusieurs ovules rarement
un seul ovule ; chaque écaille étant souvent accompagnée en dehors d'une
bractée membraneuse qui ord. la dépasse d'abord et qui ensuite est
ord. dépassée par elle ou disparaît complétement. *Ovules* dressés ou
suspendus, droits, *ouverts* au sommet (micropyle), souvent atténués
supérieurement en col droit ou courbé. — *Chaton fructifère composé
d'écailles* nombreuses, ligneuses, minces ou épaisses, *imbriquées* en
spirale *autour de l'axe*, persistantes, rarement caduques, ord. accompagnées chacune en dehors d'une bractée membraneuse coriace (*cône,
strobile*); ou composé d'écailles peu nombreuses, persistantes, dépourvues de bractées, ligneuses, libres à la maturité (*galbule*); plus rarement
à écailles charnues et soudées en une fausse baie, ou composé d'une
écaille développée en cupule charnue. — Graines dressées ou suspendues, 2 ou plusieurs, rarement solitaires à la base interne des écailles qui
sont excavées pour les recevoir et s'écartent ord. pour les laisser échapper; testa coriace ou ligneux, ouvert au point qui correspond au micropyle, souvent prolongé en aile membraneuse, plus ou moins soudé avec
l'amande. Périsperme charnu. Embryon droit, placé dans le périsperme.
Cotylédons 2 opposés, ou plusieurs cotylédons verticillés, oblongs ou
linéaires. Radicule souvent cohérente au sommet avec le périsperme,
dirigée vers le point diamétralement opposé au hile.

*Arbres ou arbrisseaux, à bois constitué par des cellules ponctuées allon-
gées* et ne présentant que quelques trachées distribuées dans l'étui médullaire, *contenant un suc résineux* renfermé surtout dans de grandes lacunes régulièrement disposées dans l'écorce. *Feuilles persistant* ord. *pendant l'hiver*,
ord. coriaces, entières, étroites, *souvent aciculées*, éparses ou fasciculées, plus
rarement opposées ou verticillées, quelquefois très petites squamiformes imbriquées sur plusieurs rangs. Chatons sessiles ou pédonculés ; les chatons femelles
n'arrivant ord. à la maturité qu'en deux ou trois années.


## † ABIÉTINÉES

(ABIETINEÆ Rich. *Conif.* 145).


*Connectifs* (écailles des chatons mâles) *portant* chacun en dessous *2 lobes d'anthère* qui s'ouvrent par une fente longitudinale plus rarement par une déchirure

(1) L.-C. Richard et plusieurs autres auteurs considèrent au contraire les écailles comme un
système de bractées et chaque ovule comme un ovaire complet.

transversale.—Écailles des chatons femelles accompagnées en dehors d'une bractée, portant chacune à la base *2 ovules suspendus.* — Cône ord. allongé, ovoïde, conique ou oblong-cylindrique, composé d'écailles ligneuses minces ou épaisses, libres entre elles. — Graines à testa prolongé supérieurement en aile membraneuse persistante ou caduque. Embryon à plusieurs cotylédons verticillés.

Arbres souvent très élevés, à branches ord. verticillées. Feuilles linéaires, roides, souvent subulées-piquantes, éparses ou fasciculées.

† Pinus. — *Cône à écailles persistantes, terminées par un épaississement* mucroné ou ombiliqué au centre. *Feuilles fasciculées ord. par 2-3.*

† Larix. — *Cône à écailles minces, persistantes, obtuses, non épaissies au sommet. Feuilles se renouvelant chaque année,* celles nées sur le vieux bois *disposées en grand nombre par fascicules.*

† Abies. — *Cône à écailles minces, persistantes, atténuées et non épaissies au* sommet. *Feuilles éparses.*

† Picea. — *Cône à écailles minces, se détachant avec les graines, larges, obtuses, non épaissies au sommet. Feuilles éparses-distiques.*

## † **PINUS** L. *Gen.* n. 1077 ex parte. — [Pin].

Fleurs monoïques. — *Chatons mâles,* composés d'écailles (connectifs) imbriquées autour de l'axe et portant chacune en dessous 2 lobes d'anthère qui s'ouvrent longitudinalement et n'atteignent pas le sommet de l'écaille. —Chatons femelles composés d'écailles imbriquées accrescentes, accompagnées chacune en dehors d'une bractée membraneuse qui ord. se soude bientôt avec l'écaille correspondante, portant chacune à la base deux ovules suspendus à col oblique en dehors ouvert et denticulé au sommet. *Cône* ovoïde-conique ou oblong-conique, *à écailles* ligneuses, épaisses, concaves, portant chacune à la base deux graines, *terminées par un épaississement* mucroné ou ombiliqué au centre, d'abord étroitement imbriquées, puis s'écartant les unes des autres, *persistantes.* Graines à testa coriace, prolongé supérieurement en aile membraneuse caduque. Plusieurs cotylédons linéaires verticillés.

Arbres. *Feuilles* persistantes, linéaires-aciculées, roides, piquantes, *disposées ord. par 2-3 en fascicules* entourés à leur base par des écailles scarieuses imbriquées. Bourgeons à écailles scarieuses imbriquées, à feuilles droites. Chatons mâles ovoïdes-oblongs, imbriqués en épis à la base des jeunes pousses de l'année. Chatons femelles terminaux, solitaires ou fasciculés par 2-3, ovoïdes, entourés à la base par les écailles des bourgeons et les jeunes feuilles.

† **P. sylvestris** L. *Sp.* 1418 ; *Engl. bot.* t. 2460 ; Rich. *Conif.* t. 11 ; Rchb. *Ic.* XI, t. 521, f. 1127. — [P. sylvestre].

Arbre ord. élevé, à cime pyramidale, à branches verticillées étalées horizontalement. *Feuilles* géminées, roides, un peu glauques, canaliculées en dessus, convexes en dessous, longues de 4-6 centim., ord. *plus ou moins longuement dépassées par les épis de chatons mâles. Chatons femelles* solitaires, géminés ou ternés, *à pédoncule long courbé-réfléchi. Cônes* ovoïdes-coniques, pédonculés, *à pédoncule recourbé; écailles à épaississement* terminal en forme d'écusson rhomboïdal, *terne,* caréné transversalement, présentant au centre un mamelon obtus. Aile environ trois fois plus longue que la graine. ♄. *Fl.* avril-mai.

Fréquemment planté dans les bois et dans les parcs. — Spontané et constituant des forêts sur les montagnes et dans le nord de l'Europe.

Le *P. Laricio* Poir. (Lamb. *Pin.* t. 9. — *Pin Laricio.* — Vulg. *Pin-de-Corse*), indigène sur les montagnes du midi de la France et de la Corse, est assez souvent planté dans les parcs et les bois (Malesherbes !, Fontainebleau !). Il se distingue du

*P. sylvestris* par les caractères suivants : feuilles géminées, atteignant ou dépassant un décimètre, non glauques ; chatons femelles très brièvement pédonculés ; cônes ovoïdes ou ovoïdes-coniques aigus, sessiles, étalés horizontalement ; épaississement terminal des écailles luisant, convexe caréné transversalement à côté supérieur de la convexité plus saillant, à mamelon ombiliqué mutique ou peu saillant sous forme de mucron.

† **P. maritima** C. Bauh. *Pin.* 492 ; Sibth. et Sm. *Fl. Græc.* t. 949 ; Rchb. *Ic.* XI,
    t. 527, f. 1134. — *P. Pinaster* Soland. in Ait. *Hort. Kew.* ed. 1, III, 367 ;
    Rchb. *Ic.* XI, t. 525, f. 1132 ; Endlich. *Conif.* 168. — [P. MARITIME. —
    Vulg. *Pin-des-Landes, Pin-de-Bordeaux*].

Arbre assez élevé, à cime pyramidale, à branches très étalées. *Feuilles* géminées, roides, glaucescentes, canaliculées en dessus, convexes en dessous, *longues de 1-2 décim., les supérieures dépassant ord. très longuement les épis de chatons mâles. Chatons femelles* solitaires, géminés ou verticillés, *à pédoncule court dressé ou étalé.* Cônes ord. assez gros, ovoïdes ou oblongs-coniques aigus, à pédoncule court ; *écailles à épaississement* terminal en forme d'écusson rhomboïdal, *luisant,* convexe ou convexe-pyramidal, caréné transversalement, à mamelon ord. court saillant épais pyramidal. Aile environ 4-5 fois plus longue que la graine. ♄. *Fl.* mai.

Planté çà et là dans les bois et les parcs. — Indigène dans le sud-ouest et le midi de l'Europe.

Le *P. Pinea* L. (Lamb. *Pin.* t. 6-8. — *Pin Pignon.* — Vulg. *Pin-doux*), originaire de la région méditerranéenne, est quelquefois planté dans les parcs. On le reconnaît aux caractères suivants : branches disposées en parasol redressées au sommet ; feuilles géminées, de 7-12 centim., glauques ; cônes très gros, ovoïdes-subglobuleux, presque sessiles ou brièvement pédonculés, étalés ; épaississement terminal des écailles luisant, convexe ou convexe-pyramidal, à mamelon ombiliqué mutique ou mucroné ; graines très grosses, oblongues, à aile rudimentaire, à amande douce et comestible.

† LARIX Tourn. Inst. t. 357. — [ MÉLÈZE ].

Fleurs monoïques. Chatons mâles composés d'écailles (connectifs) imbriquées autour de l'axe et portant en dessous 2 lobes d'anthère qui s'ouvrent longitudinalement et n'atteignent pas le sommet de l'écaille. — Chatons femelles composés d'écailles imbriquées accrescentes obtuses, accompagnées chacune en dehors d'une bractée membraneuse colorée apiculée qui reste libre et distincte, portant chacune à la base deux ovules suspendus à col oblique en dehors ouvert et denticulé au sommet. *Cône* ovoïde, *à écailles* ligneuses, *minces, obtuses, non épaissies au sommet,* concaves, lâchement imbriquées, portant chacune à la base deux graines *persistantes.* Graines à testa coriace, prolongé supérieurement en aile membraneuse ord. persistante. Plusieurs cotylédons linéaires, verticillés.

Arbre plus ou moins élevé. *Feuilles* linéaires-étroites, molles, presque planes, *se renouvelant chaque année ;* celles des pousses de l'année éparses solitaires ; *celles nées sur le vieux bois disposées en grand nombre par fascicules* latéraux qui sortent de bourgeons écailleux subglobuleux et terminent des ramuscules raccourcis en forme de tubercules ou s'allongeant plus tard en jeunes pousses. Chatons mâles en forme de bourgeons, solitaires et latéraux, entourés à la base d'écailles soudées entre elles. Chatons femelles latéraux, ovoïdes, à pédoncule muni d'écailles et de jeunes feuilles.

† **L. Europæa** DC. *Fl. Fr.* III, 277 ; Rich. *Conif.* t. 13 ; Rchb. *Ic.* XI, t. 531,
    f. 1137. — *Pinus Larix* L. *Sp.* 1420 ; Endlich. *Conif.* 133. — [ M. D'EU-
    ROPE. — Vulg. *Mélèze* ].

Arbre plus ou moins élevé, à branches horizontales ou même pendantes, à bois rouge compacte. Feuilles d'un vert gai, linéaires-tétragones, presque planes, obtuses, se détachant ord. par la dessiccation. Cônes presque sessiles, ovoïdes, assez petits, dressés ou redressés. ħ. *Fl.* mai.

Planté çà et là dans les bois et les parcs. — Spontané dans les Alpes, où il forme souvent des forêts.

Le genre *Cedrus*, très voisin du genre *Larix*, en diffère surtout par les feuilles persistantes et par les cônes à écailles étroitement imbriquées se détachant à la maturité de l'axe qui persiste sur le rameau. — On plante souvent dans les parcs le *Cedrus Libani* Barrel. (Loud. *Arb. Brit.* IV, 2402, f. 2267-2282. — *Pinus Cedrus* L. — Vulg. *Cèdre-du-Liban*), originaire du Liban et du Taurus, à branches dressées ou étalées, à feuilles ord. vertes et allongées. On rencontre également dans les parcs une variété de cette espèce (*C. Atlantica* Manetti), originaire des montagnes de l'Algérie et du Maroc et de l'Asie-Mineure, à feuilles ord. plus courtes souvent d'un glauque-argenté, à cônes plus petits. — Le *C. Deodora* Roxb., originaire des montagnes de l'Inde, et que l'on cultive aussi assez souvent comme arbre d'ornement, ne serait lui-même, d'après MM. Hooker et Thomson (voy. *Bull. Soc. bot.* III, 178), qu'une forme du *C. Libani*.

† **ABIES** Tourn. *Inst.* t. 353-354; D. Don in Lamb. *Pin.* — *Picea* Link *Handb.* II, 476; Nees *Gen. fl. Germ.* fasc. I, t. 2. — [ÉPICÉA].

Fleurs monoïques. — Chatons mâles composés d'écailles (connectifs) imbriquées autour de l'axe et portant en dessous 2 lobes d'anthère qui s'ouvrent longitudinalement et n'atteignent pas le sommet de l'écaille. — Chatons composés d'écailles imbriquées, accrescentes, atténuées au sommet, accompagnées chacune en dehors d'une bractée membraneuse qui se soude bientôt avec l'écaille correspondante, portant chacune à la base deux ovules suspendus à col oblique en dehors ouvert et denticulé au sommet. *Cône* oblong-cylindrique, *à écailles* ligneuses, *minces, atténuées et non épaissies au sommet*, un peu concaves, portant chacune à la base deux graines, *persistantes*, d'abord étroitement imbriquées, puis s'écartant pour laisser échapper les graines. Graines à testa coriace-ligneux, prolongé supérieurement en aile membraneuse persistante. Plusieurs cotylédons verticillés.

Arbre élevé. *Feuilles éparses*, aciculées, roides, persistantes, subtétragones-comprimées, courbées dans le bourgeon. Chatons mâles oblongs, solitaires, terminaux ou latéraux épars vers le sommet des rameaux, un peu pédonculés, entourés d'écailles à la base. Chatons femelles terminaux, ord. solitaires, sessiles, oblongs.

† **A. excelsa** DC. *Fl. Fr.* III, 275; Rich. *Conif.* t. 15; Rchb. *Ic.* XI, 532, f. 1138. — *Pinus Abies* L. *Sp.* 1421. — *P. excelsa* Lmk *Fl. Fr.* II, 202. — *Abies vulgaris Fl. Par.* éd. 1, 515. — [É. ÉLEVÉ. — Vulg. *Épicéa, Pesse*].

Arbre pyramidal, à branches verticillées, étalées ou presque pendantes. Feuilles rapprochées, vertes ou quelquefois glaucescentes, aciculées, mucronées, subtétragones-comprimées assez courtes. Cônes pendants, dépassant longuement les feuilles, oblongs-cylindriques souvent un peu arqués, à bractées et à écailles denticulées ou un peu incisées dans leur partie supérieure. ħ. *Fl.* avril-mai.

Planté çà et là dans les bois et les parcs. — Spontané dans les hautes montagnes de la France.

† **PICEA** D. Don in Lamb. *Pin.* — *Abies* Nees *Gen. fl. Germ.* fasc. I, t. 3. — [SAPIN].

Fleurs monoïques.— Chatons mâles, composés d'écailles (connectifs) imbriquées autour de l'axe et portant en dessous 2 lobes d'anthère qui se déchirent transversalement et n'atteignent pas le sommet de l'écaille. — Chatons femelles composés d'écailles imbriquées, accrescentes, très obtuses, accompagnées chacune en dehors d'une bractée membraneuse apiculée qui s'accroît en même temps que l'écaille, portant chacune à la base deux ovules suspendus à col oblique en dehors ouvert et denticulé au sommet. *Cône oblong-cylindrique, à écailles ligneuses, minces, larges, obtuses et non épaissies au sommet,* presque planes, portant chacune à la base deux graines, étroitement imbriquées, *se détachant avec les graines* de l'axe qui persiste. Graines à testa coriace-ligneux, prolongé supérieurement en aile membraneuse persistante. Plusieurs cotylédons verticillés.

Arbre très élevé. *Feuilles éparses-distiques,* planes, linéaires étroites. Chatons mâles oblongs-cylindriques, rapprochés au sommet des rameaux, subsessiles, entourés d'écailles à la base. Chatons femelles latéraux, épars, rarement terminaux, subsessiles, oblongs.

† **P. pectinata** Loud. *Arb. Brit.* 2329. — *Pinus Picea* L. *Sp.* 1420. — *P. pectinata* Lmk *Fl. Fr.* II, 202.—*Abies pectinata* DC. *Fl. Fr.* III, 275 ; Rich. *Conif.* t. 16 ; Rchb. *Ic.* XI, t. 533, f. 1139. —*Picea vulgaris Fl. Par.* éd. 1, 515. — [S. PECTINÉ. — Vulg. *Sapin*].

Arbre très élevé, pyramidal, à branches verticillées, étalées ou presque pendantes. Feuilles éparses-distiques, linéaires étroites, atténuées à la base, obtuses ou un peu émarginées au sommet, glauques à la face inférieure. Cônes dressés, dépassant longuement les feuilles, oblongs-cylindriques allongés ; bractées dépassant les écailles, subspatulées, denticulées, terminées par un mucron linéaire aigu. ♄. *Fl.* avril-mai.

Planté çà et là dans les bois et les parcs.—Spontané dans les hautes montagnes de la France.

------

# XC. CUPRESSINÉES

(CUPRESSINEÆ Rich. *Conif.* 137 addit. TAXINEÆ).

*Connectifs* (écailles des chatons mâles) peltés *portant chacun* en dessous *3-8 lobes d'anthère* qui s'ouvrent chacun par une fente longitudinale.— Écailles des chatons femelles dépourvues de bractées en dehors, portant chacune à la base 1-2 ou plusieurs *ovules dressés,* quelquefois solitaires et entourant un seul ovule.— *Cône* court, *ord. subglobuleux, ligneux ou charnu,* à écailles libres ou soudées entre elles, *ou fruit composé d'une écaille cupuliforme* charnue *qui entoure la graine.*— Graines à *testa* non ailé plus rarement ailé. Embryon à 2 cotylédons, rarement plus.

Arbrisseaux ou arbres plus ou moins élevés. Feuilles linéaires, ou linéaires-subulées, souvent piquantes, éparses ou ternées, quelquefois très petites squamiformes imbriquées sur plusieurs rangs.

1. JUNIPERUS.—*Chatons mâles à écailles imbriquées autour de l'axe* portant en dessous de l'élargissement terminal 3-7 lobes d'anthère. *Cône à 3 écailles supérieures soudées et devenues charnues, renfermant ord. 3 ou 1-2 graines trigones.*

† TAXUS. — *Chatons mâles à écailles soudées inférieurement en colonne,* portant en dessous de l'élargissement terminal ord. 8 lobes d'anthère. *Fruit à écaille supérieure seule fertile charnue-succulente cupuliforme renfermant une seule graine ovale-oblongue.*

**1. JUNIPERUS** L. *Gen.* n. 1134. — [GENÉVRIER].

Fleurs dioïques, rarement monoïques.—*Chatons mâles composés d'écailles peltées (connectifs) qui portent 3-7 lobes d'anthère à leur face inférieure vers leur bord et sont imbriquées autour de l'axe. — Chatons femelles à écailles inférieures stériles, les 3 supérieures concaves, accrescentes, soudées dans leur partie inférieure, et portant chacune à la base 1-2 ovules dressés atténués en un col ouvert au sommet. Cône subgloduleux ou ovoïde, bacciforme coloré, à écailles soudées et devenues charnues, à 3-6 graines, ou monosperme par avortement. Graines trigones non ailées, creusées vers la base de fossettes remplies de résine, à testa osseux. Cotylédons ord. 2, oblongs*

Arbrisseau plus ou moins élevé. Feuilles verticillées par 3 linéaires-subulées piquantes (dans notre espèce). Chatons mâles petits, ovoïdes, solitaires, axillaires. Chatons femelles ovoïdes, solitaires, axillaires ou terminant les ramuscules latéraux.

1. **J. communis** L. *Sp.* 1470; *Fl. Dan.* VII, t. 1119; *Engl. bot.* t. 1100; Rich. *Conif.* t. 5; Rchb. *Ic.* XI, t. 535, f. 1141; Bill. *Exsicc.* n. 2743. — [G. COMMUN. — Vulg. *Genévrier*].

Arbrisseau souvent très rameux dès la base à rameaux anguleux diffus, rarement arborescent. Feuilles glaucescentes, étalées, linéaires-subulées, très roides, piquantes-vulnérantes, canaliculées en dessus, obtusément carénées en dessous. Cônes longuement dépassés par les feuilles, persistant pendant l'hiver, subgloduleux, noirs, couverts d'une efflorescence glauque. ♄. *Fl.* avril-mai. *Fr.* août-octobre.

C. — Coteaux incultes, bruyères, clairières des bois sablonneux.

On cultive fréquemment dans les parcs le *J. Sabina* L. (Rchb. *Ic.* XI, t. 536, f. 1143. — Vulg. *Sabine*), indigène dans les Alpes, à feuilles la plupart très petites squamiformes presque obtuses décurrentes et étroitement imbriquées et à cônes bleuâtres à pédoncule recourbé. — On a planté au bois de Boulogne le *J. Virginiana* L. (vulg. *Cèdre-rouge*), originaire de l'Amérique du Nord, très voisin du précédent, dont il diffère surtout par les feuilles squamiformes aiguës et par les pédoncules dressés égalant ou dépassant la longueur des cônes.

Les genres *Thuia* et *Cupressus* se distinguent du genre *Juniperus* surtout par les cônes à écailles plus ou moins nombreuses membraneuses-coriaces ou ligneuses et se séparant les unes des autres à la maturité, et par les graines ord. munies de chaque côté d'une aile étroite ; les ramuscules sont aplanis, les feuilles petites squamiformes sont imbriquées sur plusieurs rangs. — Le genre *Thuia* est caractérisé par les écailles du cône non renflées au sommet, mucronées au-dessous du sommet et ne présentant chacune à la base que 2 graines. Les *T. Occidentalis* L. et *Orientalis* L. sont cultivés sous le nom de *Thuia* dans les jardins et les cimetières. Le *T. Occidentalis* L. (Rich. *Conif.* t. 7, f. 1) a les lobes d'anthère au nombre de 4, les écailles des cônes au nombre de 8-12 un peu coriaces, les graines comprimées-lenticulaires munies d'une aile membraneuse ; cet arbre est originaire de l'Amérique du Nord. Le *T. Orientalis* L. (Rich. *Conif.* t. 7, f. 2) a les lobes d'anthère au nombre de 3-4, les écailles des cônes au nombre de 6-8, presque ligneuses, les graines ovoïdes-subglobuleuses dépourvues d'aile ; cet arbre est probablement originaire du Japon.—Le genre *Cupressus* est surtout caractérisé par les écailles du cône peltées mucronées à leur partie moyenne et présentant chacune plusieurs graines à leur base. Le *C. sempervirens* L. (vulg. *Cyprès*), originaire de la Grèce et de l'Asie-Mineure, est très fréquemment planté dans les jardins et les cimetières, où on le dispose souvent en palissades.

† **TAXUS**¦ Tourn. *Inst.* t. 362. — [IF].

Fleurs dioïques. — *Chatons mâles composés d'écailles* (connectifs) *soudées infé-*
*rieurement en colonne*, puis rétrécies en forme de filet court et terminées par
un élargissement pelté-lobé qui porte à sa face inférieure ord. 8 lobes d'anthère
disposés circulairement. — *Chatons femelles à écailles* inférieures stériles, la *supé-*
*rieure cupuliforme* très courte accrescente *entourant un seul ovule* ovoïde dressé
ouvert au sommet. *Fruit* subglobuleux, drupacé, *à écaille cupuliforme* ouverte au
sommet, accrue, *charnue-succulente*, colorée, *renfermant* lâchement *la graine*.
*Graine ovoïde-oblongue*, à testa crustacé-osseux non ailé. Cotylédons 2, très courts.

Arbre souvent peu élevé. *Feuilles éparses*, linéaires. Chatons axillaires, solitaires ou géminés, entourés inférieurement d'écailles imbriquées; les mâles assez
petits, ovoïdes-subglobuleux; les femelles petits, en forme de bourgeons.

† **T. baccata** L. *Sp.* 1472; *Fl. Dan.* VII, t. 1240; *Engl. bot.* t. 746; Rich. *Conif.*
   t. 2; Rchb. *Ic.* XI, t. 538, f. 1147. — [I. A BAIES. — Vulg. *If*].

Arbre très rameux ord. dès la base, à branches très rapprochées. Feuilles brièvement pétiolées, rapprochées, presque distiques, atténuées à la base, linéaires-
aiguës, à bords souvent un peu roulés en dessous. Écaille cupuliforme du fruit d'un
beau rouge à la maturité, très succulente, à suc mucilagineux sucré. Graine brunâtre, luisante. ♄. *Fl.* mars-avril. *Fr.* août-septembre.

Fréquemment cultivé dans les parcs et les jardins publics, où il est souvent
déformé par les tailles bizarres qu'on lui fait subir.—Spontané, mais assez rare,
dans les montagnes de presque toute l'Europe.

---

# Division II. MONOCOTYLÉES.

Tige herbacée, très rarement ligneuse (1), non séparable en deux
zones distinctes de bois et d'écorce, composée de faisceaux constitués par
des fibres ligneuses et des vaisseaux et qui sont épars dans la masse du
tissu cellulaire, ne formant pas par leur réunion un cylindre creux ; cette
tige chez les végétaux ligneux ne s'accroît pas par des couches concentriques, et sa solidité diminue de la circonférence vers le centre. —
Feuilles à nervures parallèles simples rarement divergentes-ramifiées,
pourvues de stomates (excepté chez les plantes submergées), alternes
ou en spirale, rarement opposées ou verticillées, entières, rarement divisées, jamais composées de plusieurs folioles, quelquefois réduites à des
écailles ou nulles, souvent engaînantes à la base. — Enveloppes de la fleur
(périanthe) à parties ord. en nombre ternaire, colorées, herbacées ou
scarieuses, ord. disposées sur deux rangs, souvent remplacées par des
bractées ou des soies, ou nulles. — Embryon à un seul cotylédon.

---

(1) Toutes les plantes monocotylées de notre Flore sont herbacées, à l'exception du *Ruscus*
*aculeatus*.

## Subdivision I.

Périanthe pétaloïde ou à divisions extérieures seules herbacées.

## Classe I.

Ovaire non soudé avec le périanthe.

# XCI. ALISMACÉES

(Alismaceæ R. Br. Prodr. Nov.-Holl. 342 ex parte; Juss. in Dict. sc. nat. I, 474).

Fleurs hermaphrodites ou monoïques, régulières.—*Périanthe à 6 divisions* très étalées; *les 3 extérieures herbacées*, libres entre elles ou soudées seulement à l'extrême base, persistantes; *les 3 intérieures* libres, *pétaloïdes*, plus grandes, ord. caduques très fugaces, à préfloraison imbriquée ou enroulée. — Étamines 6-12 ou en nombre indéfini, hypogynes, ou insérées à la base des divisions intérieures du périanthe. Anthères bilobées à lobes s'ouvrant longitudinalement. — *Ovaire non soudé avec le périanthe*, composé de carpelles en nombre indéfini ou défini, libres, plus rarement soudés inférieurement par la suture ventrale, uniovulés, plus rarement biovulés ou pluriovulés, disposés en cercle ou en tête. Ovules pliés, ord. solitaires dressés ou 2 l'un dressé l'autre horizontal. Styles courts, continuant ord. la direction de la suture ventrale des carpelles, libres entre eux, persistants; stigmates indivis. — *Fruit composé de carpelles en nombre indéfini, plus rarement défini 6-12, secs, monospermes, plus rarement dispermes* ou polyspermes, *libres*, plus rarement soudés inférieurement par la suture ventrale, indéhiscents ou s'ouvrant par la suture ventrale. — Graines à testa membraneux. *Périsperme nul.* Embryon presque cylindrique, plié. Radicule rapprochée du hile.

Plantes vivaces, herbacées, aquatiques ou croissant dans les lieux marécageux, glabres. Tiges dépourvues de feuilles, très rarement feuillées. Feuilles ord. disposées en rosette ou en fascicule radical, à pétioles dilatés-engaînants inférieurement, constituant quelquefois un renflement bulbiforme à la base de la tige, à limbe entier, à nervures arquées convergentes au sommet réunies par des nervures secondaires transversales; le limbe avortant quelquefois et alors le pétiole s'allongeant et s'aplanissant en forme de feuille linéaire (phyllode). Fleurs pédicellées, verticillées; verticilles terminaux ou superposés, quelquefois disposés en panicule rameuse; les pédicelles accompagnés de bractées membraneuses.

1. Alisma. — *Fleurs hermaphrodites. Étamines 6. Carpelles ord. nombreux, monospermes, libres,* verticillés ou disposés en tête.

2. Damasonium. — *Fleurs hermaphrodites. Étamines 6. Carpelles 6-8, ord. dispermes, soudés inférieurement* par la suture ventrale, divergents en étoile.

3. Sagittaria. — *Fleurs monoïques. Étamines en nombre indéfini. Carpelles nombreux, monospermes, libres,* disposés en tête globuleuse sur un réceptacle épais. Feuilles ord. sagittées.

## 1. ALISMA L. *Gen.* n. 460. — [FLUTEAU].

*Fleurs hermaphrodites. Étamines 6* (dans nos espèces), opposées deux à deux aux divisions intérieures du périanthe. Fruit composé de *carpelles ord. nombreux, monospermes, libres,* verticillés ou disposés en tête.

Plantes vivaces. Feuilles pétiolées, atténuées, arrondies ou cordées à la base, ord. linéaires par l'avortement du limbe lorsqu'elles se développent sous l'eau.

Sect. 1. EUALISMA. — Carpelles contigus par leurs côtés, verticillés sur un réceptacle disciforme déprimé.

1. **A. Plantago** L. *Sp.* 486; *Fl. Dan.* IV, t. 561; *Engl. bot.* t. 837; Rchb. *Ic.* VII, t. 57, f. 100-102; Bill. *Exsicc.* n. 2744. — [F. PLANTAIN-D'EAU. —Vulg. *Flûteau, Plantain-d'eau*].

Tige de 2-10 décim., dépourvue de feuilles, dressée, donnant naissance dans sa partie supérieure à plusieurs verticilles de rameaux disposés en panicule rameuse. Feuilles disposées en rosette ou en fascicule radical, à 5-7 nervures, ovales, oblongues ou lancéolées, atténuées ou un peu cordées à la base. Fleurs assez petites, d'un blanc rosé ou presque blanches, verticillées. *Carpelles* nombreux, comprimés latéralement, *arrondis au sommet,* présentant sur le dos 1-2 sillons, disposés *en verticille déprimé subtrigone.* ♃. Juin-septembre.

*C C.* — Fossés, bords des eaux, lieux marécageux.

S.-v. *latifolium.* — Feuilles ovales ou oblongues, ord. acuminées, arrondies ou un peu cordées à la base.

S.-v. *angustifolium.* — Feuilles lancéolées étroites, atténuées à la base.

S.-v. *graminifolium.* — Feuilles linéaires par l'avortement du limbe, souvent très longues, ord. submergées.

Sect. II. BALDELLIA. (*Baldellia* Parlat. *Fl. It.* III, 595).—Carpelles non contigus par leurs côtés, disposés en tête sur un réceptacle plus ou moins saillant.

2. **A. natans** L. *Sp.* 487; *Fl. Dan.* IX, t. 1573; *Engl. bot.* t. 775; Rchb. *Ic.* VII, t. 54, f. 95. — [F. NAGEANT].

*Tige* submergée-nageante ou radicante, de longueur très variable, presque filiforme, feuillée au niveau des nœuds supérieurs quelquefois radicants; Feuilles radicales et inférieures submergées, linéaires très étroites souvent très allongées; les supérieures trinerviées, ord. longuement pétiolées, nageantes, ovales ou oblongues arrondies aux deux extrémités. Fleurs assez grandes, blanches, ord. longuement pédicellées, disposées par 1-5 au niveau des nœuds de la tige. *Carpelles 6-15,* étalés, oblongs, un peu comprimés latéralement, *brusquement terminés en bec au sommet, fortement striés, disposés en tête.* ♃. Juin-septembre.

*R.* — Mares et étangs des terrains sablonneux ou tourbeux. — Aigremont près

Poissy, Montfort-l'Amaury ! (*de Boucheman*); Saint-Léger !; Poigny près Rambouillet (*Adr. de Jussieu*); Chérisy près Dreux (*Dœnen*). Forêt de Villefermoy vers les Écrennes (*M. Garnier*); forêt de Fontainebleau : mares du Cuvier !, de la Belle-croix !. Fontaine Lallo près Beauvais (*Halleur*).

3. **A. ranunculoides** L. *Sp.* 487 ; *Fl. Dan.* I, t. 122 ; *Engl. bot.* t. 326 et 2722 ; Rchb. *Ic.* VII, t. 55, f. 97-98. — [F. FAUSSE-RENONCULE].

Tige de 1-5 décim., dépourvue de feuilles, dressée, plus rarement étalée ou couchée-radicante et feuillée au niveau des nœuds radicants. Feuilles disposées en fascicule radical, trinerviées, lancéolées ou linéaires, atténuées aux deux extrémités. Fleurs assez grandes, d'un blanc rosé, longuement pédicellées, à pédicelles disposés en verticille terminal, ou en deux verticilles superposés. *Carpelles* nombreux, oblongs, *à 5 angles saillants, terminés en bec au sommet, disposés en tête globuleuse.* ♃. Juin-septembre.

A.R. — Fossés tourbeux, mares des bois, bords des étangs. — Saint-Gratien !. Rentilly-en-Brie (*Thuret*); forêt de Senart !; vallée de Mennecy !; env. de Melun ! : étang de Villefermoy, le Châtelet (*M. Garnier*); Moret (*E. Fournier*). Provins (*Bouteiller*). Saint-Léger !; Clairefontaine (*Weddell*); Berchères-la-Maingot près Chartres (*Vigineix*); Chérisy près Dreux ! (*Dœnen*). Pont-Sainte-Maxence !; marais de Sacy-le-Grand !; Bailleval, marais de Condé (*Caron*); Compiègne (*Léré*), etc. — *Graves* Cat. Oise : vallée du Thérain vis-à-vis Condé et Montreuil; vallée de la Brèche à Breuil-le-vert; Saint-Nicolas-d'Acy et Thiers près Senlis; Ermenonville; Verberie.

## 2. **DAMASONIUM** Juss. *Gen.* 46. — [DAMASONIE].

*Fleurs hermaphrodites. Étamines 6,* opposées deux à deux aux divisions intérieures du périanthe. Fruit composé de 6-8 *carpelles dispermes* (dans notre espèce) ou monospermes par avortement, rarement polyspermes, *soudés inférieurement* par leur suture ventrale, divergents en étoile, prolongés en pointe presque spinescente.

Plante vivace. Feuilles pétiolées, un peu cordées ou tronquées à la base, quelquefois linéaires par l'avortement du limbe lorsqu'elles se développent sous l'eau.

1. **D. stellatum** Rich. in Pers. *Syn. pl.* I, 400 ; Bill. *Exsicc.* n. 2537.— *D. stellatum Dalechampii* Ray *Syn.* 372. — *Alisma Damasonium* L. *Sp.* 486; *Engl. bot.* t. 1615 ; Redouté *Lil.* V, t. 289. — *Damasonium vulgare Fl. Par.* éd. 1, 521. — [D. ÉTOILÉE].

Tiges solitaires ou plus ou moins nombreuses, de 1-4 décim., étalées ou ascendantes, plus rarement dressées. Feuilles toutes radicales, trinerviées, oblongues, un peu cordées ou tronquées à la base. Fleurs petites, blanches ou rosées, à pédicelles robustes, disposés en verticille terminal, ou en deux ou plusieurs verticilles assez lâches espacés. Carpelles comprimés latéralement, à bord supérieur tranchant, prolongés en pointe très distincte, à peine nerviés à nervures disparaissant au niveau de la pointe. Graines ord. 2 dans chaque carpelle, oblongues-linéaires arquées. ♃. Juin-septembre.

R. —Bords des étangs, fossés, lieux sablonneux inondés l'hiver.—Bondy !, étang de Villebon dans le bois de Meudon (*Vaill.* Bot. Par.); lacunes dans le bois de Verrières (*Tourn.* Hist. pl. Par.); abondant sur les bords de l'étang du Trou-salé !; étang de Saint-Quentin (*de Boucheman*); Saint-Léger !; étangs de Saint-Hubert !; Forêt de Senart (*Vaill.* Bot. Par.); mares entre Essonne et Le Plessis-Chenay (*Tourn.* Hist. pl. Par.); Mennecy !.— *Graves* Cat. Oise : marais de Morfontaine.

### 3. **SAGITTARIA** L. *Gen.* n. 1067. — [SAGITTAIRE].

*Fleurs monoïques.* — Fleur mâle à *étamines en nombre indéfini.* Fruit composé de *carpelles nombreux, monospermes, libres,* disposés en tête globuleuse sur un réceptacle épais-charnu.

Plante vivace. *Feuilles* pétiolées, *sagittées,* linéaires ou spatulées par l'avortement du limbe lorsqu'elles se développent sous l'eau.

**1. S. sagittifolia** L. *Sp.* 1410 ; *Fl. Dan.* I, t. 172 ; *Engl. bot.* t. 84 ; Rchb. *Ic.* VII, t. 53, f. 94. — [S. FLÈCHE-D'EAU. — Vulg. *Sagittaire, Fléchière, Flèche-d'eau*].

Souche à fibres nombreuses, émettant plusieurs rhizomes qui portent une ou plusieurs écailles espacées et se renflent au sommet en un bulbe charnu qui devient libre par la destruction du rhizome et donne naissance à une nouvelle plante l'année suivante. Tige de longueur très variable, dressée ou ascendante, dépourvue de feuilles, ord. simple. Feuilles longuement pétiolées, profondément sagittées, à lobes lancéolés. Fleurs assez grandes, blanches, rosées à la base, disposées en grappe interrompue, à pédicelles opposés ou verticillés par 3, les inférieures femelles à pédicelles plus courts que ceux des fleurs mâles. Carpelles disposés en têtes assez grosses, comprimés presque membraneux, oblongs-obovales à côtés inégaux, le côté interne presque droit apiculé par le style. ♃ Juin-août.

*C C.* — Bords des rivières, fossés, lieux marécageux.

S.-v. *vallisnerifolia.*— Feuilles toutes submergées, linéaires ou spatulées, ord. très allongées. Plante ord. stérile. — *C.*

---

## XCII. BUTOMÉES

(BUTOMEÆ Rich. in *Mém. Mus.* I, 364).

Fleurs hermaphrodites, régulières. — *Périanthe à 6 divisions ; les 3 extérieures herbacées* ou un peu colorées, persistantes ; *les 3 intérieures pétaloïdes,* plus grandes, caduques, à préfloraison imbriquée. — Étamines 9, hypogynes, 6 opposées par paires aux divisions extérieures du périanthe, 3 opposées aux divisions intérieures. Anthères bilobées, introrses. — *Ovaire non soudé avec le périanthe,* composé de 6 carpelles plus ou moins soudés entre eux à la base par la suture ventrale, verticillés, multiovulés. *Ovules* réfléchis, *insérés sur des placentas qui tapissent la face intérieure de chaque carpelle.* Styles courts, libres, terminés par un stigmate latéral, persistants. — *Fruit composé de 6 carpelles plus ou moins soudés entre eux* à la base *par la suture ventrale,* capsulaires, *très polyspermes,* s'ouvrant par la suture ventrale. — Graines très petites, très nombreuses, à testa membraneux. *Périsperme nul.* Embryon presque cylindrique, droit. Radicule dirigée vers le hile.

Plante vivace, herbacée, croissant au bord des eaux ou dans les lieux marécageux. Tiges dépourvues de feuilles. Feuilles naissant dans toute la longueur

d'un rhizome horizontal, linéaires, à base dilatée canaliculée. Fleurs pédicellées, à pédicelles accompagnés de bractéoles membraneuses, disposées en une
ombelle simple terminale entourée à la base de bractées membraneuses.

### 1. **BUTOMUS** L. *Gen.* n. 507. — [ BUTOME ].

Mêmes caractères que ceux de la famille.

1. **B. umbellatus** L. *Sp.* 532; *Fl. Dan.* IV, t. 604 ; *Engl. bot.* t. 651 ; *Rchb. Ic.*
VII, t. 58, f. 103. — [ B. EN OMBELLE. — *Vulg. Butome, Jonc-fleuri* ].
Rhizome horizontal, charnu, donnant naissance par sa face supérieure aux
feuilles, et par sa face inférieure aux fibres radicales qui naissent dans toute sa
longueur. Feuilles très longues, linéaires, acuminées. Tiges de 6-8 décim.,
dressées, cylindriques, naissant à l'aisselle des feuilles qu'elles dépassent plus
ou moins. Fleurs assez grandes, rosées, en ombelle terminale, se développant
successivement. ♃. Juin-août.

*C.* — Bords des étangs et des rivières, lieux marécageux.

---

# XCIII. COLCHICACÉES

(COLCHICACEÆ DC. *Fl. Fr.* III, 192).

Fleurs hermaphrodites, plus rarement polygames par avortement,
régulières. — *Périanthe pétaloïde*, à 6 divisions presque semblables,
disposées sur deux rangs, soudées en tube allongé étroit, ou libres
jusqu'à la base ou presque jusqu'à la base, à préfloraison valvaire-indu-
plicative ou imbriquée. — Étamines 6, insérées à la gorge du tube du
périanthe ou à la base de ses divisions. *Anthères* bilobées, ord. *extrorses*
pendant la préfloraison et ensuite introrses par leur renversement sur le
filet. — *Ovaire non soudé avec le périanthe*, composé de 3 carpelles
soudés par la suture ventrale dans une étendue variable. Ovules nombreux, insérés à l'angle interne des carpelles, ord. horizontaux, réfléchis
ou semiréfléchis. *Styles 3, libres*, plus rarement soudés en un seul dans
leur partie inférieure. —*Fruit* capsulaire, *composé de 3 carpelles soudés
entre eux par la suture ventrale* dans une étendue variable *et s'ouvrant*
chacun *par cette même suture.* — Graines ord. nombreuses dans chaque
carpelle; à testa membraneux. *Périsperme charnu ou cartilagineux,*
très épais. Embryon presque cylindrique, placé dans le périsperme.
Radicule dirigée vers le hile ou plus ou moins éloignée du hile.

Plantes vivaces, ord. à suc vénéneux, herbacées, terrestres, à souche bulbeuse, ou non renflée en bulbe et alors à fibres radicales ord. épaisses-charnues. Feuilles à nervures parallèles. Fleurs paraissant naître directement du
bulbe en raison de la brièveté de la tige réduite à un axe très court, ou portées
sur une tige simple ou rameuse feuillée ou presque nue.

**1. COLCHICUM** Tourn. *Inst.* t. 181. — [COLCHIQUE].

Fleurs hermaphrodites. — Périanthe infundibuliforme, à tube très long grêle anguleux paraissant naître directement du bulbe, à limbe à 6 divisions. Étamines 6, insérées à la gorge du périanthe ; filets filiformes, subulés ; anthères versatiles. Ovules semiréfléchis, insérés dans chaque carpelle sur 2 rangs ou irrégulièrement sur 4 rangs. Styles 3, filiformes, allongés, épaissis et un peu recourbés dans leur partie supérieure, stigmatifères à leur face interne dans cette même partie. Carpelles complétement soudés entre eux dans leur partie inférieure, soudés seulement par la suture ventrale dans leur partie moyenne, libres au sommet, se séparant à la maturité et s'ouvrant chacun au sommet par la suture ventrale. Graines subglobuleuses, à testa un peu épais, rugueux, à raphé court renflé-spongieux.

Bulbe solide, entouré d'une tunique membraneuse, constitué par le renflement de la base de la tige de l'année et de celle de l'année précédente, émettant (dans notre espèce) en automne des fleurs portées par un bourgeon qui s'allonge au printemps suivant en tige simple portant les feuilles et les capsules. Fleurs grandes, d'un lilas tendre, entourées de gaînes membraneuses à la base de leurs tubes. Feuilles lancéolées presque planes, sessiles-amplexicaules, éparses et rapprochées sur la tige.

1. **C. autumnale** L. *Sp.* 485 ; *Fl. Dan.* X, t. 1642 ; *Engl. bot.* t. 133 ; Rchb. *Ic.* X, t. 426, f. 949-951 ; Bill. *Exsicc.* n. 2540 et *bis*. — [C. D'AUTOMNE. — Vulg. *Colchique, Safran-bâtard, Tue-chien, Veilleuses, Veillotes*].

Bulbe à tunique membraneuse noirâtre. Fleurs longues d'environ un décimètre, à tube 5-6 fois plus long que le limbe, à divisions oblongues-lancéolées, les intérieures plus courtes. Feuilles larges, lancéolées atténuées au sommet, dressées autour des capsules. Ovules insérés irrégulièrement sur 4 rangs dans chaque carpelle. Capsules assez grosses. 24. *Fl.* août-octobre. *Fr.* mai-juin.

*CC.* — Prairies, pâturages humides.

---

# XCIV. LILIACÉES
(LILIACEÆ DC. *Théor. élém. éd.* 1, 249).

Fleurs hermaphrodites, régulières. — *Périanthe pétaloïde*, caduc, marcescent ou persistant, à 6 divisions ord. presque semblables, disposées sur deux rangs, libres, ou plus ou moins longuement soudées en tube, quelquefois munies chacune à la base d'une fossette nectarifère, à préfloraison ord. imbriquée. — Étamines 6, hypogynes ou insérées sur le périanthe. *Anthères* bilobées, *introrses*, insérées sur le filet par la base ou par le dos. — *Ovaire non soudé avec le périanthe*, à 3 carpelles, à 3 loges multiovulées ou pauciovulées. Ovules insérés à l'angle interne des loges, ascendants ou horizontaux, ord. réfléchis ou semiréfléchis. Styles soudés en un *style indivis*, filiforme ou presque nul ; stigmates 3, plus ou moins soudés. — *Fruit capsulaire, à 3 loges* polyspermes ou oligospermes, *à déhiscence loculicide*, à 3 valves qui se partagent quelquefois chacune en deux valves secondaires par une déhiscence septicide. — Graines à testa tantôt noir crustacé et fragile, tantôt brunâtre roussâtre ou jaunâtre et alors membraneux ou spongieux. *Périsperme charnu ou un peu cartilagineux.* Embryon droit ou arqué, placé dans le périsperme. Radicule dirigée vers le hile, ou plus ou moins éloignée du hile.

Plantes terrestres, vivaces, ord. herbacées, ord. glabres, à souche bulbeuse, ou à souche non renflée en bulbe et à fibres radicales ord. épaisses-charnues. Tige simple, plus rarement rameuse, feuillée ou dépourvue de feuilles. Feuilles éparses ou presque verticillées, quelquefois en fascicules radicaux, ord. lancéolées ou linéaires à nervures parallèles, planes ou pliées en gouttière, quelquefois fistuleuses-cylindriques ou semicylindriques ; à partie pétiolaire quelquefois longuement tubuleuse engaînante. Fleurs souvent assez grandes, en épis, en grappes, en panicules, en ombelles simples souvent globuleuses, plus rarement solitaires terminales, ord. accompagnées de bractées membraneuses, quelquefois entourées d'une spathe.

TRIBU I. TULIPEÆ. — Divisions du périanthe libres ou soudées seulement à la base. *Graines* ord. *comprimées* souvent presque planes, *à testa membraneux ou spongieux*, brunâtre, roussâtre ou jaunâtre. *Souche bulbeuse.*

1. TULIPA. — Périanthe campanulé. *Stigmates sessiles.* Capsule à loges polyspermes. Fleur très grande, ord. solitaire.

TRIBU II. ASPHODELEÆ. — Périanthe à divisions soudées en tube ou libres. *Graines globuleuses ou anguleuses, à testa* ord. noir *crustacé fragile. Souche non renflée en bulbe,* à fibres épaisses-charnues *ou bulbeuse.*

SOUS-TRIBU I. HYACINTHEÆ. — *Souche bulbeuse,* plus rarement constituée par un rhizome traçant qui donne naissance à plusieurs bulbes.

2. ORNITHOGALUM. — Périanthe à divisions libres, étalées. *Étamines à filets aplanis ; anthères insérées sur le filet par leur dos.* Capsule à loges oligospermes. *Fleurs blanches ou d'un blanc jaunâtre, accompagnées de bractées membraneuses.*

3. GAGEA. — Périanthe à divisions libres, plus ou moins étalées. *Étamines à filets filiformes ou à peine aplanis ; anthères insérées sur le filet par leur base.* Capsule à loges oligospermes. *Fleurs jaunes* plus ou moins striées ou marquées de vert en dehors, *accompagnées de feuilles bractéales foliacées* au moins les inférieures.

4. SCILLA. — *Périanthe à divisions libres, étalées. Étamines hypogynes ou insérées à la base des divisions du périanthe, à filets filiformes ; anthères insérées sur le filet par leur dos.* Capsule à loges oligospermes. *Fleurs bleues* ou lilas.

5. ENDYMION. — *Périanthe à divisions soudées seulement à la base, conniventes en cloche, recourbées en dehors supérieurement. Étamines* toutes ou les 3 extérieures *soudées avec les divisions du périanthe jusque vers la moitié de leur longueur ; filets filiformes ; anthères insérées sur le filet par leur dos.* Capsule à loges oligospermes. *Fleurs bleues.*

6. ALLIUM. — *Périanthe à divisions libres ou soudées seulement à la base. Ovaire profondément déprimé en tube au centre.* Style naissant du fond de cette

cavité. Capsule à loges monospermes ou dispermes. Graines anguleuses-trigones. *Fleurs en ombelle simple, renfermées avant l'épanouissement dans une spathe.*

7. MUSCARI. — *Périanthe ovoïde-subglobuleux ou cylindrique-urcéolé, à dents courtes.* Capsule à loges dispermes.

SOUS-TRIBU II. PHALANGIEÆ. — *Souche non renflée en bulbe,* à fibres épaisses-charnues.

8. PHALANGIUM. —*Périanthe rétréci à la base en tube pédicelliforme.*

TRIBU I. **TULIPEÆ.**— Divisions du périanthe libres ou soudées seulement à la base, souvent munies chacune d'une fossette ou d'un sillon nectarifère. Étamines hypogynes, ou insérées à la base des divisions du périanthe. Graines ord. comprimées souvent presque planes, à testa membraneux ou spongieux, brunâtre, roussâtre ou jaunâtre. Souche bulbeuse.

### 1. **TULIPA** L. *Gen.* n. 415.—[TULIPE].

*Périanthe* caduc, *campanulé,* à 6 divisions libres, dépourvues de fossettes nectarifères. *Stigmates* 3, *sessiles,* constitués chacun par une lame bilobée presque plane, *à lobes semiorbiculaires* stigmatifères au bord de leur face interne, chacun des lobes étant appliqué pendant la floraison sur le lobe correspondant du stigmate voisin de manière à simuler par sa réunion avec lui un seul stigmate composé de deux lamelles; chacun des 3 stigmates s'étalant plus ou moins après la floraison et s'isolant des autres stigmates. *Capsule* oblongue, trigone, *à 3 loges polyspermes.* Graines horizontales, comprimées-planes. Embryon droit, de moitié plus court que le périsperme.

Bulbe composé de tuniques. Feuilles oblongues ou lancéolées. Tige feuillée, ord. uniflore. Fleur très grande, dressée ou un peu penchée.

1. **T. sylvestris** L. *Sp.* 438; *Fl. Dan.* III, t. 375; *Engl. bot.* t. 63; Rchb. *Ic.* X, t. 416, f. 983; Bill. *Exsicc.* n. 1550 et *bis.* — [T. SAUVAGE].

Bulbe ovoïde, à tuniques extérieures minces brunâtres. Tige de 3-6 décim., cylindrique, dressée quelquefois un peu flexueuse, nue au sommet. Feuilles lancéolées-allongées, pliées longitudinalement, d'un vert glauque. Fleur d'un beau jaune, à divisions extérieures verdâtres à la base. Périanthe à divisions acuminées, pubescentes-ciliées au sommet et à la base. Étamines à filets velus à la base. ♃. Avril.

R. — Vignes, endroits herbeux des parcs, taillis. — Très abondant dans un parc aux Ternes! (*de Parseval*); parc de Saint-Cloud! (*Thuill.* Fl. Par.) où il fleurit rarement; parc de Versailles (*de Boucheman*); parc de Grignon (*Mandon*). Parc à Vitry-sur-Seine (*Ch. Martins*); forêt de Bondy près de Livry (*de Forestier*). Savigny-sur-Orge (*A. Jamain*). Beauvais, parc de Gournay-sur-Aronde (*Graves*). Abondant dans les vignes à Charly (*Crépin*).— *Graves* Cat. Oise : extrêmement abondant dans le vignoble de Marissel, aux portes de Beauvais, où il est considéré comme nuisible et où l'on ne peut néanmoins parvenir à le détruire; bois de Grandru près Noyon; Saint-Germer; bois des Brays cant. de Crépy; Le Mesnil-Saint-Firmin, Tartigny, Chepoix, cant. de Breteuil.

S.-v. — *pluriflora.* — Tige divisée en 2-3 pédoncules uniflores.

On cultive dans les jardins de nombreuses variétés du *T. Gesneriana* L. (vulg. *Tulipe*), originaire de la région méditerranéenne, qui diffère du *T. sylvestris* par ses fleurs de couleurs variées souvent panachées, et par les divisions du périanthe obtuses glabres ainsi que les étamines.

Le genre *Fritillaria* est caractérisé surtout par les divisions du périanthe munies chacune à la base d'une fossette nectarifère, par le style subclaviforme, par les feuilles alternes ou presque verticillées, et par les fleurs penchées solitaires ou verticillées. — On cultive dans les jardins le *F. imperialis* L. (*Bot. mag.* t. 194 et 1215. — Vulg. *Couronne-impériale*), probablement originaire de la Turquie d'Europe, à tige robuste à feuilles rapprochées presque verticillées et terminée par un bouquet de feuilles, à fleurs rougeâtres axillaires verticillées au-dessous du bouquet de feuilles, à divisions du périanthe à fossette nectarifère arrondie. — On cultive plus rarement le *F. Meleagris* L. (*Engl. bot.* t. 622 ; Rchb. *Ic.* X, t. 442, f. 974. — Vulg. *Damier*), à feuilles alternes, à tige uniflore, à fleurs marquées alternativement de carreaux blancs et de carreaux violets en manière de damier, à divisions du périanthe à fossette nectarifère oblongue. Cette espèce est assez répandue dans la vallée de la Loire ; elle est indiquée dans le département du Loiret à Dry et à Lailly et au bois du Plissai près Olivet (*Dubouché* in *Boreau* Fl. centr.); elle a été vue par M. Boreau non loin des limites de notre Flore sur les bords de la route de Chartres au Mans.

Le genre *Lilium* présente les caractères suivants : périanthe campanulé-infundibuliforme à divisions un peu cohérentes à la base, étalées au sommet ou enroulées en dehors, présentant en dedans un sillon nectarifère ; style filiforme, droit ou un peu arqué ; bulbe écailleux ; feuilles éparses ou presque verticillées ; fleurs très grandes, dressées ou penchées. — On cultive dans tous les jardins le *L. candidum* L. (Rchb. *Ic.* X, t. 455, f. 997. — Vulg. *Lis-blanc*), probablement originaire de l'Orient, à tige robuste, à feuilles éparses lancéolées ondulées, à fleurs blanches très odorantes dressées pédicellées disposées en grappe terminale, à périanthe campanulé à divisions non enroulées en dehors. — Le *L. bulbiferum* L. (Rchb. *Ic.* X, t. 454, f. 995), indigène dans l'Europe moyenne et méridionale, à feuilles éparses linéaires-lancéolées planes présentant ord. des bulbilles à leur aisselle, à fleurs dressées d'un jaune rougeâtre ponctué de noir, à périanthe campanulé scabre à la face interne, a été observé au Mont-Saint-Siméon près Noyon (*Graves, Questier*) où il était assez abondant. — On cultive le *L. croceum* Chaix (vulg. *Lis-jaune*), espèce voisine du *L. bulbiferum* dont il diffère surtout par l'absence de bulbilles à l'aisselle des feuilles. Cette plante, indigène dans les montagnes du Dauphiné !, de la Corse et du royaume de Naples !, a été observée au Mont-Saint-Louis dans la forêt de Fontainebleau (*Chatin*) où elle avait été sans doute introduite. — Le *L. Martagon* L. (Rchb. *Ic.* X, t. 451, f. 989.—Vulg. *Lis-Martagon*), indigène dans les régions montagneuses, se reconnaît à sa tige pubescente-scabre, à ses feuilles verticillées ovales ou oblongues-lancéolées acuminées, à ses fleurs penchées d'un rose violacé marquées de petites taches d'un pourpre noirâtre à divisions lancéolées recourbées en dehors, à son style mince. Cette plante a été observée, en 1849, par M. le docteur Leroy, dans une prairie du hameau du Ply commune de Thérines cant. de Songeons (*Graves* Cat. Oise), localité peu éloignée des limites de notre Flore, mais où elle a été· sans doute introduite.

TRIBU II. **ASPHODELEÆ.**— Périanthe à divisions soudées en tube ou libres, ne présentant pas de fossettes nectarifères. Étamines insérées sur le tube du périanthe ou hypogynes. Graines globuleuses ou anguleuses, à testa ord. noir crustacé fragile. Souche non renflée en bulbe à fibres épaisses-charnues, ou bulbeuse.

Sous-tribu I. **HYACINTHEÆ**. — Souche bulbeuse, plus rarement constituée par un rhizome traçant qui donne naissance à plusieurs bulbes.

### 2. **ORNITHOGALUM** L. *Gen.* n. 418 ex parte. — [ORNITHOGALE].

Périanthe marcescent, à 6 divisions libres jusqu'à la base, étalées. *Étamines* 6, hypogynes ou insérées *à la base des divisions du périanthe; filets subulés aplanis; anthères insérées sur le filet par leur dos.* Style filiforme. Capsule ovoïde, à 3 ou 6 angles, à loges oligospermes. Graines ovoïdes-subglobuleuses ou anguleuses, à testa noir rugueux.

Bulbe muni d'une tunique membraneuse. Tige dépourvue de feuilles, simple, ou rameuse en corymbe au sommet. Feuilles toutes radicales, linéaires. *Fleurs blanches ou d'un blanc jaunâtre*, pédicellées, disposées en grappe spiciforme ou en corymbe terminal, *accompagnées de bractées membraneuses*.

1. **O. Pyrenaicum** L. *Sp.* 440 ; Jacq. *Fl. Austr.* II, t. 103 ; Redouté *Lil.* IV, t. 234 ;
   *Engl. bot.* t. 499 ; Rchb. *Ic.* X, t. 471, f. 1028 ; Bill. *Exsicc.* n. 653. —
   [O. DES PYRÉNÉES].

Feuilles toutes radicales, linéaires-canaliculées, très allongées, glaucescentes, beaucoup plus courtes que la tige, ord. desséchées lors de la floraison. Tige de 6-9 décim., simple, effilée. Bractées scarieuses, acuminées. *Fleurs* nombreuses, disposées *en grappe spiciforme* terminale. Pédicelles plus longs que les bractées, étalés ou ascendants, les fructifères dressés. *Périanthe à divisions* linéaires-oblongues obtuses, *d'un blanc jaunâtre*, présentant une raie verte sur le dos. ♃. Mai-juin.

*A.C.*—Buissons, taillis, lieux herbeux des bois à sol argileux.— Forêt de Bondy !; Montmorency !; Saint-Germain !. Forêt de Rougeaux !; Valvins !; Malesherbes !. Forêt de Compiègne !, etc.

2. **O. umbellatum** L. *Sp.* 441 ; Jacq. *Fl. Austr.* IV, t. 343 ; *Engl. bot.* t. 130 ;
   Rchb. *Ic.* X, t. 467, f. 1019. — [O. EN OMBELLE. — Vulg. *Dame-d'onze-heures*].

Feuilles toutes radicales, linéaires-canaliculées, égalant environ la longueur de la tige, non désséchées lors de la floraison. Tige de 1-3 décim., rameuse en corymbe au sommet. Bractées membraneuses, acuminées. *Fleurs* disposées *en corymbe* terminal *lâche*. Pédicelles allongés, beaucoup plus longs que les bractées, ascendants, les fructifères étalés. *Périanthe à divisions* oblongues obtuses, les extérieures ord. mucronulées, *blanches*, vertes dans une grande étendue de leur face dorsale, rapprochées conniventes avant le lever du soleil et par les temps humides, étalées en étoile au soleil. ♃. Avril-mai.

*C.* — Champs, vignes, gazons, pâturages, lisières des bois.

On cultive quelquefois dans les parterres l'*O. pyramidale* L. (vulg. *Épi-de-lait, Épi-de-la-Vierge*), indiqué comme originaire de l'Europe méridionale, à fleurs d'un beau blanc, très nombreuses, disposées en grappe pyramidale.

### 3. **GAGEA** Salisb. in *Ann. bot.* II, 555. — [GAGÉE].

Périanthe s'accroissant après la floraison persistant-marcescent, à 6 divisions libres jusqu'à la base, plus ou moins étalées, presque dressées et enroulées par les bords après la floraison. *Étamines* 6, hypogynes ou insérées *à la base des divisions du périanthe ; filets filiformes ou à peine aplanis ; anthères insérées sur le filet par leur base.* Style filiforme. Capsule trigone, à loges oligospermes. Graines subglobuleuses, à testa jaunâtre.

Bulbe muni d'une tunique membraneuse. *Tige* simple, *portant au sommet des feuilles bractéales* qui forment souvent un involucre au-dessous des fleurs. Feuilles radicales linéaires. *Fleurs jaunes*, ord. striées de vert en dehors, devenant verdâtres après la floraison, disposées en corymbe simple terminal, plus rarement subsolitaires terminales.

**1. G. arvensis** Schult. *Syst. veg.* VII, 547 ; Rchb. *Ic.* X, t. 479, f. 1049-1051.—
   *Ornithogalum arvense* Pers. in Ust. *Ann.* XI, 8, t. 1, f. 2 ; *Fl. Dan.* XI,
   t. 1869. — *Ornithogalum villosum* M.-Bieb. *Fl. Taur.-Cauc.* I, 274. —
   *G. villosa* Duby *Bot. Gall.* 467. — [G. DES CHAMPS].

Bulbe petit, subglobuleux, composé de deux bulbes dressés renfermés dans une tunique commune et entre lesquels naît la tige, souvent surmonté de bulbilles, à fibres radicales nombreuses toutes grêles filiformes descendantes. Feuilles radicales 2, linéaires, canaliculées, recourbées, beaucoup plus longues que la tige. *Tige* de 4-15 centim., quelquefois très courte ou avortée et alors ord. entourée de bulbilles, *nue inférieurement, munie supérieurement de deux feuilles bractéales presque opposées, divisée au sommet en pédoncules* accompagnés de feuilles bractéales *disposés en corymbe pluriflore ou* même *multiflore, plus rarement pauciflore* ou uniflore. Feuilles bractéales inférieures lancéolées et planes à la base, linéaires et canaliculées-enroulées dans leur partie supérieure, ord. inégales et dépassant plus ou moins les fleurs, les supérieures de même forme plus petites linéaires-lancéolées également velues-ciliées mais à villosité plus abondante. Pédoncules courts ou très courts, portant 1-7 fleurs, à pédicelles longs couverts d'une pubescence étalée. *Périanthe à divisions lancéolées-linéaires aiguës*, jaunes en dedans, plus ou moins pubescentes en dehors et verdâtres excepté aux bords. Ovaire trigone, oblong au moment de la floraison à angles peu saillants à faces planes ou un peu convexes à sommet presque arrondi, devenant ensuite obovale-oblong à angles saillants à faces concaves à sommet déprimé-émarginé ou presque cordé. ♃. Mars-avril.

*A.R.* — Champs sablonneux ou pierreux, terrains en friche, vignes, allées et quinconces des parcs où la plante paraît se plaire au pied des arbres, surtout des Tilleuls et des Marronniers-d'Inde.— « Autour de la Justice de Montfaucon et dans le parc de Rambouillet au fauxbourg Saint-Antoine » (*Tourn.* Hist. pl. Par.); Clichy-la-Garenne (*Marjolin*); Asnières (*Le Dien*); assez abondant dans le parc de Saint-Cloud!; terrasse de Saint-Germain! (*de Schœnefeld*). Grenelle!; Bicêtre (*Devilliers*); entre Ivry et la Seine (*Cornuti* Ench. Par.); Vitry-sur-Seine!; Longjumeau (*Boreau*). Fontainebleau (*Thuill.* Fl. Par.); Nemours (*Devilliers*); Malesherbes (*Bernard*). Provins (*Bouteiller*). Charly (*Crépin, Irat*). Compiègne (*Léré*). Beauvais (*Graves*). — *Graves* Cat. Oise : champs argileux autour de Beauvais, à Saint-Jean, Bracheux, Voisinlieu, Grandvilliers, Breteuil ; autour de Bulles ; La Bruyère et Rosoy cant. de Liancourt ; Crisolle cant. de Guiscard ; La Vérue près Ribécourt ; vallée de l'Aisne à Bitry, Rethondes, Choisy ; Remy cant. d'Estrées ; Port-à-charbon de Compiègne ; aux Beaux-Monts et à Saint-Pierre-en-Chastres dans la forêt ; La Neuville-Roy, Le Plessier-sur-Saint-Just, cant. de Saint-Just; Montlévêque, Barberie près Senlis : Neuilly-en-Thelle ; Nogent-les-Vierges, Villers-Saint-Paul, cant. de Creil.

**2. G. Bohemica** Schult. *Syst. veg.* VII, 549; Rchb. *Ic.* X, t. 480, f. 1052. — *G. saxatilis* Koch ap. Schult. *Syst. veg.* VII, 549, et *Syn. fl. Germ.* ed. 2, 824; Rchb. *Ic.* X, t. 480, f. 1053; Bill. *Exsicc.* n. 469 et bis. — *Ornithogalum Bohemicum* β *saxatile* Mert. et Koch *Deutschl. Fl.* II, 545. — [G. DE BOHÈME].

Bulbe très petit, ovoïde-subglobuleux, composé de deux bulbes dressés renfermés dans une tunique commune et entre lesquels naît la tige, souvent surmonté de bulbilles, à fibres radicales assez nombreuses toutes capillaires descendantes. Feuilles radicales 2, filiformes, un peu aplanies-canaliculées en dessus, recourbées, beaucoup plus longues que la tige. *Tige* de 2-5 centim., ord. entourée de bulbilles à sa base, plus ou moins pubescente-velue dans sa partie supérieure, *portant 3-5 feuilles éparses* ou plus rarement un peu rapprochées dans sa partie supérieure, *uniflore plus rarement biflore*. Les deux feuilles caulinaires inférieures lancéolées ou linéaires-lancéolées et planes à la base, linéaires et canaliculées-subulées dans leur partie supérieure, dépassant ord. longuement les fleurs, plus ou moins espacées plus rarement rapprochées mais alternes, les autres de même forme mais plus courtes et ord. presque planes jusqu'au sommet, toutes ou au moins les supérieures velues-ciliées. Fleur brièvement pédonculée, à pédoncule plus ou moins pubescent à pubescence étalée. *Périanthe à divisions oblongues obtuses presque arrondies au sommet*, jaunes en dedans, glabrescentes ou pubescentes à la base en dehors marquées de 3 stries vertes. Ovaire trigone, oblong au moment de la floraison à angles peu saillants à faces presque planes ou un peu convexes à sommet arrondi, devenant ensuite obovale à angles saillants à faces un peu concaves à sommet plus ou moins déprimé-émarginé. ♃. Février-mars.

*R R R.* — Lieux sablonneux déprimés et humides en hiver des coteaux rocheux couverts de bruyères. — Poligny! près Nemours, où la plante est très peu abondante (*Devilliers*).

Nous n'hésitons pas à rapporter notre plante (identique avec celle des Deux-Sèvres et de la Loire-Inférieure) au *G. Bohemica*, bien que l'ovaire soit à peine émarginé au sommet et à faces presque planes, c'est-à-dire présente les caractères assignés par Koch (*Syn. fl. Germ.*) à son *G. saxatilis*. Nous avons pu nous convaincre du peu de valeur de ces caractères différentiels par l'étude d'échantillons authentiques recueillis en Allemagne aux localités classiques. L'ovaire, dans une même plante, suivant son âge, est oblong à faces planes ou presque planes à peine tronqué ou émarginé au sommet, ou obovale à faces plus ou moins convexes émarginé ou émarginé-cordé au sommet. Les *G. Bohemica* et *saxatilis* nous paraissent donc appartenir à un même type spécifique et ne pouvoir être distingués même comme variétés. — Dans la plante des environs de Poligny les anthères restent souvent oblongues après la déhiscence au lieu de se rétracter et de prendre la forme suborbiculaire, comme dans la plante d'Allemagne et dans les autres *Gagea*, et l'ovaire devient ord. flasque et ridé après la floraison, faits qui nous portent à croire qu'à la localité indiquée la fécondation n'aurait lieu que d'une manière imparfaite chez cette plante qui doit se reproduire presque exclusivement par ses nombreux bulbilles. L'espace très restreint qu'elle occupe confirme cette manière de voir.

### 4. SCILLA L. *Gen.* n. 419 ex parte. — [SCILLE].

*Périanthe à 6 divisions libres et étalées dès la base. Étamines 6, hypogynes ou insérées à la base des divisions du périanthe;* filets filiformes; *anthères insérées sur le filet par leur dos.* Style filiforme. Capsule ovoïde ou subglobuleuse, à loges oligospermes. *Graines subglobuleuses*, à testa mince fragile, présentant quelquefois à la base un renflement épais du funicule.

Bulbe composé de tuniques. Tige simple. *Fleurs bleues* ou lilas, très rarement blanches, accompagnées ou non de bractées, disposées en grappe terminale.

Sect. I. EUSCILLA. — Graines ne présentant pas à la base de renflement du funicule.

**1. S. autumnalis** L. *Sp.* 443 ; *Engl. bot.* t. 78 ; Redouté *Lil.* VI, t. 317 ; Rchb. *Ic.* X, t. 463, f. 1012 ; Bill. *Exsicc.* n. 664. — [ S. D'AUTOMNE ].

*Bulbe* assez gros, *produisant plusieurs feuilles linéaires très étroites qui ne paraissent qu'après la floraison.* Tiges solitaires ou peu nombreuses, de 1-3 décim. , roides, dépourvues de feuilles, terminées par une grappe courte qui s'allonge après la floraison. Bractées nulles. Fleurs petites, lilas ou d'un bleu lilas. *Pédicelles ascendants. Ovaire à loges biovulées.* ♃. Août-septembre.

*A.C.* — Pelouses arides, clairières des bois sablonneux. — Bois de Boulogne ! (*Cornuti* Ench. Par., *de l'Écluse* in *Tourn.* Hist. pl. Par.); bois à Meudon, à Saint-Germain ! (*Tourn.* Hist. pl. Par.). Lardy !; Itteville (*de Schœnefeld*); La Ferté-Aleps !; forêt de Fontainebleau ! (*Tourn.* Hist. pl. Par.) abondant ; Nemours !; Malesherbes !, etc. — *Graves* Cat. Oise : collines de Neuville-Bosc cant. de Méru ; forêt de Pontarmé près Senlis.

Sect. II. ADENOSCILLA. (*Adenoscilla* Gren. et Godr. *Fl. Fr.* III, 187).—Graines présentant à la base un renflement épais du funicule.

**2. S. bifolia** L. *Sp.* 443 ; *Engl. bot.* t. 24 ; Redouté *Lil.* V, t. 254 ; Rchb. *Ic.* X, t. 464, f. 1015 ; Bill. *Exsicc.* n. 666. — [ S. A DEUX FEUILLES ].

*Bulbe* assez petit, *produisant 2 plus rarement 5 feuilles. Feuilles lancéolées-linéaires, engaînant la base de la tige, atteignant environ sa longueur lors de la floraison,* étalées ou arquées, canaliculées, enroulées au sommet en pointe cylindrique. Tige ord. solitaire, de 1-3 décim., molle, terminée par une grappe lâche souvent corymbiforme. Bractées nulles. Fleurs d'un beau bleu, très rarement blanches. *Pédicelles dressés,* les inférieurs plus longs. *Ovaire à loges contenant ord. 6 ovules.* ♃. Mars-avril.

*A.R.* — Taillis, clairières des bois, coteaux ombragés. — Bois de Vincennes !; bois des Camaldules (*Thuill.* Fl. Par., *Guillon*); abondant dans la forêt de Senart ! (*Thuill.* Fl. Par., *Maire*); Morsang-sur-Orge près Montlhéry. Poligny et Recloses près Nemours (*Devilliers*); Malesherbes (*Bernard*). Forêt de Sourdun près Provins (*Bouteiller*). L'Ile-Adam (*Chatin*); bois de Méru (*Daudin*); Goincourt, bois du Parc près Beauvais (*Questier*); forêts de Hallatte et de Pontarmé (*Morelle*); bois de Thury-en-Valois (*Graves*). — *Graves* Cat. Oise : bois de Saint-Germer ; bois du Tremblay près Creil ; bosquets de Roquencourt et de Plessier, cant. de Breteuil ; bois de Pronleroy cant. de Saint-Just-en-Chaussée ; forêts de la Haute-Pommeraye, de Compiègne ; bois de Morfontaine.

**5. ENDYMION** Dumort. *Fl. Belg.* 140. — [ENDYMION].

*Périanthe à 6 divisions* soudées seulement à la base, *conniventes en cloche,* recourbées en dehors supérieurement. *Étamines 6, toutes ou les 3 extérieures soudées avec les divisions du périanthe jusque vers la moitié de leur longueur ; filets filiformes ; anthères insérées sur le filet par leur dos.* Style filiforme. Capsule ovoïde-subtrigone, à loges oligospermes. *Graines subglobuleuses*, à testa noirâtre.

Bulbe composé de tuniques. Tige simple. *Fleurs bleues*, très rarement blanches, accompagnées chacune de deux bractées colorées, disposées en grappe terminale penchée.

1. **E. nutans** Dumort. *Fl. Belg.* 140 ; Gren. et Godr. *Fl. Fr.* III, 214 ; Bill. *Exsicc.* n. 2544. — *Hyacinthus non scriptus* L. *Sp.* 453. — *Hyacinthus non scriptus* et *H. cernuus* Thuill. *Fl. Par.* 173. — *Scilla nutans* Sm. *Fl. Brit.* I, 366 ; *Engl. bot. t.* 377. — *Agraphis nutans* Link *Handb.* 166 ; Rchb. *Crit.* IX, t. 833, f. 1125, et *Ic.* X, t. 461, f. 1008 ; *Fl. Par.* éd. 1, 529. — [E. PENCHÉ. — Vulg. *Jacinthe-des-bois, J.-sauvage, J.-bâtarde*].

Bulbe émettant plusieurs feuilles. Feuilles toutes radicales, dressées, linéaires-lancéolées, rétrécies dans leur partie inférieure, un peu canaliculées. Tige ord. solitaire, de 1-4 décim. Fleurs assez grandes, à odeur faible de Jacinthe, d'un beau bleu, très rarement blanches, accompagnées chacune de deux longues bractées pétaloïdes uninerviées lancéolées-linéaires, disposées en grappe unilatérale, d'abord penchées puis se redressant après la floraison de telle sorte que les capsules sont dressées. Ovaire à loges contenant 8-10 ovules. ♃. Avril-mai.

*CC.* — Bois, taillis, pâturages ombragés.

Le genre *Hyacinthus* diffère des genres *Scilla* et *Endymion* surtout par le périanthe à divisions soudées dans leur moitié inférieure en tube infundibuliforme ou campanulé et par les étamines à filet très court insérées vers la moitié de la longueur du tube. — L'*H. Orientalis* L. (*Bot. mag.* t. 937 ; Rchb. *Ic.* X, t. 440, f. 1005. — Vulg. *Jacinthe*), indigène dans la région méditerranéenne, est très fréquemment cultivé comme plante d'ornement. On le reconnaît aux caractères suivants : bulbe ovoïde, assez gros, émettant plusieurs feuilles ; feuilles linéaires-larges, obtuses, canaliculées, dressées, égalant environ ou dépassant la tige ; fleurs assez grandes, exhalant une odeur suave, disposées en grappe pluriflore, accompagnées de bractées membraneuses très courtes ; périanthe infundibuliforme à tube renflé au niveau de l'ovaire, à divisions étalées-recourbées linéaires-lancéolées, obtuses ou presque obtuses ; graines subglobuleuses, présentant à la base un renflement épais du funicule. Cette plante varie souvent à fleurs doubles, bleues, roses ou blanches, plus rarement jaunes ou d'un violet foncé presque noir.

## 6. **ALLIUM** L. *Gen.* n. 409. — [AIL].

*Périanthe à 6 divisions* ord. persistantes-marcescentes, *libres* ou soudées seulement à la base, conniventes ou étalées, les intérieures quelquefois plus grandes que les extérieures. Étamines 6, hypogynes ou insérées à la base des divisions du périanthe, exsertes ou incluses ; filets un peu élargis et souvent soudés entre eux à la base, ceux des étamines intérieures souvent dilatés-membraneux et prolongés de chaque côté en dent ou en appendice filiforme ; anthères insérées sur le filet par leur dos. *Ovaire profondément déprimé en tube au centre. Style filiforme*, naissant du fond de cette cavité, et persistant sur l'axe après la déhiscence de la capsule. *Capsule* assez petite, trigone, souvent trilobée au sommet, déprimée en tube au centre, *à loges monospermes ou dispermes. Graines anguleuses-subtrigones*, finement chagrinées, insérées au-dessus de leur base par leur angle interne.

Plantes exhalant ord. une odeur forte. Souche composée d'un seul bulbe ou de plusieurs bulbes quelquefois portés par un rhizome traçant. Bulbes munis de tuniques. Tige ne présentant pas d'articulations. Feuilles planes, canaliculées, semicylindriques ou cylindriques-fistuleuses, toutes à partie pétiolaire longuement engaînante s'emboîtant mutuellement et paraissant naître sur la tige à des hauteurs différentes (tige feuillée) (*), ou les extérieures seules engaînantes et n'embrassant la tige qu'à sa base (tige nue). *Fleurs* blanches, verdâtres, roses ou purpurines, plus rarement jaunes, *disposées en ombelle simple* terminale souvent globuleuse à pédicelles dressés ou penchés, quelquefois rapprochées en forme de tête, souvent entremêlées de bulbilles, quelquefois toutes remplacées par des bulbilles, *renfermées avant l'épanouissement dans une spathe* souvent prolongée en pointe subulée, ord. composée d'une ou de deux pièces membraneuses ou foliacées persistantes-marcescentes plus rarement caduques.

Sect. I. *MOLIUM.* — Souche consistant en un seul bulbe. *Feuilles planes, lancéolées ou oblongues, ord. pétiolées.* Tige jamais d'apparence feuillée. Périanthe à divisions étalées en étoile. *Étamines à filets entiers.* — (1).

Sect. II. *RHIZIRIDIUM.* — *Souche consistant en un rhizome horizontal* traçant *qui porte plusieurs bulbes. Feuilles planes ou un peu carénées,* linéaires. Tige jamais d'apparence feuillée. Périanthe à divisions étalées. *Étamines à filets entiers.*—(2).

Sect. III. *CODONOPRASUM.* — *Souche consistant en un bulbe solitaire, ou constituée par plusieurs bulbes qui sont rapprochés en touffe* et naissent quelquefois sur un rhizome court. Feuilles cylindriques-fistuleuses, semicylindriques, canaliculées ou planes. Tige en apparence feuillée dans une grande étendue ou seulement à sa base. Périanthe à divisions étalées ou conniventes en cloche. *Étamines à filets entiers, plus rarement les 3 intérieures à filets munis de chaque côté d'une dent courte.*

§ 1. *Périanthe à divisions étalées.* Fleurs à pédicelles dressés. Spathe composée de 2 pièces courtes. — (2 *bis*).

§ 2. *Périanthe à divisions dressées-conniventes.* Pédicelles ord. penchés lors de la floraison, dressés à la maturité. Spathe composée de 2 pièces, la pièce inférieure au moins étant prolongée en une pointe qui dépasse longuement l'ombelle, rarement composée d'une seule pièce. — (3-4).

Sect. IV. *PORRUM.*— *Souche consistant* ord. *en un bulbe solitaire.* Feuilles cylindriques-fistuleuses, semicylindriques, canaliculées ou planes. Tiges en apparence feuillées dans une grande étendue ou seulement à la base. Périanthe à divisions conniventes en cloche. *Étamines intérieures à filets* aplanis *munis chacun de deux appendices latéraux subulés* souvent contournés qui atteignent ou dépassent l'anthère.

§ 1. *Fleurs entremêlées de bulbilles,* quelquefois toutes remplacées par des bulbilles. — (5-6).

§ 2. *Fleurs jamais entremêlées de bulbilles.* — (6 *bis*-7 ).

Sect. I. MOLIUM. -- Souche consistant en un seul bulbe. Feuilles planes, lancéolées ou oblongues, ord. pétiolées. Tige jamais d'apparence feuillée. Périanthe à divisions étalées en étoile. Étamines à filets entiers.

1. **A. ursinum** L. *Sp.* 431 ; *Engl. bot.* t. 122 ; Redouté *Lil.* VI, t. 303 ; Rchb. *Ic.* X, t. 507, f. 1109 ; Bill. *Exsicc.* n. 1340.— [A. DES OURS.— Vulg. *Ail-des-bois*].

Bulbe oblong, assez petit, recouvert d'une tunique blanchâtre transparente.

(*) Les feuilles, même dans les espèces que l'on a décrites comme à tige feuillée, naissent toutes du bulbe; celles qui paraissent caulinaires se prolongent chacune jusqu'au bulbe par l'intermédiaire d'une longue gaîne membraneuse complète qui embrasse la tige.

Tige de 1-4 décim., obscurément trigone, grêle, entourée seulement à sa base par la gaîne de l'une des feuilles. Feuilles au nombre de 2, larges, oblongues-lancéolées un peu acuminées, atténuées en long pétiole, l'extérieure à pétiole dilaté dans sa partie inférieure en une gaîne membraneuse qui renferme la base de la tige et le pétiole non dilaté de l'autre feuille. Spathe ord. composée d'une seule pièce membraneuse transparente bi-trifide. Fleurs d'un beau blanc, à odeur alliacée, en ombelle assez lâche, jamais entremêlées de bulbilles. Périanthe caduc à la maturité de la capsule. Étamines plus courtes que le périanthe. ♃. Avril-mai.

*A.R.* — Lieux ombragés, bois humides, bords des ruisseaux. — Ménilmontant, bosquets de Versailles, Vauboyan près Bièvre (*Vaill.* Bot. Par.); Saint-Cloud (*Bonnet*); ancien parc de Marly! (*Maire*); Trianon, parc de Versailles (*de Boucheman*); Palaiseau (*Weddell*); entre Orsay et Saint-Clair (*Ant. de Jussieu* mss); Rochefort (*de Schœnefeld*). Forêt de Montmorency près du château de la Chasse! (*Cornuti* Ench. Par., *Tourn.* Hist. pl. Par., *Vaill.* Bot. Par.). Forêt de La Neuville-en-Hez!; forêt de Compiègne!; forêt de Laigue (*de Marcilly fils*). Forêt de Villefermoy (*M. Garnier*).—*Graves* Cat. Oise : bosquets du Mont-César près Bresles ; autour de Mouy ; bois de Liancourt ; forêt de Hez vers Rue-Saint-Pierre ; Canectancourt cant. de Lassigny ; bois de Salency ; Béhéricourt ; bois de Chaalis près Ermenonville ; bois de Jonquières cant. d'Estrées ; forêt de Hallatte près de Senlis ; Queue-Saint-Étienne cant. d'Attichy.

On cultive dans les parterres l'*A. Moly* L. (Redouté *Lil.* II, t. 97 ; *Bot. mag.* t. 499 ; Rchb. *Ic.* X, t. 501, f. 1097. — Vulg. *Ail-doré*), indigène en Espagne et peut-être en Transylvanie, à feuilles lancéolées, à spathe composée de deux pièces, à fleurs nombreuses d'un beau jaune, à odeur alliacée très pénétrante.


Sect. II. RHIZIRIDIUM. — Souche consistant en un rhizome horizontal traçant qui porte plusieurs bulbes. Feuilles planes ou un peu carénées, linéaires. Tige jamais d'apparence feuillée. Périanthe à divisions étalées. Étamines à filets entiers.

2. **A. fallax** Rœm. et Schult. *Syst. veg.* VII, 1072 ; Bill. *Exsicc.* n. 669. — — *A. angulosum* Jacq. *Fl. Austr.* V, t. 423. — [A. DOUTEUX].

Bulbes assez petits, allongés, étroits, ord. rapprochés sur le rhizome, émettant chacun un fascicule de plusieurs feuilles. Tige de 2-6 décim., entourée dans sa partie inférieure par la base membraneuse engaînante des feuilles extérieures, anguleuse à angles aigus dans sa partie supérieure. Feuilles linéaires, égalant environ la largeur de la tige, presque planes. Spathe membraneuse, courte. Fleurs roses, nombreuses, disposées en ombelle hémisphérique assez compacte, jamais entremêlées de bulbilles. Étamines dépassant un peu le périanthe. ♃. Juin-août.

*R.R.R.* — Prairies tourbeuses, bords des rivières.—Bords de la Seine à Grenelle !; à Ivry (*Maire*). Prairies à Savigny-sur-Orge (*Kralik*). Bords de la Seine à Blunay près Provins (*Bouteiller*).

Sect. III. CODONOPRASUM.—Souche consistant en un bulbe solitaire, ou constituée par plusieurs bulbes qui sont rapprochés en touffe et naissent quelquefois sur un rhizome court. Feuilles cylindriques-fistuleuses, semicylindriques, canaliculées ou planes. Tige en apparence feuillée dans une grande étendue ou seulement à sa base. Périanthe à divisions étalées ou conniventes en cloche. Étamines à filets entiers, plus rarement les 3 intérieures à filets munis de chaque côté d'une dent courte.

§ 1. Périanthe à divisions étalées. Fleurs à pédicelles dressés. Spathe composée de deux pièces courtes.

† **A. Cepa** L. *Sp.* 431 ; Sibth. et Sm. *Fl. Græc.* t. 326 ; Rchb. *Ic.* X, t. 494, f. 1083. — [A. OIGNON. — *Vulg. Oignon, Ognon*].

Bulbe subglobuleux-déprimé, plus rarement oblong, ord. assez gros. *Tige* de 5-9 décim., *fistuleuse, renflée-ventrue au-dessous de sa partie moyenne*, feuillée seulement à la base. Feuilles cylindriques, fistuleuses, renflées. Fleurs d'un blanc verdâtre, très nombreuses, assez petites, longuement pédicellées, disposées en ombelle globuleuse assez volumineuse non entremêlées de bulbilles. *Étamines* extérieures de la longueur des divisions du périanthe et étalées, les *intérieures* plus longues et dressées *à filets munis de chaque côté* à leur base *d'une dent courte* aiguë. Style court. Plante à odeur forte et très pénétrante. ♃. Juin-août.

Cultivé dans les jardins potagers, les champs et les vignes. — Patrie inconnue.

Var. β. *bulbiferum*. — Fleurs peu nombreuses, entremêlées de bulbilles.

On cultive dans les jardins potagers l'*A. fistulosum* L. (*Bot. mag.* t. 1230 ; Rchb. *Ic.* X, t. 493, f. 1084. — *Vulg. Ciboule*), qui se distingue de l'*A. Cepa* surtout par sa tige renflée à sa partie moyenne, par ses étamines exsertes toutes dépourvues de dents et par son style allongé. Cette plante est originaire de la Sibérie et des montagnes de l'Altaï.

On cultive également l'*A. Ascalonicum* L. (Rchb. *Ic.* X, t. 491, f. 1076. — *Vulg. Échalote*), qui se reconnaît à son bulbe ovoïde-oblong renfermant des bulbilles violets, à sa tige non renflée, à ses feuilles subulées-cylindriques fistuleuses, à ses fleurs blanches ou bleuâtres souvent remplacées par des bulbilles, à ses étamines un peu plus longues que le périanthe, les intérieures à filets munis de chaque côté à leur base d'une dent courte. Cette espèce, généralement indiquée comme originaire de l'Asie-Mineure, mais dont la véritable patrie est douteuse, fleurit assez rarement dans les jardins.

On plante en bordures dans les jardins potagers l'*A. Schœnoprasum* L. (*Engl. bot.* t. 2441 ; Rchb. *Ic.* X, t. 496, f. 1085 ; Bill. *Exsicc.* n. 1079. — *Vulg. Civette, Ciboulette*). Cette espèce, assez répandue en France dans les régions alpine et sous-alpine, se reconnaît aux caractères suivants : souche composée de plusieurs bulbes réunis en touffe quelquefois portés sur un rhizome court ; tiges non renflées, nues ou feuillées à la base ; feuilles linéaires-subulées, cylindriques, ou cylindriques-comprimées fistuleuses ; fleurs ord. purpurines-rosées, assez brièvement pédicellées, disposées en ombelle subglobuleuse jamais entremêlées de bulbilles ; périanthe à divisions lancéolées aiguës ; étamines plus courtes que le périanthe, toutes dépourvues de dents.

§ 2. Périanthe à divisions dressées-conniventes. Pédicelles ord. penchés lors de la floraison, dressés à la maturité. Spathe composée de 2 pièces, la pièce inférieure au moins étant prolongée en une pointe qui dépasse longuement l'ombelle, rarement composée d'une seule pièce.

3. **A. oleraceum** L. *Sp.* 429 ; *Engl. bot.* t. 488 ; *Fl. Dan.* IX, t. 1456 ; Rchb. *Ic.* X, t. 487, f. 1067 ; Bill. *Exsicc.* n. 1341. — [A. DES LIEUX CULTIVÉS].

Bulbe ovoïde, assez petit. Tige de 4-6 décim., cylindrique, feuillée ord. au delà de sa partie moyenne. Feuilles semicylindriques, fistuleuses, canaliculées en dessus, presque planes au sommet. Spathe composée de deux pièces persistantes, la pièce inférieure terminée en pointe très longue. *Fleurs d'un blanc rosé*, striées de vert ou de rouge, disposées en ombelle lâche ord. pauciflore, à pédicelles penchés, *entremêlées de bulbilles* ovoïdes-obtus mucronés. Périanthe à divisions obtuses. *Étamines environ de la longueur du périanthe*, toutes dépourvues de dents. ♃. Juin-août.

C C. — Lieux cultivés, champs en friche, lisières des bois, berges des fossés.

4. **A. flavum** L. *Sp*. 428; Jacq. *Fl. Austr*. II, t. 141; Redouté *Lil*. II, t. 119; Rchb. *Ic*. X, t. 485, f. 1063; Bill. *Exsicc*. n. 1342. — [A. JAUNE].

Bulbe ovoïde, assez petit. Tige de 4-6 décim., cylindrique, feuillée ord. au delà de sa partie moyenne. Feuilles linéaires, non fistuleuses, convexes en dessous, un peu canaliculées en dessus. Spathe composée de deux pièces persistantes terminées en longue pointe. *Fleurs d'un beau jaune*, disposées en ombelle ord. multiflore, à pédicelles penchés, *jamais entremêlées de bulbilles*. Périanthe à divisions obtuses. *Étamines presque une fois plus longues que le périanthe*, toutes dépourvues de dents. Style plus long que les étamines. ♃. Juillet-août.

R R. — Clairières des bois sablonneux. — Abondant dans plusieurs localités de la forêt de Fontainebleau, sur les murs de la Faisanderie ! et surtout dans la plaine de la Chaise-à-l'Abbé !

On cultive dans les jardins potagers l'*A. sativum* L. (Rchb. *Ic*. X, t. 488, f. 1069. — Vulg. *Ail*), probablement originaire de l'Asie centrale, qui se reconnaît aux caractères suivants : bulbe composé de bulbilles ovoïdes-oblongs un peu arqués renfermés dans une tunique commune ; tige cylindrique, feuillée jusqu'à sa partie moyenne, enroulée en cercle avant la floraison ; feuilles linéaires-élargies, planes un peu canaliculées ; fleurs d'un blanc sale, entremêlées de bulbilles ; ombelle munie d'une spathe caduque composée d'une seule pièce prolongée en pointe très longue ; étamines intérieures à filets munis de chaque côté à la base d'une dent courte ; plante à odeur très forte et très pénétrante.

Sect. IV. PORRUM. — Souche consistant ord. en un bulbe solitaire. Feuilles cylindriques-fistuleuses, semicylindriques, canaliculées ou planes. Tige en apparence feuillée dans une grande étendue ou seulement à la base. Périanthe à divisions conniventes en cloche. Étamines intérieures à filets aplanis munis chacun de deux appendices latéraux subulés souvent contournés qui atteignent ou dépassent l'anthère.

§ 1. Fleurs entremêlées de bulbilles, quelquefois toutes remplacées par des bulbilles.

5. **A. vineale** L. *Sp*. 428; *Engl. bot*. t. 1974; *Fl. Dan*. XI, t. 1870, et XIII, t. 2227; Rchb. *Ic*. X, t. 490, f. 1075. — [A. DES VIGNES. — Vulg. *Oignon-bâtard*].

Bulbe assez petit, accompagné de bulbilles pédicellés espacés et renfermés dans la tunique commune. Tige de 4-8 décim., cylindrique, feuillée jusqu'à sa partie moyenne. *Feuilles cylindriques, fistuleuses*, étroitement canaliculées en dessus. Spathe composée d'une seule pièce ovale assez courte brusquement terminée en pointe. Fleurs d'un rose pâle, disposées en ombelle lâche, ord. longuement pédicellées, entremêlées d'un grand nombre de bulbilles ovoïdes ou oblongs-acuminés ord. rapprochés en tête. *Étamines dépassant le périanthe*, les 3 intérieures à filets munis chacun de deux appendices subulés, la partie du filet supérieure à la naissance des appendices plus longue que la partie aplanie. ♃. Juin-juillet.

C. — Champs en friche, vignes, clairières des bois sablonneux.

S.-v. *compactum*. (*A. compactum* Thuill. *Fl. Par.* 167). — Fleurs toutes ou presque toutes remplacées par des bulbilles qui constituent une ou deux têtes globuleuses très compactes. Ces deux têtes sont ord. le résultat d'une déchirure occasionnée par le nombre des bulbilles qui, en grossissant, dilatent et fendent l'extrémité de la tige.

6. **A. Scorodoprasum** L. *Sp.* 425 excl. var. β; *Fl. Dan.* II, t. 290, et IX, t. 1455; *Engl. bot.* t. 2905; Rchb. *Ic.* X, t. 490, f. 1073. — [A. ROCAMBOLE. — *Vulg. Rocambole*].

**Bulbe** accompagné de bulbilles pédicellés espacés et renfermés dans la tunique commune. Tige de 5-8 décim., cylindrique, feuillée jusqu'à sa partie moyenne. *Feuilles planes assez larges*, scabres aux bords. Spathe membraneuse, courte, composée de 2 pièces brusquement terminées en pointe. Fleurs purpurines, disposées en ombelle lâche, ord. longuement pédicellées, entremêlées d'un grand nombre de bulbilles d'un rouge brunâtre ovoïdes ou ovoïdes-subglobuleux mucronés ord. rapprochés en tête. *Étamines plus courtes que le périanthe*, les 3 intérieures à filets munis chacun de deux appendices subulés, la partie du filet supérieure à la naissance des appendices une fois plus courte que la partie aplanie. ♃. Juin-juillet.

R. — Lieux sablonneux, bords des rivières. — Charenton!, Saint-Maur! (*Vaill. Bot. Par.*). Fontainebleau!. — *Graves* Cat. Oise : forêt de Laigue près de l'Étang des Grès et au Carrefour royal. — Cultivé dans les jardins potagers.

### § 2. Fleurs jamais entremêlées de bulbilles.

† **A. Porrum** L. *Sp.* 423; Rchb. *Ic.* X, t. 489, f. 1071. — [A. POIREAU. —Vulg. *Poireau , Porreau*].

Bulbe allongé, produisant ou non un ou deux caïeux latéraux. Tige de 5-9 décim., cylindrique, feuillée jusqu'à sa partie moyenne. *Feuilles planes* un peu carénées, *linéaires-lancéolées, assez larges*, un peu glauques. Fleurs blanchâtres, striées de rouge, très nombreuses, disposées en ombelle globuleuse assez volumineuse, à pédicelles renflés supérieurement. Périanthe ovoïde-subglobuleux, à divisions extérieures scabres sur le dos. Étamines à filets dépassant un peu le périanthe, les 3 intérieures à filets munis chacun de deux appendices subulés, la partie du filet supérieure à la naissance des appendices une fois plus courte que la partie aplanie. ②) ou ♃. Juin-août.

Cultivé dans les jardins potagers et en plein champ. — Probablement originaire de la région méditerranéenne et dérivé par la culture de l'*A. Ampeloprasum* L. (J. Gay in *Ann. sc. nat.* sér. 3, VIII, 218).

7. **A. sphærocephalum** L. *Sp.* 426; *Fl. Dan.* XII, t. 2111; *Engl. bot.* t. 2813; Redouté *Lil.* VII, t. 391; Rchb. *Ic.* X, t. 492, f. 1080; Bill. *Exsicc.* n. 2542 et *bis.* — [A. A TÊTE RONDE].

*Bulbe* assez petit, *accompagné de bulbilles pédicellés* espacés et renfermés dans la tunique commune. Tige de 5-9 décim., cylindrique, feuillée jusqu'à sa partie moyenne. *Feuilles linéaires, semicylindriques, fistuleuses*, profondément canaliculées en dessus. Spathe membraneuse, courte. *Fleurs d'un beau rouge*, très nombreuses, brièvement pédicellées, disposées en ombelle compacte globuleuse ou un peu conique à la fin de la floraison. Périanthe ovoïde-renflé, subtrigone, fermé, à divisions lisses. Étamines à anthères exsertes, les 3 intérieures à filets munis chacun de deux appendices subulés, la partie du filet supérieure à la naissance des appendices une fois plus courte que la partie aplanie. ♃. Juin-août.

C. — Lieux secs et pierreux, champs incultes, vignes, bois sablonneux.

### 7. **MUSCARI** Tourn. *Inst.* t. 180. — [MUSCARI].

*Périanthe ovoïde - subglobuleux ou cylindrique - urcéolé, à six dents courtes.* Étamines 6, insérées sur le tube du périanthe, incluses ; filets filiformes, courts ; anthères insérées sur le filet par leur dos au-dessus de leur base. Style filiforme, court ; stigmate subtrigone. Capsule assez petite, trigone à angles aigus, à loges dispermes, ou monospermes par avortement. Graines subglobuleuses ou un peu anguleuses.

Bulbe composé de tuniques. Feuilles toutes radicales engaînant quelquefois la tige à la base. Tige simple. Fleurs d'un bleu plus ou moins foncé, disposées en grappe terminale spiciforme, les supérieures stériles ord. plus petites.

1. **M. comosum** Mill. *Dict.* n. 2 ; Jacq. *Fl. Austr.* II, t. 126 ; Redouté *Lil.* IV, t. 231 ; Rchb. *Ic.* X, t. 457, f. 1001. — *Hyacinthus comosus* L. *Sp.* 455. — *Bellevalia comosa* Kunth *Enum. pl.* IV, 306. — [ M. A TOUPET.—Vulg. *Muscari, Jacinthe-chevelue, Ail-à-toupet, Vaciet, Ayault*].

Tige de 3-5 décim. Feuilles engaînant la tige à la base, assez longues, linéaires-larges, canaliculées, un peu rudes aux bords. Bractées très petites, souvent colorées. *Fleurs* cylindriques-urcéolées à 6 côtes, en grappe lâche allongée ; les inférieures assez longuement pédicellées, espacées, étalées horizontalement, d'un brun olivâtre mêlé de pourpre au sommet ; les *supérieures stériles*, plus petites, *très longuement pédicellées*, dressées, *rapprochées en houppe terminale*, d'un bleu violet ainsi que les pédicelles et la partie supérieure de la tige. ♃. Mai-juillet.

C C. — Champs, moissons, vignes.

On cultive dans les parterres, sous le nom de *Lilas-de-terre*, une variété monstrueuse de cette espèce à fleurs très nombreuses toutes stériles et déformées. — On cultive également le *M. moschatum* Willd. (Rchb. *Ic.* X, t. 457, f. 1000), originaire de l'Asie-Mineure, à fleurs toutes brièvement pédicellées et étalées à odeur suave, à périanthe ovoïde-oblong renflé, resserré au sommet à dents offrant chacune en dehors à la base une saillie arrondie, à style trifide au sommet.

2. **M. racemosum** Mill. *Dict.* n. 3 ; Koch *Syn. fl. Germ.* ed. 2, 834 ; Redouté *Lil.* IV, t. 232 ; Rchb. *Ic.* X, t. 456, f. 999. — *Hyacinthus racemosus* L. *Sp.* 455.—*Botryanthus odorus* Kunth *Enum. pl.* IV, 311. — [ M. A GRAPPE. — Vulg. *Ail-des-chiens, Poireau-femelle* ].

Tige de 1-2 décim. *Feuilles linéaires-étroites* ord. presque jonciformes, étroitement canaliculées, molles, *plus ou moins étalées*-recourbées, plus courtes ou plus longues que la tige. *Fleurs* en grappe courte ovoïde assez compacte, ovoïdes ou ovoïdes-subglobuleuses, *d'un bleu foncé* couvert d'une efflorescence glauque, à dents blanches, *à odeur très prononcée de prune*, assez longuement pédicellées penchées ou même réfléchies après la floraison ; *les supérieures* dressées, stériles, *brièvement pédicellées*. ♃. Avril-mai.

*C.* — Champs, vignes, pelouses sèches, lieux sablonneux.

Le *M. neglectum* Guss. (*Syn. fl. Sic.* 411 ; Gren. et Godr. *Fl. Fr.* III, 218), que nous avons eu très souvent l'occasion d'observer dans la région méditerranéenne, ne nous paraît être qu'une forme plus robuste du *M. racemosum*, à feuilles linéaires moins étroites plus largement canaliculées, à fleurs plus grosses ovoïdes-oblongues, à capsule non émarginée au sommet.

**3. M. botryoides** Mill. *Dict.* n. 1 ; DC. *Fl. Fr.* III, 208 ; *Bot. mag.* t. 157 ; Redouté *Lil.* VII, t. 361 ; Rchb. *Ic.* X, t. 456, f. 998 ; Fr. Schultz *Fl. Gall. et Germ. exsicc.* n. 352 ; Puel et Maille *Fl. loc. exsicc.* n. 48.—*Hyacinthus botryoides* L. *Sp.* 455. — *Botryanthus vulgaris* Kunth *Enum. pl.* IV, 311. — [M. FAUX-BOTRYDE].

Tige de 1-2 décim. *Feuilles linéaires-larges*, canaliculées, *dressées*, glaucescentes, à peu près de même longueur ou plus courtes que la tige. *Fleurs* en grappe oblongue d'abord compacte puis lâche à la base, ovoïdes-subglobuleuses, *d'un bleu tendre, inodores ou à odeur très faible*, assez brièvement pédicellées penchées ; *les supérieures* dressées, stériles, *brièvement pédicellées*. ♃. Avril-mai.

*RRR.* — Observé à Vitry dans une pépinière (*Boutciller*) où il avait peut-être été introduit et où il n'en existait qu'un petit nombre d'individus. — Cette plante est indigène en France à d'assez nombreuses localités.

SOUS-TRIBU II. **PHALANGIEÆ.** — Souche non renflée en bulbe, à fibres radicales épaisses-charnues.

**8. PHALANGIUM** Tourn. *Inst.* t. 193. — [PHALANGIE].

*Périanthe rétréci à la base en un tube en forme de pédicelle*, à 6 divisions étalées. Étamines 6, insérées à la base des divisions ; filets filiformes ; anthères insérées sur le filet un peu au-dessus de leur base. Ovaire porté sur un prolongement filiforme de l'axe. Style filiforme, droit ou décliné. Capsule subglobuleuse, assez petite, obscurément trigone, à loges oligospermes. Graines anguleuses, à testa noirâtre chagriné. Embryon un peu courbé.

Plantes vivaces, à souche non renflée en bulbe, à fibres radicales cylindriques épaisses-charnues. Tige simple, ou rameuse dans la partie florifère. Feuilles toutes radicales, linéaires. *Fleurs blanches*, disposées en grappe ou en panicule terminale, semblant portées sur des pédicelles articulés en raison de l'étroitesse de leur base, accompagnées de bractées membraneuses.

**1. P. ramosum** Lmk *Encycl. méth.* V, 250 ; Redouté *Lil.* V, t. 287 ; *Bot. mag.* t. 1055 ; Bill. *Exsicc.* n. 1770.—*Anthericum ramosum* L. *Sp.* 445 ; Jacq. *Fl. Austr.* II, t. 161 ; Rchb. *Ic.* X, t. 511, f. 1114. — [P. RAMEUSE].

Souche couronnée par les bases persistantes des feuilles détruites. *Tige* de 4-6 décim., roide, *rameuse dans sa partie florifère*. Feuilles linéaires-étroites, acuminées, canaliculées, dressées, plus courtes que la tige. Fleurs en panicule lâche. Bractées courtes, linéaires-subulées. *Style droit.* ♃. Juin-juillet.

*A.R.* — Coteaux calcaires incultes, pelouses arides des bois montueux.—Mont-Valérien (*Tourn.* Hist. pl. Par.); butte de Sèvres (*Cornuti* Ench. Par., *Morisson* in *Tourn.* Hist. pl. Par.); forêt de Saint-Germain (*Tourn.* Hist. pl. Par., *Thuill.* Fl. Par.); env. de Mantes ! : Saint-Martin-la-Garenne, Le Coudray, coteau de Guerville (*Beautemps-Beaupré*); Port-Villez!; env. des Audelys : Château-Gaillard!, rochers Saint-Jacques!. Gournay (*Mandon*); Beauvais!. L'Ile-Adam (*Guillard* in Bull. Soc. bot.); env. de Senlis : Pontarmé, Thiers, Aulmont (*Graves*). Forêt de Compiègne (*Weddell*). Bois de Barbeaux près le Châtelet (*M. Garnier*); forêt de Fontainebleau! (*Tourn.* Hist. pl. Par., *Thuill.* Fl. Par.); Moret (*E. Fournier*); Nemours! (*Devilliers*); Malesherbes!. Forêt de Sourdun près Provins (*Bouteiller*).

**2. P. Liliago** Schreb. *Spicil.* 36; *Bot. mag.* t. 914 et 1635.—*Anthericum Liliago* L. *Sp.* 445; Jacq. *Vindob.* t. 83; Redouté *Lil.* V, t. 269; Rchb. *Ic.* X, t. 512, f. 1115. — [P. A FLEURS DE LIS].

Souche couronnée par les bases persistantes des feuilles détruites. *Tige* de 4-6 décim., roide, *simple*. Feuilles linéaires-étroites, acuminées, un peu canaliculées, dressées, quelquefois presque aussi longues que la tige. Fleurs assez grandes, en grappe simple terminale. Bractées lancéolées, longuement acuminées-subulées. *Style décliné.* ♃. Mai-juin.

R. — Pelouses arides des bois montueux, rochers, coteaux sablonneux incultes. — Beauvais près Mennecy (*de Schœnefeld*); forêt de Rougeaux (*de Boucheman*); forêt de Fontainebleau! (*Thuill.* Fl. Par.): Mont-Morillon (*Adr. de Jussieu*), Bouron (*de Schœnefeld*); Nemours (*Devilliers*). Barbery près Senlis (*Morelle*); forêt de Compiègne : étang Saint-Pierre (*Léré*). — *Graves* Cat. Oise : forêt de Compiègne sur les pentes des coteaux qui entourent les étangs de Saint-Pierre, route de Chelle, route entre le carrefour du Saut-du-cerf et celui de la Belle-image.

Le genre *Asphodelus*, voisin du genre *Phalangium* par le périanthe rétréci à la base en tube en forme de pédicelle, s'en distingue par les étamines à filets dilatés à la base et recouvrant l'ovaire, par la capsule à loges dispermes, ou monospermes par avortement. — L'*A. albus* Mill. (Rchb. *Ic.* X, t. 515, f. 1119; Bill. *Exsicc.* n. 661; J. Gay in *Ann. sc. nat.*, sér. 4, VII, 118, et in *Bull. Soc. bot.* IV, 608 non Gren. et Godr. *Fl. Fr.* III, 224) est assez répandu dans les départements du Loiret et du Loir-et-Cher et se rencontre dans la forêt d'Orléans (*Dub. Orl.*), non loin des limites de notre Flore. Il se reconnaît aux caractères suivants que nous empruntons à l'excellente étude monographique de M. J. Gay : souche vivace, à fibres radicales épaisses-charnues renflées-napiformes; feuilles toutes radicales, largement linéaires planes carénées; tige simple ou à peine rameuse; bractées d'un brun noirâtre; fleurs assez grandes, blanches, à divisions du périanthe présentant une nervure moyenne verdâtre; filets des étamines papilleux-scabres jusqu'au milieu de leur longueur, à élargissement oblong-cunéiforme à dos plan-convexe insensiblement atténué au sommet; capsule de grandeur moyenne, ellipsoïde, longue de 8-12 millim., large de 6-12 millim. — L'*A. luteus* L. (Jacq. *Vindob.* t. 77; Redouté *Lil.* IV, t. 223. — *Asphodeline lutea* Rchb. *Fl. excurs.* 116, et *Ic.* X, t. 517, f. 1121), originaire de la région méditerranéenne méridionale, est assez fréquemment cultivé comme plante d'ornement. On le reconnaît aux caractères suivants : souche émettant des rhizomes grêles, à fibres radicales assez épaisses, allongées, non renflées-napiformes; tige simple, couverte jusqu'à la base de l'inflorescence par les gaînes scarieuses des feuilles; feuilles subulées, fistuleuses-triquètres, dilatées à la base en gaîne scarieuse; bractées dépassant la longueur des pédicelles; fleurs jaunes; étamines déclinées-ascendantes; capsule ovoïde-subglobuleuse.

Le genre *Hemerocallis* est caractérisé surtout par le périanthe infundibuliforme à divisions soudées en tube à la base, par les étamines arquées-ascendantes insérées sur le tube, par la souche non renflée en bulbe à fibres radicales épaisses charnues, et par les feuilles linéaires. — On cultive dans les jardins l'*H. fulva* L. (Rchb. *Ic.* X, t. 510, f. 1113) à fleurs très grandes d'un jaune safrané inodores dressées en grappe lâche, à divisions intérieures du périanthe obtuses ondulées. Cette plante est indiquée comme indigène dans le Doubs, dans le sud-ouest de la France, en Suisse, en Allemagne, etc. — On cultive également l'*H. flava* L. (Rchb. *Ic.* X, t. 510,

oblongs-lancéolés aigus, presque deux fois plus longs que le calice, étalés. ♃. Juin-juillet.

R. — Lieux arides pierreux ou sablonneux. — Bois de Boulogne; Charenton! (*Tourn.* Hist. pl. Par.); parc de Saint-Maur (*Thuill.* Fl. Par., *Maire*). Lardy (*Adr. de Jussieu*). Beauvais près Mennecy (*Des Étangs*). Jetée d'Épisy! près Moret; abondant aux env. de Thurelles! près Dordives. Bois de Montramé près Provins (*Des Étangs*).

**3. S. reflexum** L. *Sp.* 618; *Engl. bot.* t. 695; Rchb. *Pl. crit.* III, t. 286, f. 459; Bill. *Exsicc.* n. 22. — Fuchs. *Hist. pl.* 33 ic. — [O. RÉFLÉCHI].

Souche rameuse, terminée en racine pivotante, émettant des tiges florifères et des rejets. Tiges de 2-4 décim., glabres, souvent rougeâtres ou glaucescentes, couchées et radicantes à la base puis brusquement redressées, simples donnant naissance supérieurement aux rameaux de l'inflorescence, courbées en crochet au sommet avant l'épanouissement des fleurs. *Feuilles* vertes ou glaucescentes, quelquefois rougeâtres, sessiles, très charnues, presque cylindriques, linéaires *aiguës, mucronées, prolongées au-dessous de l'insertion en un éperon court arrondi; celles des rejets non rapprochées en rosette.* Fleurs ord. d'un jaune assez pâle, subsessiles, disposées en cymes scorpioïdes ord. bifurquées et rapprochées en un corymbe terminal. Divisions du calice très charnues, déprimées au centre, à bords épaissis. Pétales ord. 6-8, oblongs-linéaires, environ une fois plus longs que le calice, étalés. ♃. Juillet-août.

C C. — Lieux sablonneux, vieux murs, coteaux pierreux.

**4. S. elegans** Lej. *Fl. Sp.* I, 205; Bill. *Exsicc.* n. 362. — [O. ÉLÉGANT].

Souche rameuse, terminée en racine pivotante, émettant des tiges florifères et des rejets. Tiges de 1-4 décim., glabres, rougeâtres ou glaucescentes, couchées et radicantes à la base puis brusquement redressées, assez grêles, simples donnant naissance supérieurement aux rameaux de l'inflorescence, courbées en crochet au sommet avant l'épanouissement des fleurs. *Feuilles* vertes, souvent rougeâtres, sessiles, minces presque planes, *linéaires, cuspidées, prolongées au-dessous de l'insertion en un éperon triangulaire aigu; celles des rejets étroitement imbriquées,* la plupart desséchées lors de la floraison, les dernières développées rapprochées *en une rosette courte compacte.* Fleurs d'un beau jaune, subsessiles, disposées en cymes scorpioïdes ord. bifurquées et rapprochées en un corymbe terminal. Divisions du calice à peine charnues, planes, à bords non épaissis. Pétales ord. 6-8, oblongs-linéaires, environ une fois plus longs que le calice, étalés. ♃. Juin-juillet.

A.R. — Lieux sablonneux, vieux murs, bruyères. — Bois du Vésinet (*Kralik*); les Bois-Noirs près Mareil-Marly (*de Schœnefeld*); Port-Royal! et Vaux-de-Cernay! près Dampierre. Lardy (*Maire*); Itteville (*Kralik*); La Ferté-Aleps (*de Schœnefeld*); abondant aux env. de Nemours! et dans les bois et les taillis à Dordives! et à Thurelles!. Luisetaines près Donnemarie (*Des Étangs*). Provins (*Bouteiller*). Fleurines près Senlis!; Noailles et Merlemont près Beauvais (*Taillefert*); forêt de Compiègne (*de Marcilly fils*). Très abondant à Banthélu près Magny (*Bouteille*); La Roche-Guyon!. — *Graves* Cat. Oise : sables du canton de Noailles; Crapain près Clermont; Bulles; Ivry-le-Temple cant. de Liancourt.

Sect. II. — Fleurs blanches, purpurines ou roses. Pétales ord. 5.

5. **S. rubens** L. *Sp.* 619 ; Bill. *Exsicc.* n. 1878 et *bis.* — *Crassula rubens* L. *Syst. veg.* 253 ; DC. *Pl. grass.* t. 55 ; *Fl. Par.* éd. 1, 158. — [O. ROUGEATRE].

*Plante annuelle.* Tige de 5-15 centim., dressée, roide, rameuse, à rameaux dressés plus rarement étalés, pubescente-glanduleuse surtout dans sa partie supérieure. *Feuilles* sessiles, étalées, *presque cylindriques, oblongues,* très succulentes, obtuses, glaucescentes souvent rougeâtres, *glabres.* Fleurs d'un blanc rosé, subsessiles, disposées en épis subunilatéraux rapprochés en cymes corymbiformes terminales simples ou rameuses. *Pétales* 5, *lancéolés, aristés,* dépassant très longuement le calice. *Étamines* 5. Carpelles pubescents. ⓘ. Mai-juillet.

*A.C.* — Vignes, terrains pierreux, vieux murs, berges des rivières.

6. **S. album** L. *Sp.* 619 ; *Engl. bot.* t. 1578 ; Bill. *Exsicc.* n. 21. — [O. BLANC. — Vulg. *Perruque, Trique-Madame*].

Souche subcespiteuse, rameuse, émettant des tiges radicantes à la base, les unes florifères, les autres stériles courtes à feuilles peu rapprochées. *Tiges* florifères de 1-2 décim., ascendantes disposées en touffe, *glabres,* simples donnant naissance supérieurement aux rameaux de l'inflorescence. *Feuilles* sessiles, plus ou moins étalées, *presque cylindriques, oblongues-linéaires,* très succulentes, obtuses, vertes, souvent rouges ou d'un rouge brun, glabres. Fleurs blanches, quelquefois rosées, à anthères brunes, pédicellées, disposées en un corymbe dichotome. *Pétales oblongs-lancéolés,* non aristés, environ trois fois plus longs que le calice. ♃. Juin-août.

*C C.* — Vieux murs, toits de chaume, rochers, champs pierreux en friche.

7. **S. dasyphyllum** L. *Sp.* 618 ; *Engl. bot.* t. 656 ; Bill. *Exsicc.* n. 980. — [O. A FEUILLES ÉPAISSES].

Souche subcespiteuse, rameuse, émettant des tiges nombreuses souvent radicantes à la base, les unes florifères, les autres stériles courtes très grêles à feuilles rapprochées-imbriquées. *Tiges* florifères de 1-2 décim., ascendantes-diffuses, disposées en touffe, simples donnant naissance supérieurement aux rameaux de l'inflorescence, *à rameaux pubescents-glanduleux. Feuilles* sessiles, la plupart presque opposées, courtes, *ovoïdes* bossues sur le dos, très succulentes, glaucescentes, glabres. Fleurs blanches, rougeâtres en dehors, pédicellées, disposées en un corymbe irrégulièrement rameux obscurément dichotome. *Pétales ovales, non aristés,* environ trois fois plus longs que le calice. ♃. Juin-août.

*R.* — Vieux murs. — Paris : murs des quais du canal Saint-Martin et de la Seine vers le pont d'Austerlitz ! (*Viginéix*). Montmorency (*Bonnet*). Abondant sur les murs de l'hôpital et du parc à Rambouillet ! (*Dænen*) ; Évreux (*Chesnon*).

8. **S. hirsutum** All. *Ped.* III, t. 65, f. 5 ; Bill. *Exsicc.* n. 983. — [O. HÉRISSÉ].

Souche cespiteuse, rameuse, émettant des tiges nombreuses quelquefois radicantes à la base, les unes florifères, les autres stériles courtes à feuilles rapprochées en une rosette terminale subglobuleuse. *Tiges* florifères de 4-8 centim., *pubescentes-glanduleuses au sommet,* souvent nues ou à peine feuillées, dressées, simples donnant naissance supérieurement aux ra-

tome, plus rarement en glomérules latéraux et terminaux, très rarement axillaires solitaires.

1. TILLÆA. — Calice à 3-4 divisions. *Étamines 3-4. Écailles hypogynes nulles ou très petites. Carpelles dispermes.* Feuilles opposées, connées. Fleurs très petites, axillaires, solitaires.

2. BULLIARDA. — Calice à 4 divisions. *Étamines 4. Écailles hypogynes linéaires. Carpelles polyspermes.* Feuilles opposées, connées. Fleurs petites, en cymes irrégulières.

3. SEDUM. — *Calice à 5, quelquefois 4, plus rarement 6-8 divisions. Étamines en nombre double de celui des sépales plus rarement en nombre égal. Écailles hypogynes très courtes, entières ou légèrement émarginées. Carpelles polyspermes.*

4. SEMPERVIVUM. — *Calice à 6-20 divisions. Étamines en nombre double de celui des sépales. Écailles hypogynes courtes dentées ou lacérées. Carpelles polyspermes.*

### 1. **TILLÆA** Micheli *Nov. gen.* t. 20. — [TILLÉE].

Calice à 3-4 divisions. Corolle à 3-4 pétales. *Étamines 3-4. Écailles hypogynes nulles ou très petites. Carpelles 3-4, dispermes,* étranglés entre les deux graines.

Plante annuelle, très petite, à tiges filiformes très grêles, florifères dès la base. Feuilles opposées, connées, peu épaisses, concaves. Fleurs très petites, axillaires, solitaires, sessiles, à calice souvent coloré, à corolle blanche.

1. **T. muscosa** L. *Sp.* 186; *Engl. bot.* t. 116; Rchb. *Pl. crit.* II, t. 191, f. 330 332; Bill. *Exsicc.* n. 357. — [T. MOUSSE].

Tiges de 2-6 centim., étalées ou ascendantes, souvent rapprochées en touffe, quelquefois radicantes à la base, simples ou rameuses, glabres. Feuilles connées à la base, glabres, souvent rougeâtres, très petites, ovales aiguës-mucronées. Fleurs sessiles. ①. Juin-août.

A.R. — Allées des bois sablonneux, rochers siliceux. — Bois de Boulogne!, de Meudon et du Vésinet (*de Schœnefeld*); Ville-d'Avray!. Bois des Camaldules; rochers de Beauvais! près Mennecy; Nemours!. Vaux-de-Cernay (*de Schœnefeld*); Saint-Léger!. Dreux. Lévignen, Autheuil-en-Valois, forêts de Compiègne et de Villers-Cotterets (*Questier*). — *Graves* Cat. Oise : pelouses de Bongenoult près Beauvais; sables d'Aiguisy et de Montplaisir, cant. d'Estrées; vallée de Bray; sables de Boissy-Fresnoy; Pontarmé; Morfontaine; Ermenonville.

### 2 **BULLIARDA** DC. *Pl. grass.* 7. — [BULLIARDE].

Calice à 4 divisions. Corolle à 4 pétales. *Étamines 4. Écailles hypogynes linéaires. Carpelles 4, polyspermes.*

Plante annuelle, très petite, à tiges grêles. Feuilles opposées, connées, assez épaisses, presque planes. Fleurs petites, disposées en cymes irrégulières souvent unilatérales, pédicellées, à corolle d'un blanc rosé.

1. **B. Vaillantii** DC. *Pl. grass.* t. 74. — Vaill. *Bot. Par.* t. 10, f. 2. — [B. DE VAILLANT].

Tiges de 2-6 centim., charnues, dressées, ord. rapprochées en touffe, plus ou moins rameuses, irrégulièrement dichotomes supérieurement, glabres. Feuilles connées à la base, glabres, quelquefois rougeâtres, petites, linéaires-

13*

oblongues, presque obtuses. Fleurs à pédicelle plus long que les feuilles. ①.
Juin-août.

R. — Mares des terrains sablonneux et tourbeux. — Beauvais près Mennecy
(*Des Étangs*); Lardy (*Vigineix*); Étréchy (*de Schœnefeld*); forêt de Fontainebleau! (*Tourn. Hist. pl. Par.*, *Vaill. Bot. Par.*); env. de Nemours : Darvault!, bois
de Nanteau! (*Devilliers*); Malesherbes! (*Bernard*). — *Graves* Cat. Oise : terreau
de bruyère à Morfontaine et à Ermenonville.

### 3. SEDUM L. *Gen.* n. 616. — [ORPIN].

Calice à 5, quelquefois 4, plus rarement 6-8 divisions. *Corolle à 5, quelquefois 4, plus rarement 6-8 pétales. Étamines en nombre double de celui
des pétales, plus rarement en nombre égal. Écailles hypogynes* ovales,
très *courtes, entières ou légèrement émarginées.* Carpelles 5, quelquefois 4,
plus rarement 6-8, polyspermes.

Plantes annuelles, bisannuelles ou vivaces. Feuilles éparses, quelquefois rapprochées en rosette au sommet des rejets, très épaisses succulentes, planes ou presque
cylindriques. Fleurs purpurines, roses, blanches ou jaunes, en cymes subunilatérales
souvent scorpioïdes rapprochées en corymbe terminal quelquefois disposées en corymbe dichotome, plus rarement en glomérules latéraux et terminaux.

Sect. I. — *Fleurs jaunes.* Pétales 5, quelquefois 4, plus rarement 6-8. — (1-4).

Sect. II. — *Fleurs blanches, purpurines ou roses.* Pétales ord. 5. — (5-11).

Sect. I. — Fleurs jaunes. Pétales 5, quelquefois 4, plus rarement 6-8.

**1. S. acre** L. *Sp.* 619; *Engl. bot.* t. 839; Bill. *Exsicc.* n. 982. — *S. sexangulare* L. *Sp.* 620 non *Fl. Par.* éd. 1. — [O. ACRE. — Vulg. *Vermiculaire-
âcre, Poivre-de-muraille*].

Souche subcespiteuse, rameuse, émettant des tiges radicantes à la base,
les unes florifères, les autres stériles à feuilles très rapprochées. Tiges de
8-15 centim., glabres, ascendantes, ord. rapprochées en touffe compacte, les
florifères rameuses seulement au sommet. *Feuilles* sessiles, dressées, courtes,
*ovoïdes-gibbeuses, non prolongées au-dessous de l'insertion*, celles des jeunes
tiges imbriquées sur 6 rangs. Fleurs d'un beau jaune, subsessiles, disposées en 2-3 cymes subscorpioïdes rapprochées en corymbe terminal. Pétales 5, plus rarement 4, oblongs-lancéolés, deux fois plus longs que le calice,
étalés. Plante d'une saveur âcre. ♃. Juin-juillet.

C C C. — Lieux secs pierreux ou sablonneux, vieux murs, toits de chaume, talus
des chemins de fer, etc.

**2. S. Boloniense** Lois. *Not.* 71 ; Mutel *Fl. Fr.* I, 393 et *Atl.* t. 19. — *S. sexangulare* DC. *Fl. Fr.* IV, 394 ; *Fl. Par.* éd. 1, 159 non L.; *Engl. bot.*
t. 1946; Bill. *Exsicc.* n. 361 et *bis.* — [O. DE BOULOGNE].

Souche subcespiteuse, rameuse, émettant des tiges radicantes à la base,
les unes florifères, les autres stériles à feuilles très rapprochées. Tiges de 1-2
décim., glabres, ascendantes, disposées en touffe lâche ; les florifères rameuses
seulement au sommet. *Feuilles* sessiles, dressées, *cylindriques, linéaires,
obtuses, prolongées en éperon au-dessous de l'insertion*, celles des jeunes
tiges imbriquées sur 6 rangs. Fleurs jaunes, subsessiles, disposées en
2-3 cymes subscorpioïdes rapprochées en corymbe terminal. Pétales ord. 5,

suborbiculaires acuminées un peu cordées, crénelées-dentées, luisantes glabres, coriaces. Bourgeons florifères uniflores ou biflores, solitaires ou fasciculés. Fleurs assez grandes, se développant avant les feuilles. *Pédicelles fructifères épais, très courts*, ne dépassant pas la dépression du fruit où ils s'insèrent. *Fruit* gros, globuleux, présentant un sillon latéral ord. très profond, *pubescent-velouté*, jaune souvent rougeâtre sur la face exposée au soleil, d'une saveur sucrée aromatique. ♄. *Fl.* février-mars. *Fr.* juillet.

Cultivé dans les jardins et les vergers, en plein vent ou en espalier. — Indiqué comme originaire de l'Asie. — Cette espèce présente un assez grand nombre de variétés.

### † **AMYGDALUS** L. *Gen.* n. 619. — [AMANDIER].

*Drupe* globuleuse ou oblongue-comprimée, succulente ou charnue-coriace, colorée ou verte à la maturité, *ord. pubescente veloutée. Noyau* oblong ou ovoïde, plus ou moins comprimé, *marqué de sillons irréguliers ou de fissures étroites*.

Arbres ou arbrisseaux non épineux. *Feuilles* brièvement pétiolées, *pliées longitudinalement avant leur complet développement*. Fleurs blanches ou roses, subsessiles, solitaires ou géminées. Pédicelles fructifères très courts.

† **A. communis** L. *Sp.* 677 ; Lmk *Illustr.* t. 430. — [A. COMMUN. — Vulg. *Amandier*].

Arbre ord. peu élevé. Feuilles elliptiques-lancéolées, dentées en scie, glabres. Fleurs blanches ou rosées, naissant presque en même temps que les feuilles. *Fruit* vert à la maturité, pubescent-velouté à duvet adhérent, *oblong-comprimé, charnu-coriace*, s'ouvrant par une fente longitudinale ou se déchirant irrégulièrement. *Noyau oblong*, à surface presque lisse, *marqué de fissures étroites*, à graine comestible. ♄. *Fl.* février-mars. *Fr.* août-septembre.

Cultivé dans les jardins et les vergers. — Originaire de l'Algérie ! et peut-être de l'Asie. — Varie à amande douce ou à amande amère, à noyau à parois épaisses ou à parois minces. — Cet arbre, assez rarement cultivé dans nos environs, périt ord. avant d'atteindre de grandes dimensions.

† **A. Persica** L. *Sp.* 677 ; Lmk *Illustr.* t. 430. — *Persica vulgaris* Mill. *Dict.* n. 1 ; Tourn. *Inst.* t. 400. — [A. PÊCHER. — Vulg. *Pêcher*].

Arbrisseau ou arbre peu élevé. Feuilles elliptiques-lancéolées, dentées en scie, glabres. Fleurs d'un rose vif, se développant avant les feuilles. *Fruit* d'un vert jaunâtre ou rougeâtre, ord. d'un rouge vif sur la face exposée au soleil, *globuleux*, très succulent, pubescent-velouté à duvet se détachant ord. par le frottement, présentant un sillon latéral plus ou moins profond. *Noyau ovoïde*, très rugueux, *creusé d'anfractuosités profondes* et de sillons irréguliers. Graine amère. ♄. *Fl.* février-mars, *Fr.* août-septembre.

Cultivé dans les vignes et dans les jardins, en plein vent ou en espalier. — Indiqué comme originaire de la Perse, où il n'a pas été vu récemment à l'état spontané. — Cette espèce varie à pulpe incolore, rouge ou jaune, à peine adhérente ou très adhérente à l'épicarpe et au noyau, etc.

Var. β. *lœvis.* (*Persica lœvis* DC. *Fl. Fr.* IV, 487. — Vulg. *Brugnon*). — Fruit glabre.

# XXXII. ROSACÉES

(Rosaceæ Juss. *Gen.* 334 ex parte).

*Fleurs* hermaphrodites, *régulières.*—Calice non soudé avec l'ovaire, persistant, très rarement marcescent, à 5 rarement 4 sépales soudés seulement dans leur partie inférieure ou soudés en tube dans une étendue variable, à préfloraison valvaire ; sépales souvent munis de stipules qui se soudent deux à deux et forment par leur réunion un calicule dont les divisions alternent avec celles du calice. — Corolle à 5 rarement 4 pétales libres, caducs, insérés sur un disque plus ou moins épais au niveau de la base des divisions du calice, à préfloraison imbriquée. — *Étamines* ord. *en nombre indéfini*, libres, insérées avec les pétales. Anthères bilobées, introrses. — *Ovaire libre, composé de carpelles libres entre eux* en nombre indéfini, rarement peu nombreux, très rarement réduits au nombre de 1-2 ; carpelles uniovulés, rarement bi-pluriovulés. Ovules suspendus ou dressés, réfléchis. Styles en nombre égal à celui des carpelles, latéraux, plus rarement terminaux, libres, rarement agglutinés en colonne ; stigmates ord. indivis. — Fruit composé de carpelles libres entre eux, en nombre indéfini, plus rarement peu nombreux ou réduits au nombre de 1-2 ; carpelles secs ou drupacés, monospermes indéhiscents, très rarement polyspermes déhiscents, ord. disposés en capitule sur un réceptacle hémisphérique ou conique, plus rarement disposés en un seul verticille ou renfermés dans le tube du calice charnu ou ligneux. — Graines suspendues ou dressées, dépourvues de périsperme. Embryon droit. Radicule dirigée vers le hile.

Plantes à suc aqueux souvent astringent, annuelles ou vivaces, ou arbrisseaux souvent munis d'aiguillons. Feuilles alternes, pinnatiséquées ou palmatiséquées, plus rarement indivises-dentées ; *stipules plus ou moins longuement soudées au pétiole*, ord. foliacées. Inflorescence très variable, fleurs quelquefois disposées en cymes plus ou moins irrégulières ou en corymbes.

TRIBU I. SPIRÆEÆ. — Étamines en nombre indéfini. *Carpelles* peu nombreux, *disposés en un seul verticille, secs, déhiscents par le bord interne, 2-6-spermes.*

1. SPIRÆA. — Calice dépourvu de calicule. Styles terminaux marcescents.

TRIBU II. POTENTILLEÆ. — Étamines en nombre indéfini. *Carpelles nombreux, monospermes,* indéhiscents, secs ou drupacés, *disposés sur un réceptacle hémisphérique ou conique sec,* spongieux ou charnu.

2. RUBUS. — *Calice dépourvu de calicule. Carpelles drupacés* succulents, *groupés en un fruit bacciforme* sur un réceptacle spongieux persistant. Sous-arbrisseaux à tiges ord. munies d'aiguillons.

3. GEUM. — *Calice muni d'un calicule. Styles terminaux, s'accroissant après la floraison. Carpelles secs,* groupés en tête globuleuse sur un réceptacle sec persistant. Plantes vivaces, herbacées.

oblongues, brièvement acuminées, finement dentées, à dents arquées calleuses-glanduleuses au sommet. *Fleurs* petites, odorantes, disposées en *corymbes simples* dressés. Pédicelles la plupart caducs après la floraison. Fruit noir, ovoïde-globuleux, environ de la grosseur d'un pois, d'une saveur amère acerbe. ♄. *Fl.* mai. *Fr.* juillet-août.

*A.C.* — Bois, buissons des coteaux pierreux. — Bois de Boulogne !. Très abondant dans les haies et les bois à Magny !, à Mantes ! et aux Andelys !. Forêt de Hallatte !; forêt de Compiègne (*Graves* Cat. Oise). Pithiviers !, etc. — Fréquemment planté dans les bois et les parcs où il se naturalise facilement ; quelquefois planté en haies.

† **C. Padus** DC. *Fl. Fr.* IV, 580. — *Prunus Padus* L. *Sp.* 677; *Engl. bot.* t. 1383; Bill. *Exsicc.* n. 233. — [C. A GRAPPES. — Vulg. *Merisier-à-grappes, Bois-joli*].

Arbrisseau plus ou moins élevé, à rameaux étalés ou dressés. Feuilles glabres, assez amples, oblongues-obovales, acuminées, finement dentées, à dents étalées non glanduleuses. *Fleurs* petites, odorantes, disposées *en longues grappes cylindriques* penchées ou pendantes. Pédicelles la plupart persistants après la floraison. Fruit noir ou rouge, globuleux, environ de la grosseur d'un pois, d'une saveur amère acerbe. ♄. *Fl.* mai. *Fr.* juillet-août.

Cet arbrisseau, qui croît spontanément dans l'est et le nord de la France et sur les montagnes du centre et du midi, est planté dans les parcs de nos environs et quelquefois naturalisé dans les bois. — Bois de Boulogne !; Saint-Maur !. Malesherbes !; Pithiviers !. Thury-en-Valois ; forêt de Compiègne, etc.

Le *C. Virginiana* Mich., originaire de l'Amérique du Nord, est assez fréquemment planté dans les parcs comme arbrisseau d'ornement ; il diffère surtout du *C. Padus*, dont il est très voisin, par ses feuilles plus finement et plus longuement dentées, par ses fleurs plus petites, plus nombreuses, en grappes plus serrées et dressées.

On cultive fréquemment le *C. Laurocerasus* Lois. (*Prunus Laurocerasus* L. — Vulg. *Laurier-Cerise, Laurier-à-lait*), indigène dans les provinces caucasiennes, à feuilles coriaces luisantes persistantes exhalant par le froissement une odeur d'amande amère, à fleurs disposées en grappes plus courtes que les feuilles.

### 2. **PRUNUS** Tourn. *Inst.* t. 398. — [PRUNIER].

*Drupe* globuleuse ou oblongue, succulente, ord. colorée, glabre *couverte d'une efflorescence glauque*, plus *rarement pubescente-veloutée. Noyau* oblong, plus rarement oblong-suborbiculaire, plus ou moins comprimé, *lisse ou un peu rugueux* jamais sillonné.

Arbres ou arbrisseaux, à ramuscules quelquefois spinescents. *Feuilles* pétiolées, *roulées longitudinalement avant leur complet développement. Fleurs* blanches, *solitaires ou géminées.* Pédicelles fructifères ord. plus courts que le fruit, quelquefois très courts.

Sect. ɪ. PRUNUS. — Drupe glabre, couverte d'une efflorescence glauque.

1. **P. spinosa** L. *Sp.* 681 ; *Engl. bot.* t. 842 ; Bill. *Exsicc.* n. 352. — [P. ÉPINEUX. — Vulg. *Prunellier, Épine-noire, Ébaupin-noir*].

*Arbrisseau très épineux,* très rameux, formant ord. un buisson épais, à ramuscules spinescents étalés à angle droit. Feuilles obovales-oblongues ou oblongues, ord. brièvement acuminées, finement dentées, glabres ou pubescentes. *Bourgeons florifères ord. uniflores,* solitaires, géminés ou fasciculés.

Fleurs ord. épanouies avant la naissance des feuilles, à pédicelles glabres.
Pédicelles fructifères plus courts que le fruit. *Fruit dressé*, noir, glauque,
plus petit qu'une cerise, globuleux, d'une saveur très acerbe. ♃. *Fl.* avril-
mai. *Fr.* octobre-décembre.

C C. — Buissons, lisières des bois. — Très fréquemment planté dans les haies.

Var. β. *fruticans*. (*P. fruticans* Weihe in *Bot. Zeit.* IX, II, 748 ; Bill. *Exsicc.*
n. 353. — *P. spinosa* var. *macrocarpa Fl. Par.* éd. 1, 165). — Arbrisseau
ord. plus élevé, moins épineux. Feuilles plus amples. Fruit plus gros de moitié
que dans le type. — R. — Mantes (*Beautemps-Beaupré*). Marolles-sur-Ourcq
(*Questier*). Env. de Provins (*Des Étangs*). Malesherbes !.

† **P. cerasifera** Ehrh. *Beitr.* IV, 17. — [P. CERISE].

Arbrisseau ou arbre peu élevé, ord. non épineux, à jeunes rameaux glabres.
Feuilles oblongues, aiguës, finement dentées, glabres ou pubescentes. *Bourgeons
florifères ord. uniflores*, solitaires ou géminés. Fleurs naissant en même temps que
les feuilles, à pédicelles glabres. *Pédicelles* fructifères *égalant* environ *la longueur
du fruit. Fruit* environ de la grosseur d'une cerise, *globuleux, rouge*, d'une saveur
acerbe. ♃. Avril-mai.

R R R. — Naturalisé dans les taillis aux bords de la Marne près du parc de Saint-
Maur !

† **P. domestica** L. *Sp.* 680 ; *Engl. bot.* t. 1783. — [P. DOMESTIQUE. — Vulg.
         *Prunier, Prunier-de-Damas*].

Arbre ou arbrisseau élevé, non épineux, à *jeunes rameaux glabres*. Feuilles
oblongues-aiguës, finement crénelées ou dentées, légèrement pubescentes en
dessous. *Bourgeons florifères ord. biflores*, solitaires ou géminés. Fleurs naissant
en même temps que les feuilles, à pédicelles ord. pubescents. Pédicelles fructifères plus courts que le fruit. *Fruit penché*, assez gros, oblong souvent un peu
arqué, glauque, noir, violet, rougeâtre ou jaunâtre, d'une saveur douce. ♃. *Fl.*
mars-avril. *Fr.* juillet-septembre.

Fréquemment subspontané dans les haies et au voisinage des habitations. — Cette
espèce, cultivée de temps immémorial, a donné naissance à de nombreuses variétés
distinctes par le volume, la couleur et la saveur du fruit.

† **P. insititia** L. *Sp.* 680 ; *Engl. bot.* t. 841. — [P. ENTÉ. — Vulg. *Prunier,
         Prunier-Reine-Claude, Prunier-Sainte-Catherine, Pruneautier*].

Arbre ou arbrisseau élevé, non épineux, à *jeunes rameaux pubescents-veloutés*.
Feuilles oblongues-aiguës, finement crénelées ou dentées, pubescentes en dessous.
*Bourgeons florifères ord. biflores*, solitaires ou géminés. Fleurs naissant en même
temps que les feuilles, à pédicelles finement pubescents ou glabres. Pédicelles fructifères plus courts que le fruit. *Fruit penché*, assez gros, globuleux ou subglobuleux, glauque, noir, violet, rougeâtre, jaunâtre ou verdâtre, d'une saveur douce
plus ou moins sucrée. ♃. *Fl.* mars-avril. *Fr.* juillet-septembre.

Fréquemment subspontané dans les haies et au voisinage des habitations. — Cette
espèce cultivée, comme la précédente, dès la plus haute antiquité, offre également
un très grand nombre de variétés.

Sect. II. ARMENIACA. (*Armeniaca* Tourn. *Inst.* t. 399). — Drupe
                      pubescente-veloutée.

† **P. Armeniaca** L. *Sp.* 679. — *Armeniaca vulgaris* Lmk *Encycl. méth.* I, 2, et
         *Illustr.* t. 431 ; Noisette *Jard. fruit.* t. 18-19-20. — [P. ABRICOTIER. —
         Vulg. *Abricotier*].

Arbre peu élevé, non épineux, à rameaux étalés ou ascendants. Feuilles ovales-

f. 1112.—Vulg. *Lis-jaune*), qui se distingue de l'*H. fulva* surtout par ses fleurs d'un jaune pâle à odeur suave, et par les divisions du périanthe planes aiguës. Cette plante est indiquée comme indigène dans le Doubs et aux environs de Bayonne, en Suisse, en Hongrie, en Illyrie, en Sibérie, etc.

Le genre *Funkia* se distingue du genre *Hemerocallis* surtout par le périanthe tubuleux-infundibuliforme, par les étamines hypogynes, par les graines ailées au sommet, et par les feuilles pétiolées ovales plus ou moins cordées à nervures saillantes arquées parallèles. — On cultive dans les parterres le *F. subcordata* Spreng. (*Hemerocallis Japonica* Thunb.; Redouté *Lil.* I, t. 3.—Vulg. *Hémérocalle-blanche*), originaire de la Chine et du Japon, à fleurs d'un beau blanc exhalant une odeur de fleur d'Oranger.

---

# XCV. ASPARAGINÉES

### (ASPARAGINEÆ A. Richard in *Dict. class.* II, 21).

**Fleurs hermaphrodites, ou unisexuelles par avortement.** — *Périanthe* régulier, *pétaloïde*, caduc, plus rarement persistant, à 6 plus rarement 4-8 divisions libres ou soudées en tube dans une étendue variable, plus ou moins distinctement disposées sur deux rangs.—Étamines en nombre égal à celui des divisions du périanthe, plus rarement en nombre moindre, hypogynes ou insérées sur le périanthe. Anthères bilobées, introrses, insérées sur le filet par la base ou au-dessus de la base. — *Ovaire non soudé avec le périanthe*, à 3 plus rarement 2-4 carpelles, à 3 plus rarement 2-4 loges pluriovulées, pauciovulées ou 1-2-ovulées, plus rarement à un seul carpelle? et à une seule loge 2-3-ovulée. Ovules insérés à l'angle interne des loges. Styles 2-4 soudés en un style indivis, plus rarement libres, très rarement un seul style. — *Fruit bacciforme-charnu*, à 3 plus rarement 2-4 loges, polysperme ou oligosperme, quelquefois uniloculaire et souvent monosperme par avortement. — Graines souvent subglobuleuses, à testa ord. membraneux mince. *Périsperme épais, charnu ou corné.* Embryon très petit, placé dans le périsperme, souvent éloigné du hile.

Plantes terrestres, vivaces, herbacées, plus rarement ligneuses, à souche traçante ou cespiteuse. Feuilles éparses, opposées, verticillées, ou en fascicules radicaux, à nervures parallèles plus rarement ramifiées, sessiles ou engaînantes à la base, plus rarement pétiolées ; quelquefois réduites à des écailles, et alors les ramuscules étant en forme de feuilles filiformes ou aplanis. Fleurs ord. assez petites, axillaires ou terminales, solitaires, fasciculées ou en grappes.

1. ASPARAGUS. — *Fleurs dioïques. Périanthe* campanulé, à 6 divisions, *rétréci à la base en tube en forme de pédicelle. Feuilles réduites à des écailles. Ramuscules filiformes simulant des feuilles.*

2. CONVALLARIA. — Fleurs hermaphrodites. *Périanthe campanulé-urcéolé à 6 dents. Étamines insérées à la base du périanthe. Feuilles toutes radicales.*

3. POLYGONATUM. — Fleurs hermaphrodites. *Périanthe tubuleux-cylindrique à 6 dents. Étamines insérées sur le périanthe au milieu de sa hauteur. Tige feuillée.*

4. MAIANTHEMUM. — Fleurs hermaphrodites. *Périanthe à 4 divisions libres presque jusqu'à la base. Tige feuillée.*

5. PARIS. — Fleurs hermaphrodites. *Périanthe à 8 divisions libres jusqu'à la base. Styles 4, libres. Feuilles disposées par 4-5 en verticille au-dessous du pédicelle de la fleur solitaire terminale.*

6. RUSCUS. — *Fleurs dioïques, naissant 1-2 à la face supérieure des ramuscules. Périanthe à 6 divisions libres jusqu'à la base. Étamines 3, à filets soudés en tube ovoïde. Sous-arbrisseau. Feuilles réduites à des écailles. Ramuscules aplanis en forme de feuille terminés en épine.*

## 1. **ASPARAGUS** L. *Gen.* n. 424. — [ASPERGE].

*Fleurs dioïques* par avortement. *Périanthe campanulé, à 6 divisions, rétréci à la base en tube en forme de pédicelle.* Étamines 6, insérées à la base des divisions du périanthe. Ovaire à 3 loges biovulées. Style indivis, à 3 sillons; stigmates 3, étalés ou réfléchis.

*Tige rameuse. Feuilles réduites à des écailles,* les écailles des rameaux donnant à leur aisselle naissance à des fascicules de *ramuscules* avortés *filiformes* simples verts *simulant des feuilles.* Fleurs d'un blanc jaunâtre ou verdâtre, semblant portées sur des pédicelles articulés en raison de l'étroitesse de leur base.

1. **A. officinalis** L. *Sp.* 448; *Fl. Dan.* V, t. 805; *Engl. bot.* t. 339; Rchb. *Ic.* X, t. 518, f. 967. — [A. OFFICINALE. — Vulg. *Asperge*].

Souche horizontale ou cespiteuse, à fibres radicales épaisses. Jeunes pousses cylindriques, blanches, épaisses-charnues, chargées d'écailles, terminées par un bourgeon comestible verdâtre ou violacé. Tiges de 7-9 décim., herbacées, cylindriques, très rameuses. Ramuscules cylindriques, sétacés, lisses et glabres ainsi que les rameaux, non piquants. Fleurs d'un blanc jaunâtre ou verdâtre, géminées, penchées. Filets des étamines de la longueur de l'anthère. Baies d'un beau rouge. ♃. *Fl.* juin-juillet. *Fr.* août-octobre.

*C.* — Clairières des bois sablonneux, pâturages, coteaux incultes.—Cultivé dans les jardins potagers et les vignes.

## 2. **CONVALLARIA** L. *Gen.* n. 425 ex parte. — [MUGUET].

Fleurs hermaphrodites. *Périanthe campanulé-urcéolé, à 6 dents* rejetées en dehors. *Étamines 6, insérées à la base du périanthe.* Ovaire à 3 loges biovulées. Style indivis, un peu épais; stigmate obtus, trigone.

Pédoncule radical. *Feuilles toutes radicales,* disposées par deux, entourées à la base d'écailles engaînantes. Fleurs blanches, disposées en grappe terminale.

1. **C. maialis** L. *Sp.* 451; *Fl. Dan.* V, t. 854; *Engl. bot.* t. 1035; Rchb. *Ic.* X, t. 432, f. 960; Bill. *Exsicc.* n. 290. — [M. DE MAI. — Vulg. *Muguet*].

Souche horizontale, rameuse, longuement traçante, émettant au niveau des nœuds et des bases de tiges des fascicules de fibres radicales filiformes. Feuilles pétiolées, ovales ou oblongues, acuminées, d'un beau vert. Pédoncules radicaux de 15-30 centim., latéraux, semicylindriques ou subtrigones. Fleurs exhalant une odeur suave pénétrante, penchées, en grappe presque unilatérale, regardant le côté aplani du pédoncule. Baies rouges. ♃. *Fl.* avril-mai. *Fr.* juillet-septembre.

*CC.* — Bois, taillis.

**3. POLYGONATUM** Desf. in *Ann. Mus.* IX, 48. — [POLYGONATUM].

Fleurs hermaphrodites. *Périanthe tubuleux-cylindrique*, à 6 dents dressées. *Étamines 6, insérées sur le périanthe au milieu de sa hauteur.* Ovaire à 3 loges biovulées. Style indivis, filiforme-subtrigone ; stigmate obtus, trigone.

*Tige* simple, *feuillée*, arquée. Feuilles ord. alternes et rejetées d'un même côté de la tige. Fleurs blanches à sommet vert, à pédoncules axillaires, pendantes et rejetées du côté opposé aux feuilles.

1. **P. vulgare** Desf., loc. cit. — *Convallaria Polygonatum* L. *Sp.* 451 ; *Fl. Dan.* III, t. 377 ; *Engl. bot.* t. 280 ; Rchb. *Ic.* X, t. 434, f. 964 ; Bill. *Exsicc.* n. 1339. — [P. commun. — Vulg. *Sceau-de-Salomon*].

Souche horizontale, traçante, assez épaisse, charnue, blanchâtre, présentant à sa face supérieure des cicatrices correspondant à la base des tiges détruites, terminée par la tige florifère et continuée par un bourgeon qui émettra la tige de l'année suivante. *Tige* de 3-5 décim., *anguleuse-striée*, assez robuste, munie à la base de gaînes membraneuses. Feuilles occupant la moitié supérieure de la tige, subsessiles ou sessiles-amplexicaules, ovales-oblongues, glabres, d'un vert pâle en dessous. Pédoncules uniflores ou biflores, glabres. Fleurs assez grandes, inodores. *Étamines à filets glabres.* Baies d'un noir bleuâtre. ♃. *Fl.* avril-mai. *Fr.* août-septembre.

*C.* — Forêts, bois, taillis, pâturages ombragés.

2. **P. multiflorum** Desf., loc. cit. — *Convallaria multiflora* L. *Sp.* 452 ; *Fl. Dan.* I, t. 152 ; *Engl. bot.* t. 279 ; Rchb. *Ic.* X, t. 433, f. 961. — [P. multiflore. — Vulg. *Sceau-de-Salomon*].

Cette espèce se distingue de la précédente surtout par les caractères suivants : *tige cylindrique* ; pédoncules 3-5-flores ; fleurs plus petites ; *étamines à filets poilus.* ♃. *Fl.* avril-mai. *Fr.* août-septembre.

*C.* — Forêts, bois, taillis, pâturages montueux ombragés.

**4. MAIANTHEMUM** Wigg. *Prim. fl. Holsat.* 15. — [MAIANTHÈME].

Fleurs hermaphrodites. *Périanthe à 4 divisions libres presque jusqu'à la base,* étalées horizontalement ou réfléchies. Étamines 4, insérées à la base des divisions du périanthe. Ovaire à 2 loges uniovulées ou biovulées, plus rarement à 3 loges. Style indivis, un peu épais ; stigmate obtus, obscurément bi-trilobé.

*Tige* simple, *feuillée*. Fleurs blanches, petites, disposées en grappe terminale.

1. **M. bifolium** DC. *Fl. Fr.* III, 177 ; Rchb. *Ic.* X, t. 436, f. 967 ; Bill. *Exsicc.* n. 79. — *Convallaria bifolia* L. *Sp.* 452 ; *Fl. Dan.* II, t. 291 ; *Bot. mag.* t. 510. — [M. à deux feuilles].

Souche horizontale, longuement traçante. Tige de 1-2 décim., anguleuse, flexueuse à partir du niveau où s'insère la feuille inférieure, portant 2 plus rarement 1 ou 3 feuilles. Feuilles alternes, pétiolées, ovales-cordées, aiguës ou acuminées, pubescentes sur les nervures à la face inférieure. Fleurs pédi-

cellées, à pédicelles inférieurs géminés ou ternés plus rarement réunis par
4-5. Périanthe à divisions ovales-oblongues. Baies rouges. ♃. Mai-juin.

R. — Lieux ombragés des bois montueux, forêts. — Bois de Boulogne (*Léveillé*);
forêt de Bondy (*Tollard*) : près du château du Raincy (*Tourn.* Hist. pl. Par.);
bois des Fausses-reposes près Vaucresson (*de Boucheman*); forêt de Montmorency!
vers l'étang de Montlignon et le château de la Chasse (*Vaill.* Bot. Par.); La Rive
(*M<sup>lle</sup> Éliza Houzé*), Andilly (*Adr. de Jussieu*) près Montmorency; Ermenonville
(*Mandon*); Morfontaine (*Adr. de Jussieu*); bois de Rouville (*Questier*); forêt de Halatte
(*Graves, Morelle*); Glatigny près Beauvais (*Graves*); forêt de Compiègne, abon-
dant dans la forêt de Laigue (*Léré, de Marcilly fils*); forêt de Villers-Cotterets
près de Longpont, bois de Montigny-l'Allier (*Questier*). Forêt de Fontainebleau!
(*Thuill.* Fl. Par.). Saint-Léger (*Bricc*). Forêt de Dreux et bois Yon (*Dænen*). —
Env. de Noyon (*Questier*). — *Graves* Cat. Oise : forêt de la Hérelle ; bois du
Quesnoy, des Essarts, de la Tombelle, de Salency, de Béhéricourt près Noyon ;
Tracy-le-Mont ; forêt de Compiègne, au pied des Beaux Monts, au moulin de Batigny, près du carrefour de l'Abbaye sur la route de Royalieu, autour de Saint-
Pierre-en-Chartres et près de Pierrefonds ; forêt de la Haute-Pommeraye, sur
le chemin de Creil à Apremont ; forêt de Halatte, à la fontaine Lhermite ; bois du
Thillet, de Cornon, du Parc-aux-Dames, d'Ormoy-Villers cant. de Crépy ; Bourneville ; Lévignen. « Cette plante est bien plus abondante sous les futaies de Hêtre
que sous le Chêne ».

## 5. **PARIS** L. *Gen.* n. 500. — [ PARISETTE ].

*Fleurs hermaphrodites. Périanthe* marcescent-persistant, *à 8 divisions
libres jusqu'à la base,* étalées, 4 extérieures lancéolées, 4 intérieures linéaires
très étroites. Étamines 8, insérées à la base des divisions du périanthe ; filets
dilatés-membraneux, soudés entre eux à la base ; anthères longuement acuminées par un prolongement subulé du connectif. Ovaire à 4 loges pluriovulées. *Styles 4,* filiformes, *libres,* stigmatifères à la face interne.

Tige simple. *Feuilles disposées par 4-5 en verticille au-dessous du pédicelle de
la fleur. Fleur* verdâtre, *terminale solitaire.*

1. **P. quadrifolia** L. *Sp.* 527 ; *Fl. Dan.* I, t. 139 ; *Engl. bot.* t. 7 ; Rchb. *Ic.* X,
t. 430, f. 957-958 ; Bill. *Exsicc.* n. 175. — [P. A QUATRE FEUILLES. —
Vulg. *Herbe-à-Paris, Raisin-de-renard*].

Souche horizontale, longuement traçante. Tige de 2-3 décim., feuillée seulement au sommet. Feuilles disposées par 4, plus rarement par 5 en un verticille situé au-dessous du pédicelle de la fleur, sessiles, ovales ou oblongues-
suborbiculaires, acuminées, rétrécies à la base, 3-5-nervées à nervures
ramifiées. Fleur assez grande, verdâtre, pédicellée au centre de l'involucre
constitué par le verticille de feuilles. Périanthe à divisions extérieures lancéolées, à divisions intérieures linéaires étroites. Ovaire d'un pourpre foncé.
Baie d'un noir bleuâtre. ♃. *Fl.* avril-mai. *Fr.* juillet-août.

A.R. — Bois, pâturages humides ombragés. — Marais de Meudon ( *Cornuti*
Ench. Par., *Tourn.* Hist. pl. Par.); garenne de Sèvres (*Vaill.* Bot. Par.); Auber-
villiers, forêt de Montmorency! autour du château de la Chasse (*Tourn.* Hist. pl.
Par.); forêt de Bondy (*Latteux, E. Fournier*); bois de Verrières, forêt de Marly
(*Weddell*); bois de Saint-Cucufas (*Delavaux*); bois de Chaville (*E. Fournier*); Louveciennes, Versailles (*de Boucheman*). Parc de Rentilly près Lagny (*Thurel*). Forêt
de Senart ! ; bois de La Haie près Le Châtelet (*M. Garnier*). Magny ! (*Bouteille*);
Les Andelys (*E. Fournier*). L'Ile-Adam (*Chalin*) ; Bézu (*E. Fournier*) et Beausseré! près Gisors ; Chaumont ! (*Frion*); Pouilly ! près Méru ; garenne de Saint-

Michel près Saint-Leu (*Vaill.* Bot. Par.); bois du Parc près Beauvais (*Graves*); Goincourt près Beauvais, forêt de Villers-Cotterets, bois de Montigny-l'Allier, forêt de La Neuville-en-Hez, Thury et Autheuil-en-Valois (*Questier*); forêt de Compiègne!. Provins (*Bouteiller*), etc.

## 6. RUSCUS L. *Gen.* n. 1139. — [FRAGON].

*Fleurs dioïques* par avortement. Périanthe marcescent-persistant, à 6 divisions libres jusqu'à la base, à la fin étalées, les extérieures ovales-oblongues, les intérieures plus petites lancéolées. *Étamines 3*, insérées à la base des divisions extérieures du périanthe auxquelles elles sont opposées, *à filets soudés en un tube ovoïde* qui dans les fleurs mâles porte les 3 anthères soudées entre elles et réfléchies en dehors, et qui dans les fleurs femelles est dépourvu d'anthère. Ovaire uniloculaire, 2-3-ovulé, renfermé dans le tube formé par les filets des étamines. Style indivis, épais, continuant l'ovaire; stigmate large, épais, pelté. Fruit monosperme par avortement, plus rarement disperme.

*Sous-arbrisseau.* Tige rameuse, à écorce verte. Feuilles réduites à des écailles membraneuses caduques, les *écailles des rameaux donnant naissance* chacune à *son aisselle à un ramuscule* vert *aplani en forme de feuille terminée en épine. Fleurs* petites, verdâtres, *naissant 1-2* à la partie moyenne de *la face supérieure des ramuscules* aplanis.

1. **R. aculeatus** L. *Sp.* 1474; *Engl. bot.* t. 560; Rchb. *Ic.* X, t. 437, f. 968.— [F. PIQUANT.— Vulg. *Petit-Houx, Épine-de-rat*].

Sous-arbrisseau toujours vert, de 5-9 décim. Souche oblique, traçante, à fibres radicales très longues épaisses-charnues. Tiges roides, flexibles, cylindriques, rameuses supérieurement, entourées à la base dans la jeunesse de larges écailles membraneuses engaînantes. Ramuscules aplanis épars, rapprochés, sessiles, très coriaces, ovales, acuminés en pointe épineuse vulnérante, présentant une côte moyenne et des côtes secondaires parallèles, un peu tordus à leur insertion de telle sorte que leurs faces regardent latéralement. Fleurs verdâtres, un peu pédicellées, naissant 1-2 à la face supérieure des ramuscules, accompagnées d'une petite écaille bractéale scarieuse uninerviée cuspidée. Tube formé par les filets des étamines soudés d'un violet foncé, ovoïde-urcéolé, membraneux au sommet et ondulé-lobulé dans les fleurs femelles. Baies rouges, environ de la grosseur d'une cerise, persistant pendant l'hiver. Graines assez grosses, globuleuses ou hémisphériques, marquées à la base d'une large tache suborbiculaire correspondant à la chalaze. ♃. Septembre-avril. En raison de la durée de la floraison, on trouve souvent sur la même tige des fleurs et des fruits mûrs.

*A.C.* — Bois, taillis, buissons ombragés. — Env. de Saint-Prix près Montmorency (*Cornuti* Ench. Par.); Jouy, forêt de Saint-Germain! (*Tourn.* Hist. pl. Par.). Env. de Magny (*Bouteille*); Pouilly près Méru (*Daudin*); parc de Rebetz près Chaumont (*Frion*); forêt de Vernon!. Vaux-Cernay! près Dampierre; Saint-Léger!; forêt de Dreux! (*Dœnen*). Forêt de Senart!; Marcoussis!; env. de Melun!; abondant dans la forêt de Fontainebleau!; Thurelles! près Dordives. Forêt de Villers-Cotterets(*Lepeletier de Saint-Fargeau*); Autheuil et Thury-en-Valois(*Questier*), etc.

## CLASSE II.

### Ovaire soudé avec le tube du périanthe.

## XCVI. DIOSCORÉES

(DIOSCOREÆ R. Br. *Prodr. Nov.-Holl.* 294).

*Fleurs* ord. *dioïques.* — Périanthe régulier, pétaloïde, à 6 divisions presque égales, disposées sur deux rangs, soudées en tube dans leur partie inférieure. — Fleur mâle : Périanthe campanulé, à tube court. *Étamines 6*, insérées à la base des divisions du périanthe. Anthères ovoïdes-subglobuleuses, bilobées, introrses. — Fleur femelle : *Périanthe à tube* oblong *soudé avec l'ovaire.* Ovaire à 3 carpelles, à 3 loges biovulées. Ovules insérés à l'angle interne des loges, suspendus, superposés, réfléchis. Styles 3, soudés dans leur partie inférieure, libres et réfléchis au sommet ; stigmates dilatés, bifides. — *Fruit bacciforme* succulent (dans notre espèce), paraissant uniloculaire par suite de la disparition des cloisons. — Graines 3-6, subglobuleuses, à testa membraneux. *Périsperme* épais, *charnu.* Embryon très petit, placé dans le périsperme près du hile.

Plante terrestre, vivace, à souche épaisse charnue. Tige volubile, rameuse. *Feuilles* alternes, longuement pétiolées, cordées, *à nervures ramifiées.* Fleurs petites, en grappes axillaires.

### 1. **TAMUS** L. *Gen.* 1119. — [TAMIER].

Mêmes caractères que ceux de la famille.

**1. T. communis** L. *Sp.* 1458 ; *Engl. bot.* t. 91 ; Rchb. *Ic.* X, t. 439, f. 971.— [T. COMMUN. — *Vulg. Sceau-de-Notre-Dame, Herbe-aux-femmes-battues, Haut-Liseron*].

Tige grêle, sarmenteuse, volubile, atteignant souvent 2-3 mètres de longueur. Feuilles longuement pétiolées, ovales, profondément cordées, acuminées, luisantes ; pétiole muni de deux glandes à la base. Fleurs petites, d'un blanc jaunâtre ou verdâtre, en grappes axillaires grêles assez lâches. Baies rouges, de la grosseur d'une petite cerise. ♃. *Fl.* mai-juillet. *Fr.* août-octobre.

*A.C.* — Bois humides, taillis, buissons, haies des lieux ombragés.

---

## XCVII. IRIDÉES

(IRIDES Juss. *Gen.* 57).

*Fleurs hermaphrodites,* ord. renfermées avant la floraison dans des bractées membraneuses en forme de spathe. — *Périanthe* régulier ou irrégulier à tube soudé avec l'ovaire, *à 6 divisions pétaloïdes* disposées sur deux rangs.—*Étamines 3*, insérées à la base des divisions extérieures du périanthe. *Anthères* bilobées, *extrorses.— Ovaire soudé avec le tube du périanthe*, à 3 carpelles, à 3 loges multiovulées ou pluriovulées. Ovules insérés à l'angle interne des loges, ord. horizontaux ou ascendants, réfléchis. Styles soudés en un style indivis ; stigmates 3, souvent dilatés ou pétaloïdes.— *Fruit capsulaire, à 3 loges* ord. *polyspermes*, à déhiscence loculicide, à 3 valves. — Graines à testa membraneux, plus rarement coriace ou charnu. *Périsperme* épais, *charnu ou corné.* Embryon placé dans l'axe du périsperme, ou un peu latéral dans les graines déformées par leur pression mutuelle. Radicule dirigée vers le hile.

Plantes terrestres ou aquatiques, vivaces, herbacées, ord. à rhizome horizontal rameux charnu, plus rarement à souche bulbeuse. Feuilles alternes à base engaînante, ou toutes radicales, ensiformes-équitantes, plus rarement linéaires, à nervures parallèles. Fleurs ord. grandes, en épi, en grappe, en corymbe ou en panicule terminale, paraissant plus rarement naître directement du bulbe.

1. IRIS. — *Périanthe à divisions extérieures réfléchies* ou étalées. *Stigmates* très grands, *pétaloïdes.* Rhizome charnu, horizontal. Feuilles ensiformes-équitantes.

† CROCUS. — *Périanthe* à tube cylindrique très long, à limbe *campanulé-infundibuliforme. Stigmates non pétaloïdes.* Souche bulbeuse. Feuilles étroitement linéaires. Fleurs paraissant naître directement du bulbe.

**1. IRIS** L. *Gen.* n. 59 ; Spach in *Ann. sc. nat.* sér. 3, V, 89. — [IRIS].

*Périanthe* régulier, à tube trigone très long, herbacé, libre seulement dans sa partie supérieure, à limbe *à* 6 *divisions* rétrécies en forme d'onglet dans leur partie inférieure, s'enroulant en dedans ou en spirale après la floraison ; les *extérieures réfléchies* ou étalées en dehors dès la base ou dans leur partie supérieure, souvent munies en dedans d'une ligne longitudinale de poils filiformes pétaloïdes ; les intérieures étalées, dressées ou conniventes, souvent d'une autre forme et plus petites. Étamines à filets filiformes ou subulés, appliquées contre la face inférieure des stigmates ; anthères oblongues-linéaires, insérées sur le filet à la base ou vers la base. Ovules insérés sur deux rangs à l'angle interne de chaque loge, horizontaux. Style trigone, soudé ord. dans sa partie inférieure avec le tube du périanthe ; *stigmates* (branches du style) 3, très grands, dilatés *pétaloïdes*, carénés en dessus, un peu canaliculés ou concaves en dessous, bilabiés, à lèvre supérieure bifide, à lèvre inférieure très courte cachant la surface stigmatique. Capsule à 3 plus rarement 6 angles. Graines nombreuses dans chaque loge, déprimées-planes, bordées, plus rarement subglobuleuses.

Rhizome horizontal rameux charnu très épais (dans nos espèces). Tige simple ou rameuse. Feuilles la plupart en fascicules radicaux, pliées longitudinalement et soudées dans presque toute leur longueur par les deux moitiés de leur face interne, la nervure moyenne correspondant au bord extérieur (feuilles ensiformes), équitantes à la base ; les caulinaires alternes, engaînant la tige à la base. Fleurs bleues, violettes ou jaunes, ord. très grandes, solitaires, géminées ou fasciculées, erminales ou axillaires et terminales, accompagnées de bractées herbacées ou scarieuses rapprochées en forme de spathe ; les spathes uniflores composées de deux bractées, les spathes pluriflores composées de plusieurs bractées.

† **I. Germanica** L. *Sp.* 55 ; Sibth. et Sm. *Fl. Græc.* t. 40 ; *Bot. mag.* t. 670 ; Redouté *Lil.* VI, t. 309 ; Rchb. *Crit.* X, t. 924, f. 1245, et *Ic.* IX, t. 338, f. 765. — [I. D'ALLEMAGNE. — Vulg. *Iris, Flambe, Flamme*].

Feuilles lancéolées, un peu glauques, les radicales nombreuses assez larges un peu arquées plus courtes que la tige. *Tige de 5-8 décim., rameuse, pluriflore. Spathes membraneuses au moins dans leur moitié supérieure* dès le commencement de la floraison. *Fleurs* odorantes, très grandes, *sessiles et solitaires dans la spathe. Périanthe à partie libre du tube* un peu *plus longue que l'ovaire, à divisions* de même couleur ou les intérieures plus pâles, d'un bleu violet dans leur partie supérieure blanchâtres veinées d'un brun rougeâtre dans leur partie inférieure ; les *extérieures* obovales-cunéiformes rétrécies inférieurement, présentant de chaque côté à la base une dent épaisse en forme de callosité, *munies* en dedans sur la côte moyenne jusqu'au milieu de leur longueur *d'une ligne* longitudinale *de poils pétaloïdes* à sommet jaunâtre disposés sur plusieurs rangs ; les intérieures dressées-conniventes aussi longues que les extérieures, obovales, brusquement contractées en une base étroite canaliculée par l'inflexion des bords. Stigmates oblongs, à lobes de la lèvre supérieure triangulaires-acuminés divergents. ♃. Avril-mai.

Planté dans les jardins et les parterres, quelquefois sur les vieux murs, les rocailles et les toits de chaume, où il se perpétue sans culture. — Probablement indigène dans l'Europe méridionale.

† **I. pumila** L. *Sp.* 56 ; Jacq. *Austr.* I, t. 1 ; Rchb. *Ic.* IX, t. 327, f. 752. — [I. NAIN].

Feuilles lancéolées, un peu glauques, les radicales assez nombreuses ord. un peu arquées dépassant plus ou moins la tige. *Tige de 6-18 centim., simple, uniflore*, entièrement ou presque entièrement cachée par les gaînes des feuilles. *Spathe* herbacée inférieurement, *membraneuse au sommet et aux bords. Fleur* assez grande, *sessile dans la spathe. Périanthe à partie libre du tube* dépassant souvent la spathe *environ 5 fois plus longue que l'ovaire, à divisions* d'un bleu violet veiné ou d'un bleu pâle plus rarement blanches ; les *extérieures* oblongues-obovales rétrécies inférieurement, *munies* en dedans sur la côte moyenne jusqu'au milieu de leur longueur *d'une ligne* longitudinale *de poils pétaloïdes* à sommet jaunâtre disposés sur plusieurs rangs ; les intérieures dressées-conniventes, aussi longues et un peu plus larges que les extérieures, obovales, brusquement contractées en une base étroite canaliculée par l'inflexion des bords. Stigmates oblongs, à lobes de la lèvre supérieure triangulaires acuminés. ♃. Avril-mai.

Assez fréquemment planté sur les vieux murs et les toits de chaume, où il se multiplie naturellement. — Mennecy ! ; Chailly ! ; Fontainebleau ! ; Pithiviers !. Env. de Mantes !. Dreux !, etc. — Originaire de l'Europe orientale méridionale.

1. **I. Pseudo-Acorus** L. *Sp.* 56 ; *Fl. Dan.* III, t. 494 ; *Engl. bot.* t. 578 ; Rchb. *Ic.* IX, t. 344, f. 771. — [I. FAUX-ACORE. — Vulg. *Iris-jaune, I.-des-marais, Glaïeul-des-marais*].

Plante aquatique ou croissant dans les lieux marécageux. Feuilles à peine glaucescentes, les radicales nombreuses lancéolées-linéaires dressées égalant ord. environ la longueur de la tige. *Tige de 5-10 décim., rameuse, pluriflore.* Spathes herbacées, à bractées lancéolées aiguës. *Fleurs* inodores, grandes, *pédicellées et ord. réunies plusieurs dans la spathe. Périanthe à partie libre du tube* un peu élargie au sommet *plus courte que l'ovaire*, d'un jaune-citron ; *divisions extérieures* d'un jaune un peu plus foncé que les intérieures et les stigmates, obovales rétrécies dans leur partie inférieure, présentant à la base de chaque côté de la côte moyenne une callosité saillante en forme de dent, *ne présentant pas de ligne de poils*, veinées de brun à la face interne dans leur partie inférieure ; *les intérieures* presque dressées, petites, linéaires-oblongues ou linéaires-spatulées à partie inférieure caliculée élargie ovale-suborbiculaire, beaucoup plus courtes que les extérieures, *environ deux fois plus courtes que les stigmates.* Stigmates oblongs, à lobes de la lèvre supérieure ovales-triangulaires incisés-denticulés. ♃. Juin-juillet.

*C C.* — Bords des rivières, étangs, marécages, fossés aquatiques.

**2. I. fœtidissima** L. *Sp.* 57 ; *Engl. bot.* t. 596 ; Rchb. *Crit.* X, t. 916, f. 1237, et *Ic.* IX, t. 347, f. 775. — [ I. FÉTIDE. — Vulg. *Iris-gigot*].

Feuilles vertes, très coriaces, les radicales nombreuses lancéolées-linéaires assez larges dressées égalant ord. environ la longueur de la tige, exhalant par le froissement une odeur particulière peu agréable. *Tige* de 4-6 décim., *simple*, pluriflore, anguleuse d'un côté. Spathes herbacées membraneuses aux bords, à bractées lancéolées aiguës. *Fleurs* assez grandes, longuement *pédicellées et ord. réunies plusieurs dans la spathe. Périanthe à partie libre du tube plus courte que l'ovaire*, bleuâtre-veinée ; *divisions extérieures* obovales, rétrécies dans leur partie inférieure en onglet court, présentant à la base de chaque côté une callosité saillante en forme de dent, *ne présentant pas de ligne de poils ; les intérieures* divergentes, oblongues atténuées en onglet linéaire concave muni à la base de chaque côté d'une callosité, plus courtes et plus étroites que les extérieures, un peu *plus longues que les stigmates.* Stigmates oblongs, à lobes de la lèvre supérieure ovales-triangulaires. *Graines globuleuses, à testa* épais, d'abord succulent *rouge* et luisant, puis rugueux et terne. ♃. Juin-juillet.

*A.R.* — Clairières des bois montueux, buissons des coteaux incultes, bords des chemins herbeux. — Parc de Neuilly (*Bonnet*) ; Meudon (*Tourn.* Hist. pl. Par.) ; bois de Vincennes! ; Saint-Maur! ; parc de Rentilly, Croissy-en-Brie (*Thuret*) ; bois Saint-Jacques et forêt de Montmorency (*Boudier*) ; forêt de Saint-Germain!. Magny (*Bouteille*); La Roche-Guyon!. Forêt de Rougeaux!; côte de Champagne!; Malesherbes!. Comelle près Chantilly (*Questier*); Chaumont (*Frion*). Forêt de Compiègne (*Léré*); Le Berval, Vez, Vaumoise, La Villeneuve-sous-Thury (*Questier*). Dreux (*Dœnen*), etc.

† **CROCUS** Tourn. *Inst.* t. 183-184. — [SAFRAN].

*Périanthe* régulier, à tube cylindrique très long, *à limbe campanulé-infundibuliforme* à 6 divisions presque égales ou les extérieures un peu plus grandes. Étamines à filets filiformes ; anthères linéaires-sagittées, insérées sur le filet à la base. Ovaire soudé avec le tube du périanthe dans sa partie souterraine. Ovules insérés sur deux rangs à l'angle interne de chaque loge, ascendants. Style filiforme, long ; *stigmates* (branches du style) 3, épais, élargis-cunéiformes et *plus ou moins enroulés dans leur partie supérieure*, denticulés ou incisés au sommet à dents ou à lobules papilleux. Capsule membraneuse, à trois angles peu marqués. Graines plus ou moins nombreuses dans chaque loge, subglobuleuses.

Souche (rhizome bulbiforme) consistant en un ou plusieurs bulbes solides recouverts de plusieurs tuniques dont les fibres se séparent quelquefois en forme de réseau ; le jeune bulbe superposé au bulbe flétri de l'année précédente. *Fleurs* assez grandes, d'un violet pâle, plus rarement jaunes ou blanches, *paraissant naître directement du bulbe* la tige étant réduite à un axe très court, se développant avant les feuilles ou en même temps que les feuilles, accompagnées d'une spathe membraneuse composée d'une ou de deux bractées. Feuilles linéaires étroites, canaliculées et marquées d'une ligne longitudinale blanche en dessus, à nervure saillante en dessous, entourées avec les tubes des fleurs de plusieurs gaînes membraneuses.

† **C. sativus** All. *Ped.* n. 310; Redouté *Lil.* III, t. 173; Rchb. *Ic.* IX, t. 360, f. 798-799. — *C. sativus α officinalis* L. *Sp.* 50. — [S. CULTIVÉ. — Vulg. *Safran, Safran-du-Gâtinais*].

Bulbe ovoïde, à tuniques décomposées en fibres capillaires anastomosées en aréoles étroites. Fleurs 1-2, assez grandes, accompagnées d'une spathe composée de deux bractées, violacées à gorge violette poilue, à tube environ deux fois aussi long que le limbe, à divisions oblongues obtuses atténuées à la base, les intérieures un peu plus courtes. Étamines de moitié plus courtes que les divisions, à filets un peu plus courts que les anthères. Stigmates odorants, d'un jaune rougeâtre, égalant environ la longueur des divisions du périanthe, tronqués et inégalement denticulés au sommet, étalés-pendants et sortant latéralement de la fleur. Feuilles paraissant un peu avant les fleurs ou en même temps que les fleurs, linéaires très étroites, à bords enroulés un peu rudes, d'abord dressées, puis étalées, atteignant environ le même niveau que la fleur au moment de la floraison, s'allongeant beaucoup ensuite. ♃. Septembre-novembre.

Cultivé en plein champ dans le Gâtinais, surtout aux environs de Pithiviers, de Beaumont et de Puiseaux !. — Originaire de l'Orient.

On cultive assez fréquemment dans les parterres de nombreuses variétés du *C. vernus* All. (Rchb. *Ic.* IX, t. 355, f. 786-787), indigène dans les régions montagneuses. Cette espèce est caractérisée par les tuniques du bulbe décomposées en fibres capillaires anastomosées en aréoles étroites ; par la spathe composée d'une seule bractée ; par les fleurs concolores, d'un violet plus ou moins foncé, blanches lavées de violet, ou entièrement blanches ; par les stigmates courts dressés ne dépassant pas la moitié de la hauteur du périanthe dilatés au sommet en crêtes ondulées denticulées. — On cultive également le *C. luteus* Lmk (Rchb. *Crit.* X, t. 926, f. 1247), originaire de l'Orient, à tuniques du bulbe non décomposées en fibres, à fleurs d'un beau jaune d'or, à filets des étamines papilleux, à stigmates dilatés en entonnoir tronqué et finement denticulé au sommet.

Le *Gladiolus communis* L. (Rchb. *Ic.* IX, t. 349, f. 777. — Vulg. *Glaïeul*), indigène dans la région méditerranéenne, est cultivé quelquefois dans les parterres et est naturalisé dans le parc de Malesherbes. Cette plante se reconnaît à sa souche bulbeuse à tuniques composées de fibres parallèles entrecroisées au sommet, à sa tige feuillée, à ses feuilles ensiformes, à ses fleurs purpurines disposées en épi unilatéral, à son périanthe infundibuliforme subbilabié à tube court, à ses stigmates dilatés chargés de papilles sur les bords presque dès la base, à ses étamines ascendantes dont les anthères sont plus courtes que les filets, et à ses graines ailées.

---

# XCVIII. AMARYLLIDÉES

(AMARYLLIDEÆ R. Br. *Prodr. Nov.-Holl.* 296).

*Fleurs* hermaphrodites, *renfermées avant la floraison dans des bractées* membraneuses *en forme de spathe.* — *Périanthe* ord. *régulier*, à tube soudé avec l'ovaire, *à* 6 *divisions pétaloïdes* ord. disposées sur deux rangs, souvent soudées en tube au-dessus de l'ovaire, souvent muni à la gorge d'une couronne ou d'un tube pétaloïde. — *Étamines 6*, insérées sur le périanthe ou sur le disque qui recouvre l'ovaire. Anthères bilobées, ord. introrses. — *Ovaire soudé avec le tube du périanthe*, à 3 carpelles, à 3 loges pluriovulées. Ovules insérés à l'angle interne des loges, ord. horizontaux, réfléchis. Styles soudés en un style indivis; stigmate ord. trilobé. — *Fruit capsulaire, polysperme, à 3 loges*, à déhiscence loculicide, à 3 valves. — Graines subglobuleuses, comprimées ou anguleuses, à testa membraneux ou charnu. *Périsperme* épais, *charnu*. Embryon ord. très petit, placé dans le périsperme. Radicule dirigée vers le hile.

Plantes terrestres, à souche ord. bulbeuse. Feuilles toutes radicales, à base engaînante, linéaires, à nervures parallèles. Fleurs ord. grandes, terminales, solitaires ou groupées.

1. NARCISSUS. — *Périanthe à divisions entières égales, muni à la gorge d'une couronne pétaloïde* cupuliforme, cyathiforme, urcéolée ou campanulée.

2. GALANTHUS. — *Périanthe à divisions intérieures* plus courtes de moitié que les extérieures *émarginées ou échancrées* au sommet, *dépourvu de couronne pétaloïde*.

## 1. **NARCISSUS** L. *Gen.* n. 403. — [NARCISSE].

*Périanthe* à tube prolongé au-dessus de l'ovaire, à limbe régulier hypocratériforme ou infundibuliforme, *à 6 divisions entières*, égales, étalées ou réfléchies, *à gorge munie d'une couronne pétaloïde* cupuliforme, cyathiforme, urcéolée ou campanulée. Étamines insérées sur le tube du périanthe à une hauteur variable au-dessous de la couronne. Capsule subglobuleuse-trigone. Graines subglobuleuses.

Bulbe composé de tuniques. Tige nue (pédoncule radical), plus ou moins fistuleuse, souvent comprimée ou anguleuse. Spathe monophylle, fendue d'un côté, renfermant une seule fleur plus rarement plusieurs fleurs. Fleurs blanches ou jaunes, plus ou moins penchées sur le pédicelle.

Sous-genre I. EUNARCISSUS. (*Narcissus, Helena, Hermione* et *Chloraster* Haw. *Monogr.* — *Narcissus* et *Hermione* Kunth *Enum. pl.* V. — *Narcissus* Parlat. *Fl. It.* III, 114). — Périanthe à tube long à peine élargi vers la gorge. Couronne plus courte que les divisions du périanthe. *Étamines inégales*, les 3 opposées aux divisions extérieures du périanthe *insérées à la gorge du tube* qu'elles dépassent, les 3 opposées aux divisions intérieures *insérées au-dessus du milieu* de la hauteur *du tube* et incluses; *filets soudés avec le tube dans presque toute leur longueur, libres seulement au sommet* et infléchis; *anthères insérées sur le filet vers le milieu de leur dos*.

1. **N. poeticus** L. *Sp.* 414; *Engl. bot.* t. 275; Redouté *Lil.* III, t. 160; Rchb. *Ic.* IX, t. 364, f. 808; Bill. *Exsicc.* n. 659. — [N. DES POÈTES.—Vulg. *Narcisse, Œillet-de-mai, Jeannette-blanche, Rose-de-la-Vierge*].

Feuilles linéaires, assez larges, obtuses, un peu carénées, glaucescentes, égalant environ la longueur de la tige. Tige de 4-6 décim., un peu comprimée, à 2 angles saillants, uniflore. Fleur grande, exhalant une odeur suave. *Périanthe* à tube vert grêle allongé cylindrique un peu comprimé; *à divisions d'un beau blanc, ovales-oblongues*; à *couronne* jaunâtre, *très courte, étalée en coupe,* plissée *à bord* ondulé-crénelé *d'un beau rouge.* ♃. Avril-mai.

*R R.* — Bois herbeux, prairies. — Derrière le potager à Versailles (*Vaill.* Bot. Par.); bois des environs de Versailles !, où il provient peut-être d'anciennes cultures: Trianon, bois du Désert !, bois des Gonards (*de Boucheman*). Armainvilliers (*Maire*). Prairies du Châtelet près Melun (*M. Garnier*). Bargny (*Questier*). — *Graves* Cat. Oise : garenne de Houssoy près Troissereux ; bois des environs de Guiscard; Marolles; parc du Plessis-sur-Autheuil. « L'indigénat de cette espèce est extrêmement douteux ».

On cultive fréquemment le *N. Tazetta* L. (Rchb. *Ic.* IX, t. 366, f. 813. — Vulg. *Narcisse-à-bouquet*) dans les parterres, où il varie à fleurs doubles. Cette espèce, indigène dans la région méditerranéenne, où elle est très répandue et offre de nombreuses variétés, se reconnaît aux caractères suivants : feuilles légèrement canaliculées, glaucescentes, linéaires assez larges, obtuses ; tige cylindrique-comprimée à 2 angles saillants, 3-10-flore ; fleurs inégalement pédicellées, étalées à angle droit sur le pédicelle, odorantes ; périanthe à tube vert ou d'un blanc ou d'un jaune pâle verdâtre, à divisions d'un beau blanc ou d'un blanc jaunâtre, ovales-oblongues, à couronne d'un jaune ord. foncé, cyathiforme très entière, plus courte de moitié que les divisions.

On cultive aussi comme plante d'ornement le *N. Jonquilla* L. (Rchb. *Ic.* IX, t. 366, f. 811. — Vulg. *Jonquille*), originaire de la région méditerranéenne. Cette espèce se reconnaît aux caractères suivants : feuilles étroites presque jonciformes, semicylindriques, d'un vert glaucescent; tige presque cylindrique, 2-6-flore ; fleurs inégalement pédicellées, étalées à angle droit sur le pédicelle, très odorantes ; périanthe à tube plus ou moins verdâtre inférieurement, à divisions d'un beau jaune ovales-oblongues ou ovales-élargies, à couronne concolore cyathiforme un peu crénelée, environ trois fois plus courte que les divisions.


Sous-genre II. QUELTIA. (*Queltia, Tros, Schizanthes, Philogyne, Jonquilla,* et *Diomedes* ex parte Haw. *Monogr.* — *Queltia* Kunth *Enum. pl.* V, 721). — Périanthe à tube assez long plus ou moins élargi dans sa partie supérieure. Couronne assez ample, plus courte que les divisions du périanthe. *Étamines un peu inégales, insérées vers le milieu de la hauteur du tube,* les 3 opposées aux divisions extérieures un peu plus longues et insérées un peu plus haut; *filets soudés inférieurement avec le tube,* libres dans le reste de leur longueur et dressés ; *anthères insérées sur le filet au-dessous du milieu de leur dos.*

† **N. incomparabilis** Mill. *Dict.* n. 3; Curt. in *Bot. mag.* t. 121 ; Rchb. *Ic.* IX, t. 370, f. 819. — [N. NONPAREIL].

Feuilles linéaires, assez larges, obtuses, canaliculées, glaucescentes, plus courtes que la tige ou environ de sa longueur. Tige de 2-4 décim., presque cylindrique à 2 angles saillants, uniflore. Fleur grande, peu odorante. *Périanthe à partie du tube supérieure à l'ovaire herbacée cylindrique un peu élargie dans sa partie supérieure; à divisions d'un jaune pâle* ou d'un jaune de soufre, oblongues; *à couronne* d'un beau jaune plus foncé au sommet, *campanulée,* un peu plissée, *environ une fois plus courte que les divisions,* lobée au sommet à lobes ondulés. ♃. Avril.

*R R R.* — Bois, taillis. — Bois du Désert ! près Versailles (*Irat*). Forêt de Chantilly entre la route de la Fille-morte et l'avenue Connétable (*M^lle É. Houzé*). — Indiqué dans le parc de Vaux-Praslin près Melun (*Mérat* Fl. Par.).

M. J. Gay (in *Bull. Soc. bot.* V, 276), auquel nous empruntons les éléments de cette note, fait remarquer, à l'occasion d'un *Narcissus* hybride produit par les *N. Pseudo-Narcissus* et *poeticus*, que dans cette plante les étamines sont insérées au milieu de la hauteur du tube du périanthe et non vers la base comme dans le *N. Pseudo-Narcissus*, ni au sommet du tube comme dans le *N. poeticus*. L'hybridation du *N. Pseudo-Narcissus*, qui est un *Ajax*, par le *N. poeticus*, qui est un *Narcissus*, produirait donc un *Queltia*, fait d'autant plus remarquable que la plupart des vrais *Queltia* sont des plantes de jardin ou échappées de jardin et n'ayant pas de patrie certaine. M. Gay ajoute qu'il n'a jamais pu rencontrer de graines fertiles chez le *N. incomparabilis*, qui serait probablement un hybride provenant du *N. Pseudo-Narcissus* fécondé par une autre espèce. Nous devons ajouter à l'appui de cette manière de voir que le *N. incomparabilis* aux environs de Versailles, seule localité où nous ayons eu l'occasion de l'observer aux environs de Paris, croît dans les bois où existent les *N. poeticus* et *Pseudo-Narcissus*; il y est très rare et ne se rencontre que par individus isolés.

On cultive dans les parterres le *N. odorus* L. (Curt. *Bot. mag.* t. 78 ; Rchb. *Ic.* IX, t. 370, f. 818), indiqué comme indigène dans la région méditerranéenne. Cette plante diffère du *N. incomparabilis* par ses feuilles semicylindriques, par sa tige 1-3-flore, et par les divisions de son périanthe d'un beau jaune à peine plus pâles que la couronne.

Sous-genre III. AJAX. (*Ajax*, *Oileus* et *Diomedes* ex parte Haw. — *Ajax* Kunth *Enum. pl.* V, 707). — Périanthe à tube assez court infundibuliforme-campanulé ou turbiné. *Couronne* ample campanulée, *égalant environ les divisions du périanthe. Étamines presque égales, insérées vers la base du tube* qu'elles dépassent ; *filets soudés avec le tube à leur base, libres dans le reste de leur longueur et dressés ; anthères insérées sur le filet à la partie inférieure de leur dos.*

2. **N. Pseudo-Narcissus** L. *Sp.* 414 ; *Engl. bot.* t. 17 ; *Fl. Dan.* XIII, t. 2170 ; Rchb. *Ic.* IX, t. 369, f. 816 ; Bill. *Exsicc.* n. 468.— [N. FAUX-NARCISSE. — Vulg. *Narcisse-des-bois*, *N.-des-prés*, *Fleur-de-coucou*, *Jeannette*, *Coucou*].

Feuilles linéaires, assez larges, obtuses, un peu canaliculées, glaucescentes, ord. plus courtes que la tige. Tige de 2-4 décim., comprimée à 2 angles saillants, uniflore. Fleurs grandes, presque inodores. *Périanthe à partie du tube supérieure à l'ovaire* colorée ou un peu verdâtre *infundibuliforme-campanulée ; à divisions d'un jaune pâle* ou d'un jaune de soufre, ovales ; *à couronne d'un beau jaune dans toute son étendue, en forme de tube campanulé, égalant la longueur des divisions*, lobée au sommet à lobes inégaux ondulés. ♃. Mars-avril.

C. — Bois, taillis, pâturages ombragés.

## 2. **GALANTHUS** L. *Gen.* n. 401. — [GALANTHINE].

*Périanthe* à tube court non prolongé au-dessus de l'ovaire, à limbe régulier campanulé, *à 6 divisions* ; les extérieures concaves, entières; les *intérieures* dressées, *plus courtes de moitié*, émarginées ou échancrées au sommet. Étamines 6, insérées sur le disque qui recouvre l'ovaire ; filets très courts ; *anthères* dressées, terminées par une pointe subulée, *s'ouvrant par deux pores terminaux*. Capsule ovoïde. Graines subglobuleuses.

Bulbe composé de tuniques. Tige nue (pédoncule radical), fistuleuse, un peu comprimée. Spathe monophylle, fendue d'un côté, renfermant une seule fleur. Fleur pédicellée, penchée sur le pédicelle, blanche, les divisions intérieures du périanthe vertes au sommet. Capsule n'arrivant à maturité qu'alors que la tige s'est couchée sur la terre en se flétrissant.

**1. G. nivalis** L. *Sp.* 413; *Fl. Dan.* X, t. 1641; *Engl. bot.* t. 19; Redouté *Lil.* IV, t. 200; Rchb. *Ic.* IX, t. 363, f. 807; Bill. *Exsicc.* n. 1076. — [G. PERCE-NEIGE. — Vulg. *Perce-neige, Nivéole*].

Feuilles glaucescentes, linéaires-obtuses, planes, présentant en dessous trois côtes rapprochées, au nombre de deux, renfermées inférieurement dans une longue gaîne membraneuse complète, plus courtes que la tige. Tige de 2-3 décim., grêle. Spathe linéaire allongée, un peu recourbée. Périanthe à divisions extérieures ovales-oblongues blanches, les intérieures oblongues-obovales cordées au sommet et présentant en dehors une tache verte en forme de croissant marquées à la face interne de lignes vertes. ♃. Février-mars.

R. — Prairies, clairières des bois. — Bois de Vincennes (*Bonnet*). Très abondant aux environs de Trianon ! et du Canal ! dans le parc de Versailles. Luzarches (*M^{me} L*** M****). Très abondant à Magny au Clos-Cotty ! (*Bouteille*) et à Chaumont dans le parc de Rebetz (*Frion*); Pierrefitte près Beauvais (*Graves*). Valgenseuse près Senlis (*Morelle*). — Indiqué à Meudon (*Mérat* Fl, Par.). — *Graves* Cat. Oise : haies à Frocourt, Valoire près Beauvais ; Giencourt près Clermont ; Salency près Noyon ; Bains cant. de Ressons ; Golancourt, Villeselve, cant. de Guiscard ; Vaux près Creil ; prairies de Thury-en-Valois, de Cuvergnon, cant. de Betz.

Le genre *Leucoium* présente les caractères suivants : périanthe à tube court non prolongé au-dessus de l'ovaire, à limbe à 6 divisions presque égales épaissies et verdâtres au sommet ; étamines insérées sur le disque qui recouvre l'ovaire, anthères s'ouvrant par deux fentes longitudinales. — On cultive quelquefois dans les parterres le *L. vernum* L. (Rchb. *Ic.* IX, t. 362, f. 804 ; Bill. *Exsicc.* n. 2141) à tige uniflore, ainsi que le *L. æstivum* L. (*Engl. bot.* t. 621 ; Rchb. *Ic.* IX, t. 362, f. 805) à tige pluriflore ; ces deux espèces sont indigènes en France.

On cultive dans les parterres et dans les serres plusieurs espèces du genre *Amaryllis*.

---

# XCIX. ORCHIDÉES

(ORCHIDEÆ Juss. *Gen.* 64).

Fleurs hermaphrodites. — *Périanthe irrégulier*, à tube soudé avec l'ovaire, à 6 divisions pétaloïdes marcescentes dont 3 extérieures et 3 intérieures ; les 3 divisions extérieures souvent convergentes avec les deux intérieures et supérieures (casque); *la division intérieure et inférieure* (labelle) ord. *très différente des autres* par sa forme et sa grandeur, souvent prolongée en éperon à sa base (1). — *Étamines* 3,

(1) Pour la facilité de l'étude, nous avons décrit le labelle comme inférieur, bien qu'il soit réellement supérieur et ne devienne inférieur que par la torsion du pédicelle ou de l'ovaire ; sa position supérieure est facile à constater dans les fleurs non épanouies. Chez certains genres (*Liparis, Malaxis*, etc.) le labelle reste supérieur.

*à filets soudés en colonne avec le style* (colonne, gynostème) : *les deux latérales stériles, réduites* chacune *à un mamelon ou* à un appendice charnu (staminode), *quelquefois complétement nulles, la moyenne fertile, placée au-dessus du stigmate,* soudée avec la colonne ou en étant distincte ; très rarement (Cypripedium) les étamines latérales étant régulièrement développées et la moyenne avortée. Anthère à 2 lobes ; grains de pollen agglomérés en masses (masses polliniques) ; masses polliniques presque pulvérulentes à granules lâchement cohérents, ou très compactes ressemblant à de la cire (masses céracées), ou à granules assez gros agglutinés par une matière visqueuse élastique et alors ord. atténuées en pédicelle (caudicule) ; le caudicule ou la masse pollinique présentant ord. à son extrémité un petit corps visqueux (rétinacle) libre ou soudé avec celui de la masse pollinique voisine et renfermé souvent dans un repli (bursicule) qui surmonte le stigmate. — Ovaire soudé avec le tube du périanthe, à 3 carpelles, uniloculaire, multiovulé, à 3 placentas pariétaux saillants ord. bifurqués. Stigmate placé dans la partie supérieure et extérieure de la colonne, constitué par une surface déprimée glanduleuse. — *Fruit capsulaire,* trigone ou hexagone, ord. surmonté des divisions marcescentes du périanthe, *à une seule loge, très polysperme,* s'ouvrant (dans les espèces indigènes) par 3 valves persistantes restant adhérentes à leur sommet et à leur base, portant les placentas à leur partie moyenne, et laissant libres entre elles leurs nervures moyennes dont elles se sont séparées et qui forment un châssis persistant. — Graines très petites, à testa très lâche réticulé. Périsperme nul. Embryon largement débordé par le testa, consistant en une agglomération globuleuse de cellules, ne présentant ni cotylédon, ni gemmule, ni radicule distincts (Rich., R. Br., Prillieux) (1).

Plantes terrestres, croissant quelquefois dans les lieux marécageux. Souche munie seulement de fibres radicales (souche fibreuse) cylindriques nombreuses, plus rarement de 2-4 fibres épaisses-napiformes ; ou présentant, au-dessous des fibres cylindriques, 2-5 bulbes d'une structure spéciale (ophrydobulbes), entiers ou palmés, constitués par une masse charnue à épiderme mince et surmontés d'un bourgeon ; plus rarement souche traçante ou composée d'un ou de plusieurs bulbes résultant du renflement de la tige et entourés d'une ou de plusieurs tuniques constituées par les bases des feuilles. Tiges simples, feuillées au moins à la base, plus rarement nues. Feuilles à nervures parallèles plus rarement anastomosées, alternes, plus rarement toutes radicales, ord. engainantes à la base, quelquefois toutes réduites à des écailles jamais vertes. Fleurs naissant à l'aisselle de bractées, disposées en épi ou en grappe terminale.

---

(1) Voyez, sur le développement ultérieur de l'embryon par la germination, les importants travaux de M. Thilo Irmisch (*Beitr. Biol. Morph. Orchid.* [1853]) et de M. Ed. Prillieux (in *Bull. Soc. bot.* III et VII, et in *Ann. sc. nat.* sér. 4, V).

TRIBU I. OPHRYDEÆ. — *Anthère soudée à la colonne avec laquelle elle forme un tout continu*, persistante; *masses polliniques* composées de granules assez gros agglutinés par une matière visqueuse-élastique, *atténuées en caudicule à la base*. Plantes à *bulbes* d'une structure spéciale (ophrydo-bulbes), charnus, entiers ou palmés, recouverts d'un épiderme mince, *surmontés de fibres radicales cylindriques*.

1. ACERAS. — *Labelle dépourvu d'éperon, allongé, à 3 divisions linéaires, la moyenne* plus large, *bifide*, infléchie pendant la préfloraison. *Rétinacles ord. soudés en un seul qui est renfermé dans une bursicule* uniloculaire.

2. LOROGLOSSUM. — *Labelle prolongé à la base en éperon court, très long, à 3 divisions linéaires enroulées en spirale pendant la préfloraison, la moyenne indivise. Rétinacles soudés en un seul qui est renfermé dans une bursicule* uniloculaire.

3. ANACAMPTIS. — *Labelle large, 3-lobé à lobes courts, prolongé en éperon filiforme. Rétinacles soudés en un seul qui est renfermé dans une bursicule* uniloculaire.

4. ORCHIS. — *Labelle prolongé en éperon, à 3 lobes* plus ou moins prononcés. *Rétinacles libres, renfermés dans une bursicule* biloculaire. Ovaire contourné.

5. OPHRYS. — *Labelle non prolongé en éperon*, entier ou 3-lobé. *Rétinacles libres, renfermés dans deux bursicules distinctes*. Ovaire non contourné.

6. HERMINIUM. — *Labelle connivent avec les autres divisions du périanthe, 3-lobé à lobes linéaires entiers, bossu à la base. Caudicules très courts, à rétinacles libres, non renfermés dans une bursicule*.

7. GYMNADENIA. — *Labelle* large ou linéaire, *3-lobé ou 3-denté, prolongé en éperon* long ou court. *Rétinacles libres, non renfermés dans une bursicule*.

8. PLATANTHERA. — *Labelle linéaire-allongé, indivis, prolongé en éperon* très long. *Rétinacles libres, non renfermés dans une bursicule*.

TRIBU II. NEOTTIEÆ. — *Anthère soudée seulement à la base avec la colonne*, marcescente; *masses polliniques* composées de granules lâchement cohérents, presque pulvérulentes, *non atténuées en caudicule*. Plantes à *souche dépourvue de bulbes, munie seulement de fibres radicales* cylindriques grêles ou plus ou moins épaisses.

9. LIMODORUM. — *Labelle rétréci en forme d'onglet* canaliculé *dans sa partie basilaire, indivis, prolongé en éperon*. Ovaire non contourné. Feuilles réduites à des écailles.

10. CEPHALANTHERA. — *Labelle* indivis, *brusquement rétréci à sa partie moyenne, à plusieurs nervures dilatées en crêtes* longitudinales, non prolongé en éperon. Colonne allongée. *Rétinacles nuls. Ovaire plus ou moins contourné*.

11. EPIPACTIS. — *Labelle* indivis, *brusquement rétréci à sa partie moyenne, présentant* au-dessous du rétrécissement *deux bosses saillantes*. Colonne courte. Masses polliniques réunies par un *rétinacle commun. Ovaire non contourné*.

12. NEOTTIA. — *Labelle* allongé, *bifide*, légèrement concave à la base, non prolongé en éperon. Anthère appliquée sur un prolongement lamelleux de la colonne. Ovaire non contourné. Fibres radicales nombreuses.

13. SPIRANTHES. — *Labelle non rétréci à sa partie moyenne*, indivis, plié-concave en dessus, non prolongé en éperon. Anthère appliquée sur un pro-

longement de la colonne en forme de bec bifide. *Fibres radicales 2-4 épaisses napiformes. Fleurs en épi fortement contourné en spirale.*

14. GOODYERA. — *Labelle à base très largement et profondément concave-bossue, non rétréci à sa partie moyenne, à partie non concave indivise courte* liguliforme. Anthère appliquée sur un prolongement de la colonne en forme de bec bidenté. *Rhizome grêle, rameux, longuement traçant.*

TRIBU III. MALAXIDEÆ. — *Anthère libre*, en forme d'opercule, *caduque ; masses polliniques* très compactes, céracées, composées de granules très cohérents, *non atténuées en caudicule.* Plantes à *bulbes constitués par un renflement de la tige* entouré d'une ou de plusieurs tuniques.

15. LIPARIS. — *Labelle regardant en haut, aussi long que les autres divisions* du périanthe. *Colonne allongée.*

16. MALAXIS.—*Labelle regardant en haut, plus court que les divisions extérieures* du périanthe. *Colonne très courte.*

TRIBU I. — **OPHRYDEÆ.** — Anthère soudée à la colonne avec laquelle elle forme un tout continu, persistante ; masses polliniques composées de granules assez gros agglutinés par une matière visqueuse-élastique, atténuées en caudicule à la base. Plantes à bulbes d'une structure spéciale (ophrydo-bulbes), charnus, entiers ou palmés, recouverts d'un épiderme mince, surmontés de fibres radicales cylindriques.

**1. ACERAS** R. Br. in Ait. *Hort. Kew.* ed. 2, V, 191 ex parte.— [ACÉRAS].

Périanthe à divisions extérieures conniventes en casque avec les deux intérieures ; *labelle dépourvu d'éperon,* ne présentant à la base que deux petites bosses à peine saillantes, dirigé en bas, pendant, *allongé, à 5 divisions linéaires, la moyenne* plus large *bifide* infléchie pendant la floraison. Masses polliniques à *rétinacles* ord. *soudés en un seul* qui est *renfermé dans une bursicule* uniloculaire. Ovaire contourné.

1. **A. anthropophora** R. Br., loc. cit.; Rchb. f. *Ic.* XIII, t. 357.— *Ophrys anthropophora* L. *Sp.* 1343 ; *Fl. Dan.* I, t. 103 ; *Engl. bot.* t. 29.— Vaill. *Bot. Par.* t. 31, f. 19-20. — [A. HOMME-PENDU. — Vulg. *Ophrys-pendu, Homme-pendu, Pantine*].

Bulbes entiers, ovoïdes-subglobuleux. Tige de 2-4 décim. Feuilles oblongues ou oblongues-lancéolées. Bractées membraneuses, plus courtes que l'ovaire. Fleurs disposées en épi allongé un peu lâche, d'un jaune verdâtre bordées et rayées d'un rouge brunâtre. Périanthe à divisions conniventes en un casque presque obtus. Labelle plus long que l'ovaire, à 3 divisions linéaires, les 2 latérales très étroites, la moyenne plus large et plus longue, bifide, à divisions secondaires presque aussi étroites que les divisions latérales. ♃. Mai-juin.

R. — Prés secs, pelouses découvertes des bois montueux, pâturages. — Saint-Maur (*Tourn.* Hist. pl. Par., *Vaill.* Bot. Par.); Meudon ; Buc ! (*de Boucheman*) ; bois de Satory ! près Versailles; Saint-Germain (*Vaill.* Bot. Par.). Luzarches (*De Lens*). Lardy !; Étréchy !; La Ferté-Aleps (*de Schœnefeld*) ; assez abondant aux env. de Fontainebleau ! : Bouron (*Thuill.* Fl. Par.), entre Samois et Valvins, dans les prairies des Basses-Loges, le long du canal (*Vaill.* Bot. Par.); Nemours (*Devil-liers*); Malesherbes!. Provins (*Bouteiller*). — *Graves* Cat. Oise : coteaux de Flambermont et de Saint-Martin-le-Nœud près Beauvais ; Lassigny ; Thury-en-Valois.

### 2. **LOROGLOSSUM** Rich. *Orch. Eur.* in *Mém. Mus.* IV, 47 ex parte. — [LOROGLOSSE].

Périanthe à divisions extérieures conniventes en casque avec les deux intérieures ; *labelle prolongé* à la base *en éperon court*, dirigé en bas, pendant, *très long, à 3 divisions linéaires enroulées en spirale pendant la préfloraison, la moyenne indivise.* Masses polliniques à *rétinacles soudés en un seul* qui est *renfermé dans une bursicule* uniloculaire. Ovaire contourné.

1. **L. hircinum** Rich., loc. cit. 54. — *Satyrium hircinum* L. *Sp.* 1337; Jacq. *Austr.* IV, t. 367 ; *Engl. bot.* t. 24. — *Aceras hircina* Lindl. *Orch.* 282 ; Rchb. f. *Ic.* XIII, t. 360 ; Bill. *Exsicc.* n. 2745. — Vaill. *Bot. Par.* t. 30, f. 6. — [L. A ODEUR DE BOUC].

Bulbes entiers, ovoïdes. Tige de 4-8 décim., robuste. Feuilles oblongues-lancéolées ou ovales-lancéolées. Bractées linéaires, plus longues que l'ovaire, à 3-5 nervures. Fleurs exhalant une très forte odeur de bouc, disposées en épi oblong-cylindrique, d'un blanc verdâtre, rayées et ponctuées de pourpre en dedans, à labelle d'un brun verdâtre livide à base blanche ponctuée de houppes purpurines. Périanthe à divisions conniventes en un casque subglobuleux. Labelle à 3 divisions linéaires, les latérales beaucoup plus courtes et plus étroites que la moyenne, ondulées-crépues surtout à la base, la moyenne très longue un peu contournée en spirale même après l'épanouissement, tronquée ou présentant 2-3 dents courtes à l'extrémité ; éperon très court, conique. ♃. Juin-juillet.

*A.C.* — Clairières et lisières des bois sablonneux, coteaux pierreux incultes, buissons, taillis. — Bois de Boulogne! (*Tourn.* Hist. pl. Par., *Vaill.* Bot. Par.); bois de Meudon!; parc de Saint-Maur (*Vaill.* Bot. Par.); bois du Vésinet!; Saint-Germain! (*Brice*); Hennemont près Saint-Germain (*de Schœnefeld*). Arthieul, Banthélu, Magny! (*Bouteille*); Mantes!; parc de La Falaise (*Mouillefarine*); La Roche-Guyon!; Vernon!; Bizy!; Les Andelys!. Luzarches (*De Lens*); L'Ile-Adam (*Chatin*); Chaumont!; Senlis!; Compiègne (*de Marcilly fils*). Bois entre Boissise-la-Bertrand et Melun!; Lardy!; Étréchy!; Fontainebleau!; Nemours!; Malesherbes!; Thurelles! près Dordives. Dreux (*Dœnen*), etc.

### 3. **ANACAMPTIS** Rich. *Orch. Eur.* in *Mém. Mus.* IV, 47. — [ANACAMPTIS].

Périanthe à divisions extérieures latérales étalées, la moyenne dressée un peu connivente avec les deux divisions intérieures ; *labelle* dirigé en bas, *large, 3-lobé à lobes courts*, muni en dessus vers la base de deux petites lamelles parallèles saillantes, *prolongé en éperon filiforme.* Masses polliniques à *rétinacles soudés en un seul* qui est *renfermé dans une bursicule* uniloculaire. Ovaire contourné.

1. **A. pyramidalis** Rich., loc. cit. 55. — *Orchis pyramidalis* L. *Sp.* 1332; Jacq. *Austr.* III, t. 266 ; *Fl. Dan.* XII, t. 2113; *Engl. bot.* t. 110. — *Aceras pyramidalis* Rchb. f. *Ic.* XIII, 6, t. 361. — Vaill. *Bot. Par.* t. 31, f. 38-39. — [A. PYRAMIDAL].

Bulbes entiers, subglobuleux. Tige de 2-6 décim., assez grêle. Feuilles lancéolées-linéaires, allongées, aiguës. Bractées linéaires, marquées de 3 nervures à la base, égalant environ la longueur de l'ovaire. Fleurs en épi compacte court, ovoïde ou oblong, d'un beau rose. Labelle à 3 lobes presque égaux oblongs obtus, les latéraux un peu plus larges un peu crénelés ; éperon grêle, filiforme, égalant ou dépassant la longueur de l'ovaire. ♃. Mai-juillet.

R. — Pelouses sèches, bois, coteaux incultes et herbeux. — Meudon (*Maire*). Luzarches (*De Lens*) ; Chantilly (*Mandon*) ; Aulmont, étangs de Comelle (*Morelle*); parc de Rebetz près Chaumont!; Senlis (*Thuill.* Fl. Par.); forêt de Compiègne (*Weddell*); Rond-buisson dans la forêt de Laigue (*de Marcilly fils*). Louvières et Saint-Gervais près Magny (*Bouteille*) ; env. de Mantes !; Le Coudray (*de Boucheman*), parc de Fontenay-Saint-Père (*Guillon*) ; La Roche-Guyon (*Beautemps-Beaupré*). Lartoire (*E. Fournier*). Assez abondant dans la forêt de Fontainebleau ! (*Ant. de Jussieu in Vaill.* Bot. Par.) : entre Samois et Valvins, aux Basses-Loges, le long du canal de Fontainebleau (*Vaill.* Bot. Par.). — *Graves* Cat. Oise; Mont-Ouin près Trie-Château ; pentes de la forêt de Hez vers les tourbières de Bresle où il est rare ; commun dans la forêt du Lys ; Pontarmé ; Pommeraye ; Ermenonville ; Pouilly cant. de Méru.

### 4. ORCHIS L. *Gen.* n. 1009 ex parte. — [ORCHIS].

Périanthe à divisions extérieures conniventes en casque avec les deux intérieures, ou à divisions extérieures latérales étalées ou réfléchies la moyenne seule connivente avec les deux intérieures ; *labelle* dirigé en bas, *à 3 lobes* plus ou moins prononcés le lobe moyen entier bilobé ou bifide, *prolongé en éperon*. Masses polliniques à *rétinacles libres renfermés dans une bursicule* biloculaire. Ovaire contourné.

Sect. I. *HERORCHIS*. — *Périanthe à divisions extérieures conniventes en casque* avec les deux intérieures. — (1-6).

Sect. II. *ANDRORCHIS*. — *Périanthe à divisions extérieures latérales étalées ou réfléchies* la moyenne seule connivente avec les deux intérieures. — (7-10).

Sect. I. HERORCHIS. — Périanthe à divisions extérieures conniventes
en casque avec les deux intérieures.

1. O. ustulata L. *Sp.* 1333; *Engl. bot.* t. 18; Rchb. f. *Ic.* XIII, t. 368; Bill. *Exsicc.* n. 855. — Vaill. *Bot. Par.* t. 31, f. 35-36. — [O. BRULÉ].

*Bulbes entiers*, subglobuleux ou ovoïdes-subglobuleux. Tige de 2-3 décim. Feuilles oblongues ou oblongues-lancéolées, canaliculées ou pliées en dessus. *Bractées* membraneuses-colorées, *égalant ou dépassant la moitié de la longueur de l'ovaire*, à une seule nervure. *Fleurs petites*, en épi assez petit ovoïde ou oblong, à casque d'un pourpre très foncé presque noirâtre, à labelle blanc ponctué et souvent taché de pourpre. *Périanthe à divisions conniventes en casque ovale subglobuleux*, libres jusqu'à la base, les extérieures ovales, les intérieures presque de la même longueur beaucoup plus étroites linéaires ou linéaires-spatulées. *Labelle* presque plan, *tripartit; les lobes latéraux oblongs* dirigés presque horizontalement; *le lobe moyen à peine plus large que les latéraux, bifide* au sommet, présentant ou non une dent à l'angle de sa bifidité, à lobes secondaires courts presque

44

parallèles; éperon presque conique obtus, arqué à la base surtout dans la jeunesse, dirigé en bas, 3-4 fois plus court que l'ovaire. ♃. Mai-juin.

*A.R.* — Prairies, pâturages, coteaux herbeux, lisières des bois. — Le Plessis-Piquet !; Palaiseau !; Orsay (*de Schœnefeld*); Saint-Germain (*Brice*); env. de Montmorency (*Boudier*). Bouray (*E. Fournier*); Le Châtelet près Melun (*M. Garnier*); abondant à Fontainebleau ! dans le parc et la forêt; bois de Darvault ! près Nemours; Malesherbes !. Le Coudray près Mantes (*Irat*); Vétheuil (*Beautemps-Beaupré*); Les Andelys (*A. Grenier*); Chaumont ! (*Frion*). Vaumoise (*Questier*). Vanteuil (*Adr. de Jussieu*). Provins (*Bouteiller*). Dreux (*Dœnen*). — *Graves* Cat. Oise : bois de Froidmont et de Hermes cant. de Noailles; bordure de la forêt de Hez vers la vallée de Thérain; friches d'Anserville et de Boulaine cant. de Méru; bois de Lagny et de Lassigny; bosquets du Ganelon vers Annelles et Coudun; coteaux de Cuise-Lamotte; Pontlabbé cant. de Crépy; Beaurepaire cant. de Pont-Sainte-Maxence; Marolles cant. de Betz.

2. **O. purpurea** Huds. *Fl. Angl.* ed. 1, 334; Rchb. f. *Ic.* XIII, 31, t. 378. — *O. militaris* β et δ L. *Sp.* 1334. — *O. fusca* Jacq. *Austr.* IV, t. 307 ; *Engl. bot.* t. 16; *Fl. Par.* éd. 1, 550, et *Illustr. fl. Par.* t. 32, G, f. 1-2.—Vaill. *Bot. Par.* t.-31, f. 27-29. — [ O. POURPRE ].

*Bulbes entiers*, ovoïdes ou subglobuleux. Tige de 4-8 décim., robuste. Feuilles amples, oblongues, luisantes, d'un beau vert. *Bractées beaucoup plus courtes que l'ovaire*, membraneuses, acuminées, à une seule nervure plus ou moins distincte. *Fleurs* en épi un peu lâche gros ovoïde ou oblong, à casque d'un pourpre foncé veiné-ponctué, à labelle blanc ou rosé, ponctué de petites houppes purpurines. *Périanthe à divisions conniventes en casque ovoïde-subglobuleux*; les extérieures soudées dans leur moitié inférieure; les intérieures linéaires. *Labelle tripartit*; les lobes latéraux linéaires ou linéaires-oblongs, écartés ou rapprochés du lobe moyen; *le lobe moyen s'élargissant insensiblement à partir de sa base, bifide*, présentant ord. une dent à l'angle de sa bifidité, *à lobes secondaires ord.* très *larges*, un peu tronqués, crénelés ou denticulés; éperon courbé, dirigé en bas, tronqué, plus court que la moitié de la longueur de l'ovaire. ♃. Mai-juin.

Var. α. *purpurea.* — Casque d'un pourpre foncé. Labelle à lobes latéraux ord. rapprochés du lobe moyen, à lobe moyen à divisions ord. très larges. — *A.C.* — Bois, coteaux ombragés. — Bois de Vincennes !, de Meudon !, de Saint-Cloud !; forêts de Bondy !, de Saint-Germain !, de Montmorency !. L'Ile-Adam !. Mantes !; La Roche-Guyon !. Forêts de Fontainebleau !, de Compiègne, etc.

Var. β. *Jacquini.* (*O. hybrida* Bough. in Rchb. *Fl. excurs.* 125. — *O. Jacquini* Godr. *Fl. Lorr.* éd. 1, III, 33. — *O. militaris* γ *hybrida* Lindl. *Orch.* 271. — *O. fusca* var. *stenoloba Fl. Par.* éd. 1, 550, et *Illustr. fl. Par.* t. 32, G, f. 3 ; Rchb. f. *Ic.* XIII, 31, t. 377. — Vaill. *Bot. Par.* t. 31, f. 21). — Casque d'un pourpre moins foncé. Labelle à lobes latéraux ord. écartés du lobe moyen, à lobe moyen à divisions souvent presque aussi étroites que les lobes latéraux. — R. — Mêlé avec le type. — Bois de Vincennes ! et de Meudon !. L'Ile-Adam ! (*de Schœnefeld*). Vayres ! près La Ferté-Aleps; forêt de Fontainebleau !.

La variété *Jacquini*, par le casque souvent peu coloré et par la forme du labelle, se rapproche quelquefois beaucoup de l'*O. militaris*, et il serait possible qu'elle fût un hybride produit par cette dernière espèce et par l'*O. purpurea*. Sur les coteaux à L'Ile-Adam, où croissent pêle-mêle l'*O. militaris*, l'*O. purpurea* et sa variété *Jacquini*, nous avons trouvé d'assez nombreux échantillons dont la détermination

certaine était presque impossible. Il n'est pas très rare non plus de rencontrer des
échantillons de la variété *Jacquini* très difficiles à distinguer de l'*O. Simia*.

3. **O. militaris** L. *Sp.* 1333 excl. var. β γ δ et ε ; Jacq. *Ic. rar.* III, 16, t. 598;
Rchb. *Crit.* VIII, t. 701. — *O. Rivini* Gouan *Illustr.* 74 sec. Rchb. f. *Ic.*
XIII, 30, t. 376. — *O. galeata* Poir. in Lmk *Encycl. méth.* IV, 593; *Fl.
Par.* éd. 1, 551, et *Illustr. fl. Par.* t. 32, H ; Wedd. in *Ann. sc. nat.* sér.
3, XVIII, t. 1, f. 7-8. — *O. mimusops* Thuill *Fl. Par.* 458. — Vaill. *Bot.
Par.* t. 31, f. 22-24. — [ O. MILITAIRE ].

*Bulbes entiers*, ovoïdes ou subglobuleux. Tige de 3-6 décim., ord. robuste.
Feuilles oblongues. *Bractées beaucoup plus courtes que l'ovaire*, membraneuses, *à une seule nervure* plus ou moins distincte. *Fleurs* en épi gros
ord. assez serré, ovoïde ou oblong, *à casque d'un rose ou d'un blanc cendré*
en dehors, ord. ponctué et strié de lilas en dedans, à labelle blanc ou rosé
ponctué de petites houppes purpurines. *Périanthe à divisions conniventes
en casque ovoïde-lancéolé*, les extérieures soudées dans leur moitié inférieure. *Labelle tripartit*; les lobes latéraux linéaires; *le lobe moyen linéaire, dilaté et bifide* au sommet, présentant ord. une dent à l'angle de sa
bifidité, *à lobes secondaires courts* et *divergents*, tronqués ou arrondis au
sommet, *3-4 fois plus larges que les lobes latéraux*; éperon à peine courbé
regardant en bas, obtus, plus court que la moitié de la longueur de l'ovaire.
♃. Mai-juin.

*A.R.* — Clairières des bois, pelouses ombragées, prairies montueuses. — Grandchamp! près Saint-Germain. Banthélu, Magny, Halincourt (*Bouteille*); env. de Mantes : Le Coudray, Saint-Martin-la-Garenne (*Beautemps-Beaupré*), parc de Fontenay-
Saint-Père!; Les Andelys (*A. Grenier*); Anet (*Danen*). L'Ile-Adam (*Chalin*) ; Luzarches (*De Lens*); Chantilly (*Mandon*); Senlis, Aulmont (*Morelle*) ; Verderonne !;
Clermont !; Thury-sous-Clermont, Vaudrepont, Bresle, Chaumont (*Frion*) ; Beauvais (*Graves*). Autrèches (*de Schœnefeld*); forêt de Compiègne (*Graves*). Le Châtelet près Melun (*M. Garnier*); abondant dans le parc et la forêt de Fontainebleau !
(*Thuill.* Fl. Par.); Valvins, Moret (*Vaill.* Bot. Par.); Nemours !; Malesherbes !.
Provins (*Bouteiller*). — *Graves* Cat. Oise : bordures de la forêt de Hez ; bois Quesnet près Bulles ; coteaux de Saint-Siméon près Noyon ; bois de Vaux cant. de Liancourt ; parc de Saintines cant. de Crépy; pentes de la vallée de Grivette vis-à-vis
de Thury-en-Valois; le Parc-aux-dames, Rouville; Verberie.

Notre savant ami M. Weddell a décrit et figuré (in *Ann. sc. nat.* sér. 3, XVIII,
8, t. 1, f. 3-6 [1852]) une plante très remarquable (*Aceras anthropophoro-mili-
taris* Gren. et Godr. *Fl. Fr.* III, 281 [1855]) qu'il a observée en 1841 dans un
taillis de la forêt de Fontainebleau près du parc, et que M. A. Jamain avait déjà
en 1839 recueillie dans la même forêt près de la Croix de Toulouse. Cette plante,
très rare à ces deux stations, est exactement intermédiaire par les caractères de
forme et même de couleur entre l'*Aceras anthropophora* et l'*Orchis militaris* avec
lesquels elle croissait. M. Weddell la considère comme un hybride produit par
ces deux espèces appartenant à des genres différents, et la belle planche où il a
réuni les figures représentant les trois plantes démontre l'extrême probabilité de
cette opinion. — L'*Orchis spuria* Rchb. f. (in *Bot. Zeit.* [1849] 891, et *Ic.* XIII,
29, t. 374), par son éperon presque rudimentaire, est très voisin de la plante de
Fontainebleau et n'en diffère guère que par les bractées beaucoup plus courtes
et non pas à peine plus courtes que l'ovaire. L'*O. spuria*, observé dans le grand-
duché de Bade et à plusieurs localités en Suisse, nous paraît, en raison de sa
rareté, de ses caractères intermédiaires entre ceux de l'*Aceras anthropophora* et
de l'*O. militaris*, et de sa station habituelle sinon constante entre ces deux plantes,

en être également un hybride, mais avec interversion de paternité dans l'hybridation.

**4. O. Simia** Lmk *Fl. Fr.* III, 507; Rchb. f. *Ic.* XIII, 28, t. 373; *Illustr. fl. Par.* t. 32, к. — *O. militaris* ε L. *Sp.* 1333. — *O. tephrosanthos* Vill. *Dauph.* II, 32. — *O. zoophora* Thuill. *Fl. Par.* 459. — *O. militaris* β Engl. *bot.* t. 1873. — Vaill. *Bot. Par.* t. 31, f. 25-26. — [ O. SINGE].

*Bulbes entiers*, ovoïdes ou subglobuleux. Tige de 3-6 décim., ord. robuste. *Feuilles oblongues. Bractées beaucoup plus courtes que l'ovaire*, membraneuses, acuminées, *à une seule nervure* plus ou moins distincte. *Fleurs* en épi assez gros ovoïde ou oblong, *à casque d'un rose ou d'un blanc ord. cendré* ponctué en dedans, à labelle blanc ou rosé ponctué de pourpre ou de petites houppes purpurines. *Périanthe à divisions conniventes en casque ovoïde-lancéolé* acuminé, les extérieures ord. soudées dans leur moitié inférieure, les intérieures linéaires. *Labelle tripartit*; les lobes latéraux linéaires très étroits, ord. arqués en avant; *le lobe moyen linéaire* étroit profondément *bifide*, présentant une dent subulée à l'angle de sa bifidité, *à lobes secondaires linéaires allongés aussi étroits* et environ aussi longs *que les lobes latéraux*; éperon un peu courbé regardant en bas, obtus un peu élargi au sommet, plus court que la moitié de la longueur de l'ovaire. ♃. Mai-juin.

*A.R.* — Clairières des bois, pelouses ombragées, prairies montueuses. — Vincennes!, Saint-Maur, Neuilly-sur-Marne (*Thuill.* Fl. Par.); Champigny!; Meudon «dans le pré qui est entre la grande pièce d'eau et l'étang de la Garenne » (*Tourn.* Hist. pl. Par.); forêt de Montmorency!; forêt de Saint-Germain ! (*Lepeletier de Saint-Fargeau*). Houdan, Magny, Halincourt (*Bouteille*); env. de Mantes! : Butte-verte (*Beautemps-Beaupré*), Le Coudray (*Maire*), parc de Fontenay-Saint-Père!; Vétheuil ( *Beautemps-Beaupré*); Port-Villez (*de Schœnefeld*); parc de La Falaise (*Mouillefarine*). L'Ile-Adam ! (*Chatin*); forêt de Chantilly (**A.** *Jamain*); forêt du Lys (*Daudin*); forêt de La Neuville-en-Hez (*Delacour*); Béthizy-Saint-Pierre, Senlis, Saint-Félix, Liancourt, Thury-sous-Clermont, Beauvais (*Graves*); forêt de Compiègne (*de Marcilly fils*); Champlieu près Compiègne (*Léré*); Bonneuil-en-Valois, Vaumoise, Gesvres-le-Duché, Vez (*Questier*). Mennecy, La Ferté-Aleps! (*Mandon*); Vayres!; forêt de Fontainebleau!; Malesherbes !. Bois-du-bassin près Provins (*Bouteiller*). Dreux (*Dœnen*), etc.

M. De Bary (*Ueber Orchis militaris, Simia, fusca und ihre Bastarde* in *Ber. nat. Ges. Freib.* [1828] 477-482. — Voy. *Bull. Soc. bot.* V, 657) fait remarquer que l'on rencontre quelquefois des formes intermédiaires entre les *Orchis militaris, Simia* et *purpurea*, et que, sur les collines de lœss du Kaiserstuhl près Fribourg en Brisgau, ces trois espèces, sous leur forme typique, ne sont guère plus fréquentes que les intermédiaires à tous les degrés. D'après cet auteur, ce serait l'existence de ces intermédiaires qui aurait peut-être déterminé Linné à considérer ces trois espèces comme des variétés d'un même type spécifique (*O. militaris*), opinion que partagerait Spenner et vers laquelle incline M. Dœll. M. De Bary ajoute que la plupart des auteurs modernes regardent ces formes comme des hybrides : ainsi MM. Timbal-Lagrave, F. Schultz, Wartmann, Grenier et Godron ont nommé et décrit plusieurs de ces hybrides. M. Adr. de Jussieu attribuait également la difficulté que l'on éprouve souvent à diagnostiquer les espèces du groupe de l'*Orchis militaris* à des hybridations de divers degrés entre ces plantes. Nous croyons devoir insister sur la probabilité de l'existence d'hybrides entre les espèces indiquées, mais nous ne décrirons pas ces formes intermédiaires qui se relient entre elles par une série de transitions si nombreuses, qu'en admettant l'hybridation entre les espèces typiques, on est également forcé de l'admettre entre elles et leurs produits hybrides.

5. **O. coriophora** L. *Sp.* 1332; Jacq. *Austr.* II, t. 122 ; Rchb. *Crit.* VI, 567, et *Ic.* XIII, t. 367. — Vaill. *Bot. Par.* t. 31, f. 30-32. — [O. PUNAISE].

*Bulbes entiers*, subglobuleux ou ovoïdes-oblongs. Tige de 3-4 décim. Feuilles lancéolées-linéaires, canaliculées. *Bractées égalant environ la longueur de l'ovaire*, membraneuses, *à une seule nervure* verte très prononcée. *Fleurs en épi oblong-cylindrique, exhalant une forte odeur de punaise*, à casque d'un rouge vineux, à labelle verdâtre ou d'un pourpre brunâtre blanchâtre à la base et ponctué de pourpre. *Périanthe à divisions conniventes en casque oblong acuminé en bec*, les extérieures ovales-lancéolées acuminées, les intérieures linéaires-lancéolées. *Labelle* un peu rejeté en arrière, *trifide*, à lobes presque égaux indivis; *le lobe moyen oblong entier* un peu plus long que les latéraux; les latéraux rhomboïdaux, inégalement dentés ou crénelés; éperon lancéolé-conique aigu, arqué, dirigé en bas, égalant ord. la moitié de la longueur de l'ovaire. ♃. Mai-juin.

*A.R.* — Prairies, pâturages, lieux herbeux. — Bois de Boulogne (*M^me Fournier*); Bondy, Sceaux (*Brice*); Palaiseau (*Mandon*); Buc !; vallée de Saint-Marc !; Jouy !, Igny, Versailles, Fontenay près Saint-Cyr ( *Vaill.* Bot. Par.); étang de Saint-Quentin près Versailles !; Joyenval près Saint-Germain (*de Schœnefeld*); bois de Bouffémont près Montmorency (*Boudier*). Prairies entre Saint-Clair, Bonnelles et Rochefort ( *Tourn.* Hist. pl. Par.); Clairefontaine !. Banthélu près Magny (*Bouteille*); Goincourt près Beauvais (*Graves*). Luzarches (*De Lens*); forêt de Chantilly (*Chatin*); Morfontaine, Ermenonville (*Mandon*); Thiers (*Morelle*) ; Antilly près Crépy (*Questier*); forêt de Compiègne ! (*de Marcilly fils*); Ivors, Marolles, Villeneuve-sous-Thury (*Questier*); prairies dans la forêt de Nogent-l'Artaud [ Aisne ] (*A. Jamain.*). Le Châtelet (*M. Garnier*); Fontainebleau (*Pervillé, Weddell*); Nemours !. Provins (*Bouteiller*). La Ronce près Anet, Dreux (*Dœnen*), etc.

6. **O. Morio** L. *Sp.* 1333; *Fl. Dan.* II, t. 253; *Engl. bot.* t. 2059; Rchb. f. *Ic.* XIII, t. 363; Bill. *Exsicc.* n. 172. — [ O. BOUFFON ].

*Bulbes entiers*, subglobuleux ou ovoïdes-subglobuleux. Tige de 1-4 décim. Feuilles oblongues ou oblongues-lancéolées, plus ou moins canaliculées. *Bractées égalant environ la longueur de l'ovaire*, membraneuses colorées, toutes ou les supérieures *à une seule nervure*. Fleurs en épi ovoïde ou oblong, d'un rose lilas ou violet, à casque veiné de vert, à labelle présentant des taches blanches ponctuées de lilas. *Périanthe à divisions conniventes en casque subglobuleux obtus*, les extérieures libres jusqu'à la base. *Labelle* plus large que long, plus ou moins plié longitudinalement en arrière, *à 3 lobes larges obtus, le moyen émarginé*, les latéraux un peu rejetés en arrière; éperon presque droit, ascendant ou dirigé horizontalement, oblong-conique un peu comprimé, large et tronqué à son extrémité, un peu plus court que l'ovaire. ♃. Avril-juin.

*A.C.* — Prairies, pâturages, clairières des bois. — Bois de Boulogne !, prairies de Cachan (*Tourn.* Hist. pl. Par.); bois de Meudon (*E. Fournier*); bois du Vésinet, forêt de Saint-Germain ! (*de Schœnefeld*); env. de Montmorency (*Boudier*); abondant dans les vallées de Jouy !, de Saint-Marc !, de Senlisse ! et de Dampierre !; Auffargis, Saint-Hubert (*de Schœnefeld*). Palaiseau !; marais de Bonnelles et de Saint-Clair (*Tourn.* Hist. pl. Par.). Bois des Camaldules (*Weddell*); bois de Rentilly-en-Brie (*Thuret*). Abondant aux env. du Châtelet près Melun (*M. Garnier*);

Fontainebleau!; Nemours (*Devilliers*). Luzarches (*De Lens*); L'Ile-Adam (*E. Fournier*); Neuville-Bosc!; Banthélu et Arthieul près Magny (*Bouleille*); La Male-plate près Maule (*Mouillefarine*); Butte-verte près Mantes (*Beautemps-Beaupré*); env. de Bonnières (*de Schœnefeld*); Les Andelys (*A. Grenier*). Dreux (*Dœnen*). Vanteuil près Jouarre (*Adr. de Jussieu*); Thury-en-Valois, Boullarc, Bargny, Rouville (*Questier*); Compiègne (*Léré*), etc.

Sect. ii. Androrchis. — Périanthe à divisions extérieures latérales étalées ou réfléchies la moyenne seule connivente avec les deux intérieures.

7. **O. mascula** L. *Sp.* 1333; *Fl. Dan.* III, t. 457; *Engl. bot.* t. 631; Rchb. f. *Ic.* XIII, t. 390. — Vaill. *Bot. Par.* t. 31, f. 11-12. — [ O. male].

*Bulbes entiers*, ovoïdes ou subglobuleux. Tige de 4-5 décim. Feuilles oblongues ou oblongues-lancéolées, quelquefois marquées de taches brunes. *Bractées égalant la longueur de l'ovaire*, membraneuses colorées, *à une seule nervure*. Fleurs en épi lâche allongé, purpurines, rarement blanches. *Périanthe à divisions extérieures* libres, ovales-oblongues, obtuses, aiguës ou acuminées, les deux *latérales étalées puis réfléchies*. Labelle pubescent-velouté à la face interne au moins à la base, *à 3 lobes* larges dentés, le lobe moyen émarginé ou échancré; éperon ascendant ou dirigé horizontalement, cylindrique épais, obtus, égalant environ la longueur de l'ovaire. ♃. Avril-juin.

A.R. — Pelouses montueuses, clairières des bois, pâturages.— Parc de Trianon (*de Boucheman*); Jouy!; Saint-Germain! (*Lepeletier de Saint-Fargeau*); Montmorency!; bois des Camaldules (*Maire*); bois de Rentilly-en-Brie (*Thuret*). Mantes (*Mouillefarine*); bois entre Bonnières et Port-Villez! (*Guillon*); La Roche-Guyon!; bois de Baquet près Fourges (*Beautemps-Beaupré*); Les Andelys (*A. Grenier*); indiqué à Halincourt, Arthieul et Sérans près Magny (*Bouleille*). Saint-Hubert (*de Schœnefeld*); Épernon!; bois d'Oisène près Chartres (*Vigineix*); Dreux (*Dœnen*). Abondant aux env. du Châtelet (*M. Garnier*); Nemours (*Devilliers*). Vanteuil près Jouarre (*Adr. de Jussieu*); Thury-en-Valois, forêt de Villers-Cotterets (*Questier*); Compiègne (*Léré*). Beauvais (*Graves*).

8. **O. laxiflora** Lmk *Fl. Fr.* III, 504; *Engl. bot.* t. 2828; Rchb. f. *Ic.* XIII, t. 393, f. 1. — Vaill. *Bot. Par.* t. 31, f. 33-34. — [ O. a fleurs laches].

*Bulbes entiers*, subglobuleux ou ovoïdes-subglobuleux. Tige de 4-5 décim., très feuillée. Feuilles lancéolées ou lancéolées-linéaires aiguës, canaliculées ou canaliculées-enroulées. *Bractées* herbacées souvent colorées en rouge violet ainsi que la partie supérieure de la tige, égalant environ la longueur de l'ovaire, *à 3-5 nervures très distinctes*. Fleurs en épi lâche court ou allongé, d'un rouge pourpre foncé, plus rarement d'un violet pâle ou presque blanches. *Périanthe à divisions extérieures* libres, oblongues, obtuses, les deux *latérales ascendantes, étalées ou réfléchies*. Labelle large, plié longitudinalement en arrière, *à 3 lobes*, le lobe moyen émarginé plus court ou plus long que les latéraux; les latéraux arrondis au sommet ord. un peu crénelés; éperon horizontal, ascendant ou dirigé en bas, cylindrique, obtus ou tronqué, assez long mais plus court que l'ovaire. ♃. Mai-juin.

A.C. — Prairies tourbeuses, pâturages humides, marécages des bois. — Le Plessis-Piquet!; env. de Versailles!, près de Buc et de Jouy! (*Vaill. Bot. Par.*); vallées de Chevreuse, de Saint-Lambert et de Senlisse, Maurepas, Orsay (*de Schœne-*

*feld*). Saint-Gratien!; Montmorency!. Forêt de Senart!; Mennecy! (*Delavaux*); marais de Vayres près La Ferté-Aleps (*de Schœnefeld*). Nemours! (*Devilliers*); marais de Sceaux! près Château-Landon. Provins (*Bouteiller*), etc.

Var. α. *laxiflora*. — Épi ord. lâche. Labelle ord. rétréci en forme de coin à la base, à lobe moyen plus court que les lobes latéraux ou même presque nul de telle sorte que le labelle paraît seulement bilobé; éperon un peu plus court que l'ovaire.

Var. β. *palustris*. (*O. palustris* Jacq. *Coll.* I, 75; Rchb. f. *Ic.* XIII, t. 392; Bill. *Exsicc.* n. 1069). — Épi ord. moins lâche. Labelle largement cunéiforme à la base, à lobe moyen égalant ord. ou dépassant les lobes latéraux; éperon plus court que l'ovaire.

Nous avons été à même de vérifier souvent sur le terrain le peu de valeur des caractères différentiels assignés par les auteurs aux *O. laxiflora* et *palustris;* ces deux plantes se relient par de nombreux intermédiaires et peuvent à peine être distinguées seulement comme variétés.

9. **O. maculata** L. *Sp.* 1335; *Fl. Dan.* VI, t. 933; *Engl. bot.* t. 632; Rchb. *Ic.* XIII, t. 407; Bill. *Exsicc.* n. 2379. — Vaill. *Bot. Par.* t. 31, f. 9-10. — [O. TACHETÉ].

*Bulbes palmés. Tige* de 3-6 décim., assez grêle, feuillée, *non fistuleuse.* Feuilles oblongues, oblongues-lancéolées ou lancéolées-linéaires atténuées à la base, obtuses ou aiguës, un peu canaliculées en dessus, ord. marquées de taches noires. *Bractées la plupart plus courtes que les fleurs*, égalant ou dépassant la longueur de l'ovaire, herbacées, linéaires-acuminées, *à 3 nervures très distinctes.* Fleurs en épi compacte ord. court, blanches veinées ou tachetées de pourpre ou de violet, plus rarement d'un rose pâle ou lilas. Périanthe à divisions extérieures libres, lancéolées, les deux latérales étalées-ascendantes. Labelle large, presque plan, à 3 lobes peu profonds, le moyen entier plus petit que les latéraux larges et crénelés; éperon cylindrique ou conique, dirigé en bas, plus court que l'ovaire. ♃. Juin-juillet.

*C C.* — Lieux herbeux des bois, pâturages montueux, prairies.

10. **O. latifolia** L. *Sp.* 1334. — [O. A LARGES FEUILLES].

*Bulbes palmés. Tige* de 3-8 décim., ord. assez robuste, feuillée ord. jusqu'au sommet, *largement fistuleuse.* Feuilles oblongues, oblongues-lancéolées, lancéolées ou linéaires-lancéolées, marquées ou non de taches noires. *Bractées* ord. *la plupart plus longues que les fleurs*, herbacées, lancéolées ou lancéolées-linéaires, *à 3-5 nervures très distinctes* s'anastomosant entre elles par des nervures secondaires obliques plus ou moins distinctes. Fleurs en épi compacte ovoïde ou oblong, d'un rouge vineux ainsi que les bractées ou les ovaires, ou d'un rose pâle, ponctuées et striées de pourpre surtout sur le labelle. Périanthe à divisions extérieures libres, lancéolées, les deux latérales plus ou moins redressées. Labelle large, à 3 lobes ord. peu profonds les deux latéraux un peu rejetés en arrière, plus rarement presque indivis; éperon cylindrique ou conique, dirigé en bas, plus court que l'ovaire, plus rarement aussi long que lui. ♃. Mai-juin.

*C.* — Prairies humides, marais tourbeux, marécages des bois.

Var. α. *latifolia*. (*O. latifolia Fl. Dan.* II, t. 266; *Engl. bot.* t. 2308; Gren. et Godr. *Fl. Fr.* III, 295; Rchb. f. *Ic.* XIII, t. 402-404.—Vaill. *Bot. Par.* t. 31,

f. 1-5). — Feuilles ord. plus ou moins étalées, oblongues ou oblongues-lancéolées d'un vert plus ou moins foncé, le plus souvent marquées de taches noires.

Var. β. *incarnata*. (*O. incarnata* L. *Sp.* 1335; *Fl. Dan.* XIV, t. 2476; Gren. et Godr. *Fl. Fr.* III, 296; Rchb. f. *Ic.* XIII, t. 397-399; Bill. *Exsicc.* n. 1767.— *O. divaricata* Rich. in Mérat *Fl. Par.* éd. 2, 94. — *O. latifolia* var. *angustifolia* Babingt. *Man. Brit. bot.* 291; *Fl. Par.* éd. 1, 553. — Vaill. *Bot. Par.* t. 30, f. 14-15).—Feuilles dressées, étroites lancéolées ou linéaires-lancéolées, d'un vert clair, ord. non marquées de taches noires. Fleurs ord. pâles.

### 5. **OPHRYS** L. *Gen.* n. 1011 ex parte. — [ OPHRYS ].

Périanthe à divisions extérieures étalées, les deux intérieures plus petites dressées; *labelle* épais un peu charnu, *non prolongé en éperon*, presque plan, ou concave en arrière, ord. pubescent-velouté et marqué de lignes et de taches glabres, entier ou 3 lobé, à lobe moyen plus grand entier émarginé ou bifide souvent terminé par un appendice glabre épais courbé. Masses polliniques à *rétinacles libres renfermés dans deux bursicules distinctes. Ovaire non contourné.*

1. **O. muscifera** Huds. *Fl. Angl.* ed. 1, 340; *Engl. bot.* t. 64; Rchb. f. *Ic.* XIII, t. 447; Bill. *Exsicc.* n. 2380. — *O. insectifera* α *myodes* L. *Sp.* 1343.— *O. myodes* Jacq. *Misc.* II, 373; *Fl. Dan.* VIII, t. 1398; *Fl. Par.* éd. 1, 557, et *Illustr. fl. Par.* t. 32, A. — Vaill. *Bot. Par.* t. 31, f. 17-18. — [ O. MOUCHE ].

Bulbes entiers, subglobuleux. Tige de 2-5 décim., assez grêle. Feuilles oblongues ou oblongues-lancéolées, tendant à noircir par la dessiccation. Bractées herbacées, égalant ou dépassant la longueur de l'ovaire. Fleurs peu nombreuses, espacées, en épi grêle. Colonne courte, terminée en bec court obtus. *Divisions* extérieures *du périanthe* ovales-lancéolées obtuses, verdâtres; les deux *intérieures linéaires grêles, d'un pourpre noirâtre*, dépassant la moitié de la longueur des extérieures, pubescentes-veloutées à la face interne. *Labelle* velouté, d'un brun roussâtre ou noirâtre, marqué à sa partie moyenne d'une large tache quadrangulaire glabre d'un blanc bleuâtre, oblong, *à 3 lobes*, les deux latéraux assez courts oblongs étroits, *le moyen* plus large et plus long *bilobé* et élargi au sommet *ne présentant pas d'appendice terminal.* ♃. Mai-juin.

A.C. — Pâturages, clairières des bois, coteaux herbeux. — Bois de Vincennes!; Saint-Maur (*Vaill. Bot. Par.*); parcs de Saint-Cloud! et de Versailles (*de Schœnefeld*); Saint-Germain!; Montmorency (*Boudier*). Morfontaine (*Mandon*); Senlis!; L'Ile-Adam! (*Chatin*); Pouilly! près Méru; Chaumont!. Env. de Mantes! : parc du Ménil à Fontenay-Saint-Père!, Le Coudray (*Irat*), Guerville et Saint-Martin-la-Garenne (*Beautemps-Beaupré*); parc de La Falaise (*Mouillefarine*); La Roche-Guyon (*Beautemps-Beaupré*); Les Andelys!. Vallée de Mennecy (*Mandon*); La Ferté-Aleps (*de Schœnefeld*); assez abondant dans la forêt de Fontainebleau!; Malesherbes!. Provins (*Bouteiller*). Oisène près Chartres (*Vigineix*), etc.—*Graves* Cat. Oise : bosquets de Miauroy près Beauvais; bois de Liancourt; forêts de Hez et de Compiègne; Boutavent près Saint-Just-en-chaussée; Rouvroy cant. de Breteuil; Cappy près Verberie; Verneuil-sur-Oise; Plessis-de-Roye cant. de Lassigny; pentes du Ganelon, au-dessus de Clairoix; bois de Saint-Vaast près Thury-en-Valois et plusieurs autres lieux du canton de Betz; bois d'Ageux cant. d'Estrées; parc de Beaugy cant. de Ressons; Pont de Berne, sur la route de Soissons.

**2. O. aranifera** Huds. *Fl. Angl.* ed. 2, 392; *Engl. bot.* t. 65; Rchb. f. *Ic.* XIII,
t. 449; *Illustr. fl. Par.* t. 32, B; Bill. *Exsicc.* n. 1333. — *O. insectifera* δ
L. *Sp.* 1343. — [O. ARAIGNÉE].

Bulbes entiers, subglobuleux. Tige de 2-3 décim. Feuilles ovales-oblongues ou oblongues, tendant à noircir par la dessiccation. Bractées herbacées,
dépassant ord. la longueur de l'ovaire. Fleurs peu nombreuses, espacées, en
épi lâche. Colonne terminée en bec court aigu droit. *Divisions extérieures du*
*périanthe* ovales-oblongues, d'un vert pâle; les deux *intérieures oblongues-*
*lancéolées* obtuses, d'un vert plus foncé, atteignant ou dépassant la moitié
de la longueur des extérieures, glabres. *Labelle* velouté, brun ou d'un brun
jaunâtre, marqué à sa partie moyenne de 2-4 lignes glabres blanchâtres
ou verdâtres disposées symétriquement, oblong-obovale *indivis* entier ou
un peu émarginé au sommet, convexe en avant, et présentant vers sa base
deux saillies latérales plus ou moins saillantes qui regardent en avant,
concave en arrière, *ne présentant pas d'appendice terminal.* ♃. Mai-
juin.

*A.C.* — Pâturages, clairières des bois, coteaux herbeux.— Bois de Vincennes!
(*Cornuti* Ench. Par.); Saint-Maur!; butte de Sèvres (*Tourn.* Hist. pl. Par.); forêt
de Saint-Germain!. Mantes (*de Schœnefeld*); Le Coudray (*Maire, Iral*); Vétheuil
(*Beautemps-Beaupré*); bois de Freneuse! près Bonnières, Port-Villez! (*de Schœ-*
*nefeld*); Les Andelys (*A. Grenier*). L'Ile-Adam (*Chatin*); Chantilly (*Mandon*); Senlis
(*Morelle*); Chaumont!; Beauvais (*Graves*). Gesvres-le-Duché, Vaumoise (*Questier*).
Forêt de Rougeaux (*Gogot*); La Ferté-Aleps!; assez abondant dans la forêt de Fontainebleau!; Malesherbes!. Épernon (*de Schœnefeld*); Maintenon (*Thuret*), etc.—
*Graves.* Cat. Oise : bois des Bouleaux près Boury cant. de Chaumont; Le Vivray;
polygone de Compiègne; forêt de Compiègne, autour de Saint-Corneille; bosquets
de Béthisy, Champlieu, Morienval, Séry cant. de Crépy.

Var. β. *Pseudo-Speculum* (Coss. *Not. pl. crit.* 16; Rchb. f. *Ic.* XIII, 89. — *O.*
*Pseudo-Speculum* DC. *Fl. Fr.* VI, 332; Rchb. *Crit.* IX, t. 860, f. 1152; Godr.
*Fl. Lorr.* éd. 1, III, 39). — Fleurs plus petites. Divisions extérieures du péri-
anthe d'un jaune verdâtre pâle. Labelle d'un jaune à peine brunâtre. — Avril-
mai. — Le Coudray près Mantes, Jeufosse (*de Schœnefeld*); coteaux à Port-
Villez!.

**3. O. arachnites** Hoffm. *Deutschl. Fl.* 318; Willd. *Sp.* IV, 67; *Engl. bot.* t. 2596;
*Illustr. fl. Par.* t. 32, D.— *O. insectifera* η *adrachnites* L. *Sp.* 1343.— *O.*
*fuciflora* Vill.; Rchb. f. *Ic.* XIII, 85, t. 461. — Vaill. *Bot. Par.* t. 30, f. 10-
13. — [O. FRELON].

Bulbes entiers, subglobuleux. Tige de 2-4 décim. Feuilles ovales oblongues ou oblongues, tendant à noircir par la dessiccation. Bractées herbacées,
dépassant ord. la longueur de l'ovaire. Fleurs peu nombreuses, espacées, en
épi lâche. *Colonne terminée en bec court* aigu *droit.* Divisions extérieures du
périanthe ovales-oblongues obtuses d'un rose pâle à nervure verte; les deux
intérieures oblongues-lancéolées, élargies à la base, un peu rosées, veloutées. *Labelle* velouté, d'un brun pourpre, marqué à sa partie moyenne d'une
tache glabre verdâtre composée de lignes confluentes disposées symétriquement et mêlées de lignes brunes également symétriques, large, obovale ou
ovale-suborbiculaire, tronqué au sommet, *indivis,* convexe en avant et présentant vers sa base deux saillies latérales coniques plus ou moins saillantes
qui regardent en avant, concave en arrière, *se terminant en un appendice*

*glabre* épais ovale-triangulaire d'un vert jaunâtre *courbé et dirigé en avant*. ♃. Mai-juin.

*A.R.* — Pâturages, clairières des bois, coteaux herbeux, très rarement marais tourbeux. — Bois de Boulogne (*M^me Fournier*); Saint-Maur !; butte de Sèvres (*Cornuti* Ench. Par.); forêt de Saint-Germain (*Lepeletier de Saint-Fargeau, de Schœnefeld*); Montmorency (*Boudier*). L'Ile-Adam (*Chatin*); Chantilly (*Mandon*); Senlis (*Morelle*); Verderonne !; Autrèches (*de Schœnefeld*) ; Liancourt, Chaumont (*Frion*); Beauvais, Gournay (*Mandon*). Halincourt ! près Magny; env. de Mantes!; La Falaise (*Mouillefarine*); Vernon !; Les Andelys !. Fontainebleau !; marais de Sceaux ! près Château-Landon ; Malesherbes !. Provins (*Bouteiller*). La Ferté-Milon (*Questier*). — *Graves* Cat. Oise : Rosny et Béthencourt cant. de Liancourt ; pentes du Ganelon vis-à-vis de Bienville ; Séry, Vaumoise, cant. de Crépy ; Bargny cant. de Betz.

4. **O. apifera** Huds. *Fl. Angl.* ed. 1, 340 ; *Engl. bot.* t. 383 ; *Illustr. fl. Par.* t. 32, c; Rchb. f. *Ic.* XIII, t. 457, f. 1. — *O. insectifera* ⊢ L. *Sp.* 1343.— Vaill. *Bot. Par.* t. 30, f. 9. — [ O. ABEILLE].

Bulbes entiers, subglobuleux. Tiges de 2-4 décim. Feuilles ovales-oblongues ou oblongues, tendant à noircir par la dessiccation. Bractées herbacées, dépassant ord. la longueur de l'ovaire. Fleurs peu nombreuses, espacées, en épi lâche. *Colonne terminée en bec long et flexueux*. Divisions extérieures du périanthe ovales-oblongues, obtuses, roses à nervures vertes ; les deux intérieures linéaires-lancéolées élargies à la base, d'un rose verdâtre ou verdâtres, pubescentes-veloutées à la face interne, beaucoup plus courtes que les divisions extérieures. *Labelle* velouté, d'un brun pourpre, marqué à sa partie moyenne d'une tache glabre verdâtre composée de lignes ord. confluentes disposées symétriquement et souvent interrompues par des lignes brunes, large, oblong-obovale ou oblong-suborbiculaire, *trilobé* ; les deux lobes latéraux très veloutés, occupant la base du labelle, triangulaires, rejetés en arrière, à base conique faisant saillie en avant; *le lobe moyen* constituant la plus grande partie du labelle, convexe en avant, concave en arrière, *3-lobé au sommet à lobules rejetés en dessous le moyen terminé en appendice glabre*. ♃. Juin-juillet.

*A.R.* — Pâturages, clairières des bois, coteaux herbeux, très rarement marais tourbeux. — Bois de Boulogne (*Tourn.* Hist. pl. Par.); Le Raincy (*de Schœnefeld*); Chelles (*Adr. de Jussieu*); Aulnay-lez-Chatenay ; Louveciennes (*de Schœnefeld*); Saint-Germain !. Élancourt (*de Schœnefeld*); marais à Clairefontaine ! près Rambouillet. Forêt de Senart (*Thuret*); parc du Larré ! près Boissise-la-Bertrand ; Lardy (*Maire*); Étréchy !; forêt de Fontainebleau !. Mantes !; Halincourt près Magny !; La Roche-Guyon !; Vernon !; Les Andelys !; Dreux (*Dœnen*). Luzarches (*De Lens*); Chantilly (*Graves*); Senlis (*Morelle*); Verderonne !. Beauvais, forêt de Compiègne (*Graves*); forêt de Villers-Cotterets (*de Marcilly fils*); Bargny, Cuvergnon (*Questier*). Provins (*Bouteiller*). — *Graves* Cat. Oise : coteaux de Champlieu et de Gilocourt cant. de Crépy ; Antilly cant. de Betz ; bois de la Montagne entre Bailleval et Liancourt.

**6. HERMINIUM** Rich. *Orch. Eur.* in *Mém. Mus.* IV, 49.—[HERMINIE].

Périanthe à divisions toutes connivantes en cloche, les extérieures membraneuses, les intérieures presque charnues plus étroites présentant de chaque côté une dent à leur partie moyenne; *labelle connivent avec les autres divisions, 3-lobé à lobes linéaires entiers*, bossu à la base. Masses polliniques à *caudicules très courts, à rétinacles libres*, très grands, *non renfermés dans une bursicule*. Ovaire contourné.

1. **H. Monorchis** R. Br. in Ait. *Hort. Kew.* ed. 2, V, 191 ; Rchb. f. *Ic.* XIII, t. 415 ; Bill. *Exsicc.* n. 658. — *Ophrys Monorchis* L. *Sp.* 1342 ; *Fl. Dan.* I, t. 102; *Engl. bot.* t. 71. — [ H. A UN SEUL BULBE ].

Tige grêle, de 1-2 très rarement 3 décim., naissant d'un bulbe entier globuleux isolé, et émettant à sa base 3-5 autres bulbes plus ou moins longuement pédicellés. Feuilles inférieures 2, ovales ou oblongues-lancéolées, une troisième beaucoup plus petite occupant ord. le milieu de la longueur de la tige. Bractées environ de la longueur de l'ovaire. Fleurs petites, nombreuses, d'un jaune verdâtre, disposées en épi grêle allongé, exhalant une odeur de fourmi. ♃. Juin-juillet.

*RR.* — Coteaux arides, pelouses montueuses. — Neuilly-sur-Marne, Chelles (*Thuill.* Fl. Par.), assez abondant à cette dernière localité (*Bonnet*). Pouilly près Méru ! (*Daudin*, *Dænen*); Verderonne (*Léré*); Amblainville, Aulmont près Senlis, Montmille ! et bois du Parc près Beauvais (*Graves*, *Delacour*); Gournay (*Mandon*). Le Coudray près Mantes ( *Adr. de Jussieu*); Parnes et parc d'Halincourt près Magny (*Bouteille*); env. de La Roche-Guyon (*Rousse*). Grands-Monts près Compiègne (*Graves*).— Mont Saint-Siméon et autres localités des env. de Noyon (*Questier*, *Morelle*).— *Graves* Cat. Oise : friches de Houssay près Troissereux ; Tillé cant. de Nivillers ; parc de Liancourt.

7. **GYMNADENIA** R. Br. in Ait. *Hort. Kew.* ed. 2, V,191 emend.; Rich. *Orch. Eur.* in *Mém. Mus.* IV, 48 ex parte. — [GYMNADÉNIE].

Périanthe à divisions extérieures latérales plus ou moins étalées la moyenne connivente avec les deux intérieures, ou toutes les divisions conniventes en casque ; *labelle* large ou linéaire, *3-lobé ou 3-denté, prolongé en éperon* long ou court. Masses polliniques à *rétinacles libres, non renfermés dans une bursicule*. Ovaire contourné.

1. **G. conopsea** R. Br., loc. cit.; Rich., loc. cit. 57; Rchb. f. *Ic.* XIII, t. 422. — *Orchis conopsea* L. *Sp.* 1335 ; *Fl. Dan.* II, t. 224; *Engl. bot.* t. 10 ; Bill. *Exsicc.* n. 2378. — Vaill. *Bot. Par.* t. 30, f. 8. — [G. MOU-CHERON].

Bulbes palmés. Tige de 4-6 décim. Feuilles lancéolées-linéaires, allongées. Bractées herbacées, lancéolées acuminées, à trois nervures, égalant ou dépassant la longueur de l'ovaire. *Fleurs* disposées en épi compacte cylindrique allongé aigu, *rosées ou purpurines* ou accidentellement blanches, à odeur peu prononcée mais assez agréable. *Périanthe à divisions extérieures* ovales-oblongues les *latérales étalées*, les deux intérieures inégalement ovales-triangulaires un peu plus larges. *Labelle à 3 lobes* ovales obtus, le moyen plus long ; *éperon filiforme*-subulé, arqué, *environ deux fois plus long que l'ovaire* (1). ♃. Juin-juillet.

*A.C.* — Prairies, coteaux herbeux, lieux humides ou marécageux. — Grandchamp ! près Saint-Germain. Mantes !; Vernon !. Forêt de Senart !; Fontainebleau !; Nemours !; Thurelles ! près Dordives ; Malesherbes !. Provins, etc.

---

(1) Nous avons observé une monstruosité dans laquelle les éperons de la plupart des fleurs de l'épi faisaient saillie en avant à l'intérieur du périanthe.

**2. G. odoratissima** Rich., loc. cit. 57; Rchb. f. *Ic.* XIII, t. 421. — *Orchis odoratissima* L. *Sp.* 1335; Jacq. *Austr.* III, t. 264. — [ G. ODORANTE ].

Bulbes palmés. Tige de 3-5 décim. Feuilles linéaires, allongées, aiguës. Bractées lancéolées, à trois nervures, égalant ou dépassant la longueur de l'ovaire. *Fleurs* plus petites que dans l'espèce précédente, *rosées ou purpurines*, ou accidentellement blanches, disposées en épi compacte cylindrique-oblong, à odeur de vanille très pénétrante. *Périanthe à divisions extérieures* oblongues ou ovales-triangulaires les *latérales étalées*, les deux intérieures presque de même forme plus petites. *Labelle à 3 lobes* ovales obtus, le moyen plus long ; *éperon filiforme*, arqué, *environ de la longueur de l'ovaire* ou plus court que lui. ♃. Mai-juin.

*R R.* — Coteaux calcaires herbeux, clairières des bois, prairies tourbeuses. — Assez abondant dans les marais d'Épizy ! près Moret et dans les prairies tourbeuses de la Genevraie ! près Nemours (*Devilliers*) ; marais de Sceaux ! près Château-Landon ; coteaux à Malesherbes !. Coteaux des env. de Vernon ! (*C. de Chambine*). — *Graves* Cat. Oise : « forêt de Compiègne à la fontaine Saint-Jean près Saint-Sauveur ; bois du mont Saint-Siméon au-dessus de Noyon. On le dit aussi dans la forêt de Laigue ».

**3. G. viridis** Rich., loc. cit. 57 ; Rchb. *Crit.* VI, t. 594. — *Satyrium viride* L. *Sp.* 1337 ; *Fl. Dan.* I, t. 77 ; *Engl. bot.* t. 94. — *Orchis viridis* All. *Ped.* n. 1846. — *Platanthera viridis* Lindl. *Syn.* 261 ; Rchb. f. *Ic.* XIII, t. 434. — Vaill. *Bot. Par.* t. 31, f. 6-8. — [ G. VERTE ].

Bulbes palmés. Tige de 1-4 décim. Feuilles ovales ou oblongues, obtuses ou aiguës. Bractées herbacées, lancéolées, à 3 nervures, environ de la longueur des fleurs. *Fleurs verdâtres*, à labelle d'un jaune verdâtre rougeâtre sur la ligne médiane et aux bords à sa base, disposées en épi oblong un peu lâche. *Périanthe à divisions conniventes en casque* ovale-subglobuleux ; les extérieures ovales-triangulaires ou ovales-oblongues, les deux intérieures linéaires entrecroisées avant l'épanouissement. *Labelle* linéaire ou oblong-linéaire, *tridenté au sommet*, la dent moyenne beaucoup plus courte que les latérales ; *éperon obtus, renflé en forme de bourse, 4-5 fois plus court que l'ovaire.* ♃ Mai-juin.

*A.R.* — Prairies humides, marécages des bois. — Bois de Bouffémont près Montmorency (*Boudier*) ; prés entre Arcueil et Cachan (*Ant. de Jussieu* mss.); Plessis-Piquet (*Weddell*); vallée de Jouy ! ; Buc ! (*Thuill.* Fl. Par.); vallée de Chevreuse : prairies de Senlisse ! (*Mandon*), de Port-Royal-des-champs, de Maurepas (*de Schœnefeld*) ; étang de Saint-Hubert !. Cocherelle près Dreux (*Dœnen*). Ermenonville. Env. de Mantes (*Adr. de Jussieu*) ; Arthieul près Magny (*Bouteille*); Goincourt près Beauvais (*Questier*); Frocourt et Saint-Martin-le-Nœud près Beauvais, Cutts, Pierrefonds, Compiègne (*Graves*); forêt de Compiègne (*Weddell*). Le Châtelet (*M. Garnier*). Provins (*Bouteiller*). — *Graves* Cat. Oise : Saint-Paul près Beauvais ; Le Meux cant. d'Estrées ; Rieux cant. de Liancourt ; coteau au sud de Lassigny ; Remy ; env. de Chaalis.

**8. PLATANTHERA** Rich. *Orch. Eur.* in *Mém. Mus.* IV, 48. —
[PLATANTHÈRE].

Périanthe à divisions extérieures latérales étalées la moyenne connivente avec les deux intérieures ; *labelle linéaire-allongé, indivis, prolongé en éperon* très long. Masses polliniques à *rétinacles libres, non renfermés dans une bursicule.* Ovaire contourné.

**1. P. bifolia** Rich., loc. cit. 57; *Illustr. fl. Par.* t. 32, E; Bill. *Exsicc.* n. 2746. — *Orchis bifolia* β L. *Sp.* 1331. — *Platanthera brachyglossa* Rchb. *Crit.* IX, t. 852, f. 1144. — *P. solstitialis* Bnngh. in Rchb. *Fl. excurs.* 120; Rchb. f. *Ic.* XIII, 120, t. 429. — [P. A DEUX FEUILLES].

Bulbes entiers, ovoïdes-oblongs ord. atténués en pointe à l'extrémité. Tige anguleuse, de 2-5 décim. Feuilles inférieures ord. 2, occupant la partie inférieure de la tige, oblongues atténuées à la base ou oblongues-obovales, obtuses ou presque aiguës; les supérieures très petites bractéiformes. Bractées herbacées, à plusieurs nervures, environ de la longueur de l'ovaire ou plus courtes. Fleurs en épi oblong ord. assez lâche, blanches, à labelle et à éperon d'un vert jaunâtre dans leur partie supérieure, à odeur suave surtout le soir. Périanthe à division extérieure moyenne largement ovale-triangulaire obtuse, les latérales oblongues très étalées, les deux intérieures oblongues-étroites falciformes. Labelle linéaire-allongé, indivis; éperon filiforme-subulé, arqué, à peine renflé et comprimé au-dessous du sommet. *Anthères à lobes rapprochés et parallèles.* Fossette stigmatique à bords épais. ♃. Juin.

*C.* — Bois, bruyères, pâturages, prairies humides, marais tourbeux.

**2. P. montana** Schmidt *Fl. Boëm.* 35 [1793]; Rchb. f. *Ic.* XIII, 123, t. 430; Bill. *Exsicc.* n. 2747. — *Orchis bifolia* γ L. *Sp.* 1331. — *P. chlorantha* Cust. ap. Rchb. in *Mœssl. Handb.* II, 1565; Rchb. *Crit.* IX, t. 853, f. 1145; *Fl. Par.* éd. 1, 555, et *Illustr. fl. Par.* t. 32, F. — [P. DE MONTAGNE].

Bulbes entiers, ovoïdes-oblongs ord. atténués en pointe à l'extrémité. Tige anguleuse, de 3-6 décim. Feuilles inférieures au nombre de deux rarement trois, occupant la partie inférieure de la tige, oblongues atténuées à la base ou oblongues-obovales, obtuses ou presque aiguës; les supérieures très petites bractéiformes. Bractées herbacées, à plusieurs nervures, environ de la longueur de l'ovaire ou plus courtes ou plus longues. Fleurs plus grandes que celles du *P. bifolia*, en épi oblong assez lâche, blanches, à labelle et à éperon d'un vert jaunâtre dans leur partie supérieure, à odeur suave surtout le soir. Périanthe à division extérieure moyenne largement ovale-triangulaire obtuse, les latérales oblongues-triangulaires très étalées, les deux intérieures oblongues-semilunaires plus étroites. Labelle linéaire-allongé, indivis; éperon filiforme-subulé, arqué, un peu renflé et comprimé au-dessous du sommet. *Anthères à lobes éloignés, divergents inférieurement.* Fossette stigmatique à bords étroits. ♃. Mai-juin.

*C C.* — Bois, lieux herbeux, bruyères, prairies humides.

TRIBU II. **NEOTTIEÆ.** — Anthère soudée seulement à la base avec la colonne, marcescente; masses polliniques composées de granules lâchement cohérents, presque pulvérulentes, non atténuées en caudicule. Plantes à souche dépourvue de bulbes, munie seulement de fibres radicales cylindriques grêles ou plus ou moins épaisses.

**9. LIMODORUM** Tourn. *Inst.* t. 250 ; Rich. *Orch. Eur.* in *Mém. Mus.* IV, 42.
— [ LIMODORE ].

Périanthe à divisions connivantes embrassant le labelle ; *labelle* connivent avec les divisions, *prolongé en éperon, rétréci dans sa partie basilaire en forme d'onglet* canaliculé soudé à la base avec la colonne, à partie terminale indivise pliée-concave embrassant la colonne. Colonne allongée, non prolongée en lamelle au-dessous de l'anthère. Anthère presque sessile, obtuse ; masses polliniques indivises, réunies par un rétinacle commun bilobé. Ovaire non contourné, à pédicelle contourné. — Souche fibreuse à fibres radicales nombreuses. Feuilles réduites à des écailles engaînantes colorées.

1. **L. abortivum** Sw. *Nov. act. Holm.* VI, 80 ; Rchb. f. *Ic.* XIII, t. 481, et 491, f. 3.
— *Orchis abortiva* L. *Sp.* 1336 ; Jacq. *Austr.* II, t. 193. — [L. A FEUILLES AVORTÉES].

Rhizome cylindrique, épais, portant des écailles et des fibres radicales nombreuses épaisses, enfoncé très profondément dans le sol. Tige de 4-8 décim., robuste, colorée en violet plus ou moins foncé ainsi que toutes les autres parties de la plante, munie d'écailles épaisses engaînantes. Bractées membraneuses, plurinerviées, égalant ou dépassant l'ovaire. Fleurs d'un lilas violet, marquées de lignes plus foncées, disposées en épi allongé. Labelle un peu ondulé. Éperon cylindrique-subulé, presque droit, dirigé en bas, égalant environ la longueur de l'ovaire (1). ♃. Juin-juillet.

R. — Clairières des bois montueux, forêts, pelouses élevées incultes, buissons de genévriers. — Orsay (*Thuill.* Fl. Par.); Lardy (*Maire*); La Ferté-Aleps (*de Boucheman*); Saint-Val près la Ferté-Aleps (*Vasnier*); parc de Vaux-Praslin !; Le Châtelet (*M. Garnier*); forêt de Fontainebleau ! (*Marchigny* in *Vaill.* Bot. Par.) : en allant des Basses-Loges à La Madeleine (*Tourn.* Hist. pl. Par.); Nemours (*Devilliers*); Malesherbes !. Le Coudray près Mantes (*de Boucheman*); parc de Fontenay-Saint-Père !; parc d'Halincourt ! près Magny (*Bouteille*); La Roche-Guyon !. Chantilly (*De Lens*); Comelle près Chantilly, Vaux près Creil, Rosay près Liancourt, bois de Donneval, bois de la Belle-haie, vallée d'Autonne, Montmille près Beauvais (*Graves*). Le Vivray près Chaumont ! (*Frion*); Thury-sous-Clermont (*Dalot*); forêt de Villers-Cotterets (*Questier*); forêt de Compiègne (*Weddell*); Mont-Ganelon près Compiègne, forêt de Laigue (*de Marcilly fils*).

**10. CÉPHALANTHERA** Rich. *Orch. Eur.* in *Mém. Mus.* IV, 51.
— [CÉPHALANTHÈRE].

Périanthe à divisions presque connivantes ; *labelle* non prolongé en éperon, *brusquement rétréci à sa partie moyenne*, à partie basilaire concave nectarifère, à partie terminale indivise, *à plusieurs nervures dilatées* au-dessus et quelquefois au-dessous du rétrécissement *en crêtes* longitudinales saillantes. Colonne allongée, non prolongée en lamelle au-dessous de l'anthère. Anthère ovoïde-oblongue obtuse, à filet distinct ; *masses polliniques dépourvues de rétinacle. Ovaire* subsessile, *plus ou moins contourné.* — Souche fibreuse, à fibres radicales nombreuses.

(1) Nous avons observé une déformation dans laquelle les deux divisions intérieures et supérieures du périanthe étaient prolongées en éperon.

**1. C. grandiflora** Babingt. *Man. Brit. bot.* 296; Rchb. f. *Ic.* XIII, 136, t. 471. — *Serapias longifolia* δ ex parte L. *Sp.* 1345.—*S. grandiflora* L. *Mant.* 491 [1771]; Scop. *Carn.* ed. 2, II, 203; *Engl. bot.* t. 271. — *S. lancifolia* Murr. *Syst. veg.* 815. — *S. nivea* Chaix in Vill. *Dauph.* I, 320. — *S. Lonchophyllum* L. f. *Suppl.* 405. — *Epipactis lancifolia* DC. *Fl. Fr.* III, 261. — *E. pallens* Sw. in *Act. Holm.* [1800], 232; *Fl. Dan.* VIII, t. 1400. — *Cephalanthera pallens* Rich., loc. cit. 60. — *C. lancifolia Fl. Par.* éd. 1, 562.—[C. A GRANDES FLEURS].

Tige de 3-6 décim., feuillée dans toute sa longueur, les feuilles inférieures réduites à des gaînes. *Feuilles ovales-aiguës ou ovales-lancéolées*, amplexicaules. *Bractées* herbacées ou foliacées, *égalant ou dépassant l'ovaire*, les supérieures beaucoup plus petites que les inférieures. Fleurs assez grandes, blanches, dressées, disposées en épi lâche. Périanthe à divisions toutes obtuses. Labelle à nervures moyennes dilatées en crêtes jaunes dentées, à partie terminale ovale cordée plus large que longue obtuse. *Ovaire glabre*, allongé. ♃. Mai-juin.

A. R. — Bois montueux, taillis, lieux herbeux ombragés. — Dans le parc de l'abbaye de Charonne (*Tourn.* Hist. pl. Par.); bois de Vincennes!; Saint-Maur (*Vaill.* Bot. Par.); Sceaux (*Thuill.* Fl. Par.); Meudon, Versailles (*Tourn.* Hist. pl. Par.); Saint-Cloud!; Grandchamp! près Saint-Germain; forêt de Saint-Germain! (*Lepe'e lier de Saint-Fargeau*). Env. de Mantes! : coteaux de Guerville (*Beautemps-Beaupré*), Fontenay-Saint-Père!; Magny, parc d'Halincourt! près Magny (*Bouteille*). Bizy! près Vernon; La Roche-Guyon!; Les Andelys (*A. Grenier*). Pouilly! près Méru (*Daudin*); Chaumont (*Frion*); Bulles, Haudivilliers (*Caron*); forêt de Halatte!; Clairoix (*Graves*); forêt de Compiègne, Cuvergnon, Thury-en-Valois, Éméville, Oignon, etc. (*Questier*). Bouray (*E. Fournier*); bois de Barbeaux près Le Châtelet, Samois (*M. Garnier*); forêt de Fontainebleau (*Tourn.* Hist. pl. Par.); Malesherbes (*Maire*). Dreux (*Dœnen*). Provins (*Bouteiller*).

**2. C. Xiphophyllum** Rchb. f. *Ic.* XIII, 135, t. 470. — *Serapias longifolia* δ ex parte L. *Sp.* 1345. — *S. Xiphophyllum* L. f. *Suppl.* 404. — *S. ensifolia* Murr. *Syst. veg.* 815; Sm. *Fl. Brit.* 945, et *Engl. bot.* t. 494.—*S. grandiflora Fl. Dan.* III, t. 506.—*S. nivea* Desf. *Atl.* II, 321. — *Cephalanthera ensifolia* Rich., loc. cit. 60; *Fl. Par.* éd. 1. 562. — [C. A FEUILLES EN ÉPÉE].

Tige de 3-6 décim., feuillée dans toute sa longueur, les feuilles inférieures réduites à des gaînes. *Feuilles lancéolées étroites ou linéaires-lancéolées*, distiques. *Bractées* toutes ou la plupart membraneuses *beaucoup plus courtes que l'ovaire.* Fleurs assez grandes, d'un beau blanc, un peu étalées, disposées en épi lâche souvent pauciflore. Périanthe à divisions extérieures aiguës. Labelle présentant plusieurs nervures dilatées en crêtes jaunes denticulées ou lacérées, à partie terminale plus large que longue obtuse. *Ovaire glabre*, grêle, allongé. ♃. Mai-juin.

R. — Forêts, lieux herbeux ombragés, taillis humides. — Magny (*Bouteille*); parc d'Halincourt!; Port-Villez!; bois de Berticher près Chaumont (*Frion*); Saint-Germer (*Graves*). Rouville près Crépy (*Questier*); les Beaux Monts près Compiègne (*Léré*). Forêt de Fontainebleau (*Vaill.* Bot. Par.) : assez abondant au Gros-Fouteau! (*Maire*) et à plusieurs autres localités ; Malesherbes (*Bernard*). Provins (*Bouteiller*). Dreux (*Dœnen*). — *Graves* Cat. Oise : bois de Crillon près Songeons; parc de Boulaine près Méru; bois de Saint-Amand et des Usagettes au-dessus de Chevincourt cant. de Ribécourt.

**3. C. rubra** Rich., loc. cit. 60; Rchb. f. *Ic.* XIII, 133, t. 469. — *Serapias lon-*
*gifolia* δ ex parte L. *Sp.* 1345. — *S. rubra* L. *Mant.* 490 ; *Engl. bot.*
t. 437. — *Epipactis rubra* All. *Ped.* II, 153. — [C. ROUGE].

Tige de 3-6 décim., pubérulente-glanduleuse supérieurement, feuillée
dans toute sa longueur, les feuilles inférieures réduites à des gaînes. *Feuilles*
*lancéolées-étroites ou linéaires-lancéolées,* presque distiques. *Bractées* herbacées, *égalant ou dépassant l'ovaire. Fleurs* assez grandes, *d'un beau rose,*
dressées ou un peu étalées, disposées en épi assez lâche souvent pauciflore.
Périanthe à divisions toutes acuminées. *Labelle* blanc à bords rosés, à nervures presque toutes dilatées en crêtes jaunes interrompues, *à partie termi-*
*nale* ovale *aiguë ou acuminée. Ovaire très pubescent*-glanduleux, grêle.
♃. Juin-juillet.

*R R.* — Forêts montueuses, buissons des coteaux calcaires. — Forêt de Saint-
Germain (*Tourn.* Hist. pl. Par.). Forêt de Fontainebleau ( *Tourn.* Hist. pl. Par.,
*Thuill.* Fl. Par.) : à Valvins !, à Franchart ! et à plusieurs autres localités. Chan-
tilly (*Thuill.* Fl. Par.). Forêt de Compiègne (*Léré*) : au mont Saint-Marc (*de Mar-*
*cilly fils*). Les Andelys !. — *Graves* Cat. Oise : forêt de Laigue aux carrefours des
Singes et de Diane ; bois de Montlévêque et de Morfontaine ; bois de Lagny cant. de
Lassigny.

**11. EPIPACTIS** Rich. *Orch. Eur.* in *Mém. Mus.* IV, 51.—[ÉPIPACTIS].

Périanthe à divisions presque conniventes ou un peu étalées ; *labelle* non
prolongé en éperon, *brusquement rétréci à sa partie moyenne,* à partie basilaire concave nectarifère, *à partie terminale* indivise *présentant* à sa base
vers le rétrécissement *deux bosses saillantes* parallèles ou confluentes obtuses plus rarement plissées tuberculeuses, à nervures non dilatées en crêtes.
Colonne courte, prolongée au-dessous de l'anthère en lamelle subquadrangulaire. Anthère sessile ou subsessile, ovale ou ovale-triangulaire obtuse ;
*masses polliniques réunies par un rétinacle commun* subglobuleux. *Ovaire*
*non contourné,* atténué à la base en pédicelle un peu contourné. — Souche
fibreuse, à fibres radicales nombreuses.

**1. E. latifolia** All. *Ped.* II, 152. — *Serapias Helleborine* α *latifolia* L. *Sp.*
1344. — *S. latifolia* Willd. *Sp.* IV, 83. — [ É. A LARGES FEUILLES].

Rhizome presque horizontal ou descendant. Tige de 2-8 décim., feuillée
dans toute sa longueur, les feuilles les plus inférieures réduites à une gaîne
terminée ou non par un limbe court, pubérulente dans sa partie supérieure.
*Feuilles* à nervures principales un peu arquées-conniventes saillantes en
dessous, plus rapprochées vers la partie moyenne de la tige, les *infé-*
*rieures ovales ou ovales-oblongues,* les moyennes oblongues-lancéolées,
les supérieures lancéolées, les inférieures et les moyennes amplexicaules.
Bractées herbacées plurinerviées, plus longues ou plus courtes que les fleurs.
Fleurs en épi allongé assez lâche, assez longuement pédicellées, un peu penchées, d'un vert pâle ou d'un blanc verdâtre, rosées en dedans, quelquefois
d'un rose purpurin, plus rarement d'un pourpre foncé. Divisions extérieures
du périanthe oblongues-lancéolées étalées, les intérieures ovales-lancéolées
plus courtes. *Labelle plus court que les divisions extérieures latérales,* très
concave dans sa partie basilaire ; *à partie terminale* presque entière, presque

plane, largement ovale, brièvement *acuminée et* plus ou moins *recourbée en dessous au sommet*, à bosses plus ou moins saillantes confluentes obtuses plus rarement crénelées-dentées en forme de crêtes. Ovaire oblong, atténué à la base. ♃.

Var. α. *latifolia*. (*Serapias latifolia Fl. Dan.* V, t. 811; *Engl. bot.* t. 269.— *Epipactis latifolia* All.; Bill. *Exsicc.* n. 173. — *E. Helleborine* γ *viridans* Crantz *Austr.* 467 et 470; Rchb. f. *Ic.* XIII, 143, t. 488. — *E. latifolia* var. *vulgaris Fl. Par.* éd. 1, 561). — Bractées la plupart plus longues que les fleurs. Fleurs verdâtres au moins avant l'épanouissement quelquefois mêlées de rose-purpurin. Labelle à bosses plus ou moins saillantes presque lisses. Juillet-septembre. — C. — Bois, taillis, lieux couverts, bords des chemins, coteaux pierreux.

Var. β. *atrorubens*. (*Epipactis latifolia atrorubens* Hoffm. *Deutschl. Fl.* II, 182. — *E. Helleborine* var. *rubiginosa* Crantz *Austr.* VI, 467; Rchb. f. *Ic.* XIII, 141, t. 485. — *E. atrorubens* Schult. *OEstr.* I, 538; Rchb. *Fl. excurs.* n. 889; Bill. *Exsicc.* n. 1073. — *Serapias microphylla* Mérat *Fl. Par.* éd. 4, II, 127, non Hoffm. nec Ehrh. — *Epipactis rubiginosa* Gaud. *Fl. Helv.* II, 182). — Bractées la plupart plus courtes que les fleurs. Fleurs plus petites, d'un pourpre foncé même avant l'épanouissement. Labelle à bosses saillantes ord. plissées-tuberculeuses. Juin-juillet. — *A.C.* — Coteaux pierreux, pâturages des terrains calcaires. — Bouray (*E. Fournier*); Lardy, Étréchy (*A. de Jussieu*); La Ferté-Aleps!; Étampes!; Le Châtelet (*M. Garnier*); forêt de Fontainebleau!; Nemours! (*Devilliers*); Malesherbes!. Env. de Mantes!; Charmont et parc d'Halincourt! près Magny (*Bouteille*); La Roche-Guyon!; Vernon!; Les Andelys!. Cocherelle! près Dreux. Fleurines!; Pont-Sainte-Maxence!; Montmille! près Beauvais; Gournay (*Mandon*). Compiègne (*Weddell*), etc.

S.-v. *lutescens*. — Fleurs d'un jaune pâle.— *R.*— Vernon!.

2. **E. palustris** Crantz *Austr.* VI, 462, t. 1, f. 5; Rchb. f. *Ic.* XIII, 139, t. 483; Bill. *Exsicc.* n. 1551. — *Serapias longifolia* β et γ L. *Sp.* 1345. — *S. palustris* Scop. *Carn.* ed. 2, II, 204; *Engl. bot.* t. 270. — [É. DES MARAIS].

Rhizome traçant. Tige de 3-6 décim., penchée au sommet avant la floraison, feuillée dans toute sa longueur les feuilles les plus inférieures réduites à une gaîne terminée ou non par un limbe court, très pubescente dans sa partie supérieure. *Feuilles* à nervures principales un peu arquées-conniventes saillantes en dessous, plus rapprochées dans le tiers inférieur de la tige, les *inférieures et* les *moyennes oblongues-lancéolées* plus rarement oblongues, les supérieures lancéolées, les inférieures et les moyennes amplexicaules à bords soudés en gaîne à la base. Bractées herbacées, plurinerviées, les inférieures ord. plus longues, les supérieures ord. plus courtes que les fleurs. Fleurs en épi allongé assez lâche, assez longuement pédicellées, penchées, à divisions extérieures du périanthe d'un vert cendré, à divisions intérieures blanches lavées et veinées de rouge-purpurin dans leur partie inférieure, à labelle blanc marqué en dedans de stries parallèles rouges purpurines ponctuées de jaune longitudinalement. Divisions extérieures du périanthe oblongues-lancéolées d'abord conniventes puis plus ou moins étalées, les intérieures ovales-lancéolées plus courtes. *Labelle égalant ou dépassant les divisions extérieures latérales*, très concave dans sa partie basilaire, *à partie terminale* denticulée-ondulée sur les bords, presque plane, *suborbiculaire obtuse*, à bosses saillantes parallèles longitudinalement. Ovaire linéaire-oblong atténué à la base, très pubescent-furfuracé ainsi que la partie supérieure de la tige. ♃. Juin-juillet.

A.C. — Prés marécageux, marais tourbeux. — Fossés des fortifications près du bois de Boulogne (*E. Fournier*); marais du bois de Meudon! (*Cornuti* Ench. Par.); Saint-Gratien!. Marais de Palaiseau et de Saint-Clair (*Tourn.* Hist. pl. Par.); Marcoussis (*Adr. de Jussieu*); Étréchy (*E. Fournier*). Forêt de Senart!. Chaumont!; marais de Sacy-le-Grand!; marais de Russy, Vauciennes, Mareuil-sur-Ourcq, etc. (*Questier*). Provins (*Bouteiller*). Nemours!; marais de Sceaux! près Château-Landon, etc.

**12. NEOTTIA** Rich. *Orch. Eur.* in *Mém. Mus.* IV, 42. — [NÉOTTIE].

*Périanthe* à divisions extérieures conniventes avec les deux intérieures; *labelle* non prolongé en éperon, légèrement concave à la base, dirigé en bas, pendant, allongé, ne présentant pas de rétrécissement brusque à sa partie moyenne, *bifide* supérieurement, plus rarement présentant indépendamment des lobes terminaux deux petits lobes latéraux. *Colonne* un peu allongée ou courte, *prolongée au-dessous de l'anthère en* une *lamelle allongée* mince entière. Anthère sessile, oblongue, obtuse, appliquée sur le prolongement lamelleux de la colonne; masses polliniques réunies par un rétinacle commun. Ovaire non contourné. — Souche fibreuse, à fibres radicales nombreuses.

1. **N. Nidus-avis** Rich., loc. cit. 59; Rchb. f. *Ic.* XIII, t. 473. — *Ophrys Nidus-avis* L. *Sp.* 1339; *Fl. Dan.* II, t. 181; *Engl. bot.* t. 48. — [N. NID-D'OISEAU. — Vulg. *Nid-d'oiseau*].

*Plante à feuilles réduites à des écailles* engaînantes, *décolorée, d'un blanc roussâtre*, pubescente-glanduleuse surtout dans sa partie supérieure. Souche oblique ou presque horizontale, à fibres nombreuses serrées-entrelacées et formant par leur ensemble une masse subglobuleuse. Tige de 3-5 décim., coudée à la base dans le sol, dressée, assez robuste, munie d'écailles espacées. Bractées membraneuses, uninerviées, plus courtes que l'ovaire. Fleurs de la même couleur que les autres parties de la plante, disposées en épi oblong assez serré. Labelle oblong, bifide à lobes divergents oblongs arrondis au sommet. Colonne un peu allongée. ♄. Mai-juin.

A.C. — Lieux ombragés, forêts. — Bondy!; Montmorency!; Saint-Germain!; bois des env. de Versailles!; Buc!. Forêt de Senart!; forêt de Fontainebleau!; Le Châtelet!. Provins. Env. de Mantes!. Forêt de Halatte!; Beauvais!; Compiègne, etc.

D'après deux intéressants articles publiés par M. Ed. Prillieux (in *Bull. Soc. bot.* IV, 42, et in *Ann. sc. nat.* sér. 4, V, 267-282, t. 17-18) « le plus souvent, sinon toujours, la plante n'est pas vivace, comme on le croit généralement, mais seulement monocarpienne ». Le fait de la destruction du rhizome après la floraison n'est pas un fait général, car nous possédons en herbier des échantillons dont le rhizome porte à la fois une tige florifère et la partie inférieure desséchée de la tige de l'année précédente. — Le même observateur a appelé l'attention sur un curieux mode de reproduction de la plante, dont quelques-unes des fibres radicales émettent un bourgeon terminal et deviennent de véritables rhizomes adventifs.

2. **N. ovata** Bluff et Fingerh. *Comp.* 453; Rchb. *Ic.* XIII, 147, t. 479. — *Ophrys ovata* L. *Sp.* 1340; *Fl. Dan.* I, t. 137; *Engl. bot.* t. 1548. — *Listera ovata* R. Br. in Ait. *Hort. Kew.* ed. 2, V, 201; Bill. *Exsicc.* n. 77. — *Neottia latifolia* Rich., loc. cit. 59. — [N. OVALE].

Souche à fibres nombreuses, assez longues. *Tige* de 4-5 décim., dressée, assez grêle, *portant* vers son tiers inférieur *deux feuilles opposées*, nue dans le reste de sa longueur, glabre dans la partie inférieure à l'insertion des feuilles, pubescente-glanduleuse dans sa partie supérieure. *Feuilles ovales* ou ovales-suborbiculaires, *très amples*, d'un beau vert ou d'un vert jaunâtre en dessus, d'un vert blanchâtre en dessous, à nervures arquées-convergentes dont trois très saillantes en dessous. Bractées ovales-acuminées, membraneuses-subherbacées, uninerviées, plus courtes que les pédicelles ou en égalant environ la longueur. Fleurs assez longuement pédicellées, disposées en épi allongé assez lâche, vertes, à labelle verdâtre ou d'un jaune verdâtre. Labelle linéaire-oblong atténué inférieurement, dilaté et divisé au sommet en deux lobes profonds linéaires obtus ou tronqués presque parallèles. Colonne courte, épaisse. ♃. Mai-juin.

*C C.* — Bois, pâturages ombragés, taillis humides.


**13. SPIRANTHES** Rich. *Orch. Eur.* in *Mém. Mus.* IV, 50. — [SPIRANTHE].

Périanthe formant un angle avec l'ovaire, à divisions rapprochées conniventes en tube dans leur partie inférieure, la moyenne extérieure horizontale appliquée sur les deux intérieures auxquelles elle adhère assez souvent, les deux latérales extérieures s'écartant plus tard de la moyenne et dirigées horizontalement; *labelle* non prolongé en éperon, rapproché des deux divisions extérieures latérales qui le recouvrent inférieurement, *non rétréci à sa partie moyenne*, indivis, caniculé-concave en dessus dans sa partie inférieure qui embrasse la colonne dans sa concavité, à partie terminale dirigée en bas et un peu recourbée en arrière à bords ondulés. Colonne courte, prolongée au-dessous de l'anthère en une lamelle allongée bifide au sommet. Anthère sessile, ovale-aiguë, appliquée sur le prolongement lamelleux de la colonne; *masses polliniques réunies par un rétinacle commun*. Ovaire non contourné. — Souche à *fibres radicales 2-4 épaisses-napiformes*. Fleurs en *épi fortement contourné en spirale*.

1. **S. æstivalis** Rich., loc. cit. 58; Rchb. *Crit.* II, t. 196, f. 337; Rchb. f. *Ic.* XIII, t. 475; Bill. *Exsicc.* n. 467. — *Ophrys spiralis* γ L. *Sp.* 1340. — *Neottia œstivalis* DC. *Fl. Fr.* III, 258; *Engl. bot.* t. 2817. — [S. D'ÉTÉ].

Fibres radicales fusiformes allongées. *Tige* de 1-3 décim., grêle, *feuillée*, pubérulente-glanduleuse dans la partie occupée par les fleurs. *Feuilles* radicales et caulinaires *lancéolées-linéaires*, dressées, plus ou moins caniculées, insensiblement atténuées dans leur partie inférieure. Bractées herbacées, lancéolées, plus longues que l'ovaire. Fleurs disposées en épi grêle unilatéral fortement contourné en spirale, petites, blanches, sessiles, odorantes seulement après le coucher du soleil. Périanthe pubescent-glanduleux ainsi que l'ovaire. Labelle à partie terminale obovale. ♃. Juillet-août.

*A.R.* — Marais tourbeux, bruyères humides, prairies marécageuses. — Saint-Gratien !; Montmorency (*Boudier*). Vallée de l'Essonne près de Mennecy !, Itteville (*Adr. de Jussieu*). Étang de Moret !; marais d'Épizy (*Vaill. Bot. Par.*); Nemours !; Malesherbes !. Pontchartrain (*de Boucheman*); Saint-Léger ! (*Tourn. Hist. pl.* Par.); Clairefontaine (*Weddell*). Anet (*Dœnen*). Amblainville (*Daudin*); Morfontaine !; Mareuil-sur-Ourcq (*Questier*); Blérancourt près Compiègne (*Léré*).—*Graves*

Cat. Oise : bruyère d'Haillancourt cant. de Méru ; Liancourt ; Ermenonville ; Thury-en-Valois ; Queue-d'Ham ; Verberie ; Longueil-Sainte-Marie.

**2. S. autumnalis** Rich., loc. cit. 59 ; Rchb. f. *Ic.* XIII, t. 474 ; Bill. *Exsicc.* n. 1966 et *bis*. — *Ophrys spiralis* L. *Sp.* 1340 ; *Engl. bot.* t. 541 ; *Fl. Dan.* III, t. 387. — *Neottia spiralis* Sw. in *Act. Holm.* [1800] 226. — [S. D'AUTOMNE].

Fibres radicales très épaisses, ovoïdes-oblongues. *Tige* de 1-3 décim., grêle, *ne portant que les feuilles supérieures bractéiformes* très petites apprimées, ne présentant à sa base lors de la floraison que les restes des feuilles déjà desséchées, pubérulente-glanduleuse supérieurement surtout dans la partie occupée par les fleurs. *Les feuilles du bourgeon* qui doit émettre la tige *de l'année suivante formant un fascicule latéral* relativement à la tige florifère et développées au moment de la floraison, *ovales ou ovales-oblongues* rétrécies à la base. Bractées herbacées membraneuses aux bords, triangulaires ou lancéolées, ord. plus longues que l'ovaire. Fleurs disposées en épi grêle unilatéral fortement contourné en spirale, petites, blanches, sessiles, à odeur de vanille. Périanthe pubescent-glanduleux ainsi que l'ovaire. Labelle à partie terminale obovale légèrement émarginée. ♃. Août-octobre.

R. — Pelouses sèches, collines incultes. — Montmorency (*Boudier*) ; Lognes-en-Brie (*Thuret*). Bouvier près Versailles (*de Boucheman*) ; env. de l'étang du Trou-salé, Montfort-l'Amaury, Aigremont près Poissy (*de Schœnefeld*) ; Triel (*Mandon*) ; Molière-de-Sérans près Magny (*Bouteille*) ; Les Andelys (*A. Grenier*). Liancourt près Clermont (*A. Jamain*). Neufchelles, Autheuil-en-Valois (*Questier*) ; Vanteuil, Perreuse et Courcelles près Jouarre (*Adr. de Jussieu*). Balancourt près Mennecy (*Des Étangs*) ; La Ferté-Aleps (*Vigineix*) ; parc de Vaux-Praslin (*Bonnet*) ; env. du Châtelet : La Vue (*M. Garnier*), Bois-Louis ! ; lande de Chailly (*Vaill.* Bot. Par.) ; env. de Fontainebleau (*Cornuti* Ench. Par.) ; dans les petits bois à droite du canal à Fontainebleau (*Tourn.* Hist. pl. Par.). Provins (*Bouteille*). — *Graves* Cat. Oise : prairies d'Abbecourt, Lépine, Goincourt près Beauvais ; collines de Savignies, Neuville-Bosc ; Montceaux près Bulles ; coteau de Magny en face de Compiègne ; Queue-d'Ham cant. de Betz.

**14. GOODYERA** R. Br. in Ait. *Hort. Kew.* ed. 2, V, 197. — [GOODYÈRE].

Périanthe formant un angle avec l'ovaire, à divisions rapprochées conniventes en tube dans leur partie inférieure, la moyenne extérieure horizontale appliquée sur les deux intérieures auxquelles elle adhère assez souvent, les deux latérales extérieures s'écartant plus tard de la moyenne et dirigées en bas ou restant conniventes avec elle ; *labelle* non prolongé en éperon, recouvert latéralement par les divisions extérieures latérales, *non rétréci à sa partie moyenne*, indivis, *très largement et profondément concave-bossu dans sa partie inférieure* qui embrasse la colonne dans sa concavité, à partie terminale acuminée-liguliforme canaliculée dirigée en bas et un peu recourbée en arrière plus courte que la partie concave-bossue. Colonne courte, prolongée au-dessous de l'anthère en une lamelle allongée bidentée au sommet. Anthère à filet un peu distinct, subquadrangulaire, plus large que longue, brusquement apiculée, appliquée sur le prolongement lamelleux de la colonne ; *masses polliniques* composées de grains assez gros anguleux oblongs-obovales agglutinés à leur base seulement par une très petite quanlité de matière élastique, *réunies par un rétinacle* quadrangulaire. Ovaire non contourné, atténué inférieurement en un pédicelle très court contourné. — *Rhizome grêle, rameux, longuement traçant.* Fleurs disposées en spirale en épi presque unilatéral.

**1. G. repens** R. Br., loc. cit., 198; Rchb. f. *Ic.* XIII, t. 482; Bill. *Exsicc.* n.
　　1549.— *Satyrium repens* L. *Sp.* 1339; *Fl. Dan.* V, t. 812 ; Jacq. *Austr.*
　　IV, t. 369; *Engl. bot.* t. 289. — *Epipactis repens* Crantz *Austr.* VI, 473.
　　— *Neottia repens* Sw. in *Act. Holm.* [1800] 226. — [G. RAMPANTE].

Rhizome grêle, cylindrique, rameux, longuement traçant, à fibres radicales couvertes de papilles très nombreuses. Tige de 1-3 décim., grêle, feuillée, pubescente-glanduleuse surtout supérieurement. Feuilles inférieures 3-4, ovales ou oblongues, brusquement rétrécies inférieurement, à nervures anastomosées par des veines transversales; les supérieures passant insensiblement à l'état de bractées. Bractées lancéolées, membraneuses-herbacées, environ de la longueur de l'ovaire. Fleurs disposées en épi grêle presque unilatéral contourné en spirale, petites, blanches, très brièvement pédicellées, presque inodores. Périanthe à divisions extérieures pubescentes-glanduleuses en dehors les latérales ovales-oblongues un peu acuminées, les deux intérieures oblongues étroites. ♃. Juillet-septembre.

*RRR.* — Abondant dans le terreau des plantations de Pins sur le versant nord du Mail d'Henri IV ! dans la forêt de Fontainebleau (*Chatin*, 22 juillet 1854). — Abondant dans un bois à Vrigny (*Pelletier*, *Boreau* Fl. centre) entre Malesherbes et Orléans, où il a, de même qu'à Fontainebleau, paru tout à coup sous des Pins plantés par Duhamel-du-Monceau.— Le *G. repens*, introduit dans la forêt de Fontainebleau, comme à Vrigny, par les plantations ou les semis de Pins, est indigène dans les régions montagneuses, et on l'a observé en France dans les Vosges, les Alpes et les Pyrénées.

Voyez, pour plus de détails sur la station de la plante et ses conditions de végétation, un article de M. de Schœnefeld (in *Bull. Soc. bot.* II, 594).


TRIBU III. **MALAXIDEÆ**. — Anthère libre, en forme d'opercule, caduque ; masses polliniques très compactes, céracées, composées de granules très cohérents, non atténuées en caudicule. Plantes à bulbes constitués par un renflement de la tige entouré d'une ou de plusieurs tuniques.


**15. LIPARIS** Rich. *Orch. Eur.* in *Mém. Mus.* IV, 52. — [ LIPARIS ].

*Fleur non déviée* de sa direction primitive, *de sorte que le labelle regarde en haut.* Périanthe à divisions étroites, étalées ; les extérieures latérales rapprochées du labelle ; *labelle* beaucoup plus large et *aussi long que les autres divisions*, non prolongé en éperon, indivis ord. crénelé et quelquefois sinueux aux bords, concave-canaliculé. *Colonne allongée,* légèrement infléchie, élargie en aile de chaque côté du stigmate. Anthère terminale, sessile, surmontée d'un appendice membraneux ; *masses polliniques* bipartites *à lobes collatéraux.* Ovaire non contourné ou à peine contourné à la base, atténué en pédicelle contourné. — Bulbes assez gros, le jeune bulbe étant juxtaposé à l'ancien.

**1. L. Lœselii** Rich., loc. cit. 60. — *Ophrys Lœselii* L. *Sp.* 1341 ; *Engl. bot.*
t. 47. — *Malaxis Lœselii* Sw. in *Act. Holm.* [1800] 235. — *Sturmia
Lœselii* Rchb. *Crit.* X, t. 956, f. 1286-1287; Rchb. f. *Ic.* XIII, t. 492. —
[L. DE LOESEL].

Rhizome persistant peu de temps, horizontal, oblique ou descendant, cylindrique, revêtu des bases des feuilles détruites qui lui forment une enveloppe réticulée, émettant au-dessous des bulbes des fibres radicales qui per-
forent cette enveloppe. Tige de 1-2 décim., anguleuse à angles presque ailés,
triquètre surtout au sommet, nue, renflée à la base en un bulbe ovoïde
vert luisant entouré par les bases engaînantes des feuilles. Feuilles ord. 3-5,
les extérieures réduites à la gaîne, les intérieures ord. 2, membraneuses
assez minces, d'un vert jaunâtre, oblongues ou oblongues-lancéolées, pliées
longitudinalement. Bractées triangulaires, uninerviées, ord. plus courtes que
les pédicelles. Fleurs assez petites, d'un jaune verdâtre, dressées, disposées
en épi 3-10-flore assez lâche. Labelle oblong obtus, ord. crénelé et quelquefois sinueux sur les bords. ♃. Juin-juillet.

R. — Tourbières à *Sphagnum*, prairies tourbeuses. — Saint-Gratien (*Thuill.*
Fl. Par.). Marécages des bassins de l'ancien parc de Marly (*de Schœnefeld*), où il y
a peut-être été planté. Marais à Brignancourt ! près Marines (*de Boucheman*). Mennecy (*Pervillé*). Marais d'Épizy ! près Moret (*Vaill. Bot. Par.*) ; marais de La Tour !
et de La Genevraie ! près Nemours (*Devilliers*); Larchant ! (*Gogot*); Malesherbes !
(*Bernard*). Saint-Léger !. Morfontaine ! ; marais de Russy près Crépy et de Silly-
la-Poterie (*Questier*) ; Pondron, Feigneux (*Léré*). — *Graves* Cat. Oise : vallée
d'Automne à Besmont et Vauciennes ; Vivray près Chaumont ; prairies de Caisnes
cant. de Noyon.

## 16. MALAXIS Sw. in *Act. Holm.* [1800] 235. — [MALAXIS].

*Fleur non déviée* de sa direction primitive, *de sorte que le labelle regarde en haut.* Périanthe à divisions étalées, les extérieures latérales rapprochées du labelle, les intérieures beaucoup plus petites ; *labelle plus court
que les divisions extérieures,* non prolongé en éperon, indivis, concave.
*Colonne très courte,* droite. Anthère terminale, sessile, dépourvue d'appendice membraneux ; *masses polliniques bipartites, à lobes se recouvrant l'un
l'autre.* Ovaire non contourné, atténué en un pédicelle contourné. — Bulbes
petits, superposés et espacés.

**1. M. paludosa** Sw., loc. cit.; *Engl. bot.* t. 72; Rchb. f. *Ic.* XIII, t. 494 ; Bill.
*Exsicc.* n. 78. — *Ophrys paludosa* L. *Sp.* 1341. — [M. DES MARAIS].

Rhizome grêle, cylindrique, allongé, descendant, n'émettant pas de fibres
radicales au-dessous des bulbes. Tige de 5-12 centim., très grêle, subpen-
tagone, nue, renflée à la base en un petit bulbe ovoïde-comprimé presque
tétragone entouré par les feuilles éloigné de l'ancien bulbe auquel il est superposé. Feuilles 3-4, les 1-2 inférieures réduites à la gaîne, les supérieures
membraneuses assez minces, d'un vert jaunâtre, oblongues ou oblongues-
obovales, émettant quelquefois à leur sommet des bourgeons adventifs. Bractées lancéolées aiguës, environ de la longueur des pédicelles. Fleurs très
petites, nombreuses, d'un jaune verdâtre à labelle plus foncé, dressées, disposées en épi grêle ord. allongé. Divisions extérieures du périanthe ovales-
triangulaires, la moyenne regardant en bas et simulant un labelle ; les deux

divisions intérieures beaucoup plus petites linéaires-lancéolées. Labelle ovale-triangulaire, aigu, concave par l'inflexion de ses bords. ♃. Juillet-août.

Marais tourbeux profonds à *Sphagnum*. — Cette plante a été découverte en 1835, à l'herborisation dirigée par M. Adr. de Jussieu, dans l'étang du Serisaye ! près Rambouillet, où elle était très localisée et très peu abondante. Depuis 1845, on l'a vainement cherchée à cette même localité, d'où elle a très probablement disparu à la suite du desséchement de l'étang.

---

## C. HYDROCHARIDÉES

(HYDROCHARIDEÆ Rich. in *Mém. Inst.* [1811]).

*Fleurs dioïques*, très rarement polygames, *renfermées avant la floraison dans des bractées en forme de spathe*. — *Périanthe* régulier, à 6 *divisions* disposées sur deux rangs, les 3 extérieures herbacées ou presque pétaloïdes, les 3 *intérieures* plus grandes *pétaloïdes* à préfloraison chiffonnée *plus rarement rudimentaires ou nulles*. — Fleurs mâles ord. réunies plusieurs ou en grand nombre dans une spathe commune : Périanthe à divisions libres presque jusqu'à la base. *Étamines* insérées au fond du périanthe, *12 ou plus* dont plusieurs ord. stériles, *plus rarement 3* dont une fréquemment stérile. Anthères bilobées, à lobes s'ouvrant chacun par une fente longitudinale. Ovaire rudimentaire occupant le centre de la fleur, plus rarement nul. — Fleurs femelles solitaires dans une spathe : Périanthe à divisions soudées à la base en tube soudé avec l'ovaire. Étamines avortées ou nulles. *Ovaire soudé avec le tube du périanthe*, à 6 plus rarement 3 carpelles, à 6 loges multiovulées ou pluriovulées, plus rarement à une seule loge. *Ovules insérés sur les cloisons* dans les ovaires à 6 loges, *ou sur les parois de la loge* dans les ovaires uniloculaires, ascendants ou horizontaux, droits ou réfléchis. Style court, plus rarement allongé ; stigmates 6, plus rarement 3, plus ou moins profondément bilobés ou bifides. — Fruit mûrissant sous l'eau, surmonté du limbe persistant du périanthe ou n'en présentant aucun vestige, indéhiscent, charnu, polysperme, à 6 loges séparées par des cloisons membraneuses et remplies d'une pulpe mucilagineuse, plus rarement à une seule loge. — Graines à testa membraneux et ord. chargé de filaments souvent roulés en spirale. *Périsperme nul*. Embryon ovoïde ou cylindrique, droit. Radicule dirigée vers le point diamétralement opposé au hile ou vers le hile.

*Plantes aquatiques*, submergées-nageantes ou submergées, vivaces, herbacées, stolonifères, à souche non bulbeuse. Feuilles toutes radicales ou portées sur les stolons, pétiolées à limbe nageant, ou submergées réduites à la partie pétiolaire aplanie. Spathes axillaires sessiles ou pédonculées, composées d'une ou de deux pièces membraneuses ou herbacées. Fleurs sessiles ou pédicellées.

1. HYDROCHARIS. — *Étamines 12, à filets soudés par paires dans leur moitié inférieure*, le filet intérieur de trois des paires ord. dépourvu d'anthère. *Feuilles pétiolées, à limbe nageant suborbiculaire-réniforme.*

† STRATIOTES. — *Étamines nombreuses, les extérieures 23-26 stériles*, les intérieures 12-13 fertiles. *Feuilles submergées, en rosette radicale, linéaires-larges, dentées-épineuses.*

## 1. HYDROCHARIS L. *Gen.* n. 1126. — [ HYDROCHARIS ].

Fleurs dioïques, rarement polygames quelques étamines fertiles se développant dans les fleurs femelles. Périanthe à 6 divisions, les extérieures herbacées, les intérieures pétaloïdes suborbiculaires beaucoup plus grandes. — Fleurs mâles renfermées avant la floraison par 1-3 dans une spathe membraneuse composée de deux pièces terminant un pédoncule court. *Étamines 12, à filets soudés* en anneau à la base et *par paires dans leur moitié inférieure*, le filet intérieur de trois des paires ord. dépourvu d'anthère ; anthères ovoïdes, à lobes séparés par un connectif assez épais. Ovaire rudimentaire, libre, à 6 angles, surmonté de styles rudimentaires. — Fleurs femelles solitaires dans une spathe membraneuse subsessile composée d'une seule pièce, très longuement pédicellées. Périanthe à divisions soudées en tube avec l'ovaire dans leur partie inférieure. Étamines extérieures réduites aux filets subulés, les 3 intérieures réduites à des glandes obtuses charnues opposées aux divisions intérieures du périanthe. Ovaire à 6 loges ; ovules droits (Parlatore). Style très court, épais ; stigmates 6, divisés chacun supérieurement en deux lobes subulés divariqués. Fruit charnu-bacciforme, polysperme, ovoïde-oblong atténué au sommet, à 6 loges. Graines ovoïdes-subglobuleuses, insérées dans toute l'étendue des cloisons, plongées dans une pulpe mucilagineuse, à testa lâche chargé de tubercules qui résultent de filaments enroulés en spirale.

Plante aquatique, stolonifère à stolons submergés. *Feuilles* naissant par fascicules espacés, longuement *pétiolées, à limbe nageant suborbiculaire-réniforme ;* pétioles soudés inférieurement avec une stipule axillaire très développée en forme de gaîne membraneuse mince divisée profondément en deux lobes oblongs libres. Spathes axillaires. Fleurs blanches.

1. H. **Morsus-ranæ** L. *Sp.* 1666 ; *Fl. Dan.* V, t. 878 ; *Engl. bot.* t. 808 ; Rchb. *Ic.* VII, t. 62, f. 112 ; Bill. *Exsicc.* n. 2937. — [ H. DES GRENOUILLES. — Vulg. *Petit-Nénuphar* ].

Stolons grêles, de longueur très variable, émettant des fibres radicales au niveau des fascicules de feuilles. Fibres radicales couvertes dans toute leur longueur de fibrilles transparentes. Feuilles longuement pétiolées, suborbiculaires-réniformes, assez épaisses, luisantes à la face supérieure, enroulées pendant la préfoliaison. Périanthe à divisions intérieures blanches à base jaune. ♃. Juillet-août.

*A.C.* — Eaux tranquilles, mares, fossés, étangs, ruisseaux, flaques d'eau au bord des rivières. — Dans la Seine à Longchamp (*Weddell*). Montmorency (*Cornuti* Ench. Par.) ; Chantilly ! ; Aulmont ! près Senlis ; Compiègne ! ; Liancourt ! ; marais de Bresle ! ; env. de Beauvais : Goincourt (*Questier*), Saint-Just-les-Marais (*Taillefert*) ; Le Becquet ! ; Chaumont ! ; Saint-Germer !. Vallée de Chevreuse ! ; Saint-Léger !. Corbeil ! ; Mennecy ! ; vallée de l'Essonne près d'Itteville (*H. Fournier*). Provins (*Bouteiller*). Malesherbes ! ; Pithiviers ! (*Woods*). Dreux !, etc.

### † **STRATIOTES** L. *Gen*. n. 687. — [ STRATIOTE ].

Fleurs dioïques. Périanthe à 6 divisions, les extérieures à peine herbacées, les intérieures pétaloïdes obovales-suborbiculaires beaucoup plus grandes. — Fleurs mâles renfermées avant la floraison par trois ou plusieurs dans une spathe composée de deux pièces foliacées terminant un pédoncule beaucoup plus court que les feuilles. *Étamines nombreuses, les extérieures* plus courtes 23-26 *stériles* linéaires-subulées, les intérieures 12-13 fertiles à filets courts linéaires-subulés, à anthères longues étroitement linéaires à lobes séparés par le connectif. — Fleurs femelles solitaires dans une spathe semblable à celle des fleurs mâles, sessiles. Périanthe à divisions soudées en tube avec l'ovaire dans leur partie inférieure. Étamines stériles nombreuses linéaires subulées. Ovaire à 6 loges ; ovules réfléchis. Style court, cylindrique, soudé avec le tube du périanthe ; stigmates 6, linéaires, bifides. Fruit charnu-bacciforme, oblong atténué au sommet, à 6 angles, à 6 loges. Graines peu nombreuses dans chaque loge, insérées sur les cloisons, plongées dans une pulpe mucilagineuse.

*Plante submergée*, acaule, stolonifère. *Feuilles* disposées en rosette radicale, sessiles, *linéaires-larges* acuminées, *dentées-épineuses* aux bords, roides, un peu engaînantes à la base. Spathes axillaires. Fleurs blanches, s'épanouissant hors de l'eau.

† **S. aloïdes** L. *Sp.* 751 ; *Fl. Dan.* II, t. 337 ; *Engl. bot.* t. 379 ; Rchb. *Ic.* VII, t. 61, f. 111. — [ S. FAUX-ALOÈS ].

Souche assez épaisse à fibres radicales très longues, émettant plusieurs stolons. Feuilles nombreuses, formant une rosette serrée, linéaires-larges acuminées, dentées-épineuses aux bords, roides, un peu engaînantes à la base, rappelant celles de certains Aloès par leur forme et leur disposition. Spathes terminant des pédoncules axillaires droits et comprimés, comprimées, composées de deux pièces carénées sur le dos membraneuses aux bords. Périanthe à divisions intérieures blanches. Étamines stériles d'un jaune plus foncé que les étamines fertiles. Fruit courbé à angle droit avec le pédoncule de la spathe. ♃. Juin-juillet.

Cette plante, introduite en 1842, par M. Weddell, dans plusieurs mares de la forêt de Marly !, s'y est naturalisée ; elle a été également introduite à la même époque dans l'étang de Trivaux près Meudon. — Le *Stratiotes aloides* n'existe en France que dans les fossés de la ville de Lille, et l'on n'y rencontre que l'individu mâle (*Cussac*) ; il se trouve dans le centre de l'Europe, dans le nord de l'Italie, en Angleterre, en Suède et en Danemarck.

Le *Vallisneria spiralis* L. (Jacq. *Ecl. pl.* t. 1 ; Rchb. *Ic.* VII, t. 60, f. 108-109 ; Chatin *Mém. Vallisn.* t. 1-4 ; Bill. *Exsicc.* n. 849), indigène dans le midi de la France, a été introduit récemment par M. Chatin dans les nouvelles pièces d'eau du bois de Boulogne. Cette curieuse plante se reconnaît aux caractères suivants : plante dioïque, submergée, acaule, émettant des stolons ; feuilles linéaires planes rubanées, dressées, denticulées-scabres aux bords. Plante mâle à pédoncules axillaires courts portant un nombre très considérable de petites fleurs rapprochées en grappe entourée d'une spathe composée de 2-3 pièces ; fleurs mâles se détachant des pédicelles pour flotter et s'épanouir à la surface de l'eau autour de la fleur femelle au moment de la fécondation ; périanthe à 3 divisions extérieures d'un blanc grisâtre, à une seule division intérieure réduite à un petit appendice ; étamines 3, dont une ord. stérile opposée aux divisions extérieures du périanthe. Plante femelle à pédoncules axillaires plus ou moins longs selon la profondeur de l'eau, s'enroulant en spirale et se rétractant pour entraîner l'ovaire fécondé au fond de l'eau, terminés par une seule fleur entourée d'une spathe tubuleuse bifide au sommet ; périanthe de la fleur femelle à 3 divisions extérieures herbacées soudées inférieurement en tube adhérent à l'ovaire, les 3 divisions intérieures réduites à de petits appendices liguliformes ; ovaire cylindrique, uniloculaire ; ovules droits ; stigmates 3, bilobés ; fruit charnu, uniloculaire, surmonté des divisions persistantes du périanthe.

---

## SUBDIVISION II.

### Périanthe herbacé ou scarieux, remplacé par des soies ou des bractées, ou nul.

## CLASSE I.

### Graines dépourvues de périsperme. — Plantes aquatiques.

## CI. JONCAGINÉES

(JUNCAGINEÆ Rich. in *Mém. Mus.* II, 365).

Fleurs hermaphrodites. — *Périanthe* régulier, *à 6 divisions* libres ou presque libres, *herbacées*, disposées sur deux rangs, à préfloraison imbriquée, les intérieures presque semblables aux extérieures. — Étamines 6, insérées à la base des divisions du périanthe auxquelles elles sont opposées. Anthères bilobées, extrorses. — *Ovaire non soudé avec le périanthe*, à 3-6 carpelles libres ou soudés entre eux à la base par l'angle interne, quelquefois soudés dans toute leur longueur avec un prolongement de l'axe ; ovules 1-2 dans chaque carpelle, dressés ou ascendants, réfléchis, s'insérant à l'angle interne du carpelle. Stigmates sessiles ou subsessiles, en nombre égal à celui des carpelles. — *Fruit sec, composé de 3-6 carpelles 1-2-spermes qui se séparent entre eux à la maturité* et s'ouvrent par l'angle interne. — Graines ascendantes ou dressées. Périsperme nul. *Embryon droit.* Radicule dirigée vers le hile.

Plantes croissant dans les lieux marécageux, vivaces, herbacées. Tiges simples. Feuilles toutes radicales ou alternes, linéaires ou semicylindriques, engaînantes à la base, à gaîne fendue donnant naissance à une ligule entière. Fleurs disposées en grappe ou en épi terminal.

### 1. TRIGLOCHIN L. *Gen.* n. 453. — [TROSCART].

Périanthe à 6 divisions ovales, concaves. Étamines 6, à anthères subsessiles insérées sur le filet vers le milieu de leur hauteur. Stigmates barbus. Carpelles 3 ou 6, monospermes, soudés avec un prolongement triquètre de l'axe dont ils se séparent à la maturité de la base au sommet. Graines dressées.

Plante vivace. Feuilles toutes radicales, linéaires, semicylindriques. Fleurs petites, verdâtres, en grappe spiciforme terminale effilée.

1. **T. palustre** L. *Sp.* 482 ; *Fl. Dan.* III, t. 490 ; *Engl. bot.* t. 366 ; Rchb. *Ic.* VII, t. 51, f. 90-91 ; Bill. *Exsicc.* n. 1547 et *bis.* — [T. DES MARAIS].

Souche cespiteuse. Tige de 2-5 décim., grêle, effilée, nue. Feuilles disposées en fascicule radical, linéaires-subulées, semicylindriques, dressées, égalant environ la moitié de la longueur de la tige. Fleurs disposées en grappe spiciforme effilée, à pédicelles s'allongeant après la floraison. Fruits linéaires-oblongs, à 3 angles, atténués à la base, appliqués contre la tige, composés de 3 carpelles linéaires obtus au sommet atténués inférieurement en pointe subulée. ♃. Juin-août.

A.C. — Sables tourbeux humides, marais tourbeux, prairies spongieuses. — Meudon (*Thuret*); Buc (*de Boucheman*); Saint-Germain (*Guillon*); Saint-Gratien ! ; Montmorency ! (*Tourn*. Hist. pl. Par.). Morfontaine ! (*Thuret*); Thiers et Senlis (*Morelle*); marais de Bresle ! ; Compiègne ! ; fossés des routes de la forêt et marais de Pisseleux près Villers-Cotterets (*de Marcilly fils*); Feigneux, Mareuil-sur-Ourcq, etc. (*Questier*). Marcoussis (*P. Jamin*); Corbeil ! ; Mennecy ! . Moret (*E. Fournier*); Nemours ! ; Larchant ! (*de Schœnefeld*); Malesherbes ! . Forêt des Ivelines près Rambouillet (*Weddell*). Saint-Gervais et Arthieul près Magny (*Bouteille*); La Roche-Guyon ! , etc.

---

# CII. POTAMÉES

(POTAMEÆ Juss. in *Dict. sc. nat.* XLIII, 93).

Fleurs hermaphrodites, ou unisexuelles ord. monoïques. — *Périanthe* régulier *à 4 divisions herbacées* libres, *ou nul, ou remplacé par une spathe membraneuse.* — Étamines 1-4, insérées à la base des divisions du périanthe dans les fleurs hermaphrodites munies d'un périanthe. Anthères subsessiles ou à filets plus ou moins longs, bilobées à lobes ord. séparés par un connectif plus ou moins épais quelquefois divisés chacun en deux loges secondaires s'ouvrant chacun par une fente longitudinale, rarement unilobées. — *Ovaire libre, composé de 4 carpelles* uniovulés, plus rarement plus ou moins, *libres entre eux*, sessiles ou pédicellés, terminés chacun par un style plus ou moins long ou un stigmate subsessile. Ovule suspendu, droit. — Fruit à *carpelles* libres entre eux, *monospermes, indéhiscents*, à péricarpe coriace ou spongieux. — Graine à testa membraneux. *Périsperme nul. Embryon* macropode, *à extrémité cotylédonaire crochue, pliée ou enroulée en crosse.* Radicule dirigée vers le point diamétralement opposé au hile.

*Plantes* herbacées, *vivant dans l'eau*, à feuilles toutes submergées ou les supérieures seules nageantes. Tiges ord. rameuses, quelquefois très comprimées, souvent radicantes. Feuilles alternes, plus rarement opposées, sessiles ou pétiolées, linéaires ou à limbe plus ou moins large, à nervures parallèles, ou à nervures arquées convergentes réunies par des nervures secondaires, ord. munies de stipules ; stipule axillaire libre, plus rarement soudée avec la partie pétiolaire de la feuille de manière à former une gaîne qui embrasse la tige ou la base du rameau correspondant. Fleurs solitaires ou disposées en épis multiflores ou pluriflores rarement pauciflores.

1. POTAMOGETON. — *Fleurs en épis* multiflores ou pluriflores rarement pauciflores, *hermaphrodites. Étamines 4*, à filet très court.

2. ZANNICHELLIA. — *Fleurs solitaires* plus rarement géminées, *monoïques. Étamine 1*, à anthère portée sur un filet allongé.

## 1. **POTAMOGETON** Tourn. *Inst.* t. 103. — [ POTAMOT ].

*Fleurs hermaphrodites*, régulières, disposées *en épis* multiflores ou pluri-flores rarement pauciflores. *Périanthe à 4 divisions herbacées* libres entre elles un peu atténuées en onglet à la base, à préfloraison valvaire. *Étamines 4*, insérées *à* la base des divisions du périanthe; *filets très courts* ; anthères bilobées, à lobes séparés par un connectif plus ou moins épais. Ovaire com-posé de 4 carpelles libres, sessiles, uniovulés ; cavité des carpelles partagée en deux demi-loges par un appendice de l'endocarpe en forme de cloison par-tant de l'angle interne un peu au-dessous de son milieu. Style très court, continuant ord. le bord interne du carpelle ; stigmate pelté, oblique. Fruit composé de 4 carpelles libres, ou moins par avortement, sessiles, ord. com-primés latéralement, à péricarpe dur et épais un peu drupacé, plus rare-ment spongieux ou mince presque membraneux, souvent prolongés en bec par le style persistant (1). Graine insérée latéralement par son extrémité supé-rieure au sommet de l'appendice en forme de cloison, très rarement insérée à cet appendice en un point plus rapproché de sa base que de son sommet (J. Gay). Embryon à extrémité cotylédonaire crochue, très rarement roulée en crosse.

Tiges submergées, radicantes, simples ou rameuses, cylindriques ou comprimées, plus ou moins longues selon la profondeur de l'eau. Feuilles alternes celles des dichotomies seules opposées, plus rarement toutes opposées, membraneuses-trans-parentes, ou coriaces-opaques, toutes submergées ou les supérieures nageantes, sessiles ou pétiolées, linéaires ou à limbe plus ou moins élargi enroulé en dessus pendant la préfoliaison, les feuilles nageantes souvent plus larges que les feuilles submergées ; stipules (2) axillaires embrassant ord. la tige ou le rameau, membra-neuses, indivises, libres, plus rarement soudées avec la partie pétiolaire de la feuille en gaîne longuement embrassante, rarement divisées en deux segments divergents et soudés chacun avec la feuille vers son bord. Fleurs verdâtres, en épis pédonculés terminaux qui se développent hors de l'eau.

Sect. 1. *EUPOTAMOGETON* . — *Épis multiflores ou pluriflores*, à pédoncule droit. Carpelles à péricarpe dur et épais. *Feuilles alternes, celles des dichotomies seules opposées*, toutes ou la plupart accompagnées de stipules; *stipule non soudée avec la feuille, indivise*.

§ 1. *Diversifolii*. — *Feuilles supérieures coriaces nageantes*, ovales, oblon-gues ou lancéolées, *souvent plus larges et d'une autre forme que les infé-rieures* qui sont submergées ; quelquefois toutes coriaces nageantes.— (1-4).

§ 2. *Conformifolii*. — *Feuilles toutes membraneuses transparentes*, sub-mergées, rarement les supérieures émergées, *les inférieures et les supé-rieures ord. de même forme*, ovales, oblongues ou lancéolées, à nervures arquées-convergentes plus rarement parallèles. — (5-8).

§ 3. *Graminifolii*. — *Feuilles toutes membraneuses-transparentes*, submer-gées, de même forme, sessiles, *exactement linéaires* (en forme de feuilles de Graminées), à nervures droites parallèles. — (9-11).

(1) Les carpelles, se ridant et se déformant par la dessiccation, doivent être étudiés sur la plante vivante, ou sur des épis conservés dans l'alcool.

(2) Voyez, sur la stipule et la préfeuille des *Potamogeton*, une note publiée par l'un de nous (in *Bull. Soc. philomath.* [1860] 72).

Sect. II. *ENANTIOPHYLLUM.* — *Épis pauciflores, à pédoncule recourbé.* Carpelles à péricarpe mince et presque membraneux. *Feuilles toutes opposées,* celles des dichotomies seules accompagnées de stipules ; *stipule divisée en deux segments oblongs divergents soudés* chacun *avec la feuille vers son bord.* — (12).

Sect. III. *COLEOPHYLLUM.* — *Épis pluriflores, à fleurs espacées, à pédoncule* filiforme grêle droit. Carpelles à péricarpe épais spongieux. *Feuilles alternes,* celles des dichotomies seules opposées, à *partie pétiolaire enroulée en une longue gaine* qui embrasse la tige ou le rameau correspondant, accompagnées de stipules ; *stipule soudée avec* la face interne de *la gaine de la feuille* qu'elle dépasse en forme de ligule. — (13).

Sect. I. EUPOTAMOGETON. — Épis multiflores ou pluriflores, à pédoncule droit. Carpelles à péricarpe dur et épais. Graine fixée latéralement par son extrémité supérieure ; embryon à extrémité cotylédonaire crochue au sommet. Feuilles alternes, celles des dichotomies seules opposées, toutes ou la plupart accompagnées de stipules ; stipule non soudée avec la feuille, indivise, entière tronquée émarginée ou laciniée au sommet, souvent très développée, plus ou moins concave, embrassant la tige ou le rameau correspondant, souvent bicarénée sur le dos dans une plus ou moins grande étendue au contact du pétiole ou de la nervure moyenne de la feuille. Première feuille du rameau (insérée sur la face du rameau opposée à la feuille-mère, préfeuille) ord. presque de la même forme et de la même grandeur que les stipules.

§ 1. *Diversifolii.* — Feuilles supérieures coriaces nageantes, ovales, oblongues ou lancéolées, souvent plus larges et d'une autre forme que les inférieures qui sont submergées, quelquefois toutes coriaces nageantes.

1. **P. natans** L. *Sp.* 182 ; *Fl. Dan.* VI, t. 1025 ; *Engl. bot.* t. 1822 ; Rchb. *Ic.* VII, t. 50, f. 89 ; Bill. *Exsicc.* n. 2381 et *bis.* — [P. NAGEANT. — Vulg. *Épi-d'eau*].

Tiges simples, cylindriques. *Feuilles toutes longuement pétiolées ;* les supérieures nageantes, coriaces, ovales ou oblongues, obtuses ou un peu aiguës, arrondies à la base ou un peu cordées, plus rarement atténuées aux deux extrémités ; *les inférieures* submergées, plus étroites, lancéolées ou oblongues, *à limbe pourrissant après la floraison ;* pétioles plans ou un peu concaves en dessus. Pédoncules aussi gros que la tige, non renflés au sommet. *Épis fructifères* cylindriques assez gros, *présentant des lacunes par suite de l'avortement de quelques-uns des carpelles. Carpelles assez gros, ne devenant pas rougeâtres par la dessiccation,* ovoïdes-comprimés à bords obtus. ♃. Juillet-août.

*C C.* — Mares, étangs, eaux tranquilles, flaques d'eau au bord des rivières.

Var. β. *fluitans.* (*P. fluitans* DC. *Fl. Fr.* III, 184 excl. syn.). — Feuilles même les supérieures allongées atténuées aux deux extrémités — *C.* — Eaux courantes, rivières.

2. **P. polygonifolius** Pourr. *Chl. Narb.* in *Act. Toul.* III, 325 [1788] ; Rchb. *Ic.* VII, t. 44, f. 79-80 ; Gren. et Godr. *Fl. Fr.* III, 312. — *P. oblongus* Viv. *Fl. It. fragm.* 1, t. 2 ; *Fl. Par.* éd. 1, 569. — *P. microcarpus* Boiss. et Reut.! *Diagn. pl. nov. Hisp.* 25. — [P. A FEUILLES DE RENOUÉE].

Souche très rameuse, à ramifications très allongées, devenant rougeâtre par la dessiccation. Tiges ord. très courtes, cylindriques. *Feuilles toutes longuement pétiolées*, souvent opposées et rapprochées en rosette au sommet des tiges, la plupart nageantes, coriaces, plus petites que celles de l'espèce précédente, ovales ou oblongues, obtuses, plus rarement aiguës, arrondies à la base ou un peu cordées, plus rarement atténuées aux deux extrémités; *les inférieures à limbe persistant* ou persistant-marcescent *après la floraison*; pétioles plans ou à peine convexes en dessus. Pédoncules environ de la grosseur de la tige, non renflés au sommet. *Épis fructifères cylindriques, environ de moitié plus petits que ceux de l'espèce précédente, très compactes. Carpelles petits, devenant rougeâtres par la dessiccation*, ovoïdes-subglobuleux comprimés, à dos obtus non caréné. ♃. Juin-août.

 *R.* — Fossés des marais tourbeux, mares tourbeuses ou sablonneuses des bois. — Étang de Grand-moulin! près Senlisse; Montfort-l'Amaury!; ancien étang du Serisaye! près Rambouillet; abondant aux environs de Saint-Léger!; marais de Clairefontaine! Forêt de Fontainebleau : mares du Cuvier!, de Franchart!, du Gros-fouteau (*Adr. de Jussieu*), etc.; Larchant! (*Devilliers*). Morfontaine! (*Weddell*). Marais de Russy-Montigny près Crépy (*Questier*). Marais de Neuville-Bosc! (*Daudin*). — *Graves* Cat. Oise : vallée de Bray; Liancourt-Saint-Pierre près Chaumont; forêt de Compiègne au carrefour de la Vieille-muette.

*S.-v. terrestre.* — Plante croissant dans des lieux d'où l'eau s'est retirée, à feuilles plus brièvement pétiolées, plus petites, disposées en rosette radicale.

3. **P. rufescens** Schrad. in Chamisso *Adnot.* 5; Kunth *Enum. pl.* III, 129; Koch *Syn. fl. Germ.* ed. 2, 777; Rchb. *Crit.* II, t. 184, f. 322, et *Ic.* VII, t. 32, f. 56; Bill. *Exsicc.* n. 650 et *bis.* — *P. obscurum* DC. *Fl. Fr.* suppl. 311. — *P. fluitans* Sm. *Fl. Brit.* III, 1391, et *Engl. bot.* t. 1286; *Fl. Dan.* IX, t. 1450. — [P. ROUSSATRE].

Tiges simples ou un peu rameuses au sommet, cylindriques. *Feuilles supérieures nageantes*, opposées, coriaces, *oblongues ou oblongues-obovales, insensiblement atténuées en pétiole*, obtuses ou un peu aiguës, devenant rougeâtres par la dessiccation; *les inférieures* submergées, *sessiles*, membraneuses transparentes, lancéolées-allongées, persistantes. *Pédoncules* environ de la grosseur de la tige, *non renflés au sommet*. Épis fructifères oblongs-cylindriques. *Carpelles* assez gros, *comprimés-lenticulaires, à bords tranchants*, devenant rougeâtres par la dessiccation. ♃. Juin-août.

 *R R.* — Eaux stagnantes, ruisseaux, mares. — Environs de Dreux : Saint-Martin!, Dampierre et autres localités voisines (*Dænen*).

4. **P. gramineus** L. *Sp.* 184; Koch *Syn. fl. Germ.* ed. 2, 777; Kunth *Enum. pl.* III, 130; *Fl. Dan.* II, t. 222; Bill. *Exsicc.* n. 1066. — *P. heterophyllus* DC.; Schreb. *Spicil.* 21; *Fl. Dan.* VIII, t. 1263; *Engl. bot.* t. 1285; Rchb. *Ic.* VII, t. 41-43, f. 71-78; *Fl. Par.* éd. 1, 570. — [P. GRAMINÉ].

Tiges ord. presque filiformes, très rameuses, cylindriques. *Feuilles supérieures nageantes*, peu nombreuses, manquant quelquefois, opposées, coriaces, *longuement pétiolées, ovales ou oblongues*, obtuses ou aiguës, arrondies plus rarement atténuées à la base; *les inférieures* ord. très nombreuses, submergées, *sessiles*, membraneuses transparentes, petites, oblongues-lancéolées ou lancéolées-linéaires, obtuses ou acuminées, un peu rudes aux bords, ord. ondulées, persistantes. *Pédoncules beaucoup plus gros que la tige, se renflant de la base au sommet*. Épis fructifères cylindriques. Carpelles assez gros, un peu comprimés, à bords présentant une carène obtuse à peine saillante. ♃. Juin-août.

A.R. — Étangs sablonneux, marais tourbeux, mares et fossés des bois. — Étang de Saint-Gratien!; Versailles! (*de Boucheman*); étang du Trou-salé!; Chateaufrayé près Montgeron (*Larevellière-Lepaux*); forêt de Senart. Très abondant dans les fossés des marais de Larchant! (*Devilliers*). Saint-Léger!; étangs de Saint-Hubert!.

2. *Conformifolii.* — Feuilles toutes membraneuses transparentes, submergées, rarement les supérieures émergées, les inférieures et les supérieures ord. de même forme, ovales, oblongues ou lancéolées, à nervures arquées-convergentes plus rarement parallèles.

5. **P. plantagineus** Ducros in Rœm. et Schult. *Syst. veg.* III, 504 ; *Engl. bot.* t. 2848; Rchb. *Ic.* VII, t. 45-46, f. 82-85; Bill. *Exsicc.* n. 651. — *P. Hornemanni* Mey. *Chl. Han.* 521 ; Koch *Syn. fl. Germ.* ed. 2, 777. — [P. A FEUILLES DE PLANTAIN].

Tiges simples ou rameuses, cylindriques. *Feuilles* toutes submergées ou les supérieures émergées; les *supérieures* assez nombreuses, souvent opposées, quelquefois rapprochées en rosette terminale, membraneuses transparentes, pétiolées, *ovales-aiguës, un peu cordées à la base; les inférieures pétiolées ou atténuées en pétiole, oblongues-lancéolées* ou lancéolées, souvent détruites lors de la floraison. *Pédoncules assez grêles*, environ de la grosseur de la tige, non renflés au sommet, courts ou très allongés. Épis fructifères cylindriques, assez petits, très compactes. *Carpelles petits*, un peu comprimés, à dos assez large présentant une carène aiguë peu saillante. Plante d'un beau vert, ou roussâtre dans toutes ses parties. ♃. Juin-août.

R. — Fossés et ruisseaux des marais tourbeux et des tourbières, eaux limpides. — Abondant au Bouchet! et à plusieurs autres localités de la vallée de Mennecy! (*Adr. de Jussieu*); marais de Vayres! près La Ferté-Aleps; env. de Nemours!; abondant dans les marais de Malesherbes!; marais de Sceaux! près Château-Landon. Auffargis (*de Schœnefeld*); Clairefontaine (*Weddell*). Noisement! et Brignancourt! près Marines. Morfontaine (*Decaisne*); Ermenonville (*Graves*) ; marais de Russy-Montigny et de Bourneville (*Questier*); étang de La Ramée dans la forêt de Villers-Cotterets (*de Marcilly fils*); forêt de Compiègne (*Léré*). Marais de Bresle!.

6. **P. lucens** L. *Sp.* 183; *Fl. Dan.* II, 195 ; *Engl. bot.* t. 376; Rchb. *Ic.* VII, t. 36-37, f. 64-65; Bill. *Exsicc.* n. 2382. — [P. LUISANT].

Tiges rameuses, cylindriques, ord. épaisses. *Feuilles* toutes submergées, très rarement les supérieures un peu émergées, assez grandes, *toutes de même forme*, nombreuses ord. rapprochées, membraneuses transparentes, brièvement *pétiolées, oblongues-lancéolées ou oblongues*, ord. atténuées à la base, mucronées au sommet, ondulées et scabres aux bords. *Pédoncules* ord. *très épais*, plus gros que la tige. Épis fructifères cylindriques, assez gros. *Carpelles assez gros*, comprimés, à dos obtus à peine caréné. ♃. Juin-août.

C. — Eaux stagnantes ou courantes, ruisseaux, rivières, étangs.

Var. β. *fluitans.* (*P. longifolius* J. Gay! in Poir. *Encycl. méth.* suppl. IV, 535). — Feuilles lancéolées, ord. très allongées plus ou moins longuement acuminées, quelquefois terminées en pointe spiniforme par le prolongement de la nervure moyenne.

**7. P. perfoliatus** L. *Sp.* 182 ; *Fl. Dan.* II, t. 196 ; *Engl. bot.* t. 168 ; Rchb. *Ic.* VII, t. 29, f. 53. — [P. perfolié].

Tiges plus ou moins rameuses, cylindriques. *Feuilles* toutes submergées, *toutes de même forme*, membraneuses transparentes, *sessiles, ovales ou ovales-lancéolées*, obtuses, *à base cordée amplexicaule*, un peu ondulées et scabres aux bords ; stipules souvent détruites lors de la floraison ou nulles. Pédoncules environ de la grosseur de la tige, non renflés au sommet. Épis fructifères cylindriques. Carpelles comprimés, à bords obtus. ⚄. Juin-août.

CC. — Rivières, ruisseaux, étangs.

**8 P. crispus** L. *Sp.* 183 ; *Fl. Dan.* VI, t. 927 ; *Engl. bot.* t. 1012 ; Rchb. *Ic.* VII, t. 29-30, f. 50-51. — [P. crépu].

Tiges rameuses dichotomes, un peu comprimées, plus ou moins flexueuses au niveau des nœuds. *Feuilles* roussâtres ou les supérieures verdâtres, toutes submergées, toutes de même forme, membraneuses transparentes, *sessiles, oblongues étroites*, obtuses ou brièvement acuminées, denticulées-scabres, *fortement ondulées-crispées*, les supérieures très rapprochées ; stipules beaucoup plus courtes que la feuille, tronquées ou fimbriées au sommet, souvent détruites dans la partie inférieure de la plante lors de la floraison. Pédoncules naissant à l'angle de bifurcation des rameaux, environ de la grosseur de la tige, non renflés au sommet. Épis fructifères oblongs, courts, un peu lâches. *Carpelles* assez gros, *ovales-lancéolés* comprimés *acuminés en un bec un peu arqué qui égale presque leur longueur*. ⚄. Juin-août.

C. — Eaux stagnantes ou courantes, rivières, étangs, fossés.

§ 3. *Graminifolii.* — Feuilles toutes membraneuses transparentes, submergées, de même forme, sessiles, exactement linéaires (en forme de feuilles de Graminées), à nervures droites parallèles.

**9. P. pusillus** L. *Sp.* 184 ; *Engl. bot.* t. 215 ; *Fl. Dan.* IX, t. 1451 ; Rchb. *Ic.* VII, t. 22, f. 38-39 ; *Illustr. fl. Par.* t. 33, f. 1-3 ; Bill. *Exsicc.* n. 653. — [P. fluet].

*Tiges* très rameuses, grêles, presque *cylindriques* ou plus ou moins comprimées. Feuilles non engaînantes, linéaires étroites, aiguës ou mucronées, à 3-5 nervures, la nervure moyenne beaucoup plus distincte que les latérales. *Pédoncules fructifères 2-3 fois plus longs que l'épi. Épis* 4-8-flores, les *fructifères* très courts *à carpelles ord. tous développés. Carpelles petits*, irrégulièrement ovoïdes, *à peine comprimés, à faces convexes, à bord interne plus ou moins convexe ne présentant pas de bosse au-dessus de la base, à dos* convexe *non crénelé ; bec occupant le sommet du carpelle.* Plante restant verte après la dessiccation. ⚄. Juin-août.

A.R. — Mares et fossés des tourbières et des marais tourbeux, étangs, sources, ruisseaux. — Corbeil ! ; vallée de Mennecy ! ; Étréchy ! ; Pithiviers ! ; Nemours (*Devilliers*) ; Malesherbes ! (*Bernard*) ; marais de Sceaux ! près Château-Landon ; Thurelles ! près Dordives. Port-Royal ! près Chevreuse ; Saint-Léger ! ; Étang-neuf près Saint-Léger (*Mandon*). Parnes près Magny (*Grangel*) ; Troissereux près Beauvais (*Graves*). Coyolles, Montigny-l'Allier (*Questier*). — *Graves* Cat. Oise : étangs de Saint-Pierre-en-Chastres ; vallées d'Autonne et de Brèche.

Var. *α. pusillus.* — Plante très grêle. Feuilles larges d'environ 1 millim.

Var. β. *major* (Fries *Nov.* 48. — *P. compressus Fl. Dan.* II, t. 203 non L.;
*Engl. bot.* t. 418 ; Rchb. *Ic.* VII, t. 24, f. 42).— Plante moins grêle. Feuilles
larges d'environ 2 millim.

10. **P. trichoïdes** Chamisso et Schlecht. in *Linn.* II, 176 excl. syn. Mert. et Koch
Deutschl. Fl. ; Koch *Syn. fl. Germ.* ed. 2, 780 ; Rchb. *Ic.* VII, t. 21-22,
f. 34-35 ; J. Gay in *Bull. Soc. bot.* I, 46 ; Bill. *Exsicc.* n. 654.— *P. mo-*
*nogynus* J. Gay in *Fl. Par.* éd. 1, 572, et *Illustr. fl. Par.* t. 33, f. 4-6.
— *P. tuberculatus* Ten. et Guss. in *Act. soc. Borb.* V, 430 ; Guépin *Fl.*
*Maine-et-Loire* suppl. 2. — *P. pusillus* auct. nonnull. — [ P. A FEUILLES
CAPILLAIRES ].

*Tiges* très rameuses, filiformes, presque *cylindriques*. *Feuilles* non engaînantes, *linéaires-sétacées*, aiguës, à 3-5 nervures, les nervures latérales à
peine distinctes. *Pédoncules fructifères 1-2 fois plus longs que l'épi. Épis 4-*
6-flores, les *fructifères très courts interrompus par l'avortement constant*
*de 2-3 carpelles dans chaque fleur. Carpelles* beaucoup plus gros que ceux
de l'espèce précédente, comprimés, *à faces planes* ou un peu concaves, suborbiculaires, *à bord interne presque droit présentant au-dessus de sa base*
*une bosse saillante en forme de dent, à dos* très convexe *crénelé-tubercu-*
*leux ; bec surmontant le bord interne du carpelle.* Plante noircissant plus
ou moins par la dessiccation. ♃. Juin-juillet.

*A.R.* — Mares, fossés, étangs, ruisseaux, eaux stagnantes. — Env. de Versailles ! ; Villetain ! près Jouy. Forêt de Senart ! ; forêt de Rougeaux ! ; Le Châtelet !
près Melun, etc.

11. **P. acutifolius** Link ap. Rœm. et Schult. *Syst. veg.* III, 513 ; Rchb. *Crit.* II,
t. 176, f. 309, et *Ic.* VII, t. 26, f. 44 ; Koch *Syn. fl. Germ.* ed. 2, 780 ;
*Illustr. fl. Par.* t. 34, f. 1-3 ; Bill. *Exsicc.* n. 1067. — *P. compressus*
DC. *Fl. Fr.* III, 186 non L. — *P. zosterifolius* Kunth *Enum. pl.* III, 134
ex parte non Schumach. — [P. A FEUILLES AIGUES].

*Tiges* rameuses, *comprimées-ailées, planes, presque foliacées. Feuilles*
non engaînantes, linéaires, de longueur et de largeur variables, à sommet aigu
ou cuspidé, *à nervures nombreuses,* les nervures moyennes rapprochées.
Pédoncules fructifères environ de la longueur de l'épi, plus rarement un peu
plus longs. Épis 4-6-flores, les fructifères subglobuleux ou oblongs-subglobuleux, à carpelles peu nombreux par l'avortement de 1-3 carpelles dans
chaque fleur. *Carpelles* assez gros, comprimés, à faces planes ou un peu
concaves, suborbiculaires, *à bord interne presque droit présentant au-des-*
*sus de sa base une bosse saillante en forme de dent, à dos très convexe*
*crénelé-tuberculeux ;* bec surmontant le bord interne du carpelle. Plante
restant verte après la dessiccation. ♃. Juin-août.

*RRR.* — Eaux tranquilles, fossés, mares. — Ons-en-Bray ! .

Les *P. obtusifolius* et *compressus,* que nous n'avons jamais rencontrés aux environs de Paris, n'y ont sans doute été indiqués que par suite d'une erreur de détermination. — Le *P. obtusifolius* Mert. et Koch (Rchb. *Ic.* VII, t. 25, f. 43 ; Bill.
*Exsicc.* n. 652), qui croît en Alsace et dans l'ouest de la France, se reconnaît aux
caractères suivants : *tige cylindrique* un peu comprimée ; *feuilles* linéaires, *à 3-5*
*nervures,* obtuses brièvement mucronulées ; *pédoncules* fructifères ord. robustes,
*égalant environ la longueur de l'épi ;* épis 6-8-flores, les fructifères ovoïdes-
oblongs non interrompus ; *carpelles* assez gros, irrégulièrement ovoïdes, un peu
comprimés, à faces convexes, *à bord interne* plus ou moins convexe *ne présen-*

*tant pas de bosse au-dessus de sa base*, à dos non crénelé ; *bec occupant le sommet du carpelle.* — Le *P. compressus* L. ( Koch. — *P. zosteræfolius* Schumach.; .
Rchb. *Crit.* II, t. 175, f. 308, et *Ic.* VII, t. 27, f. 45) n'a encore été observé en
France que dans l'Est aux environs de Nancy, de Verdun et de Strasbourg, aux
environs d'Orléans dans le Loiret (*Boreau* Fl. centre) et près de Lille (*Cussac*). Il se
reconnaît aux caractères suivants : *tige comprimée-ailée ; feuilles* linéaires, *multi-
nerviées* à 3-5 nervures plus fortes, obtuses brièvement mucronées; pédoncules
fructifères robustes, ord. plus longs que l'épi ; *épis 10-15-flores*, les *fructifères
cylindriques ; carpelles* assez gros, irrégulièrement ovoïdes, comprimés, à faces un
peu convexes, *à bord interne* plus ou moins convexe *ne présentant pas de bosse
au-dessus de sa base*, à dos non crénelé ; *bec occupant le sommet du carpelle.*

Sect. II. **ENANTIOPHYLLUM.** (*Enantiophylli* Koch *Syn. fl. Germ.* ed. 2, 781.
— *Grœnlandia* J. Gay in *Comptes rendus Inst.* XXXVIII [1854]). — Épis
pauciflores, à pédoncule recourbé. Carpelles à péricarpe mince et presque membraneux. Graine fixée latéralement au-dessous de son milieu ;
embryon à extrémité cotylédonaire trois fois roulée en crosse sur elle-
même (J. Gay, loc. cit.). Feuilles toutes submergées, opposées, celles des
dichotomies seules accompagnées de stipules ; stipule divisée en deux segments oblongs divergents et soudés chacun avec la feuille vers son bord,
quelquefois réduite à un seul segment unilatéral ou très petite en forme
d'appendices latéraux dentiformes. Première feuille des rameaux souvent
bilobée au sommet, environ de la grandeur de la stipule.

12. **P. densus** L. *Sp.* 182 ; *Fl. Dan.* VIII, t. 1264 ; *Engl. bot.* t. 397 ; Rchb. *Ic.*
VII, t. 28, f. 48-49 ; Bill. *Exsicc.* n. 2552. — *P. oppositifolius Fl. Par.*
éd. 1, 571. — [ P. SERRÉ].

Tiges rameuses dichotomes, cylindriques. Feuilles toutes submergées et de
même forme, membraneuses transparentes, assez petites, sessiles, embrassantes à la base, ovales, oblongues-lancéolées ou lancéolées, pliées longitudinalement, souvent recourbées en dehors. Pédoncules occupant l'angle de
bifurcation des rameaux, grêles, courts, non renflés au sommet, courbés en
crochet. Épis 2-6-flores, les fructifères subglobuleux assez petits. Carpelles
obovales-suborbiculaires, comprimés, à bec court terminal, à dos caréné
surtout après la dessiccation. ♃. Juillet-septembre.

A.C. — Étangs, ruisseaux, sources, mares, fossés.

Var. α. *densus.* — Feuilles rapprochées presque imbriquées, ovales ou oblongues,
ord. recourbées en dehors.

Var. β. *serratus.* (*P. serratus* L. *Sp.* 183. — *P. oppositifolius* DC. *Fl. Fr.* III,
186. — *P. oppositifolius* var. *laxifolius Fl. Par.* éd. 1, 571). — Feuilles espacées, oblongues ou lancéolées.

Sect. III. **COLEOPHYLLUM.** (*Coleophylli* Koch *Syn. fl. Germ.* ed. 2, 780). —
Épis pluriflores à fleurs espacées, à pédoncule filiforme grêle droit. Carpelles à péricarpe épais spongieux. Graine fixée latéralement par son extrémité supérieure ; embryon à extrémité cotylédonaire crochue au sommet. Feuilles toutes submergées, alternes, celles des dichotomies seules
opposées, à partie pétiolaire enroulée en une longue gaîne qui embrasse la
tige ou le rameau correspondant, accompagnées de stipules ; stipule sou-

dée avec la face interne de la gaîne de la feuille qu'elle dépasse sous forme de membrane liguliforme. Première feuille des rameaux très petite souvent rudimentaire.

13. **P. pectinatus** L. *Sp.* 183; *Fl. Dan.* X, t. 1746; *Engl. bot.* t. 323; Rchb. *Ic.* VII, t. 19, f. 30-31; *Illustr. fl. Par.* t. 34, f. 4-5. — *P. Vaillantii* Rœm. et Schult. *Syst. veg.* III, 514.—Vaill. *Bot. Par.* t. 32, f. 5.— [P. PECTINÉ].

Tiges rameuses, presque filiformes, cylindriques un peu comprimées, dichotomes ou trichotomes, plus ou moins flexueuses au niveau des nœuds. Feuilles à partie pétiolaire longuement engaînante, linéaires très étroites, plus rarement linéaires-sétacées, fistuleuses semicylindriques à dos convexe à face interne plane ou canaliculée, demi-transparentes, un peu épaisses, présentant des nervures transversales très distinctes étendues de la nervure moyenne aux bords; partie libre de la stipule oblongue-lancéolée bipartite ou lacérée en fibrilles. Pédoncules fructifères grêles, environ de la grosseur de la tige, souvent très longs. Fleurs rapprochées par paires en forme de verticilles, les paires de fleurs étant espacées et formant par leur ensemble un épi interrompu. Carpelles assez gros, souvent solitaires par avortement, semiorbiculaires-obovales, un peu comprimés, à faces convexes, à bord interne droit, à dos très convexe obtus; bec surmontant le bord interne du carpelle. ♃. Juillet-août.

*C C.* — Rivières, canaux, fossés, étangs, ruisseaux.

Var. β. *setaceum.* — Feuilles linéaires-sétacées.

## 2. **ZANNICHELLIA** L. *Gen.* n. 1034. — [ZANNICHELLIE].

*Fleurs* unisexuelles *monoïques*, terminant les axes de la plante, *solitaires* au niveau des feuilles, *ou une fleur mâle et une fleur femelle réunies au même niveau.* — Fleur mâle : Périanthe nul. *Étamine 1*, à filet filiforme allongé; anthère à deux loges séparées par un connectif épais libres et divergentes à la base s'ouvrant chacune par une fente longitudinale, ou à 3-4 loges. — Fleur femelle : l'érianthe monophylle membraneux court campanulé n'entourant que la base de l'ovaire. Ovaire composé de 2-6 carpelles opposés à angle droit par paires, libres entre eux, subsessiles ou pédicellés, uniovulés; cavité des carpelles sans appendice en forme de cloison. Style grêle, ord. allongé; stigmate un peu oblique, suborbiculaire ou ovale. Fruit composé de 2-6 carpelles libres, subsessiles ou pédicellés, coriaces, à dos ord. plus ou moins caréné lisse crénelé ou denté, prolongés en bec par le style persistant. Graine insérée au sommet de la cavité du carpelle. Embryon à extrémité cotylédonaire brusquement repliée une ou plusieurs fois.

Plantes submergées. Tiges filiformes, rameuses, radicantes au moins à la base. Feuilles alternes ou opposées, linéaires étroites souvent presque capillaires; stipules axillaires, indivises, membraneuses, fugaces, larges, embrassant la tige et la base des rameaux ou à la fois les fleurs et la base des rameaux. Fleurs très petites, se développant sous l'eau.

1. **Z. palustris** L. *Sp.* 1375 et auct. plurim. (ex parte) non Willd. nec Steinh.; Gærtn. *Fruct.* 1, 77, excl. syn. plur., t. 19, f. 6; Mey. *Chl. Hanov.* 528; Koch *Syn. Fl. Germ.* ed. 2, 782; Fries *Mant.* 1, 16; Bill. *Exsicc.* n. 1068. — *Z. palustris minor...* Micheli *Gen.* 71, t. 34, f. 2. — *Z. den-*

*lata* Willd. *Sp.* IV, 181 ; Steinh. in *Ann. sc. nat.* sér. 2, IX, 94, t. 3,
A ; Lloyd *Fl. Ouest* 428 ; Gren. et Godr. *Fl. Fr.* III, 320. — *Z. repens*
Bnngh. *Fl. Monast.* 272 ; Rchb. *Crit.* VIII, t. 756, f. 1003, et *Ic.* VII,
t. 16, f. 20 ; Boreau *Fl. centre*, éd. 2, II, 486. — *Z. major* Bnngh. in
Rchb. *Crit.* VIII, 24, t. 758, f. 1005, et *Ic.* VII. t. 16, f. 24. — *Z. ma-
crostemon* J. Gay in *Herb.* et *Monogr.* ined. — [ Z. DES MARAIS ].

Tige filiforme, très rameuse, de longueur variable suivant la profondeur
de l'eau. Feuilles linéaires étroites, uninerviées, aiguës, d'un beau vert,
noircissant ord. par la dessiccation. Étamines peu nombreuses relativement
au nombre des fleurs femelles, à filet d'abord assez court puis s'allongeant,
à anthère ord. à 2 loges à connectif prolongé au-dessus des loges en forme
de mucron obtus. Fleurs femelles naissant souvent au niveau de la plupart
des feuilles. Stigmates larges, suborbiculaires, papilleux, un peu ondulés-
crénelés au bord. Carpelles petits, subsessiles ou brièvement pédicellés, réunis 2-6 sur un pédoncule commun court ou non distinct, roussâtres, linéaires-oblongs, comprimés latéralement, à côté ventral ord. presque droit, à
dos plus ou moins convexe et caréné souvent plus ou moins crénelé ou
denté, terminés par le style persistant en un bec grêle subulé égalant environ ou dépassant la moitié de leur longueur. ♃. Juillet-septembre.

C. — Fossés, mares, eaux stagnantes, ruisseaux et rivières à courant peu rapide.

Le Z. *maritima* (Nolte *Fl. Hols.* 75 ; Mey. *Chl. Hanov.* 523. — *Z. palustris
major*... Micheli *Gen.* 71, t. 34, f. 1. — *Z. palustris* Willd. *Sp.* IV, 181 non auct.
plurim ; Steinh. in *Ann. sc. nat.* sér. 2, IX, 94, t. 3, B, f. 16-21 ; Lloyd *Fl.
ouest* 428 ; Gren. et Godr. *Fl. Fr.* III, 320. — *Z. palustris* β *pedicellata* Whlnbg
*Fl. Suec.* 577. — *Z. gibberosa* Rchb. *Crit.* VIII, 24, t. 759, f. 1006, et *Ic.* VII,
t. 16, f. 22. — *Z. pedunculata* Rchb. *Crit.* VIII, 24, t. 760, f. 1007, et *Ic.* VII,
t. 16, f. 21 ; Fries *Herb. norm.* exsicc. fasc. III, n. 66 ; DR. *Pl. Astur.* exsicc.
n. 229. — *Z. digyna* J. Gay in Brébiss. *Fl. Norm.* éd. 1, 309. — *Z. pedicellata*
Fries *Nov. Suec.* mant. III, 133 ; Koch *Syn. fl. Germ.* ed. 2, 782. — *Z. palustris*
et *Z. pedicellata* Boreau *Fl. centre*, éd. 2, II, 486. — *Z. brachystemon* J. Gay in
*Herb.* et *Monogr.* ined.), très voisin du Z. *palustris*, en diffère par le port plus
grêle, par les feuilles plus étroites souvent presque capillaires, par les anthères à
4 rarement à 2 ou 3 loges, par les carpelles ord. assez longuement pédicellés sur
le pédoncule commun qui égale souvent ou dépasse la longueur des pédicelles,
par le style égalant ord. la longueur du carpelle, par les stigmates ovales non papilleux entiers au bord. Cette plante, répandue dans les eaux saumâtres ou douces
des côtes de l'Océan, n'a pas été trouvée aux environs de Paris.

---

## CIII. NAIADÉES
(NAIADEÆ Link *Handb.* I, 820).

*Fleurs* unisexuelles, *monoïques ou dioïques.* — *Périanthe remplacé,*
au moins dans les fleurs mâles, *par une spathe membraneuse-celluleuse.*
— Fleur mâle : *Étamine 1 ;* filet nul ou très court; *anthère à une ou
à quatre loges.* — Fleur femelle : *Ovaire libre,* à 2-3 carpelles, *uniloculaire,* uniovulé. Ovule dressé, réfléchi. *Styles 2-3,* filiformes, un peu
soudés à la base, stigmatifères à la face interne. — *Fruit* à endocarpe

coriace ou ligneux, *uniloculaire*, *monosperme*, *indéhiscent*. — Graine à testa membraneux mince. Périsperme nul. Embryon droit, macropode. Radicule dirigée vers le hile.

*Plantes* vivant dans l'eau, *submergées*. Tiges rameuses. Feuilles opposées ou ternées, sessiles, à base large membraneuse engaînante, à nervures non distinctes, cassantes, sinuées-dentées à dents spinescentes. Fleurs axillaires, peu apparentes.

1. NAIAS. — *Fleurs dioïques, ord. solitaires* à l'aisselle des feuilles. *Anthère tétragone, à 4 loges. Feuilles* linéaires assez larges, *à gaine entière*.

2. CAULINIA. — *Fleurs monoïques, réunies plusieurs* à l'aisselle des feuilles. *Anthère oblongue, à une seule loge. Feuilles* linéaires très étroites, *à gaine denticulée-ciliée*.

## 1. NAIAS L. *Gen.* n. 1096. — [NAIADE].

*Fleurs dioïques, ord. solitaires* à l'aisselle des feuilles. — Fleur mâle réduite à une étamine entourée d'une spathe terminée par deux pointes et se fendant longitudinalement. *Anthère tétragone*, brusquement apiculée, *à 4 loges*, s'ouvrant au sommet en 4 valves qui s'enroulent en dehors.

1. **N. major** Roth *Germ.* II, 499 ; Nees *Gen. fl. Germ.* monoc. III, t. 44 ; Bill. *Exsicc.* n. 2383. — *N. marina* α L. *Sp.* 1441. — *N. fluviatilis* Poir. in Lmk *Encycl. méth.* IV, 416 ex parte. — *N. fluvialis* Thuill. *Fl. Par.* 510. — Vaill. *Act. Par.* [1719] t. 1, f. 2. — [N. MAJEURE. — Vulg. *Naïade*].

Tiges de longueur très variable, disposées en touffe, très rameuses, dichotomes. Feuilles épaisses, transparentes, linéaires assez larges, sinuées-dentées, ondulées, à dents roides mucronées, à gaînes entières. Styles 3. Fruits assez gros, ovoïdes-oblongs, surmontés des styles persistants, à endocarpe dur crustacé finement réticulé-rugueux. (I). Juillet-septembre.

*A.C.* — Rivières, eaux limpides, mares, étangs à fond sablonneux. — Dans la Seine entre Suresnes et Sèvres (*Tourn.* Hist. pl. Par., *Guillon*) ; Herblay (*de Schœnefeld*) ; dans la Marne près de Saint-Maur (*Tourn.* Hist. pl. Par.) ; îles de la Marne (*Bonnet*) ; canal de Saint-Denis ! ; étang d'Enghien !. Misery près Mennecy (*de Schœnefeld*). Très abondant dans le canal du Loing à Nemours !, et près de Dordives !, etc.

S.-v. *muricata*. (*N. muricata* Thuill. *Fl. Par.* 509). — Tige chargée, surtout dans sa partie supérieure, de dents spinescentes semblables à celles des feuilles.

## 2. CAULINIA Willd. in *Act. acad. Berol.* [1798] 87. — [CAULINIE].

*Fleurs monoïques, réunies plusieurs* à l'aisselle des feuilles. — Fleur mâle réduite à une étamine entourée d'une spathe tubuleuse renflée au milieu ouverte et denticulée au sommet. *Anthère* atténuée inférieurement en un filet épais, *oblongue, à une seule loge*.

1. **C. minor** *Fl. Par.* éd. 1, 575 ; Bill. *Exsicc.* n. 2533. — *Naias minor* All. *Ped.* II, 221. — *Caulinia fragilis* Willd., loc. cit. 88, t. 1, f. 2 : Nees *Gen. fl. Germ.* monoc. III, t. 45, f. 1-11. — *Ittnera minor* Gmel. *Bad.* III, 592, t. 4. — *Naias subulata* Thuill. *Fl. Par.* 510. — [C. MINEURE].

Tiges de longueur variable, disposées en touffe, rameuses dichotomes, très grêles. Feuilles transparentes, linéaires très étroites, roides recourbées, sinuées-denticulées, à dents mucronées, à gaînes denticulées-ciliées ; les supérieures rapprochées en bouquets. Styles 2. Fruits petits, cylindriques-lancéolés, surmontés des styles persistants, à endocarpe coriace marqué de côtes et finement strié transversalement. (I). Juillet-septembre.

R. — Rivières, canaux, étangs, eaux limpides. — Iles de Charenton (*Thuill.* Fl. Par.) ; dans la Marne à Saint-Maur (*Bonnet*) ; dans la Seine au Bas-Meudon (*Adr. de Jussieu*), à Argenteuil, à Champrosay (*Mérat* Fl. Par.). Moret, canal du Loing à Nemours (*Weddell*).

<hr>

# CLASSE II.

Graines pourvues d'un périsperme farineux épais, très rarement mince. — Plantes terrestres ou aquatiques.

## CIV. LEMNACÉES (1)

(LEMNACEÆ Duby *Bot. Gall.* 532 ; Link *Handb.* I, 289).

Fleurs monoïques, très rarement dioïques (Endl.), réduites chacune à une étamine ou à un ovaire, deux fleurs mâles et une fleur femelle naissant dans une même spathe, très rarement les fleurs mâles et les fleurs femelles étant séparées. — Spathe monophylle, transparente-réticulée, d'abord fermée, comprimée, se rompant irrégulièrement dans sa partie supérieure lors de la floraison, disparaissant à la maturité. — Fleurs mâles se développant l'une après l'autre : Filets filiformes ; anthères bilobées, didymes, à lobes séparés subglobuleux s'ouvrant chacun par une fente transversale. — Fleurs femelles : Ovaire libre, uniloculaire ; ovules 1-7, insérés au fond de la loge, réfléchis, semiréfléchis ou droits. Style se continuant insensiblement avec la partie supérieure de l'ovaire ; stigmate orbiculaire, concave-infundibuliforme, plus large que le style. — Fruit uniloculaire, indéhiscent, ou se déchirant transversalement (Rich., Schleid.). Péricarpe membraneux un peu charnu. — Graines 1-7, à testa coriace charnu. Périsperme mince ou presque nul. Embryon droit, macropode.

*Plantes* très petites, *nageant* à la surface des eaux stagnantes (2), *plus rarement submergées, flottant librement, constituées par des frondes* ord. déprimées-aplanies émettant par deux fentes latérales, plus rarement par une seule fente basilaire, de jeunes frondes, *simulant des feuilles qui sortiraient l'une de l'autre* ; frondes ord. lenticulaires, quelquefois spongieuses à

<hr>

(1) Nous avons traduit en partie l'excellent résumé donné par Kunth (*Enum. pl.* III, 2) des savants travaux de Richard et de MM. Brongniart et Schleiden sur la famille des *Lemnacées*.

(2) Les jeunes frondes, qui se développent à l'automne, formées d'un tissu compacte, descendent au fond de l'eau après la destruction de la plante-mère et y séjournent pendant l'hiver ; au printemps suivant, par l'accroissement du tissu cellulaire, elles deviennent relativement plus légères, et remontent à la surface de l'eau pour y parcourir les autres périodes de leur végétation.

la face inférieure, donnant naissance à la partie moyenne de leur face inférieure à une ou plusieurs fibres radicales simples entourées chacune au sommet d'un sac membraneux en forme de coiffe, très rarement dépourvues de
fibres radicales. Fleurs se développant assez rarement, naissant dans la fente
que présente le bord des frondes, visibles seulement par le style et les étamines qui dépassent la fente.

1. LEMNA. — *Frondes* adultes *donnant naissance à une ou plusieurs fibres
radicales.*

2. WOLFFIA. — *Frondes dépourvues de fibres radicales.*

**1. LEMNA** L. *Gen*. n. 1038. — [LENTICULE. — Vulg. LENTILLES-D'EAU, GRAINS-
DE-GRENOUILLE, CANNETILLE, CANILLÉE].

*Frondes* présentant deux fentes frondipares latérales, les *adultes donnant
naissance* à la partie moyenne de leur face inférieure *à une ou plusieurs
fibres radicales.*

Sect. I. EULEMNA. (*Lemna* Schleid. in *Linnæa* XIII, 390). — Ovaire uniovulé. Ovule horizontal, semiréfléchi. Style allongé. Fruit monosperme,
indéhiscent. Graine horizontale, présentant un raphé dans la moitié de
sa longueur. Embryon conique. Radicule regardant un point éloigné du
hile. Frondes donnant naissance chacune à une seule fibre radicale.

1. **L. trisulca** L. *Sp*. 1376; Wolff *Lemna* t. 1, f. 1-3; *Fl. Dan*. IX, t. 1586;
*Engl. bot*. t. 926; Rchb. *Ic*. VII, t. 15, f. 19; Bill. *Exsicc*. n. 2384 et *bis*.
— [L. A TROIS LOBES].
*Frondes* minces, translucides, vertes, nombreuses réunies par 3 en croix,
quelquefois en groupes dichotomes, *oblongues-lancéolées atténuées en une
base linéaire en forme de pétiole,* finement denticulées dans leur partie supérieure, *donnant naissance* chacune *à une seule fibre radicale ;* les jeunes
plus petites, ovales-oblongues ou ovales-suborbiculaires. *Plante submergée,*
nageante seulement lors de la floraison. ⓘ. Avril-mai.
*C.* — Mares, étangs, fossés, eaux limpides.

2. **L. minor** L. *Sp*. 1376; Wolff *Lemna* t. 1, f. 4-10; *Fl. Dan*. IX, t. 1587;
*Engl. bot*. t. 1095; Rchb. *Ic*. VII, t. 14, f. 15. — Vaill. *Bot. Par*. t. 20,
f. 3. — [L. MINEURE].
*Frondes* vertes, épaisses, non spongieuses en dessous, réunies par 3-4, rarement plus, *suborbiculaires ou obovales, non atténuées en forme de pétiole,
donnant naissance* chacune *à une seule fibre radicale. Plante nageante.* ⓘ.
Avril-juin.
*CCC.* — Couvrant souvent toute la surface des mares et des fossés, où il se
développe.

Sect. II. TELMATOPHACE. (*Telmatophace* Schleid. in *Linnæa* XIII, 391). —
Ovaire contenant 2-7 ovules. Ovules dressés, réfléchis. Style allongé. Fruit
contenant 2-7 graines, se déchirant transversalement. Graines dressées,
présentant un raphé complet. Embryon ovoïde. Radicule dirigée vers le
hile. Frondes donnant naissance chacune à une seule fibre radicale.

**3. L. gibba** L. *Sp.* 1377 ; Wolff *Lemna* t. 1, f. 11-15 ; *Fl. Dan.* IX, t. 1588 ;
    *Engl. bot.* t. 1233 ; Rich. in Guillem. *Arch. bot.* I, t. 6 ; Rchb. *Ic.* VII,
    t. 14, f. 16. — *Telmatophace gibba* Schleid., loc. cit. — [L. BOSSUE].

*Frondes* vertes, rarement rougeâtres en dessus, épaisses, planes ou à
peine convexes en dessus, *spongieuses-renflées et très convexes en dessous*,
suborbiculaires ou obovales, réunies d'abord par 2-3, mais se séparant de
bonne heure, *donnant naissance* chacune *à une seule fibre radicale* ord.
très longue. Plante nageante. $\mathbb{I}$. Avril-juin.

A.C. — Couvrant souvent toute la surface des mares et des fossés, où il se développe.

**Sect. III. SPIRODELA.** (*Spirodela* Schleid. in *Linnæa* XIII, 392). — Frondes
    présentant des vaisseaux distincts, donnant naissance chacune à plusieurs
    fibres radicales fasciculées ; les jeunes à fentes frondipares munies de deux
    petits appendices membraneux.

**4. L. polyrrhiza** L. *Sp.* 1377 ; Wolff *Lemna* t. 1, f. 16-20 ; *Fl. Dan.* IX, t. 1589 ;
    *Engl. bot.* t. 2458 ; Rchb. *Ic.* VII, t. 15, f. 17. — *Spirodela polyrrhiza*
    Schleid., loc. cit. — Vaill. *Bot. Par.* t. 20, f. 2. — [L. A PLUSIEURS RA-
    CINES].

*Frondes* beaucoup plus *grandes* que dans les autres espèces, vertes en
dessus, *d'un rouge brunâtre en dessous*, épaisses, un peu convexes mais non
spongieuses à la face inférieure, réunies par 2-4, suborbiculaires-obovales ou
oblongues, non atténuées en forme de pétiole, *donnant naissance* chacune *à
plusieurs fibres radicales* fasciculées. Plante nageante. $\mathbb{I}$. Les fleurs de cette
espèce n'ont pas encore été observées en France.

C.—Mares, fossés, rivières à courant peu rapide, où il couvre souvent de larges
surfaces.

**2. WOLFFIA** Horkel mss. ; Schleid. in *Linnæa* XIII, 389 ; Wedd. in *Ann. sc.*
    *nat.* sér. 3, XII, 109, t. 8, f. 1-27. — [WOLFFIE].

*Frondes* très petites, ne présentant qu'une fente frondipare basilaire, *dépourvues de fibres radicales* dans toutes les périodes de leur développement.

**1. W. arrhiza.**—*Lenticularia omnium minima* Micheli *Gen.* 16, t. 11, f. 4. —
    *Lemna arrhiza* L. *Mant.* 294 ; Wolff *Lemna* t. 1, f. 21-23 ; Rchb. *Ic.*
    VII, t. 14, f. 14 ; F. Schultz *Fl. Gall. et Germ.* exsicc. n. 1550. — *W.
    Michelii* Schleid. *Monogr. Lemn.* in *Beitr. bot.* I. ; Wedd., loc. cit. 170.
    —- [W. SANS RACINE].

Frondes vertes, très petites, nageantes, subglobuleuses, presque planes en
dessus, très renflées convexes en dessous, lisses, ord. solitaires les jeunes
frondes se séparant de bonne heure de la plante-mère ; la fente gemmipare
(voisine du point où la fronde était insérée à la fronde-mère) n'émettant
qu'une jeune fronde (ou deux jeunes frondes dont l'une avorte), à lèvres entières embrassant étroitement la jeune fronde. $\mathbb{I}$. Cette espèce n'a jamais été
observée en fleur.

R.R.R. — Eaux stagnantes, fossés aquatiques ; souvent mêlé aux diverses espèces
du genre *Lemna*. — Mares de la forêt de Fontainebleau (*Thuill.* in herb. Delessert). — Le *W. arrhiza*, qui n'a pas été retrouvé aux environs de Paris depuis
Thuillier, n'a été rencontré en France qu'à un petit nombre de localités : près de

Rouen (*Naudin*), de Châtel-Censois [Yonne] (*Sagot*), de La Charité [Nièvre] (*de Schœnefeld*), de Tours (*Tulasne*), d'Angers (*Boreau*), de Nantes (*Lloyd*), dans le département de la Vendée aux Clouzeaux (*Pontarlier*) et à Challans (*Viaud-Grand-marais*), et aux env. de Bordeaux! où il est très abondant dans les fossés qui longent l'allée Boutaut (*Ramond, Lespinasse*).

## CV. AROIDÉES

(AROIDEÆ Juss. *Gen.* 23).

*Fleurs* ord. unisexuelles monoïques dépourvues de périanthe et de bractées, plus rarement hermaphrodites munies d'un périanthe, *groupées sur un axe charnu simple* (spadice) qu'elles recouvrent entièrement ou en partie et qui est le plus souvent entouré d'une spathe monophylle ord. roulée en cornet ; *les fleurs mâles réduites à une étamine, les femelles à un pistil,* les fleurs des deux sexes réunies sur le même spadice plus rarement placées sur des spadices différents, les mâles mêlées aux femelles ou plus ord. groupées au-dessus d'elles ; *les fleurs hermaphrodites* à 6 plus rarement 3-4 étamines, ne renfermant qu'un seul ovaire, *munies d'un périanthe à divisions herbacées* en nombre égal à celui des étamines. — Étamines libres ou diversement soudées : dans les fleurs unisexuelles ord. à filet très court ou réduites à une anthère sessile, dans les fleurs hermaphrodites opposées aux divisions du périanthe et ord. munies d'un filet de la longueur du périanthe. Anthères bilobées ou unilobées, à lobes s'ouvrant longitudinalement ou seulement au sommet. — Ovaires libres entre eux ou très rarement soudés, uniloculaires, plus rarement à plusieurs loges; *ovules 2 ou plusieurs,* basilaires ou pariétaux, dressés, ascendants, horizontaux ou pendants, droits, plus rarement courbés ou réfléchis. Style nul ou indivis ; stigmate en forme de houppe, capité ou discoïde, indivis, très rarement lobé. — *Fruit bacciforme,* succulent, plus rarement non succulent, indéhiscent, 1-polysperme. — Graines dressées, ascendantes, horizontales ou pendantes. *Périsperme* épais *farineux* ou charnu-farineux, très rarement mince. Embryon placé dans l'axe du périsperme, cylindrique, droit, très rarement courbé. Radicule dirigée vers le point diamétralement opposé au hile, plus rarement rapprochée du hile ou dirigée vers lui.

Plantes vivaces, croissant dans les lieux secs ou les marais, à suc contenant un principe volatil très caustique, herbacées, vivaces, à souche traçante ou plus ord. épaisse charnue-farineuse tubériforme. Feuilles ord. toutes radicales, longuement pétiolées, à limbe ord. très ample, le plus souvent sagitté ou cordé à nervures ramifiées, entier ou diversement découpé, plus rarement linéaires ou ensiformes à nervures parallèles. Pédoncules le plus souvent radicaux simples entourés à la base par les gaînes des feuilles se terminant par le spadice. Spathes entourant les spadices persistantes ou caduques, herbacées ou plus ou moins colorées, rarement nulles.

TRIBU I. EUAROIDEÆ. — *Fleurs unisexuelles, dépourvues de périanthe.*

1. ARUM. — Spathe roulée en cornet. *Spadice nu dans sa partie supérieure.*

† CALLA. — Spathe presque plane. *Spadice entièrement couvert de fleurs.*

TRIBU II. ACOROIDEÆ. — *Fleurs hermaphrodites, pourvues de périanthe.*

† ACORUS. — *Spathe continuant la tige, semblable aux feuilles. Feuilles ensiformes.*

## TRIBU I. **EUAROIDEÆ.** — Fleurs unisexuelles, dépourvues de périanthe.

### 1. **ARUM** L. *Gen.* n. 1028 ex parte. — [ GOUET ].

*Spathe* membraneuse, *roulée en cornet* renflé dans sa partie inférieure, à bords libres, marcescente-caduque. *Spadice* libre, cylindrique, *nu dans sa partie supérieure* plus ou moins renflée en massue au sommet, *portant à sa base les fleurs unisexuelles réduites à des étamines et à des ovaires qui forment deux groupes distincts* ; le groupe des anthères surmonté à une petite distance de corpuscules (ovaires avortés ?) terminés chacun en long appendice sétacé, séparé des ovaires fertiles par des ovaires stériles souvent confluents à la base terminés de même chacun en appendice filiforme-sétacé. Anthères nombreuses, sessiles, rapprochées en anneau, libres entre elles ou soudées par paires, bilobées à lobes s'ouvrant latéralement par une fente courte. Ovaires nombreux, rapprochés dans la partie inférieure du spadice en anneau allongé, sessiles, ovoïdes-subglobuleux, uniloculaires ; ovules 2-6, pariétaux, horizontaux, droits. Stigmate sessile, déprimé-hémisphérique en forme de houppe, occupant une dépression un peu au-dessous du sommet de l'ovaire. Fruit bacciforme, charnu-succulent, ovoïde-subglobuleux, présentant ord. des côtes anguleuses irrégulières résultant de la pression exercée par les fruits voisins, mono-oligosperme. Graines à hile basilaire large, à funicule très court, ovoïdes-subglobuleuses, à testa presque coriace épais réticulé-rugueux. Périsperme farineux. Embryon axile un peu oblique, droit, à radicule dirigée vers le point diamétralement opposé au hile.

Plantes vivaces, acaules, à souche épaisse, charnue-farineuse, subglobuleuse ou un peu traçante. *Feuilles* se développant plus ou moins longtemps avant la spathe, desséchées ou détruites à la maturité des fruits, longuement pétiolées à pétiole dilaté en base engaînante, *cordées, sagittées ou hastées*, à nervures s'anastomosant en arcades pour former une ligne parallèle au bord de la feuille. Pédoncule radical ord. solitaire, entouré à la base par la partie engaînante des pétioles qui le recouvre dans la jeunesse. Spathe grande, dressée. Fruits d'un beau rouge luisant.

1. **A. maculatum** L. *Sp.* 1370 ; *Fl. Dan.* III, f. 505 ; *Engl. bot.* t. 1298 ; Rchb. *Ic.* VII, t. 8, f. 8 ; Bill. *Exsicc.* n. 465. — *A. vulgare* Lmk *Fl. Fr.* III, 538 ; Kunth *Enum. pl.* III, 23. — [ G. TACHETÉ. — Vulg. *Gouet, Pied-de-veau*].

Souche blanche, tubériforme, assez grosse. Plante de 2-5 décim. *Feuilles*

plusieurs, disparaissant avant la maturité des fruits, les *jeunes ne commençant à se développer qu'au printemps* avant la floraison, ord. amples, triangulaires ou ovales-triangulaires, aiguës ou acuminées plus rarement obtuses
au sommet, sagittées ou hastées, à lobes basilaires presque rapprochés ou
divergents aigus ou obtus, à face supérieure d'un beau vert et luisante ne
présentant pas de veines blanches parsemée ou non de taches noires. Spathe
renflée-ventrue dans sa partie inférieure, brusquement rétrécie au-dessus de
la partie renflée, ouverte en cornet dans sa partie supérieure, d'un vert jaunâtre pâle, quelquefois tachée de rouge violacé aux bords et dans sa partie
supérieure, acuminée, dépassant assez longuement le spadice. *Spadice* droit,
renflé en massue *supérieurement* et ord. d'un pourpre violacé, *à partie renflée
presque une fois plus courte que le reste de la partie nue* du spadice. Les
corpuscules terminés en appendice sétacé rapprochés en anneau au-dessus
et au-dessous des étamines, ceux qui sont placés au-dessus des étamines plus
nombreux étalés ou dirigés en bas. ♃. *Fl.* avril-mai. *Fr.* août-octobre.

   *CC.* — Bois, buissons, haies, lieux ombragés.

   Var. β. *immaculatum.* — Feuilles non tachetées.

**2. A. Italicum** Mill. *Dict.* n. 2; Lmk *Encycl. méth.* III, 9 ; *Bot. mag.* t. 2432 ;
      Rchb. *Ic.* VII, t. 11, f. 11 ; Bill. *Exsicc.* n. 2554 ; Boreau *Notes sur qq.*
      *pl. France* [1844], 23. — *A. maculatum* Rich. in Guillém. *Arch. bot.*
      I, t. 1 non L. — [G. D'ITALIE].

   Souche blanche, tubériforme, assez grosse. Plante de 4-6 décim. *Feuilles*
plusieurs, se détruisant à la maturité des fruits, les *jeunes se développant dès
l'automne s'accroissant et s'épaississant pendant l'hiver*, ord. très amples,
triangulaires ou ovales-triangulaires sagittées ou hastées, aiguës ou acuminées au sommet, à lobes basilaires divergents aigus plus rarement obtus, à
face supérieure d'un beau vert et luisante en dessus marquée de veines
blanches qui correspondent aux nervures secondaires, plus rarement d'un
vert uniforme ou tachetée de noir. Spathe renflée-ventrue dans sa partie
inférieure, rétrécie au-dessus de la partie renflée, ouverte en cornet dans sa
partie supérieure, blanchâtre ou d'un vert pâle, concolore, plus rarement
bordée ou tachée de rouge à l'intérieur, acuminée, dépassant très longuement le spadice. *Spadice* droit, jaunâtre et plus ou moins renflé en massue
*supérieurement, à partie renflée égalant ord. environ le reste de la partie
nue* du spadice. Les corpuscules terminés en appendice sétacé rapprochés en
anneau au-dessus et au-dessous des étamines, ceux qui sont placés au-dessus
des étamines plus nombreux ord. dirigés en bas. ♃. Mai.

   *RRR.* — Bois montueux, taillis, lieux ombragés. — Coteau à Port-Villez ! (*C.
de Chambine*). — Cette plante, fort rare en Normandie (*Brébiss.* Fl. Norm.), est
très répandue dans l'ouest et le midi de la France.

† CALLA L. Gen. n. 1030. — [CALLA].

   *Spathe* étalée *presque plane. Spadice* cylindrique, nu dans sa partie inférieure
qui forme un pédoncule court au-dessus de la spathe, *couvert* sur tout le reste de
sa surface *de fleurs unisexuelles réduites à des étamines et à des ovaires entremêlés.* Étamines beaucoup plus nombreuses que les ovaires qu'elles entourent,
à filets filiformes, dilatés-comprimés au sommet; anthères bilobées, didymes,

à lobes s'ouvrant par une fente latérale. Ovaires sessiles, courts ovales-coniques, uniloculaires; ovules 6-8, insérés au fond de la loge, dressés, réfléchis, plongés dans une substance gélatineuse. Stigmate sessile, orbiculaire, un peu concave, papilleux. Fruit bacciforme, charnu-succulent, subturbiné, polyédrique en raison de la pression exercée par les fruits voisins, à cavité remplie d'une matière gélatineuse, 3-8-sperme. Graines sessiles au fond de la loge, ovales-oblongues un peu comprimées, présentant un raphé épais, à testa coriace presque crustacé épais. Périsperme charnu-corné. Embryon axile, droit, à radicule dirigée vers le hile.

Plante vivace, aquatique, acaule, à suc âcre, à rhizome traçant. *Feuilles* se développant avant la spathe, longuement pétiolées à pétiole dilaté en une gaîne membraneuse assez ample libre supérieurement dans une plus ou moins grande longueur en forme de stipule axillaire, ovales ou ovales-suborbiculaires *cordées* apiculées, à nervures latérales fines arquées. Pédoncules axillaires, solitaires. Spathe blanche en dedans. Fruits rouges.

† **C. palustris** L. *Sp.* 1373; *Fl. Dan.* III, t. 422; *Bot. mag.* t. 1831; Rich. in Guillem. *Arch. bot.* t. 2, f. 1; Rchb. *Ic.* VII, t. 13, f. 13; Bill. *Exsicc.* n. 656. — [ C. DES MARAIS ].

Rhizome épais, traçant à la surface du sol, horizontal, émettant en dessous des fibres radicales au niveau des nœuds. Feuilles éparses, rapprochées, luisantes, ovales ou ovales-suborbiculaires apiculées, profondément cordées à la base, à gaînes recouvrant la partie jeune du rhizome. Pédoncules un peu plus longs que les pétioles. Spathe ovale-suborbiculaire, un peu cordée à la base, brusquement apiculée au sommet en pointe subulée à bords enroulés, verdâtre en dehors, blanche en dedans. Spadice jaune, presque de moitié plus court que la spathe. ♃. Juin-juillet.

Planté en 1842, par M. Weddell, dans quelques mares de la forêt de Marly! où il s'est naturalisé. — Cette plante est indigène dans les marais de la Lorraine, de l'Alsace et des montagnes des Vosges!.

## TRIBU II. **ACOROIDEÆ.** — Fleurs hermaphrodites, pourvues de périanthe.

### † **ACORUS** L. *Gen.* 434. — [ ACORE ].

*Spathe* continuant la tige et *semblable aux feuilles*. *Spadice* cylindrique, sessile, naissant latéralement de la tige qui se continue avec la spathe au-dessus de son insertion, entièrement *couvert de fleurs hermaphrodites* munies d'un périanthe à 6 divisions membraneuses, obovales, obtuses, concaves à sommet infléchi, persistantes. Étamines 6, hypogynes, opposées aux divisions du périanthe, à filets linéaires membraneux-aplanis; anthères bilobées, didymes. Ovaire sessile, obovoïde, terminé en mucron obtus, à 6 angles peu prononcés, triloculaire, à loges pluriovulées remplies d'une matière gélatineuse; ovules suspendus au sommet de l'angle interne des loges, droits. Stigmate terminal, sessile, ponctiforme. Fruit.....

Plante vivace, croissant dans les lieux marécageux, à rhizome traçant noueux aromatique. *Feuilles* développées avant la spathe, sessiles et alternes-distiques sur le rhizome, *ensiformes* et équitantes comme celles des Iris. Tige nue (pédoncule radical), axillaire?, comprimée latéralement, canaliculée du côté du spadice, carénée du côté opposé. Fleurs jaunâtres.

† **A. Calamus** L. *Sp.* 462 excl. var. β; *Engl. bot.* t. 356; *Fl. Dan.* VII, t. 1158; Rchb. *Ic.* X, t. 429, f. 956; Bill. *Exsicc.* 2143 et *bis.* — [ A. ODORANT ].

Rhizome épais charnu, horizontal, noueux, radicant au niveau des nœuds, à odeur aromatique pénétrante. Feuilles dépassant souvent un mètre, ensiformes-

linéaires, larges de 12-25 millim., aiguës, très longuement canaliculées-engaî-
nantes dans leur partie inférieure à bords de la gaîne membraneux. Tige dressée,
ord. environ de la longueur des feuilles, trigone très comprimée, canaliculée dans
toute sa longueur du côté qui donne insertion au spadice, carénée du côté opposé
à carène aiguë presque ailée supérieurement, émettant latéralement le spadice et
se continuant au-dessus de lui en une spathe semblable aux feuilles et canaliculée
à la base. Spadice long de 5-7 centim., droit ou un peu arqué en dessus, plus ou
moins étalé. Fleurs jaunâtres, étroitement rapprochées. ♃. Juin-juillet.

Planté en 1842, par M. Weddell, dans quelques mares de la forêt de Marly où
il s'est naturalisé. — *Graves* Cat. Oise : « rencontré en 1823 au bord de l'Oise,
au-dessus du bac de Varesnes, cant. de Noyon, où il ne paraît plus être maintenant, mais on le retrouve dans le département de l'Aisne, toujours au bord de
l'Oise ». — Cette plante existe dans presque toute l'Europe et est assez répandue en
France. — Nees d'Esenbeck, malgré les recherches faites par lui à des localités
où la plante était abondante, n'en a jamais pu trouver d'échantillons en fruit.
Kunth a décrit le fruit du genre *Acorus* d'après l'*A. gramineus*, dont L.-C. Richard
avait fait une étude approfondie (in Guillem. *Arch. bot.* I, 22, t. 3).

## CVI. TYPHACÉES
(Typhæ Juss. *Gen.* 25).

*Fleurs* unisexuelles *monoïques, les mâles et les femelles groupées
séparément en épis compactes* cylindriques *ou en têtes globuleuses*, les
mâles réduites à une étamine, les femelles à un ovaire, la partie supérieure de l'inflorescence mâle, la partie inférieure femelle. — *Étamines*
tantôt libres, tantôt rapprochées par 2-4 et soudées par leurs filets, *entremêlées de soies ou d'écailles disposées sans ordre.* Anthères bilobées,
à connectif prolongé au-dessus des lobes. — *Ovaires* libres, uniloculaires *uniovulés*, ou soudés par paires et paraissant biloculaires, longuement stipités et *entourés de soies nombreuses* qui naissent sur leur
pédicelle, *ou* sessiles ou brièvement stipités et entourés *d'écailles membraneuses* au nombre de 3-5. *Ovule suspendu*, réfléchi. Style indivis ;
stigmate unilatéral, ord. allongé. — Fruit sessile ou longuement stipité,
ne se soudant pas avec les écailles ou les soies qui l'entourent, drupacé
sec, surmonté du style persistant, monosperme, à endocarpe coriace ou
ligneux soudé avec la graine. — Graine suspendue. Périsperme charnu-
farineux. Embryon placé dans l'axe du périsperme, droit, presque cylindrique. Radicule dirigée vers le hile.

Plantes croissant dans les lieux marécageux ou dans l'eau, vivaces, herbacées. Tiges simples ou rameuses. Feuilles toutes radicales ou alternes, le
plus souvent engaînantes à la base, linéaires à nervures parallèles. Les épis
ou les têtes de fleurs superposés au sommet de la tige ou des rameaux, les
supérieurs mâles, les inférieurs femelles.

1. Typha. — Fleurs en *épis cylindriques. Fruits* longuement stipités, à *pédicelle* capillaire *portant des soies nombreuses et longues.*

2. SPARGANIUM. — Fleurs en *têtes globuleuses*. *Fruits* sessiles ou brièvement stipités, *entourés* chacun de 3-5 *écailles* membraneuses.

## 1. **TYPHA** L. *Gen.* n. 1040. — [MASSETTE].

Fleurs très nombreuses, constituant *deux épis* unisexuels compactes *cylindriques*, superposés, contigus ou espacés, d'abord accompagnés de bractées caduques en forme de spathe, l'épi inférieur femelle, le supérieur mâle terminal souvent interrompu par des bractées, à axe persistant après la floraison. — Fleurs mâles : Étamines rapprochées par 2-4 et plus ou moins soudées par leurs filets, entourées de soies nombreuses. — Fleurs femelles : *Ovaires* très petits, à la fin longuement stipités *à pédicelle* capillaire *portant* inférieurement *des soies nombreuses et longues*, un grand nombre de ces ovaires avortant assez souvent. Style long, capillaire ; stigmate unilatéral, ovale-spatulé ou linéaire. *Fruit* très *petit*, *longuement stipité* ovale ou fusiforme, surmonté du style persistant, presque drupacé, à épicarpe se détachant de l'endocarpe à la maturité et se fendant longitudinalement d'un côté, à endocarpe assez dur finement tuberculeux en dehors par les vestiges du mésocarpe.

Plantes croissant dans les lieux marécageux, à partie inférieure souvent submergée, vivaces à souche épaisse longuement traçante. Tige dressée, simple, cylindrique, ne présentant pas de nœuds, pleine. Feuilles linéaires, dressées, toutes radicales, d'autant plus engaînantes qu'elles sont plus intérieures, à gaînes arrivant à des hauteurs différentes de sorte que la tige paraît feuillée à feuilles alternes.

**1. T. latifolia** L. *Sp.* 1377 ; *Fl. Dan.* IV, t. 645 ; *Engl. bot.* t. 1455 ; Rich. in Guillem. *Arch. bot.* t. 5 ; Rchb. *Ic.* IX, t. 323, f. 747-748. — [M. A LARGES FEUILLES. — Vulg. *Massette, Masse-d'eau, Quenouille, Canne-de-jonc*].

Tige de 1-2 mètres, robuste, roide, très droite. *Feuilles* très longues, dépassant la tige florifère, coriaces, ord. linéaires assez larges, *planes*, lisses, glaucescentes. *Épi mâle et épi femelle contigus ou à peine espacés* ; épi femelle d'un brun noirâtre, cylindrique ord. très long, plus rarement court subclaviforme. *Stigmate* linguiforme *ovale-lancéolé*. ♃. Juin-août.

Var. α. *latifolia*. — Épi femelle allongé. — *C*. — Étangs, marais, fossés aquatiques profonds.

Var. β. *media*. (*T. media* DC. *Syn. fl. Gall.* 148). — Feuilles plus étroites. Épi femelle court, subclaviforme, souvent un peu éloigné de l'épi mâle. — *R*.— Mares des Uzelles de Draveil ! dans la forêt de Senart (*Adr. de Jussieu*).

**2. T. angustifolia** L. *Sp.* 1377 ; *Fl. Dan.* V, t. 815 ; *Engl. bot.* t. 1456 ; Rchb. *Ic.* IX, t. 321, f. 745. — [M. A FEUILLES ÉTROITES. — Vulg. *Massette, Masse-d'eau, Quenouille, Canne-de-jonc*].

Tige de 1-2 mètres, moins robuste que celle de l'espèce précédente, roide, très droite. *Feuilles* très longues, dépassant la tige florifère, coriaces, linéaires souvent assez étroites, *convexes en dehors*, un peu concaves en dedans, lisses, vertes ou à peine glaucescentes. *Épi mâle et épi femelle écartés l'un de l'autre* ; épi femelle d'un brun roussâtre, cylindrique ord. très long. *Stigmate linéaire-subulé*. ♃. Juin-août.

*A.C.* — Étangs, marais, fossés aquatiques profonds, rivières à courant peu rapide.

**2. SPARGANIUM** L. *Gen*. n. 1041. — [RUBANIER].

Fleurs nombreuses, constituant plusieurs *têtes globuleuses* unisexuelles superposées et espacées, les têtes inférieures naissant à l'aisselle des feuilles supérieures, les supérieures accompagnées ou non de bractées souvent très petites. — Fleurs mâles : Étamines nombreuses, libres, à filets courts, entremêlées d'écailles plus nombreuses filiformes à la base dilatées-membraneuses au sommet entières ou bifides (étamines avortées ?). — Fleurs femelles : *Ovaires* assez gros, sessiles ou brièvement stipités, libres ou soudés deux à deux, *entourés* chacun *de 3-5 écailles* imbriquées membraneuses inégales. Style court, continuant l'ovaire; stigmate unilatéral, allongé. *Fruit* assez gros, *sessile ou brièvement stipité*, souvent anguleux en raison de la pression exercée par les fruits voisins, mucroné par le style persistant, drupacé, à épicarpe spongieux, à endocarpe ligneux dur percé au sommet.

Plantes croissant dans les lieux marécageux ou dans l'eau, vivaces à souche cespiteuse ou émettant des rhizomes. Tige simple ou rameuse supérieurement, pleine, feuillée, dressée ou nageante. Feuilles linéaires, les unes radicales, les autres caulinaires alternes à base dilatée un peu engaînante. Têtes de fleurs disposées en grappe ou en épi simple terminal, quelquefois en panicule.

**1. S. ramosum** Huds. *Fl. Angl.* ed. 1, 401 ; C. Bauh. *Pin.* 15 ; *Fl. Dan.* VIII,
t. 1282 ; *Engl. bot.* t. 744. — *S. erectum* var. α L. *Sp.* 1378 ; Rchb. *Ic.*
IX, t. 326, f. 751. — [ R. RAMEUX. — Vulg. *Ruban-d'eau* ].

Tige de 6-8 décim., robuste, dressée, rameuse au sommet dans sa partie florifère. *Feuilles* linéaires, très longues, coriaces, *triquètres à la base*, à faces latérales concaves. *Têtes disposées en panicule composée d'épis composés eux-mêmes de plusieurs têtes* sessiles espacées ; les 1-2 têtes inférieures de chaque épi femelles, grosses ; les supérieures assez nombreuses, mâles, détruites à la maturité. *Stigmate linéaire.* Fruit anguleux, en pyramide renversée, brusquement acuminé au sommet en bec égalant le quart de sa longueur. ♃. Juin-août.

*C.* — Bords des eaux, fossés, étangs.

**2. S. simplex** Huds. *Fl. Angl.* ed. 1, 401 ; *Fl. Dan.* VI, t. 932 ; *Engl. bot.* t. 745 ;
Rchb. *Ic.* IX, t. 325, f. 750 ; Bill. *Exsicc.* n. 852. — *S. erectum* var. β L.
*Sp.* 1378. — [R. SIMPLE].

Tige de 4-8 décim., dressée, simple. *Feuilles* linéaires, allongées, coriaces, *triquètres à la base* à faces latérales planes. *Têtes disposées en épi simple* terminal, les têtes femelles inférieures pédonculées à pédoncules la plupart soudés avec la tige dans une plus ou moins grande étendue, les femelles supérieures et les mâles sessiles ; *les têtes mâles assez nombreuses*, détruites à la maturité. *Stigmate linéaire-subulé.* Fruit oblong-fusiforme, atténué au sommet en bec égalant les trois quarts de sa longueur. ♃. Juin-août.

*A. C.* — Bords des eaux, fossés, étangs.

**3. S. minimum** Fries *Summa* II, 560 ; C. Bauh. *Prodr.* 24 ; Gren. et Godr. *Fl.*
*Fr.* III, 337 ; Bill. *Exsicc.* n. 853. — *S. natans* auct. plur. non L. sec.
Fries ; *Fl. Par.* éd. 1, 581 ; Rchb. *Ic.* IX, t. 324, f. 749. — [ R. NAIN ].

Plante ord. submergée-nageante. Tige de longueur variable suivant la profondeur de l'eau, molle, simple, grêle, tombante ou nageante. *Feuilles* linéaires-étroites, *membraneuses* minces, *transparentes*, *planes*, tombantes ou plus souvent flottantes, d'un vert pâle. *Têtes* disposées *en épi simple terminal*, les femelles au nombre de 1-3 rarement plus, l'inférieure quelquefois brièvement pédonculée, *les mâles 1 rarement 2* détruites à la maturité. *Stigmate court, oblong-lancéolé.* Fruit sessile, ovoïde rétréci à la base, acuminé en bec court. ♃. Juillet-août.

*R.* — Étangs, mares, fossés profonds, flaques d'eau des tourbières, rivières à fond tourbeux et à courant peu rapide. — Bondy (*Thuill.* Fl. Par., *Maire*); étang de Trivaux ! dans le bois de Meudon ; env. de Versailles : étang du Désert ! (*Brice*), mares près de l'étang du Trou-salé (*de Boucheman*). Saint-Léger (*Thuill.* Fl. Par.); ancien étang du Serisaye !. Marais d'Itteville (*Adr. de Jussieu*); Le Châtelet près Melun (*M. Garnier*); Épizy près Moret (*Gogot*) ; Nemours !; Malesherbes !.— *Graves* Cat. Oise : dans le Thérain au-dessus de Beauvais ; dans la Brèche près de Clermont; dans l'Oise au Plessis-Brion et entre Pont-Sainte-Maxence et Creil.

Cette plante a été, jusqu'à ces derniers temps, généralement confondue avec le *S. natans* (L. sec. Fries ; Gren. et Godr. *Fl. Fr.* III, 337 excl. loc. nat. Pyren.; Bill. *Exsicc.* n. 854. — *S. affine* Schnizl. in *Bot. Zeit.* [1845] 670 ; Rchb. *Ic.* IX, t. 417, f. 925), qui en diffère par les feuilles d'un vert gai, moins molles, moins transparentes, par les têtes mâles ord. au nombre de 2-3, par les têtes femelles plus grosses, par le style linéaire-lancéolé, et par les fruits stipités ovoïdes-oblongs terminés en un bec qui égale environ leur longueur. Le *S. natans*, qui croît en plaine dans le nord de l'Europe, se trouve en France dans les lacs des Vosges ! et des Pyrénées.

## CVII. JONCÉES

(JUNCI Juss. *Gen.* 43 excl. gen. plur. — JUNCEÆ DC. *Fl. Fr.* III, 155).

*Fleurs hermaphrodites*, rarement unisexuelles par avortement, régulières. — *Périanthe scarieux*, persistant, ord. brunâtre, *à 6 divisions libres*, disposées sur deux rangs. — Étamines 6, plus rarement 3 par avortement, hypogynes ou insérées à la base des divisions du périanthe. Anthères bilobées, introrses. — *Ovaire non soudé avec le périanthe*, à 3 carpelles, à 3 loges multiovulées, ou à une seule loge triovulée. Ovules insérés au bord interne des cloisons, ou au fond de la loge dans les ovaires uniloculaires, ascendants ou dressés, réfléchis. Styles soudés en un style indivis ord. très court ; stigmates 3, filiformes, poilus. — *Fruit capsulaire*, à déhiscence loculicide, *à 3 valves, triloculaire à loges polyspermes, ou uniloculaire trisperme.* — Graines dressées ou ascendantes, à testa membraneux souvent prolongé en forme d'appendice au sommet et à la base ou seulement à l'une de ses extrémités. Périsperme charnu, épais. Embryon placé à l'extrémité du périsperme voisine du hile. Radicule épaisse, dirigée vers le hile.

Plantes terrestres, croissant ord. dans les lieux marécageux, herbacées, annuelles, ou plus ord. vivaces à souche cespiteuse ou traçante. Tiges feuillées ou dépourvues de feuilles et alors souvent entourées à leur base de gaînes dépourvues de limbe. Feuilles à partie pétiolaire engaînante, à limbe

linéaire plan, canaliculé, ou cylindrique et alors présentant souvent de distance en distance des renflements en forme de nœuds, quelquefois toutes
radicales et souvent réduites à leur gaîne. Rameaux de l'inflorescence naissant à l'aisselle d'une bractée membraneuse ou foliacée, entourés à leur base
d'une gaîne tubuleuse à bords regardant la bractée et constituée par la première
feuille rudimentaire du rameau (préfeuille). Fleurs petites, ord. brunâtres,
solitaires ou en glomérules, souvent disposées en cymes ou en corymbes.

1. JUNCUS.— *Capsule à 3 loges polyspermes* plus ou moins complètes. *Feuilles*
cylindriques ou canaliculées, plus rarement presque planes, *glabres*.

2. LUZULA. — *Capsule uniloculaire, trisperme. Feuilles* planes, ord. *poilues.*

### 1. JUNCUS L. *Gen*. n. 437 ex parte. — [JONC].

*Capsule à 3 loges polyspermes* plus ou moins complètes, s'ouvrant en trois
valves qui portent chacune une cloison à leur partie moyenne. Graines insérées au bord interne des cloisons, ascendantes, à testa appliqué sur l'amande
ou prolongé aux deux extrémités en forme d'appendice.

Plantes annuelles, ou plus ord. vivaces à souche cespiteuse ou traçante. *Feuilles
glabres*, canaliculées plus rarement presque planes, ou cylindriques offrant quelquefois de distance en distance des renflements en forme de nœuds au niveau de
diaphragmes transversaux, quelquefois toutes radicales et alors souvent réduites
à la gaîne dépourvue de limbe. Fleurs solitaires ou glomérulées, ord. disposées en
cymes formant un corymbe ou une panicule terminale ou latérale en apparence
en raison d'une feuille qui continue la direction de la tige.

Sect. 1. — *Tiges nues, entourées à la base de gaînes de feuilles* ord. *dépourvues
de limbe. Inflorescence pseudolatérale*. Fleurs solitaires. — (1-2).

Sect. 11. — Tiges feuillées, rarement nues. *Feuilles* cylindriques ou cylindriques-
comprimées, *offrant des diaphragmes transversaux au niveau de renflements en
forme de nœuds, rarement planes ou canaliculées. Inflorescence terminale.
Fleurs réunies en glomérules.* — (3-8).

Sect. 111. — Tiges feuillées, plus rarement nues. *Feuilles planes ou canaliculées,
ne présentant ni diaphragmes* transversaux *ni renflements en forme de nœuds.
Inflorescence terminale. Fleurs solitaires*, rarement rapprochées en fascicules
par variation. — (9-12).

Sect. 1. — Tiges nues, entourées à la base de gaînes de feuilles ord. dépourvues de limbe. Inflorescence pseudolatérale. Fleurs solitaires. Graines dépourvues d'appendices, le testa étant appliqué sur l'amande.

1. J. **effusus** L. *Sp*. 464 emend. — *J. communis* E. Mey. *Junc*. 12; Kunth
*Enum. pl*. III, 320 ; *Fl. Par*. éd. 1, 583. — [J. ÉPARS].
Souche subcespiteuse à rhizomes obliques ou horizontaux, donnant naissance à un grand nombre de tiges très rapprochées. *Tiges* de 5-10 décim.,
nues, *entourées à la base d'écailles engaînantes brunâtres non luisantes,
vertes, cylindriques, finement striées, se cassant facilement, à moelle non
interrompue*. Cyme très rameuse, à rameaux grêles diffus ou rapprochés en
glomérule. Périanthe à divisions linéaires-lancéolées très aiguës. Étamines 3.
Capsule oblongue-obovale, déprimée-tronquée au sommet, environ aussi

ongue que les divisions du périanthe ou plus courte. Graines lisses. ♃. Juin-juillet.

CC. — Fossés, bords des eaux, lieux humides ou marécageux.

Var. α. *effusus*. (*J. effusus* L. *Sp.* 464 excl. var. α.; *Fl. Dan.* VII, t. 1096; Host *Gram.* III, t. 83; Rchb. *Ic.* IX, t. 413, f. 920; Bill. *Exsicc.* n. 2750. — *J. communis* var. β E. Mey. *Junc.* 12). — Tiges ne présentant pas de sillons à l'état frais. Inflorescence étalée. Fleurs ord. verdâtres. Capsule quelquefois assez longuement dépassée par les divisions du périanthe.

Var. β. *conglomeratus*. (*J. conglomeratus* L. *Sp.* 464; *Fl. Dan.* VII, t. 1094; *Engl. bot.* t. 835; Host *Gram.* III, t. 82; Rchb. *Ic.* IX, t. 408, f. 912-913. — *J. communis* var. α E. Mey. *Junc.* 12). — Tiges sillonnées dans leur partie supérieure. Inflorescence agglomérée. Fleurs ord. plus ou moins brunâtres.

2. **J. glaucus** Ehrh. *Beitr.* VI, 83; *Engl. bot.* t. 665; *Fl. Dan.* VII, t. 1159; Host *Gram.* III, t. 81; Rchb. *Ic.* IX, t. 415, f. 922; Bill. *Exsicc.* n. 2144.— [J. GLAUQUE. — Vulg. *Jonc-des-jardiniers*].

Souche subcespiteuse à rhizomes obliques ou horizontaux, donnant naissance à un grand nombre de tiges très rapprochées. *Tiges* de 5-8 décim., nues, *entourées à la base d'écailles engaînantes d'un brun luisant, glauques,* cylindriques, striées, se tordant sans se casser, *à moelle interrompue.* Cyme noirâtre, rameuse, à rameaux grêles. Périanthe à divisions linéaires-lancéolées très aiguës. Étamines 6. Capsule noirâtre, ovale, mucronée, environ de la longueur des divisions du périanthe ou les dépassant un peu. Graines lisses. ♃. Juin-août.

C. — Lieux humides et marécageux, fossés, bords des eaux.

Sect. II. — Tiges feuillées, rarement nues. Feuilles cylindriques ou cylindriques-comprimées, offrant des diaphragmes transversaux au niveau de renflements en forme de nœuds, rarement planes ou canaliculées. Inflorescence terminale. Fleurs réunies en glomérules. Graines dépourvues d'appendices, le testa étant appliqué sur l'amande.

3. **J. supinus** Mœnch *Enum. Hass.* 296, t. 5; *Fl. Dan.* VII, t. 1099; Rchb. *Ic.* IX, t. 397, f. 882-886; Bill. *Exsicc.* n. 177. — *J. bulbosus* L. *Sp.* ed. 1, 327 non ed. 2. — *J. uliginosus* Roth *Tent. fl. Germ.* I, 155; *Engl. bot.* t. 801. — *J. subverticillatus* Wulf. in Jacq. *Coll.* III, 51; Host *Gram.* III, t. 88. — *J. verticillatus* Pers. *Syn. pl.* I, 384. — [J. COUCHÉ].

*Souche cespiteuse* émettant quelquefois des rhizomes plus ou moins traçants. *Tiges* plus ou moins nombreuses, de 1-3 décim., *renflées à la base,* grêles, *feuillées,* dressées, ou couchées souvent radicantes, quelquefois nageantes et souvent très longues (*J. fluitans* DC. *Fl. Fr.* III, 169). *Feuilles presque cylindriques, un peu canaliculées en dessus, un peu noueuses,* les inférieures ord. plus grêles presque sétacées dépourvues de nœuds dressées plus courtes que les tiges. *Inflorescence* terminale ord. *composée d'un* assez *petit nombre de glomérules,* à feuille bractéale inférieure assez courte ou assez longue; *glomérules 4-12-flores,* espacés, disposés *en cyme* irrégulière *presque simple* ou peu rameuse à rameaux presque dressés ou étalés. Fleurs souvent vivipares, à divisions du périanthe presque égales lancéolées ou linéaires-lancéolées, obtuses ou aiguës. Étamines 3, plus rarement 6 (*J. nigritellus* Koch *Syn. fl. Germ.* ed. 1, 730). *Capsule oblongue ou oblongue-*

*obovale, obtuse, ou obtuse-tronquée, subtrigone, mucronulée,* égalant environ
la longueur des divisions du périanthe. Graines striées longitudinalement.
♃. Juin-août.

C. — Lieux humides, marécages des bois, bords des étangs et des rivières, surtout dans les terrains sablonneux.

**4. J. obtusiflorus** Ehrh. *Beitr.* VI, 83, n. 76; *Fl. Dan.* XI, t. 1872; *Engl. bot.*
t. 2144; Rchb. *Ic.* IX, t. 404, f. 901. — [J. A FLEURS OBTUSES].

*Souche* assez épaisse, *longuement traçante.* Tiges de 4-8 décim., ord. un
peu espacées sur le rhizome, un peu épaisses, cylindriques, dressées, feuillées mais à *feuilles radicales toutes réduites à l'état de gaînes* jaunâtres
*dépourvues de limbe ou à limbe très court* sétacé en forme de mucron.
*Feuilles* cylindriques, fistuleuses, *fortement noueuses.* Inflorescence terminale, à feuille bractéale inférieure courte ou presque réduite à la gaîne ; *glomérules* 4-12-flores, nombreux, disposés *en cymes* serrées, *à rameaux
divariqués presque réfractés formant un corymbe ou une panicule très
décomposée* plus ou moins irrégulière. *Périanthe à divisions* d'un blanc verdâtre ou jaunâtre, *presque égales* en longueur, conniventes, oblongues,
*obtuses* ou à peine aiguës. Étamines 6. *Capsule* petite, ovoïde, *trigone à
angles aigus, acuminée en bec* au sommet, *égalant environ la longueur des
divisions du périanthe.* Graines peu nombreuses, striées longitudinalement
et transversalement. ♃. Juin-août.

C.— Lieux humides surtout des terrains sablonneux, fossés, prairies tourbeuses.

**5. J. sylvaticus** Reich. *Fl. Mœno-Francof.* II, 181 [1778]; Willd. *Sp.* II, 211
excl. syn. plur. — *J. articulatus* γ L. *Sp.* 465. — *J. articulatus Engl.
bot.* t. 238. — *J. acutiflorus* Ehrh. *Beitr.* VI, 86 ; *Fl. Dan.* XII, t. 2112;
Rchb. *Ic.* IX, t. 406, f. 905-908.— *J. micranthus* Desv. *Pl. Ang.* 82. —
*J. acutiflorus* var. *micranthus* Boreau *Fl. centre* éd. 1, II, 440; *Fl. Par.*
éd. 1, 586. — S.-v. à glomérules plus gros et à fleurs plus grandes, à
capsule souvent presque incluse : *J. brevirostris* Nees *Compend. fl. Germ.*
ed. 1, 884. *J. melananthos* Rchb. *Fl. excurs.* I, 96. *J. sylvaticus* var.
*macrocephalus* Koch *Syn. fl. Germ.* ed. 2, 842. — [J. DES BOIS].

*Souche* assez épaisse, *longuement traçante.* Tiges de 4-8 décim., ord.
espacées sur le rhizome, cylindriques-comprimées dans leur partie inférieure, cylindriques dans leur partie supérieure, dressées, feuillées à feuilles
conformes même les inférieures. *Feuilles* cylindriques comprimées dans leur
partie inférieure, fistuleuses, *fortement noueuses.* Inflorescence terminale, à
feuille bractéale inférieure assez courte ou presque réduite à la gaîne ; *glomérules* 2-12-flores, nombreux, disposés *en* cymes serrées à rameaux étalés
ou presque dressés formant un *corymbe décomposé* irrégulier. Périanthe à
divisions brunes ainsi que la capsule ou d'un brun-noirâtre, lancéolées, ord.
inégales en longueur, acuminées très aiguës à pointe souvent recourbée, les
intérieures plus longues. Étamines 6. *Capsule ovoïde-lancéolée, trigone à
angles aigus, insensiblement atténuée au sommet en long bec* dépassant
assez longuement les divisions du périanthe, *plus rarement acuminée-mu-
cronée* égalant environ les divisions du périanthe. Graines striées longitudinalement. ♃. Juin-août.

C. —Lieux herbeux humides, mares tourbeuses, bords des étangs, fossés.

**6. J. lamprocarpus** Ehrh. *Calam.* n. 126 ; E. Mey. *Junc.* 37 ; Rchb. *Ic.* IX,
t. 405, f. 902-904 ; Bill. *Exsicc.* n. 2145 et *bis.* — *J. articulatus* α et β
L. *Sp.* 465. — *J. sylvaticus* Vill. *Dauph.* II, 232 non Reich. — *J. sylvaticus* β DC. *Fl. Fr.* III, 169. — *J. ascendens* Host *Gram.* III, 58, t. 87.
— [ J. A FRUIT LUISANT ].

*Souche subcespiteuse ou peu rampante.* Tiges de 1-6 décim., rapprochées,
cylindriques-comprimées, dressées ou ascendantes plus rarement couchées
ou flottantes, feuillées à feuilles conformes même les inférieures. *Feuilles
cylindriques-comprimées, fistuleuses, fortement noueuses.* Inflorescence terminale, à feuille bractéale inférieure allongée ou assez courte ; *glomérules*
4-12-flores, ord. assez nombreux, disposés *en cymes plus ou moins étalées formant un corymbe peu rameux* irrégulier. *Périanthe à divisions* ord.
d'un brun noirâtre ainsi que la capsule, lancéolées, *presque égales* en longueur, les extérieures aiguës-mucronulées, *les intérieures presque obtuses.*
Étamines 6. *Capsule* luisante, *ovoïde-oblongue, trigone à angles aigus, brusquement et brièvement acuminée* au sommet, *dépassant peu les divisions
du périanthe.* Graines striées longitudinalement. ⚥. Juin-août.

C. — Lieux humides, fossés, endroits marécageux, bords des mares.

**7. J. pygmæus** Thuill. *Fl. Par.* 178 ; *Fl. Dan.* XI, t. 1871 ; Bill. *Exsicc.* n.
674 ; Puel et Maille *Fl. loc.* exsicc. n. 41. — *J. mutabilis* α Lmk *Encycl.
méth.* III, 270. — *J. triandrus* Rchb. *Ic.* IX, t. 391, f. 864 non Gouan.
— [ J. NAIN ].

*Plante annuelle,* à racine fibreuse. Tiges subsolitaires ou plus ou moins
nombreuses, de 3-15 centim., grêles presque filiformes, accompagnées de
feuilles à la base, portant dans leur partie supérieure un petit nombre de
feuilles plus rarement nues. Feuilles presque sétacées ou filiformes, noueuses
à nœuds-espacés, dressées, les inférieures ord. plus grêles un peu canaliculées
plus courtes que les tiges ou égalant rarement leur longueur. Inflorescence
terminale, à feuille bractéale inférieure assez longue ; *glomérules* 3-8-flores,
au nombre de *1-4* le central sessile les autres longuement pédonculés, *ou*
au nombre de *5-9* disposés en cyme corymbiforme, accompagnés de bractéoles scarieuses courtes. *Périanthe à divisions* verdâtres, *linéaires-lancéolées, insensiblement atténuées en pointe,* presque égales, dressées, conniventes. Étamines 3. *Capsule oblongue-allongée* un peu plus étroite dans sa
partie supérieure, *subtrigone, longuement dépassée par les divisions du
périanthe.* Graines striées longitudinalement. ①. Juin-août.

R. — Bords des mares tourbeuses et des étangs sablonneux. — Étang de Saint-
Quentin (*de Boucheman*) ; abondant aux étangs de Saint-Hubert ! (*Thuill.* Fl. Par.) ;
Saint-Léger !. Forêt de Fontainebleau : mares de Belle-croix !, du Cuvier !, de Franchart !, etc. — *Graves* Cat. Oise : Saint-Germer-en-Bray ; Villers-Saint-Barthélemy
cant. d'Auneuil ; étang de Batigny dans la forêt de Compiègne ; Morfontaine.

**8. J. capitatus** Weig. *Obs.* 28, t. 2, f. 5 [1772] ; *Fl. Dan.* X, t. 1690 ; *Engl.
bot.* t. 2644 ; Rchb. *Ic.* IX, t. 391, f. 862 ; Bill. *Exsicc.* n. 470 et *bis* et
*ter.* — *J. ericetorum* Poll. *Pl. Palat.* I, 351 ; DC. *Fl. Fr.* III, 164. —
*J. mutabilis* Cav. *Ic. et descr.* III, t. 296, f. 2. — *J. triandrus* Gouan *Fl.
Monsp.* 25 ; Koch *Syn. fl. Germ.* ed. 2, 841. — *J. pygmæus* Rchb. *Ic.*
IX, t. 391, f. 863 non Thuill. — [ J. EN TÊTE ].

*Plante annuelle,* à racine fibreuse. Tiges subsolitaires ou plus ou moins nombreuses, de 3-15 centim., grêles presque filiformes, accompagnées de feuilles à la base, nues supérieurement. Feuilles canaliculées presque sétacées, ne présentant pas de nœuds, dressées, plus courtes que les tiges. Inflorescence terminale ; *glomérules 3-8-flores, solitaires terminaux, rarement 2-3* les latéraux pédonculés, accompagnés au moins l'inférieur d'une feuille bractéale foliacée allongée et de 2-3 bractéoles terminées en pointe foliacée. *Périanthe à divisions ovales-lancéolées ou oblongues-lancéolées, les extérieures brusquement cuspidées en pointe sétacée le plus ord. arquée-étalée,* les intérieures plus courtes aiguës ou acuminées. Étamines 3. *Capsule ovoïde-subglobuleuse subtrigone,* obtuse ou brièvement mucronée, *longuement dépassée par les divisions du périanthe.* Graines finement striées longitudinalement et transversalement. ①. Juin-juillet.

*R.* — Sables humides ou tourbeux, bruyères inondées l'hiver. — Lardy (*Maire*) ; env. de Fontainebleau : La Glandée (*de Schœnefeld*), lisière des bois à Barbison (*A. Jamain*) ; Montigny !, La Chapelle-la-Reine !, bois de la Gravine et de Darvault près Nemours (*Devilliers*) ; Larchant ! (*de Forestier*) ; Thurelles ! près Dordives ; Malesherbes ! (*Bernard, Woods*). Saint-Léger (*Mandon*). — *Graves* Cat. Oise : forêt de Laigue à la butte de Royaumont ; Moulin-Coquerel près Compiègne.

Sect. III. — Tiges feuillées, plus rarement nues. Feuilles planes ou canaliculées, ne présentant ni diaphragmes transversaux ni renflements en forme de nœuds. Inflorescence terminale. Fleurs solitaires, rarement rapprochées en fascicule par variation. Graines dépourvues d'appendices, le testa étant appliqué sur l'amande.

**9. J. squarrosus** L. *Sp.* 465 ; *Fl. Dan.* III, t. 430 ; *Engl. bot.* t. 933 ; Rchb. *Ic.* IX, t. 400, f. 893 ; Bill. *Exsicc.* n. 1345 et *bis* et *ter.* — [ J. RUDE ].

*Souche cespiteuse, très compacte. Tiges* peu nombreuses ou subsolitaires, de 2-6 décim., un peu anguleuses, roides, dressées, *nues,* accompagnées de feuilles à la base. *Feuilles* toutes *radicales,* très dilatées-engaînantes à la base, roides, linéaires canaliculées, presque filiformes, ne présentant pas de nœuds, plus courtes que les tiges, ord. *très nombreuses très rapprochées en* une *rosette étalée* du centre de laquelle naissent les tiges. Inflorescence terminale, à feuille bractéale inférieure courte ou assez longue ; fleurs plus ou moins nombreuses, solitaires, rapprochées ou plus ou moins espacées, disposées en cymes rapprochées en corymbe terminal ou en deux corymbes superposés à rameaux dressés, les fleurs latérales de chaque cyme partielle plus ou moins longuement pédicellées. *Périanthe à divisions* d'un jaune verdâtre sur le dos, largement scarieuses aux bords, à la fin plus ou moins brunâtres, presque égales, lancéolées ou ovales-lancéolées, *obtuses ou presque aiguës.* Étamines 6. *Capsule* plus grosse que celle des autres espèces de la section, à trois angles peu prononcés, *ovale-oblongue,* obtuse-mucronée *égalant environ les divisions du périanthe.* Graines striées longitudinalement à stries ondulées. ♃. Juin-juillet.

*R.* — Terrains sablonneux tourbeux, bruyères humides. — Ancien étang du Scrisaye ! près Rambouillet (*Thuill.* Fl. Par.) ; abondant à plusieurs localités aux environs de Saint-Léger !. Forêt de Fontainebleau ! (*Thuill.* Fl. Par.) ; Larchant !

près Nemours (*Devilliers*). Morfontaine ! (*Adr. de Jussieu*) ; Senlis, Thiers (*Morelle*) ; Ons-en-Bray ! (*Mandon*) ; Rouville près Crépy, Lévignen (*Questier*) ; forêt de Compiègne (*Léré, de Marcilly fils*). — *Graves* Cat. Oise : forêt de Halatte sur la route du Grand-maître.

**10. J. bulbosus** L. *Fl. Suec.* 284, et *Sp.* ed. 2, 466 non ed. 1 ; *Fl. Dan.* III,
t. 431 ; *Engl. bot.* t. 934 ; Host *Gram.* III, t. 89 ; Kunth *Enum. pl.* III,
351. — *J. compressus* Jacq. *Enum. Vindob.* 60 ; Koch *Syn. fl. Germ.*
ed. 2, 843 ; Rchb. *Ic.* IX, t. 399, f. 890-892 ; Gren. et Godr. *Fl. Fr.*
III, 350 ; Bill. *Exsicc.* n. 1556 et *bis* et *ter*. — [J. BULBEUX].

*Souche* oblique ou horizontale *plus ou moins traçante*. *Tiges* plus ou moins nombreuses, rapprochées ou un peu espacées, de 2-7 décim., souvent renflées à la base, un peu comprimées, dressées, *portant 1-2 feuilles*. Feuilles étroites ou très étroites, linéaires, canaliculées, ne présentant pas de nœuds, les radicales ord. plusieurs entourant la base des tiges et plus courtes qu'elles. Inflorescence terminale, à feuille bractéale inférieure courte ou assez longue ; *fleurs* ord. nombreuses, *solitaires*, rapprochées ou un peu espacées, subsessiles, disposées en cymes rapprochées en corymbe ou en panicule terminale assez serrée ou un peu lâche. *Périanthe à divisions* verdâtres sur le dos, à bords un peu scarieux, à la fin plus ou moins brunâtres, égales, *ovales-oblongues*, *obtuses*, les intérieures plus larges très obtuses. Étamines 6. Style ord. de moitié plus court que l'ovaire. *Capsule* à trois angles peu prononcés, *subglobuleuse*, obtuse-mucronée, *dépassant plus ou moins les divisions du périanthe*, plus rarement environ de leur longueur. Graines striées longitudinalement, et très finement rugueuses transversalement. ♃. Juin-août.

C. — Lieux humides, fossés, bords des rivières et des étangs.

**11. J. Tenageia** Ehrh. *Phyt.* n. 63, et *Beitr.* IV, 148 ; L. f. *Suppl.* 208 ; *Fl. Dan.*
VII, t. 1160 ; Host *Gram.* III, t. 91 ; Rchb. *Ic.* IX, t. 416, f. 923 ; Bill.
*Exsicc.* n. 82. — *J. Vaillantii* Thuill. *Fl. Par.* 177. — Vaill. *Bot. Par.*
t. 20, f. 1. — [J. DES MARÉCAGES].

*Plante annuelle*, à racine fibreuse. *Tiges* subsolitaires ou plus ou moins nombreuses, de 1-5 décim., grêles le plus souvent presque filiformes, simples ou rameuses, dressées, *portant 1-2 feuilles*. Feuilles sétacées, canaliculées, ne présentant pas de nœuds. Inflorescence terminale à feuille bractéale inférieure sétacée ou réduite à la gaîne ; *fleurs* peu nombreuses ou nombreuses, *solitaires*, espacées, sessiles, disposées en cymes laxiflores formant une panicule très lâche. *Périanthe à divisions* pâles ou brunâtres, égales, *ovales-lancéolées, les extérieures acuminées*, les intérieures presque aiguës ou mucronées. Étamines 6. *Capsule subglobuleuse*, à trois angles peu prononcés, tronquée au sommet, *égalant env. la longueur des divisions du périanthe*. Graines striées longitudinalement. ①. Juin-août.

A.C. — Lieux sablonneux humides, bords des rivières et des étangs. — Bondy ! ; Meudon ! ; bois de Verrières, Saint-Germain, Aigremont près Poissy (*de Schœnefeld*) ; étang du Trou-salé ! ; étang de Saint-Quentin (*de Boucheman*) ; Saint-Hubert ! ; Saint-Léger ! (*Ant. de Jussieu* mss., *Vaill. Bot. Par.*). Marcoussis, forêt de Senart (*Adr. de Jussieu*). Forêt de Fontainebleau ! : mares de Franchart (*Vaill. Bot. Par.*). Saint-Leu-d'Esserent (*de Schœnefeld*). Montigny-l'Allier (*Questier*), etc.

**12. J. bufonius** L. *Sp.* 466 ; *Fl. Dan.* VII, t. 1098 ; *Engl. bot.* t. 802; Host *Gram.*,
III, t. 90; Rchb. *Ic.* IX, t. 395, f. 872-876 ; Bill. *Exsicc.* n. 83 et *bis.*
— [J. DES CRAPAUDS].

*Plante annuelle*, à racine fibreuse. *Tiges* subsolitaires ou plus ou moins
nombreuses, de 5-30 centim., assez grêles, simples, souvent étalées, ne
*portant* ord. qu'*une* seule *feuille*. Feuilles linéaires-sétacées, canaliculées à
la base, ne présentant pas de nœuds. Inflorescence terminale à 1-2 feuilles
bractéales inférieures linéaires-sétacées ou réduites à la gaîne ; fleurs peu
nombreuses ou nombreuses, assez grandes relativement aux dimensions de
la plante, brièvement pédicellées, solitaires espacées en cymes plus ou moins
laxiflores formant un corymbe lâche, plus rarement réunies en glomérules
à l'extrémité des rameaux des cymes. *Périanthe à divisions* d'un blanc verdâtre à la fin d'un jaune roussâtre, un peu inégales les extérieures plus
longues, lancéolées insensiblement *acuminées-subulées*. Étamines 6. *Capsule*
d'un brun rosé, *oblongue*, obtuse mucronulée, à trois angles peu prononcés,
*longuement dépassée par les divisions du périanthe. Graines lisses*, d'un
jaune citron à chalaze brunâtre. (Ⅰ). Mai–août.

Var. α. *bufonius.* — Fleurs solitaires espacées. — *CC.* — Allées des bois sablonneux, bords des étangs et des rivières, champs humides, lieux inondés l'hiver.

Var. β. *hybridus.* (*J. hybridus* Brot. *Fl. Lus.* I, 513. — *J. mutabilis* Savi *Fl. Pis.*
I, 365 var. β; Bill. *Exsicc.* n. 1557. — *J. insulanus* Viv. *Fl. Cors. diagn.* 5 ;
Guss. *Pl. rar.* 149 ; Rchb. *Ic.* IX, t. 396, f. 877-881. — *J. fasciculatus* Bert.
*Fl. It.* IV, 190 non Schousb. — *J. bufonius* var. *fasciculatus Fl. Par.* éd. 1,
584). — Plante ord. plus robuste. Fleurs réunies en glomérules à l'extrémité
des rameaux des cymes. — *RR.* — Bords du canal à Saint-Denis (*Maire*).

## 2. LUZULA DC. *Fl. Fr.* III, 158. — [LUZULE].

*Capsule uniloculaire, contenant trois graines*, s'ouvrant en 3 valves qui
ne portent pas de cloison. Graines insérées au fond de la loge, dressées, à
testa appliqué sur l'amande ou prolongé en appendice à l'une ou à l'autre
extrémité.

Plantes vivaces, à souche cespiteuse ou traçante. *Feuilles ord. poilues*, planes,
la plupart radicales. Fleurs solitaires ou glomérulées, disposées en cymes formant
un corymbe terminal.

Sect. I. — *Fleurs solitaires.* — (1-2).

Sect. II. — *Fleurs réunies en glomérules ou en épis.* — (3-4).

### Sect. I. — Fleurs solitaires.

**1. L. Forsteri** DC. *Syn. fl. Gall.* 150, et *Ic. rar. Gall.* 1, t. 2 ; Desv. *Journ.
bot.* I, 141 ; Rchb. *Ic.* IX, t. 382, f. 850; Bill. *Exsicc.* n. 84. — *Juncus
Forsteri* Sm. *Fl. Brit.* III, 1395; *Engl. bot.* t. 1293. — [L. DE FORSTER].

Souche cespiteuse. Tiges de 2-4 décim., assez grêles. *Feuilles* radicales ord.
nombreuses, *linéaires-étroites*, poilues, à gaînes d'un rouge pourpre plus
ou moins foncé. *Cyme* corymbiforme irrégulière, à rameaux inégaux terminés
chacun par une cymule 2-4-flore quelquefois réduite à la fleur terminale, les
fleurs latérales des cymules assez longuement pédonculées, les *rameaux et*
les *pédoncules dressés ou peu étalés* même à la maturité. *Graines* ovoïdes-

subglobuleuses, *à testa prolongé au sommet en appendice* presque membraneux *droit* obtus. ♃. Avril-mai.

*C.* — Bois montueux, taillis, pâturages.

**2. L. vernalis** DC. *Fl. Fr.* III, 160 ; Desv. *Journ. bot.* I, 138. — *Juncus pilosus*
L. *Sp.* 468 excl. syn. plurim. ; Willd. *Sp.* II, 215 ; *Engl. bot.* t. 736 ; Host
*Gram.* III, t. 100, f. 5 ; *Engl. bot.* t. 736. — *J. vernalis* Ehrh. *Beitr.* VI,
137. — *Luzula pilosa* Willd. *Enum.* 393 ; Rchb. *Ic.* IX, t. 381, f. 848-
849 ; Bill. *Exsicc.* n. 1346 et *bis*. — [L. PRINTANIÈRE].

Souche cespiteuse. Tiges de 2-4 décim., grêles. *Feuilles* radicales ord.
nombreuses, *linéaires-lancéolées*, poilues, à gaînes d'un pourpre plus ou
moins foncé. *Cyme* corymbiforme irrégulière, *à* rameaux très inégaux terminés chacun par une cymule 2-3-flore souvent réduite à la fleur terminale,
les fleurs latérales des cymules très longuement pédonculées, les *rameaux et*
les *pédoncules étalés ou réfractés* à la maturité. *Graines* ovoïdes-subglobuleuses, *à testa prolongé au sommet en long appendice* membraneux *subfalciforme*. ♃. Mars-avril.

*C.* — Bois montueux, pâturages ombragés.

Sect. II. — Fleurs réunies en glomérules ou en épis.

**3. L. maxima** DC. *Fl. Fr.* III, 160 ; Desv. *Journ. bot.* I, 148. — *Juncus pilosus* ♂ L. *Sp.* 468. — *J. maximus* Retz *Prodr. fl. Scand.* ed. 2, n. 434 ;
Host *Gram.* III, t. 98. — *J. sylvaticus* Huds. *Fl. Angl.* 151 ; *Engl. bot.*
t. 737. — *Luzula sylvatica* Gaud. *Agrost.* II, 240 ; Rchb. *Ic.* IX, t. 390,
f. 861 ; Bill. *Exsicc.* n. 864. — [L. ÉLEVÉE].

Souche cespiteuse, terminant un rhizome assez épais presque ligneux
oblique ou horizontal traçant. Tiges de 4-9 décim., assez grêles. Feuilles
radicales ord. nombreuses, lancéolées-linéaires ou linéaires-larges, souvent
très longues, très poilues. Fleurs réunies en *glomérules 2-5-flores* ; glomérules nombreux, disposés en cymes ord. composées étalées à la maturité
constituant par leur ensemble un corymbe ou une panicule terminale. *Graines*
ovoïdes-subtrigones, *à testa non prolongé en appendice*. ♃. Mai-juin.

*R R.* — Bois montueux, coteaux ombragés. — Forêt de Vernon ! — *Graves*
Cat. Oise : bois du parc près Beauvais ; Molière de Sérans cant. de Chaumont
vers le hameau du Bout-du-bois. — Cette plante est abondante non loin des
limites de notre flore, sur les coteaux des bords du Loir, à Saint-Christophe près
Chateaudun (*Juillard*).

**4. L. campestris** DC. *Fl. Fr.* III, 161 ; E. Mey. *Luzul.* 17, et in *Linnæa* XXII,
407 ; Kunth *Enum. pl.* III, 307. — *Juncus campestris* L. *Sp.* 468 excl.
var. plur. — *J. nemorosus* Host *Gram.* III, 64. — [L. CHAMPÊTRE].

Souche cespiteuse, émettant ou non des rhizomes stoloniformes. Tiges de
1-5 décim., ord. grêles. Feuilles radicales ord. nombreuses, linéaires, poilues souvent glabrescentes à la maturité. Fleurs réunies en *épis 6-15-flores* ;
épis ovales ou oblongs-suborbiculaires, en petit nombre ou assez nombreux,
les uns sessiles les autres inégalement pédonculés disposés en corymbe,
quelquefois tous sessiles et agglomérés en tête, plus rarement géminés ou
solitaires. *Graines* oblongues, non appendiculées au sommet, *à testa prolongé à la base en appendice conique* en forme de caroncule. ♃.

Var. α. *campestris*. (*L. campestris* var. α DC. *Fl. Fr.* III, 161 ; E. Mey. *Luzul.*
17, et in *Linnæa* XXII, 407 ; Kunth *Enum. pl.* III, 308. — *Juncus campes-*

*Iris* ¤ L. *Sp.* 468 ; *Engl. bot.* t. 672. — *J. nemorosus* Host *Gram.* III, t. 97,
f. 1. — *Luzula campestris* Desv. *Journ. bot.* I, 154 ; *Fl. Par.* éd. 1, 587 ; Rchb.
*Ic.* IX, t. 375, f. 831-833 ; Bill. *Exsicc.* n. 1772). — *Souche émettant des rhizomes stoloniformes traçants. Tiges de 1-3 décim. Épis ord. peu nombreux, à
pédoncules plus ou moins arqués-étalés. Étamines à filet 4-5 fois plus court que
l'anthère. Avril-juin.* — *CC.* — Pelouses, taillis, pâturages, clairières des bois.

Var. β. *multiflora.* (*L. campestris* var. β Laharpe *Jonc.* 88 ; E. Mey. *Luzul.* 17,
et in *Linnæa* XXII, 407; Kunth *Enum. pl.* III, 308. — *Juncus campestris* γ L. *Sp.*
469. — *J. multiflorus* Ehrh. *Calam.* n. 127. — *J. erectus* Pers. *Syn. pl.* I, 386.
— *J. intermedius* Thuill. *Fl. Par.* 178. — *J. nemorosus* Host *Gram.* III, t. 97,
f. 5. — *Luzula erecta* Desv. *Journ. bot.* I, 156. — *L. multiflora* Lej. *Fl. Spa* I,
169 ; DC. *Fl. Fr.* suppl. 306 ; *Fl. Par.* éd. 1, 587 ; Rchb. *Ic.* IX, t. 377, f. 838 :
Bill. *Exsicc.* n. 1773).— *Souche cespiteuse n'émettant pas de rhizomes stoloniformes. Tiges de 3-5 décim. Épis ord. assez nombreux, à pédoncules dressés ou
peu étalés même à la maturité. Étamines à filet égalant environ la longueur de
l'anthère ou plus rarement de moitié plus court. Mai-juin.* — *A.C.* — Pelouses
ombragées, clairières et allées des bois, taillis, bords des mares tourbeuses.

S.-v. *pallescens.* (*L. pallescens* Whlnbg *Fl. Lapp.* 87). — Périanthe à divisions
très largement scarieuses-blanchâtres.

S.-v. *congesta.* (*Juncus congestus* Thuill. *Fl. Par.* 179. — *Luzula congesta*
Lej. *Fl. Spa* I, 168; Rchb. *Ic.* IX, t. 376, f. 834. — *L. campestris* γ E. Mey.
*Luzul.* 18 ; Kunth *Enum.* III, 309. — *L. campestris* var. *congesta* Duby *Bot.
Gall.* 479. — Épis brièvement pédonculés, ou sessiles rapprochés en tête
compacte.

Nous avons cru devoir, à l'exemple de E. Meyer, Laharpe et Kunth, réunir
comme variétés les *L. campestris* et *multiflora* qui se relient par d'assez nombreux
intermédiaires et dont les types extrêmes présentent seuls des différences nette·
ment tranchées.

## CVIII. CYPÉRACÉES

### (CYPEROIDEÆ Juss. *Gen.* 26).

*Fleurs* hermaphrodites, ou unisexuelles monoïques très rarement
dioïques, *naissant chacune à l'aisselle d'une bractée scarieuse* (écaille),
disposées en épis (épis, épillets) multiflores ou pauciflores, les écailles
disposées sur deux ou trois rangs ou sur plusieurs rangs les inférieures
quelquefois stériles. — *Périanthe nul,* ou remplacé par des écailles ou
des soies hypogynes, ou par une écaille intérieure bicarénée à bords
ord. soudés et formant une enveloppe ouverte au sommet qui renferme
l'ovaire (faux-utricule, vulg. utricule). — Étamines 3, plus rarement 2,
hypogynes. Filets filiformes, marcescents. *Anthères* bilobées, *insérées
sur le filet par leur base, à lobes* linéaires *soudés entre eux dans toute
leur longueur* s'ouvrant chacun par une fente longitudinale. — Ovaire
libre, composé de 2-3 carpelles, uniloculaire, uniovulé. Ovule dressé,
réfléchi. Styles 2-3, soudés inférieurement en un style indivis, libres
et stigmatifères dans leur partie supérieure filiforme (stigmates). —
Fruit (akène) sec, libre, uniloculaire, monosperme, indéhiscent, tri-

gone, subglobuleux, ou plus ou moins comprimé, souvent surmonté de la base persistante du style, quelquefois renfermé dans un faux-utricule qui se détache avec lui ; péricarpe non soudé avec la graine, membraneux, crustacé ou osseux, se séparant quelquefois en deux couches. — Graine de la même forme que le péricarpe, dressée, à testa mince. *Périsperme farineux* ou farineux-corné, très épais. *Embryon* très petit, *placé en dehors du périsperme à l'extrémité voisine du hile*, ord. turbiné, presque toute sa masse étant constituée par un renflement de la tigelle. Radicule dirigée vers le hile.

Plantes terrestres croissant souvent dans les lieux marécageux, rarement submergées-nageantes, annuelles ou vivaces. Racine fibreuse ou souche constituée par des rhizomes rapprochés en une masse compacte (souche fibreuse) ou par un ou plusieurs rhizomes obliques ou horizontaux quelquefois longuement traçants. Tige (chaume des auteurs) ord. simple, pleine, le plus souvent trigone, non renflée en nœud au niveau de l'insertion des feuilles, ne présentant ord. qu'un petit nombre d'articulations les entre-nœuds inférieurs étant très courts. *Feuilles* alternes, *tristiques*, composées d'une partie pétiolaire (soudée avec une stipule axillaire) et d'un limbe ; partie pétiolaire membraneuse enroulée en une gaîne qui entoure la tige dans une grande étendue et dont les bords sont soudés (gaîne non fendue) par l'intermédiaire de la stipule axillaire ; limbe entier, ord. linéaire, à nervures parallèles, quelquefois rudimentaire ou nul ; stipule axillaire membraneuse soudée par la face externe avec la gaîne de la feuille à laquelle elle adhère étroitement, ne dépassant pas ou dépassant la gaîne sous forme de bourrelet ou de membrane (ligule) ord. plus ou moins adhérente au limbe et libre seulement au sommet. Les *rameaux de l'inflorescence* ou les pédoncules *entourés à leur base d'une gaîne* tubuleuse à bords regardant la bractée constituée par la première feuille rudimentaire du rameau ou du pédoncule (préfeuille). *Épis* ou épillets hermaphrodites, unisexuels, ou androgynes c'est-à-dire composés de fleurs mâles dans une partie de leur longueur et de fleurs femelles dans le reste de leur étendue, solitaires ou plus ou moins nombreux, *terminaux ou naissant* ord. dans la partie supérieure de la tige *à l'aisselle de feuilles et de bractées* plus ou moins développées, espacés ou rapprochés, souvent disposés en glomérule, en épi composé ou en panicule.

TRIBU I. CARICEÆ. — *Fleurs unisexuelles*, monoïques, plus rarement dioïques. Épis ou épillets à *écailles imbriquées sur plusieurs rangs*. Écailles et soies hypogynes nulles. *Fleurs femelles embrassées chacune par une écaille* bicarénée *à bords ord. soudés et formant une enveloppe* (utricule) qui renferme l'ovaire seul ou accompagné d'un pédicelle stérile sétiforme et qui est ouverte au sommet pour donner passage aux stigmates. Akène renfermé dans l'utricule accru et persistant.

   1. CAREX. — Fleurs disposées en épis ou en épillets unisexuels ou à la fois mâles et femelles.

TRIBU II. SCIRPEÆ. — *Fleurs hermaphrodites*. Épis ou épillets à *écailles imbriquées sur plusieurs rangs*, ord. inégales, les inférieures souvent stériles. Soies hypogynes 6 ou plus, quelquefois en nombre moindre ou nulles, quelquefois 3 petites écailles alternant avec des soies en même nombre, ou un disque entourant la base de l'akène.

2. RHYNCHOSPORA.—*Épillets* pauciflores, ord. *à plusieurs écailles inférieures* stériles *plus petites que les supérieures*, les écailles supérieures seules fertiles. *Akène couronné par la base du style renflée et persistante.* Tiges feuillées. *Épillets plus ou moins nombreux.*

3. HELEOCHARIS.—*Épillets* multiflores, plus rarement pauciflores, *à écailles inférieures 1-2 stériles plus grandes que les supérieures. Akène couronné par la base du style renflée et persistante.* Tiges dépourvues de feuilles, entourées à leur base de gaînes dépourvues de limbe. *Épillets solitaires terminaux.*

4. SCIRPUS. — *Épillets* multiflores, plus rarement pauciflores, *à écailles inférieures 1-2 stériles plus grandes que les supérieures. Akène mucroné par la base du style non renflée ou non mucroné.* Tiges feuillées ou dépourvues de feuilles. *Épillets plus ou moins nombreux, plus rarement solitaires terminaux.*

5. CLADIUM. — *Épillets 1-2-flores, à* plusieurs *écailles inférieures* stériles *plus petites* que les supérieures. *Akène à épicarpe crustacé fragile* luisant *se séparant de l'endocarpe,* à endocarpe osseux, mucronulé par la *base du style non renflée.* Tiges feuillées. *Épillets* nombreux, réunis en glomérules disposés en corymbes ombelliformes.

6. ERIOPHORUM.—Épillets multiflores, à écailles presque égales. *Soies hypogynes* capillaires ord. très nombreuses, *dépassant très longuement les écailles de* l'épillet. Akène mucroné ou non par la base non renflée du style. Tiges feuillées. Épillets plus ou moins nombreux, plus rarement solitaires terminaux, ressemblant à la maturité à des houppes soyeuses.

TRIBU III. CYPEREÆ. — *Fleurs hermaphrodites.* Épillets comprimés, à *écailles imbriquées sur deux rangs* opposés, égales, ou inégales les inférieures stériles un peu plus petites, souvent décurrentes sur les bords du rachis. Soies hypogynes nulles, ou 1-6 courtes ou rudimentaires.

7. SCHOENUS.—*Épillets 1-6-flores, à plusieurs écailles inférieures stériles* plus petites. *Soies hypogynes 5-6 ou moins,* assez souvent nulles par avortement. Épillets rapprochés en fascicule terminal.

8. CYPERUS.—*Épillets multiflores, à écailles toutes fertiles, ou les inférieures 1-2 stériles* souvent plus petites. *Soies hypogynes nulles.* Épillets en fascicules disposés en tête ou en corymbe simple ou composé.

TRIBU I. **CARICEÆ.** — Fleurs unisexuelles, monoïques, plus rarement dioïques. Épis ou épillets à écailles imbriquées sur plusieurs rangs. Écailles et soies hypogynes nulles. Fleurs femelles embrassées chacune par une écaille intérieure bicarénée à bords ord. soudés et formant une enveloppe (utricule) qui renferme l'ovaire seul ou accompagné d'un pédicelle stérile sétiforme et qui est ouverte au sommet pour donner passage aux stigmates. Akène renfermé dans l'utricule accru et persistant.

### 1. **CAREX** L. *Gen.* n. 1046. — [CAREX, LAICHE].

Fleurs disposées en épis ou en épillets unisexuels ou à la fois mâles et femelles (androgynes), plus rarement dioïques, à écailles imbriquées sur plusieurs rangs. — Fleur mâle : Étamines 2-3. — Fleur femelle : *Ovaire surmonté d'un style indivis inférieurement et divisé supérieurement en 2-3 branches stigmatifères (stigmates), renfermé dans une enveloppe particulière* (utricule) formée par une écaille intérieure bicarénée (1) à dos regardant l'axe de l'épi et à bords se soudant ensemble excepté au sommet qui reste ouvert pour donner passage aux stigmates exserts. *Utricule s'accroissant avec l'ovaire et se détachant avec le fruit,* souvent atténué en bec tronqué bidenté ou bicuspidé au sommet. Pédicelle stérile ord. nul à la base de l'ovaire, plus rarement très petit et renfermé dans l'utricule, très rarement exsert.

Plantes vivaces. Souche cespiteuse émettant ou non des rhizomes traçants, ou constituée par un ou plusieurs rhizomes obliques ou horizontaux quelquefois très longuement traçants. Tiges simples, trigones à angles aigus ou obtus. Épis ou épillets ord. terminaux et axillaires, solitaires, géminés ou fasciculés, espacés ou rapprochés au sommet de la tige en épi ou en panicule ord. spiciforme, plus rarement un épi terminal solitaire.

Sect. I. *PSYLLOPHORA.* — *Épillet solitaire* au sommet de la tige. Stigmates 2. — (1-3).

Sect. II. *VIGNEA.* — *Épillets androgynes,* plus rarement quelques-uns unisexuels disposés sans ordre, *ord. rapprochés en épi ou en panicule* terminale continue ou interrompue. *Stigmates* 2.

§ 1. *Souche cespiteuse* ou oblique courte.

† *Épillets mâles au sommet,* femelles à la base. — (4-8).

†† *Épillets femelles au sommet,* mâles à la base. — (9-14).

§ 2. *Souche à rhizome* horizontal *longuement traçant.*

† *Plusieurs des épillets unisexuels, les androgynes mâles au sommet.* — (15-16).

†† *Épillets* tous androgynes *femelles au sommet* mâles à la base, ou plusieurs d'entre eux unisexuels. — (17-18).

Sect. III. *EUCAREX.* — *Épis unisexuels,* les terminaux mâles, les inférieurs femelles. *Stigmates 3, plus rarement 2.*

§ 1. *Stigmates 2.* — (19-21).

§ 2. *Stigmates 3.*

† *Utricules sans bec, ou à bec cylindrique* tronqué obliquement ou bidenté. *Épi mâle ord. solitaire.*

* *Utricules pubescents ou tomenteux.* — (22-29).

** *Utricules glabres,* très rarement hispides sur les angles. — (30-35).

†† *Utricules terminés par un bec aplani, bifide* au sommet *à dents non divergentes. Épi mâle ord. solitaire.* — (36-43).

(1) La feuille squamiforme bicarénée qui constitue le faux-utricule des *Carex* et celle qui forme la gaîne située à la base des pédoncules des épis, sont tout à fait analogues à la feuille bicaniculée des rameaux caulinaires des Graminées et à la glumelle supérieure des plantes de la même famille ; en effet l'écaille de l'utricule des *Carex* et celle des gaînes des pédoncules présentent avec la feuille bicaniculée et la glumelle supérieure des Graminées ces caractères communs qu'elles sont la première feuille du rameau qui les porte, qu'elles naissent à son côté intérieur et présentent ainsi leur face dorsale tournée vers l'axe principal et leurs bords dirigés vers la face supérieure de la feuille qui a émis le rameau à son aisselle.

††† *Utricules terminés par un bec cylindrique ou comprimé divisé en deux pointes divergentes. Épis mâles ord. plusieurs.*

* *Utricules glabres. —* (44-48).

** *Utricules velus-hérissés. —* (49-50).

Sect. I. PSYLLOPHORA. — Épillet solitaire au sommet de la tige. Stigmates 2.

**1. C. dioica** L. *Sp.* 1379; *Fl. Dan.* III, t. 369; *Engl. bot.* t. 543; Rchb. *Ic.* VIII, t. 194, f. 522; Bill. *Exsicc.* n. 2362. — *C. Linnæana* Host *Gram.* III, 51, t. 77. — [ C. DIOIQUE ].

*Plante dioïque. Souche à rhizomes* grêles *traçants* obliques ou presque horizontaux. *Tiges* grêles, de 1-2 décim., *lisses*. Feuilles canaliculées-enroulées, lisses. *Épillet terminal solitaire*. Écailles ovales, obtuses, brunâtres, à dos plus pâle, à bords scarieux-blanchâtres. Utricules ovales, atténués en bec, plans-convexes un peu gibbeux, à bords scabres dans leur partie supérieure, rapprochés, dressés ou étalés à la maturité, plus longs que l'écaille. ♃. Mai-juin.

*R R.* — Marais tourbeux.— Dampierre (*Mandon*). Marais de Sceaux! près Château-Landon; Malesherbes!. Parc de Morfontaine!. Vallée de l'Oise : Rivecourt, Longueil-Sainte-Marie, Russy, Bourneville (*Questier*); vallée de l'Autonne : Coyolles, Vauciennes, Vez, Feigneux, Glaignes (*Questier*); vallée de l'Ourcq : La Ferté Milon, Varinfroy près Crouy (*Questier*). — *Graves* Cat. Oise : forêt de Compiègne; bois de Thiers.

**2. C. Davalliana** Sm. *Fl. Brit.* III, 964; *Engl. bot.* t. 2123; Rchb. *Ic.* VIII, t. 194, f. 523; Bill. *Exsicc.* n. 2152. — *C. dioica* Host *Gram.* I, t. 41 non L. — [ C. DE DAVALL ].

*Plante dioïque. Souche cespiteuse. Tiges* grêles, de 1-4 décim., *scabres*. Feuilles canaliculées-enroulées, scabres. Épillet terminal solitaire. Écailles ovales, acuminées, brunâtres à dos plus pâle à bords scarieux, celles des épis mâles plus pâles. Utricules oblongs lancéolés, atténués en bec assez long, plans-convexes, à bords scabres dans leur partie supérieure, rapprochés, d'abord dressés, puis étalés à la maturité, plus longs que l'écaille. ♃. Mai-juin.

*R R.* — Marais tourbeux. — Chantilly (*Chatin*). Abondant à Montigny-l'Allier près Crouy-sur-Ourcq (*Thuill.* in herb. Delessert, *Questier*); très rare à Mareuil-sur-Ourcq, marais de Silly-la-Poterie près Neuilly-Saint-Front (*Questier*). Fontainebleau (*Thuill.* in herb. Maire). — *Graves* Cat. Oise : vallée de la Nonette à Saint-Nicolas-d'Acy près Senlis.

**3. C. pulicaris** L. *Sp.* 1380; *Engl. bot.* t. 1051; Host *Gram.* IV, t. 76; Rchb. *Ic.* VIII, t. 195, f. 524; Bill. *Exsicc.* n. 2956. — *C. psyllophora* L. f. *Suppl.* 413; *Fl. Dan.* I, t. 166. — [ C. PUCE ].

Souche cespiteuse. Tiges grêles, de 1-3 décim., lisses. Feuilles canaliculées enroulées-sétacées, souvent plus longues que les tiges. *Épillet* terminal solitaire, *androgyne*, *mâle supérieurement*. Écailles oblongues aiguës, brunâtres ou brunes à dos plus pâle à bords scarieux blanchâtres. Utricules oblongs atténués à leurs deux extrémités, plans-convexes, ne présentant pas de nervures sur leurs faces, un peu espacés, d'abord dressés, puis réfléchis à la maturité, plus longs que l'écaille caduque. ♃. Mai-juin.

*A.C.* — Prairies spongieuses tourbeuses. — Montmorency !; Meudon !; Buc !; Versailles !; Senlisse !. Épernon, etc.

Sect. II. VIGNEA. — Épillets androgynes, plus rarement quelques-uns unisexuels disposés sans ordre, ord. rapprochés en épi ou en panicule terminale continue ou interrompue. Stigmates 2 (dans nos espèces), très rarement 3.

§ 1. Souche cespiteuse ou oblique courte.

† Épillets mâles au sommet, femelles à la base.

4. **C. vulpina** L. *Sp.* 1382 ; *Fl. Dan.* II, t. 308 ; Host *Gram.* I, t. 56 ; *Engl. bot.* t. 307 ; Rchb. *Ic.* VIII, t. 217, f. 564 ; Bill. *Exsicc.* n. 2563. — *C. spicata* Thuill. *Fl. Par.* 480. — [C. DES RENARDS].

Souche cespiteuse. *Tiges* de 3-6 décim., robustes, dressées, droites, facilement compressibles, *triquètres à angles aigus* très scabres, *à faces excavées. Feuilles linéaires-larges. Épillets* nombreux, disposés en épi oblong compacte ou interrompu, les *inférieurs décomposés* en épillets secondaires. *Utricules* verdâtres ou brunâtres à la maturité, *étalés-divergents*, plans sur une face, convexes sur l'autre, *à 5-7 nervures*, terminés par un bec bifide à bords denticulés-scabres, dépassant l'écaille. Écailles mucronées, roussâtres à carène verdâtre. ⚥. Mai-juin.

*C.* — Lieux marécageux, fossés humides.

S.-v. *nemorosa.* (*C. nemorosa* Willd. *Sp.* IV, 232 ; Host *Gram.* IV, t. 81 ; Rchb. *Ic.* VIII, t. 216, f. 563). — Épi souvent interrompu, à bractées allongées. Écailles plus pâles. — Lieux ombragés.

5. **C. muricata** L. *Sp.* 1382. — [C. MURIQUÉ].

Souche cespiteuse. *Tiges* de 2-5 décim., grêles, le plus souvent un peu penchées à la maturité, *trigones à angles peu prononcés* scabres seulement au sommet, à faces planes. Feuilles linéaires étroites. Épillets assez nombreux, disposés en épi oblong assez compacte ou allongé lâche. *Utricules* verdâtres ou d'un vert roussâtre, *plus ou moins étalés ou étalés-divergents, plans sur une face, convexes sur l'autre, nerviés* sur le dos *seulement dans leur partie inférieure*, terminés par un bec bidenté à bords scabres, dépassant l'écaille. Écailles mucronées, d'un roux plus ou moins foncé ou d'un blanc verdâtre. ⚥. Mai-juillet.

*CC.* — Prés, bois, pelouses, bords des chemins.

Var. α. *muricata.* (*C. muricata* L. ; Host *Gram.* I, t. 54 ; *Engl. bot.* t. 1097 ; Rchb. *Ic.* VIII, t. 215, f. 561 ; Bill. *Exsicc.* n. 2958). — *Ligule* à partie adhérente au limbe de la feuille ord. *ovale-lancéolée. Épillets* disposés *en épi* oblong compacte ou interrompu à la base. *Utricules étalés-divergents*, à paroi présentant dans sa partie inférieure et surtout à la base un épaississement subéreux ord. très prononcé. Écailles ord. d'un roux pâle ou brunâtre.

Var. β. *divulsa* (Whlnbg in *Act. Holm.* [1803] 143 ; J. Gay *De Caricibus quibusdam* in *Ann. sc. nat.* sér. 2, X, 355. — *C. divulsa* Good. in *Trans. Linn. soc.* II, 160 ; Host *Gram.* I, t. 55 ; *Engl. bot.* t. 629 ; Rchb. *Ic.* VIII, t. 220, f. 570 ; Bill. *Exsicc.* n. 1775. — *C. canescens* Thuill. *Fl. Par.* 482 non L.)— *Ligule* à partie adhérente au limbe de la feuille ord. *courte ovale arrondie* au sommet. *Épillets* disposés *en épi allongé interrompu*, les inférieurs espacés souvent rapprochés par 3-5 et ord. pédicellés. *Utricules presque dressés ou à peine divergents*, ord. à nervures non distinctes, ord. à paroi mince. Écailles ord. blanchâtres à nervure verte.

S.-v. *virens*. ( *C. loliacea* Schreb. *Spicil.* 64 non L.; Thuill. *Fl. Par.* 481 ).
— Épillets moins espacés. Utricules et akènes plus gros.

6. **C. paradoxa** Willd. in *Act. Berol.* [1794] 39, t. 1, f. 1 ; *Engl. bot.* t. 2890; Rchb. *Ic.* VIII, t. 222, f. 573; Bill. *Exsicc.* n. 678.— *C. canescens* Host *Gram.* I, t. 57 non L. — *C. fulva* Thuill. *Fl. Par.* 483 sec. cl. J. Gay.
— [C. PARADOXAL].

Souche cespiteuse, compacte, surmontée des nervures persistantes des feuilles détruites. Tiges de 4-7 décim., triquètres et scabres dans leur partie supérieure. Feuilles très longues, linéaires-étroites. *Épillets* nombreux, disposés *en panicule étroite allongée*, les inférieurs espacés. *Utricules* brunâtres, ternes, dressés, plans à leur face interne, *convexes et bossus sur le dos, marqués de stries régulières*, terminés par un bec bidenté à bords denticulés-scabres, égalant environ l'écaille. *Écailles* brunes, *membraneuses-blanchâtres aux bords*. ♃. Mai-juin.

*R.* — Marais tourbeux ou spongieux. — Étang de Vallière ! près Marines. Vallée de Mennecy! ; Lardy (*Maire*); marais de Vayres ! près La Ferté-Aleps; Malesherbes! (*Guillemin, Maire*); Nemours (*Devilliers*). Épernon (*de Schœnefeld*). Indiqué à Bichereau près Provins (*Des Étangs*). La Ferté-Milon (*Questier*). — *Graves* Cat. Oise : marais de Saint-Just et de Saint-Martin-le-nœud près Beauvais, de Saint-Nicolas à Senlis ; Ermenonville; prairies de Bulles.

7. **C. teretiuscula** Good. in *Trans. Linn. soc.* II, 163, t. 19, f. 3 ; *Engl. bot.* t. 1065; *Fl. Dan.* XI, t. 1886; Rchb. *Ic.* VIII, t. 222, f. 572. — *C. paniculata* β *teretiuscula* Whlnbg. *Fl. Suec.* 589.— [C. A TIGE ARRONDIE].

*Rhizome court, oblique.* Tiges de 3-7 décim., obscurément trigones et scabres supérieurement, à faces un peu convexes. Feuilles longues, linéaires-étroites. *Épillets* nombreux, rapprochés *en épi serré compacte* ovoïde-oblong. *Utricules* brunâtres, luisants, dressés, plans à leur face interne, *convexes et bossus sur le dos, non striés, présentant sur le dos 1-3 plis divergents*, terminés par un bec bidenté à bords scabres, égalant environ l'écaille. *Écailles* brunes, *membraneuses-blanchâtres aux bords*. ♃. Mai-juin.

*R.* — Tourbières, marais tourbeux. — Bords de l'étang de Grand-moulin ! près Senlisse; ancien étang du Serisaye ! près Rambouillet (*Thuill.* Fl. Par.). Le Châtelet près Melun (*M. Garnier*); abondant à Moret!, à Nemours ! et à Malesherbes !. Marais de Liancourt ! près Chaumont; Le Becquet!; marais de Saint-Germer !. Russy, Vauciennes, Antilly près Villers-Cotterets (*Questier*). — *Graves* Cat. Oise : bois de Saint-Paul près Beauvais.

Cette espèce se distingue du *C. paradoxa*, avec lequel elle a été fréquemment confondue, par son épi court compacte, ses utricules luisants non striés et par son rhizome oblique ; elle se rapproche du *C. paniculata* par ses utricules lisses, mais s'en distingue facilement par sa souche grêle oblique et par ses tiges grêles peu nombreuses et espacées.

8. **C. paniculata** L. *Sp.* 1383 ; Host *Gram.* I, t. 58; *Fl. Dan.* VII, t. 1116; *Engl. bot.* t. 1064 ; Rchb. *Ic.* VIII, t. 223, f. 574; Bill. *Exsicc.* n. 2756 et *bis*.
— [C. PANICULÉ].

*Souche cespiteuse*, compacte, émettant un grand nombre de tiges qui naissent au centre de fascicules de feuilles entourés d'écailles brunes entières résultant de la base persistante des feuilles détruites. Tiges de 4-8 décim., triquètres, à angles aigus scabres, à faces planes. Feuilles longues, linéaires. *Épillets* nombreux, disposés *en panicule plus ou moins lâche. Utricules* brunâtres, luisants, dressés, plans à leur face interne, *convexes et bossus sur le dos, non striés, présentant sur le dos 1-3 plis divergents,* terminés par un bec bidenté à bords denticulés-scabres, égalant environ l'écaille. *Écailles* brunes, *largement membraneuses-blanchâtres aux bords.* ♃. Mai-juin.

C. — Marais tourbeux, prairies spongieuses, endroits humides des bois.

†† Épillets femelles au sommet, mâles à la base.

**9. C. cyperoïdes** L. *Syst.* 703; Host *Gram.* I, t. 43; *Fl. Dan.* IX, t. 1465; Rchb. *Ic.* VIII, t. 224, f. 576; Bill. *Exsicc.* n. 291. — *C. Bohemica* Schreb. *Gram.* II, 52, t. 28, f. 3. — *Schelhammeria capitata* Mœnch *Suppl.* 119. — [C. SOUCHET].

Souche cespiteuse. Tiges de 2-5 décim., triquètres, lisses. Feuilles linéaires, allongées. *Épillets* très nombreux, verts, ovoïdes-oblongs, rapprochés *en glomérule subglobuleux entouré* à la base *d'un involucre de 2-3 longues bractées foliacées.* Utricules verdâtres, ovales-lancéolés, atténués à la base, plans sur une face, convexes sur l'autre, terminés par un bec très long bicuspidé à bords scabres, égalant environ l'écaille. Écailles lancéolées-aristées. ♃. Juin-septembre.

*RRR.* — Bords des marais, mares et étangs desséchés. — Étang desséché d'Armainvilliers près Tournan (*Hennecart,* juillet 1848, très abondant); sables au bord des mares du château de Monthion près Meaux (*Thuill.* in herb. Delessert). — Sézanne-en-Brie (*Lepeletier de Saint-Fargeau).* — Dans la plupart des localités où l'on a observé cette plante en France, elle se développe dans les étangs desséchés pour être mis en culture et disparaît ensuite pendant longues années.

**10. C. leporina** L. *Sp.* 1381 excl. syn. Fl. Lapp.; Vill. *Dauph.* II, 200; Koch *Syn. fl. Germ.* ed. 2, 869; Rchb. *Ic.* VIII, t. 211, f. 554; Bill. *Exsicc.* n. 2154. — *C. ovalis* Good. in *Trans. Linn. soc.* II, 148; *Engl. bot.* t. 306; Host *Gram.* I, t. 51; *Fl. Dan.* VII, t. 1115; *Fl. Par.* éd. 1, 595. — [C. DES LIÈVRES].

Souche cespiteuse. Tiges de 2-6 décim., obscurément trigones et scabres supérieurement. Feuilles linéaires, étroites. *Épillets 5-6,* brunâtres, *ovoïdes-oblongs,* alternes, rapprochés en épi, accompagnés à la base d'une bractée scarieuse courte ovale-lancéolée très rarement foliacée subulée. *Utricules* brunâtres, ovales-oblongs, plans sur une face, convexes sur l'autre, atténués en bec tronqué ou bidenté, *comprimés aux bords en large bordure membraneuse denticulée,* dressés, égalant environ l'écaille. Écailles ovales-lancéolées. ♃. Mai-juin.

C. — Fossés, endroits humides, bords des eaux.

Var. β. *argyroglochin* (Koch *Syn. fl. Germ.* ed. 2, 869; Rchb. *Ic.* VIII, t. 211, f. 555; Bill. *Exsicc.* n. 2154 *bis.* — *C. argyroglochin* Hornem. in *Fl. Dan.* X, t. 1710). — Écailles des épillets blanchâtres ou à peine brunâtres à nervure verdâtre. — *R.* — Lieux ombragés de la forêt de Compiègne (*Graves).*

Cette variété, par la couleur des écailles, rappelle le *C. brizoïdes* L., qui très probablement n'a été indiqué aux environs de Paris que par suite d'une confusion résultant de cette ressemblance.

**11. C. stellulata** Good. in *Trans. Linn. soc.* II, **144**; Host *Gram.* I, t. 53; *Engl. bot.* t. 806; Rchb. *Ic.* VIII, t. 214, f. 560. — [C. ÉTOILÉ].

Souche cespiteuse. Tiges de 1-5 décim., obscurément trigones, presque lisses. Feuilles linéaires étroites. *Épillets* 3-5, verdâtres ou brunâtres, ovales-suborbiculaires dans leur circonscription, *espacés surtout les supérieurs*, accompagnés à la base d'une bractée scarieuse courte ovale-lancéolée ou linéaire rarement foliacée. *Utricules* verdâtres ou brunâtres, ovales-oblongs, plans sur une face, convexes sur l'autre, atténués en long bec scabre sur les bords obscurément bidenté, *divergents en étoile*, dépassant longuement l'écaille. Écailles ovales-aiguës. ♃. Mai-juin.

A.C. — Lieux marécageux, surtout des terrains tourbeux.

**12. C. remota** L. *Sp.* 1383; *Fl. Dan.* III, t. 370; Host *Gram.* I, t. 52; *Engl. bot.* t. 832; Rchb. *Ic.* VIII, t. 212, f. 556; Bill. *Exsicc.* n. 867. — [C. ESPACÉ].

Souche cespiteuse. Tiges de 3-6 décim., grêles, penchées, obscurément trigones et scabres supérieurement. Feuilles linéaires-étroites, très longues. *Épillets* 5-7, *espacés*, verdâtres ou jaunâtres, ovoïdes-oblongs, *les 3 ou 4 inférieurs accompagnés de longues bractées foliacées qui dépassent la tige*. Utricules verdâtres ou jaunâtres, ovales-oblongs, plans sur une face, convexes sur l'autre, terminés par un bec scabre bidenté, dressés, plus longs que l'écaille. Écailles ovales-oblongues acuminées. ♃. Mai-juin.

A.C. — Endroits humides ombragés, fossés des bois. — Bondy!; Montmorency!; forêt de Marly!; env. de Versailles!. Magny!. Forêt d'Armainvilliers. Forêt de Compiègne!. Dreux!, etc.

**13. C. elongata** L. *Sp.* 1383; Host *Gram.* III, t. 79; *Engl. bot.* t. 1920; Rchb. *Ic.* VIII, t. 218, f. 565; Bill. *Exsicc.* n. 1566 et *bis*. — *C. divergens* Thuill. *Fl. Par.* 481. — [C. ALLONGÉ].

Souche cespiteuse. Tiges de 3-6 décim., grêles, triquètres au sommet, très scabres. Feuilles linéaires très longues. Épillets 7-12, brunâtres, oblongs-cylindriques les inférieurs un peu espacés, accompagnés à la base d'une bractée scarieuse courte ovale. *Utricules* brunâtres, *oblongs atténués aux deux extrémités*, plans sur une face, convexes sur l'autre, *marqués d'un grand nombre de stries*, terminés par un bec tronqué légèrement scabre, *étalés à la maturité*, une fois plus longs que l'écaille. Écailles brunes étroitement scarieuses aux bords, ovales-obtuses. ♃. Mai-juin.

R R. — Prairies tourbeuses, fossés des bois. — Bondy (*Thuill.* Fl. Par. et in herb. Maire). Très abondant dans les marais tourbeux qui entourent l'étang de Grand-moulin! près Senlisse, et dans les prés tourbeux de l'ancien étang de Cambaiseuil! près Montfort-l'Amaury; Montfort-l'Amaury!; Les Planets! près Saint-Léger (*Dænen, de Boucheman*); étang d'Angènes! près Rambouillet. Bois de Montrolle près Betz (*Questier, Lefèvre*).

**14. C. canescens** L. *Sp.* 1383; *Fl. Dan.* II, t. 285; Rchb. *Ic.* VIII, t. 206, f. 546; Bill. *Exsicc.* n. 2155 et *bis*. — *C. curta* Good. in *Trans. Linn. soc.* II, 145; Host *Gram.* I, t. 48. — *C. Richardi* Thuill.! *Fl. Par.* 482. — [C. BLANCHATRE].

Souche cespiteuse. Tiges de 2-5 décim., grêles, triquètres et scabres au sommet. Feuilles linéaires allongées, glaucescentes. Épillets 5-6, blanchâtres ou verdâtres, ovoïdes-oblongs, les inférieurs un peu espacés, accompagnés à la base d'une bractée scarieuse courte ovale rarement foliacée subulée. *Utricules* blanchâtres, *ovales*, plans sur une face, convexes sur l'autre, *terminés par un bec court entier* lisse, *dressés*, un peu plus longs que l'écaille. Écailles blanches-scarieuses à nervure verte, ovales-aiguës. ♃. Mai-juin.

*RR.* — Marais tourbeux. — Bondy (*Thuill.* Fl. Par.). Étang de Grand-moulin! près Senlisse (*de Schœnefeld*) ; Mare-moussue! et prairies tourbeuses de l'ancien étang de Gambaiseuil! près Montfort-l'Amaury (*de Boucheman*); Saint-Léger (*Thuill.* Fl. Par.); ancien étang du Serisaye! (*Weddell*), étangs de Guipereux! et d'Angènes! près Rambouillet. — *Graves* Cat. Oise : Beauvais ; Compiègne ; Morfontaine ; vallée de Bray.

### § 2. Souche à rhizome horizontal longuement traçant.

† Plusieurs des épillets unisexuels, les androgynes mâles au sommet.

**15. C. disticha** Huds. *Fl. Angl.* 403 ; Bill. *Exsicc.* n. 1565. — *C. intermedia* Good. in *Trans. Linn. soc.* II, 154 ; Host *Gram.* I, t. 50 ; *Engl. bot.* t. 2042; Rchb. *Ic.* VIII, t. 210, f. 552. — *C. multiformis* Thuill. *Fl. Par.* 479. — [C. DISTIQUE].

*Rhizome* horizontal, *tortueux*, longuement traçant. Tiges de 3-6 décim., scabres sur les angles. Feuilles linéaires, planes, scabres. *Épillets* nombreux, ovoïdes, alternes, ramassés en épi oblong-cylindrique, les inférieurs un peu espacés, les *supérieurs et* les *inférieurs femelles, les intermédiaires mâles.* *Utricules* ovoïdes-oblongs, atténués en bec bidenté, *étroitement bordés*, plus longs que l'écaille. Écailles brunâtres, scarieuses aux bords, oblongues-acuminées. ♃. Mai-juin.

*C.* — Endroits humides, sablonneux ou argileux.

On observe quelquefois une déformation dans laquelle tous les épillets sont androgynes, même ceux de la partie moyenne de l'épi.

**16. C. arenaria** L. *Sp.* 1381 ; Host *Gram.* I, t. 49 ; *Engl. bot.* t. 928 ; *Fl. Dan.* X, t. 1766; Rchb. *Ic.* VIII, t. 209, f. 551 ; Bill. *Exsicc.* n. 1971. — [C. DES SABLES. — Vulg. *Salsepareille-d'Allemagne, Carosse*].

*Rhizome* horizontal, longuement traçant. Tiges de 4-5 décim., scabres sur les angles supérieurement. Feuilles linéaires-planes, scabres. *Épillets* nombreux, ovoïdes, alternes, rapprochés en épi, les *supérieurs mâles*, les *intermédiaires androgynes mâles au sommet*, *les inférieurs femelles.* *Utricules* ovales-oblongs, acuminés en bec bicuspidé, *comprimés dans leur partie supérieure en une large bordure membraneuse* denticulée tronquée obliquement à sa base, égalant environ l'écaille. Écailles brunâtres scarieuses aux bords, ovales-oblongues acuminées. ♃. Mai-juillet.

*R.* — Terrains sablonneux secs ou humides. — Coteaux sablonneux à Lévy! près Dampierre. Abondant à Morfontaine!, à Ermenonville! et dans la forêt de Senlis!; bois d'Aulmont!; très abondant dans les avenues et les clairières sablonneuses de la forêt de Compiègne (*Maire, de Marcilly fils*); Lévignen, Gondreville près Crépy, garenne de Vaumoise près Villers-Cotterets, forêt de Villers-Cotterets (*Questier*).

Var. β. *umbrosa*. (*C. arenaria* var. *Ohmuelleriana* Fl. Par. éd. 1, 593, excl. syn. C. Ohmuelleriana O. F. Lang.). — Souche plus grêle. Feuilles plus étroites. Tiges plus grêles, ord. plus longues. Épillets inférieurs souvent mâles ou stériles inférieurement et oblongs-obovales en raison du manque d'utricules à leur base. — Çà et là, avec le type, dans les lieux ombragés.

†† Épillets tous androgynes femelles au sommet mâles à la base,
ou plusieurs d'entre eux unisexuels.

17. **C. Ligerica** J. Gay in *Ann. sc. nat.* sér. 2, X, 360 ; Guépin *Fl. Maine-et-Loire* suppl. 5 ; Gren. et Godr. *Fl. Fr.* III, 392 ; F. Schultz *Fl. Gall. et Germ.* exsicc. n. 742 ; Bill. *Exsicc.* n. 472 ; Puel et Maille *Fl. loc.* exsicc. n. 27. — *C. Ligerina* Boreau *Fl. centre* éd. 1, II, 493, et éd. 2, II, 550 ; Lloyd *Fl. ouest* 488. — *C. arenaria* Dubois *Orl.* 254 non L.; Bast. *Ess. fl. Maine-et-Loire* 333. — *C. Pseudo-arenaria* Rchb. *Ic.* VIII, 8, t. 208, f. 550 non Pers. Syn. pl.; Anders. *Cyp. Scand.* 65. — *C. Schreberi* Desv. *Fl. Anj.* 73 non Schrank ; Fries *Nov. Suec.* mant. II, 56, et *Herb. norm.* exsicc. fasc. 4, n. 91. — [C. DE LA LOIRE].

Rhizome horizontal, assez grêle, longuement traçant, non tortueux. Tiges de 2-5 décim., triquètres, scabres dans leur partie supérieure. Feuilles linéaires, planes, longuement acuminées, scabres aux bords, à stries de la face supérieure assez fortement ponctuées-scabres à la loupe. *Épillets 6-15,* quelquefois plus, *roussâtres ou d'un jaune roussâtre,* fusiformes ou linéaires-oblongs, droits ou à peine arqués, alternes ou les inférieurs quelquefois groupés par 2-7, rapprochés en épi assez compacte, quelquefois mâles au sommet, plus rarement femelles au sommet et à la base, ou quelques-uns unisexuels les supérieurs souvent entièrement mâles les inférieurs entièrement femelles. *Utricules* ovales-oblongs, plans sur une face, convexes sur l'autre, *munis d'une bordure membraneuse étroite* denticulée-ciliée, acuminés en bec bidenté, égalant presque l'écaille. Écailles étroitement membraneuses aux bords, ovales-lancéolées acuminées. ♃. Mai-juillet.

*R R.* — Lieux sablonneux. — Très abondant sur les coteaux à Lévy ! près Dampierre (*de Boucheman*), où l'on observe également le *C. arenaria ;* nous n'avons trouvé, dans les échantillons recueillis à cette localité, qu'un très petit nombre d'utricules qui ne fussent pas avortés.

Le *C. Ligerica* n'avait encore été indiqué en France que dans la vallée de la Loire, où il est assez répandu depuis Nevers jusqu'à Nantes ; il croît également aux environs de Berlin (*A. Braun*) et dans l'île d'Œland (*Wickstrœm, Fries*). — Il tient pour ainsi dire le milieu entre les *C. Schreberi* et *arenaria*. Il se distingue du *C. Schreberi*, à côté duquel il doit être placé, par le port moins grêle, les feuilles plus larges, les épillets plus nombreux, et surtout par les utricules munis d'une bordure membraneuse ; dans le *C. Schreberi* les utricules sont de même denticulés-ciliés aux bords, mais dépourvus de bordure, ou seulement munis vers leur sommet d'une bordure très étroite. Il se distingue du *C. arenaria* par le port moins robuste, par les stries de la face supérieure des feuilles plus fortement ponctuées-scabres, et par les utricules plus petits étroitement bordés et non munis dans leur partie supérieure d'une bordure membraneuse très ample ; toutefois il se rapproche beaucoup de la variété *umbrosa* de cette dernière espèce, dans laquelle les épillets sont souvent mâles à la base et les utricules assez étroitement bordés ; il en diffère surtout par le port moins robuste, les utricules plus petits, et les épillets tous ou la plupart androgynes. Les nombreuses variations que présente la situation relative des étamines et des utricules dans le *C. Ligerica*, et que nous avons aussi observées dans les *C. arenaria* et *Schreberi*, nous portent à n'attribuer à ce caractère qu'une importance très secondaire. Par le port et la forme des utricules, le *C. Ligerica* se rapproche beaucoup du *C. disticha* Huds.; mais il s'en éloigne par le rhizome très longuement traçant beaucoup plus grêle et non tortueux, par le port moins robuste, par l'épi ord. plus court, par les épillets plus allongés moins serrés lors de la floraison tous ou la plupart androgynes, par les écailles plus acuminées.

18. **C. Schreberi** Schrank *Baier.* I, 278 ; Willd. in *Act. Berol.* [1794] 38 ; Host *Gram.* I, t. 46 ; Rchb. *Ic.* VIII, t. 207, f. 549 ; Bill. *Exsicc.* 1564. — *C. tenella* Thuill.! *Fl. Par.* 479. — [C. DE SCHREBER].

Rhizome horizontal, grêle, longuement traçant, non tortueux. Tiges de 1-4 décim., obscurément triquètres, scabres dans leur partie supérieure. *Feuilles linéaires très étroites*, planes, longuement acuminées-subulées, scabres aux bords, à stries de la face supérieure assez fortement ponctuées-scabres à la loupe. *Épillets 5-6, d'un roux brunâtre*, fusiformes ou oblongs-lancéolés, droits, alternes, rapprochés en épi quelquefois interrompu, les inférieurs quelquefois presque entièrement femelles. *Utricules* ovales-oblongs, plans sur une face, convexes sur l'autre, *dépourvus de bordure ou ne présentant que vers le sommet une bordure très étroite*, à bords denticulés-ciliés surtout supérieurement, acuminés en bec bidenté, égalant l'écaille. Écailles membraneuses aux bords, ovales-lancéolées, acuminées. ♃. Avril-juin.

A.R. — Bois sablonneux, pelouses sèches. — Abondant au bois de Boulogne! (*Thuill.* Fl. Par.); bois de Vincennes!; Saint-Ouen! (*Weddell*); Asnières!; Petit-Nanterre en face de Bezons (*de Schœnefeld*); bois du Vésinet (*C. de Chambine*); forêt de Saint-Germain!. Env. de Bonnières : forêt de Moisson (*Beautemps-Beaupré*). Étampes ! ; Bouron (*de Schœnefeld*) ; Malesherbes !. Compiègne (*Léré*). — *Graves* Cat. Oise : bois de Belloy et d'Alonne près Beauvais ; forêt de Hez; Senlis; bords de l'Aisne à Choisy-au-bac.

Dans cette espèce, comme dans la précédente, les utricules avortent souvent. Les épillets inférieurs sont quelquefois presque entièrement femelles lorsque la plante croît dans des endroits ombragés.

Sect. III. EUCAREX. — Épis unisexuels, les terminaux mâles, les inférieurs femelles. Stigmates 3, plus rarement 2.

§ 1. Stigmates 2.

19. **C. Goodenowii** J. Gay in *Ann. sc. nat.* sér. 2, XI, 191. — *C. cœspitosa* Good. in *Trans. Linn. soc.* II, 195, t. 21, f. 8 et auct. plurim. non L.; Host *Gram.* I, t. 91 ; *Fl. Dan.* VIII, t. 1281 ; *Engl. bot.* t. 1507 ; Bill. *Exsicc.* n. 2565.— *C. vulgaris* Fries *Nov. Suec.* mant. III, 153, et *Summa* 230 ; Koch *Syn. fl. Germ.* ed. 2, 872 ; Rchb. *Ic.* VIII, t. 226-227, f. 579-580 ; Bill. *Exsicc.* n. 2564. — [C. DE GOODENOUGH].

*Souche* cespiteuse, *formant une touffe compacte*, émettant des rhizomes obliques. *Tiges* de 2-5 décim., *grêles*, triquètres, scabres supérieurement. *Feuilles* linéaires étroites, *égalant ou dépassant la tige*, à gaînes entières. *Bractée inférieure étroite, atteignant à peine le sommet de la tige. Épis mâles 1, rarement 2. Épis femelles 2-4*, cylindriques, dressés, *rarement mâles au sommet. Utricules* oblongs, obtus, comprimés presque plans, nervés *à nervures disparaissant supérieurement*, à bec indistinct ou distinct court entier, dépassant plus ou moins l'écaille. Écailles ovales-oblongues, obtuses-arrondies. ♃. Mai-juin.

*A.R.* — Bords des mares et fossés des bois, prés marécageux, surtout des terrains sablonneux. — Montmorency !. Morfontaine !. Magny (*Bouteille*). Saint-Léger !; Auffargis, ancien étang du Serisaye près Rambouillet (*de Schœnefeld*); mares de la forêt de Rambouillet ! près de Montfort-l'Amaury. Forêt de Fontainebleau ! (*Maire*). Donnemarie (*Chaubard*). Charly (*Crépin*). Forêt de Villers-Cotterets (*Questier*) ; Compiègne (*Léré*).— *Graves* Cat. Oise : marais de Saint-Just près Beauvais, de Fosseuse près Méru ; forêt de Hez ; Longueil-sur-Oise cant. de Ribécourt ; Les Essarts cant. de Lassigny ; Longueil-Sainte-Marie cant. d'Estrées ; garenne de Vaumoise cant. de Crépy.

20. **C. cæspitosa** L. *Fl. Suec.* ed. 2, 333 ; J. Gay in *Ann. sc. nat.* sér. 2, XI, 196. — *C. stricta* Good. in *Trans. Linn. soc.* II, 196, t. 21, f. 9 ; Host *Gram.* I, t. 94 ; *Engl. bot.* t. 914 ; Rchb. *Ic.* VIII, t. 230, f. 583 ; Bill. *Exsicc.* n. 868. — *C. melanochloros* Thuill. *Fl. Par.* 488. — [C. CESPITEUX].

*Souche cespiteuse, formant une touffe compacte très volumineuse. Tiges* de 5-10 décim., *robustes*, dressées, triquètres, scabres. *Feuilles* linéaires, *plus courtes que la tige*, à gaînes déchirées en filaments. *Bractée inférieure étroite, dépassant à peine l'épi femelle inférieur. Épis mâles 1, rarement 2. Épis femelles* 2-3, cylindriques, dressés, *souvent mâles au sommet. Utricules* oblongs, comprimés, nerviés *à nervures prolongées jusqu'au sommet,* à bec distinct court entier, dépassant l'écaille. Écailles oblongues, un peu obtuses. ♃. Mai-juin.

*C.* — Lieux marécageux, bords des mares et des rivières.

Le *C. cæspitosa* se distingue du *C. Goodenowii* par ses souches qui constituent souvent des îlots dans les marais, par ses épis plus gros et beaucoup plus longs et par ses utricules plus comprimés nerviés jusqu'au sommet.

21. **C. acuta** L. *Sp.* 1388 ex parte ; Good. in *Trans. Linn. soc.* II, 203 ; *Engl. bot.* t. 580 ; Host *Gram.* I, t. 95 ; Rchb. *Ic.* VIII, t. 231-232, f. 584-585 ; Bill. *Exsicc.* n. 2567. — *C. gracilis* Curt. *Lond.* 4, t. 62. — *C. virens* Thuill. *Fl. Par.* 489 non Lmk. — [C. AIGU].

Souche cespiteuse, émettant des rhizomes obliques. Tiges de 5-10 décim., dressées, triquètres, scabres. Feuilles linéaires, ord. plus courtes que la tige, à gaînes entières. *Bractées inférieures 2-3, larges, dépassant la tige. Épis mâles 2-3.* Épis femelles 3-4, cylindriques-allongés, penchés à la floraison, dressés à la maturité, quelquefois mâles au sommet. *Utricules* oblongs, comprimés, nerviés, *à nervures disparaissant supérieurement*, à bec distinct court entier, égalant environ l'écaille. Écailles ovales-lancéolées. ♃. Mai-juin.

*CC.* — Lieux marécageux, bords des fossés et des eaux.

## § 2. Stigmates 3.

† Utricules sans bec, ou à bec cylindrique tronqué coupé obliquement ou bidenté. Épi mâle ord. solitaire.

### * Utricules pubescents ou tomenteux.

22. **C. ericetorum** Poll. *Pl. Palat.* II, 580 ; DC. *Fl. Fr.* III, 117 ; *Fl. Dan.* X, t. 1765 ; Rchb. *Ic.* VIII, t. 262, f. 636 ; Bill. *Exsicc.* n. 680. — *C. ciliata* Willd. in *Act. acad. Berol.* [1794] 47, t. 3, f. 2 ; Host *Gram.* IV, t. 83.— [C. DES BRUYÈRES].

*Souche à rhizomes obliques*, un peu traçants. Tiges de 1-3 décim., grêles, obscurément trigones, scabres au sommet. Feuilles linéaires, planes, roides, plus courtes que la tige. *Bractées non engaînantes*, membraneuses, très courtes, aiguës ou aristées. Épi mâle solitaire, cylindrique-subclaviforme. Épis femelles 1-2, ovales, sessiles, rapprochés. Utricules pubescents, obovales-subtrigones, à bec très court tronqué, plus longs que l'écaille. *Écailles brunes, obovales, scarieuses-blanchâtres aux bords et finement ciliées, à nervure disparaissant au-dessous du sommet.* ♃. Avril-mai.

*R.* — Lieux arides et sablonneux, pelouses montueuses, bruyères. — Beauvais ! et Balancourt ! près Mennecy (*Des Étangs*) ; abondant dans les bois à Dhuison ! près La Ferté-Aleps ; forêt de Fontainebleau ! ; env. de Nemours (*Devilliers*) ; Malesherbes (*Maire, Dubouché*). Forêt de Chantilly aux environs de Gouvieux ! (*Graves*); forêt du Lys (*Daudin*) ; Rieux près Liancourt, Ormoy-Villers, garenne de Vaumoise, Rouville, Lévignen, forêt de Villers-Cotterets (*Questier*) ; forêt de Compiègne : friches des Usages de Cuise, très rare (*de Marcilly fils*) ; montagne de Clairvoix près Compiègne, forêt de Laigue (*Léré*). Dreux (*Dœnen*). — *Graves* Cat. Oise : Monchy-Humières cant. de Ressons ; Berneuil-sur-Aisne et Saint-Crépin-aubois cant. d'Attichy ; Saint-Sauveur.

**23. C. montana** L. *Fl. Suec.* ed. 2, 328, n. 845 ; Host *Gram.* I, t. 66 ; *Fl. Dan.* X, t. 1769 ; Rchb. *Ic.* VIII, t. 261, f. 633 ; Bill. *Exsicc.* n. 869. — *C. collina* Willd. *Sp.* IV, 260. — [C. DE MONTAGNE].

*Souche cespiteuse* ord. assez épaisse. Tiges de 1-3 décim., grêles, trigones à angles peu marqués presque lisses. Feuilles linéaires, planes, molles, plus courtes que la tige ; les inférieures à gaînes rougeâtres. *Bractées non engaînantes, entièrement membraneuses,* ou plus *rarement terminées par une pointe foliacée.* Épi mâle solitaire, cylindrique-subclaviforme. Épis femelles 1-3, ovoïdes, sessiles, très rapprochés. Utricules pubescents, ovales-oblongs, subtrigones, à bec court tronqué, plus longs que l'écaille. *Écailles* d'un brun noirâtre, *obtuses ou échancrées-mucronées.* ♃. Avril-mai.

*R R R.* — Pelouses des coteaux arides. — Forêt de Fontainebleau près du Mail d'Henri IV ! (*Mandon*). Bois Yon près Dreux (*Dœnen*).

Le *C. montana* se distingue facilement des espèces voisines par ses épis à écailles noirâtres.

**24. C. pilulifera** L. *Sp.* 1385 ; *Engl. bot.* t. 885 ; Host *Gram.* IV, t. 84 ; Rchb. *Ic.* VIII, t. 260, f. 632 ; Bill. *Exsicc.* n. 679. — [C. A PILULES].

*Souche cespiteuse,* souvent surmontée par les nervures persistantes des feuilles détruites. Tiges de 1-3 décim., grêles, penchées, souvent tombantes, triquètres, presque lisses. Feuilles linéaires, planes, molles, égalant souvent la tige. *Bractées non engaînantes, l'inférieure entièrement foliacée,* linéaire-subulée. Épi mâle solitaire, oblong aigu. Épis femelles 3-5, subglobuleux, sessiles, rapprochés. *Utricules pubescents,* subglobuleux, trigones, à bec très court obscurément bidenté, égalant environ l'écaille. *Écailles* brunâtres, *ovales-aiguës, terminées par le prolongement de la nervure.* ♃. Avril-mai.

*C.* — Endroits élevés des bois, pelouses sèches, bruyères.

Var. β. *Bastardiana.* (*C. Bastardiana* DC. ! *Fl. Fr.* suppl. 293). — Tiges plus grêles, souvent très longues. Bractée inférieure dépassant ord. l'épi terminal. Épis agglomérés au sommet de la tige, ovoïdes-oblongs, à écailles ovales-lancéolées, larges, roussâtres. Utricules ord. stériles comprimés, souvent détruits par un *Uredo*, et alors écailles plus grandes longuement acuminées très colorées ou décolorées-blanchâtres et étroitement imbriquées. — *RR*. — Coteaux arides, landes, bruyères. — Molière de Sérans près Magny!; Le Haulme près Marines!.

**25. C. tomentosa** L. *Mant*. 123; Host *Gram*. I, t. 82; *Engl. bot*. t. 2046; Rchb. *Ic*. VIII, t. 263, f. 638; Bill. *Exsicc*. n. 1567. — *C. filiformis* Thuill. *Fl. Par*. 485 non L. — [C. TOMENTEUX].

*Souche à rhizomes* obliques ou presque horizontaux, *traçants*. Tiges de 1-4 décim., dressées, triquètres, scabres au sommet. Feuilles linéaires, planes ou légèrement enroulées aux bords, roides, ordinairement plus courtes que la tige. *Bractées non engaînantes, l'inférieure entièrement foliacée*, linéaire, plus ou moins étalée. Épi mâle solitaire, lancéolé. Épis femelles 1-2, cylindriques-obtus, sessiles ou subsessiles, un peu espacés. *Utricules tomenteux*, subglobuleux-obovales, subtrigones, à bec court un peu émarginé, égalant environ l'écaille. Écailles brunâtres, ovales-aiguës, terminées par le prolongement de la nervure. ♃. Mai-juin.

*A.C.* — Lieux ombragés, bois, prés, surtout dans les terrains sablonneux ou argileux. — Vincennes!; Bondy (*E. Fournier*); parc de Saint-Cloud, bois du Vésinet (*de Schœnefeld*); forêt de Saint-Germain!; bois de Satory!; Vaucresson, La Minière (*de Schœnefeld*). Forêt de Senart!; forêt de Rougeaux!; Croissy-en-Brie (*Thuret*). L'Ile-Adam (*Chatin*); Gouvieux (*de Schœnefeld*). Forêt de Compiègne (*de Marcilly fils*), etc.

**26. C. præcox** Jacq. *Austr*. V, 23, t. 446; Host *Gram*. I, t. 68; *Fl. Dan*. IX, t. 1527; *Engl. bot*. t. 1099; Rchb. *Ic*. VIII, t. 261, f. 634; Bill. *Exsicc*. n. 681 et *bis* et *ter*. — [C. PRÉCOCE].

*Souche émettant des rhizomes obliques traçants*. Tiges de 1-3 décim., dressées, triquètres, presque lisses. Feuilles linéaires, planes ou carénées, roides, ord. plus courtes que les tiges. Épi mâle solitaire, cylindrique-claviforme. *Épis femelles 1-3, ovoïdes-oblongs* ou cylindriques, plus ou moins rapprochés, subsessiles ou l'inférieur pédonculé. *Bractée inférieure engaînante, foliacée ou terminée par une pointe foliacée*, les supérieures rarement engaînantes. *Utricules nombreux, pubescents*, obovales, quelquefois lagéniformes par suite de l'avortement de l'akène (*C. sicyocarpa* Lebel *Obs. pl. Manche* 18, et in Brébiss. *Fl. Norm*. éd. 2, 293), subtrigones, à bec très court un peu émarginé, égalant environ l'écaille. *Akène à côtes saillantes* assez épaisses ord. plus ou moins blanchâtres *confluentes au sommet en* une *cupule* blanchâtre sessile tronquée à bord épais au centre de laquelle naît le style. Écailles brunâtres, ovales-acuminées par le prolongement de la nervure. ♃. Avril-juin.

*CC.* — Terrains arides, pelouses sèches, collines incultes, bords des chemins.

S.-v. *umbrosa*. (*C. umbrosa* Host *Gram*. I, t. 69). — Tiges grêles allongées. Feuilles égalant ou dépassant la tige. — *A.C.* — Bois couverts.

M. J. Gay (in *Bull. Soc. bot*. VI, 463) a appelé l'attention sur le curieux caractère, tiré de la forme de l'akène, qui distingue le *C. præcox* du *C. polyrrhiza* et de la plupart des espèces voisines. M. Drejer (*Symb. Caric*. [1845]) est le premier auteur qui ait signalé ce caractère, que M. J. Gay avait constaté dès 1838 et enregistré dans une note manuscrite de son herbier si riche en observations originales.

**27. C. polyrrhiza** Wallr. *Sched. crit.* 492 ; Koch *Syn. fl. Germ.* ed. 2, 877 ; Gren. et Godr. *Fl. Fr.* III, 413 ; Bill. *Exsicc.* n. 682. — *C. longifolia* Host *Gram.* IV, t. 85. — *C. umbrosa* Hoppe ap. Sturm ; Rchb. *Ic.* VIII, t. 263, f. 639. — *C. præcox* var. *cæspitosa Fl. Par.* éd. 1, 599 excl. loc. nat. ex parte. — [C. A RACINES NOMBREUSES].

*Souche cespiteuse*, surmontée des nervures persistantes des feuilles détruites. Tiges de 2-5 décim., grêles, dressées, triquètres, presque lisses. Feuilles linéaires, planes ou carénées, égalant ord. ou dépassant la longueur des tiges. Épi mâle cylindrique ou cylindrique-claviforme. *Épis femelles 1-2*, plus rarement 3, *ovoïdes-oblongs*, rapprochés, plus ou moins pédonculés au moins l'inférieur. *Bractée inférieure engaînante*, foliacée ou terminée par une pointe foliacée, les supérieures brièvement engaînantes. *Utricules nombreux*, pubescents, oblongs-obovales, subtrigones, à bec court un peu émarginé, égalant environ l'écaille. *Akènes à côtes* saillantes d'abord blanchâtres puis d'un brun roussâtre comme l'akène lui-même, *confluentes au sommet en une colonne courte* surmontant brusquement l'akène *en forme de mucron* et donnant naissance au style. Écailles brunâtres ovales ou oblongues un peu élargies vers le sommet, ord. acuminées par le prolongement de la nervure. ♃. Avril-mai.

*RRR.* — Lieux ombragés des bois. — Nemours (*Devilliers*).

Le *C. polyrrhiza*, que nous avions autrefois réuni comme variété au *C. præcox*, en diffère par la souche cespiteuse et surtout par la colonne courte en forme de mucron qui surmonte l'akène. Ce dernier caractère semble indiquer que la plante a une plus grande affinité avec le *C. pilulifera*, dont elle est du reste très différente, qu'avec le *C. præcox* lui-même, dont elle est très voisine par le port.

**28. C. humilis** Leyss. *Fl. Hall.* 175, n. 952 ; Host *Gram.* I, t. 67 ; Rchb. *Ic.* VIII, t. 239, f. 595 ; Bill. *Exsicc.* n. 683. — *C. clandestina* Good. in *Trans. Linn. soc.* II, 167 ; *Engl. bot.* t. 2124. — [ C. HUMBLE ].

*Souche cespiteuse* compacte. Tiges de 5-10 centim., dressées ou ascendantes, triquètres, scabres supérieurement. *Feuilles sétacées-canaliculées*, roides, *dépassant très longuement la tige*. *Bractées engaînantes, entièrement membraneuses*, les supérieures aussi longues que le pédoncule. Épi mâle solitaire, oblong aigu. *Épis femelles* 2-3, courts, *2-3-flores*, pédonculés, espacés. Utricules pubescents, obovales, trigones, à bec très court tronqué, égalant l'écaille. Écailles brunâtres, blanchâtres aux bords, obovales, mucronées par le prolongement de la nervure. ♃. Avril-mai.

*A.R.* — Terrains arides sablonneux ou calcaires. — Bois de Boulogne ! (*Thuill. Fl. Par.*). Abondant dans la forêt de Fontainebleau ! (*Thuill.* Fl. Par.) et aux env. de Nemours !; Malesherbes !. Vauciennes, garenne de Vaumoise près Villers-Cotterets (*Questier*) ; forêt de Compiègne !. Très abondant à Dreux ! (*Dænen*). — *Graves* Cat. Oise : bois de Liancourt ; forêt de Chantilly ; pentes du camp de César vis-à-vis de Gouvieux et Saint-Leu-d'Esscrent.

**29. C. digitata** L. *Sp.* 1384 ; Host *Gram.* I, t. 60 ; *Fl. Dan.* IX, t. 1466 ; *Engl. bot.* t. 615 ; Rchb. *Ic.* VIII, t. 240, f. 599 ; Bill. *Exsicc.* n. 870. — [ C. DIGITÉ ].

*Souche cespiteuse.* Tiges de 1-3 décim., dressées, subtrigones, presque lisses. Feuilles linéaires planes, ord. plus courtes que la tige. *Bractées engaînantes, entièrement membraneuses*, plus courtes que le pédoncule. Épi mâle solitaire, linéaire court. *Épis femelles 3-4, linéaires-allongés, lâches,* 6-8-flores, pédonculés, plus ou moins espacés, *le supérieur dépassant l'épi mâle.* Utricules pubescents, obovales, trigones, à bec court un peu émarginé, égalant l'écaille. Écailles brunes, blanchâtres aux bords, obovales, très brièvement mucronées par le prolongement de la nervure. ♃. Avril-mai.

*RR.* — Bois montueux. — Forêt de Fontainebleau près de la croix d'Augas (*Maire*). Bois de Brullis près Luzarches (*M^me Lina M^***); bois de la Brosse! près Chaumont (*Frion*); Hermes cant. de Noailles (*Caron*); forêt de Villers-Cotterets, buisson de La Queue-d'Ham (*Questier*); forêt de Compiègne : mont Saint-Marc, Saint-Sauveur (*Léré*), mont Collet (*Pillot*); forêt de Laigue (*Léré*). — Montagnes de Lar broie et de Ville près Noyon (*Questier*). — *Graves* Cat. Oise : forêt de Hez allée du Beauchêne; bois de Froidmont du côté de Marguerie cant. de Noailles; bois du Tillet cant. de Crépy.

** Utricules glabres, très rarement hispides sur les angles.

30. **C. glauca** Scop. *Carn.* II, 223, n. 1157; Rchb. *Ic.* VIII, t. 269, f. 648; Bill. *Exsicc.* n. 1571 et *bis.* — *C. recurva* Huds. *Fl. Angl.* 413; *Fl. Dan.* VI, t. 1051. — *C. flacca* Schreb. *Spicil.* 150; Host *Gram.* I, t. 90. — [C. GLAUQUE].

*Souche à rhizomes obliques traçants.* Tiges de 1-5 décim., souvent penchées, obscurément trigones, presque lisses. Feuilles glauques, linéaires, planes ou carénées, roides, ord. plus courtes que la tige. *Bractées inférieures engaînantes,* plus rarement non engaînantes, *foliacées,* les supérieures foliacées ou membraneuses. *Épis mâles 2-3,* très rarement 1 par avortement, oblongs aigus. *Épis femelles 2-3,* cylindriques, *longuement pédonculés, penchés à la maturité,* espacés. Utricules glabres ou légèrement hispides vers le sommet et sur les angles, ovales-oblongs, subtrigones un peu comprimés, à bec très court ou nul, égalant environ l'écaille. Écailles d'un brun rougeâtre, ovales ou oblongues, obtuses, mucronées par le prolongement de la nervure. ♃. Mai-juin.

*C C.* — Endroits humides sablonneux ou argileux, prés froids, bois couverts, bords des eaux.

31. **C. maxima** Scop. *Carn.* II, 229, n. 1166; Bill. *Exsicc.* n. 1973. — *C. pendula* Huds. *Fl. Angl.* 411; Good. in *Trans. Linn. soc.* II, 168; Host *Gram.* I, t. 100; *Engl. bot.* t. 2315; Thuill. *Fl. Par.* 489; Rchb. *Ic.* VIII, t. 243, f. 604. — [C. ÉLEVÉ].

*Souche cespiteuse.* Tiges de 7-12 décim., dressées, triquètres, lisses ou légèrement scabres au sommet. Feuilles un peu glaucescentes en dessous, linéaires-larges, très allongées, planes, roides, plus courtes que la tige. *Bractées* engaînantes, *foliacées. Épi mâle solitaire,* cylindrique-allongé. *Épis femelles 4-6, cylindriques* allongés, *compactes,* sessiles ou à pédoncule inclus, *arqués et pendants à la maturité,* espacés. Utricules verdâtres, glabres, oblongs, subtrigones, à bec court émarginé, dépassant l'écaille. Écailles d'un brun rougeâtre, ovales, cuspidées par le prolongement de la nervure. ♃. Mai-juin.

*R.* — Ruisseaux, lieux humides des bois. — Forêt de Bondy (*Thuill.* Fl. Par., *de Forestier*); Montlignon! près Montmorency (*Thuill.* Fl. Par.); L'Étang près Saint-Germain (*Lepeletier de Saint-Fargeau*); bois de Chaville (*P. Jamin*); vallée de Senlisse!; Gambais près Houdan (*Dænen*). L'Ile-Adam! (*Chatin*); Sérans! près

Magny (*Bouteille*); Trie-le-Château (*Frion*); forêt de La Neuville-en-Hez!; forêts de Halatte et de Villers-Cotterets, bois de Montigny-l'Allier (*Questier*); forêt de Compiègne (*Léré*); Pierrefonds! (*Weddell*). Forêt de Villefermoy (*M. Garnier*); Valvins! (*Adr. de Jussieu*). — *Graves* Cat. Oise : forêt de Remy à la fontaine de l'Hermitage ; vallon de Salency près Noyon ; forêt de Laigue au mont des Singes et au puits d'Orléans.

32. **C. strigosa** Huds. *Fl. Angl.* 411 ; Good. in *Trans. Linn. soc.* II, 169, t. 20, f. 4 ; *Fl. Dan.* VII, t. 1237 ; *Engl. bot.* t. 994 ; Rchb. *Ic.* VIII, t. 242, f. 602 ; Bill. *Exsicc.* n. 872 et *bis* ; Puel et Maille *Fl. loc.* exsicc. n. 118.— *C. leptostachys* Ehrh. *Phyt.* n. 48. — [ C. MAIGRE ].

Souche cespiteuse ou subcespiteuse. Tiges de 4-9 décim., dressées, grêles, penchées au sommet, subtrigones à angles obtus, lisses. Feuilles d'un beau vert, celles des fascicules radicaux ord. très larges, planes, molles, ord. plus courtes que les tiges. *Bractées* engaînantes, *foliacées*. Épi mâle solitaire, allongé, linéaire. *Épis femelles* ordinairement 4-5, espacés, *penchés, linéaires, grêles, lâches*, les inférieurs à pédoncule dépassant la gaîne, les supérieurs à pédoncule inclus. *Utricules* verts, glabres, *non luisants*, nerviés, *oblongs-lancéolés, trigones, atténués au sommet* en bec tronqué, égalant environ l'écaille. Écailles blanches à nervure dorsale verte, ovales-lancéolées aiguës. ♃. Mai-juin.

*R R.* — Lieux couverts un peu humides, bois, forêts. — Abondant aux bords des ruisseaux des bois de La Molière de Sérans près Magny (*Bouteille, Granget*). Assez répandu dans les forêts de Villers-Cotterets (*Questier*) et de Compiègne (*Graves, de Marcilly fils*).

33. **C. panicea** L. *Sp.* 1387 ; Host *Gram.* 1, t. 79 ; *Fl. Dan.* II, t. 261 ; *Engl. bot.* t. 1505 ; Rchb. *Ic.* VIII, t. 245, f. 607 ; Bill. *Exsicc.* n. 1570 et *bis*. — *C. pilosa* Mérat *Fl. Par.* éd. 4, II, 71. — [ C. FAUX-PANIC ].

*Souche à rhizomes* obliques *traçants*, rarement subcespiteuse. Tiges de 2-4 décim., dressées, subtrigones à angles obtus, lisses. Feuilles glaucescentes, linéaires, planes, roides, plus courtes que la tige. *Bractées* engaînantes, *foliacées*. *Épi mâle solitaire*, oblong. *Épis femelles* 2-3, espacés, *dressés, cylindriques, lâches*, l'inférieur à pédoncule dépassant la gaîne, les supérieurs à pédoncule inclus. *Utricules* glabres, *non luisants*, ovoïdes-renflés, à bec très court tronqué, dépassant l'écaille. Écailles d'un brun rougeâtre, ovales, obtuses, plus rarement un peu aiguës. ♃. Mai-juin.

*C.* — Prés, bois humides, taillis.

34. **C. pallescens** L. *Sp.* 1386 ; Host *Gram.* 1, t. 74 ; *Fl. Dan.* VI, t. 1050 ; *Engl. bot.* t. 2185 ; Rchb. *Ic.* VIII, t. 251, f. 617 ; Bill. *Exsicc.* n. 1572 ; Puel et Maille *Fl. loc.* exsicc. n. 85. — [ C. PALE ].

*Souche cespiteuse.* Tiges de 2-5 décim., grêles, triquètres, scabres au sommet. *Feuilles* d'un vert gai, linéaires, planes, molles, ord. plus courtes que la tige, *pubescentes* surtout *sur les gaînes*. *Bractées* engaînantes, *foliacées*. Épi mâle solitaire, oblong-linéaire. *Épis femelles* 2-3, *ovoïdes*, à pédoncules dépassant la gaîne, un peu étalés à la maturité, rapprochés. *Utricules* verts, glabres, *luisants, ovoïdes-renflés*, dépourvus de bec, égalant l'écaille. Écailles d'un blanc jaunâtre, ovales-oblongues, mucronées ou cuspidées par le prolongement de la nervure. ♃. Mai-juin.

*C.* — Pâturages ombragés, bois humides.

35. **C. obesa** All. *Ped.* II, 270 [1785]; Gren. et Godr. *Fl. Fr.* III, 409; Bill.
*Exsicc.* n. 1351. — *C. nitida* Host *Gram.* I, 53, t. 71; Rchb. *Ic.* VIII,
t. 264, f. 641; *Fl. Par.* éd. 1, 601. — *C. verna* Schk. *Car.* trad. 115,
t. *L*, n. 46 non Vill. — [C. RONGÉ].

*Souche à rhizomes* obliques *traçants.* Tiges de 1-3 décim., dressées, triquètres, scabres. Feuilles linéaires, planes, roides, plus courtes que la tige.
*Bractées* engaînantes, l'inférieure foliacée ou terminée par une pointe foliacée,
les *supérieures* rudimentaires ou *entièrement membraneuses.* Épi mâle solitaire, oblong-linéaire. *Épis femelles* 2-3 *ovoïdes-oblongs*, l'inférieur à pédoncule dépassant la gaîne, les supérieures subsessiles, dressés, un peu rapprochés.
*Utricules brunâtres*, glabres, *luisants, ovoïdes-subglobuleux, à bec bidenté
membraneux-blanchâtre au sommet*, égalant l'écaille. Écailles brunâtres,
ovales-obtuses. ♃. Avril-juin.

*R R.* — Pelouses arides des coteaux sablonneux. — Plaine de la Chaise-à-l'Abbé!
dans la forêt de Fontainebleau (*Maire*).

††  Utricules terminés par un bec aplani, bifide au sommet à dents non
divergentes. Épi mâle ord. solitaire.

36. **C. hordeistichos** Vill. *Dauph.* II, 221, t. 6; DC. *Fl. Fr.* III, 129; Rchb. *Ic.*
VIII, t. 257, f. 627; Koch *Syn. fl. Germ.* ed. 2, 883; Bill. *Exsicc.* n. 873.
— *C. hordeiformis* Wlhnbg in *Act. Holm.* [1803] 152; Schk. *Car.* trad.
t. *Ddd*, n. 121 mala; Thuill. *Fl. Par.* 490; Kunth *Enum. pl.* II, 486. —
[C. A ÉPI D'ORGE].

Souche cespiteuse. Tiges de 1-2 décim., dressées, obscurément trigones,
scabres au sommet. *Feuilles* linéaires, planes, roides, *dépassant longuement
la tige.* Bractées engaînantes, foliacées, dressées, dépassant longuement la
tige. *Épis mâles* 2, ovoïdes-oblongs. Épis femelles 2-3, dressés, espacés,
ovoïdes-oblongs, l'inférieur à pédoncule dépassant la gaîne, les supérieurs à
pédoncule inclus ou exsert. Utricules dressés, jaunâtres, glabres, ovales-
oblongs, trigones, terminés par un bec allongé bifide bordé à bords ciliés-
scabres, dépassant l'écaille. Écailles scarieuses-blanchâtres, ovales, à nervure
disparaissant au-dessous du sommet. ♃. Avril-mai.

*R R R.* — Bords des fossés humides. — Bondy! (*Thuill.* Fl. Par.) où il devient
très rare; Montmorency (*Brice*); Ville-d'Avray (*Delavaux*).

37. **C. depauperata** Good. in *Trans. Linn. soc.* II, 181; *Engl. bot.* t. 1098;
Rchb. *Ic.* VIII, t. 256, f. 625; Bill. *Exsicc.* n. 685. — *C. triflora* Willd.
*Phyt.* II, n. 8, t. 1, f. 2. — *C. monilifera* Thuill. *Fl. Par.* 490. — [C.
APPAUVRI].

Souche cespiteuse. Tiges de 3-5 décim., grèles, obscurément trigones,
lisses. Feuilles linéaires, planes, molles, allongées, plus courtes que la tige.
Bractées engaînantes, foliacées, dressées. Épi mâle solitaire, linéaire. *Épis
femelles 2-4, 3-6-flores, lâches*, à pédoncule dépassant plus ou moins longuement la gaîne, dressés, espacés. *Utricules* dressés, verdâtres, glabres,
*ovoïdes-renflés*, subtrigones, nerviés, *terminés par un bec linéaire-allongé*
obscurément bidenté scarieux au sommet à peine scabre aux bords, dépassant longuement l'écaille. Écailles verdâtres, scarieuses-blanchâtres aux bords,
ovales-oblongues, acuminées-mucronées par le prolongement de la nervure.
♃. Avril-juin.

*R.* — Bois, forêts. — Abondant au bois de Vincennes!, et dans les forêts de Bondy et de Saint-Germain!. Forêt de Senart (*Guillon*); forêt de Fontainebleau près de Chailly! (*Adr. de Jussieu*); parc de Toury près Dordives (*J. Seguin*). Luzarches (*De Lens*); forêt de Halatte près de Pont-Sainte-Maxence (*Morelle*); forêt de La Neuville-en-Hez (*Graves*); forêt de Compiègne (*Graves*) sur les bords du chemin de Pierrefonds (*Léré* in *Thuill.* Fl. Par.); forêt de Laigue près du ru du moulin de Saint-Léger (*de Marcilly fils*); forêt d'Ourscamp, bois de Bourneville près La Ferté-Milon (*Questier*). Bords de l'Avre à Dreux (*Dœnen*). Abondant dans la plupart des localités indiquées, mais souvent dans une étendue restreinte. — *Graves* Cat. Oise : forêts de Remy et de Pontarmé.

38. **C. flava** L. *Sp.* 1384; Kunth *Enum. pl.* II, 446. — [C. JAUNE].

Souche cespiteuse. Tiges de 5-50 centim., dressées, subcylindriques, lisses. Feuilles linéaires, planes ou légèrement canaliculées, assez roides, plus courtes que la tige. *Bractées* engaînantes, foliacées, *très étalées ou réfractées à la maturité.* Épi mâle solitaire, linéaire-oblong. Épis femelles 3-4, dressés, espacés ou rapprochés, ovoïdes-oblongs, compactes, l'inférieur à pédoncule dépassant la gaîne rarement inclus, les supérieurs subsessiles. *Utricules étalés* ou réfléchis, jaunâtres, glabres, *obovales* renflés, nerviés, acuminés en bec souvent recourbé bidenté à dents quelquefois un peu divergentes à peine scabre aux bords, dépassant l'écaille. *Écailles* jaunâtres ou brunâtres, ovales-oblongues, *aiguës, à nervure disparaissant vers le sommet.* ♃. Mai-juin.

Var. α. *flava.* (*C. flava* L. *Sp.* 1384; Host *Gram.* I, t. 63; Rchb. *Ic.* VIII, t. 273, f. 654 quoad plantam dextram et analysin; Koch *Syn. fl. Germ.* éd. 2, 884; Gren. et Godr. *Fl. Fr.* III, 423. — *C. flava* var. α *Fl. Par.* éd. 1, 602, et *Illustr. fl. Par.* t. 35, f. 4-6). — Tiges de 2-5 décim. Utricules assez gros, à bec allongé recourbé ou réfracté. — *C.* — Prés humides, bords des fossés, lieux marécageux.

S.-v. *lepidocarpa.* (*C. lepidocarpa* Tausch in *Bot. Zeit.* [1834] 179; Rchb. *Ic.* VIII, t. 272, f. 653. — *C. flava* var. *lepidocarpa* Godr. *Fl. Lorr.* éd. 1, III, 118). — Tiges moins longues. Utricules un peu plus petits, à bec un peu plus court.

Var. β. *patula.* (*C. patula* Host *Gram.* I, 48, t. 64. — *C. flava* var. β Kunth *Enum. pl.* II, 446. — *C. flava* var. *intermedia Fl. Par.* éd. 1, 602, et *Illustr. fl. Par.* t. 35, f. 7). — Tiges de 2-5 décim. Épis femelles ord. plus espacés. Utricules presque de moitié plus petits que dans la variété α, à bec plus ou moins long droit ou à peine courbé. — *C C.* — Lieux marécageux ombragés. — Cette variété, en raison de la longueur de ses bractées et du bec droit des utricules, a été quelquefois confondue avec le *C. extensa* Good., plante maritime qui n'a jamais été recueillie dans nos environs à notre connaissance, et qui sans doute n'y a été indiquée que par suite de quelque confusion.

Var. γ. *OEderi.* (*C. OEderi* Ehrh. *Calam.* n. 79; Host *Gram.* I, t. 65; *Engl. bot.* t. 1773; Rchb. *Ic.* VIII, t. 272, f. 652. — *C. flava* var. γ Kunth *Enum. pl.* II, 446. — *C. flava* var. *pumila Fl. Par.* éd. 1, 602, et *Illustr. fl. Par.* t. 35, f. 8). — Tiges ne dépassant ord. pas 5-15 centim., nombreuses, formant une touffe assez compacte. Épis femelles sessiles, ord. rapprochés-agglomérés. Utricules très petits, à bec court droit. — *A.C.* — Marais desséchés, bords des mares et des étangs, surtout des terrains sablonneux. — Bords de la Seine! près de Grenelle!. Aigremont près Poissy (*de Schœnefeld*). Forêt de Senart!; entre Cesson! et Boississe-la-Bertrand!; mares de la forêt de Fontainebleau!; Saint-Léger!; Rambouillet!, etc.

S.-v. *elongata*. (*C. serotina* Mérat *Fl. Par.* éd. 2, II, 54). — Tiges et feuilles très allongées.

39. **C. Mairii** Coss. et G. de S^t-P. *Obs. pl. crit.* 18, t. 1 et 2 f. 1-9, et *Illustr. fl. Par.* t. 35, f. 1-3 ; Kunze *Car.* t. 37 ; Gren. et Godr. *Fl. Fr.* III, 424 ; F. Schultz *Fl. Gall. et Germ.* exsicc. n. 549 ; E. Bourgeau *Pl. Hisp.* exsicc. n. 981. — [C. DE MAIRE].

Souche cespiteuse, à fibres radicales devenant ord. rougeâtres par la dessiccation. Tiges de 3-6 décim., dressées, obscurément trigones, lisses ou légèrement scabres au sommet. Feuilles linéaires, planes, assez roides, plus courtes que la tige. Bractées engaînantes, l'inférieure foliacée dressée ou réfractée n'atteignant pas l'épi mâle ou le dépassant. Épi mâle solitaire, oblong-linéaire. Épis femelles 2, plus rarement 3-4, ovoïdes-oblongs, compactes ; l'inférieur à pédoncule dépassant plus ou moins la gaîne, quelquefois inclus ; les supérieurs sessiles, rapprochés, dressés. *Utricules étalés, d'un vert glauque*, glabres, *ovales*, obscurément nerviés, *s'atténuant insensiblement en* un *bec* bifide *bordé de cils roides* transparents, dépassant l'écaille. *Écailles* jaunâtres, ovales, *terminées en pointe par le prolongement de la nervure.* ♃. Mai-juin.

*A.R.* — Endroits humides des terrains argileux et tourbeux. — Saint-Maur (*Guillemin*) ; Meudon (*Maille, Weddell*) où il est très rare ; Enghien à la queue de l'étang ! (*Maire*). Parc de Grandchamp ! près Saint-Germain (*J. de Parseval*). Pontchartrain, Élancourt (*de Schœnefeld*). Abondant dans les marais tourbeux à Noisement ! et à Brignancourt ! près Marines. Morfontaine ! où il est abondant dans une assez grande étendue ; Luzarches, Chantilly (*De Lens*) ; L'Ile-Adam ! (*Chatin*) ; Chaumont (*Frion*) ; Séry et Vez près Crépy, Coyolles près Villers-Cotterets (*Questier*); prés du Rozoir près Compiègne (*Léré*) ; forêt de Compiègne (*Weddell*). — *Graves* Cat. Oise : forêts de Hez, de Pontarmé, de Halatte ; Béthizy.

Le *C. Mairii* a été retrouvé en France dans la vallée de la Vesle près Reims (*de Lambertye* Cat. pl. Marne), dans la forêt d'Alençon (*Gren. et Godr.* Fl. Fr.), dans le département de la Vienne entre Smarve et le Port-Séguin (*R. et C. Tulasne*) et à Charroux (*Delastre*), dans le département de la Charente-Inférieure au marais de Harzan près Corme-royal (*Lloyd* Fl. ouest), et dans le département de l'Hérault à Ganges (*Jordan*). — M. Bourgeau l'a recueilli en Espagne à plusieurs localités, sur le Mont-Serrat près Barcelone (*Pl. Pyr.* exsicc. n. 293), dans la Sierra-de-Alcaras (*Pl. Hisp.* exsicc. n. 981) et sur la Sierra-Nevada. M. Blanco (*Pl. exsicc.* n. 432) l'a également trouvé en Espagne dans la province de Jaën.

40. **C. fulva** Good. in *Trans. Linn. soc.* II, 177, t. 20, f. 6 (forma sterilis). — *C. Hornschuchiana* Hoppe in *Bot. Zeit.* [1824] 599, et *Caric.* 76 ; Koch *Syn. fl. Germ.* ed. 2, 884 ; Rchb. *Ic.* VIII, t. 252, f. 621 ; *Fl. Par.* éd. 1, 602, et *Illustr. fl. Par.* t. 35, f. 9-11 ; Bill. *Exsicc.* n. 1087. — *C. Hostiana* DC. *Cat. hort. Monsp.* 88. — *C. speirostachya* Sm. *Engl. fl.* IV, 98. — *C. binervis* Whlnbg *Fl. Suec.* 598 non Sm. — *C. distans Fl. Dan.* VI, t.1049 non L. — [C. FAUVE].

Souche subcespiteuse. Tiges de 3-5 décim., dressées, obscurément trigones, lisses ou légèrement scabres au sommet. Feuilles glaucescentes, linéaires-étroites, planes, assez roides, plus courtes que la tige ; *ligule* à partie opposée au limbe saillante ovale-oblongue arrondie au sommet, *à partie adhérente au limbe* ord. *indistincte. Bractées* longuement engaînantes, *l'inférieure* foliacée, *dressée* dépassant l'épi femelle. Épi mâle solitaire, oblong-lancéolé. *Épis femelles* 2-3, dressés, *peu espacés*, ovoïdes-oblongs, compactes, l'inférieur à pédoncule dépassant la gaîne, les supérieurs brièvement pédonculés à pédoncule dépassant la gaîne ou inclus. *Utricules* dressés, rarement quelques-uns étalés, verdâtres, glabres, ovales-renflés, *convexes sur les deux faces*, obscurément nerviés, terminés par un bec bifide légèrement scabre aux bords, dépassant l'écaille. *Écailles* brunâtres, blanchâtres-scarieuses aux bords, *ovales-oblongues, aiguës à nervure disparaissant vers le sommet.* ♃. Mai-juin.

*A.C.* — Tourbières profondes, prairies tourbeuses. — Meudon!; Enghien!; Montmorency!; L'Ile-Adam! (*Chatin*) : Luzarches!; Morfontaine!; marais de Verderonne et de Saint-Martin près Sacy-le-Grand!; Compiègne!; Longueil-Sainte-Marie, Coyolles, Mareuil-sur-Ourcq, Bourneville, Rouville, Gesvres-le-Duché, etc. (*Questier*). Forêt de Senart!; vallée de Mennecy (*Des Étangs*); marais de Vayres! près La Ferté-Aleps; Valvins (*de Schœnefeld*) ; Nemours!; Malesherbes!. Vallée de Senlisse!; Saint-Léger!; Rambouillet!, etc.

S.-v. *sterilis.* (*C. fulva* Good.; Hoppe *Caric.* 76 ; Koch *Syn. fl. Germ.* ed. 2, 884; Rchb. *Ic.* t. 252, f. 620.— *C. xanthocarpa* Degl. in Lois. *Fl. Gall.* ed. 2, II, 299. — *C. biformis* α *sterilis* F. Schultz in *Bot. Zeit.* — *C. flavo-Hornschuchiana* A. Braun in *Bot. Zeit.* [1846] 5; Bill. *Exsicc.* n. 1088).— Tiges scabres. Feuilles d'un vert jaunâtre, assez larges. Bractée inférieure atteignant ord. ou dépassant l'épi mâle. Utricules plus gros, plus renflés, jaunâtres, ne renfermant pas d'akène. — Croît aux mêmes localités que le type.

Cette forme stérile, sur laquelle Goodenough a décrit son *C. fulva*, est considérée par plusieurs auteurs comme un hybride des *C. flava* et *fulva.*

41. **C. distans** L. *Sp.* 1387 ; *Engl. bot.* t. 1234 ; Rchb. *Ic.* VIII, t. 253, f. 622; *Illustr. fl. Par.* t. 35, f. 12-14 ; Bill. *Exsicc.* n. 1777. — [ C. DISTANT ].

Souche cespiteuse ou subcespiteuse. Tiges de 3-6 décim., dressées, obscurément trigones, lisses. Feuilles linéaires, planes, roides, plus courtes que la tige; *ligule* à partie opposée au limbe saillante ovale-oblongue arrondie au sommet, *à partie adhérente au limbe* très *courte* tronquée horizontalement ou brièvement ovale. *Bractées* longuement engaînantes, les inférieures foliacées *dressées* dépassant l'épi femelle. Épi mâle solitaire, oblong. *Épis femelles* 2-4, dressés, *espacés*, oblongs-cylindriques, compactes, l'inférieur à pédoncule dépassant la gaîne, les supérieurs à pédoncule ord. inclus. *Utricules dressés*, jaunâtres ou brunâtres, glabres, ovales, un peu renflés, subtrigones, obscurément nerviés, terminés par un bec court bifide légèrement scabre aux bords, dépassant l'écaille. *Écailles* brunâtres, ovales ord. *obtuses, mucronées par le prolongement de la nervure.* ♃. Mai-juin.

*C.* — Prés humides, endroits marécageux.

Le *C. binervis* Sm., très répandu dans les landes de l'Ouest, se distingue du *C. distans* par ses écailles plus colorées et par ses utricules ponctués ou largement tachés de pourpre ; nous ne l'avons pas rencontré dans nos environs.

42. **C. lævigata** Sm. in *Trans. Linn. soc.* V, 272 ; *Engl. bot.* t. 1387 ; Rchb. *Ic.* VIII, t. 254, f. 623; Bill. *Exsicc.* n. 1574. — *C. patula* Schk. *Caric.* trad. 150, t. *Bbb*, n. 116. — *C. biligularis* DC. *Cat. hort. Monsp.* 88 ; *Fl. Par.* éd. 1, 603, et *Illustr. fl. Par.* t. 35, f. 15-16. — [ C. LISSE ].

Souche subcespiteuse. Tiges de 4-9 décim., dressées ou penchées, triquètres, lisses ou légèrement scabres au sommet. *Feuilles* linéaires, planes, celles *des fascicules stériles* allongées ord. *larges*, plus courtes que la tige; *ligule* à partie opposée au limbe assez longuement saillante oblongue arrondie au sommet, *à partie adhérente au limbe allongée oblongue. Bractées* longuement engaînantes, les inférieures foliacées *dressées* dépassant l'épi femelle. Épi mâle solitaire, linéaire-oblong très allongé. *Épis femelles 3-4, verdâtres,* espacés, cylindriques, compactes, pédonculés, les inférieurs à pédoncule plus long que la gaîne un peu penchés à la maturité. Utricules dressés, verdâtres, glabres, ovales, convexes sur les deux faces, subtrigones, obscurément nerviés, terminés par un bec long bifide-cuspidé légèrement cilié-scabre aux bords, dépassant à peine l'écaille. *Écailles* d'un brun très clair, ovales-lancéolées, *longuement cuspidées* par le prolongement de la nervure. ♃. Mai-juin.

*R R.* — Lieux couverts des terrains tourbeux, marais et bruyères humides à *Sphagnum.*— Abondant à plusieurs localités de la forêt d'Arthies, Magny (*Granget*); bruyères humides de Neuville-Bosc !. Versants nord et sud de la forêt de Villers-Cotterets (*de Marcilly fils, Questier*) ; prairies tourbeuses de l'ancien étang de Gambaiseuil ! près Montfort-l'Amaury (*Thuillier* herb.); Les Planets ! près Saint-Léger.

**43. C. sylvatica** Huds. *Fl. Angl.* ed. 1, 353, et ed. 2, 411 ; *Fl. Dan.* III, 404 ; *Engl. bot.* t. 995 ; Host *Gram.* I, t. 84 ; Rchb. *Ic.* VIII, t. 242, f. 603 ; Bill. *Exsicc.* n. 874. — *C. Drymeia* L. f. *Suppl.* 414. — *C. capillaris* Thuill. *Fl. Par.* 485 non L. — [C. DES BOIS].

Souche cespiteuse. Tiges de 3-6 décim., grêles, penchées, triquètres, lisses ou légèrement scabres au sommet. Feuilles linéaires, planes, celles des fascicules stériles élargies, molles, plus courtes que la tige ; *ligule* à partie opposée au limbe ord. à peine saillante ou concave, *à partie adhérente au limbe très courte* ovale ou tronquée. Bractées très longuement engaînantes, les inférieures foliacées dressées dépassant l'épi femelle. Épi mâle solitaire, linéaire. *Épis femelles 4-5*, linéaires, lâches, longuement pédonculés à pédoncule grêle, *pendants* à la maturité, espacés. *Utricules* dressés, verdâtres, glabres, oblongs, trigones, dépourvus de nervures au moins supérieurement, *terminés par un bec linéaire égalant presque le reste de leur longueur* bifide lisse aux bords, dépassant à peine l'écaille. Écailles d'un blanc verdâtre, ovales-lancéolées, cuspidées par le prolongement de la nervure. ♃. Mai-juillet.

*C C.* — Lieux couverts, bois, taillis.

†††  Utricules terminés par un bec cylindrique ou comprimé divisé en deux pointes divergentes. Épis mâles ord. plusieurs.

* Utricules glabres.

**44. C. Pseudo-Cyperus** L. *Sp.* 1387 ; Host *Gram.* I, t. 85 ; *Engl. bot.* t. 242 ; *Fl. Dan.* VII, t. 1117 ; Rchb. *Ic.* VIII, t. 275, f. 657.— [C. FAUX-SOUCHET].

Souche cespiteuse. Tiges de 4-8 décim., dressées, triquètres, scabres. Feuilles linéaires-larges, planes. Bractées brièvement, plus rarement longuement engaînantes, foliacées, dressées, dépassant l'épi mâle. *Épi mâle solitaire*, oblong-allongé. *Épis femelles 4-6, pendants à la maturité, groupés au sommet de la tige*, cylindriques, longuement pédonculés à pédoncule grêle. *Utricules réfléchis à la maturité*, d'un jaune verdâtre, un peu arqués, ovales-lancéolés, nerviés, atténués en un long bec bicuspidé, dépassant l'écaille. *Écailles* blanchâtres, *linéaires-subulées*, scabres. ♃. Mai-juillet.

*A.C.* — Bords des étangs, endroits marécageux des bois. — Meudon!; étangs de Ville-d'Avray! et de Saint-Cucufas!; forêt de Marly!; forêt de Montmorency!. Magny!; Vernon!; Saint-Germer!. Marais de Sacy-le-Grand!. Vallée de Chevreuse!. Forêt de Senart!. Nemours!; Malesherbes!, etc.

45. **C. ampullacea** Good. in *Trans. Linn. soc.* II, 207; Host *Gram.* I, t. 99; *Engl. bot.* t. 780; Rchb. *Ic.* VIII, t. 277, f. 659; Bill. *Exsicc.* n. 2757. — *C. longifolia* Thuill.! *Fl. Par.* 490. — [C. EN AMPOULE].

Souche émettant des rhizomes obliques ou horizontaux traçants. *Tiges* de 4-6 décim., dressées, trigones *à angles obtus lisses. Feuilles glaucescentes*, linéaires étroites, canaliculées. Bractées non engaînantes, foliacées, dressées, égalant ou dépassant les épis mâles. *Épis mâles* 2-3, linéaires, grêles, *à écailles jaunâtres.* Épis femelles 2-3, dressés, espacés, cylindriques, pédonculés. *Utricules* dressés, *jaunâtres, renflés-subglobuleux*, nerviés, terminés par un bec linéaire comprimé brièvement bicuspidé, dépassant longuement l'écaille. *Écailles* jaunâtres, oblongues, étroites, aiguës, *à nervure disparaissant au-dessous du sommet.* ♃. Mai-juin.

*A.R.* — Prés et marais tourbeux. — Bondy (*Maire*); Jouy! près Versailles; vallée de Chevreuse! (*Chatin*); étang de Grand-moulin! près Senlisse, Maurepas, Auffargis!, Saint-Hubert (*de Schœnefeld*); Montfort-l'Amaury, Saint-Léger! (*Thuill. Fl. Par.*); Rambouillet!. Morfontaine!; Chaumont!; marais de Fay!; Le Becquet!; Neuville-Bosc!; marais de Saint-Germer!. Forêt de Compiègne marais de Pisse-leux près Villers-Cotterets, marais de Hureaux près La Ferté-Milon (*de Marcilly fils*); marais de Collinance près Thury-en-Valois et autres marais où il est moins rare que le *C. vesicaria* (*Questier*). Provins (*Bouteiller*). Moret!; Nemours!; marais de Sceaux! près Château-Landon; Malesherbes! (*Maire*), etc.

46. **C. vesicaria** L. *Sp.* 1388; *Fl. Dan.* IV, t. 647; Host *Gram.* I, t. 98; *Engl. bot.* t. 779; Rchb. *Ic.* VIII, t. 276, f. 658; Bill. *Exsicc.* n. 1575. — [C. VÉSICULEUX].

Souche à rhizomes obliques ou horizontaux traçants. *Tiges* de 4-8 décim., dressées, triquètres, *à angles aigus scabres. Feuilles d'un jaune verdâtre*, linéaires-planes. *Épis mâles* 2-3, linéaires-oblongs, *à écailles jaunâtres.* Épis femelles 2-3, cylindriques, brièvement pédonculés, dressés, espacés. Bractées non engaînantes, foliacées, dressées, égalant ou dépassant les épis mâles. *Utricules* dressés, *jaunâtres, ovales-coniques renflés*, nerviés, terminés par un bec comprimé bicuspidé, dépassant longuement l'écaille. *Écailles* d'un jaune brunâtre, lancéolées aiguës, *à nervure disparaissant au-dessous du sommet.* ♃. Mai juin.

*C.* — Lieux marécageux, bords des mares et des étangs.

47. **C. paludosa** Good. in *Trans. Linn. soc.* II, 202; Host *Gram.* I, t. 92; *Engl. bot.* t. 807; *Fl. Dan.* X, t. 1767; Rchb. *Ic.* VIII, t. 266, f. 644. — *C. rigens* Thuill.! *Fl. Par.* 488. — [C. DES MARAIS].

Souche à rhizomes obliques ou horizontaux traçants. Tiges de 4-9 décim., dressées, triquètres, à angles aigus scabres. Feuilles glaucescentes, linéaires larges, planes. Bractées non engaînantes, foliacées, dressées, égalant ou dépassant les épis mâles. *Épis mâles 3-4*, oblongs, robustes, *à écailles brunes les inférieures obtuses.* Épis femelles 3-4, cylindriques, sessiles ou brièvement pédonculés, dressés, espacés. *Utricules* dressés, d'un blanc brunâtre, ovales ou oblongs, subtrigones *comprimés*, nerviés, terminés par un bec brièvement bicuspidé plus rarement obliquement tronqué, dépassant à peine l'écaille. *Écailles* d'un brun noirâtre, lancéolées, aiguës ou cuspidées, *à nervure prolongée jusqu'au sommet.* ♃. Mai-juin.

*C C.* — Lieux marécageux ou fangeux, bords des rivières et des étangs.

Var. β. *Kochiana.* (*C. Kochiana* DC. *Cat. hort. Monsp.* 89 ; Rchb. *Ic.* VIII, t. **271**, f. 651). — Utricules dépassés par les écailles longuement cuspidées.

Par son port et ses utricules comprimés, le *C. paludosa* rappelle le *C. acuta ;* mais il s'en distingue facilement par les stigmates au nombre de trois, et par le bec des utricules bicuspidé.

48. **C. riparia** Curt. *Lond.* fasc. IV, t. 60 ; *Engl. bot.* t. 579 ; Rchb. *Ic.* VIII, t. 268, f. 647 ; Bill. *Exsicc.* n. 2160. — *C. crassa* Ehrh. *Beitr.* IV, 43 ; Host *Gram.* I, t. 93. — [C. DES RIVES].

Souche à rhizomes obliques ou horizontaux traçants. Tiges de 5-12 décim., dressées, triquètres, à angles aigus plus ou moins scabres. Feuilles glaucescentes, linéaires larges, planes. Bractées non engaînantes, foliacées, dressées, les inférieures égalant ou dépassant les épis mâles. *Épis mâles 3-5,* oblongs, robustes, *à écailles brunes toutes cuspidées.* Épis femelles 3-4, dressés ou étalés, espacés, cylindriques, les inférieurs plus ou moins pédonculés, les supérieurs subsessiles. *Utricules* dressés, brunâtres, *ovales-coniques, convexes sur les deux faces,* marqués d'un grand nombre de nervures fines, s'atténuant en bec court brièvement bicuspidé, égalant environ l'écaille. *Écailles* brunes, lancéolées, *cuspidées* par le prolongement de la nervure. ♃. Mai-juin.

*C C.* — Lieux marécageux, bords des rivières et des étangs.

Var. β. *gracilis.* — Tiges presque lisses sur les angles. Feuilles souvent vertes. Épis mâles solitaires ou géminés. Épis femelles lâches, longuement pédonculés, souvent pendants. Utricules longuement dépassés par les écailles. Écailles très longuement cuspidées-aristées. — *A.R.* — Endroits marécageux ombragés. — La Cour-de-France !; Corbeil !; Mennecy !, etc.

## ** Utricules velus-hérissés.

49. **C. hirta** L. *Sp.* 1389 ; *Fl. Dan.* III, t. 425, et X, t. 1711 ; Host *Gram.* I, t. 96 ; *Engl. bot.* t. 685 ; Rchb. *Ic.* VIII, t. 257, f. 628 ; Bill. *Exsicc.* n. 2574. — [C. HÉRISSÉ].

Souche à rhizomes horizontaux, rameux, très longuement traçants. Tiges de 2-5 décim., dressées, trigones, à angles obtus lisses. *Feuilles* linéaires, un peu canaliculées, *pubescentes* surtout *sur les gaînes. Bractées foliacées, l'inférieure longuement engaînante.* Épis mâles 2-3, oblongs, grêles, à écailles jaunâtres pubescentes. Épis femelles 2-3, dressés, espacés, oblongs-cylindriques, pédonculés à pédoncule ord. inclus. Utricules dressés, velus-hérissés, verdâtres ou d'un blanc verdâtre, ovales-coniques, nerviés, s'atténuant en bec longuement bicuspidé, dépassant l'écaille. Écailles d'un blanc verdâtre, ovales-oblongues, cuspidées-aristées par le prolongement de la nervure. ♃. Mai-juin.

*C C.* — Endroits sablonneux humides, bords des rivières et des étangs.

Var. β. *hirtæformis.* (*C. hirtæformis* Pers. *Syn. pl.* II, 547). — Feuilles et gaînes des feuilles glabres. — *A.C.* — Endroits inondés.

**50. C. filiformis** L. *Sp.* 1385 ; Host *Gram.* I, t. 86 ; *Engl. bot.* t. 904 ; Rchb. *Ic.* VIII, t. 265, f. 643 ; Bill. *Exsicc.* n. 686. — [C. FILIFORME].

Souche émettant des rhizomes obliques ou horizontaux traçants. Tiges de 5-9 décim., dressées, obscurément trigones, lisses ou légèrement scabres au sommet. *Feuilles* linéaires, *canaliculées-enroulées*, à peine plus larges que la tige, très allongées, *glabres*. *Bractées foliacées, l'inférieure non engaînante* ou très brièvement engaînante. Épis mâles 1-3, linéaires-oblongs, à écailles brunes glabres. Épis femelles 2-3, dressés, espacés, oblongs-cylindriques, sessiles ou l'inférieur pédonculé. Utricules dressés, velus-hérissés, brunâtres, ovales-oblongs, renflés, nerviés, s'atténuant en bec court bicuspidé, dépassant l'écaille. Écailles brunes, ovales, mucronées-aristées par le prolongement de la nervure. ♃. Mai-juin.

R. — Marais tourbeux. — Mennecy ! (*Des Étangs*). Larchant ! (*Devilliers*) ; marais de Sceaux ! près Château-Landon ( *de Schœnefeld* ) ; Malesherbes ! (*Maire*). Abondant aux env. de Saint-Léger ! ; ancien étang du Serisaye ! et étang de Guipereux ! près Rambouillet.

TRIBU II. **SCIRPEÆ.** — Fleurs hermaphrodites. Épis ou épillets à écailles imbriquées sur plusieurs rangs, ord. inégales, les inférieures souvent stériles. Soies hypogynes 6, rarement plus, quelquefois en nombre moindre ou nulles, quelquefois 3 petites écailles alternant avec des soies en même nombre, ou un disque entourant la base de l'akène.

**2. RHYNCHOSPORA** Vahl *Enum.* II, 229. — [RHYNCHOSPORE].

Épillets pauciflores, tantôt à fleurs toutes hermaphrodites, tantôt à fleur inférieure hermaphrodite ou femelle les autres mâles. *Écailles* imbriquées sur plusieurs rangs, ord. *plusieurs inférieures* stériles *plus petites que les supérieures* seules fertiles. Soies hypogynes plus courtes que les écailles, 6 ou souvent plus ou moins, quelquefois très petites ou avortées. Style 2-3-fide, à base dilatée-renflée. *Akène* convexe sur les deux faces, *couronné par la base du style renflée et persistante.*

Plantes vivaces, à souche cespiteuse ou traçante. Tiges feuillées. *Épillets* plus ou moins *nombreux*, rapprochés en glomérules ou en fascicules ord. disposés en corymbe ou en panicule terminale.

**1. R. alba** Vahl *Enum.* II, 236 ; Rchb. *Ic.* VIII, t. 285, f. 678 ; Bill. *Exsicc.* n. 1082 et *bis.* — *Schœnus albus* L. *Sp.* 65 ; *Fl. Dan.* II, 320 ; Host *Gram.* IV, t. 72 ; *Engl. bot.* t. 985. — [R. BLANC].

*Souche cespiteuse.* Tiges de 1-5 décim., grêles, trigones. Feuilles linéaires étroites, carénées. *Épillets blanchâtres*, oblongs, aigus, rapprochés et disposés en glomérules ; *glomérules* pédonculés, ternés ou géminés, les uns axillaires, les autres terminaux, *accompagnés de bractées foliacées qui les égalent ou les dépassent à peine. Soies* hypogynes 10-13, scabres, *à denticules dirigés en bas.* ♃. Juin-août.

R. — Marais tourbeux. — Env. de Saint-Léger¹, étang des Planets ! (*Thuill. Fl. Par.*) ; ancien étang du Serisaye ! près Rambouillet ; Morfontaine ! (*Adr. de Jussieu*) ;

Neuf-moulin!. Env. de Chaumont (*Frion*); bruyères humides de Neuville-Bosc (*Daudin*); marais de Bretel près Saint-Germer (*Graves* Cat. Oise).

2. **R. fusca** Rœm. et Schult. *Syst. veg.* II, 88; Rchb. *Ic.* VIII, t. 285, f. 677; Bill. *Exsicc.* n. 2561. — *Schœnus fuscus* L. *Sp.* 1664; *Engl. bot.* t. 1575. — *S. setaceus* Thuill. *Fl. Par.* 19. — [R. BRUN].

*Souche traçante.* Tiges de 1-3 décim., grêles, triquètres. Feuilles filiformes, carénées. *Épillets brunâtres*, oblongs, rapprochés en glomérules; *glomérules* pédonculés, géminés, plus rarement ternés, les uns axillaires, les autres latéraux, *accompagnés de bractées foliacées qui les dépassent longuement. Soies* hypogynes 5-6, scabres, *à denticules dirigés en haut.* ♃. Juin-juillet.

*R R.* — Marais tourbeux. — Env. de Saint-Léger!; ancien étang du Serisaye! près Rambouillet. — *Graves* Cat. Oise : marais de Bretel entre Saint-Pierre-ès-champs et Saint-Germer; vallée du Matz, devant Élincourt-Sainte-Marguerite, Villers, Coudun.

3. **HELEOCHARIS** R. Br. *Prodr. Nov.-Holl.* 224. — [HÉLÉOCHARIS].

*Épillets* multiflores, plus rarement pauciflores. *Écailles* imbriquées sur plusieurs rangs, les *inférieures* 1-2 stériles *plus grandes que les supérieures.* Soies hypogynes plus courtes que les écailles, 6 quelquefois plus ou moins, très rarement nulles. Style 2-3-fide, à base dilatée-renflée. *Akène* trigone ou convexe sur les deux faces, *couronné par la base du style renflée et persistante.*

Plantes annuelles, ou plus ord. vivaces à souche cespiteuse ou traçante. Tiges dépourvues de feuilles, entourées à leur base de gaînes dépourvues de limbe. *Épillets solitaires terminaux.*

1. **H. palustris** R. Br. *Prodr. Nov.-Holl.* 224; Bill. *Exsicc.* n. 2559.— *Scirpus palustris* L. *Sp.* 70; *Fl. Dan.* II, t. 273; Host *Gram.* III, t. 55; *Engl. bot.* t. 131; Rchb. *Ic.* VIII, t. 297, f. 704. — [H. DES MARAIS].

Souche à *rhizomes* horizontaux *très longuement traçants.* Tiges de 1-6 décim., ord. cylindriques-comprimées. Épillet multiflore, oblong, à *écailles* aiguës, les *2 inférieures* vertes *stériles n'embrassant chacune que la moitié de la base de l'épillet. Stigmates* 2. Akène jaunâtre, lisse, obovale-pyriforme, un peu comprimé, à bords obtus. Soies hypogynes 4-6, persistantes, ord. plus longues que l'akène. ♃. Mai-juillet.

*C C.* — Lieux inondés, bords des mares et des étangs.

*S.-v. glaucescens.* — Plante un peu glaucescente.

Var. β. *minor.* (*Scirpus reptans* et *S. intermedius* Thuill. *Fl. Par.* 22). — Tiges de 3-15 centim. Écailles très aiguës, très colorées. — Endroits desséchés, lieux inondés l'hiver.

2. **H. uniglumis** Rchb. *Fl. excurs.* 77; Koch *Syn. fl. Germ.* ed. 2, 852; Gren. et Godr. *Fl. Fr.* III, 380; Bill. *Exsicc.* n. 1969.— *Scirpus uniglumis* Link *Jahrb.* I, III, 77; Rchb. *Crit.* II, t. 182, f. 319, et *Ic.* VIII, t. 296, f. 703. — [H. A UNE ÉCAILLE].

Souche à *rhizome* horizontal ou un peu oblique, *traçant.* Tiges de 1-4 décim., cylindriques. Épillet multiflore, oblong, à *écailles* aiguës, *l'inférieure seule stérile scarieuse embrassant presque toute la base de l'épillet. Stig-*

*mates* 2. Akène jaunâtre, lisse, obovale-pyriforme, un peu comprimé à bords obtus. Soies hypogynes 4-6, persistantes, ord. plus longues que l'akène. ♃. Juin-juillet.

*A.C.*— Marais et prairies tourbeuses. — Enghien !; Saint-Germain !. Forêt de Senart !; Mennecy !; Maurepas (*de Schœnefeld*); Saint-Léger !; Berchères-la-Maingot près Chartres (*Vigineix*); Cocherelle ! près Dreux. Nemours !; Larchant ! près Nemours ; Malesherbes !; marais de Sceaux ! près Château-Landon. Neuville-Bosc !; Voisinlieu près Beauvais (*Taillefert*), etc.

3. **H. multicaulis** Dietr. *Sp.* II, 76 ; Koch *Syn. fl. Germ.* ed. 2, 852 ; Bill. *Exsicc.* cent. 2, o. — *Scirpus multicaulis* Sm. *Fl. Brit.* I, 48 ; *Engl. bot.* t. 1187 ; *Fl. Dan.* XI, t. 1923 ; Rchb. *Ic.* VIII, t. 296, f. 702. — [H. MULTICAULE].

*Souche cespiteuse.* Tiges de 1-4 décim., cylindriques. Épillet multiflore, oblong, souvent vivipare, à écailles presque aiguës, l'inférieure stérile verte scarieuse aux bords embrassant presque toute la base de l'épillet. *Stigmates 3. Akène* lisse, d'un brun noirâtre, obovale, *trigone, à angles aigus.* Soies hypogynes 4-6, persistantes, ord. plus longues que l'akène. ♃. Juin-août.

*A.R.* — Lieux tourbeux et marécageux. — Aigremont près Poissy (*de Schœnefeld*). Morfontaine (*Adr. de Jussieu*). Forêt de Senart !; forêt de Rougeaux !; forêt de Fontainebleau : mares de Bellecroix !, de Franchart !, etc.; Malesherbes !. Saint-Léger !, etc. — *Graves* Cat. Oise : marécages de la vallée de Bray.

4. **H. ovata** R. Br. *Prodr. Nov.-Holl.* 224 in adnot.; Rœm. et Schult. *Syst. veg.* II, 152 ; Bill. *Exsicc.* n. 2560. — *Scirpus ovatus* Roth *Cat.* I, 5 ; Host *Gram.* III, t. 56 ; *Fl. Dan.* XI, t. 1801 ; Rchb. *Ic.* VIII, t. 295, f. 700-701. — *S. annuus* Thuill. *Fl. Par.* 22. — [H. OVOÏDE].

*Plante annuelle.* Tiges de 5-15 centim., cylindriques. *Épillet* multiflore, ovoïde, *à écailles obtuses* étroitement imbriquées, les deux ou trois inférieures souvent verdâtres n'embrassant chacune qu'une partie de la base de l'épillet. *Stigmates* 2. Akène jaunâtre, lisse, obovale-suborbiculaire, *un peu comprimé*, à bords aigus. Soies hypogynes 4-6, persistantes, plus longues que l'akène. ①. Juin-août.

*R R.* — Bords desséchés des étangs et des mares, surtout des terrains sablonneux. — Étang de Villebon près Meudon (*Thuill. Fl. Par., Weddell, Mandon*); étang du Trou-salé près Versailles (*de Schœnefeld*); Villeneuve-Saint-Georges dans les mares le long du chemin de fer (*Gilon*); forêt de Senart (*Thuill.* herb.). Saint-Léger !, étang de Saint-Hubert (*Adr. de Jussieu*). Charly (*Crépin*). — *Graves* Cat. Oise : marais de Morfontaine ; Bienville cant. de Compiègne. — Cette plante, qui est très abondante dans les années où les eaux sont basses, est souvent fort rare aux mêmes localités dans les circonstances contraires.

5. **H. acicularis** R. Br. *Prodr. Nov.-Holl.* 224 in adnot.; Rœm. et Schult. *Syst. veg.* II, 154. — *Scirpus acicularis* L. *Sp.* 71 ; *Fl. Dan.* I, t. 167, et II, t. 287 ; *Engl. bot.* t. 749 ; Host *Gram.* IV, t. 60 ; Rchb. *Ic.* VIII, t. 294, f. 695. — *Scirpidium aciculare* Nees *Gen. fl. Germ.* monoc. II, t. 19. — [H. ÉPINGLE].

*Souche cespiteuse, émettant des rhizomes filiformes* traçants qui donnent naissance à de nouveaux individus. *Tiges* de 5-10 centim., *capillaires, tétragones.* Épillet 5-10-flore, grêle, ovale-aigu, à écailles aiguës, les inférieures plus grandes. *Stigmates 3. Akène* blanchâtre, oblong, obscurément *trigone, marqué de côtes longitudinales* et de rides transversales fines. Soies hypogynes 2-6, courtes caduques, ou nulles. ♃. Juin-août.

C. — Bords des étangs et des rivières, endroits inondés l'hiver.

## 4. SCIRPUS L. *Gen.* n. 67 ex parte. — [ SCIRPE ].

Épillets multiflores, plus rarement pauciflores. *Écailles* imbriquées sur plusieurs rangs, les *inférieures* 1-2 stériles *plus grandes que les supérieures.* Soies hypogynes plus courtes que les écailles, 6 ou moins, souvent nulles. Style 2-3-fide, à base non dilatée-renflée. *Akène* triquètre ou convexe sur les deux faces, *mucroné par la base non renflée du style ou non mucroné.*

Plantes annuelles, ou plus ord. vivaces à souche cespiteuse ou traçante. Tiges simples, très rarement rameuses, feuillées ou dépourvues de feuilles et alors entourées à leur base de gaînes dépourvues de limbe ou à limbe très court. Épillets solitaires terminaux, ou plus ord. plus ou moins nombreux rapprochés en glomérules ou disposés en corymbes, l'inflorescence paraissant quelquefois latérale en raison d'une bractée qui continue la direction de la tige.

Sect. I. — *Épillets terminaux solitaires* au sommet des tiges ou de leurs ramifications. — (1-3).

Sect. II. — *Inflorescence pseudolatérale ;* épillets nombreux ou 2-5, rarement solitaires par avortement, dépassés par l'une des bractées de l'involucre·qui continue la direction de la tige. Bractées enroulées semicylindriques, ou caniculées-triquètres. — (4-6).

Sect. III. — *Inflorescence* terminale, *jamais pseudolatérale ; épillets* nombreux, *disposés en panicule* simple ou décomposée. Feuilles de l'involucre planes. — (7-8).

Sect. IV. — Inflorescence terminale, jamais pseudolatérale ; *épillets* nombreux, *disposés en épi terminal distique.* Feuilles de l'involucre planes canaliculées. — (9).

Sect. I. — Épillets terminaux solitaires au sommet des tiges ou de leurs ramifications.

1. **S. pauciflorus** Lightf. *Fl. Scot.* 1078 [ 1777 ] ; Sm. *Engl. fl.* 1, 55 ; *Engl. bot.* t. 1122 ; *Fl. Dan.* XI, t. 1862 ; Host *Gram.* III, t. 58 ; Rchb. *Ic.* VIII, t. 299, f. 707-708 ; Bill. *Exsicc.* n. 2049. — *S. Bœothryon* Ehrh. *Phyt.* n. 31 [ 1780 ] ; L. f. *Suppl.* 103 ; *Fl. Par.* éd. 1, 609. — *S. Halleri* Vill. *Dauph.* II, 188. — *S. campestris* Roth *Cat. bot.* I, 5 ; DC. *Fl. Fr.* III, 136. — *Bœothryon Halleri* Nees *Gen. fl. Germ.* monoc. II, t. 17, f. 16-18. — [ S. PAUCIFLORE ].

Souche cespiteuse, émettant des rhizomes filiformes traçants qui donnent naissance à de nouveaux individus. *Tiges* de 1-3 décim., cylindriques, *dépourvues de feuilles ; gaîne de la base de la tige brusquement tronquée.* Épillet terminal solitaire, 2-7-flore, ovoïde ou oblong. Écailles brunâtres, scarieuses aux bords, obtuses ; les deux inférieures plus grandes, embrassant l'épillet, égalant au moins la moitié de sa longueur, à nervure disparaissant au-dessous du sommet. Stigmates 3. Akène d'un blanc-grisâtre, obovale, trigone, mucroné. Soies hypogynes 3-6, ordinairement plus longues que l'akène. ♃. Juin-août.

A. R. — Lieux tourbeux, bords des étangs sablonneux. — Meudon ! ; Pontchartrain (*de Boucheman*) ; Port-Royal ! ; env. de Chevreuse : étang de Grand-moulin, Auffargis (*de Schœnefeld*) ; Saint-Léger ! ; ancien étang du Serisaye (*Thuill. Fl.*

Par.). Sérans! près Magny; Neuville-Bosc (*Daudin*); Verderonne!. Luzarches (*De Lens*); Ermenonville (*Questier*); Morfontaine!; env. de Compiègne et de Villers-Cotterets: Rouville, Bourneville, Mareuil-sur-Ourcq, Russy, Vauciennes, Longueil-Sainte-Marie, Coyolles (*Questier*). Nemours!; Malesherbes! (*Requien*), etc. — *Graves* Cat. Oise : vallée de Saint-Crépin-aux-bois; forêt de Laigue; vallée du Matz près d'Oiscmont; Houdainville cant. de Mouy.

2. **S. cæspitosus** L. *Sp.* 71; *Fl. Dan.* XI, t. 1861; *Engl. bot.* t. 1029; Rchb. *Ic.* VIII, t. 300, f. 710. — *Bæothryon cæspitosus* Nees *Gen. fl. Germ. monoc.* II, t. 17, f. 1-15. — [S. CESPITEUX].

*Souche cespiteuse compacte*, surmontée de gaînes desséchées persistantes. *Tiges* de 1-4 décim., cylindriques, *dépourvues de feuilles*; *gaîne de la base de la tige terminée par un limbe foliacé* court. Épillet terminal solitaire, 3-7-flore, ovoïde ou ovoïde-oblong. Écailles roussâtres, obtuses ou aiguës; les deux inférieures plus grandes, mucronées par le prolongement de la nervure, égalant ou dépassant l'épillet qu'elles embrassent largement. Stigmates 3. Akène brunâtre, obovale-oblong, trigone, mucroné. Soies hypogynes, ord. au nombre de 6, capillaires, dépassant longuement l'akène. ♃. Mai-juin.

*RR.* — Bruyères humides, lieux tourbeux. — Abondant aux env. de Saint-Léger (*Vaill.* Bot. Par.) : ancien étang du Serisaye!, étang des Planets! (*Thuill.* Fl. Par.), bruyères du Phalanstère!, Fontaines-blanches (*Adr. de Jussieu*). Morfontaine (*Questier*).— *Graves* Cat. Oise : marais de Belloy et de Villers-Saint-Barthélemy dans la vallée de Bray.

3. **S. fluitans** L. *Sp.* 71; *Fl. Dan.* VII, t. 1082; *Engl. bot.* t. 216; Rchb. *Ic.* VIII, t. 298, f. 705; Bill. *Exsicc.* n. 2558 et *bis*. — *Eleogiton fluitans* Link; Nees *Gen. fl. Germ.* monoc. II, t. 12. — [S. FLOTTANT].

*Souche cespiteuse. Tiges* de 5-15 centim., *rameuses, feuillées*, radicantes à la base, *couchées ou nageantes*. Épillets terminaux, solitaires au sommet des ramifications des tiges, 3-7-flores, ovoïdes. Écailles verdâtres, obtuses; les deux inférieures plus grandes, embrassant l'épillet qu'elles égalent presque. Stigmates 2. Akène blanchâtre, obovale-oblong, comprimé, mucroné. Soies hypogynes rudimentaires ou nulles. ♃. Juin-août.

*R.* — Mares et fossés des terrains tourbeux. — Saint-Germain! (*Clarion*); Aigremont près Poissy, Montfort-l'Amaury!, étang de Guipereux!, ancien étang du Serisaye! près Rambouillet (*de Boucheman*); abondant aux environs de Saint-Léger! (*Vaill.* Bot. Par.); forêt des Ivelines! (*Weddell*); « entre Saint-Clair et Roussigny » (*Vaill.* Bot. Par.). Mares de la forêt de Fontainebleau! (*Thuill.* Fl. Par.). — *Graves* Cat. Oise : marais de la vallée de Thérain; Morfontaine.

Sect. II. — Inflorescence pseudolatérale; épillets nombreux ou 2-5, rarement solitaires par avortement, dépassés par l'une des bractées de l'involucre qui continue la direction de la tige. Bractées enroulées-semicylindriques, ou canaliculées-triquètres.

4. **S. supinus** L. *Sp.* 73; Host *Gram.* III, t. 64; Rchb. *Ic.* VIII, t. 302, f. 715; Bill. *Exsicc.* n. 676. — [S. COUCHÉ].

*Plante annuelle.* Tiges de 5-12 centim., subcylindriques, ascendantes, feuillées à la base ou seulement munies de gaînes prolongées en pointe foliacée canaliculée. Épillets 2-5, ovoïdes, sessiles, réunis en glomérule pseudolatéral ; *la bractée qui continue la direction de la tige l'égalant presque* en longueur et en épaisseur. Écailles verdâtres ou blanchâtres, mucronulées par le prolongement de la nervure. Stigmates 3. *Akène* brunâtre, obovale, trigone, brièvement mucroné, *sillonné de rides transversales très marquées.* Soies hypogynes rudimentaires ou nulles. (I). Juillet-septembre.

*R.* — Bords des étangs et des mares des terrains sablonneux. — Mares le long du chemin de fer près de Villeneuve-Saint-Georges (*Gilon*). Étang de Saclé (*P. Jamin*); abondant à l'étang du Trou-salé ! (*Decaisne*); étang de Saint-Quentin (*de Boucheman*); Montfort-l'Amaury (*Thuill.* Fl. Par.); étangs de Saint-Hubert !. Mares de Chailly et du Chêne-perdu [ancienne buvette royale] (*Thuill.* Fl. Par.).

5. **S. setaceus** L. *Sp.* 73 ; *Fl. Dan.* II, t. 311 ; *Engl. bot.* t. 1693 ; Host *Gram.* III, t. 65 ; Rchb. *Ic.* VIII, t. 301, f. 711-712 ; Bill. *Exsicc.* n. 1774. — [S. SÉTACÉ].

*Plante annuelle.* Tiges de 5-8 centim., cylindriques, filiformes, dressées ou ascendantes, feuillées à la base ou seulement munies de gaînes prolongées en une pointe foliacée canaliculée très étroite. Épillets 2-3, rarement solitaires par avortement, ovoïdes, sessiles, réunis en glomérule pseudolatéral ; *la bractée qui côntinue la direction de la tige beaucoup plus courte qu'elle.* Écailles verdâtres ou brunâtres, obtuses, mucronulées par le prolongement de la nervure. Stigmates 3. *Akène* luisant, brunâtre, obovale, trigone, brièvement mucroné, *marqué de côtes longitudinales.* Soies hypogynes nulles. (I). Juin-août.

*C.* — Bords des rivières et des étangs, endroits inondés l'hiver.

6. **S. lacustris** L. *Sp.* 72 ; *Fl. Dan.* VII, t. 1142 ; *Engl. bot.* t. 666 ; Host *Gram.* III, t. 61 ; Rchb. *Ic.* VIII, t. 306, f. 722. — [S. DES LACS. — Vulg. *Jonc-des-tonneliers* ].

*Souche épaisse, très longuement traçante,* horizontale. *Tiges de 1-2 mètres,* cylindriques s'atténuant insensiblement dans leur partie supérieure, facilement compressibles, dressées, munies à la base d'écailles engaînantes, les gaînes supérieures se prolongeant en limbe ord. canaliculé ou enroulé ord. assez court. Épillets disposés en plusieurs glomérules qui partent du même point et sont les uns sessiles les autres pédonculés, les plus longs pédoncules souvent rameux, plus rarement en glomérules tous sessiles; la bractée qui continue la direction de la tige égalant ou dépassant à peine le groupe des épillets. *Écailles* brunes, lisses, scarieuses aux bords, déchiquetées-ciliées, *échancrées mucronées*-aristées par la nervure qui se prolonge au delà de l'échancrure. Stigmates 3, plus rarement 2. *Akène* d'un gris métallique, obovale subtrigone, mucroné, *lisse. Soies hypogynes* ord. 6, *égalant environ l'akène,* denticulées-spinuleuses, à denticules dirigés en bas. ♃. Mai-juillet.

*C C.* — Bords des eaux, rivières, étangs.

S.-v. *fluitans.* — Gaînes ord. toutes prolongées en limbe foliacé souvent très long aplani-rubané flottant. — Eaux courantes.

Var. β. *glaucus.* (*S. glaucus* Sm. *Engl. bot.* t. 2321. — *S. Tabernæmontani* Gmel. *Fl. Bad.* I, 101 ; Rchb. *Ic.* VIII, t. 307, f. 723 ; Bill. *Exsicc.* n. 2147 et *bis*). — Tiges de 7-12 décim., glauques ou glaucescentes, munies à la base d'écailles engaînantes dont les supérieures se prolongent rarement en pointe foliacée.

Épillets presque tous subsessiles, pédoncules portant très rarement des pédoncules secondaires. Écailles ponctuées-scabres. Stigmates ord. 2. Akène convexe sur les deux faces. — *A.R.* — Prairies tourbeuses, marécages. — Enghien !. Mennecy!, Saint-Vrain (*Adr. de Jussieu*), etc.

Sect. III. — Inflorescence terminale, jamais pseudolatérale ; épillets nombreux, disposés en panicule simple ou décomposée. Feuilles de l'involucre planes.

**7. S. maritimus** L. *Sp.* 74 ; Host *Gram.* III, t. 67 ; *Engl. bot.* t. 542 ; *Fl. Dan.* VI, t. 937 ; Rchb. *Ic.* VIII, t. 310-311, f. 726-728 ; Bill. *Exsicc.* n. 2557. — *S. tuberosus* Desf. *All.* I, 50 (forme à épillets brièvement pédonculés et agglomérés). — *S. macrostachyus* Willd. *Enum.* I, 78 (forme à gros épillets). — [ S. MARITIME ].

Souche à rhizomes longuement traçants présentant ord. des renflements plus ou moins épais au niveau de leurs ramifications ou des bases de tiges. Tiges de 4-9 décim., triquètres, feuillées. Feuilles planes, plus longues que la tige. Bractées de l'involucre inégales, foliacées, planes, dépassant longuement les épillets. *Épillets* oblongs ou cylindriques, ord. disposés en glomérules sessiles, ou les uns sessiles les autres pédonculés *à pédoncules* trigones *simples*. *Écailles* brunâtres, *bifides au sommet*, mucronées ou aristées par la nervure qui se prolonge au delà de l'échancrure. Stigmates 3. Akène d'un brun noirâtre, obovale, trigone, mucroné. Soies hypogynes 1-6, inégales, courtes, quelquefois nulles. ♃. Juin-septembre.

*C.* — Bords des eaux, rivières, fossés, étangs, lieux inondés l'hiver.

**8. S. sylvaticus** L. *Sp.* 75 ; *Fl. Dan.* II, t. 307 ; *Engl. bot.* t. 919 ; Host *Gram.* III, t. 68 ; Rchb. *Ic.* VIII, t. 313, f. 731 ; Bill. *Exsicc.* n. 2952 et *bis.* — [S. DES BOIS ].

Souche traçante. Tiges de 4-9 décim., triquètres, feuillées. Feuilles planes, larges, très allongées, ord. plus courtes que la tige. Bractées de l'involucre inégales, foliacées, planes, égalant ou dépassant à peine le corymbe. *Épillets* très nombreux, ovoïdes, en glomérules disposés *en corymbe terminal, à rameaux inégaux terminés par des corymbes secondaires très rameux. Écailles* d'un vert noirâtre, *obtuses ou aiguës*, mucronulées par le prolongement de la nervure. Stigmates 3. Akène d'un blanc jaunâtre, obovale, trigone, mucroné. Soies hypogynes ord. au nombre de 6, dépassant longuement l'akène. ♃. Mai-août.

*C.* — Endroits ombragés, bords des ruisseaux, fossés des bois.

Sect. IV. — Inflorescence terminale, jamais pseudolatérale ; épillets nombreux, disposés en épi terminal distique. Feuille de l'involucre plane canaliculée.

**9. S. compressus** Pers. *Syn. pl.* I, 66 ; Koch *Syn. fl. Germ.* ed. 2, 858. — *Schœnus compressus* L. *Sp.* 65 ; *Engl. bot.* t. 791 ; *Fl. Dan.* X, t. 1622. — *Scirpus Caricis* Retz *Prodr.* 16 ; Host *Gram.* III, t. 57. — *Blysmus compressus* Panz. in Link *Hort.* I, 278 ; Nees *Gen. fl. Germ.* monoc. II, t. 16, f. 1-12 ; Rchb. *Ic.* VIII, t. 293, f. 693. — [S. COMPRIMÉ].

Souche à rhizomes traçants. Tiges de 1-3 décim., triquètres au sommet, feuillées, nues supérieurement. Feuilles un peu canaliculées, atteignant souvent la longueur de la tige. Feuille de l'involucre solitaire, entièrement foliacée ou scarieuse à la base, plus longue ou plus courte que l'épi. *Épillets 6-8-flores, nombreux, disposés sur deux rangs en épi comprimé.* Écailles brunâtres, oblongues-lancéolées, aiguës, quelquefois mucronées par le prolongement de la nervure. Stigmates 2. Akène brunâtre, obovale-oblong, comprimé, surmonté du style persistant. Soies hypogynes 3-6, une fois plus longues que l'akène, denticulées-scabres, à denticules dirigés en bas. ♃. Juin-août.

*R.* — Prairies humides et tourbeuses, bords des ruisseaux, endroits sablonneux humides. — Saint-Gratien (*Thuill.* Fl. Par.); étang de Saint-Cucufas (*Delavaux*); Port-Royal!; vallée de Senlisse! près Dampierre. Mennecy! (*Des Étangs*). Morfontaine!; Luzarches (*De Lens*). Voisinlieu près Beauvais (*Taillefert*); Magny!; Le Coudray près Mantes (*Adr. de Jussieu*). Anet, Dreux! (*Dœnen*). Malesherbes!; Nemours!. Donnemarie (*Chaubard*). — *Graves* Cat. Oise : vallée de Bray ; vallée de Thérain à Montreuil, Breuil-le-vert; Marest cant. de Ribécourt; Braisnes, Villers-sur-Coudun et Zouet, cant. de Ressons; Cuise-Lamotte cant. d'Attichy ; prés du Rozoir dans la forêt de Compiègne ; vallée de l'Ourcq ; vallée de l'Autonne.

**5. CLADIUM** P. Browne *Jam.* 114. — [ CLADIUM ].

*Épillets 1-2-flores. Écailles* imbriquées sur plusieurs rangs, plusieurs *inférieures* stériles *plus petites que les supérieures.* Soies hypogynes nulles. Style 2-3-fide, à base non dilatée renflée. *Akène* ovoïde-subglobuleux, mucronulé par la *base du style non renflée, à épicarpe* luisant devenant *crustacé fragile* à la maturité et *se séparant de l'endocarpe,* à endocarpe osseux.

Plante vivace, à souche traçante. Tiges feuillées. Épillets nombreux, réunis, er glomérules disposés en corymbes ombelliformes axillaires et terminaux.

**1. C. Mariscus** R. Br. *Prodr. Nov.-Holl.* 236 ; Rchb. *Ic.* VIII, t. 287, f. 682 ; Bill. *Exsicc.* n. 1347. — *Schœnus Mariscus* L. *Sp.* 62 ; Host *Gram.* III, t. 53; *Fl. Dan.* VII, t. 1202; *Engl. bot.* t. 950. — [C. MARISQUE. — Vulg. *Rouche*].

Souche épaisse, souvent surmontée des bases persistantes des feuilles détruites, à fibres radicales robustes, émettant des rhizomes traçants chargés d'écailles imbriquées. Tiges atteignant souvent plus d'un mètre, robustes, roides, dressées, subcylindriques, feuillées dans toute leur longueur, donnant naissance dans leur partie supérieure aux rameaux de l'inflorescence. Feuilles roides, planes-carénées, scabres-coupantes sur les bords et la carène, longuement acuminées ; gaînes des feuilles caulinaires lâches. Épillets d'un brun ferrugineux, assez petits, ovoïdes-oblongs, en glomérules les uns sessiles les autres pédonculés disposés en corymbes rameux qui forment par leur ensemble une vaste panicule terminale. Akène lisse, luisant, d'un brun ferrugineux. ♃. Juin-août.

*A.R.* — Bords des étangs tourbeux, tourbières, marais sablonneux. — Commun dans les étangs de Coquenard et de Saint-Gratien! (*Thuill.* Fl. Par.). Abondant dans la vallée de Mennecy!; Itteville (*Adr. de Jussieu*). Forêt de Villefermoy (*M. Garnier*); Nemours!; très abondant à Larchant!, à Malesherbes! et dans le marais de Sceaux! près Château-Landon. L'Ile-Adam (*Chatin*); Morfontaine (*Mandon*); marais de Russy près Crépy-en-Valois, Vauciennes, Bourneville (*Questier*); Compiègne (*Léré*); très abondant dans les tourbières entre Saint-Martin et Sacy-le-Grand!; marais de Liancourt! près Chaumont; marais de Bretel! près Saint-Germer, etc.

**6. ERIOPHORUM** L. *Gen.* n. 68. — [LINAIGRETTE].

Épillets multiflores. Écailles imbriquées sur plusieurs rangs, presque égales, les inférieures quelquefois stériles. *Soies hypogynes* capillaires, ord. très nombreuses, *dépassant très longuement les écailles* de l'épillet et s'accroissant après la floraison. Style 3-fide, à base non dilatée-renflée. Akène obscurément trigone, mucroné ou non par la base du style non renflée.

Plantes vivaces, à souche oblique émettant des rhizomes un peu traçants, plus rarement cespiteuse. Tiges feuillées, les feuilles supérieures étant quelquefois réduites à la gaîne. Épillets ressemblant à la maturité à des houppes soyeuses, plus ou moins nombreux et solitaires à l'extrémité de pédoncules inégaux ord. penchés qui terminent la tige, plus rarement subsessiles agglomérés, quelquefois un épillet solitaire terminal.

Sect. I. — Épillet solitaire terminal.

1. **E. vaginatum** L. *Sp.* 76 ; *Fl. Dan.* II, t. 236 ; *Engl. bot.* t. 873 ; Rchb. *Ic.* VIII, t. 289, f. 686 ; Bill. *Exsicc.* n. 1561 et *bis*. — *E. cæspitosum* Host *Gram.* I, t. 39. — [L. ENGAINÉE].

Souche cespiteuse, formant une touffe compacte. Tiges de 3-5 décim., triquètres au sommet, portant 1-3 feuilles la supérieure ord. réduite à la gaîne renflée. Feuilles radicales roides, étroites, triquètres, scabres aux bords. Bractées nulles, *Épillet solitaire terminal*, dressé, ovoïde-oblong. Écailles lancéolées acuminées, noirâtres, scarieuses aux bords. ♃. Avril-mai.

*RR.* — Tourbières, mares tourbeuses des bois. — Mares de la forêt de Senart (*Mandon*). Mare de la forêt de Rambouillet près de Montfort-l'Amaury ! (*de Boucheman*) ; Saint-Léger (*Ant. de Jussieu* mss., *Tourn.* Hist. pl. Par., *Vaill.* Bot. Par., *de Boucheman, Brice*).

Sect. II. — Tige terminée par plusieurs épillets.

2. **E. latifolium** Hoppe *Taschenb.* [1800] 108 ; Host *Gram.* IV, t. 73 ; Rchb. *Ic.* VIII, t. 292, f. 691-692 ; Bill. *Exsicc.* n. 2951. — *E. polystachyon* β L. *Fl. Suec.* ed. 2, 17. — *E. polystachyon* Sm. *Fl. Brit.* I, 59 ; *Engl. bot.* t. 563. — *E. pubescens* Sm. *Engl. fl.* I, 78 excl. syn.; Hook. in *Engl. bot.* t. 2633. — Vaill. *Bot. Par.* t. 16, f. 2. — [L. A LARGES FEUILLES. — Vulg. *Linaigrette, Linaigrette-commune*].

Souche cespiteuse. Tige de 4-6 décim., obscurément trigone, feuillée surtout à la base. Feuilles planes, triquètres au sommet, scabres aux bords. Bractées 2-3, foliacées. *Pédoncules scabres*, à denticules dirigés en haut. Écailles ovales-lancéolées aiguës ou obtuses, d'abord verdâtres puis noirâtres à bords scarieux. ♃. Mai-juin.

*C.* — Prairies humides spongieuses, marais tourbeux.

3. **E. angustifolium** Roth *Tent. fl. Germ.* I, 24 ; *Engl. bot.* t. 564 ; *Fl. Dan.* IX, t. 1442. — *E. polystachyon* α L. *Fl. Suec.* ed. 2, 17 ; Rchb. *Ic.* VIII, t. 291, f. 689-690 ; Bill. *Exsicc.* n. 2950 et *bis*. — [L. A FEUILLES ÉTROITES. — Vulg. *Linaigrette*].

Souche oblique, émettant des stolons. Tige de 4-6 décim., très obscurément trigone, feuillée surtout à la base. Feuilles canaliculées-carénées, triquètres au sommet, légèrement scabres. Bractées 1-3, foliacées. *Pédoncules lisses, glabres.* Écailles ovales-lancéolées, acuminées, d'abord verdâtres puis noirâtres à bords scarieux. ♃. Mai-juin.

A.C. — Lieux marécageux et tourbeux.

Var. β. *congestum.* (*E. Vaillantii* Poit. et Turp. *Fl. Par.* t. 52. — Vaill. *Bot. Par.* t. 16, f. 1). — Épillets sessiles ou presque sessiles rapprochés. — A.R.

4. **E. gracile** Koch ap. Roth *Cat. bot.* II, 259 ; *Engl. bot.* t. 2402 ; Rchb. *Ic.* VIII, t. 290, f. 687-688. — *E. triquetrum* Hoppe *Taschenb.* [1800] 106 ; *Fl. Dan.* IX, t. 1441 ; Host *Gram.* IV, t. 74. — [ L. GRÊLE ].

Souche grêle, oblique, traçante. Tige de 3-5 décim., grêle, obscurément trigone, feuillée surtout à la base. Feuilles canaliculées-carénées, triquètres, à peine scabres, Bractées 1-2, courtes, membraneuses plus rarement terminées en pointe foliacée. *Pédoncules* rudes, *tomenteux.* Écailles ovales presque obtuses, d'abord verdâtres, puis d'un brun noirâtre. ♃. Mai-juin.

R. — Tourbières, mares tourbeuses.— Mares de la forêt de Rambouillet près de Montfort-l'Amaury ! (*de Boucheman*); Saint-Léger (*Ant. de Jussieu* mss.) ; Poigny !, étang de Guipereux (*de Boucheman*) et ancien étang du Serisaye ! près Rambouillet. Le Châtelet près Melun (*M. Garnier*) ; Moret ! ; Nemours !. Besmont près Crépy (*Questier*). — *Graves* Cat. Oise : marais de Savoie à Beauvais ; Pierrefonds ; vallée de l'Automne à Béthizy.

TRIBU III. **CYPEREÆ.** — Fleurs hermaphrodites. Épillets comprimés, à écailles imbriquées sur deux rangs opposés, égales, ou inégales les inférieures stériles un peu plus petites, souvent décurrentes sur les bords du rachis. Soies hypogynes nulles, ou 1-6 courtes ou rudimentaires.

### 7. SCHŒNUS L. *Gen.* n. 63 ex parte. — [ CHOIN ].

*Épillets 1-6-flores.* Écailles imbriquées sur deux rangs opposés, *plusieurs inférieures stériles* plus petites. *Soies hypogynes 3-6 ou moins,* assez souvent nulles par avortement. Style 3-fide. Akène trigone, plus ou moins mucroné par la base du style.

Plante vivace, à souche cespiteuse. Tiges entourées à la base par les gaînes des feuilles. Bractées élargies et scarieuses dans leur partie inférieure, embrassant l'inflorescence. Épillets rapprochés en fascicule terminal compacte.

1. **S. nigricans** L. *Sp.* 64 ; Host *Gram.* III, t. 54 ; *Engl. bot.* t. 1121 ; Rchb. *Ic.* VIII, t. 286, f. 679 ; Bill. *Exsicc.* n. 1559 et *bis* et *ter.* — *Chætospora nigricans* Kunth *Enum. pl.* II, 323. — [ C. NOIRATRE ].

Souche cespiteuse compacte, donnant ord. naissance à un grand nombre de tiges, surmontée d'écailles noirâtres luisantes qui résultent des gaînes persistantes des feuilles détruites. Tiges de 3-6 décim. dressées, subcylindriques, lisses, entourées à la base par les gaînes des feuilles, nues supérieurement. Feuilles toutes radicales, roides, très étroites, canaliculées, presque filiformes, presque lisses, ord. plus courtes que la tige, à gaînes brunâtres luisantes. Bractées 2, d'un brun noirâtre, inégales, l'inférieure terminée par une pointe foliacée roide presque piquante qui dépasse ord. le glomérule des épillets. Épillets d'un brun noirâtre, 5-12, groupés en glomérule terminal compacte. Écailles pliées-carénées, oblongues-lancéolées aiguës, uninerviées,

un peu scabres sur la carène, à insertion très large ; les inférieures plus petites, stériles, entourant le rachis de l'épillet par leur insertion en forme d'anneau ; les supérieures 1-3 fertiles, plus grandes, décurrentes sur les bords du
rachis excavé au niveau de la fleur située au-dessous. Akène oblong ou oblong-
obovale, à trois angles peu prononcés, blanc, luisant, lisse. Soies hypogynes
3-5, petites ou nulles. ♃. Mai-juillet.

A.R. — Prairies spongieuses, marais tourbeux. — Saint-Gratien ! (*Thuill.* Fl.
Par.). Grignon, Senlisse ! près Dampierre (*de Boucheman*) ; Vaux-de-Cernay (*E.
Fournier*). Épernon (*de Schrenefeld*). Vallée de Mennecy !; La Ferté-Aleps (*de Schœnefeld*) ; marais d'Épizy ! près Moret (*E. Fournier*) ; Nemours !; Malesherbes !; très
abondant dans les marais à Thurelles ! près Dordives. Morfontaine !; Luzarches (*De
Lens*) ; L'Ile-Adam ! (*Chatin*) ; Chaumont !; Compiègne (*Léré*) ; Mareuil-sur-Ourcq
près la Ferté-Milon (*Questier*), etc.


### 8. CYPERUS L. *Gen.* n. 66. — [SOUCHET].

*Épillets multiflores. Écailles* imbriquées sur deux rangs opposés, pliées-
carénées, *toutes fertiles* presque égales entre elles, *ou les inférieures 1-2
stériles* souvent plus petites. *Soies hypogynes nulles.* Style 2-3-fide. Akène
trigone, plus rarement comprimé, souvent mucroné par la base du style.

Plantes annuelles, ou vivaces à souche traçante. Tiges entourées à la base par les
gaînes des feuilles. Bractées foliacées rapprochées en involucre et dépassant ord.
longuement l'inflorescence. Épillets en fascicules sessiles ou pédonculés à pédoncules inégaux disposés en tête ou en corymbe terminal simple ou composé.

1. **C. flavescens** L. *Sp.* 68 ; Host *Gram.* III, t. 72 ; *Fl. Dan.* X, t. 1682 ; Sibth.
et Sm. *Fl. Græc.* I, t. 47 ; Kunth *Enum. pl.* II, 5 ; Rchb. *Ic.* VIII, t. 278,
f. 662-664.—*Pycreus flavescens* Rchb. *Fl. excurs.* 72. — [S. JAUNATRE].
*Plante annuelle.* Tiges de 1-2 décim., dressées, triquètres. Feuilles
planes-carénées, étroites, égalant souvent la tige. Bractées de l'involucre
dépassant très longuement les épillets. Épillets jaunâtres, oblongs-linéaires
aigus ; fascicules brièvement pédonculés ou subsessiles rapprochés en corymbe compacte. *Écailles* ovales, étroitement imbriquées, *non décurrentes
sur le rachis* de l'épillet. *Étamines* 3. *Stigmates* 2. *Akène* obovale-suborbiculaire, *comprimé latéralement*, contigu au rachis de l'épillet par son
bord. (ⅉ). Juillet-août.

R. — Lieux humides, bords des étangs et des rivières, surtout dans les terrains sablonneux. — Marcoussis (*Saulnier*) ; vallée de Mennecy (*Des Étangs*).
Assez abondant aux environs de Saint-Léger ! et de Rambouillet !; Dreux (*Dœnen*).
Montagny ! près Magny ; Gisors !. Morfontaine ! (*C^te Jaubert*). Nemours !; Malesherbes. — *Graves* Cat. Oise : Mont-Benard à Savignies près Beauvais ; Goincourt cant. de Beauvais ; marais de Beaumanoir cant. d'Estrées ; Saint-Just-en-
chaussée ; vallée de Vendy à Genancourt ; forêt de Laigue où il est commun ;
vallée de l'Automne au-dessus de Béthizy ; vallée de la Thève aux étangs de Comelle ; Rouville cant. de Crépy ; vallée de l'Ourcq à Mareuil, Bourneville ; marais
de Breuil-le-vert près Clermont.

2. **C. fuscus** L. *Sp.* 69 ; *Fl. Dan.* I, t. 179 ; Host *Gram.* III, t. 73 ; Sibth. et Sm.
*Fl. Græc.* I, t. 48 ; *Engl. bot.* t. 2626 ; Rchb. *Ic.* VIII, t. 280, f. 667 ; Bill.
*Exsicc.* n. 85 et *bis.* — [S. BRUN].
*Plante annuelle.* Tiges de 1-3 décim., dressées ou un peu étalées, tri-
quètres. Feuilles planes, à peine carénées, égalant souvent la tige. Bractées

de l'involucre dépassant très longuement les épillets. Épillets brunâtres, lancéolés- ou oblongs-linéaires; fascicules inégalement pédonculés ou subsessiles disposés en corymbe compacte ou un peu lâche. *Écailles* ovales-oblongues, un peu étalées à la maturité, *non décurrentes sur le rachis* de l'épillet. *Étamines* 2. *Stigmates* 3. Akène oblong atténué aux deux extrémités, triquètre, à peine plus court que l'écaille. ⊥. Juin-août.

A.C. — Lieux marécageux, sables humides, bords des rivières.

3. **C. longus** L. *Sp.* 67 ; Jacq. *Ic.* II₁ t. 297 ; Host *Gram.* III, t. 76 ; *Engl. bot.* t. 1309 ; Rchb. *Ic.* VIII, t. 282, f. 670 ; Bill. *Exsicc.* n. 471. — [S. LONG.— Vulg. *Souchet*].

*Plante vivace, à souche traçante épaisse.* Tiges de 5-10 décim., dressées, triquètres. Feuilles planes-carénées, assez larges, ord. plus courtes que la tige. Bractées de l'involucre trois à cinq fois plus longues que le corymbe. Épillets d'un brun rougeâtre, linéaires-allongés; fascicules la plupart très longuement pédonculés, à pédoncules très inégaux dressés, disposés en corymbe terminal ombelliforme. *Écailles* 5-7-*nerviées, décurrentes sous forme d'aile membraneuse sur chacun des bords du rachis* de l'épillet du côté de la fleur située au-dessous. *Étamines* 3. *Stigmates* 3. Akène oblong ou ovale-oblong, triquètre, environ deux fois plus court que l'écaille. ♃. Juillet-septembre.

RR. — Fossés, ruisseaux, lieux marécageux, bords des canaux. — Gentilly ! (*Cornuti* Ench. Par., *Thuill.* Fl. Par.). Brignancourt près Marines (*Paul de Bretagne*). Corbeil (*Tourn.* Hist. pl. Par.) ; Mennecy ! (*Tollard*) ; «Fontainebleau auprès de Moret» (*Tourn.* Hist. pl. Par.) ; bords du canal du Loing à Nemours ! (*Devilliers*). Cocherelle ! près Dreux (*Dœnen*); Maintenon (*Tourn.* Hist. pl. Par.) — *Graves* Cat. Oise : marais de Morfontaine où il est rare.

---

# CIX. GRAMINÉES

(GRAMINEÆ Juss. *Gen.* 28; P.B. *Agrost.* introd. 9-55; Kunth *Enum. pl.* I, 3).

*Fleurs* hermaphrodites, quelquefois unisexuelles monoïques très rarement dioïques, *à périanthe imparfait* plus rarement nul, *naissant chacune à l'aisselle d'une bractée* (glumelle inférieure), disposées en épillets bi-pluriflores ou multiflores distiques plus rarement uniflores, les bractées inférieures stériles (glumes) au nombre de 2, plus rarement de 1, quelquefois nulles par avortement, très rarement plusieurs (dans des genres exotiques) ; *l'axe court terminé par la fleur portant une petite bractée* (glumelle supérieure) qui par sa face dorsale regarde l'axe commun ; chaque fleur se détachant de l'axe commun de l'épillet avec la glumelle inférieure et la glumelle supérieure qui la recouvrent (en raison de cette disposition la fleur et les glumelles sont désignées d'une manière collective sous le nom de fleur); les fleurs supérieures ou les inférieures, rarement à la fois les unes et les autres, souvent imparfaites ou avortées dans un même épillet. — Glumes (1) égales ou inégales, très rarement nulles, l'inférieure quelquefois avortée, mutiques, plus rarement aristées. — Glumelle inférieure imparinerviée, aristée sur le dos ou au sommet, ou mutique, souvent insérée obliquement et enroulée à la base en un tube étroit (callus) qui entoure l'axe commun de l'épillet (rachis). — Glumelle supérieure le plus souvent binerviée, dépourvue de nervure moyenne et mutique, présentant très rarement une nervure moyenne, ord. émarginée ou bifide, très rarement nulle par avortement. — Périanthe imparfait, très rarement nul, composé de petites écailles membraneuses-charnues (squamules) irrégulières verticillées libres ou soudées entre elles, normalement au nombre de trois les deux extérieures alternant avec les glumelles, l'intérieure opposée à la glumelle supérieure ord. d'une autre forme et plus étroite ou le plus ordinairement nulle par avortement. — Étamines hypogynes, 3 plus rarement par avortement 2 ou 1 (dans nos espèces), alternant avec les squamules, dans les fleurs à 3 étamines deux étamines étant opposées aux nervures de la glumelle supérieure et une à la glumelle inférieure, dans les fleurs à deux étamines l'extérieure étant avortée, dans les fleurs à une seule étamine cette même étamine existant seule ; très rarement 4-6 étamines ou plus (dans des espèces étrangères à notre Flore). Filets capillaires souvent très grêles. *Anthères insérées sur le filet par leur dos*, bilobées, *à lobes* linéaires *libres et plus ou moins divergents à chaque extrémité* s'ouvrant chacun par une fente latérale dans toute sa longueur ou très rarement seulement au sommet. — Ovaire libre, composé de 2-3 carpelles, uniloculaire, uniovulé. Ovule ascendant, fixé à la paroi interne de la loge dans toute sa longueur ou seulement à la base, très rarement suspendu au-dessous du sommet. Styles 2, libres ou soudés à la base, très rarement soudés en un style indivis, très rarement 3, stigmatifères dans une étendue variable (vulg. stigmates); stigmates à poils simples ou rameux. — *Fruit* (caryopse) libre ou soudé avec les glumelles, *sec*, uniloculaire, *monosperme*, *indéhiscent*, à péricarpe ord. mince membraneux ou coriace et soudé avec la graine plus rarement libre, présentant ord. au niveau du hile qui réunit le testa au péricarpe une tache (macule hilaire) ponctiforme ou linéaire. — Périsperme farineux, ou farineux-corné, très rarement mou, très épais. *L'embryon placé en dehors du périsperme* dans une fossette à la base de sa face extérieure, composé d'un corps scutelliforme, de la gemmule et de la radicule. Corps scu-

(1) La plupart des auteurs ont donné le nom de *glume* à l'ensemble des deux glumes : la glume supérieure et la glume inférieure étaient alors appelées valve supérieure et valve inférieure de la glume. Il en était de même des deux glumelles (paillettes de beaucoup d'auteurs), dont l'ensemble était désigné sous le nom de *bale*. Les squamules ont été décrites sous les noms de *lodicules*, de *paléoles* et de *glumellules*.

telliforme charnu (hypoblaste Rich., cotylédon Kunth, G. de S^t-P., appendice latéral de la tigelle Adr. de Jussieu), excavé longitudinalement sur sa face externe, ouvert, plus rarement à bords soudés en tube et cachant la gemmule. Corps formé de la gemmule et de la radicule (blaste Rich., corculum Kunth, Endl.) souvent fusiforme-cylindracé logé dans l'excavation du corps scutelliforme auquel il est soudé à l'exception des deux extrémités ou seulement du sommet, présentant souvent extérieurement à la limite de la gemmule et de la radicule un appendice onguiforme (épiblaste Rich.); à extrémité terminale (plumule Kunth, cotylédon Rich.) conique, composée de 1-4 feuilles primordiales enroulées; à extrémité basilaire (radicule Kunth, radiculode Rich.) épaisse obtuse souvent munie intérieurement de plusieurs tubercules, perforée à la germination par des fibres radicales nées chacune de l'un de ces tubercules, les fibres radicales étant entourées à la base d'une petite gaîne (coléorhize Rich.) débris de la partie perforée du tégument.

Plantes terrestres croissant quelquefois dans les lieux marécageux, très rarement submergées-nageantes, annuelles ou vivaces. Racine fibreuse, ou souche cespiteuse ou traçante émettant souvent des stolons au niveau des nœuds radicants. Tige (chaume des auteurs) herbacée (dans nos espèces), très rarement frutescente presque ligneuse, simple, plus rarement rameuse, cylindrique, plus rarement comprimée, fistuleuse, très rarement pleine, ord. renflée en nœud au niveau de l'insertion des feuilles, à nœuds pleins. *Feuilles* alternes, *distiques*, composées d'une partie pétiolaire (soudée avec une stipule axillaire) et d'un limbe; *partie pétiolaire* membraneuse *enroulée en une gaîne qui entoure la tige* dans une grande étendue *et dont les bords sont libres* (gaîne fendue) *ou* très *rarement soudés* inférieurement ou jusqu'au sommet; *limbe* entier, ord. étroit *linéaire* à nervures parallèles, quelquefois rudimentaire; stipule axillaire membraneuse, soudée par la face externe avec la gaîne de la feuille à laquelle elle adhère étroitement, ne dépassant pas ou dépassant la gaîne sous forme de bourrelet ou de membrane (ligule) ord. non adhérente au limbe. La première feuille des bourgeons ou des rameaux le plus souvent membraneuse ou squamiforme (préfeuille), assez souvent bifide au sommet, ord. dépourvue de nervure moyenne et présentant deux nervures latérales faisant saillie sous forme de carènes, la face dorsale concave ou canaliculée par la saillie de ces carènes et appliquée sur la tige, la face qui regarde la feuille-mère canaliculée et le plus souvent embrassant le bourgeon ou la base du rameau par ses bords infléchis (la préfeuille des Graminées a été aussi désignée sous le nom de feuille bicanaliculée en raison de ce double canal). Les *rameaux de l'inflorescence ne naissant pas à l'aisselle de bractées et n'étant pas entourés d'une gaîne à la base.* Épillets hermaphrodites ou polygames, rarement unisexuels, contenant souvent des fleurs stériles ou rudimentaires, disposés au sommet de la tige ou des rameaux en panicule, en grappe ou en épi, quelquefois logés dans des excavations du rachis épaissi.

**TRIBU I. PHALARIDEÆ (1).** — *Épillets hermaphrodites, polygames ou monoïques,* disposés *en panicule* rameuse ou spiciforme, *en grappe ou en épi,* rarement géminés ou ternés, ord. comprimés latéralement, *à une seule fleur fertile* ord. *accompagnée de 1-2 fleurs inférieures rudimentaires. Glumes* de longueur variable, quelquefois nulles. *Glumelle inférieure de la fleur fertile regardant la glume inférieure,* très rarement la supérieure. Squamules 2 ou nulles, très rarement 3. Étamines 3, rarement 1-2 ou 6. Stigmates dressés ou divergents, quelquefois soudés en un seul, sortant au sommet ou sur les côtés de la fleur. *Caryopse ord. comprimé latéralement,* marqué d'une macule hilaire linéaire ou ponctiforme.

**SOUS-TRIBU I. Olyreæ.** — *Épillets monoïques,* les mâles et les femelles dissemblables ; *les mâles* disposés *en panicules ou en épis terminaux ; les femelles* subsolitaires, ou disposés *en épis axillaires* étroitement *renfermés dans des gaines* de feuilles à limbe rudimentaire ou presque nul.

 † Zea. — *Épillets femelles* étroitement rapprochés et disposés *en épis axillaires* solitaires *étroitement enveloppés par des gaines de feuilles.*

**SOUS-TRIBU II. Nardeæ.** — *Épillets hermaphrodites, à une seule fleur fertile,* disposés *en épi simple unilatéral,* logés dans des excavations du rachis de l'épi. *Glumes nulles.* Glumelles roides. Squamules nulles. Style court, indivis ; *stigmate filiforme,* très long, *sortant au sommet de la fleur.*

 1. Nardus. — Glumelle inférieure trigone-carénée, acuminée-subulée.

**SOUS-TRIBU III. Oryzeæ.** — *Épillets hermaphrodites* (dans notre espèce), plus rarement polygames ou monoïques, disposés *en panicule,* plus rarement en grappe, *à une seule fleur fertile. Glumes* petites ou *nulles.* Glumelles coriaces roides. Squamules 2 (dans notre espèce). *Stigmates* divergents, *sortant sur les côtés de la fleur.* Caryopse marqué d'une macule hilaire linéaire.

 2. Leersia. — Glumes nulles. Glumelle inférieure mutique.

**SOUS-TRIBU IV. Euphalarideæ.** — *Épillets* hermaphrodites ou polygames, disposés en panicule spiciforme plus rarement étalée, *à fleur hermaphrodite accompagnée de 1-2 fleurs inférieures rudimentaires. Glumes* ord. *plus longues que la fleur.* Glumelles ord. plus ou moins coriaces après la floraison. Squamules 2 ou nulles. Étamines 3 ou 2. *Stigmates* ord. longs, presque dressés, *sortant au sommet de la fleur.* Caryopse marqué d'une macule hilaire linéaire ou ponctiforme.

 3. Anthoxanthum. — *Glumes inégales,* l'inférieure de moitié plus courte. *Fleur* hermaphrodite *accompagnée* à sa base *de 2 glumelles* (fleurs rudimentaires) *aristées plus longues que la fleur.*

 4. Baldingera. — *Glumes presque égales. Fleur* hermaphrodite *accompagnée* à sa base *de 2 glumelles squamiformes* (fleurs rudimentaires) *mutiques beaucoup plus courtes que la fleur.*

---

(1) Pour faciliter l'étude, en évitant de multiplier les divisions de premier ordre, nous avons, à l'exemple de R. Brown (*Prodr. Nov.-Holl.* 169), réuni dans cette tribu, la moins naturelle de la famille, les genres qui en présentent les caractères essentiellement distinctifs, c'est-à-dire ceux chez lesquels la fleur fertile de l'épillet (troisième fleur) est munie à la base des rudiments d'une ou de deux fleurs neutres, et ceux qui s'éloignent du type normal, soit par les épillets diclines, soit par l'absence de glumes. — Le genre *Zea,* par la symétrie des parties de l'épillet, établit un passage entre la tribu des *Phalarideæ* et celle des *Paniceæ.*

TRIBU II. PANICEÆ (1). — *Épillets hermaphrodites ou polygames*, disposés *en panicule* spiciforme ou rameuse quelquefois digitée, *plus rarement en grappe* spiciforme, plus ou moins comprimés par le dos, *à une seule fleur hermaphrodite accompagnée d'une fleur inférieure imparfaite* mâle ou neutre *réduite à une ou à deux glumelles.* Glumes de longueur variable, l'inférieure souvent avortée, très rarement toutes deux avortées. *Glumelle inférieure de la fleur hermaphrodite regardant la glume supérieure.* Squamules 2, rarement nulles. Étamines 3. Stigmates ord. longs, sortant au sommet ou vers le sommet, rarement vers le milieu de la fleur. *Caryopse plus ou moins comprimé par le dos* ou presque cylindrique, marqué d'une macule hilaire ponctiforme.

SOUS-TRIBU V. EUPANICEÆ. — *Épillets hermaphrodites. Glume inférieure plus petite que la supérieure*, souvent très petite ou avortée. *Glumelles ord. cartilagineuses.*

5. OPLISMENUS. — *Épillets dépourvus d'involucre* de soies, disposés *en panicule* ou en épi composé. *Glume supérieure mucronée-aristée. Glumelles de la fleur* mâle ou *neutre 2, l'inférieure mucronée ou aristée.*

6. DIGITARIA. — *Épillets dépourvus d'involucre* de soies, disposés *en panicule* simple *digitée. Glume* inférieure très petite et quelquefois nulle, la *supérieure mutique. Glumelle inférieure* et unique *de la fleur neutre mutique.*

7. SETARIA. — *Épillets entourés d'un involucre* unilatéral composé *de 2 ou de plusieurs arêtes séliformes*, disposés en panicule spiciforme.

8. TRAGUS.—*Épillets dépourvus d'involucre* de soies, disposés en grappe racémiforme. *Glumelle inférieure de la fleur neutre coriace-cartilagineuse à 5-7 nervures chargées d'épines.*

SOUS-TRIBU VI. ANDROPOGONEÆ. — *Épillets* ord. géminés ou ternés : *polygames*, le moyen fertile, les latéraux mâles ou neutres, très rarement tous fertiles. *Glumes presque égales* entre elles, dépassant souvent la fleur fertile, *plus rarement inégales l'inférieure étant la plus grande. Glumelles membraneuses*, rarement cartilagineuses.

9. ANDROPOGON. — Épillets géminés sur les dents de l'axe, l'un sessile fertile, l'autre pédicellé mâle ou neutre. Glumes mutiques, membraneuses. Glumelle inférieure de la fleur hermaphrodite longuement aristée, à arête plus ou moins tordue inférieurement; la supérieure très petite ou manquant complétement. Panicule digitée.

TRIBU III. POEÆ. — *Épillets hermaphrodites*, rarement polygames, disposés *en panicule* rameuse ou spiciforme plus rarement digitée, *en grappe ou en épi*, cylindriques ou plus ou moins comprimés par le dos ou le côté, *uniflores*, *pluri-*

(1) A cette tribu, très naturelle et circonscrite, ainsi que l'a indiqué R. Brown (loc. cit.), appartiennent les genres dont l'épillet ne présente qu'une seule fleur hermaphrodite (deuxième fleur) accompagnée d'une fleur inférieure mâle ou neutre. — La symétrie des parties de l'épillet est identiquement la même dans les *Eupaniceæ* et les *Andropogoneæ*, et cette analogie n'avait pas échappé à l'illustre auteur du *Prodromus floræ Novæ-Hollandiæ*, qui les a compris dans une même division de la famille. C'est pour ne pas avoir tenu compte de ces données importantes fournies par les rapports des parties de l'épillet, que plusieurs auteurs ont placé aux deux extrémités opposées de la famille les *Eupaniceæ* et les *Andropogoneæ*, et que d'autres, trompés par l'absence ou la petitesse de la glumelle supérieure de la fleur hermaphrodite, ont décrit comme uniflore l'épillet de la plupart des *Andropogoneæ*.

Le genre *Arrhenatherum*, qui appartient à la tribu des *Poeæ* sous-tribu des *Aveneæ*, par l'épillet biflore à fleur inférieure mâle, se rapproche des *Paniceæ*, mais il s'en distingue par l'arête de la fleur mâle insérée vers la base de la glumelle inférieure, par la présence d'une troisième fleur représentée par un rudiment pédicelliforme, et surtout par le port, qui indique ses véritables affinités avec le genre *Avena*.

flores ou *multiflores à fleurs imparfaites nulles ou les supérieures* une ou plusieurs *imparfaites*. Glumes 2, de longueur variable, l'inférieure très rarement rudimentaire. *Glumelle inférieure de la fleur hermaphrodite inférieure ou de la fleur unique regardant la glume inférieure.* Squamules 2, rarement 3 ou nulles. Stigmates sortant à la base, plus rarement au sommet de la fleur. Caryopse marqué d'une macule hilaire ponctiforme ou linéaire.

SOUS-TRIBU VII. ALOPECUREÆ. — *Épillets* comprimés latéralement, *disposés en panicule spiciforme, plus rarement en épi, à une seule fleur hermaphrodite avec ou sans rudiment* pédicelliforme *d'une seconde fleur*. Glumes presque égales ou plus ou moins inégales, égalant ord. la fleur ou la dépassant. *Glumelles membraneuses*. Squamules 2 ou nulles. Étamines 3 ou 2. *Stigmates* allongés, *sortant au sommet de la fleur* et de l'épillet. Caryopse libre, comprimé latéralement ou presque cylindrique, marqué d'une macule hilaire ponctiforme.

10. CRYPSIS. — *Glumes* ord. plus courtes que la fleur, *mutiques non acuminées. Glumelles mutiques.* Squamules nulles. *Embryon allongé.* Panicule spiciforme ord. entourée de feuilles rapprochées en forme de spathe.

11. ALOPECURUS. — *Glumes* égalant ord. la fleur, mutiques, plus rarement mucronées-aristées, ord. *soudées entre elles inférieurement. Glumelle inférieure ord. munie d'une arête dorsale ; la supérieure ord. nulle.* Squamules nulles. Styles souvent soudés en un seul à la base. Embryon petit. Panicule spiciforme.

12. PHLEUM. — *Glumes dépassant la fleur, acuminées ou tronquées-acuminées à pointe souvent prolongée en arête. Glumelles 2,* l'inférieure ord. mutique, la supérieure bicarénée. Squamules 2, très rarement nulles. Styles libres. Embryon petit. Panicule spiciforme ou épi cylindrique.

13. MIBORA. — *Glumes* dépassant la fleur, *à sommet tronqué-arrondi mutique. Glumelles 2, fimbriées au sommet, mutiques. Épi filiforme.*

SOUS-TRIBU VIII. AGROSTIDEÆ. — *Épillets* plus ou moins comprimés latéralement, *disposés en panicule rameuse* étalée ou contractée *ou en panicule spiciforme, à une seule fleur hermaphrodite quelquefois accompagnée du rudiment pédicelliforme d'une seconde fleur.* Glumes presque égales ou inégales, plus longues que la fleur, rarement plus courtes. *Glumelles* de la même consistance que les glumes, *membraneuses-herbacées*, ne changeant pas de consistance après la floraison ; *l'inférieure mutique ou aristée à arête ord. dorsale.* Squamules 2, très rarement nulles. Étamines 3, plus rarement 2-1. *Stigmates sortant latéralement* à la base de l'épillet. Caryopse libre, marqué d'une macule hilaire ponctiforme plus rarement linéaire.

14. AGROSTIS. — Épillets uniflores sans rudiment de seconde fleur. *Glumes mutiques, presque égales, dépassant ord. plus ou moins la fleur. Glumelle inférieure tronquée au sommet, aristée sur le dos, plus rarement mutique. Panicule rameuse* étalée ou contractée.

15. APERA. — *Épillets uniflores avec le rudiment pédicelliforme d'une seconde fleur. Glumes mutiques, inégales, l'inférieure plus petite plus courte que la fleur. Glumelle inférieure aristée au-dessous du sommet. Panicule rameuse* étalée ou contractée.

16. CALAMAGROSTIS. — Épillets uniflores avec ou sans rudiment pédicelliforme d'une seconde fleur. *Glumes presque égales, dépassant longuement la fleur. Fleur entourée à la base de longs poils. Glumelle* inférieure *aristée* au sommet ou sur le dos. *Panicule rameuse.*

† AMMOPHILA. — Épillets uniflores avec le rudiment pédicelliforme d'une seconde fleur. Glumes mutiques, égalant environ ou dépassant un peu la fleur.

Fleur entourée de poils assez longs n'égalant pas sa longueur. *Glumelle inférieure presque mutique, bidentée au sommet et brièvement mucronée dans le sinus de l'échancrure.* Caryopse marqué d'une macule hilaire linéaire. *Panicule spiciforme*, allongée.

SOUS-TRIBU IX. STIPEÆ. — *Épillets* cylindriques ou comprimés latéralement ou par le dos, disposés *en panicule* étalée ou contractée, *à une seule fleur hermaphrodite.* Glumes presque égales ou inégales, de la longueur de la fleur ou la dépassant. *Glumelles* ord. d'une autre consistance que les glumes, *devenant coriaces ou presque cartilagineuses à la maturité; l'inférieure* souvent enroulée, *aristée au sommet* à arête simple ou trifide, *très rarement mutique.* Squamules 3, plus rarement 2. Étamines ord. 3. *Stigmates sortant latéralement* à la base de l'épillet. Caryopse libre, marqué jusque vers sa partie moyenne ou son sommet d'une macule hilaire linéaire.

17. MILIUM. — *Épillets convexes sur les deux faces. Glumes* égales, *concaves. Glumelle inférieure très concave, mutique.* Squamules 2.

18. STIPA. — Épillets plus ou moins comprimés latéralement. *Glumes* presque égales, plus rarement inégales, *canaliculées ou concaves un peu carénées. Glumelle inférieure enroulée* et enveloppant étroitement la supérieure, *à sommet aristé entier plus rarement bifide, à arête simple très longue tordue inférieurement articulée à la base.*

SOUS-TRIBU X. CHLORIDEÆ. — *Épillets* comprimés latéralement, *disposés en épis unilatéraux formant une panicule souvent digitée*, sessiles à la face externe d'un rachis continu, tantôt à plusieurs fleurs dont les 1-3 inférieures hermaphrodites, et les supérieures imparfaites, tantôt à une seule fleur hermaphrodite accompagnée ou non du rudiment pédicelliforme d'une seconde fleur. Glumes presque égales ou inégales, ord. plus courtes que les fleurs. Glumelles membraneuses, l'inférieure mutique ou mucronée-aristée. Squamules 2, rarement nulles. Étamines 3. *Stigmates* ord. allongés, dressés, *sortant vers le sommet ou au-dessus du milieu de la fleur.* Caryopse libre, ord. comprimé latéralement, marqué d'une macule hilaire ponctiforme.

19. CYNODON. — Glumes mutiques, lancéolées, carénées. Stigmates sortant au-dessus du milieu de la fleur. Épis en panicule digitée.

SOUS-TRIBU XI. PAPPOPHOREÆ. — *Épillets* plus ou moins comprimés latéralement, disposés *en panicule* étalée ou spiciforme ou *en épi, bi-multiflores les 1-5 fleurs inférieures hermaphrodites* la supérieure ou les supérieures ord. rudimentaires. Glumes presque égales ou inégales, dépassant les fleurs ou plus courtes qu'elles. *Glumelles* membraneuses ou un peu coriaces ; *l'inférieure* à 5-13 nervures, les *nervures se prolongeant toutes ou la plupart en dents ou en arêtes*, plus rarement indivise au sommet. Squamules 2, plus rarement nulles. Étamines 3, plus rarement 2. *Stigmates* ord. allongés, dressés, *sortant au sommet de la fleur.* Caryopse libre, presque cylindrique ou comprimé par le dos, marqué d'une macule hilaire ponctiforme ou courte-oblongue.

20. SESLERIA. — Épillets à 2-3 plus rarement 4-6 fleurs hermaphrodites. Glumelle inférieure concave-carénée, plurinerviée, tronquée et 3-5-dentée au sommet, à dents toutes ou la plupart mucronées ou aristées. Panicule spiciforme compacte, ovoïde ou oblongue.

SOUS-TRIBU XII. AVENEÆ (1). — *Épillets* à fleurs hermaphrodites, plus rare-

---

(1) Les groupes des *Avenæ* et des *Festuceæ*, dont les types extrêmes sont bien tranchés, se fondent néanmoins entre eux par de nombreux intermédiaires, car leurs caractères principaux, tirés de la longueur des glumes et de l'insertion de l'arête et de sa forme sont loin d'être tou-

ment à fleur inférieure ou supérieure mâle, pédicellés, plus rarement presque sessiles, disposés *en panicule rameuse* étalée ou spiciforme, *plus rarement en grappe ou en épi, bi-multiflores*, la fleur supérieure souvent rudimentaire. *Glumes* 2, grandes, presque égales ou inégales, *embrassant ord. presque complétement les fleurs. Glumelles* membraneuses ou un peu coriaces, l'inférieure ord. aristée, à arête ord. dorsale genouillée et tordue au-dessous de la courbure. Squamules 2. Étamines 3, très rarement 2. *Stigmates* ord. sessiles ou subsessiles, divergents, *sortant sur les côtés de la fleur. Caryopse* libre ou adhérent aux glumelles, marqué d'une macule hilaire linéaire ou ponctiforme.

21. CORYNEPHORUS. — Épillets biflores, plus rarement triflores, à fleurs hermaphrodites. *Glumelle inférieure* entière, *aristée au-dessus de sa base, à arête droite articulée* et entourée d'un anneau barbu *vers le milieu de sa longueur renflée en massue au sommet.* Panicule rameuse.

22. AIRA. — *Épillets biflores,* à fleurs hermaphrodites. *Glumelle inférieure bifide au sommet, aristée sur le dos,* plus rarement mutique, *à arête plus ou moins tordue inférieurement. Ovaire glabre. Caryopse présentant un sillon à la face interne,* à macule hilaire ponctiforme, adhérent à la glumelle supérieure. Panicule rameuse. *Plantes annuelles.*

23. DESCHAMPSIA. — *Épillets 2-3-flores,* à fleurs hermaphrodites. *Glumelle inférieure tronquée et irrégulièrement 3-5-dentée au sommet, aristée sur le dos,* à arête droite ou plus ou moins tordue inférieurement. *Ovaire glabre. Caryopse ne présentant pas de sillon à la face interne,* à macule hilaire indistincte, *libre* entre les glumelles. Panicule très rameuse. *Plantes vivaces.*

24. AIROPSIS. — *Épillets biflores,* à fleurs hermaphrodites. *Glumelle inférieure* très *large, mutique, obscurément subtrilobée. Ovaire glabre. Caryopse obovale* ou suborbiculaire, convexe en dehors, plan en dedans, à macule hilaire ponctiforme, libre entre les glumelles. Panicule rameuse.

25. HOLCUS. — *Épillets biflores, à fleur inférieure hermaphrodite mutique, la supérieure mâle aristée,* très rarement toutes deux hermaphrodites et aristées. *Glumelle inférieure de la fleur mâle aristée* au-dessous du sommet, à arête genouillée ou *flexueuse. Ovaire glabre. Caryopse* marqué d'une macule hilaire linéaire courte ou presque ponctiforme. Panicule rameuse.

26. ARRHENATHERUM. — *Épillets biflores* avec le rudiment pédicelliforme d'une troisième fleur, *la fleur inférieure mâle, la supérieure hermaphrodite. Glumelle inférieure bidentée ou bifide au sommet, aristée* près de la base dans la fleur mâle, à arête tordue inférieurement. *Ovaire poilu. Caryopse ne présentant pas de sillon à la face interne.* Panicule rameuse.

27. DANTHONIA. — *Épillets 2-6-flores,* à fleurs hermaphrodites, la supérieure rudimentaire. *Glumelle inférieure bidentée au sommet et munie entre les dents d'une arête* très courte *aplanie* en forme de mucron ou de dent, ou bifide et donnant naissance entre les lobes à une arête droite ou tordue aplanie à la base. *Ovaire glabre.* Panicule racémiforme ou rameuse.

28. GAUDINIA. — *Épillets 4-7-flores,* à fleurs hermaphrodites la supérieure souvent rudimentaire. *Glumelle inférieure* entière au sommet ou bidentée,

jours suffisamment distinctifs. — Pour ne citer qu'un exemple, nous indiquerons le genre *Kœleria*, qui, à peine distinct du genre *Trisetum*, et par cela même appartenant à la sous-tribu des *Avenea*, peut être rapporté également à la sous-tribu des *Festuca*, dans laquelle il est classé par la plupart des auteurs.

*aristée sur le dos, à arête genouillée tordue inférieurement. Ovaire poilu supérieurement. Caryopse presque plan à la face interne, marqué d'une macule hilaire ponctiforme. Épillets sessiles* disposés *en épi.*

29. AVENA. — *Épillets 2-3-flores ou pluriflores,* à fleurs hermaphrodites, la supérieure ord. rudimentaire. *Glumelle inférieure* ord. *bidentée, bicuspidée ou biaristée au sommet, aristée sur le dos, à arête* ord. *genouillée tordue inférieurement* quelquefois nulle par avortement. *Ovaire poilu* supérieurement. *Caryopse creusé d'un sillon à la face interne et marqué d'une macule hilaire linéaire qui occupe presque toute sa longueur. Panicule rameuse.*

30. TRISETUM. — *Épillets 2-6-flores,* à fleurs hermaphrodites, la supérieure ord. rudimentaire. *Glumelle inférieure bicuspidée ou biaristée au sommet, aristée sur le dos, à arête droite ou genouillée* ord. *tordue inférieurement. Ovaire glabre. Caryopse ne présentant pas de sillon à la face interne, à macule hilaire indistincte. Panicule rameuse* contractée, plus rarement étalée.

31. KŒLERIA. — *Épillets 2-7-flores,* à fleurs hermaphrodites, la supérieure ord. rudimentaire. *Glumelle inférieure* ord. *bidentée au sommet, tantôt mutique, tantôt aristée au sommet ou vers le sommet à arête droite non tordue continuant* ord. *la direction de la glumelle. Ovaire glabre. Caryopse ne présentant pas de sillon à la face interne, à macule hilaire indistincte. Panicule contractée spiciforme plus rarement un peu lâche.*

SOUS-TRIBU XIII. FESTUCEÆ (1). — *Épillets* à fleurs hermaphrodites, très rarement à fleur inférieure mâle, pédicellés plus rarement presque sessiles, disposés *en panicule* rameuse étalée ou spiciforme, *plus rarement en grappe ou en épi, bi-multiflores,* la fleur supérieure souvent rudimentaire. *Glumes 2, souvent plus courtes que la fleur contiguë. Glumelles 2,* membraneuses ou un peu coriaces ; *l'inférieure aristée au sommet ou au-dessous du sommet à arête non tordue, ou mutique.* Squamules 2. Étamines 3, rarement 2 ou 1. *Stigmates* ord. sessiles ou subsessiles, divergents, *sortant sur les côtés et* ord. *vers la base de la fleur.* Caryopse libre ou adhérent aux glumelles, marqué d'une macule hilaire linéaire ou ponctiforme.

32. PHRAGMITES. — *Épillets 5-7-flores, à fleur inférieure mâle, les autres hermaphrodites, à rachis glabre au-dessous de la fleur inférieure, muni* dans le reste de sa longueur *de longs poils qui entourent les fleurs. Glumelle inférieure rétrécie-subulée supérieurement. Styles allongés ;* stigmates sortant sur les côtés et vers le milieu de la fleur. Panicule très rameuse diffuse.

33. CYNOSURUS. — *Épillets 2-5-flores,* à fleurs hermaphrodites, *entremêlés d'épillets stériles bractéiformes* composés de glumes et de fleurs distiques-pectinées réduites à la glumelle inférieure linéaire-lancéolée. Glumelle inférieure aiguë, à sommet 2-denté mucroné ou aristé plus rarement mutique. Styles courts. *Panicule spiciforme unilatérale.*

34. MELICA. — *Épillets 3-5-flores, les 1-2 fleurs inférieures hermaphrodites, les supérieures stériles rudimentaires, la fleur stérile inférieure claviforme* renfermant les autres fleurs stériles réduites à 1 ou 2 glumelles. *Glumelle*

_______

(1) Les espèces à épillets subsessiles du genre *Festuca* et le genre *Brachypodium* établissent le passage entre la sous-tribu des *Festuceæ* et celle des *Triticeæ;* aussi ces espèces du genre *Festuca* et le genre *Brachypodium* ont-ils été réunis aux *Triticum* par un grand nombre d'auteurs.

*inférieure mutique.* Styles courts ou assez longs. Caryopse libre, ne présentant pas de sillon à la face interne, marqué d'une macule hilaire linéaire. *Panicule rameuse ou grappe.*

35. MOLINIA. — *Épillets 2-5-flores à fleurs hermaphrodites. Glumelle inférieure concave-semicylindrique, atténuée en cône aigu, mutique* souvent mucronée. *Styles assez longs.* Caryopse libre, ne présentant pas de sillon à la face interne, marqué d'une macule hilaire linéaire allongée. *Panicule rameuse.*

36. CATABROSA. — *Épillets biflores,* plus rarement uniflores par avortement, très rarement triflores, à fleurs hermaphrodites. *Glumes courtes, la supérieure* plus grande largement *obovale à sommet arrondi* lâchement crénelé ou denticulé. *Glumelle inférieure trigone-carénée, à sommet tronqué-arrondi. Squamules 2, libres entre elles.* Stigmates subsessiles. Caryopse libre, ne présentant pas de sillon à la face interne, marqué d'une macule hilaire ponctiforme. *Panicule rameuse. Plante aquatique.*

37. GLYCERIA. — *Épillets pluri-multiflores,* à fleurs hermaphrodites, la supérieure ord. rudimentaire. Glumes obtuses, plus courtes que les fleurs. *Glumelles se détachant en même temps, l'inférieure concave-semicylindrique* non carénée *mutique* obtuse au sommet. *Squamules soudées entre elles. Styles assez longs.* Caryopse libre, ne présentant pas de sillon à la face interne, *marqué* dans presque toute sa longueur *d'une macule hilaire linéaire. Panicule rameuse* étalée ou racémiforme. Plantes ord. aquatiques.

38. BRIZA. — *Épillets pluri-multiflores.* Glumes presque égales, plus courtes que les fleurs. *Glumelle inférieure comprimée-concave, suborbiculaire cordée à la base, arrondie au sommet, mutique.* Styles courts. Caryopse libre ou adhérent à la glumelle supérieure, à macule hilaire allongée ou presque ponctiforme. Panicule rameuse ou presque simple.

39. ERAGROSTIS. — *Épillets tri-multiflores.* Glumes presque égales, beaucoup plus courtes que les fleurs, caduques. *Glumelle inférieure* ord. trinerviée, *carénée,* à nervures saillantes glabres ou glabrescentes, *mutique, caduque et se détachant avec le caryopse ; la supérieure persistant plus longtemps sur le rachis. Styles assez longs.* Caryopse libre, à péricarpe dur presque transparent, *ne présentant pas de sillon à la face interne, marqué d'une macule hilaire ponctiforme. Panicule rameuse* diffuse plus rarement spiciforme ou racémiforme.

40. POA. — *Épillets bi-multiflores.* Glumes presque égales ou inégales, plus courtes que les fleurs. *Glumelle inférieure carénée,* ord. aiguë, *mutique, ne se détachant qu'avec la supérieure,* à 5 nervures ord. munies inférieurement de poils laineux plus ou moins longs qui semblent réunir les fleurs. Styles courts. Caryopse libre, *ne présentant pas de sillon à la face interne, marqué d'une macule hilaire ponctiforme. Panicule rameuse.*

41. DACTYLIS. — *Épillets 2-4-flores,* plus rarement pluriflores. Glumes aiguës ou acuminées-mucronées, ord. inéquilatérales, plus courtes que les fleurs. *Glumelle inférieure concave, carénée supérieurement, mucronée-aristée au sommet. Styles courts.* Caryopse libre, *à face interne déprimée-concave, marqué d'une macule hilaire ponctiforme. Panicule unilatérale.*

42. BROMUS. — *Épillets tri-multiflores.* Glumes inégales, plus courtes que les fleurs. *Glumelle inférieure* concave ou carénée, ord. bidentée ou bifide au sommet, *aristée au-dessous du sommet ou vers le sommet,* plus rarement mutique par avortement. *Ovaire velu supérieurement. Stigmates* sessiles ou subsessiles, *naissant au-dessous du sommet de l'ovaire. Caryopse adhé-*

rent à la glumelle supérieure, à face interne plane ou pliée-canaliculée, marqué d'une macule hilaire linéaire allongée. *Panicule* rameuse ou presque simple.

43. FESTUCA. — *Épillets bi-multiflores.* Glumes presque égales, ou inégales l'inférieure quelquefois très petite ou nulle par avortement, plus courtes que les fleurs. *Glumelle inférieure* concave ou carénée, aiguë ou acuminée au sommet, plus rarement presque obtuse, *prolongée en arête, plus rarement mucronée ou mutique ;* la supérieure à carènes finement ciliées. *Ovaire glabre, plus rarement poilu* au sommet. *Stigmates subsessiles ou sessiles, terminaux. Caryopse adhérent à la glumelle supérieure, à face interne concave ou canaliculée-concave, marqué d'une macule hilaire linéaire* plus rarement presque ponctiforme. Épillets pédicellés ou subsessiles, disposés en panicule rameuse, en grappe ou en épi.

44. BRACHYPODIUM. — *Épillets multiflores.* Glumes inégales, plus courtes que les fleurs. *Glumelle inférieure* concave, aiguë, *prolongée en arête ou en mucron ; la supérieure à carènes ciliées de poils roides. Ovaire poilu au sommet. Stigmates* subsessiles ou sessiles, *terminaux. Caryopse* ord. adhérent *à la glumelle supérieure,* à face interne concave ou canaliculée-concave, *marqué d'une macule hilaire linéaire allongée. Épillets très brièvement pédicellés, distiques, en épi* plus ou moins lâche dont le rachis est alternativement un peu creusé-concave au niveau des épillets.

SOUS-TRIBU XIV. TRITICEÆ. — *Épillets* hermaphrodites, plus rarement polygames, disposés *en épi, sessiles sur les dents du rachis,* plus rarement brièvement pédicellés, à rachis ord. alternativement flexueux aplani ou excavé au niveau des épillets, *1-2-multiflores,* à fleur supérieure souvent rudimentaire. Glumes 2, plus rarement 1, de longueur variable. *Glumelles* herbacées ou un peu coriaces, plus rarement membraneuses, l'*inférieure aristée tantôt au sommet tantôt au-dessous du sommet à arête non tordue, ou mutique,* plus rarement 2-3-dentée à dents aristées. Squamules 2. Étamines 3, rarement 1. *Stigmates* sessiles ou subsessiles, divergents, *sortant sur les côtés et ord. vers la base de la fleur.* Caryopse libre ou adhérent aux glumelles, marqué d'une macule hilaire linéaire.

45. LOLIUM. — Épillets solitaires sur les dents du rachis de l'épi, multiflores, opposés au rachis. *Glumes 2* et presque égales dans l'épillet terminal, *dans les épillets latéraux, la supérieure* (extérieure par rapport au rachis de l'épi) *opposée au rachis ainsi que les glumelles* herbacée plurinerviée mutique, *l'inférieure* (intérieure) *manquant* ord. *complétement.* Glumelle inférieure concave, mutique ou aristée au-dessous du sommet.

46. HORDEUM. — *Épillets ternés plus rarement géminés sur les dents du rachis de l'épi,* uniflores avec le rudiment pédicelliforme d'une seconde fleur, plus rarement biflores, les latéraux mâles ou neutres souvent pédicellés. Glumes 2, latérales, lancéolées-linéaires ou linéaires-subulées, aristées. Glumelle inférieure concave, prolongée en arête.

† SECALE. — *Épillets solitaires sur les dents du rachis de l'épi, biflores avec le rudiment pédicelliforme d'une troisième fleur. Glumes 2, latérales, étroitement lancéolées,* acuminées. Glumelle inférieure carénée, prolongée en arête.

47. TRITICUM. — *Épillets solitaires sur les dents du rachis de l'épi, tri-multiflores. Glumes 2,* latérales, *concaves ou carénées, entières ou 1-2-dentées au sommet,* mutiques ou aristées. Glumelle inférieure concave ou carénée, souvent ventrue, mutique ou aristée.

48. **Ægilops.** — *Épillets solitaires sur les dents du rachis de l'épi*, tri-pluriflores. *Glumes 2, latérales, concaves, assez souvent ventrues, non carénées, à sommet tronqué 1-5-denté à dents ord. prolongées en arêtes plus rarement entier. Glumelle inférieure concave non carénée, 1-5-dentée au sommet à dents aristées plus rarement mutiques.*

TRIBU I. **PHALARIDEÆ.** — *Épillets hermaphrodites, polygames ou monoïques*, disposés *en panicule* rameuse ou spiciforme, *en grappe, ou en épi*, rarement géminés ou ternés, ord. comprimés latéralement *à une seule fleur fertile ord. accompagnée de 1-2 fleurs inférieures rudimentaires. Glumes* de longueur variable, *quelquefois nulles. Glumelle inférieure de la fleur fertile regardant la glume inférieure*, très rarement la supérieure. Squamules 2 ou nulles, très rarement 3. Étamines 3, rarement 1-2 ou 6. Stigmates dressés ou divergents, quelquefois soudés en un seul, sortant au sommet ou sur les côtés de la fleur. *Caryopse ord. comprimé latéralement*, marqué d'une macule hilaire linéaire ou ponctiforme. ·

SOUS-TRIBU I. **OLYREÆ.** — *Épillets monoïques*, les mâles et les femelles dissemblables; *les mâles disposés en panicules ou en épis terminaux; les femelles* subsolitaires, ou disposés *en épis axillaires* étroitement *renfermés dans des gaînes* de feuilles à limbe rudimentaire ou presque nul.

† ZEA L. Gen. n. 1042. — [ MAIS ].

Épillets mâles disposés en grappes spiciformes; *épillets femelles* étroitement rapprochés et disposés *en épis axillaires* solitaires *étroitement enveloppés par des gaînes de feuilles.* — Épillets mâles biflores, à fleurs presque sessiles. Glumes concaves, mutiques. Glumelles membraneuses, mutiques, l'inférieure un peu plus courte obtuse-tronquée au sommet; la supérieure bicarénée, tronquée-bidentée au sommet. Squamules 2, charnues, tronquées, glabres. Étamines 3. Rudiment de l'ovaire nul. — Épillets femelles composés d'une seule fleur femelle accompagnée de 1-2 fleurs inférieures neutres réduites à des glumelles. Glumes 2, charnues-membraneuses, très larges, obtuses, concaves, l'inférieure émarginée-subbilobée enveloppant étroitement la supérieure. Glumelles de la fleur femelle et des fleurs neutres presque de même forme, oblongues transversalement, charnues-membraneuses, concaves, enveloppant étroitement l'ovaire; glumelle de la seconde fleur solitaire ou nulle. Squamules et étamines nulles. Ovaire obliquement subglobuleux, glabre. Style indivis, terminal très long, comprimé parallèlement au rachis de l'épi, cilié; stigmates 2, subulés, pubescents. Caryopse subglobuleux-réniforme, coloré, luisant, entouré à la base par les glumes et les glumelles persistantes. — Épillets mâles géminés l'un pédicellé l'autre subsessile, disposés en grappes spiciformes formant une panicule au-dessous de la grappe terminale, plus rarement la grappe terminale solitaire. Épillets femelles à demi plongés dans l'axe charnu de l'épi, disposés en plusieurs séries longitudinales rapprochées par paires, à styles pendants et dépassant très longuement les bractées engaînantes.

† **Z. Mays** L. *Sp.* 1378; Lmk *Illustr.* t. 740. — *Mays Zea* Gærtn. *Fruct.* I, 6, t. 1, f. 9. — Voir Bonafous *Hist. nat. Mais.* — [ M. CULTIVÉ. — Vulg. *Maïs, Blé-de-Turquie* ].

Plante annuelle. Tige de 8-20 décim., dressée, robuste, simple, pleine, lisse.

Feuilles planes, larges, pubescentes en dessus à poils épars, ciliées aux bords ; ligule très courte, ciliée. Épis femelles axillaires, très gros, cylindriques, longs de 2 décim. environ, sessiles, recouverts dans leur partie inférieure par la gaîne de la feuille et étroitement entourés de 4-9 bractées, la bractée extérieure contiguë à la tige présentant sur le dos deux carènes ailées bifide au sommet. Caryopses contigus, très gros, luisants, jaunes ou d'un brun rougeâtre. (I). Juin-septembre.

Cultivé en plein champ et dans les jardins potagers et les vignes. — Originaire de l'Amérique méridionale, où il était cultivé antérieurement à la découverte, mais où on ne l'a pas trouvé à l'état spontané.

**SOUS-TRIBU II. NARDEÆ.** — *Épillets hermaphrodites, à une seule fleur fertile*, disposés *en épi simple unilatéral*, logés dans des excavations du rachis de l'épi. *Glumes nulles*. Glumelles roides. Squamules nulles. Style court, indivis ; *stigmate filiforme*, très long, *sortant au sommet de la fleur.*

**1. NARDUS** L. *Gen.* n. 69 ; Nees *Gen. fl. Germ.* monoc. I, t. 86. — [NARD].

Épillets uniflores, hermaphrodites, à peine comprimés par le dos. *Glumes nulles.* Glumelle inférieure lancéolée, trinerviée, trigone-carénée, acuminée-subulée, embrassant la supérieure ; la supérieure plus courte, linéaire-lancéolée, obtuse, mutique, bicarénée. Squamules nulles. Étamines 3. Ovaire glabre. *Style indivis*, exactement terminal, environ de la longueur de l'ovaire ; *stigmate filiforme*, très long, pubescent à poils simples. Caryopse linéaire, cylindrique un peu comprimé par le dos, à face dorsale convexe, à face interne canaliculée dans sa moitié inférieure et marquée d'une macule hilaire linéaire, renfermé entre les glumelles mais libre. — Épillets disposés en *épi simple* unilatéral, solitaires et sessiles dans les excavations que présente le rachis de l'épi à leur niveau.

1. **N. stricta** L. *Sp.* 77 ; *Engl. bot.* t. 290 ; Host *Gram.* II, t. 4 ; *Fl. Dan.* VI. t. 1022 ; Rchb. *Ic.* ed. 2, I, t. 170, f. 450 ; Bill. *Exsicc.* n. 189. — [N. ROIDE].

Souche courte horizontale, donnant naissance dans toute sa longueur à un grand nombre de fascicules de feuilles entourés de gaînes squamiformes et rapprochés en touffe très compacte, les fascicules de feuilles des années précédentes ord. persistants-marcescents. Tiges de 1-4 décim., grêles, roides, souvent arquées dans leur partie florifère, ne portant de feuilles que dans leur partie inférieure où les nœuds sont rapprochés. Feuilles glaucescentes, glabres ainsi que les tiges, enroulées-subulées, roides, ord. arquées-étalées. Épi grêle, à excavations du rachis embrassant la base de l'épillet et souvent prolongées sous forme de dent courte. Épillets ord. bleuâtres, espacés, d'abord dressés, puis un peu étalés. Glumelle inférieure à nervures latérales et à arête pubescentes-scabres. ♃. Mai-juin.

R., mais généralement abondant dans les localités où il se rencontre.—Bruyères inondées l'hiver, prairies tourbeuses, coteaux sablonneux. — Aigremont près Poissy (*de Schœnefeld*). Montfort-l'Amaury! (*de Boucheman*); autour de Saint-Léger! et de Chateaufort (*Vaill. Bot. Par.*); vallée de Chevreuse (*Chatin*); Auffargis (*de Schœnefeld*); Clairefontaine ! près Rambouillet ; entre Rochefort et Saint-Arnoult-en-Ivelines (*Vaill. Bot. Par.*); Arpajon (*de Schœnefeld*). Forêt de Fontainebleau : Mare-auxcorneilles (*Devilliers*), La Glandaie (*de Schœnefeld*), Franchart !. Senlis (*Thuill. Fl. Par., Morelle*); forêt de Compiègne (*Thuill. Fl. Par.*): routes de La Pommeraie et de Morienval, carrefour des mares Saint-Louis (*Léré*), route de Malassise (*Questier*). Ons-en-Bray !. — *Graves* Cat. Oise : friches sableuses de la vallée de Bray, notamment à Goulancourt, La Chapelle-aux-pots, la Haute-touffe; Mont-Benard près Savignies; Vieux-moulin et La Bréviaire dans la forêt de Compiègne; Béthisy-Saint-Pierre; Morfontaine.

SOUS-TRIBU III. **ORYZEÆ.** — *Épillets hermaphrodites* (dans notre espèce), plus rarement polygames ou monoïques, disposés *en panicule*, plus rarement en grappe, *à une seule fleur fertile* souvent accompagnée (dans des genres étrangers à notre Flore) de 1-2 fleurs inférieures imparfaites. *Glumes* petites ou *nulles*. Glumelles coriacesroides. Squamules 2 (dans notre espèce). Étamines 3-1 ou 6. *Stigmates* divergents, *sortant sur les côtés de la fleur.* Caryopse marqué d'une macule hilaire linéaire.

**2. LEERSIA** Sw. *Fl. Ind. occ.* I, 129 ; Nees *Gen. fl. Germ. monoc.* I, t. 1. — [ LÉERSIE ].

Épillets uniflores, hermaphrodites souvent stériles par avortement, comprimés latéralement plans sur les deux faces. *Glumes nulles. Glumelles* 2, membraneuses-coriaces, comprimées-carénées, presque égales en longueur, peu ouvertes pendant la floraison, ensuite rapprochées et soudées; *l'inférieure* beaucoup plus large, à 5 nervures, *mutique*; la supérieure à 3 nervures. Squamules 2, membraneuses, glabres. Étamines 3 ou 6, plus rarement 1-2. Ovaire glabre. Styles 2, terminaux ; stigmates plumeux à poils rameux. Caryopse obliquement obovale ou oblong, très comprimé latéralement, marqué dans presque toute sa longueur d'une macule hilaire linéaire, étroitement renfermé entre les glumelles soudées mais libre. — *Épillets* disposés *en panicule* rameuse, brièvement pédicellés, disposés presque d'un seul côté, imbriqués, ord. ciliés, à pédicelles renflés-articulés au sommet.

1. **L. oryzoides** Sw., loc. cit. in adnot.; Host *Gram.* I, t. 35; *Fl. Dan.* X, t. 1744; *Engl. bot.* t. 2908; Rchb. *Ic.* ed. 2, I, t. 181, f. 494; Bill. *Exsicc.* n. 1582 et *bis.* — *Phalaris oryzoides* L. *Sp.* 81. — [L. FAUX-RIZ].

Plante vivace. Tiges de 6-10 décim., rampantes dans leur partie inférieure et radicantes au niveau des nœuds, dressées dans le reste de leur longueur, à nœuds hérissés. Feuilles planes, linéaires-larges, acuminées, très rudes ainsi que les gaînes ; ligule très courte, tronquée. Panicule lâche, à rameaux la plupart solitaires, filiformes, flexueux, rudes, exserte à rameaux à la fin très étalés et à épillets ord. la plupart stériles, ou renfermée dans la gaîne de la feuille supérieure ou à peine exserte et à épillets ord. la plupart fertiles. Épillets d'un vert blanchâtre, ovales-oblongs, caducs à la maturité. Glumelles à nervure moyenne fortement ciliée. Étamines 3. ♃. Août-octobre.

R. — Prés humides, bords des fossés, des rivières et des canaux. — Bords de la Seine à Paris : quai de Béthune (*Larcher*), jetée du pont de Grenelle (*Vigineix, Durieu de Maisonneuve*) ; les fossés des fortifications à la Gare-d'Ivry, bords de la Marne de Charenton à Créteil (*Larcher*) ; îles de Charenton, Brunoy (*Thuill. Fl. Par.*). Montreuil et Bailleul-sur-Thérain près Beauvais (*Taillefert*). Montigny-

l'Allier, Bourneville, Neufchelles, Marolles (*Questier*). Bords du Loing ! à Nemours !
(*Devilliers*) et entre Nemours et Dordives !. — Bords du Loir à Saint-Christophe près
Châteaudun (*Juillard*). — *Graves* Cat. Oise : marais de Sacy-le-Grand ; Varinfroy.

Sous-tribu IV. **EUPHALARIDEÆ**. — *Épillets* hermaphrodites ou
polygames, disposés en panicule spiciforme plus rarement étalée, *à
fleur hermaphrodite accompagnée de 1-2 fleurs inférieures rudimentaires. Glumes ord. plus longues que la fleur. Glumelles* ord. plus
ou moins coriaces après la floraison. Squamules 2 ou nulles. Étamines 3 ou 2. *Stigmates* ord. longs, presque dressés, *sortant au
sommet de la fleur.* Caryopse marqué d'une macule hilaire linéaire
ou ponctiforme.

**3. ANTHOXANTHUM** L. *Gen.* n. 42 ; Nees *Gen. fl. Germ.* monoc. I, t. 16.
— [ FLOUVE ].

Épillets hermaphrodites, à une seule *fleur* hermaphrodite, sessile, *accompagnée* à sa base *de deux fleurs inférieures neutres réduites chacune à une
glumelle aristée plus longue que la fleur. Glumes* 2, membraneuses, naviculaires-carénées, acuminées, *inégales* ; l'inférieure de moitié plus courte
que la supérieure ; la supérieure beaucoup plus longue que les fleurs. —
Fleurs neutres réduites à une glumelle canaliculée, ord. émarginée au sommet, velue-soyeuse extérieurement, munie d'une arête dorsale tordue. —
Fleur hermaphrodite : Glumelles 2, membraneuses, naviculaires, mutiques ;
l'inférieure suborbiculaire embrassant la supérieure ; la supérieure à une seule
nervure. Squamules nulles. Étamines 2. Ovaire glabre. Styles 2, terminaux,
assez longs ; stigmates très longs, plumeux à poils courts simples rapprochés et disposés sur deux rangs, sortant au sommet de l'épillet. Caryopse
oblong un peu apiculé par la partie inférieure de la base des styles persistante, un peu comprimé latéralement, marqué d'une macule hilaire ponctiforme, renfermé entre les glumelles coriaces roussâtres luisantes mais libre.
— Épillets disposés en panicule spiciforme.

**1. A. odoratum** L. *Sp.* 40 ; Host *Gram.* I, t. 5 ; *Engl. bot.* t. 647 ; Trin. *Ic.* t. 14 ;
Rchb. *Ic.* ed. 2, I, t. 182, f. 495-498 ; Bill. *Exsicc.* n. 1353. — [ F. ODO-
RANTE. — Vulg. *Flouve* ].

Souche cespiteuse. Plante croissant en touffe, exhalant une odeur aromatique surtout après la dessiccation. Tiges de 1-6 décim., dressées. Feuilles
planes, glabres plus ou moins rudes, plus rarement poilues ou hérissées ;
ligule oblongue. Panicule spiciforme oblongue-cylindrique atténuée au sommet, peu compacte. Glumes glabrescentes, pubescentes ou velues, d'un vert
jaunâtre, scarieuses aux bords. Glumelles représentant les fleurs stériles
chargées en dehors de poils roussâtres, un peu plus longues que la fleur
hermaphrodite, contractées inférieurement après la floraison, émarginées-
subbilobées au sommet, l'inférieure donnant naissance vers le milieu de sa
longueur à une arête droite, la supérieure donnant naissance vers sa base à
une arête plus longue et genouillée. Glumelles de la fleur hermaphrodite
glabres et luisantes. ♃. Mai-juin.

*C C C.* — Prairies, pâturages, bois, lieux herbeux.

**4. BALDINGERA** *Fl. Wett.* I, 96 ; Nees *Gen. fl. Germ.* monoc. I, t. 13. —
[ BALDINGÈRE ].

Épillets hermaphrodites, à une seule *fleur* hermaphrodite sessile *accompagnée à sa base de deux fleurs* inférieures neutres *réduites chacune à une glumelle squamiforme mutique beaucoup plus courte que la fleur.* Glumes 2, membraneuses, naviculaires-carénées, à carène non ailée, aiguës, *presque égales*, plus longues que la fleur hermaphrodite. — Fleurs neutres réduites chacune à une glumelle squamiforme très petite poilue. — Fleur hermaphrodite : Glumelles 2, membraneuses, coriaces à la maturité, naviculaires-carénées, mutiques, l'inférieure plus grande embrassant la supérieure. Squamules 2, glabres, très petites. Étamines 3. Ovaire glabre. Styles 2, terminaux, allongés ; stigmates plumeux, sortant au sommet de l'épillet. Caryopse oblong, comprimé latéralement, marqué d'une macule hilaire linéaire, renfermé entre les glumelles coriaces mais libre. — Épillets disposés en panicule rameuse.

**1. B. arundinacea** Dumort. *Agrost.* 109, t. 12, f. 135 ; Rchb. *Ic.* ed. 2, I, t. 181, f. 493. — *Phalaris arundinacea* L. *Sp.* 80 ; *Fl. Dan.* II, t. 259 ; *Engl. bot.* t. 402 et 2160 ; *Fl. Par.* éd. 1, 624 ; Bill. *Exsicc.* n. 2162 et *bis.* — *Arundo colorata* Willd. *Sp.* I, 457. — *Calamagrostis colorata* Sibth. *Oxon.* 37 ; DC. *Fl. Fr.* III, 26. — *Baldingera colorata Fl. Wett.* I, 96. — *Digraphis arundinacea* Trin. *Fund. Agrost.* 127. — [ B. ROSEAU ].

Souche traçante. Tige de 8-12 décim., dressée. Feuilles larges, scabres sur les bords ; ligule large, obtuse. Panicule rameuse, allongée, un peu lâche, d'un vert blanchâtre ou panachée de violet. Glumes à carène non ailée. Glumelles luisantes. ♃. Juin-juillet.

C. — Bords des ruisseaux, des rivières et des étangs, lieux marécageux.

Var. β. *variegata.* — Feuilles rayées de blanc. — Souvent cultivé dans les jardins et les parcs.

Le genre *Phalaris* diffère du genre *Baldingera* par les épillets disposés en panicule spiciforme et par les glumes à carène ailée. — Le *P. Canariensis* L. (Sibth. et Sm. *Fl. Græc.* I, t. 55 ; Trin. *Ic.* t. 74 ; Bill. *Exsicc.* n. 2575), indigène dans la région méditerranéenne, se rencontre quelquefois dans le voisinage de jardins d'où il s'est échappé. Il se reconnaît aux caractères suivants : plante annuelle ; panicule spiciforme compacte, ovoïde ; glumes obovales acuminées, à dos largement ailé à aile très entière ; écailles représentant les fleurs neutres au nombre de 2, égalant environ la moitié de la longueur de la fleur hermaphrodite.

**TRIBU II. PANICEÆ.** — *Épillets hermaphrodites ou polygames,* disposés *en panicule* spiciforme ou rameuse quelquefois digitée, *plus rarement en grappe* spiciforme, plus ou moins comprimés par le dos, *à une seule fleur fertile accompagnée d'une fleur inférieure imparfaite* mâle ou neutre *réduite à une ou deux glumelles.* Glumes de longueur variable, l'inférieure souvent avortée, très rarement toutes deux avortées. *Glumelle inférieure de la fleur fertile regardant la glume supérieure.* Squamules 2, rarement nulles. Étamines 3. Stigmates ord. longs, sortant au sommet ou vers le sommet, rarement vers le milieu de la fleur. *Caryopse plus ou moins comprimé par le dos ou presque cylindrique, marqué d'une macule hilaire ponctiforme.*

SOUS-TRIBU V. **EUPANICEÆ.** — *Épillets hermaphrodites. Glume inférieure plus petite que la supérieure,* souvent très petite ou avortée. *Glumelles ord. cartilagineuses.*

**5. OPLISMENUS** P. B. *Agrost.* 53, t. 11, f. 3, et *Echinochloa,* loc. cit. t. 11, f. 2. — *Oplismenus* Kunth *Enum. pl.* 1, 138. — *Echinochloa* Nees *Gen. fl. Germ. monoc.* I, t. 21, et *Oplismenus,* loc. cit. t. 20. — [OPLISMÈNE].

*Épillets dépourvus d'involucre* de soies, comprimés par le dos, à une seule fleur hermaphrodite sessile accompagnée d'une fleur inférieure neutre plus rarement mâle. *Glumes* 2, concaves ou presque carénées, membraneuses, très inégales, très rarement presque égales ; l'inférieure petite, 3-nerviée, souvent mutique ; la *supérieure* 5-nerviée, égalant la fleur hermaphrodite ou la dépassant, *mucronée-aristée.* — *Fleur* mâle ou *neutre : Glumelles* 2 ; *l'inférieure* à 5-7 nervures, *mucronée ou aristée,* égalant la glume supérieure ou la fleur hermaphrodite, embrassant la glumelle supérieure ; la supérieure à nervures presque indistinctes, beaucoup plus petite, plus rarement avortée. Étamines 3 ou le plus souvent nulles. — *Fleur hermaphrodite :* Glumelles 2, coriaces, presque égales, l'inférieure concave acuminée mucronée, plus rarement mutique embrassant la supérieure. Squamules 2, charnues, tronquées, glabres. Étamines 3. Ovaire glabre. Styles 2, terminaux, allongés ; stigmates plumeux à poils simples denticulés, sortant au sommet ou vers le sommet de la fleur. Caryopse ovale-suborbiculaire ou ovale, plan en dedans, convexe en dehors, marqué d'une macule hilaire ponctiforme, renfermé entre les glumelles indurées et luisantes mais libre. — *Épillets* disposés *en épis* longs ou courts *formant une panicule terminale* ou un épi composé.

1. **O. Crus-galli** Kunth *Enum. pl.* I, 143. — *Panicum Crus-galli* L. *Sp.* 83 ; *Engl. bot.* t. 876 ; Host *Gram.* II, t. 19 ; Trin. *Ic.* t. 161 ; *Fl. Par.* éd. 1, 622 ; Bill. *Exsicc.* n. 2167. — *Echinochloa Crus-galli* P.B. *Agrost.* 53 ; Rchb. *Ic.* ed. 2, I, t. 191, f. 515-516. — [O. PIED-DE-COQ].

Plante annuelle ou bisannuelle. Tiges plus ou moins nombreuses, plus rarement subsolitaires, de 2-8 décim., dressées ou couchées à la base, simples ou rameuses, à nœuds glabres. Feuilles linéaires larges, planes, glabres, scabres aux bords ; gaines glabres, comprimées ; ligule indistincte. Épillets hispides, verts ou d'un vert mêlé de violet, presque plans sur le dos, convexes à la face interne, ovales-acuminés, rapprochés, disposés en épis linéaires un peu composés unilatéraux alternes solitaires plus rarement géminés formant une panicule terminale à rachis scabre plus rarement presque lisse sur les angles. Glumes très inégales, l'inférieure mutique environ trois fois plus courte que la fleur hermaphrodite, la supérieure mucronée-aristée égalant environ ou dépassant un peu la fleur hermaphrodite. Glumelle inférieure de la fleur neutre semblable à la glume supérieure, plus ou moins longuement aristée, plus rarement à peine aristée. Glumelles de la fleur hermaphrodite luisantes à la fin blanchâtres. ① ou ②. Juillet-novembre.

*A.C.* — Bords des rivières, lieux cultivés, fossés, bords des chemins.

S.-v. *muticus*. — Glumelle inférieure de la fleur neutre à arête très courte ou acuminée presque mutique.

Le genre *Panicum* diffère du genre *Oplismenus* par la glume supérieure mutique et par la glumelle inférieure de la fleur mâle ou neutre mutique. — Le *P. miliaceum* L. (Rchb. *Ic.* ed. 2, I, t. 192, f. 519. — Vulg. *Millet, Millet-des-oiseaux, Mil*), originaire de l'Inde, est cultivé dans les jardins et se rencontre quelquefois dans le voisinage des habitations. Il se reconnaît aux caractères suivants : plante annuelle ; feuilles largement linéaires acuminées, poilues ainsi que les gaînes ; panicule ample diffuse plus ou moins penchée, à rameaux allongés filiformes rameux ; glumes ovales-acuminées, la supérieure à plusieurs nervures très prononcées.

**6. DIGITARIA** Scop. *Carn.* I, 52 ; Nees *Gen. fl. Germ.* monoc. I, t. 18. — [DIGITAIRE].

*Épillets dépourvus d'involucre* de soies, comprimés par le dos, à une seule fleur hermaphrodite sessile accompagnée d'une fleur inférieure neutre. *Glumes* 2, concaves, membraneuses, *mutiques*, très inégales ; l'inférieure très petite et quelquefois nulle par avortement ; la supérieure 3-5-nerviée plus courte que la fleur hermaphrodite rarement plus longue. — Fleur neutre : *Glumelle inférieure mutique*, à 5-7 nervures, égalant la fleur hermaphrodite, rarement plus longue ; la supérieure nulle. Étamines nulles. — Fleur hermaphrodite : Glumelles 2, coriaces, mutiques, presque égales, concaves, l'inférieure embrassant la supérieure. Squamules 2, charnues, glabres, tronquées. Étamines 3. Ovaire glabre. Styles 2, terminaux, allongés ; stigmates plumeux à poils simples denticulés, sortant au sommet de la fleur. Caryopse oblong, comprimé par le dos, convexe sur les deux faces, marqué d'une macule hilaire ponctiforme, renfermé entre les glumelles indurées mais libre. — *Épillets* disposés *en épis simples* linéaires-allongés unilatéraux *rapprochés* au sommet de la tige et des rameaux *en panicule* simple *digitée*, géminés sur les dents du rachis aplani l'un pédicellé l'autre subsessile. Anthères et stigmates violets.

1. **D. sanguinalis** Scop. *Carn.* I, 52 ; Rchb. *Ic.* ed. 2, I, t. 187, f. 507. — *Panicum sanguinale* L. *Sp.* 84 ; *Engl. bot.* t. 849 ; Host *Gram.* II, t. 17 ; Bill. *Exsicc.* n. 1577 et *bis* et *ter*. — [D. SANGUINE].

Plante annuelle, cespiteuse. Tiges de 1-5 décim., souvent rameuses, couchées-ascendantes, à nœuds inférieurs souvent radicants. Feuilles courtes, planes, souvent rougeâtres, plus ou moins poilues ainsi que les gaînes ; ligule courte. Épis 4-8, plus rarement 2-3, dressés ou un peu étalés. *Épillets oblongs-lancéolés*, souvent violacés. *Glume* inférieure très petite triangulaire ; la *supérieure* lancéolée, de moitié plus étroite que la glumelle de la fleur neutre, *plus courte de moitié que la fleur hermaphrodite*. ⓘ. Juillet-septembre.

*C C.* — Lieux cultivés ou incultes, vignes, bords des chemins, villages.

2. **D. filiformis** Kœl. *Gram.* 26 ; Rchb. *Ic.* ed. 2, I, t. 187, f. 506. — *Panicum glabrum* Gaud. *Agrost.* I, 22 ; Trin. *Ic.* t. 149 ; Bill. *Exsicc.* n. 878. — *Digitaria glabra* Rœm. et Schult. *Syst. veg.* II, 471. — *Paspalum ambiguum* DC. *Fl. Fr.* III, 16. — [D. FILIFORME].

Plante annuelle, cespiteuse. Tiges de 1-5 décim., couchées ou couchées-ascendantes, à nœuds inférieurs souvent radicants. Feuilles courtes, planes, souvent rougeâtres, glabres ainsi que les gaînes ; ligule courte. Épis ord. 2-4, plus ou moins étalés. *Épillets ovales-oblongs*, souvent violacés. *Glume* inférieure à peine distincte membraneuse très mince ou nulle ; la *supérieure égalant* environ en longueur et en largeur *la fleur hermaphrodite.* ⓘ. Juillet-septembre.

A.C. — Lieux sablonneux, champs arides, moissons maigres. — Plaine du Vésinet !. Rambouillet !; Houdan (*Dœnen*). Forêt de Fontainebleau !; Malesherbes, etc.

**7. SETARIA** P. B. *Agrost.* 51, t. 13, f. 3 ; Nees *Gen. fl. Germ.* monoc. I, t. 22. — [ SÉTAIRE ].

*Épillets* comprimés par le dos, *entourés d'un involucre* unilatéral composé *de 2 ou de plusieurs arétes sétiformes* scabres persistantes accompagnant les pédicelles, à une seule fleur hermaphrodite sessile, accompagnée d'une fleur inférieure neutre plus rarement mâle. Glumes 2, concaves, membraneuses, mutiques, très inégales, l'inférieure beaucoup plus petite, la supérieure 5-7-nerviée égalant la fleur hermaphrodite, plus rarement presque égales entre elles. — Fleur neutre ou mâle : Glumelles 2, l'inférieure à 5-7 nervures égalant environ la fleur hermaphrodite, la supérieure plus petite souvent presque avortée dans la fleur neutre. Étamines 3 ou le plus souvent nulles. — Fleur hermaphrodite : Glumelles 2, coriaces, presque égales, concaves, mutiques, l'inférieure embrassant la supérieure. Squamules 2, charnues, glabres, tronquées. Étamines 3. Ovaire glabre. Styles 2, terminaux, allongés ; stigmates plumeux à poils simples denticulés, sortant au sommet de la fleur. Caryopse ovale ou suborbiculaire comprimé par le dos, convexe sur les deux faces ou presque plan en dedans, marqué d'une macule hilaire ponctiforme, renfermé entre les glumelles indurées mais libre. — Épillets disposés en panicule spiciforme souvent interrompue.

**1. S. verticillata** P.B. *Agrost.* 51 ; Rchb. *Ic.* ed. 2, I, t. 188, f. 511 ; Bill. *Exsicc.* n. 1974. — *Panicum verticillatum* L. *Sp.* 82 ; *Engl. bot.* t. 874 ; Host *Gram.* II, t. 13 ; Trin. *Ic.* t. 202. — [ S. VERTICILLÉE ].

Plante annuelle. Tiges subsolitaires ou plus ou moins **nombreuses**, de 3-6 décim., dressées ou ascendantes, souvent rameuses à la base. Feuilles linéaires assez larges, acuminées, scabres surtout en dessus et aux bords. Panicule spiciforme souvent interrompue à la base. *Soies des involucres* vertes, plus rarement rougeâtres, dépassant les épillets, *très scabres, à denticules dirigés de haut en bas. Glume supérieure égalant environ la fleur hermaphrodite.* Glumelles de la fleur hermaphrodite très finement ponctuées-ruguleuses ou presque lisses. ⓘ. Juillet-septembre.

C C. — Lieux cultivés, bords des chemins, jardins, villages.

Le *S. Italica* P.B. (*Panicum Italicum* L. ; Host *Gram.* IV, t. 14.— Vulg. *Millet-à-grappe*), originaire de l'Inde et de la Nouvelle-Hollande, est quelquefois cultivé dans les jardins. Cette espèce se reconnaît aux caractères suivants : panicule spiciforme très grosse, atteignant 2-3 décim. de longueur, lobée à lobes compactes, penchée-arquée, à axe poilu ou laineux ; soies des involucres à denticules dirigés de bas en haut ; glume supérieure d'un tiers plus courte que la fleur hermaphrodite.

**2. S. viridis** P. B. *Agrost.* 51 ; Rchb. *Ic.* ed. 2, I, t. 188, f. 510 ; Bill. *Exsicc.* n. 475. — *Panicum viride* L. *Sp.* 83 ; *Engl. bot.* t. 875 ; Host *Gram.* II, t. 14 ; Trin. *Ic.* t. 203. — [S. VERTE].

Plante annuelle. Tiges subsolitaires ou plus ou moins nombreuses, de 3-5 décim., dressées ou étalées, souvent rameuses à la base. Feuilles linéaires, larges ou étroites, acuminées, scabres surtout aux bords. Panicule spiciforme cylindrique compacte. *Soies des involucres* vertes ou rougeâtres, dépassant ord. longuement les épillets, *à denticules dirigés de bas en haut. Glume supérieure égalant environ la fleur hermaphrodite.* Glumelles de la fleur hermaphrodite très finement ponctuées-ruguleuses ou presque lisses. ①. Juillet-septembre.

*C C.* — Lieux cultivés, bords des chemins, jardins, villages, champs après la moisson.

**3. S. glauca** P. B. *Agrost.* 51 ; Rchb. *Ic.* ed. 2, I, t. 188, f. 509 ; Bill. *Exsicc.* n. 88. — *Panicum glaucum* L. *Sp.* 83 ; Host *Gram.* II, t. 16 ; Trin. *Ic.* t. 195. — [S. GLAUQUE].

Plante annuelle. Tiges subsolitaires ou plus ou moins nombreuses, de 1-4 décim., dressées ou étalées, quelquefois rameuses à la base. Feuilles linéaires, larges ou étroites, acuminées, scabres aux bords. Panicule spiciforme compacte, oblongue-ovoïde ou cylindrique. *Soies des involucres* d'un jaune roussâtre, dépassant longuement les épillets, *à denticules dirigés de bas en haut. Glume supérieure* égalant environ la glume inférieure et *de moitié plus courte que la fleur hermaphrodite. Glumelles de la fleur hermaphrodite élégamment ponctuées-rugueuses transversalement.* ①. Juillet-octobre.

*A.R.* — Champs sablonneux, moissons maigres, terrains en friche. — Saint-Gratien (*Weddell*); Fontenay-aux-Roses (*Vigineix*); Plessis-Piquet (*Maire*); Palaiseau (*Méral* Fl. Par.); Orsay (*Brice*); Marcoussis, Pontchartrain (*de Boucheman*). L'Ile-Adam (*Guillon*); Pouilly près Méru (*Daudin*); Sérans près Magny (*Bouteiller*). Mormant (*Guilloteaux*) ; Bois-Louis ! près Melun ; Nemours (*Devilliers*); abondant à Thurelles ! près Dordives, etc. — *Graves* Cat. Oise : Chambly, Agnetz près Clermont ; Chantilly ; Senlis.

**8. TRAGUS** Hall. *Helv.* II, 203 ; Nees *Gen. fl. Germ.* monoc. I, t. 23. — [BARDANETTE].

*Épillets* comprimés par le dos, *dépourvus d'involucre de soies*, à une seule fleur hermaphrodite sessile accompagnée d'une fleur inférieure neutre. Glume inférieure nulle ; la supérieure petite, membraneuse, plane. — *Fleur neutre : Glumelle inférieure* concave, *coriace-cartilagineuse, à 5-7 nervures chargées d'épines*, embrassant la fleur hermaphrodite ; la supérieure nulle. — Fleur hermaphrodite : Glumelles 2, membraneuses, oblongues, aiguës, mutiques ; l'inférieure concave, embrassant la supérieure binerviée un peu plus courte. Squamules 2, presque charnues, tronquées. Étamines 3. Ovaire glabre. Styles 2, terminaux, allongés, libres entre eux, accompagnés quelquefois du rudiment d'un troisième style ; stigmates plumeux à poils simples denticulés, sortant au-dessous du sommet de la fleur. Caryopse oblong, convexe sur le dos, presque plan en dedans, marqué d'une macule hilaire ponctiforme, renfermé entre les glumelles mais libre. — Épillets disposés par

2-4 sur des rameaux courts rapprochés en grappe spiciforme terminale, les épillets supérieurs du rameau plus petits souvent stériles.

1. **T. racemosus** Hall., loc. cit. ; Desf. *Atl.* II, 386 ; Bill. *Exsicc.* n. 474. — *Cenchrus racemosus* L. *Sp.* 1487 ; Schreb. *Gram.* 45, t. 4. — *Lappago racemosa* Willd. *Sp.* I, 484 ; Host *Gram.* I, t. 36 ; Sibth. et Sm. *Fl. Grœc.* II, t. 101 ; Rchb. *Ic.* ed. 2, I, t. 190, f. 514. — [ B. EN GRAPPE ].

Plante annuelle. Tiges plus ou moins nombreuses, de 1-2 décim., rameuses, couchées ou couchées-ascendantes, rarement dressées, souvent radicantes au niveau des nœuds inférieurs. Feuilles courtes, planes, fermes, bordées de cils roides surtout dans leur moitié inférieure, à gaînes renflées. Épillets verdâtres souvent colorés en violet. Glumelle de la fleur neutre chargée sur les nervures d'épines subulées courbées en crochet au sommet. (I). Juillet-octobre.

*R R.* — Lieux sablonneux arides. — Env. d'Étampes (*Woods*) : dans les champs et les vignes qui sont à gauche du grand chemin depuis la porte Saint-Jacques jusqu'aux Capucines (*Descurrain* in *Guettard* Obs.) ; env. de Fontainebleau : près de l'ancien champ de manœuvres, entre le pavé d'Ury et la route de Milly (*Adr. de Jussieu*) ; Larchant (*Devilliers*) ; env. de Malesherbes : Nanteau (*Bernard*), Villetard ! et coteaux d'Auxy !.

SOUS-TRIBU VI. **ANDROPOGONEÆ.** — *Épillets* ord. géminés ou ternés : *polygames* le moyen fertile, les latéraux mâles ou neutres ; très rarement tous fertiles. *Glumes presque égales* entre elles, dépassant souvent la fleur fertile, *plus rarement inégales l'inférieure* étant la *plus grande. Glumelles membraneuses*, rarement cartilagineuses.

9. **ANDROPOGON** L. *Gen.* n. 1145 ex parte ; Nees *Gen. fl. Germ.* monoc. I, t. 92. — [ BARBON ].

Épillets ternés au sommet des épis, géminés sur les dents de l'axe, l'un sessile fertile, l'autre pédicellé mâle ou neutre. — Épillets mâles contenant une fleur inférieure neutre réduite à une glumelle et une fleur supérieure mâle. Glumes 2, presque égales ou un peu inégales, dépassant la fleur mâle, mutiques, l'inférieure membraneuse presque herbacée. Glumelles de la fleur mâle souvent nulles. Squamules 2, charnues, tronquées, glabres. Étamines 3. Rudiment de l'ovaire ord. nul. Épillets neutres conformes mais dépourvus d'étamines. — Épillets hermaphrodites comprimés par le dos, à une seule fleur hermaphrodite sessile accompagnée d'une fleur inférieure neutre. Glumes 2, plus longues que la fleur hermaphrodite ; l'inférieure souvent un peu plus grande, membraneuse ou membraneuse presque herbacée, un peu concave, entière ou bidentée au sommet, mutique, embrassant ord. la supérieure ; la supérieure concave, entière ou bidentée au sommet, mutique. Fleur neutre réduite à une glumelle membraneuse mince, mutique, égalant ord. les glumes, plus longue que la fleur hermaphrodite, embrassant la fleur hermaphrodite. Fleur hermaphrodite : Glumelle inférieure très petite, mince, ord. bifide au sommet, longuement aristée, quelquefois réduite à l'arête, à arête plus ou moins tordue inférieurement ; la supérieure très petite mutique ou le plus souvent manquant complétement. Squamules 2, charnues-

membraneuses, tronquées, glabres. Étamines 3. Ovaire glabre. Styles 2, terminaux, allongés ; stigmates allongés, pubescents-plumeux à poils rapprochés, sortant latéralement vers le milieu de l'épillet. Caryopse oblong, plus
ou moins comprimé par le dos, marqué d'une macule hilaire ponctiforme,
libre entre les glumes et les glumelles. — Épillets disposés en épis linéaires
rapprochés au sommet de la tige en panicule simple digitée, ou fasciculés à
l'extrémité de rameaux axillaires ; le rachis des épis, les pédicelles et la base
des épillets ord. barbus ou longuement poilus.

1. **A. Ischæmum** L. *Sp.* 1483 ; Jacq. *Austr.* IV, t. 384 ; Host *Gram.* II, t. 2 ;
    Rchb. *Ic.* ed. 2, I, t. 173, f. 461 ; Bill. *Exsicc.* n. 473.—[B. Pied-de-poule.
    — Vulg. *Pied-de-poule*].

Souche oblique, subcespiteuse. Tiges de 4-8 décim., simples ou rameuses,
roides, à nœuds d'un rouge violet. Feuilles linéaires, canaliculées, poilues.
Épis 3-10, linéaires grêles, rapprochés au sommet de la tige en panicule simple
digitée, dressés. Glumes purpurines, striées ; la glume inférieure de l'épillet
hermaphrodite chargée dans sa partie inférieure ainsi que les pédicelles de
poils blancs soyeux. Arêtes des épillets hermaphrodites d'un brun roussâtre,
genouillées, beaucoup plus longues que l'épillet. ♃. Juillet-septembre.

A.R. — Pelouses sèches, collines sablonneuses, coteaux calcaires. — Saint-
Maur (*Maire*). Lardy (*Adr. de Jussieu, Mandon*); La Ferté-Aleps (*C. de Chambine*); Étréchy (*de Boucheman*); Moret !; Nemours (*Devilliers*); Larchant (*Maire*);
coteaux entre Nemours et Souppes !; La Croisière !; Malesherbes !. Luzarches (*De
Lens*). Gesvres, Betz, Thury-en-Valois, Marolles, Rouvres près Crépy (*Questier*);
Cœuvres près Villers-Cotterets (*Kralik*); Béthizy, Morienval, Champlieu, Compiègne (*Léré*). Montreuil-aux-Lions et Caumont près La Ferté-sous-Jouarre (*Adr.
de Jussieu*). Env. de Provins (*Bouteiller, Des Étangs*). — *Graves* Cat. Oise : sablonnière de Mogneville et bois de la Bruyère, cant. de Liancourt ; butte de
Grandfresnoy cant. d'Estrées ; Berneuil-sur-Aisne cant. d'Attichy ; coteaux de Bour-
mont entre Marcuil-Lamotte et Margny-sur-Matz cant. de Ressons ; forêt de Compiègne sur le chemin de Chelle ; Donneval, Rocquemont, Bonneuil-en-Valois,
Vauciennes, cant. de Crépy.


TRIBU III. **POEÆ.**— *Épillets hermaphrodites*, rarement polygames,
    disposés *en panicule* rameuse ou spiciforme plus rarement digitée, *en
    grappe ou en épi*, cylindriques ou plus ou moins comprimés par le
    dos ou le côté, *uniflores, pluriflores ou multiflores à fleurs impar-
    faites nulles ou les supérieures* une ou plusieurs *imparfaites*. Glumes
    2, de longueur variable, l'inférieure très rarement rudimentaire. *Glu-
    melle inférieure de la fleur hermaphrodite inférieure ou de la fleur
    unique regardant la glume inférieure*. Squamules 2, rarement 3
    ou nulles. Stigmates sortant à la base, plus rarement au sommet de
    la fleur. Caryopse marqué d'une macule hilaire ponctiforme ou
    linéaire.


Sous-TRIBU VII. **ALOPECUREÆ.** — *Épillets* comprimés latérale-
    ment, *disposés en panicule spiciforme, plus rarement en épi, à une
    seule fleur hermaphrodite avec ou sans rudiment* pédicelliforme *d'une*

*seconde fleur*. Glumes presque égales ou plus ou moins inégales, égalant ord. la fleur ou la dépassant. *Glumelles membraneuses.* Squamules 2 ou nulles. Étamines 3 ou 2. *Stigmates* allongés, *sortant au sommet de la fleur* et de l'épillet. Caryopse libre, comprimé latéralement ou presque cylindrique, marqué d'une macule hilaire ponctiforme.

**10. CRYPSIS** Ait. *Hort. Kew.* ed. 1, I, 48; Nees *Gen. fl. Germ.* monoc. 1, t. 5.
— [CRYPSIE].

Épillets hermaphrodites, uniflores. *Glumes* 2, membraneuses presque transparentes à carène herbacée, ord. plus courtes que la fleur, presque égales, ou un peu inégales l'inférieure plus petite, comprimées-carénées, *mutiques non acuminées*, libres entre elles. *Glumelles* 2, présentant la consistance des glumes, *mutiques*, l'inférieure comprimée-carénée un peu plus longue que la supérieure ou plus rarement de sa longueur, la supérieure binerviée ou uninerviée. Squamules nulles. Étamines 3 où 2. Ovaire glabre. Styles 2, terminaux, allongés; stigmates plumeux à poils denticulés, sortant au sommet de la fleur. Caryopse ovale ou oblong, comprimé latéralement, marqué d'une macule hilaire ponctiforme, libre entre les glumelles. *Embryon allongé*, à peine plus court que le caryopse. — Épillets étroitement rapprochés en panicule spiciforme ord. entourée de feuilles en forme de spathe.

Sect. 1. HELEOCHLOA. — Fleur sessile entre les glumes. Glumelle supérieure binerviée. Étamines 3. (1)

**1. C. alopecuroides** Schrad. *Fl. Germ.* I, 167 ; Rchb. *Ic.* ed. 2, I, t. 177, f. 470 ; Bill. *Exsicc.* n. 1356.— *Heleochloa alopecuroides* Host *Gram.* 1, 23, t. 29. — [ C. FAUX-VULPIN ].

Plante annuelle, croissant en touffe. Tiges ord. nombreuses, simples, plus rarement rameuses, de 5-30 centim., étalées ou genouillées-ascendantes, celles du centre ord. plus courtes que celles de la circonférence. Feuilles planes, plus ou moins étalées ; gaînes cylindriques, la supérieure à peine plus large. Panicule spiciforme très compacte, oblongue-cylindrique, obtuse au sommet, atténuée à la base, souvent d'un brun noirâtre, entourée à la base par la gaîne allongée et à peine dilatée de la feuille supérieure ou exserte. Glumes aiguës ou presque obtuses. Glumelles inégales l'inférieure plus longue, ou plus rarement presque égales, la supérieure binerviée. Étamines 3. (I). Août-octobre.

*R R.* — Alluvions des rivières et bords des étangs sablonneux. — Alluvions de la Seine : Alfort, quai d'Anjou à Paris (*Larcher*), Grenelle (*Weddell, de Schœnefeld*) ; Bondy (*Thuillier* herb.) ; env. de Versailles : étang du Trou-salé! (*C. de Chambine, de Schœnefeld*), étang de Saint-Quentin (*de Boucheman*).

(1) La deuxième section *Antitragus* est caractérisée par la fleur très brièvement pédicellée, par la glumelle supérieure uninerviée et par les étamines au nombre de 2. A cette section appartiennent les *C. aculeata* et *schœnoides*, espèces françaises non observées aux environs de Paris.

**11. ALOPECURUS** L. *Gen.* n. 78 ; Nees *Gen. fl. Germ.* monoc. 1, t. 7. —
[VULPIN].

Épillets hermaphrodites, uniflores. *Glumes* 2, égalant ord. la fleur, presque
égales entre elles, naviculaires-carénées, mutiques, plus rarement mucronées-aristées, *ord. soudées entre elles inférieurement. Glumelle inférieure*
membraneuse, comprimée-carénée souvent utriculiforme en raison de la
soudure de ses bords dans leur partie inférieure, *munie ord.* au-dessous du
milieu de sa longueur *d'une arête* dorsale genouillée ; *la supérieure nulle,*
ou plus rarement courte uninerviée. Squamules nulles. Étamines 3. Ovaire
glabre. Styles 2, terminaux, souvent soudés en un seul à la base ; stigmates
allongés, pubescents-plumeux, sortant au sommet de la fleur. Caryopse ovale
ou oblong, comprimé latéralement, marqué d'une macule hilaire ponctiforme, libre. Embryon petit. — Épillets étroitement rapprochés en panicule
spiciforme cylindrique plus rarement ovoïde.

Sect. I. EUALOPECURUS. — *Glumes* plus ou moins soudées dans leur partie
inférieure, *non renflées-ventrues.* Glumelle supérieure nulle.

1. **A. agrestis** L. *Sp.* 89 ; *Engl. bot.* t. 848 ; Host *Gram.* III, t. 12 ; Trin.
*Ic.* t. 37 ; Rchb. *Ic.* ed. 2, I, t. 178, f. 473 ; Bill. *Exsicc.* n. 476. —
[V. DES CHAMPS].
*Plante annuelle,* croissant souvent en touffe. Tiges de 2-6 décim., dressées ou ascendantes, un peu rudes au sommet. Feuilles à gaînes cylindriques.
*Panicule spiciforme* cylindrique, allongée, atténuée aux deux extrémités,
*glabre ou presque glabre,* souvent violacée ; épillets solitaires ou géminés
sur les rameaux de l'épi. *Glumes* très finement pubescentes ou presque glabres, aiguës, *soudées au moins dans leur moitié inférieure,* à carène étroitement ailée et finement ciliée. Glumelle inférieure ovale-lancéolée, aristée
près de sa base, à arête presque deux fois plus longue que les glumes. ①.
Avril-août.
C. — Champs, vignes, terrains en friche, bords des chemins, fossés.

2. **A. pratensis** L. *Sp.* 88 ; *Engl. bot.* t. 759 ; Host *Gram.* II, t. 31 ; Rchb. *Ic.*
ed. 2, I, t. 178, f. 478 ; Bill. *Exsicc.* n. 1354. — [V. DES PRÉS].
*Souche cespiteuse,* à rhizomes courts obliques. *Tiges* de 5-8 décim., *dressées.* Feuilles supérieures à gaîne allongée cylindracée ou un peu renflée.
*Panicule spiciforme* cylindrique, obtuse, *velue-soyeuse,* à rameaux les plus
longs portant 4-6 épillets. *Glumes* pubescentes ciliées, aiguës, *soudées dans
leur tiers inférieur.* Glumelle inférieure ovale-oblongue aiguë, un peu
obtuse, ou plus rarement tronquée au sommet, aristée au-dessus de sa base,
à arête dépassant ord. plus ou moins les glumes. ♃. Avril-juin.
C. — Prairies, pâturages, endroits herbeux.

3. **A. geniculatus** L. *Sp.* 89. — [V. GENOUILLÉ].
*Souche cespiteuse. Tiges* de 3-7 décim., *couchées genouillées dans leur
partie inférieure* et souvent radicantes, quelquefois nageantes. Feuilles supérieures à gaîne allongée un peu renflée. Panicule spiciforme cylindrique,
pubescente, à rameaux les plus longs portant 4-8 épillets. *Glumes* pubes-

centes ciliées, obtuses, *soudées seulement à la base.* Glumelle inférieure ovale-oblongue, aiguë ou tronquée au sommet, aristée vers le milieu de sa longueur ou au-dessus de sa base, à arête environ deux fois plus longue que les glumes ou les dépassant à peine. ♃. Mai-août.

*C.* — Fossés, marais, bords des mares et des étangs.

Var. α. *geniculatus.* (*A. geniculatus* Sm. *Engl. bot.* t. 1250; Host *Gram.* II, t. 32; Trin. *Ic.* t. 42 ; Rchb. *Ic.* ed. 2, I, t. 178, f. 472; Bill. *Exsicc.* n. 2164). — Panicule spiciforme ord. obtuse, d'un vert blanchâtre ou violacé. *Glumelle inférieure aristée vers son quart inférieur ou vers sa base, à arête ord. deux fois plus longue que les glumes.*

Var. β. *fulvus.* (*A. fulvus* Sm. *Engl. bot.* t. 1467; Rchb. *Ic.* ed. 2, I, t. 178, f. 476; Bill. *Exsicc.* n. 2165.) — Panicule spiciforme ord. un peu atténuée au sommet, d'un vert glauque. *Glumelle inférieure aristée vers le milieu de sa longueur, à arête dépassant à peine ou ne dépassant pas les glumes.*

Sect. II. TOZZETTIA. — Glumes soudées dans leur partie inférieure renflées-ventrues et cartilagineuses vers leur partie moyenne après la floraison. Glumelle supérieure nulle.

† **A. utriculatus** Pers. *Syn. pl.* I, 80; Sibth. et Sm. *Fl. Græc.* I, t. 63; Trin. *Ic.* t. 46; Rchb. *Ic.* ed. 2, I, t. 178, f. 471. — *Phalaris utriculata* L. *Sp.* 80; Host *Gram.* III, 6, t. 7. — *Tozzettia utriculata* Savi in Uster. *Ann. bot.* XXIV, 50. — [V. UTRICULÉ].

Plante annuelle, croissant souvent en touffe. Tiges de 2-5 décim., dressées ou ascendantes. Feuille supérieure à gaîne renflée-vésiculeuse. Panicule spiciforme ovoïde ou ovoïde-oblongue, glabre ou presque glabre; épillets solitaires ou géminés sur les rameaux de l'épi. *Glumes* glabres, un peu ciliées, soudées presque dans toute leur moitié inférieure, *renflées-ventrues et cartilagineuses vers leur partie moyenne après la floraison*, membraneuses triangulaires au-dessus de la partie renflée. Glumelle inférieure ovale-lancéolée, obliquement tronquée-acuminée, aristée près de sa base, à arête environ deux fois plus longue que les glumes. ① Mai-juin.

*R R.*—Très probablement introduit par les semis de gazons.—Prairies humides, bords des mares desséchées. — Bois de Meudon (*Thuill.* Fl. Par., *Vigineix*). Rambouillet (*Thuillier* herb.).— Assez répandu dans l'est, plus rare dans le centre et le sud-ouest de la France.

**12. PHLEUM** L. *Gen.* n. 77; Nees *Gen. fl. Germ.* monoc. I, t. 10. — [PHLÉOLE].

Épillets hermaphrodites, uniflores, ne présentant pas de rudiment de fleur stérile ou présentant à la base de la glumelle supérieure le rudiment pédicelliforme d'une seconde fleur. *Glumes 2, dépassant la fleur,* presque égales entre elles, naviculaires-carénées, *acuminées ou tronquées-acuminées en pointe souvent prolongée en arête,* libres entre elles. *Glumelles 2,* membraneuses minces; l'inférieure tronquée, mutique ou mucronée, plus rarement aristée; la supérieure bicarénée. Squamules 2, très rarement nulles. Étamines 3. Ovaire glabre. Styles 2, terminaux, libres, allongés, plus rarement courts; stigmates plumeux, à poils dentés ou un peu rameux, sortant au sommet de la fleur. Caryopse obovale ou oblong, presque cylindrique ou un peu comprimé latéralement, marqué d'une macule hilaire ponctiforme

libre entre les glumelles. Embryon petit. — Épillets étroitement rapprochés
en panicule spiciforme ou en épi cylindrique.

Sect. I. EUPHLEUM. — Épillets ne présentant pas de rudiment pédicelliforme
d'une seconde fleur. Glumes tronquées transversalement et brusquement
mucronées-aristées.

**1. P. pratense** L. *Sp.* 87 ; *Engl. bot.* t. 1076 ; Host *Gram.* III, t. 9 ; Trin. *Ic.*
t. 5 ; Rchb. *Ic.* ed. 2, I, t. 179, f. 182 ; Bill. *Exsicc.* n. 2759 et *bis.* —
[P. DES PRÉS].

*Souche cespiteuse*, émettant ou non des fascicules de feuilles stériles. Tiges
de 2-8 décim., ascendantes ou dressées, nues supérieurement ou feuillées
jusqu'au sommet. Feuilles de longueur variable, plus ou moins scabres ; la
caulinaire supérieure à gaîne très longue. *Épi cylindrique*, plus ou moins
long, *à épillets subsessiles sur l'axe. Glumes tronquées transversalement
et brusquement acuminées en arête* plus courte qu'elles, à carène ciliée.
Fleur fertile non accompagnée d'un rudiment de fleur stérile. Anthères ord.
blanches. ♃. Juin-juillet.

*C C C.* — Prairies, pâturages, lieux herbeux.

Var. β. *nodosum.* (*P. nodosum* L. *Sp.* 88).— Tiges à base renflée en bulbe, ascendantes, ord. plus courtes que dans le type. Épi ord. court.—*C.*—Pelouses sèches.

Sect. II. CHILOCHLOA. — Épillets présentant le rudiment pédicelliforme d'une
seconde fleur. Glumes tronquées obliquement et o d. insensiblement
acuminées.

**2. P. Bœhmeri** Wib. *Werth.* 125 ; Bill. *Exsicc.* n. 1357. — *Phalaris phleoides*
L. *Sp.* 80 ; *Engl. bot.* t. 459 ; Host *Gram.* II, t. 34. — *Chilochloa Bœh-
meri* P. B. *Agrost.* 37 ; Rchb. *Ic.* ed. 2, I, t. 180, f. 487. — [P. DE
BŒHMER].

*Souche cespiteuse*, émettant ord. un grand nombre de fascicules de
feuilles. Tiges de 2-6 décim., dressées, roides, nues dans leur partie supérieure. Feuilles courtes, scabres ; la caulinaire supérieure à gaîne très
longue, à limbe très court. *Panicule spiciforme* cylindrique, atténuée au
sommet, *à rameaux portant plusieurs épillets. Glumes obliquement tronquées-acuminées*, à carène scabre ou ciliée. Fleur fertile accompagnée d'une
fleur stérile réduite au pédicelle. Anthères ord. blanches. ♃. Juin-juillet.

*C.* — Coteaux arides, pelouses montueuses, lisières et clairières des bois.

**3. P. asperum** Vill. *Dauph.* II, 61, t. 2, f. 4 ; Bill. *Exsicc.* n. 2577 et *bis.* — *Phalaris aspera* Retz *Obs.* IV, 14 ; Host *Gram.* II, t. 37. — *Phleum paniculatum* Sm. *Engl. bot.* t. 1077. — *Chilochloa aspera* P. B. *Agrost.* 37 ;
Rchb. *Ic.* ed. 2, I, t. 180, f. 486. — [P. RUDE].

*Plante annuelle.* Tiges plusieurs, plus rarement solitaires, de 1-6 décim.,
dressées ou les latérales ascendantes, nues dans leur partie supérieure, plus
rarement feuillées jusqu'au sommet. Feuilles courtes, scabres ; la caulinaire
supérieure à gaîne très longue plus ou moins renflée, à limbe très court,
embrassant quelquefois la base de la panicule. *Panicule spiciforme* cylindrique, *à rameaux portant plusieurs épillets. Glumes scabres-tuberculeuses,
cunéiformes, brusquement acuminées en pointe* courte, *à dos renflé-ventru.*

Fleur fertile accompagnée d'une fleur stérile réduite au pédicelle. (I). Juin-juillet.

*R R R.* — Vignes, coteaux crayeux. — Env. de Beauvais : Bracheux à trois endroits assez éloignés l'un de l'autre (*Taillefert*, 1843-1847), Marissel (*Delacour*, 1849). — *Graves* Cat. Oise : vignes à Goincourt, Therdonne près Beauvais.

4. **P. arenarium** L. *Sp.* 88 ; *Fl. Dan.* VI, t. 915 ; Rchb. *Ic.* ed. 2, I, t. 179, f. 481 ; Bill. *Exsicc.* n. 477. — *Phalaris arenaria* Willd. *Sp.* I, 328 ; *Engl. bot.* t. 222. — *Crypsis arenaria* Desf. *Atl.* I, 63. — *Chilochloa arenaria* P. B. *Agrost.* 37. — *Achnodon arenarius* Link *Hort. Berol.* I, 65. — [P. DES SABLES].

*Plante annuelle.* Tiges solitaires ou plusieurs, de 5-20 centim., dressées ou les latérales ascendantes, nues dans leur partie supérieure, plus rarement feuillées jusqu'au sommet. Feuilles courtes ; la caulinaire supérieure à gaîne très longue plus ou moins renflée, à limbe très court, embrassant quelquefois la base de la panicule. *Panicule spiciforme* oblongue ord. atténuée à la base, *à rameaux portant plusieurs épillets. Glumes lancéolées, insensiblement acuminées en pointe* courte, à carène longuement ciliée. Fleur fertile accompagnée d'une fleur stérile réduite à un pédicelle. (I). Juin-juillet.

*R R.* — Bois et bords des chemins dans les terrains sablonneux meubles. — Très abondant sur les monticules sablonneux du bois des Champious ! entre Argenteuil et Bezons (*Le Dien, de Schœnefeld*) ; sables à Sartrouville (*Pech* in *Mérat Rev. Fl. Par.*) ; bois de Pierrelay près Pontoise (*Buffet*). Très abondant à Fleurines ! près Senlis (*Guillon*, 1844). — *Graves* Cat. Oise : Trumilly cant. de Crépy ; Ermenonville. « C'est la plante indiquée par Thuillier (Fl. Par., p. 31), sous le nom de *P. Alpinum*, entre Creil et la ferme des Haies ». — Cette espèce, qui se rencontre assez rarement ailleurs qu'au bord de la mer, est abondamment répandue sur le littoral français de l'Océan et de la Méditerranée.

13. **MIBORA** Adans. *Fam. pl.* II, 495. — *Chamagrostis* Borkh. ap. Schrad. *Fl. Germ.* ed. 1, 158 ; Nees *Gen. fl. Germ. monoc.* I, t. 6. — [MIBORE].

Épillets hermaphrodites, uniflores. *Glumes 2, dépassant la fleur*, presque égales ou un peu inégales l'inférieure un peu plus courte, membraneuses, glabres, comprimées-concaves, obovales-oblongues, *arrondies-tronquées au sommet et mutiques. Glumelles 2*, membraneuses, minces, *fimbriées au sommet*, velues extérieurement, *mutiques*, presque égales en longueur ; l'inférieure obovale, à 5 nervures, embrassant la supérieure ; la supérieure plus étroite, à deux nervures peu marquées. Ovaire glabre. Styles 2, terminaux ; stigmates très longs, un peu poilus, sortant au sommet de l'épillet. Caryopse obovale, comprimé latéralement, marqué d'une macule hilaire ponctiforme, libre entre les glumelles. — Épillets très brièvement pédicellés, presque unilatéraux, disposés en *épi filiforme* terminal.

1. **M. minima** Desv. *Fl. Anj.* 46 ; *Fl. Par.* éd. 1, 627. — *Agrostis minima* L. *Sp.* 93. — *Mibora verna* Adans., loc. cit. ; P. B. *Agrost.* 29, t. 8, f. 4 ; Rchb. *Ic.* ed. 2, I, t. 172, f. 453. — *Knappia agrostidea* Sm. *Engl. bot.* t. 1127. — *K. verna* Trin. *Ic.* t. 17. — *Chamagrostis minima* Borkh. ap. Schrad., loc. cit. ; Bill. *Exsicc.* n. 89. — [M. NAINE].

Plante annuelle, croissant en touffe. Tiges de 4-10 centim., capillaires, simples, feuillées seulement à la base. Feuilles courtes, linéaires-canaliculées,

obtuses. Épi filiforme, d'un rouge violet, très rarement d'un vert blanchâtre.
(I). Mars-mai, fleurit quelquefois dès l'automne et pendant l'hiver.

C. —Champs sablonneux, clairières des bois sablonneux.

SOUS-TRIBU VIII. **AGROSTIDEÆ.** — *Épillets* plus ou moins comprimés latéralement, *disposés en panicule rameuse* étalée ou contractée *ou en panicule spiciforme, à une seule fleur hermaphrodite quelquefois accompagnée du rudiment pédicelliforme d'une seconde fleur.* Glumes presque égales ou inégales, plus longues que la fleur, rarement plus courtes. *Glumelles* de la même consistance que les glumes, *membraneuses-herbacées*, ne changeant pas de consistance après la floraison ; *l'inférieure mutique ou aristée à arête ord. dorsale.* Squamules 2, très rarement nulles. Étamines 3, plus rarement 2-1. *Stigmates sortant latéralement* à la base de l'épillet. Caryopse libre, marqué d'une macule hilaire ponctiforme plus rarement linéaire.

**14. AGROSTIS** L. *Gen.* n. 33 ; Nees *Gen. fl. Germ.* monoc. I, t. 29. —
[AGROSTIDE].

*Épillets* hermaphrodites, *uniflores sans rudiment de seconde fleur*, comprimés latéralement. *Glumes* 2, membraneuses, *mutiques*, carénées, *presque égales dépassant ord. plus ou moins la fleur. Glumelles* 2 ou 1 par l'avortement de la supérieure, membraneuses, inégales, très rarement presque égales ; *l'inférieure tronquée au sommet*, trinerviée, *aristée sur le dos, plus rarement mutique*, ord. beaucoup plus grande que la supérieure ; la supérieure bicarénée, quelquefois très petite ou nulle par avortement. Squamules 2, presque entières. Étamines 3, rarement moins. Ovaire glabre. Styles 2, terminaux, très courts ; stigmates plumeux, à poils simples dentés, sortant à la base de la fleur. Caryopse oblong ou ovale-oblong, convexe en dehors, creusé d'un sillon en dedans et marqué à la base d'une macule hilaire ponctiforme, libre entre les glumelles. — *Épillets* nombreux, petits, disposés en *panicule rameuse* étalée ou contractée.

SECT. I. VILFA. — Glumelle supérieure plus courte que l'inférieure mais jamais rudimentaire ou nulle.

1. **A. alba** L. *Sp.* 93. — **A.** *polymorpha* Huds. *Angl.* 31. — [A. BLANCHE. — Vulg. *Traîne, Traînasse*].

Souche cespiteuse, émettant souvent des rhizomes ou des stolons. Tiges de 1-8 décim., ascendantes, ou couchées à la base à nœuds inférieurs radicants. *Feuilles planes*, linéaires, plus ou moins larges ; ligule assez longue oblongue, ou courte tronquée. Panicule assez lâche, étalée ou contractée, à rameaux lisses ou scabres. Épillets d'un vert blanchâtre ou violacés. Glumes presque aiguës, plus rarement un peu obtuses, pubescentes-scabres seulement sur la carène, égalant environ la fleur ou la dépassant plus ou moins. *Glumelles* ord. *inégales la supérieure* étant ord. *de moitié plus courte*, l'inférieure mutique plus rarement aristée. ⚥. Juin-septembre.

*CC.* — Lieux herbeux, bois, bords des chemins, vignes, champs en friche, jardins incultes, villages.

Var. α. *coarctata.* (*A. alba* Schrad. *Fl. Germ.* I, 209, t. **2**, f. 1-2 ; Bill. *Exsicc.* n. 1361. — *A. stolonifera* L. *Fl. Suec.* n. 66 an et *Sp.*? non *herb.* ; Rchb. *Ic.* ed. 2, I, t. 75, f. 133 ; Koch *Syn. fl. Germ.* ed. 2, 901 ; *Fl. Par.* éd. 1, 629. — *A. coarctata* Hoffm. sec. Rchb. *Ic.* ed. 2, I, t. 75, f. 134). — *Ligule* ord. *assez longue oblongue. Panicule contractée après la floraison,* à rameaux et à pédicelles scabres.

Var. β. *vulgaris.* (*A. vulgaris* With. *Arr.* ed. 3, II, 132 ; Schrad. *Fl. Germ.* I, 206, t. 2, f. 3 ; Koch *Syn. fl. Germ.* ed. 2, 902 ; Rchb. *Ic.* ed. 2, I, t. 75, f. 131 ; *Fl. Par.* éd. 1, 629).— *Ligule* ord. *courte tronquée. Panicule à rameaux plus ou moins étalés* même après la floraison, à rameaux et à pédicelles presque lisses plus rarement scabres. Épillets ord. violacés.

˙S.-v. *pumila.* (*A. pumila* L. *Mant.* 31 ; Rchb. *Ic.* ed. 2, I, t. 75, f. 132). — Plante n'atteignant que quelques centimètres. Tiges dressées, rapprochées en touffe. Épillets ord. attaqués par un *Uredo.*


Sect. II. TRICHODIUM. — Glumelle supérieure rudimentaire ou nulle.


**2. A. canina** L. *Sp.* 92 ; Host *Gram.* IV, t. 53 ; *Engl. bot.* t. 1856 ; Rchb. *Ic.* ed. 2, I, t. 74, f. 128-129. — [A. CANINE].

Souche cespiteuse. Tiges de 4-6 décim., dressées ou ascendantes, non radicantes. *Feuilles radicales enroulées-sétacées ;* les caulinaires planes ; ligule oblongue. Panicule assez lâche, à rameaux étalés pendant la floraison, puis dressés. Épillets violacés, plus rarement d'un vert pâle. Glumes aiguës, un peu hispides sur la carène, l'inférieure un peu plus longue. *Glumelle supérieure nulle ou très petite ;* l'inférieure donnant naissance à une arête un peu coudée 1-2 fois plus longue que l'épillet, rarement dépourvue d'arête. ♃. Juin-août.

*A.C.* — Prairies, lieux humides des bois, endroits marécageux.

Var. β. *mutica.* (*A. varians* Thuill. *Fl. Par.* 35). — Glumelle inférieure mutique. — *R.*


**15. APERA** Adans. *Fam. pl.* II, 495 ; Nees *Gen. fl. Germ. monoc.* I, t. 30. — [APÈRE].

*Épillets* hermaphrodites, *uniflores, avec le rudiment pédicelliforme d'une seconde fleur,* comprimés latéralement. *Glumes* 2, membraneuses, aiguës, mutiques, carénées, *inégales, l'inférieure* plus petite *plus courte que la fleur. Glumelles* 2, membraneuses, munies à leur base de deux fascicules de poils très courts ; l'*inférieure* un peu plus longue, à 5 nervures, *aristée au-dessous du sommet ;* la supérieure bicarénée. Squamules 2, membraneuses, ovales-acuminées, plus longues que l'ovaire. Étamines 3. Ovaire glabre. Styles 2, terminaux, courts ; stigmates plumeux, à poils simples dentés, sortant à la base de la fleur. Caryopse oblong, convexe en dehors, creusé d'un sillon en dedans et marqué à la base d'une macule hilaire ponctiforme, libre entre les glumelles. — Épillets nombreux, disposés en *panicule rameuse* étalée ou contractée.

**1. A. Spica-venti** P. B. *Agrost.* 31 ; Rchb. *Ic.* ed. 2, I, t. 73, f. 125. — *Agrostis Spica-venti* L. *Sp.* 91 ; Host *Gram.* III, t. 47 ; *Engl. bot.* t. 951 ; *Fl. Par.* éd. 1, 629 ; Bill. *Exsicc.* n. 1362. — *Anemagrostis Spica-venti* Trin. *Fund. agrost.* 129. — [A. JOUET-DU-VENT. — Vulg. *Épi-du-vent, Jouet-du-vent*].

Plante annuelle. Tiges de 5-9 décim., dressées. Feuilles linéaires, planes ; ligule oblongue. *Panicule ample étalée*, à rameaux très nombreux. Épillets violacés ou verdâtres. Glumes convexes, aiguës-mucronulées. Glumelle infé-rieure donnant naissance à une arête droite ou un peu flexueuse 3-6 fois plus longue que l'épillet. *Anthères linéaires-oblongues.* Ⓘ. Juin-juillet.

C. — Moissons maigres, champs sablonneux, terrains en friche.

Var. β. *subbiflora.* — Épillets à fleur stérile plus développée que dans le type, souvent aristée. — R. — Donnemarie (*Chaubard*).

**2. A. interrupta** P. B. *Agrost.* 31 ; Rchb. *Ic.* ed. 2, I, t. 73, f. 123. — *Agrostis interrupta* L. *Sp.* 92 ; Host *Gram.* III, t. 48 ; *Fl. Par.* éd. 1, 630 ; Bill. *Exsicc.* n. 2580. — *Anemagrostis interrupta* Trin., loc. cit. — Vaill. *Bot. Par.* t. 17, f. 4. — [A. INTERROMPUE].

Plante annuelle. Tige de 2-6 décim., dressées. Feuilles linéaires, planes ; ligule oblongue. *Panicule étroite, contractée*, à rameaux nombreux courts. Épillets ord. verdâtres. Glumes convexes, aiguës-mucronulées. Glumelle inférieure donnant naissance à une arête droite ou un peu flexueuse 3-6 fois plus longue que l'épillet. *Anthères ovales.* Ⓘ. Mai-juillet.

A. R. — Lieux arides, vieux murs. — Paris (*Weddell*) ; Vincennes ! ; Bondy ! ; Issy (*Sagot*) ; Ville-d'Avray (*de Schœnefeld*) ; La Celle-Saint-Cloud (*de Parseval*) ; La Jon-chère près Bougival (*E. Fournier*) ; bois de Chaville, plaine du Vésinet, forêt de Saint-Germain (*de Schœnefeld*). Maurepas, Rochefort !, Arpajon (*de Schœnefeld*) ; Janville près Lardy (*Mandon*) ; Mennecy (*Des Étangs*). Bois de Chancepois ! près Château-Landon. L'Ile-Adam ! (*de Schœnefeld*) ; forêts de Halatte et de Com-piègne, Vauciennes, Ivors, Queue-d'Ham, Macquelines, Marolles-sur-Ourcq (*Ques-tier*), etc. — *Graves* Cat. Oise : Choisy-la-Victoire cant. de Clermont ; Senlis ; champs entre Compiègne et Royalieu.

Cette plante est très voisine de la précédente, dont elle ne diffère que par les tiges plus grêles et plus courtes, la panicule étroite contractée et les anthères ovales. En raison du peu de valeur de ces caractères, car la forme de la panicule et celle des anthères sont fréquemment variables chez un assez grand nombre de Graminées, il ne nous paraîtrait pas impossible que l'*A. interrupta* ne fût qu'une variété appauvrie de l'*A. Spica-venti* due à la station.

**16. CALAMAGROSTIS** Adans. *Fam. pl.* II, 31 ; Nees *Gen. fl. Germ.* monoc. I, t. 33. — [CALAMAGROSTIDE].

Épillets hermaphrodites, uniflores, avec ou sans rudiment pédicelliforme d'une seconde fleur, comprimés latéralement. *Glumes* 2, membraneuses, ai-guës ou subulées au sommet, mutiques, carénées, *presque égales, dépassant longuement la fleur. Fleur entourée* à la base *de longs poils* égalant ou dé-passant souvent sa longueur. *Glumelles* 2, membraneuses, inégales : l'*infé-rieure* plus grande, bifide ou émarginée au sommet à lobes souvent inégale-ment denticulés, *aristée* au sommet ou sur le dos à arête droite ou genouillée ; la supérieure bicarénée à nervures rapprochées. Squamules 2, entières ou presque entières. Étamines 3. Ovaire glabre. Stigmates terminaux, subsessiles, plumeux, sortant à la base de la fleur. Caryopse oblong, un peu comprimé par le dos, déprimé un peu canaliculé en dedans, marqué d'une macule hilaire linéaire courte presque ponctiforme, libre entre les glumelles. — Épillets disposés en *panicule rameuse*.

**1. C. Epigeios** Roth *Tent. fl. Germ.* I, 34; Host *Gram.* IV, t. 42; Rchb. *Ic.* ed. 2, I, t. 84, f. 154; Bill. *Exsicc.* n. 687. — *Arundo Epigeios* L. *Sp.* 120; *Engl. bot.* t. 403. — [ C. DES LIEUX SECS ].

Souche émettant des rhizomes longuement traçants. Tiges de 8-12 décim., ord. assez robustes, dressées, ord. feuillées même dans leur partie supérieure. Feuilles linéaires-larges, acuminées, très allongées, scabres. Panicule assez ample, à rameaux dressés inégaux. Épillets violacés, plus rarement verdâtres, uniflores sans rudiment d'une seconde fleur. Glumes lancéolées, terminées en pointe comprimée subulée. Glumelles membraneuses-transparentes, dépassées par les poils; l'inférieure bifide au sommet, à *arête* droite *naissant vers le milieu de son dos* droite dépassant à peine la longueur des poils. ♃. Juillet-août.

*C C.* — Clairières et lisières des bois, coteaux sablonneux, pâturages.

S.-v. *glaucescens.* — Plante glaucescente. — *A.C.*

**2. C. lanceolata** Roth *Tent. fl. Germ.* I, 34; Rchb. *Ic.* ed. 2, I, t. 82, f. 151; Bill. *Exsicc.* n. 478. — *Arundo Calamagrostis* L. *Sp.* 121; *Engl. bot.* t. 2159. — [ C. LANCÉOLÉE ].

Souche grêle, un peu traçante. Tiges de 6-12 décim., ord. assez grêles, nues dans leur partie supérieure. Feuilles linéaires, allongées, acuminées, un peu scabres. Panicule allongée, grêle, à rameaux inégaux. Épillets rougeâtres, uniflores sans rudiment d'une seconde fleur. Glumes lancéolées étroites, acuminées. Glumelles membraneuses-transparentes, dépassées par les poils; l'inférieure émarginée au sommet à lobes inégalement denticulés, à *arête* droite très courte très fine *naissant dans l'échancrure* qu'elle dépasse un peu. ♃. Juillet-août.

*R R.* — Marais tourbeux. — Abondant sur une grande étendue dans les marais de Sceaux! près Château-Landon.

† **AMMOPHILA** Host *Gram.* IV, 24, t. 41; Nees *Gen. fl. Germ.* monoc. 1, t. 35. — [ AMMOPHILE ].

Épillets hermaphrodites, uniflores, avec le rudiment pédicelliforme poilu d'une seconde fleur, comprimés latéralement. Glumes 2, membraneuses, lancéolées, mutiques, carénées, presque égales, égalant environ ou dépassant un peu la fleur, l'inférieure uninerviée, la supérieure trinerviée. Fleur entourée de poils assez longs n'égalant pas sa longueur. *Glumelles* 2, présentant la même consistance que les glumes; l'*inférieure* ovale-lancéolée, carénée, 5-nerviée, *presque mutique*, *bidentée au sommet et brièvement mucronée dans le sinus de l'échancrure*; la supérieure à peine plus courte bicarénée. Squamules 2, lancéolées, acuminées, entières, plus longues que l'ovaire. Étamines 3. Ovaire glabre. Styles 2, terminaux, courts; stigmates plumeux, à poils simples ou 2-3-fides dentés, sortant à la base de l'épillet. Caryopse oblong-obovale, comprimé latéralement, creusé en dedans d'un sillon longitudinal et marqué d'une macule hilaire linéaire dépassant la moitié de sa longueur, libre entre les glumelles. — Épillets disposés en *panicule* multiflore contractée *spiciforme* allongée.

† **A. arenaria** Link *Hort. Berol.* I, 105 ; Rchb. *Ic. ed.* 2, I, t. 85, f. 157. — *Arundo arenaria* L. *Sp.* 121 ; *Engl. bot.* t. 520; *Fl. Dan.* VI, t. 917. — *Ammophila arundinacea* Host *Gram.* IV, t. 41. — *Calamagrostis arenaria* Roth *Tent. fl. Germ.* I, 34. — *Psamma arenaria* Rœm. et Schult. *Syst. veg.* II, 845 ; Bill. *Exsicc.* n. 1779 et *bis* et *ter* et *quater*. — [A. DES SABLES].

Souche cespiteuse, à plusieurs rhizomes traçants. Tiges de 6-9 décim., roides, entourées inférieurement par les bases des feuilles détruites. Feuilles très longues, glaucescentes, enroulées-jonciformes, roides, lisses, à pointe subulée presque piquante ; ligule très longue. Panicule spiciforme, compacte, cylindrique, atténuée au sommet. Épillets blanchâtres. Glumes aiguës. Fleur entourée de poils qui ne dépassent pas le tiers de sa longueur et qui cachent le rudiment de la seconde fleur. Glumelle inférieure à mucron n'atteignant pas la longueur de l'échancrure. ♃. Juillet-août.

*R R R. naturalisé.* — Coteaux sablonneux arides à Malesherbes ! (*Bernard*). — Très répandu sur les dunes des bords de l'Océan et de la Méditerranée.

SOUS-TRIBU IX. **STIPEÆ.** — *Épillets* cylindriques ou comprimés latéralement ou par le dos, disposés *en panicule* étalée ou contractée, *à une seule fleur hermaphrodite*. Glumes presque égales ou inégales, de la longueur de la fleur ou la dépassant. *Glumelles* ord. d'une autre consistance que les glumes, *devenant coriaces ou presque cartilagineuses à la maturité ; l'inférieure* souvent enroulée, *aristée au sommet* à arête simple ou trifide, *très rarement mutique.* Squamules 3, plus rarement 2. Étamines ord. 3. *Stigmates sortant latéralement* à la base de l'épillet. Caryopse libre, marqué jusque vers sa partie moyenne ou son sommet d'une macule hilaire linéaire.

**17. MILIUM** L. *Gen.* n. 79 ex parte ; Nees *Gen. fl. Germ.* monoc. 1, t. 17. — [MILLET].

*Épillets* hermaphrodites, uniflores, *convexes sur les deux faces* un peu comprimés par le dos. *Glumes* 2, membraneuses, égales, ord. plus longues que la fleur, aiguës, *concaves*. *Glumelles* 2, presque coriaces, étalées pendant la floraison ; *l'inférieure mutique, très concave*, embrassant la supérieure ; la supérieure binerviée. Squamules 2, charnues, aiguës, presque entières ou munies d'une dent. Étamines 3. Ovaire glabre. Styles 2, terminaux, courts ; stigmates plumeux, à poils simples denticulés, sortant sur les côtés de la fleur. Caryopse oblong, un peu comprimé par le dos, convexe sur les deux faces, marqué d'une macule hilaire linéaire égalant environ la moitié de sa longueur, renfermé entre les glumelles indurées avec lesquelles il se détache mais libre. — Épillets pédicellés, disposés en panicule rameuse étalée.

1. **M. effusum** L. *Sp.* 90 ; Host *Gram.* III, t. 22 ; *Engl. bot.* t. 1106 ; Rchb. *Ic.* ed. 2, I, t. 86, f. 159 ; Bill. *Exsicc.* n. 1585. — Vaill. *Bot. Par.* t. 17, f. 5. — [M. ÉTALÉ].

Souche traçante. Tige de 8-12 décim., glabre, assez grêle. Feuilles lancéolées-linéaires, planes ; ligule oblongue. Épillets petits, disposés en pani-

cule lâche à rameaux verticillés étalés. Glumelles aiguës, lisses, luisantes. ♃.
Mai-juillet.

*C.* — Bois montueux, coteaux ombragés.

**18. STIPA** L. *Gen.* n. 90; Nees *Gen. fl. Germ.* monoc. I, t. 26. — [STIPE].

Épillets hermaphrodites, uniflores, à fleur stipitée, plus ou moins comprimés latéralement. *Glumes* 2, membraneuses, presque égales, plus rarement inégales, plus longues que la fleur, lancéolées, *canaliculées ou concaves un peu carénées* au sommet, acuminées en pointe aiguë ou subulée quelquefois très longue membraneuse mince. *Glumelles* 2, coriaces, indurées après la floraison, plus rarement membraneuses, presque égales ou la supérieure plus courte ; *l'inférieure* atténuée à la base en callus subulé, *enroulée* et enveloppant étroitement la supérieure, glabre ou velue-soyeuse sur le dos, *à sommet aristé* entier plus rarement bifide, *à arête* simple *très longue* tordue inférieurement *articulée à la base* plumeuse pubescente ou glabre ; la supérieure binerviée, mutique, quelquefois bicuspidée. Squamules 3, soudées inférieurement avec le pied de l'ovaire, charnues ou membraneuses, entières, l'intérieure ord. plus étroite et d'une autre forme. Étamines 3, rarement moins, à lobes terminaux des anthères souvent un peu barbus. Ovaire stipité, glabre. Styles 2-3, terminaux, courts ; stigmates plumeux, à poils simples, sortant latéralement au-dessus de la base de la fleur. Caryopse linéaire-oblong allongé, plus ou moins comprimé latéralement ou presque cylindrique, marqué d'une macule hilaire linéaire plus ou moins longue, renfermé entre les glumelles mais libre. — Épillets disposés en panicule rameuse plus ou moins ouverte ou contractée.

1. **S. pennata** L. *Sp.* 115; *Engl. bot.* t. 1356; Host *Gram.* IV, t. 33; Rchb. *Ic.* ed. 2, I, t. 89, f. 165; Bill. *Exsicc.* n. 689. — [S. PENNÉE. — *Vulg. Plumet*].

Souche cespiteuse. Tiges de 4-6 décim., ord. assez nombreuses, disposées en touffe. Feuilles roides, enroulées, presque filiformes. Panicule rameuse étroite, renfermée à la base dans la gaîne de la feuille supérieure, à épillets ord. peu nombreux. Glumes lancéolées-étroites, longues de plus de 5 centim., acuminées-aristées, presque égales, à partie élargie plus courte que l'arête. Glumelle inférieure à callus très velu égalant le tiers de sa longueur, présentant à la base 5 lignes de poils soyeux ; à arête robuste, atteignant souvent près de 2 décim., genouillée vers son tiers inférieur, tordue et glabre au-dessous du genou, plumeuse dans le reste de sa longueur à poils blancs soyeux assez longs étalés. Anthères glabres. Styles 2. ♃. Mai-juin.

*RR.* — Rochers, coteaux arides sablonneux ou pierreux. — Forêt de Fontainebleau! à plusieurs localités (*Tourn.* Hist. pl. Par., *Vaill.* Bot. Par.); Nemours (*Devilliers*); rochers de Villetard! à Malesherbes. Rochers Saint-Jacques! aux Andelys.

SOUS-TRIBU X. **CHLORIDEÆ.** — *Épillets* comprimés latéralement, *disposés en épis unilatéraux formant une panicule* souvent *digitée,* sessiles à la face externe d'un rachis continu, tantôt à plusieurs fleurs dont les 1-3 inférieures hermaphrodites et les supérieures imparfaites, tantôt à une seule fleur hermaphrodite accompagnée ou non du rudiment pédicelliforme d'une seconde fleur. Glumes presque égales ou inégales, ord. plus courtes que les fleurs. Glumelles membraneuses, l'inférieure mutique ou mucronée-aristée. Squamules 2, rarement nulles. Étamines 3. *Stigmates* ord. allongés, dressés, *sortant vers le sommet ou au-dessus du milieu de la fleur.* Caryopse libre, ord. comprimé latéralement, marqué d'une macule hilaire ponctiforme.

**19. CYNODON** Rich. in Pers. *Syn. pl.* I, 85 ; Nees *Gen. fl. Germ.* monoc. I, t. 39. — [CHIENDENT].

Épillets comprimés latéralement, hermaphrodites, uniflores, présentant ord. le rudiment d'une seconde fleur réduite à un pédicelle sétiforme ou subclaviforme. Glumes 2, étalées, membraneuses, mutiques, lancéolées, carénées, plus courtes que la fleur, presque égales ou un peu inégales. Glumelles 2, membraneuses, inégales; l'inférieure plus grande, comprimée-carénée, trinerviée, mutique ou quelquefois mucronulée au-dessous du sommet; la supérieure bicarénée. Squamules 2, charnues, tronquées. Étamines 3. Ovaire substipité, glabre. Styles 2, terminaux, allongés ; stigmates plumeux à poils simples, sortant au-dessus du milieu de la fleur. Caryopse comprimé latéralement, oblong, marqué d'une macule hilaire ponctiforme, libre entre les glumelles. — Épillets disposés sur deux rangs en épis linéaires-filiformes rapprochés au sommet de la tige en panicule simple digitée.

1. **C. Dactylon** Rich. in Pers., loc. cit. ; Rchb. *Ic.* ed. 2, I, t. 172, f. 454 ; Bill. *Exsicc.* n. 1581 et *bis*. — *Panicum Dactylon* L. *Sp.* 85 ; *Engl. bot.* t. 850 ; Host *Gram.* II, t. 18. — [C. DACTYLE. — Vulg. *Chiendent*].
Souche rameuse, à rhizomes très longuement traçants. Tiges de 2-4 décim., rameuses inférieurement, donnant souvent naissance à leur base à des bourgeons allongés flexueux-recourbés à écailles courtes étroitement imbriquées. Feuilles roides, un peu glauques, glabrescentes, pubescentes ou poilues surtout en dessous, celles des rameaux stériles ord. courtes étalées-distiques. Épis 3-6, ord. violacés. Glumes aiguës, scabres sur la carène. Glumelles glabres, un peu ciliées. ♃. Juillet-septembre.
*C.* — Champs sablonneux, coteaux incultes, berges des rivières.

SOUS-TRIBU XI. **PAPPOPHOREÆ.** — *Épillets* plus ou moins comprimés latéralement, disposés *en panicule* étalée ou spiciforme *ou en épi*, *bi-multiflores les 1-5 fleurs inférieures hermaphrodites* la supérieure ou les supérieures ord. rudimentaires. Glumes presque égales ou inégales, dépassant les fleurs ou plus courtes qu'elles. *Glumelles* membraneuses ou un peu coriaces; l'*inférieure à 5-13 nervures, les nervures se prolongeant toutes ou la plupart en dents ou en arêtes,* plus rarement indivise au sommet. Squamules 2, plus rarement nulles. Étamines 3, plus rarement 2. *Stigmates* ord. allongés, dressés, *sortant au sommet de la fleur.* Caryopse libre, presque cylindrique ou comprimé par le dos, marqué d'une macule hilaire ponctiforme ou courte oblongue.

**20. SESLERIA** Ard. *Sp.* II, 18 ex parte ; Nees *Gen. fl. Germ.* monoc. I, t. 53. — [ SESLÉRIE ].

Épillets comprimés latéralement, à 2-3 plus rarement 4-6 fleurs hermaphrodites, la fleur supérieure souvent imparfaite ou réduite au pédicelle. Glumes 2, membraneuses minces, concaves-carénées, ovales-lancéolées, uninerviées, presque égales ou un peu inégales, ord. à peine plus courtes que les fleurs, l'inférieure au moins mucronée. Glumelles 2, membraneuses minces ; l'inférieure ovale-oblongue, concave carénée, plurinerviée, tronquée et 3-5-dentée au sommet, à dents toutes ou la plupart mucronées ou aristées, l'arête de la dent moyenne plus longue ; la supérieure oblongue large, bicarénée à carènes espacées, tronquée ou bilobée au sommet. Squamules 2, cunéiformes inégalement 2-5-fides à lobes ord. lancéolés. Étamines 3. Ovaire pubescent au sommet, ou glabre (Kunth). Styles 2, terminaux, très courts ; stigmates très longs, pubescents, sortant au sommet de la fleur. Caryopse oblong-obovale, un peu comprimé par le dos, marqué d'une macule hilaire oblongue assez large, libre entre les glumelles. — Épillets disposés en panicule spiciforme compacte ovoïde ou oblongue comprimée, rarement cylindrique.

**1. S. cærulea** Ard. *Sp.* II, 18, t. 6, f. 3-5 ; Host *Gram.* II, t. 98 ; *Engl. bot.* t. 1613 ; Rchb. *Ic.* ed. 2, I, t. 168, f. 444 ; Bill. *Exsicc.* n. 479. — *Cynosurus cæruleus* L. *Sp.* 105. — [ S. BLEUE ].

Souche cespiteuse émettant plusieurs rhizomes allongés entourés au sommet des gaînes des feuilles détruites. Tiges grêles, de 2-5 décim., nues dans une grande longueur. Feuilles la plupart radicales en fascicules, linéaires, planes, obtuses, brusquement mucronées ; les caulinaires à gaîne très longue non fendue, à limbe ord. court ; ligule courte, tronquée-arrondie. Panicule spiciforme ovoïde-oblongue, comprimée, un peu unilatérale. Épillets luisants, bleuâtres, ord. triflores à fleur supérieure imparfaite ou réduite au pédicelle. Glumes presque égales, l'inférieure au moins mucronée. Glumelle inférieure pubescente-ciliée, à 3-7 nervures, tronquée et 5-dentée au sommet, la dent moyenne et les deux latérales ord. terminées en arête par le prolongement de la nervure, les deux dents intermédiaires ord. mutiques, l'arête de la dent moyenne un peu plus longue que celle des dents latérales mais beaucoup plus courte que la glumelle. Caryopse pubescent au sommet. ♃. Avril-mai.

*R.* — Coteaux calcaires ou sablonneux-calcaires, rochers, pelouses arides. — Abondant sur les coteaux des deux rives de la Seine entre Mantes ! et Les Andelys !. Très abondant à Dreux ! (*Dœnen*). Forêt de Fontainebleau ! (*Thuill.* Fl. Par.). Creil ! (*Graves*) ; env. de Beauvais : bois du Parc ! (*Delacour*), Goincourt (*Questier*). — *Graves* Cat. Oise : coteaux de Saint-Jean près Beauvais ; Falaise du Bray entre Saint-Aubin et Lalandelle ; pelouses entre Vaux et Saint-Maximin.


SOUS-TRIBU XII. **AVENEÆ.** — *Épillets* à fleurs hermaphrodites, plus rarement à fleur inférieure ou supérieure mâle, pédicellés, plus rarement presque sessiles, disposés *en panicule rameuse* étalée ou *spiciforme*, *plus rarement en grappe ou en épi*, *bi-multiflores*, la fleur supérieure souvent rudimentaire. *Glumes* 2, grandes, presque égales ou inégales, *embrassant ord. presque complétement les fleurs.* *Glumelles* membraneuses ou un peu coriaces, l'*inférieure ord. aristée*, *à arête ord. dorsale genouillée et tordue* au-dessous de la courbure. Squamules 2. Étamines 3, très rarement 2. *Stigmates* ord. sessiles ou subsessiles, divergents, *sortant sur les côtés de la fleur.* Caryopse libre ou adhérent aux glumelles, marqué d'une macule hilaire linéaire ou ponctiforme.

**21. CORYNEPHORUS** P. B. *Agrost.* 90, t. 18, f. 2; Nees *Gen. fl. Germ.* monoc. I, t. 42. — [CORYNÉPHORE].

Épillets comprimés latéralement, biflores, plus rarement triflores, à fleurs hermaphrodites. Glumes 2, membraneuses, carénées, mutiques, presque égales, dépassant les fleurs. *Glumelles* 2, membraneuses; l'*inférieure* entière, aristée au-dessus de sa base, *à arête* droite *articulée* et entourée d'un anneau barbu *vers le milieu de sa longueur renflée en massue au sommet*; la supérieure bicarénée à la base, trilobée au sommet. Squamules 2, bifides, glabres. Étamines 3. Ovaire glabre. Stigmates 2, presque sessiles, terminaux, plumeux, sortant sur les côtés de la fleur. Caryopse oblong, un peu comprimé par le dos, présentant à la face interne une faible dépression en forme de sillon, marqué d'une macule hilaire dans son tiers inférieur, adhérent à la glumelle supérieure. — Épillets pédicellés, disposés en panicule rameuse.

1. **C. canescens** P. B., loc. cit.; Rchb. *Ic.* ed. 2, I, t. 94, f. 178. — *Aira canescens* L. *Sp.* 97; Host *Gram.* IV, t. 36; *Engl. bot.* t. 1190; Bill. *Exsicc.* n. 91 et *bis*. — [C. BLANCHATRE].

Souche cespiteuse, émettant ord. un grand nombre de tiges et de fascicules de feuilles disposés en touffe. Tiges de 1-4 décim., assez grêles, à nœuds colorés. Feuilles enroulées-sétacées, glaucescentes, quelquefois rougeâtres, assez roides. Panicule étroite, d'abord entourée à la base par la gaîne de la feuille supérieure. Épillets petits, d'un blanc verdâtre ou rosé, un peu luisants-argentés. ⚄. Juin-août.

*C.* — Terrains sablonneux, coteaux, clairières des bois, pâturages.

**22. AIRA** L. *Gen.* n. 81 ex parte; Nees *Gen. fl. Germ.* monoc. I, t. 44. — [CANCHE].

*Épillets* comprimés latéralement, *biflores*, à fleurs hermaphrodites sessiles ou la supérieure très brièvement pédicellée. Glumes 2, membraneuses, carénées, mutiques, presque égales, uninerviées, dépassant ord. les fleurs. *Glumelles* 2, membraneuses; l'*inférieure bifide au sommet*, *aristée sur le dos*, plus rarement mutique, à arête plus ou moins tordue inférieurement; la supérieure bicarénée, émarginée au sommet. Squamules 2, aiguës, glabres, entières ou présentant quelquefois un lobule latéral. Étamines 3. *Ovaire glabre.* Stigmates 2, sessiles, presque terminaux, plumeux, sortant sur les côtés de la fleur. *Caryopse* oblong, convexe en dehors, présentant un sillon à la face interne, marqué *à* la base d'une *macule hilaire ponctiforme*, adhérent à la glumelle supérieure. — Épillets petits, disposés en panicule rameuse. *Plantes annuelles.*

1. **A. caryophyllea** L. *Sp.* 97 ; Host *Gram.* II, t. 44 ; *Engl. bot.* t. 812 ; Rchb. *Ic.* ed. 2, 1, t. 94, f. 180 ; Bill. *Exsicc.* n. 481. — *Avena caryophyllea* Wigg. *Prim. fl. Holsat.* 10 ex Koch *Syn. fl. Germ.* ed. 2, 922 ; *Fl. Par.* éd. 1, 638. — [C. CARYOPHYLLÉE].

Plante annuelle. Tiges solitaires ou plus ou moins nombreuses, de 1-3 décim., plus rarement de 4-5 décim., grêles. Feuilles sétacées, à gaînes lisses ou un peu scabres. Épillets rapprochés, très petits, biflores, disposés en *panicule diffuse à rameaux rameux-subtrichotomes étalés après la floraison*, à ramuscules courts. Glumes aiguës, plus rarement obtuses-acuminées, blanchâtres ou rougeâtres, luisantes, dépassant les fleurs. Glumelle inférieure bicuspidée au sommet, donnant naissance au-dessous du milieu de sa hauteur à une arête très fine qui dépasse assez longuement les glumes. Ⓘ. Mai-juillet.

C. — Coteaux incultes, bruyères, clairières des bois sablonneux, rochers.

2. **A. præcox** L. *Sp.* 97 ; *Engl. bot.* t. 1296 ; Rchb. *Ic.* ed. 2, 1, t. 94, f. 179 ; Bill. *Exsicc.* n. 884 et *bis.* — *Avena præcox* P. B. *Agrost.* 89 ; *Fl. Par.* éd. 1, 638. — [C. PRÉCOCE].

Plante annuelle. Tiges solitaires ou plus ou moins nombreuses, de 5-20 centim., assez grêles. Feuilles sétacées, à gaînes lisses. Épillets rapprochés, très petits, biflores, disposés en *panicule spiciforme oblongue compacte à rameaux courts dressés.* Glumes aiguës, d'un blanc verdâtre, dépassant un peu les fleurs. Glumelle inférieure bicuspidée au sommet, donnant naissance au-dessous du milieu de sa hauteur à une arête très fine qui dépasse assez longuement les glumes. Ⓘ. Avril-juin.

A.C. — Pelouses arides, champs sablonneux, rochers, clairières des bois.

## 23. **DESCHAMPSIA** P. B. *Agrost.* 91 ; Nees *Gen. fl. Germ.* monoc. I, t. 43. — [DESCHAMPSIE].

*Épillets* comprimés latéralement, *bi-triflores*, la fleur inférieure sessile, les supérieures plus ou moins pédicellées, la supérieure souvent rudimentaire. Glumes 2, membraneuses, carénées, aiguës, mutiques, presque égales, égalant environ les fleurs. *Glumelles* 2, membraneuses ; l'*inférieure* concave, *tronquée et irrégulièrement 3-5-dentée au sommet, aristée sur le dos*, à arête droite ou plus ou moins tordue dans sa partie inférieure ; la supérieure bicarénée, bifide au sommet. Squamules 2, glabres, denticulées ou bilobées. Étamines 3. *Ovaire glabre.* Stigmates 2, subsessiles, presque terminaux, plumeux, sortant sur les côtés de la fleur. *Caryopse* oblong, convexe en dehors, plan *à la face interne dépourvue de sillon*, à macule hilaire indistincte, *libre* entre les glumelles. — Épillets petits, disposés en panicule rameuse. *Plantes vivaces.*

1. **D. cæspitosa** P. B. *Agrost.* 91. — *Aira cæspitosa* L. *Sp.* 96 ; Host *Gram.* II, t. 42 ; *Engl. bot.* t. 1453 ; Rchb. *Ic.* ed. 2, 1, t. 96, f. 185 ; *Fl. Par.* éd. 1, 639 ; Bill. *Exsicc.* n. 1587. — [D. GAZONNANTE. — Vulg. *Canche*].

Souche cespiteuse, formant ord. une touffe volumineuse. Tiges de 6-12 décim. *Feuilles* roides, scabres en dessus, *planes, assez larges.* Épillets petits, luisants, ord. violacés, disposés en large panicule pyramidale. Glumes ne dépassant pas les fleurs. *Aréte presque droite, incluse,* environ de la longueur de la glumelle. ♃. Juin-juillet.

A.C. — Prairies, lieux herbeux, bois humides.

S.-v. *parviflora*. (*Aira parviflora* Thuill. *Fl. Par.* 38). — Épillets plus petits que dans le type.

S.-v. *vivipara*. — Épillets vivipares.

**2. D. flexuosa** Nees *Gen. fl. Germ.* monoc. I, explic. tab. 43 [1843]; Griseb. *Spic. fl. Rum.* II, 457 [1844]. — *Aira flexuosa* L. *Sp.* 96; Host *Gram.* II, t. 43; *Engl. bot.* t. 1519; Rchb. *Ic.* ed. 2, I, t. 95, f. 182 ; *Fl. Par.* éd. 1, 639 ; Bill. *Exsicc.* n. 1369. — [ D. FLEXUEUSE ].

Souche cespiteuse. Tiges de 4-8 décim. *Feuilles* vertes, enroulées *presque capillaires* ; ligule courte, tronquée. Épillets assez petits, luisants, ord. violacés, disposés en panicule ord. diffuse un peu penchée, à pédicelles très grêles flexueux. Glumes inégales, égalant environ les fleurs. *Fleur supérieure subsessile, ou à pédicelle quatre fois plus court qu'elle. Aréte genouillée* et tordue à la base, *de moitié plus longue que la glumelle.* ♃. Juin-août.

C C C. — Bois montueux, taillis sablonneux, rochers.

**3. D. discolor** Rœm. et Schult. *Syst. veg.* II, 686. — *Aira discolor* Thuill. *Fl. Par.* 39. — *A. uliginosa* Weihe in Bnngh. *Prodr. fl. Monast.* 25 ; Rchb. *Ic.* ed. 2, I, t. 95, f. 184; *Fl. Par.* éd. 1, 639 ; Bill. *Exsicc.* n. 2171. — *Deschampsia Thuillieri* Gren. et Godr. *Fl. Fr.* III, 508.— [D. DISCOLORE].

Souche cespiteuse. Tiges de 4-8 décim. *Feuilles* très étroites *presque capillaires*, enroulées, rarement planes (Koch) ; ligule oblongue, allongée. Épillets assez petits, violacés, disposés en panicule étroite ou diffuse, à pédicelles grêles. Glumes presque égales, dépassant un peu les fleurs. *Fleur supérieure à pédicelle égalant la moitié de sa longueur. Aréte genouillée* et tordue à la base, *de moitié plus longue que la glumelle.* ♃. Juillet-septembre.

R R. — Marais tourbeux, bruyères humides. — Env. de Rambouillet : mares près de Montfort-l'Amaury!, étang de Guipereux!, ancien étang du Serisaye! (*Thuill.* Fl. Par.) où il n'a pas été revu depuis le desséchement, marais des Planets! près Saint-Léger. — *Graves* Cat. Oise : marais de Sacy-le-Grand.

**24. AIROPSIS** Desv. *Journ. bot.* I, 200. — [AIROPSIE].

*Épillets* plus ou moins comprimés latéralement, *biflores*, à fleurs hermaphrodites toutes deux sessiles ou la supérieure pédicellée. Glumes 2, membraneuses, naviculaires, mutiques, presque égales, obscurément trinerviées, dépassant les fleurs. *Glumelles* 2, membraneuses minces ; *l'inférieure très large, obscurément subtrilobée,* concave, poilue ou glabre en dehors, *mutique* ; la supérieure plane, obscurément bicarénée. Squamules 2, falciformes-lancéolées, entières, glabres. Étamines 3. *Ovaire glabre.* Stigmates 2, subsessiles, terminaux ou presque terminaux, plumeux, sortant sur les côtés de la fleur. *Caryopse obovale* ou suborbiculaire, convexe en dehors, plan en dedans et marqué vers son tiers inférieur d'une macule hilaire ponctiforme, libre entre les glumelles. — Épillets très petits, disposés en panicule rameuse.

1. **A. agrostidea** DC. *Fl. Fr.* V, 262; Kunth *Enum. pl.* I, 293. — *Poa agrostidea* DC. *Syn. fl. Gall.* 132, et *Ic. rar.* t. 1. — *Antinoria agrostidea*
Parlat. *Fl. Palerm.* 1, 95 ; Gren. et Godr. *Fl. Fr.* III, 500 ; Bill. *Exsicc.*
n. 2766. — [A. AGROSTIDÉE].

Tiges de 1-4 décim., couchées et radicantes au niveau des nœuds dans
leur partie inférieure, quelquefois nageantes, redressées dans leur partie
supérieure. Feuilles linéaires, planes, glabres; ligule allongée, oblongue.
Épillets très petits, ord. violacés, très comprimés latéralement, à fleur supérieure pédicellée, longuement pédicellés à pédicelles capillaires, disposés en
panicule lâche à rameaux grêles géminés trichotomes à ramuscules à la fin
divergents ainsi que les pédicelles. Glumes naviculaires, comprimées latéralement, presque obtuses, un peu scabres sur la carène, dépassant assez longuement les fleurs. Glumelle inférieure glabre en dehors. Caryopse obovale.
♃. Juin-août.

*RRR.* — Bords des mares, marécages tourbeux. — Abondant dans les mares
de Franchart ! (*Adr. de Jussieu*) dans la forêt de Fontainebleau.


## 25. HOLCUS L. *Gen.* n. 1146; Nees *Gen. fl. Germ.* monoc. I, t. 14. — [HOUQUE].

*Épillets biflores, à fleurs* pédicellées ou l'inférieure sessile, *l'inférieure
hermaphrodite mutique, la supérieure mâle aristée,* très rarement toutes
deux hermaphrodites et aristées, le *pédicelle de la fleur inférieure* le plus
souvent *muni à sa base d'un appendice court filiforme* regardant la glume
inférieure. Glumes 2, dépassant les fleurs, presque égales en longueur, naviculaires-carénées, membraneuses; l'inférieure plus étroite, uninerviée, acuminée; la supérieure trinerviée, mucronée-aristée ou acuminée-aristée.
— Fleur hermaphrodite : Glumelles 2, membraneuses, presque égales en
longueur ; l'inférieure plus large, naviculaire, mutique, entière au sommet ;
la supérieure bicarénée. Squamules 2, assez longues, entières ou présentant
un lobule latéral, glabres. Étamines 3. *Ovaire glabre.* Styles 2, terminaux,
très courts ; stigmates plumeux à poils dentés-papilleux, sortant vers la
base de la fleur. Caryopse oblong, comprimé latéralement, à face interne
un peu déprimée ou presque sillonnée, marqué d'une macule hilaire linéaire
courte ou presque ponctiforme, libre entre les glumelles. — *Fleur mâle :
Glumelle inférieure munie* au-dessous du sommet *d'une arête genouillée ou
flexueuse.* Ovaire rudimentaire, très rarement fertile; le reste comme dans
la fleur hermaphrodite. — Épillets disposés en panicule rameuse.

1. **H. lanatus** L. *Sp.* 1485 ; Host *Gram.* I, t. 2; *Engl. bot.* t. 1169 ; Rchb.
*Ic.* ed. 2, I, t. 97, f. 190 ; Bill. *Exsicc.* n. 2173. — *Avena lanata* Kœl.
*Gram.* 303. — [H. LAINEUSE. — Vulg. *Houque*].

*Souche cespiteuse.* Tiges dressées, de 5-8 décim., à nœuds velus. Feuilles
molles, linéaires, planes, mollement velues-pubescentes ainsi que les gaînes ;
ligule oblongue. Panicule assez compacte, à rameaux d'abord étalés puis ord.
dressés après la floraison. Glumes pubescentes, ou glabrescentes à nervures
seules pubescentes, l'inférieure ovale-lancéolée mucronulée, la supérieure
ovale-oblongue mucronée ou brièvement aristée au-dessous du sommet un
peu émarginé. *Arête de la fleur mâle* insérée vers le tiers supérieur de la

glumelle, flexueuse, *se recourbant en crochet en dehors* par la dessiccation, *ne dépassant pas les glumes ou les dépassant à peine.* ♃. Juin-septembre.

C C. — Lieux herbeux, prairies, pâturages, bords des chemins.

**2. H. mollis** L. *Sp.* 1485 ; Host *Gram.* I, t. 3 ; *Engl. bot.* t. 1170 ; Rchb. *Ic.* ed. 2, I, t. 97, f. 191 ; Bill. *Exsicc.* n. 2174 et *bis.* — *Avena moll s* Kœl. *Gram.* 300. — [H. MOLLE. — Vulg. *Houque*].

*Souche* longuement *traçante.* Tiges dressées, de 5-9 décim., à nœuds velus ou pubescents. Feuilles linéaires, planes, plus ou moins pubescentes-rudes ; gaînes glabrescentes, plus rarement pubescentes ou poilues ; ligule oblongue. Panicule à rameaux d'abord étalés puis ord. dressés après la floraison. Glumes pubescentes, ou glabrescentes à nervures seules pubescentes, ovales-lancéolées aiguës mucronées. *Arête de la fleur mâle* insérée vers le quart supérieur de la glumelle, *genouillée*-infléchie, *dépassant longuement les glumes.* ♃. Juin-septembre.

C C. — Lieux herbeux, prairies, pâturages, lisières et clairières des bois.

**26. ARRHENATHERUM** P. B. *Agrost.* 55, t. 11, f. 5 ; Nees *Gen. fl. Germ.* monoc. I, t. 49. — [ARRHÉNATHÈRE].

*Épillets* comprimés latéralement, *biflores* avec le rudiment pédicelliforme d'une troisième fleur, *la fleur inférieure mâle, la supérieure hermaphrodite.* Glumes 2, membraneuses, concaves, mutiques, l'inférieure plus courte, la supérieure égalant les fleurs. *Glumelles* 2, herbacées-membraneuses : *l'inférieure* plus grande, concave, *bidentée ou bifide* au sommet, *aristée* près de la base *dans la fleur inférieure mâle à arête* allongée *tordue inférieurement,* aristée au-dessous du sommet dans la fleur supérieure hermaphrodite à arête plus courte presque droite quelquefois nulle ; la supérieure bicarénée, bifide au sommet. Squamules 2, lancéolées-linéaires, glabres, entières ou munies d'une dent latérale. Étamines 3. *Ovaire poilu,* rudimentaire dans la fleur mâle et dépourvu de stigmates. Stigmates 2, sessiles, terminaux, plumeux à poils simples, sortant latéralement au-dessus de la base de la fleur. Caryopse oblong, presque cylindrique, pubescent, ne présentant pas de sillon à la face interne, marqué d'une macule hilaire linéaire dans la moitié de sa longueur, libre entre les glumelles. — Épillets disposés en panicule rameuse.

**1. A. elatius** Mert. et Koch *Deutschl. Fl.* I, 546. — *Avena elatior* L. *Sp.* 117 ; *Fl. Dan.* 1, t. 165 ; Host *Gram.* II, t. 49 ; Bill. *Exsicc.* n. 1370. — *Arrhenatherum avenaceum* P. B. *Agrost.* 152 in indice ; Rchb. *Ic.* ed. 2, I, t. 98, f. 192. — [A. ÉLEVÉ. — Vulg. *Fromental*].

Souche cespiteuse ou un peu traçante. Tiges de 8-12 décim., dressées ou ascendantes dès la base. Feuilles planes, assez larges ; ligule courte. Panicule assez lâche, un peu ouverte. Épillets luisants, d'un vert blanchâtre plus rarement violacé. Arête de la fleur mâle insérée au-dessus de la base de la glumelle inférieure, deux fois plus longue que la glume supérieure. ♃. Juin-juillet.

C C C. — Prairies, pâturages, lieux herbeux, lisières des bois, bords des chemins.

Var. β. *bulbosum* (Koch *Syn. fl. Germ.* ed. 2, 916.— *Avena bulbosa* Willd. *Nov.
act. Soc. Berol.* II, 116 ; Host *Gram.* IV, t. 30 ; Bill. *Exsicc.* n. 1371.— *A.
precatoria* Thuill. *Fl. Par.* 58. — *Arrhenatherum elatius* var. *bulbosum* Rchb.
*Ic.* ed. 2, I, t. 98, f. 193. — *Vulg. Chiendent-à-chapelet*). — Entre-nœuds inférieurs de la tige courts et renflés-charnus en forme de bulbes. — C. — Lieux
arides, moissons.

### 27. **DANTHONIA** DC. *Fl. Fr.* III, 32. — [ DANTHONIE ].

*Épillets* d'abord cylindriques, puis comprimés latéralement, *à 2-6 fleurs*
hermaphrodites, la supérieure rudimentaire. Glumes 2, membraneuses, concaves, mutiques, égalant les fleurs ou les dépassant, presque égales entre
elles. *Glumelles* 2 ; l'*inférieure* membraneuse ou membraneuse un peu coriace, à 7 nervures ou plus, *bidentée* au sommet *et munie entre les dents
d'une arête* très courte *aplanie* en forme de dent ou de mucron, ou bifide
au sommet et donnant naissance entre les lobes mutiques ou aristés-subulés
à une arête droite ou tordue aplanie à la base ; la supérieure bicarénée.
Squamules 2, charnues-membraneuses, entières ou obscurément subbilobées, glabres, très rarement poilues au sommet. Étamines 3. *Ovaire glabre.*
Styles 2, terminaux, courts, plus rarement allongés ; stigmates plumeux, à
poils simples ou rameux, sortant sur les côtés de la fleur. Caryopse obovale-
oblong, comprimé par le dos, à dos convexe, à face interne déprimée-concave ou presque plane, marqué d'une macule hilaire linéaire plus ou moins
longue ou linéaire-oblongue presque ponctiforme, libre entre les glumelles
devenues un peu coriaces. — Épillets disposés en panicule racémiforme ou
rameuse.

1. **D. decumbens** DC. *Fl. Fr.* III, 33 ; Bill. *Exsicc.* n. 1376. — *Festuca de-
    cumbens* L. *Sp.* 110. — *Poa decumbens* With. *Bot. arr.* ed. 3, II, 147 ;
    Host *Gram.* II, t. 72 ; *Engl. bot.* t. 792. — *Triodia decumbens* P. B., loc.
    cit. ; Rchb. *Ic.* ed. 2, I, t. 166, f. 433. — [ D. DÉCOMBANTE ].

Souche cespiteuse, émettant ord. un grand nombre de tiges et de fascicules de feuilles disposés en touffe. Tiges de 1-5 décim., ord. feuillées jusqu'au sommet. Feuilles planes, poilues ainsi que les gaînes, les radicales
souvent aussi longues que les tiges. Épillets peu nombreux, assez gros, verdâtres, disposés en grappe ou en panicule racémiforme, ovoïdes-oblongs,
3-5-flores. Glumes égalant ou dépassant les fleurs. Glumelle inférieure
émarginée-bidentée, munie entre les dents d'une arête aplanie très courte en
forme de dent ou de mucron, glabre luisante, atténuée à la base en un callus
obtus court brièvement poilu de chaque côté. Styles courts. Caryopse
déprimé-concave à la face interne et marqué d'une macule hilaire dans la
moitié de sa longueur. ♃. Juin-juillet.

C. — Pelouses sablonneuses, bruyères, clairières des bois.

### 28. **GAUDINIA** P. B. *Agrost.* 95, t. 19, f. 5 ; Putterlick in Nees *Gen. fl. Germ.*
monoc. I, t. 84. — [ GAUDINIE ].

*Épillets* comprimés latéralement, *à 4-7 fleurs* toutes hermaphrodites ou
la supérieure rudimentaire, les supérieures assez longuement pédicellées.
Glumes 2, membraneuses, carénées, mutiques, plus courtes que les fleurs,
inégales ; l'inférieure beaucoup plus courte, trinerviée, presque aiguë ; la

supérieure inéquilatérale, 7-9-nerviée, obtuse. *Glumelles* 2, membraneuses : *l'inférieure* plus grande, concave, à sommet aigu entier ou bidenté, *aristée au-dessus de sa partie moyenne, à arête genouillée tordue inférieurement* ; la supérieure bicarénée, bifide au sommet. Squamules 2, charnues-membraneuses, ovales-oblongues, subbilobées au sommet, glabres. Étamines 3. *Ovaire poilu supérieurement.* Stigmates 2, sessiles, terminaux, lâchement plumeux, sortant sur les côtés de la fleur. *Caryopse* oblong, comprimé latéralement, presque plan à la face interne et *marqué d'une macule hilaire ponctiforme*, libre entre les glumelles. — *Épillets sessiles*, disposés *en épi*, solitaires sur les dents du rachis creusé alternativement à leur niveau.

1. **G. fragilis** P. B., loc. cit. ; Rchb. *Ic.* ed. 2, I, t. 90, f. 168 ; Bill. *Exsicc.* n. 1598 et *bis*. — *Avena fragilis* L. *Sp.* 119 ; Host *Gram.* II, t. 54 ; Sibth. et Sm. *Fl. Græc.* t. 88. — [ G. FRAGILE ].

Plante annuelle. Tiges solitaires ou plus ord. assez nombreuses, de 3-6 décim., assez grêles. Feuilles planes, poilues ainsi que les gaines. Épi allongé, à axe se brisant facilement au niveau des articulations. Épillets ord. verdâtres, glabres, pubescents ou velus. Glume inférieure environ de moitié plus courte que la supérieure. Arêtes plus longues que les fleurs. (⊥. Juin-juillet, refleurit quelquefois à l'automne.

R. — Probablement introduit par les semis de gazon à un certain nombre de localités. — Coteaux herbeux, lieux incultes, bords des champs et des chemins, pelouses. — Plaine d'Ivry, bois de Vincennes (*de Schœnefeld*); Saint-Maur (*Mandon*); bois de Meudon (*Beautemps-Beaupré, Thuret*); forêt de Marly à l'étoile de Saint-Cloud !; terrasse et forêt de Saint-Germain (*de Schœnefeld*); La Minière près Versailles (*de Boucheman*); abondant à Saint-Cyr, chaussée de l'étang de Saint-Quentin (*Thuret*); Chevreuse (*Thuill.* herb.). Bondy (*Guillemin, Maire*); env. de Lagny : Beaubourg, Lognes, Rentilly-en-Brie (*Thuret*). Bois des Carrés près Marcoussis (*de Schœnefeld*).— *Graves* Cat. Oise : pelouses autour de Chantilly. — Très répandu dans le midi de la France.

29. **AVENA** L. *Gen.* n. 91 ex parte ; Putterlick in Nees *Gen. fl. Germ. monoc.* I, t. 48. — [AVOINE].

*Épillets* comprimés latéralement ou presque cylindriques, *2-5-flores ou pluriflores*, à fleurs hermaphrodites la supérieure ord. rudimentaire, assez longuement pédicellées au moins les supérieures, souvent articulées sur le rachis. Glumes 2, membraneuses ou herbacées-membraneuses, concaves, mutiques, 1-3-nerviées ou 7-11-nerviées, égalant environ les fleurs ou les dépassant, rarement plus courtes, presque égales, ou inégales l'inférieure plus courte. *Glumelles* 2 ; *l'inférieure* plus grande, concave, membraneuse, devenant ord. plus ou moins coriace après la floraison, ord. atténuée à la base en callus plus ou moins allongé ord. velu, ord. *bidentée, bicuspidée ou biaristée* au sommet, aristée sur le dos, *à arête* ord. *genouillée et tordue inférieurement* quelquefois nulle par avortement ; la supérieure bicarénée, ord. bifide au sommet. Squamules 2, assez grandes, ord. bifides, glabres. Étamines 3. *Ovaire poilu* dans sa partie supérieure. Stigmates 2, subsessiles, terminaux ord. distants à la base, plumeux à poils simples, sortant sur les côtés de la fleur. *Caryopse* allongé, presque cylindrique, *creusé d'un sillon à la face interne et marqué d'une macule hilaire linéaire qui occupe presque toute sa longueur*, velu au moins dans sa partie supérieure, libre, étroitement renfermé entre les glumelles indurées, plus rarement recouvert par les glumelles restées membraneuses. — Épillets ord. assez grands, disposés en *panicule rameuse*.

Sect. I. *AVENÆ GENUINÆ.* — *Plantes annuelles.* Feuilles planes. *Épillets* assez grands ou très grands, *pendants* au moins après la floraison. Glumes à 7-11 nervures.

Sous-section I. *Sativæ.* — *Fleurs non articulées* avec le rachis de l'épillet et ne se détachant que par sa rupture. — (*A. sativa* — *A. strigosa*).

Sous-section II. *Agrestes.* — *Fleurs,* au moins l'inférieure, *articulées* avec le rachis de l'épillet *et très caduques à la maturité.* Callus souvent allongé en forme d'éperon, présentant après la chute de la fleur une cicatrice (aréole insertionnelle) creuse très distincte. — (1).

Sect. II. *AVENÆ PRATENSES.* — *Plantes vivaces,* à souche émettant des fascicules stériles de feuilles. Feuilles planes ou enroulées. *Épillets non pendants.* Glumes à 1-7 nervures. — (2-3).

Sect. I. AVENÆ GENUINÆ (Koch *Syn. fl. Germ.* ed. 1, 794. — *Avena* sect. *Avenatypus Fl. Par.* éd. 1, 636. — *Avena* sect. *Crithe* Griseb. in Ledeb. *Fl. Ross.* IV, 412). — Plantes annuelles. Feuilles planes. Épillets assez grands ou très grands, pendants au moins après la floraison. Glumes à 7-11 nervures.

Sous-section I. *Sativæ.* — Fleurs non articulées avec le rachis de l'épillet et ne se détachant que par sa rupture.

† **A. sativa** L. *Sp.* 118 ; Host *Gram.* II, t. 59 ; Kunth *Enum. pl.* I, 301 ; Coss. et DR. *Fl. Algér.* phan. 105. — [A. CULTIVÉE. — Vulg. *Avoine*].
Plante annuelle. Tiges de 5-12 décim., dressées. Feuilles planes, assez larges. *Panicule* lâche, assez ample, *à rameaux étalés dans tous les sens.* Épillets gros, pendants. Glumes presque égales ou à peine inégales, dépassant les fleurs. Rachis de l'épillet glabre, plus rarement poilu à poils courts, à pédicelle de la fleur rudimentaire glabre. *Fleurs* hermaphrodites 2, plus rarement 3, *non articulées avec le rachis, l'inférieure presque sessile* aristée, la supérieure ord. mutique, quelquefois toutes aristées ou mutiques. *Glumelle inférieure 2-3-dentée* au sommet ou brièvement bifide, présentant à la base quelques poils de chaque côté, glabre et luisante dans sa partie dorsale, scabre au sommet, munie vers le milieu de sa longueur d'une *arête* robuste *tordue inférieurement.* ⊥. Juin-août.
Cultivé en grand. — Quelquefois subspontané dans les moissons et au bord des chemins. — Patrie inconnue.

† **A. Orientalis** Schreb. *Spicil.* 52 ; Host *Gram.* III, t. 44 ; Coss. et DR. *Fl. Algér.* phan. 105. — *A. racemosa* Thuill. *Fl. Par.* 59. — [A. ORIENTALE. — Vulg. *Avoine-de-Hongrie*].
Plante annuelle. Tiges de 5-12 décim., dressées. Feuilles planes, assez larges. *Panicule allongée, étroite, presque unilatérale.* Épillets gros, pendants. Glumes presque égales ou à peine inégales, dépassant les fleurs. Rachis de l'épillet glabre ou poilu à poils courts, à pédicelle de la fleur rudimentaire glabre. *Fleurs* hermaphrodites ord. 2, *non articulées avec le rachis, l'inférieure presque sessile,* toutes deux aristées ou la supérieure mutique, quelquefois toutes deux mutiques. *Glumelle inférieure 2-3-dentée* au sommet ou brièvement bifide, présentant ou non à la base quelques poils de chaque côté, glabre et luisante dans sa partie dor-

sale, scabre au sommet, munie vers le milieu de sa longueur ou au-dessus d'une *arête* légèrement flexueuse *non tordue inférieurement.* (I). Juillet-août.

Cultivé en grand, mais moins communément que l'espèce précédente. — Patrie inconnue.

† **A. strigosa** Schreb. *Spicil.* 52 ; Host *Gram.* II, t. 56 ; *Engl. bot. t.* 1266 ; Koch *Syn. fl. Germ.* ed. 2, 917 ; Rchb. *Ic.* ed. 2, I, t. 106, f. 217 ; Coss. et DR. *Fl. Algér.* phan. 106 ; Bill. *Exsicc.* n. 2768. — [ A. RUDE ].

Plante annuelle. Tiges de 5-10 décim., dressées. Feuilles planes. Panicule presque simple, unilatérale, étalée au moment de la floraison, puis contractée. Glumes un peu inégales, dépassant un peu les fleurs. Rachis de l'épillet glabre ou brièvement poilu, à pédicelle de la fleur rudimentaire glabre. *Fleurs* hermaphrodites ord. 2, *non articulées avec le rachis, l'inférieure stipitée,* toutes deux aristées ou une seule aristée. *Glumelle inférieure bifide* au sommet *à lobes prolongés en arêtes allongées,* glabre et luisante dans sa partie inférieure, scabre supérieurement, quelquefois munie sur le dos de quelques poils épars, munie vers le milieu de sa longueur d'une arête tordue inférieurement. (I). Juillet-août.

Cette plante, qui est quelquefois cultivée et que l'on rencontre dans les moissons de la plus grande partie de la France, n'a été trouvée dans nos environs qu'une seule fois dans un champ d'*Avena Orientalis* à Aulnay (*Durieu de Maisonneuve*). — Patrie inconnue.

L'*A. nuda* L., dont la patrie est inconnue, n'est que très rarement cultivé dans les environs de Paris. Il se reconnaît aux caractères suivants : panicule presque unilatérale ; *glumes* un peu inégales, *plus courtes que les fleurs* ; *fleurs* hermaphrodites ord. 2-3, *non articulées avec le rachis, l'inférieure subsessile, les supérieures longuement pédicellées,* toutes aristées, plus rarement mutiques ; *glumelle inférieure présentant* de la base au sommet *9-11 nervures très marquées, membraneuse même à la maturité et ne recouvrant que lâchement le caryopse,* munie d'une arête flexueuse presque genouillée non tordue inférieurement.

Sous-section II. *Agrestes.* — Fleurs, au moins l'inférieure, articulées avec le rachis de l'épillet et très caduques à la maturité. Callus souvent allongé en forme d'éperon, présentant après la chute de la fleur une cicatrice (aréole insertionnelle) creuse très distincte.

1. **A. fatua** L. *Sp.* 118 ; Host *Gram.* II, t. 58 ; Rchb. *Ic.* ed. 2, I, t. 106, f. 218 ; *Engl. bot. t.* 2221 ; Coss. et DR. *Fl. Algér.* phan. 113 ; Bill. *Exsicc.* n. 1372. — [A. FOLLE. — Vulg. *Folle-Avoine*].

Plante annuelle. Tiges de 6-10 décim., dressées. Feuilles planes, assez larges. Panicule lâche, assez ample, à rameaux étalés dans tous les sens. Épillets gros, pendants. Glumes presque égales, dépassant un peu les fleurs. Rachis de l'épillet glabre au-dessous de la fleur inférieure, poilu à la base des autres fleurs, à pédicelle de la fleur rudimentaire poilu. *Fleurs* hermaphrodites 2-3, toutes aristées, *articulées avec le rachis* de l'épillet et très caduques à la maturité. *Glumelle* inférieure atténuée en callus court obtus poilu-soyeux creusé d'une cicatrice oblongue ou obovale-suborbiculaire, dentée-bifide au sommet, *chargée dans sa moitié inférieure de longs poils soyeux souvent roussâtres,* scabre au sommet, munie vers le milieu de sa longueur d'une arête assez robuste tordue inférieurement. (I) Juin-juillet.

*A.C.* — Moissons, prairies artificielles.

Sect. II. AVENÆ PRATENSES. (*Avena* sect. *Avenastrum* Koch *Syn. fl. Germ.* ed. 2, 918). — Plantes vivaces, à souche émettant des fascicules stériles de feuilles. Feuilles planes ou enroulées. Épillets non pendants. Glumes à 1-7 nervures.

2. **A. pratensis** L. *Sp.* 119 ; Host *Gram.* II, t. 51 ; *Engl. bot.* t. 1204 ; Rchb. *Ic.* ed. 2, I, t. 102, f. 207 ; Bill. *Exsicc.* n. 883. — [A. DES PRÉS].

Souche cespiteuse, émettant des fascicules de feuilles stériles rapprochés en touffe assez compacte. Tiges de 5-10 décim., roides, nues supérieurement. Feuilles planes ou les inférieures un peu enroulées, presque obtuses, glabres, scabres en dessus et aux bords, ord. assez roides ; gaînes cylindriques ; ligule des feuilles supérieures oblongue-lancéolée, souvent lacérée, glabre. *Panicule* racémiforme étroite, *à rameaux inférieurs géminés ou solitaires* portant 1-2 plus rarement 3 épillets, *les supérieurs solitaires* ne portant qu'un seul épillet. Épillets assez gros, dressés, 3-6-flores, souvent un peu rougeâtres. Glumes inégales, très rarement presque égales, ord. plus courtes que les fleurs, l'inférieure subtrinerviée ou subuninerviée, la supérieure trinerviée. *Rachis de l'épillet muni de poils courts seulement au-dessous des fleurs.* Fleurs toutes articulées avec le rachis de l'épillet et caduques à la maturité. Glumelle inférieure à callus court poilu les poils du callus beaucoup plus courts que la fleur, glabre ou ponctuée-scabre, denticulée au sommet, scarieuse supérieurement, munie vers le milieu de sa longueur d'une arête flexueuse-genouillée lâchement tordue dans sa partie inférieure. ♃. Juin-juillet.

*A. C.* — Coteaux incultes, pâturages secs, rochers, clairières des bois sablonneux. — Bois de Boulogne ! Env. de Mennecy ! ; Lardy ; Étampes ! ; forêt de Fontainebleau ! ; Nemours ! ; Malesherbes ! . Provins (*Bouteiller*). Beauvais ! . Dreux ! , etc.

3. **A. pubescens** L. *Sp.* 1665 ; *Engl. bot.* t. 1640 ; Rchb. *Ic.* ed. 2, I, t. 105, f. 213 ; Bill. *Exsicc.* n. 2386 et *bis*. — [A. PUBESCENTE].

Souche cespiteuse, émettant des fascicules de feuilles stériles rapprochés en touffe. Tiges de 5-10 décim., nues supérieurement. Feuilles planes, assez molles, presque obtuses ; les inférieures pubescentes ainsi que leurs gaînes ; gaînes cylindriques ; ligule des feuilles supérieures oblongue-acuminée, glabre. *Panicule* assez allongée, un peu lâche, *à rameaux* portant 1-3 épillets *disposés par 5-5 au moins les inférieurs*. Épillets assez gros, un peu étalés, 3-4-flores, blanchâtres-argentés ou un peu rougeâtres. Glumes ord. inégales, minces, membraneuses, largement scarieuses, égalant environ les fleurs, trinerviées à nervures latérales quelquefois peu distinctes disparaissant supérieurement. *Rachis de l'épillet chargé de longs poils dans toute sa longueur* mais surtout au-dessous des fleurs, *les poils situés au niveau des fleurs supérieures égalant environ la moitié de leur longueur* et même la longueur totale de la fleur imparfaite. Fleurs toutes articulées avec le rachis de l'épillet et caduques à la maturité. Glumelle inférieure à callus poilu, à poils plus courts que ceux du rachis, glabre ou pubérulente-scabre, irrégulièrement dentée au sommet, largement scarieuse supérieurement, munie vers le milieu de sa longueur d'une arête assez robuste genouillée tordue dans sa partie inférieure. ♃. Mai-juin.

*A.C.* — Coteaux incultes, pâturages secs, rochers, clairières des bois sablonneux.

**30. TRISETUM** Pers. *Syn. pl.* 1, 97 ; Putterlick ap. Nees *Gen. fl. Germ.* monoc. 1, t. 46. — [TRISÈTE].

*Épillets* comprimés latéralement, *2-6-flores*, à fleurs toutes hermaphrodites ou la supérieure ord. rudimentaire, les supérieures assez longuement pédicellées. Glumes 2, membraneuses, carénées, aiguës, mutiques, presque égales ou l'inférieure plus petite, 1-3-nerviées, ord. plus courtes que les fleurs. *Glumelles* 2, membraneuses herbacées ; l'*inférieure* plus grande, concave, *bicuspidée ou biaristée au sommet, aristée sur le dos* vers le milieu de sa longueur plus rarement au-dessous du sommet, *à arête droite ou genouillée ord. tordue dans sa partie inférieure* ; la supérieure bicarénée, bifide ou bidentée au sommet. Squamules 2, entières ou subbilobées, glabres. Étamines 3. *Ovaire glabre.* Stigmates 2, sessiles, terminaux, velusplumeux à poils simples ou bifides, sortant sur les côtés de la fleur. *Caryopse* subfusiforme ou oblong, comprimé latéralement, *ne présentant pas de sillon à la face interne, à macule hilaire indistincte,* libre entre les glumelles. — Épillets disposés en *panicule rameuse* contractée plus rarement étalée.

1. **T. flavescens** P. B. *Agrost.* 88 ; Kunth *Enum. pl.* I, 298. — *Avena flavescens*
　　　L. *Sp.* 118 ; Schreb. *Gram.* I, t. 9 ; Host *Gram.* III, 26, t. 38 ; *Engl.*
　　　*bot.* t. 952 ; Rchb. *Ic.* ed. 2, I, t. 102, f. 204 ; *Fl. Par.* éd. 1, 638 ;
　　　Bill. *Exsicc.* n. 1374. — [T. JAUNATRE].

Souche cespiteuse, un peu traçante. Tiges de 4-8 décim., ord. plusieurs, ascendantes ou dressées, glabres. Feuilles planes, assez molles, glabrescentes, pubescentes ou velues ; ligule très courte. Épillets petits, 2-3-flores, jaunâtresargentés, rarement violacés, disposés en panicule allongée, un peu lâche, un peu contractée ou diffuse ; rameaux de la panicule inégaux ord. réunis par 5, les plus longs portant 4-8 épillets. Glumes plus courtes que les fleurs, inégales, la supérieure environ de moitié plus longue oblongue-lancéolée acuminée dans sa moitié supérieure. Rachis de l'épillet poilu unilatéralement ainsi que les callus à poils beaucoup plus courts que les fleurs. Glumelle inférieure glabre, bicuspidée ou bifide au sommet à lobes prolongés en arête courte, munie au-dessus du milieu de sa longueur d'une arête grêle. ♃. Juin-juillet.

*C.* — Prairies, pâturages, lieux herbeux.

**31. KOELERIA** Pers. *Syn. pl.* I, 97. — *Kœleria* et *Lophochloa* Rchb. *Fl. excurs.* ; Putterlick ap. Nees *Gen. fl. Germ.* monoc. I, t. 63-64. — [KOELÉRIE].

*Épillets* comprimés latéralement, *2-7-flores* à fleurs hermaphrodites, la supérieure ord. rudimentaire, les supérieures pédicellées. Glumes 2, membraneuses ou presque herbacées, carénées, aiguës, mutiques, presque égales ou l'inférieure plus petite, 1-3-nerviées, égalant environ les fleurs ou plus courtes. *Glumelles* 2, membraneuses ; l'*inférieure* plus grande, concave, *ord. bidentée au sommet, tantôt mutique, tantôt aristée au sommet ou vers le sommet à arête droite non tordue continuant ord. la direction de la glumelle*; la supérieure bicarénée, bifide au sommet ou bidentée. Squamules 2, membraneuses, entières ou inégalement bi-trilobées, glabres. Étamines 3. *Ovaire glabre.* Stigmates 2, subsessiles, terminaux, plumeux à poils simples ou bifides, sortant sur les côtés de la fleur. *Caryopse* subfusiforme ou oblong, comprimé par le côté, *ne présentant pas de sillon à la face interne, à macule hilaire indistincte,* libre entre les glumelles. — Épillets disposés en *panicule contractée-spiciforme* plus rarement un peu lâche.

**1. K. cristata** Pers. *Syn. pl.* I, 97 ; Rchb. *Ic.* ed. 2, I, t. 93, f. 174 ; Bill. *Exsicc.* n. 365. — *Aira cristata* L. *Sp.* 94 ; *Engl. bot.* t. 648. — *Poa cristata* Host *Gram.* II, t. 75. — *Airochloa cristata* Link *Hort. Berol.* I, 127. — *Kœleria parviflora* Bert. ap. Schult. *Syst. veg.* mant. II, 344. — [K. A CRÊTE].

*Souche* cespiteuse émettant ord. un grand nombre de tiges et de fascicules de feuilles stériles disposés en touffe, *recouverte par les gaînes desséchées et indivises des feuilles des années précédentes.* Tiges de 2-6 décim., dressées, simples, assez roides, nues supérieurement, glabres ou pubescentes au sommet. Feuilles planes, glabres ainsi que les gaînes ou pubescentes-ciliées ; ligule courte, tronquée. Panicule spiciforme assez compacte, ord. allongée, souvent interrompue à la base. Épillets 2-4-flores, d'un blanc verdâtre, luisants. Glumes acuminées, égalant environ les fleurs ou plus ord. plus courtes. Glumelle inférieure lancéolée aiguë ou presque obtuse, mutique ou mucronée ; la supérieure bidentée au sommet. ♃. Juin-juillet.

*C C.* — Coteaux incultes, pelouses sablonneuses, lisières et clairières des bois.

Var. α. *vulgaris.* — Feuilles inférieures plus ou moins poilues-ciliées. Glumelle inférieure aiguë.

Var. β. *glauca.* (*K. glauca* DC. *Hort. Monsp.* 116. — *K. albescens* DC., loc. cit. 117). — Feuilles glabres. Glumelle inférieure ord. presque obtuse.

**2. K. Valesiaca** Gaud. *Agrost.* I, 149 ; Rchb. *Ic.* ed. 2, I, t. 93, f. 175 ; Bill. *Exsicc.* n. 1586. — *Aira Valesiaca* All. *Auct.* 40. — [K. DU VALAIS].

*Souche* cespiteuse, émettant ord. un grand nombre de tiges et de fascicules de feuilles stériles disposés en touffe, *recouverte par les gaînes des feuilles des années précédentes* desséchées et *décomposées en filaments flexueux et intriqués.* Tiges de 2-6 décim., dressées, simples, assez roides, nues supérieurement, glabres ou pubescentes presque tomenteuses dans leur partie supérieure. Feuilles planes, carénées ou enroulées par dessiccation, ord. glabres ainsi que les gaînes ; ligule courte, tronquée. Panicule spiciforme compacte, oblongue, plus rarement allongée. Épillets d'un blanc verdâtre, luisants, 3-flores, la fleur supérieure ord. réduite au pédicelle. Glumes acuminées, égalant environ les fleurs ou plus courtes. Glumelle inférieure oblongue-lancéolée, aiguë souvent mucronée ; la supérieure bidentée au sommet. ♃. Juin-juillet.

*R R R.* — Pelouses des coteaux calcaires arides. — Abondant sur les coteaux à Épizy ! près Moret, où il croît mêlé avec le *K. cristata.*

Var. β. *setacea.* (*K. setacea* DC. *Hort. Monsp.* 118). — Tiges pubescentes presque tomenteuses dans leur partie supérieure. Glumes et glumelles inférieures velues.

**SOUS-TRIBU XIII. FESTUCEÆ.**— *Épillets* à fleurs hermaphrodites, très rarement à fleur inférieure mâle, pédicellés plus rarement presque sessiles, disposés *en panicule* rameuse étalée ou spiciforme, *plus rarement en grappe ou en épi, bi-multiflores*, la fleur supérieure étant souvent rudimentaire. *Glumes 2, souvent plus courtes que la fleur contiguë. Glumelles* 2, membraneuses ou un peu coriaces; l'*inférieure aristée au sommet ou au-dessous du sommet à arête non tordue, ou mutique.* Squamules 2. Étamines 3, rarement 2 ou 1. *Stigmates* ord. sessiles ou subsessiles, divergents, *sortant sur les côtés et ord. vers la base de la fleur.* Caryopse libre ou adhérent aux glumelles, marqué d'une macule hilaire linéaire ou ponctiforme.

**32. PHRAGMITES** Trin. *Fund. Agrost.* 134; Nees *Gen. fl. Germ.* monoc. I, t. 37. — [PHRAGMITE].

*Épillets* comprimés latéralement, ord. *à 5-7-fleurs* un peu espacées, *la fleur inférieure mâle, les autres hermaphrodites, à rachis* glabre au-dessous de la fleur inférieure, *muni* dans le reste de sa longueur *de longs poils qui entourent les* autres *fleurs.* Glumes 2, éloignées l'une de l'autre, membraneuses, carénées, aiguës, plus courtes que les fleurs, inégales l'inférieure environ de moitié plus courte. *Glumelles* 2, membraneuses, inégales; l'*inférieure* beaucoup plus longue, trinerviée, *rétrécie-subulée dans sa partie supérieure,* glabre; la supérieure bicarénée. Squamules 2, membraneuses, obtuses, glabres, embrassant l'ovaire. Étamines 3. Ovaire glabre, nul dans la fleur inférieure. *Styles* 2, terminaux, *allongés* ; stigmates plumeux à poils dentés simples bifides ou un peu ramifiés, sortant sur les côtés et vers le milieu de la hauteur de la fleur. Caryopse se développant très rarement (non vu par nous), oblong, presque cylindrique, non canaliculé, libre entre les glumelles. — Épillets disposés en panicule très rameuse diffuse.

1. **P. communis** Trin., loc. cit.; Rchb. *Ic.* ed. 2, I, t. 185, f. 502; Bill. *Exsicc.* n. 90 et *bis.* — *Arundo Phragmites* L. *Sp.* 120; *Engl. bot.* t. 401; Host *Gram.* IV, t. 39. — [P. COMMUN.— Vulg. *Roseau, Roseau-à-balais, Jonc-à-balais*].

Rhizome longuement traçant, émettant souvent des tiges stériles couchées ou rampantes. Tiges florifères de 1-2 mètres, dressées, robustes. Feuilles glaucescentes, lancéolées-linéaires, larges, souvent étalées, glabres, à bords scabres. Panicule diffuse, ord. très ample. Épillets violacés, plus rarement d'un jaune fauve, 3-7-flores. ♃. Août-septembre.

*C C C.* — Fossés, bords des eaux, marais.

S.-v. *subuniflorus.* (*Arundo nigricans* Mérat *Fl. Par.* éd. 2, II, 33). — Épillets ord. d'un violet noirâtre, ne contenant qu'une ou deux fleurs.

**33. CYNOSURUS** L. *Gen.* n. 87; Nees *Gen. fl. Germ.* monoc I, t. 76. — [CYNOSURE, CRÉTELLE].

*Épillets* comprimés latéralement, 2-5-flores à fleurs hermaphrodites, *entremêlés d'épillets stériles bractéiformes* composés de glumes et de fleurs distiques-pectinées réduites à la glumelle inférieure linéaire-lancéolée. Glumes 2, membraneuses, carénées, lancéolées, acuminées en arête courte, uninerviées, à peu près égales en longueur, égalant environ les fleurs ou plus courtes. Glumelles 2, membraneuses; l'inférieure plus grande, concave, 3-5-nerviée, aiguë, à sommet bidenté mucroné ou aristé plus rarement mutique; la supérieure bicarénée, bifide au sommet. Squamules 2, membraneuses, acuminées ou obtuses, entières ou subbilobées, glabres. Étamines 3. Ovaire glabre. Styles 2, terminaux, courts; stigmates plumeux à poils simples, sortant sur les côtés et un peu au-dessous de la moitié de la longueur de la fleur. Caryopse oblong, comprimé par le dos, à face externe convexe, à face interne déprimée un peu concave et marquée environ dans la moitié de sa longueur d'une macule hilaire linéaire, étroitement renfermé entre les glumelles et adhérent à la supérieure. — Épillets disposés en *panicule spiciforme unilatérale* ovale ou allongée.

Sect. I. EUCYNOSURUS. — Glumelles des épillets stériles mucronées.

1. C. **cristatus** L. *Sp.* 105; *Engl. bot. t.* 316; Host *Gram.* II, t. 96; Rchb. *Ic.* ed. 2, I, t. 148, f. 366; Bill. *Exsicc.* n. 1383. — [C. A CRÊTES. — Vulg. *Crételle, Crételle-commune*].

Souche cespiteuse. Tiges de 4-8 décim., assez grêles, dressées. Feuilles linéaires, planes; ligule courte, tronquée. Panicule spiciforme étroite, allongée, compacte, unilatérale, roide, droite. Épillets fertiles sub-4-flores; fleurs fertiles oblongues-lancéolées, finement ponctuées-scabres, quelquefois pubescentes-scabres supérieurement, brièvement aristées. *Épillets stériles à glumelles rapprochées acuminées-mucronées.* ♃. Juin-juillet.

C. — Prairies, pâturages, lieux herbeux.

Sect. II. CHRYSURUS. — Glumelles des épillets stériles longuement aristées.

† C. **echinatus** L. *Sp.* 105; Host *Gram.* II, t. 95; Sibth. et Sm. *Fl. Græc.* t. 78; *Engl. bot.* t. 1333; Rchb. *Ic.* ed. 2, I, t. 148, f. 365; Bill. *Exsicc.* n. 1597. — *Chrysurus echinatus* P. B. *Agrost.* 123. — [C. HÉRISSÉ].

Plante annuelle. Tiges de 4-8 décim., subsolitaires ou plusieurs, dressées, un peu roides. Feuilles linéaires ord. assez larges, planes; ligule oblongue, celle de la feuille supérieure plus longue. Panicule spiciforme ovale ou ovale-oblongue ord. subcapitée, compacte, unilatérale, à rameaux et à ramuscules courts. Épillets fertiles 2-3-flores avec le rudiment pédicelliforme d'une fleur supérieure; fleurs fertiles oblongues-lancéolées, scabres supérieurement, longuement aristées. *Épillets stériles à glumelles* lancéolées subulées-aristées supérieurement, les inférieures un peu espacées *longuement aristées*, les supérieures rapprochées à arête plus courte. ⚊. Juin-juillet.

Se rencontre très rarement dans les lieux cultivés et les prairies où il a été très probablement introduit avec les graines de gazon. — Dans un parc à Clamart (*C^te Jaubert*); Saint-Gratien (*Weddell*). — Très répandu dans la région méditerranéenne, plus rare dans le centre de la France et sur les côtes de l'Océan.

**34. MELICA** L. *Gen.* n. 82; Nees *Gen. fl. Germ.* monoc. I, t. 60. — [MÉLIQUE].

*Épillets comprimés latéralement, 3-5-flores, les 1-2 fleurs inférieures hermaphrodites fertiles, les supérieures stériles rudimentaires, la fleur stérile inférieure claviforme* renfermant les autres fleurs stériles réduites à 1 ou 2 glumelles. Glumes 2, membraneuses, concaves, mutiques, plus courtes que les fleurs ou les dépassant un peu, presque égales ou inégales. *Glumelles 2,* *l'inférieure* plus grande, membraneuse ou presque cartilagineuse après la floraison, 5-plurinerviée, concave, *mutique,* glabre ou munie de longs poils sur les nervures; la supérieure membraneuse, bicarénée, bidentée au sommet. Squamules 2, charnues, glabres ou un peu ciliées au sommet, libres entre elles ou soudées. Étamines 3. Ovaire glabre. Styles 2, terminaux, courts ou assez longs ; stigmates plumeux à poils rameux, sortant sur les côtés et vers la base de la fleur. Caryopse oblong, à peine comprimé par le dos, à face externe convexe, à face interne presque plane et marquée dans toute sa longueur d'une macule hilaire linéaire, libre entre les glumelles. — Épillets disposés en *panicule rameuse ou* en *grappe.*

1. **M. ciliata** L. *Sp.* 97 ; Kunth *Enum. pl.* I, 375. — [M. CILIÉE].

Souche cespiteuse. Tiges nombreuses en touffe ou subsolitaires, de 4-10 décim., dressées, assez roides. Feuilles planes ou enroulées, assez larges ou étroites, vertes ou glaucescentes, glabres ou pubescentes-rudes en dessus ; ligule oblongue, souvent lacérée. Panicule allongée, étroite, compacte ou un peu lâche, à rameaux inférieurs souvent espacés, presque cylindrique ou subunilatérale. Épillets brièvement pédicellés, d'abord dressés puis plus ou moins étalés, à 1-2 fleurs fertiles. Glumes acuminées, inégales, l'inférieure ord. plus courte que la fleur à laquelle elle est contiguë, la supérieure dépassant plus ou moins les fleurs. *Glumelle inférieure de la fleur inférieure* *munie vers les bords* et de la base au sommet *d'un grand nombre de longs* *poils* blancs soyeux, nue et ponctuée-scabre sur le dos. Fleur neutre oblongue ou turbinée, lisse ou ponctuée-scabre. ♃.

Var. α. *vulgaris.* (*M. ciliata* Sibth. et Sm. *Fl. Græc.* I, 54, t. 70; Host *Gram.* II, t. 12 ; Rchb. *Ic.* ed. 2, I, t. 167, f. 435 ; Parlat. *Fl. It.* 299. — *M. ciliata* et *M. Magnolii* Gren. et Godr. *Not. bot.* in *Soc. émul. Doubs* [1854], et *Fl. Fr.* III, 550-551). — *Tiges souvent peu nombreuses ou subsolitaires,* ord. très allongées. *Feuilles* vertes ou à peine glaucescentes, *planes* ou un peu enroulées par dessiccation. *Panicule compacte,* cylindrique égale, à rameaux inférieurs souvent espacés. Caryopse très lisse ou ruguleux.

Cette variété, qui paraît propre aux régions méridionales, n'a pas été rencontrée aux environs de Paris.

Var. β. *Nebrodensis.* (*M. Nebrodensis* Parlat. *Fl. Palerm.* I, 120, et *Fl. It.* I, 300 ; Gren. et Godr. *Not. bot.* in *Soc. émul. Doubs* [1854], et *Fl. Fr.* III, 551 ; Godr. *Fl. Lorr.* éd. 2, II, 420 ; Bill. *Exsicc.* n. 1593 et *bis* et *ter* ). — *Tiges ord.* *nombreuses* disposées en touffe serrée. *Feuilles* glaucescentes, *étroites, enrou-* *lées.* *Panicule un peu lâche,* ord. presque unilatérale. Caryopse lisse, quelquefois ruguleux à la face interne. Mai-juillet. — R. — Rochers calcaires, coteaux pierreux arides, vieux murs. — Conflans-Sainte-Honorine (*de Boucheman*); coteaux des bords de la Seine depuis Mantes jusqu'aux Andelys : coteau des Célestins à Mantes!, La Roche-Guyon!, Port-Villez!, Vernonet!, Les Andelys!.

Nous avons rapporté le *M. Nebrodensis* comme variété au *M. ciliata,* car nous avons rencontré un assez grand nombre d'échantillons que nous n'avons pas pu déterminer avec précision, et d'ailleurs les caractères donnés comme distinctifs des deux plantes ne nous paraissent pas suffisamment constants. — Nous avons été également amenés à rapporter, mais comme simple synonyme, au *M. ciliata* le *M.*

*Magnolii* Gren. et Godr. qui n'en diffère que par le caryopse luisant et lisse, car dans la plante observée par l'un de nous en Algérie, nous avons trouvé le caryopse indifféremment lisse ou rugueux ; les rugosités du caryopse nous ont, en outre, paru être dues à un arrêt de développement plutôt qu'à une disposition particulière du péricarpe.

2. **M. uniflora** Retz *Obs.* I, 10 ; *Engl. bot.* t. 1058 ; Host *Gram.* II, t. 11 ; Rchb. *Ic.* ed. 2, I, t. 167, f. 436 ; Bill. *Exsicc.* n. 1594 et *bis*. — [M. UNI-FLORE].

Souche à rhizome grêle traçant. Tiges de 4-6 décim., subsolitaires ou peu nombreuses, grêles, dressées. Feuilles planes, d'un vert gai, munies de quelques poils en dessus ; gaînes non fendues ; *ligule* membraneuse, courte tronquée, *à bord opposé au limbe de la feuille prolongé en* languette sub-herbacée en forme d'*aréte. Panicule racémiforme* très lâche, unilatérale, *à rameaux inférieurs étalés portant ord. deux ou plusieurs épillets. Épillets* peu nombreux, assez longuement pédicellés, à pédicelles grêles, dressés, *à une seule fleur fertile.* Glumes colorées en violet clair à bords scarieux, un peu inégales la supérieure plus grande, ovales-oblongues, un peu acuminées presque aiguës. *Glumelle inférieure* de la fleur fertile *glabre*, à nervures saillantes. ♃. Mai-juin.

*C C.* — Bois, coteaux ombragés.

3. **M. nutans** L. *Sp.* 98 ; Host *Gram.* II, t. 10 ; *Engl. bot.* t. 1059 ; Rchb. *Ic.* ed. 2, I, t. 167, f. 437 ; Bill. *Exsicc.* n. 2974 et *bis*. — *M. montana* Huds. *Fl. Angl.* ed. 2, I, 37. — [M. PENCHÉE].

Souche à rhizome grêle un peu traçant. Tiges de 3-6 décim., subsolitaires ou peu nombreuses, grêles, dressées. Feuilles planes, d'un vert gai, munies de quelques poils en dessus ; gaînes fendues seulement au sommet ; *ligule* membraneuse, très courte tronquée, *non prolongée en arête du côté opposé au limbe de la feuille. Panicule racémiforme* un peu lâche, unilatérale, *à rameaux courts* dressés *portant un seul plus rarement deux épillets. Épillets* ord. peu nombreux, assez longuement pédicellés, à pédicelles grêles, penchés, *à deux fleurs fertiles.* Glumes plus ou moins colorées en violet clair, à bords largement scarieux, inégales la supérieure plus grande, ovales-oblongues, très obtuses. *Glumelle inférieure* des fleurs fertiles *glabre*, à ner-vures très saillantes. ♃. Mai-juin.

*R R.* — Bois montueux. — Luzarches (*De Lens*) ; Senlis (*Morelle*) ; forêt de Halatte près de Fleurines ! ; Saint-Crépin et étangs de Saint-Pierre près Compiègne (*Léré*). — *Graves* Cat. Oise : forêt de Compiègne, carrefour Gabriel, routes des Bordures et de Marie ; bois de Lévignen cant. de Betz ; bois des Brays cant. de Crépy.

**35. MOLINIA** Mœnch *Meth.* 183 ; Nees *Gen. fl. Germ. monoc.* I, t. 61. — [MOLINIE].

*Épillets* un peu comprimés latéralement lors de la floraison, *2-5-flores à fleurs hermaphrodites* un peu espacées, la supérieure ord. rudimentaire ou réduite au pédicelle. Glumes 2, membraneuses, concaves, mutiques, plus courtes que les fleurs, inégales. *Glumelles* 2, presque de même longueur ; *l'inférieure* membraneuse-subherbacée, 5-nerviée, *concave-semicylin-drique atténuée en cône aigu, mutique* souvent mucronée ; la supérieure membraneuse, bicarénée à carènes nues. Squamules 2, libres entre elles, membraneuses, cunéiformes, glabres. Étamines 3. Ovaire glabre. *Styles* 2, terminaux, *assez longs ;* stigmates plumeux, à poils simples, sortant sur les côtés et vers la base de la fleur. Caryopse oblong, presque cylindrique, ne présentant pas de sillon à la face interne et marqué dans presque toute sa longueur d'une macule hilaire linéaire, libre entre les glumelles. — Épillets disposés en *panicule rameuse* resserrée ou diffuse.

1. **M. cærulea** Mœnch, loc. cit.; Kunth *Enum. pl.* I, 379 ; Rchb. *Ic.* ed. 2, I, t.1 50, f. 372 ; Bill. *Exsicc.* n. 94. — *Aira cærulea* L. *Sp.* 95. — *Melica cærulea* L. *Mant.* II, 325 ; Host *Gram.* II, t. 8 ; *Engl. bot.* t. 750. — *Festuca cærulea* DC. *Fl. Fr.* III, 46. — [M. BLEUE].

Souche cespiteuse, entourée des bases des feuilles détruites, à fibres radicales robustes. Tiges de 4-9 décim., roides, dressées, ne portant que 2-4 feuilles qui s'insèrent toutes vers la base sur des nœuds assez rapprochés pour que la gaîne de la feuille inférieure recouvre ces nœuds et les gaînes des autres feuilles, dépourvues de nœuds dans tout le reste de leur longueur. Feuilles planes, roides, acuminées, scabres sur les bords. Panicule dressée, un peu interrompue, à rameaux étalés lors de la floraison puis dressés. Épillets petits, dressés, souvent violacés, à fleurs très caduques. ♃. Juillet-octobre.

*C C.* — Bois, bruyères, taillis, buissons, pâturages montueux.

S.-v. *vivipara.* — Épillets vivipares par la transformation des fleurs en bourgeons foliacés.

**36. CATABROSA** P. B. *Agrost.* 97, t. 19, f. 8 ; Nees *Gen. fl. Germ.* monoc. I, t. 58. — [CATABROSE].

*Épillets* comprimés latéralement, *biflores*, à fleurs hermaphrodites, l'inférieure sessile, la supérieure assez longuement pédicellée, plus rarement uniflores par avortement, très rarement triflores. *Glumes* 2, membraneuses, *courtes*, concaves, mutiques ; l'inférieure plus petite, ovale-oblongue ; *la supérieure* plus grande, largement *obovale à sommet arrondi* lâchement crénelé ou denticulé. *Glumelles* 2, membraneuses, mutiques, presque de même longueur ; l'*inférieure* trinerviée, *trigone-carénée* à nervures saillantes, *à sommet* scarieux *tronqué-arrondi ;* la supérieure presque de même forme, bicarénée, à sommet tronqué un peu émarginé. *Squamules* 2, *libres entre elles*, membraneuses, ovales obtuses, très entières, glabres. Étamines 3. Ovaire glabre. Stigmates 2, terminaux, subsessiles, plumeux à poils simples ou bifides, sortant sur les côtés et au-dessus de la base de la fleur. Caryopse oblong, à peine comprimé latéralement, ne présentant pas de sillon à la face interne et marqué d'une macule hilaire ponctiforme, libre entre les glumelles. — Épillets petits, disposés en *panicule rameuse* étalée. *Plante aquatique.*

1. **C. aquatica** P. B., loc. cit.; Bill. *Exsicc.* n. 2175. — *Aira aquatica* L. *Sp.* 95 ; Host *Gram.* II, t. 41 ; *Engl. bot.* t. 1557. — *Glyceria aquatica* Presl *Fl. Cech.* 25 non Whlnbg. — *Poa airoides* Kœl. *Gram.* 194. — *Glyceria airoides* Rchb. *Fl. excurs.* I, 45, et *Ic.* ed. 2, I, t. 150, f. 374. — [C. AQUATIQUE].

Plante aquatique, vivace. Tiges plus ou moins nombreuses ou subsolitaires, de 3-8 décim., couchées dans leur partie inférieure et radicantes au niveau des nœuds, souvent nageantes, plus rarement dressées dès la base. Feuilles linéaires-larges ou presque lancéolées, planes, obtuses, molles; ligule oblongue. Panicule rameuse, à rameaux semiverticillés d'abord presque dressés ensuite étalés horizontalement et quelquefois défléchis. Épillets petits, verdâtres ou d'un violet rougeâtre, biflores, quelquefois uniflores par avortement, très rarement triflores. Glume supérieure largement obovale, grossement crénelée ou inégalement denticulée à son sommet arrondi. ♃. Juin-juillet.

A.C. — Lieux marécageux, fossés aquatiques, bords des eaux. — Enghien!; Montmorency !; Saint-Germain !; Ville-d'Avray !; Buc !; Petit-Jouy; vallée de Chevreuse !; Dampierre !; Saint-Léger !. Env. de Beauvais : Marissel, marais de Savoie (*Taillefert*). La Ferté-sous-Jouarre (*Kunth*), etc.

**37. GLYCERIA** R. Br. *Prodr. Nov.-Holl.* 179 ; P. B. *Agrost.* 96, t. 19, f. 7 ;
Nees *Gen. fl. Germ. monoc.* I, t. 57. — [ GLYCÉRIE ].

*Épillets* d'abord presque cylindriques puis plus ou moins comprimés latéralement, *pluri-multiflores*, à fleurs hermaphrodites, la supérieure ord. rudimentaire, à rachis articulé fragile à la maturité. Glumes 2, membraneuses, concaves, mutiques, plus ou moins obtuses, inégales, plus courtes que les fleurs. *Glumelles* 2, *se détachant en même temps*, presque de la même longueur ; *l'inférieure* membraneuse-subherbacée, 5-11-nerviée, *concave-semicylindrique*, non carénée, *mutique*, à sommet ord. obtus quelquefois crénelé ou un peu lacéré ; la supérieure membraneuse, bicarénée, à carènes très finement ciliées, bifide au sommet. *Squamules* 2, membraneuses-charnues, *soudées entre elles*, tronquées, glabres. Étamines 3. Ovaire glabre. *Styles* 2, terminaux, *assez longs* ; stigmates plumeux à poils rameux-dichotomes, sortant sur les côtés au-dessus de la base de la fleur. *Caryopse* ovale ou oblong, un peu stipité, comprimé par le dos, à face externe convexe, *à face interne* presque plane un peu déprimée et *marquée dans presque toute sa longueur d'une macule hilaire linéaire*, libre entre les glumelles. — *Épillets* disposés en *panicule rameuse* étalée ou racémiforme. Plantes ord. aquatiques.

**1. G. fluitans** R. Br. *Prodr. Nov.-Holl.* 179 ; P. B. *Agrost.* 96.— *Festuca fluitans* L. *Sp.* 111. — [G. FLOTTANTE].

Plante vivace, aquatique. *Tiges* atteignant souvent plus d'un mètre, *couchées-radicantes* et souvent nageantes *dans leur partie inférieure*, un peu comprimées. Feuilles planes, linéaires, larges, les inférieures souvent flottantes ; gaînes comprimées, fendues seulement dans leur partie supérieure, présentant latéralement au sommet deux taches jaunâtres ; ligule membraneuse plus ou moins saillante, obtuse ou aiguë, souvent lacérée. *Panicule allongée*, subunilatérale, ample ou racémiforme, à rameaux dressés ou étalés pendant la floraison. *Épillets assez gros, oblongs-linéaires, presque cylindriques avant la floraison*, puis comprimés latéralement, *5-13-flores*, à fleurs ovales-oblongues ou lancéolées-oblongues. Glumelle inférieure à 7-11 nervures très prononcées, d'un vert blanchâtre, scarieuse et luisante au sommet, presque aiguë ou obtuse, entière, obscurément crénelée plus rarement presque lacérée. Squamules un peu charnues, soudées en une seule tronquée ou subbilobée. Étamines 3. ♃. Juin-août.

53

Var. α. *fluitans*. (*G. fluitans* Fries *Nov. Suec.* mant. III, 176 ; Koch *Syn. fl. Germ.* ed. 2, 932 ; Rchb. *Ic.* ed. 2, I, t. 152, f. 380 ; Bill. *Exsicc.* n. 483. — *Festuca fluitans* Schreb. *Gram.* I, t. 3). — *Panicule racémiforme à rameaux inférieurs ord. géminés. Fleurs lancéolées-oblongues. Glumelle inférieure presque aiguë*, entière ou obscurément crénelée. Caryopse oblong. — *CC.* — Mares, fossés aquatiques, étangs, bords des ruisseaux et des rivières.

Var. β. *plicata* (Griseb. in Ledeb. *Fl. Ross.* IV, 391 ; Coss et DR. *Fl. Algér.* phan. 143. — *G. plicata* Fries *Nov. Suec.* mant. III, 176 ; Koch *Syn. fl. Germ.* ed. 2, 932 ; Rchb. *Ic.* ed. 2, I, t. 153, f. 381 ; Bill. *Exsicc.* n. 183). — *Panicule ord. ample à rameaux inférieurs ord. disposés par 4-5. Fleurs ovales-oblongues. Glumelle inférieure presque obtuse*, entière ou obscurément crénelée, plus rarement presque lacérée. Anthères plus courtes que dans la variété α. Caryopse ovale ou ovale-oblong. — Dans les mêmes lieux que le type, mais plus rare.

Nous avons cru devoir, à l'exemple de M. Grisebach, réunir le *G. plicata* comme variété au *G. fluitans*, car nous avons rencontré des variations dans les divers caractères donnés comme distinctifs des deux plantes, et il ne nous a pas été possible de déterminer avec précision un certain nombre de formes intermédiaires.

2. **G. aquatica** Whlbg *Fl. Gothob.* 18 ; Rchb. *Ic.* ed. 2, I, t. 152, f. 379 ; Bill. *Exsicc.* n. 2176. — *Poa aquatica* L. *Sp.* 98 ; Host *Gram.* II, t. 60 ; *Engl. bot.* t. 1315. — *Glyceria spectabilis* Mert. et Koch *Deutschl. Fl.* I, 586. — [ G. AQUATIQUE ].

Plante vivace, croissant au bord des eaux, à souche traçante. *Tiges* atteignant ord. plus d'un mètre, *robustes, dressées*, un peu comprimées. *Feuilles* planes, *linéaires-larges*, brusquement acuminées, fermes, les inférieures ord. très allongées quelquefois flottantes ; gaînes presque cylindriques, à peine fendues ou fendues seulement dans leur partie supérieure, présentant latéralement au sommet deux taches d'un jaune fauve ; ligule membraneuse courte, tronquée. Panicule très ample, très rameuse, à rameaux étalés dans tous les sens. *Épillets ovales-oblongs*, comprimés latéralement, 5-9-flores. Glumelle inférieure à 7-9 nervures très prononcées, de consistance herbacée, souvent violacée, étroitement scarieuse supérieurement, obtuse, entière. Squamules un peu charnues, soudées en une seule tronquée ou émarginée-subbilobée. *Étamines 3.* ♃. Juillet-août.

C. — Bords des rivières et des étangs, lieux marécageux.

† **G. nervata** Trin. in *Act. Petrop.* ser. 6, I, 365, et *Math. phys.* I, 36 ; Steud. *Syn. glum.* 285 ; DR. *Not. pl.* Gironde, 7 ; Bill. *Exsicc.* n. 2770. — *Poa nervata* Willd. *Sp.* I, 389 [1797], et *Enum.* 105. — *P. striata* Mich. *Fl. Bor.-Amer.* I, 69 [1803] non Lmk nec Thunb. — *Glyceria Michauxii* Kunth *Gram.* I, 343, t. 85, et *Enum. pl.* I, 367 et suppl. 304. — [ G. NERVIÉE ].

Plante vivace, croissant dans les lieux marécageux, à souche grêle traçante. *Tiges* de 5-8 décim., *grêles, dressées*, un peu anguleuses. *Feuilles* planes, *linéaires*, aiguës, molles ; gaînes presque cylindriques, non fendues ou fendues seulement au sommet ; ligule membraneuse, courte, obtuse ou tronquée, dentée ou quelquefois laciniée. Panicule rameuse, lâche, assez grêle, à rameaux presque capillaires géminés ou ternés, dirigés dans tous les sens, un peu étalés ou dressés. *Épillets petits, ovales*, comprimés latéralement, 4-6-flores, à fleurs assez rapprochées, à rachis très fragile. Glumelle inférieure à 7 nervures très prononcées, de consistance herbacée, scarieuse au sommet, obtuse, entière. Squamules un peu charnues, soudées en une seule tronquée ou émarginée-subbilobée. *Étamines 2.* ♃. Mai-juin.

Très abondant dans le marais du bois de Meudon (*Durieu de Maisonneuve*, 21 mai 1849, *Weddell, Balansa*). — Cette espèce est indigène dans l'Amérique du Nord, où elle a été observée dans la Virginie, la Pensylvanie, le Michigan, etc.

**38. BRIZA** L. *Gen.* n. 84 ; P. B. *Agrost.* 67, t. 14, f. 3 ; Nees *Gen. fl. Germ.* monoc. I, t. 59. — [BRIZE].

*Épillets* comprimés latéralement, *pluri-multiflores*, à fleurs hermaphrodites, rapprochées étroitement imbriquées, la supérieure souvent stérile, à rachis fragile à la maturité. Glumes 2, membraneuses, concaves-ventrues, suborbiculaires, mutiques, presque égales, plus courtes que les fleurs. *Glumelles* 2, se détachant en même temps, membraneuses ; *l'inférieure* beaucoup plus grande, *comprimée-concave*, *suborbiculaire*, *cordée à la base*, *arrondie au sommet*, *mutique* ; la supérieure bicarénée, à sommet obtus ou émarginé. Squamules 2, charnues-membraneuses, libres entre elles, ovales-lancéolées, entières ou munies d'un lobule latéral, glabres. Étamines 3. Ovaire glabre. Styles 2, terminaux, courts ; stigmates plumeux à poils rameux, sortant sur les côtés et vers le milieu de la fleur. Caryopse obovale-suborbiculaire, comprimé par le dos, à face externe convexe, à face interne plane ne présentant pas de sillon et marquée d'une macule hilaire linéaire égalant la moitié de sa longueur ou courte presque ponctiforme, libre entre les glumelles ou adhérent à la glumelle supérieure. — Épillets disposés en panicule rameuse ou presque simple ord. étalée.

1. **B. media** L. *Sp.* 103; *Engl. bot.* t. 340; Host *Gram.* II, t. 29; Trin. *Ic.* t. 291 ; Rchb. *Ic.* ed. 2, I, t. 165, f. 429 ; Bill. *Exsicc.* n. 1595. — [B. INTERMÉDIAIRE. — Vulg. *Amourette, Branle-toujours*].

Souche cespiteuse, un peu traçante. Tiges peu nombreuses ou subsolitaires, de 2-6 décim., dressées. Feuilles linéaires, planes ; ligule courte, tronquée. Panicule lâche, diffuse, à rameaux capillaires flexueux. Épillets ovales plus larges que longs, subcordiformes, 5-9-flores, très mobiles, verdâtres ou violacés. Caryopse libre entre les glumelles, marqué d'une macule hilaire linéaire-oblongue presque ponctiforme. ♃. Mai-juillet.

*C C.* — Prairies, pâturages, bords des chemins.

S.-v. *pallens*. — Panicule ord. étroite entourée à la base par la gaîne de la feuille supérieure. Épillets plus petits, verdâtres. — Lieux arides.

**39. ERAGROSTIS** P. B. *Agrost.* 70, t. 14, f. 11 ; Nees *Gen. fl. Germ.* monoc. I, t. 55. — [ÉRAGROSTIDE].

*Épillets* comprimés latéralement presque plans, *tri-multiflores*, à fleurs hermaphrodites, à rachis persistant. Glumes 2, membraneuses, carénées, mutiques, presque égales ou inégales, beaucoup plus courtes que les fleurs, caduques. *Glumelles* 2, membraneuses ; *l'inférieure carénée*, ord. trinerviée à nervures saillantes ord. glabres ou glabrescentes, *mutique, caduque à la maturité ; la supérieure* bicarénée, pliée-concave selon les nervures, à sommet entier bifide ou bidenté, *persistant plus longtemps sur le rachis*. Squamules 2, petites, un peu charnues, libres entre elles, obtuses ou tronquées au sommet, glabres. Étamines 3. Ovaire glabre. *Styles* 2, terminaux, *assez longs*; stigmates brièvement plumeux, sortant sur les côtés et vers la base de la fleur. *Caryopse* subglobuleux, ovale ou oblong, subcylindrique, à périsperme dur presque transparent, *ne présentant pas de sillon à la face interne, marqué d'une macule hilaire ponctiforme*, libre entre les glumelles et se détachant avec la glumelle inférieure. — Épillets oblongs ou linéaires, disposés en *panicule rameuse* diffuse plus rarement spiciforme ou racémiforme.

1. **E. vulgaris** Coss. et G. de Sᵗ.-P. *Fl. Par.* éd. 1, 641. — *Poa Eragrostis* Bert. *Fl. It.* I, 554. — *Eragrostis pœoides* Steud. *Syn. Glum.* 263. — [É. COMMUNE].

Plante annuelle, exhalant une odeur désagréable. Tiges nombreuses disposées en touffe, plus rarement subsolitaires, de 1-5 décim., diffuses ou ascendantes, plus rarement dressées. Feuilles planes, plus rarement caniculées un peu enroulées par dessiccation, glabres ou présentant des poils épars ainsi que les gaînes; gaînes plus ou moins barbues vers l'ouverture, plus rarement les supérieures nues; ligule très courte, réduite à un anneau de poils. *Panicule* rameuse, diffuse, *à rameaux solitaires ou géminés* nus ou un peu poilus en dedans à la base, portant souvent les épillets presque dès la base. Épillets d'abord d'un vert noirâtre ord. plus pâles ensuite, ord. beaucoup plus longs que le pédicelle, oblongs-linéaires ou linéaires, 4-50-flores, *à fleurs obtuses.* Glumelle inférieure ovale, à sommet obtus ou presque émarginé quelquefois mucronulé, à nervures latérales saillantes; la glumelle supérieure persistant longtemps sur le rachis après la chute de l'inférieure. Caryopse subglobuleux ou ovoïde-subglobuleux. Ⓘ. Juin-septembre.

R. — Lieux cultivés, voisinage des habitations, terrains sablonneux, bords des rivières. — Paris : port Saint-Bernard (*Larcher*), cours de l'hôpital Beaujon et butte du Trocadéro (*Crétaine*), Champ-de-Mars (*Decaisne*); plaine des Sablons! (*Brice*); mont Valérien (*Mandon*); Saint-Denis, Maisons (*Maire*); abondant dans la plaine du Vésinet! (*C. de Chambine*); Versailles : cour de la mairie (*de Boucheman*), débarcadère du chemin de fer de la rive gauche!. Montlhéry (*C. de Chambine*); Marcoussis (*de Schœnefeld*). Très abondant à Fontainebleau ! (*Maire, Weddell*); Noisy-sur-Écolle près Milly (*Taillefert*); Nemours !; Malesherbes (*Bernard*). Verberie (*Morelle*).

Var. *α. megastachya* (Coss. et G. de Sᵗ.-P., loc. cit. — *Briza Eragrostis* L. *Sp.* 103; Schreb. *Gram.* II, t. 39. — *Poa megastachya* Kœl. *Gram.* 181. — *Eragrostis major* Host *Gram.* IV, 14, t. 24. — *E. megastachya* Link *Hort. Berol.* I, 185 ; Rchb. *Ic.* ed. 2, I, t. 164, f. 426; Bill. *Exsicc.* n. 92). — Rameaux et ramuscules de la panicule ord. courts. *Épillets* assez larges, *oblongs-linéaires*, beaucoup plus longs que le pédicelle. *Glumelle inférieure souvent un peu émarginée et mucronulée au sommet.*

Var. β. *microstachya* (Coss. et G. de Sᵗ.-P., loc. cit. — *Poa Eragrostis* L. *Sp.* 100 ; Host *Gram.* II, t. 69; Schreb. *Gram.* II, t. 38. — *Eragrostis pœoides* P. B. *Agrost.* 71. — *E. pœformis* Link *Hort. Berol.* I, 188 ; Rchb. *Ic.* ed. 2, I, t. 164, f. 427; Bill. *Exsicc.* n. 2589). — Rameaux et ramuscules de la panicule ord. courts. *Épillets* étroits, *lancéolés-linéaires ou linéaires* allongés, souvent beaucoup plus longs que le pédicelle. *Glumelle inférieure très rarement un peu émarginée et mucronulée au sommet.* — Cette variété, répandue surtout dans les contrées méridionales, est très rare aux environs de Paris, où elle n'est peut-être pas indigène.

**2. E. pilosa** P. B. *Agrost.* 71 ; Rchb. *Ic.* ed. 2, I, t. 164, f. 424 ; Bill. *Exsicc.* n. 885. — *Poa pilosa* L. *Sp.* 100 ; Host *Gram.* II, t. 68. — [É. POILUE].

Plante annuelle. Tiges nombreuses disposées en touffe, plus rarement subsolitaires, de 5-20 centim., plus rarement de 30-40 centim., diffuses ou ascendantes, plus rarement dressées. Feuilles étroites, planes ; gaînes glabres, barbues vers l'ouverture ; ligule presque nulle. *Panicule* rameuse, étroite avant la floraison, diffuse après la floraison, *à rameaux* grêles presque capillaires, *subverticillés par 4-5 au moins les inférieurs*, un peu poilus en dedans à la base. Épillets petits, d'abord d'un violet noirâtre ord. plus pâles ensuite, égalant environ le pédicelle, linéaires, 5-12-flores, *à fleurs aiguës*. Glumelle inférieure ovale, presque aiguë, à nervures latérales à peine saillantes, la glumelle supérieure persistant quelque temps sur le rachis après la chute de l'inférieure. Caryopse ovale-oblong. ⓘ. Juillet-septembre.

*R R.* — Lieux sablonneux inondés l'hiver, bords des rivières. — Bords de la Seine près de Grenelle (*Vigin[e]ix*) ; cour de la Mairie à Versailles (*de Boucheman*). Mares de Bellecroix ! dans la forêt de Fontainebleau (*Weddell*). — Cette espèce est très commune sur les sables de la Loire.

**40. POA** L. *Gen.* n. 83 ex parte ; P. B. *Agrost.* 70, t. 14, f. 10 ; Nees *Gen. fl. Germ.* monoc. I, t. 56. — [PATURIN].

*Épillets* comprimés latéralement, *bi-multiflores*, à fleurs hermaphrodites quelquefois presque dioïques, la supérieure ord. rudimentaire ou réduite au pédicelle, à rachis fragile à la maturité à articles se détachant avec les fleurs. Glumes 2, membraneuses ou presque herbacées, carénées, mutiques, presque égales entre elles, ou inégales l'inférieure plus courte, plus courtes que les fleurs. *Glumelles* 2 ; *l'inférieure* membraneuse-subherbacée, *carénée*, ord. aiguë, *mutique*, *ne se détachant qu'avec la supérieure*, à 5 nervures ord. munies dans leur partie inférieure de poils laineux plus ou moins longs qui semblent réunir les fleurs ; la supérieure bicarénée, émarginée ou subbilobée au sommet. Squamules 2, membraneuses, libres entre elles, subbifides ou presque entières, glabres. Étamines ord. 3. Ovaire glabre. *Styles* 2, très rarement 3, *courts* ou très courts ; stigmates plumeux, à poils simples ou rameux, sortant sur les côtés et vers la base de la fleur. *Caryopse* oblong, subcylindrique-trigone, *ne présentant pas de sillon à la face interne, marqué d'une macule hilaire ponctiforme*, libre entre les glumelles. — Épillets ovales ou ovales-oblongs, disposés en *panicule rameuse*.

† Plantes annuelles, ou vivaces à souche cespiteuse ou à peine traçante. — (1-5).

†† Plantes vivaces à souche longuement traçante ou émettant des rhizomes traçants. — (6-7).

**1. P. annua** L. *Sp.* 99 ; Host *Gram.* II, t. 64 ; *Engl. bot.* t. 1141 ; Rchb. *Ic.* ed. 2, I, t. 155, f. 387 ; Bill. *Exsicc.* n. 93. — [P. ANNUEL].

*Plante annuelle*, plus rarement bisannuelle, cespiteuse, munie souvent d'un rhizome court ou plus ou moins allongé quelquefois très long presque capillaire. Tiges de 5-30 centim., molles, souvent radicantes à la base, étalées-ascendantes ou dressées, cylindriques un peu comprimées. Feuilles molles, planes, linéaires, atténuées au sommet ou presque obtuses ; ligule des feuilles supérieures oblongue. *Panicule* grêle, un peu unilatérale, *à rameaux solitaires ou gé-*

*minés* plus rarement ternés, étalés ou réfléchis après la floraison. Épillets verdâtres ou violacés, ovales-oblongs, 3-7-flores. Glumelle inférieure presque obtuse et un peu sinuée, membraneuse aux bords, 5-nerviée à nervures glabres ou pubérulentes, rarement velues-ciliées, les latérales un peu saillantes. ① ou ②. Fleurit pendant presque toute l'année.

*CCC.* — Pelouses, lieux cultivés ou incultes, rues et cours peu fréquentées, villages, décombres.

2. **P. bulbosa** L. *Sp.* 102 ; Host *Gram.* II, t. 65 ; *Engl. bot.* t. 1071 ; Rchb. *Ic.* ed. 2, I, t. 154, f. 385-386 ; Bill. *Exsicc.* n. 482 et *bis.* — Vaill. *Bot. Par.* t. 17, f. 8. — [P. BULBEUX].

*Souche cespiteuse. Tiges* de 3-5 décim., dressées plus rarement ascendantes, plus ou moins *renflées en bulbe à la base,* cylindriques. Feuilles planes ou canaliculées un peu enroulées, linéaires-étroites, presque obtuses ou atténuées supérieurement ; gaînes lisses ; *ligule oblongue,* aiguë. Panicule compacte, contractée, à rameaux courts, dressés, un peu scabres, géminés ou solitaires, très rarement subverticillés par 4-5. Épillets verdâtres ou violacés, ovales, 4-7-flores, à glumelles surtout dans les fleurs supérieures souvent transformées en feuilles. Glumelle inférieure presque aiguë, membraneuse supérieurement, 5-nerviée à nervures latérales presque indistinctes, la nervure moyenne et les marginales plus ou moins velues-laineuses, les intervalles des nervures glabres. ♃. Avril-juin.

*CCC.* — Pâturages, pelouses sèches, coteaux arides, bords des chemins, vieux murs.

S.-v. *vivipara.* — Épillets vivipares par la transformation des glumelles en feuilles. — Cette forme de la plante est aussi commune que le type.

3. **P. nemoralis** L. *Sp.* 102 ; Host *Gram.* II, t. 71 ; *Engl. bot.* t. 1265 ; Rchb. *Ic.* ed. 2, I, t. 159, f. 403-408 ; Bill. *Exsicc.* n. 1786 et *bis* et *ter.* — [P. DES FORÊTS ].

*Souche cespiteuse* quelquefois un peu traçante. *Tiges* de 4-8 décim., plus ou moins nombreuses, plus rarement subsolitaires, souvent radicantes à la base, dressées ou ascendantes, *subcylindriques,* grêles, ord. nues dans leur partie supérieure. Feuilles planes, linéaires-étroites, atténuées dans leur partie supérieure, souvent étalées ; *gaines* lisses ou presque lisses, plus courtes que les entre-nœuds, la *supérieure ord. plus courte que le limbe ; ligule très courte* tronquée *presque nulle.* Panicule étroite, d'abord diffuse puis plus ou moins contractée, à rameaux grêles assez longs plus ou moins scabres, les inférieurs disposés par 2-5. Épillets verdâtres ou jaunâtres, plus rarement mêlés de violet, ovales-lancéolés, 2-5-flores. *Glumelle inférieure* presque obtuse ou aiguë, membraneuse au sommet, très obscurément 5-nerviée, *à nervures* dorsale et marginales ord. pubescentes quelquefois un peu laineuses inférieurement, les *latérales presque indistinctes* glabres, les intervalles des nervures glabres. ♃. Mai-août.

*CC.* — Bois, taillis, lieux sablonneux, murs.

Var. *α. nemoralis.* (P. *debilis* Thuill. *Fl. Par.* 43). — Plante grêle, verte. Panicule lâche ord. penchée. Épillets 2-3-flores.

S.-v. *nodosa.* — Tiges donnant naissance au-dessous des nœuds à des fibres radicales adventives ramassées en paquets oblongs ou subglobuleux.

Var. β. *firmula*. — Plante moins grêle, souvent glaucescente, à tiges roides. Panicule dressée ou presque dressée. — Épillets 2-5-flores.

4. **P. serotina** Ehrh. *Beitr.* VI, 83 [1791], et *Calam.* n. 82 ; Gaud. *Agrost.* I, 108, et *Fl. Helv.* I, 256 ; Gren. et Godr. *Fl. Fr.* III, 542 ; Bill. *Exsicc.* n. 2179 et *bis.* — *P. palustris* Roth *Tent. fl. Germ.* II, 1, 117 (non L. nec Ehrh.); Vill. *Cat. Strasb.* 71, t. 2, f. 1. — *P. fertilis* Host *Gram.* III, 10, t. 14 [1805] ; Kunth *Enum. pl.* I, 353 ; Koch *Syn. fl. Germ.* ed. 2, 929 ; Parlat. *Fl. It.* I, 356. — *P. effusa* Kit. in Schultes *OEstr. Fl.* ed. 2, I, 227. — *P. angustifolia* Whlnbg *Fl. Suec.* 58 an et L. ?; Rchb. *Ic.* ed. 2, I, t. 160, f. 410-412. — [P. TARDIF].

*Souche cespiteuse* quelquefois un peu traçante. *Tiges* de 5-10 décim., peu nombreuses ou subsolitaires, souvent arquées et radicantes à la base, dressées ou ascendantes-dressées, *subcylindriques*, souvent grêles, ord. nues dans leur partie supérieure. Feuilles planes, linéaires étroites, longuement atténuées dans leur partie supérieure ; gaînes lisses ou presque lisses, la supérieure ord. plus courte que le limbe ; *ligule ovale ou oblongue*, obtuse ou presque aiguë. Panicule ord. assez ample presque pyramidale, diffuse plus rarement contractée, à rameaux ord. allongés plus ou moins scabres, les inférieurs disposés par 4-6 plus rarement par 2-3. Épillets verdâtres ou mêlés de violet, ovales, 2-4-flores. *Glumelle inférieure* presque obtuse ou un peu aiguë, membraneuse au sommet, obscurément 5-nerviée, *à nervures* dorsale et marginales pubescentes-laineuses inférieurement, les *latérales à peine saillantes* ou presque indistinctes pubérulentes ou glabres, les intervalles des nervures glabres. ♃. Juin-août.

*RRR.* — Alluvions, bords des rivières. — Bords de la Seine à la Gare-de-Grenelle (*Balansa* in Puel et Maille *Pl. de France* exsicc., 7 juillet 1850).

5. **P. trivialis** L. *Sp.* 99 ; Host *Gram.* II, t. 62 ; *Engl. bot.* t. 1072 ; Rchb. *Ic.* ed. 2, I, t. 162, f. 418-420 ; Bill. *Exsicc.* n. 2588. — [P. COMMUN].

*Souche cespiteuse. Tiges* de 6-10 décim., plus ou moins nombreuses ou subsolitaires, souvent arquées couchées et radicantes à la base, ascendantes-dressées, *cylindriques* un peu comprimées. Feuilles molles, planes, linéaires, atténuées supérieurement ; gaînes un peu scabres, plus rarement presque lisses, la supérieure plus longue que le limbe ; *ligule* des feuilles supérieures *allongée-oblongue* ord. aiguë. Panicule presque pyramidale, diffuse, à rameaux scabres, les inférieurs disposés par 4-6 plus rarement par 2-3. Épillets verdâtres, plus rarement violacés, ovales, 2-4-flores. *Glumelle* inférieure presque aiguë, un peu membraneuse aux bords, 5-nerviée, *à nervures* dorsale et marginales pubescentes presque laineuses, les *latérales assez saillantes* pubérulentes ou glabres, les intervalles des nervures glabres. ♃. Mai-juillet.

*CC.* — Lieux herbeux, fossés, prairies, endroits humides.

6. **P. pratensis** L. *Sp.* 99 ; Host *Gram.* II, t. 61 ; *Engl. bot.* t. 1073 ; Rchb. *Ic.* ed. 2, I, t. 161, f. 414-417. — [P. DES PRÉS].

*Souche à rhizomes longuement traçants*, quelquefois cespiteuse émettant des rhizomes traçants. *Tiges* de 3-8 décim., plus ou moins nombreuses ou subsolitaires, dressées ou ascendantes, *cylindriques* ou à peine comprimées à la base, ord. nues dans leur partie supérieure. Feuilles linéaires, planes, ou les radicales pliées longitudinalement quelquefois enroulées, aiguës ou acuminées; gaînes lisses, la supérieure beaucoup plus longue que le limbe; *ligule courte tronquée.* Panicule pyramidale plus rarement étroite, diffuse plus rarement contractée, à rameaux scabres, les inférieurs ord. disposés par 3-5. Épillets verdâtres ou jaunâtres, souvent mêlés de violet, rapprochés les uns des autres, ovales, 3-5-flores. *Glumelle inférieure* aiguë, membraneuse au sommet, 5-nerviée, *à nervures* dorsale et marginales longuement pubescentes-laineuses dans leur moitié inférieure, les *latérales assez saillantes* pubérulentes-scabres ainsi que les intervalles des nervures. ♃. Mai-août.

*C C C.* — Prairies, pâturages, lieux herbeux, bords des chemins.

Var. α. *pratensis.* — Feuilles planes, les radicales presque aussi larges que les caulinaires.

Var. β. *angustifolia.* (*Poa angustifolia* auct. plur. an et L.?). — Feuilles radicales souvent glaucescentes, ord. assez longues, étroitement canaliculées ou canaliculées-enroulées quelquefois presque filiformes. — *C.* — Lieux arides, vieux murs.

7. **P. compressa** L. *Sp.* 101 ; Host *Gram.* II, t. 70 ; *Engl. bot.* t. 365 ; Rchb. *Ic.* ed. 2, I, t. 158, f. 401 ; Bill. *Exsicc.* n. 1382. — Vaill. *Bot. Par.* t. 18, f. 5. — [P. COMPRIMÉ].

*Souche à rhizomes longuement traçants. Tiges* de 2-4 décim., plus ou moins nombreuses ou subsolitaires, couchées et souvent radicantes à la base, puis ascendantes-dressées, souvent flexueuses, nues dans leur partie supérieure, *comprimées à deux angles aigus* ainsi que les gaînes. Feuilles courtes, planes, linéaires, aiguës ou acuminées, souvent desséchées lors de la floraison ; gaînes lisses ; *ligule courte tronquée.* Panicule ord. assez étroite oblongue, plus ou moins contractée, plus rarement diffuse, à rameaux courts scabres, portant les épillets presque dès la base, les inférieurs géminés plus rarement disposés par 3-4. Épillets verdâtres ou jaunâtres, quelquefois mêlés de violet, rapprochés les uns des autres, ovales-lancéolés, 5-9-flores. *Glumelle inférieure* obtuse, membraneuse au sommet, très obscurément 5-nerviée, *à nervures* dorsale et marginales pubescentes-soyeuses ou un peu laineuses dans leur partie inférieure, les *latérales presque indistinctes* glabres, les intervalles des nervures glabres. ♃. Juin-août.

*A.C.* — Vieux murs, rochers, lieux pierreux, berges des rivières, sables et rocailles arides.

**41. DACTYLIS** L. *Gen.* n. 86 ; P. B. *Agrost.* 85, t. 17, f. 5 ex parte ; Nees *Gen. fl. Germ.* monoc. I, t. 65. — [DACTYLE].

*Épillets* comprimés latéralement, *2-4-flores*, plus rarement pluriflores, à fleurs hermaphrodites, la supérieure rudimentaire, à rachis à peine fragile à la maturité. Glumes 2, membraneuses, concaves-carénées, aiguës ou aiguës-mucronées, uninerviées, ord. inéquilatérales, plus courtes que les fleurs, l'inférieure ord. plus courte. *Glumelles* 2 ; l'*inférieure* plus grande, membraneuse-herbacée, *concave, carénée supérieurement, mucronée-aristée au sommet*, 5-nerviée, ne se détachant du rachis que tardivement et avec la supérieure ; la supérieure bicarénée, bifide au sommet. Squamules 2, charnues, obtuses ou tronquées, inégalement bilobées, glabres, plus longues que l'ovaire. Étamines 3. Ovaire glabre. *Styles* 2, terminaux, *courts* ; stigmates plumeux à poils simples ou bifides, sortant sur les côtés et au-dessus de la base de la fleur. *Caryopse* oblong subtriquètre, *à face interne déprimée-concave marquée d'une macule hilaire ponctiforme*, libre entre les glumelles. — Épillets rapprochés par fascicules, les fascicules formant une *panicule unilatérale.*

1. **D. glomerata** L. *Sp.* 105 ; Host *Gram.* II, t. 94 ; *Engl. bot.* t. 335 ; Rchb. *Ic.* ed. 2, 1, t. 147, f. 364 ; Bill. *Exsicc.* n. 2391. — [ D. AGGLOMÉRÉ ].

Souche cespiteuse. Tiges de 4-10 décim., dressées ou ascendantes à la base. Feuilles linéaires, planes ou canaliculées-carénées, glabres ; gaînes comprimées à deux angles presque aigus, glabres, les supérieures allongées fendues seulement au sommet ; ligule longue, glabre, laciniée. Épillets verdâtres assez souvent violacés, arqués-concaves, rapprochés en fascicules compactes, les fascicules inférieurs portés sur des rameaux plus ou moins étalés pendant la floraison, plus rarement tous les fascicules presque sessiles. Glumelle inférieure à carène scabre ou ciliée. ♃. Avril-juillet.

*C C C.* — Prairies, pâturages, lieux herbeux, bords des chemins.

Var. β. *Hispanica.* (*D. Hispanica* Roth *Cat.* I, 8 ; Rchb. *Ic.* ed. 2, 1, t. 147, f. 362. — *D. glaucescens* Willd. *Enum. hort. Berol.* 111. — *D. abbreviata* Bernh. ex Rchb. *Ic.* ed. 2, 1, t. 147, f. 363. — *D. glomerata* var. *congesta Fl. Par.* éd. 1, 646). — Plante souvent rougeâtre dans toutes ses parties. Panicule à rameaux très courts, ovoïde, très compacte. — Lieux très arides.

**42. BROMUS** L. *Gen.* n. 89 ; P. B. *Agrost.* 86, t. 17, f. 9 ; Nees *Gen. fl. Germ.* monoc. I, t. 75. — [ BROME ].

*Épillets* plus ou moins comprimés latéralement, *tri-multiflores,* à fleurs hermaphrodites, la supérieure ou les supérieures souvent rudimentaires, à rachis fragile à la maturité. Glumes 2, membraneuses presque herbacées, ord. carénées, mutiques, plus rarement mucronées, plus ou moins inégales, plus courtes que les fleurs. *Glumelles* 2 ; *l'inférieure* plus grande herbacée, concave ou carénée, ord. bidentée ou bifide au sommet, *aristée au-dessous du sommet ou vers le sommet,* plus rarement mutique par avortement ; la supérieure membraneuse, bicarénée, à carènes ciliées de poils assez roides espacés, plus rarement ciliées-pubescentes, à sommet entier émarginé ou bidenté. Squamules 2, oblongues, entières, glabres. Étamines 3, rarement 2 ou 1. *Ovaire velu supérieurement. Stigmates* 2, sessiles ou subsessiles, *naissant sur* la face dorsale de *l'ovaire au-dessous du sommet,* plumeux à poils allongés simples, sortant sur les côtés et vers la base de la fleur. *Caryopse* oblong ou linéaire-oblong, comprimé par le dos, à face externe convexe, à face interne plane ou pliée-canaliculée et marquée d'une macule hilaire linéaire allongée saillante, velu au sommet, *adhérent à la glumelle supérieure.* — *Épillets* pédicellés, souvent assez grands, disposés *en panicule* rameuse ou presque simple diffuse ou serrée.

Sect. I. *EUBROMUS.* — *Épillets plus larges au sommet après la floraison,* à fleurs un peu espacées et divergentes. *Glumes inégales, l'inférieure 1-nerviée, la supérieure 3-nerviée. Glumelle inférieure comprimée-carénée, aristée au-dessous du*

sommet, *à arête ord. longue ou très longue droite plus rarement étalée ou contournée-étalée ; la supérieure à carènes ciliées de poils espacés assez roides.
Plantes annuelles* — (1-2).

Sect. II. *SERRAFALCUS.* — *Épillets plus étroits au sommet* même après la floraison, *à fleurs imbriquées* et se recouvrant par leurs bords, très rarement les
fleurs fructifères non imbriquées. *Glumes presque égales, l'inférieure un peu
plus petite 3-5-nerviée, la supérieure 7-9-nerviée. Glumelle inférieure concave, comprimée ou peu renflée, aristée au-dessous du sommet, à arête courte
plus rarement longue* droite ou étalée souvent contournée après la floraison ;
*la supérieure à carènes ciliées de poils espacés assez roides.* Plantes annuelles.
— (3-6).

Sect. III. *FESTUCOIDES.*—Épillets non élargis ou à peine élargis au sommet après
la floraison, à fleurs un peu espacées et divergentes. *Glumes inégales, l'inférieure
1-nerviée, la supérieure 5-nerviée. Glumelle inférieure comprimée-carénée,
aristée au sommet ou près du sommet, à arête* droite souvent courte ; *la supérieure à carènes très brièvement et finement ciliées. Plantes vivaces.* — (7-8).

Sect. I. EUBROMUS. — Épillets plus larges au sommet après la floraison, à fleurs
un peu espacées et divergentes. Glumes inégales, l'inférieure 1-nerviée, la
supérieure 3-nerviée. Glumelle inférieure comprimée-carénée, aristée
au-dessous du sommet, à arête ord. longue ou très longue droite plus rarement étalée ou contournée-étalée ; la supérieure à carènes ciliées de poils
espacés assez roides. Plantes annuelles.

**1. B. sterilis** L. *Sp.* 113 ; Host *Gram.* I, t. 16 ; *Engl. bot.* t. 1030 ; Rchb. *Ic.* ed.
2, I, t. 142, f. 339 ; Bill. *Exsicc.* n. 1095 et *bis*. — [B. STÉRILE].
Plante annuelle. Tige grêle, de 3-8 décim., glabre supérieurement. Feuilles
un peu molles, étroites, mollement pubescentes ou poilues ; gaînes au moins
les inférieures pubescentes ou poilues ; ligule ovale-oblongue, lacérée. *Panicule lâche presque simple, à rameaux* grêles, *très scabres, allongés étalés
et pendants,* rarement assez courts et presque dressés. Épillets glabres ou
pubescents-scabres, 5-10-flores, plus larges au sommet, à fleurs un peu
espacées divergentes. *Glumelle inférieure lancéolée-subulée, à 7 nervures
très prononcées,* aristée immédiatement au-dessous du sommet membraneux
bipartit plus rarement bifide à lobes subulés au sommet, *à arête droite dépassant plus ou moins la longueur de la glumelle.* Étamines 3. Ⓘ. Mai-
août.
*C C C.* — Vieux murs, bords des chemins, lieux incultes, champs en friche.

**2. B. tectorum** L. *Sp.* 114 ; Host *Gram.* I, t. 15 ; Sibth. et Sm. *Fl. Græc.* I,
t. 82 ; Rchb. *Ic.* ed. 2, I, t. 142, f. 340 ; Bill. *Exsicc.* n. 1096. —
[B. DES TOITS].
Plante annuelle. Tige grêle, de 2-7 décim., pubescente ou glabre supérieurement. Feuilles linéaires ou linéaires-étroites, molles, mollement pubescentes ; gaînes mollement pubescentes ; ligule courte, obtuse, presque
lacérée. *Panicule presque unilatérale, penchée, à rameaux* grêles, assez
longs, pendants, *pubescents, pubescents-scabres ou presque lisses.* Épillets
très pubescents, plus rarement glabres, 5-9-flores, plus larges au sommet
après la floraison, *à fleurs divergentes, plusieurs* des *fleurs supérieures
stériles* ord. réduites à la glumelle inférieure. *Glumelle inférieure lan-*

*céolée* atténuée supérieurement, 7-nerviée, à bords membraneux, aristée au-dessous du sommet membraneux bifide à lobes subulés, *à arête* droite *égalant environ la longueur de la glumelle*. (I). Mai-juin.

*CCC.* — Vieux murs, lieux sablonneux arides, coteaux incultes, champs en friche.

S.-v. *glaber*. — Épillets glabres. — *A.C.*


Sect. II. SERRAFALCUS (Koch *Syn. fl. Germ.* ed. 2, 945. — *Serrafalcus* Parlat. *Pl. rar. Sic.* fasc. II, 14). — Épillets plus étroits au sommet même après la floraison, à fleurs imbriquées et se recouvrant par leurs bords, très rarement les fleurs fructifères non imbriquées. Glumes presque égales, l'inférieure un peu plus petite 3-5-nerviée, la supérieure 7-9-nerviée. Glumelle inférieure oblongue ou ovale-oblongue, concave, comprimée ou peu renflée, aristée au-dessous du sommet entier bidenté ou bifide, à arête courte plus rarement longue droite ou étalée souvent contournée après la floraison ; la supérieure à carènes ciliées de poils espacés assez roides. Plantes annuelles.

3. **B. arvensis** L. *Sp.* 113 ; Host *Gram.* I, t. 14 ; *Engl. bot.* t. 1984 ; Rchb. *Ic.* ed. 2, I, t. 143, f. 343 ; Bill. *Exsicc.* n. 1388 et *bis*. — *Serrafalcus arvensis* Godr. *Fl. Lorr.* éd. 1, III, 185 ; Parlat. *Fl. It.* 393. — Vaill. *Bot. Par.* t. 18, f. 2. — [B. DES CHAMPS].

Plante annuelle. Tige de 3-8 décim., glabre, lisse ou scabre supérieurement. Feuilles linéaires, molles, poilues ; gaînes mollement pubescentes ; ligule courte, presque lacérée. *Panicule* ord. assez ample, lâche, dressée ou un peu penchée, *à rameaux* plus ou moins *étalés* après la floraison, scabres, *très allongés*, les plus longs portant 2-5 épillets. *Épillets* glabres un peu scabres, rarement pubescents, *linéaires-lancéolés ou lancéolés*, comprimés, 5-10-flores, plus étroits au sommet même après la floraison, *à fleurs* imbriquées et *se recouvrant* par leurs bords *même à la maturité*. Glumelle inférieure oblongue, à 5-7 nervures peu prononcées, à bords formant au-dessus du milieu de leur longueur un angle obtus plus ou moins saillant, aristée au-dessous du sommet bidenté ou presque entier, à arête grêle droite contiguë au sommet ou un peu étalée-arquée égalant environ la longueur de la glumelle ; *glumelle supérieure égalant environ l'inférieure*. (I). Juin-juillet.

*C.* — Champs en friche, prairies artificielles, bords des chemins, moissons.

S.-v. *depauperatus*. — Plante ord. très grêle. Panicule appauvrie, réduite à un petit nombre d'épillets, quelquefois à un seul épillet terminal.

4. **B. mollis** L. *Sp.* 112 ; Host *Gram.* I, t. 19 ; Schreb. *Gram.* t. 6, f. 1 ; *Engl. bot.* t. 1078 ; Kunth *Enum. pl.* I, 413 ; Rchb. *Ic.* ed. 2, I, t. 143, f. 345-346 ; Bill. *Exsicc.* n. 1092. — *Serrafalcus mollis* Parlat. *Pl. rar. Sic.* fasc. II, 11 ; Gren. et Godr. *Fl. Fr.* III, 590. — [B. MOU].

Plante annuelle. Tige de 2-8 décim., pubescente ou glabre. Feuilles linéaires ou linéaires-étroites, les inférieures au moins pubescentes ainsi que les gaînes ; ligule courte, presque lacérée. *Panicule* oblongue, *dressée*, un peu ouverte, *contractée après la floraison*, presque simple ou les rameaux les plus longs portant plusieurs épillets. *Épillets mollement pubescents*, ovales-oblongs ou oblongs-lancéolés, un peu comprimés, 6-12-flores, plus étroits au sommet même après la floraison, *à fleurs imbriquées et se recou-vrant* par leurs bords *même à la maturité. Glumelle inférieure* oblongue ou ovale-oblongue, *à 7-9 nervures très prononcées,* à bords formant vers le milieu de leur hauteur un angle obtus, aristée au-dessous du sommet bidenté ou presque entier, à arête droite contiguë au sommet égalant environ la longueur de la glumelle ; *glumelle supérieure plus courte que l'inférieure.* Ⓘ. Mai-juillet.

*C C C.* — Bords des chemins, lieux herbeux, décombres, villages, champs en friche.

S.-v. *glabrescens.* — Épillets à peine pubescents.

5. **B. racemosus** L. *Sp.* 114. — *B. mutabilis* F. Schultz in *Flora* [1849] 234 ex parte. — [B. EN GRAPPE].

Plante annuelle. Tige de 3-9 décim., glabre. Feuilles linéaires ou linéaires-étroites, les inférieures au moins pubescentes ainsi que les gaînes ; ligule courte, presque lacérée. *Panicule un peu lâche,* dressée ou un peu étalée, ouverte ou contractée après la floraison, presque simple ou les rameaux les plus longs portant 2-3 épillets. *Épillets glabres* ou presque glabres, ovales-oblongs ou oblongs-lancéolés, un peu comprimés, 6-12-flores, plus étroits au sommet même après la floraison, *à fleurs imbriquées et se recouvrant* par leurs bords *même à la maturité. Glumelle inférieure* ovale-oblongue, *à 7 nervures peu prononcées,* à bords formant vers le milieu de leur hauteur un angle obtus plus ou moins saillant, aristée au-dessous du sommet obtus bidenté ou presque entier, *à arête droite* contiguë au sommet égalant environ la longueur de la glumelle ; *glumelle supérieure plus courte que l'inférieure.* Ⓘ. Mai-juillet.

*C.* — Moissons, champs en friche, prairies artificielles, bords des chemins.

Var. α. *genuinus.* (*B. racemosus* L. sec. Anders. *Gram. Scand.* 30, t. 4, f. 36; DC. *Fl. Fr.* VI, 275 ; *Engl. bot.* t. 1079 ; Koch *Syn. fl. Germ.* ed. 2, 946 ; Kunth *Enum. pl.* I, 413 ; Rchb. *Ic.* ed. 2, I, t. 143, f. 348 ; Bill *Exsicc.* n. 2185. — *B. pratensis* Ehrh. *Calam.* 16 sec. Koch. — *Serrafalcus racemosus* Parlat. *Pl. rar. Sic.* fasc. II, 14. — *S. pratensis* Godr. *Fl. Lorr.* éd. 2, II, 446).— Panicule dressée ou un peu penchée, ord. contractée après la floraison. Glumelle inférieure à bords formant un angle obtus à peine saillant.

Var. β. *commutatus.* (*B. commutatus* Schrad. *Fl. Germ.* I, 353 ; Koch *Syn. fl. Germ.* ed. 2, 946 ; Kunth *Enum. pl.* I, 414 ; Rchb. *Ic.* ed. 2, I, t. 143, f. 347 ; Bill. *Exsicc.* n. 1091. — *Serrafalcus commutatus* Babingt. *Man. Brit. bot.* 374 ; Godr. *Fl. Lorr.* éd. 1, III, 184, et in Gren. et Godr. *Fl. Fr.* III, 589.— *B. pratensis* Ehrh. sec. Fries *Nov. Suec.* mant. III, 9, et Anders. *Gram. Scand.* 30, t. 4, f. 37 non sec. Koch). — Panicule un peu penchée, ord. étalée même après la floraison. Glumelle inférieure à bords formant un angle obtus saillant.

Le *B. racemosus* est très voisin du *B. mollis,* dont il est une variété pour plusieurs auteurs, et il ne diffère guère de la forme à épillets glabres de cette espèce que par la panicule assez lâche à épillets moins nombreux, par les épillets ord. plus gros, et par la glumelle inférieure plus grande moins fortement nerviée. — Nous avons réuni comme variété le *B. commutatus* au *B. racemosus,* les seuls caractères qui puissent servir à distinguer ces deux plantes, tirés de la direction de la panicule et de l'angle plus ou moins prononcé que forment les bords de la glumelle inférieure, ne nous ayant pas paru constants.

6. **B. secalinus** L. *Sp.* 112; Host *Gram.* I, t. 12; *Engl. bot.* t. 1171; Kunth *Enum. pl.* I, 413; Rchb. *Ic.* ed. 2, I, t. 144, f. 353; Bill. *Exsicc.* n. 185 et *bis* et *ter.* — *Serrafalcus secalinus* Babingt. *Man. Brit. bot.* 374; Parlat. *Fl. It.* I, 388; Gren. et Godr. *Fl. Fr.* III, 588. — [B. SEIGLE].

Plante annuelle. Tige de 6-10 décim., glabre. Feuilles linéaires ou linéaires-lancéolées, un peu poilues; gaînes glabres, plus rarement pubescentes; ligule courte, tronquée. *Panicule un peu lâche*, dressée ou un peu penchée, à rameaux plus ou moins étalés après la floraison les plus longs portant 3-5 épillets. *Épillets* glabres ou pubescents, ovales-oblongs, comprimés, 6-12-flores, plus étroits au sommet même après la floraison, *à fleurs d'abord imbriquées et se recouvrant par leurs bords puis se contractant à la maturité devenant presque cylindriques et ne se recouvrant plus par leurs bords*. Glumelle inférieure ovale-oblongue, obscurément 7-nerviée, à bords régulièrement arqués ne formant pas d'angle saillant, aristée au-dessous du sommet obtus presque entier ou émarginé, à arête droite ou flexueuse contiguë au sommet égalant environ la longueur de la glumelle plus rarement courte ou réduite à un mucron; *glumelle supérieure égalant l'inférieure*. (I). Mai-juillet.

*A.C.* — Moissons, champs en friche, prairies artificielles, pâturages.

S.-v. *velutinus*. (*B. velutinus* Schrad. *Fl. Germ.* I, 349. — *B. grossus* DC. *Fl. Fr.* III, 68. — *B. hordeaceus* Gmel. *Fl. Bad.* IV, 68, t. 1). — Épillets pubescents ou mollement velus. — *R.*


Sect. III. FESTUCOIDES. — Épillets non élargis ou à peine élargis au sommet après la floraison, à fleurs un peu espacées et divergentes. Glumes inégales, l'inférieure 1-nerviée, la supérieure 3-nerviée. Glumelle inférieure comprimée-carénée, aristée au sommet ou près du sommet, à arête droite souvent courte; la supérieure à carènes très brièvement et finement ciliées. Plantes vivaces.


7. **B. erectus** Huds. *Fl. Angl.* ed. 2, 49; *Engl. bot.* t. 471; *Fl. Dan.* VIII, t. 1383; Kunth *Enum. pl.* I, 418; Rchb. *Ic.* ed. 2, I, t. 146, f. 360; Bill. *Exsicc.* n. 1093 et *bis.* — [B. DRESSÉ].

Plante vivace, à souche cespiteuse émettant souvent un grand nombre de fascicules de feuilles stériles disposés en touffe entourés inférieurement par les gaînes des feuilles détruites indivises ou décomposées en fibres parallèles. Tiges de 5-9 décim., roides. *Feuilles* linéaires, les *radicales plus étroites*, ord. pliées-carénées, pubescentes-ciliées; gaînes poilues surtout les inférieures; ligule courte, tronquée, souvent lacérée. *Panicule droite, roide, à rameaux dressés.* Épillets lancéolés, 5-10-flores. Glumelle inférieure lancéolée atténuée supérieurement, aristée au-dessous du sommet ou dans une échancrure terminale, à arête droite environ de moitié plus courte que la glumelle. ♃. Mai-juin, refleurit souvent en automne.

*C.* — Pelouses arides, lieux sablonneux incultes, pâturages, clairières des bois.

8. **B. asper** Murr. *Prodr. Gott.* 42; Host *Gram.* I, t. 7; *Engl. bot.* t. 1172; *Fl. Dan.* VIII, t. 1382; Rchb. *Ic.* ed. 2, I, t. 145, f. 357; Bill. *Exsicc.* n. 880. — [B. RUDE].

Plante vivace, à souche courte. Tiges subsolitaires ou peu nombreuses, de

8-12 décim., assez robustes. *Feuilles* toutes *conformes, linéaires* acuminées, souvent très larges, planes, pubescentes-scabres ; gaînes inférieures velues, à poils étalés ou réfléchis ; ligule courte, tronquée, souvent lacérée. *Panicule* rameuse, *penchée, à rameaux* scabres, très longs, *pendants.* Épillets linéaires-lancéolés, 7-9-flores. Glumelle inférieure linéaire atténuée supérieurement, aristée au-dessous du sommet ou dans une échancrure terminale, à arête droite plus courte que la glumelle. ♃. Juin-juillet.

C. — Buissons ombragés, taillis humides, clairières des bois.

Le *Festuca gigantea* Vill., qui, par le port, ressemble beaucoup au *B. asper*, s'en distingue facilement par ses feuilles à gaînes glabres, par les arêtes deux fois aussi longues que la glumelle, et par les styles terminaux.

**43. FESTUCA** L. *Gen.* n. 88 emend.; Kunth *Enum. pl.* I, 391 excl. sp. plur.—
[ FÉTUQUE ].

*Épillets* comprimés latéralement, *bi-multiflores,* à fleurs hermaphrodites les supérieures souvent rudimentaires, à rachis persistant ou fragile. Glumes 2, membraneuses ou herbacées un peu coriaces, ord. carénées, mutiques, plus rarement aristées, plus courtes que les fleurs, presque égales, ou inégales l'inférieure quelquefois très petite ou nulle par avortement. *Glumelles* 2 ; *l'inférieure* membraneuse-herbacée ou presque coriace, concave ou carénée, aiguë ou acuminée au sommet, plus rarement presque obtuse, *prolongée au sommet en arête, plus rarement mucronée ou mutique;* la supérieure membraneuse, bicarénée, à carènes scabres ou très finement ciliées, à sommet tronqué, émarginé ou bidenté. Squamules 2, membraneuses ou un peu charnues, aiguës, bifides plus rarement entières, glabres. Étamines 3, plus rarement 2 ou 1. *Ovaire glabre, plus rarement poilu* au sommet. *Stigmates 2, subsessiles ou sessiles, terminaux,* plumeux à poils simples plus rarement bifides, sortant latéralement vers la base de la fleur. *Caryopse* oblong ou linéaire-oblong, très comprimé par le dos, à face externe convexe, *à face interne concave ou canaliculée-concave et marquée d'une macule hilaire linéaire* plus rarement presque ponctiforme, recouvert par les glumelles et *adhérent à la glumelle supérieure.* — Épillets pédicellés ou presque sessiles, disposés en panicule rameuse, en grappe ou en épi.

Sect. 1. *EUFESTUCA.* — *Épillets* pédicellés à pédicelles peu renflés et seulement au-dessous de l'épillet, disposés *en panicule rameuse* ouverte ou contractée. *Fleurs* lancéolées ou oblongues-lancéolées, aiguës ou acuminées, *aristées ou mutiques,* à 3 étamines. Glumelle inférieure concave. *Caryopse concave à la face interne* et marqué d'une macule hilaire linéaire allongée. *Plantes vivaces,* à souche émettant des fascicules stériles de feuilles. — (1-7).

Sect. II. *VULPIA.* — Épillets pédicellés, plus larges au sommet après la floraison par la divergence des fleurs, *à pédicelles épais ou renflés quelquefois subclaviformes dans leur partie supérieure,* disposés en panicule rameuse ou presque simple souvent contractée racémiforme. *Fleurs* lancéolées ou linéaires-lancéolées, acuminées *longuement aristées,* quelquefois à une seule étamine. Glumelle inférieure concave, concave-carénée ou carénée. *Caryopse canaliculé ou enroulé-sillonné à la face interne* et marqué d'une macule hilaire linéaire allongée. *Plantes annuelles.* — (8-9).

Sect. III. *NARDURUS.* — *Épillets brièvement ou très brièvement pédicellés,* plus larges au sommet après la floraison par la divergence des fleurs, *à pédicelles épais d'une même épaisseur de la base au sommet, disposés en épi ou en panicule spiciforme* simple et unilatérale supérieurement. *Fleurs lancéolées-acuminées,* aristées ou mutiques, à 3 étamines. *Glumelle inférieure concave* ou concave à peine carénée. *Caryopse concave à la face interne* et marqué d'une macule hilaire courte ou dépassant à peine la moitié de sa longueur. *Plantes annuelles.* — (10).

Sect. IV. *SCLEROPOA.* — *Épillets brièvement pédicellés,* ord. plus étroits au sommet même après la floraison, *à pédicelles épais subtriquètres sillonnés d'une même épaisseur de la base au sommet, disposés en panicule roide rameuse* très rarement simple. *Fleurs presque obtuses ou aiguës, mutiques,* mucronées ou *brièvement aristées,* à 3 étamines. *Glumelle inférieure carénée. Caryopse concave à la face interne* et marqué d'une macule hilaire courte. *Plantes annuelles.* — (11).

Sect. V. *CATAPODIUM.* — *Épillets brièvement ou très brièvement pédicellés, quelquefois sessiles,* plus étroits au sommet même après la floraison, *à pédicelles épais* presque cylindriques ou *subtriquètres d'une même épaisseur de la base au sommet, disposés en épi roide, plus rarement en panicule formée d'épis simples. Fleurs* ovales ou oblongues-lancéolées, *presque obtuses, mutiques, plus rarement brièvement aristées. Glumelle inférieure concave* ou carénée vers le sommet. *Caryopse concave à la face interne,* marqué d'une macule hilaire courte plus rarement allongée. *Plantes annuelles.* — (12).


Sect. I. EUFESTUCA. — Épillets pédicellés à pédicelles peu renflés et seulement au-dessous de l'épillet, disposés en panicule rameuse ouverte ou contractée. Fleurs lancéolées ou oblongues-lancéolées, aiguës ou acuminées, aristées ou mutiques, à 3 étamines. Glumelle inférieure concave. Ovaire glabre. Caryopse concave à la face interne et marqué d'une macule hilaire linéaire allongée. Plantes vivaces, à souche émettant des fascicules stériles de feuilles.

**1. F. gigantea** Vill. *Dauph.* II, 110 ; *Engl. bot.* t. 1820 ; Bill. *Exsicc.* n. 888. — *Bromus giganteus* L. *Sp.* 114 ; Host *Gram.* I, t. 6 ; Rchb. *Ic.* ed. 2, I, t. 145, f. 358. — Vaill. *Bot. Par.* t. 18, f. 3. — [F. GÉANTE].

*Souche* courte, *cespiteuse.* Tiges de 6-20 décim., assez robustes. *Feuilles planes, linéaires larges* ou souvent très larges, acuminées, d'un beau vert, scabres sur les faces mais surtout sur les bords ; ligule très courte tronquée, présentant deux oreillettes latérales. Panicule ord. très grande, lâche, diffuse, penchée, à rameaux un peu pendants. Épillets d'un vert blanchâtre, oblongs-lancéolés, 3-9-flores. Glumes lancéolées-linéaires acuminées, largement scarieuses aux bords. *Glumelle inférieure* oblongue-lancéolée, *aristée* un peu au-dessous du sommet, *à arête* grêle *un peu flexueuse égalant environ deux fois sa longueur* ; glumelle supérieure oblongue-lancéolée brièvement bidentée au sommet. ♃. Juin-août.

*A.R.* — Bois montueux, buissons ombragés. — Parc de Rentilly-en-Brie (*Thuret*); parc de Trianon (*de Boucheman*); l'Étang-la-ville près Marly (*de Schœnefeld*); Grandchamp ! près Saint-Germain (*J. de Parseval*); forêt de Montmorency ! (*Mandon*) près du Château-de-la-chasse (*Adr. de Jussieu*); Osny près Pontoise (*de Schœnefeld*); Chaumont (*Frion*) ; Morfontaine ! (*Weddell*); Ermenonville (*Adr. de Jussieu*); étang d'Ognon près Senlis (*Morelle*); étangs de Saint-Pierre dans la forêt de Compiègne (*Léré*); forêt de Villers-Cotterets (*Questier*); La Ferté-sous-Jouarre

(*Adr. de Jussieu*). Moret (*Weddell*); Malesherbes (*Aug. de Saint-Hilaire*).—*Graves
Cat. Oise* : bois ombragés à Beauvais, Liancourt ; bois autour de Saint-Just-en-
chaussée ; étangs de Comelle dans la forêt de Chantilly ; Roberval cant. de Pont-
Sainte-Maxence.

2. **F. pratensis** Huds. *Fl. Angl.* ed. 1, 37; Sm. *Fl. Brit.* I, 123; *Engl. bot.* t. 1592;
    Rchb. *Ic.* ed. 2, I, t. 141, f. 330-333. — *F. elatior* L. *Fl. Suec.* ed. 2,
    32 non *Sp.* sec. Sm. ; Koch *Syn. fl. Germ.* ed. 2, 943. — *Schœnodorus
    pratensis* Rœm. et Schult. *Syst. veg.* II, 698.— [F. DES PRÉS].

    *Souche cespiteuse*, émettant de nombreux fascicules stériles de feuilles.
Tiges de 5-8 décim. *Feuilles planes*, linéaires, assez larges, scabres aux
bords surtout supérieurement, assez roides ; ligule très courte tronquée, présentant deux oreillettes latérales. *Panicule* dressée ou un peu penchée,
allongée, lâche, *étalée au moment de la floraison, puis* plus ou moins *contractée, à rameaux* scabres ou presque lisses ord. *géminés* et très inégaux *le
plus court ne portant ord. qu'un seul épillet* le plus long portant 1-5-épillets.
Épillets verdâtres, plus rarement violacés, oblongs, 5-10-flores. Glumes largement scarieuses aux bords, plus ou moins aiguës, l'inférieure linéaire-lancéolée, la supérieure plus large 3-5-nerviée. *Glumelle inférieure* oblongue-
lancéolée, *mutique ou plus rarement mucronée-subaristée* ; glumelle supérieure oblongue presque entière ou bifide au sommet. ♃. Juin-juillet.

    C. — Prairies humides, bords des eaux.

S.-v. *pseudo-loliacea*. (*F. pseudo-loliacea* Fries *Summa* 75). — Panicule appau-
    vrie à rameaux la plupart solitaires ne portant ord. qu'un seul épillet.

3. **F. loliacea** Huds. *Fl. Angl.* ed. 1, 38 [1762]; Sm. *Fl. Brit.* I, 122 ; *Engl. bot.*
    t. 1821 ; DC. *Fl. Fr.* III, 48 ; Kunth *Enum. pl.* I, 404 ; Koch *Syn. fl.
    Germ.* ed. 2, 943 ; Kirschleg. *Fl. Als.* II, 340. — *F. fluitans* β Huds.
    *Fl. Angl.* ed. 2, 46. — *F. ascendens* Retz *Prodr. Scand.* 134. — *F.
    elongata* Ehrh. *Beitr.* VI, 133. — *F. Phœnix* Thuill. *Fl. Par.* I, 52. —
    *Poa loliacea* Kœl. *Gram.* 207 ; Mérat *Fl. Par.* éd. 4, II, 45. — *Schœno-
    dorus loliaceus* Rœm. et Schult. *Syst. veg.* II, 703. — *Lolium festuca-
    ceum* Link *Hort. Berol.* I, 273 ; Rchb. *Ic.* ed. 2, I, t. 112, f. 236. —
    *Brachypodium loliaceum* Link *Hort. Berol.* II, 42 ; Fries *Mant.* III, 15,
    et *Summa* 247. — *Lolium festucaceo-perenne* A. Braun in *Flora* [1831].
    — *Glyceria loliacea* Godr. *Fl. Lorr.* éd. 1, III, 168, et in Gren. et Godr.
    *Fl. Fr.* III, 532; Bill. *Exsicc.* n. 2586. — *Festuca elatiori-perennis*
    Fr. Schultz in *Flora* [1854] 490. — [F. IVRAIE].

    Souche cespiteuse, à rejets plus ou moins stoloniformes (Kirschleg.),
émettant ou non des fascicules stériles de feuilles. Tiges de 4-8 décim.
*Feuilles planes*, linéaires ord. assez larges, plus ou moins scabres aux bords ;
ligule très courte tronquée, présentant deux oreillettes latérales. *Grappe spiciforme distique*, rappelant celle d'un *Lolium*, dressée ou un peu penchée,
étroite, allongée, lâche, *à rameaux* scabres ou presque lisses, *solitaires* ou
les inférieurs plus rarement géminés, *les inférieurs très courts, les supérieurs à peine distincts, ne portant qu'un seul épillet*, très rarement 2 épillets ; *rachis de la grappe assez profondément excavé au-dessus de l'insertion des épillets* sur la face qui les regarde, à bords scabres. Épillets
alternes, d'abord étroitement appliqués sur le rachis de la grappe qu'ils regardent par le dos de leur fleur inférieure (comme dans le genre *Lolium*),
verdâtres, linéaires-oblongs, 5-10-flores à fleurs un peu espacées, à rachis

fragile. Glumes largement scarieuses aux bords, linéaires-lancéolées aiguës, l'inférieure 3-nerviée, la supérieure plus large, à peine carénée, 5-nerviée à nervures saillantes. *Glumelle inférieure* lisse, oblongue-lancéolée, largement scarieuse au sommet, presque aiguë, *mutique*, mucronée *ou très brièvement aristée* au-dessous du sommet ; glumelle supérieure oblongue, bifide au sommet. ♃. Mai-juin.

*R.* — Prairies humides, bords des fossés aquatiques, lieux herbeux. — Gentilly, Saint-Gratien ! (*Thuill.* Fl. Par.). Thury-en-Valois (*Questier*).

Le *F. loliacea* tient, par son port, le milieu entre le *F. pratensis* et le *Lolium perenne*, et ne porte que rarement des caryopses normalement développés, ce qui a fait supposer à MM. A. Braun et Fr. Schultz qu'il pourrait bien être un hybride de ces deux espèces. D'autres auteurs l'ont considéré comme une forme appauvrie du *F. pratensis*, dont il se rapproche beaucoup par l'ensemble des caractères. M. Godron, d'après la forme du caryopse, le place dans le genre *Glyceria*, à côté du *G. fluitans*. N'ayant pas trouvé de caryopse dans les échantillons assez nombreux et de diverses provenances, que nous avons été à même d'examiner, il ne nous a pas été possible d'apprécier à ce point de vue la valeur de ce rapprochement, nous avons donc cru devoir laisser la plante dans le genre *Festuca* en raison de son étroite affinité avec le *F. pratensis*, de ses glumelles inférieures presque aiguës obscurément nerviées souvent mucronées ou très brièvement aristées et de ses squamules membraneuses minces libres entre elles. L'étude attentive de la plante sur le vivant à plusieurs localités, la culture et l'hybridation artificielle du *F. pratensis* par le *Lolium perenne*, permettront seules de déterminer si elle est réellement une espèce légitime, une hybride ou une variété remarquable du *F. pratensis.*

**4. F. arundinacea** Schreb. *Spicil.* 57 ; Rchb. *Ic.* ed. 2, I, t. 141, f. 334 ; Koch *Syn. fl. Germ.* ed. 2, 943. — *F. elatior* L. *Sp.* 111 (sec. Sm.) non *Fl. Suec.* ; *Engl. bot.* t. 1593 ; Kunth *Enum. pl.* I, 404.— *Bromus littoreus* Host *Gram.* I, t. 8. — [F. Roseau].

*Souche* subcespiteuse *à rhizomes un peu traçants*, émettant ord. des fascicules stériles de feuilles assez nombreux. Tiges de 6-18 décim., ord. assez robustes. *Feuilles planes*, linéaires, assez larges, scabres aux bords surtout supérieurement, assez roides ; ligule très courte tronquée, présentant deux oreillettes latérales. *Panicule* dressée ou un peu penchée, allongée, *étalée plus rarement un peu contractée, à rameaux* scabres *géminés* inégaux rameux, *portant chacun 4-15 épillets*. Épillets verdâtres ou violacés, ovales-lancéolés, 4-5-flores. Glumes largement scarieuses aux bords, aiguës, la supérieure plus large, 3-nerviée à nervures latérales peu prononcées. *Glumelle inférieure* lancéolée *mutique, mucronée ou brièvement aristée* ; glumelle supérieure oblongue-lancéolée, bifide au sommet. ♃. Juin-juillet.

*C.* — Bords des eaux, fossés, prairies humides.

**5. F. rubra** L. *Sp.* 109 ; Host *Gram.* II, t. 82 ; *Engl. bot.* t. 2056 ; Rchb. *Ic.* ed. 2, I, t. 137, f. 321. — [F. ROUGE].

*Souche* subcespiteuse *à rhizomes longuement traçants*, émettant des fascicules stériles de feuilles assez nombreux. Tiges de 3-8 décim. *Feuilles radicales enroulées-sétacées*, un peu roides ; les caulinaires planes ou enroulées ; ligule réduite à deux oreillettes latérales. Panicule dressée, à rameaux plus ou moins étalés. Épillets verdâtres ou violacés, oblongs, 4-6-flores, ord. glabres. Glumelle inférieure lancéolée aiguë, aristée, à arête n'égalant pas sa longueur. ♃. Mai-juin.

, *C.* — Prairies, pâturages, lieux sablonneux, lisières des bois, bords des chemins.

S.-v. *villosa.* (*F. dumetorum* L. *Sp.* 109). — Épillets velus ou pubescents. — *A.C.*

6. **F. heterophylla** Lmk *Fl. Fr.* III, 600 ; Host *Gram.* III, t. 18 ; Bill. *Exsicc.* n. 1385. — *F. nemorum* Leyss.; Rchb. *Ic.* ed. 2, I, t. 137, f. 323. — Vaill. *Bot. Par.* t. 18, f. 6. — [F. HÉTÉROPHYLLE].

*Souche cespiteuse,* émettant de nombreux fascicules stériles de feuilles disposés en touffe. Tiges de 6-9 décim., grêles. *Feuilles radicales enroulées-sétacées ; les caulinaires planes,* plus larges que les radicales ; ligule réduite à deux oreillettes latérales. Panicule souvent un peu penchée, lâche, assez grêle, à rameaux dressés ou étalés. Épillets ord. verdâtres, oblongs, 4-6-flores, glabres. Glumelle inférieure lancéolée aiguë, aristée, à arête n'égalant pas sa longueur. ♃. Juin-juillet.

*C.* — Bois montueux, taillis, lieux herbeux ombragés.

7. **F. ovina** L. *Sp.* 108 emend.; Koch *Syn. fl. Germ.* ed. 2, 937. — [F. OVINE].

*Souche cespiteuse,* émettant de nombreux fascicules stériles de feuilles disposés en touffe. Tiges de 1-5 décim. *Feuilles toutes enroulées-cylindriques, ou carénées presque enroulées,* quelquefois capillaires, courtes ou allongées, scabres, lisses ou presque lisses ; ligule réduite à deux oreillettes latérales. Panicule dressée, étroite, plus ou moins ouverte pendant la floraison, puis contractée. Épillets verdâtres ou violacés, oblongs, 3-8-flores. Fleurs lancéolées, mutiques, ou aristées à arête courte ou assez longue mais plus courte que la moitié de la longueur de la glumelle ; glumelle supérieure oblongue-lancéolée, bidentée au sommet. ♃. Mai-juin.

Var. *a. ovina.* (*F. ovina* L. *Sp.* 108 ; Host *Gram.* II, t. 84 ; *Engl. bot.* t. 585 ; Rchb. *Ic.* ed. 2, I, t. 131, f. 294 ; *Fl. Par.* éd. 1, 650 ; Bill. *Exsicc.* n. 2977. — *F. ovina* var. *vulgaris* Koch *Syn. fl. Germ.* ed. 2, 938).— *Feuilles* longues, plus rarement courtes, *enroulées-cylindriques,* grêles, *plus ou moins scabres. Fleurs toutes ou la plupart aristées.* — *A.C.* — Pâturages, prairies, champs incultes, clairières et lisières des bois.

Var. β. *tenuifolia.* (*F. tenuifolia* Sibth. *Oxon.* 44 ; Gren. et Godr. *Fl. Fr.* III, 570 ; Rchb. *Ic.* ed. 2, I, t. 131, f. 296 ; Bill. *Exsicc.* n. 1787. — *F. capillata* Lmk *Fl. Fr.* III, 597. — *Poa capillata* Mérat *Fl. Par.* éd. 4, II, 45). — *Feuilles longues, enroulées-cylindriques presque capillaires, plus ou moins scabres. Fleurs mutiques.* — *C C.* — Clairières et lisières des bois, prairies, pâturages, lieux herbeux.

Var. γ. *duriuscula* (Koch, loc. cit. — *F. duriuscula* L. *Sp.* 108 ; Host *Gram.* II, t. 83 ; *Engl. bot.* t. 470 ; Rchb. *Ic.* ed. 2, I, t. 132, f. 303 ; *Fl. Par.* éd. 1, 651 ; Bill. *Exsicc.* n. 95 et 2389). — *Feuilles* souvent courtes, *carénées presque enroulées,* un peu épaisses, plus rarement grêles, dressées ou recourbées, vertes ou glaucescentes, *lisses ou presque lisses.* Épillets ord. plus grands que dans les deux autres variétés. Fleurs aristées, plus rarement mutiques. — *C C C.* — Pâturages, pelouses, sables arides, clairières et lisières des bois.

S.-v. *villosa.* — Épillets velus ou pubescents. — *A.R.*

S.-v. *glauca.* (*F. glauca* Schrad. *Fl. Germ.* I, 322 ; Lmk *Encycl. méth.* II, 459). — Plante plus ou moins glauque dans toutes ses parties.

Sect. ii. Vulpia (Koch *Syn. fl. Germ.* ed. 2, 936. — *Vulpia* Gmel. *Fl. Bad.* 1, 8; Nees *Gen. fl. Germ.* monoc. I, t. 71.—*Mygalurus* Link *Enum. hort. Berol.* I, 92). — Épillets pédicellés, plus larges au sommet après la floraison par la divergence des fleurs, à pédicelles épais ou renflés quelquefois subclaviformes dans leur partie supérieure, disposés en panicule rameuse ou presque simple souvent contractée racémiforme. Fleurs lancéolées ou linéaires-lancéolées, acuminées longuement aristées, quelquefois à une seule étamine. Glumelle inférieure concave, concave-carénée ou carénée. Ovaire glabre. Caryopse canaliculé ou enroulé-sillonné à la face interne et marqué d'une macule hilaire linéaire allongée. Plantes annuelles (dans notre Flore).

8. **F. bromoides** L. *Sp.* 110 (non auct. plurim.) e descript. et syn. Scheuchz.;
Soy.-Willm. *Obs. pl. Fr.* 133. — *F. uniglumis* Soland. in Ait. *Hort. Kew.*
ed. 1, I, 108 ; *Engl. bot.* t. 1430 ; Host *Gram.* IV, t. 64 ; Soy.-Willm., loc.
cit.; Koch *Syn. fl. Germ.* ed. 2, 936. — *F. Madritensis* Desf.! *Atl.* I, 91
excl. syn. — *Mygalurus uniglumis* Link *Enum. hort. Berol.* I, 92. —
*Vulpia membranacea* Link *Hort. Berol.* I, 147. — *V. uniglumis* Rchb.
*Ic.* ed. 2, I, t. 130, f. 291. — *V. bromoides* Rchb. *Fl. excurs.* I, 37 non
*Ic.*; Gren. et Godr. *Fl. Fr.* III, 568 ; Bill. *Exsicc.* n. 2593 et bis. —
[ F. Faux-Brome ].

*Plante annuelle.* Tiges plus ou moins nombreuses ou subsolitaires, de 2-5 décim. Feuilles linéaires étroites, enroulées ; ligule très courte tronquée. *Panicule unilatérale, étroite, racémiforme,* quelquefois réduite par avortement à une grappe simple. Épillets d'un vert jaunâtre, assez longs, 3-8-flores. *Glume inférieure très petite* étroitement linéaire *cinq à dix fois plus courte que la supérieure, souvent presque nulle ; la supérieure* linéaire-lancéolée, insensiblement *atténuée en arête* plus ou moins longue. *Glumelle inférieure* lancéolée ou linéaire-lancéolée, carénée, glabre, scabre sur la carène et au sommet, insensiblement *atténuée en* une *arête ord.* allongée *plus longue qu'elle.* Étamines 3, à anthères linéaires-oblongues longues d'environ un millimètre. (I). Mai-juillet.

*C.* — Lieux arides sablonneux, clairières des bois, vieux murs, rochers, champs incultes.

Malgré l'opinion contraire d'un grand nombre d'auteurs, nous adoptons pour cette espèce le nom de *F. bromoides* L., en nous appuyant surtout sur la description du *Species* et sur le synonyme de Scheuchzer, mentionné par Linné. En effet, la phrase du *Species* n'a pas omis l'un des caractères principaux de la plante tiré de la glume supérieure aristée, et la description de Scheuchzer et la figure qu'il donne d'un épillet ne nous semblent pas permettre le doute. Nous avons, à l'exemple de Koch, réuni les *F. bromoides* et *uniglumis* ; car les caractères différentiels tirés de la panicule racémiforme ou plus ou moins rameuse, plus ou moins contractée, et de la glumelle inférieure longue de 2-4 millim. ou presque nulle, sont trop variables, ainsi que l'avait déjà noté cet habile observateur, pour avoir quelque importance.

9. **F. Myuros** L. *Sp.* 109 ; Coss. et DR. *Fl. Algér.* phan. 174. — *F. sciuroides*
et *Pseudo-Myuros Fl. Par.* éd. 1, 649-650. — [ F. Queue-de-rat ].

*Plante annuelle.* Tiges plus ou moins nombreuses ou subsolitaires, de 2-5 décim. Feuilles linéaires étroites ou très étroites, enroulées ; ligule courte, tronquée. *Panicule unilatérale, étroite, racémiforme*, quelquefois réduite par avortement à une grappe simple. Épillets d'un vert jaunâtre, 3-8-flores. *Glume inférieure* linéaire atténuée au sommet, *égalant ord. la moitié ou le tiers* de la longueur *de la supérieure; la supérieure* linéaire-lancéolée, aiguë, *mutique. Glumelle inférieure* lancéolée ou linéaire-lancéolée, d'abord concave-carénée, non carénée à la maturité, glabre, scabre supérieurement ou ponctuée-scabre dans toute son étendue, insensiblement *atténuée en* une *arête* allongée *égalant* environ *ou dépassant sa longueur*. Étamine 1, à anthère petite oblongue. (I). Mai-juillet.

C. — Lieux arides sablonneux, clairières des bois, vieux murs, rochers, champs incultes.

Var. *α. Myuros.* (*F. Myuros* L., loc. cit. ex parte; *Engl. bot.* t. 1412; Host *Gram.* II, t. 93; Koch *Syn. fl. Germ.* ed. 2, 937; Kunth *Enum. pl.* 1, 396.— *Vulpia Myuros* Gmel. *Fl. Bad.* I, 8; Parlat. *Fl. It.* 1, 418 ex parte. — *Festuca muralis* Kunth *Syn. pl. æquinoct.* I, 218, et *Nov. gen. et sp.* VII, t. 691; E. Desvaux in C. Gay *Fl. Chil.* VI, 426. — *F. Pseudo-Myuros* Soy.-Willm. *Obs. pl. Fr.* 132; *Fl. Par.* éd. 1, 650. — *Vulpia Pseudo-Myuros* Rchb. *Ic.* ed. 2, I, t. 130, f. 290). — *Panicule* allongée, ord. arquée et plus ou moins penchée au sommet, *rapprochée de la gaine de la feuille supérieure et souvent embrassée par elle à la base*, à rameaux inférieurs le plus souvent courts. *Glume inférieure égalant le tiers* ou plus rarement la moitié de la longueur *de la supérieure.*

Var. *β. sciuroides.* (*F. sciuroides* Roth *Tent. fl. Germ.* II, 130 ; Soy.-Willm. *Obs. pl. Fr.* 133; *Fl. Par.* éd. 1, 649. — *F. bromoides* auct. plurim. non L.; Koch *Syn. fl. Germ.* ed. 2, 937; Kunth *Enum. pl.* 1, 396. — *Vulpia bromoides* Rchb. *Ic.* ed. 2, I, t. 130, f. 293. — *Vulpia Myuros* var. *bromoides* Parlat. *Fl. It.* I, 419). — *Panicule* ord. courte, dressée, *plus ou moins éloignée de la gaine de la feuille supérieure*, à rameaux inférieurs le plus souvent assez longs. *Glume inférieure égalant la moitié* plus rarement le tiers de la longueur *de la supérieure.*

Nous avons, à l'exemple de M. Parlatore, réuni comme variété le *F. sciuroides* au *F. Myuros* (*F. Pseudo-Myuros* Soy.-Willm.), car les caractères tirés de la longueur de la panicule, de sa forme, de sa direction, de son rapprochement ou de son éloignement de la gaine de la feuille supérieure, ainsi que ceux tirés de la longueur relative des deux glumes, ont trop peu d'importance et sont trop variables pour permettre de décrire les deux plantes comme des espèces différentes.

Sect. III. NARDURUS (Koch *Syn. fl. Germ.* ed. 2, 935 ex parte ; Coss. et DR. *Fl. Algér.* phan. 178. — *Brachypodium* sect. *Nardurus* Bluff et Fingerh. *Comp. fl. Germ.* ed. 2, I, 193. — *Catapodium* Griseb. *Spicil. fl. Rum.* II, 430, et in Ledeb. *Fl. Ross.* IV, 347 ex parte). — Épillets brièvement ou très brièvement pédicellés, plus larges au sommet après la floraison par la divergence des fleurs, à pédicelles épais d'une même épaisseur de la base au sommet, disposés en épi ou en panicule spiciforme simple et unilatérale supérieurement. Fleurs lancéolées-acuminées, aristées ou mutiques, à 3 étamines. Glumelle inférieure concave ou concave à peine carénée. Ovaire glabre. Caryopse concave à la face interne et marqué d'une macule hilaire courte ou dépassant à peine la moitié de sa longueur. Plantes annuelles.

10. **F. unilateralis** Schrad. *Cat. Gott.* [1814] (ex Rœm. et Schult. *Syst. veg.*)
emend.; Coss. et DR. *Fl. Algér.* phan. 180. — *F. tenuiflora* Koch
*Syn. fl. Germ.* ed. 2, 935; *Fl. Par.* éd. 1, 648. — *Catapodium unila-*
*terale* Griseb. in Ledeb. *Fl. Ross.* IV, 347. — [F. UNILATÉRALE].

*Plante annuelle.* Tiges nombreuses, plus rarement subsolitaires, de
5-30 centim., assez grêles. Feuilles linéaires étroites, canaliculées souvent
enroulées; gaînes glabres ou un peu pubescentes; ligule très courte tronquée.
*Épi simple,* assez roide, *unilatéral,* presque distique, allongé, droit ou un
peu arqué, présentant très rarement dans sa partie inférieure des rameaux
subtriquètres portant plusieurs épillets subsessiles. *Épillets* verdâtres, assez
petits, ovales-oblongs, plus larges dans leur partie supérieure après la floraison, glabres ou velus, *subsessiles à pédicelles* très courts *épais* un peu comprimés, alternes et solitaires dans la partie supérieure du rachis de l'épi non
dilatée. Glumes lancéolées-atténuées; l'inférieure égalant environ la moitié
de la longueur de la supérieure. Fleurs très caduques à la maturité. *Glu-*
*melle inférieure* concave, glabre ou velue, *acuminée, atténuée en arête*
allongée, *plus rarement mutique* ou brièvement aristée. ⓘ. Mai-juillet.

Var. α. *aristata.* (*F. maritima* L. in Lœfl. *Span. Lœnd.* 62, n. 44, et *Sp.* 110
non DC. — *Triticum maritimum* L. *Mant.* II, 325 non *Sp.* — *T. tenellum* Lmk
*Encycl. méth.* II, 561; Host *Gram.* II, t. 26. — *T. Hispanicum* Willd. *Sp.* I,
479. — *Festuca tenuiflora* Schrad. *Fl. Germ.* I, 345. — *Triticum Nardus* DC.
*Fl. Fr.* III, 87. — *Nardurus tenellus* Rchb. *Ic.* ed. 2, I, t. 129, f. 288. — *N.*
*tenuiflorus* Boiss. *Voy. Esp.* 667; Bill. *Exsicc.* n. 484 et *bis*). — Fleurs aristées, à arête environ de la longueur de la glumelle inférieure ou plus longue.—
*C.* — Lieux incultes arides, pelouses sablonneuses, rocailles.

Var. β. *mutica.* (*Triticum unilaterale* L. *Mant.* I, 35. — *Festuca unilateralis*
Schrad. *Cat. Gott.* [1814] sec. Rœm. et Schult. — *Brachypodium unilaterale*
Rœm. et Schult. *Syst. veg.* II, 747. — *Nardurus unilateralis* Boiss. *Voy. Esp.*
667; Rchb. *Ic.* ed. 2, I, t. 125, f. 275). — Épillets ord. plus petits. Fleurs mutiques. — Çà et là avec le type.


Sect. IV. SCLEROPOA. — Épillets brièvement pédicellés, ord. plus étroits au
sommet, même après la floraison, à pédicelles épais subtriquètres sillonnés
d'une même épaisseur de la base au sommet, disposés en panicule roide rameuse très rarement simple. Fleurs presque obtuses ou aiguës, mutiques,
mucronées ou brièvement aristées, à 3 étamines. Glumelle inférieure
carénée. Ovaire glabre. Caryopse concave à la face interne et marqué
d'une macule hilaire courte. Plantes annuelles.


11. **F. rigida** Kunth *Enum. pl.* I, 392. — *Poa rigida* L. *Sp.* 101; Host *Gram.*
II, t. 74; *Engl. bot.* t. 1371. — *Sclerochloa rigida* Link *Hort. Berol.* I,
150; Rchb. *Ic.* ed. 2, I, t. 149, f. 370. — *Scleropoa rigida* Griseb.
*Spicil. fl. Rum.* II, 431, et in Ledeb. *Fl. Ross.* IV, 347; Bill. *Exsicc.*
n. 486. — Vaill. *Bot. Par.* t. 18, f. 4. — [F. ROIDE].

*Plante annuelle.* Tiges ord. nombreuses, rapprochées en touffe, de 5-20
centim., un peu roides, ascendantes genouillées à la base, plus rarement
dressées. Feuilles linéaires étroites; gaînes glabres. *Panicule roide,* un peu
unilatérale, contractée ou étalée, *à rameaux et à ramuscules épais* subtriquètres, les rameaux inférieurs portant plusieurs épillets et les supérieurs un

seul épillet, très rarement tous les rameaux ne portant qu'un seul épillet. *Épillets* verdâtres, plus rarement violacés, linéaires-oblongs ou ovales-oblongs, plus étroits dans leur partie supérieure, 5-12-flores, glabres, *brièvement pédicellés* à pédicelles d'une même épaisseur de la base au sommet. Glumes presque égales, aiguës. Fleurs à peine caduques à la maturité. *Glumelle inférieure* glabre, lisse ou très finement ponctuée-scabre, concave-carénée, oblongue ou ovale-oblongue, *presque obtuse* ou un peu aiguë, quelquefois un peu émarginée, mutique ou brièvement mucronulée. ⓘ. Juin-juillet.

A.C. — Coteaux incultes, pelouses arides, lieux pierreux, rochers, vieux murs.

S.-v. *umbrosa*. (*Sclerochloa patens* Presl *Cyp. et Gram. Sic.* 45). — Plante plus grêle. Rameaux et ramuscules de la panicule très étalés. — Lieux herbeux ou ombragés.


Sect. v. CATAPODIUM. — Épillets brièvement ou très brièvement pédicellés, quelquefois sessiles, plus étroits au sommet même après la floraison, à pédicelles épais presque cylindriques ou subtriquètres d'une même épaisseur de la base au sommet, disposés en épi roide, plus rarement en panicule formée d'épis simples. Fleurs ovales ou oblongues-lancéolées, presque obtuses, mutiques, plus rarement brièvement aristées. Glumelle inférieure concave ou carénée vers le sommet. Ovaire glabre. Caryopse concave à la face interne, marqué d'une macule hilaire courte plus rarement allongée. Plantes annuelles (dans notre Flore).


12. **F. Poa** Kunth *Enum. pl.* I, 394. — *Triticum tenellum* L. *Sp.* 127. — *T. Poa* DC. *Fl. Fr.* III, 86. — *T. Halleri* Viv. *Fl. It. fragm.* 24, t. 26, f. 1. — *Brachypodium Poa* et *B. Halleri* Rœm. et Schult. *Syst. veg.* II, 746 et 744. — *Triticum Lachenalii* Gmel. *Fl. Bad.* I, 291. — *Festuca Lachenalii* Spenn. *Fl. Frib.* 1050.— *Brachypodium Halleri* Rchb. *Ic.* ed. 2, I, t. 125, f. 276. — *Nardurus Poa* Boiss. *Voy. Esp.* 667.—[F. PATURIN].

*Plante annuelle.* Tiges subsolitaires ou en petit nombre, de 1-5 décim., grêles, un peu roides, dressées. Feuilles courtes, linéaires étroites, d'abord planes puis s'enroulant par dessiccation ; gaînes un peu pubescentes-rudes ou presque glabres. *Épi* roide, *distique*, allongé, *simple*, *plus rarement rameux à la base. Épillets* verdâtres ou d'un jaune verdâtre, ovales ou ovales-oblongs ord. obtus, 4-8-flores, glabres, *subsessiles* ou très brièvement pédicellés, alternes, un peu espacés, presque dressés. Glumes un peu inégales, concaves-carénées, un peu aiguës. Fleurs presque imbriquées, caduques à la maturité. *Glumelle inférieure* glabre, ovale ou oblongue-lancéolée, concave, non carénée, *presque obtuse*, mutique ou aristée. Caryopse marqué d'une macule hilaire qui dépasse la moitié de sa longueur. ⓘ. Mai-juillet.

R R. — Coteaux incultes, pelouses sablonneuses, rochers de grès. — Rochers à Beauvais près Mennecy (*de Schœnefeld*), à Dhuison ! près La Ferté-Aleps, et à Recloses dans la forêt de Fontainebleau (*de Schœnefeld*), abondant aux environs de Nemours ! sur les rochers et dans les bruyères qui dominent la route de Montargis (*Devilliers*). — Assez répandu dans la forêt d'Orléans et dans la Sologne.

Var. *α. mutica*. — Fleurs mutiques ou presque mutiques.

Var. β. *aristata*. (*Triticum tenuiculum* Lois. *Not.* 27.—*Brachypodium tenuiculum* Rœm. et Schult. *Syst. veg.* II, 744. — *Festuca tenuicula* Link *Hort. Berol.* 1, 146). — Fleurs aristées, à arête égalant ord. environ la longueur de la glumelle.

**44. BRACHYPODIUM** P. B. *Agrost.* 100, t. 19, f. 3 ex parte ; Nees *Gen. fl. Germ.* monoc. I, t. 70 excl. sp. — [ BRACHYPODE ].

*Épillets* comprimés latéralement pendant la floraison, *multiflores*, à fleurs hermaphrodites les supérieures souvent rudimentaires, à rachis fragile à la maturité. Glumes 2, membraneuses-herbacées, concaves, plurinerviées, aiguës, mucronées ou presque aristées, plus courtes que les fleurs, inégales l'inférieure plus petite. *Glumelles* 2, presque de la même longueur ; l'*inférieure* membraneuse-herbacée, concave, aiguë, *prolongée en arête ou en mucron ; la supérieure* membraneuse, bicarénée, *à carènes ciliées de poils roides*, à sommet arrondi, tronqué ou émarginé. Squamules 2, membraneuses, aiguës, ord. entières, ciliées. Étamines 3, plus rarement 2. *Ovaire poilu au sommet. Stigmates* 2, subsessiles ou sessiles, *terminaux*, plumeux à poils simples, sortant sur les côtés et vers la base de la fleur. *Caryopse* oblong ou linéaire-oblong, comprimé-aplani par le dos, à face externe convexe, à face interne-concave ou canaliculée-concave, *marqué d'une macule hilaire linéaire allongée*, recouvert par les glumelles et ord. un peu *adhérent à la glumelle supérieure. — Épillets très brièvement pédicellés, distiques*, disposés *en épi* plus ou moins lâche à rachis alternativement un peu creusé-concave au niveau des épillets.

**1. B. sylvaticum** Rœm. et Schult. *Syst. veg.* II, 741 ; Bill. *Exsicc.* n. 489. — *B. gracile* et *B. sylvaticum* P. B. *Agrost.* 101. — *B. gracile* Rchb. *Ic.* ed. 2, I, t. 126, f. 277-279. — *Festuca sylvatica* Huds. *Fl. Angl.* ed. 1, I, 38 non Vill. ; *Fl. Par.* éd. 1, 648. — *Bromus pinnatus* var. β L. *Sp.* 115. — *B. sylvaticus* Host *Gram.* I, t. 21 ; *Engl. bot.* t. 729. — *Triticum sylvaticum* Mœnch *Hass.* n. 103. — [ B. DES BOIS ].

*Souche cespiteuse*. Tiges de 5-9 décim., assez grêles. Feuilles lancéolées-linéaires, planes, molles, ord. tombantes, pubescentes ; gaînes velues. Épillets verdâtres, multiflores, assez gros, linéaires-lancéolés, peu nombreux, disposés en épi lâche étroit distique un peu penché. *Fleurs* pubescentes, les *supérieures à arête plus longue que la glumelle.* ♃. Juin-septembre.

*C.* — Bois, taillis, buissons, pâturages ombragés.

S.-v. *glabrescens.* — Plante moins velue. Épillets glabres.

**2. B. pinnatum** P. B. *Agrost.* 101 ; Rchb. *Ic.* ed. 2, I, t. 126-127, f. 280-281 ; Bill. *Exsicc.* n. 1981. — *Bromus pinnatus* L. *Sp.* 115 ; Host *Gram.* I, t. 22 ; *Engl. bot.* t. 730. — *Triticum pinnatum* Mœnch *Hass.* n. 102 ; DC. *Fl. Fr.* VI, 283. — *Festuca pinnata* Mœnch *Meth.* 191 ; *Fl. Par.* éd. 1, 648. — *Bromus rupestris* Host *Gram.* IV, 10, t. 17. — *Brachypodium rupestre* Rœm. et Schult. *Syst. veg.* II, 736. — Sous-var. à feuilles plus étroites, à épillets plus petits : *Bromus cœspitosus* Host *Gram.* IV, 11, t. 18. *Triticum gracile* DC. *Fl. Fr.* III, 84. *Brachypodium cœspitosum* Rœm. et Schult. *Syst. veg.* II, 737 ; Rchb. *Ic.* ed. 2, I, t. 127, f. 282. — [ B. PENNÉ ].

Souche à *rhizomes traçants*. Tiges de 4-9 décim., roides. Feuilles linéaires, plus rarement lancéolées-linéaires, planes, un peu roides, pubescentes ou glabres un peu scabres; gaînes glabres ou légèrement pubescentes. Épillets verdâtres ou d'un vert jaunâtre, multiflores, assez gros, linéaires-oblongs ou lancéolés, souvent arqués, plus ou moins nombreux, disposés en épi lâche étroit distique ord. dressé. *Fleurs* glabres ou pubescentes, *à arête plus courte que la glumelle*. ♃. Juin-septembre.

C C. — Pelouses arides, pâturages, lisières des bois, coteaux pierreux.

S.-v. *glabra*. — Plante entièrement glabre.

SOUS-TRIBU XIV. **TRITICEÆ.** — *Épillets* hermaphrodites, plus rarement polygames, disposés *en épi, sessiles sur les dents du rachis*, plus rarement brièvement pédicellés, à rachis ord. alternativement flexueux aplani ou excavé au niveau des épillets, *1-2-multiflores*, à fleur supérieure souvent rudimentaire. Glumes 2, plus rarement 1, de longueur variable. *Glumelles* herbacées ou un peu coriaces, plus rarement membraneuses, l'*inférieure aristée tantôt au sommet tantôt au-dessous du sommet à arête non tordue, ou mutique*, plus rarement 2-3-dentée à dents aristées. Squamules 2. Étamines 3, rarement 1. *Stigmates* sessiles ou subsessiles, divergents, *sortant sur les côtés et ord. vers la base de la fleur*. Caryopse libre ou adhérent aux glumelles, marqué d'une macule hilaire linéaire.

**45. LOLIUM** L. *Gen.* n. 95; P. B. *Agrost.* 102, t. 20, f. 3; Nees *Gen. fl. Germ.* monoc. I, t. 78. — [ IVRAIE ].

Épillets solitaires sur les dents du rachis de l'épi, opposés au rachis (c'est-à-dire le regardant par le dos des fleurs), comprimés latéralement, multiflores ou pluriflores, à fleurs hermaphrodites la supérieure ord. stérile ou rudimentaire. *Glumes* au nombre de deux dans l'épillet terminal et presque égales; *dans les épillets latéraux la* glume *supérieure* (extérieure par rapport au rachis général de l'épi) *opposée au rachis ainsi que les glumelles*, herbacée, plurinerviée, concave, mutique, plus courte que les fleurs ou les égalant environ, *l'inférieure* (intérieure par rapport au rachis général de l'épi) *manquant ord. complétement* (1). Glumelles 2; l'inférieure herbacée-membraneuse, concave, mutique ou aristée au-dessous du sommet; la supérieure à peine plus courte, membraneuse, bicarénée, à carènes ciliées. Squamules 2, charnues, aiguës, entières ou inégalement bilobées, glabres. Étamines 3. Ovaire glabre, ou finement pubescent au sommet. Stigmates 2, subsessiles ou sessiles, insérés un peu au-dessous du sommet de l'ovaire, plumeux à poils simples allongés, sortant sur les côtés et vers la base de la fleur. Caryopse oblong, un peu comprimé par le dos, à face externe convexe, à face interne un peu con-

(1) Un assez grand nombre d'auteurs ont décrit la glume unique des épillets latéraux sous le nom de glume inférieure, en raison de sa position par rapport à l'axe général de l'épi ; mais on voit, par un examen un peu attentif, que cette glume correspond à la seconde fleur, et que, par conséquent, d'après la symétrie des épillets des Graminées, elle est la supérieure dans le sens habituel du mot, c'est-à-dire par rapport à l'axe propre de l'épillet. M. A. Braun et Kunth avaient déjà décrit cette disposition de l'épillet dans le genre *Lolium*.

cave et marquée d'une macule hilaire linéaire allongée, recouvert par les glumelles et adhérent à la supérieure.—Épillets sessiles, distiques, disposés en épi simple plus ou moins lâche quelquefois rameux par monstruosité ; rachis de l'épi non articulé, alternativement canaliculé-excavé au niveau des épillets.

**1. L. perenne** L. *Sp.* 122. — [I. VIVACE].

Plante vivace ou annuelle, présentant ou non des fascicules stériles de feuilles. Tiges nombreuses ou subsolitaires, de 1-15 décim., dressées ou arquées-ascendantes à la base. Feuilles planes, glabres, d'un vert gai. Épi simple, plus rarement rameux par monstruosité et quelquefois en forme de crête, assez large, plus rarement étroit, très rarement subulé, ord. allongé, droit ou un peu arqué. Épillets rapprochés du rachis ou un peu étalés, plus rarement appliqués très étroitement sur le rachis, oblongs, oblongs-linéaires ou linéaires-lancéolés, 3-20-flores. Glume plus ou moins courte que les fleurs ou les égalant environ. *Fleurs oblongues-lancéolées*, mutiques ou aristées. (I̊, ②) ou ♃. Mai-septembre.

Var. α. *perenne.* (L. perenne L. *Sp.* 122 ; Schreb. *Gram.* II, t. 37 ; Host *Gram.* I, t. 25 ; *Engl. bot.* t. 315 ; Kunth *Enum. pl.* I, 346 ; Koch *Syn. fl. Germ.* ed. 2, 956 ; Rchb. *Ic.* ed. 2, I, t. 112, f. 235 ; *Fl. Par.* éd. 1, 656 ; Bill. *Exsicc.* n. 2778 et *bis.* — Vulg. *Ray-grass*). — *Plante vivace*, cespiteuse, à souche *émettant* ord. *des fascicules stériles* de feuilles plus ou moins nombreux. Tiges de 1-5 décim., ord. nombreuses. *Feuilles pliées longitudinalement avant leur complet développement.* Épi assez large, plus rarement étroit. *Épillets* rapprochés du rachis ou un peu étalés, plus rarement appliqués très étroitement sur le rachis, *5-10-flores.* Glume ord. plus courte que les fleurs. *Fleurs mutiques, très rarement quelques-unes aristées.* — *CCC.* — Prairies, pâturages, lieux herbeux, bords des chemins.

S.-v. *tenue.* (L. tenue L. *Sp.* 122. — *L. perenne* var. *tenue* Rchb. *Ic.* ed. 2, I, t. 112, f. 235 *b*). — Plante grêle, épillets ord. 3-4-flores.

S.-v. *cristatum.* — Épi rameux par monstruosité. Épillets plus ou moins étalés, rapprochés au sommet de la tige en forme de crête. — *A.R.*

S.-v. *aristatum.* — Quelques-unes des fleurs aristées. — *R.*

Var. β. *Italicum.* (L. *Italicum* A. Braun in *Flora* XVII, 229 ; Koch *Syn. fl. Germ.* ed. 2, 956 ; Rchb. *Ic.* ed. 2, I, t. 113, f. 238-239 ; Bill. *Exsicc.* n. 1392.— *L. Boucheanum* Kunth ! *Gram.* II, t. 220, et *Enum. pl.* I, 436. — *L. multiflorum Fl. Par.* éd. 1, 655 non Lmk.— Vulg. *Ray-grass-d'Italie*). — *Plante bisannuelle ou vivace*, émettant le plus souvent des fascicules stériles de feuilles. Tiges ord. élevées, atteignant souvent plus d'un mètre, ord. plusieurs. *Feuilles enroulées par les bords avant leur complet développement* (A. Br.). Épi assez large, plus rarement étroit. *Épillets* rapprochés du rachis ou un peu étalés, plus rarement appliqués très étroitement sur le rachis, 5-15-flores. Glume ord. *un peu plus courte que les fleurs ou les égalant environ. Fleurs aristées* au moins les supérieures ou *plus rarement mutiques.* — *A.R.* — Lieux herbeux, prairies. — Assez fréquemment subspontané dans le voisinage des cultures, souvent semé comme fourrage.

Var. γ. *multiflorum.* (L. *multiflorum* Lmk *Fl. Fr.* III, 621 ; DC. *Syn. fl. Gall.* 137, et *Fl. Fr.* III, 90 ; Poir. *Encycl. méth.* VIII, 828 ; Gaud. *Fl. Helv.* I, 354 ; Koch *Syn. fl. Germ.* ed. 2, 956 ; Rchb. *Ic.* ed. 2, I, t. 111, f. 234 ; Bill. *Exsicc.* n. 2189. — Vaill. *Bot. Par.* t. 17, f. 3). — *Plante annuelle*, dépourvue de fascicules stériles de feuilles. Tiges de 5-10 décim., plusieurs ou subsolitaires. Épi assez large, plus rarement étroit. *Épillets* rapprochés du rachis ou un peu

étalés, plus rarement appliqués très étroitement sur le rachis, *10-25-flores.*
*Glume ord. environ de moitié plus courte que les fleurs. Fleurs* toutes ou les
supérieures *aristées, plus rarement mutiques.* — *A. R.* — Pâturages, lieux herbeux, moissons, bords des chemins.

Nous avons été à même de nous convaincre du peu de valeur, dans le genre
*Lolium,* des caractères tirés de la durée de la plante, de la présence ou de l'absence de fascicules stériles de feuilles, de la forme et de la longueur de l'épi, de la
longueur relative de la glume et des fleurs, de la forme de l'épillet, du nombre
des fleurs qui le composent, de la présence ou de l'absence de l'arête de la glumelle inférieure ; aussi n'avons-nous pas hésité à rapporter comme variétés au
*L. perenne* les diverses plantes dont nous avons donné l'énumération synonymique,
et qui ne diffèrent entre elles que par les caractères dont nous venons de signaler
le peu d'importance. Nous devons ajouter que la plupart des échantillons ne présentent ord. qu'une partie des caractères sur lesquels nous avons établi les variétés, car les formes du *L. perenne* se relient entre elles par une série non interrompue d'intermédiaires.

2. **L. temulentum** L. *Sp.* 122 ; Schreb. *Gram.* II, t. 36 ; *Engl. bot.* t. 1124 ;
 Host *Gram.* I, t. 26 ; Kunth *Enum. pl.* 1, 437 ; Rchb. *Ic.* ed. 2, I, t. 111,
 f. 231-233 ; Bill. *Exsicc.* n. 491. — [I. ENIVRANTE. — Vulg. *Ivraie*].

Plante annuelle, n'émettant pas de fascicules stériles de feuilles. Tiges
subsolitaires, plus rarement plusieurs, de 5-9 décim., dressées, lisses ou
scabres. Feuilles planes, glabres. Épi simple, assez large, ord. allongé, épais,
dressé. Épillets rapprochés du rachis, oblongs assez larges, 5-10-flores.
Glume égalant environ les fleurs ou les dépassant. *Fleurs ovales-oblongues
renflées à la maturité,* assez longuement ou brièvement aristées. ⨀. Juin-
juillet.

*A.C.* — Moissons, champs en friche, terrains meubles.

Var. β. *speciosum.* (*L. speciosum* Koch *Syn. fl. Germ.* ed. 1, 828. — S.-v. à tiges
 lisses : *L. speciosum* Stev. in M.-Bieb. *Fl. Taur.-Cauc.* I, 80. — S.-v. à tiges
 et à gaînes scabres : *L. robustum* Rchb. *Ic.* ed. 2, I, t. 110, f. 229). — Glume
 dépassant ord. les fleurs. *Fleurs mutiques,* ou les supérieures seules aristées à
 arête courte fine flexueuse. — Se rencontre çà et là avec le type.

**46. HORDEUM** L. *Gen.* n. 98 ex parte ; Nees *Gen. fl. Germ.* monoc. I, t. 83.
    — [ ORGE ].

*Épillets ternés,* plus rarement géminés *sur les dents du rachis de l'épi,*
plus ou moins comprimés par le dos, *uniflores avec le rudiment d'une seconde fleur* souvent réduite au pédicelle, plus rarement biflores, tous hermaphrodites, ou l'épillet moyen de chaque groupe hermaphrodite les latéraux étant mâles ou neutres souvent pédicellés. Glumes 2, latérales, placées
au-dessous de la fleur sur un même plan, roides, herbacées, presque
planes, lancéolées-linéaires ord. inéquilatérales ou linéaires-subulées aristées. Glumelles 2, opposées au rachis ; l'inférieure herbacée, concave, entière au sommet, prolongée en arête plus ou moins allongée, quelquefois
mutique dans les épillets latéraux ; la supérieure membraneuse, bicarénée, à
carènes un peu ciliées ou scabres. Squamules 2, charnues-membraneuses,
presque aiguës ou obtuses, entières ou présentant un lobule latéral, ord.
ciliées ou poilues. Étamines 3. Ovaire ord. atténué-substipité à la base,
velu au sommet. Stigmates 2, sessiles, subterminaux, plumeux à poils sim-

ples, sortant sur les côtés et vers la base de la fleur. Caryopse oblong, à face externe convexe, à face interne étroitement canaliculée ou plus rarement largement concave-canaliculée et marquée d'une macule hilaire linéaire allongée, poilu au sommet, couvert par les glumelles auxquelles il adhère ordinairement. — Épillets disposés en épi simple ; rachis de l'épi ord. fragile à la maturité.

Sect. I. ZEOCRITON.— *Épillets latéraux* de chaque groupe *mâles ou neutres* souvent rudimentaires, plus ou moins pédicellés. Caryopse étroitement canaliculé.

1. **H. murinum** L. *Sp.* 126 ; Host *Gram.* I, t. 32 ; *Engl. bot.* t. 1971 ; Rchb. *Ic.* ed. 2, I, t. 117, f. 249 ; Bill. *Exsicc.* n. 1599. — *Zeocriton murinum* P. B. *Agrost.* 115. — S.-v. Glumes des épillets latéraux plus larges, l'intérieure ciliée de chaque côté : *H. pseudo-murinum* Tappeiner ap. Koch *Syn. fl. Germ.* ed. 2, 955. — [ O. DES RATS ].

Plante annuelle ou bisannuelle, croissant en touffe, plus rarement à tiges subsolitaires. Tiges de 1-5 décim., ord. genouillées-ascendantes. Feuilles linéaires assez larges, glabres, assez molles, la supérieure à gaîne plus ou moins renflée souvent rapprochée de l'épi ou en embrassant la base. Épi assez grand, presque cylindrique. *Épillets* uniflores, *ternés, le moyen* subsessile *hermaphrodite, les latéraux* pédicellés un peu plus grands *mâles ou neutres, tous également et longuement aristés.* Glumes de l'épillet moyen de la même largeur, linéaires-lancéolées inférieurement, ciliées, très rarement bordées seulement d'un très petit nombre de poils. *Glumes des épillets latéraux de largeur* un peu *différente, l'extérieure sétacée* scabre, *l'intérieure linéaire-subulée ou linéaire-lancéolée* inférieurement et ciliée d'un seul côté ou des deux côtés. ① ou ②. Mai -septembre et quelquefois pendant presque toute l'année.

*C C C.* — Pâturages, lieux cultivés ou incultes, bords des chemins, villages, décombres, pied des murs.

2. **H. secalinum** Schreb. *Spicil.* 148 [ 1771 ] ; Host *Gram.* I, t. 33 ; Trin. *Ic.* t. 3 ; Bill. *Exsicc.* n. 1391.— *H. pratense* Huds. *Fl. Angl.* ed. 2, 56 [ 1778 ] ; Sm. *Fl. Brit.* I, 156 ; *Engl. bot.* t. 409 ; Rchb. *Ic.* ed. 2, I, t. 117, f. 251. — *Zeocriton secalinum* P. B. *Agrost.* 115. — Vaill. *Bot. Par.* t. 17, f. 6. — [ O. SEIGLE ].

Plante vivace, à *souche cespiteuse* émettant ord. plusieurs tiges et des fascicules stériles de feuilles. Tiges de 5-8 décim., grêles, ord. dressées, quelquefois un peu renflées en bulbe à la base. Feuilles linéaires étroites, planes ; gaînes inférieures velues ou pubescentes. Épi grêle, assez court, presque cylindrique. *Épillets* uniflores, *ternés, le moyen* subsessile *hermaphrodite assez longuement aristé, les latéraux* pédicellés *mâles ou neutres* quelquefois rudimentaires *brièvement aristés. Glumes de tous les épillets de même largeur sétacées* scabres. ♃. Juin-juillet.

*C.* — Prairies, pâturages, lieux herbeux.

† **H. distichum** L. *Sp.* 125 ; Host *Gram.* III, t. 36. — [ O. A DEUX RANGS. — Vulg. *Paumelle, Pamelle* ].

Plante annuelle. Tiges de 6-9 décim., ord. subsolitaires ou peu nombreuses, assez robustes, dressées. Feuilles linéaires larges, planes ; gaînes glabres. Épi robuste, souvent penché, comprimé latéralement. Épillets disposés longitudinalement sur six rangs, dont quatre déprimés constitués par les épillets mâles et les deux autres saillants à la maturité constitués par les épillets hermaphrodites. *Épillets* uniflores, ternés, le moyen hermaphrodite aristé à arête robuste dressée plus longue que l'épi, les *latéraux mâles* brièvement pédicellés *mutiques*. Glumes linéaires insensiblement atténuées en arête. (I). (1) Juin-août.

Cultivé en grand surtout dans les terrains maigres. — Patrie inconnue.

On cultive plus rarement l'*H. Zeocriton* L. (Host *Gram.* I, t. 37. — Vulg. *Orge-pyramidale, Orge-en-éventail*), qui diffère de l'*H. distichum* par l'épi moins long, plus compacte et plus comprimé et par les arêtes divergentes en éventail.

Sect. II. HORDEOTYPUS. — *Épillets tous hermaphrodites* fertiles. *Caryopse étroitement canaliculé.*

† **H. vulgare** L. *Sp.* 125 ; Host *Gram.* III, t. 34. — [O. COMMUNE. — Vulg. *Orge, Escourgeon*].

Plante annuelle. Tiges de 6-9 décim., ord. subsolitaires ou peu nombreuses, assez robustes, dressées. Feuilles linéaires larges, planes, un peu scabres en dessus. *Épi* robuste, souvent penché à la maturité, un peu comprimé latéralement, *à épillets* disposés longitudinalement *sur six rangs, dont deux opposés peu saillants et quatre proéminents à la maturité.* Épillets uniflores, ternés, *tous hermaphrodites*, sessiles, aristés, à arête robuste beaucoup plus longue que l'épi auquel elle est presque parallèle. Glumes linéaires insensiblement atténuées en arête. (I). Juin-août.

Cultivé en grand surtout dans les terrains maigres. — Patrie inconnue.

† **H. hexastichum** L. *Sp.* 125 ; Host *Gram.* III, t. 35. — [O. A SIX RANGS. — Vulg. *Orge-carrée, Orge-d'hiver*].

Plante annuelle. Tiges de 6-9 décim., ord. subsolitaires ou peu nombreuses, assez robustes, dressées. Feuilles linéaires larges, planes, un peu scabres en dessus. Épi robuste, souvent penché à la maturité, à *épillets* disposés longitudinalement *sur six rangs tous également saillants à la maturité.* Épillets uniflores, ternés, *tous hermaphrodites*, sessiles, aristés à arête robuste plus longue que l'épi auquel elle est presque parallèle. Glumes linéaires insensiblement atténuées en arête. (I). Juin-août.

Cultivé en grand, surtout dans les terrains maigres. — Patrie inconnue.

Sect. III. ELYMOIDES. — Épillets tous hermaphrodites sessiles ou subsessiles. *Caryopse largement concave-canaliculé.*

3. **H. Europæum** All. *Ped.* II, 60. — *Elymus Europæus* L. *Mant.* 35 ; Host *Gram.* I, t. 28 ; *Engl. bot.* t. 1317 ; Rchb. *Ic.* ed. 2, I, t. 115, f. 246 ; Bill. *Exsicc.* n. 490. — *Hordeum sylvaticum* Vill. *Dauph.* II, 175 ; Thuill. *Fl. Par.* 65 ; Kirschleg. *Fl. Als.* II, 333. — *H. cylindricum* Murr. *Prodr. Gott.* 43 ; Godr. *Fl. Lorr.* éd. 1, III, 197. — [O. D'EUROPE].

Plante vivace, à *souche cespiteuse* un peu traçante. Tiges de 5-10 décim., ord. subsolitaires ou peu nombreuses, roides, dressées, pubescentes au

(1) Nous décrivons les diverses Céréales comme annuelles, bien que la plupart d'entre elles se sèment et commencent à se développer dans l'automne qui précède leur floraison, parce que, semées au printemps, elles parcourent toutes les phases de leur végétation avant la fin de l'automne.

niveau des nœuds. Feuilles linéaires assez larges, planes, scabres, les inférieures à gaînes velues-pubescentes à poils réfléchis. *Épi* roide, dressé, cylindrique, peu compacte, *à rachis non fragile*. Épillets uniflores, ternés,
tous égaux, hermaphrodites, subsessiles, aristés à *arête* assez grêle dressée
*seulement 1-2 fois plus longue que la glumelle*. *Glumes* étroitement rapprochées et un peu cohérentes à la base, conformes, *linéaires* un peu plus
larges vers le milieu de leur longueur, insensiblement *atténuées en arête*. ♃.
Juin-juillet.

*RR.* — Bois montueux, lieux humides des forêts. — Forêt de Compiègne
(*Thuill.* Fl. Par.); forêt de Villers-Cotterets, vallon de Saint-Antoine près Villers-
Cotterets, bois de Montigny-l'Allier (*Questier*). Trouvé en abondance dès 1809 dans
les bois des environs d'Ozoner (*Desvaux* in litt.). — *Graves* Cat. Oise : abondant aux Beaux-monts et au mont Saint-Marc dans la forêt de Compiègne ; bois
de la Genevraie, Bourneville, cant. de Betz.

† **SECALE** L. *Gen.* n. 97 ; Nees *Gen. fl. Germ.* monoc. 1, t. 81. — [SEIGLE].

*Épillets solitaires sur les dents du rachis de l'épi*, comprimés latéralement,
*biflores avec le rudiment d'une troisième fleur* réduite à un pédicelle linéaire, à
fleurs hermaphrodites sessiles rapprochées. *Glumes* 2, parallèles au rachis ainsi
que les glumelles, latérales, membraneuses, uninerviées, *étroitement lancéolées*,
acuminées, carénées, ord. plus courtes que les fleurs. Glumelles 2, presque de la
même longueur ; l'inférieure herbacée, 5-nerviée, carénée, inéquilatérale, à carène
ciliée, longuement prolongée en arête ; la supérieure membraneuse, bicarénée, à carènes glabres. Squamules 2, membraneuses, ovales-oblongues, entières, ciliées. Étamines 3. Ovaire hérissé supérieurement. Stigmates 2, subsessiles, terminaux, plumeux à poils simples allongés, sortant sur les côtés et vers la base de la fleur.
Caryopse oblong, à face externe convexe, à face interne concave-canaliculée marquée d'une macule hilaire linéaire allongée, poilu au sommet, libre entre les glumelles.— Épillets disposés en épi simple ; rachis de l'épi persistant ou fragile à la
maturité.

† **S. cereale** L. *Sp.* 124 ; Host *Gram.* II, t. 48. — [S. CULTIVÉ. — *Vulg. Seigle*].
Plante annuelle. Tiges de 8-12 décim., subsolitaires ou peu nombreuses, dressées. Feuilles linéaires, ord. assez larges, planes, plus ou moins glaucescentes,
scabres. Épi un peu glauque, oblong ou allongé, comprimé, le plus souvent un peu
penché, à rachis non fragile poilu-barbu sur les bords. Glumes étroitement lancéolées, acuminées-subulées supérieurement, plus courtes que les fleurs. Glumelle
inférieure à carène fortement ciliée, prolongée en longue arête. ①. Mai-juillet.

Cultivé en grand, surtout dans les terrains maigres. — Patrie inconnue.

La plupart des auteurs indiquent les steppes de la Russie méridionale comme
étant la patrie du Seigle, mais M. Grisebach (in Ledeb. *Fl. Ross.*) a démontré que
le *S. cereale* n'a été indiqué comme originaire de la Russie que par suite d'une
confusion avec le *S. fragile* M.-Bieb. et le *S. Anatolicum* Boiss., qui s'en distinguent, entre autres caractères, par le rachis de l'épi fragile à la maturité.

## 47. **TRITICUM** L. *Gen.* n. 99. — [FROMENT].

*Épillets solitaires sur les dents du rachis de l'épi*, comprimés latéralement
au moins après la floraison, *tri-multiflores*, à fleurs hermaphrodites la supérieure souvent rudimentaire. *Glumes* 2, parallèles au rachis ainsi que les glumelles, latérales, coriaces presque herbacées, 3-9-nerviées, *concaves ou carénées, entières ou 1-2-dentées au sommet*, acuminées, obtuses ou tronquées,

mutiques ou aristées, presque de la même longueur, ord. plus courtes que les fleurs. Glumelles 2, presque de la même longueur; l'inférieure herbacée membraneuse ou presque coriace, concave ou carénée, souvent ventrue, entière ou dentée au sommet, mutique, mucronée ou aristée ; la supérieure membraneuse, bicarénée, à carènes ord. plus ou moins ciliées de poils roides. Squamules 2, charnues-membraneuses, irrégulièrement ovales ou ovales-oblongues, entières ou plus rarement munies d'un lobule latéral, ord. ciliées. Étamines 3. Ovaire velu supérieurement. Stigmates 2, subsessiles, terminaux, plumeux à poils simples allongés, sortant sur les côtés et vers la base de la fleur. Caryopse oblong ou ovale-oblong, plus rarement linéaire-oblong, à face externe convexe, à face interne concave ou concave-canaliculée marquée d'une macule hilaire linéaire-allongée, poilu au sommet, libre entre les glumelles ou leur adhérant plus ou moins. — Épillets disposés en épi simple compacte ou plus ou moins lâche, très rarement composé à rachis rameux par monstruosité ; rachis de l'épi persistant ou fragile.

Sect. I. CEREALE (Griseb. *Spicil. Fl. Rum.* II, 427. — *Triticum* P. B. *Agrost.* 103, t. 20, f. 4 ; Nees *Gen. fl. Germ.* monoc. I, t. 79. — *Tritica legitima* Kunth *Enum. pl.* I, 438. — *Tritica cerealia* Koch *Syn. fl. Germ.* ed. 2, 950.—*Triticum* sect. *Spelta* Endlich. *Gen. pl.* n. 913 *a*. — *Triticum* sect. *Eutriticum Fl. Par.* éd. 1, 657). — *Glumes* larges, ovales ou oblongues, *ventrues*, ord. inéquilatérales, *carénées* par la saillie de la nervure moyenne, *à sommet* tronqué *unidenté* à dent souvent presque en forme d'arête, *ou bidenté.* Glumelle inférieure un peu ventrue à la base, longuement aristée ou mutique. *Caryopse* libre, plus rarement adhérent aux glumelles, *à face interne étroitement canaliculée. Épi* compacte à épillets imbriqués *à entre-nœuds du rachis courts. Plantes annuelles.*

† **T. sativum** Lmk *Encycl. méth.* II, 554. — *T. vulgare* Vill. *Dauph.* II, 153 ; Host *Gram.* III, t. 26 ; Metzger *Europ. cereal.* t. 1-2. — Var. à épillets aristés (*T. æstivum* L. *Sp.* 126), ou mutiques ou presque mutiques (*T. hybernum* L., loc. cit.). — [F. CULTIVÉ. — Vulg. *Blé, Froment* ]: Plante annuelle. Tiges de 7-12 décim., ord. subsolitaires ou peu nombreuses, dressées, fistuleuses supérieurement. Feuilles linéaires larges ou lancéolées-linéaires, planes, à face supérieure un peu scabre ou presque lisse. *Epi* à épillets étroitement ou un peu lâchement imbriqués sur plusieurs rangs, *tétragone*, à rachis non fragile. Épillets ord. 4-flores. *Glumes ovales, ventrues, comprimées au-dessous du sommet, tronquées* mucronées ou mucronées presque aristées, à dos convexe arrondi, *à carène à* peine arquée dans sa partie inférieure *peu saillante* souvent à peine distincte à la base. Fleurs mutiques, mucronées ou aristées à arêtes persistantes. Caryopse oblong ou ovale, libre entre les glumelles. (I). Juin-août.

Cultivé en grand. — Patrie inconnue.

Cette espèce, ainsi que la suivante, varie à épillets glabres ou velus, blanchâtres ou roussâtres.

† **T. turgidum** L. *Sp.* 126 ; Host *Gram.* III, t. 28. — *T. sativum turgidum* Delile *Fl. Égypte* 32, t. 14, f. 2. — Var. à épi rameux : *T. compositum* L. *Syst. veg.* ed. 13, 108. — [F. RENFLÉ. — Vulg. *Blé-barbu, Gros-Blé, Poulard, Pétanielle* ] Plante annuelle. Tiges de 9-12 décim., ord. subsolitaires ou peu nombreuses,

ord. robustes, dressées, ord. pleines ou à peine fistuleuses supérieurement. Feuilles linéaires larges ou très larges, planes, à face supérieure presque lisse ou un peu scabre. *Épi* souvent un peu penché, à épillets étroitement imbriqués sur plusieurs rangs, *tétragone*, à rachis non fragile. Épillets ord. 4-flores. *Glumes ovales, ventrues, obliquement tronquées*, mucronées à mucron assez large aigu, à dos caréné, *à carène très arquée dans sa partie inférieure saillante et souvent presque en forme d'aile dans toute sa longueur.* Fleurs aristées, à arêtes aussi longues que l'épi souvent caduques à la maturité. Glumelles ventrues, très étroitement appliquées sur le caryopse. Caryopse ovale, épais, ord. presque gibbeux à la face externe, libre entre les glumelles. (I). Juin-juillet.

Cultivé en grand moins communément que l'espèce précédente. — Patrie inconnue.

† **T. monococcum** L. *Sp.* 127 ; Host *Gram.* III, t. 32. — [F. LOCULAR. — Vulg. *Locular, Ingrain, Petit-Épeautre*].

Plante annuelle. Tiges de 6-8 décim., ord. subsolitaires ou peu nombreuses, dressées. Feuilles linéaires, planes, scabres. *Épi* dressé, étroit, à épillets étroitement imbriqués sur deux rangs opposés, *comprimé latéralement, à rachis fragile.* Épillets 2-3-flores, l'une des fleurs étant seule fertile et ord. assez longuement aristée. Glumes ovales-oblongues, présentant au sommet deux dents aiguës, à dos caréné dans toute sa longueur à carène saillante à peine arquée dans sa partie inférieure. Caryopse oblong atténué aux deux extrémités, étroitement renfermé entre les glumelles et les glumes indurées mais libre entre les glumelles. (I). Juin-juillet.

Cultivé dans les terrains maigres et assez rarement. — Patrie douteuse ; indiqué comme indigène en Crimée et dans le Caucase oriental (M.-Bieb. *Fl. Taur.-Cauc.* I, 85) où il n'a pas été retrouvé à l'état spontané.

Sect. II. AGROPYRUM (Endlich. *Gen. pl.* n. 913 *b*. — *Agropyron* P. B. *Agrost.* 101, t. 20, f. 2 ex parte ; Nees *Gen. fl. Germ.* monoc. I, t. 80. — *Tritica agropyra* Kunth *Enum. pl.* I, 440 ). — *Glumes* lancéolées ou oblongues, *non ventrues*, plus ou moins concaves rarement un peu carénées, *tri-plurinerviées* à nervures presque égales ou la moyenne à peine plus saillante, *à sommet entier* acuminé ou obtus, mutiques, plus rarement aristées. Glumelle inférieure non ventrue, concave, plus rarement un peu carénée, obtuse ou aiguë, mutique ou aristée. *Caryopse ord. adhérent aux glumelles, à face interne presque plane ou concave. Épi ord. allongé, assez lâche ou lâche, à entre-nœuds du rachis allongés. Plantes vivaces.*

1. **T. repens** L. *Sp.* 128 ; Schreb. *Gram.* II, t. 26 ; Host *Gram.* II, t. 21 ; *Engl. bot.* t. 909 ; Bill. *Exsicc.* n. 2597 et *bis-sexies*. — *Agropyron repens* P. B. *Agrost.* 102 ; Rchb. *Ic.* ed. 2, I, t. 120, f. 257-261.—[F. RAMPANT. — Vulg. *Chiendent, Chiendent-officinal*].

*Souche rampante*, émettant ord. des rhizomes allongés. Tiges de 5-10 décim., dressées. *Feuilles* linéaires, planes, assez roides, quelquefois glaucescentes, à face supérieure plus ou moins scabre ou scabre-pubescente sur les nervures à saillies ou à poils disposés sur un seul rang, *à face inférieure lisse ou presque lisse.* Épi distique, assez long, dressé, étroit, à rachis non fragile ord. scabre aux bords. Épillets ord. assez nombreux, rapprochés ou les inférieurs un peu espacés, 4-6-flores plus rarement 6-8-flores, d'abord oblongs, ensuite comprimés. Glumes égales entre elles, égalant ord. environ les fleurs ou un peu plus courtes, lancéolées, acuminées, un peu concaves non carénées, 5-7-nerviées à nervures un peu scabres ou presque lisses. *Glumelle inférieure* lancéolée, acuminée, plus rarement presque obtuse, *mutique*, mucronée *ou brièvement aristée.* ♃. Juin-septembre.

*CCC.*— Lieux cultivés et incultes, champs en friche, bords des chemins, berges des rivières.

S.-v. *aristatum.* — Fleurs toutes ou la plupart aristées.

**2. T. caninum** Schreb. *Spicil.* 51 ; Host *Gram.* II, t. 25 ; *Engl. bot.* t. 1372; Bill. *Exsicc.* n. 2598 et *bis.* — *Elymus caninus* L. *Sp.* 124. — *Agropyrum caninum* Rœm. et Schult. *Syst. veg.* II, 756; Rchb. *Ic.* ed. 2, I, t. 119, f. 254. — [F. CANIN].

*Souche cespiteuse.* Tiges de 6-10 décim., dressées. *Feuilles* linéaires ord. larges, planes, d'un vert gai, à nervures *scabres sur les deux faces* à saillies disposées sur un seul rang. Épi distique, assez long, dressé, étroit, à rachis non fragile ord. scabre aux bords. Épillets ord. peu nombreux, rapprochés ou les inférieurs un peu espacés, 3-6-flores, d'abord oblongs-lancéolés, ensuite comprimés. Glumes égales entre elles, plus courtes que les fleurs, lancéolées, acuminées ou acuminées-aristées, un peu concaves non carénées, 3-5-nerviées à nervures saillantes scabres. *Glumelle inférieure,* oblongue-lancéolée, acuminée, aristée *à arête dépassant sa longueur.* ♃. Juin-septembre.

*A.C.* — Buissons, lieux ombragés, lisières des bois.

**48. ÆGILOPS** L. *Gen.* n. 1150 ; Nees *Gen. fl. Germ.* monoc. I, t. 85. — [ÉGILOPS].

*Épillets solitaires* sur les dents du rachis de l'épi, tri-pluriflores, à fleurs hermaphrodites la supérieure ou les deux supérieures stériles ou rudimentaires, l'épillet terminal ou les 2-3 épillets supérieurs plus grêles que les autres et souvent stériles. *Glumes* 2, parallèles au rachis ainsi que les glumelles, latérales, équilatérales dans l'épillet terminal, inéquilatérales dans les épillets latéraux, coriaces devenant souvent cartilagineuses, 5-13-nerviées, concaves assez souvent ventrues, *non carénées, à sommet tronqué 1-5-denté à dents ord. prolongées en arêtes* plus rarement entier, ne se détachant pas du rachis ou des articles du rachis. *Glumelles* 2 ; l'*inférieure* membraneuse-subherbacée un peu coriace, concave non carénée, *à sommet 1-3-denté* à dents aristées plus rarement mutiques, souvent inéquilatérale dans les épillets latéraux, équilatérale dans l'épillet terminal; la supérieure membraneuse, bicarénée, à carènes ciliées. Squamules 2, charnues-membraneuses, ovales ou irrégulièrement ovales, entières, poilues au sommet. Étamines 3. Ovaire velu supérieurement. Stigmates 2, sessiles, presque terminaux, plumeux à poils simples allongés, sortant sur les côtés et vers la base de la fleur. Caryopse oblong, à face externe convexe, à face interne presque plane canaliculée, marqué d'une macule hilaire linéaire allongée, poilu au sommet, recouvert par les glumes et les glumelles mais libre.
— Épillets disposés en épi simple à rachis fragile surtout au niveau de l'articulation inférieure, plus rarement au niveau de toutes les articulations.

1. **Æ. triuncialis** L. *Sp.* 1489 ; Schreb. *Gram.* I, t. 10, f. 1 ; Host *Gram.* II, t. 6 ; Rchb. *Ic.* ed. 2, I, t. 114, f. 242 ; Bill. *Exsicc.* n. 1788. — *Triticum triunciale* Gren. et Godr. *Fl. Fr.* III, 602. — Vaill. *Bot. Par.* t. 17, f. 1. — [É. ALLONGÉ].

Plante annuelle. Tiges ord. plus ou moins nombreuses, de 1-5 décim., ascendantes, plus rarement dressées. Feuilles linéaires, planes ; gaînes poilues, ou glabres mais ciliées à leur bord libre. *Épi linéaire allongé,* cylindrique, atténué supérieurement, se détachant entier du sommet de la tige par suite de la fragilité du rachis au niveau de l'articulation inférieure. Épillets 5-7, velus ou glabrescents-scabres, 2-3-flores, oblongs non ventrus. *Glumes* oblongues non ventrues, toutes *3-dentées à dents* longuement *aristées* ou celles des épillets latéraux bidentées-aristées ; *arêtes des épillets supérieurs plus longues,* celles de l'épillet terminal plus robustes égalant environ la longueur de l'épi ou la dépassant. *Glumelles inférieures* dépassant un peu les glumes dans les épillets latéraux, *3-dentées à dents mutiques ou terminées en arêtes plus courtes que la glumelle, celle de l'épillet terminal à arêtes très longues et robustes* égalant environ les arêtes des glumes. Ⓘ. Mai-juin.

*R R R.* — Coteaux arides, lieux secs incultes. — Côte de Champagne (*M. Garnier*). Indiqué sur la butte au-dessus de l'étang de Moret (*Mérat* Fl. Par.). — Très répandu dans le midi, surtout dans la région méditerranéenne, rare dans le centre de la France.

2. **Æ. ovata** L. *Sp.* 1489 ; Host *Gram.* II, t. 5 ; Sibth. et Sm. *Fl. Græc.* I, t. 93 ; Rchb. *Ic.* ed. 2, I, t. 114, f. 240 ; Bill. *Exsicc.* n. 297 et *bis.* — *Triticum ovatum* Gren. et Godr. *Fl. Fr.* III, 601. — [É. OVALE].

Plante annuelle. Tiges ord. plus ou moins nombreuses, de 1-3 décim., ascendantes ou genouillées-ascendantes, rarement dressées. Feuilles linéaires, planes ; gaînes poilues, ou glabres mais ciliées à leur bord libre. *Épi ovale,* court ou un peu atténué supérieurement, se détachant entier du sommet de la tige par suite de la fragilité du rachis au niveau de l'articulation inférieure. Épillets 3-5, velus ou pubescents-scabres, 2-4-flores, ovales-ventrus. *Glumes* ovales ventrues, toutes *5-4-dentées à dents* longuement *aristées ; arêtes de tous les épillets* robustes souvent étalées *presque égales* ou celles de l'épillet terminal plus petites. *Glumelles inférieures* égalant environ les glumes en longueur, *2-3-dentées à dents* inégalement *aristées les arêtes* les plus longues *de tous les épillets presque égales beaucoup plus longues que la glumelle* et souvent étalées à la maturité. Ⓘ. Mai-juin.

*R R R.* — Coteaux arides, lieux secs incultes. — Pelouses découvertes à Rieux près Beauvais cant. de Nivillers, où il n'est pas rare (*Graves* Cat. Oise). Indiqué sur le bord des chemins à Fontainebleau (*Mérat* Fl. Par.), où il n'a pas été retrouvé récemment. — Rochers de Gué-sur-Loire près Vendôme [Loir-et-Cher], où il est très abondant (*Lefrou* in *Boreau* Fl. centre, *Juillard*). — Très répandu dans le midi, surtout dans la région méditerranéenne, rare dans le centre de la France.

# EMBRANCHEMENT II.

## PLANTES CRYPTOGAMES OU ACOTYLÉDONÉES.

Plantes à organes reproducteurs non constitués par des étamines et des ovules. — Organes mâles (anthéridies) de structure variée, renfermant des corpuscules ord. doués de mouvements propres (anthérozoïdes, spermatozoïdes), souvent nuls ou d'existence problématique au moins chez la plante adulte. — Embryons homogènes (spores) non composés de parties distinctes, dispersés dans toute l'étendue ou disposés seulement dans certaines parties de la plante, soit à sa surface, soit dans son épaisseur même, renfermés ou non dans des réceptacles spéciaux (sporanges), formés ord. d'un seul utricule à membrane simple ou double, ne se continuant à aucune époque par un funicule avec les parois de la cavité qui les renferme, ord. groupés dans leur jeunesse par 2 ou un multiple de 2 souvent par 4 dans des utricules qui se résorbent ord. plus tard, jouissant de propriétés germinatives après avoir reçu l'influence des anthérozoïdes, et quelquefois sans l'intervention d'anthérozoïdes ? (Fougères, Équisétacées), s'allongeant par un point de leur surface lors de la germination et donnant ensuite ord. naissance par des partitions successives de la cellule-mère à une lame ou à des filaments celluleux de forme variée constituant un état de végétation transitoire (prothalle, proembryon, thalle, production pseudocotylédonaire) qui persiste pendant un temps plus ou moins long avant de reproduire le type de la plante-mère. — Plantes constituées seulement par du tissu cellulaire, ou par du tissu cellulaire et des vaisseaux, à axe et à organes appendiculaires distincts, plus ord. à axe et à organes appendiculaires non distincts, s'accroissant par l'extrémité seule ou plus ord. à croissance périphérique.

## Division I. ACROGÈNES.

Plantes à axe et à organes appendiculaires distincts, plus rarement indistincts, croissant par leur extrémité seule sans addition de nouvelles parties vers la base, constituées par du tissu cellulaire uni ou non à des vaisseaux. — Spores renfermées dans des réceptacles spéciaux (sporanges) ord. à membrane utriculaire double, groupées par 4 dans la cellule-mère, plus rarement solitaires.

# Classe. — FILICINÉES.

Plantes présentant ord. une tige ou un rhizome en même temps que des feuilles développées ou rudimentaires, à tige ou à rhizome constitué par du tissu cellulaire uni à des vaisseaux, plus rarement dépourvues de vaisseaux et alors sans feuilles et à tige constituée exclusivement par des cellules allongées. — Sporanges dépourvus de coiffe tubuleuse, portés sur les feuilles, sur les tiges ou sur les rhizomes. — Spores jouissant de propriétés germinatives sous l'influence des anthérozoïdes ou sans leur influence? (Fougères, Équisétacées) et donnant ord. naissance par la germination à un prothalle lamelleux indivis ou lobé, composé d'une couche de cellules et qui émet bientôt à sa face inférieure des radicelles et ord. deux sortes d'organes celluleux, les uns plus ou moins nombreux, subglobuleux (anthéridies), renfermant des cellules globuleuses contenant des anthérozoïdes en forme de filament enroulé en spirale munis de cils vibratiles et doués de mouvements spontanés à leur sortie de l'anthéridie, les autres ovoïdes (archégones), dont ord. un seul acquiert son développement complet, renfermant une cellule qui reçoit l'influence des anthérozoïdes et produit ensuite une jeune plante. — Anthéridies ord. nulles ou d'existence problématique chez la plante adulte, plus rarement portées sur les rameaux de la plante adulte.

## CX. FOUGÈRES

(Filices Juss. *Gen.* 14).

Plantes vivaces, à rhizome court ou traçant présentant ainsi que les pétioles des feuilles un ou plusieurs faisceaux de fibres ligneuses et de vaisseaux la plupart scalariformes (1). — *Feuilles* éparses sur le rhizome ou naissant au sommet du rhizome, *enroulées en crosse dans leur jeunesse, très rarement non enroulées* (Ophioglossineæ), à partie inférieure du rachis ord. persistante, pinnatifides, ou une ou plusieurs fois pinnatiséquées, plus rarement indivises, nerviées à nervures constituées par des cellules allongées, à épiderme pourvu de stomates, quelquefois munies sur le rachis et sur le limbe de poils scarieux membraneux-squamiformes composés de cellules nombreuses. — *Sporanges* plus ou moins pédicellés ou sessiles, s'ouvrant régulièrement ou irrégulièrement, munis ou non d'un anneau articulé, ne renfermant pas d'élatères, *naissant sur*

(1) Il existe une tige aérienne ligneuse chez certaines espèces de la région équatoriale ; cette tige est composée de faisceaux ligneux très durs, constitués en grande partie par des vaisseaux scalariformes, et soudés en groupes aplatis formant un réseau interrompu ; ce réseau entoure un cylindre central volumineux de tissu cellulaire, et est entouré en dehors par une zone de tissu cellulaire, recouverte seulement par l'épiderme dans la jeunesse de la plante, puis plus tard par les bases des feuilles détruites qui simulent une écorce.

les nervures secondaires *à la face inférieure des feuilles* ou près de leurs bords, rapprochés en groupes (sores) de diverses formes nus ou recouverts par un prolongement de l'épiderme (indusium) (1), *quelquefois disposés en épi ou en panicule en s'insérant* à la face interne ou *sur* toute la surface de *la partie supérieure de feuilles modifiées et contractées ou réduites au rachis.* Spores très nombreuses dans chaque sporange, subglobuleuses ou anguleuses. — Anthéridies d'existence problématique chez la plante adulte.—Prothalle ord. obovale ou suborbiculaire, indivis échancré au sommet, portant des anthéridies nombreuses et un petit nombre d'archégones dont ord. un seul se développe et produit une jeune plante.

TRIBU I. POLYPODINEÆ. — *Feuilles enroulées en crosse dans leur jeunesse. Sporanges naissant à la face inférieure des feuilles non modifiées* ou à peine modifiées (dans nos espèces), ord. pédicellés, *entourés d'un anneau articulé* vertical ord. incomplet *qui à la maturité détermine par sa rétraction la déchirure* transversale *irrégulière* du sporange, disposés en groupes de forme variable couverts ou non d'un indusium, souvent confluents à la maturité.

SOUS-TRIBU I. POLYPODIEÆ. — *Groupes des sporanges* linéaires-oblongs ou plus ord. arrondis, *naissant à la face inférieure des feuilles sur les nervures secondaires* ou leurs ramifications non anastomosées, *dépourvus d'indusium* et n'étant pas recouverts par le bord réfléchi de la feuille.

  1. CETERACH. — *Groupes des sporanges oblongs-linéaires, entremêlés de poils squamiformes* qui couvrent toute la face inférieure des feuilles. — Feuilles pinnatipartites.

  2. POLYPODIUM. — *Groupes des sporanges arrondis,* non entremêlés de poils squamiformes. — Feuilles pinnatipartites ou bi-tripinnatiséquées.

SOUS-TRIBU II. PTERIDEÆ. — *Groupes des sporanges naissant vers le bord de la face inférieure des feuilles* au sommet des nervures secondaires ou de leurs ramifications ou sur leurs anastomoses marginales, isolés ou *formant une ligne continue, perpendiculaires à la direction des nervures secondaires, recouverts par le bord réfléchi de la feuille* non modifié ou réduit à l'épiderme mais dépourvus de véritable indusium.

  3. PTERIS.— Groupes des sporanges formant une ligne continue qui borde chaque segment, naissant sur les anastomoses marginales des nervures secondaires, recouverts par le bord réfléchi de la feuille. — Feuilles bi-tripinnatiséquées (dans notre espèce).

SOUS-TRIBU III. BLECHNEÆ. — *Groupes des sporanges formant à la face inférieure des feuilles une ligne continue de chaque côté de la nervure moyenne des segments* à laquelle elle est parallèle, *perpendiculaires à la direction des nervures secondaires,* naissant sur les anastomoses des ramifications de ces nervures, *recouverts d'un indusium* entièrement distinct du bord de la feuille inséré par son bord extérieur à bord intérieur libre.

  4. BLECHNUM. — *Groupes des sporanges formant* dans toute la longueur des seg-

---

(1) L'indusium se déformant ord. ou pouvant même disparaître à la maturité, il est utile de recueillir les *Fougères* à deux époques différentes, l'une correspondant au développement de l'indusium et l'autre à la maturité des sporanges.

ments *deux lignes continues parallèles* à leur nervure moyenne. — *Feuilles* pinnatipartites, les *fertiles à segments plus étroits.*

SOUS-TRIBU IV. ASPLENIEÆ. — *Groupes des sporanges linéaires ou oblongs, unilatéraux, naissant à la face inférieure des feuilles sur le trajet des nervures secondaires ou de leurs ramifications* non anastomosées, *obliques par rapport à la nervure moyenne*, recouverts d'un indusium inséré dans toute sa largeur à la face inférieure de la feuille libre à l'autre bord.

5. SCOLOPENDRIUM. — *Groupes des sporanges* linéaires-allongés ; les groupes *nés sur les bifurcations des deux nervures voisines rapprochés en une masse linéaire ; les deux indusium* de ces groupes *simulant un indusium à deux valves.* — *Feuilles indivises.*

6. ASPLENIUM. — *Groupes des sporanges* linéaires ou oblongs, *non rapprochés par paires.* — *Feuilles pinnatiséquées ou bi-tripinnatiséquées.*

SOUS-TRIBU V. ASPIDIEÆ. — *Groupes des sporanges ord.* arrondis, *jamais unilatéraux, naissant à la face inférieure des feuilles sur le trajet des nervures secondaires ou de leurs ramifications* non anastomosées, rarement à leur sommet, *recouverts d'un indusium* membraneux *inséré par sa base et libre dans le reste de son étendue, ou suborbiculaire ou réniforme* à insertion étroite et *libre dans toute ou presque toute sa circonférence.*

7. CYSTOPTERIS. — *Indusium* recouvrant lâchement le groupe des sporanges, *lancéolé ou ovale, inséré par sa base au-dessous du groupe des sporanges,* libre dans le reste de son étendue. — Feuilles bi-tripinnatiséquées.

8. NEPHRODIUM. — *Indusium suborbiculaire-réniforme*, ombiliqué au centre, *d'apparence peltée, replié en dessous au niveau de l'échancrure et s'insérant par ces replis au centre du groupe des sporanges,* libre dans tout le reste de sa circonférence. — Feuilles pinnatiséquées à segments eux-mêmes pinnatifides, pinnatipartits ou une à deux fois pinnatiséqués.

9. ASPIDIUM. — *Indusium suborbiculaire, exactement pelté, s'insérant par un pédicelle central étroit au centre du groupe des sporanges,* libre dans toute sa circonférence. — Feuilles pinnatiséquées ou bipinnatiséquées.

TRIBU II. OSMUNDINEÆ. — *Feuilles enroulées en crosse dans leur jeunesse. Sporanges naissant sur les* lobes des *segments* de la partie supérieure de la feuille *très modifiés-contractés ou réduits au rachis,* pédicellés, membraneux-réticulés, *dépourvus d'anneau* articulé vertical, *s'ouvrant régulièrement en deux valves,* disposés en groupes dépourvus d'indusium bientôt confluents et couvrant les lobes de la feuille.

10. OSMUNDA. — *Sporanges* occupant toute la surface des lobes des segments de la partie supérieure de la feuille et *disposés en panicule terminale.* — Feuilles bipinnatiséquées.

TRIBU III. OPHIOGLOSSINEÆ. — *Feuilles* au nombre de *deux, soudées entre elles dans la partie inférieure* de leur rachis, *l'une extérieure stérile* foliacée *non enroulée en crosse dans sa jeunesse, l'autre fertile réduite au rachis. Sporanges* naissant sur la partie supérieure du rachis simple ou ramifié de la feuille fertile, sessiles, coriaces, dépourvus d'anneau articulé, s'ouvrant régulièrement en deux valves, insérés sur le rachis simple et *formant un épi, ou* à la face interne du rachis ramifié et formant *une panicule* terminale, dépourvus d'indusium.

11. BOTRYCHIUM. — *Sporanges libres entre eux,* insérés sur les segments de la feuille fertile réduits au rachis et *formant une panicule terminale.* — *Feuilles* stérile et fertile *pinnatiséquées.*

12. Ophioglossum. — *Sporanges soudés entre eux par eurs faces inférieure et supérieure*, disposés *en épi linéaire* distique sur la partie supérieure du rachis indivis de la feuille fertile. — *Feuilles* stérile et fertile *entières*.

TRIBU I. **POLYPODINEÆ**. — Feuilles enroulées en crosse dans leur jeunesse. Sporanges naissant à la face inférieure des feuilles non modifiées ou à peine modifiées (dans nos espèces), ord. pédicellés, entourés d'un anneau articulé vertical ord. incomplet qui à la maturité détermine par sa rétraction la déchirure transversale irrégulière du sporange qui laisse échapper les spores, disposés en groupes (sores) de forme variable, couverts ou non d'un indusium, souvent confluents à la maturité.

SOUS-TRIBU I. **POLYPODIEÆ**. — Groupes des sporanges linéaires-oblongs ou plus ord. arrondis, naissant à la face inférieure des feuilles sur les nervures secondaires ou leurs ramifications non anastomosées, dépourvus d'indusium et n'étant pas recouverts par le bord réfléchi de la feuille.

### 1. CETERACH C. Bauh. *Pin.* 354. — [CÉTÉRACH].

*Groupes des sporanges oblongs-linéaires*, obliques par rapport à la nervure moyenne des lobes de la feuille, insérés à la face inférieure des feuilles sur la ramification intérieure des nervures secondaires, *entremêlés de poils squamiformes* brunâtres très nombreux qui couvrent toute la face inférieure des feuilles. *Indusium nul.* — Feuilles pinnatipartites.

1. **C. officinarum** C. Bauh. *Pin.* 354 ; Willd. *Sp.* V, 136 ; Bill. *Exsicc.* n. 97. — *Asplenium Ceterach* L. *Sp.* 1538 ; Bull. *Herb.* t. 283. — *Grammitis Ceterach* Sw. *Syn. Fil.* 23 ; Rabenh. *Crypt. vasc. Eur.* exsicc. n. 12. — *Gymnogramme Ceterach* Spreng. *Syst. veg.* IV, 38. — *Scolopendrium Ceterach* Engl. *bot.* t. 1244. — [C. OFFICINAL. — Vulg. *Cétérach, Herbe-dorée*].

Souche cespiteuse. Feuilles nombreuses, disposées en touffe, longues de 5-15 centim., assez brièvement pétiolées, à pétiole ord. court portant de nombreux poils squamiformes, épaisses un peu coriaces, à circonscription linéaire-lancéolée, pinnatipartites, à lobes alternes, courts, ovales, arrondis au sommet, entiers, plus ou moins confluents à leur base large, à nervures même la moyenne distinctes seulement par transparence, glabres ou glabrescentes et d'un beau vert en dessus, couvertes en dessous de poils squamiformes ovales-lancéolés roussâtres luisants. ♃. *Fruct.* juin-octobre.

R. — Vieilles murailles, ruines, rochers humides. — Saint-Maur!; Meudon (*Tourn.* Hist. pl. Par.). Ancien couvent des Camaldules près Yères (*C. de Chambine*). Corbeil (*A. Jamain*); forêt de Rougeaux près de Seine-Port (*Vigineix*); rochers de Beauvais près La Ferté-Aleps (*Des Étangs*); Itteville (*Vigineix*); château du Mesnil près Lardy (*Adr. de Jussieu, Tollard*); Marcoussis (*Tourn.* Hist. pl. Par., *P. Jamin, Vigineix*); murs du château d'Orce! près Chevreuse; La Queue près Montfort-l'Amaury (*de Boucheman*). Parc de Villarceau près Magny (*Bouteille*); parc d'Halincourt (*Bouteille, Frion*). Cimetière de Noisy-sur-École près Milly (*Taillefert*). Pont-Sainte-Maxence (*Latteux*); Beaux-monts près Compiègne (*Léré*);

murs à Boursonne près Betz, Thury-en-Valois et forêt de Villers-Cotterets (*Questier*). Sainte-Colombe près Provins (*Des Étangs*). Parc de Fontainebleau (*de Schœnefeld*) ; env. de Nemours ! (*Devilliers*) ; Malesherbes (*Descurrain* in *Guettard. Obs.*, *Bernard*). Dreux (*Dœncn*). — Indiqué à Vaugirard et à Saint-Cloud (*Mérat* Fl. Par.).

## 2. **POLYPODIUM** L. *Gen.* n. 1179 ex parte. — [POLYPODE].

*Groupes des sporanges arrondis*, épars ou disposés en séries régulières, naissant à la face inférieure des feuilles au sommet ou au milieu de la longueur des nervures secondaires ou de leurs ramifications, non entremêlés de poils squamiformes scarieux. *Indusium nul.* — Feuilles pinnatipartites ou bi-tripinnatiséquées.

Sect. I. GLYCOPTERIS. — Groupes des sporanges naissant à l'extrémité épaissie de la ramification intérieure des nervures secondaires qui n'atteignent pas le bord des lobes de la feuille. — Feuilles pinnatipartites.

1. **P. vulgare** L. *Sp.* 1544 ; *Engl. bot.* t. 1149 ; Bull. *Herb.* t. 191 ; Bill. *Exsicc.* n. 98 ; Rabenh. *Crypt. vasc. Eur.* exsicc. n. 55. — [P. COMMUN. — Vulg. *Polypode*].

Rhizome traçant, un peu charnu, d'une saveur sucrée, chargé de poils squamiformes brunâtres. *Feuilles* persistant pendant l'hiver, de 2-5 décim., à circonscription oblongue-lancéolée, pétiolées à pétiole glabre ou presque glabre, *pinnatipartites*, à lobes alternes assez rapprochés, un peu confluents à la base, oblongs-lancéolés, obtus, plus rarement aigus, presque entiers ou finement dentés ; *nervures secondaires* des lobes ord. trifurquées, à ramifications épaissies et transparentes au sommet, *n'atteignant pas le bord du lobe. Groupes des sporanges* assez gros, disposés sur deux rangs parallèles à la nervure moyenne du lobe de la feuille, *naissant* chacun *à l'extrémité de la ramification intérieure des nervures secondaires.* ♃. *Fruct.* pendant la plus grande partie de l'année.

*C.* — Vieux murs humides, pied des arbres, rochers, lieux ombragés.

S.-v. *serratum.* — Feuilles à lobes dentés. — *A.R.*

Sect. II. DRYOPTERIS. — Groupes des sporanges naissant sur le trajet des nervures secondaires non épaissies supérieurement et atteignant le bord des lobules de la feuille. — Feuilles bi-tripinnatiséquées.

2. **P. Dryopteris** L. *Sp.* 1555. — [P. DRYOPTÉRIDE].

Rhizome traçant, plus ou moins grêle. *Feuilles* de 2-4 décim., ne persistant ord. pas pendant l'hiver, à circonscription triangulaire ou triangulaire-rhomboïdale, pétiolées à pétiole plus long que le limbe et portant inférieurement quelques poils squamiformes, *bi-tripinnatiséquées* ; segments inférieurs triangulaires, les supérieurs oblongs-lancéolés dans leur circonscription, diminuant de grandeur de la base de la feuille vers son sommet ; lobes lancéolés ou oblongs-lancéolés, à lobules obtus un peu crénelés ou entiers dans la partie supérieure de la feuille ; *nervures secondaires atteignant le bord des lobules. Groupes des sporanges* petits, rapprochés du bord de la feuille, *naissant sur le trajet des nervures secondaires* un peu au-dessous de leur extrémité ou au-dessus de leur bifurcation. ♃. *Fruct.* juin-septembre.

Var. α. *Dryopteris.* (*P. Dryopteris* Hoffm. *Crypt.* 10 ; *Engl. bot.* t. 616 ; Sw. *Syn. Fil.* 41 ; DC. *Fl. Fr.* II, 565 ; Koch *Syn. fl. Germ.* ed. 2 , 974 ; Bill. *Exsicc.* n. 495. — *Phegopteris polypodioides* Fée *Gen. Fil.* 243. — *P. Dryopteris* Rabenh. *Crypt. vasc. Eur.* exsicc. n. 57 et 57 *b*). — Rhizome ord. très grêle. Feuilles molles, minces, glabres. — R R. — Lieux ombragés des bois. — Bois de Satory (*de Boucheman*). Forêt de Villers-Cotterets : au Rond-des-Dames et au Col-de-Retz (*Questier*), Ru-des-Warreaux près des fontaines de Longpont (*de Marcilly fils*) ; forêt de Compiègne ! (*Léré*) : mont des Cornuillers et plateau sur les Petits-monts entre les routes de Crépy et de Morienval, env. de Pierrefonds (*de Marcilly fils*), etc. — Indiqué à Bondy et dans la forêt de Senart (*Mérat Fl. Par.*).

Var. β. *calcareum* (Gren. et Godr. *Fl. Fr.* III, 628. — *Polypodium calcareum* Sm. *Fl. Brit.* III, 1117 ; *Engl. bot.* t. 1525 ; DC. *Fl. Fr.* V, 243. — *P. Robertianum* Hoffm. *Crypt.* 10 in add. ; Koch *Syn. fl. Germ.* ed. 2, 974 ; Bill. *Exsicc.* n. 192. — *Phegopteris calcarea* Fée *Gen. Filic.* 243 ; Rabenh. *Crypt. vasc. Eur.* exsicc. n. 58, 58 *b* et 58 *c.* — *Polypodium Dryopteris* var. *rigidum Fl. Par.* éd. 1, 666). — Rhizome ord. moins grêle. Feuilles roides, un peu épaisses, à rachis et à face inférieure des segments parsemés de poils glanduleux courts plus ou moins nombreux. — R. — Vieux murs, murs des quais et des pièces d'eau, rochers calcaires. — Paris ! ; bois de Boulogne ! ; Bougival ! ; murs sur la route de Saint-Germain entre Bougival et Port-Marly (*Delavaux*); murs des pièces d'eau à Versailles ! (*de Boucheman, P. Sagot*). Forêt de Senart (*Brice*). Nemours (*Devilliers*). Bassins et aqueducs de la ferme de l'ancien château du Plessis-sur-Autheuil-en-Valois (*Questier*). — *Graves* Cat. Oise : forêt de Compiègne au Carrefour-du-précipice et à la route du Saut-du-cerf.

Sous-tribu II. **PTERIDEÆ.** — Groupes des sporanges naissant vers le bord de la face inférieure des feuilles au sommet des nervures secondaires ou de leurs ramifications ou sur leurs anastomoses marginales, isolés ou formant une ligne continue, perpendiculaires à la direction des nervures secondaires, recouverts par le bord réfléchi de la feuille non modifié ou réduit à l'épiderme mais dépourvus de véritable indusium.

### 3. **PTERIS** L. *Gen.* n. 1174 ex parte. — [ PTÉRIDE ].

Groupes des sporanges naissant vers le bord de la face inférieure des feuilles, formant une ligne continue qui borde chaque segment, naissant sur les anastomoses marginales des nervures secondaires, recouverts par le bord réfléchi de la feuille peu modifié ou réduit à l'épiderme libre en dedans, mais dépourvus de véritable indusium. — Feuilles bi-tripinnatiséquées (dans notre espèce) ou pinnatiséquées.

1. **P. aquilina** L. *Sp.* 1533 ; *Engl. bot.* t. 1679 ; Bill. *Exsicc.* n. 495. — [P. AIGLE-IMPÉRIALE. — Vulg. *Fougère-commune, Grande-Fougère*].

Rhizome longuement traçant, presque horizontal. Feuilles de 6-15 décim., très grandes, coriaces, ovales-triangulaires dans leur circonscription, bi-tripinnatiséquées ; pétiole très long, robuste, à partie inférieure d'un brun noirâtre profondément enfoncée dans le sol, présentant dans cette partie inférieure par une coupe pratiquée obliquement un dessin qui est formé par l'ensemble des faisceaux ligneux et qui rappelle la forme d'une aigle double ; segments opposés, pétiolulés, ovales ou triangulaires-lancéolés ; lobes à lobules très entiers rapprochés, à bords un peu réfléchis en dessous, ord. pubescents surtout en dessous. ♃. *Fruct.* juillet-septembre.

*CCC.* — Bois montueux, champs sablonneux, coteaux incultes.


SOUS-TRIBU III. **BLECHNEÆ.** — Groupes des sporanges formant à la face inférieure des feuilles (dans notre espèce) une ligne continue de chaque côté de la nervure moyenne des segments à laquelle elle est parallèle, perpendiculaires à la direction des nervures secondaires, naissant sur les anastomoses des ramifications de ces nervures, recouverts d'un indusium membraneux entièrement distinct du bord de la feuille inséré à la face inférieure de la feuille par son bord extérieur à bord intérieur libre.

### 4. **BLECHNUM** L. *Gen.* n. 1175 ex parte. — [ BLECHNUM ].

*Groupes des sporanges* naissant à la face inférieure des feuilles, *formant dans toute la longueur des segments deux lignes continues parallèles à la nervure moyenne* et rapprochées, *insérés sur la ramification intérieure des nervures secondaires qui s'anastomose avec la nervure située au-dessus.* Indusium membraneux, inséré à la face inférieure de la feuille par son bord extérieur à bord intérieur libre. — *Feuilles* pinnatipartites, les unes stériles, les autres *fertiles à segments plus étroits.*

1. **B. Spicant** Roth *Tent. fl. Germ.* III, 44 ; With. *Bot. arr.* 765 ; DC. *Fl. Fr.* II, 551 ; Bill. *Exsicc.* n. 194 ; Puel et Maille *Fl. loc.* exsicc. n. 223. — *Osmunda Spicant* L. *Sp.* 1522. — *Blechnum boreale* Sw. in Schrad. *Journ.* [1800] 75 ; *Engl. bot.* t. 1159. — *Lomaria Spicant* Desv. in *Mag. Nat. Berl.* V, 335. — [ B. SPICANT ].

Souche épaisse, cespiteuse. Feuilles de 3-8 décim., nombreuses, en touffe, roides, pinnatipartites ; les stériles persistant pendant l'hiver, brièvement pétiolées, oblongues-lancéolées étroites atténuées aux deux extrémités, à segments coriaces, rapprochés, oblongs ou lancéolés élargis et un peu confluents à la base, entiers, ord. obtus mucronés, un peu arqués, à bords souvent un peu réfléchis en dessous ; les fertiles peu nombreuses, ne persistant pas pendant l'hiver, dépassant plus ou moins les stériles, longuement pétiolées, à segments espacés linéaires étroits. ♃. *Fruct.* juin-août.

*A. R.* — Lieux humides des bois montueux, prairies spongieuses ou tourbeuses ombragées, buissons et taillis marécageux. — Saint-Cucufas! ; Louveciennes (*de Schœnefeld*) ; forêt de Marly (*Weddell*) ; forêt de Montmorency! (*Adr. de Jussieu*). Vallée de Chevreuse (*Chatin*) ; Saint-Léger !. Arthies et Sérans ! près Magny (*Bouteille*) ; abondant dans les bruyères de Neuville-Bosc ! (*Daudin*) ; Le Becquet et bruyères de Savignies près Beauvais (*Taillefert*). Forêt de Compiègne (*Léré*) ; forêt de Laigue (*de Marcilly fils*) ; bois de Rouville (*Questier*) ; forêt de Villers-Cotterets (*Weddell*).

Sous-tribu IV. **ASPLENIEÆ.** — Groupes des sporanges linéaires ou oblongs, unilatéraux, naissant à la face inférieure des feuilles sur le trajet des nervures secondaires ou de leurs ramifications non anastomosées, obliques par rapport à la nervure moyenne, recouverts d'un indusium membraneux inséré dans toute sa largeur à la face inférieure de la feuille sur la nervure qui porte le groupe des sporanges libre à l'autre bord.

### 5. **SCOLOPENDRIUM** Sm. in *Act. Taur.* V, 410. — [SCOLOPENDRE].

*Groupes des sporanges* unilatéraux, *linéaires allongés*, insérés à la face inférieure des feuilles sur les bifurcations des nervures secondaires, parallèles entre eux, obliques par rapport à la nervure moyenne de la feuille ; *les groupes nés sur les bifurcations des deux nervures secondaires voisines rapprochés en une masse linéaire.* Indusium membraneux, inséré à la face inférieure de la feuille sur la nervure secondaire qui porte le groupe de sporanges libre à l'autre bord ; *les deux indusium des groupes qui constituent la masse linéaire simulant* par leur rapprochement *un indusium à deux valves.* — *Feuilles indivises,* plus ou moins cordées à la base.

**1. S. officinale** Sm., loc. cit. ; DC. *Fl. Fr.* II, 552 ; Bill. *Exsicc.* n. 193. — *Asplenium Scolopendrium* L. *Sp.* 1537 ; Bull. *Herb.* t. 167. — *Scolopendrium vulgare* Sym. *Syn.* 193 ; Sm. *Fl. Brit.* III, 1135 ; *Engl. bot.* t. 1150. — *S. officinarum* Sw. in Schrad. *Journ.* [1800] 61, et *Syn. Fil.* 89 ; Rabenh. *Crypt. vasc. Eur.* exsicc. n. 31. — [S. OFFICINALE. — Vulg. *Scolopendre, Langue-de-cerf*].

Souche cespiteuse, souvent surmontée des débris des feuilles détruites. Feuilles disposées en touffe, de 3-6 décim., assez longuement pétiolées, à pétiole chargé de poils squamiformes, un peu fermes, glabres, d'un beau vert et luisantes en dessus, oblongues-lancéolées aiguës, un peu rétrécies dans leur partie inférieure, inégalement cordées à la base à oreillettes obtuses ; ramifications des nervures secondaires renflées au sommet et n'atteignant pas le bord de la feuille. ♃. *Fruct.* juin-septembre.

*A.R.* — Vieilles murailles, puits, rochers humides. — Puits de l'ancien parc de Marly (*de Schœnefeld*) ; Versailles (*de Bourheman*) ; ruines de Port-Royal-des-champs ! près Chevreuse (*de Schœnefeld*). Vallière ! près Marines ; abondant à Magny (*Bouteille*) ; coteaux entre Jeufosse et Port-Villez ! (*de Schœnefeld*). Env. de Beauvais : Bresle (*Vaill.* Bot. Par.), Montreuil-sur-Thérain, Erchies, La Neuville-sur-Oudeuil, Haute-Épine (*Taillefert*). Forêts de Compiègne (*Léré*) et de Laigue (*de Marcilly fils*) ; forêt de Villers-Cotterets, Betz, Thury-en-Valois, Villeneuve-sous-Thury, Autheuil-en-Valois (*Questier*). Parc de Rentilly-en-Brie (*Thuret*) ; Tournan (*Vaill.* Bot. Par.) ; Valvins ! (*Adr. de Jussieu*) ; Fontainebleau ! ; env. de Nemours ! (*Devilliers*) ; Malesherbes (*Bernard*). Provins (*Bouteiller*), etc.

*S.-v. dœdaleum.* — Feuilles toutes ou la plupart dilatées au sommet et divisées en 2-3 lobes entiers ou bifides. — *R.* — Parc de Vaux-Cernay ! près Dampierre où il croît mêlé avec le type. Tracy-le-mont cant. d'Attichy (*Graves* Cat. Oise).

On cultive quelquefois dans les endroits humides des parcs une autre sous-variété (*s.-v. crispum*) à feuilles ondulées et souvent plus ou moins profondément incisées-lobées.

**6. ASPLENIUM** L. *Gen.* n. 1178 ex parte. — [DORADILLE].

*Groupes des sporanges* naissant à la face inférieure des feuilles, unilatéraux, *linéaires ou oblongs*, obliques par rapport à la nervure moyenne des segments, insérés sur les nervures secondaires ou sur leur ramification intérieure, *non rapprochés par paires*, devenant quelquefois arrondis lorsqu'ils ne sont plus couverts par l'indusium, souvent confluents à la maturité. *Indusium* membraneux, *linéaire ou oblong*, droit, plus rarement arqué, inséré dans toute sa largeur à la face inférieure de la feuille sur la nervure secondaire qui porte le groupe des sporanges, libre à l'autre bord qui regarde la nervure moyenne du segment. — *Feuilles pinnatiséquées ou bi-tripinnatiséquées.*

1. **A. septentrionale** Sw. in Schrad. *Journ.* [1800] 50, et *Syn. Fil.* 75; *Engl. bot.* t. 1007; DC. *Fl. Fr.* II, 553; Hook. in *Fl. Lond.* t. 162; Schk. *Crypt.* t. 65; Bill. *Exsicc.* n. 898 et *bis*; Puel et Maille *Fl. loc.* exsicc. n. 228. — *Acrostichum septentrionale* L. *Sp.* 1524. — *Acropteris septentrionalis* Link *Hort. Berol.* II, 56; Rabenh. *Crypt. vasc. Eur.* exsicc. n. 61 et 61*b*. — [D. SEPTENTRIONALE].

Souche cespiteuse, ord. compacte. Feuilles nombreuses, en touffe, de 5-15 centim., glabres, à pétiole plus long que la partie constituée par les segments, brun seulement à la base vert dans le reste de sa longueur; *segments seulement au nombre de 2-3, linéaires-allongés, entiers ou incisés, naissant au sommet du pétiole.* Groupes des sporanges linéaires très longs, couvrant après qu'ils sont devenus confluents toute la face inférieure des segments excepté au sommet et la débordant quelquefois assez largement. Indusium à bord libre entier. ♃. *Fruct.* juin-septembre.

*R R.* — Fentes des rochers, vieux murs. — La Chapelle-en-Serval près Senlis (*Prevel jeune, Jacques*). Rochers de Samoireau près Fontainebleau (*de Boucheman*); sur les rochers de la vallée du Loing aux env. de Nemours! : Glandelles!, Portonville, etc., très abondant entre Beau-moulin! et Bagneaux! (*Devilliers*). Ravin de Varailles et bois du Bassin près Provins (*Bouteiller*). — Indiqué à Étampes (*Mérat* Fl. Par.).

2. **A. Germanicum** Weiss *Crypt. fl. Gott.* 299 [1770]; DC. *Fl. Fr.* II, 553; *Fl. Par.* éd. 1, 669. — *A. Breynii* Retz *Obs.* 1, 32 [1779]; Schk. *Crypt.* t. 81; Fries *Herb. norm.* fasc. IX, n. 100; Koch *Syn. fl. Germ.* ed. 2, 983; Bill. *Exsicc.* n. 2987; *Syn. fl. Par.* éd. 2, 520. — *A. alternifolium* Wulf. in Jacq. *Misc.* II, t. 5, f. 2 [1781]; *Engl. bot.* t. 2258. — [D. D'ALLEMAGNE].

Souche cespiteuse. *Feuilles* assez nombreuses, en touffe, de 5-15 centim., *à circonscription oblongue-linéaire*, longuement pétiolées à pétiole grêle luisant et noirâtre dans sa partie inférieure, *pinnatiséquées; segments 5-11*, ord. alternes, espacés, *cunéiformes-allongés, incisés-dentés* au sommet, les inférieurs atténués-pétiolulés souvent eux-mêmes divisés en 3-4 segments secondaires, les moyens subsessiles inégalement bi-trifides, *les supérieurs* indivis ou incisés *sessiles confluents à la base*. Groupes des sporanges linéaires-allongés, couvrant après qu'ils sont devenus confluents toute la face inférieure des segments excepté au sommet. Indusium à bord libre entier. ♃. *Fruct.* juin-septembre.

*R R R.* — Fentes des rochers. — Rochers de Samoireau près Fontainebleau (*Souchet, de Boucheman*), où il est très rare et croît mêlé avec l'*A. septentrionale.*

3. **A. Ruta-muraria** L. *Sp.* 1541 ; *Engl. bot.* t. 150 ; Schk. *Crypt.* t. 80 *b* ; Bill. *Exsicc.* n. 1796 et *bis* ; Rabenh. *Crypt. vasc. Eur.* exsicc. n. 37. — [D. RUE-DE-MURAILLE. — Vulg. *Rue-de-muraille*].

Souche cespiteuse. *Feuilles* ord. nombreuses, en touffe, de 5-10 centim., glabres, *à circonscription ovale-triangulaire,* à pétiole vert ord. plus long que la partie qui porte les segments, épaisses un peu coriaces, *une ou deux fois pinnatiséquées ; segments 3-10, atténués pétiolulés même les supérieurs,* non confluents à la base, les inférieurs pinnatipartits plus rarement réduits à 1-3 lobes ; *segments ou lobes cunéiformes ou obovales,* entiers ou crénelés. Groupes des sporanges linéaires, ou oblongs lorsqu'ils ne sont plus recouverts par l'indusium et qu'ils ne sont pas encore devenus confluents, couvrant toute la face inférieure des segments ou des lobes après qu'ils sont devenus confluents. *Indusium à bord libre fimbrié.* ♃. *Fruct.* pendant presque toute l'année.

*C.* — Vieux murs, joints des pierres de taille, rochers.

Var. β. *angustatum.* — Feuilles souvent simplement pinnatiséquées, ord. d'un vert pâle un peu jaunâtre, à segments ou lobes cunéiformes-allongés incisés-dentés au sommet. — *R R.* — Rochers à Bagneaux près Nemours !, croissant avec le type et l'*A. septentrionale.*

Cette variété, par la forme des lobes et des segments des feuilles, se rapproche beaucoup de l'*A. Germanicum,* mais elle s'en distingue facilement par les feuilles à circonscription triangulaire et non pas lancéolée, à segments supérieurs atténués en pétiole et non pas confluents.

4. **A. Trichomanes** L. *Sp.* 1540 ex parte ; Huds. *Fl. Angl.* ed. 1, 385 ; *Engl. bot.* t. 576 ; Schk. *Crypt.* t. 74 ; Bill. *Exsicc.* n. 2986 et *bis* ; Rabenh. *Crypt. vasc. Eur.* exsicc. n. 25. — [D. POLYTRIC. — Vulg. *Capillaire*].

Souche cespiteuse. *Feuilles* nombreuses, en touffe, de 1-2 décim., glabres, *linéaires dans leur circonscription* atténuées aux deux extrémités, *simplement pinnatiséquées ; segments nombreux, ovales-rhomboïdaux, crénelés* très rarement incisés, tronqués à la base quelquefois prolongée supérieurement en forme d'oreillette, naissant ord. presque dès la partie inférieure du rachis, décroissant insensiblement de grandeur du milieu de la longueur de la feuille à son sommet ; rachis d'un brun noir, luisant, convexe en dehors, plan en dedans, à angles présentant un rebord mince denticulé. Groupes des sporanges linéaires, ou oblongs alors qu'ils ne sont plus couverts par l'indusium et qu'ils ne sont pas encore devenus confluents entre eux , disposés sur deux rangs dans chaque segment. Indusium à bord libre entier. ♃. *Fruct.* mai-septembre.

*C.* — Murs humides, puits, ruines, rochers ombragés.

5. **A. Adiantum-nigrum** L. *Sp.* 1542 ; *Engl. bot.* t. 1950 ; DC. *Fl. Fr.* II, 556 ; Bill. *Exsicc.* n. 1798 et *bis* ; Rabenh. *Crypt. vasc. Eur.* exsicc. n. 35.— [D. CAPILLAIRE-NOIR. — Vulg. *Capillaire-noir*].

Souche cespiteuse, ord. surmontée des bases des pétioles des feuilles détruites. *Feuilles* en touffe, de 1-3 décim., glabres, longuement pétiolées, à pétiole luisant et d'un brun noirâtre dans sa partie inférieure, *triangulaires-*

*lancéolées* acuminées dans leur circonscription, un peu coriaces, luisantes et d'un vert foncé en dessus, *bi-tripinnatiséquées; segments lancéolés-aigus, les inférieurs plus grands*, décroissant insensiblement de la base au sommet de la feuille, ord. à lobes nombreux ; *lobes ovales-lancéolés*, à lobules oblongs atténués à la base *dentés au sommet* à dents aiguës ou acuminées. *Groupes des sporanges linéaires-oblongs lorsqu'ils ne sont plus couverts par l'indusium* et qu'ils ne sont pas encore devenus confluents entre eux, couvrant presque toute la face inférieure des segments après qu'ils sont devenus confluents. *Indusium linéaire*, à bord libre entier. ♃. *Fruct.* juin-septembre.

*A.C.* — Vieux murs, fentes des rochers, bois humides, chemins creux.

6. **A. lanceolatum** Huds. *Fl. Angl.* ed. 2, 454 ; Sm. *Engl. bot.* t. 240, et *Fl. Brit.* III, 1132 ; DC. *Fl. Fr.* V, 239 ; Bill. *Exsicc.* n. 1797. — *A. Billotii* F. Schultz *Palat.* 568, et in *Flora* [1845] 738 et [1849] 238 ; Kirschleg. *Fl. Als.* II, 396. — [D. LANCÉOLÉE].

Souche cespiteuse. *Feuilles* peu nombreuses ou en touffe, de 1-2 décim., glabres, plus ou moins longuement pétiolées à pétiole verdâtre ou brunâtre, *oblongues-lancéolées* dans leur circonscription, minces, plus rarement coriaces, *bipinnatiséquées; segments* ovales, oblongs ou lancéolés, aigus ou obtus, les *inférieurs plus petits que ceux de la partie moyenne de la feuille*, les supérieurs décroissant insensiblement vers le sommet de la feuille ; *lobes obovales-élargis, dentés* à dents acuminées. *Groupes des sporanges arrondis* et assez gros *lorsqu'ils ne sont plus couverts par l'indusium* et qu'ils ne sont pas encore devenus confluents. *Indusium oblong*, à bord libre entier. ♃. *Fruct.* juin-septembre.

*R R.* — Fentes des rochers humides, lieux pierreux ombragés. — Itteville (*Weddell*); entre Itteville et La Ferté-Aleps (*Vigineix*) ; La Ferté-Aleps (*Pervillé*); rochers entre Dhuison et Vayres! (*de Schœnefeld*); Franchart! dans la forêt de Fontainebleau (*Weddell*); rochers de Recloses près Nemours (*Thuret*) ; Malesherbes ! (*Bernard*).

L'*A. Halleri* DC. (Bill. *Exsicc.* n. 896. — *Polypodium fontanum* L.) a été observé, en 1835, dans la forêt de Fontainebleau, à Franchart, sur la Roche-qui-pleure, par M. A. Jamain ; la plante n'ayant pas été retrouvée depuis à cette localité, l'indication demanderait confirmation. L'*A. Halleri* se distingue aux caractères suivants : *Feuilles* de 1-2 décim., à pétiole court ou plus ou moins long vert ou noirâtre à la base, linéaires-lancéolées ou oblongues-lancéolées dans leur circonscription, un peu coriaces, *bipinnatiséquées; segments ovales ou ovales-oblongs* obtus, *les inférieurs plus petits que ceux de la partie moyenne* de la feuille ; *lobes petits, obovales-cunéiformes*, ou obovales-suborbiculaires, *dentés à dents assez larges espacées mucronées-aristées*. Groupes des sporanges suborbiculaires lorsqu'ils ne sont plus couverts par l'indusium et qu'ils ne sont pas encore devenus confluents, couvrant presque toute la face inférieure des segments lorsqu'ils sont devenus confluents. Cette plante est assez généralement répandue dans le Jura, les Alpes et les Pyrénées.

7. **A. Filix-femina** Bernh. in Schrad. *Neu. Journ.* [1806] 27, t. 2, f. 7 ; Koch *Syn. fl. Germ.* ed. 2, 981 ; Bill. *Exsicc.* n. 2192 ; Rabenh. *Crypt. vasc. Eur.* n. 24. — *Polypodium Filix-femina* L. *Sp.* 1551. — *Aspidium Filix-femina* Sw. in Schrad. *Journ.* [1800] 41, et *Syn. Fil.* 59 ; *Engl. bot.* t. 1459 ; Schk. *Crypt.* t. 58-59. — *Athyrium Filix-femina* Roth *Tent. fl. Germ.* III, 65 ; DC. *Fl. Fr.* II, 556. — *Polypodium Lesoblii*

Mérat *Fl. Par.* éd. 2, I, 276. — *Aspidium acrostichoideum* Bory in Mérat *Fl. Par.* éd. 4, I, 471. — *Cystopteris Filix-femina Fl. Par.* éd. 1, 670. — [D. FOUGÈRE-FEMELLE. — Vulg. *Fougère-femelle* ].

Souche cespiteuse, épaisse. *Feuilles* en touffe, de 5-12 décim., glabres, longuement pétiolées à pétiole verdâtre muni inférieurement de poils squamiformes brunâtres, *oblongues-lancéolées* acuminées dans leur circonscription, minces, *bipinnatiséquées ; segments* nombreux, lancéolés et longuement acuminés, les *inférieurs plus petits que ceux de la partie moyenne de la feuille*, décroissant insensiblement vers le sommet de la feuille ; *lobes* nombreux, *oblongs-lancéolés* aigus, pinnatipartits ou pinnatifides, à lobules entiers aigus ou dentés à dents acuminées. Groupes des sporanges oblongs puis oblongs-arrondis lorsqu'ils ne sont plus couverts par l'indusium et qu'ils ne sont pas encore devenus confluents. *Indusium oblong*, quelquefois un peu arqué, *à bord libre fimbrié.* ♃. *Fruct.* juin-septembre.

A. C. — Bois humides, pâturages marécageux, buissons ombragés.

SOUS-TRIBU V. **ASPIDIEÆ.** — Groupes des sporanges ord. arrondis, jamais unilatéraux, croissant à la face inférieure des feuilles sur le trajet des nervures secondaires ou de leurs ramifications non anastomosées, rarement à leur sommet, recouverts d'un indusium membraneux inséré sur la nervure qui porte le groupe des sporanges par sa base et libre dans le reste de son étendue, ou suborbiculaire ou réniforme à insertion étroite et libre dans toute ou presque toute sa circonférence.

**7. CYSTOPTERIS** Bernh. in Schrad. *Neu. Journ.* [1806] 26. — [CYSTOPTÉRIDE].

*Groupes des sporanges arrondis*, insérés à la partie inférieure des feuilles sur les nervures secondaires ou sur leur ramification intérieure, épars ou disposés en séries régulières. *Indusium* membraneux très mince, recouvrant lâchement le groupe des sporanges qu'il dépasse, *lancéolé ou ovale, inséré par sa base* sur la nervure secondaire *au-dessous du groupe des sporanges*, libre dans tout le reste de son étendue et à extrémité dirigée vers le sommet du lobe, se déformant et disparaissant à la maturité. — Feuilles bi-tripinnatiséquées.

**1. C. fragilis** Bernh., loc. cit.; Presl *Tent. pter.* 93 ; Koch *Syn. fl. Germ.* ed. **2,** 980; Bill. *Exsicc.* n. 697; Rabenh. *Crypt. vasc. Eur.* exsicc. n. 14 et 14 *b.* — *Polypodium fragile* L. *Sp.* 1553. — *Cyathea fragilis, C. anthriscifolia* et *C. cynapifolia* Roth *Tent. fl. Germ.* III, 94 et 98. — *Aspidium fragile* Sw. *Syn. Fil.* 75 ; DC. *Fl. Fr.* II, 558. — *Cyathea fragilis* Sm. *Fl. Brit.* III, 1139 ; *Engl. bot.* t. 1587. — [C. FRAGILE].

Souche un peu épaisse, plus ou moins traçante, munie à la base des pétioles de poils squamiformes brunâtres. Feuilles ord. peu nombreuses, de 1-4 décim., assez longuement pétiolées à pétiole vert ou brunâtre inférieurement glabre et muni à la base de quelques poils squamiformes, oblongues-lancéolées dans leur circonscription, minces, ne persistant pas pendant l'hiver, d'un vert gai, bi-tripinnatiséquées ; segments lancéolés ou ovales-lancéolés, les inférieurs plus petits que ceux de la partie moyenne de la feuille ; lobes ou lobules oblongs ou ovales-oblongs, incisés-dentés ou crénelés. Groupes des sporanges disposés sur deux lignes parallèles ou irrégulièrement disposés à la face inférieure des lobes et des lobules du bord desquels ils sont rapprochés. Indusium ovale-lancéolé, disparaissant de bonne heure. ♃. *Fruct.* juin-septembre.

R. — Rochers humides, lieux ombragés, vieux murs, chemins creux. — Meudon (*Tourn.* Hist. pl. Par.); Aulnay (*A. Jamain*). Marcoussis (*Adr. de Jussieu*); Châteaufort (*Thuret*), Saint-Lambert ! et Magny ! près Chevreuse ; Guipereux près Rambouillet (*Thuret*); Saint-Prest près Chartres (*Vigineia*). Arthieul près Magny-en-Vexin (*Bouteille*); murs du château de Pouilly (*Daudin*). Parc de Fontainebleau !; Malesherbes (*Bernard*). Saint-Pierre ! près Compiègne ; Pierrefonds (*Weddell*); haies à Dreslincourt, murs de l'église de Cuvergnon, bois de Louvry près La Ferté-Milon (*Questier*) ; Romigny près Jouarre (*Weddell*). — *Graves* Cat. Oisc : Goincourt près Beauvais ; Ernemont cant. de Songeons ; Savignies à la carrière de La Frenoie ; forêt de Chantilly aux étangs de Comelle.

**8. NEPHRODIUM** Rich. ap. Michx *Fl. Bor.-Am.* II, 266 ex parte ; R. Br. Prodr. *Nov.-Holl.* 148.— *Polystichum* Roth *Tent. fl. Germ.* III, 69. — [NÉPHRODIE].

*Groupes des sporanges arrondis,* insérés à la face inférieure des feuilles sur les nervures secondaires ou sur leurs ramifications, épars ou disposés en séries régulières. *Indusium* membraneux très mince fugace, ou plus ord. assez épais persistant, *suborbiculaire-réniforme* ombiliqué au centre, *d'apparence peltée, replié en dessous au niveau de l'échancrure et s'insérant par ces replis* sur la nervure secondaire *au centre du groupe des sporanges,* libre dans tout le reste de sa circonférence. — Feuilles pinnatiséquées à segments eux-mêmes pinnatifides, pinnatipartits ou une à deux fois pinnatiséqués.

Sect. I. — *Nervures* secondaires simples, ou bifurquées *à ramifications portant chacune un groupe de sporanges. Indusium très mince fugace.*

1. **N. Thelypteris** Stremp. *Fil. Berol.* 32. — *Acrostichum Thelypteris* L. *Sp.* 1528. — *Polypodium Thelypteris* L. *Mant.* II, 505 ; *Engl. bot.* t. 1018. — *Polystichum Thelypteris* Roth *Tent. fl. Germ.* III, 77 ; DC. *Fl. Fr.* II, 563 ; Koch *Syn. fl. Germ.* ed. 2, 977 ; Bill. *Exsicc.* n. 696 et *bis* et *ter.* — *Aspidium Thelypteris* Sw. in Schrad. *Journ.* [1800] 40, et *Syn. Fil.* 50; Schk. *Crypt.* t. 52; Rabenh. *Crypt. vasc. Eur.* exsicc. n. 16 et 16 *b.* — *Lastrea Thelypteris* Presl *Tent. pter.* 76. — [N. THÉLYPTÉRIDE].

*Souche grêle, longuement traçante. Feuilles* plus ou moins espacées sur le rhizome, de 4-7 décim., longuement pétiolées *à pétiole et à rachis dépourvus de poils squamiformes,* oblongues-lancéolées acuminées dans leur circonscription, *pinnatiséquées; segments* espacés, étalés, lancéolés-aigus, *pinnatipartits,* les inférieurs ord. plus petits que les moyens souvent réfléchis ; *lobes* confluents seulement à la base, triangulaires-lancéolés ou oblongs, aigus, *entiers* ou lâchement sinués, *à bords plus ou moins réfléchis en dessous* surtout à la maturité. *Groupes de sporanges* nombreux, petits, *disposés* dans chaque lobe *sur deux lignes* régulières parallèles *à peu près également distantes de la nervure moyenne et du bord du lobe,* insérés au-dessous de la partie moyenne des ramifications des nervures secondaires bifurquées

ou à la partie moyenne des nervures simples, confluents à la maturité et recouvrant presque toute la face inférieure du lobe. ♃. *Fruct.* juin-septembre.

A.R. — Prairies tourbeuses, tourbières, marécages des bois, lit des étangs desséchés. — Marais du bois de Meudon ! (*Vaill.* Bot. Par., *Weddell*). Abondant dans
la vallée de Senlisse ! près Dampierre ; Clairefontaine (*Weddell*); Saint-Léger !.
Marais de Bretelle ! près Saint-Germer. Morfontaine !; forêt de Compiègne (*Weddell*); marais des Hureaux entre La Ferté-Milon et le Port-aux-Perches (*de Marcilly fils*). Mennecy !. Moret !; Souppes !; Malesherbes ! (*Cornuti* Ench. Par.); marais
de Sceaux près Château-Landon ; Pithiviers !.

Var. β. *punctatum*. — Lobes des feuilles ord. sinués-denticulés à bords à peine
réfléchis en dessous, parsemés ä la face inférieure de petits points résineux
jaunes brillants. — *RR.* — Queue de l'étang de Grand-moulin près Senlisse
(*Guillon*).

2. **N. Oreopteris** Kunth *Fl. Berol.* II, 420. [ 1838 ]; Rœp. *Fl. Meckl.* I, 81. —
   *Polypodium fragrans* L. *Mant.* II, 307 non Vill.; Huds. *Fl. Angl.* ed. 2,
   457. — *P. Oreopteris* Ehrh. *Beitr.* IV, 44 ; *Engl. bot.* t. 1019. — *Aspidium Oreopteris* Sw. in Schrad. *Journ.* [ 1800 ] 35, et *Syn. Fil.* 50 ;
   Schk. *Crypt.* t. 35-36 ; Rabenh. *Crypt. vasc. Eur.* exsicc. n. 39, 39 *b* et
   39 *c.*—*Polystichum Oreopteris* DC. *Fl. Fr.* II, 563 ; Koch *Syn. fl. Germ.*
   ed. 2, 978 ; Bill. *Exsicc.* n. 895. — *Lastrea Oreopteris* Presl *Tent. pter.*
   76. — [ N. Oréoptéride ].

*Souche cespiteuse*, assez épaisse. *Feuilles* rapprochées en touffe, de 5-10
décim., ord. brièvement pétiolées à pétiole muni de poils squamiformes roussâtres, chargées en dessous de points résineux jaunes brillants, oblongues-
lancéolées acuminées dans leur circonscription, *pinnatiséquées; segments*
un peu espacés, étalés, lancéolés acuminés, *pinnatipartits*, les inférieurs
espacés très petits et très courts triangulaires ; lobes confluents à la base,
oblongs, presque obtus, entiers ou superficiellement sinués-crénelés, à bords
non réfléchis ou à peine réfléchis en dessous à la maturité. *Groupes des
sporanges* assez petits, *disposés* dans chaque lobe *sur deux lignes* parallèles
*contiguës aux bords du lobe*, insérés vers l'extrémité des nervures secondaires ou de leurs ramifications, non confluents à la maturité. ♃. *Fruct.*
juillet-août.

RRR. — Lieux humides des bois montueux. — Forêt de Villers-Cotterets
(*Questier, de Marcilly fils*). — Indiqué dans les bois montueux et les bruyères à
Saint-Léger (*Méral* Fl. Par.) où il n'a pas été trouvé récemment.

Sect. II. — *Nervures* secondaires une ou plusieurs fois bifurquées *à ramification intérieure portant seule un groupe de sporanges. Indusium*
un peu coriace *persistant.*

3. **N. Filix-mas** Stremp. *Fil. Berol.* 30 ; Rœp. *Fl. Meckl.* I, 81. — *Polypodium
   Filix-mas* L. *Sp.* 1551. — *Aspidium Filix-mas* Sw. in Schrad. *Journ.*
   [ 1800 ] 38, et *Syn. Fil.* 55 ; Schk. *Crypt.* t. 44 ; *Engl. bot.* t. 1458 ;
   Rabenh. *Crypt. vasc. Eur.* exsicc. n. 23. — *Polystichum Filix-mas* Roth
   *Tent. Fl. Germ.* III, 82 ; DC. *Fl. Fr.* II, 559 ; Bill. *Exsicc.* n. 1395. —
   *Lastrea Filix-mas* Presl *Tent. pter.* 76. — [ N. Fougère-male. — Vulg.
   *Fougère-mâle.* ].

Souche volumineuse, cespiteuse-traçante, chargée au niveau de la base des
pétioles de larges poils squamiformes scarieux brunâtres. *Feuilles* ord. asse

nombreuses, en touffe, de 5-12 décim., brièvement ou plus ou moins longuement pétiolées, à pétiole et à rachis ainsi que leur face inférieure munis
de poils squamiformes scarieux, oblongues-lancéolées acuminées dans leur
circonscription, *pinnatiséquées*; *segments* un peu étalés, lancéolés-acuminés, *pinnatipartits* à 15-25 paires de lobes, *les inférieurs plus petits que
les moyens*; *lobes oblongs-obtus*, insérés dans toute la largeur de leur base,
crénelés inférieurement, *dentés* au sommet *à dents* aiguës *mutiques*, les
inférieurs de chaque segment distincts, les supérieurs confluents. Groupes
des sporanges assez gros, peu nombreux, disposés dans chaque lobe sur deux
lignes régulières ou un peu irrégulières qui n'occupent ord. que la partie
inférieure du lobe, insérés vers la partie moyenne de la ramification intérieure des nervures secondaires. Indusium persistant, un peu coriace, à la
fin assez largement débordé par les sporanges. ♃. *Fruct*. juin-septembre.

*C C*. — Fossés, chemins creux, rochers, buissons, lisières et clairières des bois.

**4. N. cristatum** Michx *Fl. Bor.-Amer*. II, 269; Stremp. *Fil. Berol*. 31. — *Poly-
podium cristatum* L. *Sp*. 1551 excl. syn. — *P. Callipteris* Ehrh. *Beitr*. III,
77; Hoffm. *Deutschl. Fl*. II, 6. — *Aspidium cristatum* Sw. in Schrad.
*Journ*. [1800] 37, et *Syn. Fil*. 52; Schk. *Crypt*. t. 37; *Engl. bot*.
t. 2125; Puel et Maille *Fl. loc*. exsicc. n. 211; Rabenh. *Crypt. vasc.
Eur*. exsicc. n. 17 et 17 *b*. — *Polystichum cristatum* Roth *Tent. fl.
Germ*. III, 84; Koch *Syn. fl. Germ*. ed. 2, 978; Bill. *Exsicc*. n. 99. —
*P. Callipteris* DC. *Fl. Fr*. II, 562. — *Lastrea cristata* Presl *Tent. pter*.
77. — *Nephrodium Callipteris Fl. Par*. éd. 1, 672. — [N. A CRÊTES].

Souche épaisse, cespiteuse. *Feuilles* peu nombreuses, en touffe, de 3-6
décim., assez longuement pétiolées, les stériles plus brièvement pétiolées, à
pétiole et à rachis munis de poils squamiformes scarieux d'un brun roussâtre, oblongues-lancéolées acuminées dans leur circonscription, *pinnatiséquées*; *segments* un peu étalés, oblongs ou triangulaires-lancéolés aigus ou
acuminés, *pinnatipartits ou pinnatifides* à 5-15 paires de lobes, *les inférieurs plus petits que les moyens*; *lobes* oblongs-obtus, confluents à la base
même dans la partie inférieure des segments, crénelés inférieurement, *dentés
supérieurement à dents mucronées non aristées*. Groupes des sporanges
assez gros, peu nombreux, disposés dans chaque lobe sur deux lignes régulières ou un peu irrégulières, insérés vers la partie moyenne de la ramification
intérieure des nervures secondaires. Indusium persistant, un peu coriace,
à la fin largement débordé par les sporanges. ♃. *Fruct*. juin-septembre.

*R R*. — Bois humides montueux, marécages des bois, rochers ombragés. —
Env. de l'étang de Grand-moulin! près Senlissé (*C. de Chambine*); Saint-Léger!
(*Adr. de Jussieu*); étang d'Angènes! près Rambouillet. Morfontaine! (*Decaisne*).

**5. N. spinulosum** Stremp. *Fil. Berol*. 30; Kunth *Fl. Berol*. II, 418. — *Polypodium
spinulosum* Retz *Fl. Scand. prodr*. 250 [1779]. — *P. aristatum* Vill.
*Dauph*. III, 844. — *Aspidium spinulosum* Sw. *Syn. Fil*. 420; Schk.
*Crypt*. t. 47-48; *Engl. bot*. t. 1460; Dœll *Rhein. Fl*. 17; Rabenh. *Crypt.
vasc. Eur*. exsicc. n. 18. — *Polystichum spinulosum* DC. *Fl. Fr*. II,
561; Koch *Syn. fl. Germ*. ed. 2, 978; Bill. *Exsicc*. n. 1794. — *Lastrea
spinulosa* Presl *Tent. pter*. 76. — *Nephrodium cristatum Fl. Par*. éd. 1,
672 non Michx. — [N. SPINULEUSE].

Souche épaisse, cespiteuse. *Feuilles* peu nombreuses, en touffe lâche, de
3-8 plus rarement de 1-3 décim., assez molles, plus ou moins longuement

pétiolées, à pétiole et à rachis munis de poils squamiformes scarieux plus ou moins nombreux d'un brun roussâtre, oblongues ou triangulaires-lancéolées acuminées dans leur circonscription, *bipinnatiséquées*; *segments* ord. espacés, triangulaires-lancéolés acuminés, les *inférieurs environ aussi grands que les moyens*; *lobes pinnatifides ou pinnatiséqués*; *lobules dentés supérieurement à dents* conniventes *cuspidées-aristées* presque égales entre elles. Groupes des sporanges assez petits, disposés dans les lobes ou les lobules sur deux lignes régulières ou irrégulières, insérés au-dessus de la partie moyenne de la ramification intérieure des nervures secondaires. Indusium persistant, à la fin débordé par les sporanges. ♃. *Fruct.* juin-septembre.

C. — Bois humides, coteaux ombragés, chemins creux.

Var. α. *spinulosum.* — Lobes des feuilles pinnatifides ou pinnatipartits à lobules tous confluents à la base ou les inférieurs seuls distincts.

Var. β. *dilatatum.* (*Polypodium dilatatum* Hoffm. *Deutschl. Fl.* II, 7. — *Polystichum multiflorum* Roth *Cat. bot.* I, 135, et *Tent. fl. Germ.* III, 87. — *Aspidium dilatatum* Willd. *Sp.* V, 263; Sw. *Syn. Fil.* 420. — *Polystichum tanacetifolium* DC. *Fl. Fr.* II, 562. — *Lastrea dilatata* Presl *Tent. pter.* 77. — *Polystichum spinulosum* var. *dilatatum* Koch *Syn. fl. Germ.* ed. 2, 979; Rabenh. *Crypt. vasc. Eur. exsicc.* n. 40. — *Nephrodium cristatum* var. *tripinnatum* *Fl. Par.* éd. 1, 672. — *Polystichum dilatatum* Bill. *Exsicc.* n. 1795). — Feuilles plus largement triangulaires; lobes pinnatiséqués, à lobules supérieurs ord. seuls confluents.

**9. ASPIDIUM** Sw. *Syn. Fil.* 42 excl. sp. plurim.; R. Br. *Prodr. Nov.-Holl.* 147. — *Hypopeltis* Michx *Fl. Bor.-Am.* 266. — [ASPIDIE].

*Groupes des sporanges arrondis*, insérés à la face inférieure des feuilles sur les nervures secondaires ou sur leurs ramifications, épars ou disposés en séries régulières. *Indusium* membraneux ord. persistant, *suborbiculaire*, ombiliqué au centre, *exactement pelté, s'insérant par un pédicelle central étroit* sur la nervure secondaire *au centre du groupe des sporanges*, libre dans toute sa circonférence. — Feuilles pinnatiséquées ou bipinnatiséquées.

**1. A. aculeatum** Sw. in Schrad. *Journ.* [1800] 37 emend.; Dœll *Rhein. Fl.* 20; Koch *Syn. fl. Germ.* ed. 2, 976; Schk. *Crypt.* t. 40; Rœp. *Fl. Meckl.* 1, 97; Bill. *Exsicc.* n. 695 et *bis.* — *Polypodium aculeatum* L. *Sp.* 1552. — *Polystichum aculeatum* Roth *Tent. fl. Germ.* III, 79; DC. *Fl. Fr.* II, 561. — *Nephrodium aculeatum* *Fl. Par.* éd. 1, 673. — [A. A CILS ROIDES].

Souche épaisse, cespiteuse, chargée de poils squamiformes scarieux larges roussâtres. Feuilles plus ou moins nombreuses, en touffe, ord. de 4-8 décim., roides, persistant ord. pendant l'hiver, à pétiole court chargé ainsi que le rachis de poils squamiformes scarieux, oblongues-lancéolées acuminées et atténuées à la base dans leur circonscription, bipinnatiséquées; segments ord. rapprochés, oblongs-lancéolés acuminés, les inférieurs beaucoup plus petits que les moyens; lobes oblongs-inéquilatéraux souvent presque en forme de croissant, ou oblongs-rhomboïdaux, confluents ou non à la base, dentés, indivis, ou subbilobés au moins les inférieurs de chaque segment à lobule latéral en forme d'oreillette regardant l'extrémité du segment; dents des lobes roides cuspidées-aristées, la terminale beaucoup plus longue que les latérales. Groupes des sporanges assez petits, disposés dans chaque lobe sur deux lignes régulières ou plus ou moins irrégulières par avortement et également disposés dans le lobule latéral sur deux lignes (souvent réduites à un ou deux groupes de sporanges), insérés vers la partie moyenne de la ramification intérieure des nervures secondaires une à trois fois bifurquées. Indusium plus ou moins persistant, à la fin largement débordé par les sporanges. ♃. *Fruct.* juin-septembre.

R. — Buissons ombragés, bois humides, rochers, coteaux boisés. — Anciennes futaies à Meudon (*Cornuti* Ench. Par.); forêt de Marly (*Delavaux*, *Weddell*); Versailles, Jouy, bois de Verrières, Palaiseau (*Tourn.* Hist. pl. Par.); vallée de Senlisse !, Coignières ! près Chevreuse, env. de Montfort-l'Amaury ! (*de Boucheman*). Épernon (*de Schœnefeld*). Halincourt près Magny (*Bouteille*). Ons-en-Bray (*Mandon*); env. de Beauvais : Le Becquet, Sorly, Ribeauville, Oudeuil, La Neuville-sur-Oudeuil (*Taillefert*). Pierrefonds (*Weddell*); rochers humides au-dessus des marais de Dommiers dans la forêt de Villers-Cotterets (*de Marcilly fils*); Haute-bruyère et Haie l'abbesse près Villers-Cotterets, Saint-André dans la forêt de Villers-Cotterets, bois de Vallot à La Villeneuve-sous-Thury, Autheuil-en-Valois, Haramont, Bourneville, Préciamont, Marolles (*Questier*); ru de Vanry près Jouarre (*Adr. de Jussieu*). Forêt de Fontainebleau (*Tourn.* Hist. pl. Par.) ; côte de Champagne (*Devilliers*).

Var. *α. aculeatum.* (*Polypodium lobatum* Huds. *Fl. Angl.* ed. 2, II, 459. — *Aspidium lobatum* Sw. *Syn. Fil.* 53 ; *Engl. bot.* t. 1563 ; Rabenh. *Crypt. vasc. Eur.* exsicc. n. 21, 22 et 22 c. — *Polystichum lobatum* Presl *Tent. pter.* 83. — *Aspidium aculeatum* var. *vulgare* Dœll *Rhein. Fl.* 20 ; Koch *Syn. fl. Germ.* ed. 2, 976). — *Feuilles* roides, ord. *d'un beau vert; lobes inférieurs de chaque segment plus grands et souvent seuls prolongés en oreillette* latérale.

Cette variété présente une forme à lobes largement confluents dans chaque segment (*Polypodium Plukenetii* Lois. *Not.* 146. — *Polystichum Plukenetii* DC. *Fl. Fr.* V, 241).

Var. *β. angulare.* (*A. aculeatum* Sm. *Fl. Brit.* III, 1122 ; Sw. *Syn. Fil.* 53. — *A. angulare* et *aculeatum* Willd. *Sp.* V, 257-258. — *A. angulare Engl. bot.* t. 2776 ; DR. *Pl. Astur.* exsicc. n. 116. — *A. Braunii* Spenn. *Fl. Frib.* I, 9, t. 1 ; Rabenh. *Crypt. vasc. Eur.* exsicc. n. 20. — *Polystichum angulare* et *aculeatum* Presl *Tent. pter.* 83. — *Aspidium aculeatum* var. *Swartzianum* et *Braunii* Koch *Syn. fl. Germ.* ed. 2, 976). — *Feuilles* moins roides, ord. plus amples et *d'un vert pâle; lobes de chaque segment presque égaux* ord. assez petits, ord. *tous ou la plupart prolongés en oreillette* latérale plus ou moins saillante. — Cette variété est plus rare aux environs de Paris que le type, mais elle s'y rattache par des intermédiaires si nombreux, que nous n'avons pas cru devoir indiquer spécialement les localités où elle a été observée.

TRIBU II. **OSMUNDINEÆ.** — Feuilles enroulées en crosse dans la jeunesse. Sporanges naissant sur les lobes des segments de la partie supérieure de la feuille (dans notre espèce) très modifiés-contractés ou réduits au rachis, pédicellés, membraneux-réticulés, dépourvus d'anneau articulé vertical, s'ouvrant régulièrement en deux valves du sommet à la base, disposés en groupes dépourvus d'indusium bientôt confluents et couvrant les lobes de la feuille.

**10. OSMUNDA** L. *Gen.* n. 1172 ex parte. — [OSMONDE].

*Sporanges* subglobuleux, *occupant toute la surface* des lobes *des segments de la partie supérieure de la feuille* (dans notre espèce) *et disposés*

ainsi *en panicule à l'extrémité des frondes fertiles*. — Feuilles bipinnatiséquées.

**1. O. regalis** L. *Sp.* 1521 ; *Engl. bot.* t. 209 ; Schk. *Crypt.* t. 145 ; Bill. *Exsicc.*
n. 191 ; Rabenh. *Crypt. vasc. Eur.* exsicc. n. 10 et 10 b.— [O. ROYALE.
— Vulg. *Osmonde, Fougère-fleurie*].

Souche épaisse, cespiteuse, émettant plusieurs feuilles disposées en touffe,
les unes stériles, les autres fertiles. Feuilles de 6-15 décim. rarement moins,
ord. très amples, bipinnatiséquées, pétiolées, à pétiole dépourvu de poils
squamiformes, robuste, dilaté à la base à bords presque membraneux, un peu
arqué et terminé en bec très étroit au niveau de son insertion ; segments
stériles peu nombreux, espacés, presque opposés, oblongs dans leur circonscription, à lobes un peu pétiolulés, assez amples oblongs-lancéolés, indivis,
entiers ou un peu crénelés, obliquement tronqués et souvent auriculés à la
base, à nervures secondaires nombreuses transparentes parallèles bifurquées
dès la base à ramifications elles-mêmes bifurquées ; segments fructifères rapprochés en forme de panicule terminale, à lobes contractés ou réduits au
rachis couverts sur toute leur surface par les sporanges rapprochés en groupes
arrondis à la fin confluents. ♃. *Fruct.* juin-septembre.

*A.R.* — Bois marécageux, taillis humides, tourbières, bruyères humides, fossés
des prairies tourbeuses. — Forêt de Montmorency (*Cornuti* Ench. Par., *Tourn.*
Hist. pl. Par.) entre Montlignon et le Château-de-la-chasse ! (*Vaill.* Bot. Par.);
Morfontaine (*Thuret*); Ermenonville (*Morelle*); forêt de Villers-Cotterets (*Questier*);
forêt de Compiègne (*Léré, de Marcilly fils*). Bruyères de Neuville-Bosc ! (*Daudin,
Frion*); Arthies et Sérans ! près Magny (*Bouteille*); env. de Beauvais : Le Becquet,
bruyères de Savignies (*Taillefert*). « Versailles dans une grande haie qui est à côté
du potager en allant au Parc-aux-cerfs » (*Riquenr* in *Tourn.* Hist. pl. Par.); entre
Orsay et Saint-Clair (*Ant. de Jussieu* mss., *Vaill.* Bot. Par.) ; « dans les marais
de Saint-Clair parmi les aulnes » (*Tourn.* Hist. pl. Par.); vallée de Senlisse près
Dampierre, Auffargis, étang de Gambaiseuil (*de Schœnefeld*); Saint-Léger !. Souppes!;
Malesherbes ! (*Descurrain* in *Guettard* Obs.).

**TRIBU III. OPHIOGLOSSINEÆ.** — Feuilles au nombre de deux,
soudées entre elles dans la partie inférieure de leur rachis, l'une extérieure stérile foliacée non enroulée en crosse dans sa jeunesse, l'autre
fertile réduite au rachis. Sporanges naissant sur la partie supérieure
du rachis simple ou ramifié de la feuille fertile, sessiles, coriaces,
dépourvus d'anneau articulé, s'ouvrant régulièrement en deux valves
par une fente transversale, libres ou soudés entre eux par leurs faces
inférieure et supérieure, insérés en deux rangs sur le rachis simple et
formant un épi, ou à la face interne du rachis ramifié et formant une
panicule terminale, dépourvus d'indusium.

**11. BOTRYCHIUM** Sw. *Syn. Fil.* 171. — [BOTRYCHE].

*Sporanges* subglobuleux, *libres entre eux, insérés sur deux rangs à la
face interne des segments de la feuille fertile* réduits au rachis *et formant
une panicule terminale.* — Feuilles stérile et fertile *pinnatiséquées.*

**1. B. Lunaria** Sw. *Syn. Fil.* 171 ; Schk. *Crypt.* t. 154 ; Bill. *Exsicc.* n. 1989 ;
Rabenh. *Crypt. vasc. Eur.* exsicc. n. 9. — *Osmunda Lunaria* L. *Sp.* 1519;
*Engl. bot.* t. 318. — [B. LUNAIRE].

Souche courte, verticale ou un peu oblique, à fibres radicales assez nombreuses, n'émettant ord. que deux feuilles soudées, l'une stérile l'autre fertile. Plante de 5-15 centim., entourée à la base d'écailles membraneuses
brunâtres. Feuilles longuement soudées inférieurement en forme de pétiole ;
la feuille stérile oblongue dans sa circonscription, pinnatiséquée, à segments
épais, semilunaires-réniformes ou rhomboïdaux-cunéiformes, entiers ou
incisés au sommet ; la feuille fertile plus longue que la feuille stérile, indivise dans une assez grande longueur au-dessus de la feuille stérile, pinnatiséquée ou bipinnatiséquée dans la partie qui porte les sporanges et qui forme
une panicule terminale. ♃. *Fruct.* mai-juillet.

R. — Pâturages montueux, bruyères, pelouses découvertes des bois sablonneux.
— « Croist à Belleville dans le parc de M. le premier président » (*Tourn. Hist.
pl. Par.*) ; Buc !; Châteaufort (*de Boucheman*) ; Pontchartrain (*Thuret, Beautemps-
Beaupré*). Gambais près Houdan, Anet (*Dœncn*). Trouvé une seule fois dans la forêt
de Senart !; Lardy (*de Schœnefeld*); gazons du parc de Fontainebleau ! (*Matignon*);
forêt de Fontainebleau !; Larchant ! près Nemours ( *Devilliers* ) ; Malesherbes !
(*Mme Bernard*). Bois de Pierrelaye près Pontoise (*Locré*); Magny (*Bouteille*); env.
de Beauvais (*Delacour*). Allée-Connétable dans la forêt de Chantilly (*Mlle Elisa
Houzé*). Forêt de Compiègne (*Léré*) : mont Ganelon (*de Marcilly fils*); Verberie ,
Crépy, Antilly (*Questier*). — Mont Saint-Siméon et Larbroie près Noyon (*Questier*).
— *Graves* Cat. Oise : Loconville près Chaumont ; bois de Glatigny cant. de Son-
geons ; Fouquerolle et mont César, cant. de Nivillers ; Bulles au bois Quesnet ; Le
Mesnil-sur-Bulles ; Fumechon cant. de Saint-Just ; Agnetz et Béthencourtel près
Clermont ; Jonquières, Montplaisir, Remy, cant. d'Estrées ; Beauvoir cant. de Bre-
teuil ; Bailly et colline du Four-à-verre, cant. de Ribécourt ; Creil ; Rhuis cant. de
Pont-Sainte-Maxence ; Verneuil ; Thury-en-Valois à la montagne du Chêne ; Fon-
taine-lez-Cornu cant. de Nanteuil.

## 12. OPHIOGLOSSUM L. *Gen.* n. 1171 ex parte. — [OPHIOGLOSSE].

*Sporanges* oblongs transversalement, *soudés entre eux* par leurs faces
inférieure et supérieure, disposés *en épi linéaire* distique sur la partie supérieure du rachis indivis de la feuille fertile, s'ouvrant perpendiculairement à
l'axe de l'épi, la valve supérieure des sporanges formant un tout continu
avec la valve inférieure du sporange situé au-dessus. — *Feuilles* fertile et
stérile *entières*.

**1. O. vulgatum** L. *Sp.* 1518 ; *Engl. bot.* t. 108 ; Schk. *Crypt.* t. 153 ; Bill. *Exsicc.*
n. 299 ; Rabenh. *Crypt. vasc. Eur.* exsicc. n. 7. — [O. COMMUNE. — Vulg.
*Ophioglosse, Herbe-sans-couture, Langue-de-serpent* ].

Souche grêle, plus ou moins traçante, émettant au nœud supérieur un assez
grand nombre de fibres radicales allongées. Plante de 1-3 décim., très rarement de 4-8 centim., entourée à la base d'une écaille membraneuse engaînante d'un brun noirâtre. Feuilles longuement soudées inférieurement en forme
de pétiole ; la feuille stérile large ovale ou oblongue, très rarement oblongue-
lancéolée étroite, à nervure moyenne indistincte, à nervures secondaires
ramifiées en réseau ne faisant pas saillie à la surface de la feuille ; la feuille
fertile dépassant plus ou moins la feuille stérile, terminée par l'épi des spo-

ranges ; épi simple, très rarement bifurqué, ord. plus court que la partie du rachis supérieure à la soudure des deux feuilles, plus ou moins mucroné par le rachis prolongé au-dessus des sporanges. Spores très finement tuberculeuses. ♃. *Fruct.* mai-juin.

Prairies tourbeuses, taillis marécageux, buissons ombragés.

Var. α. *vulgatum.* — Plante ord. de 1-3 décim. Rhizome n'émettant qu'une seule fronde (ensemble des deux feuilles soudées) du même nœud, très rarement deux frondes. Feuille stérile ord. large ovale ou oblongue. — *A.R.* — « A côté du Cours-la-Reine dans le Bois qu'on appelle les Champs-Élysées » (*Tourn.* Hist. pl. Par.); entre Arcueil et Bourg-la-Reine (*P. de Bretagne*); parc de Saint-Cloud (*P. Jamin*); marais de Meudon! (*Cornuti* Ench. Par., *Tourn.* Hist. pl. Par.); Versailles (*Tourn.* Hist. pl. Par.); La Minière près Versailles (*de Boucheman*); Saint-Germain! (*Guéneau de Mussy*); Grandchamp près Saint-Germain (*J. de Parseval*); forêt de Montmorency (*Tourn.* Hist. pl. Par.) près du Château-de-la-chasse! (*Vaill.* Bot. Par.). Forêt de Senart (*Adr. de Jussieu*). Fontainebleau (*Maire*); Nemours (*Devilliers*); Malesherbes (*Barrelier* in *Guettard* Obs., *Bernard*); env. d'Étampes : Vaudouleurs, Jeure, Brunehaut, Valnay (*Descurrain* in *Guettard* Obs.). Env. de Houdan, Anet (*Dœnen*). Sérans et parc de Halincourt près Magny (*Bouteille*); Goincourt et Bailleux près Beauvais (*Graves*). Comelle près Chantilly (*De Lens*); forêt de Compiègne (*Weddell*); prés marécageux de Trosly près Compiègne, où il est très rare (*de Marcilly fils*); forêt de Villers-Cotterets, où il est très rare (*Questier*), etc.

Var. β. *ambiguum.* — Plante ne dépassant pas ord. 4-8 centim. Rhizome émettant ord. d'un même nœud 2-3 frondes. Feuille stérile étroite oblongue-lancéolée, atténuée inférieurement. — *R R R.* — Lieux humides où l'eau a séjourné pendant l'hiver au voisinage de la tour de Pocancy près Lardy (*Puel* et *Vigineix*, 14 juin 1846).

Cette curieuse variété, que M. Durieu de Maisonneuve a retrouvée au Cap-Ferret près Arcachon, ressemble beaucoup par son port à l'*O. Lusitanicum* L. qui croît dans le midi de la France et sur le littoral de l'Océan jusqu'à Lorient, mais elle en diffère par la date de sa fructification (l'*O. Lusitanicum* fructifie dans le Midi dès le mois de décembre et dans l'Ouest dès le mois de février), et surtout par ses spores finement tuberculeuses (consulter la Notice publiée par M. Durieu de Maisonneuve, in *Bull. Soc. bot.* IV, 597).

---

# CXI. MARSILÉACÉES (1)

(MARSILEACEÆ R. Br. *Prodr. Nov.-Holl.* 166).

Plantes vivaces, herbacées, aquatiques, à rhizome filiforme rampant rameux pourvu de vaisseaux annulaires et rayés. — *Feuilles* alternes, *enroulées en crosse* dans leur jeunesse, *linéaires-subulées* réduites au rachis, *ou à 4 segments* obovales *verticillés* au sommet du rachis, à épiderme pourvu de stomates. — *Involucres capsulaires* (sporocarpes) globuleux ou ovoïdes-subglobuleux, coriaces presque ligneux, poilus, *nais-*

(1) Voyez la planche 38 de la *Flore d'Algérie*, dans laquelle MM. A. Braun et Durieu de Maisonneuve ont fait représenter avec une grande précision tous les détails d'analyse du *Pilularia minuta* et du *Marsilea pubescens.*

*sant sur le rhizome à la base des feuilles,* s'ouvrant plus ou moins complétement à la maturité en 2 ou 4 valves, à nervures plus ou moins saillantes à l'intérieur, *uniloculaires paraissant subdivisés* en 2 ou 4 loges longitudinales ou *en plusieurs loges* transversales *par des sacs* (indusium) *qui renferment à la fois des sporanges de deux sortes :* les uns (sporanges proprement dits, macrosporanges) constitués par une vésicule renfermant une seule spore assez grosse (spore proprement dite, macrospore) entourée d'une couche gélatineuse et qui par la germination émet un prothalle portant seulement des archégones, les autres (microsporanges, anthéridianges) plus nombreux constitués par une vésicule renfermant un grand nombre de granules très petits (microspores) (1) nageant dans un liquide gélatineux et entourés chacun d'une couche gélatineuse.

**1. PILULARIA** L. *Gen.* n. 1183. — [PILULAIRE].

Sporocarpes solitaires à la base des feuilles, très brièvement pédonculés, globuleux, coriaces presque ligneux, s'ouvrant à la maturité dans leur partie supérieure en 2 ou 4 valves. Sporanges insérés sur la saillie que présente intérieurement la nervure moyenne des valves, disposés en 2 ou 4 groupes renfermés dans des sacs (indusium) qui, en adhérant à la paroi du sporocarpe et entre eux, forment 2 ou 4 fausses loges longitudinales, en petit nombre dans chaque loge (3-4), celui qui occupe la base de la loge (macrosporange) constitué par une vésicule ne contenant qu'une spore assez grosse entourée d'une couche gélatineuse, ceux qui occupent le reste de la loge (microsporanges) constitués par une vésicule contenant un grand nombre de corpuscules très petits nageant dans un liquide gélatineux et entourés chacun d'une couche gélatineuse. — Feuilles linéaires-subulées, réduites au rachis.

1. **P. globulifera** L. *Sp.* 1563 ; *Fl. Dan.* t. 223 ; *Engl. bot.* t. 521 ; Schk. *Crypt.* t. 173 ; Bill. *Exsicc.* n. 1992; Rabenh. *Crypt. vasc. Eur.* exsicc. n. 27.— Vaill. *Bot. Par.* t. 15, f. 6. — [P. A GLOBULES. — Vulg. *Pilulaire*].

Rhizome de longueur très variable, filiforme, rampant, rameux, émettant des fibres radicales au niveau de l'insertion des feuilles. Feuilles longues de 3-10 centim., espacées ou rapprochées, linéaires-subulées, d'un beau vert, glabres. Sporocarpes environ de la grosseur d'un petit pois, couverts de poils en navette brunâtres feutrés, à 4 fausses loges, à 4 valves. ♃. *Fruct.* juin-août.

R. — Bruyères humides, sables tourbeux, bords des mares et des étangs sablonneux. — Forêt de Grosbois (*Vaill.* Bot. Par.); forêt de Senart ! (*Thuill.* Fl. Par. éd. 1). Forêt de Fontainebleau (*Vaill.* Bot. Par.) : mares de Bellecroix ! (*Adr. de Jussieu*), de Franchart !, etc. Montfort-l'Amaury ! (*de Boucheman*); « entre Coignières et Les Essarts autour des lacunes » (*Vaill.* Bot. Par.); étang de Saint-Hubert (*Thuill.* Fl. Par. éd. 1) ; Fontaines-blanches ! près Saint-Léger (*Adr. de*

(1) M. Nægeli a constaté la présence d'anthérozoïdes dans les microspores; l'apparition de ces anthérozoïdes n'a lieu qu'après la déhiscence des sporocarpes et la dissémination de leur contenu, et coïncide avec la germination des macrospores (voyez le mémoire de M. Thuret *Sur les anthéridies des Cryptogames,* in *Ann. sc. nat.* sér. 3, XVI. 32).

*Jussieu*); forêt des Ivelines (*Weddell*). Berchères-la-Maingot près Chartres (*Vigineix*). Étangs de Comelle près Chantilly, env. de Beauvais, marais de Saint-Germer (*Graves*). — *Graves* Cat. Oise : vallée de Bray notamment près Villers-Saint-Barthélemy.

S.-v. *natans*. (*P. natans* Mérat *Fl. Par.* éd. 2, I, 283). — Plante flottant dans l'eau et atteignant souvent une grande longueur. Feuilles souvent très longues.

# CXII. ÉQUISÉTACÉES
(ÉQUISETACEÆ Rich. ap. DC. *Fl. Fr.* II, 580).

Plantes vivaces, terrestres ou aquatiques, à rhizome traçant, souvent rameux, quelquefois renflé en forme de bulbe à la base des tiges. — *Tiges* cylindriques, plus ou moins sillonnées, *articulées*, ord. simples, *munies ou non* au niveau des articulations *de rameaux verticillés, chaque articulation donnant naissance à une gaîne* membraneuse *dentée* (feuilles soudées?) intérieure par rapport au verticille de rameaux lorsqu'il existe ; chaque rameau articulé et muni de gaînes comme la tige, simple, plus rarement rameux à ramuscules verticillés au niveau des articulations ; chaque entre-nœud de la tige présentant dans toute sa longueur une lacune centrale et des lacunes disposées sur deux rangs correspondant les unes aux sillons les autres aux angles de la tige, fermé au niveau des articulations inférieure et supérieure par un diaphragme, la partie solide composée de tissu cellulaire et de vaisseaux annulaires rapprochés des lacunes et s'anastomosant au niveau des articulations ; rameaux présentant la même structure que les tiges, mais souvent dépourvus de lacunes. — *Épiderme* offrant des stomates plus ou moins régulièrement disposés. — *Sporanges tous d'une même sorte*, membraneux, s'ouvrant longitudinalement par une fente, *disposés en cercle* ord. par 6 *à la face inférieure d'écailles* pédicellées *peltées* anguleuses à la circonférence, les écailles étant *verticillées en forme* de cône ou *d'épi au sommet de la tige et quelquefois des rameaux*. — *Spores* très nombreuses, *munies de deux appendices filiformes* renflés au sommet insérés au même point *disposés en croix* s'enroulant autour de la spore ou se déroulant selon les alternatives de sécheresse ou d'humidité, donnant naissance par la germination à un prothalle lobé qui porte à sa face inférieure des archégones en petit nombre dont un seul ord. se développe et des anthéridies plus nombreuses vers l'extrémité des lobes (1).

(1) Consulter sur le développement du prothalle, des anthéridies et des archégones les importants travaux de M. Thuret (in *Ann. sc. nat.* sér. 3, XVI, 31, t. 15) et de M. Duval-Jouve (in *Bull. Soc. bot.* VI, 699, 730, 765, t. 2), qui ont puissamment contribué à faire connaître le curieux développement de ces organes, et qui donnent aussi le résumé des recherches antérieures.

**1. EQUISETUM** L. *Gen.* n. 1169. — [ PRÈLE. — Vulg. QUEUE-DE-CHEVAL ].
Mêmes caractères que ceux de la famille.

Sect. I. VERNALIA (A. Br. in *Flora* [1839] 307). — *Tiges de deux sortes,*
les unes fertiles, les autres stériles ; *les fertiles se développant les pre-*
*mières, jamais vertes,* dépourvues de verticilles de rameaux, périssant et
se desséchant après la maturité de l'épi ; les stériles souvent vertes, munies
de verticilles de rameaux, persistant jusqu'à l'hiver, à *rameaux dépourvus*
*de lacune centrale.* Gaînes des tiges à dents persistantes. Épi obtus.

1. **E. arvense** L. *Sp.* 1516 ; Schk. *Crypt.* t. 167 ; *Engl. bot.* t. 2020 ; Vauch.
   *Monogr.* 33, t. 1 ; Bill. *Exsicc.* n. 1789 ; Rabenh. *Crypt. vasc. Eur.*
   exsicc. n. 46 et 47 ; Duval-Jouve in *Bull. Soc. bot.* V, 515, f. 1. —
   [P. DES CHAMPS. — Vulg. Queue-de-rat ].
*Tiges* de deux sortes, *les unes fertiles, les autres stériles. Tiges fertiles*
de 1-2 décim., dépourvues de verticilles de rameaux, *d'un brun rougeâtre,*
se développant avant les tiges stériles, se desséchant après la maturité de
l'épi ; *à gaînes* tubuleuses-infundibuliformes, blanches à la base, scarieuses-
brunes supérieurement et profondément *divisées en 8-12 dents lancéolées-*
*acuminées* très aiguës ; épi plus ou moins longuement pédonculé au-dessus
de la gaîne supérieure, oblong-cylindrique, obtus. *Tiges stériles* de 2-6 décim., dressées ou étalées, *vertes,* plus grêles que les tiges fertiles, profondément sillonnées, nues à la base, portant un grand nombre de verticilles
de rameaux ; gaînes plus petites que celles des tiges fertiles, les moyennes et
les supérieures presque tubuleuses ; *rameaux* simples ou à peine rameux,
tétragones, sillonnés, un peu rudes, *à premier entre-nœud dépassant* souvent du double *la longueur de la gaîne de la tige.* Coupe de la tige (1)
à angles et à sillons très marqués, à lacune centrale égalant environ le
tiers du diamètre total, à lacunes correspondant aux sillons obovales leur
plus grand axe étant dirigé vers le sillon et égalant presque le diamètre de
la lacune centrale ; coupe des *rameaux sans lacune centrale,* à 4 rarement
5 angles très aigus, à sillons très profonds. ♃. *Fruct.* mars-mai.
   *C C.* — Champs humides, berges des rivières.

On observe quelquefois une forme anomale de la plante, dans laquelle les tiges
munies de verticilles de rameaux se terminent par un épi.

2. **E. Telmateia** Ehrh. *Beitr.* II, 160 ; DC. *Fl. Fr.* II, 581 ; Koch *Syn. fl. Germ.*
   ed. 2, 964 ; Bill. *Exsicc.* n. 1790 ; Duval-Jouve in *Bull. Soc. bot.* V,
   515, f. 2. — *E. fluviatile* Sm. *Fl. Brit.* III, 1104 non L.; *Engl. b.t.*
   t. 2022 ; Schk. *Crypt.* t. 168 ; Vauch. *Monogr.* 35, t. 2 ; Duby *Bot.*
   *Gall.* 535. — *E. eburneum* Roth *Cat. bot.* I, 128. — [ P. DES MARÉ-
   CAGES ].
*Tiges* de deux sortes, *les unes fertiles, les autres stériles. Tiges fertiles*

---

(1) Pour la coupe horizontale des tiges et des rameaux, nous avons reproduit presque textuelle-
ment l'intéressant travail sur les *Equisetum* de France publié par M. Duval-Jouve (in *Bull.*
*Soc. bot.* V, 512-519). — Nous avons dans nos descriptions négligé de mentionner la forme des
lacunes correspondant aux angles de la tige ou des rameaux, ces lacunes étant très petites et de
forme orbiculaire dans toutes les espèces.

de 1-4 décim., dépourvues de verticilles de rameaux, *d'un blanc rougeâtre*, se développant avant les tiges stériles, se desséchant après la maturité de l'épi ; *à gaînes* lâches campanulées-infundibuliformes, scarieuses-brunâtres supérieurement et profondément *divisées en 20-30 dents longuement acuminées-subulées* ; épi ord. plus ou moins longuement pédonculé au-dessus de la gaîne supérieure, oblong-cylindrique, obtus. *Tiges stériles* de 5-12 décim., dressées, *d'un blanc d'ivoire*, presque aussi robustes que les tiges fertiles, superficiellement sillonnées, nues seulement à la base, portant un grand nombre de verticilles de rameaux ; gaînes moins grandes que celles des tiges fertiles, plus courtes, presque tubuleuses ; rameaux grêles, tétragones à angles creusés d'un sillon profond, rudes de haut en bas, ord. très longs, très nombreux, simples ou ceux des verticilles inférieurs rameux à la base, à premier entrenœud très court constitué presque exclusivement par la gaîne qui le termine et qui n'atteint pas la base des dents de la gaîne de la tige ; gaînes plus petites que celles des tiges fertiles, plus courtes, presque tubuleuses ; coupe de la tige à angles et à sillons peu marqués sur la plante fraîche, à lacune centrale très vaste occupant les quatre cinquièmes du diamètre total, à lacunes correspondant aux sillons obovales leur plus grand diamètre étant dirigé vers le sillon ; *coupe des rameaux sans lacune centrale*, à 4 et quelquefois à 5 côtés concaves, *à angles creusés d'un sillon large et profond* de manière à simuler 8-10 angles, à lacunes correspondant aux côtés concaves assez grandes. ♃. *Fruct.* mars-avril.

*C.* — Bords des ruisseaux, lieux marécageux, marécages des bois.

On observe quelquefois une forme anomale de la plante, dans laquelle les tiges munies de verticilles de rameaux se terminent par un épi ; on rencontre plus rarement une autre anomalie dans laquelle la tige et les rameaux des verticilles supérieurs se terminent par des épis.

Sect. II. SUBVERNALIA (A. Br., loc. cit.). — *Tiges de deux sortes*, les unes fertiles, les autres stériles ; *les fertiles se développant en même temps que les stériles*, jamais vertes au moins dans leur jeunesse, d'abord dépourvues de verticilles de rameaux, mais *émettant des* verticilles de *rameaux après la maturité de l'épi*, persistant jusqu'à l'hiver avec les tiges stériles ; les stériles plus ou moins vertes, munies de verticilles de *rameaux*, à rameaux *dépourvus de lacune centrale*. Gaînes des tiges à dents persistantes. Épi obtus.

3. **E. sylvaticum** L. *Sp.* 1516 ; Schk. *Crypt.* t. 166 ; *Engl. bot.* t. 1874 ; Vauch. *Monogr.* 37, t. 3 ; Bill. *Exsicc.* n. 1791 ; Rabenh. *Crypt. vasc. Eur. exsicc.* n. 43 ; Duval-Jouve in *Bull. Soc. bot.* V, 516, f. 3. — [ P. DES BOIS ].

*Tiges* de deux sortes, *les unes fertiles, les autres stériles. Tiges fertiles* de 1-3 décim., d'abord dépourvues de verticilles de rameaux, d'un blanc rougeâtre, *se développant en même temps que les tiges stériles, persistant après la destruction de l'épi, émettant alors des rameaux et devenant semblables aux tiges stériles* ; gaînes campanulées-infundibuliformes, lâches, scarieuses-brunâtres supérieurement et *divisées* dans la moitié de leur longueur *en trois ou quatre lobes* oblongs-lancéolés entiers ou bi-trifides au sommet com-

posés chacun de deux ou de plusieurs dents qui sont restées adhérentes entre
elles ; épi plus ou moins longuement pédonculé au-dessus de la gaîne supérieure, oblong-cylindrique, obtus. *Tiges stériles* de 2-6 décim., dressées,
d'un vert blanchâtre, environ de la même grosseur que les tiges fertiles, superficiellement sillonnées, nues dans leur partie inférieure ou seulement *à* la
base, portant un assez grand nombre de verticilles de *rameaux*; gaînes
moins amples que celles des tiges fertiles, plus courtes, à 8-15 dents lancéolées libres entre elles ou cohérentes en forme de lobes dans les gaînes inférieures ; rameaux grêles, tétragones, *arqués-pendants*, eux-mêmes *rameux*
à ramuscules verticillés trigones, le premier entre-nœud des rameaux assez
long égalant environ ou dépassant la gaîne de la tige au moins dans les verticilles supérieurs. Coupe de la tige à angles et à sillons peu prononcés, mais
rendus visibles par les aspérités qui s'élèvent du bord de chaque sillon, à
lacune centrale occupant presque la moitié du diamètre total, à lacunes correspondant aux sillons de médiocre grandeur ovales transversalement ; coupe
des *rameaux sans lacune centrale*, à 4 rarement 5 côtés très concaves,
à angles coupés carrément scabres sur les carènes. ♃. *Fruct.* avril-mai.

*R R R.* — Lieux herbeux des bois humides, bords des ruisseaux ombragés. —
Plateau boisé humide dans la forêt de Villers-Cotterets (*Queslier*, 18 avril 1854).
— Indiqué à Fontainebleau (*Mérat* Fl. Par.), où il n'a pas été retrouvé.


Sect. III. ÆSTIVALIA (A. Br., loc. cit.). — *Tiges d'une seule sorte, toutes fertiles*, complétement développées au moment de la fructification, vertes,
pourvues de verticilles de rameaux, ou en étant plus rarement dépourvues
par avortement, persistant jusqu'à l'hiver, à *rameaux présentant une
lacune centrale.* Gaînes des tiges à dents persistantes. Épi obtus, très
rarement brièvement apiculé-mucroné.


4. **E. palustre** L. *Sp.* 1516 ; Schk. *Crypt.* t. 169 ; *Engl. bot.* t. 2021 ; Vauch.
    *Monogr.* 39, t. 5 ; Bill. *Exsicc.* n. 493 et *bis* ; Rabenh. *Crypt. vasc.*
    *Eur.* exsicc. n. 69 et 70 ; Duval-Jouve in *Bull. Soc. bot.* V, 516, f. 4. —
    [P. DES MARAIS].
*Tiges toutes semblables et fertiles*, de 3-6 décim., vertes, persistant
après la destruction de l'épi, dressées, assez grêles, souvent rameuses dès
la base, *présentant 6-8 sillons profonds* surtout sur la plante sèche,
ruguleuses ou presque lisses, nues dans leur partie inférieure ou portant
presque dès la base des verticilles de rameaux ; *gaînes* assez lâches, *un peu
évasées supérieurement*, vertes, *à* 6-8 plus rarement 12 *dents* lancéolées-
aiguës ou acuminées brunâtres mais membraneuses-blanchâtres aux bords ;
rameaux verticillés par 8-12, ou moins par avortement, grêles allongés, simples, dressés ou ascendants, à 4-6 angles, ruguleux ou presque lisses, à premier entre-nœud très court n'atteignant pas y compris sa gaîne le tiers ou
très rarement la moitié de la gaîne de la tige. Épi plus ou moins longuement pédonculé au-dessus de la gaîne supérieure, à pédoncule grêle, cylindrique, obtus. Coupe de la tige à 6-8 angles saillants mais émoussés, à sillons
beaucoup moins marqués dans la plante vivante que dans la plante sèche,
à lacune centrale égalant environ le sixième du diamètre total, à lacunes

correspondant aux sillons suborbiculaires très grandes très rapprochées les unes des autres et de la circonférence de la tige ; coupe des *rameaux* ord. à 5-6 côtés peu concaves sur la plante vivante, à angles émoussés, *à lacune centrale* égalant à peu près les lacunes arrondies qui correspondent aux sillons, l'extrémité des rameaux chez les individus très grêles quelquefois tétragone et n'offrant qu'une lacune centrale. ♃. *Fruct.* mai-août.

*C C.* — Champs humides, lieux frais ou marécageux, bords des eaux.

On rencontre fréquemment une forme anomale de la plante, dans laquelle les rameaux sont tous ou la plupart terminés chacun par un épi.

S.-v. *mucronatum.* — Épi brièvement apiculé-mucroné. — *R R.* — Vallée de Saint-Marc ! près Jouy (6 juin 1845), retrouvé à la même localité à la fin de mai 1861, par M. le docteur J. Duval.

M. Duval-Jouve, dans une note adressée à la Société botanique de France, à l'occasion de la communication que nous lui avons faite de la sous-variété *mucronatum* de l'*E. palustre*, fait remarquer qu'il a assez souvent rencontré des épis obtus chez les espèces de la section *Hyemalia*, et qu'il a de même observé des *E. palustre* à épi accidentellement apiculé. Pour lui, comme pour nous, la terminaison en pointe de l'épi n'est donc pas un caractère d'une valeur absolue dans le genre *Equisetum*.

5. **E. limosum** L. *Sp.* 1517 (add. *E. fluviatile*); *Engl. bot.* t. 929 ; Schk. *Crypt.* t. 171 ; Vauch. *Monogr.* 44, t. 8 ; Rabenh. *Crypt. vasc. Eur.* exsicc. n. 74 et 74 *b* ; Bill. *Exsicc.* n. 2989 ; Duval-Jouve in *Bull. Soc. bot.* 516, f. 5. — [P. DES BOURBIERS].

*Tiges toutes semblables et fertiles*, de 5-15 décim., vertes, persistant après la destruction de l'épi, dressées, ord. robustes, quelquefois rameuses à la base, *présentant 15-25 sillons peu marqués* dans la plante fraîche mais assez profonds dans la plante sèche, presque lisses, ne portant de verticilles de rameaux que dans leur partie supérieure ou en étant complétement dépourvues ; *gaînes cylindriques apprimées* à peine plus larges supérieurement, vertes, *à 15-25 dents* linéaires-subulées brunes ou d'un brun noirâtre non membraneuses ou à peine membraneuses aux bords ; rameaux verticillés par 15-25, ou moins par avortement et même souvent nuls au niveau de toutes les gaînes ou de la plupart des gaînes, ord. courts relativement à la taille de la plante, simples, dressés ou ascendants, à 4-6 angles, à peine rudes, à premier entre-nœud très court n'atteignant pas y compris sa gaîne ou atteignant à peine la base des dents de la gaîne de la tige. Épi brièvement pédonculé ou subsessile au-dessus de la gaîne supérieure, oblong, obtus. Coupe de la tige à angles peu marqués sur la plante fraîche, à lacune centrale occupant environ les quatre cinquièmes du diamètre total, à lacunes correspondant aux sillons ovales-allongées transversalement assez grandes vers le milieu de la tige, quelquefois oblitérées au sommet et sur les petites tiges ; coupe des *rameaux* à 4-6 côtés à peine concaves sur la plante vivante, à angles émoussés, *à lacune centrale* ord. seule distincte. ♃. *Fruct.* mai-août.

*C.* — Marécages, fossés aquatiques, mares, étangs.

On rencontre quelquefois une forme anomale de la plante, dans laquelle les rameaux sont tous ou la plupart terminés chacun par un épi.

Sect. IV. HYEMALIA (A. Br., loc. cit.). — *Tiges* d'une seule sorte, *toutes fertiles*, complétement développées au moment de la fructification, vertes, pourvues ou non de verticilles de rameaux, *persistant pendant l'hiver*, à *rameaux présentant une lacune centrale*. Gaînes des tiges à dents souvent caduques dans leur partie supérieure. Épi apiculé par un mucron conique aigu, rarement obtus.

6. **E. hyemale** L. *Sp.* 1517 ; Schk. *Crypt.* t. 172 *a* ; *Engl. bot.* t. 915 ; Vauch.
   *Monogr.* 46, t. 9 ; Koch *Syn. fl. Germ.* ed. 2, 966 ; Rabenh. *Crypt.
   vasc. Eur.* exsicc. n. 49 ; Michalet *Pl. Jura* exsicc. n. 142 ; Bill. *Exsicc.*
   n. 2191 et *bis* ; Duval-Jouve in *Bull. Soc. bot.* V, 518, f. 9. — [P. D'HIVER.
   — Vulg. *Prêle-des-tourneurs*].

*Tiges toutes semblables et fertiles*, de 6-15 décim., d'un vert un peu glauque, persistant après la destruction de l'épi, dressées, roides, simples plus rarement rameuses à la base, *présentant 15-20 sillons assez marqués même sur la plante fraîche*, *très rudes*, dépourvues de verticilles de rameaux, ou ne portant qu'au niveau d'un petit nombre de gaînes, et seulement après la destruction de l'épi terminal ou après une mutilation, des rameaux assez robustes solitaires ou plus rarement verticillés par 2-4 ; *gaînes cylindriques étroitement apprimées*, blanchâtres noires au sommet et à la base, ou les inférieures entièrement noires, à *15-20 dents* marquées d'un sillon longitudinal ou de 4 stries peu distinctes noires à *partie supérieure* plus ou moins membraneuse-blanchâtre aux bords ou entièrement membraneuse très *caduque* se détachant de la partie inférieure de la dent (1) qui persiste sous forme de saillie obtuse, les dents de la gaîne supérieure plus larges et plus largement membraneuses-blanchâtres aux bords et persistant souvent assez longtemps ; rameaux souvent nuls, à premier entre-nœud très court réduit presque à sa gaîne trois fois plus courte que la gaîne de la tige. *Épi* subsessile, entouré à la base par la gaîne supérieure, ovoïde-oblong court, assez longuement *apiculé par un mucron conique aigu*. Coupe de la tige à 15-20 angles et sillons assez marqués, à lacune centrale dépassant les deux tiers du diamètre total, à lacunes correspondant aux sillons très rapprochées de la circonférence de la lacune centrale suborbiculaires ou obovales un peu quadrangulaires à plus grand diamètre dirigé vers le sillon ; coupe des rameaux à 8-10 angles assez marqués, à lacune centrale grande dépassant trois à quatre fois le diamètre des lacunes arrondies qui correspondent aux sillons. ♃. *Fruct.* en automne et quelquefois au printemps.

*R R.* — Lieux sablonneux, bords des étangs, bois humides, tourbières. — Bois de Valvins (*Woods*); bois de la ferme des Chapelottes ! près Nemours et dans les prairies tourbeuses voisines (*Devilliers*). Étang-neuf près Houdan (*Dœnen*). Forêt d'Ourscamp près Bailly, Carlepont près Ribécourt (*Questier*); forêt de Compiègne près du mont Saint-Marc (*de Marcilly père*). — *Graves* Cat. Oise : marais de Rue-Saint-Pierre cant. de Clermont ; marais de Sacy-le-grand.

On rencontre quelquefois une forme anomale de la plante, dans laquelle les rameaux, qui se sont développés après une mutilation ou la chute de l'épi, sont terminés chacun par un épi.

(1) Consulter la notice publiée par M. Duval-Jouve (in *Bull. Soc. bot.* VII, 164-167 et tab.).

# CXIII. LYCOPODIACÉES

(LYCOPODIACEÆ Rich. in DC. *Fl. Fr.* II, 571).

Plantes vivaces, terrestres, herbacées ou presque ligneuses, à tige rameuse ord. dichotome, feuillée, couchée-radicante au moins dans sa partie inférieure, à axe central constitué par des vaisseaux scalariformes et des cellules allongées. — *Feuilles* ord. *insérées* en spirale *sur plusieurs rangs*, persistantes, *petites*, *indivises*, sessiles, souvent décurrentes, lancéolées, linéaires ou subulées, *uninerviées* à nervure plus ou moins distincte, ord. *très nombreuses* rapprochées imbriquées, les inférieures émettant à leur aisselle des fibres radicales filiformes. — *Sporanges* sessiles ou subsessiles, *naissant à l'aisselle des feuilles* dans toute la longueur des rameaux ou seulement dans leur partie supérieure ou à l'aisselle de feuilles modifiées en forme de bractées et alors rapprochés en épis terminaux, subglobuleux, réniformes ou ovales transversalement, membraneux-crustacés, jaunâtres, ne renfermant pas d'élatères; *tous d'une même sorte* (Lycopodium), *s'ouvrant en 2 valves*, remplis de petits granules (microspores, anthéridies?) formant une poussière jaune et qui se sont organisés par groupes de 4 dans des cellules qui se sont résorbées ensuite; *quelquefois de deux sortes* (Selaginella) : *les uns semblables aux précédents* (microsporanges, anthéridianges), à granules renfermant des anthérozoïdes après qu'ils se sont disséminés sur le sol et y ont séjourné un certain temps (1) ; *les autres* ord. moins nombreux ( macrosporanges, oophoridies) s'ouvrant en 3-4 valves et *contenant 3-4 corps subglobuleux* (macrospores) *beaucoup plus gros que les microspores* et donnant naissance par la germination à un prothalle qui porte des archégones.

**1. LYCOPODIUM** L. *Gen.* n. 1184. — [ LYCOPODE ].

Sporanges tous d'une même sorte, s'ouvrant en deux valves par une fente transversale, renfermant des granules très petits très nombreux (microspores, anthéridies ?) qui ne paraissent pas doués de propriétés germinatives.

Sect. 1. — *Sporanges* disposés *en épis* terminant un long pédoncule, *naissant à l'aisselle de feuilles bractéales d'une autre forme que les feuilles caulinaires.*

1. **L. clavatum** L. *Sp.* 1564 ; *Engl. bot.* t. 224 ; Schk. *Crypt.* t. 162 ; Bill. *Exsicc.* n. 190 ; Rabenh. *Crypt. vasc. Eur.* exsicc. n. 66. — [L. EN MASSUE. — Vulg. *Lycopode*].

Tige de 2-10 décim. ou plus, rampante, très rameuse, radicante à fibres radicales espacées, à rameaux cylindriques ascendants rameux-dichotomes.

___

(1) Consulter l'extrait du travail de M. Hofmeister, publié dans les *Annales des sciences naturelles*, sér. 3, XVIII, 172-192.

*Feuilles* éparses, disposées sur plusieurs rangs, recouvrant ord. entièrement la tige et les rameaux, linéaires-lancéolées *se terminant en longue soie*, plus ou moins étalées et arquées-infléchies, roides, obscurément uninerviées. Pédoncules terminaux, assez longs, dressés, portant des bractées dressées moins rapprochées que les feuilles caulinaires et plus courtes d'un vert pâle denticulées aux bords, 2-3-furqués au sommet ou plus rarement 4-5-furqués à divisions terminées chacune par un épi, ou très rarement simples terminés par un seul épi. Épis cylindriques allongés ; bractées d'un jaune pâle, ovales acuminées-aristées, à bords membraneux plus pâles ondulés et très finement denticulés, environ deux fois plus longues que les sporanges. ♃. *Fruct.* juillet-septembre.

*A.R.* — Coteaux ombragés, bruyères humides, bois montueux, rochers. — Bois de Meudon ! et de Rueil (*Thuill.* Fl. Par. éd. 1); Saint-Cucufas! (*Adr. de Jussieu*); Ville-d'Avray ! (*Vaill.* Bot. Par., *Adr. de Jussieu*); forêt de Marly (*de Schœnefeld*); bois de la butte de Picardie près Versailles et bois de la Chiffe près Saint-Cyr (*de Boucheman*); Bièvre (*Mandon*) ; bois de Bures près Orsay (*A. Gris*); forêt de Montmorency (*Thuill.* Fl. Par. éd. 1). La Feuge près Mantes (*E. Fournier*); forêt d'Arthies (*Cᵗᵉ Jaubert*); Molière de Sérans près Magny (*Graves, Bouteille*); abondant dans les bruyères de Neuville-Bosc ! (*Daudin, Guillon*); Glatigny et Savignies près Beauvais (*Graves*). Parc de Morfontaine !. Bois de Caubrières près Compiègne (*Graves*) ; forêt de Compiègne : route de Pierrefonds (*Léré*) ; Saint-Martin près Thury-en-Valois, bois de Tulaisnes près Mareuil-sur-Ourcq, Bourneville (*Questier*). — *Graves* Cat. Oise : bruyères de Monceaux près Liancourt ; bois de Montaulu près Jonquières, Remy cant. d'Estrées; forêt de Compiègne : carrefours des Planchettes, de Morpigny et du Parquet-du-bois ; Le Ganelon au-dessus de Clairoix; forêt d'Ermenonville ; bords de l'Oise à la ferme Saint-Marc cant. de Ribécourt.

**2. L. complanatum** L. *Sp.* 1567 ; DC. *Fl. Fr.* II, 572; Spring in *Flora* [1838] 179 (excl. var. *alpinum*); Rœp. *Fl. Meckl.* 1, 137 ; Bernoulli *Gefæsskrypt. Schw.* 82. — [ L. APLATI].

Tiges de 2-8 décim., rampante, rameuse, radicante à fibres radicales espacées, à rameaux ascendants ou dressés, à *rameaux secondaires* plusieurs fois rameux-dichotomes *très comprimés* à bords aigus, *à face interne presque plane* et d'un vert plus pâle. *Feuilles* coriaces, épaisses, aiguës ou acuminées, *non terminées en soie* ; celles de la tige et des rameaux primaires éparses, disposées sur plusieurs rangs, plus ou moins espacées ou très rapprochées, linéaires ou lancéolées, plus ou moins décurrentes dressées ou un peu étalées ; *celles des rameaux secondaires disposées sur 4 rangs*, les latérales concaves-canaliculées triangulaires ou lancéolées plus ou moins acuminées dressées ou ascendantes, les extérieures et les intérieures plus étroites presque planes apprimées ou un peu étalées, toutes *longuement décurrentes à décurrences distinctes à la face externe convexe du rameau mais confluentes et presque indistinctes à sa face interne plane.* Pédoncules terminant les rameaux primaires ou secondaires, assez longs, dressés, portant des bractées espacées dressées linéaires ou linéaires-lancéolées d'un vert pâle entières aux bords, bifurqués au sommet l'une des branches étant souvent une ou deux fois bifurquée, à divisions terminées chacune par un épi. Épis 2-6, cylindriques plus ou moins allongés, quelquefois apiculés par le prolongement de la division du pédoncule commun ; bractées d'un jaune verdâtre, largement ovales ou suborbiculaires

brusquement acuminées, à sommet étalé, à bords membraneux plus pâles
ondulés-sinués, environ une fois plus longues que les sporanges. ♃. *Fruct.*
juillet-août.

Var. α. *complanatum.* (*L. complanatum* Schk. *Crypt.* t. 163 ; Koch *Syn. fl. Germ.*
ed. 2, 971. — *L. complanatum* var. *flabellatum* Dœll *Bad.* 79 ; Bernoulli *Ge-*
*fæsskrypt. Schw.* 82). — Plante ord. assez robuste, à rameaux primaires ascendants, à rameaux secondaires très comprimés assez larges divergents en éventail.
Feuilles de la face intérieure des rameaux la plupart beaucoup plus courtes que
les latérales. Pédoncules terminant ord. les rameaux secondaires. — Cette variété n'a pas été observée en France.

Var. β. *Chamæcyparissus* (Dœll *Bad.* 80 ; Bernoulli, loc. cit. 83. — *L. Cha-*
*mæcyparissus* A. Br. in Dœll *Rhein. Fl.* 36 ; Koch *Syn. fl. Germ.* ed. 2, 970 ;
Gren. et Godr. *Fl. Fr.* III, 655 ; F. Schultz *Fl. Gall. et Germ. exsicc.* n. 200 ;
Bill. *Exsicc.* n. 893). — Plante plus grêle, à rameaux primaires tous ou la
plupart dressés, à rameaux secondaires moins comprimés moins larges dressés-
fastigiés. Feuilles de la face intérieure des rameaux la plupart à peine plus
courtes ou presque de la même longueur que les latérales. Pédoncules terminant
ord. les rameaux primaires. — *R R R.* — Bruyères du bois du Belloy près
Beauvais (*de Marcilly fils*, 13 avril 1861), où il a été trouvé arraché et desséché
dans une partie de ce bois en voie de défrichement. — Indiqué à Saint-Léger,
sous le nom de *L. complanatum* (Thuillier *Fl. Par.* éd. 1), où il n'a pas été
retrouvé.

Le *L. complanatum* var. *Chamæcyparissus* n'avait encore été constaté en France
que dans la Corrèze, à Haguenau (Bas-Rhin) et dans la chaîne des Vosges. Il croît
en Suisse, en Allemagne, dans le Tyrol, etc. Dans le nord de l'Europe et en Russie,
ce serait surtout le type qui existerait plus particulièrement. Dans les régions
méridionales de l'Europe, où l'on trouve les deux variétés, elles se relient par
d'assez nombreux intermédiaires. Les échantillons que nous avons reçus de l'Amérique du Nord nous paraissent démontrer également le peu de valeur des caractères
distinctifs des deux plantes dont les extrêmes seuls sont nettement tranchés. ·

Sect. II. — *Sporanges obscurément* disposés *en épi dans la partie supé-*
*rieure d'un rameau simple* dressé, *naissant à l'aisselle de feuilles presque*
*semblables aux caulinaires* mais seulement un peu élargies à la base.

3. **L. inundatum** L. *Sp.* 1565 ; *Engl. bot.* t. 239 ; Schk. *Crypt.* t. 160 ; Bill.
*Exsicc.* n. 692 ; Puel et Maille *Fl. loc. exsicc.* n. 248 ; Rabenh. *Crypt.*
*vasc. Eur.* exsicc. n. 65. — Vaill. *Bot. Par.* t. 16, f. 11. — [L. INONDÉ].

*Tige* de 5-20 centim., peu rameuse, rampante *appliquée sur le sol* et
radicante *dans toute sa longueur, émettant un plus rarement deux rameaux*
*fructifères simples dressés. Feuilles* éparses, très rapprochées, disposées
sur plusieurs rangs, recouvrant entièrement la tige et les rameaux, linéaires
insensiblement subulées *non terminées par une soie,* uninerviées, roides,
arquées-ascendantes. Rameaux fructifères de 3-10 centim., simples, dressés,
à feuilles semblables à celles de la tige presque dressées ou un peu étalées,
portant dans leur partie supérieure les sporanges obscurément disposés en
épi un peu renflé ; *feuilles bractéales* dépassant longuement les sporanges,
*de même forme et de même longueur que les caulinaires* mais un peu élargies inférieurement et présentant d'un côté ou des deux côtés une saillie
en forme de dent. ♃. *Fruct.* juillet-septembre.

R. — Bruyères humides, bords des étangs et des marais tourbeux, sables inondés l'hiver. — Étang de Grand-moulin! près Dampierre ; Saint-Léger (*Ant. de Jussieu* mss.) : étang des Planets! (*Vaill.* Bot. Par.), Fontaines-blanches! (*Adr. de Jussieu*); étang de Gambaiseuil près Rambouillet (*de Boucheman*). Sables inondés l'hiver à Larchant! près Nemours où il est très abondant (*Matignon*); Morfontaine (*Adr. de Jussieu*); Neuf-moulin! (*Mandon*). Bruyères humides de Neuville-Bosc (*Daudin*); vallée de Bray! à plusieurs localités (*Graves, Delacour*); bruyères humides à Savignies près Beauvais (*Taillefert*). — Indiqué à Malesherbes où il n'a pas été retrouvé.

Sect. III. — *Sporanges* non disposés en épis, *naissant à l'aisselle des feuilles non modifiées de tous les rameaux de la plante.*

4. **L. Selago** L. *Sp.* 1565 ; *Engl. bot.* t. 233 ; Schk. *Crypt.* t. 159 ; Bill. *Exsicc.* n. 691 et *bis.* — [ L. SÉLAGINE ].

*Tige* de 5-25 centim., un peu couchée et radicante dans sa partie inférieure qui émet des fibres radicales ord. assez nombreuses et rapprochées, puis *ascendante ou dressée*, deux à quatre fois *rameuse-dichotome à rameaux* cylindriques épais droits ou arqués presque parallèles *arrivant tous à peu près à la même hauteur. Feuilles* éparses, très rapprochées, disposées sur plusieurs rangs, recouvrant entièrement la tige et les rameaux, linéaires insensiblement atténuées au sommet, non terminées par une soie, uninerviées, coriaces, roides, entières ou un peu denticulées, dressées ou étalées-ascendantes, *toutes semblables.* Sporanges naissant ord. dans presque toute la longueur des rameaux, à l'aisselle des feuilles qui les dépassent longuement. ⚄. *Fruct.* juillet-septembre.

RRR. — Bois montueux ombragés. — Sur le versant nord de la forêt de Villers-Cotterets à une altitude d'environ 200 mètres (*de Marcilly fils*, 23 juin 1859), où il a été trouvé deux individus seulement. — M. Graves (Cat. Oise) dit au sujet de cette plante : « Je possède des échantillons de cette espèce recueillis, assure-t-on, par A.-L. de Jussieu, au mois de septembre 1780, sur la Molière de Sérans au-dessus du hameau du Bout-du-bois. » M. Bouteille, qui a exploré avec tant de zèle et de succès les environs de Magny et la localité de Sérans, n'y a pas retrouvé le *L. Selago* que nous y avons nous-même vainement cherché une fois avec lui ; mais la découverte de M. de Marcilly nous porte à croire que l'indication rappelée par M. Graves est exacte, et que la plante, probablement très rare à Sérans comme dans la forêt de Villers-Cotterets, aura pu en disparaître par des causes accidentelles. — Le *L. Selago*, généralement répandu dans les montagnes, n'avait guère été observé en France dans la plaine que dans les départements du Calvados, des Côtes-du-Nord et du Finistère.

## CXIV. CHARACÉES (1)

(CHARACEÆ Rich. et Kunth in Humb. et Bonpl. *Nov. gen. et sp.* 1, 45;
Brongn. in *Dict. class.* III, 474).

*Plantes* aquatiques, *submergées*, exhalant souvent une odeur alliacée-fétide, à partie souterraine transparente articulée comme la tige mais à articles toujours formés d'un seul tube, se fixant dans le sol par des radicelles simples très fines, annuelles ou vivaces ?; se reproduisant quelquefois par les nœuds inférieurs de la tige renflés en forme de tubercule charnu-féculent, ou par de véritables bulbilles (2); ces bulbilles se développant au niveau des articulations de la partie souterraine, blanchâtres, de consistance crustacée, formés par les ramuscules avortés, composés de cellules remplies de fécule isolées ord. subglobuleuses ou agglomérées en forme d'anneau ou d'étoile ou de masse mamelonnée. — *Tiges* cylindriques, *dépourvues de feuilles*, hérissées ou non de papilles, présentant ou non au-dessous des verticilles de ramuscules des papilles involucrales, transparentes ou opaques, souvent couvertes ou incrustées de matière calcaire, articulées, ord. rameuses, *à articles composés chacun d'une cellule cylindrique tubuleuse (tube) solitaire ou entourée d'un rang de cellules semblables plus étroites* disposées en spirale, les articles étant remplis d'un liquide dans lequel nagent des granules et dans lequel se produit un double courant en spirale l'un ascendant l'autre descendant. *Ramuscules* (feuilles de quelques auteurs) *disposés par verticilles* au niveau des articulations; *simples portant les organes de la fructification le long de leur face interne* au niveau d'involucres ord. composés de 4-8 ramuscules secondaires en verticille incomplet (bractées), *ou une ou plusieurs fois 2-7-furqués* plus rarement simples *portant les organes de la fructification au niveau de leurs angles de division*, de leurs articulations *ou à leur sommet.* — *Organes de la fructification de deux sortes* (anthéridies et sporanges) portés sur le même individu (plante monoïque) et alors ord. rapprochés, ou portés sur deux individus différents (plante dioïque). — *Anthéridies* (3) globuleuses, paraissant ord. avant les sporanges, renfermant un liquide incolore, *à enveloppe composée de 8 pièces (cellules)*; cellules de l'enveloppe de l'anthéridie épaisses,

(1) Nous nous sommes utilement servis, pour la description de nos *Characées*, de notes et de dessins de notre savant ami M. Weddell sur la plupart des espèces de notre Flore. — Les échantillons de notre herbier ont été soumis à M. A. Braun, si versé dans l'étude des *Characées*, et nous avons mis à profit les notes et les riches matériaux que nous devons à son extrême bienveillance et à sa libéralité.

(2) Consulter, sur ces bulbilles, l'important travail de M. Montagne (in *Ann. sc. nat.* sér. 3, XVIII, 6 et suiv.) et la belle planche qui l'accompagne, ainsi que les intéressantes notices de M. Durieu de Maisonneuve (in *Bull. Soc. bot.* IV, 151-152, VI, 181-183, et VII, 627-633).

(3) Consulter l'important mémoire de M. Thuret sur les *Anthéridies des Cryptogames* (in *Ann. sc. nat.* sér. 3, XVI, 18-22 et t. 8).

transparentes incolores mais tapissées intérieurement par une couche de granules *d'abord d'un rouge orangé*, triangulaires, un peu concaves, à bords crénelés et engrenés entre eux par leurs crénelures ; l'anthéridie est insérée sur le ramuscule par une cellule renflée inférieurement qui pénètre dans sa cavité par un trou résultant d'une échancrure de chacune des 4 pièces inférieures, cette cellule centrale se termine par une masse celluleuse à laquelle adhèrent 8 cellules cylindriques (colorées en rouge orangé par des granules offrant une circulation analogue à celle qui existe dans les articles des tiges) qui divergent en rayonnant pour se fixer au centre de chacune des cellules crénelées qui constituent l'enveloppe ; de la masse celluleuse terminant la cellule centrale naissent des tubes transparents, flexueux, cloisonnés, dont chaque article contient à la maturité un anthérozoïde filiforme, muni à son extrémité antérieure de longs cils, enroulé en spirale une ou plusieurs fois sur lui-même, doué de mouvements propres et finissant par s'échapper de l'article qui le renferme. — Sporanges oblongs, ovoïdes, ou ovoïdes-subglobuleux, couronnés par 5 dents ou 5 tubercules plus ou moins saillants ou peu distincts, à enveloppe incolore épaisse constituée par 5 lanières soudées entre elles enroulées en spirale et dont l'extrémité constitue les dents de la couronne, ne renfermant qu'une spore (Vaucher, Brongn., etc.) qui remplit leur cavité. Spore renfermant un très grand nombre de granules inégaux, striés.

Les Characées pénétrées d'incrustation calcaire habitent de préférence les eaux des terrains de formation calcaire ; les espèces à tige non incrustée croissent surtout dans les eaux des terrains siliceux ou alumineux. — Les *Nitella*, demandant pour leur développement des conditions toutes spéciales (1), sont souvent très abondants à une localité et ils en disparaissent ensuite pendant plusieurs années, jusqu'à ce que les circonstances qui leur sont favorables se reproduisent. — La dessiccation décolorant plus ou moins les anthéridies, d'ailleurs souvent caduques, il est beaucoup plus facile d'étudier les Characées sur la plante vivante que sur les échantillons d'herbier. — On peut, au moyen d'eau acidulée par de l'acide chlorhydrique, de l'acide acétique ou de l'acide azotique, faire disparaître la couche calcaire qui souvent rend l'étude des *Chara* et celle de certains *Nitella* assez difficile.

1. CHARA. — *Tiges à articles* ord. *composés d'un tube* central *entouré d'un rang de tubes plus étroits* disposés en spirale, *présentant* au-dessous des verticilles de ramuscules *des papilles involucrales plus ou moins développées. Anthéridies placées au-dessous des sporanges* chez les plantes monoïques.

2. NITELLA. — *Tiges* plus ou moins transparentes, *à articles composés d'un seul tube, ne présentant pas de papilles involucrales au-dessous des verticilles de ramuscules. Anthéridies* ord. *placées au-dessus des sporanges* dans les plantes monoïques.

(1) La difficulté que présentent la recherche et la préparation des Characées fait négliger par beaucoup de botanistes, d'ailleurs fort zélés, l'étude de ces végétaux, qui offre cependant un grand intérêt. C'est là, sans doute, l'une des causes de la rareté apparente de plusieurs espèces de cette famille, pour lesquelles nous ne pouvons indiquer qu'un nombre restreint de localités, et qui cependant seraient probablement trouvées sur d'autres points, si l'on mettait à leur recherche autant d'ardeur et d'assiduité qu'on en apporte à celle des Phanérogames et des autres Filicinées.

**1. CHARA** L. *Gen.* n. 1203 (ex parte); Agardh *Syst. Alg.* n. 48; A. Br. *Schw. Char.* in *Denkschr. Schw. Gesellsch.* X, 12; Wallm. *Monogr. Char.* in *Kongl. Vetensk.-Acad. Handl.* [1854] 275 et trad. franç. in *Act. Soc. Linn. Bord.* XXI, 39. — [CHARAGNE].

*Tiges* opaques, plus ou moins incrustées de matière calcaire, très fragiles surtout après la dessiccation, striées ou sillonnées, *à articles composés d'un tube central entouré d'un rang de tubes plus étroits* disposés en spirale (plus rarement transparentes et alors flexibles même après la dessiccation, non striées, à articles composés d'un seul tube), *présentant au-dessous des verticilles de ramuscules des papilles involucrales* développées ou peu distinctes. Ramuscules semblables à la tige ou à articles supérieurs réduits au tube central, les fructifères simples, portant les organes de la fructification au niveau d'involucres ord. composés de 4-8 ramuscules secondaires (bractées) rapprochés en verticille incomplet en dehors. *Anthéridies* ord. solitaires, *placées* dans les plantes monoïques immédiatement *au-dessous du sporange* et de l'involucre de bractées. Sporanges ord. solitaires au centre des involucres de bractées, oblongs ou ovoïdes-oblongs, à stries nombreuses (10-15), couronnés par 5 dents saillantes persistantes formées chacune d'une seule cellule.

1. **C. hispida** L. *Sp.* 1624; *Engl. bot.* t. 463; Wallr. *Ann. bot.* 187; Agardh *Syst. Alg.* 128; A. Br. in *Ann. sc. nat.* sér. 2, I, 355, in *Flora* [1835] 66, et *Schw. Char.* 17; *Illustr. fl. Par.* t. 38, B, f. 1-2; Kütz. *Sp. Alg.* 524, et *Tab. phyc.* VII, t. 65; Wallm., loc. cit. 308. — *C. spinosa* Rupr. *Symb. pl. Ross.* 83. — Vaill. in *Act. Acad. Par.* [1719] t. 3, f. 3. — [C. HISPIDE. — Vulg. *Grande-Charagne*].

*Plante monoïque. Tiges* de 3-10 décim., opaques, à incrustation ord. épaisse, *robustes, assez grosses, sillonnées-tordues*, grisâtres ou d'un gris verdâtre, *présentant* ord. surtout *dans leur partie supérieure de longues papilles* plus ou moins *fasciculées*, à articulations inférieures quelquefois renflées (Weddell). Papilles involucrales assez développées aciculées, disposées sur deux rangs. Ramuscules verticillés par 6-10, simples, à articles ord. tous munis d'une rangée de tubes extérieurs à l'exception des 1-2 supérieurs très courts réduits au tube central, portant à leur face interne au niveau des articulations des involucres (1) composés chacun de 4-8 bractées grêles aiguës dont les 2-5 intérieures plus longues dépassent plus ou moins les sporanges. Anthéridies plus grosses que celles des autres espèces, solitaires au-dessous des involucres. Sporanges solitaires au centre des involucres, plus gros que dans les autres espèces, ovoïdes, à 12-15 stries. — *Fruct.* mai-août.

Mares, canaux, étangs, petites rivières à courant peu rapide.

Var. α. *hispida.* (*C. hispida* A. Br., Rabenh. et Stizenb. *Char. exsicc.* n. 2 et 49).
— Tiges présentant seulement un petit nombre de fascicules de papilles ou n'en présentant un assez grand nombre que dans leur partie supérieure; côtes primaires (tubes extérieurs correspondant aux ramuscules et portant les papilles) déprimées. — *C C.*

(1) Dans la description des involucres nous n'avons pas compté au nombre des bractées les 2-3 ramuscules secondaires plus courts qui s'insèrent à la demi-circonférence extérieure des ramuscules fructifères, et qui, dirigés en dehors, ne concourent pas à la formation du système bractéal qui entoure le sporange.

Var. β. *pseudo-crinita* (A. Br. in *Ann. sc. nat.* sér. 2, I, 355; *Illustr. fl. Par.* t. 38, B, f. 3; Wallm., loc. cit. 311. — *C. pedunculata* Kütz. in *Flora* [1834] 706. — *C. sphondylophylla* Kütz. *Phyc. Germ.* 259, *Alg. Sp.* 525, et *Tab. phyc.* VII, t. 68. — *C. hispida* var. *dasyacantha* A. Br. *Schw. Char.* 18; Kütz. *Tab. phyc.* VII, t. 66. — *C. polyacantha* A. Br. in A. Br., Rabenh. et Stizenb. *Char. exsicc.* n. 48). — Tiges hérissées de nombreux fascicules de papilles; côtes primaires saillantes. — *A.R.*

2. **C. fœtida** A. Br. in *Ann. sc. nat.* sér. 2, I, 354, et in *Flora* [1835] 63; *Illustr. fl. Par.* t. 37. — *C. vulgaris* L. *Sp.* 1624 et auct. plurim. ex parte; Sm. *Fl. Brit.* 1, 4; *Engl. bot.* t. 336; Wallr. *Ann. bot.* 179; Agardh *Syst. Alg.* 128; Kütz. *Sp. Alg.* 523. — *C. vulgaris* et *C. funicularis* Thuill. *Fl. Par.* 471 et 473. — Vaill. in *Act. Acad. Par.* [1719] t. 3, f. 1. — [C. FÉTIDE. — Vulg. *Charagne, Charagne-commune, Herbe-à-écurer*].

*Plante monoïque. Tiges* de 1-5 décim., opaques, à incrustation ord. assez épaisse, *plus ou moins grêles*, striées, grisâtres ou d'un blanc grisâtre, plus rarement d'un gris verdâtre, *présentant ou non des papilles*. Papilles involucrales très petites ou peu distinctes. Ramuscules verticillés par 6-10, simples, à articles supérieurs stériles ord. réduits au tube central, portant à leur face interne au niveau des articulations des *involucres* composés ord. chacun *de 4 bractées obtuses dont les 2 intérieures* plus longues *dépassent plus ou moins les sporanges*. Anthéridies solitaires au-dessous de chacun des involucres. Sporanges solitaires au centre des involucres, ovoïdes-oblongs, à la fin noirâtres, à 12 stries. — *Fruct.* mai-août.

Var. α. *fœtida*. (*C. fœtida* A. Br. *Schw. Char.* 14). — *Tiges* présentant ou non des papilles, *à côtes primaires* (tubes extérieurs correspondant aux ramuscules et portant les papilles) *déprimées*. Ramuscules à articles supérieurs généralement réduits au tube central. *Bractées* au moins les deux intérieures beaucoup *plus longues que les sporanges*. — Eaux stagnantes, mares, fossés aquatiques, bords des étangs.

S.-v. *a. vulgaris*. (*C. fœtida* var. *vulgaris Illustr. fl. Par.* t. 37, f. 1. — Wallm., loc. cit. 304). — Tiges ord. d'un blanc grisâtre, dépourvues de papilles ou n'en présentant que quelques-unes. Bractées des involucres 1-3 fois plus longues que les sporanges. — *C C.*

S.-v. *b. longibracteata*. (*C. longibracteata* Kütz. in Rchb. *Fl. excurs.* 843; Wallm., loc. cit. 305. — *C. fœtida* var. *longibracteata Illustr. fl. Par.* t. 37, f. 7. — *C. vulgaris* var. *longibracteata* Kütz. *Sp. Alg.* 523. — *C. fœtida* var. *subinermis longibracteata* A. Br. in A. Br., Rabenh. et Stizenb. *Char. exsicc.* n. 7, 39 et 40). — Tiges ord. grisâtres ou d'un gris verdâtre, dépourvues de papilles ou n'en présentant que quelques-unes. Bractées dépassant très longuement les sporanges. — *A.C.*

S.-v. *c. subhispida*. (*C. fœtida* var. *subhispida* A. Br. in *Flora* [1835] 64, et in A. Br., Rabenh. et Stizenb. *Char. exsicc.* n. 41. — *C. vulgaris* var. *papillata* Wallr. *Ann. bot.* 183. — *C. vulgaris* var. *intermedia* Agardh *Syst. Alg.* 129. — *C. fœtida* var. *papillaris Illustr. fl. Par.* t. 37, f. 6. — *C. vulgaris* var. *subhispida* Kütz. *Phyc. Germ.* 258, et *Sp. Alg.* 523. — *C. longibracteata* var. *subhispida* Wallm., loc. cit. 306). — Tiges chargées de papilles caduques. — *A.C.*

S.-v. *d. densa*. (*C. fœtida* var. *densa Illustr. fl. Par.* t. 37, f. 8). — Tiges présentant ou non des papilles. Ramuscules ord. courts, en verticilles rapprochés et condensés. — *A.C.* — Fossés tourbeux presque à sec.

Ces sous-variétés, dont les types extrêmes sont seuls assez tranchés, se relient par une série d'intermédiaires non interrompue.

Var. β. *contraria*. (*C. contraria* A. Br.! *Schw. Char.* 15, et in A. Br., Rabenh. et Stizenb. *Char. exsicc.* n. 37 et 38; Kütz. *Phyc. Germ.* 258, *Sp. Alg.* 523, et *Tab. phyc.* VII, t. 61; Wallm., loc. cit. 304. — *C. fœtida* var. *hispidula* *Fl. Par.* éd. 1, 680, et *Illustr. fl. Par.* t. 37, f. 5). — *Tiges* présentant des papilles plus ou moins nombreuses, *à côtes primaires saillantes*. Ramuscules à articles ord. tous munis d'une rangée de tubes extérieurs entourant le tube central. *Bractées dépassant peu les sporanges.* — R. — Mares de la forêt de Senart (*Weddell*). Mare-aux-Évées dans la forêt de Fontainebleau (*Roussel*).

Cette variété n'a encore été constatée aux environs de Paris qu'aux deux localités citées, mais il est probable qu'on la rencontrera sur d'autres points lorsqu'elle sera bien connue.

**3. C. fragilis** Desv. in Lois. *Not.* 137; A. Br. in *Ann. sc. nat.* sér. 2, I, 356, et in *Flora* [1835] 68; *Illustr. fl. Par.* t. 38, c; Kütz. *Sp. Alg.* 521; Thuret in *Ann. sc. nat.* sér. 3, XVI, t. 8; Wallm., loc. cit. 320; A. Br., Rabenh. et Stizenb. *Char. exsicc.* n. 13. — *C. vulgaris* L. *Sp.* 1624 et *herb.* (sec. cl. Weddell); Thuill. *Fl. Par.* 472. — *C. globularis* Thuill. *Fl. Par.* 472. — *C. pulchella* Wallr. *Ann. bot.* 184, t. 2; Agardh *Syst. Alg.* 129. — *C. vulgaris* var. *viridior* et var. *pulchella* Whlnbg *Fl. Succ.* 691. — [C. FRAGILE].

*Plante monoïque. Tiges* de 2-6 décim., opaques, peu incrustées, *grêles*, finement striées, ord. vertes, *ne présentant pas de papilles*. Papilles involucrales disposées sur deux rangs, très petites, souvent indistinctes. Ramuscules verticillés par 6-10, simples, à articles ord. tous munis d'une rangée de tubes extérieurs à l'exception du supérieur court souvent réduit au tube central, portant à leur face interne au niveau des articulations des *involucres* composés chacun ord. *de 4 bractées généralement plus courtes que les sporanges*. Anthéridies solitaires au-dessous de chacun des involucres. Sporanges solitaires au centre des involucres, ovoïdes-oblongs, à la fin noirâtres, à 12-15 stries. — *Fruct.* mai-août.

*CC.* — Mares, eaux stagnantes, fossés aquatiques, bords des étangs.

S.-v. *elongata*. (*C. fragilis* var. *elongata* Coss., G. de St-P. et Wedd. *Cat. rais. Par.* 152; *Fl. Par.* éd. 1, 680; Kütz. *Sp. Alg.* 521.—*C. Hedwigii* Agardh *Syst. Alg.* 129. — *C. fragilis* var. *Hedwigii* Kütz. *Phyc. gen.* 319; Wallm., loc. cit. 320. — *C. fragilis* var. *major longifolia* A. Br. in A. Br., Rabenh. et Stizenb. *Char. exsicc.* n. 14). — Tiges et ramuscules très allongés, souvent presque stériles. — Eaux courantes.

S.-v. *capillacea*. (*C. capillacea* Thuill. *Fl. Par.* 474. — *C. pulchella* var. *capillacea* Wallr. *Fl. crypt.* II, 109. — *C. fragilis* var. *capillacea* Coss., G. de St-P. et Wedd. *Cat. rais. Par.* 152; *Fl. Par.* éd. 1, 680. — *C. fragilis* var. *capillaris* Kütz. *Sp. Alg.* 521. — *C. fragilis* var. *tenuifolia* A. Br. in A. Br., Rabenh. et Stizenb. *Char. exsicc.* n. 15). — Tiges et rameaux très grêles, presque capillaires, ne présentant pas d'incrustation.

S.-v. *longibracteata* (A. Br. in *herb.* — *C. fragilis* var. *virgata* et *trichodes* Kütz. *Sp. Alg.* 521. — *C. capillacea* Wallm., loc. cit. 330). — Bractées des involucres dépassant assez longuement les sporanges.

4. **C. aspera** Willd. in *Berl. Mag.* III, 298 ; Wallr. *Ann. bot.* 185, t. 6, f. 3 ;
 Agardh *Sp. Alg.* 130 ; A. Br. in *Ann. sc. nat.* sér. 2, I, 356, et in *Flora*
 [1835] 71 ; *Illustr. fl. Par.* t. 38, D ; Kütz. *Sp. Alg.* 521 ; Wallm., loc.
 cit. 322 ; Bill. *Exsicc.* n. 1984 ; A. Br., Rabenh. et Stizenb. *Char. exsicc.*
 n. 11, 12 et 50. — *C. intertexta* et *C. delicatula* Desv. ap. Lois. *Not.* 137
 et 138. — [ C. RUDE ].

*Plante dioïque. Tubes de la partie souterraine émettant au niveau des
articulations 2-3 plus rarement 4 bulbilles globuleux lisses isolés* ou un
peu cohérents à la face interne constitués chacun par une seule cellule amy-
lophore. *Tiges* de 1-3 décim., opaques, ord. assez fortement incrustées,
*très grêles*, striées, grisâtres, *hérissées de longues papilles dans leur partie supérieure* et de papilles plus courtes dans le reste de leur longueur.
Papilles involucrales petites ou peu distinctes. Rameaux verticillés ord. par
6-8, simples, à articles tous munis d'une rangée de tubes extérieurs à l'exception du supérieur court réduit au tube central, portant à leur face interne
au niveau des articulations des involucres composés chacun de 4-6 bractées
dépassant plus ou moins les sporanges. Anthéridies solitaires au niveau de
chacun des involucres. Sporanges solitaires au centre des involucres, ovoïdes,
à 10-12 stries. — *Fruct.* mai-août.

*R R.* — Eaux stagnantes, fossés et étangs sablonneux-tourbeux. — Lac de
Morfontaine en face de l'île Molton (*Decaisne*). Marais de Sceaux ! près Château-
Landon. — Indiqué à Palaiseau (*Thuill.* Fl. Par.).

2. **NITELLA** Agardh *Syst. Alg.* 27. excl. sp. plur. ; A. Br. *Schw. Char.* in
 *Denkschr. Schw. Gesellsch.* X ; Wallm. *Monogr. Char.* in *Kongl. Vetensk.-
 Acad. Handl.* [1854] 237 et trad. franç. in *Act. Soc. Linn. Bord.* XXI, 9.
 — [ NITELLE ].

*Tiges* transparentes non incrustées, ou plus rarement incrustées de matière calcaire, flexibles après la dessiccation lorsqu'elles ne sont pas incrustées,
non striées, *à articles composés d'un seul tube, ne présentant pas de papilles involucrales au-dessous des verticilles de ramuscules.* Ramuscules
semblables à la tige ; les fructifères une ou plusieurs fois 2-7-furqués portant les organes de la fructification au niveau de leurs angles de division,
plus rarement simples et portant les organes de la fructification au niveau
de leurs articulations munies ou non de ramuscules secondaires (bractées)
rapprochés en involucres. *Anthéridies* ord. solitaires et occupant les angles
de division des rameaux ou le centre des involucres, *placées* ord. *au-dessus
des sporanges* dans les plantes monoïques. Sporanges solitaires ou plusieurs
groupés, placés immédiatement au-dessous des angles de division ou des
involucres, très rarement au centre des involucres (dans les espèces dioïques),
ovoïdes ou ovoïdes-subglobuleux, à stries peu nombreuses (4-6 rarement 7-9),
couronnés par 5 dents caduques obtuses souvent peu distinctes formées
chacune de deux cellules superposées (A. Br.).

Sect. 1. *CAUDATÆ.* — *Ramuscules simples ou donnant naissance au niveau de
 leurs articulations à des ramuscules secondaires* (bractées) *plus courts et plus
 grêles que leur extrémité ; bractées disposées ord. par 2-6 en forme d'involucre,
 simples ou présentant à leurs articulations inférieures des bractées secondaires.
 Anthéridies et sporanges naissant au niveau des involucres de bractées primaires
 ou secondaires.* — (1-3).

892 CHARACÉES. — NITELLA.

Sect. II. *FURCATÆ.* — *Ramuscules une ou plusieurs fois 2-7-furqués, plus rarement simples, ne donnant pas naissance au niveau de leurs articulations à des involucres de bractées. Anthéridies et sporanges naissant au niveau des angles de division des ramuscules ou au niveau de leurs articulations et dépourvus d'involucre,* quelquefois terminaux et alors les anthéridies entourées de ramuscules courts en forme de bractées.

§ 1. *Plantes dioïques.* — (4-5).

§ 2. *Plantes monoïques.* — (6-10).

Sect. I. CAUDATÆ. — Ramuscules simples ou donnant naissance au niveau de leurs articulations à des ramuscules secondaires (bractées) plus courts et plus grêles que leur extrémité ; bractées disposées ord. par 2-6 en forme d'involucre, simples, ou présentant à leurs articulations inférieures des bractées secondaires. Anthéridies et sporanges naissant au niveau des involucres de bractées primaires ou secondaires.

1. **N. stelligera** Coss. et G. de St-P. *Fl. Par.* éd. 1, 681, et *Illustr. fl. Par.* t. 41, 6 ; Kütz. *Phyc. Germ.* 255, *Sp. Alg.* 518, et *Tab. phyc.* VII, t. 27, f. 1 ; Wallm., loc. cit. 267. — *Chara stelligera* Bauer *herb.* et ap. Mœssl. *Handb.* ed. 3, III, 1665 ; A. Br.! in *Ann. sc. nat.* sér. 2, 1, 352, in *Flora* [1835] 55, et in A. Br., Rabenh. et Stizenb. *Char. exsicc.* n. 1. — *C. obtusa* Desv. in Lois. *Not.* 136. — *C. translucens* var. *stelligera* Rchb. et Bauer in Rchb. *Crit.* IX, t. 803, f. 1087. — Var. Tiges et rameaux plus épais (plante méridionale) : *C. ulvoides* Bert. in Amici *Descriz.* 21, et *Fl. It.* X, 21. *C. translucens* Rchb. *Fl. excurs.* 148 non Pers., et *Crit.* IX, t. 804, f. 1086. *Nitella ulvoides* Kütz. *Phyc. gen.* 318 ; Wallm., loc. cit. 268. *N. Bertolonii* Kütz. *Tab. phyc.* VII, t. 26, f. 2. *N. stelligera* var. *ulvoides* Kütz. *Sp. Alg.* 518. *Chara stelligera* var. *ulvoides* A. Br. in A. Br., Rabenh. et Stizenb. *Char. exsicc.* n. 34. — [N. A ÉTOILES].

*Plante dioïque. Tiges* de 2-12 décim., assez roides, ord. assez épaisses, d'un beau vert et transparentes, ou opaques couvertes d'une couche calcaire mince, *à articulations inférieures* et souterraines *présentant* toutes ou la plupart *un bulbille; bulbilles* blancs *crustacés,* composés de nombreuses cellules amylophores, *formant autour du tube un anneau* épais *mamelonné à 5-7 lobes* (émettant quelquefois chacun un ramuscule non modifié) allongés *divergents en étoile régulière ou saillants en forme de côtes. Ramuscules* disposés par 4-8 en verticilles lâches, *à 2-5 articles* l'article inférieur ord. très long, simples ou plus ord. *l'articulation qui termine le premier article et la supérieure du deuxième article présentant 1-2 bractées; bractées* simples, courtes ou allongées, ord. inégales, *composées d'un seul article,* moins épaisses et ord. plus courtes que l'extrémité du ramuscule ; les ramuscules et les bractées brusquement et brièvement apiculés au sommet. Anthéridies géminées au niveau des involucres de bractées (d'après les planches de M. Reichenbach). Sporanges ovoïdes, à 5 stries, solitaires au niveau des involucres (d'après le dessin de M. Weddell reproduit dans notre *Atlas*). — *Fruct.* juillet-octobre.

*RRR.* — Eaux profondes limpides, canaux et rivières à fond sablonneux. — Trouvé une fois dans la Seine au Bas-Meudon (*A. Brongniart*). Chantilly (*Thuill.* herb. in herb. Delessert). Dans le canal du Loing à Nemours (*Mérat*), et à Moret (*Weddell*).

Cette plante fructifie très rarement, ses organes habituels de propagation étant les bulbilles de sa partie souterraine. D'après une note de M. A. Braun dans notre herbier, elle devrait, malgré les caractères de port qui la rattachent au genre *Nitella*, être rapportée au genre *Chara*, les dents qui couronnent le sporange étant formées d'une seule cellule. — Le *Chara ulvoides* Bert. n'est qu'une variété méridionale à tiges et à rameaux plus épais. La plante qui existe aux environs de Bordeaux, dans les marais près de l'allée Boulaut, est intermédiaire entre les deux variétés.

**2. N. glomerata** Coss. et G. de S<sup>t</sup>-P. *Fl. Par.* éd. 1, 681, et *Illustr. fl. Par.* t. 41, H quoad habitum imperfecta (1); Kütz. *Sp. Alg.* 517; Wallm., loc. cit. 270; A. Br., Rabenh. et Stizenb. *Char. exsicc.* n. 17. — *Chara glomerata* Desv. in Lois. *Not.* 135; A. Br. in *Flora* [1835] 55. — *C. nidifica* Sm. *Engl. bot.* t. 1703. — [ N. AGGLOMÉRÉE].

*Plante monoïque.* Tiges de 1-4 décim., assez roides, vertes ou verdâtres, presque transparentes, ou opaques couvertes d'une couche calcaire plus ou moins épaisse et fragiles. Ramuscules verticillés ord. par 6-8 ; *verticilles primaires* ord. stériles, lâches, *à ramuscules ord.* à 3 articles et *n'émettant pas de bractées* ; *verticilles fertiles* rapprochés en têtes assez grosses terminant la tige et les rameaux primaires ou des rameaux secondaires courts, *à ramuscules* ord. à 4 articles *présentant au niveau de leurs articulations inférieures 3-4 bractées* ; *bractées* presque égales, *composées de 3-4 articles,* moins épaisses et plus courtes que l'extrémité du ramuscule, *simples ou celles de l'articulation inférieure présentant* inférieurement *des bractées secondaires* ; *les ramuscules et les bractées presque obtus au sommet.* Anthéridies ord. pédicellées et solitaires au niveau des involucres de bractées, placées au-dessus des sporanges. *Sporanges* ovoïdes, à 4-5 stries peu prononcées, un peu pédicellés ou subsessiles, *réunis par 2-5* — *Fruct.* mars-mai.

RRR. — Mares, étangs, eaux stagnantes. — Antony ( *Thuill.* herb.). Bondy (herb. *Maire*). — Cette espèce n'a pas été observée récemment dans nos environs.

**3. N. intricata** Agardh *Syst. Alg.* 122; A. Br., Rabenh. et Stizenb. *Char. exsicc.* n. 18 et 33 ; Bill. *Exsicc.* n. 1393 et *bis.* — *Chara intricata* Roth *Cat.* I, 125. — *C. fasciculata* Amici *Descriz.* 16, t. 5, f. 3. — *C. polysperma* A. Br. in *Ann. sc. nat.* sér. 2, 1, 352 (excl. syn.), et in *Flora* [1835] 56. — *Nitella polysperma* Kütz. *Phyc. Germ.* 255; Wallm., loc. cit. 269. — *N. fasciculata* A. Br. *Schw. Char.* 11 ; Kütz. *Sp. Alg.* 517, et *Tab. phyc.* VII, t. 36. — *N. glomerata Illustr. fl. Par.* in adnot. expl. tab. 41. — [ N. INTRIQUÉE.]

*Plante monoïque.* Tiges de 1-5 décim., assez roides, vertes ou verdâtres, presque transparentes, ou opaques couvertes d'une couche calcaire plus ou moins épaisse et fragiles. Ramuscules verticillés ord. par 6-14, composés de plusieurs articles ; *verticilles primaires* ord. stériles lâches, *à ramuscules présentant ord. à une ou plusieurs de leurs articulations* inférieures 2-4 *bractées* ; *bractées composées de plusieurs articles,* plus grêles et plus courtes que l'extrémité du ramuscule ; *verticilles fertiles* rapprochés en têtes assez grosses terminant la tige et les rameaux primaires ou des rameaux secondaires courts, *à ramuscules semblables* pour le reste à ceux des verticilles stériles *mais à bractées présentant la plupart* elles-mêmes au niveau de leurs articulations inférieures 4-6 *bractées secondaires* ; *les ramuscules et les bractées atténués au*

_________________

(1) La note donnée à la suite de l'explication des figures se rapporte au *N. intricata.*

*sommet ou apiculés*. Anthéridies pédicellées, peu nombreuses, n'existan tsouvent qu'à la première articulation des ramuscules, solitaires ou géminées au niveau des involucres de bractées et de bractées secondaires, placées au-dessus des sporanges ou presque entourées par les sporanges. *Sporanges* ovoïdes-subglobuleux, à 4-6 stries peu prononcées, pédicellés ou subsessiles, *réunis par 2-8 au niveau des involucres de bractées primaires ou secondaires.* — *Fruct.* mars-mai.

*RRR.* — Mares, eaux stagnantes, fossés aquatiques. — Mares du bois de Lognes ! près Lagny (*Thuret*, 1845).

Cette plante est très voisine du *N. glomerata*, bien que sous sa forme typique elle en diffère beaucoup par le port ; aussi n'est-il pas impossible, ainsi que M. A. Braun nous l'a fait observer, qu'elle ne soit qu'une variété remarquable de cette espèce.

Sect. II. FURCATÆ. — Ramuscules une ou plusieurs fois 2-7-furqués, plus rarement simples ne donnant pas naissance au niveau de leurs articulations à des involucres de bractées. Anthéridies et sporanges naissant au niveau des angles de division des ramuscules, ou au niveau de leurs articulations et dépourvus d'involucre, quelquefois terminaux et alors les anthéridies entourées de ramuscules courts en forme de bractées.

§ 1. Plantes dioïques.

4. **N. syncarpa** Chevall. *Fl. Par.* 125. — *Chara syncarpa* Thuill. *Fl. Par.* 473; Rchb. *Crit.* VIII, t. 799, f. 1076-1078 ; A. Br. in *Flora* [1835] 51. — *Nitella syncarpa* var. α *Fl. Par.* éd. 1, 682, et *Illustr. fl. Par.* t. 39, f. 1-6 quoad sporangia imperfecta. — *N. syncarpa* var. α *laxa longifolia* Kütz. *Sp. Alg.* 514. — *N. syncarpa* var. *leiopyrena* A. Br. *Schw. Char.* 7. — *N. capitata* Wallm., loc. cit. 265 ex parte (non Agardh). — [N. A FRUITS AGRÉGÉS].

*Plante dioïque.* Tiges de 2-4 décim., grêles, ord. d'un beau vert, transparentes, ou un peu opaques couvertes d'une couche calcaire mince. *Ramuscules* verticillés par 6-10, *aigus ; verticilles primaires* souvent stériles lâches *à ramuscules* allongés *simples ou bifurqués chez les individus mâles, le plus souvent simples chez les individus femelles ;* verticilles secondaires fertiles moins lâches ou condensés en glomérules. *Anthéridies entourées de mucilage, solitaires au niveau de l'angle de division des ramuscules ou plus ord. paraissant terminer les ramuscules très courts de verticilles groupés en glomérules compactes portés par des rameaux secondaires très courts, les ramuscules des glomérules divisés au sommet en 2-3 ramuscules secondaires très courts en forme de bractées. Sporanges* ovoïdes, *à 5-7 stries à peine distinctes, réunis ord. par 2-5 vers la partie moyenne des ramuscules simples ou à l'angle de division des ramuscules bi-trifurqués.* — *Fruct.* juillet-septembre.

*RR.* — Eaux stagnantes, fossés aquatiques, mares des bois, étangs. — Malenoue ! près Lagny (*Thuret*). Mares des Uzelles de Draveil dans la forêt de Senart (*Weddell*). — *Graves* Cat. Oise : étangs d'Ermenonville ; grand canal de Chantilly.

Le *N. capitata* Agardh (*Syst. Alg.* 125 ; A. Br., Rabenh. et Stizenb. *Char. exsicc.* n. 26 et 28. — *Chara capitata* Nees in *Denkschr. bot. Gesellsch.* II, 64,

t. 6. — *Nitella syncarpa* var. *oxygyra* A. Br. *Schw. Char.* 7 ; Bill. *Exsicc.*
n. 1987) n'a pas encore été observé aux environs de Paris, bien qu'il ait été
trouvé en France à plusieurs localités. D'après M. A. Braun, il se distinguerait
par les caractères suivants du *N. syncarpa* dont il est très voisin. Il germe dès
l'automne, passe l'hiver et fructifie souvent au premier printemps, tandis que le
*N. syncarpa* germe au printemps et fructifie à la fin de l'été ou en automne; les
ramuscules de la plante femelle sont bifurqués, tandis qu'ils sont presque toujours
simples dans le *N. syncarpa* ; le sporange présente des stries saillantes, tandis
qu'elles sont à peine distinctes dans le *N. syncarpa*.

5. **N. opaca** Agardh *Syst. Alg.* 124 ; Wallm., loc. cit. 264 ; A. Br., Rabenh. et
Stizenb. *Char. exsicc.* n. 29. — *Chara flexilis* Sm. *Engl. bot.* t. 1070
excl. syn. — *Nitella pedunculata* et *N. læta* Agardh *Syst. Alg.* 127. —
*Chara syncarpa* Rchb. *Crit.* VIII, t. 797-798, f. 1073-1074 non Thuill.
— *C. syncarpa* var. *opaca* A. Br. in *Flora* [1835] 52. — *C. syncarpa*
var. *pseudo-flexilis* A. Br., loc. cit. 51.— *C. syncarpa* var. *Smithii* Coss.,
G. de S^t-P. et Wedd. *Cat. rais. Par.* 151. — *Nitella syncarpa* var. *Smithii*
*Fl. Par.* éd. 1, 682, et *Illustr. fl. Par.* t. 39, f. 7-12. — *N. syncarpa* var.
*opaca* Kütz. *Phyc. Germ.* 256. — *N. syncarpa* var. *glomerata* A. Br.
*Schw. Char.* 7. — *N. syncarpa* var. *pachygyra* A. Br., loc. cit. — *N.*
*atrovirens* Wallm., loc. cit. 263. — *N. syncarpa* var. Kütz. *Sp. Alg.* 514.
— [ N. OPAQUE ].

*Plante dioïque.* Tiges de 2-6 décim., souvent moins grêles que dans le
*N. syncarpa*, d'un vert brunâtre ou à la fin jaunâtre, transparentes ou à
peine opaques et couvertes d'une couche calcaire mince. *Ramuscules* verticillés par 6-10, *aigus* ; *verticilles primaires* souvent stériles, lâches, *à*
*ramuscules bi-trifurqués chez les individus des deux sexes* ; verticilles
secondaires fertiles moins lâches ou condensés en glomérules. *Anthéri-*
*dies* assez grosses, *non entourées de mucilage, solitaires au niveau de*
*l'angle de division des ramuscules, ou paraissant terminer les ramus-*
*cules courts de verticilles* groupés *en glomérules* peu compactes portés par
des rameaux secondaires courts, *les ramuscules des glomérules divisés au*
*sommet en 3 plus rarement 2 ramuscules secondaires courts en forme de*
*bractées. Sporanges* ovoïdes ou ovoïdes-subglobuleux, *à 5-6 stries épaisses*
*saillantes, réunis* ord. *par 2-3* plus rarement par *4 à l'angle de division des*
*ramuscules bi-trifurqués.* — *Fruct.* mai-juillet.

*R.* — Fossés des marais tourbeux, mares des bois, ruisseaux à courant peu
rapide et à fond sablonneux, étangs. — Mares près de l'étang du Trou-salé ! près
Versailles. Mares de la forêt de Fontainebleau (*Weddell*).

Le *N. opaca* se rapproche beaucoup par le port du *N. Brongniartiana*, et, lorsqu'il
n'est pas fructifié, il pourrait facilement être confondu avec lui.

### § 2. Plantes monoïques.

6. **N. translucens** Agardh *Syst. Alg.* 124 ; *Illustr. fl. Par.* t. 40, B ; Kütz. *Sp.*
*Alg.* 513, et *Tab. phyc.* VII, t. 26, f. 1 ; Wallm., loc. cit. 259 ; A. Br.,
Rabenh. et Stizenb. *Char. exsicc.* n. 19. — *Chara translucens* Pers. *Syn.*
*pl.* II, 531 ; *Engl. bot.* t. 1855 ; A. Br. in *Ann. sc. nat.* sér. 2, I, 352,
et in *Flora* [1835] 50. — *C. flexilis* Thuill. *Fl. Par.* 472 ; DC. *Fl. Fr.* II,
586, et V, 246. — Vaill. in *Act. Acad. Par.* [1719] 47, t. 3, f. 8-9. —
[N. TRANSPARENTE ].

*Plante monoïque.* Tiges de 3-10 décim., assez épaisses, roides, d'un vert gai et luisant, transparentes présentant quelquefois une couche calcaire mince disposée par anneaux. Ramuscules verticillés par 4-8 ; *verticilles primaires lâches, à ramuscules épais* ord. inégaux *simples, obtus, stériles, terminés par 1-5 pointes très petites aciculées*, ou quelques-uns *fertiles* et portant des verticilles secondaires ; *verticilles secondaires fertiles très petits, à ramuscules terminés chacun par 5 ramuscules secondaires très courts en forme de bractées, rapprochés en têtes* subglobuleuses *très petites* portées par des rameaux secondaires souvent très courts. *Anthéridies solitaires au centre de l'involucre formé par les 5 ramuscules secondaires en forme de bractées* qui terminent chaque ramuscule. *Sporanges* ovoïdes-subglobuleux, à 5-7 stries, *réunis par 2-5 immédiatement au-dessous des involucres terminaux.* — *Fruct.* mai-septembre.

*A.R.* — Mares et étangs à fond sablonneux, eaux stagnantes. — Étang de Villebon ! dans le bois de Meudon (*Adr. de Jussieu*). Mares des Uzelles de Draveil ! dans la forêt de Senart (*Adr. de Jussieu*). Forêt de Fontainebleau (*Weddell*) : mares de Bellecroix (*A. Jamain*). Aigremont près Poissy (*de Schœnefeld*); Sérans près Magny (*Bouteille*) ; Fleurines !; Pont-Sainte-Maxence !. Montfort-l'Amaury !; Saint-Léger (*Weddell*). — *Graves Cat.* Oise : étangs d'Ermenonville, de Morfontaine, du Plessis-Villette près Pont-Sainte-Maxence, de Duvy près Crépy-en-Valois ; Villers-Saint-Barthélemy ; pays de Bray ; tourbières de Rue-Saint-Pierre.

7. **N. Brongniartiana** Coss. et G. de St-P. *Fl. Par.* éd. 1. 682, et *Illustr. fl. Par.* t. 40, c. — *Chara flexilis* auct. plur. non Thuill., non DC., non Sm., non Rchb., nec L. ut videtur ; Schk. *Bot. Handb.* t. 280 ; A. Br. in *Ann. sc. nat.* sér. 2, I, 349, et in *Flora* [1835] 50 ; F. Schultz *Fl. Gall. et Germ. exsicc.* cent. 4, n. 92 et *bis.* — *Nitella flexilis* Agardh *Syst. Alg.* 124 excl. syn. ; Kütz. *Phyc. Germ.* 256, *Sp. Alg.* 514, et *Tab. phyc.* VII, t. 32, f. 2 ; A. Br. *Schw. Char.* 8, et in A. Br., Rabenh. et Stizenb. *Char. exsicc.* n. 22, 22*b* et 23 ; Wallm., loc. cit. 261 ; Bill. *Exsicc.* n. 1988.— *Chara Brongniartiana* Wedd. in Coss., G. de St-P. et Wedd. *Cat. rais. Par.* 152. — *C. commutata* Rupr. *Symb. pl. Ross.* 77. — [N. DE BRONGNIART].

*Plante monoïque.* Tiges de 2-5 décim., assez grêles, d'un vert plus ou moins foncé quelquefois presque brunâtre, transparentes. *Ramuscules* verticillés ord. par 6, *bifurqués ou plus rarement trifurqués, à divisions simples aiguës non mucronées* ; verticilles primaires lâches à rameaux allongés, les secondaires peu différents ou à ramuscules courts rapprochés en glomérules peu serrés. *Anthéridies solitaires au niveau de l'angle de division des ramuscules. Sporanges* ovoïdes-subglobuleux, à 5-6 stries, *solitaires* rarement géminés *au niveau de l'angle de division des ramuscules*, ord. insérés avec une anthéridie au-dessous de laquelle ils sont placés. — *Fruct.* mai-août.

*R.* — Fossés des marais tourbeux, ruisseaux à courant peu rapide et à fond sablonneux, mares, étangs. — Cette plante, qui n'avait encore été indiquée que vaguement aux environs de Paris, a été trouvée à plusieurs localités des env. de Rambouillet : fossés de dessèchement dans l'ancien étang du Serisaye ! (*Thuret et de Schœnefeld*, 4 mai 1850), fossés au bord de l'étang de Guipereux ! ; ancien étang de Gambaiseuil ! près Montfort-l'Amaury.

8. **N. mucronata** Coss. et G. de St-P. *Fl. Par.* éd. 1, 683, et *Illustr. fl. Par.* t. 40, D ; Kütz. *Phyc. Germ.* 256, *Sp. Alg.* 514, et *Tab. Phyc.* VII, t. 33 ; A. Br., Rabenh. et Stizenb. *Char. exsicc.* n. 30 et 30*b* ; Wallm., loc. cit.

253. — *Chara furcata* Amici *Descriz.* 14 (non Roxb.). — *C. flexilis* Bauer in Rchb. *Fl. Germ. exsicc.* n. 98 ; Rchb. *Crit.* VIII, t. 795, f. 1071. — *C. mucronata* A. Br. in *Ann. sc. nat.* sér. 2, 1, 351, et in *Flora* [1835] 52. — *Nitella flabellata* et *N. Norvegica* Wallm., loc. cit. 249 et 252. — *Chara brevicaulis* Bert. *Fl. It.* X, 19. — [N. MUCRONÉE].

*Plante monoïque. Tiges de 2-5 décim.*, assez grêles, d'un vert gai, transparentes. *Ramuscules* verticillés par 4-8, *5-5-furqués, à divisions elles-mêmes la plupart une ou deux fois 2-4-furquées non capillaires dressées, les divisions terminales* souvent articulées vers leur partie moyenne *mucronées et plus courtes que les inférieures;* verticilles primaires lâches à rameaux allongés, les secondaires peu différents ou à ramuscules courts rapprochés en glomérules plus ou moins serrés. Anthéridies solitaires au niveau des angles de division des ramuscules. *Sporanges* ovoïdes-subglobuleux, à 5-6 stries, *solitaires au niveau des angles de division des ramuscules* placés ord. au-dessous de l'anthéridie. — *Fruct.* juin-septembre.

R. — Mares, eaux stagnantes, rivières à courant peu rapide. — Dans la Seine au Bas-Meudon (*A. Brongniart*). Mares de l'étang du Trou-salé (*Weddell*). Ermenonville (*A. Braun, Decaisne*). Forêt de Senart (*Weddell*). Nemours (*Weddell, Devilliers*); Toury! et Thurelles! près Dordives. — *Graves* Cat. Oise : grand lac d'Ermenonville ; étang du Parc-aux-dames.

Var. α. *mucronata.* (*N. mucronata* var. *flabellata* Fl. Par. éd. 1, 683, et *Illustr. fl. Par.* t. 40, D, f. 1-3). — Ramuscules des verticilles fructifères assez longs même les supérieurs.

Var. β. *heteromorpha* (*Illustr. fl. Par.* t. 40, D, f. 4-5; Kütz. *Phyc. Germ.* 156, et *Sp. Alg.* 514 ; Wallm., loc. cit. 253. — *Chara flexilis* var. *nidifica* Rchb. *Crit.* VIII, t. 796, f. 1072. — *C. mucronata* var. *heteromorpha* A. Br. in *Ann. sc. nat.* sér. 2, I, 351, et in *Flora* [1835] 52 ; Coss., G. de St-P. et Wedd. *Cat. rais. Par.* 151. — *Nitella flabellata* var. *nidifica* Wallm., loc. cit. 250). — Ramuscules de la plupart des verticilles fructifères courts rapprochés en glomérules plus ou moins serrés.

9. **N. gracilis** Agardh *Syst. Alg.* 125 ; *Illustr. fl. Par.* t. 41, E ; Kütz. *Sp. Alg.* 515, et *Tab. phyc.* VII, t. 34, f. 1 ; F. Schultz *Fl. Gall. et Germ. exsicc.* cent. 4, n. 91 et *bis* ; Wallm., loc. cit. 247; A. Br., Rabenh. et Stizenb. *Char. exsicc.* n. 24. — *Chara gracilis* Sm. *Engl. bot.* t. 2140; Rchb. *Crit.* VIII, t. 793, f. 1069 ; A. Br. in *Ann. sc. nat.* sér. 2, I, 351, et in *Flora* [1835] 53. — [N. GRÊLE].

*Plante monoïque. Tiges de 1-3 décim., très grêles,* d'un vert gai, transparentes. *Ramuscules* verticillés par 4-7, *5-4-furqués, à divisions elles-mêmes la plupart une ou deux fois 2-4-furquées capillaires étalées divergentes, les divisions terminales* ord. articulées à leur partie moyenne *mucronées et plus courtes que les inférieures;* verticilles lâches même les fructifères. Anthéridies solitaires au niveau des angles de division des ramuscules. *Sporanges* ovoïdes-subglobuleux, à 4-5 stries, *solitaires au niveau des angles de division des ramuscules* placés ord. au-dessous de l'anthéridie. — *Fruct.* avril-mai et automne.

RR. — Mares et fossés à fond sablonneux, eaux stagnantes. — Très abondant dans les fossés tourbeux qui avoisinent l'étang de Grand-moulin ! près Senlisse. Forêt de Fontainebleau : abondant dans les fossés de la Mare-aux-Évées (herb. *A. Brongniart, Weddell*).

**10. N. tenuissima** Coss. et G. de St-P. *Fl. Par.* éd. 1, 683, et *Illustr. fl. Par.* t. 41, F ; Kütz. *Phyc. Germ.* 256, *Sp. Alg.* 515, et *Tab. phyc.* VII, t. 34, f. 2 ; Wallm., loc. cit. 246 ; Bill. *Exsicc.* n. 1985 et *bis.* — *Chara tenuissima* Desv. *Journ. bot.* II, 313 ; Rchb. *Crit.* VIII, t. 791-792, f. 1065-1068. — [N. menue].

*Plante monoïque. Tiges* de 5-30 centim., *capillaires*, d'un vert ord. foncé, *transparentes. Ramuscules* verticillés par 5-8, courts, *en verticilles compactes subglobuleux enduits de mucilage* simulant des grains de chapelet, 3-7-*furqués, à divisions elles-mêmes deux fois divisées* en d'autres *divisions étalées-divergentes* dans tous les sens, *les divisions terminales mucronées plus longues que les inférieures* ; verticilles ord. tous semblables. *Anthéridies* solitaires au niveau des angles de division des ramuscules. *Sporanges* ovoïdes-subglobuleux, à 7-9 stries, *solitaires au niveau des angles de division des ramuscules* placés ord. au-dessous de l'anthéridie. — *Fruct.* mai-août.

R. — Croissant en touffes dans les eaux limpides des marais tourbeux. — Forêt de Senart (*Ch. Tulasne*); Moulin-Galand près Essonne (*de Boucheman*); tourbières de la vallée de Mennecy !; Petit-Saussay ! près Itteville (*Decaisne*). Épizy ! près Moret. Chantilly (*Thuill.* herb.). — *Graves* Cat. Oise : étangs de Bailly cant. de Ribécourt ; marais de Monceaux cant. de Liancourt.

# ERRATA ET ADDENDA.

Page 18 ligne 4    ajoutez après (*de Boucheman*) : parc de Grignon (*Husnot*).
  40    20    au lieu de Whlbg, *lisez* Whlnbg.
  43    17 et 23    au lieu de Whlbg, *lisez* Whlnbg.
  48    6    au lieu de Whlbg, *lisez* Whlnbg.
  51    34    au lieu de 3-5 divisions, *lisez* 3-4 divisions.
  53    12    au lieu de styles 3, *lisez* styles 5.
  86    30    supprimez le ? après 2543.
 106    aux localités du *Dentaria bulbifera*, ajoutez Meilleray près La
    Ferté-Gaucher (*Bouteiller*).
 138    19 et 26    au lieu de Nominium, *lisez* Nomimium.
 166    19    au lieu de L. *Fl. Succ.*, lisez L. *Fauna Succ.*
 327    8    au lieu de F. Schultz, *lisez* C.-F. Schultz.
 —    —    partout où l'on a mis *de Marcilly fils*, lisez *Marcilly fils*.

## ERRATUM DU SYNOPSIS.

Dans la deuxième édition du *Synopsis*, par suite d'une erreur typographique, les étamines supérieures des Labiées sont dites *extérieures ou latérales* au lieu d'*intérieures*, et les inférieures sont dites *intérieures* au lieu d'*extérieures ou latérales*.

# TABLE GÉNÉRALE DES GENRES ET DES ESPÈCES

## ET DE LEURS SYNONYMES.

Les mots imprimés dans cette table en petites capitales sont les noms des genres ; les mots imprimés en gros texte romain sont les noms des espèces admises dans l'ouvrage ; les mots imprimés en même texte, mais précédés d'un astérisque, sont les noms des espèces dont les descriptions sont précédées d'une croix : les mots qui rentrent dans ces deux catégories constituent dans un même genre une première série alphabétique. Les mots imprimés en même texte, mais en italique, sont les synonymes des espèces décrites : ces synonymes constituent une deuxième série alphabétique. — Les mots imprimés en petit texte sont les noms des espèces mentionnées en note ; les mots imprimés en lettres italiques de ce même texte sont les synonymes de ces espèces : de même que pour le gros texte, les mots imprimés en romain et les mots imprimés en italique constituent deux séries alphabétiques distinctes (1).



(1) Tableau donnant la valeur et la disposition relative des divers textes de la table.

ALLIUM L. . . . . . . . . . 650 (nom de genre).
  flavum L. . . . . . . . 654 (nom d'espèce spontanée).
  *Porrum L. . . . . . 655 (nom d'espèce cultivée en grand ou subspontanée).
  angulosum Jacq. . . 652 (synonyme d'une espèce spontanée).
    sativum L. 654.        (nom d'une espèce mentionnée en note).

# TABLE

## DES NOMS FRANÇAIS DES GENRES

### ET DES NOMS VULGAIRES DES ESPÈCES

#### SUIVIS DE LEURS SYNONYMES LATINS.

Les noms français des genres sont imprimés en lettres italiques.
Les noms vulgaires des espèces sont imprimés en romain.

# TABLE GÉNÉRALE DES MATIÈRES.

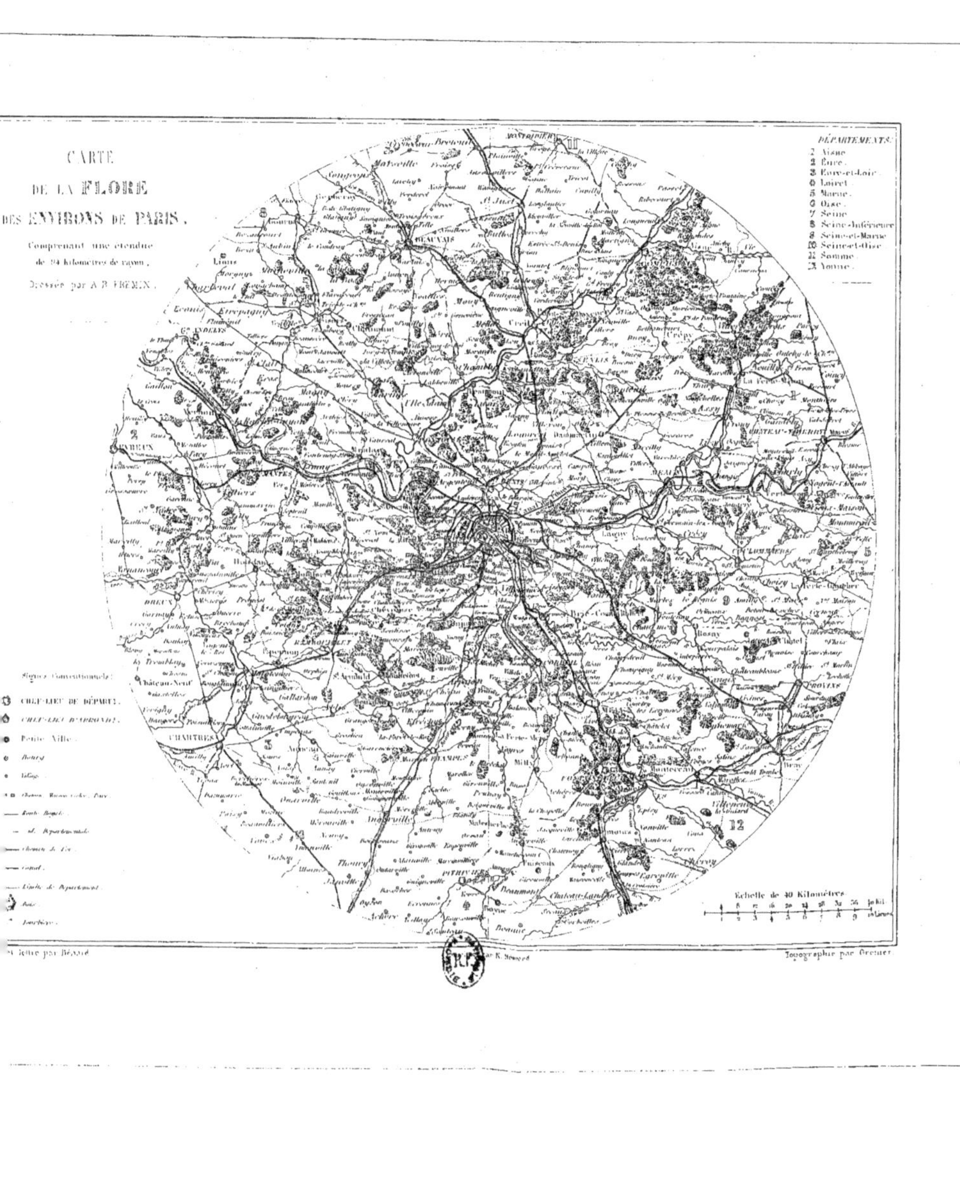

CARTE
DE LA FLORE
DES ENVIRONS DE PARIS,
Comprenant une étendue
de 94 kilomètres de rayon,
Dressée par A. R. FREMIN.
DÉPARTEMENTS.
1 Aisne
2 Eure.
3 Eure-et-Loir
4 Loiret.
5 Marne.
6 Oise.
7 Seine
8 Seine-Inférieure
9 Seine-et-Marne
10 Seine-et-Oise
11 Somme.
12 Yonne.
Signes Conventionnels:
CHEF-LIEU DE DÉPART.
CHEF-LIEU D'ARROND.
Petite Ville.
Bourg.
Village.
Château, Ruines riches, Parc.
Route Royale.
id. Départementale.
Chemin de fer.
Canal.
Limite de Département.
Bois.
Fontières.
Échelle de 40 Kilomètres.
Topographie par Grenier.
Et lettre par Bénard